T0254166

1682
J.B.METZLER

Abkürzungs- und Symbolverzeichnisse

1. Autoren

A. F.	André Fuhrmann, Frankfurt
A. G.-S.	Annemarie Gethmann-Siefert, Hagen
A. K.	Anette Konrad, Ludwigshafen
A. V.	Albert Veraart, Konstanz
A. W.	Angelika Wiedmaier, Konstanz
B. B.	Bernd Buldt, Fort Wayne, Indiana
B. G.	Bernd Gräfrath, Duisburg-Essen
B. P.	Bernd Philippi, Völklingen
B. U.	Brigitte Uhlemann (jetzt Parakenings), Konstanz
C. B.	Christopher v. Bülow, Konstanz
C. F. G.	Carl F. Gethmann, Siegen
C. S.	Christiane Schildknecht, Luzern
C. T.	Christian Thiel, Erlangen
D. G.	Dietfried Gerhardus, Saarbrücken
D. T.	Dieter Teichert, Konstanz
E. M.	Edgar Morscher, Salzburg
E.-M. E.	Eva-Maria Engelen, Konstanz
F. K.	Friedrich Kambartel, Frankfurt
G. G.	Gottfried Gabriel, Jena
G. He.	Gerhard Heinzmann, Nancy
G. Hei.	Gabriele Heister, Stuttgart
G. K.	Georg Kamp, Bad Neuenahr-Ahrweiler
G. Si.	Geo Siegwart, Greifswald
G. W.	Gereon Wolters, Konstanz
H. R.	Hans Rott, Regensburg
H. R. G.	Herbert R. Ganslandt, Erlangen †
H. S.	Hubert Schleichert, Konstanz
H. Sc.	Harald Schnur, Berlin
J. M.	Jürgen Mittelstraß, Konstanz
J. Sc.	Julius Schälike, Konstanz
K. L.	Kuno Lorenz, Saarbrücken
K. M.	Klaus Mainzer, München
M. C.	Martin Carrier, Bielefeld
M. G.	Matthias Gatzemeier, Aachen
M. S.	Matthias Seiche, Bonn
M. Wi.	Matthias Wille, Duisburg-Essen
N. R.	Neil Roughley, Duisburg-Essen
O. S.	Oswald Schwemmer, Berlin
P. H.-H.	Paul Hoyningen-Huene, Hannover
P. J.	Peter Janich, Marburg †
P. M.	Peter McLaughlin, Heidelberg
P. R.	Perdita Rösch, Konstanz
P. S.	Peter Schroeder-Heister, Tübingen
R. E. B.	Robert E. Butts, London/Canada †
R. K.	Rolf Kühn, Gundelfingen
R. W.	Rüdiger Welter, Tübingen
R. Wi.	Reiner Wimmer, Tübingen
S. B.	Siegfried Blasche, Bad Homburg
T. G.	Thorsten Gubatz, Nürnberg
T. J.	Thorsten Jantschek, Berlin
T. R.	Thomas Rentsch, Dresden
V. P.	Volker Peckhaus, Paderborn
W. L.	Weyma Lübbe, Regensburg

2. Nachschlagewerke

ADB	Allgemeine Deutsche Biographie, I–LVI, ed. Historische Commission bei der Königlichen Akademie der Wissenschaften (München), Leipzig 1875–1912, Nachdr. 1967–1971.
ÄGB	Ästhetische Grundbegriffe. Historisches Wörterbuch in sieben Bänden, I–VII, ed. K. Barck u.a., Stuttgart/Weimar 2000–2005, Nachdr. 2010 (VII = Suppl.bd./Reg.bd.).
BBKL	Biographisch-Bibliographisches Kirchenlexikon, ed. F. W. Bautz, mit Bd. III fortgeführt v. T. Bautz, Hamm 1975/1990, Herzberg 1992–2001, Nordhausen 2002ff. (erschienen Bde I–XXXVIII u. 1 Reg.bd.).
Bibl. Praesocratica	B. Šijaković, Bibliographia Praesocratica. A Bibliographical Guide to the Studies of Early Greek Philosophy in Its Religious and Scientific Contexts with an Introductory Bibliography on the Historiography of Philosophy (over 8,500 Authors, 17,664 Entries from 1450 to 2000), Paris 2001.

DHI — Dictionary of the History of Ideas. Studies of Selected Pivotal Ideas, I–IV u. 1 Indexbd., ed. P. P. Wiener, New York 1973–1974.

Dict. ph. ant. — Dictionnaire des philosophes antiques, ed. R. Goulet, Paris 1989ff. (erschienen Bde I–VI u. 1 Suppl.bd.).

DL — Dictionary of Logic as Applied in the Study of Language. Concepts/Methods/Theories, ed. W. Marciszewski, The Hague/Boston Mass./London 1981.

DNP — Der neue Pauly. Enzyklopädie der Antike, I–XVI, ed. H. Cancik/H. Schneider, ab Bd. XIII mit M. Landfester, Stuttgart/Weimar 1996–2003, Suppl.bde 2004ff. (erschienen Bde I–XI) (engl. Brill's New Pauly. Encyclopaedia of the Ancient World, [Antiquity] I–XV, [Classical Tradition] I–V, ed. H. Cancik/H. Schneider/M. Landfester, Leiden/Boston Mass. 2002–2010, Suppl. bde 2007ff. [erschienen Bde I–VIII]).

DP — Dictionnaire des philosophes, ed. D. Huisman, I–II, Paris 1984, ^{2}1993.

DSB — Dictionary of Scientific Biography, I–XVIII, ed. C.C. Gillispie, mit Bd. XVII fortgeführt v. F.L. Holmes, New York 1970–1990 (XV = Suppl.bd. I, XVI = Indexbd., XVII–XVIII = Suppl.bd. II).

EI — The Encyclopaedia of Islam. New Edition, I–XII und 1 Indexbd., Leiden 1960–2009 (XII = Suppl.bd.).

EJud — Encyclopaedia Judaica, I–XVI, Jerusalem 1971–1972, I–XXII, ed. F. Skolnik/M. Berenbaum, Detroit Mich. etc. ^{2}2007 (XXII = Übersicht u. Index).

Enc. Chinese Philos. — Encyclopedia of Chinese Philosophy, ed. A. S. Cua, New York/London 2003, 2012.

Enc. filos. — Enciclopedia filosofica, I–VI, ed. Centro di studi filosofici di Gallarate, Florenz ^{2}1968–1969, erw. I–VIII, Florenz, Rom 1982, erw. I–XII, Mailand 2006.

Enc. Jud. — Encyclopaedia Judaica. Das Judentum in Geschichte und Gegenwart, I–X, Berlin 1928–1934 (bis einschließlich ›L‹).

Enc. Ph. — The Encyclopedia of Philosophy, I–VIII, ed. P. Edwards, New York/London 1967 (repr. in 4 Bdn. 1996), Suppl.bd., ed. D.M. Borchert, New York, London etc. 1996, I–X, ed. D.M. Borchert, Detroit Mich. etc. ^{2}2006 (X = Appendix).

Enc. philos. universelle — Encyclopédie philosophique universelle, I–IV, ed. A. Jacob, Paris 1989–1998 (I L'univers philosophique, II Les notions philosophiques, III Les œuvres philosophiques, IV Le discours philosophique).

Enz. Islam — Enzyklopaedie des Islām. Geographisches, ethnographisches und biographisches Wörterbuch der muhammedanischen Völker, I–IV u. 1 Erg.bd., ed. M. T. Houtsma u. a., Leiden, Leipzig 1913–1938.

EP — Enzyklopädie Philosophie, I–II, ed. H. J. Sandkühler, Hamburg 1999, erw. I–III, ^{2}2010.

ER — The Encyclopedia of Religion, I–XVI, ed. M. Eliade, New York/London 1987 (XVI = Indexbd.), Nachdr. in 8 Bdn. 1993, I–XV, ed. L. Jones, Detroit Mich. etc. ^{2}2005 (XV = Anhang, Index).

ERE — Encyclopaedia of Religion and Ethics, I–XIII, ed. J. Hastings, Edinburgh/New York 1908–1926, Edinburgh 1926–1976 (repr. 2003) (XIII = Indexbd.).

Flew — A Dictionary of Philosophy, ed. A. Flew, London/Basingstoke 1979, ^{2}1984, ed. mit S. Priest, London 2002.

FM — J. Ferrater Mora, Diccionario de filosofia, I–IV, Madrid ^{6}1979, erw. I–IV, Barcelona 1994, 2004.

Hb. ph. Grundbegriffe — Handbuch philosophischer Grundbegriffe, I–III, ed. H. Krings/C. Wild/H. M. Baumgartner, München 1973–1974.

Hb. wiss. theoret. Begr. — Handbuch wissenschaftstheoretischer Begriffe, I–III, ed. J. Speck, Göttingen 1980.

Hist. Wb. Ph. — Historisches Wörterbuch der Philosophie, I–XIII, ed. J. Ritter, mit Bd. IV fortgeführt v. K. Gründer, ab Bd. XI mit G. Gabriel, Basel/Stuttgart, Darmstadt 1971–2007 (XIII = Registerbd.).

Hist. Wb. Rhetorik — Historisches Wörterbuch der Rhetorik, I–XII, ed. G. Ueding, Tübingen (später: Berlin/Boston Mass.), Darmstadt 1992–2015 (X = Nachträge, XI = Reg.bd., XII = Bibliographie).

HSK — Handbücher zur Sprach- und Kommunikationswissenschaft/Handbooks of Linguistics and Communication Science/Manuels de linguistique et des sciences de communication, ed. G. Ungeheuer/H. E. Wiegand, ab 1985 fortgeführt v. H. Steger/

H. E. Wiegand, ab 2002 fortgeführt v. H. E. Wiegand, Berlin/New York 1982ff. (erschienen Bde I–XLIII [in 97 Teilbdn.]).

IESBS International Encyclopedia of the Social & Behavioral Sciences, I–XXVI, ed. N. J. Smelser/P. B. Baltes, Amsterdam etc. 2001 (XXV–XXVI = Indexbde), I–XXVI, ed. J. D. Wright, Amsterdam etc. ^{2}2015 (XXVI = Indexbd.)

IESS International Encyclopedia of the Social Sciences, I–XVII, ed. D. L. Sills, New York 1968, Nachdr. 1972, XVIII (Biographical Suppl.), 1979, IX (Social Science Quotations), 1991, I–IX, ed. W. A. Darity Jr., Detroit Mich. etc. ^{2}2008.

KP Der Kleine Pauly. Lexikon der Antike, I–V, ed. K. Ziegler/W. Sontheimer, Stuttgart 1964–1975, Nachdr. München 1979, Stuttgart/Weimar 2013.

LAW Lexikon der Alten Welt, ed. C. Andresen u. a., Zürich/Stuttgart 1965, Nachdr. in 3 Bdn., Düsseldorf 2001.

LMA Lexikon des Mittelalters, I–IX, München/Zürich 1977–1998, Reg.bd. Stuttgart/Weimar 1999, Nachdr. in 9 Bdn., Darmstadt 2009.

LThK Lexikon für Theologie und Kirche, I–X u. 1 Reg.bd., ed. J. Höfer/K. Rahner, Freiburg ^{2}1957–1967, Suppl. I–III, ed. H. S. Brechter u. a., Freiburg/Basel/Wien 1966–1968 (I–III Das Zweite Vatikanische Konzil), I–XI, ed. W. Kasper u. a., ^{3}1993–2001, 2017 (XI = Nachträge, Register, Abkürzungsverzeichnis).

NDB Neue Deutsche Biographie, ed. Historische Kommission bei der Bayerischen Akademie der Wissenschaften, Berlin 1953ff. (erschienen Bde I–XXVI).

NDHI New Dictionary of the History of Ideas, I–VI, ed. M. C. Horowitz, Detroit Mich. etc. 2005.

ODCC The Oxford Dictionary of the Christian Church, ed. F. L. Cross/E. A. Livingstone, Oxford ^{2}1974, Oxford/New York ^{3}1997, rev. 2005.

Ph. Wb. Philosophisches Wörterbuch, ed. G. Klaus/M. Buhr, Berlin, Leipzig 1964, in 2 Bdn. ^{6}1969, Berlin ^{12}1976 (repr. Berlin 1985, 1987).

RAC Reallexikon für Antike und Christentum. Sachwörterbuch zur Auseinandersetzung des Christentums mit der antiken Welt, ed. T. Klauser, mit Bd. XIV fortgeführt v. E. Dassmann u. a., mit Bd. XX fortgeführt v. G. Schöllgen u. a., Stuttgart 1950ff. (erschienen Bde I–XXVII, 1 Reg.bd. u. 2 Suppl.bde).

RE Paulys Realencyclopädie der classischen Altertumswissenschaft. Neue Bearbeitung, ed. G. Wissowa, fortgeführt v. W. Kroll, K. Witte, K. Mittelhaus, K. Ziegler u. W. John, Stuttgart, 1. Reihe (A–Q), I/1–XXIV (1893–1963); 2. Reihe (R–Z), IA/1–XA (1914–1972); 15 Suppl.bde (1903–1978); Register der Nachträge und Supplemente, ed. H. Gärtner/A. Wünsch, München 1980, Gesamtregister, I–II, Stuttgart 1997/2000.

REP Routledge Encyclopedia of Philosophy, I–X, ed. E. Craig, London/New York 1998 (X = Indexbd.).

RGG Die Religion in Geschichte und Gegenwart. Handwörterbuch für Theologie und Religionswissenschaft, I–VII, ed. K. Galling, Tübingen ^{3}1957–1962 (VII = Reg.bd.), unter dem Titel: Religion in Geschichte und Gegenwart. Handwörterbuch für Theologie und Religionswissenschaft, ed. H. D. Betz u. a., I–VIII u. 1 Reg.bd., ^{4}1998–2007, 2008.

SEP Stanford Encyclopedia of Philosophy, ed. E. N. Zalta (http://plato.stanford.edu).

Totok W. Totok, Handbuch der Geschichte der Philosophie, I–VI, Frankfurt 1964–1990, Nachdr. 2005, ^{2}1997ff. (erschienen Bd. I).

TRE Theologische Realenzyklopädie, I–XXXVI, 2 Reg.bde u. 1 Abkürzungsverzeichnis, ed. G. Krause/G. Müller, mit Bd. XIII fortgeführt v. G. Müller, Berlin 1977–2007.

WbL N. I. Kondakow, Wörterbuch der Logik [russ. Moskau 1971, 1975], ed. E. Albrecht/G. Asser, Leipzig, Berlin 1978, Leipzig ^{2}1983.

Wb. ph. Begr. Wörterbuch der philosophischen Begriffe. Historisch-Quellenmäßig bearbeitet von Dr. Rudolf Eisler, I–III, ed. K. Roretz, Berlin ^{4}1927–1930.

WL Wissenschaftstheoretisches Lexikon, ed. E. Braun/H. Radermacher, Graz/Wien/Köln 1978.

3. Zeitschriften

Abh. Gesch. math. Wiss.	Abhandlungen zur Geschichte der mathematischen Wissenschaften (Leipzig)
Acta Erud.	Acta Eruditorum (Leipzig)
Acta Math.	Acta Mathematica (Heidelberg etc.)
Allg. Z. Philos.	Allgemeine Zeitschrift für Philosophie (Stuttgart)
Amer. J. Math.	American Journal of Mathematics (Baltimore Md.)
Amer. J. Philol.	The American Journal of Philology (Baltimore Md.)
Amer. J. Phys.	American Journal of Physics (College Park Md.)
Amer. J. Sci.	The American Journal of Science (New Haven Conn.)
Amer. Philos. Quart.	American Philosophical Quarterly (Champaign Ill.)
Amer. Scient.	American Scientist (Research Triangle Park N.C.)
Anal. Husserl.	Analecta Husserliana (Dordrecht)
Analysis	Analysis (Oxford)
Ancient Philos.	Ancient Philosophy (Pittsburgh Pa.)
Ann. int. Ges. dialekt. Philos. Soc. Heg.	Annalen der internationalen Gesellschaft für dialektische Philosophie Societas Hegeliana (Frankfurt etc.)
Ann. Math.	Annals of Mathematics (Princeton N.J.)
Ann. Math. Log.	Annals of Mathematical Logic (Amsterdam); seit 1983: Annals of Pure and Applied Logic (Amsterdam etc.)
Ann. math. pures et appliqu.	Annales de mathématiques pures et appliquées (Paris); seit 1836: Journal de mathématiques pures et appliquées (Paris)
Ann. Naturphilos.	Annalen der Naturphilosophie (Leipzig)
Ann. Philos. philos. Kritik	Annalen der Philosophie und philosophischen Kritik (Leipzig)
Ann. Phys.	Annalen der Physik (Leipzig), 1799–1823, 1900ff. (1824–1899 unter dem Titel: Annalen der Physik und Chemie [Leipzig])
Ann. Phys. Chem.	Annalen der Physik und Chemie (Leipzig)
Ann. Sci.	Annals of Science. A Quarterly Review of the History of Science and Technology since the Renaissance, seit 1999 mit Untertitel: The History of Science and Technology (London)
Appl. Opt.	Applied Optics (Washington D.C.)
Aquinas	Aquinas. Rivista internazionale di filosofia (Rom)
Arch. Begriffsgesch.	Archiv für Begriffsgeschichte (Hamburg)
Arch. Gesch. Philos.	Archiv für Geschichte der Philosophie (Berlin/Boston Mass.)
Arch. hist. doctr. litt. moyen-âge	Archives d'histoire doctrinale et littéraire du moyen-âge (Paris)
Arch. Hist. Ex. Sci.	Archive for History of Exact Sciences (Berlin/Heidelberg)
Arch. int. hist. sci.	Archives internationales d'histoire des sciences (Turnhout)
Arch. Kulturgesch.	Archiv für Kulturgeschichte (Köln/Weimar/Wien)
Arch. Math.	Archiv der Mathematik (Basel)
Arch. math. Log. Grundlagenf.	Archiv für mathematische Logik und Grundlagenforschung (Stuttgart etc.)
Arch. Philos.	Archiv für Philosophie (Stuttgart)
Arch. philos.	Archives de philosophie (Paris)
Arch. Rechts- u. Sozialphilos.	Archiv für Rechts- und Sozialphilosophie (Stuttgart)
Arch. Sozialwiss. u. Sozialpolitik	Archiv für Sozialwissenschaft und Sozialpolitik (Tübingen)
Astrophys.	Astrophysics (New York)
Australas. J. Philos.	Australasian Journal of Philosophy (Abingdon)
Austral. Econom. Papers	Australian Economic Papers (Adelaide)
Beitr. Gesch. Philos. MA	Beiträge zur Geschichte der Philosophie (später: und Theologie) des Mittelalters (Münster)
Beitr. Philos. Dt. Ideal.	Beiträge zur Philosophie des deutschen Idealismus. Veröffentlichungen der Deutschen Philosophischen Gesellschaft (Erfurt)
Ber. Wiss.gesch.	Berichte zur Wissenschaftsgeschichte (Weinheim)
Bibl. Math.	Bibliotheca Mathematica. Zeitschrift für Geschichte der mathematischen Wissenschaften (Leipzig)
Bl. dt. Philos.	Blätter für deutsche Philosophie (Berlin)

Brit. J. Hist. Sci.	The British Journal for the History of Science (Cambridge)
Brit. J. Philos. Sci.	The British Journal for the Philosophy of Science (Oxford etc.)
Bull. Amer. Math. Soc.	Bulletin of the American Mathematical Society (Providence R.I.)
Bull. Hist. Med.	Bulletin of the History of Medicine (Baltimore Md.)
Can. J. Philos.	Canadian Journal of Philosophy (Abingdon)
Class. J.	The Classical Journal (Monmouth Ill.)
Class. Philol.	Classical Philology (Chicago Ill.)
Class. Quart.	Classical Quarterly (Cambridge)
Class. Rev.	Classical Review (Cambridge)
Communic. and Cogn.	Communication and Cognition (Ghent)
Conceptus	Conceptus. Zeitschrift für Philosophie (Berlin/Boston Mass.)
Dialectica	Dialectica. Internationale Zeitschrift für Philosophie der Erkenntnis; später: Dialectica. International Journal of Philosophy and Official Organ of the ESAP (Oxford/Malden Mass.)
Dt. Z. Philos.	Deutsche Zeitschrift für Philosophie (Berlin/Boston Mass.)
Elemente Math.	Elemente der Mathematik (Zürich)
Eranos-Jb.	Eranos-Jahrbuch (Zürich)
Erkenntnis	Erkenntnis (Dordrecht)
Ét. philos.	Les études philosophiques (Paris)
Ethics	Ethics. An International Journal of Social, Political and Legal Philosophy (Chicago Ill.)
Found. Phys.	Foundations of Physics (New York)
Franciscan Stud.	Franciscan Studies (St. Bonaventure N.Y.)
Franziskan. Stud.	Franziskanische Studien (Werl)
Frei. Z. Philos. Theol.	Freiburger Zeitschrift für Philosophie und Theologie (Freiburg, Schweiz)
Fund. Math.	Fundamenta Mathematicae (Warschau)
Fund. Sci.	Fundamenta Scientiae (São Paulo)
Giornale crit. filos. italiana	Giornale critico della filosofia italiana (Florenz)
Götting. Gelehrte Anz.	Göttingische Gelehrte Anzeigen (Göttingen)
Grazer philos. Stud.	Grazer philosophische Studien (Leiden/Boston Mass.)
Harv. Stud. Class. Philol.	Harvard Studies in Classical Philology (Cambridge Mass.)
Hegel-Jb.	Hegel-Jahrbuch (Berlin/Boston Mass.)
Hegel-Stud.	Hegel-Studien (Hamburg)
Hermes	Hermes. Zeitschrift für klassische Philologie (Stuttgart)
Hist. and Philos. Log.	History and Philosophy of Logic (Abingdon)
Hist. Math.	Historia Mathematica (Amsterdam etc.)
Hist. Philos. Life Sci.	History and Philosophy of the Life Sciences (Cham)
Hist. Sci.	History of Science (London)
Hist. Stud. Phys. Sci.	Historical Studies in the Physical Sciences (Berkeley Calif./Los Angeles/London); seit 1986: Historical Studies in the Physical and Biological Sciences (Berkeley Calif./Los Angeles/London); seit 2008: Historical Studies in the Natural Sciences (Berkeley Calif./Los Angeles/London)
Hist. Theory	History and Theory (Malden Mass.)
Hobbes Stud.	Hobbes Studies (Leiden)
Human Stud.	Human Studies (Dordrecht)
Idealistic Stud.	Idealistic Studies (Charlottesville Va.)
Indo-Iran. J.	Indo-Iranian Journal (Leiden)
Int. J. Ethics	International Journal of Ethics. Devoted to the Advancement of Ethical Knowledge and Practice (Chicago Ill.); seit 1938: Ethics. An International Journal of Social, Political, and Legal Philosophy (Chicago Ill.)
Int. Log. Rev.	International Logic Review (Bologna)
Int. Philos. Quart.	International Philosophical Quarterly (Charlottesville Va.)
Int. Stud. Philos.	International Studies in Philosophy (Binghampton N.Y.)
Int. Stud. Philos. Sci.	International Studies in the Philosophy of Science (Abingdon)
Isis	Isis. An International Review Devoted to the History of Science and Its Cultural Influences (Chicago Ill.)
Jahresber. Dt. Math.ver.	Jahresbericht der Deutschen Mathematikervereinigung (Heidelberg)

Jb. Antike u. Christentum	Jahrbuch für Antike und Christentum (Münster)
Jb. Philos. phänomen. Forsch.	Jahrbuch für Philosophie und phänomenologische Forschung (Halle)
J. Aesthetics Art Criticism	The Journal of Aesthetics and Art Criticism (Malden Mass.)
J. Brit. Soc. Phenomenol.	The Journal of the British Society for Phenomenology (Abingdon)
J. Chinese Philos.	Journal of Chinese Philosophy (Malden Mass.)
J. Engl. Germ. Philol.	Journal of English and Germanic Philology (Champaign Ill.)
J. Hist. Ideas	Journal of the History of Ideas (Philadelphia Pa.)
J. Hist. Philos.	Journal of the History of Philosophy (Baltimore Md.)
J. math. pures et appliqu.	Journal de mathématiques pures et appliquées (Paris)
J. Mind and Behavior	The Journal of Mind and Behavior (New York)
J. Philos.	The Journal of Philosophy (New York)
J. Philos. Ling.	The Journal of Philosophical Linguistics (Evanston Ill.)
J. Philos. Log.	Journal of Philosophical Logic (Dordrecht etc.)
J. reine u. angew. Math.	Journal für die reine und angewandte Mathematik (Berlin/Boston Mass.)
J. Symb. Log.	The Journal of Symbolic Logic (Cambridge)
J. Value Inqu.	The Journal of Value Inquiry (Dordrecht)
Kant-St.	Kant-Studien (Berlin/Boston Mass.)
Kant-St. Erg.hefte	Kant-Studien. Ergänzungshefte (Berlin/Boston Mass.)
Linguist. Ber.	Linguistische Berichte (Hamburg)
Log. anal.	Logique et analyse (Brüssel)
Logos	Logos. Internationale Zeitschrift für Philosophie der Kultur (Tübingen)
Math. Ann.	Mathematische Annalen (Göttingen)
Math.-phys. Semesterber.	Mathematisch-physikalische Semesterberichte (Göttingen); seit 1981: Mathematische Semesterberichte (Berlin/Heidelberg)
Math. Semesterber.	Mathematische Semesterberichte (Berlin/Heidelberg)
Math. Teacher	The Mathematics Teacher (Reston Va.)
Math. Z.	Mathematische Zeitschrift (Heidelberg)
Med. Aev.	Medium Aevum (Oxford)
Medic. Hist.	Medical History (Cambridge)
Med. Ren. Stud.	Medieval and Renaissance Studies (Chapel Hill N.C./London)
Med. Stud.	Mediaeval Studies (Toronto)
Merkur	Merkur. Deutsche Zeitschrift für Europäisches Denken (Stuttgart)
Metaphilos.	Metaphilosophy (Malden Mass.)
Methodos	Methodos. Language and Cybernetics (Padua)
Mh. Math. Phys.	Monatshefte für Mathematik und Physik (Leipzig/Wien); seit 1948: Monatshefte für Mathematik (Wien/New York)
Mh. Math.	Monatshefte für Mathematik (Wien/New York)
Midwest Stud. Philos.	Midwest Studies in Philosophy (Boston Mass./Oxford)
Mind	Mind. A Quarterly Review for Psychology and Philosophy (Oxford)
Monist	The Monist (Oxford)
Mus. Helv.	Museum Helveticum. Schweizerische Zeitschrift für klassische Altertumswissenschaft (Basel)
Naturwiss.	Die Naturwissenschaften. Organ der Max-Planck-Gesellschaft zur Förderung der Wissenschaften (Berlin/Heidelberg)
Neue H. Philos.	Neue Hefte für Philosophie (Göttingen)
Nietzsche-Stud.	Nietzsche-Studien (Berlin/Boston Mass.)
Notre Dame J. Formal Logic	Notre Dame Journal of Formal Logic (Durham N.C.)
Noûs	Noûs (Boston Mass./Oxford)
Organon	Organon (Warschau)
Osiris	Osiris. Commentationes de scientiarum et eruditionis historia rationeque (Brügge); Second Series mit Untertitel: A Research Journal Devoted to the History of Science and Its Cultural Influences (Chicago Ill.)
Pers. Philos. Neues Jb.	Perspektiven der Philosophie. Neues Jahrbuch (Amsterdam/New York)

Phänom. Forsch.	Phänomenologische Forschungen (Hamburg)
Philol.	Philologus (Berlin)
Philol. Quart.	Philological Quarterly (Oxford)
Philos.	Philosophy (Cambridge etc.)
Philos. and Literature	Philosophy and Literature (Baltimore Md.)
Philos. Anz.	Philosophischer Anzeiger. Zeitschrift für die Zusammenarbeit von Philosophie und Einzelwissenschaft (Bonn)
Philos. East and West	Philosophy East and West (Honolulu Hawaii)
Philos. Hefte	Philosophische Hefte (Prag)
Philos. Hist.	Philosophy and History (Tübingen)
Philos. J.	The Philosophical Journal. Transactions of the Royal Society of Glasgow (Edinburgh)
Philos. Jb.	Philosophisches Jahrbuch (Freiburg/München)
Philos. Mag.	The London, Edinburgh and Dublin Magazine and Journal of Science (London); seit 1949: The Philosophical Magazine (Abingdon)
Philos. Math.	Philosophia Mathematica (Oxford)
Philos. Nat.	Philosophia Naturalis (Frankfurt)
Philos. Pap.	Philosophical Papers (Abingdon)
Philos. Phenom. Res.	Philosophy and Phenomenological Research (Malden Mass.)
Philos. Quart.	The Philosophical Quarterly (Oxford)
Philos. Rdsch.	Philosophische Rundschau (Tübingen)
Philos. Rev.	The Philosophical Review (Durham N.C.)
Philos. Rhet.	Philosophy and Rhetoric (University Park Pa.)
Philos. Sci.	Philosophy of Science (Chicago Ill.)
Philos. Soc. Sci.	Philosophy of the Social Sciences (Los Angeles etc.)
Philos. Stud.	Philosophical Studies (Dordrecht)
Philos. Studien	Philosophische Studien (Berlin)
Philos. Top.	Philosophical Topics (Fayetteville Ark.)
Philos. Transact. Royal Soc.	Philosophical Transactions of the Royal Society (London)
Phys. Bl.	Physikalische Blätter (Weinheim)
Phys. Rev.	The Physical Review (College Park Md.)
Phys. Z.	Physikalische Zeitschrift (Leipzig)
Praxis Math.	Praxis der Mathematik. Monatsschrift der reinen und angewandten Mathematik im Unterricht (Köln)
Proc. Amer. Philos. Ass.	Proceedings and Addresses of the American Philosophical Association (Newark Del.)
Proc. Amer. Philos. Soc.	Proceedings of the American Philosophical Society (Philadelphia Pa.)
Proc. Arist. Soc.	Proceedings of the Aristotelian Society (London)
Proc. Brit. Acad.	Proceedings of the British Academy (Oxford etc.)
Proc. London Math. Soc.	Proceedings of the London Mathematical Society (Oxford etc.)
Proc. Royal Soc.	Proceedings of the Royal Society of London (London)
Quart. Rev. Biol.	The Quarterly Review of Biology (Chicago Ill.)
Ratio	Ratio. An International Journal of Analytic Philosophy (Oxford/Malden Mass.)
Rech. théol. anc. et médiévale	Recherches de théologie ancienne et médiévale (Louvain)
Rel. Stud.	Religious Studies. An International Journal for the Philosophy of Religion (Cambridge)
Res. Phenomenol.	Research in Phenomenology (Leiden)
Rev. ét. anc.	Revue des études anciennes (Talence)
Rev. ét. grec.	Revue des études grecques (Paris)
Rev. hist. ecclés.	Revue d'histoire ecclésiastique (Louvain)
Rev. hist. sci.	Revue d'histoire des sciences (Paris)
Rev. hist. sci. applic.	Revue d'histoire des sciences et de leurs applications (Paris); seit 1971: Revue d'histoire des sciences (Paris)
Rev. int. philos.	Revue internationale de philosophie (Brüssel)
Rev. Met.	Review of Metaphysics (Washington D.C.)
Rev. mét. mor.	Revue de métaphysique et de morale (Paris)

Rev. Mod. Phys. Reviews of Modern Physics (Melville N.Y.)

Rev. néoscol. philos. Revue néoscolastique de philosophie (Louvain)

Rev. philos. France étrang. Revue philosophique de la France et de l'étranger (Paris)

Rev. philos. Louvain Revue philosophique de Louvain (Louvain)

Rev. quest. sci. Revue des questions scientifiques (Namur)

Rev. sci. philos. théol. Revue des sciences philosophiques et théologiques (Paris)

Rev. synt. Revue de synthèse (Paris)

Rev. théol. philos. Revue de théologie et de philosophie (Genf)

Rev. thom. Revue thomiste (Toulouse)

Rhein. Mus. Philol. Rheinisches Museum für Philologie (Bad Orb)

Riv. crit. stor. filos. Rivista critica di storia della filosofia (Florenz)

Riv. filos. Rivista di filosofia (Bologna)

Riv. filos. neoscolastica Rivista di filosofia neo-scolastica (Mailand)

Riv. mat. Rivista di matematica (Turin)

Riv. stor. sci. mediche e nat. Rivista di storia delle scienze mediche e naturali (Florenz)

Russell Russell. The Journal of the Bertrand Russell Archives (Hamilton Ont.)

Sci. Amer. Scientific American (New York)

Sci. Stud. Science Studies. Research in the Social and Historical Dimensions of Science and Technology (London)

Scr. Math. Scripta Mathematica. A Quarterly Journal Devoted to the Expository and Research Aspects of Mathematics (New York)

Sociolog. Rev. The Sociological Review (London)

South. J. Philos. The Southern Journal of Philosophy (Malden Mass.)

Southwest. J. Philos. Southwestern Journal of Philosophy (Norman Okla.)

Sov. Stud. Philos. Soviet Studies in Philosophy (Armonk N.Y.); seit 1992/1993: Russian Studies in Philosophy (Philadelphia Pa.)

Spektrum Wiss. Spektrum der Wissenschaft (Heidelberg)

Stud. Gen. Studium Generale. Zeitschrift für interdisziplinäre Studien (Berlin etc.)

Stud. Hist. Philos. Sci. Studies in History and Philosophy of Science (Amsterdam etc.)

Studi int. filos. Studi internazionali di filosofia (Turin); seit 1974: International Studies in Philosophy (Binghampton N.Y.)

Studi ital. filol. class. Studi italiani di filologia classica (Florenz)

Stud. Leibn. Studia Leibnitiana (Stuttgart)

Stud. Log. Studia Logica (Dordrecht)

Stud. Philos. Studia Philosophica (Basel)

Stud. Philos. (Krakau) Studia Philosophica. Commentarii Societatis Philosophicae Polonorum (Krakau)

Stud. Philos. Hist. Philos. Studies in Philosophy and the History of Philosophy (Washington D.C.)

Stud. Voltaire 18th Cent. Studies on Voltaire and the Eighteenth Century (Oxford)

Sudh. Arch. Sudhoffs Archiv für Geschichte der Medizin und der Naturwissenschaften (Wiesbaden); seit 1966: Sudhoffs Archiv. Zeitschrift für Wissenschaftsgeschichte (Stuttgart)

Synthese Synthese. Journal for Epistemology, Methodology and Philosophy of Science (Dordrecht)

Technikgesch. Technikgeschichte (Düsseldorf)

Technology Rev. Technology Review (Cambridge Mass.)

Theol. Philos. Theologie und Philosophie (Freiburg/Basel/Wien)

Theoria Theoria. A Swedish Journal of Philosophy and Psychology (Oxford/Malden Mass.)

Thomist The Thomist (Washington D.C.)

Tijdschr. Filos. Tijdschrift voor Filosofie (Leuven)

Transact. Amer. Math. Soc. Transactions of the American Mathematical Society (Providence R.I.)

Transact. Amer. Philol. Ass. Transactions and Proceedings of the American Philological Association (Lancaster Pa., Oxford); seit 1974: Transactions of the American Philological Association (Baltimore Md./London)

Transact. Amer. Philos. Soc. Transactions of the American Philosophical Society (Philadelphia Pa.)

Universitas	Universitas. Zeitschrift für Wissenschaft, Kunst und Literatur; seit 2001 mit Untertitel: Orientierung in der Wissenswelt (Stuttgart); seit 2011 mit Untertitel: Orientieren! Wissen! Handeln! (Heidelberg)
Vierteljahrsschr. wiss. Philos.	Vierteljahrsschrift für wissenschaftliche Philosophie (Leipzig); seit 1902: Vierteljahrsschrift für wissenschaftliche Philosophie und Soziologie (Leipzig)
Vierteljahrsschr. wiss. Philos. u. Soz.	Vierteljahrsschrift für wissenschaftliche Philosophie und Soziologie (Leipzig)
Wien. Jb. Philos.	Wiener Jahrbuch für Philosophie (Wien)
Wiss. u. Weisheit	Wissenschaft und Weisheit. Franziskanische Studien zu Theologie, Philosophie und Geschichte (Münster)
Z. allg. Wiss. theorie	Zeitschrift für allgemeine Wissenschaftstheorie (Wiesbaden); seit 1990: Journal for General Philosophy of Science/Zeitschrift für allgemeine Wissenschaftstheorie (Dordrecht)
Z. angew. Math. u. Mechanik	Zeitschrift für angewandte Mathematik und Mechanik/Journal of Applied Mathematics and Mechanics (Weinheim)
Z. math. Logik u. Grundlagen d. Math.	Zeitschrift für mathematische Logik und Grundlagen der Mathematik (Leipzig/Berlin/Heidelberg)
Z. Math. Phys.	Zeitschrift für Mathematik und Physik (Leipzig)
Z. philos. Forsch.	Zeitschrift für philosophische Forschung (Frankfurt)
Z. Philos. phil. Kritik	Zeitschrift für Philosophie und philosophische Kritik (Halle)
Z. Phys.	Zeitschrift für Physik (Berlin/Heidelberg)
Z. Semiotik	Zeitschrift für Semiotik (Tübingen)
Z. Soz.	Zeitschrift für Soziologie (Stuttgart)

4. Werkausgaben

(Die hier aufgeführten Abkürzungen für Werkausgaben haben Beispielcharakter; Werkausgaben, deren Abkürzung nicht aufgeführt wird, stehen bei den betreffenden Autoren.)

Descartes

Œuvres	R. Descartes, Œuvres, I–XII u. 1 Suppl.bd. Index général, ed. C. Adam/P. Tannery, Paris 1897–1913, Nouvelle présentation, I–XI, 1964–1974, 1996.

Diogenes Laertios

Diog. Laert.	Diogenis Laertii Vitae Philosophorum, I–II, ed. H. S. Long, Oxford 1964, I–III, ed. M. Marcovich, I–II, Stuttgart/Leipzig 1999, III München/Leipzig 2002 (III = Indexbd.).

Feuerbach

Ges. Werke	L. Feuerbach, Gesammelte Werke, I–XXII, ed. W. Schuffenhauer, Berlin (Ost) 1969ff., ab XIII, ed. Berlin-Brandenburgische Akademie der Wissenschaften durch W. Schuffenhauer, Berlin 1999ff. (erschienen Bde I–XIV, XVII–XXI).

Fichte

Ausgew. Werke	J. G. Fichte, Ausgewählte Werke in sechs Bänden, ed. F. Medicus, Leipzig 1910–1912 (repr. Darmstadt 1962, 2013).
Gesamtausg.	J. G. Fichte-Gesamtausgabe der Bayerischen Akademie der Wissenschaften, I/1–IV/6, ed. R. Lauth u. a., Stuttgart-Bad Cannstatt 1962–2012 ([Werke]: I/1–I/10; [Nachgelassene Schriften]: II/1–II/17 u. 1 Suppl.bd.; [Briefe]: III/1–III/8; [Kollegnachschriften]: IV/1–IV/6).

Goethe

Hamburger Ausg.	J. W. v. Goethe, Werke. Hamburger Ausgabe, I–XIV u. 1 Reg.bd., ed. E. Trunz, Hamburg 1948–1960, mit neuem Kommentarteil, München 1981, 1998.

Hegel

Ges. Werke — G. W. F. Hegel, Gesammelte Werke, in Verbindung mit der Deutschen Forschungsgemeinschaft ed. Rheinisch-Westfälische Akademie der Wissenschaften (heute: Nordrhein-Westfälische Akademie der Wissenschaften), Hamburg 1968ff. (erschienen Bde I–XXV, XXVI/1–3, XXVII/1, XXVIII/1, XXIX/1, XXXI/1–2).

Sämtl. Werke — G. W. F. Hegel, Sämtliche Werke (Jubiläumsausgabe), I–XXVI, ed. H. Glockner, Stuttgart 1927–1940, XXIII–XXVI in 2 Bdn. ^{2}1957, I–XXII ^{4}1961–1968.

Kant

Akad.-Ausg. — I. Kant, Gesammelte Schriften, ed. Königlich Preußische Akademie der Wissenschaften (heute: Berlin-Brandenburgische Akademie der Wissenschaften [Berlin]), Berlin (heute: Berlin/New York) 1902ff. (erschienen Abt. 1 [Werke]: I–IX; Abt. 2 [Briefwechsel]: X–XIII; Abt. 3 [Handschriftlicher Nachlaß]: XIV–XXIII; Abt. 4 [Vorlesungen]: XXIV/1–2, XXV/1–2, XXVI/1, XXVII/1, XXVII/2.1–2.2, XXVIII/1, XXVIII/2.1–2.2, XXIX/1–2), Allgemeiner Kantindex zu Kants gesammelten Schriften, ed. G. Martin, Berlin 1967ff. (erschienen Bde XVI–XVII [= Wortindex zu den Bdn. I–IX], XX [= Personenindex]).

Leibniz

Akad.-Ausg. — G. W. Leibniz, Sämtliche Schriften und Briefe, ed. Königlich Preußische Akademie der Wissenschaften (heute: Berlin-Brandenburgische Akademie der Wissenschaften [Berlin]), ab 1996 mit Akademie der Wissenschaften zu Göttingen, Darmstadt (später: Leipzig, heute: Berlin/Boston Mass.) 1923ff. (erschienen Reihe 1 [Allgemeiner politischer und historischer Briefwechsel]: 1.1–1.25, 1 Suppl.bd.; Reihe 2 [Philosophischer Briefwechsel]: 2.1–2.3; Reihe 3 [Mathematischer, naturwissenschaftlicher und technischer Briefwechsel]: 3.1–3.8; Reihe 4 [Politische Schriften]: 4.1–4.8; Reihe 6 [Philosophische Schriften]: 6.1–6.4 [6.4 in 4 Teilen], 6.6 [Nouveaux essais] u. 1 Verzeichnisbd.; Reihe 7 [Mathematische Schriften]: 7.1–7.6; Reihe 8 [Naturwissenschaftliche, medizinische und technische Schriften]: 8.1–8.2).

C. — G. W. Leibniz, Opuscules et fragments inédits. Extraits des manuscrits de la Bibliothèque royale de Hanovre, ed. L. Couturat, Paris 1903 (repr. Hildesheim 1961, 1966, Hildesheim/New York/Zürich 1988).

Math. Schr. — G. W. Leibniz, Mathematische Schriften, I–VII, ed. C. I. Gerhardt, Berlin/Halle 1849–1863 (repr. Hildesheim 1962, Hildesheim/New York 1971, 1 Reg.bd., ed. J. E. Hofmann, 1977).

Philos. Schr. — Die philosophischen Schriften von G. W. Leibniz, I–VII, ed. C. I. Gerhardt, Berlin/Leipzig 1875–1890 (repr. Hildesheim 1960–1961, Hildesheim/New York/Zürich 1996, 2008).

Marx/Engels

MEGA — Marx/Engels, Historisch-kritische Gesamtausgabe. Werke, Schriften, Briefe, ed. D. Rjazanov, fortgeführt v. V. Adoratskij, Frankfurt/Berlin/Moskau 1927–1935, Neudr. Glashütten i. Taunus 1970, 1979 (erschienen: Abt. 1 [Werke u. Schriften]: I.1–I.2, II–VII; Abt. 3 [Briefwechsel]: I–IV), unter dem Titel: Gesamtausgabe (MEGA), ed. Institut für Marxismus-Leninismus (später: Internationale Marx-Engels-Stiftung), Berlin (heute: Berlin/Boston Mass.) 1975ff. (erschienen Abt. I [Werke, Artikel, Entwürfe]: I/1–I/3, I/5, I/7, I/10–I/14, I/18, I/20–I/22, I/24–I/27, I/29–I/32; Abt. II [Das Kapital und Vorarbeiten]: II/1.1–II/1.2, II/2, II/3.1–II/3.6, II/4.1–II/4.3, II/5–II/15; Abt. III [Briefwechsel]: III/1–III/13, III/30; Abt. IV [Exzerpte, Notizen, Marginalien]: IV/1–IV/9, IV/12, IV/14, IV/26, IV/31–IV/32).

MEW	Marx/Engels, Werke, ed. Institut für Marxismus-Leninismus beim ZK der SED (später: Rosa-Luxemburg-Stiftung [Berlin]), Berlin (Ost) (später: Berlin) 1956ff. (erschienen Bde I–XLIII [XL–XLI = Erg.bde I–II], Verzeichnis I–II u. Sachreg.) (Einzelbände in verschiedenen Aufl.).

Nietzsche

Werke. Krit. Gesamtausg.	Nietzsche Werke. Kritische Gesamtausgabe, ed. G. Colli/M. Montinari, weitergeführt v. W. Müller-Lauter/K. Pestalozzi, Berlin (heute: Berlin/Boston Mass.) 1967ff. (erschienen [Abt. I]: I/1–I/5; [Abt. II]: II/1–II/5; [Abt. III]: III/1–III/4, III/5.1–III/5.2; [Abt. IV]: IV/1–IV/4; [Abt. V]: V/1–V/3; [Abt. VI]: VI/1–VI/4; [Abt. VII]: VII/1–VII/3, VII/4.1–VII/4.2; [Abt. VIII]: VIII/1–VIII/3; [Abt. IX]: IX/1–IX/11).
Briefwechsel. Krit. Gesamtausg.	Nietzsche Briefwechsel. Kritische Gesamtausgabe, 25 Bde in 3 Abt. u. 1 Reg.bd. (Abt. I [Briefe 1850–1869]: I/1–I/4; Abt. II [Briefe 1869–1879]: II/1–II/5, II/6.1–II/6.2, II/7.1–II/7.2, II/7.3.1–II/7.3.2; Abt. III [Briefe 1880–1889]: III/1–III/6, III/7.1–III/7.2, III/7.3.1–III/7.3.2), ed. G. Colli/M. Montinari, weitergeführt v. N. Miller/A. Pieper, Berlin/New York 1975–2004.

Schelling

Hist.-krit. Ausg.	F. W. J. Schelling, Historisch-kritische Ausgabe, ed. H. M. Baumgartner/W. G. Jacobs/H. Krings/H. Zeltner, Stuttgart 1976ff. (erschienen Reihe 1 [Werke]: I–VIII, IX/1–2, X, XI/1–2, XIII u. 1 Erg.bd.; Reihe 2 [Nachlaß]: I/1, III–V, II/6.1–II/6.2, VIII; Reihe 3 [Briefe]: I, II/1–II/2).
Sämtl. Werke	F. W. J. Schelling, Sämmtliche Werke, 14 Bde in 2 Abt. ([Abt. 1] 1/I–X, [Abt. 2] 2/I–IV), ed. K. F. A. Schelling, Stuttgart/Augsburg 1856–1861, repr. in neuer Anordnung: Schellings Werke, I–VI, 1 Nachlaßbd., Erg.bde I–VI, ed. M. Schröter, München 1927–1959 (repr. 1958–1968, 1983–1997).

Sammlungen

CAG	Commentaria in Aristotelem Graeca, ed. Academia Litterarum Regiae Borussicae, I–XXIII, Berlin 1882–1909, Supplementum Aristotelicum, Berlin 1885–1893 (seither unveränderte Nachdrucke).
CCG	Corpus Christianorum. Series Graeca, Turnhout 1977ff..
CCL	Corpus Christianorum. Series Latina, Turnhout 1954ff..
CCM	Corpus Christianorum. Continuatio mediaevalis, Turnhout 1966ff..
FDS	K. Hülser, Die Fragmente zur Dialektik der Stoiker. Neue Sammlung der Texte mit deutscher Übersetzung und Kommentaren, I–IV, Stuttgart-Bad Cannstatt 1987–1988.
MGH	Monumenta Germaniae historica inde ab anno christi quingentesimo usque ad annum millesimum et quingentesimum, Hannover 1826ff..
MPG	Patrologiae cursus completus, Series Graeca, 1–161 (mit lat. Übers.) u. 1 Indexbd., ed. J.-P. Migne, Paris 1857–1912.
MPL	Patrologiae cursus completus, Series Latina, 1–221 (218–221 = Indices), ed. J.-P. Migne, Paris 1844–1864.
SVF	Stoicorum veterum fragmenta, I–IV (IV = Indices v. M. Adler), ed. J. v. Arnim, Leipzig 1903–1924 (repr. Stuttgart 1964, München/Leipzig 2004).
VS	H. Diels, Die Fragmente der Vorsokratiker. Griechisch und Deutsch (Berlin 1903), I–III, ed. W. Kranz, Berlin ^{6}1951–1952 (seither unveränderte Nachdrucke).

5. Einzelwerke

(Die hier aufgeführten Abkürzungen für Einzelwerke haben Beispielcharakter; Einzelwerke, deren Abkürzung nicht aufgeführt wird, stehen bei den betreffenden Autoren. In anderen Fällen ist die Abkürzung eindeutig und entspricht den üblichen Zitationsnormen, z. B. bei den Werken von Aristoteles und Platon.)

Aristoteles

an. post.	Analytica posteriora
an. pr.	Analytica priora
de an.	De anima
de gen. an.	De generatione animalium
Eth. Nic.	Ethica Nicomachea
Met.	Metaphysica
Phys.	Physica

Descartes

Disc. méthode	Discours de la méthode (1637)
Meditat.	Meditationes de prima philosophia (1641)
Princ. philos.	Principia philosophiae (1644)

Hegel

Ästhetik	Vorlesungen über die Ästhetik (1842–1843)
Enc. phil. Wiss.	Encyklopädie der philosophischen Wissenschaften im Grundrisse/System der Philosophie (^{3}1830)
Logik	Wissenschaft der Logik (1812/1816)
Phänom. des Geistes	Die Phänomenologie des Geistes (1807)
Rechtsphilos.	Grundlinien der Philosophie des Rechts oder Naturrecht und Staatswissenschaft im Grundrisse (1821)
Vorles. Gesch. Philos.	Vorlesungen über die Geschichte der Philosophie (1833–1836)
Vorles. Philos. Gesch.	Vorlesungen über die Philosophie der Geschichte (1837)

Kant

Grundl. Met. Sitten	Grundlegung zur Metaphysik der Sitten (1785)
KpV	Kritik der praktischen Vernunft (1788)
KrV	Kritik der reinen Vernunft (^{1}1781 = A, ^{2}1787 = B)
KU	Kritik der Urteilskraft (1790)
Proleg.	Prolegomena zu einer jeden Metaphysik, die als Wissenschaft wird auftreten können (1783)

Leibniz

Disc. mét.	Discours de métaphysique (1686)
Monadologie	Principes de la philosophie ou Monadologie (1714)
Nouv. essais	Nouveaux essais sur l'entendement humain (1704)
Princ. nat. grâce	Principes de la nature et de la grâce fondés en raison (1714)

Platon

Nom.	Nomoi
Pol.	Politeia
Polit.	Politikos
Soph.	Sophistes
Theait.	Theaitetos
Tim.	Timaios

Thomas von Aquin

De verit.	Quaestiones disputatae de veritate
S. c. g.	Summa de veritate catholicae fidei contra gentiles
S. th.	Summa theologiae

Wittgenstein

Philos. Unters.	Philosophische Untersuchungen (1953)
Tract.	Tractatus logico-philosophicus (1921)

6. Sonstige Abkürzungen

a. a. O.	am angeführten Ort
Abb.	Abbildung
Abh.	Abhandlung(en)
Abt.	Abteilung
ahd.	althochdeutsch
amerik.	amerikanisch
Anh.	Anhang
Anm.	Anmerkung
art.	articulus
Aufl.	Auflage
Ausg.	Ausgabe
ausgew.	ausgewählt(e)
Bd., Bde, Bdn.	Band, Bände, Bänden
Bearb., bearb.	Bearbeiter, Bearbeitung, bearbeitet

Beih.	Beiheft
Beitr.	Beitrag, Beiträge
Ber.	Bericht(e)
bes.	besondere, besonders
Bl., Bll.	Blatt, Blätter
bzw.	beziehungsweise
c	caput, corpus, contra
ca.	circa
Chap.	Chapter
chines.	chinesisch
ders.	derselbe
d. h.	das heißt
d. i.	das ist
dies.	dieselbe(n)
Diss.	Dissertation
dist.	distinctio
d. s.	das sind
dt.	deutsch
durchges.	durchgesehen
ebd.	ebenda
Ed.	Editio, Edition
ed.	edidit, ediderunt, edited, ediert
Einf.	Einführung
eingel.	eingeleitet
Einl.	Einleitung
engl.	englisch
Erg.bd.	Ergänzungsband
Erg.heft(e)	Ergänzungsheft(e)
erl.	erläutert
erw.	erweitert
ev.	evangelisch
F.	Folge
Fasc.	Fasciculus, Fascicle, Fascicule, Fasciculo
fol.	Folio
fl.	floruit, 3. Pers. Sing. Perfekt von lat. florere, blühen
franz.	französisch
gedr.	gedruckt
Ges.	Gesellschaft
ges.	gesammelt(e)
griech.	griechisch
H.	Heft(e)
Hb.	Handbuch
hebr.	hebräisch
Hl., hl.	Heilig-, Heilige(r), heilig
holländ.	holländisch

i. e.	id est
ind.	indisch
insbes.	insbesondere
int.	international
ital.	italienisch
Jh., Jhs.	Jahrhundert(e), Jahrhunderts
jüd.	jüdisch
Kap.	Kapitel
kath.	katholisch
lat.	lateinisch
lib.	liber
mhd.	mittelhochdeutsch
mlat.	mittellateinisch
Ms(s).	Manuskript(e)
Nachdr.	Nachdruck
Nachr.	Nachrichten
n. Chr.	nach Christus
Neudr.	Neudruck
NF	Neue Folge
nhd.	neuhochdeutsch
niederl.	niederländisch
NS	Neue Serie
o. J.	ohne Jahr
o. O.	ohne Ort
österr.	österreichisch
poln.	polnisch
Praef.	Praefatio
Préf., Pref.	Préface, Preface
Prof.	Professor
Prooem.	Prooemium
qu.	quaestio
red.	redigiert
Reg.	Register
repr.	reprinted
rev.	revidiert, revised
russ.	russisch
s.	siehe
schott.	schottisch
schweiz.	schweizerisch
s. o.	siehe oben
sog.	sogenannt
Sp.	Spalte(n)
span.	spanisch
spätlat.	spätlateinisch

s. u.	siehe unten
Suppl.	Supplement
Tab.	Tabelle(n)
Taf.	Tafel(n)
teilw.	teilweise
trans., Trans.	translated, Translation
u.	und
u. a.	und andere
Übers., übers.	Übersetzung, Übersetzer, übersetzt
übertr.	übertragen
ung.	ungarisch
u. ö.	und öfter
usw.	und so weiter
v.	von
v. Chr.	vor Christus
verb.	verbessert
vgl.	vergleiche
vollst.	vollständig
Vorw.	Vorwort
z. B.	zum Beispiel

7. Logische und mathematische Symbole

Zeichen	Name	in Worten
ε	affirmative Kopula	ist
ε′	negative Kopula	ist nicht
⥱	Definitionszeichen	nach Definition gleichbedeutend mit
ι_x	Kennzeichnungs-operator	dasjenige x, für welches gilt
¬	Negator	nicht
∧	Konjunktor	und
∨	Adjunktor	oder (nicht ausschließend)
⤚	Disjunktor	entweder … oder …
→	Subjunktor	wenn …, dann …
↔	Bisubjunktor	genau dann, wenn
—3	strikter Implikator	es ist notwendig: wenn …, dann …
Δ	Notwendigkeits-operator	es ist notwendig, daß
∇	Möglichkeits-operator	es ist möglich, daß
X	Wirklichkeits-operator	es ist wirklich, daß
X̄	Kontingenzoperator	es ist kontingent, daß
O	Gebotsoperator	es ist geboten, daß
V	Verbotsoperator	es ist verboten, daß
E	Erlaubnisoperator	es ist erlaubt, daß
I	Indifferenzoperator	es ist freigestellt, daß
$\bigwedge_x$	Allquantor	für alle x gilt
$\bigvee_x$	Einsquantor, Manchquantor, Existenzquantor	für manche [einige] x gilt
$\overset{1}{\bigvee}_x$	kennzeichnender Eins-(Manch-, Existenz-)quantor	für genau ein x gilt
⩓$_x$	indefiniter Allquantor	für alle x gilt (bei indefinitem Variabilitätsbereich von x)
⩔$_x$	indefiniter Eins-(Manch-, Existenz-)quantor	für manche [einige] x gilt (bei indefinitem Variabilitätsbereich von x)
⋎	Wahrheitssymbol	das Wahre (verum)
⋏	Falschheitssymbol	das Falsche (falsum)
≺	[logisches] Implikationszeichen	impliziert (aus … folgt …)
≍	[logisches] Äquivalenzzeichen	gleichwertig mit
⊨	semantisches Folgerungszeichen	aus … folgt …
⇒	Regelpfeil	man darf von … übergehen zu …
⇔	doppelter Regelpfeil	man darf von … übergehen zu … und umgekehrt
$\vdash\!\vdash_K$	Ableitbarkeitszeichen (insbes. zwischen Aussagen und Aussageformen: syntaktisches Folgerungszeichen)	ist ableitbar (in einem Kalkül K), aus … ist … ableitbar (in einem Kalkül K)
~	Äquivalenzzeichen	äquivalent
=	Gleichheitszeichen	gleich

Zeichen	Name	in Worten
$\neq$	Ungleichheitszeichen	ungleich
$\equiv$	Identitätszeichen	identisch
$\not\equiv$	Nicht-Identitätszeichen	nicht identisch
$<$	Kleiner-Zeichen	kleiner als
$\leq$	Kleiner-gleich-Zeichen	kleiner als oder gleich
$>$	Größer-Zeichen	größer als
$\geq$	Größer-gleich-Zeichen	größer als oder gleich
$\in$	(mengentheoretisches) Elementzeichen	ist Element von
$\notin$	Nicht-Elementzeichen	ist nicht Element von
$\{\ \}$	Mengenklammer	die Menge mit den Elementen …
$\in_x$ $\{x\mid\ \}$	Mengenabstraktor	die Menge derjenigen x, für die gilt
$\subseteq$	Teilmengenrelator	ist Teilmenge von
$\subset$	echter Teilmengenrelator	ist echte Teilmenge von
$\emptyset$	Zeichen der leeren Menge	leere Menge
$\cup$	Vereinigungszeichen	vereinigt mit
$\bigcup$	Vereinigungszeichen (für beliebig viele Mengen)	Vereinigung von
$\cap$	Durchschnittszeichen	geschnitten mit
$\bigcap$	Durchschnittszeichen (für beliebig viele Mengen)	Durchschnitt von
$\complement$ $\complement_M$	Komplementzeichen	Komplement von … (in M)
$\mathfrak{P}$	Potenzmengenzeichen	Potenzmenge von
ι	Funktionsapplikator	(die Funktion …,) angewandt auf …
ι_x	Funktionsabstraktor	die Funktion von x, abstrahiert aus …
$\rightarrow$	Abbildungszeichen	(der Definitionsbereich) … wird abgebildet in (den Zielbereich) …
$\mapsto$	Zuordnungszeichen	(dem Argument) … wird (der Wert) … zugeordnet

Klammerung: Es werden die üblichen Klammerungsregeln angewendet. Zur Klammerersparnis bei logischen Formeln gilt, daß $\neg$ stärker bindet als alle anderen Junktoren, ferner, $\wedge$, $\vee$, $\rightarrowtail$ stärker als $\rightarrow$, $\leftrightarrow$.

Thābit Ibn Qurra, *Ḥarrān (Mesopotamien) ca. 830, †Bagdad 19. Febr. 901, arab. Mathematiker, Astronom, Physiker und Philosoph. T. folgte Muḥammad b. Mūsā b. Shākir nach Bagdad, wo dieser zusammen mit seinen Brüdern Aḥmad und al-Ḥasan (›Banū Musā‹) einen wissenschaftlichen Kreis gegründet hatte. T. erhielt in Bagdad, das im 9. Jh. der Schmelztiegel griechischer und arabischer Wissenschaft war, seine wissenschaftliche Ausbildung. Er übersetzte zahlreiche naturwissenschaftliche und mathematische Schriften aus dem Griechischen ins Arabische, darunter Archimedes' »De sphaera et cylindro«, Apollonius' »Conica« (Bücher V–VII) sowie Nikomachos von Gerasas »Einführung in die Arithmetik«. Außerdem revidierte er Übersetzungen unter anderem von K. Ptolemaios' »Almagest« und den »Elementen« des Euklid.

In der Mathematik verbindet T. als einer der ersten algebraische mit geometrischen Methoden. Er entwickelt eine Regel für die Entdeckung so genannter befreundeter Zahlenpaare, also zweier Zahlen, von denen jede die Summe der Faktoren der anderen ist; diese Regel wird später von R. Descartes, P. de Fermat und L. Euler wiederentdeckt. In seiner Schrift über den Transversalensatz gibt T. einen Beweis des sphärischen Satzes des Menelaos von Alexandreia; in seiner Abhandlung »Über das Operieren mit multiplikativ verknüpften Proportionen« wendet er Begriffe der Arithmetik auf geometrische Größen an, was einen wichtigen Schritt zur Erweiterung des Zahlbegriffs in Richtung der positiven reellen ↑Zahlen darstellt. Des weiteren gibt T. drei neue Beweise für den ↑Pythagoreischen Lehrsatz (↑Pythagoreische Zahlen), unternimmt zwei Beweisversuche für das Euklidische ↑Parallelenaxiom und entwickelt Regeln zur Lösung konkreter Probleme der sphärischen Trigonometrie. In der Astronomie wendet T. mathematische Methoden an, um die Ptolemaiische Astronomie weiterzuentwickeln, und begründet so eine Tradition der mathematischen Astronomie in der arabischen Wissenschaft. Die Theorie der so genannten Trepidation (der angenommenen Schwankungen der Präzession der Äquinoktien) wird T. nicht mehr zugeschrieben.

Philosophisch betont T. die abstrakte Natur der Zahlen im Gegensatz zu den konkret gezählten Objekten und besteht gegen den Aristotelischen Begriff der potentiellen Unendlichkeit (↑unendlich/Unendlichkeit) auf dem Begriff der aktualen Unendlichkeit. Darüber hinaus kritisiert er die Ansichten Platons und Aristoteles' über die Bewegungslosigkeit der Materie.

Werke: The Astronomical Works [teilw. arab./teilw. lat.], ed. F. J. Carmody, Berkeley Calif./Los Angeles 1960; Œuvres d'astronomie [arab./franz.], ed. R. Morelon, Paris 1987. – A. Björnbo, T.s Werk über den Transversalensatz (liber de figura sectore) [lat./dt.], Erlangen 1924; Liber Karastonis [lat./engl.], in: E. A. Moody/M. Clagett (eds.), The Medieval Science of Weights (scientia de ponderibus) [...], Madison Wis. 1952, 1960, 77–117; R. Rashed (ed.), Les mathématiques infinitésimales du IXe au XIe siècle. Fondateurs et commentateurs I (franz./arab.), London 1996, 139–673 (Chap. II T. i. Q. et ses traveaux en mathématiques infinitésimales); T. i. Q. on the Infinite and Other Puzzles. Edition and Translation of His Discussion with Ibn Usayyid, ed. A. I. Sabra, Z. Gesch. arab.-islam. Wiss. 11 (1997), 1–33; On the Sector-Figure and Related Texts [arab./lat./engl.], ed. R. Lorch, Frankfurt 2001, Augsburg 2008; R. Rashed/C. Houzel, T. i. Q. et la théorie des parallèles [arab./franz.], Arabic Sci. Philos. 15 (2005), 9–55; R. Rashed (ed.), T. i. Q.. Science and Philosophy in Ninth-Century Baghdad [arab./teilw. engl., teilw. franz.], Berlin/New York 2009 [enthält außerdem einleitende Aufsätze v. R. Rashed u. a.]. – Bibliographie, in: H. Suter, Die Mathematiker und Astronomen der Araber und ihre Werke, Leipzig 1900 (repr. New York 1972, zusammen mit »Nachträge und Berichtigungen [...]« [s. u.], Amsterdam 1981), 34–38; ders., Nachträge, in: Nachträge und Berichtigungen zu »Die Mathematiker und Astronomen der Araber und ihre Werke«, Abh. Gesch. math. Wiss. 14 (1902), 155–185 (repr. zusammen mit »Die Mathematiker und Astronomen [...]« [s. o.], Amsterdam 1981), 162–163; C. Brockelmann, Geschichte der arabischen Literatur I, Leiden [2]1943, 241–244; ders., Suppl. I, Leiden 1937, 384–386; F. Sezgin, Geschichte des arabischen Schrifttums III (Medizin und Pharmazie), Leiden 1970, 260–263, V (Mathematik), Leiden 1974, 264–272, VI (Astronomie), Leiden 1978, 163–170.

Literatur: M. Abattouy, Greek Mechanics in Arabic Context: T. i. Q., al-Isfizārī and the Arabic Traditions of Aristotelian and Euclidean Mechanics, Science in Context 14 (2001), 179–247; H. Bellosta, Le traité de T. i. Q. sur »La figure secteur«, Arab. Sci. Philos. 14 (2004), 145–168; A. Cortabarría Beitia, Deux sources arabes de S. Albert le Grand: T. b. Q. et al-Farghāni, Mélanges. Institut Dominicain d'Études Orientales du Caire 17 (1986), 37–52; P. Crozet, T. i. Q. et la composition des rapports, Arabic Sci. Philos. 14 (2004), 175–211; H. Hermelink, Die ältesten magischen Quadrate höherer Ordnung und ihre Bildungsweise, Sudh. Arch. 42 (1958), 199–217, separat Wiesbaden 1958; E. S. Kennedy, The Crescent Visibility Theory of T. b. Q., Proc. Math. Phys. Soc. United Arab. Rep. 24 (1961), 71–74; P. Luckey, T. b. Q.s Buch über die ebenen Sonnenuhren, Quellen u. Stud. Gesch. Math., Astronomie u. Physik Abt. B 4 (1938), 95–148 (repr. in: F. Sezgin [ed.], T. i. Q. (d. 288/901) [s. u.] II, 141–194); ders., T. b. Q. über den geometrischen Richtigkeitsnachweis der Auflösung der quadratischen Gleichungen, Ber. Verh. Sächs. Akad. Wiss. Leipzig, math.-phys. Kl. 93 (1941), 93–114 (repr. in: F. Sezgin [ed.], T. i. Q. (d. 288/901) [s. u.] II, 195–216); M. Meyerhof, The Book of Treasure. An Early Arabic Treatise on Medicine, Isis 14 (1930), 55–76; J. Palmeri, T. i. Q., in: T. Hockey (ed.), The Biographical Encyclopedia of Astronomers II, New York 2007, 1129–1130; S. Pines, T. b. Q.'s Conception of Number and Theory of the Mathematical Infinite, in: Actes du XIe congrès international d'histoire des sciences III, Breslau/Warschau/Krakau 1968, 160–166; R. Rashed/R. Morelon, T. b. Ḳurra, EI X (2000), 428–429; B. A. Rosenfeld, T. i. Q., in: H. Selin (ed.), Encyclopaedia of the History of Science, Technology, and Medicine in Non-Western Cultures IV, Berlin/Heidelberg/New York 2008, 2121–2123; ders./A. T. Grigorian, T. i. Q., DSB XIII (1976), 288–295; A. I. Sabra, T. i. Q. on Euclid's Parallels Postulate, J. Warburg and Courtauld Institutes 31 (1968), 12–32; A. Sayili, T. i. Q.'s Generalization of the Pythagorean Theorem, Isis 51 (1960), 35–37; O. Schirmer, Studien zur Astronomie der Araber, Sitz.ber. Phys.-med. Soz. Erlangen 58 (1926), 33–88 (repr. in: F. Sezgin [ed.], T.

i. Q. (d. 288/901) [s. u.] II, 1–56); F. Sezgin (ed.), T. i. Q. (d. 288/901). Texts and Studies, I–II, Frankfurt 1997 (Islamic Mathematics and Astronomy XXI–XXII); E. Wiedemann, Über Ṯâbit ben Q., sein Leben und Wirken, Sitz.ber. Phys.-med. Soz. Erlangen 53 (1921), 189–219 (repr. in: ders., Aufsätze zur arabischen Wissenschaftsgeschichte II, Hildesheim/New York 1970, 548–578, ferner in: F. Sezgin [ed.], T. i. Q. (d. 288/901) [s. o.] I, 159–189); ders./J. Frank, Über die Konstruktion der Schattenlinien auf horizontalen Sonnenuhren von T. ben Q., Kopenhagen 1922 (Kongelige Danske Videnskabernes Selskab Skrifter, Math.-fys. Meddelelser IV, H. 9); M. F. Woepcke, Notice sur une théorie ajoutée par T. ben Korrah à l'arithmétique spéculative des grecs, J. Asiat. 4. sér. 20 (1852), 420–429 (repr. in: F. Sezgin [ed.], T. i. Q. (d. 288/901) [s. o.] I, 16–25); A. P. Youschkevitch, Note sur les déterminations infinitésimales chez T. i. Q., Arch. int. hist. sci. 17 (1964), 37–45. E.-M. E.

Thales von Milet, *Milet ca. 625 v. Chr., †ca. 547 v. Chr., vermutlich griechischer (thebanischer) Herkunft, nach Aristoteles Begründer der ionischen (↑Philosophie, ionische) ↑Naturphilosophie (Met. *A*3.983b20–984a3). T. gilt seit dem 6. Jh. als der erste der Sieben Weisen (Diog. Laert. I, 22–44; ↑Weisheit). Die Überlieferung ist unsicher; während Xenophanes, Heraklit und Demokrit möglicherweise noch Schriften des T. gekannt haben, bezieht sich Aristoteles auf indirekte Quellen. T. soll die Sonnenfinsternis vom 28. Mai 585 v. Chr. vorhergesagt (Herodot I,74,2) und Erklärungen der jährlichen Nilüberschwemmungen und der Magnetismusphänomene (Arist. de an. *A*2.405a19–21) gegeben haben. In Verbindung mit der kosmologischen (↑Kosmologie) These, daß die Erde auf dem Wasser schwimme (Arist. Met. *A*3.983b21–22; de cael. *B*13.294a28–31), wird ihm ferner eine Erklärung der Erdbebenphänomene zugeschrieben. Als *philosophische* Sätze im engeren Sinne gelten die Behauptungen, daß ›alles voller Götter‹ (Arist. de an. *A*5.411a7–8; ↑Hylozoismus) und der Ursprung (*ἀρχή*; ↑Archē) alles Seienden das Wasser sei (Arist. Met. *A*3.983b20–21; vermutlich, nach H. Cherniss, eine Aristotelische Paraphrase des Satzes, daß die Erde auf dem Wasser ruht).

Bis in das 5. Jh. reicht die im einzelnen gut belegte Überlieferung, wonach T. die folgenden *elementargeometrischen* Sätze formuliert habe: (1) Der Kreis wird durch jeden seiner Durchmesser halbiert (Procli Diadochi in primum Euclidis elementorum librum commentarii, ed. G. Friedlein, Leipzig 1873, 157,10–13), (2) die Scheitelwinkel sich schneidender Geraden sind gleich (Procl. in Eucl. 299,1–5 Friedlein [Eudem Fr. 135, ed. F. Wehrli, Die Schule des Aristoteles VIII, Basel 1955]), (3) die Basiswinkel im gleichschenkligen Dreieck sind gleich (Procl. in Eucl. 250,20–251,2 Friedlein), (4) zwei Dreiecke, die in einer Seite und den anliegenden Winkeln übereinstimmen, stimmen in allen Stücken überein (Procl. in Eucl. 352,14–18 Friedlein [Eudem Fr. 134 Wehrli]), (5) der Peripheriewinkel im

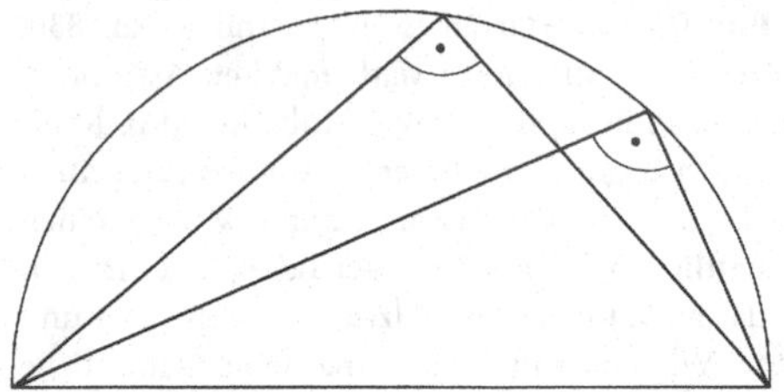

Abb. 1: Satz des T..

Halbkreis ist ein rechter (Diog. Laert. I, 24–25, ›Satz des T.‹, s. Abb. 1).

Die Formulierung dieser Sätze stellt gegenüber der babylonischen Geometrie den für die Entwicklung des griechischen Theoriebegriffs (↑Theorie, ↑Theoria) fundamentalen Übergang zu ›allgemeinen‹ (theoretischen) Sätzen (hier Sätzen über Winkel bzw. Verhältnisse im Kreis) dar. Die Entdeckung der Möglichkeit *theoretischer* Sätze wird ferner durch die Entdeckung der Möglichkeit des ↑Beweises solcher Sätze durch Symmetriebetrachtungen (↑symmetrisch/Symmetrie (geometrisch)), also nicht, wie später, axiomatisch-deduktiv (↑Methode, axiomatische), ergänzt (Procl. in Eucl. 157,10–11 Friedlein). Die Thaletische Geometrie stellt sich damit in der Form ihrer Überlieferung als ein Stück logikfreier Elementargeometrie dar. Diese dürfte denn auch den Anfang eines ›Denkens des ↑Allgemeinen‹ bilden, das im Aristotelischen Sprachgebrauch das beginnende wissenschaftliche und philosophische Denken näher bestimmt und (methodisch) auszeichnet (vgl. J. Mittelstraß, Die Entdeckung der Möglichkeit von Wissenschaft, 1965).

Werke: Die Vorsokratiker. Die Fragmente und Quellenberichte, ed. W. Capelle, Leipzig 1935, 67–72, Stuttgart [9]2008, 39–42; VS 11 (I, 67–81) (franz. Les présocratiques, ed. J.-P. Dumont/D. Delattre/J.-L. Poivier, Paris 1988, 2008, 3–23); The Presocratic Philosophers. A Critical History With a Selection of Texts, ed. G. S. Kirk/J. E. Raven, Cambridge 1957, 74–98, mit M. Schofield, [2]1983, 2007, 76–99 (dt. Die vorsokratischen Philosophen. Einführung, Texte und Kommentare, Stuttgart/Weimar 1994, 2001, 84–108; franz. Les philosophes présocratiques. Une histoire critique avec un choix de textes, Fribourg, Paris 1995); Fragmente der Vorsokratiker, I–II, ed. F. J. Weber, Paderborn 1962/1964, Paderborn etc. 1988, 19–27; La sapienza greca II [griech./ital.], ed. G. Colli, Mailand 1978, 1992, 105–151; Die Vorsokratiker I [griech./dt.], ed. J. Mansfeld, Stuttgart 1983, 39–55, mit O. Primavesi, erw. in einem Bd., 2011, 2012, 37–53; Die Milesier. T., ed. G. Wöhrle, Berlin/New York 2009 (Traditio Praesocratica I) (engl. The Milesians. T., Berlin/Boston Mass. 2014). – L. E. Navia, The Presocratic Philosophers. An Annotated Bibliography, New York/London 1993, 599–617.

Literatur: K. Algra, The Beginnings of Cosmology. 2. T. and the Beginnings of Greek Cosmology, in: A. A. Long (ed.), The Cambridge Companion to Early Greek Philosophy, Cambridge etc. 1999, 2006, 49–54 (dt. Die Anfänge der Kosmologie. 2. T. und die Anfänge der griechischen Kosmologie, in: A. A. Long [ed.], Handbuch frühe griechische Philosophie. Von T. bis zu den Sophisten, übers. K. Hülser, Stuttgart/Weimar 2001, 46–50); J. Barnes, The Presocratic Philosophers I, London/Boston Mass./ Henley 1979, rev., in einem Bd., 1982, London/New York 2006, 5–16; G. Betheg, T., DNP XII/1 (2002), 236–238; C. Blackwell, T. Philosophus. The Beginning of Philosophy as a Discipline, in: D. R. Kelley (ed.), History and the Disciplines. The Reclassification of Knowledge in Early Modern Europe, Rochester N. Y. 1997, 61–81; L. Blanche, L'éclipse de Thalès et ses problèmes, Rev. philos. France étrang. 158 (1968), 153–199; W. Bröcker, Die Geschichte der Philosophie vor Sokrates, Frankfurt 1965, [2]1986, 9–12; H. Cherniss, The Characteristics and Effects of Presocratic Philosophy, J. Hist. Ideas 12 (1951), 319–345; C. J. Classen, T., RE Suppl. X (1965), 930–947, Neudr. in: ders., Ansätze. Beiträge zum Verständnis der frühgriechischen Philosophie, Würzburg/Amsterdam 1986, 29–46; M. Constantini, La génération Thalès. Avant/après, Paris 1992; P. Curd, Presocratic Philosophy, SEP 2007, rev. 2016, bes. 2. The Milesians; R. M. Dancy, T., Anaximander, and Infinity, Apeiron 22 (1989), 149–190; D. R. Dicks, T., Class. Quart. NS 9 (1959), 294–309; N. C. Dührsen, Zur Entstehung der Überlieferung über die Geometrie des T., in: G. Rechenauer (ed.), Frühgriechisches Denken, Göttingen 2005, 81–101; ders., T., in: H. Flashar/D. Bremer/G. Rechenauer (eds.), Die Philosophie der Antike I/1 (Frühgriechische Philosophie), Basel 2013, 237–263; W. Ekschmitt, Weltmodelle. Griechische Weltbilder von T. bis Ptolemäus, Mainz 1989, [2]1990, 9–19; O. Erdogan, Wasser. Über die Anfänge der Philosophie, Wien 2003; D. Fehling, Die sieben Weisen und die frühgriechische Chronologie. Eine traditionsgeschichtliche Studie, Bern/Frankfurt/New York 1985, bes. 53–65; A. Finkelberg, Heraclitus and T.' Conceptual Scheme. A Historical Study, Leiden/Boston Mass. 2017; O. Gigon, Der Ursprung der griechischen Philosophie. Von Hesiod bis Parmenides, Basel 1945, Basel/Stuttgart [2]1968, 41–58; W.-D. Gudopp v. Behm, T. und die Folgen. Vom Werden des philosophischen Gedankens. Anaximander und Anaximenes, Xenophanes, Parmenides und Heraklit, Würzburg 2015, bes. 45–60 (Kap. I. B.2 T.); W. K. C. Guthrie, Aristotle as a Historian of Philosophy. Some Preliminaries, J. Hellenic Stud. 77 (1957), 35–41; ders., A History of Greek Philosophy I, Cambridge 1962, Cambridge etc. 2000, 45–72; G. Gutzeit, T., DNP Suppl. VIII (2013), 971–976; W. Hartner, Eclipse Periods and T.' Prediction. Historic Truth and Modern Myth, Centaurus 14 (1969), 60–71; T. L. Heath, A History of Greek Mathematics I, Oxford 1921 (repr. 1960, Bristol 1993), New York 1981, 118–140; N. S. Hetherington, T. of Miletus, in: D. Hockey (ed.), The Biographical Encyclopedia of Astronomers II, New York 2007, 1131–1132, IV, [2]2014, 2142–2144; U. Hölscher, Anaximander und die Anfänge der Philosophie, Hermes 81 (1953), 257–277, 385–418, [rev.] Neudr. in: ders., Anfängliches Fragen. Studien zur frühen griechischen Philosophie, Göttingen 1968, 9–89; F. Jürß, T. v. M., in: D. Hoffmann u. a. (eds.), Lexikon der bedeutenden Naturwissenschaftler III, Heidelberg 2004, München 2007, 353–354; F. Krafft, Geschichte der Naturwissenschaft I, Freiburg 1971, 63–91; R. Lahaye, La philosophie ionienne. L'école de Milet: T., Anaximandre, Anaximène, Héraclite d'Ephèse, Paris 1966, 19–44; R. Laurenti, Introduzione a Talete, Anassimandro, Anassimene, Bari 1971, Rom/ Bari 1986, 43–86; J. Longrigg, T., DSB XIII (1976), 295–298; J. de Man, De Schaduw van T.. Over de Geboorte van de Wetenschap, Amsterdam 1991; J. Mansfeld, Aristotle and Others on T., Or the Beginnings of Natural Philosophy, Mnemosyne 38 (1985), 109–129; M. Marcinkowska-Rosół, Die Prinzipienlehre der Milesier. Kommentar zu den Textzeugnissen bei Aristoteles und seinen Kommentatoren, Berlin/New York 2014; P. Mazzeo, Talete, il primo filosofo, Bari 2010; R. D. McKirahan Jr., Philosophy Before Socrates. An Introduction with Texts and Commentary, Indianapolis Ind./Cambridge Mass. 1994, 23–31, [2]2010, 1–31; ders., T., REP IX (1998), 322–324; J. Mittelstraß, Die Entdeckung der Möglichkeit von Wissenschaft, Arch. Hist. Ex. Sci. 2 (1965), 410–435, Neudr. in: ders., Die Möglichkeit von Wissenschaft, Frankfurt 1974, 29–55, 209–221; ders., Neuzeit und Aufklärung. Studien zur Entstehung der neuzeitlichen Wissenschaft und Philosophie, Berlin/New York 1970, 18–32 (§ 1.1.2 Thaletische Geometrie); ders., Griechische Anfänge des wissenschaftlichen Denkens, in: G. Damschen u. a. (eds.), Platon und Aristoteles – sub ratione veritatis, Göttingen 2003, 134–157, ferner in: ders., Die griechische Denkform. Von der Entstehung der Philosophie aus dem Geiste der Geometrie, Berlin/Boston Mass. 2014, 19–42; A. A. Mosshammer, T.' Eclipse, Transact. Amer. Philol. Ass. 111 (1981), 145–155; O. Neugebauer, The Exact Sciences in Antiquity, Kopenhagen 1951, Princeton N. J. 1952, Providence R. I. [2]1957, 1970 (franz. Les sciences exactes dans l'antiquité, Arles 1990); P. F. O'Grady, T. of Miletus. The Beginnings of Western Science and Philosophy, Aldershot/Burlington Vt. 2002; D. Panchenko, T. and the Origin of Theoretical Reasoning, Configurations 3 (1993), 387–414; ders., T.'s Prediction of a Solar Eclipse, J. Hist. Astron. 25 (1994), 275–288; ders., T. de M., Dict. ph. ant. VI (2016), 771–793; W. H. Pleger, Die Vorsokratiker, Stuttgart 1991, 56–60; G. Pohlenz, Beziehungen zwischen physikalischem und methodisch-metaphysischem Denken in den Anfängen menschlichen Geistes I (T., Anaximander, Anaximenes), Pers. Philos. 16 (1990), 269–290; C. Rapp, Vorsokratiker, München 1997, 27–37, [2]2007, 26–34; ders., T., in: K. Brodersen (ed.), Große Gestalten der griechischen Antike. 58 Porträts von Homer bis Kleopatra, München 1999, 51–57; C. J. Richard, Twelve Greeks and Romans Who Changed the World, Lanham Md. etc. 2003, 17–27 (Chap. 2 T.. Founder of Western Science) (dt. Zwölf Griechen und Römer die Geschichte schrieben, Darmstadt 2005, 24–35 [Kap. 2 T.. Begründer der abendländischen Wissenschaft]); B. Rizzi, Talete ed il sorgere della scienza attraverso la discussione critica, Physis 22 (1980), 293–324; W. Röd, Die Philosophie der Antike I (Von T. bis Demokrit), München 1976, [3]2009, 32–38; A. Schwab, T. v. M. in der frühen christlichen Literatur. Darstellungen seiner Figur und seiner Ideen in den griechischen und lateinischen Textzeugnissen christlicher Autoren der Kaiserzeit und Spätantike, Berlin/New York 2012; B. Snell, Die Nachrichten über die Lehren des T. und die Anfänge der griechischen Philosophie- und Literaturgeschichte, Philologus 96 (1944), 170–182, Neudr. in: ders., Ges. Schriften, Göttingen 1966, 119–128; F. R. Stephenson/L. J. Fatoohi, T.'s Prediction of a Solar Eclipse, J. Hist. Astron. 28 (1997), 279–282; B. L. van der Waerden, Ontwakende Wetenschap. Egyptische, Babylonische, en Griekse Wiskunde, Groningen 1950 (dt. Erwachende Wissenschaft I, Basel/Stuttgart 1956, [2]1966; engl. Science Awakening I, Groningen 1954, Dordrecht, Princeton N. J. [5]1988); ders., Die Astronomie der Griechen, Darmstadt 1988, 8–14; S. A. White, T. and the Stars, in: V. Caston/D. W. Graham (eds.), Presocratic Philosophy. Essays in Honour of Alexander Mourelatos, Aldershot/Burlington Vt. 2002, 3–18; ders., T. of Miletus, Enc. Philos. IX ([2]2006), 405–406. J. M.

Theaitetos von Athen, *Athen ca. 417 v. Chr., †ebd. 369 v. Chr., griech. Mathematiker. Studium bei Theodoros von Kyrene und Platon in der ↑Akademie. T. tritt als Hauptteilnehmer in den Platonischen Dialogen »Sophistes« und dem nach ihm benannten »T.« auf. Dieser Dialog, an dessen Anfang berichtet wird, daß T. nach einer

Schlacht zwischen Athen und Korinth verwundet und dem Tode geweiht sei, fand am Tag des Prozesses gegen Sokrates statt. – T., von dem keine Schriften überliefert sind, gilt als einer der bedeutendsten Mathematiker der Antike. Vor allem drei Leistungen werden ihm zugeschrieben: (1) die Grundlagen für die Klassifikation der irrationalen Zahlen (↑irrational (mathematisch)) im 10. Buch der »Elemente« Euklids, dessen Inhalt nach B. L. van der Waerden ganz auf T. zurückgehen soll; (2) die erste theoretische Konstruktion der als solche auf Pythagoras bzw. die ↑Pythagoreer zurückgehenden ↑Platonischen Körper sowie deren Einbeschreibung in eine Kugel; (3) eine der Systematisierung durch Eudoxos von Knidos vorausgehende Form der ↑Proportionenlehre.

Literatur: G. J. Allman, Greek Geometry from Thales to Euclid [Teil VI], Hermathena 6 (1887), 269–278, Nachdr. in: ders., Greek Geometry From Thales to Euclid, London, Dublin 1889 (repr. New York 1976), 206–215 (Chap. IX Theaetetus); O. Becker, Eudoxos-Studien I (Eine voreudoxische Proportionenlehre und ihre Spuren bei Aristoteles und Euklid), Quellen u. Stud. Gesch. Math., Astron. u. Physik Abt. B2 (1933), 311–333, Nachdr. in: J. Christianidis (ed.), Classics in the History of Greek Mathematics, Dordrecht/Boston Mass./London 2004 (Boston Stud. Philos. Sci. 240), 191–209; I. Bulmer-Thomas, Theaetetus, DSB XIII (1976), 301–307; M. F. Burnyeat, The Philosophical Sense of Theaetetus' Mathematics, Isis 69 (1978), 489–513; M. Folkerts, T. [1], DNP XII/1 (2002), 250–251; K. v. Fritz, Platon, Theaetet und die antike Mathematik, Philol. 87 (1932), 40–62, 136–178 (repr. [um einen Nachtrag erw.] Darmstadt 1969); ders., T. [2], RE V/A2 (1934), 1351–1374; L. Hellweg, Mathematische Irrationalität bei Theodoros und T.. Ein Versuch der Wiedergewinnung ihrer Theorien, Frankfurt etc. 1994; W. R. Knorr, The Evolution of Euclidean Elements. A Study of the Theory of Incommensurable Magnitudes and Its Significance for Early Greek Geometry, Dordrecht/Boston Mass. 1975; M. Narcy, Théétète d'Athènes, Dict. ph. ant. VI (2016), 844–846; E. Sachs, De Theaeteto Atheniensi mathematico, Diss. Berlin 1914; B. L. van der Waerden, Ontwakende Wetenschap. Egyptische, Babylonische en Griekse Wiskunde, Groningen 1950 (dt. Erwachende Wissenschaft. Ägyptische, babylonische und griechische Mathematik, Basel/Stuttgart 1956, unter dem Titel: Erwachende Wissenschaft I, [2]1966; engl. Science Awakening I, Groningen 1954, Dordrecht, Princeton N. J. [5]1988); A. Wasserstein, Theaetetus and the History of the Theory of Numbers, Class. Quart. NS 8 (1958), 165–179. G. W.

Theismus (von griech. *θεός*, Gott; engl. theism, franz. théisme), Bezeichnung für eine Richtung innerhalb der philosophischen ↑Theologie, der im Gegensatz zum ↑Deismus die Vorstellung eines persönlich wirkenden Gottes (↑Gott (philosophisch)) zugrundeliegt (der Deist glaube, so I. Kant, »einen Gott, der Theist aber einen lebendigen Gott (summam intelligentiam)«, KrV B 661). Die Bezeichnung ›T.‹ wurde ursprünglich in Abgrenzung zum ↑Atheismus gebildet (R. Cudworth, The True Intellectual System of the Universe, London 1678 [repr. Stuttgart-Bad Cannstatt 1964, Hildesheim/New York 1977], The Preface to the Reader) und ist im Sinne einer allgemeinen Rahmenvorstellung, die selbst den Atheismus noch einschließen kann, auf unterschiedliche theologische Positionen anwendbar (↑Monotheismus, ↑Pantheismus, ↑Polytheismus). Insofern ist der T. auch ebenso Bestandteil einer Offenbarungstheologie (↑Offenbarung) wie Bestandteil der Konzeption einer natürlichen Religion (↑Religion, natürliche), etwa im Sinne der ↑Aufklärung. In Kants Begriff einer ↑transzendentalen Theologie, die ihren Gegenstand »bloß durch reine Vernunft, vermittelst lauter transzendentaler Begriffe (ens originarium, realissimum, ens entium)«, denkt (KrV B 659), wird T. auf eine natürliche Theologie (↑theologia naturalis) eingeschränkt; Kernstück einer philosophischen Theologie bleibt der Deismus (»der, so allein eine transzendentale Theologie einräumt, wird Deist, der, so auch eine natürliche Theologie annimmt, Theist genannt«, ebd.). In neuerer Zeit werden theistische Positionen z. B. von A. M. Farrer, É. Gilson, J. Maritain und R. Swinburne vertreten.

Literatur: R. M. Adams, Leibniz. Determinist, Theist, Idealist, Oxford etc. 1994, 1998, 113–213 (Part II Theism. God and Being); S. Andersen (ed.), Traditional Theism and Its Modern Alternatives, Aarhus 1994; E. Baert, T., EP III ([2]2010), 2727–2729; D. Basinger, Divine Power in Process Theism. A Philosophical Critique, Albany N. Y. 1988; M. D. Beaty (ed.), Christian Theism and the Problems of Philosophy, Notre Dame Ind./London 1990; H. S. Box, The World and God. The Scholastic Approach to Theism, Diss. London, New York 1934; J. H. Brooke/M. J. Osler/J. M. Van der Meer (eds.), Science in Theistic Contexts. Cognitive Dimensions, Chicago Ill., Ithaca N. Y. 2001; G. Brüntrup/R. K. Tacelli (eds.), The Rationality of Theism, Dordrecht/Boston Mass./London 1999; F. F. Centore, Theism or Atheism. The Eternal Debate, Aldershot etc. 2004; J. Cottingham (ed.), The Meaning of Theism, Oxford/Malden Mass. 2006, 2007; I. U. Dalferth, T., TRE XXXIII (2002), 196–205; R. B. Davis, The Metaphysics of Theism and Modality, New York etc. 2001; U. Dierse, T., Hist. Wb. Ph. X (1998), 1054–1059; D. A. Dombrowski, Analytic Theism, Hartshorne, and the Concept of God, Albany N. Y. 1996; J. Donnelly (ed.), Logical Analysis and Contemporary Theism, New York 1972; C. Dore, Theism, Dordrecht/Boston Mass./Lancaster 1984; T. Dougherty, Skeptical Theism, SEP 2014; ders./J. P. McBrayer (eds.), Skeptical Theism. New Essays, Oxford etc. 2014; A. C. Fraser, Philosophy of Theism, I–II, Edinburgh/London 1895/1896 (I repr. New York 1979), I, [2]1999; J. I. Gellman, Experience of God and the Rationality of Theistic Belief, Ithaca N. Y./London 1997; A. B. Gibson, Theism and Empiricism, London, New York 1970; J. L. Golding, Rationality and Religious Theism, Aldershot etc. 2003; R. Gutschmidt/T. Rentsch (eds.), Gott ohne T.? Neue Positionen zu einer zeitlosen Frage, Münster 2016; E. E. Harris, Atheism and Theism, New Orleans La. 1977; B. Hebblethwaite, The Ocean of Truth. A Defense of Objective Theism, Cambridge etc. 1988, 1989; C. P. Henderson, God and Science. The Death and Rebirth of Theism, Atlanta Ga. 1986; G. D. Hicks, The Philosophical Bases of Theism, London 1937 (repr. New York 1979); P. Hünermann, T., spekulativer, Hist. Wb. Ph. X (1998), 1059; T. W. Jennings, Beyond Theism. A Grammar of God-Language, Oxford etc. 1985; P. Kamleiter, Der entzauberte Glaube. Eine Kritik am theistischen Weltbild aus naturwissenschaftlicher, philosophischer und theologischer

Sicht, Marburg 2016; A. Kenny, Faith and Reason, New York 1983, 47–65; K. H. Klein, Positivism and Christianity. A Study of Theism and Verifiability, The Hague 1974; J. Koperski, The Physics of Theism. God, Physics, and the Philosophy of Science, Malden Mass./Oxford 2015; J. L. Mackie, The Miracle of Theism. Arguments For and Against the Existence of God, Oxford 1982, 1985 (dt. Das Wunder des T.. Argumente für und gegen die Existenz Gottes, Stuttgart 1985, 2013); E. L. Mascall, He Who Is. A Study in Traditional Theism, London/New York 1943, Hamden Conn. 1970; H. J. McCann (ed.), Free Will and Classical Theism. The Significance of Freedom in Perfect Being Theology, Oxford etc. 2017; J. P. Moreland/C. Meister/K. A. Sweis (eds.), Debating Christian Theism, Oxford etc. 2013; T. V. Morris (ed.), Divine and Human Action. Essays in the Metaphysics of Theism, Ithaca N. Y./London 1988; B. Nitsche/K. v. Stosch/M. Tatari (eds.), Gott – jenseits von Monismus und T.?, Paderborn 2017; T. O'Connor, Theism and Ultimate Explanation. The Necessary Shape of Contingency, Malden Mass./Oxford 2008, 2011; H. P. Owen, Concepts of Deity, London/Basingstoke 1971; K. M. Parsons, God and the Burden of Proof. Plantinga, Swinburne, and the Analytic Defense of Theism, Buffalo N. Y. 1989; M. Peterson/M. Ruse, Science, Evolution, and Religion. A Debate about Atheism and Theism, Oxford etc. 2017; P. L. Quinn, Theism, Enc. Ph. IX ([2]2006), 406–409; J. H. Sobel, Logic and Theism. Arguments For and Against Beliefs in God, Cambridge etc. 2004; M. Stanley, Huxley's Church and Maxwell's Demon. From Theistic Science to Naturalistic Science, Chicago Ill./London 2015, 2016; R. Swinburne, The Coherence of Theism, Oxford 1977, rev. 1993, Oxford etc. [2]2016; ders., The Existence of God, Oxford 1979, [2]2004 (dt. Die Existenz Gottes, Stuttgart 1987); C. Taliaferro/V. S. Harrison/S. Goetz (eds.), The Routledge Companion to Theism, London/New York 2013; E. A. Towne, Two Types of New Theism. Knowledge of God in the Thought of Paul Tillich and Charles Hartshorne, New York etc. 1997; T. Trappe, T., spekulativer, TRE XXXIII (2002), 206–209; P. H. Wiebe, Theism in an Age of Science, Lanham Md. 1988. J. M.

Themistios, *Paphlagonien um 317, †Konstantinopel um 388, griech. Philosoph und Redner. 355 Senator, 357 Leiter einer Ehrengesandtschaft nach Rom, 358 Prokonsul, 373–383 etwa 10 diplomatische Reisen im Auftrage des Kaisers, 383 *praefectus urbis* und *princeps senatus.* Von den Kaisern Valens und Theodosius wird T. mit der Erziehung ihrer Söhne betraut. Daß er von christlichen und nicht-christlichen Kaisern geschätzt und geehrt wurde, zeugt von seiner Vielseitigkeit, Anpassungsfähigkeit und Toleranz gegenüber dem Christentum. Seine moralisch-politischen Reden sind zum großen Teil erhalten. – Philosophisch ist T. dem ↑Peripatos zuzurechnen, obgleich er Platon wegen dessen Rhetorik und moralisch-politischen Intentionen schätzt und auch dessen Zielsetzung der Philosophie (eine möglichst weitgehende Angleichung an Gott) übernimmt. T. bevorzugt die Ethik und widmet sich neben der theoretischen Unterweisung vor allem der praktischen Anweisung zum guten Leben (↑Leben, gutes). Neben wenigen selbständigen philosophischen Traktaten (Über die Tugend; Über die Seele) verfaßt er vor allem Paraphrasen zu den Werken des Aristoteles, die zum Teil nicht erhalten, zum Teil nur in lateinischer, hebräischer oder arabischer Übersetzung erhalten sind.

Werke: Orationes [griech.], ed. W. Dindorf, Leipzig 1832 (repr. Hildesheim 1961), unter dem Titel: Themistii Orationes quae supersunt, I–III [I–II griech., III arab./lat.], I, ed. H. Schenkl/G. Downey, II–III, ed. H. Schenkl/G. Downey/A. F. Norman, Leipzig 1965–1974; [Teilausgaben]: Themistios *Περὶ ἀρετῆς* [dt.], übers. J. Gildemeister/F. Bücheler, Rhein. Mus. Philol. 27 (1872), 438–462; G. Downey, Themistius' First Oration, Greek, Roman and Byzantine Stud. 1 [1958], 49–69; Plaidoyer d'un socratique contre le Phèdre de Platon. XXVIe discours de Thémistius [griech./franz.], ed. H. Kesters, Louvain 1959; S. Oppermann, I. *ΕΙΣ ΤΟΝ ΑΥΤΟΥ ΠΑΤΕΡΑ*/II. *ΒΑΣΑΝΙΣΤΗΣ Η ΦΙΛΟΣΟΦΟΣ* (20. und 21. Rede). Überlieferung, Text und Übersetzung [griech./dt.], Diss. Göttingen 1962; H. Schneider, Die 34. Rede des T. (*περὶ τῆς ἀρχῆς*). Einleitung, Übersetzung und Kommentar [griech./dt.], Winterthur 1966; J. G. Smeal, T., the Twenty-Third Oration [engl./griech.], Diss. Nashville Tenn. 1989; Staatsreden [dt.], übers. v. H. Leppin/W. Portmann, Stuttgart 1998; J. M. Sugars, Themistius' Seventh Oration. Text, Translation and Commentary [griech./engl.], Diss. Irvine Calif. 1999; The Private Orations of Themistius [engl.], trans. R. J. Penella, Berkeley Calif./Los Angeles 2000; Politics, Philosophy, and Empire in the Fourth Century. Select Orations of Themistius [engl.], trans. P. Heather/D. Moncur, Liverpool 2001. – Themistii in libros Aristotelis De anima paraphrasis, ed. R. Heinze, Berlin 1899 (CAG V/3) (lat. Commentaire sur le traité de l'âme d'Aristote. Traduction de Guillaume de Moerbeke, ed. G. Verbeke, Leiden 1957, 1973; ital. Parafrasi dei libri di Aristotele sull'anima, Padua 1965; arab. An Arabic Translation of Themistius Commentary on Aristoteles »De Anima«, ed. M. C. Lyons, Oxford 1973; engl. On Aristotle's »On the Soul«, trans. R. B. Todd, ed. R. Sorabji, London, Ithaca N. Y. 1996); Themistii Analyticorum posteriorum paraphrasis, ed. M. Wallies, Berlin 1900 (CAG V/1); Themistii in Aristotelis Physica paraphrasis, ed. H. Schenkl, Berlin 1900 (CAG V/2) (engl. On Aristotle's Physics, in 3 Bdn. [1–3, 4, 5–8], ed. R. Sorabji, London, Ithaca N. Y. 2003–2012); Themistii in libros Aristotelis De caelo paraphrasis, ed. S. Landauer, Berlin 1902 (CAG V/4); Themistii in Aristotelis Metaphysicorum librum *Λ* paraphrasis, ed. S. Landauer, Berlin 1903 (CAG V/5) (franz. Paraphrase de la »Métaphysique« d'Aristote (Livre Lambda), übers. R. Brague, Paris 1999); L'inedito *Πρὸς βασιλέα* di Temistio [griech./ital.], ed. E. Amato/I. Ramelli, Byzantinische Z. 99 (2006), Abt. 1, 1–67; Letter to Julian [arab./engl.], in: S. Swain, Themistius, Julian, and Greek Political Theory under Rome. Text, Translations, and Studies of Four Key Works, Cambridge etc. 2013, 132–159. – A. Garzya, In Themistii orationes index auctus, Neapel 1989; R. B. Todd, Themistius, in: V. Brown/J. Hankins/R. A. Kaster (eds.), Catalogus translationum et commentariorum. Mediaeval and Renaissance Latin Translations and Commentaries. Annotated Lists and Guides VIII, Washington D. C. 2003, 57–102.

Literatur: J. Bussanich, Themistius, REP IX (1998), 324–326; E. Coda, Themistius, Arabic, in: H. Lagerlund (ed.), Encyclopedia of Medieval Philosophy. Philosophy between 500 and 1500 II, Dordrecht etc. 2011, 1260–1266; G. Downey, Education and Public Problems as Seen by Themistius, Transact. Amer. Philol. Ass. 86 (1955), 291–307; ders., Education in the Christian Roman Empire. Christian and Pagan Theories under Constantine and His Successors, Speculum 32 (1957), 48–61; ders., Themistius and the Defence of Hellenism in the Fourth Century, Harvard Theological Rev. 50 (1957), 259–274; T. Gerhardt, Philosophie und Herrschertum aus der Sicht des T., in: A. Goltz/A. Luther/H.

Schlange-Schöningen (eds.), Gelehrte in der Antike. Alexander Demandt zum 65. Geburtstag, Köln/Weimar/Wien 2002, 187–218; P. J. Heather, Themistius. A Political Philosopher, in: M. Whitby (ed.), The Propaganda of Power. The Role of Panegyric in Late Antiquity, Leiden/Boston Mass./Köln 1998, 125–150; I. Kupreeva, Themistius, in: L. P. Gerson (ed.), The Cambridge History of Philosophy in Late Antiquity I, Cambridge etc. 2010, 397–416 (mit Bibliographie, II, 1065–1074); J. Rist, T., BBKL XI (1996), 814–818; J. Schamp/R. B. Todd/J. Watt, Thémistios, Dict. ph. ant. VI (2016), 850–900; W. Stegemann, T., RE V/A2 (1934), 1642–1680; E. Szabat, Themistios, in: P. Janiszewski/K. Stebnicka/E. Szabat, Prosopography of Greek Rhetors and Sophists of the Roman Empire, Oxford 2015, 353–356; R. B. Todd, DNP XII/1 (2002), 303–305; J. Vanderspoel, Themistius and the Imperial Court. Oratory, Civic Duty, and ›Paideia‹ from Constantius to Theodosius, Ann Arbor Mich. 1995, 1998; G. Verbeke, Themistius, DSB XIII (1976), 307–309. M. G.

Theodizee (von griech. *θεός*, Gott, und *δίκη*, Recht, Rechtsverfahren; engl. theodicy, franz. théodicée), im Rahmen einer philosophischen ↑Theologie Bezeichnung für den Versuch einer Rechtfertigung Gottes (↑Gott (philosophisch)) angesichts des von ihm zugelassenen (physischen) ↑Übels, (moralischen) ↑Bösen und Leidens in der Welt. Aufgabe der T. ist es, die Verträglichkeit der Idee eines vollkommenen (↑Vollkommenheit) Gottes, seiner ↑Allmacht und seiner Güte mit den existierenden Abweichungen von der Idee einer vollkommenen Welt zu demonstrieren. Das Motiv der T. tritt in fast allen Religionen auf (im AT z. B. im Buch Hiob); es wird jedoch erst in der Verbindung von christlicher Frömmigkeit und griechischer Philosophie (↑Philosophie, griechische) zu einem theoretischen Problem (zunächst in ↑Patristik und ↑Gnosis sowie bei A. Augustinus, später z. B. bei M. Maimonides, Thomas von Aquin und Nikolaus von Kues). Seine Behandlung verweist auf die ↑Endlichkeit der Welt und den Mißbrauch der ↑Freiheit durch einen uneingeschränkten ↑Willen (z. B. gestufte Ordnung der ↑Schöpfung bei Augustinus, Differenz von Wesen und Existenz des Menschen bei Thomas von Aquin, bloß relative Vollkommenheit der Welt bei Nikolaus von Kues). Die Ausgangsfragen der T. bzw. die Fragen, auf die die T. eine Antwort sucht, bleiben, in der Terminologie des ↑Skeptizismus, von Epikur bis P. Bayle gleich: Entweder will Gott eine vollkommene Welt schaffen, kann es aber nicht; oder er kann es, will aber nicht; oder weder will noch kann er; oder er will und kann, wogegen aber der faktische Zustand der Welt spricht.

Der Ausdruck ›T.‹ wird von G. W. Leibniz gebildet, der zugleich, gegen Bayle, den umfassendsten Versuch einer theoretischen Lösung des Problems unternimmt. Dieser Versuch geht von der Unterscheidung zwischen einem physischen, einem moralischen und einem metaphysischen Begriff des Übels aus (wobei das metaphysische Übel [*malum metaphysicum*] in der Endlichkeit der von Gott geschaffenen Dinge besteht) und zielt auf die Explikation des Begriffs der besten aller möglichen Welten (↑Welt, beste, ↑Welt, mögliche; Essais de théodicée sur la bonté de Dieu, la liberté de l'homme et l'origine du mal, Amsterdam 1710). Das physische und das moralische Übel werden durch das Faktum des metaphysischen Übels erklärt und gerechtfertigt; dieses wiederum ist eine durch die Endlichkeit der Welt gegebene unvermeidliche Eigenschaft auch der besten aller möglichen Welten. Denn auch die Endlichkeit gehört zu den Vollkommenheiten dieser Welt.

Bemühungen dieser Art, einschließlich der vor allem im Umkreis des ↑Deismus häufigen popularisierenden Versuche (A. Pope, A. A. C. Shaftesbury, B. H. Brockes), werden von I. Kant kritisch analysiert und als »Sache unserer anmaßenden, hiebei aber ihre Schranken verkennenden Vernunft« zurückgewiesen (Über das Mißlingen aller philosophischen Versuche in der T. [1791], Akad.-Ausg. VIII, 255). Im Deutschen Idealismus (↑Idealismus, deutscher) wird dieses Urteil noch einmal zugunsten einer wieder stärker spekulativen Bemühung rückgängig gemacht (F. W. J. Schelling: das Böse als eine Stufe im Prozeß der Selbstwerdung Gottes, die Geschichte als Prozeß der Überwindung des Bösen). Für G. W. F. Hegel stellt der Gang der Weltgeschichte die »wahrhafte T., die Rechtfertigung Gottes in der Geschichte« dar (Vorles. Philos. Gesch., Sämtl. Werke XI, 569).

Literatur: K. Appel, Kants T.kritik. Eine Auseinandersetzung mit den T.konzeptionen von Leibniz und Kant, Frankfurt etc. 2003; R. M. Barineau, The Theodicy of Alfred North Whitehead. A Logical and Ethical Vindication, Lanham Md. 1991; K. Berger, Wie kann Gott Leid und Katastrophen zulassen?, Stuttgart 1996, Gütersloh [2]2005; F. Billicsich, Das Problem der T. im philosophischen Denken des Abendlandes I (Von Platon bis Thomas von Aquino), Innsbruck/Wien/München 1936, unter dem Titel: Das Problem des Übels in der Philosophie des Abendlandes, I–III, Wien 1952–1959, I, [2]1955; M. Böhnke u. a., Leid erfahren – Sinn suchen. Das Problem der T., Freiburg/Basel/Wien 2007; H. Busche, T., EP III ([2]2010), 2729–2735; B. J. Claret (ed.), T.. Das Böse in der Welt, Darmstadt 2007, [2]2008, 2011; B. Davies, Thomas Aquinas on God and Evil, Oxford etc. 2011; V. Dieringer, Kants Lösung des T.problems. Eine Rekonstruktion, Stuttgart-Bad Cannstatt 2009; G. Fitzthum, Das Ende der Menschheit und die Philosophie. Zum Spannungsverhältnis von Ethik und T., Gießen 1992; J. L. Garcia, Theodicy, in: C. Mitcham (ed.), Encyclopedia of Science, Technology and Ethics IV, Detroit Mich. etc. 2005, 1936–1938; P. Gerlitz u. a., T., TRE XXXIII (2002), 210–237; B. Gesang, Angeklagt: Gott. Über den Versuch, vom Leiden in der Welt auf die Wahrheit des Atheismus zu schließen, Tübingen 1997; C.-F. Geyer, Die T.. Diskurs, Dokumentation, Transformation, Stuttgart 1992; K. Goldammer/H.-H. Schrey/W. Trillhaas, T., RGG VI (1962), 739–747; B. Gräfrath, Es fällt nicht leicht, ein Gott zu sein. Ethik für Weltenschöpfer von Leibniz bis Lem, München 1998; A. Grandjean (ed.), Théodicées, Hildesheim/Zürich/New York 2010; D. R. Griffin, God, Power, and Evil. A Process Theodicy, Philadelphia Pa. 1976, Louisville Ky./London

2004; G. Grua, Jurisprudence universelle et théodicée selon Leibniz, Paris 1953, New York/London 1985; F. Hermanni, Die letzte Entlastung. Vollendung und Scheitern des abendländischen T.projektes in Schellings Philosophie, Wien 1994; ders., Das Böse und die T.. Eine philosophisch-theologische Grundlegung, Gütersloh 2002; D. Howard-Snyder (ed.), The Evidential Argument from Evil, Bloomington Ind. 1996, 2008; W. Hüffer, T. der Freiheit. Hegels Philosophie des geschichtlichen Denkens, Hamburg 2002; Z. Janowski, Cartesian Theodicy. Descartes' Quest for Certitude, Dordrecht/Boston Mass./London 2000; H.-G. Janßen, Gott - Freiheit - Leid. Das T.problem in der Philosophie der Neuzeit, Darmstadt 1989, [2]1993; L. M. Jorgensen/S. Newlands (eds.), New Essays on Leibniz's Theodicy, Oxford etc. 2014; P. Koslowski, Gnosis und T.. Eine Studie über den leidenden Gott des Gnostizismus, Wien 1993; ders./F. Hermanni (eds.), Der leidende Gott. Eine philosophische und theologische Kritik, München 2001; A. Kreiner, Gott im Leid. Zur Stichhaltigkeit der T.-Argumente, Freiburg/Basel/Wien 1997, 2005; C. Kress, Gottes Allmacht angesichts von Leiden. Zur Interpretation der Gotteslehre in den systematisch-theologischen Entwürfen von Paul Althaus, Paul Tillich und Karl Barth, Neukirchen-Vluyn 1999; S. Landucci, La teodicea nell'età cartesiana, Neapel 1986; M. Larrimore, Theodicy, NDHI VI (2005), 2319–2321; W. Li/W. Schmidt-Biggemann (eds.), 300 Jahre »Essais de Théodicée« - Rezeption und Transformation, Stuttgart 2013; A. L. Loades, Kant and Job's Comforters, Newcastle 1985; L. E. Loemker, Theodicy, DHI II (1973), 378–384; S. Lorenz, De mundo optimo. Studien zu Leibniz' T. und ihrer Rezeption in Deutschland (1710–1791), Stuttgart 1997; ders., T., Hist. Wb. Ph. X (1998), 1066–1073; O. Marquard, Idealismus und T., Philos. Jb. 73 (1965), 33–47, Neudr. in: ders., Schwierigkeiten mit der Geschichtsphilosophie. Aufsätze, Frankfurt 1973, [4]1997, 52–65; ders., T.motive in Fichtes früher Wissenschaftslehre, Erlangen/Jena 1994; C. Meister/P. K. Moser (eds.), The Cambridge Companion to the Problem of Evil, Cambridge etc. 2017; A. Middelbeck-Varwick, Die Grenze zwischen Gott und Mensch. Erkundungen zur T. in Islam und Christentum, Münster 2009; M. J. Murray/S. Greenberg, Leibniz on the Problem of Evil, SEP 1998, rev. 2013; L. Nedergaard-Hansen, Bayle's & Leibniz' drøftelse af theodicé-problemet, I–II, Kopenhagen 1965; G. Neuhaus, T.. Abbruch oder Anstoß des Glaubens, Freiburg/Basel/Wien 1993, [2]1994; D. O'Brien, Théodicée plotinienne, théodicée gnostique, Leiden/New York/Köln 1993; W. Oelmüller (ed.), T. - Gott vor Gericht?, München 1990; ders. (ed.), Worüber man nicht schweigen kann. Neue Diskussionen zur T.frage, München 1992, rev. 1994; M. M. Olivetti (ed.), Teodicea oggi?, Padua 1988; E. L. Ormsby, Theodicy in Islamic Thought. The Dispute over al-Ghazālī's ›Best of all Possible Worlds‹, Princeton N. J. 1984; H. Poser, Von der T. zur Technodizee. Ein altes Problem in neuer Gestalt, Hannover 2011; P. Rateau, La question du mal chez Leibniz. Fondements et élaboration de la théodicée, Paris 2008; ders. (ed.), L'idée de théodicée de Leibniz à Kant. Héritage, transformations, critiques, Stuttgart 2009; R. S. Rodin, Evil and Theodicy in the Theology of Karl Barth, New York etc. 1997; W. Schmidt-Biggemann, T. und Tatsachen. Das philosophische Profil der deutschen Aufklärung, Frankfurt 1988; T. Schumacher, T.. Bedeutung und Anspruch eines Begriffs, Frankfurt etc. 1994; M. S. M. Scott, Journey Back to God. Origen on the Problem of Evil, Oxford etc. 2012; W. Sparn, Leiden - Erfahrung und Denken. Materialien zum T.problem, München 1980; G. Stieler, Leibniz und Malebranche und das Theodiceeproblem, Darmstadt 1930; H. Straubinger, Religionsphilosophie mit T., Freiburg 1934, [2]1949; G. Streminger, Gottes Güte und die Übel der Welt. Das T.problem, Tübingen 1992, mit Untertitel: Das T.-Problem, [2]2016; R. Swinburne, Providence and the Problem of Evil, Oxford 1998; W. Thiede, Der gekreuzigte Sinn. Eine trinitarische T., Gütersloh 2007; T. W. Tilley, The Evils of Theodicy, Washington D. C. 1991, Eugene Or. 2000; M. Tooley, The Problem of Evil, SEP 2002, rev. 2015; N. Trakakis, The God Beyond Belief. In Defense of William Rowe's Evidential Argument from Evil, Dordrecht 2007; P. Weingartner, Evil. Different Kinds of Evil in the Light of a Modern Theodicy, Frankfurt etc. 2003; C. Welz, Love's Transcendence and the Problem of Theodicy, Tübingen 2008; H. W. Weßler u. a., T., RGG VIII ([4]2005), 224–239. - B. L. Whitney, Theodicy. An Annotated Bibliography on the Problem of Evil, 1960–1990, New York 1993, Bowling Green Ohio 1998. J. M.

Theodoros von Kyrene, *Kyrene (heute Schahhat, Libyen) ca. 465 v. Chr., †Kyrene (?) nach 399 v. Chr., griech. Mathematiker, Lehrer des Theaitetos von Athen und (nach Diogenes Laertios) Platons; von Eudemos von Rhodos den ↑Pythagoreern zugerechnet. Nach Platon (Theait. 164e–165a) war T. zunächst ein Schüler (und Freund) des Protagoras, wandte sich aber dann von der Philosophie ab und ganz der Mathematik zu. Hier wird ihm vor allem eine (später nach ihm benannte) Spiralenkonstruktion zugeschrieben. Außer im »Theaitetos« tritt T. auch in den Platonischen Dialogen »Sophistes« und »Politikos« als Gesprächspartner auf. Eigene Schriften sind nicht überliefert. - T. wird in Theait. 147d–148e der Beweis der Irrationalität (↑irrational (mathematisch)) der nicht als natürliche Zahlen darstellbaren Wurzeln der Zahlen von 3 bis 17 zugeschrieben. Die Irrationalität von $\sqrt{2}$ wurde schon von den älteren Pythagoreern nachgewiesen.

Literatur: I. Bulmer-Thomas, Theodorus of Cyrene, DSB XIII (1976), 314–319; P. J. Davis, Spirals from Theodorus to Chaos, Wellesley Mass. 1993 [mit Beiträgen v. W. Gautschi/A. Iserles]; M. Folkerts, T. [2], DNP XII/1 (2002), 323–324; K. v. Fritz, Theodorus [31], RE V/A2 (1934), 1811–1825; W. Gautschi, The Spiral of Theodorus, Numerical Analysis, and Special Functions, J. Comput. and Applied Math. 235 (2010), 1042–1052; D. Gronau, The Spiral of Theodorus, Amer. Math. Monthly 111 (2004), 230–237; L. Hellweg, Mathematische Irrationalität bei T. und Theaitetos. Ein Versuch der Wiedergewinnung ihrer Theorien, Frankfurt etc. 1994; M. Timpanaro Cardini (ed.), Pitagorici, testimonianze e frammenti II, Florenz 1962 (Biblioteca di Studi Superiori XLI), 74–81 (17 (43) T.), Nachdr. in: dies. (ed.), Pitagorici antichi. Testimonianze e frammenti, Mailand 2010, 275–383; H. G. Zeuthen, Notes sur l'histoire des mathématiques VIII. Sur la constitution des livres arithmétiques des »Éléments« d'Euclide et leur rapport à la question de l'irrationalité, in: Oversigt over det Kongelige Danske Videnskabernes Selskabs Forhandlinger for 1910, Kopenhagen 1910/1911, 395–435. G. W.

Theodosios von Bithynien, 2. Hälfte des 2. Jhs. v. Chr. und 1. Drittel des 1. Jhs. v. Chr., griech. Mathematiker und Astronom. In seinen »Sphairika« (*σφαιρικά*), einem Werk über Kugelschnitte, befaßt sich T. in kompilatorischer Form (im wesentlichen in Abhängigkeit von Euklid und Autolykos von Pitane) mit den Grundlagen der sphärischen Astronomie (ohne Berücksichtigung der von Hipparchos von Nikaia entwickelten Ansätze zur sphärischen Trigonometrie), in anderen Werken mit Elementen der mathematischen Geographie (*περὶ οἰκήσεων*) und der Veränderung des Längenverhältnisses von Tag und Nacht im Jahresablauf (*περὶ ἡμερῶν καὶ νυκτῶν*). Ferner wird ihm die Konstruktion von Sonnenuhren zugeschrieben (Vitruvius, De architectura IX, 8, 1).

Werke: Sphaerica [griech./lat.], ed. J. L. Heiberg, Berlin 1927 (repr. Nendeln 1970) (Abh. Ges. Wiss. zu Göttingen, philol.-hist. Kl. NF XIX/3), unter dem Titel: Sphaerica. Arabic and Medieval Latin Translations, ed. P. Kunitzsch/R. Lorch, Stuttgart 2010 (dt. Drei Bücher Kugelschnitte, ed. J. E. Nizze, Stralsund 1826; franz. Les sphériques de Théodose de Tripoli, übers. P. Ver Eeke, Brügge 1927, Paris 1959); De habitationibus liber/De diebus et noctibus libri duo [griech./lat.], ed. R. Fecht, Berlin 1927 (repr. Nendeln 1970) (Abh. Ges. Wiss. zu Göttingen, philol.-hist. Kl. NF XIX/4), unter dem Titel: De habitationibus. Arabic and Medieval Latin Translations, ed. P. Kunitzsch/R. Lorch, München 2011 (Sitz.ber. Bayer. Akad. Wiss., philos.-hist. Kl. 2011, 1).

Literatur: I. Bulmer-Thomas, Theodosius of Bithynia, DSB XIII (1976), 319–321; M. Folkerts, T., DNP XII/1 (2002), 338–339; T. Heath, A History of Greek Mathematics II, Oxford 1921 (repr. Bristol 1993), Mineola N. Y. 1981, 245–252; E. Hoppe, Mathematik und Astronomie im klassischen Altertum, Heidelberg 1911, Neudr. Wiesbaden 1966, 333–334, in 2 Bdn., ed. J. P. Schwindt, Heidelberg 2011/2012, II, 333–334; A. Kwan, Theodosius of Bythinia, in: T. Hockey (ed.), The Biographical Encyclopedia of Astronomers II, New York 2007, 1132–1133; R. Lorch, The Shorter Latin Text of Theodosius' »De habitationibus«, in: J. W. Dauben u. a. (eds.), Mathematics Celestial and Terrestrial. Festschrift für Menso Folkerts zum 65. Geburtstag, Stuttgart 2008, 205–215; M. Malpangotto, Graphical Choices and Geometrical Thought in the Transmission of Theodosius' »Spherics« from Antiquity to the Renaissance, Arch. Hist. Ex. Sci. 64 (2010), 75–112. J. M.

theologia naturalis (lat., natürliche Theologie bzw. Gotteslehre), Lehre von der Existenz und den Eigenschaften Gottes (↑Gott (philosophisch), ↑Theologie), sofern sie ohne den Rückgriff auf ↑Autorität oder ↑Offenbarung durch die ›natürliche‹ Vernunft begründet werden kann (daher auch als ↑*theologia rationalis* bezeichnet). Während die ↑Scholastik die Probleme der t. n. nicht im Rahmen eines eigenen Lehrstücks, sondern in Kommentaren zu Aristoteles (zu Met. *Λ*), in ↑Sentenzenkommentaren, theologischen ↑Summen oder (später) in Kommentaren zur »Summa theologica« des Thomas von Aquin behandelte, beginnt sich im 17. Jh. die t. n. als eigene Disziplin auszubilden. Der Terminus geht jedoch bereits auf Raimund de Sabunde (†1432) zurück (Theologia naturalis sive liber creaturarum, 1487). C. Wolff kanonisierte die t. n. als Teil der speziellen ↑Metaphysik – nach Kosmologie und Psychologie. I. Kant nennt »die Erkenntnis des Urwesens [...] aus bloßer Vernunft« *theologia rationalis* und unterscheidet diese in eine ↑transzendentale Theologie, die »ihren Gegenstand [...] bloß durch reine Vernunft, vermittelst lauter transzendentaler Begriffe« denken will, und eine natürliche Theologie. Diese »schließt auf die Eigenschaften und das Dasein eines Welturhebers, aus der Beschaffenheit, der Ordnung und Einheit, die in dieser Welt angetroffen wird« (KrV B 659–660). – Die Hauptprobleme der t. n. sind (1) der Beweis der Existenz Gottes (↑Gottesbeweis) und (2) die Erklärung der Existenz des ↑Übels, des ↑Bösen und des ↑Leides angesichts eines allmächtigen und gütigen Gottes (↑Theodizee). Die Methode der t. n. entspricht bis in die Gegenwart weitgehend der scholastischen Seinsphilosophie (↑Scholastik, ↑Sein, ↑Ontologie), derzufolge Gott als das höchste und vollkommenste ↑Seiende identifiziert wird, das unendlich, einfach, einzig, unermeßlich, allgegenwärtig, unveränderlich und ewig ist, und dem als einem geistigen Seienden ↑Allwissenheit und Güte zukommen, verbunden mit der (unbeschränkten) Macht, sein Wollen zu verwirklichen.

Literatur: M. Albrecht (ed.), Thema: Die natürliche Theologie bei Christian Wolff, Hamburg 2011; S. G. Alter, Darwinism and the Linguistic Image. Language, Race, and Natural Theology in the Nineteenth Century, Baltimore Md./London 1999; J. F. Anderson, Natural Theology. The Metaphysics of God, Milwaukee Wis. 1962; W. Brugger, T. n., Pullach 1959, Barcelona etc. [2]1964; A. Chignell/D. Pereboom, Natural Theology and Natural Religion, SEP 2015; T. Dixon, Natural Theology, NDHI IV (2005), 1610–1615; M. Enders, Natürliche Theologie im Denken der Griechen, Frankfurt 2000; M. Gatzemeier, Theologie als Wissenschaft?, I–II, Stuttgart-Bad Cannstatt 1974/1975; L. P. Gerson, God and Greek Philosophy. Studies in the Early History of Natural Theology, London/New York 1990, 1994; G. Heard, Is God Evident? An Essay Toward a Natural Theology, New York 1948, London 1950; M. R. Holloway, An Introduction to Natural Theology, New York 1959; C. Kock, Natürliche Theologie. Ein evangelischer Streitbegriff, Neukirchen-Vluyn 2001; N. Kretzmann, Aquinas's Natural Theology in »Summa Contra Gentiles«, I–II, Oxford 1997/1999, 2001, II, 2005; C. Link, Natürliche Theologie, RGG VI ([4]2003), 120–124; S. Macdonald, Natural Theology, REP VI (1998), 707–713; J. J. MacIntosh, The Arguments of Aquinas. A Philosophical View, London/New York 2017; P. K. Moser, The Evidence for God. Religious Knowledge Reexamined, Cambridge etc. 2010; A. Olding, Modern Biology and Natural Theology, London/New York 1991; R. Re Manning (ed.), The Oxford Handbook of Natural Theology, Oxford etc. 2013, 2015; G. Söhngen/W. Pannenberg, Natürliche Theologie, LThK VII (1962), 811–817; W. Sparn, Natürliche Theologie, TRE XXIV (1994), 85–98; G. G. Stokes, Natural Theology. Gifford Lectures 1891, Delivered before the University of Edinburgh in 1891, London/Edinburgh 1891 (repr. New York 1979, in 2 Bdn., Bristol 2002); A. E. Taylor, The Faith of a Moralist. Gifford Lectures Delivered in the University of St. Andrews 1926–1928 II (Natural Theology and the Positive Religions), London 1930 (repr. New York 1969), 1951; H. Tegtmeyer, Gott, Geist, Vernunft. Prinzipien und Probleme der natürlichen Theologie, Tübingen 2013; M. Wasmaier-Sailer/P. Göcke (eds.), Idealismus und natürliche Theologie, Freiburg/München 2011; C. Weidemann, Die Unverzichtbarkeit natürlicher Theologie, Freiburg/München 2007; A. Wiehart-Howaldt, Essenz, Perfektion, Existenz. Zur Rationalität und dem systematischen Ort der Leibnizschen T. n., Stuttgart 1996. O. S.

theologia rationalis (lat., rationale Theologie), wie ↑*theologia naturalis* Bezeichnung für die Lehre von der Existenz und den Eigenschaften Gottes, sofern sie ohne Rückgriff auf Autorität und ↑Offenbarung allein durch Vernunft begründet werden kann; in der neuzeitlichen Gliederung der ↑Metaphysik neben rationaler Psychologie und rationaler ↑Kosmologie Teil der *speziellen* Metaphysik.

Literatur: ↑theologia naturalis. O. S.

Theologie (von griech. θεός, Gott, und λόγος, Rede, Lehre), ursprünglich Bezeichnung für die Rede oder Lehre von Gott bzw. den Göttern, ihrer Entstehung, ihrem Wesen und Handeln, ihrer Beziehung zu Mensch und Natur; heute meist die nach Konfessionen getrennte, an kirchlichen oder staatlichen Hochschulen institutionalisierte Disziplin T..

(1) *Systematische Probleme* (theoretischer und praktischer Art) der T. ergeben sich aus der allgemeinen Aufgabe einer sich als Wissenschaft verstehenden T., den jeweiligen Glauben wissenschaftlich zu reflektieren und damit die theoretische Grundlage für die ↑Religion, die T.-Ausbildung, den Religionsunterricht und das politisch-gesellschaftliche Wirken der Kirchen zu legen. Die Grundschwierigkeit einer sich traditionell als ›Glaubenswissenschaft‹ verstehenden T. besteht darin, daß sie einerseits freie, (selbst-)kritische Wissenschaft zu sein sucht, andererseits (mit oder ohne Annahme eines unfehlbaren Lehramtes) die ↑Offenbarung und die kirchliche Lehre als unabdingbare inhaltliche Voraussetzung annimmt. Ein wichtiges theoretisches Problem stellt die methodisch korrekte Einführung ihres Grundvokabulars (Gott, Auferstehung etc.) dar. Die mit diesem Problem verbundenen Schwierigkeiten führen schon früh zur Entwicklung einer ›*negativen*‹ T., die davon ausgeht, daß Gott (↑Gott (philosophisch)) nicht vollkommen erkennbar oder ›über alle Kategorien erhaben‹ (Gregor von Nyssa, A. Augustinus) sei, daß man daher auch nicht affirmativ (positiv) sagen könne, was oder wie er sei, sondern nur negativ, was oder wie er nicht sei (so schon Clemens Alexandrinus, Dionysios Areopagites und der ↑Neuplatonismus). Elemente der negativen T. finden sich in der ›*dialektischen*‹ T. K. Barths (1932) und bei K. Rahner (1941), der das ›Geheimnis‹ zur zentralen Kategorie seiner T. macht.

Die Positionen der negativen T. sehen sich dem Problem gegenüber, daß nach den methodischen Prinzipien der Wissenschaftlichkeit (↑Wissenschaft) weder durch ↑Negationen noch durch Geheimnisaussagen wissenschaftliche Gegenstände korrekt eingeführt werden können. Sucht man die nur negative T. durch die Konstruktion einer ›analogen Erkenntnisart‹ zu überwinden, ergibt sich das Problem, daß die wesentlichen Aussagen über Gott (als durch die ›Offenbarung‹ vorgegeben) vorausgesetzt werden müssen, weil durch ↑Analogien die Existenz und das Zukommen von Eigenschaften nicht begründet, sondern nur erläutert werden können. Angesichts dieser Schwierigkeiten bietet sich eine Reduzierung des Erkenntnisanspruchs auf eine ›Auslegung‹ von ›Schrift‹ und Tradition, auf eine Theorie der Narration der ›Offenbarungstexte‹ oder auf eine Deskription und Analyse kirchlicher und theologischer Lehre an. Eine explikative, narrative und deskriptiv-analytische T. kann jedoch den Wahrheitsanspruch des Glaubens nicht begründen (↑Begründung); sie muß ihn entweder voraussetzen oder auf ihn verzichten.

Da sich die genannten Schwierigkeiten nicht nur aus dem Selbstverständnis der T., sondern auch aus dem jeweils zugrundeliegenden Wissenschaftsverständnis ergeben, sucht die neuere T. eine dem (vorausgesetzten) Gegenstand der T. angemessene (sachgemäße) besondere Sprach- und Wissenschaftstheorie zu entwickeln. So fordert z. B. G. Ebeling (1959, 1960) im Anschluß an den Spruch M. Luthers »Spiritus sanctus habet suam grammaticam« (WA XXXIX/2 [1932], 104) eine eigene theologische Sprachlehre, die die philosophische ↑Hermeneutik (ähnlich wie bei Rahner) auf das ›Hören‹ einer transzendenten Botschaft ausweitet und die Bibel als Quelle und Norm der Sprache des Glaubens anerkennt. W. Pannenberg (1967/1980, 1973) plädiert für eine grundlegend andere Sprache in der T., die nach P. Tillich vor allem die Rede in Bildern und Symbolen für systematische Argumentationen zuläßt. Im Anschluß an L. Wittgenstein entwerfen J. T. Ramsey (1957) und W. A. de Pater (1971) eine Theorie theologischer ↑Sprachspiele. Da diese Konzeptionen die Wahrheit des Glaubens voraussetzen und die Konstruktion von eigenen Sprachtheorien und Sprachspielen (ohne begründete ↑Metatheorie) die Gefahr der Beliebigkeit des Redens nicht ausschließt, fordern einige Autoren (P. M. v. Buren 1963; M. Gatzemeier 1974/1975) eine Allgemeinverständlichkeit gewährleistende, glaubensunabhängige Sprachtheorie der T.. Für diese Meta- oder ↑Prototheorie der T. ergibt sich allerdings das Problem, daß sie nicht mehr T. im traditionellen Verständnis sein kann, da sie die Wahrheit der Offenbarung und der kirchlichen Lehre nicht als unhinterfragte bzw. unhinterfragbare Voraussetzung akzeptiert.

Das Anliegen einer bekenntnisunabhängigen ›*natürlichen*‹ T. (der Ausdruck geht auf Raimund von Sabunde, 15. Jh., zurück; ↑Religion, natürliche) findet sich schon bei N. Taurellus, F. Bacon, C. Wolff, A. G. Baumgarten und C. A. Crusius. I. Kant gliedert die natürliche T. in ›theologia rationalis‹ (Vernunfttheologie) und ›theologia empirica‹ (Offenbarungstheologie). Auch W. Weischedel

(1971/1972) und H.-D. Bastian (1969) konzipieren mit einer Philosophie bzw. ›*T. der Frage*‹ eine Art natürlicher T.. Sofern die natürliche T. die Welt als ↑Schöpfung deutet oder die Existenz transzendenter (↑transzendent/Transzendenz) Wesenheiten voraussetzt, führt sie dazu, einen ›Gott der Philosophen‹ anzunehmen. Die ebenfalls ›natürliche‹, glaubensunabhängige ›*Als-ob-Theologie*‹ H. Vaihingers führt zu dem Ergebnis, daß sich die Existenz Gottes zwar nicht beweisen lasse, man aber von der Annahme ausgehen könne, ↑*als ob* Gott existiere. Dagegen wird (mit H. Scholz 1921, 1971) geltend gemacht, daß dies dem Selbstverständnis der Religionen nicht entspreche und eine als-ob-Annahme, die auch die Nicht-Existenz Gottes als realistische Möglichkeit einschließt, nicht sinnvoll zu denken sei. – Als Variante zur natürlichen T. kann der Versuch R. Affemanns (1969) verstanden werden, mit Hilfe der ↑Tiefenpsychologie auf die Existenz einer jenseitigen Macht zu schließen. Die Sätze von T. und Religion wegen der nicht lösbaren Erläuterungs- und Begründungsprobleme nicht als ↑Behauptungen, sondern im Anschluß an J. L. Austin als *performative* Äußerungen (↑Sprechakt) zu verstehen (so D. D. Evans 1963), hat die Aufgabe des Begründungsanspruches der T. zur Folge, da dieser durch performative Äußerungen nicht zu erbringen ist. Außerdem ist die faktische Sprache des Glaubens nicht performativ (↑Performativum), sondern (zumindest implizit) als Behauptung über die Wahrheit von ↑Sachverhalten zu verstehen (J. M. Bocheński 1965; L. Bejerholm/G. Hornig 1966).

Ein weiteres Problem ergibt sich aus der Art der theologischen Aussagen: Weil der Gegenstand der T. auf ↑übernatürliche Weise beschaffen ist, können ihre Sätze nicht durch natürliche, sondern nur durch eine ›übernatürliche‹ (Bocheński) oder durch eine nach dem Tode anzusetzende ›eschatologische Verifikation‹ (J. Hick 1970) begründet werden. Auf Grund der besonderen Art ihres Gegenstandes und der daraus resultierenden ›Sachgemäßheit‹ scheint es für die T. unumgänglich, auch das in der Wissenschaft akzeptierte Prinzip der *Allgemeingültigkeit* (↑allgemeingültig/Allgemeingültigkeit) abzulehnen (J. B. Metz; J. Ratzinger 1972) bzw. eine Logik oder Wissenschaftstheorie zu fordern, nach der die Gültigkeit von Aussagen nur in bezug auf theologische Wahrheiten als gewährleistet gilt (Barth). Wenn die Wahrheit der ›Offenbarung‹ vorausgesetzt wird, kann die T. nicht einen konventionalistischen (↑Konventionalismus) oder dialogischen (↑Dialog) ↑Wahrheitsbegriff, sondern nur die Korrespondenztheorie gelten lassen (↑Wahrheitstheorien), und zwar in der spezifischen Variante, nach der die Übereinstimmung mit der Offenbarung als ↑Wahrheitskriterium angesehen wird. G. Sauter (1970) übernimmt die Konsensus- und Dialogtheorie der Wahrheit, setzt aber als entscheidende Wahrheitsinstanz den sich in der kirchlichen Lehre zeigenden gruppenspezifischen Konsens der Gläubigen. – Mitunter muß die T. Widersprüche in Kauf nehmen, wenn Offenbarung oder kirchliche Lehre implizit oder explizit ›Paradoxe‹ (↑Paradoxon) enthalten (W. Joest 1963).

Eine theologische *Ethik*, die den ›Willen Gottes‹ und die kirchlichen Normen als Rechtfertigungsgrund des Handelns angibt, scheint abgesehen davon, welche der oft widersprüchlichen Auslegungen gelten soll, den Menschen nicht als autonom (↑Autonomie), sondern als fremdbestimmt anzusehen. Wenn dem Einwand der ↑Heteronomie mit dem Hinweis darauf begegnet wird, daß ↑Freiheit nur in der Unterordnung unter ›Gottes Willen‹ möglich sei, so setzt dies die systematische Begründbarkeit der christlichen Gottesvorstellung voraus. – *Juristische* Probleme ergeben sich aus den in Konkordaten, Länderverfassungen und Fakultätsordnungen festgelegten Einflüssen der Kirchen auf die universitäre T.. Wenn die Verpflichtung auf das jeweilige Bekenntnis Voraussetzung für die Zulassung zur Promotion und Habilitation ist und die Kirchenleitungen wegen ›Beanstandungen der Lehre‹ T.-Professoren und -Professorinnen die Lehrerlaubnis an Hochschulen entziehen können, scheint dies mit der im Grundgesetz (Art. 5, Abs. 3) garantierten Freiheit von Forschung und Lehre nicht vereinbar zu sein (R. Schäfer 1970). – Der Vorwurf, daß die T. lediglich herrschende Machtverhältnisse legitimiert und als Teil einer hierarchisch verfaßten Kirche deren politische und gesellschaftliche Aktivitäten im konservativen und restaurativen Sinne beeinflußt, kann auf Grund der neueren Stellungnahmen der politischen T. als (zum Teil) widerlegt bzw. gegenstandslos angesehen werden. Da sich die theoretischen und praktischen Probleme der T. aus dem Konflikt zwischen konsequenter Wissenschaftlichkeit einerseits und Glaubens- bzw. Kirchenbindung andererseits ergeben, dürfte ihre Überwindung nur durch die Gewährleistung einer autonomen, von religiösen und kirchlichen Einflüssen freien, wissenschaftlichen T. möglich sein.

(2) *Geschichte der T.*: Die zunächst in ↑Mythologie und Religion angesiedelten Probleme einer begründeten allgemeinen Lebensorientierung, einer umfassenden Deutung von Natur und Geschichte sowie einer Rechtfertigung des individuellen und des gesellschaftlichen Handelns führen bereits in der frühgriechischen Philosophie zur Ausbildung einer philosophischen T.. Zwar heißen bis hin zu Aristoteles die Autoren, die hymnisch und poetisch die Entstehung, die Natur und das Wirken der Götter behandeln, ›Theologen‹ (Orpheus, Musaios, Homer, Hesiod) – womit die Bezeichnung ›T.‹ weitgehend bedeutungsgleich mit der modernen Bezeichnung ›Mythologie‹ verwendet wird –, doch tritt schon bei den frühen ↑Vorsokratikern eine bewußte Distanzierung von der religiös-mythischen und eine Hinwendung

zur rational-philosophischen T. auf: Der Orphiker (↑Orphik) Theaganes (6. Jh.) tritt für eine entmythisierende allegorische (↑Allegorie) Interpretation der Göttergeschichten ein, die Milesier (↑Philosophie, ionische) erklären den ↑Kosmos ohne Rückgriff auf ein Handeln der Götter, Xenophanes übt scharfe Kritik am ↑Anthropomorphismus von Gottesvorstellungen. Generell ist die T. der Vorsokratiker dadurch gekennzeichnet, daß sie die theoretische und praktische Legitimierungsfunktion von Religion und ↑Mythos kritisiert, die mythische ↑Kosmogonie durch rational-empirische Erklärungen ablöst und an die Stelle konkreter anthropomorpher Gottesvorstellungen des Mythos den ›Gott der Philosophen‹ als ewiges, unwandelbares, mächtiges Vernunft- und Geistwesen (↑Nus) setzt, das teils transzendent, teils pantheistisch-immanent (↑Pantheismus) die Welt regiert.

Für Platon ist T. die philosophische, d. h. von mythologischen Elementen gereinigte, begründete Rede über Götter (Gott). Aristoteles zählt die T. (auch als ›erste Philosophie‹ bezeichnet; ↑Philosophie, erste, ↑Metaphysik) neben der Mathematik und der Physik zu den drei ›theoretischen Wissenschaften‹ (↑Philosophie, theoretische); sie behandelt die erste, unwandelbare Ursache allen Geschehens (↑Beweger, unbewegter) und die nicht-empirischen ersten Prinzipien des Seins und des Denkens. Die ↑Stoa teilt die T. ein in eine ›mythische‹ (d. h. dichterische und anthropomorphe und daher irrige), eine ›physikalische‹ (zwar als rationale Kosmologie mögliche, aber für das Leben unbrauchbare) und eine ›politische‹ (den herrschenden Kult und die staatlich-gesellschaftliche Ordnung stützende) T.. – Theoretische Einwände gegen die antike T. finden sich vor allem bei den Skeptikern (↑Skeptizismus), die (wie z. B. Karneades) die ↑Gottesbeweise als fehlerhaft und die Aussagen über die Eigenschaften Gottes als widersprüchlich kritisieren. Die Epikureer (↑Epikureismus) lehnen die T. aus pragmatischen und moralischen Gründen ab, wenn sie geltend machen, daß die T. zur Heteronomie des Handelns und die mit der T. gegebene Gefahr der Furcht vor den Göttern zur Beunruhigung und Verunsicherung des Lebens führe und so ↑Ataraxie und ↑Autarkie verhindere.

Das *Christentum* entwickelt nach ersten Ansätzen bei Paulus und Johannes zunächst mit den Mitteln der griechischen Philosophie eine ↑Apologetik (2. Jh.). Origenes (3. Jh.), der sich auf einen inzwischen festgelegten Schriftenkanon berufen kann, legt den Grundstein zu einer selbständigen christlichen T., indem er die ›Schrift‹, die Lehre der Kirche und die Vernunft (in dieser Reihenfolge) als Legitimationsbasis angibt. Die Kirchenväter des 4. Jhs. übernehmen die Grundgedanken Platons, des Neuplatonismus, der Stoa und der ↑Gnosis (sofern diese der Offenbarung nicht widersprechen). Vom 4. bis 7. Jh. wird die Gnadenlehre (Augustinus), die Trinitätslehre und die Christologie ausgebildet. Nach einem bis ins 11. Jh. dauernden Stillstand setzt mit Anselm von Canterbury, der Schule von St. Viktor (↑Sankt Viktor, Schule von) und P. Abaelard eine zum Teil kirchen- und glaubenskritische Weiterführung der T. ein, deren Ergebnisse Petrus Lombardus in seinem ↑Sentenzenkommentar zusammenfaßt, der bis zur Hochscholastik (↑Scholastik) das dogmatische Handbuch der T. wird. Einen Höhepunkt erreicht die T. mit den Franziskanern Bonaventura und J. Duns Scotus sowie den den ↑Aristotelismus in die T. übernehmenden Dominikanern Albertus Magnus und Thomas von Aquin. Diese T. der Hochscholastik wird weder durch die Kritik des theologischen ↑Nominalismus in der Spätscholastik noch durch die Reformatoren, mit denen sich vor allem die Jesuiten (F. Suárez, R. Bellarmino) auseinandersetzen, noch durch neuzeitliche Philosophen (R. Descartes, G. W. Leibniz, Kant) grundlegend geändert. Im wesentlichen wird sie bis heute von der katholischen Kirche als verbindlich angesehen (↑Neuscholastik, ↑Neuthomismus).

Die *protestantische* T., die keinen Unfehlbarkeitsanspruch eines kirchlichen Lehramtes kennt und in ihren Anfängen den Glauben über die Vernunft stellt, sieht sich schon bald durch die Auseinandersetzung mit dem Katholizismus, durch innerprotestantische Meinungsverschiedenheiten und durch Probleme der Rechtfertigungslehre genötigt, den Glauben durch rationale Argumente zu stützen und als zusammenhängende Lehre darzustellen. Seit P. Melanchthons »Loci« (1521), dem ersten systematischen Werk der T. des Luthertums, entwickelt die protestantische T. teils eine spiritualistisch-mystische, teils eine theoretisch-rationalistische Richtung. Im 17. Jh. greift sie auf den Rationalismus der Scholastik zurück, dem dann ↑Pietismus und theologische Aufklärung (↑Deismus) als Gegenbewegung folgen. – Die auf der Basis historischer Forschung einsetzende Kritik führt im theologischen Rationalismus und ↑Supranaturalismus – mit zum Teil weitgehender Übernahme der Philosophie Kants, des Deutschen Idealismus (↑Idealismus, deutscher) und besonders F. D. E. Schleiermachers – zu einer Umdeutung der Überlieferung und zur kontroversen Diskussion der Frage, ob die T. sich bei der Interpretation und Formulierung der Dogmen und der Geschichte dem modernen Zeitgeist und der jeweiligen Philosophie anpassen dürfe oder nicht. A. v. Harnack sucht in seinem »Lehrbuch der Dogmengeschichte« (I–III, 1886–1890) durch Eliminierung griechischer Überfremdungen die urchristliche T. zu rekonstruieren.

Die T. des 20. Jhs. entwickelt mehrere Richtungen und Schulen, die in jeweils spezifischer Weise auf die theoretischen und praktischen Probleme der ›säkularisierten‹ Welt (↑Säkularisierung) eingehen. Angesichts der im 19. Jh. in der evangelischen T. vorherrschenden

Gleichsetzung von ›Reich Gottes‹ und historischer Realität, die zu einer weitgehenden Identifizierung von staatlichen Interessen und kirchlicher T. führt, bemüht sich die (der negativen T. nahestehende) *dialektische* T. (Barth, F. Gogarten, E. Brunner, R. Bultmann, E. Thurneysen) um eine Entflechtung dieser Bereiche. Die theoretische Basis hierfür bildet die im Anschluß an S. Kierkegaard entwickelte dualistische (↑Dualismus) Auffassung von Gott und Welt, Ewigkeit und Zeit, nach der Gott absolut geschichtstranszendent gedacht wird und durch kein theologisches, religiöses, philosophisches oder ethisches Bemühen theoretisch erkannt oder praktisch verfügbar gemacht werden kann. Nur in der Offenbarung seien die sich ausschließenden Gegensätze von Gott und Mensch, Zeit und Ewigkeit dialektisch überwunden. Nachdem Bultmann aus dem Anliegen, einer säkularisierten Welt in zeitgenössischer Sprache und Vorstellung das NT zu vermitteln, für eine Entmythologisierung eintritt und Barth die damit verbundene (auch bei Gogarten und Brunner festzustellende) anthropologische Wende in der evangelischen T. ablehnt, zerfällt (um 1933) die Einheit der dialektischen T.. H. Scholz wirft der dialektischen T. (besonders Barth) die Preisgabe unverzichtbarer Prinzipien der Wissenschaftlichkeit vor.

Im Anschluß an Jean Paul, G. W. F. Hegel und F. Nietzsche entsteht um 1960 in Amerika die ›*Gott-ist-tot-Theologie*‹. Die mehrdeutige Rede vom ↑›Tod Gottes‹ ist zu verstehen teils als Hinweis darauf, daß ›Gott‹ in der heutigen Gesellschaft praktisch keine Rolle mehr spielt, teils als ikonoklastische Parole zur Überwindung metaphysischer Gottesvorstellungen, teils als Indiz für eine neue christliche T., die in Theorie und Praxis auf jegliche Gottesvorstellung verzichtet und sich nur auf das ›Diesseits‹ des Menschen bezieht. Gemeinsam ist allen Vertretern der ›Gott-ist-tot-T.‹ das Anliegen einer gesellschaftsbezogenen christlichen Nächstenliebe (praktizierte Mitmenschlichkeit anstelle der traditionellen Gottestheorie z. B. bei D. Sölle 1968, 1971) und der teils radikale, teils temporäre Verzicht auf das Wort ›Gott‹ (v. Buren; J. A. T. Robinson 1963), der mit der Rücksichtnahme auf den die traditionelle Sprache des Glaubens ablehnenden Menschen der Neuzeit (G. Vahanian 1961; T. J. J. Altizer 1966) begründet wird.

Im Unterschied zu ihrer Geschichte, in der mit metaphysisch-theologischen Begründungen des Herrschaftsbegriffs (↑Herrschaft) in der Regel auch die jeweils herrschenden Machtverhältnisse (↑Macht) theologisch legitimiert werden, kennzeichnet die ›*politische T.*‹ das Anliegen, auf der Basis frühchristlichen Glaubensverständnisses die staatlich-gesellschaftlichen Gegebenheiten zu interpretieren, zu kritisieren und zu verändern (Metz; J. Moltmann 1964, 1988; Sölle). Mit Bezug auf die politischen und sozialen Strukturen der Dritten Welt entwerfen einige Autoren (R. Shaull, G. C. Cárdenas, C. Torres) eine ›*T. der Revolution*‹. Als besondere Form der politischen T. gelten die (vor allem auf die Situation in Lateinamerika bezogene) ›*T. der Befreiung*‹ (G. Gutiérrez) und die ›*Schwarze T.*‹ (D. M. B. Tutu), die sich beide um eine theologisch fundierte konkrete Theorie der Befreiung von politischer, wirtschaftlicher, kultureller, rassischer und religiöser Unterdrückung bemühen.

Literatur (systematisch): P. Adamson, The Theology of Aristotle, SEP 2008, rev. 2017; R. Affemann, Die Funktion der T., untersucht mit den Methoden der Tiefenpsychologie, in: P. Neuenzeit (ed.), Die Funktion der T. in Kirche und Gesellschaft. Beiträge zu einer notwendigen Diskussion, München 1969, 15–29; H. Albert, Politische T. im Gewande der Wissenschaft, Club Voltaire 4 (1970), 17–27; ders., Theologische Holzwege. Gerhard Ebeling und der rechte Gebrauch der Vernunft, Tübingen 1973; T. J. J. Altizer, The Gospel of Christian Atheism, Philadelphia Pa. 1966, 1967 (dt. Daß Gott tot sei. Versuch eines christlichen Atheismus, Zürich 1968); P. S. Anderson/J. Bell, Kant and Theology, London/New York 2010; M. Barnes, Theology and the Dialogue of Religions, Cambridge etc. 2002; K. Barth, Die kirchliche Dogmatik I/1 (Die Lehre vom Wort Gottes. Prolegomena zur kirchlichen Dogmatik), Zollikon 1932, Zürich [12]1989; H.-D. Bastian, T. der Frage. Ideen zur Grundlegung einer theologischen Didaktik und zur Kommunikation der Kirche in der Gegenwart, München 1969, [2]1970; O. Bayer/A. Peters, T., Hist. Wb. Ph. X (1998), 1080–1095; R. Beer, T., liberale, Hist. Wb. Ph. X (1998), 1101–1102; L. Bejerholm/G. Hornig, Wort und Handlung. Untersuchungen zur analytischen Religionsphilosophie, Gütersloh 1966; A. Benz/S. Vollenweider, Würfelt Gott? Ein außerirdisches Gespräch zwischen Physik und T., Düsseldorf 2000, [2]2004, mit Untertitel: Was Physik und T. einander zu sagen haben, Kevelaer 2015; J. Beumer, Die theologische Methode, Freiburg/Basel/Wien 1972; E. Biser, Theologische Sprachtheorie und Hermeneutik, München 1970; J. Bishop, Les théologiens de la mort de Dieu, Paris 1967 (dt. Die Gott-ist-tot-T., Düsseldorf 1968, [2]1970); J. M. Bocheński, The Logic of Religion, New York 1965 (dt. Logik der Religion, Köln 1968, Paderborn etc. [2]1981); F. Böckle, Grundbegriffe der Moral. Gewissen und Gewissensbildung, Aschaffenburg 1966, [8]1977 (engl. Fundamental Concepts of Moral Theology, New York 1968); A. Bradley, Negative Theology and Modern French Philosophy, London/New York 2004; K. Breuning, Die Vision des Reiches. Deutscher Katholizismus zwischen Demokratie und Diktatur (1929–1934), München 1969; R. J. Briese, Foundations of a Lutheran Theology of Evangelism, Frankfurt etc. 1994; C. C. Brittain, Adorno and Theology, London/New York 2010; G. Brüntrup/R. K. Tacelli (eds.), The Rationality of Theism, Dordrecht/Boston Mass./London 1999; A. J. Bucher (ed.), Welche Philosophie braucht die T.?, Regensburg 2002; R. Bultmann, Glauben und Verstehen. Gesammelte Aufsätze, I–IV, Tübingen 1933–1965, I, [9]1993, II, [6]1993, III, [4]1993, IV, [5]1993 (engl. Faith and Understanding I, London, New York 1969, Philadelphia Pa. 1987; franz. Foi et comprehension, I–II, Paris 1969/1970); P. M. van Buren, The Secular Meaning of the Gospel. Based on an Analysis of Its Language, London, New York, London 1963, Harmondsworth etc. 1968 (dt. Reden von Gott in der Sprache der Welt. Zur säkularen Bedeutung des Evangeliums, Zürich/Stuttgart 1965); F. Buri, Dogmatik als Selbstverständnis des christlichen Glaubens, I–III, Bern, Tübingen 1956–1978; B. Casper/K. Hemmerle/P. Hünermann, T. als Wissenschaft. Methodische Zugänge, Freiburg/Basel/Wien 1970; A. Chignell/D. Pereboom, Natural Theology and Natural Religion, SEP 2015; Y. M.-J. Congar, Situation et tâches présentes de la théologie, Paris 1967 (dt. Situation und Aufgabe der T. heute, Paderborn 1971); H. Cornelissen, Der Faktor Gott. Ernstfall oder Unfall des Denkens?, Freiburg/Basel/Wien 1999; R. S. Corrington, A Semiotic Theory of Theology and Philosophy, Cambridge etc. 2000; O. D. Crisp, A Reader in Contemporary Philosophical Theology, London 2009; ders./M. C. Rea (eds.), Analytic Theology. New Essays in the Philosophy of Theology, Oxford etc. 2009, 2011; C. Danz (ed.), Große Theologen, Darmstadt 2006, 2015; M. J. De Nys, Considering Transcendence. Elements of a Philosophical Theology, Bloomington Ind./Indianapolis Ind. 2009; H. Diem, T. als kirchliche Wissenschaft. Handreichung zur Einübung ihrer Probleme, I–III, München 1951–1963, II, ^{4}1964; G. Ebeling, Das Wesen des christlichen Glaubens, Tübingen 1959, Gütersloh ^{5}1985, Freiburg/Basel/Wien 1993 (engl. The Nature of Faith, London 1961, Philadelphia Pa. 1980; franz. L'essence de la foi chrétienne, Paris 1971); ders., Wort und Glaube, I–IV, Tübingen 1960–1995, I, ^{3}1967 (engl. Word and Faith, London, Philadelphia Pa. 1963, London 1984); G. Essen/M. Striet (eds.), Kant und die T., Darmstadt 2005; C. S. Evans, Existentialist Theology, REP III (1998), 506–509; D. D. Evans, The Logic of Self-Involvement. A Philosophical Study of Everyday Language with Special Reference to the Christian Use of Language about God as a Creator, London 1963; E. Feifel (ed.), Studium katholische T. I (Berichte, Analysen, Vorschläge), Zürich/Einsiedeln/Köln 1973; E. Feil/R. Weth (eds.), Diskussion zur ›T. der Revolution‹, München, Mainz 1969, 1970; J. Feiner/M. Löhrer (eds.), Mysterium Salutis. Grundriß heilsgeschichtlicher Dogmatik, I–VI, Zürich/Einsiedeln/Köln 1965–1981; J. Finkenzeller, Glaube ohne Dogma? Dogma, Dogmenentwicklung und kirchliches Lehramt, Düsseldorf 1972, Leipzig 1981; T. P. Flint/M. C. Rea (eds.), The Oxford Handbook of Philosophical Theology, Oxford etc. 2009, 2011; E. Fuchs, Was ist T.?, Tübingen 1953; G. Fuchs/H. Kessler, Gott, der Kosmos und die Freiheit. Biologie, Philosophie und T. im Gespräch, Würzburg 1996; R. Gale, On the Nature and Existence of God, Cambridge etc. 1991, 2016; M. Gatzemeier, T. als Wissenschaft?, I–II, Stuttgart-Bad Cannstatt 1974/1975; C. Geffré, Un nouvel âge de la théologie, Paris 1972, ^{2}1987 (dt. Die neuen Wege der T.. Erschließung und Überblick, Freiburg/Basel/Wien 1973); H.-G. Geyer, T., Dialektische, Hist. Wb. Ph. X (1998), 1099–1101; H. Gollwitzer, Die T. im Hause der Wissenschaften, Evangelische T. 18 (1958), 14–37; ders./W. Weischedel, Denken und Glauben. Ein Streitgespräch, Stuttgart etc. 1964, ^{2}1965; N. Greinacher, Christliche Rechtfertigung – gesellschaftliche Gerechtigkeit, Zürich/Einsiedeln/Köln 1973; M. Gumann, Vom Ursprung der Erkenntnis des Menschen bei Thomas von Aquin. Konsequenzen für das Verhältnis von Philosophie und T., Regensburg 1999; G. Gutiérrez, Teología de la liberación. Perspectivas, Lima 1971, ^{11}2003 (dt. T. der Befreiung, München, Mainz 1973, erw. ^{10}1992; engl. A Theology of Liberation. History, Politics, and Salvation, Maryknoll N. Y. 1973, London 2001; franz. Théologie de la libération. Perspectives, Brüssel 1974); R. Haight, Liberation Theology, REP V (1998), 613–617; H. Halvorson/H. Kragh, Cosmology and Theology, SEP 2011; V. A. Harvey, Die Gottesfrage in der amerikanischen T. der Gegenwart, Z. Theol. Kirche 64 (1967), 325–356; G. Hasenhüttl, T. der Befreiung; T. der Revolution, Hist. Wb. Ph. X (1998), 1095–1098; D. Hattrup, Einstein und der würfelnde Gott. An den Grenzen des Wissens in Naturwissenschaft und T., Freiburg/Basel/Wien 2001, 2008; J. F. Haught, God after Darwin. A Theology of Evolution, Boulder Colo. 2000, ^{2}2008; R. Hepp, T., politische, Hist. Wb. Ph. X (1998), 1105–1112; J. Hick, Arguments for the Existence of God, London 1970, 1979; D. M. High (ed.), Sprachanalyse und religiöses Sprechen, Düsseldorf 1972; B. J. Hilberath, T. zwischen Tradition und Kritik. Die philosophische Hermeneutik Hans-Georg Gadamers als Herausforderung des theologischen Selbstverständnisses, Düsseldorf 1978; V. Hösle, God as Reason. Essays in Philosophical Theology, Notre Dame Ind. 2013; C. Hovey, Nietzsche and Theology, London/New York 2008; H. G. Hubbeling, Analytische Philosophie und T., Z. Theol. Kirche 67 (1970), 98–127; H. Hübner, Biblische T. als Hermeneutik. Gesammelte Aufsätze, ed. A. Labahn/M. Labahn, Göttingen 1995; I. Hübner, Wissenschaftsbegriff und T.verständnis. Eine Untersuchung zu Schleiermachers Dialektik, Berlin/New York 1997; K. Hübner, Glaube und Denken. Dimensionen der Wirklichkeit, Tübingen 2001, ^{2}2004; C. J. Insole, The Intolerable God. Kant's Theological Journey, Grand Rapids Mich. 2016; R. Isak (ed.), Glaube im Kontext naturwissenschaftlicher Vernunft, Freiburg 1997; M. Jammer, Einstein und die Religion, Konstanz 1995 (engl. Einstein and Religion. Physics and Theology, Princeton N. J. 1999, 2011); W. Joest, Zur Frage des Paradoxon in der T., in: ders./W. Pannenberg (eds.), Dogma und Denkstrukturen. Edmund Schlink zum 60. Geburtstag, Göttingen 1963, 116–151; H. O. Jones, Die Logik theologischer Perspektiven. Eine sprachanalytische Untersuchung, Göttingen 1985; M. Junker-Kenny, Habermas and Theology, London/New York 2011; W.-D. Just, Religiöse Sprache und analytische Philosophie. Sinn und Unsinn religiöser Aussagen, Stuttgart etc. 1975; F. Kambartel, Theo-logisches. Definitorische Vorschläge zu einigen Grundtermini im Zusammenhang christlicher Rede von Gott, Z. evangel. Ethik 15 (1971), 32–35; G. Keil, Kritik der theologischen Vernunft. Die Frage nach der Möglichkeit einer Lehre von den Eigenschaften Gottes, Frankfurt etc. 1995; W. Kern (ed.), Aufklärung und Gottesglaube, Düsseldorf 1981; M. Knapp/T. Kobusch (eds.), Religion, Metaphysik(kritik), T. im Kontext der Moderne/Postmoderne, Berlin/New York 2001; A. Kolping, Katholische T. gestern und heute. Thematik und Entfaltung deutscher katholischer T. vom 1. Vaticanum bis zur Gegenwart, Bremen 1964; ders., Fundamentaltheologie, I–III, Münster 1968–1981; S. J. Kraftchick/C. D. Myers Jr./B. C. Ollenburger (eds.), Biblical Theology. Problems and Perspectives. In Honor of Christiaan Beker, Nashville Tenn. 1995; H. Küng, Unfehlbar? Eine Anfrage, Zürich/Einsiedeln/Köln 1970, ^{5}1975, Frankfurt/Berlin/Köln 1980, erw., mit Untertitel: Eine unerledigte Anfrage, München/Zürich 1989 (engl. Infallible? An Enquiry, London 1971, mit Untertitel: An Unresolved Enquiry, London, New York 1994); N. Kutschki (ed.), Gott heute. 15 Beiträge zur Gottesfrage, Mainz, München 1967; J. Ladrière, L'articulation du sens. Discours scientifique et parole de la foi, Paris 1970, 1984 (dt. Rede der Wissenschaft – Wort des Glaubens, München 1972; engl. Language and Belief, Notre Dame Ind. 1972); A. Lang, Fundamentaltheologie, I–II, München 1954, erw. ^{4}1967/1968; V. Leppin, Geglaubte Wahrheit. Das T.verständnis Wilhelms von Ockham, Göttingen 1995; W. Lohff/F. Hahn (eds.), Wissenschaftliche T. im Überblick, Göttingen 1974; B. J. F. Lonergan, Method in Theology, London, New York 1972, ^{2}1973, Toronto 2007 (franz. Pour une méthode en théologie, Montréal/Paris 1978; dt. Methode in der T., Leipzig 1991); R. Lorenz (ed.), Fragen nach Gott. Einführung in die T. der Gegenwart, Remscheid 1970; K. Lüthi, T. als Dialog mit der Welt von heute, Freiburg/Basel/Wien 1971; W. Lüttge, Die Dialektik der Gottesidee in der T. der Gegenwart, Tübingen 1925; M. Lutz-Bachmann, Theology, Political, REP IX (1998), 331–333; N. A. Luyten (ed.), Führt ein Weg zu Gott?, Freiburg/München 1972; S. Maitland, A Big-enough God. A Feminist's Search for a Joyful Theology, New York 1995; P. Masterson, Approaching God. Between Phenomenology and Theology, New York/London

2013; J. Mausbach, Katholische Moraltheologie, I–III, Münster 1914–1915, I, [9]1959, II, [11]1960, III, [10]1961; J. B. Metz u. a. (eds.), Gott in Welt. Festgabe für Karl Rahner, I–II, Freiburg/Basel/Wien 1964; ders./J. Moltmann, Faith and Future. Essays on Theology, Solidarity, and Modernity, Maryknoll N. Y. 1995; J. B. Metz/T. Rendtorff (eds.), Die T. in der interdisziplinären Forschung, Düsseldorf 1971; J. Moltmann, T. der Hoffnung. Untersuchungen zur Begründung und zu den Konsequenzen einer christlichen Eschatologie, München 1964, Gütersloh [14]2005, ferner als: Werke I, Gütersloh 2016 (engl. Theology of Hope. On the Ground and the Implications of a Christian Eschatology, London 1967, 1969; franz. Théologie de l'espérance. Études sur les fondements et les conséquences d'une eschatologie chrétienne, Paris 1970, [4]1983); ders., Was ist heute T.? Zwei Beiträge zu ihrer Vergegenwärtigung, Freiburg/Basel/Wien 1988 (engl. Theology Today. Two Contributions towards Making Theology Present, London 1988); V. Mortensen, Teologi og naturvidenskab, Kopenhagen 1989 (dt. T. und Naturwissenschaft, Gütersloh 1995); M. J. Murray/M. Rea, Philosophy and Christian Theology, SEP 2002, rev. 2012; H.-D. Mutschler, Physik und Religion. Perspektiven und Grenzen eines Dialogs, Darmstadt 2005; E. Neuhäusler/E. Gössmann (eds.), Was ist T.?, München 1966; W. Pannenberg, Grundfragen systematischer T.. Gesammelte Aufsätze, I–II, Göttingen 1967/1980 (engl. Basic Questions in Theology. Collected Essays, I–III, Philadelphia Pa. 1970–1973); ders., Wissenschaftstheorie und T., Frankfurt 1973, 1987 (engl. Theology and the Philosophy of Science, London, Philadelphia Pa. 1976); ders. u. a., Grundlagen der T.. Ein Diskurs, Stuttgart etc. 1974; W. A. de Pater, Theologische Sprachlogik, München 1971; D. G. Peerman, Frontline Theology, Richmond Va., London 1967 (dt. T. im Umbruch. Der Beitrag Amerikas zur gegenwärtigen T., München 1968); M. v. Perger/W. A. Löhr, T., DNP XII/1 (2002), 364–371; H. Peukert, Wissenschaftstheorie – Handlungstheorie – fundamentale T.. Analysen zu Ansatz und Status theologischer Theoriebildung, Düsseldorf 1976, Frankfurt [2]1988, 2009; G. Picht/E. Rudolph (eds.), T. – was ist das?, Stuttgart/Berlin 1977; J. Polkinghorne, Belief in God in an Age of Science, New Haven Conn./London 1998, 2003 (dt. An Gott glauben im Zeitalter der Naturwissenschaften. Die T. eines Physikers, Gütersloh 2000); M. Rae, Kierkegaard and Theology, London/New York 2010; K. Rahner, Hörer des Wortes. Zur Grundlegung einer Religionsphilosophie, München 1941, ed. J. B. Metz, [2]1963, [3]1985, ferner als: Sämtl. Werke IV, ed. K. Lehmann u. a., Zürich etc. 1997 (engl. Hearer of the Word. Laying the Foundations for a Philosophy of Religion, ed. A. Tallon, New York 1994; franz. L' auditeur de la parole. Écrits sur la philosophie de la religion et sur les fondements de la théologie, ed. J. Doré u. a., Paris 2013 [= Œuvres IV]); ders., Schriften zur T., I–XVI, Einsiedeln/Zürich/Köln 1954–1984; I. T. Ramsey, Religious Language. An Empirical Placing of Theological Phrases, London 1957, 1973; C. H. Ratschow, Der angefochtene Glaube. Anfangs- und Grundprobleme der Dogmatik, Gütersloh 1957, [5]1983; J. Ratzinger (ed.), Die Frage nach Gott, Freiburg/Basel/Wien 1972, [4]1978; L. Reinisch (ed.), Gott in dieser Zeit, München 1972; T. Rendtorff, Politisches Mandat der Kirchen? Grundfragen einer politischen T.. Trutz Rendtorff antwortet Winfried Hassemer, Düsseldorf 1972; T. Rentsch, T., negative, Hist. Wb. Ph. X (1998), 1102–1105; J. A. T. Robinson, Honest to God, London 1963, 2013 (dt. Gott ist anders, München 1963, [15]1970); E. Rommen/H. Netland (eds.), Christianity and the Religions. A Biblical Theology of World Religions, Pasadena Calif. 1995; J. Sailhammer, Introduction to Old Testament Theology. A Canonical Approach, Grand Rapids Mich. 1995; G. Sauter, Vor einem neuen Methodenstreit in der T.?, München 1970; ders. u. a., Wissenschaftstheoretische Kritik der T.. Die T. und die neuere wissenschaftstheoretische Diskussion. Materialien – Analysen – Entwürfe, München 1973; R. Schäfer, Die Misere der theologischen Fakultäten. Dokumentation und Kritik eines Tabus, Schwerte 1970; T. Schärtl, Theo-Grammatik. Zur Logik der Rede vom trinitarischen Gott, Regensburg 2003; M. Schmaus, Katholische Dogmatik, I–V, München 1938–1955, I, [6]1960, II, [6]1962, III/1, [5]1958, III/2, [6]1965, IV, [6]1964, V, [2]1961; J. Schmidt, Philosophische T., Stuttgart 2003; H. Scholz, Religionsphilosophie, Berlin 1921, [2]1922 (repr. Berlin/New York 1974); ders., Wie ist eine evangelische T. als Wissenschaft möglich?, in: G. Sauter (ed.), T. als Wissenschaft. Aufsätze und Thesen, München 1971, 221–264; H. J. Schultz (ed.), Wer ist das eigentlich – Gott?, München 1969, [3]1979; C. Schwöbel, T., RGG VIII ([4]2005), 255–306; H. Siemers (ed.), T. zwischen Anpassung und Isolation. Argumente für eine kommunikative Wissenschaft, Stuttgart etc. 1975; ders./H.-R. Reuter (eds.), T. als Wissenschaft in der Gesellschaft. Ein Heidelberger Experiment, Göttingen 1970; R. Sokolowski, The God of Faith and Reason. Foundations of Christian Theology, Notre Dame Ind. 1982, Washington D. C. 1995; D. Sölle, Atheistisch an Gott glauben. Beiträge zur T., Olten/Freiburg 1968, [6]1981, Neuausg. München 1983, [3]1994; dies., Politische T.. Auseinandersetzung mit Rudolf Bultmann, Stuttgart/Berlin 1971, ohne Untertitel erw. [2]1982 (engl. Political Theology, Philadelphia Pa. 1974); E.-L. Solte, T. an der Universität. Staats- und kirchenrechtliche Probleme der theologischen Fakultäten, München 1971; J. Splett, Denken vor Gott. Philosophie als Wahrheits-Liebe, Frankfurt 1996; K. Stock u. a., T., TRE XXXIII (2002), 263–343; C. Tamagnone, La philosophie et la théologie philosophale. La connaissance de la réalité et la création métaphysique du divin, Paris 2014; T. Tessin/M. v. der Ruhr (eds.), Philosophy and the Grammar of Religious Belief, New York 1995; W. Thüsing, Studien zur neutestamentlichen T., ed. T. Söding, Tübingen 1995; P. Tillich, Gesammelte Werke, I–XIV, ed. R. Albrecht, Stuttgart 1959–1975, Erg.- u. Nachlaßbde, 1971ff. (erschienen Bde I–V, Stuttgart 1971–1980, VI, Frankfurt 1983, VII–XVI, Berlin/New York 1994–2009, XVII–XIX, Berlin/Boston Mass. 2012–2016) (franz. Œuvres de Paul Tillich, ed. A. Gounelle/J. Richard, Genf etc. 1990ff. [erschienen Bde I–X]); J. Track, Sprachkritische Untersuchungen zum christlichen Reden von Gott, Göttingen 1977; W. Trillhaas, Dogmatik, Berlin 1962, Berlin/New York [4]1980; D. M. B. Tutu, Versöhnung ist unteilbar. Interpretationen biblischer Texte zur Schwarzen T., Wuppertal 1977, [2]1986; G. Vahanian, The Death of God. The Culture of our Post-Christian Era, New York 1961, 1967 (dt. Kultur ohne Gott. Analysen und Thesen zur nachchristlichen Ära, Göttingen 1973); R. A. Varghese (ed.), Theos, Anthropos, Christos. A Compendium of Modern Philosophical Theology, New York etc. 2000; H. Verweyen, Philosophie und T.. Vom Mythos zum Logos zum Mythos, Darmstadt 2005, 2015; G. Ward, Barth, Derrida and the Language of Theology, Cambridge etc. 1995, 1998; J. Webster/K. Tanner/I. Torrance (eds.), The Oxford Handbook of Systematic Theology, Oxford etc. 2007, 2010; W. Weischedel, Der Gott der Philosophen. Grundlegung einer philosophischen T. im Zeitalter des Nihilismus, I–II, Darmstadt 1971/1972, [3]1975 (repr. 1983, 1998), in 1 Bd. [5]2013, 2014; B. Weissmahr, Philosophische Gotteslehre, Stuttgart etc. 1983, Stuttgart/Berlin/Köln [2]1994; B. Welte, Auf der Spur des Ewigen. Philosophische Abhandlungen über verschiedene Gegenstände der Religion und der T., Freiburg/Basel/Wien 1965; R. Weth/C. Gestrich/E.-L. Solte, T. an staatlichen Universitäten?, Stuttgart etc. 1972; S. Wiedenhofer, Politische T., Stuttgart etc. 1976; ders., T., LThK IX ([3]2000), 1435–1444; H. Zahrnt, Die Sache mit Gott. Die protestantische T. im 20. Jahrhundert,

München 1966, Neuausg. München/Zürich 1988, ^{3}1996 (engl. The Question of God. Protestant Theology in the Twentieth Century, New York, London 1969; franz. Aux prises avec Dieu. La théologie protestante au XXe siècle, Paris 1996).

Literatur (historisch): P. Adamson, The Theology of Aristotle, SEP 2008, rev. 2012; K. Barth, Das Wort Gottes und die T.. Gesammelte Vorträge, München 1924, ^{3}1929; ders., Die protestantische T. im 19. Jahrhundert. Ihre Vorgeschichte und ihre Geschichte, Zollikon 1947, Zürich ^{6}1994; M. Baumotte, T. als politische Aufklärung. Studien zur neuzeitlichen Kategorie des Christentums, Gütersloh 1973; P. J. Bowler, Reconciling Science and Religion. The Debate in Early-Twentieth-Century Britain, Chicago Ill./London 2001; E. Caird, The Evolution of Theology in the Greek Philosophers, I–II, Glasgow 1904 (repr. New York 1968, Bristol 1999), in 1 Bd. 1923 (dt. Die Entwicklung der T. in der griechischen Philosophie, Halle 1909); R. Doran, Birth of a Worldview. Early Christianity in Its Jewish and Pagan Context, Boulder Colo. 1995, Lanham Md. etc. 1999; B. Effe, Studien zur Kosmologie und T. der Aristotelischen Schrift »Über die Philosophie«, München 1970; K. Emery, Jr. (ed.), Philosophy and Theology in the Long Middle Ages. A Tribute to Stephen F. Brown, Leiden/Boston Mass. 2011; R. Faber, Die Verkündigung Vergils: Reich - Kirche - Staat. Zur Kritik der politischen T., Hildesheim/New York 1975; D. Fergusson (ed.), Scottish Philosophical Theology 1700–2000, Exeter 2007; M. Fiedrowicz, T. der Kirchenväter. Grundlagen frühchristlicher Glaubensreflexion, Freiburg/Basel/Wien 2007, ^{2}2010; W. Geerlings (ed.), Theologen der christlichen Antike. Eine Einführung, Darmstadt 2002; O. Gilbert, Griechische Religionsphilosophie, Leipzig 1911 (repr. Hildesheim/New York 1973); T. W. Gillespie, The First Theologians. A Study in Early Christian Prophecy, Grand Rapids Mich. 1994; M. Grabmann, Die Geschichte der katholischen T. seit dem Ausgang der Väterzeit, Freiburg 1933 (repr. Darmstadt 1961, 1983); A. v. Harnack, Lehrbuch der Dogmengeschichte, I–III, Freiburg 1886–1890, Tübingen ^{4}1909–1910 (repr. Darmstadt 1909–1932, 2015) (engl. History of Dogma, I–VII, London/Edinburgh/Oxford, 1894–1899, New York 1961); ders., Die Aufgabe der theologischen Facultäten und die allgemeine Religionsgeschichte, Gießen, Berlin 1901; ders., Die Entstehung der christlichen T. und des kirchlichen Dogmas. Sechs Vorlesungen, Gotha 1927 (repr. Darmstadt 1967); E. Hirsch, Geschichte der neueren evangelischen T. im Zusammenhang mit den allgemeinen Bewegungen des europäischen Denkens, I–V, Gütersloh 1949–1954, ^{3}1964 (repr. Münster 1984), ^{5}1975; W. Jaeger, The Theology of the Early Greek Philosophers, Oxford 1947, Oxford etc. 1968 (dt. Die T. der frühen griechischen Denker, Stuttgart, Zürich 1953 [repr. Darmstadt, Stuttgart 1964]; franz. A la naissance de la théologie. Essai sur les présocratiques, Paris 1966); M. H. Jung/P. Walter (eds.), Theologen des 16. Jahrhunderts. Humanismus – Reformation – Katholische Erneuerung. Eine Einführung, Darmstadt 2002; F. Kattenbusch, Von Schleiermacher zu Ritschl. Zur Orientierung über den gegenwärtigen Stand der Dogmatik, Gießen 1892, ^{2}1893, mit Untertitel: Zur Orientierung über die Dogmatik des neunzehnten Jahrhunderts, ^{3}1903, unter dem Titel: Die deutsche evangelische T. seit Schleiermacher. Ihre Leistungen und ihre Schäden, Gießen ^{5}1926 (repr. ohne Untertitel, in 2 Bdn. ^{6}1934); ders., Die Entstehung einer christlichen T., Z. Theol. Kirche NF 11 (1930), 161–205; U. Köpf, Die Anfänge der theologischen Wissenschaftstheorie im 13. Jahrhundert, Tübingen 1974; ders., Theologen des Mittelalters. Eine Einführung, Darmstadt 2002; ders., T.geschichte/T.geschichtsschreibung, RGG VIII (^{4}2005), 315–321; V. Leppin, T. im Mittelalter, Leipzig 2007; J. Moltmann (ed.), Anfänge der dialektischen T., I–II, München 1962/1963, I, ^{6}1995, II, ^{4}1987 (ital. Le origini della teologia dialettica, Brescia 1976); P. E. More, The Religion of Plato, Princeton N. J. 1921, ^{2}1928, New York 1970; M. Murrmann-Kahl, T.geschichte/T.geschichtsschreibung, TRE XXXIII (2002), 344–349; P. Neuner/G. Wenz (eds.), Theologen des 20. Jahrhunderts. Eine Einführung, Darmstadt 2002; dies. (eds.), Theologen des 19. Jahrhunderts. Eine Einführung, Darmstadt 2002; B. Niederbacher/G. Leibold (eds.), T. als Wissenschaft im Mittelalter. Texte, Übersetzungen, Kommentare, Münster 2006; J. Nolte, Dogma in Geschichte. Versuch einer Kritik des Dogmatismus in der Glaubensdarstellung, Freiburg/Basel/Wien 1971; K. B. Osborne (ed.), The History of Franciscan Theology, St. Bonaventure N. Y. 1994; W. Pannenberg, T. und Philosophie. Ihr Verhältnis im Lichte ihrer gemeinsamen Geschichte, Göttingen 1996; G. Pattison, Kierkegaard and the Theology of the Nineteenth Century. The Paradox and the ›Point of Contact‹, Cambridge etc. 2012; W. Pauly (ed.), Geschichte der christlichen T., Darmstadt 2008, 2015; D. Perler/U. Rudolph (eds.), Logik und T.. Das Organon im arabischen und im lateinischen Mittelalter, Leiden/Boston Mass. 2005; K. Pinggéra (ed.), Russische Religionsphilosophie und T. um 1900, Marburg 2005; L. Scheffczyk (ed.), T. in Aufbruch und Widerstreit. Die deutsche katholische T. im 19. Jahrhundert, Bremen 1965; A. v. Scheliha, Der Glaube an die göttliche Vorsehung. Eine religionssoziologische, geschichtsphilosophische und theologiegeschichtliche Untersuchung, Stuttgart/Berlin/Köln 1999; T. M. Schoof, Aggiornamento. De doorbraak van een nieuwe katholieke theologie, Baarn 1968 (dt. Der Durchbruch der neuen katholischen T.. Ursprünge, Wege, Strukturen, Freiburg/Basel/Wien 1969; engl. A Survey of Catholic Theology, 1800–1970, Glen Rock N. J. 1970; ital. Verso una nuova teologia cattolica, Brescia 1971); H. J. Schultz (ed.), Tendenzen der T. im 20. Jahrhundert. Eine Geschichte in Porträts, Stuttgart/Berlin, Olten/Freiburg 1966, ^{2}1967; F. Solmsen, Plato's Theology, Ithaca N. Y. 1942, New York 1967; H. Stephan, Geschichte der evangelischen T. seit dem deutschen Idealismus, Berlin 1938, unter dem Titel: Geschichte der deutschen evangelischen T. seit dem deutschen Idealismus, Berlin ^{2}1960, unter dem Titel: Geschichte der evangelischen T. in Deutschland seit dem Idealismus, Berlin/New York ^{3}1973; H. Vorgrimler/R. Vander Gucht (eds.), Bilanz der T. im 20. Jahrhundert. Perspektiven, Strömungen, Motive in der christlichen und nichtchristlichen Welt, I–IV, Freiburg/Basel/Wien 1969–1970 (franz. Bilan de la théologie du XXe siècle, I–II, Tournai/Paris 1971/1979); P. Walter/M. H. Jung (eds.), Theologen des 17. und 18. Jahrhunderts. Konfessionelles Zeitalter – Pietismus – Aufklärung, Darmstadt 2003.

Evangelische Lexika: H. Brunotte/O. Weber (eds.), Evangelisches Kirchenlexikon. Kirchlich-theologisches Handwörterbuch, I–IV, Göttingen 1956–1961, ^{2}1961–1962, Neudr. unter dem Titel: Evangelisches Kirchenlexikon. Internationale theologische Enzyklopädie, ed. E. Fahlbusch u. a., I–IV, Göttingen ^{3}1986–1997; J. J. Herzog (ed.), Realencyklopädie für protestantische T. und Kirche, I–IX, Stuttgart/Hamburg 1854–1858, X–XXII, Gotha 1858–1866, ed. J. J. Herzog/G. L. Plitt/A. Hauck, Leipzig ^{2}1877–1888, I–XXIV, ed. A. Hauck, Leipzig ^{3}1896–1913, Nachdr. Graz 1969–1971; G. Krause/G. Müller (eds.), Theologische Realenzyklopädie, I–XXXVI, 2 Reg.bde u. 1 Abkürzungsverzeichnis, Berlin/New York 1977–2007; F. M. Schiele/L. Zscharnack (eds.), Die Religion in Geschichte und Gegenwart. Handwörterbuch in gemeinverständlicher Darstellung, I–V, Tübingen 1909–1913, mit Untertitel: Handwörterbuch für Theologie und Religionswissenschaft, I–V, 1 Reg.bd., ed. H. Gunkel/L. Zscharnack,

[2]1927–1932, I–VII, 1 Reg.bd., ed. K. Galling/H. Campenhausen/W. Werbeck, [3]1957–1965 (VII = Reg.bd.), 1986, unter dem Titel: Religion in Geschichte und Gegenwart. Handwörterbuch für Theologie und Religionswissenschaft, I–VIII, 1 Reg.bd., ed. H. D. Betz u. a., [4]1998–2007, 2008.

Katholische Lexika: J. Höfer/K. Rahner (eds.), Lexikon für T. und Kirche, I–X, 1 Reg.bd., Freiburg [2]1957–1967, Suppl. I–III, ed. H. S. Brechter u. a., Freiburg/Basel/Wien 1966–1968 (I–III Das Zweite Vatikanische Konzil), I–XI, ed. W. Kasper u. a., [3]1993–2001, 2009 (XI = Nachträge, Register, Abkürzungsverzeichnis); K. Rahner u. a. (eds.), Sacramentum mundi. Theologisches Lexikon für die Praxis, I–IV, Freiburg/Basel/Wien 1967–1969; A. Vacant u. a. (eds.), Dictionnaire de théologie catholique contenant l'exposé des doctrines de la théologie catholique, leurs preuves et leur histoire, I–XV, Paris 1903–1950, Suppl. I–III, 1951–1972 (I–III Tables générales). M. G.

Theonomie (von griech. *θεός*, Gott, und *νόμος*, Gesetz), Gottesgesetzlichkeit, Begriff der christlichen Ethik zur Bezeichnung der Bindung des sittlichen Handelns an den Willen (die moralische Gesetzgebung) Gottes, im Unterschied zur ↑Autonomie, dem Begriff menschlicher Selbstbestimmung. Allerdings wird T. innerhalb der christlichen Theologie nicht als ↑Heteronomie (Fremdbestimmung des Handelns) verstanden.

Literatur: G. L. Bahnsen, Theonomy in Christian Ethics, Nutley N. J. 1977, erw. Phillipsburg N. J. [2]1984; W. S. Barker/W. R. Godfrey (eds.), Theonomy. A Reformed Critique, Grand Rapids Mich. 1990; H. Blumenberg, Kant und die Frage nach dem ›gnädigen Gott‹, Stud. Gen. 7 (1954), 554–570; ders., Autonomie und T., RGG I ([3]1957), 788–792; J. J. Carey (ed.), Theonomy and Autonomy. Studies in Paul Tillich's Engagement with Modern Culture, Macon Ga. 1984; M. A. Clauson, A History of the Idea of ›God's Law‹ (Theonomy). Its Origins, Development and Place in Political and Legal Thought, Lewiston N. Y. 2006; J. F. Crosby, The Dialectic of Autonomy and Theonomy in the Human Person, Proc. Amer. Catholic Philos. Assoc. 64 (1990), 250–258; E. Düsing, Autonomie – soziale Heteronomie – T.. Fichtes Theorie sittlicher Individualität, Fichte-Stud. 8 (1995), 59–85; Z. W. Falk, Religious Law and Ethics. Studies in Biblical and Rabbinical Theonomy, Jerusalem 1991; E. Feil, T., Hist. Wb. Ph. X (1998), 1113–1116; F. W. Graf, T.. Fallstudien zum Integrationsanspruch neuzeitlicher Theologie, Gütersloh 1987; K. Huxel, T., RGG VIII ([4]2005), 331–334; G. North (ed.), Theonomy. An Informed Response, Tyler Tex. 1991; H. Reiner, Die philosophische Ethik. Ihre Fragen und Lehren in Geschichte und Gegenwart, Heidelberg 1964; W. Weier, Gott als Prinzip der Sittlichkeit. Grundlegung einer existenziellen und theonomen Ethik, Paderborn etc. 2009. M. G.

Theon von Alexandreia, in der 2. Hälfte des 4. Jhs. in Alexandreia lebender griech. Mathematiker und Astronom; Vater der Mathematikerin und neuplatonischen (↑Neuplatonismus) Philosophin Hypathia, die 415 von einem fanatischen christlichen Mob in Alexandreia ermordet wurde. Von T. sind eine Beschreibung einer Sonnen- und einer Mondfinsternis aus dem Jahre 364 überliefert. Seine Schriften sind aus dem Unterricht erwachsen und stellen entweder nichts Neues bietende Kommentare (zu K. Ptolemaios' »Almagest« und »Handtafeln«) oder für den Gebrauch seiner Schüler adaptierte Textausgaben dar (z. B. von Euklids »Elementen«, »Data«, »Optik«). Seine Ausgabe der »Elemente« wurde bis ins frühe 19. Jh. für den originalen Text gehalten. Ptolemaios' »Handtafeln« sind – bis auf die Einleitung – nur in T.s Version erhalten.

Werke: C. Ptolemaeus, Magnae constructionis [...] lib. XIII. T.is Alexandrini in eosdem commentarium lib. XI [griech.], Basel 1538; Commentaire de Théon d'Alexandrie sur le livre III de l'Almageste de Ptolémée. Tables manuelles astronomiques de Ptolémée et de Théon, I–III, ed. N. B. Halma, Paris 1822–1825, Neudr. in einem Bd., Bordeaux 1990; Commentaires de Pappus et de Théon d'Alexandrie sur l'Almageste [griech.], II–III, ed. A. Rome, Rom 1936/1943); Le »Petit Commentaire« de Théon d'Alexandrie aux tables faciles de Ptolémée [griech./franz.], ed. A. Tihon, Rom 1978; Le »Grand Commentaire« de Théon d'Alexandrie aux tables faciles de Ptolémée [griech./franz.], I–III, I, ed. J. Mogenet, I–II, ed. A. Tihon, Rom 1985–1999.

Literatur: A. Bernard, The Alexandrian School, T. of A. and Hypatia, in: L. P. Gerson (ed.), The Cambridge History of Philosophy in Late Antiquity, I–II, Cambridge etc. 2010, I, 417–436, II, 1074–1075 (Bibliographie); M. Deakin, Hypatia of Alexandria. Mathematician and Martyr, Amherst N. Y. 2007; J. Feke, Théon d'Alexandrie, Dict. ph. ant. VI (2016), 1008–1016; M. Folkerts, T. v. A. [8], DNP XII/1 (2002), 376–378; H. Harich-Schwarzbauer, Hypatia. Die spätantiken Quellen, Bern etc. 2011; J. L. Heiberg, Litterargeschichtliche Studien über Euklid, Leipzig 1882, 138–180; ders., Prolegomena critica, in Euclidis Opera Omnia V (Elementa), Leipzig 1888, XXIII–CXIII, bes. LI–LXXVI (Kap. II De recensione Theonis); ders., Prolegomena, in: Euclidis Opera Omnia VII (Optica, opticorum recensio Theonis, Catoptrica, cum scholiis antiquis), Leipzig 1895, XIII–LV, bes. XLIX–L; J. M. McMahon, T. of A., in: T. A. Hockey (ed.), Biographical Encyclopedia of Astronomers IV, New York etc. [2]2014, 2145–2147; H. Menge, Prolegomena, in: Euclidis Opera Omnia VI (Euclidis Data cum commentario Marini), Leipzig 1896, XI–LXX, bes. XXXII–XLIV; G. J. Toomer, T. of Alexandria, DSB XIII (1976), 321–325; K. Ziegler, T. [15], RE V/A2 (1934), 2075–2080. G. W.

Theon von Smyrna, frühes 2. Jh. n. Chr., griech. Mathematiker, Astronom und Philosoph. T.s Hauptwerk und zugleich einzig erhaltene Schrift ist eine Anleitung zur Lektüre Platons, deren mathematische und auf die Musik bezogene Teile weniger wegen ihrer Originalität, sondern wegen ihrer Zitate aus anderen, verlorengegangenen Schriften von Interesse sind. Bedeutender sind die astronomischen Teile des Werkes, in denen T. die verschiedenen Ansätze und Ausformungen der geozentrischen (↑Geozentrismus) Theorie vor K. Ptolemaios darstellt und eigene Beobachtungen wiedergibt. Die übrigen Werke T.s, darunter ein Kommentar zu Platons »Politeia«, sind verlorengegangen.

Werke: Theonis Smyrnaei Platonici Liber de Astronomia cum Sereni fragmento [griech./lat.], ed. T. H. Martin, Paris 1849 (repr. Groningen 1971); Expositio rerum mathematicarum ad legendum Platonem utilium [griech.], ed. E. Hiller, Leipzig 1878 (repr.

New York 1987, Stuttgart/Leipzig 1995), unter dem Titel: Exposition des connaissances mathématiques utiles pour la lecture de Platon [griech./franz.], ed. J. Dupuis, Paris 1892 (repr. Brüssel 1966), unter dem Titel: Expositio rerum mathematicarum ad legendum Platonem utilium [griech./ital.], ed. F. M. Petrucci, Sankt Augustin 2012.

Literatur: M. Folkerts, T. [5], DNP XII/1 (2002), 374–375; K. v. Fritz, T. v. S. [14], RE V/A2 (1934), 2067–2075; R. A. Hatch, T. of S., in: T. A. Hockey (ed.), Biographical Encyclopedia of Astronomers IV, New York etc. [2]2014, 2147–2148; G. L. Huxley, T. of S., DSB XIII (1976), 325–326; F. M. Petrucci, Théon de Smyrne, Dict. ph. ant. VI (2016), 1016–1027; G. C. Vedova, Notes on T. of S., Amer. Math. Monthly 58 (1951), 675–683. G. W.

Theophrastos von Eresos, *Eresos auf Lesbos 371 v. Chr., †Athen 287 v. Chr., griech. Philosoph und Naturforscher, Nachfolger des Aristoteles in der Leitung des ↑Peripatos. – In über 200 Schriften, die nur zum Teil erhalten sind, führt T. die Philosophie seines Lehrers teils zustimmend, teils kritisch fort; seine von Aristoteles abweichenden Vorstellungen werden nicht in Form von ausgearbeiteten Gegenpositionen, sondern in weiterführenden skeptischen Fragen zum Ausdruck gebracht. In der Logik befaßt sich T. mit modalen (↑Modalität, ↑Modallogik) Schlüssen, mit der Umkehrung negierter ↑Allaussagen und mit dem Problem hypothetischer und disjunktiver Syllogismen (↑Syllogismus, hypothetischer, ↑Syllogismus, disjunktiver). In der ↑Metaphysik übernimmt er die Aristotelische ↑Teleologie und die Annahme eines ›ersten unbewegten Bewegers‹ (↑Beweger, unbewegter), kommt aber auf Grund sorgfältiger Beobachtungen (z. B. von Mutationen) zu dem Schluß, daß die gesamte Natur nicht von einer einheitlichen Teleologie bestimmt sein könne. Dies veranlaßt T. zur Annahme mehrerer ›Beweger‹ und zu der für die Entwicklung der Einzelwissenschaften folgenreichen Forderung, für jeden Gegenstandsbereich eine eigene Methodologie zu entwickeln. Eine grundlegende Änderung der Aristotelischen Elementenlehre enthält T.' Hinweis, daß das Feuer nicht ohne brennbares Material möglich sei und daher nicht zu den ersten Substanzen der Natur gezählt werden könne. – T.' Geschichte der Naturphilosophie ist eine wertvolle Quelle für die Lehren der ↑Vorsokratiker. In einem Büchlein »Charaktere« bietet er eine später häufig verwendete, detaillierte Darstellung von 30 Charaktertypen. Seine Schriften über Alter, Freundschaft, Glück, Frömmigkeit und Politik sind als Detailausführungen zur Ethik und Politik des Aristoteles konzipiert.

Werke: Opera quae supersunt omnia [griech.], I–III, ed. F. Wimmer, Leipzig 1854–1862, [griech./lat.] in 1 Bd., Paris 1866 (repr. Frankfurt 1964). – [Historia plantanum] Naturgeschichte der Gewächse, I–II, ed. K. Sprengel, Altona 1822 (repr. Darmstadt, Hildesheim/Zürich/New York 1971, 2013); Enquiry into Plants. And Minor Works on Odours and Weather Signs [griech./engl.], I–II, ed. A. Hort, London, New York 1916, Cambridge Mass./London 1999; Recherches sur les plantes [griech./franz.], I–V, ed. S. Amigues, Paris 1988–2006; Recherches sur les plantes. À l'origine de la botanique [franz.], ed. S. Amigues, Paris 2010; [De causis plantarum] De causis plantarum [griech./engl.], I–III, ed. B. Einarson/G. K. K. Link, Cambridge Mass./London 1976–1990, 2014; Les causes des phénomènes végétaux/De causis plantarum [griech./franz.], I–II, ed. S. Amigues, Paris 2012/2015; [Morales characteres] The Characters [griech./engl.], ed. R. C. Jebb, London 1870, Neudr., ed. J. E. Sandys, 1909 (repr. New York 1979); Characteres [griech.], ed. H. Diels, Oxford 1909 (repr. 1964); Caractères [griech./franz.], ed. O. Navarre, Paris 1920/1924, [2]1931, 2003; The Characters [griech./engl.], ed. J. M. Edmonds, London, New York 1929, Cambridge Mass./London 1967, neu übers. u. ed. J. Rusten/I. C. Cunningham, Cambridge Mass./ London [2]1993, [3]2002; Charakterbilder, ed. H. Rüdiger, Leipzig 1949, unter dem Titel: Charakterskizzen, München 1974; Charaktere [griech./dt.], I–II, ed. P. Steinmetz, München 1960/1962; The Characters [griech., mit engl. Kommentar], ed. R. G. Ussher, London, New York 1960, rev. London 1993; Charaktere [griech./ dt.], ed. D. Klose, Stuttgart 1970, 2016; Charaktere. Dreißig Charakterskizzen, ed. K. Steinmann, Frankfurt/Leipzig 2000; Characters [griech./engl.], ed. J. Diggle, Cambridge etc. 2004, 2007; [Physicorum opiniones] *Φυσικῶν δοξῶν βιβλίων ιή ἀποσπασμάτια*, in: H. Diels (ed.), Doxographi Graeci, Berlin 1879, 1979, 473–495; [De sensibus] *Περὶ αἰσθήσεων*, in: H. Diels (ed.), Doxographi Graeci [s. o.], 499–527; On the Senses [griech./ engl.], in: G. M. Stratton, Theophrastus and the Greek Physiological Psychology Before Aristotle [s. u., Lit.], 65–151; [De signis tempestatum] On Weather Signs [griech./engl.], ed. D. Sider/C. W. Brunschön, Leiden/Boston Mass. 2007; [De igne] *Περὶ πυρός*, ed. A. Gercke, Greifswald 1896; De igne. A Post-Aristotelian View of the Nature of Fire [griech./engl.], ed. V. Coutant, Assen 1971; Il fuoco. Il trattato »De igne« [griech./ital.], ed. A. M. Battegazzore, Sassari 2006; [de ventis] De ventis [griech./engl.], ed. V. Coutant/V. L. Eichenlaub, Notre Dame Ind./London 1975; [De dictione] *Περὶ λέξεως* libri fragmenta, ed. A. Mayer, Leipzig 1910; [Metaphysica] Metaphysics [griech./engl.], ed. W. D. Ross/F. H. Fobes, Oxford 1929 (repr. Hildesheim 1967, 1982); Metaphysics [griech./engl.], ed. M. van Raalte, Leiden/New York/ Köln 1993; Métaphysique [griech./franz.], ed. A. Laks/G. W. Most, Paris 1993, 2002; Die »Metaphysik« Theophrasts. Edition, Kommentar, Interpretation [griech./dt.], ed. J. Henrich, München/Leipzig 2000; On First Principles (Known as His Metaphysics) [griech./arab./lat.], ed. D. Gutas, Leiden/Boston Mass. 2010; Metaphysik (*τῶν μετὰ τὰ φυσικά*) [griech./dt.], ed. G. Damschen/D. Kaegi/E. Rudolph, Hamburg 2012; Metafisica [griech./ ital.], ed. L. Repici, Rom 2013; [De lapidibus] On Stones [griech./ engl.], ed. E. R. Caley/J. F. C. Richards, Columbus Ohio 1956; De lapidibus [griech./engl.], ed. D. E. Eichholz, Oxford 1965; [De pietate] *Περὶ εὐσεβείας* [griech./dt.], ed. W. Pötscher, Leiden 1964; Della pietà, ed. G. Ditadi, Este (Padua) 2005; [Sammlungen] Die logischen Fragmente des T., ed. A. Graeser, Berlin/New York 1973; Testimonianze e frammenti [griech.], in: L. Repici, La logica di Teofrasto. Studio critico e raccolta dei frammenti e delle testimonianze, Bologna 1977, 193–223; On Sweat, on Dizziness and on Fatigue [griech./engl.], ed. W. Fortenbaugh/R. Sharples/M. G. Sollenberger, Leiden/Boston Mass. 2003.

Literatur: H. Baltussen, Theophrastus on Theories of Perception. Argument and Purpose in the »De sensibus«, Utrecht 1993; ders., Theophrastus against the Presocratics and Plato. Peripatetic Dialectic in the »De sensibus«, Leiden/Boston Mass./Köln 2000; ders., Theophrastus, Enc. Ph. IX ([2]2006), 411–413; E. Barbotin,

La théorie aristotélicienne de l'intellect d'après Théophraste, Louvain/Paris 1954; J. Barnes, Theophrastus and Hypothetical Syllogistic, in: J. Wiesner (ed.), Aristoteles, Werk und Wirkung I (Aristoteles und seine Schule), Berlin/New York 1985, 557–576; J. M. Bocheński, La logique de Théophraste, Fribourg 1947 (repr. New York/London 1987); C. O. Brink, *Οἰκείωσις* and *οἰκειότης*. Theophrastus and Zeno on Nature in Moral Theory, Phronesis 1 (1955/1956), 123–145; W. Capelle, Der Garten des Theophrast, in: A. Alt u. a., Festschrift für Friedrich Zucker zum 70. Geburtstage, Berlin 1954, 45–82; ders., Theophrast in Kyrene?, Rhein. Mus. Philol. NF 97 (1954), 169–189; ders., Das Problem der Urzeugung bei Aristoteles und Theophrast und in der Folgezeit, Rhein. Mus. Philol. NF 98 (1955), 150–180; ders., Theophrast in Ägypten, Wiener Stud. 69 (1956), 173–186; ders., Farbenbezeichnungen bei Theophrast, Rhein. Mus. Philol. NF 101 (1958), 1–41; F. Dirlmaier, Die Oikeiosis-Lehre Theophrasts, Leipzig 1937 (Philologus Suppl.bd. XXX/1); I. Düring (ed.), Naturphilosophie bei Aristoteles und T.. Verhandlungen des 4. Symposium Aristotelicum veranstaltet in Göteborg, August 1966, Heidelberg 1969; W. W. Fortenbaugh, Quellen zur Ethik Theophrasts, Amsterdam 1984; ders., Theophrastean Studies, Stuttgart 2003; ders., Theophrastus of Eresus. Sources for His Life, Writings, Thought and Influence. Commentary VIII (Sources on Rhetoric and Poetics (Texts 666–713)), Leiden/Boston Mass. 2005; ders./P. M. Huby/A. A. Long (eds.), Theophrastus of Eresus. On His Life and Work, New Brunswick N. J./Oxford 1985; W. W. Fortenbaugh/R. W. Sharples (eds.), Theophrastean Studies. On Natural Science, Physics and Metaphysics, Ethics, Religion, and Rhetoric, New Brunswick N. J./Oxford 1988; W. W. Fortenbaugh/D. Gutas (eds.), Theophrastus. His Psychological, Doxographical, and Scientific Writings, New Brunswick N. J./London 1992; W. W. Fortenbaugh u. a. (eds.), Theophrastus of Eresus. Sources for His Life, Writings, Thought and Influence, I–II, Leiden/New York/ Köln 1992; W. W. Fortenbaugh/G. Wöhrle (eds.), On the Opuscula of Theophrastus. Akten der 3. Tagung der Karl und Gertrud Abel-Stiftung vom 19.–23. Juli 1999 in Trier, Stuttgart 2002; W. W. Fortenbaugh/J. M. van Ophaijsen/R. Harmon, Theophrastus, DNP XII/1 (2006), 385–393; W. W. Fortenbaugh/D. Gutas, Theophrastus of Eresus. Sources for His Life, Writings, Thought and Influence. Commentary VI/1 (Sources on Ethics), Leiden/ Boston Mass. 2011; dies., Theophrastus of Eresus. Sources for His Life, Writings, Thought and Influence. Commentary IX/2 (Sources on Discoveries and Beginnings, Proverbs et al. (Texts 727–741)), Leiden/Boston Mass. 2014; K. Gaiser, Theophrast in Assos. Zur Entwicklung der Naturwissenschaft zwischen Akademie und Peripatos, Heidelberg 1985; H. B. Gottschalk, Prolegomena to an Edition of Theophrastus' Fragments, in: J. Wiesner (ed.), Aristoteles, Werk und Wirkung I [s. o.], 543–556; P. M. Huby, Theophrastus, REP IX (1998), 337–340; dies./D. Gutas, Theophrastus of Eresus. Sources for His Life, Writings, Thought and Influence. Commentary IV (Psychology (Texts 265–327)), Leiden/Boston Mass./Köln 1999; dies., Theophrastus of Eresus. Sources for His Life, Writings, Thought and Influence. Commentary II (Logic), Leiden/Boston Mass. 2007; K. Ierodiakonou, Theophrastus, SEP 2016; J. B. McDiarmid, Theophrastus on the Presocratic Causes, Harvard Stud. 61 (1953), 85–156; P. Millett, Theophrastus and His World, Cambridge 2007 (Proc. Cambridge Philol. Soc. Suppl. XXXIII); J. M. van Ophuijsen/M. van Raalte (eds.), Theophrastus. Reappraising the Sources, New Brunswick N. J./London 1998; P. Pellegrin, Théophraste, DP II ([2]1993), 2770–2772; W. Pötscher, Strukturprobleme der aristotelischen und theophrastischen Gottesvorstellung, Leiden 1970; ders., T., KP V (1975), 720–725; G. Reale, Teofrasto e la sua aporetica metafisica. Saggio di ricostruzione e di interpretazione storico-filosofica, Brescia 1964; O. Regenbogen, Theophrast-Studien I (Zur Analyse der Historia Plantarum), Hermes 69 (1934), 75–105, 190–203; ders., T. 3, RE Suppl.bd. VII (1940), 1354–1562; J.-P. Schneider/D. Gutas/J. Lang, Théophraste d'Érèse, Dict. ph. ant. VI (2016), 1035–1123; G. Senn, Die Entwicklung der biologischen Forschungsmethode in der Antike und ihre grundsätzliche Förderung durch Theophrast v. E., Aarau 1934 (repr. Amsterdam 1971); R. W. Sharples, Theophrastus on the Heavens, in: J. Wiesner (ed.), Aristoteles, Werk und Wirkung I [s. o.], 577–593; ders., Theophrastus of Eresus. Sources for His Life, Writings, Thought and Influence Commentary V (Sources on Biology (Human Physiology, Living Creatures, Botany: Texts 328–435)), Leiden/New York/Köln 1995; ders., Theophrastus, in: T. A. Hockey (ed.), Biographical Encyclopedia of Astronomers IV, New York etc. [2]2014, 2148–2149; ders./D. Gutas, Theophrastus of Eresus. Sources for His Life, Writings, Thought and Influence. Commentary III/1 (Sources on Physics (Texts 137–223)), Leiden/Boston Mass./Köln 1998; M. Stein, Definition und Schilderung in Theophrasts Charakteren, Stuttgart 1992; P. Steinmetz, Die Physik des T. v. E., Bad Homburg/Berlin/Zürich 1964 (Palingenesia I); G. M. Stratton, Theophrastus and the Greek Physiological Psychology before Aristotle, London, New York 1917 (repr. Amsterdam 1964); H. Strohm, Theophrast und Poseidonios. Drei Interpretationen zur Meteorologie, Hermes 81 (1953), 278–295; R. Strömberg, Theophrastea. Studien zur botanischen Begriffsbildung, Göteborg 1937; F. Wehrli, Theophrast, in: H. Flashar (ed.), Die Philosophie der Antike III, Basel/Stuttgart 1983, 474–522, bearb. v. G. Wöhrle/L. Zhmud, Basel [2]2004, 506–557, 643–651; G. Wöhrle, Theophrasts Methode in seinen botanischen Schriften, Amsterdam 1985. M. G.

Theorem (von griech. *θεώρημα*, das Angeschaute; engl. theorem), allgemein Bezeichnung für einen Lehrsatz einer wissenschaftlichen Disziplin. Bereits in der voreuklidischen Wissenschaft, insbes. der Mathematik, ist mit dem Begriff des Lehrsatzes der Gedanke seines ↑Beweises innerhalb eines axiomatischen Systems (↑System, axiomatisches, ↑Methode, axiomatische) verbunden. Vermutlich tritt ›T.‹ in Euklids »Elementen« erstmals in diesem Sinne terminologisch auf.

Heute ist es üblich, einen Satz *S* ein T. einer axiomatischen Theorie $\mathcal{T}$ zu nennen, wenn *S* aus dem der Theorie $\mathcal{T}$ zugrundeliegenden Axiomensystem logisch folgt (↑Folgerung). Entsprechend heißt *S* ein T. eines formalen Systems (↑System, formales) $\mathfrak{S}$, wenn *S* eine in $\mathfrak{S}$ ableitbare (↑ableitbar/Ableitbarkeit) ↑Formel ist. G. W.

theoretisch, Bezeichnung für auf ↑Theorien bezogenes Denken, verwendet in Gegenüberstellung sowohl zu (1) ›empirisch‹ als auch zu (2) ›praktisch‹: (1) Das Begriffspaar empirisch - t. bezieht sich in der Philosophie und Wissenschaftstheorie vor allem auf zwei Arten der Wissenschaftspraxis, nämlich die (›t.e‹) Konstruktion erklärender Theorien einerseits (↑Erklärung), die (›empirische‹) Überprüfung von Theorien durch ↑Experimente oder andere Praktiken des Erhebens von Daten – wie etwa statistische Erhebungen oder naturhistorische Un-

tersuchungen (↑Naturgeschichte) im klassischen Sinne – andererseits. Je nach sprachlicher Einbettung wird häufig auch zwischen empirischen und t.en Ausdrücken oder Begriffen unterschieden, ohne daß eine solche Grenze letztlich klar zu ziehen ist.
Ein engeres Verständnis von t.en Begriffen (↑Begriffe, theoretische) wurde durch R. Carnap in die Wissenschafts- und Sprachphilosophie des Logischen Empirismus (↑Empirismus, logischer) eingeführt. Die Bedeutung t.er Terme läßt sich danach nicht aus einer empirisch interpretierten Sprache entwickeln. Die Verbindung mit der Erfahrung soll hier vielmehr durch das Ganze der Theorien geschehen, in die die t.en Ausdrücke eingebettet sind (↑Theoriesprache, ↑Zweistufenkonzeption). (2) Durch den Gegensatz zu ›praktisch‹ trennt man mit dem Ausdruck ›t.‹ vor allem den Bereich deskriptiver oder konstatierender Behauptungen und Annahmen (↑Philosophie, theoretische) von praktischen Orientierungen im engeren Sinne, d. h. insbes. ↑Regeln, institutionellen Normen (↑Norm (handlungstheoretisch, moralphilosophisch), ↑Norm (juristisch, sozialwissenschaftlich)), Zielsetzungen (↑Ziel, ↑Zweck) und ihrer Bewertung (↑Philosophie, praktische, ↑praktisch). Begriffsgeschichtlich hängen beide Bedeutungen von ›t.‹ mit den antiken, bei Aristoteles entwickelten Verständnissen von ↑›Theoria‹ und ›(bios) theoretikos‹ (↑vita contemplativa) zusammen, die auf eine aus den wechselnden praktisch-politischen Zusammenhängen und den bloß empirischen Verallgemeinerungen herausgehobene ›Betrachtung‹ der unveränderlichen Strukturen und Abläufe abheben.

Literatur: R. Carnap, The Methodological Character of Theoretical Concepts, in: H. Feigl/M. Scriven (eds.), The Foundations of Science and the Concepts of Psychology and Psychoanalysis, Minneapolis Minn. 1956, 1976 (Minnesota Stud. Philos. Sci. I), 38–76; P. Janich/F. Kambartel/J. Mittelstraß, Wissenschaftstheorie als Wissenschaftskritik, Frankfurt 1974, 41–69; F. Kambartel, Erfahrung und Struktur. Bausteine zu einer Kritik des Empirismus und Formalismus, Frankfurt 1968, [2]1976, 67–69. F. K.

Theoretische Philosophie, ↑Philosophie, theoretische.

Theoria (von griech. *θεωρεῖν*, schauen, betrachten, bzw. *θέα*, Schau, Betrachtung), ursprünglich Bezeichnung für sakrale Festgesandtschaften (**θεᾱ-(ϝ)ορός*, ›der eine Schau sieht‹), in der griechischen Philosophie (↑Philosophie, griechische) Inbegriff des philosophischen ↑Wissens (Platon, Pol. 486a; Aristoteles, Met. *Λ*7.1072b24). T. ist dabei nicht einfach Gegensatz zu ↑Praxis (wie in der späteren Begriffsbildung von ↑Theorie; ↑Theorie und Praxis), sondern wird als praxisstabilisierendes Wissen aufgefaßt. Entsprechend stabilisiert im griechischen Sinne z. B. Physik das erfahrungsmäßige Wissen von der physischen Welt, Geometrie den Umgang mit Formen und Größen, Logik das argumentierende Reden. T. ist daher auch als Begründungswissen (↑Begründung) bestimmbar. Seine wesentlichen Bestandteile sind der *theoretische Satz* (dessen Möglichkeit in der Geometrie in Form von Sätzen über Winkel oder über Verhältnisse im Kreis entdeckt wird; ↑Thales von Milet) und der ↑*Beweis* (in der Geometrie zunächst in Form von Symmetriebetrachtungen [↑symmetrisch/Symmetrie (geometrisch)] benutzt, später in axiomatisch-deduktiven Verfahren ausgebildet [↑Methode, axiomatische]). In diesem Sinne verstehen schon die ↑Vorsokratiker unter ›T.‹ das Ergebnis einer begründungsorientierten Wissensbildung, Anaxagoras z. B. die Betrachtung der durch eine kosmische Vernunft organisierten Ordnung der Welt (↑Kosmos).
Bei Platon erfolgt die Ergänzung des Begriffs des theoretischen Satzes durch den Begriff des *theoretischen Gegenstandes* (↑Idee (historisch), ↑Ideenlehre), bei Aristoteles ansatzweise die Verselbständigung der T. zur ›reinen‹ Theorie (der Übergang von einer Theorie der Praxis zur Praxis der Theorie im Begriff des *bios theoretikos* [↑vita contemplativa]; ↑Kontemplation). Nach Aristoteles stellt die T. als Tätigkeit des *νοῦς* (↑Nus), die der Mensch mit den Göttern teilt, sowohl die höchste Stufe des Wissens als auch die höchste Form der Praxis, als ›theoretische‹ ↑Lebensform und ↑Sophia, dar (Eth. Nic. *K*7.1177a12–1178a8, *K*8.1178b20–23). Gemeint ist die Antizipation einer (in der vorgestellten Form niemals realisierbaren) Praxis, in der Theorie Inhalt der Praxis selbst ist. In der nach-Aristotelischen Akademisierung der T. verliert diese auch institutionell ihren ursprünglichen Charakter als praxisstabilisierendes Wissen. Sie wird einerseits in Form von Fachwissen, mit Zentrum in Alexandrien (Euklid, K. Ptolemaios), weitergeführt, andererseits in den spekulativen Traditionen vor allem des ↑Neupythagoreismus und des ↑Neuplatonismus in gewissem Sinne remythisiert.

Literatur: A. W. H. Adkins, T. versus Praxis in the Nicomachean Ethic and the Republic, Class. Philol. 73 (1978), 297–313; R. Arnou, Praxis et T.. Étude de détail sur la vocabulaire et la pensée des Ennéades de Plotin, Paris 1921, Rom 1972; H.-G. Beck, T.. Ein byzantinischer Traum?, München 1983 (Sitz.ber. Bayer. Akad. Wiss., philos.-hist. Kl., H. 7); T. Bénatouïl/M. Bonazzi (eds.), T., Praxis, and the Contemplative Life after Plato and Aristotle, Leiden/Boston Mass. 2012; T. Böhm, T. – Unendlichkeit – Aufstieg. Philosophische Implikationen zu »De vita Moysis« von Gregor von Nyssa, Leiden/New York/Köln 1996; J. N. Deck, Nature, Contemplation, and the One. A Study in the Philosophy of Plotinus, Toronto 1967; P. Destrée/M. Zingano (eds.), T.. Studies on the Status and Meaning of Contemplation in Aristotle's Ethics, Louvain-la-Neuve 2014; J. Dudley, Gott und T. bei Aristoteles. Die metaphysische Grundlage der Nikomachischen Ethik, Frankfurt/Bern 1982; T. B. Eriksen, Bios theoretikos. Notes on Aristotle's »Ethica Nicomachea« X, 6–8, Oslo/Bergen/Tromsø 1976; O. Gigon, Theorie und Praxis bei Platon und Aristoteles, Museum Helveticum 30 (1973), 65–87, 144–165; ders., La teoria e i suoi problemi in Platone e Aristotele, Neapel 1987;

D. P. Hunt, Contemplation and Hypostatic Procession in Plotinus, Apeiron 15 (1981), 71–79; T. Jürgasch, T. versus Praxis? Zur Entwicklung eines Prinzipienwissens im Bereich der Praxis in Antike und Spätantike, Berlin/Boston Mass. 2013; A. Kenny, Aristotle on the Perfect Life, Oxford 1992, 2002, 86–112; G. König/H. Pulte, Theorie, Hist. Wb. Ph. X (1998), 1128–1154; É. Méchoulau, T., Aisthesis, Mimesis and Doxa, Diogenes 151 (1990), 131–148; J. Mittelstraß, Die Entdeckung der Möglichkeit von Wissenschaft, Arch. Hist. Ex. Sci. 2 (1962–1966), 410–435, Neudr. in: ders., Die Möglichkeit von Wissenschaft, Frankfurt 1974, 29–55, 209–221; A. W. Nightingale, Spectacles of Truth in Classical Greek Philosophy. T. in Its Cultural Context, Cambridge etc. 2004, 2006; C. Oravec, ›Observation‹ in Aristotle's Theory of Epideictic, Philos. Rhet. 9 (1976), 162–174; H. Rausch, T.. Von ihrer sakralen zur philosophischen Bedeutung, München 1982; G. Redlow, T.. Theoretische und praktische Lebensauffassung im philosophischen Denken der Antike, Berlin (Ost) 1966; H. Regnell, Ancient Views on the Nature of Life. Three Studies in the Philosophies of the Atomists, Plato and Aristotle, Lund 1967; J. Ritter, Die Lehre vom Ursprung und Sinn der Theorie bei Aristoteles, Köln/Opladen 1953 (Veröffentlichungen d. Arbeitsgemeinschaft f. Forschung d. Landes Nordrhein-Westfalen, Geisteswissenschaften H. 1), 32–54, Neudr. in: ders., Metaphysik und Politik. Studien zu Aristoteles und Hegel, Frankfurt 1969, [2]1988, 2003, 9–33; M. J. White, Aristotle's Concept of T. and the Energeia-Kinesis Distinction, J. Hist. Philos. 18 (1980), 253–263. J. M.

Theorie (von griech. *θεωρία*, Schau, Betrachtung; engl. theory, franz. théorie), ursprünglich Bezeichnung für die Beobachtung oder Betrachtung bestimmter sakraler oder anderer festlicher Veranstaltungen, später auch für die ›rein geistige‹ Betrachtung von Ideen, Sachverhalten oder abstrakten Zusammenhängen, die der sinnlichen Wahrnehmung nicht zugänglich sind; in der neuzeitlichen Grundbedeutung Bezeichnung für ein (im allgemeinen hochkomplexes) sprachliches Gebilde, das in propositionaler oder begrifflicher Form die Phänomene eines Sachbereiches ordnet und die wesentlichen Eigenschaften der ihm zugehörigen Gegenstände und deren Beziehungen untereinander zu beschreiben, allgemeine Gesetze für sie herzuleiten sowie ↑Prognosen über das Auftreten bestimmter Phänomene innerhalb des Bereiches aufzustellen ermöglicht. In Kontexten, in denen die von einem bestimmten solchen sprachlichen Gebilde T_1 gemachten Aussagen zugleich von allen zu T_1 hinsichtlich der genannten Leistungen äquivalenten sprachlichen Gebilden gelten, verwendet man (zur Mitteilung dieser Invarianz der Aussagen gegenüber Ersetzung von T_1 durch irgendein dazu äquivalentes Gebilde) ›T.‹ als Bezeichnung für das durch jedes einzelne derselben dargestellte Abstraktum (↑abstrakt, ↑Abstraktion, ↑Abstraktionsschema). Tatsächlich ist jedoch der heutige Gebrauch des Wortes ›T.‹ weit vielfältiger. Eine praktisch brauchbare Einteilung der Verwendungsweisen des Ausdrucks unterscheidet (1) seine außerwissenschaftliche Verwendung, (2) seine philosophischen Verwendungsweisen, (3) seine einzelwissenschaftlichen Verwendungsweisen und (4) seine wissenschaftstheoretische Verwendung.

(1) *Außerwissenschaftliche Verwendung:* Der alltägliche Sprachgebrauch kennt vor allem zwei geläufige Verwendungsweisen von ›T.‹, zum einen im Sinne der vagen Vermutung über das Vorliegen eines ↑Sachverhaltes oder über die zweckmäßige Ausführung einer Abfolge von Handlungen, zum anderen im (eher pejorativen) Sinne von ›bloßer T.‹ im Unterschied zu ›wirklich funktionierender Praxis‹. Damit wird ein Vorschlag zur Bewältigung eines praktischen Problems bezeichnet, der sich dann als verfehlt oder undurchführbar erweist, während eine ›pragmatische‹, auf Alltagserfahrung oder den ›gesunden Menschenverstand‹ (↑common sense) zurückgreifende Vorgehensweise zum Ziele führt. Zu der noch heute gebräuchlichen Redensart ›das mag in der T. richtig sein, taugt aber nicht für die Praxis‹ meint I. Kant (1793), daß das dabei im Einzelfall angesprochene Scheitern im allgemeinen nicht der T. anzulasten sein werde, sondern eher einem Mangel an T. (natürlich mag es auch an unzureichender Berücksichtigung relevanter Umstände oder Voraussetzungen oder an Fehleinschätzungen gelegen haben, weshalb Kant für die erfolgreiche Anwendung der T. auf die Praxis eine gut ausgebildete ↑Urteilskraft für erforderlich hält). – Die Ansicht von der Nutzlosigkeit der T. für praktische Orientierungen oder allgemein ›für das Leben‹ verdichtet sich im extremen ↑Empirismus und in irrationalistischen (↑irrational/Irrationalismus) Richtungen der ↑Lebensphilosophie zu ausgesprochener T.feindlichkeit; auch J. W. v. Goethe äußert den ähnlich motivierten Verdacht, T.n seien »gewöhnlich Übereilungen eines ungeduldigen Verstandes, der die Phänomene gern los sein möchte und an ihrer Stelle deswegen Bilder, Begriffe, ja oft nur Worte einschiebt« (Maximen und Reflexionen, Werke. Hamburger Ausgabe XII, München [7]1973, 440), wenngleich er den Nutzen des ›Theoretisierens‹ als Stufe auf dem Weg zur Erfassung einer Idee anerkennt.

(2) *Philosophische Verwendungsweisen:* An den ursprünglichen Sinn des griechischen *θεωρεῖν* als ›Schauen‹ oder ›Betrachten‹ schließen verschiedene philosophische T.begriffe an. Die Entdeckung der Möglichkeit von Wissenschaft als einem durch ↑Beweise gestifteten Zusammenhang theoretischer Sätze (↑Theoria) erfährt eine erste philosophische Analyse und zugleich weitergehende Interpretation durch Einführung von Ideen (↑Ideenlehre) als theoretischen Gegenständen bei Platon, für den die T.form die charakteristische Gestalt nicht nur des eine ↑Praxis stabilisierenden und orientierenden Wissens, sondern auch eines eigenen philosophischen Wissens ist (›Sehen‹ der *ἀρχαί* = ↑Prinzipien).
Die bei Aristoteles einsetzende Verselbständigung des gerade erst als Quelle potentiell praxisstabilisierenden

Begründungswissens entdeckten theoretischen Erkennens zu einer von jeder Praxis unabhängigen und in diesem Sinne ›reinen‹ T. betont die im ›θεωρεῖν‹ enthaltene Bedeutungskomponente des sich jeden Eingriffs in das beobachtete Geschehen enthaltenden Betrachtens (*θεωρητικὴ ἐπιστήμη* im Unterschied zum praktischen und zum poietischen [↑Poiesis] Wissen; Met. *E*1.1025b25) und macht T. zur leitenden Idee einer ›theoretischen‹, nämlich kontemplativen (und z. B. bei Philon von Alexandreia sogar asketisch akzentuierten) ↑Lebensform als *βίος θεωρητικός*. Neupythagoreisch-neuplatonische (↑Neupythagoreismus, ↑Neuplatonismus) Denker wie Plotinos und Proklos ergänzen oder ersetzen dieses auf die Gestaltung einer besonderen Lebenspraxis gerichtete Verständnis durch die Auffassung des ›Theoretisierens‹ als höchster Form geistiger Tätigkeit, die in Gestalt der Spekulation (↑spekulativ/Spekulation) auch ›höchstes‹ Wissens erschließt. So wird bei Plotinos dem ↑Logos als der diskursiven Weise der Erkenntnisgewinnung die T. als unmittelbare Schau des Einen (*ἕν*) durch mystische Einswerdung wertmäßig übergeordnet, was den bis in das Mittelalter aufrechterhaltenen Primat der ↑vita contemplativa vor der vita activa mitbestimmt. Das Charakteristische der (von A. M. T. S. Boethius so übersetzten) cognitio (oder: scientia) speculativa wird zunächst nur negativ dadurch erklärt, daß sie nicht die ›opera‹ und ›dispositiones‹ des Menschen betreffe; bei Thomas von Aquin (S. th. I, qu. 14, art. 16) bestimmt allein die intentio des Erkenntnisaktes, ob die Erkenntnis praktisch (z. B. eine Einsicht über ethisches Handeln) oder spekulativ (z. B. Teil der Gotteserkenntnis) ist.

Nachdem F. Bacon in bewußter Entgegensetzung zu aller Erkenntnis durch ↑Kontemplation die Rolle der T. als Garantin der Herrschaft des Menschen über die Naturkräfte ins Licht gestellt und die Errichtung eines Reiches des Menschen über dem Reich der Natur angekündigt hatte, nimmt G. W. Leibniz den Aristotelischen T.begriff wieder auf. C. Wolff zieht ihn für seine Dichotomie von Praktischer und Theoretischer Philosophie (↑Philosophie, praktische, ↑Philosophie, theoretische) heran und beeinflußt damit in entscheidender Weise Kant, der im Unterschied zur Tradition einen Primat des Praktischen vor allem Theoretischen vertritt. Kant zeichnet allerdings auch eine bis in die Gegenwart wirksame Entwicklungslinie der Erkenntnis- und Wissenschaftstheorie vor, indem er in seiner kritizistischen Erkenntnislehre die Funktion des ↑Schematismus, insbes. die zentrale Rolle der von der ↑transzendentalen ↑Einbildungskraft durch eine ›synthesis speciosa‹ (KrV B 151) geschaffenen Modelle, hervorhebt und so den ›konstruktiven‹ Charakter der Schöpfungen der neuzeitlichen Naturwissenschaft in den Blick bringt. Die damit eingeleitete Loslösung des T.begriffs vom Bezug auf einen jeweils bestimmten Phänomen- oder Gegenstandsbereich ermöglicht seine Anwendung auch auf Aspekte der Wirklichkeit, deren Gegenstandscharakter im ontologischen Sinne zumindest nicht offensichtlich ist, wie z. B. in der Thematik des ↑Naturrechts oder einer T. des ↑Schönen.

Die Tendenz zu einem eigenen philosophischen T.begriff verstärkt sich im 19. Jh. durch die Konsolidierung philosophieinterner T.n, für die im Gegensatz zu dem etwa gleichzeitig entwickelten Axiomatisierungsprogramm (↑System, axiomatisches) in Mathematik und theoretischer Physik durchwegs eine informelle Darstellung gewählt wird. Dies äußert sich auch in der alternativen Bezeichnung von ›Bindestrich-T.n‹ als ›Lehren‹, sofern diese nicht nur Wissenscorpora darstellen (wie Erdkunde, Wirtschaftskunde etc.), sondern mit theoretischem Anspruch auftreten wie z. B. Deszendenztheorie (alternativ: Abstammungslehre) oder ↑Erkenntnistheorie (alternativ: Erkenntnislehre). Letztere spielt in der Philosophie des 19. Jhs. eine zentrale Rolle als Lehre von den Bedingungen des Zustandekommens und vom Wesen und den Grenzen der Erkenntnis, von der Struktur des Erkenntnisprozesses, von den Kriterien für das Vorliegen von ↑Erkenntnis (statt ↑Irrtum) sowie von den Arten der Erkenntnisse (empirische versus ›reine‹, apriorische [↑a priori] versus aposteriorische, ↑analytische versus ↑synthetische, deskriptive [↑deskriptiv/präskriptiv] versus ↑normative usw.). Die im letzten Drittel des 19. Jhs. aufkommende ↑Wissenschaftstheorie läßt sich zumindest in ihrer damaligen Form als spezielle Erkenntnistheorie, nämlich als T. der wissenschaftlichen Erkenntnis auffassen. Der durch die Singularform beider Disziplinbezeichnungen nahegelegte Eindruck, daß jeweils eine einzige, diachronisch (↑diachron/synchron) kohärente T. vorliege, täuscht, denn tatsächlich stehen sich in der Philosophiegeschichte (bis heute) stets mehrere miteinander konkurrierende Erkenntnis- und Wissenschaftstheorien gegenüber.

Neuere Namengebungen für philosophische T.n verwenden bei Vorliegen solcher Pluralität von vornherein den Plural, z. B. bei den vor allem in der neueren Analytischen Philosophie (↑Philosophie, analytische) vieldiskutierten Wahrheits- und Bedeutungstheorien. Dabei dient der Ausdruck ↑›Wahrheitstheorien‹ als Sammelbezeichnung (Gattungsbegriff) für die Korrespondenztheorie der Wahrheit, die Kohärenztheorie der Wahrheit, die Konsensustheorie (pragmatische T.) und gegebenenfalls weitere T.n der Wahrheit. Traditionell gesehen ist eine Wahrheitstheorie stets Teil einer Erkenntnistheorie; sie muß zumindest eine Wahrheitsdefinition und ↑Wahrheitskriterien angeben, sie analysieren und die wesentlichen Folgerungen daraus ziehen. Die von M. Schlick vorgebrachte Kritik, daß die Rede von einer ›T.‹ der Wahrheit »recht unangebracht [sei], da Bemerkungen über die Natur der Wahrheit einen ganz anderen Charakter haben als wissenschaftliche T.n, die immer aus einem System von Hypothesen bestehen« (Über das Fundament der Erkenntnis, Erkenntnis 4 [1934], 84), beruht ersichtlich auf einer Vorentscheidung über den Wortgebrauch von ›T.‹ und entfällt, sobald man die Berechtigung eines eigenen philosophischen T.begriffs zugesteht.

Was unter einer ›Bedeutungstheorie‹ zu verstehen ist, hängt stark von dem dabei zugrundegelegten Sinn des Ausdrucks ›Bedeutung‹ ab. Im allgemeinen bezieht sich eine Bedeutungstheorie auf eine bestimmte Sprache; nach M. Dummett (1993, 1) soll sie durch eine genaue Angabe der ↑Bedeutung aller Wörter sowie aller satzbildenden Operationen der Sprache die Bedeutung jedes Ausdrucks und jedes Satzes der Sprache festlegen. Darüber hinaus soll sie klarmachen, wie die Sprache ›funktioniert‹, d. h., wie ihre Sprecher miteinander kommunizieren. Eine in dieser Weise bestimmte Bedeutungstheorie ist ganz wesentlich eine T. des ↑Verstehens und enthält zu diesem Zweck unter anderem eine T. der behauptenden Kraft, eine T. der Wahrheit sowie Unterscheidungen wie die von G. Frege zwischen Sinn und Bedeutung getroffene, die bei manchen Autoren zur Differenzierung zwischen einer ›theory of sense‹ und einer ›theory of reference‹ geführt hat. Während Fragen dieser Art traditionell einen Gegenstand der allgemeinen (nicht-formalisierten) ↑Sprachphilosophie bilden, läßt sich nach Meinung Dummetts eine das Phänomen gelingender ↑Kommunikation zwischen Sprechern einer Sprache erklärende Bedeutungstheorie durchaus in die im 20. Jh. von der Standardauffassung wissenschaftlicher T.n geforderte Form bringen: »A theory of meaning will contain axioms governing individual words, and other axioms governing the formation of sentences: together these will yield theorems relating to particular sentences« (Dummett 1993, 38).

Wie fern eine solche Darstellungsweise den T.ntheoretikern des 19. Jhs. liegt, zeigt die einflußreiche, sich im Grenzbereich zwischen Erkenntnis- und Wissenschaftstheorie bewegende Abhandlung O. Liebmanns »Die Klimax der Theorieen« (1884). Die Vielfalt der T.n wird zunächst nach drei ›Ordnungen‹ klassifiziert: T.n 1. Ordnung handeln von direkt gegebenen, solche 2. Ordnung von indirekt gegebenen Phänomenen, T.n 3. Ordnung sind metaphysische Systeme. Liebmanns Analyse führt zur Verwerfung der T.n 1. Ordnung (da es ›reine Beobachtung‹ und damit direkt beobachtbare Phänomene gar nicht gebe), ist aber vor allem wegen des (im 20. Jh. von G. Buchdahl erneuerten) Hinweises bemerkenswert, daß als von T.n erklärte ›Phänomene‹ auch nicht unmittelbar beobachtbare Sachverhalte und Vorgänge anerkannt werden, wie z. B. die Bewegung der Erde.

E. Husserl gibt dem philosophischen T.begriff zu Beginn des 20. Jhs. eine neue Wendung in den erkenntnis- und wissenschaftstheoretischen Analysen seiner »Logischen Untersuchungen« (1900/1901). Eine ›systematisch vollendete T.‹ ist hier eine »ideal geschlossene Gesamtheit von Gesetzen, die in *einer* Grundgesetzlichkeit als auf ihrem letzten Grunde ruhen und aus ihm durch systematische Deduktion entspringen«; dabei besteht die Grundgesetzlichkeit »entweder aus einem Grundgesetz oder aus einem Verband *homogener* Grundgesetze« (Logische Untersuchungen I [4]1928, 232 [= Husserliana XVIII, 234]). T.n in diesem Sinne sind Arithmetik, Geometrie, analytische Mechanik, mathematische Astronomie; der Bereich der überhaupt denkbaren T.n läßt sich erforschen in einer allgemeinen Mannigfaltigkeitslehre, die die Formen der möglichen Gesetze bestimmt (vgl. F. London 1923). Von dem in diesen Festsetzungen unübersehbaren starken Einfluß der Hilbertschen Idee eines axiomatischen Aufbaus der klassischen T.n von Mathematik und Physik befreit sich Husserl erst in seinem Spätwerk »Formale und transzendentale Logik« (1929), wo ›T. im weitesten Sinne‹ jedes in sich geschlossene Sätzesystem einer Wissenschaft heißt und deduktive, nomologisch erklärende T.n nur einen Spezialfall bilden. Im Unterschied zu ihnen sind Wissenschaften wie Psychologie, Phänomenologie oder Geschichte offene Unendlichkeiten gegenständlich zusammenhängender Sätze, die als Gebiet keine definite Mannigfaltigkeit haben und einen anderen T.typus darstellen. Der damit angedeutete Vorschlag, T.n aus philosophischer Sicht als »große gedankliche Zusammenhänge von unausweichlicher Stringenz« (C. F. v. Weizsäcker, [9]1984, 96) aufzufassen, die von sehr unterschiedlichem Typ sein können und im allgemeinen ganz verschiedener formaler Darstellung bedürfen, ist in der Gegenwart durch das Streben nach einem einheitlichen, dafür aber engen T.-begriff fast aus dem Blick, vielleicht auch durch Assoziation mit der modischen Neigung, jeden auf der Reflexionsebene konzipierten Ideen- und Gedankenzusammenhang schon als T. zu bezeichnen, in Mißkredit geraten.

Als legitimer Gegenstand philosophischer Analyse gilt dagegen das Verhältnis von T. und ↑Praxis. Tatsächlich ist die Kultur der Neuzeit insofern praxis- oder technikorientiert, als sie »die experimentelle, oder empirische Bestätigung zum theoretisch valenten Wahrheitskriterium gemacht hat« (Weizsäcker, a. a. O., 432) und das Ziel der Empirie in den Naturwissenschaften die T. ist. Allerdings ist der philosophische Praxisbegriff umfassender und schließt außer der (im neuzeitlichen Sinne) technischen auch andere poietische (↑Poiesis) Praxen, vor allem aber die politische Praxis ein. Das T.-Praxis-Verhältnis bleibt dann keineswegs theoretisch: Im 19. Jh. fordert K. Marx einen Primat der Praxis vor der T. in dem sehr konkreten Sinne einer (allenfalls theoriegestützten) Veränderung der bestehenden gesellschaftlichen Verhältnisse. Letztere werden im 20. Jh. zum Gegenstand gründlicher Analysen vor allem des ↑Neomarxismus der ↑Frankfurter Schule (M. Horkheimer, T. W. Adorno, J. Habermas), die sich kritisch gegen die ›traditionelle T.‹ mit ihrem mindestens seit R. Descartes unhinterfragt herrschenden Verständnis von ↑Wissenschaft (als einer wertfreien [↑Wertfreiheit], geschichtslosen und durch unkritische Nutzung von in Wirklichkeit geschichtlich und gesellschaftlich bedingten Daten nicht die Erkenntnis mehrende, sondern nur das jeweilige Gesellschaftssystem stabilisierende Unternehmung) wendet und eine diese Gegebenheiten berücksichtigende ›Kritische T.‹ entwickelt (↑Theorie, kritische).

(3) *Einzelwissenschaftliche Verwendungsweisen:* Zwischen philosophischen und einzelwissenschaftlichen Verwendungsweisen des Ausdrucks ›T.‹ läßt sich eine deutliche Grenze weder im wirklichen Sprachgebrauch aufweisen noch durch Konvention sinnvoll festsetzen. Es empfiehlt sich jedoch, vor der nachfolgenden Auswahl typischer Beispiele aus dem einzelwissenschaftlichen Bereich zwei sehr unterschiedliche, aber jeweils im engeren Sinne praxisbezogene Bedeutungen von ›T.‹ gesondert zu skizzieren: die T. des Schachspiels und die so genannten Architektur-T.n.

Den Inhalt einer Schachtheorie bilden theoretische Einsichten über die Einschätzung von Spielstellungen (Gewinnbarkeit, Gleichgewicht, Vorteil für einen der Spieler usw.), über die relative Stärke und den Tauschwert der Spielsteine, den wertenden Vergleich verschiedener Eröffnungen, den Nutzen oder Nachteil so genannter Gambits etc.; sie umfaßt heute sogar eigene Teiltheorien wie die T. der Schacheröffnungen und die T. der Turmendspiele. Nach Meinung des Schachtheoretikers S. Tarrasch (1862–1934), der selbst eine T. der für das Schachspiel zentralen Faktoren ›Kraft, Raum und Zeit‹, ihrer Wechselwirkungen und wechselseitigen Umwandelbarkeit entwickelt hat, haben diese T.n den Status von auf Erfahrung fußenden Strategiemodellen, deren Regeln in einzelnen Anwendungsfällen miteinander kollidieren können und in ihrer Geltung durch häufige Ausnahmen eingeschränkt sind. Obwohl sich die Schachtheorie als Teilgebiet der ↑Spieltheorie, der ↑Mathematik oder der ↑Metamathematik einordnen ließe, ist sie bis heute weitgehend ›praktisch‹, nämlich auf die Praxis des Schachspiels bezogen geblieben.

Ebenfalls unmittelbar praxisorientiert, aber disziplinbezogen sind die Architektur-T.n, die vor allem nach der Entdeckung von Büchern »De architectura« des Vitruvius im 15. Jh. florierten (klassische Beispiele sind L. B. Alberti, De re aedificatoria, Florenz 1485; G. Semper, Die vier Elemente der Baukunst, Braunschweig 1851). Sie bilden den Inhalt von Abhandlungen, die im allgemeinen im Blick auf Lehr- und Unterrichtszwecke abgefaßt sind und anhand von als paradigmatisch angesehenen Werken der Baukunst die deren Konzeption zugrundeliegenden Regeln und Gesetze zu erfassen und in praktischen (technischen) und ästhetischen Normen bzw. Zielen zu fixieren suchen.

Ziel der einzelwissenschaftlichen Disziplinen im eigentlichen Sinne ist der Erwerb wissenschaftlicher Erkenntnis, nicht die Analyse der T.n, die als Hilfsmittel zur Erfüllung dieser Aufgabe entwickelt werden. Dennoch geschieht diese Entwicklung nicht unreflektiert, so daß sich bei der Konzeption, Prüfung oder Verbesserung einzelwissenschaftlicher T.n zwar selten Reflexionen auf die (jeweils als selbstverständlich akzeptierten) Ziele der T.nbildung finden, keineswegs selten jedoch Aussagen über den Grad ihrer Realisierung, die Gründe für die Wahl zwischen konkurrierenden theoretischen Mitteln und gelegentlich auch über die unterschiedlichen ›Sorten‹ von T.n, die als potentiell zweckdienlich in Betracht gezogen werden. Dabei werden nicht nur T.typen verglichen, die sich verschiedenen Disziplinen oder Wissenschaftsgruppen zuordnen lassen, sondern auch unterschiedliche T.typen innerhalb einer Disziplin. Die Klassifikationsgesichtspunkte sind ganz verschiedener Art; so unterscheidet man axiomatische und analytische T.n gemeinsam als hypothetisch-deduktive T.n von konstruktiven T.n, formale von inhaltlichen (im allgemeinen: empirischen) T.n, nomologisch erklärende von verstehenden T.n, bei den Gravitationstheorien Fernwirkungs- von Nahewirkungstheorien usw.. Eine systematische Ordnung dieser Einteilungen ist Gegenstand wissenschaftstheoretischer Bemühungen, oft mit deutlicher Verzögerung gegenüber ihrer Etablierung im Wissenschaftsbetrieb, wo die Terminologiebildung durchaus wildwüchsig erfolgt. So kann sich in Komposita der Teilausdruck ›T.‹ auf einen Phänomen- oder Gegenstandsbereich beziehen (z. B. ›Zahlentheorie‹, ›Funktionentheorie‹, ›Gezeitentheorie‹, ›Wirtschaftstheorie‹), aber auch auf von der T. erst eingeführte theoretische Begriffe (↑Begriffe, theoretische), eventuell hypothetische oder gar fiktive Entitäten (z. B. ›Abstraktionstheorie‹, ›Wahrscheinlichkeitstheorie‹, ›Phlogistontheorie‹, ›Gravitationstheorie‹, ›Quantentheorie‹, ›Motivtheorie‹), aber auch auf den (oder die) Begründer der T. (z. B. ›Kant-Laplacesche T.‹, ›Darwinsche T.‹). Die Freizügigkeit der Nomenklatur führt auch zu Mehrdeutigkeiten wie z. B. bei ›Katastrophentheorie‹ (als Bezeichnung sowohl für eine paläontologische als auch für eine mathematische T.; ↑Katastrophentheorie (1) und (2)) und zu Unklarheiten, ob ein Gebrauch als logischer Eigenname (›die Phlogistontheorie‹, ›die Grenznutzentheorie‹) oder als Gattungsname (d. h. als ↑Prädikator, so daß man von einer ›Lerntheorie‹ oder einer ›Revolutionstheorie‹ spricht) intendiert ist. Die genaue Bedeutung des Terminus muß in solchen Fällen dem jeweiligen wissenschaftshistorischen Kontext entnommen werden.

Die freie Entfaltung ›einzelwissenschaftlicher‹ (im Unterschied zu alltags- und bildungssprachlichen oder wissenschaftstheoretischen) Verwendungsweisen des Ausdrucks ›T.‹ hat auch dazu geführt, daß der faktische Wissenschaftsbetrieb (eines historischen Zeitraums oder der Gegenwart) nebeneinander T.n unterschiedlicher Abstraktionsstufe und verschiedener Zielsetzung enthält. Auch wird anders als in der Wissenschaftstheorie selten zwischen ↑Hypothesen, beschreibenden Gesetzen, erklärenden Gesetzen (↑Gesetz (exakte Wissenschaften), ↑Gesetz (historisch und sozialwissenschaftlich)) und T.n terminologisch präzise unterschieden. Zum Teil spiegelt dies die geschichtliche Entwicklung des T.begriffs wider. Noch W. Whewell verstand unter T.n allgemeine Erfahrungswahrheiten (›general experiential truths‹), die er allerdings so weit faßte, daß z. B. Hipparchs T. von der exzentrischen Kreisbewegung der Erde um die Sonne und J. Keplers T. von der elliptischen Bewegung der Erde um die in einem Brennpunkt der Ellipse befindliche Sonne unter diesen T.begriff fielen. Whewell faßte beide als durch ↑Induktion (Verallgemeinerung auf Grund beobachteter ›Tatsachen‹) gewonnen auf und gab diesen Modellen den gleichen Status wie der Newtonschen T., die die Anziehungskraft der Sonne auf die Erde als speziellen Fall der allgemeinen ↑Gravitation zwischen Körpern betrachtet und für gegebene ↑Randbedingungen die Keplerschen Gesetze (↑Kepler, Johannes) zu deduzieren gestattet.

Dieser deduktive Zusammenhang ist ein wesentliches Merkmal einer wissenschaftlichen T., deren Satzbestand auf diese Weise als Folgerungsmenge aus einem endlichen Ausgangsbestand von Aussagen (›Prinzipien‹, ›Grundgesetzen‹, ›Hypothesen‹) bestimmt wird. Erfolgt die Herleitung aus einem System mathematischer Formeln (z. B. ↑Differentialgleichungen) durch rechnerische Umformung mit Mitteln der ↑Analysis, so liegt eine analytische T. vor; erfolgt sie mit Hilfe rein logischer Schlüsse aus einem System von ↑Aussagen oder ↑Aussageformen, so ergibt sich eine axiomatische T. (↑System, axiomatisches). Die ausgezeichnete Rolle axiomatischer T.n in der Geschichte der Wissenschaften verdankt sich zu einem Teil der einzigartigen Nachwirkung des Euklidischen Paradigmas (↑Euklidische Geometrie), im 20. Jh. darüber hinaus dem erfolgreichen Axiomatisierungsprogramm D. Hilberts (»Alles, was Gegenstand des wissenschaftlichen Denkens überhaupt sein kann, verfällt, sobald es zur Bildung einer T. reif ist, der axiomatischen Methode und damit mittelbar der Mathematik«, Axiomatisches Denken [1918], Ges. Abh. III, 156). In Aufnahme dieses Diktums haben seit den 20er Jahren des 20. Jhs. Vertreter verschiedener nicht-mathematischer Disziplinen für diese einen ›axiomatischen Aufbau‹ vorgelegt (klassische Partikelmechanik, Evolutionsbiologie, Sprachtheorie, Lerntheorien, Teile der Wirtschaftswissenschaften und andere).

Während der Erfolg dieser Versuche umstritten ist oder jedenfalls ihr praktischer Nutzen bezweifelt wird, ist auf dem Gebiet der ↑*Mathematik* die Lage übersichtlich und nicht kontrovers. Der Satzbestand fast aller gegenwärtigen mathematischen Disziplinen ist inhaltlich charakterisiert und läßt sich deduktiv ordnen; ›konkrete‹ T.n lassen sich ›genetisch‹, konstruktiv oder operativ aufbauen und dienen als Modelle ›abstrakter‹ T.n, die axiomatisch aufgebaut werden. Die mathematische Forschungstätigkeit spielt sich freilich nur teilweise innerhalb von T.n oder in Form von Anwendungen derselben ab und hat häufig Beziehungen zwischen T.n zum Gegenstand; Kriterien der Bewährung einer T. sind ihre Widerspruchsfreiheit (↑widerspruchsfrei/Widerspruchsfreiheit) – als ↑conditio sine qua non (↑Bedingung) – und ihre Fruchtbarkeit.

In der *Physik* hat die wissenschaftstheoretische Definition von ›T.‹ durch N. R. Campbell (1920) das Selbstverständnis der ›working physicists‹ offenbar am besten getroffen und Einfluß sowohl auf deren Forschungsarbeit als auch auf die Darstellung ihrer Ergebnisse in der Lehre gewonnen. Nach Campbell ist eine T. eine zusammenhängende Menge von Aussagen, die in zwei Gruppen zerfällt: eine Gruppe von Aussagen über Grundbegriffe der T. (die ›Hypothese‹ der T.) und eine Gruppe von Aussagen über Beziehungen zwischen diesen Grundbegriffen und gewissen Begriffen anderer Art (das ›Vokabular‹ der T.). Für die Akzeptabilität und Fruchtbarkeit einer T. ist nach Campbell darüber hinaus nötig, daß sie in einer selbst nicht deduktiven (↑Deduktion), von Campbell als ›Analogie‹ bezeichneten Beziehung zu einem Phänomenbereich steht. Z. B. gründet sich die Akzeptabilität der kinetischen Gastheorie nicht allein auf die Herleitbarkeit des Boyleschen Gesetzes, des Diffusionsgesetzes usw., sondern auch auf die Akzeptanz des zugrundeliegenden Modells, nach dem Gasmoleküle ›analog‹ zu (d. h. als vergleichbar mit) Billardkugeln aufgefaßt werden, die herumschwirrend vielfach zusammenstoßen und dabei nach Gesetzen der klassischen ↑Mechanik ihre Impulse austauschen. Unvergleichbare Eigenschaften von Gasmolekülen und Billardkugeln werden von der T. ignoriert; Eigenschaften, bei denen die Vergleichbarkeit noch offen ist, dienen als Leitfaden für Prognosen, Erweiterungen und Abänderungen der T.. Diese durch Reflexion auf die damalige physikalische Forschungspraxis entwickelte Campbellsche T.vorstellung ist bereits eine subtile Modifikation der ›realistischen‹ Vorstellung, daß physikalische Gesetze und T.n hinsichtlich ihrer Entdeckung wie auch ihrer Bestätigung direkt mit Erfahrungstatsachen verbunden seien. Dennoch hat sich gerade dieser erkenntnistheoretisch voraussetzungsvolle Realismus unter Berufung auf I. Newton über J. L. Lagrange, H. Hertz, E. Mach und andere bedeutende Einzelwissenschaftler bis in die Naturwissenschaft der Gegenwart als Hintergrundideologie erhalten.

Ebenfalls noch in den Umkreis einzelwissenschaftlicher T.entwicklungen fallen Vorstellungen über die Phänomenbereiche, denen die erklärungsbedürftigen Erscheinungen entnommen sind, sowie über das, was überhaupt als Erklärung akzeptiert werden soll (eine Frage, die im 20. Jh. zu einem Hauptthema der Wissenschaftstheorie geworden ist). Dabei geht es nicht um Konsequenzen für den T.begriff, die sich aus Kontroversen über den besonderen T.status und über die eventuell erforderliche abweichende Struktur nicht-klassischer physikalischer T.n ergeben könnten (↑Quantentheorie, ↑Relativitätstheorie, allgemeine, ↑Relativitätstheorie, spezielle). Doch ist die bereits erwähnte Anerkennung nicht unmittelbar beobachtbarer, sondern lediglich erschlossener Vorgänge als ›Phänomene‹ zu ergänzen durch verwandte Probleme bei T.n über den Ursprung der Sprache und T.n über den Ursprung des Lebens. In beiden Fällen ist der Ursprung zwar der als existent präsupponierte und zu erklärende Vorgang, er ist aber nicht das gegebene Phänomen, als das vielmehr die Sprache bzw. das Leben anzusehen sind.

Die beiden Beispiele lenken den Blick auf die Frage, ob T.n in gleicher Weise sowohl einmalig vorliegende Phänomene als auch immer wiederkehrende Phänomene zum Gegenstand haben bzw. erklären können. Der erste Fall ließe sich durch den Titel einer (von Kant rezensierten) Schrift von J. E. Silberschlag, »T. der am 23. Juli 1762 erschienenen Feuerkugel«, veranschaulichen, der zweite durch die allgemeine Himmelsmechanik. Die Erscheinung der Feuerkugel stellt zunächst ein an dem genannten Tag über einem großen Teil Deutschlands beobachtetes singulares Ereignis dar; von einer Erklärung (›T.‹) desselben erwartet man Aufschluß zumindest über die Art des beobachteten Objekts, seine relevanten Eigenschaften, seine Herkunft und mögliche Wiederkunft. Handelt es sich wie in diesem Fall um einen Meteor, so läßt sich nur ein Teil dieser Fragen beantworten – durch ein induktiv gewonnenes Wissen über Meteore, gegebenenfalls ergänzt durch statistisches Wissen über die Häufigkeit des Auftretens von Meteoren in bestimmten Zeiträumen usw.. Hätte es sich dagegen um einen Kometen gehandelt, so würde man die allgemeine Himmelsmechanik als zuständig ansehen, aus etwa vorliegenden Beobachtungen einen zusammenhängenden Abschnitt der Bahn des Kometen rekonstruieren und unter Umständen den Zeitpunkt seiner nächsten Wiederkehr vorhersagen können. Die unterstellte Dichotomie erweist sich jedoch als nur scheinbare, da jeder Anwendungsfall per definitionem ein Einzelfall ist, auf den die allgemeine T. angewandt werden kann, wenn er überhaupt als Fall für die T. erkannt worden ist; ob es keinen, nur einen oder mehrere Anwendungsfälle gibt, ist eine Frage, die die T. nicht beantworten kann und nicht zu beantworten braucht.

Was eigentlich zur Debatte steht, ist die Frage, ob historische Phänomene – für die das Auftreten der Feuerkugel von 1762 als ein bloß naturgeschichtliches Ereignis ein eigentlich unpassendes Beispiel darstellt – Erklärungen zugänglich sind, und wenn ja, ob sie nach Erklärungen anderer Art verlangen als Naturphänomene. Von Anhängern einer ↑›Einheitswissenschaft‹ wird dies verneint, von Verfechtern der Autonomie der ↑Kulturwissenschaften ebenso entschieden bejaht. Jede kritische Meinungsbildung zu diesen Fragen muß aber von den Argumenten ausgehen, die unter jeweils führenden Vertretern der Sozialwissenschaften, insbes. der Volkswirtschaftslehre und der Soziologie, hinsichtlich der Berechtigung bzw. Notwendigkeit eines eigenen kulturwissenschaftlichen T.typus seit über einem Jahrhundert in langen Debatten (G. Schmoller versus C. Menger, ↑Methodenstreit; W. Sombart, M. Weber, G. Weippert, ↑Werturteilsstreit; J. Habermas versus H. Albert, ↑Positivismusstreit) vorgebracht worden sind. Diese Debatten müssen ebenso als heute noch unabgeschlossen gelten wie die seit den 20er Jahren bis in die 60er Jahre des 20. Jhs. ausgetragenen Kontroversen über den Sinn, die Möglichkeit und die Struktur ›anschaulicher‹ oder ›historischer‹ (›zeitgebundener‹ im Unterschied zu ›zeitlosen‹) T.n, die Phänomene wie bestimmte Wirtschaftsstile, Wirtschaftsstufen und Wirtschaftsordnungen und andere unter Zuhilfenahme idealtypischer (↑Idealtypus) Begriffsbildung gewonnene Gegenstände der Wirtschaftswissenschaft erklären bzw. verstehend erfassen sollten (J. Back, A. Spiethoff, W. Vleugels, Weippert u. a. versus W. Eucken). In diesen zum Teil mit großer Heftigkeit geführten Diskussionen wurde jedoch die Klärung methodologisch zentraler Begriffe wie ›Realtypus‹, ›Idealtypus‹, ›Modell‹, ›rationales Schema‹ und der Charakteristika ›historischer‹ oder ›verstehender‹ T.n gegenüber ›instrumentalen‹ T.n vernachlässigt.

Das Problem der (etwas mißverständlich so bezeichneten) ›zeitgebundenen T.n‹ verdient dabei besondere Beachtung, da die Dichotomie Erklären (↑Erklärung) – ↑Verstehen in den früheren Debatten in eine irreführende Richtung stilisiert worden ist. Es ist nämlich sehr wohl eine erklärende T. denkbar, die das Phänomen ›mittelalterliche Stadtwirtschaft‹ in dem Sinne erklärt, daß die im fraglichen Zeitraum des Mittelalters bestehenden Randbedingungen als solche in die Prämissen der (stets hypothetisch formulierten) Gesetze der T. aufgenommen werden und so den Schluß auf die von der erklärenden T. angebotenen Konsequenzen erlauben. Inwiefern und mit welchen Mitteln eine ›verstehende T.‹

demgegenüber zu anderen oder zu tieferen Einsichten führt, ist sowohl innerhalb historisch orientierter Einzelwissenschaften als auch in der Wissenschaftstheorie der Kulturwissenschaften eine nach wie vor offene Frage. Daß sie heute nicht mehr als unsinnig verworfen wird, zeigen neuere Entwicklungen, die z. B. anerkennen, daß Erklärungen durchaus auch zu einem Verstehen beitragen, allerdings durch Einsatz ganz anderer Mittel als bisherige hermeneutische T.n (↑Hermeneutik), nämlich durch Aufweis von Zusammenhängen zwischen anderweitig unverstanden bleibenden Gesetzmäßigkeiten (was etwa in der Vereinheitlichungstheorie der Erklärung betont wird, M. Friedman 1974, P. Kitcher 1981; ↑Wissenschaftstheorie).

Lehrreich ist hier auch ein Vergleich mit Auffassungen, die z. B. die Überlegenheit der Kopernikanischen gegenüber der Ptolemaiischen T. darin sehen, daß diese zwar ein Verfahren zur Reproduktion der Bahnen der großen Planeten liefert und sie damit ›erklärt‹, daß die Kopernikanische T. aber über ein ebenso leistungsfähiges alternatives ›Reproduktionsverfahren‹ hinaus auch noch einen ›notwendigen‹ Zusammenhang zwischen der Größe und Anzahl der Bahnschleifen und den Entfernungen der großen Planeten von der Sonne herstellt und die Bahnen dadurch ›verstehbar‹ macht (S. Sambursky 1974). Die Konstruktion solcher Zusammenhänge mag zwar hinter den Erwartungen, wie man sie an einen zur Erfassung der Charakteristika der mittelalterlichen Stadtwirtschaft geeigneten Verstehensbegriff stellt, noch deutlich zurückbleiben, ihre Erörterung in der neueren Diskussion macht jedoch die größere Aufgeschlossenheit für die Problematik ›verstehender‹ T.n sichtbar.

(4) *Wissenschaftstheoretische Verwendung*: In der Wissenschaftstheorie der Gegenwart werden, in Abhängigkeit von den Grundpositionen der hier vertretenen Richtungen, unterschiedliche T.begriffe verwendet. Sieht man von der Vernachlässigung ›verstehender‹ T.n ab, besteht jedoch Einigkeit darüber, daß ↑Erklärung und ↑Prognose Ziele der Aufstellung von T.n sind; die Differenzen betreffen die Mittel, mit denen diese Ziele am besten erreicht werden können, unter anderem also die Struktur von T.n und das erforderliche Spektrum verschiedener T.typen. Die Entwicklung dieser unterschiedlichen Auffassungen zeigt einerseits eine zunehmende Differenzierung der Problemstellungen und Problembehandlungen, andererseits eine deutliche, durch die faktische Dominanz bestimmter philosophischer Grundpositionen bewirkte Einengung der Perspektive.

Die naive Vorstellung von T.n als über einem Corpus von Daten mit empirisch darin festgestellten Regelmäßigkeiten errichteten Systemen induktiv gewonnener Gesetze wurde bald als unzureichend empfunden; Whewell beschrieb mit seinem Begriff der ›consilience‹ (›zum Einklang bringen‹) die Vereinigung induktiv aus Fakten gewonnener Gesetze zu T.n. J. S. Mill (A System of Logic [...], London 1843) machte die Auffassung von T.n als deduktiv geordneter Systeme von empirischen Gesetzen populär. Der Empfehlung Campbells, eine T. nur bei Angabe eines ihr durch ↑›Analogie‹ zugeordneten Modells anzuerkennen, widersprach R. B. Braithwaite (1953) mit dem Hinweis darauf, daß dies kein Kriterium für die Auswahl zwischen T.n mit verschiedenen Modellen begründe. Die im Logischen Empirismus (↑Empirismus, logischer) vertretene Vorstellung hat Hempel ab 1966 in der Aufgabenstellung an T.n zusammengefaßt, in Form empirischer Gesetze ausgedrückte Regelmäßigkeiten in einer Klasse von Phänomenen »zu erklären und allgemein ein tieferes und genaueres Verständnis der fraglichen Phänomene zu liefern« (Hempel 1974, 100). Als philosophischen Hintergrund liefert er allerdings auch gleich die realistische Interpretation mit, T.n faßten »die Phänomene als Manifestationen von Entitäten und Prozessen auf, die sozusagen hinter oder unter ihnen liegen. Man nimmt an, daß diese Entitäten und Prozesse durch theoretische Gesetze oder theoretische Prinzipien beherrscht werden, mittels derer die T. dann die zuvor entdeckten empirischen Gesetzmäßigkeiten erklärt und gewöhnlich auch ähnlich geartete ›neue‹ Gesetzmäßigkeiten vorhersagt« (ebd.).

Die von Hempel vertretene Auffassung modifiziert und erweitert seine mit dem Stichwort ›Hempel-Oppenheim-Schema deduktiv-nomologischer Erklärung‹ verknüpfte frühe T. der Erklärung (↑Erklärung, ↑Hempel, Carl Gustav). Für die Formulierung einer T. wird jetzt allgemein die Angabe sowohl von ›internen Prinzipien‹ als auch von ↑›Brückenprinzipien‹ gefordert. Erstere »charakterisieren die Grundentitäten und -prozesse, die durch die T. angeführt werden, und die Gesetze, denen sie – wie vorausgesetzt wird – genügen. Die letzteren geben an, wie die durch die T. ins Auge gefaßten Prozesse mit empirischen Phänomenen verknüpft sind, mit denen wir schon vertraut sind, und die die T. dann erklären, vorhersagen oder nachträglich bestätigen kann« (a. a. O., 103). Der Gedanke der Zurückführung auf Vertrautes wird allerdings von Hempel sogleich wieder eingeschränkt durch die Warnung davor, vertraute Phänomene mit solchen zu identifizieren, die einer Erklärung nicht bedürfen. Bemerkenswert (und bislang wenig beachtet) ist daneben die Feststellung, daß eine T. das Verständnis auch durch den Aufweis vertieft, »daß die zuvor formulierten empirischen Gesetze, die sie erklären soll, nicht streng und ohne Ausnahme gelten, sondern nur approximativ und innerhalb eines gewissen beschränkten Anwendungsbereiches« (a. a. O., 108).

Die vorgetragene Konzeption überholt in mehrfacher Weise die von Hempel und R. Carnap in den 1930er Jahren entwickelte (häufig als ›Standardmodell‹ bezeichnete) ↑Zweistufenkonzeption des Logischen Empirismus mit ihrer Unterscheidung zwischen ↑Beobachtungssprache und ↑Theoriesprache. Dabei sollten sich die Grundbegriffe der ersteren auf unmittelbar Beobachtetes beziehen und die übrigen Begriffe durch sie explizit definiert werden, während die Begriffe der Theoriesprache durch die Postulate eingeführt, allerdings nicht etwa durch diese ›implizit definiert‹ werden, sondern durch Interpretation der T. mittels Korrespondenzregeln ihre Bedeutung erhalten. Später von Vertretern einer Kontexttheorie der Bedeutung (N. R. Hanson u. a.) angemeldete Zweifel am Konzept einer Beobachtungssprache haben, gestützt vor allem durch Einsicht in die prinzipielle ↑Theoriebeladenheit von Daten und Tatsachenfeststellungen, das Zweistufenmodell zurückgedrängt. Die als Alternative angebotene Kontexttheorie glaubt allerdings nicht nur an eine Bedeutungsbestimmung durch den Gebrauch (›meaning = use‹), sondern auch an die Möglichkeit einer impliziten Definition (↑Definition, implizite) theoretischer Begriffe, mit der zusätzlichen Annahme, jeder theoretische Begriff ›enthalte‹ auf erkennbare Weise das ›Muster‹ der ihn enthaltenden T..

Nach einer neueren, ›semantischen‹ T.konzeption (↑Theorieauffassung, semantische) lassen sich T.n bereits durch Angabe ihrer Anwendungsbereiche oder ↑Modelle charakterisieren. Daran schließt sich der wissenschaftstheoretische Strukturalismus (↑Strukturalismus (philosophisch, wissenschaftstheoretisch), ↑Theoriesprache) an, in dessen Rahmen T.n nicht mehr als Systeme von Aussagen verstanden werden (so genannter ›statement view‹; ↑Theoriesprache), sondern als mengentheoretische Prädikate (so genannter ↑›non-statement view‹; ↑Theoriesprache). Die ›mengentheoretischen Prädikate‹ sind Begriffe 2. Stufe, die durch Axiomensysteme mit ↑Individuenvariablen und Prädikatenvariablen dargestellt werden. Sie dienen der Auszeichnung einschlägiger Modelle und gehen bei Ersetzung der Variablen durch Konstanten (also bei Anwendung der Begriffe auf Objekte) in Aussagen über, durch die der sachliche Anspruch der T. ausgedrückt wird.

Schließlich ist in der theorieübergreifenden Orientierung wissenschaftlicher Disziplinen und Forschungsvorhaben an ↑Experimenten ein für T.n und T.bildung entscheidendes Moment wiederentdeckt worden, das von P. Duhem, H. Dingler und im späteren Methodischen ↑Konstruktivismus (P. Lorenzen, P. Janich, H. Tetens) eingehend untersucht worden ist. Dabei hat die Konstruktive Wissenschaftstheorie (↑Wissenschaftstheorie, konstruktive) der internen Struktur wissenschaftlicher T.n bisher wenig Aufmerksamkeit geschenkt und keinen eigenen T.begriff entwickelt. Im Mittelpunkt standen für diese Richtung Ziel und Funktion von T.n im Kontext einzelner Disziplinen und im Wissenschaftsbetrieb als ganzem, ihre Beziehungen zur Praxis, das Verhältnis von T. und Experiment und das Erfordernis von ↑Prototheorien. Ein Grund für diese Schwerpunktsetzung dürfte in der zu Anfang der 1970er Jahre in den Vordergrund gerückten Aufgabe von ›Wissenschaftstheorie als Wissenschaftskritik‹ (Janich/F. Kambartel/J. Mittelstraß 1974) zu sehen sein, die in der Untersuchung des Beitrags faktisch betriebener T.n zur Realisierung der explizit angegebenen Zwecke der sie enthaltenden Fachwissenschaften, in der ›Nachlieferung‹ aller »der Lehrbuchdarstellung zum Opfer gefallenen methodischen Einzelschritte im Aufbau der betreffenden T.« (a. a. O., 25) und in Vorschlägen für einen geschlossenen methodischen Aufbau (↑›Rekonstruktion‹) akzeptierter wissenschaftlicher Disziplinen bestehen sollte, für die eine solche konstruktive Begründung bisher nicht vorliegt. Die Idee eines methodischen, d. h. zirkelfreien und lückenlosen, Aufbaus wissenschaftlicher Disziplinen verdankt sich der Grundidee der ›methodischen Philosophie‹, Wissenschaft sei, samt allen ihren T.n, wie alles Denken »eine Hochstilisierung dessen, was man im praktischen Leben immer schon tut« (Lorenzen 1965, 2). Wissenschaftliche T.n ordnen und erklären freilich nicht lebensweltliche (↑Lebenswelt), sondern experimentelle ↑Erfahrung, so daß eine – in der Analytischen Wissenschaftstheorie (↑Wissenschaftstheorie, analytische) eher vernachlässigte – Analyse der letzteren nötig wird.

Da Experimente im Sinne der neuzeitlichen Naturwissenschaft Erfahrung auf Grund von ↑Messungen liefern, müssen empirische T.n in jedem Falle auf vorgängige T.n der Messung (zumindest der Grundgrößen ↑Raum und ↑Zeit, eventuell auch der ↑Masse) rekurrieren. Kontrovers ist allerdings, ob als ›Vortheorien‹ dieser Art nur normative Prototheorien dienen können (↑Protophysik) oder auch andere empirische T.n mit lediglich anderem Gegenstandsbereich, wobei sich die T.n wechselseitig stützen. Sind für den konstruktiven Aufbau von Wissenschaften (einschließlich ihrer T.n) ein ↑Prinzip der pragmatischen Ordnung und ein Prinzip der praktischen Orientierung (R. Kötter 1992) unabdingbar, so bedürfen alle Experimentalwissenschaften sowohl der empirischen T.n als auch der jeweils einschlägigen Prototheorien sowie derjenigen »Erklärungen, die das experimentelle Handeln mit dem zu untersuchenden Phänomen in nachvollziehbarer Weise verbinden« (Kötter, a. a. O., 110). Eine auf der ↑Metastufe agierende T. der Erklärung würde nicht nur zeigen, wie Erklärungen das Verständnis voranbringen (M. Friedman 1988, 184–185), sie würde auch, konstruktiv aufgebaut, das für alle Anwendungen von T.n im Forschungsprozeß konstitutive Zusammenwirken der beiden genannten methodologischen Prinzipien sichern.

Literatur: H. Albert, T., Verstehen und Geschichte. Zur Kritik des methodologischen Autonomieanspruchs in den sogenannten Geisteswissenschaften, Z. allg. Wiss.theorie 1 (1970), 3–23, Neudr. in: ders., Konstruktion und Kritik. Aufsätze zur Philosophie des kritischen Rationalismus, Hamburg 1972, [2]1975, 195–220; P. Alexander, Theory-Construction and Theory-Testing, Brit. J. Philos. Sci. 9 (1958/1959), 29–38; ders., Speculations and Theories, Synthese 15 (1963), 187–203, Neudr. in: J. R. Gregg/F. T. C. Harris (eds.), Form and Strategy in Science. Studies Dedicated to Joseph Henry Woodger on the Occasion of His Seventieth Birthday, Dordrecht 1964, 30–46; W. Balzer, Empirische T.n. Modelle, Strukturen, Beispiele. Die Grundzüge der modernen Wissenschaftstheorie, Braunschweig/Wiesbaden 1982; ders., T. und Messung, Berlin etc. 1985; ders./M. Heidelberger (eds.), Zur Logik empirischer T.n, Berlin/New York 1983; R. B. Braithwaite, Scientific Explanation. A Study of the Function of Theory, Probability and Law in Science, Cambridge etc. 1953 (repr. Bristol 1994), 1968; M. Bunge, Scientific Research I (The Search for System), Berlin/Heidelberg/New York 1967, New Brunswick N. J. 1998; N. R. Campbell, Physics. The Elements, Cambridge 1920, unter dem Titel: Foundations of Science. The Philosophy of Theory and Experiment, New York 1957 (franz. Les principes de la physique, Paris 1923); P. Duhem, La théorie physique. Son objet et sa structure, Rev. de philos. 4 (1904), 387–402, 542–556, 643–671, 5 (1904), 121–160, 241–263, 353–369, 535–562, 712–737, 6 (1905), 25–43, 267–292, 377–399, 519–559, 619–641, Neudr. Paris 1906, erw. unter dem Titel: La théorie physique. Son objet – sa structure, [2]1914 (repr. Paris 1981, Frankfurt 1985), 157–509 (La structure de la théorie physique); M. A. E. Dummett, What Is a Theory of Meaning?, in: S. Guttenplan (ed.), Mind and Language. Wolfson College Lectures, 1974, Oxford 1975, 1977, 97–138, Neudr. in: ders., The Seas of Language, Oxford 1993, 2003, 1–33; ders., What Is a Theory of Meaning? (II), in: G. Evans/J. McDowell (eds.), Truth and Meaning. Essays in Semantics, Oxford 1976, 2005, 67–137, Neudr. in: ders., The Seas of Language [s. o.], 34–93; W. Eichhorn, Die Begriffe Modell und T. in der Wirtschaftswissenschaft, Wirtschaftswiss. Studium 1 (1972), 281–288, 335–344; H. Feigl, The ›Orthodox‹ View of Theories. Remarks in Defense as Well as Critique, in: M. Radner/S. Winokur (eds.), Analyses of Theories and Methods of Physics and Psychology, Minneapolis Minn. 1970 (Minnesota Stud. Philos. Sci. IV), 3–16; M. Friedman, Explanation and Scientific Understanding, J. Philos. 71 (1974), 5–19 (dt. Erklärung und wissenschaftliches Verstehen, in: G. Schurz [ed.], Erklären und Verstehen in der Wissenschaft [s. u.], 171–191); R. E. Grandy, Theories of Theories. A View from Cognitive Science, in: J. Earman (ed.), Inference, Explanation, and Other Frustrations. Essays in the Philosophy of Science, Berkeley Calif./Los Angeles/Oxford 1992, 216–233; S. G. Harding (ed.), Can Theories Be Refuted? Essays on the Duhem-Quine Thesis, Dordrecht/Boston Mass. 1976; W. Heisenberg, Der Begriff ›Abgeschlossene T.‹ in der modernen Naturwissenschaft, Dialectica 2 (1948), 331–336, Neudr. in: ders., Schritte über Grenzen. Gesammelte Reden und Aufsätze, München 1971, [7]1989, 87–94; C. G. Hempel, The Theoretician's Dilemma. A Study in the Logic of Theory Construction, in: H. Feigl/M. Scriven/G. Maxwell (eds.), Concepts, Theories, and the Mind-Body-Problem, Minneapolis Minn. 1958, 1972 (Minnesota Stud. Philos. Sci. II), 37–98, bearb. Nachdr. in: ders., Aspects of Scientific Explanation and Other Essays in the Philosophy of Science, New York, London 1965, 1970, 173–226; ders., Philosophy of Natural Science, Englewood Cliffs N. J. 1966, 70–84 (Chap. 6 Theories and Theoretical Explanation); ders., On the ›Standard Conception‹ of Scientific Theories, in: M. Radner/S. Winokur (eds.), Analyses of Theories and Methods of Physics and Psychology, Minneapolis Minn. 1970 (Minnesota Stud. Philos. Sci. IV), 142–163; ders., Formulation and Formalization of Scientific Theories. A Summary-Abstract, in: F. Suppe (ed.), The Structure of Scientific Theories, Urbana Ill./Chicago Ill./London [2]1977, 244–254; M. Hesse, Theories, Dictionaries, and Observation, Brit. J. Philos. Sci. 9 (1958/1959), 12–28, 128–129; dies., Laws and Theories, Enc. Ph. IV (1967), 404–410; M. Horkheimer, Traditionelle und kritische T., Z. f. Sozialforschung 6 (Paris 1937), 245–292, Neudr. in: ders., Gesammelte Schriften IV, ed. A. Schmidt, Frankfurt 1985, 162–225, separat mit Untertitel: Fünf Aufsätze, [7]2011; K. Hübner, T. und Empirie, Philos. Nat. 10 (1967/1968), 198–210; E. Husserl, Logische Untersuchungen I (Prolegomena zur reinen Logik), Halle 1900, [2]1913, ed. E. Holenstein/U. Panzer, Den Haag 1975 (= Husserliana XVIII), ferner als: Ges. Schr. II/1, Hamburg 1992; ders., Formale und transzendentale Logik. Versuch einer Kritik der logischen Vernunft, Jb. Philos. phänomen. Forsch. 10 (1929), 1–298, separat Halle 1929, ed. P. Janssen, Den Haag 1974, 1977 (= Husserliana XVII), ferner als: Ges. Schr. VII, Hamburg 1992; P. Janich/F. Kambartel/J. Mittelstraß, Wissenschaftstheorie als Wissenschaftskritik, Frankfurt 1974; E. Jelden (ed.), Prototheorien. Praxis und Erkenntnis?, Leipzig 1995; F. Kambartel, Mathematics and the Concept of Theory, in: Y. Bar-Hillel (ed.), Logic, Methodology and Philosophy of Science. Proceedings of the 1964 International Congress [Jerusalem], Amsterdam 1965, 210–219; P. Kitcher, Explanatory Unification, Philos. Sci. 48 (1981), 507–531 (dt. Erklärung durch Vereinheitlichung, in: G. Schurz [ed.], Erklären und Verstehen in der Wissenschaft [s. u.], 193–229); G. König/H. Pulte, T., Hist. Wb. Ph. X (1998), 1128–1154; P. V. Kopnin/M. W. Popowitsch (eds.), Logika naučnogo issledovanija, Moskau 1965 (dt. Logik der wissenschaftlichen Forschung, Berlin [Ost] 1969); S. Körner, Experience and Theory. An Essay in the Philosophy of Science, London, New York 1966, London 2013; R. Kötter, Vereinheitlichung und Reduktion. Zum Erklärungsproblem der Physik, in: P. Janich (ed.), Entwicklungen der methodischen Philosophie, Frankfurt 1992, 91–112; W. Leinfellner, Struktur und Aufbau wissenschaftlicher T.n. Eine wissenschaftstheoretisch-philosophische Untersuchung, Wien/Würzburg 1965; K.-H. Lembeck, T., Neues Hb. philos. Grundbegriffe III (2011), 2180–2194; H. Lenk, Pragmatische Philosophie. Plädoyers und Beispiele für eine praxisnahe Philosophie und Wissenschaftstheorie, Hamburg 1975, 211–246 (›Wirklichkeitsnähe‹, Erklärungskraft und theoretische Fundierung von Wirtschaftstheorien), 247–267 (Wissenschaftstheoretische und philosophische Bemerkungen zur Systemtheorie); O. Liebmann, Zur Analysis der Wirklichkeit. Eine Erörterung der Grundprobleme der Philosophie, Straßburg 1876, [4]1911, 145–186 (Zur T. des Sehens); ders., Die Klimax der Theorieen. Eine Untersuchung aus dem Bereich der allgemeinen Wissenschaftslehre, Straßburg 1884 (repr. 1914); F. London, Über die Bedingungen der Möglichkeit einer deduktiven T.. Ein Beitrag zu einer Mannigfaltigkeitslehre deduktiver Systeme, Jb. Philos. phänomen. Forsch. 6 (1923), 335–384; P. Lorenzen, Die Entstehung der exakten Wissenschaften, Berlin/Göttingen/Heidelberg 1960; ders., Methodisches Denken, Ratio 7 (1965), 1–23, Neudr. in: ders., Methodisches Denken, Frankfurt 1968, 1974, 24–59; ders., Die T.fähigkeit des Kontinuums, in: Jb. Überblicke Mathematik/Mathematical Surveys 19 (1986), 147–153; U. Majer, Ramsey's Conception of Theories. An Intuitionistic Approach, Hist. Philos. Quart. 6 (1989), 233–258; J. Mittelstraß, Die Entdeckung der Möglichkeit von Wissenschaft, Arch. Hist. Ex. Sci. 2 (1962–1966), 410–435, Neudr. in: ders., Die Möglichkeit von Wissenschaft, Frankfurt 1974, 29–55, 209–221; ders., Das praktische Fundament der Wissenschaft und die Aufgabe der Philosophie, Konstanz 1972; E. Nagel, The Structure of Science. Problems in the Logic of Scientific Explanation, London, New York 1961, Indianapolis

Ind./Cambridge ^{2}1979, 2003; A. Nuzzo, T., EP III (^{2}2010), 2735–2738; K. R. Popper, Logik der Forschung. Zur Erkenntnistheorie der modernen Naturwissenschaft, Wien 1935 [1934], Tübingen ^{10}1994, ^{11}2005 (= Ges. Werke III); ders., Conjectures and Refutations. The Growth of Scientific Knowledge, London, New York 1963, London ^{5}1974, rev. 1989, London/New York 2010; ders., Objective Knowledge. An Evolutionary Approach, Oxford 1972, 2003; ders., Autobiography of Karl Popper, in: P. A. Schilpp (ed.), The Philosophy of Karl Popper I, La Salle Ill. 1974, 1–181, separat [rev.] unter dem Titel: Unended Quest. An Intellectual Autobiography, London 1976, London/New York 2002; H. Putnam, What Theories Are Not, in: E. Nagel/P. Suppes/A. Tarski (eds.), Logic, Methodology and Philosophy of Science. Proceedings of the 1960 International Congress, Stanford Calif. 1962, 1969, 240–251; F. P. Ramsey, Theories, in: ders., The Foundations of Mathematics and Other Logical Essays, ed. R. B. Braithwaite, London 1931, 212–236, Neudr. in: ders., Foundations. Essays in Philosophy, Logic, Mathematics and Economics, ed. D. H. Mellor, London/Henley 1978, 101–125; H. Rausch, Theoria. Von ihrer sakralen zur philosophischen Bedeutung, München 1982; J. Ritter, Die Lehre vom Ursprung und Sinn der T. bei Aristoteles, in: Veröffentlichungen der Arbeitsgemeinschaft für Forschung des Landes Nordrhein-Westfalen, Geisteswissenschaften 1 (1953), 32–54, Neudr. in: ders., Metaphysik und Politik. Studien zu Aristoteles und Hegel, Frankfurt 1969, ^{2}1988, 2003, 9–33; S. Sambursky (ed.), Physical Thought from the Presocratics to the Quantum Physicists. An Anthology, London, New York 1974 (dt. Der Weg der Physik. 2500 Jahre physikalischen Denkens. Texte von Anaximander bis Pauli, Zürich/München 1975, München 1978); L. Schäfer, Erfahrung und Konvention. Zum T.begriff der empirischen Wissenschaften, Stuttgart-Bad Cannstatt 1974; G. Schurz (ed.), Erklären und Verstehen in der Wissenschaft, München 1988, 1990; W. Sellars, The Language of Theories, in: H. Feigl/G. Maxwell (eds.), Current Issues in the Philosophy of Science. Symposia of Scientists and Philosophers, New York 1961, 57–77; D. Shapere, Scientific Theories and Their Domains, in: F. Suppe (ed.), The Structure of Scientific Theories [s. u.], 518–570; A. Spiethoff, Anschauliche und reine volkswirtschaftliche T. und ihr Verhältnis zu einander, in: E. Salin (ed.), Synopsis. Festgabe für Alfred Weber, Heidelberg o.J. [1949], 567–664; W. Stegmüller, Probleme und Resultate der Wissenschaftstheorie und Analytischen Philosophie II (II/1 T. und Erfahrung, II/2 T.nstrukturen und T.ndynamik, II/3 Die Entwicklung des neuen Strukturalismus seit 1973), Berlin etc. 1970–1986, II/1, 1974, II/2, ^{2}1985 (engl. [Bde II/1–II/2] The Structure and Dynamics of Theories, New York/Heidelberg/Berlin 1976); F. Suppe (ed.), The Structure of Scientific Theories, Urbana Ill. 1974, Urbana Ill./Chicago Ill./London ^{2}1977, 1979; ders., Theories, Scientific, REP IX (1998), 344–355; P. Suppes, What Is a Scientific Theory?, in: S. Morgenbesser (ed.), Philosophy of Science Today, New York/London 1967, 55–67; H. Tetens, Experimentelle Erfahrung. Eine wissenschaftstheoretische Studie über die Rolle des Experiments in der Begriffs- und T.bildung der Physik, Hamburg 1987; W. Vleugels, Was heißt T.?, Jahrbücher f. Nationalökonomie u. Statistik 153 (1941), 30–58; M. W. Wartofsky, Conceptual Foundations of Scientific Thought. An Introduction to the Philosophy of Science, New York/London 1968; G. Weippert, Zur T. der zeitlosen Wirtschaft, Jb. f. Sozialwissenschaft 12 (1961), 270–338, Neudr. in: ders., Wirtschaftslehre als Kulturtheorie, Göttingen 1967, 144–222; C. F. v. Weizsäcker, Der Garten des Menschlichen. Beiträge zur geschichtlichen Anthropologie, München/Wien 1977, ^{9}1984, Neuausg. 1992, München ^{4}2008; H. Weyl, Philosophie der Mathematik und Naturwissenschaft, München/Berlin 1926 (Handbuch der Philosophie V), 111–123, separat München 1927, 113–126, erw. München ^{8}2009, 192–209 (§ 21 T.nbildung); R. Wippler, Die Ausarbeitung theoretischer Ansätze zu erklärungskräftigen T.n, in: K. O. Hondrich/J. Matthes (eds.), T.nvergleich in den Sozialwissenschaften, Darmstadt/Neuwied 1978, 196–212; J. H. Woodger, The Techniques of Theory Construction, Chicago Ill. 1939, 1970; P. V. Zima, Was ist T.? T.begriff und dialogische T. in den Kultur- und Sozialwissenschaften, Tübingen/Basel 2004, Tübingen ^{2}2017 (engl. What Is Theory? Cultural Theory as Discourse and Dialogue, London 2007). C. T.

Theorie, axiomatische, ↑System, axiomatisches.

Theorie, kritische, Bezeichnung einer von M. Horkheimer (1895–1973) und T. W. Adorno (1903–1969) begründeten philosophischen und sozialwissenschaftlichen Schule (K. T.) bzw. der von ihr vertretenen Lehrinhalte (Begriff der k.n T.). Die K. T. fand zunächst ein institutionelles Zentrum im 1930 eingerichteten, nach dem Kriege wieder eröffneten Frankfurter Institut für Sozialforschung. Daher hat sich auch die Bezeichnung ↑›Frankfurter Schule‹ eingebürgert. Grundlegende Überlegungen der k.n T. werden vor allem von J. Habermas, K.-O. Apel, A. Honneth und A. Wellmer fortgeführt.

Der Begriff der k.n T. wird von Horkheimer als Gegenbegriff zu den von ihm so genannten ›traditionellen Theorien‹ entwickelt, die szientistische (↑Szientismus) und technisch-rationale Verständnisse oder allgemeiner: der Absicht nach wertneutrale (↑Wertfreiheit) Verständnisse der Wissenschaften praktizieren. Demgegenüber beharrt die K. T. auf der Möglichkeit einer nicht auf technische Einsichten reduzierten praktischen Vernunft (↑Vernunft, praktische), an der sich auch die grundlegenden Orientierungen wissenschaftlicher Theoriebildung zu messen haben. Folgerichtig vertritt die K. T. im Methodenstreit der Sozialwissenschaften eine gegen das ↑Wertfreiheitsprinzip (M. Weber) gerichtete Auffassung (↑Positivismusstreit). In Fortführung der Vorstellung der K.n T. hat Habermas auf der Basis einer so genannten *Diskurstheorie der Wahrheit* (↑Wahrheitstheorien) ein auf theoretische wie praktische Orientierungen in gleicher Weise anwendbares Konzept von Wahrheit oder Begründung ausgearbeitet. Nach Habermas unterstellt die Begründung von Behauptungen im engeren Sinne ebenso wie die Rechtfertigung von Normen stets, gegebenenfalls ↑kontrafaktisch, eine ohne Zwang gewonnene universelle Übereinstimmung. – Ihr Wahrheitsverständnis verbindet die Wissenschaftstheorie der K.n T. unmittelbar mit Politischer Philosophie (↑Philosophie, politische): Die im Postulat der ↑Wertfreiheit der Wissenschaft mitbehauptete Trennung von Wissenschaft und Politik läßt sich danach nicht mehr durchhalten. Vielmehr ist schon im wissenschaftlichen Begründungsbegriff die Forderung nach Herstellung sowohl unverzerrter Kommunikation als auch an diesem Ziel orientierter politischer und rechtlicher Institutionen angelegt. Entsprechend erhalten Theorien, die der Aufhebung der in der Gesellschaft bzw. bei den Individuen wirksamen Verzerrungen vernünftiger Argumentation dienen (Kritische Gesellschaftstheorie und ↑Psychoanalyse), einen ↑normativ ausgezeichneten Status innerhalb der sozialwissenschaftlichen Bemühungen insgesamt.

Literatur: J. Abromeit, Max Horkheimer and the Foundations of the Frankfurt School, Cambridge etc. 2011, 2013; T. W. Adorno u. a., Der Positivismusstreit in der deutschen Soziologie, Neuwied/Berlin/Darmstadt 1969, [14]1991, München 1993; C. Albrecht u. a., Die intellektuelle Gründung der Bundesrepublik. Eine Wirkungsgeschichte der Frankfurter Schule, Frankfurt/New York 1999, 2007; O. Asbach, Kritische Gesellschaftstheorie und historische Praxis. Entwicklungen der K.n T. bei Max Horkheimer 1930–1942/43, Frankfurt etc. 1997; ders., Von der Erkenntniskritik zur K.n T. der Gesellschaft. Eine Untersuchung zur Vor- und Entstehungsgeschichte der K.n T. Max Horkheimers (1920–1927), Opladen 1997; J. Beerhorst/A. Demirović/M. Guggemos (eds.), K. T. im gesellschaftlichen Strukturwandel, Frankfurt 2004; R. Behrens, K. T., Hamburg 2002; J. M. Bernstein, Recovering Ethical Life. Jürgen Habermas and the Future of Critical Theory, London/New York 1995; J. Bohman, Critical Theory, SEP 2005; T. Bottomore, The Frankfurt School and Its Critics, London/New York 2002; C. Browne, Critical Social Theory, Los Angeles 2017; H. Brunkhorst, Kritik und k. T., Baden-Baden 2014; R. Celikates, Kritik als soziale Praxis. Gesellschaftliche Selbstverständigung und k. T., Frankfurt/New York 2009; N. Crossley, Key Concepts in Critical Social Theory, Los Angeles etc. 2005; T. Dant, Critical Social Theory. Culture, Society and Critique, London/New York 2003, 2008; A. Demirović, Der nonkonformistische Intellektuelle. Die Entwicklung der K.n T. zur Frankfurter Schule, Frankfurt 1999, 2000; ders. (ed.), Modelle kritischer Gesellschaftstheorie. Traditionen und Perspektiven der K.n T., Stuttgart/Weimar 2003; H. Dubiel, K. T. der Gesellschaft. Eine einführende Rekonstruktion von den Anfängen im Horkheimer-Kreis bis Habermas, Weinheim/München 1988, [3]2001; ders., T., k., Hist. Wb. Ph. X (1998), 1154–1156; T. Fath, Der frühe Horkheimer und Dilthey. Eine Untersuchung zur Konstitutionsphase der K.n T., Frankfurt etc. 2006; R. Geuss, Critical Theory, REP II (1998), 722–728; J. Habermas, Theorie und Praxis. Sozialphilosophische Studien, Neuwied 1963, erw. Frankfurt [4]1971, [6]1993, 2000; ders., Philosophisch-politische Profile, Frankfurt 1971, [3]1981, 2001; J. C. Hanks, Critical Social Theory, in: C. Mitcham (ed.), Encyclopedia of Science, Technology and Ethics I, Detroit Mich. etc. 2005, 446–451; D. Held, Introduction to Critical Theory. From Horkheimer to Habermas, Berkeley Calif./Los Angeles, London 1980, Berkeley Calif. 2008; A. Honneth, Kritik der Macht. Reflexionsstufen einer kritischen Gesellschaftstheorie, Frankfurt 1985, [2]1986, 2008 (engl. The Critique of Power. Reflective Stages in a Critical Social Theory, Cambridge Mass./London 1991, 1997); ders. (ed.), Schlüsseltexte der K.n T., Wiesbaden 2006; ders., Pathologien der Vernunft. Geschichte und Gegenwart der K.n T., Frankfurt 2007 (engl. Pathologies of Reason. On the Legacy of Critical Theory, New York 2009); M. Horkheimer, Traditionelle und k. T., Z. Sozialforsch. 6 (1937), 245–294, Neudr. in: Ges. Schriften IV, Frankfurt 1988, 162–216, separat mit Untertitel: Fünf Aufsätze, [7]2011; ders./T. W. Adorno, Dialektik der Aufklärung. Philosophische Fragmente, Amsterdam 1947, Frankfurt 2012; A. How, Critical Theory, Basingstoke etc. 2003; M. Iser, Empörung und Fortschritt. Grundlagen einer k.n T. der Gesellschaft, Frankfurt/New York 2008, [2]2011; M. Jay, The Dialectical Imagination. A History of the Frankfurt School and the Institute of Social Research. 1923–1950, London, Boston Mass./Toronto/London 1973, Berkeley Calif./Los Angeles/London 1996 (dt. Dialektische Phantasie. Die Geschichte der Frankfurter Schule und des Instituts für Sozialforschung. 1923–1950, Frankfurt 1976, 1991; franz. L'imagination dialectique. Histoire de l'École de Francfort et de l'Institut de Recherches Sociales. 1923–1950, Paris 1977); D. Kellner, Critical Theory, NDHI II (2005), 507–511; H.-K. Keul, Kritik der emanzipatorischen Vernunft. Zum Aufklärungsbegriff der K.n T., Frankfurt/New York 1997; M. Kohlenbach/R. Guess (eds.), The Early Frankfurt School and Religion, Basingstoke etc. 2005; N. Kompridis, Critique and Disclosure. Critical Theory between Past and Future, Cambridge Mass./London 2006; M. Lutz-Bachmann (ed.), K. T. und Religion, Würzburg 1997; D. Macey, The Penguin Dictionary of Critical Theory, London 2000, 2001; A. Matheis, Diskurs als Grundlage der politischen Gestaltung. Das politisch-verantwortungsethische Modell der Diskursethik als Erbe der moralischen Implikationen der k.n T. Max Horkheimers im Vergleich mit dem Prinzip Verantwortung von Hans Jonas, St. Ingbert 1996; J. O'Neill (ed.), On Critical Theory, New York 1976, London 1977; M. Pensky (ed.), Globalizing Critical Theory, Lanham Md. etc. 2005; M. Peters/C. Lankshear/M. Olssen (eds.), Critical Theory and the Human Condition. Founders and Praxis, New York etc. 2003; D. M. Rasmussen (ed.), Handbook of Critical Theory, Cambridge Mass./Oxford 1996, 1999; G. R. Ricci (ed.), The Persistence of Critical Theory, London/New York 2017; F. Rush (ed.), The Cambridge Companion to Critical Theory, Cambridge etc. 2004, 2005; D. Sattler, Max Horkheimer als Moralphilosoph. Studie zur K.n T., Frankfurt etc. 1996; G. Schmid Noerr, Gesten aus Begriffen. Konstellationen der K.n T., Frankfurt 1997; A. Schmidt, Zur Idee der k.n T.. Elemente der Philosophie Max Horkheimers, München 1974, Frankfurt/Berlin/Wien 1979; C. Schneider/C. Stillke/B. Leineweber, Trauma und Kritik. Zur Generationengeschichte der k.n T., Münster 2000; M. Schwandt, K. T.. Eine Einführung, Stuttgart 2009, [2]2010; A. A. Sölter, Moderne und Kulturkritik. Jürgen Habermas und das Erbe der k.n T., Bonn 1996; P. M. R. Stirk, Critical Theory, Politics and Society. An Introduction, London/New York 2000, 2005; M. Theunissen, Gesellschaft und Geschichte. Zur Kritik der k.n T., Berlin 1969, unter dem Titel: K. T. der Gesellschaft. Zwei Studien, Berlin/New York [2]1981; M. J. Thompson (ed.), The Palgrave Handbook of Critical Theory, New York 2017; E. Walter-Busch, Geschichte der Frankfurter Schule. K. T. und Politik, München/Paderborn 2010; A. Waschkuhn, K. T.. Politikbegriffe und Grundprinzipien der Frankfurter Schule, München/Wien 2000; A. Wellmer, Kritische Gesellschaftstheorie und Positivismus, Frankfurt 1969, [5]1977 (engl. Critical Theory of Society, New York 1971, 1974); R. Wiggershaus, Die Frankfurter Schule. Geschichte, theoretische Entwicklung, Bedeutung, München/Wien 1986, [7]2008, Reinbek b. Hamburg 2010 (franz. L'École de Francfort. Histoire, développement, signification, Paris 1993; engl. The Frankfurt School. Its History, Theories and Political Significance, Cambridge Mass. 1994, 2007); ders., Max Horkheimer. Unternehmer in Sachen ›K. T.‹, Frankfurt 2013; ders., Max Horkheimer. Begründer der ›Frankfurter Schule‹, Frankfurt 2014; R. Winter/P. V. Zima (eds.), K. T. heute, Bielefeld 2007; R. Zwarg, Die K. T. in Amerika. Das Nachleben einer Tradition, Göttingen 2017. F. K.

Theorieauffassung, semantische (engl. semantic view, auch: Nicht-Aussagen-Konzeption [engl. non-statement view], und: modelltheoretische Auffassung [engl. model-theoretic view]), Bezeichnung für eine auf P. Suppes (1967) zurückgehende, ursprünglich gegen die im Logischen Empirismus (↑Empirismus, logischer) vertretene ↑Zweistufenkonzeption der ↑Wissenschaftssprache gerichtete Auffassung der Struktur wissenschaftlicher ↑Theorien. Im Rahmen der Zweistufenkonzeption gilt eine wissenschaftliche Theorie als ein zunächst uninterpretierter oder ›syntaktischer‹ ↑Kalkül, der in einem zweiten Schritt über ↑Korrespondenzregeln empirisch gedeutet wird. Die s. T. weist diesen Primat formaler Schemata ab und strebt statt dessen eine Rekonstruktion von Theorien durch die Auszeichnung der zugehörigen ↑Modelle an (↑Theoriesprache). Durch den Rückgriff auf Modelle im Sinne der ↑Modelltheorie wird eine empirische Theorie über ihren intendierten Geltungsbereich und Gegenstandsbezug charakterisiert, und dies beinhaltet ein Ansetzen an den primär semantischen Eigenschaften von ↑Wahrheit und ↑Referenz. Theorien werden insofern als von vornherein inhaltlich interpretiert aufgefaßt. Die s. T. wurde zunächst von J. D. Sneed im Rahmen des Strukturalismus (↑Strukturalismus (philosophisch, wissenschaftstheoretisch)) aufgegriffen, nahm jedoch anschließend eine von diesem unabhängige Entwicklung.

Nach s.r T. ist eine wissenschaftliche Theorie als Familie von Modellen zu rekonstruieren (↑Rekonstruktion). Modelle sind Größen oder Systeme, für die die zugehörige Theorie zutrifft; es handelt sich um die Klasse der erfolgreichen Anwendungsfälle der Theorie. Die Auszeichnung der Modelle erfolgt durch die Spezifizierung von Prädikaten, die ihrerseits eine komplexe Binnenstruktur besitzen können. Dabei handelt es sich um Prädikate wie ›ist ein Pendel‹ oder ›ist ein rezessiver Erbgang‹. Die Anwendung der Theorie besteht im Zuschreiben solcher Prädikate zu besonderen Größen (z. B.: das System *x* ist ein Pendel). Eine Theorie enthält damit zwei Typen sprachlicher Gebilde: (1) Theoretische Prädikate, die die Modelle der Theorie kennzeichnen, und bei denen es sich um ↑Definitionen handelt. Solche Prädikate sind verschieden von theoretischen Begriffen (↑Begriffe, theoretische), wie sie im Rahmen der Zweistufenkonzeption aufgefaßt werden. Theoretische Begriffe (wie ›Elektron‹) sind Teil theoretischer Aussagen und werden über ihre Anbindung an die Erfahrung partiell interpretiert; theoretische Prädikate (wie ›ist ein Elektron‹) sind dagegen Definitionen zur Auszeichnung von Anwendungsfällen oder Modellen einer Theorie. (2) Singulare Aussagen, die die Anwendung der theoretischen Prädikate auf besondere Systeme darstellen und die mit einem Geltungsanspruch verbundenen Behauptungen der Theorie zum Ausdruck bringen (z. B.: in diesem Falle von Sichelzellenanämie liegt ein rezessiver Erbgang vor). Bei diesen singularen Aussagen handelt es sich um die eigentlichen theoretischen ↑Hypothesen; entsprechend enthält eine Theorie zunächst keine allgemeinen Gesetze (↑Gesetz (exakte Wissenschaften)). Allgemeine Aussagen treten vielmehr erst bei der Beurteilung des empirischen Erfolges von Theorien auf; es handelt sich um Einschätzungen der Art, daß die einschlägigen theoretischen Prädikate auf eine große Zahl von Systemen anwendbar sind. Die Bildung theoretischer Prädikate ist also durch die Forderung eingeschränkt, daß es sich um fruchtbare Definitionen handeln soll, die zu einer großen Zahl zutreffender und miteinander verknüpfter singularer Aussagen führen. Wegen dieses Primats der Prädikate wird die s. T. auch als ›Nicht-Aussagen-Konzeption‹ bezeichnet.

Zur Auszeichnung der Modelle werden sowohl allgemeine Eigenschaften als auch besondere ↑Randbedingungen herangezogen. Diese allgemeinen Eigenschaften erfüllen die in der Aussagenkonzeption für Gesetze vorgesehene Funktion. So enthält das Prädikat ›ist ein Newtonsches Planetensystem‹ eine Spezifizierung der Eigenschaften der Gravitationskraft, wie sie in der Aussagenkonzeption durch das Gravitationsgesetz (↑Gravitation) wiedergegeben wird. Darüber hinaus wird dieses Prädikat durch den Bezug auf besondere Situationsumstände näher bestimmt (Verschwinden nicht-gravitativer Kräfte, massiver Zentralkörper etc.). Zwar handelt es sich bei Modellen als Größen, auf die sich die zugehörige Theorie bezieht, um nicht-sprachliche Gebilde, gleichwohl werden Modelle auf sprachliche Weise charakterisiert. Diese Charakterisierung erfolgt dabei oft durch theoretische Idealisierungen, so daß die solcherart festgelegten Modelle mit keinem empirischen System präzise übereinstimmen. Die Fruchtbarkeit derartiger Idealisierungen zeigt sich darin, daß durch sie bestimmte Modelle mit einer großen Zahl empirischer Objekte näherungsweise zusammenfallen.

Die s. T. wird häufig wegen der von ihr vorgesehenen nachrangigen Stellung allgemeiner Aussagen für die wissenschaftsphilosophische Analyse von Spezialdisziplinen wie Chemie, Biologie und Psychologie favorisiert. Der mit Gesetzen verknüpfte universelle Geltungsanspruch fehlt bei theoretischen Prädikaten; diese stellen vielmehr auf besondere Anwendungen zugeschnittene Begriffsbildungen dar. Für die Vertreter der s.n T. ist genau diese Konzentration auf spezifische Modelle kennzeichnend für die genannten Spezialdisziplinen. Die entsprechenden Theoriebildungen sind gerade nicht auf die Formulierung umfassender ↑Naturgesetze gerichtet, sondern auf die Erklärung einer eingeschränkten Klasse von Phänomenen. So werden etwa Modelle des Ozonabbaus in der Atmosphäre oder der Mustererkennung beim Menschen entwickelt. Zwar lassen sich solche spezifischen Erklärungen auch im Rahmen der Aussagenkonzeption durch den Bezug auf Gesetze und besondere Randbedingungen rekonstruieren, aber für die s. T. trägt die dadurch implizierte Zentralstellung der Gesetze der faktischen Vorgehensweise dieser Disziplinen nicht hinreichend Rechnung. Darüber hinaus wird vielfach auch die Existenz biologischer und psychologischer Gesetze bestritten, was für die s. T. die Ansicht stützt, daß der Bezug auf theoretische Prädikate (die eben einen Rückgriff auf Gesetze nicht verlangen, wenn auch in Form allgemeiner Eigenschaften zulassen) der Praxis dieser Disziplinen weit stärker gerecht wird als die Aussagenkonzeption.

Literatur: A. Chakravartty, The Semantic or Model-Theoretic View of Theories and Scientific Realism, Synthese 127 (2001), 325–345; N. C. A. da Costa/S. French, The Model-Theoretic Approach in the Philosophy of Science, Philos. Sci. 57 (1990), 248–265; dies., Science and Partial Truth. A Unitary Approach to Models and Scientific Reasoning, Oxford etc. 2003; B. C. van Fraassen, The Scientific Image, Oxford 1980, 1990, 41–69 (Chap. 3 To Save the Phenomena); ders., The Semantic Approach to Scientific Theories, in: N. Nersessian (ed.), The Process of Science. Contemporary Philosophical Approaches to Understanding Scientific Practice, Dordrecht/Boston Mass./Lancaster 1987, 105–124; ders., Laws and Symmetry, Oxford 1989, 2003, 217–232 (Chap. 9 Introduction to the Semantic Approach); S. French/J. Ladyman, Reinflating the Semantic Approach, Int. Stud. Philos. Sci. 13 (1999), 103–121; R. Frigg/S. Hartmann, Models in Science, SEP 2006, rev. 2012; R. N. Giere, Understanding Scientific Reasoning, New York etc. 1979, [2]1984, 71–95 (Chap. 5 Theories); ders., Explaining Science. A Cognitive Approach, Chicago Ill./London 1988, 1997, 62–91 (Chap. 3 Models and Theories); ders., The Cognitive Structure of Scientific Theories, Philos. Sci. 61 (1994), 276–296; ders., How Models Are Used to Represent Reality, Philos. Sci. 71 (2004), 742–752; H. Halvorson, The Semantic View, if Plausible, Is Syntactic, Philos. Sci. 80 (2013), 475–478; W. Hodges, Model Theory, SEP 2001, rev. 2013; P. Lorenzano, The Semantic Conception and the Structuralist View of Theories. A Critique of Suppe's Criticisms, Stud. Hist. Philos. Sci. 44 (2013), 600–607; S. Lutz, On a Straw Man in the Philosophy of Science. A Defense of the Received View, HOPOS 2 (2012), 77–120; ders., What's Right with a Syntactic Approach to Theories and Models?, Erkenntnis 79 (2014), Suppl. 8, 1475–1492; C. U. Moulines, Introduction. Structuralism as a Program for Modelling Theoretical Science, Synthese 130 (2002), 1–11; H.-J. Schmidt, Structuralism in Physics, SEP 2002, rev. 2014; J. D. Sneed, The Logical Structure of Mathematical Physics, Dordrecht/Boston Mass./London 1971, [2]1979; F. Suppe, What's Wrong with the Received View on the Structure of Scientific Theories?, Philos. Sci. 39 (1972), 1–19; ders., Theories, Their Formulations, and the Operational Imperative, Synthese 25 (1973), 129–164; ders. (ed.), The Structure of Scientific Theories, Urbana Ill./Chicago Ill./London 1974, [2]1977, 1979; ders., The Semantic Conception of Theories and Scientific Realism, Urbana Ill./Chicago Ill. 1989; P. Suppes, What Is a Scientific Theory?, in: S. Morgenbesser (ed.), Philosophy of Science Today, New York/London 1967, 55–67; ders., Studies in the Methodology and Foundations of Science. Selected Papers from 1951 to 1969, Dordrecht 1969; ders., Representation and Invariance of Scientific Structures, Stanford Calif. 2002; P. Thompson, The Structure of Evolutionary Theory. A Semantic Approach, Stud. Hist. Philos. Sci. 14 (1983), 215–229; ders., The Interaction of Theories and the Semantic Conception of Evolutionary Theory, Philosophica 37 (1986), 73–86; ders., The Structure of Biological Theories, Albany N. Y. 1989; ders., Formalisations of Evolutionary Biology, in: M. Matthen/C. Stephens (eds.), Philosophy of Biology, Amsterdam etc. 2007, 485–523. M. C.

Theoriebeladenheit (auch: Theoriegeladenheit) (engl. theory-ladenness), wissenschaftstheoretische Bezeichnung für die Beeinflussung oder Bestimmung von ↑Beobachtungen oder Beobachtungssätzen durch theoretische Annahmen oder Hintergrundüberzeugungen. Bei der T. im perzeptuellen Sinne besteht ein derartiger Einfluß auf die Sinneswahrnehmungen selbst, bei der T. im kontextuellen Sinne auf den sprachlichen Ausdruck von ↑Wahrnehmungen. Bei der T. im mensurellen Sinne geht es darum, daß die Beobachtungs- und Meßverfahren in der Wissenschaft selbst wieder von ↑Theorien Gebrauch machen.

Ausgangspunkt der These der T. im *perzeptuellen* Sinne ist die Entwicklung von Wahrnehmungstheorien in der Psychologie, denen zufolge – entgegen der klassischen empiristischen (↑Empirismus) tabula-rasa-Auffassung (↑tabula rasa) – Wahrnehmung keine passive, von jeder kognitiven Verarbeitung freie Rezeption des ↑Gegebenen ist. So nimmt die ↑Gestalttheorie an, daß im Wahrnehmungsprozeß gewisse Ordnungsprinzipien an eine Reizkonstellation herangetragen werden, die den Wahrnehmungseindruck zu einem sinnvoll organisierten Ganzen (einer ›Gestalt‹) werden lassen. Der kognitiven Wahrnehmungspsychologie zufolge werden Reize in bestimmte begriffliche Muster (wie Gattungen oder Ereignisklassen) eingeordnet und damit *als etwas* wahrgenommen. Die bewußte Wahrnehmung bildet dabei den Endpunkt eines solchen Kategorisierungsprozesses, d. h., sie beinhaltet stets bereits eine Verarbeitung der äußeren Reizkonfiguration. Wahrnehmung hat demnach die Struktur eines Urteilsprozesses (↑Urteil). Entsprechend behauptet N. R. Hanson, daß Beobachtungen durch theoretische Überzeugungen beeinflußt werden können, da diese einen Teil der begrifflichen Ordnungsmuster für äußere Sinnesreize bereitstellen. Obgleich (der geozentrisch eingestellte; ↑Geozentrismus) T. Brahe und (der heliozentrisch orientierte; ↑Heliozentrismus) J. Kepler bei der Betrachtung eines Sonnenaufgangs die gleichen Netzhauteindrücke aufweisen mögen, ist ihre visuelle Erfahrung verschieden: Der eine sieht den Aufstieg der Sonne, der andere das Fallen des irdischen Horizonts (Hanson 1958, 5–24). Der unterschiedliche theoretische Hintergrund setzt sich in qualitativ verschiedene Wahrnehmungserlebnisse um (ähnlich L. Fleck, T. S. Kuhn, P. K. Feyerabend).

T. im *kontextuellen* Sinne drückt dagegen die (schwächere) Behauptung aus, daß in die Datengrundlage von

Theorien (und damit in die Anwendungsbedingungen für Beobachtungsbegriffe) selbst wieder Theorien eingehen. Dies bedeutet zunächst, daß auf der Grundlage der Kontexttheorie der Bedeutung (↑Theoriesprache) der Sinn wissenschaftlicher Begriffe durch den theoretischen Zusammenhang bestimmt wird, in dem sie auftreten. Das begriffliche Muster der Theorie ist implizit in jedem ihrer Ausdrücke enthalten (Hanson 1958, 61–62). Damit ist auch die Intension (↑intensional/Intension) von Beobachtungsbegriffen (ebenso wie die Bedeutung der entsprechenden Beobachtungssätze) von ihrem jeweiligen theoretischen Umfeld abhängig. So weist etwa Kuhn darauf hin, daß die Bedeutung einer mit einfachen Mitteln bestimmbaren und insofern beobachtungsnahen Größe wie ↑Masse in der Newtonschen ↑Mechanik und in der Einsteinschen Speziellen Relativitätstheorie (↑Relativitätstheorie, spezielle) verschieden ist. Für die Newtonsche Masse gilt nämlich ein Erhaltungssatz (↑Erhaltungssätze), während die Einsteinsche Masse in ↑Energie umwandelbar ist. Ein grundlegender Theorienwandel bedeutet daher »eine Verschiebung des Begriffsnetzes [...], durch welches die Wissenschaftler die Welt betrachten« (Kuhn 1992, 116). Diese Theorieabhängigkeit von Begriffsverwendungen schließt die Angabe einer theorieneutralen Beobachtungssprache aus (ähnlich Feyerabend). Dieses Modell enthält damit eine grundsätzliche Absage an die Vorstellung, Theorien seien als bloße Verallgemeinerungen vortheoretischer Erfahrungen zu betrachten.

T. im *mensurellen* Sinne besagt, daß sich die Beobachtungsverfahren und Meßprozeduren der Wissenschaft vielfach selbst wieder auf Theorien stützen (P. Duhem, I. Lakatos). So sind z. B. Planeten- oder Sternpositionen Teil der empirischen Basis astronomischer Theorien, können jedoch ihrerseits nur mit Hilfe einer optischen Theorie, die störenden Einflüssen (wie der Lichtbrechung durch die Erdatmosphäre) Rechnung trägt und diese korrigiert, zuverlässig ermittelt werden. Der ↑Optik kommt hier somit der Status einer Beobachtungstheorie relativ zur erklärenden astronomischen Theorie zu. Eine Modifikation oder Ersetzung der Beobachtungstheorie hat in der Regel eine Änderung der Beobachtungsbasis der erklärenden Theorie zur Folge. T. in diesem Sinne drückt somit die Möglichkeit systematischer Fehler in der Datengrundlage (im Gegensatz zu bloß zufälligen Beobachtungsirrtümern) aus. Dabei gibt es keine natürlichen Unterscheidungsmerkmale zwischen Beobachtungstheorien und erklärenden Theorien; dieselbe Theorie kann in verschiedenen experimentellen Zusammenhängen einmal als Beobachtungstheorie, das andere Mal als erklärende Theorie auftreten. So beruht der Gebrauch des Massenspektrometers zur Massenbestimmung geladener Teilchen auf der Geltung der ↑Elektrodynamik. Die auf diese Weise erhaltenen Meßwerte können z. B. die Datengrundlage einer Theorie der Elementarteilchen (↑Teilchenphysik) liefern. Die Elektrodynamik spielt hier demnach die Rolle einer Beobachtungstheorie für die erklärende teilchenphysikalische Theorie. Weiterhin ist die Flußintensität solarer Neutrinos wesentlicher Teil der Beobachtungsbasis astrophysikalischer Modelle der Sonne. Diese Flußintensität ist jedoch nur durch Rückgriff auf teilchenphysikalische Annahmen meßbar. In diesem Zusammenhang tritt die Teilchenphysik demnach als Beobachtungstheorie auf. Es gibt daher keine kontextunabhängige Unterscheidung zwischen Beobachtungstheorie und erklärender Theorie, obgleich eine solche bezogen auf besondere Prüfungszusammenhänge möglich ist.

Meßtheoretische T. beinhaltet dabei keineswegs eine Zirkularität (↑zirkulär/Zirkularität) der empirischen Prüfung von Theorien. Hinreichend für die Erhaltung der Prüfbarkeit ist die Verschiedenheit von Beobachtungstheorie und erklärender Theorie. In diesem Falle stimmen die Theorien, die die einschlägigen Daten liefern, nicht mit denjenigen Theorien überein, die diese Daten erklären. Unter diesen Bedingungen kann sich ein Konflikt zwischen Theorie und Erfahrung ergeben, der dann als Widerstreit verschiedener Theorien aufzufassen ist (P. Kosso 1992). Weitergehend kann eine Theorie im Einzelfall auch als ihre eigene Beobachtungstheorie in Erscheinung treten. Z. B. läßt sich die elektrische Stromstärke mit einem Drehspulgalvanometer messen. Die Funktionsweise dieses Instruments und die Beschaffenheit der bei der Messung auftretenden Störungen sind aber in hohem Maße auf der Grundlage der Theorie des Elektromagnetismus analysierbar, also derselben Theorie, in deren Rahmen der Begriff der Stromstärke eingeführt und näher bestimmt wird. In Fällen dieser Art behandelt eine Theorie die ihren theoretischen Begriffen (↑Begriffe, theoretische) zugeordneten Beobachtungsverfahren (einschließlich der Korrektur möglicher Störungen) mit eigenen Mitteln (›Einstein-Feigl-Vollständigkeit‹; vgl. M. Carrier/J. Mittelstraß 1989, 175–178 [engl. 1991, 164–166]). Auch unter diesen Umständen bleibt die empirische Prüfbarkeit der entsprechenden Theorien oft gewahrt (vgl. M. Carrier 1994, 20–83). Dagegen behauptet die These vom ›Regreß des Experimentators‹ (H. Collins) die zirkuläre Beladenheit neuartiger Experimente mit der einschlägigen erklärenden Theorie. Bei solchen neuartigen Befunden ist die Überprüfung durch Replikation oft unsicher und unterschiedlich deutbar, sodaß in der Regel auf die Plausibilität des Ergebnisses im Lichte des akzeptierten Wissens und auf die Reputation der beteiligten Forscher zurückgegriffen werden muß. Allerdings läßt sich diese Unsicherheit in der Regel durch die theoretische Analyse des Experiments eingrenzen. Der Regreß wird dann zu einem Fall mensureller T. (H. Radder 1992, Carrier 2011).

Die mensurelle T. wird aus einer Mehrzahl von philosophischen Gesichtswinkeln in ihrer Tragweite eingeschränkt. So betont I. Hacking die Wichtigkeit und Ermittelbarkeit von Erfahrungstatsachen unabhängig von Theorien und verteidigt die Möglichkeit, die Adäquatheit von Meßverfahren durch wechselseitigen Abgleich und entsprechend ohne Rückgriff auf Beobachtungstheorien festzustellen (Hacking 1983). Ähnlich stufen J. Bogen/J. Woodward (1988) mit ihrer Unterscheidung zwischen Daten und Phänomenen die Bedeutung der T. zurück. Daten sind Einzelbefunde, die aber wegen der Vielzahl störender Einflüsse der theoretischen Erklärung gar nicht zugänglich sind. Eine solche gelingt erst für Phänomene (wie die Lichtbeugung oder die elektromagnetische Induktion), die sich aus der Verarbeitung von Daten ergeben. Diese Verarbeitung greift aber für Bogen/Woodward in der Regel nicht auf Beobachtungstheorien zurück, sondern schirmt etwa Störfaktoren ab oder nutzt statistische Verfahren. Die Gewinnung der Phänomene aus den Daten stützt sich entsprechend meistens nicht auf ein theoretisches Verständnis der Beobachtungs- und Meßverfahren. In die gleiche Richtung weisen Ansätze zur datengetriebenen Forschung. Damit wird der Anspruch verbunden, durch die Erkennung von Mustern in großen Datenkorpora auf induktive Weise gut gestützte Hypothesen zu ermitteln. Der Übergang von Daten zu Hypothesen wird nicht durch Beobachtungstheorien hergestellt, die für den jeweiligen Inhaltsbereich spezifisch sind, sondern durch generelle Verfahren statistischer Art oder durch neuronale Netze. Befürchtet wird dabei einerseits die Abwendung der Forschung von anspruchsvollen Erklärungen, während andererseits die Tragweite datengetriebener Forschung für die Identifikation von Kausalfaktoren und die Erhöhung der Vorhersagekraft hervorgehoben wird.

Literatur: M. Adam, T. und Objektivität. Zur Rolle von Beobachtungen in den Naturwissenschaften, Frankfurt/London 2002; T. Bartelborth, Theorie und Erfahrung, EP III (²2010), 2738–2742; D. C. Beardslee/M. Wertheimer (eds.), Readings in Perception, Princeton N. J./Toronto/London 1958, 1967; J. Bogen/J. Woodward, Saving the Phenomena, Philos. Rev. 97 (1988), 303–352; R. E. Butts, Theory-Laden, in: R. Audi (ed.), The Cambridge Dictionary of Philosophy, Cambridge etc. ²1999, 913; M. Carrier, Circles without Circularity. Testing Theories by Theory-Laden Observations, in: J. R. Brown/J. Mittelstraß (eds.), An Intimate Relation. Studies in the History and Philosophy of Science. Presented to Robert E. Butts on His 60th Birthday, Dordrecht/Boston Mass./London 1989 (Boston Stud. Philos. Sci. 116), 405–428; ders., Constructing or Completing Physical Geometry? On the Relation between Theory and Evidence in Accounts of Space-Time Structure, Philos. Sci. 57 (1990), 369–394; ders., The Completeness of Scientific Theories. On the Derivation of Empirical Indicators within a Theoretical Framework: The Case of Physical Geometry, Dordrecht/Boston Mass./London 1994 (Univ. Western Ontario Ser. Philos. Sci. LIII); ders., Wissenschaftstheorie zur Einführung, Hamburg 2006, ⁴2017, 55–97 (Kap. 3 Die T. der Beobachtung); ders./J. Mittelstraß, Geist, Gehirn, Verhalten. Das Leib-Seele-Problem und die Philosophie der Psychologie, Berlin/New York 1989 (engl. [erw.] Mind, Brain, Behavior. The Mind-Body Problem and the Philosophy of Psychology, Berlin/New York 1991, 1995); H. M. Collins, Changing Order. Replication and Induction in Scientific Practice, London/Beverly Hills Calif. 1985, Chicago Ill./London 1992; ders., A Strong Confirmation of the Experimenters' Regress, Stud. Hist. Philos. Sci. 25 (1994), 493–503; ders., The Experimenters' Regress as Philosophical Sociology, Stud. Hist. Philos. Sci. 33 (2002), 153–160; E. Craig, Sensory Experience and the Foundations of Knowledge, Synthese 33 (1976), 1–24; P. Duhem, La théorie physique. Son objet et sa structure, Rev. de philos. 4 (1904), 387–402, 542–556, 643–671, 5 (1904), 121–160, 241–263, 353–369, 535–562, 712–737, 6 (1905), 25–43, 267–292, 377–399, 519–559, 619–641, Neudr. Paris 1906, erw. unter dem Titel: La théorie physique. Son objet – sa structure ²1914 (repr. Paris 1981, Frankfurt 1985); H. Feigl, Existential Hypotheses. Realistic versus Phenomenalistic Interpretations, Philos. Sci. 17 (1950), 35–62; P. K. Feyerabend, Problems of Empiricism, in: R. G. Colodny (ed.), Beyond the Edge of Certainty. Essays in Contemporary Science and Philosophy, Englewood Cliffs N. J. 1965 (repr. Lanham Md./New York/London 1983), 145–260; L. Fleck, Erfahrung und Tatsache. Gesammelte Aufsätze, ed. L. Schäfer/T. Schnelle, Frankfurt 1983, ³2008; R. L. Gregory, The Intelligent Eye, London 1970, 1977; ders., Perceptions as Hypotheses, in: S. C. Brown (ed.), Philosophy of Psychology, London, New York 1974, 1979, 195–210; I. Hacking, Representing and Intervening. Introductory Topics in the Philosophy of Natural Science, Cambridge etc. 1983, 2010 (dt. Einführung in die Philosophie der Naturwissenschaften, Stuttgart 1996, 2011); N. R. Hanson, Patterns of Discovery. An Inquiry into the Conceptual Foundations of Science, Cambridge 1958 (repr. 1965), 2010; P. Kosso, Reading the Book of Nature. An Introduction to the Philosophy of Science, Cambridge etc. 1992, 1993; ders./C. Kosso, Central Place Theory and the Reciprocity between Theory and Evidence, Philos. Sci. 62 (1995), 581–598; T. S. Kuhn, The Structure of Scientific Revolutions, Chicago Ill./London 1962, erw. ²1970, ⁴2012; I. Lakatos, Falsification and the Methodology of Scientific Research Programmes, in: ders./A. Musgrave (eds.), Criticism and the Growth of Knowledge. Proceedings of the International Colloquium in the Philosophy of Science, London 1965, IV, Cambridge etc. 1970, 2004, 91–195, Neudr. in: ders., Philosophical Papers I (The Methodology of Scientific Research Programmes), ed. J. Worrall/G. Currie, Cambridge etc. 1978, 8–101; S. Leonelli (ed.), Data-Driven Research in the Biological and Biomedical Sciences, Stud. Hist. Philos. Biolog. Biomedical Sci. 43 (2012), 1–316; D. Napoletani/M. Panza/D. C. Struppa, Agnostic Science. Towards a Philosophy of Data Analysis, Found. Sci. 16 (2011), 1–20; D. Papineau, Theory and Meaning, Oxford 1979; W. Pietsch, Aspects of Theory-Ladenness in Data-Intensive Science, Philos. Sci. 82 (2015), 905–916; H. Radder, Experimental Reproducibility and Experimenters' Regress, in: K. Okruhlik (ed.), PSA 1992. Proceedings of the 1992 Biennial Meeting of the Philosophy of Science Association I, East Lansing Mich. 1992, 63–73; E. Ratti, Big Data Biology. Between Eliminative Inferences and Exploratory Experiments, Philos. Sci. 82 (2015), 198–218; J. Woodward, Data and Phenomena, Synthese 79 (1989), 393–472; ders., Data and Phenomena. A Restatement and a Defense, Synthese 182 (2011), 165–179. M. C.

Theoriendynamik, Terminus der ↑Wissenschaftstheorie zur Bezeichnung rational rekonstruierter Entwicklungsstrukturen wissenschaftlicher Theorien. Im Vordergrund steht die adäquate methodologische ↑Explikation eines Fortschrittsbegriffs für Theorien.

Der *Logische Empirismus* (↑Empirismus, logischer) faßt die T. als *akkumulativen* Prozeß auf. Wissenschaftlicher ↑Fortschritt (↑Erkenntnisfortschritt) bedeutet, daß neue Forschungsergebnisse dem vorhandenen Wissensbestand hinzugefügt werden, ohne daß zuvor gewonnene Erkenntnisse preisgegeben werden müssen. Er ist demnach als Abfolge miteinander verträglicher Theorien zu verstehen, d.h., die frühere Theorie soll auf die spätere *reduzierbar* sein (↑Reduktion). Die frühere Theorie ergibt sich damit als Spezialfall der späteren. Im Verlauf des wissenschaftlichen Fortschritts werden die zunächst mit einer Theorie verbundenen umfassenden Geltungsansprüche auf einen durch einschränkende Bedingungen begrenzten verkleinerten Anwendungsbereich bezogen, bleiben jedoch in diesen Grenzen erhalten. Dagegen wird im *Kritischen Rationalismus* (↑Rationalismus, kritischer) K.R. Poppers die Bedingung der Reduzierbarkeit fallengelassen und statt dessen betont, daß aufeinander folgende Theorien miteinander unverträglich sind. T. ist demnach durch fortwährende kritische Prüfung (↑Prüfung, kritische) und ↑Falsifikation von Theorien gekennzeichnet. Der Begriff des wissenschaftlichen Fortschritts wird dabei auf der Ebene der Theoriewahl durch steigenden Bewährungsgrad (↑Bewährung) von Theorien ausgedrückt, wobei sich Popper durch die Forderung einer näherungsweisen ›Korrespondenz‹ zwischen früherer und späterer Theorie (↑Quasiinduktion) der empiristischen Reduktionsbedingung nähert, und ist auf der semantischen Ebene der Begriffsexplikation durch zunehmende ↑Wahrheitsähnlichkeit von Theorien gekennzeichnet.

Mit Beginn der 1960er Jahre wird dieses Modell der T. (1) durch den Aufweis mit ihm unverträglicher Prozesse in der ↑Wissenschaftsgeschichte (T.S. Kuhn) und (2) durch die These der Inkommensurabilität (↑inkommensurabel/Inkommensurabilität, ↑Theoriesprache) der begrifflichen Strukturen verschiedener Theorien (N.R. Hanson, Kuhn, P.K. Feyerabend) kritisiert. In der Kuhnschen Darstellung ist die T. abwechselnd durch Phasen normaler (↑Wissenschaft, normale) und Phasen revolutionärer Wissenschaft (↑Revolution, wissenschaftliche) gekennzeichnet. Prima facie irrational (↑irrational/Irrationalismus) ist dabei zum einen die Immunität von ↑Paradigmen gegenüber ↑Anomalien (den Popperschen Falsifikationen) in der normalen Wissenschaft, zum anderen ein nicht durch methodologische Regeln eindeutig bestimmter Wechsel des Paradigmas in revolutionären Perioden. Diese Unbestimmtheit ergibt sich aus der fehlenden Präzision und dem möglichen Konflikt methodologischer Kriterien, die demnach eher als Werte (↑Wert (moralisch)) denn als ↑Regeln wirken, sowie aus der ↑Theoriebeladenheit von Beobachtungsaussagen, die eine theorieneutrale Beobachtungssprache ausschließt. Da demnach rivalisierende Theorien ein jeweils andersartiges deskriptives Vokabular verwenden, scheinen ein objektiver Vergleich von Theorien und damit auch ein Modell rationaler T. unmöglich.

Dem hier drohenden ↑Relativismus wird durch den Nachweis zu entgehen versucht, daß trotz dieser Schwierigkeiten T. als Prozeß rationalen Erkenntnisfortschritts rekonstruierbar ist. Wesentliche Aufgabe der Wissenschaftstheorie ist danach gerade die Erklärung wissenschaftlichen Wandels anhand *allgemeiner*, also von besonderen Theoriebildungen unabhängiger methodologischer Kriterien. Grundlage einer solchen Erklärung ist die Ableitung von Theoriewahlentscheidungen aus übergreifenden methodologischen Theorien, die Regeln zur Einschätzung rivalisierender empirischer Theorien spezifizieren. Die auf solche Weise von einer ↑Methodologie erklärte Geschichte bildet die für sie *interne* Geschichte (↑intern/extern), d.h. das in ihren Augen rationale Muster des Erkenntnisfortschritts; diese interne Geschichte ist jedoch stets durch externe, sozialgeschichtliche Gesichtspunkte zu ergänzen. Ziel methodologischer Theorien und damit auch Grundlage ihrer Beurteilung ist eine möglichst umfassende interne ↑Rekonstruktion zumindest der als beispielhaft empfundenen wissenschaftlichen Entwicklungen (I. Lakatos, L. Laudan).

Inhaltlich wird in allen neueren Modellen der T. mit Kuhn zwischen einer umfassenden Rahmentheorie – Forschungsprogramm (I. Lakatos), Forschungstradition (L. Laudan), Strukturkern (J.D. Sneed, W. Stegmüller), Disziplin (S. Toulmin) – und deren Konkretisierungen und Versionen unterschieden. Diese Unterscheidung soll der von Kuhn aufgewiesenen Kontinuität wissenschaftlicher Forschung Rechnung tragen. Kennzeichnend ist die Spezifizierung methodologischer Forderungen an erfolgreiche Theorienmodifikationen und an gerechtfertigte Theorieersetzungen.

In der *strukturalistischen Wissenschaftstheorie* (Sneed, Stegmüller, auch: ↑non-statement-view; ↑Strukturalismus (philosophisch, wissenschaftstheoretisch), ↑Theoriesprache) werden Theorien nicht als Systeme von Aussagen, sondern als komplexe mengentheoretische Prädikate betrachtet, die die Form eines weiterentwickelten ↑Ramsey-Satzes haben und auf physikalische Systeme entweder anwendbar oder nicht anwendbar sind. Unterschieden wird zwischen einem Strukturkern der Theorie, Kernspezialisierungen durch zusätzliche Gesetze und Nebenbedingungen sowie der Menge der intendierten Anwendungen. Ziel ist eine Rekonstruktion des Kuhnschen Ablaufschemas. In Stadien des ›akzidentellen‹ Theorienwandels (die der Kuhnschen normalen Wissenschaft entsprechen) bleibt der Strukturkern unverändert; es werden Kernspezialisierungen und Vergrößerungen des Anwendungsbereichs angestrebt. Stößt man allerdings bei diesem Prozeß auf einander ausschließende Entwicklungsmöglichkeiten einer Theorie, so artikuliert der Strukturalismus keinerlei methodologische Kriterien für eine Entscheidung zwischen diesen Alternativen. In Phasen ›substantiellen‹ Theorienwandels (analog den Kuhnschen Revolutionen) wird dagegen der Strukturkern selbst durch einen anderen ersetzt. In solchen Fällen soll die alte Theorie auf die neue modelltheoretisch reduzierbar (↑Reduktion) sein, so daß der akkumulative Charakter des Fortschritts auch in Perioden substantiellen Wandels erhalten bleibt. Während demnach im Rahmen des Kuhnschen Modells die Normalwissenschaft weitgehend regelgeleitet verfährt und die Schwierigkeiten einer eindeutigen methodologischen Einschätzung primär bei den Revolutionen entstehen, treten in der strukturalistischen Rekonstruktion jene Unbestimmtheiten umgekehrt gerade in den Phasen akzidentellen Wandels in Erscheinung, während substantielle Veränderungen (durch die Reduktionsbedingung) rational rekonstruierbar sind.

In Lakatos' *Methodologie der wissenschaftlichen Forschungsprogramme* wird ein ↑Forschungsprogramm als eine Abfolge einzelner Theorien betrachtet. Die Identität einer solchen Theorienreihe wird durch einen harten Kern akzeptierter Grundprinzipien und eine positive ↑Heuristik hergestellt, die Strategien zur Weiterentwicklung des Programms vorzeichnet. Um den harten Kern gruppiert sich ein ›Schutzgürtel‹ von Hilfshypothesen, in dem die bei Auftreten von Anomalien erforderlichen Änderungen durchgeführt werden.

Die theoretische Entwicklung qualifizierter Programme folgt dabei den Leitlinien der zugehörigen positiven Heuristik und ergibt sich entsprechend nicht als bloßer Reflex empirischer Schwierigkeiten. Die Dynamik solcher Programme stellt sich nicht als Reaktion auf Anomalien dar, sondern als Antizipation von Erfahrungen. Ein Forschungsprogramm besitzt die Gestalt einer linearen Reihe von Programmversionen, von denen jede unter Erhaltung des harten Kerns durch Modifikationen im Schutzgürtel aus ihrem Vorgänger hervorgeht. Die methodologischen Kriterien drücken zunächst Bedingungen für gerechtfertigte Versionenübergänge aus. Verlangt wird, daß die Modifikation im Einklang mit der positiven Heuristik des Programms steht, daß alle erfolgreichen Erklärungsleistungen der Vorgängerversion reproduziert und einige neuartige, vor dem Hintergrund konkurrierender Vorstellungen nicht zu erwartende empirische Effekte (*novel facts*) vorhergesagt werden. Sind diese Bedingungen erfüllt, ist das Forschungsprogramm *theoretisch* ↑*progressiv*; lassen sich überdies die prognostizierten (↑Prognose) Regularitäten tatsächlich aufweisen, ist das Programm *empirisch progressiv*. Lakatos' Fortschrittsbedingung besagt dann, daß alle gerechtfertigten Versionenübergänge theoretisch progressiv und darüber hinaus einige auch empirisch progressiv sein müssen. Die vergleichende Beurteilung ganzer Forschungsprogramme soll auf analoge Weise durchgeführt werden. Die Bedingungen der Reproduktion der Erklärungsleistungen und der erfolgreichen Vorhersage neuartiger Effekte sind dann auf das rivalisierende Programm (statt auf die vorangegangene Version desselben Programms) zu beziehen. Ein nach programminternen Maßstäben progressives Forschungsprogramm F ist einem anderen Forschungsprogramm F' überlegen, wenn F allen Phänomenen Rechnung zu tragen vermag, die F' erfolgreich erklärt (wobei sich die Erklärungen inhaltlich durchaus unterscheiden können), und wenn F darüber hinaus Effekte erfolgreich vorhersagt, die vor dem Hintergrund von F' nicht zu erwarten waren.

Methodologische Kriterien bringen damit Anforderungen für gerechtfertigte Theorienänderungen oder Theorieersetzungen zum Ausdruck. Durch sie werden Bedingungen für ›stützende Tatsachen‹ formuliert, auf die sich eine Theorie zu Recht berufen kann. Danach wird eine Theorie nicht durch alle ihre zutreffenden empirischen Konsequenzen bestätigt, sondern lediglich durch in besonderer Weise qualifizierte Tatsachen (eben die zutreffend vorhergesagten Effekte). Daraus ergibt sich, daß eine Theorie umgekehrt nur durch solche Tatsachen erschüttert wird, die eine rivalisierende Theorie stützen. Folglich sind für eine Theorie nur diejenigen Anomalien bedrohlich, die von einer Alternativtheorie unter Erfüllung der methodologischen Kriterien erklärt werden. Durch diesen Ansatz gelingt die Ableitung einiger der von Kuhn aufgewiesenen Regularitäten der T., insbes. der weitgehenden Immunität von Theorien gegenüber Anomalien. Diese Immunität wird nicht nur psychologisch verständlich wie bei Kuhn (ein fehlerhaftes Werkzeug ist besser als keines), sondern methodologisch erklärt; sie ergibt sich als Folge eines geeignet gefaßten Begriffs der stützenden Tatsache. Andererseits treten auch Gegensätze zum Kuhnschen Ablaufschema auf. So schließt die Forderung der Reproduktion der Erklärungsleistungen das Auftreten ›Kuhnscher Verluste‹ (↑Reduktion), also der ersatzlosen Aufgabe empirisch erfolgreicher Erklärungen im Zuge eines Paradigmenwechsels, bei gerechtfertigten Theorieersetzungen aus.

Die zentrale Modifikation der Methodologie wissenschaftlicher Forschungsprogramme nach dem Tode von Lakatos durch J. Worrall und E. Zahar betrifft die genaue Gestalt der Fortschrittsbedingung. Die Forderung der Vorhersage neuartiger Effekte wird im Sinne ›heuristischer Neuartigkeit‹ aufgefaßt. Danach wird eine Theorie durch diejenigen Tatsachen gestützt, die von dieser erklärt werden, ohne daß zu diesem Zweck eine Anpassung der Theorie vorgenommen werden müßte. Die

Vorstellung ist, daß, wenn eine Theorie konstruiert wurde, um eine bestimmte Tatsache zu erklären, die so erklärte Tatsache die Theorie nicht stützt. Ergibt sich diese Erklärung hingegen ohne entsprechende theoretische Modifikationen, so liegt empirische Stützung auch dann vor, wenn die Tatsache zuvor bereits bekannt ist. Da die Beurteilung einer Theorie von den bei deren Formulierung zugrundeliegenden Motiven unabhängig sein soll, ist nicht der faktische Bezug auf eine Problemstellung relevant, sondern die Notwendigkeit eines solchen Bezugs. Danach stützt die Erklärung aller derjenigen Tatsachen eine Theorie, auf die für deren Formulierung nicht zurückgegriffen werden mußte. Wenn hingegen eine bestimmte Tatsache den einzigen Geltungsgrund für eine theoretische Annahme bereitstellt, stützt diese Tatsache die Annahme nicht.

Kennzeichnend für weitere Modelle der T. ist der Rückgriff auf eine *evolutionstheoretische* Begrifflichkeit. T. soll danach als gleichsam Darwinscher Prozeß von ↑Variation und natürlicher ↑Selektion verstanden werden (Popper, Toulmin). Nach Toulmin ist eine ↑Spezies der Biologie, die mehrere durch ↑Mutation gebildete Genotypvarianten umfaßt und einen Genpool konstituiert, einer *Disziplin* in der Wissenschaft vergleichbar. Disziplinen sind charakterisiert durch eine Menge von Theorievarianten, deren empirischer Gehalt (↑Gehalt, empirischer) ständigen Änderungsbestrebungen ausgesetzt ist, wovon sich jedoch nur wenige Modifikationen durchsetzen. Die *Kontinuität* einer Disziplin kommt vor allem durch die selektiven Faktoren, die den Gehaltwandel bestimmen, zustande. Diese Einschätzungsverfahren für neue Hypothesen, die die Rolle der selektierenden Umwelt übernehmen, sind nach Toulmin zum einen durch Gründe (*reasons*), zum anderen durch Ursachen (*causes*) bestimmt. Als Grund gilt dabei eine im Vergleich zu einer Alternative überlegene Problemlösungsfähigkeit einer theoretischen Variante. Dieses Konzept stellt das Analogon zum evolutionstheoretischen Begriff der ↑Fitneß dar. Ursachen im Prozeß der Theorienevolution sind dagegen Ergebnisse der sozialen Organisation der Wissenschaft, insbes. Resultat des Einflusses von ↑Autoritäten. In dieser Trennung von ↑Gründen und ↑Ursachen spiegelt sich die intern/extern-Unterscheidung wider.

Die durch Kuhn initiierte Hinwendung der Wissenschaftstheorie zur Untersuchung dynamischer Prozesse des Theorienwandels ist damit in der Hauptsache durch zwei Merkmale gekennzeichnet. Zum einen steht nicht die isolierte ↑Hypothese im Mittelpunkt, sondern die umfassende ↑Theorie. Diese *holistische* Betrachtungsweise (↑Holismus) bedeutet, daß auch das Bestätigungsproblem nur auf der Ebene der Theorie *als ganzer* (bzw. der in ihrem *Kontext* erstellten Hypothesen) sinnvoll diskutierbar ist. Dabei werden Bestätigungsgrade stets als komparative, also als nicht-metrische und auf eine alternative Theorie hin relativierte Konzepte aufgefaßt. Zum anderen wird nicht die Konstruktion einer logisch-statischen Stützungsrelation zwischen Daten und Theorien angestrebt; der Schwerpunkt verlagert sich vielmehr auf das Studium des *Theorienwandels*, wodurch historische und pragmatische Kategorien Eingang in die Wissenschaftstheorie finden. Der Kern wissenschaftlicher Vernunft liegt demnach gerade in bestimmten Strukturen der Entwicklung von Theorien.

Seit dem Ende der 1980er Jahre tritt diese holistisch-historisch orientierte Zugangsweise zur Beurteilung von Theorien zunehmend hinter bestätigungstheoretische Ansätze zurück, die die begrifflich-logischen Beziehungen zwischen Daten und Hypothesen in das Zentrum der Betrachtung stellen. So setzt etwa der ↑Bayesianismus an der durch das ↑Bayessche Theorem spezifizierten ↑Wahrscheinlichkeit einzelner Hypothesen im Lichte gegebener empirischer Befunde an und rückt entsprechend die historische Entwicklung umfassender Theorien in den Hintergrund (z. B. C. Howson/P. Urbach). Diese Ansätze zur Theorienbeurteilung sind eher am Vorbild von R. Carnaps induktiver Logik (↑Logik, induktive) orientiert als an den Modellen der T.. Ähnlich wird im ›Neuen Experimentalismus‹ (etwa bei I. Hacking) die ausgeprägte Kontinuität experimenteller Verfahren und der durch diese bereitgestellten Befunde betont. Die Praxis des Experimentierens ist danach weitgehend unabhängig von übergreifenden Theorien und stützt sich stattdessen auf grundlegende Beziehungen zwischen den einschlägigen Größen, die allen einschlägigen Theorien gemeinsam sind. Dieser Bezug auf stabile, den betreffenden Theorien vorgeordnete empirische Befunde und die entsprechende Zurückstufung der Theoriebeladenheit zeigt ebenfalls einen Rückgriff auf Vorstellungen, wie sie die Wissenschaftstheorie vor deren Wendung zur T. prägten. Insgesamt treten daher gegenwärtig die Ansätze zur T. hinter Zugangsweisen zurück, die eine Verwandtschaft zu Aspekten des Logischen Empirismus aufweisen.

Literatur: R. C. Buck/R. S. Cohen (eds.), PSA 1970. In Memory of Rudolf Carnap, Dordrecht 1971 (Boston Stud. Philos. Sci. VIII); M. Carrier, Wissenschaftsgeschichte, rationale Rekonstruktion und die Begründung von Methodologien, Z. allg. Wiss.theorie 17 (1986), 201–228; ders., On Novel Facts. A Discussion of Criteria for Non-ad-hoc-ness in the Methodology of Scientific Research Programmes, Z. allg. Wiss.theorie 19 (1988), 205–231; ders., Explaining Scientific Progress. Lakatos's Methodological Account of Kuhnian Patterns of Theory Change, in: G. Kampis/L. Kvasz/M. Stöltzner (eds.), Appraising Lakatos. Mathematics, Methodology, and the Man, Dordrecht/Boston Mass. 2002, 53–71; ders., Wissenschaftstheorie zur Einführung, Hamburg 2006, [4]2017; ders., Historical Approaches. Kuhn, Lakatos, Feyerabend, in: J. R. Brown (ed.), Philosophy of Science. The Key Thinkers, London/New York 2012, 132–151; R. S. Cohen/P. K. Feyerabend/M. M. Wartofsky (eds.), Essays in Memory of Imre Lakatos, Dordrecht/Boston Mass. 1976 (Boston Stud. Philos. Sci. XXXIX); R. Collins, The Sociology of Philosophies. A Global Theory of Intellectual Change, Cambridge Mass./London 1998, 2002; W. Diederich (ed.), Theorien der Wissenschaftsgeschichte. Beiträge zur diachronischen Wissenschaftstheorie, Frankfurt 1974, 1978; C. Dilworth, Scientific Progress. A Study Concerning the Nature of the Relation between Successive Scientific Theories, Dordrecht/Boston Mass./London 1981, Dordrecht [4]2008; A. Donovan/L. Laudan/R. Laudan (eds.), Scrutinizing Science. Empirical Studies of Scientific Change, Dordrecht/Boston Mass./London 1988, Baltimore Md./London 1992; P. K. Feyerabend, Der wissenschaftstheoretische Realismus und die Autorität der Wissenschaften, Braunschweig/Wiesbaden 1978 (= Ausgew. Schr. I); ders., Problems of Empiricism, Cambridge etc. 1981, 1995 (= Philos. Papers II); U. Gähde, Modelle der Struktur und Dynamik wissenschaftlicher Theorien, in: A. Bartels/M. Stöckler (eds.), Wissenschaftstheorie. Ein Studienbuch, Paderborn 2007, [2]2009, 45–65; M. R. Gardner, Predicting Novel Facts, Brit. J. Philos. Sci. 33 (1982), 1–15; K. Gavroglu/Y. Goudaroulis/P. Nicolacopoulos (eds.), Imre Lakatos and Theories of Scientific Change, Dordrecht/Boston Mass./London 1989; I. Hacking, Representing and Intervening. Introductory Topics in the Philosophy of Natural Sciences, Cambridge etc. 1983, 2010 (dt. Einführung in die Philosophie der Naturwissenschaften, Stuttgart 1996, 2011); ders., The Self-Vindication of the Laboratory Sciences, in: A. Pickering (ed.), Science as Practice and Culture, Chicago Ill./London 1992, 1994, 29–64; C. Howson (ed.), Method and Appraisal in the Physical Sciences. The Critical Background to Modern Science, 1800–1905, Cambridge etc. 1976; ders./P. Urbach, Scientific Reasoning. The Bayesian Approach, La Salle Ill. 1989, Chicago Ill./La Salle Ill. [3]2006; T. S. Kuhn, The Structure of Scientific Revolutions, Chicago Ill./London 1962, erw. [2]1970, [4]2012 (dt. Die Struktur wissenschaftlicher Revolutionen, Frankfurt 1967, [2]1976 [erw. um das Postskriptum von 1969], 2007); ders., Theory-Change as Structure-Change. Comments on the Sneed Formalism, Erkenntnis 10 (1976), 179–199; ders., Die Entstehung des Neuen. Studien zur Struktur der Wissenschaftsgeschichte, ed. L. Krüger, Frankfurt 1977, [5]1997, 2010; I. Lakatos, The Methodology of Scientific Research Programmes, ed. J. Worrall/G. Currie, Cambridge etc. 1978 (= Philos. Papers I); ders., Mathematics, Science and Epistemology, ed. J. Worrall/G. Currie, Cambridge etc. 1978 (= Philos. Papers II), 1997; ders./A. Musgrave (eds.), Criticism and the Growth of Knowledge. Proceedings of the International Colloquium in the Philosophy of Science, London 1965, IV, Cambridge etc. 1970, 2004; L. Laudan, Progress and Its Problems. Towards a Theory of Scientific Growth, Berkeley Calif./Los Angeles/London 1977, 1978; ders. u. a., Scientific Change. Philosophical Models and Historical Research, Synthese 69 (1986), 141–223; S. Maasen/P. Weingart, Metaphors and the Dynamics of Knowledge, London/New York 2000, 2002; J. Mittelstraß, Prolegomena zu einer konstruktiven Theorie der Wissenschaftsgeschichte, in: ders., Die Möglichkeit von Wissenschaft, Frankfurt 1974, 106–144, 234–244; ders., Historismus in der neueren Wissenschaftstheorie, in: Die Bedeutung der Wissenschaftsgeschichte für die Wissenschaftstheorie (Symposion der Leibniz-Gesellschaft Hannover, 29. und 30. November 1974), Wiesbaden 1977 (Studia Leibnitiana, Sonderheft 6), 43–56, Neudr. in: K. Bayertz (ed.), Wissenschaftsgeschichte und wissenschaftliche Revolution, Köln 1981, 72–86; ders., Rationale Rekonstruktion der Wissenschaftsgeschichte, in: P. Janich (ed.), Wissenschaftstheorie und Wissenschaftsforschung, München 1981, 89–111, 137–148; A. C. Murphy/R. F. Hendrick, Lakatos, Laudan and the Hermeneutic Circle, Stud. Hist. Philos. Sci. 15 (1984), 119–130; A. Musgrave, Logical versus Historical Theories of Confirmation, Brit. J. Philos. Sci. 25 (1974), 1–23; R. M. Nugayev, Reconstruction of Mature Theory Change. A Theory Change Model, Frankfurt etc. 1999; K. R. Popper, Conjectures and Refutations. The Growth of Scientific Knowledge, London 1963, London/New York [5]1989, 2007; R. Radnitzky/G. Andersson (eds.), Progress and Rationality in Science, Dordrecht/Boston Mass./London 1978 (Boston Stud. Philos. Sci. LVIII) (dt. Fortschritt und Rationalität der Wissenschaft, Tübingen 1980); K. F. Schaffner, Einstein versus Lorentz. Research Programmes and the Logic of Comparative Theory Evaluation, Brit. J. Philos. Sci. 25 (1974), 45–78; W. Senz, Zur T. innerhalb der Philosophia perennis, Frankfurt etc. 2000; W. Stegmüller, Probleme und Resultate der Wissenschaftstheorie und Analytischen Philosophie II/2 (Theorie und Erfahrung. Theorienstrukturen und T.), Berlin etc. 1973, [2]1985 (engl. The Structure and Dynamics of Theories, New York/Heidelberg/Berlin 1976); ders., Structures and Dynamics of Theories. Some Reflections on J. D. Sneed and T. S. Kuhn, Erkenntnis 9 (1975), 75–100; ders., Accidental (›Non-substantial‹) Theory Change and Theory Dislodgement. To What Extent Logic Can Contribute to a Better Understanding of Certain Phenomena in the Dynamics of Theories, Erkenntnis 10 (1976), 147–178 (dt. Akzidenteller (›nichtsubstantieller‹) Theorienwandel und Theorienverdrängung. Inwieweit logische Analysen zum besseren Verständnis gewisser Phänomene in der T. beitragen können, in: ders., Rationale Rekonstruktion von Wissenschaft und ihrem Wandel, Stuttgart 1979, 1986, 131–176); S. Toulmin, Human Understanding I (The Collective Use and Evolution of Concepts), Oxford 1972, Princeton N. J. 1977 (dt. Menschliches Erkennen I [Kritik der kollektiven Vernunft], Frankfurt 1978, 1983); J. Worrall, Scientific Discovery and Theory-Confirmation, in: J. C. Pitt (ed.), Change and Progress in Modern Science. Papers Related to and Arising from the Fourth International Conference on History and Philosophy of Science, Blacksburg, Virginia, November 1982, Dordrecht/Boston Mass./Lancaster 1985, 301–331; E. Zahar, Why Did Einstein's Programme Supersede Lorentz's?, Brit. J. Philos. Sci. 24 (1973), 95–123, 223–262; ders., Einstein's Revolution. A Study in Heuristic, La Salle Ill. 1989. M. C.

Theorienhierarchie, Terminus der ↑Wissenschaftstheorie zur Bezeichnung einer gegliederten Schichtenstruktur von ↑Theorien. Charakteristisch für die Vorstellung einer T. ist die Einsinnigkeit oder Asymmetrie (↑asymmetrisch/Asymmetrie) der Schichtung in dem Sinne, daß eindeutig (↑eindeutig/Eindeutigkeit) und kontextunabhängig zwischen Basistheorien und derivativen Theorien unterschieden wird. Die Schichtung kann dabei auf erkenntnistheoretische oder wissenschaftssemantische Gesichtspunkte oder auf die Ableitbarkeits- bzw. Nicht-Ableitbarkeitsbeziehungen (↑ableitbar/Ableitbarkeit) zwischen Theorien des gleichen Gegenstandsbereichs zurückgreifen. Traditionell wird das System des Wissens häufig, etwa in der französischen ↑Enzyklopädie oder bei A. Comte, als eine hierarchische ↑Klassifikation von Disziplinen und folglich als ↑Hierarchie der entsprechenden Theorien vorgestellt. So ordnet Comte die Disziplinen nach ihrem Allgemeinheitsgrad zu einer Stufung an, die bei der Mathematik

beginnt und über Astronomie, Physik, Chemie und Biologie bei der Soziologie endet.
Eine *erkenntnistheoretisch* begründete Hierarchisierung von Theorien findet sich bei ›fundamentalistisch‹ oder rechtfertigungstheoretisch orientierten Richtungen (*foundationalism*). Danach läßt sich eine gemeinsame epistemische ↑Basis der wissenschaftlichen Erkenntnis (oder zumindest weiter Teile dieser Erkenntnis) angeben. Als derartige Fundamente werden z. B. die unmittelbaren Sinnesempfindungen (↑Wahrnehmung) oder die menschlichen Grundfertigkeiten betrachtet (↑Letztbegründung). Der Anspruch ist, daß ausgehend von einem Fundament dieser Art die wissenschaftlichen Theorien eindeutig durch die asymmetrische Beziehung der ›Gründung‹ angeordnet werden können. Eine Theorie T_1 gründet sich auf eine Theorie T_2, wenn T_1 auf Begriffe und Aussagen von T_2 zurückgreift, aber nicht umgekehrt. Durch die Linearität und Einsinnigkeit der Relation der Gründung entsteht eine T.. Danach ist ausgeschlossen, daß T_2 einerseits Begriffe und Aussagen von T_1 heranzieht und andererseits Begriffe und Aussagen für die Formulierung von T_1 bereitstellt. Eine solche Hierarchisierung findet sich z. B. in der ↑Protophysik und in dem von R. Carnap entworfenen, jedoch später aufgegebenen ↑Konstitutionssystem (Der logische Aufbau der Welt, Berlin 1928, Hamburg [4]1974). In Carnaps Konstitutionssystem sollen durch schrittweise explizite Definition alle empirisch signifikanten Begriffe auf Bezeichnungen von ›Elementarerlebnissen‹ und die zwischen ihnen bestehende Relation der ↑Ähnlichkeitserinnerung zurückgeführt werden. Die kohärenztheoretische (↑kohärent/Kohärenz, ↑Wahrheitstheorien) Gegenposition einer rechtfertigungstheoretischen Orientierung sieht dagegen die wechselseitige Klärung und Stützung von Theorien vor, womit eine Absage an eine einheitliche hierarchische Stufung verbunden ist. In kohärenztheoretischer Sicht gibt es entsprechend keine T..
Als *wissenschaftssemantischer* Terminus wird der Begriff der T. im Rahmen des wissenschaftstheoretischen Strukturalismus (↑Strukturalismus (philosophisch, wissenschaftstheoretisch)) zur Bezeichnung einer einseitigen Abhängigkeit zwischen den ›T-theoretischen Begriffen‹ verschiedener Theorien verwendet. Ein Begriff ist danach theoretisch relativ zu einer Theorie T (oder T-theoretisch), wenn alle Anwendungen dieses Begriffs auf die Gesetze von T zurückgreifen (↑Theoriesprache). So gilt der Begriff der ↑Masse als theoretisch bezüglich der ↑Mechanik, da alle Verfahren zur Massenbestimmung von den Gesetzen der Mechanik Gebrauch machen. Umgekehrt stützt sich die Anwendung ›T-nicht-theoretischer‹ Begriffe auf von T verschiedene Theorien. Wenn etwa in der ↑Elektrodynamik auf die Masse geladener Körper Bezug genommen wird, so bedeutet dies einen Rückgriff auf die Gesetze der Mechanik. Eine T. im Sinne des Strukturalismus bezeichnet dann eine Ordnung von Theorien nach Maßgabe dieses einsinnigen Rückgriffs der Begriffsbestimmung. Wenn bei zwei Theorien T_1 und T_2 alle T_1-nicht-theoretischen Begriffe auch T_2-nicht-theoretisch sind, während umgekehrt zumindest einige der T_2-nicht-theoretischen Begriffe T_1-theoretisch sind, ist T_1 ein grundlegenderes Element der T. als T_2. Der Begriff der Masse ist bezüglich der Mechanik theoretisch, hinsichtlich der Elektrodynamik jedoch nicht-theoretisch. Umgekehrt zieht die Mechanik keinen Begriff heran, der durch die Gesetze der Elektrodynamik bestimmt wäre (und damit relativ zu dieser theoretisch wäre). Daher ist die Mechanik grundlegender als die Elektrodynamik (Stegmüller 1973).
Mit Bezug auf die *Ableitbarkeitsbeziehungen* (↑ableitbar/Ableitbarkeit) zwischen wissenschaftlichen Theorien gehen reduktionistische (↑Reduktionismus) Richtungen von der inhaltlichen Einheitlichkeit des Systems von Theorien aus. Diese inhaltliche Einheitlichkeit drückt sich in einer linearen und einsinnigen Schichtung von Theorien aus, wobei die Theorien der jeweils als komplexer geltenden Ebenen als auf die Theorien der zugehörigen grundlegenderen Ebene reduzierbar (↑Reduktion) gelten. Typischerweise werden dabei Schichten der folgenden Art in Betracht gezogen: Elementarteilchen (↑Teilchenphysik), ↑Atome, Moleküle, Zellen, Organismen, soziale Gruppen (P. Oppenheim/H. Putnam 1958). Danach sind die Gesetzmäßigkeiten für die Größen der komplexeren Ebene aus den Gesetzen der jeweils grundlegenderen Ebene unter Rückgriff auf ↑Randbedingungen ableitbar und entsprechend durch diese erklärbar. Die Wissenschaft insgesamt nimmt damit die Gestalt einer einheitlichen T. an, deren Stufen durch die Beziehung der Reduzierbarkeit miteinander verknüpft sind.
Die prima facie verwandte Konzeption der Organisationsebenen (*level of organization*), die ab den 1990er Jahren in der Philosophie der ↑Biologie verbreitet ist, führt dagegen nicht auf eine T. im terminologischen Sinne. Für diese Konzeption wird die Einsinnigkeit der ↑Erklärung und die Kontextunabhängigkeit der Schichtung bestritten. Ähnlich wie Oppenheim/Putnam setzt der Begriff der Organisationsebene primär an der ontologischen Gliederung einer Gesamtheit durch Teil-Ganzes-Beziehungen (↑Teil und Ganzes) an. Unterschieden werden Ebenen wie Organismen, Organe, Zellen und Moleküle. Dabei ist die Vorstellung, daß die jeweils als relevant betrachteten ↑Wechselwirkungen innerhalb dieser Ebenen stärker ausgeprägt sind als zwischen ihnen. Durch diesen Bezug auf die jeweils relevante Erklärungshinsicht wird die Aufteilung in Ebenen vom Kontext abhängig. Überdies wird die Beziehung zwischen den Ebenen als wechselseitig angenommen, wodurch insbes. Wirkungen von Ganzheiten auf ihre Be-

standteile betrachtet werden. Zwar sind die Ebenen durch die Annahme von Teil-Ganzes-Beziehungen einsinnig angeordnet, aber in explanatorischer oder theoretischer Hinsicht liegt wegen der unterstellten Wechselseitigkeit von Beziehungen gerade keine Hierarchie vor (W. Bechtel/R. C. Richardson 1993; A. C. Love 2011).

Dagegen ist die Konzeption der Supervenienz (↑supervenient/Supervenienz) zwar ebenfalls mit einer nichtreduktiven Orientierung verbunden, sie hat aber gleichwohl die Annahme einer T. zur Folge. Eine hierarchische Anordnung besteht zwischen Theorien supervenienter Eigenschaften oder Zustände und Theorien ihrer subvenienten Gegenstücke. Eine Eigenschaft *s* ist supervenient zu einer Menge von Eigenschaften *p*, wenn Größen, die sich hinsichtlich *p* unterscheiden, bezüglich *s* übereinstimmen können, während umgekehrt Unterschiede hinsichtlich *s* nur auftreten können, wenn sich die entsprechenden Größen auch bezüglich *p* unterscheiden. Charakteristisch ist demnach eine einseitige Abhängigkeit der Änderungen der betreffenden Größen: Jede Änderung auf der supervenienten Ebene geht mit Änderungen auf der zugehörigen subvenienten Ebene einher; umgekehrt können Änderungen auf der subvenienten Ebene ohne begleitende Änderungen auf der supervenienten Ebene auftreten. Diese begrifflichen Verhältnisse sind bezeichnend für die Beziehungen zwischen Theorien abstrakter, übergreifender Zustände und deren bereichsspezifischen Umsetzungen. Danach verlangen nämlich Unterschiede auf der Ebene übergreifender Zustände Differenzen bei den jeweiligen Realisierungen, während nicht jeder Unterschied auf der Ebene der Realisierungen Auswirkung auf die übergreifenden Zustände hat.

Diese Schichtung zwischen übergreifenden Zustandsverknüpfungen und multiplen, spezifischen Realisierungen bildet eine T.. In der Deutung durch den Funktionalismus besteht z. B. eine solche T. zwischen Psychologie und Neurophysiologie. Danach sind mentale Zustände von funktionaler Natur und durch ihr Wechselwirkungsprofil festgelegt (↑Funktionalismus (kognitionswissenschaftlich)). Solcherart funktional bestimmte Zustände können neurophysiologisch implementiert sein, müssen es aber nicht; eine andersartige Realisierung könnte durch Halbleiterkomponenten erreicht werden. Die Theorie der supervenienten Zustände ist daher der Theorie jeder spezifischen Realisierung übergeordnet. T.n dieser Art finden sich auch in der Biologie. Bei feldbiologisch relevanten Phänomenen wie ›Revierverteidigung‹ oder ›Werbeverhalten‹ oder bei evolutionsbiologischen Eigenschaften wie ↑Fitneß handelt es sich um einheitlich charakterisierbare superveniente Zustände, die bei unterschiedlichen ↑Spezies in physisch unterschiedlicher Weise realisiert sein können. Die Theorie der übergreifenden supervenienten Zustände steht daher mit den Theorien der jeweiligen spezifischen Umsetzungen dieser Zustände in einer T.. Die Stichhaltigkeit der mit der supervenienten Hierarchisierung oft verknüpften Nicht-Reduzierbarkeitsbehauptung ist umstritten.

Ebenso tritt bei Vorliegen von *Emergenz* (↑emergent/Emergenz) eine T. auf. Als emergent gelten solche Eigenschaften von ↑Systemen, die sich von den Eigenschaften ihrer Komponenten qualitativ und wesentlich unterscheiden. Die theoretische Erfassung solcher ›Ganzheitseigenschaften‹ verlangt daher den Rückgriff auf spezifische Gesetzmäßigkeiten, die für die Bestandteile des Systems nicht gelten oder nicht auf diese anwendbar sind. In ihrer schwächsten Ausprägung bringt Emergenz zum Ausdruck, daß die Beziehungen zwischen komplexen Systemen durch andere Mechanismen und Gesetzmäßigkeiten bestimmt sind als die Beziehungen zwischen den Bestandteilen dieser Systeme. So sind innerhalb eines Proteins die Atome durch die üblichen Mechanismen der chemischen Bindung (kovalente Bindung und Ionenbindung) verknüpft, während die Bindung zwischen Proteinen häufig auf der geometrischen Struktur der beteiligten Moleküle beruht. Ebenso greifen die Steuerungsprozesse innerhalb biologischer Zellen auf andere Mechanismen zurück als die Regulationsprozesse zwischen Zellen. Bei Auftreten von Emergenz liegt entsprechend eine hierarchische Schichtung von Phänomenen vor, bei der auf jeder Ebene andere Gesetze zum Tragen kommen – was gerade eine T. beinhaltet. Diese Unterschiedlichkeit der jeweils einschlägigen Gesetze ist jedoch zunächst mit der Annahme verträglich, daß die höherstufigen Gesetze aus den Komponentengesetzen ableitbar sind, falls die Beziehungen zwischen diesen Komponenten in Betracht gezogen werden. Eine Verstärkung der Emergenzbehauptung besagt, daß diese Ableitbarkeit der höherstufigen Gesetze aus den für die Bestandteile und deren Wechselwirkungen gültigen Gesetzen zumindest in einigen Fällen nicht besteht. Dies bringt die These irreduzibel (↑irreduzibel/Irreduzibilität) holistischer (↑Holismus) Gesetze zum Ausdruck, deren Stichhaltigkeit jedoch zweifelhaft ist. Trotz der unterstellten Nicht-Ableitbarkeit liegt eine Hierarchie zwischen den einschlägigen Theorien insofern vor, als die jeweils behandelten Gegenstandsbereiche in einer Teil-Ganzes-Beziehung stehen.

Literatur: W. Balzer/C. U. Moulines/J. D. Sneed, An Architectonic for Science. The Structuralist Program, Dordrecht etc. 1987 (Synthese Library 186); W. Bechtel/R. C. Richardson, Discovering Complexity. Decomposition and Localization as Strategies in Scientific Research, Princeton N. J. 1993, Cambridge Mass./London 2010; A. Beckermann/H. Flohr/J. Kim (eds.), Emergence or Reduction? Essays on the Prospects of Nonreductive Physicalism, Berlin/New York 1992; M. A. Bedau, Weak Emergence, in: J. Tomberlin (ed.), Mind, Causation, and World, Malden Mass. 1997, 375–399; D. Blitz, Emergent Evolution. Qualitative Novelty and the Levels of Reality, Dordrecht/Boston Mass./London 1992; M. Carrier, The Completeness of Scientific Theories. On the Derivation of Empirical Indicators Within a Theoretical Framework: The Case of Physical Geometry, Dordrecht/Boston Mass./ London 1994 (Univ. Western Ontario Ser. Philos. Sci. LIII), 218–221; J. Dancy, An Introduction to Contemporary Epistemology, Oxford/New York 1985, 2000, 53–140 (Part II Justification); P. Hoyningen-Huene, Emergenz versus Reduktion, in: G. Meggle/U. Wessels (eds.), Analyomen 1. Proceedings of the 1st Conference »Perspectives in Analytical Philosophy«, Berlin/New York 1994, 324–332; ders., Zu Emergenz, Mikro- und Makrodetermination, in: W. Lübbe (ed.), Kausalität und Zurechnung. Über Verantwortung in komplexen kulturellen Prozessen, Berlin/New York 1994, 165–195; E. Jelden (ed.), Prototheorien – Praxis und Erkenntnis?, Leipzig 1995; J. Kim, Concepts of Supervenience, Philos. Phenom. Res. 45 (1984), 153–176; ders., ›Strong‹ and ›Global‹ Supervenience Revisited, Philos. Phenom. Res. 48 (1987), 315–326; ders., Supervenience as a Philosophical Concept, Metaphilos. 21 (1990), 1–27; A. C. Love, Hierarchy, Causation and Explanation. Ubiquity, Locality and Pluralism, Interface Focus 2 (2011), 115–125; P. Oppenheim/H. Putnam, Unity of Science as a Working Hypothesis, in: H. Feigl/M. Scriven/G. Maxwell (eds.), Concepts, Theories, and the Mind-Body Problem, Minneapolis Minn. 1958, 1972 (Minnesota Stud. Philos. Sci. II), 3–36; E. Sober, The Nature of Selection. Evolutionary Theory in Philosophical Focus, Cambridge Mass. 1984, Chicago Ill./London 1993; ders., Philosophy of Biology, Boulder Colo. 1993, [2]2000; W. Stegmüller, Probleme und Resultate der Wissenschaftstheorie und Analytischen Philosophie II/2 (Theorienstrukturen und Theoriendynamik), Berlin etc. 1973, [2]1985 (engl. The Structure and Dynamics of Theories, New York/Heidelberg/ Berlin 1976); ders., Probleme und Resultate der Wissenschaftstheorie und Analytischen Philosophie II/3 (Die Entwicklung des neuen Strukturalismus seit 1973), Berlin etc. 1986; M. Stöckler, Emergenz. Bausteine für eine Begriffsexplikation, Conceptus 24 (1990), 7–24. M. C.

Theorienmonismus, ↑Theorienpluralismus.

Theorienpluralismus, Bezeichnung für das gleichzeitige (und prinzipiell gleichberechtigte) Bestehen alternativer wissenschaftlicher ↑Theorien mit wenigstens partiell gleicher theoretischer (z. B. Erklärungs-)Leistung. Wird die Existenz des T. wissenschaftstheoretisch gefordert, nennt man diese Position ›theoretischen Pluralismus‹. Der Zusammenhang mit dem politischen ↑Pluralismus wird von Vertretern des theoretischen Pluralismus als mehr oder weniger direkt aufgefaßt.

Die Idee des T. tritt in der ↑Wissenschaftstheorie im Zusammenhang mit K. R. Poppers Kritik am ↑Certismus und Fundamentalismus der traditionellen ↑Erkenntnistheorie auf, die sich in erster Linie auf die Begründungskonzeption des frühen Logischen Empirismus (↑Empirismus, logischer) und die Idee einer ↑Vollbegründung (bei H. Dingler) bzw. ↑Letztbegründung bezieht. Daran haben Popper und die Schule des Kritischen Rationalismus (↑Rationalismus, kritischer) eine Tendenz zu theoretischem ↑Dogmatismus und ↑Monismus kritisiert, wogegen das Prinzip der Kritik durch ↑Falsifikation die Aufstellung möglichst vieler Hypothesen erzwingen soll. Allerdings ist dieser nach I. Lakatos ›naive‹ Falsifikationismus ein – dem Entdeckungszusammenhang, nicht dem Begründungszusammenhang (↑Entdeckungszusammenhang/Begründungszusammenhang) angehörendes – monotheoretisches Prüfmodell, da lediglich ↑Basissätze und gegebenenfalls falsifizierende ↑Hypothesen kritische Prüfinstanzen sind, an denen eine Theorie scheitern kann (↑Prüfung, kritische). Dieses Testverfahren bietet weder einen globalen Alternativausschluß noch eine aktive Beteiligung von alternativen Theorien. Im Falsifikationsverfahren sollen die gegebenenfalls falsifizierenden Hypothesen selbst strengen methodologischen Kriterien unterworfen sein. Im gelingenden Fall führt dessen Durchführung zur Auszeichnung einer Theorie gemäß ihrem Grad der Annäherung an die Wahrheit (↑Wahrheitsähnlichkeit). In T. S. Kuhns Deutung der Entwicklung wissenschaftlicher Theorien (↑Theoriendynamik) ist gemäß Kuhns frühen Schriften der T. zunächst Kennzeichen der vor-paradigmatischen bzw. revolutionären Phase der wissenschaftlichen Entwicklung (↑Revolution, wissenschaftliche). Dagegen sei die Phase der normalen Wissenschaft (↑Wissenschaft, normale) durch kognitive und soziale Dominanz genau eines ↑Paradigmas ausgezeichnet. In diesem Zusammenhang hat P. K. Feyerabend kritisiert, daß Kuhn auch für die normale Wissenschaft ein ↑Proliferationsprinzip akzeptieren müsse, da er sonst das Aufkommen konkurrierender Theorien nicht erklären könne, die die Phase der Revolution einleiten. Da Kuhn selbst der Existenz von konkurrierenden Theorien die Funktion zuspricht, die ↑Anomalien zu vergrößern, die den Wissenschaftler der Normalwissenschaft dazu veranlassen, an dem herrschenden Paradigma zu zweifeln, hat Feyerabend die historische Kategorie der Normalwissenschaft überhaupt in Frage gestellt.

Der T. ist unter Berufung auf J. S. Mill von Feyerabend in die Wissenschaftstheorie eingebracht und vertreten worden. Feyerabend kritisiert Poppers Annahme, eine Theorie könne durch Falsifikation scheitern: Wissenschaftsgeschichtlich ließe sich nämlich belegen, daß (1) ein Austausch von Theorien nicht immer auf Grund von Falsifikationen erfolgt, (2) einige Theorien T nur durch das Aufkommen alternativer Theorien T' widerlegt worden sind, (3) widerlegungsrelevante Tatsachen von T nur mittels T' entdeckt werden konnten, (4) sich als widerlegt geltende Theorien – wie z. B. der ↑Atomismus in der Antike – im weiteren Verlauf der Wissenschaft doch als fruchtbar erwiesen haben oder zu einem späteren Zeitpunkt paradigmatisch geworden sind – wie z. B. die in der Antike aufgestellte Theorie der Erdbewegung, (5) die strikte Forderung nach Widerlegungen im Falle von Anomalien kontraproduktiv ist, (6) bestimmte Theorien von ihren Vorgängern deduktiv getrennt sind

(↑inkommensurabel/Inkommensurabilität, ↑Relationen, intertheoretische), (7) der empirische Gehalt (↑Gehalt, empirischer) einer Theorie gelegentlich auch abnimmt und (8) Theorien gerade durch ad-hoc-Anpassungen (↑ad-hoc-Hypothese) erfolgreich waren. Während (2) bis (5) die historische Variante des Proliferationsprinzips stärken, mache (4) die ↑Ideengeschichte zu einem wesentlichen Bestandteil der wissenschaftlichen Methode. Die Kriterien des Falsifikationismus, auch in der Variante der Methodologie der ↑Forschungsprogramme (Lakatos), seien (ebenso wie der Verifikationismus) wegen (1) bis (8) weder von wissenschaftsgeschichtlicher Relevanz noch ↑normativ wünschenswert, da diese Methodologien den Wissenschaftler an viel zu starre Regeln bänden und damit die Produktivität der Wissenschaften zerstörten. Stattdessen gelte es, möglichst viele alternative Überlegungen, Annahmen, Theorien – womit Feyerabend beliebige Prinzipiensysteme meint – in den wissenschaftlichen Prozeß einzubeziehen und nicht durch methodologische Maximen, die von außen – durch Philosophie und Wissenschaftstheorie – an die Wissenschaft herangetragen werden, zu beschränken. Feyerabend geht es somit um eine formale Begründung der ›Regelvermehrung‹ (ihre Reduktion wird als Reduktion von ↑Rationalität gedeutet) und nicht um die Erzeugung inhaltlicher Alternativen, also nicht um eine ›unmenschliche Revolution in Permanenz‹, wie dies häufig irrtümlich unterstellt wird.

Auch für die theoretische Entwicklung der Wissenschaften kann nur eine Pluralität von Theorien unterstellt werden. Das von reduktionistischen (↑Reduktionismus) Richtungen ins Auge gefaßte Ziel einer umfassenden Fundamentalwissenschaft, derzufolge die gesamte empirische Forschung in einer letzten (physikalischen) Theorie kumuliert (*Theorienmonismus*), läßt sich derzeit noch nicht einmal in bezug auf die physikalischen Theorien realisieren. Auch die von W. Heisenberg und C. F. v. Weizsäcker unterstellte ↑Einheit der Natur bzw. Einheit der Welt, die die allgemeine Geltung einer Fundamentaltheorie (etwa der ↑Quantentheorie) unterstellt, ist mit dem Kenntnisstand über die reduktiven Verhältnisse (↑Reduktion, ↑Relationen, intertheoretische) physikalischer Theorien nicht vereinbar.

Ziel der gegen Feyerabends Übergang zu einem theoretischen Pluralismus gerichteten Ansätze ist es, unter Beibehaltung des Prinzips des T. für den Entdeckungszusammenhang, den Begriff einer metatheoretischen Rationalität zu bilden, der es erlaubt, unter faktischen Theorien eine rechtfertigungsfähige Entscheidung zu liefern (z. B. Theorie der Forschungsprogramme bei Lakatos, ↑non-statement-view von Theorien bei J. D. Sneed und W. Stegmüller; ↑Theoriesprache, ↑Strukturalismus (philosophisch, wissenschaftstheoretisch)). Aus Sicht der Konstruktiven Wissenschaftstheorie (↑Wissenschaftstheorie, konstruktive) wird an der gesamten Diskussion über den T. kritisiert, daß sie die pluralismusreduzierende Bedeutung der lebensweltlichen Grundlagen wissenschaftlicher Theoriebildung übersehe: Auch wenn ↑theoretisch vieles gedacht werden kann, so kann doch ↑pragmatisch nicht alles davon eingelöst werden.

Literatur: H. Albert, Traktat über kritische Vernunft, Tübingen 1968, [5]1991, bes. 47–54 (engl. Treatise on Critical Reason, Princeton N. J. 1985, bes. 61–70); M. v. Brentano, Wissenschaftspluralismus, Argument 13 (1971), 476–493; A. Diemer (ed.), Der Methoden- und T. in den Wissenschaften. Vorträge und Diskussionen des 5. wissenschaftstheoretischen Kolloquiums 1969 und des 6. wissenschaftstheoretischen Kolloquiums 1970, Meisenheim am Glan 1971; P. K. Feyerabend, How to Be a Good Empiricist – A Plea for Tolerance in Matters Epistemological, in: B. Baumrin (ed.), Philosophy of Science. The Delaware Seminar II, New York/London/Sydney 1963, 3–39, Neudr. in: Philosophical Papers III, Cambridge etc. 1999, 78–103; ders., Reply to Criticism. Comments on Smart, Sellars and Putnam, in: R. S. Cohen/M. W. Wartofsky (eds.), In Honour of Philipp Frank (Proceedings of the Boston Colloquium for the Philosophy of Science, 1962–1964), New York 1965 (Boston Stud. Philos. Sci. II), 223–261 (dt. Antwort an Kritiker. Bemerkungen zu Smart, Sellars und Putnam, in: ders., Probleme des Empirismus. Schriften zur Theorie der Erklärung, der Quantentheorie und der Wissenschaftsgeschichte, Braunschweig/Wiesbaden 1981 [= Ausg. Schr. II], 126–160); ders., Problems of Empiricism, in: R. G. Colodny (ed.), Beyond the Edge of Certainty. Essays in Contemporary Science and Philosophy, Englewood Cliffs N. J. 1965, 145–260 (repr. Lanham Md. 1983); ders., Against Method. Outline of an Anarchistic Theory of Knowledge, in: M. Radner/S. Winokur (eds.), Analyses of Theories and Methods of Physics and Psychology, Minneapolis Minn. 1970 (Minnesota Stud. Philos. Sci. IV), 17–130, erw. Atlantic Highlands N. J., London 1975, [3]1993; ders., Von der beschränkten Gültigkeit methodologischer Regeln, Neue H. Philos. 2/3 (1972), 124–171; ders., Science in a Free Society, London 1978; ders., Der Pluralismus als ein methodologisches Prinzip, in: ders., Probleme des Empirismus [s. o.], 7–14; ders., Erklärung, Reduktion und Empirismus, in: ders., Probleme des Empirismus [s. o.], 73–125; ders., Zwei Theorien des Erkenntniswandels: Mill und Hegel, in: ders., Probleme des Empirismus [s. o.], 273–292; J. S. Mill, On Liberty, London 1859, Neudr. in: M. Cohen (ed.), The Philosophy of John Stuart Mill. Ethical, Political and Religious, New York 1961, 185–319, ferner in: Collected Works XVIII, ed. J. M. Robson, Toronto/Buffalo N. Y., London 1977, 213–310, separat, ed. E. Rapaport, Indianapolis Ind. 1978, unter dem Titel: John Stuart Mill. On Liberty, ed. D. Bromwich/G. Kateb, New Haven Conn./London 2003; J. Mittelstraß, Erfahrung und Begründung, in: ders., Die Möglichkeit von Wissenschaft, Frankfurt 1974, 56–83, 221–229; A. Naess, Pluralistic Theorizing in Physics and Philosophy, Danish Yearbook Philos. 1 (1964), 101–111; ders., Physics and the Variety of World Pictures, in: P. Weingartner (ed.), Grundfragen der Wissenschaften und ihre Wurzeln in der Metaphysik, Salzburg/München 1967, 181–189; ders., The Pluralist and Possibilist Aspect of the Scientific Enterprise, Oslo, London 1972, ferner als: The Selected Works of Arne Naess IV, ed H. Glasser, Dordrecht 2005; H. Pilot, Skeptischer und kritischer T.. Zu Paul Feyerabends Epistemologie, Neue H. Philos. 6/7 (1974), 67–103; A. Scherer/M. J. Dowling, Towards a Reconciliation of the Theory Pluralism in Strategic Management. Incommensurability and the

Constructivist Approach of the Erlangen School, in: P. Shrivastava/C. Stubbart (eds.), Advances in Strategic Management XII A, Greenwich Conn./London 1995, 195–248; H. F. Spinner, Theoretischer Pluralismus. Prolegomena zu einer kritizistischen Methodologie und Theorie des Erkenntnisfortschritts, in: H. Albert (ed.), Sozialtheorie und soziale Praxis. Eduard Baumgarten zum 70. Geburtstag, Meisenheim am Glan 1971, 17–41; ders., Science without Reduction. A Criticism of Reductionism with Special Reference to Hummell and Opp's ›Sociology without Sociology‹, Inquiry 16 (1973), 16–94; ders., Pluralismus als Erkenntnismodell, Frankfurt 1974; ders., Begründung, Kritik und Rationalität. Zur philosophischen Grundlagenproblematik des Rechtfertigungsmodells der Erkenntnis und der kritizistischen Alternative I (Die Entstehung des Erkenntnisproblems im griechischen Denken und seine klassische Rechtfertigungslösung aus dem Geist des Rechts), Braunschweig 1977. C. F. G.

Theorienrevision, ↑Wissensrevision.

Theoriesprache, Terminus der ↑Wissenschaftstheorie zur Charakterisierung der allgemeinen sprachlichen Strukturen einer ↑Theorie. Die Klärung dieser Strukturen erfolgt durch die Wissenschaftssemantik, die die allgemeinen Prinzipien untersucht, durch die ↑Bedeutungen wissenschaftlicher ↑Begriffe festgelegt werden.
Das traditionelle wissenschaftssemantische Modell ist die *Verifikationstheorie der Bedeutung* (↑Verifikationsprinzip), die im Rahmen des ↑Wiener Kreises entwickelt wird. Die Verifikationstheorie sieht die Bedeutung von Begriffen und ↑Aussagen ausschließlich durch die ↑Erfahrung bestimmt. Begriffe erhalten ihre Bedeutung durch Verknüpfung mit Wahrnehmungserlebnissen bzw. mit Gegenständen oder beobachtbaren Ereignissen, Sätze entsprechend durch die Verknüpfung mit beobachtbaren Sachverhalten. Bezogen auf die Begriffsbedeutung wird die Verifikationssemantik in einer *phänomenalistischen* und einer *operationalistischen* Fassung (↑Operationalismus) vertreten. Die phänomenalistische Fassung strebt eine Rekonstruktion aller Begriffe auf der Grundlage eines ›eigenpsychischen‹, d. h. die eigenen Wahrnehmungen bezeichnenden, Vokabulars an. Alle Begriffe sollen also durch phänomenalistische Grundbegriffe explizit definierbar sein (↑Phänomenalismus; R. Carnap 1928 (a)). Für die operationalistische Version ist die Bedeutung eines wissenschaftlichen Begriffs durch die Zuordnung eines Meßverfahrens (↑Messung) festgelegt. Die Beziehung zwischen Begriff und Meßoperation muß dabei umkehrbar eindeutig (↑eindeutig/Eindeutigkeit) sein, d. h., nicht allein müssen verschiedenen Begriffen verschiedene Verfahren zugeordnet sein, sondern verschiedene Verfahren konstituieren stets auch verschiedene Begriffe (P. W. Bridgman 1927). Dieser Ansatz wird von H. Dingler aufgegriffen und im Anschluß an diesen in der ↑Protophysik weitergeführt.
Die Bedeutung von Aussagen sieht der Wiener Kreis durch die Angabe von Verfahren festgelegt, die eine Überprüfung der Gültigkeit dieser Aussagen erlauben. Diese Position ist formelhaft in der Bestimmung ausgedrückt: Der Sinn eines Satzes ist die Methode seiner ↑Verifikation. Die Bedeutung einer Aussage ist demnach durch die Angabe der Beobachtungskonsequenzen dieser Aussage bestimmt; anhand dieser Beobachtungskonsequenzen kann deren ↑Geltung festgestellt werden. Allen sinnvollen Aussagen können empirische Prüfindikatoren zugeordnet werden; die Gleichheit der ↑Indikatoren beinhaltet Gleichheit der Bedeutung. Die Sinnhaftigkeit einer Aussage setzt daher ihre Verifizierbarkeit (↑verifizierbar/Verifizierbarkeit), d. h. die Möglichkeit ihrer empirischen Prüfung, voraus. ›Möglichkeit‹ bedeutet dabei in der Regel, daß die Prüfmethoden im Einklang mit den ↑Naturgesetzen stehen (Carnap 1936/1937, H. Reichenbach 1938; vgl. dagegen M. Schlick 1936). Es ist demnach nicht erforderlich, daß die Geltung eines Satzes durch faktisch verfügbare Verfahren prüfbar ist. Als Verifikation reicht zudem die Prüfung einer Teilmenge der empirischen Konsequenzen einer Aussage aus. Auch allgemeine Naturgesetze sind daher partiell verifizierbar (Carnap 1928 (b), Carnap 1936/1937; ↑Verifikation). Da die Gleichheit der Prüfindikatoren die Bedeutungsgleichheit der entsprechenden Aussagen impliziert, kann diese Aussage stets in ihre Prüfindikatoren übersetzt werden.
Eine der Konsequenzen dieses Modells besteht in der Verpflichtung auf eine behavioristische Psychologie (↑Behaviorismus). Wenn man nämlich anderen Menschen psychische Zustände (wie Freude oder Ärger) zuschreibt, so kann diese Zuschreibung nur anhand intersubjektiv beobachtbarer Verhaltensweisen geprüft werden. Deshalb sind Aussagen über ›fremdpsychische‹ Zustände stets gleichbedeutend mit Aussagen über Verhaltensweisen. Es läßt sich also nicht sinnvoll sagen, daß die psychischen Zustände die ↑Ursache der entsprechenden Verhaltensweisen sind; vielmehr müssen beide als äquivalent aufgefaßt werden (Carnap 1928 (b)). Für die Verifikationssemantik bezieht sich demnach eine Aussage stets auf die ihr zugeordneten Prüfindikatoren. Das heißt, die Evidenz für eine Aussage (also die sie bestätigenden Beobachtungen) ist gleich der Referenz dieser Aussage (also dem Gegenstandsbereich, auf den sie sich bezieht).
In den 1930er Jahren wird die traditionelle Verifikationssemantik durch Carnap liberalisiert. Anlaß für diese Liberalisierung ist die Schwierigkeit, ↑Dispositionsbegriffe durch Beobachtungsprädikate zu definieren (Carnap 1936/1937). Carnap schlägt vor, Dispositionsbegriffe durch ↑Reduktionssätze einzuführen. Begriffen, die auf diese Weise eingeführt werden, muß nicht in allen Teilen ihres Anwendungsbereichs ein empirisches Verfahren zugeordnet sein; in anderen Teilen können ihnen auch mehrere Verfahren zugeordnet sein. Zudem

führen Reduktionssätze Begriffe im Kontext einer Aussage ein, so daß solche Begriffe im allgemeinen nicht mehr separat zu beseitigen sind. Derart eingeführte Begriffe können daher nicht als bloße Abkürzungen für Beobachtungsbegriffe verstanden werden. Die Konzeption der liberalisierten Verifikationssemantik sieht insgesamt vor, daß alle wissenschaftlichen Begriffe ihre Bedeutung zwar durch Beobachtungsbegriffe erhalten, läßt jedoch zu, daß diese Bedeutungsbestimmung nicht allein durch explizite ↑Definition erfolgt, sondern auch von Reduktionssätzen Gebrauch macht.

Diese Konzeption wird im Rahmen des Logischen Empirismus (↑Empirismus, logischer) zur ↑*Zweistufenkonzeption*, dem so genannten Standardmodell, weiterentwickelt (Carnap, C. G. Hempel). Die Zweistufenkonzeption unterscheidet zwei selbständige Sprachebenen, die ↑Beobachtungssprache und die theoretische Sprache (↑Begriffe, theoretische). Die Grundbegriffe der Beobachtungssprache beziehen sich auf unmittelbar beobachtbare Gegenstände oder Ereignisse; ihre abgeleiteten Begriffe sind explizit durch diese Grundbegriffe definierbar. Beobachtungsbegriffe erhalten ihre Bedeutung durch Verknüpfung mit der Erfahrung. Theoretische Begriffe werden durch die Postulate einer Theorie eingeführt und im allgemeinen als nicht durch Beobachtungsbegriffe explizit definierbar betrachtet; sie bezeichnen nicht direkt beobachtbare Größen wie Elektronen oder elektromagnetische Felder. Theoretische Begriffe besitzen also keine unmittelbar in der Erfahrung aufweisbaren Gegenstücke; ihre Funktion und Rolle werden durch den theoretischen Zusammenhang geklärt, in dem sie auftreten. Eine Theorie wird in theoretischen Begriffen formuliert und als eine zunächst inhaltlich nicht interpretierte Struktur in axiomatischer Form aufgefaßt (↑System, axiomatisches). Diese uninterpretierte Struktur ist ein formaler ↑Kalkül, gekennzeichnet durch eine Anzahl theoretischer Grundterme und Grundpostulate, aus denen die abgeleiteten Begriffe und Theoreme durch explizite Definition und ↑Deduktion entstehen. Eine empirische Interpretation erhält dieser Kalkül dadurch, daß zumindest einigen der in ihm auftretenden theoretischen Begriffe empirische Indikatoren zugeordnet werden.

Diese Zuordnung erfolgt durch ↑*Korrespondenzregeln*, die (mindestens) einen theoretischen Begriff mit (mindestens) einem Beobachtungsbegriff verknüpfen, und weist die folgenden typischen Merkmale auf: (1) Bei theoretischen Begriffen liegt in der Regel eine *multiple Indikatorenzuordnung* vor. So ist etwa die Zeitdauer auf vielfache Weise meßbar, z. B. durch Sanduhren, Pendeluhren, Quarzuhren. (2) Die Gesamtheit der Indikatoren erschöpft nicht den Anwendungsbereich des entsprechenden Begriffs. Es sind z. B. nicht alle (wie etwa besonders kleine) Zeitintervalle tatsächlich meßbar; die Indikatorenzuordnung ist insofern *unvollständig*. (3) Die Begriff-Indikator-Verknüpfung wird durch *Naturgesetze* vermittelt, d. h., die Funktionsweise der relevanten Meßinstrumente wird durch Naturgesetze beschrieben. (4) Die Begriff-Indikator-Relation ist *offen*, d. h., im Verlauf des wissenschaftlichen Wandels können einem theoretischen Begriff weitere Korrespondenzregeln zugeordnet oder andere beseitigt werden (Carnap 1956, Hempel 1952, E. Nagel 1961).

Wesentliches Charakteristikum theoretischer Begriffe ist darüber hinaus, daß die Zuordnung empirischer Indikatoren stets mit einer Vorbehaltsklausel oder ↑ceteris-paribus-Klausel (escape clause [Carnap], proviso [Hempel]) versehen ist. Diese Klausel drückt die Annahme aus, daß keine störenden Einflüsse vorhanden sind bzw. alle empirischen Umstände vollständig berücksichtigt wurden. So kann man z. B. aus der Messung der Beschleunigung geladener Teilchen nur dann auf den Wert der theoretischen Größe ›elektrisches Feld‹ schließen oder umgekehrt aus der Kenntnis der elektrischen Feldstärke den Beschleunigungswert vorhersagen, wenn Störgrößen (wie ein möglicherweise zusätzlich vorhandenes Magnetfeld) unter Kontrolle sind. Da man niemals sicher weiß, ob die ceteris-paribus-Klausel erfüllt ist, ist sowohl der Schluß vom empirischen Indikator auf den theoretischen Zustand als auch der umgekehrte Schluß vom theoretischen Zustand auf den empirischen Indikator nicht-deduktiv. Die ceteris-paribus-Klausel nimmt dabei selbst wieder auf theoretische Zustände (wie die magnetische Feldstärke) Bezug. Dies drückt den Umstand aus, daß die empirische Ausprägung theoretischer Zustände durch deren Wechselwirkung mit anderen theoretischen Zuständen beeinflußt wird. Ob ein theoretischer Zustand T_1 auf die empirischen Merkmale e_1 oder stattdessen auf e_2 führt, hängt von der Ausprägung anderer theoretischer Zustände T_2, T_3 usw. ab (Carnap 1956, Hempel 1988).

Die meisten Vertreter des Standardmodells halten an der Auffassung fest, daß die Erfahrung die einzige Quelle für die Bedeutung von Begriffen oder Aussagen ist. Diese Position besagt insbes., daß die Bedeutung theoretischer Begriffe nicht durch den Zusammenhang der zugehörigen Theorie festgelegt wird; theoretische Begriffe sind nicht implizit definiert (↑Definition, implizite). Der Grund für die Zurückweisung einer genuin theoretischen Bedeutungskomponente besteht darin, daß ein uninterpretiertes, formales System (↑System, formales) stets auf mehrfache Weise inhaltlich gedeutet werden kann und entsprechend nicht eine dieser Deutungen auszuzeichnen vermag. Das System bestimmt daher nicht den semantischen Gehalt der in ihm auftretenden formalen Konzepte. Eine solche Bestimmung wird erst dadurch erreicht, daß einigen dieser Konzepte durch die Korrespondenzregeln eine ↑Referenz zugewiesen wird.

Charakteristisch für die Zweistufenkonzeption ist weiterhin, daß die Grenze zwischen Theorie- und Beobachtungssprache universell, d.h. theorieunabhängig, gezogen wird. Es wird also ausgeschlossen, daß derselbe Begriff in bestimmten Zusammenhängen als Beobachtungsbegriff, in anderen Zusammenhängen hingegen als theoretischer Begriff auftritt. Beobachtungsaussagen gehen der theoretischen Interpretation voraus und sind insofern theorieneutral; ihre Formulierung greift nicht auf Naturgesetze zurück. Das Motiv für die Zulassung theoretischer Begriffe besteht unter anderem in der begrifflichen Sparsamkeit der mit ihrer Hilfe formulierten Gesetze. Wenn man auf der umkehrbar eindeutigen Zuordnung von Begriff und Indikator besteht, muß ein Gesetz, das zwei theoretische Zustände miteinander verknüpft, durch eine Vielzahl empirischer ↑Generalisierungen ausgedrückt werden, deren jede die Ergebnisse besonderer Meßverfahren für die beteiligten Größen miteinander in Beziehung setzt. Diese Vorgehensweise würde zu einer komplexen und unhandlichen T. führen. Theoretische Gesetze haben demnach einen größeren Anwendungsbereich als Beobachtungsgesetze; sie fassen mehrere solcher Beobachtungsgesetze zusammen. Solche Gesetze sind insofern durch ihre vereinheitlichende Kraft ausgezeichnet. Die Gründe für die Zulassung theoretischer Begriffe sind also primär methodologischer Natur (H. Feigl 1950, Hempel 1958, Nagel 1961, B.C. van Fraassen 1980).

Mit Beginn der 1960er Jahre wird die *Kontexttheorie der Bedeutung* als Alternative zur Zweistufenkonzeption entwickelt (N.R. Hanson, P.K. Feyerabend, T.S. Kuhn, im Anschluß an die Sprachphilosophie des späten L. Wittgenstein). Die Kontexttheorie sieht die Bedeutung eines Begriffs durch die Art und Weise spezifiziert, in der er gebraucht wird (›meaning is use‹). Auf die Wissenschaftssemantik übertragen heißt dies, daß die Bedeutung eines Begriffs durch das Netzwerk der Gesetze, in das er eingeht, festgelegt ist. Erst durch eine theoretische Einbettung gewinnt ein wissenschaftlicher Begriff seinen spezifischen Inhalt. Einen Begriff verstehen, heißt, das begriffliche Muster der Disziplin verstehen, in der er auftritt. Dieses Muster ist implizit in jedem Einzelbegriff enthalten (Hanson 1958).

Die Entwicklung der Kontexttheorie ist in erster Linie durch Zweifel an der Vorstellung der Beobachtungssprache, wie sie von der Zweistufenkonzeption vertreten wird, motiviert. Die Entdeckung der ↑Theoriebeladenheit der Beobachtung macht die Annahme einer theorieneutralen Beschreibung der Tatsachen unplausibel. Statt dessen betrachtet die Kontexttheorie auch den Gebrauch von beobachtungsnahen Begriffen als durch das theoretische Netzwerk bestimmt. In der Folge werden die Konzeption einer jeder Theorie vorangehenden Beobachtungssprache und entsprechend die systematische Trennung von T. und Beobachtungssprache – selbst von Vertretern des Logischen Empirismus (Hempel 1970) – aufgegeben.

Die Kontexttheorie hat beträchtliche Auswirkungen auf die Vergleichbarkeit der begrifflichen Strukturen verschiedener Theorien. Wenn die Bedeutung eines Begriffs von dem zugehörigen theoretischen Kontext abhängt, dann hat eine Revision dieses Kontexts auch eine Änderung der Bedeutung des entsprechenden Begriffs zur Folge. Wenn insbes. die Gesetze, die die Verwendung zweier Begriffe bestimmen, miteinander in Konflikt stehen, dann sind diese Begriffe nicht ineinander übersetzbar, d.h., sie sind *inkommensurabel* (↑inkommensurabel/Inkommensurabilität). Inkommensurabilität meint also Nicht-Übersetzbarkeit von Begriffen, die auf der Inkompatibilität (↑inkompatibel/Inkompatibilität) der jeweils einschlägigen theoretischen Gesetze beruht. So ist z.B. der Begriff des Impetus, der im Rahmen der ↑Impetustheorie als innere Ursache jeder, also auch der geradlinig-gleichförmigen Bewegung gilt, nicht in die Newtonsche Dynamik übersetzbar, da in deren Rahmen eine Ursache der geradlinig-gleichförmigen Bewegung nicht existiert. Die Nicht-Übersetzbarkeit wurzelt hier in der Unvereinbarkeit des impetusphysikalischen Bewegungsgesetzes mit dem Newtonschen Trägheitsgesetz (Feyerabend 1962).

Das Auftreten von Inkommensurabilität beeinträchtigt im allgemeinen nicht die empirische Vergleichbarkeit der entsprechenden Theorien. Eine Beurteilung der empirischen Leistungsfähigkeit zweier Theorien setzt nämlich nicht eine ↑Übersetzung der jeweiligen theoretischen Begriffe voraus. Ein empirischer Vergleich beruht auf der Möglichkeit, Begriffen zweier Theorien im Einzelfall, also bei Bezug auf das gleiche Experiment oder die gleiche Beobachtungssituation, die gleiche Referenz zuzuweisen, sie also auf die gleichen empirischen Daten zu beziehen, während Übersetzung die Zuordnung von Allgemeinbegriffen verlangt. Die Anforderungen an eine Übersetzung sind also höher als die Anforderungen an empirische Vergleiche (P. Kitcher 1978, D. Papineau 1979).

Die Kontexttheorie wird im wesentlichen in drei Fassungen vertreten. Man kann nämlich (1) alle Gesetze, (2) alle wesentlichen Gesetze oder (3) einen wesentlichen Teil aller Gesetze, in die ein Begriff eingeht, als bedeutungskonstitutiv betrachten. Die erste Version gilt weithin als unplausibel, da danach jede theoretische Modifikation (sei sie noch so nebensächlich) eine semantische Verschiebung der beteiligten Begriffe zur Folge hätte. Die zweite Variante zeichnet eine bestimmte Gruppe von Gesetzen als bedeutungskonstitutiv aus und unterscheidet damit zwischen besonderen kriterialen Merkmalen eines theoretischen Begriffs und dessen semantisch indifferenten oder faktischen Bestimmungen. Diese Position läuft der Sache nach auf die Einführung ↑analytischer Merkmale hinaus und ist durch W. V. O. Quines Kritik am Analytizitätsbegriff diskreditiert. Die dritte Fassung sieht die Bedeutung eines theoretischen Begriffs durch ein Gesetzesbündel (*law cluster*) fixiert. Die Identität eines Begriffs ist dadurch bestimmt, daß er einer ›hinreichenden Zahl‹ der entsprechenden Gesetze genügt. Bei solchen ›Gesetzesknotenbegriffen‹ (*law cluster concepts*; H. Putnam 1962 (a)) können einige der einschlägigen Gesetze geändert werden, ohne daß sich die Identität des entsprechenden Begriffs wandelt. Ziel dieser Version der Kontexttheorie ist es, semantische Stabilität der Begriffe trotz eines begrenzten theoretischen Wandels zu ermöglichen, ohne dafür auf den als fragwürdig eingestuften Begriff der Analytizität (↑Analytizitätspostulat) zurückzugreifen. Insgesamt kehrt die Kontexttheorie die Auffassung der Zweistufenkonzeption zum Verhältnis von T. und Beobachtungssprache um. Für die Zweistufenkonzeption ist die Bedeutung der Beobachtungsbegriffe grundlegend und durch die Verknüpfung eines Begriffs mit bestimmten Erfahrungen fixiert. Theoretischen Begriffen wird nur insoweit Bedeutung zugeschrieben, als sie (via Korrespondenzregeln) mit Beobachtungsbegriffen verbunden sind. Im Gegensatz dazu sieht die Kontexttheorie die Bedeutung theoretischer Begriffe als fundamental an, nämlich als bestimmt durch die Gesetze der zugehörigen Theorie. Diese theoretische Einbindung legt die Bedeutung auch beobachtungsnaher Konzepte fest. Die theoretische Bedeutung ist also primär, die empirische bloß abgeleitet.

Für die Kontexttheorie sind damit die theoretischen Begriffe (anders als für die Zweistufenkonzeption) implizit definiert. Das bei impliziten Definitionen auftauchende Problem der mehrfachen Interpretierbarkeit umgeht die Kontexttheorie dadurch, daß sie Theorien nicht als formale Kalkulationsschemata betrachtet. Vielmehr erfolgt eine grobe semantische Charakterisierung theoretischer Begriffe durch die ↑Alltagssprache (z. B. ist ein Elementarteilchen ein Teilchen, das nicht in räumlich getrennte Bestandteile zerlegbar ist); nur die präzise Bedeutungsfixierung wird durch den theoretischen Kontext geleistet (Putnam 1962 (b)). D. h., die Auszeichnung einer der verschiedenen inhaltlichen Deutungen einer formalen Struktur erfolgt durch eine alltagssprachliche Umgrenzung der Referenz der entsprechenden Begriffe.

Eine andersartige Reaktion auf die Schwächen der Zweistufenkonzeption besteht in der Entwicklung der *semantischen Theorieauffassung* (↑Theorieauffassung, semantische). Im Logischen Empirismus wird eine Theorie als deduktiv organisiertes Aussagensystem aufgefaßt. Diesem als ›syntaktisch‹ gekennzeichneten Ansatz setzt die semantische Konzeption die Auffassung entgegen, Theorien seien primär über ihre Anwendungsbereiche zu identifizieren. Eine Theorie stellt sich entsprechend als Mechanismus zur Aussonderung derjenigen Objekte dar, auf die die von ihr festgelegten Merkmale zutreffen. In der ↑Modelltheorie gilt als ↑Modell eines Axiomensystems jede Menge von Größen, in der das Axiomensystem gilt. Entsprechend heißen die von einer empirischen Theorie zutreffend beschriebenen Objekte oder Systeme die *Modelle* dieser Theorie.

In der semantischen Theorieauffassung wird eine Theorie durch die Menge ihrer Modelle charakterisiert. Dies geschieht im einzelnen dadurch, daß die Bedingungen angegeben werden, die ein Objekt oder System erfüllen muß, um als Modell der Theorie zu gelten. Diese Bedingungen werden im allgemeinen durch eine mengentheoretische (↑Mengenlehre) Beschreibung der eingeführten Größen und durch die Angabe der zwischen ihnen bestehenden mathematischen Beziehungen ausgedrückt. Z. B. benötigt man für die Charakterisierung der klassischen Teilchenmechanik (↑Teilchenphysik) eine Spezifizierung der formalen Eigenschaften der relevanten Größen (also der Mengen der Teilchen, Orte, Zeitpunkte usw.) und die Angabe der Newtonschen Bewegungsgleichung (↑Bewegungsgleichungen) als der einschlägigen funktionalen Beziehung (↑Funktion). Im zweiten Schritt werden beobachtbare Phänomene mit Teilstrukturen der Modelle identifiziert. Man ordnet also etwa einem System zu bestimmten Zeitpunkten Werte der Kraftfunktion zu. Die empirische Behauptung der Theorie ist, daß sich eine Abbildungsbeziehung zwischen Aspekten der behandelten Phänomene und Teilen der Modelle herstellen läßt. In der semantischen Konzeption wird die Struktur von Theorien entsprechend nicht mehr durch eine Analyse der eingesetzten sprachlichen Mittel geklärt (F. Suppe 1989, P. Suppes 1969, R. N. Giere 1979, van Fraassen 1980).

Der *Strukturalismus* (↑Strukturalismus (philosophisch, wissenschaftstheoretisch)) bzw. der ↑non-statement view vertritt ebenfalls die semantische Theorieauffassung, gibt jedoch darüber hinaus eine neuartige Charakterisierung theoretischer Begriffe. Danach ist ein Begriff *B* theoretisch relativ zu einer Theorie *T* (*B* ist ›*T*-theoretisch‹), wenn alle Verfahren zur Prüfung der Gültigkeit von Aussagen, in denen *B* auftritt, die Gesetze von *T* voraussetzen. Die empirische Bestimmung einer *T*-theoretischen Größe benutzt zwangsläufig die in *T* enthaltenen Gesetze. Dies hat zur Folge, daß die Verwendung eines bestimmten Verfahrens zur Messung einer *T*-theoretischen Größe nur durch Rückgriff auf *T* selbst gerechtfertigt werden kann. Eine solche Rechtfertigung besteht darin, daß man auf einen anderen Anwendungsfall von *T* verweist, in dem die Messung dieser Größe gelingt. So wird z. B. der Begriff der ↑Masse als theoretisch bezogen auf die klassische Mechanik eingestuft, da alle Verfahren der Massenmessung auf der Anwendung der mechanischen Gesetze beruhen und eine Rechtfertigung für ein besonderes Verfahren der Massenmessung nur dadurch gegeben werden kann, daß man auf ein anderes Meßverfahren zurückgreift, das auf einer erfolgreichen Anwendung der gleichen Gesetze beruht. In diesem Verständnis sind also theoretische Begriffe durch eine ausschließlich theorieintern vermittelte Anwendung auf die Erfahrung charakterisiert (J. D. Sneed 1971, W. Stegmüller 1973, 1986). Die empirische Behauptung einer Theorie *T* ist dann auf folgende Weise zu rekonstruieren: Die *T*-nichttheoretischen Größen im intendierten Anwendungsbereich von *T* (wie Teilchenbahnen im Falle der klassischen Mechanik) lassen sich auf eine solche Weise durch *T*-theoretische Begriffe oder Funktionen (wie Masse oder Kraft) ergänzen, daß sie ein erfüllendes Modell von *T* (der klassischen Mechanik) bilden. Die Theorie behauptet also die Existenz *T*-theoretischer Größen derart, daß auf ihrer Grundlage eine adäquate Beschreibung der Daten gelingt.

Diese Rekonstruktion schließt sich an F. P. Ramseys Behandlung theoretischer Begriffe an. Im ↑Ramsey-Satz einer Theorie werden alle theoretischen Begriffe durch ↑Variablen ersetzt und mit einem Existenzquantor (↑Einsquantor) versehen. Sneed ergänzt den Ramsey-Satz durch Einführung von Nebenbedingungen (*constraints*) und Spezialisierungen. Nebenbedingungen stellen Beziehungen zwischen den Werten theoretischer Funktionen in verschiedenen Anwendungsfällen her. Z. B. muß der Massenwert eines gegebenen Teilchens in allen Anwendungsfällen der Theorie gleich sein. Spezialisierungen legen Sonderformen theoretischer Funktionen für bestimmte Teile des intendierten Anwendungsbereichs fest. So hat z. B. die Kraftfunktion unter bestimmten Umständen die Gestalt des Gravitationgesetzes, unter anderen Umständen die Gestalt der Lorentz-Kraft. Im ursprünglichen Ramsey-Satz kann für jede Anwendung einer Theorie ein eigener theoretischer Begriff (mittels Existenzquantifikation) eingeführt werden, so daß die solcherart formulierte Theorie gänzlich ad hoc (↑ad-hoc-Hypothese) sein kann. Durch Sneeds Einführung von Nebenbedingungen und Spezialisierungen wird diese Trivialisierung einer durch den Ramsey-Satz rekonstruierten Theorie vermieden. Diese Ergänzung drückt die veränderte Zielsetzung aus, die Sneed mit dem Ramsey-Satz verfolgt: Ramsey will zeigen, daß theoretische Begriffe trivial sind und ohne Schwierigkeiten beseitigt werden können; Sneed hingegen will die Funktionsweise von theoretischen Begriffen aufzeigen und ihre Nicht-Trivialität erklären.

Literatur: W. Balzer, Theoretical Terms. A New Perspective, J. Philos. 83 (1986), 71–90; P. W. Bridgman, The Logic of Modern Physics, New York 1927 (repr. Salem N. H. 1993), 1980 (dt. Die Logik der heutigen Physik, München 1932); R. Carnap, Der logische Aufbau der Welt, Berlin 1928 (a) (repr. Hamburg 1974), mit Untertitel: Scheinprobleme in der Philosophie, Hamburg [2]1961, 1998; ders., Scheinprobleme in der Philosophie. Das Fremdpsychische und der Realismusstreit, Leipzig/Berlin 1928 (b), Neudr. in: ders., Der logische Aufbau der Welt [s. o.] [2]1961, 1998, 293–336; ders., Testability and Meaning, Philos. Sci. 3 (1936), 419–471, 4 (1937), 1–40, separat Indianapolis Ind. 1936, New Haven Conn. 1954; ders., The Methodological Character of Theoretical Concepts, in: H. Feigl/M. Scriven (eds.), The Foundations of Science and the Concepts of Psychology and Psychoanalysis, Minneapolis Minn. 1956, 1976 (Minnesota Stud. Philos. Sci. I), 38–76; M. Carrier, Circles without Circularity. Testing Theories by Theory-Laden Observations, in: J. R. Brown/J. Mittelstraß (eds.), An Intimate Relation. Studies in the History and Philosophy of Science Presented to Robert E. Butts on His 60th Birthday, Dordrecht/Boston Mass./London 1989 (Boston Stud. Philos. Sci. 116), 405–428; ders., The Completeness of Scientific Theories. On the Derivation of Empirical Indicators within a Theoretical Framework. The Case of Physical Geometry, Dordrecht/Boston Mass./London 1994 (Univ. Western Ontario Ser. Philos. Sci. LIII), 1–19, 212–221; H. Feigl, Existential Hypotheses. Realistic versus Phenomenalistic Interpretations, Philos. Sci. 17 (1950), 35–62; P. K. Feyerabend, Explanation, Reduction, and Empiricism, in: H. Feigl/G. Maxwell (eds.), Scientific Explanation, Space, and Time, Minneapolis Minn. 1962, 1971 (Minnesota Stud. Philos. Sci. III), 28–97, Neudr. in: Philosophical Papers I, Cambridge etc. 1981, 2003, 44–96; ders., Problems of Empiricism, in: R. G. Colodny (ed.), Beyond the Edge of Certainty. Essays in Contemporary Science and Philosophy, Englewood Cliffs N. J. 1965 (repr. Lanham Md./New York/London 1983), 145–260; ders., Against Method. Outline of an Anarchistic Theory of Knowledge, in: M. Radner/S. Winokur (eds.), Analyses of Theories and Methods of Physics and Psychology, Minneapolis Minn. 1970 (Minnesota Stud. Philos. Sci. IV), 17–130, erw. Atlantic Highlands N. J., London 1975, [3]1993; B. C. van Fraassen, The Scientific Image, Oxford 1980, 1990; R. N. Giere, Understanding Scientific Reasoning, New York etc. 1979, [5]2006; ders., Explaining Science. A Cognitive Approach, Chicago Ill./London 1988, 1997; N. R. Hanson, Patterns of Discovery. An Inquiry into the Conceptual Foundations of Science, Cambridge 1958, 2010 (franz. Modèles de la découverte. Une enquête sur les fondements conceptuels de la science, Chennevières-sur-Marne 2001); C. G. Hempel, Fundamentals of Concept Formation in Empirical Science, Chicago Ill. 1952, 1972 (Int. Enc. Unif. Sci. II/7); ders., The Theoretician's Dilemma. A Study in the Logic of Theory Construction, in: H. Feigl/M. Scriven/G. Maxwell (eds.), Concepts, Theories and the Mind-Body Problem, Minneapolis Minn. 1958, 1972 (Minnesota Stud. Philos. Sci. II), 37–98, bearb. in: ders., Aspects of Scientific Explanation and Other Essays in the Philosophy of Science, New York, London 1965, 1970, 173–226; ders., On the ›Standard Conception‹ of Scientific Theories, in: M. Radner/S. Winokur (eds.), Analyses of Theories and Methods of Physics and Psychology, Minneapolis Minn. 1970 (Minnesota Stud. Philos. Sci. IV), 142–163; ders., The Meaning of Theoretical Terms. A Critique of the Standard Empiricist Construal, in: P. C. Suppes u. a. (eds.), Logic, Methodology and Philosophy of Science IV. Proceedings of the Fourth International Congress for Logic, Methodology and Philosophy of Science, Part IV, Bukarest 1971, Amsterdam, New York 1973, 367–378; ders., Provisoes. A Problem Concerning the Inferential Function of Scientific Theories, Erkenntnis 28 (1988), 147–164, Neudr. in: A. Grünbaum/W. C. Salmon (eds.), The Limitations of Deductivism, Berkeley Calif./Los Angeles/London 1988, 19–36; P. Kitcher, Theories, Theorists and Theoretical Change, Philos. Rev. 87

(1978), 519–547; T. S. Kuhn, Commensurability, Comparability, Communicability, in: P. D. Asquith/T. Nickles (eds.), PSA 1982. Proceedings of the 1982 Biennial Meeting of the Philosophy of Science Association II, East Lansing Mich. 1983, 669–688; G. Maxwell, The Ontological Status of Theoretical Entities, in: H. Feigl/G. Maxwell (eds.), Scientific Explanation, Space, and Time [s. o.], 3–27; C. U. Moulines, Introduction. Structuralism as a Program for Modelling Theoretical Science, Synthese 130 (2002), 1–11; F. Mühlhölzer, T., Hist. Wb. Ph. X (1998), 1156–1157; E. Nagel, The Structure of Science. Problems in the Logic of Scientific Explanation, London 1961, ²1979, 2003, 79–105 (Chap. 5 Experimental Laws and Theories); D. Papineau, Theory and Meaning, Oxford 1979; H. Putnam, The Analytic and the Synthetic, in: H. Feigl/G. Maxwell (eds.), Scientific Explanation, Space, and Time [s. o.] (a), 358–397, Nachdr. in: ders., Mind, Language and Reality, Cambridge etc. 1975, ²1979, 1997 (= Philos. Papers II), 33–69; ders., What Theories Are Not, in: E. Nagel/P. Suppes/A. Tarski (eds.), Logic, Methodology and Philosophy of Science, Stanford Calif. 1962 (b), 1969, 240–251, Neudr. in: ders., Mathematics, Matter and Method, Cambridge etc. 1975, ²1979, 1995 (= Philos. Papers I), 215–227; ders., The Meaning of ›Meaning‹, in: K. Gunderson (ed.), Language, Mind, and Knowledge, Minneapolis Minn. 1975, 131–193, Neudr. in: Mind, Language and Reality [s. o.], 215–271; F. P. Ramsey, The Foundations of Mathematics and Other Logical Essays, London 1931, 2001; H. Reichenbach, Experience and Prediction. An Analysis of the Foundations and the Structure of Knowledge, Chicago Ill. 1938, Notre Dame Ind. 2006, 3–80 (Chap. 1 Meaning); M. Schlick, Meaning and Verification, Philos. Rev. 45 (1936), 339–369, Neudr. in: ders., Gesammelte Aufsätze, Wien 1938 (repr. Hildesheim 1969), 337–367, ferner in: H. Schleichert (ed.), Logischer Empirismus. Der Wiener Kreis, München 1975, 118–147; D. Shapere, Meaning and Scientific Change, in: R. G. Colodny (ed.), Mind and Cosmos. Essays in Contemporary Science and Philosophy, Pittsburgh Pa. 1966, Lanham Md. etc. 1983, 41–85, Neudr. in: I. Hacking (ed.), Scientific Revolutions, Oxford etc. 1981, 2004, 28–59; J. D. Sneed, The Logical Structure of Mathematical Physics, Dordrecht/Boston Mass./London 1971, ²1979; W. Stegmüller, Probleme und Resultate der Wissenschaftstheorie und Analytischen Philosophie II/1 (Theorie und Erfahrung), Berlin/Heidelberg/New York 1970, Berlin etc. 1974; ders., Probleme und Resultate der Wissenschaftstheorie und Analytischen Philosophie II/2 (Theorie und Erfahrung. Theorienstrukturen und Theoriendynamik) Berlin etc. 1973, ²1985 (engl. The Structure and Dynamics of Theories, New York/Heidelberg/Berlin 1976); ders., Probleme und Resultate der Wissenschaftstheorie und Analytischen Philosophie II/3 (Theorie und Erfahrung. Die Entwicklung des neuen Strukturalismus seit 1973), Berlin/Heidelberg/New York 1986; F. Suppe, Theories, Their Formulations, and the Operational Imperative, Synthese 25 (1972), 129–164; ders. (ed.), The Structure of Scientific Theories, Urbana Ill./Chicago Ill./London 1974, ²1977, 1979; ders., The Semantic Conception of Theories and Scientific Realism, Urbana Ill./Chicago Ill. 1989; P. Suppes, Studies in the Methodology and Foundations of Science. Selected Papers from 1951 to 1969, Dordrecht 1969. M. C.

Theorie und Praxis, ebenso wie der Ausdruck ›Theorie-Praxis-Verhältnis‹ Bezeichnung für eine tendenziell kritische Beurteilung der wissenschaftlichen Produktion. Dies gilt insbes. für die gesellschaftliche Betrachtung wissenschaftlicher und philosophischer Theorien in den 60er und 70er Jahren des 20. Jhs.. Die Kritik beschreitet hier zwei Wege: (1) Es wird den Kultur- und Sozialwissenschaften, zum Teil auch den Naturwissenschaften, bestritten, daß sie sich im Sinne einer ›reinen‹ theoretischen Forschung aus den praktischen Bezügen lösen können, die sie bestimmen. Auch das Ausarbeiten und Überprüfen von Theorien wird hier als *gesellschaftliches* Handeln begriffen. (2) An Philosophie und Wissenschaften wird der Anspruch gestellt, denjenigen gesellschaftlichen Bewegungen zu dienen, die für eine bessere institutionelle Form des menschlichen Lebens eintreten. Entsprechende Aufforderungen finden sich sowohl in der Kritischen Theorie (↑Theorie, kritische, ↑Frankfurter Schule) und im ↑Konstruktivismus (↑Erlanger Schule) als auch in den unterschiedlichen Spielarten des ↑Marxismus. Während Kritische Theorie und Konstruktivismus dabei auf dem Bemühen um *Unparteilichkeit* der wissenschaftlichen Wahrheit und Begründung bestehen, bezeichnen orthodoxe Formen des Marxismus dies als bloße Verschleierung des ›bürgerlichen‹ Klassenstandpunktes (↑Wissenschaft, bürgerliche) und fordern (im Blick auf den Kampf der Arbeiterklasse) von den Wissenschaften ↑Parteilichkeit ihrer Methoden und Ergebnisse.

Literatur: T. W. Adorno u. a., Der Positivismusstreit in der deutschen Soziologie, Neuwied/Berlin 1969, Darmstadt ¹⁴1991, München 1993; K.-O. Apel, Transformation der Philosophie II, Frankfurt 1973, ⁶1999, 7–154 (I Szientistik, Hermeneutik, Dialektik); U. Beck, Objektivität und Normativität. Die Theorie-Praxis-Debatte in der modernen deutschen und amerikanischen Soziologie, Reinbek b. Hamburg 1974; H. Brinkmann u. a., Wissenschaftstheorie und gesellschaftliche Praxis, Gießen 1972, ²1974; J. M. Broekman, Die Einheit von T. u. P. als Problem von Marxismus, Phänomenologie und Strukturalismus, in: B. Waldenfels/J. M. Broekman/A. Pazanin (eds.), Phänomenologie und Marxismus I, Frankfurt 1977, 159–177 (engl. The Unity of Theory and Praxis as a Problem for Marxism, Phenomenology and Structuralism, in: B. Waldenfels/J. M. Broekman/A. Pazanin [eds.], Phenomenology and Marxism, London etc. 1984, 2014, 117–133); R. Bubner, T. u. P.. Eine nachhegelsche Abstraktion, Frankfurt 1971; P. Bulthaup, Zur gesellschaftlichen Funktion der Naturwissenschaften, Frankfurt 1973, Lüneburg ²1996; J. G. Fracchia, Die Marxsche Aufhebung der Philosophie und der philosophische Marxismus. Zur Rekonstruktion der Marxschen Wissenschaftsauffassung und Theorie-Praxis-Beziehung [...], New York etc. 1987; S. Goertz, Weil Ethik praktisch werden will. Philosophisch-theologische Studien zum Theorie-Praxis-Verhältnis, Regensburg 2004; J. Habermas, T. u. P.. Sozialphilosophische Studien, Frankfurt 1963, ⁶1993, 2000; ders., Erkenntnis und Interesse, Frankfurt 1968, Hamburg 2008; ders., Technik und Wissenschaft als ›Ideologie‹, Frankfurt 1968, ²⁰2014; A. Heinekamp/R. Finster (eds.), Theoria cum Praxi. Zum Verhältnis von T. u. P. im 17. und 18. Jahrhundert. Akten des III. Internationalen Leibnizkongresses, Hannover, 12. bis 17. November 1977, I–IV, Wiesbaden 1980–1982 (Stud. Leibn. Suppl. XIX–XXII); P. Janich/F. Kambartel/J. Mittelstraß, Wissenschaftstheorie als Wissenschaftskritik, Frankfurt 1974; F. Kambartel/J. Mittelstraß (eds.), Zum normativen Fundament der Wissenschaft, Frankfurt

1973; G. Linde u.a., T. u. P., RGG VIII (⁴2005), 340–438; N. Lobkowicz, Theory and Practice. History of a Concept from Aristotle to Marx, Notre Dame Ind./London 1967, Lanham Md. 1983; J. Mittelstraß, Die Möglichkeit von Wissenschaft, Frankfurt 1974; ders., Das lebensweltliche Apriori, in: C. F. Gethmann (ed.), Lebenswelt und Wissenschaft. Studien zum Verhältnis von Phänomenologie und Wissenschaftstheorie, Bonn 1991, 114–142; L. Nowak, Essence, Idealization, Praxis. An Attempt at a Certain Interpretation of the Marxist Concept of Science, Poznań Stud. 2 (1976), H. 3, 1–28; J. O'Neill, Theory and Practice, REP IX (1998), 356–359; H. Schröer, T. u. P., TRE XXXIII (2002), 375–388; D. Schwarzenburg, Abstraktes Denken und verwissenschaftlichte Gesellschaft. Zum Theorie-Praxis-Verhältnis bei Weber, Habermas, Popper und Feyerabend, Frankfurt/Hannover 1990; H. R. Sepp, Praxis und Theoria. Husserls transzendentalphänomenologische Rekonstruktion des Lebens, Freiburg/München 1997; H. Steußloff, Erkenntnis und Praxis, Wahrheit und Parteilichkeit, Berlin (Ost) 1977; E. Swiderski, Practice and the Social Factor in Cognition. Polish Marxist Epistemology since Kolakowski, Stud. Soviet Thought 21 (1980), 341–362. F. K.

Theosophie (von griech. *θεός*, Gottheit, und *σοφία*, Weisheit, Wissen von göttlichen Dingen), Sammelbezeichnung für Formen philosophischen und religiösen Denkens, die eine besondere Erkenntnis des Wesens und des Wirkens der Gottheit auf Grund eines ›höheren‹ Erkenntnisvermögens oder einer mittels solcher Fähigkeiten ermöglichten inneren Offenbarung zu besitzen behaupten. Trotz fließender Grenzen unterscheiden sich theosophische Systeme von der ↑Mystik durch ihren Anspruch, lehrbare Erkenntnisse zu besitzen und diese argumentativ stützen zu können, von der ↑Theologie in der behaupteten Erkenntnisgewinnung durch (von unmittelbarer ›Schau‹ bis zur ›Spekulation‹ reichender) ↑Intuition statt durch Studium von Mensch und Natur wie in der so genannten natürlichen Theologie (↑theologia naturalis) oder durch ↑Offenbarung in (in der Regel der Auslegung bedürftigen) heiligen Schriften.

In einem älteren, in der Spätantike z.B. in neuplatonischen (↑Neuplatonismus) Schriften und in den Werken mehrerer Kirchenväter und noch bis ins 17. Jh. geläufigen Sinne wird ›T.‹ synonym mit ›Theologie‹ verwendet. Der oben genannte, in der heutigen Religionswissenschaft, Geistes- und Philosophiegeschichte übliche Sinn findet sich wohl erstmals im »Arbatel«, einem um 1550 zirkulierenden und 1575 in Basel gedruckten magischen Rituale eines anonymen christlichen Autors, und wird vor allem durch Werktitel von Paracelsus und J. Böhme, später durch J. J. Bruckers Kapitel III »De theosophicis« in seiner »Historia critica philosophiae« (IV/1, Leipzig 1743 [repr. Hildesheim/New York 1975], 644–750) und D. Diderots Enzyklopädie-Artikel »Théosophes« (Diderot 1765) verbreitet. Beide Artikel beziehen sich vor allem auf die christliche T., die an 1. Kor. 2 anschließt, wo sich nicht nur die Feststellung findet, »der Geist erforscht alle Dinge, auch die Tiefen der Gottheit« (v. 10), sondern auch die Verbindung ›*Θεοῦ σοφία*‹ (v. 7, wobei freilich offenbleibt, ob die Gott eigene, eine von Gott kommende oder eine auf Gott bezügliche Weisheit gemeint ist). Eine weitere Anknüpfung ermöglichte Kol. 2 mit der Aussage, daß »in Christus alle Schätze der Weisheit und der Erkenntnis verborgen« seien (v. 2–3).

Die Religionsgeschichte unterscheidet zwei von hier ausgehende ›Christus-Sophia-Linien‹: eine von Clemens Alexandrinus und Origines über Dionysius Areopagites bis zur ›Sophiologie‹ der russischen Religionsphilosophen N. A. Berdjajew, W. S. Solowjew, P. Florenskij und M. P. Bulgakow reichende und eine von Plotin über A. Augustinus, Albertus Magnus und Hildegard von Bingen zu J. v. Görres und F. v. Baader verlaufende. Dabei läßt sich keine klare Trennungslinie zu Autoren der Mystik und der so genannten hermetischen Philosophie (↑Philosophie, hermetische) ziehen; z.B. sind manche Lehren Meister Eckharts sowohl zur Mystik als auch zur T. zu rechnen. Seine Schriften wie auch die des Paracelsus wirkten stark auf Böhme, den von G. W. F. Hegel als ›theosophus teutonicus‹ apostrophierten ›philosophus teutonicus‹ und in der Tat ›Theosophen par excellence‹, an den unter anderem die schwäbischen Theosophen F. C. Oetinger, M. Hahn und der späte F. W. J. Schelling anschließen. Zu den in theosophischen Schriften erörterten Hauptproblemen gehören z.B. die angemessene Beschreibung Gottes, die Frage nach dem Verhältnis zwischen Geist und Materie, die Deutung des Falles Lucifers und des Falles Adams (sowie die Möglichkeit der Erlösung des Menschen in der gefallenen Welt), die Rechtfertigung des ↑Übels in der Welt (↑Theodizee), die Exegese des Mythos vom Androgyn und seine Bedeutung für das Verhältnis von Mann und Frau sowie die Frage nach der Beschaffenheit des Auferstehungsleibes, d.h. der Körperlichkeit bei und nach dem Jüngsten Gericht.

Meister Eckhart hatte als Urtatsache eine eigenschaftslose Gottheit angenommen, die die drei Personen der Dreifaltigkeit in sich enthält oder als Stufen eines Selbstoffenbarungsprozesses aus sich entläßt; die ewige Schöpfung des Sohnes ist für ihn identisch mit der ewigen ↑Schöpfung der Welt. Variiert findet sich diese Vorstellung bei Böhme wieder, der Gott als ›Urgrund‹, in sich selbst ruhend und als ›Stille ohne Wesen‹ bezeichnet, ihm aber dennoch einen antithetischen Charakter zuschreibt, der ihn drängt, aus sich als ›Matrix‹ nicht nur die Trinität zur Realität zu bringen, sondern auch (als ›Schöpfung‹) die gesamte materielle Welt. Böhme wie auch andere Theosophen geben sehr ausführliche Interpretationen der Genesis im Sinne eines emanatistischen (↑Emanation) Weltbildes und eines ↑Pantheismus oder Panentheismus. Das dabei verfolgte Ziel einer erklärenden Beschreibung sowohl Gottes als auch der gesamten sichtbaren Welt bis ins kleinste Detail führt in der ↑Renaissance zu Versuchen einer engen Verknüpfung mystischer, deskriptiv-empirischer und wissenschaftlicher Auffassungen, die (etwa bei G. Cardano, Agrippa von Nettesheim, F. van Helmont) auch Gedankengut der ↑Kabbala, der ↑Zahlenmystik, des Rosenkreuzertums (↑Rosenkreuzer) und der ↑Magie heranziehen. Anders als bei spekulativen Theosophen wie E. Swedenborg oder dem späten Schelling besteht hier eine Neigung zur Theurgie – einer der Gründe für rationalistische (↑Rationalismus) Philosophen, vor der T. zu warnen (I. Kant: ›vernunftverwirrende überschwengliche Begriffe‹, ›schwärmerischer Wahn‹; KU § 89 [Akad.-Ausg. V, 459], Hegel: ›theosophische Grillen‹). Vor einer Abwertung oder Preisgabe der ↑Vernunft als eines Mediums der Erkenntnis haben allerdings auch manche Theosophen selbst gewarnt, wie die von H. More an Böhmes Illuminismus trotz vieler Gemeinsamkeiten geübte Kritik belegt. Auch ein ›Spätschellingianer‹ wie der im übrigen auf dem Boden protestantischen Christentums stehende Philosoph L. Rabus betrachtet noch 1871 die T., von ihm beschrieben als »ein seherisches Wissen, ohne dass sie den wissenschaftlichen Charakter ablegen müsste«, als »unterschieden von den anderen Wissenschaften« (insbes. von Theologie und Philosophie), aber als »für sie unentbehrlich« (L. Rabus 1871, 14). Die bedeutendste nicht-christliche T., die jedoch in vielfältiger Weise auf die christliche T. eingewirkt hat, ist die jüdische T. des ↑Sohar; sie hat ihre klassische Darstellung und Interpretation bei G. Scholem (1957, 1980; ↑Kabbala) gefunden.

Abweichend von der dargelegten Terminologie bezieht sich ›T.‹ im gegenwärtigen bildungssprachlichen Gebrauch meist auf eine Pseudoreligion, die in unterschiedlicher Form von Zirkeln und Gesellschaften vertreten wird, deren Keimzelle die 1875 von H. P. Blavatsky (1831–1891) in New York gegründete, mit ihrem Hauptsitz 1879 nach Indien verlagerte ›Theosophical Society‹ ist. Die Lehren Blavatskys, in umfangreichen und schwer lesbaren Werken niedergelegt und in Schriften ihrer Nachfolgerin A. Besant sowie C. W. Leadbeaters und anderer in popularisierender Form verbreitet, kompilieren hinduistisches, buddhistisches und kabbalistisches Gedankengut mit anderen Elementen der so genannten hermetischen (↑hermetisch/Hermetik) Tradition. Wie die T. im oben dargelegten Sinne enthalten sie eine Theogonie, eine Kosmogonie und eine Anthropologie. Die letztere enthält allerdings neben einer an die so genannte praktische T. anknüpfenden ›okkulten Physiologie‹ und Anweisungen zur Entwicklung höherer Erkenntniskräfte durch eine eigene ›Geheimschulung‹ auch die von östlichen Religionen übernommenen Lehren von der Wiederverkörperung und vom Karma (↑karma). Von den christlichen Kirchen wird diese Art der T. bekämpft; die katholische Kirche hat sie 1919 offiziell als ›unvereinbar mit dem katholischen Glauben‹ verurteilt. Der Vorschlag R. Guenons (einer der schärfsten Kritiker der Theosophischen Gesellschaft, deren Mitglied er zunächst gewesen war), die Gedankenwelt Blavatskys und ihrer Anhänger als ›Theosophismus‹ von der philosophischen T. abzuheben, hat sich nicht durchgesetzt. – Als bedeutendste Abspaltung von der Theosophischen Gesellschaft ist die 1913 von R. Steiner gegründete ›Anthroposophische Gesellschaft‹ anzusehen (↑Anthroposophie).

Texte: Arbatel de magia veterum. Summum sapientiae studium [...], Basel 1575, unter dem Titel: Arbatel de Magia seu pneumatica veterum, in: H. C. Agrippa von Nettesheim, Opera I, Basel 1578, 706–740, 1600, 554–637, unter dem Titel: Arbatel. Concerning the Magic of Ancients. Original Sourcebook of Angel Magic [lat./engl.], ed. J. H. Peterson, Lake Worth Fla. 2009 (engl. Arbatel of Magick, in: Henry Cornelius Agrippa. His Fourth Book of Occult Philosophy. Of Geomancy. Magical Elements of Peter de Abano [...], trans. R. Turner, London 1655, 177–217, 1665, 167–206; dt. Arbatel de magia veterum. Joviel. Oriel. Gabriel. Pomiel [...], ed. A. Luppius, Wesel 1686, unter dem Titel: Arbatel. Von der Magie der Alten, oder das höchste Studium der Weisheit, in: J. Scheible [ed.], Kleiner Wunder-Schauplatz der geheimen Wissenschaften, Mysterien, Theosophie [...] XI [Heinrich Cornelius Agrippa's von Nettesheim Magische Werke (...). Fünftes Bändchen], Stuttgart 1856, 95–156; franz. La magie d'Arbatel, übers. M. Haven, Paris 1910, Nizza 1946); H. P. Blavatsky, The Secret Doctrine. The Synthesis of Science, Religion, and Philosophy, I–II, London, New York, Adyar 1888 (repr. in einem Bd., Los Angeles 1925, 1982), I–III und ein Indexbd., [3]1893–1897, I–VI, Adyar [4]1938, [5]1962 (franz. La doctrine secrete. Synthèse de la science, de la religion & de la philosophie, I–IV, Paris 1899–1904, I–VI, [2]1906–1910, 2000–2007; dt. Die Geheimlehre. Die Vereinigung von Wissenschaft, Religion und Philosophie, übers. R. Froebe, I–IV, Leipzig 1920–1921 [repr. in einem Bd., Paderborn 2012], Ulm 1958–1960, Hannover 1999); dies., The Key to Theosophy. Being a Clear Exposition in the Form of Question and Answer, of the Ethics, Science and Philosophy [...], London, New York 1889 (repr. Los Angeles 1920, Pasadena Calif. 2002), [3]1893, ed. K. Tingley, Point Loma Calif. 1907, London 1946, 1969 (dt. [gekürzt] Schlüssel zur Theosophie. Erklärung der Ethik, Wissenschaft und Philosophie, übers. E. Herrmann, Leipzig 1893, unter dem Titel: Der Schlüssel zur T.. Eine Auseinandersetzung in Fragen und Antworten über Ethik, Wissenschaft und Philosophie [...], 1907, 1922, übers. N. Lauppert, Graz 1969, [2]1983, [vollständig] mit Untertitel: Eine Darstellung der ethischen, wissenschaftlichen und philosophischen Lehren der Theosophie [...], ed. H. Troemel, Satteldorf 1995 [= Werke V]; franz. La clef de la théosophie, übers. H. de Neufville, Paris 1895, 1994); J. Böhme, Sex puncta theosophica, oder Von sechs Theosophischen Puncten hohe und tiefe Gründung [...], o.O. 1620, 1730 (= Theosophia revelata. Das ist: Alle göttlichen Schriften [...] Jacob Böhmens VI) (repr. Stuttgart 1957), Neudr. Leipzig 1921, ferner in: ders., Sämmtliche Werke VI, ed. K. W. Schiebler, Leipzig 1846, 1922, 327–396; ders., Quaestiones theosophicae, oder Betrachtung göttlicher Offenbarung [...] in 177 Fragen gestellt [...], o.O. 1624, 1730 (= Theosophia revelata. Das ist: Alle göttlichen Schriften [...] Jacob Böhmens XI) (repr. Stuttgart 1956), unter dem Titel: Theosophische Fragen, oder: 177 Fragen von göttlicher Offenbarung, in: ders., Sämmtliche Werke [s. o.] VI, 591–638; ders., Epistolae theosophicae, oder Theosophische Send-Briefe […], Amsterdam 1682, o.O. 1730 (= Theosophia revelata. Das ist: Alle göttlichen Schriften […] Jacob Böhmens XXI) (repr. Stuttgart 1956), ferner in: ders., Sämmtliche Werke [s. o.] VII, 363–568; D. Diderot, Théosophes, Encyclopédie ou Dictionnaire raisonné des sciences, des arts et des métiers […] XVI, Neuchâtel 1751, 1765 (repr. Stuttgart-Bad Cannstatt 1967), 253–261; J. G. Gichtel, Theosophia practica […], I–VII, Leyden ^{3}1722, Berlin 1768, ed. M. P. Steiner/P. Martin, Basel 2010, ^{2}2011; G. W. F. Hegel, Verhältniß des Skepticismus zur Philosophie, Darstellung seiner verschiedenen Modificationen, und Vergleichung des neuesten mit dem alten, Krit. J. Philos. I, Stück 2 (1802), 1–74, Neudr. in: ders., Jenaer kritische Schriften, ed. H. Buchner/O. Pöggeler, Hamburg 1968 (= Ges. Werke IV), 197–238; L. Rabus, Ueber das Wesen der Philosophie und ihre Stellung zu den anderen Wissenschaften, Beigabe zu dem Jahresberichte der königl. bayer. Studien-Anstalt Speier für das Jahr 1870/71, Speier 1871; A. Rosmini-Serbati, Teosofia I, Turin 1859, ed. S. F. Tadini, Mailand 2011; J. van Ruysbroeck, Theosophia teutonica, der Seelen Adel-Spiegel […], Ulm 1722; Sincerus Renatus [Pseudonym für Samuel Richter], Theo-Philosophia Theoretico-practica, Oder Der wahre Grund Göttlicher und Natürlicher Erkänntniß […], Breslau 1710, 1714, ferner in: Sämtliche Philosophisch- und Chymische Schrifften, Leipzig/Breslau 1741, 129–492; V. Weigel, Libellus theosophiae […]. Das ist: Ein Büchlein der göttlichen Weißheit […], Neustadt 1618; G. v. Welling, Opus Mago-Cabalisticum et Theologicum […], Frankfurt 1719, unter dem Titel: Opus Mago-Cabbalisticum et Theosophicum […], Homburg 1735, Frankfurt/Leipzig 1784.

Literatur: É. Boutroux, Le philosophe allemand Jacob Boehme (1575–1624), Paris 1888, Neudr. in: ders., Études d'histoire de la philosophie, Paris 1897, ^{4}1913, 1926, 211–288; B. F. Campbell, Ancient Wisdom Revived. A History of the Theosophical Movement, Berkeley Calif./Los Angeles/London 1980; A. Faivre, Mystiques, théosophes et illuminés au siècle des lumières, Hildesheim/New York 1976; ders., Theosophy, ER XIV (1987), 465–469; ders., Theosophy, Imagination, Tradition. Studies in Western Esotericism, Albany N. Y. 2000; M. Frenschkowski/A. K. Papaderos, T., RGG VIII (^{4}2005), 348–351; L. J. Frohnmeyer, Die theosophische Bewegung. Ihre Geschichte, Darstellung und Beurteilung, Stuttgart 1920, ^{2}1923; H. Gomperz, Die indische T.. Vom geschichtlichen Standpunkt gemeinverständlich dargestellt, Jena 1925, Graz 2015; B. Gorceix, Johann Georg Gichtel, théosophe d'Amsterdam, Lausanne 1975; R. Guénon, Le théosophisme. Histoire d'une pseudo-religion, Paris 1921, 1965 (repr. 1996), 1986 (engl. Theosophy. History of a Pseudo-Religion, Hillsdale N. Y. 2003, 2004); O. Hammer, Claiming Knowledge. Strategies of Epistemology from Theosophy to the New Age, Leiden/Boston Mass./Köln 2001, 2004; ders./M. Rothstein (eds.), Handbook of the Theosophical Current, Leiden/Boston Mass. 2013; S. Hutin, Henry More. Essai sur les doctrines théosophiques chez les platoniciens de Cambridge, Hildesheim 1966; W. Q. Judge, The Ocean of Theosophy, New York, London 1893, Pasadena Calif. 1973 (dt. Das Meer der T., Stuttgart 1948, mit Untertitel: Der unsterbliche Mensch in Raum und Zeit, Hannover ^{6}2010); A. Koyré, La philosophie de Jacob Böhme, Paris 1929 (repr. New York 1968), ^{3}1979; J. D. Lavoie, The Theosophical Society. The History of a Spiritualist Movement, Boca Raton Fla. 2012; K. Lehmann-Issel, T., nebst Anthroposophie und Christengemeinschaft, Berlin 1927; H. Martensen, Jacob Boehme. Theosophische Studien, Leipzig 1882; G. Müller/Red., T., Hist. Wb. Ph. X (1998), 1158–1160; S. J. Nicholson, Theosophical Society, ER XIV (1987), 464–465; U. Nösner, Geschichte der theosophischen Ideen. Wege zu den Quellen schöpferischer Religiosität, Leipzig 2016; W.-E. Peuckert, Pansophie I (Ein Versuch zur Geschichte der weißen und schwarzen Magie), Stuttgart 1936, ^{3}1976; J. J. Poortman, Philosophy, Theosophy, Parapsychology. Some Essays on Diverse Subjects, Leiden 1965; J. M. Ransom, A Short History of the Theosophical Society, Aydar 1938, 1989; F. Rittelmeyer, Von der T. Rudolf Steiners, Nürnberg 1918, ^{2}1919; R. Schmidt, Rudolf Steiner und die Anfänge der T., Dornach 2010; G. Scholem, Major Trends in Jewish Mysticism, Jerusalem 1941, New York 1995 (dt. Die jüdische Mystik in ihren Hauptströmungen, Zürich, Frankfurt 1957, Frankfurt 1996); F. Traub, Rudolf Steiner als Philosoph und Theosoph, Tübingen 1919, mit Untertitel: Zugleich Erwiderung auf die gleichnamige Gegenschrift von W. J. Stein, ^{2}1921; J. Trautwein, Die T. Michael Hahns und ihre Quellen, Stuttgart 1969; M. B. Wakoff, Theosophy, REP IX (1998), 363–366; D. Wa Said, Theosophies of Plato, Aristotle and Plotinus, New York 1970; J. Webb, Theosophical Society, in: R. Cavendish (ed.), Encyclopedia of the Unexplained. Magic, Occultism and Parapsychology, London 1974, 1989, 248–254; G. Wehr, Die deutsche Mystik. Mystische Erfahrung und theosophische Weltsicht. Eine Einführung in Leben und Werk der großen deutschen Sucher nach Gott, Bern/München/Wien 1988, München 1991, mit Untertitel: Leben und Inspiration gottentflammter Menschen in Mittelalter und Neuzeit, Köln 2006, 2011; ders., Theo-Sophia. Christlich-abendländische T.. Eine vergessene Unterströmung, Zug 2007; B. William u. a., T., TRE XXXIII (2002), 393–409; O. Zimmermann, Die kirchliche Verurteilung der T., Stimmen der Zeit 98 (1920), 149–150. C. T.

Thermodynamik, Theorie der ↑Physik zur Behandlung thermischer Phänomene. In der Antike gilt Wärme als besondere stoffliche Substanz (etwa bei Empedokles), als Qualität (bei Aristoteles) oder als Bewegung der Materieteilchen (bei den Atomisten; ↑Atomismus). In der neuzeitlichen Naturwissenschaft dominiert zunächst die kinetische Auffassung (I. Newton, C. Huygens, D. Bernoulli). Seit Beginn des 18. Jhs. gewinnt jedoch die stoffliche Interpretation – vor allem durch H. Boerhaave – an Bedeutung.

Boerhaaves Hybridkonzeption vibrierender Wärmeteilchen wird in den 1770er Jahren von A. L. de Lavoisier zu einer kohärenten Wärmestofftheorie ausgearbeitet. Die Theorie sieht vor, daß Wärme eine gewichtslose Substanz ist und auf Grund ihrer materiellen Natur einem Erhaltungssatz (↑Erhaltungssätze) unterliegt. Eine Temperaturerhöhung ergibt sich aus der Aufnahme von Wärmestoff. Lavoisier unterstellt die korpuskulare Natur des Wärmestoffs; dieser besteht aus Teilchen, die sich gegenseitig abstoßen. Die Wirksamkeit dieser repulsiven Kräfte zeigt sich z. B. in der thermischen Expansion. Zugleich weisen die Wärmestoffteilchen chemisch anziehende Kräfte (so genannte Affinitäten) zu den Teilchen der gewöhnlichen Materie auf; entsprechend können beide miteinander Verbindungen eingehen. Insbes. sind Flüssigkeiten und Gase als Verbindungen der jeweiligen Substanzen mit Wärmestoff aufzufassen. Wärme kann also chemisch gebunden werden und drückt sich in diesem Falle nicht durch eine Erhöhung der Temperatur aus. Bei der Kondensation oder Verfestigung wird die gebundene Wärme wieder freigesetzt. In der Standardform der Theorie konkretisiert sich die Annahme gebundener Wärme zu der Vorstellung von ›Wärmestoffatmosphären‹, die die Körperteilchen umgeben und durch ihre abstoßenden Kräfte den chemisch anziehenden Kräften zwischen den Körperteilchen entgegenwirken, so daß sich insgesamt ein statischer Gleichgewichtszustand ergibt. Dieser soll (im Gegensatz zur späteren kinetischen Gastheorie) auch bei Gasen vorliegen.

S. Carnot analysiert 1824 die Funktionsweise von Wärmekraftmaschinen auf der Grundlage der Wärmestofferhaltung. Nach dem Vorbild des Wasserrads wird in Wärmekraftmaschinen Arbeit durch den Wärmestoffübergang vom heißen zum kalten Körper erzeugt. Die erzeugte Arbeit ist dann proportional zur Menge des Wärmestoffs (analog zum Gewicht des eingesetzten Wassers) und zum Temperaturunterschied (analog zur Fallhöhe). Folglich ist der Wirkungsgrad einer solchen Maschine, also die erzeugte Arbeit pro eingesetzte Wärmemenge, allein abhängig vom Temperaturunterschied und entsprechend unabhängig vom gewählten Arbeitsmedium. Darauf aufbauend entwickelt Carnot ein allgemeines Schema für die Arbeitsweise einer Wärmekraftmaschine (Carnot-Prozeß). Die Wärmestofftheorie gerät ab etwa 1830 zunehmend in empirische Schwierigkeiten und wird etwa 1850 durch die klassische oder phänomenologische T. abgelöst.

Die *phänomenologische* T. beinhaltet eine Zurückweisung der Wärmeerhaltung. In Wärmekraftmaschinen wird Wärme in Arbeit umgewandelt (und geht entsprechend verloren); umgekehrt kann mechanische Arbeit (etwa durch Reibung) neue Wärme erzeugen. Die wechselseitige Umwandelbarkeit von Wärme und Arbeit führt zu der Vorstellung ihrer ↑Äquivalenz und legt deren gemeinsame Erhaltung (↑Erhaltungssätze) nahe: Wärme und Arbeit sind nur unterschiedliche Ausdrucksformen einer umfassenden Größe, der ↑Energie, die bei allen Naturvorgängen erhalten bleibt (J. P. Joule, R. Mayer, H. v. Helmholtz). Diese Annahme der Energieerhaltung (*1. Hauptsatz der T.*) ist umfassender als die zuvor bereits akzeptierte Erhaltung der mechanischen Energie (↑vis viva), die eine Konsequenz der klassischen ↑Mechanik darstellt. Weiterhin ist mechanische Energie zwar vollständig in Wärme umwandelbar, umgekehrt ist dies jedoch nur bis zu einer durch den Carnot-Prozeß festgelegten Obergrenze möglich. Bei Energieumwandlungen tritt daher eine Dissipation mechanischer Energie auf. Dieses Charakteristikum wird von R. Clausius durch den Begriff der ↑Entropie erfaßt: Entropieänderung drückt sich durch die übertragene Wärmemenge bei fester Temperatur aus. Bei umkehrbaren (↑reversibel/Reversibilität) Prozessen bleibt die Entropie konstant; bei einsinnig ablaufenden (irreversiblen) Prozessen (in abgeschlossenen Systemen) nimmt sie zu (*2. Hauptsatz der T.* – Clausius, W. Thomson [Lord Kelvin]). Entropiezunahme ist daher Maß und Ausdruck der Irreversibilität; im thermodynamischen Gleichgewicht ist der Maximalwert der Entropie erreicht (↑Wärmetod). Die beiden Hauptsätze lauten bei Clausius: Die Energie der Welt ist konstant; die Entropie der Welt strebt einem Maximum zu. – Der 2. Hauptsatz führt entsprechend eine zeitliche Asymmetrie in das Naturgeschehen ein. In abgeschlossenen Systemen laufen Prozesse, die mit einer Entropieänderung verbunden sind, nur in einer Richtung ab. Ihre zeitliche Umkehrung wird durch den 2. Hauptsatz ausgeschlossen.

Im Rahmen der *kinetischen* Interpretation der Wärme als Atom- oder Molekülbewegung wird der Versuch unternommen, die Gesetze der T. als Ausdruck von Teilchenstößen aufzufassen (Clausius, Joule). J. C. Maxwell entwickelt in den 1860er Jahren eine statistische Fassung der kinetischen Theorie, in der von einer stabilen Verteilung der Molekülgeschwindigkeiten ausgegangen wird (Maxwellsche Geschwindigkeitsverteilung). Auf dieser Grundlage können thermodynamische ↑Zustandsgrößen (wie Druck) als Ausdruck von Mittelwerten mechanisch-molekularer Größen (wie übertragener ↑Impuls) aufgefaßt werden. Entsprechend wird für die kinetische Theorie der 1. Hauptsatz (bei Beschränkung auf thermische Prozesse) zu einer Konsequenz der mechanischen Energieerhaltung. In den 1870er Jahren gelingt L. Boltzmann eine mechanische Begründung des 2. Hauptsatzes. Boltzmann zeigt, daß in verdünnten Gasen bei beliebigen molekularen Anfangsbedingungen schließlich durch Teilchenstöße die Maxwellsche Geschwindigkeitsverteilung angenommen wird. Dabei läßt sich eine der Entropie analoge Größe angeben, die sich einsinnig mit der Zeit ändert und im thermischen Gleichgewicht konstant bleibt (*H*-Theorem). Boltzmann betrachtet den 2. Hauptsatz daher als die physikalische Grundlage der Gerichtetheit oder Anisotropie der Zeit (↑Werden).

1876 weist J. Loschmidt darauf hin, daß Boltzmanns Begründung allein auf zeitumkehrbare mechanische Prozesse zurückgreift, so daß die Ableitung einsinniger Prozeßverläufe ausgeschlossen scheint (Umkehreinwand). Boltzmann reagiert 1877 mit der Formulierung einer *statistischen* Fassung des 2. Hauptsatzes. Danach tritt nur für die überwiegende Zahl molekularer Anfangsbedingungen eine Entropiezunahme auf; molekulare Stöße führen nur im Mittel zu einem Anwachsen der Entropie. In dieser statistischen Fassung ist die Entropie S eines makroskopischen Zustands mit der Anzahl P der molekularen Konfigurationen verknüpft, die diesem Zustand entsprechen: $S = k \ln P$ (mit der Boltzmann-Konstanten k). Entropie ist danach ein Maß der ›molekularen Un-

ordnung‹, und Entropiezunahme stellt sich als Übergang von eher unwahrscheinlichen (oder geordneten) zu eher wahrscheinlichen (oder ungeordneten) Zuständen dar. Der 2. Hauptsatz ist folglich kein deterministisches (↑Determinismus) Gesetz und kann im Einzelfall verletzt werden.
Ebenfalls gegen Boltzmanns mechanische Begründung des 2. Hauptsatzes richtet E. Zermelo 1896 das von H. Poincaré 1890 abgeleitete ›Wiederkehrtheorem‹. Danach kehrt jedes durch Zwangsbedingungen begrenzte mechanische System (wie etwa ein Gas beschränkten Volumens) schließlich näherungsweise wieder in seinen Ausgangszustand zurück. Da jeder Zustand dieses Systems einen festen Entropiewert besitzt, kann die Entropie nicht beständig zunehmen (Wiederkehreinwand). Danach sind Entropieabnahmen nicht allein möglich (wie beim Umkehreinwand), vielmehr treten sie früher oder später in jedem Falle auf. Boltzmann entgegnet, daß diese Wiederkehrzeiten unermeßlich groß seien und dieser Einwand entsprechend keinerlei empirisch faßbare Konsequenzen habe.
Wie P. und T. Ehrenfest 1911 zeigen, treten bei beständig abgeschlossenen Systemen Zunahmen und Abnahmen der Entropie mit gleicher Häufigkeit auf, worin sich die Zeitumkehrbarkeit der zugrundeliegenden mechanischen Prozesse ausdrückt. Dieser zeitsymmetrische Verlauf ist jedoch mit Boltzmanns mechanischer Begründung des 2. Hauptsatzes verträglich, weil einem Zustand vergleichsweise niedriger Entropie mit hoher Wahrscheinlichkeit ein Zustand erhöhter Entropie folgt. Allerdings geht diesem ebenfalls mit hoher Wahrscheinlichkeit ein Zustand erhöhter Entropie voraus. Wegen dieser Zeitsymmetrie wird der 2. Hauptsatz als physikalische Grundlage der Anisotropie der Zeit zurückgewiesen. Der Anschein der Einsinnigkeit wird als Ausdruck der Unkenntnis der genauen molekularen ↑Anfangsbedingungen aufgefaßt; die Entropiezunahme gilt entsprechend nicht als Ausdruck zeitlich gerichteter Prozesse in der Natur (W. Gibbs). Dagegen wird von H. Reichenbach und A. Grünbaum geltend gemacht, daß der 2. Hauptsatz bei Rückgriff auf Nicht-Gleichgewichtsbedingungen durchaus als objektive Grundlage der Anisotropie der Zeit geeignet ist (↑reversibel/Reversibilität).
Im letzten Drittel des 19. Jhs. gelingt es der statistischen T. zwar, spezifische Verknüpfungen zwischen molekularen Größen und makroskopischen, thermischen Phänomenen herzustellen, doch bleiben viele dieser Verknüpfungen ad hoc (↑ad-hoc-Hypothese) und empirisch ungestützt; auch lassen sich keine einschlägigen neuartigen Effekte empirisch bestätigen. Entsprechend wird die statistische T. insgesamt als wenig erfolgreich eingestuft und der Verzicht auf die Rückführung thermodynamischer Phänomene auf molekulare Prozesse propagiert. In dieser Sicht beschränkt sich die T. auf die Verknüpfung makroskopisch faßbarer Größen (vor allem E. Mach). In Weiterführung dieser phänomenologischen, anti-atomistisch orientierten Linie faßt die *Energetik* die Energie als die einzige und umfassende ↑Substanz der Materie auf. Allein Energie existiert tatsächlich; sie kann nicht auf mechanische Größen zurückgeführt werden (W. Ostwald). Erst in der Folge der empirischen Bestätigung der von der statistischen T. vorhergesagten Fluktuationen im Rahmen der von A. Einstein und M. Smoluchowski (1905/1906) entwickelten Theorie der Brownschen Bewegung durch J. Perrin sowie Perrins Hinweis, daß die (heute so genannte) Avogadro-Konstante auf verschiedenen Meßwegen in guter Übereinstimmung ermittelt werden kann, wird die statistische T. – und entsprechend die molekulare Grundlage thermodynamischer Prozesse – allgemein akzeptiert.
Der Übergang zur *Nicht-Gleichgewichtsthermodynamik* wird 1931 von L. Onsager begonnen. Dabei werden Systeme untersucht, bei denen die Annahme des Gleichgewichtszustands durch äußere Zwangsbedingungen (etwa durch das Aufrechterhalten von Temperatur- oder Konzentrationsunterschieden) verhindert wird. In der Nähe des Gleichgewichts liegen dabei lineare Beziehungen zwischen den Veränderungen der relevanten Größen (also etwa Wärmeströmen, Diffusions- oder Reaktionsraten) und den ›thermodynamischen Kräften‹ (etwa Temperatur- oder Konzentrationsunterschieden) vor. Unter diesen Bedingungen können sich stationäre Nicht-Gleichgewichtszustände ausbilden.
In den 1960er und 1970er Jahren wird die *T. irreversibler Prozesse* formuliert, die sich mit Prozeßverläufen fernab vom thermodynamischen Gleichgewicht befaßt (vor allem I. Prigogine). Unter solchen Umständen kann es zur Ausbildung kohärenter, das gesamte System erfassender Strukturen kommen. Ein Beispiel ist die Entstehung eines stabilen Musters von Konvektionsströmen in einer Flüssigkeitsschicht, in der ein Temperaturgradient aufrechterhalten wird (Bénard-Konvektion). Das System nimmt dabei spontan einen Zustand erhöhter Ordnung (und entsprechend verminderter Entropie) an. Dieses Verhalten ist mit dem 2. Hauptsatz verträglich, da es sich nicht um ein abgeschlossenes System handelt; bei Berücksichtigung der für die Aufrechterhaltung des Nicht-Gleichgewichtszustands erforderlichen Entropieerzeugung besteht Einklang mit dem 2. Hauptsatz.
Solche ›dissipativen Strukturen‹ werden durch ständigen Materie- und Energiefluß im gleichgewichtsfernen Zustand gehalten. Bei Vorliegen von nicht-linearen (also etwa autokatalytischen oder zyklisch katalytischen) Prozessen läßt die jeweils zugehörige makroskopische thermodynamische Zustandsgleichung für Größenbereiche der Systemparameter in der Regel mehrere unterschiedliche Systemzustände als mögliche Lösungen zu. Dies führt zum Auftreten von Verzweigungspunkten oder

Bifurkationen im zugehörigen Zustandsraum, an denen die Systementwicklung nicht durch die makroskopischen Systemparameter festgelegt ist. Daher gewinnen zufällige Schwankungen oder molekulare Fluktuationen entscheidenden Einfluß. Diese Fluktuationen gleichen sich nicht – wie unter gleichgewichtsnahen Bedingungen – im Mittel aus, sondern können das Verhalten des Gesamtsystems bestimmen. Aus dem Chaos der Fluktuationen entstehen Ordnungsstrukturen (↑Selbstorganisation, ↑Synergetik).

Die irreversible T. hat die theoretische Beschreibung zahlreicher kohärenter Strukturen in Physik, Chemie und Biologie ermöglicht. Naturphilosophisch wird diese Konzeption oft mit einer *Prozeßontologie* in Verbindung gebracht. Danach sind Prozesse, also durch einen ständigen Materie- und Energiedurchfluß stabilisierte Strukturen, die Grundbausteine der Wirklichkeit. Dabei gelten auch Lebewesen als derart prozeßhafte Strukturen, die durch beständigen Stoffwechsel und fortwährenden Energieumsatz ihre Gestalt aufrechterhalten. Ebenso handelt es sich bei stabilen hexagonalen Konvektionszellen (Abb. 1) nicht um statische Gebilde, sondern um eine durch den ständigen Durchfluß von Materie und Energie immer wieder neu geschaffene Ordnungsstrukturform von thermischem Gleichgewicht. Objekte sind dagegen als die unverändert bleibenden Merkmale von Prozessen und entsprechend als abgeleitete Größen aufzufassen. ›Werden‹ ist grundlegender als ›Sein‹.

Die irreversible T. ist von Prigogine für eine neuartige thermodynamische Begründung der Anisotropie der Zeit herangezogen worden. Bei Vorliegen von Bifurkationen und in verstärkter Form beim deterministischen Chaos besteht eine extreme Abhängigkeit der Systementwicklung von den mikroskopischen ↑Anfangsbedingungen. Wegen dieser Empfindlichkeit gegen Schwankungen scheitert die Vorhersage des Systemverhaltens durch Rückgriff auf die mikroskopischen Bedingungen. Moleküle und ihre Bahnbewegungen sind als Ansatzpunkt einer Systembeschreibung untauglich; die Mechanik (und analog die ↑Quantentheorie) ist unter solchen Bedingungen nicht anwendbar. Gleichwohl ist auch in derartigen Fällen oft eine thermodynamische, an Verteilungsfunktionen und makroskopischen Parametern orientierte Beschreibung möglich. Mikroskopisches Chaos (↑Chaostheorie) ist verträglich mit makroskopischer Ordnung. Prigogine zieht daraus den Schluß, daß der traditionell angenommene Primat der Mechanik gegenüber der T. unberechtigt ist. Die T. beinhaltet nicht bloß eine Näherung an die korrekte mechanische Beschreibung; Mechanik und T. sind vielmehr komplementär in dem Sinne, daß beide für eine umfassende Beschreibung der Phänomene erforderlich sind. Folglich stellt der 2. Hauptsatz nicht nur eine statistische Approximation dar, sondern ist selbst ein *Fundamentalgesetz*. Irreversible Veränderungen sind grundlegend; Reversibilität hat dagegen den Charakter einer Idealisierung. Entsprechend ist die vom 2. Hauptsatz ausgedrückte Einsinnigkeit von Naturprozessen tatsächlich nomologischer Natur (hängt also nicht von kontingenten mikroskopischen Anfangsbedingungen ab). Die Anisotropie der Zeit beruht folglich auf einem ↑Naturgesetz. Diese Sichtweise ist jedoch stark umstritten. Insbes. wird eingewendet, daß sie einen Schluß von epistemischen Anwendungsbeschränkungen der Mechanik auf deren ontologische Unangemessenheit enthält.

Abb. 1: Räumliches Muster von Konvektionszellen in einer von unten erhitzten Flüssigkeit (aus: I. Prigogine 1979, 101).

Literatur: D. Z. Albert, The Foundations of Quantum Mechanics and the Approach to Thermodynamic Equilibrium, Erkenntnis 41 (1994), 191–206; A. Babloyantz, Molecules, Dynamics, and Life. An Introduction to Self-Organization of Matter, New York etc. 1986; M. Bailyn, A Survey of Thermodynamics, New York 1994; C. Beck/F. Schlögl, Thermodynamics of Chaotic Systems. An Introduction, Cambridge etc. 1993, 1997; S. G. Brush (ed.), Kinetic Theory, I–III, Oxford etc. 1965–1972 (dt. Kinetische Theorie. Einführung und Originaltexte, I–II, Berlin [Ost], Oxford, Braunschweig 1970); ders., The Wave Theory of Heat. A Forgotten Stage in the Transition from Caloric Theory to Thermodynamics, Brit. J. Hist. Sci. 5 (1970/1971), 145–167; ders., The Kind of Motion We Call Heat. A History of the Kinetic Theory of Gases in the 19th Century, I–II, Amsterdam/Oxford/New York 1976, erw. [2]1986; C. Callender, Thermodynamic Asymmetry in Time, SEP 2001, rev. 2016; M. Čapek (ed.), The Concepts of Space and Time. Their Structure and Their Development, Dordrecht/Boston Mass. 1976 (Boston Stud. Philos. Sci. XXII); D. S. L. Cardwell, From Watt to Clausius. The Rise of Thermodynamics in the Early Industrial Age, London, Ithaca N. Y. 1971, Ames Iowa 1989; M. Carrier, Raum-Zeit, Berlin/New York 2009, 58–112 (Kap. 2 Sein und Werden: Reversibilität, Irreversibilität und die Richtung der Zeit); G. Carrington, Basic Thermodynamics, Oxford etc. 1994, 2001; H. Chang, Preservative Realism and Its Discontents. Revisiting Caloric, Philos. Sci. 70 (2003), 902–912;

ders., Inventing Temperature. Measurement and Scientific Progress, Oxford etc. 2004, 2007; O. Costa de Beauregard, Time. The Physical Magnitude, Dordrecht etc. 1987 (Boston Stud. Philos. Sci. XCIX); K. G. Denbigh, Three Concepts of Time, Berlin/Heidelberg/New York 1981; J. Dunning-Davies, Concise Thermodynamics. Principles and Applications, Chichester 1996, [2]2007, Oxford etc. 2011; A. Einstein, Über die von der molekularkinetischen Theorie der Wärme geforderte Bewegung von in ruhenden Flüssigkeiten suspendierten Teilchen, Ann. Phys. 322 (1905), 549–560; Y. Elkana, The Discovery of the Conservation of Energy, London etc. 1974, Cambridge Mass. 1975; R. Fox, The Caloric Theory of Gases from Lavoisier to Regnault, Oxford 1971; P. Glansdorff/I. Prigogine, Thermodynamic Theory of Structure, Stability, and Fluctuations, London etc. 1971, 1978; S. J. Goldfarb, Rumford's Theory of Heat. A Reassessment, Brit. J. Hist. Sci. 10 (1977), 25–36; M. Goldstein/F. Inge, The Refrigerator and the Universe. Understanding the Laws of Energy, Cambridge Mass./London 1993, 1995; A. Grünbaum, Philosophical Problems of Space and Time, New York 1963, erw. Dordrecht/Boston Mass. [2]1973, 1974 (Boston Stud. Philos. Sci. XII), 209–280; C. Gutfinger/A. Shavit, Thermodynamics. From Concepts to Applications, New York 1995, Boca Raton Fla./London/New York [2]2008, 2009; U. Hoyer, Von Boltzmann zu Planck, Arch. Hist. Ex. Sci. 23 (1980), 47–86; M. Jammer, Energy, Enc. Ph. II (1967), 511–517, III ([2]2006), 225–237 (mit Addendum v. M. Lange, 234–237); T. S. Kuhn, Energy Conservation as an Example of Simultaneous Discovery, in: M. Clagett (ed.), Critical Problems in the History of Science, Madison Wis./London 1959, 1969, 321–356, Neudr. in: ders., The Essential Tension. Selected Studies in Scientific Tradition and Change, Chicago Ill./London 1977, 2000, 66–104; R. Love, Some Sources of Hermann Boerhaave's Concept of Fire, Ambix 19 (1972), 157–174; K. Lucas, T.. Die Grundgesetze der Energie- und Stoffumwandlungen, Berlin/Heidelberg 1995, [7]2008; K. Martinás/L. Ropolyi/P. Szegedi (eds.), Thermodynamics. History and Philosophy – Facts, Trends, Debates, Singapur etc. 1991; L. A. Medard/H. Tachoire, Histoire de la thermochimie. Prélude à la thermodynamique chimique, Aix-en-Provence 1994; H. Mehlberg, Physical Laws and Time's Arrow, in: H. Feigl/G. Maxwell (eds.), Current Issues in the Philosophy of Science. Symposia of Scientists and Philosophers (Proceedings of Section L of the American Association for the Advancement of Science, 1959), New York 1961, 105–138; I. Müller, Grundzüge der T.. Mit historischen Anmerkungen, Berlin etc. 1994, [3]2001; U. Nickel, Lehrbuch der T.. Eine verständliche Einführung, München/Wien 1995, Erlangen [2]2011; G. Nicolis/I. Prigogine, Self-Organization in Nonequilibrium Systems. From Dissipative Structures to Order through Fluctuations, New York etc. 1977; R. G. Olson, Count Rumford, Sir John Leslie, and the Study of the Nature and the Propagation of Heat at the Beginning of the 19th Century, Ann. Sci. 26 (1970), 273–304; L. Onsager, Reciprocal Relations in Irreversible Processes, I–II, Phys. Rev. 37 (1931), 405–426, 38 (1931), 2265–2279; I. Prigogine, From Being to Becoming. Time and Complexity in the Physical Sciences, New York/San Francisco Calif. 1980 (dt. Vom Sein zum Werden. Zeit und Komplexität in den Naturwissenschaften, München/Zürich 1979, [6]1992); S. Psillos, A Philosophical Study of the Transition from the Caloric Theory of Heat to Thermodynamics, Stud. Hist. Philos. Sci. 25 (1994), 159–190; A. Rae, Quantum Physics. Illusion or Reality?, Cambridge etc. 1986, 1992, 94–118; H. Reichenbach, The Direction of Time, ed. M. Reichenbach, Berkeley Calif./Los Angeles 1956, Mineola N. Y. 1999; L. Sklar, Thermodynamics, REP IX (1998), 366–369; M. Smoluchowski, Zur kinetischen Theorie der Brownschen Molekularbewegung und der Suspensionen, Ann. Phys. 326 (1906), 756–780; H. Tetens, T., Hist. Wb. Ph. X (1998), 1166–1174; C. Truesdell, The Tragicomical History of Thermodynamics 1822–1854, New York/Heidelberg/Berlin 1980; ders./S. Bharatha, The Concepts and Logic of Classical Thermodynamics as a Theory of Heat Engines, Rigorously Constructed upon the Foundation Laid by S. Carnot and F. Reech, New York/Heidelberg/Berlin 1977, New York etc. 1988; G. J. Whitrow, Entropy, Enc. Ph. II (1967), 526–529. M. C.

These (griech. θέσις, Lage, Stellung, Setzung, Lehrsatz; lat. positio), Bezeichnung für eine ↑Behauptung. Greift man zu deren Begründung auf ↑Hypothesen zurück, so wird die T. zu einer *bedingten Behauptung*; daher wird in einer ↑Implikation $A_1, \ldots, A_n \prec A$ mit den Hypothesen $A_1, \ldots, A_n$ als ↑Antezedentien auch die Bezeichnung ›T.‹ für das ↑Konsequens A verwendet. Auch ↑Axiome gehören als unbedingte Behauptungen zu den T.n.

Gewöhnlich wird eine Behauptung nur so lange als ›T.‹ bezeichnet, wie noch kein ↑Beweis für sie vorgelegt ist. Wird sie auch ohne ausdrücklichen Beweis anerkannt, etwa weil ein solcher für überflüssig gehalten wird oder es sich bei der T. um einen größeren komplexen Behauptungszusammenhang handelt, der einer Begründung nicht ohne weiteres zugänglich erscheint, tritt meist die Bezeichnung ↑›Position‹ im Sinne von ›Standpunkt‹ an die Stelle von ›T.‹. Aus diesem Grunde wird ›T.‹ auch im Sinne einer bloßen Vermutung verwendet – bei Aristoteles insbes. dann, wenn sie allgemeiner Überzeugung widerstreitet. Sie dient dann weniger der Erklärung schon bekannter Tatsachen, wie im Falle von Vermutungen als ↑Annahmen oder Hypothesen, sondern vielmehr der Kennzeichnung ihrer Begründungsbedürftigkeit unter Einschluß des Ausdrucks der Überzeugung von ihrer Begründbarkeit. Deshalb verwendet Aristoteles ›T.‹ als Bezeichnung für unbewiesene ↑Prämissen (und nicht etwa für die mit ihnen beweisbare Konklusion) eines Syllogismus (↑Syllogistik). K. L.

Thetik (von griech. θετική [ἐπιστήμη], [fest-]setzende Wissenschaft), nach I. Kant ›Inbegriff dogmatischer Lehren‹ (KrV B 448), im Unterschied zu *Antithetik* (↑Antithese), dem »Widerstreit der dem Scheine nach dogmatischen Erkenntnisse« (ebd.). ›Dogmatisch‹ ist im Sinne von ›methodisch‹ (»aus sicheren Prinzipien a priori strenge beweisend«, KrV B XXXV) verstanden, unterschieden vom Begriff des ↑Dogmatismus (»das dogmatische Verfahren der reinen Vernunft, ohne vorangehende Kritik ihres eigenen Vermögens«, ebd.). In Form der ↑Antinomien werden T. und Antithetik Gegenstand kritischer methodischer Analysen (↑These, ↑Antithese). Im Deutschen Idealismus (↑Idealismus, deutscher), insbes. bei J. G. Fichte und F. W. J. Schelling, werden als ›thetische‹ Urteile unbedingte Sätze der Art, wie das ↑Ich durch ↑Reflexion seine Selbstgewißheit gewinnt, bezeichnet (Sätze, »die bloß durch ihr Gesetztseyn im Ich bedingt [...], die *unbedingt gesetzt* sind«, Schelling, Vom Ich als Princip der Philosophie [1795] § 16, Ausgew. Werke VI, 98).

Literatur: C. Baldus, Partitives und Distriktives Setzen. Eine symbolische Konstruktion der T. in Fichtes Wissenschaftslehre von 1794/95, Hamburg 1982. J. M.

Thierry von Chartres (auch: Magister Theodoricus Carnotensis), *im letzten Viertel des 11. Jhs., †ca. 1155, mittelalterlicher Philosoph und Theologe. T. lehrt 1121 (zusammen mit seinem Bruder Bernard von Chartres) an der Kathedralschule von Chartres, wird 1127 Archidiakon von Dreux bei Chartres und lehrt seit den 30er Jahren in Paris, ab 1141 wieder in Chartres. T.s Lehrbuch der sieben freien Künste (↑ars), das »Heptateuchon«, enthält neben seinen eigenen Texten auch das für seine Kurse benutzte Quellenmaterial – darunter auch das Aristotelische ↑Organon – und ist dadurch selbst eine Quelle des Unterrichts im 12. Jh.. Wahrscheinlich hat T. (aus arabischen Quellen) den Gebrauch der Null in die europäische Mathematik eingeführt.

Bekannt ist T. vor allem durch seinen Kommentar zum Einleitungskapitel der Genesis, den »Tractatus de sex dierum operibus«. Darin versucht er die Weltschöpfung kosmologisch zu erklären: Das Universum hat vier Ursachen (↑causa). Gott, der Vater, ist die *causa efficiens*; Gottes Weisheit, der Sohn, ist die *causa formalis*; Gottes Gutheit, der Heilige Geist, ist die *causa finalis*; die vier Elemente (Feuer, Luft, Wasser, Erde) sind die *causa materialis*, die von Gott zu Weltbeginn aus dem Nichts geschaffen werden (↑creatio ex nihilo). Einmal geschaffen, wirken die Elemente zur Erzeugung des Lebens zusammen. Die durch das Feuer erzeugte Hitze bringt durch die Erwärmung Wassermassen in die Schwebe (über der Luft, so hoch wie der Mond) und läßt dadurch die Erde in Form von Inseln aus dem Wasser auftauchen. Die Hitze ermöglicht es der Erde, Pflanzen und Bäume, und den im Himmel schwebenden Wassermassen, Sternkörper zu bilden. Die Sterne verstärken die Hitze, so daß das Wasser Wassertiere und Vögel, die Erde weitere Lebewesen, unter ihnen den Menschen, hervorbringen können. Die Entstehung der Welt – im Sinne jedes einzelnen Dinges – bleibt dabei durch Gott geformt: er ist die ›forma essendi‹ jeden Dinges. Dies ist nicht pantheistisch (↑Pantheismus), sondern im Sinne eines (Augustinischen) Exemplarismus zu verstehen, der die Differenz von Geschöpf und Schöpfer (der nicht Materie werden kann) bestehen läßt.

Werke: Notice sur le numéro 647 des manuscrits latins de la Bibliothèque Nationale [Tractatus de sex dierum operibus], ed. B. Haréau, in: Notices et extraits des manuscrits de la Bibliothèque Nationale et autres bibliothèques 32/2, Paris 1888, 167–186, ferner in: Notices et extraits de quelques manuscrits latins de la Bibliothèque Nationale 1, Paris 1890, 45–70, unter dem Titel: Magistri Theoderici Carnotensis Tractatus, ed. N. M. Häring, in: N. M. Häring, The Creation and Creator of the World [...] [s. u., Lit.], 184–200, unter dem Titel: Tratado de la obra de los seis días (Tractatus de sex dierum operibus) [lat./span.], ed. P. P. García Ruiz, Pamplona 2007; Prologus [...] in Eptatheucon, ed. E. Jeauneau, in: E. Jeauneau, Le »Prologus in Eptatheucon« de T. de C., Med. Stud. 16 (1954), 171–175, ferner in: ders., »Lectio philosophorum«. Recherches sur l'École de Chartres, Amsterdam 1973, 87–91; Glossa super librum Boethii De S. Trinitate, ed. N. M. Häring, in: N. M. Häring, A Commentary on Boethius' »De Trinitate« by T. of C. (Anonymus Berolinensis), Arch. hist. doctr. litt. moyen-âge 23 (1956), 257–325, 266–325, unter dem Titel: Glosa super Boethii librum De Trinitate, neu ed. N. M. Häring, in: N. M. Häring, Commentaries on Boethius [s. u.], 257–300; Lectiones in Boethii librum De Trinitate, ed. N. M. Häring, in: N. M. Häring, The Lectures of T. of C. on Boethius' De Trinitate, Arch. hist. doctr. litt. moyen-âge 25 (1958), 113–226, 124–226, neu ed. N. M. Häring, in: N. M. Häring, Commentaries on Boethius [s. u.], 123–229; Commentum super Boethium De Trinitate, ed. N. M. Häring, in: N. M. Häring, Two Commentaries on Boethius (»De Trinitate« and »De Hebdomadibus«), Arch. hist. doctr. litt. moyen-âge 27 (1960), 65–136, 80–134, neu ed. N. M. Häring, in: N. M. Häring, Commentaries on Boethius [s. u.], 55–116; Commentaries on Boethius by T. of C. and His School, ed. N. M. Häring, Toronto 1971; The Commentary of T. of C. on Cicero's De Inventione, ed. K. M. Fredborg, Cahiers de l'institut du moyen-âge grec et latin 7 (1971), 225–260; The Latin Rhetorical Commentaries, ed. K. M. Fredborg, Toronto 1988; The Commentary on the »De arithmetica« of Boethius, ed. I. Caiazzo, Toronto 2015.

Literatur: D. Albertson, Mathematical Theologies. Nicholas of Cusa and the Legacy of T. of C., Oxford/New York 2014, 91–165 (Part Two The Pearl Diver. T. of C.'s Theology of the Quadrivium); Association des amis du Centre medieval européen (Chartres) (ed.), Vie speculative, vie meditative et travail manuel à Chartres au XIIe siècle. Autour de T. de C. et des introducteurs de l'étude des arts mécaniques auprès du quadrivium. Actes du colloque international des 4 et 5 juillet 1998, Chartres 1999; S. F. Brown, T. of C., in: ders./J. C. Flores (eds.), Historical Dictionary of Medieval Philosophy and Theology, Lanham Md./Toronto/Plymouth 2007, 272–273; H. Caplan, Of Eloquence. Studies in Ancient and Medieval Rhetoric, ed. A. King/H. North, Ithaca N. Y. 1970, 247–270 (A Medieval Commentary on the »Rhetorica ad Herennium«); F. Courth, T. v. C., LMA VIII (1997), 692–693; M. Dickey, Some Commentaries on the »De inventione« and »Ad herennium« of the Eleventh and Early Twelfth Centuries, Med. Ren. Stud. 6 (1968), 1–41; P. Dronke, T. of C., in: ders. (ed.), A History of Twelfth-Century Western Philosophy, Cambridge etc. 1988, 1992, 358–385; R. Halfen, Chartres. Schöpfungsbau und Ideenwelt im Herzen Europas IV (Die Kathedralschule und ihr Umkreis), Stuttgart/Berlin 2011, 316–372 (Kap. 9 T. v. C.); N. M. Häring, The Creation and Creator of the World According to T. of C. and Clarenbaldus of Arras, Arch. hist. doctr. litt. moyen-âge 22 (1955), 137–216 (dt. Die Erschaffung der Welt und ihr Schöpfer nach T. v. C. und Clarenbaldus von Arras, in: W. Beierwaltes [ed.], Platonismus in der Philosophie des Mittelalters, Darmstadt 1969, 161–267); ders., T. of C. and Daninicus Gundissalinus, Med. Stud. 26 (1964), 271–286; E. Maccagnolo, Rerum Universitas (Saggio sulla filosofia di Teodorico di Chartres), Florenz 1976; D. Metz, T. v. C., BBKL XI (1996), 1162–1165; A. Speer, Die entdeckte Natur. Untersuchungen zu Begündungsversuchen einer ›scientia naturalis‹ im 12. Jahrhundert, Leiden/New York/Köln 1995, 222–288 (Kap. V T. v. C.); A. Stollenwerk, Der Genesiskommentar T.s v. C. und die T. v. C. zugeschriebenen Kommentare zu Boethius »De Trinitate«, Köln 1971. O. S.

Thomasius, Christian, *Leipzig 1. Jan. 1655, †Halle 23. Sept. 1728, dt. Jurist und Rechtsphilosoph, wichtiger Vertreter der Frühaufklärung (↑Aufklärung) in Deutschland. Ab 1669 Studium der Philosophie und Jurisprudenz in Leipzig, 1672 Magister der Philosophie, ab 1675 Studium der Jurisprudenz in Frankfurt/Oder, 1678 Licentiatus iuris und Reise in die Niederlande, 1684–1690 in Leipzig tätig als Lehrender und Verteidiger, 1687 erste Vorlesung in deutscher Sprache, 1688 Herausgeber (und Autor) der »Monats-Gespräche«, der ersten deutschsprachigen Monatszeitschrift mit populärwissenschaftlichem Anspruch. Sein Eintreten für ein vom göttlichen Recht getrenntes, säkularisiertes ↑Naturrecht bringt ihn in Konflikt mit dem orthodoxen Luthertum der Universität Leipzig, der mit mehreren Anklagen durch die Theologische Fakultät endet. Ein politisches Zerwürfnis mit dem sächsischen Kurfürsten hat 1690 ein Rede- und Publikationsverbot zur Folge. T. geht daraufhin kurzzeitig nach Berlin, wo er zum kurfürstlichen Rat ernannt wird. 1690 Übersiedlung nach Halle, 1691 Ernennung zum Prof. in Halle. Der große Erfolg seiner zunächst privat gehaltenen Vorlesungen in Halle führt 1694 zur Gründung der Reformuniversität Halle; 1708–1709 Prorektor und ab 1710 Rektor derselben. T. tritt für eine Humanisierung des Strafrechts, die Abschaffung der Folter und die Beendigung der Hexenprozesse ein.

T. trennt strikt zwischen ↑Recht und ↑Sittlichkeit. Das Recht stützt seine Geltung auf die Übereinstimmung mit den durch Vernunft erkannten ↑Naturgesetzen. Dieses Naturrecht ist unabhängig von der göttlichen ↑Offenbarung; beide stehen ohne Beziehung nebeneinander. Die Geltung des göttlichen Rechts, mit dem Charakter von Gewissensregeln, ist auf den Innenbereich des Menschen beschränkt. Das vernünftig begründete positive Recht der staatlichen Praxis kann vom göttlichen Recht abweichen. Im Gegensatz zu H. Grotius und S. v. Pufendorf führt T. die Gesellschaft nicht auf einen eingeborenen geselligen Trieb zurück; sie ist vielmehr ein im Interesse der Individuen von Individuen geschaffenes Zweckgebilde, wobei die Herstellung der Ordnung im ↑Naturzustand durch eine von außen kommende Macht erfolgen kann. Die durch den ↑Gesellschaftsvertrag vereinigten Individuen übertragen die Staatsgewalt durch Unterwerfungsvertrag auf einen Souverän. Quelle des positiven Rechts ist allein die Staatsgewalt.

Insgesamt tritt T. für einen aufgeklärten ↑Absolutismus ein, in dem keine grundsätzlichen Beschränkungen des staatlichen Zugriffs vorgesehen sind. Erkenntnistheoretische und anthropologische Grundlage für das naturrechtliche System, das T. 1705 in »Fundamenta iuris naturae et gentium« zusammenfaßt, ist ein stark von J. Locke beeinflußter psychologischer ↑Sensualismus. Um diese Philosophie zu verbreiten, gibt T., der als erster Hochschullehrer Vorlesungen in deutscher Sprache hielt, wissenschaftliche Monatsschriften heraus.

Werke: Ausgewählte Werke, I–XXXI, ed. W. Schneiders/F. Grunert, Hildesheim 1993ff. (erschienen Bde I, II, IV–XIII, XVI, XVIII–XXIV). – De crimine bigamiae. Vom Laster der zwiefachen Ehe [...], Leipzig/Halle 1685, Halle 1749 [zus. mit De bigamiae praescriptione (s. u.)]; De bigamiae praescriptione. Von Verjährung der zwiefachen Ehe, o.O. 1685, Halle 1749 [zus. mit De crimen bigamiae (s. o.)]; Christian Thomas eröffnet der Studirenden Jugend zu Leipzig in einem Discours welcher Gestalt man denen Frantzosen in gemeinem Leben und Wandel nachahmen solle? [...], Leipzig o.J. [1687], 1701, unter dem Titel: Von Nachahmung der Franzosen. Nach den Ausgaben von 1687 und 1701, ed. A. Sauer, Stuttgart 1894 (repr. Nendeln 1968), ferner in: Kleine deutsche Schriften, ed. J. O. Opel [s. u.], 70–122; Institutiones Jurisprudentiae Divinae [...], I–III, Frankfurt/Leipzig 1688, in einem Bd. unter dem Titel: Institutionum Jurisprudentiae Divinae libri tres [...], Halle [7]1730 (repr. Aalen 1963) (dt. Drey Bücher der göttlichen Rechtsgelahrtheit [...], übers. J. G. Zeidler, I–II, Halle 1709 [repr. Hildesheim/Zürich/New York 2001 (= Ausgew. Werke IV)]; engl. »Institutes of Divine Jurisprudence« with Selections from »Foundations of Law of Nature and Nations«, trans. T. Ahnert, Indianapolis Ind. 2011); Introductio ad philosophiam aulicam, Leipzig 1688 (repr. Hildesheim/Zürich/New York 1993 [= Ausgew. Werke I]), Halle [2]1703 (dt. Einleitung zur Hof-Philosophie, Oder kurtzer Entwurff und die ersten Linien von der Klugheit zu Bedencken und vernünfftig zu schliessen [...], Frankfurt/Leipzig 1710, unter dem Titel: Einleitung zur Hoff-Philosophie [...], Berlin, Leipzig 1712 [repr. Hildesheim/Zürich/New York 1994 (= Ausgew. Werke II)]); Rechtmäßige Erörterung der Ehe- und Gewissens-Frage, Ob zwey Fürstliche Personen in [sic!] Römischen Reich, deren eine der Lutherischen, die andere der Reformirten Religion zugethan ist, [...] heyrathen können?, Halle 1689; Einleitung zu der Vernunfft-Lehre [...], Halle 1691 (repr. Hildesheim 1968, Hildesheim/Zürich/New York 1998 [= Ausgew. Werke VIII]), [5]1719 (lat. Introductio in Logicam [...], Frankfurt, Leipzig 1694); Außübung der Vernunfft-Lehre [...], Halle 1691 (repr. Hildesheim 1968, Hildesheim/Zürich/New York 1998 [= Ausgew. Werke IX]), zusammen mit Einleitung zur Vernunfft-Lehre [s. u.], [5]1719 (lat. Praxis logices [...], Frankfurt 1694); Von der Kunst vernünfftig und tugendhafft zu lieben [...], Oder Einleitung zur SittenLehre, Halle o.J. [1692] (repr. Hildesheim 1968, Hildesheim/Zürich/New York 1995 [= Ausgew. Werke X]), Halle [8]1726 (lat. Introductio in philosophiam moralem [...], Halle 1706); Confessio Doctrinae suae, ed. A. C. Roth, o.O. 1695; Erinnerung wegen einer gedruckten Schrifft, deren Titul: Christiani Thomasii Confessio Doctrinae suae, Halle 1695; Von der Artzeney wider die unvernünfftige Liebe und der zuvorher nöthigen Erkantnüß Sein Selbst. Oder, Ausübung der SittenLehre, Halle 1696 (repr. Hildesheim 1968, Hildesheim/Zürich/New York 1999 [= Ausgew. Werke XI]), [8]1726 (lat. Liber de remedio amoris irrationalis [...], Halle 1706); Das Recht evangelischer Fürsten in theologischen Streitigkeiten [...], Halle 1696, [5]1713; Summarischer Entwurff derer Grund-Lehren die einem studioso iuris zu wissen und auff Universitäten zu lernen nöthig [...], Halle o.J. [1699] (repr. Aalen 1979, Hildesheim/Zürich/New York 2005 [= Ausgew. Werke

XIII]), Halle 1706; Versuch von Wesen des Geistes Oder Grund-Lehren so wohl zur natürlichen Wissenschaft als der Sitten-Lehre [...], Halle 1699 (repr. Hildesheim/Zürich/New York 2004 [= Ausgew. Werke XII]), Halle 1709; Allerhand bissher publicierte kleine teutsche Schriften, mit Fleiss colligiret und zusammengetragen, nebst etlichen Beylagen und einer Vorrede, Halle 1701 (repr. Hildesheim/Zürich/New York 1994 [= Ausgew. Werke XXII]), ³1721, unter dem Titel: Kleine deutsche Schriften. Festschrift der Historischen Commission der Provinz Sachsen zur Jubelfeier der Universität Halle-Wittenberg am 1. bis 4. August 1894, ed. J. O. Opel, Halle 1894 (repr. Frankfurt 1983); Theses inaugurales, de crimine magiae, Halle 1701, Frankfurt/Leipzig 1753, unter dem Titel: Über die Hexenprozesse [lat./dt.], ed. R. Lieberwirth, Weimar 1967, München 1986, 1987 (dt. Kurtze Lehr-Sätze von dem Laster der Zauberey, o.O. 1702, Frankfurt/Leipzig 1717); Larva legis Aquiliae detracta actioni de damno dato [...], Halle 1703, 1750, unter dem Titel: Larva legis Aquilae. The Mask of the Lex Aquila Torn Off the Action for Damage Done. A Legal Treatise [...] [lat./engl.], ed. M. Hewett, Oxford/New York 2000; Dissertatio [...] de tortura ex foris Christianorum proscribenda [...], Halle 1705, unter dem Titel: Dissertatio [...]. Von Abschaffung der Tortur in denen Christlichen Gerichten, Halle 1743, unter dem Titel: Über die Folter. Untersuchungen zur Geschichte der Folter [lat./dt.], ed. R. Lieberwirth, Weimar 1960; Fundamenta Juris Naturae et gentium [...], Halle/Leipzig 1705, ⁴1718 (repr. Aalen 1963) (dt. Grund-Lehren des Natur- und Völker-Rechts [...], Halle 1709 [repr. Hildesheim/Zürich/New York 2009 (= Ausgew. Werke XVIII)]; engl. [Teilausg.] in: »Institutes of Divine Jurisprudence« with Selections from »Foundations of Law of Nature and Nations«, trans. T. Ahnert, Indianapolis Ind. 2011); Primae lineae de jureconsultorum prudentia consultatoria [...], Halle/Leipzig 1705, Halle ³1721 (dt. Kurtzer Entwurff der politischen Klugheit, sich selbst und anderen in allen menschlichen Gesellschafften wohl zu rathen und zu einer gescheiden Conduite zu gelangen, Frankfurt 1707 [repr. Hildesheim/Zürich/New York 2002 (= Ausgew. Werke XVI)], Frankfurt/Leipzig 1710 [repr. Frankfurt 1971, 1973], Leipzig 1744); Auserlesene und in Deutsch noch nie gedruckte Schrifften, Halle 1705, Teil II unter dem Titel: Auserlesener und dazu gehöriger Schriften zweyter Teil, Frankfurt/Leipzig 1714 (repr. Hildesheim/Zürich/New York 1998 [= Ausgew. Werke XXIII–XXIV]); Bedencken über die Frage: wieweit ein Prediger gegen seinen Landes-Herrn, welcher zugleich Summus Episcopus mit ist, sich des Binde-Schlüssels bedienen könne?, Wolfenbüttel 1706, ³1707; Cautelae circa praecognita jurisprudentia [...], Halle 1710 (repr. Hildesheim/Zürich/New York 2006 [= Ausgew. Werke XIX]) (dt. Höchstnöthige Cautelen welche ein Studiosus Juris, der sich zur Erlernung der Rechts-Gelahrtheit [...] vorbereiten will, zu beobachten hat [...], Halle 1713 [repr. Hildesheim/Zürich/New York 2006 (= Ausgew. Werke XX)], 1729); Cautelae circa praecognita jurisprudentiae ecclesiasticae [...], Halle 1712, ²1723 (dt. Höchstnöthige Cautelen welche ein Studiosus Juris, der sich zur Erlernung der Kirchen-Rechts-Gelahrtheit [...] vorbereiten will, zu beobachten hat [...], Halle 1713, ²1728); Processus Inquisitorii contra Sagas. Über die Hexenprozesse, Halle 1712, 1740, zusammen mit: Vom Laster der Zauberei [s.o.], ed. R. Lieberwirth, Weimar 1967, München 1986, 1987; Notae ad singulos institutionum et pandectarum titulos varias iuris Romani antiquitates [...], Halle 1713; Paulo plenior, historia juris naturalis [...], Halle 1719 (repr. Stuttgart-Bad Cannstatt 1972); Orationes academicae [...], Halle 1723; Programmata Thomasiana et alia scripta similia breviora [...], Halle/Leipzig 1724 (repr. Hildesheim/Zürich/New York 2010 [= Ausgew. Werke XXI]); Vollständige Erläuterung der Kirchen-Rechts-Gelahrtheit [...], I–II, Frankfurt/Leipzig 1738, ²1740 (repr. in einem Bd., Aalen 1981); Essays on Church, State, and Politics, trans. I. Hunter/T. Ahnert/F. Grunert, Indianapolis Ind. 2007. – Briefwechsel I (1679–1692), ed. F. Grunert u. a., Berlin/Boston Mass. 2017. – R. Lieberwirth, C. T.. Sein wissenschaftliches Lebenswerk. Eine Bibliographie, Weimar 1955.

Literatur: T. Ahnert, Religion and the Origins of the German Enlightenment. Faith and Reform of Learning in the Thought of C. T., Rochester N. Y. 2006; M. Albrecht, C. T.. Der Begründer der deutschen Aufklärung und seine Philosophie, in: L. Kreimendahl (ed.), Philosophen des 17. Jahrhunderts. Eine Einführung, Darmstadt 1999, 238–259; M. Beetz/H. Jaumann (eds.), T. im literarischen Feld. Neue Beiträge zur Erforschung seines Werkes im historischen Kontext, Tübingen 2003; W. Bienert, Der Anbruch der christlichen deutschen Neuzeit, dargestellt an Wissenschaft und Glauben des C. T., Halle 1934; E. Bloch, C. T., ein deutscher Gelehrter ohne Misere, Berlin 1953, Frankfurt 1967, 1968, ferner in: ders., Naturrecht und menschliche Würde, Frankfurt 1961, ²1991, 2011, 315–356; F. Brüggemann (ed.), Aus der Frühzeit der deutschen Aufklärung. C. T. und Christian Weise, Weimar 1928, Leipzig ²1938 (repr. Darmstadt 1966); C. Bühler, Die Naturrechtslehre und C. T. (1655–1728), Regensburg 1991; M. A. Cattaneo, Delitto e pena nel pensiero di C. T., Mailand 1976; M. Fleischmann (ed.), C. T.. Leben und Lebenswerk, Halle 1931 (Beiträge zur Geschichte der Universität Halle-Wittenberg II), Aalen 1979; F. Grunert, Bibliographie der T.-Literatur 1945–1988, in: W. Schneiders (ed.), C. T. (1655–1728). Interpretationen zu Werk und Wirkung [s. u.], 335–355; ders., Bibliographie der T.-Literatur 1998–1995, in: F. Vollhardt (ed.), C. T. (1655–1728). Neue Forschungen im Kontext der Frühaufklärung [s. u.], 481–496; K. Haakonssen, T., REP IX (1998), 376–380; H. Herrmann, Das Verhältnis von Recht und pietistischer Theologie bei C. T., Diss. Kiel 1971; H. Holzhey/S. Zurbuchen, C. T., in: H. Holzhey/W. Schmidt-Biggemann/V. Mudroch (eds.), Die Philosophie des 17. Jahrhunderts IV/2 (Das Heilige Römische Reich Deutscher Nation. Nord- und Ostmitteleuropa), Basel 2001, 1165–1202, 1216–1219; I. Hunter, The Secularization of the Confessional State. The Political Thought of C. T., Cambridge etc. 2007, 2011; B. Kettern, T., BBKL XI (1996), 1427–1433; M. Kühnel, Das politische Denken von C. T.. Staat, Gesellschaft, Bürger, Berlin 2001; E. Landsberg, T., ADB XXXVIII (1894), 93–102; H. Lück, C. T. (1655–1728) – Wegbereiter moderner Rechtskultur und Juristenausbildung. Rechtswissenschaftliches Symposium zu seinem 350. Geburtstag an der Juristischen Fakultät der Martin-Luther-Universität Halle-Wittenberg, Hildesheim/Zürich/New York 2006; ders. (ed.), C. T. (1655–1728). Gelehrter Bürger in Leipzig und Halle. Wissenschaftliche Konferenz [...] aus Anlass des 350. Geburtstages von C. T., Stuttgart/Leipzig 2008; ders., T., NDB XXVI (2016), 189–191; K. Luig, T., in: A. Erler u. a. (eds.), Handwörterbuch zur deutschen Rechtsgeschichte V, Berlin 1998, 186–195; K.-G. Lutterbeck, Staat und Gesellschaft bei C. T. und Christian Wolff. Eine historische Untersuchung in systematischer Absicht, Stuttgart-Bad Cannstatt 2002; L. Palazzani, Diritto naturale ed etica matrimoniale in C. T.. La questione del concubinato, Turin 1998; M. Pott, Aufklärung und Aberglaube. Die deutsche Frühaufklärung im Spiegel ihrer Aberglaubenskritik, Tübingen 1992, 78–126 (Kap. III.1 C. T.. Befreiung durch Tugend); H. Rüping, Die Naturrechtslehre des C. T. und ihre Fortbildung in der Thomasius-Schule, Bonn 1968; W. Schmidt, Ein vergessener Rebell. Leben und Wirken des C. T., München 1995; W. Schneiders, Recht, Moral und Liebe.

Untersuchungen zur Entwicklung der Moralphilosophie und Naturrechtslehre des 17. Jahrhunderts bei C. T., Diss. Münster 1961; ders., Naturrecht und Liebesethik. Zur Geschichte der praktischen Philosophie im Hinblick auf C. T., Hildesheim/New York 1971; ders. (ed.), C. T. (1655–1728). Interpretationen zu Werk und Wirkung. Mit einer Bibliographie der neueren T.-Literatur, Hamburg 1989; ders., T., in: R. Vierhaus/H. E. Bödeker (eds.), Biographische Enzyklopädie der deutschsprachigen Aufklärung, München 2002, 295–260; L. Scholz, Das Archiv der Klugheit. Strategien des Wissens um 1700, Tübingen 2002; P. Schröder, C. T. zur Einführung, Hamburg 1999; ders., Naturrecht und absolutistisches Staatsrecht. Eine vergleichende Studie zu Thomas Hobbes und C. T., Berlin 2001; G. Schubart-Fikentscher, Unbekannter T., Weimar 1954; dies., C. T.. Seine Bedeutung als Hochschullehrer am Beginn der deutschen Aufklärung, Berlin 1977; G. Steinberg, C. T. als Naturrechtslehrer, Köln/Berlin/München 2005; F. Tomasoni, C. T.. Spirito e identità culturale alle soglie dell'illuminismo europeo, Brescia 2005 (dt. C. T.. Geist und kulturelle Identität an der Schwelle zur europäischen Aufklärung, Münster etc. 2009); G. Tonelli, T., Enc. Ph. VIII (1967), 116–118; H. Tubies, Prudentia legislatoria bei C. T., Diss. München 1975; F. Vollhardt, C. T. (1655–1728). Neue Forschungen im Kontext der Frühaufklärung, Tübingen 1997; W. Wiebking, Recht, Reich und Kirche in der Lehre des C. T., Diss. Tübingen 1973; D. v. Wille, Lessico filosofico della ›Frühaufklärung‹. C. T., Christian Wolff, Johann Georg Walch, Rom 1991; E. Wolf, Grotius, Pufendorf, T.. Drei Kapitel zur Gestaltungsgeschichte der Rechtswissenschaft, Tübingen 1927; ders., C. T., in: ders., Große Rechtsdenker der deutschen Geistesgeschichte. Ein Entwicklungsbild unserer Rechtsanschauung, Tübingen 1939, 303–359 (Kap. 9 T.), [4]1963, 371–423 (Kap. 10 C. T.); M. Wundt, Die deutsche Schulphilosophie im Zeitalter der Aufklärung, Tübingen 1945 (repr. Hildesheim 1964, Hildesheim/Zürich/New York 1992), 19–60 (Kap I.1 C. Thomas). H. R. G.

Thomasius, Jakob, *Leipzig 27. Aug. 1622, †Leipzig 9. Sept. 1684, dt. Philosoph, Vertreter der Frühaufklärung (↑Aufklärung), Vater von Christian Thomasius, Lehrer von G. W. Leibniz. Ab 1640 Studium der Philosophie, Philologie und Mathematik in Wittenberg und Leipzig, 1643 Magister der Philosophie, 1652 Prof. der Moral in Leipzig (als Nachfolger des Vaters von G. W. Leibniz), 1653–1656 Prof. der Ethik, 1656 Prof. der Dialektik, 1659–1684 Prof. der Eloquenz; 1670 Rektor der Nicolaischule, 1676 Rektor der Thomasschule in Leipzig. – Zahlreiche Publikationen und weit verbreitete Lehrbücher weisen T. als Kenner der Philosophiegeschichte und der klassischen Literatur aus. Er stand der ↑Scholastik kritisch gegenüber und vertrat einen gemäßigten ↑Aristotelismus, ohne die zunehmende Bedeutung der entstehenden neuzeitlichen Naturwissenschaften zu verkennen.

Werke: Gesammelte Schriften, I–VII, ed. W. Sparn, Hildesheim/Zürich/New York 2003–2008. – Historia Salis, Leipzig 1644; Breviarium ethicorum Aristotelis ad Nicomachum, Leipzig 1658, 1674; Philosophia practica continuis tabellis in usum privatum comprehensa, Leipzig 1661, [4]1682 (repr. Hildesheim/Zürich/New York 2005 [= Ges. Schr. I]), 1702; Schediasma historicum [...], Leipzig 1665; Erotemata logica [...], Leipzig 1670, [2]1678 (repr. Hildesheim/Zürich/New York 2003 [= Ges. Schr. II]), als 4. Aufl. in: ders., Philosophia instrumentalis et theoretica, Leipzig 1705; Erotemata metaphysica [...], Leipzig 1670, [2]1678 (repr. Hildesheim/Zürich/New York 2003 [= Ges. Schr. III]), als 4. Aufl. in: ders., Philosophia instrumentalis et theoretica [s. o.]; Erotemata rhetorica [...], Leipzig 1670, [2]1678 (repr. Hildesheim/Zürich/New York 2003 [= Ges. Schr. III]), als 4. Aufl. in: ders., Philosophia instrumentalis et theoretica [s. o.]; Physica perpetuo dialogo [...], Leipzig 1670, 1678 (repr. Hildesheim/Zürich/New York 2004 [= Ges. Schr. V]), ferner in: ders., Philosophia instrumentalis et theoretica [s. o.]; Dissertatio philosophica de plagio literario [...], Leipzig 1673 (repr. Hildesheim/Zürich/New York 2008 [= Ges. Schr. VII]), 1692; Oratio opposita illorum errori, qui asserunt praeexistentiam animarum humanorum [...], Leipzig 1674; Dilucidationes Stahlianae [...], Leipzig 1676 (repr. Hildesheim/Zürich/New York 2005 [= Ges. Schr. IV]); Exercitatio di Stoica mundi exustione [...], Leipzig 1676 (repr. Hildesheim/Zürich/New York 2008 [= Ges. Schr. VII]), ferner in: ders., Dissertationes ad Stoicae philosophiae & caeteram philosophicam historiam facientes argumenti varii [s. u.], 1–22; Praefationes sub auspicia disputationum suarum in Academia Lipsiensi recitatae argumenti varii, Leipzig 1681, 1683; Dissertationes ad Stoicae philosophiae & caeteram philosophicam historiam facientes argumenti varii, Leipzig 1682; Orationes, partim ex umbone templi academici, partim ex auditorii philosophici cathedrâ recitatae, argumenti varii, Leipzig 1683; Dissertationes LXIII. Varii argumenti magnam partem ad historiam philosophicam & ecclesiasticam pertinentes, ed. C. Thomasius, Halle 1693 (repr. Hildesheim/Zürich/New York 2003 [= Ges. Schr. VI]); Acta Nicolaitana et Thomana. Aufzeichnungen von J. T. während seines Rektorates an der Nikolai- und Thomasschule zu Leipzig (1670–1684), ed. R. Sachse, Leipzig 1912. – Leibniz – T. Correspondance 1663–1672, ed. R. Bodéüs, Paris 1993. – Totok IV (1981), 374–376.

Literatur: G. Aceti, J. T. ed il pensiero filosofico-giuridico di Goffredo Guglielmo Leibniz, Jus NS 8 (1957), 259–319, separat Mailand 1957; A. Eusterschulte, Die kritische Revision des christlichen Platonismus bei J. T., in: U. Heinen (ed.), Welche Antike? Konkurrierende Rezeptionen des Altertums im Barock I, Wiesbaden 2011, 603–625; M. Gierl/H. Jaumann/W. Sparn, Einleitung, in: Ges. Schr. [s. o., Werke] I, 1–22; H. Jaumann, T., NDB XXVI (2016), 187–189; B. Krug, T., BBKL XI (1996), 1433–1434; C. Mercer, Leibniz and His Master. The Correspondence with J. T., in: P. Lodge (ed.), Leibniz and His Correspondents, Cambridge etc. 2004, 10–46; R. Sachse, T., ADB XXXVIII (1894), 107–112; ders., J. T.. Rektor der Thomasschule, Leipzig 1894; ders., Das Tagebuch des Rektors J. T., Leipzig 1896; G. Santinello, J. T. e il medioevo, Medioevo 4 (Padua 1978), 173–216; H. Schepers, T., RGG VI ([3]1962), 867. H. R. G.

Thomas Morus, ↑More, Thomas.

Thomas von Aquin, *Roccasecca 1224/1225, †Fassanova 7. März 1274, Philosoph und Theologe, einer der bedeutendsten Kirchenlehrer und Scholastiker (↑Scholastik). Ab 1229 Ausbildung bei den Benediktinern in Montecassino, danach Studium der artes liberales (↑ars). 1244 gegen den Willen seiner Familie Übertritt zu den Dominikanern. 1245 Studium in Paris, ab 1248 für vier Jahre bei Albertus Magnus in Köln, dann wieder in Paris, wo T.

einen ↑Sentenzenkommentar zu Petrus Lombardus erarbeitet. T. erhält 1256 die Lehrerlaubnis, wird aber erst 1257 auf Intervention des Papstes in die Körperschaft der Pariser Universität aufgenommen, wo er bis 1259 lehrt. Von da an verbringt er fast 10 Jahre an päpstlichen Höfen und Dominikanerklöstern in Rom. 1268 geht T. erneut nach Paris, um Ordensstreitigkeiten zu schlichten, die unter anderem auf Grund des anwachsenden ↑Aristotelismus und lateinischen ↑Averroismus entstanden. 1271 Übersiedlung nach Neapel, um an der dortigen Universität das Studium generale aufzubauen. – T.' Philosophie ist Ausdruck der im 12. Jh. einsetzenden scholastischen Bemühung, die christliche Religion für jedermann auf der Grundlage der Vernunft einleuchtend zu machen. Dabei wird den Einzelwissenschaften zunehmend Bedeutung neben der vorrangigen Betonung des Glaubens zugesprochen. Die Gewichtung eines rationalen Vorgehens findet auch in der Unterrichtsform und im Aufbau der Werke ihren Niederschlag. Der Unterricht ist in *lectio* und ↑*quaestio* gegliedert; Inhalt der *quaestio* sind textgebundene und systematische Fragen. Außerhalb des Unterrichts werden in der *quaestio disputata* Fragen, Einwände und Gegeneinwände erörtert, auf die die Antwort des Magisters eine Begründung enthalten muß.

Der philosophische Einfluß auf T. geht nicht nur von den Schriften des Aristoteles aus, sondern auch von A. M. T. S. Boethius, M. T. Cicero, Avicenna, Averroës und M. Maimonides, ferner von seinen philosophischen Vorgängern Wilhelm von Champeaux, Roscelin von Compiègne und P. Abaelard. Obgleich T. Abaelard in dem Bemühen folgt, die christliche Religion auf der Grundlage der Vernunft einleuchtend zu machen, nimmt er in der Frage der ↑Universalien (↑Universalienstreit) keine Abaelardsche, sondern eine Aristotelische Position ein. Universalien sind für T. keine existierenden, platonischen Entitäten, sondern haben ihre Grundlage in den existierenden Dingen, von denen auf Grund bestehender Ähnlichkeiten mittels ↑Abstraktion (↑abstrakt) ↑Begriffe gebildet werden, ohne daß diesen selbst Existenz zugesprochen werden könnte.

T.' Hauptwerk, die »Summa theologiae«, bleibt unvollendet. Sein Aufbau ist vom platonischen Schema des Ausgangs und der Rückkehr in Gott bestimmt. Gott (↑Gott (philosophisch)) als Ursache und Wirkung allen Geschehens bildet den heilsgeschichtlichen Rahmen. Der erste Teil der »Summa« handelt von dem Ausgang aus Gott, der zweite Teil von der Rückkehr des Menschen zu Gott als seinem Ziel und hin zu seiner Vollendung, ein Prozeß, der an die Aristotelische Konzeption der ↑Entelechie anknüpft. Der dritte Teil behandelt die Bedingungen dieser Rückkehr am Beispiel des Lebens Christi.

Durch die Aufnahme und Vermittlung der griechischen, jüdischen und islamischen Tradition auf der einen, der neuplatonischen (↑Neuplatonismus) und Aristotelischen Philosophie auf der anderen Seite wird T. zur geistigen Zentralfigur der mittelalterlichen Theologie und Philosophie, in der unterschiedliche Denkformen zu einer systematischen Einheit verschmelzen und in dieser Einheit seitdem zu einem entscheidenden Impuls des europäischen Denkens geworden sind. Historisch gesehen entsteht diese Denkform vor allem durch die Auseinandersetzung mit der Aristotelischen Philosophie, die in ihren naturphilosophischen und ethischen Teilen erst um die Wende vom 12. zum 13. Jh. bekannt wird. T. kann sich hier auf die lateinischen Übersetzungen seines Ordensbruders Wilhelm von Moerbeke stützen. Nicht nur in seinen Aristoteles-Kommentaren – zur »Metaphysik«, zur »Physik«, zu »De anima«, zur »Ethik«, zur »Politik«, zu »Peri hermeneias« –, sondern auch in seinen systematischen Werken, vor allem in der »Summa theologiae«, aber auch in vielen Einzelabhandlungen baut T. ein System der Glaubens- und Vernunftwahrheiten auf, in dem begriffliche und praktische Perspektiven und Positionen miteinander verknüpft werden, die in einer Spannung zueinander stehen und die man bis dahin zumeist als einander ausschließend angesehen hat.

Eine Grundspannung ist dabei die zwischen Glauben (↑Glaube (philosophisch)) und ↑Autorität auf der einen und ↑Vernunft und ↑Erfahrung auf der anderen Seite. Zwar ist es für T. als Theologen selbstverständlich, daß der ↑Offenbarung und dem Glauben an sie der Primat gebührt und daß daher die menschliche Vernunft die Offenbarung auch niemals außer Kraft setzen kann oder korrigieren darf, doch stehen dieser Vernunft alle Erkenntnisse offen, die sich auf die Welt der Erfahrungen beziehen und für die keine zusätzliche Quelle des Wissens erforderlich ist. So kann die Vernunft zwar die Existenz Gottes erschließen, nicht aber seinen Heilsplan. T. verwendet dafür die Formel »praeambula fidei«, d. s. die dem Glauben vorausgehenden und sie vorbereitenden Wahrheiten, die der Vernunft im Unterschied zu den Glaubens- bzw. Offenbarungswahrheiten aus eigener Kraft zugänglich sind. Durch diese Bereichsaufteilung der Erkenntnis in natürliche Erfahrungs- und Vernunfterkenntnisse auf der einen und ↑übernatürliche Offenbarungs- und Glaubenswahrheiten auf der anderen Seite ermöglicht T. die Entwicklung einer eigenständigen philosophischen und wissenschaftlichen Forschung, die zwar als Gesamtbereich dem Reich des Glaubens untergeordnet bleibt, innerhalb ihrer Grenzen aber den eigenen Einsichten folgen kann.

Die begriffliche Grundspannung, in der die Vernunft ihre Welt- und Selbsterkenntnis fassen kann, ist die zwischen Möglichkeit (↑möglich/Möglichkeit) und Wirklichkeit (↑wirklich/Wirklichkeit), ↑Akt und Potenz, und zwar in Aufnahme der Aristotelischen Unterscheidung zwischen ↑Dynamis und ↑Energeia. Wie Aristoteles betrachtet T. diese Spannung nicht nur als eine logische Unterscheidung, sondern als ein Seinsverhältnis, das die inneren Entwicklungstendenzen alles (geschaffenen) Seienden bestimmt: Das ↑Seiende ist ›dynamisch‹ in dem Sinne, daß es auf seine eigene Entwicklung hin angelegt ist, die in eigenen ›actus essendi‹ (›Seinsakten‹; ↑actus) zur jeweiligen Wirklichkeit gebracht werden. Diese Verwirklichung verdankt sich der substantiellen Form des Seienden, die sich in der Materie verkörpert. Die noch völlig ungeformte Materie ist als ↑›materia prima‹ das Prinzip der Vereinzelung (›principium individuationis‹; ↑Individuation), das der wirkenden Form als reine Möglichkeit gegenübersteht. Jede Verwirklichung ist daher die individuierende Materialisierung bzw. Verkörperung einer Form, und zwar als Ereignis (als Seinsakt) auf den Wegen der substantiell bestimmten Entwicklungstendenzen, die die mit dem Wesen des Seienden gegebenen Möglichkeiten ausmachen. Dieses dynamische Seinsverständnis (↑Sein, das), nach dem ein jedes Seiende die Verwirklichung seiner Möglichkeiten erstrebt, erlaubt die Interpretation, daß der Entwicklung von (oder zur) Wirklichkeit ein ↑Telos (↑Teleologie) zugrundeliegt, das letztlich in Gottes Schöpfungsakt und seinem weiteren Wirken in der Welt begründet ist. Die Erkenntnis der natürlichen Vernunft wird dadurch immer auch zur Erkenntnis des göttlichen Schaffens und Wirkens und ist daher eine Stütze des Glaubens. In diesem Sinne gehören auch ↑Philosophie und ↑Theologie zusammen. Auf den Menschen bezogen führt diese teleologisch-dynamische Seinsauffassung zu drei Konsequenzen:

(1) Ontologisch (↑Ontologie) ist der Mensch durch seine Wesensform (↑Wesen) – im Sinne seiner ihm eigenen Entwicklungstendenzen – bestimmt. Diese Form ist seine Seele: »anima forma corporis« (z. B. De verit. qu. 16, art. 1, ad 13). Die besondere These, die T. dabei vertritt, besteht darin, daß die Geistseele die einzige Form ist, die den Menschen in seinem ganzen Sein bestimmt. Es gibt nicht verschiedene Formen auf verschiedenen Stufen des menschlichen Seins, sondern nur eine Form, die bis zur höchsten ›Stufe‹, nämlich des geistigen Lebens, reicht und von dieser her alle anderen bestimmend durchdringt. Der ↑Verstand ist in dieser Konzeption ein Seelenvermögen, das auf seine leibliche Konstitution angewiesen ist, um Erkenntnis zu gewinnen, selbst aber unkörperlich ist. Die wechselseitige Zuordnung von Seele und Körper bedeutet dabei, daß die ↑Seele erst im Körper ihre Verwirklichung findet und der Körper nur durch die Seele seine Form gewinnt. Seele und Körper sind nicht zwei getrennte Wirklichkeiten, sondern die realen Momente eines Ganzen. Das bringt T. zunächst in die Schwierigkeit, die ↑Unsterblichkeit der Seele zu verstehen, da diese ohne den ↑Leib, den sie durchformt, in einen widernatürlichen Zustand gerät. Dieser wird aber durch die künftige Auferstehung des Leibes aufgehoben (S. c. g. IV, 79), sodaß in diesem Falle die Offenbarung ein philosophisches Problem lösen hilft.

(2) Ethisch ergibt sich aus der teleologisch-dynamischen Seinsauffassung, daß das natürliche Streben des Menschen durch seine Ausrichtung auf die Verwirklichung der ihm eigenen Entwicklungsmöglichkeiten auch auf die moralische Vervollkommnung der menschlichen Fähigkeiten zielt. Denn da die ›Natur‹ bzw. das ›Wesen‹ des Menschen von Gott geschaffen ist, ist es auch auf Gott gerichtet. Das höchste Gut, auf das sich das Streben der menschlichen Natur richtet, ist daher die Anschauung Gottes (↑visio beatifica dei), und dies auch dann, wenn es die Menschen selbst nicht wissen. Gut oder böse ist das Handeln, wenn es den Menschen dem letzten Ziel, die Anschauung Gottes zu erreichen, näherbringt oder ihn davon entfernt. Die ethische Reflexion hat diesen obersten Maßstab auf das Handeln anzuwenden und es dadurch in seiner moralischen Qualität zu beurteilen. Die Regeln, die sich daraus ergeben, nennt T. auch ›Naturgesetze‹. Diese haben an dem ewigen Gesetz (lex aeterna) Gottes teil und bilden das natürliche Sittengesetz, dem auch die staatlichen Gesetze unterworfen sind. Für den ↑Willen bzw. für durch den Willen bestimmte Handlungen ist die Beurteilungsgrundlage die Vernunft. Der Wille selbst ist eine appetitive Kraft, ein geistiges Strebevermögen, das auf das Gute ausgerichtet ist.

(3) Schließlich bildet sich die teleologisch-dynamische Seinsauffassung auch in der Erkenntnistheorie ab: Auch die Erkenntnis des Menschen versteht T. als eine Verwirklichung von Möglichkeiten. Als rezeptives Vermögen steht die sinnliche ↑Wahrnehmung am Anfang der Erkenntnisprozesse. Das ›sensibile‹, das sich durch sie bildet, wird durch den aktiven Intellekt (intellectus agens; ↑intellectus) auf seine gedankliche Form, das ›intelligibile in sensibili‹, hin erfaßt bzw. ›abstrahiert‹. Wie bei dem ontologischen Verhältnis von Seele und Körper besteht auch hier eine wechselseitige Zuordnung von sinnlicher Wahrnehmung und gedanklicher Erfassung durch die Vernunft. Nur über die sinnliche Wahrnehmung, d. h. nur durch Erfahrung, kann der Mensch eine gegenständliche Erkenntnis – sei es von der Welt oder von sich selbst – gewinnen. Auch die Vernunfterkenntnis kann »sich nur soweit erstrecken, wie sie durch die Sinnesdinge gebracht werden kann« (S. th. I, qu. 84, art. 7, resp. 3). Und da die sinnliche Wahrnehmung des Körpers bedarf, benötigt auch die Seele den Körper zur Erkenntnis. T. verabschiedet damit auch die Lehre von den angeborenen Ideen (↑Idee, angeborene) und rückt zugleich die Bedeutung des Erfahrungswissens (↑Erfahrung) in ein neues Licht. So müssen sich die begrifflichen Untersuchungen der Philosophie letztlich auf

sinnliche Wahrnehmung, d.h. auf Erfahrung, stützen lassen, weshalb auch die Philosophie die Ergebnisse der Wissenschaften berücksichtigen muß.

Die Spannung zwischen Möglichkeit und Wirklichkeit, Potenz und Akt schwindet einzig in Gott. Gott ist reine Wirklichkeit, ›actus purus‹ (↑actus), und damit auch – entsprechend der Teleologie alles Seienden – höchste ↑Vollkommenheit. Gottes Sein läßt sich daher auch nicht in den Kategorien des geschaffenen Seins, das durch seine Entwicklungsdynamik, wie sie durch das Streben nach Aktualisierung seiner Potenzen gegeben ist, darstellen. Selbst der Seinsakt, der die Möglichkeiten zu einer bestimmten Wirklichkeit bringt und dem dadurch ein Moment des Schöpferischen zukommt, findet sich so nicht in Gott. Gott ist bereits das Sein, das in sich selbst eine vollständige Wirklichkeit ist und nicht einmal als Verwirklichung von Möglichkeiten beschrieben werden kann. So können denn Aussagen, die aus der Beschreibung des geschaffenen Seins gewonnen worden sind, zwar nicht ↑univok auf Gott übertragen werden, aber sie werden durch diese Übertragung auch nicht ↑äquivok, sondern bleiben zumindest ›analog‹ (↑analogia entis). Es ist dies die Analogie, die zwischen der reinen Wirklichkeit und einer Verwirklichung von Möglichkeiten besteht: als unendliche Steigerung von geschaffener Wirklichkeit und Vollkommenheit und damit als Grenze der Beschreibungsmöglichkeiten überhaupt, niemals als etwas wirklich Erreichtes. Das Äußerste der menschlichen Erkenntnis von Gott besteht darin, daß sie weiß, kein Wissen von Gott zu besitzen: »quod sciat se deum nescire« (De potentia qu. 7 art. 5); »wir können nämlich von Gott nicht erfassen, was er ist, sondern nur, was er nicht ist und wie anderes sich zu ihm verhält« (S. c. g. I, 30, vgl. I, 14). Daraus ergibt sich für T. auch ein Grund dafür, den ontologischen ↑Gottesbeweis abzulehnen. Die ›quinque viae‹ zur Erkenntnis der Existenz Gottes sind sämtlich Schlüsse aus der Existenz und dem Wesen des geschaffenen Seins auf dessen erste Ursache (S. th. I, qu. 2, art. 3; vgl. auch S. c. g. I, 13). Diese erste Ursache (↑causa) selbst aber ist nicht schon aus ihrem Begriff zu erkennen.

Eine besondere Wirkung erreichte T. durch die systematische Verbindung der Wissenschaften, der Philosophie und der Theologie. Sie ermöglichte und förderte eigenständige Untersuchungen, die weithin ohne die dogmatische Einmischung der Theologie geführt werden konnten und doch den Primat der Theologie unangetastet ließen (↑Thomismus). Ihre gedankliche Kraft gewann diese Verbindung aus dem teleologisch-dynamischen Seinsverständnis, das ein schöpferisches Denken nicht nur zuließ, sondern geradezu erforderte, um die Entwicklungstendenzen im jeweiligen Seienden – das Zukünftige im Gegenwärtigen, das sich noch nicht Zeigende, aber schon Wirkende – zu erfassen. In dem Augenblick, in dem dieses teleologisch-dynamische Seinsverständnis nicht mehr vollzogen wurde, verlor auch die Verbindung zwischen den Wissenschaften, der Philosophie und der Theologie die befruchtende Lebendigkeit, die sie bei T. besaß. Statt der jeweils neu zu vollziehenden Bezüge wurden in der nachfolgenden Schulphilosophie Klassifikationen vorgegeben, die sich zwar auf die Formulierungen des T.' beriefen, aber das Spannungsverhältnis von Potenz und Akt nicht mehr als eine Denkbewegung zu vollziehen suchten, sondern nur noch als eine begriffliche Unterscheidung.

Vor allem zeigt sich dies im Verständnis des ›actus essendi‹, des Seinsaktes. Diesem Begriff liegt die Unterscheidung zwischen dem bloßen Dasein des Seienden (↑existentia) und dessen Eigenschaften (↑essentia) zugrunde. Bei T. stellt sich der Seinsakt als Verwirklichungsereignis dar, das sich nicht aus den vorhandenen Möglichkeiten ergibt, sondern diese zu einer neuen Qualität der Konkretion, der Existenz eines Seienden in seiner materiell bedingten Individuation und seiner durch die Form bestimmten Einheit, bringt. Mit diesem Ereignis gelangt etwas in seiner Ganzheit Neues in die Welt. In der T. folgenden Schulphilosophie tritt die Verwirklichung bloß zum Wesen des Seienden hinzu, um die Existenz eben dieses bereits bestimmten Wesens zu bestätigen. – Gerade die integrative Leistung seines Denkens machte T. zum geeigneten Schulautor. Deswegen wurde er auch von der neuzeitlichen Philosophie vornehmlich nur noch in seiner scholastischen (↑Scholastik) Fixierung wahrgenommen. Erst im 20. Jh. wurde seine Philosophie wiederentdeckt und in ihrer systematischen Differenziertheit und gedanklichen Originalität neu erkannt.

Werke: Opera omnia, I–XVIII, ed. V. Justinianus/T. Manriquez, Rom 1570–1571 (Editio Piana); Opera, I–XXVIII, Venedig 1745–1760; Opera omnia ad fidem optimarum editionum accurate recognita, I–XXV, Parma 1852–1873 (repr. New York 1948–1950); Opera omnia, I–XXXIV, ed. E. Fretté/P. Maré, Paris 1871–1880 (Editio Vivès); Opera omnia. Iussu Leonis XIII P. M. edita cura et studio Fratrum Praedicatorum, I–L, Rom (ab 1982: Rom, Paris) 1882ff. (Editio Leonina; erschienen Bde I–XVI, XXII–XXIV/2, XXV–XXVI, XXVIII, XL–XLIV/1, XLV, XLVII–XLVIII, L); Opera omnia ut sunt in Indice Thomistico, I–VII, ed. R. Busa, Stuttgart-Bad Cannstatt 1980. – De ente et essentia. Opusculum, Paris 1252–1256, unter dem Titel: Tractatus de ente & essentia [zusammen mit Questiones famosissimi doctoris Antonii Andree de tribus principiis rerum naturalium], Padua 1475, unter dem Titel: Tractatus sancti Thome de ente et essentia seu de quidditatibus rer[um] intitulatus, Köln 1485, 1489, unter dem Titel: Aureum opus de ente et essentia, Venedig 1496, unter dem Titel: De ente et essentia, Pavia 1498, ed. M. de Maria, Rom 1907, ed. L. Baur, Münster 1926, [2]1933, ed. C. Boyer, 1933, [2]1945, [5]1970, ferner in: Opuscula philosophica [s.u.], 5–18, ferner in: Opera omnia. Editio Leonina [s.o.] XLIII, 367–381 (dt. Des hl. T. v. A. Abhandlung »Vom Sein und von der Wesenheit«, ed. F. A. M. Meister, Freiburg 1935, unter dem Titel: Über das Sein und das Wesen/De ente et essentia [lat./dt.], ed. R. Allers, Wien 1936,

Köln/Olten [2]1953 [repr. Darmstadt 1965, 1991], [3]1956, Darmstadt 1961, unter dem Titel: De ente et essentia/Das Seiende und das Wesen [lat./dt.], ed. F. L. Beeretz, Stuttgart 1979, [2]1987, [3]2008, unter dem Titel: Über Seiendes und Wesenheit/De ente et essentia [lat./dt.], ed. H. Seidl, Hamburg 1988, unter dem Titel: De ente et essentia/Über das Seiende und das Wesen [lat./dt.], übers. W. Kluxen, Freiburg/Basel/Wien 2007, [dt./lat.] übers. E. Stein, ed. B. Kern, Wiesbaden 2014; engl. On Being and Essence, ed. A. A. Maurer, Toronto 1949, [2]1968, 1983, unter dem Titel: Aquinas on Being and Essence, ed. J. Bobik, Notre Dame Ind. 1966; franz. L' être et l'essence [lat./franz.], übers. C. Capelle, Bourges 1947, Paris [2]1956, [9]1991, unter dem Titel: L' être et l'essence. Le vocabulaire médiéval de l'ontologie. Deux traités »De ente et essentia« de T. d'A. et Dietrich de Freiberg, übers. A. de Libera/C. Michon, Paris 1996); Scriptum super libros sententiarum, I–IV, Paris 1252/53–1254, Venedig 1503, 1586, ed. P. Mandonnet/M. F. Moos, Paris 1929–1947 (dt. Sentenzen des T. v. A. [Auszüge], ed. J. Pieper, München 1965; engl. [Teilausg.] Aquinas on Creation. Writings on the »Sentences« of Peter Lombard. Book 2, Distinction 1, Question 1, trans. S. E. Baldner/W. E. Carroll, Toronto 1997, unter dem Titel: On Love and Charity. Readings from the Commentary on the Sentences of Peter Lombard, trans. P. A. Kwasniewski/T. Bolin/J. Bolin, Washington D. C. 2008); De principiis naturae, vermutlich Paris 1252–1256, unter dem Titel: Tractatus de pricipiis rerum naturalium, in: De universalibus [...], Köln o.J. [um 1472], unter dem Titel: Tractatus de quatuor causis, in: De universalibus, Straßburg o.J. [um 1479/1480], unter dem Titel: Tractatus [...] De princip[ii]s rerum naturaliu[m] [...], Leipzig o.J. [um 1486/1489], unter dem Titel: De principiis naturae, ed. J. J. Pauson, Freiburg 1950, unter dem Titel: De principiis naturae ad fratrem Sylvestrum, in: Opera omnia. Editio Leonina [s. o.] XLIII, 37–47 (franz. Les principes de la réalité naturelle, übers. J. Madiran, Paris 1963, 1994; engl. Aquinas on Matter and Form and the Elements. A Translation and Interpretation of the »De principiis naturae« and the »De mixtione elementorum« of St. T. Aquinas, trans. J. Bobik, Notre Dame Ind. 1998, 2006; dt. De principiis naturae/Die Prinzipien der Wirklichkeit [lat./dt.], übers. R. Heinzmann, Stuttgart/Berlin/Köln 1999, 2010); Contra impugnantes Dei cultum et religionem, Paris 1256, unter dem Titel: Tractatus [...] contra impugna[n]tes religionem, Paris 1507, unter dem Titel: Liber contra impugnantes dei cultum et religionem, in: Opera omnia. Editio Leonina [s. o.] XLI, A49–A166 (engl. Against Those Who Attack the Religious Profession, in: An Apology for the Religious Orders, trans. J. Proctor, London 1902, Westminster Md. 1950; franz. Contre les ennemis du culte de Dieu et de l'état religieux [lat./franz.], übers. J.-P. Torrell, in: ders., »La perfection, c'est la charité«. Vie chrétienne et vie religieuse dans l'Eglise du Christ, Paris 2010, 55–508); Quaestiones disputatae De veritate, Paris 1256–1259, unter dem Titel: Questionu[m] de veritate disputataru[m], Köln 1475, unter dem Titel: Questio est de veritate, Rom 1476, unter dem Titel: Summa de veritate, Köln 1499, ferner als: Quaestiones disputatae et quaestiones duodecim quodlibetales [s. u.], III–IV (De veritate), unter dem Titel: Quaestiones disputatae I (De veritate) [s. u.], ed. M. P. Mandonnet, ed. R. M. Spiazzi, Turin/Rom [8]1949, [10]1964 (= Quaestiones disputatae I), unter dem Titel: Quaestiones disputatae de veritate, als: Opera omnia. Editio Leonina [s. o.] XXII/1–3 (dt. Untersuchungen über die Wahrheit, ed. E. Stein, I–II, Breslau 1931/1932, Louvain/Freiburg [2]1952/1955 [= Edith Stein Werke III–IV], Freiburg/Basel/Wien 2008 [= Edith-Stein-Gesamtausg. XXIII–XXIV], [teilw.] unter dem Titel: Von der Wahrheit/De veritate (Quaestio I) [lat./dt.], ed. A. Zimmermann, Hamburg 1986, unter dem Titel: Über den Lehrer/De magistro. Quaestiones disputatae de veritate, Quaestio XI, in: Über den Lehrer/De magistro. Quaestiones disputatae de veritate, Quaestio XI. Summa theologiae Pars I, q. 117, articulus 1 [lat./dt.], ed. G. Jüssen/G. Krieger/J. H. J. Schneider, Hamburg 1988, 2006, 3–74, unter dem Titel: Quaestiones disputatae. Über die Wahrheit/De veritate V [q. 21–24], ed. T. A. Ramelow, Hamburg 2013, unter dem Titel: Quaestiones disputatae. Über die Wahrheit/De veritate VI [q. 25–29], ed. P. D. Hellmeier/J. A. Tellkamp/A. Schönfeld, Hamburg 2014; engl. Truth. Translated from the Definite Leonine Text, I–III, trans. R. W. Mulligan/J. V. McGlynn/R. W. Schmidt, Chicago Ill. 1952–1954, Indianapolis Ind. 1995; franz. Questions disputées sur la vérité, Paris 1983ff. [erschienen: Question XI (Le maître), ed. B. Jollès, 1983, 1992, 2016; Questions XV–XVII (Raison supérieur et raison inférieur, De la syndérèse, De la conscience), ed. J. Tonneau, 1991; Question IV (Le verbe), ed. B. Jollès, 1992; Question X (L' esprit), ed. K. S. Ong-Van-Chung, 1998; Question XII (La prophétie), ed. S.-T. Bonino/J.-P. Torrell, 2006; Questions V–VI (La providence, La predestination), ed. J.-P. Torrell/D. Chardonnens, 2011; Question XXIX (Le grâce du Christ], ed. M.-H. Deloffre, 2015]); Quaestiones de duodecim quodlibet, I–XII, VII–XI, Paris 1256–1259, I–VI, XII 1268–1272, unter dem Titel: Q[uaestiones] quodlibeta[les] duodecim, Rom 1470, unter dem Titel: Quaestionu[m] de [...] xii [...] quodlibet, Köln 1471, unter dem Titel: Summa de quolibet, Nürnberg 1474, unter dem Titel: Incipiunt tituli questionum de duodecim quodlibet, Ulm 1475, Venedig 1476, unter dem Titel: Quaestiones quodlibetales, ed. P. Mandonnet, Paris 1926, ed. R. M. Spiazzi, Turin/Rom 1956, unter dem Titel: Quaestiones de quolibet, als: Opera omnia. Editio Leonina [s. o.] XXV/1–2 (engl. Quodlibetale Questions 1 and 2, ed. S. Edwards, Toronto 1983); Expositio super librum Boethii de trinitate, Paris 1258–1259, unter dem Titel: Tractatus seu expositio [...] super Boeci de trinitate, in: Summa Opusculorum beati Thome, o.O., o.J. [um 1485], unter dem Titel: Q[uesti]o[n]es sup. librum Boetij de trinitate, in: Preclarissima opuscula, Mailand 1488, ferner in: Opuscula divi Thome Aquinatis, Venedig 1490, [Teilausg.] unter dem Titel: In librum Boethii de Trinitate Quaestiones quinta et sexta. Nach dem Autograph Cod. Vat. lat. 9850, ed. P. Wyser, Freiburg/Louvain 1948, unter dem Titel: Expositio super librum boethii de trinitate. Ad fidem codicis autographi nec non ceterorum codicum manu scriptorum, ed. B. Decker, Leiden 1955, [2]1959, 1965, unter dem Titel: Super Boetium de Trinitate, in: Opera omnia. Editio Leonina [s. o.] L, 73–171 (dt. Über die Trinität. Eine Auslegung der gleichnamigen Schrift des Boethius/In librum Boethii de Trinitate Expositio, übers. H. Lentz, ed. Friedrich-von-Hardenberg Institut, Stuttgart 1988, unter dem Titel: Expositio super librum Boethii De trinitate/Kommentar zum Trinitätstraktat des Boethius [lat./dt.], I–II, ed. P. Hoffmann/H. Schrödter, Freiburg/Basel/Wien 2006/2007; engl. [Teilausg.] The Trinity and the Unicity of the Intellect [In librum Boethii de trinitate expositio – De unitate intellectus], ed. R. E. Brennan, St. Louis Mo./London 1946, unter dem Titel: The Division and Methods of the Sciences. Questions V and VI of His Commentary on the »De trinitate« of Boethius, trans. A. Maurer, Toronto 1963, 1986, unter dem Titel: Faith, Reason and Theology. Questions I–IV of His Commentary on the »De trinitate« of Boethius, trans. A. Maurer, Toronto 1987, unter dem Titel: The Trinity. An Analysis of St. T. Aquinas' »Expositio« of the »De trinitate« of Boethius, Leiden/New York/Köln 1992; franz. [Teilausg.] Divisions et méthodes de la science spéculative. Physique, mathématique et métaphysique. Introduction, traduction et notes de »l'Expositio super librum Boethii de Trinitate q. V–VI«, übers. B. Souchard, Paris/Budapest/Turin 2002); Summa contra Gentiles (auch: Liber de veritate catholicae fidei contra errores infidelium), I–IV, Paris, Neapel, Orvieto 1258–1265, unter dem Titel: De veritate catholice fidei contra errores infidelium, Straßburg o.J. [nicht nach 1474], unter dem Titel: Liber de ueritate catholice fidei contra errores gentilium, Rom 1475, unter dem Titel: De veritate catholice fidei [contra] errores gentili[um], Venedig 1476, unter dem Titel: De veritate catholicae fidei contra gentiles, seu summa philosophica, ed. P. C. Roux-Lavergne u. a., I–II, Paris, Regensburg o.J. [1850], Nimes, Paris 1853/1854, ferner als: Opera omnia. Editio Leonina [s. o.] XIII–XV, unter dem Titel: Liber de veritate Catholicae fidei contra errores fidelium seu Summa contra gentiles. Textus Leoninus diligenter recognitus, I–III, ed. C. Pera/P. Marc/P. Caramello, Turin/Rom 1961–1967 (franz. Somme de la foi catholique contre les gentils, I–III, übers. P. F. Ecalle, Paris 1854–1856, unter dem Titel: Somme contre les gentils. Livre sur la vérité de la foi catholique contre les erreurs des infidels, I–IV, übers. V. Aubin/C. Michon/D. Moreau, Paris 1999, [2]2006; engl. The Summa contra Gentiles. Literally Translated by the English Dominican Fathers from the Latest Leonine Edition, I–IV [in 5 Bdn.], London, New York 1923–1929, unter dem Titel: On the Truth of the Catholic Faith, I–IV [in 5 Bdn.], ed. A. C. Pegis u. a., Garden City N. Y. 1955–1957 [repr. unter dem Titel: Summa contra gentiles, Notre Dame Ind. 1975]; dt. Die Summe wider die Heiden, I–IV, übers. H. Nachod, Erläuterungen v. A. Brunner, Leipzig 1935–1937, unter dem Titel: Summa contra gentiles oder die Verteidigung der höchsten Wahrheiten, I–VI, ed. H. Fahsel, Zürich 1942–1960, unter dem Titel: Summa contra gentiles/Summe gegen die Heiden [lat./dt.], I–IV, ed. K. Albert u. a., Darmstadt 1974–1996, 2001, 2005, in einem Bd., [4]2013); Quaestiones de potentia Dei, Rom 1265–1266, unter dem Titel: Questiones de potencia dei, Köln 1476, unter dem Titel: Questiones [...] de potentia dei, Venedig 1478, ferner als: Quaestiones disputatae et quaestiones duodecim quodlibetales [s. u.] I, ferner in: Quaestiones disputatae [s. u.] II, ed. P. Bazzi, 1–276 (engl. On the Power of God, I–III, London 1932–1934, [Teilausg.] unter dem Titel: On Creation. Quaestiones disputatae de potentia Dei, Q. 3, trans. S. C. Selner-Wright, Washington D. C. 2011, unter dem Titel: The Power of God, trans. R. J. Regan, Oxford/New York 2012; dt. Über Gottes Vermögen/De potentia Dei [lat./dt.], I–II, übers. S. Grotz, Hamburg 2009); Compendium Theologiae, Teil I, Paris 1265–1267, Teil II, Neapel ab 1771, unter dem Titel: Compendium, in: Summa Opusculorum beati Thome, o.O., o.J. [um 1485], unter dem Titel: Compendium theologie [...] ad fratrem Reginaldum, in: Preclarissima opuscula, Mailand 1488, unter dem Titel: Compendium theologie, in: Opuscula divi Thome Aquinatis, Venedig 1490, unter dem Titel: Compendium Theologiae, ed. F. J. H. Ruland, Paderborn 1863, unter dem Titel: Compendium Theologiae seu brevis compilatio theologiae ad fratrem Raynaldum, in: Opera omnia. Editio Leonina [s. o.] XLII, 75–205 (dt. Compendium Theologiae [lat./dt.], ed. F. Abert, Würzburg 1896, unter dem Titel: Grundriß der Heilslehre. Compendium theologiae des hl. T. v. Aquino, übers. S. Soreth, Augsburg 1928, unter dem Titel: Compendium theologiae/Grundriß der Glaubenslehre [lat./dt.], übers. H. L. Fäh, ed. R. Tannhof, Heidelberg 1963; franz. Bref résumé de la foi chrétienne/Compendium theologiae [lat./franz.], ed. J. Kreit/A. Lizotte, Paris 1985, 1993, unter dem Titel: Abrégé de théologie. Compendium theologiae, ou, bref résumé de théologie pour le frère Raynald [lat./franz.], übers. J.-P. Torrell, Paris 2007; engl. Compendium of Theology, trans. R. J. Regan, Oxford/New York 2009); Summa theologiae [Einheitssacht.], I–III (Teil II in 2 Teilen) Rom, Viterbo, Paris, Neapel 1265–1273, I, ed. F. de Nardo, Padua 1473, Venedig 1477, II/1, Mainz 1471, Venedig 1478, II/2, Straßburg o.J. [ca. 1463], Mainz 1467, Basel o.J. [ca. 1474], Venedig 1475, III, Basel 1474, Venedig 1478 , I–III (in vier Bdn.), Basel 1485, I–III (in zwei Bdn.), Nürnberg 1496, [auch in vier Bdn. und in einem Bd.] ed. A. di Natalis Raguseus, mit Kommentar von T. de Vio Cajetan, Hagenau/Straßburg, 1512, I–III, Rom 1570 (= Opera omnia. Editio Piana X–XII), unter dem Titel: Summa totius theologiae cum commentariis Thomas de Vio Caietanus, I–VI, Venedig 1588 (repr. Hildesheim/Zürich/New York 2000–2003), unter dem Titel: Summa theologiae [Einheitssacht.], I–IV und ein Suppl.bd., Parma 1852–1857 (= Opera omnia ad fidem optimarum editionum accurate recognita I–IV), I–VI, Paris 1871–1873, Neuausg. 1895 (= Opera omnia. Editio Vivès I–VI), I–IX, Rom 1888–1906 (= Opera omnia. Editio Leonina IV–XII), I–V, ed. Instituti Studiorum Medievalium Ottaviensis ad textum S. Pii Pp V. jussu confectum recognita [Commissio Piana], Ottawa Ont. 1941–1945, 1953 [Piana-Text v. 1570 mit Leonina-Varianten], I–IV, ed. P. Caramello, Rom/Turin 1948, 1952–1953, 1962–1963, 1986 [Marietti-Ausgabe, Leonina-Text ohne kritischen Apparat], I–V, ed. Fratres Praedicatorum, Madrid 1951–1952, [3]1961–1965, I–II, [4]1978/85, I, [5]1994 [Leonina-Text ohne kritischen Apparat], in einem Bd., Alba/Rom 1962, Mailand 1988 [Editiones Paulinae, Leonina-Text ohne kritischen Apparat], in einem Bd., ed. R. Busa, Rom/Stuttgart-Bad Cannstatt 1980 (= Opera omnia ut sunt in Indice Thomistico II), 184–296 (engl. The »Summa theologica« of S. T. Aquinas, Literally Translated by the Fathers of the English Dominican Province, I–XXII, London 1911–1922, Chicago Ill. 1952, unter dem Titel: Summa theologiae. Latin Text and English Translation, Introductions, Notes, Appendices and Glossaries, ed. T. Gilby/T. C. O'Brien, I–LXI, London, New York 1964–1981, unter dem Titel: Summa Theologica. First Complete American Editon, I–III, New York 1948 [repr. als: St. T. Aquinas Summa Theologica. Complete English Edition, I–V, Westminster Md., Notre Dame Ind. 1981, Notre Dame Ind. 2000]; franz. Somme théologique [lat./franz.], I–LXVIII, übers. A. G. Sertillanges u. a., Paris 1925–1967, I–IV, ed. A. Raulin, übers. A.-M. Rouguet, Paris 1984; dt. Summe der Theologie, I–III, ed. J. Bernhart/W. Hohn, Leipzig 1934–1938, Stuttgart 1954, 1985, unter dem Titel: Die deutsche T.-Ausgabe. Vollständige, ungekürzte dt.-lat. Ausg. der Summa theologica, ed. Akademiker-Verband bis 1938, ab 1940 ed. Albertus-Magnus-Akademie Walberberg bei Köln, teilw. 2. Aufl., I–XXXVII, Salzburg/Leipzig 1933–1940, Heidelberg, Graz/Wien Köln 1941ff. [erschienen Bde I–VIII, X–XV, XVIIA-B–XVIII, XX–XXXII, XXXV–XXXVI u. 2 Erg.bde], unter dem Titel: Middle High German Translation of the Summa Theologica, ed. B. Q. Morgan/F. W. Strothmann, Stanford Calif., London 1950 [repr. New York 1967]); Expositio super Dionysium De divinis nominibus, Rom 1266–1267, unter dem Titel: In librum B. Dionysii de divinis nominibus, Lyon 1588, unter dem Titel: In librum beati Dionysii de divinis nominibus expositio, ed. C. Pera, Turin/Rom 1950, 2001; De regno ad regem Cypri [auch: De regimine principum], Rom 1266–1267, unter dem Titel: Liber [...] de rege et regno ad regem Cypri, Utrecht 1473, unter dem Titel: Tractat[us] [...] de regimi[n]e principu[m], Köln o.J. [um 1475], unter dem Titel: Tractatus [...] de regimine principum, Köln 1480, unter dem Titel: De regimine principum ad regem cypri et de regimine Judaeorum ad ducissam Brabantiae, ed. J. Mathis, Turin 1924, 1948, 1971, unter dem Titel: De regno ad regem Cypri, in: Opera omnia. Editio Leonina [s. o.] XLII, 447–471 (dt. Wahre Staatskunst, oder zwey Bücher von der Herrschaft der Fürsten, an den König von Cypern, Augsburg 1772, unter dem Titel: Über die Herrschaft der Fürsten, übers. F. Schreyvogl, Stuttgart 1971, 2008; franz. Du gouvernement royal. Traduction de la partie authentique du De Regimine principum, übers. C.

Roguet, Paris 1926, mit Untertitel: Traduction du »De regno«, 1931, unter dem Titel: La royauté. Au roi de Chypre [lat./franz.], ed. D. Carron/V. Decaix, Paris 2017; engl. On Governance of Rulers, trans. G. B. Phelan, Toronto 1935, unter dem Titel: On Kingship to the King of Cyprus, trans. G. B.Phelan/I. T. Eschmann, Toronto 1949 [repr. Amsterdam 1967, Toronto 1986], unter dem Titel: On the Government of Rulers. De Regimine Principum. Ptolemy of Lucca with Portions Attributed to T. Aquinas, trans. J. M. Blythe, Philadelphia Pa. 1997); Quaestiones disputatae De anima, Paris 1266–1267, unter dem Titel: Questiones dignissime de a[n]i[m]a, Venedig 1472, unter dem Titel: Quaestiones disputatae De anima, ed. F. Hedde, Paris, Fribourg 1912, ferner in: Quaestiones disputatae [s. u.], II, ed. P. Bazzi, 279–362, unter dem Titel: Quaestiones de anima, neu ed. J. H. Robb, Toronto 1968, unter dem Titel: Quaestiones disputatae de anima, ed. B. C. Bazán, Rom, Paris 1996 (= Opera omnia. Editio Leonina XXIV/1) (engl. The Soul, trans. P. Rowan, St. Louis Mo. 1949, [2]1951, unter dem Titel: Questions on the Soul, trans. J. H. Robb, Milwaukee Wis. 1984, 2005); Quaestiones disputatae de malo, Rom 1266–1270/1272, unter dem Titel: Questiones de malo disputate, Köln o.J. [1471/1472], ferner in: Quaestiones disputatae et quaestiones duodecim quodlibetales [s. u.] II, 437–699, ferner in: Quaestiones disputatae [s. u.] II, ed. P. Bazzi, 439–699, unter dem Titel: Quaestiones disputatae de malo, als: Opera omnia. Editio Leonina [s. o.] XXIII (franz. Questions disputées sur le mal [lat./franz.], I–II, ed. R. P. Elders, Paris 1992; engl. On Evil, trans. J. Oesterle, Notre Dame Ind. 1995, 2001, unter dem Titel: The De malo of T. Aquinas [lat./engl.], übers. R. Regan, Oxford/New York 2001, unter dem Titel: On Evil, trans. R. Regan, Oxford/New York 2003; dt. Quaestiones disputatae de malo/ Untersuchungen über das Böse [lat./dt.], auf der Grundlage der Ed. Leonina übers. C. Barthold/P. Barthold, Mülheim/Mosel 2009, unter dem Titel: Vom Übel/De malo, I–II, ed. S. Schick, Hamburg 2009/2010); De spiritualibus Creaturis, Rom 1267–1268, unter dem Titel: Questiones de spiritualibus creaturis, in: De potentia dei, Venedig 1478, unter dem Titel: Tractatus de spiritualibus creaturis, ed. L. W. Keeler, Rom 1938, 1959, ferner in: Quaestiones disputatae [s. u.] II, ed. P. Bazzi, 365–415, unter dem Titel: Quaestio disputata de spiritualibus creaturis, ed. J. Cos, Rom, Paris 2000 (= Opera omnia. Editio Leonina XXIV/2) (engl. On Spiritual Creatures, trans. M. C. Fitzpatrick, Milwaukee Wis. 1949, 1969); In Aristotelis librum de anima Commentarium, Paris 1267–1268, unter dem Titel: Commentaria [...] sup[er] libros aristotelis de a[n]i[m]a, Venedig 1481, 1485, unter dem Titel: In Aristotelis librum De anima commentarium, ed. A. M. Pirotta, Turin/Rom 1925, [4]1959, unter dem Titel: Sentencia libri De anima, als: Opera omnia. Editio Leonina [s. o.] XLV/1 (franz. Commentaire du Traité de l'ame d'Aristote, übers. A. Thiéry, Louvain 1922, übers. J.-M. Vernier, Paris 1999, [2]2007; dt. Die Seele. Erklärungen zu den drei Büchern des Aristoteles »Über die Seele«, übers. A. Mager, Wien 1937 [repr. Heusenstamm 2012]; engl. Aristotle's De Anima in the Version of William of Moerbeke and the Commentary of St. T. Aquinas, ed. K. Foster/S. Humphries, London, New Haven Conn. 1951, unter dem Titel: Commentary on Aristotle's De Anima, Notre Dame Ind. 1994, unter dem Titel: A Commentary on Aristotle's »De anima«, trans. R. Pasnau, New Haven Conn./London 1999); In Aristotelis libros De sensu et sensato et De memoria et reminiscentia commentarium, Paris 1268–1270, unter dem Titel: De sensu et sensatu, in: Opuscula ph[ilosoph]o[rum] pri[n]cipis Aristotelis per diuine thome aquinatis co[m]mentaria, Padua 1493, unter dem Titel: In Aristotelis libros de sensu et sensato, de memoria et reminiscentia commentarium, ed. A. M. Pirotta, Turin 1928, ed. R. M. Spiazzi, [3]1949, 1973, unter dem Titel: Sentencia libri De sensu et sensatu, cuius secundus tractatus est De memoria et reminiscencia, als: Opera omnia. Editio Leonina [s. o.] XLV/2 (engl. Commentaries on Aristotle's »On Sense and What Is Sensed« and »On Memory and Recollection«, trans. K. White, Washington D. C. 2005); In octo libros de physico auditu sive Physicorum Aristotelis commentaria, Paris 1268–1279, unter dem Titel: Co[m]me[n]tu[m] [...] in libros ph[is]ico[rum] Ar[istotelis], Venedig 1480, unter dem Titel: Commentaria [...] super libros physico[rum], 1492, unter dem Titel: Commentaria in octo libros Physicorum Aristotelis, als: Opera omnia. Editio Leonina [s. o.] II, unter dem Titel: In octos libros De physico auditu sive physicorum Aristotelis commentaria, ed. A. M. Pirotta, Neapel 1953, unter dem Titel: In octo libros Physicorum Aristotelis expositio, ed. M. Maggiòlo, Turin/Rom 1954, 1965 (engl. Commentary on Aristotle's Physics, trans. R. J. Blackwell/R. J. Spath/E. Thirlkel, London, New Haven Conn. 1963, Notre Dame Ind. 1999; franz. Physiques d'Aristote. Commentaire de T. d'Aquin, I–II, übers. G.-F. Delaporte, Paris etc. 2008); Commentaria in octo libros Politicorum Aristotelis, Paris 1269–1272, unter dem Titel: In libros polithicorum Aristotelis comentum, Barcelona 1478, unter dem Titel: Politica, Rom 1492, unter dem Titel: In libros politicorum Aristotelis expositio, ed. R. M. Spiazzi, Rom/Turin 1951, 1966, unter dem Titel: Sententia libri politicorum, in: Opera omnia. Editio Leonina [s. o.] XLVIII, A67–A205; (franz. [Teilausg.] Préface à la »Politique« [lat./franz.], ed. H. Kéraly, Paris 1974, unter dem Titel: Commentaire du traité de la politique d'Aristote, übers. S. Pronovost, Avignon 2017; engl. Commentary on Aristotle's Politics, Indianapolis Ind./Lancaster 2007; dt. Der Kommentar des T. v. A. zur »Politik« des Aristoteles, übers. B. Stengel, Marburg 2011, unter dem Titel: Kommentar zur Politik des Aristoteles, Buch I/Sententia libri Politicorum I [lat./dt.], ed. A. Spindler, Freiburg/Basel/Wien 2015); Tractatus de unitate intellectus contra Averroistas, Paris 1270, unter dem Titel: Tractatus de vnitate i[n]tellectus [...] co[n]tra come[n]tatorem Aueroim, Treviso 1476, Padua 1486, unter dem Titel: Tractatus de unitate intellectus contra Averroistas, ed. L. W. Keeler, Rom 1936, [2]1957, unter dem Titel: De unitate intellectus contra Averroistas, in: Opera omnia. Editio Leonina [s. o.] XLIII, 289–314 (engl. On the Unity of the Intellect Against the Averroists, ed. B. H. Zedler, Milwaukee Wis. 1968, unter dem Titel: Aquinas Against the Averroists. On There Being Only One Intellect, trans. R. McInerny, West Lafayette Ind. 1993; dt. Über die Einheit des Geistes gegen die Averroisten/De unitate intellectus contra Averroistas. Über die Bewegung des Herzens/De motu cordis [lat./dt.], ed. W.-U. Klünker, Stuttgart 1987, 19–99; franz. L'Unité de l'intellect contre les averroïstes [lat./franz.], ed. A. de Libera, Paris 1994, [2]1997); De perfectione spiritualis uitae, Paris 1270, unter dem Titel: Tractat[us] sancti Thome de p[er]f[ect]io[n]e stat[us] sp[irit]ualis, Köln 1472, unter dem Titel: Liber de perfectione spiritualis vitae, in: Opera omnia. Editio Leonina [s. o.] XLI, B67–B111 (engl. The Religious State. The Episcopate and the Priestly Office. A Translation of the Minor Work of the Saint on the Perfection of the Spiritual Life, trans. J. Proctor, St. Louis Mo. 1902, Westminster Md. 1950; franz. Vers la perfection de la vie spirituelle, übers. H. Maréchal, Besançon, Paris 1932, unter dem Titel: La perfection de la vie spirituelle [lat./franz.], übers. J.-P. Torrell, in: ders., »La perfection, c'est la charité«. Vie chrétienne et vie religieuse dans l'Eglise du Christ, Paris 2010, 509–700; dt. Die Vollkommenheit des geistlichen Lebens, übers. E. M. Welty, Vechta 1933); Tabula libri ethicorum, Paris um 1270, ferner in: Opera omnia. Editio Leonina [s. o.] XLVIII, B61–B158; Expositio libri Peryhermeneias, Paris 1270–1271, unter dem Titel: Sententia libri Perihermenias Aristotelis, in: Expositio super libros Posteriorum Aristotelis. Sententia libri Perihermenias Aristotelis, Venedig 1477, 1481, unter dem Titel: Co[m]me[n]taria [...] in libros perihermenias Aristotelis, Venedig 1489, unter dem Titel: Expositio libri periermenias, als: Opera omnia. Editio Leonina [s.o.] I/1, unter dem Titel: In Aristotelis libros peri hermeneias et posteriorum analyticorum expositio, ed. R.M. Spiazzi, Turin 1955, [2]1964 (engl. Aristotle on Interpretation. Commentary by St. T. and Cajetan, trans. J.T. Oesterle, Milwaukee Wis. 1962, unter dem Titel: Commentary on Aristotle's »On Interpretation«, Notre Dame Ind. 2009; franz. Commentaire du »Peryermenias« d'Aristote, übers. B. Coullaud/M. Couillaud, Paris 2004); In duodecim libros metaphysicorum Aristotelis Expositio, Rom, Paris 1270/1271–1272/1273, unter dem Titel: Interpretatio in methaphisicam Aristotelis, Pavia 1480, unter dem Titel: Commentaria [...] super libros methaphysice, Venedig 1493, unter dem Titel: In metaphysicam Aristotelis commentaria, ed. M.-R. Cathala, Turin 1915, [2]1926, [3]1935, unter dem Titel: In duodecim libros metaphysicorum Aristotelis expositio, ed. R.M. Spiazzi, Turin/Rom 1950, [3]1977 (engl. Commentary on the Metaphysics of Aristotle, I–II, ed. J.A. Rowan, Chicago Ill. 1961, in einem Bd., Notre Dame Ind. 1995, 2001; franz. Métaphysique d'Aristote. Commentaire de T. d'Aquin, I–II, übers. G.-F. Delaporte, Paris 2012; dt. [Teilausg.], Was ist Metaphysik? Kommentar zu Aristoteles' »Metaphysik« 1. Buch, 1–3 und 2. Buch, 1–2, übers. C. Mohr, Neunkirchen-Seelscheid 2016, unter dem Titel: Probleme der Metaphysik. Kommentar zu Aristoteles' »Metaphysik« 3. Buch, übers. C. Schlip, 2016, unter dem Titel: Das Seiende und die ersten Prinzipien. Kommentar zu Aristoteles' »Metaphysik« 4. Buch, übers. S. Sellner, 2016, unter dem Titel: Lexikon der philosophischen Begriffe. Kommentar zu Aristoteles' »Metaphysik« 5. Buch, übers. K. Obenauer, 2016, unter dem Titel: Das Seiende als Seiendes. Kommentar zu Aristoteles' »Metaphysik« 6. Buch, übers. C. Schlip, 2016, unter dem Titel: Substanz und Wesenheit. Kommentar zu Aristoteles' »Metaphysik« 7. Buch, übers. C. Mohr, 2017, unter dem Titel: Materie und Form, Aktualität und Potenzialität. Kommentar zu Aristoteles' »Metaphysik« 8. und 9. Buch, übers. K. Obenauer, 2017); De substantiis separatis, Paris oder Neapel 1271, unter dem Titel: De substantiis seperatis, in: Summa Opusculorum beati Thome, o.O., o.J. [um 1485], unter dem Titel: Opus [...] de angelorum natura ad fratrem Reginaldum, in: Preclarissima opuscula, Mailand 1488, unter dem Titel: Tractatus [...] de substantiis seperatis seu de angelorum natura ad fratrem Reginaldum, in: Opuscula divi Thome Aquinatis, Venedig 1490, unter dem Titel: De substantiis separatis, in: Opera omnia. Editio Leonina [s.o.] XL, D39–D80 (engl. Treatise on the Separate Substances, trans. F.J. Lescoe, West Hartford Conn. 1959, unter dem Titel: Treatise on Separate Substances/Tractatus de substantiis separatis. A Latin-English Edition of a Newly Established Text Based on 12 Medieval mss., ed. F.J. Lescoe, West Hartford Conn. 1963; dt. Vom Wesen der Engel/De substantiis separatis seu de angelorum natura [lat./dt.], übers. W.-D. Klünker, Stuttgart 1989); De aeternitate mundi, Paris um 1271, unter dem Titel: de eternitate mundi, in: Summa Opusculorum beati Thome, o.O., o.J. [um 1485], ferner in: Preclarissima opuscula, Mailand 1488, ferner in: Opuscula divi Thome Aquinatis, Venedig 1490, unter dem Titel: De aeternitate mundi, in: Opera omnia. Editio Leonina [s.o.] XLIII, 83–89 (engl. On the Eternity of the World, trans. C. Vollert/L. Kendzierski/P. Byrne, Milwaukee Wis. 1964, [2]1965, 2003, 18–24); Expositio libri posteriorum, Paris, Neapel 1271–1272, unter dem Titel: Expositio super libros Posteriorum Aristotelis. Sententia libri Perihermenias Aristotelis, Venedig 1477, unter dem Titel: Beati Thome aquinatis [...] i[n] libros posteriorum Aristotelis expositio, Venedig 1481, unter dem Titel: Expositio [...] in libros posterio[rum] & Perihermenias Aristotelis [...], Venedig 1507, unter dem Titel: In Aristotelis libros peri hermeneias et posteriorum analyticorum expositio, ed. R.M. Spiazzi, Turin 1955, [2]1964, unter dem Titel: Expositio libri posteriorum, als: Opera omnia. Editio Leonina [s.o.] I/2 (engl. Exposition of the Posterior Analytics of Aristotle, trans. P. Conway, Quebec 1956, unter dem Titel: Commentary on the Posterior Analytics of Aristotle, trans. F.R. Larcher, Albany N.Y. 1970, unter dem Titel: Commentary on Aristotle's »Posterior Analytics«, trans. R. Berquist, Notre Dame Ind. 2007; franz. Seconds analytiques d'Aristote. Commentaire de T. d'Aquin, übers. G.-F. Delaporte, Paris 2015); In decem Libros Ethicorum Aristotelis ad Nicomachum expositio, Paris 1271–1272, unter dem Titel: In libris ethicorum comentum, Barcelona 1478, unter dem Titel: Incipit scriptum ethycorum s[ecundu]m sanctum Thomam de Aquino, Vicenza 1482, unter dem Titel: In libros ethicorum Aristotelis, Venedig 1505, unter dem Titel: In decem libros ethicorum Aristotelis ad Nicomachum exposito, ed. A.M. Pirotta, Turin 1934, ed. R.M. Spiazzi, Turin 1949, [3]1964, 1986, unter dem Titel: Sententia libri ethicorum, als: Opera omnia. Editio Leonina [s.o.] XLVII/1–2 (engl. Commentary on the Nicomachean Ethics, I–II, ed. C.I. Litzinger, Chicago Ill. 1964, Notre Dame Ind. 1993, 2001, 2009; dt. Sententia libri ethicorum I et X/Kommentar zur Nikomachischen Ethik, Buch I und X [lat./dt.], übers. M. Perkams, Freiburg/Basel/Wien 2014); Quaestiones disputatae de virtutibus, Paris 1271–1272, unter dem Titel: De virtutibus, in: De potentia dei, Venedig 1478, ferner in: Questiones disputate [...] De potentia dei. De unione verbi. De spiritualibus creaturis. De anima. De virtutibus. De malo, Straßburg 1500, ferner in: Questiones disputate [...]. De potentia dei. De malo. De unione verbi incarnati. De sp[irit]ualib[us] creaturis. De anima. De virtutibus, unter dem Titel: De virtutibus, Leipzig 1506, ferner in: Quaestiones disputatae [s.u.] III, ed. P. Mandonnet, 208–365, ferner in: Quaestiones disputatae [s.u.] II, ed. P. Bazzi, 707–828 (engl. Disputed Questions on the Virtues. »Questio disputata de virtutibus in communi« and »Quaestio disputata de virtutibus cardinalibus«, trans. R. McInerny, South Bend Ind. 1999, unter dem Titel: Disputed Questions on the Virtue, ed. E.M. Atkins/T. Williams, Cambridge etc. 2005; franz. Les cinq questions disputes sur les vertus, I–II, übers. J. Ménard, Paris 2008/2009; dt. Über die Tugenden/De virtutibus, ed. W. Rohr, Hamburg 2012); Expositio super librum De causis, Paris 1272, unter dem Titel: Super librum de causis expositio, ed. H.D. Saffrey, Freiburg/Louvain etc. 1954, Paris [2]2002, unter dem Titel: In librum de causis expositio, ed. C. Pera, Turin/Rom 1955, [2]1972, 1986 (engl. Commentary on the Book of Causes (Super Librum De Causis Expositio), trans. V.A. Guagliardo/C.R. Hess/R.C. Taylor, Wahington D.C. 1996; franz. Commentaire du »Livre des causes«, übers. B. Decossas/J. Decossas, Paris 2005; dt. Expositio super librum de causis/Kommentar zum Buch der Ursachen [lat./dt.], ed. J.G. Heller, Freiburg/Basel/Wien 2017); Contra doctrinam retrahentium a religione [Contra retrahentes], Paris 1272, unter dem Titel: Tractatus [...] contra retrahentes a religione [...], in: Summa Opusculorum beati Thome, o.O., o.J. [um 1485], unter dem Titel: Opus contra pestiferam doctrinam retrahentium homines a religionis ingressu, in: Preclarissima opuscula, Mailand 1488, ferner in: Opuscula divi Thome Aquinatis, Venedig 1490, unter dem Titel: Liber contra doctrinam retrahentium a religione, in: Opera omnia. Editio Leonina [s.o.] XLI, C37–C74 (engl. Against Those Who Would Deter Men from Entering Religion, in: An Apology for the Religious Orders, trans. J. Proctor, London 1902, Westminster Md. 1950; franz.

L'Entrée en religion, übers. H. Maréchal, Juvisy 1936, unter dem Titel: Contre l'enseignement de ceux qui détournent de l'état religieux [lat./franz.], übers. J.-P. Torrell, in: ders., »La perfection, c'est la charité«. Vie chrétienne et vie religieuse dans l'Eglise du Christ, Paris 2010, 701–848); Quaestio disputata de unione verbi incarnati, Paris 1272, unter dem Titel: Q[uesti]o de unio[n]e verbi i[n]carnati, in: De potentia dei, Venedig 1478, ferner in: Questiones disputate [...] De potentia dei. De unione verbi. De spiritualibus creaturis. De anima. De virtutibus. De malo, Straßburg 1500, ferner in: Questiones disputate [...]. De potentia dei. De malo. De unione verbi incarnati. De sp[irit]ualib[us] creaturis. De anima. De virtutibus, Köln 1500, ferner in: Quaestiones disputatae [s.u.] III, ed. P. Mandonnet, 1–22, ferner in: Quaestiones disputatae [s.u.] II, ed. P. Bazzi, 421–435 (franz. Question disputée. L'union du verbe incarné (De unione verbi incarnati) [lat./franz.], übers. M.-H. Deloffre, Paris 2000; dt. Quaestio disputata »De unione Verbi incarnati« (»Über die Union des fleischgewordenen Wortes«), ed. K. Obenauer/W. Senner/B. Bartocci, Stuttgart-Bad Cannstatt 2011; engl. De unione Verbi incarnati, übers. R. W. Nutt, Leuven/Paris/Bristol Conn. 2015); Sententia super librum De caelo et mundo, Neapel 1272–1273, unter dem Titel: Expo[sitio] super libro[s] de celo & mundo A[ristotelis], Pavia 1486, unter dem Titel: In libros Aristotelis de celo et mundo preclarissima commentaria, Venedig 1495, unter dem Titel: De celo et mu[n]do, in: Exposit[i]o[n]es textuales dubio[rum] atq[ue] luculentissime explanat[i]o[n]es in libros de celo & mundo, de generatio[n]e & corrupt[i]o[n]e [...], Köln 1497, unter dem Titel: In libros Aristotelis de caelo et mundo expositio, in: Opera omnia. Editio Leonina [s.o.] III, 1–257; Sententia super libros De generatione et corruptione, Neapel [ungesicherte Datierung, evtl. 1273], unter dem Titel: Liber de generatione et corruptione, in: Exposit[i]o[n]es textuales dubio[rum] atq[ue] luculentissime explanat[i]o[n]es in libros de celo & mundo, de generatio[n]e & corrupt[i]o[n]e [...], Köln 1497, unter dem Titel: In librum primum Aristotelis de generatione et corruptione expositio, in: Opera omnia. Editio Leonina [s.o.] III, 261–322; Sententia super Meteora, Neapel 1273, unter dem Titel: In meteora Aristo[telis] commentaria, Venedig 1547, 1565, unter dem Titel: In libros Aristotelis Meterologicorum Expositio, in: Opera omnia. Editio Leonina [s.o.] III, 325–421; Opuscules [franz.], I–VII, ed. M. Védrine/M. Bandel/M. Fournet, Paris 1856–1858; Opuscula selecta, I–II, Regensburg 1879; Sermones et opuscula concionatoria, I–IV, ed. J.-B. Raulx, Luxemburg 1881; Opuscula selecta, I–IV, Paris 1881; Quaestiones disputatae, I–III, Paris 1882–1884, neu ed. M. P. Mandonnet, Paris 1925 (I De veritate, II De potentia, De malo, III De unione verbi incarnati, De spiritualibus creaturis, De anima, De virtutibus in communi, De caritate, De correctione fraterna, De spe, De virtutibus cardinalibus), I–II, ed. R. M. Spiazzi/P. Bazzi, Turin/Rom ^{8}1949, ^{10}1964/1965 (I De veritate, II De Potentia, De anima, De spiritualibus creaturis, De malo etc.); Quaestiones disputatae et quaestiones duodecim quodlibetales, I–V (I De potentia Dei, II De malo. De spiritualibus creaturis. De anima etc., III–IV De veritate, V Quaestiones quodlibetales), Turin 1895–1898, ^{4}1924, Turin/Rom ^{5}1927–1931, ^{7}1942; Die Philosophie von T. v. A.. In Auszügen aus seinen Schriften, ed. E. Rolfes, Leipzig 1920, Hamburg ^{2}1977; Ausgewählte Schriften zur Staats- und Wirtschaftslehre des T. v. A., ed. F. Schreyvogel, Jena 1923; Fünf Fragen über die intellektuelle Erkenntnis (Quaestio 84–88 des 1. Teils der Summa de theologia), übers. E. Rolfes, Hamburg 1924, [mit Einl. v. K. Bormann] ^{2}1977, 1986; Opuscula omnia, ed. P. Mandonnet, I–V, Paris 1927; Kommentar zum Römerbrief, ed. H. Fahsel, Freiburg 1927; Basic Writings, I–II, ed. A. C. Pegis, New York 1945; Philosophical Texts, ed. T. Gilby, London/New York 1951 (repr. Durham N. C. 1982), 1964; Opuscula philosophica, ed. R. M. Spiazzi, Turin/Rom 1954, 1973; Opuscula theologica, I–II, ed. R. A. Verardo/R. M. Spiazzi, Turin/Rom 1954, 1972/1975; Thomas-Brevier [lat./dt.], ed. J. Pieper, München 1956, unter dem Titel: Sentenzen über Gott und die Welt [lat./dt.], ed. J. Pieper, Trier/Einsiedeln ^{2}1987, ^{3}2000; T. v. A. [Werkauswahl, dt.], ed. J. Pieper, Frankfurt/Hamburg 1956; Die Gottesbeweise in der »Summe gegen die Heiden« und der »Summe der Theologie« [lat./dt.], ed. H. Seidl, Hamburg 1982, erw. ^{2}1986, ^{3}1996; The Philosophy of T. Aquinas. Introductory Readings, ed. C. Martin, London/New York 1988, 1989; Über die Sittlichkeit der Handlung. Sum. Theol. I–II q. 18–21 [lat./dt.], ed. R. Schönberger, Weinheim/New York 1990; Prologe zu den Aristoteles-Kommentaren [lat./dt.], ed. F. Cheneval/R. Imbach, Frankfurt 1993, ^{2}2014; Selected Philosophical Writings, ed. T. McDermott, Oxford/New York 1993, 2008; Selected Writings, ed. R. McInerny, London 1998; Political Writings, ed. R. W. Dyson, Cambridge etc. 2002, 2008; Sermones, ed. L. J. Bataillon u. a., Rom, Paris 2014 (= Opera omnia. Editio Leonina XLIV/1). – Codices manuscripti operum Thomae de Aquino, I–III, I–II, Rom 1967/1973, III Montréal/Paris 1985. – E. Alarcón (ed.), Thomistica 2006. An International Yearbook of Thomistic Bibliography, Bonn 2007; I. T. Eschmann, A Catalogue of St. T.' Works. Bibliographical Notes, in: E. Gilson, The Christian Philosophy of St. T. Aquinas, New York 1956, 381–439; R. Imbach/A. Oliva, T. v. A.. Primärliteratur, in: A. Brungs/V. Mudroch/P. Schulthess (eds.), Die Philosophie des Mittelalters IV/1 [s.u.], 323–344; R. Ingardia, T. Aquinas. International Bibliography 1977–1990, Bowling Green Ohio 1990; P. Mandonnet/J. Destrez, Bibliographie thomiste, Le Saulchoir 1921, ed. M.-D. Chenu, Paris ^{2}1960; T. L. Miethe/V. J. Bourke, Thomistic Bibliography, 1940–1978, Westport Conn./London 1980; R. Schönberger u. a., Repertorium edierter Texte des Mittelalters aus dem Bereich der Philosophie und angrenzender Gebiete, III, Berlin ^{2}2011, 3674–3854; Totok II (1973), 377–455; P. Wyser, T. v. A., Bern 1950.

Lexika und Nachschlagewerke: P. de Bergamo, Sup[er] omnia op[er]a diuni doctoris Thome aquinatis tabula, Bologna 1473, Basel 1478, unter dem Titel: Tabula in libros, opuscula et comme[n]taria diui Thome de Aquino cu[m] additionibus conclusionum, concordantiis dictorum eius, et sacre scripture autoritatibus, Venedig 1497, unter dem Titel: Tabula aurea in omnes D. Thomae opera, Rom 1571, unter dem Titel: Tabula aurea [...] in omnia opera S. Thomae Aquinatis [...], Parma 1873 (= Opera omnia ad fidem optimarum editionum accurate recognita XXV), I–II, Paris 1880 (= Opera omnia. Editio Vives XXXIII/1–2) (repr. Alba 1961); R. Busa, Clavis Indicis Thomistici [lat./engl.], Stuttgart-Bad Cannstatt 1979; ders., Index Thomisticus. Sancti Thomae Aquinatis Operum omnium indices et concordantiae, I–XLIX, Stuttgart-Bad Cannstatt 1974–1980; R. J. Deferrari/M. I. Barry/I. McGuiness, A Lexicon of St. T. Aquinas Based on the »Summa Theologica« and Selected Passages of His Other Works, I–V, Baltimore Md., Washington D. C. 1948–1949; R. J. Deferrari/M. I. Barry, A Complete Index of the Summa Theologica of St. T. Aquinas, Baltimore Md., Washington D. C. 1956; Indices auctoritatum omniumque rerum notabilium occurrentium in Summa Theologiae et Summa Contra Gentiles. Extractum ex tomo XVI editio Leoninae, Turin/Rom 1948, 1986; P.-M. Margelidon/Y. Floucat, Dictionnaire de philosophie et de théologie thomistes, Saint-Maur 2011; B. Mondin, Dizionario enciclopedico del pensiero di San Tommaso d'Aquino, Bologna 1991, ^{2}2000; M. Nodé-Langlois, Le vocabulaire de saint T. d'Aquin,

Paris 1999, 2009; L. Schütz, T.-Lexikon. Sammlung, Übersetzung und Erklärung der in sämtlichen Werken des Hl. T. v. A. insbesondere in dessen beiden Summen vorkommenden termini technici, Paderborn 1881, erw. unter dem Titel: T.-Lexikon. Sammlung, Übersetzung und Erklärung der in sämtlichen Werken des Hl. T. v. A. vorkommenden Kunstausdrücke und wissenschaftlichen Aussprüche, [2]1895 (repr. Stuttgart-Bad Cannstatt 1958, 1983); M. Stockhammer, T. Aquinas Dictionary, New York 1965; J. P. Wawrykow, The Westminster Handbook to T. Aquinas, Louisville Ky. 2005.

Literatur: J. Aertsen, Nature and Creature. T. Aquinas's Way of Thought, Leiden/Boston Mass. 1988; ders., Medieval Philosophy and the Transcendentals. The Case of T. Aquinas, Leiden/New York/Köln 1996; ders., T. v. A.. Alle Menschen verlangen von Natur nach Wissen, in: T. Kobusch (ed.), Philosophen des Mittelalters. Eine Einführung, Darmstadt 2000, 186–201, 2010 (Große Philosophen II), 96–111; D. Barnett, Saint T. Aquinas, in: F. N. Magill u. a. (eds.), Dictionary of World Biography II (The Middle Ages), Chicago Ill./London, Pasadena Calif./Englewood Cliffs N. J. 1998, 911–916; R. Barth, Absolute Wahrheit und endliches Wahrheitsbewußtsein. Das Verhältnis von logischem und theologischem Wahrheitsbegriff. T. v. A., Kant, Fichte und Frege, Tübingen 2004; N. Bathen, Thomistische Ontologie und Sprachanalyse, Freiburg/München 1988; G. Beestermöller, T. v. A. und der gerechte Krieg. Friedensethik im theologischen Kontext der Summa Theologiae, Stuttgart 1990; D. Berger, T. v. A.s »Summa theologiae«, Darmstadt 2004, 2010; K. Bernath (ed.), T. v. A., I–II, Darmstadt 1978/1981 (Wege d. Forschung 188/538); O. Blanchette, The Perfection of the Universe According to Aquinas. A Teleological Cosmology, University Park Pa. 1992; J. M. Bocheński, Gottes Dasein und Wesen. Logische Studien zur Summa theologiae I, qq. 2-II, München 2003; V. Boland, Ideas in God According to Saint T. Aquinas. Sources and Synthesis, Leiden/New York/Köln 1996; dies., St. T. Aquinas, London/New York 2007, 2014; V. J. Bourke, T. Aquinas, St., Enc. Ph. VIII (1967), 105–116, IX ([2]2006), 424–440 (mit erw. Bibliographie v. C. B. Miller, 437–440); D. Bradley, Aquinas on the Twofold Human Good. Reason and Human Happiness in Aquinas's Moral Science, Washington D. C. 1996, 1997; S. Brock, Action and Conduct. T. Aquinas and the Theory of Action, Edinburgh 1998; ders., The Philosophy of Saint T. Aquinas, Eugene Or. 2015; O. J. Brown, Natural Rectitude and Divine Law in Aquinas. An Approach to an Integral Interpretation of the Thomistic Doctrine of Law, Toronto 1981; S. F. Brown, T. Aquinas (1225–1274), in: ders./J. C. Flores (eds.), Historical Dictionary of Medieval Philosophy and Theology, Lanham Md./Toronto/Plymouth 2007, 273–277; J. Budziszewski, Commentary on T. Aquinas's »Treatise on Law«, Cambridge etc. 2014, 2017; M.-D. Chenu, Introduction à l'étude de Saint T. d'A., Montreal, Paris 1950, 1993 (dt. Das Werk des hl. T. v. A., Heidelberg, Graz/Wien/Köln 1960, 1982; engl. Toward Understanding Saint T., Chicago Ill. 1964); ders., Saint T. et la théologie, Paris 1959, 2005 (dt. T. v. A. in Selbstzeugnissen und Bilddokumenten, Reinbek b. Hamburg 1960, 1981, unter dem Titel: T. v. A. mit Selbstzeugnissen und Bilddokumenten, 1987, 2004; engl. Aquinas and His Role in Theology, Collegeville Minn. 2002); F. Daguet, Du politique chez T. d'A., Paris 2015; T. Davids, Anthropologische Differenz und animalische Konvenienz. Tierphilosophie bei T. v. A., Leiden/Boston Mass./Köln 2017; B. Davies, The Thought of T. Aquinas, Oxford 1992, 1993; ders., T. Aquinas, in: J. Marenbon (ed.), Routledge History of Philosophy III (Medieval Philosophy), London/New York 1998, 2001, 241–268; ders. (ed.), T. Aquinas. Contemporary Philosophical Perspectives, Oxford/New York 2002; ders., T. Aquinas, in: J. J. E. Gracia/T. B. Noone (eds.), A Companion to Philosophy in the Middle Ages, Malden Mass./Oxford/Carlton 2003, 643–659; ders. (ed.), Aquinas's »Summa Theologiae«. Critical Essays, Lanham Md. etc. 2006, 2014; ders., T. Aquinas. A Very Brief History, London 2017; ders./E. Stump (eds.), The Oxford Handbook of Aquinas, Oxford/New York 2012; J. D. Decosimo, Ethics as a Work of Charity. T. Aquinas and Pagan Virtue, Stanford Calif. 2014; A. De Libera, L'unité de l'intellect. Commentaire du »De unitate intellectus contre averroistas« de T. d'A., Paris 2004; L. Dewan, Form and Being. Studies in Thomistic Metaphysics, Washington D. C. 2006; R. K. DeYoung/C. McCluskey/C. Van Dyke (eds.), Aquinas's Ethics. Metaphysical Foundations, Moral Theory, and Theological Context, Notre Dame Ind. 2009; R. W. Dyson, T. Aquinas, in: C. Mitcham (ed.), Encyclopedia of Science, Technology, and Ethics IV, Detroit Mich. etc. 2005, 1942–1944; U. Eco, Il problema estetico in Tommaso d'Aquino, Mailand 1970, [2]1982, 2010 (engl. The Aesthetics of T. Aquinas, Cambridge Mass., London 1988, Cambridge Mass. 1994; franz. Le problème esthétique chez T. d'A., Paris 1993); L. J. Elders (ed.), Quinque sunt viae. Actes du Symposium sur les cinq voies de la »Somme théologique«, Roduc 1979, Rom 1980; ders., De Metafysica van St. T. van Aquino in Historisch Perspectief, I–II, Brügge, Vught 1982/1987 (dt. Die Metaphysik des T. v. A. in historischer Perspektive, I–II, ed. A. Paus, Salzburg/München 1985/1987; engl. The Metaphysics of St. T. Aquinas in a Historical Perspective I–II [I The Metaphysics of Being of St. T. Aquinas. In a Historical Perspective, Leiden/New York/Köln 1993, II The Philosophical Theology of St. T. Aquinas, Leiden etc. 1990]; franz. La métaphysique de Saint T. d'A. dans une perspective historique, Paris 1994, [2]2008); ders., Autour de Saint T. d'Aquin. Recueil d'études sur sa pensée philosophique et théologique, I–II, Paris/Brügge 1987; ders., De natuurfilosofie van Sint-T. van Aquino. Algemene natuurfilosofie, kosmologie, filosofie van de organische natuur, wijsgerige mensleer, Brügge 1989 (franz. La philosophie de la nature de Saint T. d'A.. Philosophie générale de la nature, cosmologie, philosophie du vivant, anthropologie philosophique, Paris 1995; engl. The Philosophy of Nature of St. T. Aquinas. Nature, the Universe, Man, Frankfurt etc. 1997; dt. Die Naturphilosophie des T. v. A.. Allgemeine Naturphilosophie, Kosmologie, Philosophie der Lebewesen, philosophische Anthropologie, Weilheim 2004); ders., T. v. A. (1224/5–1274), LMA VIII (1997), 706–711; M. Elton, Moral Science and Practical Reason in T. v. A., Wien etc. 2013; J. L. Farthing, T. Aquinas and Gabriel Biel. Interpretations of St. T. Aquinas in German Nominalism on the Eve of the Reformation, Durham N. C./London 1988; M. Feil, Die Grundlegung der Ehtik bei Friedrich Schleiermacher und T. v. A., Berlin/New York 2005; E. Feser, Aquinas. A Beginner's Guide, Oxford 2009; J. Finnis, Aquinas. Moral, Political and Legal Theory, Oxford/New York 1998; K. Flannery, Acts Amid Precepts. The Aristotelian Logical Structure of T. Aquinas's Moral Theory, Washington D. C. 2001; K. Flasch, T. v. Aquino, in: ders. (ed.), Das philosophische Denken im Mittelalter. Von Augustin zu Machiavelli, Stuttgart 1986, 324–340, [3]2013, 378–394; J. Fodor/F. C. Bauerschmidt (eds.), Aquinas in Dialogue. T. for the Twenty-First Century, Malden Mass./Oxford 2004; M. Forschner, T. v. A., München 2006; G. Galluzzo, Aquinas's Commentary on the Metaphysics, in: F. Amerini/G. Galluzzo (eds.), A Companion to the Latin Medieval Commentaries on Aristotle's Metaphysics, Leiden/Boston Mass. 2014, 209–254; G. F. Gässler, Der Ordo-Gedanke unter besonderer Berücksichtigung von Augustinus und T. v. Aquino, St. Augustin 1994; E. Gilson, Le thomisme. Introduction au système de S. T. d'A., Straßburg 1919, mit Untertitel: Introduction à la philosophie de Saint T. d'A., Paris ^{4}1942, ^{8}2010 (engl. The Christian Philosophy of St. T. Aquinas, New York 1956 [repr. Notre Dame Ind. 1994, 2013], New York 1988, unter dem Titel: Thomism. The Philosophy of T. Aquinas, Toronto 2002); ders. (ed.), St. T. Aquinas. 1274–1974. Commemorative Studies, I–II, Toronto 1974; M. Grabmann, T. v. A.. Eine Einführung in seine Persönlichkeit und Gedankenwelt, München/Kempten 1912, erw. ^{6}1935, unter dem Titel: T. v. A.. Persönlichkeit und Gedankenwelt. Eine Einführung, ^{7}1946, ^{8}1949; ders., Die echten Schriften des Hl. T. v. A.. Auf Grund der alten Kataloge und der handschriftlichen Überlieferung dargestellt, Münster 1920, erw. ^{2}1931, erw. unter dem Titel: Die Werke des hl. T. v. A.. Eine literaturhistorische Untersuchung und Einführung, ed. R. Heinzmann, Münster ^{3}1949 (repr. 1967) (Beiträge Gesch. Philos. MA. Texte u. Unters. XXII/1–2); J. Haldane/J. O'Callaghan (eds.), The Bloomsbury Companion to Aquinas, London 2017; A. W. Hall, T. Aquinas, in: H. Lagerlund (ed.), Encyclopedia of Medieval Philosophy II, Dordrecht/Boston Mass. 2011, 1279–1287; R. C. Hall, The Trinity. An Analysis of St. T. Aquinas' »Expositio« of the »De Trinitate« of Boethius, Leiden/New York/Köln 1992; H. Hamilton-Bleakly, T. Aquinas, Political Thought, in: H. Lagerlund (ed.), Encyclopedia of Medieval Philosophy II, Dordrecht/Boston Mass. 2011, 1287–1291; R. Heinzmann, T. v. A. (1224/1225–1274), in: O. Höffe (ed.), Klassiker der Philosophie I (Von den Vorsokratikern bis David Hume), München 1981, erw. ^{3}1994, 198–219, 2008, 195–210; ders., T. v. A.. Eine Einführung in sein Denken, Stuttgart/Berlin/Köln 1994; T. Hoffmann/J. Müller/M. Perkams (eds.), Aquinas and the Nicomachean Ethics, Cambridge etc. 2013; R. Imbach, T. v. A. – Das Gesetz, in: A. Beckermann (ed.), Klassiker der Philosophie heute, Stuttgart 2004, 143–165, ^{2}2010, 161–183; ders., T. v. A., in: A. Brungs/V. Mudroch/P. Schulthess (eds.), Die Philosophie des Mittelalters IV/1 (13. Jahrhundert), Basel 2017, 322–404, 633–663; ders./A. Oliva, La philosophie de T. d'A., 2009; F. Inciarte, Forma formarum. Strukturmomente der thomistischen Seinslehre im Rückgriff auf Aristoteles, Freiburg/München 1970; J. Jenkins, Knowledge and Faith in T. Aquinas, Cambridge etc. 1997; S. Jensen, Good and Evil Actions. A Journey through Saint T. Aquinas, Washington D. C. 2010; A. J. P. Kenny, Aquinas, Oxford etc. 1980, 1990 (dt. T. v. A., Freiburg/Basel/Wien 1999, 2004); ders., Aquinas on Mind, London/New York 1993, 2000; B. Kettern, T. v. A., BBKL XI (1996), 1324–1370; Y. Kim, Selbstbewegung des Willens bei T. v. A., Berlin 2007; H. Kleber, Glück als Lebensziel. Untersuchungen zur Philosophie des Glücks bei T. v. A., Münster 1988; W. Kluxen, Philosophische Ethik bei T. v. A., Mainz 1964, erw. Hamburg ^{2}1980, Hamburg, Darmstadt ^{3}1998; ders., Aspekte und Stationen der mittelalterlichen Philosophie, ed. L. Honnefelder/H. Möhle, Paderborn etc. 2012; N. Kretzmann, Aquinas' Natural Theology in Summa contra Gentiles, I–II, Oxford 1997/1999, I, 2001; ders./E. Stump (eds.), The Cambridge Companion to Aquinas, Cambridge etc. 1993, 1998; dies., Aquinas, T., REP I (1998), 326–350; W. Kühn, Das Prinzipienproblem in der Philosophie des T. v. A., Amsterdam 1982; R. Leonhardt, Glück als Vollendung des Menschseins. Die Beatitudo-Lehre des T. v. A. im Horizont des Eudämonismus-Problems, Berlin/New York 1998; V. Leppin, T. v. A., Münster 2009; ders., T. Handbuch, Tübingen 2016; T. Linsenmann, Die Magie bei T. v. A., Berlin 2000; A. Lisska, Aquinas' Theory of Natural Law. An Analytic Reconstruction, Oxford 1996, 2002; C. H. Lohr, St. T. Aquinas. Scriptum super sententiis. An Index of Authorities Cited, Avebury 1980; L. Maidl/O. H. Pesch, T. v. A., Freiburg/Basel/Wien 1994; E. M. Maier, Teleologie und politische Vernunft. Entwicklungslinien republikanischer Politik bei Aristoteles und T. v. A., Baden-Baden 2002; C. Martin, T. Aquinas. God and Explanations, Edinburgh 1997; B. McGinn, T. Aquinas's »Summa theologiae«. A Biography, Princeton N. J./Oxford 2014; R. McInerny, Ethica Thomistica. The Moral Philosophy of T. Aquinas, Washington D. C. 1982, 1997; ders., Aquinas on Human Action. A Theory of Practice, Washington D. C. 1992, 2012; ders., Aquinas and Analogy, Washington D. C. 1996; ders., Aquinas, Cambridge/Malden Mass. 2004; ders./J. O'Callaghan, Saint T. Aquinas, SEP 1999, rev. 2014; G. Mensching, T. v. A., Frankfurt/New York 1995; W. Metz, Die Architektonik der Summa Theologiae des T. v. A.. Zur Gesamtsicht des thomasischen Gedankens, Hamburg 1998; H. Meyer, Die Wissenschaftslehre des T. v. A., Fulda 1934; J. Miethke, T. v. A., in: H. Maier/H. Denzer (eds.), Klassiker des politischen Denkens I, München 2001, ^{3}2007, 79–93, 233–235; J. Mundhenk, Die Seele im System des T. v. A.. Ein Beitrag zur Klärung und Beurteilung der Grundbegriffe der thomistischen Psychologie, Hamburg 1980; D. M. Nelson, The Priority of Prudence. Virtue and Natural Law in T. Aquinas and the Implications for Modern Ethics, University Park Pa. 1992; H.-G. Nissing, Sprache als Akt bei T. v. A., Leiden/Boston Mass. 2006; T. Nisters, Akzidentien der Praxis. T. v. A.s Lehre von den Umständen menschlichen Handelns, Freiburg/München 1992; K. Obenauer, T. v. A., Thomismus, LThK IX (^{3}2000), 1509–1522; J. O'Callaghan, Thomist Realism and the Linguistic Turn. Toward a More Perfect Form of Existence, Notre Dame Ind. 2003; P. O'Grady, Aquinas's Philosophy of Religion, Basingstoke 2014; F. O'Rourke, Pseudo-Dionysius and the Metaphysics of Aquinas, Leiden/New York/Köln 1992, Notre Dame Ind. 2005; D. Papadis, Die Rezeption der Nikomachischen Ethik des Aristoteles bei T. v. A.. Eine vergleichende Untersuchung, Frankfurt 1980; S.-C. Park, Die Rezeption der mittelalterlichen Sprachphilosophie in der Theologie des T. v. A., Leiden/Boston Mass./Köln 1999; R. Pasnau, T. Aquinas on Human Nature. A Philosophical Study of »Summa theologiae« 1a, 75–89, Cambridge etc. 2002, 2004; W. Patt, Metaphysik bei T. v. A.. Eine Einführung, London 2004, ^{2}2007; O. H. Pesch, T. v. A.. Grenze und Größe mittelalterlicher Theologie. Eine Einführung, Mainz 1988, ^{2}1989 (franz. T. d'Aquin. Limites et grandeur de la théologie médiévale. Une introduction, Paris 1994); ders., T. v. Aquino/Thomismus/Neuthomismus (1224–1274), TRE XXXIII (2002), 433–474; M. Piclin/A. de Libera, T. D'Aquin, DP II (^{2}1993), 2777–2788; J. Pieper, Hinführung zu T. v. A.. 12 Vorlesungen, München 1958, unter dem Titel: T. v. A.. Leben und Werk, München 1981, erw. ^{4}1990, Kevelaer 2014 (engl. Guide to T. Aquinas, New York 1962, unter dem Titel: Introduction to T. Aquinas, London 1963, unter ursprünglichem Titel: San Francisco Calif. 1991); J. Pilsner, The Specification of Human Actions in St. T. Aquinas, Oxford/New York 2006; M. Rhonheimer, Natur als Grundlage der Moral. Die personale Struktur des Naturgesetzes bei T. v. A.. Eine Auseinandersetzung mit autonomer und teleologischer Ethik, Innsbruck/Wien 1987; ders., Praktische Vernunft und Vernünftigkeit der Praxis. Handlungstheorie bei T. v. A. in ihrer Entstehung aus dem Problemkontext der aristotelischen Ethik, Berlin 1994; D. Rohling, Omne scibile est discibile. Eine Untersuchung zur Struktur und Genese des Lehrens und Lernens bei T. v. A., Münster 2012; M. Rose, Fides caritate formata. Das Verhältnis von Glaube und Liebe in der Summa Theologiae des T. v. A., Göttingen 2007; P. W. Rosemann, »Omne ens est aliquid«. Introduction à la lecture du ›système‹ philosophique de Saint T. d'A., Louvain/Paris 1996; T. Scarpelli Cory, Aquinas on Human Self-Knowledge, Cambridge etc. 2013, 2014; C. Schäfer, T. v. A.s gründlichere Behandlung des Übels. Eine Auswahlinterpretation der Schrift »De malo«, Berlin 2013; R. Schenk, Die Gnade vollendeter Endlichkeit. Zur transzendentaltheologischen Auslegung der thomanischen Anthropologie, Freiburg/Basel/Wien 1989; R. Schönberger, T. v. A. zur Einführung, Hamburg 1998, [4]2012; ders., T. v. A.s »Summa contra gentiles«, Darmstadt 2001, 2015; C. Schröer, Praktische Vernunft bei T. v. A., Stuttgart/Berlin/Köln 1995; G. Schulz, Veritas est adaequatio intellectus et rei. Untersuchungen zur Wahrheitslehre des T. v. A. und zur Kritik Kants an einem überlieferten Wahrheitsbegriff, Leiden/New York/Köln 1993; M. Schulze, Leibhaft und unsterblich. Zur Schau der Seele in der Anthropologie und Theologie des hl. T. v. A., Fribourg 1992; C.-S. Shin, ›Imago dei‹ und ›natura hominis‹. Der Doppelansatz der thomistischen Handlungstheorie, Würzburg 1993; P. Sigmund, Aquinas, in: G. Gaus/F. D'Agostino (eds.), The Routledge Companion to Social and Political Philosophy, London/New York 2013, 25–35; N. Slenczka, T. v. A., RGG VIII ([4]2005), 369–376; A. Speer (ed.), T. v. A.. die Summa Theologiae. Werkinterpretationen, Berlin/New York 2005; M. Städtler, Die Freiheit der Reflexion. Zum Zusammenhang der praktischen mit der theoretischen Philosophie bei Hegel, T. v. A. und Aristoteles, Berlin 2003; F. van Steenberghen, T. Aquinas and Radical Aristotelianism, Washington D. C. 1980; B. Stengel, Der Kommentar des T. v. A. zur »Politik« des Aristoteles, Marburg 2011; E. Stump, Aquinas, London/New York 2003, 2005; D. Svoboda, Aquinas in One and Many, Neunkirchen-Seelscheid 2015; P. F. Symington, T. Aquinas on Establishing the Identity of Aristotle's Categories, in: L. A. Newton (ed.), Medieval Commentaries in Aristotle's »Categories«, Leiden/Boston Mass. 2008, 119–144; J. A. Tellkamp, Sinne, Gegenstände und Sensibilia. Zur Wahrnehmungslehre des T. v. A., Leiden/Boston Mass./Köln 1999; J.-P. Torrell, Initiation à Saint T. d'Aquinas, I–II (I Sa personne et son œuvre, II Maître spirituel), Paris 1993/1996, [2]2002 (dt. Magister Thomas. Leben und Werk des T. v. A., Freiburg 1995; engl. Saint T. Aquinas, I–II [I The Person and His Work, II Spiritual Master], Washington D. C. 1996/2003, I, 2005); R. A. te Velde, Participation and Substantiality in T. Aquinas, Leiden/New York/Köln 1995; M. Vonarburg, Advocatus corporis – T. der Naturalist? Zum Begriff der Geistseele im Denken des Aquinaten, Wien etc. 2012; W. A. Wallace/A. Weisheipl/M. F. Johnson, T. Aquinas, St., in: T. Carson/J. Cerrito (eds.), New Catholic Encyclopedia XIV, Detroit Mich. etc. [2]2003, 13–29; J. A. Weisheipl, Friar T. d'Aquino. His Life, Thoughts, and Works, Garden City N. Y. 1974, Oxford 1975 (dt. T. v. A.. Sein Leben und seine Theologie, Graz/Wien/Köln 1980; franz. Frère T. d'A.. Sa vie, sa pensée, ses œuvres, Paris 1993); K. White, The Quodlibeta of T. Aquinas in the Context of His Work, in: C. Schabel (ed.), Theological Quodlibeta in the Middle Ages. The Thirteenth Century, Leiden/Boston Mass. 2006, 49–133; J. Wippel, Metaphysical Themes in T. Aquinas, I–II, Washington D. C. 1984/2007; ders., The Metaphysical Thought of T. Aquinas. From Finite Being to Uncreated Being, Washington D. C. 2000; ders., T. Aquinas, in: G. Oppy/N. N. Trakakis (eds.), The History of Western Philosophy of Religion II (Medieval Philosophy of Religion), Durham 2009, London/New York 2013, 2014, 167–180; A. Zimmermann (ed.), T. v. A.. Werk und Wirkung im Licht neuerer Forschungen, Berlin/New York 1988 (Miscellanea Mediaevalia XIX); ders., T. lesen. Stuttgart-Bad Cannstatt 1999, 2011. – Tommaso d'Aquino nel suo settimo centenario. Atti del congresso internazionale (Roma/Napoli, 17–24 aprile 1974), I–IX, Neapel 1975–1978. E.-M. E./O. S.

Thomas von Erfurt, um 1300, mittelalterlicher Sprachtheoretiker, bedeutender Vertreter der ↑modistae. Wahrscheinlich Studium in Paris, anschließend Lehrer an den Schulen St. Severi und St. Jakob in Erfurt. – In seiner bedeutendsten und weit verbreiteten Schrift, dem Tractatus »De modis significandi sive grammatica speculativa«, die lange Zeit fälschlicherweise J. Duns Scotus zugeschrieben wurde, befaßt sich T. mit dem Problem der Wortbedeutung (↑Bedeutung). Wie die modistae untersucht er unter aristotelischem Einfluß die ↑Grammatik nach logischen Aspekten, wobei nicht das Wort als sprachliches Zeichen, sondern logische (secundae intentiones) und grammatische Beziehungen (modi significandi; ↑significatio) im Mittelpunkt stehen (↑Modus).

Im Tractatus »De modis significandi« sind zwei sich ergänzende Ansätze erkennbar, die Grundlagen des Bezeichnungs- und Bedeutungscharakters von ↑Sprache darzulegen: (1) ein Versuch, den Zusammenhang von Sprache und Wirklichkeit aufzuzeigen, (2) eine Analyse der verschiedenen grammatischen Ebenen der Sprache. Im ersten Ansatz wird Sprache in ontologischer (↑Ontologie) und erkenntnistheoretischer (↑Erkenntnistheorie) Perspektive analysiert. Grundlage sind die modi essendi (Seinsweisen), modi intelligendi (Weisen des Verstehens) und modi significandi (Bezeichnungs- und Bedeutungsweisen). Die modi intelligendi und modi significandi werden je in einen modus activus und einen modus passivus eingeteilt. Letztere bezeichnen die in der Sprache repräsentierten Eigenschaften der Dinge, erstere die Eigenschaften des diese repräsentierenden und bezeichnenden Intellekts. Für jede der daraus resultierenden vier Unterscheidungen gibt es eine Unterteilung in formale und materiale Eigenschaften. Die Entsprechung zwischen Sprache und Wirklichkeit wird vom Intellekt hergestellt. Im zweiten Ansatz unterscheidet T. zwischen der individuellen Ausformung der Sprache (etymologia) und der allgemeinen, der Syntax (diasyntetica).

Weitere einflußreiche Schriften von T. sind seine Kommentare zu Porphyrios' »Isagoge«, zu Aristoteles' »Kategorien« und »De interpretatione« sowie zu einem anonym verfaßten »Liber sex principorum«. Zudem hat er ein Grammatiklehrbuch für Schüler, den »Commentarius in carmen ›Fundamentum puerorum‹« verfaßt.

Werke: Liber modo[rum] sig[nifica]ndi Alberti, St. Alban 1480 [Albertus Magnus zugeschrieben], unter dem Titel: De modis significandi seu Grammatica speculativa [Einheitssachtitel], Venedig 1499 [Duns Scotus zugeschrieben], unter dem Titel: Tractatus de modis significandi, sive Grammatica speculativa, in: Duns Scotus, Opera Omnia I, ed. L. Waddingus, Lyon 1639, 45–76, Paris 1891, 1–50, unter dem Titel: Ioannis Duns Scoti [...] Grammaticae speculativae nova editio, ed. M. Fernández Garcia, Quaracchi 1902, unter dem Titel: Grammatica Speculativa [lat./engl.], ed. G. L. Bursill-Hall, London 1972 (dt. Abhandlung über die bedeutsamen Verhaltensweisen der Sprache (Tractatus de modis significandi), übers. S. Grotz, Amsterdam/Philadelphia Pa. 1998); Fundamentum Puerorum, in: R. Gansiniec, Metrificale marka z opatowca i traktaty gramatyczne XIV i XV wieku, Breslau 1960 (Studia Staropolskie VI), 105–106. – [Verzeichnis der Manuskripte der Schriften T. v. E.s] in: M. Grabmann, T. v. E. und die Sprachlogik des mittelalterlichen Aristotelismus [s. u., Lit.], 20–44; Werke von T. v. E., in: D. Gabler, Die semantischen und syntaktischen Funktionen im Tractatus »De modis significandi sive grammatica speculativa« des T. v. E. [s. u., Lit.], 153–154; Werkverzeichnis, in: S. Lorenz, Studium Generale Erfordense [s. u., Lit.], 323–325.

Literatur: M. G. Ambrosini, Grammatica Speculativa. Boezio di Dacia e Tommaso di E., Palermo/Sao Paulo 1984; R. Andrews, T. of E. on the Categories in Philosophy, in: J. A. Aertsen/A. Speer (eds.), Was ist Philosophie im Mittelalter?/Qu'est-ce que la philosophie au Moyen Âge?/What Is Philosophy in the Middle Ages? […], Berlin/New York 1998 (Miscellanea Mediaevalia XXVI), 801–808; M. Beuchot, T. of E., in: J. J. E. Gracia/T. B. Noone (eds.), A Companion to Philosophy in the Middle Ages, Malden Mass./Oxford/Carlton 2003, 662–663; A. Borgmann, Speculative Grammar. T. of E., in: ders., The Philosophy of Language. Historical Foundations and Contemporary Issues, The Hague 1974, 47–59 (Part One, Chap. Three, 18 Speculative Grammar. T. of E.); S. F. Brown, T. of E., in: ders./J. C. Flores (eds.), Historical Dictionary of Medieval Philosophy and Theology, Lanham Md./Toronto/Plymouth 2007, 278; S. Buchanan, An Introduction to the »De Modis Significandi« of T. of E., in: Philosophical Essays for Alfred North Whitehead, London 1936 (repr. New York 1967), 67–89; G. L. Bursill-Hall, Introduction, in: T. of E., Grammatica Speculativa [s. o., Werke], 1–126; D. Gabler, Die semantischen und syntaktischen Funktionen im Tractatus »De modis significandi sive grammatica speculativa« des T. v. E., Bern etc. 1987; R. F. Glei, Die Grammatica speculativa des T. v. E. (um 1300), in: W. Ax (ed.), Von Eleganz und Barbarei. Lateinische Grammatik und Stilistik in Renaissance und Barock, Wiesbaden 2001, 11–28; M. Grabmann, De Thoma Erfordiensi auctore grammaticae quae Ioanni Duns Scoto adscribitur speculativae, Archivum Franciscanum Historicum 15 (1922), 273–277; ders., Mittelalterliches Geistesleben. Abhandlung zur Geschichte der Scholastik und Mystik I, München 1926 (repr. Hildesheim/New York 1975, 1984), 115–125; ders., T. v. E. und die Sprachlogik des mittelalterlichen Aristotelismus, München 1943 (Sitz.ber. Bayer. Akad. Wiss., philos.-hist. Kl., 1943, 2), ferner in: ders., Gesammelte Akademieabhandlungen II, Paderborn etc. 1979, 1801–1996; S. Grotz, T. v. E., NDB XXVI (2016), 179–180; M. Heidegger, Die Kategorien- und Bedeutungslehre des Duns Scotus, Tübingen 1916, Neudr. in: ders., Gesamtausg. I (Frühe Schriften), Frankfurt 1978, 189–412; C. Kann, T. v. E., LMA VIII (1996), 717–718; C. Lehmann, T. v. E. (13./14. Jahrhundert), in: D. v. der Pfordten (ed.), Große Denker Erfurts und der Erfurter Universität, Göttingen 2002, 45–72; S. Lorenz, Studium Generale Erfordense. Zum Erfurter Schulleben im 13. und 14. Jahrhundert, Stuttgart 1989, 312–325 (Teil III, 40 Thomas de Erfordia (de Occam?)); J. Maddey, T. v. E., BBKL XVII (2000), 1369–1370; M. M. Nickl, Zur Aktualität des T. v. E. und Jan de Stobnica, Lauf a. d. Pegnitz 2004; J. Pinborg, Die Erfurter Tradition im Sprachdenken des Mittelalters, in: P. Wilpert (ed.), Universalismus und Partikularismus im Mittelalter, Berlin 1968, 173–185; ders., Neues zum Erfurter Schulleben des XIV. Jahrhunderts nach Handschriften der Jagiellonischen Bibliothek zu Kraków, Bull. philos. médiévale 15 (1973), 146–151; ders., Die Logik der Modistae, Studia Mediewistyczne 16 (Wrocław 1975), 39–97 (repr. in: ders., Medieval Semantics. Selected Studies on Medieval Logic and Grammar, ed. S. Ebbesen, London 1984); K. Werner, Die Sprachlogik des Johannes Duns Scotus, Sitz.ber. Kaiserl. Akad. Wiss. Wien, philos.-hist. Kl. 1877, 85/7, 545–597, separat Wien 1877; G. Wolters, Die Lehre der Modisten, HSK VII/1 (1992), 596–600; F. J. Worstbrock, T. v. E., in: B. Wachinger u. a. (eds.), Die Deutsche Literatur des Mittelalters. Verfasserlexikon IX, Berlin/New York [2]1995, 2010, 852–856; J. Zupko, T. of E., SEP 2002, rev. 2015. E.-M. E.

Thomismus (engl. thomism, franz. thomisme), Bezeichnung der philosophisch-theologischen Lehre des Thomas von Aquin und der an diese Lehre anschließenden Positionen. Bei diesen wird zwischen *thomistisch* (den Originalwerken des Thomas von Aquin entsprechend) und *thomanisch* (auch: *thomasisch*, nach Thomas von Aquin, bezogen auf die Werke späterer Thomisten) unterschieden. – Die durch eine Synthese der christlichen Lehre mit der Philosophie des Aristoteles charakterisierte Lehre des Thomas von Aquin übte bereits zu dessen Lebzeiten großen Einfluß aus und blieb als eine der wichtigsten Denkrichtungen vor allem in der katholischen Kirche bis in die Gegenwart aktuell. Als ein systematisch geprägtes philosophisch-theologisches System grenzte sich der T. vom ↑Augustinismus des 13. Jhs. und dem lateinischen ↑Averroismus ab. Insbes. betont der T. die reale Unterschiedenheit von Wesenheit (↑essentia) und ↑Sein (esse), die ↑Unsterblichkeit der Seele und das Individuationsprinzip (↑Individuation). In einer hierarchisch strukturierten Welt, in der Gott in seinen Wirkungen erkennbar ist, herrscht der Intellekt (↑intellectus) über den ↑Willen.

Die Wirkungsgeschichte des T. läßt sich in drei Phasen gliedern: (1) Der frühe T. umfaßt die Zeit vom Tod des Thomas von Aquin 1274 bis zum Ende des 15. Jhs. und ist zunächst durch Kontroversen über dessen Lehre geprägt. Die Kritik am T., die über den Vorwurf der Häresie bis zur Zensur reicht, entstammt vor allem den Schulen von Paris (E. Tempier) und Oxford (R. Kilwardby, J. Peckham). Verteidigt wird der T. durch Peter von Conflans, Ägidius von Lessines, R. Clapwell sowie durch seine Etablierung als Ordensdoktrin des Dominikanerordens. Seit der Heiligsprechung des Thomas von Aquin (1323) durch Papst Johannes XXII. in Avignon gilt der T. als autoritatives Lehrcorpus der Kirche. In der Folgezeit kommt es zu einer verstärkten Ausbreitung des T., die ihren Ausgang von Paris und Neapel nimmt. Im 15. Jh. hat er sich im theologischen Denken weitgehend etabliert und wird an vielen Universitäten gelehrt. Bedeutende Vertreter des T. im 15. Jh. sind Johannes Capreolus (›Princeps Thomistarum‹) und Petrus von Bergamo, der 1473 mit der »Tabula aurea« den einzigen kompletten Index der Werke des Thomas von Aquin vorlegt. Gegen Ende des 15. Jhs. muß sich der T. gegen den wachsenden Einfluß nominalistischer (↑Nominalismus) und skotistischer (↑Skotismus) Positionen behaupten. Er wandelt sich zur Minderheitsbewegung.

(2) Im Zuge der Gegenreformation erfährt der T. im 16. Jh., ausgehend von Spanien, eine Wiederbelebung. Wegweisend ist die Dominikanerschule von San Esteban in Salamanca (↑Salamanca, Schule von) unter der Leitung von Franz von Vitoria, dem ›Vater‹ der spanischen ↑Scholastik. In Italien wird die Erneuerungsbewegung des T. von T. de Vio Cajetan, dem bedeutendsten Kommentator der Werke des Thomas von Aquin, und Franz Sylvester von Ferrara geprägt. Der Geist des T. bestimmt auch die auf dem Konzil von Trient (1545–1563) beschlossenen Dekrete zur Reform der Kirche. Nach dem Tridentinum erfährt der T. einen weiteren religiösen und theologischen Aufschwung und verstärkt über den Dominikanerorden hinaus seinen Einfluß auf die Augustiner, Karmeliter und den 1540 gegründeten Jesuitenorden. Zur Verstärkung dieses Einflusses tragen die Erhebung des Thomas von Aquin zum ›Doctor ecclesiae‹ durch Papst Pius V. 1567 und die angeordnete Veröffentlichung seines Gesamtwerkes (Editio Piana) bei. Der Aufschwung des T. wird durch den ›Gnadenstreit‹ zwischen Dominikanern und Jesuiten beeinträchtigt, dessen führende Exponenten auf der Seite der Dominikaner D. Bánez, Leiter der Schule von Salamanca, auf der Seite der Jesuiten F. Suárez und L. Molina sind. Zur überragenden Gestalt des späteren, nachtridentinischen T. wird Johannes von St. Thomas, der das thomistische Lehrsystem schulmäßig festlegt. Mit ihm und den von ihm beeinflußten J.-B. Gonet, A. Goudin, V. L. Gotti und C.-R. Billuart neigt sich die zweite Phase des T. dem Ende zu. Sein Niedergang zeichnet sich seit dem Ende des 17. Jhs. ab. Er ist gekennzeichnet durch die Isolation von der entstehenden neuzeitlichen Wissenschaft und Philosophie sowie durch intellektuelle Beharrungsstrategien. Schließlich ist er nur noch in den Zentren geistlicher Gelehrsamkeit von Bedeutung. Mitte des 18. Jhs. wird dem T. außerhalb des Dominikanerordens nur noch wenig Beachtung geschenkt. – (3) In der Mitte des 19. Jhs. erfährt der T. als Neu-T. (auch: Neo-T.) eine Renaissance, päpstlich gefördert durch die Enzyklika »Aeterni Patris« 1879. Den Neu-T. zeichnet nun die Bestrebung aus, interdisziplinäre Anstöße aufzunehmen und zu integrieren sowie seine Lehren auf moderne soziale und politische Probleme anzuwenden.

Literatur: D. Berger, T.. Große Leitmotive der thomistischen Synthese und ihre Aktualität für die Gegenwart, Köln 2001; ders., In der Schule des hl. Thomas von Aquin. Studien zur Geschichte des T., Bonn 2005; ders./J. Vijgen (eds.), Thomistenlexikon, Bonn 2006; R. E. Brennan (ed.), Essays in Thomism, New York 1942, 1972; V. B. Brezik, Maritain and Gilson on the Question of a Living Thomism, in: Thomistic Papers VI, ed. J. F. X. Knasas, Houston Tex. 1994, 1–28; D. A. Callus, The Condemnation of St. Thomas at Oxford. A Paper Read to the Aquinas Society of London on 24th April, 1946, Westminster Md. 1946, London ²1955; P. Caramello, Tommaso d'Aquino e il tomismo, in: V. Mathieu (ed.), Questioni di storiografia filosofica. Dalle origini all'Ottocento I (Dai presocratici a Occam), Brescia 1975, 615–678; R. Cessario, A Short History of Thomism, Washington D. C. 2003; F. A. Cunningham, Essence and Existence in Thomism. A Mental vs. the ›Real Distinction‹?, Lanham Md./New York/London 1988; P. Descoqs, Thomisme et scolastique, Arch. philos. 5 (1927), 1–226, separat Paris ²1935; P. Dezza, Alle origini del neotomismo, Mailand 1940; C. Fabro, Breve introduzione al tomismo, Rom 1960, Segni 2007; ders., Tomismo e pensiero moderno, Rom 1969; L. Fuetscher, Akt und Potenz. Eine kritisch-systematische Auseinandersetzung mit dem neueren T., Innsbruck 1933, 2012; R. Garrigou-Lagrange, Thomisme, in: A. Vacant/E. Mangenot/É. Amann (eds.), Dictionnaire de théologie catholique XV/1, Paris 1946, 823–1023; C. Giacon, Le grandi tesi del tomismo, Mailand 1945, ²1948, Bologna 1967; T. Gilby, Thomism, Enc. Ph. VIII (1967), 119–121, IX (²2006), 443–448 (mit Addendum v. B. Shanley, 447–448); E. Gilson, Le thomisme. Introduction au système de Saint Thomas d'Aquin, Straßburg 1919, erw. ³1927, unter dem Titel: Le thomisme. Introduction à la philosophie de Saint Thomas d'Aquin, erw. Paris ⁴1942, ⁶1965, 1997 (engl. The Christian Philosophy of St. Thomas Aquinas, New York 1956, unter dem Titel: Thomism. The Philosophy of Thomas Aquinas, Toronto 2002, unter ursprünglichem Titel, Notre Dame Ind. 2013); ders., The Spirit of Thomism, New York 1964; ders., Réalisme thomiste et critique de la connaissance, Paris 1939, 1983 (engl. Thomist Realism and the Critique of Knowledge, San Francisco Calif. 2012); M. Grabmann, Mittelalterliches Geistesleben I (Abhandlungen zur Geschichte der Scholastik und Mystik), München 1926, Hildesheim/Zürich/New York 1984, 332–391 (Kap. X Die italienische Thomistenschule des XIII. und beginnenden XIV. Jahrhunderts), 392–431 (Kap. XI Forschungen zur Geschichte der ältesten deutschen Thomistenschule des Dominikanerordens); J. Haldane, Thomism, REP IX (1998), 380–388; J. P. Hittinger, Liberty, Wisdom, and Grace. Thomism and Democratic Political Theory, Lanham Md. etc. 2002; D. W. Hudson/D. W. Moran (eds.), The Future of Thomism, Notre Dame Ind. 1992; I. Iribarren, Thomism, in: H. Lagerlund (ed.), Encyclopedia of Medieval Philosophy II (Philosophy Between 500 and 1500), Dordrecht etc. 2011, 1302–1308; F. E. Kelley, Two Early English Thomists: Thomas Sutton and Robert Orford vs. Henry of Ghent, Thomist 45 (1981), 345–387; L. A. Kennedy, A Catalogue of Thomists, 1270–1900, Houston Tex. 1987; F. Kerr, After Aquinas. Versions of Thomism, Malden Mass. 2002; J. F. X. Knasas, Thomism and Tolerance, Scranton Pa./London 2011; P. O. Kristeller, Le thomisme et la pensée italienne de la renaissance, Montreal, Paris 1967; M. B. Lukens (ed.), Conflict and Community. New Studies in Thomistic Thought, Frankfurt etc. 1992; G. M. Manser, Das Wesen des T., Fribourg 1932, erw. ²1935, ³1949, Heusenstamm 2011; G. A. McCool, From Unity to Pluralism. The Internal Evolution of Thomism, New York 1989, 2002; J. Owens, Neo-Thomism and Christian Philosophy, in: V. B. Brezik, Thomistic Papers VI [s. o.], 29–52; C. Paterson/M. S. Pugh (eds.), Analytical Thomism. Traditions in Dialogue, Aldershot 2006; O. H. Pesch, T., LThK X (²1965), 152–167; ders., Thomas von Aquino/T./Neuthomismus, TRE XXXIII (2002), 433–474; M. Reding, Die Struktur des T., Freiburg 1974; F. J. Roensch, Early Thomistic School, Dubuque Iowa 1964; G. F. Rossi, Die Bedeutung des Collegio Alberoni in Piacenza für die Entstehung des Neuthomismus, in: E. Coreth/W. M. Neidl/G. Pfligersdorffer (eds.), Christliche Philosophie im katholischen Denken des 19. und 20. Jahrhunderts II [s. o.], 83–108; L. Rougier, La scolastique et le thomisme, Paris 1925; H. M. Schmidinger, Thomistische Zentren in Rom, Neapel, Perugia usw.: S. Sordi, D. Sordi, L. Taparelli d'Azeglio, M. Liberatore, C. M. Curci,

G. M. Cornoldi u. a., in: E. Coreth/W. M. Neidl/G. Pfligersdorffer (eds.), Christliche Philosophie im katholischen Denken des 19. und 20. Jahrhunderts II [s. o.], 109–130; ders., T., Hist. Wb. Ph. X (1998), 1184–1187; A. G. Sertillanges, Les grandes thèses de la philosophie thomiste, Paris 1928 (engl. Foundations of Thomistic Philosophy, London, St. Louis Mo., Springfield Ill. 1931); B. J. Shanley, The Thomist Tradition, Dordrecht 2002; G. Siewerth, Der T. als Identitätssystem, Frankfurt 1939, erw. [2]1961, ed. F.-A. Schwarz, Düsseldorf 1979 (= Ges. Werke II); F. van Steenberghen, Le thomisme, Paris 1983, [2]1992; M. Szatkowski (ed.), Analytically Oriented Thomism, Neunkirchen-Seelscheid 2015; J. A. Weisheipl, Thomism, in: B. L. Marthaler (ed.), New Catholic Encyclopedia XIV, Detroit Mich. etc. [2]2003, 40–52; P. Wyser, Der T., Bern 1951. – The Thomist 1 (1939)ff.; Thomistic Papers, I–VII, Houston Tex. 1986–1999. A. K.

Thümmig, Ludwig Philipp, *Helmbrechts 12. Mai 1697, †Kassel 15. April 1728, dt. Philosoph, einer der frühesten Schüler C. Wolffs. 1717 Studium in Halle, 1721 Magister. T. wurde 1723 Prof. der Philosophie in Halle, mußte aber noch im gleichen Jahr mit Wolff Halle verlassen. Auf Wolffs Empfehlung hin erhielt er 1724 eine Philosophieprofessur am Collegium Carolinum in Kassel. T.s Hauptwerk, die »Institutiones philosophiae Wolfianae« (I–II, 1725/1726 [repr. 1982], 1762), war das erste Kompendium der (deutschsprachigen) Philosophie Wolffs und verstand sich als deren Darstellung in einer stärker gegenüber der Tradition vermittelnden Perspektive. T.s von Wolff abweichende Anordnung der philosophischen Disziplinen beeinflußte Wolffs spätere Gliederung seiner Schriften.

Werke: Demonstratio immortalitatis animae ex intima eius natura deducta, Halle 1721, mit Untertitel: oder: Gründlicher Beweiß von der Unsterblichkeit der Seele, Marburg 1737, Jena 1742; Experimentum singulare de arboribus ex folio educatis ad rationes physicas revocatum, Halle 1721; Dissertatio physico-mathematica de propagatione luminis per systema planetarium, Halle 1721; Specimen novum nephelemetriae, seu dissertatio physico-mathematica de pondere nubium, Halle 1722; Disputatio physico-mathematica, qua phaenomenon singulare solis coelo sereno pallescentis ad rationes revocatum, Halle 1722; Versuch einer gründlichen Erläuterung der merckwürdigsten Begebenheiten in der Natur, wodurch man zur innersten Erkenntnis derselben geführt wird, I–IV, Halle 1723 (repr. [in 1 Bd.] Hildesheim/Zürich/New York 1999), rev. in 1 Bd., Marburg 1735; Eines Liebhabers der Weltweißheit unpartheyisches Sentiment von M. Daniel Strählers Prüfung der Gedancken des Herrn Hoff-Rath Wolffens von Gott, der Welt und der Seele des Menschen, Leipzig 1723; Specimen architecturae civilis ad politicam applicatae, sistens curam principis circa aedificia, Halle 1723 (repr. in: G. B. Bilfinger, Specimen doctrinae veterum Sinarum moralis et politicae/L. P. T., Specimen architecturae civilis ad politicam applicatae, sistens curam principis circa aedificia, Hildesheim/Zürich/New York 1999, 1–22 [getrennte Zählung]); Institutiones philosophiae Wolfianae, I–II, Frankfurt/Leipzig 1725/1726 (repr. Hildesheim/Zürich/New York 1982), Halle 1762; Meletemata varii et rarioris argumenti, Braunschweig/Leipzig 1727.

Literatur: O. Liebmann, T., ADB XXXVIII (1894), 177–178; G. Tonelli, T., Enc. Ph. VIII (1967), 124, IX ([2]2006), 458; C. Weber, T., Enc. philos. universelle III/1 (1992), 1502–1503; M. Wundt, Die deutsche Schulphilosophie im Zeitalter der Aufklärung, Tübingen 1945 (repr. Hildesheim 1964, 1992), 212–214. G. W.

Tiefengrammatik (engl. depth grammar), in der generativen ↑Transformationsgrammatik Bezeichnung für das System von syntaktischen (↑Syntax) Regeln zur Erzeugung der abstrakten ↑Tiefenstruktur eines Satzes einer natürlichen Sprache (↑Sprache, natürliche). Ziel ist es, wegen der vermuteten Nähe der Tiefenstruktur zur logischen Struktur eines Satzes (↑Analyse, logische) ein für beliebige Sprachen adäquates Regelsystem zu finden und somit die T. als ↑Grammatik der ↑Universalsprache zu identifizieren.

Von T. hat erstmals L. Wittgenstein in Opposition zu Oberflächengrammatik (surface grammar) gesprochen (Philos. Unters. § 664) und damit auf einen Unterschied im ↑Sprachgebrauch aufmerksam gemacht: wer *hört*, macht von der Oberflächengrammatik einer Sprache Gebrauch, wer *versteht*, von ihrer T.. Diese Unterscheidung ist von N. Chomsky zu einer Unterscheidung zweier Sprachstrukturebenen umgebildet worden derart, daß in der Standardtheorie der Transformationsgrammatik (Aspects of the Theory of Syntax, Cambridge Mass. 1965, 1990) auf der Ebene der T. die semantische, d. h. kognitive Interpretation eines Satzes, auf der Ebene der Oberflächengrammatik seine phonologische, d. h. lautliche, Interpretation ansetzt; bedeutungsneutrale Transformationsregeln überführen dabei die Tiefenstruktur in die ↑Oberflächenstruktur. Aber auch in anderen Grammatikmodellen tritt T. als eine linguistische Entsprechung zu logischer Grammatik (↑Grammatik, logische) im Sinne einer Grammatik unter Verwendung allein logischer Kategorien auf, wobei die Frage nach den Bedingungen für eine Identifikation von T. und logischer Grammatik weiterhin offen ist. K. L.

Tiefenpsychologie, im engeren Sinne synonym mit ↑›Psychoanalyse‹, im weiteren Sinne Sammelbezeichnung für jene Richtungen der ↑Psychologie und Psychotherapie, die den Schlüssel zum Verständnis von Psyche und Verhalten entweder im ↑Unbewußten oder in ›tieferen‹ Schichten des individuellen oder des ›kollektiven‹ Bewußtseins sehen. Die Hauptaufgabe des Analytikers oder Therapeuten besteht dabei darin, die unbewußten bzw. ›tiefer‹ liegenden seelischen ↑Prozesse oder ↑Konflikte aufzuzeigen, ihren Sinn zu erschließen und unter Umständen Bewertungs-, Entscheidungs- und Handlungsalternativen zu eröffnen. Dies kann unter anderem durch Analyse einer Lebensgeschichte mit Hilfe von Gesprächen und Interviews, durch Diagnose der Persönlichkeitsstruktur mit Hilfe projektiver Verfahren (↑Projektion (psychoanalytisch und sozialpsychologisch)) und durch Interpretation von freien Assoziationen, von

Träumen, Fehlleistungen und sonstigen Verhaltensauffälligkeiten geschehen. Zu den tiefenpsychologischen Richtungen gehören außer der Psychoanalyse S. Freuds und der neofreudianischen Schulen (›Neo-Psychoanalyse‹) vor allem die so genannte ›Individualpsychologie‹ A. Adlers, die ›Komplexe‹ oder ›Analytische Psychologie‹ C. G. Jungs, die ↑›Daseinsanalyse‹ von L. Binswanger und M. Boss, die ›Existenzanalyse‹ oder ›Logotherapie‹ V. E. Frankls, die ›Bioenergetik‹ von W. Reich und A. Lowen sowie die ›Gestalttherapie‹ von F. S. Perls und seiner Schule.

Literatur: S. Elhardt, T.. Eine Einführung, Stuttgart etc. 1971, Stuttgart [18]2016; R. Fetscher, Grundlinien der T. von S. Freud und C. G. Jung in vergleichender Darstellung, Stuttgart-Bad Cannstatt 1978; S. Holz, Die tiefenpsychologische Krankengeschichte zwischen Wissenschafts- und Weltanschauungsliteratur, 1905–1952. Eine gattungstheoretische und -historische Untersuchung, Frankfurt 2014; H. Hühn, T., Hist. Wb. Ph. X (1998), 1194–1195; E. Jaeggi, T. lehren – T. lernen, Stuttgart 2003; V. Kast, Die T. nach C. G. Jung. Eine praktische Orientierungshilfe, Stuttgart 2007, Ostfildern 2014; W. Köppe, Sigmund Freud und Alfred Adler. Vergleichende Einführung in die tiefenpsychologischen Grundlagen, Stuttgart etc. 1977; W. M. Mertens/W. Obrist/H. Scholpp, Was Freud und Jung nicht zu hoffen wagten .... T. als Grundlage der Humanwissenschaften, Gießen 2004; U. H. Peters, Wörterbuch der T., München 1978; P. M. Pflüger (ed.), T. und Pädagogik. Über die emotionalen Grundlagen des Erziehens, Stuttgart 1977; R. R. Pokorny, Grundzüge der T.. Freud, Adler, Jung, München 1973, [2]1977; L. J. Pongratz, Hauptströmungen der T., Stuttgart 1983; J. Rattner, Klassiker der T., München 1990, Augsburg 1997; ders., T. und Kulturanalyse. Aufsätze und Essays 1990–2010, Berlin 2011; L. Schlegel, Grundriß der T.. Unter besonderer Berücksichtigung der Neurosenlehre und Psychotherapie, I–V, München 1972–1979, I, Tübingen [2]1985; W. J. Schraml, Einführung in die T. für Pädagogen und Sozialpädagogen, Stuttgart 1968, [6]1976, Frankfurt 1993 (franz. Initiation à la pédagogie psychanalytique, Mülhausen, Paris 1970); W. Toman, T.. Zur Motivation der Menschen, ihrer Entwicklung, ihren Störungen und ihren Beeinflussungsmöglichkeiten, Stuttgart etc. 1978; D. Wyss, Die tiefenpsychologischen Schulen von den Anfängen bis zur Gegenwart. Entwicklung, Probleme, Krisen, Göttingen 1961, [6]1991 (engl. Psychoanalytic Schools from the Beginning to the Present, New York 1973). R. Wi.

Tiefenstruktur (engl. deep structure), in der generativen ↑Transformationsgrammatik Bezeichnung für diejenige abstrakte syntaktische (↑Syntax) Struktur eines Satzes einer natürlichen Sprache (↑Sprache, natürliche), durch die vor der Überführung in eine ↑Oberflächenstruktur mit Hilfe von Transformationsregeln die Bedeutung des Satzes festgelegt ist; sie kann als durch ↑Abstraktion (↑abstrakt) aus Oberflächenstrukturen in bezug auf Bedeutungsgleichheit gewonnen gelten. Die T. wird kalkulatorisch (↑Kalkül) nach den Regeln einer ↑Tiefengrammatik erzeugt. Zu ihnen gehören Phrasenstrukturregeln, wie in N. Chomskys Standardtheorie z. B. S ⟶ NP + VP, derzufolge das Satzsymbol ›S‹ durch die hintereinandergesetzten Symbole ›NP‹ für Nominalphrasen und ›VP‹ für Verbalphrasen ersetzt werden darf; schließlich erreichte ›Vorendsymbole‹ sind dann durch abstrakte lexikalische Einheiten als Endsymbole, etwa ›N‹ durch ein noch nicht lautlich oder schriftlich realisiertes Nomen, zu ersetzen. Auf diese Weise entsteht ein mit Binnenstruktur in Gestalt eines ›Strukturbaumes‹ ausgestatteter Ausdruck, der im wesentlichen mit der logischen Form eines Satzes, wie sie durch logische ↑Sprachanalyse (↑Analyse, logische) gewonnen werden kann, übereinstimmt.

Die verschiedenen Grammatikmodelle der Transformationsgrammatik haben wegen divergierender Auffassungen über die grammatische Behandlung der ↑Semantik zu keiner einheitlichen Meinung über den Zusammenhang der T. mit der logischen (semantischen oder kognitiven) Struktur eines Satzes geführt, zumal für die Absicht, mit der T. auch eine Explikation des W.-v.-Humboldtschen Begriffs der inneren Sprachform vorzulegen, die Einbeziehung pragmatischer Strukturen, also von ↑Sprache (*langage*) als Handlung (*parole*) und nicht bloß von Sprache als System (*langue*), erforderlich gewesen wäre. Hinzu kommt, daß die für eine Transformationsgrammmatik ursprünglich charakteristische Unterscheidung von T. und Oberflächenstruktur im Zusammenhang mit Chomskys immer deutlicher entwickelter Zielsetzung, die Prinzipien einer (genetisch determinierten) *Universalgrammatik* für die natürlichen Sprachen des Homo sapiens zu finden (aus der sich unter geeigneten Randbedingungen spezifische Grammatiken herausbilden bzw. ableiten lassen), ihren hohen methodologischen Stellenwert, den sie durch Bezug auf die Verfahren der Analytischen Philosophie (↑Philosophie, analytische) einmal bekommen hatte, zunehmend verloren hat.

Literatur: ↑Transformationsgrammatik. K. L.

Tierethik (engl. animal ethics, franz. éthique animale), Teilbereich der ↑Ethik, der auf die Klärung des moralisch angemessenen Umgangs des Menschen mit Tieren und auf die Rechtfertigung entsprechender moralischer oder rechtlicher Normen zielt. In diesem Zusammenhang stellen sich Fragen, die in andere Bereiche der Philosophie, etwa in die ↑Anthropologie, die ↑Metaphysik oder die ↑Metaethik hineinreichen. So sind auch die Stellung des Menschen in der Natur, der grundsätzliche moralische Status nicht-menschlicher Lebewesen, die daraus sich gegebenenfalls ergebenden Ansprüche und Rechte von Tieren oder der Skopus klassischer ethischer Verallgemeinerbarkeitsforderungen Gegenstände der tierethischen Debatten. Da sich die Debatte durch eine große Nähe zur Politik- und Gesellschaftsberatung auszeichnet und zur Beantwortung oft empirisch-naturwissenschaftliche Thesen, z. B. zu den physiologischen Voraussetzungen der Bewußtseinsbildung oder zur

Schmerzempfindung, herangezogen werden, wird sie zugleich der angewandten Ethik (↑Ethik, angewandte) zugerechnet. Systematische Klassifikationen der angewandten Ethiken rechnen die T. mit der ökologischen Ethik (↑Ethik, ökologische), die sich unter anderem mit der Erhaltung (einer Varianz) von Tier*arten* als Teil der natürlichen ↑Umwelt befaßt, zu den Hauptbereichen der ↑Bioethik.

Tiere gehören immer schon zum Lebensumfeld der Menschen, sie stellen eine Bedrohung dar oder sind nützliche Lieferanten von Fleisch und Wolle, leisten Transport- oder Zugarbeit oder sind Schutz, Begleiter und Hausgenossen. Entsprechend sind Regeln für den Umgang mit Tieren selbstverständlicher, wenn auch oft ein unreflektiert-impliziter, Teil der moralischen Traditionen aller Kulturen. Dazu gehören kultische Rituale in frühen und animistischen (↑Animismus) Kulturen, Einteilungen in hohe und niedere, reine und unreine Tiere, Kulturen der Verehrung heiliger Tiere, tierartspezifische Jagd- und Schlachtvorschriften, aber auch Regelungen, die die beliebige Verfügbarkeit von Tieren für den Menschen einschränken und dem Menschen die Rücksichtnahme auf tierische Belange auferlegen. So finden sich in den kulturellen Moralbeständen vielfältige ↑Regeln, die aus Erfordernissen einer klugen, ›nachhaltigen‹ Nutzung tierischer ↑Ressourcen die Mißhandlung oder Übernutzung einzelner Tiere (das ›Schinden‹) oder ganzer Herden (das ›Überjagen‹) verbieten.

In vielen Kulturen findet sich aber auch, ohne daß ein unmittelbarer Bezug zu Klugheitserwägungen herstellbar wäre, ein generelles, auch andere als die Nutztiere einbeziehendes moralisches Gebot, Tiere nicht ohne Not zu quälen. Moralische Forderungen dieser Art finden sich etwa in religiösen, teils in pädagogischen Kontexten, oft aber ohne weitergehende systematische Begründung.

Zur Ausbildung einer T. als einer eigenen philosophischen Teildisziplin kommt es erst in der Gegenwart, nicht zuletzt auch vor dem Hintergrund neuer Phänomene wie etwa dem Einsatz von Tieren in Tierversuchen oder einer zunehmenden Industrialisierung der Tierhaltung und Tierschlachtung bei (von der Heimtierhaltung abgesehen) einer gleichzeitig zunehmenden Trennung tierischer und menschlicher Lebensräume. Systematische tierethische Ansätze finden sich indessen, wenn auch oft implizit, immer schon dort, wo man sich wie insbes. in der antiken wie in der neuzeitlichen ↑Aufklärung um ein systematisch entwickeltes konsistentes Welt- und Menschenbild bemüht hat. So haben grundsätzliche Überlegungen zum Wesen des Menschen und zum Verhältnis von Mensch und Natur in der Regel tierethische Implikationen, auch dann, wenn es gerade in der Konsequenz der getroffenen Bestimmung liegt, daß es der Ausarbeitung einer ausdifferenzierten T. nicht bedarf. So etwa sind in Aristoteles teleologischem Naturverständnis (↑Teleologie) die Pflanzen um der Tiere willen, die Tiere aber um des Menschen willen entstanden (Pol. *A*1.1256b15–23); die Frage des Umgangs der Menschen mit den Tieren findet daher ihren Ort in der Erwerbungskunst (Chremastik) und damit letztlich in der Haushaltskunst (↑Ökonomie). Die dem Aristoteles zuzuschreibende T. sähe damit eine Moral der klugen und maßvollen Nutzung vor. Ganz in dieser Linie definiert die stoische Philosophie (↑Stoa) den Menschen durch seine Fähigkeit, sich die Gewalten der Natur, darunter auch die Tiere, zu unterwerfen und aus dem Naturgegebenen eine kulturgetragene ›zweite Natur‹ erstehen zu lassen (Cicero, De Natura Deorum II 152). Die daraus resultierenden tierethischen Implikationen für den Umgang des Menschen mit dem Tier werden dann auch für die christliche Tradition prägend. Zu Beginn der Neuzeit unterstützt R. Descartes diese Position durch seine systematisch entwickelte dualistische ↑Ontologie, die die Tiere zu den *res extensae* (↑res cogitans/res extensa) rechnet und sie etwa dem mechanischen Gerät auch moralisch gleichsetzt. Jenseits von Klugheitsregeln, die die Rücksichtnahme auf spezifische Erfordernisse aus Gründen einer längerfristigen effizienten Nutzung empfehlen, ist für Descartes jede Rechtfertigung einer besonderen Rücksicht auf Tiere damit bereits aus begrifflich-ontologischen Gründen ausgeschlossen. I. Kant, der dem Menschen gerade darum eine herausgehobene Stellung in der Welt zuweist, weil nur er als ein vernünftiges Wesen Einsicht in das ↑Sittengesetz erlangen kann, liegt ganz in dieser Linie, wenn er dem Menschen ein Vorrecht einräumt, »welches er vermöge seiner Natur über alle Thiere« hat, und Tiere als »zu seinem Willen überlassene Mittel und Werkzeuge zu Erreichung seiner beliebigen Absichten« darstellt (Muthmaßliche Geschichte der Menschheit, Akad.-Ausg. VIII, 114). Allerdings finde diese beliebige Verfügbarkeit ihre Grenzen in den ↑Pflichten des Menschen gegen sich selbst, die, um nicht das Mitgefühl in sich ›abzustumpfen‹, eine gewaltsame und grausame Behandlung von Tieren aus- und die Anerkennung von geleisteten Diensten (z. B. eines treuen Pferdes) einschließen (Metaphysik der Sitten, Akad.-Ausg. VI, 443).

Die empiristische Philosophie (↑Empirismus) betont demgegenüber eher die Vorstellung einer bloß graduellen Differenz zwischen Mensch und Tier, wie sie Aristoteles etwa in seinen biologischen Schriften (insbes. De generatione animalium) und in dessen Gefolge ein Teil der scholastischen (↑Scholastik) Tradition vertritt. Insbes. seien Tiere in einem gewissen Umfang zu ↑Empfindungen fähig sowie zu Leistungen, die Intelligenz voraussetzen. In diesen Fähigkeiten sehen Vertreter dieses Ansatzes Anknüpfungspunkte für die Rechtfertigung moralischer Positionen, die nicht lediglich indirekt die

Rücksicht auf die Belange von Tieren aus menschlichem Eigeninteresse oder um der Integrität menschlicher Moralakteure oder menschlicher Moralgemeinschaften fordern, sondern entsprechende (freilich immer an Menschen adressierte) moralische Forderungen durch angenommene Ansprüche oder Rechte von Tieren begründen. So etwa stellen die Vertreter der Moral-Sense-Ethik bzw. ↑Gefühlsethik (A. A. C. Earl of Shaftesbury, F. Hutcheson, D. Hume; ↑moral sense, ↑Gefühl) das ›Mit-Empfinden‹ (›compassion‹) als eine der wesentlichen Motivationsquellen moralischen Handelns heraus und beziehen, indem sie zugleich Tieren Empfindungsfähigkeit unterstellen, auch Tiere mit in den Kreis derer ein, die eine moralische Berücksichtigung verdienen. Ansätze, die in dieser oder in strukturell ähnlicher Weise moralische Ansprüche oder Rechte von Tieren unter Hinweis auf angenommene oder durch naturwissenschaftliche Forschung nachgewiesene Fähigkeiten oder Leistungen von Tieren unterstellen, machen heute einen bedeutenden Teil der expliziten tierethischen Debatte aus.

Historische Anknüpfungspunkte sind neben der Moral-Sense-Philosophie vor allem die ↑Mitleidsethik A. Schopenhauers, L. Nelsons Annahme, daß Tieren ↑Interessen zuzuschreiben seien, die wie alle Interessen moralisch zu berücksichtigen seien, und insbes. J. Benthams utilitaristischer Ansatz: Für die Beantwortung der Frage, wessen Nutzen in den Nutzenkalkül einzubeziehen sei, der im ↑Utilitarismus moralische Urteilsfindung begründe, sei das Kriterium der Vernunftbegabtheit oder das der Sprachfähigkeit sowenig einschlägig wie der Blick auf die Hautfarbe oder die Zahl der Beine. Moralisch relevant sei vielmehr die Fähigkeit zur Empfindung von Schmerz und Leid (»The question is not, Can they *reason*?, nor, Can they *talk*? but, Can they *suffer*?«, An Introduction to the Principles of Morals and Legislation, ed. J. H. Burns/H. L. A. Hart, London 1970, 283 [Chap. 17, § 1.4, Anm. 1]). Insofern Schmerz und Leid begrifflich als Zustände gefaßt werden, an deren Vermeidung ein Interesse besteht, und in dem Maße, in dem man, gestützt etwa auf physiologische oder ethologische Anhaltspunkte, Tieren ein Empfinden von Schmerz oder Leid zuschreiben kann, kann auch durch die Vermeidung tierischen Schmerzes und tierischen Leids ein Nutzen generiert werden, der in die Ermittlung der moralischen Nutzenbilanz des Handelns einfließen muß.

Im Rahmen solcher so genannten ›pathozentrischen‹ Ansätze, die die Empfindungsfähigkeit zum Kriterium moralischer Relevanz erheben, werden die Fragen der T. im Gegensatz zu den so genannten ›anthropozentrischen‹ (↑anthropozentrisch/Anthropozentrik) nicht mehr implizit als Korollar einer allein oder methodisch primär auf menschliche Belange ausgerichteten Ethik mitbeantwortet, sondern explizit thematisiert und zunehmend in einer sich als eigenständige Teildisziplin herausbildenden Debatte diskutiert. Indem solche Ansätze die moralisch relevanten Ansprüche von Mensch und Tier als hinsichtlich ihres Ursprungs und ihres Grades vergleichbare Größen konzipieren, werfen sie dabei schwierige Abwägungsprobleme auf. Am Anfang dieser modernen T.-Debatte steht dann auch eine Radikalisierung von Benthams Ansatz, das Empfinden von Leid und Schmerz zum wesentlichen Kriterium moralischer Abwägung zu erheben. So wirft P. Singer in verschiedenen, ab 1975 erscheinenden Texten die Frage auf, ob denn, wenn Schmerz das moralisch relevante Kriterium sei, das schmerzfreie Töten von Tieren grundsätzlich moralisch unbedenklich sei. In der Praxis bestehe jedenfalls eine Ungleichbehandlung, die mit dem pathozentrisch-utilitaristischen Ansatz nicht vereinbar sei: Anders als für Tiere sei für Menschen durchgängig ein prinzipielles Tötungsverbot unterstellt, unabhängig vom Reife- und Entwicklungsgrad des einzelnen und unabhängig davon, ob und in welchem Maße er grundsätzlich oder (etwa im Falle einer Sedierung) gegenwärtig fähig sei, Schmerz oder ↑Leid zu empfinden. In polemischer Absicht werden dabei Auffassungen, die eine solche prinzipielle Ungleichbehandlung rechtfertigen, als *speziesistisch* bezeichnet – wie Rassisten die Mitglieder der eigenen Rasse würden Speziesisten die Mitglieder der eigenen ↑Spezies ohne sachlichen Grund und lediglich, weil sie selbst dieser Spezies angehören, über andere Spezies stellen. Unter Hinweis auf den Gerechtigkeitsgrundsatz, Gleiches gleich und Ungleiches ungleich zu behandeln (↑Gerechtigkeit), entwickelt Singer einen präferenzutilitaristischen Ansatz, der die Fähigkeit, Präferenzen zu setzen und über eine Zeit konstant aufrechtzuerhalten, in den Vordergrund stellt. Danach genießen jedenfalls höhere Tiere einen besonderen Schutz, während Angehörige der Spezies *homo sapiens* dann, wenn sie über diese Fähigkeit noch nicht oder nicht mehr verfügen (wie Säuglinge in den ersten Lebenswochen oder final sedierte Patienten), nicht in den Genuß dieses Schutzes kommen.

Eine weitere zentrale Position der modernen T.-Debatte wird ebenfalls ab 1975 vom amerikanischen Philosophen T. Regan begründet, der in Auseinandersetzung mit Descartes' metaphysischem ↑Dualismus einerseits, mit dem Utilitarismus andererseits eine deontologische T. (↑Ethik, deontologische) auf der Basis eigenständiger Rechte für Tiere entwickeln will. Regan sieht sowohl in dem verfügbaren empirischen Wissen über Tiere als auch mit Blick auf die (sprachliche) Praxis unseres Umgangs mit Tieren hinreichende Anhaltspunkte dafür gegeben, zumindest den Angehörigen höher entwickelter Arten Bewußtsein und Interessen zuzuschreiben – und indem es ihnen nicht gleichgültig ist, was mit ihnen passiert, sind sie Subjekt eines (ihres) Lebens (›subject-of-a-life‹). Hieraus begründe sich für den Menschen mit einem an Kants Instrumentalisierungsverbot angelehnten Argument eine prinzipielle Pflicht zur Rücksichtnahme.

In kritischer Auseinandersetzung mit diesen und weiteren Ansätzen und im Bemühen um die Schärfung der eigenen Position haben sich in der Folge zunehmend auch Vertreter anderer Ansätze, etwa auch Vertreter eines konsequenten Anthropozentrismus in der Ethik, an der tierethischen Debatte beteiligt. Kritiker verweisen etwa auf den impliziten Realismus einer Ethik (↑Realismus, ethischer), die Rechte und Pflichten anhand gegebener Merkmale zu- oder absprechen will, und auf die Nähe solcher Begründungsansätze zum naturalistischen Fehlschluß (↑Naturalismus (ethisch), ↑Humesches Gesetz). Vertreter konstruktivistischer Ethikansätze sehen die Moral wesentlich als soziale Hervorbringung; Vertreter des moralphilosophischen ↑Kontraktualismus etwa deuten sie als Ergebnis einer Übereinkunft. Die Mitwirkung an der Ausgestaltung einer Moral setze in einem solchen Rahmen Fähigkeiten voraus, die Tieren in der Regel nicht zugeschrieben werden; insbes. werden kognitive, kommunikative oder diskursive Fähigkeiten genannt. Nicht notwendig müsse sich dabei dann das Zusprechen von Rechten auch auf die Beteiligten an der Moralkonstitution beschränken. Diese könnten durchaus darin übereinkommen, bestimmte Formen des Handelns an oder im Umgang mit Tieren nicht zuzulassen. Ob damit dann zugleich Schutz- oder gar Anspruchsrechte für Tiere (›Tierrechte‹) konstituiert werden, hängt dann wesentlich vom unterstellten Rechtsbegriff ab (↑Recht).

Literatur: J. S. Ach/M. Stephany (eds.), Die Frage nach dem Tier. Interdisziplinäre Perspektiven auf das Mensch-Tier-Verhältnis, Berlin/Münster 2009; E. Anderson, Animal Rights and the Values of Nonhuman Life, in: C. R. Sunstein/M. C. Nussbaum (eds.), Animal Rights [s. u.], 277–298; S. J. Armstrong/R. G. Botzler (eds.), The Animal Ethics Reader, London/New York 2003, erw. [2]2008; P. Balzer/K. P. Rippe/P. Schaber, Menschenwürde vs. Würde der Kreatur. Begriffsbestimmung, Gentechnik, Ethikkommissionen, Freiburg/München 1998, 1999; H. Baranzke, Würde der Kreatur? Die Idee der Würde im Horizont der Bioethik, Würzburg 2002; T. L. Beauchamp/R. G. Frey (eds.), The Oxford Handbook of Animal Ethics, Oxford etc. 2011, 2014; M. Bekoff/C. A. Meaney (eds.), Encyclopedia of Animal Rights and Animal Welfare, Westport Conn. 1998, erw. in 2 Bdn., Santa Barbara Calif. [2]2010; ders./J. Pierce, Wild Justice. The Moral Lives of Animals, Chicago Ill./London 2009, 2010 (dt. Vom Mitgefühl der Tiere. Verliebte Eisbären, gerechte Wölfe und trauernde Elefanten, Stuttgart 2011); J. Benz-Schwarzburg, Verwandte im Geiste – Fremde im Recht. Sozio-kognitive Fähigkeiten bei Tieren und ihre Relevanz für T. und Tierschutz, Erlangen 2012; M. H. Bernstein, On Moral Considerability. An Essay on Who Morally Matters, New York/Oxford 1998, bes. 115–180 (II Animal Matters); A. Brenner (ed.), Tiere beschreiben, Erlangen 2003; P. Cavalieri, The Death of the Animal. A Dialogue, New York 2009; S. R. L. Clark, The Moral Status of Animals, Oxford 1977, 1984; ders., Animals and Their Moral Standing, London/New York 1997; M. S. Dawkins, Why Animals Matter. Animal Consciousness, Animal Welfare and Human Well-Being, Oxford etc. 2012; D. DeGrazia, Taking Animals Seriously. Mental Life and Moral Status, Cambridge etc. 1996, 2001; ders., Animal Rights. A Very Short Introduction, Oxford etc. 2002; C. Diamond, Menschen, Tiere und Begriffe. Aufsätze zur Moralphilosophie, ed. C. Ammann/A. Hunziker, Berlin 2012; W. Dietler, Gerechtigkeit gegen Thiere, Mainz 1787, mit Untertitel: Appell von 1787, Bad Nauheim 1997; S. Donaldson/W. Kymlicka, Zoopolis. A Political Theory of Animal Rights, Oxford etc. 2011, 2013 (dt. Zoopolis. Eine politische Theorie der Tierrechte, Berlin 2013); J. Donovan/C. J. Adams (eds.), The Feminist Care Tradition in Animal Ethics. A Reader, New York 2007; J. Feinberg, The Rights of Animals and Unborn Generations, in: W. T. Blackstone (ed.), Philosophy and Environmental Crisis, Athens Ga. 1974, 1983, 43–68 (dt. Die Rechte der Tiere und zukünftiger Generationen, in: D. Birnbacher [ed.], Ökologie und Ethik, Stuttgart 1980, 2005, 140–179); G. L. Francione, Animals, Property, and the Law, Philadelphia Pa. 1995, 2007; ders., Animals as Persons. Essays on the Abolition of Animal Exploitation, New York 2008; H. Grimm, Das moralphilosophische Experiment. John Deweys Methode empirischer Untersuchungen als Modell der problem- und anwendungsorientierten T., Tübingen 2010; L. Gruen, The Moral Status of Animals, SEP 2003, rev. 2010; dies., Ethics and Animals. An Introduction, Cambridge etc. 2011; C. Heinzelmann, Der Gleichheitsdiskurs in der Tierrechtsdebatte. Eine kritische Analyse von Peter Singers Forderung nach Menschenrechten für große Menschenaffen, Stuttgart 1999; N. Hoerster, Haben Tiere eine Würde? Grundfragen der T., München 2004; S. Hurley/M. Nudds (eds.), Rational Animals?, Oxford etc. 2006, 2010; R. Hursthouse, Ethics, Humans and other Animals. An Introduction with Readings, London/New York 2000; D. Jamieson, Morality's Progress. Essays on Humans, other Animals, and the Rest of Nature, Oxford 2002, 2008; P. Janich (ed.), Der Mensch und seine Tiere. Mensch-Tier-Verhältnisse im Spiegel der Wissenschaften, Frankfurt 2014 (Schriften der Wiss. Ges. an d. Johann Wolfgang Goethe-Universität Frankfurt am Main 23); ders., Die Vermenschlichung von Tieren. Eine Frage von Wissen und Moral, in: ders. (ed.), Der Mensch und seine Tiere [s. o.], 175–188; J. Kazez, Animalkind. What We Owe to Animals, Chichester/Malden Mass./Oxford 2010; L. Kemmerer, In Search of Consistency. Ethics and Animals, Leiden/Boston Mass. 2006; C. M. Korsgaard, Fellow Creatures. Kantian Ethics and Our Duties to Animals, The Tanner Lectures on Human Values 25 (2005), 77–110; A. Krebs (ed.), Naturethik. Grundtexte der gegenwärtigen tier- und ökoethischen Diskussion, Frankfurt 1997, 2014; F. Kübler, Tiere in der Rechtsordnung, in: P. Janich (ed.), Der Mensch und seine Tiere [s. o.], 191–203; P. Kunzmann, Die Würde des Tieres – zwischen Leerformel und Prinzip, Freiburg/München 2007; H. LaFollette/N. Shanks, Brute Science. Dilemmas of Animal Experimentation, London/New York 1996, bes. 207–269 (Part III Evaluating Animal Experimentation. The Moral Issues); E. Lengauer/J. Luy, T., EP III ([2]2010), 2742–2746; M. Linnemann, Tierrecht, Hist. Wb. Ph. X (1998), 1217–1221; M. M. Lintner, Der Mensch und das liebe Vieh. Ethische Fragen im Umgang mit Tieren, Innsbruck 2017; A. Linzey, Why Animal Suffering Matters. Philosophy, Theology, and Practical Ethics, Oxford etc. 2009; P. Mayr, Das pathozentrische Argument als Grundlage einer T., Münster 2003; J. McMahan, Our Fellow Creatures, J. Ethics 9 (2005), 353–380; T. Milligan, Animal Ethics. The Basics, London/New York 2015; M. Nussbaum, Frontiers of Justice. Disability, Nationality, Species Membership, Cambridge Mass./London 2006, 2007, bes. 325–407 (Chap. VI Beyond ›Compassion and Humanity‹. Justice for Nonhuman Animals) (dt. Die Grenzen der Gerechtigkeit. Behinderung, Nationalität und Spezieszugehörigkeit, Berlin 2010, 2014, bes. 442–547 [Kap. VI Jenseits von ›Mitleid und Menschlichkeit‹. Gerechtigkeit für nichtmenschliche Tiere]); C. Overall, Pets and People. The Ethics of Our Relationships with Companion Animals, Oxford etc. 2017; C. Palmer (ed.), Animal Rights, Aldershot/Burlington Vt. 2008; dies., Animal Ethics in Context, New York 2010; E. D. Protopapadakis (ed.), Animal Ethics. Past and Present Perspectives, Berlin 2012; J. Rachels, Created from Animals. The Moral Implications of Darwinism, Oxford etc. 1990, 1999; ders., Animals and Ethics, REP I (1998), 273–276; C. Raspé, Die tierliche Person. Vorschlag einer auf der Analyse der Tier-Mensch-Beziehung in Gesellschaft, Ethik und Recht basierenden Neupositionierung des Tieres im deutschen Rechtssystem, Berlin 2013; T. Regan, The Moral Basis of Vegetarianism, Can. J. Philos. 5 (1975), 181–214; ders., All That Dwell Therein. Animal Rights and Environmental Ethics, Berkeley Calif. 1982; ders., Defending Animal Rights, Urbana Ill./Chesham 2001, 2006; ders., Animal Rights and Welfare, Enc. Ph. I (^{2}2006), 208–210; ders./P. Singer (eds.), Animal Rights and Human Obligations, Englewood Cliffs N. J. 1976, erw. ^{2}1989; M. Rowlands, Animal Rights. A Philosophical Defence, Basingstoke/New York 1998, mit Untertitel: Moral Theory and Practice, ^{2}2009; ders., Can Animals Be Moral?, Oxford etc. 2012, 2013; ders., Animal Rights. All that Matters, London 2013; K. Schmidt, Tierethische Probleme der Gentechnik. Zur moralischen Bewertung der Reduktion wesentlicher tierlicher Eigenschaften, Paderborn 2008; A. Schmitt, Gibt es ein Rechtsverhältnis des Menschen gegenüber dem Tier? Zwei gegensätzliche Grundauffassungen der Antike, in: P. Janich (ed.), Der Mensch und seine Tiere [s. o.], 13–32; F. Schmitz (ed.), T.. Grundlagentexte, Berlin 2014; H. Sezgin, Artgerecht ist nur die Freiheit. Eine Ethik für Tiere oder warum wir umdenken müssen, München 2014; P. Singer, Animal Liberation. A New Ethics for Our Treatment of Animals, New York 1975, mit Untertitel: The Definitive Classic of the Animal Movement, 2009 (dt. Befreiung der Tiere. Eine neue Ethik zur Behandlung der Tiere, München 1982, unter dem Titel: Animal Liberation. Die Befreiung der Tiere, Reinbek b. Hamburg 1996, Erlangen 2015); ders. (ed.), In Defence of Animals, Oxford/New York 1985, 1986 (dt. Verteidigt die Tiere. Überlegungen für eine neue Menschlichkeit, Wien 1986, Frankfurt/Berlin 1988); ders. (ed.), In Defense of Animals. The Second Wave, Malden Mass./Oxford/Carlton 2006; G. Steiner, Anthropocentrism and Its Discontents. The Moral Status of Animals in the History of Western Philosophy, Pittsburgh Pa. 2005, 2010; ders., Animals and the Moral Community. Mental Life, Moral Status, and Kinship, New York/Chichester 2008; C. R. Sunstein/M. C. Nussbaum (eds.), Animal Rights. Current Debates and New Directions, Oxford etc. 2004, 2006; G. M. Teutsch, Gerechtigkeit auch für Tiere. Beiträge zur T., Bochum 2002; G. E. Varner, In Nature's Interests? Interests, Animal Rights, and Environmental Ethics, Oxford etc. 1998, 2002; P. Waldau/K. Patton (eds.), A Communion of Subjects. Animals in Religion, Science, and Ethics, New York/Chichester 2006; M. Wild, Tierphilosophie zur Einführung, Hamburg 2008, ^{3}2013; S. M. Wise, Rattling the Cage. Toward Legal Rights for Animals, Reading Mass., London 2000; U. Wolf, Das Tier in der Moral, Frankfurt 1990, ^{2}2004; dies. (ed.), Texte zur T., Stuttgart 2008, 2013; dies., Ethik in der Mensch-Tier-Beziehung, Frankfurt 2012; T. Zamir, Ethics and the Beast. A Speciesist Argument for Animal Liberation, Princeton N. J./Oxford 2007. – J. Animal Ethics 1 (2011) ff.; Altex Ethik 1 (2009)–2 (2010), unter dem Titel: T.. Z. zur Mensch-Tier-Beziehung 3 (2011)ff.. G. K.

Tillich, Paul (Johannes Oskar), *Starzeddel (Landkreis Guben; heute Starosiedle, gmina Gubin, Polen) 20. Aug. 1886, †Chicago 22. Okt. 1965, dt. ev.-luth. Theologe und Philosoph. 1904–1909 Studium an den Universitäten Berlin, Tübingen und Halle. 1910 philosophische Promotion in Breslau, 1912 theologische Promotion in Halle und Ordination in Berlin. 1912–1913 Hilfsprediger in Berlin–Moabit, 1914–1918 Feldprediger an der Westfront. 1916 Privatdozent der Theologie in Halle, ab 1919 in Berlin mit Lehrauftrag für Geschichte der Religionsphilosophie. 1924–1925 a.o. Prof. für Systematische Theologie in Marburg, 1925–1929 Prof. für Religionswissenschaft und Sozialphilosophie an der Technischen Hochschule Dresden, 1927–1929 Honorarprof. für Religions- und Kulturphilosophie in Leipzig, 1929–1933 Prof. für Philosophie und Soziologie in Frankfurt, wo sich 1931 T. W. Adorno bei ihm habilitiert. 1933 Emigration in die USA. Seit 1933 Dozent, seit 1937 Associate Professor, 1940–1955 Prof. für philosophische Theologie am zur Columbia University gehörigen Union Theological Seminary in New York, 1955–1962 an der Harvard University, von 1962 bis zu seinem Tod an der University of Chicago.

Gott ist nach T. »das, was den Menschen unbedingt angeht« (Systematische Theologie I [1951], Stuttgart 1956, 247), und ↑Religion ist das menschliche Verhältnis zum Unbedingten (↑Unbedingtheit). Der vom Schellingschen Idealismus (↑Idealismus, deutscher), von ↑Lebensphilosophie und ↑Existenzphilosophie geprägte T. anerkennt an diesem Verhältnis gleichermaßen ein irrationales (↑irrational/Irrationalismus), nie ganz begrifflich einzuholendes, die ↑Heteronomie des Menschen förderndes Moment wie auch ein rationales (↑Rationalität), die ↑Autonomie des Menschen förderndes Moment der ↑Reflexion und der ↑Kritik, wobei ↑›Theonomie‹ das rechte religiöse Verhältnis von Heteronomie und Autonomie bedeutet. Nur unter Wahrung beider Momente, die T. auch als ›priesterliches‹ und ›prophetisches‹ bezeichnet, lassen sich christliche Glaubensbotschaft und moderne menschliche ↑Existenz nach T. miteinander korrelieren, also zeigen, daß und inwiefern das Christentum noch immer grundlegende theoretische wie praktische Relevanz besitze. Als genuiner, das irrationale Moment bewahrender Ausdruck von Religion gilt ihm die Symbolsprache (↑Symbol) des religiösen ↑Mythos', der weder ganz auf rationale Weise aufzulösen noch unreflektiert, also kritiklos anzunehmen sei. Die dem zeitgenössischen geistlichen Kairos, d. h. der innergeschichtlichen ↑Offenbarung Gottes im Zeitalter der Moderne, angemessene Form von Religion nennt T.

dementsprechend einen gläubigen Realismus und ihre angemessene Ausdrucksform den gebrochenen Mythos. ↑Theologie wird definiert als ›theonome Systematik‹ (Das System der Wissenschaften nach Gegenständen und Methoden [1923], in: Ges. Werke I, 109–293, hier 274), d. h. als theonome Reflexion und Kritik des religiösen Mythos', in theoretischer Hinsicht als Dogmatik und in praktischer als ↑Ethik.

T.s generell inklusivistische Grundhaltung, die in seiner berühmten, oben angeführten Aussage über Gott wie auch in seiner Unterscheidung zwischen ›manifester‹ und ›latenter‹ Kirche (Kirche und humanistische Gesellschaft [1931], in: Ges. Werke IX, 47–61, hier 61) Ausdruck findet, motiviert ihn zu interkonfessionellen und interreligiösen Studien und darüber hinaus zu einer theologischen Deutung von ↑Geschichte, ↑Kultur und Politik. Eine prophetische Bedeutung gesteht T. insbes. dem Sozialismus (↑Sozialismus, utopischer, ↑Sozialismus, wissenschaftlicher) zu, weshalb er sich für dessen religiöse Aneignung durch Kirche und Theologie ausspricht.

Werke: Gesammelte Werke, I–XIV, ed. R. Albrecht, Stuttgart 1959–1975, Erg.- u. Nachlaßbde, 1971ff. (erschienen Bde I–V, Stuttgart 1971–1980, VI, Frankfurt 1983, VII–XVI, Berlin/New York 1994–2009, XVII–XX, Berlin/Boston Mass. 2012–2017) (franz. Œuvres, ed. A. Gounelle/J. Richard, Genf etc. 1990ff. [erschienen Bde I–X]); Main Works/Hauptwerke [engl./dt.], I–VI, ed. C. H. Ratschow, Berlin/New York 1987–1998. – Die religionsgeschichtliche Konstruktion in Schellings positiver Philosophie. Ihre Voraussetzungen und Prinzipien, Breslau 1910 (engl. The Construction of the History of Religion in Schelling's Positive Philosophy. Its Presuppositions and Principles, Lewisburg Pa. 1974); Mystik und Schuldbewußtsein in Schellings philosophischer Entwicklung, Gütersloh 1912, ferner in: Ges. Werke [s. o.] I, 11–108, ferner in: Main Works [s. o.] I, 21–112; Der Begriff des Übernatürlichen, sein dialektischer Charakter und das Princip der Identität dargestellt an der supernaturalistischen Theologie vor Schleiermacher, Königsberg in der Neumark 1915; Über die Idee einer Theologie der Kultur, in: G. Radbruch/P. T., Religionsphilosophie der Kultur. Zwei Entwürfe, Berlin 1919, [2]1921 (repr. Darmstadt 1968), 27–52, ferner in: Ges. Werke [s. o.] IX, 13–31, ferner in: Main Works [s. o.] II, 69–85; Das System der Wissenschaften nach Gegenständen und Methoden. Ein Entwurf, Göttingen 1923, ferner in: Ges. Werke [s. o.] I, 109–293, ferner in: Main Works [s. o.] I, 113–263; Religionsphilosophie, in: M. Dessoir (ed.), Lehrbuch der Philosophie II (Die Philosophie in ihren Einzelgebieten), Berlin 1925, 769–835, separat Stuttgart 1962, Stuttgart etc. [2]1969, ferner in: Ges. Werke [s. o.] I, 295–364, ferner in: Main Works [s. o.] IV, 117–170; Das Dämonische. Ein Beitrag zur Sinndeutung der Geschichte, Tübingen 1926, ferner in: Ges. Werke [s. o.] VI, 42–71, ferner in: Main Works [s. o.] V, 99–123; Die religiöse Lage der Gegenwart, Berlin 1926, ferner in: Ges. Werke [s. o.] X, 9–93, ferner in: Main Works [s. o.] V, 27–97 (engl. The Religious Situation, New York 1932, New York/London 1969); Religiöse Verwirklichung, Berlin 1930; Kirche und humanistische Gesellschaft, Neuwerk 13 (1931/1932), 4–18, ferner in: Ges. Werke [s. o.] IX, 47–61, ferner in: Main Works [s. o.] II, 131–144; Die sozialistische Entscheidung, Potsdam 1933, Berlin 1980, ferner in: Ges. Werke [s. o.] II, 219–365, ferner in: Main Works [s. o.] III, 273–419 (engl. The Socialist Decision, New York etc. 1977, Lanham Md. 1983); On the Boundary. An Autobiographical Sketch, in: ders., The Interpretation of History, New York/London 1936, 3–73, separat New York 1966, Neuausg. Eugene Or. 2011 (dt. Auf der Grenze, in: Auf der Grenze. Aus dem Lebenswerk P. T.s, Stuttgart 1962, 13–69, München/Hamburg 1964, [2]1965, 9–57, mit neuem Untertitel: Eine Auswahl aus dem Lebenswerk, München/Zürich 1987, 13–69, ferner in: Ges. Werke [s. o.] XII, 13–57); The Protestant Era, Chicago Ill. 1948, London 1955, gekürzt Chicago Ill. 1957, 1977 (dt. Der Protestantismus. Prinzip und Wirklichkeit, Stuttgart 1950); The Shaking of the Foundations, New York 1948, New York 1976 (dt. In der Tiefe ist Wahrheit, Stuttgart 1952, 1985 [= Religiöse Reden I]); Systematic Theology, I–III, Chicago Ill. 1951–1963, London 1978 (dt. Systematische Theologie, I–III, Stuttgart 1956–1966 [repr. (I/II in einem Bd.) Berlin/New York 1987]); The Courage to Be, New Haven Conn. 1952, 1980, ferner in: Main Works [s. o.] V, 141–230 (dt. Der Mut zum Sein, Stuttgart 1953, [5]1964, Neuausg. Berlin/New York 1991, Berlin/München/Boston Mass. [2]2015, ferner in: Ges. Werke [s. o.] XI, 11–139); Love, Power, and Justice. Ontological Analyses and Ethical Applications, London/New York 1954, ferner in: Main Works [s. o.] III, 583–650 (dt. Liebe, Macht, Gerechtigkeit, Tübingen 1955, Berlin/New York 1991, ferner in: Ges. Werke [s. o.] XI, 141–225); The New Being, New York 1955, Lincoln Neb./London 2005 (dt. Das Neue Sein, Stuttgart 1957, 1983 [= Religiöse Reden II]); Dynamics of Faith, New York, London 1957, New York 2009, ferner in: Main Works [s. o.] V, 231–290 (dt. Wesen und Wandel des Glaubens, Frankfurt/Berlin 1961, 1975, ferner in: Ges. Werke [s. o.] VIII, 111–196); Christianity and the Encounter of the World Religions, New York/London 1963, Minneapolis Minn. 1994, ferner in: Main Works [s. o.] V, 291–325 (dt. Das Christentum und die Begegnung der Weltreligionen, Stuttgart 1964, ferner in: Ges. Werke [s. o.] V, 51–98); The Eternal Now, New York, London 1963 (dt. Das Ewige im Jetzt, Stuttgart 1964, Frankfurt 1986 [= Religiöse Reden III]); Systematische Theologie (1913), in: J. P. Clayton (ed.), The Concept of Correlation [s. u., Lit.], 253–268, ferner in: Main Works [s. o.] VI, 63–81; Dogmatik. Marburger Vorlesung von 1925, ed. W. Schüßler, Düsseldorf 1986; P. T. – Journey to Japan in 1960, ed. T. Fukai, Berlin/Boston Mass. 2013 (T. Research IV). – R. Albrecht (ed.), Register, Bibliographie und Textgeschichte zu den Gesammelten Werken von P. T., Stuttgart 1975, erw. u. überarb. v. R. Albrecht/W. Schüssler, unter dem Titel: Schlüssel zum Werk von P. T.. Textgeschichte und Bibliographie sowie Register zu den Gesammelten Werken, Berlin/New York [2]1990 (= Ges. Werke Erg.- u. Nachlaßbd. XIV); R. C. Crossman, P. T.. A Comprehensive Bibliography and Keyword Index of Primary and Secondary Writings in English, Metuchen N. J./London 1983; W. Schüßler, [Bibliographie], in: ders., T., BBKL XII (1997), 85–123, hier 91–123.

Literatur: T. W. Adorno u. a., Werk und Wirken P. T.s. Ein Gedenkbuch, Stuttgart 1967; R. Albrecht/W. Schüßler (eds.), P. T.. Sein Werk, Düsseldorf 1986; dies., P. T.. Sein Leben, Frankfurt etc. 1993; W. P. Alston, T., Enc. Ph. VIII (1967), 124–126, IX ([2]2006), 458–461 (Bibliographie erw. v. C. B. Miller); A. Bernet-Strahm, Die Vermittlung des Christlichen. Eine theologiegeschichtliche Untersuchung zu P. T.s Anfängen des Theologisierens und seiner christologischen Auseinandersetzung mit philosophischen Einsichten des Deutschen Idealismus. Mit Erstpublikationen dreier früher Werke des jungen P. T., Bern/Frankfurt 1982; I. Bertinetti, P. T. und die Krise der Theologie, Berlin 1977; dies., P. T., Berlin 1990; S. Bianchetti, P. T., Brescia

2002; N. Bosco, La teologia sistematica di P. T.. Corso di filosofia della religione, I–II, Turin 1972/1973; dies., P. T. tra filosofia e teologia, Mailand 1974; J. J. Carey (ed.), Kairos and Logos. Studies in the Roots and Implications of T.'s Theology, Macon Ga. 1984; ders. (ed.), Theonomy and Autonomy. Studies in P. T.'s Engagement with Modern Culture, Macon Ga. 1984; ders. (ed.), Being and Doing. P. T. as Ethicist, Macon Ga. 1987; ders., Paulus Then and Now. A Study of P. T.'s Theological World and the Continuing Relevance of His Work, Macon Ga. 2002; A. Christophersen, T., NDB XXVI (2016), 281–283; J. P. Clayton, The Concept of Correlation. P. T. and the Possibility of a Mediating Theology, Berlin/New York 1980; ders., T., TRE XXXIII (2002), 553–565; C. Danz, Religion als Freiheitsbewußtsein. Eine Studie zur Theologie als Theorie der Konstitutionsbedingungen individueller Subjektivität bei P. T., Berlin/New York 2000; ders. (ed.), Theologie als Religionsphilosophie. Studien zu den problemgeschichtlichen und systematischen Voraussetzungen der Theologie P. T.s, Wien 2004 (T.-Studien IX); ders. (ed.), P. T.s »Systematische Theologie«. Ein werk- und problemgeschichtlicher Kommentar, Berlin/Boston Mass. 2017; ders./W. Schüßler (eds.), Religion – Kultur – Gesellschaft. Der frühe T. im Spiegel neuer Texte (1919–1920), Wien/Berlin/Münster 2008 (T.-Stud. XX); dies. (eds.), P. T.s Theologie der Kultur. Aspekte – Probleme – Perspektiven, Berlin/Boston Mass. 2011 (T. Research I); dies. (eds.), Die Macht des Mythos. Das Mythosverständnis P. T.s im Kontext, Berlin/München/Boston Mass. 2015 (T. Research V); M. Dumas/M. Hébert/D. Nelson (eds.), P. T., prédicateur et théologien pratique. Actes du XVIe Colloque International Paul Tillich, Montpellier 2005, Berlin/Münster 2007 (T.-Studien XVIII); M. Dumas/M. Leiner/J. Richard (eds.), P. T. – interprète de l'histoire, Berlin/Münster 2013; H. Fischer (ed.), P. T.. Studien zu einer Theologie der Moderne, Frankfurt 1989; A. Gounelle, P. T.. Une foi réfléchie, Lyon 2013; ders./B. Reymond, En chemin avec P. T., Münster 2004 (T.-Studien XII); G. B. Hammond, T., REP IX (1998), 409–413; I. C. Henel, Philosophie und Theologie im Werk P. T.s, Frankfurt/Stuttgart 1981; G. Hummel (ed.), God and Being/Gott und Sein. The Problem of Ontology in the Philosophical Theology of P. T.. Das Problem der Ontologie in der philosophischen Theologie P. T.s/Contributions Made to the II. International P. T. Symposium Held in Frankfurt 1988/Beiträge des II. Internationalen P.-T.-Symposiums in Frankfurt 1988, Berlin/New York 1989; ders. (ed.), The Theological Paradox/Das theologische Paradox. Interdisciplinary Reflections on the Centre of P. T.'s Thought/Interdisziplinäre Reflexionen zur Mitte von P. T.s Denken. Proceedings of the V. International P. T. Symposium, Held in Frankfurt/Main 1994/Beiträge des V. Internationalen P.-T. Symposiums in Frankfurt/Main 1994, Berlin/New York 1995; ders. (ed.), Truth and History – a Dialogue with P. T./Wahrheit und Geschichte – ein Dialog mit P. T.. Proceedings of the VI. International Symposium, Held in Frankfurt/Main 1996/Beiträge des VI. Internationalen P.-T.-Symposiums in Frankfurt/Main 1996, Berlin/New York 1998; ders./D. Lax (eds.), Mystisches Erbe in T.s philosophischer Theologie/Mystical Heritage in T.'s Philosophical Theology. Beiträge des VIII. Internationalen P.-T. Symposiums Frankfurt/Main 2000/Proceedings of the VIII. International P.-T.-Symposium Frankfurt/Main 2000, Münster/Hamburg/London 2000 (T.-Studien III); B. Jaspert/C. H. Ratschow, P. T.. Ein Leben für die Religion, Kassel 1987; C. W. Kegley/R. W. Bretall (eds.), The Theology of P. T., New York 1952, [2]1982; J. A. K. Kegley, P. T. on Creativity, Lanham Md. 1989; D. H. Kelsey, The Fabric of P. T.'s Theology, New Haven Conn./London 1967; ders., P. T., in: D. F. Ford (ed.), The Modern Theologians. An Introduction to Christian Theology in the Twentieth Century I, Oxford/New York 1989, 134–151, in einem Bd., ed. mit R. Muers, mit Untertitel: An Introduction to Christian Theology since 1918, Malden Mass./Oxford/Carlton (Australien) [3]2005, 62–75 (dt. P. T., in: D. F. Ford [ed.], Theologen der Gegenwart. Eine Einführung in die christliche Theologie des zwanzigsten Jahrhunderts, Paderborn etc. 1993, 127–142); M. Laliberté, Jésus le Christ entre l'histoire et la foi. La Vision de P. T., Montréal 1997; W. Leibrecht (ed.), Religion and Culture. Essays in Honor of P. T., New York 1959 (repr. Freeport N. Y. 1972); J. R. Lyons (ed.), The Intellectual Legacy of P. T., Detroit Mich. 1969; T. Manferdini, La filosofia della religione in P. T., Bologna 1977; B. Mathot, L'apologétique dans la pensée de P. T., Berlin/Boston Mass. 2015 (T. Research VI); J. P. Newport, P. T., ed. B. E. Patterson, Waco Tex. 1984; W. Pannenberg, Problemgeschichte der neueren evangelischen Theologie in Deutschland. Von Schleiermacher bis zu Barth und T., Göttingen 1997, bes. 332–349 (Kap. 5/5c Theonomie. Gott, Religion und Geschichte bei P. T.); S. J. Park, Die Bedeutung der Kulturtheologie von P. T. im gegenwärtigen Kontext, Hamburg 2011; G. Pattison, P. T.'s Philosophical Theology. A Fifty-Year Reappraisal, Basingstoke 2015; R. Re Manning, Theology at the End of Culture. P. T.'s Theology of Culture and Art, Löwen/Paris/Dudley Mass. 2005; ders. (ed.), The Cambridge Companion to P. T., Cambridge etc. 2009; ders. (ed.), Retrieving the Radical T.. His Legacy and Contemporary Importance, Basingstoke/New York 2015; C. Rhein, P. T.. Philosoph und Theologe. Eine Einführung in sein Denken, Stuttgart 1957; H. Röer, Heilige – profane Wirklichkeit bei P. T.. Ein Beitrag zum Verständnis und zur Bewertung des Phänomens der Säkularisierung, Paderborn 1975; J. Rohls, Protestantische Theologie der Neuzeit II (Das 20. Jahrhundert), Tübingen 1997, bes. 323–329, 481–486, 633–640; G. Schreiber/H. Schulz (eds.), Kritische Theologie. P. T. in Frankfurt (1929–1933), Berlin/Boston Mass. 2015 (T. Research VIII); W. Schüßler, Der philosophische Gottesgedanke im Frühwerk P. T.s (1910–1933). Darstellung und Interpretation seiner Gedanken und Quellen, Würzburg 1986; ders., P. T., München 1997; ders., T., BBKL XII (1997), 85–123; ders., »Was uns unbedingt angeht«. Studien zur Theologie und Philosophie P. T.s, Münster/Hamburg/London 1999, Berlin/Münster [4]2015 (T.-Studien I); ders./E. Sturm, P. T.. Leben – Werk – Wirkung, Darmstadt 2007, [2]2015 (mit Bibliographie, 261–270); R. H. Stone, P. T.'s Radical Social Thought, Lanham Md. 1986; E. Sturm, T., RGG VIII ([4]2005), 410–412; A. Thatcher, The Ontology of P. T., Oxford/New York 1978; J. H. Thomas, P. T.. An Appraisal, London 1963; T. Thomas, P. T. and World Religions, Cardiff 1999; I. E. Thompson, Being and Meaning. P. T.'s Theory of Meaning, Truth and Logic, Edinburgh 1981; J. Track, Der theologische Ansatz P. T.s. Eine wissenschaftstheoretische Untersuchung seiner »Systematischen Theologie«, Göttingen 1975; T. Ulrich, Ontologie, Theologie, gesellschaftliche Praxis. Studien zum religiösen Sozialismus P. T.s und Carl Mennickes, Zürich 1971; R. Wahl, Theologie, die aufs Ganze geht. Theologische Zeitdiagnose bei Karl Barth und P. T. während und nach dem Ersten Weltkrieg, Kampen 1996; M. L. Weaver, Religious Internationalism. The Ethics of War and Peace in the Thought of P. T., Macon Ga. 2010; G. Wehr, P. T. in Selbstzeugnissen und Bilddokumenten, Reinbek b. Hamburg 1979, 1987; ders., P. T. zur Einführung, Hamburg 1998; G. Wenz, Subjekt und Sein. Die Entwicklung der Theologie P. T.s, München 1979; ders., T. im Kontext. Theologiegeschichtliche Perspektiven, Münster/Hamburg/London 2000 (T.-Studien II); T. Wernsdörfer, Die entfremdete Welt. Eine Untersuchung zur Theologie P. T.s, Zürich/Stuttgart 1968; S. Wittschier, P. T.. Seine Pneuma-Theologie. Ein Beitrag zum Problem Gott und Mensch, Nürnberg 1975; F. C.-W. Yip,

Capitalism as Religion? A Study of P. T.'s Interpretation of Modernity, Cambridge Mass. 2010. – Schriftenreihen: T.-Studien, Berlin/Münster 1999ff.; T. Research, Berlin/Boston Mass. 2011ff.. – Zeitschrift: Int. Jb. T.-Forschung 1 (2005)ff.. T. G.

Timpler, Clemens, *Stolpen (b. Dresden) 1563 (oder 1564), †Steinfurt (Burgsteinfurt) 28. Febr. 1624, dt. reformierter Theologe und Philosoph, neben R. Goclenius und B. Keckermann führender Vertreter der protestantischen ↑Scholastik in Deutschland. Ab 1580 Studium der Theologie und Philosophie in Leipzig (Magister 1589), 1592 als ›Kryptocalvinist‹ der Universität verwiesen, im gleichen Jahr (mit Keckermann) Immatrikulation in Heidelberg (1592 einer der Regentes Collegii Casimiriani), ab 1595 Prof. am Gymnasium illustre in Steinfurt, an dem zeitweilig auch J. Althusius lehrte. – T. schrieb, wie Keckermann beeinflußt vom ↑Ramismus und den Methodenerörterungen des Paduaner ↑Aristotelismus (↑Padua, Schule von), desgleichen von F. Suárez (↑Suarezianismus), zahlreiche philosophische Lehrbücher, unter ihnen eines der ersten Lehrbücher der ↑Metaphysik in Deutschland (Metaphysicae systema methodicum, 1604; 1606 ergänzt um eine als ›Technologia‹ bezeichnete allgemeine Wissenschaftslehre). Mit der Darstellungsform des Systems, in Ablösung der älteren ›Syntagma‹- und ›Summen‹-Literatur (↑Summe), wird T. zu einem Begründer der ›System‹-Literatur des 17. Jhs., desgleichen, in Abhängigkeit von Keckermann, zum Mitbegründer der so genannten ›analytischen‹ Methode (*methodus resolutiva sive analytica*; ↑Methode, analytische). Metaphysik, bestimmt als *ars contemplativa*, deren Gegenstand das Intelligible ist, erscheint als allgemeine theoretische Kunst (*ars generalis*), aus der die spezielleren theoretischen Künste Physik und Mathematik abgeleitet sind, und aus diesen wiederum Medizin, Rechtswissenschaften, Physiognomik und Optik. Insgesamt bilden die als *artes* (↑ars) bestimmten Wissenschaften eine umfassende ↑Enzyklopädie, deren Organon wiederum (in ramistischer Tradition) die Logik ist. Diese wird sowohl als *ars disserendi* (wie bei M. T. Cicero und P. Ramus) als auch als Methodenlehre (wie bei G. Zabarella und Keckermann) aufgefaßt. Die Prinzipien der Erkenntnis gelten als a posteriori (↑a priori) aus der Erfahrung gewonnen, unterliegen aber dem Satz vom Widerspruch (↑Widerspruch, Satz vom) als erfahrungsunabhängigem Begründungsprinzip.

Werke: Metaphysicae systema methodicum [...], Steinfurt 1604, ergänzt um Technologia, Hanau 1606, 1616; Physicae seu philosophiae naturalis systema methodicum, I–III, Hanau 1605–1607, I 1607, 1613, II 1609, III 1610, 1622; Philosophiae practicae systema methodicum, I–III, Hanau 1608–1611, I 1612, Frankfurt 1625, II Hanau 1617; Logicae systema methodicum [...], Hanau 1612; Rhetoricae systema methodicum [...], Hanau 1613; Opticae systema methodicum [...], Hanau 1617. – Bibliographie, in: J. S. Freedman, European Academic Philosophy [s. u., Lit.] II, 737–842.

Literatur: J. S. Freedman, European Academic Philosophy in the Late Sixteenth and Early Seventeenth Centuries. The Life, Significance, and Philosophy of C. T. (1563/4–1624), I–II, Hildesheim/Zürich/New York 1988; ders., The Soul (›anima‹) According to C. T. (1563/64–1624) and Some of His Central European Contemporaries, in: B. Mahlmann-Bauer (ed.), Scientiae et artes. Die Vermittlung alten und neuen Wissens in Literatur, Kunst und Musik I, Wiesbaden 2004, 791–830; ders., The Godfather of Ontology? C. T., »All that Is Intelligible«, Academic Disciplines During the Late 16th and Early 17th Centuries, and Some Possible Ramifications for the Use of Ontology in Our Time, Quaestio 9 (2009), 3–40; ders., Necessity, Contingency, Impossibility, Possibility, and Modal Enunciations within the Writings of C. T. (1563/4–1624), in: M. Mulsow (ed.), Spätrenaissance-Philosophie in Deutschland 1570–1650. Entwürfe zwischen Humanismus und Konfessionalisierung, okkulten Traditionen und Schulmetaphysik, Tübingen 2009, 293–317; ders., T., NDB XXVI (2016), 293–295; U. G. Leinsle, Das Ding und die Methode. Methodische Konstitution und Gegenstand der frühen protestantischen Metaphysik I, Augsburg 1985, 352–369 (Kap. 6.1 Wissenschaftslehre und Kunst des Intelligiblen. C. T.); J. Platt, Reformed Thought and Scholasticism. The Arguments for the Existence of God in Dutch Theology, 1575–1650, Leiden 1982, 202–238 (Chap. VIII The Innate Idea of God); W. Risse, Die Logik der Neuzeit I, Stuttgart-Bad Cannstatt 1964, 466–469; W. Schmidt-Biggemann, Topica universalis. Eine Modellgeschichte humanistischer und barocker Wissenschaft, Hamburg 1983, 81–88; ders., C. T., in: ders./H. Holzhey/V. Mudroch (eds.), Die Philosophie des 17. Jahrhunderts IV/1 (Das Heilige Römische Reich Deutscher Nation. Nord- und Ostmitteleuropa), Basel 2001, 415/416, 418–423, 600; S. Wollgast, Philosophie in Deutschland zwischen Reformation und Aufklärung 1550–1650, Berlin (Ost) 1988, 1993, 189–190; M. Wundt, Die deutsche Schulmetaphysik des 17. Jahrhunderts, Tübingen 1939 (repr. Hildesheim/Zürich/New York 1992), 72–78. – T., in: B. Jahn (ed.), Biographische Enzyklopädie deutschsprachiger Philosophen, München 2001, 425. J. M.

Tindal, Matthew, *Beer-Ferris (Devonshire) um 1657, †Oxford 16. Aug. 1733, engl. Philosoph und Jurist. Nach juristischem Studium 1673–1676 in Oxford (Lincoln College und Exeter College) 1678 Fellow von All Souls College, Promotion 1685. T. tritt 1685 zum Katholizismus über, schließt sich jedoch bereits 1687 wieder der anglikanischen Kirche an. – In zahlreichen politischen Schriften (An Essay Concerning Obedience to the Supreme Powers [...], London 1694; An Essay Concerning the Power of the Magistrate, and the Rights of Mankind in Matters of Religion [...], London 1697; A Letter to a Member of Parliament, Shewing, that a Restraint on the Press Is Inconsistent with the Protestant Religion [...], London 1698; Reasons Against Restraining the Press, London 1704) tritt T. für Pressefreiheit und ↑Toleranz ein. Seine antikirchliche Schrift »The Rights of the Christian Church Asserted against the Romish and All Other Priests Who Claim an Independent Power over It« (1706) führt zu zahlreichen verurteilenden Erwiderungen, unter anderem von seinem Lehrer G. Hicks (Spinoza Reviv'd [...], London 1709); eine weitere Schrift (A Defense of the Rights of the Christian Church, 1707) wird 1710 auf Veranlassung des Unterhauses öffentlich verbrannt. T. gilt mit der These, daß sich im Christentum die natürliche Religion (↑Religion, natürliche) schlechthin verwirklicht habe, auch die ↑Offenbarung nur eine Wiederholung der ursprünglichen *lex naturae* sei, und mit der weitgehenden Identifikation von Religion und Ethik als führender Vertreter des ↑Deismus, sein Alterswerk »Christianity as Old as the Creation [...]« (1730), das wiederum zahlreiche (mehr als 150) Erwiderungen, darunter durch J. Butler (The Analogy of Religion, Natural and Revealed, to the Constitution and Course of Nature, London 1736), hervorruft, als die ›Bibel des Deismus‹.

Werke: An Essay Concerning Obedience to the Supreme Powers [...], London 1694, ferner in: Four Discourses [s. u.], 1–88; An Essay Concerning the Laws of Nations, and the Rights of Sovereigns [...], London 1694, separat London ³1734, unter dem Titel: An Essay Concerning the Laws of Nations, and the Rights of Sovereigns, in: Four Discourses [s.u.], 88–126; A Letter to the Reverend the Clergy of Both Universities, Concerning the Trinity and the Athanasian Creed [...], London 1694; The Reflections on the XXVIII Propositions Touching the Doctrine of the Trinity, London 1695; An Essay Concerning the Power of the Magistrate, and the Rights of Mankind in Matters of Religion [...], London 1697, ferner in: Four Discourses [s. u.], 128–290; A Letter to a Member of Parliament [...], London 1698, unter dem Titel: A Discourse for the Liberty of the Press, in: Four Discourses [s. u.], 293–329; Reasons against Restraining the Press, London 1704; The Rights of the Christian Church Asserted against the Romish and All Other Priests Who Claim an Independent Power over It [...] I, London 1706, ⁴1709; A Defence of the Rights of the Christian Church [...], London 1707, ²1709; A Second Defence of the Rights of the Christian Church [...], London 1708; Four Discourses [...], London 1709; New High-Church Turn'd Old Presbyterian [...], London 1709, 1710; A New Catechism, with Dr. Hickes's Thirty Nine Articles [...], London 1710; The Merciful Judgments of High-Church Triumphant on Offending Clergymen [...], London 1710; The Nation Vindicated [...], I–II, London 1711/1712; The Defection Consider'd, and the Designs of Those, Who Divided the Friends of the Government, Set in a True Light, London 1717, 1718; An Account of a Manuscript, Entitul'd, Destruction the Certain Consequence of Division [...], London 1718, ²1718; The Judgment of Dr. Prideaux, in Condemning the Murder of Julius Caesar [...], London 1721; A Defence of Our Present Happy Establishment [...], London 1722; An Enquiry into the Causes of the Present Disaffection, as also into the Necessity of some Standing Forces [...], London 1723; Corah and Moses [...], London 1727; An Address to the Inhabiants of the Two Great Cities of London and Westminster [...], London 1728, unter dem Titel: An Address to the Inhabitants of the Two Great Cities of London and Westminster [...], ²1730; Christianity as Old as the Creation. Or, the Gospel, a Republication of the Religion of Nature I, London 1730 (repr., ed. G. Gawlick, Stuttgart-Bad Cannstatt 1967, London 1995), ³1732 (dt. Beweis, daß das Christenthum so alt als die Welt sey [...], Frankfurt/Leipzig 1741); A Second Address to the Inhabitants of the Two Great Cities of London and Westminster [...], London 1730, ³1730.

Literatur: P. Byrne, M. T. and Tolerance. Some Lockean Themes, in: S. Knuuttila/R. Saarinen (eds.), Theology and Early Modern Philosophy (1550–1750), Helsinki 2010, 169–184; E. Campbell Mossner, T., Enc. Ph. VIII (1967), 139–141, IX (²2006), 502–504 (mit erw. Bibliographie v. P. Reed); E. Hirsch, Geschichte der neuern evangelischen Theologie in Zusammenhang mit den allgemeinen Bewegungen des europäischen Denkens, I–V, Gütersloh 1949–1954, Waltrop 2000 (= Ges. Werke V–IX), bes. I, 323–330; S. Lalor, M. T., Freethinker. An Eighteenth-Century Assault on Religion, London/New York 2006; C. Schmitt, T., BBKL XII (1997), 156–159; R. E. Sullivan, John Toland and the Deist Controversy. A Study in Adaptations, Cambridge Mass./London 1982, bes. 205–234 (Chap. 7 The Elusiveness of Deism); N. L. Torrey, Voltaire and the English Deists, New Haven Conn./London, London 1930, o.O. 1967, 104–129 (Chap. 5 Voltaire and T.. The Moral Argument); C. Voigt, Der englische Deismus in Deutschland, Tübingen 2003, 81–111 (Chap. 2 M. T., Christianity as Old as the Creation [1730]); S. N. Williams, M. T. on Perfection, Positivity, and the Life Divine, Enlightenment and Dissent 5 (1986), 51–69. J. M.

Tocqueville, Alexis de, *Paris 29. Juli 1805, †Cannes 16. April 1859, franz. Staatstheoretiker. Nach Abschluß des Studiums der Rechte 1827 Untersuchungsrichter in Versailles. T. steht der Juli-Revolution von 1830 skeptisch gegenüber und bemüht sich um einen Staatsauftrag zum Studium des Gefängniswesens in den USA. Das wesentliche Ergebnis dieses Amerikaaufenthaltes 1831–1833 ist die Untersuchung »De la démocratie en Amérique«, deren erster Band 1835 erscheint und den Autor international bekannt macht. Ein weiterer Band, der 1840 erscheint, ist bereits von der Skepsis geprägt, mit der T. die politische Entwicklung seiner Zeit betrachtet. Nach der Revolution von 1848 kurze Zeit Minister des Äußeren. Der Staatsstreich Louis Napoleons veranlaßt T. als politischer Gegner des Zweiten Kaiserreichs aus der Politik auszuscheiden. 1856 erscheint nach langen empirischen Studien der erste Band des unvollendet gebliebenen Werkes »L'ancien régime et la révolution«.

T.s Werk ist eine Auseinandersetzung mit künftigen Organisationsformen von ↑Staat und ↑Gesellschaft. T. ist gleich weit entfernt vom Ancien Régime, dessen bourbonische Restauration er als Anachronismus empfindet, und von der sich im Lyoner Arbeiteraufstand ankündigenden Massendemokratie, deren unregierbaren Irrationalismus er fürchtet. Diese Konstellation schärft seinen Blick für die Unhaltbarkeit des großbürgerlich-liberalen Regimes auf plutokratischer Basis. Die spannungsvolle Zwischenposition wiederholt sich in T.s Suche nach einer tragfähigen Staatsform, die angesichts einer Gesellschaft im Umbruch die richtige Mitte zwischen der individuellen ↑Freiheit und der Gleichheit (↑Gleichheit (sozial)) aller zu halten vermag. Im Votum für die verfassungsmäßige Republik mit föderativem Aufbau und einem Zwei-Kammer-Parlament sieht T. den Ausgleich zwischen Despotie und Anarchie.

T.s Geschichtsvorstellung ist durch seinen Glauben an einen letztlich wirkenden göttlichen Willen geprägt. Vergangenheit und Gegenwart sind nicht mehr zu beeinflussen; die Zukunft läßt sich jedoch in einem gewissen Rahmen gestalten. Damit dies möglich ist, muß die Gegenwart analysiert und erkannt werden. Dieses Anliegen liegt in einer Zeit gesellschaftlicher Umwälzungen auch T.s Hauptwerk »De la démocratie en Amérique« zugrunde. Es soll keine Darstellung der faktischen Gegebenheiten der amerikanischen Demokratie sein, sondern ein allgemeingültiges Bild der Demokratie liefern, das die Grundlage bietet, um die Zukunft der europäischen Staaten gestalten zu können. T.s Werk ist eine kritische Analyse der Möglichkeiten und Gefahren der Demokratie für die Gesellschaft und die Menschheit, soweit sie Europäer und Amerikaner umfaßt. Die Kolonialisierung der anderen Völker hat T. dagegen unterstützt. Er warnt vor einem reinen Individualismus, der zu einer Vernachlässigung sozialer Pflichten gegenüber der Gesellschaft führt, und beschwört ihn gleichermaßen als Hort der Freiheit zu persönlicher Entwicklung und Bildung. T. warnt ferner vor einer Überbetonung der Gleichheit gegenüber der Freiheit, vor zu straffer Zentralisation der Verwaltung, die Initiativen des Einzelnen verhindert und Freiheit einschränkt, vor der Allmacht der öffentlichen Meinung in einer egalitären Gesellschaft und vor Gleichheit, die der Pflicht enthebt, anderen beizustehen. – Mit einer empirisch fundierten Analyse der Französischen Revolution stellt sich T. an den Anfang sozialwissenschaftlicher Geschichtsschreibung. Er zeigt, daß die Revolution (↑Revolution (sozial)) als Vollenderin der absolutistischen Staatsidee und nicht als Traditionsbruch zu betrachten ist.

Werke: Œuvres complètes, I–IX, ed. M. de Tocqueville, Paris 1861–1866; Œuvres, papiers et correspondances, später unter dem Titel: Œuvres complètes. Edition définitive, I–XVIII, ed. J.-P. Mayer, Paris 1951–1998 (erschienen Bde I–XVI, XVIII). – De la démocratie en Amérique, I–IV, Paris 1835–1840, I–II, Paris 1961, 1992 (= Œuvres complètes. Edition définitive I.1/I.2) (engl. Democracy in America, I–II, trans. H. Reeve, London 1835–1840, ed. O. Zunz, New York 2004, mit Untertitel: Historical-Critical Edition [franz./engl.], I–IV, ed. E. Nolla/J. T. Schleifer, Indianapolis Ind. 2010; dt. Ueber die Demokratie in Nordamerika, I–II, übers. F. A. Rüder, Leipzig 1836, unter dem Titel: Über die Demokratie in Amerika, I–II, Zürich 1987); Histoire philosophique du règne de Louis XV, I–II, Paris 1847, [2]1850; Coup d'œil sur le règne de Louis XVI, Paris o.J. [1850]; L'ancien régime et la révolution, Paris 1856, Paris 1952, [3]1992 (= Œuvres complètes. Edition définitive II.1), 2012 (engl. The Old Regime and the Revolution, trans. J. Bonner, New York 1856, I–II, ed. F. Furet/F. Mélonio, trans. A. S. Kahan, Chicago Ill./London 1998/2001, unter dem Titel: The Ancien Régime & the French Revolution, ed. J. Elster/A. Goldhammer, Cambridge etc. 2011; dt. Das alte Staatswesen und die Revolution Leipzig 1857, unter dem Titel: Der alte Staat und die Revolution, übers. T. Oelckers, Leipzig 1867, München 1978, 1989); Kleine politische Schriften, ed. H. Bluhm, Berlin 2006. – Letters from America, ed. F. Brown, New Haven Conn./London 2010.

Literatur: B. Allen, T., Covenant, and the Democratic Revolution. Harmonizing Earth with Heaven, Lanham Md./Toronto/Oxford 2005; S. K. Amos, A. d. T. and the American National Identity. The Reception of »De la démocratie en Amérique« in the United States in the Nineteenth Century, Frankfurt etc. 1995; A. Antoine, L'impensé de la démocratie. T., la citoyenneté et la religion, Paris 2003; A. Antonella, A. d. T. e Hanna Arendt. Un dialogo a distanza, Neapel 2005; E. Atanassow/R. Boyd (eds.), T. and the Frontiers of Democracy, Cambridge etc. 2013; J.-L. Benoit, T.. Un destin paradoxal, Paris 2005, [2]2013; ders., Dictionnaire T., Paris 2017; M. Bernardi, Stato sociale e libertà politica in T., Saonara (Padua) 2010; H. Bluhm/S. Krause (eds.), A. d. T.. Analytiker der Demokratie, Paderborn 2016; R. Boudon, T. aujourd'hui, Paris 2005 (engl. T. for Today, Oxford 2006); H. Brogan, A. d. T.. A Biography, London 2006, 2009, mit Untertitel: A Life, New Haven Conn./London 2007; N. Campagna, Die Moralisierung der Demokratie. A. d. T. und die Bedingungen der Möglichkeit einer liberalen Demokratie, Cuxhaven/Dartford 2001; N. Capdevila, T. et les frontières de la démocratie, Paris 2007; M. Clark, The Ideal of A. d. T., ed. D. Clark/D. Headon/J. M. Williams, Melbourne 2000; A. Coutant, Une critique républicaine de la démocratie libéral. »De la démocratie en Amérique« d'A. d. T., Paris 2007; ders., T. et la constitution démocratique. Souveraineté du peuple et libertés, Paris 2008; M. Drolet, T., Democracy and Social Reform, Basingstoke/New York 2003; J. Elster, A. d. T., the First Social Scientist, Cambridge etc. 2009; A. Enegren, T., DP II ([2]1993), 2797–2801; R. T. Gannett, T. Unveiled. The Historian and His Sources for »The Old Regime and the Revolution«, Chicago Ill./London 2003; R. Geenens/A. De Dijn (eds.), Reading T.. From Oracle to Actor, Basingstoke/New York 2007; H. Göring, T. und die Demokratie, München/Berlin 1928; P. Gouirand, T.. Une certaine vision de la démocratie, Paris etc. 2005; J.-M. Heimonet, T. et le devenir de la démocratie. La perversion de l'idéal, Paris etc. 1999; K. Herb/O. Hidalgo (eds.), Alter Staat – Neue Politik. T.s Entdeckung der modernen Demokratie, Baden-Baden 2004; dies., A. d. T., Frankfurt/New York 2005; M. Hereth, T. zur Einführung, Hamburg 1991, [2]2001; ders./J. Höffken, A. d. T. – Zur Politik in der Demokratie. Symposion zum 175. Geburtstag von A. d. T., Baden-Baden 1981 (mit Bibliographie, 121–172); O. Hidalgo, Unbehagliche Moderne. T. und die Frage der Religion in der Politik, Frankfurt/New York 2006; A. Jardin, A. d. T. 1805–1859, Paris 1984, 2005 (engl. T.. A Biography, New York 1988, Baltimore Md. 1998; dt. A. d. T.. Leben und Werk, Frankfurt/New York, Darmstadt 1991, Frankfurt/New York 2005); L. Jaume, T.. Les sources aristocratiques de la liberté. Biographie intellectuelle, Paris 2008 (engl. T.. The Aristocratic Sources of Liberty, Princeton N. J./Oxford 2013); L. M. Johnson, Honor in America? T. on American Enlightenment, Lanham Md. etc. 2017; A. S. Kahan, A. d. T., New York/London 2010, 2013; ders., T., Democracy, and Religion. Checks and Balances for Democratic Souls, Oxford/New York 2015; A. Kaledin, T. and His America. A Darker Horizon, New Haven Conn./London 2011; J. C. Koritansky, A. d. T. and the New Science of Politics. An Interpretation of »Democracy in America«, Durham N. C. 1986; S. S. Krause (ed.), Erfahrungsräume der Demokratie. Zum Staatsdenken von A. d. T., Stuttgart 2017; J.-C. Lamberti, T. et les deux démocraties, Paris 1983 (engl. T. and the Two Democracies, Cambridge Mass./London 1989); M. J. Mancini, A. d. T., New York, Toronto etc. 1994; ders., A. d. T. and American Intellectuals. From His Times to Ours, Lanham Md./Boulder Colo./New

York 2006; P. Manent, T. et la nature de la démocratie, Paris 1982, 1993, 2006 (engl. T. and the Nature of Democracy, Lanham Md./ London 1996); J.-P. Mayer, A. d. T.. Prophet of the Mass Age, London 1939 (dt. A. d. T.. Prophet des Massenzeitalters, Stuttgart 1954, unter dem Titel: Analytiker des Massenzeitalters, München [3]1972); H. Mitchell, America after T.. Democracy against Difference, Cambridge etc. 2002; J. Mitchell, The Fragility of Freedom. T. on Religion, Democracy, and the American Future, Chicago Ill./London 1995, 1999; C. Offe, Selbstbetrachtung aus der Ferne. T., Weber und Adorno in den Vereinigten Staaten, Frankfurt 2004 (engl. Reflections on America. T., Weber and Adorno in the United States, Cambridge 2005); M. R. R. Ossewaarde, T.'s Moral and Political Thought. New Liberalism, London/New York 2004; K. Pisa, A. d. T.. Prophet des Massenzeitalters. Eine Biographie, Stuttgart 1984, München/Zürich 1986; H. A. Rau, Demokratie und Republik. T.s Theorie des politischen Handelns, Würzburg 1981; G. de Robien, A. d. T., Paris 2000; J. T. Schleifer, The Making of T.'s »Democracy in America«, Chapel Hill N. C. 1980, Indianapolis Ind. 2000; ders., The Chicago Companion to T.'s »Democracy in America«, Chicago Ill./London 2012; M. Schössler, Demokratie modern denken. Die Entschlüsselung des modernen Gemeinwesens bei A. d. T., Wiesbaden 2014; D. A. Selby, T., Jansenism, and the Necessity of the Political in a Democratic Age. Building a Republic for the Moderns, Amsterdam 2015; L. Siedentop, T., Oxford/New York 1994; ders., T., REP IX (1998), 423–425; B. Valade, T., IESBS XXIII (2001), 15762–15766; S. B. Watkins, A. d. T. and the Second Republic, 1848–1852. A Study in Political Practice and Principles, Lanham Md. 2003; C. B. Welch, D. T., Oxford/New York 2001, 2006; dies., The Cambridge Companion to T., Cambridge etc. 2006; S. S. Wolin, T. between Two Worlds. The Making of a Political and Theoretical Life, Princeton N. J./Oxford 2001, 2003. – The Tocqueville Review 27 (2006), H. 2 (A. d. T.. A Special Bicentennial Issue). E.-M. E./H. R. G.

Tod, in den biologischen und medizinischen Wissenschaften Bezeichnung für das Erlöschen wesentlicher organischer Vorgänge (insbes. der Gehirntätigkeit). Der T. wird zum philosophischen Thema in den Fragen (1) des Fortlebens nach dem T.e (↑Unsterblichkeit) und (2) des Rechts auf Tötung bzw. Selbsttötung von Menschen (Abtreibung, Euthanasie, Selbstmord) und Tieren, ferner (3) als Phänomen der Moderne hinsichtlich seiner Verdrängung aus dem Alltagsbewußtsein, insbes. aber (4) hinsichtlich der Auswirkung der T.esgewißheit auf die je eigene Lebensführung.

Die Unsterblichkeit der ↑Seele oder des Geistes wird von Platon im Rückgriff auf pythagoreische (↑Pythagoreismus) Überlieferungen zur ↑Seelenwanderung behandelt. Der T. ist danach philosophisch gesehen ein wünschenswerter personaler Übergang in die Welt der Ideen (↑Idee (historisch), ↑Ideenlehre), eine Vorstellung, die in religiöser Wendung vom Christentum aufgenommen wurde. Die ↑Stoa fordert, den T. als ein für die natürliche Ordnung notwendiges Ereignis und als härteste Lebensprüfung anzusehen. Im Umgang mit der T.esgewißheit zeigt sich, inwieweit der einzelne das Bildungsideal der ↑Apathie verkörpert. Ausdrücklich widmet sich Lukrez unter Zugrundelegung seiner materialistisch-atomistischen Lehre, d. h. des im Falle des T.es stattfindenden Auseinanderfallens der Atome des Körpers und der Seele, im 3. Buch von »De rerum natura« dem T.e und der T.esfurcht. Er wiederholt das Diktum Epikurs (Diog. Laert. X, 125), daß der T. den Lebendigen nichts angehe, weil er noch nicht eingetreten sei, den Toten nichts, weil er ihn nicht mehr wahrzunehmen vermag. In den antiken Traditionen ist die Selbsttötung nicht negativ bewertet worden.

Nach Thomas von Aquin steht der T. der Glückseligkeit (↑Glück (Glückseligkeit)) des Menschen in seinem irdischen Leben grundsätzlich im Wege (S. c. g. III, 48). Ihm verbleibt nur die Hoffnung auf eine Glückseligkeit nach dem T.e aus göttlichem Wirken heraus. Nach B. de Spinoza denkt der freie Mensch an nichts weniger als an den T.; seine Lebensführung wird durch ihn in keiner Weise bestimmt (Eth. IV, prop. LXVII). I. Kant bezeichnet die Selbsttötung als Mord und als eine Verletzung der ›Pflicht gegen sich selbst‹ (Met. Sitten [Tugendlehre], Akad.-Ausg. VI, 422–423). G. W. F. Hegel definiert die Geburt des Geistes als Selbsterhaltung im Ertragen der Zerrissenheit der abstrakten Negation, die der T. ist (Phänom. des Geistes, Sämtl. Werke II, 34). Der T. ist ein notwendiger Übergang der Individualität in Allgemeines (Werke IX, ed. E. Moldenhauer/K. M. Michel, Frankfurt 1970, 534–535 [Zusatz zu § 374]), der Selbstmord eine dem Menschen im Unterschied zum Tier allein zukommende Möglichkeit, die aus der negativ wirksamen, jede Bestimmtheit auflösenden Freiheit des Willens erwächst (Rechtsphilos. § 5, Sämtl. Werke VII, 54–56; ↑Willensfreiheit).

Die Bedeutung des T.es für die eigene Lebensführung tritt bei K. Jaspers, für den er eine existenzbewährende und Transzendenz (↑transzendent/Transzendenz) eröffnende Grenzsituation ist, und vor allem bei M. Heidegger in den Vordergrund. In »Sein und Zeit« wird daseinsanalytisch (↑Daseinsanalyse) entwickelt, in welcher Weise der T. als eigenste Möglichkeit unausweichlich das ↑Dasein bestimmt und so seiner Verfallenheit an das ↑Man entreißt, es isoliert, verendlicht, damit Sinn und Bedeutung stiftet und vereinsamt. Im ›Vorlauf‹ auf den T. erschließt sich dem Dasein überblickhaft seine Ganzheit und die Übernahme dieses Seins als eigenes (Sein und Zeit § 46–53, Gesamtausg. II, 314–354). Dem widerspricht J.-P. Sartre. Endlichkeit und Sinn verleiht nach Sartre nicht die T.esgewißheit, sondern die sich in der Wahl verzeitlichende Freiheit. Die Kenntnis vom T.e kann nur im Blick auf das Ende des Anderen, nicht selbstreflexiv, erworben werden. Der T. gehört wie die Geburt zur bloßen Faktizität und ist kein ontologisches Merkmal des Für-sich-Seins. Er ist absurd (↑absurd/das Absurde), indem er als jederzeit mögliche ›Nichtung‹ meiner Möglichkeiten außerhalb meiner Möglichkeiten liegt.

W. Kamlah (1976) vertritt ein prinzipielles Recht auf den eigenen T., das durch zumutbare Forderungen, die sich aus der moralischen Grundnorm ergeben, eingeschränkt wird. Der Ausdruck ›Selbstmord‹ wird in diesem Zusammenhang wegen seines negativ wertenden Charakters abgelehnt. Die von A. Augustinus vorgenommene Übertragung des fünften Gebots auf die Selbsttötung sei ungerechtfertigt. Nach H. Ebeling sind das illusionierende Freiheitsbewußtsein einerseits und das desillusionierende T.esbewußtsein andererseits Ausweis der ›radikalen Unnatur des menschlichen Selbstbewußtseins‹ (1979, 13). In einer Kritik der einseitig auf Freiheit (Kant) bzw. einseitig auf den T. (Heidegger) zentrierten philosophischen Ansätze werden beide grundlegenden Weisen des ↑Selbstbewußtseins als Funktionen einer gegen die Gefahren der Selbstvernichtung gerichteten Selbsterhaltung und Selbststeigerung verstanden.

Der moderne Mensch leugnet, so M. Scheler, den Kern und das Wesen des T.es, sodaß auch die Frage der Unsterblichkeit ihn zunehmend weniger berührt. Arbeit und Erwerb, der rechnerische Kalkül in allen Lebensbelangen, die Orientierung schon der Fortpflanzungsbereitschaft an der ökonomischen Lage und das materialistische Verständnis von den Funktionen des Lebens sind die Komponenten, die eine unanschauliche Stellung zum T.e hervorrufen. In dieser Vorstellung ist der T. stets der des Anderen und gegebenenfalls eine Katastrophe, nicht mehr ein zum Leben selbst gehörendes Ereignis. Scheler unternimmt in einer phänomenologisch-zeittheoretischen Untersuchung des Alterns den Versuch, das Wissen um den eigenen T. als ureigenstes, von der Erfahrung des T.es des Anderen unabhängiges individuiertes Bewußtsein zu erweisen. Die Diskriminierung des T.es in der modernen Welt ist im Anschluß an G. Bataille auch das Thema J. Baudrillards. – In ihrer Reduktion auf den Äquivalententausch vereinnahmt die politische Ökonomie (↑Ökonomie, politische) den T. und entfremdet ihn seines ursprünglichen symbolischen Austauschs mit dem Leben. Die Ideen des ↑Fortschritts und der ↑Freiheit konvergieren in der Akkumulation von Werten und von Zeit gegen die Abschaffung des T.es. Sie machen ihn darüber hinaus einerseits zu einem Konsumartikel, andererseits drängen sie ihn an den Rand einer nicht mehr kommunizierten Lebenserfahrung.

Um die Fragen der Erlaubtheit der Tötung menschlichen Lebens findet in den Problembereichen von Abtreibung und Euthanasie in den letzten Jahrzehnten des 20. Jhs. eine ausgedehnte moralphilosophische (↑Moralphilosophie) Diskussion statt. Auf utilitaristischer (↑Utilitarismus) Grundlage vertritt P. Singer die These, daß im Falle eines unaufhebbaren schweren Leidens eines Menschen, der nicht imstande ist, personal-bewußt über die Fortsetzung seines Lebens selbst zu entscheiden (z. B. eines Neugeborenen), die Tötung moralisch geboten ist. Singer plädiert damit folgenreich für eine Aufhebung des grundsätzlichen Tötungsverbots für Menschen. Besonderen Widerstand hat seine Festlegung hervorgerufen, daß es unter Anwendung eines utilitaristischen Glückskalküls erlaubt sei, ein behindertes, noch nicht personalbewußtes Neugeborenes zu töten. Zugleich plädiert Singer für die Aufhebung der Diskriminierung anderer Lebewesen, wie sie etwa bei der fabrikmäßigen Tötung von Tieren geübt wird, und für eine konsequente vegetarische Lebensweise. Die Rücksichtnahme auf die ↑Interessen aller Lebewesen, auch der nicht-menschlichen, wird durch das universalistische (↑Universalisierung) utilitaristische Gleichheitsprinzip gefordert.

Literatur: B. Adkins, Death and Desire in Hegel, Heidegger and Deleuze, Edinburgh 2007; K.-O. Apel, Ist der T. eine Bedingung der Möglichkeit von Bedeutung? (Existentialismus, Platonismus oder transzendentale Sprachpragmatik?), in: J. Mittelstraß/M. Riedel (eds.), Vernünftiges Denken. Studien zur Wissenschaftstheorie und praktischen Philosophie, Berlin/New York 1978, 407–419; P. Ariès, Essais sur l'histoire de la mort en occident du moyen âge à nos jours, Paris 1975, 1977 (dt. Studien zur Geschichte des T.es im Abendland, München 1976, [2]1982); J. Assmann, Der T. als Thema der Kulturtheorie. T.esbilder und Totenriten im alten Ägypten, Frankfurt 2000; C. v. Barloewen (ed.), Der T. in den Weltkulturen und Weltreligionen, München 1996, Frankfurt/Leipzig 2000; G. Bataille, L'érotisme, Paris 1957, ferner in: Œuvres complètes X, Paris 1987, 2004, 7–270; ders., Les larmes d'Éros, Paris 1961, ferner in: Œuvres complètes X, Paris 1987, 2004, 573–627; J. Baudrillard, L'échange symbolique et la mort, Paris 1976, 2005; R. Beck, Der T.. Ein Lesebuch von den letzten Dingen, München 1995; E. Becker, The Denial of Death, New York 1973, 1997 (dt. Dynamik des T.es. Die Überwindung der T.esfurcht – Ursprung der Kultur, Olten 1976, unter dem Titel: Dynamik des T.es. Die Überwindung der T.esfurcht, München 1981, unter dem Titel: Die Überwindung der T.esfurcht. Dynamik des T.es, Gütersloh etc. 1990); W. Becker, Das Dilemma der menschlichen Existenz. Die Evolution der Individualität und das Wissen um den T., Stuttgart/Berlin/Köln 2000; U. Benzenhöfer, Der gute T.? Euthanasie und Sterbehilfe in Geschichte und Gegenwart, München 1999, Göttingen 2009; D. Birnbacher, T., Berlin/Boston Mass. 2017; B. Bradley/F. Feldman/J. Johansson (eds.), The Oxford Handbook of Philosophy of Death, Oxford etc. 2013, 2015; C. Braun, Selbstmord. Soziologie, Sozialpsychologie, Psychologie, München 1971; D. Callahan, The Roots of Bioethics. Health, Progress, Technology, Death, Oxford etc. 2012; J. Choron, Death and Western Thought, New York 1963, 1973 (dt. Der T. im abendländischen Denken, Stuttgart 1967; franz. La mort et la pensée occidentale, Paris 1969); A. Classen (ed.), Gutes Leben und guter T. von der Spätantike bis zur Gegenwart. Ein philosophisch-ethischer Diskurs über die Jahrhunderte hinweg, Berlin/Boston Mass. 2012; K. Czasny, Die letzten Undinge. Eine erkenntniskritische Auseinandersetzung mit der Angst vor dem T., Freiburg/München 2014; J. DeFrain/A. DeFrain/J. Cacciatore-Garard, Death, NDHI II (2005), 539–544; D. DeGrazia, The Definition of Death, SEP 2007, rev. 2016; É. Durkheim, Le suicide. Étude de sociologie, Paris 1897, [13]2007; R. Dworkin, Life's Dominion. An Argument About Abortion, Euthanasia, and Individual Freedom, New York 1993, 1994 (dt. Die Grenzen des Lebens. Abtreibung, Euthanasie und persönliche Freiheit, Reinbek b. Hamburg 1994); S. Earle/C. Komaromy/C. Bartholomew (eds.),

Death and Dying. A Reader, Los Angeles etc. 2009; H. Ebeling, Über Freiheit zum T.e, Diss. Freiburg 1967; ders. (ed.), Der T. in der Moderne, Königstein 1979, Bodenheim [4]1997; ders., Selbsterhaltung und Selbstbewußtsein. Zur Analytik von Freiheit und T., Freiburg/München 1979; N. Elias, Über die Einsamkeit des Sterbenden in unseren Tagen, Frankfurt 1982, [8]1995, ferner als: Ges. Schr. VI, Frankfurt 2002 (engl. The Loneliness of the Dying, Oxford 1985, ferner als: Collected Works VI, Dublin 2010; franz. La solitude des mourants, Paris 1987, 2012); D. v. Engelhardt/W. Lenski/W. Neuser (eds.), Sterben und T. bei Hegel, Würzburg 2015; A. Eser (ed.), Suizid und Euthanasie als human- und sozialwissenschaftliches Problem, Stuttgart 1976; A. Esser, Welchen T. stirbt der Mensch? Philosophische Kontroversen zur Definition und Bedeutung des T.es, Frankfurt/New York 2012; H. Feifel (ed.), The Meaning of Death, New York 1959, [2]1965, unter dem Titel: New Meanings of Death, 1977; R. C. Feitosa de Oliveira, Das Denken der Endlichkeit und die Endlichkeit des Denkens. Untersuchungen zu Hegel und Heidegger, Berlin 1999; F. Feldman, Death, REP II (1998), 817–823; K. Feldmann/W. Fuchs-Heinritz (eds.), Der T. ist ein Problem der Lebenden. Beiträge zur Soziologie des T.es, Frankfurt 1995; E. Fink, Metaphysik und T., Stuttgart etc. 1969; H.-J. Firnkorn (ed.), Hirntod als T.eskriterium, Stuttgart 2000; J. M. Fischer, Freiheit, Verantwortlichkeit und das Ende des Lebens, Münster 2015; A. Flew, Merely Mortal? Can You Survive Your Own Death?, Amherst N. Y. 2000; P. A. French/H. K. Wettstein (eds.), Life and Death. Metaphysics and Ethics, Boston Mass. 2000; M. S. Frings, Zur Soziologie der Zeiterfahrung bei Max Scheler. Mit einem Rückblick auf Heraklit, Philos. Jb. 91 (1984), 118–130; W. Fuchs, T.esbilder in der modernen Gesellschaft, Frankfurt 1969, [3]1985; M. Gaertner, T. ist Undurchdringlichkeit, Wien 2008; P. Gehring, Theorien des T.es. Zur Einführung, Hamburg 2010, [3]2013; dies./M. Rölli/M. Saborowski (eds.), Ambivalenzen des T.es. Wirklichkeit des Sterbens und T.estheorien heute, Darmstadt 2007, 2013; S. Gosepath/M. Remenyi (eds.), »... dass es ein Ende mit mir haben muss«. Vom guten Leben angesichts des T.es, Münster 2016; E. T. Hammer/C. Mitcham, Death and Dying, in: C. Mitcham (ed.), Encyclopedia of Science, Technology and Ethics II, Detroit Mich. etc. 2005, 476–481; B.-C. Han, T.esarten. Philosophische Untersuchungen zum T., München 1998; R. P. Harrison, The Dominion of the Dead, Chicago Ill./London 2003, 2004 (dt. Die Herrschaft des T.es, München/Wien 2006); H.-P. Hasenfratz u. a., T., TRE XXXIII (2002), 579–638; B. Heller u. a., T., RGG VIII ([4]2005), 427–448; H.-D. Herbig, Mythos T.. Eine Provokation, Hamburg 1997; H. Holzhey/H. Saner (eds.), Euthanasie. Zur Frage von Leben- und Sterbenlassen, Basel/Stuttgart 1976; A. Hügli, T., Hist. Wb. Ph. X (1998), 1227–1242; S. Ireton, An Ontological Study of Death. From Hegel to Heidegger, Pittsburgh Pa. 2007; W. Janke, Das Glück der Sterblichen. Eudämonie und Ethos, Liebe und T., Darmstadt 2002, 2010; V. Jankélévitch, Penser la mort?, Paris 1994, 2003 (dt. Kann man den T. denken?, Wien 2003); M. Johnston, Surviving Death, Princeton N. J./Oxford 2010; W. Kamlah, Meditatio mortis. Kann man den T. ›verstehen‹, und gibt es ein ›Recht auf den eigenen T.‹?, Stuttgart 1976; M. S. Kleiner, Im Bann von Endlichkeit und Einsamkeit? Der T. in der Existenzphilosophie und der Moderne, Essen 2000; M. Kreuels, Über den vermeintlichen Wert der Sterblichkeit. Ein Essay in analytischer Existenzphilosophie, Berlin 2015; P. L. Landsberg, Essai sur l'expérience de la mort, Paris 1936, 1993 (dt. Die Erfahrung des T.es, Luzern 1937, Berlin 2009; engl. The Experience of Death, London 1953, New York 1977); K. Lehmann, Der T. bei Heidegger und Jaspers. Ein Beitrag zur Frage. Existenzialphilosophie, Existenzphilosophie und protestantische Theologie, Heidelberg 1938; A. Leist (ed.), Um Leben und T.. Moralische Probleme bei Abtreibung, künstlicher Befruchtung, Euthanasie und Selbstmord, Frankfurt 1990, [3]1992; J. P. Lizza, Persons, Humanity, and the Definition of Death, Baltimore Md. etc. 2006; A. Lohner, Der T. im Existentialismus. Eine Analyse der fundamentaltheologischen, philosophischen und ethischen Implikationen, Paderborn etc. 1997; U. Lüke (ed.), T. – Ende des Lebens!?, Freiburg/München 2014; S. Luper, Death, SEP 2002, rev. 2014; ders., The Philosophy of Death, Cambridge etc. 2009, 2010; T. H. Macho, T.esmetaphern. Zur Logik der Grenzerfahrung, Frankfurt 1987, [2]1990; J. Manser, Der T. des Menschen. Zur Deutung des T.es in der gegenwärtigen Philosophie und Theologie, Bern/Frankfurt/Las Vegas 1977; R. C. McMillan/H. Tristram Engelhardt Jr., Euthanasia and the Newborn. Conflicts Regarding Saving Lives, Dordrecht/Boston Mass./Lancaster 1987; A. Metzger, Freiheit und T., Tübingen 1955 (repr. Freiburg 1972); J. Mittelstraß, Wem gehört das Sterben?, in: C. Y. Robertson-von Trotha (ed.), T. und Sterben in der Gegenwartsgesellschaft [s. u.], 19–34; M. T. Mjaaland, Autopsia. Self, Death, and God after Kierkegaard and Derrida, Berlin/New York 2008; T. Möllenbeck/B. Wald (eds.), T. und Unsterblichkeit. Erkundungen mit Josef Pieper und C. S. Lewis, Paderborn 2015; T. Nagel, Mortal Questions, Cambridge etc. 1979, 2006; ders., Death, in: ders., What Does It All Mean? A Very Short Introduction to Philosophy, New York, Oxford 1987, 87–94; A. Nassehi/G. Weber, T., Modernität und Gesellschaft. Entwurf einer Theorie der T.esverdrängung, Opladen 1989; H. Niederschlag/I. Proft (eds.), Wann ist der Mensch tot? Diskussion um Hirntod, Herztod und Ganztod, Ostfildern 2012, [2]2013; A. Paus (ed.), Grenzerfahrung T.. Vorlesungen der Salzburger Hochschulwochen 1975, Graz 1976, [2]1980; J. Pieper, T. und Unsterblichkeit, München 1968, [2]1979, ed. B. Wald, Kevelaer 2012; M. Quante, Personales Leben und menschlicher T.. Personale Identität als Prinzip der biomedizinischen Ethik, Frankfurt 2002; M. Reuter, Abschied von Sterben und T.? Ansprüche und Grenzen der Hirntodtheorie, Stuttgart/Berlin 2001; C. Reutlinger, Natürlicher T. und Ethik. Erkundungen im Anschluss an Jankélévitch, Kierkegaard und Scheler, Göttingen 2014; C. Y. Robertson-von Trotha (ed.), T. und Sterben in der Gegenwartsgesellschaft. Eine interdisziplinäre Auseinandersetzung, Baden-Baden 2008; G. Roellecke, Staat und T., Paderborn etc. 2004; J.-P. Sartre, L'être et le néant. Essai d'ontologie phénoménologique, Paris 1943, 2009, 589–612; S. Scheffler, Death and the Afterlife, Oxford etc. 2013 (dt. Der T. und das Leben danach, Berlin 2015); M. Scheler, T. und Fortleben, in: ders., Ges. Werke X, ed. Maria Scheler, Bern/München 1957, [4]2000, 9–64; G. Scherer, Das Problem des T.es in der Philosophie, Darmstadt 1979, [2]1988; J. Schlemmer (ed.), Was ist der T.? Elf Beiträge und eine Diskussion zwischen Hans von Campenhausen und Hans Schaefer, München 1969, [2]1970; T. Schlich/C. Wiesemann (eds.), Hirntod. Zur Kulturgeschichte der T.esfeststellung, Frankfurt 2001; W. Schneider, »So tot wie nötig – so lebendig wie möglich!« – Sterben und T. in der fortgeschrittenen Moderne. Eine Diskursanalyse der öffentlichen Diskussion um den Hirntod in Deutschland, Münster etc. 1999; B. N. Schuhmacher, T., EP III ([2]2010), 2747–2753; ders., Confrontations avec la mort. La philosophie contemporaine et la question de la mort, Paris 2005 (dt. Der T. in der Philosophie der Gegenwart, Darmstadt 2004, 2015; engl. Death and Mortality in Contemporary Philosophy, Cambridge etc. 2011); G. Schulte, Philosophie der letzten Dinge. Über Liebe und T. als Grund und Abgrund des Denkens, München 1997, Erftstadt 2004; B. Sheridan, Der T. des Menschen als geschichtsphilosophisches Problem, Frankfurt etc. 2000; P. Singer, Animal Liberation. A New Ethics for Our Treatment of Animals, New York 1975, [2]1990, mit Untertitel: The Definitive Classic of the Animal Movement, 2009 (dt. Die Befreiung der Tiere. Eine neue Ethik zur Behandlung der Tiere, München 1982, unter dem Titel: Animal liberation. Die Befreiung der Tiere, Reinbek b. Hamburg 1996, Erlangen 2015, [2]2016; franz. La libération animale, Paris 1993, 2012); ders., Practical Ethics, Cambridge 1979, [3]2011 (dt. Praktische Ethik, Stuttgart 1984, [3]2013); ders. (ed.), In Defense of Animals, New York 1985, mit Untertitel: The Second Wave, Malden Mass. 2006 (dt. Verteidigt die Tiere. Überlegungen für eine neue Menschlichkeit, Wien 1986, Frankfurt/Berlin 1988); R. Spaemann/B. Wannenwetsch, Guter schneller T.? Von der Kunst, menschenwürdig zu sterben, Basel/Gießen 2013; J. Splett, T., in: P. Kolmer/A. G. Wildfeuer (eds.), Neues Handbuch philosophischer Grundbegriffe III, Freiburg/München 2011, 2194–2207; H. Springhart, Der verwundbare Mensch. Sterben, T. und Endlichkeit im Horizont einer realistischen Anthropologie, Tübingen 2016; R. Stoecker, Der Hirntod. Ein medizinethisches Problem und seine moralphilosophische Transformation, Freiburg/München 1999, 2010; E. Ströker, Der T. im Denken Max Schelers, in: P. Good (ed.), Max Scheler im Gegenwartsgeschehen der Philosophie, Bern/München 1975, 199–213; L. W. Sumner, Assisted Death. A Study in Ethics and Law, Oxford etc. 2011, 2013; B. H. F. Taureck, Philosophieren: Sterben lernen? Versuch einer ikonologischen Modernisierung unserer Kommunikation über T. und Sterben, Frankfurt 2004; J. S. Taylor, Death, Posthumous Harm, and Bioethics, New York/London 2012, 2014; M. Theunissen, Negative Theologie der Zeit, Frankfurt 1991, [4]2002 (franz. Théologie négative du temps, Paris 2013); T. Trappe (ed.), Liebe und T.. Brennpunkte menschlichen Daseins, Basel 2004; J. J. Valberg, Dream, Death, and the Self, Princeton N. J./Oxford 2007; J. D. Velleman, Beyond Price. Essays on Birth and Death, Cambridge 2015; D. Vögeli, Der T. des Subjekts – eine philosophische Grenzerfahrung. Die Mystik des jungen Feuerbach dargelegt anhand seiner Frühschrift »Gedanken über T. und Unsterblichkeit«, Würzburg 1997; J. Warren, Facing Death. Epicurus and His Critics, Oxford etc. 2004, 2006; H. Wittwer, Philosophie des T.es, Stuttgart 2009; U. Wolf, Das Tier in der Moral, Frankfurt 1990, [2]2004; S. Woodman, Last Rights. The Struggle over the Right to Die, New York 1998; E. Wyschogrod (ed.), The Phenomenon of Death. Faces of Mortality, New York 1973; S. J. Youngner/R. M. Arnold (eds.), The Oxford Handbook of Ethics at the End of Life, Oxford etc. 2014, 2016; W. Zager, T. und ewiges Leben, Leipzig 2014. S. B.

Tod Gottes, kultur- und religionskritische (↑Religionskritik) Grundformel F. Nietzsches, mit der dieser seinen ↑Atheismus, das Ereignis des Endes aller theologischen Bestimmungen und Gewißheiten in der Moderne, seine radikale Absage an die theistisch-christliche religiöse Tradition (Der Antichrist, 1888) und die philosophische Herausforderung dieses Ereignisses literarisch artikuliert. In der Gleichniserzählung »Der tolle Mensch« aus der »Fröhlichen Wissenschaft« (1887) werden die Menschen als Mörder Gottes (»Gott ist todt. Gott bleibt todt! Und wir haben ihn getödtet!«, Krit. Gesamtausg. V/2, ed. G. Colli/M. Montinari, Berlin/New York 1973, 159) mit den ihr gesamtes Welt- und Selbstverhältnis wandelnden Konsequenzen dieser Tat (dies ›ungeheure Ereignis‹) konfrontiert. Die Kurzformel vom T. G. meint den von Nietzsche diagnostizierten Zusammenbruch des alteuropäischen Denkens, der christlichen Metaphysik (↑Metaphysikkritik) und des Deutschen Idealismus (↑Idealismus, deutscher), die Heraufkunft des ↑Nihilismus, die Notwendigkeit einer ↑›Umwertung aller Werte‹ und die Eröffnung einer von dem Druck der entfremdeten, leib- und lebensfeindlichen Überlieferungsgeschichte des ↑Platonismus und des Christentums befreiten, autonomen und schöpferischen neuen Lebensform (»aus dem T.e G. [...] einen fortwährenden Sieg über uns machen«, Krit. Gesamtausg. V/2, ed. G. Colli/M. Montinari, Berlin/New York 1973, 475). Die Verkündigung des T.es G. steht auch im Zentrum der philosophischen Dichtung »Also sprach Zarathustra« (1883–1885).

Bereits Jean Paul hatte den T. G. und seine nihilistischen Konsequenzen in seiner »Rede des todten Christus vom Weltgebäude herab, daß kein Gott sey« im »Siebenkäs« (1796/1797) literarisch als Traumerzählung gestaltet. H. Heine, der Nietzsche beeinflußte, hatte das Bild vom T. G. in seiner »Geschichte der Religion und Philosophie in Deutschland« (1834) verwendet und I. Kants »Kritik der reinen Vernunft« ironisch als Sterbeglocke für den ›sterbenden Gott‹ gedeutet.

In G. W. F. Hegels Religionsphilosophie kommt der Rede vom T. G. im Zusammenhang einer rationalen Interpretation der Inhalte der christlichen Religion und Theologie systematische Bedeutung zu. Der Kreuzestod Christi ist als Höhepunkt der Menschwerdung (›Endlichkeit, Menschlichkeit und Erniedrigung‹) Gottes (Kenosis) der T. G., in dem sich der anthropologische Sinn der Theologie zeigt: Gott als der ›absolute Geist‹ (↑Geist, absoluter), die ›Idee‹, wird verstanden als das allgemeine, vernünftige Wesen des Menschen, das in der konkreten Endlichkeit (und nur dort) erscheinen kann (»daß das Menschliche unmittelbarer, präsenter Gott ist«, Sämtl. Werke XVI, 307). – In den 1960er Jahren hat die Gott-ist-tot-Theologie (↑Theologie) des anglo-amerikanischen Protestantismus (G. Vahanian, T. Altizer, J. A. T. Robinson, P. M. van Buren, in Deutschland D. Sölle) die Rede vom T. G. als Kern der Verkündigung eines religions- und gottlosen christlichen Humanismus nach der Vollendung der ↑Säkularisierung und im Anschluß an Hegel, Nietzsche und die Kreuzestheologie gebraucht.

Literatur: T. J. Altizer, The Gospel of Christian Atheism, Philadelphia Pa. 1966, London 1967, unter dem Titel: The New Gospel of Christian Atheism, Aurora Colo. 2002 (dt. ... daß Gott tot sei. Versuch eines christlichen Atheismus, Zürich 1968); ders., Living the Death of God. A Theological Memoir, Albany N. Y. 2006; K. Arisian Jr., Ethical Humanism and the Death of God, Humanist 30 (1970), 27–30; A. Badiou, Court traité d'ontologie transitoire, Paris 1998 (dt. Gott ist tot. Kurze Abhandlung über eine Ontologie des Übergangs, Wien 2002, [2]2007; engl. Briefings on Existence. A Short Treatise on Transitory Ontology, Albany N. Y. 2006); J. C. Bailly, Adieu. Essai sur la mort des dieux, La Tourd'Aigues 1993, Nantes 2014; E. Biser, »Gott ist tot« – Nietzsches Destruktion des christlichen Bewußtseins, München 1962; ders., Was besagt Nietzsches These »Gott ist tot«? Elemente einer sinngerechten Hermeneutik, Wiss. u. Weisheit 25 (1962), 48–63, 102–127; ders., T. G., Hist. Wb. Ph. X (1998), 1242–1244; S. C. Buckner/M. Statler (eds.), Styles of Piety. Practicing Philosophy after the Death of God, New York 2006; J. D. Caputo/G. Vattimo, After the Death of God, New York 2007; F. Depoortere, The Death of God. An Investigation into the History of the Western Concept of God, London/New York 2008; T. Eagleton, Culture and the Death of God, New Haven Conn./London 2014 (dt. Der T. G. und die Krise der Kultur, München 2015); C. Gentili/C. Nielsen (eds.), Der T. G. und die Wissenschaft. Zur Wissenschaftskritik Nietzsches, Berlin/New York 2010; P. Henrici, Der T. G. beim jungen Hegel, Gregorianum 64 (1983), 539–560; C. Hovey, Nietzsche and Theology, London/New York 2008; J. Irwin, Religion after Nietzsche. The Subversion of Atheism Following the Death of God, Farnham 2013; W. A. Kaufmann, Nietzsche. Philosopher, Psychologist, Antichrist, Princeton N. J. 1950, [4]1974, 2013, 96–118 (The Death of God and the Revaluation) (dt. Nietzsche. Philosoph, Psychologe, Antichrist, Darmstadt 1982, [2]1988, 112–138 [Der T. G. und die Umwertung]); J. Kellenberger, The Death of God and the Death of Persons, Relig. Stud. 16 (1980), 263–282; C. Link, Hegels Wort »Gott selbst ist tot«, Zürich 1974; E. von der Luft, Sources of Nietzsche's »God is Dead« and Its Meaning for Heidegger, J. Hist. Ideas 45 (1984), 263–276; L. McCullough/B. Schroeder (eds.), Thinking Through the Death of God. A Critical Companion to Thomas J. J. Altizer, Albany N. Y. 2004; D. Mourkojannis/R. Schmidt-Grépály (eds.), Nietzsche im Christentum. Theologische Perspektiven nach Nietzsches Proklamation des T.es G., Basel 2004; R. H. Nash, Kierkegaard, Nietzsche, and the Death of God, Bridges 3 (Columbia Md. 1991), 1–8; R. E. Osborn, Humanism and the Death of God. Searching for the Good after Darwin, Marx, and Nietzsche, Oxford etc. 2017; D. Pereboom, La mort de Dieu dans la philosophie moderne, Dialogue 15 (Montréal 1976), 92–112; D. J. Peterson/G. M. Zbaraschuk (eds.), Resurrecting the Death of God. The Origins, Influence, and Return of Radical Theology, Albany N. Y. 2014; C. Ray, Schopenhauer's Philosophy of Religion. The Death of God and the Oriental Renaissance, Leuven/Paris/Walpole Mass. 2010; R. H. Roberts, Nietzsche and the Cultural Resonance of the ›Death of God‹, Hist. Europ. Ideas 11 (1989), 1025–1035; R. A. Roth, Nietzsche's Use of Atheism, Int. Philos. Quart. 31 (1991), 51–64; A. W. Rudolph, Nietzsche on Buddhism, Nihilism, and Christianity, Philos. Today 13 (1969), 36–42; H.-W. Schütte, T. G. und Fülle der Zeit. Hegels Deutung des Christentums, Z. Theol. Kirche 66 (1969), 62–76; G. Siegmund, Nietzsches Kunde vom ›T.e G.‹, Berlin 1964; M. Simpson, The ›Death of God‹ Theology. Some Philosophical Reflections, Heythrop J. 10 (London 1969), 371–389; J. H. Smith, Dialogues between Faith and Reason. The Death and Return of God in Modern German Thought, Ithaca N. Y./London 2011; D. Sölle, Stellvertretung. Ein Kapitel Theologie nach dem ›T. G.‹, Stuttgart/Berlin 1965, [6]1970, erw. 1982, ferner als: dies., Ges. Werke III, Stuttgart 2006 (engl. Christ the Representative. An Essay in Theology after the ›Death of God‹, Philadelphia Pa., London 1967; franz. La représentation. Un essai de théologie après la ›mort de Dieu‹, Paris 1970); J. Stauffer/B. Bergo (eds.), Nietzsche and Levinas. »After the Death of a Certain God«, New York/Chichester 2009; A. L. Stein, Literature and Language after the Death of God, Hist. Europ. Ideas 11 (1989), 791–795; C. Türcke, Der tolle Mensch. Nietzsche und der Wahnsinn der Vernunft, Frankfurt 1989, Springe [4]2014; G. Vahanian, The Death of God. The Culture of Our Post-Christian Era, New York 1961, 1967 (franz La mort de Dieu. La culture de notre ère post-chrétienne, Paris 1962; dt. Kultur ohne Gott? Analysen und Thesen zur nachchristlichen Ära, Göttingen 1973); P. Watson, The Age of Nothing. How We Have Sought to Live since the Death of God, London 2014, 2016 (dt. Das Zeitalter des Nichts. Eine Ideen- und Kulturgeschichte von Friedrich Nietzsche bis Richard Dawkins, München 2016); I. Wienand, Significations de la mort de dieu chez Nietzsche d'humain, trop humain à ainsi parlait Zarathoustra, Bern etc. 2006; R. R. Williams, Tragedy, Recognition, and the Death of God. Studies in Hegel and Nietzsche, Oxford etc. 2012, 2014; J. Young, The Death of God and the Meaning of Life, London/New York 2003, [2]2014. T. R.

token, ↑type and token.

Toland, John, *Redcastle (Irland) 30. Nov. 1670, †Putney (b. London) 11. März 1722, irisch-engl. Philosoph, führender Vertreter des ↑Deismus. T. tritt 1687 vom Katholizismus zum Protestantismus über (unter Änderung seines ursprünglichen Vornamens Janus Junius in John), studiert ab 1687 Theologie in Glasgow und Edinburgh (1690 M. A. in Edinburgh), ist zeitweilig als Hauslehrer in Schottland tätig und setzt 1692–1694 seine Studien in Leiden (unter F. Spanheim d. Jr.) fort. 1694 Übersiedlung nach Oxford, wo T. sein philosophisches Hauptwerk »Christianity not Mysterious« (1696) verfaßt. Dieses durch Herbert von Cherbury, den Cambridger Platonismus (↑Cambridge, Schule von) und J. Locke (The Reasonableness of Christianity, as Delivered in the Scriptures, London 1695) beeinflußte Werk löst eine erbitterte Kontroverse zwischen Deismus und Orthodoxie aus, an der auf seiten T.s auch G. W. Leibniz teilnimmt (Annotatiunculae subitaneae ad Tolandi librum »De Christianismo Mysteriis carente«, 1701), und wird 1697 in Irland öffentlich verbrannt. T., der 1697 zunächst nach Irland zurückkehrt (Bekanntschaft mit W. Molyneux), flieht nach London, verfaßt dort neben zahlreichen politischen Arbeiten (darunter: Life of John Milton, 1699; Amyntor, or a Defence of Milton's Life, 1699; The Art of Governing by Partys, 1701) Schriften zu seiner Verteidigung (An Apology for Mr. T., 1697; Vindicius Liberius, or M. T.'s Defence of Himself, 1702) und ediert J. Miltons Prosawerke (1698). Auf Reisen an die Höfe von Hannover (1701) und Berlin (1707) wird T. als Vertreter der ↑Aufklärung gefeiert (die spinozistischen »Letters to Serena« [1704] und T.s Reisebericht »An Account of the Courts of Prussia and Hanover« [1705] sind der Kurfürstin/Königin Sophie Charlotte gewidmet). Nach einem Aufenthalt in Holland, während dessen er den dem Deisten A. Collins gewidmeten »Adeisidaemon« (1708, 1709) schreibt, kehrt T. 1710 nach London zurück, wo in den folgenden Jahren neben politischen Pamphleten eine Reihe deistischer und pantheistischer Werke entstehen (darunter: Nazarenus [...], 1718; Pantheisticon, 1720; Tetradymus, 1720).

Mit seiner Auffassung, daß das Christentum nur vernünftige Sätze enthalte, insofern eine natürliche Theologie repräsentiere (↑theologia naturalis), und die ↑Offenbarung, gereinigt von späteren mystischen (d.h. jüdischen und heidnischen) Elementen, eine vernunftgemäße *lex naturae* darstelle, geht T. über die Vorstellungen Lockes und des Deismus seiner Zeit weit hinaus. Dabei argumentiert T. mit Locke gegen das Widervernünftige und gegen Locke gegen das Übervernünftige in der ↑Religion, führt beides auf den Herrschaftswillen der Priester zurück und versteht (wie M. Tindal und andere Vertreter des Deismus) Religion als Ethik. Die Bezeichnung ›Pantheist‹ (↑Pantheismus) wird von ihm zum ersten Mal benutzt (Socinianism Truly Stated, 1705; Pantheisticon, 1720), die Bezeichnung ↑›Freidenker‹ auf ihn zum ersten Mal (durch Molyneux 1697 in einem Brief an Locke) angewendet.

Werke: Christianity not Mysterious [...], London 1696 (repr. Stuttgart-Bad Cannstatt 1964, New York 1978, London 1995), 1702 (dt. J. T.'s Christianity not Mysterious (Christentum ohne Geheimnis) 1696, ed. L. Zscharnack, Gießen 1908 [Studien zur Geschichte des neueren Protestantismus H. 3]; franz. Le Christianisme sans mystères, ed. T. Dagron, Paris 2005); An Apology for Mr. T. [...], London 1697, ferner in: Christianity not Mysterious 1702 [s.o.] [mit eigener Seitenzählung]; The Danger of Mercenary Parliaments, London 1698, 1722; A Defence of the Parliament of 1640 [...], London 1698; The Militia Reform'd, or, An Easy Scheme of Furnishing England with a Constant Land-Force [...], London 1698, ²1699; The Life of John Milton [...], London 1699, 1761 (repr. Folcroft Pa. 1969), ferner in: H. Darbishire (ed.), The Early Lives of Milton, London 1932, 1965, 83–197; Amyntor or A Defence of Milton's Life, London 1699, ferner in: The Life of John Milton [s.o.], 1761, 155–259; Anglia libera [...], London 1701 (repr. New York/London 1979); The Art of Governing by Partys [...], London 1701, unter dem Titel: The Art [...] Parties, o.J. [1757]; Vindicius Liberius, or M. T.'s Defence of Himself [...], London 1702; Letters to Serena, London 1704 (repr. Stuttgart-Bad Cannstatt 1964, New York 1976) (franz. Lettres sur l'origine des préjugés, du dogme de l'immortalité de l'ame [...], London 1768, unter dem Titel: Lettres à Serena et autres textes, ed. T. Dagron, Paris 2004; dt. Briefe an Serena, ed. E. Pracht, Berlin 1959); The Memorial of the State of England [...], London 1705; An Account of the Courts of Prussia and Hanover, London 1705, ²1706, 1714 (dt. Relation von den Königlichen Preußischen und Chur-Hannoveranischen Höfen, Frankfurt 1706; franz. Relation des cours de Prusse et de Hanovre, La Haye 1706); [anonym] Socinianism Truly Stated [...], by a Pantheist, London 1705; Adeisidaemon, sive Titus Livius a superstitione vindicatus, The Hague 1708, 1709 (repr. Amsterdam 1970); The Jacobitism, Perjury, and Popery of High-Church Priests, London, Edinburgh 1710; Cicero illustratus [lat.], London 1712; An Appeal to Honest People Against Wicked Priests [...], London o.J. [1713]; The Art of Restoring [...], London 1714; Reasons for Naturalizing the Jews in Great Britain and Ireland [...], London 1714 (repr. Jerusalem 1963) (dt. Gründe für die Einbürgerung der Juden in Großbritannien und Irland [engl./dt.], ed. H. Mainusch, Stuttgart etc. 1965; franz. Raisons de naturaliser les Juifs en Grande-Bretagne et en Irlande, ed. P. Lurbe, Paris 1998); The State Anatomy of Great Britain [...], London 1717; The Second Part of the State Anatomy [...], London 1717; Nazarenus, or Jewish, Gentile and Mahometan Christianity, London 1718, ²1718 (repr. o.O. [London] o.J. [1950]), ed. J. Champion, Oxford 1999 [mit franz. Übers.: Christianisme Judaique et Mahometan, 247–286] (franz. Le Nazaréen, ou le Christianisme des juifs, des gentils et des mahométans, London [Amsterdam?] 1777); Tetradymus, London 1720 (repr. Bristol 1996 [Atheism in Britain II]), Teilausg. unter dem Titel: Hypatia. Or, The History of a Most Beautiful, Most Virtuous, Most Learned [...] Lady, London 1753; Pantheisticon [...] [lat.], Cosmopoli [London] 1720 (repr., mit ital. Übers., ed. M. Iofrida/O. Nicastro, Pisa 1984, 1996) (engl. Pantheisticon [...], London 1751 [repr. New York 1976]; dt. Das Pantheistikon, Leipzig 1897; franz. Pantheisticon, Paris 2006); A Collection of Several Pieces, I–II, London 1726 (repr. New York 1977), unter dem Titel: The Miscellaneous Works, I–II, London 1747; Theological and Philological Works, London 1732; A Critical History of the Celtic Religion and Learning, London o.J. [1740] (repr. Folcroft Pa. 1974), Edinburgh 1815; A Pamphlet Attributed to J. T. and an Unpublished Reply by Archbishop William King, ed. P. Kelly, Topoi 4 (1985), 81–90; La constitution primitive de l'Église chrétienne/The Primitive Constitution of the Christian Church [engl./franz.], ed. L. Jaffro, Paris 2003; Dissertations diverses, ed. L. Mannarino, Paris 2005. – G. Carabelli, T.iana. Materiali bibliografici per lo studio dell'opera e della fortuna di J. T. (1670–1722), Florenz 1975, 1978. – Totok IV (1981), 518–524.

Literatur: M. R. Antognazza, Natural and Supernatural Mysteries. Leibniz's »Annotatiunculae subitaneae« on T.'s »Christianity not Mysterious«, in: W. Schröder (ed.), Gestalten des Deismus in Europa. Günter Gawlick zum 80. Geburtstag, Wiesbaden 2013, 29–40; M. Brown, A Political Biography of J. T., London 2012; J. Champion, T., REP IX (1998), 427–429; ders., Republican Learning. J. T. and the Crisis of Christian Culture, 1696–1722, Manchester/New York 2003; G. Cherchi, Pantheisticon. Eterodossia e dissimulazione nella filosofia di J. T., Pisa 1990; D. M. Clarke, T., in: A. Pyle (ed.), The Dictionary of Seventeenth-Century British Philosophers II, Bristol 2000, 818–824; G. R. Cragg, From Puritanism to the Age of Reason. A Study of Changes in Religious Thought within the Church of England 1660 to 1700, Cambridge 1950, 1966, 136–155; T. Dagron, T. et Leibniz. L'invention du néo-spinozisme, Paris 2009; S. H. Daniel, J. T.. His Methods, Manners, and Mind, Kingston/Montreal 1984; ders., T., in: H. C. G. Matthew/B. Harrison (eds.), Oxford Dictionary of National Biography LIV, Oxford/New York 2004, 894–898; J. N. Duggan, J. T.. Ireland's Forgotten Philosopher, Scholar ... and Heretic, Dublin 2010; S. Duncan, T., Leibniz, and Active Matter, Oxford Stud. Early Modern Philos. 6 (2012), 249–278; R. R. Evans, Pantheisticon. The Career of J. T., New York etc. 1991; D. C. Fouke, Philosophy and Theology in a Burlesque Mode. J. T. and the ›Way of Paradox‹, Amherst N. Y./Lancaster 2007; N. Gädeke, »Matières d'esprit et de curiosité« oder: Warum wurde J. T. in Hannover zur ›persona non grata‹?, in: W. Li/S. Noreik (eds.), G. W. Leibniz und der Gelehrtenhabitus. Anonymität, Pseudonymität, Camouflage, Köln/Weimar/Wien 2016, 145–166; C. Giuntini, T. e i liberi pensatori del '700, Florenz 1974; dies., Panteismo e ideologia repubblicana. J. T. (1670–1722), Bologna 1979; F. H. Heinemann, J. T. and the Age of Enlightenment, Rev. English Stud. 20 (1944), 125–146; ders., T. and Leibniz, Philos. Rev. 54 (1945), 437–457; ders., J. T. and the Age of Reason, Arch. Philos. 4 (1950–1952), 35–66; W. Hudson, The English Deists. Studies in Early Enlightenment, London 2009, bes. 84–98; M. Iofrida, La filosofia di J. T.. Spinozismo, scienza e religione nella cultura europea fra '600 e '700, Mailand 1983; ders., Matérialisme et hétérogénéité dans la philosophie de J. T., Dix-huitième Siècle 24 (1992), 39–52; M. Jackson-McCabe, The Invention of ›Jewish Christianity‹ in J. T.'s »Nazarenus«, in: F. Stanley Jones (ed.), The Rediscovery of Jewish Christianity. From T. to Baur, Atlanta Ga. 2012, 67–90; M. C. Jacob, J. T. and the Newtonian Ideology, J. Warburg and Courtauld Institutes 32 (1969), 307–331; dies., The Radical Enlightenment. Pantheists, Freemasons, and Republicans, London 1981, Lafayette La. 2006, 2010; A. Lamarra, An Anonymous Criticism from Berlin to Leibniz's Philosophy. J. T. against Mathematical Abstractions, in: H. Poser/A. Heinekamp (eds.), Leibniz in Berlin, Stuttgart 1990 (Stud. Leibn. Sonderheft 16), 89–102; A. Lantoine, Un précurseur de la franc-maçonnerie, J. T. 1670–1722, Paris 1927; I. Leask, Unholy Force. T.'s Leibnizian ›Consummation‹ of Spinozism, Brit. J. Hist. Philos. 20 (2012), 499–537; G. V. Lechler, Geschichte des englischen Deismus, Stuttgart/Tübingen 1841 (repr. Hildesheim 1965), 180–210, 463–477; W. Ludwig, J. T.s »Pantheisticon« zwischen Philosophiegeschichte und Latinistik, Neulatein. Jb. 16 (2014), 173–212; P. Lurbe, J. T.'s »Nazarenus« and the Original Plan of Christianity, in: F. Stanley Jones (ed.), The Rediscovery of Jewish Christianity [s. o.], 45–66; J. S. Marko, Measuring the Distance between Locke and T.. Reason, Revelation, and Rejection during the Locke-Stillingfleet Debate, Eugene Or. 2017; F. Mauthner, Der Atheismus und seine Geschichte im Abendland II, Stuttgart/Berlin 1921 (repr. Hildesheim 1963), 409–449, Aschaffenburg 2011, 358–392; P. McGuinness/A. Harrison/R. Kearney (eds.), J. T.'s Christianity not Mysterious. Texts, Associated Works and Critical Essays, Dublin 1997; E. C. Mossner, T., Enc. Ph. VIII (1967), 141–143, ([2]2006), 504–507 (mit erw. Bibliographie v. P. Reed); C. Motzo Dentice di Accadia, Il Deismo inglese del Settecento I (T.), G. crit. filos. ital. 15 (1934), 69–95; A. Sabetti, J. T., un irregolare della società e della cultura inglese tra Seicento e Settecento, Neapel 1976; A. Santucci (ed.), Filosofia e cultura nel Settecento britannico I (Fonti e connessioni continentali. J. T. e il deismo), Bologna 2001; F. Schmidt, J. T.. Critique déiste de la littérature apocryphe, Apocrypha 1 (Turnhout 1990), 119–145; A. Seeber, J. T. als politischer Schriftsteller, Diss. Freiburg 1933; F. Stanley Jones, The Genesis, Purpose, and Significance of J. T.'s »Nazarenus«, in: ders. (ed.), The Rediscovery of Jewish Christianity [s. o.], 91–103; R. E. Sullivan, J. T. and the Deist Controversy. A Study in Adaptations, Cambridge Mass./London 1982; ders., T., in: A. C. Kors (ed.), Encyclopedia of Enlightenment IV, Oxford/New York 2003, 164–165; K.-G. Wesseling, T., BBKL XII (1997), 267–286. – J. T. (1670–1722) et la crise de conscience européenne, Revue de synthèse 116 (1995), 218–502 (H. 2/3). J. M.

Toleranz (von lat. tolerantia; engl. toleration, tolerance, franz. tolérance), Begriff der Rechtslehre, politischen Theorie, Soziologie und Ethik zum Umgang mit und zur Regelung von ↑Konflikten in sozialen Systemen. Konfliktauslösend ist der Anspruch einer gesellschaftlichen Gruppe auf Respektierung ihrer Existenz oder bestimmter noch nicht anerkannter ↑Rechte. T. als Duldung setzt voraus, daß (1) zwischen der tolerierenden und der tolerierten Gruppe ein Dissens im Hinblick auf religiöse, ethische, sexuelle oder epistemische Orientierungen besteht, daß (2) die tolerierende Gruppe von der Unrechtmäßigkeit oder Falschheit der tolerierten Position überzeugt ist und daß (3) die tolerierende Partei zumindest potentiell in der Lage ist, Zwangsmittel gegen die betroffene Gruppe anzuwenden.

Die T.idee wird im Rahmen von Überlegungen über das Verhältnis der christlichen zu anderen ↑Religionen formuliert und seit dem Zeitalter der Glaubenskriege insbes. in den Auseinandersetzungen über das Verhältnis der unterschiedlichen christlichen Konfessionen zueinander behandelt. Die Befürwortung der T. ist ein Indikator für die sich schrittweise vollziehende Differenzierung der Sphären von Kirche und ↑Staat sowie für die Etablierung eines gesellschaftlichen ↑Pluralismus. Der Neutralisierung absoluter Geltungsansprüche einzelner religiöser Orientierungen im Bereich der Rechtsprechung und des politischen Handelns kommt dabei entscheidende Bedeutung zu. J. Locke (Epistola de tolerantia, 1689) plädiert für eine begrenzte Duldung verschiedenartiger religiöser Bekenntnisse. Dabei zieht er klare Grenzen der T.: Atheisten (↑Atheismus) werden nicht, Katholiken mit starken Einschränkungen geduldet. Andere Vertreter der ↑Aufklärung erweitern das Anwendungsgebiet religiöser T. in Richtung auf die Duldung aller Konfessionen (z. B. Voltaire und G. E. Lessing). Im 17. und 18. Jh. bezieht sich der T.begriff darüber hinaus auf eine allgemeine, nicht auf den religiösen Bereich eingeschränkte Bereitschaft zur Duldung anders Denkender und Handelnder (»nous devons nous tolérer mutuellement, parce que nous sommes tous faibles, inconséquents, sujets à la mutabilité, à l'erreur«, Voltaire, Art. »Tolérance«, in: ders., Dictionnaire philosophique [1765], Paris 1967, 407). Dabei wird bloße Duldung (toleratio) oft als ungenügend aufgefaßt und eine grundsätzliche Billigung (approbatio) abweichender Orientierungen angestrebt (»T. sollte eigentlich nur eine vorübergehende Gesinnung sein: sie muß zur Anerkennung führen. Dulden heißt beleidigen«, J. W. v. Goethe, Maximen und Reflexionen, in: H. v. Einem/H. J. Schrimpf [eds.], Goethes Werke XII, Hamburg [9]1981, 385).

Obwohl J. S. Mill T. nicht als Grundbegriff seiner die ↑Freiheit des Individuums betonenden Theorie (↑Liberalismus) verwendet und im traditionellen Sinne von religiöser T. spricht, hat seine Betonung individueller Freiheiten wesentliche Konsequenzen für die T.idee. Spätestens seit Mill wird von T. nicht mehr allein im Hinblick auf das Verhältnis zwischen Gruppen, sondern auch im Hinblick auf die Beziehungen zwischen Individuen oder zwischen Gruppen und Individuen gesprochen. Die Ausweitung des Anwendungsfeldes und die Erweiterung der Bedeutung über das Konzept bloßer Duldung hinaus führt dabei teilweise zum Verlust einer konsistenten Bedeutung. In jüngerer Zeit wird T. häufig auch im Sinne der Anerkennung gleicher Rechte der Individuen (↑Gleichheit (sozial), ↑Recht) verstanden. Als Respekt vor der ↑Person des anderen tritt T. nicht nur als ein Instrument zur konfliktvermeidenden Ordnung der politisch-sozialen Verhältnisse auf, sie kann auch als ein intrinsischer Wert aufgefaßt werden. Diese erweiterte Konzeption steht in Verbindung mit der in den demokratischen Systemen der Moderne festgeschriebenen Auffassung, daß der einzelne Bürger Grundrechte oder ↑Menschenrechte besitzt, auf Grund derer er in Fragen der Religionsausübung, Meinungsäußerung und Lebensführung autonom ist.

Im allgemeinen gilt das T.prinzip als eine positive Errungenschaft neuzeitlicher Entwicklungen. H. Marcuses Begriff der *repressiven* T. drückt hingegen aus, daß in einer durch einen indifferenten Wertepluralismus gekennzeichneten Gesellschaft, die T. als Norm anerkennt, rationale Kritik wirkungslos bleiben muß. T. als scheinbare Gleichbehandlung aller Orientierungen in korrumpierten Verhältnissen unterdrückt nach Marcuse berechtigte Interessen.

Literatur: C. Augustin/J. Wienand/C. Winkler (eds.), Religiöser Pluralismus und T. in Europa, Wiesbaden 2006; W. Baumgartner, Naturrecht und T., Würzburg 1975, mit Untertitel: Untersuchungen zur Erkenntnistheorie und politischen Philosophie bei John Locke, 1979; C. Berkvens-Stevelinck u. a., Voltaire, Rousseau et la tolérance. Actes du colloque Franco-Néerlandais des 16 et 17 novembre 1978 à la Maison Descartes d'Amsterdam, Amsterdam/Lille 1980; D. Bischur, T.. Im Wechselspiel von Identität und Integration, Wien 2003; H. E. Bödeker/C. Donato/P. H. Reill (eds.), Discourses of Tolerance and Intolerance in the European Enlightenment, Toronto 2009; W. Brändle/G. Leder/D. Lüttge (eds.), T. und Religion. Perspektiven zum interreligiösen Gespräch, Hildesheim/Zürich/New York 1996; F. Buzzi/M. Krienke, T. und Religionsfreiheit in der Moderne, Stuttgart 2017; H. Cancik-Lindemaier, T., DNP XII/1 (2002), 657–668; R. Claus, T.. Beitrag zur Diskussion einer Problematik, Berlin 1985; I. Creppell, Toleration and Identity. Foundations in Early Modern Thought, New York/London 2003; R. H. Dees, Trust and Toleration, London/New York 2004; U. Dehn u. a., T./Intoleranz, RGG VIII (⁴2005), 458–470; R. Eisele, T., Hist. Wb. Rhetorik IX (2009), 593–603; C. Enders/M. Kahlo (eds.), T. als Ordnungsprinzip? Die moderne Bürgergesellschaft zwischen Offenheit und Selbstaufgabe, Paderborn 2007; dies. (eds.), Diversität und T.. T. als Ordnungsprinzip?, Paderborn 2010; A. Fiala, Tolerance and the Ethical Life, London/New York 2005; R. Forst (ed.), T.. Philosophische Grundlagen und gesellschaftliche Praxis einer umstrittenen Tugend, Frankfurt/New York 2000; ders., T. im Konflikt. Geschichte, Gehalt und Gegenwart eines umstrittenen Begriffs, Frankfurt 2003, ⁴2014 (engl. Toleration in Conflict. Past and Present, Cambridge etc. 2013); ders., Toleration, SEP 2007, rev. 2017; ders., T., EP III (²2010), 2753–2758; M. J. Fritsch, Religiöse T. im Zeitalter der Aufklärung. Naturrechtliche Begründung – konfessionelle Differenzen, Hamburg 2004; A. E. Galeotti, Toleration as Recognition, Cambridge etc. 2002, 2005; E. Glaser (ed.), Religious Tolerance in the Atlantic World. Early Modern and Contemporary Perspectives, Basingstoke etc. 2014; O. P. Grell/R. Porter (eds.), Toleration in Enlightenment Europe, Cambridge etc. 2000; H. R. Guggisberg (ed.), Religiöse T.. Dokumente zur Geschichte einer Forderung, Stuttgart-Bad Cannstatt 1984; K. S. Guthke, Lessings Horizonte. Grenzen und Grenzenlosigkeit der T., Göttingen 2003; J. Haberstam, The Paradox of Tolerance, Philos. Forum 14 (1982/1983), 190–207; K. Hastrup/G. Ulrich (eds.), Discrimination and Toleration. New Perspectives, The Hague 2002; W. Heitmeyer/R. Dollase (eds.), Die bedrängte T.. Ethnisch-kulturelle Konflikte, religiöse Differenzen und die Gefahren politisierter Gewalt, Frankfurt 1996, 1998; J. Hellesnes, T. und Dissens. Diskurstheoretische Bemerkungen über Mill und Rorty, Dt. Z. Philos. 40 (1992), 245–255; D. Heyd (ed.), Toleration. An Elusive Virtue, Princeton N. J. 1996, 1998; D. Hill, Lessing. Die Sprache der T., Dt. Vierteljahresschr. Lit.wiss. u. Geistesgesch. 64 (1990), 218–246; J. Horton, Toleration, REP IX (1998), 429–433; ders./S. Mendus (eds.), Aspects of Toleration. Philosophical Studies, London/New York 1985 (repr. 2010); H. Kamen, The Rise of Toleration, London 1967 (dt. Intoleranz und T. zwischen Reformation und Aufklärung, München 1967; franz. L'éveil de la tolérance, Paris 1967); B. J. Kaplan, Divided by Faith. Religious Conflict and the Practice of Toleration in Early Modern Europe, Cambridge Mass./London 2007, 2009; M. Kaufmann (ed.), Integration oder T.? Minderheiten als philosophisches Problem, Freiburg/München 2001; J. Kilcullen, Sincerity and Truth. Essays on Arnauld, Bayle, and Toleration, Oxford etc. 1988; P. King, Toleration, London 1976, London/Portland Or. 1998; A. Klein, T. und Vorurteil. Zum Verhältnis von T. und Wertschätzung zu Vorurteilen und Diskriminierung, Opladen/Berlin/Toronto 2014; R. Kloepfer/B. Dücker (eds.), Kritik und Geschichte der Intoleranz. Dietrich Harth zum 65. Geburtstag, Heidelberg 2000; R. Koselleck, Aufklärung und die Grenzen ihrer T., in: T. Rendtorff (ed.), Glaube und T.. Das theologische Erbe der Aufklärung, Gütersloh 1982, 256–271; W. Kymlicka, Two Models of Pluralism and Tolerance, Analyse u. Kritik 14 (1992), 33–56; J. C. Laursen/C. J. Nederman (eds.), Beyond the Persecuting Society. Religious Toleration before the Enlightenment, Philadelphia Pa. 1998; A. Levine (ed.), Early Modern Skepticism and the Origins of Toleration, Lanham Md. etc. 1999; W. Lourdaux/D. Verhelst (eds.), The Concept of Heresy in the Middle Ages (11th–13th C.). Proceedings of the International Conference, Louvain May 13–16, 1973, Leuven/The Hague 1976, ²1983; H. Lutz (ed.), Zur Geschichte der T. und Religionsfreiheit, Darmstadt 1977; H. Mandt, Demokratie und T.. Zum Verfassungsgrundsatz der streitbaren Demokratie, in: P. Haungs (ed.), Res Publica. Studien zum Verfassungswesen. Dolf Sternberger zum 70. Geburtstag, München 1977, 233–260; H. Marcuse, Repressive Tolerance, in: R. P. Wolff/B. Moore/H. Marcuse, A Critique of Pure Tolerance [s. u.], 93–137 (dt. Repressive T., in: R. P. Wolff/B. Moore/H. Marcuse, Kritik der reinen T. [s. u.], 91–128); C. McKinnon, Toleration. A Critical Introduction, London/New York 2006, 2007; S. Mendus (ed.), Justifying Toleration. Conceptual and Historical Perspectives, Cambridge etc. 1988, 2009; dies., Toleration and the Limits of Liberalism, Atlantic Highlands N. J., Basingstoke etc., Cambridge etc. 1989; dies./D. Edwards (eds.), On Toleration, Oxford etc. 1987; A. Mitscherlich, T.. Überprüfung eines Begriffs. Ermittlungen, Frankfurt 1974, 1985; J. Mittelstraß, Violence and the Limits of Toleration, in: P. Wiener/J. Fisher (eds.), Violence and Aggression in the History of Ideas, New Brunswick N. J. 1974, 187–202; C. J. Nederman, Worlds of Difference. European Discourses of Toleration, C. 1100–C. 1550, University Park Pa. 2000; ders./J. C. Laursen (eds.), Difference and Dissent. Theories of Toleration in Medieval and Early Modern Europe, Lanham Md. etc. 1996, 1997; J. Neumann/M. W. Fischer (eds.), T. und Repression. Zur Lage religiöser Minderheiten in modernen Gesellschaften, Frankfurt/New York 1987; G. Newey, Virtue, Reason and Toleration. The Place of Toleration in Ethical and Political Philosophy, Edinburgh 1999; J. Newman, Foundations of Religious Tolerance, Toronto/Buffalo N. Y./London 1982; W. D. Nietmann (ed.), Tolerance. Its Foundations and Limits in Theory and Practice, Pacific Philos. Forum 2, Special Edition (1963); M. C. Nussbaum, The New Religious Intolerance. Overcoming the Politics of Fear in an Anxious Age, Cambridge Mass./London 2012 (dt. Die neue religiöse Intoleranz. Ein Ausweg aus der Politik der Angst, Darmstadt 2014; franz. Les religions face à l'intolérance. Vaincre la politique de la peur, Paris 2013); H. Oberdiek, Tolerance. Between Forbearance and Acceptance, Lanham Md. etc. 2001; J. Parkin/T. Stanton (eds.), Natural Law and Toleration in the Early Enlightenment, Oxford etc. 2013; M. Passerin d'Entreves, Communitarianism and the Question of Tolerance, J. Social Philos. 21 (1990), 77–91; D. Pollack u. a., Grenzen der T.. Wahrnehmung und Akzeptanz religiöser Vielfalt in Europa, Wiesbaden 2014; K. Popper, Toleration and Intellectual Responsibility, in: S. Mendus/D. Edwards (eds.), On Toleration [s. o.], 17–34; M. A. Razavi/D. Ambuel (eds.), Philosophy, Religion, and the Question of Intolerance, Albany N. Y. 1997; P. Ricœur, Tolérance, intolérance, intolérable, in: ders., Lectures 1 – Autour du politique, Paris 1991, 1999, 294–311; G. Roellenbleck, Der Schluß des ›Heptaplomeres‹ und die Begründung der T. bei Bodin, in: H. Denzer (ed.), Jean Bodin. Verhandlungen der internationalen Bodin-Tagung in München, München 1973, 53–67; S. Salatowsky/W. Schröder (eds.), Duldung religiöser Vielfalt – Sorge um die wahre Religion. T.debatten in der Frühen Neuzeit, Stuttgart 2016; C. Schefold, Das Regime verkehrter T.. Untersuchungen zu John Rawls, Rainer Forst und aktuellen Fragen, Berlin 2013; H. R. Schlette, Zum Thema T., Braunschweig, Hannover 1979; G. Schlüter, Die französische T.debatte im Zeitalter der Aufklärung. Materiale und formale Aspekte, Tübingen 1992; ders./R. Grötker, T., Hist. Wb. Ph. X (1998), 1251–1262; H. Schmidinger (ed.), Wege zur T.. Geschichte einer europäischen Idee in Quellen, Darmstadt 2002, 2015; W. Schmidt-Biggemann, T. zwischen Natur- und Staatsrecht, in: P. Freimark u. a. (eds.), Lessing und die T. [s. o.], 103–114; K. Schreiner/G. Besier, T., in: O. Brunner/W. Conze/R. Koselleck (eds.), Geschichtliche Grundbegriffe VI, Stuttgart 1990, 445–605; W. J. Sheils (ed.), Persecution and Toleration [...], Oxford/Cambridge Mass. 1984; C. Starck (ed.), Wo hört die T. auf?, Göttingen 2006; E. Stöve/H. Rosenau/P. Gerlitz, T., TRE XXXIII (2002), 646–676; K.-C. Tan, Toleration, Diversity, and Global Justice, University Park Pa. 2000; A. Tuckness, Locke and the Legislative Point of View. Toleration, Contested Principles, and the Law, Princeton N. J./Oxford 2002; R. Vernon, The Career of Toleration. John Locke, Jonas Proast, and after, Montreal etc. 1997; F. Vollhardt (ed.), T.diskurse in der Frühen Neuzeit, Berlin/Boston Mass. 2015; M. Wallraff (ed.), Religiöse T.. 1700 Jahre nach dem Edikt von Mailand, Berlin 2016; H. J. Wendel u. a. (eds.), T. im Wandel. 3. Rostocker Hochschulwoche vom 29. September – 01. Oktober 1998, Rostock 2000; A. Wierlacher (ed.), Kulturthema T.. Zur Grundlegung einer interdisziplinären und interkulturellen T.forschung, München 1996; ders./W. D. Otto (eds.), T.theorie in Deutschland (1949–1999). Eine anthologische Dokumentation, Tübingen 2002; R. P. Wolff/B. Moore/H. Marcuse, A Critique of Pure Tolerance, Boston Mass. 1965, Boston Mass., London 1969 (dt. Kritik der reinen T., Frankfurt 1966, [11]1988); H. R. Yousefi/K. Fischer (eds.), Die Idee der T. in der interkulturellen Philosophie. Eine Einführung in die angewandte Religionswissenschaft, Nordhausen 2003, 2005; P. Zagorin, How the Idea of Religious Toleration Came to the West, Princeton N. J./Oxford 2003, 2006; S. Zurbuchen, Naturrecht und natürliche Religion. Zur Geschichte des T.problems von Samuel Pufendorf bis Jean-Jacques Rousseau, Würzburg 1991. D. T.

Toleranzprinzip (engl. principle of tolerance, auch: principle of conventionality), Bezeichnung für ein von R. Carnap im Rahmen einer Theorie der ↑Wissenschaftssprache formuliertes Prinzip, wonach sich für die Wahl einer formalen Sprache (↑Sprache, formale) keine theoretisch begründbaren Kriterien angeben lassen (»wir wollen nicht Verbote aufstellen, sondern Festsetzungen treffen. [...] Jeder mag seine Logik, d. h. seine Sprachform, aufbauen wie er will«, Logische Syntax der Sprache, [2]1968, 44–45 [§ 17]). Dieses auch als ›T. der Syntax‹ bezeichnete konventionalistische (↑Konventionalismus) Logik- und Methodenverständnis ist von W. Stegmüller aufgegriffen und gegen eine ↑normativ orientierte (in Stegmüllers Terminologie ›erkenntnistheoretische‹) Einschränkung wissenschaftstheoretischen Vorgehens in Form eines ›Prinzips der wissenschaftstheoretischen Toleranz‹ auf das Wissenschaftsverständnis im allgemeinen erweitert worden (Probleme und Resultate der Wissenschaftstheorie und Analytischen Philosophie II/1, 439, IV/1, 27). Im Sinne eines pluralistischen (↑Pluralismus) Verständnisses von Wissenschaftsnormen fällt entsprechend unter ein T. nicht nur eine (gebotene) ↑Toleranz gegenüber Meinungen und Argumenten, sondern auch eine Toleranz gegenüber Begründungsformen allgemein. In dieser Verschärfung bedeutet ein wissenschaftstheoretisches T. daher allgemein die Preisgabe eines (nicht allein konventionalistisch gedeuteten) Begründungsanspruchs.

Literatur: R. Carnap, Logische Syntax der Sprache, Wien 1934, Wien/New York [2]1968; ders., Introduction to Semantics, Cambridge Mass. 1942, 1948, Neudr. als: ders., Introduction to Semantics and Formalization of Logic I, Cambridge Mass. 1943, 1975; G. Gabriel, T., Hist. Wb. Ph. X (1998), 1262–1263; P. Janich/F. Kambartel/J. Mittelstraß, Wissenschaftstheorie als Wissenschaftskritik, Frankfurt 1974, 29–34 (II.3 Wissenschaftstheoretische Liberalitätspostulate); J. Mittelstraß, Die Möglichkeit von Wissenschaft, Frankfurt 1974, 84–105, 230–234 (Kap. 4 Wider den Dingler-Komplex), ferner in: G. Böhme (ed.), Protophysik. Für und wider eine konstruktive Wissenschaftstheorie der Physik, Frankfurt 1976, 11–39 (Wider den Dingler-Komplex); W. Stegmüller, Probleme und Resultate der Wissenschaftstheorie und Analytischen Philosophie II/1 (Theorie und Erfahrung), Berlin etc. 1970, 1974, IV/1 (Personelle Wahrscheinlichkeit und Rationale Entscheidung), Berlin/Heidelberg/New York 1973. J. M.

Tönnies, Ferdinand, *Oldenswort 26. Juli 1855, †Kiel 11. April 1936, dt. Soziologe. 1872–1877 Studium der Archäologie, Geschichte und Philosophie in Jena, Leipzig, Bonn und Berlin, 1877 Promotion in Tübingen, 1881 Habilitation in Kiel (Gemeinschaft und Gesellschaft. Abhandlung des Communismus und des Socialismus als empirischer Culturformen, 1887, rev. 1912). 1909 a.o. Prof., 1913 o. Prof. für wirtschaftliche Staatswissenschaften an der Universität Kiel. T. ist Mitbegründer der Deutschen Gesellschaft für Soziologie. Er distanziert sich von der Ideologie des Nationalsozialismus und vertritt einen genossenschaftlichen Sozialismus.

Dem Begriff einer durch die vollkommene Einheit des menschlichen ↑Willens als natürlichen Zustand bestimmten ↑Gemeinschaft stellt T. den der ↑Gesellschaft gegenüber, die durch ein isoliertes Nebeneinander von Individuen gekennzeichnet ist, deren Interaktion ihren Grund in äußeren Zwecksetzungen hat. Soziale Tatsachen ergeben sich für T. aus Akten gegenseitiger Bejahung. Die ›reine‹ Soziologie ist die Analyse ausschließlich der positiven, freundlichen und daher sozialen Beziehungen. Gemeinschaft und Gesellschaft sind die beiden einzigen Grundformen sozialen Zusammenlebens. Die ontologische Fundierung seiner soziologischen Grundbegriffe bedeutet Verzicht auf Realitätsbezug und Realitätskontrolle. Von der Identität von Wollen und Denken ausgehend, unterscheidet T. den aus dem ↑Gefühl hervorgehenden ontischen ›Wesenswillen‹ von dem auf die Erreichung von ↑Zwecken gerichteten ›Kürwillen‹. Ersterer richtet sich auf die organische Gemeinschaft, letzterer auf die mechanische Gesellschaft. – In seinen späteren Schriften hebt T. den Gegensatz von Gemeinschaft und Gesellschaft auf. Das Begriffspaar beschreibt entweder einen historischen Verfallsprozeß, nach dem Gesellschaft notwendig aus Gemeinschaft hervorgehe, oder behauptet ein systematisches Abhängigkeitsverhältnis, wonach Gemeinschaft die notwendige Bedingung der Gesellschaft sei. In Annäherung an M. Weber nimmt T. die Motive des Handelns als Kriterium dafür, ob ein Interaktionszusammenhang als gemeinschafts- oder gesellschaftsgerichtet betrachtet werden kann.

Werke: Gesamtausgabe (TG), Berlin/New York 1998ff. (erschienen Bde VII, IX, X, XIV, XV, XXII, XXII/2, XXIII/2). – Gemeinschaft und Gesellschaft. Abhandlung des Communismus und des Socialismus als empirischer Culturformen, Leipzig 1887, mit Untertitel: Grundbegriffe der reinen Soziologie, Berlin ²1912, Stuttgart ⁸1935 (repr. Darmstadt 1963, 1970), Darmstadt 2010 (franz. Communauté et société. Catégories fondamentales de la sociologie pure, Paris 1944, 2010; engl. Community and Association, London 1955, unter dem Titel: Community and Society, East Lansing Mich. 1957, New Brunswick N.J./London 1988, unter dem Titel: Community and Civil Society, Cambridge etc. 2001); Hobbes. Leben und Lehre, Stuttgart 1896, unter dem Titel: Thomas Hobbes. Der Mann und der Denker, Osterwieck ²1912, Stuttgart ³1925 (repr. 1971), unter dem Titel: Thomas Hobbes – Leben und Lehre, ed. A. Bammé, München/Wien 2014; Der Nietzsche-Kultus. Eine Kritik, Bern 1897; Über die Grundtatsachen des socialen Lebens, Bern 1897; Politik und Moral. Eine Betrachtung, Frankfurt 1901; Philosophische Terminologie in psychologisch-soziologischer Ansicht, Leipzig 1906, ferner in: Ges.ausg. [s.o.] VII, 119–249, München/Wien 2011; Die Entwicklung der sozialen Frage, Leipzig 1907, Berlin/Leipzig ⁴1926, 1989; Die Sitte, Frankfurt 1909, 1970 (engl. Custom. An Essay on Social Codes, New York 1961, New Brunswick N.J. 2014); Marx. Leben und Lehre, Jena 1921, ed. A. Bammé, München 2013 (engl. Karl Marx. His Life and Teachings, Ann Arbor Mich. 1974; franz. Karl Marx. Sa vie et son œuvre, Paris 2012); Kritik der öffentlichen Meinung, Berlin 1922 (repr. Aalen 1981), ferner in: Ges.ausg. [s.o.] XIV, 5–678, Saarbrücken 2006 (franz. Critique de l'opinion publique, Paris 2012); Autobiographie, in: R. Schmidt (ed.), Die Philosophie der Gegenwart in Selbstdarstellungen III, Leipzig 1922, 199–234; Soziologische Studien und Kritiken, I–III, Jena 1925–1929, I, in: Ges.ausg. [s.o.] XV, 25–504; Das Eigentum, Wien/Leipzig 1926; Fortschritt und soziale Entwicklung. Geschichtsphilosophische Ansichten, Karlsruhe 1926; Der Kampf um das Sozialistengesetz 1878, Berlin 1929; Einführung in die Soziologie, Stuttgart 1931, ²1981, Saarbrücken 2006; Geist der Neuzeit, Leipzig 1935, ferner in: Ges.ausg. [s.o.] XXII, 3–223, XXII/2 [Teil II, III und IV], 3–203, München/Wien 2010; Studien zur Philosophie und Gesellschaftslehre im 17. Jahrhundert, ed. E. G. Jacoby, Stuttgart-Bad Cannstatt 1975; Die Tatsache des Wollens, ed. J. Zander, Berlin 1982. – F. T./Friedrich Paulsen, Briefwechsel 1876–1908, ed. O. Klose/E. G. Jacoby/I. Fischer, Kiel 1961; F. T./Harald Höffding, Briefwechsel, ed. C. Bickel/R. Fechner, Berlin 1989. – R. Fechner, F. T., Werkverzeichnis, Berlin/New York 1992.

Literatur: C. Adair-Toteff (ed.), The Anthem Companion to F. T., London/New York 2016; Y. Atoji, Sociology at the Turn of the Century. On G. Simmel in Comparison with F. T., M. Weber and E. Durkheim, Tokio 1984; A. Bammé (ed.), F. T.. Soziologe aus Oldenswort, München/Wien 1991; A. Bellebaum, Das soziologische System von F. T. unter besonderer Berücksichtigung seiner soziographischen Untersuchungen, Meisenheim am Glan 1966; C. Bickel, F. T.. Soziologie als skeptische Aufklärung zwischen Historismus und Rationalismus, Opladen 1991; N. Bond, Understanding F. T.' »Community and Society«. Social Theory and Political Philosophy between Enlighted Liberal Individualism and Transfigured Community, Wien etc. 2013; W. J. Cahnman (ed.), F. T.. A New Evaluation, Leiden 1973; ders., Weber & Toennies. Comparative Sociology in Historical Perspective, ed. J. B. Maier, New Brunswick N.J./London 1995; U. Carstens (ed.), F. T.. Der Sozialstaat zwischen Gemeinschaft und Gesellschaft, Baden-Baden 2014; L. Clausen/F. U. Pappi (eds.), Ankunft bei T.. Soziologische Beiträge zum 125. Geburtstag von F. T., Kiel 1981; L. Clausen u.a. (eds.), T. heute. Zur Aktualität von F. T., Kiel 1985; L. Clausen/C. Schlüter (eds.), ›Ausdauer, Geduld und Ruhe‹. Aspekte und Quellen der T.-Forschung, Hamburg 1991; dies. (eds.), Hundert Jahre »Gemeinschaft und Gesellschaft«. F. T. in der internationalen Diskussion, Opladen, Wiesbaden 1991; A. Deichsel, Von T. her gedacht. Soziologische Skizzen, Hamburg 1987; ders., T., in: Staatslexikon V, ed. Görres-Gesellschaft, Freiburg/Basel/Wien ⁷1989, 489–491; R. Fechner, Sekundärbibliographie in alphabetischer und chronologischer Folge zum Werk F. T.', Hamburg 1984, mit Untertitel: Eine Dokumentation, ²1986; H. Hardt/S. Splichal (eds.), F. T. on Public Opinion. Selections and Analyses, Lanham Md. etc. 2000; K. H. Heberle (ed.), F. T. in USA. Recent Analyses by American Scholars, Hamburg 1989; E. G. Jacoby, Die moderne Gesellschaft im sozialwissenschaftlichen Denken von F. T.. Eine biographische Einführung, Stuttgart 1971, ed. A. Bammé, München/Wien 2013; D. Kaesler, T., NDB XXVI (2016), 323–325; R. König, Die Begriffe Gemeinschaft und Gesellschaft bei F. T., Kölner Z. Soz. Sozialpsychol. NF 7 (1955), 348–420; J. Leif, Les catégories fondamentales de la sociologie de T., Paris 1946; ders., La sociologie de T., Paris 1946; P.-U. Merz-Benz, Tiefsinn und Scharfsinn. F. T.' begriffliche Konstitution der Sozialwelt, Frankfurt 1995; ders. (ed.), Öffentliche Meinung und soziologische Theorie. Mit F. T. weiter gedacht, Wiesbaden 2015; ders., Erkenntnis und Emanation. F. T.' Theorie soziologischer Erkenntnis, Wiesbaden 2016; F. Osterkamp, Gemeinschaft und Gesellschaft. Über die Schwierigkeiten einen Unterschied zu machen. Zur Rekonstruktion des primären Theorieentwurfs von F. T., Berlin 2005; H. Plessner, Grenzen der Gemeinschaft. Eine Kritik des sozialen Radikalismus, Bonn 1924, Nachdr. in: Ges. Schr. V, Frankfurt 1981, Darmstadt 2003, 7–133, Neudr. Frankfurt 2002, [5]2015; C. Schlüter (ed.), Symbol, Bewegung, Rationalität. Zum 50. Todestag von F. T., Würzburg 1987; ders./L. Clausen (eds.), Renaissance der Gemeinschaft? Stabile Theorie und neue Theoreme, Berlin 1990; J. Spurk, Gemeinschaft und Modernisierung. Entwurf einer soziologischen Gedankenführung, Berlin/New York 1990; I. Wenzler-Stöckel, Spalten und Abwehren. Grundmuster der Gemeinschaftsentwürfe bei F. T. und Helmuth Plessner, Frankfurt 1998; L. v. Wiese, T.' Einteilung der Soziologie, Kölner Vierteljahresh. Soz. 5 (1925/1926), 445–455. H. R. G.

Topik (von griech. *τόπος*, Ort), im weiteren Sinne Bezeichnung für die Kunstlehre der argumentativen Gesprächsführung in bezug auf allgemein anerkannte bzw. konsensfähige Meinungen (*ἔνδοξα*; ↑Dialektik), im engeren Sinne derjenige Teil der Argumentationslehre (neben ↑Rhetorik und ↑Logik), der sich mit situativen Argumentationsschemata (Topoi; ↑Topos) befaßt. Name und technischer Charakter der T. sind von Aristoteles etabliert worden, der (in der »Topik«) die erste und maßgebliche T. geschaffen hat.

Hinsichtlich Philosophie und Wissenschaft hat die T. nach Aristoteles *propädeutische* (↑Propädeutik) Funktion. Sie ermittelt diejenigen Aussagen, die auf Grund dialektischer Untersuchungen widerlegt und damit als falsch erwiesen werden können. Sie ist somit eine universale Prüfmethode für alle Bereiche nicht-wissenschaftlichen, lebensweltlich relevanten Wissens. Die Prüfung erfolgt anhand eines Ensembles formaler Grundelemente, so genannter *Topoi*, die in ihrer Funktion als Suchanweisungen für ↑Prämissen und Argumente (↑Argumentation), mit denen anerkannte ↑Meinungen (*ἔνδοξα*) begründet werden können, auch in der *inventio* und *memoria* der Rhetorik einen wichtigen Platz einnehmen. Im schulmäßigen Gebrauch vor allem der Rhetorik werden die Topoi schließlich zu Merkörtern, an denen Argumente bzw. Redeteile abgelegt und mit Hilfe einer elaborierten *ars memorativa* abgerufen werden können. Inwieweit dadurch der zumindest bei Aristoteles vorrangige formale Charakter der topischen Disziplin zugunsten einer eher material ausgerichteten Argumentationspraxis verändert wurde und die Wirksamkeit der topischen Vorgehensweise innerhalb der europäischen Wissenschaftsgeschichte auf einem produktiven Mißverständnis beruht, ist eine strittige Frage. Die Einprägung der dialektischen Topoi ins Gedächtnis empfiehlt jedoch schon Aristoteles, wohl aus zwei Gründen: einerseits zur Festigung der Diskurskompetenz, andererseits zur Abkürzung der Diskursdauer.

Obwohl Aristoteles die topische Dialektik auch als intellektuelle Gymnastik schätzt, darf sie nicht mit der sophistischen Form des Streitgesprächs (↑Eristik) verwechselt werden. Vom Dialektiker wird ausdrücklich eine moralisch einwandfreie Haltung gefordert. Nicht nur in diesem Punkt gibt es, trotz der Aristotelischen Kritik an der ↑Ideenlehre, Gemeinsamkeiten mit der Platonischen Dialektik. Von besonderem Interesse ist die T. des Aristoteles nicht zuletzt durch den Nachweis, daß die wissenschaftliche (apodeiktische; ↑Apodeiktik) ↑Syllogistik in der dialektischen fundiert ist (E. Kapp). Hier liegen Anschlußmöglichkeiten für gegenwärtige philosophische Bemühungen um eine Theorie lebensweltlicher (↑Lebenswelt) ↑Rationalität.

Entsprechend ihrer Allgemeinheit wird die topische Methode in der Geschichte in nahezu allen Wissenschaften angewandt, solange das *ars inveniendi*-Paradigma (↑ars inveniendi) für diese verbindlich ist. Initiiert wird dieser Prozeß maßgeblich durch die spezifische Umdeutung der T. durch M. T. Cicero. Dessen Spätschrift »Topica« prätendiert zwar, eine Darstellung der Aristotelischen T. zu sein, doch hat sie de facto kaum etwas mit dieser zu tun. Gegenüber der Dialektik der hellenistischen ↑Stoa hebt Cicero die *inventio* hervor und identifiziert diese kurzerhand mit der T.. Über sein eigenes *inventio*-Konzept gibt »De oratore« Aufschluß. Indem Cicero auf alte sophistische *κοινοὶ τόποι*, von denen sich Aristoteles gerade distanziert hatte, zurückgreift, entwickelt er seine Theorie der *loci communes* als Themenkatalog für die *amplificatio* (Erweiterung) und sein Stilideal der *copia rerum et verborum* (Fülle des Wortschatzes und des Stoffes).

Gegen diese Literarisierung der T. reaktiviert im 6. Jh. A. M. T. S. Boethius die Aristotelische, formal-logische T.auffassung (»De differentiis topicis«), indem er versucht, eine *clara distinctio locorum* auf rationaler Grundlage zu schaffen. Als eines der wichtigsten Lehrbücher des dialektisch-logischen Unterrichts bildet das genannte Werk des Boethius das Bindeglied zu der im 12. Jh. einsetzenden Rezeption des Aristotelischen ↑Organon. Ausgehend von P. Abaelards Schrift »Sic et non«, die auf dem antiken topischen *in utramque partem*-Prinzip (für beide Fälle: pro und contra) aufgebaut ist (↑sic et non), entwickelt sich im Mittelalter zudem eine umfangreiche theologische T. in den scholastischen (↑Scholastik) *quaestiones*-Disputationen (↑quaestio). Daneben liegt in der ↑*ars magna* des R. Lullus eine *ars compendiosa inveniendi veritatem* vor, deren Rezeption im 16. und 17. Jh. zu den ausufernden Kompendien des Barockzeitalters beigetragen hat, in denen der kompilatorische Eifer des ciceronianischen Renaissancehumanismus (↑Humanismus) kulminiert.

Einen neuen Ansatz topischen Denkens unternimmt G. Vico in seiner Frühschrift »De nostri temporis studiorum ratione«, die die topikfeindliche Cartesische *critica nova* durch eine auf den ↑*sensus communis* gegründete *topica* zu ergänzen sucht. Diese Konzeption wird in Vicos Hauptwerk »Scienza nuova« zu einer geschichts- und sprachphilosophischen Konzeption erweitert, in der sich eine topisch verstandene mythisch-poetische Frühphase und eine szientifisch-rationale Spätphase der Menschheitsgeschichte gegenüberstehen. Vicos Ansatz bildet eine Ausnahmeerscheinung, auf die erst die an einem neuen T.verständnis interessierten philosophischen Debatten der Gegenwart zurückgehen. Wie weit im 18. Jh. das Interesse an der T. geschwunden ist, läßt sich an I. Kants Gebrauch des Toposbegriffs (KrV B 324, B 402) ablesen. Ähnlich wie Kant verwendet auch J. G. Droysen in seiner »Historik« den Begriff der T. nurmehr als bloßes Ordnungsschema.

In der zweiten Hälfte des 20. Jhs. hat sich in der Rechtswissenschaft im Anschluß an T. Viehweg (T. und Jurisprudenz, 1953) eine Grundlagendebatte über *topisches* versus *systematisches* Denken entwickelt. Viehweg greift N. Hartmanns Unterscheidung zwischen Problemdenken und systematischem Denken auf und wendet sie auf das Problem einer Methodologie der Rechtswissenschaft (↑Rechtsphilosophie) an. An die Praxis juridischen Argumentierens schließen C. Perelman und S. E. Toulmin mit dem Versuch an, die Tradition der T. für grundlegende Untersuchungen zur Theorie philosophischen Argumentierens zu nutzen (↑Argumentationstheorie). In dezidiertem Anti-↑Cartesianismus entwirft Perelman in seinem Programm einer ›Neuen Rhetorik‹ (mit einigem Recht könnte es auch den Titel ›Neue T.‹ tragen) einen Katalog von Argumentationsschemata, die für Argumentationen in den ↑Kulturwissenschaften, der Jurisprudenz, der politischen Redepraxis und in philosophischen Traktaten relevant sind. Von einem skeptizistischen (↑Skeptizismus) Ansatz her entwickelt Toulmin, ausgehend von der Frage nach der Berechtigung formallogischer Argumentationen, ein Schema für substantielle (topische) Argumentationen, das eine deutliche Übereinstimmung mit Schemata mittelalterlicher T.traktate aufweist. In der konstruktiven Argumentationstheorie werden der T. die partei*en**in*varianten und kontextvarianten argumentativen Schemata zugeordnet (C. F. Gethmann).

Literatur: K.-O. Apel, Die Idee der Sprache in der Tradition des Humanismus von Dante bis Vico, Bonn 1963, ³1980; M. L. Baeumer (ed.), Toposforschung, Darmstadt 1973; A. Beriger, Die aristotelische Dialektik. Ihre Darstellung in der »T.« und in den »Sophistischen Widerlegungen« und ihre Anwendung in der »Metaphysik« M 1-3, Heidelberg 1989; O. Bird, The Re-Discovery of the Topics. Professor Toulmin's Inference-Warrants, Mind NS 70 (1961), 534–539; ders., The Tradition of the Logical Topics. Aristotle to Ockham, J. Hist. Ideas 23 (1962), 307–323; R. Boehm, T., Dordrecht/Boston Mass./Lancaster 2002; L. Bornscheuer, T., in: P. Merker u. a. (eds.), Reallexikon der deutschen Literaturgeschichte IV, Berlin 1928, Berlin/New York ²1984, 454–475; ders., T.. Zur Struktur der gesellschaftlichen Einbildungskraft, Frankfurt 1976; D. Breuer/H. Schanze (eds.), T.. Beiträge zur interdisziplinären Diskussion, München 1981; R. Bubner, Dialektik als T.. Bausteine zu einer lebensweltlichen Theorie der Rationalität, Frankfurt 1990; H. Coing, Über einen Beitrag zur rechtswissenschaftlichen Grundlagenforschung, Arch. Rechts- u. Sozialphilos. 41 (1954/1955), 436–444; I. Denneler (ed.), Die Formel und das Unverwechselbare. Interdisziplinäre Beiträge zu T., Rhetorik und Individualität, Frankfurt etc. 1999; U. Diederichsen, Topisches und systematisches Denken in der Jurisprudenz, Neue Jurist. Wochenschr. 19 (1966), 697–705; A. Dörpinghaus/K. Helmer (eds.), T. und Argumentation, Würzburg 2004; J. D. G. Evans, Aristotle's Concept of Dialectic, Cambridge etc. 1977, 1978; G. Frank, T. als Methode der Dogmatik. Antike – Mittelalter – Frühe Neuzeit, Berlin/Boston Mass. 2017; C. F. Gethmann, Protologik. Untersuchungen zur formalen Pragmatik von Begründungsdiskursen, Frankfurt 1979; ders., Die Ausdifferenzierung der Logik aus der vorwissenschaftlichen Begründungs- und Rechtfertigungspraxis, Z. kathol. Theol. 102 (1980), 24–32; N. J. Green-Pedersen, The Tradition of the Topics in the Middle Ages. The Commentaries on Aristotle's and Boethius' »Topics«, München/Wien 1984; E. Hambruch, Logische Regeln der platonischen Schule in der aristotelischen T., Berlin 1904 (repr. New York 1976); A. Hügli/U. Theissmann, Invention, Erfindung, Entdeckung, Hist. Wb. Ph. IV (1976), 544–574; K. Jacobi (ed.), Argumentationstheorie. Scholastische Forschungen zu den logischen und semantischen Regeln korrekten Folgerns, Leiden/New York/Köln 1993; P. Jehn (ed.), Toposforschung. Eine Dokumentation, Frankfurt 1972; V. Kal, On Intuition and Discursive Reasoning in Aristotle, Leiden etc. 1988; E. Kapp, Syllogistik, RE IV/A1 (1931), 1046–1067; ders., Greek Foundations of Traditional Logic, New York 1942 (repr. 1967) (dt. Der Ursprung der Logik bei den Griechen, Göttingen 1965); A. Launhardt, T. und rhetorische Rechtstheorie. Eine Untersuchung zu Rezeption und Relevanz der Rechtstheorie Theodor Viehwegs, Frankfurt etc. 2010; H. Lausberg, Handbuch der literarischen Rhetorik. Eine Grundlegung der Literaturwissenschaft, I–II, München 1960, Stuttgart ⁴2008; H. Leitner, Systematische T.. Methode und Argumentation in Kants kritischer Philosophie, Würzburg 2004; A. Meier-Kunz, Die Mutter aller Erfindungen und Entdeckungen. Ansätze zu einer neuzeitlichen Transformation der T. in Leibniz' ars inveniendi, Würzburg 1996; A. Nguemning, Untersuchungen zur »T.« des Aristoteles mit besonderer Berücksichtigung der Regeln, Verfahren und Ratschläge zur Bildung von Definitionen, Frankfurt etc. 1990; G. E. L. Owen (ed.), Aristotle on Dialectic. The Topics. Proceedings of the Third Symposium Aristotelicum, Oxford 1968; W. A. de Pater, Les topiques d'Aristote et la dialectique platonicienne. La méthodologie de la définition, Fribourg 1965; C. Perelman/L. Olbrechts-Tyteca, La nouvelle rhétorique. Traité de l'argumentation, I–II, Paris 1958, unter dem Titel: Traité de l'argumentation. La nouvelle rhétorique, Brüssel ²1970, ⁶2008 (engl. The New Rhetoric. A Treatise on Argumentation, Notre Dame Ind./London 1969, 1971); J. Pinborg, T. und Syllogistik im Mittelalter, in: F. Hoffmann/L. Scheffczyk/K. Feiereis (eds.), Sapienter ordinare. Festgabe für E. Kleineidam, Leipzig 1969, 157–178; O. Pöggeler, Dichtungstheorie und Toposforschung, Jb. Ästhetik allg. Kunstwiss. 5 (1960), 89–201; ders., Dialektik und T., in: R. Bubner/K. Cramer/R. Wiehl (eds.), Hermeneutik und Dialektik II (Sprache und Logik. Theorie der Auslegung und Probleme der Einzelwissenschaften), Tübingen 1970, 273–310; O. Primavesi, Die Aristotelische T.. Ein Interpretationsmodell und seine Erprobung am Beispiel von T. B, München 1996; ders./C. Kann/S. Goldmann, T.; Topos, Hist. Wb. Ph. X (1998), 1263–1288; C. Rapp, Aristotle's

Rhetoric, SEP 2002, rev. 2010; T. Reinhardt, Das Buch E der Aristotelischen T.. Untersuchungen zur Echtheitsfrage, Göttingen 2000; W. Risse, Die Logik der Neuzeit, I–II, Stuttgart-Bad Cannstatt 1964/1970; G. Ryle, Dialectic in the Academy, in: R. Bambrough (ed.), New Essays on Plato and Aristotle, London/New York 1965, 2013, 39–68; T. Schirren/G. Ueding (eds.), T. und Rhetorik. Ein interdisziplinäres Symposium, Tübingen 2000; W. Schmidt-Biggemann, Topica universalis. Eine Modellgeschichte humanistischer und barocker Wissenschaft, Hamburg 1983; M. Schramm, Die Prinzipien der Aristotelischen T., München/Leipzig 2004; P. Schulthess, T. im Mittelalter, Stud. philos. 46 (1987), 191–199; P. Slomkowski, Aristotle's Topics, Leiden/New York/Köln 1997; F. Solmsen, Die Entwicklung der aristotelischen Logik und Rhetorik, Berlin 1929, Berlin/Zürich [2]1975, Hildesheim 2001; J. Sprute, Topos und Enthymem in der aristotelischen Rhetorik, Hermes 103 (1975), 68–90; S. E. Toulmin, The Uses of Argument, Cambridge etc. 1958, 2008 (dt. Der Gebrauch von Argumenten, Kronberg 1975, Weinheim [2]1996); T. Viehweg, T. und Jurisprudenz. Ein Beitrag zur rechtswissenschaftlichen Grundlagenforschung, München 1953, [5]1974 (engl. Topics and Law. A Contribution to Basic Research in Law, Frankfurt etc. 1993); T. Wagner, T., Hist. Wb. Rhetorik IX (2009), 605–626; E. Weil, La place de la logique dans la pensée aristotélicienne, Rev. mét. mor. 56 (1951), 283–315; J. Zachhuber, T., RGG VIII ([4]2005), 475–476. C. F. G.

Topologie (von griech. *τόπος*, Ort, Stelle, und *λόγος*, Lehre), im 19. Jh. auch als ↑›Analysis situs‹ bezeichnetes Gebiet der Mathematik, das einen verallgemeinerten Raumbegriff (↑Raum) zum Gegenstand hat. Erste topologische Ergebnisse finden sich bei R. Descartes und L. Euler. Als eigenständiges Forschungsgebiet entsteht die T. im 19. Jh. in den Arbeiten der deutschen Mathematiker A. F. Moebius (1790–1868), J. B. Listing (1808–1882) und B. Riemann (1826–1866). Diese Arbeiten bleiben zunächst weitgehend unbeachtet, bis H. Poincaré und L. E. J. Brouwer die T. zu einem zentralen Forschungsgebiet der Mathematik machen. Ein Raum im topologischen Sinne besteht aus einer Menge R von Punkten, wobei jedem Punkte x in R eine Menge $\mathrm{U}(x)$ von Teilmengen von R, den ↑›Umgebungen‹ von x, zugeordnet ist. Anschaulich beschrieben, ist eine Menge U dann eine Umgebung eines Punktes x, wenn x nicht auf dem Rand, sondern im Inneren von U liegt, d. h. ganz von Punkten aus U umgeben ist. Dabei müssen die folgenden Bedingungen erfüllt sein (›Hausdorffsche Umgebungsaxiome‹):

- $x \in U$ für alle $U \in \mathrm{U}(x)$;
- wenn $U \in \mathrm{U}(x)$ und $U \subseteq V \subseteq R$, dann $V \in \mathrm{U}(x)$;
- wenn $U, V \in \mathrm{U}(x)$, dann $U \cap V \in \mathrm{U}(x)$;
- wenn $U \in \mathrm{U}(x)$, dann gibt es ein $V \in \mathrm{U}(x)$ mit $U \in \mathrm{U}(y)$ für alle $y \in V$.

Das System aller Mengen $\mathrm{U}(x)$ für $x \in R$ heißt auch eine ›T. über R‹.

Alternativ werden topologische Räume auch unter Verwendung des Begriffes der ›offenen Menge‹ definiert. Ein Paar (R, T) heißt ein ›topologischer Raum‹ in diesem Sinne, wenn gilt:

- für alle $U \in T$: $U \subseteq R$ (die Elemente von T sind die so genannten ›offenen‹ Teilmengen von R);
- $\emptyset, R \in T$ (die leere Menge und R selbst sind offen);
- $U, V \in T \Rightarrow U \cap V \in T$ (›endliche Schnitte offener Mengen sind wieder offen‹);
- $S \subseteq T \Rightarrow \bigcup_{U \in S} U \in T$ (›beliebige Vereinigungen offener Mengen sind wieder offen‹).

T heißt dann ebenfalls eine ›T. über R‹.

Die beiden Definitionen sind äquivalent (↑Äquivalenz): Aus einem topologischen Raum im ersten Sinne erhält man einen im zweiten Sinne, indem man als offene Mengen gerade diejenigen Mengen U festgelegt, die Umgebungen aller ihrer Elemente sind (d. h., für alle $x \in U$ gilt: $U \in \mathrm{U}(x)$). Umgekehrt muß man als Umgebungen eines Punktes $x \in R$ genau diejenigen Mengen U wählen, die eine ganze offene Menge V um x herum enthalten, d. h. für die ein $V \in T$ existiert mit $x \in V \subseteq U$.

Eine besondere Art von T. über einer Menge R liegt vor, wenn die Umgebungen der Punkte durch ↑Abstände definiert sind. Eine ↑Metrik d über einer Menge R ist eine ↑Funktion (›Distanzfunktion‹), die jedem Paar (x, y) von Punkten in R eine nicht-negative reelle Zahl zuordnet (den ›Abstand‹ $d(x,y)$ zwischen x und y) und dabei die folgenden Bedingungen erfüllt:

- $d(x,y) = 0$ genau dann, wenn $x = y$ (Definitheit);
- $d(x,y) = d(y,x)$ (Symmetrie);
- $d(x,z) \leq d(x,y) + d(y,z)$ (Dreiecksungleichung).

Eine Metrik d auf R induziert eine T. über R, wenn man als Umgebungen eines Punktes $x \in R$ genau diejenigen Teilmengen U von R festlegt, für die ein positives reelles ε existiert, so daß alle Punkte y aus R mit $d(x,y) < \varepsilon$ in U enthalten sind (d. h. Mengen $U \subseteq R$, die eine ganze ›ε-Umgebung‹ von x enthalten).

Elemente der T. finden sich z. B. in der philosophischen Logik (↑Logik, philosophische). So haben R. Garson und N. Rescher die Idee einer ›topologischen Logik‹ entwikkelt (↑Logik, topologische). In einem anderen Sinne verwendet C. G. Hempel (1937) diesen Begriff: Mit ihm sollen strukturelle Ähnlichkeiten zwischen metrischen Räumen und ›Wahrheitsgraden‹ (↑Wahrheit) erfaßt werden. R. Montague und D. S. Scott verallgemeinern die ↑Kripke-Semantik zu einer so genannten Umgebungssemantik. Diese ist eine T. ›möglicher Welten‹ (↑Welt, mögliche) und geeignet, sehr schwache, so genannte nicht-normale, ↑Modallogiken zu repräsentieren.

Literatur: P. S. Alexandroff, Vvedenie v teoriju množest' i obščuju topologiju, Moskau 1977 (dt. Einführung in die Mengenlehre und in die allgemeine T., Berlin [Ost] 1984); R. Bartsch, Allgemeine T. I, München/Wien 2007, unter dem Titel: Allgemeine T., Berlin/Boston Mass. [2]2015; G. E. Bredon, Topology and Geometry, New York etc. 1993, New York 2010; T. tom Dieck, T., Berlin/New York 1991, ²2000; W. Fulton, Algebraic Topology. A First Course, New York etc. 1995, 1997; E. Harzheim/H. Ratschek, Einführung in die allgemeine T., Darmstadt 1975; A. Hatcher, Algebraic Topology, Cambridge etc. 2002, 2010; F. Hausdorff, Grundzüge der Mengenlehre, Leipzig 1914 (repr. New York 1965), Neudr. unter dem Titel: Mengenlehre, Berlin/Leipzig ²1927, erw. ³1935, unter dem Titel: Grundzüge der Mengenlehre, Berlin/Heidelberg 2002 (= Ges. Werke II) (engl. Set Theory, New York 1957, ⁴1991); C. G. Hempel, A Purely Topological Form of Non-Aristotelian Logic, J. Symb. Log. 2 (1937), 97–112; I. M. James, Handbook of Algebraic Topology, Amsterdam etc. 1995; J. L. Kelley, General Topology, New York 1955, Mineola N. Y. 2017; G. Laures/M. Szymik, Grundkurs T., Heidelberg 2009, Berlin/Heidelberg ²2015; K. Mainzer, T., Hist. Wb. Ph. X (1998), 1289–1290; R. Montague, Formal Philosophy. Selected Papers of Richard Montague, ed. R. H. Thomason, New Haven Conn./London 1974, 1976 (repr. Ann Arbor Mich. 1995), 1979; E. Ossa, T., Braunschweig/Wiesbaden 1992, mit Untertitel: Eine anschauliche Einführung in die geometrischen und algebraischen Grundlagen, Wiesbaden ²2009; W. Pichler/R. Ubl (eds.), T.. Falten, Knoten, Netze, Stülpungen in Kunst und Theorie, Wien 2009; N. Rescher, Topics in Philosophical Logic, Dordrecht 1968. A. F.

Topos (griech. τόπος, Ort, Stelle, Gemeinplatz, lat. locus [communis]), in der antiken ↑Dialektik Bezeichnung für ein Element (στοιχεῖον) der Methode, in Form eines Gesprächs kunstgerecht eine Untersuchung über eine Aussage zu führen, die nicht durch erste Gründe (ἀρχαί) bewiesen oder widerlegt werden kann (↑Topik). Gegenstand der dialektischen Auseinandersetzung ist demnach eine Meinung (bzw. die Folge einer solchen), bezüglich welcher Argumente pro und contra beigebracht werden können. Die erste und maßgebliche Theorie der dialektischen Gesprächsführung liegt in der Aristotelischen »Topik« vor, die die Topoi zwar ausführlich darstellt und klassifiziert, den Terminus ›T.‹ selbst jedoch nicht explizit einführt. Ein T. dient sowohl dazu, anzugeben, wo geeignete ↑Prämissen für die Begründung oder Abweisung der Ausgangsthese des Gesprächs zu finden sind, als auch dazu, vorgebrachte Argumente zu prüfen. Er ist also eine Argumentationsform (↑Argumentation, ↑Argumentationstheorie) mit wegweisender und kritischer Funktion. Das Ensemble der Topoi bildet ein formales Instrumentarium zur Durchführung dialektischer Argumentationen, nicht aber eine Sammlung der Argumente selbst, um diese mechanisch abzurufen.

Im schulmäßigen Betrieb der ↑Rhetorik und ihrer Literarisierung im Späthellenismus hat sich hinsichtlich der *inventio* und *memoria* eine T.-Interpretation herausgebildet, die für die spätere Tradition bestimmend geworden ist. Dabei zeigt sich, daß die Unschärfe des Begriffs T. einer der Gründe für die ungeheure Produktivität der Topik in der Geschichte der abendländischen Wissenschaften ist. Die Auffassung, ein T. sei ausschließlich die Sache selbst, zu deren Auffindung er doch nur dient, hat letztlich zu der irreführenden pejorativen Bedeutung der Ausdrücke ›Gemeinplatz‹, ›commonplace‹, ›lieu commun‹ etc. geführt, mit denen das dem griechischen *κοινὸς τόπος* entsprechende lateinische *locus communis* übersetzt wurde.

Literatur: G. Buhl, Zur Funktion der Topoi in der aristotelischen Topik, in: K. Lorenz (ed.), Konstruktionen versus Positionen. Beiträge zur Diskussion um die Konstruktive Wissenschaftstheorie I (Spezielle Wissenschaftstheorie), Berlin/New York 1979, 169–175; J. Jost, T. und Metapher. Zur Pragmatik und Rhetorik des Verständlichmachens, Heidelberg 2007; E. Mertner, T. und Commonplace, in: G. Dietrich/F. W. Schulze (eds.), Strena Anglica. Festschrift O. Ritter, Halle 1956, 178–224, Neudr. in: P. Jehn (ed.), T.forschung. Eine Dokumentation, Frankfurt 1972, 20–68; K. Ostheeren u. a., T., Hist. Wb. Rhetorik IX (2009), 630–724; Y. Pelletier, Pour une définition claire et nette du lieu dialectique, Laval théologique philosophique 41 (1985), 403–415; O. Primavesi/C. Kann/S. Goldmann, Topik; T., Hist. Wb. Ph. X (1998), 1263–1288; C. Rapp, Aristotle's Rhetoric, SEP 2002, rev. 2010; weitere Literatur: ↑Topik. C. F. G.

Torricelli, Evangelista, *Faenza (Italien) 15. Okt. 1608, †Florenz 25. Okt. 1647, ital. Mathematiker und Physiker. Ausbildung in Philosophie und Mathematik an der Jesuitenschule in Faenza; ab 1627 Schüler und Sekretär des Mathematikers B. Castelli in Rom, wo T. auch G. Galilei kennenlernt. Während Galileis letzten Lebensmonaten ist T. sein Mitarbeiter und nach dessen Tod (1642) sein Nachfolger als Mathematiker der Medici in Florenz. Sein einziges zu Lebzeiten veröffentlichtes Werk sind die »Opera geometrica« (1644). – T. übernimmt von B. Cavalieri Infinitesimalmethoden (↑Infinitesimalrechnung) und entwickelt diese weiter. Allerdings benutzt er sie nur als mathematische ↑Heuristik und hält im Beweisverfahren an den klassischen geometrischen Methoden fest. Wie Cavalieri dehnt er die Analyse der parabolischen Wurfbahn, die bei Galilei auf horizontale Würfe beschränkt blieb, auf schräge Trajektorien aus – was einen allgemeinen Trägheitssatz (↑Trägheit) voraussetzt. In »De motu gravium [...]« (Opera geometrica, Teil 1, 95–243) formuliert T. erstmals explizit als Theorem die Regel der praktischen Mechanik, daß eine Maschine nur durch Absinken ihres Schwerpunktes Arbeit leistet (↑Perpetuum mobile). Im Laufe seiner Experimente zum Luftdruck erfindet T. um 1643 das Quecksilberbarometer (Abb. 1).

Beim T.-Barometer wird dem Gewicht einer Quecksilbersäule vom Gewicht der Luft (dem Luftdruck) die Waage gehalten. Dahinter steckt die auf Galilei zurückgehende Vorstellung, daß die Luft der Atmosphäre schwer ist (also nicht im aristotelischen Sinne ›leicht‹), woraus T. den Schluß zog, daß die Erdoberfläche den Boden eines Luftmeeres bildet. Im oberen Teil des geschlossenen Glasrohres herrscht dagegen ein Vakuum (↑Leere, das), wodurch zugleich die herkömmliche

Abb. 1: Quecksilberthermometer; aus: A. Privat-Deschanel/A. Focillon, Dictionnaire général des sciences théoriques et appliquées I, Paris 1864, 230 (Fig. 280 Baromètre à siphon ordinaire).

Annahme, in der Natur gebe es keinen leeren Raum (↑horror vacui), unterhöhlt wurde (Brief an M. Ricci, 11. Juni 1644, in: Opere III [1919], 186–188 [Abb. 2], engl. in: W. F. Magie [ed.], A Source Book in Physics, Cambridge Mass., London 1935, 1963, 70–73). T. verstand als erster, daß die Saugpumpen der Epoche tatsächlich mit dem Druck der Atmosphäre arbeiteten und

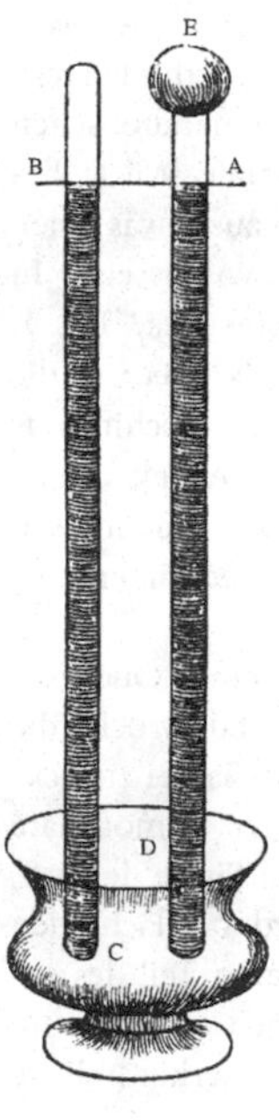

Abb. 2: Die Abbildung soll zeigen, daß die Größe des leeren Raums über der Quecksilbersäule ohne Einfluß auf die Höhe der Säule ist.

daß deren seit langem rätselhaft scheinenden Wirksamkeitsbeschränkungen aus der begrenzten Größe dieses Drucks stammten.

Werke: Opere, I–IV, in 5 Bdn., ed. G. Loria/G. Vassura, I–III, Faenza 1919, IV, 1944. – Opera geometrica. De sphaera et solidis sphaeralibus libri duo, De motu gravium naturaliter descendentium et proiectorum libri duo, De dimensione parabolae, Florenz 1644; Lezioni accademiche, Florenz 1715, Mailand 1823; De infinitis spiralibus [lat./ital.], ed. E. Carrucio, Pisa 1955; Lettere e documenti riguardanti E. T., ed. G. Rossini, Faenza 1956; Opere scelte, ed. L. Belloni, Turin 1975. – Bibliographie in: B. Caldonazzo u. a. (eds.), E. T. [...] [s. u., Lit.], 77–109.

Literatur: T. Bascelli, T.'s Indivisibles, in: V. Julien (ed.), Seventeenth-Century Indivisibles Revisited, Heidelberg etc. 2015, 105–136; M. Blay, La science du mouvement des eaux. De T. à Lagrange, Paris 2007; B. Caldonazzo u. a. (eds.), E. T. nel terzo centenario della morte, Florenz 1951; G. Castelnuovo, Le origini del calcolo infinitesimale nell'era moderna. Con scritti di Newton, Leibniz, T., Mailand 1962; E. J. Dijksterhuis, De Mechanisering van het Wereldbeeld, Amsterdam 1950, 2006, 396–402 (dt. Die Mechanisierung des Weltbildes, Berlin/Göttingen/Heidelberg 1956 [repr. 1983, Berlin/Heidelberg/New York 2002], 400–407; engl. The Mechanization of the World Picture, Oxford 1961, mit Untertitel: Pythagoras to Newton, Princeton N. J. 1986, 360–365); P. Duhem, Les origines de la statique II, Paris 1906, bes. 1–151 (Chap. XV Les propriétés mécaniques du centre de gravité, d'Albert de Saxe à E. T.) (engl. The Origins of Statics. The Sources of Physical Theory, Dordrecht/Boston Mass./London 1991, bes. 261–356 [Chap. XV The Mechanical Properties of the Center of Gravity from Albert of Saxony to E. T.]); F. de Gandt (ed.), L'œuvre de T.. Science galiléenne et nouvelle géométrie, Paris 1987; M. Gliozzi, T., DSB XIII (1976), 433–440; W. E. Knowles Middleton, The History of the Barometer, Baltimore Md. 1964, 1968, 19–32 (Chap. 2 The T.an Experiment); E. Mach, Die Mechanik in ihrer Entwickelung. Historisch-kritisch dargestellt, Leipzig 1883, erw. ^{7}1912, ^{9}1933 (repr. Darmstadt 1963, 1991), ed. G. Wolters/G. Hon, Berlin 2012 (Ernst-Mach Studienausg. III), 48–49, 104–105, 393–394; P. Mancosu/E. Vailati, T.'s Infinitely Long Solid and Its Philosophical Reception in the Seventeenth Century, Isis 82 (1991), 50–70; P. Palmieri, Radical Mathematical Thomism. Beings of Reason and Divine Decrees in T.'s Philosophy of Mathematics, Stud. Hist. Philos. Sci. 40 (2009), 131–142; C. J. Scriba, T., in: F. Krafft (ed.), Große Naturwissenschaftler. Biographisches Lexikon, Düsseldorf ^{2}1986, 328–329; M. Segre, In the Wake of Galileo, New Brunswick N. J. 1991, bes. 61–68, 79–99 (At the Tuscan Court. T., Viviani, Borelli, Chap. 5 T.'s Rationale); ders., T., in: D. Hoffmann u. a. (eds.), Lexikon der bedeutenden Naturwissenschaftler III, München 2004, 368–369; F. Toscano, L'erede di Galileo. Vita breve e mirabile di E. T., Mailand 2008; G. Vassura, La pubblicazione delle opere di E. T., con alcuni documenti inediti, Faenza 1908; F. Weis, E. T. in seiner gesamten wissenschaftlichen Bedeutung unter besonderer Berücksichtigung der bis zum Ende des Jahres 1925 erschienenen Literatur, Arch. Gesch. Math., Naturwiss. u. d. Technik NF 10 (1927/1928), 250–281, separat Leipzig 1927; R. Westfall, Force in Newton's Physics. The Science of Dynamics in the Seventeenth Century, London/New York 1971, 125–138; D. Wootton, The Invention of Science. A New History of the Scientific Revolution, o.O. [London], New York 2015, 2016, 333–346. – Convegno di studi torricelliani in occasione del 350. anniversario della nascita di E. T.. 19–20 ottobre 1958, Faenza 1959. – Philosophia Scientiae 14 (2010), H. 2 (De T. à Pascal). P. M.

total (von lat. totus, ganz), ganz, gänzlich, umfassend, restlos, z. B. t.er Staat (im Sinne von ›alle Lebensbereiche regierend‹), t.er Zusammenbruch (im Sinne von ›keine intakten Funktionen mehr aufweisend‹) usw.; in Opposition zu ↑›partiell‹ (↑Teil und Ganzes) umgangssprachlich häufig gleichbedeutend mit ›vollständig‹ (↑vollständig/Vollständigkeit) gebraucht. In Mathematik und Logik bezeichnet man als t. (1) eine überall auf einem Bereich definierte ↑Funktion, (2) das ↑Differential d*f* einer mehrstelligen Funktion *f*, z. B.

$$df = dx + dy$$

im zweistelligen Fall, (3) eine ↑Ordnungsrelation $\leq$, für die das zusätzliche Axiom $x \leq y \vee y \leq x$ gilt (dafür auch: ›lineare Ordnung‹). K. L.

Totalität, synonym mit ›Ganzheit‹, ›Gesamtheit‹ oder ›Allheit‹ verwendete Bezeichnung für eine übersummative, umfassende Einheit von Vielem im Verhältnis von Ganzem und Teilen (↑Teil und Ganzes). T. wird zumeist als hoch differenziert, organisch strukturiert und letztinstanzlich angesehen. Sie ist vor allem in der dialektischen Philosophie (↑Dialektik) zugleich die Grundlage und das Ziel aller Erkenntnis, die in Sätzen allein nicht gefaßt werden könne. Angewendet wird der Begriff der T. insbes. auf Phänomene des Lebendigen, des Seelischen und der Gesellschaft. Gegenbegriff ist der Begriff der ↑Individualität.
Terminologisch definiert ist der kategoriale (↑Kategorie) Begriff der Allheit (T.) bei I. Kant, der sie als »die Vielheit als Einheit« betrachtet (KrV B 112). In der transzendentalen Dialektik (↑Dialektik, transzendentale) wird der ↑transzendentale Vernunftbegriff als die Vorstellung von der »T. der Bedingungen zu einem gegebenen Bedingten« gefaßt (KrV B 379), die ein dialektischer Begriff des Unbedingten (↑Unbedingtheit) ist (z. B. der Weltbegriff). Nach Kant wird vor allem G. W. F. Hegels Verständnis der T. verbindlich. T. ist danach die in der philosophischen Spekulation (↑System, spekulatives) zur Vereinigung gebrachte Vielheit, die als Teil eines Ganzen jeweils auch dieses Ganze ist bzw. repräsentiert (Enc. phil. Wiss. § 160, Sämtl. Werke VIII, 353). Eine derartige, gegen die positive T. des Staates negative T. ist z. B. das System der politischen Ökonomie (↑Ökonomie, politische), in dem die besonderen ↑Bedürfnisse und Genüsse der einzelnen zugleich ein System universeller Abhängigkeit begründen (Über die wissenschaftlichen Behandlungsarten des Naturrechts [...], Sämtl. Werke I, 486f.). So wird auch bei K. Marx und im Anschluß an ihn in der soziologischen Tradition mit T. zumeist das gesellschaftliche Ganze im Verhältnis von Warenproduktion (↑Ware), Kapitalbildung, Arbeitsteilung, Zirkulation etc. angesprochen (z. B. Zur Kritik in der politischen Ökonomie, MEGA II/3.1, 48, 241).
In der Tradition Hegels hält G. Lukács das (bürgerliche) Reflexionsdenken für außerstande, die übersummative T. zu denken bzw. hervorzubringen. Allein die dialektische Methode vermöge aus den einzelnen Momenten heraus eine Ganzheit zu entwickeln (Geschichte und Klassenbewußtsein. Studien über marxistische Dialektik, Darmstadt/Neuwied 1968, 248, 297). J.-P. Sartre definiert die T. als ein Gebilde, das sich vollständig in seinen Teilen wiederfindet und selbstreflexiv ist (Kritik der dialektischen Vernunft I, Reinbek b. Hamburg 1967, 46ff.). Bei E. Lévinas ist die T. ein in sich geschlossenes Ganzes, das die Dimension eines Außen ausschließt, innerhalb dessen die Individuen nur unwissentliche und unwillentliche Träger von Kräften sind. Das Zeichen einer derartigen T. ist der die Außendimension negierende Krieg. Sinnstiftend ist allein die Beziehung zum ↑Anderen, der das ganz Andere außerhalb jeglicher T. ist (T. und Unendlichkeit. Versuch über Exteriorität, Freiburg/München 1987, 20ff.). S. B.

Totalordnung, ↑Ordnung.

Toulmin, Stephen Edelston, *London 25. März 1922, †Los Angeles 4. Dez. 2009, engl. Wissenschaftstheoretiker und Wissenschaftshistoriker. 1940–1948 Mathematik-, Physik- und Philosophiestudium in Cambridge (unter anderem bei L. Wittgenstein), 1948–1949 Fellow am King's College, 1949–1955 Lecturer für Philosophy of Science in Oxford, 1955–1959 Prof. für Philosophie in Leeds, 1960–1964 Leiter der Unit for History of Ideas, Nuffield Foundation, London, 1965–1969 Prof. für Ideengeschichte und Philosophie an der Brandeis University, 1969–1972 Prof. für Philosophie an der Michigan State University, 1972–1973 Prof. of Humanities an der University of California, Santa Cruz, 1973–1986 Prof. im Committee on Social Thought an der University of Chicago, 1986–1992 Avalon Prof. of Humanities an der Northwestern University, ab 1993 Henry R. Luce Prof. für Multiethnic and Transnational Studies an der University of Southern California.
In Auseinandersetzung mit der in den 40er und 50er Jahren des 20. Jhs. in den USA dominierenden Analytischen Philosophie (↑Philosophie, analytische) und Wissenschaftstheorie (↑Wissenschaftstheorie, analytische) beschäftigt sich T. zunächst mit Fragen der Logik und der Argumentationstheorie, von da ausgehend mit Problemen des moralischen Diskurses, der Wissenschaftstheorie und der Wissenschaftsgeschichte. T. kritisiert an der von den Analytikern als kritisches Instrument eingesetzten formalen Logik (↑Logik, formale) ihre unzureichende Differenziertheit und Adäquatheit bezüglich der tatsächlichen Argumentationspraxis, z. B. beim forensischen Argumentieren. Im Rückgriff auf die Traditionen von ↑Topik und ↑Rhetorik entwickelt er das

Programm einer praxisnahen informellen Logik, die in allen Bereichen, in denen argumentiert wird, einsetzbar ist (↑Argumentationstheorie).
Während viele analytische Philosophen den Bereich der ↑Ethik für logische Analysen als unzugänglich ansahen, sucht T. seine argumentationstheoretischen Arbeiten auch auf den Bereich des moralischen Diskurses auszudehnen. Im Mittelpunkt steht dabei die Frage nach den Besonderheiten des moralischen Diskurses und nach den Geltungskriterien für moralisch ›gute Gründe‹. Letztlich dient der moralische Diskurs, der stets gemeinschaftsbezogen ist, der Harmonisierung konfligierender Bestrebungen innerhalb der jeweiligen Gemeinschaft und der Minimierung vermeidbaren Leidens. In einfachen Fällen beruft man sich für die ethische Rechtfertigung einer ↑Handlung auf eine Regel aus dem moralischen Code der Gemeinschaft, der man angehört. Bei Pflichtkonflikten hingegen, oder wenn der Code selbst in Frage gestellt wird, kommen utilitaristische (↑Utilitarismus) Überlegungen ins Spiel.
In den Arbeiten zur ↑Wissenschaftstheorie und ↑Wissenschaftsgeschichte beschäftigt sich T. vor allem mit der Frage nach der ↑Rationalität wissenschaftlicher Innovation und der Erklärung begrifflichen Wandels. In der Konzeption einer evolutionären Erkenntnistheorie (↑Erkenntnistheorie, evolutionäre) faßt T. die Begriffe einer Epoche als mehr oder minder eng verbundene Begriffspopulation auf und beschreibt Veränderungen in Analogie zur biologischen ↑Evolution als Resultat einer ↑Selektion aus einem Pool konkurrierender Begriffe. Die erklärenden (rekonstruierten) ↑Paradigmen oder ›ideals of natural order‹ sind sowohl aus wissenschaftsinternen Prozessen als auch aus externen Vorgängen im gesellschaftlichen Umfeld ableitbar. Sowenig jedoch die biologische Evolution zielgerichtet verläuft, sowenig bedeutet wissenschaftliche Entwicklung notwendig Annäherung an eine endgültige Wahrheit. Da der Mensch sich in seinem Erkennen und Handeln stets selbst mitumfaßt, plädiert T. für eine ganzheitliche, den Menschen und die Natur umgreifende philosophische ↑Kosmologie (↑Holismus).
Etwa mit Beginn seiner Tätigkeit in Chicago (1973) befaßt sich T. – herausgefordert durch konkrete Probleme der medizinischen Ethik (↑Ethik, medizinische) – erneut mit Fragen des moralischen Argumentierens. Dabei greift er insbes. die Aristotelische Konzeption der Klugheit (↑Phronesis) im 6. Buch der »Nikomachischen Ethik« auf. Einen weiteren Schwerpunkt von T.s Arbeiten stellt die Untersuchung der historischen Entstehung der ↑Geisteswissenschaften im 16. Jh. dar. Diese Arbeiten führen zu dem Versuch einer Neubestimmung der Moderne (Cosmopolis, 1990). Die Entstehung der exakten Naturwissenschaften wird hier auf dem Hintergrund der tiefgreifenden politischen, sozialen und spirituellen Krise der frühen Neuzeit interpretiert, die im Dreißigjährigen Krieg ihren Höhepunkt fand. Die nach 1648 in Europa erreichte relative Stabilität der Denkmuster und politischen Lebensverhältnisse gerät im ausgehenden 20. Jh. mit dem Aufstieg der Kategorien von Chaos (↑Chaostheorie) und Komplexität (↑komplex/Komplex) in den Wissenschaften und der zeitgleichen Infragestellung der Nationalstaaten als Orientierungsfaktoren politischer Ordnung erneut ins Wanken.

Werke: An Examination of the Place of Reason in Ethics, Cambridge 1950, [8]1970, unter dem Titel: The Place of Reason in Ethics, Chicago Ill. 1986; The Philosophy of Science. An Introduction, London/New York 1953, London 1969 (dt. Einführung in die Philosophie der Wissenschaft, Göttingen 1953, 1970); Contemporary Scientific Mythology, in: ders./R. W. Hepburn/A. MacIntyre, Metaphysical Beliefs. Three Essays, London 1957, London/New York [2]1970, 11–81; The Uses of Argument, Cambridge 1958, 2008 (dt. Der Gebrauch von Argumenten, Kronberg 1975, Weinheim [2]1996); Foresight and Understanding. An Enquiry into the Aims of Science, London, Bloomington Ind. 1961, Westport Conn. 1981 (dt. Voraussicht und Verstehen. Ein Versuch über die Ziele der Wissenschaft, Frankfurt 1968, 1981; franz. L'explication scientifique, Paris 1973); (mit J. Goodfield) The Ancestry of Science, I–III (I The Fabric of the Heavens. The Development of Astronomy and Dynamics, II The Architecture of Matter, III The Discovery of Time), London etc. 1961–1965, III, New York 1983, I–II, Chicago Ill. 1995/1999 (franz. [Bd. I] Les déchiffrements du ciel, Paris 1963; dt. [Bd. I] Modelle des Kosmos, München 1970, [Bd. II] Materie und Leben, München 1970, [Bd. III] Entdeckung der Zeit, München 1970, Frankfurt 1985); Night Sky at Rhodes, London 1963, New York 1964; (ed.) Physical Reality. Philosophical Essays on Twentieth-Century Physics, New York 1970; Human Understanding I (The Collective Use and Evolution of Concepts), Princeton N. J., Oxford 1972 (dt. Menschliches Erkennen I [Kritik der kollektiven Vernunft], Frankfurt 1978, unter dem Titel: Kritik der kollektiven Vernunft, 1983); (mit A. Janik) Wittgenstein's Vienna, London, New York 1973 (franz. Wittgenstein, Vienne et la modernité, Paris 1978; dt. Wittgensteins Wien, München/Wien 1984, Wien 1998); Knowing and Acting. An Invitation to Philosophy, New York 1976; (mit A. Janik/R. Rieke) An Introduction to Reasoning, New York 1979, [2]1989; The Return to Cosmology. Postmodern Science and the Theology of Nature, Berkeley Calif./Los Angeles/London 1982, 1985; (mit A. R. Jonsen) The Abuse of Casuistry. A History of Moral Reasoning, Berkeley Calif. etc. 1988, 2006; Cosmopolis. The Hidden Agenda of Modernity, New York 1990, Chicago Ill. 2009 (dt. Kosmopolis. Die unerkannten Aufgaben der Moderne, Frankfurt 1991, 1994); From Clocks to Chaos. Humanizing the Mechanistic World-View, in: H. Haken/A. Karlqvist/U. Svedin (eds.), The Machine as Metaphor and Tool, Berlin etc. 1993, 139–154.

Literatur: R. Abelson, In Defense of Formal Logic, Philos. Phenom. Res. 21 (1960/1961), 333–346; K. Bayertz, Wissenschaftsentwicklung als Evolution? Evolutionäre Konzeptionen wissenschaftlichen Wandels bei Ernst Mach, Karl Popper und S. T., Z. allg. Wiss.theorie 18 (1987), 61–91; O. Bird, The Re-Discovery of the ›Topics‹. Professor T.'s Inference-Warrants, Proc. Amer. Cathol. Philos. Assoc. 34 (1960), 200–205, ferner in: Mind NS 70 (1961), 534–539; R. J. Blackwell, T.'s Model of an Evolutionary Epistemology, The Modern Schoolman 51 (1973/1974), 62–68; S.

Bolognini, Storia e politica in S. E. T., Mailand 1983; L. Briskman, T.'s Evolutionary Epistemology, Philos. Quart. 24 (1974), 160–169; F. Clementz, T., Enc. philos. universelle III/2 (1992), 3802–3803; J. C. Cooley, On Mr. T.'s Revolution in Logic, J. Philos. 56 (1959), 297–319; D. Hitchcock/B. Verheij (eds.), Arguing on the T. Model. New Essays in Argument Analysis and Evaluation, Dordrecht 2006; G. C. Kerner, The Revolution in Ethical Theory, Oxford 1966; J. King-Farlow, T.'s Analysis of Probability, Theoria 29 (1963), 12–26; H. H. Kuester, The Dependence of S. T.'s Epistemology upon a Description/Prescription Dichotomy, Philos. Res. Arch. 11 (1986), 521–530; D. E. Leary, T., in: R. Turner (ed.), Thinkers of the Twentieth Century, Chicago Ill./London [2]1987, 774–776; G. Nakhnikian, An Examination of T.'s Analytical Ethics, Philos. Quart. 9 (1959), 59–79; K. Nielsen, Good Reasons in Ethics. An Examination of the T.-Hare Controversy, Theoria 24 (1958), 9–28; T. Nilstun, Moral Reasoning. A Study in the Moral Philosophy of S. E. T., Lund 1979; D. L. Perry, Cultural Relativism in T.'s »Reason in Ethics«, Personalist 47 (1966), 328–339; R. L. Purtill, T. on the Ideals of Natural Order, Synthese 22 (1970), 431–437; R. Rorty, Comments on T.'s »Conceptual Communities and Rational Conversation«, Archivio di filosofia 54 (1986), 189–193; V. Schmidt, The Historical Approach to Philosophy of Science. T. in Perspective, Metaphilos. 19 (1988), 223–236; P. S. Wadia, Professor T. and ›the Function‹ of Ethics, Philos. Stud. 14 (1965), 88–93; R. A. Watson, Rules of Inference in S. T.'s »The Place of Reason in Ethics«, Theoria 29 (1963), 312–315; R. Wesel, T., in: J. Nida-Rümelin (ed.), Philosophie der Gegenwart in Einzeldarstellungen. Von Adorno bis v. Wright, Stuttgart 1991, 602–608, [2]1999, 743–748, ed. mit E. Özmen, [3]2007, 665–670; F. Wilson, Explanation in Aristotle, Newton, and T., I–II, Philos. Sci. 36 (1969), 291–310, 400–428. C. F. G.

Toynbee, Arnold Joseph, *London 14. April 1889, †York 22. Okt. 1975, brit. Historiker, Kulturtheoretiker und Geschichtsphilosoph. 1907–1911 Studium der alten Geschichte und der alten Sprachen in Winchester (Winchester College), in Heidelberg, in Oxford (Balliol College) und an der British School at Athens, 1912–1915 Fellow und Tutor ebendort, nach 1914 Tätigkeit für das britische Außenministerium. 1919–1924 Prof. für byzantinische und neugriechische Sprache, Literatur und Geschichte am King's College (University of London); Beginn der Beschäftigung mit universalhistorischen (↑Universalgeschichte) Zusammenhängen und geschichtsphilosophischen (↑Geschichtsphilosophie) Fragestellungen, 1925–1955 zugleich Director of Studies am Royal Institute of International Affairs und Prof. für Internationale Geschichte an der London School of Economics and Political Science (University of London).

Unter dem Einfluß von H. Bergson und anknüpfend an O. Spenglers Morphologie der Weltgeschichte, von dessen organischem Schema von Blüte, Reife und Verfall er sich jedoch unterscheidet, erklärt T. in seinem 1929 begonnenen geschichtsphilosophischen Hauptwerk über Entstehung, Wachstum und Niedergang der Kulturen (A Study of History, I–XII, Oxford 1934–1961) Aufstieg und Untergang der Zivilisationen anhand von situationsbezogenen Herausforderungen und spezifischen Situationsbewältigungen. Bedingungen für das Entstehen einer Kultur sind nach T. die Existenz einer kreativen Minderheit (creative minority) in der Gesellschaft und eine für ihre Entwicklung förderliche, weder zu ungünstige noch zu günstige Umwelt (»Ease is inimical to civilization«, A Study of History II, 31). Diese bedeutet für die Gesellschaft ständige Herausforderungen, auf die die kreative Minderheit reagieren muß. Der geschichtliche Prozeß wird durch den (antagonistischen) Wechsel von Statik und Dynamik bestimmt (Darstellung im Folgenden nach J. Monar 1991). Dieser ↑Antagonismus von ›Herausforderung und Antwort‹ (challenge and response) gewährleistet das Wachstum einer Kultur, das T. durch folgende Kriterien bestimmt sieht: eine zunehmende kulturelle Selbstbestimmung (self-determination) und Selbstäußerung (self-articulation) der Gesellschaft, eine wachsende Vergeistigung (etherialization) ihrer Werte und die fortschreitende Vereinfachung (simplification) ihrer Werkzeuge und Techniken. Das gleiche Antagonismusschema überführt in sozialer Hinsicht die vorhandenen sozialen Unterschiede zwischen der kreativen Minderheit, dem ›inneren Proletariat‹ der Gesellschaft und dem ›äußeren Proletariat‹ der unzivilisierten Nachbarn über Phasen zunehmender Integration in wachsende Eintracht und Solidarität.

Der Niedergang der Kulturen ist durch folgende drei Faktoren bestimmt: das Nachlassen der Kreativität der führenden Minderheit, die sich daraus ergebende Aufkündigung der Gefolgschaft durch die soziale Mehrheit und den sich daraus ergebenden Verlust der sozialen Harmonie. Eingeleitet wird der Niedergangsprozeß durch die führende Minderheit, die ihren Kreativitätsverlust dadurch kompensiert, daß sie sich von einer dynamisch-kreativen in eine statisch-dominierende Minorität, bei gleichzeitiger Verabsolutierung ihrer vorher nur relativen Werte, verwandelt. Der in einer zunehmenden Abwendung bestehenden Reaktion des Proletariats läßt sich durch die herrschende Minderheit nur mit einem repressiven ›universalen Staat‹ begegnen, wobei sich das innere Proletariat gegen einen derartigen Staat nur durch die Bildung einer unabhängigen ›universalen Kirche‹ wehren kann. Zudem greift das ›äußere Proletariat‹ den universalen ↑Staat von außen an und beschleunigt dadurch den Desintegrationsprozeß der Kultur, der auch durch die in diesen Spätphasen auftretenden politischen und religiösen ›Retter‹ oder ›Erlöser‹ nicht mehr aufgehalten werden kann. Nur die ›universalen Kirchen‹ (z. B. Hinduismus, Buddhismus) überleben den Niedergang der Kulturen und bewirken durch ihre Glaubensinhalte und Glaubensformen neue, mit den alten verwandte Kulturen. Daher fungieren die großen Religionen als ›Brücken‹ zwischen alten und neuen Kulturen; sie stellen das Element der Kontinuität im ständigen Werden und Vergehen der Kulturen dar.

Die Rezeption von T.s Werk hat vor allem in den 1950er Jahren zu einer intensiven Diskussion über die Möglichkeit einer Universalgeschichte geführt, in der moderne geschichtswissenschaftliche Forschung mit geschichtsphilosophischer Deutung verbunden wäre. Die Kritik hielt dem vor allem die Verwendung unscharfer Kategorien, die vielfach gewaltsame Umdeutung der Ereignisgeschichte im Sinne des Entwicklungsschemas und die mystisch-idealistische Gesamtperspektive entgegen. T.s Werk stellt in der Verbindung einer originellen, konzeptionell geschlossenen geschichtsphilosophischen Perspektive mit einer Fülle historischen Materials den vorerst wohl letzten Versuch einer historisch und philosophisch begründeten Universalgeschichte dar. In gewisser Weise kann in den gegenwärtigen, wenn auch nicht mehr im engeren Sinne geschichtsphilosophischen Bemühungen um eine transnationale und nicht nur eurozentristische Globalgeschichte, die auf die beschleunigte mehrdimensionale Vernetzung der Welt reagiert, eine Fortsetzung der Intentionen T.s gesehen werden.

Werke: A Study of History, I–XII, London/New York/Toronto 1934–1961, I–III, [2]1935, I–XI, 1979, mit Untertitel: Abridgement of Volumes I–X, ed. u. gekürzt D. C. Somervell, I–II, New York/London 1946/1957, 1987 (dt. Studie zur Weltgeschichte. Wachstum und Zerfall der Zivilisationen I, Hamburg, Zürich/Wien 1949, unter dem Titel: Der Gang der Weltgeschichte, I–II, Zürich/Stuttgart/Wien 1949/1958, erw. [3]1952/1979, I, [7]1979, I–II in einem Bd., Frankfurt 2010; franz. [gekürzt] L'histoire. Un essai d'interprétation I, Paris 1951), ed. u. gekürzt A. T./J. Caplan, London 1972 (franz. L'histoire. Les grands mouvements de l'histoire à travers le temps, les civilisations, les religions, Paris/Brüssel 1975, 1978); Civilization on Trial, New York 1948, 1960 (dt. Kultur am Scheidewege, Zürich/Wien 1949, Frankfurt 1958; franz. La civilisation à l'épreuve, Paris 1951); An Historian's Approach to Religion. Based on Gifford Lectures Delivered in the University of Edinburgh in the Years 1952 and 1953, London/New York/Toronto 1956, [2]1979 (dt. Wie stehen wir zur Religion? Die Antwort eines Historikers, ed. J. v. Kempski, Zürich/Stuttgart/Wien 1958; franz. La religion vue par un historien, Paris 1963, 1964); Experiences, London/New York/Toronto 1969 (dt. Erlebnisse und Erfahrungen, München 1970); Mankind and Mother Earth. A Narrative History of the World, New York/London 1976, London 1978 (franz. La grande aventure de l'humanité. Une vision magistrale de l'histoire universelle, Paris 1977, 1994; dt. Menschheit und Mutter Erde. Die Geschichte der großen Zivilisationen, Düsseldorf 1979, Wiesbaden 2006); A. T.. A Selection from His Works, ed. E. W. F. Tomlin, Oxford/London/New York 1978. – An Historian's Conscience. The Correspondence of A. J. T. and Columba Cary-Elwes, Monk of Ampleforth, ed. C. P. Peper, Boston Mass. 1986, Oxford etc. 1987. – M. Popper, A Bibliography of the Works in English of A. T. 1910–1954, London/New York 1955; S. F. Morton, A Bibliography of A. J. T., Oxford etc. 1980.

Literatur: O. Anderle, Das universalhistorische System A. J. T.s, Frankfurt/Wien 1955; M. F. Ashley Montagu (ed.), T. and History. Critical Essays and Reviews, Boston Mass. 1956; A. Demandt, Philosophie der Geschichte. Von der Antike zur Gegenwart, Köln/Weimar/Wien 2011, 285–287 (Kap. XIII.4 T.'s »Theologia Historici«); W. Dray, T.s Search for Historical Laws, Hist. Theory 1 (1960), 32–54; P. Gardiner, T., Enc. Ph. VIII (1967), 151–154, IX ([2]2006), 516–519 (mit erw. Bibliographie v. M. J. Farmer); E. T. Gargan (ed.), The Intent of T.'s History. A Cooperative Appraisal, Chicago Ill. 1961; P. Geyl, Debates with Historians, Groningen, The Hague, London 1955, rev. 1974, 155–210 (Kap. V T.'s System of Civilizations, Kap. VI Prophets of Doom [Sorokin and T.], Kap. VII T. Once More. Empiricism or Apriorism?, Kap. VIII T. the Prophet [The Last Four Volumes]) (dt. [erw./gekürzt] Die Diskussion ohne Ende. Auseinandersetzungen mit Historikern, Darmstadt 1958, 134–160 [Kap. VII T. der Prophet, Kap. VIII Richtig oder unrichtig, was macht's? (Anderle über meine Kritik an T.), Nachschrift, Zweite Nachschrift]); M. Henningsen, Menschheit und Geschichte. Untersuchungen zu A. J. T.s »A Study of History«, München 1967; A. Heuß, Zur Theorie der Weltgeschichte, Berlin 1968; P. Kaupp, T. und die Juden. Eine kritische Untersuchung der Darstellung des Judentums im Gesamtwerk A. J. T.s, Meisenheim am Glan 1967; H. L. Mason, T.'s Approach to World Politics, New Orleans La., The Hague 1958; C. T. McIntire/M. Perry (eds.), T.. Reappraisals, Toronto/Buffalo N. Y./London 1989; W. H. McNeill, A. J. T.. A Life, New York/Oxford 1989, 1990; M. Perry, A. T. and the Western Tradition, New York etc. 1996; M. Samuel, The Professor and the Fossil. Some Observations on A. J. T.'s »A Study of History«, New York 1956; J. W. Smurr, T. at Home, Hanover Mass. 1990; K. W. Thompson, T.'s Philosophy of World History and Politics, Baton Rouge La./London 1985; H. R. Trevor-Roper, Men and Events. Historical Essays, New York 1957, 1976, 299–324; J. Vogt, Wege zum historischen Universum. Von Ranke bis T., Stuttgart 1961, 98–121 (Kap. 8 A. J. T.s Geschichtslehre, Kap. 9 A. J. T.. Weltordnung und Weltreligion); W. H. Walsh, T. Reconsidered, Philos. 38 (1963), 71–78; K.-G. Wesseling, T., BBKL XII (1997), 382–392; H. White, Collingwood and T.. Transitions in English Historical Thought, in: ders., The Fiction of Narrative. Essays on History, Literature, and Theory 1957–2007, ed. R. Doran, Baltimore Md. 2010, 1–22; K. Winetrout, A. T.. The Ecumenical Vision, Boston Mass. 1975 (mit Bibliographie, 139–152). – Sonderheft: Diogenes 13 (1956). A. V.

Traditionalismus (franz. traditionalisme, engl. traditionalism), Bezeichnung für eine intellektuelle Bewegung, die in der ersten Hälfte des 19. Jhs. vorwiegend in Frankreich als kritische Reaktion auf die seit der Revolution von 1789 eingetretenen Veränderungen in Erscheinung tritt. Die wichtigsten Vertreter des T. sind J. de Maistre, L.-A. de Bonald, F. de Lamennais und F.-R. de Chateaubriand. Der T. knüpft an die Revolutionskritik E. Burkes an und reagiert ablehnend auf die autoritäts- und traditionskritischen Tendenzen der ↑Aufklärung. Dabei werden die Vorstellung einer durch die menschliche Vernunft geleiteten Gestaltung der Lebensverhältnisse, der Naturrechtsgedanke (↑Naturrecht) und kontraktualistische Modelle (↑Kontraktualismus) der politischen Theorie verworfen. Der T. beschreibt geschichtliche Prozesse als Entwicklungen, die von einer dem Einfluß der Individuen entzogenen Instanz abhängig sind. Diese wird meist mit der geschichtstheologischen Kategorie der Vorsehung identifiziert (↑Geschichtsphilosophie). Zur Lösung politisch-sozialer Probleme greift der T. in bewußter Abkehr von der Idee des ↑Fortschritts und dem

↑Toleranzprinzip auf ein theokratisches Gesellschaftsmodell und auf überkommene Institutionen (Kirche, Monarchie, ständische Gesellschaftsstruktur) zurück. – Innerhalb der Herrschaftssoziologie bestimmt M. Weber den T. neben Legalismus und Charismatismus als einen ↑Idealtypus der Legitimation von ↑Herrschaft. Traditionale Herrschaft ist durch den Glauben an die Verbindlichkeit der Überlieferung und die Affirmation des Geltungsanspruchs überkommener ↑Autoritäten geprägt.

Literatur: L. Ahrens, Lamennais und Deutschland. Studien zur Geschichte der französischen Restauration, Münster 1930; P. André-Vincent, Les idées politiques de Chateaubriand, Montpellier, Paris 1936; V.-M. Bader, Max Webers Begriff der Legitimität. Versuch einer systematisch-kritischen Rekonstruktion, in: J. Weiß (ed.), Max Weber heute. Erträge und Probleme der Forschung, Frankfurt 1989, 296–334; G. Boas, Traditionalism, Enc. Ph. VIII (1967), 154–155, IX (²2006), 520–521; L. G. A. de Bonald, Œuvres complètes, I–IX, Paris 1817–1843 (repr. Genf/Paris 1982), in 3 Bdn., Paris 1859 (repr. 2011), 1864; C. Boutard, Lamennais, sa vie et ses doctrines, I–III, Paris 1905–1913; F. Canavan, Edmund Burke. Prescription and Providence, Durham N. C. 1987; J.-R. Derré, Lamennais, ses amis et le mouvement des idées à l'époque romantique, Paris 1962; M. Ferraz, Histoire de la philosophie au XIXe siècle III (Traditionalisme et ultramontanisme), Paris 1880; L. Foucher, La philosophie catholique en France au XIXe siècle avant la renaissance thomiste et dans son rapport avec elle (1800–1880), Paris 1955; C.-J. Gignoux, Joseph de Maistre. Prophète du passé, historien de l'avenir, Paris 1963; M. Hackenbroch, Zeitliche Herrschaft der göttlichen Vorsehung. Gesellschaft und Recht bei Joseph de Maistre, Bonn 1964; A. Holzem/B. J. Hilberath/N. Slencka, T., RGG VIII (⁴2005), 525–528; N. Hötzel, Die Uroffenbarung im französischen T., München 1962; G.-K. Kaltenbrunner (ed.), Rekonstruktion des Konservatismus, Freiburg 1972, Bern/Stuttgart ³1978, Schnellroda 2015; A. Koyré, Études d'histoire de la pensée philosophique, Paris 1961, ²1971, 1986, 127–145 (L. de Bonald); J. Lacroix, Traditionalisme et rationalisme, Esprit 12 (1955), 1913–1927; H. F. R. de Lamennais, Essai sur l'indifférence en matière de religion, I–IV, Paris 1817–1823, ferner als: Œuvres complètes [s. u.], I–IV (dt. Versuch über die Gleichgültigkeit in Religionssachen, Augsburg 1820; engl. Essay on Indifference in Matters of Religion, London 1895); ders., De la religion considérée dans ses rapports avec l'ordre politique et civil, I–II, Paris 1825/1826, 1836/1837 (repr. in 1 Bd., Genf 1981 [= Œuvres complètes IV]); ders., Des progrès de la révolution et de la guerre contre l'église, Paris, Brüssel 1829, erw. Paris ²1836/1837 (repr. Genf 1981 [= Œuvres complètes V]); ders., Œuvres complètes, I–XII, Paris 1836–1837 (repr. Frankfurt 1967, ed. L. Le Guillou, Paris 1980–1981); ders., Œuvres, Genf 1946; G. Lottes, Die Französische Revolution und der moderne politische Konservatismus, in: R. Koselleck/R. Reichardt (eds.), Die Französische Revolution als Bruch des gesellschaftlichen Bewußtseins [...], München 1988, 609–630; H. Maier, Revolution und Kirche. Studien zur Frühgeschichte der christlichen Demokratie 1789–1850, Freiburg 1959, Freiburg/Basel/Wien ⁵1988, ferner als: Ges. Schr. I, München 2006 (engl. Revolution and Church. The Early History of Christian Democracy, 1789–1901, Notre Dame Ind./London 1969; franz. L'église et la démocratie. Une histoire de l'europe politique, Paris 1992); J. de Maistre, Du Pape, I–II, Paris, Lyon 1819, ²³1873, Neudr. Paris 1884 (= Œuvres complètes II), Genf 1966 (dt. Vom Pabst, I–II, Frankfurt 1822, unter dem Titel: Vom Papst. Ausgewählte Texte, Berlin 2007; engl. The Pope, London 1850); ders., Œuvres complètes, I–XIV, Lyon, Paris 1884–1886 (repr. in 7 Bdn., Hildesheim/Zürich/New York 1924, 1984), ²1889–1893; H. Mückler/G. Faschingeder (eds.), Tradition und T.. Zur Instrumentalisierung eines Identitätskonzepts, Wien 2012; T. Muret, French Royalist Doctrines since the Revolution, New York 1933, 1972; A. O'Hear, Tradition and Traditionalism, REP IX (1998), 445–446; T. Sandkühler, Tradition, EP III (²2010), 2763–2767; W. Schluchter, Die Entwicklung des okzidentalen Rationalismus. Eine Analyse von Max Webers Gesellschaftsgeschichte, Tübingen 1979, 122–203 (Typen des Rechts und Typen der Herrschaft) (engl. The Rise of Western Rationalism. Max Weber's Developmental History, Berkeley Calif./Los Angeles/London 1981, 1985, 82–138 [Types of Law and Types of Domination]); H.-G. Schumann (ed.), Konservativismus, Köln 1974, Königstein ²1984; R. Spaemann, Der Ursprung der Soziologie aus dem Geist der Restauration. Studien über L. G. A. de Bonald, München 1959, Stuttgart 1998 (franz. Un philosophe face à la révolution. La pensée politique de Louis de Bonald, Paris 2008); V. Steenblock, Tradition, Hist. Wb. Ph. X (1998), 1315–1329; A. Thibaudet, Les idées politiques de la France, Paris 1932; R. Triomphe, Joseph de Maistre. Étude sur la vie et sur la doctrine d'un matérialiste mystique, Genf 1968; B. S. Turner, Max Weber. From History to Modernity, London/New York 1992, 1993, 39–112 (Religion and Tradition); M. Weber, Wirtschaft und Gesellschaft, I–II, Tübingen 1921/1922 (Grundriß der Sozialökonomik III/1–2), mit Untertitel: Grundriß der verstehenden Soziologie, Tübingen 1922, ed. J. Winckelmann, Tübingen ⁴1956, ⁵1972, ferner als: MWG Abt. 1/XXII–XXV, separat Frankfurt 2010. D. T./H. R. G.

Trägheit (lat. inertia, engl. inertia), Grundbegriff der neuzeitlichen ↑Physik zur Bezeichnung der Fähigkeit eines ↑Körpers, Änderungen in seinem Bewegungszustand zu widerstehen; eine T.sbewegung ist eine kräftefreie ↑Bewegung. Die T. war diejenige der ursprünglichen mechanischen Eigenschaften der ↑Materie, die in besonderem Maße die ›Passivität‹ der Körper zum Ausdruck brachte.

Der Begriff der T. entsteht aus der ↑Impetustheorie (↑Impuls) des Spätmittelalters und der ↑Renaissance, die eine fallende (natürliche) Bewegung als impetuserzeugend und eine steigende (widernatürliche) Bewegung als impetusverzehrend betrachtet. Eine horizontale Bewegung gilt dagegen als impetusneutral oder kräftefrei. Da eine irdische Horizontalbewegung auch als Kreisbewegung aufgefaßt werden kann, und da in der ↑Technik auch die Rotation eines Schwungrads als impetusneutral betrachtet wird, unterscheiden frühe Formulierungen (etwa bei G. Galilei und I. Beeckman) oft nicht zwischen geradliniger und kreisförmiger T.. Den Terminus ›T.‹ (inertia) führt J. Kepler ein, allerdings als natürliche Neigung zur Ruhe. Den (geradlinigen) T.ssatz formuliert als erster R. Descartes, und zwar auf Grund logischer Überlegungen und gegen die Aristotelische Dialektik: Das Prädikat eines Subjekts verkehrt sich nicht von sich aus in sein Gegenteil (Princ. philos. II 37). Die Beibehaltung der Geschwindigkeit einerseits und die Beibehaltung der Richtung andererseits werden dabei als zwei verschiedene ↑Naturgesetze aufgefaßt.

Die klassische Formulierung des T.ssatzes tritt bei I. Newton als erstes Bewegungsgesetz auf: »Jeder Körper beharrt in seinem Zustande der Ruhe oder der gleichförmigen geradlinigen Bewegung, wenn er nicht durch eingeprägte Kräfte gezwungen wird, seinen Zustand zu ändern« (Philosophiae naturalis principia mathematica, 1687, 12, [3]1726, 13). Der in diesem Gesetz gesehene Bezug auf den absoluten Raum (↑Raum, absoluter) und die Voraussetzung des Begriffs der ↑Kraft bei der Charakterisierung der T. führen insbes. im 19. Jh. zu neuen Versuchen einer Begriffsbestimmung und schließlich bei J. Thomson (On the Law of Inertia, the Principle of Chronometry, and the Principle of Absolute Clinural Rest, and of Absolute Rotation, Proc. Royal Soc. Edinburgh 12 [1884], 568–578) und L. Lange (Über die wissenschaftliche Fassung des Galilei'schen Beharrungsgesetzes, Wundts Philos. Studien 2 [1885], 266–297; Über das Beharrungsgesetz, Abh. math.-phys. Cl. königl. Sächs. Ges. Wiss., Leipzig 1885, 333–351) zu der Konzeption des ↑Inertialsystems. In der Allgemeinen Relativitätstheorie (↑Relativitätstheorie, allgemeine) wird auch der freie Fall (↑Fallgesetz) als T.sbewegung eingestuft. In ihrem Rahmen kann der T.ssatz ohne Rückgriff auf eine privilegierte Klasse von ↑Bezugssystemen formuliert werden: Ein kräftefrei bewegtes Teilchen folgt einer geodätischen Trajektorie, also der in der zugehörigen Raum-Zeit geradestmöglichen vierdimensionalen Bahnkurve.

Literatur: I. Ciufolini/J. A. Wheeler, Gravitation and Inertia, Princeton N. J. 1995; P. Damerow u. a., Exploring the Limits of Preclassical Mechanics. A Study of Conceptual Development in Early Modern Science. Free Fall and Compounded Motion in the Work of Descartes, Galileo, and Beeckman, New York etc. 1992, [2]2004; R. DiSalle, Conventionalism and the Origins of the Inertial Frame Concept, in: A. Fine/M. Forbes/L. Wessels (eds.), PSA 1990. Proceedings of the Biennial Meeting of the Philosophy of Science Association II, East Lansing Mich. 1991, 139–147; J. Earman/M. Friedman, The Meaning and Status of Newton's Law of Inertia and the Nature of Gravitational Forces, Philos. Sci. 40 (1973), 329–359; M. Friedman, Foundations of Space-Time Theories. Relativistic Physics and Philosophy of Science, Princeton N. J. 1983, 1986; P. Harman, Concepts of Inertia. Newton to Kant, in: M. Osler/P. L. Farber (eds.), Religion, Science and Worldview. Essays in Honor of Richard S. Westfall, Cambridge etc. 1985, 119–133; H. Hühn/M. Jammer, T., Hist. Wb. Ph. X (1998), 1329–1334; P. Janich, T.sgesetz und Inertialsystem, in: C. Thiel (ed.), Frege und die moderne Grundlagenforschung, Meisenheim am Glan 1975, 66–76; S. N. Lyle, Self-Force and Inertia. Old Light on New Ideas, Berlin/Heidelberg 2010; M. E. McCulloch, Physics from the Edge. A New Cosmological Model for Inertia, New Jersey etc. 2014; J. Mittelstraß, Neuzeit und Aufklärung. Studien zur Entstehung der neuzeitlichen Wissenschaft und Philosophie, Berlin/New York 1970, 273–281 (8.3 Galileis T.sbegriff); H. Pfister/M. King, Inertia and Gravitation. The Fundamental Nature and Structure of Space-Time, Cham 2015; R. S. Westfall, Force in Newton's Physics. The Science of Dynamics in the Seventeenth Century, London, New York 1971; E. Wohlwill, Über die Entdeckung des Beharrungsgesetzes, Z. f. Völkerpsychol. u. Sprachwiss. 14 (1883), 365–410, 15 (1884), 70–135, 337–387; M. Wolff, Geschichte der Impetustheorie. Untersuchung zum Ursprung der klassischen Mechanik, Frankfurt 1978. P. M.

Transdisziplinarität, Terminus der neueren ↑Wissenschaftstheorie zur Charakterisierung von Forschungsformen (↑Forschung), die problembezogen über die fachliche und disziplinäre Konstitution der ↑Wissenschaft hinausgehen. Diese Konstitution ist im wesentlichen historisch bestimmt und hat zu einer Asymmetrie von Problementwicklungen (z. B. in den Bereichen Umwelt, Gesundheit und Energie) und disziplinären oder Fachentwicklungen geführt, die sich noch dadurch vergrößert, daß die disziplinären und Fachentwicklungen durch eine zunehmende ↑Spezialisierung bestimmt werden. Damit drohen Grenzen der Fächer und der Disziplinen zu Erkenntnisgrenzen zu werden.

Gegenüber dem älteren Begriff der ↑Interdisziplinarität, der ebenfalls Ausdruck des Versuches ist, in der Organisation der Forschung (und der Lehre) diesen Entwicklungen entgegenzuwirken, aber im wesentlichen an den überkommenen Fächer- und Disziplinengrenzen festhält, verbindet sich mit dem Begriff der T. das wissenschaftstheoretische und forschungspraktische Programm, innerhalb eines historischen Konstitutionszusammenhanges der Fächer und der Disziplinen fachliche und disziplinäre Engführungen, wo diese ihre historische Erinnerung verloren und ihre problemlösende Kraft über allzugroßer Spezialisierung eingebüßt haben, zugunsten einer Erweiterung wissenschaftlicher Wahrnehmungsfähigkeiten und Problemlösungskompetenzen wieder aufzuheben. Transdisziplinäre Forschung läßt in diesem Sinne die fachlichen und disziplinären Dinge nicht, wie sie (historisch geworden) sind, und läßt sogar in bestimmten Problemlösungszusammenhängen die ursprüngliche Idee einer Einheit der Wissenschaft, verstanden als die Einheit der wissenschaftlichen ↑Rationalität, nunmehr nicht im theoretischen, sondern im forschungspraktischen, d. h. operationellen, Sinne wieder konkret werden. T. ist insofern in erster Linie ein *Forschungsprinzip*, erst in zweiter Linie, wenn auch die ↑Theorien transdisziplinären Forschungsprogrammen folgen, ein *Theorieprinzip*.

Literatur: P. W. Balsiger, T.. Systematisch-vergleichende Untersuchung disziplinenübergreifender Wissenschaftspraxis, München 2005; M. Bergmann u. a., Methoden transdisziplinärer Forschung. Ein Überblick mit Anwendungsbeispielen, Frankfurt/New York 2010 (engl. Methods for Transdisciplinary Research. A Primer for Practice, Frankfurt/New York 2012); A. Bogner/K. Karstenhofer/H. Torgersen (eds.), Inter- und T. im Wandel? Neue Perspektiven auf problemorientierte Forschung und Politikberatung, Baden-Baden 2010; F. Brand/F. Schaller/H.

Völker (eds.), T.. Bestandsaufnahme und Perspektiven. Beiträge zur THESIS-Arbeitstagung im Oktober 2003 in Göttingen, Göttingen 2004; K.-W. Brand (ed.), Nachhaltige Entwicklung und T.. Besonderheiten, Probleme und Erfordernisse der Nachhaltigkeitsforschung, Berlin 2000; F. Darbellay/T. Paulsen (eds.), Le défi de l'inter- et transdisciplinarité. Concepts, méthodes et pratiques innovantes dans l'enseignement et la recherche/Herausforderung Inter- und T.. Konzepte, Methoden und innovative Umsetzung in Lehre und Forschung, Lausanne 2008; dies. (eds.), Au miroir des disciplines. Réflexions sur les pratiques d'enseignement et de recherche inter- et transdisciplinaires/Im Spiegel der Disziplinen. Gedanken über inter- und transdisziplinäre Forschungs- und Lehrpraktiken, Bern etc. 2011; R. Defila/A. Di Giulio (eds.), Transdisziplinär forschen - zwischen Ideal und gelebter Praxis. Hotspots, Geschichten, Wirkungen, Frankfurt/New York 2016; R.-C. Hanschitz/E. Schmidt/G. Schwarz, T. in Forschung und Praxis. Chancen und Risiken partizipativer Prozesse, Wiesbaden 2009; J. Kocka (ed.), Interdisziplinarität. Praxis - Herausforderung - Ideologie, Frankfurt 1987, [2]2015; L. Krüger, Einheit der Welt - Vielheit der Wissenschaft, in: J. Kocka (ed.), Interdisziplinarität [s. o.], 106–125; J. Mittelstraß, Die Stunde der Interdisziplinarität?, in: J. Kocka (ed.), Interdisziplinarität [s. o.], 152–158, Neudr. in: ders., Leonardo-Welt. Über Wissenschaft, Forschung und Verantwortung, Frankfurt 1992, [2]1996, 96–102; ders., Wohin geht die Wissenschaft? Über Disziplinarität, T. und das Wissen in einer Leibniz-Welt, Konstanzer Blätter für Hochschulfragen (Sonderheft Symposium: Wird die Wissenschaft unüberschaubar? Das disziplinäre System der Wissenschaft und die Aufgabe der Wissenschaftspolitik) 26 (1989), H. 1-2, 97–115, Neudr. in: ders., Der Flug der Eule. Von der Vernunft der Wissenschaft und der Aufgabe der Philosophie, Frankfurt 1989, [2]1997, 60–88; ders., Interdisziplinarität oder T.?, in: L. Hieber (ed.), Utopie Wissenschaft. Ein Symposium an der Universität Hannover über die Chancen des Wissenschaftsbetriebs der Zukunft (21./22. November 1991), München/Wien 1993, 17–31; ders., T. - wissenschaftliche Zukunft und institutionelle Wirklichkeit, Konstanz 2003; B. Nicolescu, Transdisciplinarity. Theory and Practice, Cresskill N. J. 2008; C. Pohl/G. Hirsch Hadorn, Gestaltungsprinzipien für die transdisziplinäre Forschung. Ein Beitrag des td-net, München 2006 (engl. Principles for Designing Transdisciplinary Research, München 2007); C. Schier/E. Schwinger (eds.), Interdisziplinarität und T. als Herausforderung akademischer Bildung. Innovative Konzepte für die Lehre an Hochschulen und Universitäten, Bielefeld 2014; M. Stadie, T. als Aspekt innovativer Universitäten, Hamburg 2012. J. M.

transfinit, von G. Cantor 1873 eingeführter Terminus der ↑Mengenlehre zur Bezeichnung des Bereichs der aktual-unendlichen Mengen, der trotz der bekannten ↑Paradoxien des Unendlichen einer zahlenmäßigen Erfassung zugänglich ist (↑unendlich/Unendlichkeit (1), (3)). - Cantor hatte entdeckt, daß unendliche Mengen verschiedene Größen oder ›Mächtigkeiten‹ haben können (↑Cantorsches Diagonalverfahren, ↑Mengenlehre, transfinite). Gewisse Repräsentanten solcher unendlichen Mengen können als t.e ↑Kardinalzahlen und t.e ↑Ordinalzahlen dienen. Die aus dem Endlichen vertrauten Rechenoperationen + und × können dann auf das Transfinite erweitert werden, wobei jedoch verschiedene Eigenschaften dieser Operationen verlorengehen (↑Arithmetik, transfinite). Ebenso sind das Induktionsprinzip (↑Induktion, vollständige, ↑Induktion, transfinite) und das Rekursionsprinzip (↑rekursiv/Rekursivität) ins Transfinite fortsetzbar.

In der Konstruktiven Mathematik (↑Mathematik, konstruktive) sind Größenvergleiche von überabzählbaren (↑überabzählbar/Überabzählbarkeit) Mengen nicht erlaubt. Deshalb gibt es dort keine Theorie t.er Kardinalzahlen; für t.e Ordinalzahlen ist eine Strukturierbarkeit jedoch gegeben. Die t.e Induktion (↑Wertverlaufsinduktion) als Verallgemeinerung der klassischen vollständigen Induktion ist also auch konstruktiv sinnvoll.

Literatur: H. Bachmann, T.e Zahlen, Berlin/Heidelberg/New York 1955, [2]1967; B. Bolzano, Paradoxien des Unendlichen, ed. F. Prihonsky, Leipzig 1851 (repr. Darmstadt 1964), Hamburg 1975; G. Cantor, Über unendliche lineare Punktmannichfaltigkeiten I-VI, Math. Ann. 15 (1879), 1–7, 17 (1880), 355–358, 20 (1882), 113–121, 21 (1883), 51–58, 545–591, 23 (1884), 453–488, Neudr., in 1 Bd., in: ders., Gesammelte Abhandlungen mathematischen und philosophischen Inhalts, ed. E. Zermelo, Berlin 1932 (repr. Berlin/Heidelberg 2013), Neudr. Hildesheim 1962, Berlin/Heidelberg/New York 1980, 139–244, ferner in: ders., Über unendliche lineare Punktmannigfaltigkeiten. Arbeiten zur Mengenlehre aus den Jahren 1872–1884, ed. G. Asser, Leipzig 1984, 45–156; ders., Grundlagen einer allgemeinen Mannigfaltigkeitslehre. Ein mathematisch-philosophischer Versuch in der Lehre des Unendlichen, Leipzig 1883, Neudr. in: ders., Gesammelte Abhandlungen mathematischen und philosophischen Inhalts [s. o.], 165–208; ders., Beiträge zur Begründung der t.en Mengenlehre, Math. Ann. 46 (1895), 481–512; C. Gutberlet, Das Unendliche, mathematisch und metaphysisch betrachtet, Mainz 1878; D. Hilbert, Über das Unendliche, Math. Ann. 95 (1926), 161–190, Neudr. in: Jb. dt. Math.-Ver. 36 (1927), 201–215; H. Meschkowski, Probleme des Unendlichen. Werk und Leben Georg Cantors, Braunschweig 1967; ders., Georg Cantor. Leben, Werk und Wirkung, Mannheim/Wien/Zürich 1983; K. Schütte, Logische Abgrenzungen des Transfiniten, in: M. Käsbauer/F. v. Kutschera (eds.), Logik und Logikkalkül, Freiburg/München 1962, 105–114. H. R.

Transformation, Terminus der Mathematik und der Linguistik: (1) In der Mathematik soviel wie ↑›Abbildung‹ oder ↑›Funktion‹, wobei der Terminus ›T.‹ speziell in der ↑Geometrie verwendet wird, wo T.en tatsächlich Umformungen im anschaulichen Sinne sind, z. B. Ähnlichkeitstransformationen (↑ähnlich/Ähnlichkeit). Hier ist insbes. die Invarianz (↑invariant/Invarianz) von Eigenschaften unter T.en von Interesse (↑Erlanger Programm), auch im Zusammenhang mit der algebraischen Strukturierung von T.en (z. B. als Gruppe; ↑Gruppe (mathematisch)). (2) In der ↑Linguistik ein Regeltypus der ↑Transformationsgrammatik. T.sregeln erzeugen Sätze aus Beschreibungen ihrer syntaktischen Strukturen. P. S.

Transformationsgrammatik (engl. transformational grammar), in ↑Linguistik und ↑Sprachphilosophie Bezeichnung für den Typ einer ↑Grammatik, bei der die durch ↑Sprachanalyse von Ausdrücken einer natürlichen Sprache (↑Sprache, natürliche) ermittelte Relation der *Paraphrase*, die zwischen syntaktisch verschieden strukturierten, aber bedeutungsgleichen sprachlichen Ausdrücken besteht, durch entsprechende syntaktische *Transformationen* auf der Ebene der grammatischen Beschreibung in Hilfsmittel einer Sprachsynthese überführt wird, z. B. die Aktiv-Passiv-Transformation für geeignete Sätze.

In der von N. Chomsky entwickelten Konzeption einer *generativen T.* werden in der Fassung der Standardtheorie (1965) die allein auf Oberflächenstrukturen definierten Transformationen seines Lehrers Z. S. Harris unter Heranziehung des von der formalen Logik (↑Logik, formale) ausgebildeten und in der Analytischen Philosophie (↑Philosophie, analytische) umfassend eingesetzten Werkzeugs der ↑Formalisierung von Theorien und damit auch der ihnen zugrundeliegenden Sprache (↑Sprache, formale) so verallgemeinert, daß ein System von Formationsregeln – es bildet in Form von Phrasenstrukturregeln und anderen Hilfsregeln die ↑Tiefengrammatik – für den Aufbau einer abstrakten, die syntaktische (↑Syntax) Gestalt von Bedeutungen realisierenden ↑Tiefenstruktur verantwortlich ist, während Transformationsregeln daraus die ebenfalls abstrakte, eine syntaktische Basis für die phonologische (oder graphematische) Realisierung bildende ↑Oberflächenstruktur herstellen. Insofern die für eine T. herangezogenen endlich vielen *Ersetzungsregeln* (für eine endliche Klasse von Nicht-Endsymbolen mit einem ausgezeichneten Anfangssymbol, denen eine ebenfalls endliche Klasse von nicht mehr ersetzbaren Endsymbolen gegenübersteht [es liegt das formale System einer Chomsky-Grammatik vor]) einen ↑Kalkül bilden, der potentiell unendlich viele Ausdrücke mit endlich vielen Hilfsmitteln induktiv erzeugt, heißt die T. *generativ.* Mit ihr wird nach Chomsky beansprucht, die *Sprachkompetenz* eines idealen Sprechers/Hörers adäquat zu modellieren, wobei über eine nicht nur für einzelne natürliche Sprachen bestehende Beschreibungsadäquatheit hinaus noch eine ebenfalls möglichst universale Erklärungsadäquatheit angestrebt ist, d. h. auch die Fakten über die Stadien des *Spracherwerbs* und in diesem Sinne die kognitive Entwicklung eines Menschen einbezogen sind.

Es hängt unter anderem von den in der ↑Sprachphilosophie zu erörternden genauen Bedingungen an die Beschreibung (von Sprachkompetenz) und die Erklärung (von Sprachkompetenzentwicklung) sowie von den Annahmen über den nicht allein durch die Unterscheidung von ↑type and token, sondern auch durch die Unterscheidung von Sprache als System (*langue*) und Sprache als Handlung (*parole*) bestimmten Zusammenhang von *Sprachkompetenz* und *Sprachperformanz* ab, welche Modelle einer T. oder auch nicht-transformationeller Grammatiken unter der Fülle der mittlerweile entwickelten Grammatikmodelle für welchen Zweck die geeignetsten sind.

Literatur: J. Aoun/Y. Audrey Li, Essays on the Representational and Derivational Nature of Grammar. The Diversity of Wh-Constructions, Cambridge Mass./London 2003; N. Chomsky, Aspects of the Theory of Syntax, Cambridge Mass./London 1965, 2015; ders., Cartesian Linguistics. A Chapter in the History of Rationalist Thought, New York/London 1966, Cambridge etc. [3]2009; ders., Language and Mind, New York 1968, Cambridge etc. [3]2006; ders., Knowledge of Language. Its Nature, Origin, and Use, Westport Conn./London 1986; ders., Language and Problems of Knowledge. The Managua Lectures, Cambridge Mass./London 1987, 2001; ders., The Generative Enterprise Revisited. Discussions with Riny Huybregts, Henk van Riemsdijk, Naoki Fukui and Mihoko Zushi, Berlin/New York 2004; T. Ebneter, Konditionen und Restriktionen in der generativen Grammatik, Tübingen 1985; G. Fanselow, Ansätze syntaktischer Theoriebildung VII. Die frühe Entwicklung bis zu den ›Aspekten‹, HSK IX/1 (1993), 469–486, bes. 469–472 (Kap. 1 Die Chomskyanische Revolution), 472–478 (Kap. 2 T.); Z. S. Harris, Structural Linguistics, Chicago Ill./London 1951, 1986; G. J. Huck/J. A. Goldsmith, Ideology and Linguistic Theory. Noam Chomsky and the Deep Structure Debates, London/New York 1995, 1996; F. Hundsnurscher, Syntax, in: H. P. Althaus/H. Henne/H. E. Wiegand (eds.), Lexikon der Germanistischen Linguistik, Tübingen I [2]1980, 211–242; R. A. Jacobs/P. S. Rosenbaum (eds.), Readings in English Transformational Grammar, Waltham Mass./Toronto/London 1970, Washington D. C. 1980; J. Ouhalla, Introducing Transformational Grammar. From Principles and Parameters to Minimalism, London/New York/Sydney 1994, [2]1999, 2002; G. Paun, Marcus Contextual Grammars, Dordrecht/Boston Mass./London 1997; H. van Riemsdijk/E. Williams, Introduction to the Theory of Grammar, Cambridge Mass./London 1986, 1989; W. Sternefeld, Syntaktische Grenzen. Chomskys Barrierentheorie und ihre Weiterentwicklungen, Opladen 1991. K. L.

Transhumanismus (von lat. trans, jenseits, über [… hinaus], und humanus, menschlich), Bezeichnung für eine Position, die unter Berufung auf die wachsenden Möglichkeiten von Wissenschaft und Technik in der Erweiterung und Steigerung menschlicher Fähigkeiten (*enhancement*) bis hin zu einem Punkt, an dem der Mensch seine eigene Spezies verläßt, in einer völlig neuen (evolutionären) Existenzform die höchsten Menschheitsziele realisiert sieht. Unter Hinweis auf die Fortschritte von Gentechnologie, Informationstechnologie, Robotik und Hirnforschung geht es um die Optimierung vor allem kognitiver Fähigkeiten und emotionaler Zustände (das so genannte Neuro-Enhancement), so z. B. um Neurotherapeutika im Krankheitsfalle, die zu Leistungssteigerungen bei Gesunden einsetzbar sind, oder um Neurochips und Neurotransplantation. Die Anfänge eines programmatisch verstandenen T. (auch als ›Posthumanismus‹ bezeichnet) reichen bis in die 1970er Jahre zurück und verbinden sich insbes. mit dem Robotikforscher H. Moravec (Mind Children, 1988), dem Physiker F. Tipler

(The Physics of Immortality, 1994) und dem Technikwissenschaftler R. Kurzweil (The Age of Spiritual Machines, 1999).

Ziel des T. ist der perfekte Mensch bzw. der Triumph einer Künstlichen Intelligenz (↑Intelligenz, künstliche). Perfektionierung stellt sich dabei als eine dritte Phase nach den Phasen der Kompensation und der Amplifikation dar. Während *Kompensation* den Ausfall natürlich gegebener Fähigkeiten (z. B. Seh- und Hörvermögen) korrigiert und *Amplifikation* vorhandene Fähigkeiten steigert und erweitert (*enhancement*), soll eine Perfektionierung bzw. *Perfektion* über technisch bewerkstelligte Veränderungen (Ergänzung und Ersatz vorhandener Fähigkeiten) erreicht werden. Es geht nicht allein darum, die natürliche ↑Evolution des Menschen mit technischen Mitteln zu beschleunigen, sondern darum, sie durch Formen einer technischen Evolution abzulösen, wobei es insbes. die Gehirn-Computer-Schnittstelle ist, die den Ansatz dieser evolutionären Vorstellung bildet: das menschliche Bewußtsein soll in digitale Speicher ›hochgeladen‹ werden und so zu neuen Existenzformen führen. Diese wiederum sollen in der Schöpfung einer Superintelligenz, dem Eintreten einer technologischen ›Singularität‹ (Kurzweil), zusammengeführt werden. Im Selbstverständnis der Vertreter des T. werden damit zugleich die wesentlichen Intentionen des (historischen) ↑Humanismus, vor allem des mit ihm verbundenen Fortschrittsbegriffs (↑Fortschritt), erfüllt (M. More, 1990).

Literatur: N. Agar, Humanity's End. Why We Should Reject Radical Enhancement, Cambridge Mass./London 2010; B. Allenby/D. Schwarz, The Techno-Human Condition, Cambridge Mass./London 2011; H. W. Baillie/T. K. Casey (eds.), Is Human Nature Obsolete? Genetics, Bioengineering, and the Future of the Human Condition, Cambridge Mass./London 2014; J. D. Barrow/F. J. Tipler, The Anthropic Cosmological Principle, Oxford 1986, Oxford etc. 1996; P. v. Becker, Der neue Glaube an die Unsterblichkeit. Zur Dialektik von Mensch und Technik in den Erlösungsphantasien des T., Wien 2015; A. Beinsteiner/T. Kohn (eds.), Körperphantasien. Technisierung – Optimierung – T., Innsbruck 2016; D. Birnbacher, Natürlichkeit, Berlin/New York 2006 (engl. Naturalness. Is the ›Natural‹ Preferable to the ›Artificial‹?, Lanham Md. etc. 2014); ders., Posthumanity, Transhumanism and Human Nature, in: B. Gordijn/R. Chadwick (eds.), Medical Enhancement and Posthumanity, Berlin etc. 2008, 95–106; ders., Die ethische Ambivalenz des Enhancement, in: M. Quante/E. Rózsa (eds.), Anthropologie und Technik. Ein deutsch-ungarischer Dialog, München 2012, 111–125; R. Blackford/D. Broderick (eds.), Intelligence Unbound. The Future of Uploaded and Machine Minds, Malden Mass. 2014; N. Bostrom, A History of Transhumanist Thought, J. Evolution and Technology 14 (2005), 1–25; ders., Superintelligence. Paths, Dangers, Strategies, Oxford etc. 2014; E. Brynjolfsson/A. McAfee, The Second Machine Age. Work, Progress, and Prosperity in a Time of Brilliant Technologies, New York/London 2014 (dt. The Second Machine Age. Wie die nächste digitale Revolution unser aller Leben verändern wird, Kulmbach 2014, [2]2015); A. Buchanan, Beyond Humanity? The Ethics of Biomedical Enhancement, Oxford etc. 2011, 2013; J. Carvalko, The Techno-Human Shell. A Jump in the Evolutionary Gap, Mechanicsburg Pa. 2012; M. Chorost, World Wide Mind. The Coming Integration of Humans and Machines, New York 2011; S. Clarke u. a. (eds.), The Ethics of Human Enhancement. Understanding the Debate, Oxford etc. 2016; C. Coenen u. a. (eds.), Die Debatte über ›Human Enhancement‹. Historische, philosophische und ethische Aspekte der technologischen Verbesserung des Menschen, Bielefeld 2010; I. Deretić/S. L. Sorgner (eds.), From Humanism to Meta-, Post- and Transhumanism?, Frankfurt etc. 2016; M. Dewdney, Last Flesh. Life in the Transhuman Era, Toronto 1998; E. Dexler, Engines of Creation. The Coming Era of Nanotechnology, New York 1986, 1990; S. Dickel, Enhancement-Utopien. Soziologische Analysen zur Konstruktion des Neuen Menschen, Baden-Baden 2011; K. R. Dronamraju (ed.), Haldane's »Daedalus« Revisited, Oxford/New York/Tokio 1995; R. C. W. Ettinger, Man into Superman. The Startling Potential of Human Evolution – and How to Be a Part of It, New York 1972 (repr. in: ders., Man into Superman. Plus Additional Comments by Others »Developments in Transhumanism 1972–2005«, Palo Alto Calif. 2005, 1–312); F. Fukuyama, Our Posthuman Future. Consequences of the Biotechnology Revolution, New York 2002 (dt. Das Ende des Menschen, München 2002, 2004; franz. La fin de l'homme. Les conséquences de la révolution biotechnique, Paris 2004); J. Garreau, Radical Evolution. The Promise and Perils of Enhancing Our Minds, Our Bodies – and What It Means to Be Human, New York 2005, 2006; B. Gesang, Perfektionierung des Menschen, Berlin/New York 2007; C. H. Gray, Cyborg Citizen. Politics in the Posthuman Age, New York/London 2001, 2002; J. Habermas, The Future of Human Nature, Cambridge/Oxford/Malden Mass. 2003, 2004; J. B. S. Haldane, Daedalus or Science and the Future. A Paper Read to the Heretics, London 1924 (dt. Daedalus oder Wissenschaft und Zukunft, München 1925; franz. Dédale et Icare, Paris 2015); G. R. Hansell/W. Grassie (eds.), H±. Transhumanism and Its Critics, Philadelphia Pa. 2011; J. Harris, Enhancing Evolution. The Ethical Case for Making Better People, Princeton N. J. 2007, 2010; N. K. Hayle, How We Become Posthuman. Virtual Bodies in Cybernetics, Literature, and Informatics, Chicago Ill./London 1999, 2010; J.-C. Heilinger, Anthropologie und Ethik des Enhancement, Berlin/New York 2010; J. J. Hughes, The Politics of Transhumanism and the Techno-Millennial Imagination, 1626–2030, Zygon 47 (2012), 757–776; J. B. Hurlbut/H. Tirosh-Samuelson (eds.), Perfecting Human Futures. Transhuman Visions and Technological Imaginations, Wiesbaden 2016; E. Juengst/D. Moseley, Human Enhancement, SEP 2015; O. Krüger, Virtualität und Unsterblichkeit. Die Visionen des Posthumanismus, Freiburg 2004; R. Kurzweil, The Age of Spiritual Machines. When Computers Exceed Human Intelligence, New York etc., London 1999, 2001 (dt. Homo S@piens. Leben im 21. Jahrhundert – Was bleibt vom Menschen?, Köln 1999, München [4]2001); ders., The Singularity Is Near. When Humans Transcend Biology, New York etc. 2005, 2006 (franz. Humanité 2.0. La bible du changement, Paris 2007; dt. Menschheit 2.0. Die Singularität naht, Berlin 2013); ders., How to Create a Mind. The Secret of Human Thought Revealed, New York etc. 2012 (dt. Das Geheimnis des menschlichen Denkens. Einblicke in das Reverse Engineering des Gehirns, Berlin 2014); D. Levy, Love and Sex with Robots. The Evolution of Human–Robot Relationships, New York 2007, London 2009; S. Lilley, Transhumanism and Society. The Social Debate over Human Enhancement, Dordrecht etc. 2013; M. Mehlman, Transhumanist Dreams and Dystopian Nightmares. The Promise and Peril of Genetic Engineering, Baltimore Md.

2012; J. Mittelstraß, Schöne neue Leonardo-Welt. Philosophische Betrachtungen, Berlin 2013, bes. 24–30 (Kap. 1.3 Der perfekte Mensch?); H. Moravec, Mind Children. The Future of Robot and Human Intelligence, Cambridge Mass./London 1988, 1993 (dt. Mind Children. Der Wettlauf zwischen menschlicher und künstlicher Intelligenz, Hamburg 1990; franz. Une vie après la vie, Paris 1992); M. More, Transhumanism. Towards a Futurist Philosophy, Extropy 6 (1990); ders./N. Vita-More (eds.), The Transhumanist Reader. Classical and Contemporary Essays on the Science, Technology, and Philosophy of the Human Future, Malden Mass./Oxford 2013; R. Naam, More than Human. Embracing the Promise of Biological Enhancement, New York 2005; S. G. Post, Posthumanism, in: C. Mitcham (ed.), Encyclopedia of Science, Technology and Ethics III, Detroit Mich. etc. 2005, 1458–1462; R. Ranisch/S. L. Sorgner (eds.), Post- and Transhumanism. An Introduction, Frankfurt etc. 2014; C. T. Rubin, Eclipse of Man. Human Extinction and the Meaning of Progress, New York 2014; R. Saage, New Man in Utopian and Transhumanist Perspective, Europ. J. Futures Res. 1 (2013), H. 14, 1–7; J. Savulescu/N. Bostrom (eds.), Human Enhancement, Oxford etc. 2009, 2010; R. U. Sirius [K. Goffman]/J. Cornell, Transcendence. The Disinformation Encylopedia of Transhumanism and the Singularity, San Francisco Calif. 2015; G. Stock, Metaman. The Merging of Humans and Machines into a Global Superorganism, London 1993; ders., Redesigning Humans. Choosing Our Genes, Changing Our Future, New York 2002, 2003; F. Tipler, The Physics of Immortality. Modern Cosmology, God and the Resurrection of the Dead, New York 1994, 1995 (dt. Die Physik der Unsterblichkeit. Moderne Kosmologie, Gott und die Auferstehung der Toten, München, Wien 1994, München 2007); H. Tirosh-Samuelson/K. L. Mossman (eds.), Building Better Humans? Refocusing the Debate on Transhumanism, Frankfurt etc. 2012; M. Turda (ed.), Crafting Humans. From Genesis to Eugenics and Beyond, Göttingen 2013; M. Wienroth/E. Rodrigues (eds.), Knowing New Biotechnologies. Social Aspects of Technological Convergence, London/New York 2015; G. Wolters, Vous serrez come Dieu. Une analyse historique et philosophique de la dernière mutation d'un rêve séculaire: l'homme augmenté, in: E. D. Carosella (ed.), Nature et artifice. L'homme face à l'évolution de sa propre essence, Paris 2014, 191–201; S. Young, Designer Evolution. A Transhumanist Manifesto, Amherst N. Y. 2006. J. M.

transitiv/Transitivität (engl. transitive/transitivity), Bezeichnung für eine zweistellige ↑Relation *R* über einer ↑Menge *M*, bei der für beliebige Elemente $x, y, z \in M$ gilt: $xRy \wedge yRz \rightarrow xRz$. Z. B. ist die Relation ›Vorfahr von‹ t., die Relation ›Vater von‹ jedoch nicht. Als ↑›Ordnungen‹ bezeichnet man diejenigen zweistelligen Relationen, die t. und reflexiv (↑reflexiv/Reflexivität), aber antisymmetrisch (↑antisymmetrisch/Antisymmetrie) sind. Relationen wiederum, die t., reflexiv und symmetrisch (↑symmetrisch/Symmetrie (logisch)) sind, heißen ↑›Äquivalenzrelationen‹. Die T. ist die entscheidende Bedingung für den Begriff der (logischen) ↑Folgerung in der formalen Logik (↑Logik, formale), um die Übertragung der Wahrheit von den ↑Hypothesen auf die ↑These zu sichern.

In der Theorie der ↑Messung spielt die T. von Meßrelationen wie ›länger‹, ›leichter‹, ›gewichtsgleich‹ etc. eine wichtige Rolle. Dabei ist umstritten, ob die T. dieser Relationen empirischer Kontrollierbarkeit unterliegt (so die Analytische Wissenschaftstheorie; ↑Wissenschaftstheorie, analytische) oder ob die T. der entsprechenden Relation als eine Art apriorische Norm (↑Norm (protophysikalisch)) in den Bau von Meßgeräten eingeht, die messende empirische Kontrolle erst ermöglichen (so die ↑Protophysik). Der Streit hängt unter anderem damit zusammen, daß Ähnlichkeit (↑ähnlich/Ähnlichkeit) keine t.e Relation zu sein braucht. Wird Ähnlichkeit zweier Gattungen z. B. durch Übereinstimmung in mindestens einem definierenden Merkmal bestimmt, so sind etwa blau und rot gestreifte Scheiben zu grün und rot gestreiften ähnlich, letztere wiederum sind ähnlich zu grün und gelb gestreiften; aber zwischen blau und rot gestreiften einerseits und grün und gelb gestreiften andererseits gibt es keine Ähnlichkeit (vorausgesetzt, man beschränkt sich wirklich auf die *definierenden* Merkmale der Farbstreifengebung). G. W./K. L.

Transmutation, Begriff aus der ↑Alchemie zur Bezeichnung der Umwandlung von gewöhnlichen Metallen in Edelmetalle, insbes. von Blei oder Quecksilber in Gold. Die T. wurde als die Nachahmung eines natürlichen Vorgangs der Veredelung von Metallen aufgefaßt. Auf J. Ibn Hayyan geht die Vorstellung zurück, daß die Metalle unterschiedliche Zusammenführungen der Prinzipien Schwefel und Quecksilber (d. h., der Eigenschaften der Brennbarkeit und Flüchtigkeit) sind und daß sich deren Veredelung in einem allmählichen Prozeß der Reifung in der Erde vollzieht, analog zum Wachstum der Pflanzen auf der Erde. In der alchemistischen Tradition wurde dieser T.sprozeß als eine Reinigung und Vervollkommnung vorgestellt, der sich parallel auch im Geist des Alchemisten zu vollziehen habe, wenn das Werk gelingen soll. Die Umwandlung von Grundstoffen ineinander war im Rahmen der Aristotelischen Naturphilosophie durch ein Rearrangement der basalen Qualitäten (heiß – kalt, feucht – trocken) möglich. In diesem Rahmen zeigte J. B. van Helmont (1580 – 1644) experimentell die T. von Wasser in Erde. Durch ausschließliches Bewässern einer Pflanze und ohne Zuführen erdiger Stoffe gewann diese erheblich an erdigen Materialien (was sich durch ihre Gewichtszunahme ausdrückte).

Die Alchemie, und mit ihr die T. der Elemente, war (wie die ↑Astrologie) Teil der frühneuzeitlichen Naturwissenschaften; auch R. Boyle und I. Newton hingen ihr an. Erst mit A. L. de Lavoisier und J. Dalton gewann die Vorstellung unveränderlicher Grundbausteine der Materie an Verbreitung. E. Rutherford und F. Soddy formulierten 1903 die Vorstellung, daß es sich bei der neu entdeckten Radioaktivität um eine Umwandlung von Elementen oder um einen Zerfall von Atomen handelte. Die von ihnen gewählte Bezeichnung ›Transformationstheorie‹ entsprang der Furcht, der Rückgriff auf den Begriff der

T. ließe sie als alchemistische Scharlatane erscheinen. Tatsächlich sind durch Kernreaktionen (wie sie in radioaktiven Prozessen oder Kernreaktoren alltäglich sind) auch Metalle ineinander umwandelbar.

Literatur: R. A. Bartlett, Real Alchemy. A Primer of Practical Alchemy, Lake Worth Fla. 2009; B. J. Dobbs, Newton's Alchemy and His Theory of Matter, Isis 73 (1982), 511–528; E. J. Holmyard, Alchemy, Harmondsworth 1957, New York 1990 (franz. L'Alchimie, Paris 1979); W. R. Newman, Promethean Ambitions. Alchemy and the Quest to Perfect Nature, Chicago Ill./London 2004, 2005; ders./L. M. Principe, Alchemy Tried in the Fire. Starkey, Boyle and the Fate of Helmontian Chymistry, Chicago Ill./London 2002, 2005; J. Read, Through Alchemy to Chemistry. A Procession of Ideas & Personalities, London 1957, rev. 1961, unter dem Titel: From Alchemy to Chemistry, New York 1995; C. J. S. Thompson, The Lure and Romance of Alchemy, London 1932, New York 1990, unter dem Titel: Alchemy and Alchemists, Mineola N. Y. 2002; R. S. Westfall, Newton and Alchemy, in: B. Vickers (ed.), Occult and Scientific Mentalities in the Renaissance, Cambridge etc. 1984, 1986, 315–335; weitere Literatur: ↑Alchemie. M. C.

Transportationsregeln, in der ↑Junktorenlogik Bezeichnung für die folgenden logischen ↑Äquivalenzen zwischen zusammengesetzten ↑Aussageschemata:

$$A \wedge B \rightarrow C \succ\!\prec A \rightarrow \neg B \vee C,$$
$$A \wedge \neg B \rightarrow C \succ\!\prec A \rightarrow B \vee C.$$

Der Übergang von links nach rechts ist jeweils nur klassisch gültig, der Übergang von rechts nach links sowohl klassisch als auch effektiv (↑Logik, intuitionistische). Dementsprechend sind in einem als ↑Implikationenkalkül formulierten ↑Logikkalkül bei den entsprechenden Regeln

$$A \wedge B \prec C \Leftrightarrow A \prec \neg B \vee C,$$
$$A \wedge \neg B \prec C \Leftrightarrow A \prec B \vee C$$

im Falle eines effektiven Kalküls die Übergänge von rechts nach links und im Falle eines klassischen Kalküls sogar beide Richtungen zulässige Übergänge. Die T. wurden erstmals 1880 (in der damals üblichen Gestalt als Gleichungen) von C. S. Peirce im Rahmen einer Zusammenstellung von Verfahren zur Lösung von Problemen der ↑Algebra der Logik angegeben.

Literatur: P. Lorenzen, Formale Logik, Berlin 1958, erw. ^{4}1970 (engl. Formal Logic, Dordrecht 1965); C. S. Peirce, On the Algebra of Logic, Amer. J. Math. 3 (1880), 15–57, bes. 39, rev. Neudr. in: Collected Papers of Charles Sanders Peirce III, ed. C. Hartshorne/P. Weiss, Cambridge Mass. 1933, 1998, 104–157, bes. 135, ferner in: Writings of Charles S. Peirce. A Chronological Edition IV, 1879–1884, ed. C. J. W. Kloesel, Bloomington Ind./Indianapolis Ind. 1986, 1998, 163–209, bes. 190. C. T.

Transpositionsregeln (auch: Kontrapositionsregeln, ↑Kontraposition), Bezeichnung für Ableitungsregeln in einem logischen System, nach denen ↑Antezedens und ↑Konsequens einer ↑Implikation nach beidseitiger Anwendung der ↑Negation vertauscht (›transponiert‹) werden dürfen:

(1) aus $A \rightarrow B$ folgt $\neg B \rightarrow \neg A$.

Neben dieser Grundform der T. gibt es weitere Formen, die aus der Grundform durch stillschweigende Anwendung einer Doppelnegationseinführung ($A \rightarrow \neg\neg A$) oder Doppelnegationsbeseitigung ($\neg\neg A \rightarrow A$) abgeleitet sind:

(2) aus $A \rightarrow \neg B$ folgt $B \rightarrow \neg A$,
(3) aus $\neg A \rightarrow B$ folgt $\neg B \rightarrow A$,
(4) aus $\neg A \rightarrow \neg B$ folgt $B \rightarrow A$.

Schema (2) folgt aus Schema (1) und der Doppelnegationseinführung; Schema (3) folgt aus Schema (1) und der Doppelnegationsbeseitigung; Schema (4) folgt aus Schema (1) unter Verwendung beider Doppelnegationsprinzipien.
Da in der intuitionistischen Logik (↑Logik, intuitionistische) die Doppelnegationsbeseitigung abgelehnt wird, ist in dieser Logik neben der Grundform (1) nur die Form (2) eine zulässige (↑zulässig/Zulässigkeit) T.. T. gelten im allgemeinen auch nicht in Logiken, die Wahrheitswertlücken (›weder wahr noch falsch‹) zulassen (z. B. um auf Bereiche mit vagen Begriffen anwendbar zu sein; ↑Vagheit). Denn wenn die Negation im Sinne von ›definitiv falsch‹ verstanden wird, dann können ›wenn A, dann B‹ ($A \rightarrow B$) und ›nicht B‹ ($\neg B$) der Fall sein, auch wenn A zwar nicht wahr, nicht aber definitiv falsch ($\neg A$) ist. Analog werden in manchen parakonsistenten Logiken (↑parakonsistent/Parakonsistenz) T. abgelehnt. Denn wenn die Möglichkeit von Wahrheitswertüberschneidungen (›wahr und falsch‹) zulässig ist und Negation im Sinne von ›eindeutig falsch‹ verstanden wird, dann können ›wenn A, dann B‹ ($A \rightarrow B$) und ›nicht B‹ ($\neg B$) der Fall sein, auch wenn A sowohl wahr als auch falsch und damit nicht eindeutig falsch ($\neg A$) ist. A. F.

transsubjektiv/Transsubjektivität, in der Konstruktiven Philosophie (↑Philosophie, konstruktive, ↑Konstruktivismus) Bezeichnung für ↑Beratungen und Beratungsergebnisse, in denen die Beteiligten versuchen, Orientierungen für eine vernünftige Gemeinsamkeit des Handelns zu gewinnen und in diesem Sinne ihre Subjektivität (↑Subjektivismus) zu überwinden. Allgemeiner heißt dann auch jene ↑Praxis selbst ›t.‹, in der die Beteiligten einander nicht lediglich als ↑Mittel ihrer jeweiligen subjektiven ↑Zwecke betrachten. Die Forderung, ↑Handlungen und ↑Institutionen t. zu orientieren, kurz: das T.sprinzip, gilt in der Konstruktiven Philosophie als Grundprinzip moralischer ↑Rechtfertigung. Der Terminus ›T.‹ bzw. ›t.‹ wurde von P. Lorenzen und J. Mittelstraß eingeführt in Abhebung von einem praktische

Orientierungen nicht einschließenden Intersubjektivitätskriterium (↑Intersubjektivität) für wissenschaftliche Aussagen, wie es z. B. für die Philosophie und Wissenschaftstheorie des Logischen Empirismus (↑Empirismus, logischer) charakteristisch ist.

Literatur: T. Blume, T., Hist. Wb. Ph. X (1998), 1347–1349; P. Lorenzen, Normative Logic and Ethics, Mannheim/Zürich 1969, Mannheim/Wien/Zürich ²1984; O. Schwemmer, Philosophie der Praxis. Versuch zur Grundlegung einer Lehre vom moralischen Argumentieren in Verbindung mit einer Interpretation der praktischen Philosophie Kants, Frankfurt 1971, 1980. F. K.

transzendent/Transzendenz, Terminus der Philosophie zur Bezeichnung der ›Überschreitung‹ eines bestimmten Bereichs von Unterscheidungen, Vorstellungen oder Seinsweisen. Seine erste Bedeutung gewinnt der Begriff der T. in der ontologischen (↑Ontologie) Spekulation über das Sein Gottes: dieses überschreitet für die scholastische (↑Scholastik) Philosophie und Theologie alles geschöpfliche Sein und ist diesem jenseitig. Mit einer solchen T.-Behauptung des göttlichen Seins werden verschiedene Immanenz-Konzeptionen (↑immanent/Immanenz) abgewehrt, die – wie etwa pantheistische (↑Pantheismus) Positionen – das göttliche Sein in jedem Sein der Welt, sozusagen als dessen Seinskern, anwesend sehen.

In der Erkenntnistheorie hat vor allem I. Kants ↑Transzendentalphilosophie die *Erfahrungstranszendenz* (↑Erfahrung) mancher begrifflicher Unterscheidungen und Spekulationen kritisch betont. Eine Begriffsbildung ist t., wenn sie den Bereich möglicher Erfahrung überschreitet und dann immer wieder, weil sie keine Kritik oder Begründung durch Erfahrung mehr finden kann, in verwirrte Verstiegenheiten führe. Dies gelte insbes. für einen unkritischen Bezug auf ↑Dinge an sich. Demgegenüber verbleibe der Nachweis der ↑transzendentalen Bedingungen der Erfahrung – deren Analyse zeigt, daß die Gegenstände der Erfahrung nicht Dinge an sich, sondern ↑Erscheinungen sind – auf mögliche Erfahrung bezogen. – Für die bewußtseinsphilosophische (↑Bewußtsein) Interpretation der Erfahrung, die durch R. Descartes' Trennung von res cogitans und res extensa (↑res cogitans/res extensa) begründet wird und in J. G. Fichtes ↑Wissenschaftslehre ihren klassischen Höhepunkt erreicht, trifft der kritische Hinweis auf die Bewußtseinstranszendenz die Rede von Dingen und Ereignissen oder vom Sein von etwas überhaupt, wenn diese nicht als Rede vom Bewußtsein dieser Dinge und Ereignisse bzw. des jeweiligen Seins ausgewiesen werde.

Sowohl gegen die bewußtseins- als auch gegen die transzendentalphilosophische T.kritik ist von realistischen (↑Realismus (ontologisch)) Positionen her eingewendet worden, daß Erfahrung und Weltverhältnis keineswegs nur von der Bewußtseins- oder Subjektseite aus geformt bzw. ›konstituiert‹ werden, sondern auch durch bewußtseins- und subjekttranszendente Faktoren, über die sich auch ein (technisch und theoretisch vermitteltes) Wissen bilden ließe (↑Realismus, wissenschaftlicher). O. S.

transzendental, von I. Kant geprägter Terminus zur Bezeichnung von Reflexionen über die Bedingungen – wie auch der Bedingungen selbst –, die den Gegenstandsbezug der Erfahrungserkenntnis sichern (↑Erfahrung), selbst aber nicht der Erfahrungserkenntnis zugänglich sind. Zwar spielt der Ausdruck ›t.‹ bereits in der scholastischen (↑Scholastik) Philosophie, insbes. im Zusammenhang mit der Lehre von den ↑Transzendentalien, aber auch im Sinne von ›transzendent‹ (↑transzendent/Transzendenz), eine Rolle, er erhält seine spezifisch terminologische Bedeutung jedoch erst im Rahmen der Kantischen Erkenntnistheorie, die auf eine ↑*Transzendentalphilosophie* abzielt und dadurch eine eigene systematische Tradition begründet.

Kant nennt »alle Erkenntnis t., die sich nicht so wohl mit den Gegenständen, sondern mit unserer Erkenntnisart von den Gegenständen, so fern diese a priori möglich sein soll, überhaupt beschäftigt« (KrV B 25). Eine t.e ist daher von einer empirischen Erkenntnis zu unterscheiden, insofern die t.e Erkenntnis auf die nicht-empirischen bzw. apriorischen (↑a priori) Bedingungen der möglichen empirischen bzw. der Gegenstandserkenntnis gerichtet ist. Gegenüber einem Anspruch auf transzendente, d. h. alle Erfahrung überschreitende, Erkenntnis besteht die t.e Erkenntnis bzw. Kritik darauf, den Gegenstands- bzw. Erfahrungsbezug der Erkenntnis zu klären. Darüber hinaus soll die t.e Kritik aber auch zeigen, daß die Gegenstände der Erfahrungserkenntnis durch das Erkenntnisvermögen konstituiert sind. Die t.e Erkenntnis bzw. ↑Kritik (gegenüber den Ansprüchen einer transzendenten ↑Metaphysik) bedeutet damit eine Klärung der nicht-empirischen Bedingungen der empirischen Erkenntnis in dem besonderen Verständnis, daß es das begrifflich und anschaulich gegliederte Erkenntnisvermögen ist, das die Gegenstände der Erfahrung konstituiert und eben dadurch die Objektivität der Erfahrungserkenntnis sichert. Insofern das Erkenntnisvermögen die entscheidende Bedingung der Gegenstandserkenntnis bereitstellt, läßt sich auch Kants Erklärung verstehen, daß das »Wort t. […] niemals eine [hier müßte man erläuternd einfügen: unmittelbare] Beziehung unserer Erkenntnis auf Dinge, sondern nur aufs *Erkenntnisvermögen*« bedeute (Proleg. § 13 Anm. III A 71, Akad.-Ausg. IV, 294).

Im Anschluß an die Philosophie Kants und in Auseinandersetzung mit ihr wird der Gebrauch von ›t.‹ erweitert und verändert. Vom Anspruch her läßt sich E. Husserls ›t.e ↑Phänomenologie‹ zwar ebenfalls als ein Versuch verstehen, die Bedingungen der Objektivität der Erkenntnis zu klären, doch weicht seine Analyse deutlich und ausdrücklich von derjenigen Kants ab und zeigt eine Vielfalt intentionaler (↑Intentionalität) Bewußtseinsleistungen auf, die zur Entstehung von Gegenständlichkeit in der Erkenntnis führen. Demgegenüber werden in anderen Kontexten der neueren Diskussion um t.e Argumente nicht nur Kantische Positionen, vor allem der ↑Apriorismus eines t.en Subjekts (↑Subjekt, transzendentales), verlassen, es wird auch weitgehend von dem besonderen Anspruch der Objektivitätssicherung der Erkenntnis abgesehen. T. ist in diesem Sinne die Beziehung zwischen einer ausdrücklichen Behauptung und deren notwendig (unvermeidlich) unterstellten Voraussetzungen. Ein t.es Argument zielt darauf ab, eventuelle Widersprüche zwischen diesen Voraussetzungen und der expliziten Behauptung aufzudecken. Strittig sind in dieser Diskussion vor allem die Begründungen dafür, daß die jeweiligen Voraussetzungen unterstellt werden müßten, da diese ihrerseits bestimmte sprach-, handlungs- oder kommunikationstheoretische Verständnisse zur Grundlage haben.

Literatur: ↑Transzendentalphilosophie. O. S.

Transzendentalien, in der scholastischen (↑Scholastik) Begriffslehre Bezeichnung für diejenigen Unterscheidungen, die nicht auf einen bestimmten Seinsbereich – z. B. den des Belebten oder des Unbelebten, des Geistigen oder des Körperlichen – beschränkt sind, sondern sich auf das ↑Sein überhaupt, von welcher Art auch immer, beziehen lassen. Diese Unterscheidungen ›transzendieren‹ alle begrifflichen Begrenzungen, insbes. die nach ↑Art und ↑Gattung. Ihre ontologische Bedeutung haben die T. dadurch gewonnen, daß sie für die Bestimmung des Seins genutzt wurden: als die besonderen Attribute, die extensional (↑extensional/Extension) äquivalent mit dem Sein überhaupt sind, dieses Sein aber näher zu qualifizieren erlauben. In ihrer ›klassischen‹ Ausprägung etwa bei Thomas von Aquin (De verit. qu. 21 art. 1; De potentia qu. 9 art. 7 ad 6; S.th. I qu. 1 art. 3), Alexander von Hales, Albertus Magnus und F. Suárez sind es das Eine (↑unum), das Wahre (↑verum) und das Gute (↑bonum), die als T. das Sein als solches auszeichnen. Alternative Aufzählungen, die – wie bei Thomas von Aquin (De verit. qu. 1 art. 1) – auch noch ↑›res‹ und ›aliquid‹ anführen, lassen sich meist durch Synonymität z. B. von ›ens‹ und ›res‹ und von ›aliquid‹ und ›unum‹ (so Albertus Magnus, S.th. I qu. 28) auf die Dreizahl zurückführen. In Anlehnung an die Platonische und Aristotelische Rede vom sittlich ↑Guten als dem ›Schönen und Guten‹ ist das ↑Schöne (pulchrum) als ein zusätzliches Transzendentale diskutiert worden, dabei aber umstritten geblieben. In der Scholastik ist die Bestimmung des Seins bzw. des ↑Seienden durch die T. mit Lehrsätzen von der Austauschbarkeit der Seinsbestimmung mit den T. in die Formel gebracht worden: »Ens et unum – verum, bonum – convertuntur«. O. S.

Transzendentalphilosophie, von I. Kant zur Bezeichnung seiner erkenntnistheoretischen Konzeption eingeführter Terminus. Gegen die Kritik, die insbes. durch den britischen ↑Empirismus an der Kausalerkenntnis (↑Kausalität) geäußert wurde, sucht Kant zu zeigen, daß es sehr wohl möglich ist, die Gegenstände der Erfahrungswelt und die in ihr herrschenden Gesetzlichkeiten zu erkennen.

Kants entscheidender Schritt ist die Umkehrung der Erkenntnisrichtung von den Gegenständen der Erkenntnis auf das Erkenntnisvermögen selbst (↑Kopernikanische Wende). Begründet sieht Kant diese Umkehrung in der Tatsache, daß die Dinge und Ereignisse der ↑Realität aktiv, nämlich durch Leistungen und in den Formen des Erkenntnisvermögens, erfaßt werden. Für ihn folgt nämlich daraus, daß das Erkenntnisvermögen, das er als einheitlich ansieht, die Dinge und Ereignisse der Welt erst zu seinen Gegenständen zu machen hat, und zwar allein durch die Formen seines anschaulichen und begrifflichen Erfassens. Die Anschauungsformen (↑Anschauung) von (euklidischem) ↑Raum und (linearer) ↑Zeit und die an den logischen Urteilsfunktionen abgelesenen ↑Kategorien legen für Kant – vollständig und vor aller ↑Erfahrung – fest, was als Gegenstand der Erkenntnis auftreten kann und welche Zusammenhänge in der Erfahrung erkannt werden können. Gegenstand der Erkenntnis sein, heißt daher nicht nur, die Formen des Erkenntnisvermögens erfüllen (darin aber auch seine eigene Form – gleichsam in den Projektionsformen des Erkenntnisvermögens – zeigen), sondern auch, allein durch die Formen des Erkenntnisvermögens aufgebaut sein (und in seiner eigenen Form als ↑Ding an sich prinzipiell verdeckt bleiben).

Durch diesen Totalanspruch der subjektiven Leistung für die Konstitution der Gegenstände durch das Erkenntnisvermögen sieht Kant sich berechtigt, über eine Untersuchung der Formen bzw. ›Bedingungen‹ des gegenstandsbezogenen Erkenntnisvermögens, d. h. der Möglichkeit der Erfahrung überhaupt, auch die Formen aller möglichen Erfahrungsgegenstände zu erklären: da ja nach Voraussetzung »die Bedingungen der Möglichkeit der Erfahrung überhaupt [...] zugleich Bedingungen der Möglichkeit der Gegenstände der Erfahrung« sind (KrV B 197). ↑Transzendental ist diese Untersuchung – im Unterschied zur transzendenten (↑transzendent/Transzendenz), nämlich alle mögliche Erfahrung überschreitenden Spekulation (↑spekulativ/Spekulation) –, weil sie sich zwar nicht selbst auf Erfahrungen stützen kann, also ↑a priori vorgehen muß, dafür aber die Bedingungen aller möglichen Erfahrung und also auch der möglichen Gegenstände der Erfahrung – und zwar vollständig – zu erfassen beansprucht. Die T. selbst ist für Kant das vollständige System der ↑Prinzipien einer solchen transzendentalen Erkenntnis: »das System aller Prinzipien der reinen Vernunft« (KrV B 27). Die KrV selbst ist für Kant »aber diese Wissenschaft noch nicht selbst«, sondern nur deren »vollständige Idee« (KrV B 28): Als ↑Kritik bereitet sie die T. als »das vollständige System der Philosophie der reinen Vernunft« vor (KrV B 26).

Die nachkantische T. nimmt das Motiv der transzendentalen, d.h. durch Leistungen des Erkenntnissubjektes erreichten, Gegenstandskonstitution auf, arbeitet es zu einem spinozistischen (↑Spinozismus) System aus (J. G. Fichte, F. W. J. Schelling), verbindet es aber auch mit anderen Aspekten und Konzeptionen der Gegenstandserkenntnis. Eine eigene Form der T. entwickelt E. Husserl, der die ↑Konstitution der Erfahrungswelt durch den Rückgang auf das ›reine‹ ↑Bewußtsein verständlich machen will. Dieses ›reine‹ Bewußtsein besteht für Husserl in jenen Leistungen, durch die sich das Erkenntnissubjekt auf die Gegenstände und die Welt der Erfahrung bezieht, wobei deren konkreter Gegenstands- und Weltbezug aber ausgeklammert bleiben soll. Wie bei Kant geht es damit um eine bloße (subjektive) Ermöglichung (objektiver) Erfahrung, die allerdings – im Unterschied zu Kant – als anschauliche Gegebenheit erreicht werden soll. Ein entscheidender Schritt zu dieser Erschließung des ›reinen Bewußtseins‹ bzw. der ›leistenden Subjektivität‹ als einer phänomenalen Gegebenheit ist dabei die transzendentale ↑Epochē, mit der alle Geltungsansprüche der Welt- und Gegenstandserfahrung außer Kraft gesetzt werden und nur noch die Verlaufsformen der konstitutiven Bewußtseinsprozesse betrachtet werden sollen. Diese Betrachtung, die Husserl auf verschiedenen Ebenen der Gegenstandskonstitution, zudem sowohl als Reflexion der Philosophie als auch als deskriptive Phänomenanalyse der Psychologie durchzuführen sucht, führt insbes. zur Erkenntnis der gegenstandsgerichteten ↑Intentionalität und der ›vergemeinschaftenden‹ ↑Intersubjektivität als den charakteristischen Bewußtseinsformen, die die Struktur der Welterfahrungen erfassen lassen. Neben den Einzelfragen der Bewußtseinsanalysen besteht für die ↑Phänomenologie Husserls insgesamt das Problem, ob die Geltungsausklammerungen der Epochē tatsächlich zu einer ›Selbstgebung‹, einer evidenten Gegebenheit der Bewußtseinsstrukturen führen oder nicht.

In der neueren Diskussion schließen unterschiedliche ›transzendentale Argumente‹ an die T. an. Diese Argumente suchen gegen Formen einer fundamentalen ↑Skepsis (↑Skeptizismus) aus dem Vollzug einer bestimmten Leistung auf Unterstellung eben solcher Annahmen zu schließen, deren Negation vom Argumentationsgegner mit eben diesen Leistungen verbunden wird (↑paradigm case argument, ↑Retorsion). In der Praktischen Philosophie (↑Philosophie, praktische) wird in der ›transzendentalpragmatischen‹ (↑Transzendentalpragmatik) ↑Diskursethik behauptet, daß mit jedem Akt der ↑Kommunikation bereits eine grundlegende ↑Anerkennung der Kommunikationsteilnehmer vollzogen und damit bestimmte moralische Prinzipien der idealen Kommunikation anerkannt würden – woraus sich sogar die Möglichkeit einer ↑›Letztbegründung‹ moralischer Überzeugungen ergäbe (K.-O. Apel). In der Theoretischen Philosophie (↑Philosophie, theoretische) wird in verschiedenen Entwürfen einer transzendentalen Urteilstheorie versucht, aus dem Akt der (elementaren) ↑Prädikation eine damit geleistete Erfassung von Sein überhaupt zu erschließen. In abgeschwächten Versionen transzendentaler Argumente dienen diese nicht der Abwehr skeptischer ↑Zweifel an der Geltung moralischer oder ontologischer Ansprüche, sondern der Betonung des subjektiven Anteils an Erkenntnissen, die nicht einfach ›gegeben‹ sind, sondern handelnd erst gewonnen werden müssen. Hierzu zählen sowohl P. F. Strawsons Konzeption eines begrifflichen Rahmens ontologischer Begriffe als auch der erkenntnis- bzw. wissenschaftstheoretische ↑Konstruktivismus (↑Wissenschaftstheorie, konstruktive).

Literatur: J. A. Aertsen u. a., Transzendental; das Transzendentale, Transzendentalien; T., Hist. Wb. Ph. X (1998), 1358–1436; S. W. Arndt, Transcendental Method and Transcendental Arguments, Int. Philos. Quart. 27 (1987), 43–58; R. Aschenberg, Sprachanalyse und T., Stuttgart 1982; M. Brelage, Studien zur T., Berlin 1965; R. Bubner/K. Cramer/R. Wiehl (eds.), Zur Zukunft der T., Göttingen 1978 (Neue H. Philos. 14); U. Claesges/K. Held (eds.), Perspektiven transzendentalphänomenologischer Forschung, Den Haag 1972; A. Dorschel u. a. (eds.), Transzendentalpragmatik. Ein Symposion für Karl-Otto Apel, Frankfurt 1993; M. Egger (ed.), Philosophie nach Kant. Neue Wege zum Verständnis von Kants T. und Moralphilosophie, Berlin/Boston Mass. 2014; W. Flach, Die Idee der T., Würzburg 2002; E. Förster (ed.), Kant's Transcendental Deductions. The Three »Critiques« and the »Opus postumum«, Stanford Calif. 1989; ders., T., in: M. Willaschek u. a. (eds.), Kant-Lexikon III, Berlin/Boston Mass. 2015, 2319–2325; Forum für Philosophie Bad Homburg (ed.), Kants transzendentale Deduktion und die Möglichkeit von T., Frankfurt 1988; S. Gardner (ed.), The Transcendental Turn, Oxford 2015; A. Gideon, Der Begriff Transcendental in Kant's Kritik der reinen Vernunft, Marburg 1903 (repr. Darmstadt 1977); T. Grundmann, Analytische T.. Eine Kritik, Paderborn etc. 1993; R. Hiltscher (ed.), Die Vollendung der T. in Kants »Kritik der Urteilskraft«, Berlin 2006; ders./A. Georgi (eds.), Perspektiven der T. im Anschluß an die Philosophie Kants, Freiburg/München 2002; N. Hinske, Verschiedenheit und Einheit der transzendentalen Philosophien. Zum Exempel für ein Verhältnis von Problem- und Begriffsgeschichte, Arch. Begriffsgesch. 14 (1970), 41–68; T. S. Hoffmann/F. Ungler (eds.), Aufhebung der T.? Systematische Beiträge zu Würdigung, Fortentwicklung und Kritik des transzendentalen Ansatzes zwischen Kant und Hegel, Würzburg 1994; H. Holz, Einführung in die T., Darmstadt 1973, [3]1991;

W. Jaeschke (ed.), T. und Spekulation. Der Streit um die Gestalt einer Ersten Philosophie (1799–1807), Hamburg 1993; N. Knoepffler, Der Begriff »transzendental« bei Immanuel Kant. Eine Untersuchung zur »Kritik der reinen Vernunft«, München 1996, [5]2001; J. Kopper, Das transzendentale Denken des Deutschen Idealismus, Darmstadt 1989; W. Kuhlmann, Reflexive Letztbegründung. Untersuchungen zur Transzendentalpragmatik, Freiburg/München 1985; ders. (ed.), Anknüpfen an Kant. Konzeptionen der T., Würzburg 2001; F. Kuhne, Selbstbewußtsein und Erfahrung bei Kant und Fichte. Über Möglichkeiten und Grenzen der T., Hamburg 2007; L. Landgrebe, La phénoménologie de Husserl est-elle une philosophie transcendantale?, Ét. philos. 9 (1954), 315–323 (dt. Ist Husserls Phänomenologie eine T.?, in: H. Noack [ed.], Husserl, Darmstadt 1973 [Wege der Forschung XL], 316–324); R. Lauth, Zur Idee der T., München/Salzburg 1965; W. Lütterfels (ed.), Transzendentale oder evolutionäre Erkenntnistheorie?, Darmstadt 1987; M. Massimi (ed.), Kant and Philosophy of Science Today, Cambridge 2008; S. Mathisen, T. und System. Zum Problem der Geltungsgliederung in der T., Bonn 1994; J. C. McQuillan, Immanuel Kant. The Very Idea of a Critique of Pure Reason, Evanston Ill. 2016; J. Mittelstraß, Über transzendental, in: E. Schaper/W. Vossenkuhl (eds.), Bedingungen der Möglichkeit. ›Transcendental Arguments‹ und transzendentales Denken [s. u.], 158–182 (engl. On ›transcendental‹, in: R. E. Butts/J. R. Brown [eds.], Constructivism and Science. Essays in Recent German Philosophy, Dordrecht/Boston Mass./London 1989 [Univ. Western Ontario Ser. Philos. Sci. XLIV], 77–102), ferner in: ders., Leibniz und Kant. Erkenntnistheoretische Studien, Berlin/Boston Mass. 2011, 159–186; ders., Gibt es eine Letztbegründung?, in: P. Janich (ed.), Methodische Philosophie. Beiträge zum Begründungsproblem der exakten Wissenschaften in Auseinandersetzung mit Hugo Dingler, Mannheim/Wien/Zürich 1984, 12–35, ferner in: ders., Der Flug der Eule. Von der Vernunft der Wissenschaft und der Aufgabe der Philosophie, Frankfurt 1989, 281–312; J. N. Mohanty, The Possibility of Transcendental Philosophy, Dordrecht/Boston Mass./Lancaster 1985; M. Niquet, Transzendentale Argumente. Kant, Strawson und die Aporetik der Detranszendentalisierung, Frankfurt 1991; W. Patt, Transzendentaler Idealismus. Kants Lehre von der Subjektivität der Anschauung in der Dissertation von 1770 und in der »Kritik der reinen Vernunft«, Berlin/New York 1987 (Kant-St. Erg.hefte 120); D. Pereboom, Kant's Transcendental Arguments, SEP 2013; H.-J. Pieper, »Anschauung« als operativer Begriff. Eine Untersuchung zur Grundlegung der transzendentalen Phänomenologie Edmund Husserls, Hamburg 1993; G. Prauss (ed.), Handlungstheorie und T., Frankfurt 1986; W. Röd, Das Realitätsproblem in der T., in: H. Lenk/H. Poser (eds.), Neue Realitäten – Herausforderung der Philosophie. XVI. Deutscher Kongreß für Philosophie, Berlin, 20.–24. September 1993. Vorträge und Kolloquien, Berlin 1995, 424–442; E. Schaper/W. Vossenkuhl (eds.), Bedingungen der Möglichkeit. ›Transcendental Arguments‹ und transzendentales Denken, Stuttgart 1984 (Deutscher Idealismus IX); dies., Reading Kant. New Perspectives on Transcendental Arguments and Critical Philosophy, Oxford/New York 1989; G. Schönrich, T., EP III ([2]2010), 2777–2781; D. Schulting/J. Verburgt (eds.), Kant's Idealism. New Interpretations of a Controversial Doctrine, Dordrecht 2011; T. Seebohm, Die Bedingungen der Möglichkeit der T.. Edmund Husserls transzendentalphänomenologischer Ansatz, dargestellt im Anschluß an seine Kant-Kritik, Bonn 1962; M. J. Siemek, Die Idee des Transzendentalismus bei Fichte und Kant, Hamburg 1984; S. Stapleford, Kant's Transcendental Arguments. Disciplining Pure Reason, London/New York 2008; R. Stern, Transcendental Arguments, SEP 2015; I. Strohmeyer, Quantentheorie und T., Heidelberg/Berlin/Oxford 1995; E. Ströker, Husserls transzendentale Phänomenologie, Frankfurt 1987; H. J. de Vleeschauwer, La déduction transcendantale dans l'œuvre de Kant, I–III, Antwerpen 1934–1937, New York 1976. O. S.

Transzendentalpragmatik, philosophischer Terminus zur Bezeichnung des von K.-O. Apel entwickelten und von ihm so genannten Programms der Transformation der ↑Transzendentalphilosophie I. Kants. Apel ersetzt die Frage Kants nach der Bedingung der Möglichkeit von Erkenntnis überhaupt durch die Frage nach der Bedingung der Möglichkeit intersubjektiver Geltungsansprüche (↑Geltung), wie sie in jeder sprachlichen Argumentation vorausgesetzt werden müssen. An die Stelle des transzendentalen Subjekts (↑Subjekt, transzendentales) bei Kant tritt dabei die transzendentale ↑Kommunikationsgemeinschaft aller rationalen Wesen. Neben der Kantischen Transzendentalphilosophie bilden der ↑Pragmatismus von C. S. Peirce und die hermeneutische Philosophie (↑Hermeneutik) vor allem M. Heideggers die wichtigsten philosophischen Bezugspositionen für die T.. Diese zeichnet sich dabei besonders durch den Anspruch der ↑Letztbegründung bestimmter universaler Einsichten aus, die vor allem die Konzeption einer kommunikativen ↑Ethik charakterisieren. Diesbezüglich, nicht jedoch hinsichtlich des Letztbegründungsanspruchs, ist die Nähe zum Programm der ↑Universalpragmatik von J. Habermas unverkennbar.

Grundlegende Einsichten der T. sind gemäß der Methode der ›strikten Reflexion‹ die Bedingungen der Möglichkeit intersubjektiver Geltungsansprüche, die Existenz des denkenden ↑Subjekts, die Leibhaftigkeit menschlicher Praxis (↑Leibapriori), die ↑Unhintergehbarkeit sprachlicher ↑Kommunikation im Rahmen der Kommunikationsgemeinschaft und die Existenz einer realen, bewußtseinsunabhängigen Welt (↑Realität, ↑Realismus (erkenntnistheoretisch)). Gemäß Apels an Peirce orientierter Konsenstheorie der Wahrheit (↑Konsens, ↑Wahrheitstheorien) ist eine Aussage p wahr, wenn jeder Kommunikationsteilnehmer ↑kontrafaktisch, nämlich unter idealen Kommunikationsbedingungen, p allgemein zustimmt. Die Rückbindung jeder Argumentation an den idealen ↑Diskurs der Kommunikationsgemeinschaft erlaubt auch die Begründung universaler ethischer Normen (↑Norm (handlungstheoretisch, moralphilosophisch)), da die Pflicht besteht, (1) die Menschheit als *reale* Kommunikationsgemeinschaft zu erhalten und (2) die Realisierung der *idealen* Kommunikationsgemeinschaft anzustreben. In einem nach diesen Normen einzurichtenden Diskurs sollen und können grundsätzlich die ↑Bedürfnisse aller Betroffenen argumentativ miteinander in Einklang gebracht werden.

Literatur: H. Albert, Transzendentale Träumereien. Karl-Otto Apels Sprachspiele und sein hermeneutischer Gott, Hamburg 1975; K.-O. Apel, Grenzen der Diskursethik? Versuch einer Zwischenbilanz, Z. philos. Forsch. 40 (1986), 3–31; ders., Diskurs und Verantwortung. Das Problem des Übergangs zur postkonventionellen Moral, Frankfurt 1988, [4]2008; ders., Pragmatische Sprachphilosophie in transzendentalsemiotischer Begründung, in: H. Stachowiak (ed.), Pragmatik. Handbuch pragmatischen Denkens IV (Sprachphilosophie, Sprachpragmatik und formative Pragmatik), Hamburg 1993, Darmstadt 1997, 38–61; D. Apsalons, Das Problem der Letztbegründung und die Rationalität der Philosophie. Kritischer Rationalismus versus T.. Zum Begründungsstreit in der deutschen Philosophie, Diss. Bremen 1995; D. Böhler (ed.), Die pragmatische Wende. Sprachspielpragmatik oder T.?, Frankfurt 1986; C. Demmerling, T./Universalpragmatik, Hist. Wb. Ph. X (1998), 1439–1442; A. Dorschel u. a. (eds.), T.. Ein Symposium für Karl-Otto Apel, Frankfurt 1993; C. F. Gethmann, Letztbegründung vs. lebensweltliche Begründung des Wissens und Handelns, in: Forum für Philosophie Bad Homburg (ed.), Philosophie und Begründung, Frankfurt 1987, 268–302; V. Hösle, Die Krise der Gegenwart und die Verantwortung der Philosophie. T., Letztbegründung, Ethik, München 1990, [3]1997; W. Kuhlmann, Zur logischen Struktur transzendentalpragmatischer Normenbegründung, in: W. Oelmüller (ed.), Transzendentalphilosophische Normenbegründungen, Paderborn 1978, 15–26; ders., Reflexive Letztbegründung versus radikaler Fallibilismus. Eine Replik, Z. allg. Wiss.theorie 16 (1985), 357–374; ders., Reflexive Letztbegründung. Untersuchungen zur T., Freiburg/München 1985; ders., Sprachphilosophie, Hermeneutik, Ethik. Studien zur T., Würzburg 1992; ders., Kant und die T., Würzburg 1992; ders., Beiträge zur Diskursethik. Studien zur T., Würzburg 2007; ders., Unhintergehbarkeit. Studien zur T., Würzburg 2009; ders./D. Böhler (eds.), Kommunikation und Reflexion. Zur Diskussion der T.. Antworten auf Karl-Otto Apel, Frankfurt 1982; D. Matsumoto, Moralbegründung zwischen Kant und T.. Von der transzendentalen Begründung zur Faktizität des Moralischen, Marburg 2011; J. Mittelstraß, Gibt es eine Letztbegründung?, in: P. Janich (ed.), Methodische Philosophie. Beiträge zum Begründungsproblem der exakten Wissenschaften in Auseinandersetzung mit Hugo Dingler, Mannheim/Wien/Zürich 1984, 12–35, bes. 24–26, Nachdr. in: ders., Der Flug der Eule. Von der Vernunft der Wissenschaft und der Aufgabe der Philosophie, Frankfurt 1989, 1997, 281–312, bes. 304–308; M. Niquet, Nichthintergehbarkeit und Diskurs. Prolegomena zu einer Diskurstheorie des Transzendentalen, Berlin 1999; W. Petras, Sinnkonstitution und Geltungsrechtfertigung. Zum Verhältnis von transzendentaler Hermeneutik und T. in Kontexten einer zureichenden Vernunftbegründung, Diss. Köln 2011; F. Rohrhirsch, Letztbegründung und T.. Eine Kritik an der Kommunikationsgemeinschaft als normbegründender Instanz bei Karl-Otto Apel, Bonn 1993; G. Schönrich, Bei Gelegenheit Diskurs. Von den Grenzen der Diskursethik und dem Preis der Letztbegründung, Frankfurt 1994; weitere Literatur: ↑Apel, Karl-Otto, ↑Letztbegründung. C. F. G.

Trendelenburg, Friedrich Adolf, *Eutin 30. Nov. 1802, †Berlin 24. Jan. 1872, dt. Philosoph. Ab 1822 Studium der Philologie und Philosophie in Kiel (bei C. L. Reinhold und J. E. v. Berger), Leipzig und Berlin (bei F. Schleiermacher und G. W. F. Hegel), 1826 Promotion in Berlin. 1826–1833 Hauslehrer und Privatdozent, ab 1833 a. o. Prof., 1837 o. Prof. in Berlin, 1847–1871 Sekretär der philosophisch-historischen Klasse der Königlich-Preußischen Akademie der Wissenschaften zu Berlin. – Ausgehend von der Frage, wie Denken und Sein im Erkennen verbunden sind, formuliert T. die Vorstellung, daß beiden als gemeinsame Form die Bewegung zugrundeliege, die T. – Aristotelische Gedanken aufgreifend – als zweckgeleitet deutet. Die formale Logik (in der Kantischen Ausprägung) mit ihrer Trennung von der ↑Metaphysik könne diese Bewegung nicht erfassen. Ihr wird zudem die Berechtigung bestritten, sich auf Aristoteles berufen zu können (Logische Untersuchungen II, 1840). Was der formalen Logik (↑Logik, formale) fehle, gebe die dialektische Logik (in der Hegelschen Ausprägung; ↑Logik, dialektische) vor zu leisten. Dieser wirft T. jedoch vor, daß sie sich von den Wissenschaften abgelöst habe, in denen der Erkenntnisprozeß der Menschheit seinen Niederschlag finde. Vor allem mit diesem Gedanken der Rückkopplung der Philosophie an die Wissenschaften hat T. die nachhegelsche Philosophie beeinflußt, am nachhaltigsten F. Brentano und W. Dilthey. Historisch und systematisch behauptet T. den ideal-realistischen Zusammenhang von subjektiven Denkkategorien und objektiven Seinskategorien im Rahmen einer ›organischen Weltanschauung‹. Diese ist auch für seine Moral- und Rechtsphilosophie bestimmend, in der das ›sittliche Ganze‹ gegen I. Kants Trennung von ↑Legalität und ↑Moralität verteidigt wird. – G. Frege übernimmt von T. den Terminus ↑›Begriffsschrift‹, den dieser als Bezeichnung für das Leibnizsche Programm einer *characteristica universalis* (↑Leibnizsche Charakteristik) verwendet (Historische Beiträge zur Philosophie III, 1867, 4). T. hat auch sonst auf Frege gewirkt. So setzt dieser sich mit T.s Kritik an der formalen Auffassung der Logik auseinander und versucht zu zeigen, daß diese Kritik seine eigene Begriffsschrift nicht trifft. Insbes. stimmt er mit T. in der organischen Auffassung der Begriffs- und Schlußlehre überein.

Werke: Platonis de ideis et numeris doctrina ex Aristotele illustrata, Leipzig 1826; De Aristotelis categoriis, Berlin 1833; Aristotelis de anima libri tres, Jena 1833, Berlin [2]1877 (repr. Graz 1957); Elementa logices Aristoteleae, Berlin 1836, [9]1892 (engl. Outline of Logic, Oxford, London 1881, Oxford [2]1898); Logische Untersuchungen, I–II, Berlin 1840, Leipzig [3]1870 (repr. Hildesheim 1964); Der Zweck, in: ders., Logische Untersuchungen [s. o.] II, 1–71, Neudr., ed. G. Wunderle, Paderborn 1925; Erläuterungen zu den Elementen der aristotelischen Logik, Berlin 1842, [3]1876, unter dem Titel: Elemente der aristotelischen Logik [griech./dt.], ed. R. Beer, Reinbek b. Hamburg 1967, 1969; Historische Beiträge zur Philosophie, I–III, Berlin 1846–1867 (repr. [Bd. I] unter dem Titel: Geschichte der Kategorienlehre, Hildesheim 1963, 1979); Nothwendigkeit und Freiheit in der griechischen Philosophie. Ein Blick auf den Streit dieser Begriffe, in: ders., Historische Beiträge zur Philosophie [s. o.] II, 112–187 (repr. unter dem Titel: Notwendigkeit und Freiheit in der griechischen Philosophie. Ein Blick auf den Streit dieser Begriffe, Darmstadt 1967); Über den letzten Unterschied der philosophischen Systeme, Abh. Königl.

Akad. Wiss. zu Berlin. Aus dem Jahre 1847, Berlin 1849, 241–262, ferner in: Historische Beiträge zur Philosophie [s. o.] II, 1–30, Neudr., ed. H. Glockner, Stuttgart 1949; Naturrecht auf dem Grunde der Ethik, Leipzig 1860, ²1868 (repr. Aalen 1969); Kuno Fischer und sein Kant. Eine Entgegnung, Leipzig 1869; Kleine Schriften, I–II, Leipzig 1871. – K. C. Köhnke, Verzeichnis der Veröffentlichungen von F. A. T., in: G. Hartung/K. C. Köhnke (eds.), F. A. T.s Wirkung [s. u., Lit.], 271–294.

Literatur: F. C. Beiser, Late German Idealism. T. and Lotze, Oxford 2013, 2014; P. Bellemare, T., Enc. philos. universelle III/1 (1992), 2157–2158; E. Boxberg, Die Rechtsphilosophie bei F. A. T., Diss. Köln 1966; K. Fischer, Anti-T.. Eine Duplik, Jena 1870, mit Untertitel: Eine Gegenschrift, ²1870; G. Hartung/K. C. Köhnke (eds.), F. A. T.s Wirkung, Eutin 2006; H.-U. Lessing, T., NDB XXVI (2016), 395–397; M. Mangiagalli, Logica e metafisica nel pensiero di F. A. T., Mailand 1983; P. Petersen, Die Philosophie F. A. T.s. Ein Beitrag zur Geschichte des Aristoteles im 19. Jahrhundert, Hamburg 1913; A. Richter, T., ADB XXXVIII (1894), 569–572; G. G. Rosenstock, F. A. T., Forerunner to John Dewey, Carbondale Ill. 1964; J. Schmidt, Hegels Wissenschaft der Logik und ihre Kritik durch A. T., München 1977; J. Wach, Die Typenlehre T.s und ihr Einfluß auf Dilthey. Eine philosophie- und geistesgeschichtliche Studie, Tübingen 1926; A. R. Weiss, F. A. T. und das Naturrecht im 19. Jahrhundert, Kallmünz 1960. G. G.

Trentowski, Bronisław Ferdynand, *Opole (Oppeln) 21. Jan. 1808, †Freiburg i. Br. 16. Juni 1869, poln. Philosoph und Pädagoge. 1826–1828 Studium in Warschau (ohne Abschluß), Soldat im polnischen Heer im Novemberaufstand 1830; danach erneut Studium der Philosophie in Königsberg, Heidelberg und Freiburg i. Br., 1837 Promotion, 1838 Habilitation; Privatdozent für Naturphilosophie, Logik, Pädagogik und Spekulative Theologie. Nach 1840 schrieb T. seine philosophischen Werke ausschließlich in polnischer Sprache. – Nach A. Cieskowski und neben K. Libelt war T. der wichtigste Vertreter (des konservativ-liberalen Flügels) der polnischen ›Nationalen Philosophie‹ in den 30er und 40er Jahren des 19. Jhs., in der Teile der Philosophie G. W. F. Hegels auf die Frage der nationalen Zukunft Polens angewandt wurden. Kern dieser Strömung war eine ›Philosophie der Tat‹, die zum Ziel hatte, philosophische Spekulation zur konkreten Aktion zu bringen, wobei das romantische (↑Romantik) Vervollkommnungsideal des Individuums ebenso einfloß wie sozialreformerische Ideen zur Umgestaltung der Gesellschaft, religionsphilosophische Entwürfe und die Vorstellung einer geschichtlichen Mission der slawischen Nationen.

Nach T.s Selbstverständnis war seine Philosophie polnischen Ursprungs und Geistes, aber von universeller Gültigkeit. Beeinflußt vom Deutschen Idealismus (↑Idealismus, deutscher) in der Ausprägung F. W. J. Schellings entwarf T. ein philosophisches System, das das gesamte menschliche Wissen umfassen sollte. Gott ist für T. ein transzendentes Wesen (↑transzendent/Transzendenz). Der Mensch als Bild Gottes hat potentiell göttliche Eigenschaften (eine göttliche ›Ichheit‹), die es durch Erkennen (›Wahrnehmung‹, ähnlich Schellings ›intellektueller Anschauung‹; ↑Anschauung, intellektuelle) der wahren Werte und durch individuelle und historische Entfaltung von autonomer Persönlichkeit bzw. Nation zu verwirklichen gilt. Wegen seiner antiklerikalen Haltung und seiner heterodoxen Lehre eines ›materialistischen ↑Pantheismus‹ wurde T. von der katholischen Philosophie seiner Zeit strikt abgelehnt. Da in der 2. Hälfte des 19. Jhs. in Polen eine allgemeine Abkehr von Systemphilosophien hin zu positivistischen (↑Positivismus (historisch), ↑Positivismus (systematisch)) Tendenzen erfolgte (A. Świętochowski), war T. gegen Ende seines Lebens intellektuell isoliert. Einige der von ihm geprägten Begriffe, wie die des ↑Historismus und der ↑Kybernetik, haben gleichwohl später weite Verbreitung gefunden.

Werke: Grundlage der universellen Philosophie, Karlsruhe/Freiburg, Paris 1837; De vita hominis aeterna. Commentatio adnotationibus Germanis illustrata, Freiburg 1838; Vorstudien zur Wissenschaft der Natur, oder Übergang von Gott zur Schöpfung nach den Grundsätzen der universellen Philosophie, I–II, Leipzig 1840; Chowanna czyli system pedagogiki narodowej [...], I–II, Posen 1842, ²1845/1846, ed. A. Walicki, Breslau 1970; Stosunek filozofii do cybernetyki czyli sztuki rządzenia narodem. Rzecz treści politycznéj, Posen 1843, unter dem Titel: Stosunek filozofii do cybernetyki oraz, Wybór pism filosoficznych z lat 1842–1845, ed. A. Walicki, Warschau 1974; Myślini, czyli całokształt loiki narodowej, I–II, Posen 1844 (engl. [teilw.] Introduction to the Logic of T.. Treating of God, Immortality, and the Immediate Eye for the Divine World, J. Speculative Philos. 4 [1870], 62–83, unter dem Titel: The Sources and Faculties of Cognition, ebd. 16 [1882], 244–249, 413–422, 17 [1883], 163–169, 356–366); [unter dem Pseudonym: Ojczyzniska] Wizerunki duszy narodowej s końca ostatniego szesnastolecia, Paris 1847; Przedburza polityczna, Freiburg 1848; (mit A. Ficke) System der Freimaurerei der Loge »Zur edlen Aussicht« in Freiburg im Breisgau, I–III, Freiburg 1866–1867; Die Freimaurerei in ihrem Wesen und Unwesen, Leipzig 1873; Panteon wiedzy ludzkiej. Lub, Pantologia, encyklopedya wszech nauk i umiejętności, propedeutyka powszechna i wielki system filozofii, I–III, Posen 1873–1881; Pisma o filozofii religii, ed. T. Kozanecki, Warschau 1965; Podstawy filozofii uniwersalnej. Wstęp do nauki o naturze, ed. J. Garewicz/A. Walicki, Warschau 1978.

Literatur: W. Andrukowicz, Szlachetny pożytek o filozoficznej pedagogice Bronisława F. Trentowskiego, Stettin 2006; C. Grzegorczyk, B. F. T. (1808–1869), Arch. philos. 36 (1973), 127–134; S. Harassek, Filozofia a ethnos, Lublin 1994; W. Horodyski, B. T. (1808–1869), Krakau 1913; F. M. Kozłowski, Początki filozofii chrześciańskiej włacznie z krytyką filozofii Bronisława F. Trentowskiego, I–II, Posen 1845; J. I. Kraszewski, System Trentowkiego tecia i rozbiorem Analytiyki loicznejokazany, Leipzig 1847; Z. Kuderowicz, Das philosophische Ideengut Polens, Bonn 1988, 42–49 (Kap. 3.3 B. T.. Die Tat als Pflicht); E. Starzyńska-Kościuszko, Koncepcja człowieka rzeczywistego z antropologii filozoficznej Bronisława Ferdynanda Trentowskiego, Allenstein 2004; A. Walicki, Philosophy and Romantic Nationalism. The Case of Poland, Oxford 1982, Notre Dame Ind. 1994, 152–172 (Chap. IV B. T.). H. R.

Triade (auch: Trias, griech. *τρίας*, Dreizahl, Dreiheit), Bezeichnung für ein Gliederungsschema, das sich in Dreiteilungen wie memoria - intelligentia - voluntas, Geist - Seele - Leib, Himmel - Erde - Hölle, Thesis - Antithesis - Synthesis ausdrückt und auch in Gottesvorstellungen verbreitet ist (z. B. Isis - Osiris - Horus). Die spätantike christliche Theologie ist wesentlich durch den Streit um die Auslegung der göttlichen Trinität bestimmt, die schließlich in dem Dogma der Wesenseinheit von Vater, Sohn und Heiligem Geist festgelegt wird. Philosophisch werden triadische Spekulationen vor allem in neuplatonischen (↑Neuplatonismus) Traditionen (Proklos, Dionysios Areopagites, Nikolaus von Kues) angestellt.

Die Gliederung des elementarlogischen Teils der Logik von Port-Royal (↑Port-Royal, Schule von) ist ebenso triadisch angelegt (Begriff - Urteil - Schluß) wie daran anschließend die Gliederungen von I. Kants »Kritik der reinen Vernunft« und in dieser wiederum die Urteils- und Kategorientafel (↑Kategorie). Das sich im Verhältnis von ↑Ich und ↑Nicht-Ich konstituierende ↑Selbstbewußtsein ist bei J. G. Fichte eine dritte Integrationsstufe. Vor allem bei G. W. F. Hegel wird der Dreischritt zum bestimmenden Schema seiner ↑Dialektik (↑Hegelsche Logik), z. B. in den Unterscheidungen von ↑an sich - für sich - ↑an und für sich, Allgemeines - Besonderes - Einzelnes (Konkretes), Sein - Wesen - Begriff und Logik - Natur - Geist. Hegel ist sich dabei der religions- und philosophiegeschichtlichen Traditionen des triadischen Schemas bewußt, das für ihn eine ›tiefe Form‹ von ›Einheit‹ und deren ›Anderssein‹ darstellt. Jedes Ding ist in diesem triadischen Sinne ›Einheit in seinem Anderssein‹ (Vorles. Gesch. Philos. I, Sämtl. Werke XVII, 273–274). S. B.

trial and error, Kurzbezeichnung einer ›Methode von Versuch und Irrtum‹ für ein (idealisiertes) Verfahren der Problemlösung für solche Situationen, in denen (1) ein Ziel und damit ein Erfolgskriterium für die Problemlösung feststeht, in denen (2) eine Reihe von alternativen Lösungsversuchen möglich ist, von denen (3) bekannt ist, daß sie alle ähnlich erfolgreich bzw. erfolglos sind, und von denen (4) unbekannt ist, welcher Versuch zum Erfolg führt. In solchen Situationen sind so lange (beliebige) Lösungsversuche zu unternehmen, bis nach irrtümlichen Wahlen eine erste erfolgreiche Wahl getroffen ist.

In der ↑Kybernetik wird das t.-a.-e.-Verfahren als Zusammenwirken von zielstrebigen Systemen mit blackbox-Systemen beschrieben, um in einem probierenden ↑Automaten ein Lernsystem technisch zu realisieren. In der ↑Psychologie wird es von der älteren, an Tierversuchen entwickelten Lerntheorie (↑Behaviorismus) mit der These E. L. Thorndikes, daß jegliches Lernen nach dem Schema von Versuch und Irrtum (über Belohnung der richtigen und Bestrafung der falschen Wahl) erklärt werden könne, zur radikalen (und mittlerweile überholten) Gegenthese gegen diejenigen Ansätze erhoben, die Lernen als intentional (↑Intentionalität) geleitetes, von Einsichten getragenes Adaptieren an neue Situationen verstehen.

In der ↑Wissenschaftstheorie wird das t.-a.-e.-Verfahren im Falsifikationismus (↑Falsifikation) K. R. Poppers noch einmal aufgenommen. Danach werden sogar erfahrungswissenschaftliche Theorien (bei Ermangelung anderer Kriterien) so lange versuchsweise gesetzt und dann widerlegt, bis eine ›richtige‹ (hier im Sinne einer vorläufig nicht widerlegten) Theorie gefunden wird. Bezogen auf den der Evolutionsbiologie (↑Evolutionstheorie) entlehnten Begriff der ↑Mutation liegt in dieser evolutionären Konzeption einer ↑Theoriendynamik insofern ein Fehler, als die das t.-a.-e.-Verfahren definierenden Bedingungen in den Mutationen des ↑Genoms nicht erfüllt sind und der biologische Unterschied von Mutation und ↑Variation nicht angemessen berücksichtigt ist.

Literatur: E. R. Hilgard, Theories of Learning, New York 1948, mit G. H. Bower, Englewood Cliffs N. J. [3]1966, [5]1981 (dt. Theorien des Lernens, Stuttgart 1970, [5]1983); G. Klaus/M. Buhr, T. A. E.-Prinzip, Ph. Wb. II ([13]1985), 1233–1234; K. R. Popper, Objective Knowledge. An Evolutionary Approach, Oxford 1972, 2003. P. J.

Trichotomie (von griech. *τριχοτομεῖν*, ›dreiteilen‹), Bezeichnung für die Einteilung eines logischen Gegenstandes in genau drei Teile oder eines Sachverhaltes in genau drei Fälle bzw. für eine Aussage, die das Vorliegen einer solchen Einteilung ausdrückt. In der traditionellen ↑Begriffslogik bezeichnet ›T.‹ die Einteilung (*divisio*) einer ↑Gattung in genau drei (einander wechselseitig ausschließende und zusammen die Gattung erschöpfende) Arten, z. B. in der Geometrie die Einteilung in spitzwinklige, rechtwinklige und stumpfwinklige Dreiecke oder in der Grammatik der deutschen Sprache die Einteilung der Substantive nach dem Geschlecht in Maskulina, Feminina und Neutra.

In der neueren ↑Logik und der mathematischen ↑Verbandstheorie wird als ›T.‹ die charakteristische Eigenschaft einer Totalordnung $\leq$ (↑Ordnung) bezeichnet, daß für je zwei Elemente a, b der durch $\leq$ geordneten Menge stets entweder $a < b$ oder $a = b$ oder aber $b < a$ gilt (wobei $x < y$ als $x \leq y \wedge x \neq y$ erklärt ist). In komplexeren Strukturen läßt sich diese Eigenschaft oft auch anders ausdrücken. Z. B. heißt in der modernen Algebra ein Ring ›geordnet‹, wenn die Menge R seiner Elemente eine Teilmenge P (die ›positiven‹ Elemente) umfaßt, die mit je zwei Elementen x und y auch $x + y$ und xy enthält und das ›T.gesetz‹ erfüllt, daß für jedes Element a von R entweder $a \in P$ oder $-a \in P$ oder aber $a = 0$ gilt (wobei $-a$ das durch $a + (-a) = 0$ gekennzeichnete additive Inverse [↑invers/Inversion] zu a ist). C. T.

Trieb (engl. instinct, drive oder urge; franz. instinct, pulsion oder tendance), oft synonym mit ↑›Instinkt‹ verwendet, wie Instinkt umstrittener Begriff der ↑Anthropologie und der ↑Verhaltensforschung. Durch ihn wird, unter Aufnahme seiner umgangssprachlichen Verwendung, der Aspekt des Dynamischen und Drängenden in den das Verhalten von Mensch und Tier (mit-) bestimmenden angeborenen oder erworbenen Anlagen, ↑Bedürfnissen und Fähigkeiten betont. Seine ↑Vagheit erleichterte seine inflationäre Verwendung mit der Tendenz, für jeden Verhaltensaspekt korrespondierende T.e vorzuschlagen. Die ursprünglichen Vorstellungen von der erblichen Fixiertheit oder der Stereotypie triebgeleiteten Verhaltens mußten auf Grund der Erkenntnis der Bedeutung von Lernvorgängen anläßlich der Einflüsse der für ein Lebewesen spezifischen natürlichen und sozialen Umwelt zugunsten des teilweisen Erwerbs und größerer Variabilität von T.en modifiziert werden.

Verbreitet ist das Zusprechen von Aggressions-, Nahrungs-, Geschlechts- und Selbsterhaltungstrieben. Eine gewisse Popularität genießt die T.theorie der klassischen ↑Psychoanalyse: S. Freuds antagonistische (↑Antagonismus) T.theorie legte zunächst einen Sexual- und einen Ich- oder Selbsterhaltungs- bzw. Aggressionstrieb zugrunde; beide T.e differenzieren sich in so genannte ›Partialtriebe‹ aus. Später postulierte Freud, unter Aufnahme mythologischer Begriffsbildungen, einen ›Lebens-‹ und einen ›Todestrieb‹ (›Eros‹ und ›Thanatos‹, ›Liebe‹ und ›Haß‹), die gewöhnlich miteinander gemischt seien (›T.mischung‹). Bei einer Trennung der beiden T.arten (›T.entmischung‹) verfolge eine jede ihr spezifisches Ziel auf eine von der anderen unabhängige Weise. In der Neo-Psychoanalyse werden T.theorien im allgemeinen zugunsten der stärkeren Betonung sozialer Einflüsse bei der Entstehung von Neurosen abgelehnt.

Während I. Kant und A. Schopenhauer die bildungssprachliche Verwendung von ›T.‹ unkritisch weiterführen, lehnt ihn die neuere philosophische Anthropologie wegen seiner Unbestimmtheit weitgehend ab. Der Ausdruck ›T.feder‹ besagt in Kants Moralphilosophie soviel wie ›Beweggrund‹ oder ↑›Motiv‹; in der Charakterkunde von L. Klages bezeichnet er jene Instanz, die einen T. mit dem ihm entsprechenden ↑Interesse verknüpft. Mit dem Ausdruck ›T.hang‹ bezeichnet J. G. Fichte das Sich-selbst-Suchen des ↑Ich in einem Äußeren (z. B. als Hängen an Besitz), wodurch es sich zwangsläufig verfehle.

Literatur: R. Bernet, Force, pulsion, désir. Une autre philosophie de la psychanalyse, Paris 2013; J. Bowlby, Theorien über den ›T.‹ und die ›T.reaktion‹, in: H. Thomae (ed.), Die Motivation menschlichen Handelns, Köln/Berlin 1965, Köln [9]1976, 113–120; T. Dufresne, Tales from the Freudian Crypt. The Death Drive in Text and Context, Stanford Calif. 2000; S. Freud, Drei Abhandlungen zur Sexualtheorie, Leipzig/Wien 1905, [5]1922, ferner in: ders., Ges. Werke V, ed. A. Freud u. a., London 1942, Frankfurt [7]1991, 1999, 27–145, separat Stuttgart 2010, ferner als: Sigmund Freuds Werke II, Göttingen 2015; ders., T.e und T.schicksale, Internat. Z. ärztl. Psychoanalyse 3 (1915), 84–100, ferner in: ders., Ges. Werke X, ed. A. Freud u. a., London 1946, Frankfurt [8]1991, 1999, 210–232; ders., Jenseits des Lustprinzips, Leipzig/Wien/Zürich 1920, ferner in: ders., Ges. Werke XIII, ed. A. Freud u. a., London 1940, Frankfurt [10]1998, 1999, 1–69; A. Gehlen, Theorie der Willensfreiheit, Berlin 1933, unter dem Titel: Theorie der Willensfreiheit und frühe philosophische Schriften, Neuwied/Berlin 1965; ders., Der Mensch. Seine Natur und seine Stellung in der Welt, Berlin 1940, Frankfurt 1993 (= Gesamtausg. III/1–III/2), Wiebelsheim [14]2004, Frankfurt 2016; C. L. Hull, Principles of Behavior. An Introduction to Behavior Theory, New York 1943, 1966; L. Klages, Prinzipien der Charakterologie, Leipzig 1910, [3]1921, rev. unter dem Titel: Die Grundlagen der Charakterkunde, Leipzig [4]1926, Bonn [15]1988, ferner in: ders., Sämtl. Werke IV, ed. E. Frauchiger u. a., Bonn 1976, 191–414; C. Kupke (ed.), Lacan – T. und Begehren, Berlin 2007; W. Mertens, T., Hist. Wb. Ph. X (1998), 1483–1492; A. Mitscherlich/H. Vogel, Psychoanalytische Motivationstheorie, in: H. Thomae (ed.), Handbuch der Psychologie II (Motivation), Göttingen 1965, 759–793; H. Nagera (ed.), Psychoanalytische Grundbegriffe. Eine Einführung in Sigmund Freuds Terminologie und Theoriebildung, Frankfurt 1974, Eschborn [2]2007; M. M. Peskin, Drive Theory Revisited, Psychoanalytical Quarterly 66 (1997), 377–402; R. S. Peters, The Concept of Motivation, London/New York 1958, [2]1960, 1974; C. Schmidt-Hellerau, Lebenstrieb & Todestrieb. Libido & Lethe. Ein formalisiertes konsistentes Modell der psychoanalytischen T.- und Strukturtheorie, Stuttgart 1995; L. Szondi, T.pathologie, I–II, Bern/Stuttgart 1952/1956, Bern/Stuttgart/Wien [2]1977; B. Weiner, Theories of Motivation. From Mechanism to Cognition, Chicago Ill. 1972, 1973 (dt. Theorien der Motivation, Stuttgart 1976); C. Yorke, Die Aktualität der T.theorie. »The Force behind the Mind«, ed. B. Nissen, Gießen 2002. R. Wi.

Trilemma, in der traditionellen Logik (↑Logik, traditionelle) Bezeichnung für ein ↑Polylemma mit drei Adjunktionsgliedern in der hypothetisch-deduktiven ↑Prämisse. Ein T. hat daher eine der folgenden Formen:

(1) Die quantorenlogische (↑Quantorenlogik) Form

$$\frac{\begin{array}{l}\bigwedge_x (B(x) \vee C(x) \vee D(x)) \\ \quad \neg B(n) \wedge \neg C(n)\end{array}}{D(n)},$$

wobei der hypothetische Teil im ↑Quantor ›versteckt‹ ist, da sich dessen Index x stets auf einen bestimmten ↑Variabilitätsbereich V bezieht und ›$\bigwedge_x F(x)$‹ genauer als ›$\bigwedge_{x \in V} F(x)$‹ zu lesen ist. Dies aber ist gleichwertig mit der hypothetisch, nämlich als quantifiziertes Subjungat, formulierten Aussage $\bigwedge_x (x \in V \rightarrow F(x))$.

(2) Die erste junktorenlogische (↑Junktorenlogik) Form

$$\frac{\begin{array}{l}A \rightarrow (B \vee C \vee D) \\ \quad \neg B \wedge \neg C\end{array}}{A \rightarrow D},$$

wobei beide Formen (1) und (2) als Schluß ›von allen Dingen der Art A gilt entweder B oder C oder D; von dem Ding n der Art A gilt weder B noch C; also gilt D von (diesem) n‹ gelesen werden können.

(3) Die zweite junktorenlogische Form

$$\frac{\begin{array}{l} A \to (B \lor C \lor D) \\ \neg B \land \neg C \land \neg D \end{array}}{\neg A},$$

die in Form des so genannten ↑Münchhausen-Trilemmas in der Erkenntnislehre des Kritischen Rationalismus (↑Rationalismus, kritischer) eine moderne Anwendung gefunden hat. C. T.

Tritos anthropos, ↑Dritter Mensch.

Trivium, ↑ars.

Troeltsch, Ernst Peter Wilhelm, *Haunstetten b. Augsburg 17. Febr. 1865, †Berlin 1. Febr. 1923, dt. protestantischer Theologe und Kulturwissenschaftler. 1883–1888 Studium der Theologie in Augsburg, Erlangen, Berlin und Göttingen, Vikariat in München, 1891 Privatdozent für Kirchen- und Dogmengeschichte in Göttingen, 1892 Extraordinarius für systematische Theologie in Bonn, 1894 Prof. für systematische Theologie in Heidelberg, 1915 Prof. für Philosophie in Berlin, 1919–1921 Unterstaatssekretär im preußischen Kultusministerium. T. gilt als der bedeutendste Vertreter der religionsgeschichtlichen Schule der liberalen lutherischen Theologie. Innerhalb dieser Schule hat er – neben eigenen historischen Studien – besonders die methodischen Konsequenzen des historischen Denkens für die theologische Dogmatik und die moderne Kultur insgesamt reflektiert.

T.s systematische Position ist schwer zu fassen, weil er sich im Laufe seiner Entwicklung unterschiedlichen Ansätzen zuwendet, aber keinem ganz verhaftet bleibt. Philosophisch von R. H. Lotze und G. W. Leibniz, später auch von W. James und H. Rickert, in der Heidelberger Zeit überdies von M. Weber beeinflußt, tritt T. dem ↑Supranaturalismus der älteren Theologie früh entgegen. Die Ablehnung der methodischen Standards der Philosophie und anderer ↑Kulturwissenschaften erscheint ihm als ungeeignetes Mittel zur Konservierung theologischer Geltungsansprüche. Entsprechend seiner Einsicht in die historische Bedingtheit des gesamten kulturellen Erbes rekonstruiert T. die beanspruchte Absolutheit des Christentums als dem europäischen Kulturkreis zugehörige faktische Höchstgeltung. Unter den historischen Studien sind vor allem die »Soziallehren der christlichen Kirchen und Gruppen« (1912) zu nennen, in denen T. den wechselseitigen Einfluß religiöser Ideen und sozialer und wirtschaftlicher Verhältnisse untersucht. Die Fortgeltung historisierter, insbes. religiöser und ethischer, Kulturbestände ist T. gedanklich ein Problem geblieben (↑Historismus). Nach einer psychologisierenden Phase wendet er sich dem ↑Neukantianismus zu, dessen aprioristischer Wertlehre er jedoch nicht zu folgen vermag, so daß er schließlich auch Anleihen bei ↑Phänomenologie und ↑Lebensphilosophie macht. Die besonders in der Berliner Zeit betriebene Geschichtsphilosophie bleibt nicht bei methodischen Analysen (etwa des Begriffs des historischen Individuums oder des Entwicklungsbegriffs) stehen, sondern ist ebenfalls in praktischer Absicht auf modernitätsspezifische Orientierungsprobleme bezogen. In dieser auch mit verstärktem politischen Engagement verbundenen Zeit wird die Erfahrung der faktischen Unumgänglichkeit, aber auch Möglichkeit des Sicheinrichtens in einer historisierten Kultur leitend.

Als Kern aller Orientierungsversuche T.s ist der für die liberale Theologie generell kennzeichnende Impuls erkennbar, den Menschen unter Einschluß seiner religiösen Seite in Übereinstimmung mit der modernen Welt zu halten. Die damit verbundene Vergangenheitszuwendung resultiert entsprechend nicht in dogmatisierendem ↑Traditionalismus, sondern dient der Aufrechterhaltung der kulturellen Kontinuität in eine als offen begriffene Zukunft hinein. In der dialektischen ↑Theologie der unmittelbar folgenden Generation ist T. als Vertreter des ›Kulturprotestantismus‹, der zugunsten eines affirmativen Verhältnisses zur Gegenwartskultur die radikale Jenseitigkeit Gottes leugne, abgelehnt worden; bei modernitätszugewandten Theologen ist dagegen die Beschäftigung mit seinem Werk weiterhin verbreitet. In anderen Kulturwissenschaften ist T., da er keine methodisch strenge Geschichtstheorie und Hermeneutik entwickelt hat, von geringerem Einfluß geblieben.

Werke: Gesammelte Schriften, I–IV, ed. H. Baron, Tübingen 1912–1925 (repr. Aalen 1961–1966, 1977–1981); Kritische Gesamtausgabe, I–XX, ed. F. W. Graf u. a., Berlin/New York 1998ff. (erschienen Bde I–II, IV–VIII, XIII–XX). – Vernunft und Offenbarung bei Johann Gerhard und Melanchthon. Untersuchung zur Geschichte der altprotestantischen Theologie, Göttingen 1891, ferner in: Kritische Gesamtausg. [s. o.] I, 81–338; Die Absolutheit des Christentums und die Religionsgeschichte, Tübingen 1902, [3]1929, Berlin/New York 1998, ferner als: Kritische Gesamtausg. [s. o.] V (engl. The Absoluteness of Christianity and the History of Religions, Richmond Va. 1971, London 1971); Psychologie und Erkenntnistheorie in der Religionswissenschaft, Tübingen 1905, [2]1922, ferner in: Kritische Gesamtausg. [s. o.] VI/1, 215–256; Die Bedeutung des Protestantismus für die Entstehung der modernen Welt, Hist. Z. 97 (1906), 1–66, Neudr. München/Berlin 1911 (repr. Aalen 1963, 1977), [5]1928, Schutterwald 1997, ferner in: Kritische Gesamtausg. [s. o.] VIII, 199–316 (engl. Protestantism and Progress. A Historical Study of the Relation of Protestantism to the Modern World, London, New York 1912, New Brunswick N. J./London 2013; franz. Protestantisme et modernité, Paris 1991); Die Soziallehren der christlichen Kirchen und Gruppen, Tübingen 1912 (repr. 1919, in 2 Bdn. 1994), 1922 (repr. Aalen 1965) (= Ges. Schr. I) (engl. The Social Teaching of the Christian Churches, I–II, London 1931, Louisville Ky. 1992); Der Historismus und seine Probleme, Erstes Buch: Das logische Problem der Geschichtsphilosophie, Tübingen 1922 (repr. Aalen 1961, 1977) (= Ges. Schr. III), ferner als: Kritische Gesamtausg. [s. o.] XVI/1–XVI/2; Der Historismus und seine Überwindung. Fünf Vorträge von E. T., ed. F. v. Hügel, Berlin 1924 (repr. Aalen 1979), ferner in: Kritische Gesamtausg. [s. o.] XVII, 67–132 (engl. Christian Thought. Its History and Application, New York 1957); Spektator-Briefe. Aufsätze über die deutsche Revolution und die Weltpolitik 1918/22, ed. H. Baron, Tübingen 1924 (repr. Aalen 1966), ferner unter dem Titel: Spectator-Briefe und Berliner Briefe (1919–1922), in: Kritische Gesamtausg. [s. o.] XIV, 53–588. – F. W. Graf/H. Ruddies (eds.), E. T. Bibliographie, Tübingen 1982.

Literatur: K.-E. Apfelbacher, Frömmigkeit und Wissenschaft. E. T. und sein theologisches Programm, München/Paderborn/Wien 1978; J.-M. Aveline, L'enjeu christologique en théologie des religions. Le débat Tillich – T., Paris 2003; G. Becker, Neuzeitliche Subjektivität und Religiosität. Die religionsphilosophische Bedeutung von Heraufkunft und Wesen der Neuzeit im Denken von E. T., Regensburg 1982; M. D. Chapman, E. T. and Liberal Theology. Religion and Cultural Synthesis in Wilhelmine Germany, Oxford etc. 2001, 2004; T. Choi, Die Bedeutung der Frage der Absolutheit des Christentums bei E. T. im Blick auf den Wahrheitsanspruch des Christentums im religiösen Pluralismus, Berlin/Münster 2010; J. P. Clayton (ed.), E. T. and the Future of Theology, Cambridge etc. 1976; H. G. Drescher, E. T.. Leben und Werk, Göttingen 1991 (engl. E. T.. His Life and Work, Minneapolis Minn. 1993); A. Dumais/J. Richard (eds.), Philosophie de la religion et théologie chez E. T. et Paul Tillich, Sainte-Foy, Paris 2002; dies. (eds.), E. T. et Paul Tillich. Pour une nouvelle synthèse du christianisme avec la culture de notre temps, Sainte-Foy, Paris 2002; P. Gisel (ed.), Histoire et théologie chez E. T., Genf 1992; F. W. Graf, T., RGG VIII (^{4}2005), 628–632; ders., T., NDB XXVI (2016), 433–434; ders./H. Ruddies, E. T.. Geschichtsphilosophie in praktischer Absicht, in: J. Speck (ed.), Grundprobleme der großen Philosophen. Philosophie der Neuzeit IV, Göttingen 1986, 128–164; F. W. Graf/T. Rendtorff (eds.), E. T.s Soziallehren. Studien zu ihrer Interpretation, Gütersloh 1993; M. Harant, Religion – Kultur – Theologie. Eine Untersuchung zu ihrer Verhältnisbestimmung im Werke E. T.s und Paul Tillichs im Vergleich, Frankfurt etc. 2009; A. Harrington, Concepts of Europe in Classical Social Theory. Themes in the Work of E. T. and His Contemporaries and Their Status for Recent Conceptions of Modernity in Europe, Badia Fiesolana, San Domenico 2003; W. Hennis, Die spiritualistische Grundlegung der ›verstehenden Soziologie‹ Max Webers. E. T., Max Weber und William James' »Varieties of Religious Experience«, Göttingen 1996; W. F. Kasch, Die Sozialphilosophie von E. T., Tübingen 1963; W. Köhler, E. T., Tübingen 1941; E. Nix Jr., E. T. and Comparative Theology, New York etc. 2010; L. Pearson, Beyond Essence. E. T. as Historian and Theorist of Christianity, Cambridge Mass. 2008; G. Pfleiderer/A. Heit (eds.), Protestantisches Ethos und moderne Kultur. Zur Aktualität von E. T.s Protestantismusschrift, Zürich 2008; B. A. Reist, Toward a Theology of Involvement. The Thought of E. T., London, Philadelphia Pa. 1966; T. Rendtorff, T., TRE XXXIV (2002), 130–143; R. J. Rubanowice, Crisis in Consciousness. The Thought of E. T., Tallahassee Fla. 1982; S. Sato, Die historischen Perspektiven von E. T., Waltrop 2007; W. Schluchter/F. W. Graf (eds.), Asketischer Protestantismus und der ›Geist‹ des modernen Kapitalismus. Max Weber und E. T., Tübingen 2005; J.-L. Seban, T., REP IX (1998), 461–464; F. Voigt, ›Die Tragödie des Reiches Gottes?‹. E. T. als Leser Georg Simmels, Gütersloh 1998; K.-G. Wesseling, T., BBKL XII (1997), 497–562; N. Witsch, Glaubensorientierung in ›nachdogmatischer‹ Zeit. E. T.s Überlegungen zu einer Wesensbestimmung des Christentums, Paderborn 1997; W. E. Wyman Jr., The Concept of Glaubenslehre. E. T. and the Theological Heritage of Schleiermacher, Chico Calif. 1983; J. Zachhuber, Theology as Science in Nineteenth-Century Germany. From F. C. Baur to E. T., Oxford etc. 2013. – T.-Studien, I–XII, ed. H. Renz/F. W. Graf, Gütersloh 1982–2002, II, Berlin/New York ^{2}1985, NF I–III, V, Berlin/New York 2006–2014. W. L.

Trope (engl. trope, auch: case particular oder abstract particular), von D. C. Williams 1966 eingeführte Bezeichnung für eine partikularisierte Eigenschaft. Während ↑Universalien in mehreren Einzeldingen zugleich präsent (instantiiert) sein können und Einzeldinge immer mehrere Eigenschaften aufweisen, kommen T.n – wie Einzeldinge – nur vereinzelt (partikular) vor, sind aber – wie Universalien – einfache Bestimmungselemente konkreter Gegenstände, die durch ↑Abstraktion (↑abstrakt) aus konkreten Einzeldingen gewonnen werden. Der Begriff der T. ist eng verwandt mit abstrakten Ereigniskonzeptionen.

↑Ontologien mit T.n als Grundkategorie stellen eine Alternative zu nominalistischen (↑Nominalismus), auf Einzeldinge beschränkten und realistischen (↑Realismus (ontologisch)), Universalien zulassenden Ontologien dar. Haben etwa zwei Gegenstände die gleiche Farbe, so enthalten sie nach der T.ntheorie numerisch distinkte, aber exakt gleiche Farbtropen. Eigenschaften werden als Äquivalenzklassen (↑Äquivalenzrelation) exakt gleicher T.n rekonstruiert. Konkrete Einzeldinge sind maximal bestimmte Bündel von T.n. Wie nominalistische Ontologien lehnen T.ntheorien die Existenz von multipel lokalisierten Gegenständen, also Universalien, ab. In anderer Hinsicht sind T.n aber Universalien vergleichbar. So suchen T.ntheorien die Erklärungskraft von Universalientheorien mit der ontologischen Sparsamkeit nominalistischer Theorien zu verknüpfen. Anwendungen finden T.ntheorien auch außerhalb der Ontologie im engeren Sinne, z. B. in der ↑Philosophie des Geistes (↑philosophy of mind) oder in Theorien der Naturgesetzlichkeit. – T.n kommen als Bausteine ontologischer Theorien bereits bei Platon und Aristoteles vor. Auch in den »Logischen Untersuchungen« E. Husserls nehmen sie einen prominenten Platz ein. In die moderne Ontologie wurde die T.ntheorie durch die Arbeiten anglo-amerikanischer Philosophen (besonders G. F. Stout und Williams) wieder eingeführt.

Literatur: D. M. Armstrong, Universals. An Opinionated Introduction, Boulder Colo./San Francisco Calif./London 1989; J. Bacon, Universals and Property Instances. The Alphabet of

Being, Oxford/Cambridge Mass. 1995; G. Bergmann, Realism. A Critique of Brentano and Meinong, Madison Wis./Milwaukee Wis./London 1967, ferner als: Collected Works III, Frankfurt/Lancaster 2004; K. Campbell, Abstract Particulars, Oxford/Cambridge Mass. 1990; C. Daly, Tropes, Proc. Arist. Soc. 94 (1994), 253–261; A. Denkel, Object and Property, Cambridge etc. 1996; R. Drux, Tropus, Hist. Wb. Rhetorik IX (2009), 809–830; D. Ehring, Tropes. Properties, Objects, and Mental Causation, Oxford etc. 2011; J. W. Fernandez, T., NDHI VI (2005), 2378–2380; A. Fuhrmann, Tropes and Laws, Philos. Stud. 63 (1991), 57–82; S. Gozzano/F. Orilia (eds.), Tropes, Universals and the Philosophy of Mind. Essays at the Boundary of Ontology and Philosophical Psychology, Frankfurt etc. 2008; J. Hoffmann/G. S. Rosenkrantz, Substance among Other Categories, Cambridge etc. 1994; E. Husserl, Logische Untersuchungen, I–II, Halle 1900/1901, Tübingen 1993 (= Ges. Schr. II–VI); A.-S. Maurin, If Tropes, Dordrecht/Boston Mass. 2002; dies., Tropes, SEP 2013; D.-H. Mellor/A. Oliver, Properties, Oxford etc. 1997, 1999; F. Moltmann, Events, Tropes, and Truthmaking, Philos. Stud. 134 (2007), 363–403; E. Ostermann, T.n; Tropos, Hist. Wb. Ph. X (1998), 1520–1523; P. Simons, Particulars in Particular Clothing. Three Tropes Theories of Substance, Philos. Phenom. Res. 54 (1994), 553–575; G. F. Stout, Are the Characteristics of Particular Things Universal or Particular?, Proc. Arist. Soc. Suppl. 3 (1923), 114–122; M. Tooley (ed.), The Nature of Properties. Nominalism, Realism, and Trope Theory, New York etc. 1999; M. Ujvári, The Trope Bundle Theory of Substance. Change, Individuation and Individual Essence, Frankfurt etc. 2013; D. C. Williams, The Elements of Being, in: ders., The Principles of Empirical Realism. Philosophical Essays, Springfield Ill./Fort Lauderdale Fla. 1966, 74–109; N. Wolterstorff, On Universals. An Essay in Ontology, Chicago Ill./London 1970. A. F.

Tropen, skeptische (von griech. *τρόποι*, Wendungen, Gesichtspunkte), im antiken ↑Skeptizismus Bezeichnung für die Gründe der Unzuverlässigkeit der Sinneserkenntnis und für die deshalb ratsame Urteilsenthaltung (↑Epochē). Die s.n T. entwickeln relativistische (↑Relativismus) Auffassungen des Protagoras weiter. Nach den Berichten des Diogenes Laërtius (IX 79–88) und des Sextus Empiricus (Pyrrh. Hyp. I 38–163, 164–177) nannte Ainesidemos 10 s. T., deren Gedankengang unabhängig von der (in beiden Quellen unterschiedlichen) Reihenfolge der Tropen etwa so verläuft: Die ↑Wahrnehmungen wechseln und unterscheiden sich bei den verschiedenen Gattungen von Lebewesen, bei verschiedenen menschlichen Individuen und sogar bei jedem einzelnen Menschen, und zwar je nach ihrer Entwicklung, ihren Dispositionen, Sitten und Meinungen, nach ihren körperlichen Zuständen und nach ihren (z. B. räumlichen) Beziehungen zum Gegenstand, aber auch je nach den verschiedenen Zuständen dieses Gegenstandes, dessen Erkenntnis überdies durch Medien zwischen Subjekt und Objekt (z. B. die Luft) verfälscht wird – so daß der Mensch die Dinge niemals ›rein‹ erkennt.

Der Skeptiker Agrippa ersetzte diese Aufstellung durch lediglich fünf Tropen: (1) den Widerstreit der ↑Meinungen, der jeden Grundsatz fragwürdig mache, (2) die Endlosigkeit des Begründens (↑Begründung) bei der Suche nach einem ersten Prinzip, (3) die Relativität aller Wahrnehmungen, die alle ↑Wahrheit relativ zu einem Subjekt mache, (4) den stets nur hypothetischen (↑Hypothese) Charakter aller ↑Prämissen, (5) den Zirkel (↑zirkulär/Zirkularität) im Syllogismus (↑Syllogistik), der darin liege, daß, wer etwas beweise, schon in sich die Fähigkeit dazu haben und deren Verläßlichkeit voraussetzen müsse. Sextus Empiricus klassifizierte die von ihm referierten Tropen in solche, die im Subjekt, solche, die im Objekt, und solche, die in beiden gründen. Ainesidemos (dessen Lehre von den Tropen möglicherweise durch Karneades von Kyrene beeinflußt wurde) soll neben diesen auf die Erkenntnis bezogenen Tropen noch auf Gründe bezogene erörtert haben: unmöglich könne man Unsichtbares aus Sichtbarem erschließen, selbst wenn dieses erkennbar wäre – es hieße nur ein *obscurum per obscurius* ›erklären‹.

Literatur: É. Brehier, Pour l'histoire du scepticisme antique. Les tropes d'Énésidème contre la logique inductive, Rev. ét. anc. 20 (1918), 69–76, Neudr. in: ders., Études de philosophie antique, Paris 1955, 185–192; A. E. Chatzilysandros, Geschichte der s.n T., ausgehend von Diogenes Laertius und Sextus Empiricus, München 1970 (Abh. zur griechischen Philosophie I); K. Goebel, Die Begründung der Skepsis des Aenesidemos durch die zehn Tropen, Bielefeld 1880; K. Janáček, Studien zu Sextus Empiricus, Diogenes Laertius und zur pyrrhonischen Skepsis, ed. J. Janda/F. Karfík, Berlin/New York 2008; E. Pappenheim, Erläuterungen zu des Sextus Empiricus Pyrrhoneïschen Grundzügen, Leipzig 1881; ders., Die Tropen der griechischen Skeptiker. Cap. I–III § 6, Berlin 1885; A. Weische, T., s., Hist. Wb. Ph. X (1998), 1523–1524. C. T.

Trugschluß (griech. *σόφισμα*, lat. sophisma, fallacia, engl. sophism, fallacy), Bezeichnung für einen versehentlich unterlaufenen oder auch absichtlich zum Zwecke der Irreführung ausgeführten ↑Fehlschluß. Vom T. ist der ↑Paralogismus zu unterscheiden, der stets irrtümlich unterläuft und durch unwissentliche Selbsttäuschung auftritt; vom ↑Fangschluß wird der T. gelegentlich dadurch unterschieden, daß dieser eigentlich nicht täuschen, sondern durch sein ↑paradoxes Ergebnis nur verblüffen will. Nach Aristoteles (Soph. El. *A*6.168a17–169a21; Top. *Θ*11.162a12–34ff.) kommt ein *sprachlicher* T. durch Vieldeutigkeiten auf Grund von Homonymie (↑homonym/Homonymität), von semantischer Mehrdeutigkeit, von Wortstellung, Betonung oder grammatikalischen Ungenauigkeiten zustande, ein *materieller* T. auf Grund von Begriffsverwechslungen, Beweiszirkeln oder der Annahme unverbürgter Gründe, zu denen sich auch die Verwendung formal fehlerhafter Schlußregeln zählen läßt, die den Übergang von wahren ↑Prämissen zu falschen ↑Konklusionen gestatten.

Literatur: ↑Fangschluß, ↑Fehlschluß, ↑homonym/Homonymität, ↑Paralogismus, ↑Sophisma. C. T.

Tschirnhaus (auch: Tschirnhausen, Tschirnhauss), Ehrenfried Walter (Walther) Graf von, *Kieslingswalde b. Görlitz 10. April 1651, †Dresden 11. Okt. 1708, dt. Mathematiker, Physiker und Philosoph der Frühaufklärung. Ab 1668 Studium der Philosophie, Mathematik und Medizin in Leiden (unter anderem bei A. Geulincx), unterbrochen 1672 durch freiwilligen Dienst im studentischen Korps der Holländer gegen die Franzosen. Zusammentreffen mit B. de Spinoza in Holland, ferner mit C. Huygens, I. Newton, G. W. Leibniz und den Cartesianern (↑Cartesianismus) J. Rohault und P.-S. Régis auf einer Studienreise 1675–1679 durch Europa, an die sich ein insbes. mit Leibniz geführter mathematischer Briefwechsel anschließt. Niederlassung in Kieslingswalde, von wo aus T. sich der Herstellung von Brennspiegeln und der Verbesserung von Verfahren zum Gießen und Schleifen von Glas widmet sowie gemeinsam mit J. F. Böttger an der Herstellung des Meißner Porzellans beteiligt ist. 1682 (erstes deutsches) Mitglied der Académie des sciences in Paris unter Würdigung seiner Erfindungen in Chemie, Optik und Mechanik.

Philosophisch bedeutsam sind T.' von Spinoza, Leibniz, R. Descartes und vom (britischen) ↑Empirismus beeinflußte Erkenntnistheorie und Logik (Medicina mentis, 1687), die sich als allgemeine, am wissenschaftlichen, insbes. mathematischen Vorbild orientierte Methode der Wahrheitsfindung (↑ars inveniendi) verstehen. Als eine (im Unterschied zur ›philosophia verbalis‹) an der Sache ausgerichtete ›philosophia realis‹ beruht die Logik für T. wesentlich auf Erfahrung. Dabei unterscheidet er vor allem zwischen dem Begreifen durch das aktive Erkenntnisvermögen (›intellectus‹) und dem Wahrnehmen durch das diesem entgegengesetzte, passive Vorstellungsvermögen (›imaginatio‹). Aufgabe des Intellekts innerhalb einer ↑Deduktion und ↑Induktion verbindenden Methodik sind (1) die Bildung von Grundbegriffen oder ›Definitionen‹, die ihrerseits als Realdefinitionen (↑Definition) die (Existenz-)Möglichkeit der definierten Sache garantieren sollen, (2) die Ableitung von einfachen Eigenschaften oder ›Axiomen‹ aus diesen und (3) die Verbindung von Definitionen in ›Theoremen‹. In der deutschen ↑Aufklärung hat T. vor allem über die Methodologie der »Medicina mentis« (1687) etwa auf J. H. Lambert und insbes. auf die Logik und Psychologie C. Wolffs gewirkt.

Werke: Gesamtausgabe, ed. E. Knobloch, Leipzig, Stuttgart 2000ff. (erschienen Reihe 1 [Werke]: Abt. V; Reihe 2 [Amtliche Schriften]: Abt. I, IV–V u. 1 Beibd.); [anonym] Medicina corporis, seu Cogitationes admodum probabiles de conservanda sanitate, Amsterdam 1686, Neudr. Leipzig 1695 (repr., zusammen mit: Medicina mentis [s. u.], unter dem Titel: Medicina mentis et corporis, Hildesheim 1964), ferner in: Gesamtausg. 1/V, 3–44 (dt. [anonym, erw.] Die curiöse Medicin, darinnen die Gesundheit des Leibes in sehr wahrscheinlichen Gedancken in XII Reguln vorgestellet, und wie solche durch gar leichte Mittel zu unterhalten, gezeiget wird, Frankfurt/Leipzig 1688, Lüneburg [3]1705, ferner in: Gesamtausg. 1/V, 85–144; Der curiösen Medizin zweyter Theil. Darinnen die wichtigsten Objectiones wider den ersten Theil gründlich auffgelöset, und wie die Gesundheit durch leichte Mittel zu erhalten fernerhin bekand gemacht wird, Lüneburg 1708, ferner in: Gesamtausg. 1/V, 145–183); [anonym] Medicina mentis, sive tentamen genuinae logicae, in qua disseritur de methodo detegendi incognitas veritates, Amsterdam 1687, Neudr. unter dem Titel: Medicina mentis, sive artis inveniendi praecepta generalia, Leipzig [2]1695 (repr., zusammen mit: Medicina corporis [s. o.], unter dem Titel: Medicina mentis et corporis, Hildesheim 1964) (dt. Medicina mentis sive artis inveniendi praecepta generalia, ed. J. Haussleiter, Leipzig 1963; franz. Médecine de l'esprit ou préceptes généraux de l'art de découvrir, ed. J.-P. Wurtz, Paris 1980); [anonym] Gründliche Anleitung zu nützlichen Wissenschafften, absonderlich zu der Mathesi und Physica, wie sie anitzo von den Gelehrtesten abgehandelt werden, o. O. [Halle] 1700, erw. Frankfurt/Leipzig [4]1729 (repr., ed. E. Winter, Stuttgart-Bad Cannstatt 1967), ferner in: Gesamtausg. 1/V, 183–204. – G. W. Leibniz, Mathematische Schriften IV (Briefwechsel zwischen Leibniz [...]), ed. C. I. Gerhardt, Berlin 1859 (repr. Hildesheim 1962, 1971), 415–539 (Briefwechsel zwischen Leibniz und dem Freiherrn v. T.). – R. Zaunick, Bibliographie der Buchveröffentlichungen von E. W. v. T., in: Medicina mentis sive artis inveniendi praecepta generalia [dt.], ed. J. Haussleiter [s. o.], 303–317.

Literatur: H.-J. Böttcher, E. W. v. T.. Das bewunderte, bekämpfte und totgeschwiegene Genie, Dresden 2014; J. E. Hofmann, Drei Sätze von E. W. v. T. über Kreissehnen, Stud. Leibn. 3 (1971), 99–115; ders., T., DSB XIII (1976), 479–481; D. Hülsenberg (ed.), Kolloquium aus Anlass des 350. Geburtstages von E. W. v. Tschirnhaus am 10. April in Dresden, Leipzig, Stuttgart 2003 (= Gesamtausg. Beibd.); M. A. Kulstad, Leibniz, Spinoza and T.. Metaphysics à Trois, 1675–1676, in: O. Koistinen/J. Biro (eds.), Spinoza. Metaphysical Themes, Oxford etc. 2002, 221–240; U. G. Leinsle, T., BBKL XII (1997), 660–665; G. Mühlpfordt, E. W. v. T. (1651–1708). Zu seinem 300. Todestag am 11. Oktober 2008, Leipzig 2008; C. A. van Peursen, E. W. v. T. and the ›Ars Inveniendi‹, J. Hist. Ideas 54 (1993), 395–410; M. Sanna, E. W. v. T.' anthropologische Hypothese der ›ars inveniendi‹, Stud. Leibn. 31 (1999), 55–72; M. Schönfeld, Dogmatic Metaphysics and T.'s Methodology, J. Hist. Philos. 36 (1998), 57–76; ders., T., REP IX (1998), 485–487; S. Splinter, T., NDB XXVI (2016), 480–481; Staatliche Kunstsammlungen Dresden (ed.), Experimente mit dem Sonnenfeuer. E. W. v. T. (1651–1708). Sonderausstellung [...], Dresden 2001; J. Verweyen, E. W. v. T. als Philosoph. Eine philosophiegeschichtliche Abhandlung, Bonn 1905; E. Winter (ed.), E. W. v. T. und die Frühaufklärung in Mittel- und Osteuropa, Berlin 1960; S. Wollgast, E. W. v. T. und die deutsche Frühaufklärung, Berlin 1988 (Sitz.ber. Sächsische Akad. Wiss., philol.-hist. Kl. 128,1)); J.-P. Wurtz, T. et l'accusation de spinozisme. La polémique avec Christian Thomasius, Rev. philos. Louvain 78 (1980), 489–506 (dt. [rev.] T. und die Spinozismusbeschuldigung. Die Polemik mit Christian Thomasius, Stud. Leibn. 13 [1981], 61–75); ders., Die T.-Handschrift »Anhang An Mein so genantes Eilfertiges bedencken«. Einführung, Transkription und Anmerkungen, Stud. Leibn. 15 (1983), 149–204; ders., Über einige offene oder strittige, die »Medicina mentis« von T. betreffende Fragen, Stud. Leibn. 20 (1988), 190–211; ders., T., DP II ([2]1993), 2820–2822; ders., E. W. v. T., in: H. Holzhey/W. Schmidt-Biggemann (eds.), Die Philosophie des 17. Jahrhunderts IV/2, Basel 2001, 958–966, 990–992; R. Zaunick, E. W. v. T., ed. L. Dunsch, Dresden 2001. C. S.

Tugend (griech. ἀρετή, lat. virtus, engl. virtue, franz. vertu), im Sinne von Tauglichkeit, Vortrefflichkeit (moralische Bedeutung erst seit dem 16. Jh.) Terminus der ↑Ethik zur Bezeichnung der vorzüglichen Haltung einer Person in einem spezifischen Bereich menschlichen Könnens und menschlicher Erfahrung. Dieser in den Zusammenhang der Frage nach dem guten Leben (↑Leben, gutes) gehörige Begriff der antiken und der christlichen Ethik (↑Arete) tritt im Zuge der Fokussierung auf Kriterien der normativen Bewertung (↑Norm (handlungstheoretisch, moralphilosophisch)) von Handlungen in den Hintergrund. Dabei gewinnt die T. der ↑Gerechtigkeit eine für die ↑Moral konstitutive Bedeutung und wird dadurch nicht mehr als Haltung, sondern als Maßstab der Bewertung von Handlungsregeln begriffen. Diese zuerst bei Thomas von Aquin auftretende Herauslösung der Gerechtigkeit aus dem tugendethischen Rahmen ist als Möglichkeit schon in der Behandlung der Gerechtigkeit in der »Nikomachischen Ethik« des Aristoteles vorgezeichnet, führt aber erst in den Naturrechtslehren (↑Naturrecht) von H. Grotius und S. Pufendorf zu einem expliziten Konflikt. Diesen Konflikt, dessen Behandlung wichtige Konsequenzen für die Konzeptualisierung des Ethischen hat, faßt T. Reid als den Unterschied zwischen T.ethik und Pflichtenethik auf (Essays on the Active Powers of Man [1768] V 2 [Edinburgh [8]1895 (repr. als: Philosophical Works II, Hildesheim 1967), 642]). Einen verwandten Unterschied zwischen Personen- und Handlungsbewertungen bzw. zwischen einer antiken Ethik des Seins und einer modernen Ethik des Tuns hält G. W. F. Hegel terminologisch in der Gegenüberstellung von T. und ↑Moralität fest (Vorles. Gesch. Philos., Sämtl. Werke XVIII, 460). In der neueren Diskussion wird seit G. E. M. Anscombe (Modern Moral Philosophy, Philos. 33 [1958], 1–19) und G. H. v. Wright (The Varieties of Goodness, 1963) diese Unterscheidung, die vielfach als die zwischen den theoretischen Perspektiven von Ethik und ↑Moralphilosophie auftritt, zum Ausgangspunkt von tugendethischen Kritiken an normativen moralphilosophischen Konzeptionen gemacht.

T.ethik bedeutet heute meist den Versuch, unter modernen Bedingungen eine Aristotelische Konzeption zu vertreten, wonach (1) keiner der verschiedenen Bereiche ethischen Wertens alle anderen umfaßt und (2) die Bewertung von Personen als der primäre Typ ethischen Urteilens betrachtet wird. Das Spezifische moderner T.ethiken gegenüber normativen Konzeptionen läßt sich dabei erst fassen auf dem Hintergrund der Unterscheidung zwischen dem vornehmlich mit dem Adjektiv ›tugendhaft‹ auftretenden Gebrauch von ›T.‹, der mit ›moralisch‹ oder ›sittlich gut‹ äquivalent ist, und der Verwendung von ›T.‹ als Substantiv, das die Pluralform ›T.en‹ zuläßt. Nur die zweite Verwendung, die verschiedene Eigenschaften zu unterscheiden erlaubt, auf Grund derer eine Person als moralisch gut bezeichnet wird, taugt als Ausgangspunkt einer Kritik von ↑normativen Ethiken, wobei ohne zusätzliche Argumente keine Inkommensurabilität (↑inkommensurabel/Inkommensurabilität) zwischen den Dimensionen der Personen- und der Handlungsbeurteilung bestehen muß. – Drei Fragen sind für die philosophische Diskussion um den T.begriff zentral: (1) Die Frage nach dem T.begriff selbst: Läßt sich T. einer spezifischen Gattung zuweisen und durch die Angabe einer ↑differentia specifica in ihrer Besonderheit hervorheben? (2) Die Frage nach der internen Struktur der Klasse der T.en: In welchem Verhältnis stehen die verschiedenen T.en zueinander? Lassen sich besondere T.en (›Kardinaltugenden‹) angeben, die voneinander nicht ableitbar sind, von denen sich aber alle anderen T.en herleiten lassen? Oder sind alle T.en aus einem einzigen Prinzip ableitbar? (3) Die Frage nach dem Status einer T.ethik: In welchem Verhältnis steht diese zu einer Theorie des guten Lebens und zu einer normativen Moralphilosophie? Auf diese drei Fragen sind im Laufe der Philosophiegeschichte unterschiedliche Antworten gegeben worden.

Die detaillierteste antike Antwort auf die erste Frage gibt Aristoteles, der die T. von den ↑Affekten und den ↑Vermögen abgrenzt und sie der Gattung des Habitus (ἕξις) zuordnet. Von anderen Typen von Habitus wird sie als derjenige des Wählens der Mitte (↑Mesotes) zwischen zwei ↑polar-konträren Möglichkeiten in einem jeweils spezifischen Bereich menschlicher Erfahrung unterschieden (Eth. Nic. *B*5.1106b35ff.). So soll die ↑Besonnenheit (↑Sophrosyne) die Mitte zwischen Zügellosigkeit und Stumpfsinn, die Wahrhaftigkeit die Mitte zwischen Prahlerei und Selbstherabwürdigung sein. Die situationsspezifische Bestimmung dessen, was zu tun ist, ordnet Aristoteles wiederum der praktischen Klugheit (φρόνησις; ↑Phronesis) von tugendhaften Menschen zu, die selbst als ›Richtschnur und Maß‹ zu gelten haben (Eth. Nic. *Γ*6.1113a33). Während die Mesotes-Lehre in späteren ethischen Theorien keine wesentliche systematische Bedeutung behält, wird die Aristotelische Antwort auf die Frage nach dem Kriterium ethischen Urteilens zu einem Kernargument der tugendethischen Kritik an modernen normativen Konzeptionen. Ist das Prinzip richtigen Urteilens nur über den Verweis auf den richtig Urteilenden zu bestimmen, weil es in der Sphäre der Praxis immer um das Singulare geht, dann lassen sich keine allgemeinen Normen solchen Urteilens aufstellen (Eth. Nic. *B*7.1107a29ff.). Dieser Verzicht auf die allgemeine Formulierung von Kriterien bedeutet aber nicht, daß zur T. keine epistemische Komponente gehörte. Zum tugendhaften Handeln gehört im Gegenteil ein Wissen um das Richtige: Gerecht ist nicht derjenige, der zufälligerweise das Gerechte in seinem Handeln trifft, sondern derjenige, der deswegen eine Handlung ausführt, weil er weiß, daß sie gerecht ist (Eth. Nic. *B*3.1105a28–1105b1). Nur ist dieses Wissen weder der Beteiligung an partikularen praktischen Situationen vorgelagert noch verfügbar, ohne die von der Situation geforderte Haltung zu besitzen.

Die Aristotelische Diskussion des Verhältnisses von T. und Wissen, die eine Dimension der späteren Debatte um das Verhältnis von T.en und Normen berührt, steht ursprünglich in einem anderen Zusammenhang, nämlich dem der Auseinandersetzung mit der Sokratischen These, daß allein Wissen menschliches Handeln, insbes. tugendhaftes Handeln, motivieren kann (Prot. 352b–c). Dem hält Aristoteles entgegen, daß praktisches Wissen zwar eine Voraussetzung der T., nicht aber deren Wesen bildet (Eth. Nic. *Z*13.1144b18–1144b32). Ohne wiederholte Übung, durch die ein Habitus erst etabliert wird, ist niemand tugendhaft. Die ↑Klugheit, durch die Wissen um das Richtige erlangt wird, ist kein den T.en externer Maßstab, sondern selbst eine T., die erst als eingeübter Habitus entsteht. Tugendhafte Handlungen werden (1) wissentlich, (2) mit einem Vorsatz, der auf die Handlung um ihrer selbst willen gerichtet ist, und (3) ohne Schwanken ausgeführt.

Die Aristotelische T.lehre wird in einer zweiten Hinsicht durch den Unterschied zu derjenigen des Platonischen Sokrates bestimmt, nämlich in der Antwort auf die Frage nach dem Verhältnis der einzelnen T.en untereinander. Bei Platon findet sich der erste Beleg für die Zentrierung der T.lehre um vier, seit Ambrosius als Kardinaltugenden bezeichnete Eigenschaften: die Klugheit (*φρόνησις*), die Tapferkeit oder Tatkraft (*ἀνδρεία*), die Besonnenheit (*σωφροσύνη*) und die Gerechtigkeit (*δικαιοσύνη*). Diese Hervorhebung begründet Platon durch Zurückführung auf die parallelen Unterteilungen der ↑Seele und der Gesellschaft: Die Klugheit oder Einsicht ist im erkennenden Seelenteil lokalisiert und zeichnet den Herrscherstand aus; die für den Kriegerstand charakteristische T. der Tapferkeit hat ihren Sitz im mutigen Seelenteil; die Besonnenheit oder Mäßigung, die dem Erwerbsstand eigen ist, ist die T. des begehrenden Seelenteils. Schließlich soll die Gerechtigkeit alle Stände umgreifen und die anderen drei T.en koordinieren (Pol. 427c–445e). Das Platonische Prinzip der Einteilung der T.en und die These ihrer Einheit – als verschiedene Formen der Erkenntnis (Prot. 361b) oder als durch die Gerechtigkeit zusammengehalten (Pol. 445c) – werden von Aristoteles zugunsten der Unterscheidung zwischen dianoetischen oder Verstandestugenden und Charaktertugenden bestritten. Damit ist zugleich ein Schritt auf dem Wege zur kategorialen psychologischen Unterscheidung zwischen ›reason‹ und ›passions‹ bei D. Hume getan. Demgegenüber besteht bei Aristoteles ein interner Zusammenhang zwischen den zwei Seelenteilen, denen beiden die Klugheit zugeordnet wird. Die Unmöglichkeit, ohne die alle richtigen Entscheidungen steuernde Klugheit tugendhaft zu sein, zusammen mit der Notwendigkeit des Besitzes der jeweiligen Charaktertugenden, um klug sein zu können, bedeutet eine Einheit der T.en in dem Sinne, daß niemand eine einzelne T. ohne die anderen T.en besitzen kann. Die einzelnen T.en werden aber voneinander durch die Materie – den affektiven Bereich oder die Form der Praxis – unterschieden, auf die sie bezogen sind: die Furcht (Tapferkeit), die Lust (Besonnenheit) oder das Eigentum (Freigebigkeit). Dadurch treten bei Aristoteles zahlreiche andere, aufeinander nicht zurückführbare T.en neben die Platonische Vierzahl.

Ein letztes, für die antike T.diskussion charakteristisches Moment, dessen kulturgeschichtliche und metaphysische Voraussetzungen seine Wiederaufnahme unter modernen Bedingungen problematisch machen, ist die selbstverständliche Zuordnung der Frage nach den T.en zur Frage nach dem guten oder gelingenden Leben (*εὐδαιμονία*; ↑Eudämonismus, ↑Glück (Glückseligkeit)). Für Aristoteles wie für Platon ist das gute Leben im Kern das tugendhafte Leben (Eth. Nic. *A*6.1098a16–19, Krit. 48b). Während aber für Sokrates der Verlust äußerer Güter, im Extremfall sogar des eigenen Lebens, dem in der T. realisierten, guten Leben nicht schaden kann (Apol. 41c–d), läßt sich für Aristoteles ohne gewisse materielle Bedingungen kein Glück erreichen (Eth. Nic. *K*9.1178b34–1179a10). Seit der modernen Subjektivierung des Begriffs des ↑Guten und der Wende zu einem normativen Verständnis der Moral ist problematisch geworden, wie sich die Behauptung der Identität von gutem und tugendhaftem Leben begründen läßt.

Aus der Sicht der ↑Stoa, die in diesem Punkte mit derjenigen Platons und Aristoteles' übereinstimmt, ist das einzige Übel das sittlich Schlechte, das glückliche Leben das tugendhafte Leben (M. T. Cicero, De finibus bonorum et malorum III, 10–11). Insofern Naturgemäßheit Kriterium des Guten ist, wird die Einheit der T.en als verschiedener Formen eines Lebens gemäß der Natur garantiert, dessen Erfordernisse mittels der grundlegenden T. der Phronesis erkannt werden. Bei L. A. Seneca vereinigt jede tugendhafte Handlung alle Eigenschaften der vier Kardinaltugenden (Ep. 67). Bedingung des Besitzes der einzelnen T.en ist ein bestimmter Typ des Selbstbezugs: die Überwindung aller vernunftwidrigen Affekte (↑Apathie), die die für das richtige Urteilen und Handeln notwendige Freiheit des Weisen ermöglicht. Im ↑Neuplatonismus wird im stoischen Sinne die T.einübung als die Nicht-Affizierbarkeit durch sinnliche Reize überhaupt gesehen. Im Anschluß an eine Platon-

Stelle (Phaid. 69b–d) wird T. als ›Reinigung‹, als Befreiung der Seele vom Körper bestimmt, womit die T.en eine negative Bedeutung gewinnen, die Unterschiede zwischen den Kardinaltugenden nivelliert werden und eine aufsteigende Stufenfolge der abnehmenden ↑Sinnlichkeit von den sittlichen, über die ›reinigenden‹ und die ›gereinigten‹ T.en bis hin zu den ›vorbildlichen‹ T.en etabliert wird. Diese Plotinische Konzeption beeinflußt die christliche T.lehre des A. Augustinus, für den die T.en nur eine vermittelnde Funktion im Dienste der Versöhnung mit Gott erfüllen (De civ. Dei XIX, 25). Entscheidend an der Augustinischen T.konzeption ist die Zurückweisung der Platon und den Stoikern gemeinsamen These, daß der für die T. wesentliche Bezug epistemischer Natur ist; statt dessen gründet die T. in einem vom Willen des Individuums getragenen Bezug der Liebe, der gegenüber Glaube und Hoffnung höchsten der von Paulus (I. Kor. 13.13) eingeführten theologischen T.en. Die T.haftigkeit besteht für Augustinus in der vollkommenen Liebe zu Gott, die individuellen T.en sind Formen dieser Liebe (De mor. XV, 25). Hier spielen die ›äußeren‹, sozialen T.en keine zentrale Rolle mehr.

Die T.lehre des Thomas von Aquin geht aus den Bemühungen hervor, mit Aristotelischen Mitteln die voluntaristische (↑Voluntarismus), von Augustinus vererbte und die intellektualistische, sokratisch-stoische T.konzeption zusammenzuführen. Im Zentrum steht die Frage nach der Einteilung der T.en und T.typen. Die scholastische (↑Scholastik) Synthese soll durch die Unterscheidung von Seinsbereichen ermöglicht werden, indem dem ↑Verstand der Vorrang vor dem ↑Willen für diejenigen Bereiche zukommt, die unterhalb des Menschen liegen, während oberhalb seiner Seinsebene, insbes. Gott gegenüber, der Wille bzw. die Liebe den Vorrang hat. Mit Augustinus stellt Thomas von Aquin die theologischen T.en an die Spitze der Rangordnung (S. th. II qu. 58 art. 3), wenn auch die sittlichen T.en gegenüber Augustinus eine Aufwertung erfahren. Während die zentralen Bemühungen von Thomas von Aquin der Begründung und Verfeinerung von Unterscheidungen innerhalb der T.-semantik gelten und sein T.begriff der Aristotelischen Bestimmung als Habitus nichts Neues hinzufügt, führt er in der Frage des Verhältnisses von normativer und T.ethik die wichtige Unterscheidung zwischen Handlungen ein, die erst durch ihre Willensbestimmung – durch ihr ↑Motiv – tugendhaft werden, und solchen, die objektiv gut oder schlecht sind, unabhängig davon, auf welchem Motiv sie beruhen. In Fällen der Besonnenheit, der Tapferkeit und der Sanftmut bestimmen die wirksamen Motive das Urteil über die Handlung, während die Gerechtigkeit, obwohl immer noch als T. charakterisiert, eine Frage der objektiven Beschaffenheit von Handlungen ist (S. th. II qu. 60 art. 2).

Das mit dem scholastischen Versuch einer Synthese gestellte Problem des Verhältnisses zwischen T. und Norm spitzt sich in den ›moral sense‹-Ethiken (↑moral sense) der ↑Aufklärung zu. F. Hutcheson bestimmt das moralische Gutsein als die Idee einer Eigenschaft, die Billigung hervorruft, und legt den Gegenstand dieser Billigung als das Wohlwollen (*benevolence*) eines Handelnden fest. Ausgehend vom Unterschied zwischen Reaktionen auf Handlungen, die einem Gegenüber zufälligerweise zugutekommen, und solchen, die mit der Absicht, ihm zu nutzen, ausgeführt werden, schließt Hutcheson, daß Wohlwollen den Kern jeder T. ausmacht (An Inquiry into the Original of Our Ideas of Beauty and Virtue, Inquiry II 3.3 [London [2]1725 (repr. Hildesheim 1971), 153]). Allerdings läßt sich nicht bei allen Handlungen die moralische Wertschätzung als natürliche Billigung bzw. Reaktion auf das Wohlwollen des Handelnden erklären. Das Problem, daß die vorgeschlagene tugendbegründende Eigenschaft nicht jedes moralische Urteil abzudecken vermag, veranlaßt Hutcheson, ein ›externes‹ Kriterium des Tugendhaften bzw. des moralisch Richtigen vorzuschlagen: »the *Virtue* is in a *compound Ratio* of the *Quantity* of Good, and *Number* of Enjoyers« (Inquiry II 3.8 [a. a. O., 164]). Diese historisch erste Formulierung des utilitaristischen Glücksmaximierungsprinzips (↑Utilitarismus) soll das Kriterium des natürlich billigungswürdigen Wohlwollens dadurch ergänzen, daß sie (1) diejenigen Fälle abdeckt, auf die sich das Kriterium nicht anwenden läßt, und (2) eine Norm für die Beurteilung von Handlungen bereitstellt, die parallel zum Kriterium der Beurteilung der Handelnden angewandt werden kann (Inquiry II 3.11–12 [a. a. O., 187–189]).

D. Hume scheint einen derartigen kriteriellen ↑Dualismus durch seine an Hutcheson anknüpfende Bestimmung der Grundlage des Tugendhaften auszuschließen: Tugendhafte Handlungen bekommen, so Hume, nur durch ihre Motive moralischen Wert, einen Wert, dessen Charakter unabhängig von der Beurteilung der Handlung bestimmbar sei (A Treatise of Human Nature III 2.1 [Oxford [2]1978, 1990, 478]). Die T.en, bei denen dies klar sei, bezeichnet Hume als die ›natürlichen T.en‹. Diese sind Vermögen von Personen, die Menschen normalerweise und natürlich zu besitzen und zu billigen tendieren. Diese Bestimmung ist weiter als die des Aristoteles und schließt alle Fähigkeiten ein, die Menschen an sich selbst oder an anderen schätzen: nicht nur Wohlwollen, Freigebigkeit, Fleiß und Geduld, sondern auch Witz und Eloquenz. Schon bei letzteren Eigenschaften, den natürlichen Fähigkeiten, ist es aber kein Motiv, dessen Vorhandensein Lob begründete. Die Undurchführbarkeit einer Moraltheorie auf der ausschließlichen Basis der Motivbilligung zeigt die Beschaffenheit der ›künstlichen T.en‹: der Treue zum Vaterland, der Keuschheit und des

Anstands bei den Frauen und insbes. der Gerechtigkeit. Hier ist es nicht möglich, ein vom spezifischen Handlungstyp unabhängiges, natürliches Motiv für die Handlungen anzugeben. Sowohl die Verhaltenstendenz als auch die Billigungstendenz sind dem natürlichen Handlungs- und Gefühlsrepertoire der Menschen ›künstlich‹ hinzugefügt worden. Hume erklärt die Entstehung der künstlichen T.en durch den indirekten Einfluß des Selbstinteresses, deren Aufrechterhaltung aber durch das Gefühl der Sympathie, das sich in der Orientierung am Gemeinwohl ausdrückt. Obwohl also die künstlichen T.en an ein Motiv gebunden bleiben, setzt dieses Motiv das Bestehen von Normen voraus: Handlungen, die die künstlichen T.en zum Ausdruck bringen, müssen, um verständlich zu bleiben, durch den Wunsch motiviert sein, das normative System aufrechtzuhalten, das sie vorschreibt (A Treatise of Human Nature III 2.2 [a. a. O., 498–501]). Damit wird aber die Rede von T.en sekundär zur Rede von einem normativen System. Dieser Teil der Humeschen Moralphilosophie wird folgerichtig eher als kontraktualistisch (↑Kontraktualismus) denn als tugendethisch bezeichnet.

Die nachdrücklichste Betonung des Primats des Normativen vor dem Begriff der T. findet sich bei I. Kant. Kant definiert T. als »Stärke der Maxime des Menschen in Befolgung seiner Pflicht« (Met. Sitten A 28, Akad.-Ausg. VI, 394) bzw. als »die in der festen Gesinnung gegründete Übereinstimmung des Willens mit jeder Pflicht« (Met. Sitten A 29, Akad.-Ausg. VI, 395). Stoische und Augustinische Momente aufnehmend bestimmt er T. als ›moralische Stärke‹, deren Ausübung in der Konfrontation mit den eigenen Neigungen das Wesen der Tapferkeit (*fortitudo moralis*), der praktischen Weisheit und der Mäßigkeit ausmacht. Gegen die Aristotelische Mesotes-Lehre macht Kant geltend, (1) daß Laster nicht in einem Zuviel oder Zuwenig bestehen, sondern in der Befolgung einer moralisch verbotenen Maxime, und (2) daß sie nicht in der Lage ist, urteilsleitende, ›bestimmte Prinzipien‹ zur Verfügung zu stellen. Ein Verständnis von T.en als ↑Gewohnheiten kritisiert er ebenfalls als Verfehlung der für das moralische Handeln wesentlichen Eigenschaft der Freiheit (Anthropologie BA 35–36, Akad.-Ausg. VII, 147; Met. Sitten A 49, Akad.-Ausg. VI, 407). Der Primat des Normativen bedeutet dabei nicht nur, daß alle T.en eine Einheit bilden, sondern auch, daß sie auf eine einzige ›T.verpflichtung‹ reduzierbar sind, nämlich den Willen, die ↑Pflicht (↑Pflichtethik) zu erfüllen (Met. Sitten A 55, Akad.-Ausg. VI, 410); Unterschiede zwischen den T.en sind lediglich Unterschiede zwischen den Bereichen gesollten Handelns oder Unterlassens. Die Moralphilosophie Kants vertritt allerdings nicht den Vorrang der Handlungs- vor der Personenbewertung, da das normative Prinzip des Kategorischen Imperativs (↑Imperativ, kategorischer) ein Prinzip zur Beurteilung von ↑Maximen ist und deren Verhältnis zu tatsächlich ausgeführten Handlungen nie vollkommen durchsichtig werden kann. Aus diesem Grunde heißt die in der »Metaphysik der Sitten« entwickelte Philosophie der Moralität ›T.lehre‹.

Im neueren Kontext läßt sich die Frage nach der Verfassung des T.begriffs als die nach einer adäquaten systematischen Explikation des Aristotelischen Begriffs der *ἕξις* präzisieren. Der Vorschlag, dies über den wissenschaftstheoretisch naheliegenden Begriff der Disposition (↑Dispositionsbegriff) zu tun, beruht auf der Analogie zwischen der Disposition etwa von Zucker, sich in Wasser aufzulösen, und der Tendenz eines gerechten Menschen, gerecht zu handeln. Im ersten Fall wird dabei das verifikationsrelevante Ereignis bezeichnet, indem man die Disposition (›Löslichkeit‹) benennt, während eine T. mit keiner spezifischen Handlungskategorie begrifflich verbunden ist: Daß ein gerechter Mensch gerecht handeln wird, ist eine leere Bestimmung. Ferner muß ein bescheidener Mensch nicht charakteristischerweise zu jeder Form von Verhalten neigen, das als bescheiden zu bezeichnen ist. Ein zweiter Vorschlag, *ἕξις* mit ›Gewohnheit‹ zu übersetzen, ist deswegen ungeeignet, weil Gewohnheiten weder ein Wissen um das, was man macht, noch die Freiwilligkeit des Handelnden einschließen müssen. Eine dritte Möglichkeit, die darin besteht, *ἕξις* mit ›Charaktereigenschaft‹ zu übersetzen, ist dann naheliegend, wenn die Aristotelischen Verstandestugenden und die Humeschen natürlichen Fähigkeiten nicht mehr dazugezählt werden (es sei denn, man bezöge sich auf einen ›intellektuellen Charakter‹). Zu einem modernen Katalog von T.en des Typs der Aristotelischen Charaktertugenden gehören solche, die als selbstbezogen (›self-regarding‹) wie Tapferkeit, Besonnenheit und Klugheit, und solche, die als fremdbezogen (›other-regarding‹) wie Wohlwollen, Wahrhaftigkeit und Vertrauenswürdigkeit bezeichnet werden. Enthält die Moral keine Pflichten gegen sich selbst, so beinhaltet die zweite Klasse eine alternative begriffliche Strukturierung des Gegenstandsbereichs normativer Ethiken. Zu einer tugendethischen Perspektive gehört die Weigerung, die Klasse der selbstbezogenen T.en als lediglich verschiedene Modi der Verfolgung des Selbstinteresses zu behandeln, die nur solche Handlungsgründe bereitstellen, die mit moralischen Gründen konkurrieren. Insbes. Besonnenheit und Tapferkeit, die einer Person die für klares Überlegen notwendige Selbstdistanz und die für selbstbestimmtes Handeln nötige Tatkraft verleihen, scheinen zu den Bedingungen eines moralischen wie eines gelungenen Lebens zu gehören.

Das Verhältnis einer T.ethik zu einer normativen Ethik könnte in folgendem bestehen: (1) Dem Vorrang der Pflichten: T.en wären im Charakter verankerte Tendenzen, den Pflichten gemäß zu handeln. Der Besitz von

T.en würde wegen des Wertes der Handlungen bzw. deren Konsequenzen geschätzt werden. (2) Dem Vorrang der T.en: Die richtigen Normen wären diejenigen, die ein Handeln gemäß billigungswürdiger Charaktereigenschaften oder Motive vorschrieben. (3) Der partiellen Eigenständigkeit der beiden Dimensionen. Die die Positionen (2) und (3) stützenden Argumente gehen davon aus, daß die Abstraktheit normativer Ethiken problematisch ist. Gegen die Annahme, daß eine Ethik zu Regeln kommen muß, die aus einer beliebigen oder unbeteiligten Perspektive eingesehen werden könnten, argumentiert eine T.ethik, daß schon die Wahrnehmung der moralisch relevanten Eigenschaften einer Situation den Besitz einer besonderen, im Charakter verfestigten Sensitivität voraussetzt. Diese epistemische Fähigkeit wäre ihrerseits ohne die gleichermaßen verfestigte Einstellung, gewisse Wertungen (↑Werturteil) vorzunehmen, nicht möglich. Ferner beansprucht eine T.ethik, den Nuancen konkreter Situationen, der Komplexität des moralischen Lebens, das nicht nur auf Gerechtigkeitsgesichtspunkte eingeschränkt sei, und der psychologisch-pädagogischen Realität des Erwerbs und der Aufrechterhaltung ethischer Orientierungen auf angemessene Weise Rechnung zu tragen. Schließlich betrachtet eine T.ethik ausformulierbare Handlungsregeln als revidierbare Zusammenfassungen von vorgängigen Ergebnissen tugendhafter, situationsspezifisch angemessener Akte des Wählens. Diesen Regeln käme aber keine unabhängige, kriterielle Rolle zu. Ein tugendhafter Mensch wäre gerade ein solcher, der sich in bestimmten Situationen auf keine Abwägung moralischer Regeln einließe, sondern auf der Grundlage fester ethischer Einstellungen das Richtige direkt ›sähe‹ und entsprechend handelte. Eine so argumentierende T.ethik rückt in die Nähe des Intuitionismus (↑Intuitionismus (ethisch)).

Während derartige Argumente die vollständige Reduzierbarkeit tugendethischer auf normative Überlegungen zweifelhaft erscheinen lassen, sprechen andere Argumente gegen eine Reduktion in der umgekehrten Richtung: Eine öffentliche Unverfügbarkeit von Kriterien des Richtigen brächte es mit sich, daß Beteiligte in einem moralischen Streit nicht an allen Parteien zugängliche Standards appellieren könnten, sondern eine Erklärung der mangelnden Übereinstimmung im vermeintlich defekten Charakter ihres Gegenübers suchen müßten. Daß eine reine T.ethik über keine Streitschlichtungsressourcen verfügt, hängt mit ihrem prämodernen Charakter zusammen: Sie erscheint besonders in Gesellschaften angemessen, die durch eine stabile Ordnung und eine weitgehende Übereinstimmung in den Wertungen ihrer Mitglieder gekennzeichnet sind. Für Aristoteles tritt das Problem, wer als tugendhaft und daher als nachahmungswert zu gelten habe, nicht auf, und auch nicht die Frage nach den Kriterien einer derartigen Auszeichnung.

Literatur: R. M. Adams, A Theory of Virtue. Excellence in Being for the Good, Oxford 2006, 2008; S. C. Angle/M. A. Slote, Virtue Ethics and Confucianism, New York/London 2013; J. Annas, Intelligent Virtue, Oxford etc. 2011; G. E. M. Anscombe, Modern Moral Philosophy, Philos. 33 (1958), 1–19 (dt. Moderne Moralphilosophie, in: G. Grewendorf/G. Meggle [eds.], Seminar Sprache und Ethik. Zur Entwicklung der Metaethik, Frankfurt 1974, 217–243); N. Arpaly, Unprincipled Virtue. An Inquiry into Moral Agency, Oxford etc. 2002, 2003; T. Bahne, Person und Kommunikation. Anstöße zur Erneuerung einer christlichen T.ethik bei Edith Stein, Paderborn 2014; A. Baier, Civilizing Practices, in: dies., Postures of the Mind. Essays on Mind and Morals, Minneapolis Minn., London 1985, 246–262; K. Baier, Radical Virtue Ethics, in: P. A. French/T. E. Uehling/H. K. Wettstein (eds.), Ethical Theory. Character and Virtue, Notre Dame Ind. 1988 (Midwest Stud. Philos. XIII), 126–135; M. Baron, Varieties of Ethics of Virtue, Amer. Philos. Quart. 22 (1985), 47–53; ders./P. Pettit/M. A. Slote (eds.), Three Methods of Ethics, Malden Mass./Oxford 1997, 2008; L. C. Becker, Reciprocity, London/New York 1986, Chicago Ill. 1990; L. Besser-Jones/M. Slote (eds.), The Routledge Companion to Virtue Ethics, New York/London 2015; M. Betzler (ed.), Kant's Ethics of Virtue, Berlin/New York 2008; O. F. Bollnow, Wesen und Wandel der T.en, Frankfurt 1958, Nachdr. in: ders., Schriften II (Die Ehrfurcht, Wesen und Wandel der T.en), Würzburg 2009, 123–283; W. Bopp, Die Geschichte des Wortes ›T.‹, Diss. Heidelberg 1932; D. Borchers, Die neue T.ethik. Schritt zurück im Zorn? Eine Kontroverse in der analytischen Philosophie, Paderborn 2001; dies., T.ethik, EP III ([2]2010), 2784–2790; R. Bosley, On Virtue and Vice. Metaphysical Foundations of the Doctrine of the Mean, Frankfurt etc. 1991; M. S. Brady, The Value of the Virtues, Philos. Stud. 125 (2005), 85–113; R. B. Brandt, Traits of Character. A Conceptual Analysis, Amer. Philos. Quart. 7 (1970), 23–37; ders., W. K. Frankena and the Ethics of Virtue, Monist 64 (1981), 271–292; ders., The Structure of Virtue, in: P. A. French/T. E. Uehling/H. K. Wettstein (eds.), Ethical Theory [s. o.], 64–82; B. W. Brower, Dispositional Ethical Realism, Ethics 103 (1993), 221–249; J. M. Brown, Right and Virtue, Proc. Arist. Soc. 82 (1981/1982), 143–158; M. F. Burnyeat, Virtues in Action, in: G. Vlastos (ed.), The Philosophy of Socrates. A Collection of Critical Essays, Garden City N. Y., New York 1971, Notre Dame Ind. 1980, 209–234; P. Cafaro/R. Sandler (eds.), Virtue Ethics and the Environment, Dordrecht etc. 2010; D. Carr/J. Steutel (eds.), Virtue Ethics and Moral Education, London/New York 1999, 2001; J. W. Chapman/W. A. Galston (eds.), Virtue, New York/London 1992; T. Chappell (ed.), Values and Virtues. Aristotelianism in Contemporary Ethics, Oxford 2006; R. Crisp (ed.), How Should One Live? Essays on the Virtues, Oxford 1996, Oxford etc. 2003; ders., Virtue Ethics, REP IX (1998), 622–626; ders./M. A. Slote (eds.), Virtue Ethics, Oxford etc. 1997, 2007; H. J. Curzer, Aristotle and the Virtues, Oxford etc. 2012, 2015; S. Darwall (ed.), Virtue Ethics, Malden Mass. etc. 2003, 2008; A. J. Dell'Olio, Foundations of Moral Selfhood. Aquinas on Divine Goodness and the Connection of the Virtues, Frankfurt etc. 2003; M. DePaul/L. Zagzebski (eds.), Intellectual Virtue. Perspectives from Ethics and Epistemology, Oxford etc. 2003, 2007; R. J. Devettere, Introduction to Virtue Ethics. Insights of the Ancient Greeks, Washington D. C. 2002; C. Diamond, The Dog that Gave Himself the Moral Law, in: P. A. French/T. E. Uehling/H. K. Wettstein (eds.), Ethical Theory [s. o.], 161–179; J. Driver, Uneasy Virtue, Cambridge etc. 2001,

2006; A. M. Esser, Eine Ethik für Endliche. Kants T.lehre in der Gegenwart, Stuttgart 2004; J. Fellscher, T., EP III ([2]2010), 2781–2784; K. Flanagan/P. C. Jupp (eds.), Virtue Ethics and Sociology. Issues of Modernity and Religion, Basingstoke/New York 2001; J. Fletcher, Virtue Is a Predicate, Monist 54 (1970), 66–85; P. Foot, Virtues and Vices, in: dies., Virtues and Vices. And Other Essays in Moral Philosophy, Oxford 1978, 2009, 1–18; dies., Utilitarianism and the Virtues, Mind 94 (1985), 196–209, Neudr. in: S. Scheffler (ed.), Consequentialism and Its Critics, Oxford etc. 1988, 2009, 224-242; dies., Natural Goodness, Oxford etc. 2001, 2003 (dt. Die Natur des Guten, Frankfurt 2004, Berlin 2014; franz. Le bien naturel, Genf 2014); W. K. Frankena, Prichard and the Ethics of Virtue. Notes on a Footnote, Monist 54 (1970), 1–17; W. A. Galston, Liberal Purposes. Goods, Virtues, and Diversity in the Liberal State, Cambridge 1991, 2002; S. M. Gardiner (ed.), Virtue Ethics, Old and New, Ithaca N. Y./London 2005; P. Geach, The Virtues. The Stanton Lectures 1973-4, Cambridge etc. 1977, 1979; E. Gilson, Saint Thomas d'Aquin, Paris 1925, unter dem Titel: Saint Thomas moraliste, Paris [2]1974; P. Gottlieb, The Virtue of Aristotle's Ethics, Cambridge etc. 2009, 2011; J. Hacker-Wright, Moral Status in Virtue Ethics, Philos. 82 (2007), 449–473; C. Halbig, Der Begriff der T. und die Grenzen der T.-ethik, Berlin 2013; O. Höffe, Kants kategorischer Imperativ als Kriterium des Sittlichen, in: ders., Ethik und Politik. Grundmodelle und -probleme der praktischen Philosophie, Frankfurt 1979, 1992, 84–119; ders., Lebenskunst und Moral oder macht T. glücklich?, München 2007, rev. 2009 (engl. Can Virtue Make Us Happy? The Art of Living and Morality, Evanston Ill. 2010); H.-J. Höhn, Das Leben in Form bringen. Konturen einer neuen T.ethik, Freiburg/Basel/Wien 2014; C. Horn, Antike Lebenskunst. Glück und Moral von Sokrates bis zu den Neuplatonikern, München 1998, 2014; T. Hurka, Virtue, Vice, and Value, Oxford etc. 2001, 2003; R. Hursthouse, Applying Virtue Ethics, in: dies./G. Lawrence/W. Quinn (eds.), Virtues and Reasons. Philippa Foot and Moral Theory. Essays in Honour of Philippa Foot, Oxford 1995, 2005, 57–75; dies., On Virtue Ethics, Oxford etc. 1999, 2010; dies., Virtue Ethics, SEP 2003, rev. 2012; R. B. Kruschwitz/R. C. Roberts (eds.), The Virtues. Contemporary Essays on Moral Character, Belmont Calif. 1987; M. Kühnlein/M. Lutz-Bachmann (eds.), Vermisste T.? Zur Philosophie Alasdair MacIntyres, Wiesbaden 2015; J. J. Kupperman, Character, Oxford etc. 1991, 1995; P. Lorenzen, Lehrbuch der konstruktiven Wissenschaftstheorie, Mannheim/Wien/Zürich 1987, Stuttgart/Weimar 2000, 241–254 (3.1 Politische Anthropologie); D. O. Lottin, Les premières définitions et classifications des vertus au moyen âge, Rev. sci. philos. théol. 18 (1929), 369–407; R. B. Louden, On Some Vices of Virtue Ethics, Amer. Philos. Quart. 21 (1984), 227–236; ders., Kant's Virtue Ethics, Philos. 61 (1986), 473–489, Neudr. in: R. F. Chadwick (ed.), Immanuel Kant. Critical Assessments III (Kant's Moral and Political Philosophy), London/New York 1992, 330–345; A. MacIntyre, After Virtue. A Study in Moral Theory, London 1981, Notre Dame Ind. [3]2007, London/New York 2013 (dt. Der Verlust der T.. Zur moralischen Krise der Gegenwart, Frankfurt/New York 1987, erw. 2006); ders., Dependent Rational Animals. Why Human Beings Need the Virtues, London, Chicago Ill./La Salle Ill. 1999, London 2009 (dt. Die Anerkennung der Abhängigkeit. Über menschliche T.en, Hamburg 2001); J. L. Mackie, Hume's Moral Theory, London 1980, 2001; R. A. Markus, Augustine. Human Action: Will and Virtue, in: A. H. Armstrong (ed.), The Cambridge History of Later Greek and Early Medieval History, Cambridge 1967, 2004, 380–394; J. McDowell, Are Moral Requirements Hypothetical Imperatives?, Proc. Arist. Soc., Suppl. 52 (1978), 13–29, 31–42; ders., Virtue and Reason, Monist 62 (1979), 331–350; ders., Two Sorts of Naturalism, in: R. Hursthouse/G. Lawrence/W. Quinn (eds.), Virtues and Reasons [s. o.], 149–179 (dt. Zwei Arten von Naturalismus, Dt. Z. Philos. 45 [1997], 687–710); J. A. Montmarquet, Epistemic Virtue and Doxastic Responsibility, Lanham Md. 1993; A. W. Müller, Was taugt die T.? Elemente einer Ethik des guten Lebens. Mit einem Gespräch mit August Everding, Stuttgart/Berlin/Köln 1998; M. C. Nussbaum, Non-Relative Virtues. An Aristotelian Approach, in: P. A. French/T. E. Uehling/H. K. Wettstein (eds.), Ethical Theory [s. o.], 32–53; O. O'Neill, Kant after Virtue, in: dies., Constructions of Reason. Explorations of Kant's Practical Philosophy, Cambridge etc. 1989, 2000, 145–162; dies., Towards Justice and Virtue. A Constructive Account of Practical Reasoning, Oxford etc. 1996, 2002 (dt. T. und Gerechtigkeit. Eine konstruktive Darstellung des praktischen Denkens, Berlin 1996); G. E. Pence, Recent Work on Virtues, Amer. Philos. Quart. 21 (1984), 281–297; J. Pieper, Das Viergespann: Klugheit, Gerechtigkeit, Tapferkeit, Maß, München 1964, 1998; T. A. Ponko, Artificial Virtue, Self-Interest, and Acquired Social Concern, Hume Stud. 9 (1983), 46–58; J. Porter, T., TRE XXXIV (2002), 184–197; H. A. Prichard, Does Moral Philosophy Rest on a Mistake?, Mind 21 (1912), 21–37, Neudr. in: ders., Moral Obligation. Essays and Lectures, Oxford 1949, 1–17, unter dem Titel: Moral Obligation and Duty and Interest, Oxford etc. 1968, 1–17, unter ursprünglichem Titel, Oxford 1971 (dt. Beruht die Moralphilosophie auf einem Irrtum?, in: G. Grewendorf/G. Meggle [eds.], Seminar: Sprache und Ethik. Zur Entwicklung der Metaethik, Frankfurt 1974, 61–82); R. A. Putnam, Reciprocity and Virtue Ethics, Ethics 98 (1987/1988), 379–389; F. Renaud, T., DNP XII/1 (2002), 894–896; M. Rhonheimer, Die Perspektive der Moral. Philosophische Grundlagen der T.ethik, Berlin 2001 (engl. The Perspective of Morality. Philosophical Foundations of Thomistic Virtue Ethics, Washington D. C. 2011); K. P. Rippe/P. Schaber (eds.), T.ethik, Stuttgart 1998; A. O. Rorty (ed.), Essays on Aristotle's Ethics, Berkeley Calif./Los Angeles/London 1980, 2009; dies. (ed.), Explaining Emotions, Berkeley Calif./Los Angeles/London 1980; dies., Virtues and Their Vicissitudes, in: dies., Mind in Action. Essays in the Philosophy of Mind, Boston Mass. 1988, 314–329; D. C. Russell, Practical Intelligence and the Virtues, Oxford 2009, 2011; ders. (ed.), The Cambridge Companion to Virtue Ethics, Cambridge etc. 2013; M. Scheler, Zur Rehabilitierung der T., in: ders., Vom Umsturz der Werte I, Leipzig [2]1919, 1923, 19–46; J. B. Schneewind, The Misfortunes of Virtue, Ethics 101 (1990/1991), 42–63; E. Schockenhoff, Grundlegung der Ethik. Ein theologischer Entwurf, Freiburg/Basel/Wien 2007, [2]2014; K. Setiya, Reasons without Rationalism, Princeton N. J./Oxford 2007, 2010; E. E. Shelp (ed.), Virtue and Medicine. Explorations in the Character of Medicine, Dordrecht/Boston Mass./Lancaster 1985; N. Sherman, The Fabric of Character. Aristotle's Theory of Virtue, Oxford 1989, 2004; J. N. Shklar, Ordinary Vices, Cambridge Mass./London 1984 (franz. Les vices ordinaires, Paris 1989; dt. Ganz normale Laster, Berlin 2014); Y. R. Simon, The Definition of Moral Virtue, ed. V. Kuic, New York 1986; M. A. Slote, Is Virtue Possible?, Analysis 42 (1982), 70–76, Neudr. in: R. B. Kruschwitz/R. C. Roberts (eds.), The Virtues [s. o.], 100–105; ders., Morality not a System of Imperatives, Amer. Philos. Quart. 19 (1982), 331–340; ders., Goods and Virtues, Oxford 1983, 1989; ders., From Morality to Virtue, Oxford etc. 1992, 1995; ders., Essays in the History of Ethics, Oxford etc. 2010; F. E. Sparshott, Five Virtues in Plato and Aristotle, Monist 54 (1970), 40–65; D. Star, Knowing Better. Virtue, Deliberation, and Normative Ethics, Oxford etc. 2015; D. Statman (ed.), Virtue Ethics. A Critical Reader, Edinburgh 1997, 2003; P. Stemmer u.a., T., Hist. Wb. Ph. X (1998), 1532–1570; J.C. Stewart-Robertson, Cicero among the Shadows. Scottish Prelections of Virtue and Duty, Riv. crit. stor. filos. 38 (1983), 25–49; M. Stocker, The Schizophrenia of Modern Ethical Theories, J. Philos. 73 (1976), 453–466; C. Swanton, Virtue Ethics. A Pluralistic View, Oxford etc. 2003, 2005; dies., The Virtue Ethics of Hume and Nietzsche, Chichester/New York 2015; J. Szaif/M. Lutz-Bachmann (eds.), Was ist das für den Menschen Gute? Menschliche Natur und Güterlehre/What Is Good for a Human Being? Human Nature and Values, Berlin/New York 2004; G. Taylor/S. Wolfram, Virtues and Passions, Analysis 31 (1971), 76–83; ders., Deadly Vices, Oxford 2006, 2009; L. Tessman, Burdened Virtues. Virtue Ethics for Liberatory Struggles, Oxford etc. 2005; A. Trampota/O. Sensen/J. Timmermann (eds.), Kant's ›T.lehre‹. A Comprehensive Commentary, Berlin/Boston Mass. 2013; E. Tugendhat, Vorlesungen über Ethik, Frankfurt 1993, 2012, 197–309; R.L. Walker/P.J. Ivanhoe (eds.), Working Virtue. Virtue Ethics and Contemporary Moral Problems, Oxford 2007; J.D. Wallace, Virtues and Vices, Ithaca N.Y./London 1978, 1986; M. Wallroth, Moral ohne Reife? Ein Plädoyer für ein tugendethisches Moralverständnis, Freiburg/München 2000; V. Weber, T.ethik und Kommunitarismus. Individualität, Universalisierung, Moralische Dilemmata, Würzburg 2002; J. Welchman (ed.), The Practice of Virtue. Classic and Contemporary Readings in Virtue Ethics, Indianapolis Ind. 2006; J. Wetzel, Augustine and the Limits of Virtue, Cambridge etc. 1992, 2008; B. Williams, Virtues and Vices, REP IX (1998), 626–631; G.H. v. Wright, The Varieties of Goodness, London 1963 (repr. Bristol 1993, 1996), 1972, 136–154; L.H. Yearley, Mencius and Aquinas. Theories of Virtue and Conceptions of Courage, Albany N.Y. 1990; L.T. Zagzebski, Virtues of the Mind. An Inquiry into the Nature of Virtue and the Ethical Foundations of Knowledge, Cambridge etc. 1996. N.R.

Tung Chung-Shu (auch: Dong Zhong-Shu), *179 v. Chr., †104 v. Chr., Vertreter der konfuzianischen Neutextschule (↑Konfuzianismus). T. glaubt an eine Beeinflussung menschlicher Angelegenheiten durch den ›Weg des Himmels‹ und ist stark von der Yin-Yang-Spekulation (↑Yin-Yang) beeinflußt.

Werke: W.-T. Chan (ed.), A Source Book in Chinese Philosophy, Princeton N.J. 1963, 1972, 271–288 (Chap. 14 Yin Yang Confucianism: T. C.-S.); Ch'un-ch'iu Fan-lu/Üppiger Tau des Frühling-und-Herbst-Klassikers. Übersetzung und Annotation der Kapitel eins bis sechs [chin./dt.], übers. R.H. Gassmann, Bern/New York 1988; Luxuriant Gems of the Spring and Autumn. Attributed to Dong Zhongshu, ed. S.A. Queen/J.S. Major, New York 2016.

Literatur: R.T. Ames, Dong Zhongshu (T. C.-S.), Enc. Chinese Philos. 2003, 238–240; G. Arbuckle, Restoring Dong Zhongshu (195–115 B.C.E.). An Experiment in Historical and Philosophical Reconstruction, Ann Arbor Mich. 1991; Y.-L. Fung, A History of Chinese Philosophy II (The Period of Classical Learning), Princeton N.J. 1953, 1983, bes. 7–87 (Chap. II T. C.-S. and the New Text School); Y.-M. Fung, Philosophy in the Han Dynasty, in: B. Mou (ed.), History of Chinese Philosophy, London/New York 2009, 269–302, bes. 286–293 (4 Dong Zhongshu's Confucian Eclectic Philosophy); W.-C. Liu, T. C.-S., Enc. Ph. VIII (1967), 164, unter dem Titel: Dong Zhongshu, Enc. Ph. III ([2]2006), 98 (mit rev. Bibliographie v. H. Loy); M. Loewe, Dong Zhongshu, a ›Confucian‹ Heritage and the »Chunqiu fanlu«, Leiden/Boston Mass. 2011; M. Nylan, Dong Zhongshu, REP III (1998), 111–113; T. Pokora, Notes on New Studies on T. C.-S. (ca. 179 – ca. 104 B.C.), Arch. Orientální 33 (1965), 256–271; S.A. Queen, From Chronicle to Canon. The Hermeneutics of the »Spring and Autumn«, According to T. C.-S., Cambridge etc. 1996; C. Zhang, The Role of History in the Philosophy of Dong Zhongshu, Chinese Stud. Philos. 12 (1980/1981), H. 2, 87–103. H.S.

Turgot, Anne Robert Jacques, Baron de l'Aulne, *Paris 10. Mai 1727, †ebd. 20. März 1781, franz. Staatsminister und Wirtschaftstheoretiker. Nach Ausbildung am Collège Louis le Grand theologische und naturwissenschaftliche Studien am Seminar St.-Sulpice und an der Sorbonne. Ende 1749 bis Anfang 1751 ›Prieur de Sorbonne‹, 1752 Berater am Pariser Parlament, später Verwaltungslaufbahn. T. stand in engem Kontakt mit dem Kreis der für die französische Aufklärung maßgebenden ›philosophes‹ und verfaßte einige Artikel für die ↑Enzyklopädie D. Diderots und J. le Rond d'Alemberts. – Zwischen 1761 und 1774 gelang es T. als Intendant des Limousin, die Wirtschaftsstruktur dieser Region durch zahlreiche Reformmaßnahmen in den Bereichen Verkehrswesen, Industrie und landwirtschaftliche Anbautechnik zu verbessern. Zwischen 1774 und 1776 war T. als Finanzminister Ludwigs XVI. tätig. In dieser Position versuchte er, Reformen nach den Prinzipien der ↑Aufklärung einzuleiten. Wirtschaftspolitisch verfolgte T. das Ziel der Einführung weitgehender Gewerbe- und Handelsfreiheit. Politisch strebte er eine einheitliche Verfassung mit Toleranzgarantien (↑Toleranz) an sowie die Einführung einer kommunalen Selbstverwaltung, eines staatlichen Schulwesens und eines öffentlichen Fürsorgesystems. Dies sollte die Grundlage der Neuordnung des Steuerwesens und der Finanzverwaltung darstellen, die die Abschaffung von Ständeprivilegien und eine einheitliche, einkommensproportionale Steuer vorsah. Zwar konnte T. einige dieser Vorhaben umsetzen, alle grundlegenden Reformmaßnahmen scheiterten jedoch am Widerstand der privilegierten Stände.

Der Schwerpunkt von T.s wissenschaftlichem Werk liegt auf dem Gebiet der Wirtschaftstheorie. T. ist Anhänger und zugleich Überwinder der Theorie der ↑Physiokratie. Insbes. gibt er die Annahme F. Quesnays auf, daß allein die Landwirtschaft neue Güter hervorbringe. T. betont demgegenüber die Produktivität der ↑Arbeit und weist auf die Bedeutung des Kapitals als des dritten Produktionsfaktors hin. T.s Kapitaltheorie enthält grundlegende Einsichten zur volkswirtschaftlichen Funktion von Zinsen, Ersparnissen und Investitionen. – In der Chemie formuliert T. wenige Wochen vor A. L. de Lavoisier den Gedanken, daß die unmittelbar zuvor experimentell aufgezeigte Gewichtszunahme aller Metalle beim ›Rösten‹ auf die Anlagerung von Luft zurückgeht, was den Kern der dann von Lavoisier entwickelten Sauerstofftheorie darstellt.

Werke: Œuvres, précédées et accompagnées de mémoires et de notes sur sa vie, son administration et ses ouvrages, I–IX, ed. P. S. Du Pont de Nemours, Paris 1808–1811; Œuvres, I–II, ed. E. Daire/H. Dussard, Paris 1844 (Collection des principaux économistes III/IV); Œuvres de T. et documents le concernant avec biographie et notes, I–V, ed. G. Schelle, Paris 1913–1923 (repr. Glashütten 1972). – Réflexions sur la formation et la distribution des richesses, Ephémérides du citoyen (1769), Nr. 11, 12–56, Nr. 12, 31–98, (1770), Nr. 1, 114–173 (repr. Düsseldorf 1990), Neudr. o.O. [Paris] 1788 (dt. Untersuchung über die Natur und den Ursprung der Reichthümer und ihrer Vertheilung unter den verschiedenen Gliedern der bürgerlichen Gesellschaft, Lemgo 1775, unter dem Titel: Betrachtungen über die Bildung und die Verteilung des Reichtums, Jena 1903, [3]1924, Frankfurt 1946, unter dem Titel: Betrachtungen über die Bildung und Verteilung der Reichtümer, Berlin [Ost] 1981); Œuvres posthumes de M. T., ou Mémoire de M. T., ed. P. S. Du Pont de Nemours, Lausanne 1787; Administration et œuvres économiques, ed. L. Robineau, Paris 1889; Écrits économiques, ed. B. Cazes, Paris 1970; The Economics of A. R. J. T., ed. P. D. Groenewegen, The Hague 1977; Über die Fortschritte des menschlichen Geistes, ed. J. Rohbeck/L. Steinbrügge, Frankfurt 1990; «Laissez faire!», ed. A. Laurent, Paris 1997; Brief an Monsieur Abbé de Cicé, Bischof von Auxerre, über das Papier, welches das Geld ersetzt, in: W. Pircher (ed.), Sozialmaschine Geld. Kultur, Geschichte, Frankfurt 2000, 157–160; Wert und Geld, in: W. Pircher (ed.), Sozialmaschine Geld [s. o.], 161–168; The Importance of Capital, in: A. E. Murphy, The Genesis of Macroeconomics. New Ideas from Sir William Petty to Henry Thornton, Oxford etc. 2009, 133–154. – Correspondance inédite de Condorcet et de T., ed. C. Henry, Paris 1883, Genf 1970; Lettres de T. à la duchesse d'Enville (1764–74 et 1777–80), ed. J. Ruwet, Louvain 1976.

Literatur: F. Alengry, T. (1727–1781), homme privé – homme d'état, Paris 1942; M. Blaug (ed.), Richard Cantillon (1680–1734) and J. T. (1727–1781), Aldershot/Brookfield Vt. 1991 (Pioneers in Economics IX); C. Bordes/J. Morange (eds.), T., économiste et administrateur. Actes d'un Séminaire, organisé par la Faculté de droit et des sciences économiques de Limoges pour le bicentenaire de la mort de T., Paris 1982; M.-J.-A.-N. C. de Condorcet, Vie de M. T., I–II, London 1786 (repr. Genf 1972) (dt. Herrn T.s Leben, I–II, Gera 1787); D. Dakin, T. and the Ancien Régime in France, London 1939 (mit Bibliographie, 307–316) (repr. New York 1965, 1980); P.-S. Du Pont de Nemours, Mémoires sur la vie et les ouvrages de M. T., I–II, Paris 1782; L. Dupuy, Éloge historique de T., [Paris] 1782; E. Faure, La disgrâce de T., [Paris] 1961, 1977; S. Feilbogen, Smith und T.. Ein Beitrag zur Geschichte und Theorie der Nationalökonomie, Wien 1892 (repr. Genf 1970); O. Fengler, Die Wirtschaftspolitik T.s und seiner Zeitgenossen im Lichte der Wirtschaft des Ancien Régime, Leipzig 1912; P. Foncin, Essai sur le ministère de T., Paris 1877 (repr. Genf 1976); C.-J. Gignoux, T., Paris 1945; F. Hensmann, Staat und Absolutismus im Denken der Physiokraten. Ein Beitrag zur physiokratischen Staatsauffassung von Quesnay bis T., Frankfurt 1976; M. Hill, Statesman of the Enlightenment. The Life of Anne-Robert T., London 1999; G. Kellner, Zur Geschichte des Physiokratismus. Quesnay – Gournay – T., Göttingen 1847; M. C. Kiener/J. C. Peyronnet, Quand T. régnait en Limousin. Un tremplin vers le pouvoir, Paris 1979; L. Laugier, T. ou le mythe des reformes, Paris 1979; E. C. Lodge, Sully, Colbert, and T.. A Chapter in French Economic History, London 1931, Port Washington N. Y. 1970, New York 1971; R. L. Meek (ed.), T. on Progress, Sociology and Economics. A Philosophical Review of the Successive Advances of the Human Mind, On Universal History, Reflections on the Formation and the Distribution of Wealth, Cambridge 1973, 2010; M. Meek Lange, Progress, SEP 2011; C. Morilhat, La prise de conscience du capitalisme. Économie et philosophie chez T., Paris 1988; A. Neymarck, T. et ses doctrines, I–II, Paris 1885 (repr. Genf 1967); A. Oncken, Geschichte der Nationalökonomie I (Die Zeit vor Adam Smith), Leipzig 1902, Aalen 1971; J.-P. Poirier, T.. Laissez-faire et progrès social, Paris 1999; H. C. Recktenwald (ed.), Lebensbilder großer Nationalökonomen. Einführung in die Geschichte der Politischen Ökonomie, Köln/Berlin 1965, 104–109; L. Say, T., Paris 1887, [3]1904 (engl. T., London 1888); G. Schelle, T., Paris 1909; J. A. Schumpeter, History of Economic Analysis, New York 1954, London 1997 (dt. Geschichte der ökonomischen Analyse, I–II, Göttingen 1965, 2009); R. P. Shepherd, T. and the Six Edicts, New York 1903, New York 1971 (mit Bibliographie, 210–213); D. Stark, Die Beziehungen zwischen A. R. J. T. (1727–1781) und A. Smith (1723–1790), Basel 1970; J. Tissot, T.. Sa vie, son administration, ses ouvrages, Paris 1862; A. Tschupp, Das theoretische System T.s und seine Beziehungen zur physiokratischen Doktrin, Chur 1929; H. Vyverberg, T., Enc. Ph. IX ([2]2006), 550–551; W. Weddigen, A. R. J. T.. Leben und Bedeutung des Finanzministers Ludwig XVI. Unter Abdruck seiner noch heute wichtigen Schriften, Bamberg 1950; ders., T., Handwörterbuch der Sozialwissenschaften X, ed. E. v. Beckerath u. a., Stuttgart, Tübingen, Göttingen 1959, 422–425; G. Weulersse, La physiocratie sous les ministères de T. et de Necker (1774–1781), Paris 1950. H. R. G.

Turing, Alan Mathison, *London 23. Juni 1912, †Wilmslow (Cheshire) 7. Juni 1954, engl. Mathematiker und Logiker. 1931–1935 Studium der Mathematik in Cambridge (King's College), 1935 Fellow ebendort, 1936–1937 am Institute for Advanced Study (Princeton N. J.). 1939–1945 Arbeit für den britischen Nachrichtendienst, dabei maßgebliche Beteiligung an der erfolgreichen Entschlüsselung des von der deutschen Chiffriermaschine ›Enigma‹ produzierten Codes; 1945–1948 Tätigkeit in den National Physical Laboratories, dabei Konstruktion eines der ersten programmierbaren elektronischen Rechner; 1948–1954 Direktor der Computing Laboratories der Universität Manchester. T. starb nach dem – vermutlich nicht unfreiwilligen – Genuß eines vergifteten Apfels.

Zuerst bekannt geworden durch seine Lösung des ↑Entscheidungsproblems, begründet T. später die Erforschung Künstlicher Intelligenz (↑Intelligenz, künstliche). 1935 beweist T. unabhängig von (aber wenige Wochen später als) A. Church die Unentscheidbarkeit (↑unentscheidbar/Unentscheidbarkeit) der ↑Prädikatenlogik. In seinem Beweis definiert er den Begriff der Berechenbarkeit mit einer universalen Rechenmaschine, der später so genannten ↑Turing-Maschine (↑Automatentheorie): Ein Problem ist genau dann entscheidbar (↑T.-berechenbar; ↑berechenbar/Berechenbarkeit), wenn eine T.-Maschine die Kodierung des Problems in endlich vielen Schritten abarbeiten kann. Die T.-Maschine wurde zum Modell beliebig programmierbarer Rechner und zu einem der Grundbegriffe einer allgemeinen Theorie der Berechenbarkeit. – Mit einer Reihe von Radiosendungen 1950–1951 und seinem Aufsatz »Computing Machinery and Intelligence« (1950) eröffnete T. die Erforschung Künstlicher Intelligenz. Er schlug vor, die Beantwortung der Frage, ob eine gegebene Maschine denken kann, vom Ausgang eines ›Nachahmungsspiels‹ (später ↑Turing-Test genannt) abhängig zu machen. In seinen letzten Lebensjahren interessierte sich T. zunehmend für die mathematische Theorie der Entwicklung biologischer Formen.

Werke: Collected Works, I–IV, Amsterdam etc. 1992–2001. – On Computable Numbers, with an Application to the Entscheidungsproblem, Proc. London Math. Soc. 42 (1937), 230–265, Correction: Proc. London Math. Soc. 43 (1937), 544–546, Neudr. in: M. Davis (ed.), The Undecidable. Basic Papers on Undecidable Propositions, Unsolvable Problems and Computable Functions, Hewlett N. Y. 1965, Mineola N. Y. 2004, 115–154; Computability and λ-Definability, J. Symb. Log. 2 (1937), 153–163; Systems of Logic Based on Ordinals, Proc. London Math. Soc. 45 (1939), 161–228; The Word Problem in Semi-Groups with Cancellation, Ann. Math. 52 (1950), 491–505; Computing Machinery and Intelligence, Mind 59 (1950), 433–460; The Chemical Basis of Morphogenesis, Philos. Transact. Royal Soc. Ser. B 237 (1952/1954), 37–72, ferner in: Bull. Amer. Math. Soc. 52 (1990), 153–197; A. M. T.'s ACE Report of 1946 and Other Papers, ed. B. E. Carpenter/R. W. Doran, Cambridge Mass. 1986; Intelligence Service. Schriften, ed. B. Dotzler/F. Kittler, Berlin 1987; The Essential T.. Seminal Writings in Computing, Logic, Philosophy, Artificial Intelligence, and Artificial Life plus The Secrets of Enigma, ed. J. B. Copeland, Oxford 2004; A. T.'s Systems of Logic. The Princeton Thesis, ed. A. W. Appel, Princeton N. J./Oxford 2012, 2014; A. T.. His Work and Impact, ed. B. Cooper/J. van Leeuwen, Amsterdam etc. 2013.

Literatur: G. S. Boolos/R. C. Jeffrey, Computability and Logic, Cambridge 1974, mit J. P. Burgess, [5]2010; B. J. Copeland u. a., The T. Guide, Oxford etc. 2017; J. Floyd/A. Bokulich (eds.), Philosophical Explorations of the Legacy of A. T.. T. 100, Cham 2017; A. Hodges, A. T.. The Enigma, London, New York 1983, Princeton N. J., London 2014, unter dem Titel: A. T.. The Enigma of Intelligence, London 1983, 1989 (franz. A. T. ou l'énigme de l'intelligence, Paris 1988, unter dem Titel: A T.. Le génie qui a décrypté les codes secrets nazis et inventé l'ordinateur, Paris/Neuilly-sur-Seine 2015; dt. A. T.. Enigma, Berlin 1989, Wien [2]1994); ders., T., SEP 2002, rev. 2013; ders., T., Enc. Ph. IX (2006), 552–553; P. Millican/A. Clark (eds.), The Legacy of A. T., I–II, Oxford 1996, 1999; M. L. Minsky, Computation. Finite and Infinite Machines, Englewood Cliffs N. J. 1967, London 1972 (dt. Berechnung. Endliche und unendliche Maschinen, Stuttgart 1971); J. Moor, T., REP IX (1998), 493–495; J. Mosconi, T., DP II (1993), 2825–2827; F. Naumann, T., in: D. Hoffmann/H. Laitko/S. Müller-Wille (eds.), Lexikon der bedeutenden Naturwissenschaftler III, München/Heidelberg 2004, 381–382; P. Odifreddi, Classical Recursion Theory. The Theory of Functions and Sets of Natural Numbers, Amsterdam etc. 1989, erw. I–II, 1999; B. van Rootselaar, T., DSB XIII (1976), 497–498; J. Simon, T., in: B. Narins (ed.), Notable Scientists from 1900 to the Present V, Farmington Hills Mich. 2001, 2263–2265; W. Warwick, T., in: N. Koertge (ed.), New Dictionary of Scientific Biography VII, Detroit Mich. 2008, 82–84. A. F.

Turing-Maschine, Bezeichnung für einen abstrakten ↑Automaten, der anhand von endlich vielen Anweisungen eine Folge von Symbolen manipuliert. Die Idee der T.-M. wurde 1936 von A. M. Turing eingeführt, um den Begriff der effektiven Berechenbarkeit (↑berechenbar/Berechenbarkeit) exakt zu definieren. Gleichzeitig und unabhängig von Turing schlug E. L. Post eine ähnliche Definition vor. Eine T.-M. berechnet ↑Funktionen in einem gewählten Symbolbereich, insbes. im Bereich der natürlichen ↑Zahlen. Über geeignete ↑Kodierungen kann sie auch Entscheidungen darüber herbeiführen, ob ein Objekt (z. B. ein Satz) in einer bestimmten Menge (z. B. der Menge der in einem bestimmten deduktiven System ableitbaren Sätze) enthalten ist (↑Entscheidungsproblem). Eine T.-M. ist ›abstrakt‹, da es auf ihre physische Realisierung nicht ankommt. Die abstrakte Architektur einer *universellen* T.-M. (s. u.) ist das grundlegende Modell aller programmierbaren Rechner.
Gewöhnlich wird eine T.-M. durch ein diskret in Felder aufgeteiltes, potentiell unendliches Band sowie einen darüber sich bewegenden Lese- und Schreibkopf dargestellt:

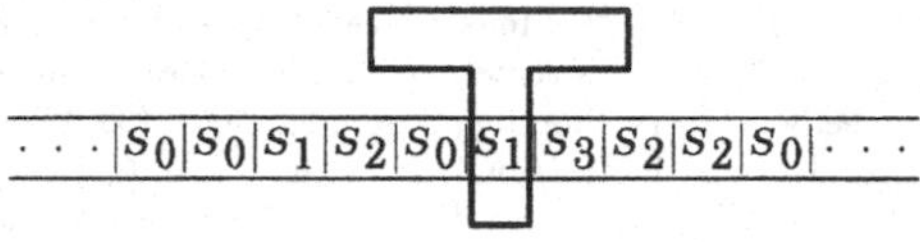

Jedes Feld ist mit genau einem Symbol aus einem endlichen Zeichenvorrat beschriftet. Dabei dient ein Symbol s_0 als ›Leerzeichen‹. Jedes Band ist von der Form A_1BA_2, wobei A_1 und A_2 unendliche Folgen von Leerzeichen sind und B eine endliche Folge von Symbolen ist, deren erstes und letztes Element nicht das Leerzeichen ist. Zu jedem Zeitpunkt befindet sich die Maschine in genau einem von endlich vielen möglichen ›Zuständen‹. Zusammen mit dem Inhalt des Feldes, auf dem sich der Kopf gerade befindet, bestimmt der aktuelle Zustand der Maschine ihr Verhalten: der Kopf liest jeweils ein Feld, schreibt ein Symbol in das Feld, bewegt sich auf das linke oder rechte Nachbarfeld und wechselt in einen neuen Zustand. Eine T.-M. läßt sich vollständig als eine endliche Menge von Quintupeln (z,s,s',b,z') beschreiben, die wie folgt zu lesen sind: Wenn die Maschine im Zustand z das Symbol s liest, dann schreibt sie das Symbol s', bewegt sich um ein Feld in Richtung $b \in$ {links, rechts} und wechselt in den Zustand z'. In jeder T.-M. ist zudem ein Anfangszustand z_0 ausgezeichnet. Die Maschine ist deterministisch (↑Determinismus) in dem Sinne, daß den ersten beiden Elementen eines Quintupels die folgenden drei Elemente immer eindeutig zugeordnet sind. Daher kann eine T.-M. auch als eine Funktion $(z,s) \mapsto (s',b,z')$ beschrieben werden.
Es lassen sich weitere Typen von T.-M.n denken: Solche, deren Band nur nach einer Seite hin unendlich ist, oder

solche, die mehrere Bänder gleichzeitig bearbeiten, oder solche, die mit mehr als einem Kopf operieren, oder solche, deren Kopf sich in einem Arbeitsschritt um mehr als ein Feld nach links oder rechts bewegen kann. Alle diese Variationen charakterisieren jedoch die gleiche Menge von Funktionen als berechenbar. Insbes. kann man sich ohne Einschränkung der Allgemeinheit auf die Betrachtung von T.-M.n beschränken, die mit nur zwei Symbolen arbeiten: dem Leerzeichen □ und dem Symbol | (Strich).

Natürliche Zahlen können durch Strichfolgen auf dem Band der T.-M. repräsentiert werden: Der Repräsentant $\overline{n}$ der Zahl n ist eine Folge von $n + 1$ aufeinander folgenden Strichen (die kleinste nicht-leere Folge | steht also für die Zahl 0). Eine Folge natürlicher Zahlen $(n_1, n_2, \ldots, n_k)$ wird durch die Symbolkette $\overline{n}_1\square\,\overline{n}_2\square \ldots \square\overline{n}_k$ repräsentiert (d. h., die Elemente der Folge werden jeweils durch ein Leerzeichen voneinander getrennt). Eine k-stellige Funktion f ist *Turing-berechenbar* genau dann, wenn es eine T.-M. M mit der folgenden Eigenschaft gibt: Wenn M im Anfangszustand z_0 den ersten Strich einer Folge $\overline{n}_1\square \ldots \square\overline{n}_k$ liest und f für $(n_1, \ldots, n_k)$ definiert ist, dann (1) hält M nach endlich vielen Schritten an, (2) das Band ist dann von der Form $A_1\overline{f(n_1,\ldots,n_k)}A_2$ (A_1 und A_2 sind Folgen von Leerzeichen), und (3) der Kopf befindet sich über dem ersten Strich der Folge $\overline{f(n_1,\ldots,n_k)}$. Mit anderen Worten: Eine Funktion f ist genau dann Turing-berechenbar, wenn es eine T.-M. gibt, die für jedes Argument x, für das die Funktion definiert ist, in endlich vielen Schritten ein Band mit dem Kode $\overline{x}$ des Arguments in ein Band mit dem Kode $\overline{f(x)}$ des Wertes von f für x umformt.

Da eine endliche Menge von Quintupeln die Konfiguration einer T.-M. vollständig beschreibt, kann sie selbst als natürliche Zahl repräsentiert und der Kode dieser Zahl auf ein Band geschrieben werden. Eine *universelle* T.-M. kann dann diesen Kode einlesen und ihn auf weitere kodierte Eingabedaten anwenden. Eine universelle T.-M. ist wie ein Betriebssystem, das Programme (›kleine‹ T.-M.n) interpretiert und sie auf Daten anwendet. In diesem Sinne ist sie ein Modell aller modernen programmierbaren Rechner.

Turing konnte ferner zeigen, daß eine Funktion genau dann berechenbar in seinem Sinne ist, wenn sie λ-definierbar im Sinne von A. Church und S. C. Kleene ist (↑Lambda-Kalkül). Turing verhalf damit der ↑Churchschen These zum eigentlichen Durchbruch. In der von den meisten Mathematikern bevorzugten Formulierung wird diese These daher auch die ›Church-Turing-These‹ genannt: Alle (in einem intuitiven Sinne) effektiv berechenbaren Funktionen sind Turing-berechenbar. – Turing (1937) wandte seinen Begriff der Berechenbarkeit auch auf das ↑Entscheidungsproblem an, indem er zeigte, daß die Annahme, es gäbe eine T.-M., die über prädikatenlogische Ableitbarkeit (↑ableitbar/Ableitbarkeit) entscheiden könne, zu einem Widerspruch führt. Den damit geführten Beweis, daß die ↑Prädikatenlogik unentscheidbar ist, fand Turing unabhängig von Church (1936).

Literatur: S. Arora/B. Barak, Computational Complexity. A Modern Approach, Cambridge 2009, 2010; G. S. Boolos/R. C. Jeffrey, Computability and Logic, Cambridge 1974, mit J. P. Burgess, [5]2010; A. Church, An Unsolvable Problem of Elementary Number Theory, Amer. J. Math. 58 (1936), 345–363, Neudr. in: M. Davis (ed.), The Undecidable [s. u.], 88–107; ders., A Note on the Entscheidungsproblem, J. Symb. Log. 1 (1936), 40–41, Corrigenda ebd., 101–102, Neudr. in: M. Davis (ed.), The Undecidable [s. u.], 108–115; M. Davis (ed.), The Undecidable. Basic Papers on Undecidable Propositions, Unsolvable Problems and Computable Functions, Hewlett N. Y. 1965, Mineola N. Y. 2004; ders., Why Gödel Didn't Have Church's Thesis, Information and Control 54 (1982), 3–24; K. Gödel, Collected Works, I–V, ed. S. Feferman u. a., New York/Oxford 1986–2003; S. C. Kleene, Introduction to Metamathematics, Amsterdam/Groningen, New York 1952 (repr. New York 2009), Groningen 1991; N. I. Kondakow, Turingmaschine, WbL, 478–480; M. L. Minsky, Computation. Finite and Infinite Machines, Englewood Cliffs N. J. 1967, London 1972 (dt. Berechnung. Endliche und unendliche Maschinen, Stuttgart 1971); P. Odifreddi, Classical Recursion Theory. The Theory of Functions and Sets of Natural Numbers, Amsterdam etc. 1989, erw. I–II, 1999; E. L. Post, Finite Combinatory Processes – Formulation I, J. Symb. Log. 1 (1936), 103–105, Neudr. in: M. Davis (ed.), The Undecidable [s. o.], 288–291; E. Szumakowicz, Turing (machine de –), Enc. philos. universelle II/2 (1990), 2657–2658; A. M. Turing, On Computable Numbers, with an Application to the Entscheidungsproblem, Proc. London Math. Soc. 42 (1937), 230–265, Corrigenda, Proc. London Math. Soc. 43 (1937), 544–546, Neudr. in: M. Davis (ed.), The Undecidable [s. o.], 115–154; ders., Solvable and Unsolvable Problems, Science News 31 (1954), 7–23. A. F.

Turing-Test, Bezeichnung für ein von A. M. Turing (1950) vorgeschlagenes Verfahren zur Entscheidung der Frage, ob bestimmte Maschinen denken können (↑Automatentheorie, ↑Maschinentheorie). Dieses Verfahren beruht auf einem ›Nachahmungsspiel‹, an dem ein Mensch, eine Maschine und ein Fragesteller Q teilnehmen. Alle drei befinden sich in getrennten Räumen. Q befragt Mensch und Maschine mit dem Ziel, die Maschine zu identifizieren; diese wiederum sucht Q zu täuschen. Q darf beliebige Fragen stellen; er darf z. B. Problemlösungen fordern oder auch versuchen, emotionale Reaktionen hervorzurufen. Wenn eine ausreichende Zahl von Durchgängen mit wechselnden Fragestellern und wechselnden menschlichen Gegenspielern durchgeführt wird und es der Maschine in annähernd der Hälfte der Fälle gelingt, beim Fragesteller eine falsche Identifizierung zu erreichen, dann, so schließt Turing, gibt es keinen Grund, der Maschine weniger oder eine andere Art von Denkvermögen zuzuschreiben, als sie dem Menschen zugestanden wird.

Dem T.-T. liegen zwei Thesen zugrunde, die konstitutiv für das Forschungsprogramm der Künstlichen Intelligenz (↑Intelligenz, künstliche) geworden sind. (1) Intelligenz ist eine gradweise vorliegende Eigenschaft; ein System kann diese Eigenschaft in höherem oder geringerem Maße besitzen. So wird die zunehmende Leistungsfähigkeit von Computern den Fragesteller in einem T.-T. zunehmend verunsichern, d.h., im Sinne Turings werden Maschinen immer intelligenter. (2) Intelligenz ist nicht an bestimmte materielle (etwa organische) Realisierungen gebunden. Die physikalische Beschaffenheit eines Systems ist irrelevant für die Frage, ob es denken kann. Mit dieser These stützt der T.-T. funktionalistische Theorien in der ↑Philosophie des Geistes (↑philosophy of mind), nach denen es im Prinzip möglich ist, jede menschliche ↑kognitive Leistung funktional äquivalent (d.h. ungeachtet der ›Hardware‹-Unterschiede) auf einer Maschine nachzustellen. – Die Adäquatheit des T.-T.s ist umstritten. So sucht z.B. J.R. Searle (1980) mit dem ›Argument des chinesischen Zimmers‹ (↑chinese room argument) zu zeigen, daß die Nachahmung von intentionalem Verhalten ohne Zugang zu der Bedeutung der eingesetzten Symbole möglich ist. Die Verarbeitung ›intrinsisch interpretierter‹, bestimmte Sachverhalte auf bestimmte Weise repräsentierender Symbole, also die ↑Intentionalität, hält Searle jedoch für eine notwendige Bedingung für Denkfähigkeit.

Literatur: N.J. Block, Psychologism and Behaviorism, Philos. Rev. 90 (1981), 5–43; D.C. Dennett, Can Machines Think?, in: M. Shafto (ed.), How We Know. Nobel Conference XX, San Francisco Calif. etc. 1985, 121–145; D.R. Hofstadter, Metamagical Themas. Questing for the Essence of Mind and Pattern, New York, Harmondsworth 1985, Harmondsworth 1987 (dt. Metamagicum. Fragen nach der Essenz von Geist und Struktur, Stuttgart 1985, München 1994); G. Oppy/D. Dowe, T. T., SEP 2003, rev. 2016; J.R. Searle, Minds, Brains, and Programs, Behav. Brain Sci. 3 (1980), 417–457; A.M. Turing, Computing Machinery and Intelligence, Mind NS 59 (1950), 433–460. A.F.

al-Ṭūsī, Muḥammad ibn Muḥammad ibn al-Ḥasan, meist Naṣīr al-Dīn oder Sharaf al-Dīn al-Ṭūsī genannt, ferner: Khwāja (›Lehrer‹) Ṭūsī oder Khwāja Naṣīr, al-mu'allim al-thālith (›der dritte Lehrer‹ [nach Aristoteles und al-Fārābī]) oder ustādh al-bashar (›Lehrer der Menschheit‹), Muḥaqqiq-i (›Forscher‹) Ṭūsī, *Ṭūs (oder Umgebung, Provinz Khorasan) 17. Febr. 1201, †Kadhimain (b. Bagdad) 25. Juni 1274, enzyklopädisch orientierter persischer Gelehrter. Studium bei seinem Vater, einem Rechtsgelehrten der (heute herrschenden, schiitischen) »Schule des Zwölften [und letzten, seit 873 ›verborgenen‹] Imam« in Ṭūs; Studium der Logik, Naturphilosophie und Metaphysik bei einem Großonkel und einem Onkel ebendort. Fortsetzung der Studien (vor allem Mathematik, Medizin und Philosophie) in Nīshāpūr und (vor allem islamisches Recht sowie [bei Kamāl al-Dīn ibn Yūnus] Mathematik und Astronomie) im Irak. Nach deren Abschluß (vor 1232) auf Einladung des Herrschers Naṣīr al-Dīn Muḥtasham Zuflucht vor den durch die ›Mongolenstürme‹ hervorgerufenen Unruhen in ismailitischen Festungen und Bergdörfern und Konversion zum Ismailismus, der nur sieben Imame anerkennt. In seiner ismailitischen Phase ist Philosophie (ḥikma) für Ṭ. nicht in der Lage, Antwort auf letzte Fragen zu geben. Dies könne nur die Religion. Nach der mongolischen Eroberung Nordpersiens wird der inzwischen als Astronom berühmte Ṭ. wegen der Vorliebe des Mongolenherrschers Hülegü für die ↑Astrologie von diesem 1256 in Dienst genommen (als Verwalter der religiösen Stiftungen). Ṭ. sagt sich von den Ismailiten los und wendet sich stärker der Philosophie zu, die nun für ihn in keiner Beziehung mehr zu theologischen Lehren steht. Verteidigung Avicennas gegen einen ismailitischen Kritiker (»Maṣāri' al-muṣāri'« [Die Niederlagen des Ringkämpfers]). 1258 begleitet Ṭ. als Hofastrologe Hülegü bei der Eroberung Bagdads und der (mit der Hinrichtung des letzten Kalifen verbundenen) Beendigung der für den Islam bis dahin zentralen Institution des Kalifats. 1259 beginnt Ṭ. in Marāgha mit dem Bau des ersten astronomischen Observatoriums im modernen Sinne.

Ṭ., dessen Leistungen oft mit denen Avicennas verglichen werden, an den sich Ṭ.s Lehren vielfach anschließen, gilt als einer der bedeutendsten Universalgelehrten des Islam (↑Philosophie, islamische). Mehr als 150 (meist unpublizierte) Abhandlungen und Briefe Ṭ.s (meist in Arabisch) sind bekannt. Freilich scheint Ṭ., außer in Astronomie und Mathematik (z.B. Lösungen bestimmter kubischer Gleichungen), kein origineller Kopf gewesen zu sein. Sein nur teilweise in westliche Sprachen übersetztes Werk läßt sich vielmehr als ein – insbes. durch das Denken Avicennas bestimmter – Wiederbelebungsversuch der mit Averroës im wesentlichen beendeten Tradition islamischer Gelehrter betrachten, Philosophie und Wissenschaft in der durch die Griechen geschaffenen, religionsunabhängigen Perspektive zu betreiben. Dieser Wiederbelebungsversuch steht im Gegensatz zur herrschenden sunnitischen und (zwölfer-) schiitischen Auffassung von der Unvereinbarkeit von griechischer Philosophie (↑Philosophie, griechische) und Islam, die von den Ismailiten allerdings bestritten wurde. In theologischen Fragen steht Ṭ. auf der Seite der asch'aritischen Orthodoxie (kalām). Auf Ṭ. gehen zahlreiche, verbessernde Neuausgaben von Übersetzungen der Werke griechischer Mathematiker und Astronomen sowie eigene, einflußreiche Übersetzungen aus dem Arabischen ins Persische zurück.

Als philosophisches Hauptwerk Ṭ.s gilt die nach der koranischen Betrachtung des Menschen als Individuum, Familienmitglied und Bürger in drei Teile gegliederte, allgemeine Verhaltenslehre »Akhlāq-i Naṣīrī« (»Ethik für Naṣīr«, d.h. für Naṣīr al-Dīn Muḥtasham, den Ismailitenherrscher), deren den Einzelmenschen in seiner

Beziehung zum Schöpfer betrachtender, praktisch-philosophischer erster Teil weitgehend eine Zusammenfassung eines Werkes von ibn Miskawaih ist. Der zweite Teil über Ökonomie (im Aristotelischen Sinne kluger und moralisch richtiger Führung des Haushalts als der Gesamtheit der Beziehungen zwischen Mann und Frau, Eltern und Kindern, Herr und Knechten sowie dem Wohlstand und dessen Erwerb und Erhalt) und der dritte Teil über politische Philosophie schließen sich an Avicenna bzw. al-Fārābī an. Oberstes Ziel aller Moral ist für Ṭ. das höchste Glück (sa'ādat-i quṣwa), das darin besteht, im Gehorsam gegenüber Gott den in der Schöpfungsordnung zugemessenen Platz einzunehmen. Die Aristotelische (quantitative) Bestimmung moralischer Defekte (Laster) als Fehlen bzw. Übermaß einer im Normalbereich tugendhaften Einstellung verbindet Ṭ. mit dem Verständnis des Korans vom Laster als einer Krankheit des Herzens. Der Erklärung dieser Krankheit im Aristotelischen Sinne als Fehlen oder Übermaß (↑Mesotes) von Vernunft, Emotionalität und Verlangen fügt Ṭ. als dritte Möglichkeit die (qualitative) Verkehrung hinzu. So stellen z. B. Zorn, Feigheit und Furcht Übermaß bzw. Mangel oder Verkehrung von Emotionalität dar; Gram ist die Verkehrung von Verlangen. Defekte der theoretischen Vernunft (↑Vernunft, theoretische) können als Verwirrung hinsichtlich wahr und falsch ihre Ursache in einem Übermaß an Wissen, als schlichte Unwissenheit in einem Mangel und als vertiefte Unwissenheit in der mit der Prätention zu wissen verbundenen Verkehrung besitzen.

Metaphysik besteht nach Ṭ. aus zwei Teilen: Gotteslehre ('ilm-i Ilāhi) und erste Philosophie (falsafah-i ūla); Atheismus und Dualismus sind nach Ṭ. logisch unmöglich. Allerdings ließen sich Gottes Existenz und noch weniger seine Eigenschaften auch nicht in diskursivem Sinne beweisen, da Gott selbst der letzte Grund allen Beweisens sei und ein Beweis das (im Falle Gottes unmögliche) völlige Verständnis des Bewiesenen impliziere. Jedoch läßt sich nach Ṭ. die Existenz Gottes als notwendiges und selbstevidentes Prinzip des Kosmos vernunftmäßig begreifen. Sie ist außerdem – was an I. Kant erinnert – ein Postulat der Ethik. – In der *Logik*, die Ṭ. sowohl als eigenständige Wissenschaft als auch als ↑Organon anderer Wissenschaften versteht, folgt er weitgehend Avicenna, bezeichnet aber anders als dieser auch die ↑Galenische Figur als eine der syllogistischen Figuren (↑Syllogistik, ↑Figur (logisch)).

Ṭ.s *astronomisches* (auch die Erde einschließendes) Hauptwerk »al-Tadhkira« (Denkschrift über die Wissenschaft der Astronomie) stellt eine Einbettung des (kinematisch-modellhaften) Ptolemaiischen »Almagest« in eine umfassende Beschreibung des Kosmos im Sinne einer allgemeinen Lehre von den realen physikalischen Körpern dar, hier möglicherweise an das Vorbild von Aristoteles' Einbettung des (eventuell schon realistischen) Eudoxischen Modells (↑Eudoxos von Knidos) in seine Kosmologie (Met. Λ8) anschließend, vor allem aber wohl an die Werke von K. ↑Ptolemaios und Alhazen. Ṭ. verzichtet dabei auf Beweise und Details und beschränkt die Astronomie auf die ›äußeren‹ Aspekte der Körper (Quantitäten, Qualitäten, Örter und Bewegungen), was einerseits die Metaphysik, andererseits die (von Ṭ. wie die Geomantik selbst betriebene) ↑Astrologie aus der Astronomie ausschließt. Zu seinen physikalischen Prinzipien gehören die Zurückweisung des ↑Leeren, die räumliche Endlichkeit der Welt und die Annahme, daß Körper entweder einfach oder aus einfachen Körpern zusammengesetzt sind. Dazu kommen vier Bewegungsformen. Ṭ. kritisiert die Ptolemaiischen Planetenmodelle und schlägt eigene, wenn auch dem Typ nach immer noch Ptolemaiische Modelle vor, mit denen sich noch N. Kopernikus auseinandersetzt.

In *Mathematik* und *Geometrie* schließt Ṭ. vielfach an al-Chaijam an und versucht wie dieser einen Beweis des ↑Parallelenaxioms. Seine besondere Leistung liegt in der Begründung der Trigonometrie als einer selbständigen, von der Astronomie unabhängigen, mathematischen Disziplin. Im Westen hat dieses Werk vor allem J. Regiomontanus beeinflußt (De triangulis, Nürnberg 1533).

Werke: Traité du quadrilatère. Attribué à Nassiruddin-el-Toussy. D'après un manuscrit tiré de la bibliothèque de S. A. Edhmen Pacha [arab./franz.], Konstantinopel 1891 (repr. Frankfurt 1998); Ueber die Reflexion und Umbiegung des Lichtes, übers. E. Wiedemann, Jb. Photographie u. Reproduktionstechnik 21 (1907), 38–44 (repr. in: E. Wiedemann, Ges. Schriften zur arabisch-islamischen Wissenschaftsgeschichte I, Frankfurt 1984, 219–225); Ueber die Entstehung der Farben, übers. E. Wiedemann, Jb. Photographie u. Reproduktionstechnik 22 (1908), 86–91 (repr. in: E. Wiedemann, Ges. Schriften zur arabisch-islamischen Wissenschaftsgeschichte [s. o.] I, 256–261); Die philosophischen Ansichten von Razi und Tusi (1209 † und 1273 †). Mit einem Anhang: Die griechischen Philosophen in der Vorstellungswelt von Razi und Tusi, aus den Originalquellen übersetzt und erläutert, übers. M. Horten, Bonn 1910 (repr. Frankfurt 2000); Die spekulative und positive Theologie des Islam nach Razi (1209 †) und ihre Kritik durch Tusi (1273 †). Nach Originalquellen übersetzt und erläutert, übers. M. Horten, Leipzig 1912 (repr. Hildesheim 1967); The Classification of the Sciences According to Nasiruddin Tusi [Teilübers. der Einl. v. Ṭ.'s »Akhlaq-i-Nasiri«], trans. J. Shephenson, Isis 5 (1923), 329–338; An Ismailitic Work by Nasiru'd-din Tusi [pers./engl.], ed./trans. W. Ivanow, J. Royal Asiatic Soc. Great Britain and Ireland 1931, 527–564; The Rawdatu't-Taslim. Commonly Called Tasawwurat [Metaphysik] [pers./engl.], ed./trans. W. Ivanow, Leiden 1950; The Longer Introduction to the »Zīj-i Ilkhānī« of Naṣīr ad-Dīn Ṭ. [pers./engl.], ed./trans. J. A. Boyle, J. Semitic Stud. 8 (1963), 244–254; The Nasirean Ethics, trans. G. M. Wickens, London 1964 (repr. London/New York 2011); The Metaphysics of Ṭ. (Treatise on the Proof of Necessary Being, Treatise on Determinism and Destiny, Treatise on Division of Existence) [pers./engl.], ed./trans. P. Morewedge, New York 1992; Memoir on Astronomy (al-Tadhkira fī 'ilm al-hay'a) [arab./engl.], I–II, ed. F. J. Ragep, New York etc. 1993; La convocation d'Alamût. Somme de philosophie ismaélienne. Rawdat al-taslîm (Le jardin de la vraie foi), Paris 1996; Contemplation and Action. The Spiritual Autobiography of a Muslim Scholar. A New Edition and English Translation of »Sayr wa Sulūk« [pers./engl.], ed./trans. S. J. H. Badakhchani, London/New York 1998, 1999; The Paradise of Submission. A Medieval Treatise on Ismaili Thought. A New Persian Edition and English Translation of Ṭ.'s »Rawḍa-yi taslīm«, ed./trans. S. J. Badakhchani, London/New York 2005; Shi'i Interpretations of Islam. Three Treatises on Theology and Eschatology. A Persian Edition and English Translation of »Āghāz wa anjām«, »Tawallā wa tabarrā« and »Maṭlūb al-Mu'minīn« of Naṣīr al-Dīn Ṭ., ed./trans. S. J. Badakhchani, London 2010; Über die Entstehung der Farben nach aṭ-Ṭ.. Übersetzung samt arabischem Text und Umschrift, in: A. Sadouki, Die Farbenlehre der Araber aus den überlieferten Quellen von Aristoteles bis aṭ-Ṭ.. [...], Hildesheim/Zürich/New York 2015, 114–127 (mit Reprint d. Handschriften, 226–234); The Arabic Version of Ṭ.'s »Nasirean Ethics«, ed. J. Lameer, Leiden/Boston Mass. 2015. – Annäherungen. Der mystisch-philosophische Briefwechsel zwischen Ṣadr ud-Dīn-i Qōnawī und Naṣīr ud-Dīn-i Ṭ. [teilw. pers., teilw. arab.], ed. G. Schubert, Beirut, Stuttgart 1995, Berlin 2011.

Literatur: J. L. Berggren., Ṭ., in: N. Koertge (ed.), New Dictionary of Scientific Biography VII, Detroit Mich. etc. 2008, 87–89; J. D. Bond, The Development of Trigonometric Methods Down to the Close of the XVth Century (With a General Account of the Methods of Constructing Tables of Natural Sines Down to Our Days), Isis 4 (1922), 295–323; A. v. Braunmühl, Nassir Eddin und Regiomontan, Abh. Kaiserl. Leopold.-Carolin. Dt. Akad. d. Naturforscher 71 (1897), 31–67; C. Brockelmann, Geschichte der arabischen Litteratur I, Leiden ²1943, 670–676; J. Cooper, Ṭ., REP IX (1998), 505–507; H. Corbin, Histoire de la philosophie islamique, Paris 1964, 1986 (engl. History of Islamic Philosophy, London/New York 1993, 2006); H. Dabashi, Khwājah Naṣīr al-Dīn al-Ṭ.. The Philosopher/Vizier and the Intellectual Climate of His Times, in: S. H. Nasr/O. Leaman (eds.), History of Islamic Philosophy, London/New York 1996, 2003, 527–584; H. Daiber/F. J. Ragep, Ṭ., EI X (2000), 746–752; W. Hartner, Naṣīr al-Dīn al-Ṭ.'s Lunar Theory, Physis 11 (1969), 287–304, separat Florenz 1969; ders., The Islamic Astronomical Background to Nicholas Copernicus, in: Colloquia Copernicana III. Proceedings of the Joint Symposium of the IAU and the IUHPS [...] »Astronomy of Copernicus and Its Background«, Toruń 1973, Warschau etc. 1975 (Studia Copernicana XIII), 7–16; A. P. Juschkewitsch, Geschichte der Mathematik im Mittelalter, Leipzig, Basel 1964, Basel 1966 [russ. Original Moskau 1961], 304–308; E. S. Kennedy, Late Medieval Planetary Theory, Isis 57 (1966), 365–378; W. Madelung, Imāmism and Mu'tazilite Theology, in: Le shī'isme imāmite. Colloque de Strasbourg (6–9 mai 1968), Paris 1970, 13–30; ders., Aš-Šahrastānīs Streitschrift gegen Avicenna und ihre Widerlegung durch Naṣīr ad-Dīn at-Ṭ., in: A. Dietrich (ed.), Akten des VII. Kongresses für Arabistik und Islamwissenschaft. Göttingen, 15. bis 22. August 1974, Göttingen 1976 (Abh. Akad. Wiss. Göttingen, philol.-hist. Kl., 3. Folge 98), 250–259; ders., Naṣīr ad-Dīn Ṭ.'s Ethics between Philosophy, Shī'ism, and Sufism, in: R. G. Hovannisian (ed.), Ethics in Islam, Malibu Calif. 1985, 85–101; P. Morewedge, The Analysis of ›Substance‹ in Ṭ.'s »Logic« and in the Ibn Sīnian Tradition, in: G. Hourani (ed.), Essays on Islamic Philosophy and Science, Albany N. Y. 1975, 158–188; ders., Ṭ., in: J. L. Esposito (ed.), The Oxford Encyclopedia of the Islamic World, Oxford etc. 2009, 435–438; S. H. Nasr, Science and Civilization in Islam, Cambridge Mass. 1968, ²1987, o.O. [Chicago Ill.] 2001 (franz. Sciences et savoir en islam, Paris 1979, ²1993); ders., Ṭ., DSB XIII (1976), 508–514; N. Pourjavady/Z. Vesel (eds.), Naṣir al-Dīn Ṭ.. Philosophe et savant du XIIIe siecle. Actes du colloque tenu à l'Université de Téhéran (6–9 mars 1997), Teheran 2000; F. J. Ragep, Cosmography in the »Tadhkira« of Naṣīr al-Dīn al-Ṭ., I–II, Diss. Harvard 1982; ders., The Two Versions of the Ṭ. Couple, in: D. A. King/G. Saliba (eds.), From Deferent to Equant. A Volume of Studies in the History of Science in the Ancient and Medieval Near East in Honor of E. S. Kennedy, New York 1987, 329–356; ders., Ṭ., in: T. Hockey (ed.), The Biographical Encyclopedia of Astronomers II, New York 2007, 1153–1155; G. Sarton, Introduction to the History of Science II/2, Baltimore Md. 1931 (repr. Huntington N. Y. 1975), 1953, 1001–1013; A. Sayili, The Observatory in Islam and Its Place in the General History of the Observatory, Ankara 1960 (repr. Frankfurt 1998), ²1988, 189–223; B. H. Siddiqi, Naṣīr al-Dīn Ṭ., in: M. M. Sharif (ed.), A History of Muslim Philosophy. With Short Accounts of Other Disciplines and the Modern Renaissance in Muslim Lands I, Wiesbaden 1963, 564–580; R. Strothmann, Die Zwölfer-Schī'a. Zwei religionsgeschichtliche Charakterbilder aus der Mongolenzeit, Leipzig 1926 (repr. Hildesheim/New York 1975), 16–87; I. N. Veselovsky, Copernicus and Naṣīr al-Dīn al-Ṭ., J. Hist. Astron. 4 (1973), 128–130; G. M. Wickens, Naṣīr ad-Dīn Ṭ. on the Fall of Baghdad, J. Semitic Stud. 7 (1962), 23–35; E. Wiedemann, Aufsätze zur arabischen Wissenschaftsgeschichte II [mit Teilübers.], Erlangen 1903 (repr. Hildesheim/New York 1970), 25–38, 653–661, 677–693, 701–738. G. W.

Twardowski, Kasimir (auch: Kazimierz) Jerzy Adolf ze Skrzypne Ogończyk (Ritter v. Ogończyk), *Wien 20. Okt. 1866, †Lemberg (Lwów) 11. Nov. 1938, poln. Philosoph. Ab 1885 Studium der Philosophie (vor allem bei F. Brentano), Geschichte, Psychologie, Mathematik und Physik an der Universität Wien, 1892 Promotion, anschließend wissenschaftliche Fortbildung an den Universitäten Leipzig (W. Wundt, O. Külpe) und München (C. Stumpf). 1894 Habilitation in Wien, 1895 Extraordinariat an der Universität Lemberg, 1898 Ernennung zum o. Prof. ebendort. 1904 gründete T. mit seinen Schülern die Polnische Gesellschaft für Philosophie, 1907 (möglicherweise angeregt durch Wundt, der 1879 in Leipzig das erste Institut für experimentelle Psychologie begründet hatte) das erste Laboratorium für experimentelle Psychologie in Polen, 1911 die Zeitschrift »Ruch Filozoficzny«; ab 1935 mit K. Ajdukiewicz und R. Ingarden Herausgeber der »Studia Philosophica«. T. gehört zu den wichtigsten Wegbereitern der ↑Phänomenologie, der ↑Gegenstandstheorie und der polnischen Richtung der Analytischen Philosophie (↑Philosophie, analytische). Zu seinen Schülern zählen T. Czeżowski, J. Łukasiewicz, S. Leśniewski, K. Ajdukiewicz, T. Kotarbiński, aber auch Psychologen wie T. Witwicki.

Überzeugt davon, daß sich die (empirisch, aber nicht experimentell ausgerichtete) deskriptive Psychologie seines Lehrers F. Brentano als Grundlage einer neuen, wissenschaftlichen Standards genügenden Philosophie eigne, revidierte T. in seiner Habilitationsschrift (Zur Lehre vom Inhalt und Gegenstand der Vorstellungen,

1894) Brentanos Unterscheidung zwischen Vorstellungsakten und ihren Gegenständen durch Erweiterung um den Begriff des Vorstellungsinhaltes. Auf Grund der Strenge und Sorgfalt der nachfolgenden Erörterung der Konsequenzen dieses Schrittes für die ↑Philosophie des Geistes (↑philosophy of mind) gewann diese Schrift paradigmatischen Charakter für die von T. so genannte ›analytische Methode‹ wegen ihrer Vorwegnahme vieler Einsichten sowohl der Gegenstandstheorie A. Meinongs als auch der modernen ↑Mereologie. Vorstellungsinhalte sind danach von Vorstellungsgegenständen streng zu unterscheiden; die wichtigste Aussage über das gegenseitige Verhältnis beider ist, daß es gegenstandslose ↑Vorstellungen nicht gibt, sondern ausnahmslos jeder Vorstellung ein Gegenstand entspricht. Insbes. wird durch jede Allgemeinvorstellung »ein ihr specifisch eigentümlicher Gegenstand« (a. a. O., 109) vorgestellt. Solche ›Allgemeingegenstände‹ werden unter Mitwirkung anschaulicher ›Hilfsvorstellungen‹ individueller Gegenstände erfaßt. Dabei antizipiert T. mit seiner These, daß es Allgemeingegenstände zwar ›gebe‹, ihnen aber keine Existenz zukomme, eine wesentliche Position der Meinongschen Lehre von den ›nichtexistenten Gegenständen‹. Im Sinne dieser Unterscheidung ›gibt‹ es nicht nur fiktive Gegenstände, sondern auch die aus der Locke-Berkeley-Debatte um den Status abstrakter Gegenstände bekannten Gegenstände mit einander widersprechenden Merkmalen (z. B. ›viereckiger Kreis‹). T. führt die Widerstände gegen diese Lehre auf die schlichte Äquivokation (↑äquivok) zurück, daß ›vorgestellter Gegenstand‹ zum einen als ›Gegenstand, der vorgestellt wird‹ (attributiver oder determinierender Gebrauch des Adjektivs ›vorgestellt‹, wobei der Gegenstand auch unabhängig von seinem Vorgestelltwerden existieren kann), zum anderen als ›bloß vorgestellter Gegenstand‹ (modifizierender Gebrauch des Adjektivs ›vorgestellt‹) verstanden wird.

Obwohl diese Unterscheidung für die Analyse logischer und psychologischer Texte lehrreich ist, stieß das Ergebnis T.s ebenso wie viele Einzelheiten seiner Argumentation auf die Kritik E. Husserls (nach Husserl führt T.s Übersehen der Bedeutungen als etwas von ›Hilfsvorstellungen‹ Verschiedenem zu deren Vermengung mit Bestandteilen des objektiven Begriffs und zu einem unzulänglichen Inhaltsbegriff). Dabei läßt sich zwischen T. und Husserl eine philosophiegeschichtlich wichtige wechselseitige Beeinflussung feststellen. So wird Husserl durch die Unannehmbarkeit der T.schen Subjektauffassung zur Entwicklung seiner eigenen Theorie der ↑Intentionalität gedrängt. Auf der anderen Seite entwickelt T. auf Grund der von Husserl in den »Logischen Untersuchungen« vorgebrachten Kritik seine Position weiter, indem er 1903 in »Über begriffliche Vorstellungen« Aussagen als unabhängig von zeitgebundenen psychischen Phänomenen anerkennt und 1911 in »O czynnościach i wytworach« (Über Handlungen und Erzeugnisse) eine eigene (naturalistische, aber nicht-psychologistische) Zeichentheorie skizziert, die – von T. als Grundlegung sowohl der Logik als auch der Geisteswissenschaften intendiert – die Wissenschaftstheorie und Sprachphilosophie der Lwów-Warschauer Schule (↑Warschauer Schule) prägen sollte.

Wenngleich die späteren Arbeiten T.s nicht mehr die gleiche Bedeutung wie die Abhandlung von 1894 erlangten, wuchs doch in der Lemberger Zeit sein institutioneller Einfluß auf die polnische Philosophie. Unter diesem Einfluß entwickelte sich seine ›Lemberger Schule‹ durch Berufungen von Schülern T.s zur ›Lwów-Warschauer Schule‹. Daß sich der Zusammenhang dieser Schule auf das einheitliche Methodenideal einer ›strengen‹ Philosophie gründete, innerhalb dessen jedoch inhaltliche Vielfalt von T. nicht nur geduldet, sondern gefördert wurde, führte zu einer für eine ›Schule‹ ungewöhnlichen Breite der Forschungsthematik, die schon in den höchst unterschiedlichen Dissertationsthemen der Schüler T.s sichtbar wird und diese zu Pionierarbeiten in der mathematischen Logik (↑Logik, mathematische), der logischen Semantik (↑Semantik, logische), der formalen ↑Ontologie, der Sprachphilosophie, Erkenntnistheorie und Ästhetik führte.

Werke: Ueber den Unterschied zwischen der klaren und deutlichen Perception und der klaren und deutlichen Idee bei Descartes, Diss. Wien 1891; Idee und Perception. Eine erkenntnis-theoretische Untersuchung aus Descartes, Wien 1892, ferner in: Ges. deutsche Werke [s. u.], 17–37; Zur Lehre vom Inhalt und Gegenstand der Vorstellungen. Eine psychologische Untersuchung, Wien 1894 (repr. München/Wien 1982 [mit Einl. v. R. Haller, V–XXII]), ferner in: Ges. deutsche Werke [s. u.], 39–122 (engl. On the Content and Object of Presentations. A Psychological Investigation, The Hague 1977 [mit Einl. v. R. Grossmann, VII–XXXIV]; franz. Sur la théorie du contenu et de l'objet des représentations. Une étude psychologique (1894), in: E. Husserl/K. T., Sur les objets intentionnels (1893–1901), ed. J. English, Paris 1993, 85–200); O tak zwanych prawdach względnych, in: Księga pamiątkowa Uniwersytetu Lwowskiego ku uczczeniu pięćsetnej rocznicy Fundacji Jagiellońskiej Uniwersytetu Krakowskiego, Lemberg 1900, 64–93, ferner in: Wybrane pisma filozoficzne [s. u.], 315–336 (dt. Über sogenannte relative Wahrheiten, Arch. systematische Philos. 8 [1902], 415–447, Neudr. in: D. Pearce/J. Woleński [eds.], Logischer Rationalismus. Philosophische Schriften der Lemberg-Warschauer Schule, Frankfurt 1988, 38–58, ferner in: Ges. deutsche Werke [s. u.], 123–143; engl. On So-Called Relative Truths, in: ders., On Actions, Products and Other Topics in Philosophy [s. u.], 147–169); Zasadnicze pojęcia dydaktyki i logiki do użytku w seminaryach nauczycielskich i w nauce prywatnej, Lemberg 1901; Über begriffliche Vorstellungen, in: Wiss. Beilage zum sechzehnten Jahresberichte der Philosophischen Gesellschaft [an der Universität Wien], Leipzig 1903, 1–28, separat Leipzig 1903, ferner in: Ges. deutsche Werke [s. u.], 145–163 (poln. [rev.] O istocie pojęć, Lemberg 1924, ferner in: Wybrane pisma filozoficzne [s. u.], 292–312 [engl. The Essence of Concepts, in: ders., On Actions, Products and Other Topics in

Philosophy (s. u.), 73–97]); O filozofii średniowiecznej wykładów sześć, Lemberg 1910; O czynnościach i wytworach. Kilka uwag z pogranicza psychologii, gramatyki i logiki, Krakau 1911, ferner in: Wybrane pisma filozoficzne [s. u.], 217–240 (dt. Funktionen und Gebilde, ed. J. L. Brandl, Conceptus 29 [1996], 157–189, ferner in: Ges. deutsche Werke [s. u.], 165–191; engl. [Auszug] Actions and Products. Comments on the Border Area of Psychology, Grammar, and Logic (Fragments), in: J. Pelc [ed.], Semiotics in Poland [s. o.], 13–27, [vollständige Übers.] unter dem Titel: Actions and Products. Some Remarks from the Borderline of Psychology, Grammar and Logic, in: ders., On Actions, Products and Other Topics in Philosophy [s. u.], 103–132; franz. Fonctions et formations. Quelques remarques aux confins de la psychologie, de la grammaire et de la logique, in: D. Fisette/G. Fréchette [eds.], Husserl, Stumpf, Ehrenfels, Meinong, T., Marty. À l'école de Brentano de Würzbourg à Vienne, Paris 2007, 343–383); O jasnym i niejasnym stylu filozoficznym, Ruch Filozoficzny 5 (1919/1920), 25–27, ferner in: Wybrane pisma filozoficzne [s. u.], 346–348 (engl. [Auszug] On Clear and Obscure Styles of Philosophical Writing (Fragments), in: J. Pelc [ed.], Semiotics in Poland [s. o.], 1–2, [vollständige Übers.] unter dem Titel: On Clear and Unclear Philosophical Style, in: ders., On Actions, Products and Other Topics in Philosophy [s. u.], 257–259); Symbolomania i pragmatophobia, Ruch Filozoficzny 6 (1921/1922), 1–10, ferner in: Wybrane pisma filozoficzne [s. u.], 354–363 (engl. [Auszug] Symbolomania and Pragmatophobia (Fragments), in: J. Pelc [ed.], Semiotics in Poland [s. o.], 3–6, [vollständige Übers.] unter dem Titel: Symbolomania and Pragmatophobia, in: ders., On Actions, Products and Other Topics in Philosophy [s. u.], 261–270); Rozprawy i artykuły filozoficzne, Lemberg 1927; Wybrane pisma filozoficzne, Warschau 1965; Teoria poznania. Wykład czterogodzinny, lato 1924–1925, Archiwum Historii Filozofii i Myśli Społecznej 21 (1975), 239–299 (engl. Theory of Knowledge. A Lecture Course, in: ders., On Actions, Products and Other Topics in Philosophy [s. u.], 181–239); Selbstdarstellung, ed. J. Woleński, Grazer philos. Stud. 39 (1991), 1–24 (Nachwort v. J. Woleński, 25–26), ferner in: Ges. deutsche Werke [s. u.], 1–14 (ohne Nachwort) (engl. Self-Portrait, in: ders., On Actions, Products and Other Topics in Philosophy [s. u.], 17–31); On Actions, Products and Other Topics in Philosophy, ed. J. Brandl/J. Woleński, Amsterdam/Atlanta Ga. 1999 (Poznań Stud. Philos. Sci. and Humanities LXVII); Die Unsterblichkeitsfrage, ed. M. Sepioło, Warschau 2009; On Prejudices, Judgments and Other Topics in Philosophy, ed. A. Brożek/J. Jadacki, Amsterdam/New York 2014 (Poznań Stud. Philos. Sci. and Humanities 102); Logik. Wiener Logikkolleg 1894/95, ed. A. Betti/V. Raspa, Berlin/Boston Mass. 2016; Gesammelte deutsche Werke, ed. A. Brożek/J. Jadacki/F. Stadler, Cham 2017. – A. Meinong/K. T., Der Briefwechsel, ed. V. Raspa, Berlin/Boston Mass. 2016. – D. Gromska, K. T., Ruch filozoficzny 14 (1938), 14–39 [T.-Bibliographie]; Bibliography, in: On Actions, Products and Other Topics in Philosophy [s. o.], 287–297.

Literatur: L. Albertazzi, Brentano, T., and Polish Scientific Philosophy, in: F. Coniglione/R. Poli/J. Woleński (eds.), Polish Scientific Philosophy [s. u.], 11–40; A. Betti, T., SEP 2010, rev. 2016; A. Brożek, K. T.. Die Wiener Jahre, Wien/New York 2011; H. Buczyńska-Garewicz, T.'s Idea of Act and Meaning, Dialectics and Humanism 7 (1980), 153–164; J. Cavallin, Content and Object. Husserl, T. and Psychologism, Dordrecht/Boston Mass./London 1997; F. Coniglione, Creativity in Science in the Lvov-Warsaw School: T., Łukasiewicz and Czeżowski, in: J. Brzeziński/F. Coniglione/T. Marek (eds.), Science between Algorithm and Creativity, Delft 1992, 102–125; ders./R. Poli/J. Woleński (eds.), Polish Scientific Philosophy: The Lvov-Warsaw School, Amsterdam/Atlanta Ga. 1993 (Poznań Stud. Philos. Sci. and Humanities XXVIII); T. Czeżowski, K. T. as a Teacher, Stud. Philos. 3 (1948), 13–17; ders., Tribute to K. T. on the 10th Anniversary of His Death, J. Philos. 7 (1960), 209–215; I. Dąmbska, François Brentano et la pensée philosophique en Pologne: Casimir T. et son école, Grazer philos. Stud. 5 (1978), 117–129; R. Giampietro, Le tre parole di K. T.: sulla preistoria del noema, Teoria 7 (1987), 161–167; H. Holland, Legenda o Kazimierzu Twardowskim, Myśl Filozoficzna 3 (1952), 260–312, separat Warschau 1953; E. Husserl, [Rezension, unveröffentlicht] K. T., »Zur Lehre vom Inhalt und Gegenstand der Vorstellungen. Eine psychologische Untersuchung«, Wien 1894 (Ende 1869), in: ders., Aufsätze und Rezensionen (1890–1910). Mit ergänzenden Texten, ed. B. Rang, Den Haag/Boston Mass./London 1979 (Husserliana XXII), 349–356 (textkritische Anmerkungen 463–465); R. Ingarden, The Scientific Activity of K. T., Stud. Philos. 3 (1948), 17–30; D. Jacquette, T. on Content and Object, Conceptus 21 (1987), 193–199; J. J. Jadacki, The Metaphysical Basis of K. T.'s Descriptive Semiotics, in: J. Paśniczek (ed.), Theories of Objects: Meinong and T., Lublin 1992, 57–74; ders., K. T.'s Descriptive Semiotics, in: F. Coniglione/R. Poli/J. Woleński (eds.), Polish Scientific Philosophy: The Lvov-Warsaw School [s. o.], 191–206; B. Jones, T., in: S. Brown/D. Collinson/R. Wilkinson (eds.), Biographical Dictionary of Twentieth-Century Philosophers, London/New York 1996, 792–793; Z. A. Jordan, Philosophy and Ideology. The Development of Philosophy and Marxism-Leninism in Poland since the Second World War, Dordrecht 1963, 5–14 (Chap. 1 The Lwów School); T. Kotarbiński, W sprawie artykułu »Legenda o Kazimierzu Twardowskim«, Myśl Filozoficzna 4 (1952), 356–357; G. Krzywicki-Herburt, T., Enc. Ph. VIII (1967), 166–167, IX (^{2}2006), 553–555; S. Lapointe u. a. (eds.), The Golden Age of Polish Philosophy. Kazimierz T.'s Philosophical Legacy, Dordrecht etc. 2009; S. Łuszczewska-Rohmanowa, Teoria wiedzy Kazimierza Twardowskiego, in: B. Skarga (ed.), Polska myśl filozoficzna i społeczna III, Warschau 1977, 85–125; F. Modenato, Atto, contenuto, oggetto: da F. Brentano a K. T., Verifiche 13 (1984), 55–78; R. M. Olejnik, K. T. filosofo e fondatore, Aquinas 35 (1992), 653–660; E. Paczkowska, T.'s Refutation of Psychologism. Zeszyty Naukowe Uniwersytetu Jagiellońskiego [Krakau] 446, Prace Filozoficzne 6 (1976), 29–41; E. Paczkowska-Łagowska, On K. T.'s Ethical Investigations, Reports on Philos. 1 (1977), 11–21; dies., Of a Theory of Objective Knowledge before Popper, Reports on Philos. 3 (1979), 87–94; dies., Psychologie, aber nicht Psychologismus. Dilthey und T. zum Verhältnis von Psychologie und Geisteswissenschaften, in: E. W. Orth (ed.), Dilthey und der Wandel des Philosophiebegriffs seit dem 19. Jahrhundert. Studien zu Dilthey und Brentano, Mach, Nietzsche, T., Husserl, Heidegger, Freiburg/München 1984 (Phänomenolog. Forsch. XVI), 121–133; R. Poli, T. and Wolff, in: J. Paśniczek (ed.), Theories of Objects: Meinong and T. [s. o.], 45–56; A. Rojszczak, From the Act of Judging to the Sentence. The Problem of Truth Bearers from Bolzano to T., ed. J. Woleński, Dordrecht etc. 2005; K. Schuhmann, Husserl and T., in: F. Coniglione/R. Poli/J. Woleński (eds.), Polish Scientific Philosophy: The Lvov-Warsaw School [s. o.], 41–58; M. van der Schaar, K. T.. A Grammar for Philosophy, Leiden 2015; P. M. Simons, Nominalism in Poland, in: F. Coniglione/R. Poli/J. Woleński (eds.), Polish Scientific Philosophy [s. o.], 207–231, bes. 209–211 (2. Leśniewski versus T., 209–211); H. Skolimowski, Polish Analytical Philosophy. A Survey and a Comparison with British Anaytical Philosophy, London, New York 1967, 24–55 (Chap. II K. T. and the Rise of the Analytical Movement in Poland); H. Słoniewska, K. T. (1866–1938), Polish Psychological Bull. 4 (1973), 55–60; B. Smith, K. T.. An Essay on the Borderlines of Ontology, Psychology and Logic, in: K. Szaniawski (ed.), The Vienna Circle and the Lvov-Warsaw School, Dordrecht/Boston Mass./London 1989, 313–373; ders., Austrian Philosophy. The Legacy of Franz Brentano, Chicago Ill./ La Salle Ill. 1994, 1996, 155–191 (Chap. 6 K. T.: On Content and Object); W. Witwicki, K. T., Przegląd Filozoficzny 23 (1920), IX–XIX; J. Woleński, Filozoficzna szkoła lwowsko-warszawska, Warschau 1985, bes. 10–19 (Kap. I § 3 K. T. i okresy lwowskie), 35–51 (Kap. II Niektóre poglądy filozoficzne K.a T.ego) (engl. [rev.] Logic and Philosophy in the Lvov-Warsaw School, Dordrecht/Boston Mass./London 1989, bes. 2–9 [Chap. I.2 K. T. and the Lvov Stage], 35–53 [Chap. II Some Philosophical Views of K. T.]; franz. [rev.] L'École de Lvov-Varsovie. Philosophie et logique en Pologne (1895–1939), Paris 2011, bes. 17–29 [Chap. I § 2 K. T. et les périodes Lvoviennes], 51–69 [Chap. II Quelques thèses philosophiques de K. T.]); ders., T., in: Handbook of Metaphysics and Ontology II, ed. H. Burkhardt/B. Smith, München/ Philadelphia Pa./Wien 1991, 917–918; ders., ›Being‹ as a Syncategorematic Word. A Completion (?) of T.'s Analysis of ›Nothing‹, in: J. Paśniczek (ed.), Theories of Objects: Meinong and T. [s. o.], 75–85; ders., Mathematical Logic in Poland 1900–1939: People, Circles, Institutions, Ideas, Modern Log. 5 (1995), 363–405, bes. 363–367 (I.2 Lvov 1900–1939); ders., T., REP IX (1998), 507–509. C. T.

Tychē (griech. *τύχη*, lat. fortuna), Fügung, Schicksal (*μοῖρα*), Zufall, Spontaneität (*αὐτόματον*), in ↑Mythos und Philosophie nur selten scharf gegeneinander abgegrenzte Bezeichnungen im Zusammenhang der Legitimierung und Deutung von Zuständen, Prozessen oder Handlungen, die insofern eine außergewöhnliche Ursache vermuten lassen, als sie weder einer göttlichen Vernunft noch einem natürlichen ↑Telos noch zweckrationalen (↑Zweckrationalität) menschlichen Überlegungen zugeschrieben werden können. Dabei schwingt in der Regel die Konnotation von Glück (*εὐτυχία*) bzw. Unglück (*ἀτυχία*) und Ohnmacht des Menschen mit.

Der griechische ↑Atomismus erklärt das Naturgeschehen durch T. oder durch eine naturgesetzlich (↑Naturgesetz) wirkende Notwendigkeit (*ἀνάγκη*; ↑notwendig/ Notwendigkeit). Platon (Nom. 888eff.) zählt die T. neben der Natur (*φύσις*; ↑Physis), der Kunst (*τέχνη*; ↑Technē) und der Vernunft zu den ↑Ursachen, mit denen man alles Geschehen zu erklären versucht. Er weist jedoch derartige multikausale Versuche, insbes. die mit der T. verbundene Irrationalität, zurück und plädiert für eine einheitliche Erklärung des Geschehens in ↑Kosmos und Menschenwelt durch Bezugnahme auf eine alles umfassende Gottheit bzw. Vernunft. Aristoteles (Phys. *B*4.195b31–6.198a13, Met. *Z*9.1034a9–b19, *K*8.1065a27–28) erkennt nur Natur und Vernunft (↑Nus) als Ursachen des Weltgeschehens im eigentlichen Sinne an. Wenn er dennoch dem Zufall (↑zufällig/Zufall) in gewisser Weise eine Ursachen- bzw. Erklärungsfunktion zuweist, so in der Absicht, ihn als *möglichen* Zweck in eine allgemeine ↑Teleologie zu integrieren. Dabei macht er von der Unterscheidung zwischen eigentlichen (*καθ' αὑτό*) und uneigentlichen, akzidentellen (*κατὰ συμβεβηκός*) Effekten Gebrauch: Im Bereich der eigentlichen Zwecke und Ziele herrschen Natur und Vernunft uneingeschränkt; als akzidentelle Ursache *relativ* zu den eigentlichen Zwecken wird T. als Erklärungsgrund geltend gemacht.

Die Vorstellung eines blinden, irrationalen, das Weltgeschehen und das persönliche Schicksal des Einzelnen beherrschenden Zufalls findet sich schon bei Thukydides und entwickelt sich weiter in der politischen Umbruchzeit des ↑Hellenismus. So tritt in der neuen attischen Komödie und bei den Historikern der hellenistischen und römischen Zeit T. als dämonische Allgottheit des willkürlichen Zufalls auf, eine Position, die z. B. von den Philosophen Epikur und Karneades von Kyrene heftig bekämpft wird. Die ↑Stoa antwortet auf diese Dämonisierung der T. mit der Konzeption einer göttlichen Vorsehung (*πρόνοια*), die das Naturgeschehen und die gesellschaftlich-politische Entwicklung nach Vernunftprinzipien leitet.

Literatur: G. Betegh, Moira/T./Anankē, Enc. Ph. VI (²2006), 319; T. Dohrn, Die T. von Antiochia, Berlin 1960; M. Gatzemeier, Die Naturphilosophie des Straton von Lampsakos. Zur Geschichte des Problems der Bewegung im Bereich des frühen Peripatos, Meisenheim am Glan 1970, bes. 106–111; O. Gigon, T., LAW (1965), 3141–3142; W. C. Greene, Moira. Fate, Good and Evil in Greek Thought, Cambridge Mass. 1944 (repr. Gloucester Mass. 1968), New York 1963; G. Herzog-Hauser, T., RE VII/A2 (1948), 1643–1689; R. Horn/P. R. Franke, [Rezension von] T. Dohrn. Die T. von Antiochia, Gnomon 35 (1963), 404–410; N. Johannsen, Tyche [1], DNP XII/1 (2002), 936–937; G. B. Kerferd, Moira/ Tyche/Ananke, Enc. Ph. V (1967), 359–360; H. Strohm, T.. Zur Schicksalsauffassung bei Pindar und den frühgriechischen Dichtern, Stuttgart 1944; U. v. Wilamowitz-Moellendorff, Der Glaube der Hellenen II, Berlin 1932, Darmstadt ²1955 (repr. 1959, 1994), bes. 298–309. M. G.

type and token (↑Handlungstyp/Handlungstoken), auf C. S. Peirce (vgl. z. B. Collected Papers 4.537) zurückgehende Unterscheidung für Zeichen (↑Zeichen (logisch), ↑Zeichen (semiotisch)) bzw. ihre dinglichen Realisierungen als ↑Marken, um an ihnen einen schematischen Aspekt (↑Schema) als *type* (= Typ) von einem Aktualisierungsaspekt (↑Aktualisierung) als *token* (= Vorkommnis [eines Zeichenschemas/Zeichentyps] oder Instanz [eines Schemas/Typs im allgemeinen]) zu unterscheiden. Wer etwa vom Wort ›laufen‹ oder vom Buchstaben ›a‹ redet, kann ›laufen‹ und ›LAUFEN‹ bzw. ›a‹ und ›𝔞‹ als *dieselben* Wörter bzw. Buchstaben verstehen, aber auch als *verschiedene*, nämlich mit Minuskeln oder Majuskeln bzw. in Antiqua oder Fraktur gedruckte. Der Zeichencharakter der Marke allerdings ist von ihrer Verwendung als Schema, nicht als Vorkommnis, abhängig, selbst dann, wenn es sich wie im Falle von Gemälde-

Marken um Unikate handelt; die Marke vertritt dann jede ihrer (allgemeinen) Eigenschaften (↑Präsentation) und hat keine stellvertretende Funktion (↑Repräsentation) wie etwa im Falle symbolischer ↑Artikulatoren.

Die systematische *type-token-Zweideutigkeit* sprachlicher Ausdrücke erlaubt es, ↑Sprache als System von Sprache als Handlung zu unterscheiden. Die Elemente der Sprache als System sind stets durch grammatische Regeln miteinander in Beziehung stehende Typen, die Gegenstand von ↑Syntax und ↑Semantik sind. Die Elemente der Sprache als Handlung sind Vorkommnisse der systembezogenen, dann als Sprachhandlungsschemata (↑Sprachhandlung) zu deutenden, Typen und werden außer von grammatischen Regeln von zahlreichen außersprachlichen Kontextbedingungen regiert (Gegenstand der ↑Pragmatik).

Je nach linguistischer Rahmentheorie werden verschiedene, von der *type-token*-Differenz abhängige Begriffspaare verwendet: z. B. ›langue‹–›parole‹ (F. de Saussure), ›competence‹–›performance‹ (N. Chomsky). Der Einheit ↑*Satz* in der Sprache als System entspricht dabei die Einheit ↑*Äußerung* in der Sprache als Handlung, wobei davon abgesehen ist, daß mit diesem Wechsel von Termini gewöhnlich auch ein Medienwechsel (↑Medium (semiotisch)) einhergeht: ›Satz‹ bezieht sich auf schriftliche Realisierungen (als Typen), ›Äußerung‹ auf mündliche Realisierungen (als Vorkommnisse) sprachlicher Zeichen. Satzvorkommnisse ([*sentence*] *inscriptions*) und Äußerungstypen werden dann durch ↑Konkretion bzw. ↑Abstraktion (↑abstrakt) daraus erst eigens erzeugt. Ebenso ist zwischen dem *Vorkommnis* (*token*) – etwa einer Variablen ›*x*‹ in einem Satz ›für alle *x*: *A*(*x*)‹ – und dem ↑*Vorkommen* (*occurrence*) – etwa der Variablen ›*x*‹ in demselben Satz – zu unterscheiden: die genannte Variable (*type*) kommt im genannten Satz (*type*) zweimal vor (der Typ hat zwei Vorkommen); hingegen erscheinen in jedem Vorkommnis des Satzes jeweils zwei Vorkommnisse des Typs ›*x*‹; Vorkommen lassen sich als Klassen von Vorkommnissen deuten.

Die Ebenen von t. a. t. dürfen grundsätzlich nur als relativ unterschieden aufgefaßt werden: ein Typ kann in bezug auf allgemeinere Systembildungen als Vorkommnis auftreten, z. B. bei der Ersetzung von ↑Nominatoren und ↑Prädikatoren durch entsprechende schematische Buchstaben zur Bildung eines logisch höherstufigen Typs ↑›Aussageschema‹ (↑Logik, formale) aus Aussagen; ebenso kann ein Vorkommnis in feineren Handlungsanalysen als Typ auftreten, z. B. bei personbezogener Betrachtung von Marken in psycholinguistischen Fragestellungen. Von der Bestimmung des Zusammenhanges der Ebenen hängt es ab, wie insbes. die Frage nach der ↑Bedeutung sprachlicher Ausdrücke, vor allem die Unterscheidung von ↑Sinn und ↑Referenz, darüber hinaus die Frage nach dem Träger von Bedeutungen, letztlich beantwortet wird. Dabei spielen diejenigen sprachlichen Phänomene eine entscheidende Rolle, die sich an der Schnittstelle von Semantik und Pragmatik befinden, z. B. die Verwendung der englisch auch als ›token-reflexive [words]‹ bezeichneten ↑Indikatoren wie ›ich‹, ›hier‹, ›jetzt‹, deren Rekonstruktion in logischer Analyse (↑Analyse, logische) die Verwendung der speziellen selbstreflexiven ↑deiktischen ↑Kennzeichnung ›diese Äußerung‹ sichtbar macht (↑Index).

Der Status derartiger ›unechter‹ Nominatoren bereitet erhebliche begriffliche Probleme. Es handelt sich dabei nicht um einen Typ, dessen Vorkommnisse jeweils denselben Gegenstand benennen; vielmehr produziert jede Aktualisierung des Nominatorschemas eben den Gegenstand, der bei ›dieser‹ Aktualisierung benannt wird. Diese Probleme werden auch nicht dadurch behoben, daß *token*-reflexive Ausdrücke als ↑Operatoren auf Äußerungssituationen interpretiert werden, die erst angewendet auf eine Äußerungssituation einen Nominator für den mündlichen oder schriftlichen Anteil der Äußerungssituation ergeben. Dazu müßte man über einen mit hinreichender Binnengliederung versehenen Bereich von Situationen unabhängig von Äußerungen bereits verfügen. Erst eine systematische Genese der Zeichenfunktionen aus Handlungszusammenhängen heraus, wie sie für das Programm von Peirce, die Semantik in einer Pragmatik zu verankern, den Leitgedanken bildet und auch die Unterscheidung von t. a. t. motiviert, verspricht hier wirkliche Aufklärung. Hinzu kommt, daß allgemein bei einer handlungstheoretischen Konstitution von Gegenständen (↑Handlung) die Unterscheidung von t. a. t. auch außerhalb von Zeichengegenständen eine wichtige Rolle spielt. Jede Handlung kann als Schema (*generic act*, als Typ) und als Aktualisierung (*individual act*, als Instanz) betrachtet werden; und diese Polarität setzt sich auf alle Gegenstandskonstruktionen fort, sofern diese auf den Handlungsbegriff als Grundlage zurückgeführt werden. Z. B. sind auch ↑Dinge als (invariante) Kerne der Umgangsformen mit ihnen gliederbar nach Dingschema – dazu gehören insbes. die ›natürlichen‹ und auch die ›künstlichen‹ Arten, z. B. Mensch und Tisch – und Einzelding (*particular*), ebenso ↑Ereignisse und andere Gegenstandssorten.

Allerdings muß auf eine Zweideutigkeit von t. a. t. geachtet werden, die sich an dieser Stelle bemerkbar macht: in der Gegenüberstellung von Schema und Aktualisierung – zweier Weisen eines (rationalen) Eingriffs gegenüber der (empirischen) Umgebung: einer passiv distanzierenden (›beobachtend verstehen‹, *semiotischer* Umgang) und einer aktiv aneignenden (›teilnehmend erzeugen‹, *pragmatischer* Umgang) in dialogischer Modellierung – wird zunächst der Gegensatz ↑universal–↑singular rekonstruiert. Den in uneigentlicher Redeweise als zugehörig angesehenen Gegenständen, den

↑Universalia (↑Universalien) und den ↑Singularia, mangelt es an der für alle Gegenstandseinheiten, die ↑Partikularia, charakteristischen Polarität, sowohl schematisierbar (als Instanz eines Typs behandelbar) als auch aktualisierbar (als Typ von Instanzen behandelbar) zu sein: Universalia sind nur semiotisch, also dargestellt, zugänglich, Singularia wiederum nur pragmatisch, also vollzogen, vorhanden.
Die Unterscheidung von t. a. t. als (absoluter) Gegensatz von universal und singular läßt sich nicht relativieren. Wohl aber lassen sich die singularen Vorkommnisse durch Partikularia (↑Zwischenschema) ersetzen (und auch der Typ wird dann als ein Individuum und nicht mehr als ein Universale behandelt), weil auf Grund der Schematisierbarkeit von Partikularia diese als individuelle Instanzen eines durch Abstraktion erzeugbaren individuellen Typs und auf Grund der Aktualisierbarkeit von Partikularia diese als ein individueller Typ von durch Konkretion erzeugbaren individuellen Instanzen auftreten können. Die Unterscheidung von t. a. t. ist ebenso wie die Unterscheidung von Schema und Aktualisierung in einen (relativen) Gegensatz der Zugehörigkeit zu zwei benachbarten Gegenstandsbereichen in einer durch Abstraktion bzw. Konkretion erzeugbaren, aufsteigend bzw. absteigend geordneten logischen Hierarchie von Gegenstandsbereichen verwandelt. Sie entspricht dann derjenigen von Klasse (↑Klasse (logisch)) und ↑Element und damit dem gegenwärtig üblichen Sprachgebrauch von t. a. t.. K. L.

Typentheorie, konstruktive (engl. constructive type theory), von P. Martin-Löf seit den 1970er Jahren entwickelte und nach ihrem Begründer auch ›Martin-Löf-Typentheorie‹ (*Martin-Löf type theory*) genannte Theorie, die wie klassische ↑Typentheorien, insbes. die Typentheorie von B. Russell und die ↑Stufenlogik G. Freges, darauf aufbaut, daß Terme bestimmte Typen haben, jedoch in ihrer Logik genuin konstruktiven und intuitionistischen Ansätzen folgt (↑Logik, konstruktive, ↑Logik, intuitionistische). Die einfache Typentheorie (*simple type theory*) im Sinne des einfach getypten ↑Lambda-Kalküls wird einerseits durch eine Vielzahl von Typkonstruktoren erweitert, die entsprechend dem Muster des ↑Kalküls des natürlichen Schließens durch Einführungs- und Beseitigungsregeln eingeführt werden. Andererseits wird der ›Curry-Howard-Isomorphismus‹ systematisch ausgenutzt, der eine formale Parallele herstellt zwischen dem Vorliegen eines Beweises t einer Aussage A und der Tatsache, daß der Term t den Typ A hat. Entsprechend kann ein Urteil in der k.n T., das die Form $t : A$ hat, sowohl gelesen werden als ›t hat den Typ A‹ als auch als ›t ist ein Beweis für A‹. Diese doppelte Lesbarkeit erreicht ihre besondere formale Stärke im Bereich der ›abhängigen Typen‹ (*dependent types*), bei denen ein Typ selbst von einem Term abhängt. Abhängige Typen sind ein Grundbestandteil von k.n T.n. Die k. T. hat sich als sehr mächtiges Werkzeug zur Formalisierung konstruktiver Argumentationen in der Mathematik erwiesen (↑Mathematik, konstruktive). Gleichzeitig hat sie wichtige Anwendungen in der ↑Informatik, in der Typentheorien eine fundamentale Rolle spielen. Die Konstruktion von Termen bestimmter Typen und die Auswertung dieser Terme gemäß den Auswertungsregeln der k.n T. kann man als ›Programmieren‹ in der k.n T. auffassen. Die k. T. hat sich somit zu einer zentralen Spezifikationssprache für Computerprogramme entwickelt (↑Programmiersprachen).
Martin-Löf hat dem Ansatz der k.n T. eine philosophische Interpretation gegeben, die sie zu einem zentralen Gegenstand der beweistheoretischen Semantik (↑Semantik, beweistheoretische) macht. Bei einem Beweis eines Urteils $t : A$ unterscheidet Martin-Löf einen zweifachen Sinn von ›Beweis‹. Der Beweis eines *Urteils* $t : A$ wird als ›Demonstration‹ dieses Urteils bezeichnet. Innerhalb dieses Urteils repräsentiert der Term ›t‹ einen Beweis der *Proposition* A. Ein Beweis im letzteren Sinne wird als ›Beweisobjekt‹ bezeichnet. Wenn wir ein Urteil $t : A$ beweisen, demonstrieren wir, daß t ein Beweisobjekt für die Proposition A ist. Es liegt also ein Zwei-Ebenen-System vor. Die Ebene der Demonstrationen ist die Ebene der Argumentation und hat erkenntnistheoretische Relevanz: die bewiesenen (demonstrierten) Urteile haben ↑assertorische Kraft. Die Ebene der Beweise (d. h. der Beweisobjekte) von Propositionen ist die Ebene der Bedeutungserklärung: die Bedeutung der Proposition A wird dadurch erklärt, daß festgelegt wird, was als Beweis (d. h. Beweisobjekt) für A zählt. Daraus ergibt sich eine gewisse Explizitheitsforderung: wenn man etwas bewiesen hat, muß man nicht nur eine Rechtfertigung im Sinne einer Demonstration liefern, sondern auch sicher sein, daß diese Rechtfertigung ihren Zweck erfüllt, was durch das vorgelegte Beweisobjekt geleistet wird.
Eine weitere philosophisch signifikante Eigenschaft der k.n T. ist die Tatsache, daß die ↑Bildungsregeln (*formation rules*) für eine Proposition keine metasprachlichen (↑Metasprache) Regeln sind, die der Formulierung eines syntaktischen Kalküls vorausgehen, sondern Bestandteil des deduktiven Systems der k.n T. selbst. Z. B. muß man, bevor man zeigen kann, daß A wahr ist (d. h. daß ein Beweisobjekt t mit dem Typ A zur Verfügung steht), nachweisen, daß A überhaupt eine Proposition ist. D. h. die Tatsache, daß (in traditioneller Ausdrucksweise) A ›Sinn macht‹, ist selbst ein beweisbares Urteil der k.n T.. Im Sinne der durch den Curry-Howard-Isomorphismus gestifteten doppelten Lesbarkeit entspricht das Urteil, daß A eine Proposition ist, auf mathematischer Seite dem Urteil, daß A ein Typ ist. Diese Einbeziehung von

Bildungsregeln in den deduktiven Apparat trägt dazu bei, daß die bekannten semantischen und logischen ↑Antinomien (↑Antinomien, logische, ↑Antinomien, semantische) in der k.n T. nicht hergeleitet werden können.

Die k. T. hat sich zu einem der maßgeblichen Rahmenwerke zur Fundierung der Konstruktiven Logik und Mathematik entwickelt und wird als konstruktive Alternative zur in der klassischen Mathematik dominierenden ↑Mengenlehre diskutiert. Besonders hervorgerückt wurde die k. T. hier durch die von V. Voevodsky herausgestellten engen Parallelen zu Homotopietheorien in der Mathematik, die sowohl eine Semantik der k.n T. liefern als auch unter dem Stichwort ›univalent foundations‹ den Begründungsanspruch der k.n T. untermauern.

Literatur: T. Coquand, Type Theory, SEP 2006, rev. 2014; P. Martin-Löf, An Intuitionistic Theory of Types. Predicative Part, in: H. E. Rose/J. C. Shepherdson (eds.), Logic Colloquium '73. Proceedings of the Logic Colloquium, Bristol, July 1973, Amsterdam/Oxford, New York 1975, 73–118; ders., Constructive Mathematics and Computer Programming, in: L. J. Cohen u. a. (eds.), Logic, Methodology and Philosophy of Science VI (Hannover 1979), Amsterdam, Warschau 1982, 153–175; ders., Intuitionistic Type Theory. Notes by Giovanni Sambin of a Series of Lectures Given in Padua, June 1980, Neapel 1984; ders., An Intuitionistic Theory of Types, in: G. Sambin/J. M. Smith (eds.), Twenty-Five Years of Constructive Type Theory. Proceedings of a Congress Held in Venice, October 1995, Oxford 1998, 127–172; B. Nordström/K. Petersson/J. M. Smith, Programming in Martin-Löf's Type Theory. An Introduction, Oxford etc. 1990; G. Sommaruga, History and Philosophy of Constructive Type Theory, Dordrecht/Boston Mass. 2000; M. H. Sørensen/P. Urzyczyn, Lectures on the Curry–Howard Isomorphism, Amsterdam/Boston Mass. 2006. – The Univalent Foundations Program, Institute for Advanced Study, Homotopy Type Theory. Univalent Foundations of Mathematics, o.O. [Princeton N. J.] 2013. P. S.

Typentheorien (engl. type theories, franz. théories des types), Bezeichnung für Systeme der ↑Logik und ↑Mengenlehre, in denen bestimmte Ausdrücke (↑Ausdruck (logisch)) oder die durch sie dargestellten abstrakten Gegenstände nach ihrer Zugehörigkeit zu Typen (↑Stufen, Schichten) eingeteilt werden, die durch ↑Ordinalzahlen oder n-tupel von solchen charakterisiert und in einer Typenhierarchie angeordnet sind. Ziel der T. ist die Beseitigung von Schwierigkeiten beim Aufbau einer allgemeinen Theorie der ↑Mengen oder Klassen (↑Klasse (logisch)), die zu Anfang des 20. Jhs. in Form von logischen und mengentheoretischen ↑Antinomien (↑Antinomien der Mengenlehre) zutagetraten. Man unterscheidet heute zwischen Systemen der einfachen und unverzweigten, der verzweigten, der kumulativen und der transfiniten T.; je nach Kontext ist dabei statt von ›T.‹ auch von ›Typensystem‹, statt von ›einfacher T.‹ (oder ↑›Quantorenlogik mit Aussageformen beliebig hoher Stufe‹) auch von ›Typenlogik‹, ↑›Stufenlogik‹ oder ›Stufenkalkül‹ die Rede.

Die *einfache* T. wird, nach der Antizipation mancher Punkte durch E. Schröder und G. Frege, 1903 von B. Russell zur Lösung der später so genannten Russellschen Antinomie (↑Zermelo-Russellsche Antinomie) vorgeschlagen, die sich aus der Begriffsbildung von ›Mengen, die sich selbst nicht als ↑Element enthalten‹ ergibt. Nach Russell ist diese Begriffsbildung fehlerhaft, da sie eine Menge und ihre Elemente (↑Elementrelation) zu Unrecht auf dieselbe Stufe stellt: Alle Objekte, die der definierenden Bedingung für eine Menge oder Klasse genügen, müssen vom gleichen Typ, dieser jedoch vom Typ der Menge bzw. Klasse dieser Elemente verschieden sein. Unterscheidet man darum Individuen, Klassen von Individuen (den Elementen dieser Klassen), Klassen von Klassen von Individuen usw. als Gegenstände vom Typ 0, 1, 2 usw. und läßt man zur Einsetzung in die Leerstellen der ↑Aussageform $x \in y$ nur solche Argumente (↑Argument (logisch)) zu, bei denen das y-Argument einem genau um 1 höheren Typ angehört als das x-Argument, so kann die beanstandete Begriffsbildung nicht mehr vorgenommen werden. Die konsequente Durchführung dieses Gedankens erlaubt die Vermeidung der mengentheoretischen Antinomien (nicht jedoch der zum Teil erst nach Russells erstem Ansatz zu einer einfachen T. entdeckten semantischen Antinomien; ↑Antinomien, semantische). Da eine Typenzuweisung grundsätzlich für die Argumentstellen aller zulässigen Ausdrücke erfolgen muß, tritt z. B. die Gleichheitsbeziehung $x = y$ mit der Forderung, daß das x-Argument und das y-Argument dem gleichen Typ angehören müssen, bei jedem solchen Typ erneut (und d. h. unendlich oft) auf, ungeachtet dessen, daß die innerhalb jedes Typs für sie geltenden Gesetze formal dieselben sind, so daß man sie unter Inkaufnahme so genannter Typenambiguität unter Absehen von der Typenangabe formuliert. Schon die einfache T. stößt jedoch – wie auch die meisten späteren typentheoretischen Ansätze – auf die Schwierigkeit, daß die bereits für die elementare Arithmetik benötigte Existenz einer unendlichen Menge nicht ohne Verstoß gegen die Typenbeschränkungen beweisbar erscheint und deshalb durch ein zusätzliches ↑Unendlichkeitsaxiom postuliert werden muß.

Die einfache T. wurde abgelöst durch die ebenfalls auf Russell zurückgehende *verzweigte* T. (Russell 1908, A. N. Whitehead/B. Russell 1910). Ihr liegt ein von H. Poincaré zur Lösung der semantischen Antinomien entwickelter konstruktiver Gedanke zugrunde, den Russell in verschiedenen Fassungen seines ↑›Vicious-Circle Principle‹ übernommen hat: Die Einführung eines Mengenterms $\in_x A(x)$ (bzw. $\{x \mid A(x)\}$) durch ↑Abstraktion (↑abstrakt) oder auf Basis eines Komprehensionsaxioms (↑Komprehension) $\bigvee_y \bigwedge_x (x \in y \leftrightarrow A(x))$ mit $y \leftrightharpoons \in_x A(x)$ ist nur dann zirkelfrei, wenn $\in_x A(x)$ nicht selbst dem ↑Variabilitätsbereich einer in der Aussageform $A(x)$

schon gebunden auftretenden ↑Variablen angehört. Um dies im formalen Aufbau einer T. zu berücksichtigen, muß eine ›Verzweigung‹ der Typenangabe vorgenommen werden: Der einer Aussageform $A(x)$ zugeordnete Typ darf jetzt nicht mehr nur vom Typ der zur Einsetzung für x zugelassenen Argumente bestimmt sein, er muß daneben auch von den Typen der in $A(x)$ gebunden auftretenden Variablen abhängen, falls deren Typ den der für x zulässigen Argumente übersteigt. Schließt man diesen letzten, ›imprädikativen‹ Fall (↑imprädikativ/Imprädikativität) aus, indem man die Regeln für zulässige ↑Substitutionen von Ausdrücken für Variable entsprechend einschränkt, so kann der Aufbau schon der Mengenlehre und der ↑Analysis (und damit der meisten übrigen Teile der ↑Mathematik) nicht mehr in der (weitgehend imprädikativ verfahrenden) ›klassischen‹ Art und Weise erfolgen.

Da konstruktive Alternativen wie die später von H. Weyl und P. Lorenzen entwickelten noch nicht zur Verfügung standen, postulierte Russell sein ↑Reduzibilitätsaxiom, das zu jeder beliebigen Aussageform der verzweigten T. die Existenz einer zu ihr logisch äquivalenten prädikativen Aussageform behauptet. L. Chwistek (1922 u. ö.) und F. P. Ramsey (seit 1926) lehnen ein solches Reduzibilitätsaxiom als bloßen ad-hoc-Vorschlag und als im übrigen unplausibel ab. Während Chwistek eigene bis heute nicht hinreichend analysierte Ansätze zu einem konstruktiven Aufbau von Logik und Mathematik entwickelt, befürwortet Ramsey die Rückkehr zur unverzweigten T., der nicht als Mangel angelastet werden dürfe, daß sie die semantischen Antinomien nicht beseitige, da diese als nicht-mathematische Antinomien mit anderen Mitteln, nämlich der Unterscheidung von ↑Objektsprache und ↑Metasprache, zu lösen seien. Die spätere Kritik des Reduzibilitätsaxioms (insbes. durch W. V. O. Quine) zeigt darüber hinaus, daß Russells Einführung dieses Axioms den konstruktiven Charakter und damit den Sinn der verzweigten T. überhaupt zunichtemacht: Wäre das Reduzibilitätsaxiom gültig, so bedürfte es zum Aufbau des Systems nur der prädikativen Aussageformen, das Motiv für die Verzweigung der Typenangaben entfiele.

Neben den zum Teil auf Ramseys Anregungen zurückgehenden modernen Fassungen einer vereinfachten unverzweigten T. (K. Gödel, A. Tarski, R. Carnap, A. Church) stehen heute *kumulative* T., bei denen jeder Typ alle niedrigeren Typen umfaßt und somit jeder Ausdruck (bzw. jeder abstrakte Gegenstand) von bestimmtem Typ zugleich auch allen höheren Typen angehört. Quine zeigt 1963, daß ein solcher Aufbau zu einem System der Mengenlehre erweitert werden kann, das dem Zermeloschen (↑Zermelo-Fraenkelsches Axiomensystem) im wesentlichen äquivalent ist. Noch weiter gehend läßt sich die kumulative T. zu einer *transfiniten* T. ausbauen, indem man bei der Typenangabe auch ↑transfinite ↑Ordinalzahlen zuläßt und etwa allen Klassen von Elementen mit einem niedrigeren Typ als t (wobei t eine transfinite Ordinalzahl sein kann) den Typ t zuordnet. Während alle diese typentheoretischen Systeme bisher ebensowenig als widerspruchsfrei (↑widerspruchsfrei/Widerspruchsfreiheit) erwiesen sind wie die meisten anderen Systeme der klassischen Mengenlehre, konnte ein ↑Widerspruchsfreiheitsbeweis für die verzweigte T. (mit Unendlichkeitsaxiom, ohne Reduzibilitätsaxiom) 1949 von Lorenzen erbracht werden, der den typentheoretischen Gedanken 1959 zu einer Analysis mit ›Sprachschichten‹ fortentwickelt und 1965 zu einem System vereinfacht, das gegenüber dem ursprünglichen Russellschen Gedanken einer unendlichen Stufenhierarchie nur noch die Unterscheidung zwischen definiten (↑definit/Definitheit) und indefiniten (↑indefinit/Indefinitheit) Begriffsbildungen bzw. Mengen aufweist. Diese Entwicklung dokumentiert zugleich, daß die gelegentlich versuchte linguistische Deutung des Typengedankens, wonach auch jede natürliche Sprache (↑Sprache, natürliche) eine ›natürliche‹ Typenunterscheidung enthalte (und jeder typentheoretische Aufbau der Mathematik letztlich von daher zu rechtfertigen sei), an Plausibilität verloren hat.

Literatur: P. B. Andrews, A Transfinite Type Theory with Type Variables, Amsterdam 1965; ders., An Introduction to Mathematical Logic and Type Theory. To Truth through Proof, Orlando Fla. etc. 1986, Dordrecht/Boston Mass. [2]2002; Y. Bar-Hillel, Types, Theory of, Enc. Ph. VIII (1967), 168–172; R. Carnap, Logische Syntax der Sprache, Wien 1934, Wien/New York [2]1968; A. Church, A Formulation of the Simple Theory of Types, J. Symb. Log. 5 (1940), 56–68; ders., Schröder's Anticipation of the Simple Theory of Types, Erkenntnis 10 (1976), 407–411, ferner im Appendix zum Reprint Dordrecht 1978 von: Erkenntnis 8 (1939/1940), 406–410; ders., Russellian Simple Type Theory, Proc. Amer. Philos. Ass. 47 (1973/1974), 21–33; L. Chwistek, Zasady czystej teorji typów [Prinzipien der reinen T.], Przegląd filozoficzny 25 (1922), 359–391, 564, 27 (1927), 34–36; ders., The Theory of Constructive Types. Principles of Logic and Mathematics, Rocznik Polskiego Towarzystwa Matematycznego (Annales de la Société Polonaise de Mathématique) 2 (1924), 9–48, 3 (1925), 92–141; N. B. Cocchiarella, The Development of the Theory of Logical Types and the Notion of a Logical Subject in Russell's Early Philosophy, Synthese 45 (1980), 71–115, Neudr. in: ders., Logical Studies in Early Analytic Philosophy, Columbus Ohio 1987, 19–63; ders., Russell's Theory of Logical Types and the Atomistic Hierarchy of Sentences, in: C. W. Savage/C. A. Anderson (eds.), Rereading Russell. Essays in Bertrand Russell's Metaphysics and Epistemology, Minneapolis Minn. 1989, 41–62, Neudr. in: ders., Logical Studies in Early Analytic Philosophy, Columbus Ohio 1987, 193–221; ders., Theory of Types, REP IX (1998), 359–362; I. M. Copi, The Theory of Logical Types, London 1971; F. Coppotelli, On Two First Order Type Theories for the Theory of Sets, Notre Dame J. Formal Logic 18 (1977), 147–150; T. Coquand, Type Theory, SEP 2006, rev. 2014; J. W. Degen, Systeme der kumulativen Logik, München/Wien 1983; T. Drange, Type Crossings. Sentential Meaninglessness in the Border Area of Linguistics and Philosophy, The Hague/Paris 1966; G. Frege, Wissenschaftlicher Briefwechsel, ed. G. Gabriel u. a., Hamburg 1976 (= Nachgelassene Schriften und Wissenschaftlicher Briefwechsel II, ed. H. Hermes/F. Kambartel/F. Kaulbach), 200–252 (Frege–Russell), ferner in: ders., Gottlob Freges Briefwechsel mit D. Hilbert, E. Husserl, B. Russell, sowie ausgewählte Einzelbriefe Freges, ed. G. Gabriel/F. Kambartel/C. Thiel, Hamburg 1980, 47–100; R. O. Gandy, The Simple Theory of Types, in: ders./J. M. E. Hyland (eds.), Logic Colloquium 76. Proceedings of a Conference Held in Oxford in July 1976, Amsterdam/New York/Oxford 1977, 173–181; G. Gentzen, Die Widerspruchsfreiheit der Stufenlogik, Math. Z. 41 (1936), 357–366 (engl. The Consistency of the Simple Theory of Types, in: ders., The Collected Papers of Gerhard Gentzen, ed. M. E. Szabo, Amsterdam/London 1969, 214–222); J. G. Granström, Treatise on Intuitionistic Type Theory, Dordrecht etc. 2011; G. Hasenjäger, T./Typenlogik, Hist. Wb. Ph. X (1998), 1583–1586; A. P. Hazen, Type Theory, Enc. Ph. IX (^{2}2006), 555–560; L. Henkin, Completeness in the Theory of Types, J. Symb. Log. 15 (1950), 81–91, Neudr. in: J. Hintikka (ed.), The Philosophy of Mathematics, London 1969, 51–63; J. R. Hindley, Basic Simple Type Theory, Cambridge etc. 1997; J. Hintikka, Two Papers on Symbolic Logic. Form and Content in Quantification Theory and Reductions in the Theory of Types, Helsinki 1955 (Acta Philos. Fennica VIII), 57–115 (Reductions in the Theory of Types); B. Jacobs, Categorical Logic and Type Theory, Amsterdam etc. 1999, 2005; F. Kamareddine/T. Laan/R. Nederpelt, A Modern Perspective on Type Theory. From Its Origins until Today, Dordrecht 2004; S. Krajewski, Types, Theory of, in: W. Marciszewski (ed.), Dictionary of Logic as Applied in the Study of Language. Concepts/Methods/Theories, The Hague/Boston Mass./London 1981, 396–405; R. M. Martin, Truth and Denotation. A Study in Semantical Theory, London 1958, Chicago Ill. 1975, 143–164 (Chap. VI Set Theory and Theory of Types); ders., Intension and Decision. A Philosophical Study, Englewood Cliffs N. J. 1963, 104–129 (Chap. V Intensions and the Theory of Types); C. Menzel, Type Theory, in: R. Audi (ed.), The Cambridge Dictionary of Philosophy, Cambridge 1995, 816–818, ^{2}1999, 935–936; R. Nederpelt/H. Geuvers, Type Theory and Formal Proof. An Introduction, Cambridge etc. 2014; W. V. O. Quine, On the Axiom of Reducibility, Mind NS 45 (1936), 498–500; ders., On the Theory of Types, J. Symb. Log. 3 (1938), 125–139; ders., Set Theory and Its Logic, Cambridge Mass./London 1963, ^{2}1969, 1980; F. P. Ramsey, The Foundations of Mathematics, Proc. London Math. Soc. (2) 25 (1925), 338–384, Neudr. in: ders., The Foundations of Mathematics and Other Logical Essays, ed. R. B. Braithwaite, London 1931, London/New York 2001, 1–61, ferner in: ders., Foundations. Essays in Philosophy, Logic, Mathematics and Economics, ed. D. H. Mellor, London/Henley 1978, 152–212; H. Reichenbach, Bertrand Russell's Logic, in: P. A. Schilpp (ed.), The Philosophy of Bertrand Russell, Evanston Ill./Chicago Ill. 1944, La Salle Ill. ^{5}1989, 23–54, bes. 37–39 (§ 5); M. K. Rennie, Some Uses of Type Theory in the Analysis of Language, o. O. [Canberra] 1974; M. D. Resnik, A Set Theoretic Approach to the Simple Theory of Types, Theoria 35 (1969), 239–258; F. A. Rodriguez Consuegra, Russell's Theory of Types, 1901–1910. Its Complex Origins in the Unpublished Manuscripts, Hist. Philos. Logic 10 (1989), 131–164; B. Russell, On Some Difficulties in the Theory of Transfinite Numbers and Order Types, Proc. London Math. Soc. (2) 4, Part I (7. März 1906), 29–53, Neudr. in: ders., Essays in Analysis, ed. D. Lackey, London, New York 1973, 135–164, ferner in: G. Heinzmann (ed.), Poincaré, Russell, Zermelo et Peano. Textes de la discussion (1906–1912) sur les fondements des mathématiques: des antinomies à la prédicativité, Paris 1986, 54–78; ders., Mathematical Logic as Based on the Theory of Types, Amer. J. Math. 30 (1908), 222–262, Neudr. in: ders., Logic and Knowledge. Essays 1901–1950, ed. R. C. Marsh, London 1956, Nottingham 2007, 57–102, ferner in: J. van Heijenoort (ed.), From Frege to Gödel. A Source Book in Mathematical Logic, 1879–1931, Cambridge Mass. 1967, 2002, 150–182; ders., La théorie des types logiques, Rev. mét. mor. 18 (1910), 263–301; G. Sambin/J. M. Smith (eds.), Twenty-Five Years of Constructive Type Theory. Proceedings of a Congress Held in Venice, October 1995, Oxford 1998; K. Schütte, Beweistheorie, Berlin/Göttingen/Heidelberg 1960, 244–273 (Kap. IX Verzweigte Typenlogik); ders., Syntactical and Semantical Properties of Simple Type Theory, J. Symb. Log. 25 (1960), 305–326; ders., Proof Theory, Berlin/Heidelberg/New York 1977, bes. 56–70 (Chap. IV Classical Simple Type Theory); M. Shearn, Whitehead and Russell's Theory of Types. A Reply [auf J. J. C. Smart, s. u.], Analysis 11 (1950/1951), 45–48; J. J. C. Smart, Whitehead and Russell's Theory of Types, Analysis 10 (1949/1950), 93–96; G. Sommaruga, History and Philosophy of Constructive Type Theory, Dordrecht 2000; E. Specker, Typical Ambiguity, in: E. Nagel/P. Suppes/A. Tarski (eds.), Logic, Methodology and Philosophy of Science. Proceedings of the 1960 International Congress, Stanford Calif. 1962, 1969, 116–124; A. M. Turing, Practical Forms of Type Theory, J. Symb. Log. 13 (1948), 80–94; A. Urquhart, The Theory of Types, in: N. Griffin (ed.), The Cambridge Companion to Bertrand Russell, Cambridge etc. 2003, 286–309; H. Wang, A Theory of Constructive Types, Methodos 1 (1950), 374–384; ders./R. McNaughton, Les systèmes axiomatiques de la théorie des ensembles, Paris, Louvain 1953, 11–14 (Chap. II La théorie des types); P. Weiss, The Theory of Types, Mind NS 37 (1928), 338–348; A. N. Whitehead/B. Russell, Principia Mathematica, I–III, Cambridge 1910–1913 (repr. Silver Spring Md. 2009), ^{2}1925–1927 (Teilrepr. unter dem Titel: Principia Mathematica to *56, Cambridge etc. 1967, 1978), (Vorw. u. Einl.) unter dem Titel: Einführung in die mathematische Logik. Die Einleitung der Principia Mathematica, Berlin/München 1932, erw. um einen Beitrag v. K. Gödel, unter dem Titel: Principia Mathematica. Vorwort und Einleitungen, Wien/Berlin 1984, Frankfurt 1986, 1999). C. T.

Typus (von griech. *τύπος*, Abdruck, Muster), seit Beginn des 19. Jhs. besonders in den nicht-exakten Wissenschaften zunehmend verwendete Bezeichnung zum Zweck der begrifflichen Ordnung von Gegenstandsformen: T.begriffe sind im Gegensatz zu Gattungsbegriffen (↑Gattung) oder Klassenbegriffen (↑Klasse (logisch)) so gebildet, daß Einzelgegenstände nicht entweder unter sie fallen oder nicht unter sie fallen, sondern diese ihnen *mehr oder weniger* entsprechen, wobei in vielen Fällen nicht genau angegeben wird oder angegeben werden kann, welches oder welche graduell abgestuften Merkmale für die Einordnung relevant sind. Der T.begriff wird dann aus der anschaulichen Vertrautheit mit dem Gegenstandsbereich heraus intuitiv gebildet und verstanden (Beispiel: ›der Renaissancemensch‹).

Die logische Struktur von Typenbegriffen ist nach Vorarbeiten in den Logiksystemen des 19. Jhs. (C. Sigwart u. a.) zuerst von C. G. Hempel und P. Oppenheim (Der T.begriff im Lichte der neuen Logik, 1936) genauer herausgearbeitet worden. Je nach pragmatischem Kontext der Begriffsbildung können ›Extremtypen‹ oder ›Durchschnittstypen‹ gebildet werden, die extreme bzw. relativ zu einer gegebenen Menge oder Population von Einzelexemplaren durchschnittliche Ausprägungen der relevanten Merkmale aufweisen. In der Geschichte des T.begriffs war stets umstritten, ob Typen lediglich eine deskriptive, Ähnlichkeitsrelationen (↑ähnlich/Ähnlichkeit) berücksichtigende Ordnungsleistung erbringen können oder ob sie darüber hinaus auch theoretische, die Kausalverhältnisse (↑Kausalität) berücksichtigende Erklärungen ermöglichen. Als Kennzeichen theoretisch zweckmäßiger (›natürlicher‹ im Unterschied zu ›künstlichen‹) Typen haben Hempel und Oppenheim am Beispiel von Typenbegriffen aus der Konstitutionsforschung und der Psychologie das Ausmaß der empirischen Verknüpfung der den T. charakterisierenden Merkmale mit weiteren Merkmalen herausgearbeitet. Theoretisch zweckmäßige Typen sind demnach durch ihre Eignung zur Aufstellung empirischer Gesetze charakterisiert (a. a. O., bes. 107–111). Auf diesem Grundgedanken beruhen viele heute in den unterschiedlichsten Wissenschaftsbereichen verbreitete statistische Verfahren der Datenanalyse (z. B. Faktorenanalyse), wobei freilich die Verallgemeinerbarkeit und die kausale Interpretation der gefundenen Regelmäßigkeiten stets unsicher bleiben.

In der biologischen ↑Systematik wird die taxonomische (↑Taxonomie) Gliederung durch Typen festgelegt. Ein bestimmtes aufbewahrtes Individuum dient als nomenklatorischer T. für die ↑Art; eine bestimmte Art dient als T. für die Gattung usw.. Die Typen sind nicht notwendigerweise in irgendeinem Sinne repräsentative oder durchschnittliche Exemplare des jeweiligen Taxons; der T. ist sogar oft das zufällig zuerst entdeckte oder beschriebene Individuum einer Art bzw. die erste Art einer Gattung usw.. Die Festlegung des T. eines Taxons wird dabei heute durch internationale Abkommen verbindlich geregelt. In der ↑Naturgeschichte der Neuzeit bis C. R. Darwin wurde allerdings gefordert, daß der T. für die Gattung repräsentativ sein müsse: »The type must be connected by many affinities with most of the others of the group; it must be near the center of the crowd, and not one of the stragglers« (W. Whewell, The Philosophy of the Inductive Sciences. Founded upon Their History I, London 1840, erw. [2]1847 [repr. New York/London, London 1967], 495). Der T. stellt den ›Habitus‹ oder die Form der Art dar, nach der in einem natürlichen System klassifiziert werden sollte. Bei G.-L. L. Buffon etwa gibt es für jede Art eine ›innere Form‹, die in jedem Individuum durch die ↑Naturgesetze (mit individuellen Abweichungen) realisiert wird. Der T. der Art ist durch die allgemeinen Eigenschaften der ↑Materie festgelegt und so unveränderbar wie die Materie selbst. Bei J. W. v. Goethe und der idealistischen ↑Morphologie sowie bei G. Cuvier wird der T. nicht materiell vorgestellt, sondern als das ↑Ideal, das die Natur bzw. der Schöpfer in jedem Individuum zu realisieren versuche.

Der Anthropologe und Sozialstatistiker A. Quételet fügt der biologischen Dimension des T.begriffs die gesellschaftstheoretische hinzu, wobei mit ihm zugleich die Geschichte der durch statistische Analyse empirischer Merkmalsverteilungen angeleiteten Begriffsbildung beginnt. Der typische Repräsentant einer Population hat bei Quételet neben der durchschnittlichen Körpergröße usw. auch eine durchschnittliche Neigung zum Verbrechen, zur Heirat usw.. Dabei wird der T. nicht als bloßes mathematisches Konstrukt aus vorliegenden Daten, sondern als Ausdruck einer kausalen Tendenz der jeweiligen gesellschaftlichen Verhältnisse verstanden. – Eine nicht an statistischem Material orientierte Ausprägung erfährt der T.begriff mit M. Webers Erörterungen über ›idealtypische‹ Begriffsbildungen (↑Idealtypus). Diese Tradition, die mit C. Menger und anderen Ökonomen ebenfalls Vorläufer im 19. Jh. hat, ist für die Diskussion in den theoretischen Sozialwissenschaften und in den historischen Wissenschaften von anhaltender Bedeutung, ohne daß der Idealtypus in seiner logischen und methodologischen Eigenart als vollständig geklärt gelten könnte. In der Jurisprudenz ist auf die T.struktur von Rechtsbegriffen speziell im Kontext des Problems der Zuordnung von rechtsrelevanten konkreten Sachverhalten zu Tatbestandsbegriffen (z. B. ›Diebstahl‹) reflektiert worden.

Literatur: W. Bergfeld, Der Begriff des T.. Eine systematische und problemgeschichtliche Untersuchung, Bonn 1933; B. Erdmann, Theorie der Typen-Eintheilungen, Philos. Monatshefte 30 (1894), 15–49, 129–158; E. Gerken, Der T.begriff in seiner deskriptiven Verwendung, Arch. Rechts- u. Sozialphilos. 50 (1964), 367–385; J. Große, T. und Geschichte. Eine Jacob-Burckhardt-Interpretation, Köln/Weimar/Wien 1997; H. Haller, T. und Gesetz in der Nationalökonomie. Versuch zur Klärung einiger Methodenfragen der Wirtschaftswissenschaften, Stuttgart/Köln 1950; V. Harlan (ed.), Wert und Grenzen des T. in der botanischen Morphologie. Beiträge zu zwei Symposien, Nümbrecht-Elsenroth 2005; W. Hassemer, Tatbestand und T.. Untersuchungen zur strafrechtlichen Hermeneutik, Köln etc. 1968; S. J. Hekman, Weber, the Ideal Type, and Contemporary Social Theory, Notre Dame Ind. 1983; C. G. Hempel, Typologische Methoden in den Sozialwissenschaften, in: E. Topitsch (ed.), Logik der Sozialwissenschaften, Köln/Berlin 1965, Frankfurt [12]1993, 85–103; ders./P. Oppenheim, Der T.begriff im Lichte der neuen Logik. Wissenschaftstheoretische Untersuchungen zur Konstitutionsforschung und Psychologie, Leiden 1936; U. Kelle/S. Kluge, Vom Einzelfall zum T.. Fallvergleich und Fallkontrastierung in der qualitativen Sozialforschung, Opladen 1999, Wiesbaden [2]2010; J. v. Kempski, Zur Logik der Ordnungsbegriffe, besonders in den Sozialwissenschaften, in: H. Albert (ed.), Theorie und Realität. Ausgewählte Aufsätze zur Wissenschaftslehre der Sozialwissenschaften, Tübingen 1964, [2]1972, 209–232; S. Kluge, Empirisch begründete Typenbildung. Zur Konstruktion von Typen und

Typologien in der qualitativen Sozialforschung, Opladen 1999; L. Kuhlen, T.konzeptionen in der Rechtstheorie, Berlin 1977; C. Menger, Untersuchungen über die Methode der Socialwissenschaften, und der Politischen Oekonomie insbesondere, Leipzig 1883 (repr. London 1933) (engl. Problems of Economics and Sociology, Urbana Ill. 1963, unter dem Titel: Investigations into the Method of the Social Sciences with Special Reference to Economics, New York 1985; franz. Recherches sur la méthode dans les sciences sociales et en économie politique en particulier, Paris 2011); J. Roger, Die Auffassung des T. bei Buffon und Goethe, Naturwiss. 52 (1965), 313–319; A. Seiffert, Die kategoriale Stellung des T., Meisenheim am Glan/Wien 1953; C. Sigwart, Logik II, Tübingen 1878, [5]1924, 455–479, 735–746; H. Spinner, Goethes T.begriff, Horgen-Zürich/Leipzig 1933; B. Strenge/H.-U. Lessing, Typos; Typologie, Hist. Wb. Ph. X (1998), 1587–1607; C. Vogel, Der T. in der morphologischen Biologie und Anthropologie, in: H. W. Jürgens/C. Vogel, Beiträge zur menschlichen Typenkunde, Stuttgart 1965, 1–158; M. Weber, Die ›Objektivität‹ sozialwissenschaftlicher und sozialpolitischer Erkenntnis, Arch. Sozialwiss. u. Sozialpolitik 19 (1904), H. 1, 22–87, ferner in: ders., Gesammelte Aufsätze zur Wissenschaftslehre, Tübingen 1922, [7]1988, 146–214; W. Wundt, Logik. Eine Untersuchung der Principien der Erkenntniss und der Methoden wissenschaftlicher Forschung II (Logik der exakten Wissenschaften), Stuttgart 1883, [4]1920, bes. 55–59. P. M./W. L.

U

Übel, das, Bezeichnung für den Gegensatz des ↑Guten oder eines Guten je nach den Vorstellungen vom Guten: (1) In *subjektiver* Weise wird das Ü. definiert durch den Bezug auf die ↑Empfindungen als das Unangenehme oder »die Ursache des Abscheus oder der Abneigung« (so T. Hobbes, Leviathan I 6, Opera philosophica, I–V, ed. W. Molesworth, London 1839–1845, III, 42), (2) in *objektiver* Weise durch den Bezug auf Normen (↑Norm (handlungstheoretisch, moralphilosophisch)) oder ↑normative Vorstellungen als das Normenwidrige, z. B. das (für die Erreichung bestimmter Ziele) Schädliche oder Wertwidrige: »Das Ü. ist nichts anderes als die Unangemessenheit des Seins zu dem Sollen« (G. W. F. Hegel, Enc. phil. Wiss. § 391, Sämtl. Werke VI, 275). Der bereits seit A. Augustinus geläufigen Unterscheidung zwischen *physischem* Ü. (z. B. der Krankheit) und *moralischem* Ü. (dem Bösen oder der Sünde) fügt G. W. Leibniz die Rede vom *metaphysischen* Ü. hinzu, das in der ↑Endlichkeit aller geschaffenen Gegenstände besteht und zugleich zur Erklärung des physischen und moralischen Ü.s wie zur Rechtfertigung des gütigen Schöpfergottes (↑Theodizee) dienen soll.

Für metaphysische Erörterungen (↑Metaphysik) zentral geworden ist das in der ↑Scholastik ausgebildete Verständnis des Ü.s als einer ›privatio boni‹, d. h. der ›Beraubung‹ eines Gutes im Sinne der Nicht-Anwesenheit einer die ↑Vollkommenheit bzw. den Idealzustand eines Gegenstandes definierenden Eigenschaft. Diese Konzeption dient einem Weltverständnis, nach dem das Ü. nicht gleichursprünglich mit dem Guten zum Prinzip der ↑Realität wird, sondern diesem nachgeordnet und daher in irgendeinem Sinne auch als letztlich diesem dienend interpretierbar bleibt. – Das subjektive Ü. oder ›Leid‹ spielt in utilitaristischen (↑Utilitarismus) Ethikkonzeptionen eine wichtige Rolle. Danach besteht das Kriterium für ethisch gerechtfertigtes Handeln in der Beförderung des größtmöglichen Glücks der größtmöglichen Zahl, und dies schließt die Forderung nach Verminderung des Ü.s ein.

Literatur: A. Badiou, L' éthique. Essai sur la conscience du mal, Paris 1993, Caen 2009 (engl. Ethics. An Essay on the Understanding of Evil, London/New York 2001, 2012; dt. Ethik. Versuch über das Bewusstsein des Bösen, Wien 2003); P. B. Barry, The Fiction of Evil, London/New York 2017; F. Billicsich, Das Problem der Theodizee im philosophischen Denken des Abendlandes, Innsbruck/Wien/München 1936, Wien [2]1955, unter dem Titel: Das Problem des Ü.s in der Philosophie des Abendlandes I, Wien 1952; T. Calder, The Concept of Evil, SEP 2013; C. Card, The Atrocity Paradigm. A Theory of Evil, Oxford etc. 2002, 2005; C. Colpe/W. Schmidt-Biggemann (eds.), Das Böse. Eine historische Phänomenologie des Unerklärlichen, Frankfurt 1993; N. van Doorn-Harder/L. Minnema (eds.), Coping with Evil in Religion and Culture. Case Studies, Amsterdam/New York 2008; M. Dreyer, D. Ü., in: P. Kolmer/A. G. Wildfeuer (eds.), Neues Handbuch philosophischer Grundbegriffe III, Freiburg/München 2011, 2258–2269; M. D. Eckel/B. L. Herling (eds.), Deliver Us from Evil, London/New York 2008; R. Eisler, Ü., Wb. ph. Begr. III ([4]1930), 285–289; S. Greenberg, Leibniz on the Problem of Evil, SEP 1998, rev. 2013; B. Grünewald, Ü., in: M. Willaschek u. a. (eds.), Kant-Lexikon III, Berlin/Boston Mass. 2015, 2353–2355; J. Hick, Evil, The Problem of, Enc. Ph. III (1967), 136–141, ([2]2006), 471–478 (mit Addendum v. W. L. Rowe, 477–478); N. Hoerster, Der gütige Gott und d. Ü.. Ein philosophisches Problem, München 2017; P. van Inwagen, The Problem of Evil. The Gifford Lectures Delivered in the University of St Andrews in 2003, Oxford 2006, 2008; H.-G. Janßen, Gott – Freiheit – Leid. Das Theodizeeproblem in der Philosophie der Neuzeit, Darmstadt 1989, [2]1993; J. Kekes, Evil, REP III (1998), 463–466; C. A. Keller u. a., Böse, das, RGG I ([4]1998), 1703–1711; M. Larrimore, Evil, NDHI II (2005), 744–750; J. Madore, Difficult Freedom and Radical Evil in Kant. Deceiving Reason, London/New York 2011; O. Marquard, Schwierigkeiten mit der Geschichtsphilosophie. Aufsätze, Frankfurt 1973, [7]1997 (franz. Des difficultés avec la philosophie de l'histoire. Essais, Paris 2002); C.T. Mathewes, Evil and the Augustinian Tradition, Cambridge etc. 2001; M. B. Matustík, Radical Evil and the Scarcity of Hope. Postsecular Meditations, Bloomington Ind./Indianapolis Ind. 2008; M. McCord Adams, Evil, Problem of, REP III (1998), 466–472; C. Meister, Evil. A Guide for the Perplexed, London etc. 2012; ders./P. K. Moser (eds.), The Cambridge Companion to the Problem of Evil, Cambridge etc. 2017; S. Neiman, Evil in Modern Thought. An Alternative History of Philosophy, Princeton N. J./Oxford 2002, 2015; dies., Evil, Enc. Ph. III ([2]2006), 469–471; W. Oelmüller (ed.), Leiden, Paderborn etc. 1986; ders., Philosophische Antwortversuche angesichts des Leidens, in: ders. (ed.), Theodizee – Gott vor Gericht?, München 1990, 67–86; ders. (ed.), Worüber man nicht schweigen kann. Neue Diskussionen zur Theodizeefrage, München 1992, Sonderausg. [überarb./gekürzt] 1994; A. Oksenberg Rorty, The Many Faces of Evil. Historical Perspectives, London/New York 2001; M. M. Olivetti (ed.), Teodicea oggi?, Padua 1988 (Archivio di filosofia 56); M. L. Peterson (ed.), The

Problem of Evil. Selected Readings, Notre Dame Ind. 1992, [2]2017; A. Regenbogen, Ü., EP III ([2]2010), 2793–2797; D. A. Roberts, Kierkegaard's Analysis of Radical Evil, London/New York 2006; M. Sarot, Living a Good Life in Spite of Evil, Frankfurt etc. 1999; C. Schäfer, Thomas von Aquins gründlichere Behandlung der Ü.. Eine Auswahlinterpretation der Schrift »De malo«, Berlin 2013; W. Schmidt-Biggemann, Theodizee und Tatsachen. Das philosophische Profil der deutschen Aufklärung, Frankfurt 1988; A. D. Schrift, Modernity and the Problem of Evil, Bloomington Ind./Indianapolis Ind. 2005; C. Schulte, Radikal böse. Die Karriere des Bösen von Kant bis Nietzsche, München 1988, [2]1991; J. P. Sterba (ed.), Ethics and the Problem of Evil, Bloomington Ind. 2017; M. Tooley, The Problem of Evil, SEP 2002, rev. 2015; H. M. Vroom, Wrestling with God and with Evil. Philosophical Reflections, Amsterdam/New York 2007; S. A. Wawrytko, The Problem of Evil. An Intercultural Exploration, Amsterdam/New York 2000; P. Weingartner, Evil. Different Kinds of Evil in the Light of a Modern Theodicy, Frankfurt etc. 2003; B. Welte, Über das Böse. Eine thomistische Untersuchung, Freiburg/Basel/Wien 1959, 1986. – Red., Ü., Hist. Wb. Ph. XI (2001), 1–4; weitere Literatur: ↑Theodizee. O. S.

überabzählbar/Überabzählbarkeit (engl. uncountable/ uncountability), Terminus der ↑Mengenlehre zur Charakterisierung einer ↑Menge, deren Mächtigkeit (↑Kardinalzahl) größer ist als diejenige der natürlichen Zahlen. Während z. B. die rationalen und die algebraischen Zahlen abzählbar (↑abzählbar/Abzählbarkeit) sind, erweisen sich die reellen Zahlen als ü. (↑Cantorsches Diagonalverfahren). Allgemein ist die ↑Potenzmenge jeder Menge ü., deren Mächtigkeit gleich derjenigen der natürlichen Zahlen oder größer ist. G. W.

Überbau, heuristischer Begriff der marxistischen Gesellschaftstheorie (↑Marxismus) zur vorläufigen Unterscheidung der Denkweisen einer Gesellschaftsformation von ihrer materiellen Basis (↑Basis, ökonomische). Dabei geht es der von K. Marx im Anschluß an Überlegungen C.-H. de Saint-Simons und A. Comtes entwickelten Theorie des Verhältnisses von Basis und Ü. darum, den inhaltlichen Zusammenhang der beiden nur analytisch getrennten Ebenen zu betonen. Sie richtet sich damit gegen idealistische (↑Idealismus) und utopische (↑Utopie) Staatstheorien, die eine Veränderung der gesellschaftlichen Verhältnisse über einen von den gesellschaftlichen Grundlagen gelösten Entwurf einer idealen Verfassung für möglich halten. Obwohl die Ü.theorie eine grundsätzliche Abhängigkeit der geistigen Leistungen einer Epoche von ihren ökonomischen Verhältnissen behauptet, betont sie doch das dialektische (↑Dialektik) Verhältnis der beiden Ebenen, die wechselseitig aufeinander einwirken. Damit werden auch die phasenverschobenen Ungleichzeitigkeiten erklärt, die sowohl im Verhältnis von Basis und Ü. als auch innerhalb der Ebenen auftreten.

Zu den Ü.phänomenen zählt die Gesamtheit der für eine Formationsfolge typischen politischen, wissenschaftlichen, ethischen, künstlerischen und religiösen Auffassungen und Ordnungsbegriffe. Insofern verwendet die historisch-materialistische Theorie (↑Materialismus, historischer) den Begriff des Ü.s als Synonym für den Begriff der herrschenden ↑Ideologie. Darüber hinaus werden die institutionellen, strukturellen und prozeduralen Verfestigungen der Ideologie im politischen, staatlichen, rechtlichen, kulturellen und kirchlichen Bereich als Ü. bezeichnet. Die in einer Gesellschaft vorherrschenden Ü.phänomene gelten als die Vorstellungen und ↑Interessen der herrschenden Klassen (↑Klasse (sozialwissenschaftlich)). Sie sind damit gleichzeitig vorläufige Ergebnisse wie Mittel des Klassenkampfes.

Literatur: G. Ahrweiler, Basis – Ü. – Verhältnisse, in: H. J. Sandkühler (ed.), Europäische Enzyklopädie zu Philosophie und Wissenschaften I, Hamburg 1990, 309–328; F. Jakubowski, Der ideologische Ü. in der materialistischen Geschichtsauffassung, Frankfurt 1968, 1971 (franz. Les superstructures ideologiques dans la conception materialiste de l'histoire, Paris 1971, 1976; engl. Ideology and Superstructure in Historical Materialism, London 1976, London/Winchester Mass. 1990); R. Konersman, Ü./Basis, Hist. Wb. Ph. XI (2001), 4–7; P. de Lara, Ü., in: G. Labica/G. Bensussan (eds.), Kritisches Wörterbuch des Marxismus VIII, Hamburg 1989, 1325–1330; V. Schürmann, Basis/Ü., EP I ([2]2010), 204–208; F. Tomberg, Basis und Ü. im historischen Materialismus, in: ders., Basis und Ü.. Sozialphilosophische Studien, Neuwied/Berlin 1969, 1974, 7–81, separat Berlin 1978 (Argument Studienheft 16); ders., Basis und Ü., in: H. J. Sandkühler (ed.), Europäische Enzyklopädie zu Philosophie und Wissenschaften I, Hamburg 1990, 302–309; weitere Literatur: ↑Materialismus, dialektischer, ↑Materialismus, historischer, ↑Marx, Karl. H. R. G.

Überführungstheorem, Hilfssatz der Semantik der ↑Quantorenlogik. Es sei $[\![t]\!]^{\mathfrak{A}}_{\beta}$ bzw. $[\![A]\!]^{\mathfrak{A}}_{\beta}$ der Wert eines ↑Terms t bzw. der ↑Wahrheitswert einer ↑Formel A in der ↑Struktur $\mathfrak{A}$ unter der ↑Belegung β. Sei $\beta[a/x]$ diejenige Belegung, die sich von β nur dadurch unterscheidet, daß sie die ↑Variable x mit dem Gegenstand a belegt. $A[t/x]$ bezeichne das Resultat der ↑Substitution von t für x in A, falls t frei für x in A ist (↑Variablenkonfusion). Dann besagt das Ü., daß

$$[\![A[t/x]]\!]^{\mathfrak{A}}_{\beta} = [\![A]\!]^{\mathfrak{A}}_{\beta[[\![t]\!]^{\mathfrak{A}}_{\beta}/x]}.$$

D. h., wenn man erst x in A durch t substituiert und dann das Resultat auswertet, erhält man denselben Wahrheitswert, wie wenn man A sofort auswertet und dabei x durch den Wert von t interpretiert. Ein ↑Modell von $A[t/x]$ wird so in ein Modell von A überführt. Das Ü. ist für die Semantik der ↑Quantoren zentral, z. B. für den Nachweis der Allgemeingültigkeit (↑allgemeingültig/ Allgemeingültigkeit) der ↑Spezialisierung $\bigwedge_x A \rightarrow A[t/x]$. Entsprechende Lemmata finden sich in anderen Theorien variablenbindender Operatoren, z. B. im ↑Lambda-Kalkül.

Literatur: U. Friedrichsdorf, Einführung in die klassische und intensionale Logik, Braunschweig/Wiesbaden 1992, 109–142 (§ 5

Grundbegriffe der Prädikatenlogik); H. Hermes, Einführung in die mathematische Logik. Klassische Prädikatenlogik, Stuttgart 1963, [5]1991 (engl. Introduction to Mathematical Logic, Berlin/Heidelberg/New York 1973); weitere Literatur: ↑Quantorenlogik. P.S.

Übergangswahrscheinlichkeit (auch Markovscher Kern oder stochastischer Kern; engl. transition probability, Markov kernel, stochastic kernel), Terminus der Stochastik und ↑Wahrscheinlichkeitstheorie für das Maß der ↑Tendenz der Entwicklung von stochastischen Geschehnissen. Wenn sich die Zustände eines Systems auf indeterministische (↑Indeterminismus) oder zufallsabhängige (↑zufällig/Zufall) Weise ändern, ist eine kausale Erklärung (↑Ursache) des Systemverhaltens nicht mehr möglich. Zum Zwecke eines rationalen Umgangs mit solchen Systemen ist es dennoch oft wünschenswert, Aussagen und Voraussagen über ihre Entwicklung zu machen. Hierzu müssen neben der Anfangsverteilung auch die Ü.en des Systems gegeben sein.

Im ↑diskreten Fall (↑Diskontinuität) kann ein stochastisches System durch eine Folge von Zufallsvariablen X_1, X_2, X_3, … dargestellt werden, die für einen sich tatsächlich ereignenden Systemverlauf ω die Werte einer interessierenden Größe zu den Zeitpunkten t_1, t_2, t_3, … wiedergeben. Wenn die Wertbereiche aller Zufallsvariablen identisch sind und nur die Werte $\{x_1, \ldots, x_n\}$ enthalten, dann können die Ü.en häufig durch eine stochastische ↑Matrix (p_{ij}) mit den folgenden Elementen angegeben werden:

$$p_{ij} = P(\{X_{k+1} = x_j \mid X_k = x_i\}) \quad (i, j \leq n).$$

Die Zahl p_{ij} bezeichnet damit die bedingte ↑Wahrscheinlichkeit (bezüglich eines zugrundeliegenden Wahrscheinlichkeitsmaßes P), daß der Wert x_j auftritt, wenn zum unmittelbar vohergehenden Zeitpunkt der Wert x_i aufgetreten ist. Als Beispiel für eine so beschreibbare Entwicklung lassen sich die Ruhepunkte $X_i(\omega)$ einer Roulettekugel im Laufe eines Tages ansehen (auch wenn man annimmt, daß die Würfe des Croupiers nicht voneinander unabhängig sind). Eine solche stochastische Kette, in der das Auftreten eines Ereignisses nur vom unmittelbar vorhergehenden Zustand (nicht auch von dessen Vorgeschichte) abhängt, ist eine ›homogene Markovsche Kette‹. ›Homogen‹ (oder ›stationär‹) heißt diese deshalb, weil p_{ij} in diesem Modell vom betrachteten Zeitpunkt t_k unabhängig ist.

Oft kann ein zufälliges Geschehen nur dann adäquat erfaßt werden, wenn es als stetiger oder kontinuierlicher ↑Prozeß (↑Stetigkeit, ↑Kontinuität, ↑Kontinuum) dargestellt wird. Ein stochastischer Prozeß wird formal durch ein Quadrupel $\langle \Omega, \mathfrak{A}, P, (X_t)_{t\in T}\rangle$ beschrieben, wobei $\langle \Omega, \mathfrak{A}, P\rangle$ ein Wahrscheinlichkeitsraum im Sinne der ↑Wahrscheinlichkeitstheorie und $(X_t)_{t\in T}$ eine zeitlich indizierte unendliche Menge von Zufallsvariablen ist (meist ist T eine Teilmenge der Menge $\mathbb{R}$ der reellen Zahlen). Die Ü.en sind gegeben durch

$$p_{ij}^t = P(\{X_{s+t} = x_j \mid X_s = x_i\}) \quad (i, j \leq n).$$

Für jedes Zeitintervall t gibt die Zahl p_{ij}^t also die bedingte Wahrscheinlichkeit an, daß zur Zeit $s + t$ der Wert x_j auftritt, wenn zur Zeit s der Wert x_i aufgetreten ist. Ein ›homogener Markovscher Prozeß‹ ist dadurch gekennzeichnet, daß die bedingten Wahrscheinlichkeiten für X_{s+t} sich nicht ändern, wenn in die Bedingung zur Information über X_s noch Information über beliebig viele weitere Zufallsvariablen X_r $(r < s)$ aus der Vergangenheit von X_s aufgenommen wird. ›Homogen‹ (oder ›stationär‹) heißt der Prozeß deshalb, weil p_{ij}^t von s unabhängig ist. Solche Prozesse erfüllen charakteristischerweise die Chapman-Kolmogorovsche Gleichung für die Ü.en:

$$p_{ij}^{(t+t')} = \sum\nolimits_k p_{ik}^t p_{kj}^t \quad \text{(für alle } t \text{ und } t').$$

Die von Markovschen Ketten und Prozessen erfaßten Vorgänge werden auch als Prozesse ›ohne Gedächtnis‹ oder Prozesse ›ohne Nachwirkungen‹ bezeichnet. Während in der klassischen ↑Mechanik die vollständige Kenntnis des Zustands eines Systems zu einem *einzigen* Zeitpunkt im Prinzip genügte, um seine Entwicklung mit Bestimmtheit vorherzusagen (↑Laplacescher Dämon), ist bei einem Markovschen Prozeß (nicht aber bei einem beliebigen stochastischen Prozeß) diese Kenntnis hinreichend, um die Entwicklung der Wahrscheinlichkeit nach vorherzusagen.

Die mathematische Theorie der Markovschen Ketten wurde von A. A. Markov (1856–1922) ab 1906 ausgearbeitet und ab 1931 von A. N. Kolmogorov zur Theorie Markovscher Prozesse erweitert. Mit dieser können eine Vielzahl zufälliger Prozesse in Biologie, Psychologie, Soziologie, Ökonomie, Ökologie, Meteorologie und Linguistik beschrieben und erklärt werden. In der Physik spielte der Begriff der Ü. außer bei der Untersuchung der Brownschen Bewegung und des radioaktiven Zerfalls eine große Rolle bei der Entstehung der Quantenmechanik. A. Einstein (1916) untersuchte die Wahrscheinlichkeiten, mit denen Quantensprünge zwischen den verschiedenen Energieniveaus von Gasmolekülen erfolgen. Mit diesem probabilistischen Ansatz gelang die Ableitung des Planckschen Strahlungsgesetzes und der Bohrschen Quantenregeln. Ü.en sind für die ↑Quantentheorie zentral. Nach der so genannten Bornschen Regel werden sie durch die absoluten Quadrate der Amplitude der zugehörigen Wellenfunktion (↑Wellenmechanik) angegeben.

Literatur: K. L. Chung, Markov Chains with Stationary Transition Probabilities, Berlin 1960, [2]1967; J. L. Doob, Stochastic Processes, New York/London 1953, 1990; E. B. Dynkin, Osnovanija teorii Markovskich processov, Moskau 1959 (engl. Theory of

Markov Processes, Oxford etc. 1960; dt. Die Grundlagen der Theorie der Markoffschen Prozesse, Berlin/Heidelberg/New York 1961; franz. Théorie des processes markoviens, Paris 1963); ders., Markovskie processy, I–II, Moskau 1963 (engl. Markov Processes, I–II, Berlin/Göttingen/Heidelberg 1965); A. Einstein, Zur Quantentheorie der Strahlung, Mitteilungen Phys. Ges. Zürich 16 (1916), 47–62, Neudr. in: Phys. Z. 18 (1917), 121–128; W. Feller, An Introduction to Probability Theory and Its Applications, New York, I–II, 1950/1966, I ^{3}1968, 1970, II ^{2}1971; ders., Non-Markovian Processes with the Semigroup Property, Ann. Math. Statistics 30 (1959), 1252–1253; W. Heisenberg, Über quantentheoretische Umdeutung kinematischer und mechanischer Beziehungen, Z. Phys. 33 (1925), 879–893; A. N. Kolmogorov, Über die analytischen Methoden in der Wahrscheinlichkeitsrechnung, Math. Ann. 104 (1931), 415–458; ders., Zur Theorie der Markoffschen Ketten, Math. Ann. 112 (1935), 155–160; H. A. Kramers/W. Heisenberg, Über die Streuung von Strahlung durch Atome, Z. Phys. 31 (1925), 681–708; A. A. Markov, Die Erweiterung des Gesetzes der großen Zahlen auf Größen, die voneinander abhängig sind, Abh. phys.-math. Ges. Universität Kasan, 2. Ser. 15 (1906), 135–156; ders., Ausdehnung der Sätze über die Grenzwerte in der Wahrscheinlichkeitsrechnung auf eine Summe verketteter Größen [1908], in: ders., Wahrscheinlichkeitsrechnung, Leipzig/Berlin 1912, 272–298. H. R.

Überlegungsgleichgewicht (engl. reflective equilibrium), Bezeichnung (1) für ein Verfahren zur Bereinigung von Unverträglichkeiten zwischen einem Bereich von Vollzügen und dem für diese einschlägigen Regelwerk, das mit Korrektheitsbetrachtungen zur Vollzugsseite und Rechtfertigungsüberlegungen zum Reglement einhergeht, (2) für das bzw. ein Ergebnis des Einsatzes eben dieser Prozedur. Die Methode des Ü.s wurde – allfällige Vorläuferbemühungen beiseite gesetzt – in der zweiten Hälfte des 20 Jhs. entwickelt, zum einen von J. Rawls in der Ethik und der politischen Theorie, zum anderen von N. Goodman in der Theorie des induktiven und deduktiven Schließens (↑Schluß, deduktiver, ↑Schluß, induktiver).

Rawls belegt das von ihm im Kern bereits 1951 formulierte Verfahren erstmals in seinem Hauptwerk »A Theory of Justice« (1971) mit dem Terminus ›reflective equilibrium‹. Die Leitintuition formuliert er, negativ und positiv, wie folgt: »A conception of justice cannot be deduced from self-evident premises or conditions on principles; instead, its justification is a matter of the mutual support of many considerations, of everything fitting together in one coherent view« (Rawls 1971, 21). Der angezielte Zustand »is an equilibrium because at last our principles and judgements coincide; and it is reflective since we know to what principles our judgments conform and the premises of their derivation« (Rawls 1971, 20). Angesprochen sind dabei wohlerwogene Gerechtigkeitsurteile und generelle Gerechtigkeitsprinzipien (↑Gerechtigkeit). In einer Fußnote hebt er ausdrücklich hervor, daß das Verfahren nicht auf die ↑Moralphilosophie beschränkt ist und verweist dabei auf die erwähnten Überlegungen von Goodman (a. a. O. 20, Anm. 7).

In »Fact, Fiction and Forecast« wirft Goodman in allgemeiner Weise die Frage nach der Rechtfertigung eines deduktiven Schlusses auf und verweist dabei zunächst auf die allgemeinen Regeln. Damit tritt die Frage nach der Rechtfertigung eben dieser auf den Plan. Nachdem er die Berufung auf Selbstevidenz oder die Natur des menschlichen Geistes abgewiesen hat, formuliert er seinen Vorschlag wie folgt: »Principles of deductive inference are justified by their conformity with accepted deductive practice. (...) *A rule is amended if it yields an inference we are unwilling to accept; an inference is rejected if it violates a rule we are unwilling to amend.* The process of justification is the delicate one of making mutual adjustments between rules and accepted inferences; and in the agreement achieved lies the only justification needed for either« (Goodman 1954, 63–64).

Die Attraktivität des Verfahrens hat seit den 1980er Jahren zu ausgedehnten Folgekontroversen geführt. Dabei sind nicht nur Defizite und Desiderate herausgestellt, sondern auch verbesserte Konzeptionen vorgelegt worden. Ohne der Neigung nachzugeben, jedes auf Widerspruchsbereinigung angelegte Räsonieren im normativen Bereich als Anwendung des Verfahrens des Ü.s anzusehen, sind einige Tendenzen hervorzuheben: Das Verfahren scheint, wie schon die beiden in entfernten Feldern erfolgenden Ersteinsätze nahelegen, in allen Handlungsfeldern anwendbar. Vorausgesetzt ist dabei allerdings, daß sich eine bewährte Praxis und ein zugehöriges Regelwerk unterscheiden lassen. Als Elemente des Vollzugs können ↑Handlungen bzw. Handlungen und ihre Beurteilung angesehen werden. Geeignete Elemente des Reglements sind allgemeine Normen bzw. Regeln, d. h. bezüglich der Agenten und der Situationen universalisierte Wenn-dann-Verbindungen, in deren Dann-Teil der jeweilige Akt erlaubt, geboten oder verboten wird. Für diesen Pol wird allgemein eine Konsistenzforderung akzeptiert. Die Vollzugs- und die Normierungsseite können auseinanderfallen. Dann ist wenigstens einer der Pole zu revidieren; dabei steht nicht von vornherein fest, an welcher Seite anzusetzen ist. Um diesen Vorgang in Gang zu setzen und Vergleiche zwischen Revisionsversuchen vornehmen zu können, fordern einige Interpreten eine dritte Komponente für das Verfahren des Ü.s, nämlich einen ↑Zweck. Nur so könne auch die Rede von einer bewährten Praxis verständlich gemacht werden: bewährt relativ auf den angestrebten Zweck. So dient etwa eine Hausordnung dazu, das konfliktfreie Zusammenleben der Hausbewohner zu gewährleisten. In dieser Sicht ergibt sich ein Gefüge aus drei Komponenten: Vollzug, Regelwerk, Ziel. Insgesamt liegt dann ein Ü. vor, wenn durch den regelgemäßen

Vollzug das leitende Ziel erreicht wird. Die Vollzüge sind korrekt, insoweit sie regelgemäß sind. Die Regeln sind gerechtfertigt, insoweit durch den regelgemäßen Vollzug das Ziel erreicht wird. Anpassungsvorgänge erfolgen stets im Blick auf das Ziel (Details S. Hahn 2004 und 2016).

Literatur: E. Baccarini, Rational Consensus and Coherence Methods in Ethics, Grazer philos. Stud. 40 (1991), 151–159; ders., Reflective Equilibrium and Methodology of Science, Int. Stud. Philos. Sci. 6 (1992), 175–180; J. Badura, Die Suche nach Angemessenheit. Praktische Philosophie als ethische Beratung, Münster/Hamburg/London 2002, bes. 121–147; J. Bates, Reflective Equilibrium and Underdetermination in Epistemology, Acta Analytica 19 (2004), 45–64; ders., The Old Problem of Induction and the New Reflective Equilibrium, Dialectica 59 (2005), 347–356; R. N. Boyd, How to Be a Moral Realist, in: G. Sayre-McCord (ed.), Essays on Moral Realism, Ithaca N. Y./London 1988, 1995, 181–228; R. B. Brandt, The Science of Man and Wide Reflective Equilibrium, Ethics 100 (1989/1990), 259–278; W. van der Burg/T. van Willigenburg (eds.), Reflective Equilibrium. Essays in Honour of Robert Heeger, Dordrecht/Boston Mass. 1998; R. Campbell, Reflective Equilibrium and Moral Consistency Reasoning, Australas. J. Philos. 92 (2014), 433–451; N. Daniels, Wide Reflective Equilibrium and Theory Acceptance in Ethics, J. Philos. 76 (1979), 256–282; ders., On Some Methods of Ethics and Linguistics, Philos. Stud. 37 (1980), 21–36; ders., Reflective Equilibrium and Archimedian Points, Can. J. Philos. 10 (1980), 83–103; ders., Justice and Justification. Reflective Equilibrium in Theory and Practice, Cambridge etc. 1996; ders., Reflective Equilibrium, SEP 2003, rev. 2016; M. R. De Paul, Balance and Refinement. Beyond Coherence Methods of Moral Inquiry, London/New York 1993, 2001; N. Doorn, Ü., in: A. Grunwald (ed.), Handbuch Technikethik, Stuttgart/Weimar 2013, 169–173; R. P. Ebertz, Is Reflective Equilibrium a Coherentist Model?, Can. J. Philos. 23 (1993), 193–214; S. Eng, Why Reflective Equilibrium?, I–III, Ratio Juris 27 (2014), 138–154, 288–310, 440–459; N. Goodman, Fact, Fiction, and Forecast, London 1954, Cambridge Mass./London [4]1983 (dt. Tatsache, Fiktion, Voraussage, Frankfurt 1975, 2008); S. Hahn, Ü. und rationale Kohärenz, in: K.-O. Apel/M. Kettner (eds.), Die eine Vernunft und die vielen Rationalitäten, Frankfurt 1996, 406–425; dies., Ü.(e). Prüfung einer Rechtfertigungsmetapher, Freiburg/München 2000; dies., Reflective Equilibrium – Method or Metaphor of Justification, in: W. Löffler/P. Weingartner (eds.), Knowledge and Belief/Wissen und Glauben, Wien 2004, 237–243; dies., From Worked-out Practice to Justified Norms by Producing a Reflective Equilibrium, Analyse und Kritik 38 (2016), 339–369; N. Hoerster, John Rawls' Kohärenztheorie der Normenbegründung, in: O. Höffe (ed.), Über John Rawls' Theorie der Gerechtigkeit, Frankfurt 1977, 1987, 57–76; O. Höffe, Ü. in Zeiten der Globalisierung? Eine Alternative zu Rawls, in: ders. (ed.), John Rawls. Eine Theorie der Gerechtigkeit, Berlin 1998, 271–293, [3]2013, 247–268; M. Holmgren, Wide Reflective Equilibrium and Objective Moral Truth, Metaphilos. 18 (1987), 108–124; dies., The Wide and Narrow of Reflective Equilibrium, Can. J. Philos. 19 (1989), 43–60; T. Kelly/S. McGrath, Is Reflective Equilibrium Enough?, Philos. Perspectives 24 (2010), 325–359; C. Knight, The Method of Reflective Equilibrium. Wide, Radical, Fallible, Plausible, Philos. Pap. 35 (2006), 205–229; P. Koller, Die Konzeption des Überlegungs-Gleichgewichts als Methode der moralischen Rechtfertigung, Conceptus (1981), 129–142; S.-J. Leslie/A. Lerner, Generics, Generalism, and Reflective Equilibrium. Implications for Moral Theorizing from the Study of Language, Philos. Perspectives 27 (2013), 366–403; J. Rawls, Outline of a Decision Procedure for Ethics, Philos. Rev. 60 (1951), 177–197, ferner in: ders., Collected Papers, ed. S. Freeman, Cambridge Mass. etc. 1999, 2001, 1–19 (dt. Ein Entscheidungsverfahren für die normative Ethik, in: D. Birnbacher/N. Hoerster [eds.], Texte zur Ethik, München 1976, [13]2007, 124–138); ders., A Theory of Justice, Cambridge Mass. 1971, Oxford 1972 (repr. 1976, 1985), Cambridge Mass. 2005 (dt. Eine Theorie der Gerechtigkeit, Frankfurt 1975, [19]2014); ders., The Independence of Moral Theory, Proc. Amer. Philos. Assoc. 48 (1974/1975), 5–22; ders., Justice as Fairness: Political not Metaphysical, Philos. and Public Affairs 14 (1985), 223–251, ferner in: Collected Papers [s.o.], 388–414 (dt. Gerechtigkeit als Fairneß: politisch und nicht metaphysisch, in: ders., Die Idee des politischen Liberalismus. Aufsätze 1978–1990, ed. W. Hinsch, Frankfurt 1992, 255–292); J. Raz, The Claims of Reflective Equilibrium, Inquiry 25 (1982), 307–330; M. D. Resnik, Logic: Normative or Descriptive? The Ethics of Belief or a Branch of Psychology?, Philos. Sci. 52 (1985), 221–238; F. Schroeter, Reflective Equilibrium and Antitheory, Noûs 38 (2004), 110–134; H. Siegel, Justification by Balance, Philos. Phenom. Res. 52 (1992), 27–46; P. Singer, Sidgwick and Reflective Equilibrium, Monist 58 (1974), 490–517; W. Stegmüller, Ü. (Reflective Equilibrium), in: H. Lenk (ed.), Zur Kritik der wissenschaftlichen Rationalität. Zum 65. Geburtstag von Kurt Hübner, Freiburg/München 1986, 145–167; ders., Probleme und Resultate der Wissenschaftstheorie und Analytischen Philosophie II/3 (Die Entwicklung des neuen Strukturalismus seit 1973), Berlin/Heidelberg/New York 1986, 333–346; S. Stich, Reflective Equilibrium, Analytic Epistemology and the Problem of Cognitive Diversity, Synthese 74 (1988), 391–413; F. Tersman, Utilitarianism and the Idea of Reflective Equilibrium, Southern J. Philos. 29 (1991), 395–406; ders., Reflective Equilibrium. An Essay in Moral Epistemology, Stockholm 1993; P. Thagard, From the Descriptive to the Normative in Psychology and Logic, Philos. Sci. 49 (1982), 24–42; K. Walden, In Defense of Reflective Equilibrium, Philos. Stud. 166 (2013), 243–256. G. Si.

Übermensch, seit der Antike (Lukian) kursorisch auftretende Bezeichnung für einen das Normalmaß weit überragenden Menschen oder Menschentyp; in den philosophischen Gebrauch von F. Nietzsche in seinem Spätwerk »Also sprach Zarathustra« im Zusamenhang mit dem Konzept des ↑Willens zur Macht für die Charakterisierung und Verheißung der künftigen höheren Daseinsform des Menschen eingeführter Begriff. Für Nietzsche stellt der Ü. den Sinn des Menschen und der Erde dar. Nietzsche entwirft den Ü.en in negierender Charakterisierung im Kontrast zu dem durch Glück (↑Glück (Glückseligkeit)), ↑Moral und ↑Vernunft bestimmten Ideal der ↑Aufklärung. Der Ü. wird als ein Mensch bestimmt, der trotz der Entwertung aller Werte (↑Umwertung aller Werte), angesichts des ↑Nihilismus in dessen radikaler Form als ewige ↑Wiederkehr des Gleichen, durch die Bejahung des Schicksals (↑amor fati) zu leben vermag und hierin sich selbst ein Sinn ist.

Literatur: K. Ansell Pearson, Viroid Life. Perspectives on Nietzsche and the Transhuman Condition, London/New York 1997; C.

Baroni, Nietzsche éducateur. De l'homme au surhomme, Paris 1961, 2008; E. Benz (ed.), Der Ü.. Eine Diskussion, Zürich/Stuttgart 1961; W. Brassard, Untersuchungen zum Problem des Ü.en bei Friedrich Nietzsche, Freiburg 1963; J. Chaix-Ruy, Le surhomme. De Nietzsche à Teilhard de Chardin, Paris 1965 (engl. The Superman from Nietzsche to Teilhard de Chardin, Notre Dame Ind. 1968); J. J. Conlon, An Interpretation of Nietzsche's Overman, Milwaukee Wis. 1975; M. Doisy, Nietzsche, homme et surhomme, Brüssel 1946; V. Gerhardt, Ü., Hist. Wb. Ph. XI (2001), 46–50; N. Grillaert, What the God-Seekers Found in Nietzsche. The Reception of Nietzsche's Ü. by the Philosophers of the Russian Religious Renaissance, Amsterdam/New York 2008; R. Häußling, Nietzsche und die Soziologie. Zum Konstrukt des Ü.en, zu dessen anti-soziologischen Implikationen und zur soziologischen Reaktion auf Nietzsches Denken, Würzburg 2000; K. Joisten, Die Überwindung der Anthropozentrizität durch Friedrich Nietzsche, Würzburg 1994; P. Köster, Der sterbliche Gott. Nietzsches Entwurf übermenschlicher Größe, Meisenheim am Glan 1972; P. Kynast, Friedrich Nietzsches Ü.. Eine philosophische Einlassung, Halle 2006, Leuna [2]2013 (franz. Le surhomme de Friedrich Nietzsche. Une introduction philosophique, Leuna 2014); G. K. Lehmann, Der Ü.. Friedrich Nietzsche und das Scheitern der Utopie, Berlin etc. 1993; M. Onfray, La construction du surhomme, Paris 2011; A. Pieper, »Ein Seil geknüpft zwischen Tier und Ü.«. Philosophische Erläuterungen zu Nietzsches erstem »Zarathustra«, Stuttgart 1990 (repr. mit Untertitel: Philosophische Erläuterungen zu Nietzsches »Also sprach Zarathustra« von 1883, Basel 2010); H.-M. Schönherr-Mann, Der Ü. als Lebenskünstlerin. Nietzsche, Foucault und die Ethik, Berlin 2009; E. Wieser, Nietzsche als Prophet und das Geheimnis des Ü.en, Affoltern 1953. S. B.

übernatürlich (lat. supranaturalis), Terminus zur Bezeichnung von Gegenständen oder Ereignissen, die über den Bereich des Natürlichen hinausgehen. Damit setzt die Rede vom Übernatürlichen eine Klärung des implizierten Naturbegriffs (↑Natur) voraus. Meist wird zu diesem Zweck Bezug genommen auf die Ordnung der ↑Naturgesetze, in die ü. eingegriffen wird (im Sinne eines ›Wunders‹). – Nach D. Humes wissenschaftstheoretischen Voraussetzungen muß diese Vorstellung einer durchbrechbaren Ordnung der Naturgesetze aufgegeben werden: Unregelmäßigkeiten im beobachtbaren Naturgeschehen – soweit über diese überhaupt verläßliche Daten vorliegen (was Hume in seiner Religionsphilosophie problematisiert) – erfordern nur eine veränderte Fassung der formulierten Naturgesetze. Als ü. könnten auch alle (regelmäßigen oder unregelmäßigen) Geschehnisse bezeichnet werden, die durch ein oder mehrere Wesen (Götter etc.) hervorgerufen werden, deren Macht diejenige jedes Naturwesens übersteigt. Für das, was Menschen oder anderen Naturwesen (oder von Naturwesen geschaffenen, künstlichen Wesen) überhaupt möglich ist, sind aber keine verläßlichen Grenzziehungen möglich. Ü.e Wesen und ihre Handlungen sind damit prinzipiell nicht als solche identifizierbar (↑Gott (philosophisch), ↑Supranaturalismus, ↑transzendent/Transzendenz, ↑übersinnlich).

Literatur: H. Blumenberg, Naturalismus und Supranaturalismus, RGG IV ([3]1960), 1332–1336; W. Brugger, Ü., in: ders. (ed.), Philosophisches Wörterbuch, Freiburg/Basel/Wien [16]1981, 418–419; M. Figura, Ü., LThK X ([3]2001), 336–338; A. Flew, Miracles, Enc. Ph. V (1967), 346–353, VI ([2]2006), 265–274 (mit Addendum v. R. D. Geivett, 274–276); S. Lem, Summa technologiae, Krakau 1964, 2000 (dt. Summa technologiae, Frankfurt 1976, [2]1982, 1986; engl. Summa Technologiae, Minneapolis Minn. 2013); J. L. Mackie, The Miracle of Theism. Arguments for and against the Existence of God, Oxford etc. 1982 (dt. Das Wunder des Theismus. Argumente für und gegen die Existenz Gottes, Stuttgart 1985, 2013); T. McGrew, Miracles, SEP 2010, rev. 2014; O. H. Pesch, Ü., LThK X (1965), 437–440; W. Philipp, Natur und Übernatur, RGG IV ([3]1960), 1329–1332; R. Saarinen, Natur und Übernatur, RGG VI ([4]2003), 108–109; B. Weissmahr, Gottes Wirken in der Welt. Ein Diskussionsbeitrag zur Frage der Evolution und des Wunders, Frankfurt 1973; J.-C. Wolf, Humes Kritik der Wunder, Conceptus 26 (1992/1993), H. 67, 97–113. B. G.

Überprüfbarkeit (engl. testability), im Rahmen des ↑Wiener Kreises und des Logischen Empirismus (↑Empirismus, logischer) häufig synonym mit Verifizierbarkeit (↑verifizierbar/Verifizierbarkeit) verwendeter Begriff zur Bezeichnung der prinzipiellen Entscheidbarkeit der Geltung einer Aussage anhand von Beobachtungsmerkmalen. Ü. galt als Maßstab für die kognitive Sinnhaftigkeit einer Tatsachenaussage und unterlag wechselnden Präzisierungsversuchen. In einem spezifischeren Sinne wird Ü. von R. Carnap (1936/1937) eingeführt. Danach stellt Ü. oder ↑Prüfbarkeit (testability) eine verstärkte Form von Bestätigungsfähigkeit (confirmability) dar: Eine Aussage ist überprüfbar, wenn über ihre Geltung mit verfügbaren Mitteln entschieden werden kann; eine Aussage ist bestätigungsfähig (↑Bestätigung), wenn Beobachtungen angebbar sind, die eine solche Entscheidung erlauben.

In der neueren Diskussion wird das Problem der Ü. im Rahmen der ↑Bestätigungstheorie behandelt. Empirische Bestätigung ist das Resultat einer positiv ausgefallenen empirischen Überprüfung. Mit Bezug auf die Struktur solcher Überprüfungen werden im Grundsatz zwei Ansätze verfolgt. Der *hypothetisch-deduktive* Ansatz sieht eine ↑Hypothese durch ihre zutreffenden empirischen Konsequenzen bestätigt. Danach geht jede Prüfung provisorisch von der Gültigkeit der fraglichen Hypothese aus, untersucht dann, welche empirisch faßbaren Konsequenzen sich daraus ergeben würden, und beurteilt die Ausgangshypothese im Lichte dieser Resultate. In diesen Rahmen gehört z. B. die im Kritischen Rationalismus (↑Rationalismus, kritischer) vertretene Konzeption der *kritischen Prüfung* (↑Prüfung, kritische).

Gegen die Angemessenheit dieser Grundform des hypothetisch-deduktiven Ansatzes wird die ↑Unterbestimmtheit von Theorien durch die Erfahrung und das Auftreten eines Bestätigungsholismus angeführt. Die Erklärbarkeit eines Beobachtungsbefundes aus einer Hypothese erlaubt keinen logischen Rückschluß auf die Gültigkeit der Hypothese; insbes. kann sich der Befund auch aus anderen, mit der fraglichen Hypothese unverträglichen Annahmen ergeben. Zudem ist für die Ableitung von Beobachtungsbefunden in aller Regel mehr als eine Hypothese erforderlich, so daß der Befund nur das einschlägige Hypothesensystem insgesamt, nicht aber spezifische Hypothesen zu bestätigen oder zu erschüttern vermag (P. Duhem). Zur Vermeidung dieser Konsequenzen werden im ↑Bayesianismus die Auswirkungen einer empirischen Überprüfung nach Maßgabe des ↑Bayesschen Theorems beurteilt, was eine Gewichtung der Bestätigungswirkung von Beobachtungskonsequenzen einer Hypothese zur Folge hat. So wird die ↑Wahrscheinlichkeit einer Hypothese durch solche Befunde besonders gesteigert, die ohne die Annahme der fraglichen Hypothese nicht zu erwarten waren (deren so genannte Likelihood niedrig ist). Der zweite Ansatz, das Erfüllungs- oder ↑Bootstrap-Modell, betrachtet dagegen nicht die Konsequenzen, sondern die Einzelfälle einer Hypothese als stützend bzw. erschütternd (C. G. Hempel, C. Glymour). Empirische Überprüfung beinhaltet die Ableitung der im Einzelfall erfüllten Hypothese aus Beobachtungsberichten. Die Überprüfung erfolgt also durch Untersuchung oder Herstellung der in der Hypothese benannten Objekte. Ü. verlangt danach, daß sich alle Größen einer Hypothese durch die Daten unter möglichem Rückgriff auf weitere Hypothesen eindeutig festlegen lassen und daß sich die entsprechenden Werte im Einklang mit der Hypothese befinden.

Literatur: R. Carnap, Testability and Meaning, Philos. Sci. 3 (1936), 420–471, 4 (1937), 2–40, Neudr. in: H. Feigl/M. Brodbeck (eds.), Readings in the Philosophy of Science, New York 1953, 47–92, separat New Haven Conn. 1950, [2]1954 (franz. Testabilité et signification, Paris 2015); M. Carrier, Smooth Lines in Confirmation Theory. Carnap, Hempel, and the Moderns, in: P. Parrini/W. C. Salmon/M. H. Salmon (eds.), Logical Empiricism. Historical and Contemporary Perspectives, Pittsburgh Pa. 2003, 304–324; P. Duhem, La theorie physique, son objet et sa structure, Paris 1906, [2]1914, 2007 (dt. Ziel und Struktur der physikalischen Theorien, Leipzig 1908 [repr., ed. L. Schäfer, Hamburg 1978], Hamburg 1998; engl. The Aim and Structure of Physical Theory, Princeton N. J. 1954, 1991); J. Earman/W. C. Salmon, The Confirmation of Scientific Hypotheses, in: M. H. Salmon (ed.), Introduction to the Philosophy of Science, Englewood Cliffs N. J. 1992, Indianapolis Ind. 2006, 42–103; C. Glymour, Theory and Evidence, Princeton N. J. 1980, [2]1981; C. G. Hempel, Studies in the Logic of Confirmation, Mind NS 54 (1945), 1–26, 97–121, Neudr. in: ders., Aspects of Scientific Explanation and Other Essays in the Philosophy of Science, New York, London 1965, 1970, 3–51; ders., Problems and Changes in the Empiricist Criterion of Meaning, Rev. int. philos. 4 (1950), 41–63, Neudr., unter dem Titel: The Empiricist Criterion of Meaning, in: A. J. Ayer (ed.), Logical Positivism, Glencoe Ill., Westport Conn. 1959, 108–129 (dt. Probleme und Modifikationen des empiristischen Sinnkriteriums, in: J. Sinnreich [ed.], Zur Philosophie der idealen Sprache, München 1972, 104–125); ders., The Concept of Cognitive Significance: a Reconsideration, Proc. Amer. Acad. Arts Sci. 80 (1951), 61–77 (dt. Der Begriff der kognitiven Signifikation: eine erneute Betrachtung, in: J. Sinnreich [ed.], Zur Philosophie der idealen Sprache [s. o.], 126–144); C. Howson/P. Urbach, Scientific Reasoning: The Bayesian Approach, La Salle Ill. 1989, Chicago Ill. 2006; K. R. Popper, Logik der Forschung. Zur Erkenntnistheorie der modernen Naturwissenschaft, Wien 1935, Tübingen [11]2005 (engl. The Logic of Scientific Discovery, London 1959, [10]1980, 2002); W. C. Salmon, Bayes's Theorem and the History of Science, in: R. H. Stuewer (ed.), Historical and Philosophical Perspectives of Science, Minneapolis Minn. 1970, New York etc. 1989 (Minnesota Stud. Philos. Sci. V), 68–86; E. Topitsch, Ü. und Beliebigkeit. Die beiden letzten Abhandlungen des Autors, ed. K. Acham, Wien/Köln/Weimar 2005. M. C.

Übersetzung (engl. translation), Bezeichnung für das Verfahren und das Ergebnis einer an teils miteinander konkurrierenden, teils einander ergänzenden Äquivalenzbedingungen orientierten (in der Regel schrittweisen, wenngleich nicht unbedingt linear vorgehenden) Ersetzung eines Textes der *Ausgangssprache* (auch: Quellsprache, engl. source language) durch einen Text der *Zielsprache* (engl. target language). Beide Sprachen sind dabei gewöhnlich *natürliche Sprachen* (↑Sprache, natürliche), eine Ü. also ein interlingualer Kommunikationsprozeß bzw. sein Ergebnis unter Einschluß seiner performativen Modi (↑Aussage). Werden mündliche Texte übersetzt, so tritt an die Stelle von ›übersetzen‹ meist ›dolmetschen‹, ein Ausdruck, der wegen seiner Herkunft vom lateinischen ›interpretari‹ mit einer systematischen Zweideutigkeit behaftet ist: (1) Die Zielsprache ist von derselben logischen Stufe wie die Ausgangssprache, etwa im Falle zweier synonymer (↑synonym/Synonymität) Texte als Ergebnis immanenter ↑Rekonstruktion eines gegebenen Textes in derselben oder einer anderen natürlichen Sprache. (2) Die Zielsprache hat metasprachlichen Status gegenüber der Ausgangssprache, etwa im Falle der Erläuterung eines Textes in derselben oder einer anderen natürlichen Sprache. In beiden Fällen ist das Verständlichmachen des Textes der Ausgangssprache das Ziel der *interpretatio*, aber nur im Falle (1) sollte man von einer Ü., mündlich oder schriftlich, sprechen (das ↑Verstehen ist für den Übersetzer eine Voraussetzung), während im Falle (2) eine ↑Interpretation im Sinne einer Auslegung, mündlich oder schriftlich, vorliegt (das Verstehen ist [auch] für die Interpreten ein Ziel). Die Kunstlehre der Auslegung von Texten ist die ↑Hermeneutik.

Daneben ist der Sonderfall der *radikalen* Ü. (W. V. O. Quine) zu betrachten, bei der die Ausgangssprache, sei es die Sprache von (mündlichen) Äußerungen oder von (schriftlichen) Texten, unbekannt ist und es um Verfahren geht, Lautfolgen bzw. graphische Gebilde überhaupt als artikulierte Zeichen und damit als sprachliche Gebilde zu identifizieren und deren ↑Bedeutung zu ermitteln. Der rezeptionstheoretischen Aufgabe der *Ent-*

zifferung (d.h. einer Dechiffrierung, falls es sich um einen eigens durch ↑Kodierung unkenntlich gemachten Text einer bekannten Sprache handelt) von Texten einer unbekannten Sprache - sofern zweisprachige Texte bzw. zweisprachige Sprecher fehlen, eine im allgemeinen unlösbare Aufgabe - steht die produktionstheoretische (↑Produktionstheorie) Aufgabe der Erzeugung von Texten in einer Sprache gegenüber, die sich von Wesen, die über ein ↑Sprachvermögen verfügen, die Sprache jedoch nicht kennen, entziffern lassen müßten. Diese Aufgabe wurde nach Grundsätzen für eine ›selbstverständliche‹ Sprache (›Lincos‹ von H. Freudenthal), die darauf fußen, daß sich zumindest die ↑Wissenschaftssprache der Mathematik als ↑Universalsprache eigne und die Verfahren ihres eigenen Aufbaus widerzuspiegeln erlaube, für den Text auf der Plakette, die den Raumsonden *Pioneer 10* und *11* beigefügt ist, hypothetisch gelöst (Abb. 1). Dabei soll der Schlüssel zur Identifizierung der Zeichenfunktion der verwendeten graphischen Gebilde zu einem Bestandteil des Textes selbst gemacht werden.

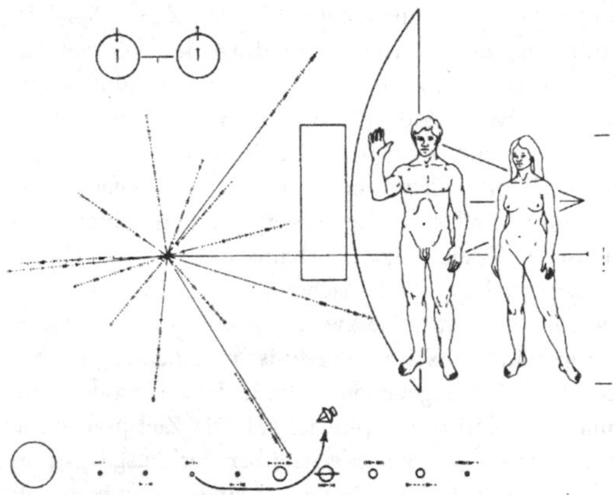

Abb. 1: Graphische Darstellung der *Pioneer*-Botschaft (aus: H.K. Erben, Intelligenzen im Kosmos? Die Antwort der Evolutionsbiologie, München/Zürich 1984, 121).

Sowohl im allgemeinen Falle einer Ü. als auch für den Sonderfall der radikalen Ü. ist die Annahme leitend, daß zumindest prinzipiell das Sprachvermögen des Übersetzers ausreicht, die Zielsprache derart zu erweitern, daß sie ein Äquivalent der Ausgangssprache zu bilden erlaubt. Je nachdem, welche Äquivalenzbedingungen (↑Äquivalenz) dabei zugrundegelegt werden, ob Inhaltsgleichheit als (intensionale) Bedeutungsgleichheit oder darüber hinaus Gleichheit grammatischer Form als (morphologische) Strukturgleichheit, ob Funktionsgleichheit als gleiche Formung des sprachlichen Materials (rhythmisch, melodisch etc.) oder gleiche Wirkung des sprachlichen Ausdrucks (psychisch, somatisch etc.), oder noch anders, und auf welcher Ebene von Einheiten, fein oder grob, unter Berücksichtigung eines Kompositionalitätsprinzips (für Bedeutungen, Wirkungen etc.) bezüglich daraus zusammengesetzter Einheiten, diese Bedingungen formuliert sind (z.B. ist bei Quine die Reizbedeutung [stimulus meaning] erst auf der Ebene elementarer Aussagen [occasion sentences] ohne Bezug auf eine noch feinere Binnenstruktur definiert), in jedem dieser Fälle ist sowohl für die Aufstellung der Äquivalenzbedingungen als auch für die Überprüfung ihres Erfülltseins die Beherrschung einer Sprache als ↑Metasprache gegenüber der Ausgangssprache erforderlich: Eine Ü. ist kontrolliert ohne Interpretation unmöglich, wie auch Interpretation stets eine Ü. potentiell, etwa in Gestalt einer Paraphrase, einschließt.

Insofern die Interpretationssprache in der Regel mit der natürlichen Sprache der Zielsprache übereinstimmt, finden im Zusammenhang ihrer Verwendung genau diejenigen Prozesse statt, die es erlauben, in ihr ein Äquivalent für den zu übersetzenden Text der Ausgangssprache zu bilden. Das kann praktisch durch Fortsetzung bzw. Verfeinerung des (lebenslangen) Erwerbs einer natürlichen Sprache geschehen, darüber hinaus aber auch noch theoretisch durch Modellierung solcher Erwerbsprozesse, z.B. mit Hilfe von ↑Sprachspielen, geleistet werden. In begrifflicher Hinsicht, nämlich orientiert an der Ausbildung der Fähigkeit, eine natürliche Sprache auch als Metasprache einsetzen zu können, findet ein Zweitsprachenerwerb statt, von dem nur in Hinsicht auf eingebürgerten Sprachgebrauch ein erheblicher Beurteilungsspielraum dafür bestehen bleibt, ob ein Übergang in eine andere natürliche Sprache oder eine Erweiterung der Erstsprache vorliegt (z.B. beim Übergang von Dialekt zu Hochsprache) - ein Thema der Interferenzforschung in der kontrastiven Linguistik. Daher ist auch Traditionsbildung, insbes. in Gestalt der schriftlichen Überlieferung (*translatio studii*), stets von Ü.sleistungen begleitet und wäre als Prozeß innerhalb nur einer natürlichen Sprache grundsätzlich mißverstanden.

Es ist allein eine Frage der Wahl der Äquivalenzbedingungen und ihrer Erfüllbarkeit, für wie vergleichbar oder unvergleichbar zwei (natürliche) Sprachen gehalten werden. Z.B. kann auf der Basis der von Quine allein zugestandenen Reizsynonymie von Aussagen die auf deren Binnenstruktur in ↑Nominatoren und ↑Prädikatoren zurückführbare Trennung in *weltbezogenes* Verstehen, d.h. Weltwissen, und *sprachbezogenes* Verstehen, d.h. Sprachwissen, und damit auch die Trennung von ↑›synthetisch‹ und ↑›analytisch‹ nur noch willkürlich vorgenommen werden: Syntaktische (↑Syntax) ebenso wie semantische (↑Semantik) Kategoriensysteme verschiedener Sprachen bleiben, sofern abhängig von der strukturellen Trennung in Benennen (↑Nominator) und Aussagen (↑Prädikation), wie im Falle dingbasierter versus ereignisbasierter Sprachen, inkommensurabel (↑inkommensurabel/Inkommensurabilität); die ↑Unterbestimmtheit einer Theorie durch Erfahrung führt zur ↑*Unbestimmtheit* der Ü. bezüglich Bedeutungsgleichheit. Auf der Basis eines L. Wittgensteins Sprachspielverfahren mit C. S. Peirces Pragmatischer Maxime verbindenden dialogischen Modells des Spracherwerbs, das die strukturelle Trennung des aus dem Anzeigen (↑Ostension) entwickelten Benennens und des Aussagens im Zusammenhang der Konstitution von Gegenstandsbereichen aus der Artikulation (↑Artikulator) von ↑Handlungen heraus seinerseits entwickelt, steht hingegen der Rahmen einer gegenüber feineren Strukturierungen grundsätzlich offenen (logischen) Universalsprache zur Verfügung, die als ↑tertium comparationis und damit als Interpretationssprache für eine Ü. verwendet werden kann, ohne damit für die in der ↑Philosophie des Geistes (↑philosophy of mind) kontrovers diskutierte Frage nach der Existenz einer universalen ↑*Sprache des Denkens* ein Präjudiz zu schaffen. Vielmehr wird damit lediglich die mittlerweile von allen Lagern für unabdingbar gehaltene Verankerung einer Sprache in den Handlungszusammenhängen des Alltags methodisch kontrollierbar gemacht. Sogar im Logischen Empirismus (↑Empirismus, logischer) gibt es eine Fassung des empiristischen Sinnkriteriums (↑Sinnkriterium, empiristisches), die eine Aussage schon dann für sinnvoll erklärt, wenn sie sich mit Hilfe festgelegter, von der Sprachstruktur abhängiger Ü.sregeln in eine empiristische Sprache übersetzen läßt (C. G. Hempel 1950). Auch das auf Überlegungen W. v. Humboldts zurückgehende *linguistische Relativitätsprinzip* (↑Relativitätsprinzip, linguistisches), demzufolge die Weltauffassung wesentlich von grammatischen und lexikalischen Strukturen der verwendeten natürlichen Sprache abhängt, läßt sich im Kontext des zweiten Beispiels verifizieren, ohne deshalb eine Ü. bezüglich Bedeutungsgleichheit – im äußersten Falle durch Erweiterung der Zielsprache in Gestalt einer Hinzufügung der Ausgangssprache (lexikalisch z. B. im Englischen durch umfassende Übernahme des Französischen geschehen) – in ihrer generellen Durchführbarkeit bezweifeln zu müssen.

Gleichgültig, für wie einzigartig eine natürliche Sprache gehalten wird: Jede ist potentiell als (logisch universale) Interpretationssprache tauglich, und faktisch ist die eine oder andere als *lingua franca*, als Verkehrssprache bestimmter Bevölkerungsgruppen in einem historisch-geographischen Bereich, auch aufgetreten, z. B. die *κοινή* im Mittelmeerraum zur Zeit des ↑Hellenismus, das Lateinische für die Gelehrten der europäischen ↑Scholastik, das Englische nahezu weltweit für die Reisenden heute. Insbes. die *linguae francae* sind Träger einer durch Ü.stätigkeit gespeisten Überlieferung; sie haben gleichzeitig durch die in ihnen entwickelten Elemente einer Theorie der Ü. als eines Bestandteils der Interpretation ihrerseits Verfahrensweisen der Textkritik überliefert und damit auch zu den Grundlagen für den Aufbau der Hermeneutik beigetragen. Z. B. verlangt jede *interpretatio* (Verstehen) als Basis einer *emendatio* (Verbesserung) zunächst die Sicherung der Textgestalt, eine *recensio*.

Zu den wirkungsgeschichtlich bedeutendsten Ü.sleistungen gehören neben der Überlieferung der hebräischen, aramäischen und griechischen Quellen von Judentum und Christentum: (1) Die Überführung von Texten der griechischen Antike ins Lateinische und später in die europäischen Volkssprachen. In der ersten Phase von M. T. Cicero bis A. M. T. S. Boethius müssen dabei der Sinn (*doctrina rerum*) *und* die Gestalt (*scribendi ornatus*) eines Textes erhalten bleiben, wobei gegebenenfalls der wörtliche Sinn vom nicht-wörtlichen ›verborgenen‹ Sinn zu trennen ist (↑Allegorese). In der zweiten, durch den Rückgang auf griechische Quellen in der Scholastik vermittelten Phase im ↑Humanismus vergleicht L. Bruni Aretino in seinem Traktat »De interpretatione recta« eine Ü. mit der ein völliges Hineinversetzen in den Autor verlangenden Kopie eines Malers. (2) Die Überführung hauptsächlich des sanskritischen Corpus buddhistischer Schriften ins Tibetische und Chinesische (hier sind ganze Ü.sbüros, z. B. das des Kumārajva [↑Mahāyāna] unter anderem mit der Einführung einer geeigneten chinesischen Terminologie für das buddhistische Begriffssystem befaßt gewesen), dann ins Koreanische und Japanische (↑Philosophie, japanische). In der Gegenwart ist die Ü. von (philosophischen) Texten nicht-europäischer Traditionen, insbes. ins Englische, eine der wichtigsten Grundlagen für die komparative Philosophie (↑Philosophie, komparative).

Die mittlerweile zu einem umfangreichen und eigenständigen Forschungsgebiet der Computerlinguistik gewordenen Bemühungen um automatische oder *maschinelle* Ü. sind wegen der grundsätzlichen Schwierigkeiten, semantische und erst recht pragmatische Eigenschaften von Texten adäquat syntaktisch zu repräsentieren, zunächst vor allem auf die Herstellung jeweils geeigneter Analysegrammatiken für die Quellsprache und Produktionsgrammatiken für die Zielsprache konzentriert. Die bisher nur begrenzte, auf sehr einfache Textsorten eingeschränkte Reichweite der auf einem Text bezüglich einer Analysegrammatik operierenden Ü.sregeln hat dazu geführt, die ursprüngliche Zielsetzung einer vollständigen Ü. durch das bescheidenere Ziel einer *computergestützten* Ü., die in Roh-Ü.en von Texten endet, zu ersetzen, zumal poetische Texte, insbes. Lyrik, sich maschineller Übersetzbarkeit grundsätzlich entziehen.

Literatur: G. Abel, Das Problem der Ü./Le problème de la traduction, Berlin, Baden-Baden 1999; S. Albert, Ü. und Philosophie. Wissenschaftsphilosophische Probleme der Ü.stheorie – Die Fragen der Ü. von philosophischen Texten, Wien 2001; K.-O. Apel, Die Idee der Sprache in der Tradition des Humanismus von

Dante bis Vico, Bonn 1963, erw. [4]1992 (Arch. Begriffsgesch. VIII); A. Benjamin, Translation and the Nature of Philosophy. A New Theory of Words, London/New York 1989, 2014; K. Brockhaus, Automatische Ü.. Untersuchungen am Beispiel der Sprachen Englisch und Deutsch, Braunschweig 1971; H. E. Bruderer (ed.), Automatische Sprachübersetzung, Darmstadt 1982; W. Büttemeyer/H.-J. Sandkühler (eds.), Ü.. Sprache und Interpretation, Frankfurt etc. 2000; J. C. Catford, A Linguistic Theory of Translation. An Essay in Applied Linguistics, London 1965, 1980; S. Dellantonio, Ü., EP III ([2]2010), 2800–2805; A. V. Fedorov, Osnovy obščej teorii perevoda, Moskau 1968, 1983; S. Fretlöh, Relativismus versus Universalismus. Zur Kontroverse über Verstehen und Übersetzen in der angelsächsischen Sprachphilosophie. Winch, Wittgenstein, Quine, Aachen 1989; H. Freudenthal, Lincos. Design of a Language for Cosmic Intercourse, Amsterdam 1960; F. Guenthner/M. Guenthner-Reutter (eds.), Meaning and Translation. Philosophical and Linguistic Approaches, London, New York 1978; F. Güttinger, Zielsprache. Theorie und Technik des Übersetzens, Zürich 1963, [3]1977; P. Hartmann/H. Vernay (eds.), Sprachwissenschaft und Übersetzen. Symposion an der Universität Heidelberg 24.2. – 26.2.1969, München 1970; L. Heller (ed.), Kultur und Ü.. Studien zu einem begrifflichen Verhältnis, Bielefeld 2017; C. G. Hempel, Problems and Changes in the Empiricist Criterion of Meaning, Rev. int. philos. 4 (1950), 41–63 (dt. Probleme und Modifikationen des empiristischen Sinnkriteriums, in: J. Sinnreich [ed.], Zur Philosophie der idealen Sprache. Texte von Quine, Tarski, Martin, Hempel und Carnap, München 1972, 104–125); L. Hewson/J. Martin, Redefining Translation. The Variational Approach, London/New York 1991; T. Huber, Studien zur Theorie des Übersetzens im Zeitalter der deutschen Aufklärung 1730–1770, Meisenheim am Glan 1968; H. Hunger u. a. (eds.), Geschichte der Textüberlieferung der antiken und mittelalterlichen Literatur I, Zürich 1961, unter dem Titel: Die Textüberlieferung der antiken Literatur und der Bibel, München 1975, [2]1988; R. Jakobson, On Linguistic Aspects of Translation, in: R. A. Brower (ed.), On Translation, New York 1966, 232–239; R. Kirk, Translation Determined, Oxford 1986; H. Kittel u. a. (eds.), Ü./Translation/Traduction. Ein internationales Handbuch zur Ü.sforschung/[...], I–III, Berlin/New York 2004–2011 (HSK XXVI/1–3); W. Koller, Einführung in die Ü.swissenschaft, Heidelberg 1979, Heidelberg/Wiesbaden [4]1992, [6]2001, Tübingen/Basel [8]2011; Y. Liu, Sprache, Verstehen und Übertragung. Hermeneutische Grundlage der philosophischen Ü., Frankfurt etc. 1997; J. Macheiner, Übersetzen. Ein Vademecum, Frankfurt 1995, München/Zürich 2004; D. Markis, Quine und das Problem der Ü., Freiburg/München 1979; G. J. Massey, The Indeterminacy of Translation. A Study in Philosophical Exegesis, Philos. Topics 20 (1992), 317–345; H. Meschonnic, Poétique du traduire, Paris 1999; G. Mounin, Teoria e storia della traduzione, Turin 1965, [2]1982 (dt. Die Ü.. Geschichte, Theorie, Anwendung, München 1967); E. A. Nida, Toward a Science of Translation. With Special Reference to Principles and Procedures Involved in Bible Translation, Leiden 1964; S. Petrilli (ed.), Translation Translation, Amsterdam/New York 2003; N. Sakai, Translation, NDHI VI (2005), 2363–2368; G. Steiner, After Babel. Aspects of Language and Translation, Oxford etc. 1975, 1998 (dt. Nach Babel. Aspekte der Sprache und des Übersetzens, Frankfurt 1981, 2004); R. Stolze, Ü.stheorien. Eine Einführung, Tübingen 1994, [3]2009, [6]2011; H. J. Störig (ed.), Das Problem des Übersetzens, Darmstadt 1963, [3]1973; G. Tesch, Linguale Interferenz. Theoretische, terminologische und methodische Grundfragen zu ihrer Erforschung, Tübingen 1978; M. Wandruszka, Sprachen, vergleichbar und unvergleichlich, München 1969; W. Wilss (ed.), Ü.swissenschaft, Darmstadt 1981; ders., Kognition und Übersetzen. Zu Theorie und Praxis der menschlichen und der maschinellen Ü., Tübingen 1988; ders., Knowledge and Skills in Translator Behavior, Amsterdam/Philadelphia Pa. 1996; ders., Translation and Interpreting in the 20th Century. Focus on German, Amsterdam/Philadelphia Pa. 1999. K. L.

übersinnlich, von I. Kant in der kritischen Philosophie verwendeter Terminus zur Unterscheidung zwischen den Gegenständen, die einer theoretischen Erkenntnis zugänglich sind (die in begründeten Aussagen über die Existenz von Gegenständen und über Wirkungszusammenhänge besteht), und solchen Gegenständen, für die dies nicht gilt. Den Grund für diese Unterscheidung liefert das von Kant entwickelte Verständnis des Erkennens, nach dem nur von denjenigen Gegenständen eine theoretische Erkenntnis gewonnen werden kann, die in der ↑Anschauung sinnlich gegeben sind. Trotz der Unerkennbarkeit des Ü.en wird von diesem ein Begriff gebildet, und zwar um die praktische Einsicht, daß moralisch richtig gehandelt werden soll, auch noch mit den Kategorien der theoretischen Erkenntnis darzustellen, um – wie Kant sagt – »dem, wozu wir so schon von selbst verbunden sind, nämlich der Beförderung des höchsten Gutes in der Welt nachzustreben, noch ein Ergänzungsstück zur Theorie der Möglichkeit desselben [...] hinzuzufügen« (Fortschritte d. Metaphysik A 116, Werke [ed. W. Weischedel] III, 636). Diese in praktischer Absicht vorgenommene theoretische Darstellung des Ü.en ist weder für die praktische Einsicht der ↑Moralität erforderlich noch von ihr gefordert; sie ergibt sich vielmehr aus dem theoretischen Darstellungsbedürfnis der ↑Vernunft und ist jedenfalls erlaubt, solange sie nicht zu Inkonsistenzen mit der methodisch aufgebauten theoretischen Erkenntnis führt.

Die Darstellungsweise des Ü.en geschieht ›nach der Analogie‹ bzw. über die ›Symbolisierung‹ seines Begriffs, nämlich als Postulat, durch das die Folgen praktisch-vernünftigen Handelns theoretisch (d. h. auf die Bedingung ihrer Möglichkeit hin) erkennbar werden sollen (Fortschritte d. Metaphysik A 62–64, Werke [ed. W. Weischedel] III, 613–614). Auf diese Weise ergeben sich ein Ü.es ›in uns‹, nämlich die ↑Freiheit als »Vermögen des Menschen, die Befolgung seiner Pflichten [...] gegen alle Macht der Natur zu behaupten« (Verkündigung des nahen Abschlusses eines Traktats zum ewigen Frieden A 496, Akad.-Ausg. VIII, 418), ›über uns‹, nämlich Gott als Garant einer unserer ↑Sittlichkeit angemessenen Glückseligkeit, und ›nach uns‹, nämlich die ↑Unsterblichkeit »als ein Zustand, in welchem dem Menschen sein Wohl oder Weh in Verhältnis auf seinen moralischen Wert zu Teil werden soll« (Verkündigung des nahen Abschlusses eines Traktats zum ewigen Frieden A 496, Akad.-Ausg. VIII, 418, vgl. Fortschritte d. Metaphysik A 106–107, Werke [ed. W. Weischedel] III, 632–633).

Literatur: M. Albrecht, Kants Antinomie der praktischen Vernunft, Hildesheim/New York 1978; M. Enders, Ü.; das Ü.e, Hist. Wb. Ph. XI (2001), 63–66; M. Oberst, ü., das Ü.e, in: M. Willaschek u. a. (eds.), Kant-Lexikon III, Berlin/Boston Mass. 2015, 2376–2377. O. S.

Udayana, ca. 975–1050, ind. Philosoph, tätig in Mithilā/Bihar, letzter großer Vertreter des alten ↑Nyāya. Auf U. geht der Zusammenschluß der Systeme des Nyāya und des ↑Vaiśeṣika und damit der Beginn des neuen Nyāya (Navya-Nyāya) zurück. U.s Subkommentar Tātparyapariśuddhi zur (Nyāyavārttika-)Tātparyaṭīkā von Vācaspati Miśra (ca. 900–980) gehört zusammen mit der Ṭīkā, den Nyāyasūtras selbst, dem Nyāyabhāṣya von Vātsyāyana (ca. 350–425) und dem Nyāyavārttika von Uddyotakara (ca. 550–620), einem ergänzenden Kommentar sowohl zu den Sūtras als auch zum Bhāṣya, zu den fünf autoritativen Texten des klassischen Nyāya. Darüber hinaus sind wichtige Texte zum System des Vaiśeṣika überliefert, darunter die Lakṣaṇāvalī und der Kommentar Kiraṇāvalī zum Padārthadharmasaṃgraha von Praśastapāda (ca. 550–600).

Am bedeutendsten sind zwei unabhängige, also nicht als Kommentar verfaßte Abhandlungen, der Nyāyakusumāñjali (= Blumenopfer des Nyāya) mit einer rationalen Theologie - in diesem Zusammenhang in Kap. 3.8 eine Formulierung der Sätze vom ausgeschlossenen Widerspruch (↑Widerspruch, Satz vom) und vom ausgeschlossenen Dritten (↑tertium non datur) - und der Ātmatattvaviveka (= Untersuchung über die Wirklichkeit des ↑ātman) zur Verteidigung des ātmavāda (↑Philosophie, indische) gegen den anātmavāda der vier buddhistischen Schulen Sautrāntika, Vaibhāṣika (= Sarvāstivāda), ↑Mādhyamika und ↑Yogācāra. In der ersten Abhandlung setzt U. die Argumentationskunst des Nyāya für ↑Gottesbeweise ein, wobei er neben den schon vertrauten kosmologisch-teleologischen (von der Welt als Wirkung kann auf Gott als intentional handelnde Ursache geschlossen werden) und sprachlogischen (von der Existenz des [vedischen] Sprechens und Denkens kann auf jemanden, der spricht und denkt, geschlossen werden) Beweistypen noch einen neu von ihm entworfenen, nämlich dialektischen, Typ untersucht, der allein auf der Widerlegung aller für die Nicht-Existenz Gottes vorgebrachten Argumente beruht. In der zweiten Abhandlung wird der ātmavada derart verteidigt, daß Advaitins (↑Vedānta), die buddhistischen Positionen nahestehen, wie z. B. Śrīharṣa (ca. 1125–1200), den Viveka trotz seiner den Advaita offensichtlich anerkennenden Haltung scharf kritisieren. Auf den Kusumāñjali und den Viveka geht zurück, wenn U. in Hinsicht auf rationale Theologie und Psychologie als der Thomas von Aquin Indiens bezeichnet wird (B. K. Matilal 1977).

Werke: The Ātmatattvaviveka of Srī Udayanāchārya [...], ed. D. Sastri, Benares 1940; Udayanācārya's Nyāyakusumāñjali. With the Commentaries of Śaṅkara Miśra and Guṇānanda Vidyāvāgīśa, I–II, ed. N. C. Vedantatirtha, Kalkutta 1954/1964; Praśastapādabhāṣyam, with the Commentary Kiraṇāvalī of Udayanācārya, ed. J. S. Jetly, Baroda 1971, ²1991; Indian Metaphysics and Epistemology. The Tradition of Nyāya-Vaiśeṣika up to Gaṅgeśa, ed. K. H. Potter, Princeton N. J. 1977 (Encyclopedia of Indian Philosophies II), 521–603 (§ 29 U. [engl. Zusammenfassungen unter anderem von Lakṣaṇāvalī (K. H. Potter), Ātmatattvaviveka (V. Varadachari), Nyāyakusumāñjali (K. H. Potter/S. Bhattacharya), Kiraṇāvalī (B. K. Matilal)]); Ātmatattvaviveka of U. [sanskr./engl.], ed. C. V. Kher/S. Kumar, Delhi 1987; Ātmatattvaviveka by U.. With Translation, Explanation, and Analytical-Critical Survey, trans. N. S. Dravid, Shimla 1995; Nyāyakusumāñjali of U.. With Translation and Explanation, trans. N. S. Dravid, New Delhi 1996.

Literatur: D. C. Bhattacharya, History of Navya-Nyāya in Mithilā, Darbhanga 1958; G. Chemparathy, An Indian Rational Theology. Introduction to U.'s Nyāyakusumāñjali, Wien, Leiden, Delhi 1972; F. Chenet, U., DP II (²1993), 2836–2837; H. C. Joshi, Nyāyakusumāñjali of U.. A Critical Study, Delhi 2002; J. Laine, U., REP IX (1998), 512–514; B. K. Matilal, Nyāya-Vaiśeṣika, Wiesbaden 1977, 96–100 (§ 14 U.); M. Tachikawa, The Structure of the World in U.'s Realism. A Study of the Lakṣaṇāvalī and the Kiraṇāvalī, Dordrecht/Boston Mass./London 1981 (mit Übersetzung von »Lakṣaṇāvalī« und drei Kapiteln von »Kiraṇāvalī«); K. Visvesvari Amma, U. and His Philosophy, Delhi 1985; A. Wezler, Der Gott des Sāṃkhya. Zu Nyāyakusumāñjali 1.3, Indo-Iranian J. 12 (1970), 255–262; T. Yasumoto, Die Beweise für das Dasein des Iśvaras und das grammatische System. Die kommentierte Übersetzung aus dem Sanskrit-Text des Nyāyakusumāñjali V.6–14, Memoirs of the Inst. of Oriental Culture, University of Tokyo 58 (1972), VII (Zusammenfassung). K. L.

Ueberweg, Friedrich, *Leichlingen (bei Solingen) 22. Jan. 1826, †Königsberg 9. Juni 1871, dt. Philosoph. 1845–1850 Studium in Göttingen (bei H. Lotze) und Berlin (bei F. A. Trendelenburg), 1850 Promotion in Halle, 1852 Privatdozent in Bonn, ab 1862 zunächst a.o. Prof., dann (1868) o. Prof. in Königsberg. - U. wurde vor allem durch sein philosophiehistorisches Standardwerk »Grundriß der Geschichte der Philosophie« (1863–1866) bekannt, das bis in die Gegenwart fortgeführt wird. Wegen ihrer historischen Teile verdient ferner die »Logik« (1857) weiterhin Beachtung. Die Philosophie versteht U. als Wissenschaft von den Prinzipien, an deren Anfang aus propädeutischen (↑Propädeutik), nicht systematischen Gründen die Logik als die Wissenschaft von den ↑normativen Gesetzen der menschlichen Erkenntnis zu stehen hat. Seinen eigenen philosophischen Standpunkt bezeichnet U. als ›Idealrealismus‹ und versteht darunter eine Vermittlung der idealistischen und realistischen Elemente in der Philosophie I. Kants sowie der nachkantischen Entwicklungen zum ↑Idealismus (J. G. Fichte, F. W. J. Schelling, G. W. F. Hegel) einerseits und dieser Entwicklungen zum Realismus (F. E. Beneke; ↑Realismus (erkenntnistheoretisch), ↑Realismus (ontologisch)) andererseits. Insbes. lehnt U. die ›formalistische‹ Auffassung der Logik (in der Kant-Herbartschen-

Tradition) ab, wendet sich aber gleichzeitig gegen die ↑Identitätsphilosophie Hegelscher Prägung und faßt (im Anschluß an den Neoaristotelismus von Trendelenburg) das Denken als subjektiv-ideales ›Abbild‹ des objektiv-realen Seins auf.

Werke: De elementis animae mundi Platonicae, Diss. Halle-Wittenberg 1850; Die Entwicklung des Bewußtseins durch den Lehrer und Erzieher [...], Berlin 1853; System der Logik und Geschichte der logischen Lehren, Bonn 1857, ed. J. B. Meyer, [5]1882 (engl. System of Logic and History of Logical Doctrines, London 1871 [repr. Bristol 2001]); Ueber Idealismus, Realismus und Idealrealismus, Z. Philos. phil. Kritik 34 (1859), 63–80; Untersuchungen über die Echtheit und Zeitfolge Platonischer Schriften und über die Hauptmomente aus Plato's Leben, Wien 1861; Grundriß der Geschichte der Philosophie von Thales bis auf die Gegenwart, I–III, Berlin 1863–1866, unter dem Titel: Grundriß der Geschichte der Philosophie, erw. u. neu bearb. v. K. Praechter u. a., I–V, II [11]1928, I, III–V, [12]1923–1928 (repr. Tübingen, Berlin, Basel, Darmstadt 1951, Darmstadt, Basel 1967), unter demselben Titel, aber in Form eines völlig neuen Werkes, ed. H. Flashar u. a., Basel/Stuttgart 1983ff. (erschienen: Die Philosophie der Antike I/1–2, II/1–2, III, IV/1–2; Die Philosophie des 17. Jahrhunderts I/1–2, II/1–2, III/1–2, IV/1–2; Die Philosophie des 18. Jahrhunderts I/1–2, II/1–2, III–IV, V/1–2; Philosophie in der islamischen Welt I; Die Philosophie des Mittelalters IV/1–2); Schiller als Historiker und Philosoph, ed. M. Brasch, Leipzig 1884; Die Welt- und Lebensanschauung F. U.s in seinen gesammelten philosophisch-kritischen Abhandlungen. Nebst einer biographisch-historischen Einleitung, ed. M. Brasch, Leipzig 1889. – U. Eckhardt, »Lieber Oheim! Halb sieben. Ich schreibe unter dem Kanonendonner ...«. Unbekannte Studentenbriefe des Philosophen F. U. (1826–1871), in: J. Hentzschel-Fröhlings/G. Hitze/F. Speer (eds.), Gesellschaft – Region – Politik. Festschrift für Hermann de Buhr, Heinrich Küppers und Volkmar Wittmütz, Norderstedt 2006, 193–214.

Literatur: H. Berger, Wege zum Realismus und die Philosophie der Gegenwart, Bonn 1959; W. v. Kloeden, U., BBKL XII (1997), 809–810; F. A. Lange, F. U., Altpreußische Monatsschr. NF 4 (1871), 487–522; O. Liebmann, U., ADB XXXIX (1889), 119–121; L. H. P. Schlegel, Urteilstheorie bei F. U., Münster/Hamburg 1992; V. Wittmütz, F. U., Information Philos. 21 (1993), H. 4, 30–39; ders., F. U. (1826–1871), in: F.-J. Heyen (ed.), Rheinische Lebensbilder XIV, Köln 1994, 153–172; ders., U., NDB XXVI (2016), 519–520. – U., in: B. Jahn (ed.), Biographische Enzyklopädie deutschsprachiger Philosophen, München 2001, 429. G. G.

Uhr (etymologisch zurückgehend auf Hore, Stunde), Bezeichnung für ein Gerät zur Bestimmung von Bruchteilen des Tages oder allgemein zur Zeitmessung. Die Geschichte des U.enbaus läßt wichtige Unterschiede im Verständnis der (gemessenen) ↑Zeit erkennen. Waren die seit 1580 v. Chr. bezeugten ägyptischen Wasseruhren zunächst Geräte zur Reproduktion gleicher Vorgänge, die (als ganze) gleiche Zeitdauern festlegten (etwa zu kultischen Zwecken oder zur Begrenzung der Redezeit in Rechtsstreitigkeiten), zielt die weitere Entwicklung der Wasseruhren bis ins Mittelalter darauf ab, Abläufe konstanter Geschwindigkeit technisch zu erzeugen. In der griechischen Spätantike wird durch den Betrieb von Astrolabien mit Wasseruhren de facto die Erdrotation als definierende Eichgeschwindigkeit für den konstanten U.engang gewählt, was auch ihrer Funktion entspricht, Zeitbestimmungen bei bewölktem Himmel oder nachts, d. h. bei Unbrauchbarkeit von Sonnenuhren, zu ermöglichen.

Die Entwicklung der Räderuhren (ab dem 13. Jh., etwa zur Festlegung klösterlicher Gebetszeiten) ist zunächst ganz an der technischen Aufgabe orientiert, die Erdrotation mechanisch zu simulieren (so folgt der U.zeigersinn auch der Bewegungsrichtung der Sonne relativ zur Nordhalbkugel der Erde). Bei der Erfindung der Pendeluhr unabhängig voneinander durch G. Galilei und C. Huygens gewinnt der Glaube an die ↑Naturgesetze, wie sie sich in der Pendelschwingung zeigen, derart Gewicht, daß U.engang und Erdrotation beide als Ausdruck derselben Naturgesetzlichkeit begriffen werden. Dies zeigt sowohl der Vorschlag Galileis, Längenbestimmungen zur See mit Uhren vorzunehmen, als auch die genaue Vermessung der Sonnenaufgangs- und Sonnenuntergangszeiten durch Huygens. Die Erdrotation verliert ihren Status als ausgezeichnete Bewegungsform für die Zeitmessung durch das Argument I. Kants, daß sich die Erde in Folge der Gezeitenreibung, also einer gravitativen (↑Gravitation) ↑Wechselwirkung mit Mond und Sonne, abbremse. Seit dieser Zeit hat die auf den U.engebrauch angewiesene Physik das Problem, den für eine wissenschaftliche Zeitmessung geeigneten U.engang (technisch realisierbar) zu definieren.

Die empiristische (↑Empirismus) Auffassung, wonach physikalische Gesetze (↑Gesetz (exakte Wissenschaften)) auch die U.enfunktion beherrschen (↑Theoriebeladenheit), leistet einerseits keine Definition, weil die Kenntnis der entsprechenden Gesetze bereits auf erfolgreicher U.enverwendung beruht, und übersieht andererseits, daß auch gestörte Uhren nicht aus dem Anwendungsbereich physikalischer Gesetze herausfallen. Damit bedarf der U.engang einer ↑normativen Festlegung der Ungestörtheit, die ihrerseits Mittel zu den Zwecken naturwissenschaftlicher Zeitmessung ist. De facto erwarten messende Naturwissenschaften Personen- und Geräteinvarianz von Meßresultaten, so daß als prototheoretische (↑Prototheorie) Norm (↑Norm (protophysikalisch), ↑Protophysik) neben Skaleninvarianz (Unabhängigkeit von Nullpunkt und Maßeinheit) die relative Gangkonstanz aller (zueinander in Ruhe befindlichen) U.en den de-facto-Ansprüchen der Naturwissenschaften Rechung trägt. Die speziell relativistische (↑Relativitätstheorie, spezielle) Physik wird heute empiristisch so interpretiert, daß die technische Störungsbeseitigung von Gangschwankungen bewegter U.en prinzipiell unmöglich ist. – Auch die U. als philosophische Metapher, von G. W. Leibnizens Erläuterung der prästabilierten Harmonie (↑Harmonie, prästabilierte) bis zu mechanistischen Erklärungen organismischer Vorgänge, läßt das erkenntnistheoretische Grundsatzproblem erkennen, ob in U.en lediglich Naturgesetze ihre Wirkung entfalten oder Zwecksetzungen des Uhrmachers und ihre Realisierung konstitutiv für den U.-engang sind.

Literatur: P. Janich, Die Protophysik der Zeit. Konstruktive Begründung und Geschichte der Zeitmessung, Frankfurt 1980 (engl. Protophysics of Time. Constructive Foundation and History of Time Measurement, Dordrecht/Boston Mass./Lancaster 1985); ders., Was messen U.en?, in: alma mater philippina 1982/1983, 12–14; ders., Hat Ernst Mach die Protophysik der Zeit kritisiert?, Philos. Nat. 22 (1985), 51–60; ders., Geschwindigkeit und Zeit. Aristoteles und Augustinus als Lehrmeister der modernen Physik?, in: K. Mainzer/J. Audretsch (eds.), Philosophie und Physik der Raum-Zeit, Mannheim/Wien/Zürich 1988, Mannheim etc. [2]1994, 163–181; K. Mainzer, Zeit. Von der Urzeit zur Computerzeit, München 1995, [5]2005; R. G. Newton, Galileo's Pendulum. From the Rhythm of Time to the Making of Matter, Cambridge Mass./London 2004; J. North, God's Clockmaker. Richard of Wallingford and the Invention of Time, London/New York 2005, 2006; Y. Opizzo, Les ombres des temps, histoire et devenir du cadran solaire, Vannes 1998 (dt. Die Schatten der Zeiten. Geschichte und Entwicklung der Sonnenuhr, Stuttgart 2001); weitere Literatur: ↑Zeit. P. J.

Uhrengleichnis, vor allem im 17. und 18. Jh. beliebtes Sinnbild eines deterministischen Systems (↑Determinismus) oder der möglichen Beziehungen zwischen solchen Systemen. Im U. geht es um die ↑Uhr nicht in ihrer Funktion als Zeitmeßinstrument, sondern in ihrer Struktur als Uhrwerk oder Mechanismus. Das U. entsteht als Verallgemeinerung und Modifikation der Vorstellung einer ›machina mundi‹ in der ↑Astronomie der ↑Renaissance (↑Weltbild, mechanistisches) und wird zur Erläuterung des Gegenstandes und der ihm angemessenen Methode einer jeden Wissenschaft eingesetzt, ob Sonnensystem, organischer Körper oder Staat.

Innerhalb der neuzeitlichen Wissenschaftsphilosophie werden drei wichtige Gegensätze am U. ausgetragen: (1) Der *epistemologische* Gegensatz von ↑Rationalismus und ↑Empirismus. Der Streitpunkt ist, ob wissenschaftliche Erkenntnis gleichsam aus den Zeigerbewegungen einer prinzipiell nicht zu öffnenden Uhr einen Mechanismus hypothetisch erschließt, der in der Lage wäre, im ↑Experiment solche Bewegungen hervorzubringen, oder ob wissenschaftliche Erkenntnis stattdessen die Uhr öffnet und den tatsächlichen Mechanismus durch ↑Beobachtung feststellt. (2) Der *methodologische* Gegensatz von Einheit und Verschiedenheit von Erklärungen. Umstritten ist, ob ↑Erklärung die Zerlegung eines Systems wie einer Uhr in Teilsysteme bedeutet (die selbst ähnlich zu erklären sind), oder ob Erklärung ein System in letzte, nicht weiter analysierbare Bestandteile zerlegt. (3) Der *theologische* Gegensatz von ↑Deismus und ↑Theismus. Die Frage ist, ob die Bewegungen der Zeiger nur durch den inneren Mechanismus erfolgen (vollkommene Uhr) oder zum Teil auch von einem ›Aufseher‹ berichtigt werden müssen (wirkliche Uhr).

In der Form des von A. Geulincx eingeführten Vergleichs zwischen zwei Uhren wird das U. auch von G. W. Leibniz herangezogen, um den Zusammenhang zwischen dem durch ↑Ursachen determinierten Leib und der durch ↑Motive oder ↑Gründe determinierten ↑Seele zu erläutern (↑Leib-Seele-Problem). Die Übereinstimmung von körperlichen und seelischen Phänomenen lasse sich wie die Übereinstimmung zweier Uhren auf dreierlei Weise erklären: (1) durch direkte ↑Wechselwirkung, (2) durch regelmäßiges Nachstellen durch einen ›Aufseher‹ oder (3) durch ursprüngliche Vollkommenheit und Übereinstimmung in der Konstruktion beider (also Leibnizens Konzeption einer prästabilierten Harmonie; ↑Harmonie, prästabilierte).

Literatur: M. Carrier/J. Mittelstraß, Geist, Gehirn, Verhalten. Das Leib-Seele-Problem und die Philosophie der Psychologie, Berlin/New York 1989, 17–26 (engl. [erw.] Mind, Brain, Behavior. The Mind-Body Problem and the Philosophy of Psychology, Berlin/New York 1991, 1995, 16–24); G. Freudenthal, Atom und Individuum im Zeitalter Newtons. Zur Genese der mechanistischen Natur- und Sozialphilosophie, Frankfurt 1982 (engl. Atom and Individual in the Age of Newton. On the Genesis of the Mechanistic World View, Dordrecht etc. 1986 [Boston Stud. Philos. Sci. LXXXVIII]); L. Laudan, The Clock Metaphor and Probabilism. The Impact of Descartes on English Methodological Thought, 1650–1665, Ann. Sci. 22 (1966), 73–104; K. Maurice/O. Mayr (eds.), Die Welt als Uhr. Deutsche Uhren und Automaten 1550–1650, München 1980 (engl. The Clockwork Universe. German Clocks and Automata 1550–1650, Washington D. C., New York 1980); O. Mayr, Authority, Liberty & Automatic Machinery in Early Modern Europe, Baltimore Md./London 1986 (dt. Uhrwerk und Waage. Autorität, Freiheit und technische Systeme in der frühen Neuzeit, München 1987); P. McLaughlin, Die Welt als Maschine. Zur Genese des neuzeitlichen Naturbegriffes, in: A. Grote (ed.), Macrocosmos in Microcosmo. Die Welt in der Stube. Zur Geschichte des Sammelns 1450 bis 1800, Opladen 1994, Wiesbaden 2014, 439–451; P. McReynolds, The Clock Metaphor in the History of Psychology, in: T. Nickles (ed.), Scientific Discovery. Case Studies, Dordrecht/Boston Mass./London 1980, 97–112; J. Mittelstraß, Nature and Science in the Renaissance, in: R. S. Woolhouse (ed.), Metaphysics and Philosophy of Science in the Seventeenth and Eighteenth Centuries. Essays in Honour of Gerd Buchdahl, Dordrecht/Boston Mass./London 1988, 17–43. P. M.

Uhrenparadoxon (engl. clock paradox), auch: Zwillingsparadoxon (engl. twin paradox), Bezeichnung für das Auftreten einer vom ↑Bezugssystem unabhängigen Zeitdilatation (↑Relativitätstheorie, spezielle) bei einer ↑Uhr, die von ihrem Ausgangspunkt entfernt und anschließend an diesen zurückbewegt wird. Diese einseitige Verzögerung der bewegten Uhr bildet einen scheinbaren Widerspruch zum speziellen ↑Relativitätsprinzip, das die Gleichberechtigung aller ↑Inertialsysteme ausdrückt.

Bei dem auf P. Langevin (1911) zurückgehenden U. wird eine von zwei lokal synchronisierten Uhren (bzw. einer von zwei Zwillingen) von ihrem (bzw. seinem) gemeinsamen Ausgangsort fort- und anschließend an diesen zurückgebracht, während die andere Uhr (bzw. der Zwilling) dort verbleibt. Wegen der Zeitdilatation verlangsamt sich der Gang der bewegten Uhr (bzw. altert der bewegte Zwilling in geringerem Maße), so daß sich bei ihrem erneuten Zusammentreffen ein Unterschied in der jeweils verflossenen Zeit ergibt. Auf Grund der Reziprozität der Zeit-Dilatation gehen andererseits für zwei relativ zueinander bewegte Inertialsysteme die Uhren im jeweils anderen Inertialsystem langsamer. Nach dem speziellen Relativitätsprinzip sollte man daher auch die bewegte Uhr als ruhend betrachten können. Daraus folgt dann jedoch, daß für die am Ausgangsort zurückgebliebene Uhr eine geringere Zeitspanne vergangen ist. Da sich beide Uhren nach der Rückkehr am gleichen Ort befinden, sind ihre Anzeigen einem direkten, lokalen Vergleich zugänglich. Daher kann nur eine der beiden Uhren gegen die andere nachgehen.

Die Lösung dieses scheinbaren Widerspruchs ergibt sich daraus, daß hier keineswegs zwei gleichberechtigte Inertialsysteme vorliegen. Damit eine der beiden Uhren von ihrem Ausgangspunkt entfernt und wieder an diesen zurückgebracht werden kann, muß sie beschleunigt und abgebremst werden. Die am Ausgangsort verbliebene Uhr befindet sich demgegenüber beständig in einem Inertialsystem. Alternativ läßt sich das U. durch zwei relativ zueinander in entgegengesetzter Richtung inertial bewegte Uhren realisieren. Eine Uhr U_1 bewegt sich geradlinig-gleichförmig an einer Uhr U_3 vorbei, und beide werden bei ihrem Zusammentreffen lokal miteinander synchronisiert. Später trifft U_1 auf eine in entgegengesetzter Richtung geradlinig-gleichförmig bewegte Uhr U_2, die im Augenblick des Vorbeiflugs mit U_1 synchronisiert wird. U_2 kehrt daraufhin zu U_3 zurück, so daß die Anzeigen von U_3 und U_2 lokal miteinander verglichen werden können.

Der entscheidende Punkt besteht darin, daß in beiden Realisierungsvarianten des U.s nicht die Zeitangaben aus zwei relativ bewegten Inertialsystemen aufeinander bezogen werden. Vielmehr vergleicht man entweder ein Inertialsystem mit einem Nicht-Inertialsystem oder ein Inertialsystem mit zwei Inertialsystemen. Die bewegte Uhr kann daher nicht als durchgehend in Ruhe befindlich angenommen werden. Sie ist entweder zeitweise beschleunigt oder ruht während der Hin- und Rückreise in jeweils unterschiedlichen Inertialsystemen. Wegen dieser Asymmetrie sind beide Uhren nicht physikalisch gleichberechtigt.

Die Realisierbarkeit des U.s durch mehrere Inertialsysteme macht deutlich, daß der einseitige Dilatationseffekt – anders als in den frühen Diskussionen des U.s allgemein angenommen – nicht wesentlich auf der Beschleunigung einer der beiden Uhren beruht. Da der Einfluß von Beschleunigungen auf den Gang von Uhren Gegenstand der Allgemeinen Relativitätstheorie (↑Relativitätstheorie, allgemeine) ist, hätte in diesem Falle eine Auflösung des U.s den Rückgriff auf diese Theorie erfordert. Tatsächlich handelt es sich jedoch um einen speziell-relativistischen Effekt. Systematisch sind entsprechend zwei verschiedene Dilatationseffekte zu unterscheiden: (1) der reziproke Dilatationseffekt, der zwischen den gemessenen Zeitdauern in zwei relativ bewegten Inertialsystemen auftritt (↑Relativitätstheorie, spezielle); (2) der einseitige Dilatationseffekt, der sich bei einem direkten, lokalen Vergleich zwischen den Zeitangaben zweier Uhren ergibt, von denen die eine beständig in einem einzigen Inertialsystem verblieben ist, die andere hingegen nicht. Im zweiten Falle handelt es sich, anders als im ersten, um einen Vergleich der Längen der ↑Weltlinien der beteiligten Uhren. Diese Längen sind invariant, also unabhängig vom gewählten Bezugssystem. Entsprechend läßt sich das U. durch eine Betrachtung der ›Viererabstände‹ der Minkowski-Raum-Zeit auflösen (Abb. 1).

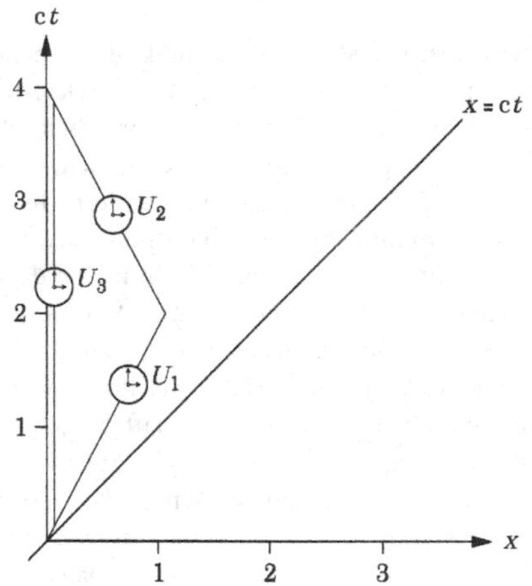

Abb. 1

Bei Verkürzung auf eine räumliche Dimension ergibt sich der Viererabstand als $\Delta s^2 = c^2\Delta t^2 - \Delta x^2$. Im gewählten Beispiel gilt für die am Ausgangsort zurückgebliebene Uhr U_3: $\Delta x = 0$, so daß sich $\Delta s = 4$ ergibt. Für die bewegten Uhren U_1 und U_2 ist hingegen $\Delta s^2 = 2 \cdot (2^2 - 1^2) = 6$, so daß $\Delta s = 2{,}45$. Entgegen dem Augenschein und als Folge der indefiniten Minkowski-Metrik ist also die Weltlinienlänge der bewegten Uhr geringer als diejenige der ruhenden Uhr.

Literatur: A. Bartels, Das Zwillingsparadox und die Natur der Zeit. Relationalismus in Nöten, Conceptus 22 (1988), 83–90; G. Builder, The Resolution of the Clock Paradox, Philos. Sci. 26

(1959), 135–144; M. Carrier, Raum-Zeit, Berlin/New York 2009; T. A. Debs/M. L. G. Redhead, The Twin ›Paradox‹ and the Conventionality of Simultaneity, Amer. J. Phys. 64 (1996), 384–392; H. Dingle, Relativity and Space Travel, Nature 177 (1956), 782–785; C. B. Giannoni, Special Relativity in Accelerated Systems, Philos. Sci. 40 (1973), 382–392; A. Grünbaum, The Clock Paradox in the Special Theory of Relativity, Philos. Sci. 21 (1954), 249–253; M. Jammer, Concepts of Simultaneity. From Antiquity to Einstein and beyond, Baltimore Md. 2006; P. Langevin, L'évolution de l'espace et du temps, Scientia 10 (1911), 31–54; M. von Laue, Zwei Einwände gegen die Relativitätstheorie und ihre Widerlegung, Phys. Z. 13 (1912), 118–120; L. Marder, Time and the Space-Traveller, London 1971 (dt. Reisen durch die Raum-Zeit. Das Zwillingsparadoxon - Geschichte einer Kontroverse, Braunschweig/Wiesbaden 1979, 1982); T. Maudlin, Philosophy of Physics. Space and Time. Princeton N. J./Oxford 2012; A. I. Miller, Albert Einstein's Special Theory of Relativity. Emergence (1905) and Early Interpretation (1905–1911), Reading Mass. 1981, New York etc. 1998; P. Mittelstaedt, Der Zeitbegriff in der Physik. Physikalische und philosophische Untersuchungen zum Zeitbegriff in der klassischen und in der relativistischen Physik, Mannheim/Wien/Zürich 1976, [3]1989, Heidelberg/Berlin/Oxford 1996; M. Moser/B. Juhos/H. Schleichert, Gespräch über das U., Philos. Nat. 10 (1967/1968), 23–41; S. J. Prokhovnik, The Twin Paradoxes of Special Relativity. Their Resolution and Implications, Found. Phys. 19 (1989), 541–552; C. Ray, Time, Space and Philosophy, London/New York 1991, 2000, 24–45 (Chap. 2 Clocks, Geometry and Relativity); W. C. Salmon, Clocks and Simultaneity in Special Relativity, or Which Twin Has the Timex?, in: P. K. Machamer/R. G. Turnbull (eds.), Motion and Time, Space and Matter. Interrelations in the History of Philosophy and Science, o.O. [Columbus Ohio] 1976, 508–545, Neudr. in: ders., Space, Time, and Motion. A Philosophical Introduction, Encino Calif./Belmont Calif. 1975, Minneapolis Minn. [2]1980, 93–127; A. Schild, The Clock Paradox in Relativity Theory, Amer. Math. Monthly 66 (1959), 1–18; G. D. Scott, On Solutions of the Clock Paradox, Amer. J. Phys. 27 (1959), 580–584; D. W. Skobelzyn, Das Zwillingsparadoxon in der Relativitätstheorie, Berlin (Ost) 1972. M. C.

Ulrich (auch: U. Engelbert) **von Straßburg,** *Straßburg um 1225, †Paris um 1278, Philosoph und Theologe des Dominikanerordens. 1248–1254 Studium bei Albertus Magnus in Köln (mit Thomas von Aquin), dann Lektor für Theologie im Straßburger Dominikanerkonvent. 1272–1277 Provinzial der deutschen Ordensprovinz. 1277 zum Erwerb des Titels eines Magisters nach Paris entsandt, wo U. bald nach seiner Ankunft starb. Von U.s Werken sind einzig die ersten fünf Bücher einer auf acht Bücher angelegten, aber aus unbekannten Gründen nicht vollendeten Summe »De summo bono« und die ersten fünf Teile des sechsten Buches dieser Summe erhalten geblieben. Kommentare zur Aristotelischen »Meteorologie« und zu »De anima« gingen verloren.

U.s Konzeption des ›höchsten Gutes‹ (↑summum bonum) ist außer von Albertus Magnus stark von A. Augustinus und anderen spätantiken Platonikern (Pseudo-Dionysios Areopagites, A. M. T. S. Boethius, Johannes Damascenus) beeinflußt; ihn jedoch, wie es häufig geschieht, als originären Neuplatoniker (↑Neuplatonismus) zu betrachten, dürfte unzutreffend sein. Zwar zitiert U. gelegentlich neuplatonische Autoren; er hebt aber nicht auf das spezifisch Neuplatonische ihres Denkens ab. U. erstrebt den Aufbau der Theologie als eines Systems, das die Philosophie zwar einschließt, aber deren Autonomie wahrt. Philosophie, d.h. die Vernunft, ist untauglich, das Wesen Gottes begrifflich zu erkennen, doch läßt sich die Erkenntnis der Existenz Gottes sowohl naturgegeben (*naturalis instinctus*) als auch diskursiv erschließen. Das Wesen Gottes wird allenfalls einem – nur mittels göttlicher Erleuchtung möglichen, die natürliche Vernunfttätigkeit überschreitenden – nicht-diskursiven, mystischen Zugriff zugänglich. ↑Mystik ist damit Teil der Theologie. – Die in der »Summa« enthaltenen Lehrstücke »De pulchro« scheinen die ausführlichste Schönheitslehre (↑Schöne, das) der Hochscholastik zu bilden. U.s astronomische Kenntnisse verdanken sich, durch Vermittlung von Albertus Magnus, den Werken arabischer Autoren.

Werke: De summo bono, Kritische Edition im »Corpus Philosophorum Teutonicorum Medii Aevi«, ed. L. Sturlese/R. Imbach/B. Mojsisch, Hamburg 1987ff. (erschienen Bde I/1, I/2.1–I/2.2, I/3.1–I/3.2, I/4.1–I/4.4, I/5, I/6.1–I/6.3) (franz. [Auszüge] in: P. Duhem, Le système du monde. Histoire des doctrines cosmologiques de Platon à Copernic III, Paris 1915 [repr. 1958], 358–363 [Übers. u. Analyse astronomischer Textstellen von »De summo bono«]). – H. Finke (ed.), Ungedruckte Dominikanerbriefe des 13. Jahrhunderts, Paderborn 1891, 78–104.

Literatur: I. Backes, Die Christologie, Soteriologie und Mariologie des U. v. S., I–II, Trier 1975; A. Beccarisi, La ›scientia divina‹ dei filosofi nel »De summo bono« di Ulrico di Strasburgo, Riv. stor. filos. 61 (2006), 137–163; W. Breuning, Erhebung und Fall des Menschen nach U. v. S., Trier 1959; S. F. Brown, U. of Strassburg, in: ders./J. C. Flores (eds.), Historical Dictionary of Medieval Philosophy and Theology, Lanham Md./Toronto/Plymouth 2007, 285; S. Ciancioso, New Perspectives on U. of Strasbourg De summo bono VI. An Analysis of the Legal Sources, Frei. Z. Philos. Theol. 63 (2016), 196–215; T. Gandlau, U. v. S., BBKL XII (1997), 898–900; M. Grabmann, Mittelalterliches Geistesleben. Abhandlungen zur Geschichte der Scholastik und Mystik I, München 1926 (repr. Hildesheim/New York 1956), 147–221 (V Studien zu U. v. S.); E. Kent Jr., U. of Strassburg, in: J. J. E. Gracia/T. B. Noone (eds.), A Companion to Philosophy in the Middle Ages, Malden Mass./Oxford/Carlton 2003, 668–669; M. Laarmann, U. (Engelberti) v. S., LMA VIII (1997), 1202–1203; F. J. Lescoe, God as First Principle in U. of Strasbourg. Critical Text of »Summa de bono«, IV,1 Based on Hitherto Unpublished Medieval Manuscripts and Philosophical Study, New York 1979; A. de Libera, U. de Strasbourg, lecteur d'Albert le Grand, Frei. Z. Philos. Theol. 32 (1985), 105–136, ferner in: R. Imbach/C. Flüeler (eds.), Albert der Große und die deutsche Dominikanerschule, Freiburg 1985, 105–136; L. Malovini, Noetica e teologia dell'immagine nel »De summo bono« di Ulrico di Strasburgo, Riv. filos. neo-scolastica 90 (1998), 28–50; A. Palazzo, U. of Strasbourg and Denys the Carthusian. Textual Analysis and Doctrinal Comments, I–II, Bull. philos. médiévale 46 (2004), 61–113, 48 (2006), 163–208; ders., La Sapienzia nel »De summo bono« di Ulrico di Strasburgo, Quaestio 5 (2005), 495–512; ders., La dottrina della simonia di Ulrico di Strasburgo. »De summo bono« VI 3 19–20, Frei. Z. Philos. Theol. 55 (2008), 434–470; C. Putnam, U. of Strasbourg and the Aristotelian Causes, Stud. Philos. Hist. Philos. 1 (1961), 139–159; I. Zavattero, U. of Strasbourg, in: H. Lagerlund (ed.), Encyclopedia of Medieval Philosophy II, Dordrecht etc. 2011, 1351–1353. G. W.

ultra posse nemo obligatur, auch: ultra posse nemo tenetur (lat., niemand kann über sein Vermögen hinaus verpflichtet werden), auf den römischen Juristen Celsus (um 100 n. Chr.) zurückgehender Grundsatz, nach dem etwas, das auszuführen oder zu erreichen unmöglich ist, auch nicht geboten werden kann, bzw. nach dem aus dem Nicht-Können das Nicht-Sollen folgt. In der modernen Diskussion um die ›rationale‹, d. h. wissenschaftliche oder methodische Begründbarkeit von Handlungsnormen (↑Norm (handlungstheoretisch, moralphilosophisch)) oder Verpflichtungen überhaupt spielt dieses Prinzip eine zentrale Rolle, da es zu erlauben scheint, ›Seinssätze‹, also Behauptungen über ↑Tatsachen – in diesem Falle über das ›Können‹ von Personen – als (Ausschluß-)Gründe für ›Sollenssätze‹, also Formulierungen von Geboten, zu benutzen. In diesem Sinne führt H. Albert diesen Grundsatz als klassisches Beispiel für ein ↑Brückenprinzip an, d. i. für »eine Maxime zur Überbrückung der Distanz zwischen Soll-Sätzen und Sachaussagen und damit auch zwischen Ethik und Wissenschaft –, dessen Funktion darin besteht, eine wissenschaftliche Kritik an normativen Aussagen zu ermöglichen« (Traktat über kritische Vernunft, Tübingen [3]1975, 76). In der Sicht I. Kants wäre allerdings einschränkend dagegen anzuführen, daß das ›Können‹ einer Person nicht als eine feststehende Tatsache betrachtet und behandelt werden kann, sondern daß dieses ›Können‹ – bei aller Anerkennung sonstiger, vor allem physischer Unmöglichkeiten – durch das, was moralisch geboten ist (wie im übrigen auch durch andere praktische, z. B. technische, religiöse oder ästhetische Normen), mitbestimmt wird. Für Kant gehört zu dem auch durch die Erfahrung bestätigten, unmittelbaren Bewußtsein des moralischen Gesetzes, daß jemand, wenn er unter Druck in eine moralische Problemsituation gerät, so urteilt, »daß er etwas kann, darum, weil er sich bewußt ist, daß er es soll« (KpV A 54, Akad.-Ausg. V, 30). Ähnlich sieht auch Aristoteles, der ›das Ewige‹ und ›das Unmögliche‹ aus dem Bereich sinnvoller Entscheidungen ausklammert und verantwortliches Handeln nur auf das eingrenzt, was in unserer Macht steht, daß persönliches Können durch frühere Entscheidungen und die darauf aufgebaute Lebensführung beeinflußt ist. Insofern sind wir auch moralisch dafür verantwortlich, daß wir in vielen Fällen anders hätten leben sollen, auch wenn wir es jetzt nicht oder kaum mehr können (Eth. Nic. Γ1.1109b30–8.1117a28). – Gegen den Grundsatz des u. p. n. o. wird gelegentlich ein ↑Prinzip der rückwirkenden Verpflichtung, auch als Rückverpflichtungsprinzip bezeichnet, geltend gemacht, das z. B. in Verbindung mit der Konzeption der strengen Kompression (↑Kompressor) seit dem 18. Jh. Anwendung in der erfolgreichen Herstellung von ↑Enzyklopädien findet. O. S.

Umbenennung (engl. renaming substitution), in der Mathematischen Logik (↑Logik, mathematische) Bezeichnung für eine ↑Substitution, bei der ↑Variablen durch andere Variablen ersetzt werden, in der Regel, um ↑Variablenkonfusionen bei der Anwendung logischer ↑Operationen zu vermeiden. Bei der *freien* U. werden alle freien Vorkommen einer Variablen x in einer Formel oder einem Term A durch eine andere Variable y ersetzt, die für x substituierbar (›frei für x in A‹; ↑Substitution) ist und nicht selbst in A frei vorkommt. Bei der *gebundenen* U. einer Variablen x in einer mit einem variablenbindenden ↑Funktor Q beginnenden Teilformel oder einem solchen Teilterm $Q_x B$ von A wird $Q_x B$ in A durch $Q_y B'$ ersetzt, wobei B' aus B durch freie U. von x in y hervorgeht. Z. B. geht die Formel

$$F(y) \wedge \bigwedge_z (G(z,y) \rightarrow H(z,y))$$

aus

$$F(x) \wedge \bigwedge_z (G(z,x) \rightarrow H(z,x))$$

durch freie U. von x in y hervor. Aus der entstandenen Formel geht

$$F(y) \wedge \bigwedge_u (G(u,y) \rightarrow H(u,y))$$

durch gebundene U. von z in u in der Teilformel

$$\bigwedge_z (G(z,y) \rightarrow H(z,y))$$

hervor. Durch gebundene oder freie U. entstehende Ausdrücke bezeichnet man in manchen Kontexten auch als ›Varianten‹ des ursprünglichen Ausdrucks.

Im ↑Lambda-Kalkül bezeichnet man die durch gebundene U. bewirkte Umformung von λ-Termen (etwa von $\lambda x.fx$ zu $\lambda y.fy$) auch als ›α-Konversion‹. Die α-Konversion galt lange als triviales und unumstößliches Prinzip, da der *Name* einer gebundenen Variablen als für die Beziehung zwischen variablenbindendem Funktor und gebundener Stelle einer Aussage- oder Termform unerheblich angesehen wurde. Sie ist in neuerer Zeit in der Theoretischen Informatik im Zusammenhang mit Problemen der ›expliziten Substitution‹, bei der Substitutionen nicht wie bisher nur als metalogische (↑Metalogik) Operationen aufgefaßt, sondern in ↑Kalkülen explizit manipuliert werden, problematisiert worden (vgl. M. Abadi u. a., Explicit Substitutions, Journal of Functional Programming 1 [1991], 375–416). P. S.

Umfang, umgangssprachlich Bezeichnung für die Ausdehnung oder Erstreckung einer extensiven, als Aggregat ihrer Teile darstellbaren und daher additiven ↑Größe oder auch für deren Maßzahl, z. B. der U. eines Buches (durch Anzahl der Seiten wiedergegeben, im Unterschied zu seinem Inhalt als dem ↑Sinn oder der intensionalen ↑Bedeutung des in ihm enthaltenen Textes). In der ↑Geometrie bezeichnet ›U.‹ die gesamte *äußere* Begrenzung einer (ebenen) Figur im Unterschied zu dem von ihr eingeschlossenen ↑Inhalt. In der ↑Logik wird vom ›U.‹ speziell der Begriffswörter (↑Prädikator) gesprochen und darunter die Klasse (↑Klasse (logisch)) der unter den betreffenden ↑Begriff fallenden Gegenstände verstanden. In diesem Falle ist ›U.‹ synonym zu ›Extension‹ (↑extensional/Extension) oder ›extensionale Bedeutung‹ (*denotation*; ↑Denotation) im Unterschied zu ›Intension‹ (↑intensional/Intension) oder ›intensionale Bedeutung‹ (*connotation*; ↑Konnotation).

In der traditionellen Logik (↑Logik, traditionelle) wird auch vom ›U.‹ und vom ›Inhalt‹ der Begriffe, nicht nur der Begriffswörter, gesprochen, weil ›Begriff‹ nicht, wie gegenwärtig, mit ›intensionale Bedeutung‹ (eines Begriffswortes) gleichgesetzt ist (das heutige Verständnis weicht auch von demjenigen G. Freges ab, der Begriffe als ↑Referenz von Begriffswörtern ansieht). Stattdessen wird in der traditionellen Logik als *Inhalt* eines Begriffs die Klasse der in seiner kanonischen ↑Definition durch *genus proximum* und *differentiae specificae* auftretenden ↑Merkmale, also seiner ↑*Oberbegriffe*, bezeichnet. Entsprechend gilt als U. eines Begriffs die Klasse seiner ↑*Unterbegriffe*, d. h. derjenigen, die den betreffenden Begriff als Merkmal haben, unter Einschluß der ↑Individualbegriffe. Allerdings ist in diesem Fall der Unterschied zwischen einem Individualbegriff und dem von ihm gekennzeichneten Gegenstand (falls er existiert), und damit zu der ›U.‹ mit ›Extension‹ gleichsetzenden Deutung, nicht immer gemacht worden. Z. B. gilt mit den syllogistischen (↑Syllogistik) Relationen ↑*a* und ↑*i* die ↑Implikation ›$MaN \prec MiN$‹ zwar begriffslogisch (↑Begriffslogik), aber nicht klassenlogisch (↑Klassenlogik); wenn nämlich M leer ist, ist MaN wahr, MiN aber falsch. Relativ zu einem (abgeschlossenen) System kanonischer Definitionen – die traditionellen ↑Begriffspyramiden stellen allein die Über- und Unterordnungen von Teilsystemen der Gattungen (*genera*) und Arten (*species*) dar – läßt sich das so genannte Reziprozitätsgesetz angeben: Je größer der Inhalt (lat. complexus), desto kleiner der U. (lat. ambitus), und umgekehrt, d. h., für je zwei Begriffe A und B, deren U. die Inklusionsbeziehung $\mathrm{U}(A) \subseteq \mathrm{U}(B)$ erfüllt (↑Inklusion), stehen die zugehörigen Inhalte in der Beziehung $\mathrm{I}(B) \subseteq \mathrm{I}(A)$. Der oberste (uneigentliche) Begriff ›Seiendes‹ (auch: ›Gegenstand‹, *entity*; ↑Seiende, das) hat danach einen maximalen U., den Universalbereich ›aller denkbaren Gegenstände‹, i. e. Individualbegriffe, und einen minimalen, nämlich leeren, Inhalt. K. L.

Umfangslogik, ↑Logik, extensionale.

Umformung, in ↑Logik, Mathematik und ↑Linguistik Bezeichnung für den Übergang nach gegebenen Regeln (›U.sregeln‹) von einem gegebenen Ausdruck (oder mehreren Ausdrücken) zu einem (oder mehreren) anderen; wichtigste Fälle sind die U.en von Termen, Formeln, Aussagen, Schlüssen und Beweisen durch Umordnung (Permutation), ↑Ersetzung (↑Substitution), ↑Elimination und ↑Adjunktion. ›U.‹ in diesem Sinne wurde von G. W. Leibniz bei seiner Konzeption einer allgemeinen Charakteristik (↑Leibnizsche Charakteristik) als eines der definierenden Merkmale eines ↑Kalküls eingeführt und als ›transmutatio formularum‹ (Akad.-Ausg. 6.4, A2, 920) und ›transitus ab expressione ad expressionem‹ (Akad.-Ausg. 6.4, A2, 917) beschrieben, wobei schon Leibniz insbes. die formalen Schlußregeln durch ihre Einbeziehung als ›transitus ab enuntiatione ad enuntiationem seu consequentiae‹ (Akad.-Ausg. 6.4, A2, 917) rein syntaktisch auffaßt.

Einfache Beispiele für U.en liefert die Elementarmathematik mit den zur Lösung einer Gleichung an den rechts und links vom Gleichheitszeichen stehenden Ausdrükken vorzunehmenden U.en durch Umordnen oder Zusammenfassen mittels Klammerung oder Ausklammern sowie durch Addition oder Subtraktion von Termen und Multiplikation, Division, Potenzierung oder Radizierung der Seiten, wobei unter anderem die induktiven Definitionen (↑Definition, induktive) der elementaren Rechenoperationen in umgekehrter Richtung als U.sregeln benützt werden. Erheblich kompliziertere U.en erfordern im allgemeinen die Anwendungen des Differentialkalküls und die Techniken der Integration.

In der Mathematischen Logik (↑Logik, mathematische) heißt ›U.‹ die Überführung eines ↑Aussageschemas in ein logisch äquivalentes nach gewissen Regeln, insbes. in der klassischen ↑Junktorenlogik die Herstellung einer konjunktiven oder adjunktiven ↑Normalform eines Aussageschemas, aber auch in weiterem Sinne jede Anwendung einer Konversionsregel (↑konvers/Konversion) wie $A \leftrightarrow B \Rightarrow B \leftrightarrow A$ und einer die logische Äquivalenz nicht erhaltenden ↑Abschwächungsregel wie $A \wedge B \Rightarrow A \vee B$. Dadurch lassen sich auch die logischen Schlußregeln (↑Schluß) als Regeln zur U. endlicher Ausdrucksmengen in andere auffassen, z. B. die Regel des ↑Kettenschlusses

$$A \rightarrow B, B \rightarrow C \Rightarrow A \rightarrow C$$

als Regel zur U. des Prämissenpaares (↑Prämisse) in die ↑Konklusion. Eine noch weitergehende Verallgemeinerung erfolgt in der ↑Beweistheorie durch Ausdehnung des Begriffs der U. auf Prämissenvertauschungen, Streichung einer von zwei gleichlautenden Prämissen usw. sowie auf die U. ganzer Beweise (Schlußketten, Ableitungen) etwa durch Elimination bestimmter Regelanwendungen samt ihren Ergebnissen in der hier auf Ideen H. Dinglers zurückgreifenden ↑Protologik, der Operativen Logik (↑Logik, operative) und der Mathematik.

In noch weiterem Sinne faßt die Mathematische Linguistik den Begriff der U. unter der Bezeichnung ↑›Transformation‹ auf Grund der Vorstellung, »daß die Oberflächenstruktur eines Satzes durch wiederholte Anwendung bestimmter formaler Operationen auf Einheiten einer elementareren Stufe determiniert wird – nämlich durch die ›grammatischen Transformationen‹« (N. Chomsky 1969, 30). Insbes. sind solche Transformationen dann auch der Übergang von einem Behauptungssatz zu seinem Negat (›Hans kommt‹ ⇒ ›Hans kommt nicht‹) oder zu dem ihm entsprechenden Fragesatz (›Hans kommt‹ ⇒ ›kommt Hans?‹), so daß hier im Unterschied zur formalen Logik an eine U. eines Satzes weder die Forderung nach Erhaltung des ↑Wahrheitswertes noch die nach der Erhaltung des Sprechakttypus (↑Sprechakt) gestellt wird.

Literatur: I. M. Bocheński, Précis de logique mathématique, Bussum 1948 (dt. [mit A. Menne] Grundriß der Logistik, Paderborn 1954, [5]1983; engl. A Precis of Mathematical Logic, Dordrecht 1959); N. Chomsky, Aspects of the Theory of Syntax, Cambridge Mass./London 1965, 2015; H. Dingler, Philosophie der Logik und Arithmetik, München 1931; D. Hilbert/W. Ackermann, Grundzüge der theoretischen Logik, Berlin 1928, Berlin/Heidelberg/New York [6]1972; P. Lorenzen, Einführung in die operative Logik und Mathematik, Berlin/Göttingen/Heidelberg 1955, Berlin/Heidelberg/New York [2]1969; J. Lyons, Introduction to Theoretical Linguistics, Cambridge etc. 1968, 1995 (franz. Linguistique générale. Introduction à la linguistique théorique, Paris 1970, 1983; dt. Einführung in die moderne Linguistik, München 1971, [8]1995); W. Markwald, Einführung in die formale Logik und Metamathematik, Stuttgart 1972, 1974; K. Schütte, Beweistheorie, Berlin/Göttingen/Heidelberg 1960 (engl. Proof Theory, Berlin/Heidelberg/New York 1977). C. T.

Umgangssprache, ↑Alltagssprache.

Umgebung (engl. neighbourhood/neighborhood), einer der Grundbegriffe der ↑Topologie. Dort wird ein abstrakter U.sbegriff entweder axiomatisch definiert (Hausdorffsche U.saxiome; ↑Topologie) oder unter Rückgriff auf den (axiomatisch definierten) Begriff der offenen Menge. Topologische Räume R werden als Mengen von ›Punkten‹ betrachtet; und zu jedem Punkt $x \in R$ gibt es eine Familie von Teilmengen von R, die die U.saxiome erfüllt: die so genannten U.en von x. Dieser sehr allgemeine U.sbegriff setzt keine Annahmen über die Dimensionierung eines Raumes oder die Meßbarkeit von Abständen im Raum voraus. Anschaulich beschrieben ist eine Teilmenge U von R genau dann eine U. von x, wenn x in R ganz von Punkten aus U umgeben ist, wie etwa die Zahl ½ im reellen Intervall $[0, 1]$ (mit der üblichen Topologie). Allerdings gibt es Topologien, wo diese Beschreibung in die Irre führt, z. B. die diskrete Topologie auf einer Menge R, wo jede Teilmenge von R U. jedes ihrer Elemente ist. A. F.

Umgreifende, das, Grundbegriff der Philosophie von K. Jaspers. Das U. kennzeichnet die Bezüge, in denen der Mensch existiert. Wie I. Kants ↑Ding an sich wird es nicht direkt, sondern im Ausgang von der existenziellen Erfahrung thematisiert (↑Existenzphilosophie), und zwar in der Weise, daß alles erreichte Wissen auf einen jeweils weiteren Horizont verweist. Die Grundweisen des U.n sind: das Sein selbst und das U., das ich bin bzw. das wir sind. Das Sein selbst wird zunächst als das Andere der uns umgebenden Gegenstände erfahrbar. Es erscheint als Welt; dann begegnet es in der Frage nach einem schlechthin Umfassenden. Das U., das wir selbst sind, bestimmt sich in drei Konkretionen, die es erfahrbar bzw. fühlbar werden lassen. Es ist *Dasein* als das U. aller leiblichen Vollzüge, *Bewußtsein* als das U. alles zeitlich Erlebbaren und Erkennbaren, *Geist* als die Ganzheit verstehenden Denkens, Tuns und Fühlens. Die Grundbegriffe ↑Existenz und ↑Vernunft versteht Jaspers ebenfalls als das U.: Existenz als das U. im Sinne des Ursprungs jeder der Weisen des U.n; Vernunft als Zusammenhang und Einheit aller Weisen des U.n. – In methodischer Abstraktion von dieser konkreten Entwicklung definiert sich das U. bei Jaspers als ›umwendender Gedanke‹ im Kantischen Sinne. Das gewohnte Erkennen von Gegenständen wird aufgegeben zugunsten der Thematisierung verschiedener Erfahrungsweisen von Gegenständen, die in der Erfahrung auf ihre Grenze hin entworfen werden. Das U. ist nicht Gegenstand des Erkennens, sondern dasjenige, ›worin‹ Gegenstände existenziell erfahrbar, erkennbar werden.

Literatur: K. Jaspers, Philosophie, I–III, Berlin/Göttingen/Heidelberg 1932, [3]1956, Berlin/Heidelberg/New York [4]1973, München/Zürich 1994; ders., Vernunft und Existenz. Fünf Vorlesungen, Groningen 1935, München/Zürich [4]1987; ders., Philosophische Logik I (Von der Wahrheit), München 1947, München/Zürich [4]1991. A. G.-S.

Umkehrfunktion (auch: Umkehrabbildung, inverse (↑invers/Inversion) Funktion oder inverse Abbildung; engl. inverse function/mapping), Bezeichnung für diejenige ↑Funktion (↑Abbildung) g, die zu einer gegebenen injektiven Funktion f für jedes Element des ↑Wertbereichs (↑Wert (logisch)) von f das eindeutig bestimmte zugehörige Argument von f liefert, für die also gilt: $g(f(x)) = x$ für jedes x im Definitionsbereich von f. In verschiedenen Bereichen der Mathematik werden die Bedingungen untersucht, unter denen U.en mit bestimmten Eigenschaften existieren, z. B. in der ↑Analysis differenzierbare U.en zu differenzierbaren Funktionen. P. S.

Umkehrproblem, Bezeichnung für das Problem, ein ↑Urteil, z. B. in der ↑Syllogistik oder in der ↑Junktorenlogik (↑Fehlschluß), eine Schlußfigur oder Regel (↑Inversionsprinzip), eine ↑Funktion (↑Abbildung, ↑Umkehrfunktion), eine ↑Relation, eine bedingte Wahrscheinlichkeitsaussage (↑Bayessches Theorem) oder ähnliches umzukehren, d. h. zu einem gegebenen Objekt oder einer gegebenen Aussage ein inverses (↑invers/Inversion) Objekt bzw. eine inverse Aussage zu finden. P. S.

Umkehrung, ↑invers/Inversion.

Umwelt (engl. environment), Grundbegriff (1) der ↑Ökologie als der Wissenschaft von den Beziehungen des ↑Organismus zu seiner U., (2) der Theorie der natürlichen ↑Selektion als differentieller Fitneß in oder Angepaßtheit an eine gemeinsame U., (3) der ökologischen ↑Ethik (↑Ethik, ökologische), die die moralischen Pflichten zur Erhaltung der natürlichen U. untersucht. Nach einem Vorschlag von R. N. Brandon lassen sich externe, ökologische und selektive U.en von Organismen unterscheiden. Externe U.en von Organismen bestehen in der Summe der biotischen und abiotischen Faktoren außerhalb des Organismus, ohne daß diese einen weiteren Bezug zu den betreffenden Organismen besitzen. Die ökologische U. besteht in jenen Zügen der externen U., die einen Einfluß auf den Beitrag der Organismen zum Populationswachstum besitzen, während die selektive U. durch den differentiellen Fortpflanzungserfolg von Genotypen an unterschiedlichen Orten zu unterschiedlichen Zeiten charakterisiert ist. Eine genaue Analyse enthüllt komplexe, koevolutive Organismus-U.-Interaktionen.

Eine wichtige Rolle spielt der U.begriff in der theoretischen Biologie von J. v. Uexküll. Die ›Merkwelt‹ als (rezeptive) Repräsentation der Außenwelt von Tieren bildet zusammen mit der (effektorischen) ›Wirkwelt‹ als ihrem Aktionsraum eine geschlossene Einheit, eben die U.. Nur Menschen können neben ihren je subjektiven U.en auch eine für alle gleiche objektive ›Welt‹ besitzen. Daß U. in diesem Zusammenhang auch ein ↑normativer Begriff ist, macht die Einführung von U.standards deutlich (vgl. C. F. Gethmann/J. Mittelstraß 1992). – Parallel zum Klimawandel und der weltweiten U.zerstörung hat die U.-ethik an Bedeutung gewonnen. Sie befaßt sich – teilweise in Rückgriff auf U.standards – mit den moralischen Grundlagen unseres umweltbezogenen Handelns. Dabei lassen sich anthropozentrische (↑anthropozentrisch/Anthropozentrik) Konzeptionen, welche die Folgen solchen Handelns für die Menschen ins Zentrum rücken, von ökozentrischen Positionen unterscheiden, welche der U. einen moralischen Eigenwert beimessen.

Literatur: D. Birnbacher (ed.), Ökologie und Ethik, Stuttgart 1980, 2001; E. Brady/P. Phemister (eds.), Human-Environment Relations. Transformative Values in Theory and Practice, Dordrecht etc. 2012; R. N. Brandon, Adaptation and Environment, Princeton N. J. 1990, 1995; ders./J. Antonovics, The Coevolution of Organism and Environment, in: G. Wolters/J. G. Lennox (eds.), Concepts, Theories, and Rationality in the Biological Sciences. The Second Pittsburgh-Konstanz Colloquium in the Philosophy of Science. University of Pittsburgh, October 1–4, 1993, Konstanz/Pittsburgh Pa. 1995 (Pittsburgh-Konstanz Ser. Philos. Hist. Sci. III), 211–232 (mit Kommentar von G. Wolters, 233–240); A. Brennan, Thinking about Nature. An Investigation of Nature, Value and Ecology, London 1988, Abingdon/New York 2014; ders./Y.-S. Lo, Environmental Ethics, SEP 2002, rev. 2015; D. Cansier, U./Ökologie, RGG VIII ([4]2005), 709–712; C. F. Gethmann/J. Mittelstraß, Maße für die U., Gaia. Ecological Perspectives in Science, Humanities, and Economics 1 (1992), 16–25; R. E. Hart (ed.), Ethics and the Environment, Lanham Md./New York/London 1992; H. Jonas, Das Prinzip Verantwortung. Versuch einer Ethik für die technologische Zivilisation, Frankfurt 1979, [12]1995, 2015, ferner in: ders., Kritische Gesamtausgabe der Werke I/2, ed. D. Böhler/B. Herrmann, Freiburg/Berlin/Wien 2015, 1–420; A. Krebs (ed.), Naturethik. Grundtexte der gegenwärtigen tier- und ökoethischen Diskussion, Frankfurt 1997, [7]2014; R. Langthaler, Organismus und U.. Die biologische U.lehre im Spiegel traditioneller Naturphilosophie, Hildesheim/Zürich/New York 1992; G. H. Müller, U., Hist. Wb. Ph. XI (2001), 99–105; K. Ott, U.ethik zur Einführung, Hamburg 2010, [2]2014; K. Pinkau u. a., U.standards. Grundlagen, Tatsachen und Bewertungen am Beispiel des Strahlenrisikos, Berlin/New York 1992 (Akademie der Wissenschaften zu Berlin, Forschungsbericht 2); K. Shrader-Frechette, Environmental Justice. Creating Equality, Reclaiming Democracy, Oxford etc. 2002; J. v. Uexküll, Theoretische Biologie, Berlin 1920, [2]1928, Neudr. Frankfurt 1973 (engl. Theoretical Biology, London 1926); ders./G. Kriszat, Streifzüge durch die U.en von Tieren und Menschen. Ein Bilderbuch unsichtbarer Welten, Berlin 1934, Frankfurt 1970, 1983 (franz. Mondes animaux et monde humain. Suivi de Théorie de la signification, Paris 1956, 2004, unter dem Titel: Milieu animal et milieu humain, 2010; engl. A Stroll Through the Worlds of Animals and Men. A Picture Book of Invisible Worlds, Semiotica 89 [1992], 319–391, unter dem Titel: A Foray into the Worlds of Animals and Humans. With a Theory of Meaning, Minneapolis Minn./London 2010). G. W.

Umweltethik (engl. ecological ethics, environmental ethics), ebenso wie ›ökologische Ethik‹ (↑Ethik, ökologische) Bezeichnung für ein Teilgebiet der Angewandten Ethik (↑Ethik, angewandte), neben Medizinethik (↑Ethik, medizinische) und ↑Technikethik, das sich vor allem mit den moralischen Prämissen und Implikationen des Umwelt- bzw. Naturschutzes, vor allem des Artenschutzes und Tierschutzes befaßt. Sowohl in diachroner wie in synchroner Perspektive (↑diachron/synchron) ergibt sich zunächst eine schwer zu überschauende Pluralität von Naturverständnissen und darauf beruhenden Weisen des menschlichen Umgangs mit der ↑Natur. Die Erfahrung einer Pluralität von Handlungseinstellungen und Handlungsdeutungen hat eine aufklärerische Funktion, weil sie vor voreiligen Selbstgewißheiten und einem darauf beruhenden ↑pragmatischen ↑Dogmatismus bewahrt. Dies gilt auch für das seit dem 16. Jh. im Zusammenhang mit der Entwicklung der modernen Naturwissenschaften in den westlichen Gesellschaften etablierte Naturverständnis, das eine deutliche Affinität zu einem ausbeuterischen Naturverhältnis aufweist. Allerdings fragt die U. nach allgemein verbindlichen Kriterien, durch die z. B. ein problematisches anthropozentrisches (↑anthropozentrisch/Anthropozentrik) und technikzentriertes Naturverhältnis kritisiert werden können. Allgemeingültige Kriterien können bei Strafe naturalistischer Fehlschlüsse (↑Naturalismus (ethisch)) nicht direkt bei den materiellen Substraten des Umweltschutzes (Boden, Wasser, Luft, Pflanzen, Tiere) oder ihren Attributen ansetzen. Grundsätzliche Gesichtspunkte eines für ein universelles Ethos umsichtigen Naturumgangs liegen in einem strukturellen Pragma›zentrismus‹, der Regeln für einen umsichtigen Naturumgang umfaßt, der von der Selbstermächtigung von Menschen zu einem ausbeuterischen Naturverhältnis zu unterscheiden ist.

Literatur: D. Birnbacher, Klimaethik. Nach uns die Sintflut?, Stuttgart 2016; A. Brennan/Y.-S. Lo, Environmental Ethics, SEP 2002, rev. 2015; A. Brenner, UmweltEthik. Ein Lehr- und Lesebuch, Fribourg 2008, Würzburg 2014; D. Demko u. a. (eds.), U. interdisziplinär, Tübingen 2016; U. Eser, Der Naturschutz und das Fremde. Ökologische und normative Grundlagen der U., Frankfurt/New York 1999; S. M. Gardiner/A. Thompson (eds.), The Oxford Handbook of Environmental Ethics, Oxford etc. 2017; B. Gesang, Klimaethik, Berlin 2011; C. F. Gethmann, Pragmazentrismus, in: H. W. Ingensiep/A. Eusterschulte (eds.), Philosophie der natürlichen Mitwelt. Grundlagen – Probleme – Perspektiven. Festschrift für Klaus Michael Meyer-Abich, Würzburg 2002, 59–66; ders., Can There Be Universal Principles of Circumspective Concern Towards Our Natural Environment?, in: E. Ehlers/C. F. Gethmann (eds.), Environment Across Cultures, Berlin etc. 2003 (Wissenschaftsethik und Technikfolgenbeurteilung XIX), 205–211; M. Gorke, Eigenwert der Natur. Ethische Begründung und Konsequenzen, Stuttgart 2010; J. E. Hafner, Über Leben. Philosophische Untersuchungen zur ökologischen Ethik und zum Begriff des Lebewesens, Würzburg 1996; G. Hartung u. a. (eds.), Naturphilosophie als Grundlage der Naturethik. Zur Aktualität von Hans Jonas, Freiburg/München 2013; ders./T. Kirchhoff (eds.), Welche Natur brauchen wir? Analyse einer anthropologischen Grundproblematik des 21. Jahrhunderts, Freiburg/München 2014; A. Holderegger (ed.), Ökologische Ethik als Orientierungswissenschaft. Von der Illusion zur Realität, Fribourg 1997; A. Holland, Environmental Philosophy, in: R. Audi (ed.), The Cambridge Dictionary of Philosophy, Cambridge etc. [2]1999, 268–269; D. Jamieson, Ethics and the Environment. An Introduction, Cambridge etc. 2008, 2010; R. Kather, Die Wiederentdeckung der Natur. Naturphilosophie im Zeichen der ökologischen Krise, Darmstadt 2012; A. Kemper, Unverfügbare Natur. Ästhetik, Anthropologie und Ethik des Umweltschutzes, Frankfurt/New York 2001; K. Köchy/M. Norwig (eds.), Umwelt-Handeln. Zum Zusammenhang von Naturphilosophie und U., Freiburg/München 2006; A. Krebs (ed.), Naturethik. Grundtexte der gegenwärtigen tier- und ökoethischen Diskussion, Frankfurt 1997, [7]2014; dies., Ethics of Nature. A Map, Berlin/New York 1999; T. Leiber, Natur-Ethik, Verantwortung und Universalmoral, Münster/Hamburg/London 2002; H. Lenk/M. Maring, Natur – Umwelt – Ethik, Münster etc. 2003; D. Macauley (ed.), Minding Nature. The Philosophers of Ecology, New York etc. 1996; D. Maclean, Environmental Ethics, NDHI II (2005), 679–682; A. O'Hear (ed.), Philosophy and the Environment, Cambridge etc. 2011; J. O'Neill/R. K. Turner/I. J. Bateman (eds.), Environmental Ethics and Philosophy, Cheltenham etc. 2001, 2002; K. Ott, U. zur Einführung, Hamburg 2010, [2]2014; ders./J. Dierks/L. Voget-Kleschin (eds.), Handbuch U., Stuttgart 2016; C. Palmer, Environmental Ethics and Process Thinking, Oxford 1998; D. v. der Pfordten, Ökologische Ethik. Zur Rechtfertigung menschlichen Verhaltens gegenüber der Natur, Reinbek b. Hamburg 1996; G. Pretzmann (ed.), U.. Manifest eines verantwortungsvollen Umgangs mit der Natur, Graz/Stuttgart 2001; J. Renn/B. Scherer (eds.), Das Anthropozän. Zum Stand der Dinge, Berlin 2015; K. P. Rippe, Ethik im außerhumanen Bereich, Paderborn 2008; R. L. Sandler, Character and Environment. A Virtue-Oriented Approach to Environmental Ethics, New York 2007; ders./P. Cafaro (eds.), Environmental Virtue Ethics, Lanham Md. 2005; F. Stähli/F. Gassmann, U.. Die Wissenschaft führt zurück zur Natur, Aarau etc. 2000; D. Strong, Environmental Ethics, in: C. Mitcham (ed.), Encyclopedia of Science, Technology and Ethics IV, Detroit Mich. etc. 2005, 653–661; G. E. Varner, In Nature's Interests? Interests, Animal Rights, and Environmental Ethics, Oxford etc. 1998. C. F. G.

Umwertung aller Werte, mehrdeutige Formel F. Nietzsches in seinem Spätwerk und im »Nachlaß der achtziger Jahre« für in der Geschichte erfolgte, die Gegenwart bestimmende und zukünftig erforderliche grundsätzliche Orientierungsänderungen. Nietzsche verwendet diese Formel in dreifacher Hinsicht. (1) *Entwertung*: Alte Werte (↑Wert (moralisch)) haben ihre Bindungswirkung verloren; niemand folgt ihnen mehr. Der die Gegenwart bestimmende ↑Nihilismus ist auf eine derartige Entwertung der christlichen Moral zurückzuführen. (2) *Wertsetzungen*: Neue Werte setzen sich an die Stelle der alten Werte. Auf diese Weise löste die christliche Moral die antiken Werte ab und ist ihrerseits durch neue Werte zu ersetzen. (3) *Wertentlarvung*: Die geltenden Werte werden als Maskierungen anderer Werte aufgewiesen. So sind alle Wertsetzungen der Vergangenheit, selbst die des ↑Mitleids und der Unterwerfung, nichts anderes als Äußerungen eines ↑Willens zur Macht.
Die Formel von der U. a. W. richtet sich vor allem gegen das Christentum, dem Nietzsche vorwirft, aus allen wirklichen – an der Macht orientierten – Werten Unwerte gemacht zu haben. An die Stelle der entwerteten Werte Objektivität, Tradition, Mitgefühl, Wahrheit usw. sind die Werte Gesundheit, Wohlgeratenheit, Schönheit, Tapferkeit, Seelengüte usw., damit eine Befreiung von der Moral, zu setzen. Nur nach einer vollzogenen U. a. W. vermag die menschliche Gattung in einer übermenschlichen Anstrengung (↑Übermensch) im Angesicht des radikalen Nihilismus in Form einer ewigen ↑Wiederkehr des Gleichen zu leben.

Literatur: J. Berzal, Die U. a. W. nach Nietzsche. Der Ausgangspunkt jeder zukünftigen Metaphysik und Lebensverständigung unter dem Blickpunkt des Gedichts »Bitte«, Hamburg 2007; W.

Düren, Die U. a. W., Bonn 1935; G. de Huszar, Nietzsche's Theory of Decadence and the Transvaluation of Values, J. Hist. Ideas 6 (1945), 259–272; W. A. Kaufmann, Nietzsche's Theory of Values, Diss. Cambridge Mass. 1947; W. Pauly, Das Verfahren der Umwertung bei Friedrich Nietzsche. Seine Anwendung und seine Kritik, Leipzig 1936; K. Ritter, Der Wertbegriff bei Friedrich Nietzsche, o.O. [Erlangen] 1951 [Mikrofilm]; W. Schröder, U. a. W., Hist. Wb. Ph. XI (2001), 105–108; O. M. Schutte, Nietzsche's Transvaluation of Values, Diss. New Haven Conn. 1978 [Mikrofilm]; Y. Souladié (ed.), Nietzsche – l'inversion des valeurs, Hildesheim/Zürich/New York 2007; G. J. Stack, Nietzsche and the Phenomenology of Value, Personalist 49 (1968), 78–102; E. Walter-Busch, Burckhardt und Nietzsche. Im Revolutionszeitalter, Paderborn/München 2012; J. T. Wilcox, Truth and Value in Nietzsche. A Study of His Metaethics and Epistemology, Ann Arbor Mich. 1974, Washington D. C. 1982. S. B.

unabhängig/Unabhängigkeit (logisch) (engl. independent/independence), logischer Terminus. (1) Ist $\mathfrak{A}$ ein Axiomensystem (↑System, axiomatisches), so heißt ein Satz S ›von $\mathfrak{A}$ u.‹, wenn S von $\mathfrak{A}$ nicht abhängig (↑abhängig/Abhängigkeit) ist, d. h., wenn weder S noch seine ↑Negation $\neg S$ aus $\mathfrak{A}$ logisch folgen (↑Folgerung). (2) Ein Axiomensystem $\mathfrak{A}$ heißt ›u.‹ genau dann, wenn $\mathfrak{A}$ nicht abhängig ist, d. h., wenn kein ↑Axiom $A \in \mathfrak{A}$ aus $\mathfrak{A}\backslash\{A\}$ logisch folgt. Wichtige U.sbeweise sind z. B. diejenigen für das ↑Parallelenaxiom in der ↑Geometrie sowie für das ↑Auswahlaxiom und die ↑Kontinuumhypothese in der ↑Mengenlehre (↑Mengenlehre, axiomatische). Diese Beweise benutzen wesentlich das folgende Theorem: Wenn sowohl $\mathfrak{A} \cup \{A\}$ als auch $\mathfrak{A} \cup \{\neg A\}$ semantisch widerspruchsfrei (↑widerspruchsfrei/Widerspruchsfreiheit) sind, dann ist das Axiom A vom Axiomensystem $\mathfrak{A}$ u.. So kann etwa zu den Axiomen der ↑Euklidischen Geometrie (ohne Parallelenaxiom) ein Axiom hinzugenommen werden, das das Parallelenaxiom negiert. Aus der Widerspruchsfreiheit des so entstandenen (nicht-euklidischen) Axiomensystems folgt dann die U. des Parallelenaxioms von den übrigen Axiomen.

(3) Ein Grundbegriff B eines formalen Systems $\mathfrak{S}$ (↑System, formales) heißt ›u. in $\mathfrak{S}$‹ genau dann, wenn er nicht abhängig ist, d. h., wenn B nicht aus den übrigen Grundbegriffen von $\mathfrak{S}$ nach den Definitionsregeln von $\mathfrak{S}$ definierbar (↑definierbar/Definierbarkeit) ist. Wegen der Unentscheidbarkeit (↑unentscheidbar/Unentscheidbarkeit) der ↑Quantorenlogik gibt es kein allgemeingültiges (↑allgemeingültig/Allgemeingültigkeit), quasi-mechanisches Verfahren, um festzustellen, ob ein Grundbegriff eines quantorenlogisch formulierten Systems $\mathfrak{S}$ u. ist oder nicht, d. h., es gibt kein Verfahren, mit dem feststellbar ist, ob aus den Axiomen von $\mathfrak{S}$ ein Satz folgt, der den Grundbegriff definiert. Von A. Padoa stammt ein Kriterium für die U. von Grundbegriffen (Padoa-Kriterium; ↑definierbar/Definierbarkeit). (4) Eine Regel R eines Regelsystems $\mathfrak{R}$ in einem ↑Kalkül $\mathcal{K}$ heißt ›u. in $\mathfrak{R}$ (bezüglich $\mathcal{K}$)‹ genau dann, wenn R bezüglich $\mathfrak{R}\backslash\{R\}$ unzulässig (in $\mathcal{K}$) (↑zulässig/Zulässigkeit) ist. D. h., im Falle der U. von R in $\mathfrak{R}$ ist in $\mathcal{K}$ bezüglich $\mathfrak{R}\backslash\{R\}$ mindestens eine Formel nicht ableitbar (↑ableitbar/Ableitbarkeit), die bezüglich $\mathfrak{R}$ ableitbar wäre. Andernfalls sagt man auch, R sei in $\mathcal{K}$ bezüglich $\mathfrak{R}\backslash\{R\}$ eine ›abgeleitete Regel‹.

Literatur: M. E. Levin/M. R. Levin, The Independence Results of Set Theory. An Informal Exposition, Synthese 38 (1978), 1–34; J. C. C. McKinsey, On the Independence of Undefined Ideas, Bull. Amer. Math. Soc. 41 (1935), 291–297; M. Rédei, Logical Independence in Quantum Logic, Found. Phys. 25 (1995), 411–422. G. W.

unabhängig/Unabhängigkeit (von Ereignissen), Bezeichnung für Ereignisse, die in keiner Kausalbeziehung (↑Kausalität) untereinander stehen. U. liegt insbes. bei *statistischer* U. vor. Die ↑Wahrscheinlichkeit für das Auftreten des Ereignisses A ist dann unbeeinflußt vom Auftreten des Ereignisses B: $p(A \mid B) = p(A)$. Der Gegenbegriff ist ›statistische Relevanz‹. In diesem Falle unterscheiden sich die bedingte Wahrscheinlichkeit $p(A \mid B)$ für das Auftreten von A bei vorausgesetztem Eintreten von B und die Eintretenswahrscheinlichkeit von A allein: $p(A) \neq p(A \mid B)$. Alle Ursache-Wirkung-Beziehungen drücken sich unter anderem durch statistische Relevanz aus. Bei u.en Ereignissen ist die Wahrscheinlichkeit des gemeinsamen Auftretens gleich dem Produkt der Auftretenswahrscheinlichkeiten der Einzelereignisse: $p(A \wedge B) = p(A)p(B)$. Beispiele sind die Ergebnisse aufeinanderfolgender Münzwürfe oder Lotterieziehungen. Das Fehlen statistischer U. bei zwei Ereignissen A und B muß keine Kausalbeziehung zwischen A und B anzeigen, sondern kann auch darauf beruhen, daß beide die ↑Wirkung einer gemeinsamen ↑Ursache C sind. Z. B. erhöht ein plötzliches Fallen der Barometeranzeige (Ereignis A) die Wahrscheinlichkeit eines Sturmes (Ereignis B), so daß $p(B \mid A) > p(B)$. Dieser Zusammenhang beruht auf der gemeinsamen Ursache des Herannahens eines Tiefdruckgebietes (Ereignis C). Durch die Berücksichtigung von C werden A und B statistisch u.: $p(B \mid C) = p(B \mid A \wedge C)$ – bei sinkendem Luftdruck ist das Auftreten des Sturmes u. davon, ob ein Barometer diesen anzeigt. Bei gemeinsamer Verursachung schirmt die Berücksichtigung der gemeinsamen Ursache den Einfluß der einen Wirkung auf das Auftreten der anderen ab. Die beiden Wirkungen sind dann statistisch u. voneinander.

Gemeinsame Verursachung ist einer der häufigsten Gründe für scheinbare Abhängigkeiten zwischen Ereignissen, die tatsächlich voneinander u. sind. So ist bei deutschen Matrosen der Protestantismus stärker verbreitet als in der deutschen Bevölkerung insgesamt. Dieser Befund läßt jedoch nicht den Schluß zu, Protestanten besäßen eine starke innere Affinität zur Seefahrt.

Literatur: M. Carrier, Raum-Zeit, Berlin/New York 2009, 48–57; R. N. Giere, Understanding Scientific Reasoning, New York etc. 1979, [5]2006, 177–315 (Part III Causes, Correlations, and Statistical Reasoning); B. W. Lindgren/G. W. McElrath, Introduction to Probability and Statistics, New York/London 1959, [4]1978; D. Papineau, Can We Reduce Causal Directions to Probabilities?, in: D. Hull/M. Forbes/K. Okruhlik (eds.), PSA 1992. Proceedings of the 1992 Biennial Meeting of the Philosophy of Science Association II, East Lansing Mich. 1993, 238–252; H. Reichenbach, The Direction of Time, ed. M. Reichenbach, Berkeley Calif./Los Angeles 1956, Mineola N. Y. 1999, 157–167 (Sect. 19 The Principle of the Common Cause); V. K. Rohatgi, An Introduction to Probability Theory and Mathematical Statistics, New York etc. 1976; W. C. Salmon, Scientific Explanation and the Causal Structure of the World, Princeton N. J. 1984, 158–183 (Chap. 6 Causal Forks and Common Causes). M. C.

unableitbar/Unableitbarkeit (engl. underivable/underivability), Terminus der Mathematik, Gegenbegriff zu ↑›ableitbar/Ableitbarkeit‹. Unableitbar in einem ↑Kalkül (insbes. u. aus einem Axiomensystem; ↑System, axiomatisches) heißt jede Figur bzw. ↑Formel, die nach den Regeln dieses Kalküls nicht ableitbar ist, d. h. nicht durch endlich viele Anwendungen von Regeln des Kalküls hergestellt werden kann. Wegen des Charakters der U. als *Relation* zwischen einem System von Kalkülregeln und einer Figur ist die Behauptung der U. einer gegebenen Figur stets nur mit Bezug auf ein bestimmtes System von Kalkülregeln sinnvoll.

Im Unterschied zu dem beweisdefiniten (↑beweisdefinit/Beweisdefinitheit) Begriff der Ableitbarkeit ist der Begriff der U. nur widerlegungsdefinit (↑widerlegungsdefinit/Widerlegungsdefinitheit): Während feststeht, wie eine U.sbehauptung zu widerlegen ist (nämlich durch die Angabe einer ↑Ableitung), ist der Bereich der Beweismöglichkeiten für eine U.sbehauptung nicht fest abgegrenzt, sondern indefinit (↑indefinit/Indefinitheit). Die U. einer Figur Φ in einem Kalkül K ist z. B. bewiesen, wenn sich aus der Annahme ihrer Ableitbarkeit ein Widerspruch herleiten läßt, etwa die Ableitbarkeit einer weiteren, bereits als in K u. erkannten Figur Ψ; sie kann aber auch durch den Nachweis der Verschiedenheit des Aufbaus von Φ von dem aller in K ableitbaren Figuren bewiesen werden. Allgemeine protologische (↑Protologik) Verfahren für U.sbeweise stellen die Operative Logik und Mathematik (↑Logik, operative, ↑Mathematik, operative) zur Verfügung.

Literatur: P. Lorenzen, Einführung in die operative Logik und Mathematik, Berlin/Göttingen/Heidelberg 1955, Berlin/Heidelberg/New York [2]1969. C. T.

Unableitbarkeitssatz, andere Bezeichnung für den 1. oder 2. Gödelschen ↑Unvollständigkeitssatz. Die Bezeichnung als U. ist insofern vorzuziehen, als der wesentlich syntaktische Charakter des Ergebnisses auf diese Weise hervorgehoben wird und nur dieser Aspekt als unkontrovers gelten darf. So etabliert der 1. Gödelsche U. den rein syntaktischen Sachverhalt, daß für jedes widerspruchsfreie (↑widerspruchsfrei/Widerspruchsfreiheit) formale System (↑System, formales) F der ↑Arithmetik, das ↑Repräsentierung erlaubt, eine Aussage konstruierbar ist, derart daß sowohl die Aussage als auch ihre Negation in F unableitbar ist (↑unableitbar/Unableitbarkeit). Alle weitergehenden Deutungen überschreiten diesen rein syntaktischen Befund und sind daher (in Abhängigkeit von den jeweiligen zusätzlichen Voraussetzungen) mehr oder weniger angreifbar. Dies gilt noch mehr für den 2. Gödelschen U., der zunächst nur besagt, daß (unter näher zu präzisierenden Umständen; ↑Unvollständigkeitssatz) eine bestimmte Aussage, die eine Interpretation als Widerspruchsfreiheitsaussage erlaubt, nicht herleitbar ist. Um aus diesem erneut rein syntaktischen Unableitbarkeitsresultat die Unbeweisbarkeit der Widerspruchsfreiheit folgern zu können, muß in noch höherem Maße von Zusatzannahmen Gebrauch gemacht werden, die wiederum anfechtbar sind.

Literatur: ↑Unvollständigkeitssatz. B. B.

Unbedingtheit, in einem deduktiven (↑Deduktion) Begründungsmodell (↑Begründung), in dem die Gründe für eine Behauptung als Bedingungen formuliert werden, Bezeichnung für das Charakteristikum der ersten oder obersten Gründe, die eine bestimmte Begründungskette zur ›Vollbegründung‹ machen.

In der *rationalistischen* (↑Rationalismus) Konzeption sind die als Gründe verwendeten Bedingungen die universell formulierten ↑Prämissen eines logischen ↑Schlußes. Die U. der ersten Gründe besteht darin, daß sie nicht aus weiteren Prämissen erschlossen werden können. In einer kritischen Weiterentwicklung dieser Konzeption versucht I. Kant zu zeigen, daß die U. nicht eine Eigenschaft von ersten Gründen der Erkenntnis sein kann, sondern nur der ›Totalität der Bedingungen‹ zukommt (KrV B 378–389), d. h. den Ordnungsprinzipien der (Verstandes-)Erkenntnis, durch die zwar keine Erkenntnis bestimmter Gegenstände begründet würde, die aber die geordnete Darstellung solcher Erkenntnisse in einem einheitlichen System ermöglichen. In der *empiristischen* (↑Empirismus) Konzeption werden unter den begründenden Bedingungen die (individuellen) ↑Sachverhalte verstanden, die als ↑Randbedingungen die ↑Antezedentien der universellen Prämissen einer empirischen Begründung erfüllen. Diese – durch Beobachtung festzustellenden – empirischen Bedingungen werden im Logischen Empirismus (↑Empirismus, logischer) teilweise für die durch keine terminologischen oder theoretischen Bedingungen bestimmte, unmittelbar zugängliche Basis aller empirischen Erkenntnis gehalten (↑Protokollsatz). Eine derartige U. der Beobachtungsdaten wird hinsichtlich der terminologischen Bedingungen

bereits durch Kant kritisiert, der darauf hinweist, daß wissenschaftliche (theoretisierbare) Beobachtungen erst auf Grund sprachlicher Normierungen zur Darstellung dieser Beobachtungen möglich werden. – In kritischer Weiterentwicklung der empiristischen Konzeption werden die theoretischen Bedingungen für die Angabe von Beobachtungsdaten (↑Theoriebeladenheit) sowie diejenigen allgemeinen empirischen Annahmen herauszuarbeiten versucht, die mit der Verwendung eines Beobachtungsergebnisses für die Kritik oder Konstruktion einer Theorie verbunden sind (vor allem I. Lakatos).
Im Rahmen des Programms praktischer Begründungen gehört die U. zum Definiens eines praktischen Begründungsprinzips wie des Kategorischen Imperativs (↑Imperativ, kategorischer): Ein solches Prinzip kann es (in den Termini deduktiver Begründung) nur sein, wenn es weder von empirisch feststellbaren Sachverhalten noch von apriorischen (↑a priori) Annahmen als einer Bedingung in seiner Begründung abhängt. Dadurch erhielte ein solches Prinzip eine U. in dem weiteren Sinne einer für jedermann gültigen Verbindlichkeit. Die Probleme, die sich mit dem Versuch ergeben, die U. bestimmter praktischer Begründungsprinzipien aufzuzeigen, bilden ein zentrales Thema der ↑Ethik seit Kant. O. S.

Unbestimmtheit, Titel einer Reihe von Phänomenen in natürlichen Sprachen (↑Sprache, natürliche), die zunehmend Gegenstand sprachlogischer Untersuchungen werden; dazu zählen insbes.: (1) U. der Bedeutung sprachlicher Ausdrücke wegen unscharfer Extension (↑extensional/Extension) prädikativer Bestandteile oder wegen unscharfer ↑Individuation bei den Referenten referentieller Bestandteile, d. s. Fälle von ↑Vagheit. (2) U. der Bedeutung wegen Mehrdeutigkeit (↑Ambiguität) oder wegen Homonymie (↑homonym/Homonymität). (3) U. der Übersetzung (*indeterminacy of translation*), die nach W. V. O. Quine auf inkommensurablen (↑inkommensurabel/Inkommensurabilität) begrifflichen Rahmensystemen, also auf gegensätzlichen ›analytischen Hypothesen‹ zweier Sprachen beruht. So mag etwa ein ↑Prädikator P in Sprache 1 auf raumzeitliche Einheiten, der entsprechende Prädikator P' in Sprache 2 hingegen jeweils nur auf zeitliche Phasen solcher Einheiten angewendet werden. Die U. in den Fällen (1) und (2) ist dadurch charakterisiert, daß derart unbestimmte Aussagen nicht mehr bei jeder Verwendung auf ihre Wahrheit oder Falschheit hin beurteilt werden können, und dies nicht wegen mangelnder Sprachkenntnis und auch nicht wegen mangelnder Verfügung über Beweismöglichkeiten. Bei der Klassifikation solcher U.en orientiert man sich grundsätzlich an den verschiedenen Strategieentwürfen zu ihrer Behebung.

Literatur: C. Demmerling, U., Hist. Wb. Ph. XI (2001), 121–124; R. Keefe, Theories of Vagueness, Cambridge etc. 2000; A. Naess, En del elementaere logiske emner, Oslo 1941, Oslo/Bergen/Tromsø [11]1975 (engl. Communication and Argument. Elements of Applied Semantics, Oslo, London, Totowa N. J. 1966, ferner als: The Selected Works of Arne Naess VII, Dordrecht 2005; dt. Kommunikation und Argumentation. Eine Einführung in die angewandte Semantik, Kronberg 1975); M. Pinkal, Logik und Lexikon. Die Semantik des Unbestimmten, Berlin/New York 1985 (engl. Logic and Lexicon. The Semantics of the Indefinite, Dordrecht/Boston Mass./London 1995); H. J. Pirner, Das Unbestimmte und das Bestimmte. Ein Versuch, das Bestimmte und Unbestimmte zusammen zu denken, Heidelberg 2012 (engl. The Unknown as an Engine for Science. An Essay on the Definite and the Indefinite, Cham 2015); W. V. O. Quine, Word and Object, Cambridge Mass./London 1960, 2013; ders., Theories and Things, Cambridge Mass./London 1981, 1999; N. J. J. Smith, Vagueness and Degrees of Truth, Oxford etc. 2008, 2013; W. Wolski, Schlechtbestimmtheit und Vagheit – Tendenzen und Perspektiven. Methodische Untersuchungen zur Semantik, Tübingen 1980. K. L.

Unbestimmtheitsrelation, ↑Unschärferelation.

unbeweisbar/Unbeweisbarkeit (engl. unprovable/unprovability), in der Mathematischen Logik (↑Logik, mathematische) das Gegenteil von ↑›beweisbar/Beweisbarkeit‹, in der Regel synonym zu ↑›unableitbar/Unableitbarkeit‹ verwendet. Das klassische U.sresultat ist K. Gödels Nachweis, daß sich die (arithmetisch kodifizierte) Behauptung der Widerspruchsfreiheit (↑widerspruchsfrei/Widerspruchsfreiheit) der Peano-Arithmetik (↑Peano-Axiome) unter bestimmten sehr allgemeinen Voraussetzungen nicht in dieser selbst beweisen läßt (↑Unvollständigkeitssatz, ↑Unableitbarkeitssatz). P. S.

Unbewußte, das, vor allem in der sich an S. Freud anschließenden ↑Psychoanalyse verwendeter Terminus für wirksame und dennoch unbemerkt verlaufende psychische Prozesse. Die Annahme derartiger Prozesse definiert die ↑Tiefenpsychologie. Die Vorgeschichte der Annahme unbewußter psychischer bzw. geistiger Ereignisse und Energien reicht von der archaischen Medizin über die Anamnesislehre (↑Anamnesis) Platons, die psychotherapeutischen Praktiken der antiken Philosophie, die Besessenheitsvorstellungen des ausgehenden Mittelalters und der frühen Neuzeit, die Lehre von den unmerklichen ↑Perzeptionen in der ↑Monadentheorie (↑Monade) und Erkenntnistheorie von G. W. Leibniz bis hin zur dynamischen Psychiatrie der zweiten Hälfte des 18. Jhs. (J. J. Gassner, F. A. Mesmer).
Den Begriff des U.n führt 1846 C. G. Carus in die Philosophie ein. Für ihn ist – anknüpfend an romantische (↑Romantik) Konzeptionen, insbes. in ↑Naturphilosophie und Medizin – das menschliche Seelenleben wesentlich durch ein bewußtseinsfähiges bzw. ein bewußtseinsunfähiges U.s bestimmt. E. v. Hartmann (Philosophie des U.n, 1869) verbindet – an F. W. Schelling und A. Schopenhauer anknüpfend – ebenfalls einen naturphi-

losophisch-kosmologischen Begriff des U.n (›absolut U.s‹) mit dem Begriff eines psychischen U.n (›relativ U.s‹). Er sieht den kosmischen Prozeß als eine Bewußtwerdung des metaphysisch gedachten ›absolut U.n‹ an; das psychische U. wirkt sich naturgesetzlich im Bewußtsein aus. In dem von T. Lipps 1883 vertretenen philosophischen Ansatz ist das ›Unbewußtsein‹ das eigentliche reale Psychische. Lipps unterscheidet das prinzipiell bewußtseinsunfähige U. vom bewußtseinsunfähigen U.n, das noch keine ichliche Zentrierung hat. Er lehrt eine Dynamik der unbewußten Prozesse und unterscheidet die ihrem Wesen nach völlig unbekannten seelischen Erregungen von den inhaltlich ins Bewußtsein tretenden psychischen Repräsentanzen. Sein Schüler M. Geiger weist in phänomenologischer Perspektive nach, daß das Wollen als Gesamtphänomen von sich aus bereits auf die immanente Realität unbewußter Instanzen angewiesen ist. Gedächtnisdispositionen und sonstige psychische Anlagen sind nach Geiger zwar bereits ichlich zentriert, jedoch prinzipiell bewußtseinsunfähig.

Freuds Theorie des U.n vereinigt ein psychologisch-praktisches und ein wissenschaftstheoretisch-metapsychologisches Interesse. Das Gedächtnis, die Erinnerungen, Lücken im Bewußtseinsleben, Fehlleistungen, Witze, Träume und die Erfahrungen mit der Hypnose geben Anlaß zur Annahme einer unbewußten bzw. vorbewußten Dimension des psychischen Lebens. Insofern sich dieses U. genetisch auf frühkindliche ↑Verdrängungen und infantile Amnesien bewußter Inhalte vor allem des Sexualbereichs zurückführen läßt, ist es für den Ausbruch neurotischer Erkrankungen verantwortlich. Im psychoanalytischen Prozeß (Anamnese, Widerstand, Übertragung usw.) wird unter Anwendung bestimmter Techniken und unter Ausnutzung stets wiederkehrender Ereignisse versucht, einen Zugang zu den einer Verschiebung und Verdichtung unterworfenen Vorstellungen zu gewinnen, sie mit psychischer Energie besetzt zu erinnern, um auf diesem Wege die neurotische Symptomatik zu beseitigen.

Mit seiner Metapsychologie verbindet Freud zusätzlich zu den therapeutischen Zielsetzungen das Interesse, die Psychoanalyse als Wissenschaft zu etablieren. Er unterscheidet topisch die psychischen Instanzen des U.n, Vorbewußten und Bewußten, dann die des ↑Es, des bewußten ↑Ich und des die sozialen Repräsentanzen vereinigenden Über-Ich, bezieht sie in ihrer Konkurrenz dynamisch aufeinander und zieht eine energetische Bilanz hinsichtlich der unter der Herrschaft des Lust-Unlust-Prinzips (später auch des Todestriebs) stehenden psychischen Prozesse. Die metapsychologischen Annahmen werden als wissenschaftliche ↑Hypothesen verstanden, die sich der kritischen Überprüfung zu stellen haben. Freud verficht durchgehend die These, daß die Psychologie eine Naturwissenschaft sei und die Psyche folglich von einem somatisch und gesetzmäßig wirksamen U.n reguliert werde, in das bislang noch jede Einsicht verwehrt sei. – Freud wendet seine Theorie des U.n, vermutlich durch C. G. Jungs Lehre vom hereditären kollektiven U.n (↑Archetypus) beeinflußt, auch auf die Kulturtheorie an.

Literatur: H. H. Balmer, Die Archetypentheorie von C. G. Jung. Eine Kritik, Berlin/Heidelberg/New York 1972; G. Baum/M. Koßler (eds.), Die Entdeckung des U.n. Die Bedeutung Schopenhauers für das moderne Bild des Menschen, Würzburg 2005; A. Bitsch, Diskrete Gespenster. Die Genealogie des U.n aus der Medientheorie und Philosophie der Zeit, Bielefeld 2009; S. Blasche, Einige Bemerkungen zu Freuds »Some Elementary Lessons in Psycho-Analysis«, in: M. Grossheim/H.-J. Waschkies (eds.), Rehabilitierung des Subjektiven. Festschrift für Hermann Schmitz, Bonn 1993, 459–479; G. Böhme, Freuds Schrift »Das U.«, Psyche 40 (1986), 761–779; J. Bossinade, Inskriptionen. Das U. im Zeitalter medialer Räume, Berlin 2015; J. Bouveresse, Philosophie, mythologie et pseudo-science. Wittgenstein lecteur de Freud, Combas 1991 (engl. Wittgenstein Reads Freud. The Myth of the Unconscious, Princeton N. J. 1995); C. v. Braun/D. Dornhof/E. Johach (eds.), Das U.. Krisis und Kapital der Wissenschaften. Studien zum Verhältnis von Wissen und Geschlecht, Bielefeld 2009; M. B. Buchholz/G. Gödde (eds.), Das U.. Ein Projekt in drei Bänden, I–III, Gießen 2005–2006; W. L. Bühl, Das kollektive U. in der postmodernen Gesellschaft, Konstanz 2000; C. G. Carus, Psyche. Zur Entwicklungsgeschichte der Seele, Pforzheim 1846, erw. [2]1860 (repr. Darmstadt 1964, 1975), Neudr. Leipzig 1931, [2]1941; M. Dolar u.a., Kant und das U., Wien 1994; A. Easthope, The Unconscious, London/New York 1999; H. F. Ellenberger, The Discovery of the Unconscious. The History and Evolution of Dynamic Psychiatry, New York 1970, London 1994 (dt. Die Entdeckung des U.n, I–II, Bern/Stuttgart/Wien 1973, mit Untertitel: Geschichte und Entwicklung der dynamischen Psychiatrie von den Anfängen bis zu Janet, Freud, Adler und Jung, Zürich 1985, in 1 Bd. [2]1996, 2011; franz. A la découverte de l'inconscient. Histoire de la psychiatrie dynamique, Villeurbanne 1974); M. Erdheim, Die Psychoanalyse und Unbewußtheit in der Kultur. Aufsätze 1980–1987, Frankfurt 1988, [3]1994; G. W. Farthing/P. Merikle/E. Bourguignon, Consciousness and Unconsciousness, in: A. E. Kazdin (ed.), Encyclopedia of Psychology II, Oxford etc. 2000, 268–277; G. T. Fechner, Elemente der Psychophysik, I–II, Leipzig 1860 (repr. Amsterdam 1964, Bristol 1998), [3]1907; S. Freud, Die Traumdeutung, ed. A. Freud, Leipzig/Wien 1900 (repr. Frankfurt 1999), [8]1930, London 1942 (= Ges. Werke II–III), separat, ed. D. Simon, Berlin 1990, Hamburg 2010; ders., Zur Psychopathologie des Alltagslebens. Über Vergessen, Versprechen, Vergreifen, Aberglaube und Irrtum, Monatsschr. f. Psychiatrie u. Neurologie 10 (1901), H. 1, 1–32, H. 2, 95–143, separat Berlin 1904, Leipzig/Wien/Zürich [11]1929, London 1941 (= Ges. Werke IV), Frankfurt 2009; ders., Der Witz und seine Beziehung zum U.n, Wien/Leipzig 1905, 1921, London 1940 (= Ges. Werke VI), Frankfurt 2009; ders., Das Ich und das Es, Leipzig/Zürich/Wien 1923, ferner in: Ges. Werke XIII, London 1940, Frankfurt [10]1998, 1999, 237–289; ders., Das U., Wien/Leipzig 1926, ferner in: Ges. Werke X, London 1946, Frankfurt [8]1991, 1999, 263–303, separat Stuttgart 2016; ders., Abriß der Psychoanalyse, in: Ges. Werke XVII, London 1941, Frankfurt [8]1993, 1999, 63–138, separat Frankfurt 2014; ders., Some Elementary Lessons in Psycho-Analysis, in: Ges. Werke XVII, London 1941, Frankfurt [8]1993, 1999, 139–147; P. Fuchs, Das U. in Psychoanalyse und Systemtheorie. Die Herrschaft der Verlautbarung und die Erreichbarkeit des Bewußtseins, Frankfurt 1998; M. Geiger, Fragment über den Begriff des U.n und die psychische Realität. Ein Beitrag zur Grundlegung des immanenten psychischen Realismus, Jb. Philos. phänomen. Forsch. 4 (1921), 1–137, separat Halle 1930; J. Georg/C. Zittel (eds.), Nietzsches Philosophie des U.n, Berlin/Boston Mass. 2012; P. Giordanetti/R. Pozzo/M. Sgarbi (eds.), Kant's Philosophy of the Unconscious, Berlin/Boston Mass. 2012; G. Gödde, Traditionslinien des ›U.n‹. Schopenhauer – Nietzsche – Freud, Tübingen 1999, 2009; G. Guttmann/I. Scholz-Strasser (eds.), Freud and the Neurosciences. From Brain Research to the Unconscious, Wien 1998; E. v. Hartmann, Philosophie des U.n. Versuch einer Weltanschauung, Berlin 1869 (repr. Hildesheim/Zürich/New York 1989), Neudr. unter dem Titel: Philosophie des U.n. Speculative Resultate nach inductiv-naturwissenschaftlicher Methode, Berlin [2]1870, Leipzig [12]1923, Eschborn 1995; R. R. Hassin/J. S. Uleman/J. A. Bargh (eds.), The New Unconscious, Oxford etc. 2005, 2007; E. Hermsen/H. Rosenau/H.-J. Fraas, U.s, RGG VIII ([4]2005), 722–726; P. Hübl, Der Untergrund des Denkens. Eine Philosophie des U., Reinbek b. Hamburg 2015, 2017; C. G. Jung, Die Psychologie der unbewußten Prozesse. Ein Überblick über die moderne Theorie und Methode der analytischen Psychologie, Zürich 1918, Neudr. unter dem Titel: Über die Psychologie des U.n, Zürich [5]1943, [8]1975, ferner in: Ges. Werke VII, Zürich/Stuttgart 1964, Olten/Freiburg [4]1989, Ostfildern 2011, 1–130; M. Kaiser-El-Safti, U.s; das U., Hist. Wb. Ph. XI (2001), 124–133; E. Kandel, The Age of Insight. The Quest to Understand the Unconscious in Art, Mind, and Brain, from Vienna 1900 to the Present, New York 2012 (dt. Das Zeitalter der Erkenntnis. Die Erforschung des U.n in Kunst, Geist und Gehirn von der Wiener Moderne bis heute, München 2012, 2014); M. Leuzinger-Bohleber/S. Arnold/M. Solms (eds.), The Unconscious. A Bridge between Psychoanalysis and Cognitive Neuroscience, London/New York 2017 (dt. Das U.. Eine Brücke zwischen Psychoanalyse und Neurowissenschaften, Göttingen 2017); D. Levy, Unconscious. History of the Concept, IESBS XXIII (2001), 15943–15945; T. Lipps, Grundtatsachen des Seelenlebens, Bonn 1883 (repr. 1912); ders., Leitfaden der Psychologie, Leipzig 1901, [3]1909; T. Mies, U., das, EP III ([2]2010), 2820–2828; B. Nitzschke, Zur Herkunft des ›Es‹: Freud, Groddeck, Nietzsche, Schopenhauer und E. v. Hartmann, Psyche 37 (1983), 769–804; S. Priebe/M. Heinze/G. Danzer (eds.), Spur des U.n in der Psychiatrie, Würzburg 1995; C. Ratner, The Unconscious. A Perspective from Sociohistorical Psychology, J. Mind and Behavior 15 (1994), 323–342; G. Rey, Unconscious Mental States, REP IX (1998), 522–527; J. J. Rozenberg, From the Unconscious to Ethics, New York etc. 1999; H. Schmidgen, Das U. der Maschinen. Konzeptionen des Psychischen bei Guattari, Deleuze und Lacan, München 1997; M. Schulte, Das Gesetz des U.n im Rechtsdiskurs. Grundlinien einer psychoanalytischen Rechtstheorie nach Freud und Lacan, Berlin 2010; H. Shevrin u. a., Conscious and Unconscious Processes. Psychodynamic, Cognitive, and Neurophysiological Convergences, New York etc. 1996; M. Sziede/H. Zander (eds.), Von der Dämonologie zum U.n. Die Transformation der Anthropologie um 1800, Berlin/Boston Mass. 2015; K. Thonack, Selbstdarstellung des U.n. Freud als Autor, Würzburg 1997; F. Vial, The Unconscious in Philosophy, and French and European Literature. Nineteenth and Early Twentieth Century, ed. M.-R. Barral, Amsterdam 2009; E. Völmicke, Das U. im deutschen Idealismus, Würzburg 2005; C. Werner/A. Langenmayr, Das U. und die Abwehrmechanismen, Göttingen 2005; L. L. White, Unconscious, Enc. Ph. IX ([2]2006), 570–575. S. B.

und, grammatisch eine parataktische Konjunktion der natürlichen Sprache (↑Sprache, natürliche), die in logischer Analyse (↑Analyse, logische) eine Fülle von Funktionen übernimmt. Diese reichen von der Rolle, die auch ›zusammen mit‹ als Partikel bei der Nennung komplexer Gegenstandseinheiten spielt (z. B. beim Subjekt der Aussage ›Meyer u. Schulze bilden den Vorstand eines Vereins‹), bis zur Übernahme der Rolle von ›u. danach‹ zur Darstellung zeitlichen Nacheinanders von Sachverhalten in Mitteilungen oder Aufforderungen (z. B. ›er ging hinaus u. schloß die Tür‹). ›U.‹ wird dabei insbes. auch in der Rolle von ›plus‹ zur Wiedergabe von Additionstermen verwendet (z. B. ›eins u. zwei macht drei‹) und spielt eine wichtige Rolle bei der Darstellung der Binnenstruktur komplexer Gegenstände.

Für die ↑*Logik* sind zwei Funktionen hervorzuheben: (1) als *praktische* Partikel zur Nennung komplexer Gegenstandseinheiten sowohl (a) auf der Gegenstandsstufe unter Bezug auf gewöhnliche (Herstellungs-)Handlungen (z. B. bei der mit ↑Mitteilungszeichen für Strichfolgen, wie sie im ↑Strichkalkül

$$\Rightarrow |$$
$$n \Rightarrow n|$$

ableitbar sind, formulierten Additionsregel ›$n; m \Rightarrow nm$‹ durch ›;‹; entsprechend der Notation des praktischen ↑›wenn – dann‹ durch ›⇒‹: wenn ›*n*‹ *u.* ›*m*‹ hergestellt sind, dann darf ›*nm*‹ hergestellt werden) als auch (b) unter Beteiligung der Sprachstufe in Bezug auf Sprachhandlungen (z. B. wenn nach Ausführung der für die Herstellung des institutionellen Kontextes, etwa einer standesamtlichen Trauung, relevanten Handlungen *zusammen mit* der Äußerung der Trauformel die Beschreibung ›ihr seid verheiratet‹ erlaubt ist) und (2) als theoretische oder *logische* Partikel (↑Partikel, logische) zur Verknüpfung zweier Aussagen A, B zu einer ↑Konjunktion $A \wedge B$ (gelesen: ›A u. B‹ bzw. ›sowohl A als auch B‹). Die Festlegung der Bedeutung einer solchen logisch zusammengesetzten Aussage erfolgt einerseits gewöhnlich unter stillschweigender Hinzufügung des Behauptungsmodus durch Angabe ihrer ↑Wahrheitsbedingungen, also bei $A \wedge B$ durch die Wahrheit *sowohl* von A *als auch* von B als Bedingung für die Wahrheit von $A \wedge B$, und damit objektbezogen (ontologisch) durch das Bestehen des komplexen ↑Sachverhalts, wie er aus den von A und B dargestellten Sachverhalten durch ›Koexistenz‹ gebildet wird, andererseits durch Angabe der Bedingungen für die Berechtigung von $A \wedge B$ im Behauptungsmodus, also bei einer Behauptung von $A \wedge B$ durch Rückgang auf die Behauptung *sowohl* von A *als auch* von B, und damit begründungsbezogen (epistemologisch) durch die ›Koexistenz‹ zweier Behauptungshandlungen.

Eine eigenständige Bedeutungsbestimmung von $A \wedge B$ ohne Bezug auf Wahrheit oder Falschheit der Konjunktion und damit eine weder objektbezogene noch begründungsbezogene, sondern sprachbezogene (logisch-grammatische) Erklärung der Bedeutung von ›u.‹ ist erst in der Dialogischen Logik (↑Logik, dialogische) durch die zu den ↑Partikelregeln gehörende *Signifikationsregel* für Konjunktionen möglich geworden: ›Wer eine Konjunktion $A \wedge B$ äußert, verpflichtet sich zur ↑Verteidigung mit der Äußerung A auf den Angriff mit der Aufforderung zur Äußerung des ersten Konjunktionsgliedes und zur Verteidigung mit der Äußerung B auf den Angriff mit der Aufforderung zur Äußerung des zweiten Konjunktionsgliedes.‹ Auf dieser Grundlage erst lassen sich die Geltungsbedingungen für eine logisch mit ›u.‹ zusammengesetzte Aussage in einem ↑Modus, also etwa die Wahrheitsbedingungen im Behauptungsmodus oder die Rechtmäßigkeitsbedingungen im Aufforderungsmodus, ermitteln.

Literatur: K. Gloy, Einheit und Mannigfaltigkeit. Eine Strukturanalyse des ›u.‹. Systematische Untersuchungen zum Einheits- und Mannigfaltigkeitsbegriff bei Platon, Fichte, Hegel sowie in der Moderne, Berlin/New York 1981; C. Hufnagel, U., Hist. Wb. Ph. XI (2001), 133–135; E. Lang, Semantik der koordinativen Verknüpfung, Berlin 1977 (studia grammatica XIV) (engl. The Semantics of Coordination, Amsterdam 1984 [Studies in Language Companion Series IX]). K. L.

undefinierbar/Undefinierbarkeit (engl. undefinable/undefinability), Terminus der Mathematischen Logik (↑Logik, mathematische). Man unterscheidet zwischen (1) Definierbarkeit bzw. U. eines formalen (objektsprachlichen) Prädikats in einem formalen System (↑definierbar/Definierbarkeit, ↑System, axiomatisches) und (2) Definierbarkeit bzw. U. eines inhaltlichen (metasprachlichen) Prädikats durch eine offene ↑Formel einer formalen Theorie. Wenn man den negativen Terminus ›U.‹ verwendet, hat man meist die zweite Bedeutung im Blick. Dieses Verständnis setzt voraus, daß sich die Gegenstände, auf die sich die inhaltlichen Prädikate beziehen, formal repräsentieren lassen. Entsprechend bezieht sich die Definierbarkeitstheorie meist auf die ↑Arithmetik natürlicher Zahlen. Hier kann man eine ↑Zahl k formal durch eine ↑Ziffer $\underline{k}$ repräsentieren. Andere Gegenstandsbereiche lassen sich darstellen, indem man deren Elemente durch Zahlen benennt oder kodiert, z. B. beliebige Zeichenketten α durch ihre Gödelzahlen $\ulcorner\alpha\urcorner$ (↑Gödelisierung), so daß der formale Repräsentant von α die Ziffer $\underline{\ulcorner\alpha\urcorner}$ ist. In ausdrucksstarken Theorien wie der ↑Mengenlehre muß der Umweg über Zahlen und Ziffern nicht genommen werden, da sich in ihnen Objekte wie z. B. Zeichenreihen direkt strukturell beschreiben lassen.

Sei T eine deduktiv abgeschlossene arithmetische Theorie, d. h. eine Formelmenge über der Sprache L der Arithmetik, die alle ihre logischen Konsequenzen enthält. *A gilt in T*, falls $A \in T$. Dann heißt ein einstelliges (inhaltliches) arithmetisches Prädikat P (oder gleichwertig: eine Menge von Zahlen) ›definierbar in T‹, falls es in L eine Formel $A_P(x)$ mit genau einer freien ↑Variablen x gibt, so daß für jede Zahl k gilt:

- falls $P(k)$ (bzw. $k \in P$), dann gilt $A_P(\underline{k})$ in T;
- falls nicht $P(k)$ (bzw. $k \notin P$), dann gilt $\neg A_P(\underline{k})$ in T.

Das Prädikat P heißt ›u. in T‹, falls es kein solches A_P gibt. Man spricht von *interner* Definierbarkeit bzw. U., falls Prädikate über T bzw. Teilklassen von T (via Gödelisierung) in T definierbar bzw. u. sind.

U.ssätze für Mengen von Ausdrücken benutzen in der Regel das Verfahren der Diagonalisierung (↑Cantorsches Diagonalverfahren). Entsprechend setzt man meist voraus, daß T eine Diagonalisierungsbedingung folgender Art erfüllt: zu jeder Formel $A(x)$ von L mit genau einer freien Variablen x gibt es eine Aussage D, so daß in T gilt: $D \leftrightarrow A(\underline{\ulcorner D\urcorner})$ (d. h., ›D drückt aus, daß A auf D zutrifft‹). – Ein klassischer U.ssatz ist A. Tarskis Resultat, daß arithmetische Wahrheit nicht intern definierbar ist, d. h., daß es keine arithmetische Formel $W(x)$ (mit genau einer freien Variablen x) gibt, so daß für alle Aussagen A die Aussage $W(\underline{\ulcorner A\urcorner})$ in der Arithmetik genau dann wahr ist, wenn A wahr ist.

Definierbarkeits- und U.seigenschaften spielen eine wichtige Rolle nicht nur in der Theorie der arithmetischen Definierbarkeit, sondern auch in stärkeren, in der ↑Rekursionstheorie behandelten Theorien und in der axiomatischen Mengenlehre (↑Mengenlehre, axiomatische), dort insbes. in Konsistenz- und Unabhängigkeitsbeweisen (↑Kontinuumhypothese).

Literatur: J. Barwise, Admissible Sets and Structures. An Approach to Definability Theory, Berlin/Heidelberg/New York 1975; G. S. Boolos/R. C. Jeffrey, Computability and Logic, Cambridge 1974, mit J. P. Burgess, [5]2010; M. Davis (ed.), Solvability, Provability, Definability. The Collected Works of Emil L. Post, Boston Mass./Basel/Berlin 1994; J. H. Fetzer/D. Shatz/G. N. Schlesinger (eds.), Definitions and Definability. Philosophical Perspectives, Dordrecht/Boston Mass./London 1991; M. Makkai, Duality and Definability in First Order Logic, Providence R. I. 1993; R. M. Smullyan, Gödel's Incompleteness Theorems, Oxford 1992 (franz. Les théorèmes d'incomplétude de Gödel, Paris 1993, 2000); ders., Recursion Theory for Metamathematics, Oxford/New York 1993 (franz. Théorie de la récursivité pour la métamathématique, Paris 1995); ders., Diagonalization and Self-Reference, Oxford 1994, 2003. P. S.

Undurchdringbarkeit (auch: Undurchdringlichkeit) (lat. impenetrabilitas, auch: soliditas), Bezeichnung für die Fähigkeit eines ↑Körpers, einen bestimmten Rauminhalt unter Ausschluß anderer Körper einzunehmen. Die U. wurde unter Rückgriff auf den Satz vom Widerspruch (↑Widerspruch, Satz vom) begründet: Es ist unmöglich, daß zwei verschiedene Körper gleichzeitig denselben Raum einnehmen. Schon in der Aristotelischen Physik gilt es als evident, daß es zwei Körper am selben Ort nicht geben könne (Phys. Δ1.209a6–7). In der neuzeitlichen ↑Mechanik und der mechanischen Philosophie (↑Mechanismus, ↑Weltbild, mechanistisches) zählt die U. zu den primären bzw. wesentlichen Eigenschaften der Körper, so daß Stöße (↑Stoßgesetze) als Grundwechselwirkungen der Materie gelten konnten.

Die Cartesische Physik versucht zwar, ohne U. auszukommen, muß aber in der Erklärung des Weltsystems (Princ. philos. III § 121, Œuvres VIII/1 [1964], 170–172) den Begriff der Solidität einführen, der zu Widersprüchen führt. J. Locke setzt ›Solidität‹ mit ›U.‹ gleich (Essay II, 4). Auch I. Newton betrachtet die U. als wesentliche Eigenschaft der ↑Materie. I. Kant verwirft dagegen in den »Metaphysischen Anfangsgründen der Naturwissenschaft« (1786) die U. als ›leeren Begriff‹ (Akad.-Ausg. IV, 523) – »Allein der Satz des Widerspruchs treibt keine Materie zurück, welche anrückt, um in einen Raum einzudringen, in welchem eine andere anzutreffen ist« (Akad.-Ausg. IV, 498) – und ersetzt die U. durch eine Repulsionskraft (↑Attraktion/Repulsion). Der Widerspruch zwinge nicht die Körper, etwas zu tun, sondern uns, unsere Theorien so zu konstruieren, daß die darin postulierten Kräfte diesen Zustand ausschließen. – In der ↑Quantentheorie wird die U. der Materie durch das Pauli-Prinzip begründet. Danach können Fermionen wie Elektronen, Protonen oder Neutronen nicht am selben Ort in allen ihren Quantenzahlen, also ihren wichtigen Eigenschaften, übereinstimmen. Eine solche Übereinstimmung ist vielmehr nur möglich, wenn die Teilchen einen gewissen Abstand im Atom oder Molekül nicht unterschreiten. Dadurch setzen die betreffenden Quantensysteme einer Verkleinerung einen Widerstand entgegen – was sich als U. ausdrückt.

Literatur: E. J. Dijksterhuis, De mechanisering van het wereldbeeld, Amsterdam 1950, 1985 (dt. Die Mechanisierung des Weltbildes, Berlin/Göttingen/Heidelberg 1956 [repr. Berlin/Heidelberg/New York 1983, 2002]; engl. The Mechanization of the World Picture, Oxford 1961, mit Untertitel: Pythagoras to Newton, Princeton N. J. 1986); M. Friedman, Kant and the Exact Sciences, Cambridge Mass. 1992, 1994; A. Gabbey, The Mechanical Philosophy and Its Problems. Mechanical Explanations, Impenetrability, and Perpetual Motion, in: J. Pitt (ed.), Change and Progress in Modern Science, Dordrecht/Boston Mass./Lancaster 1985, 9–84; E. Grant, The Principle of the Impenetrability of Bodies in the History of Concepts of Separate Space from the Middle Ages to the Seventeenth Century, Isis 69 (1978), 551–571; K. Laßwitz, Geschichte der Atomistik vom Mittelalter bis Newton, I–II, Hamburg/Leipzig 1890 (repr. Darmstadt, Hildesheim 1963, Lüneburg 2010–2011), Leipzig 1926; W. Lefèvre, Undurchdringlichkeit, Hist. Wb. Ph. XI (2001), 137–138; D. Warren, Reality and Impenetrability in Kant's Philosophy of Nature, New York/London 2001; R. S. Westfall, Force in Newton's Physics. The Science of Dynamics in the Seventeenth Century, London/New York 1971. P. M.

unendlich/Unendlichkeit (engl. infinite/infinity, franz. infini/infinité), Terminus der Philosophie und der Mathematik. Seit den Anfängen der abendländischen Philosophie spielt das Problem der U. eine Rolle sowohl im Bereich metaphysischer Spekulation (↑Unendliche, das) als auch in den Untersuchungen der ↑Naturphilosophie und der exakten Wissenschaften, insbes. der Mathematik. Dabei zeigt bereits bei den ↑Vorsokratikern (Anaximander) der ↑Prädikator ›u.‹ (*ἄπειρον*; ↑Apeiron) jene Bedeutungsvielfalt und Bedeutungsunschärfe, die für seine spätere Verwendung, z. B. bei G. Bruno oder im Deutschen Idealismus (↑Idealismus, deutscher) bei G. W. F. Hegel und F. W. J. Schelling, charakteristisch ist: ›grenzenlos‹, ›unbestimmt‹, ›unvorstellbar groß‹, ›göttlich‹, ›unvergänglich‹ etc..

(1) Eine erste, für alle (bis heute andauernden) Kontroversen grundlegende Präzisierung des Wortgebrauchs trifft Aristoteles (Phys. Γ6.206a14–15) mit der Gegenüberstellung von ›aktual-u.‹ (*ἐντελεχείᾳ ἄπειρον*) und ›potentiell-u.‹ (*δυνάμει ἄπειρον*). *Potentielle* U. besteht nach Aristoteles darin, »daß immer ein Anderes und wieder ein Anderes genommen wird, das eben Genommene aber wieder ein Begrenztes, jedoch ein Verschiedenes und wieder ein Verschiedenes ist« (Phys. Γ6.206a27–29). Als systematisches Paradigma der potentiellen U. können geregelte, nicht-abbrechende Verfahren wie das ›Immer-weiter-Zählen‹ angesehen werden, während für den (von Aristoteles verworfenen) Begriff der *aktualen* U. die Vorstellung irgendwie existierender u.er ›Gesamtheiten‹ wie derjenigen ›aller‹ natürlichen oder reellen ↑Zahlen leitend ist. Historisch dürfte sich Aristoteles für die potentielle U. auf wohldefinierte Verfahren wie die ↑Proportionenlehre des Eudoxos (Elemente V) beziehen, für die aktuale U. auf die geometrisch-anschaulichen, ›atomistischen‹ Vorstellungen vom ↑Kontinuum, deren problematischer Charakter bereits in den Zenonischen Paradoxien (↑Paradoxien, zenonische) zum Ausdruck kommt (↑Paradoxien des Unendlichen). Auffälligerweise tritt in der griechischen Mathematik der Begriff der U. so gut wie gar nicht terminologisch auf, obwohl (heute so genannte) infinitesimale Methoden (↑Exhaustion, ↑Archimedisches Axiom) eine bedeutende Rolle spielen.

(2) Nach den Kontroversen des Mittelalters, die den U.sbegriff vor allem im Zusammenhang theologischer Spekulationen (z. B.: was heißt ›U. Gottes‹?) und des Kontinuumproblems (↑Indivisibilien) behandeln, markiert der Beginn der ↑Infinitesimalrechnung den erneuten Eintritt in den Bereich genuin mathematischer Überlegungen. Hauptproblem sind in diesem Zusammenhang das Verständnis und die Darstellung von Grenzprozessen (z. B. der Übergang von der Kurvensekante zur Tangente bzw. vom Differenzenquotienten zum Differentialquotienten). Zur Verdeutlichung dieser

anschaulich-geometrisch verstandenen Sachverhalte wird vielfach die (aktual-u.e) Redeweise von ›u. kleinen Größen‹ verwendet. So auch bei G. W. Leibniz und I. Newton, die jedoch erklären, im Prinzip lasse sich der Infinitesimalkalkül auch ohne Rückgriff darauf ausführen. Leibniz z. B. bezeichnet als ›u. kleine Größen‹ die ↑Differentiale (1. Ordnung). Diese werden von ihm als die numerisch vernachlässigbaren Änderungen aufgefaßt, die sich ergeben, wenn man den Graphen einer ↑Funktion *f* in nächster Umgebung einer Stelle durch die dortige Tangente ersetzt. Im Hintergrund dieser Auffassung stehen Leibnizens Begriff des Kontinuums und seine ↑Definition der Tangente als einer Geraden, die zwei ›u. nahe benachbarte‹ Punkte einer Kurve verbindet.

Der Begriff der u. kleinen Größen, der bei Newton z. B. bei seiner Methode der Kurvenintegration in Form von ›u. kleinen Rechtecken‹ auftritt, wird in der Folge heftig kritisiert, insbes. im Hinblick auf Differentiale höherer Ordnung (unter anderem durch B. Nieuwentijt, J. le Rond d'Alembert und G. Berkeley). Die unbedenkliche Verwendung des Begriffs der u. kleinen Größen wird durch die Einführung eines Symbols (›∞‹) für ›u.‹ (J. Wallis, De sectionibus conicis, Oxford 1655) gefördert. Die Tatsache, daß sich mit diesem Zeichen elementare arithmetische Operationen (z. B. $a + \infty = \infty$, für reelle Zahlen *a*) durchführen lassen, führt zu dem Mißverständnis, es handle sich bei dem Zeichen ›∞‹ um das Zahlzeichen für ›die Zahl u.‹ wie z. B. ›5‹ das Zahlzeichen für die Zahl fünf ist. Tatsächlich lassen sich alle Sätze, in denen ›∞‹ auftritt, in solche transformieren, in denen dieses Symbol nicht vorkommt. – Die zunehmende Opposition der Mathematiker (z. B. C. F. Gauß) gegen aktual-u.e Begriffsbildungen, verbunden mit beständigen Versuchen, den Infinitesimalkalkül von anschaulich-geometrischen Einschüben wie den u. kleinen Größen zu reinigen, mündet in die korrekte Arithmetisierung (↑Gödelisierung, ↑Metamathematik) des Grenzwert- und des Konvergenzbegriffs (↑Epsilontik, ↑Grenzwert, ↑konvergent/Konvergenz) durch A. L. Cauchy, mit denen diese fragwürdigen Begriffsbildungen überflüssig werden.

(3) Ist auf diese Weise der Begriff der aktualen U. in Bezug auf das ›u. Kleine‹ überwunden, so beginnt in der 2. Hälfte des 19. Jhs. eine bis heute andauernde Renaissance des ›u. Großen‹ (z. B. B. Bolzano, R. Dedekind und besonders G. Cantor), die vor allem mit einer mengentheoretischen Begründung der ↑Analysis und der Entwicklung der ↑Mengenlehre zur transfiniten Arithmetik (↑Arithmetik, transfinite) verknüpft ist. Trotz der Tatsache, daß sich die reellen Zahlen als nicht abzählbar bzw. überabzählbar (↑abzählbar/Abzählbarkeit, ↑Cantorsches Diagonalverfahren, ↑überabzählbar/Überabzählbarkeit) und damit als indefinit (↑indefinit/Indefinitheit) erweisen, halten Cantor und die ihm folgenden Mathematiker die Redeweisen von ›*allen* reellen Zahlen‹ bzw. der ›Menge *aller* reellen Zahlen‹ für sinnvoll. Die Einführung des Begriffs der Mächtigkeit (↑Kardinalzahl, ↑Menge) als eines Größenmaßes von Mengen läßt eine Ordnungsrelation zwischen der Mächtigkeit der Menge der natürlichen Zahlen, $\aleph_0$ (›Aleph Null‹; ↑Aleph), und derjenigen der Menge der reellen Zahlen, $\aleph_1$ (die ↑Kontinuumhypothese vorausgesetzt), zu: $\aleph_0 < \aleph_1$. Über die iterierte Bildung der ↑Potenzmenge (d. i. die Menge aller Teilmengen einer gegebenen Menge) lassen sich sodann aus einer Menge *M* u. viele neue Mengen gestufter Mächtigkeiten (›↑transfinite Kardinalzahlen‹) herstellen bis hin zu der Kardinalzahl $\aleph_\omega$ als der nach *allen* Kardinalzahlen $\aleph_\nu$ (mit endlichem Index ν) nächstgrößten. Von dort geht es nach dem gleichen Verfahren wie von $\aleph_0$ zu $\aleph_1$ zu der Kardinalzahl $\aleph_{\omega+1}$, usw.. Entsprechendes gilt für die ↑Ordinalzahlen (↑Mengenlehre, transfinite). Ein bestimmendes Motiv für die Auffassung der reellen Zahlen als einer aktual-u.en Gesamtheit dürfte darin liegen, daß jeder beliebige Abschnitt der Zahlengeraden (z. B. das Intervall [0,1]), als Punktmenge aufgefaßt, von gleicher Mächtigkeit wie die Menge aller reellen Zahlen ist, solche Strecken sich aber, unter Absehung von Problemen des Kontinuums, der Anschauung als abgeschlossene Gesamtheiten darstellen.

(4) Im ↑Intuitionismus und in der Konstruktiven Mathematik (↑Mathematik, konstruktive) werden aktual-u.e Begriffsbildungen mit der Begründung abgelehnt, sie seien nicht konstruktiv (↑konstruktiv/Konstruktivität). Das Wort ›u.‹ wird dabei, in Anlehnung an die Aristotelische Konzeption der potentiellen U., dahingehend neu konzipiert, daß von ›u.‹ dann die Rede ist, wenn der Mensch eine ↑Regel ›begreift‹, deren wiederholte Anwendung immer wieder zu etwas Neuem führt. Den einfachsten Fall des Regelbegreifens in der Mathematik stellt das Verständnis der Regeln zur Konstruktion der natürlichen Zahlen dar (↑Arithmetik, konstruktive). Hat man diese verstanden, sind zwar keine Aussagen wie ›es *gibt* u. viele natürliche Zahlen‹ erlaubt, wohl aber Aussagen wie ›es sind u. viele natürliche Zahlen *möglich*‹. Diese Aussage ist nur eine façon de parler für den durch die Regeln gesicherten Sachverhalt, daß man zu jeder beliebigen bereits konstruierten natürlichen Zahl deren ↑›Nachfolger‹ konstruieren kann, usw..

Auffassungen der aktualen U. der natürlichen Zahlen werden im Intuitionismus und in der Konstruktiven Mathematik als Platonismus (↑Platonismus (wissenschaftstheoretisch)) angesehen. Gleiches gilt für die Kritik am aktual-u.en Begriff der reellen Zahlen und dem damit verknüpften Mengenbegriff. Gegenüber den dabei verwendeten imprädikativen (↑imprädikativ/Imprädikativität) Verfahren, die bereits von L. E. J. Brouwer, H. Poincaré, T. Skolem und H. Weyl kritisiert wurden, wird als Konstruktivitätskriterium die Forderung der Darstellbarkeit (↑Darstellung (logisch-mengentheoretisch)) erhoben. Danach sind Mengen nur dann zugelassen, wenn sie durch eine sie darstellende ↑Aussageform ›gegeben‹ sind. Da der Bereich aller Aussageformen und damit die möglichen Definitionen von Mengen nicht angebbar oder ›indefinit‹ (↑indefinit/Indefinitheit) sind, sind auch die Aussagen der reellen Analysis, im Unterschied zu den arithmetischen Aussagen, indefinit, sofern darin indefinite ↑Quantoren auftreten. D.h., diese Aussagen können nur dann wahr sein, wenn sie bei allen eventuellen Erweiterungen der sprachlichen Konstruktionsmittel, d.h. bei allen Erweiterungen durch neue Mengen (und Funktionen), gültig bleiben (↑gültig/Gültigkeit).

(5) In der Logik spielt das Problem der U. eine wichtige Rolle für das Verständnis des ↑tertium non datur und die Interpretation der Quantoren. Die klassische Logik (↑Logik, klassische) betrachtet das tertium non datur als logisch wahr. Dies wird von der Konstruktiven Logik (↑Logik, konstruktive) für nicht-endliche Bereiche abgelehnt mit dem Argument, daß es in einem formalen Dialog keine ↑Gewinnstrategie für (allerdings auch nicht gegen) das tertium non datur gibt. Die Folge davon ist der Verzicht auf eine der wesentlichen Voraussetzungen der klassischen Logik, nämlich des ↑Zweiwertigkeitsprinzips, wonach jede in Betracht kommende Aussage entweder wahr oder falsch ist (↑wahrheitsdefinit/Wahrheitsdefinitheit). Z. B. läßt sich bei dem (bislang unentschiedenen) Satz ›es gibt ungerade vollkommene Zahlen‹ (↑Zahl, vollkommene) die Behauptung, er sei entweder wahr oder falsch, nur durch Rückgriff auf die Vorstellung halten, die aktual-u.e Gesamtheit der natürlichen Zahlen sei irgendwie gegeben und deshalb liege im Prinzip fest, ob es eine ungerade vollkommene Zahl gebe oder nicht.

Die Kritik an dieser Auffassung führt dazu, die Konstruktive ↑Junktorenlogik nicht als eine Logik wahrheitsdefiniter Aussagen, sondern als Logik beweisdefiniter (↑beweisdefinit/Beweisdefinitheit) Aussagen aufzufassen, d.h. von Aussagen, bei denen feststeht, was als Beweis für ihre Wahrheit zu gelten hat. In der Konstruktiven ↑Quantorenlogik läßt sich das Prinzip der Beweisdefinitheit auf ↑Einsquantoren, als u.e ↑Adjunktionen verstanden, ausdehnen, während sich für den ↑Allquantor, als u.e ↑Konjunktion aufgefaßt, nicht sagen läßt, wie ein Beweis für *alle* Elemente eines u.en Bereichs angegeben werden könnte. Dies führt zur Forderung der Dialogdefinitheit (↑dialogdefinit/Dialogdefinitheit) für Allaussagen. D.h., wer eine Aussage $\bigwedge_x A(x)$ behauptet, verpflichtet sich, für jedes vorgelegte n aus dem ↑Variabilitätsbereich des Quantors den Beweis für $A(n)$ zu erbringen. Auch das logizistische (↑Logizismus) ↑Unendlichkeitsaxiom, mit dem axiomatisch die Existenz u.er Mengen bzw. einer u.en Anzahl von Individuen statuiert wird, wird in der Konstruktiven Logik als dem Prinzip der Konstruktivität widersprechend verworfen.

(6) In der Geometrie spricht man seit den Studien der Renaissance zur Lehre von der ↑Perspektive von ›u. fernen Punkten‹. Dieser und andere Begriffe (z. B. ›u. ferne Gerade‹) lassen sich im Zusammenhang mit mathematischen Theorien, die einen Abschluß (›Kompaktifizierung‹) der offenen Euklidischen Ebene und der Euklidischen Räume durchführen, exakt definieren; so etwa der u. ferne Punkt der Gaußschen Zahlenebene als Menge aller komplexen Zahlenfolgen, die im Endlichen keinen Häufungspunkt haben.

(7) Die alte philosophische Streitfrage, ob das Universum räumlich und/oder zeitlich u. sei, wird heute in der Astrophysik behandelt. Danach besteht weitgehend Einigkeit über ein endliches Alter. Hingegen konnte in den auf der Allgemeinen Relativitätstheorie (↑Relativitätstheorie, allgemeine) aufbauenden Theorien über die räumliche Struktur des Universums noch keine Lösung gegeben werden, die allen empirischen Befunden gerecht wird. Bei den Erörterungen über U. in diesem Zusammenhang ist jedoch zu beachten, daß sie zumeist die ↑nicht-euklidische Geometrie der Allgemeinen Relativitätstheorie voraussetzen. Die Rede von ›u.‹ bedeutet dann anschaulich soviel wie ›unbegrenzt‹, so wie man etwa auf einer Kugel eine gleichgerichtete Bewegung ausführen kann, ohne je an eine Grenze zu stoßen.

Literatur: A. Àdàm/E. Sepsi/S. Kalla (eds.), Contempler l'infini, Paris 2015; H. Bachmann, Transfinite Zahlen, Berlin/Göttingen/Heidelberg 1955, Berlin/Heidelberg/New York [2]1967; O. Becker, Das mathematische Denken der Antike, Göttingen 1957, [2]1966; H. Beckert, Zur Erkenntnis des Unendlichen, Stuttgart/Leipzig 2001; G. Berkeley, Schriften über die Grundlagen der Mathematik und Physik, ed. W. Breidert, Frankfurt 1969, 1985; J. A. Bernadete, Infinity, in: R. Audi (ed.), The Cambridge Dictionary of Philosophy, Cambridge etc. [2]1999, 430–431; M. Blay, Les raisons de l'infini. Du monde clos à l'univers mathématique, Paris 1993 (engl. Reasoning with the Infinite. From the Closed World to the Mathematical Universe, Chicago Ill./London 1998); B. Bolzano, Paradoxien des Unendlichen, ed. F. Prihonsky, Leipzig 1851 (repr. Darmstadt 1964), ed. A. Höfler, Leipzig 1920 (repr. Hamburg 1955, [2]1975), ed. C. Trapp, Hamburg 2012; J. Brachtendorf (ed.), U.. Interdisziplinäre Perspektiven, Tübingen 2008; L. E. J. Brouwer, Collected Works, I–II, I, ed. A. Heyting, II, ed. H. Freudenthal, Amsterdam/Oxford, New York 1975/1976, I, 1980; G. Bruno, De l'infinito, universo et mondi/Über das Unendliche, das Universum und die Welten, ed. A. Bönker-Vallon, Hamburg 2007 (= Werke IV); G. Cantor, Gesammelte Abhandlungen mathematischen und philosophischen Inhalts, ed. E. Zermelo, Berlin 1932 (repr. Hildesheim 1962, Berlin/Heidelberg 2013); B. Clegg, Infinity. The Quest to Think the Unthinkable, New York 2003; R. T. Cook, Infinity in Mathematics and Logic, Enc. Ph. IV ([2]2006), 654–667; A. A. Davenport, Measure of a Different Greatness. The Intensive Infinite, 1250–1650, Leiden/Boston Mass./Köln 1999; A.-M. Décaillot, Cantor und die Franzosen. Mathematik, Philosophie und das Unendliche, Berlin/Heidelberg 2011; T. Dewender, Das Problem des Unendlichen im ausgehenden 14.

Jahrhundert. Eine Studie mit Textedition zum Physikkommentar des Lorenz von Lindores, Amsterdam/Philadelphia Pa. 2002; M. Enders, Zum Begriff der U. im abendländischen Denken. U. Gottes und U. der Welt, Hamburg 2009; A. Gardiner, Understanding Infinity. The Mathematics of Infinite Processes, Mineola N. Y. 2002; C. Hanley, Being and God in Aristotle and Heidegger. The Role of Method in Thinking the Infinite, Lanham Md. etc. 2000; H. Heuser, U.en. Nachrichten aus dem Grand Canyon des Geistes, Wiesbaden 2008; D. Hilbert, Über das Unendliche, Math. Ann. 95 (1926), 161–190 (repr. in: ders., Hilbertiana. Fünf Aufsätze, Darmstadt 1964, 79–108); M. Huemer, Approaching Infinity, Basingstoke etc. 2016; L. Hühn/D. Evers, U., RGG VIII (^{4}2005), 728–731; S. Ian, Infinity. A Very Short Introduction, Oxford etc. 2017; D. Jacquette, David Hume's Critique of Infinity, Leiden/Boston Mass./Köln 2001; F. Kaufmann, Das Unendliche in der Mathematik und seine Ausschaltung. Eine Untersuchung über die Grundlagen der Mathematik, Leipzig/Wien 1930 (repr. Darmstadt 1968) (engl. The Infinite in Mathematics. Logico-Mathematical Writings, Dordrecht/Boston Mass./London 1978); F. Kaulbach, Der philosophische Begriff der Bewegung. Studien zu Aristoteles, Leibniz und Kant, Köln/Graz 1965; T. Kouremenos, Aristotle on Mathematical Infinity, Stuttgart 1995; G. Kreis, Negative Dialektik des Unendlichen. Kant, Hegel, Cantor, Berlin 2015; N. Kretzmann (ed.), Infinity and Continuity in Ancient and Medieval Thought, Ithaca N. Y./London 1982; H.-P. Kunz, U. und System. Die Bedeutung des Unendlichen in Schellings frühen Schriften und in der Mathematik, Heidelberg 2013; S. Lavine, Understanding the Infinite, Cambridge Mass./London 1994, 1998; P. Lorenzen, Das Aktual-Unendliche in der Mathematik, Philos. Nat. 4 (1957), 3–11, Neudr. in: ders., Methodisches Denken, Frankfurt 1968, ^{2}1980, 1988, 94–103; ders., Metamathematik, Mannheim 1962, Mannheim/Wien/Zürich ^{2}1980; ders., Differential und Integral. Eine konstruktive Einführung in die klassische Analysis, Frankfurt 1965; E. Maor, To Infinity and Beyond. A Cultural History of the Infinite, Boston Mass./Basel/Stuttgart 1987, 1991 (dt. Dem Unendlichen auf der Spur, Basel/Boston Mass./Berlin 1989); E. Martikainen (ed.), Infinity, Causality and Determinism. Cosmological Enterprises and Their Preconditions, Frankfurt etc. 2002; A. W. Moore, The Infinite, London/New York 1990, ^{2}2001; ders., Infinity, REP IV (1998), 772–778; W. Mückenheim, Die Mathematik des Unendlichen, Aachen 2006; G. Oppy, Philosophical Perspectives on Infinity, Cambridge etc. 2006; W. Pannenberg, U., Hist. Wb. Ph. XI (2001), 140–146; H. Poincaré, Les mathématiques et la logique, Rev. mét. mor. 13 (1905), 815–835, 14 (1906), 17–34, 294–317; ders., Über transfinite Zahlen, in: ders., Sechs Vorträge über ausgewählte Gegenstände aus der reinen Mathematik und mathematischen Physik, Leipzig/Berlin 1910, 43–48, Neudr. in: ders., Œuvres XI, Paris 1956 (repr. 2005), 120–124; T. Skolem, Begründung der elementaren Arithmetik durch die rekurrierende Denkweise ohne Anwendung scheinbarer Veränderlichen mit u.em Ausdehnungsbereich, Kristiania 1923 (Skrifter utgit av Videnskapsselskapelt i Kristiania I. Matematisk-Naturvidenskabelig Kl. 1923, H. 6); W. Stegmüller, Hauptströmungen der Gegenwartsphilosophie. Eine kritische Einführung I, Wien/Stuttgart 1952, erw. Stuttgart ^{2}1960, erw. ^{7}1989 (engl. Main Currents in Contemporary German, British, and American Philosophy, Dordrecht 1969, Bloomington Ind. 1970); I. Stewart, Infinity. A Very Short Introduction, Oxford etc. 2017; J. Stillwell, Roads to Infinity. The Mathematics of Truth and Proof, Natick Mass. 2010 (dt. Wahrheit, Beweis, U.. Eine mathematische Reise zu den vielseitigen Auswirkungen der U., Berlin/Heidelberg 2014); R. J. Taschner, Das Unendliche. Mathematiker ringen um einen Begriff, Berlin etc. 1995, Berlin/Heidelberg/New York ^{2}2006; H. Tegtmeyer, Endlichkeit/U., EP I (^{2}2010), 521–527; C. Thiel, Grundlagenkrise und Grundlagenstreit. Studie über das normative Fundament der Wissenschaften am Beispiel von Mathematik und Sozialwissenschaft, Meisenheim am Glan 1972; ders., Philosophie und Mathematik. Eine Einführung in ihre Wechselwirkungen und in die Philosophie der Mathematik, Darmstadt 1995, 2005, bes. 156–178 (Kap. 7 Aussagen über u.e Bereiche); D. Unger, Schlechte U.. Zu einer Schlüsselfigur und ihrer Kritik in der Philosophie des Deutschen Idealismus, Freiburg/München 2015; A. Unsöld, Der neue Kosmos, Berlin/Heidelberg/New York 1967, erw. ^{5}1991, mit Untertitel: Einführung in die Astronomie und Astrophysik, Berlin etc. ^{6}1999, ^{7}2002, Berlin/Heidelberg 2015 (engl. The New Cosmos, New York 1969, Berlin etc. ^{4}1991, mit Untertitel: An Introduction to Astronomy and Astrophysics, ^{5}2001, 2004); D. F. Wallace, Everything and More. A Compact History of ∞, London 2003, London/New York 2010 (dt. Die Entdeckung des Unendlichen. Georg Cantor und die Welt der Mathematik, München/Zürich 2007, ^{4}2011; franz. Tout et plus encore. Une histoire compacte de ∞, Paris 2011); E. Welti, Die Philosophie des Strikten Finitismus. Entwicklungstheoretische und mathematische Untersuchungen über U.sbegriffe in Ideengeschichte und heutiger Mathematik, Bern/Frankfurt/New York 1986; H. Weyl, Das Kontinuum. Kritische Untersuchungen über die Grundlagen der Analysis, Leipzig 1918 (repr. Berlin/Leipzig 1932, New York o.J. [1960]); ders., Über die neue Grundlagenkrise der Mathematik. Vorträge gehalten im mathematischen Kolloquium Zürich, Math. Z. 10 (1921), 39–79, Neudr. in: ders., Gesammelte Abhandlungen II, ed. K. Chandrasekharan, Berlin/Heidelberg/New York 1968, Heidelberg etc. 2014, 143–179. G. W.

Unendliche, das (engl. the infinite, franz. l'infini), zentraler Begriff der abendländischen ↑Metaphysik, insbes. der ↑Naturphilosophie, und der Mathematik (↑unendlich/Unendlichkeit). Die philosophische Diskussion um d. U. konzentrierte sich im wesentlichen auf folgende Themen: (1) die Einführung der Rede vom U.n, (2) das Verhältnis von U.m und Endlichem, (3) der ontologische Status des U.n (potentielles oder aktuales U.s), (4) der kosmologische Status des U.n (räumliche und zeitliche Unendlichkeit der Welt; ↑Universum), (4) die quantitative (größenbestimmte) bzw. (negativ) qualitative Fassung des U.n (Unbestimmtheit), Wesensmerkmal selbstreferentieller Subjektivität, (5) die ↑Paradoxien des Unendlichen. Die Rede vom U.n verdankt sich im wesentlichen einer verdinglichenden Objektivierung des Vermögens der Erkenntnis, qualitative bzw. quantitative Bestimmungen grundsätzlich zu negieren bzw. zu überschreiten. Ein U.s wird dabei einem bestimmten abgegrenzten und damit endlichen Gegenstandsbereich, aber auch einer endlichen Totalität von Gegenstandsbereichen (z. B. der Welt als ganzer), gegenübergestellt (↑Endlichkeit).

Einen ersten, vieldeutigen Begriff des U.n formulierte in der Vorsokratik (↑Vorsokratiker) Anaximander. Als ↑›Apeiron‹ wird der sowohl qualitätslose als auch quantitativ unbegrenzte Urstoff der Welt bezeichnet, aus dem alle endlichen Dinge entstanden sind und ihr ↑Werden allein verstehbar ist. In der vorsokratischen Naturphilosophie, etwa bei Empedokles, Anaxagoras und den Atomisten (↑Atomismus), wurde in unterschiedlicher Weise und in einem terminologisch nicht näher geklärten Sinne die quantitative Unendlichkeit, Unbegrenztheit und Vielgestaltigkeit grundstofflicher Elemente angenommen, wobei zunächst weniger die Unendlichkeit im Kleinen als vielmehr die im Großen im Vordergrund stand. So widersprachen die Atomisten der unendlichen Teilbarkeit der Materie und vertraten einen Finitismus. Sie waren aber die ersten, die eine Unbegrenztheit des ↑Kosmos und des ↑Raumes sowie eine unendliche Vielzahl der Welten lehrten. Für die antike Philosophie (↑Philosophie, antike) gilt dabei weitgehend die werthafte Auszeichnung des begrifflich und anschaulich Faßbaren gegenüber dem im strengen Sinne undenkbaren U.n. Am radikalsten hat Zenon von Elea die Nicht-Denkbarkeit des U.n (vor allem des unendlich Kleinen) und damit dessen Nicht-Sein behauptet und mit diesem Argument in seinen Paradoxien (↑Paradoxien, zenonische) die Unmöglichkeit von ↑Vielheit und ↑Bewegung zu beweisen versucht. Die ↑Pythagoreer identifizieren das Begrenzte und zahlenmäßig Faßbare mit dem ↑Guten, das Unbegrenzte dagegen mit dem ↑Bösen. In der positiven Bewertung des Begrenzten folgt ihnen Platon (Phileb. 23c–32b). Zahl und Maß definieren die Begrenzung, die mit dem Unbegrenzten gemischt das eigentlich Seiende, die Schönheit und das Gute hervorbringt. Indem Platon die wildwüchsige Entstehung von ↑Lust und Unlust mit dem Unbegrenzten identifiziert und die ↑Vernunft als sie begrenzendes Maß postuliert, löst er die Diskussion um d. U. aus dem naturphilosophischen Umfeld. Unbegrenztheit ist bei Platon ein Prädikat für die Disposition bestimmter Zustände (kalt–warm, Lust–Unlust etc.) zu einer unabschließbaren Steigerung bzw. Minderung, die durch die Begrenzung allererst eine ↑Vollkommenheit erhält.

Aristoteles (Phys. Γ3–8.202b–208a) hat, ohne Platons Überlegungen zum U.n als Steigerungs- bzw. Minderungsfähigkeit zu erwähnen, den Pythagoreern und Platon eine Substantialisierung des U.n vorgeworfen. Nach seiner sich an Quantitäten orientierenden Begriffsanalyse ist d. U. weder eine ↑Substanz noch eine ↑Qualität, aber auch kein ↑Prinzip. Abzusprechen sind ihm insbes. Vollständigkeit und ↑Totalität und damit Vollkommenheit. Für das Verständnis der ↑Zeit, der Zerlegbarkeit der Ausdehnungsgrößen, der Fortdauer des Entstehens und Vergehens, der Begrenzung des Endlichen und der additiven Unabschließbarkeit der mathematischen Ausdehnungsgrößen ist ein vieldeutiger Begriff des U.n gleichwohl unverzichtbar. Die Widersprüche, zu denen ein Begriff des ›wirklichen‹ (›aktualen‹) U.n führt, werden durch den eines ›möglichen‹ (›potentiellen‹) U.n vermieden. Allgemein ist danach »Unendlichkeit fortwährende Sukzession von Gliedern (einer Reihe), wobei jedes Glied durchaus endlich ist, aber eben auf jedes Glied jedesmal wieder ein weiteres folgt« (Phys. Γ6.206a27–29). Dabei ist die ins Kleinere gehende Unendlichkeit die Umkehrung der ins Größere gehenden. Aristoteles bindet die Rede vom U.n an diejenigen Verfahren von Additivität und Teilbarkeit, die unbegrenzt vollzogen werden können. Konkret ist die unendliche Sukzession jedoch nicht immer in beide Richtungen durchführbar. So ist die Zahl nur zum Größeren hin, die sinnliche Ausdehnungsgröße dagegen nur zum Kleineren hin unendlich, der Stoff, der Kosmos und der Raum also begrenzt. Die Zeit, der Prozeß und das Denken sind unendlich. Mit der Bestimmung der Potentialität des U.n gelingt Aristoteles eine Definition des Begriffs der ↑Stetigkeit (de cael. A1. 268a6–7). – Die hellenistische Skepsis (↑Skeptizismus) benutzt die Unabgeschlossenheit der potentiellen Unendlichkeit in Anwendung auf die deduktiven Begründungsverfahren (↑regressus ad infinitum) für ihre Erkenntniskritik.

Eine spätantike Umdeutung des U.n ist durch seine Lösung aus dem naturphilosophischen und mathematischen Kontext gekennzeichnet. In Anwendung auf Gott werden z. B. traditionelle Tugendbegriffe (Gerechtigkeit, Güte, Macht, Wissen usw.) mit dem Begriff des U.n verbunden. Die Vollkommenheit Gottes wird, zunächst gegen Widerstände (Origines), durch seine Unendlichkeit ausgesagt. Philon von Alexandreia, Plotinos und Proklos lehren die Eigenschaftslosigkeit, insofern auch die Unbestimmtheit, Gottes und legen damit für die christlich-mittelalterliche Tradition der ↑Mystik und der negativen ↑Theologie von A. Augustinus und Dionysios Areopagites über Meister Eckart bis zu Nikolaus von Kues philosophisch die Grundlage. In der Zeitspekulation des A. Augustinus wird die Ewigkeit als ein über aller zeitlichen Sukzession liegendes U.s, die Zeitfolge – und so auch die Dauer der Welt selbst – hingegen als endlich bestimmt. Augustinus begründet ferner die bis in die Neuzeit (Meister Eckart, Nikolaus von Kues, R. Descartes, G. W. Leibniz, Deutscher Idealismus; ↑Idealismus, deutscher) reichende philosophische Tradition, die die seelischen bzw. geistigen Vermögen und Inhalte als unendlich faßt. – Neben die bestimmungslose und positiv bewertete Unendlichkeit Gottes als des höchsten Seins tritt in den neuplatonischen (↑Neuplatonismus) Traditionen des Mittelalters die mit dem Bösen identifizierte bestimmungslose und darum unendliche Materie, der die Wirklichkeit mangelt. Zwischen beide Unendlichkeiten ist das Dasein gestellt, das am unendlichen Sein ebenso teilhat wie am unendlichen Nichtsein. Der Kosmos ist grundsätzlich begrenzt. Auffassungen von der Ewigkeit der Welt, wie sie etwa Averroës für die mittelalterliche christliche ↑Scholastik wirksam vertrat, werden zurückgewiesen.

Nikolaus von Kues ist der erste an der Schwelle zur neuzeitlichen Philosophie, der aus der Auffassung heraus, daß Gott alles nach Maß und Zahl eingerichtet habe, wieder mathematische und naturphilosophische Aspekte mit dem spekulativen, auch bei ihm noch traditionellen, aktualen Begriff des U.n verbindet. Das aktual U. bildet den zentralen Maßstab, an dem gemessen alles potentiell U. (das ›endliche‹ U.) verschwindet. ›Endlich unendlich‹ sind die Kreatur und der Kosmos; sie sind Abbilder des wahrhaft (aktual) U.n. In ihm fallen alle Gegensätze zusammen, sogar der des U.n und des Endlichen (↑coincidentia oppositorum). Die unendliche Gerade, das unendliche Dreieck und der unendliche Kreis stimmen im U.n überein. Die Mathematik führt zu einem absoluten Begriff vom U.n. Die Lehre des Cusaners von den zwei Unendlichkeiten findet ihre Fortsetzung in der Unterscheidung von Infinitem und Indefinitem (↑indefinit/Indefinitheit) bei Descartes, der sich auf ihn bezieht. Mit seiner Lehre von der Unendlichkeit des Kosmos, des Raumes und der Vielzahl der Welten wird Nikolaus von Kues zudem zum direkten Vorläufer G. Brunos, der sich ebenfalls auf ihn beruft. Mit dem Begriff der Unendlichkeit ist bei Bruno die Aufhebung einer mittezentrierten Welt verbunden (↑Universum).

Die Konsequenz, die Differenz von Gott und Welt (↑deus sive natura), von U.m und Endlichem, prinzipiell in einem Begriff vom aktual U.n (↑natura naturans) aufzuheben und die Endlichkeit (*natura naturata*) zu einer bloß perspektivischen Sicht aus dessen Modi heraus herabzustufen, wird im ↑Pantheismus B. Spinozas gezogen. Ausdehnung und Denken sind nach Spinoza diejenigen Attribute der unendlichen Substanz (Gottes), die deren Wesen adäquat ausdrücken, wobei Gott selbst unendlich viele Attribute zukommen. Zu unterscheiden ist die Unendlichkeit der Substanz, die aus ihrer Natur heraus unendlich ist, von einem U.n minderen ontologischen Status, das eine Wirkung anderer Konstanten ist. Maß, Zahl und Zeit sind Modi des Denkens und deshalb nicht wahrhaft unendlich.

G. W. Leibniz befaßt sich auch aus mathematischem Interesse (↑Infinitesimalrechnung) vor allem mit den Begriffen der Teilbarkeit der Materie und des unendlich Kleinen. Philosophisch leitend ist dabei die gegen den physikalischen ↑Atomismus gerichtete Vorstellung, daß sich auch im Kleinsten die Unendlichkeit und Unbegrenztheit des Göttlichen zeigen muß. Die potentiell unabschließbare Teilbarkeit der Materie und deren aktuale Geteiltheit sind nur zwei Aspekte desselben U.n. Jeder Teil ist in gleicher Weise wiederum ein U.s und Ganzes ebenso wie das Ganze, dessen Teil er ist. In den ↑Monaden (↑Monadentheorie) wird d. U. jeweils vollständig, wenn auch in unterschiedlicher Ausprägung, in deren ↑Perzeptionen repräsentiert. Indem Leibniz auf der logischen Ebene den Monaden in deren perzeptioneller Repräsentanz ihrerseits Unendlichkeit zuspricht, wird er zum Vorläufer der subjektphilosophischen Fassungen des U.n im Deutschen Idealismus. Dabei verbindet er die Vorstellungen des potentiell und des aktual U.n, indem er einerseits ein letztes unendliches Ganzes ausschließt, andererseits begrenzte Ganze in progressiv unendlicher Sukzession als aktual gegeben annimmt, und zwar in Richtung auf das Kleine wie auf das Große. – In der frühneuzeitlichen englischen und französischen Philosophie herrscht hinsichtlich des U.n eine agnostische Haltung (↑Agnostizismus) vor. So vertritt J. Locke die potentielle Fassung des U.n. Die Vorstellung der Unendlichkeit der Zahl, des Raumes, der Zeit und der Teilbarkeit der Materie wird auf die Konstruierbarkeit von Folgen zurückgeführt, für deren Abschluß keine Grenze angegeben werden kann.

I. Kant vertritt in seinen vorkritischen Schriften die Überzeugung, daß die räumlich-materielle Ausdehnung, die Dauer der Welt und die Zahl der die Welt bildenden Einheiten unendlich sind. Die Unvollkommenheit einer sinnlich-anschaulichen Erkenntnis ist für die Annahme eines begrenzten Kosmos verantwortlich. Hinsichtlich der Teilbarkeit trifft Kant einen Unterschied zwischen dem Raum, den er für unendlich teilbar hält, und den Körpern, in deren Konzeption er einen Atomismus von einander abstoßenden, der Zahl nach unendlich vielen Monaden annimmt. In der KrV wird dargelegt, daß Behauptungen über d. U. auf dem Boden der ↑Erfahrung theoretisch nicht entschieden werden können und ihre theoretische Behandlung zu Widersprüchen führt (↑Antinomie, ↑Dialektik, transzendentale). Unter der Voraussetzung, daß Raum und Zeit nichts anderes als subjektive Anschauungsformen (↑Anschauung) sind, wird der Begriff des U.n auf den Begriff eines potentiell U.n eingeschränkt. Die Idee des U.n hat im übrigen eine ↑regulative Funktion und geht als *regressus* oder *progressus* ins U. (›in infinitum‹) oder ins Unbestimmte (›in indefinitum‹). Im Begriff des Indefiniten faßt Kant die qualitative Unbestimmtheit als U.s auf, ein Verständnis, das sich auch im Begriff des unendlichen Urteils (↑Urteil, unendliches) niederschlägt. In den subjektivitätstheoretischen Spekulationen des Deutschen Idealismus (J. G. Fichte, G. W. F. Hegel, F. W. J. Schelling) wird das prozessuale Selbstverhältnis der Subjektivität (↑Subjektivismus) als unendlich und unbegrenzt sowie als sich selbst verendlichend bestimmt. Neben die quantitative und die negativ qualitative Fassung des U.n als fehlende Bestimmtheit tritt damit (in einem gewissen Anschluß an die mittelalterlichen Traditionen der Seelenmetaphysik und an die Leibnizsche Monadentheorie) ein U.s, das immanent bleibend permanente Negativität und

hierin Totalität (Vollkommenheit) und absolut (↑Absolute, das) ist (↑Negation der Negation). Hegel bestimmt die unendliche Subjektivität als ›wahre Unendlichkeit‹ und unterscheidet sie von der qualitativen bzw. quantitativen ›schlechten Unendlichkeit‹ (↑Unendlichkeit, schlechte).
B. Bolzano kritisiert die Ablösung der Rede vom U.n von deren quantitativer Bedeutung (Größe und Vielheit). Seit dem beginnenden 19. Jh. verlagert sich die Diskussion über d. U. zunehmend in die Mathematik und die Raum-, Masse-, Zeit- und Stetigkeitsüberlegungen der Naturwissenschaften (↑Kosmologie). G. Cantor verbindet die von ihm entwickelte transfinite Mengenlehre (↑Mengenlehre, transfinite) noch einmal mit traditionellen metaphysischen Spekulationen über das Absolute, vor allem mit denen Spinozas. Auch F. Nietzsches Lehre von der ewigen ↑Wiederkehr des Gleichen läßt sich als eine Spekulation über d. U. rekonstruieren, das hier in einen Zusammenhang mit der Sinnlosigkeit des Weltgeschehens (↑Nihilismus) gerückt wird.

Literatur: A. Badiou, Le fini et l'infini, Montrouge 2010 (dt. Das Endliche und d. U., Wien 2012); ders., Le séminaire. L'infini. Aristote, Spinoza, Hegel. 1984–1985, Paris 2016; H. Beckert, Zur Erkenntnis des U.n, Stuttgart/Leipzig 2001; J. A. Bernadete, Infinity, in: R. Audi (ed.), The Cambridge Dictionary of Philosophy, Cambridge etc. ²1999, 430–431; U. Blau, Grundparadoxien, grenzenlose Arithmetik, Mystik, Heidelberg 2016; S. Bochner, Infinity, DHI II (1973), 604–617; B. Bolzano, Paradoxien des U.n, ed. F. Prihonsky, Leipzig 1851 (repr. Darmstadt 1964), ed. A. Höfler, Leipzig 1920 (repr. Hamburg 1955, ²1975), ed. C. Tapp, Hamburg 2012; J. Cohn, Geschichte des Unendlichkeitsproblems im abendländischen Denken bis Kant, Leipzig 1896 (repr. Hildesheim, Darmstadt 1960, Hildesheim/Zürich/New York 1983) (franz. Histoire de l'infini. Le problème de l'infini dans la pensée occidentale jusqu'à Kant, Paris 1994); R. T. Cook, Infinity in Mathematics and Logic, Enc. Ph. IV (²2006), 654–667; A.-M. Décaillot, Cantor und die Franzosen. Mathematik, Philosophie und d. U., Berlin/Heidelberg 2011; A. Dempf, D. U. in der mittelalterlichen Metaphysik und in der kantischen Dialektik, Münster 1926; F. Dessauer, Auf den Spuren der Unendlichkeit, Frankfurt 1954, ²1958; C. Gutberlet, D. U. metaphysisch und mathematisch betrachtet, Mainz 1878; H. Heimsoeth, Die sechs großen Themen der abendländischen Metaphysik und der Ausgang des Mittelalters, Berlin 1922, Stuttgart ³1954 (repr. 1958, Darmstadt 1987) (engl. The Six Great Themes of Western Metaphysics and the End of the Middle Ages, Detroit Mich. 1994); L. Hühn/D. Evers, Unendlichkeit, RGG VIII (⁴2005), 728–731; R. Kaplan/E. Kaplan (eds.), The Art of the Infinite. Our Lost Language of Numbers, Oxford etc. 2003, New York etc. 2014 (dt. D. U. denken. Eine Verführung zur Mathematik, München 2003); A. Koyré, From the Closed World to the Infinite Universe, Baltimore Md. 1957, 1994 (franz. Du monde clos à l'univers infini, Paris 1962, 1988; dt. Von der geschlossenen Welt zum unendlichen Universum, Frankfurt 1969, ²2008); G. Kreis, Negative Dialektik des U.n. Kant, Hegel, Cantor, Berlin 2015; N. Kretzmann (ed.), Infinity and Continuity in Ancient and Medieval Thought, Ithaca N. Y./London 1982; H.-P. Kunz, Unendlichkeit und System. Die Bedeutung des U.n in Schellings frühen Schriften und in der Mathematik, Heidelberg 2013; S. Lavine, Understanding the Infinite, Cambridge Mass./London 1994, 1998; A. Maier, Studien zur Naturphilosophie der Spätscholastik I (Die Vorläufer Galileis im 14. Jahrhundert), Rom 1949 (repr. 1977), ²1966; E. Maor, To Infinity and Beyond. A Cultural History of the Infinite, Boston Mass./Basel/Stuttgart 1987, 1991 (dt. Dem U.n auf der Spur, Basel/Boston Mass./Berlin 1989); F. Menegoni/L. Illetterati (eds.), Das Endliche und d. U. in Hegels Denken. Hegel-Kongreß in Padua und Montegrotto Terme 2001, Stuttgart 2004; A. W. Moore, The Infinite, London/New York 1990, ²2001; ders., Infinity, REP IV (1998), 772–778; W. Mückenheim, Die Mathematik des U.n, Aachen 2006; H. P. Owen, Infinity in Theology and Metaphysics, Enc. Ph. IV (1967), 190–193, (²2006), 668–671; W. Pannenberg, Unendlichkeit, Hist. Wb. Ph. XI (2001), 140–146; G. Prauss, Das Kontinuum und d. U.. Nach Aristoteles und Kant ein Rätsel, Freiburg/München 2017; R. Rucker, Infinity and the Mind. The Science and Philosophy of the Infinite, Boston Mass./Basel/Stuttgart 1982, Princeton N. J./Oxford 2005 (dt. Die Ufer der Unendlichkeit. Analysen und Spekulationen über die mathematischen, physikalischen und wirklichen Ränder unseres Denkens, Frankfurt 1989); R. Taschner, D. U.. Mathematiker ringen um einen Begriff, Berlin etc. 1995, Berlin/Heidelberg/New York ²2006; ders., Musil, Gödel, Wittgenstein und d. U., Wien 2002; H. Tegtmeyer, Endlichkeit/Unendlichkeit, EP I (²2010), 521–527; D. F. Wallace, Everything and More. A Compact History of ∞, London 2003, London/New York 2010 (dt. Die Entdeckung des U.n. Georg Cantor und die Welt der Mathematik, München/Zürich 2007, ⁴2011; franz. Tout et plus encore. Une histoire compacte de ∞, Paris 2011). S. B.

Unendlichkeit, schlechte, von G. W. F. Hegel im ersten Teil der »Wissenschaft der Logik« (Sämtl. Werke IV, 150–183) für die verstandesmäßige Vorstellung der Unendlichkeit (›progressive Unendlichkeit‹) gebrauchte Wendung (↑Hegelsche Logik). Das durch eine ›Schranke‹ definierte Endliche weist mit dieser Grenze über sich hinaus auf sein ↑Anderes, das Unbeschränkte. Indem dieses aber nur das qualitativ Andere zur Endlichkeit ist, und sich in Wechselbeziehung zu diesem befindet, ist es selbst ein endliches Unendliches. S. U.en in diesem Sinne sind das mathematische Unendliche (↑unendlich/Unendlichkeit), die Iterierung der Ursachen, der Prozeß der Fortpflanzung. Die ›wahrhafte Unendlichkeit‹ ist dagegen durch eine ↑Negativität bestimmt, die nicht über sich hinaus auf Anderes verweist, sondern selbstreferentiell bleibt, d. h. Subjektivität (›Für-sich-Sein‹) ist. Der Sache nach findet sich die Differenz zwischen einer s.n U. und einer wahren Unendlichkeit bei Nikolaus von Kues (potentielle vs. aktuale Unendlichkeit) und bei R. Descartes (Infinites vs. Indefinites). S. B.

Unendlichkeitsaxiom (engl. axiom of infinity, franz. axiome de l'infini), Bezeichnung für ein Axiom der axiomatischen Mengenlehre (↑Mengenlehre, axiomatische). Das U. tritt (1) in den meisten typenfreien Systemen (Ausnahme z. B. W. V. O. Quines System ML) und (2) in den Systemen der ↑Typentheorie auf. In beiden Fällen dient es dem Zweck, bei der logizistischen (↑Logizismus) Intention einer mengentheoretischen ↑Definition der

natürlichen ↑Zahlen die Existenz einer entsprechenden Menge zu sichern.
(1) In den typenfreien Systemen stellt das U. die Existenz einer unendlichen Menge fest, genauer: die Existenz einer Menge, zu deren Elementen die leere Menge $\emptyset$ gehört und mit jedem Element x auch die Vereinigungsmenge $x \cup \{x\}$ (↑Vereinigung (mengentheoretisch)). Dieser Sachverhalt läßt sich als U. z. B. so formulieren:

(U) $\bigvee_z(\emptyset \in z \wedge \bigwedge_x(x \in z \rightarrow x \cup \{x\} \in z))$.

Eine auf J. v. Neumann zurückgehende Anwendung des U.s bei der Definition der natürlichen Zahlen beruht darauf, geeigneten Mengen Zahlzeichen zuzuordnen:

$0 := \emptyset$,
$1 := \{0\} = \{\emptyset\}$,
$2 := \{0,1\} = \{\emptyset,\{\emptyset\}\}$,
$3 := \{0,1,2\} = \{\emptyset,\{\emptyset\}, \{\emptyset,\{\emptyset\}\}\}$,
usw.

Eine exakte Formulierung dieses Verfahrens erfolgt z. B. über die folgenden Definitionen:

(D1) $0 := \emptyset$.
(D2) Sei x eine Menge. Die ↑Funktion (bzw. funktionale Klasse; ↑Klasse (logisch)) N: $x \mapsto x \cup \{x\}$ heiße ›Nachfolgerfunktion‹.
(D3) Eine Menge z heiße ›induktiv‹ (›Ind(z)‹) genau dann, wenn sie $\emptyset$ enthält und mit jedem ihrer Elemente x auch dessen durch die Funktion N gegebenen ›Nachfolger‹ N(x):
$\mathrm{Ind}(z) \leftrightharpoons \emptyset \in z \wedge \bigwedge_x(x \in z \rightarrow \mathrm{N}(x) \in z)$.

Die Leistung des U.s besteht dann in der Postulierung der Existenz einer induktiven Menge. Die Menge $\mathbb{N}$ der natürlichen Zahlen ist die ›kleinste‹ induktive Menge, d. h., sie ist die Schnittmenge aller induktiven Mengen:

$\mathbb{N} := \{x \mid \bigwedge_z(\mathrm{Ind}(z) \rightarrow x \in z)\}$.

Der Beweis, daß das so definierte $\mathbb{N}$ eine Menge ist, erfordert zusätzlich das ↑Aussonderungsaxiom. Das U. wurde von v. Neumann auch zum Aufbau der Theorie der ↑Kardinalzahlen und der ↑Ordinalzahlen verwendet.
(2) Im Unterschied zur axiomatischen Mengenlehre statuiert das U. in der (einfachen) Typentheorie nicht die Existenz einer unendlichen Menge, sondern die Existenz einer unendlichen Anzahl von Individuen. Dieser Sachverhalt läßt sich so formulieren, daß die Allmenge des 1. Typs als unendlich angenommen wird. Auch für höhere Typen können U.e formuliert werden.
Das U. als ein Existenzaxiom für aktual-unendliche Mengen (↑unendlich/Unendlichkeit) entspricht nicht der in der intuitionistischen und Konstruktiven Mathematik (↑Mathematik, konstruktive) erhobenen methodischen Forderung der Konstruktivität (↑konstruktiv/Konstruktivität) und wird deshalb dort verworfen. Aus logizistischer Sicht wurde gegen die Verwendung des U.s eingewendet, daß es nicht logischer Natur sei und deshalb den Rahmen des logizistischen Programms sprenge. Außerdem wird gegen seinen axiomatischen Charakter vorgebracht, daß ein Satz, der die Existenz einer unendlichen Anzahl von Individuen feststellt, ohne Beweis nicht einleuchtend sei.

Literatur: L. Borkowski, Logika formalna. Systemy logiczne. Wstęp do metalogiki, Warschau 1970 (dt. Formale Logik. Logische Systeme. Einführung in die Metalogik. Ein Lehrbuch, Berlin [Ost] 1976, München 1977); H. D. Ebbinghaus, Einführung in die Mengenlehre, Darmstadt 1977, [2]1979; C. J. Keyser, The Axiom of Infinity: A New Presupposition of Thought, The Hibbert J. 2 (1903/1904), 532–552, 3 (1904/1905), 380–383; A. Oberschelp, Aufbau des Zahlensystems, Göttingen 1968, erw. [2]1972, [3]1976; W. V. O. Quine, Mathematical Logic, New York 1940, Cambridge Mass. [2]1951 (repr. Cambridge Mass. etc. 1996); B. Russell, The Axiom of Infinity, The Hibbert J. 2 (1903/1904), 809–812; J. Stillwell, Roads to Infinity. The Mathematics of Truth and Proof, Natick Mass. 2010 (dt. Wahrheit, Beweis, Unendlichkeit. Eine mathematische Reise zu den vielseitigen Auswirkungen der Unendlichkeit, Berlin/Heidelberg 2014); R. J. Taschner, Das Unendliche. Mathematiker ringen um einen Begriff, Berlin etc. 1995; A. N. Whitehead/B. Russell, Principia Mathematica II, Cambridge 1910, London [2]1927 (repr. Cambridge etc. 2004), bes. 203–204, 281–284. G. W.

Unendlichkeitsdefinition, in der ↑Mengenlehre Bezeichnung für die Einführung des Unendlichen (↑unendlich/Unendlichkeit) mittels des Begriffs der Mächtigkeit. Zwei ↑Mengen A, B heißen ›gleichmächtig‹ (Notation: $A \sim B$) genau dann, wenn es eine eineindeutige (↑eindeutig/Eindeutigkeit) ↑Abbildung f von A nach B gibt. Damit lautet die U.: eine Menge M heißt ›unendlich‹ genau dann, wenn M zu einer ihrer echten Teilmengen gleichmächtig ist:

M ist unendlich $\leftrightharpoons \bigvee_N(N \subset M \wedge N \sim M)$.

Der Begriff der Mächtigkeit ergibt sich aus einer Verallgemeinerung des Verfahrens, die Größe (d. h. die Anzahl der Elemente) zweier endlicher Mengen A, B durch eineindeutige ↑Zuordnung zu vergleichen. Wenn bei der Bildung der Paare $\langle a,b\rangle$ kein $a \in A$ und kein $b \in B$ übrigbleibt, sind A und B anzahlgleich bzw. gleich groß.
Dieser Mächtigkeitsbegriff erlaubt ferner den Vergleich der ›Größen‹ unendlicher Mengen. So liefert etwa die Zuordnungsvorschrift $n \mapsto 2n$ eine eineindeutige Abbildung der Menge $\mathbb{N}$ aller natürlichen Zahlen auf die der geraden Zahlen G; folglich sind beide Mengen gleichmächtig. Gleichmächtigkeit mit einer echten Teilmenge wurde als Kriterium für die Unendlichkeit von Mengen von R. Dedekind (Was sind und was sollen die Zahlen?, Braunschweig 1888) eingeführt; entsprechend heißen solcherart als unendlich bestimmte Mengen auch ›Dedekind-unendlich‹.

Mitentscheidend für die Einführung einer U. im Zuge der ↑Arithmetisierungstendenz war unter anderem die Unklarheit bezüglich der ›unendlich kleinen‹ bzw. ›unendlich großen‹ Größen der ↑Infinitesimalrechnung. Die traditionellen Begriffsbestimmungen waren zu deren Klärung ungeeignet, denn statt einer quantitativen Bestimmung stand, neben einem gewissen ›horror infiniti‹, ein qualitativer Zugang im Vordergrund: ›aktual‹–›potentiell‹ (Aristoteles), ›unendlich‹–›unbegrenzt‹ (Nikolaus von Kues, R. Descartes), ›wahr‹–›schlecht‹ (B. de Spinoza, G. W. F. Hegel). Vor diesem Hintergrund formuliert Dedekind seine U., in der er gerade dasjenige heranzieht, was zuvor als eine ↑›Paradoxie des Unendlichen‹ betrachtet wurde. Der Sachverhalt $G \sim \mathbb{N}$, der seine Definition motiviert, war als Paradox mehr oder weniger schon Nikolaus von Kues, G. Galilei, Descartes und B. Bolzano bekannt, und beim ersteren findet sich auch der Ansatz, dies als U. zu verwenden. B. B.

unentscheidbar/Unentscheidbarkeit (engl. undecidable/undecidability), Terminus der Mathematischen Logik (↑Logik, mathematische), insbes. der ↑Metamathematik, Gegenbegriff zu ↑entscheidbar/Entscheidbarkeit. U. ist eine ›negative‹ Eigenschaft mancher ↑Aussagen, ↑Prädikatoren bzw. ↑Mengen oder ↑Relationen oder ↑Theorien. Eine *Aussage* A heißt (absolut) u., wenn es kein effektives allgemeines Verfahren (↑Algorithmus) gibt, mit dessen Hilfe sich in endlich vielen Schritten feststellen läßt, ob A (im Sinne eines vorausgesetzten semantischen ↑Wahrheitsbegriffs oder einer konstruktiven Definition von ↑Wahrheit und Falschheit) wahr ist oder falsch. Ein *Prädikator* $x \, \varepsilon \, P$ bzw. $x_1, \ldots, x_n \, \varepsilon \, P^{(n)}$ heißt u., wenn es kein effektives allgemeines Verfahren gibt, mit dessen Hilfe sich in endlich vielen Schritten feststellen läßt, ob er auf ein gegebenes Objekt c bzw. n-Tupel von Objekten $c_1, \ldots, c_n$ aus dem zugehörigen Gegenstandsbereich zutrifft oder nicht. Dementsprechend heißt, gegeben eine Menge X, eine *Teilmenge* $M \subseteq X$ bzw. eine *Relation* $R \subseteq X^n$ u., wenn alle sie darstellenden Terme (= Prädikatoren) u. sind; für die U. von Mengen ist auch die gleichwertige Formulierung üblich, daß es kein effektives allgemeines Verfahren gebe, das sowohl die Menge M als auch ihr relatives Komplement $\complement M$ in X aufzählen würde (↑aufzählbar/Aufzählbarkeit). Ist ein solches Verfahren gegeben, so kann man feststellen, ob ein Objekt $c \in X$ in M ist, indem man einerseits M, andererseits $\complement M$ aufzählt: früher oder später taucht c entweder in der einen oder in der anderen Aufzählung auf. Umgekehrt erhält man eine Aufzählung von M (bzw. $\complement M$), indem man ganz X aufzählt und bei jedem Element feststellt, ob es in M ist oder nicht: wenn es in M (bzw. nicht in M) ist, schreibt man es als Teil der Aufzählung auf, sonst nicht.

Eine widerspruchsfreie (↑widerspruchsfrei/Widerspruchsfreiheit) Theorie T heißt u., wenn die Menge der in jedem ↑Modell von T gültigen Sätze bzw. der ↑Theoreme von T u. ist. Dabei ist zu beachten, daß auch die Entscheidbarkeit einer widerspruchsfreien axiomatischen Theorie (↑System, axiomatisches) nicht bedeutet, daß jede Frage über den axiomatisierten Bereich beantwortbar sei, sondern nur, daß jede Aussage als wahr oder falsch entscheidbar ist, die aus den Primformeln der Theorie *logisch* zusammengesetzt ist. In diesem Sinne u. sind z. B. die elementare ↑Arithmetik (bzw. der ↑Peano-Formalismus, K. Gödel 1930/1931; ↑Unentscheidbarkeitssatz, ↑Unableitbarkeitssatz), die elementare Gruppentheorie (A. Tarski 1946) und die Kalküle der konstruktiven und der klassischen ↑Quantorenlogik (A. Church 1936). Das erste Beispiel eines ›nicht-artifiziellen‹ junktorenlogischen Systems, dessen U. nachgewiesen wurde, war das relevanzlogische System R (A. Urquhart 1984; ↑Relevanzlogik). Die negative Lösung eines ↑Entscheidungsproblems bedeutet stets die Unlösbarkeit gewisser allgemeiner Probleme oder Problemgruppen. Zwischen den Begriffen der U. und der Unvollständigkeit (↑unvollständig/Unvollständigkeit) bestehen enge Beziehungen, ebenso zu den Begriffen der Berechenbarkeit (↑berechenbar/Berechenbarkeit) und der Rekursivität (↑rekursiv/Rekursivität); doch sind U.sfragen, die sich nicht auf einen konstruktiven (effektiven) Entscheidbarkeitsbegriff stützen, abhängig von der Annahme der ↑Churchschen These. C. T.

Unentscheidbarkeitssatz (engl. undecidability theorem), Terminus der Mathematischen Logik (↑Logik, mathematische) bzw. der ↑Metamathematik zur Bezeichnung von Sätzen, die bezüglich bestimmter Formelmengen A (↑Formel) jeweils die Unmöglichkeit eines Entscheidungsverfahrens für A besagen. Gegeben seien zwei Formelmengen A und B mit $A \supseteq B$. Dann heißt B ›unentscheidbar (relativ zu A)‹ (↑unentscheidbar/Unentscheidbarkeit) genau dann, wenn es kein im Sinne der ↑Churchschen These effektives Verfahren gibt (↑Algorithmentheorie), das für jede Formel $\varphi \in A$ entscheidet, ob $\varphi \in B$ oder $\varphi \notin B$ (d. h. $\varphi \in A \setminus B$). Andernfalls heißt B ›entscheidbar (relativ zu A)‹ (↑entscheidbar/Entscheidbarkeit). Ist die Menge B durch eine Eigenschaft E gegeben, d. h. $B \leftrightharpoons \{\varphi \in A: E(\varphi)\}$, so spricht man in übertragener Redeweise auch davon, daß die Eigenschaft E entscheidbar bzw. unentscheidbar ist. Wird der Begriff ›U.‹ nicht näher spezifiziert gebraucht, ist in der Regel ein Satz über die Unentscheidbarkeit der ↑Arithmetik oder der ↑Quantorenlogik 1. Stufe gemeint.

Sei $A = S_{\mathrm{Ar}}$ die Menge aller arithmetischen Sätze 1. Stufe, d. h. die Menge aller Ausdrücke ohne freie ↑Variable in einer Sprache 1. Stufe, welche Konstantenzeichen (↑Konstante) für die Zahl 0, für die Nachfolgerfunktion S (*suc-*

cessor) mit $Sn = n + 1$ (↑Nachfolger) sowie für Addition (↑Addition (mathematisch)) und Multiplikation (↑Multiplikation (mathematisch)) enthält; B sei die Teilmenge derjenigen Sätze, die im Standardmodell der Arithmetik (d. i. die Menge $\mathbb{N}$ der natürlichen Zahlen mit den entsprechenden Funktionen) wahr sind: $B = W_{\text{Ar}} \subset S_{\text{Ar}}$. Dann besagt der *Unentscheidbarkeitssatz für die Arithmetik*: Es gibt kein effektives Verfahren, das für jeden Ausdruck $\varphi \in S_{\text{Ar}}$ entscheidet, ob $\varphi \in W_{\text{Ar}}$ oder $\varphi \notin W_{\text{Ar}}$, das also für jeden arithmetischen Satz entscheidet, ob er wahr ist oder nicht.

Sei $A = L^1$ die Menge aller Sätze einer Sprache der Logik 1. Stufe und $B = L^1_{\text{allgt}} \subset L^1$ die Teilmenge der allgemeingültigen Sätze, dann lautet der *Unentscheidbarkeitssatz für die Quantorenlogik*: Es gibt kein effektives Verfahren, das für jeden Satz $\varphi \in L^1$ entscheidet, ob $\varphi \in L^1_{\text{allgt}}$ oder $\varphi \notin L^1_{\text{allgt}}$, das also für jeden Satz der Logik 1. Stufe entscheidet, ob er allgemeingültig ist oder nicht.

Statt die jeweilige Menge B semantisch (↑Semantik) durch Angabe ihrer ↑Modelle zu charakterisieren, läßt sich B auch syntaktisch (↑Syntax) beschreiben. Hierzu bezeichne ›$\hat{F}$‹ die Theorie eines formalen Systems F (↑System, formales), d. i. die Menge aller in F herleitbaren Sätze; $\hat{F}_{\text{Rob}}$ sei die Theorie des Robinson-Formalismus (↑Robinsonaxiom). Dann besagt der *Unentscheidbarkeitssatz für die formalisierte Arithmetik*: Für kein widerspruchsfreies formales System F_{Ar} der Arithmetik, das zumindest die Sätze des Robinson-Formalismus enthält ($\hat{F}_{\text{Ar}} \supseteq \hat{F}_{\text{Rob}}$), gibt es ein effektives Verfahren, das für jeden Satz $\varphi \in W_{\text{Ar}}$ entscheidet, ob $\varphi \in \hat{F}_{\text{Ar}}$ oder $\varphi \notin \hat{F}_{\text{Ar}}$, das also entscheidet, ob ein wahrer Satz der Arithmetik im System F_{Ar} herleitbar ist oder nicht. Entsprechend lautet der *Unentscheidbarkeitssatz für die formalisierte Quantorenlogik*: Für keine widerspruchsfreie Formalisierung F_{Log} der Logik mit $\hat{F}_{\text{Log}} \subseteq L^1_{\text{allgt}}$ gibt es ein effektives Verfahren, das für jeden Ausdruck $\varphi \in L^1_{\text{allgt}}$ entscheidet, ob $\varphi \in \hat{F}_{\text{Log}}$ oder $\varphi \notin \hat{F}_{\text{Log}}$, das also entscheidet, ob ein allgemeingültiger Ausdruck in F_{Log} herleitbar ist oder nicht.

Präzisierung wie Weiterführung finden diese Ergebnisse im Rahmen der Rekursionstheorie (↑Funktion, rekursive, ↑rekursiv/Rekursivität). Eine Menge A von natürlichen Zahlen heißt ›rekursiv aufzählbar‹ (*recursively enumerable*) genau dann, wenn sie Wertebereich einer partiell-rekursiven Funktion f ist; d. h., durchlaufen die Argumente von f die natürlichen Zahlen, so durchlaufen die Funktionswerte (eventuell mit Wiederholungen) die Menge A, sie zählen sie auf. Eine Menge A von natürlichen Zahlen heißt ›rekursiv‹ genau dann, wenn die charakteristische Funktion (↑Funktion, charakteristische) χ_A von A rekursiv ist. Nach der Churchschen These ist eine Menge A entscheidbar genau dann, wenn A rekursiv ist. Es gilt dann der fundamentale Satz, daß eine Menge A rekursiv (bzw. entscheidbar) ist genau dann, wenn sowohl A als auch sein Komplement $\complement A = \mathbb{N} \setminus A$ rekursiv aufzählbar ist. Mittels ↑Gödelisierung läßt sich jede Formelmenge A in eine Menge A^g natürlicher Zahlen überführen; insbes. entspricht jeder Theoremmenge $\hat{F}$ eines formalen Systems F eine Menge $\hat{F}^g$ natürlicher Zahlen und den Herleitungsregeln von F eine partiell-rekursive Funktion f, die $\hat{F}^g$ aufzählt. In übertragener Redeweise soll eine Formelmenge ›rekursiv aufzählbar‹ (bzw. ›rekursiv‹) heißen, wenn die Menge ihrer Gödelzahlen rekursiv aufzählbar (bzw. rekursiv) ist. Die aufgeführten Ergebnisse lauten dann in rekursionstheoretischer Formulierung: Weder die Menge W_{Ar} der wahren Sätze der Arithmetik noch die Menge F_{Ar} der falschen Sätze ist rekursiv aufzählbar, und somit ist keine der beiden Mengen rekursiv (oder entscheidbar). Die Menge L^1_{allgt} der allgemeingültigen Ausdrücke 1. Stufe ist rekursiv aufzählbar, aber nicht rekursiv (entscheidbar); folglich kann die Komplementmenge nicht rekursiv aufzählbar sein. Mit anderen Worten, es gibt kein effektives Verfahren und im näheren kein formales System, das genau die nicht-allgemeingültigen Ausdrücke 1. Stufe zu erzeugen gestattet.

Verfeinerungen: (1) Da die Stufenzugehörigkeit eines Ausdruckes entscheidbar ist, gelten die angeführten Sätze auch für die Arithmetik 2. Stufe (Analysis) und höherer Stufe bzw. für die allgemeingültigen Ausdrücke der ↑Stufenlogik. (2) Es besteht ein Zusammenhang zwischen den syntaktischen und den semantischen Formulierungen. Da die Menge $\hat{F}_{\text{Ar}}$ zwar rekursiv aufzählbar, aber nicht rekursiv (entscheidbar) ist, kann nach dem Fundamentalsatz die Komplementmenge $W_{\text{Ar}} \setminus \hat{F}_{\text{Ar}}$ nicht rekursiv aufzählbar sein. Damit kann W_{Ar} ebenfalls nicht rekursiv aufzählbar und folglich auch nicht rekursiv (entscheidbar) sein. So impliziert der syntaktische U. für die Arithmetik den semantischen, nicht aber umgekehrt. Wegen des Gödelschen ↑Vollständigkeitssatzes hingegen gilt für alle geeigneten Formalisierungen F_{Log}, daß sie adäquat bezüglich der allgemeingültigen Ausdrücke 1. Stufe sind: $\hat{F}^1_{\text{Log}} = L^1_{\text{allgt}}$. Daher ist der syntaktische U. für die Quantorenlogik dem semantischen äquivalent. (3) Der Zusammenhang zwischen den beiden syntaktisch gefaßten U.en läßt sich wie folgt bestimmen. Da im Robinson-Formalismus die Theorie $\hat{F}_{\text{Rob}}$ durch das endliche Axiomensystem Q axiomatisierbar wird, ist ein Ausdruck φ in F_{Rob} herleitbar genau dann, wenn die ↑Subjunktion ›$Q \rightarrow \varphi$‹ allgemeingültig (↑allgemeingültig/Allgemeingültigkeit) ist: $Q \vdash \varphi$ genau dann, wenn $\vdash Q \rightarrow \varphi$. Mit L^1_{allgt} wäre also auch F_{Rob} entscheidbar. Kontraponiert folgt so aus dem U. für $\hat{F}_{\text{Rob}}$ der U. für die formalisierte Quantorenlogik (tatsächlich folgt aus dem U. für F_{Rob} noch mehr, z. B. die Unentscheidbarkeit der üblichen Mengenlehren und einiger anderer mathematischer Theorien). (4) Neben dem fundamentalen Satz der Rekursionstheorie wird ein weiterer Zusammenhang zwischen Unentscheidbarkeit und Vollständigkeit (↑vollständig/Vollständigkeit) bzw. Unvollständigkeit (↑unvollständig/Unvollständigkeit) durch den folgenden Satz beschrieben: Ist die Theorie $\hat{F} \subseteq \Phi$ eines formalen Systems F syntaktisch vollständig (d. h., für alle Sätze $\varphi \in \Phi$ gilt $\varphi \in \hat{F}$ oder $\neg\varphi \in \hat{F}$), dann ist $\hat{F}$ auch entscheidbar (denn in diesem Falle fungiert F selbst als Entscheidungsverfahren). Kontraponiert heißt dies: Ist $\hat{F}$ unentscheidbar, dann ist $\hat{F}$ auch nicht syntaktisch vollständig, d. h., es gibt einen formal unentscheidbaren Satz, also einen Satz $\varphi \in \Phi$, für den weder $\varphi \in \hat{F}$ noch $\neg\varphi \in \hat{F}$ gilt; mit anderen Worten: F ist unvollständig bezüglich Φ. Setzt man $\Phi = W_{\text{Ar}}$ und $F = F_{\text{Rob}}$ und berücksichtigt man die angestellten Betrachtungen, so folgen alle angeführten Unentscheidbarkeits- und Unvollständigkeitsresultate allein aus dem U. für den Robinson-Formalismus F_{Rob}. (5) Durch eine Relativierung bzw. Verallgemeinerung der Begriffe der rekursiven Aufzählbarkeit und der Rekursivität (z. B.: *unter der Annahme*, daß die Menge B entscheidbar ist, ist auch die Menge A entscheidbar) lassen sich *Grade* der Unentscheidbarkeit gewinnen. Ausgehend von den rekursiven (entscheidbaren) Mengen erhält man derart ganze Hierarchien von unentscheidbaren Mengen, deren Unentscheidbarkeit ›immer stärker‹ wird. In der Hierarchie der Turing-Grade (auch: Unlösbarkeitsgrade) etwa erhalten rekursive Mengen den Grad 0, das Halteproblem für ↑Turing-Maschinen den Grad 1, die Frage, ob eine rekursive Funktion partiell oder total auf $\mathbb{N}$ definiert ist, den Grad 2, usw.; die Unentscheidbarkeit der Arithmetik hat den Turing-Grad ω.

U.e sind ›globale‹ Aussagen, die ›lokalen‹ Entscheidbarkeitssätzen Raum lassen, denn die Aussage, daß es kein Entscheidungsverfahren für B gibt, schließt nicht aus, daß für viele Teilmengen $B^* \subset B$ ein solches existiert. So ist die Menge aller wahren arithmetischen Sätze unentscheidbar; jedoch sind die Teilmengen derjenigen Sätze, in denen als zweistellige Operation nur die Addition (Presburger-Arithmetik) bzw. nur die Multiplikation vorkommt (Skolem-Arithmetik), entscheidbar. Ebenso lassen sich aus der Menge aller allgemeingültigen Ausdrücke der 1. Stufe entscheidbare Teilmengen wie folgt aussondern. Man bringt die Ausdrücke zunächst in pränexe ↑Normalform und klassifiziert anschließend die Ausdrücke nach ihrem Quantorenpräfix und nach der Stelligkeit der Relationen, die im quantorenfreien Kern vorkommen. Für so ausgezeichnete Teilklassen gelingt dann häufig der Nachweis ihrer Entscheidbarkeit. So zeigte schon L. Löwenheim, daß die monadische Quantorenlogik 1. und 2. Stufe (d. h. mit nur einstelligen Relationen) entscheidbar ist. Gelingt der Nachweis, daß ein ↑Entscheidungsproblem lösbar ist, zeigen allerdings komplexitätstheoretische Untersuchungen, daß die entsprechenden Verfahren in der Regel geringes praktisches Interesse beanspruchen können, weil z. B. bei einer Implementation als Computerprogramm der Zeit- oder der Speicherbedarf mindestens exponentiell mit der Inputlänge wächst.

Die genannten Ergebnisse nahmen ihren Ausgang von D. Hilberts Vortrag auf dem Mathematiker-Kongreß 1928 in Bologna, wo Hilbert erstmalig das Entscheidungsproblem für die Quantorenlogik formulierte. K. Gödel gelang 1931 eine Teilantwort: Das Hilbertsche Entscheidungsproblem ist nicht lösbar mit den Mitteln, die in formalen Systemen der Arithmetik im Stufenkalkül repräsentierbar sind (Über formal unentscheidbare Sätze [...], 1931). 1935/1936 formulierte A. Church seine These, daß jedes effektive Verfahren einer rekursiven Funktion äquivalent ist. Da diese bereits in erststufigen formalen Systemen der Arithmetik repräsentierbar sind, konnte er 1936 den U. für die formalisierte Arithmetik und, durch Angabe eines endlich axiomatisierbaren Teilsystems, den U. für die formalisierte Quantorenlogik beweisen. Beinahe zeitgleich publizierten E. L. Post und A. M. Turing ihre gleichlautenden Ergebnisse. Neue Impulse bezüglich der Unentscheidbarkeit von Theorien formaler Systeme gingen dann vor allem von der Monographie »Undecidable Theories« (1953) aus, verfaßt von A. Mostowski, R. M. Robinson und A. Tarski, in der unter anderem der Robinson-Formalismus eingeführt wurde. Die entsprechenden rekursionstheoretischen Forschungen nahmen ihren Ausgang insbes. von den Arbeiten S. C. Kleenes ab Mitte der 30er Jahre des 20. Jhs.. Die philosophischen Konsequenzen der U.e über die Möglichkeiten und Grenzen von effektiven Verfahren werden zumeist im Zusammenhang mit der Churchschen These diskutiert.

Literatur: W. Ackermann, Solvable Cases of the Decision Problem, Amsterdam 1954, 1968; A. Church, An Unsolvable Problem of Elementary Number Theory (Abstract), Bull. Amer. Math. Soc. 41 (1935), 332–333; ders., An Unsolvable Problem of Elementary Number Theory, Amer. J. Math. 58 (1936), 345–363 (repr. in: M. Davis [ed.], The Undecidable [s. u.], 89–107); ders., A Note on the Entscheidungsproblem, J. Symb. Log. 1 (1936), 40–41, 101–102 (repr. in: M. Davis [ed.], The Undecidable [s. u.], 110–115); M. Davis, Computability and Unsolvability, New York/Toronto/London 1958, erw. New York 1982; ders. (ed.), The Undecidable. Basic Papers on Undecidable Propositions, Unsolvable Problems and Computable Functions, Hewlett N. Y. 1965, Mineola N. Y. 2004; ders., Unsolvable Problems, in: J. Barwise (ed.), Handbook of Mathematical Logic, Amsterdam/New York/Oxford 1977, 2006, 567–594; ders., Why Gödel Didn't Have Church's Thesis, Information and Control 54 (1982), 3–24; B. Dreben/W. D. Goldfarb, The Decision Problem. Solvable Classes of Quantificational Formulas, Reading Mass. 1979; P. C. Eklof, Whitehead's Problem Is Undecidable, Amer. Math. Monthly 83 (1976), 775–788; K. Gödel, Über formal unentscheidbare Sätze der »Principia Mathematica« und verwandter Systeme I, Mh. Math. Phys. 38 (1931), 173–198, dt./engl. in: ders., Collected Works I, ed. S. Feferman u. a., New York/Oxford 1986, 144–195 (engl. On Formally Undecidable Propositions of »Principia Mathematica« and Related Systems I, Edinburgh, New York 1962 [repr. New York 1992], ferner in: M. Davis [ed.], The Undecidable [s. o.], 5–38, ferner in: J. van Heijenoort [ed.], From Frege to Gödel. A Source Book in Mathematical Logic, 1879–1931, Cambridge Mass./London 1967, 2002, 596–616); H. Hermes, Aufzählbarkeit, Entscheidbarkeit, Berechenbarkeit. Einführung in die Theorie der rekursiven Funktionen, Berlin/Göttingen/Heidelberg 1961, [3]1978 (engl. Enumerability, Decidability, Computability. An Introduction to the Theory of Recursive Functions, Berlin 1965, [2]1969); D. Hilbert, Probleme der Grundlegung der Mathematik, Math. Ann. 102 (1930), 1–9; S. C. Kleene, General Recursive Functions of Natural Numbers, Math. Ann. 112 (1936), 727–742 (repr. in: M. Davis [ed.], The Undecidable [s. o.], 237–253); ders., Recursive Predicates and Quantifiers, Transact. Amer. Math. Soc. 53 (1943), 41–73 (repr. in: M. Davis [ed.], The Undecidable [s. o.], 255–287); L. Löwenheim, Über Möglichkeiten im Relativkalkül, Math. Ann. 76 (1915), 447–470; J. D. Monk, Mathematical Logic, New York/Heidelberg/Berlin 1976; P. Odifreddi, Classical Recursion Theory. The Theory of Functions and Sets of Natural Numbers, Amsterdam etc. 1989, 1999; E. L. Post, Finite Combinatory Processes. Formulation I, J. Symb. Log. 1 (1936), 103–105 (repr. in: M. Davis [ed.], The Undecidable [s. o.], 289–291, ferner in: ders. [ed.], Solvability, Provability, Definability. The Collected Works of E. L. Post, Boston Mass./Basel/Berlin 1994, 103–105); ders., Recursively Enumerable Sets of Positive Integers and Their Decision Problems, Bull. Amer. Math. Soc. 50 (1944), 284–316 (repr. in: M. Davis [ed.], The Undecidable [s. o.], 305–337, ferner in: ders. [ed.], Solvability, Provability, Definability [s. o.], 461–494); M. Presburger, Über die Vollständigkeit eines gewissen Systems der Arithmetik ganzer Zahlen, in welchem die Addition als einzige Operation hervortritt, Comptes-rendus du I congrès des mathématiciens des pays slaves, Warszawa 1929, Warschau 1930, 92–101, 395; M. O. Rabin, Decidable Theories, in: J. Barwise (ed.), Handbook of Mathematical Logic [s. o.], 595–629; H. Rogers Jr., Theory of Recursive Functions and Effective Computability, New York etc. 1967, Cambridge Mass./London 2002; J. B. Rosser, Extensions of Some Theorems of Gödel and Church, J. Symb. Log. 1 (1936), 87–91 (repr. in: M. Davis [ed.], The Undecidable [s. o.], 231–235); T. Skolem, Über einige Satzfunktionen in der Arithmetik, in: Skrifter utgitt av Det Norske Videnskaps-Akademi I Oslo, Matematisk-Naturvidenskapelig Kl. 7 (1930), 1–28, Neudr. in: ders., Selected Works in Logic, ed. J. E. Fenstad, Oslo/Bergen/Tromsø 1970, 281–306; R. M. Smullyan, Theory of Formal Systems, Princeton N. J. 1961, 1996; R. I. Soare, Recursively Enumerable Sets and Degrees. A Study of Computable Functions and Computable Generated Sets, Berlin etc. 1987; J. Suranyi, Reduktionstheorie des Entscheidungsproblems im Prädikatenkalkül der ersten Stufe, Budapest 1959; A. Tarski/A. Mostowski/R. M. Robinson, Undecidable Theories, Amsterdam 1953, Mineola N. Y. 2010; A. M. Turing, On Computable Numbers, with an Application to the Entscheidungsproblem, Proc. London Math. Soc. 2nd Ser. 42 (1937), 230–265, 2nd Ser. 43 (1937), 544–546 (repr. in: M. Davis [ed.], The Undecidable [s. o.], 116–154). B. B.

unerfüllbar/Unerfüllbarkeit (engl. unsatisfiable/unsatisfiability), Terminus der logischen Semantik (↑Semantik, logische). Eine ↑Aussageform oder eine ↑Formel heißt ›u.‹, wenn sie nicht erfüllbar (↑erfüllbar/Erfüllbarkeit) ist, d. h. unter keiner Deutung der in ihr vorkommenden schematischen Zeichen (↑Schema, junktorenlogisches, ↑Schema, quantorenlogisches, ↑Konstante, ↑Variable, schematische) und freien ↑Variablen wahr ist. Z. B. ist die junktorenlogische (↑Junktorenlogik) Formel $p \wedge \neg p$ u., weil sie bei jeder ↑Ersetzung der ↑Aussagenvariablen p durch eine Aussage bzw. bei jeder ↑Belegung (↑Bewertung (logisch)) von p durch einen ↑Wahrheitswert falsch ist. Die quantorenlogische (↑Quantorenlogik) Formel $Px \wedge \neg Py \wedge x = y$ ist u., weil es keine Interpretation (↑Interpretationssemantik) und keine Variablenbelegung gibt, unter denen sie wahr ist, d. h., weil es kein ↑Modell für sie gibt: bei jeder Zuordnung eines einstelligen Prädikats zum schematischen Prädikatzeichen P (↑Prädikatorenbuchstabe, schematischer) und jeder Zuordnung von Gegenständen zu den Variablen x und y ist die Formel falsch. Allgemeiner überträgt man die Begriffe der Erfüllbarkeit und der U. auf Formelmengen. Auch relativiert man sie oft auf den betrachteten ↑Individuenbereich oder dessen Größe (im Sinne der Mächtigkeit; ↑Kardinalzahl). So ist die Formelmenge

$$\{\bigwedge_x \bigwedge_y (f(x) = f(y) \rightarrow x = y), \neg \bigvee_x a = f(x)\}$$

über keinem endlichen Bereich erfüllbar, jedoch z. B. über dem abzählbaren (↑abzählbar/Abzählbarkeit) Bereich der natürlichen Zahlen (mit a interpretiert als Null und f interpretiert als Nachfolgerfunktion). – Eine Formel ist genau dann u., wenn ihre ↑Negation allgemeingültig (↑allgemeingültig/Allgemeingültigkeit) ist. P. S.

ungleich/Ungleichheit, Gegenbegriff zu Gleichheit (↑Gleichheit (logisch), ↑Gleichheit (sozial)).

Ungleichung (engl. inequality), Bezeichnung für einen numerischen Vergleich von Größen. Die Negation der ↑Relation der Gleichheit (↑Gleichheit (logisch)) führt, falls man Aussagen wie ›$a = b$‹ als ›Gleichungen‹ bezeichnet, zu U.en wie ›$\neg(a = b)$‹, gewöhnlich geschrieben: ›$a \neq b$‹. Falls in dem betrachteten Bereich Größenvergleiche möglich sind, z. B. durch ›$<$‹ (›kleiner‹) eine ↑Ordnungsrelation definiert ist, wird auch eine Aussage wie ›$a < b$‹ eine U. genannt. In Mathematik und Physik spielen U.en eine bedeutende Rolle und drücken im allgemeinen eine durch die Relationen ›$<$‹ (›kleiner‹), ›$>$‹ (›größer‹), ›$\leq$‹ (›kleiner oder gleich‹) bzw. ›$\geq$‹ (›größer oder gleich‹) definierte Beziehung aus. G. W.

Unhintergehbarkeit, ausgehend von der hermeneutischen Philosophie (↑Hermeneutik) verwendete Bezeichnung für den Sachverhalt, daß eine thematische Erfassung und Begründung der ↑Sprache selbst nur im Medium der Sprache erfolgen kann. ›U.‹ in diesem terminologischen Sinne bezieht sich also auf die U. der Sprache. Mit dem gleichen Topos argumentiert bereits die Analytische Philosophie (sowohl der formal- als auch der normalsprachlichen Richtung; ↑Philosophie,

analytische) für die grundlegende Rolle der Sprache gegenüber allen anderen menschlichen Vollzügen. Die Bestimmung der Sprache als unhintergehbar führt insofern zur Auszeichnung der ↑Sprachphilosophie als der methodisch ›ersten‹ philosophischen Disziplin.
Die Auszeichnung eines Primats der Sprache zufolge ihrer U. wird der Sache nach schon in der frühen Kritik an der neuzeitlichen Bewußtseinsphilosophie durch J. G. Hamann, J. G. Herder und W. v. Humboldt vorgenommen. Die Kritik der Vernunftphilosophie unter dem Gesichtspunkt ihrer Sprachvergessenheit setzt zeitgleich und in direkter Auseinandersetzung mit I. Kant ein. Bei Hamann, der damit Gedanken G. Vicos aufgreift, steht der Hinweis auf die sprachliche Verfassung der ↑Vernunft im Zusammenhang mit der Kritik an der aufklärerischen (↑Aufklärung) Vorstellung einer sich selbst ermächtigenden und alles begründenden Vernunft. Gegen Kant macht Hamann unter Hinweis auf die Sprache die U. der Erfahrung, damit die Unmöglichkeit apriorischen (↑a priori) Wissens und die Verwiesenheit auf eine absolute Offenbarung geltend. Während man in Hamanns anti-aufklärerischer Position einen Rückfall in einen theoretischen Empirismus und praktischen Heteronomismus sehen kann, erhebt Herder mit seiner unter Hamanns Einfluß erarbeiteten Auffassung den Anspruch, der Vernunftphilosophie Kants eine Sprachphilosophie gegenüberzustellen, ohne daß die gegen ↑Empirismus und ↑Rationalismus errungenen transzendentalphilosophischen (↑Transzendentalphilosophie) Einsichten aufgegeben werden. Programmatisch stellt Herder fest: »Ohne Sprache hat der Mensch keine Vernunft, und ohne Vernunft keine Sprache« (Abhandlung über den Ursprung der Sprache [Berlin 1772], Sämtl. Werke V, Berlin 1891, 40). Nach Erscheinen von Kants Kritiken verschärft Herder seine Position zu einer »Metakritik zur Kritik der reinen Vernunft« (so der Untertitel seines 1799 erschienenen Werkes »Verstand und Erfahrung«). In diesem Werk kann man den ersten Ansatz einer lingualen ↑Fundamentalphilosophie sehen, die den Gedanken der U. konsequent ausarbeitet. Kants ›transzendentalen ↑Schematismus‹ (↑Schema, transzendentales), durch den Verstandesbegriffe (↑Verstandesbegriffe, reine) und Erfahrungsgehalte aufeinander bezogen werden sollen, ersetzt Herder durch den Gedanken einer Strukturierung der ↑Wahrnehmung mittels sprachlicher ↑Unterscheidungen. Damit rückt die Reflexion auf die Sprache an den Systemort, den Kant für die transzendentale Erkenntnis reserviert hatte.
Humboldts sprachphilosophische Arbeiten unterstellen im Anschluß an Hamann und Herder, daß die Sprache nicht das ↑Werk (*ἔργον*) eines anderen ↑Vermögens ist, sondern selbst eine weltkonstituierende Aktivität (*ἐνέργεια*). Somit wird ein naturalistisches (↑Naturalismus) Sprachverständnis, nach dem die Sprache als objektives Phänomen neben anderen Phänomenen beschrieben und erklärt werden kann, abgewiesen. Allerdings führen die empirisch-historischen Untersuchungen Humboldts immer wieder nur auf das Phänomen der ›Sprachen‹ (im Plural); die *Sprachlichkeit* des Menschen, deren Verständnis es erst erlaubt, bestimmte phonetische, graphische oder gestische Phänomene als sprachliche zu klassifizieren, bleibt ungeklärt. Obwohl Humboldt letztlich eine Vermittlung von Subjektivität und Objektivität, Individualität und Allgemeinheit im Phänomen der Sprache aufzuweisen sucht, wird er doch zum unfreiwilligen Vorläufer einer Form des ↑Relativismus (›Lingualismus‹), die Ähnlichkeiten mit dem um die Wende zum 20. Jh. intensiv diskutierten ↑Psychologismus aufweist und im 20. Jh. insbes. in der Sapir-Whorf-Hypothese (↑Relativitätsprinzip, linguistisches) weiter verschärft wurde.
Durch Vermittlung W. Diltheys gewinnt die Traditionslinie von Hamann über Herder zu Humboldt Einfluß auf die vornehmlich im Umkreis der ↑Phänomenologie geführte Debatte um das Fundament der sinnlichen Erkenntnis. E. Husserl stellt sich in Auseinandersetzung mit positivistischen (↑Positivismus (systematisch)) Auffassungen der sinnlichen Wahrnehmung die Aufgabe, eine nicht-naturalistische Auffassung ↑vorprädikativer (noch nicht sprachlich verarbeiteter) Erfahrung zu entwickeln, die den Wahrheitsbeitrag dieser Erfahrungsebene verdeutlicht. Dabei bestimmt er ↑Empfindungen zunächst mit der empiristischen Tradition als Rezeptivität; diese ist jedoch kein ›bloß naturhaftes Leiden‹ (wie das Bewegtwerden einer Kugel durch eine andere), sondern ein tätiger Ablauf, eine Leistung, wenn auch noch keine ↑Handlung (wie die Verstandestätigkeit). Husserls anti-naturalistische Konzeption der Erfahrung ist, wie seine Unterscheidung zwischen prädikativer und nicht-prädikativer Erfahrung zeigt, weitgehend am mentalistischen Paradigma (↑Mentalismus) orientiert. Durch die Betonung des Leistungscharakters nicht-prädikativer Erfahrung hat er jedoch selbst bereits die später von M. Heidegger mit aller Schärfe aufgeworfene Frage nach der näheren Charakterisierung dieser Aktivität vorbereitet.
Unter Aufnahme des Husserlschen Antinaturalismus macht Heidegger geltend, daß auch die vermeintlich vorprädikative Erfahrung schon als sprachliche Aktivität aufzufassen ist. Die der Aussage vorausgehende Erfahrung, die nach Husserl vorprädikativ und damit außersprachlich ist, hat ebenfalls Als-Struktur. Heidegger spricht daher nicht von Erfahrung oder Wahrnehmung, sondern von Auslegung. Damit vollzieht Heidegger gegen Husserls Konzeption des schlichten Erfassens durch Empfindungen eine ›Wende zur Sprache‹. Das Erfassen erweist sich als sekundäres Phänomen, das erst auf Grund eines sprachlichen Isolierens, Identifizierens und

Nivellierens zustandekommt. Das Wahrnehmen ist ein ›defizienter Modus‹ der Auslegung. In der hermeneutischen Philosophie H.-G. Gadamers wird die Heideggersche Wende zur Sprache zu einer Sprachontologie universalisiert: »Sein, das verstanden werden kann, ist Sprache« (Wahrheit und Methode, [4]1975, 450). In einer an Humboldt erinnernden Konsequenz ist die Sprache exklusives Medium der Weltkonstitution. Allerdings versucht Gadamer, die historisch-relativistischen Tendenzen Humboldts und der hermeneutisch orientierten Denker (F. D. E. Schleiermacher, Dilthey) zu vermeiden, ohne sich dem Methodenideal der Naturwissenschaften anzunähern. Die Gegenstände des Verstehensprozesses, vor allem Texte und Kunstwerke, erheben spezifische Geltungsansprüche und fordern entsprechend den Verstehenden zur Stellungnahme und damit zur Infragestellung seines Selbst- und Weltverständnisses heraus. Die ›Wahrheit‹ dieses Verstehens bewährt sich in einem Geschehen, in das sich der Verstehende durch ›Horizontverschmelzung‹ eingliedert.

Gadamers Ansatz läßt die Frage nach universellen oder partiellen Geltungsansprüchen, wie sie in den Wissenschaften, aber auch bei praktischen Problemen erhoben werden, unbeantwortet. Auch wenn die explizierte Verstehensstruktur ihre einleuchtenden Anwendungen hat (z. B. beim Kunstverstehen), bleibt das Problem bestehen, kraft welcher Einsichtsmöglichkeiten sich überhaupt allgemeine Strukturen des ↑Verstehens ausmachen lassen. Gadamers Versuch, dem Relativismus Diltheyscher Prägung auszuweichen, wird in der ↑Transzendentalpragmatik K.-O. Apels als gescheitert betrachtet. Im Anschluß an T. Litts Postulierung einer ›Selbsterhellung‹ der Sprache geht Apel (1963) von einer grundsätzlichen ›Reflexivität‹ der natürlichen Sprache (↑Sprache, natürliche) aus. Ausdrücklich weist er aber darauf hin, daß durch eine solche ↑transzendentale Wendung der Sprache auf sich selbst ein in der jeweiligen Muttersprache sich artikulierendes ↑Vorverständnis der Welt nicht unterlaufen werden kann; diese U. stellt nach Apel die ›transformierte‹ Fassung des transzendentalphilosophischen ↑Satzes des Bewußtseins dar.

Das Bemühen um eine Vermittlung zwischen der U. der Sprache und dem Ziel, verallgemeinerbare wissenschaftliche und gesellschaftliche Geltungsansprüche auszuzeichnen, ist vor allem das Programm der Konstruktiven Wissenschaftstheorie (↑Wissenschaftstheorie, konstruktive). In der Kritik an Gadamer und Apel schlagen K. Lorenz und J. Mittelstraß (1967) daher eine schwächere Auffassung der U. vor. Danach ist zwischen dem (prinzipiell hintergehbaren) faktischen Reden und dem unhintergehbaren Sprachvermögen des Subjekts zu unterscheiden. Auf diese Weise kann an der prinzipiellen sprachlichen Verfaßtheit menschlichen Erkennens und Handelns festgehalten werden, ohne daß auf das Programm einer philosophischen ↑Rekonstruktion und ↑Normierung der Sprache verzichtet werden muß.

Literatur: K.-O. Apel, Sprache und Wahrheit in der gegenwärtigen Situation der Philosophie. Eine Betrachtung anläßlich der Vollendung der neopositivistischen Sprachphilosophie in der Semiotik von Charles Morris, Philos. Rdsch. 7 (1959), 161–184; ders., Die Idee der Sprache in der Tradition des Humanismus von Dante bis Vico, Bonn 1963 (Arch. Begriffsgesch. 8), [3]1980; ders., Transformation der Philosophie, I–II, Frankfurt 1973, 1999/2002, bes. II, 311–329 (Sprache als Thema und Medium der transzendentalen Reflexion); ders., Zur Idee einer transzendentalen Sprachpragmatik, in: J. Simon (ed.), Aspekte und Probleme der Sprachphilosophie, Freiburg/München 1974, 283–326; ders., Das Kommunikationsapriori und die Begründung der Geisteswissenschaften, in: R. Simon-Schaefer/W. C. Zimmerli (eds.), Wissenschaftstheorie der Geisteswissenschaften. Konzeptionen, Vorschläge, Entwürfe, Hamburg 1975, 23–55; A. J. Ayer, Language, Truth and Logic, London, New York 1936, Basingstoke 2004 (dt. Sprache, Wahrheit und Logik, Stuttgart 1970, 1987); R. Carnap, Logische Syntax der Sprache, Wien 1934, [2]1968 (engl. The Logical Syntax of Language, London 1937, Chicago Ill. 2002); E. Cassirer, Philosophie der symbolischen Formen I (Die Sprache), Berlin 1923, Hamburg 2010 (engl. The Philosophy of Symbolic Forms I [Language], New Haven Conn. 1953, 1970); C. Demmerling, U., Hist. Wb. Ph. XI (2001), 175; J. Derbolav, Erkenntnis und Entscheidung. Philosophie der geistigen Aneignung in ihrem Ursprung bei Platon, Wien 1954; H.-G. Gadamer, Wahrheit und Methode. Grundzüge einer philosophischen Hermeneutik, Tübingen 1960, [2]1965, [4]1975, bes. 361–465 (Teil III Ontologische Wendung der Hermeneutik am Leitfaden der Sprache), erw. unter dem Titel: Hermeneutik I (Wahrheit und Methode. Grundzüge einer philosophischen Hermeneutik) als: Ges. Werke I, Tübingen [5]1986, [6]1990, 1999, 2010 [Register als: Ges. Werke II, Tübingen 1986, [2]1993, 1999], bes. 387–494 (Teil III Ontologische Wendung der Hermeneutik am Leitfaden der Sprache); C. F. Gethmann/G. Siegwart, Sprache, in: E. Martens/H. Schnädelbach (eds.), Philosophie. Ein Grundkurs II, Reinbek b. Hamburg [2]1991, [7]2003, 549–605; H. Gipper (ed.), Sprache. Schlüssel zur Welt. Festschrift für Leo Weisgerber, Düsseldorf 1959; M. Heidegger, Sein und Zeit. Erste Hälfte, Jb. Philos. phänomen. Forsch. 8 (1927), 1–438, separat Halle 1927, Tübingen [19]2006; E. Heintel, Einführung in die Sprachphilosophie, Darmstadt 1972, [4]1991; E. Holenstein, Von der Hintergehbarkeit der Sprache. Kognitive Unterlagen der Sprache, Frankfurt 1980; R. Hönigswald, Philosophie und Sprache. Problemkritik und System, Basel 1937 (repr. Darmstadt 1970); E. Husserl, Erfahrung und Urteil. Untersuchungen zur Genealogie der Logik, ed. L. Landgrebe, Prag 1939, Hamburg [7]1999; W. Kamlah/P. Lorenzen, Logische Propädeutik oder Vorschule des vernünftigen Redens, Mannheim 1967, rev. 1967, unter dem Titel: Logische Propädeutik. Vorschule des vernünftigen Redens, Mannheim/Wien/Zürich [2]1973, Stuttgart [3]1996, bes. 11–22 (engl. Logical Propaedeutic. Pre-School of Reasonable Discourse, Lanham Md./London 1984, bes. 1–11); T. Litt, Mensch und Welt. Grundlinien einer Philosophie des Geistes, München 1948, Heidelberg [2]1961; K. Lorenz/J. Mittelstraß, Die Hintergehbarkeit der Sprache, Kant-Stud. 58 (1967), 187–208; J. Mittelstraß, Das normative Fundament der Sprache, in: ders., Die Möglichkeit von Wissenschaft, Frankfurt 1974, 158–205, 244–252; M. Niquet, Nichthintergehbarkeit und Diskurs. Prolegomena zu einer Diskurstheorie des Transzendentalen, Berlin 1999; E. Rothacker, Die dogmatische Denkform in den Geisteswissenschaften und das Problem des Historismus, Mainz, Wiesbaden 1954; L. Weisgerber, Die Entdeckung der Muttersprache im europäischen Denken, Lüneburg 1948; ders., Grundformen sprachlicher Weltgestaltung, Köln 1963; L. Wittgenstein, Logisch-philosophische Abhandlung, Ann. Naturphilos. 14 (1921), 185–262, rev. unter dem Titel: Tractatus logico-philosophicus [dt./engl.], trans. C. K. Ogden/F. P. Ramsey, London, New York 1922, trans. D. F. Pears/B. F. McGuinness, 1961, unter dem Titel: Tractatus logico-philosophicus/Logisch-philosophische Abhandlung [dt.], Frankfurt 1963, unter dem Titel: Logisch-philosophische Abhandlung/Tractatus logico-philosophicus. Kritische Edition [dt.], ed. B. McGuinness/J. Schulte, Frankfurt 1989; ders., Philosophical Investigations [dt./engl.], trans. G. E. M. Anscombe, Oxford 1953, [3]1967, unter dem Titel: Philosophische Untersuchungen/Philosophical Investigations, rev. v. P. M. S. Hacker/J. Schulte, Malden Mass./Oxford/Chichester [4]2009, unter dem Titel: Philosophische Untersuchungen [dt.], Frankfurt 1967, mit Untertitel: Kritisch-genetische Edition [dt.], ed. J. Schulte, Frankfurt 2001, Neudr. 2011. C. F. G.

universal, im Deutschen so viel wie ›allgemein‹ (↑universell) im Unterschied sowohl zu ›besonders‹ (↑partikular) als auch zu ›einzeln‹ (↑singular). Dabei wird unter Vernachlässigung von ›einzeln‹ die Gegenüberstellung ›allgemein‹–›besonders‹ in der Bedeutung ›universal‹–›partikular‹ von der Gegenüberstellung ↑›generell‹–↑›speziell‹ oft nicht klar abgegrenzt, was zuweilen begriffliche Verwirrungen nach sich zieht. So wird z. B. in der Logik jede mit dem ↑Allquantor ›alle‹ zusammengesetzte Aussage eine ›u.e‹ Aussage genannt, oft jedoch auch eine ›generelle‹. Zu den u.en Aussagen gehören speziell die in der ↑Syllogistik betrachteten Aussagen der Form *SaP* (›alle *S* sind *P*‹; ↑*a*) – sie heißen ›u. affirmativ‹ – und *SeP* (›kein *S* ist *P*‹; ↑*e*) – diese heißen ›u. negativ‹.
Weitere Verwirrungen entstehen durch mangelnde Beachtung sowohl des Unterschieds zwischen ›einzeln‹ im Sinne von ›singular‹ und ›einzeln‹ im Sinne von etwas Individuellem (↑Individuum), also einem Spezialfall von etwas Partikularem, als auch des Unterschieds zwischen ›allgemein‹ im Sinne von ›u.‹ und ›allgemein‹ im Sinne von etwas Partikularem logisch höherer Stufe, z. B. zwischen dem Status von ›rot‹ als u.es Prädikat (↑Prädikation), das von etwas Konkretem ausgesagt wird – den Status, u. zu sein, hat ein Prädikat, anders als im Fall bezüglich Klassen von Gegenständen genereller Prädikate, unabhängig davon, wievielen Gegenständen es zukommt, nämlich stets –, und dem Status des partikularen ↑Abstraktums ›Röte‹.
Von besonderer Bedeutung ist die Gegenüberstellung von ›u.‹ und ›singular‹, weil mit ihrer Hilfe die polare Organisation des Handelns im funktionalen Verständnis einer ↑Handlung, also ›im Zuge‹ des Handelns, und nicht in deren gegenständlichem Verständnis, steht man ›ihr gegenüber‹, sichtbar gemacht wird. Auf der einen Seite hat man es, im gegenständlichen Verständnis, mit einer Handlung in Gestalt eines partikularen Aktes (*individual act*) zu tun, der als *Instanz* (= *token*, auch: ↑Aktualisierung) eines ebenfalls (logisch höherstufigen) partikularen ↑Handlungs*schemas* (= *type*, d. i. *generic act*; ↑type and token) auftritt, was zwei Typen von Aussagen über Handlungen (*actions*) ermöglicht: individuelle (auch: elementare) und universelle (auch: generelle), und zwar im speziellen Sinne *schematischer Allgemeinheit* (↑Schema). Handlungsschemata sind daher besondere Abstrakta; z. B. steht die Elementaraussage ›dieses Laufen [von Anfang bis Ende] war anstrengend‹ der schematischen Allaussage ›Laufen ist gesund‹ (im Unterschied zur ↑Metaaussage über den Handlungstyp ›[das] Laufen‹ etwa in: ›Laufen ist kein Rennen‹) gegenüber. Auf der anderen Seite, im funktionalen Verständnis, läßt sich von einem Handeln im Zuge des Handelns, also beim Ausüben einer Handlung, die (aktive) Ich-Rolle im (pragmatischen) Handlungsvollzug (sprachlich von einem logischen ↑Indikator indiziert) unterscheiden von der (passiven) Du-Rolle im (semiotischen) Handlungserleben (sprachlich von einem ↑Prädikator symbolisiert), einem schlichten ›Wissen, was man tut‹: nur beide zusammen – ›dasselbe noch einmal‹ – machen Handeln aus. Im Handlungsvollzug ist die Handlung *singular vorhanden*, eine *Aktualisierung*, im Handlungserleben ist sie *universal verstanden*, ein *Schema*. Dabei sind die singularen Aktualisierungen keine (partikularen) Gegenstände, weil nur unmittelbar, ohne mentale Distanzierungsmöglichkeit, getan – jeder Vollzug ist unwiederholbar *einzig*, z. B. jede Erinnerung an ihn ein neuer Vollzug –, und ebensowenig ist das u.e Handlungsschema ein Partikulare, weil es als ein ›Handlungsbild‹ bloß gedacht ist, ohne tätige Aneignungsmöglichkeit – jedes Schema ist unterschiedslos *einfach*, z. B. ein Wiederaufrufen des Bildes dasselbe Bild. U.es Schema als eine Handlung in Du-Rolle und singulare Aktualisierungen als Handlungen in Ich-Rolle ›gibt es‹ nur vereinigt, gleichwohl allein funktional: ↑Universalia und ↑Singularia sind als reine Hilfsmittel je des ↑Denkens und Tuns, und zwar während ihres Einsatzes, bloße Quasiobjekte (↑Objekt) und werden erst durch ›Objektivierung‹ zu einem partikularen Handlungsschema, einem Typ, mit seinen (in der Regel ebenfalls als ›Aktualisierungen‹ bezeichneten) partikularen Instanzen, den Akten als Tokens. Jeder Akt ist eine vom Handelnden durch singulares Vollziehen (= Ausführen) aktualisierte und durch u.es Erleben (= Anführen) schematisierte (↑Schematisierung) Handlungsausübung. Der Äquivokation (↑äquivok) von ›Schema‹, ebenso wie der von ›Aktualisierung‹, gegenständlich als etwas Partikularem verschiedener logischer Stufen und funktional als Universale bzw. Singulare, muß sich bewußt sein, wer keinen begrifflichen Verwirrungen zum Opfer fallen will. K. L.

Universalaussage, ↑Allaussage.

Universalgeschichte (engl. universal history, franz. histoire universelle), auch Weltgeschichte, Gesamtgeschichte, Allgemeine Geschichte, Makrogeschichte, Geschichte der internationalen Beziehungen, Transnationale Geschichte und neuerdings auch Globalgeschichte, Terminus zur Bezeichnung der Geschichte der Menschheit (daher auch Menschheitsgeschichte), in der diese entweder als kollektives Subjekt (etwa in der internationalen Akzeptanz der ↑Menschenrechte im Rahmen der UN) und/oder als Objekt der ↑Geschichte gesehen oder unter einem ↑universellen Aspekt (partikulare U.) betrachtet wird, wobei schon die Möglichkeit der Annahme eines solchen Universalfaktors (z. B. Bevölkerungsbewegung, Wirtschaft, Politik oder kulturelles Normensystem) umstritten ist. Der Gegenbegriff zum Begriff der U. ist der der *Polyhistorie*, in der das Allgemeine lediglich in einer Kumulation von Einzelgeschichten besteht. – Speziell für die deutsche Geschichtswissenschaft wurde die durch den Nationalsozialismus bewirkte Erschütterung und Zerstörung der geistigen und politischen Traditionskontinuität zum Anlaß, die national-partikulare zugunsten einer universalgeschichtlichen Perspektive aufzugeben. Aber auch die weltweiten Homogenisierungstendenzen im Sinne einer sich ausbildenden einheitlichen Weltkultur ließen die universalgeschichtliche Perspektive in Abhängigkeit von diesen dominanten realgeschichtlichen Globaltendenzen (etwa die weltweit sich beschleunigende Expansion der okzidentalen wissenschaftlich-technologischen Industriekultur) als unumgänglich erscheinen. Der universellen Perspektive in der Theorie entspräche dann die faktische globale Dominanz bestimmter Phänomene in der Praxis.

Die besonderen Probleme jeder U. bestehen darin, ihre Universalität begrifflich zu bestimmen im Sinne der Ordnung, Deutung und inneren Durchdringung des geschichtlichen Ereignismaterials durch ein einheitliches Kategoriengefüge von universalem Charakter, im Unterschied zu einer vollständigen Zusammenstellung der Ereignisse der Vergangenheit im Sinne positivistischer Kompilation, ferner in der praktischen Unmöglichkeit, die Totalität der geschichtlichen Welt wirklich zu erfassen, und der theoretischen Schwierigkeit, einen universalen Standort zu finden, der eine universalgeschichtliche Darstellung der Geschichte der Menschheit bzw. welthistorischer Momente erlaubt. Erste mehr oder weniger konzeptionell durchführbare Versuche, eine Ausgangsbasis für universalgeschichtliche Betrachtungen zu schaffen, waren z. B. Projekte wie die »Cambridge Modern History«, die »Historia Mundi«, die »Propyläen Weltgeschichte«, »Peuples et Civilisations«.

Im weiteren Sinne hat die U. ihren Ursprung in der antiken Geschichtsschreibung und in der Lehre von den vier oder fünf Weltreichen, die als radikal vereinfachtes wirkungsmächtiges Schema mythische Weltalterspekulationen und chiliastische (↑Chiliasmus) Hoffnungen aufnimmt und dem Mittelalter zusammen mit der Lehre von der ›translatio imperii‹ vermittelt wird. Im engeren Sinne entsteht die U. als Gattung im wesentlichen im Christentum; dort gewinnt sie universale Bedeutung durch folgende Inhalte: die ganze Geschichte als Ausdruck des Handelns Gottes, als dynamischer, einmaliger, unwiederholbarer, zielgerichteter Prozeß, dadurch einheitliches Geschehen, göttlicher Heilsplan mit dem Ziel der Erlösung der Menschen, Menschwerdung Christi, universalgeschichtlicher Rahmen durch ↑Offenbarung ein für alle Mal abgesteckt, ↑Schöpfung der Welt ihr Ausgangspunkt, ihr wesentlicher Inhalt Ausbreitung und Schicksal des Christentums, letzter Sinn in der Transzendenz (↑transzendent/Transzendenz): Verheißung des Reiches Gottes und dadurch Erfüllung und Vollendung des göttlichen Schöpfungsplanes. Die Vierweltalterlehre des Buches Daniel gibt der christlichen Geschichtsschreibung seit Orosius ein festes Schema, das durch die mittelalterlichen Weltchroniken immer wieder variiert wird. Ihren Höhe- und Endpunkt erreicht die jüdisch-christliche, geschichtstheologisch-universale Heilsgeschichtslehre durch ihren letzten Vertreter J.-B. Bossuet mit seinem Werk »Discours sur l'histoire universelle [...] jusqu'à l'empire de Charlemagne« (Paris 1681), das bereits der Abwehr des ↑Rationalismus der ↑Aufklärung etwa P. Bayles dient.

Die Aufklärung wird trotz ihres anfänglichen historischen ↑Skeptizismus Erbin der christlichen U., als der Gedanke des die Geschichte lenkenden persönlichen Gottes durch die Vorstellung der göttlichen Weltvernunft, die die Welt nach ewig unabänderlichen Naturgesetzen regiere, abgelöst wird. Aus der auf die Transzendenz zielenden Heilsgeschichte wird die sich in der Immanenz (↑immanent/Immanenz) abspielende Fortschrittsgeschichte (↑Fortschritt) im Hinblick auf ↑Freiheit, ↑Autonomie und ↑Zivilisation. Dadurch wird die kulturelle ↑Evolution trotz aller individuellen Unterschiede in den ↑Lebensformen zum Grundthema einer neuen U., in der nach Fortschritten und Rückschritten bilanziert wird. Diese neue Perspektive zeigt sich in C. de Montesquieus »Lettres persanes« (I–II, Amsterdam, Köln 1721) und in seinem »De l'esprit des loix [...]« (I–II, Genf 1748) wie vor allem in Voltaires »Essai sur l'histoire universelle depuis Charlemagne« (I–VI, Basel/Dresden 1754–1758), womit Voltaire den modernen Begriff der U. prägt. Dieser ›Archetyp der modernen Kulturgeschichtsschreibung‹ (T. Mommsen) gilt als die erste wirkliche U.. Hier wird die Geschichte der Menschheit dargestellt als linearer Fortschritt von der Barbarei zur ↑Moral und ↑Vernunft. – Die für die Aufklärung typische Verbindung von U., Kultur- und Geistesgeschichte wird in Deutschland fortgesetzt durch

A. L. v. Schlözer und F. v. Schiller (Was heißt und zu welchem Ende studiert man U.?, Jena 1789), vor allem aber durch F. C. Schlosser, der nach W. Dilthey zum eigentlichen Schöpfer der neueren U. wird. Mit dem Schwinden des Fortschrittsoptimismus (↑Optimismus) verliert sich auch das Interesse an der U.. Erst im 20. Jh., unter dem Eindruck realgeschichtlich dominanter Entwicklungen wie Wissenschaft, Technik, Massenkommunikation und globale Vernetzung entsteht ein neues Interesse an der U..

Mit dem ↑Historismus (J. G. v. Herder, Ideen zur Philosophie der Geschichte der Menschheit, I–IV, Riga/Leipzig 1784–1791) wird der generalisierende Rationalismus der Aufklärung zugunsten eines mehr individuellen ↑Empirismus (L. v. Ranke, Geschichte der romanischen und germanischen Völker von 1494 bis 1535, Leipzig 1824) überwunden, wobei unter U. das nicht erreichbare Ziel verstanden wird, ›die Totalität des geschichtlichen Seins durch das Studium des einzelnen hindurch‹ (Mommsen) zu begreifen. Die deutsche Geschichtswissenschaft des 19. Jhs. (F. Meinecke, Dilthey) folgt im wesentlichen Ranke darin, die individualisierende mit der universalgeschichtlichen Methode eng zu verbinden. Im Zuge der sich immer stärker partikular ausdifferenzierenden Geschichtswissenschaft als neuer wissenschaftlicher Disziplin wird die kosmopolitische Perspektive der älteren U.sschreibung entweder zugunsten historischer Detailforschung oder im Sinne einer entsprechend akzentuierten politischen Geschichtsschreibung mehr und mehr aufgegeben (H. v. Treitschke). Ähnliches gilt für Frankreich und England (F. P. G. Guizot, T. B. Macaulay). Die durch J. Burckhardts Werk wiederbelebte Kulturgeschichtsschreibung, die auf der Basis weltgeschichtlicher vergleichender Analysen das sich wiederholende, typische Konstante herausarbeitet, ist U. sui generis (Weltgeschichtliche Betrachtungen, ed. J. Oeri, Berlin/Stuttgart 1905).

Die von Philosophen und Soziologen (mit Ausnahme von J. Michelet [Introduction à l'histoire universelle, Paris 1831] nicht orientiert an der kritischen historischen Methode) intendierte U. als versuchte Gesamtschau des Geschichtsprozesses führt bei G. W. F. Hegel zu der idealistischen Vorstellung der in dialektischen Stufen (↑Dialektik) sich vollziehenden Selbstverwirklichung des ↑Weltgeistes und bei K. Marx in Umkehrung des Hegelschen Ansatzes zu einer materialistischen, an dem ökonomischen ↑Antagonismus von Produktivkräften und Produktionsverhältnissen orientierten Geschichtsdialektik mit den von ihr generierten entsprechenden typischen Gesellschaftsordnungen (↑Materialismus, historischer). Die der marxistischen Geschichtstheorie zum Teil nahestehende positivistische (↑Positivismus (historisch)) Geschichtsphilosophie A. Comtes faßt Geschichte in Analogie zu den Naturwissenschaften als ein System allgemeiner soziologischer Gesetzmäßigkeiten auf (↑Gesetz (historisch und sozialwissenschaftlich)). Das den universalgeschichtlichen Fortschritt formulierende ↑Dreistadiengesetz (theologisches, metaphysisches, positives ↑Zeitalter) wird Grundlage für eine positivistische U. (M. T. Buckle, K. Lamprecht). Nur die universalgeschichtlichen Arbeiten des Soziologen M. Weber (z. B. über die universalgeschichtliche Singularität der rationalen okzidentalen Kultur) werden von den empirisch arbeitenden Fachhistorikern akzeptiert. So wird z. B. Webers Theorie der Idealtypen (↑Idealtypus) von O. Hintze übernommen.

Die moderne Kulturmorphologie (z. B. K. Breysig, N. J. Danilevskij) als ein andersartiger Typus von U. deutet Geschichte als Prozeß des Aufstiegs und Niedergangs verschiedener Weltkulturen nach Analogie biologischer Prozesse, wirkungsgeschichtlich besonders eindrucksvoll durch O. Spengler formuliert. Die im Rahmen des Historismus akzentuierte Selbstverunsicherung, die mit dem historischen Bewußtsein gegeben ist, bildet dabei ein wichtiges Motiv für universalgeschichtliche Fragestellungen, wie sie von Spengler (Untergang des Abendlandes. Umrisse einer Morphologie der Weltgeschichte, I–II, München 1919/1922) unter dem Titel einer ›Morphologie der Welt-Geschichte‹ thematisiert werden. In Auseinandersetzung mit Spengler und unter dem Einfluß vor allem H. L. Bergsons verfaßt A. J. Toynbee das seinem Umfang wie seiner Wirkung nach mächtigste universalgeschichtliche Werk »A Study of History« (I–XII, London/New York 1934–1961). In Toynbees universalhistorischer Perspektive lassen sich z. B. die Entwicklungen verschiedener Weltkulturen im Hinblick auf ihren Ursprung, Wandel und Niedergang nach dem Schema von ›Herausforderung und Antwort‹ (challenge and response) verfolgen. Unter Wiederaufnahme von Gedanken Danilevskijs überwindet Toynbee die bei Spengler noch vorherrschende Isolierung der zeitlich aufeinanderfolgenden individuellen, einem strengen Entwicklungsschema folgenden und sich gegenseitig wirkungsgeschichtlich beeinflussenden Kulturen durch das verbindende Glied der Weltreligionen. Diesem Ansatz ähnlich, wenn auch nicht derart unbedingt im Anspruch, sind die Kulturzyklentheorien P. A. Sorokins.

Der Vorzug sowohl der kulturmorphologischen als auch der philosophischen Deutungen der U. in der Nachfolge Hegels ist zugleich ihr Nachteil, nämlich in Form eines fatalistischen (↑Fatalismus) ↑Determinismus, der zugleich als ↑Historizismus (K. R. Popper) Kritik auf sich zieht. Im Unterschied zu diesen Deutungen der Geschichte als eines gesetzmäßigen Prozesses, der einen Standpunkt außerhalb der Geschichte voraussetzt, erscheinen moderne soziologische oder philosophische, den eigenen geschichtlichen Ort reflektierende und die

Spontaneität (↑spontan/Spontaneität) des Handelns voraussetzende universalgeschichtliche Betrachtungen, wie z. B. A. Webers »Kulturgeschichte als Kultursoziologie« (Leiden 1935), K. Jaspers »Vom Ursprung und Ziel der Geschichte« (München 1949) oder A. Rüstows »Ortsbestimmung der Gegenwart. Eine universalgeschichtliche Kulturkritik« (I–III, Erlenbach b. Zürich 1950–1957), angemessener.

Die Geschichtswissenschaft der neueren Zeit bringt neben J. Pirennes »Les grands courants de l'histoire universelle« (I–VII, Neuchâtel 1944–1956) und verstärkt seit der ›globalgeschichtlichen Wende‹ universalgeschichtliche Werke umfassender Art hervor. Neuere Ansätze der modernen Sozialgeschichtsschreibung, etwa C. Morazés »Essai sur la civilisation d'occident« (Paris 1950), bleiben mit den grundsätzlichen Problemen der U.sschreibung konfrontiert, nämlich mit der praktischen Unmöglichkeit, die ↑Totalität der geschichtlichen Welt zu erfassen, und der theoretischen Unmöglichkeit, einen universalen Standort auszuzeichnen. Immerhin vermag U. als Leitidee im Sinne eines regulativen Prinzips einer politisch-nationalen Perspektivenverengung bzw. einer progressiv arbeitsteiligen spezialgeschichtlichen Perspektivenverkümmerung im Sinne einer ›Geschichte im Weltmaßstab‹ (Mommsen) entgegenzuwirken. Themen der modernen U. sind unter anderem die Analyse der Vorgeschichte der gegenwärtigen globalen Interdependenzen oder die komparative Deskription analog strukturierter Phänomene. Im Unterschied zur klassischen Geschichtstheologie und ↑Geschichtsphilosophie geht die moderne U. nicht davon aus, daß Ursprung und Ziel der Geschichte wissenschaftlich erforschbar sind. U. wird auch nicht mehr als homogener Prozeß verstanden und etwa mit der Geschichte der Hochkulturen identifiziert (wie bei Spengler). Ferner wird sie nicht eindeutig linear oder zyklisch (↑Zyklentheorie) interpretiert; vielmehr sind die Universalfaktoren selbst umstritten.

Seit etwa 1990 gibt es, u. a. ausgehend von dem weltweiten Phänomen der Globalisierung als sich beschleunigender mehrdimensionaler Vernetzung der Welt, eine intensive internationale Diskussion um die Ziele und Methoden einer neuartigen Weltgeschichte bzw. Globalgeschichte (›world history movement‹). Globalgeschichte kommt in den Blick, wenn die Perspektive transkulturell wird. So kann z. B. das wirtschaftsgeschichtliche Kernthema der Industrialisierung lokal, regional (im subnationalen Sinne), national oder eben global, d. h. im Weltmaßstab, betrachtet werden. In der globalen Perspektive können die unterschiedlichen Fremdkulturkomplexe auf zweierlei Weise ›zusammengedacht‹ werden: 1. durch das Aufdecken von Beziehungen über größere Entfernungen im Sinne einer ›Beziehungsgeschichte‹, etwa die Stellung des Endverbrauchers hinsichtlich einer Produktions- und Warenkette; 2. durch das Relativieren des Eigenen durch Vergleichen und dadurch richtiges Erkennen in seiner Besonderheit. Beziehungsanalyse und Vergleich sind die zentralen Methoden der Globalgeschichte. Zwischen einer Universalgeschichte, Weltgeschichte, Internationalen Geschichte, Transnationalen Geschichte und einer Globalgeschichte kann wie folgt differenziert werden. Als Oberbegriff für eine Geschichte jenseits des Nationalstaates wurde der Begriff einer *Globalgeschichte im weiteren Sinne* vorgeschlagen, und zwar im Unterschied zur *Globalgeschichte im engeren Sinne* (J. Osterhammel 2007, 596–597).

In der U. geht es um die Erfassung von Richtungsverläufen (einschließlich Gesetzmäßigkeiten) der Geschichte der Menschheit als materialer Geschichtsphilosophie (neuere Beispiele E. Gellner 1988 und J. Baechler 2002). Das leitende Konzept der Weltgeschichte war das der ›Zivilisationen‹ und der ›Kulturkreise‹, deren unterschiedliche Erscheinungsweisen, Abläufe und soziokulturelle Vergesellschaftungsformen oft über lange Zeiträume hinweg unter Betonung der Eigencharaktere, der spezifischen Entwicklungsdynamik und besonderer Entwicklungspfade durch eine dezentrierte und den Betrachterstandpunkt transzendierende Perspektive dargestellt werden (W. McNeill, F. Braudel, I. Wallerstein, J. L. Abu-Lughod, R. W. Bulliet, R. L. Tignor, G. Schramm). *Internationale Geschichte* ist die Geschichte der unterschiedlichen Beziehungen souveräner Staaten in ihrem systemischen Zusammenhang (B. Buzan/R. Little). Seit dem Ende des 19. Jhs. gewann dieser Zusammenhang »als in sich asymmetrisch strukturiertes Weltstaatensystem planetarische Reichweite« (Osterhammel 2007, 595, unter Hinweis auf Kennedy 1987 bzw. dt. 1989). *Transnationale Geschichte* ist die Geschichte »der Bewegung von Menschen, Gütern und Wissen« (a. a. O., 596) jenseits ethnischer oder politischer Kollektive wie Imperien oder Nationalstaaten. *Globalgeschichte im engeren Sinne* »ist die Geschichte der kontinuierlichen, aber nicht stetigen Verdichtung weiträumiger Interaktionen und ihrer Konsolidierung zu hierarchisch gestuften Netzwerken [...] mit tendenziell planetarischer Erstreckung«, vor allem im Hinblick auf Migration, Handel, Kapitalbewegungen, Verkehr und Kommunikation (ebd.). Ebenfalls gehört zu ihr die Herausbildung universalistischer Denkformen und Normen. Sie ist eine »Geschichte des Wechselspiels von Globalisierung und Lokalisierung« (ebd.), sodaß auch von ›Glokalisierung‹ gesprochen wird. Die Globalgeschichtsschreibung sieht sich aber auch kritischen Einwänden ausgesetzt bezüglich: 1. ihrer Quellennähe, 2. ihrer Generalisierungen, 3. ihrer Unterscheidung von der Weltgeschichte, 4. ihres Charakters als verkappter Form der älteren Modernisierungstheorie, 5. ihres westlichen Charakters als Kapitalismusgeschichte, 5. ihres ungeklärten Verhältnisses zu der nach wie vor anwachsenden Zahl der Nationalstaaten usw.. Ein besonderer, bisher noch nicht aufgehobener Widerspruch besteht in der Absage an den Eurozentrismus und der von den Globalhistorikern nicht bestrittenen Tatsache, daß der okzidentale ↑Rationalismus mit seinen Erscheinungsweisen wie z. B. Wissenschaft, Technik, Aufklärung, Industrie, Kapitalismus, Wohlstand, Rechts- und Sozialstaat, säkulare Gesellschaft, Demokratie und universelle Moral und Menschenrechten in der Menschheitsgeschichte singulär, erfolgreich, vorbildlich und insofern ohne wirkliche Alternativen sowie als Kontrastfolie unvermeidlich ist.

Literatur: J. L. Abu-Lughod, Before European Hegemony. The World System A. D. 1250–1350, New York/Oxford 1989, 1991; I. Akira/J. Osterhammel (eds.), Geschichte der Welt, München 2012ff. (erschienen Bde [I, III–VI]) (engl. A History of the World, Cambridge Mass./London 2012ff. [erschienen Bde (III, V–VI)]); J. Baechler, Esquisse d'une histoire universelle, Paris 2002; B. Barth/S. Gänger/N. P. Petersson (eds.), Globalgeschichten. Bestandsaufnahme und Perspektiven, Frankfurt/New York 2014; C. A. Bayly, The Birth of the Modern World. Global Connections and Comparisons, New York 2004, Malden Mass./Oxford/Carlton 2012 (dt. Die Geburt der modernen Welt. Eine Globalgeschichte 1780–1914, Frankfurt/New York 2006, 2008); A. Borst, Barbaren, Ketzer und Artisten. Welten des Mittelalters, München/Zürich 1988, unter dem Titel: Die Welt des Mittelalters. Barbaren, Ketzer und Artisten, Hamburg 2007, 125–134 (Teil III, Kap. 6 Weltgeschichten im Mittelalter?) (engl. Medieval Worlds. Barbarians, Heretics and Artists in the Middle Ages, Cambridge Mass./Oxford 1991, Chicago Ill./London 1996, 63–71 [Part III, Chap. 4 Universal Histories in the Middle Ages?]); B. Bowden, The Strange Persistence of Universal History in Political Thought, Cham 2017; F. Braudel, Civilisation matérielle, économie et capitalisme, XVe–XVIIIe siècle, I–III, Paris 1967–1979, 1993, I, 2000 (engl. Civilization and Capitalism, 15th–18th Century, I–III, London, New York 1981–1982, London 2002; dt. Sozialgeschichte des 15.–18. Jahrhunderts, I–III, München 1985–1986, 1990); Brockhaus-Redaktion (ed.), Brockhaus. Die Weltgeschichte, I–VI, Leipzig/Mannheim 1997–1999; G. Budde/S. Conrad/O. Janz (eds.), Transnationale Geschichte. Themen, Tendenzen und Theorien, Göttingen 2006, [2]2010; R. W. Bulliet u. a., The Earth and Its Peoples. A Global History, Boston Mass./New York 1997, [auch in 2 Bdn. (I–II) und in 3 Bdn. (A–C)] [2]2001, Stamford Conn. [6]2014; B. Buzan/R. Little, International Systems in World History. Remaking the Study of International Relations, Oxford etc. 2000, 2010; E. Cassin u. a. (eds.), Fischer Weltgeschichte, I–XXXVI, Frankfurt 1965–1983, 2003; S. Conrad, Globalgeschichte. Eine Einführung, München 2013 (mit Bibliographie, 290–294); ders./A. Eckert/U. Freitag (eds.), Globalgeschichte. Theorien, Ansätze, Themen, Frankfurt/New York 2007; J. Fisch/W. Nippel/W. Schwentker (eds.), Neue Fischer Weltgeschichte, Frankfurt 2012ff. (erschienen Bde III, V, IX–XI, XIII, XVI, XIX); E. Gellner, Plough, Sword and Book. The Structure of Human History, London 1988, Chicago Ill./London 1992 (dt. Pflug, Schwert und Buch. Grundlinien der Menschheitsgeschichte, Stuttgart 1990, München 1993); W. Goetz (ed.), Propyläen Weltgeschichte. Der Werdegang der Menschheit in Gesellschaft und Staat, Wissenschaft und Geistesleben, I–X u. 1 Reg.bd., Berlin 1929–1933, mit Untertitel: Eine U., I–X u. 2 Erg.-bde ([XI] Summa historica. Die Grundzüge der welthistorischen Epochen, [XII] Bilder und Dokumente zur Weltgeschichte), ed. G. Mann/A. Heuß/A. Nitschke, Berlin/Frankfurt/Wien 1960–1965, 1991; M. Grandner/D. Rothermund/W. Schwentker (eds.), Globalisierung und Globalgeschichte, Wien 2005; Y. N. Harari, Ḳitsur toldot ha-enoshut, Or Jehuda 2011 (engl. Sapiens. A Brief History of Mankind, London 2011, Toronto 2016 [dt. Eine kurze Geschichte der Menschheit, München 2013, [4]2015; franz. Sapiens. Une brève histoire de l'humanité, Paris 2015]); A. Heuß, Einleitung, in: G. Mann/A. Heuß/A. Nitschke (eds.), Propyläen Weltgeschichte. Eine Universalgeschichte [s. o.] I, 13–22; ders., Zur Theorie der Weltgeschichte, Berlin 1968; G. Hübinger/J. Osterhammel/E. Pelzer (eds.), U. und Nationalgeschichten, Freiburg 1994; P. Kennedy, The Rise and Fall of Great Powers. Economic Change and Military Conflict from 1500–2000, New York 1987, London 1990 (dt. Aufstieg und Fall der großen Mächte. Ökonomischer Wandel und militärischer Konflikt von 1500–2000, Frankfurt 1989, [5]2005; franz. Naissance et déclin des grandes puissances. Transformations économiques et conflits militaires entre 1500 et 2000, Paris 1991, 2004); A. Komlosy, Globalgeschichte. Methoden und Theorien, Wien/Köln/Weimar 2011; R. Koselleck, Geschichte, Historie, in: O. Brunner/W. Conze/R. Koselleck (eds.), Geschichtliche Grundbegriffe II, Stuttgart 1975, 2004, 593–717; ders./W.-D. Stempel (eds.), Geschichte. Ereignis und Erzählung, München 1973, [2]1990 (Poetik und Hermeneutik V); H. Lübbe, Geschichtsbegriff und Geschichtsinteresse. Analytik und Pragmatik der Historie, Basel/Stuttgart 1977, erw. [2]2012; P. Manning, Navigating World History. Historians Create a Global Past, New York/Basingstoke 2003, 2005; W. H. McNeill u. a. (eds.), Berkshire Encyclopedia of World History, I–V, Great Barrington Mass. 2005, I–VI, [2]2010; J. Mittelstraß, Neuzeit und Aufklärung. Studien zur Entstehung der neuzeitlichen Wissenschaft und Philosophie, Berlin/New York 1970; ders., Leonardo-Welt. Über Wissenschaft, Forschung und Verantwortung, Frankfurt 1992, [2]1996; W. Mommsen, U., in: W. Besson (ed.), Geschichte, Frankfurt 1961, 1974, 322–332; H.-H. Nolte, Weltgeschichte. Imperien, Religionen und Systeme 15.–19. Jahrhundert, Wien/Köln/Weimar 2005; J. Osterhammel, Weltgeschichte. Ein Propädeutikum, Gesch. in Wiss. u. Unterricht 56 (2005), 452–479; ders., Globalgeschichte, in: H.-J. Goertz (ed.), Geschichte. Ein Grundkurs, Reinbek b. Hamburg [3]2007, 592–610 (mit Bibliographie, 606–610); ders. (ed.), ›Weltgeschichte‹, Stuttgart 2008 (Basistexte Gesch. IV) (mit Bibliographie, 263–267); ders., Die Verwandlung der Welt. Eine Geschichte des 19. Jahrhunderts, München 2009, [5]2010, 2013 (engl. The Transformation of the World. A Global History of the Nineteenth Century, Princeton N. J./Oxford 2014); W. Pannenberg, Hermeneutik und U., Z. Theol. u. Kirche 60 (1963), 90–121, ferner in: H.-G. Gadamer/G. Boehm (eds.), Seminar: Die Hermeneutik und die Wissenschaften, Frankfurt 1978, 2008, 283–319; H. Parzinger, Die Kinder des Prometheus. Eine Geschichte der Menschheit vor der Erfindung der Schrift, München 2014, [5]2016; M. Pernau, Transnationale Geschichte, Göttingen 2011; J. Radkau, Die Ära der Ökologie. Eine Weltgeschichte, München, Bonn 2011 (engl. The Age of Ecology. A Global History, Cambridge/Malden Mass. 2014); W. Reinhard, Die Unterwerfung der Welt. Globalgeschichte der europäischen Expansion 1415–2015, München 2015, Bonn 2017; D. Reynolds, One World Divisible. A Global History since 1945, London, New York 2000, 2001; J. Rohbeck, Weltgeschichte; U., Hist. Wb. Ph. XII (2004), 480–486; G. Scholtz, Geschichte, Historie, Hist. Wb. Ph. III (1974), 344–398; G. Schramm, Fünf Wegscheiden der Weltgeschichte. Ein Vergleich, Göttingen 2004 (engl. Five Partings of Way in World History. A Comparison, Frankfurt etc. 2014); E. Schulin (ed.), U., Köln

1974; W. Schwentker, Globalisierung und Geschichtswissenschaft. Themen, Methoden und Kritik der Globalgeschichte, in: J. Osterhammel (ed.), Weltgeschichte [s.o.], 101–118; L. S. Stavrianos, The World since 1500. A Global History, Englewood Cliffs N. J. 1966, Upper Saddle River N. J. [8]1999; B. Stuchtey/E. Fuchs (eds.), Writing World History 1800–2000, Oxford etc. 2003, 2007; R. L. Tignor u. a., Worlds Together, Worlds Apart. A History of the Modern World from the Mongol Empire to the Present, New York/London 2002, mit Untertitel: A History of the World from the Beginnings of Humankind to the Present, I–II, [2]2008, unter dem Titel: Worlds Together, Worlds Apart, I–II, [5]2015; F. Valjavec (ed.), Historia Mundi. Ein Handbuch der Weltgeschichte in zehn Bänden, I–X, Bern, München 1952–1961; I. Wallerstein, The Modern World System, I–III, New York 1974–1989, I–IV, Berkeley Calif./Los Angeles/London 2011 (dt. Das moderne Weltsystem, I–II, Frankfurt 1986/1998, III–IV, Wien 2004/2012, I–IV, Wien 2012); J. F. Wills Jr., 1688. A Global History, New York, London 2001 (dt. 1688. Die Welt am Vorabend des globalen Zeitalters, Bergisch Gladbach 2002, mit Untertitel: Was geschah in jenem Jahr rund um den Globus? Ein Mosaik der Frühzeit, 2003; franz. Lima, Pékin, Venise.... 1688, une année dans le monde, Paris 2003); H. A. Winkler, Geschichte des Westens [in 4 Bdn.] ([I] Von den Anfängen in der Antike bis zum 20. Jahrhundert, [II] Die Zeit der Weltkriege 1914–1945, [III] Vom Kalten Krieg zum Mauerfall, [IV] Die Zeit der Gegenwart), München 2009–2015, Neuausg. 2016. A. V.

Universalia, Bezeichnung für die schematische Seite von ↑Handlungen im funktionalen Verständnis einer Handlung, also im Zuge des Handelns – Handeln als Verfahren – und nicht im Gegenüber zum Handeln – Handeln als Objekt –, wie es bei deren gegenständlichem Verständnis der Fall ist. Erst mit der Herausarbeitung der Dualität (↑dual/Dualität) von Verfahren und Gegenstand (engl. procedure and object, bei N. Goodman: manner and matter; franz. opération [↑Operation] et objet), wie sie sich neben der Unterscheidung von Handlungen (funktional) im epistemischen Status und (gegenständlich) im eingreifenden Status auch global in der Gegenüberstellung von Epistemologie (↑Erkenntnistheorie) und ↑Ontologie manifestiert, läßt sich deren Fundierung in der dialogischen Polarität von ↑singularem Handlungsvollziehen (Ich-Rolle) und ↑universalem Handlungserleben (Du-Rolle) und damit die Ausübung einer Handlung, d. i. ein (↑partikularer) Gegenstand, als das Ergebnis des Zusammenwirkens von Tun im Aktualisieren (↑Aktualisierung) und ↑Denken im Schematisieren (↑Schematisierung) sichtbar machen (↑Konstruktivismus, dialogischer). Schon des Aristoteles Kritik an der durch Platon den U. zugewiesenen ontischen Rolle bei dessen eidetischer Konstitution beliebiger ↑Partikularia – diese haben dann als ›unterste Arten‹ (*infimae species*, ↑Art, ↑Spezies) zu gelten –, indem er stattdessen auf der epistemischen Rolle der U. als Darstellungs*mittel* für eine Beschreibung bereits hyletisch gegebener Partikularia besteht (↑Form und Materie), läßt sich als ein nur das Schematisieren und nicht auch das Aktualisieren betreffender Schritt in diese Richtung auffassen. Handlungsvollzüge oder ↑Singularia und ›Handlungsbilder‹ oder U. sind nämlich nichts anderes als Verfahren im Einsatz, und zwar beim Anzeigen (von Substanzen) mit ↑Ostensionen, von logischen ↑Indikatoren indiziert, bzw. beim Aussagen (von Eigenschaften) mit ↑Prädikationen, von ↑Prädikatoren symbolisiert, und daher bloße Quasiobjekte (↑Objekt) im Dienst einer Bestimmung von (partikularen) Objekten durch Handlungen des Umgehens mit ihnen im Sinne der Pragmatischen Maxime von C. S. Peirce, also insbes. auch der Handlungen, so deren gegenständliches Verständnis generierend.

Diese Bestimmung partikularer Objekte geht allerdings mit dem ersten Schritt einer Objektivierung einher, und zwar des Aktualisierens durch Summieren der Aktualisierungen zu Substanzen und des Schematisierens durch Identifizieren der Aktualisierungen zu Eigenschaften; bloß ein erster Schritt deswegen, weil auch Substanzen und Eigenschaften sich nicht nennen, sondern nur anzeigen bzw. aussagen lassen. Erst mit der Verbindung beider Komponenten gewinnt man ↑Partikularia als Ganzheiten (↑Teil und Ganzes), die als (konkret partikulare) Instanzen (= token) von (abstrakt partikularen) Typen (↑type and token) auftreten, insbes. Handlungen als – mit ↑äquivoker Verwendung der Termini ›Aktualisierung‹ und ›↑Schema‹ – (partikulare) Aktualisierungen, d. s. Handlungsausübungen oder Akte (engl. individual acts), von (auf logisch höherer Stufe partikularen) ↑Handlungsschemata (engl. generic acts). Die in der philosophischen Tradition bis heute geführte Debatte um den Status der ↑Universalien (↑Universalienstreit, ↑Universalienstreit, moderner), unter diesen auch die von P. F. Strawson (Individuals. An Essay in Descriptive Metaphysics, London 1959) eingeführten ›universal features‹, ist von der mangelnden Beachtung dieser Äquivokation geprägt. K. L.

Universalien (von lat. universale, das Allgemeine, griech. *τὰ καθόλου*), nach der Definition des Aristoteles Bezeichnung für dasjenige, was seiner Natur nach mehreren Dingen zukommt (vgl. Met. Z13.1038b11–12, de int. 6.17a39–41). Seit der klassischen griechischen Philosophie (↑Philosophie, griechische) ist die Unterscheidung zwischen ›Allgemeinem‹ (↑Allgemeine, das) und Einzelding für die antike, mittelalterliche und zum Teil auch noch neuzeitliche ↑Erkenntnistheorie eine alles ›theoretische‹ Erkennen kennzeichnende Grundbedingung (für weitere Differenzierungen ↑Universalia, ↑universal, ↑singular, ↑partikular). Dabei wird von der Vorstellung ausgegangen, daß in jedem theoretischen Erkennen die Mannigfaltigkeit der Phänomene auf eine Einheit zurückgeführt wird, die die Mannigfaltigkeit erst verstehen läßt. Je nach Fragestellung sind in der Geschichte der Erkenntnistheorie ganz unterschiedliche Allgemeinheiten, z. B. Ideen (↑Idee (historisch)), ↑Regeln, ↑Naturgesetze, ontologische ↑Prinzipien, ↑Transzendentalien, ↑Kategorien und Werte (↑Wert (moralisch)), mit dem Terminus ›U.‹ zusammengefaßt worden, weil man in allen diesen Entitäten das gemeinsame Grundproblem von ↑Einheit und ↑Vielheit sah. So selbstverständlich die Unterscheidung zwischen Allgemeinem und Einzelding jedoch zu sein schien, so ungeklärt blieb die Frage nach dem ›ontologischen‹ Status (↑Ontologie) der U., eine Frage, die mit H. Heimsoeth zu den ›großen Themen der abendländischen Metaphysik‹ (Die sechs großen Themen der abendländischen Metaphysik und der Ausgang des Mittelalters, Darmstadt 1922, [8]1987) gerechnet werden kann.

Die traditionelle universalientheoretische Diskussion spielt sich bis in die Gegenwart hinein auf der Grundlage einer gegenseitigen Abgrenzung zwischen der platonistischen (↑Platonismus), der realistischen (↑Realismus (ontologisch)) und der nominalistischen (↑Nominalismus) Position ab (↑Universalienstreit). Moderne sprachphilosophische Überlegungen (↑Sprachphilosophie) zeigen jedoch, daß die universalientheoretische Diskussion im Rahmen dieser Einteilung und Abgrenzung zu keiner eindeutigen (↑eindeutig/Eindeutigkeit) Entscheidung für einen Standpunkt führen kann, weil die darin implizierte Problemformulierung einer kritischen Überprüfung nicht standhält. In der Diskussion der Gegenwart, vor allem im Bereich der Analytischen Philosophie (↑Philosophie, analytische), wird das U.problem ausschließlich als ein Problem der Sprache behandelt (↑Universalienstreit, moderner). Das Allgemeine tritt demgemäß in der Sprache als Allgemeinheit eines ↑Prädikators auf. Nach dieser ›linguistischen‹ Reformulierung ist durch das U.problem die Frage nach dem ontologischen Status der Denotate (bzw. der ↑Referenz oder des Bezugs) von Prädikatoren (↑Denotation) aufgeworfen. Bezeichnet man mit der philosophischen Tradition die Denotate der Prädikatoren als ↑Begriffe, dann ist die Frage gestellt, ob – und wenn ja: in welchem Sinne – Begriffen Existenz zugesprochen werden soll. Vermehrt findet sich heute diese Frage (innerhalb einer vor allem auch auf die Grundlagen der Mathematik bezogenen Diskussion) eingebettet in das Problem des ontologischen Status abstrakter Gegenstände (↑abstrakt, ↑Abstraktion) überhaupt (↑Universalienstreit, moderner).

Für die gewöhnlichen ↑Alltagssprachen und ↑Wissenschaftssprachen stellt sich zunächst nicht die Frage, ob es Begriffe gibt, sondern wie der Gebrauch von Prädikatoren zu verstehen ist. Unterstellt man dabei nicht von vornherein, daß der Gebrauch von Prädikatoren bezüglich Klassen von Gegenständen als Anerkennung einer platonistischen Ontologie (im Sinne von W. V. O. Quines Kriterium; ↑Universalienstreit, moderner) zu verstehen ist, verliert auch die in der Geschichte des U.problems bis zu seiner analytischen Fragestellung dominierende ›ontologische‹ Problemformulierung ihre vorrangige Bedeutung. Vielmehr erhalten diejenigen erkenntnis- und sprachtheoretischen Konzeptionen eine universalientheoretisch bedeutsame Stellung, die die Funktion von Begriffen bzw. Prädikatoren im Kontext einer Theorie des reflektierenden und sprechenden Subjekts zu klären versuchen, vor allem die ↑Transzendentalphilosophie I. Kants, die ↑Phänomenologie E. Husserls und die konstruktive Sprachtheorie (↑Konstruktivismus).

Die Grundlagen einer transzendentalphilosophischen Theorie des Prädikators bzw. Begriffs hat Kant in dem Abschnitt »Von dem logischen Verstandesgebrauche überhaupt« der KrV zusammengefaßt (KrV A 67–69, B 92–94). Danach ist der ursprüngliche logische Ort des Begriffs das ↑Urteil. Für dieses ist logisch kennzeichnend, daß in ihm eine ↑Mannigfaltigkeit von begrifflichen Gehalten (↑Vorstellungen) zu einer formalen Einheit zusammengefaßt wird. Zur Konstitution des Urteils sind also zwei Arten von Begriffen erforderlich: (1) die Sachbegriffe, die den Urteilsgegenstand erfassen, (2) die Begriffe, die die Sachbegriffe im Urteil zu einer Einheit verbinden (↑Kategorien). Für beide Arten von Begriffen ist wesentlich, daß sie eine einheitsstiftende Funktion (↑Synthesis) erfüllen, also die Fähigkeit haben, »verschiedene Vorstellungen unter einer gemeinschaftlichen zu ordnen« (KrV A 68, B 93). Universalientheoretisch wird damit ein ›Platonismus‹ (im Sinne von Quines Kriterium) vertreten, da das Verhältnis zwischen subsumierter Vorstellung und Sachbegriff logisch als ein Element-Klasse-Verhältnis beschrieben werden kann. Entscheidend für die transzendentalphilosophische Position ist aber, daß die Klassenfunktion des Sachbegriffs nicht einfach behauptet wird, sondern das eigentliche Explanandum ist (↑Erklärung). Das U.problem besteht damit – transzendentalphilosophisch formuliert – in der Frage nach den Bedingungen der Möglichkeit begrifflicher Synthesis. Weil die formale Synthesis nach Kant (wegen des logischen Primats der Urteilssynthesis) in der transzendentalen Synthesis gründet, ist die Frage nach der Einheit als Frage nach der Bedingung der Möglichkeit der formalen Synthesis zu entwickeln. Die ursprünglich-systematische Einheit der ↑Apperzeption erfüllt deshalb diese Funktion, weil das ›Ich-denke‹ der nicht suspendierbare Bezugspunkt aller Verstandeshandlungen ist, selbst aber keine Mannigfaltigkeit mehr enthält. Die Konzeption der transzendentalen Apperzeption besagt also, daß die Allgemeinheit, d. h. die Synthesisfunktion, des Begriffs als eine Synthesisleistung des urteilenden Subjekts (↑Subjekt, transzendentales) zu interpretieren ist.

Die transzendentalphilosophische U.theorie bietet zwar für eine Diskussion des U.problems die Basis, bleibt aber in dem Sinne formal, daß sie sich auf die *Form* des Wissens bezieht, während sie den *Gehalt* des Wissens undifferenziert läßt. Demgegenüber hat sich Husserl vor allem die Aufgabe gestellt, die mannigfachen Ebenen und Regionen dieses ›Seins‹ zu differenzieren, um so den eigentümlichen Konstitutionsmodus (↑Konstitution) verschiedener *Typen von Allgemeinheit* aufzuklären. Eine Durchführung des phänomenologischen Programms einer U.theorie liegt in Husserls »Untersuchungen zu einer Genealogie der Logik« im 3. Abschnitt von »Erfahrung und Urteil« vor (»Die Konstitution der Allgemeingegenständlichkeiten und die Formen des überhaupt-Urteilens«; vgl. Erfahrung und Urteil. Untersuchungen zur Genealogie der Logik, ed. L. Landgrebe, Prag 1939, Hamburg [6]1985, 381–460). In Analogie zu den Kantischen Unterscheidungen zwischen Sachbegriffen und Kategorien unterscheidet Husserl zwischen empirischen und reinen Allgemeinheiten. Die empirischen Allgemeinheiten beruhen zwar genetisch auf der assoziativen Synthesis des Gleichen mit dem Gleichen als Grund der Abhebung des Allgemeinen und haben insofern eine sinnliche Basis; die Interessenrichtung empirischer Allgemeinheitsaussagen geht aber gerade nicht darauf, das eine Gleiche in bezug auf das andere als ihm gleich zu bestimmen, sondern zielt auf das Allgemeine in allen erfaßten Gleichen. Das Allgemeine ist daher auch als empirisches bereits eine Leistung aktiver Synthesis; empirische Begriffe sind als ideale Gegenständlichkeiten Konstitutionsleistungen, die deswegen empirisch heißen, weil sich der Umfang dieser Idealitäten so auf empirische Gegenstände erstreckt, daß die Begriffe einen offenen Horizont von weiter unter diese Begriffe subsumierbarer Erfahrung vorgeben, wobei sie sich im Prozeß der Erfahrung selbst weiter bestimmen. Das empirische Allgemeine kann auf einer höheren Stufe unabhängig von bestimmten Individuen sein und ist daher prinzipiell an keine bestimmte Wirklichkeit gebunden.

Das entscheidende Verdienst Husserls hinsichtlich des Problems der Allgemeinheit kann in seiner Untersuchung der logischen Konstitution reiner (apriorischer) Begriffe gesehen werden. Die reinen Begriffe sind eben darin rein, daß sie in der Lage sind, »allen empirischen Einzelheiten Regeln vorzuschreiben« (Erfahrung und Urteil, 410). Das besagt, daß im Gegensatz zu den empirischen Begriffen die Unendlichkeit des Fortlaufens ↑a priori mitgesetzt ist, reine Allgemeinheiten also nicht durch eine Erfahrung negiert werden können, da sie ja erst die Regeln für alle Erfahrung vorgeben. Diese Regelstruktur ist im Prinzip auch die von Kant für die Kategorien gegebene Kennzeichnung, nur daß Husserl nicht lediglich die Existenz von reinen Begriffen, sondern darüber hinaus auch ihre jeweilige transzendentallogische Genese aufweisen will. Die transzendentale Genese der reinen Begriffe wird von Husserl unter dem – allerdings mißverständlichen – Titel einer ›Methode der Wesenserschauung‹ (Erfahrung und Urteil, 410) beschrieben (↑Wesensschau). Grundlage dieser Methode ist das Verfahren der freien Variation (↑Variation, eidetische) des in allem Variieren invariant bleibenden Einheitsbewußtseins (↑Eidos), wobei dieses Verfahren insofern trivial ist, als es lediglich die im Begriff des reinen Allgemeinen liegende Struktur des ›und so weiter‹ genetisch vollzieht. Allerdings erfüllt das Verfahren der freien Variation die Aufgabe, tatsächlich reine Allgemeinheiten von bloß prätendierten klar zu unterscheiden, indem es der Form nach vom Falsifikationsverfahren (↑Falsifikation) für Allgemeinaussagen Gebrauch macht. Im erzeugenden Durchlaufen der Mannigfaltigkeit der Variation ergibt sich eine einheitliche Verbindung fortwährender ›Deckungssynthesen‹, deren genetischer Prozeß den Charakter der Beliebigkeit hat. Die Deckungssynthesen erlauben schließlich eine spontane (›herausschauende‹) Synthetisierung des Kongruierenden gegenüber den Differenzen. Mit ›Wesensschau‹ meint Husserl somit nicht eine lediglich beteuerte und durch nichts ausweisbare ↑Intuition, sondern die Erfahrung einer vom Bewußtsein selbst durchgeführten ↑Konstruktion gemäß einer stets Überprüfung gestattenden Regel. Die nach dem Verfahren der freien Variation gewonnenen reinen Allgemeinheiten sind die logischen Möglichkeitsbedingungen dafür, daß es im prägnanten Sinne wissenschaftliche Urteile, d. h. Urteile im ›Modus des Überhaupt‹, gibt.

Die *konstruktive Sprachtheorie* (↑Konstruktivismus) formuliert das U.problem in Gestalt der Frage nach den sprachlichen Bedingungen für die Verwendung von Prädikatoren. So geht der auf P. Lorenzen und W. Kamlah zurückgehende Ansatz des Konstruktivismus der ↑Erlanger Schule (↑Wissenschaftstheorie, konstruktive) der Frage nach, wie die Rede von abstrakten Gegenständen, dabei auch die Verwendung des Ausdrucks ›Begriff‹, im Ausgang von unproblematischen und lebensweltlich eingeübten (↑Lebenswelt) Redehandlungen (↑Sprachhandlung, ↑Sprechakt) in einem methodischen Sprachaufbau lückenlos und zirkelfrei rekonstruiert werden kann. Ist die sprachliche Grundoperation der ↑Prädikation, in der Sprecher Gegenständen zum Zwecke der Unterscheidung ↑Prädikatoren zu- oder absprechen (↑zusprechen/absprechen), lebensweltlich stets kontextabhängig (↑Kontext), so gilt es für die in den Wissenschaften angestrebten, allgemeine Geltung beanspruchenden Aussagen gerade, eine kontextunabhängige Verwendung von Prädikatoren zu sichern (↑Orthosprache). Solche ›terminologischen‹ Verwendungen (↑Terminus) entstehen, indem sich die prädizierenden Subjekte auf bestimmte ↑Prädikatorenregeln einigen und dadurch die Grundelemente der wissenschaftlichen

Sprachen festlegen. Zur Kontextunabhängigkeit der wissenschaftlichen Sprachen gehört jedoch wesentlich auch, daß die explizite Normierung den Terminus unabhängig von einer bestimmten Laut- und Schriftgestalt macht, so daß es unerheblich wird, ob ein Sprecher einem Gegenstand etwa ›rot‹ oder ›rouge‹ zuspricht. Zur Bezeichnung eines solchen von der Laut- und Schriftgestalt abstrahierten Terminus wird dann der Ausdruck ↑›Begriff‹ eingeführt. Zur Einführung dieses Ausdrucks und weiterer Abstrakta wird ein Definitionsschema bereitgestellt (↑Abstraktionsschema), das die Festlegung der Verwendung dieser Ausdrücke als eine bloß bezüglich einer ↑Äquivalenzrelation invariante Rede über Konkreta (↑Konkretum) gewährleisten soll (↑abstrakt, ↑Abstraktion). Mit diesem Einführungsverfahren (↑Einführung) ist die Verwendung von ›Begriff‹ bestimmbar als bezüglich der Verwendungsgleichheit (in einer Sprache) invariante Rede über Prädikatoren. Begriffe sind somit nicht schwer erklärbare bewußtseinsmäßige Gebilde, die noch weniger erklärbare abstrakte Gegenstände erzeugen, sondern durch Regeln normierte Prädikatoren, bei denen durch Absehung von Laut- und Schriftgestalt eine Kontextinvarianz (↑invariant/Invarianz) erreicht wird. Durch die Abstraktionstheorie läßt sich die Kantische, teilweise psychologisch mißverständliche Begriffstheorie so deuten, daß die Begriffe vermittels abstrahierender Konstruktion aus Prädikatoren hervorgehen. Die Bildung von Begriffen ist demnach keine Bezugsetzung von nicht-sprachlicher (›Vorstellung‹) zu sprachlicher Ebene (›Wort‹), sondern die Ausführung einer spontanen (↑spontan/Spontaneität) logischen Handlung, indem mit Hilfe von Prädikatoren und Regeln neue kontextinvariante Regeln gebildet werden. Damit wird die Forderung nach Kontextinvarianz erfüllt.

Die Interpretation der Allgemeinheit des Begriffs als Kontextinvarianz von Prädikatorenregeln erlaubt eine Theorie der ↑Bedeutung, die nicht gezwungen ist, ›das Allgemeine‹ als Name für einen allgemeinen Gegenstand zu interpretieren, dieses andererseits aber auch nicht als bloße façon de parler versteht. Die Allgemeinheit des Begriffs wird durch die beliebige Wiederholbarkeit der Prädikationen gemäß bestimmter intersubjektiv vereinbarter Prädikatorenregeln gewährleistet; die singularen Prädikationen sind dabei subjektive ↑Zeigehandlungen, die eine intersubjektive Gliederung der Welt darstellen. Die begriffliche Abstraktion ist somit eine Handlung, die in bezug auf andere ↑Handlungen ein ↑Handlungsschema vorgibt. Damit ergeben sich zwei sprachliche Handlungsebenen: die Ebene der faktischen Prädikation (Rede) und die Ebene der Schemata, die die beliebige Wiederholbarkeit von Rede gestatten (Sprache). Während die faktische Rede immer wieder durch einen Reflexionsprozeß hinterfragt werden kann, bleibt die Sprache mit ihren Schemata das unhintergehbare (↑Unhintergehbarkeit) formale Apriori jeder Rede.

Literatur: R. I. Aaron, The Theory of Universals, Oxford 1952, [2]1967; V. C. Aldrich, Colors as Universals, Philos. Rev. 61 (1952), 377–381; E. B. Allaire, Existence, Independence, and Universals, Philos. Rev. 69 (1960), 485–496, Neudr. in: A. B. Schoedinger (ed.), The Problem of Universals [s. u.], 294–303; W. P. Alston, Ontological Commitments, Philos. Stud. 9 (1958), 8–17, in: S. Laurence/C. Macdonald (eds.), Contemporary Readings in the Foundations of Metaphysics, Oxford 1998, 46–54; A. W. Arlig, Universals, in: H. Lagerlund (ed.), Encyclopedia of Medieval Philosophy II, Dordrecht etc. 2011, 1353–1359; D. M. Armstrong, Universals and Scientific Realism, I–II (I Nominalism and Realism, II A Theory of Universals), Cambridge 1978, 2009; ders., Universals. An Opinionated Introduction, Boulder Colo./San Francisco Calif./London 1989; A. J. Ayer, On Particulars and Universals, Proc. Arist. Soc. NS 34 (1934), 51–62; I. M. Bocheński, The Problem of Universals, in: ders./A. Church/N. Goodman, The Problem of Universals [s. u.], 33–54; ders./A. Church/N. Goodman, The Problem of Universals. A Symposium, Notre Dame Ind. 1956; R. B. Brandt, The Languages of Realism and Nominalism, Philos. Phenom. Res. 17 (1956/1957), 516–535; D. Brownstein, Aspects of the Problem of Universals, Lawrence Kan. 1973; P. K. Butchvarov, Resemblance and Identity. An Examination of the Problem of Universals. Bloomington Ind./London 1966; R. Carnap, Empiricism, Semantics, and Ontology, Rev. int. philos. 4 (1950), 20–40, Neudr. in: H. Feigl/W. Sellars/K. Lehrer (eds.), New Readings in Philosophical Analysis, New York 1972, 585–596, ferner in: S. Sarkar (ed.), Decline and Obsolescence of Logical Empiricism. Carnap vs. Quine, New York/London 1996, 193–210 (dt. Empirismus, Semantik und Ontologie, in: W. Stegmüller [ed.], Das U.-Problem [s. u.], 338–361); R. Chiaradonna/G. Galluzzo (eds.), Universals in Ancient Philosophy, Pisa 2013; A. Church, Ontological Commitment, J. Philos. 55 (1958), 1008–1014; N. B. Cocchiarella, Logical Investigations of Predication Theory and the Problem of Universals, Neapel 1986; S. Di Bella/T. M. Schmaltz (eds.), The Problem of Universals in Early Modern Philosophy, Oxford/New York 2017; M. Dummett, Nominalism, Philos. Rev. 65 (1956), 491–505 (dt. Nominalismus, in: W. Stegmüller [ed.], Das U.-Problem [s. u.], 264–279); A. E. Duncan-Jones, Universals and Particulars, Proc. Arist. Soc. NS 34 (1934), 63–86; A. C. Ewing, The Problem of Universals, Philos. Quart. 21 (1971), 207–216; C. F. Gethmann, Allgemeinheit, Hb. ph. Grundbegriffe I (1973), 32–51; N. Goodman, The Structure of Appearance, Cambridge Mass. 1951, Indianapolis Ind./New York/Kansas City Mo. [2]1966, Dordrecht [3]1977; ders., A World of Individuals, in: M. Bocheński/A. Church/N. Goodman, The Problem of Universals [s. o.], 13–31, Neudr. in: C. Landesman (ed.), The Problem of Universals [s. u.], 293–305, ferner in: ders., Problems and Projects [s. u.], 155–172 (dt. Eine Welt von Individuen, in: W. Stegmüller [ed.], Das U.-problem [s. u.], 226–247); ders., Problems and Projects, Indianapolis Ind./New York 1972; ders./W. V. O. Quine, Steps Toward a Constructive Nominalism, J. Symb. Log. 12 (1947), 105–122, Neudr. in: ders., Problems and Projects [s. o.], 173–198; B. Hale, Abstract Objects, Oxford 1987, 1988; M. J. F. M. Hoenen, Universale/U., EP III ([2]2010), 2828–2831; W. Kamlah/P. Lorenzen, Logische Propädeutik oder Vorschule des vernünftigen Redens, Mannheim 1967, unter dem Titel: Logische Propädeutik. Vorschule des vernünftigen Redens, Mannheim/Wien/Zürich [2]1973, Stuttgart [3]1996 (engl. Logical Propaedeutic. Pre-School of Reasonable Discourse, Lanham Md./London 1984); G. Klima, The

Medieval Problem of Universals, SEP 2000, rev. 2013; S. K. Knebel/R. Schantz/O. R. Scholz, U., Hist. Wb. Ph. XI (2001), 179–199; G. Küng, Ontologie und logistische Analyse der Sprache. Eine Untersuchung zur zeitgenössischen Universaliendiskussion, Wien 1963 (engl. Ontology and the Logistic Analysis of Language. An Enquiry into the Contemporary Views on Universals, Dordrecht 1967); W. Künne, Abstrakte Gegenstände. Semantik und Ontologie, Frankfurt 1983, ²2007; C. Landesman (ed.), The Problem of Universals, New York/London 1971; M. Lazerowitz, The Existence of Universals, Mind NS 55 (1946), 1–24, Neudr. in: A. B. Schoedinger (ed.), The Problem of Universals [s. u.], 135–155; D. Lewis, New Work for a Theory of Universals, Australas. J. Philos. 61 (1983), 343–377, ferner in: S. Laurence/C. Macdonald (eds.), Contemporary Readings in the Foundations of Metaphysics, Oxford 1998, 163–197, ferner in: M. Tooley (ed.), The Nature of Properties. Nominalism, Realism, and Trope Theory, New York/London 1999, 45–78; P. Lorenzen, Einführung in die operative Logik und Mathematik, Berlin/Göttingen/Heidelberg 1955, Berlin/Heidelberg/New York ²1969; ders., Gleichheit und Abstraktion, Ratio 4 (1962), 77–81, Neudr. in: ders., Konstruktive Wissenschaftstheorie, Frankfurt 1974, 190–198; M. J. Loux (ed.), Universals and Particulars. Readings in Ontology, Garden City N. Y. 1970, Notre Dame Ind. ²1976; U. Meixner, Axiomatische Ontologie, Regensburg 1991; ders., Universals, in: H. Burkhardt/B. Smith (eds.), Handbook of Metaphysics and Ontology II, München/Philadelphia Pa./Wien 1991, 921–925; K. Menger, A Counterpart of Occam's Razor in Pure and Applied Mathematics, I–II (I Ontological Uses, II Semantic Uses), Synthese 12 (1960), 415–428, 13 (1961), 331–349, I, in: Logic and Language. Studies Dedicated to Professor Rudolf Carnap on the Occasion of His Seventieth Birthday, Dordrecht 1962, 104–117; J. Mittelstraß, Spontaneität. Ein Beitrag im Blick auf Kant, Kant-St. 56 (1965), 474–484, Neudr. unter dem Titel: Spontaneität der Vernunft, in: ders., Leibniz und Kant. Erkenntnistheoretische Studien, Berlin/Boston Mass. 2011, 224–237; ders., Die Prädikation und die Wiederkehr des Gleichen, in: H.-G. Gadamer (ed.), Das Problem der Sprache (8. Dt. Kongreß für Philosophie, Heidelberg 1966), München 1967, 87–95, Neudr. in: ders., Die Möglichkeit von Wissenschaft, Frankfurt 1974, 145–157 (engl. Predication and Recurrence of the Same, Ratio 10 [1968], 78–87); J. P. Moreland, Universals, Chesham, Montreal/London 2001 (dt. U.. Eine philosophische Einführung, Frankfurt, Berlin/Boston Mass. 2009); T. Parsons, Nonexistent Objects, New Haven Conn./London 1980; W. V. O. Quine, On Universals, J. Symb. Log. 12 (1947), 74–84 (dt. Über U., in: W. Stegmüller [ed.], Das U.-Problem [s. u.], 84–101); ders., Semantics and Abstract Objects, Proc. Amer. Acad. Arts and Sci. 80 (1951), 90–96 (dt. Semantik und abstrakte Gegenstände, in: W. Stegmüller [ed.], Das U.-Problem [s. u.], 124–132); ders., From a Logical Point of View. Nine Logico-Philosophical Essays, Cambridge Mass. 1953, ²1961, Neudr. 1980 (repr. 2003) (dt. Von einem logischen Standpunkt. Neun logisch-philosophische Essays, Frankfurt/Berlin/Wien 1979; franz. Du point de vue logique. Neuf essais logico-philosophiques, Paris 2003), [gekürzt] From a Logical Point of View/Von einem logischen Standpunkt aus. Drei ausgewählte Aufsätze (engl./dt.), ed. R. Bluhm, Stuttgart 2011; A. Quinton, The Nature of Things, London/Boston Mass. 1973, 1980; F. P. Ramsey, Universals, Mind NS 34 (1925), 401–417, Neudr. in: ders., The Foundations of Mathematics and Other Logical Essays, ed. R. B. Braithwaite, London 1931, 1954, 112–134, ferner in: A. B. Schoedinger (ed.), The Problem of Universals [s. u.], 120–134 (dt. U., in: W. Stegmüller [ed.], Das U.-Problem [s. u.], 41–63); T. Scaltsas, Substances and Universals in Aristotle's Metaphysics, Ithaca N. Y./London 1994, 2010; H. J. Schneider, Historische und systematische Untersuchungen zur Abstraktion, Diss. Erlangen 1970, 1971; A. B. Schoedinger (ed.), The Problem of Universals, Atlantic Highlands N. J./London 1992; G. Siegwart, Definition durch Abstraktion, in: J. L. Brandl/A. Hieke/P. M. Simons (eds.), Metaphysik. Neue Zugänge zu alten Fragen, Sankt Augustin 1995, 189–204; B. Smith (ed.), Parts and Moments. Studies in Logic and Formal Ontology, München 1982; H. Staniland, Universals, Garden City N. Y., New York, London 1972, London 1978; W. Stegmüller, Das Universalienproblem einst und jetzt, Arch. Philos. 6 (1956), 192–225, 7 (1957), 45–81, Neudr. in: ders., Glauben, Wissen und Erkennen. Das Universalienproblem einst und jetzt, Darmstadt 1965, ³1974, 48–118; ders. (ed.), Das U.-Problem, Darmstadt 1978; P. F. Strawson, Individuals. An Essay in Descriptive Metaphysics, London 1959, 2011 (dt. Einzelding und logisches Subjekt [Individuals]. Ein Beitrag zur deskriptiven Metaphysik, Stuttgart 1972, 2003; franz. Les individus. Essai de métaphysique descriptive, Paris 1973); R. Teichmann, Abstract Entities, Basingstoke/London, New York 1992; H. Veatch, Realism and Nominalism Revisited, Milwaukee Wis. 1954, 1970; H. Wang, What Is an Individual?, Philos. Rev. 62 (1953), 413–420; N. Wolterstorff, On Universals. An Essay in Ontology, Chicago Ill./London 1970; A. D. Woozley, Universals, Enc. Ph. VIII (1967), 194–206, mit Untertitel: A Historical Survey, IX (²2006), 587–603; F. Zabeeh, Universals. A New Look at an Old Problem, The Hague 1966, ²1972; D. Zaefferer (ed.), Semantic Universals and Universal Semantics, Berlin/New York 1991. C. F. G.

Universalienstreit, Bezeichnung für die in der mittelalterlichen Philosophie (↑Scholastik) geführte Diskussion um den ›ontologischen‹ Status (↑Ontologie) der ↑Universalien. Im Hinblick auf die im Mittelalter übliche Klassifizierung lassen sich dabei die Positionen des *universale ante rem* (↑Platonismus, ↑Idealismus), des *universale in re* (↑Realismus (ontologisch)) und des *universale post rem* (↑Konzeptualismus, ↑Nominalismus) unterscheiden. Alle Positionen gehen auf die klassische griechische Philosophie (↑Philosophie, griechische) zurück. Für den ›Platonismus‹ der frühen Platonischen Schriften ist vor allem die Einsicht in die praktische Notwendigkeit maßgebend, überindividuelle Orientierungen des Handelns (↑Tugenden) anzunehmen. Demgegenüber ist für die Beschreibung der unabhängigen Seinsweise der Ideen (↑Idee (historisch), ↑Ideenlehre) in der mittleren Periode (z. B. im »Phaidon«) die Erklärung der Präzision bzw. der Präzisierbarkeit von ↑Begriffen und ↑Vorstellungen z. B. geometrischer Art paradigmatisch. Die Diskussion in den Spätschriften (»Parmenides«, »Sophistes«) ist durch die Einsicht in die ↑Aporien einer Ideenlehre geprägt, die den Ideen die eigentliche Seinsweise und den Gegenständen der Wahrnehmung demgegenüber nur ein abgeleitetes Sein zuspricht.

Der ›Realismus‹ des Aristoteles sucht die Schwierigkeiten des Platonismus durch die Abstraktionstheorie (↑abstrakt, ↑Abstraktion) des ↑Allgemeinen zu vermeiden. Die Kluft zwischen Ideen und Gegenständen der Wahrnehmung soll dadurch aufgehoben sein, daß ideales und reales Sein in den Objekten zusammenfallen und erst durch spontanes (↑spontan/Spontaneität) Handeln des Intellekts (↑intellectus) getrennt werden. Der Haupteinwand gegen Platon besteht in dem so genannten Tritos-Anthropos-Argument, demzufolge die Annahme einer eigenen idealen Gegenstandssphäre eine Iterierung in der Annahme weiterer Gegenstandssphären erzwingt (↑Dritter Mensch). Allerdings bleibt festzustellen, daß die grundsätzliche Unterscheidung zwischen zwei Seinssphären auch für Aristoteles bestimmend bleibt, so daß die nominalistische Kritik ihre Argumente unterschiedslos gegen Platonismus und Realismus richten kann. Frühe Ansätze des Nominalismus finden sich bereits bei den Kynikern (↑Kynismus) sowie in der kyrenaischen und megarischen (↑Megariker) Schule.

Während die patristischen (↑Patristik) und neuplatonischen (↑Neuplatonismus) Philosophen eher dem Standpunkt Platons beitreten, wobei die Ideen als Gedanken Gottes vor der ↑Schöpfung aufgefaßt werden (A. Augustinus), oder die Universalienfrage unentschieden lassen (Porphyrios von Tyros, A. M. T. S. Boethius), vertreten einige Denker der Frühscholastik (↑Scholastik) einen undifferenzierten Realismus (z. B. Anselm von Canterbury, Wilhelm von Champeaux). Als Reaktion findet sich hier bereits ein extremer Nominalismus vor allem bei Roscelin von Compiègne, auf den die Formel vom Universale als ›flatus vocis‹ zurückgeht. Die Mehrheit der Philosophen des frühen Mittelalters versucht jedoch, einen differenzierten und gemäßigten Realismus zu formulieren, so insbes. P. Abaelard, der das ›Universale‹ als einen ↑Terminus mit ›fundamentum in re‹ deutet; ähnlich Adelard von Bath, Gauterus von Mortagne, Joscelinus von Soissons.

Dieser Tendenz zu einem gemäßigten Realismus schließen sich auch die Philosophen der Hochscholastik an. Albertus Magnus sucht eine Theorie zu formulieren, nach der das Universale sowohl ›in re‹ als auch ›in intellectu‹ ist; Thomas von Aquin unterscheidet: *universale ut natura in particularibus – ut intentio abstracta in intellectu*. Ähnliche Konzeptionen finden sich bei Bonaventura und J. Duns Scotus. Dieser differenzierte Realismus wird im 14. und 15. Jh. als ›via antiqua‹ von den Vertretern der nominalistischen ›via moderna‹ (Wilhelm von Ockham) bekämpft (↑via antiqua/via moderna). Bei Wilhelm von Ockham tritt bereits die Reduktion des Universalienproblems auf das Problem der ↑Prädikation von allgemeinen Zeichen auf, wie es für den modernen Nominalismus (↑Universalien, ↑Universalienstreit, moderner) kennzeichnend ist.

Die Auseinandersetzung zwischen Realismus (einschließlich Platonismus) und Nominalismus wird in der frühneuzeitlichen Philosophie im Rahmen erkenntnistheoretischer Überlegungen weitergeführt, wobei die Vertreter der rationalistischen Erkenntnistheorie (↑Rationalismus) vorwiegend für die realistische, die Vertreter der empiristischen Erkenntnistheorie (↑Empirismus) oft für eine nominalistische Position eintreten. I. Kants Überwindung des Streits zwischen Rationalismus und Empirismus führt zunächst auch zu einer prinzipiellen Überwindung der Fragestellung des Universalienstreites.

Literatur: H. Berger, U., LMA VIII (1997), 1244–1247; M. H. Carré, Realists and Nominalists, Oxford 1946, London etc. 1950, 1967; F. C. Copleston, A History of Philosophy, II–III (II Mediaeval Philosophy. Augustine to Scotus, III Ockham to Suárez), London 1950/1953 (repr. Turnbridge Wells 1999, [Bd. I] London/New York 2003), Garden City N. Y. 1985; S. Di Bella/T. M. Schmaltz (eds.), The Problem of Universals in Early Modern Philosophy, Oxford/New York 2017; G. Galluzzo/M. J. Loux (eds.), The Problem of Universals in Contemporary Philosophy, Cambridge 2015; M. Grabmann, Die Geschichte der scholastischen Methode, nach den gedruckten und ungedruckten Quellen dargestellt, I–II, Freiburg 1909/1911 (repr. Basel/Darmstadt 1961), Graz 1957; J. J. E. Gracia, Introduction to the Problem of Individuation in the Early Middle Ages, München/Wien, Washington D. C. 1984, München/Wien ²1988; B. Hauréau, Histoire de la philosophie scolastique, I–II, Paris 1872/1880 (repr. Frankfurt 1966); H. Heimsoeth, Die sechs großen Themen der abendländischen Metaphysik und der Ausgang des Mittelalters, Berlin 1922, ²1934, Darmstadt ³1953, ⁸1987 (engl. The Six Great Themes of Western Metaphysics and the End of the Middle Ages, Detroit Mich. 1994; franz. Les six grands thèmes de la métaphysique occidentale. Du moyen âge aux temps modernes, Paris 2003); D. P. Henry, Medieval Logic and Metaphysics. A Modern Introduction, London 1972; R. Hönigswald, Schriften aus dem Nachlaß III (Abstraktion und Analysis. Ein Beitrag zur Problemgeschichte des U.es in der Philosophie des Mittelalters), ed. K. Bärthlein, Stuttgart 1961; G. Klima, The Medieval Problem of Universals, SEP 2000, rev. 2013; S. K. Knebel, In genere latent aequivocationes. Zur Tradition der Universalienkritik aus dem Geist der Dihärese, Hildesheim/Zürich/New York 1989; C. Landesman (ed.), The Problem of Universals, New York/London 1971; G. Leff, Medieval Thought. St. Augustine to Ockham, Harmondsworth/Baltimore Md. 1958, Chicago Ill., London 1959, London 1980; A. de Libera, La querelle des universaux. De Platon à la fin du Moyen Age, Paris 1996, 2014 (dt. Der U.. Von Platon bis zum Ende des Mittelalters, München 2005); B. Maioli, Gli universali. Alle origini del problema, Rom 1973; G. Martin, Allgemeine Metaphysik. Ihre Probleme und ihre Methode, Berlin 1965 (engl. General Metaphysics. Its Problems and Its Method, London 1968); A. A. Maurer, Medieval Philosophy, New York 1962, Toronto ²1982; R. McKeon (ed.), Selections from Medieval Philosophers, I–II, London 1928, New York 1929/1930, 1957/1958; M. Offner, Nominalismus und Realismus. Ein Überblick über die Entwicklung des Problems vom objektiven Allgemeinen, Berlin 1919; R. Padellaro De Angelis, Il problema degli universali nel XIII e XIV secolo, Rom 1971; dies., Conoscenza dell'individuale e conoscenza dell'universale nel XIII e XIV secolo, Rom 1972; F. Pelster, Nominales und Reales im 13. Jahrhundert, Sophia 13 (1945), 154–161, [ital.] 220–226; J. Reiners, Der Nominalismus in der Frühscholastik. Ein Beitrag zur Geschichte der Universalienfrage im Mittelalter. Nebst einer neuen Textausgabe des Briefes Roscelins an Abälard, Münster 1910; J.-P. Schobinger, Vom Sein der Universalien. Ein Beitrag zur Deutung des U.es, Winterthur 1958; A. B. Schoedinger (ed.), The Problem of Universals, Atlantic Highlands N. J./London 1992; W. Stegmüller, Das Universalienproblem einst und jetzt, Arch. Philos. 6 (1956), 192–225, 7 (1957), 45–81, Neudr. in: ders., Glauben, Wissen und Erkennen. Das Universalienproblem einst und jetzt, Darmstadt 1965, [3]1974, 48–118; H.-U. Wöhler, Geschichte der mittelalterlichen Philosophie. Mittelalterliches europäisches Philosophieren einschließlich wesentlicher Voraussetzungen, Berlin 1990; ders. (ed.), Texte zum U., I–II, Berlin 1992/1994; A. D. Woozley, Universals, Enc. Ph. VIII (1967), 194–206, mit Untertitel: A Historical Survey, IX ([2]2006), 587–603; M. de Wulf, Le problème des universaux dans son évolution historique du IXe au XIIIe siècle, Arch. Gesch. Philos. 9 (1896), 427–444. C. F. G.

Universalienstreit, moderner, Bezeichnung für die innerhalb der Analytischen Philosophie (↑Philosophie, analytische) geführte, durch den ↑Grundlagenstreit in der ↑Mathematik und die sprachphilosophischen Forschungen zur wissenschaftlichen Begriffsbildung (↑Theoriesprache) ausgelöste Diskussion um den ontologischen Status der (›Allgemein‹-)Begriffe (↑Universalien, ↑Universalienstreit). Die den mathematischen Grundlagenstreit begründende Entdeckung der ↑Antinomien der Mengenlehre, für die vor allem die unkontrollierbare Vermehrung der Entitäten (Mengen von Mengen von Mengen ...; ↑Ockham's razor) durch die (naive) ↑Komprehension verantwortlich gemacht wurde, führte zu einer Ablehnung des bis dahin in der Mathematik und der Logik stets unterstellten Platonismus (↑Platonismus (wissenschaftstheoretisch)) bezüglich ↑Eigenschaften, Klassen (↑Klasse (logisch)), ↑Zahlen, ↑Funktionen etc. und der als problemlos angesehenen unendlichen Gegenstandsbereiche mathematischer Theorien (↑unendlich/Unendlichkeit).

In den Gegenentwürfen des mathematischen ↑Intuitionismus und (später) in der Operativen bzw. Konstruktiven Mathematik (↑Mathematik, operative, ↑Mathematik, konstruktive, ↑Konstruktivismus) soll demgegenüber mit dem Mittel des ↑Beweises durch die schrittweise und zirkelfreie (↑imprädikativ/Imprädikativität) Erzeugung (↑Konstruktion) der Gegenstandsbereiche nach explizit festgelegten Verfahren deren Kontrollierbarkeit gesichert werden. Entsprechend gilt als einziges Kriterium für die Existenz eines Gegenstandes im Gegenstandsbereich einer Theorie *S* die Beweisbarkeit einer ihn betreffenden ↑Existenzaussage in *S* (↑Realismus, semantischer). Wegen der beiden Ansätzen gemeinsamen Grundintuition, daß die mathematischen Universalien in Abhängigkeit von menschlichen Leistungen hervorgebrachte Gebilde sind, werden sie in Anknüpfung an W. V. O. Quine und W. Stegmüller oft als – freilich sprachphilosophisch gewendete – Varianten der konzeptualistischen Position im mittelalterlichen Universalienstreit angesprochen (↑Konzeptualismus). Bei deren Hervorbringung fußt jedoch der mathematische Intuitionismus L. E. J. Brouwers letztlich auf gedanklicher ↑Abstraktion (↑abstrakt) von ›Zweiheit‹ und unendlicher Wiederholbarkeit aus der ↑Erfahrung, wodurch er mit mentalistischen (↑Mentalismus) und psychologistischen (↑Psychologismus) Unterstellungen belastet ist. Demgegenüber wird in der konstruktivistischen Tradition mit dem ↑Abstraktionsschema ein von solchen Unterstellungen freies Erzeugungsverfahren bereitgestellt, durch das lediglich die Verwendung abstraktiver Ausdrücke im Rückgriff auf die Rede über ↑konkrete Gegenstände reglementiert wird.

Eine radikalere Reaktion auf das in den aufgetretenen ↑Antinomien sich manifestierende Scheitern des logizistischen Grundlagenprogramms (↑Logizismus) besteht in der Ausarbeitung rein nominalistischer Sprachen (↑Logik, nominalistische, ↑Nominalismus), wie sie insbes. in der von S. Leśniewski entwickelten ↑Mereologie vorliegt: hier ist ausschließlich die Rede über individuelle Gegenstände zugelassen. An die Stelle der Element-Klasse-Relation tritt die Teil-Ganzes-Relation (↑Teil und Ganzes), so daß eine Aussage ›$x \varepsilon F$‹ (z. B. ›dieses Buch ist rot‹) nicht zu verstehen ist im Sinne von ›x ist Element der Klasse der F-Dinge‹, sondern im Sinne von ›x ist Teil von F‹, wobei F (›die Röte‹) als ein ›Groß-Individuum‹ vorgestellt ist, bestehend aus einer Vielzahl ›verstreuter‹ Teile, von denen x (im Beispiel ›dieses Buch‹) gerade eines ist. Dabei wird – zur Vermeidung der in den Antinomien der ↑Mengenlehre aufgezeigten Probleme – die Zahl solcher Individuen von vornherein als endlich angesetzt (↑endlich/Endlichkeit (mathematisch)).

Im Zuge der Verallgemeinerung der in diesem Grundlagenstreit erzielten Ergebnisse auf die Frage wissenschaftlicher Begriffsbildung überhaupt formuliert Quine ein ↑Abgrenzungskriterium für die Positionen des Platonismus und des Nominalismus (zuerst in: Designation and Existence, J. Philos. 36 [1939], 701–709): da jede ↑Aussage innerhalb einer ↑Prädikatenlogik so übersetzbar ist, daß sämtliche ↑Prädikatoren einer oder mehreren durch ↑Quantoren gebundenen ↑Variablen zukommen, gibt die Untersuchung des ↑Wertbereichs dieser Variablen Aufschluß über die in der Aussage unterstellte Ontologie (*criterion of ontological commitment*). Sprachen, in denen das Quantifizieren über Eigenschaften, Klassen, Zahlen, Funktionen etc. zugelassen ist, sind als platonistisch zu kennzeichnen; Sprachen, in denen ausschließlich über Individuen quantifiziert werden darf, sind nominalistische Sprachen. Konstruktive bzw. konzeptualistische Konzeptionen werden von Quine in die Nähe des Platonismus gerückt, da auch sie die Quantifikation über Klassenvariable erlauben. Diese Zuordnung wäre aber nur dann zutreffend, wenn man, wie Quine, Gegenstände als Werte gebundener Variablen voraussetzte (↑Interpretationssemantik).

Demgegenüber wird in konstruktivistischer Tradition seit P. Lorenzen (Einführung in die operative Logik und Mathematik, Berlin/Göttingen/Heidelberg 1955) der

Wertbereich der Variablen durch Zeichen (›Figuren‹) gebildet (↑Bewertungssemantik): als Grundzeichen sind im Zuge des Sprachaufbaus ↑Nominatoren bereitzustellen; im Rückgriff auf diese werden dann mit Hilfe des Abstraktionsverfahrens die abstraktiven Ausdrücke, darunter insbes. auch die Klassenbegrifflichkeit, als komplexe, aus Abstraktor und Nominatoren gebildete Ausdrücke in ontologisch unverdächtiger Weise allererst eingeführt. - Da dieser Lösungsansatz in der vor allem durch Quine, N. Goodman und A. Church bestimmten Diskussion weitgehend unbeachtet geblieben ist, beschränkt sich im weiteren Verlauf der m. U. auf den Vergleich nominalistischer und platonistischer Sprachen. Dabei rückt vor allem die Frage in den Vordergrund, ob die stets auf endliche Gegenstandsbereiche begrenzten Ausdrucksmöglichkeiten nominalistischer Sprachen hinreichend erweiterbar sind, um sie für die Anforderungen der ↑Wissenschaftssprachen geeignet zu machen (↑Nominalismus).

Literatur: ↑Universalien. C. F. G.

Universalisator, ↑Allquantor.

Universalisierung, Terminus der neueren ↑Moralphilosophie (↑Ethik) für Verfahren der Verallgemeinerung von Handlungsorientierungen, insbes. von R. M. Hare als definierende Methode moralischer Rechtfertigung hervorgehoben. Nach Hare basieren moralische Argumentationen darauf, daß der Anwendung der diskutierten Handlungsorientierung auf *jede* in den handlungsrelevanten Eigenschaften *äquivalente* (↑Äquivalenz) Situation zugestimmt werden muß, wenn für diese Orientierungen ein moralischer Anspruch erhoben wird. U.sverfahren werden auch als ↑Rekonstruktion des Kategorischen Imperativs (↑Imperativ, kategorischer) von I. Kant verstanden, insofern dieser von gerechtfertigten ↑Maximen fordert, man müsse wollen können, daß sie ein ›allgemeines Gesetz‹ werden. Bemühungen in dieser Richtung hat unter anderem auch M. G. Singer (1961) unternommen.

In Hares Version fordert das Postulat der Universalisierbarkeit praktischer Argumente allerdings lediglich zur *Konsequenz* bezogen auf vergleichbare Situationen auf. Diese Konsequenz läßt sich von jedem Individuum ohne Bezug auf abweichende, ebenfalls konsequent verfolgte Orientierungen anderer Individuen praktizieren. Gegenüber einer solchen ›subjektivistischen‹ Position werden vom ↑Konstruktivismus und der ↑Frankfurter Schule (↑Theorie, kritische) ›transsubjektive‹ (↑transsubjektiv/Transsubjektivität) Verständnisse moralischer Universalität und damit der Kantischen Moralphilosophie geltend gemacht (↑Universalität (ethisch)). Transsubjektiv begriffene Moralität zielt dabei auf eine vernünftige oder unparteiliche Gemeinsamkeit des Redens und Handelns aller in einem Handlungszusammenhang Stehenden und von ihm Betroffenen ab.

Literatur: H. Bielefeldt, Universalismus/U., EP III ([2]2010), 2831–2836; B. Gert, The Moral Rules. A New Rational Foundation for Morality, New York 1970, 1973 (dt. Die moralischen Regeln. Eine neue rationale Begründung der Moral, Frankfurt 1983); B. Gesang, Kritik des Partikularismus. Über partikularistische Einwände gegen den Universalismus und den Generalismus in der Ethik, Paderborn 2000; J. Habermas, Zur Logik des theoretischen und praktischen Diskurses, in: M. Riedel (ed.), Rehabilitierung der praktischen Philosophie II, Freiburg 1974, 381–402; ders., Diskursethik. Notizen zu einem Begründungsprogramm, in: ders., Moralbewußtsein und kommunikatives Handeln, Frankfurt 1983, 2010, 53–125 (engl. Discourse Ethics. Notes on a Program of Philosophical Justification, in: ders., Moral Consciousness and Communicative Action, Cambridge 1990, 2007, 43–115); R. M. Hare, The Language of Morals, Oxford 1952, 2003 (dt. Die Sprache der Moral, Frankfurt 1972, 1997); ders., Freedom and Reason, Oxford 1963, 2003 (dt. Freiheit und Vernunft, Düsseldorf 1973, Frankfurt 1983); ders., Wissenschaft und praktische Philosophie, in: L. Landgrebe (ed.), Philosophie und Wissenschaft. 9. Deutscher Kongreß für Philosophie Düsseldorf 1969, Meisenheim am Glan 1972, 79–88; ders., Essays in Ethical Theory, Oxford 1989, 1993; N. Hoerster, Utilitaristische Ethik und Verallgemeinerung, Freiburg/München 1971, [2]1977; F. Kambartel, Moralisches Argumentieren. Methodische Analysen zur Ethik, in: ders. (ed.), Praktische Philosophie und konstruktive Wissenschaftstheorie, Frankfurt 1974, 1979, 54–72; ders., Universalität als Lebensform. Zu den (unlösbaren) Schwierigkeiten, das gute und vernünftige Leben über formale Kriterien zu bestimmen, in: ders., Philosophie der humanen Welt. Abhandlungen, Frankfurt 1989, 15–26; ders., Begründungen und Lebensformen. Zur Kritik des ethischen Pluralismus, in: ders., Philosophie der humanen Welt [s. o.], 44–58; J. Kariuki, The Possibility of Universal Moral Judgement in Existential Ethics. A Critical Analysis of the Phenomenology of Moral Experience According to Jean-Paul Sartre, Bern/Frankfurt 1981; N. T. Potter/M. Timmons (eds.), Morality and Universality. Essays on Ethical Universalizability, Dordrecht etc. 1985; W. Rabinowicz, Universalizability. A Study in Morals and Metaphysics, Dordrecht/Boston Mass./London 1979; J. Schroth, Die Universalisierbarkeit moralischer Urteile, Paderborn 2001; M. G. Singer, Generalization in Ethics. An Essay in the Logic of Ethics, with the Rudiments of a System of Moral Philosophy, New York 1961, 1971 (dt. Verallgemeinerung in der Ethik. Zur Logik moralischen Argumentierens, Frankfurt 1975, 1977); R. Wimmer, U. in der Ethik. Analyse, Kritik und Rekonstruktion ethischer Rationalitätsansprüche, Frankfurt 1980; ders., U., Hist. Wb. Ph. XI (2001), 199–204. F. K.

Universalität (ethisch), Terminus der ↑Moralphilosophie (↑Ethik) zur Kennzeichnung von Begriffen ↑praktischer ↑Geltung. In einem ›universalistischen‹ Moralverständnis gewinnen moralische Argumente ihre Geltung nicht durch Ableitung aus auf bestimmte Personen, Kulturen oder Traditionen beschränkten (↑partikularen oder relativen [↑relativ/Relativierung]) Wertungen; vielmehr sollen sie auf einer allgemein einsichtigen Grundlage stehen. Als ↑universal läßt sich die Geltung einer moralischen Orientierung dabei insofern begreifen, als sie ihren Sitz in einer vernünftigen praktischen Gemeinsamkeit aller ›Betroffenen‹ hat, d.h. insbes. alle Betroffenen in gleicher Weise in den jeweiligen Handlungs- und Orientierungszusammenhang einbezieht. So verstandene moralische (oder ethische) U. bezieht sich nicht auf eine (deskriptiv oder pragmatisch verstandene) empirische Allgemeinheit zustimmenden Handelns der Beteiligten, sondern unterstellt, partiell immer ↑kontrafaktisch, den gemeinsamen Willen, einander handelnd nicht lediglich als ↑Mittel zu den eigenen (partikularen) Zwecken zu betrachten. Nennt man das als ↑Selbstzweck aufgefaßte Individuum entsprechend der philosophischen Tradition eine ↑Person, so läßt sich das Grundprinzip moralischer U. mit I. Kants Worten in die Form bringen: »Handle so, daß du die Menschheit, sowohl in deiner Person, als in der Person eines jeden anderen, jederzeit zugleich als Zweck, niemals bloß als Mittel brauchest« (Grundl. Met. Sitten B 66–67, Akad.-Ausg. IV, 429; ↑Imperativ, kategorischer).

Neuere moralphilosophische und gesellschaftstheoretische Ansätze wenden Kants U.sprinzip sprachphilosophisch und argumentationstheoretisch. Im Anschluß an Kants Rede von allgemein moralischen Gesetzen rekonstruiert z. B. R. M. Hare den moralischen Anspruch eines Argumentes so, daß es auch für jede ›ähnliche‹ Situation gültig und in diesem Sinne ›universalisierbar‹ (↑Universalisierung) sein soll. J. Habermas kennzeichnet die moralische (oder ethische) U. als die kontrafaktische Unterstellung, daß die jeweils zur Beurteilung stehende Orientierung in idealen ↑Diskursen allgemeine Zustimmung erhalten kann. Zur unterstellten Idealität von Diskursen gehört hier unter anderem, daß die Beteiligten keinerlei Einschränkungen der Selbstdarstellung und der Vertretung von Behauptungen und Vorschlägen unterliegen. Habermas geht in seinen gesellschafts- und rechtstheoretischen Analysen davon aus, daß U. in den bürgerlichen Demokratien, zumindest formal, zum Prinzip des politischen Diskurses geworden ist. Auch die Ethik des ↑Konstruktivismus (↑Erlanger Schule) läßt sich als universalistisch charakterisieren, insofern sie für gerechtfertigte Orientierungen auf eine alle Betroffenen umgreifende, in ›vernünftiger ↑Beratung‹ gewonnene Gemeinsamkeit oder doch Verträglichkeit des Handelns abstellt. Versteht man hier ↑Vernunft im Blick auf die gegenseitige Anerkennung der Betroffenen als ↑Personen, so bleibt der Zusammenhang mit dem angeführten Prinzip Kantischer Moralphilosophie deutlich.

Einsprüche gegen universalistische Moralbegriffe folgen vor allem zwei Argumentationslinien. Zum einen wird bestritten, daß der Universalismus überhaupt für ein illusionsloses Verständnis von Moralität taugt (etwa A. C. McIntyre und die philosophische so genannte ↑Postmoderne). Zum anderen werden universalistische Vernunft- und Moralbegriffe und die von ihnen ausgehenden praktischen und politischen Ansprüche als adäquat bestimmte Binnenmoral der entwickelten Demokratien des Westens zugestanden (R. Rorty), deren philosophische und politische Grundlagen zwar intern auf ihre weltweite Verbreitung (›Geltung‹) angelegt, aber deswegen nicht schon ein unterstellbarer Gegenstand extern allgemeiner Einsichten sind oder sinnvoll als solcher unterstellt werden können.

Literatur: B. Gert, The Moral Rules. A New Rational Foundation for Morality, New York, London 1970, 1973 (dt. Die moralischen Regeln. Eine neue rationale Begründung der Moral, Frankfurt 1983); ders., Morality. A New Justification of the Moral Rules, Oxford etc. 1988, 1989; J. Habermas, Legitimationsprobleme im Spätkapitalismus, Frankfurt 1973, 2004, 131–196 (Teil III Zur Logik von Legitimationsproblemen) (engl. Legitimation Crisis, Boston Mass. 1975, Oxford 1988, 95–143 [Part III On the Logic of Legitimation Problems]); ders., Zur Logik des theoretischen und praktischen Diskurses, in: M. Riedel (ed.), Rehabilitierung der praktischen Philosophie II (Rezeption, Argumentation, Diskussion), Freiburg 1974, 381–402; ders., Zur Rekonstruktion des Historischen Materialismus, Frankfurt 1976, [7]2001, 271–346 (Teil IV Legitimation); ders., Diskursethik. Notizen zu einem Begründungsprogramm, in: ders., Moralbewußtsein und kommunikatives Handeln, Frankfurt 1983, 2010, 53–125 (engl. Discourse Ethics. Notes on a Program of Philosophical Justification, in: ders., Moral Consciousness and Communicative Action, Cambridge/Oxford 1990, 2007, 43–115); R. M. Hare, The Language of Morals, Oxford 1952, 2003 (dt. Die Sprache der Moral, Frankfurt 1972, 1997); ders., Wissenschaft und praktische Philosophie, in: L. Landgrebe (ed.), Philosophie und Wissenschaft. 9. Deutscher Kongreß für Philosophie Düsseldorf 1969, Meisenheim am Glan 1972, 79–88; N. Hoerster, Utilitaristische Ethik und Verallgemeinerung, Freiburg/München 1971, [2]1977; F. Kambartel (ed.), Praktische Philosophie und konstruktive Wissenschaftstheorie, Frankfurt 1974, 1979; ders., Begründungen und Lebensformen. Zur Kritik des ethischen Pluralismus, in: W. Kuhlmann (ed.), Moralität und Sittlichkeit. Das Problem Hegels und die Diskursethik, Frankfurt 1986, 85–100, Neudr. in: F. Kambartel, Philosophie der humanen Welt. Abhandlungen, Frankfurt 1989, 44–58; ders., U. als Lebensform. Zu den (unlösbaren) Schwierigkeiten, das gute und vernünftige Leben über formale Kriterien zu bestimmen, in: ders., Philosophie der humanen Welt [s. o.], 15–26; W. Kamlah, Philosophische Anthropologie. Sprachkritische Grundlegung und Ethik, Mannheim/Wien/Zürich 1972, 1984; P. Lorenzen, Normative Logic and Ethics, Mannheim/Wien/Zürich 1969, [2]1984, 73–83 (Chap. 7 Foundations of Practical Philosophy); ders./O. Schwemmer, Konstruktive Logik, Ethik und Wissenschaftstheorie, Mannheim/Wien/Zürich 1973, 107–129, [2]1975, 148–180 (Teil II Ethik); A. C. MacIntyre, Whose Justice? Which Rationality?, Notre Dame Ind., London 1988, Notre Dame Ind. 2003 (franz. Quelle justice? Quelle rationalité?, Paris 1988, 1993); G. Morrone (ed.), Universalität versus Relativität in einer interkulturellen Perspektive, Nordhausen 2013; R. Rorty, Contingency, Irony, and Solidarity, Cambridge 1989, 2009 (dt. Kontingenz, Ironie und Solidarität, Frankfurt 1989, [10]2012; franz. Contingence, ironie et solidarité, Paris 1993); O. Schwemmer, Philosophie der Praxis. Versuch zur Grundlegung einer Lehre vom moralischen Argumentieren in Verbindung mit einer Interpretation der praktischen Philosophie Kants, Frankfurt 1971, 1980; M. G. Singer, Generalization in Ethics. An Essay in the Logic of Ethics, with the

Rudiments of a System of Moral Philosophy, New York 1961, 1971 (dt. Verallgemeinerung in der Ethik. Zur Logik moralischen Argumentierens, Frankfurt 1975, 1977); A. Wellmer, Endspiele. Die unversöhnliche Moderne. Essays und Vorträge, Frankfurt 1993, 1999 (engl. Endgames. The Irreconcilable Nature of Modernity. Essays and Lectures, Cambridge Mass. 1998, 2000); W. Welsch, Unsere postmoderne Moderne, Weinheim 1987, Berlin [7]2008; R. Wimmer, Universalisierung in der Ethik. Analyse, Kritik und Rekonstruktion ethischer Rationalitätsansprüche, Frankfurt 1980. F. K.

Universalpragmatik, von J. Habermas (1971) eingeführter Terminus zur Bezeichnung der systematischen ↑Rekonstruktion universaler Bedingungen menschlicher Verständigung. Im Hinblick auf die von C. W. Morris vorgenommene Einteilung der ↑Semiotik in ↑Syntaktik, ↑Semantik und ↑Pragmatik grenzt sich die U. gegen die empirische Pragmatik ab, die sich mit den Kontexten konkreter natürlichsprachlicher Äußerungen befaßt (↑Sprache, ↑Sprache, natürliche). Habermas kritisiert diesbezüglich im Anschluß an K.-O. Apel den ›abstraktiven Fehlschluß‹, der sich darin äußere, daß Syntaktik und Semantik als Gegenstände formaler Analyse betrachtet werden, die Pragmatik hingegen ausschließlich der empirischen Forschung (z. B. im Rahmen der Soziolinguistik; ↑Linguistik) überlassen werde.
Im Ausgang von K. Bühlers Organonmodell der Sprache stellt Habermas vier fundamentale Geltungsansprüche (↑Geltung) heraus, die von jedem kommunikativ Handelnden erhoben werden: (1) Die Ausdrucksfunktion der Sprache impliziert einen Anspruch auf *Wahrhaftigkeit,* (2) die Appellfunktion einen Anspruch auf *Richtigkeit,* d. h. die Übereinstimmung mit (interpersonalen) Regelkodizes, (3) die darstellende Funktion einen Anspruch auf *Wahrheit* des Mitgeteilten. Unabhängig von der jeweils im Vordergrund stehenden Sprachfunktion – und insofern (1) bis (3) übergeordnet – erhebt jede Äußerung als kommunikative Handlung (4) den Anspruch auf *Verständlichkeit.* Soweit Sprecher und Hörer wechselseitig unterstellen, daß sie diese Ansprüche je zu Recht erheben, ist die Verständigung ungestört; andernfalls muß durch Eintritt in einen ↑*Diskurs* über die Einlösbarkeit der problematisch gewordenen Geltungsansprüche befunden werden. In dieser Konzeption des Diskurses ist nach Habermas die Konsenstheorie der ↑Wahrheit begründet: als wahr gelten diejenigen Aussagen (bzw. als richtig diejenigen Normen), deren Geltungsansprüche in einer ›idealen Sprechsituation‹, in der alle Motive außer dem der kooperativen Wahrheitssuche ausgeschlossen sind, von allen Diskursteilnehmern anerkannt werden (↑Wahrheitstheorien, ↑Konsens).
Die U. ist einer umfassenden Theorie des sozialen Handelns insofern vorgängig, als andere Formen des sozialen Handelns (etwa das ›strategische‹ Handeln) nach Habermas (1976, 175) ›Derivate des verständigungsorientierten Handelns‹ darstellen. Die Reflexion auf die ↑Präsuppositionen kommunikativen Handelns soll darüber hinaus die traditionelle Frage nach den Bedingungen der Möglichkeit von Erkenntnis ablösen. Insofern erhebt die U. den Anspruch, die Einsichten der ↑Transzendentalphilosophie in das sprachliche Paradigma der Philosophie übernommen zu haben (↑Wende, linguistische). Hierin besteht Übereinstimmung mit der Apelschen ↑Transzendentalpragmatik. Deren Anspruch, daß die notwendigen Voraussetzungen sprachlichen Handelns als solche ›letztbegründet‹ (↑Letztbegründung) seien, schließt sich die U. jedoch nicht an: Habermas (1983) wirft Apel vor, in dieser Hinsicht hinter die Wende zur Sprache zurückzugehen und zu verkennen, daß es sich bei der Formulierung von Sprachregeln um bloße Rekonstruktionen intuitiven Regelwissens aus der Beobachterperspektive handelt. Auch kann die Abhängigkeit solcher Regeln von Naturkonstanten und anthropologischen Tiefenstrukturen nicht ausgeschlossen werden, so daß sich der ursprüngliche aprioristische Anspruch der Transzendentalphilosophie nicht mehr einholen lasse.

Literatur: Y. Bar-Hillel, On Habermas' Hermeneutic Philosophy of Language, Synthese 26 (1973), 1–12; K. Bauer, Der Denkweg von Jürgen Habermas zur »Theorie des kommunikativen Handelns«. Grundlagen einer neuen Fundamentaltheologie?, Regensburg 1987; A. Beckermann, Die realistischen Voraussetzungen der Konsenstheorie von J. Habermas, Z. allg. Wiss.theorie 3 (1972), 63–80; A. Brand, The Force of Reason. An Introduction to Habermas' Theory of Communicative Action, Sydney etc. 1990; A. Dorschel (ed.), Transzendentalpragmatik. Ein Symposion für Karl-Otto Apel, Frankfurt 1993; H. Gripp, Jürgen Habermas. Und es gibt sie doch – Zur kommunikationstheoretischen Begründung von Vernunft bei Jürgen Habermas, Paderborn etc. 1984, 1986; J. Habermas, Vorbereitende Bemerkungen zu einer Theorie der kommunikativen Kompetenz, in: ders./N. Luhmann, Theorie der Gesellschaft oder Sozialtechnologie – Was leistet die Systemforschung?, Frankfurt 1971, [10]1990, 101–141; ders., Wahrheitstheorien, in: H. Fahrenbach (ed.), Wirklichkeit und Reflexion. Walter Schulz zum 60. Geburtstag, Pfullingen 1973, 211–265, ferner in: ders., Vorstudien und Ergänzungen zur »Theorie des kommunikativen Handelns« [s. u.], 127–183; ders., Was heißt U.?, in: K.-O. Apel (ed.), Sprachpragmatik und Philosophie, Frankfurt 1976, 1982, 174–272, ferner in: ders., Vorstudien und Ergänzungen zur »Theorie des kommunikativen Handelns« [s. u.], 353–440; ders., Theorie des kommunikativen Handelns, I–II, Frankfurt 1981, [3]1992, 1995 (engl. The Theory of Communicative Action, I–II, Boston Mass. 1984/1987, 2007/2012); ders., Moralbewußtsein und kommunikatives Handeln, Frankfurt 1983, [5]1992 (engl. Moral Consciousness and Communicative Action, Cambridge Mass. 1990, Cambridge 2007); ders., Vorstudien und Ergänzungen zur »Theorie des kommunikativen Handelns«, Frankfurt 1984, 2010; ders., Erläuterungen zur Diskursethik, Frankfurt 1991, [6]2015; H. Holzer, Kommunikation oder gesellschaftliche Arbeit? Zur »Theorie des kommunikativen Handelns« von Jürgen Habermas, Berlin (Ost) 1987; A. Honneth/H. Joas (eds.), Kommunikatives Handeln. Beiträge zu Jürgen Habermas' »Theorie des kommunikativen Handelns«, Frankfurt 1986, [3]2002; H. Keuth, Erkenntnis oder

Entscheidung? Die Konsenstheorien der Wahrheit und der Richtigkeit von Jürgen Habermas, Z. allg. Wiss.theorie 10 (1979), 375–393; C. Koreng, Norm und Interaktion bei Jürgen Habermas, Düsseldorf 1979; W. Kuhlmann, Beiträge zur Diskursethik. Studien zur Transzendentalpragmatik, Würzburg 2007; N. Luhmann, Autopoiesis, Handlung und kommunikative Verständigung, Z. Soz. 11 (1982), 366–379; A. Niederberger, Kontingenz und Vernunft. Grundlagen einer Theorie kommunikativen Handelns im Anschluss an Habermas und Merleau-Ponty, Freiburg/München 2007; H. Schnädelbach, Reflexion und Diskurs. Fragen einer Logik der Philosophie, Frankfurt 1977, bes. 135–175; ders., Transformation der Kritischen Theorie, Philos. Rdsch. 29 (1982), 161–178; U. Steinhoff, Kritik der kommunikativen Rationalität. Eine Darstellung und Kritik der kommunikationstheoretischen Philosophie von Jürgen Habermas und Karl-Otto Apel, Paderborn 2006; M. Torres Morales, Systemtheorie, Diskurstheorie und das Recht der Transzendentalphilosophie, Würzburg 2002; A. Wellmer, Ethik und Dialog. Elemente des moralischen Urteils bei Kant und in der Diskursethik, Frankfurt 1986; W. C. Zimmerli, Kommunikation und Metaphysik. Zu den Anfangsgründen von Habermas' »Theorie des kommunikativen Handelns«, in: W. Oelmüller (ed.), Metaphysik heute?, Paderborn etc. 1987, 97–111. C. F. G.

Universalsprache, Bezeichnung für ↑Kunstsprachen, die mit einem universalen Anspruch konzipiert sind. Eine historische Quelle der U.nidee liegt in der religiösen Vorstellung, daß die Menschheit ursprünglich nur eine Sprache hatte (›adamitische Sprache‹; ↑Sprache, adamische), die später verlorenging (babylonische Sprachverwirrung, Gen. 11, 1–9), womit eine U. als erneutes göttliches Heilswerk erscheint (Apg. 2, 1–36). Damit verwandt ist die Vorstellung eines ursprünglichen sprachlichen ↑Naturzustands, in dem Wirklichkeit und Sprache vollständig miteinander harmonierten und den es wiederzugewinnen gilt. Diese Vorstellung findet sich z. B. in der chinesischen Philosophie (↑Richtigstellung der Namen (Begriffe)) und in der ↑Mystik (J. Böhme). Zu den sprachphilosophischen (↑Sprachphilosophie) Voraussetzungen einer U. gehören der konventionelle Charakter der ↑Sprache, die Trennbarkeit von Sprache und ↑Denken und ein hinter der Sprache stehendes Drittes, das die universelle Übersetzbarkeit bzw. Verstehbarkeit garantieren soll.

Soll die U. als universale Verkehrssprache Substitut für die Vielfalt der gesprochenen natürlichen Sprachen (↑Sprache, natürliche) sein, spricht man von einer ›Welthilfssprache‹ (*international auxiliary language*) oder ›Plansprache‹ (*planned language*). Frühe Versuche sind A. Bürjas ›Pasilalie‹ (Die Pasilalie oder kurzer Grundriß einer allgemeinen Sprache, zur bequemen sowol [sic!] schriftlichen als mündlichen Mittheilung der Gedanken unter allen Völkern, Berlin 1808), das ›Volapük‹ (J. M. Schleyer, Volapük. Die Weltsprache. Entwurf einer U. für alle Gebildeten der ganzen Erde, Sigmaringen 1880 [repr. Hildesheim/Zürich/New York 1982]) und das ›Esperanto‹ (L. L. Zamenhof [Dr. Esperanto], Internationale Sprache, Vorrede und vollständiges Lehrbuch, Warschau 1887). 1934 gründete D. H. Morris die ›International Auxiliary Language Association‹ (IALA) in New York. Diese frühen Kunstsprachen können schon aus rein phonematischen Gründen keine U.n sein, da sie, worauf erstmals N. S. Trubetzkoy (1939) hinwies, kein Phonemsystem besitzen, das für alle Menschen gleich gut artikulierbar wäre. Die wissenschaftliche Beschäftigung mit U.n in diesem Sinne wird heute meist als ›Interlinguistics‹ bezeichnet. Als philosophische Explikation ihrer Voorannahmen kann die Konzeption einer universellen ↑Tiefengrammatik gelten, die allem Sprechen zugrundeliegt und gleichsam die Grammatik des Denkens selbst wäre. Beginnend mit der *grammatica speculativa* der Spätscholastik (↑Grammatik), über die von A. Arnauld und C. Lancelot verfaßte »Grammaire générale et raisonnée« (Paris 1660) von Port-Royal (↑Port-Royal, Schule von), den neuplatonischen Entwurf »Hermes« von J. Harris (Hermes or a Philosophical Inquiry Concerning Universal Grammar, London 1751, [4]1773), den in der Tradition der ↑Schulphilosophie stehenden Versuch einer ›sprachlich abgebildeten Vernunftlehre‹ von J. W. Meiner (Versuch einer an der menschlichen Sprache abgebildeten Vernunftlehre, Leipzig 1781) und I. Kants Konzeption einer ›transzendentalen Grammatik‹ (Vorlesungen über die Metaphysik, ed. K. H. L. Pölitz, Erfurt 1821, Akad.-Ausg. XXVIII/2, 576) läßt sich die historische und systematische Linie bis zur ↑Transformationsgrammatik N. Chomskys ziehen.

Von der Konzeption von U.n in diesem Sinne unterschieden sind Versuche einer ›Pasigraphie‹ (griech., Allgemeinschrift), die als reine Zeichensprache ohne Laute und manchmal auch ohne Schrift im eigentlichen Sinne konzipiert ist. Begründer ist der Taubstummenlehrer J. de Maimieux (Pasigraphie, Paris 1797) – wobei der Ausdruck ›Pasigraphie‹ schon bei J. Trithemius auftritt (Polygraphiae libri IV, Oppenheim 1518) –, 1797 mit einem Konkurrenzentwurf C. H. Wolkes (Erklärung wie [...] Pasiphrasie möglich und ausüblich sei [...], Dessau 1797) bedacht. Die Pasigraphie erlebte, trotz der frühen Kritik des Sprachphilosophen J. S. Vater (Pasigraphie und Antipasigraphie, Weißenfels 1799), bis ins 20. Jh. zahlreiche Wiederbelebungsversuche (A. Bachmeier, J. Damm, A. Réthy, A. Stöhr, K. Haag). Hierher gehören auch die Bemühungen O. Neuraths um die ›Isotype‹ (*I*nternational *S*ystem *o*f *Ty*pographic *P*icture *E*ducation), eine Form der Pasigraphie, die heute in Form der Piktogramme weltweit verbreitet ist. Eine dritte Form von U. stellt schließlich die ›Ideographie‹ (griech., Begriffsschrift) dar, die sich um eine eindeutige (↑eindeutig/Eindeutigkeit) kunstsprachliche Abbildung der hinter den Einzelsprachen angenommenen universalen Begrifflichkeit bemüht. Einen wesentlichen Einfluß auf

die universalsprachliche Entwicklung übte G. W. Leibnizens Programm einer *characteristica universalis* (↑Leibnizsche Charakteristik) aus.
Schon R. Descartes verband die Konzeption einer ↑mathesis universalis mit dem Instrument einer ↑lingua universalis. Er hielt diese jedoch für nicht realisierbar, da sie ein System aller einfachen Ideen (↑Idee (historisch)) über eine Analyse aller Bewußtseinselemente voraussetzen würde (vgl. Brief an M. Mersenne vom 20.11.1629, Œuvres I, 80–82). G. Dalgarno (Ars signorum, London 1661) und J. Wilkins (Essay Towards a Real Character, London 1668) suchten mit 17 bzw. 40 Hauptbegriffen auszukommen (vgl. L. Couturat, La logique de Leibniz. D'après des documents inédits, Paris 1901, 544–552, und O. Funke 1929). Leibniz glaubte das Aufsuchen einfacher Ideen und den Entwurf einer *characteristica universalis* parallel entwickeln zu können (vgl. Anm. zum angeführten Descartes-Brief, C. 27–28). Letztlich umfaßt das Leibnizsche Projekt einer U., konzipiert in erster Linie als ↑Wissenschaftssprache, mehrere Teilprojekte: Auf der Grundlage eines ›Alphabets der Gedanken‹ sollen Begriffe und deren Verbindungen in ↑Urteilen strukturgetreu auf Zahlen bzw. ›Charaktere‹ einer U. abgebildet werden, womit eine enzyklopädisch verfaßte ↑scientia generalis allen Wissens möglich würde. Durch verschiedene Künste (↑ars characteristica, ↑ars combinatoria, ↑ars iudicandi) und sie begleitende ↑Kalküle (↑calculus universalis) würde Wissenschaft mechanisch kontrollierbar, zusätzlich befördert durch universalsprachlich gegründete Strategien zur Wissenserweiterung (↑ars inveniendi). Da von Leibniz zunächst nur die programmatischen Ankündigungen bekannt wurden, nicht aber seine Fragmente zur Durchführung, konnten seine Ideen erst im nachhinein gewürdigt werden, insbes. nach den Arbeiten L. Couturats und auf der Folie der Fregeschen ↑Begriffsschrift. Letztere stellt die erste fruchtbare Realisation einer wissenschaftlichen U. dar. Die nachfolgende Mathematische Logik (↑Logik, mathematische) macht mit ihren Metatheoremen (↑Metasprache) über Vollständigkeit (↑vollständig/Vollständigkeit, ↑Vollständigkeitssatz) bzw. Unvollständigkeit (↑unvollständig/Unvollständigkeit, ↑Unvollständigkeitssatz), Entscheidbarkeit (↑entscheidbar/Entscheidbarkeit) bzw. Unentscheidbarkeit (↑unentscheidbar/Unentscheidbarkeit, ↑Unentscheidbarkeitssatz) und Widerspruchsfreiheit (↑widerspruchsfrei/Widerspruchsfreiheit) sowie Sätzen vom Löwenheim-Skolem-Tarski-Typ (↑Löwenheimscher Satz) sowohl die Möglichkeiten als auch die Grenzen des Leibniz-Projektes einer wissenschaftlichen U. deutlich.

Literatur: A. Bausani, Geheim- und U.n. Entwicklung und Typologie, Stuttgart etc. 1970; D. Blanke, Internationale Plansprachen. Eine Einführung, Berlin (Ost) 1985, Berlin 2005 (mit Bibliographie, 296–381); ders., Interlinguistische Beiträge. Zum Wesen und zur Funktion internationaler Plansprachen, ed. S. Fiedler, Frankfurt etc. 2006; A. Borst, Der Turmbau von Babel. Geschichte der Meinungen über Ursprung und Vielfalt der Völker und Sprachen I, Stuttgart 1957, München 1995; K. Brugmann/A. Leskien, Zur Kritik der künstlichen Weltsprachen, Straßburg 1907; M. Buchmann/S. Edel, Sprache, adamische, Hist. Wb. Ph. IX (1995), 1495–1499; E. Cassirer, Philosophie der symbolischen Formen I, Berlin 1923, Darmstadt, ferner als: Ges. Werke XI, Darmstadt, Hamburg 2001, Hamburg 2010; L. Couturat/L. Leau, Histoire de la langue universelle, Paris 1903, [2]1907 (repr. Hildesheim/New York 2001); dies., Les nouvelles langues internationales, Paris 1907 (repr. Hildesheim/New York 2001); H. Eichner/P. Ernst/S. Katsikas (eds.), Sprachnormung und Sprachplanung [...], Wien 1996, [2]1997; P. G. Forster, The Esperanto Movement, The Hague/New York 1982; O. Funke, Zum Weltsprachenproblem in England im 17. Jahrhundert. A. Dalgarno's »Ars Signorum« (1661) und J. Wilkins' »Essay Towards a Real Character and a Philosophical Language« (1668), Heidelberg 1929; R. Garvía, Esperanto and Its Rivals. The Struggle for an International Language, Philadelphia Pa. 2015; A. L. Guérard, A Short History of the International Language Movement, New York/London 1922, Westport Conn. 1979; K. Haag, Die Loslösung des Denkens von der Sprache durch Begriffsschrift, Stuttgart 1930; R. Haupenthal (ed.), Aufsätze zur Interlinguistik und Esperantologie, Bad Bellingen 2015; K. M. Higgins, The Music between Us. Is Music a Universal Language?, Chicago Ill./London 2012; J. Hintikka, Lingua universalis vs. calculus ratiocinator. An Ultimate Presupposition of Twentieth-Century Philosophy, Dordrecht/Boston Mass./London 1997; O. Jespersen, A New Science: Interlinguistics, Cambridge 1930; B. Juba, Universal Semantic Communication, Berlin/Heidelberg 2011; J. Knowlson, Universal Language Schemes in England and France 1600–1800, Toronto/Buffalo N. Y. 1975; A. Large, The Artificial Language Movement, Oxford, New York, London 1985, 1987; O. Neurath, Gesammelte bildpädagogische Schriften III, ed. R. Haller/R. Kinross, Wien 1991; V. Peckhaus, U., Hist. Wb. Ph. XI (2001), 208–211; A. F. Pott, Zur Geschichte und Kritik der sogenannten Allgemeinen Grammatik, Z. Philos. phil. Kritik NF 43 (1863), 102–141, 185–245; A. Réthy, Lingua universalis communi omnium nationum usui, Wien 1821; P. Rónai, Der Kampf gegen Babel oder das Abenteuer der U.n, München 1969; H. Schnelle, Zeichensysteme zur wissenschaftlichen Darstellung. Ein Beitrag zur Entfaltung der ›Ars characteristica‹ im Sinne von G. W. Leibniz, Stuttgart-Bad Cannstatt 1962; E. Schröder, Über Pasigraphie, ihren gegenwärtigen Stand und die pasigraphische Bewegung in Italien, in: F. Rudio (ed.), Verhandlungen des Ersten Internationalen Mathematiker-Kongresses in Zürich, Leipzig 1898 (repr. Nendeln 1967), 147–162; K. Schubert (ed.), Interlinguistics. Aspects of the Science of Planned Languages, Berlin/New York 1989; A. Stöhr, Algebra der Grammatik. Ein Beitrag zur Philosophie der Formenlehre und Syntax, Leipzig/Wien 1898; H. J. Störig, Sprache, künstliche, Hist. Wb. Ph. IX (1995), 1502–1505; N. S. Trubetzkoy, Wie soll das Lautsystem einer künstlichen internationalen Hilfssprache beschaffen sein? [1939], in: R. Haupenthal (ed.), Plansprachen. Beiträge zur Interlinguistik, Darmstadt 1976, 198–216; L. Wiener, U.n und Esperanto. Zwei vergessene Beiträge zur Interlinguistik, ed. R. Haupenthal, Bad Bellingen 2015. B. B.

universell, allgemein, insbes. überall oder allzeit, meist gleichwertig mit ↑*universal*, bei der Charakterisierung von ↑Urteilen aber auch häufig irreführenderweise mit

↑*generell*, das eigentlich zum Vergleich von ↑Begriffen in bezug auf ihren ↑Umfang (↑extensional/Extension) dient. Steht ›u.‹ im Gegensatz zu ↑›partiell‹, wird statt ›u.‹ eher ↑›total‹ verwendet. K. L.

universe of discourse (engl., Gegenstandsbereich, ↑Individuenbereich, ↑Objektbereich), in der formalen Logik (↑Logik, formale) von A. De Morgan eingeführte Bezeichnung für den Bereich der Gegenstände (Individuen, Objekte), auf die sich eine formale ↑Theorie insgesamt bezieht, im Gegensatz etwa zu den Bereichen der Klassen (↑Klasse (logisch)) und der ↑Funktionen, die diese Gegenstände als Elemente bzw. als Argumente und Werte haben. So ist z. B. die Menge der ganzen Zahlen das u. o. d. der ↑Zahlentheorie und die Menge der Punkte, Geraden und Ebenen das der ↑Euklidischen Geometrie. Einen der zugrundeliegenden Intuition widerstrebenden Sonderfall stellt die ↑Mengenlehre dar, wo gerade die Mengen bzw. die Klassen die Individuen der Theorie sind, also das u. o. d. bilden; *nicht* im u. o. d. enthalten sind hier jedoch die Element-Beziehung $\in$ und das u. o. d. selbst (etwa als Menge aller Mengen; ↑Cantorsche Antinomie).
Im allgemeinen gibt es zu einer Theorie bzw. zu einer formalen Sprache (↑Sprache, formale) viele verschiedene ↑Strukturen, die als Interpretation (↑Interpretationssemantik) gewählt werden können, und somit in Form von deren Trägermengen auch viele verschiedene Klassen, die als u. o. d. der Theorie in Frage kommen. Z. B. treffen die Aussagen einer axiomatischen Theorie (↑System, axiomatisches) auf jede Struktur zu, die als Interpretation der betreffenden Sprache geeignet ist und die ↑Axiome der Theorie erfüllt. Als ↑Variabilitätsbereich ist das jeweilige u. o. d. wichtig bei der Interpretation der freien ↑Variablen und der verschiedenen variablenbindenden ↑Operatoren der Sprache: Z. B. ist eine ↑Allaussage $\bigwedge_x A(x)$ genau dann gültig, wenn für jedes Objekt a (jeweils repräsentiert durch den konstanten ↑Term a) aus dem betreffenden u. o. d. die Aussage $A(\mathrm{a})$ gültig ist; und die mit Hilfe des ↑Lambda-Operators aus einem Term $t(x)$ gewonnene Funktion $(\lambda x.t(x))$ hat das u. o. d. als ↑Definitionsbereich. C. B.

Universum (engl. universe, franz. univers), im allgemeinen Sprachgebrauch ebenso wie ›Weltall‹ und ↑›Kosmos‹ Bezeichnung für die Gesamtheit aller kosmischen Objekte bzw. Systeme, im logischen Sinne für das Ganze (↑Teil und Ganzes) aller ↑Gegenstände. In seiner raumzeitlichen Struktur ist das U. Thema der Astrophysik und der ↑Kosmologie, vor allem unter dem Gesichtspunkt der ↑Kosmogonie, d. h. der Entstehung und Entwicklung des Kosmos. Im philosophischen Sprachgebrauch, z. B. bei I. Kant, tritt der Terminus ›U.‹ synonym mit dem Terminus ↑›Welt‹ als ›Inbegriff aller Erscheinungen‹ (KrV B 391) auf, U. als ›Weltbegriff‹ daher als eine ↑regulative Idee (↑Idee (historisch)). In der formalen Logik (↑Logik, formale) bezeichnet der Terminus ↑›universe of discourse‹ denjenigen Gegenstandsbereich, auf den sich eine formale ↑Theorie insgesamt bezieht.
Während sich vereinzelt bereits in der antiken Philosophie (↑Philosophie, antike), etwa bei Epikur, die Vorstellung einer (räumlichen) Unendlichkeit (↑unendlich/Unendlichkeit, ↑Unendliche, das) des U.s findet, gehen die kosmologischen Auffassungen in Antike und Mittelalter in der Regel von einem sphärisch geschlossenen und damit endlichen (↑Endlichkeit) Kosmos aus. Das U. wird von der Fixsternsphäre begrenzt, die in täglichem Umlauf die Erde umkreist. In der Aristotelischen Kosmologie geht die Bewegung der äußersten Sphäre von einem ›unbewegten Beweger‹ (↑Beweger, unbewegter) aus. Diese Sphäre gibt ihre Bewegung an die zentrumsnäher gelegenen Kugelschalen weiter, die ihrerseits die Planeten mit sich führen. Diese Vorstellung ist auch für die Ptolemaiische Astronomie (↑Ptolemaios, Klaudios) und die mittelalterliche Weltsicht charakteristisch. Danach folgt auf die Sternensphäre (*firmamentum*) der ›Kristallhimmel‹ (*coelum cristallum*), der für die langfristige Verschiebung des Himmelspols verantwortlich ist (die tatsächlich auf die Präzession der Erdachse zurückgeht), und schließlich die Sphäre des ›primum mobile‹ (Abb. 1).
In der Kopernikanischen Revolution (↑Kopernikanische Wende, ↑Kopernikus, Nikolaus) wird zunächst die Vorstellung des sphärisch geschlossenen U.s beibehalten. Zwar führen T. Brahes Beobachtungen von Kometen,

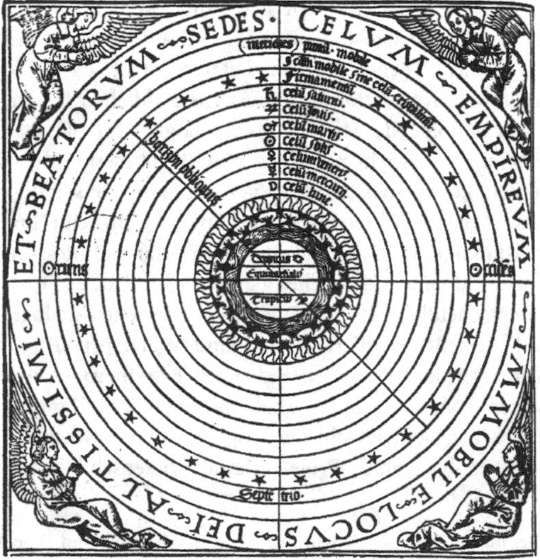

Abb. 1: Das geschlossene Universum des Mittelalters (aus: G. Wolfschmidt 1994, 20).

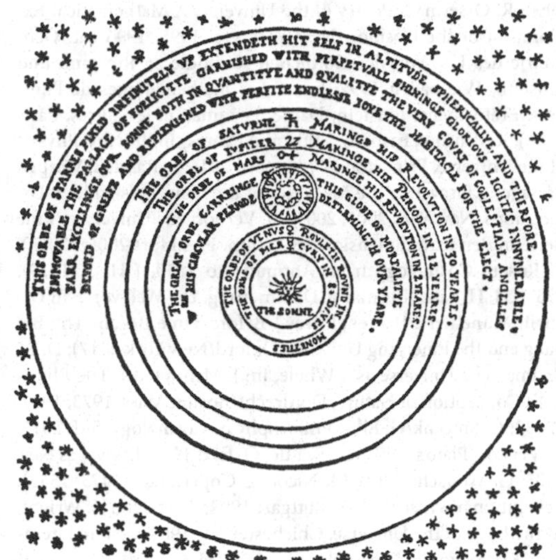

Abb. 2: Das offene Universum des T. Digges (aus: G. Wolfschmidt 1994, 180).

deren Bahnen die planetarischen Sphären kreuzen, zur Aufgabe der Vorstellung zentrumsnaher Kugelschalen; die Annahme der geschlossenen Sternensphäre wird jedoch weitgehend aufrechterhalten, z. B. bei J. Kepler und G. Galilei. Dagegen entwickelt zuerst T. Digges (Perfit Description of the Caelestiall Orbess […], London 1576) die Vorstellung eines unendlichen U.s ohne äußeren Abschluß, dessen hierarchische Gliederung allerdings noch den mittelalterlichen Kosmos widerspiegelt (Abb. 2). G. Bruno (De l'infinito universo e mondi, Venedig 1584) gibt auch diese gegliederte Struktur auf und vertritt die Konzeption eines unendlichen homogenen U.s ohne Mittelpunkt. Dieses enthält eine unendliche Zahl von Welten; allein diese Annahme werde nämlich der ↑Allmacht Gottes gerecht. Das unendliche homogene U. bildet auch die Grundlage der Kosmologie der klassischen Physik. Homogenität und Isotropie sind ebenfalls kennzeichnend für die im Rahmen der Allgemeinen Relativitätstheorie (↑Relativitätstheorie, allgemeine) formulierten kosmologischen Ansätze (Friedmann-Lösung 1922).

Obwohl die vor dem Hintergrund der klassischen ↑Mechanik und Gravitationstheorie (↑Gravitation) auftretenden kosmologischen Paradoxien (↑Paradoxien, kosmologische) eine Instabilität des U.s nahelegen, bleibt die Vorstellung eines statischen U.s dominant. Erst unter dem Eindruck der Entdeckung der Fluchtbewegungen der Galaxien durch E. Hubble (1929) setzt sich die Auffassung eines zeitlich veränderlichen, expandierenden U.s durch. Diese Expansion wird (nach einer zuerst von G. Lemaître formulierten Vorstellung) auf eine kosmische Anfangssingularität (den ›Urknall‹) zurückgeführt. 1998 hat sich diese Expansion als beschleunigt herausgestellt. Sie nimmt also nicht unter der Wirkung der Gravitation allmählich ab, wie seit den 1930er Jahren unterstellt, sondern wächst an.

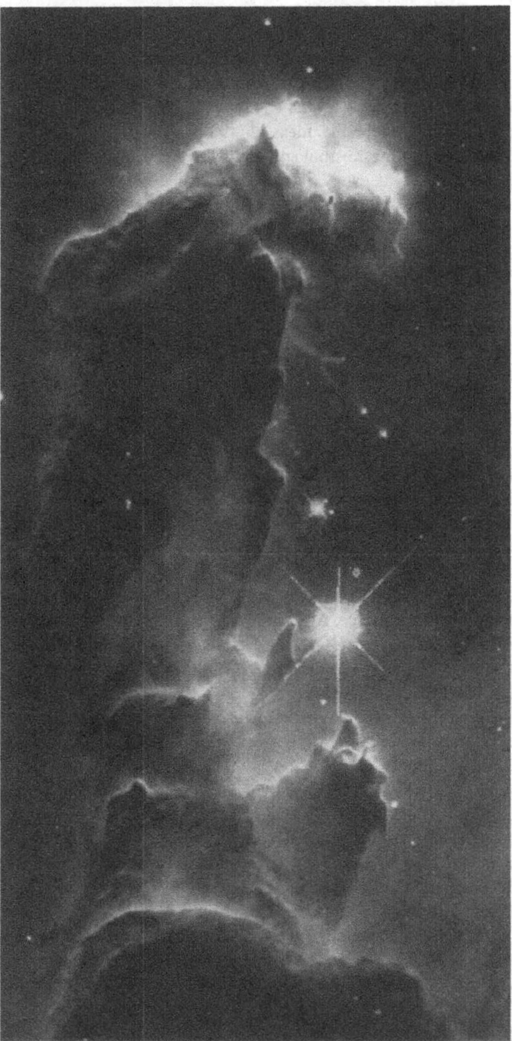

Abb. 3: Kosmische Staubwolke (›Pillars of Creation‹): die Wiege junger Sterne (aus: Spektrum Wiss. 1996, H. 2, 63).

Literatur: E. Agazzi/A. Cordero (eds.), Philosophy and the Origin and Evolution of the Universe, Dordrecht/Boston Mass./London 1991; J. Audretsch/K. Mainzer (eds.), Vom Anfang der Welt. Wissenschaft, Philosophie, Religion, Mythos, München 1989, [2]1990; G. Börner, The Early Universe. Facts and Fiction, Berlin etc. 1988, [4]2003, 2004; ders., Ein U. voll dunkler Rätsel, Spektrum Wiss. 2003, H. 12, 28–35; L. Brisson/W. Meyerstein, Inventer l'univers. Le problème de la connaissance et les modèles cosmologiques, Paris 1991, [2]2014 (engl. Inventing the Universe. Plato's

»Timaeus«, the Big Bang, and the Problem of Scientific Knowledge, Albany N.Y. 1995); N. Curran, The Logical Universe. The Real Universe, Aldershot etc. 1994; M. Drieschner, U., Hist. Wb. Ph. XI (2001), 221–225; U. Ellwanger, Vom U. zu den Elementarteilchen. Eine erste Einführung in die Kosmologie und die fundamentalen Wechselwirkungen, Berlin/Heidelberg 2008, [3]2015; H.J. Fahr, U. ohne Urknall. Kosmologie in der Kontroverse, Berlin etc. 1995; J.V. Feitzinger, Galaxien und Kosmologie. Aufbau und Entwicklung des U.s, Stuttgart 2007; W.L. Freedman, The Hubble Constant and the Expanding Universe, Amer. Scient. 91 (2003), 36–43 (dt. Das expandierende U., Spektrum Wiss. 2003, H. 6, 46–55); D.J. Furley, The Greek Theory of the Infinite Universe, J. Hist. Ideas 42 (1981), 571–585; H. Goenner, Einführung in die Kosmologie, Heidelberg/Berlin/Oxford 1994; B. Greene, The Elegant Universe. Superstrings, Hidden Dimensions, and the Quest for the Ultimate Theory, New York etc. 1999, 2003 (dt. Das elegante U.. Superstrings, verborgene Dimensionen und die Suche nach der Weltformel, Darmstadt 2000, München [4]2006; franz. L'univers élégant. Une révolution scientifique. De l'infiniment grand à l'infiniment petit, l'unification de toutes les théories de la physique, Paris 2000); S.W. Hawking, A Brief History of Time. From the Big Bang to Black Holes, London etc. 1988, London 2016 (dt. Eine kurze Geschichte der Zeit. Die Suche nach der Urkraft des U.s, Reinbek b. Hamburg 1988, [12]2017; franz. Une brève histoire du temps. Du Big Bang aux trous noirs, Paris 1989, 2012); ders., The Universe in a Nutshell, London etc. 2001 (dt. Das U. in der Nussschale, Hamburg 2001, München [6]2012; franz. L'univers dans une coquille de noix, Paris 2001); J. Heidmann, Introduction à la cosmologie, Paris 1973 (engl. Relativistic Cosmology. An Introduction, Berlin/Heidelberg/New York 1980); A. van Helden, Measuring the Universe. Cosmic Dimensions from Aristarchus to Halley, Chicago Ill./London 1985, 1986; E. Hubble, A Relation between Distance and Radial Velocity among Extra-Galactic Nebulae, Proc. National Acad. Sci. 15 (1929), 168–173; A. Koyré, From the Closed World to the Infinite Universe, Baltimore Md. 1957, 1994 (franz. Du monde clos à l'univers infini, Paris 1962, 1988; dt. Von der geschlossenen Welt zum unendlichen U., Frankfurt 1969, [2]2008); H.S. Kragh, Conceptions of Cosmos. From Myths to the Accelerating Universe. A History of Cosmology, Oxford etc. 2006, 2013; ders., Higher Speculations. Grand Theories and Failed Revolutions in Physics and Cosmology, Oxford etc. 2011, 2015; D. Layzer, Constructing the Universe, New York 1984 (dt. Das U.. Aufbau, Entdeckungen, Theorien, Heidelberg 1986, [3]1989, Heidelberg/Berlin 1998); J. Leslie, Universes, London/New York 1989, 1996; ders. (ed.), Physical Cosmology and Philosophy, New York/London 1990; A.P. Lightman, Ancient Light. Our Changing View of the Universe, Cambridge Mass./London 1991, 1997; M.S. Longair, Our Evolving Universe, Cambridge etc. 1996 (dt. Das erklärte U., Berlin etc. 1998); J. Mittelstraß, Die Kosmologie der Griechen, in: J. Audretsch/K. Mainzer (eds.), Vom Anfang der Welt [s.o.], 40–65, 208–210, ferner in: ders., Die griechische Denkform. Von der Entstehung der Philosophie aus dem Geiste der Geometrie, Berlin/Boston Mass. 2014, 43–71; L. Motz, Cosmology since 1850, DHI I (1973), 554–570; M.K. Munitz, Cosmic Understanding. Philosophy and Science of the Universe, Princeton N.J. 1986; J.V. Narlikar, The Structure of the Universe, London/New York 1977, Oxford etc. 1980; ders., Introduction to Cosmology, Boston Mass. 1983, Cambridge etc. [3]2002; W. Neuser, Infinitas infinitatis et finitas finitatis. Zur Logik der Argumentation im Werk Giordano Brunos, in: G. Wolfschmidt (ed.), Nicolaus Copernicus [s.u.], 181–189; J.D. North, The Measure of the Universe. A History of Modern Cosmology, Oxford 1965, New York 1990; R. Osserman, Poetry of the Universe. A Mathematical Exploration of the Cosmos, New York etc. 1995, 1996 (dt. Geometrie des U.s. Von der Göttlichen Komödie zu Riemann und Einstein, Wiesbaden 1997; franz. Les mathématiques de l'univers. Ératosthène, Einstein, Dante, Feynman et les autres, Paris 2008); R. Penrose, Fashion, Faith, and Fantasy in the New Physics of the Universe, Princeton N.J./Oxford 2016; L. Randall, Warped Passages. Unraveling the Mysteries of the Universe's Hidden Dimensions, New York 2005, 2006 (dt. Verborgene Universen. Eine Reise in den extradimensionalen Raum, Frankfurt 2006, [5]2013); E. Rosen, Cosmology from Antiquity to 1850, DHI I (1973), 535–554; H. Satz, Kosmische Dämmerung. Die Welt vor dem Urknall, München 2016 (engl. [rev.] Before Time Began. The Big Bang and the Emerging Universe, Oxford/New York 2017); D.W. Sciama, The Universe as a Whole, in: J. Mehra (ed.), The Physicist's Conception of Nature, Dordrecht/Boston Mass. 1973, 1987, 17–33; C. Smeenk/G. Ellis, Philosophy of Cosmology, SEP 2017; G. Vlastos, Plato's Universe, Seattle, Oxford 1975, Las Vegas Nev. 2005; G. Wolfschmidt (ed.), Nicolaus Copernicus (1473–1543). Revolutionär wider Willen, Stuttgart 1994; A. Wright/H. Wright, At the Edge of the Universe, Chichester etc. 1989; weitere Literatur: ↑Kosmogonie, ↑Kosmologie. J.M./M.C.

univok (von lat. univocus, einsinnig), in der ↑Scholastik Bezeichnung für die Eigenschaft eines ↑Artikulators, in Verwendungssituationen unterschiedlicher Art, gleichgültig ob in benennender (↑repraesentatio) oder in aussagender (praedicatio; ↑Prädikation) Funktion, dieselbe, durch die zugehörige ↑Definition festgelegte ↑Bedeutung (↑significatio) aufzuweisen. Die Eigenschaft, u. zu sein, wird daher grundsätzlich einem Nomen angesichts verschiedener Verwendungsweisen bei gleicher Bedeutung zugeschrieben: »proprium est nominis substantiam et qualitatem significare« [ein Nomen bezeichnet Substanz und Qualität] – d.s. später Extension (↑extensional/Extension) und Intension (↑intensional/Intension) (Priscian, Inst. gram. II, IV, 18) –, und nicht Paaren von Nomina verschiedener Lautung, aber gleicher Bedeutung, wie es die Entsprechung zum griechischen Terminus *συνώνυμος* (↑synonym/Synonymität) nahelegt. Aus diesem Grunde steht ›u.‹ im Gegensatz sowohl zu ↑›äquivok‹ als auch zu ›analog‹ (↑analogia entis), das für die philosophische Theologie des Mittelalters als Vermittlung zwischen ›u.‹ und ›äquivok‹ eine Schlüsselfunktion einnimmt: »impossibile est aliquid praedicari de Deo et creaturis univoce« [es ist unmöglich, etwas von Gott und von einem Geschöpf u. auszusagen] (Thomas von Aquin, S. th. I, qu. 13, art. 5). Eine besondere Rolle spielen dabei die logisch höherstufigen Termini wie z.B. ›Sein‹: In Übereinstimmung mit Aristoteles wird ›Sein‹ von Thomas von Aquin als analog angesehen, d.h., seine Bedeutung wird je nach Gegenstandsart (↑Kategorie) für spezifiziert gehalten, während J. Duns Scotus in Anlehnung an Avicenna ›Sein‹ in der Anwendung auf ↑Universalien für u. erklärt und nur gegenüber den ↑Partikularia (oft, insbes. im Englischen, treu dem scholastischen Sprachgebrauch, durch ↑›Singularia‹ wiedergegeben, den Unterschied zwischen ↑singular und ↑›partikular‹ vernachlässigend) seinen analogen Status zugesteht (etwas *ist* als Menschinstanz oder Tischinstanz usw., aber nie schlechthin).

Bei der Untersuchung der ↑proprietates terminorum, wie sie insbes. aus den Trugschlußtraktaten (↑Trugschluß) des 12. Jhs. hervorging, wurde man darauf aufmerksam, daß nicht nur äquivoke Termini, sondern auch u.e Termini – es sei denn, es geht um die erste Verwendung bei ihrer Einführung (impositio) – zu Argumentationsfehlern (↑Fehlschluß) führen; zugleich wurde es zu einer Hauptaufgabe der ↑Suppositionslehre, diesen Mißstand zu beheben (»univocatio est manente eadem significatione variata nominis suppositio« [Univokation ist veränderte Supposition eines Nomens, jedoch so, daß dessen Signifikation dieselbe bleibt], vgl. K. Jacobi 1992, 588). In ihrer ersten Ausarbeitung im 13. Jh. bei Wilhelm von Shyreswood wird die erste Art fehlerhafter *Univokation* – ›homo est nomen‹ versus ›homo est species‹ – mit der Unterscheidung zwischen *suppositio materialis* und *suppositio formalis* behoben: Im ersten Beispiel steht ›homo‹ in materialer Supposition, weil auf Grund des Kontextes des Prädikats von ihm selbst als Terminus die Rede ist; es liegt ↑autonyme Verwendung vor. Im zweiten Beispiel wird von der Bedeutung von ›homo‹, und zwar von der bezeichneten Form, seiner Intension, gesprochen. Die zweite Art fehlerhafter Univokation – ›homo est dignissima creaturarum‹ versus ›homo currit‹ – behandelt Wilhelm von Shyreswood mit der innerhalb der *suppositio formalis* vorzunehmenden Unterscheidung zwischen *suppositio simplex* und *suppositio personalis.* Im ersten Beispiel wird ›homo‹ so wie im ebenfalls eine *suppositio simplex* bildenden Fall ›homo est species‹ behandelt, nur geht es um die Extension statt um die Intension. Im zweiten Falle ist von einer die bezeichnete Form tragenden und deshalb ebenfalls bezeichneten Sache die Rede. Eine dritte Art fehlerhafter Univokation entsteht durch stillschweigende Änderung des zum fraglichen Terminus gehörenden Denotationsbereichs bei beibehaltener Signifikation während eines Verwendungszusammenhangs.

In moderner Rekonstruktion, die sich unter anderem der Unterscheidung von ↑use and mention im Zusammenhang der Gegenstände oder Gegenstandstypen und der sie bezeichnenden Ausdrücke bedienen würde, wären viele scholastische Beispiele für die Verwendung u.er Termini Beispiele einer äquivoken Verwendung. Allerdings hätte die von der Suppositionslehre durchgesetzte These, daß jeder Terminus ›supponit et significat‹, bei konsequenter Beschränkung der Suppositionsfunktion auf ein das Universale (↑Universalia) aktualisierendes Singulare (↑Singularia) (ein Schema *durch etwas* ›verwirklichen‹) und der Signifikationsfunktion auf ein das Singulare schematisierendes Universale (eine Aktualisierung *als etwas* ›verstehen‹), die traditionelle Trennung von extensionaler und intensionaler Bedeutung durch weitere Differenzierung in eine Unterscheidung sowohl von zweierlei Sinn als auch von zweierlei Referenz eines Terminus verwandelt werden können (↑Prädikation). Diese weitere Differenzierung, bei der die Unterscheidung von extensionaler und intensionaler Bedeutung in eine Unterscheidung von zweierlei Sinn übergeht und ergänzt wird durch eine Trennung von extensionaler (d. h. auf eine ↑partikulare Instanz gehender) und intensionaler (d. h. auf einen partikularen Typ gehender [↑type and token]) Referenz läßt sich auf die von C. S. Peirce (vgl. Collected Papers V/VI [1965], 5.430, 6.335) im Anschluß an Duns Scotus getroffene Unterscheidung zwischen ›existants‹ und ›reals‹ zurückführen, wobei allerdings eine wichtige, sich dem handlungstheoretischen Kontext bei Peirce verdankende Präzisierung berücksichtigt werden muß: ›existant‹ steht für Singulares und nicht für Partikulares (↑Partikularia) wie der lat. Terminus ›singulare‹ bei Duns Scotus, und darüber hinaus ›real‹ für Universales und nicht für Partikulares logisch 2. Stufe wie die regelmäßig als (schematische) Typen auftretenden ↑Universalien. Stattdessen wird in den Weiterentwicklungen der Suppositionslehre im ↑Nominalismus die *suppositio simplex* in intensionaler Rolle mit Hilfe der Unterscheidung von erster und zweiter Intention extensional umgedeutet (Wilhelm von Ockham) oder aber ganz auf die *suppositio personalis* zurückgeführt (J. Buridan).

Literatur: J. Biard, Logique et théorie du signe au XIVe siècle, Paris 1989, [2]2006; K. Hedwig, Univozität, LMA VIII (1997), 1256–1257; D. P. Horan, Postmodernity and Univocity. A Critical Account of Radical Orthodoxy and John Duns Scotus, Minneapolis Minn. 2014; K. Jacobi, Die Lehre der Terministen, HSK VII/1 (1992), 580–596; S. K. Knebel, Univozität/u., Hist. Wb. Ph. XI (2001), 225–231; M. C. Menges, The Concept of Univocity Regarding the Predication of God and Creature According to William Ockham, St. Bonaventure N. Y., Louvain 1952; J. Pinborg, Logik und Semantik im Mittelalter. Ein Überblick, Stuttgart-Bad Cannstatt 1972; L. M. de Rijk, Logica Modernorum. A Contribution to the History of Early Terminist Logic, I–II, Assen 1962/1967; M. Schmaus, Zur Diskussion über das Problem der Univozität im Umkreis des Johannes Duns Scotus, München 1957 (Sitz.ber. Bayer. Akad. Wiss., philos.-hist. Kl. 1957, H. 4); P. V. Spade, The Semantics of Terms, in: N. Kretzmann/A. Kenny/J. Pinborg (eds.), The Cambridge History of Later Medieval Philosophy from the Rediscovery of Aristotle to the Disintegration of Scholasticism 1100–1600, Cambridge etc. 1982, 1996, 188–196. K. L.

Unmittelbarkeit, Bezeichnung für die Weise der anschaulichen Gegebenheit von Gegenständen oder Erlebnissen in ↑Wahrnehmung oder ↑Erinnerung (U. des ↑Gefühls oder der ↑Gewißheit), ferner für die Einsicht in erste Grundsätze des Wissens (logische, mathematische U.), oberste Begriffe (Aristoteles) des Urteilens (C.

Wolff) und Wertens (↑Evidenz, ↑Intuition, ↑Intuitionismus) und die Weise der Gewißheit des Ich-Bewußtseins (↑Ich), die im neuzeitlichen Philosophieren Ansatz und Fundament des philosophischen Systems bildet. – R. Descartes geht von der U. der Erkenntnis angeborener Ideen (↑Idee, angeborene) aus. Während der ↑Empirismus (J. Locke) den Erkenntniswert der U. in Frage stellt, nimmt F. H. Jacobi in einer gegen I. Kant und die idealistische Philosophie (↑Idealismus) gerichteten Gefühls- und Glaubensphilosophie eine unmittelbare Gewißheit an, die die Einheit der Vorstellung mit der Realität garantiert und selbst nicht bewiesen werden kann. F. W. J. Schelling verwendet den Begriff der U. sowohl zur Kennzeichnung der sinnlichen ↑Anschauung, die den Ansatz der Philosophie ausmacht, als auch zur Definition der intellektuellen Anschauung (↑Anschauung, intellektuelle). Letztere ist sowohl die U. einer vorgängigen Einsicht, aus der die Philosophie entspringt, als auch das Resultat des Philosophierens: die Identität von endlicher und unendlicher Erkenntnis. Ansatz der Philosophie als Wissenschaft ist nach G. W. F. Hegel, der seine Konzeption der U. in Auseinandersetzung mit Jacobi und Schelling entwickelt, eine erste – vermeintliche (↑Meinung) – U. der Anschauung. Diese ist in bezug auf die Erkenntnis die ↑Negativität. Überdies ist sie selbst nicht voraussetzungslos (↑voraussetzungslos/Voraussetzungslosigkeit), weil sie bereits immer sprachlich vermittelt ist, wie Hegel in der »Phänomenologie des Geistes« darlegt. U. ist der Gegenstand in seiner einfachen Beziehung auf sich selbst, die nur durch ↑Abstraktion vom Vollzug (also durch eine ↑Vermittlung) behauptet werden kann. Diese vermeintliche U. muß durch die ↑Reflexion in eine vermittelte U. als Resultat der Philosophie überführt werden (↑Negation der Negation). Vermittelte U. ist eingesehene U., die die Diskursivität (↑diskursiv/Diskursivität) der Vermittlung in einer neuen ↑Totalität überwinden (↑Fundamentalphilosophie) und über die erste U. hinaus eine systematisch gerechtfertigte Einsicht beibringen soll. A. G.-S.

Unmöglichkeitssatz (engl. impossibility theorem, ursprünglich: general possibility theorem), Name eines von K. J. Arrow zuerst 1950 bewiesenen und später vielfach modifizierten Theorems über die Unmöglichkeit, als rational einzustufende Mittel für Gruppenentscheidungen aufzufinden; dieses inaugurierte die ganze ›Theorie der Sozialwahl‹ (*social choice theory*). A sei eine Menge von Agenten $a_1, a_2, \ldots, a_n$ und O eine Menge von zur Abstimmung stehenden Optionen $o_1, o_2, \ldots, o_k$. Zum Zwecke der Gruppenentscheidung bringe jeder Agent a_i alle Optionen aus O in eine individuelle Präferenzordnung, sein Profil p_i. Gesucht ist eine Sozialwahlfunktion *swf* (*social choice function*), die aus der Gesamtheit der individuellen Profile p_i eine Präferenzordnung für die Gruppe aller Agenten erstellt, das Gruppenprofil P:

$$P = swf(\{p_i\}_{i \in \{1,2,\ldots,n\}}).$$

Folgende vier Annahmen werden gemacht: (U) *Universalität*: Die Sozialwahlfunktion *swf* soll jede Menge individueller Profile zulassen. (P) (*Schwaches*) *Pareto-Prinzip*: Wenn alle individuellen Profile eine Option o einer Option o' vorziehen, dann soll dies auch das Gruppenprofil P tun. (D) *Diktaturverbot*: Das Gruppenprofil P darf nicht immer mit einem bestimmten individuellen Profil p_i übereinstimmen. (I) *Unabhängigkeit von irrelevanten Alternativen*: Das Gruppenprofil bezüglich einer jeden Option o_i darf allein von den individuellen Profilen bezüglich o_i abhängen. Arrows U. besagt dann, daß es keine Sozialwahlfunktion *swf* zur Bestimmung von Gruppenprofilen für $n \geq 2$ und $k \geq 3$ gibt, die den Forderungen (U), (P), (D) und (I) zugleich genügte; mit anderen Worten, auf mindestens eine der vier Forderungen müßte verzichtet werden.

Etabliert wird der U. durch den Nachweis, daß für jede Sozialwahlfunktion *swf* ein Gruppenprofil existiert, das keine Präferenzordnung mehr ist (das z. B. zyklisch ist und so die Rationalität der Gruppenentscheidung P in Frage stellt). Damit kann der U. aufgefaßt werden als eine Verallgemeinerung des Condorcetschen ›Paradoxes der Wahl‹: Für $k = 3$ kann das Gruppenprofil bei einfacher Mehrheitswahl zirkulär (↑zirkulär/Zirkularität) ausfallen. Der U. besitzt ferner große Ähnlichkeit mit einem Satz der ↑Spieltheorie (J. v. Neumann/O. Morgenstern 1943, § 4.4), der besagt, daß Dominierung in Viel-Personen-Spielen nicht transitiv (↑transitiv/Transitivität) ist. Er ist der erste in einer Reihe analoger Sätze, die darauf hinauslaufen, daß für $k \geq 3$ nur noch die Wahl zwischen diktatorischen (bzw. oligarchischen) und manipulierbaren Mitteln für Gruppenentscheidungen bleibt. Daher auch die Bezeichnung des U.es als ›paradox of social choice‹.

Zwar ist die Interpretation des U.es – über die Binsenweisheit hinaus, daß wirkliche Kollektivprozesse konfliktträchtig und manipulationsanfällig sind (Moulin 1983, 64) – noch immer strittig, doch dürfte sich die größte Aufregung gelegt haben. So meint A. Sen (1977, 81), der U. ruiniere nur einen der vier großen Ansätze in der Theorie der Sozialwahl völlig. Dennoch spielt der U. auf Grund seiner relativen Voraussetzungsarmut eine bedeutende Rolle in allen Disziplinen, die mit kollektiven Entscheidungen bzw. deren Modellierung befaßt sind. Für die Theorie rationaler Entscheidung (↑Entscheidungstheorie) ist der U. von Belang, weil er die Aufgabe stellt zu klären, wie eine ›aufgeklärte‹ soziale Vernunft aussehen kann; der ›naiven‹ sozialen Vernunft scheinen nämlich die miteinander unverträglichen Forderungen (U), (P), (D), (I) gleichermaßen evident zu sein.

Literatur: K. J. Arrow, A Difficulty in the Concept of Social Welfare, J. Polit. Economy 58 (1950), 328–346, ferner in: ders., Collected Papers [s. u.] I, 1–29; ders., Social Choice and Individual Values, New York 1951, New Haven Conn./London [3]2012; ders., Collected Papers I (Social Choice and Justice), Cambridge Mass. 1983; G. Gäfgen, Theorie der wirtschaftlichen Entscheidung. Untersuchungen zur Logik und ökonomischen Bedeutung des rationalen Handelns, Tübingen 1963, [3]1974; L. Kern/J. Nida-Rümelin, Logik kollektiver Entscheidungen, München/Wien 1994; A. F. MacKay, Arrow's Theorem. The Paradox of Social Choice. A Case Study in the Philosophy of Economics, New Haven Conn./London 1980; E. Maskin/A. Sen, The Arrow Impossibility Theorem, New York 2014; M. Morreau, Arrow's Theorem, SEP 2014; H. Moulin, The Strategy of Social Choice, Amsterdam/New York/Oxford 1983; J. v. Neumann/O. Morgenstern, Theory of Games and Economic Behavior, New York 1944, [3]1967, Princeton N. J. 2007; A. Sen, Social Choice Theory. A Re-Examination, Econometrica 45 (1977), 53–89; ders., Social Choice Theory, in: K. J. Arrow/M. D. Intriligator (eds.), Handbook of Mathematical Economics III, Amsterdam/New York/Oxford 1986, 2007, 1073–1181. B. B.

Unschärferelation (auch: Unbestimmtheitsrelation; engl. uncertainty principle, indeterminacy principle, franz. principe d'incertitude, principe d'indétermination), Bezeichnung für eine Beziehung der ↑Quantentheorie bzw. der ↑Wellenmechanik, wonach zwei kanonisch konjugierte Observable wie Ort und Impuls bzw. Energie und Zeit eines Quantenobjekts (z. B. eines Elektrons) nicht zugleich mit beliebiger ↑Exaktheit gemessen werden können; man spricht dann auch von ›inkommensurablen‹ (↑inkommensurabel/Inkommensurabilität) Observablen, im Unterschied zu ›kommensurablen‹ (↑kommensurabel/Kommensurabilität) Observablen, die zugleich mit beliebiger Genauigkeit meßbar sind. In der klassischen Hamiltonschen ↑Mechanik (↑Hamiltonprinzip) ist der Zustand eines Systems durch ein Paar kanonisch konjugierter Meßgrößen bzw. Observablen wie Ort q und Impuls p bestimmt. Die zeitliche Entwicklung des Systemzustands ist durch die ↑Bewegungsgleichungen des Hamilton-Formalismus determiniert (↑Determinismus). Im Unterschied zur klassischen Physik treten in der Quantentheorie Gesetzmäßigkeiten auf, die eine beliebig genaue Messung des Systemzustands verhindern.

Nach M. Planck, A. Einstein und L. de Broglie läßt sich eine Lichtwelle, die aufgrund der ↑Elektrodynamik durch ihre Frequenz ν bzw. Wellenlänge λ bestimmt ist, zu den Licht*quanten* bzw. Photonen in Beziehung setzen, indem man diesen wie anderen Elementarteilchen einen ↑Impuls p bzw. eine ↑Energie E zuordnet, d. h. $E = \mathrm{h}\nu$ und $p = \mathrm{h}/\lambda$ mit der Planckschen Konstanten h. Im Gedankenexperiment von ›Heisenbergs Mikroskop‹ betrachtet man nun eine Ortsmessung an einem Elementarteilchen (z. B. einem Elektron) mit einem Mikroskop, dann ergibt sich aufgrund der Wellentheorie für das verwendete Licht der Frequenz ν bzw. der Wellenlänge λ bei einem Beobachtungswinkel ε eine Unschärfe der Ortsbestimmung in q-Richtung (Abb. 1) von $\Delta q \approx \mathrm{h}/\sin \varepsilon$. Die Ortsmessung wird also um so genauer, je kleiner die Wellenlänge des Lichts gewählt wird. Da die Messung mindestens mit einem Lichtquant der Energie $E = \mathrm{h}\nu$ bzw. des Impulses $p = \mathrm{h}/\lambda$ durchgeführt werden muß, erfährt das beobachtete Elektron durch das Lichtquant einen Compton-Rückstoß, dessen Richtung wegen der Variation der Photonrichtung innerhalb des Winkels ε nicht genau bekannt ist. Für den in q-Richtung übertragenen Impuls ergibt sich daher eine Unschärfe von $\Delta p = (\mathrm{h}/\lambda) \sin \varepsilon$. Daraus folgt insgesamt die auf W. Heisenberg zurückgehende U.: $\Delta q \Delta p \approx \mathrm{h}$. Danach können p und q nicht gleichzeitig scharf gemessen werden. Steigert man nämlich die Meßgenauigkeit von q durch eine kürzere Wellenlänge des Lichtes, wird die Impulskenntnis vermindert. Wird dagegen die Impulsmessung durch Verkleinerung des Compton-Rückstoßes verbessert, indem man Licht mit größerer Wellenlänge verwendet, wird die Genauigkeit der Ortsmessung q verschlechtert. In diesem Beispiel wurde die U. aufgrund der Quantennatur des Lichtes abgeleitet. Sie gilt aber auch, wenn die Messung nicht mit Licht, sondern mit Elementarteilchen (↑Teilchenphysik) durchgeführt wird, da diesen ebenfalls eine Frequenz bzw. eine Wellenlänge zugeordnet werden kann (↑Korpuskel-Welle-Dualismus).

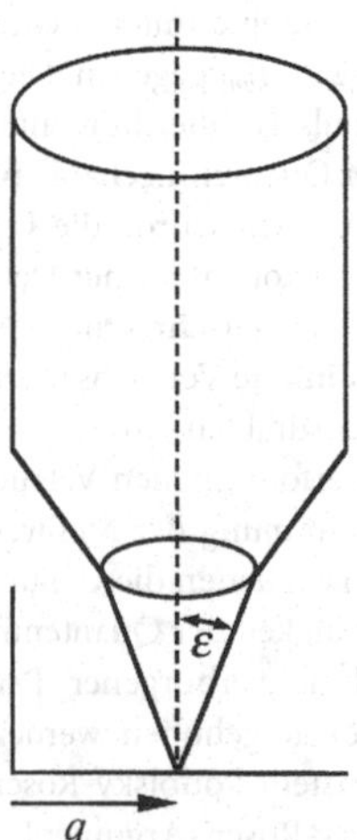

Abb. 1 (nach P. Mittelstaedt 1972, 101)

Eine allgemeine Ableitung der U. gelingt erst in der Quantenmechanik (↑Wellenmechanik). Danach stellt eine Messung einen Eingriff in das untersuchte System dar, dessen Resultat prinzipiell und nicht nur aufgrund mangelnder Kenntnis unbestimmt ist. Diese prinzipielle Natur zeigt sich insbes. daran, daß – im Unterschied zu Störungen durch Meßeingriffe in der klassischen Physik – die Größe der Störung im Einzelfall nicht ermittelt und ihre Auswirkung entsprechend nicht korrigiert werden kann. Daher kann die Quantenmechanik nur probabilistische (↑Wahrscheinlichkeit) Aussagen über den Ausgang von ↑Experimenten machen. Ist der Zustand eines Systems durch den normierten Zustandsvektor Ψ (mit $\langle \Psi | \Psi \rangle = 1$) bestimmt, so bezeichnet $\langle \Psi | \hat{A} \Psi \rangle$ den Erwartungswert der Observablen $\hat{A}$ in diesem Zustand, wobei der Erwartungswert als arithmetisches Mittel der Resultate wiederholter Messungen dieser Observablen an einer großen Anzahl von gleichartigen Systemen interpretiert wird. Bei der Messung zweier beliebiger Observablen $\hat{A}$ und $\hat{B}$ an Systemen im gleichen Anfangszustand streuen die Meßwerte mit den Standardabweichungen ΔA bzw. ΔB um die jeweiligen Erwartungswerte. Die U. besagt, daß das Produkt beider Streuungen einen Mindestwert nicht unterschreiten kann:

$$\Delta A \cdot \Delta B \geq \frac{1}{2} \, |\langle \hat{A}\hat{B} - \hat{B}\hat{A} \rangle|^2.$$

Für die Orts- und Impulsobservablen ist $\hat{q}\hat{p} - \hat{p}\hat{q} = i\hbar$, so daß $\Delta p \Delta q \geq \hbar/2$.

In formaler Analogie zur U. von Ort und Impuls ergibt sich die U. für die im Hamiltonschen Sinne ebenfalls kanonisch konjugierten Größen von Zeit und Energie durch $\Delta t \Delta E \geq \hbar/2$. Dabei wird die Streuung bezüglich der Zeit als minimale Meßzeit T interpretiert: Soll durch eine Energiemessung zwischen zwei Zuständen Ψ_n und Ψ_m mit Energiewerten E_n und E_m unterschieden werden, so ist für die Meßzeit eine untere Schranke durch $\Delta E \cdot T \geq \hbar/2$ mit $\Delta E = |E_n - E_m|$ gegeben. Die Analogie zur U. von Ort und Impuls ist allerdings nur formal, da ein Zeitoperator in der Quantenmechanik nicht definiert ist.

Wissenschaftstheoretisch wurde die U. unterschiedlich gedeutet: Nach der ↑Kopenhagener Deutung der Quantenmechanik ist die Zuschreibung von bestimmten Meßwerten an bestimmte Versuchsanordnungen gebunden. Bei inkommensurablen Größen schließt die Unterschiedlichkeit der erforderlichen Versuchsanordnungen eine genauere Bestimmung der Meßwerte aus. Realistische Deutungen, nach denen die U. nur die Konsequenz aus der Unvollständigkeit der Quantenmechanik sei und durch die Annahme verborgener Parameter (↑Parameter, verborgene) aufgehoben werden könne, haben sich nach den Einstein-Podolsky-Rosen-Experimenten (↑Einstein-Podolsky-Rosen-Argument, ↑Quantentheorie) als unhaltbar erwiesen. In der ontischen Deutung der Quantenmechanik wird daher die U. als Ausdruck der Struktur der Quantenwelt gedeutet: Da nach der U. ein Zustandsvektor Ψ nie Eigenvektor aller Observablen sein kann, können in der Quantenwelt niemals alle potentiellen Eigenschaften aktualisiert werden. D.h., wir sind nicht etwa daran gehindert, die scharfen Orts- und Impulswerte eines Elektrons zu erkennen; das Elektron *besitzt* vielmehr nicht zugleich scharfe Orts- und Impulswerte. Heisenbergs Mikroskop ist entsprechend irreführend, weil es von der Voraussetzung scharfer Werte ausgeht und allein Hindernisse für ihre Erkenntnis betrachtet.

Literatur: J. Audretsch/K. Mainzer (eds.), Wieviele Leben hat Schrödingers Katze? Zur Physik und Philosophie der Quantenmechanik, Mannheim/Wien/Zürich 1990, Heidelberg/Berlin/Oxford 1996; N. Bohr, Das Quantenpostulat und die neuere Entwicklung der Atomistik, Naturwiss. 16 (1928), 245–257 (engl. The Quantum Postulate and the Recent Development of Atomic Theory, Nature 121 [1928], 580–590), Neudr. in: K. v. Meyenn/K. Stolzenburg/R. U. Sexl (eds.), Niels Bohr 1885–1962. Der Kopenhagener Geist in der Physik, Braunschweig/Wiesbaden 1985, 156–183; T. Brody (ed.), The Philosophy behind Physics, ed. L. de la Peña/P. E. Hodgson, Berlin etc. 1993, 1994; R. P. Crease/A. Scharff Goldhaber, The Quantum Moment. How Planck, Bohr, Einstein, and Heisenberg Taught Us to Love Uncertainty, New York/London 2014; M. Drieschner, U.; Unbestimmtheitsrelation, Hist. Wb. Ph. XI (2001), 261–263; W. Erb, Uncertainty Principles on Riemannian Manifolds, Berlin 2010; P. K. Feyerabend, On the Quantum-Theory of Measurement, in: S. Körner (ed.), Observation and Interpretation. A Symposium of Philosophers and Physicists [...], London 1957, New York 1962, 121–130; J. A. Gonzalo, Cosmological Implications of Heisenberg's Principle, New Jersey etc. 2015; P. A. Heelan, The Observable. Heisenberg's Philosophy of Quantum Mechanics, ed. B. Babich, New York etc. 2016; W. Heisenberg, Über den anschaulichen Inhalt der quantentheoretischen Kinematik und Mechanik, Z. Phys. 43 (1927), 172–198; ders., Die physikalischen Prinzipien der Quantentheorie, Leipzig 1930, Stuttgart 2008 (engl. The Physical Principles of Quantum Theory, Chicago Ill., New York 1930 [repr. in: ders., Ges. Werke/Collected Works, Ser. B, ed. W. Blum/H.-P. Dürr/H. Rechenberg, Berlin etc. 1984, 117–166], Mineola N. Y. 2009); J. Hilgevoord/J. Uffink, The Uncertainty Principle, SEP 2001, rev. 2016; M. Jammer, The Philosophy of Quantum Mechanics. The Interpretations of Quantum Mechanics in Historical Perspective, New York etc. 1974; D. Lindley, Uncertainty. Einstein, Heisenberg, Bohr, and the Struggle for the Soul of Science, New York 2007, 2008 (dt. Die Unbestimmbarkeit der Welt. Heisenberg und der Kampf um die Seele der Physik, München 2008); A. I. Miller (ed.), Sixty-Two Years of Uncertainty. Historical, Philosophical, and Physical Inquiries into the Foundations of Quantum Mechanics, New York/London 1990; P. Mittelstaedt, Philosophische Probleme der modernen Physik, Mannheim 1963, Mannheim/Wien/Zürich [9]1989 (engl. Philosophical Problems of Modern Physics, Dordrecht/Boston Mass. 1976 [Boston Stud. Philos. Hist. Sci. XVIII]); W. W. Osterhage, Studium Generale Quantenphysik. Ein Rundflug von der U. bis zu Schrödingers Katze, Berlin/Heidelberg 2014; A. Plotnitsky, Epistemology and Probability. Bohr, Heisenberg, Schrödinger and the Nature of Quantum-Theoretical Thinking, New York 2010; A. Poltoratski, Toeplitz Approach to Problems of the Uncertainty Principle, Providence R. I. 2015; K. R. Popper, Indeterminism in Quantum Physics and in Classical Physics, I–II, Brit. J. Philos. Sci. 1 (1950/1951), 117–133, 173–195; H. Primas, Chemistry, Quantum Mechanics and Reductionism. Perspectives in Theoretical Chemistry, Berlin/Heidelberg/New York 1981, Berlin etc. [2]1983; M. Redhead, Incompleteness, Nonlocality, and Realism. A Prolegomenon to the Philosophy of Quantum Mechanics, Oxford 1987, 2002; H. Reichenbach, Philosophic Foundations of Quantum Mechanics, Berkeley Calif./Los Angeles 1944, Mineola N. Y. 1998 (dt. Philosophische Grundlagen der Quantenmechanik, Basel 1949 [repr. in: ders., Ges. Werke V (Philosophische Grundlagen der Quantenmechanik und Wahrscheinlichkeit), ed. A. Kamlah/M. Reichenbach, Braunschweig/Wiesbaden 1989, 3-194]); E. Rudolph/I.-O. Stamatescu (eds.), Philosophy, Mathematics and Modern Physics. A Dialogue, Berlin etc. 1994; E. Scheibe, Die kontingenten Aussagen in der Physik. Axiomatische Untersuchungen zur Ontologie der Klassischen Physik und der Quantentheorie, Frankfurt/Bonn 1964; S. Thangavelu, An Introduction to the Uncertainty Principle. Hardy's Theorem on Lie Groups, Boston Mass./Basel/Berlin 2004; C. F. v. Weizsäcker, Komplementarität und Logik, Naturwiss. 42 (1955), 521–529, 545–555. K. M.

Unsinn, allgemein eine logische oder semantische ›Verkehrtheit‹, terminologisch bei L. Wittgenstein. Im »Tractatus« vertritt Wittgenstein die Auffassung, daß nur solche ↑Sätze sinnvoll sind, die eine bestehende oder nicht-bestehende Sachlage beschreiben. Dies sind die wahren oder falschen Sätze der Naturwissenschaft. Die nicht sinnvollen Sätze unterteilt Wittgenstein in *sinnlose* und *unsinnige*. Zur ersten Gruppe gehören (im wertneutralen Sinne) z. B. die Sätze der Logik, weil sie als ↑Tautologien nichts über die Welt aussagen. Zur zweiten Gruppe gehören die Sätze der Philosophie. Unsinnige Sätze sind solche, die gegen die logische Syntax (↑Syntax, logische) der Sprache verstoßen (Tract. 3.323–3.325, 4003). U. entsteht durch den Versuch, das Unsagbare sagen zu wollen, oder durch den Versuch, gegen die Grenzen der Sprache anzurennen (vgl. Philos. Unters. § 119). Dennoch sind philosophische Bemühungen nicht generell wertlos. Auch wenn sie den Status von sinnvollen *Sätzen* verlieren, können sie doch als Erläuterungen eine sinnvolle *Funktion* haben.

Eine polemische Wendung erhielten die Wittgensteinschen Überlegungen durch die Annahme eines empiristischen Sinnkriteriums (↑Sinnkriterium, empiristisches) im ↑Wiener Kreis, vor allem bei R. Carnap. Charakteristisch ist in diesem Zusammenhang, daß die Unterscheidung von ›sinnlos‹ und ›unsinnig‹ nicht übernommen und die ↑Metaphysik als ›sinnlos‹ (im pejorativen Sinne) eingestuft wird. Hiervon zu unterscheiden ist der gezielte U. der Nonsenspoesie, die in ihren anspruchsvollen literarischen Formen (L. Carroll, C. Morgenstern, K. Valentin, Dadaismus) gerade in der Abweichung und Verkehrung der kategorialen Voraussetzungen unseres Weltbildes dessen ↑transzendentale Bedingungen bewußt macht. In ihrem ›Anrennen gegen die Grenzen der Sprache‹ (Wittgenstein) liefert die Nonsenspoesie sozusagen eine Kategorienlehre *ex negativo*.

Literatur: R. Carnap, Überwindung der Metaphysik durch logische Analyse der Sprache, Erkenntnis 2 (1931), 219–241 (repr. in: H. Schleichert [ed.], Logischer Empirismus. Der Wiener Kreis, München 1975, 149–171); H.-U. Hoche, Sinn und U., in: ders., Einführung in das sprachanalytische Philosophieren, Darmstadt 1990, 121–138; ders., Sinn und Widersinn, in: ders., Einführung in das sprachanalytische Philosophieren [s. o.], 138–157; P. Köhler, Nonsens. Theorie und Geschichte der literarischen Gattung, Heidelberg 1989, Stuttgart 2007; K. Reichert, Lewis Carroll. Studien zum literarischen U., München 1974; T. Rentsch, ›Am Ufer der Vernunft‹ – Die analytische Komik Karl Valentins, in: K. Valentin, Kurzer Rede langer Sinn. Texte von und über Karl Valentin, ed. H. Bachmaier, München 1990, 13–42; C. Schildknecht, U.; Widersinn, Hist. Wb. Ph. XI (2001), 270–274. G. G.

Unsterblichkeit (engl. immortality), Bezeichnung für die Unvernichtbarkeit bzw. Negation der ↑Endlichkeit des Lebens, Überwindung des ↑Todes, der als Übergang in eine neue (höhere oder niedrigere) Existenz gedeutet wird; insbes. wird U. der menschlichen ↑Seele oder ↑Person als deren ›ewiges‹ Leben bezeichnet. Der U.sglaube findet sich in den meisten ↑Religionen, oft verbunden mit Reinkarnations- und Seelenwanderungsvorstellungen (↑Seelenwanderung) sowie der Annahme einer im Blick auf das vorangegangene Leben vorgenommenen Belohnung, Bestrafung oder Läuterung nach dem Tod.

Im Anschluß an den ethisch motivierten U.sglauben der ↑Orphik entwickelt Platon als erster eine philosophische Theorie der individuellen U., die einen Leib-Seele-Dualismus (↑Dualismus) voraussetzt, wobei der Leib als ›Kerker‹ der Seele gedeutet wird (↑Leib-Seele-Problem). Platon geht dabei von der erkenntnistheoretischen Annahme aus, daß es apriorische (↑a priori), nicht durch ↑Wahrnehmung gegebene Erkenntnisse gibt, die die immaterielle, vom Leib unabhängige Seele in einer Präexistenz (der nach dem Tode eine Postexistenz folgt) geschaut hat (↑Anamnesis). Für Aristoteles ist nur die überindividuelle, in ihrer Tätigkeit nicht an ein leibliches Organ gebundene Seele unsterblich. Die Epikureer (↑Epikureismus) und Alexander von Aphrodisias verneinen die Möglichkeit menschlicher U.. Die ↑Patristik und das christliche Mittelalter halten (auch nach der Aristoteles-Rezeption) an der platonisch-neuplatonischen (↑Neuplatonismus) U.sidee fest. Die Lehre des Averroës, der wie Aristoteles nur der Gesamtheit der Menschheit U. zuerkennt, wird auf dem 5. Laterankonzil verurteilt.

R. Descartes, G. W. Leibniz und C. Wolff entwerfen eine rationale U.slehre, deren Möglichkeit von D. Hume bestritten wird. Für I. Kant ist die U. der Seele ein Postulat der praktischen Vernunft (↑Vernunft, praktische) bzw. eine ↑regulative Idee (↑Idee (historisch)). Das U.spostulat ergibt sich für ihn einerseits aus der Unmöglichkeit sittlicher Vollkommenheit des Menschen, andererseits aus der Diskrepanz zwischen Tugend und Lebensschicksal. Bei G. W. F. Hegel wird die Idee einer individuellen U. implizit, von den Linkshegelianern (D. F. Strauß, L. Feuerbach; ↑Hegelianismus) explizit bestritten. In der gegenwärtigen Philosophie werden die U.sbeweise eher kritisch (G. Ryle, B. Russell) als zustimmend diskutiert. Die evangelische ↑Theologie (M. Luther, J. Calvin, vor allem U. Zwingli) vertritt noch die Platonische U.sidee, während die katholische Theologie weitgehend auf den Dualismus der mittelalterlichen U.slehre zugunsten einer die personale Ganzheit des Menschen betonenden ↑Eschatologie und Auferstehungslehre verzichtet (K. Rahner). Systematisch läßt sich die U.sidee, verstanden als Negation der Endlichkeit des individuellen Lebens, vor dem Hintergrund des (unverzichtbaren) ↑Vernunftinteresses rekonstruieren, die dauerhafte Kontinuität und den Erfolg des individuellen und des gesellschaftlichen, des theoretischen und des praktischen Handelns nicht prinzipiell durch das Ereignis des Todes negieren zu müssen.

Literatur: A. Ahlbrecht, Tod und U. in der evangelischen Theologie der Gegenwart, Paderborn 1964; P. C. Almond, Afterlife. A History of Life after Death, London/New York, Ithaca N. Y. 2016 (dt. Jenseits. Eine Geschichte des Lebens nach dem Tod, Darmstadt 2017); J. Assmann u. a., U., Hist. Wb. Ph. XI (2001), 275–294; Z. Bauman, Mortality, Immortality and Other Life Strategies, Cambridge 1992 (dt. Tod, U. und andere Lebensstrategien, Frankfurt 1994); P. v. Becker, Der neue Glaube an die U.. Transhumanismus, Biotechnik und digitaler Kapitalismus, Wien 2015; U. Berner/M. Heesch/G. Scherer, U., TRE XXXIV (2002), 381–397; J. N. Bremmer, The Rise and Fall of the Afterlife. The 1995 Read-Tuckwell Lectures at the University of Bristol, London/New York 2002; E. S. Brightman, Immortality in Post-Kantian Idealism, Cambridge 1925; C. D. Broad, Personal Identity and Survival, London 1958; M. Brod, Von der U. der Seele, Stuttgart etc. 1969; M. Cholbi (ed.), Immortality and the Philosophy of Death, London/New York 2016; M. Christopher, On a Mistake Commonly Made in Accounts of Sixteenth-Century Discussions of the Immortality of the Soul, Amer. Cathol. Philos. Quart. 69 (1995), 29–37; I. Czakó, Geist und U.. Grundprobleme der Religionsphilosophie und Eschatologie im Denken Søren Kierkegaards, Berlin/München/Boston Mass. 2015; A. Drozdek, Athanasia. Afterlife in Greek Philosophy, Hildesheim/Zürich/New York 2011; C. J. Ducasse, A Critical Examination of the Belief in a Life after Death, Springfield Ill. 1961, 1974; T. Duvall, Immortality and Afterlife, NDHI III (2005), 1107–1109; P. Edwards (ed.), Immortality, New York etc. 1992, Amherst N. Y. 1997; A. Flew, Immortality, Enc. Ph. IV (1967), 139–150, IV (^{2}2006), 602–619 (mit Addendum v. G. J. DeWeese, 616–619); ders., The Logic of Mortality, Oxford/New York 1987; ders., Merely Mortal? Can You Survive Your Own Death?, Amherst N. Y. 2000; C. F. Fowler, Descartes on the Human Soul. Philosophy and the Demands of Christian Doctrine, Dordrecht/Boston Mass./London 1999; D. Frede, Platons »Phaidon«. Der Traum von der U. der Seele, Darmstadt 1999, ^{2}2005, 2010; R. Friedli u. a., U., RGG VIII (^{4}2005), 795–802; G. Galloway, The Idea of Immortality. Its Development and Value, Edinburgh 1919; W. Götzmann, Die U.sbeweise in der Väterzeit und Scholastik bis zum Ende des 13. Jahrhunderts. Eine philosophie- und dogmengeschichtliche Studie, Karlsruhe 1927; H. Graß, U., RGG VI (^{3}1962), 1174–1178; J. Gray, The Immortalization Commission. Science and the Strange Quest to Cheat Death, London 2011 (dt. Wir werden sein wie Gott. Die Wissenschaft und die bizarre Suche nach U., Stuttgart 2012); G. Greshake, Tod – und dann? Ende – Reinkarnation – Auferstehung. Der Streit der Hoffnungen, Freiburg/Basel/Wien 1988, Freiburg ^{2}1990; K. Groos, Die U.sfrage, Berlin 1936; G. Heidingsfelder, Die U. der Seele, München 1930; F. Heiler, U.sglaube und Jenseitshoffnung in der Geschichte der Religionen, München/Basel 1950; R. Heinzmann, Die U. der Seele und die Auferstehung des Leibes. Eine problemgeschichtliche Untersuchung der frühscholastischen Sentenzen- und Summenliteratur von Anselm von Laon bis Wilhelm von Auxerre, Münster 1965; C. Herrmann, U. der Seele durch Auferstehung. Studien zu den anthropologischen Implikationen der Eschatologie, Göttingen 1997; A. Hilt/I. Jordan/A. Frewer (eds.), Endlichkeit, Medizin und U.. Geschichte – Theorie – Ethik, Stuttgart 2010; J. Hirschberger, Seele und Leib in der Spätantike, Wiesbaden 1969; P. Hulsroj, What if We Don't Die? The Morality of Immortality, Cham 2015; Q. Huonder, Das U.sproblem in der abendländischen Philosophie, Stuttgart etc. 1970; W. Jaeger, The Greek Ideas of Immortality, Harv. Theol. Rev. 52 (1959), 135–147, ferner in: ders., Humanistische Reden und Vorträge, Berlin ^{2}1960, 287–299; M. Johnston, Surviving Death, Princeton N. J./Oxford 2010, 2012; I. G. Kalogerakos, Seele und U.. Untersuchungen zur Vorsokratik bis Empedokles, Stuttgart/Leipzig 1996; S. Knell, Die Eroberung der Zeit. Grundzüge einer Philosophie verlängerter Lebensspannen, Berlin 2015; ders./M. Weber (eds.), Länger leben? Philosophische und biowissenschaftliche Perspektiven, Frankfurt 2009; O. Krüger, Virtualität und U.. Die Visionen des Posthumanismus, Freiburg 2004; C. Lamont, The Illusion of Immortality, New York 1935, ^{2}1950; H. D. Lewis, The Self and Immortality, London/Basingstoke 1973, 1985; ders., Persons and Life after Death. Essays by Hywel D. Lewis and Some of His Critics, London/Basingstoke 1978; N. M. Luyten u. a. (eds.), U., Basel 1957, 1966 (franz. Immortalité, Paris/Neuchâtel 1958); G. Marcel, Présence et immortalité, Paris 1959, 2001 (dt. Gegenwart und U., Frankfurt 1961); E. Mattiesen, Das persönliche Überleben des Todes. Eine Darstellung der Erfahrungsbeweise, I–III, Berlin 1936–1939 (repr. 1962, 1987), Hamburg 2013; H. Mayr, U., LThK X (^{2}1965), 525–528; T. Menkhaus, Eidos, Psyche und U.. Ein Kommentar zu Platons »Phaidon«, Frankfurt/London 2003; C. H. Moore, Ancient Beliefs in the Immortality of the Soul. With some Account of Their Influence on Later Views, London, New York 1931, New York 1963; S. Nadler, Spinoza's Heresy. Immortality and the Jewish Mind, Oxford 2001, 2004; F. Niewöhner/R. Schaeffler (eds.), U., Wiesbaden 1999; M. P. Nilsson, The Immortality of the Soul in Greek Religion, Eranos 39 (Göteborg 1941), 1–16; W. F. Otto, Die Manen oder Von den Urformen des Totenglaubens. Eine Untersuchung zur Religion der Griechen, Römer und Semiten und zum Volksglauben überhaupt, Berlin 1923, Darmstadt ^{4}1981, 1983; W. Pannenberg, Was ist der Mensch? Die Anthropologie der Gegenwart im Lichte der Theologie, Göttingen 1962, ^{8}1995 (engl. What Is Man? Contemporary Anthropology in Theological Perspective, Philadelphia Pa. 1970); R. Perdelwitz, Die Lehre von der U. der Seele in ihrer geschichtlichen Entwickelung bis auf Leibniz, Leipzig 1900; G. Pfannmüller (ed.), Tod, Jenseits und U. in der Religion, Literatur und Philosophie der Griechen und Römer, München/Basel 1953; D. Z. Phillips, Death and Immortality, London/Basingstoke 1970; J. Pieper, Tod und U., München 1968, ^{2}1979, ed. B. Wald, Kevelaer 2012; O. Pluta, Kritiker der U.sdoktrin in Mittelalter und Renaissance, Amsterdam 1986; K. Rahner, Zur Theologie des Todes. Mit einem Exkurs über das Martyrium, Freiburg/Wien/Basel 1958, ^{5}1965; E. Rohde, Psyche. Seelencult und U.sglaube der Griechen, I–II, Freiburg 1890/1894, Freiburg/Leipzig/Tübingen ^{2}1898 (repr. Darmstadt 1974, 1991), Tübingen/Leipzig ^{3}1908, Stuttgart o.J. [1946]; B. Russell, Why I Am Not a Christian and Other Essays on Religion and Related Subjects, ed. P. Edwards, London, New York 1957, London/New York 2004; G. Ryle, The Concept of Mind, London 1949, London/New York 2009; H. Scholz, Der U.sgedanke als philosophisches Problem, Berlin

1920, [2]1922; K. Watermann, Die Antike und der U.sglaube, Münster 1928; M. Weimayr, Der Stachel des Todes. Allmachtphantasien und U.sstrategien im Mittelalter, Frankfurt etc. 1999; A. Wenzl, U., Ihre metaphysische und anthropologische Bedeutung, Bern 1951 (franz. L'immortalité. Sa signification métaphysique et anthropologique, Paris 1957); J. Witte, Das Jenseits im Glauben der Völker, Leipzig 1929. M. G.

Unstetigkeit, Negation von ↑Stetigkeit.

Unterbegriff (engl. subordinate concept), in der ↑Logik Bezeichnung für einen Begriff *A*, der einem Begriff *B* untergeordnet (subordiniert; ↑Subordination) ist, d. h., für den auf Grund definitorischer Bestimmungen gilt, daß jedes *A* ein *B* ist. In der Regel verlangt man dabei nicht, daß *A* dem *B* *unmittelbar* untergeordnet ist im Sinne traditioneller Begriffshierarchien (d. h., *B* muß nicht *genus proximum* zu *A* sein; ↑arbor porphyriana, ↑Definition, ↑Merkmal). In jedem Falle muß es sich jedoch bei der Unterordnung um eine intensionale (↑intensional/Intension) Beziehung und nicht nur um eine extensionale (↑extensional/Extension) ↑Inklusion des ↑Umfangs von *A* in dem von *B* handeln. In der ↑Syllogistik hat die Bezeichnung ›U.‹ den technischen Sinn des *terminus minor*, eines der beiden ↑Außenbegriffe eines Syllogismus.

Literatur: G. Gabriel, Oberbegriff, Hist. Wb. Ph. VI (1984), 1021–1022. P. S.

Unterbestimmtheit (auch: Unterdeterminiertheit; engl. underdetermination, franz. sous-détermination), Bezeichnung für die auf P. Duhem und W. V. O. Quine zurückgeführte erkenntnistheoretische These, daß durch die ↑Erfahrung nicht eindeutig festgelegt wird, welche wissenschaftlichen ↑Theorien zutreffen. Bei ausschließlichem Bezug auf die Erfahrung bleibt für die theoretische Behandlung stets ein Spielraum, der durch methodologische und pragmatische Kriterien gefüllt wird.

Für Duhem ergibt sich die U. aus einem holistischen Modell (↑Holismus) der empirischen Prüfung, demzufolge nicht einzelne ↑Hypothesen, sondern immer nur umfassende Hypothesensysteme der Beurteilung durch die Erfahrung zugänglich sind. Entsprechend ist bei Auftreten einer ↑Anomalie nicht aus der Datenlage allein ableitbar (↑ableitbar/Ableitbarkeit), welche Hypothese unzutreffend ist. Dieser Ansatz wurde zur *Duhem-Quine-These* (↑experimentum crucis) verschärft. Danach ist es möglich, jede anomale ↑Beobachtung mit jeder beliebigen Theorie in Einklang zu bringen, falls man bereit ist, hinreichend drastische Änderungen in anderen Teilen des theoretischen Systems vorzunehmen.

Quines Begründung dieser These setzt zunächst voraus, daß Beobachtungsaussagen von theoretischen Prinzipien klar zu trennen sind, und stützt sich dann auf die Tatsache, daß das hypothetisch-deduktive Verfahren der Prüfung von Theorien logisch gesehen einen ↑Fehlschluß von der Geltung der Beobachtungskonsequenzen auf die Geltung der theoretischen Prämissen beinhaltet. Da aus falschen Prämissen zutreffende Konsequenzen abgeleitet werden können, besteht stets die Möglichkeit unterschiedlicher theoretischer Erklärungsoptionen.

Die Behauptung der U. besagt, daß es für jeden gegebenen Tatsachenbereich mehrere begrifflich unterschiedliche und hinsichtlich der theoretischen Ansprüche unverträgliche, jedoch empirisch äquivalente Erklärungsansätze gibt. So läßt sich jede gegebene Klasse von Meßwerten durch unterschiedliche mathematische ↑Funktionen darstellen. Ein Beispiel ist die auf H. Jeffreys zurückgehende alternative Formulierung des Fallgesetzes: $s = ½gt^2 + f(t)\cdot(t - t_1)\ldots(t - t_n)$. Dabei stellt $f(t)$ eine beliebige Funktion dar; die t_i repräsentieren diejenigen Zeitpunkte, an denen das Fallgesetz experimentell geprüft wurde. Für diese Zeitpunkte verschwindet der zweite Summand; die alternative Formulierung geht in die übliche Fassung über. Ebenso entsteht durch Beseitigung der theoretischen Begriffe (↑Begriffe, theoretische) einer Theorie, wie sie sich im ↑Ramsey-Satz dieser Theorie bzw. durch Rückgriff auf ↑Craig's Lemma ergibt, eine begrifflich andersartige, aber empirisch ununterscheidbare Alternativtheorie. Auch die besonders von H. Reichenbach behauptete Konventionalität der physikalischen ↑Geometrie stellt ein Beispiel für U. dar. Danach läßt sich gegebenen Lagebeziehungen stets durch unterschiedliche Konventionen über starre Körper (↑Körper, starrer) bzw. kongruente (↑kongruent/Kongruenz) Intervalle Rechnung tragen.

Die U.sthese stellt eine zentrale Grundlage für den ↑Instrumentalismus und den ↑Konventionalismus dar. Ihre Annahme ist verträglich mit der Behauptung, daß sich die empirisch äquivalenten Erklärungsansätze in ihrer pragmatischen Leistungskraft stark unterscheiden können. Tatsächlich ist in den gegenwärtig führenden ↑Bestätigungstheorien – Methodologie wissenschaftlicher ↑Forschungsprogramme (I. Lakatos), ↑Bootstrap-Modell (C. Glymour) und Bayesianismus (↑Bayessches Theorem; J. Earman, C. Howson, R. D. Rosenkrantz, P. Urbach) – die Möglichkeit vorgesehen, daß solche Ansätze durch die Daten in unterschiedlichem Maße bestätigt sein können. Entsprechend können auch bei bestehender empirischer ↑Äquivalenz begründete Abstufungen der Glaubwürdigkeit vorgenommen werden.

Der durch die U. begründete Spielraum von Theorien gegenüber der Erfahrung steht der Tendenz nach im Gegensatz zum Wissenschaftlichen Realismus (↑Realismus, wissenschaftlicher): Wenn stets die Möglichkeit alternativer theoretischer Erklärungen besteht, dann sind die ontologischen Verpflichtungen der akzeptierten Theorien mit Zurückhaltung aufzunehmen. Entsprechend wird die U.sthese von Vertretern des Wissenschaftlichen Realismus bestritten. Die beiden wesentlichen Argumentationslinien sind: (1) Die Alternativtheorien sind begrifflich und explanatorisch gänzlich von den Standardfassungen abhängig. Es handelt sich nicht um genuine, mit einem eigenständigen Erklärungsanspruch versehene konkurrierende Ansätze, sondern nur um triviale theoretische Derivate. (2) Die weit überlegene methodologische Qualifikation der Standardfassungen begründet einen im Vergleich zu den Alternativen erhöhten Wahrheitsanspruch.

Dagegen wird die U.sthese gegenwärtig von Richtungen aufgenommen, die die Analyse der experimentellen Praxis der Laborwissenschaften in den Vordergrund rücken. So lautet die Behauptung des ›Neuen Experimentalismus‹ (↑Experimentalismus, neuer), daß wissenschaftlich relevante Daten nicht einfach registriert, sondern in artifiziellen experimentellen Situationen und unter Zuhilfenahme von Artefakten wie Meßinstrumenten und Verfahren der Datenaufbereitung erzeugt werden (z. B. I. Hacking). Für den Sozialkonstruktivismus stehen die ›Aushandlungsprozesse‹ im Zentrum, in deren Verlauf sich überhaupt erst eine feste Datenlage ergibt (z. B. B. Latour/S. Woolgar, K. Knorr-Cetina). Diese Abhängigkeit der empirischen Befunde von menschlichen Eingriffen eröffnet einen Spielraum für die Theoriebildung, die sich als U. der Theorie durch die Erfahrung ausdrückt.

Literatur: T. Bonk, Underdetermination. An Essay on Evidence and the Limits of Natural Knowledge, Dordrecht 2008; M. Carrier, Wissenschaftstheorie. Zur Einführung, Hamburg 2006, 95–129, [2]2008, [4]2017, 98–132 (Kap. 4 Hypothesenbestätigung in der Wissenschaft); ders., Underdetermination as an Epistemological Test Tube. Expounding Hidden Values of the Scientific Community, Synthese 180 (2011), 189–204; P. Duhem, La théorie physique, son objet et sa structure, Paris 1906, [2]1914 (dt. Ziel und Struktur der physikalischen Theorien, Leipzig 1908 [repr., ed. L. Schäfer, Hamburg 1998]); J. Freudiger, Quine und die Unterdeterminiertheit empirischer Theorien, Grazer philos. Stud. 44 (1993), 41–57; M. Friedman, Foundations of Space-Time Theories. Relativistic Physics and Philosophy of Science, Princeton N. J. 1983, 264–339 (Chap. VII Conventionalism); D. Gillies, Philosophy of Science in the Twentieth Century. Four Central Themes, Oxford/Cambridge Mass. 1993; C. Glymour, Theory and Evidence, Princeton N. J. 1980, [2]1981; A. Grünbaum, Philosophical Problems of Space and Time, New York 1963, erw. Dordrecht/Boston Mass. [2]1973, 106–151 (Chap. 4 Critique of Einstein's Philosophy of Geometry); I. Hacking, The Self-Vindication of the Laboratory Sciences, in: A. Pickering (ed.), Science as Practice and Culture, Chicago Ill./London 1992, 29–64; C. Hoefer/A. Rosenberg, Empirical Equivalence, Underdetermination, and Systems of the World, Philos. Sci. 61 (1994), 592–607; C. Howson/P. Urbach, Scientific Reasoning. The Bayesian Approach, La Salle Ill. 1989, Chicago Ill. [3]2006; P. Kitcher, The Advancement of Science. Science without Legend, Objectivity without Illusions, New York/Oxford 1993, 1995, 219–302 (Chap. 7 The Experimental Philosophy); K. Knorr-Cetina, The Manufacture of Knowledge. An Essay on the Constructivist and Contextual Nature of Science, Oxford 1981 (dt. [erw.] Die Fabrikation von Erkenntnis. Zur Anthropologie der Naturwissenschaft, Frankfurt 1984, [3]2012); dies., Laboratorien: Instrumente der Weltkonstruktion, in: P. Hoyningen-Huene/G. Hirsch (eds.), Wozu Wissenschaftsphilosophie? Positionen und Fragen zur gegenwärtigen Wissenschaftsphilosophie, Berlin/New York 1988, 315–344; P. Kosso, Reading the Book of Nature. An Introduction to the Philosophy of Science, Cambridge/New York/Oakleigh 1992; A. Kukla, Laudan, Leplin, Empirical Equivalence and Underdetermination, Analysis 53 (1993), 1–7; I. Lakatos, Falsification and the Methodology of Scientific Research Programmes, in: ders./A. Musgrave (eds.), Criticism and the Growth of Knowledge. Proceedings of the International Colloquium in the Philosophy of Science, London 1965, IV, Cambridge [3]1974, 91–195, Neudr. in: ders., Philosophical Papers I (The Methodology of Scientific Research Programmes), ed. J. Worrall/G. Currie, Cambridge etc. 1978, 1984, 8–101 (dt. Falsifikation und die Methodologie wissenschaftlicher Forschungsprogramme, in: ders./A. Musgrave [eds.], Kritik und Erkenntnisfortschritt, Braunschweig 1974, 89–189, Neudr. in: ders., Philosophische Schriften I [Die Methodologie der wissenschaftlichen Forschungsprogramme], Braunschweig/Wiesbaden 1982, 7–107); B. Latour/S. Woolgar, Laboratory Life. The Construction of Scientific Facts, Beverly Hills Calif. 1979, Princeton N. J. 1992; L. Laudan, Demystifying Underdetermination, in: C. W. Savage (ed.), Scientific Theories, Minneapolis Minn. 1990 (Minnesota Stud. Philos. Sci. XIV), 267–297; ders./J. Leplin, Empirical Equivalence and Underdetermination, J. Philos. 88 (1991), 449–472; dies., Determination Underdeterred: Reply to Kukla, Analysis 53 (1993), 8–16; J. D. Norton, The Determination of Theory by Evidence. The Case for Quantum Discontinuity, 1900–1915, Synthese 97 (1993), 1–31; ders., Science and Certainty, Synthese 99 (1994), 3–22; W. V. O. Quine, Two Dogmas of Empiricism, Philos. Rev. 60 (1951), 20–43, Neudr. in: ders., From a Logical Point of View. 9 Logico-Philosophical Essays, Cambridge Mass. 1953, [2]1969, 2003, 20–46 (dt. Zwei Dogmen des Empirismus, in: J. Sinnreich [ed.], Zur Philosophie der idealen Sprache, München 1972, 167–194); ders., The Pursuit of Truth, Cambridge Mass. 1990, 2003 (dt. Unterwegs zur Wahrheit. Konzise Einleitung in die theoretische Philosophie, Paderborn/Wien 1995); ders./J. S. Ullian, The Web of Belief, New York 1970, [2]1978; H. Reichenbach, Philosophie der Raum-Zeit-Lehre, Berlin/Leipzig 1928, Neudr. als: Ges. Werke II, Braunschweig/Wiesbaden 1977 (engl. The Philosophy of Space and Time, New York 1958); K. Stanford, Underdetermination of Scientific Theory, SEP 2009, rev. 2017. M. C.

Unterlassung (lat. omissio, engl. omission), in ↑Handlungstheorie, ↑Rechtsphilosophie (↑Recht) und ↑Ethik Bezeichnung für die vermeidbare Nichtausführung einer ↑Handlung im engeren Sinne, d. h. eines aktiven Verhaltens. Die Vermeidbarkeit der Nichtausführung und ihrer Folgen ist ebenso wie beim aktiven Verhalten Mindestvoraussetzung für die handlungstheoretische und dann auch für die ethische und juristische ↑Zurechnung des resultierenden Geschehens. Weiterhin gelten unter allen Verläufen, die für ein Subjekt durch Aktivwerden vermeidbar wären, bereits alltagstheoretisch nur diejenigen als seine Unterlassungstaten, deren Vermeidung in irgendeiner Weise, z. B. auf Grund einer einschlägigen Pflichtenstellung (↑Pflicht) oder etablierter Gewohnheiten, von dem Subjekt erwartet werden konnte. So wird z. B. nicht von allen Personen, die sitzen, aber auch aufstehen könnten, gesagt, sie unterließen es, aufzustehen, wohl aber etwa von denjenigen, die sich zur Begrüßung nicht erheben.

Ebenso nicht-trivial wie die Abgrenzung der zurechenbaren U. vom bloßen Nichttun ist die Abgrenzung von Handeln und Unterlassen selbst, sobald man – was im Alltag und in moralischen und juristischen Bewertungskontexten ständig geschieht – die Beschreibungsebene der so genannten Basishandlung (↑Handlung) verläßt: Ob man die Tötung eines Tieres, das in einen Käfig gesperrt und dort sich selbst überlassen wird, als Handlung (Folge des Einsperrens) oder als U. (Folge der fehlenden Versorgung) qualifiziert, hängt von den verschiedenen, komplexen Gesichtspunkten ab, nach denen sich im Alltag oder auch im juristischen Kontext die Bildung von Handlungseinheiten richtet. Zahlreiche Handlungsergebnisse, die alltagssprachlich (↑Alltagssprache) mit einer aktiven Basishandlung (meist einer Körperbewegung) zu einer Handlungseinheit verbunden werden, setzen die an die Basishandlung anschließende U. möglicher Abwendungshandlungen voraus, was die Klassifikation des Ganzen als Aktivität nicht verhindert. Umgekehrt kann auch eine aktive Basishandlung durch Einbindung in eine größere Verhaltenseinheit Teil eines insgesamt als U. zu klassifizierenden Vorganges werden. So stellt sich z. B. das Abschalten eines Beatmungsgeräts – als Beendigung der vorangegangenen Hinderung eines Vorganges (nämlich des Sterbens des Patienten) – mit Bezug auf diesen Vorgang nicht als Eingriff, sondern als U. dar.

Beide soweit benannten Schwierigkeiten der Individuierung von U.en werden etwa seit den 70er Jahren des 20. Jhs. in der analytischen Handlungstheorie intensiver diskutiert, weil sie die kategoriale Grundlage einiger zunehmend umstrittener ethischer, vor allem medizinethischer Problemfälle (Abtreibung, Euthanasie) betreffen (↑Ethik, medizinische). Den üblichen moralischen Intuitionen und auch den strafrechtlichen Regelungen zufolge bestehen in den weitaus meisten Fällen bezüglich der Vermeidung von Handlungsfolgen erheblich striktere Pflichten als bezüglich der Vermeidung von U.sfolgen. So darf man z. B. bei einem schwerstgeschädigten Neugeborenen unter bestimmten Bedingungen auf das Verabreichen lebensverlängernder Medikamente verzichten, aber man darf – auch bei qualvollem Dahinsiechen – keine lebensverkürzenden Mittel verabreichen. Kritiker dieser Praxis haben der traditionellen Sonderstellung des Unterlassens die so genannte Äquivalenzthese entgegengesetzt, derzufolge der Frage, ob ein vermeidbares Ereignis durch Aktivität oder durch Passivität (mit-)bedingt wurde, keine moralische Bedeutung zukommen soll; diese hafte vielmehr (konsequentialistisch) ausschließlich an der Natur der *Folgen* des (aktiven oder passiven) Verhaltens. Die kontraintuitiven Ergebnisse, zu denen diese generelle These in zahlreichen Beispielfällen führt – so ist etwa unter äquivalenztheoretischen Prämissen nicht zu begründen, warum ein Gesunder zum Zwecke der Spende seiner Organe an mehrere einschlägig bedürftige Mitbürger nicht getötet werden kann –, haben zu verstärkten Bemühungen Anlaß gegeben, die guten Gründe der traditionellen Sonderstellung des Unterlassens zu rekonstruieren. Dabei wird auch auf die zu erwartenden Folgen einer (tatsächlich unpraktikablen) effektiven zurechnungspraktischen Gleichbehandlung des Unterlassens hingewiesen, weshalb sich dessen Sonderstellung möglicherweise sogar konsequentialistisch (↑Konsequentialismus) rekonstruieren läßt.

Literatur: S. Ast, Normentheorie und Strafrechtsdogmatik. Eine Systematisierung von Normarten und deren Nutzen für Fragen der Erfolgszurechnung, insbesondere die Abgrenzung des Begehungs- vom U.sdelikt, Berlin 2010; A. Berger, U.en. Eine philosophische Untersuchung, Paderborn 2004; D. Birnbacher, Tun und Unterlassen, Stuttgart 1995, Aschaffenburg 2015; C. Bottek, U.en und ihre Folgen. Handlungs- und kausalitätstheoretische Überlegungen, Tübingen 2014; R. Clarke, Omissions. Agency, Metaphysics, and Responsibility, Oxford etc. 2014; K. Fischer, Tun oder Lassen? Die Rolle von Framing-Prozessen für die Wahl von Handlung oder U. in Entscheidungssituationen, Frankfurt etc. 1997; C. M. Flick (ed.), Tun oder Nichttun – zwei Formen des Handelns, Göttingen 2015; G. Freund, Erfolgsdelikt und Unterlassen. Zu den Legitimationsbedingungen von Schuldspruch und Strafe, Köln etc. 1992; W. Gallas, Studien zum U.sdelikt, Heidelberg 1989; R. D. Herzberg, Die U. im Strafrecht und das Garantenprinzip, Berlin/New York 1972; G. Jakobs, Die strafrechtliche Zurechnung von Tun und Unterlassen, Opladen 1996 (Nordrhein-Westf. Akad. Wiss., Vorträge G 344); J. C. Joerden, U.; Unterlassen, Hist. Wb. Ph. XI (2001), 304–308; A. Kaufmann, Die Dogmatik der U.sdelikte, Göttingen 1959, [2]1988; H. Kuhse, The Sanctity-of-Life Doctrine in Medicine. A Critique, Oxford 1987 (dt. ›Die Heiligkeit des Lebens‹ in der Medizin. Eine philosophische Kritik, Erlangen 1994); W. Lübbe, Verantwortung in komplexen kulturellen Prozessen, Freiburg/München 1998, 63–120 (Kap. III U.sbedingte Schäden); T. I. Sofos, Mehrfachkausalität beim Tun und Unterlassen, Berlin 1999; B. Steinbock (ed.), Killing and Letting Die, Englewood Cliffs N. J. 1980, ed. mit A. Norcross, New York [2]1994, 2006; J. Vogel, Norm und Pflicht bei den unechten U.sdelikten, Berlin 1993; J. Welp, Vorangegangenes Tun als Grundlage einer Handlungsäquivalenz der U., Berlin 1968. W. L.

Untermenge, ↑Teilmenge.

Untersatz (lat. propositio minor), in der ↑Syllogistik Bezeichnung für die zweite ↑Prämisse eines Syllogismus. In der traditionellen Anordnung der Syllogismen nach Figuren (↑Figur (logisch)) tritt im U. das grammatische Subjekt der conclusio (↑Schluß) auf. G. W.

Unterscheidung (engl. distinction, franz. distinction), im sprachlichen Sinne Bezeichnung für den Vollzug und das Resultat der ↑Prädikation auf einem bereits gegebenen Gegenstandsbereich (↑Objektbereich, ↑Objekt) als (neben der Artikulation; ↑Artikulator, ↑Ostension) elementarer ↑Sprachhandlung. Sofern in der Prädikation Gegenstände als Beispiele eines ↑Prädikators, d. h. eines speziellen sprachlichen ↑Handlungsschemas, bestimmt, damit als Erfüllung seines ↑Begriffs verstanden werden, stellen Prädikatoren (begriffliche) U.en dar, die Handlung des Unterscheidens entsprechend selbst die ↑Aktualisierung des Handlungsschemas ›U.en treffen‹ (↑Schema). Die logische Form der U. ist die ↑Elementaraussage ($n_1, \ldots, n_k \; \varepsilon \; P$ mit ↑affirmativer ↑Kopula bzw. $n_1, \ldots, n_k \; \varepsilon' \, P$ mit ↑negativer Kopula), wobei diese (im affirmativen Falle) sowohl in der ↑Behauptung, daß ein durch einen ↑Nominator n vertretener Gegenstand g zu den den Prädikator P definierenden Beispielen gehört, als auch in der Behauptung, daß der Beispielbereich von P durch g sinnvoll erweitert ist, bestehen kann (für den negativen Fall gilt Entsprechendes; ↑zusprechen/absprechen). In Form von Elementaraussagen, d. h. in behauptender Intention, unterliegen prädikative U.en insofern auch Begründungsverpflichtungen (die Zugehörigkeit bzw. Nicht-Zugehörigkeit von g zu P betreffend). Ein System von Prädikatoren, gebildet über die Verwendung von ↑Prädikatorenregeln (auch als ›terminologische Regeln‹ bezeichnet), stellt ein ›Unterscheidungssystem‹ oder eine ↑›Terminologie‹ dar (↑Terminus).

Von den im engeren Sinne sprachliche Handlungsschemata darstellenden U.en bzw. dem Unterscheiden als sprachlichem Handlungsschema sind nicht-sprachliche, nämlich ↑pragmatische, U.en abzuheben. Indem man in bezug auf bestimmte Situationsmerkmale in bestimmter Weise handelt, unterscheidet man handelnd Situationen, ohne daß Handlungsregeln explizit und die im Handeln getroffenen U.en sprachlich in Form von Prädikatoren bereits zur Verfügung stehen müssen. Das gilt auch für ein auf die sinnlichen Fähigkeiten bezogenes Handeln, etwa das Sehen als ein Auswählen und intentionsgeleitetes (↑Intention, ↑Intentionalität) Zentrieren innerhalb des optischen Feldes. Sowohl prädikative U.en als auch pragmatische U.en sind damit Beispiele für in Handlungszusammenhängen verfügbare Orientierungen. In diesem Zusammenhang bildet nach J. Mittelstraß (1991) ein *Unterscheidungsapriori* zusammen mit einem Herstellungsapriori (↑Poiesis, ↑Philosophie, poietische) das *lebensweltliche Apriori* (↑Apriori, lebensweltliches), das im Sinne eines sowohl genetisch als auch logisch unhintergehbaren (↑Unhintergehbarkeit) ↑Anfanges auch die Grundlage eines methodischen Aufbaus wissenschaftlicher Theorien darstellt.

In der philosophischen Tradition werden U.en zum ersten Mal methodisch bei Platon in Form von Begriffsnetzen (↑Dihairesis, ↑Begriffspyramide) ausgearbeitet. In der ↑Scholastik, die zwischen einer *distinctio formalis*, einer *distinctio rationis* und einer *distinctio realis* unterscheidet (↑distinctio), bilden seit dem 12. Jh. die so genannten *distinctiones* eine eigene (lexikalische) Literaturgattung. I. Kant unterscheidet im Sinne der hier getroffenen Festsetzungen zwischen prädikativer bzw. pragmatischer U. im engeren Sinne und der (in theoretischer Intention erfolgenden) Beurteilung von U.en in Form von behauptenden Elementaraussagen (»es ist ganz was anders, Dinge von einander *unterscheiden* und den *Unterschied* der Dinge *erkennen*«, Die falsche Spitzfindigkeit der vier syllogistischen Figuren [1762], § 6, Akad.-Ausg. II, 59).

Literatur: G. G. Bridges, Identity and Distinction in Petrus Thomae, St. Bonaventure N. Y. 1959; R. J. Butler, ›Distinctiones Rationis‹ or the Cheshire Cat which Left Its Smile behind It, Proc. Arist. Soc. 76 (1975/1976), 165–176; S. S. Edwards, St. Bonaventure on Distinctions, Franciscan Stud. 38 (1978), 194–212; R. Eisler, U., Wb. ph. Begr. III (1930), 331–334; FM I (1994), 922–925 (Distinción); D. A. Givner, To Be Is to Be Distinguished, Idealistic Stud. 4 (1974), 131–144; M. J. Grajewski, The Formal Distinction of Duns Scotus. A Study in Metaphysics, Washington D. C. 1944; R. Hegselmann, Klassische und konstruktive Theorie des Elementarsatzes, Z. philos. Forsch. 33 (1979), 89–107; E. Hirsch, Dividing Reality, Oxford etc. 1993, 1997; M. J. Jordan, Duns Scotus on the Formal Distinction, Diss. New Brunswick N. J. 1984; ders., What's New in Ockham's Formal Distinction?, Franciscan Stud. 45 (1985), 97–110; W. Kamlah/P. Lorenzen, Logische Propädeutik oder Vorschule des vernünftigen Redens, Mannheim 1967, unter dem Titel: Logische Propädeutik. Vorschule des vernünftigen Redens, Mannheim/Wien/Zürich ²1973 (engl. Logical Propaedeutic. Pre-School of Reasonable Discourse, Washington D. C. 1984); S. K. Knebel, Unterscheiden; U., Hist. Wb. Ph. XI (2001), 308–310; K. Lorenz, Elemente der Sprachkritik. Eine Alternative zum Dogmatismus und Skeptizismus in der Analytischen Philosophie, Frankfurt 1970, 1971, bes. 124ff., 162ff., 179ff.; ders., Artikulation und Prädikation, HSK VII/2 (1996), 1098–1122, ferner in: ders., Dialogischer Konstruktivismus, Berlin/New York 2009, 24–71; ders./J. Mittelstraß, On Rational Philosophy of Language. The Programme in Plato's Cratylus Reconsidered, Mind 76 (1976), 1–20, ferner in: ders., Philosophische Variationen. Gesammelte Aufsätze unter Einschluß gemeinsam mit Jürgen Mittelstraß geschriebener Arbeiten zu Platon und Leibniz, Berlin/New York 2011, 49–67, und in: J. Mittelstraß, Die griechische Denkform. Von der Entstehung der Philosophie aus dem Geiste der Geometrie, Berlin/Boston Mass. 2014, 230–246; P. Lorenzen, Methodisches Denken, in: ders., Methodisches Denken, Frankfurt 1968, 1988, 24–59; ders./O. Schwemmer, Konstruktive Logik, Ethik und Wissenschaftstheorie, Mannheim/Wien/Zürich 1973, ²1975; M. McCord Adams, Ockham on Identity and Distinction, Franciscan Stud. 36 (1976), 5–74; J. Mittelstraß, Die Prädikation und die Wiederkehr des Gleichen, in: H.-G. Gadamer (ed.), Das Problem der Sprache (VIII. Deutscher Kongreß für Philosophie, Heidelberg 1966), München 1967, 87–95, Neudr. in: ders., Die Möglichkeit von Wissenschaft, Frankfurt 1974, 145–157 (engl. Predication and Recurrence of the Same, Ratio 10 [1968], 78–87); ders., Das normative Fundament der Sprache, in: ders., Die Möglichkeit von Wissenschaft [s. o.], 158–205, 244–252; ders., Das lebensweltliche Apriori, in: C. F. Gethmann (ed.), Lebenswelt und Wissenschaft. Studien zum Verhältnis von Phänomenologie und Wissenschaftstheorie, Bonn 1991, 114–142; A. de Muralt, La doctrine médiévale des distinctions et l'intelligibilité de la philosophie moderne, Rev. théol. philos. 112 (1980), 113–132, 217–240; R. Sokolowski, Making Distinctions, Rev. Met. 32 (1979), 639–676; M. Tweedale, Distinctions, in: H. Burkhardt/B. Smith (eds.), Handbook of Metaphysics and Ontology I, München/Philadelphia Pa./Wien 1991, 223–226; L. Weber, Das Distinktionsverfahren im mittelalterlichen Denken und Kants skeptische Methode, Meisenheim am Glan 1976; N. J. Wells, Descartes on Distinction, in: F. J. Adelmann (ed.), The Quest for the Absolute, Chestnut Hill Mass., The Hague 1966, 104–134; N. P. White, Aristotle on Sameness and Oneness, Philos. Rev. 80 (1971), 177–197; A. B. Wolter, The Formal Distinction, in: J. K. Ryan/B. M. Bonansea (eds.), John Duns Scotus, 1265–1965, Washington D. C. 1965, 1968, 45–60; weitere Literatur: ↑Prädikation. J. M.

Unterscheidungsapriori, ↑Unterscheidung.

unum (lat., das Eine), in der scholastischen (↑Scholastik) Metaphysik, definiert als ›indivisum in se et divisum a quolibet alio‹ (in sich ununterschieden und unterschieden von jedwedem anderen), neben ↑verum und ↑bonum und teilweise auch neben ↑res und aliquid Bezeichnung für eines der so genannten ↑*Transzendentalien*, d. h. derjenigen Eigenschaften, die einem Gegenstand koextensiv damit zukommen, daß er seiend ist (↑Seiende, das); als scholastischer Grundsatz formuliert: ›ens et unum convertuntur‹. Im Rahmen der Seinsspekulation entspricht demgemäß der Grad an ↑Einheit – die dann nicht mehr im Sinne einer Prädikationstheorie (↑Prädikation) als das Gleichgesetzte und von anderem Gleichgesetzten Unterschiedene verstanden wird, sondern als Freisein von Geteiltheit, als Ganzes im Sinne von Vollkommenes – dem Grad der ↑Vollkommenheit oder des ↑Seins.

Literatur: K. Flasch, Eine (das), Einheit II, Hist. Wb. Ph. II (1972), 367–377; E. Förster, u., verum, bonum, in: M. Willaschek u. a. (eds.), Kant-Lexikon III, Berlin/Boston Mass. 2015, 2417–2418; W. Goris/J. Aertsen, Medieval Theories of Transcendentals, SEP 2013; J. Hirschberger, Geschichte der Philosophie I (Altertum und Mittelalter), Basel/Freiburg/Wien 1949, [14]1987, Frechen 2007, 487–488; M. D. Jordan, The Grammar of ›Esse‹. Re-Reading Thomas on the Transcendentals, Thomist 44 (1986), 1–26; J. de Vries, Grundbegriffe der Scholastik, Darmstadt 1980, [3]1993, 96–97 (›Transzendental‹). O. S.

Ununterscheidbarkeitssatz, ↑Identität.

Unverborgenheit, in der Philosophie M. Heideggers, zunächst in »Sein und Zeit« (Jb. Philos. phänomen. Forsch. 8 [1927], 1–438, separat Halle 1927, Tübingen [19]2006), die Definition der ↑Wahrheit aus der (philologisch strittigen) Übersetzung von ἀλήθεια. Über den Rückgriff auf die vorsokratische (↑Vorsokratiker) Philosophie (insbes. Heraklit) soll durch die Definition der Wahrheit als U. die Einschränkung des Wahrheitsbegriffs auf die Richtigkeit von Sätzen (ὀρθότης) aufgehoben werden. U. wird synonym mit ›Entdecktheit‹ verwendet und ist neben ›Verfallen‹ konstitutiv für die Seinsverfassung des Daseins als ↑In-der-Welt-sein und ↑Sorge (vgl. Sein und Zeit § 44; Kant und das Problem der Metaphysik, Bonn 1929, Frankfurt [7]2010, 115). In seiner Kritik an der ↑Metaphysik sucht Heidegger nachzuweisen, daß U. gegenüber Richtigkeit der umfassendere Wahrheitsbegriff ist. In seinen späteren Schriften wird U. als Ermöglichung subjektiver Wahrheitserfahrung zugleich zum Charakteristikum des Seienden im Sinne der in der traditionellen Metaphysik geforderten ›Gelichtetheit‹ (↑lumen naturale) des Seienden als Bedingung für Erkennbarkeit, ebenso zum Charakteristikum des Seienden im Ganzen (↑Welt) (vgl. Vom Wesen des Grundes, Halle 1929, Frankfurt [8]1995, 12; Holzwege, Frankfurt 1950, [9]2015, 41).

Neben dieser Verwendung von U. im Sinne der *ontischen* Wahrheit bezeichnet U. auch die *ontologische* Wahrheit: die ›Enthülltheit von Sein‹, die erst die ›Offenbarkeit von Seiendem‹ (Vom Wesen des Grundes, 13; Holzwege, 25, 310–311) und die ›Lichtung des Da‹, die Fähigkeit zur Wahrheitserkenntnis, ermöglicht. Während Heidegger in seiner Kritik der Metaphysik gegen den metaphysischen Wahrheitsbegriff mit der der Metaphysik entlehnten und umgedeuteten Lichtmetapher argumentiert, wechselt er in seinen letzten Schriften von der positiven Bedeutung der U. zu einer wiederum kritisierten. Weil (seit Platon) U. in sich zweideutig sowohl Entdecktheit als auch (vordringlich) Richtigkeit bedeuten kann, wird sie zur Charakteristik der ↑Seinsvergessenheit. U. »beruht in der Verborgenheit des Anwesens«, d. h. in der vordringlichen Erscheinung des Anwesenden (Zur Seinsfrage, Frankfurt 1956, [4]1977, 35–36).

Literatur: M. Flatscher, U., in: H. Vetter (ed.), Wörterbuch der phänomenologischen Begriffe, Hamburg 2004, 565; C. F. Gethmann, Zu Heideggers Wahrheitsbegriff, Kant-St. 65 (1974), 186–200; ders., Dasein: Erkennen und Handeln. Heidegger im phänomenologischen Kontext, Berlin 1993, bes. 115–168; M. Heidegger, Was ist Metaphysik?, Bonn 1929, Frankfurt [16]2007; ders., Vom Wesen der Wahrheit, Frankfurt 1943, [8]1997; ders., Platons Lehre von der Wahrheit. Mit einem Brief über den Humanismus, Bern 1947, [4]1997; ders., Was heißt Denken?, Tübingen 1954, [5]1997, Stuttgart 2015; ders., Unterwegs zur Sprache, Pfullingen 1960, Stuttgart [15]2012; ders., Nietzsche, I–II, Pfullingen 1961, Stuttgart [6]1998; E. Tugendhat, Der Wahrheitsbegriff bei Husserl und Heidegger, Berlin 1967, [2]1970, 1984; C. v. Wolzogen, U., Hist. Wb. Ph. XI (2001), 331–334. A. G.-S.

unvereinbar, ↑inkompatibel/Inkompatibilität, ↑konträr/Kontrarität.

unverträglich, ↑inkompatibel/Inkompatibilität, ↑konträr/Kontrarität.

unvollständig/Unvollständigkeit (engl. incomplete/incompleteness), in der Mathematischen Logik (↑Logik, mathematische), insbes. der ↑Metamathematik, Bezeichnung für eine ›negative‹ Eigenschaft mancher formaler Systeme (↑System, formales) bzw. Axiomensysteme (↑System, axiomatisches). Je nach den bei ihrer Aufstellung intendierten Eigenschaften formuliert man verschiedene Arten von U.. Ein in einer formalen Sprache (↑Sprache, formale) $\mathcal{L}$ formuliertes widerspruchsfreies (↑widerspruchsfrei/Widerspruchsfreiheit) Axiomensystem $\mathfrak{A}$ heißt bezüglich $\mathcal{L}$ (1) *semantisch* u., wenn nicht jede inhaltlich (auf Grund eines semantischen ↑Wahrheitsbegriffs oder einer konstruktiven Wahrheitsdefinition) wahre Aussage von $\mathcal{L}$ aus $\mathfrak{A}$ ableitbar (↑ableitbar/Ableitbarkeit) ist, (2) *syntaktisch* u., wenn es aus $\mathfrak{A}$ nicht ableitbare Aussagen von $\mathcal{L}$ gibt, die ohne Verlust der Widerspruchsfreiheit zu $\mathfrak{A}$ hinzugefügt werden können, (3) *klassisch* u., wenn nicht für jede Aussage A von $\mathcal{L}$ entweder A oder aber $\neg A$ aus $\mathfrak{A}$ ableitbar ist. Läßt sich über die letztgenannte Bedingung hinausgehend sogar eine in $\mathcal{L}$ formulierbare Aussage A effektiv angeben, für die weder A noch $\neg A$ aus $\mathfrak{A}$ ableitbar ist, so heißt $\mathfrak{A}$ *effektiv* u. oder *absolut* u.. Ist auch noch jede widerspruchsfreie Erweiterung eines Axiomensystems u., so heißt dieses *wesentlich* u.. Ein Axiomensystem in einer Sprache, die zur Formulierung der elementaren ↑Arithmetik geeignet ist, heißt *ω-unvollständig* (↑ω-vollständig/ω-Vollständigkeit), wenn nicht für alle korrekt gebildeten Aussageformen $A(x)$ mit $A(n_1)$, $A(n_2)$, $A(n_3)$, ... auch $\bigwedge_n A(n)$ ableitbar ist (wobei $n_1, n_2, n_3, \ldots$ Terme sind, die in diesem formalen System die natürlichen Zahlen 1, 2, 3, ... darstellen), sowie *effektiv ω-unvollständig*, wenn sich eine Aussageform $A(x)$ effektiv angeben läßt, für die zwar $A(n_1), A(n_2), A(n_3), \ldots$, nicht aber $\bigwedge_n A(n)$ ableitbar ist. Die Bedeutung dieser Arten von U. ergibt sich aus den verschiedenen ↑Unvollständigkeitssätzen der Logik und Metamathematik. C. T.

Unvollständigkeitssatz (engl. incompleteness theorem), Terminus der Mathematischen Logik (↑Logik, mathematische) bzw. ↑Metamathematik, in der Regel verwendet zur Bezeichnung eines der beiden von K. Gödel 1931 bewiesenen U.e oder des U.es für die ↑Stufenlogik. Der 1. Gödelsche U. (›G1‹) besagt, daß jedes im Sinne der ↑Churchschen These effektive Verfahren – insbes. jedes formale System (↑System, formales) der ↑Arithmetik –, das nur wahre arithmetische Sätze erzeugt, wahre Sätze auslassen muß. Der 2. Gödelsche U. (›G2‹) zeigt, daß zu diesen ausgelassenen Sätzen immer auch solche der Metamathematik gehören, insbes. Sätze über die Widerspruchsfreiheit (↑widerspruchsfrei/Widerspruchsfreiheit) von ↑Vollformalismen der Arithmetik. Seit Ende der 1970er Jahre sind auch formal unentscheidbare (↑unentscheidbar/Unentscheidbarkeit) Sätze bekannt geworden, die keinen metamathematischen Inhalt haben, sondern der gewöhnlichen Mathematik entnommen sind. Aus G1 folgt weiter, daß die Stufenlogik korrekt (↑korrekt/Korrektheit) nur unvollständig (↑unvollständig/Unvollständigkeit) formalisiert werden kann (›G3‹).

Philosophisch relevant sind die U.e, weil sie, wie die verwandten ↑Unentscheidbarkeitssätze, die Grenzen des effektiv bzw. algorithmisch (↑Algorithmus) Erreichbaren aufzeigen. Insbes. legt G1 nahe, daß Herleitbarkeit und Wahrheit auseinanderfallen, zumindest in denjenigen formalen Systemen, die durch arithmetische Beziehungen darstellbar sind. Da formale Systeme als Musterbeispiel des axiomatisch-deduktiven Vorgehens (↑Methode, axiomatische, ↑System, axiomatisches) gelten können, beeinträchtigt dieser Befund die Tragweite des Euklidischen Methodenideals des ↑more geometrico im Vergleich zu den nicht formalisierten Beweisen der mathematischen Alltagspraxis. Bezüglich der kontrovers geführten Geist-versus-Maschine-Debatte (↑philosophy of mind) ist G1 zwar nicht beweiskräftig (H. Putnam 1960), doch vertrat Gödel selbst (Gödel 1951) die Auffassung, G1 zeige, daß entweder der menschliche Geist jeder endlichen Maschine unendlich überlegen ist oder aber absolut unentscheidbare Probleme existieren. G2 zeigt gemäß seiner Standardinterpretation (s. u.), daß sich die Mathematik nicht, wie D. Hilbert meinte (↑Hilbertprogramm), aus sich selbst heraus begründen läßt; an die Stelle einer Rechtfertigung der ↑Axiome durch ↑Evidenz tritt der Beweis der Widerspruchsfreiheit (↑Widerspruchsfreiheitsbeweis), der jedoch nicht im Rahmen des jeweiligen formalen Systems selbst geführt werden kann. G3 schließlich stellt in Abrede, daß man die Gesetze der Logik zugleich präzise und vollständig erfassen kann.

Der moderne Beweis von G1 und G2 geht von den Bernays-Löbschen ›Ableitbarkeitsbedingungen‹ (*derivability conditions*) aus:

(DC1) für alle $\varphi \in L_F$ gilt $\vdash_F \varphi$ genau dann, wenn $\vdash_F \Delta\varphi$ gilt,

(DC2) für alle $\varphi, \psi \in L_F$ gilt: $\vdash_F \Delta(\varphi \rightarrow \psi) \rightarrow (\Delta\varphi \rightarrow \Delta\psi)$,

(DC3) für alle $\varphi \in L_F$ gilt: wenn $\vdash_F \varphi \leftrightarrow \Delta\psi$ für ein $\psi \in L_F$, dann $\vdash_F \varphi \rightarrow \Delta\varphi$,

(DC4) für mindestens ein $\gamma \in L_F$ gilt: $\vdash_F \gamma \leftrightarrow \Delta\neg\gamma$,

wobei ›L_F‹ die Sprache des formalen Systems F und ›$\vdash_F$‹ die Ableitbarkeit (↑ableitbar/Ableitbarkeit) in F bezeichnet und $\Delta\varphi$ jeweils eine Aussage in L_F ist, die die Ableitbarkeit von φ in F ausdrückt (s. u.). Daraus ergibt sich G1: Aus der Annahme, der Satz γ aus (DC4) sei in F ableitbar, $\vdash_F \gamma$, läßt sich nach (DC4) auf $\vdash_F \Delta\neg\gamma$ und dann mittels (DC1) auch auf $\vdash_F \neg\gamma$ schließen, entgegen der vorausgesetzten Widerspruchsfreiheit (analog führt die Annahme von $\vdash_F \neg\gamma$ auf einen Widerspruch). Also ist weder γ noch $\neg\gamma$ in F ableitbar. – Der Beweis von G2 lautet: Aus (DC4) folgt: $\vdash_F \gamma \rightarrow \Delta\neg\gamma$, und nach (DC3) gilt wegen (DC4): $\vdash_F \gamma \rightarrow \Delta\gamma$; zusammen also: $\vdash_F \gamma \rightarrow (\Delta\neg\gamma \wedge \Delta\gamma)$. ↑Kontraposition liefert $\vdash_F \neg(\Delta\neg\gamma \wedge \Delta\gamma) \rightarrow \neg\gamma$, womit der Ausdruck $\neg(\Delta\neg\gamma \wedge \Delta\gamma)$, der die Widerspruchsfreiheit von F ausdrückt (s. u.), nicht in F ableitbar sein kann; andernfalls wäre durch eine Anwendung des ↑modus ponens $\neg\gamma$ in F ableitbar, im Widerspruch zu G1. Folglich gilt: Jedes widerspruchsfreie formale System F, das (DC1) und (DC4) erfüllt, ist syntaktisch unvollständig (↑vollständig/Vollständigkeit), d. h., es gibt einen Satz $\gamma \in L_F$, der in F ›formal unentscheidbar‹ ist, d. h., weder γ noch seine ↑Negation $\neg\gamma$ sind in F ableitbar (syntaktische Fassung von G1). Da entweder γ oder $\neg\gamma$ wahr sein muß, gibt es somit einen wahren Satz, der in F nicht herleitbar ist (semantische Fassung von G1; ↑Semantik, logische). Ferner gilt: Für jedes widerspruchsfreie formale System F, das (DC1), (DC3) und (DC4) erfüllt und eine geeignete Interpretation von ›Δ‹ erlaubt, gibt es einen Satz, nämlich $\mathrm{Con}_F \leftrightharpoons \neg(\Delta\neg\gamma \wedge \Delta\gamma) \in L_F$, der die Widerspruchsfreiheit von F ausdrückt, aber in F nicht herleitbar sein kann.

Eine geeignete Interpretation von ›Δ‹ erhält man wie folgt: Es sei $L_F = L_{\mathrm{Ar}}$ eine formale Sprache (↑Sprache, formale) der Arithmetik, d. h., L_{Ar} enthält Konstantenzeichen (↑Konstante) für die Zahl 0, die Nachfolgerfunktion S (*successor*; ↑Nachfolger) mit $Sn = n + 1$ sowie für Addition (↑Addition (mathematisch)) und Multiplikation (↑Multiplikation (mathematisch)); ferner sei $F = F_{\mathrm{Ar}}$ ein formales System der Arithmetik in der Sprache L_{Ar}. Eine ↑Gödelisierung der Sprache L_{Ar} und der Regeln von F vorausgesetzt, lassen sich für alle Ausdrücke $\varphi \in L_{\mathrm{Ar}}$ (und alle endlichen Folgen von solchen) diesen eindeutig (↑eindeutig/Eindeutigkeit) zugeordnete natürliche Zahlen angeben, ihre Gödelzahlen $\mathrm{gz}(\varphi) \in \mathbb{N}$. Des weiteren läßt sich eine ↑primitiv-rekursive Herleitungsrelation $\mathrm{Prov}_F(x,y)$ konstruieren, die auf zwei natürliche Zahlen x, y genau dann zutrifft, wenn x die Gödelzahl einer Herleitung in F für den Ausdruck mit der Gödelzahl y ist.

Damit ist

$$\mathrm{Pr}_F(\mathrm{gz}(\varphi)) \leftrightharpoons \bigvee_x \mathrm{Prov}_F(x,\mathrm{gz}(\varphi))$$

genau dann der Fall, wenn der Ausdruck φ in F herleitbar ist, d. h., wenn $\vdash_F \varphi$. Daher heißt Pr_F auch ein ›Herleitbarkeits-‹ oder ›Beweisbarkeitsprädikat‹ (*provability predicate*) für F. Jetzt sei der Ausdruck $\overline{\mathrm{Pr}}_F(\overline{\varphi}) \in L_{\mathrm{Ar}}$ eine passende Formalisierung von $\mathrm{Pr}_F(\mathrm{gz}(\varphi))$, wobei $\overline{\varphi}$ derjenige formale Term $\overline{\mathrm{n}} \leftrightharpoons \mathrm{SS{\dots}S0}$ (n-mal ›S‹; ↑Ziffer) in der Sprache L_{Ar} ist, der der natürlichen Zahl $n = \mathrm{gz}(\varphi)$ entspricht. Damit ist die gesuchte Interpretation mittels der Zuordnung $\Delta\varphi \leftrightharpoons \overline{\mathrm{Pr}}_F(\overline{\varphi})$ etabliert, d. h., man liest Δ als ein formalisiertes Herleitbarkeitsprädikat für F. Über die Eignung dieser Interpretation entscheidet der Ausdruck $\neg(\Delta\neg\gamma \wedge \Delta\gamma)$. Dieser wird zu $\neg(\overline{\mathrm{Pr}}_F(\overline{\neg\gamma}) \wedge \overline{\mathrm{Pr}}_F(\overline{\gamma}))$ und besagt inhaltlich, daß nicht sowohl der Ausdruck γ als auch seine Negation ableitbar sind, was nur durch die Widerspruchsfreiheit von F garantiert wird; die Setzung $\mathrm{Con}_F \leftrightharpoons \neg(\overline{\mathrm{Pr}}_F(\overline{\neg\gamma}) \wedge \overline{\mathrm{Pr}}_F(\overline{\gamma}))$ ist somit ebenfalls gerechtfertigt.

Die Ableitbarkeitsbedingungen und mit ihnen G1 und G2 erhalten unter dieser Interpretation folgenden Inhalt. (DC1) verlangt, daß das formale System F adäquat bezüglich seines Herleitbarkeitsprädikats $\mathrm{Pr}_F(x)$ ist:

$\vdash_F \varphi$ genau dann, wenn $\mathrm{Pr}_F(\mathrm{gz}(\varphi))$; und dies ist der Fall genau dann, wenn $\vdash_F \overline{\mathrm{Pr}}_F(\overline{\varphi})$,

d. h., ein Ausdruck φ ist in F herleitbar genau dann, wenn dies in F formal beweisbar ist. Ausdrücke, die wie $\overline{\mathrm{Pr}}_F(y) = \bigvee_x \overline{\mathrm{Prov}}_F(x,y)$ in pränexer ↑Normalform nur einen Existenzquantor (↑Einsquantor) enthalten bzw. einem solchen Ausdruck ableitbar äquivalent sind, nennt man ›Σ_1-Ausdrücke‹. (DC1) ist also erfüllt, wenn F adäquat bezüglich aller Σ_1-Ausdrücke ist. (DC4) verlangt, daß es für das Herleitbarkeitsprädikat $\overline{\mathrm{Pr}}_F(x)$ mit einer freien ↑Variablen einen ↑›Fixpunkt‹ γ gibt, für den $\vdash_F \gamma \leftrightarrow \overline{\mathrm{Pr}}_F(\overline{\neg\gamma})$ gilt. – Erlaubt ein formales System F ↑Repräsentierung (wozu es hinreicht, daß F den Robinson-Formalismus [↑Robinsonaxiom] umfaßt), so genügt F der Bedingung (DC4) (s. u.), und mittels der Einführung des Existenzquantors erhält man auch die $\Rightarrow$-Richtung von (DC1). Bezüglich der Rückrichtung $\Leftarrow$ von (DC1) gibt es zwei Optionen. Entweder man fordert, daß F arithmetisch ausreichend korrekt ist; dies kann dadurch erreicht werden, daß man syntaktisch die ω-Widerspruchsfreiheit (↑widerspruchsfrei/Widerspruchsfreiheit) von F fordert bzw. semantisch die Σ_1-Korrektheit, nämlich daß für jeden herleitbaren Σ_1-Ausdruck $\bigvee_x \pi(x)$ auch eine natürliche Zahl n existiert, so daß $\pi(\overline{\mathrm{n}})$ wahr ist. Oder man wählt im Anschluß an J. B. Rosser die modifizierte Interpretation

$$\Delta^*\varphi \leftrightharpoons \bigvee_x (\overline{\mathrm{Prov}}_F(x,\overline{\varphi}) \wedge \bigwedge_y (y < x \rightarrow \neg\overline{\mathrm{Prov}}_F(y,\overline{\neg\varphi}))),$$

bei der die nötige Korrektheit bereits in das Herleitbarkeitsprädikat eingebaut ist und mittels derer sich auf den separaten Beweis der Rückrichtung von (DC1) ganz verzichten läßt. Damit ergibt sich: Für jedes widerspruchsfreie formale System F, das Repräsentierung erlaubt (und eventuell arithmetisch ausreichend korrekt ist), gilt G1. Repräsentierung bedeutet dabei inhaltlich via Gödelisierung, daß F über sich selbst sprechen, d. h. Aussagen über sich selbst herleiten, kann. Wäre es vollständig, fiele es daher auch einer Herleitbarkeit der Antinomie des Lügners (↑Wahrheitsantinomie) zum Opfer und wäre widerspruchsvoll; daher muß es widerspruchsfrei stets unvollständig bleiben.

Die für den G2-Beweis hinzutretende Bedingung (DC3) stellt zwei zusätzliche Anforderungen. Erstens muß F Induktion enthalten. Die für den G1-Beweis erforderliche $\Rightarrow$-Richtung von (DC1) verlangte Σ_1-Vollständigkeit:

für alle wahren $\varphi \in \Sigma_1$ gilt $\vdash_F \varphi$,

was durch Induktion über den Aufbau der Ausdrücke (↑Teilformelinduktion) gezeigt wird. (DC3) gilt, wenn dieser Induktionsbeweis im System selbst formalisiert werden kann:

$\vdash_F \varphi \rightarrow \overline{\mathrm{Pr}}_F(\overline{\varphi})$, für alle $\varphi \in \Sigma_1$.

Zweitens muß der Herleitbarkeitsbegriff von F so beschaffen sein bzw. so in F repräsentiert werden, daß sich seine Abgeschlossenheit unter modus ponens herleiten läßt, da man sonst den Induktionsbeweis für (DC3) nicht zu führen weiß. Dies ist der Inhalt von (DC2), das der Ableitbarkeitsbedingung

(DC2*) $\vdash_F \overline{\mathrm{Pr}}_F(\overline{\varphi}) \wedge \overline{\mathrm{Pr}}_F(\overline{\varphi \rightarrow \psi}) \rightarrow \overline{\mathrm{Pr}}_F(\overline{\psi})$

aussagenlogisch äquivalent ist. Verletzt der Herleitbarkeitsbegriff bzw. sein repräsentierender Ausdruck diese Bedingung, läßt sich auch (DC3) nicht etablieren und die Widerspruchsfreiheit von F unter Umständen formal beweisen. Dieser Umstand, daß sich (extensionsgleiche) Herleitbarkeitsprädikate nicht ohne weiteres ↑salva veritate von G2 substituieren (↑Substitution) lassen, heißt die ›Intensionalität von G2‹ (↑intensional/Intension). Damit ergibt sich: Für jedes widerspruchsfreie formale System F der Arithmetik, das Repräsentierung und Induktion erlaubt und für dessen formalisierten Herleitbarkeitsbegriff die Gültigkeit des modus ponens ableitbar ist, gilt G2. Inhaltlich läßt sich dieses Ergebnis wie folgt verstehen. Während eine Teilbehauptung von G1 war: ›wenn F widerspruchsfrei ist, dann gilt nicht $\vdash_F \neg\gamma$‹, lautete der entscheidende Herleitungsschritt für G2: $\vdash_F \neg(\Delta\neg\gamma \wedge \Delta\gamma) \rightarrow \neg\gamma$, was, wird die Kontraposition $\vdash_F \neg\gamma \leftrightarrow \neg\Delta\neg\gamma$ von (DC4) benutzt, genau der F-Herleitbarkeit dieser Teilbehauptung entspricht: $\vdash_F \mathrm{Con}_F \rightarrow \neg\overline{\mathrm{Pr}}_F(\overline{\neg\gamma})$. G2 gilt damit für alle widerspruchsfreien formalen Systeme, die eine Teilformalisierung von G1 gestatten. Die Frage, ob man aus der Unableitbarkeit (↑unableitbar/Unableitbarkeit) der einen formalisierten Widerspruchsfreiheitsbehauptung Con_F darauf schließen darf, daß alle Ausdrücke $\mathrm{Con}_F^* \in L_{\mathrm{Ar}}$, die die Widerspruchsfreiheit von F besagen, gleichermaßen unableitbar sind, ist nicht sicher beantwortbar, wird aber von der Standardinterpretation von G2 bejaht. Die Anschlußfrage, ob G2 konstruktive Widerspruchsfreiheitsbeweise ausschließt, wird je nach den an Konstruktivität (↑konstruktiv/Konstruktivität) gestellten Forderungen verschieden beantwortet.

Die Existenz eines Fixpunktes für das Herleitbarkeitsprädikat, wie sie (DC4) fordert, ist zwar erstaunlich, aber (1) nicht, wie vielfach angenommen, ↑paradox und (2) von großer Bedeutung für viele Resultate der Mathematischen Logik. Seine Konstruktion verläuft wie folgt (wobei aus darstellungstechnischen Gründen Induktion in F vorausgesetzt wird): Da sowohl die Substitution einer Zahl für eine Variable als auch die Bildung der Negation eines Ausdrucks effektive Verfahren sind, läßt sich eine primitiv-rekursive Funktion $\mathrm{subn}(x,y)$ angeben, die im Bereich der betreffenden Gödelzahlen Entsprechendes leistet:

$\mathrm{subn}(\mathrm{gz}(\varphi(x)),n) \leftrightharpoons \mathrm{gz}(\neg\varphi(\overline{\mathrm{n}}))$.

Für diese Funktion existiert nach Voraussetzung ein Ausdruck $\overline{\mathrm{subn}}(x,y)$, der sie in F repräsentiert. Man ersetzt in $\overline{\mathrm{Pr}}_F(x)$ die freie Variable ›x‹ durch den Term $\overline{\mathrm{subn}}(x,x)$ – die Gödelzahl des resultierenden Ausdrucks $\overline{\mathrm{Pr}}_F(\overline{\mathrm{subn}}(x,x))$ sei p – und setzt $\gamma \leftrightharpoons \overline{\mathrm{Pr}}_F(\overline{\mathrm{subn}}(\overline{\mathrm{p}},\overline{\mathrm{p}}))$ und $q \leftrightharpoons \mathrm{gz}(\neg\gamma)$. Durch Einsetzung und Umformung ergibt sich:

$$
\begin{aligned}
\mathrm{subn}(p,p) &= \mathrm{subn}(\mathrm{gz}(\overline{\mathrm{Pr}}_F(\overline{\mathrm{subn}}(x,x))),p) && \text{(Def. von } p\text{)}\\
&= \mathrm{gz}(\neg\overline{\mathrm{Pr}}_F(\overline{\mathrm{subn}}(\overline{\mathrm{p}},\overline{\mathrm{p}}))) && \text{(Def. von subn)}\\
&= \mathrm{gz}(\neg\gamma) && \text{(Def. von } \gamma\text{)}\\
&= q && \text{(Def. von } q\text{).}
\end{aligned}
$$

Nach Voraussetzung über Repräsentierbarkeit ist dieses Ergebnis auch in F selbst herleitbar:

$\vdash_F \overline{\mathrm{subn}}(\overline{\mathrm{p}},\overline{\mathrm{p}}) = \overline{\mathrm{q}}$.

Folglich erhält man:

$$
\begin{aligned}
&\vdash_F \overline{\mathrm{Pr}}_F(x) \leftrightarrow \overline{\mathrm{Pr}}_F(x) && \text{(Tautologie),}\\
&\vdash_F \overline{\mathrm{Pr}}_F(\overline{\mathrm{subn}}(\overline{\mathrm{p}},\overline{\mathrm{p}})) \leftrightarrow \overline{\mathrm{Pr}}_F(\overline{\mathrm{q}}) && \text{(Einsetzung),}\\
&\vdash_F \gamma \leftrightarrow \overline{\mathrm{Pr}}_F(\overline{\neg\gamma}) && \text{(Def. von } \gamma \text{ und } q\text{).}
\end{aligned}
$$

Die letzte Herleitungszeile ist aber (DC4). Aus dem Beweis ist ersichtlich, daß sich für jeden Ausdruck $\psi(x)$ mit mindestens einer freien Variablen ein Fixpunkt konstruieren läßt; durch leichte Modifikation des Vorgehens kann man den ↑Negator an beliebigen der in $\vdash_F \delta \leftrightarrow (\neg)\,\psi(\overline{(\neg)\,\delta})$ bezeichneten Stellen vorkommen lassen.

G3 ergibt sich aus G1: In einer Sprache 2. Stufe läßt sich die Arithmetik vollständig axiomatisieren (R. Dedekinds Kategorizitätsbeweis; ↑kategorisch). Da nach G1 auch ein formales System mit diesen Axiomen unvollständig ist, kann es nur die Logik 2. Stufe selbst sein, deren Axiomatisierung unvollständig ist. Da jede Logik der Stufe $n + 1$ die allgemeingültigen Ausdrücke der Stufe n enthält, folgt, daß sich jede Logik einer Stufe ≥ 2 korrekt nur unvollständig axiomatisieren läßt.

Literatur: M. Baaz u. a. (eds.), Kurt Gödel and the Foundations of Mathematics. Horizons of Truth, Cambridge etc. 2011, 2014; F. Berto, There's Something about Gödel. The Complete Guide to the Incompleteness Theorem, Malden Mass./Oxford 2009; G. Boolos, The Unprovability of Consistency. An Essay in Modal Logic, Cambridge etc. 1979; ders., The Logic of Provability, Cambridge 1993, 1996; ders., Logic, Logic, and Logic, ed. R. Jeffrey, Cambridge Mass./London 1998, 1999; ders./G. Sambin, Provability. The Emergence of a Mathematical Modality, Stud. Log. 50 (1991), 1–23; C. v. Bülow, Beweisbarkeitslogik. Gödel, Rosser, Solovay, Berlin 2006; G. Chaitin, Information-Theoretic Limitations of Formal Systems, J. Assoc. for Computing Machinery 21 (1974), 403–424, Neudr. in: ders., Information, Randomness and Incompleteness. Papers on Algorithmic Information Theory, Singapur/Teaneck N.J./Hongkong 1987, ²1990, 165–190; ders./N. da Costa/F.A. Doria, Gödel's Way. Exploits into an Undecidable World, Boca Raton Fla. 2012; M. Davis (ed.), The Undecidable. Basic Papers on Undecidable Propositions, Unsolvable Problems and Computable Functions, Hewlett N.Y. 1965, Mineola N.Y. 2004; J.W. Dawson Jr., The Gödel Incompleteness Theorem from a Length-of-Proof Perspective, Amer. Math. Monthly 86 (1979), 740–747; ders., The Reception of Gödel's Incompleteness Theorems, in: Proceedings of the 9th Biennial Meeting of the Philosophy of Science Association II, East Lansing Mich. 1985, 253–271, Neudr. in: S.G. Shanker (ed.), Gödel's Theorem [s.u.], 74–95; R. Dedekind, Was sind und was sollen die Zahlen?, Braunschweig 1888, ²1893 (repr. Cambridge etc. 2012), ¹¹1967, ferner in: ders., Ges. math. Werke III, ed. R. Fricke/E. Noether/Ö. Ore, Braunschweig 1932 (repr. New York 1969), 335–390; A. Delessert, Gödel. Une révolution en mathématiques. Essai sur les conséquences scientifiques et philosophiques des théorèmes gödeliens, Lausanne 2000; M. Detlefsen, On Interpreting Gödel's Second Theorem, J. Philos. Log. 8 (1979), 297–313, Neudr. [erw.] in: S.G. Shanker (ed.), Gödel's Theorem [s.u.], 131–154; ders., On an Alleged Refutation of Hilbert's Program Using Gödel's First Incompleteness Theorem, J. Philos. Log. 19 (1990), 343–377; ders., Gödel's Incompleteness Theorems, in: R. Audi (ed.), The Cambridge Dictionary of Philosophy, Cambridge etc. ²1999, 347–349; H.W. Enders, Der Hauptgedanke des Beweises, Stadtbergen 1999; S. Feferman, Arithmetization of Metamathematics in a General Setting, Fund. Math. 49 (1960), 35–92; S. Galvan, Einführung in die Unvollständigkeitstheoreme, Paderborn 2006; K. Gödel, Über formal unentscheidbare Sätze der ›Principia Mathematica‹ und verwandter Systeme I, Mh. Math. Phys. 38 (1931), 173–198; ders., Some Basic Theorems on the Foundations of Mathematics and Their Implications [1951], in: ders., Collected Works III, ed. S. Feferman u.a., New York, Oxford etc. 1995, 2001, 304–323; S. Gröne, Gödel, Wittgenstein, Gott. Paradoxien in Philosophie und Theologie, Fuchstal 2007; D. Hilbert/P. Bernays, Grundlagen der Mathematik II, Berlin/Heidelberg/New York 1939, ²1970; D.W. Hoffmann, Grenzen der Mathematik. Eine Reise durch die Kerngebiete der mathematischen Logik, Heidelberg 2011, Berlin ²2013; ders., Die Gödel'schen U.e. Eine geführte Reise durch Kurt Gödels historischen Beweis, Berlin/Heidelberg 2013, 2017; R.G. Jeroslow, Redundancies in the Hilbert-Bernays Derivability Conditions for Gödel's Second Incompleteness Theorem, J. Symb. Log. 38 (1973), 359–367; C. Ketelsen, Die Gödelschen U.e. Zur Geschichte ihrer Entstehung und Rezeption, Stuttgart 1994; S.C. Kleene, A Symmetric Form of Gödel's Theorem, Indagationes Mathematicae 12 (1950), 244–246; ders., Introduction to Metamathematics, Amsterdam, Groningen, New York 1952, New York/Tokio 2009; P. Lindström, Aspects of Incompleteness, Berlin etc. 1997, Urbana Ill., Natick Mass. ²2003; M.H. Löb, Solution of a Problem of Leon Henkin, J. Symb. Log. 20 (1955), 115–118; P. Lorenzen, Metamathematik, Mannheim 1962, Mannheim/Wien/Zürich ²1980 (franz. Métamathématique, Paris 1967); J.R. Lucas, Minds, Machines and Gödel, Philos. 36 (1961), 112–127, Nachdr. in: A.R. Anderson (ed.), Minds and Machines, Englewood Cliffs N.J. 1964, 43–59; ders., Minds, Machines, and Gödel. A Retrospect, in: P.J.R. Millican/A. Clark (eds.), The Legacy of Alan Turing I (Machines and Thought), Oxford 1996, 2010, 103–124; A. Mostowski, Sentences Undecidable in Formalized Arithmetic. An Exposition of the Theory of Kurt Gödel, Amsterdam 1952, 1964; J. Paris/L. Harrington, A Mathematical Incompleteness in Peano Arithmetic, in: J. Barwise (ed.), Handbook of Mathematical Logic, Amsterdam/New York/Oxford 1977, 2006 (Stud. Logic and the Foundations of Math. XC), 1133–1142; E.L. Post, Recursively Enumerable Sets of Positive Integers and Their Decision Problems, Bull. Amer. Math. Soc. 50 (1944), 284–316 (repr. in: G.E. Sacks [ed.], Mathematical Logic in the 20th Century, New Jersey etc., Singapur 2003, 352–384), Neudr. in: M. Davis (ed.), The Undecidable [s.o.], 305–337; H. Putnam, Minds and Machines, in: S. Hook (ed.), Dimensions of Mind. A Symposium, New York 1960, 138–164, Neudr. in: ders., Mind, Language and Reality, Cambridge etc. 1975, 1997 (= Philosophical Papers II), 362–385; P. Raatikainen, Gödel's Incompleteness Theorems, SEP 2013, rev. 2015; J.B. Rosser, Extensions of Some Theorems of Gödel and Church, J. Symb. Log. 1 (1936), 87–91, Neudr. in: M. Davis (ed.), The Undecidable [s.o.], 231–235; S.G. Shanker (ed.), Gödel's Theorem in Focus, London/New York/Sydney 1988, London/New York 1991; S.G. Simpson, Unprovable Theorems and Fast-Growing Functions, in: ders. (ed.), Logic and Combinatorics. Proceedings of the AMS-IMS-SIAM Joint Summer Research Conference, Providence R.I. 1987, 359–394; P. Smith, An Introduction to Gödel's Theorems, Cambridge etc. 2007, ²2013; C. Smoryński, The Incompleteness Theorems, in: J. Barwise (ed.), Handbook of Mathematical Logic [s.o.], 821–865; ders., Fifty Years of Self-Reference in Arithmetic, Notre Dame J. Formal Logic 22 (1981), 357–374; ders., The Varieties of Arboreal Experience, The Mathematical Intelligencer 4 (1982), 182–189, Neudr. in: L.A. Harrington u.a. (eds.), Harvey Friedman's Research on the Foundations of Mathematics, Amsterdam/New York/Oxford 1985, 381–397; ders., Modal Logic and Self-Reference, in: D. Gabbay/F. Guenthner (eds.), Handbook of Philosophical Logic II (Extensions of Classical Logic), Dordrecht/Boston Mass./Lancaster 1984, Dordrecht/Boston Mass./London ²2001 (Synthese Library 165), 441–495; ders., Self-Reference and Modal Logic, New York etc. 1985; R.M. Smullyan, Gödel's Incompleteness Theorems, Oxford etc. 1992 (franz. Les théorèmes d'incomplétude de Gödel, Paris etc. 1993); W. Stegmüller, Unvollständigkeit und Unentscheidbarkeit. Die metamathematischen Resultate von Gödel, Church, Kleene, Rosser und ihre erkenntnistheoretische Bedeutung, Wien/New York 1959, ³1973; R. Tieszen, After Gödel. Platonism and Rationalism in Mathematics and Logic, Oxford etc. 2011, 2013; J.C. Webb, Mechanism, Mentalism, and Metamathematics. An Essay on Finitism, Dordrecht/Boston Mass./London 1980. B.B.

unwiderlegbar/Unwiderlegbarkeit, in Logik und Mathematik Bezeichnung für das Gegenteil von ↑›widerlegbar/Widerlegbarkeit‹, gelegentlich auch in bestimmten nicht-klassischen Logiken (↑Logik, nicht-klassische) verwendeter Terminus, der ausdrückt, daß die doppelte ↑Negation $\neg\neg A$ einer Aussage A gilt, im Unterschied zur Aussage A selbst. Die U. einer Aussage A, d.h. die Gültigkeit von $\neg\neg A$, ist in der intuitionistischen oder Konstruktiven Logik (↑Logik, intuitionistische, ↑Logik, konstruktive), in der $\neg\neg A$ die Aussage A nicht notwendigerweise impliziert, eine Weise, sich die klassische Allgemeingültigkeit (↑allgemeingültig/Allgemeingültigkeit) von A verständlich zu machen. Für junktorenlogisch zusammengesetzte Aussagen A (↑Junktorenlogik) gilt $\neg\neg A$ intuitionistisch genau dann, wenn A klassisch gilt. Im quantorenlogischen Fall (↑Quantorenlogik) ist die Art der logischen Zusammensetzung von A zu berücksichtigen. Z. B. gilt für folgende, an G. Gentzen anschließende Übersetzung für quantorenlogische Formeln, daß A^* intuitionistisch genau dann gilt, wenn A klassisch gilt:

$p^* \leftrightharpoons \neg\neg p$, falls p atomar,
$(\neg p)^* \leftrightharpoons \neg p^*$,
$(p \wedge q)^* \leftrightharpoons p^* \wedge q^*$,
$(p \rightarrow q)^* \leftrightharpoons p^* \rightarrow q^*$,
$(\bigwedge_x p)^* \leftrightharpoons \bigwedge_x p^*$,
$(p \vee q)^* \leftrightharpoons \neg(\neg p^* \wedge \neg q^*)$,
$(\bigvee_x p)^* \leftrightharpoons \neg\bigwedge_x \neg p^*$

(vgl. S. C. Kleene, Introduction to Metamathematics, Amsterdam/Groningen 1952, Groningen etc. 1991, 492–501 [§ 81 Reductions of Classical to Intuitionistic Systems]). P. S.

Unzufriedenheitssatz (engl. dissatisfaction theorem, auch: unsatisfiability theorem), ursprünglich wohl auf Heraklit (»wir sind und wir sind nicht«, Quaest. hom. 24,5 [VS 22 B 49a]) zurückgehendes, später vielfach modifiziertes philosophisches Theorem zur Bezeichnung der epistemischen Normalsituation, die durch die Nicht-Existenz von Entscheidungsverfahren für die Allgemeingültigkeit (↑allgemeingültig/Allgemeingültigkeit) philosophischer und/oder wissenschaftlicher Aussagen bzw. durch die Unerfüllbarkeit von auf ↑Letztbegründungen zielenden Geltungsansprüchen (↑Geltung) charakterisierbar ist, in der Form ›es gibt keine philosophische Zufriedenheit mit philosophischen Einsichten‹ (eigenen gelegentlich ausgenommen) bzw. ›es gibt keine wissenschaftliche Zufriedenheit mit dem wissenschaftlichen Wissen (dem jeweiligen Stand des wissenschaftlichen Wissens)‹ Motor und Wesen der philosophischen bzw. wissenschaftlichen Wissensbildung und Entwicklung. Im Unterschied zu der ebenfalls auf griechische Vorstellungen zurückgehenden These, daß der Ursprung der philosophischen und wissenschaftlichen Wissensbildung in der Neugier liege (Platon, Theait. 155d2–14; Aristoteles, Met. *A*2.982b12–21), und der neueren Vorstellung, daß eine philosophie- bzw. wissenschaftsimmanente Dynamik (↑Theoriendynamik) Philosophie und Wissenschaft vorantreibe, besagt der U., daß das Wesen der philosophischen bzw. wissenschaftlichen Wissensbildung in seiner (epistemischen) Vorläufigkeit und diese wiederum in der Unzufriedenheit der Wissensbildung an allen Formen der ↑Endlichkeit begründet sei. Damit stellt die (epistemische) Unzufriedenheit selbst die Form des Wissens (im Unterschied zu den in Theorien, Systemen etc. realisierten Inhalten des Wissens) dar.

In der ↑Philosophie wirkt der U. korrigierend und erkenntnisfördernd z. B. gegenüber ↑Begründungen hinsichtlich Vollständigkeit (↑vollständig/Vollständigkeit) und gegebenenfalls Letztbegründungsvorstellungen, gewählten ↑Anfängen hinsichtlich Fundiertheit (↑fundiert/Fundiertheit) und Auszeichnungsfähigkeit gegenüber Alternativen, erhobenen Geltungsansprüchen hinsichtlich Einlösbarkeit, Fundamentalitätskonzeptionen (↑Fundamentalphilosophie) hinsichtlich behaupteter Alternativlosigkeit und ↑Prinzipien hinsichtlich methodischer Leistungsfähigkeit. Er trieb C. Darwin zu den Galapagos-Inseln, J. J. Feinhals nach Java, J. Pilzbarth nach Girenbad, Faust zu Mephistopheles, charakterisiert einen ↑kognitiven und emotionalen Zustand, der häufig einer Kompression (↑Kompressor) nahekommt, und wirkt wegen der dabei häufig anzutreffenden ontologischen Unzufriedenheit mit zurückliegenden Denk- und Handlungsweisen bzw. deren Resultaten im Sinne des ↑Prinzips der rückwirkenden Verpflichtung. Seinen philosophischen Ausdruck in Form von Formulierungen unerreichbarer, aber die Wissensbildung leitender Ziele gewinnt der U. z. B. in den Begriffen einer (allmählichen, jedoch nie abschließbaren) ›Verähnlichung mit Gott‹ (*ὁμοίωσις θεῷ*; Platon, Theait. 176b1), des ↑Guten ›jenseits alles Seienden‹ (*ἐπέκεινα τῆς οὐσίας*; Platon, Pol. 509b9) bzw. des ↑summum bonum, der Verwirklichung der ↑Vernunft im Göttlichen (Aristoteles, Met. *Λ*7.1072b26–30), der besten Welt (↑Welt, beste) bzw. der besten aller möglichen Welten (↑Welt, mögliche), des absoluten Geistes (↑Geist, absoluter) und der ↑Ideale der Vernunft.

Damit kommt philosophisch gesehen im U. das Wesen des ↑Idealismus zum Ausdruck, auch in dem Sinne, daß dieser in der ↑Reflexion auf das erkennende Tun des ↑Subjekts (im Denken, Vorstellen, Wahrnehmen und in der Ideenbildung) den Grund des Wissens als immer wieder enttäuschte oder enttäuschbare Selbstgewißheit zu begreifen sucht. Im Gegensatz dazu läßt sich der ↑Empirismus durch einen *Zufriedenheitssatz* charakterisieren: das, was ist, entscheidet über das, was sein sollte oder könnte. Die Wissensbildung kommt im (Wissen des) ↑Gegebenen zur Ruhe. Dagegen G. W. F. Hegel aus der Sicht des U.es: »Die empirische Erscheinung wächst dem Denken über den Kopf, der nur noch allenthalben das Zeichen der Besitznahme aufdrückt, aber sie nicht mehr selbst durchdringen kann« (Vorles. Gesch. Philos.,

Sämtl. Werke XVIII, 368). Insofern wäre aber auch alle Philosophie ihrem Wesen nach idealistisch, ihrer gegenüber den idealistischen Ansprüchen ausweichenden (verzagten) Wirklichkeit nach empiristisch.

Wo in der Philosophie (epistemische) Unzufriedenheit *um ihrer selbst willen* gesucht und gefordert wird, verwandelt sich der U. im Rahmen der historischen und systematischen Formen des ↑Skeptizismus, des ↑Relativismus und des ↑Nihilismus in einen *Selbstzufriedenheits-* oder *Selbstbefriedigungssatz*. Hier wird (epistemische) Unzufriedenheit nicht als Form, sondern als Inhalt der Philosophie verstanden. Wo die Geltung des U.es als unerträglich angesehen wird oder für das eigene Denken bzw. die eigenen Einsichten als bedrohlich erscheint, wird darüber hinaus ein Ende aller (philosophischen) Dinge ins Auge gefaßt, nämlich, im Anschluß an die Hegel in die philosophischen Schuhe geschobene These vom Ende der Kunst, als Ende der Philosophie (bei M. Heidegger z. B. zugunsten eines nunmehr als ›wesentlich‹ bezeichneten Denkens). Auch eine derartige Konsequenz dokumentiert die Unabdingbarkeit des U.es, d. h. der durch ihn ausgedrückten philosophischen Haltung, für das Wesen der Philosophie bzw. der philosophischen und der wissenschaftlichen Wissensbildung, die Überlegenheit des Idealistischen gegenüber dem Empiristischen und die tröstliche philosophische Relevanz der Engel (»Wer immer strebend sich bemüht, den können wir erlösen«, J. W. v. Goethe, Faust II, 5. Akt [Werke. Hamburger Ausgabe III, ed. E. Trunz, Hamburg ^{5}1962, 359]).

Literatur: F. Kamstraß/J. Mittelbartel, Philosophiekritik als Zufriedenheitskritik, Konfurt 1997; R. Mecok, Neugier und Askese. Die Philosophie zwischen Regenbogen und (Regen-)Tonne, Berlin (Ost) 1988; S. Platon (ed.), Zum Absoluten und zurück. Zur Kritik des endlichen Verstandes und die Pädagogik des Höhlengleichnisses, Athen 1978. J. M.

unzulässig/Unzulässigkeit, ↑zulässig/Zulässigkeit.

upādāna (sanskr., Aneignung, Erwähnung; causa materialis, eigentlich: der Stoff, der eine Flamme am Verlöschen hindert), im Buddhismus (↑Philosophie, buddhistische) Bezeichnung für die fünf Gruppen von Daseinsfaktoren (↑dharma), aus denen ein Mensch zusammengesetzt ist. Das u. ist als ein sich an Vergängliches Klammern, z. B. an durch die Sinne vermittelte Objekte, an Ansichten, Regeln oder ein Ich, die Ursache für ein das Verlöschen (↑nirvāṇa) behinderndes Aufrechterhalten des Kreislaufs des Entstehens und Vergehens (↑saṃsāra): Von Unerlösten wird in der Wiedergeburt eine neue Persönlichkeit ›angeeignet‹. K. L.

upamāna (sanskr., ähnlich, Vergleich), Bezeichnung eines der von vielen Systemen der indischen Philosophie (↑Philosophie, indische) als eigenständig anerkannten Erkenntnismittel (↑pramāṇa). Es wird eingesetzt, um die Bedeutung unbekannter prädikativer Ausdrücke durch eine als zuverlässig anerkannte Beschreibung mit Hilfe bekannter Termini gewinnen und in konkreten Situationen anwenden zu können. Dabei wird gewöhnlich von Ähnlichkeiten in bestimmten Hinsichten Gebrauch gemacht. Da jedenfalls im ↑Nyāya auch der einfachste Fall des Etwas-als-Exemplar-derselben-Art-[wie bei einer früheren Gelegenheit]-Erkennen zum u. gezählt wird, ist u. nach Auffassung der Naiyāyikas weder auf Wahrnehmung (↑pratyakṣa) zurückführbar, wie vom ↑Sāṃkhya behauptet, noch auf Schlußfolgerung (↑anumāna), wie vom ↑Vaiśeṣika vertreten. Die Erklärung der buddhistischen Logiker, daß wegen der Verknüpfung von Wahrnehmung und Erinnerung bzw. zuverlässiger Mitteilung (↑śabda), die ihrerseits auf Wahrnehmung oder Schlußfolgerung beruhen, in einem u. dieses nicht eigenständig ist, wird vom Nyāya und beiden Mīmāṃsā ebenso zurückgewiesen wie die jainistische (↑Philosophie, jainistische) Zurückführung von u. auf Wiedererkennen (pratyabhijña).

Literatur: S. Chatterjee, The Nyāya Theory of Knowledge. A Critical Study of Some Problems of Logic and Metaphysics, Kalkutta 1939, ^{2}1950 (repr. 1978), rev. Delhi 2008; U. Chattopadhyay, Dishonoured by Philosophers. U. in Indian Epistemology, New Delhi 2009; D. M. Datta, The Six Ways of Knowing. A Critical Study of the Vedānta Theory of Knowledge, London 1932, Kalkutta ^{2}1960, 1972; S. Kumar, U. in Indian Philosophy, Delhi 1980, ^{2}1994. K. L.

upaniṣad (sanskr. – unklare Bedeutung trotz offensichtlicher Etymologie: upa + ni + sad, = bei + nieder + sitzen; vermutlich: geheime im Unterschied zu öffentlicher Unterweisung), Bezeichnung für einen Text, mit dem gewöhnlich ein ↑Veda endet und der daher zusammen mit den übrigen Teilen eines Veda, der Saṃhitā und dem Brāhmaṇa (↑Brāhmaṇas), unter Einschluß des zumeist einem Brāhmaṇa angehörigen ›Waldbuchs‹ (↑āraṇyaka), zur ↑śruti, dem in den heiligen Texten der indischen Tradition geoffenbarten Wissen, gehört. Die *älteren* fünf Prosa-Upanischaden – Aitareya und Kauṣītaki im Ṛgveda, Taittirīya und Bṛhadāraṇyaka im Yajurveda, Chāndogya im Sāmaveda – sind noch vorbuddhistisch, also vor 500 v. Chr., entstanden und ausschließlich als Textteile eines Brāhmaṇa oder, falls innerhalb eines solchen ein Āraṇyaka ausdrücklich ausgezeichnet ist, als Teil eines Āraṇyaka überliefert. Das gilt auch noch für die beiden kleinen metrischen U.en, die sāmavedische Kena und die yajurvedische Īśa. Erst die später als U. entstandenen oder in den Stand einer U. erhobenen Texte treten auch eigenständig, wenngleich in der Regel einer der mit jedem der vier Veden verbundenen Priesterschulen zugeordnet, auf. Darunter fällt die (auf Grund textlicher Spuren) in die Entstehungszeit von Buddhismus (↑Philosophie, buddhistische), Jainismus (↑Philosophie, jainistische), ↑Sāṃkhya und ↑Yoga gehörende Gruppe der fast ausschließlich metrischen *mittleren* U.en: Kāṭhaka [= Kaṭha], Śvetāśvatara, Mahānārāyaṇa und Maitrāyaṇī [= Maitrī] im Yajurveda und Muṇḍaka, Praśna und Māṇḍūkya im Atharvaveda. Diese 14 älteren und mittleren U.en gelten gegenwärtig als die einzigen auch im historischen Sinne vedischen U.en, obwohl in späterer Zeit sogar besondere, durch spekulativen Gehalt ausgezeichnete Textteile der vedischen Saṃhitās nachträglich zu eigenständigen U.en erhoben wurden. Insbes. in den Schulen des ↑Vedānta, für die die U.en eine der kanonischen Textgrundlagen bilden, sind weitere, meist ausschließlich religiöse Texte als U.en noch über die traditionelle heilige Zahl von 108 U.en hinaus bis in die jüngste Zeit ausgezeichnet worden, so daß es gegenwärtig mehr als 200 U.en gibt.

In der indischen Tradition (↑Philosophie, indische) gelten die U.en sowohl als Texte am ›Ende des Veda‹ (= Vedānta) als auch als Texte, die die eigentliche Bedeutung des gesamten Veda artikulieren, so z. B. schon im Śata-patha-brāhmaṇa, zu dem die umfangreichste und neben der Chāndogya auch bedeutendste U., die Bṛhadāraṇyaka, gehört. Im Zusammenhang der Erörterung von Rezitationspflichten in der Manusmṛti (einem der wichtigsten, die Regelung der Lebensführung betreffenden dharma-śāstra, um die Jahrtausendwende entstanden) wiederum werden die Saṃhitās, die Brāhmaṇas und die U.en charakterisiert als Texte, die sämtlich – traditionell jedoch meist der Reihe nach – unter drei Gesichtspunkten gelesen werden können: gerichtet auf Götter (deva), Riten (yajña) und das Selbst (↑atman) (Manusmṛti VI,83). Die Sonderstellung der U.en innerhalb des Veda, wie sie äußerlich dadurch markiert ist, daß sie als ›Geheimlehre‹ (rahasya) ursprünglich nur im privaten Kontext von Meister und Schüler, nie aber öffentlich für jedermann zugänglich tradiert wurden, läßt sich als Entdeckung der eigenständigen Rolle des Wissens (↑jñāna) gegenüber dem (rituellen) Tun (↑karma) charakterisieren. Wer die hergebrachten religiösen Handlungen, wie sie im Zusammenhang des Opfers (medha) geboten sind, verrichtet und dabei um ihre eigentliche Bedeutung weiß, hat die Wirksamkeit der Handlungen vervielfacht; schließlich können mentale Handlungen gewöhnliche Handlungen überhaupt überflüssig machen, weil sie an deren Stelle zu treten vermögen. Die magische Kraft der Wörter oder auch nur der Gedanken – in den Brāhmaṇas war es die Zauberkraft der rituellen Handlungen, die als Zeichen der Entdeckung von Selbständigkeit angesichts der Erfahrung des Ausgeliefertseins an (göttliche) Mächte auftritt – beginnt mit der magischen Kraft der Riten zu konkurrieren. Allmählich erst bildet sich ein Verständnis vom Unterschied zwischen Tätigsein und Wissen um das Tätigsein als Ergebnis *und* Vollzug eines Akts der ↑Symbolisierung aus. Es sind diese Textstücke – vor allem in den beiden großen U.en Bṛhadāraṇyaka und Chāndogya –, die zu Recht als Beginn und zugleich erster Höhepunkt philosophischer Reflexion und damit als Anfang der indischen Philosophie im engeren Sinne (↑Philosophie, indische) gelten.

Im Kontext erster rationaler Modellbildungen vom Aufbau und der Funktionsweise der Natur und des Menschen finden sich zunächst untereinander in schwer zu klärenden Zusammenhängen stehende naturphilosophische Reduktionsversuche: (1) Eine mondorientierte Wasserkreislauflehre (U. Schneider, Die altindische Lehre vom Kreislauf des Wassers, Saeculum 12 [1961], 1–11), die in der für den späteren Vedānta verbindlich gewordenen Fassung in den Mythos eines fünfstufigen kosmischen Opferrituals der Götter gekleidet ist (Chāndogya V,3–10; Bṛhadāraṇyaka VI,2), aus dem Mond, Regen, Nahrung, Same und Mensch hervorgehen (pañcāgnividyā, = Fünf-Feuer-Lehre), in mikrokosmischer Entsprechung die Reihe Mensch, Herz, Denken, Sprechen und Tun. Wer dies weiß, wird den Weg der Götter (devayāna) gehen und dem Kreislauf der Wiedergeburten (↑saṃsāra) – eine im Ansatz schon in den Brāhmaṇas auftretende Vorstellung – entkommen sein. Wer hingegen nur die rituellen Handlungen vollzieht, wird den Weg der Väter (pitṛyāna) gehen, also in der jenseitigen Väterwelt den Wiedertod (punarmṛtyu) erleiden und in dieser Welt wiedergeboren werden. (2) Daneben tritt eine den Atem und damit in makrokosmischer Entsprechung den Wind als Gewinner im Rangstreit der fünf Lebenskräfte (prāṇa, d. s. eigentlich ebenfalls Atemfunktionen im weiteren Sinne; zu ihnen gehören die Sinne Sehen, Hören, Sprechen, Denken, Atmen) bzw. makrokosmisch der fünf Naturkräfte (Sonne, Mond, Feuer, Regen, Wind) auszeichnende Atemlehre (Chāndogya V,1.6–2.2; Bṛhadāraṇyaka VI,1.7–14), die im prāṇāyāma des ↑Yoga, dem psychosomatischen Verfahren der Kontrolle des Atems, ihren rationalen Kern gefunden hat. (3) Hinzu kommt eine sonnenorientierte Feuerlehre, die den Bausteinen von Natur und Mensch (↑puruṣa) den Aspekt des Darum-Wissens hinzufügt. Diese Lehre bildet in Verbindung mit einer Spezialisierung der Entsprechung von Mikrokosmos und Makrokosmos, nämlich dem Raum im Herzen und dem Weltraum (↑ākāśa), die Grundlage der allmählich sich ausbildenden Lehre von den drei Zuständen eines Menschen: Wachen, Traumschlaf und Tiefschlaf (schon in der Māṇḍūkya kommt ein für die Erlösungslehre des Vedānta entscheidender vierter Zustand hinzu), als auch der Lehre von der Tatvergeltung (↑karma) als Ursache für den Kreislauf der Wiedergeburten; Tun (karma) ist dabei durch Planen (kratu) und dieses wiederum durch Begehren (kāma) bedingt (Bṛhadāraṇyaka IV,3–4).

In allen drei Fällen ist die leitende Frage die nach der Herkunft des Lebendigen und seinem Verbleib nach dem Tod (E. Frauwallner, Untersuchungen zu den älteren U.en, Z. f. Indologie u. Iranistik 4 [1926], 1–45). Sie erfährt in der Lehre vom ↑ātman als dem Prinzip des Lebendigen und zugleich Seienden (sat) ihre erste Antwort. Auf Grund der mit der Äquivalenz von Sehen und Erkennen einhergehenden Entsprechung von Licht und Erkennen in der Feuerlehre geht die Führungsrolle des Atems als einer der prāṇa auf das Denken (↑manas) über. Die übrigen Lebenskräfte werden zu den Funktionsträgern des manas, den Sinnesorganen (indriya), das Denken selbst hingegen zu einer dem Wandel unterworfenen Verkörperung des wandellosen ātman, jetzt im Sinne des Erkennens (ātman = prajñāna [= ↑vijñāna]; Aitareya-U.) als im Vollzug auftretende Einheit von Sein und Wissen. Prāṇa, manas und vāc (Reden), also körperliches, mentales und verbales Tun, mit ihren Wirkungen in Gestalt von kriyā (Tat), rūpa (Form) und nāma (Name) bleiben die Erscheinungsweisen des ātman. Im übrigen gehören diese drei Erscheinungsweisen ursprünglich in den Kontext einer in der Chāndogya auseinandergesetzten und mit der Wasserkreislauflehre in Verbindung stehenden Lehre von den drei Elementen Feuer (tejas), Wasser (āpas) und Nahrung (annam), aus denen alle Gegenstände der Natur zusammengesetzt sind: So wie das Feuer der Sonne den Kreislauf des Wassers mit Regen und dieser den Kreislauf der zur Nahrung dienenden Pflanzenwelt in Gang hält, so folgen die durch Essen und Trinken der Elemente zustandekommenden Funktionen des Redens, Atmens und Denkens auseinander. Der Kosmologie entspricht eine Physiologie: Die Zurückführung aller Erscheinungen auf den ātman, den alles durchdringenden ›feinen Körper‹ (sūkṣma śarīra), hat ein *naturalistisches* (↑Naturalismus) Modell von Natur und Mensch zur Folge. Das Erkennen gehört als Wissen um die Einbettung des Menschen in das Ganze zum omnipräsenten Ganzen (bhūman) selbst. Ganz anders das in der Bṛhadāraṇyaka entworfene *spiritualistische* (↑Spiritualismus) Modell, das auf der Basis einer wiederum auf die Feuerlehre zurückgehenden Entsprechung von Kosmologie und Psychologie – die fünf prāṇa sind jetzt Handlungen als *Zeichen*handlungen und sind nicht als ›natürliche‹ Handlungen verstanden – das Erkennen dem Erkannten gegenüberstellt und es selbst daher als nicht erkennbar, nämlich nicht objektivierbar begreift: Der ātman ist ›nicht dies, nicht dies‹ (neti neti, VI,5.15).

Das naturalistische Modell wird zu einer Quelle des ↑Sāṃkhya – die Verbindung von Feuer, Wasser und Nahrung mit den Farben Rot, Weiß und Schwarz weist auf die durch die gleichen Farben charakterisierten drei gestaltenden Kräfte (↑guṇa) rajas, sattva und tamas der Materie (↑prakṛti) im Sāṃkhya voraus – und der heterodoxen Systeme der indischen Philosophie (↑Philosophie, indische), das spiritualistische Modell hingegen wird zum Kern des ↑Vedānta und seiner Schulen, insbes. des ↑advaita. Allerdings findet dabei eine merkwürdige Vertauschung der jeweiligen Konsequenzen statt: Die monistische (↑Monismus) Konsequenz des naturalistischen Modells wird in der Alleinheitslehre des Advaita-Vedānta gezogen, der strenge ↑Dualismus des spiritualistischen Modells findet sich im Aufbau des Sāṃkhya wieder. Dieser Sachverhalt wird verständlich, wenn man sich auf die These stützt (E. Hanefeld, Philosophische Haupttexte der älteren U.en, Wiesbaden 1976), daß in den älteren U.en zwei grundsätzlich verschiedene Argumentationsstränge miteinander verschmolzen sind, ein der śramaṇa-Tradition angehörender Strang – er wird von Angehörigen der Krieger-Kastengruppe getragen, und in ihm wird die Erlangung des (erlösenden) Wissens nur von der Erfüllung individueller, insbes. moralischer Bedingungen, nicht jedoch vom Vorliegen sozialer, insbes. ritueller Bedingungen abhängig gemacht – und ein der brāhmaṇa-Tradition angehörender Strang, innerhalb dessen die von Opferpriestern getragene Lehre vom brahman als der ›Weltseele‹, dem das Lebendige des Menschen, der puruṣa oder ātman, seine Lebendigkeit verdanke, mit der Lehre vom ›alles ist [letztlich] ātman‹ des ersten Stranges in Übereinstimmung zu bringen war (↑Philosophie, indische). Dies geschah mit der kühnen Gleichsetzung von brahman und ātman, deren vermutlich ältestes Zeugnis in der ›Lehre des Śāṇḍilya‹ (śāṇḍilya-vidyā) vorliegt (der winzige ātman im Herzraum ist zugleich das den Weltraum erfüllende brahman; Śatapathabrāhmaṇa X, 6.3; Chāndogya III, 14).

Eine naturalistische Position – sie wird von Uddālaka vertreten (insbes. Chāndogya VI) – läßt sich unter dieser Bedingung nur aufrechterhalten, wenn das nicht-objektivierbare Erkennen – und das ist jetzt der puruṣa oder ātman, d. i. das vollziehende ↑Ich oder ↑Selbst als das eigenschaftslose (nirguṇa) brahman (↑Śaṃkara) im Unterschied zum objekthaften Ich – aus der als ständiger Prozeß begriffenen Welt völlig ausgegliedert wird: Der ātman hat seine Bausteinrolle als ›Feinstoff‹ verloren und wird sie im ↑Sāṃkhya an die Urmaterie (mūlaprakṛti) abtreten, um selbst als passiv schauender Geist (↑puruṣa) der aktiv sich entwickelnden Materie (↑prakṛti) gegenüberzustehen. Umgekehrt läßt sich die von Yājñavalkya (insbes. Bṛhadāraṇyaka III; IV, 3–4; II, 4) vertretene spiritualistische Position nur aufrechterhalten, wenn die Gleichsetzung von brahman und ātman zu einer – weil nicht mehr sagbaren, sich nur noch zeigenden, deshalb ›mystisch‹ zu nennenden – Identität von Mikrokosmos und Makrokosmos radikalisiert wird: Die durch den Advaita-Vedānta zur eigentlichen, nämlich zur Befreiung (↑mokṣa) vom Kreislauf der Wiedergeburten führenden Lehre der U.en erklärte

Alleinheitslehre, wie sie in den ›großen Aussprüchen‹ (mahāvākya), z. B. ↑tat tvam asi – das bist du (Chāndogya VI, 11.3 und öfter) und aham brahmāsmi – ich bin brahman (Bṛhadāraṇyaka I, 4.10 und öfter), niedergelegt sei, muß Natur und Mensch zu einer unveränderliche Wirklichkeit bloß vortäuschenden Welt der Erscheinungen (↑māyā) herabsetzen. Dem Aufbau immer feinerer Unterscheidungen im naturalistischen, einem primär theoretischen Interesse der Erklärung dienenden Modell, dem Weg vom Gegenstand zum Zeichen, steht ein stufenweiser Abbau der vorgefundenen Unterscheidungen im spiritualistischen, einem primär praktischen Interesse der Erlösung dienenden Modell gegenüber, der Weg vom Zeichen zum Gegenstand. Die Auseinandersetzung zwischen beiden Verfahren durchzieht die gesamte indische Philosophie.

Literatur: ↑Philosophie, indische. K. L.

upāya (sanskr., Hilfsmittel, List), Grundbegriff der indischen Philosophie (↑Philosophie, indische), im Mahāyāna-Buddhismus (↑Mahāyāna, ↑Philosophie, buddhistische) insbes. eine der zehn Vollkommenheiten (pāramitā) eines Buddhaanwärters (bodhisattva), die auf einem Weg von zehn Stufen (bhūmi) nacheinander ausgebildet werden. Auf der siebten Stufe verfügt ein Bodhisattva, der auf das nach Erreichen der sechsten Stufe mögliche Eingehen ins ↑nirvāṇa verzichtet hat, über den u., jedem noch unerlösten Wesen auf die angemessenste Weise zur Erlösung zu verhelfen. Er hat die Vollkommenheit, nämlich Geschicklichkeit ausgebildet, in der Wahl der Mittel, Mitleid (karuṇā) zu üben. K. L.

Urelement (engl. urelement, atom, franz. urelement, urelement), von E. Zermelo (1930) eingeführte Bezeichnung für von der leeren Menge (↑Menge, leere) verschiedene mengentheoretische Objekte, die keine ↑Elemente enthalten, jedoch Elemente von ↑Mengen sein können. Da die Zulassung von U.en zusätzlich zur leeren Menge mathematisch keine wesentliche konzeptionelle oder technische Erweiterung darstellt, verzichtet man in Darstellungen der axiomatischen Mengenlehre (↑Mengenlehre, axiomatische, ↑Zermelo-Fraenkelsches Axiomensystem, ↑Neumann-Bernays-Gödelsche Axiomensysteme) häufig auf die Annahme von U.en und baut die Mengenhierarchie auf der leeren Menge als dem einzigen Objekt, das keine Elemente enthält, auf. Für Anwendungen, in denen Bereiche von mengentheoretisch unzerlegbaren Individuen vorgegeben sind, sind mengentheoretische Systeme mit U.en jedoch sehr sinnvoll. Dies gilt offensichtlich für außermathematische Anwendungen, aber auch für bestimmte Bereiche der Mathematischen Logik (↑Logik, mathematische) – hier insbes. für die auf S. Kripke und R. Platek zurückgehende Theorie zulässiger Mengen (vgl. J. Barwise 1975).

Literatur: J. Barwise, Admissible Sets and Structures. An Approach to Definability Theory, Berlin/Heidelberg/New York 1975; A. A. Fraenkel/Y. Bar-Hillel/A. Levy, Foundations of Set Theory, Amsterdam 1958, Amsterdam etc. [2]1973, 1984; T. J. Jech, The Axiom of Choice, Amsterdam/London/New York 1973, Mineola N. Y. 2008; E. Zermelo, Über Grenzzahlen und Mengenbereiche. Neue Untersuchungen über die Grundlagen der Mengenlehre, Fund. Math. 16 (1930), 29–47. P. S.

Urgrund, in der durch neuplatonischen (↑Neuplatonismus) Einfluß geprägten philosophischen Tradition gemeinsam mit den Termini ›Ungrund‹ und ↑›Abgrund‹ mehrdeutige Bezeichnung für den Realgrund alles Seienden, für das Urweltchaos (↑Chaos), insbes. aber für die Unergründlichkeit Gottes, dessen Grundlosigkeit bzw. die Grundlosigkeit des Grundes (Meister Eckhart). Der U. ist das aller Gründung und Differenz noch vorausliegende unsagbare ›Eine‹, so etwa in der Bestimmung Gottes als das ›Nicht-Andere‹ (*non aliud*) durch Nikolaus von Kues; analog M. Heidegger in der Identifikation von ›Grund‹ und ›Sein‹. I. Kant verwendet den Ausdruck ›U.‹ im Zusammenhang mit der problematischen Idee eines Welturhebers aller Dinge (KrV B 725, vgl. KrV B 669). S. B.

Urkommunismus, Bezeichnung der ↑Staatsphilosophie für die älteste menschliche Gesellschaftsform (Urgesellschaft), in der es keine Klassen (↑Klasse (sozialwissenschaftlich)), keine Ausbeutung, kein Privateigentum (↑Eigentum) gibt und die durch rechtliche Gleichstellung und Gemeineigentum charakterisiert ist. Die Annahme eines U. stellt anfänglich einen spekulativen Rekonstruktionsversuch über den Urzustand der Menschen (etwa bei J.-J. Rousseau) dar und wird im 19. Jh. durch den Historischen Materialismus (↑Materialismus, historischer) aufgegriffen. Der U. ist hier Teil der Dreiphasentheorie der Menschheitsentwicklung (Wildheit, Barbarei, Zivilisation) L. H. Morgans, die dieser durch eigene empirische Untersuchungen von Indianervölkern Nordamerikas bestätigt sieht. Die Vorstellung eines U. wird zudem durch historische Quellen zur griechischen, römischen und germanischen Frühgeschichte nahegelegt.

Vertreter neuzeitlicher Kommunismustheorien (↑Kommunismus) verweisen auf die gemeinschaftliche, urkommunistische Lebensform Spartas, meist ohne zu berücksichtigen, daß diese nur die herrschenden Spartiaten umfaßte, während die beherrschten Bevölkerungsschichten (Heloten und Periöken) ausgeschlossen blieben. Auch Platon beschränkt in der »Politeia« seine Konstruktion einer Gütergemeinschaft im Idealstaat auf den Wächterstand. Der so genannte frühchristliche ›Liebeskommunismus‹ verurteilt zwar die extreme Ungleichheit des Besitzes, überläßt aber die dem Liebesgebot entsprechende Umverteilung – unter Aufrechterhaltung der Institution des Privateigentums - der Entscheidung des Einzelnen. - Ob die Annahme eines U. berechtigt ist oder nicht, ist wissenschaftlich umstritten.

Literatur: G. Caire, Ursprüngliches Gemeinwesen, in: G. Labica/G. Bensussan (eds.), Kritisches Wörterbuch des Marxismus VIII, Hamburg 1989, 1357–1358; W. Dreier, U., Hist. Wb. Ph. XI (2001), 364–365; H. Eildermann, U. und Urreligion. Geschichtsmaterialistisch beleuchtet, Berlin 1921 (repr. Hannover 1990); F. Engels, Der Ursprung der Familie, des Privateigentums und des Staats. Im Anschluß an Lewis H. Morgans Forschungen, Zürich 1884, Berlin 1990 (= MEGA Abt. I/29); K. Kautsky, Vorläufer des neueren Sozialismus, I–II, Stuttgart, Berlin 1895, ed. H.-J. Mende, Berlin 1991; C. D. Kernig, Kommunismus, Hist. Wb. Ph. IV (1976), 899–908; L. H. Morgan, The Ancient Society or Researches in the Lines of Human Progress from Savagery through Barbarism to Civilization, London, New York, Kalkutta 1877 (repr. Kalkutta 1982, Tucson Ariz. 1985, New Brunswick N. J. 2000) (dt. Die Urgesellschaft. Untersuchungen über den Fortschritt der Menschheit aus der Wildheit durch die Barbarei zur Zivilisation, Stuttgart 1891, [2]1908 [repr. Lollar 1976, Wien 1987], [4]1921; franz. La société archaïque, Paris 1971, [2]1985); R. Pöhlmann, Geschichte des antiken Kommunismus und Sozialismus, I–II, München 1893/1901, unter dem Titel: Geschichte der sozialen Frage. Antiker Kommunismus und Sozialismus, I–II, München [2]1912, [3]1925 (repr. Darmstadt 1984); L. Ramrattan/M. Szenberg, Communism, Primitive, IESS II ([2]2008), 37–38; D. Reinisch (ed.), Der U.. Auf den Spuren der egalitären Gesellschaft, Wien 2012; H. v. Schubert, Christentum und Kommunismus. Ein Vortrag, Tübingen 1919; F. Somló, Der Güterverkehr in der Urgesellschaft, Brüssel/Leipzig 1909. A. W./H. R. G.

Ursache (engl. cause), Bezeichnung für ein ↑Ereignis oder eine Menge von Ereignissen, die ein anderes Ereignis, die ↑Wirkung, kausal (↑Kausalität) hervorbringen. In Einschränkung der vier U.ntypen des Aristoteles (↑causa) gelten im neuzeitlichen Verständnis nur ›Wirkursachen‹ als U.n. - Die philosophische Diskussion des U.nbegriffs wurde lange Zeit von D. Humes *Regularitätstheorie* der Kausalität geprägt. Für Hume ist eine U. durch drei Bedingungen erschöpfend gekennzeichnet: (1) zeitliche Priorität der U. vor der Wirkung, (2) räumliche Nachbarschaft von U. und Wirkung, (3) beständige empirische Verbindung von U. und Wirkung; danach folgt auf ein einer konkreten U. hinreichend ähnliches Ereignis stets ein solches, das der konkreten Wirkung hinreichend ähnlich ist. Die Bedingung (1) besagt die Asymmetrie (↑asymmetrisch/Asymmetrie) von U. und Wirkung und schließt - ebenso wie Bedingung (2) - Fernwirkungen (↑actio in distans) und ↑Retrokausalität aus. Die Bedingung (3) führt auf die Konsequenz, daß sich Kausalurteile primär auf Ereignistypen und nur derivativ auf singulare Verursachungen beziehen. Charakteristisch für die Humesche Bestimmung von U.n ist, daß diese nicht durch ein besonderes ›Vermögen‹ zur Hervorbringung der Wirkung gekennzeichnet sind und daß die U.-Wirkung-Beziehung nicht der Sache nach notwendig ist (wenn sie auch von einer psychischen, auf Gewohnheit beruhenden Nötigung zur Verknüpfung der entsprechenden Vorstellungen begleitet ist).

Die beiden traditionellen Schwierigkeiten der Regularitätstheorie bestehen (1) in der Präzisierung dessen, was als ›hinreichend ähnliches‹ (↑ähnlich/Ähnlichkeit) Ereignis gelten soll, (2) in der Existenz offenbar nicht-kausaler Regularitäten. So wird eingewendet, ›ähnlich‹ müsse als ›in kausal relevanter Hinsicht ähnlich‹ expliziert werden, wodurch die Regularitätstheorie zirkulär (↑zirkulär/Zirkularität) werde. Zudem genügten auch nicht-kausale Regularitäten den Humeschen Bedingungen. Bei Säuglingen folgt auf das Wachstum der Haare regelmäßig das Wachstum der Zähne, und auf einen rapiden Fall der Barometeranzeige folgt regelmäßig ein Sturm. Gleichwohl ist in diesen Fällen das zeitlich vorangehende Ereignis nicht die U. des folgenden. - Auf der Grundlage des Humeschen Ansatzes wird im Rahmen des deduktiv-nomologischen Modells der wissenschaftlichen ↑Erklärung eine U. als die Klasse der Anfangs- und Randbedingungen (↑Anfangsbedingung, ↑Randbedingung) einer adäquaten DN-Erklärung aufgefaßt, wobei zusätzlich gefordert wird, daß die Erklärung auf ↑Sukzessionsgesetze, also auf Gesetzmäßigkeiten der zeitlichen Änderung von Systemzuständen, zurückgreift. Diese Explikation ersetzt die Humesche Regularitätsbedingung (3). Danach gelten alle diejenigen Ereignisse als im relevanten Sinne ähnlich, die unter die herangezogene Gruppe von Gesetzen fallen. Gegen diese Bestimmung des U.nbegriffs wird eingewendet, daß sich danach z. B. beim freien Fall eine frühere Position eines fallenden Körpers als U. seiner späteren Position qualifiziert.

Während in der von Hume begründeten Tradition die für das Auftreten der Wirkung *hinreichenden* Ereignisse als dessen U. gelten, wird in einer auf J. S. Mill zurückgehenden und von D. Lewis (1973) ausgearbeiteten Argumentationslinie die U. als ein für die Wirkung *notwendiges* (↑notwendig/Notwendigkeit) Ereignis aufgefaßt. Eine U. ist danach durch die Geltung einer irrealen Konditionalbehauptung charakterisiert: wenn die U. nicht eingetreten wäre, wäre auch die Wirkung nicht eingetreten. In diesem auch als ↑kontrafaktisches Modell bezeichneten Ansatz ist eine U. ein Ereignis, das für eine Abweichung von dem ohne ihr Auftreten abgelaufenen Geschehen verantwortlich ist. Eine U.nbestimmung verlangt entsprechend ein Urteil über Ereignisverläufe in möglichen Welten (↑Welt, mögliche). Für Lewis sind singulare Verursachungen primär und kausale Regularitäten abgeleitet. - Eine gewisse Synthese beider Ansätze wird durch die von J. L. Mackie (1974) formulierte INUS-Bedingung erreicht. U.n sind danach nicht-hinreichende und nicht-überflüssige Teile von nicht-notwendigen, aber hinreichenden Bedingungen (›*i*nsufficient but *n*on-redundant parts of *u*nnecessary but *s*ufficient conditions‹). Die hier leitende Vorstellung ist eine Pluralität von Kausalketten. Mehrere unterschiedliche Ereignisfolgen können zur gleichen Wirkung führen, und innerhalb jeder dieser Folgen hätte das Fehlen eines Teilereignisses das Auftreten der Wirkung verhindert. Die INUS-Bedingung spezifiziert entsprechend jedes innerhalb einer Kausalkette unerläßliche Ereignis als U.. Ebenso lassen sich jedoch auch eine der Kausalketten insgesamt (die ›kausale Mindestbedingung‹) oder die Disjunktion aller Kausalketten (die ›volle U.‹) als U. kennzeichnen. Mackie übernimmt damit die Annahme des kontrafaktischen Modells, daß sich Kausalurteile primär darauf beziehen, welche Ereignisse eingetreten wären, wenn andere Situationsumstände vorgelegen hätten. Er betont jedoch, daß sich derartige Urteile in aller Regel auf Regularitäten stützen.

Die *interventionistische Theorie* der Kausalität sucht den Begriff der U. über Eingriffsmöglichkeiten zu explizieren. Danach drückt sich Kausalität nicht primär in beobachtbaren Regularitäten, sondern in der Möglichkeit der experimentellen Beeinflussung aus. Eine U. ist hinreichend bzw. notwendig für ein Hervorbringen der Wirkung. In seiner traditionellen, auf G. H. v. Wright zurückgehenden Variante bindet der interventionistische Ansatz Ursächlichkeit begrifflich an menschliche Handlungen und Eingriffsmöglichkeiten. – Auch W. C. Salmons Prozeßtheorie der Kausalität setzt zunächst an der Möglichkeit von Eingriffen an, sieht darin jedoch nur ein Symptom für das zentrale Kennzeichen kausaler Prozesse, nämlich die Fähigkeit, ihre eigene ›Struktur‹ zu übertragen. Für Salmon sind Kausalprozesse dadurch gekennzeichnet, daß sie durch einen raumzeitlich beschränkten Eingriff, eine ›Markierung‹, modifiziert werden können und anschließend bei Fehlen weiterer Wechselwirkungen in modifizierter Form ablaufen. Das Einbringen eines gefärbten Glases in den Strahlengang weißen Lichts führt nicht allein zu einer lokalen Färbung des Lichtstrahls; vielmehr bleibt der Lichtstrahl ohne weitere Eingriffe gefärbt und überträgt folglich die Markierung. Im Gegensatz dazu ist die Bewegung eines Lichtflecks auf einer Oberfläche kein Kausalprozeß. Das Anbringen eines gefärbten Glases an der Oberfläche führt zwar zu einer örtlichen Färbung des Lichtflecks; ohne weitere Eingriffe (etwa durch ständiges Verschieben des Glases) verliert sich diese jedoch nach dem Verlassen des Einflußbereichs der Intervention. Die Bewegung eines Lichtflecks stellt daher einen ›Pseudoprozeß‹ dar. Kausalprozesse sind insgesamt dadurch charakterisiert, daß ein beschränkter Eingriff zu überdauernden Änderungen führt, die sich in jedem Stadium des Prozesses manifestieren. Die Anwendung dieses ›Markierungskriteriums‹ der Kausalität setzt einen Vergleich zwischen den modifizierten und den unbeeinflußten Prozeßverläufen und damit die Möglichkeit kontrafaktischer Urteile voraus. Salmon betont, daß sich solche Urteile experimentell – wenn auch nicht allgemein durch bloße Beobachtung – stützen lassen. Durch diese Spezifizierung von Kausalprozessen soll Humes Beschränkung der Kausalität auf das beständige gemeinsame Auftreten von Ereignissen überwunden werden.

Gegen Salmons Explikation wird eingewendet, daß die Bestimmung von Kausalprozessen durch Begriffe wie ›Markierung‹ und ›Eingriff‹ zirkulär (↑zirkulär/Zirkularität) sei, da diese Begriffe ihrerseits kausale ↑Wechselwirkungen bezeichnen. Salmon expliziert jedoch kausale Wechselwirkungen auf nicht-kausale Weise: sie liegen bei raumzeitlicher Überschneidung zweier Prozesse dann vor, wenn überdauernde, korrelierte Modifikationen dieser Prozesse auftreten. So findet sich etwa beim Stoß zweier Billardkugeln eine anhaltende, korrelierte Änderung der jeweiligen Bewegungsgrößen, während dies beim Zusammentreffen zweier Lichtflecke nicht der Fall ist. Die Unterscheidung zwischen kausalen Wechselwirkungen und der bloßen Überschneidung von Prozessen ist also auf der Grundlage ausschließlich raumzeitlicher Bestimmungen durch einen Vergleich der jeweiligen Eigenschaften möglich. Unter dem Eindruck des Aufweises von Lücken und Gegenbeispielen, aber auch aus grundsätzlichen Erwägungen unterzog Salmon 1994 seine Auffassung einer grundlegenden Revision und gab das Markierungskriterium zugunsten einer von P. Dowe (1992) stammenden Fassung der Kausaltheorie der Erhaltungsgrößen auf. In seiner modifizierten Übernahme dieses Ansatzes faßt Salmon die Übertragung von Größen, die ↑Erhaltungssätzen unterworfen oder invariant (↑invariant/Invarianz) sind (also in allen Bezugssystemen den gleichen Wert annehmen), als Kennzeichen der Kausalität auf. Erhaltungsgrößen sollen nun die vordem unbestimmt gelassenen, von Kausalprozessen übertragenen ›Strukturen‹ darstellen.

Breit rezipiert ist die interventionistische Kausaltheorie von J. Woodward (Woodward 2003, 2007, 2009; vgl. Hüttemann 2013, 137–170 [Kap. 8 Interventionistische Theorien der Kausalität]). Danach bestimmen sich Kausalbeziehungen über mögliche Eingriffe. Eine solche Beziehung zwischen einer U. X und einer Wirkung Y wird anhand einer Interventionsvariablen I identifziert. Durch I wird erstens der Zustand von X vollständig festgelegt; es gibt keine weiteren Einflüsse auf X. Zweitens darf I den Zustand von Y nicht direkt beeinflussen, sondern nur über eine Änderung von X. Drittens sollte I nicht umgekehrt von Faktoren abhängen, die auf den Zustand von Y Einfluß nehmen. In diese Bedingungen gehen zwar kausale Bestimmungen ein, aber es wird nicht auf die Beziehung zwischen X und Y zurückgegriffen. Daher sieht Woodward keine bedenkliche Zirkularität. Die notwendige und hinreichende Bedingung dafür, daß X eine U. von Y ist, lautet dann, daß eine mögliche Intervention (im genannten Sinne) auf *X* – und damit eine Modifikation des Zustands von *X* – eine Änderung des Zustands von *Y* zur Folge hat, wobei alle anderen beteiligten Zustände fest fixiert bleiben. Der Bezug auf eine mögliche Intervention löst den U.nbegriff von realen menschlichen Handlungen und vermeidet damit ein anthropozentrisches Verständnis von Kausalität. – Woodwards Bestimmung von U.n führt zunächst auf eine kontrafaktische Interpretation: wenn eine Intervention auf *X* dazu geführt hätte, daß sich der Zustand von *Y* verändert hätte, dann ist *X* eine U. von *Y*. Allerdings verlangt Woodward, daß das kontrafaktische ↑Antezedens im Grundsatz durch einen Eingriff erzeugt werden kann. Darüber hinaus gelingen in diesem Rahmen umstandslose Erklärungen von Fällen frustrierter U.n (bzw. vorweggenommener Wirkungen), die für die kontrafaktische Theorie Schwierigkeiten aufwerfen, sowie von Fällen negativer Kausalität (bei denen eine Wirkung durch Unterlassen entsteht), die Prozeßtheorien Probleme bereiten (Hüttemann 2013, 158–167).

Während sich in der Regularitätstradition (und auch für Woodward) Kausalurteile auf Verallgemeinerungen stützen, ist für weite Teile der gegenwärtigen Kausalitätsdiskussion die Annahme eines Primats der Einzelfallverursachung kennzeichnend. D.h., die Kausalbeziehung zwischen besonderen Ereignissen gilt als grundlegend. U.n sind im Grundsatz experimentell ermittelbar (wenn sie auch unter Umständen aus der Anwendung von Gesetzen erschlossen werden), und Kausalurteile gehen der theoretischen Systematisierung begrifflich voran. Diese Position wird von N. Cartwright durch die Interpretation von U.n als ›Vermögen‹ (*capacities*) verschärft. U.n sind danach andauernde (und möglicherweise probabilistische) Vermögen einzelner Objekte oder Zustände, die sich unter geeigneten Umständen im Auftreten der Wirkung manifestieren. Kausale Gesetze schreiben den Objekten oder Zuständen ein Vermögen zu. Der Funktion eines Lasers liegt etwa das kausale Gesetz zugrunde: eine Besetzungsinversion von Elektronen besitzt das Vermögen der Lichtverstärkung. Dieses abstrakte Gesetz gibt bei Berücksichtigung der einschlägigen geeigneten Umstände (Vorliegen laserfähigen Materials etc.) Anlaß zur Formulierung einer Vielzahl ›phänomenologischer Regularitäten‹, die durch ihren Bezug auf konkrete Phänomene und deren Beziehungen gekennzeichnet sind. Phänomenologische Regularitäten erfassen durch Angabe des Vorliegens geeigneter Umstände und des Fehlens hindernder Umstände spezifische Umsetzungen abstrakter Vermögen; es handelt sich um realisierungsabhängige Konkretisierungen der Vermögen. Vermögenszuschreibungen sind nicht mit kausalen Regularitäten äquivalent, da jene (anders als diese) auch eine Erklärung für das Nicht-Auftreten der Wirkung unter ungeeigneten Bedingungen bereitstellen. Nach Cartwright tritt eine Zuschreibung von U.n damit insgesamt auf drei Ebenen auf: bei Urteilen über Einzelfallverursachung, bei kausalen phänomenologischen Regularitäten und bei kausalen Gesetzen, also der Zuschreibung von abstrakten Vermögen.

Ein wichtiges Muster einer Kausalerklärung ist die Rückführung zweier (oder mehrerer) Ereignisse auf eine *gemeinsame* U.. Das beständige gemeinsame Auftreten von Ereignissen muß nicht auf dem Bestehen einer direkten kausalen Verknüpfung zwischen diesen Ereignissen beruhen; vielmehr kann es sich bei diesen Ereignissen auch um unterschiedliche Wirkungen der gleichen U. handeln. Die regelmäßige Abfolge des Wachstums der Haare und der Zähne beim menschlichen Säugling geht auf das genetische Programm als gemeinsame U. zurück, und die Verbindung zwischen dem Fall der Barometeranzeige und dem Auftreten eines Sturms beruht auf dem Herannahen eines Tiefdruckgebiets als gemeinsamer U.. Das Bestehen gemeinsamer Verursachung kann ohne Untersuchung der jeweiligen Kausalprozesse und allein anhand der jeweiligen Ereigniswahrscheinlichkeiten ermittelt werden: bei Berücksichtigung der gemeinsamen U. werden die korrelierten Ereignisse statistisch unabhängig (H. Reichenbach, Salmon; ↑unabhängig/Unabhängigkeit (von Ereignissen)).

Literatur: M. Baumgartner, Regularity Theories Reassessed, Philosophia 36 (2008), 327–354; R. Bubner/K. Cramer/R. Wiehl (eds.), Kausalität, Göttingen 1992 (Neue H. Philos. 32/33); M. A. Bunge, Causality. The Place of the Causal Principle in Modern Science, Cambridge Mass. 1959, Cleveland Ohio [2]1963, unter dem Titel: Causality and Modern Science, New York [3]1979, New Brunswick N. J./London [4]2009 (dt. Kausalität. Geschichte und Probleme, Tübingen 1987); M. Carrier, Salmon$_1$ versus Salmon$_2$: Das Prozeßmodell der Kausalität in seiner Entwicklung, Dialektik 2 (1998), 49–70; N. Cartwright, How the Laws of Physics Lie, Oxford, Oxford etc. 1983, 2002; dies., Nature's Capacities and Their Measurement, Oxford, Oxford etc. 1989, 2002; dies., Capacities and Abstractions, in: P. Kitcher/W. C. Salmon (eds.), Scientific Explanation [s. u.], 349–356; dies., Aristotelian Natures and the Modern Experimental Method, in: J. Earman (ed.), Inference, Explanation, and Other Frustrations. Essays in the Philosophy of Science, Berkeley Calif./Los Angeles/Oxford 1992, 44–71; J. Collins/N. Hall/L. Paul (eds.), Causation and Counterfactuals, Cambridge Mass./London 2004; P. Dowe, Wesley Salmon's Process Theory of Causality and the Conserved Quantity Theory, Philos. Sci. 59 (1992), 195–216; ders., Causality and Conserved Quantities. A Reply to Salmon, Philos. Sci. 62 (1995), 321–333; E. Eells, Cartwright on Probabilistic Causality. Types, Tokens, and Capacities, Philos. Phenom. Res. 55 (1995), 169–175; M. Esfeld, Kausalität, in: A. Bartels/M. Stöckler (eds.), Wissenschaftstheorie. Ein Studienbuch, Paderborn 2007, [2]2009, 89–107; D. Garrett, The Representation of Causation and Hume's Two Definitions of ›Cause‹, Noûs 27 (1993), 167–190; C. G. Hempel, Aspects of Scientific Explanation, in: ders., Aspects of Scientific Explanation and Other Essays in the Philosophy of Science, New York, London 1965, Neudr. New York 1970, 331–496; C. R. Hitchcock, Salmon on Explanatory Relevance, Philos. Sci. 62 (1995), 304–320; J. Hübner u. a., U./Wirkung, Hist. Wb. Ph. XI (2001), 377–

412; A. Hüttemann, U.n, Berlin/Boston Mass. 2013; M. Kistler, Causation and Laws of Nature, London/New York 2006; P. Kitcher/W. C. Salmon (eds.), Scientific Explanation, Minneapolis Minn. 1989 (Minnesota Stud. Philos. Sci. XIII); D. Lewis, Causation, J. Philos. 70 (1973), 556–567, Neudr. in: ders., Philosophical Papers [s. u.] II, 159–172; ders., Counterfactuals, Oxford 1973, Malden Mass./Oxford 2001; ders., Philosophical Papers II, Oxford etc. 1986; J. L. Mackie, The Cement of the Universe. A Study of Causation, Oxford 1974, 2002; M. Morrison, Causes and Contexts. The Foundations of Laser Theory, Brit. J. Philos. Sci. 45 (1994), 127–151; G. Posch (ed.), Kausalität. Neue Texte, Stuttgart 1981; S. Psillos, Causation and Explanation, Montreal 2002; A. Rosenberg, Propter Hoc, Ergo Post Hoc, Amer. Philos. Quart. 12 (1975), 245–254; B. Russell, On the Notion of Cause, Proc. Arist. Soc. 13 (1912/1913), 1–26, Neudr. in: ders., Mysticism and Logic and Other Essays, London 1918, Totowa N. J. 1981, 180–208; W. C. Salmon, Scientific Explanation and the Causal Structure of the World, Princeton N. J. 1984; ders., Four Decades of Scientific Explanation, Minneapolis Minn. 1990, ferner in: P. Kitcher/W. C. Salmon (eds.), Scientific Explanation [s. o.], 3–219, separat Pittsburgh Pa. 2006; ders., Causality without Counterfactuals, Philos. Sci. 61 (1994), 297–312; W. Stegmüller, Probleme und Resultate der Wissenschaftstheorie und Analytischen Philosophie I (Erklärung, Begründung, Kausalität), Berlin/Heidelberg/New York [2]1983, 501–638 (Kap. VII Kausalitätsprobleme); D. v. Wachter, U., EP III ([2]2010), 2840–2844; J. Woodward, Making Things Happen. A Theory of Causal Explanation, Oxford etc. 2003, 2005; ders., Causation with a Human Face, in: H. Price/R. Corry (eds.), Causation, Physics, and Constitution of Reality. Russell's Republic Revisited, Oxford 2007, 66–105; ders., Agency and Interventionist Theories, in: H. Beebee/C. Hitchcock/P. Menzies (eds.), The Oxford Handbook of Causation, Oxford etc. 2009, 2012, 234–262; G. H. v. Wright, Explanation and Understanding, London, Ithaca N. Y. 1971 (repr. London 2009), Ithaca N. Y./London 2004, 34–82 (Chap. II Causality and Causal Explanation); weitere Literatur: ↑Kausalität. M. C.

Urteil (lat. iudicium, auch: sententia; engl. judgement, franz. jugement), Bezeichnung für das (in der Regel sprachlich gefaßte) Ergebnis einer *Beurteilung eines Anspruchs* (*actus iudicativus*) darauf, ob bzw. in welchem Grade dieser mit einer vorliegenden Leistung eingelöst oder erfüllt wurde. Leistungen werden grundsätzlich mit ↑Handlungen erbracht, obwohl nicht mit jeder Handlung ein Anspruch durch den Handelnden erhoben wird, selbst wenn die Handlung von einer vom Handelnden verschiedenen Person in bezug auf einen unterstellten Anspruch beurteilt wird. Der Anspruch – er wird gegenüber jemandem, unter Umständen auch nur gegenüber sich selbst, erhoben – kann bei gewöhnlichen Handlungen ebenso wie bei ↑Zeichenhandlungen, speziell einer ↑Sprachhandlung, nonverbal oder verbal artikuliert auftreten. Er ist im nonverbalen Fall durch den ↑Kontext bestimmt, z. B. eine Prüfungssituation, im verbalen Fall hingegen durch eigens für diesen Zweck geschaffene oder unter bestimmten Bedingungen diesem Zweck dienende ↑Artikulatoren, z. B. ›[etwas] wollen‹, ›intendieren‹ (↑Intention) oder ›behaupten‹, ›erzählen‹, aber auch ›fragen (d. h. wollen, daß der andere antwortet)‹ (↑Sprechakt), artikuliert. Ein U. enthält daher stets ein ↑Prädikat in *reflexiver*, die Differenz zwischen Anspruch und Erfüllung thematisierender Funktion, auch wenn es in der logischen Grammatik (↑Grammatik, logische) bei mit Sprachhandlungen erhobenen Ansprüchen in Gestalt eines ↑Metaprädikators auftritt: Es ist ein *Schiedsspruch*, auch wenn dieser Ausdruck außer in metaphorischem Gebrauch auf die Beurteilung von streitigen Ansprüchen rechtlicher Natur eingeschränkt verwendet wird.

Die einem U. vorangehende Beurteilung hat stets den Charakter einer ↑*Begründung*, die, ihrerseits in sprachliche Gestalt gebracht und damit objektiviert, dem U. in der Regel nachfolgt (↑Grund, Satz vom). Damit wird ein Unterschied in der Art der ↑*Gründe*, die für ein U. herangezogen werden, sichtbar, der für den Aufbau der zahlreichen ↑Urteilstheorien der Tradition mitbestimmend gewesen ist: Werden Ansprüche mit Handlungen (einschließlich Sprachhandlungen als Handlungen) erhoben, so stehen Begründungen eines U.s in einem ↑*normativen* Kontext (die erbrachte Leistung wird an Handlungsnormen gemessen). Sind sie mit Sprachhandlungen erhoben, so stehen sie hinsichtlich ihres symbolischen Charakters in einem *deskriptiven* (↑deskriptiv/präskriptiv) Kontext (die erbrachte Leistung wird an der Übereinstimmung mit den symbolisierten Sachen gemessen [›iudicium, qualiter res esse debeat‹ versus ›iudicium, qualiter res sit‹, Thomas von Aquin, De verit. qu. 8, art. 1, ad 13]). Die das ↑*praktische* U. und das ↑*theoretische* U. erst fundierende und insbes. für das Zusammenwirken des pragmatischen (↑Pragmatik) und des semiotischen (↑Semiotik) Aspekts von (symbolischen) Sprachhandlungen entscheidende Beurteilung des Könnens, also der poietischen Kompetenz (der Handlungs- und Sprachfertigkeit und ihres kombinierten Einsatzes für verschiedene Zwecke), ist auf Grund der die philosophische Tradition bis zum Aufkommen des ↑Pragmatismus beherrschenden Einschätzung der ↑Poiesis (›Können‹) als minderen Ranges gegenüber Praxis (›Sollen‹) und Theorie (›Sein‹) in der Regel kein Gegenstand von U.en geworden.

Damit steht auch im Zusammenhang, daß zwei wichtige Unterscheidungen im Laufe der Geschichte immer wieder nivelliert worden sind: (1) die Unterscheidung zwischen (wahrer oder falscher) ↑Aussage (griech. ἀπόφανσις, lat. enuntiatio) und Aussage in einem ↑Modus, insbes. als bejahende (↑affirmative) und verneinende (↑negative) ↑Behauptung (griech. πρότασις, lat. propositio) innerhalb eines Argumentationsprozesses, also des inhaltlichen (theoretischen, heute: ›propositionalen‹) Kerns einer Aussage (↑Proposition) und ihrer formalen (praktischen, heute: ›illokutionären‹) Rolle; (2) die Unterscheidung zwischen Aussage bzw. Aussage im Modus der Behauptung und (theoretischem) U., insofern dieses, trotz reflexiver, den Zusammenhang von sprachlicher Darstellung und Dargestelltem artikulierender Funktion, in der Darstellung eine wiederum bloß metasprachlich (↑Metasprache) auftretende Stellungnahme *gegenüber* Aussagen (in einem Modus) ist. Am radikalsten ist diese terminologische Einebnung bei C. Wolff ausgefallen, insofern dieser ein U., einen *actus mentis*, sprachlich als durch *enuntiatio vel propositio* ausgedrückt versteht. Ihr Erbe findet sich in der gegenwärtig verbreiteten Gleichsetzung von U. und (Bedeutung einer) Aussage bzw. Behauptung mit der dadurch erzeugten Schwierigkeit, einen überzeugenden Vorschlag zur Unterscheidung von U. und ↑Sachverhalt, die beide als intensionale (↑intensional/Intension) Bedeutung einer Aussage auftreten, zu machen. Eine weitere Schwierigkeit besteht darin, daß bei Einebnung des Unterschieds von Aussage und Behauptung Ansprüche von Aussagen in anderen Modi gar nicht mehr artikulierbar, geschweige denn beurteilbar sind.

Der gegenwärtig am meisten diskutierte Vorschlag zur Unterscheidung von U. und Sachverhalt folgt einem kognitionstheoretischen Modell, das im Rahmen eines ontologischen Realismus (↑Realismus (ontologisch)) oder auch nur eines semantischen Realismus (↑Realismus, semantischer) an der alten Gegenüberstellung psychologischer und logischer Gegenstände orientiert ist: Eine mentale Handlung als ›psychisch-konkreter‹ Gegenstand wird ihrem intentionalen Objekt als ›logisch-abstraktem‹ Gegenstand, als dessen mentale Repräsentation (↑Repräsentation, mentale) sie aufgefaßt wird, gegenübergestellt. Ein (theoretisches) U. aber ist nicht eine behauptete Aussage, sondern das Ergebnis der Beurteilung einer Behauptung. Dabei trifft allerdings zu, daß sowohl im gewöhnlichen, ↑Objektsprache und Metasprache nicht unterscheidenden ↑Sprachgebrauch als auch in der Tradition das Prädikat einer Aussage zugleich urteilende Funktion übernehmen kann. Dies zeigt sich insbes. in der Debatte darüber, ob U.e ↑Anerkennung mit sich führen (d. h. auch metasprachliche Funktion aufweisen) oder nicht (d. h. nur objektsprachlichen Charakter haben). Danach sind Urteilen und Aussagen bzw. Behaupten in diesen Fällen begrifflich nicht unterschieden (entsprechend der ebenfalls häufig unbeachtet gelassenen Unterscheidung zwischen Aussage und Behauptung, solange der von einer Aussage mitgeführte Modus nicht eigens artikuliert wird). Z. B. wurde gegen die sprachanalytische ↑Urteilstheorie F. Brentanos eingewandt, daß nicht alle U.e durch Anerkennung oder Verwerfung charakterisierbar sind, es vielmehr auch ›neutrale‹ U.e etwa im Sinne der ›Annahmen‹ A. Meinongs gebe.

An dieser Stelle hat G. Frege eine für die Gegenwart richtungweisende, wenngleich bisher systematisch noch wenig genutzte, erste Klarstellung eingeführt, nämlich die Bestimmung von ›ist wahr‹ (↑wahr/das Wahre) als einheitliches, allen (theoretischen) U.en gemeinsames (logisches) (Meta-)Prädikat. Allerdings suchte er gleichzeitig entscheidende Bestimmungen der traditionellen Lehre vom U. aufrechtzuerhalten, insbes. die Bestimmung des U.s als einer besonderen Verbindung (oder Trennung) mindestens zweier ↑Begriffe oder ↑Vorstellungen. Dabei läßt sich die terminologische Differenz zwischen Begriff und Vorstellung, ebenso wie die schärfer ausfallende Differenz zwischen ↑Wahrheit (truth) und ↑Wissen (knowledge) bzw. Glauben (belief; ↑Glaube (philosophisch)), mangels noch immer nicht gelungener Rehabilitierung der ↑Grammatik als einer über bloße ↑Syntax hinausgehenden eigenständigen Disziplin, nämlich der Sprachwissenschaft als Einheit von ↑Sprachphilosophie und ↑Linguistik, zwischen Logik (↑Semantik) und Psychologie (↑Pragmatik, ↑Philosophie des Geistes, ↑philosophy of mind) auf den bis in die Antike zurückgehenden und noch heute geführten Streit um das Verhältnis von logischem (rationalem) und psychologischem (empirischem) Aufbau der Lehre vom Begriff und der Lehre vom U., ferner der Lehre vom ↑Schluß zurückführen (↑Sprache).

Da in der traditionellen Logik (↑Logik, traditionelle) auch die einfachen U.e (↑Urteil, kategorisches) oder Aussagen im Modus der Behauptung stets Subjekt-Prädikat-Aussagen (↑Minimalaussage) sind, war die Auffassung von der in einem U. vorgenommenen Verbindung (im affirmativen U.) bzw. Trennung (im negativen U.) zwischen den durch Subjektterminus (↑Subjektbegriff) und Prädikatterminus (↑Prädikatbegriff) dargestellten Begriffen (↑Terminus) naheliegend. Allerdings blieb streitig, wodurch sich die Verbindung im U. (z. B. ›das Haus ist groß‹) von der Verbindung zu einem komplexen Begriff (z. B. ›das große Haus‹) eigentlich unterscheidet, und unklar blieb, wohin das in der Ausdrucksweise ›Gegenstand *n* fällt unter den Begriff *P*‹ offensichtlich nur auf einen einzigen Begriff Bezug nehmende U. dann gehört. Hier macht sich bemerkbar, daß die bereits hochdifferenzierten sprachphilosophischen Einsichten Platons auf dem Wege über die Aristotelische und stoische (↑Stoa) Rezeption von der Tradition teils umgebildet, teils nivelliert bewahrt wurden, ein Tatbestand, der erst mit den Mitteln der modernen Logik durch erneute Versuche seiner Rekonstruktion und Beurteilung erschlossen werden konnte.

Die von Platon erstmals herausgestellte sowohl signifikative als auch kommunikative Funktion einer ↑Sprachhandlung hat zur Folge, daß beim Aufstellen eines *λόγος*, d. h. eines durch die Verbindung von Nennwort (*ὄνομα*) ›*S*‹ und Zeitwort (*ῥῆμα*; hier sind auch die Eigenschaftswörter in Verbindung mit dem Hilfszeitwort ›sein‹ eingeschlossen) ›*P*‹ begrifflich charakterisierten (minimalen) Satzes in der Funktion einer Aussage ›*SP*‹, die beiden Satzteile, d. s. im logischen Sinne ↑Artikulatoren, je für sich etwas (be-)nennen (ὀνομάζειν), nämlich eine Sache (πρᾶγμα) und eine Handlung (πρᾶξις), d. s. zwei von jeweils verschiedenen Gegenständen *s* bzw. *p* erfüllte Begriffe (πρᾶγμα und πρᾶξις sind nicht nur εἴδη, sondern ὄντα), aber nur mit dem ganzen Satz etwas (aus-) gesagt (λέγειν) wird, nämlich die Handlung von der Sache. Auf dieser Grundlage gelingt es Platon, gegen die von Antisthenes als allein für möglich gehaltenen wahren Aussagen, nämlich die Eigenaussagen vom Typ ›ein Mensch ist ein Mensch‹ mit einem für die Debatte um den Zusammenhang von U.stheorie und ↑Wahrheitstheorie bis heute folgenreichen Kunstgriff die begrifflich und damit als Ergebnis einer Beurteilung gefaßte Unterscheidung von Wahres und Falsches aussagenden Sätzen vorzunehmen: Der Satz ›*SP*‹ ist wahr, wenn er aussagt, daß der unter den Sachbegriff fallende Gegenstand *s* als ein komplexer, aus zwei Gegenständen (bei Aristoteles dann: ↑Substanz und ↑Akzidens) s' und p zusammengesetzter Gegenstand $s' \oplus p$ begriffen werden kann, der deshalb auch unter den Handlungsbegriff fällt, d. h. Instanz einer ›Ideenverflechtung‹ (συμπλοκὴ εἰδῶν) ist (↑Mereologie). Er ist falsch, wenn er aussagt, daß der unter den Sachbegriff fallende Gegenstand unter einen zum Handlungsbegriff konträren Handlungsbegriff fällt. Sollen ›wahr‹ und ›falsch‹ ausdrücklich als Ergebnisse einer Beurteilung festgehalten werden, so stellt Platon das U. über ›*SP*‹ mit den ↑Reflexionsbegriffen Sein (ὄν) anstelle von Wahrheit und Nichtsein (μὴ ὄν) anstelle von Falschheit dar: der beurteilte Satz ist Instanz der ›Ideenverflechtung‹ von Satz (λόγος) und Sein bzw. Nichtsein. Wahrheit und Falschheit selbst hingegen, das Unter-einen-Handlungsbegriff-Fallen bzw. Unter-einen-konträren-Handlungsbegriff-Fallen eines unter einen Sachbegriff fallenden Gegenstandes, werden terminologisch als ›Kundmachung‹ (δήλωμα) bezeichnet, nämlich, *daß* der Sache die Handlung bzw. eine zu ihr konträre (↑konträr/Kontrarität) Handlung zukommt. Diese ist im Falle bloßer Nennung, also eines ›wahren Namens‹ (falsche Namen sind keine Namen), Kundmachung des ›Wesens‹ (οὐσία; heute: elementare ↑Tatsache) eines begrifflich, durch ein εἶδος, bestimmten Gegenstandes.

Es ist der bis Frege begrifflich nicht vollzogenen Aufspaltung eines Artikulators bzw. einer ↑Artikulation in die Funktionen des Anzeigens (↑Ostension) und des Aussagens (↑Prädikation) zusammen mit der für die Unterscheidung Wahrheit und Falschheit aussagender Sätze unerläßlichen Zweigliedrigkeit eines ↑Satzes zuzuschreiben, daß in den Subjekt-Prädikat-Aussagen der Tradition einerseits beide Termini ihre benennende Funktion und nur diese (Einwortsätze werden nur grammatisch, nicht logisch berücksichtigt) beibehalten haben (↑Nominator), andererseits auch für ihre Verbindung eine benennende Funktion gesucht wird – die Verbindung als komplexer Terminus –, die neben der aussagenden Funktion dieser Verbindung als Satz fortbesteht und erst von L. Wittgenstein mit der Klarstellung, daß Sätze keine ↑Namen sind (vgl. Tract. 3.143), einer radikalen Kritik unterzogen wurde. Wird im Anschluß daran die Trennung zwischen Behauptung (der ›aussagenden‹ Funktion des Satzes im antiken Sprachgebrauch) und Aussage ohne Modus unterlassen, müssen Aussagen durch ihre Eigenschaft, wahr oder falsch zu sein, charakterisiert werden (diese Trennung war zwar bei Aristoteles mit seiner Unterscheidung von Sätzen in verschiedenen Funktionen angelegt, wurde aber durch seine Entscheidung, diese anderen Sätze, z. B. Gebete [vgl. de int. 4.17a1ff.], aus dem von der Logik behandelten Bereich auszuschließen und sie anderen Disziplinen wie ↑Rhetorik oder ↑Poetik zuzuweisen, keine Aufgabe der Logik). Die Einbettung der Aussagen in einen Argumentationsprozeß (↑Argumentation), wo sie als bejahende oder verneinende Behauptungen auftreten mit dem Ziel, zu einem begründeten U. über ihre Wahrheit oder Falschheit zu kommen, ist lediglich der epistemologische (pragmatische) Überbau über einer ontologischen (semantischen) Basis, nicht aber der allgemeinere Prozeß, der zu einem begründeten U. über den durch den Modus einer Aussage erhobenen Anspruch führen soll. Insbes. kann die in einem U. vollzogene *Anerkennung* der Wahrheit als begründete Bestätigung der Erfüllung des mit einer Behauptung erhobenen Wahrheitsanspruchs (Frege benutzt dafür den ↑Urteilsstrich) nicht auf das *Erkennen* einer Eigenschaft der behaupteten Aussage, ihres von der Aussage ausgedrückten ›Inhalts‹ oder ›Gedankens‹ (von Frege mit dem ↑Inhaltsstrich vor einem Aussagezeichen symbolisiert), nämlich wahr zu sein oder ›das Wahre‹ zu bedeuten, zurückgeführt werden; schließlich kann ein Wahrheitsanspruch auch unerfüllt bleiben und das U. ›falsch‹ lauten (daher die später im Formalsprachenprogramm der Analytischen Philosophie [↑Philosophie, analytische] mit der Preisgabe der eigenständigen Rolle des Inhaltsstrichs verbundene Deutung des Urteilsstrichs zusammen mit dem Inhaltsstrich als Behauptungszeichen [engl. assertion sign] ›⊢‹). Gedanken bilden im einfachsten Fall den Inhalt einer Prädikation, d. i. eine Aussage (ohne Modus), die in ganz verschiedenen Modi mit zugehörigen Ansprüchen, z. B. dem der Authentizität beim Erzählen, auftreten und in Bezug darauf Gegenstand eines U.s werden kann.

Die in der Tradition vorherrschende, aber auch in modernen U.stheorien, die auf der Gleichsetzung von U. und (intensionaler Bedeutung einer) Aussage (damit mit dem Fregeschen Gedanken) beruhen, verbreitete Beschränkung der U.sfunktion auf eine (semantische) Repräsentationsfunktion – beispielhaft ist die Erklärung A. G. Baumgartens: »Repraesentatio aliquorum conceptuum ut inter se vel convenientium vel repugnantium est iudicium« (Acroasis logica, Halle 1761, § 117) – verweist, abgesehen von der Rückstufung eines U.s von der Reflexionsstufe auf die Objektstufe (was auf die ebenfalls verbreitete Gleichsetzung des Urteilsaktes mit dem Prädikationsakt hinausläuft) auf das ungeklärte Verhältnis zwischen der signifikativen Funktion einer Sprachhandlung, ihrer Rolle als ↑Wort (in einer Ostension), und der kommunikativen Funktion einer Sprachhandlung, ihrer Rolle als ↑Satz (in einer Prädikation). Dabei unterscheiden sich die verschiedenen U.stheorien insbes. darin, welche Arten von Gegenständen unter der signifikativen Funktion als verbunden oder getrennt vorkommen sollen: Vorstellungen, Begriffe, Klassen (↑Klasse (logisch)), ↑Partikularia oder für noch besser geeignet gehaltene Kombinationen von solchen, etwa wenn statt der Verbindung nur von Partikularia diejenige von Partikulare und Begriff oder Klasse zu einer Tatsache vertreten wird (z. B. I. Kant: »Ein U. ist die Vorstellung der Einheit des Bewußtseins verschiedener Vorstellungen oder die Vorstellung des Verhältnisses derselben, sofern sie einen Begriff ausmachen«, Logik A 156 [Akad.-Ausg. IX, 101]; G. W. F. Hegel: »Das U. ist der Begriff in seiner Besonderheit, als unterscheidende *Beziehung* seiner Momente«, Enc. phil. Wiss. § 166, Sämtl. Werke VIII, 364; J. S. Mill: das U. ist nicht »recognition of some relation between concepts« [An Examination of Sir William Hamilton's Philosophy, [...], Collected Works IX, 333], vielmehr »concerning the fact, not the concept« [ebd. 329]).

Zu den wichtigen, wenngleich nur teilweise noch gebräuchlichen Unterscheidungen der Tradition, die Anlaß für eine Typologie der U.e gewesen sind, gehören: (1) analytisch – synthetisch (↑Urteil, analytisches, ↑Urteil, synthetisches, ↑analytisch, ↑synthetisch), (2) singular – partikular – universal (↑Urteil, singulares, ↑Urteil, partikulares, ↑Urteil, universelles, ↑singular, ↑partikular, ↑universal), (3) affirmativ – negativ (↑Urteil, negatives, ↑affirmativ, ↑negativ), (4) kategorisch – hypothetisch – disjunktiv (↑Urteil, kategorisches, ↑Urteil, hypothetisches, ↑Urteil, disjunktives), (5) apodiktisch – assertorisch – problematisch (↑Urteil, apodiktisches, ↑Urteil, assertorisches, ↑Urteil, problematisches). Zu den ausgezeichneten analytischen U.en zählt auch das identische U. (↑Urteil, identisches, ↑Identität).

Literatur: J. Brandl, Brentano's Theory of Judgement, SEP 2000, rev. 2014; R. Carey, Russell and Wittgenstein on the Nature of Judgement, London/New York 2007; H. Caygill, Art of Judgement, Oxford/Cambridge Mass. 1989; C. Z. Elgin, Considered Judgment, Princeton N. J. 1996, 1999; L. Erdei, Das U.. Die dialektisch-logische Theorie des U.s, Budapest 1981; A. Gibbard, Wise Choices, Apt Feelings. A Theory of Normative Judgement, Oxford, Cambridge Mass. 1990, 2002; E. Husserl, Erfahrung und U.. Untersuchungen zur Genealogie der Logik, Prag 1939, Hamburg [7]1999; F. Klinger, U.en, Zürich 2011; H. Lenk u. a. (eds.), U., Erkenntnis, Kultur. Akten der Tagung ›Zur Geschichte der U.slehre‹, Santiago de Chile, Januar 2000, Münster/Hamburg/London 2003; K. Lorenz/J. Mittelstraß, Theaitetos fliegt. Zur Theorie wahrer und falscher Sätze bei Platon (Soph. 251d–263d), Arch. Gesch. Philos. 48 (1966), 113–152, Nachdr. unter dem Titel: Theaitetos fliegt. Zur Theorie wahrer und falscher Sätze in Platons »Sophistes«, in: ders., Philosophische Variationen. Gesammelte Aufsätze unter Einschluss gemeinsam mit Jürgen Mittelstraß geschriebener Arbeiten zu Platon und Leibniz, Berlin/New York 2011, 11–48, ferner, unter dem Titel: Theaitetos fliegt – Zur Theorie wahrer und falscher Sätze in Platons »Sophistes«, in: J. Mittelstraß, Die griechische Denkform. Von der Entstehung der Philosophie aus dem Geiste der Geometrie, Berlin/Boston Mass. 2014, 193–229; M. Luntley, Wittgenstein. Meaning and Judgement, Malden Mass./Oxford 2003; W. G. Lycan, Judgement and Justification, Cambridge etc. 1988; W. M. Martin, Theories of Judgment. Psychology, Logic, Phenomenology, Cambridge etc. 2006; F. P. Ramsey, Facts and Propositions, in: ders., The Foundations of Mathematics and Other Logical Essays, ed. R. B. Braithwaite, London 1931, 138–155, Neudr. in: ders., Foundations. Essays in Philosophy, Logic, Mathematics and Economics, ed. D. H. Mellor, London/Henley 1978, 1979, 40–57; M. S. Stepanians, Frege und Husserl über U.en und Denken, Paderborn etc. 1998; D. Teichert, U./U.skraft, EP III ([2]2010), 2845–2949; C. H. Wenzel, U., in: P. Kolmer/A. G. Wildfeuer (eds.), Neues Handbuch philosophischer Grundbegriffe III, Freiburg/München 2011, 2284–2296; J. Wolenski (ed.), From the Act of Judging to the Sentence. The Problem of Truth Bearers from Bolzano to Tarski, Dordrecht etc. 2005; M. Wolff, Die Vollständigkeit der kantischen U.stafel. Mit einem Essay über Freges Begriffsschrift, Frankfurt 1995; ders., U., in: M. Willaschek u. a. (eds.), Kant-Lexikon III, Berlin/Boston Mass. 2015, 2425–2428; T. van Zantwijk u. a., U., Hist. Wb. Ph. XI (2001), 430–461; T. Ziehen, Lehrbuch der Logik auf positivistischer Grundlage mit Berücksichtigung der Geschichte der Logik, Bonn 1920 (repr. Berlin/New York 1974). K. L.

Urteil, analytisches, auf I. Kant zurückgehender philosophischer Terminus zur Bezeichnung eines ↑Urteils, dessen Wahrheit oder Falschheit ↑analytisch, also auf Grund der Bedeutungen der verwendeten Begriffsausdrücke und logischer Regeln, entscheidbar und daher ↑a priori gültig ist. Ein zentrales Thema der Erkenntnis- und Wissenschaftstheorie ist die Frage der Reichweite a. U.e, insbes., ob die Urteile der Arithmetik a. sind und diese Wissenschaft dementsprechend insgesamt a. ist, wie dies der ↑Logizismus in der Tradition G. Freges nachzuweisen versucht hat. G. G.

Urteil, apodiktisches, Terminus der traditionellen Logik (↑Logik, traditionelle) zur Bezeichnung von ↑Urteilen, die die Notwendigkeit eines Urteilsinhaltes, eines ↑Sachverhaltes oder einer ↑Prädikation aussagen. Entsprechend den unterschiedlichen Verwendungen des Ausdrucks ›notwendig‹ (↑notwendig/Notwendigkeit) läßt das a. U. verschiedene logische, erkenntnistheoretische oder ontologische Deutungen zu, die in der ↑Modallogik entwickelt werden (↑Modalität, ↑Modalkalkül). G. G.

Urteil, apophantisches (von griech. ἀπόφανσις bzw. λόγος ἀποφαντικός, Aussage, Behauptung), Bezeichnung für ein ↑Urteil, das ursprünglich bei Aristoteles sowohl die zusprechende als auch die absprechende (↑zusprechen/absprechen) ↑Prädikation, also die beiden Formen der ↑Elementaraussage ›a ε P‹ und ›a ε′ P‹ (↑Apophansis), umfaßt. In der traditionellen Logik (↑Logik, traditionelle) unterscheidet man häufig entsprechend zwischen ↑Affirmation und ↑Negation als eigenständigen Urteilsakten. In der modernen Logik wird dagegen seit G. Frege die Negation meist als Affirmation eines verneinten Inhalts verstanden. Das a. U. fällt danach mit dem assertorischen Urteil (↑Urteil, assertorisches, ↑Behauptung) zusammen. Es wird bei Frege durch den ↑Urteilsstrich dargestellt. G. G.

Urteil, assertorisches, Terminus der traditionellen Logik (↑Logik, traditionelle) zur Bezeichnung von modalen, die *Wirklichkeit* des Urteilsinhaltes aussagenden ↑Urteilen. Unterscheidet man Urteilsakt und Urteilsinhalt, so ist das a. U. das eigentliche Urteil im Sinne des positiven Urteilsaktes, der Zustimmung zu einem Urteilsinhalt. G. Frege hat hierfür als eigenes Zeichen den ↑Urteilsstrich eingeführt. Sprachlich entspricht dem assertorischen Urteil der ↑Sprechakt des Behauptens (↑Behauptung). G. G.

Urteil, ästhetisches, in Ästhetik (↑ästhetisch/Ästhetik) und Kunstphilosophie Oberbegriff einer nicht fest begrenzten Klasse von Einschätzungen und Beurteilungen, die durch die Semantik der verwendeten ↑Prädikate (↑Prädikator) sowie durch spezifische Geltungsansprüche und Erfüllungsbedingungen bestimmt sind. Aus der großen Menge von Prädikaten, die in ä.n U.en faktisch verwendet werden (›schön‹, ›geschmackvoll‹, ›angenehm‹, ›elegant‹, ›erhaben‹, ›gelungen‹, ›häßlich‹, ›grotesk‹ etc.), analysiert die Literatur vorwiegend den Begriff des ↑Schönen.

Die maßgebliche Explikation des ä.n U.s stammt von I. Kant (Critik der Urtheilskraft, Erster Theil. Critik der ästhetischen Urtheilskraft, Berlin/Libau 1790) und steht im Rahmen seiner Konzeption des transzendentalen Subjekts (↑Subjekt, transzendentales, ↑Transzendentalphilosophie). Der allgemeine Begriff des ↑Urteils wird von Kant als Unterordnung durch die ↑Sinnlichkeit vermittelter Gegenstandsvorstellungen unter Begriffe bestimmt. Das ä. U. ist kein objektives Urteil, in dem eine Erkenntnis über einen Gegenstand artikuliert ist. Die Gegenstandsvorstellung als solche ist nicht relevant; vielmehr ist das ä.n U. subjektiv, d. h., die Gegenstandsvorstellung wird ausschließlich im Hinblick auf ihre Funktion für das Auffassungs- und Erkenntnisvermögen des ↑Subjekts beachtet. Kant unterscheidet zwei Formen des ä.n U.s: (1) Das *materiale* ä. U. (Sinnesurteil) artikuliert die Lustempfindung des Subjekts, z. B. in Form der Aussage ›diese Rose duftet angenehm‹. (2) Das *formale* ä. U. (Geschmacksurteil; ↑Geschmack) beurteilt die Schönheit von einzelnen Gegenständen. Kant betont die logische Eigentümlichkeit, daß an der Subjektstelle des ä.n U.s immer nur ein Nomen im Singular steht, das ä. U. bezieht sich grundsätzlich nur auf einen einzelnen in der ↑Wahrnehmung gegebenen Gegenstand: ›diese Rose ist schön‹. Diese Analyse schließt aus, daß ein Urteil ›Rosen sind schön‹ als ä. U. aufgefaßt wird, denn hier wird eine objektbezogene Verallgemeinerung vorgenommen, die über das direkt in der Wahrnehmung Gegebene hinausgeht. Nach Kant ist Schönheit weder als objektive Eigenschaft von Gegenständen noch als bloße Artikulation subjektiver Lust zu bestimmen. Schönheit beruht auf einem spezifischen Verhältnis von ↑Einbildungskraft und ↑Verstand im Subjekt. Mit dieser These setzt sich Kant sowohl von einem ↑Objektivismus wie von einem platten ↑Emotivismus ab. Obwohl das Urteil über das Schöne keine Gegenstandserkenntnis beinhaltet, ermöglicht es als Reflexionsurteil eine intersubjektive (↑Intersubjektivität) ↑Kommunikation über das Weltverhältnis der Subjekte.

Im Einzelnen betont Kants Analyse des Urteils über das Schöne vier Momente: (1) die *Interesselosigkeit* des Subjekts an der Existenz des schönen Gegenstands. Diese Interesselosigkeit steht im Gegensatz zu den Interessen, die mit der Beurteilung angenehmer Gegenstände und (moralisch) guter Handlungen verbunden sind (KU B 16); (2) die *Verallgemeinerbarkeit* des Wohlgefallens am schönen Gegenstand, welche im Gegensatz zur strikten Privatheit des Urteils über angenehme Sinneserlebnisse steht (KU B 32); (3) die *formale* ↑*Zweckmäßigkeit* der Gegenstandsvorstellung für die sich wechselseitig anregende Aktivität von Einbildungskraft und Verstand: »Schönheit ist die Form der Zweckmäßigkeit eines Gegenstands, sofern sie, ohne Vorstellung eines Zwecks, an ihm wahrgenommen wird« (KU B 61); (4) die *Notwendigkeit* des Wohlgefallens, das bedingt ist durch die Reflexion auf das Verhältnis von Einbildungskraft und Verstand. Da alle Menschen hinsichtlich ihrer Erkenntnisvermögen übereinstimmen, tritt das Wohlgefallen am Schönen nicht idiosynkratisch auf, sondern ist mit *Notwendigkeit* gegeben: »*Schön* ist, was ohne Begriff als Gegenstand eines *notwendigen* Wohlgefallens erkannt wird« (KU B 68). Aufgrund der rein formalen Bestimmungsmomente des Wohlgefallens am Schönen kann der Urteilende eine Zustimmung anderer prinzipiell unterstellen. An diesen Gedanken anknüpfend hat F. Schiller (↑Schiller, Friedrich) Kants Theorie ästhetischer Erfahrung (↑Erfahrung, ästhetische) in Richtung auf eine Kulturphilosophie weiter entwickelt. Kant selbst hat in seiner »Kritik der Urteilskraft« Überlegungen zur Kunst (KU §§ 43–53) formuliert, aber sein Ansatz bleibt durch die Subjektivierung der Phänomene des Schönen und des Erhabenen (↑Erhabene, das) bestimmt. Seine Konzeption des ä.n U.s wurde aufgrund der Konjunktur der Kunstphilosophie und Ästhetik des ↑Idealismus nur punktuell berücksichtigt. In der Breitenwirkung wurde sie durch G. W. F. Hegels Philosophie der Kunst verdrängt. Im 20. Jh. wurden Kants Analysen insbes. dort aufgegriffen, wo in Abwendung von produktionsästhetischen (↑Produktion, ↑Produktionstheorie) Positionen die Rezeption (↑Rezeptionstheorie) als Ausgangspunkt ästhetischer Fragestellungen in den Mittelpunkt des Interesses rückt. In der gegenwärtigen Diskussion innerhalb der Analytischen Philosophie (↑Philosophie, analytische) werden unter veränderten Rahmenbedingungen die von Kant erörterten Probleme erneut aufgegriffen. Dabei werden vor allem der deskriptive (↑deskriptiv/präskriptiv) oder evaluative Charakter des ä.n U.s, die Semantik ästhetischer Prädikate sowie die Frage nach den einschlägigen Kriterien des ä.n U.s (intrinsisch: organische Einheit, Kohärenz, Symmetrie, vs. extrinsisch: emotionale Reaktion des Betrachters, Repräsentationsfunktion des Objekts) behandelt.

Literatur: A. Baeumler, Das Irrationalitätsproblem in der Ästhetik und Logik des 18. Jahrhunderts bis zur Kritik der Urteilskraft, Halle 1923, Darmstadt [2]1967 (repr. 1974, 1981); M. C. Beardsley, What Is an Aesthetic Quality?, Theoria 39 (1973), 50–70 (dt. Was ist eine ästhetische Eigenschaft?, in: R. Bittner/P. Pfaff [eds.], Das ä. U. [s. u.], 237–250); ders., The Descriptivist Account of Aesthetic Attributions, Rev. int. philos. 28 (1974), 336–352; ders., In Defense of Aesthetic Value, Proc. and Addresses Amer. Philos. Assoc. 52 (1979), 723–749; J. Bender, Supervenience and the Justification of Aesthetic Judgments, J. Aest. Art Crit. 46 (1987), 31–40; R. Bittner/P. Pfaff (eds.), Das ä. U.. Beiträge zur sprachanalytischen Ästhetik, Köln 1977; H. Caygill, Art of Judgement, Oxford/Cambridge Mass. 1989; T. Cohen/P. Guyer (eds.), Essays in Kant's Aesthetics, Chicago Ill./London 1982, [2]1985; D. W. Crawford, Comparative Aesthetic Judgments and Kant's Aesthetic Theory, J. Aest. Art Crit. 38 (1980), 289–298; ders., Kant's Principles of Judgment and Taste, in: G. Funke/T. M. Seebohm (eds.), Proceedings of the Sixth International Kant Congress II/2, Lanham Md./London 1989, 281–292; B. Dörflinger, Die Realität des Schönen in Kants Theorie rein ästhetischer Urteilskraft. Zur Gegenstandsbedeutung subjektiver und formaler Ästhetik, Bonn 1988; J. Fisher, Universalizability and Judgments of Taste, Amer. Philos. Quart. 11 (1974), 219–225; ders. (ed.), Essays on Aesthetics. Perspectives on the Work of Monroe C. Beardsley, Philadelphia Pa. 1983; U. Franke, Kunst als Erkenntnis. Die Rolle der Sinnlichkeit in der Ästhetik des Alexander Gottlieb Baumgarten, Wiesbaden 1972; dies. (ed.), Kants Schlüssel zur Kritik des Geschmacks. Ästhetische Erfahrung heute – Studien zur Aktualität von Kants »Kritik der Urteilskraft«, Hamburg 2000; C. Fricke, Kants Theorie des reinen Geschmacksurteils, Berlin/New York 1990; E. Friedlander, Expressions of Judgment. An Essay on Kant's Aesthetics, Cambridge Mass./London 2015; H. Ginsborg, The Role of Taste in Kant's Theory of Cognition, New York etc. 1990; T. A. Gracyk, Are Kant's ›Aesthetic Judgment‹ and ›Judgment of Taste‹ Synonymous?, Int. Philos. Quart. 30 (1990), 159–172; P. Guyer, Kant and the Claims of Taste, Cambridge Mass./London 1979, Cambridge etc. [2]1997; ders., Kant and the Experience of Freedom. Essays on Aesthetics and Morality, Cambridge etc. 1993, 1996; G. Häfliger, Vom Gewicht des Schönen in Kants Theorie der Urteile, Würzburg 2002; D. Henrich, Aesthetic Judgment and the Moral Image of the World. Studies in Kant, Stanford Calif. 1992, 1995; I. C. Hungerland, The Logic of Aesthetic Concepts, Proc. and Addresses Amer. Philos. Assoc. 36 (1962/1963), 43–66 (dt. Die Logik ästhetischer Begriffe, in: R. Bittner/P. Pfaff [eds.], Das ä. U. [s. o.], 111–133); dies., Once again, Aesthetic and Non-Aesthetic, J. Aest. Art Crit. 26 (1968), 285–295 (dt. Noch einmal ästhetisch und nicht-ästhetisch, in: R. Bittner/P. Pfaff [eds.], Das ä. U. [s. o.], 156–170); F. Kaulbach, Ästhetische Welterkenntnis bei Kant, Würzburg 1984; S. Kemal, Kant and Fine Art. An Essay on Kant and the Philosophy of Fine Art and Culture, Oxford 1986; ders., Kant's Aesthetic Theory. An Introduction, Basingstoke etc. 1992, [2]1997; G. Kohler, Geschmacksurteil und ästhetische Erfahrung. Beiträge zur Auslegung von Kants »Kritik der ästhetischen Urteilskraft«, Berlin/New York 1980 (Kant-St. Erg.hefte 111); J. Kulenkampff, Kants Logik des ä.n U.s, Frankfurt 1978, [2]1994; ders., The Objectivity of Taste. Hume and Kant, Noûs 24 (1990), 93–110; F. A. Kurbacher-Schönborn, U., ä., Hist. Wb. Ph. XI (2001), 462–465; K. Lüdeking, Analytische Philosophie der Kunst, Frankfurt 1988, München 1998 (franz. La philosophie analytique de l'art, Paris 2013); J. L. Mackie, Aesthetic Judgments. A Logical Study, in: ders., Persons and Values. Selected Papers II, ed. J. Mackie/P. Mackie, Oxford 1985, 60–76; C. MacMillan, Kant's Deduction of Pure Aesthetic Judgements, Kant-St. 76 (1985), 43–54; M. A. McCloskey, Kant's Aesthetics, Basingstoke etc. 1987; G. McFee, Artistic Judgement. A Framework for Philosophical Aesthetics, Dordrecht etc. 2011; H. Meyer, Das ä. U., Hildesheim/Zürich/New York 1990; S. Nachtsheim, Geschmacksurteil, in: M. Willaschek u. a. (eds.), Kant-Lexikon I, Berlin/Boston Mass. 2015, 788–790; ders., Geschmacksurteil, empirisches (materiales), in: M. Willaschek u. a. (eds.), Kant-Lexikon [s. o.] I, 791–792; ders., Geschmacksurteil, reines (formales), in: M. Willaschek u. a. (eds.), Kant-Lexikon [s. o.] I, 792–794; ders., Geschmacksurteile, Deduktion der, in: M. Willaschek u. a. (eds.), Kant-Lexikon [s. o.] I, 794–796; ders., Geschmacksurteile, Momente der, in: M. Willaschek u. a. (eds.), Kant-Lexikon [s. o.] I, 796–798; M. Neville, Nietzsche on Beauty and Taste. The Problem of Aesthetic Evaluations, Int. Stud. Philos. 16 (1984), 103–120; H. Osborne, Definition and Evaluation in Aesthetics, Philos. Quart. 23 (1973), 15–27; ders., Some Theories of Aesthetic Judgment, J. Aest. Art Crit. 38 (1979), 135–144; A. Piecha, Die Begründbarkeit ästhetischer Werturteile, Paderborn 2002; M. Riedel, Zum Verhältnis von Geschmacksurteil und Interpretation in Kants Philosophie des Schönen, in: G. Funke (ed.), Akten des Siebenten Internationalen Kant-Kongresses […] 1990 II/1, Bonn/Berlin 1991, 715–733; A. Savile, Kantian Aesthetics Pursued, Edinburgh 1993; E. Schaper, Studies in Kant's Aesthetics, Edinburgh 1979; dies., Zur Problematik des ä.n U.s, in: G. Funke (ed.), Akten des Siebenten Internationalen Kant-Kongresses […] 1990 [s. o.] I, 15–29; M. Seel, Die Kunst der Entzweiung. Zum Begriff der ästhetischen Rationalität, Frankfurt 1985, 1997; ders., Eine Ästhetik der Natur, Frankfurt 1991, [3]2009; F. Sibley, Aesthetic Concepts, Philos. Rev. 68 (1959), 421–450, rev. in: J. Margolis (ed.), Philosophy Looks at the Arts. Contemporary Readings in Aesthetics, New York 1962, 63–87, Philadelphia Pa. 1987, 29–52 (dt. Ästhetische Begriffe, in: J. Kulenkampff [ed.], Materialien zu Kants »Kritik der Urteilskraft«, Frankfurt 1974, 337–370, rev. in: R. Bittner/P. Pfaff [eds.], Das ä. U. [s. o.], 87–110); ders., Aesthetic and Nonaesthetic, Philos. Rev. 74 (1965), 135–159 (dt. Ästhetisch und nicht-ästhetisch, in: R. Bittner/P. Pfaff [eds.], Das ä. U. [s. o.], 134–155);

ders., Objectivity and Aesthetics, Proc. Arist. Soc. Suppl. 42 (1968), 31–54; ders., General Criteria and Reasons in Aesthetics, in: J. Fisher (ed.), Essays on Aesthetics [s. o.], 3–20; H. Spremberg, Zur Aktualität der Ästhetik Immanuel Kants. Ein Versuch zu Kants ästhetischer Urteilstheorie mit Blick auf Wittgenstein und Sibley, Frankfurt etc. 1999; C. L. Stevenson, Interpretation and Evaluation in Aesthetics, in: M. Black (ed.), Philosophical Analysis. A Collection of Essays, Ithaca N. Y. 1950, New York 1971, 341–383; W. Strube, Zur Struktur ästhetischer Wertäußerungen, Grazer philos. Stud. 10 (1980), 167–180; D. Teichert, Immanuel Kant: »Kritik der Urteilskraft«. Ein einführender Kommentar, Paderborn etc. 1992; ders., Urteil/Urteilskraft, EP II (1999), 1669–1671, III ([2]2010), 2845–2949; D. Thürnau, Gedichtete Versionen der Welt. Nelson Goodmans Semantik fiktionaler Literatur, Paderborn etc. 1994; R. Wicks, Hegel's Theory of Aesthetic Judgment, New York etc. 1994; W. Wieland, Urteil und Gefühl. Kants Theorie der Urteilskraft, Göttingen 2001; L. Wittgenstein, Lectures and Conversations on Aesthetics, Psychology and Religious Belief, ed. C. Barrett, Oxford 1966, Berkeley Calif./Los Angeles 2007; J. O. Young, Semantics of Aesthetic Judgements, Oxford etc. 2017. D. T.

Urteil, disjunktives, Terminus der traditionellen Logik (↑Logik, traditionelle) zur Bezeichnung eines Urteils, dessen Prädikat aus einer vollständigen Reihe einander ausschließender, d. h. disjunkter, Begriffe besteht: S ist entweder P_1 oder P_2 oder … oder P_n. Seltener besteht das Subjekt aus disjunkten Begriffen: entweder S_1 oder S_2 oder … oder S_n ist P. Grundlage des d.n U.s ist das ausschließende ↑›oder‹. In der ↑Junktorenlogik entspricht dem d.n U. (für zwei Aussagen p und q) die Verbindung $p \succ\!\!\prec q$ (↑Disjunktion). Häufig wird (mißverständlich) auch das nicht-ausschließende ›oder‹, die ↑Adjunktion, ›Disjunktion‹ genannt. G. G.

Urteil, hypothetisches (engl. hypothetical judgement), in der antiken, nacharistotelischen Logik Oberbegriff für zusammengesetzte ↑Urteile (im Unterschied zu einfachen oder ›kategorischen‹ Urteilen), und zwar unter Einschluß nicht nur konditionaler (↑Bedingung), sondern auch konjunktiver (↑Urteil, konjunktives) und disjunktiver (↑Urteil, disjunktives) Urteile. Obwohl sich die Spezifizierung im Sinne des konditionalen Urteils bereits bei A. M. T. S. Boethius findet, bleibt der weite Gebrauch im Mittelalter bewahrt. Erst seit Beginn der Neuzeit herrscht das konditionale Verständnis vor, das dann von I. Kant festgeschrieben wird und in der Folgezeit, vor allem in der deutschsprachigen Tradition, bis zur Entstehung der modernen Logik bei G. Frege bestimmend bleibt.

Mit Frege setzt sich zunächst die – teilweise bereits von traditionellen Logikern (↑Logik, traditionelle) des 19. Jhs. (z. B. C. Sigwart) geäußerte – Auffassung durch, daß die Kantische Unterscheidung (hinsichtlich der Relation der Urteile) zwischen kategorischen, hypothetischen und disjunktiven Urteilen »nur grammatische Bedeutung« hat (Begriffsschrift […], Halle 1879, § 4). Dies kommt z. B. dadurch zum Ausdruck, daß in der extensionalen (↑extensional/Extension) Aussagenlogik (↑Junktorenlogik) die konditionale Aussage $p \rightarrow q$ logisch äquivalent (↑Äquivalenz) ist mit der disjunktiven (adjunktiven) Aussage $\neg p \vee q$, ferner dadurch, daß eine kategorische Aussage wie ›Deutsche sind Europäer‹ als (generelle) hypothetische Aussage der Form $\bigwedge_x$(Deutscher(x) $\rightarrow$ Europäer(x)) dargestellt wird.

Auch wenn in der traditionellen Logik das konditionale Moment (im Sinne des sprachlichen ↑›wenn – dann‹) für das h. U. bestimmend ist, kann es sich doch auf die Relation zwischen unterschiedlichen Bestandteilen erstrekken. Zu beachten ist vor allem, ob von einer Relation zwischen ↑*Begriffen* oder zwischen ↑*Aussagen* ausgegangen wird. In beiden Fällen kann es sich dann noch einmal um eine *bedingte Behauptung* oder um die (unbedingte) Behauptung eines Bedingungsverhältnisses handeln. Es sind also die folgenden vier Auffassungen zu unterscheiden: (1) die bedingte Behauptung, daß einem Subjekt S ein Prädikat P zukommt, und zwar unter der Bedingung, daß dem S bereits ein anderes Prädikat Q zukommt; (2) die Behauptung, daß zwischen zwei Begriffen ein Bedingungsverhältnis im Sinne der ↑Inklusion besteht; (3) die bedingte Behauptung der Wahrheit einer Aussage (des ›Nachsatzes‹), und zwar unter der Bedingung, daß eine andere Aussage (der ›Vordersatz‹) wahr ist; (4) die Behauptung, daß zwischen zwei Aussagen die Beziehung der ↑Implikation (Folgerung) besteht.

In allen hier genannten Fällen wird von einem inhaltlichen Zusammenhang zwischen den Begriffen bzw. den Aussagen ausgegangen. Aus diesem Grunde läßt sich das h. U. der Tradition nicht auf die angeführte aussagenlogische Verbindung der so genannten materialen Implikation bzw. ↑Subjunktion $p \rightarrow q$ reduzieren. Nur die so genannte formale Implikation leistet eine angemessene, wenn auch auf den Fall (2) beschränkte, Darstellung. So läßt sich ein h. U. der Form ›wenn etwas (x) ein Q ist, dann ist es (x) ein P‹ (wie das oben betrachtete kategorische Urteil) darstellen als $\bigwedge_x(Q(x) \rightarrow P(x))$. Die in der extensionalen Logik (↑Logik, extensionale) – im Anschluß an Frege und B. Russell – nicht behandelten intensionalen Aspekte des traditionellen h.n U.s finden gegenwärtig insbes. in der ↑Logik des ›Entailment‹ wieder Berücksichtigung.

Literatur: P. Baumann, U., h., in: M. Willaschek u. a. (eds.), Kant-Lexikon III, Berlin/Boston Mass. 2015, 2435; H. Linneweber-Lammerskitten, Untersuchungen zur Theorie des h.n U.s, Münster 1988; A. Menne, Zur Begriffsgeschichte von ›hypothetisch‹, in: N. Fischer u. a. (eds.), Alte Fragen und neue Wege des Denkens. Festschrift für Josef Stallmach, Bonn 1977, 92–100; C. Sigwart, Beiträge zur Lehre vom h.n Urtheile, Tübingen 1871. G. G.

Urteil, identisches, Terminus der traditionellen Logik (↑Logik, traditionelle) zur Bezeichnung eines ↑Urteils, dessen Subjekt und Prädikat identisch sind, z. B. ›Mensch ist Mensch‹. Logisch betrachtet gelten i. U.e als tautologisch (vgl. I. Kant, Logik § 37, Akad.-Ausg. IX, 111; ↑Tautologie). Rhetorisch ist dies häufig allerdings nicht der Fall. Gegenbeispiele sind ›Recht ist Recht‹ oder ›Frau ist Frau‹, ›Mann ist Mann‹, durch die die ↑Identität im Sinne eines unveränderlichen ↑Wesens oder Faktums behauptet wird (vgl. L. Wittgensteins Bemerkung »›Krieg ist Krieg!‹ ist ja auch nicht ein Beispiel des Identitätsgesetzes«, Philos. Unters. II, XI [Schriften I, Frankfurt 1960, 533]). – Sprachkritisch rekonstruiert gibt es für ›*P* ist *P*‹ (↑principium identitatis) eine Reihe von Lesarten: (1) Jede Instanz des *P*-Typs ist ein *P* (↑type and token). (2) Wenn etwas ein *P* ist, so ist es ein *P* (↑Logik, formale). (3) Die Eigenaussage ›dieses *P* ist ein *P*‹, d. h. ›$\iota P \varepsilon P$‹ unter Verwendung der deiktischen ↑Kennzeichnung ›ιP‹ (↑indexical). Abweichend von dem angeführten Sprachgebrauch werden (z. B. von C. Wolff) auch ↑Definitionen als i. U.e (Propositionen) bezeichnet. G. G.

Urteil, kategorisches (von griech. *κατηγορικὴ πρότασις*, [bejahend] aussagende Behauptung), Terminus der traditionellen Logik (Arist. an. pr. 2.25a7–8; ↑Logik, traditionelle) für ein *einfaches*, nicht mehr aus anderen Urteilen zusammengesetztes ↑Urteil; er tritt daher z. B. in Abgrenzung zu ›hypothetisches Urteil‹ (↑Urteil, hypothetisches) auf. Da einfache Urteile oder ↑Aussagen (*propositio simplex*, *propositio categorica*) traditionell durch eine ↑Minimalaussage, also eine Subjekt-Prädikat-Aussage mit einem ↑Terminus sowohl an Subjekt- als auch an Prädikatstelle, sprachlich wiedergegeben werden, gehören zu ihnen in moderner logischer Analyse (↑Analyse, logische): (1) ↑Elementaraussagen oder einfache prädikative Urteile, z. B. ›dieser Stuhl wakkelt‹, (2) rein quantorenlogisch (↑Quantorenlogik) zusammengesetzte Aussagen, z. B. ›jemand ist krank‹, (3) junktorenlogisch (↑Junktorenlogik) und quantorenlogisch zusammengesetzte Aussagen, z. B. ›Metall dehnt sich bei Erwärmung aus‹. Ferner gehören zu den k.n U.en sämtliche Instanzen der syllogistischen Aussageformen (↑Syllogistik), also die universal-affirmativen Urteile *SaP* (›alle *S* sind *P*‹; ↑*a*), die partikular-affirmativen Urteile *SiP* (›einige *S* sind *P*‹; ↑*i*), die universal-negativen Urteile *SeP* (›kein *S* ist *P*‹; ↑*e*) und die partikular-negativen Urteile *SoP* (›einige *S* sind nicht *P*‹; ↑*o*). Die k.n U.e der Tradition lassen sich in der modernen ↑Logik nicht mehr als einfach charakterisieren; sie spielen nur noch eine historische Rolle. K. L.

Urteil, konjunktives, Terminus zur Bezeichnung von Urteilen, deren Inhalt aus der ↑Konjunktion $p \wedge q$ von zwei Aussagen *p* und *q* gebildet ist. In der traditionellen Logik (↑Logik, traditionelle) sind k. U.e solche Urteile, in denen einem Subjekt mehrere Prädikate zugesprochen werden: ›*S* ist P_1 und P_2 und … und P_n‹; es sind also aus den Urteilen ›*S* ist P_1‹, ›*S* ist P_2‹, …, ›*S* ist P_n‹ zusammengezogene Urteile. Wird verschiedenen Subjekten dasselbe Prädikat zugesprochen (›S_1 und S_2 und … und S_n sind *P*‹), spricht man häufig von einem *kopulativen Urteil*. G. G.

Urteil, limitatives, ↑Urteil, unendliches.

Urteil, negatives, Terminus der traditionellen Logik (↑Logik, traditionelle) zur Bezeichnung eines ↑Urteils, in dem einem Subjekt *S* ein Prädikat *P* abgesprochen wird. Dies kann partikular (↑Urteil, partikulares) oder generell (↑Urteil, universelles) geschehen. Entsprechend werden *partikular* verneinende Urteile (*SoP*: einige *S* sind nicht *P*; ↑*o*) und *generell* verneinende Urteile (*SeP*: kein *S* ist *P*; ↑*e*) unterschieden. Sieht man davon ab, daß in der modernen Logik (anders als in der traditionellen Logik) für *S* und *P* auch leere Begriffe, d. h. Begriffe, unter die kein Gegenstand fällt, stehen dürfen, so lassen sich unter der Voraussetzung, daß *S* und *P* nicht leer sind, die genannten Urteilsformen quantorenlogisch wie folgt darstellen:

SoP: $\bigvee_x (S(x) \wedge \neg P(x))$,
SeP: $\neg\bigvee_x (S(x) \wedge P(x))$.

Als n. U.e sind diese Urteile erkennbar an dem ↑Negator ›$\neg$‹, der in den genannten Beispielen allerdings in ganz unterschiedlicher Funktion vorkommt. Auch die bejahenden Urteile

SaP: $\bigwedge_x (S(x) \rightarrow P(x))$,
SiP: $\bigvee_x (S(x) \wedge P(x))$

lassen sich quantorenlogisch (↑Quantorenlogik) in verneinende Urteile äquivalent umformulieren:

SaP: $\neg\bigvee_x (S(x) \wedge \neg P(x))$,
SiP: $\neg\bigwedge_x \neg(S(x) \wedge P(x))$.

Aus diesen Gründen ist die Charakterisierung eines Urteils als negativ eher grammatischer als logischer Art, nämlich abhängig davon, ob (und wo) in der sprachlichen Formulierung der Negator vorkommt. Betrachtet man den negativen Charakter aber nicht als absolut, so ist es sinnvoll, *relativ* zu einem Urteil *U* zu sagen, daß dessen Negation das zu *U* n. U. ist. Übertragen auf die moderne Redeweise von Aussagen ist dann $\neg p$ die negative Aussage zu *p*, wobei offenbleibt, ob *p* selbst eine positive oder negative Aussage ist. Essentiell für dieses Verständnis ist, daß die ↑Negation sich auf die ganze Aussage erstreckt. Der Negator wird dabei als einstelliger ↑Junktor gedeutet. Mit ›$\neg p$‹ ist dann gemeint, daß es nicht der Fall ist, daß *p*. Diese Auffassung geht wesentlich auf G. Frege zurück, der alle sprachlichen Formen der Negation auf diese eine Form reduziert und den negativen Urteilsakt, die negative ↑Kopula und die nega-

tiven Begriffe (↑Urteil, unendliches) als eigenständige Formen der Negation verwirft.
Eine Wiederaufnahme hat das n. U. in der Konstruktiven Wissenschaftstheorie (↑Wissenschaftstheorie, konstruktive, ↑Konstruktivismus) gefunden. Da die Einführung von ↑Prädikatoren anhand von Beispielen *und* Gegenbeispielen erfolgt, gelten die entsprechenden positiven und negativen ↑Elementaraussagen ›$a_1 \varepsilon P$‹ und ›$a_2 \varepsilon' P$‹ als gleich ursprünglich. Die Symbole ›ε‹ und ›ε'‹ stehen hier für die ↑Sprachhandlungen des Zusprechens bzw. Absprechens (↑zusprechen/absprechen), in denen jeweils positiver Urteilsakt und positive Kopula bzw. negativer Urteilsakt und negative Kopula verschmolzen sind.

Literatur: G. Frege, Die Verneinung. Eine logische Untersuchung, Beitr. Philos. Dt. Ideal. 1 (1918/1919), 143–157, Neudr. unter dem Titel: Logische Untersuchungen. Zweiter Teil: Die Verneinung, in: ders., Kleine Schriften, ed. I. Angelelli, Darmstadt, Hildesheim 1967, Hildesheim/Zürich/New York ²1990, 362–378; A. Menne/Red., Negation, Hist. Wb. Ph. VI (1984), 666–670; W. Windelband, Beiträge zur Lehre vom n.n Urtheil, in: Straßburger Abhandlungen zur Philosophie. Eduard Zeller zu seinem 70. Geburtstage, Freiburg 1884 (repr. Tübingen 1921), 167–195. G. G.

Urteil, partikulares (auch: besonderes Urteil), Terminus der traditionellen Logik (↑Logik, traditionelle) zur Bezeichnung von Urteilen der sprachlichen Formen ›einige *S* sind *P*‹ und ›einige *S* sind nicht *P*‹. Dementsprechend werden p. U.e unterschieden in *partikular bejahende* Urteile (*SiP*; ↑*i*) und *partikular verneinende* Urteile (*SoP*; ↑*o*). In der modernen ↑Quantorenlogik werden p. U.e wie folgt dargestellt:

$$\begin{aligned} &SiP\text{:}\quad \bigvee_x (S(x) \wedge P(x)),\\ &SoP\text{:}\quad \bigvee_x (S(x) \wedge \neg P(x)). \end{aligned}$$

Im Gegensatz zur traditionellen Logik, die von nichtleeren Begriffen *S* und *P* ausgeht, gelten in der modernen Logik die traditionellen subalternen (↑subaltern (logisch)) Schlüsse von *SaP* auf *SiP* und von *SeP* auf *SoP* nicht (↑Quadrat, logisches). G. G.

Urteil, problematisches, Terminus der traditionellen Logik (↑Logik, traditionelle) zur Bezeichnung eines ↑Urteils, das die *Möglichkeit* eines Urteilsinhaltes aussagt. Entsprechend den unterschiedlichen Verwendungen des Ausdrucks ›möglich‹ (↑möglich/Möglichkeit) läßt das p. U. verschiedene logische, erkenntnistheoretische und ontologische Deutungen zu, die in der ↑Modallogik entwickelt werden (↑Modalkalkül). Neben der Zuordnung einer eigenen ↑Modalität hat es auch Versuche gegeben, das p. U. als partikulares Urteil (↑Urteil, partikulares) zu deuten, indem eine Aussage wie ›eine Erkältung kann den Tod zur Folge haben‹ (›es ist möglich, daß eine Erkältung den Tod zur Folge hat‹) expliziert wird als ›einige Erkältungen haben den Tod zur Folge‹ (so G. Frege, Begriffsschrift [...], Halle 1897, §4). Daneben wird das p. U. auch als bloße Annahme gedeutet, d. h. als nicht behaupteter Urteilsinhalt oder bloße ↑Proposition. G. G.

Urteil, remotives, Terminus der traditionellen Logik (↑Logik, traditionelle) zur Bezeichnung von Urteilen, die sprachlich durch ›weder – noch‹ ausgedrückt werden, in der traditionellen Logik z. B. als ›*S* ist weder P_1 noch P_2‹ oder ›weder S_1 noch S_2 ist *P*‹. R. U.e werden meist in Verbindung mit dem konjunktiven Urteil (↑Urteil, konjunktives) behandelt, weil sie die durchgehende Verneinung der einzelnen Konjunktionsglieder aussagen. In der modernen ↑Junktorenlogik entspricht dem (für zwei Aussagen) die ↑Negatkonjunktion $\neg p \wedge \neg q$. G. G.

Urteil, singulares, Terminus der traditionellen Logik (↑Logik, traditionelle) zur Bezeichnung eines ↑Urteils, dessen ↑Subjektbegriff ein ↑Individualbegriff ist. Sprachlich entspricht dem eine ↑Individualaussage oder ↑Elementaraussage, an deren grammatischer Subjektstelle ein ↑singularer Term (ein ↑Eigenname oder eine ↑Kennzeichnung) steht. In der traditionellen Logik wird das s. U. unter dem Gesichtspunkt des Sphärenverhältnisses von Subjekt und Prädikat dem generellen bzw. universellen Urteil (↑Urteil, universelles) zugerechnet, weil in beiden Fällen das Prädikat vom Subjekt ›ohne Ausnahme‹ gilt (I. Kant, Logik §21, Anm. 1, Akad.-Ausg. IX, 102). G. G.

Urteil, synthetisches, Bezeichnung für ein Urteil, dessen Wahrheit oder Falschheit ↑synthetisch und nicht bloß ↑analytisch entscheidbar ist. Obwohl die Gegenüberstellung von analytischen und s.n U.en terminologisch auf Kant zurückgeht (KrV B 10–14, Akad.-Ausg. III, 33–36), findet sie sich der Sache nach bereits vorher sowohl in der rationalistischen als auch in der empiristischen Tradition (↑Rationalismus, ↑Empirismus). So bei D. Hume in der Unterscheidung zwischen Beziehungen von Vorstellungen (›relations of ideas‹) und Tatsachen (›matters of fact‹) sowie bei G. W. Leibniz in der Unterscheidung zwischen ↑Vernunftwahrheiten (›vérités de raison‹) und ↑Tatsachenwahrheiten (›vérités de fait‹). In Kantischer Terminologie gesprochen sind die Beziehungen von Vorstellungen sowie die Vernunftwahrheiten analytische Urteile und die Tatsachen(wahrheiten) s. U.e. Während die ersteren zudem Urteile ↑a priori sind, werden die zweiten als a posteriori geltend aufgefaßt. Dagegen betont Kant die Möglichkeit s. U.e a priori. Diese Position wird bis heute in der Erkenntnis- und Wissenschaftstheorie kontrovers diskutiert (↑synthetisch). G. G.

Urteil, unendliches, Terminus der traditionellen Logik (↑Logik, traditionelle) zur Bezeichnung von ↑Urteilen, deren Prädikat *P* verneint ist als Nicht-*P*. Die Bezeichnung geht auf die Übersetzung von lat. ›infinitus‹ zurück. Dabei wird die ursprüngliche Bedeutung, es nicht mit einem auf positiver Begrenzung beruhenden Begriff zu tun zu haben, dahingehend gedeutet, daß die Sphäre (der ↑Umfang) eines Begriffs Nicht-*P* alles einschließt, was *außerhalb* der Sphäre (des Umfangs) des Begriffs *P* liegt, nämlich unendlich Vieles (I. Kant, KrV B 98–99). Weil (in Kants Ausdrucksweise) die ›unendliche Sphäre alles Möglichen‹ durch das Nicht-*P* insofern ›beschränkt‹ wird, als die *P*s ausgegrenzt werden, heißt das u. U. auch ›beschränkendes‹ (›einschränkendes‹) oder ›limitatives Urteil‹.

Die Eigenständigkeit des u.n U.s ist bereits in der traditionellen Logik umstritten. H. Lotze spricht gar von »offenbare[n] Grillen« (Logik, Leipzig 1874, § 40). Das u. U. gilt weitgehend als äquivalent (↑Äquivalenz) mit dem negativen Urteil (↑Urteil, negatives). Seine Eigenständigkeit wird insbes. von Kant im Rahmen seiner transzendentalen Logik (↑Logik, transzendentale) verteidigt. In formaler Hinsicht rechnet auch Kant es zu den negativen Urteilen (KrV B 97). Formale Berücksichtigung haben negative Begriffe in dem mengentheoretischen Begriff des ↑Komplements einer Menge bzw. Klasse gefunden (↑Negation).

Literatur: P. Baumann, U., u., in: M. Willaschek u. a. (eds.), Kant-Lexikon III, Berlin/Boston Mass. 2015, 2440–2441; F. Ishikawa, Kants Denken von einem Dritten. Das Gerichtshof-Modell und das u. U. in der Antinomienlehre, Frankfurt etc. 1990; P. McLaughlin, Kants Kritik der teleologischen Urteilskraft, Bonn 1989, 62–69 (Das u. U.); A. Menne, Das u. U. Kants, Philos. Nat. 19 (1982), 151–162. G. G.

Urteil, universelles (auch: universales oder allgemeines Urteil), Terminus der traditionellen Logik (↑Logik, traditionelle) zur Bezeichnung eines Urteils, das einem Subjekt ein Prädikat entweder allgemein *bejahend* (*SaP*; ↑*a*) oder allgemein *verneinend* (*SeP*; ↑*e*) zuspricht. In der modernen Logik wird *SaP* als $\bigwedge_x (S(x) \to P(x))$ und *SeP* als $\bigwedge_x (S(x) \to \neg P(x))$ ausgedrückt. In dieser Darstellung sind u. U.e mit leerem Subjektbegriff *S* immer wahr. – Die Allgemeinheit des u.n U.s versteht sich meist als bloß faktische. Ist sie (als *genus*bedingte) notwendig, so unterscheidet man auch zwischen u.n U.n und apodiktischen generellen Urteilen (vgl. z. B. H. Lotze, Logik. Drei Bücher vom Denken, vom Untersuchen und vom Erkennen, Leipzig 1874, § 68). G. G.

Urteil a priori, synthetisches, ↑synthetisch.

Urteilskraft, nach I. Kant Bezeichnung für ein besonderes Erkenntnisvermögen (KU XXI) als Mittelglied zwischen dem ↑Verstand und der ↑Vernunft. U. ist das Vermögen, »unter Regeln zu subsumieren, d. i. zu unterscheiden, ob etwas unter einer gegebenen Regel (...) stehe oder nicht« (KrV B 171). Kant greift das Konzept einer ›natürlichen U.‹ auf und bestimmt die U. als die Fähigkeit, am konkreten Beispiel zu einem gegebenen Fall das Allgemeine, die Regel zu finden. Die U. ist Bedingung etwa des politischen, ärztlichen oder richterlichen Handelns (KrV B 173–174). Für diese Fähigkeit gibt es keine ›Vorschriften‹, die in einer allgemeinen Logik der U. zu entwickeln wären; die U. kann nicht wie Verstand oder Vernunft gelehrt, sondern nur ›geübt‹ werden. Diese Bestimmung der U. knüpft an die philosophische Tradition an, die in der U. zunächst eine Fähigkeit der sinnlichen Abschätzung sieht (die in eingeschränktem Maße selbst den Tieren zukommt), dann eine besondere praktische Fähigkeit der Abschätzung des Besonderen in einem Erkenntnis- oder Handlungszusammenhang.

In der scholastischen (↑Scholastik) Philosophie (Avicenna, Thomas von Aquin, F. Suárez) gehört die U. (*vis aestimativa*) als Fähigkeit, die Dinge richtig einzuschätzen, den inneren Sinnen (↑Sinn, innerer) zu. Der ↑Rationalismus (G. W. Leibniz, C. Wolff, bes. A. G. Baumgarten) bestimmt U. als *facultas iudicandi.* U. ist eine theoretische oder praktische Fähigkeit des Verstandes, die Dinge (theoretische Fähigkeit) oder vorhersehbare Dinge (praktische Fähigkeit) nach ihrer ↑Vollkommenheit zu erkennen, d. h. das Mannigfaltige einer Sache entweder als zusammenhängend oder als nicht-zusammenhängend einzusehen und entsprechend zu (be-)urteilen. Da neben der Wissenschaft von den Regeln der deutlichen (↑klar und deutlich) Beurteilung seit Baumgarten auch die sinnlichen Beurteilungen zum Gebiet der Philosophie gehören, ist das Beurteilungsvermögen auch sinnlich. U. ist die Grundlage des ↑Geschmacks, gehört aber nicht zum rein sinnlichen, sondern zum ästhetischen Geschmack, dem Geschmack am Schönen, i. e. der Fähigkeit, Vollkommenheit oder Unvollkommenheit derjenigen Dinge zu beurteilen, die Gegenstand der dunklen, unklaren Vorstellungen sind. U. (bzw. Beurteilungskraft) als Vermögen des Verstandes befähigt, falsch oder wahr zu urteilen. Sie bestimmt sich darin als voreiliger (*iudicium praeceps*) bzw. als verdorbener Geschmack (*gustus corruptus*) oder als reifer (*iudicium maturum*), d. h. gereinigter, feiner Geschmack (*spor non publicus, gustus delicatus*).

Kant schließt in der »Kritik der U.« diese Bedeutungen zusammen und erweitert die allgemeine Logik der U. um eine ↑transzendentale ›Doktrin der U.‹ (KrV B 174–189), um »Fehltritte der U. (lapsus judicii) [...] zu verhüten« und Regeln des Gebrauchs der U. zugleich mit einem Entwurf des Bereichs möglicher Fälle, worauf sie angewandt werden können, zu entwickeln. Beeinflußt durch die Philosophie des Rationalismus und des englischen ↑Empirismus bestimmt Kant den Bereich der U.

in der »Kritik der U.« als den Bereich der ästhetischen (↑ästhetisch/Ästhetik) Urteile oder Geschmacksurteile, dann ergänzend als den Bereich der teleologischen (↑Teleologie) Urteile. Im Geschmacksurteil (↑Geschmack) leistet die U. zunächst eine sinnliche Gefühlsbeurteilung der Vollkommenheit des Gegenstandes, d.h., für Kant des Gegenstandes, insofern er geeignet ist, das ↑Gefühl der ↑Lust oder Unlust im Betrachter hervorzurufen. Da der Geschmack als das Vermögen bestimmt wird, allgemeingültig zu wählen, erfordert die Kritik der sinnlichen U. als Kritik des Geschmacks oder der Ästhetik nicht nur empirisch allgemeine Regeln, sondern ein Prinzip ↑a priori für das Gefühl. Dies ist die erweiterte U., die die Kritik der U. als das Vermögen untersucht, zwischen Verstand und Vernunft, Natur und Freiheit zu vermitteln. In der Ästhetik als Kritik des Geschmacks erweist sich daher die Bestimmung der U. als das ›Vermögen, unter Regeln zu subsumieren‹ als nicht zureichend. Kant erweitert diese allgemeine Bestimmung. Die U. ist bestimmende und reflektierende U.. Sie ist bestimmend, wenn sie Besonderes unter ein Allgemeines, das der Verstand gibt (Regel, Prinzip, Gesetz), subsumiert; sie ist reflektierende U., wenn sie zu einem gegebenen Besonderen das Allgemeine finden soll. Anders als für die bestimmende U. finden sich für die reflektierende U. Prinzipien a priori, die nicht konstitutiv, sondern bloß ↑regulativ sind.

Die »Kritik der U.« wird über die zuerst geplante Ästhetik hinaus erweitert um eine Lehre der Beurteilung der ↑Natur: Die reflektierende U. ist ästhetische und teleologische U.. Ästhetische U. ist das Vermögen, formale Zweckmäßigkeit des Gegenstandes durch das Gefühl der Lust oder Unlust zu beurteilen. Die »Kritik der U.« entwickelt eine Analytik des ↑Schönen bzw. des ↑Erhabenen als apriorische Untersuchung des Geschmacksvermögens. Teleologische U. ist das Vermögen, die Natur durch Verstand und Vernunft in Analogie zur ↑Freiheit nach ↑Zwecken zu beurteilen; die Kritik der teleologischen U. analysiert die Urteile, die eine ↑Zweckmäßigkeit der Natur unterstellen – von der wissenschaftlichen Betrachtung der Natur bis zur Deutung der Natur als ↑Schöpfung. Kant sieht in der transzendentalen Analytik (↑Analytik, transzendentale) der U. in der »Kritik der U.« die Möglichkeit, seine kritische Philosophie systematisch abzuschließen. Die Philosophie nach Kant (z.B. J.G. Fichte, K.L. Reinhold) zerlegt die systematische Einheit der U. wieder in ein sinnliches Vermögen und in ein Vermögen des Verstandes.

Literatur: H.E. Allison, Kant's Theory of Taste. A Reading of the »Critique of Aesthetic Judgment«, Cambridge etc. 2001; A. Baeumler, Das Irrationalitätsproblem in der Ästhetik und Logik des 18. Jahrhunderts bis zur »Kritik der U.«, Halle 1923 (repr. Darmstadt 1967, 1981) (franz. Le problème de l'irrationalité dans l'esthétique et la logique du XVIIIe siècle, jusqu'à la Critique de la faculté de juger, Straßburg 1999); G. Böhme, Kants »Kritik der U.« in neuer Sicht, Frankfurt 1999; D. Burnham, An Introduction to Kant's Critique of Judgement, Edinburgh 2000; H.W. Cassirer, A Commentary on Kant's »Critique of Judgment«, London 1938, New York 1970; K. Düsing, Die Teleologie in Kants Weltbegriff, Bonn 1968, [2]1986; R. Enskat (ed.), Erfahrung und U., Würzburg 2000; ders., Bedingungen der Aufklärung. Philosophische Untersuchungen zu einer Aufgabe der U., Weilerswist 2008; G. Felten, Die Funktion des ›sensus communis‹ in Kants Theorie des ästhetischen Urteils, München/Paderborn 2004; M.C. Fistioc, The Beautiful Shape of the Good. Platonic and Pythagorean Themes in Kant's »Critique of the Power of Judgment«, New York/London 2002; W. Forst, Die Grundlagen des Begriffs der U. bei Kant, Königsberg 1904; H. Ginsborg, The Normativity of Nature. Essays on Kant's Critique of Judgment, Oxford etc. 2015; P. Guyer, Kant's Critique of the Power of Judgment. Critical Essays, Lanham Md. etc. 2003; R. Hiltscher/S. Klingner/D. Süß (eds.), Die Vollendung der Transzendentalphilosophie in Kants »Kritik der U.«, Berlin 2006; O. Höffe (ed.), Immanuel Kant, Kritik der U., Berlin 2008; F. Hughes, Kant's Critique of Aesthetic Judgement. A Reader's Guide, London/New York 2010; F. Kaulbach, Immanuel Kant, Berlin 1969, Berlin/New York [2]1982, 265–299 (Kap. 3 Weiterführung des transzendentalen Systemgedankens und die Vermittlung von Freiheit und Erscheinung); S. Körner, Kant, Harmondsworth etc. 1955, 1984 (dt. Kant, Göttingen 1967, [2]1980); M. Kugelstadt, Synthetische Reflexion. Zur Stellung einer nach Kategorien reflektierenden U. in Kants theoretischer Philosophie, Berlin/New York 1998; R.A. Makkreel, Imagination and Interpretation in Kant. The Hermeneutical Import of the Critique of Judgment, Chicago Ill./London 1990, 1994 (dt. Einbildungskraft und Interpretation. Die hermeneutische Tragweite von Kants »Kritik der U.«, Paderborn etc. 1997); G. Martin, Immanuel Kant. Ontologie und Wissenschaftstheorie, Köln 1951, [2]1958, Berlin [4]1969 (engl. Kant's Metaphysics and Theory of Science, Manchester 1955 [repr. Westport Conn. 1974]); P. Menzer, Kants Ästhetik in ihrer Entwicklung, Berlin 1952; F. Nobbe, Kants Frage nach dem Menschen. Die Kritik der ästhetischen U. als transzendentale Anthropologie, Frankfurt etc. 1995; R.W. Puster, U.; Urteilsvermögen, Hist. Wb. Ph. XI (2001), 479–485; U. Seeberg, U., in: M. Willaschek u.a. (eds.), Kant-Lexikon III, Berlin/Boston Mass. 2015, 2443–2454; H. Spremberg, Zur Aktualität der Ästhetik Immanuel Kants. Ein Versuch zu Kants ästhetischer Urteilstheorie mit Blick auf Wittgenstein und Sibley, Frankfurt etc. 1999; D. Teichert, Immanuel Kant: »Kritik der U.«. Ein einführender Kommentar, Paderborn etc. 1992; ders., Urteil/U., EP III ([2]2010), 2845–2949; W. Wieland, Urteil und Gefühl. Kants Theorie der U., Göttingen 2001; K. Wille, U., ästhetische, in: M. Willaschek u.a. (eds.), Kant-Lexikon [s.o.] III, 2454–2455; dies., U., praktische, in: M. Willaschek u.a. (eds.), Kant-Lexikon [s.o.] III, 2455–2456; dies., U., teleologische, in: M. Willaschek u.a. (eds.), Kant-Lexikon [s.o.] III, 2456–2457; R. Zuckert, Kant on Beauty and Biology. An Interpretation of the »Critique of Judgment«, Cambridge etc. 2007. A.G.-S.

Urteilsstrich (Zeichen: ein senkrechter Strich ›|‹), von G. Frege (Begriffsschrift, eine der arithmetischen nachgebildete Formelsprache des reinen Denkens, Halle 1879) eingeführtes Symbol, das anzeigt, daß der auf ihn folgende Urteilsinhalt (›beurteilbarer Inhalt‹, später: ↑›Gedanke‹) als wahr anerkannt wird. Der U. tritt in Freges Symbolismus stets mit dem waagerechten ↑›Inhaltsstrich‹ (dem später so genannten ↑›Waagerechten‹) in der Verbindung ›⊢‹ auf. Dabei steht der U. für den Akt des Urteilens selbst, dem in der traditionellen Logik (↑Logik, traditionelle) das assertorische Urteil (↑Urteil, assertorisches) entspricht. Die sonstigen Urteilsformen werden bei Frege zu *Inhalts*formen. Der negative Akt der Verwerfung wird auf die positive Anerkennung eines verneinten Urteilsinhalts zurückgeführt. Aus diesem Grunde erübrigt sich nach Frege die Einführung eines negativen U.s.

Aus heutiger Sicht ist der U. kein semantisches, sondern ein pragmatisches Symbol. Bereits bei Frege bringt er die ›behauptende Kraft‹ zum Ausdruck, mit der ein Behauptungssatz zum Zwecke des Behauptens geäußert wird. Sprachlich entspricht dem Urteil demnach eine ↑Behauptung. Entsprechend wird der U. (in Verbindung mit dem Inhaltsstrich) in der Sprechakttheorie (↑Sprechakt) als Zeichen für die illokutionäre Rolle des Behauptens verwendet.

Literatur: D. Bell, Frege's Theory of Judgement, Oxford etc. 1979; V. H. Dudman, Frege's Judgment-Stroke, Philos. Quart. 20 (1970), 150–161; G. Grewendorf/D. Zaefferer, Theorien der Satzmodi/Theories of Sentence Mood, HSK VI (1991), 270–286, bes. 270–273. G. G.

Urteilstheorie, Bezeichnung für ausgearbeitete Fassungen der Lehre vom ↑Urteil, die neben der vorangehenden Lehre vom ↑Begriff und der nachfolgenden Lehre vom ↑Schluß eine Abteilung der traditionellen Logik (↑Logik, traditionelle) bildet. In der modernen ↑Logik gehört die U. einfacher Aussagen (↑Elementaraussage) in Gestalt einer Prädikationstheorie (↑Prädikation) zur ↑Sprachphilosophie. Sie bildet das Fundament der zu einem Bestandteil der formalen Logik (↑Logik, formale) gewordenen U. der übrigen Aussagen, soweit diese als logisch zusammengesetzt analysiert werden. Daneben behandeln U.n die allgemeinen begrifflichen Probleme, die mit dem Status der ↑Sprache zwischen Logik und ↑Psychologie zu tun haben und im allgemeinen innerhalb einer Bedeutungstheorie als *Satzsemantik* (↑Semantik) erörtert werden. Wird die (intensionale; ↑intensional/Intension) Bedeutung (bei G. Frege: der ↑Sinn) eines ↑Satzes als ↑Gedanke (↑Proposition) bezeichnet, so geht es dabei insbes. darum, die ›logische‹ Rolle des Gedankens in bezug auf ↑Wahrheit (oder andere Beurteilungsgesichtspunkte, wenn nicht der ↑Modus der ↑Behauptung vorliegt, wie es im Falle eines Aussagesatzes meist unterstellt wird) und seine ›psychologische‹ Rolle in bezug auf ↑Wissen (knowledge) oder Glauben (belief; ↑Glaube (philosophisch)) zu bestimmen. Daher stehen U.n wissenschaftstheoretisch stets im Zusammenhang mit ↑Wahrheitstheorien und Kognitionstheorien (↑Philosophie des Geistes, ↑philosophy of mind, ↑Repräsentation, mentale), was sich traditionell im Zusammenhang der beiden anderen Abteilungen der Logik, der Lehre vom Begriff und der Lehre vom Schluß, je mit ↑Ontologie und ↑Erkenntnistheorie ausgedrückt hat.

Die Tradition hat zahlreiche Gesichtspunkte zur Klassifikation von U.n entwickelt, unter denen nur einige sich auch für die moderne Behandlung von Urteilen eignen. Dazu gehört insbes. die unter der Voraussetzung des (einfachen) Urteils als einer Verbindung zweier Vorstellungen/Begriffe zu einem Ganzen, dem Gedanken/der Proposition, stehende Einteilung (B. Erdmann 1892) in *Inhaltstheorien* (↑Inhalt) und *Umfangstheorien* (↑Umfang). Dabei sollen Inhaltstheorien sich nicht nur auf U.n beziehen, die von der älteren Bestimmung des Inhalts eines Begriffs als Klasse seiner ↑Merkmale Gebrauch machen, sondern auch solche einschließen, die direkt von den Gegenständen handeln, die unter einen Begriff fallen (damit gehören auch die antiken U.n zu den Inhaltstheorien). Hingegen werden in Umfangstheorien nur die Beziehungen der Begriffsumfänge oder Klassen von Gegenständen betrachtet, wie in der nachantiken kanonisch gewordenen Fassung der ↑Syllogistik. In beiden Fällen aber haben sowohl die Vorstellungen/Begriffe als auch die Gedanken/Propositionen wegen ihrer Funktion als Bindeglied zwischen (schematischen) Wörtern (↑Wort) bzw. ↑Sätzen und (individuellen) ↑Gegenständen bzw. ↑Tatsachen einen eigentümlich zwischen logischen und psychologischen Zügen schwankenden Charakter: Relativ zu den (›äußeren‹ schematischen) ↑Sprachhandlungen spielen sie eine auf deren individuelle Realisierung in Äußerungen bezogene, das Verstehen regierende logische Rolle (↑Tiefenstruktur); relativ zu den (individuellen) Gegenständen und Tatsachen spielen sie die Rolle von (›inneren‹ schematischen) Sprachhandlungen, nämlich der grundsätzlich im Sprechen (↑Oberflächenstruktur) sich äußernden mentalen Repräsentationen, den Elementen der ›Mentalsprache‹ (›mentalesisch‹; ↑Sprache des Denkens). Dieser Zweideutigkeit wird in der nachkantischen traditionellen Logik mit einem erkenntnistheoretischen ↑Idealismus begegnet, der in der logischen Funktion psychischer Gegenstände die Lösung des Statusproblems sieht (C. Sigwart, W. Hamilton, B. Erdmann, E. Lask u. a.). Dabei ist es gleichgültig, ob die U. inhaltslogisch, etwa auf partielle ↑Identität der Begriffsinhalte in der Proposition gerichtet (Identitätstheorien; ↑Begriffslogik), oder umfangslogisch, etwa mit den syllogistischen Relationen der Begriffsumfänge in der Proposition befaßt (Subsumtionstheorien, ↑Klassenlogik), auftritt.

Neben der älteren, vom ↑Neukantianismus im Rahmen eines Kritischen Realismus (↑Realismus, kritischer) getragenen Gegenbewegung gegen diesen ›Psychologismus‹ in der Logik wird mit der in bezug auf die U. bereits von B. Bolzano vorweggenommenen modernen Logik Freges und der sowohl für die Analytische Philosophie

(↑Philosophie, analytische) als auch für die ↑Phänomenologie richtungweisenden sprachanalytischen U. F. Brentanos ein ontologischer Realismus (↑Realismus (ontologisch)) entwickelt, mit dem die Logik wieder von der Psychologie emanzipiert werden soll. Er geht aus von der ↑Intentionalität psychischer Akte, deren Gegenstände teils selbständig (↑Platonismus (wissenschaftstheoretisch)), teils unselbständig, dem Akt untrennbar verbunden, verstanden werden, so daß insbes. der Inhalt einer Aussage zum intentionalen Objekt eines Urteilsaktes wird (A. Meinong, G. E. Moore, der frühe B. Russell, E. Husserl). Die Besonderheit der U. Brentanos besteht darin, daß er noch im Rahmen der traditionellen Logik mit der Zweigliedrigkeit eines Urteils bricht und alle Aussagen in einen komplexen prädikativen Ausdruck umformt, z. B. ›ein Mensch ist krank‹ in ›ein kranker Mensch‹, um anschließend mit Hilfe des Existenzbegriffs (↑Existenz (logisch)) die Anerkennung oder die Verwerfung der Existenz eines Gegenstandes, dem der prädikative Ausdruck zukommt, in einem Urteil auszusprechen. Mit diesem kanonischen, erstmals ausdrücklich auf den sprachlichen Ausdruck bezogenen Verfahren wird der Inhalt einer Aussage zu einem Begriff, die Aussage im Ganzen zu einem Gegenstand der ↑Pragmatik: Satzsemantik ist auf Wortsemantik zurückgeführt.

Dieser Schritt, mit dem Gedanken/Propositionen eliminiert werden, ist radikaler als derjenige L. Wittgensteins, der in Kritik an Freges Beibehaltung der Gedanken/Propositionen als ↑Namen – weil damit eine Unverträglichkeit von U. und Wahrheitstheorie erzeugt wird – den Gedanken lediglich den Status von Namen nimmt. Die gleichzeitig sich durchsetzende Behandlung der Urteile in ihrer sprachlichen Darstellung als ↑Aussagen (ohne und mit expliziter Markierung ihres Modus als Behauptung [assertion]) führt zu einer Verlagerung der in U.n ursprünglich behandelten Probleme: Ausgangspunkt werden die Aussagen bzw. Sätze in einem Modus; ihre Bedeutungen sind keine einer U. bereits verfügbaren Gegenstände, sondern müssen selbst erst im Rahmen der U. konstituiert werden. An die Stelle der logischen Funktion psychischer Gegenstände tritt die logische Funktion sprachlicher Gegenstände – gegenwärtig in der logischen Semantik behandelt (↑Semantik, logische) –, an die Stelle intentionaler Objekte psychischer Akte die ↑Intention von Sprachhandlungen – gegenwärtig in der ↑Pragmatik, speziell der Theorie der ↑Sprechakte thematisiert. In beiden Fällen führt die Frage nach der Beteiligung psychischer Faktoren und deren genauer Bestimmung zu eigenständigen neuen Problemen (↑Philosophie des Geistes, ↑philosophy of mind). Die ursprünglichen Inhaltstheorien im engeren, auf Begriffsinhalte bezogenen Sinn, haben dabei innerhalb der intensionalen Semantik (↑Semantik, intensionale) ihren neuen Platz gefunden, während die Umfangstheorien von der extensionalen (↑extensional/Extension) oder mengentheoretischen (↑Mengenlehre) ↑Semantik beerbt wurden.

Diejenigen älteren Inhaltstheorien, die sich nicht mit den Begriffen, sondern gleich mit den Gegenständen befassen, die unter die Begriffe fallen, lassen sich ohne besonderen Umbau unmittelbar als sprachliche U.n behandeln. Dazu gehört die insbes. im englischen Sprachraum einflußreiche *nominalistische* U. (↑Nominalismus) von J. S. Mill: Aussagen (propositions) als sprachlicher Ausdruck von Urteilen (judgments) sind im objektsprachlichen (↑Objektsprache) Fall Behauptungen über die Dinge selbst – wir denken mit prädikativen Ausdrücken (general or class names) und nicht mit Begriffen –, so daß die U. zu den sprachphilosophischen Grundlagen der empirischen Wissenschaften und nicht eigentlich zur Logik gehört. Das genaue Gegenstück, insofern es sich um die nur denkbare, nicht aber machbare Überführung auch der empirischen Wissenschaften in die Logik handelt, liegt in der gegenüber der Unterscheidung von Inhalts- und Umfangstheorie invarianten ↑*analytischen* U. von G. W. Leibniz vor: Ein durch ein Urteil ausgedrückter begrifflicher Zusammenhang (cogitabile compositum/complexum aus notiones/conceptus [= cogitabile simplex]), z. B. ›homo est animal rationale‹, sagt etwas über die mit Zeichen vorgenommenen ↑Schematisierungen der Wirklichkeit aus, z. B. über den schematischen Zug (feature universal, P. F. Strawson) ›Menschsein‹, aber nichts über ↑Partikularia, etwa die einzelnen Menschen. Partikularia sind durch Materialität im raum-zeitlichen Zusammenhang charakterisierte ›Phänomene‹, bloße ›Körper‹, deren begriffliches Fundament in einer ›Substanz‹, also durch vollständige ↑Kennzeichnung eines Partikulare, erst gesucht ist. Nur insofern diese Fundierung zur Verfügung steht, wie es im Endlichen allein für ↑abstrakte Individuen, z. B. ›Menschheit‹ (humanitas), nicht für einzelne Menschen, gelingen kann, sind zuverlässige Urteile über Individuen möglich, weil darüber dann das Kriterium der Analytizität des Urteils entscheidet – der ↑Prädikatbegriff ist in dem zur Kennzeichnung verwendeten ↑Subjektbegriff enthalten, das Urteil eine partielle Identität (↑Prädikation), also ›praedicatum inest subiecto‹. Die mathematisch, und d. h. kalkulatorisch gewonnenen Zusammenhänge zwischen den bloß an Körpern vorgenommenen Schematisierungen (z. B. Bewegungsgesetze) sind ›ideale‹ Beschreibungen, die noch nicht, wie nach dem Prinzip vom zureichenden Grund (↑Grund, Satz vom) für zuverlässiges Wissen erforderlich, aus den begrifflichen Bestimmungen der Körper, ihrer ↑Konstitution, analytisch folgen, also allein unter Anwendung des Prinzips vom auszuschließenden Widerspruch (↑Widerspruch, Satz vom) gewonnen werden können. Diese Forderung ist wegen der im Endlichen unerfüllbaren Bedingung vollständiger Kennzeichnung (↑Begriff, vollständiger) von raum-zeitlichen Phänomenen wiederum selbst nur schematisch, also ihre bloße Möglichkeit betreffend (darin besteht der Sinn von Leibnizens eigenem Urteil, allein die Zentralmonade ›Gott‹ verfüge über vollständiges Wissen), nicht aber ›wirklich‹ einzulösen.

Literatur: F. H. Bradley, The Principles of Logic, London 1883, in 2 Bdn., [2]1922, 1928 (repr. Bristol 1999), Oxford etc. 1967; F. Brentano, Psychologie vom empirischen Standpunkte I, Leipzig 1874, [2]1924, ferner in: Sämtl. veröffentlichte Schr. I, Frankfurt etc. 2008, 1–289; B. Erdmann, Logik, Halle 1892, Berlin/Leipzig [3]1923; P. Geach, Mental Acts. Their Content and Their Objects, London, New York 1957, 1971; W. Hamilton, Lectures on Metaphysics and Logic, I–IV, Edinburgh/London 1861–1866 (repr. Stuttgart-Bad Cannstatt 1969–1970, Bristol 2001), 1870–1874; E. Husserl, Logische Untersuchungen, I–II, Halle 1900/1901, [2]1913/1921, ed. E. Holenstein/U. Panzer, Den Haag 1975/1984 (= Husserliana XVIII/XIX [Erg.bde: Husserliana XX/1–2]), ferner als: Ges. Schr. II–IV, Hamburg 1992, separat 2013; ders., Erfahrung und Urteil. Untersuchungen zur Genealogie der Logik, Prag 1939, Hamburg [7]1999; ders., Untersuchungen zur U.. Texte aus dem Nachlass (1893–1918), ed. R. D. Rollinger, Dordrecht 2009 (= Husserliana XL); E. Lask, Die Lehre vom Urteil, Tübingen 1912, ferner in: Sämtl. Werke II, Jena 2003, 247–403; K. Lorenz, Leibnizens Monadenlehre. Versuch einer logischen Rekonstruktion metaphysischer Konstruktionen, in: C. F. v. Weizsäcker/E. Rudolph (eds.), Zeit und Logik bei Leibniz. Studien zu Problemen der Naturphilosophie, Mathematik, Logik und Metaphysik, Stuttgart 1989, 11–31, Nachdr. in: ders., Philosophische Variationen. Gesammelte Aufsätze unter Einschluß gemeinsam mit Jürgen Mittelstraß geschriebener Arbeiten zu Platon und Leibniz, Berlin/New York 2011, 92–108; H. Lotze, Logik, Leipzig 1843, erw. unter dem Titel: System der Philosophie I, 1874 (repr. Hildesheim/Zürich/New York 2004), [2]1880, in 2 Bdn., 1912, [2]1928; H. Margolis, Patterns, Thinking, and Cognition. A Theory of Judgement, Chicago Ill./London 1987; A. Meinong, Über Annahmen, Leipzig 1902 (repr. Amsterdam 1970, Ann Arbor Mich./London 1980), [2]1910 (repr. als: Gesamtausg. IV, Graz 1977), [3]1928; J. S. Mill, A System of Logic, Ratiocinative and Inductive, Being Connected with a View of the Principles of Evidence and the Methods of Scientific Investigation, London 1843, I–II, London [8]1872, ferner als: Collected Works, VII–VIII, Toronto/Buffalo N. Y., London 1973/1974, Indianapolis Ind. 2006; ders., An Examination of Sir William Hamilton's Philosophy and of the Principal Philosophical Questions Discussed in His Writings, London 1865, I–II, London/New York [6]1889, ferner als: Collected Works IX, Toronto/Buffalo N. Y., London 1979, London 1996; B. Russell, An Inquiry into Meaning and Truth, London 1940, Nottingham 2007; L. H. P. Schlegel, U. bei Friedrich Ueberweg, Münster/Hamburg 1992; C. Sigwart, Logik, I–II, Tübingen 1873/1878, [5]1924; W. Windelband, Die Prinzipien der Logik, Tübingen 1913; T. Ziehen, Lehrbuch der Logik auf positivistischer Grundlage mit Berücksichtigung der Geschichte der Logik, Bonn 1920 (repr. Berlin/New York 1974). K. L.

Urzeugung (engl. spontaneous generation, lat. generatio spontanea oder generatio aequivoca), Bezeichnung für eine teilweise bis ins 20. Jh. hinein vertretene Konzeption der Biologie (1) zur Erklärung der elternlosen, plötzlichen und zufälligen (›spontanen‹) Entstehung gegenwärtig existierender kleiner ↑Organismen (z. B. Insekten, ›Infusorien‹, Bakterien), (2) insbes. seit den vulgärmaterialistischen (↑Vulgärmaterialismus) Konzeptionen des 19. Jhs. und der Darwinschen ↑Evolutionstheorie zur Erklärung der natürlichen Entstehung von vororganismischer ›lebender Materie‹ oder ›lebenden Molekülen‹ (z. B. G.-L. L. de Buffons ›moule intérieur‹) bzw. historisch erster Lebewesen aus leblosem Stoff.

Aristoteles (De gen. an. Γ11.761a14–763b16) stellt eine erste ausformulierte Theorie zur U. im Sinne von (1) auf. Dabei gilt allgemein, daß die spontane Entstehung von Formen (a) ungewöhnlich und (b) zufällig (↑zufällig/Zufall) ist. Sie realisiert ferner (c) die gleichen Ziele, die üblicherweise durch zweckhaftes (↑Zweck) Handeln oder das Wirken der ↑Natur hervorgebracht werden. Urgezeugte Organismen unterscheiden sich von sexuell gezeugten dadurch, daß bei ihrer Zeugung kein bereits die spätere organische Form vorgebender Samen involviert ist. Der in diesem Zusammenhang behaupteten Seltenheit von U. scheinen allerdings die von Aristoteles selbst gegebenen zahlreichen Beispiele (z. B. Insekten wie Flöhe, Fliegen, bestimmte Käferarten, Stechmücken, kleine Schlangen, bestimmte im Tang lebende Fische, Flußfische und Schalentiere) zu widersprechen. U.en sind entgegen seiner generellen Behauptung auch nicht zufällig, da Aristoteles (De gen. an. Γ11.762a19–32) die physikalischen Bedingungen (z. B. Wasser, Schlamm und insbes. Wärme) angibt, unter denen U. auftreten kann, und er den Prozeß einer U. beschreibt. Dieser wird zwar nicht wie die Entwicklung sonstiger Organismen von der zu erreichenden organischen Form (als ›formale Ursache‹) angetrieben, jedoch nimmt Aristoteles eine, je nach materieller Ausgangslage verschiedene, ἀρχὴ ψυχική an, die die U. bewirkt.

Aristoteles' Lehre von der U. wird in der Antike häufig diskutiert und modifiziert (z. B. von Theophrastos von Eresos, Epikur, Lukrez) und auch im Mittelalter weithin vertreten. In der Neuzeit spricht sich z. B. R. Descartes für die U. aus; auch W. Harvey sucht sie trotz seines dem U.sgedanken entgegenstehenden Prinzips ›omne vivum ex ovo‹ nicht kategorisch auszuschließen. Ein weiterer Vertreter der U. ist J. T. Needham (1713–1781) (Nouvelles observations microscopiques, avec des découvertes intéressantes sur la composition et la décomposition des corps organisés, Paris 1750), der sich vor allem für die U. aus in Zersetzung begriffenen organischen Stoffen interessiert. Needham sieht dabei eine vitalistisch (↑Vitalismus) gedeutete ›force réelle productrice‹ am Werk. In der Evolutionstheorie J. B. Lamarcks spielt die Idee beständiger U. ›niederer‹ Organismen als Basis evolutionärer Linien eine wichtige Rolle.

Die neuzeitlichen Gegner der U. (z. B. D. Sennert, P. Gassendi) bekämpfen diese vor dem Hintergrund unterschiedlicher Theorien der Präexistenz von Keimen (unter anderem im Sinne der Präformation) und einer methodologischen Auffassung von ↑Naturgesetzen, die zufällige Ereignisse wie die U. nicht zuläßt. In diesem Kontext sind auch die Experimente (von F. Redi und L. Spallanzani bis zu L. Pasteur [1862]) zu sehen, die nach und nach die U. für eine ständig wachsende Zahl derjenigen Fälle ausschließen, in denen ihr Vorliegen behauptet worden war. Zu Beginn des 19. Jhs. gewinnt allerdings (vorwiegend in Deutschland) die Idee der U. von Infusorien und parasitischen Würmern unter dem Einfluß der romantischen Naturphilosophie (↑Naturphilosophie, romantische) noch einmal große Bedeutung. Heute wird U. im Sinne von (1) nicht mehr vertreten. – Die älteste philosophisch-wissenschaftliche U.sthese im Sinne (2), d. h. bezüglich natürlicher Entstehung ersten Lebens auf der Erde überhaupt, gibt Anaximander (z. B. VS 12 A 30). Danach sind die ersten Lebewesen ›im Feuchten‹ entstanden, und zwar seeigelartige Formen, ›von stacheligen Rinden‹ umgeben.

In der an der christlich-jüdischen Idee der ↑Schöpfung orientierten Wissenschaft des Mittelalters und der Neuzeit hat die Konzeption einer spontanen Entstehung historisch erster Lebewesen naturgemäß keinen Platz. Dagegen nimmt vor allem im atheistischen (↑Atheismus) Materialismus (↑Materialismus (historisch)) der deutschen ›Vulgärmaterialisten‹ (K. Marx; ↑Vulgärmaterialismus) die U. des Lebendigen aus anorganischer Materie eine zentrale Rolle ein. Auch die Darwinsche Evolutionstheorie impliziert im Prinzip – obwohl dies vielfach, z. B. von C. Darwin und T. H. Huxley, bestritten wird – eine abiotische Entstehung des Lebens. Darüber hinaus fördert die Zelltheorie in den 60er Jahren des 19. Jhs. mit ihrer Annahme des ›Protoplasmas‹ als des wesentlichen und zugleich relativ einfachen Grundbestandteils der Zelle die Vorstellung, daß dieses direkt aus anorganischer Materie entstanden sein könnte (z. B. E. Haeckels Hypothese eines protoplasmatischen ›Urschleims‹ auf dem Meeresboden). Die Fortschritte der Biochemie, insbes. seit der Wende zum 20. Jh. machen jedoch deutlich, daß die zellulären Strukturen und Funktionen zu komplex sind, als daß sich ihre spontane abiotische Entstehung plausibel vorstellen läßt. An ihre Stelle und damit an die Stelle der U. im eigentlichen Sinne tritt mit Beginn des 20. Jhs. zunehmend die Idee einer langsamen chemischen ↑Evolution von einfachen, vorzellulären Bestandteilen lebendiger Formen, die sich durch Aggregation zu komplexeren Gebilden wie Viren und Phagen entwickeln. Insbes. Modelle der Kolloidchemie werden in diesem Kontext zunächst für die Evolution des Lebens in Anschlag gebracht (z. B. der frühe A. Oparin). In der Tradition dieser Ansätze stehen auch zeitgenössische Modelle der chemischen Evolution und abiotischen Entstehung des Lebens (z. B. M. Eigens Hyperzyklenmodell).

Als eine Variante der U. im Sinne (2) kann die – offenbar von der Schwierigkeit einer abiotischen Entstehung des Lebens inspirierte – ›Panspermie‹-Hypothese (S. A. Arrhenius) gelten, wonach das Leben ebenso ewig ist wie die unbelebte ↑Materie. Es sei in Form mikrobischer Sporen mittels Lichtdruck auf die Erde gelangt, nachdem dort mit Leben vereinbare Bedingungen herrschten. Die von Arrhenius vertretene Idee einer kosmischen Herkunft des Lebens hatte bereits Anaximander formuliert (VS 12 A 11; G. S. Kirk/J. E. Raven, The Presocratic Philosophers. A Critical History with a Selection of Texts, Cambridge 1957, [mit M. Schofield] ²1983, Nr. 136 [dt. Die Vorsokratischen Philosophen. Einführung, Texte und Kommentare, Stuttgart/Weimar 1994, Nr. 136]).

Literatur: S. A. Arrhenius, Människan inför världsgatan, Stockholm 1907 (dt. Die Vorstellung vom Weltgebäude im Wandel der Zeiten, Leipzig 1908); G. Baldacci/L. Frontali/A. Lattanzi, The Debate on Spontaneous Generation and the Birth of Microbiology, Fund. Sci. 2 (1982), 123–136; D. M. Balme, Development of Biology in Aristotle and Theophrastus. Theory of Spontaneous Generation, Phronesis 7 (1962), 91–104; J. Farley, The Spontaneous Generation Controversy from Descartes to Oparin, Baltimore Md./London 1977, ²1979; A. Gotthelf, Teleology and Spontaneous Generation in Aristotle: A Discussion, Apeiron 22 (1989), 181–193; J. Lennox, Teleology, Chance, and Aristotle's Theory of Spontaneous Generation, J. Hist. Philos. 20 (1982), 219–238; M. van der Lugt, Le ver, le démon et la vierge. Les théories médiévales de la génération extraordinaire – une étude sur les rapports entre théologie, philosophie naturelle et médecine, Paris 2004; E. Mendelsohn, Philosophical Biology vs Experimental Biology. Spontaneous Generation in the Seventeenth Century, in: M. Grene/E. Mendelsohn (eds.), Topics in the Philosophy of Biology, Dordrecht/Boston Mass. 1976, 37–65); J. E. Strick, Sparks of Life. Darwinism and the Victorian Debates over Spontaneous Generation, Cambridge Mass. 2000; R. Toellner, U., Hist. Wb. Ph. XI (2001), 490–496. – Rev. synth. 89 (1968) (= Sonderbd. XIIᵉ congrès international d'histoire des sciences), 289–342 (Colloque N° 5: La génération spontanée de l'antiquité à 1700). G. W.

use and mention (dt. in der Regel ›Verwenden und Erwähnen‹), ein in der modernen ↑Logik und ↑Sprachphilosophie verwendetes Paar von Termini, mit dessen Hilfe die Unterscheidung zwischen Zeichen- und Gegenstandsebene, also zwischen artikulierenden Gegenständen und artikulierten Gegenständen bzw. speziell zwischen sprachlichen Ausdrücken in semiotischer Funktion, d. h. als Zeichen (↑Nominator, ↑Artikulator, ↑Prädikator), und in pragmatischer Funktion, d. h. als lautliche oder schriftliche Handlungen (↑Äußerung) bzw. als deren Resultate (↑Phonem, ↑Graphem), begrifflich klar wiedergegeben werden kann.

Jeder Bezug auf einen Gegenstand muß sich eines (semiotischen) Mittels bedienen, in der Regel eines sprachlichen Ausdrucks, der (als Nominator, aber auch als

↑Mitteilungszeichen) *verwendet* wird, um den fraglichen Gegenstand (auf ihn referierend [↑Referenz], insbes. ihn benennend [↑Benennung], oder ihn nur mitteilend) zu *erwähnen*. Handelt es sich bei den Gegenständen bereits um sprachliche Ausdrücke, etwa der ↑Objektsprache, so bedarf es sprachlicher Ausdrücke einer logisch höherstufigen zweiten Sprache, einer ↑Metasprache, durch deren Verwendung man die Ausdrücke der Objektsprache erwähnen kann. Ein Standardverfahren zur Erwähnung sprachlicher Ausdrücke, und zwar als Typ (↑type and token), ist die ihn dabei zugleich verwendende *Anführung* (engl. quotation) mit Hilfe des namenbildenden ↑Funktors der ↑Anführungszeichen, angewendet auf einen Ausdruckstyp, also z. B. der folgende ↑Name eines Ausdrucks der Metasprache: ›Prädikator‹. Es gelten daher die folgenden Aussagen: »›Prädikator‹« ε Nominator (eine Aussage der Metametametasprache), ›Prädikator‹ ε Prädikator (eine Aussage der Metametasprache). Die beiden Aussagen sind hier ebenso wie der Anführungsname des Prädikators ›Prädikator‹ ohne Anführungszeichen, also als Namen von sich selbst oder ↑autonym, verwendet worden, um sie zu erwähnen. Sowohl bei autonymer Verwendung eines sprachlichen Ausdrucks als auch bei der Verwendung von Anführungsnamen für ihn wird der sprachliche Ausdruck *sowohl verwendet als auch erwähnt*.

Durch sorgfältiges Auseinanderhalten der verschiedenen Sprachstufen, und zwar auch dann, wenn es um Ausdrücke derselben sprachlogischen Funktion geht, sie also sprachstufenunabhängig ›dieselbe Bedeutung‹ haben (z. B. ›Prädikator‹, ›wahr‹, ›dreisilbig‹), lassen sich die semantischen Antinomien (↑Antinomien, semantische) vermeiden. A. Tarski hat gezeigt, wie die (Objekt- und Metasprache gleichstufig behandelnde) Korrespondenzbedingung »›A‹ ε wahr $\succ\!\prec$ A«, wird sie als eine (schematische) Wahrheitsdefinition statt nur als ein ↑Wahrheitskriterium behandelt – jede ihrer Instanzen wäre als partikulare Wahrheitsdefinition, den Prädikator ›wahr‹ auf diese Weise eliminierbar machend, korrekt und adäquat –, einen Widerspruch abzuleiten gestattet. Sein berühmter Alternativvorschlag einer rekursiven Wahrheitsdefinition (↑Wahrheitsdefinition, semantische) für formale Sprachen (↑Sprache, formale) ist um den Preis des Verzichts auf eine sprachstufeninvariante Definition des ↑Wahrheitsbegriffs dagegen gefeit. Der Widerspruch ergibt sich auf folgende Weise: Man definiere ›Q‹ durch ›s ε P‹ ε $Q \leftrightharpoons \neg$›$s$ ε P‹ ε P und daraufhin ›A_0‹ durch $A_0 \leftrightharpoons$ ›s ε Q‹ ε Q, so gilt ›A_0‹ ε falsch $\succ\!\prec$ A_0, im Widerspruch zu ›A_0‹ ε wahr $\succ\!\prec$ A_0.

Dem Konstruktionsverfahren, das dem ↑Cantorschen Diagonalverfahren folgt – auf Grund des allgemeingültigen (↑allgemeingültig/Allgemeingültigkeit) ↑Aussageschemas $\neg\bigvee_y \bigwedge_x (a(x, y) \leftrightarrow \neg a(x, x))$ kann keine Zeile oder Spalte einer unendlichen quadratischen Matrix mit der abgeänderten Diagonale übereinstimmen –, läßt sich entnehmen, daß außer der eine sprachstufenunabhängige Definierbarkeit (↑definierbar/Definierbarkeit) von Termini unmöglich machenden strengen Trennung zwischen den Sprachstufen auch andere Einschränkungen zur Vermeidung von Widersprüchen Erfolg versprechen. Ein Beispiel dafür ist der Verzicht auf Zirkeldefinitionen (↑idem per idem, ↑zirkulär/Zirkularität), d. h. auf Definitionen eines Zeichens mit Hilfe eines Ausdrucks, in dem es – gegebenenfalls auch nur als Element des ↑Variabilitätsbereichs einer quantifizierten ↑Variablen, wie im Beispiel ›Q‹ als zugehörig zum Variabilitätsbereich von ›P‹ – bereits vorkommt. In jedem Falle ist die Beachtung der Unterscheidung von u. a. m. unverzichtbar.

Bei der Anführung gewisser zusammengesetzter sprachlicher Ausdrücke, z. B. ›s ε P‹, kommt hinzu, daß nur ›ε‹ objektsprachlichen Status hat, ›s‹ und ›P‹ hingegen als (metasprachliche) Mitteilungszeichen für einen Nominator bzw. Prädikator der Objektsprache verwendet werden, so daß die Anführungszeichen, innerhalb derer ›s ε P‹ steht, nicht wie beabsichtigt einen Anführungsnamen zum Erwähnen der angeführten Aussage der Objektsprache herstellen. W. V. O. Quine hat zur Behebung dieses Mißstandes die *Quasianführung* (*quasi-quotation*; ↑Mitteilungszeichen) vorgeschlagen, z. B. $\ulcorner s\, ε\, P \urcorner$ die so zu lesen ist, daß zunächst ›s‹ und ›P‹ jeweils durch den mitgeteilten Nominator bzw. Prädikator ersetzt werden, ›ε‹ zwischen beide eingefügt und anschließend das Ganze wie sonst angeführt wird. K. L.

Usia (griech. *οὐσία*), ursprünglich Bezeichnung für das, was einem gehört (›Besitz‹, ›Vermögen‹), in philosophischem Sprachgebrauch in der Bedeutung von ↑›Wesen‹ synonym mit ↑›Substanz‹. In dieser Bedeutung löst ›U.‹ Ende des 5. Jhs. v. Chr. die Ausdrücke ›*ὄν*‹ (das ↑Seiende) und ›*φύσις*‹ (Natur; ↑Physis) ab.

Literatur: D.-H. Cho, Ousia und Eidos in der Metaphysik und Biologie des Aristoteles, Stuttgart 2003; R. Fluck, *οὐσία* als Einzelnes und Allgemeines. Der Zusammenhang der widersprüchlichen Bestimmungen von ›*οὐσία*‹ in Kategorienschrift und Metaphysik ZHΘ des Aristoteles. Eine Untersuchung zur Ontologie des konkreten Einzeldings, Würzburg 2015; D. Fonfara, Die Ousia-Lehren des Aristoteles. Untersuchungen zur »Kategorienschrift« und zur »Metaphysik«, Berlin/New York 2003; J. Halfwassen u. a., Substanz; Substanz/Akzidens, Hist. Wb. Ph. X (1998), 495–553; M. L. Loux, Primary ›Ousia‹. An Essay on Aristotle's »Metaphysics« *Z* and *H*, Ithaca N. Y./London 1991, 2008; R. Marten, ΟΥΣΙΑ im Denken Platons, Meisenheim am Glan 1962; A. Motte, Ousia dans la philosophie grecque des origines à Aristote, Louvain-la-Neuve 2008; G. Patzig, Die Entwicklung des Begriffes der U. in der »Metaphysik« des Aristoteles, Göttingen 1950; weitere Literatur: ↑Physis, ↑Substanz. J. M.

Utilitarismus (von lat. utilis, nützlich; engl. utilitarianism), Bezeichnung für eine ethische Konzeption, nach der die moralische Richtigkeit des Handelns durch die Nützlichkeit (↑Nutzen) der Folgen dieses Handelns zu begründen ist. Je nachdem, wie diese Nützlichkeit definiert wird, bzw. nach welchen Kriterien sie festgestellt werden soll, und was unter dem Handeln, das begründet werden soll, zu verstehen ist, lassen sich verschiedene Formen des U. unterscheiden. J. Bentham, der den U. begründet, führt in seinem *hedonistischen* (↑Hedonismus) U. die Nützlichkeit auf Freude und Leid zurück. Ausgehend von einem Katalog einfacher Freuden und Leiden schlägt Bentham in einem ›hedonistischen Kalkül‹ Kategorien vor (Intensität, Dauer, Gewißheit, Nähe), nach denen der Grad dieser Freuden und Leiden für den Einzelnen zu messen sei (An Introduction to the Principles of Morals and Legislation, London 1789, Neudr. als: Collected Works II/1, ed. J. H. Burns/H. L. A. Hart, London 1970, London/New York 1982; vgl. ders., Article on Utilitarianism, in: Collected Works IX/2, ed. A. Goldworth, Oxford etc. 1983, 283–328). Zunächst ist nach dieser Meßmethode die Summe des Glücks, d. h. des Grades der das Leiden überwiegenden Freude, zu bilden, die von den (unmittelbaren und mittelbaren) Folgen der zu beurteilenden Handlung für den Einzelnen zu erwarten ist. Dann soll aus diesen Glücksbeträgen für die Einzelnen die Summe des Glücks für alle Betroffenen gebildet werden. Nach dem ›Prinzip der Nützlichkeit‹ ist eine Handlung in dem Maße zu billigen oder zu mißbilligen, wie ihr die Tendenz innewohnt, das Glück aller Betroffenen zu vermehren oder zu vermindern (An Introduction to the Principles of Morals and Legislation I.2).

Mit diesem hedonistischen U. ergeben sich Fragenkomplexe, die den utilitaristischen Ansatz auf verschiedene Weise weiterzuentwickeln versuchen: (1) Hinsichtlich der Freuden und Leiden, die als *Beurteilungsbasis* dienen sollen, stellen sich die Fragen, ob es sich um die jeweils faktisch bestehenden ↑Gefühle handelt (z. B. auch um Haß und Mißgunst) oder nur um bestimmte, unter Umständen erst zu erwerbende Gefühle; ob alle (zulässigen) Gefühle gleich zu bewerten sind, oder ob man eine Hierarchie der Gefühle annehmen soll; wie man die Gefühle der anderen Betroffenen feststellen kann. (2) Hinsichtlich der *Beurteilungsmethode* stellt sich die Frage nach der Vergleichbarkeit der Freuden und Leiden, also nach einem Maß für sie, das anwendbar und nicht willkürlich ist. (3) Hinsichtlich der *Beurteilungsergebnisse* stellen sich die Fragen, ob der U. nicht zur Billigung von Handlungen führt, durch deren Verbot die Moralität zu definieren ist – z. B. zur Billigung von Vertrauensbrüchen bei der Annahme eines überwiegenden Nutzens, der Einschränkung von Freiheiten zugunsten z. B. größeren Reichtums einer Gesellschaft –, und ob der U. nicht überhaupt die Aufstellung von verbindlichen Normen (deren Einhaltung in verschiedenen Situationen mit verschiedenen Folgen verbunden ist) unmöglich macht. (4) Hinsichtlich der *Beurteilungsmöglichkeiten* wird eingewendet, daß der U. zur Lösung von Gerechtigkeitsproblemen (↑Gerechtigkeit), die mit der Zuordnung von Vor- und Nachteilen zu verschiedenen Personen oder Teilgruppen einer Gruppe bzw. Gesellschaft entstehen, und zur Begründung von Pflichten sich selbst gegenüber nicht herangezogen werden könne.

Die Geschichte des U. läßt sich als eine Auseinandersetzung mit diesen Fragen und Einwänden rekonstruieren. So kann der *ideale* U. G. E. Moores, in dem auch Erkenntnis und Schönheitserleben zu den Freuden der Beurteilungsbasis zählen, als Versuch verstanden werden, die Probleme des ersten Typs zu überwinden. Tatsächlich entsteht mit einer solchen Überwindung aber nur das neue Problem, wie man denn zur Bestimmung und Hierarchisierung der Beurteilungsbasis kommt. Ähnliche Probleme ergeben sich für Positionen, die wie diejenige P. Singers (1979) die Wahrung der ↑Interessen aller Betroffenen zur Beurteilungsbasis machen. Die Probleme des zweiten Typs werden durch verschiedene Umformulierungen des U. zu lösen versucht, vor allem durch eine *negative* Formulierung des U., nach der das vermeidbare Leid und nicht mehr das größte Glück das Beurteilungskriterium für das Handeln abgeben soll (S. Toulmin). Tatsächlich bleibt aber auch dann in den argumentationsrelevanten Konfliktsituationen das Problem, wie das Leid verschiedener Personen oder verschiedene Arten des Leids gegeneinander aufzurechnen sind. Der hedonistische Kalkül Benthams ist im Rahmen der Ethikdiskussion jedenfalls nicht mehr aufgenommen worden.

Die Probleme des dritten Typs werden durch die – seit R. B. Brandt so genannte – Unterscheidung von *Handlungsutilitarismus* und *Regelutilitarismus* zu lösen versucht. Wird im Handlungsutilitarismus das Nützlichkeitsprinzip unmittelbar auf die zu beurteilende einzelne Handlung (in einer konkreten Situation) angewendet, so sucht der Regelutilitarismus die Handlungsweise bzw. Handlungsregel, von der die letztlich zu beurteilende Handlung ein Fall ist, zu begründen oder zu kritisieren: Gefragt wird nach der Nützlichkeit der Folgen einer Handlung, wenn sie allgemein – relativ zu einem bestimmten Typ von Situationen – ausgeführt werden würde. Je nachdem, wie die Nützlichkeit näher bestimmt wird, läßt sich der Regelutilitarismus in einer mit dem Kantischen Kategorischen Imperativ (↑Imperativ, kategorischer) verträglichen Weise interpretieren.

Vorweggenommen sind einige der späteren Qualifikationen des U. bereits durch J. S. Mill, auf den der terminologische Gebrauch von ›U.‹ zurückgeht (Utilitarianism, London 1861, Neudr. in: Collected Works X, ed. J. M. Robson, Toronto, London 1969, 203–259 [dt. Der U., ed. D. Birnbacher, Stuttgart 1976, 1985]). Durch J. O. Urmson auch dem Regelutilitarismus zugeordnet, besteht der entscheidende Beitrag Mills zum U. in seiner Konzeption zur Einschätzung der verschiedenen Freuden und Leiden der Menschen. Mill versucht nicht, ein subjektunabhängiges Kriterium oder eine Meßmethode auszuarbeiten, sondern schreibt einzig der handelnden Person selbst die Beurteilungsfähigkeit über die Hierarchie der Freuden und Leiden zu, die mit den Folgen des Handelns verbunden sind. Allerdings ist dabei erforderlich, daß die handelnde Person ihr Handeln als Bemühung um das allgemeine Glück, das Mill von der Zufriedenheit als dem Zustand der Erfüllung faktischer Wünsche unterscheidet, versteht und aus der Erfahrung solcher Bemühung ihr Urteil belegen kann. Mill schlägt damit einen U. vor, der die Beurteilungsnormen des Handelns zum Ergebnis einer – im Aristotelischen Sinne zu verstehenden, d.h. durch die für jede Person offene normative Überlegung des als gemeinsam vorgeschlagenen oder ausgeführten Handelns definierten – Praxis macht, die sich wiederum als unter dem Kantischen Kategorischen Imperativ als ihrem leitenden Prinzip verstehen läßt. In einem solchen Verständnis des U. kann Mill selbst die Einwände der *deontologischen* Ethik (↑Ethik, deontologische), nach der bestimmte Handlungen oder Handlungsweisen in sich selbst, d.h. ohne Berücksichtigung ihrer Folgen, als gut oder schlecht bewertet werden können, zum Teil aufnehmen: In der um das allgemeine (und nicht im voraus definierte) Glück bemühten Praxis können sich Möglichkeiten zum Glück erschließen, die ursprünglich nur als Mittel zur (klugen) Gewinnung von Lust gewählt wurden. Ein auf diese Weise in der menschlichen Praxis verankerter U. wird, wenn auch nicht immer unter Berufung auf Mill, auch auf die Gerechtigkeits- und insbes. die Verteilungsprobleme angewendet (J. Rawls 1971), während die sich ebenfalls auf den U. berufende Wohlfahrtsökonomik weitgehend die Benthamsche Idee einer Nutzenmessung weiterverfolgt (kritisch dazu A. K. Sen 1973).

Rawls sucht in seiner Theorie der ↑Gerechtigkeit eine besondere Verbindung von Kantischer ↑Pflichtethik und U.. Zentral dabei ist (1) der Vorrang von ↑Freiheit, der jeder ↑Person das gleiche Recht auf das umfangreiche Gesamtsystem gleicher Grundfreiheiten zuerkennt, das für alle möglich ist. Dieses Recht ist allen anderen sozialen und wirtschaftlichen Gütern vorgeordnet. Wesentlich ist (2) die Begründung sozialer und wirtschaftlicher Ungleichheiten allein dadurch, daß diese (a) den am wenigsten Begünstigten den größtmöglichen Vorteil bringen und (b) mit Ämtern und Positionen verbunden sind, die allen gemäß fairer Chancengleichheit offenstehen. Rawls versteht seine Theorie der Gerechtigkeit als eine Weiterentwicklung des U. im Kantischen Geiste. Er sucht damit auch den Einwand zu entkräften, daß der U. keinen angemessenen Begriff der Gerechtigkeit – die auch entgegen dem utilitaristischen Kalkül dann gelte, wenn z. B. der Schaden der ungerechten Bestrafung eines Einzelnen dem möglichen Nutzen vieler anderer gegenübersteht – entwickeln könne.

Literatur: E. Albee, A History of English Utilitarianism, London, New York 1901 (repr. London/New York 2002), 1902 (repr. Bristol 1990), [2]1957; L. Allison (ed.), The Utilitarian Response. The Contemporary Viability of Utilitarian Political Philosophy, London/Newbury Park/New Delhi 1990; J. W. Bailey, Utilitarianism, Institutions, and Justice, Oxford etc. 1997; J. Baron, Morality and Rational Choice, Dordrecht/Boston Mass. 1993; R. Barrow, Utilitarianism. A Contemporary Statement, Aldershot etc. 1991, Abingdon/New York 2015; M. D. Bayles (ed.), Contemporary Utilitarianism, Garden City N. Y. 1968, Gloucester Mass. 1978; D. Birnbacher/N. Hoerster (eds.), Texte zur Ethik, München 1976, [12]2007, 198–269; J. Blanchet, Utilitarisme et positivisme. Une analyse critique, Paris 2012; W. Boloz/G. Höver (eds.), U. in der Bioethik. Seine Voraussetzungen und Folgen am Beispiel der Anschauungen von Peter Singer, Münster/Hamburg/London 2002; R. B. Brandt, Ethical Theory. The Problems of Normative and Critical Ethics, Englewood Cliffs N. J. 1959; ders., Value and Obligation. Systematic Readings in Ethics, New York/Chicago Ill./Burlingame Calif. 1961; ders., A Theory of the Good and the Right, Oxford etc. 1979, Amherst N. Y. 1998; ders., Morality, Utilitarianism and Rights, Cambridge etc. 1992, 1995; K. Brehmer, Rawls' ›Original Position‹ oder Kants ›Ursprünglicher Kontrakt‹. Die Bedingungen der Möglichkeit eines wohlgeordneten Zusammenlebens, Königstein 1980; D. W. Brock, Utilitarianism, in: R. Audi (ed.), The Cambridge Dictionary of Philosophy, Cambridge etc. [2]1999, 942–944; T. Chappell/R. Crisp, Utilitarianism, REP IX (1998), 551–557; W. E. Cooper/K. Nielsen/S. C. Patten (eds.), New Essays on John Stuart Mill and Utilitarianism, Guelph Ont. 1979; J. Cortekar, Glückskonzepte des Kameralismus und U.. Implikationen für die moderne Umweltökonomik und Umweltpolitik, Marburg 2007; J. E. Crimmins, Secular Utilitarianism. Social Science and the Critique of Religion in the Thought of Jeremy Bentham, Oxford etc. 1990; ders., Utilitarian Social Thought, History of, IESBS XXIV (2001), 16107–16111; ders., Utilitarian Philosophy and Politics. Bentham's Later Years, London/New York 2011; R. Crisp, Routledge Philosophy Guidebook to Mill on Utilitarianism, London/New York 1997, 2009; U. Czaniera, U., EP III ([2]2010), 2849–2852; W. L. Davidson, Political Thought in England. The Utilitarians from Bentham to John Stuart Mill, London etc. 1915, New York 1916 (repr. Westport Conn. 1979), London etc. 1957; A. Drescher, Naturrecht als utilitaristische Pflichtenethik?, Berlin 1999; J. Driver, The History of Utilitarianism, SEP 2009, rev. 2014; A. O. Ebenstein, The Greatest Happiness Principle. An Examination of Utilitarianism, New York 1991; E. Engin-Deniz, Vergleich des U. mit der Theorie der Gerechtigkeit von John Rawls, Innsbruck/Wien 1991; F. Feldman, Utilitarianism, Hedonism, and Desert. Essays in Moral Philosophy, Cambridge etc. 1997; M. Fleurbaey/M. Salles/J. A. Weymark (eds.), Justice, Political Liberalism, and Utilitarianism. Themes from Harsanyi and Rawls, Cambridge etc. 2008, 2010; R. G. Frey, Utilitarianism, NDHI VI (2005), 2401–2403; U. Gähde/W. H. Schrader (eds.), Der klassische U.. Einflüsse, Entwicklungen, Folgen, Berlin 1992; B. Gesang, Eine Verteidigung des U., Stuttgart 2003; A. Gibbard, Utilitarianism and Coordination, New York/London 1990; ders., Reconciling Our Aims. In Search of Bases for Ethics, Oxford etc. 2008; J. Glover (ed.), Utilitarianism and Its Critics, New York/London 1990, 1993; R. E. Goodin, Utilitarianism as a Public Philosophy, Cambridge etc. 1995; S. Gorovitz (ed.), Utilitarianism, Indianapolis Ind. 1971; J.

Gren, Applying Utilitarianism. The Problem of Practical Action-Guidance, Göteborg 2004; R. Hardin, Morality within the Limits of Reason, Chicago Ill./London 1988; ders., Utilitarianism. Contemporary Applications, IESBS XXIV (2001), 16111–16113; M. Havelka/A. Regenbogen, U., in: Europäische Enzyklopädie zu Philosophie und Wissenschaften IV, ed. H. J. Sandkühler, Hamburg 1990, 675–678; T. K. Hearn (ed.), Studies in Utilitarianism, New York 1971; D. H. Hodgson, Consequences of Utilitarianism. A Study in Normative Ethics and Legal Theory, Oxford 1967; N. Hoerster, Utilitaristische Ethik und Verallgemeinerung, Freiburg/München 1971, [2]1977; O. Höffe (ed.), Einführung in die utilitaristische Ethik. Klassische und zeitgenössische Texte, München 1975, Tübingen/Basel [5]2013; D. Holbrook, Qualitative Utilitarianism, Lanham Md. etc. 1988; B. Hooker (ed.), Rationality, Rules, and Utility. New Essays on the Moral Philosophy of Richard B. Brandt, Boulder Colo./San Francisco/Oxford 1993; S. Huber, Kritik der moralischen Vernunft. Peter Singers Thesen zur Euthanasie als Beispiel präferenz-utilitaristischen Philosophierens, Frankfurt etc. 1999; A. Hügli/B. C. Han, U., Hist. Wb. Ph. XI (2001), 503–510; J. Jackson, A Guided Tour of John Stuart Mill's Utilitarianism, Mountain View Calif. 1993; A. Kaufmann, Negativer U.. Ein Versuch über das Bonum Commune, München 1994 (Sitz.ber. Bayer. Akad. Wiss., philos.-hist. Kl. 1994, 3); P. J. Kelly, Utilitarianism and Distributive Justice. Jeremy Bentham and the Civil Law, Oxford 1990; P. J. King, Utilitarian Jurisprudence in America. The Influence of Bentham and Austin on American Legal Thought in the Nineteenth Century, New York/London 1986; W. R. Köhler, Zur Geschichte und Struktur der utilitaristischen Ethik, Frankfurt 1979; G. Kramer-McInnis, Der ›Gesetzgeber der Welt‹. Jeremy Benthams Grundlegung des klassischen U. unter besonderer Berücksichtigung seiner Rechts- und Staatslehre, Zürich/St. Gallen 2008; F. v. Kutschera, Grundlagen der Ethik, Berlin/New York 1982, [2]1999; S. Lampenscherf, U., TRE XXXIV (2002), 460–463; W. Lasars, Die klassisch-utilitaristische Begründung der Gerechtigkeit, Berlin 1982; C. Leven, Tierrechte aus menschenrechtlicher Sicht. Der moralische Status der Tiere in Vergangenheit und Gegenwart unter besonderer Berücksichtigung der Tötungsproblematik im Präferenz-Utilitarismus von Peter Singer, Hamburg 1999; D. G. Long, Bentham on Liberty. Jeremy Bentham's Idea of Liberty in Relation to His Utilitarianism, Toronto/Buffalo N. Y. 1977; W. Löwenhaupt, Politischer U. und bürgerliches Rechtsdenken. John Austin (1790–1859) und die »Philosophie des positiven Rechts«, Berlin 1972; D. Lyons, Forms and Limits of Utilitarianism, Oxford 1965, 1978; ders., In the Interest of the Governed. A Study in Bentham's Philosophy of Utility and Law, Oxford 1973, 1991; ders. (ed.), Mill's Utilitarianism. Critical Essays, Lanham Md. etc. 1997; A. Maclean, The Elimination of Morality. Reflections on Utilitarianism and Bioethics, London/New York 1993; J. S. Mill/J. Bentham, Utilitarianism and Other Essays, ed. A. Ryan, London etc. 1987, 2004; H. B. Miller/W. H. Williams (eds.), The Limits of Utilitarianism, Minneapolis Minn. 1982; G. E. Moore, Ethics, London, New York 1912, London etc. [2]1966, erw. unter dem Titel: Ethics and »The Nature of Moral Philosophy«, ed. W. H. Shaw, Oxford etc. 2005, 2007; T. Mulgan, Understanding Utilitarianism, Stocksfield 2007, London/New York 2014; J. Nasher, Die Moral des Glücks. Eine Einführung in den U., Berlin 2009; R. Norman, Reasons for Actions. A Critique of Utilitarian Rationality, Oxford 1971; B. Parekh (ed.), Jeremy Bentham. Ten Critical Essays, London 1973; J. Perry (ed.), God, the Good, and Utilitarianism, Cambridge etc. 2014; J. P. Plamenatz, Mill's Utilitarianism, Reprinted with a Study of the English Utilitarians, Oxford 1949, unter dem Titel: The English Utilitarians, Oxford [2]1958, 1966; G. J. Postema, Bentham and the Common Law Tradition, Oxford etc. 1986, 1989; A. Quinton, Utilitarian Ethics, London etc. 1973, La Salle Ill., London [2]1989; J. Rawls, A Theory of Justice, Cambridge Mass. 1971, Oxford 1972 (repr. 1976, 1985), London 1973 (repr. 1976), Cambridge Mass. 2005; D. Regan, Utilitarianism and Co-Operation, Oxford 1980; N. Rescher, Distributive Justice. A Constructive Critique of the Utilitarian Theory of Distribution, Indianapolis Ind./New York/Kansas City Mo. 1966, Lanham Md. etc. 1982; J. Riley, Liberal Utilitarianism. Social Choice Theory and J. S. Mill's Philosophy, Cambridge etc. 1988; G. Saint-Paul, The Tyranny of Utility. Behavioral Social Science and the Rise of Paternalism, Princeton N. J./Oxford 2011; G. Scarre, Utilitarianism, London/New York 1996; P. Schofield, Utility and Democracy. The Political Thought of Jeremy Bentham, Oxford etc. 2006, 2009; J. Schroth (ed.), Texte zum U., Stuttgart 2016; A. K. Sen, Collective Choice and Social Welfare, San Francisco etc. 1970, London 2017; ders., On Economic Inequality, Oxford 1973, 1997 (dt. Ökonomische Ungleichheit, Frankfurt/New York 1975, Marburg 2009); ders./B. Williams (eds.), Utilitarianism and Beyond, Cambridge etc. 1982, 1999; W. H. Shaw, Contemporary Ethics. Taking Account of Utilitarianism, Malden Mass. 1999; C. L. Sheng, A New Approach to Utilitarianism. An Unified Utilitarian Theory and Its Application to Distributive Justice, Dordrecht/Boston Mass./London 1991; ders., A Utilitarian General Theory of Value, Amsterdam/Atlanta Ga. 1998; H. Sidgwick, Der U. und die deutsche Philosophie. Aufsätze zur Ethik und Philosophiegeschichte, Hamburg 2016; M. G. Singer, Generalization in Ethics. An Essay in the Logic of Ethics, New York 1961, [2]1971 (dt. Verallgemeinerung in der Ethik. Zur Logik moralischen Argumentierens, Frankfurt 1975, 1977); P. Singer, Practical Ethics, Cambridge 1979, [3]2011 (dt. Praktische Ethik, Stuttgart 1984, [3]2013); ders. (ed.), Ethics, Oxford etc. 1994; ders., How Are We to Live? Ethics in an Age of Self-Interest, London 1994, Oxford etc. 1997; ders., The Most Good You Can Do. How Effective Altruism Is Changing Ideas about Living Ethically, New Haven Conn./London 2015 (dt. Effektiver Altruismus. Eine Anleitung zum ethischen Leben, Berlin 2016); B. Sitter-Liver u. a. (eds.), Der Mensch – ein Egoist? Für und wider die Ausbreitung des methodischen U. in den Kulturwissenschaften, Fribourg 1998; J. J. C. Smart, Utilitarianism, Enc. Ph. VIII (1967), 206–212, IX ([2]2006), 603–616 (mit Addendum v. B. Hooker, 611–616); ders./B. Williams, Utilitarianism. For and Against, Cambridge etc. 1973, 2008; J. M. Smith/E. Sosa (eds.), Mill's Utilitarianism. Text and Criticism, Belmont Calif. 1969; M. S. Stein, Distributive Justice and Disability. Utilitarianism against Egalitarianism, New Haven Conn./London 2006; L. Stephen, The English Utilitarians, I–III, London 1900 (repr. New York 1968, Bristol 1991), New York, London 1950; S. Toulmin, An Examination of the Place of Reason in Ethics, Cambridge 1950, 1970; R. W. Trapp, ›Nicht-klassischer‹ U.. Eine Theorie der Gerechtigkeit, Frankfurt 1988; J. Troyer (ed.), The Classical Utilitarians. Bentham and Mill, Indianapolis Ind./Cambridge 2003; J. O. Urmson, The Emotive Theory of Ethics, London 1968, 1971; S. Wedar, Duty and Utility. A Study in English Moral Philosophy, Lund 1952; D. Weinstein, Equal Freedom and Utility. Herbert Spencer's Liberal Utilitarianism, Cambridge etc. 1998, 2006; H. R. West, An Introduction to Mill's Utilitarian Ethics, Cambridge etc. 2004; ders., The Blackwell Guide to Mill's Utilitarianism, Malden Mass./Oxford 2006; W. Wolbert, Vom Nutzen der Gerechtigkeit. Zur Diskussion um U. und teleologische Theorie, Fribourg, Freiburg/Wien 1992; J.-C. Wolf, John Stuart Mills »U.«. Ein kritischer Kommentar, Freiburg/München 1992, [2]2012; ders., U., Pragmatismus und kollektive Verantwortung, Fribourg, Freiburg/Wien 1993. O. S.

Utopie, ein dem Kunstwort ›U-topia‹ (aus griech. *τόπος*, Ort und der Verneinung *οὐ*) im Titel des gleichnamigen Staatsromans von T. Morus nachgebildeter klassifikatorischer Begriff zur Bezeichnung (1) einer literarischen Denkform, in der Aufbau und Funktionieren idealer Gesellschaften und deren Staatsverfassungen eines räumlich und/oder zeitlich entrückten Ortes in Gestalt fiktiver Reiseberichte konstruiert werden, (2) einer die Realitätsbezüge ihrer Entwürfe hinsichtlich der theoretischen Begründung und/oder der praktischen Anwendung bewußt oder unbewußt vernachlässigenden Denkweise.

Als Verneinung gesellschaftlich-staatlicher Verhältnisse durch den Entwurf vollkommener Zustände ist das von der U. im Sinne der Literaturgattung zu unterscheidende utopische Denken eng mit der Entwicklungsgeschichte des ↑Selbstbewußtseins verbunden. Je nach dem historischen Entwicklungsstadium der Gesellschaft kann es vorwiegend mythische, religiöse oder spekulative Züge annehmen. Utopische Entwürfe sind nicht eindeutig von ↑Chiliasmen und ↑Eschatologien zu unterscheiden, häufig nur durch die Diesseitigkeit der auf der Folie kritisierter Verhältnisse entworfenen Gegenwelten. Wo der Chiliasmus das empfundene Elend durch passivischen Attentismus zu kompensieren sucht, wendet sich die U. im Vorschlag innerweltlicher Alternativen an den Menschen als Subjekt seiner Geschichte. Dies gilt auch, wo Zweifel an der Realisierbarkeit der idealen Konstrukte bestehen, die die U. häufig durch die Wahl satirischer Darstellungsformen zum Ausdruck bringt.

Das christlich-abendländische Denken nimmt die U. im Zeitalter der religiösen Krise und des Übergangs von der statutarischen Gesellschaftsform des Feudalismus zur kontraktuellen des ↑Kapitalismus wieder auf. Religiöspolitische Mischformen gehen voraus (Hussitenbewegung, Wiedertäuferbewegung), die den trotz kirchlichen Verbots immer wieder auftretenden theologischen Chiliasmus endgültig in die soziale U. überführen. Sowohl die Kritik an den bestehenden Verhältnissen als auch der wieder aufgenommene Gedanke, die angebliche ursprüngliche Gleichheit (↑Gleichheit (sozial)) der Menschen im ↑Naturzustand auch im Gesellschaftszustand herzustellen, ließen sich in der Form der U. politisch gefahrlos entwickeln. Die *humanistische* (↑Humanismus) U. greift auf antike Formen und Inhalte zurück. Neben den utopischen Staatsromanen des ↑Hellenismus (Iambulos, Der Sonnenstaat; Euhemeros, Die heilige Aufzeichnung) wird vor allem Platons Idealstaat in der »Politeia« einflußreiches Vorbild für die im 16. Jh. entstehende, sich im 17. Jh. rasch ausbreitende Literaturgattung des utopischen Staatsromans, der bis zum Zusammenbruch des Ancien Régime steigende Bedeutung als kritische Instanz erlangt (T. More, De optimo reipublicae statu deque nova insula Utopia, Louvain 1516, ed. E. Surtz/J. H. Hexter, New Haven Conn./London 1965 [Complete Works IV]; F. Rabelais, Les grandes et inestimables croniques du grand et enorme geant Gargantua [...], I–V, o.O. [Lyon] 1532–1562/1564, ed. J. Plattard, Paris 1938–1961; T. Campanella, Civitas solis poetica. Idea reipublicae philosophicae, Utrecht 1643, [lat./ital.] ed. N. Bobbio, Turin 1941; F. Bacon, New Atlantis. A Work Unfinished, London 1628 [mit: Sylva sylvarum], Neudr. in: ders., Works III, ed. J. Spedding/R. L. Ellis/ O. D. Heath, London 1859 [repr. Stuttgart-Bad Cannstatt 1963], 125–168; J. Harrington, The Common-Wealth of Oceana, London 1656 [mit: A System of Politics], ed. J. G. Pocock, Cambridge etc. 1992; D. Vairasse, Historie des sévarambes, peuples qui habitent une partie du troisième continent communément appelé la terre australe, I–V, Paris 1677–1679 [repr. Genf 1979]; F. Fénelon, Suite du quatrième livre de »l'Odyssée« d'Homère, ou les avantures de Télémaque, fils d'Ulysse, Paris 1699, unter dem Titel: Les aventures de Télémaque, ed. J.-L. Goré, Paris 1987).

Die vermehrte Aufnahme naturwissenschaftlicher Erkenntnisse in das utopische Denken des 18. Jhs. macht eine Abgrenzung zur ↑Sozialphilosophie häufig unmöglich. Das gilt insbes. für die Schriften des utopischen Sozialismus (↑Sozialismus, utopischer) in Frankreich, der glaubt, nach Wiederherstellung des ursprünglichen, nur irrtümlich aufgegebenen ›ordre naturel‹ auf die Mechanik des durch die Vernunft gesteuerten hedonistischen (↑Hedonismus) Prinzips und eine wissenschaftlich fundierte Erziehung vertrauen zu können. Während die U. zuvor das verlorene Heilswissen um die Verwirklichung des idealen Zustands nur durch eine auf träumende Phantasie gestützte Hoffnung ersetzt hatte, gibt die ↑Aufklärung dem utopischen Denken die Wissensgewißheit zurück: an die Stelle des religiösen Wissens tritt die Wissenschaft. Damit beschränkt die Philosophie das utopische Denken gleichzeitig auf den Entwurf des rational als möglich Vorstellbaren und sucht damit dem wiederholt erhobenen Irrationalismusvorwurf (↑irrational/Irrationalismus) zu begegnen. In diesem Sinne unterscheidet I. Kant einen theologischen und einen philosophischen Chiliasmus. Letzteren gründet er im 8. Satz der »Idee zu einer allgemeinen Geschichte in weltbürgerlicher Absicht« (1784) auf die Annahme, es ließe sich »die Geschichte der Menschengattung im Großen als die Vollziehung eines verborgenen Plans der Natur ansehen, um eine innerlich – und zu diesem Zwecke, auch äußerlich – vollkommene Staatsverfassung zu Stande zu bringen« (Akad.-Ausg. VIII, 27). Dabei bleibt die eschatologische Struktur des säkularisierten Chiliasmus im teleologischen (↑Teleologie) ↑Determinismus des linearen Geschichtsverlaufs erhalten. Der Mensch bleibt insofern Subjekt seiner Geschichte als er, wenn auch nicht die Richtung, so doch die Geschwindigkeit der Entwicklung beeinflussen kann. Indem er der als Entwicklungsgesetz entdeckten Naturabsicht entsprechend handelt, kann die utopische ›Idee‹, wie Kant sagt, zu ihrer Herbeiführung ›selbst beförderlich werden‹ und ist damit ›nichts weniger als schwärmerisch‹ (ebd.). – Wichtige Autoren und Schriften der Spätaufklärung sowie des utopischen Sozialismus, der in der Regel den Gedanken des Gemeineigentums vertritt, sind: M. J. A. N. Caritat de Condorcet, Esquisses d'un tableau historique des progrès de l'esprit humain, Paris 1795 (repr. Hildesheim/New York 1981); J. G. Fichte, Der geschloßne Handelsstaat, Ein philosophischer Entwurf als Anhang zur Rechtslehre, und Probe einer künftig zu liefernden Politik, Tübingen 1800, ferner in: Gesamtausg. I/7 (1988), 37–141; Morelly, Naufrage des isles flottantes ou Basiliade du célèbre Pilpai, Paris 1753 (repr. 1972); ders., Code de la nature, ou Le véritable esprit de ses loix, de tout tems négligé ou méconnu, o.O. [Liège] 1755 (repr. Paris 1970); G. B. Mably, Doutes proposés aux philosophes économistes, sur L'ordre naturel et essentiel des sociétés politiques, Paris 1768; L.-S. Mercier, L'an 2440. Rêve s'il en fût jamais, London 1771, ed. R. Troussou, Bordeaux 1971; Retif de la Bretonne, Le paysan perverti, ou Les dangers de la ville, I–IV, Paris 1775, I–II, ed. F. Jost, Lausanne 1977.

Die bewußte Veränderung gesellschaftlicher Verhältnisse in der Französischen Revolution und die Ausbildung einer sich als Naturwissenschaft definierenden Gesellschaftswissenschaft lassen die U. als Form literarischer Fiktion im 19. Jh. langsam zurücktreten. Nachdem das Problem der vollkommenen Gesellschaft durch die Wissenschaft theoretisch gelöst scheint (↑Positivismus (historisch)), behandeln romanhafte U.n zunächst vorwiegend Probleme der technischen Umsetzung (É. Cabet, Voyage et aventures de Lord William Carisdale en Icarie, Paris 1840, unter dem Titel: Voyage en Icarie, [2]1842, [5]1848 [repr. 1970]; E. Bellamy, Looking Backward 2000–1887, Boston 1888, ed. J. L. Thomas, Cambridge Mass. 1967; B. v. Suttner, Das Maschinenzeitalter. Zukunftsvorlesungen über unsere Zeit, Zürich 1889, Dresden/Leipzig [3]1899 [repr. Düsseldorf 1983]).

Utopisches Denken bleibt auch in den explizit normativen oder revolutionären Schriften des Babouvismus und des ↑Anarchismus erhalten. Dasselbe gilt für den ↑Saint-Simonismus, die neue Gesellschaft A. Comtes und den Historischen Materialismus (↑Materialismus, historischer), die ihre Prognosen aus historischen Gesetzmäßigkeiten abzuleiten beanspruchen. Letztere betonen den wissenschaftlichen Charakter ihrer Aussagen im Gegensatz zur U., die als vorwissenschaftliche und vorrevolutionäre Form gesellschaftstheoretischer Problemlösungsversuche betrachtet wird. Im Gegensatz dazu hält E. Bloch die utopische Intention für einen unverzichtbaren, quasi-anthropologischen Grundzug des menschlichen Denkens, die jede denkbare Realisierung ihrer selbst prinzipiell überholt. K. Mannheim sucht den Begriff der U. wissenssoziologisch (↑Wissenssoziologie) zu nutzen und bestimmt die von der ↑Ideologie durch ihre Vorwärtsgerichtetheit unterschiedene und unter dem Kriterium ihrer Geschichtswirksamkeit betrachtete U. als eine die wirkliche Seinsordnung transzendierende Intention, der die beabsichtigte Transformation des Seins gelingt.

Die Befürchtung radikaler Eingriffe in die gesellschaftliche und staatliche Ordnung auf Grund des Auftretens der Massen in der Demokratie einerseits und der zunehmenden technisch-wissenschaftlichen Naturbeherrschung andererseits läßt als neue Form die Gegenutopie entstehen. Durch die Beschreibung des Prozesses der Enthumanisierung als Folge von Egalitarismus oder der Instrumentalisierung des Individuums durch eine totalitäre politische Ordnung warnt sie mit den Mitteln der klassischen U. vor deren Verwirklichung (A. Huxley, Brave New World, Garden City N. Y. 1932; K. Boye, Kallocain, roman från 2000-talet, Stockholm 1940; E. Jünger, Heliopolis. Rückblick auf eine Stadt, Tübingen 1949, Stuttgart 1980 [Sämtl. Werke III/16]; G. Orwell, Nineteen Eighty-Four, London 1949; R. Bradbury, Fahrenheit 451, New York 1953).

Literatur: U. Arnswald/H.-P. Schütt (eds.), Thomas Morus' Utopia und das Genre der U. in der Politischen Philosophie, Karlsruhe 2010; G. Bastide, Les grands thèmes moraux de la civilisation occidentale, Grenoble 1943, Paris [2]1958; J. Baumann/H.-J. Braun/R. Zimmermann (eds.), U.n – die Möglichkeit des Unmöglichen, Zürich 1987, [2]1989; K. L. Berghahn/H. U. Seeber (eds.), Literarische U.n von Morus bis zur Gegenwart, Königstein 1983, [2]1986; A. E. Bestor, Backwoods Utopias. The Sectarian Origins and Owenite Phases of Communitarian Socialism in America 1663–1829, Philadelphia Pa. 1950, [2]1970; W. Biesterfeld, Ein früher Beitrag zu Begriff und Geschichte der U.. Heinrich von Ahlefeldts Disputatio philosophica de fictis rebuspublicis, Arch. Begriffsgesch. 16 (1972), 28–47; H. Bingenheimer, Transgalaxis. Katalog der deutschsprachigen utopisch-phantastischen Literatur 1460–1960, Friedrichsdorf o.J. [1959–1960]; E. Bliesener, Zum Begriff der U., Diss. Frankfurt 1950; E. Bloch, Geist der U., München/Leipzig 1918 (repr. Frankfurt 1971 [= Gesamtausg. XVI], Berlin 1985 [= Werkausg. XVI]), Berlin [2]1923 (endgültige Fassung), Frankfurt [3]1964, Berlin 1991 [= Gesamtausg. III]; ders., Freiheit und Ordnung. Abriß der Sozialutopien, New York 1946, Leipzig [2]1987; J. R. Bloch, U.. Ortsbestimmungen im Nirgendwo. Begriff und Funktion von Gesellschaftsentwürfen, Opladen 1997; C. Bobonich/K. Meadows, Plato on Utopia, SEP 2002, rev. 2013; B. Cazes, Utopias: Social, IESBS XXIV (2001), 16123–16127; G. Claeys (ed.), The Cambridge Companion to Utopian Literature, Cambridge etc. 2010; ders., Searching for Utopia. The History of an Idea, London 2011 (dt. Ideale Welten. Die Geschichte der U., Darmstadt 2011); M. Creydt, Theorie gesellschaftlicher Müdigkeit. Gestaltungspessimismus und Utopismus im gesellschaftstheoretischen Denken, Frankfurt/New York 2000; J. C. Davis, Utopia and the Ideal Society. A Study of English Utopian Writing 1516–1700, Cambridge etc. 1981; S. Dickel, Enhancement-Utopien. Soziologische Analysen zur Konstruktion des Neuen Menschen, Baden-Baden 2011; U. Dierse, U., Hist. Wb. Ph. XI (2001), 510–526; A. J. Doren, Wunschräume und Wunschzeiten, in: F. Saxl (ed.), Vorträge der Bibliothek Warburg IV (1924–1925), Leipzig/Berlin 1927 (repr. Nendeln 1967), 158–205; R. Eickelpasch/A. Nassehi (eds.), U. und Moderne, Frankfurt 1996; R. L. Emerson, Utopia, DHI IV (1973), 458–465; I. Fetscher, U.n, Illusionen, Hoffnungen. Plädoyer für eine politische Kultur in Deutschland, Stuttgart 1990; K. Garber, U., in: Europäische Enzyklopädie zu Philosophie und Wissenschaften IV, ed. H. J. Sandkühler, Hamburg 1990, 678–690; B. Georgi-Findlay/H.-U. Mohr (eds.), Millennial Perspectives. Lifeworlds and Utopias, Heidelberg 2003; A. Gethmann-Siefert, Vergessene Dimensionen des U.begriffs. Der »Klassizismus« der idealistischen Ästhetik und die gesellschaftskritische Funktion des »schönen Scheins«, Hegel-Stud. 17 (1982), 119–167; H. Girsberger, Der utopische Sozialismus des 18. Jahrhunderts in Frankreich, Leipzig 1924, Wiesbaden [2]1973; H. Gnüg, U. und utopischer Roman, Stuttgart 1999; B. Goodwin, Social Science and Utopia. Nineteenth-Century Models of Social Harmony, Atlantic Highlands N. J., Hassocks 1978; dies./K. Taylor, The Politics of Utopia. A Study in Theory and Practice, London 1982, Oxford etc. 2009; M. D. Gordin/H. Tilley/G. Prakash (eds.), Utopia/Dystopia. Conditions of Historical Possibility, Princeton N. J./Oxford 2010; B. Groys/M. Hagemeister (eds.), Die neue Menschheit. Biopolitische U.n in Russland zu Beginn des 20. Jahrhunderts, Frankfurt 2005; W. Hardtwig (ed.), U. und politische Herrschaft im Europa der Zwischenkriegszeit, München 2003; H. Hartmann/W. Röcke (eds.), U. im Mittelalter. Begriff, Formen, Funktionen, Berlin 2013; Á. Heller, Von der U. zur Dystopie. Was können wir uns wünschen?, Wien/Hamburg 2016; L. Heller/M. Niqueux, Histoire de l'utopie en Russie, Paris 1995 (dt. Geschichte der U. in Russland, Bietigheim-Bissingen 2003); J. Hermand, Die U. des Fortschritts. 12 Versuche, Köln/Weimar/Wien 2007; A. Heyer, Der Stand der aktuellen deutschen U.forschung, I–III, Hamburg 2008–2010; U. Hommes, U., Hb. ph. Grundbegriffe III (1974), 1571–1577; M. d'Idler, Die Modernisierung der U.. Vom Wandel des Neuen Menschen in der politischen U. der Neuzeit, Berlin/Münster 2007; R. Jucker (ed.), Zeitgenössische U.entwürfe in Literatur und Gesellschaft. Zur Kontroverse seit den achtziger Jahren, Amsterdam/Atlanta Ga. 1997; K. Kavoulakos, Ästhetizistische Kulturkritik und ethische U.. Georg Lukács' neukantianisches Frühwerk, Berlin/Boston Mass. 2014; F.-L. Kroll, U. als Ideologie. Geschichtsdenken und politisches Handeln im Dritten Reich, Paderborn etc. 1998, [2]1999; K. Kumar, Utopia and Anti-Utopia in Modern Times, Oxford 1987, 1991; ders., Utopianism, Milton Keynes, Minneapolis Minn. 1991; F. Kuster/R. Saage/M. Roth, U., TRE XXXIV (2002), 464–485; G. K. Lehmann, Macht der U.. Ein Jahrhundert der Gewalt, Stuttgart 1996; M. Leroy, Histoire des idées sociales en France, I–III, Paris 1946–1954, I, 1960, II, 1962, III, 1964; R. Levitas, The Concept of Utopia, Syracuse N. Y., New York etc. 1990, Oxford etc. 2011; P. Ludz, U. und Utopisten, RGG VI (1962), 1217–1220; B. G. Lüsse, Formen der humanistischen U.. Vorstellungen vom idealen Staat im englischen und kontinentalen Schrifttum des Humanismus 1516–1669, Paderborn etc. 1998; K. Mannheim, Ideologie und U., Bonn 1929, Frankfurt [9]2015; R. Maresch/F. Rötzer (eds.), Renaissance der U.. Zukunftsfiguren des 21. Jahrhunderts, Frankfurt 2004; J. Meißner/D. Meyer-Kahrweg/H. Sarkowicz (eds.), Gelebte U.n – alternative Lebensentwürfe, Frankfurt/Leipzig 2001, [2]2002; C. Mieth, Das Utopische in Literatur und Philosophie. Zur Ästhetik Heiner Müllers und Alexander Kluges, Tübingen/Basel 2003; dies., U., in: P. Kolmer/A. G. Wildfeuer (eds.), Neues Handbuch philosophischer Grundbegriffe III, Freiburg/München 2011, 2297–2309; G. Müller, Gegenwelten. Die U. in der deutschen Literatur, Stuttgart 1989; W.-D. Müller, Geschichte der Utopia-Romane der Weltliteratur, Bochum 1938; A. Münster, U., EP III ([2]2010), 2852–2860; I. Münz-Koenen, Konstruktion des Nirgendwo. Die Diskursivität des Utopischen bei Bloch, Adorno, Habermas, Berlin 1997; M. Neugebauer-Wölk/R. Saage (eds.), Die Politisierung des Utopischen im 18. Jahrhundert. Vom utopischen Systementwurf zum Zeitalter der Revolution, Tübingen 1996; A. Neusüss (ed.), U.. Begriff und Phänomen des Utopischen, Neuwied/Berlin 1968, Frankfurt/New York [3]1986; M. Parker (ed.), Utopia and Organization, Oxford/Malden Mass. 2002; J. Rohgalf, Jenseits der großen Erzählungen. U. und politischer Mythos in der Moderne und Spätmoderne, Wiesbaden 2015; J. Rüsen/M. Fehr (eds.), Die Unruhe der Kultur – Potentiale des Utopischen, Weilerswist 2004; R. Ruyer, L'utopie et les utopies, Paris 1950 (repr. Saint-Pierre-de-Salerne 1988); R. Saage, Politische U.n der Neuzeit, Darmstadt 1991, Bochum [2]2000; ders., U.forschung. Eine Bilanz, Darmstadt 1997; L. T. Sargent, Utopianism, REP IX (1998), 557–562; T. Schölderle, Geschichte der U.. Eine Einführung, Köln/Weimar/Wien 2012; ders., Idealstaat oder Gedankenexperiment? Zum Staatsverständnis in den klassischen U.n, Baden-Baden 2014; M. Schwonke, Vom Staatsroman zur Science Fiction. Eine Untersuchung über Geschichte und Funktion der naturwissenschaftlich-technischen U., Stuttgart 1957; R. Shelton, Utopia and Dystopia, in: C. Mitcham (ed.), Encyclopedia of Science, Technology and Ethics IV, Detroit Mich. etc. 2005, 2010–2013; R. Sorg/S. B. Würffel (eds.), U. und Apokalypse in der Moderne, München 2010; R. Tiedemann, Mythos und U.. Aspekte der Adornoschen Philosophie, München 2009; P. Tillich, Die politische Bedeutung der U. im Leben der Völker, Berlin 1951, ferner in: ders., Ges. Werke VI, Stuttgart 1963; R. C. S. Trahair (ed.), Utopias and Utopians. An Historical Dictionary, London/Chicago Ill., Westport Conn. 1999; W. Voßkamp (ed.), U.forschung. Interdisziplinäre Studien zur neuzeitlichen U., I–III, Stuttgart 1982, Frankfurt 1985; ders. (ed.), Möglichkeitsdenken. U. und Dystopie in der Gegenwart, Paderborn/München 2013; A. Waschkuhn, Politische U.n. Ein politiktheoretischer Überblick von der Antike bis heute, München/Wien 2003; P. R. Werder, U.n der Gegenwart. Zwischen Tradition, Fokussierung und Virtualität, Zürich 2009; M. Winiarczyk, Die hellenistischen U.n, Berlin/Boston Mass. 2011; M. Winter, Compendium Utopiarum. Typologie und Bibliographie literarischer U. I (Von der Antike bis zur deutschen Frühaufklärung), Stuttgart 1978; E. Zeißler, Dunkle Welten. Die Dystopie auf dem Weg ins 21. Jahrhundert, Marburg 2008; E. Zyber, Homo utopicus. Die U. im Lichte der philosophischen Anthropologie, Würzburg 2007. – R. N. Bloch, Bibliographie der U. und Phantastik, 1650–1950, im deutschen Sprachraum, Hamburg/Gießen 2002. H. R. G.

Utopismus, in politischer Philosophie (↑Philosophie, politische) und ↑Sozialphilosophie Bezeichnung für die Orientierung an nicht tatsächlich realisierten, bloß wünschbaren oder vorstellbaren Verhältnissen. Im Gegensatz zu ↑›Utopie‹ wird ›U.‹ typischerweise pejorativ verwendet und bezeichnet dann die Fixierung auf unerfüllbare Pläne und Ansprüche, die losgelöst von jeder möglichen Realisierung vertreten werden. (Positive) Utopien oder utopisches Denken haben es hingegen, der Intention nach, mit gerechtfertigten gesellschaftlichen Zuständen zu tun, die nicht oder noch nicht verwirklicht sind.

Entwerfend, fordernd oder handelnd die gesellschaftliche Realität zu überschreiten, gehört trivialerweise zu einer Vernunftperspektive wie zu jeder Orientierung, die es für notwendig und möglich erachtet, die gegebenen Verhältnisse zu entwickeln. Dies ist der gute Sinn von Utopie in der Hauptbedeutung des Wortes. Er steht jedoch selbst unter den Bedingungen der gesellschaftlichen Realität, insofern diese Realität auch den Handlungsrahmen bestimmt, von dem jede Veränderung, selbst noch die Veränderung dieses Rahmens, auszugehen hat. Daher kann es Utopien ohne realistische ↑pragmatische Perspektive, als bloßes Wunschdenken und Wunschhandeln geben. Hier ist dann der pragmatische Bezugspunkt utopischer Konzeptionen in ein Land ›Nirgendwo‹ verlegt: es liegt keine Utopie im Sinne einer politischen Kritik auf pragmatischer Basis vor, sondern U..

Literatur: E. Bloch, Geist der Utopie, München/Leipzig 1918 (repr. Frankfurt 1971 [= Gesamtausg. XVI], 1985 [= Werkausg. XVI]), Berlin ^{2}1923 (endgültige Fassung), Frankfurt ^{3}1964, Berlin 1991 (= Gesamtausg. III); E. Fromm, Zwischen Utopie und U., Dt. Z. Philos. 35 (1987), 116–124; P. R. Josephson, Would Trotsky Wear a Bluetooth? Technological Utopianism under Socialism, 1917–1989, Baltimore Md. 2010; G. Kateb, Utopias and Utopianism, Enc. Ph. VIII (1967), 212–215, IX (^{2}2006), 616–622; M. Kemperink/L. Vermeer (eds.), Utopianism and the Sciences, 1880–1930, Leuven 2010; L. Kolakowski, Marxismus – Utopie und Anti-Utopie, Stuttgart etc. 1974; K. Kumar, Utopianism, Milton Keynes, Minneapolis Minn. 1991; A. Neusüss (ed.), Utopie. Begriff und Phänomen des Utopischen, Neuwied/Berlin 1968, Frankfurt/New York ^{3}1986; L. T. Sargent, Utopianism, REP IX (1998), 557–562; B. Schmidt, Kritik der reinen Utopie. Eine sozialphilosophische Untersuchung, Stuttgart 1988; H. Seidel, Metaphysik des Utopischen, Dt. Z. Philos. 33 (1985), 629–634; R. Spaemann, Zur Kritik der politischen Utopie. Zehn Kapitel politischer Philosophie, Stuttgart 1977; weitere Literatur: ↑Utopie. F. K.

V

vāda (sanskr., Rede, These, Auseinandersetzung), in der indischen Logik (↑Logik, indische) Bezeichnung für diejenige Art Debatte (kathā) oder Prüfung (vicāra), bei der es um die Ermittlung von Wahrheit geht, also für eine *Disputation*. Die hauptsächlich mit Argumentationsregeln (↑tarka) befaßte v.-Tradition der indischen Logik (die v.-vidyā ist Inhalt des tarka-śāstra, der Argumentationstheorie; ↑vidyā, ↑śāstra) verfährt, anders als die eher sachbezogen an Begründungsregeln für Erkenntnis (↑jñāna) orientierte ↑pramāṇa-Tradition, primär personbezogen. In der v.-Tradition werden neben einem v. als Disputation insbes. Streit (jalpa) und destruktive Argumentation (vitaṇḍā) untersucht, zwei Debattenarten, bei denen es um Rechtbehalten um des Ruhmes bzw. der Ausschaltung des Gegners willen geht. Der v. wird daher in der indischen Philosophie (↑Philosophie, indische) auch Bezeichnung für philosophische *Positionen*, die sich mit anderen Positionen in einer Auseinandersetzung befinden, z. B. die Erkenntnistheorie (pramāṇa-śāstra) als jñāna-v. in der Auseinandersetzung mit dem karma-v., der Handlungstheorie, wenn es um die Positionen der Schulen des advaita-Vedānta (↑Vedānta) und der ↑Mīmāṃsā in bezug auf den Weg zur Erlösung geht, wobei etwa der jñāna-karma-samuccaya-v., die Erkenntnis-zusammen-mit-Handlung-Theorie des Viśiṣṭādvaita von Rāmānuja, eine vermittelnde Position darstellt. K. L.

Vagheit (engl. vagueness, franz. flou), Bezeichnung für einen Typus der ↑Unbestimmtheit der ↑Bedeutung sprachlicher Ausdrücke. Diese Unbestimmtheit beruht im wesentlichen darauf, daß entweder (1) die Extension (↑extensional/Extension) mindestens eines prädikativen Bestandteils des fraglichen Ausdrucks unscharf ist, d. h., es läßt sich nicht grundsätzlich von jedem Gegenstand des Bereichs, über dem der prädikative Ausdruck erklärt ist, entscheiden, ob er ein Beispiel oder ein Gegenbeispiel für ihn ist (gehört z. B. ein kleiner Hügel noch zur Extension von ›Berg‹ oder nicht?), oder (2) die ↑Individuation des Referenten mindestens eines der referentiellen Bestandteile nicht vollständig festliegt, d. h., die raumzeitlichen Grenzen im Falle eines konkreten Referenten sind unbestimmt (wieviel Gelände am Fuße eines Berges etwa gehört noch zu diesem Berg?). Eine formale Logik vager Aussagen nennt man ↑›Fuzzy Logic‹ (engl. fuzzy, ›zerfasert‹). Sie arbeitet mit den reellen Zahlen des Einheitsintervalls $0 \leq \xi \leq 1$ als Wahrheitswerten (↑Logik, mehrwertige). Dementsprechend benutzt sie zur Interpretation der ↑Aussageschemata auch fuzzy-Mengen, d. s. ↑Mengen M, für deren charakteristische Funktion (↑Funktion, charakteristische) nicht wie üblich gilt: $\chi_M(x) \in \{0,1\}$, sondern abgeschwächt $0 \leq \chi_M(x) \leq 1$ (was es erlaubt, $\chi_M(x)$ als die ↑Wahrscheinlichkeit dafür zu lesen, daß $x \in M$ gilt).

Literatur: B. Aarts u. a. (eds.), Fuzzy Grammar. A Reader, Oxford etc. 2004, 2005; K. Akiba/A. Abasnezhad (eds.), Vague Objects and Vague Identity. New Essays on Ontic Vagueness, Dordrecht etc. 2014; M. A. Arbib/E. G. Manes, A Category-Theoretic Approach to Systems in a Fuzzy World, Synthese 30 (1975), 381–406; T. T. Ballmer/M. Pinkal (eds.), Approaching Vagueness, Amsterdam/New York/Oxford 1983; M. Black, Vagueness. An Exercise in Logical Analysis, Philos. Sci. 4 (1937), 427–455, Neudr. in: ders., Language and Philosophy. Studies in Method, Ithaca N. Y. 1949, Westport Conn. 1981, 25–58; ders., Margins of Precision. Essays in Logic and Language, Ithaca N. Y./London 1970; B. Buldt, V., vage, Hist. Wb. Ph. XI (2001), 531–540; J. A. Burgess, The Sorites Paradox and Higher-Order Vagueness, Synthese 85 (1990), 417–474; L. Burns, Vagueness and Coherence, Synthese 68 (1986), 487–513; dies., Vagueness. An Investigation into Natural Languages and the Sorites Paradox, Dordrecht/Boston Mass./London 1991; M. Code, Myths of Reason. Vagueness, Rationality, and the Lure of Logic, Atlantic Highlands N. J. 1995; R. Dietz/S. Moruzzi (eds.), Cuts and Clouds. Vagueness, Its Nature, and Its Logic, Oxford etc. 2010; M. Dummett, Wang's Paradox, Synthese 30 (1975), 301–324, Neudr. in: ders., Truth and Other Enigmas, London, Cambridge Mass. 1978, London 1992, 248–268; T. A. O. Endicott, Vagueness in Law, Oxford etc. 2000, 2003; K. Fine, Vagueness, Truth and Logic, Synthese 30 (1975), 265–300; J. A. Goguen, The Logic of Inexact Concepts, Synthese 19 (1969), 325–373; D. Graff/T. Williamson (eds.), Vagueness, Aldershot 2002; D. Hyde, Vagueness, Logic and Ontology, Aldershot etc. 2008, London/New York 2016; H. Kamp, The Paradox of the Heap, in: U. Mönnich (ed.), Aspects of Philosophical Logic. Some Logical Forays into Central Notions of Linguistics and Philosophy, Dordrecht/Boston Mass./London 1981, 225–277; R. Keefe, Theories of Vagueness, Cambridge etc. 2000; dies./P. Smith (eds.), Vagueness. A Reader, Cambridge Mass./London 1996, 2002; N. Kluck, Der Wert der V., Berlin/Boston

Mass. 2014; S. Moruzzi/A. Sereni (eds.), Issues on Vagueness. Proceedings of the Second Bologna Workshop, Padua 2005; R. Nouwen u. a. (eds.), Vagueness in Communication. [...], Berlin/Heidelberg/New York 2011; R. Parikh, Vagueness and Utility. The Semantics of Common Nouns, Linguistics and Philos. 17 (1994), 521–535; W. V. O. Quine, What Price Bivalence?, J. Philos. 78 (1981), 90–95; D. Raffman, Vagueness without Paradox, Philos. Rev. 103 (1994), 41–74; dies., Unruly Words. A Study of Vague Language, Oxford etc. 2014; B. B. Rieger (ed.), Empirical Semantics. A Collection of New Approaches in the Field, I–II, Bochum 1981 (= Quantitative Linguistics 12/13); ders., Unscharfe Semantik. Die empirische Analyse, quantitative Beschreibung, formale Repräsentation und prozedurale Modellierung vager Wortbedeutungen in Texten, Frankfurt etc. 1989; I. Scheffler, Beyond the Letter. A Philosophical Inquiry into Ambiguity, Vagueness and Metaphor in Language, London/Boston Mass./Henley 1979, Abingdon/New York 2010; T. Schöne, Was V. ist, Paderborn 2011; S. Shapiro, Vagueness in Context, Oxford 2006, 2008; H. B.-Z. Shyldkrot/S. Adler/M. Asnes (eds.), Précis et imprécis. Études sur l'approximation et la précision, Paris 2014; N. Smith, Vagueness and Degrees of Truth, Oxford etc. 2008, 2013; R. A. Sorensen, Fictional Incompleteness as Vagueness, Erkenntnis 34 (1991), 55–72; ders., Vagueness, SEP 1997, rev. 2012; ders., Vagueness and Contradiction, Oxford, Oxford etc. 2001, Oxford 2008; J. E. Tomberlin (ed.), Logic and Language, Atascadero Calif. 1993, 1994 (= Philosophical Perspectives VIII); M. Tye, Vagueness, REP IX (1998), 563–566; S. Walter (ed.), V., Paderborn 2005; S. Weiss, The Sorites Antinomy. A Study in the Logic of Vagueness and Measurement, Diss. Chapel Hill N. C. 1973; S. C. Wheeler, Reference and Vagueness, Synthese 30 (1975), 367–379; T. Williamson, Vagueness, London/New York 1994, 2002; C. Wright, On the Coherence of Vague Predicates, Synthese 30 (1975), 325–365; ders., Is Higher Order Vagueness Coherent?, Analysis 52 (1992), 129–139; L. A. Zadeh, Fuzzy Logic and Approximate Reasoning, Synthese 30 (1975), 407–428. – Southern J. Philos. 33 Suppl. (1995). K. L.

Vaihinger, Hans, *Nehren (b. Tübingen) 25. Sept. 1852, †Halle 18. Dez. 1933, dt. Philosoph, im Anschluß an I. Kant Begründer der Philosophie des ↑Als ob. Nach Studium der Theologie und Philosophie in Tübingen, Leipzig und Berlin 1874 Promotion in Tübingen, 1877 Habilitation in Straßburg. 1883 a.o. Prof. in Straßburg, 1884 Ruf nach Halle, 1894 o. Prof. ebendort, 1906 Entbindung von seinen Lehrverpflichtungen wegen extremer Kurzsichtigkeit, die zur Erblindung führte. 1897 gründet V. die »Kant-Studien«, 1905 die Kant-Gesellschaft. 1919 mit R. Schmidt Neubegründung und Herausgabe (bis 1929) der »Annalen der Philosophie«. – Beeinflußt von Kants ↑transzendentaler – die unterscheidungs- und gegenstandserzeugende Leistung des erkennenden Subjekts herausarbeitenden – Grundlegung wissenschaftlicher Erkenntnis (↑Transzendentalphilosophie), von F. A. Langes Geschichte des Materialismus und A. Schopenhauers ↑Pessimismus und Rationalismuskritik entwickelt V. in seiner *Philosophie des Als-Ob* eine Theorie erkenntnis- und handlungsleitender, ferner empfindungsbestimmender ↑Fiktionen. Fiktionen sind Annahmen, die zwar falsch und zumeist auch als falsch erkannt sind, die aber gleichwohl einen Nutzen beim Aufbau des Wissens und der Ausrichtung des Handelns, ferner bei der Ordnung der ↑Empfindungen haben. Beispiele für solche Fiktionen sind die Annahme der Existenz eines welterschaffenden und weltlenkenden Gottes, der ↑Unsterblichkeit der ↑Seele, des ↑Atoms als Bausteins der Materie, der Vitalkraft, eines ursprünglichen Sozialvertrags. Denken und Handeln, ferner das geordnete Empfinden sind auf Fiktionen angewiesen, da mit ihnen die für sich ungeordneten Erlebniseindrücke im Denken strukturiert und daher das Handeln orientiert und das Empfinden stabilisiert werden können. Die Irrationalität (↑irrational/Irrationalismus) der Fiktionen – die diesen nach V. wegen ihrer Falschheit zugesprochen werden muß – ermöglicht die ↑Rationalität des Denkens und Handelns. Diese Rationalität wird von V. im Sinne einer materialistischen (↑Materialismus (systematisch)) Entwicklungstheorie verstanden, nämlich als ein Mittel zur besseren Sicherung des Überlebens. Die Geistesgeschichte läßt sich daher auch als eine ↑Naturgeschichte schreiben, in der die geistige Entwicklung natürlichen Entwicklungsgesetzen folgt. Daß das Denken zumeist nicht als ↑Mittel, sondern als ↑Zweck für sich selbst verstanden wird, dient dadurch, daß mit dieser Verselbständigung zum Denken motiviert wird, eben den Lebensentwicklungen, die in der Naturgeschichte dargestellt werden können.

Werke: Göthe als Ideal universeller Bildung. Festrede, Stuttgart 1875; Hartmann, Dühring und Lange. Zur Geschichte der deutschen Philosophie im XIX. Jahrhundert. Ein kritischer Essay, Iserlohn 1876; Eine Blattversetzung in Kant's Prolegomena, Philos. Monatshefte 15 (1879), 321–332, separat Bonn 1879; Commentar zu Kants Kritik der reinen Vernunft. Zum hundertjährigen Jubiläum derselben, I–II, Stuttgart 1881/1892 (repr. New York/London 1976), unter dem Titel: Kommentar zu Kants Kritik der reinen Vernunft, ed. R. Schmidt, Stuttgart/Berlin/Leipzig ^{2}1922 (repr. Aalen 1970); Eine französische Kontroverse über Kants Ansicht vom Kriege. Auch ein Wort zur Friedenskonferenz, Kant-St. 4 (1900), 50–60 (franz. Une controverse française sur la vision kantienne de la guerre. Avec un mot touchant la conférence sur la paix, Revue philos. 120 [2017], 12–21); Nietzsche als Philosoph, Berlin 1902, Langensalza ^{5}1930, ed. G. Bleick, Porta Westfalica 2002; Die transcendentale Deduktion der Kategorien in der 1. Auflage der Kr. d. r. V., in: Philosophische Abhandlungen. Dem Andenken Rudolf Hayms gewidmet von Freunden und Schülern, Halle 1902, 23–98, separat Halle 1902; Die Philosophie in der Staatsprüfung. Winke für Examinatoren und Examinanden. Zugleich ein Beitrag zur Frage der philos. Propaedeutik. Nebst 340 Thematen zu Prüfungsarbeiten, Berlin 1906; Die Philosophie des Als Ob. System der theoretischen, praktischen und religiösen Fiktionen der Menschheit auf Grund eines idealistischen Positivismus. Mit einem Anhang über Kant und Nietzsche, Berlin 1911, Leipzig ^{3}1918 (repr. Paderborn 2013), ed. R. Schmidt, Leipzig 1923, 1924, ^{10}1927 (repr. Aalen 1986) (engl. [rev.] The Philosophy of As If. A System of the Theoretical, Practical and Religious Fictions of Mankind, London, New York 1924 [repr. London 2000], London ^{2}1935, Mansfield Center Conn. 2009; franz. La philosophie du comme si, Paris

2008); Die Philosophie des Als Ob und das Kantische System gegenüber einem Erneuerer des Atheismusstreites, Kant-St. 21 (1917), 1–25, erw. unter dem Titel: Der Atheismusstreit gegen die Philosophie des Als Ob und das Kantische System, Berlin 1916; Wie die Philosophie des Als Ob entstand, in: R. Schmidt (ed.), Die deutsche Philosophie der Gegenwart in Selbstdarstellungen II, Leipzig 1921, 175–203; Pessimismus und Optimismus vom Kantschen Standpunkt aus, Arch. für Rechts- und Wirtschaftsphilos. 17 (1923/1924), 161–188, separat Berlin-Grunewald 1924.

Literatur: C. Adair-Toteff, V., REP IX (1998), 566–568; E. Adickes, Kant und die Als-ob-Philosophie, Stuttgart 1927 (repr. Würzburg 1972, Vaduz 1978); L. B. Cebik, The World Is Not a Novel, Philos. and Literature 16 (1992), 68–87; K. Ceynowa, Zwischen Pragmatismus und Fiktionalismus. H. V.s »Philosophie des Als Ob«, Würzburg 1993; A. Degange, V., DP II (^{2}1993), 2844–2845; W. Del-Negro, H. V.s philosophisches Werk mit besonderer Berücksichtigung seiner Kantforschung, Kant-St. 39 (1934), 316–327; L. Fischer, Das Vollwirkliche und das Als-Ob, Berlin 1921; B. Fließ, Einführung in die Philosophie des Als-Ob, Bielefeld/Leipzig 1922; R. Handy, V., Enc. Ph. VIII (1967), 221–224, IX (^{2}2006), 625–629; M. Neuber (ed.), Fiktion und Fiktionalismus. Beiträge zu H. V.s »Philosophie des Als Ob«, Würzburg 2014; H. v. Noorden, Der Wahrheitsbegriff in V.s Philosophie des Als Ob. Zum 100. Geburtstag des Philosophen am 25. September 1952, Z. philos. Forsch. 7 (1953), 99–113; A. Seidel (ed.), Die Philosophie des Als Ob und das Leben. Festschrift zu H. V.s 80. Geburtstag, Berlin 1932 (repr. Aalen 1986); G. Simon, V., NDB XXV (2013), 691–692; S. Willrodt, Semifiktionen und Vollfiktionen in V.s Philosophie des Als Ob. Mit einer monographischen Bibliographie ›H. V.‹ von Adolf Weser, Leipzig 1934. O. S.

Vailati, Giovanni, *Crema 24. April 1863, †Rom 14. Mai 1909, ital. Mathematiker und Philosoph. Ab 1880 Studium der Mathematik und der Ingenieurwissenschaften an der Universität Turin, Abschluß in Ingenieurwissenschaften 1885, in Mathematik 1888. Aus der Schule G. Peanos kommend (V. war 1892–1895 dessen Assistent) bemüht sich V. vor allem um die Anwendung der Logik in der Erkenntnis- und Wissenschaftstheorie. Er betont die Wichtigkeit historischer Untersuchungen für das Verständnis wissenschaftlicher Methoden und wirkt in diesem Sinne durch zahlreiche historisch-systematische Studien. Zu nennen sind insbes. seine Untersuchungen zur Axiomatik (↑System, axiomatisches) der ↑Geometrie. V. entwickelt kein eigenes System, sondern ist bemüht, die wichtigsten wissenschaftstheoretischen Positionen seiner Zeit (z. B. diejenigen von C. S. Peirce, E. Mach, W. James und B. Russell) miteinander zu vermitteln. Dabei wird er zum Urheber einer pragmatischen (↑Pragmatismus) Richtung der Analytischen Philosophie (↑Philosophie, analytische) in Italien. Darüber hinaus verfolgt V. weitgestreute wissenschaftliche, literarische und kulturelle Interessen, die ihn auch als Schulreformer tätig werden ließen.

Werke: Scritti, ed. M. Calderoni/U. Ricci/G. Vacca, Florenz, Leipzig 1911; Scritti filosofici, ed. G. Lanaro, Neapel 1972, Florenz 1980; Scritti, I–III, ed. M. Quaranta, Sala Bolognese 1987. – Il metodo deduttivo come strumento di ricerca. Lettura d'introduzione al corso di lezioni sulla storia della meccanica tenuto all'Università di Torino, l'anno 1897–98, Turin 1898; Alcune osservazioni sulle questioni di parole nella storia della scienza e della cultura. Prolusione al corso libero di storia della meccanica letta il 12 dicembre 1898 nell'Università di Torino, Turin 1899, Santarcangelo di Romagna 1994; Gli strumenti della conoscenza, ed. M. Calderoni, Lanciano 1916, 1919; (mit M. Calderoni) Il pragmatismo, ed. G. Papini, Lanciano 1920 (repr. 2010); Il metodo della filosofia. Saggi scelti, ed. F. Rossi-Landi, Bari 1957 (repr. mit Untertitel: Saggi di critica del linguaggio, 1967); Scritti di metodologia scientifica e di analisi del linguaggio, ed. M. F. Sciacca, Mailand 1959; Gli strumenti della ragione, ed. M. Quaranta, Padua 2003; Logic and Pragmatism. Selected Essays, ed. C. Arrighi u. a., Stanford Calif. 2009, 2010. – Epistolario (1891–1909), ed. G. Lanaro, Turin 1971; (mit G. Amato Pojero) Epistolario (1898–1908), ed. A. Brancaforte, Mailand 1993.

Literatur: E. Bianco, L'unità della cultura nel pensiero di G. V., Filosofia oggi 1 (1978), 17–29; L. Binanti, G. V.. Filosofia e scienza, L'Aquila 1979; M. del Castello/G. Lucchetta (eds.), Papini, V. e la cultura dell'anima, Lanciano 2011; M. Ferrari, G. V. e la »rinascita leibniziana«, Riv. crit. stor. filos. 44 (1989), 249–284; G. Giordano, G. V.. Filosofo della scienza, Florenz 2014; H. C. Kennedy, V., DSB XIII (1976), 550–551; S. Marini, Socrate nel Novecento. V., Schlick, Wittgenstein, Mailand 1994 (Scienze filosofiche LV); V. Milanesi, Un intellettuale non »organico«. V. e la filosofia della prassi, Padua 1979; F. Minazzi, G. V.. Epistemologo e maestro, Mailand 2011; I. Pozzoni (ed.), Cent'anni di G. V., Mailand 2009; M. Quaranta, Il contrasto Peano – V., in: C. Mangione (ed.), Scienza e filosofia. Saggi in onore di Ludovico Geymonat, Mailand 1985, 760–776; ders. (ed.), G. V. nella cultura del '900, Sala Bolognese 1989; M. de Rose, L'educazione dell'intelletto. Il pragmatismo di G. V., Neapel 1986; dies., L'educazione della volontà. Il problema etico in G. V., Paradigmi 8 (1990), 549–566; F. Rossi-Landi, Materiale per lo studio di V., Riv. crit. stor. filos. 12 (1957), 468–485, 13 (1958), 82–108 (mit Bibliographie, 86–107); ders., V., Enc. Ph. VIII (1967), 224–226, IX (^{2}2006), 629–631; R. Spirito, G. V.. Il senso della scienza, Rom 2000; M. de Zan (ed.), I mondi di carta di G. V., Mailand 2000; ders., La formazione di G. V., Galatina 2009. – Riv. crit. stor. filos. 18 (1963), 273–523. G. G.

Vaiśeṣika (sanskr., Besonderheit), Bezeichnung für eines der sechs traditionellen orthodoxen, also die Autorität des ↑Veda anerkennenden philosophischen Systeme (↑darśana) der indischen Philosophie (↑Philosophie, indische). Das V. wird durch das einem sagenhaften Autor Kaṇāda zugeschriebene V.-Sūtra begründet, das auf älteren naturphilosophischen Spekulationen fußt und diese mit einer Kategorienlehre begrifflich zu erfassen sucht, die in ihrem konsequenten pluralistischen Realismus (↑Realismus (ontologisch)) vermutlich das Resultat früher Auseinandersetzungen mit den Grammatikern (Patañjali), den Jainas (↑Philosophie, jainistische) und dem frühen ↑Sāṃkhya sind. Seine Abfassung erstreckt sich zwischen dem 3. Jh. v. Chr. und dem 1. Jh. n. Chr.; seine Auslegung stützt sich in der indischen Tradition vor allem auf die für das klassische V. maßgebende selbständige, vom V.-Sūtra in vielen Punkten abweichende Exposition durch Praśastapāda (ca. 550–600) in dessen Padārthadharmasaṃgraha (= Zusammenfassung der Eigenschaften der Kategorien). Dabei scheint es gleichwohl die Absicht Praśastapādas gewesen zu sein, die von ihm unterstellte ursprüngliche Intention des Sūtra gegen die vorgeschlagenen und historisch wohl deshalb auch weitgehend wirkungslos gebliebenen Neuerungen seines Vorgängers Candramati (ca. 450–500) – überliefert in einer chinesischen Übersetzung des Daśapadārthaśāstra (= Lehrbuch von den zehn Kategorien) – zu verteidigen. Dazu gehört vor allem die Rechtfertigung der sechs ↑Kategorien (↑padārtha) nach Art und Anzahl. Es sind ↑dravya (Substanz), ↑guṇa (Eigenschaft) und ↑karma (Bewegung im Sinne der Aristotelischen *κίνησις*) als Kategorien der ↑Objektstufe – der Bereich aller irreduziblen und unzerstörbaren Gegenstände (↑artha), aus denen als Atomen (aṇu, paramāṇu) die Einzeldinge (vyakti) aufgebaut sind, zerfällt in diese drei Arten – und ↑sāmānya (Allgemeines), ↑viśeṣa (Besonderes im Sinne des für ein Einzelnes Charakteristischen; ↑Qualia) und ↑samavāya (Inhärenz) als Kategorien der ↑Metastufe – der Bereich der unter diese Kategorien fallenden Gegenstände dient der für die Bestimmung des Aufbaus der Einzeldinge erforderlichen Qualifikation der übrigen –, wobei im ältesten V. zunächst wohl nur die ersten drei Kategorien eine Rolle gespielt haben.

Ein Universale (sāmānya, ↑universal) kann in Gegenständen jeder der drei ersten Arten (und in Einzeldingen) inhärieren – es bestimmt die ›Sorte‹ der fraglichen Gegenstände und damit eine Gattung (jāti) –, während ein Quale (viśeṣa) nur in Substanzen, ihre individuelle Unterscheidbarkeit garantierend, inhärieren kann. Die Inhärenz (↑inhärent/Inhärenz) selbst wiederum ist für das Phänomen des gleichzeitigen Vorliegens kategorial verschiedener Bestimmungen verantwortlich, also wenn z. B. Substanzen Eigenschaften tragen, ein Ganzes Teile hat, ein Einzelding einer Gattung angehört oder eine Substanz bewegt ist. Eine ausgezeichnete Rolle spielt das ›oberste‹ Universale (parasāmānya) Sein (sattā) gegenüber den dann ausdrücklich als ›unterste‹ Besonderheiten (antyaviśeṣa) bezeichneten Qualia, wobei die übrigen Universalia genauer als ›spezielle ↑Universalien‹ (sāmānyaviśeṣa) charakterisiert sind.

Die Kategorien der Objektstufe umfassen Gegenstände, die sattāsaṃbandha (Verbindung mit Seiendem) haben – sie sind durch Sein (sattā) bestimmt –, während die Gegenstände der Kategorien der Metastufe svātmasattva (Seiendsein als Selbstidentität) zeigen – sie sind durch (ihnen je eigentümliches, nicht aber gemeinsames) Dasein (bhāva) bestimmt – mit der Folge, daß letztere weder Gattungen bilden noch in Ursache-Wirkung-Zusammenhängen auftreten können. Sie sind nicht wirklich Objekte (artha), da sie nur kraft Vernunft (↑buddhi) erschlossen werden können. Jeder ›richtige‹ Gegenstand nämlich, der sowohl Allgemeinheit (sāmānya) als auch Individualität (vyakti, d. i. Einzelding) besitzt, kann durch jedes der zwei zulässigen Erkenntnismittel (↑pramāṇa) Wahrnehmung (↑pratyakṣa) und Schlußfolgerung (↑anumāna) erkannt werden (im älteren V. war als drittes pramāṇa noch Erinnerung [↑smṛti] anstelle der sonst üblichen zuverlässigen Mitteilung [↑śabda] anerkannt). Allerdings wird im System des ↑Nyāya, das eine mit dem V. im wesentlichen ›übereinstimmende Lehre‹ (samāna-tantra) aufweist, zumindest die Inhärenz auch als wahrnehmbar angesehen (die seit Mitte des 1. Jahrtausends verwirklichte Arbeitsteilung zwischen V., zuständig für Naturphilosophie und Ontologie, und Nyāya, zuständig für Logik und Epistemologie, hat schließlich zum Zusammenschluß beider Systeme im ›Neuen Nyāya‹ [Navyanyāya] geführt [↑Nyāya]).

Als gemeinsames Charakteristikum aller sechs Arten von Gegenständen – und das ist grundsätzlich auch nicht aufgegeben worden, als sich die von Candramati unter anderem vorgeschlagene siebte Kategorie Nicht(-anwesend-)sein (↑abhāva) durchgesetzt hatte – gilt seit Praśastapāda die ›Istheit‹ (astitva), die gleichbedeutend mit Erkennbarkeit (jñeyatva) und Benennbarkeit (abhidheyatva) ist. Im ältesten erhaltenen Kommentar zu Praśastapādas Padārthadharmasaṃgraha, der Vyomavatī von Vyomaśiva (um 800) (engl. in: W. Halbfass, On Being and What There Is. Classical V. and the History of Indian Ontology, Albany N. Y. 1992), wird ›astitva‹ – wohl als Reaktion auf die buddhistische Kritik an der Wirklichkeit des Allgemeinen – auf den Sprachgebrauch (śabda-vyavahāra), die Möglichkeit ›etwas ist [asti] …‹ zu sagen, zurückgeführt, also sprachlogisch und nicht mehr ontologisch erklärt. Diese Lesart hat sich jedoch nicht durchgesetzt, wie man an der Erklärung eines späteren Kommentators, des Śrīdhara (10. Jh.) in seiner Nyāyakandalī (991 verfaßt), ablesen kann, die ›astitva‹ durch Identifizierbarkeit, das ›Haben-von-Eigennatur‹ (svarūpavattva) wiedergibt. Gleichwohl sind insbes. im Navyanyāya, beginnend mit Udayanas (ca. 975–1050) Kommentar Kiraṇāvalī, weitere erhebliche Umbildungen der Kategorienlehre vorgenommen worden, mit denen den Einwendungen auch der anderen Systeme, vor allem des Advaita-Vedānta (↑Vedānta) und der ↑Mīmāṃsā zu begegnen versucht wird (↑Nyāya). Das Ziel, mit der Kategorienlehre eine vollständige Übersicht durch Aufzählung alles Wirklichen (↑tattva, seit Vātsyāyana, ca. 350–425 [↑Nyāya], Seiendes [sat] und Nichtseiendes [asat] umfassend) zu gewinnen, wurde dabei nie aufgegeben. Auch an der dabei einzuhaltenden methodischen Ordnung: zuerst Aufzählung (uddeśa), dann Definition (lakṣaṇa), gegebenenfalls unter Einschluß der im Nyāya getrennt bleibenden Untersuchung (parīkṣā), ist nicht gerüttelt worden.

Der offensichtliche Zusammenhang der drei Kategorien der Objektstufe mit den Wortarten Substantiv, Adjektiv und Verb hat im V. vor seiner Verschmelzung mit dem Nyāya kaum Versuche einer Verbindung von ontologischer mit sprachlogischer Vorgehensweise zur Folge gehabt. Dabei hätten die schon vom Grammatiker Patañjali im Mahābhāṣya vorgenommenen Unterscheidungen zwischen grammatisch-syntaktischen und logisch-begrifflichen Bestimmungen – so können etwa Gattungsnamen (jati-śabda), Eigenschaftsnamen (guṇa-śabda) und Handlungsnamen (kriyā-śabda) grammatisch sämtlich als Adjektive (guṇa-vacana) auftreten – durchaus einen Ansatzpunkt geboten. Stattdessen beherrschen anfangs langandauernde, ebenfalls schon bei und mit den Grammatikern geführte Auseinandersetzungen um die zentrale Kategorie ↑dravya das Feld: Ist dravya das relativ stabile Substrat für Veränderungen, oder ist es ein auf Grund von Eigenschaften bloß Erschlossenes? Ist es vergänglich oder unvergänglich? Wie ist es gegenüber ↑ākṛti abgegrenzt (Stoff-Form-Gegensatz), wie gegenüber ↑guṇa (Ding-Eigenschaft-Gegensatz)? In der schließlich kanonisch gewordenen Fassung werden neun (Arten von) Substanzen (die aus unvergänglichen Atomen zusammengesetzten vier Elemente Erde, Wasser, Feuer und Luft, die nicht-atomaren, alles durchdringenden Äther [↑ākāśa, als Träger des Tons], Raum [diś] und Zeit [↑kāla], die omnipräsenten Seelen [↑ātman] und die atomaren Denkorgane [↑manas]), 24 (im V.-Sūtra nur 17) ebenfalls individuell und *nicht* universal auftretende (Arten von) Eigenschaften, darunter die fünf Sinnesqualitäten, die Empfindungen Lust (sukha), Schmerz (↑duḥkha), Begehren (icchā) und Abneigung (dveṣa), das Erkennen (↑buddhi), Verdienst (↑dharma) und Schuld (adharma), aber auch relationale Eigenschaften wie Zahl (saṃkhyā), Verbindung (saṃyoga) und Trennung (vibhāga), Ferne (paratva) und Nähe (aparatva) sowie schließlich fünf Arten von Bewegungen, darunter die Ortsbewegung, aufgezählt. Auf Grund der sehr lückenhaften Überlieferung – ältere Kommentare zum V.-Sūtra selbst fehlen (der erst 1985 edierte V.-Sūtra-Vārttika von Vādīndra ist Anfang des 13. Jhs. entstanden) – sind viele Details der systematischen und historischen Zusammenhänge des klassischen, erst seit Praśastapāda theistisch konzipierten V. noch ungeklärt.

Literatur: ↑Philosophie, indische. K. L.

Vajrayāna, ↑Tantrayāna.

Vakuum, ↑horror vacui, ↑Leere, das.

Validität, ↑Test.

Valla, Laurentius (Lorenzo della Valle), *Rom um 1407, †ebd. 1. Aug. 1457, ital. Philosoph, Vertreter des italienischen ↑Humanismus in der ↑Renaissance. Nach klassisch-philologischen Studien (bei L. Bruni) 1431 zum Priester geweiht. 1431–1433 Prof. der Rhetorik in Pavia, 1435–1448, nach Aufenthalten in Mailand, Genua und Florenz, Sekretär Alfons' V. in Neapel, ab 1448 zunächst als Skriptor Nikolaus' V., dann ab 1455 als Sekretär Calixts III. am päpstlichen Hof, ab 1450 gleichzeitig Prof. der Rhetorik in Rom. – V., der 1440 die Konstantinische Schenkung als Fälschung erwies und damit zu den Archegeten der historischen Kritik gehört (De falso credita et ementita Constantini Donatione declamatio, 1440), vertrat in seiner Philosophie einen gemäßigten ↑Epikureismus (De voluptate ac vero bono libri III, 1431, überarbeitet 1432/1433), wandte sich gegen die scholastische (↑Scholastik) Logik und Dialektik (Repastinatio philosophiae et dialecticae, 1439) und schrieb, noch von G. W. Leibniz beachtet, über die ↑Willensfreiheit (De libero arbitrio, früher Druck um 1475), wobei er das Zusammenbestehen von Willensfreiheit und göttlicher ↑Allmacht als Mysterium bezeichnet. Seine Kritik am Mönchtum, dem Apostolikum und verweltlichten Formen der Kirche zogen ihm die Verfolgung durch die Inquisition zu. Als glänzender Philologe und Stilist setzte sich V. für eine Erneuerung des klassischen Lateins ein (Elegantiae linguae Latinae, zwischen 1433 und 1437) und vertrat die Einheit von Philologie und Theologie.

Werke: Opera, Basel 1540 (repr. als: Opera omnia [s. u.] I), 1543; Opera omnia, I–II, ed. E. Garin, Turin 1962; Edizione Nazionale delle opere di L. V., ed. M. Regoliosi u. a., Florenz 2007ff. (erschienen Reihe II [Opere religiose]: II.4; Reihe III [Opere storico-politiche]: III.4/6; Reihe IV [Opere linguistiche]: IV.3; Reihe V [Opere grammaticali]: V.2). – Elegantiae linguae latinae [Einheitssacht.], Paris, Venedig, Rom 1471, Brescia, Rom 1475, Venedig 1476, Rom 1480, Venedig 1492, Lyon 1544, unter dem Titel: De linguae Latinae elegantia [lat./span.], I–II, ed. S. López Moreda, Cáceres 1999; De libero arbitrio, Straßburg o.J. [1475], unter dem Titel: Dialogus de libero arbitrio [...], Wien 1516, unter dem Titel: De libero arbitrio, Basel 1518, 1526, ed. M. Anfossi, Florenz 1934, unter dem Titel: Über den freien Willen/De libero arbitrio [lat./dt.], ed. E. Keßler, München 1987 (engl. Dialogue on Free Will, ed. C. Trinkaus, in: E. Cassirer/P. O. Kristeller/J. H. Randall [eds.], The Renaissance Philosophy of Man, Chicago Ill./London 1948, 2000, 155–182; franz. Dialogue sur le libre-arbitre, ed. J. Chomarat, Paris 1983); In Pogiu[m] elegans inuectiua, Paris o.J. [ca. 1479], unter dem Titel: Antidoti in Pogium, Siena 1490, unter dem Titel: Antidotum primum. La prima apologia contro Poggio Bracciolini, ed. A. Wesseling, Assen 1978, unter dem Titel: Antidotum in facium, ed. M. Regoliosi, Padua 1981, unter dem Titel: Apólogo contra Poggio Bracciolini (1452). Poggio Bracciolini. Quinta invectiva contra L. V. (1453) [lat./span.], ed. V. Bonmatí Sánchez, León 2006; Dialectice [...] libri tres [...], Mailand o.J. [1498/1500], Paris 1509, unter dem Titel: De Dialectica libri III, 1530, unter dem Titel: Dialecticarum disputationum libri tres [...], Köln 1530, unter dem Titel: Repastinatio dialectice et philosophie, I–II, ed. G. Zippel, Padua 1982, unter dem Titel: Dialectical Disputations [lat./engl.], I–II, ed. B. Copenhaver/L.

Nauta, Cambridge Mass. 2012; In Latinam Noui testamenti interpretationem ex collatione Grecorum exemplarium Adnotationes apprime utiles, ed. Erasmus v. Rotterdam, Paris 1505, unter dem Titel: In nouum testamentu[m] annotationes, Basel 1526, unter dem Titel: De collatione Novi Testamenti libri duo, Amsterdam 1630, 1638, unter dem Titel: Collatio Novi Testamenti, ed. A. Perosa, Florenz 1970; De Dona[tione] Constan[tini] [...] De falso credita et ementita Constantini donatione [...], Straßburg 1506, o.O. [Lyon] 1520, unter dem Titel: La donation de Constantin [lat./franz.], ed. A. Bonneau, Paris 1879, unter dem Titel: The Treatise of L. V. on the Donation of Constantine [lat./engl.], ed. C.B. Coleman, New Haven Conn. 1922 [repr. Toronto/Buffalo N.Y./London 1993, 2000], New York 1971, unter dem Titel: De falso credita et ementita Constantini Donatione declamatio, ed. W. Schwahn, Leipzig 1928 (repr. Stuttgart/Leipzig 1994), ed. W. Setz, Weimar 1976, unter dem Titel: La falsa donazione di Costantino [lat./ital.], ed. O. Pugliese, Mailand 1994, 2010, unter dem Titel: On the Donation of Constantine [lat./engl.], ed. G.W. Bowersock, Cambridge Mass./London 2008 (dt. Des Edlen Römers Laurentii Vallensis Clagrede wider die erdicht unnd erlogene begabung [...], o.O. o.J. [um 1524] [repr., ed. W. Setz, Basel/Frankfurt 1981]; franz. La donation de Constantin, übers. J.-B. Giard, Paris 1993, 2004); De vero falsoq[ue] bono, Köln 1509, unter dem Titel: De voluptate ac vero bono [...] in libros tris [sic!], Paris 1512, unter dem Titel: De voluptate ac vero bono libri III, Basel 1519, unter dem Titel: De vero falsoque bono, ed. M. de Panizza Lorch, Bari 1970, unter dem Titel: On Pleasure/De voluptate [lat./engl.], ed. A. Kent Hieatt/M. Lorch, New York 1977, unter dem Titel: Von der Lust oder Vom wahren Guten/De voluptate sive De vero bono [lat./dt.], ed. P.M. Schenkel, München 2004, unter dem Titel: Sur le plaisir [lat./franz.], ed. M. Onfray, La Versanne 2004 (dt. Vom wahren und falschen Guten, übers. O. Schönberger/E. Schönberger, Würzburg 2004); Historiarum Ferdinandi Regis Aragoniae libri treis [sic!], Rom 1520, Paris 1521 (repr., ed. P. López Elum, Valencia 1970), unter dem Titel: Gesta Ferdinandi Regis Aragonum, ed. O. Besomi, Padua 1973; Opuscula tria, ed. J. Vahlen, Sitz.ber. Kaiserl. Akad. Wiss. Wien, philos.-hist. Kl. 61 (1869), 7–66, 357–444, 62 (1869), 93–149, separat Wien 1869, ferner in: Opera omnia [s. o.] II, 131–388; Scritti filosofici e religiosi, ed. G. Radetti, Florenz 1953, Rom 2009; De professione religiosorum, ed. M. Cortesi, Padua 1986 (engl. The Profession of the Religious, in: »The Profession of the Religious« and the Principal Arguments from »The Falsely-Believed and Forged Donation of Constantine«, ed. O. Zorzi Pugliese, Toronto 1985, 17–61, unter dem Titel: »The Profession of the Religious« and Selections from »The Falsely-Believed and Forged Donation of Constantine«, erw. ²1994, 17–61, ³1998, 39–87); L'arte della grammatica [lat./ital.], ed. P. Casciano, Mailand 1990, 2000; Oratio clarissimi viri Laurentii Valle habita in principio [sui] studii die XVIII Octobris MCCCCLV [lat./ital.], in: S. Rizzo (ed.), L. V.. Orazione per l'inaugurazione dell'anno accademico 1455–1456. Atti di un seminario di filologia umanistica, Rom 1994, 191–201; Laurentii Vallae Elegantarium concordantiae, ed. I.J. García Pinilla/M.J. Herráiz Pareja, Hildesheim/Zürich/New York 1997; De reciprocatione ›sui‹ et ›suus‹ [lat./franz.], ed. E. Sandström, Göteborg 1998; Raudensiane note, ed. G.M. Corrias, Florenz 2007 (= Edizione nazionale IV.3); V.'s Translation of Thucydides in Vat. Lat. 1801. With the Reproduction of the Codex, ed. M. Chambers, Vatikanstadt 2008; Encomion sancti Thome Aquinatis, ed. S. Cartei, Florenz 2008 (= Edizione nazionale II.4); Emendationes quorundam locorum ex Alexandro ad Alfonsum primum Aragonum regem, ed. C. Marsico, Florenz 2009 (= Edizione nazionale V.2); Ad Alfonsum regem epistola de Duobus Tarquiniis. Confutationes in Benedictum Morandum, ed. F. Lo Monaco, Florenz 2009 (= Edizione nazionale III.4/6). – Epistole, ed. O. Besomi/M. Regoliosi, Padua 1983; Epistole addendum, ed. O. Besomi, Padua 1986; Correspondence [lat./engl.], ed. B. Cook, Cambridge Mass./London 2013. – Totok III (1980), 119–122; M. Rossi, L. V.. Edizioni delle opere (sec. XV–XVI), Manziana 2007.

Literatur: G.M. Anselmi/M. Guerra (eds.), L. V. e l'umanesimo Bolognese. Atti del Convegno internazionale, Comitato Nazionale VI centenario della nascita di L. V., Bologna, 25–26 gennaio 2008, Bologna 2009; G. Antonazzi, L. V. e la polemica sulla donazione di Costantino, Rom 1985; W. Ax, L. V., »Elegantiarum linguae Latinae libri sex« (1449), in: ders. (ed.), Von Eleganz und Barbarei. Lateinische Grammatik und Stilistik in Renaissance und Barock, Wiesbaden 2001, 29–57; O. Besomi/M. Regoliosi (eds.), L. V. e l'Umanesimo italiano. Atti del Convegno internazionale di Studi Umanistici (Parma, 18–19 ottobre 1984), Padua 1986; F. Bezner, L. V. (1407–1457), in: W. Ax (ed.), Lateinische Lehrer Europas. Fünfzehn Portraits von Varro bis Erasmus von Rotterdam, Köln 2005, 353–390; P.R. Blum, L. V. (1406/7–1457). Humanismus als Philosophie, in: ders. (ed.), Philosophen der Renaissance. Eine Einführung, Darmstadt 1999, 33–40 (engl. L. V. (1406/7–1457). Humanism as Philosophy, in: ders. [ed.], Philosophers of the Renaissance, Washington D.C. 2010, 33–42); S.I. Camporeale, L. V.. Umanesimo e teologia, Florenz 1972; ders., L. V.. Umanesimo, riforma e controriforma. Studi e testi, Rom 2002 (engl. [Chap. II, IV] Christianity, Latinity, and Culture. Two Studies in L. V., trans. P. Baker, Leiden/Boston Mass. 2014); B.P. Copenhaver/C.B. Schmitt, Renaissance Philosophy, Oxford/New York 1992, 2002, 209–227; G. Di Napoli, L. V.. Filosofia e religione nell'Umanesimo italiano, Rom 1971; K. Flasch, L. V., in: ders., Das philosophische Denken im Mittelalter, Stuttgart 1986, 529–539, ²2000, 588–598, ³2013, 615–625; M. Fois, Il pensiero cristiano di L. V. nel quadro storico-culturale del suo ambiente, Rom 1969; R. Fubini, Umanesimo e secolarizzazione da Petrarca a V., Rom 1981, 339–394 (Cap. VIII Indagine sul »De Voluptate« di L. V.. Il soggiorno a Pavia e le circostanze della composizione) (engl. Humanism and Secularization from Petrarca to V., Durham/London 2003, 140–173 [Chap. 5 An Analysis of L. V.'s »De Voluptate«. His Sojourn in Pavia and the Composition of the Dialogue]); F. Gaeta, L. V.. Filologia e storia nell'Umanesimo italiano, Neapel 1955; S. Gavinelli, Teorie grammaticali nelle »Elegantiae« e la tradizione scolastica del tardo Umanesimo, Rinascimento 31 (1991), 155–181; H.-B. Gerl, Rhetorik als Philosophie. L. V., München 1974; dies., Abstraktion und Gemeinsinn. Zur Frage des Paradigmenwechsels von der Scholastik zum Humanismus in der Argumentationstheorie L. V.s, Tijdschr. Filos. 44 (1982), 677–706; dies., Einführung in die Philosophie der Renaissance, Darmstadt 1989, 1995, 98–106; P. Giannantonio, L. V.. Filologo e storiografo dell'Umanesimo, Neapel 1972; N.W. Gilbert, V., Enc. Ph. VIII (1967), 227–229, IX (²2006), 634–636 (mit erw. Bibliographie v. T. Frei); D. Hoeges, V., LMA VIII (1997), 1392–1393; L. Jardine, L. V.. Academic Skepticism and the New Humanist Dialectic, in: M. Burnyeat (ed.), The Skeptical Tradition, Berkeley Calif./Los Angeles/London 1983, 253–286; V. Kahn, The Rhetoric of Faith and the Use of Usage in L. V.'s »De libero arbitrio«, J. Medieval and Renaissance Stud. 13 (1985), 91–109; E. Keßler, Die Transformation des aristotelischen Organon durch L. V., in: ders./C.H. Lohr/W. Sparn (eds.), Aristotelismus und Renaissance. In memoriam Charles B. Schmitt, Wiesbaden 1988, 53–74; P.O. Kristeller, Eight Philosophers of the Italian Renaissance, Stanford Calif. 1964, 1966, 19–36 (dt. Acht Philosophen der italienischen Renaissance,

Weinheim 1986, 17–31); M. Laffranchi, Il rinnovamento della filosofia nella »Dialectica« di L. V., Riv. filos. neo-scolastica 84 (1992), 13–60; ders., Dialettica e filosofia in L. V., Mailand 1999; P. Mack, Renaissance Argument. V. and Agricola in the Traditions of Rhetoric and Dialectic, Leiden/New York/Köln 1993; E. Maier, Die Willensfreiheit bei L. V. und P. Pomponazzi, Bonn 1914; G. Mancini, Vita di L. V., Florenz 1891; J. C. Margolin, V., DP II ([2]1993), 2849–2852; J. Monfasani, Was L. V. an Ordinary Language Philosopher?, J. Hist. Ideas 50 (1989), 309–323 (repr. in: ders., Language and Learning in Renaissance Italy [s. u.]); ders., L. V. and Rudolph Agricola, J. Hist. Philos. 28 (1990), 181–200 (repr. in: ders., Language and Learning in Renaissance Italy [s. u.]); ders., Language and Learning in Renaissance Italy. Selected Articles, Aldershot/Brookfield Vt. 1994; ders., V., REP IX (1998), 568–573; ders., The Theology of L. V., in: J. Kraye/M. W. F. Stone (eds.), Humanism and Early Modern Philosophy, London/New York 2000, 1–23; L. Nauta, In Defense of Common Sense. L. V.'s Humanist Critique of Scholastic Philosophy, Cambridge Mass./London 2009; ders., V., SEP 2009, rev. 2013; ders., L. V., in: H. Lagerlund (ed.), Encyclopedia of Medieval Philosophy I, Dordrecht etc. 2011, 702–707; S. Pagliaroli, Una proposta per il giovane V.. »Quintiliani Tulliique examen«, Studi medievali e umanistici 4 (Messina 2006), 9–67; M. de Panizza Lorch, A Defense of Life. L. V.'s Theory of Pleasure, München 1985; A. R. Perreiah, Renaissance Truths. Humanism, Scholasticism and the Search for the Perfect Language, Farnham/Burlington Vt. 2014, bes. 41–61 (Chap. 2 V. on Thought and Language), 63–86 (Chap. 3 V. on Truth); G. Radetti, La religione di L. V., in: Medioevo e Rinascimento. Studi in onore di Bruno Nardi II, Florenz 1955, 595–620; M. Regoliosi, Nel cantiere del V.. Elaborazione e montaggio delle »Elegantie«, Rom 1993; dies. (ed.), Pubblicare il V., Florenz 2008 (Edizione nazionale delle opere di L. V.. Strumenti I); dies. (ed.), L. V. e l'umanesimo toscano. Traversari, Bruni e Marsuppini. Atti del convegno del Comitato Nazionale VI centenario della nascita di L. V., Prato, 30 novembre 2007, Florenz 2009 (Edizione nazionale delle opere di L. V.. Strumenti II); dies. (ed.), L. V.. La riforma della lingua e della logica. Atti del convegno del Comitato Nazionale VI centenario della nascita di L. V., Prato, 4–7 giugno 2008, I–II, Florenz 2010 (Edizione nazionale delle opere di L. V.. Strumenti III); dies. (ed.), La diffusione europea del pensiero del V.. Atti del convegno del Comitato Nazionale VI centenario della nascita di L. V., Prato, 3–6 dicembre 2008, I–II, Florenz 2013 (Edizione nazionale delle opere di L. V.. Strumenti IV); S. Rizzo (ed.), L. V.. Orazione per l'inaugurazione dell'anno accademico 1455–1456. Atti di un seminario di filologia umanistica, Rom 1994; dies., Ricerche sul latino Umanistico I, Rom 2002, 2008, 87–118 (Cap. IV V. e l'ereditá medievale); G. Saitta, Il pensiero italiano nell'Umanesimo e nel Rinascimento I, Bologna 1949, Florenz 1961, 193–262; M. Santoro (ed.), V. e Napoli. Il dibattito filologico in età umanistica. Atti del convegno internazionale, Ravello, Villa Rufolo, 22–23 settembre 2005, Pisa/Rom 2007; J. E. Seigel, Rhetoric and Philosophy in Renaissance Humanism. The Union of Eloquence and Wisdom, Petrarch to V., Princeton N. J. 1968, 137–169 (Chap. V L. V. and the Subordination of Philosophy to Rhetoric); W. Setz, L. V.s Schrift gegen die Konstantinische Schenkung. De falso credita et ementita Constantini donatione. Zur Interpretation und Wirkungsgeschichte, Tübingen 1975; C. Trinkaus, In Our Image and Likeness, I–II, Chicago Ill./London 1970, Notre Dame Ind. 1995, 2009, bes. I, 103–170 (Chap. 3 L. V.. Voluptas et Fruitio, Verba et Res), II, 571–578 (Chap. 12.2 V. and Manetti, and the Greek New Testament), II, 674–682 (Chap. 14.3 V.'s Case for the Equality of Merits); ders., V., in: P. F. Grendler, Encyclopedia of the Renaissance VI, New York 1999, 207–212; C. Vasoli, Le »Dialecticae Disputationes« del V. e la critica umanistica della logica aristotelica, Riv. crit. storia filos. 12 (1957), 412–433, 13 (1958), 27–46, erw. unter dem Titel: Filologia, critica e logica in L. V., in: ders., La dialettica e la retorica dell'Umanesimo. ›Invenzione‹ e ›metodo‹ nella cultura del XV e XVI secolo, Mailand 1968, 28–77, Neapel 2007, 67–135; R. Waswo, Language and Meaning in the Renaissance, Princeton N. J. 1987, bes. 88–112; K.-G. Wesseling, V., BBKL XII (1997), 1096–1113; H. Westermann, L. V.. »De libero arbitrio«. Die Freiheit des Menschen im Angesicht Gottes, in: R. Groeschner/S. Kirste/O. Lembcke (eds.), Des Menschen Würde – entdeckt und erfunden im Humanismus der italienischen Renaissance, Tübingen 2008, 113–139; G. Zippel, L. V. e le origini della storiografia umanistica a Venezia, Rinascimento 7 (1956), 93–133; ders., L'autodifesa die L. V. per il processo dell'inquisizione napoletana (1444), Italia medioevale e umanistica 13 (1970), 59–94. – J. Hist. Ideas 57 (1996), H. 1. J. M.

Variabilitätsbereich, bezogen auf eine ↑Variable x in der klassischen Logik und Mathematik Bezeichnung für die Menge aller Gegenstände, von denen jede durch eine ↑Aussageform $A(x)$ ausgedrückte Eigenschaft sinnvoll ausgesagt werden kann (ganz gleich, ob zu Recht oder zu Unrecht). Nach dieser ›referentiellen‹ Auffassung ist der V. von x als Bereich der ›intendierten Gegenstände‹ unabhängig von irgendwelchen Eigennamen derselben gegeben. Die Konstruktive Wissenschaftstheorie (↑Wissenschaftstheorie, konstruktive) besteht demgegenüber darauf, daß ↑Mengen (insbes. V.e) nicht sprachunabhängig gegeben sein können und die klassische Auffassung, ein V. enthalte im Falle seiner (konstruktiv beweisbaren) Nicht-Abzählbarkeit (↑abzählbar/Abzählbarkeit) »mehr Dinge, als man selbst mit unendlich vielen Namen benennen kann« (W. V. O. Quine, Philosophie der Logik, 1973, 105), unsinnig sei und auf einem Mißverständnis des Begriffs der Nicht-Abzählbarkeit beruhe. Unter dem V. einer Variablen x hat man dieser Kritik zufolge vielmehr den Bereich aller ↑Eigennamen zu verstehen, durch die x in allen Aussageformen sinnvollerweise ersetzt werden darf, die diesen Buchstaben enthalten (›substitutionelle‹ Auffassung); dabei kann dieser V. durchaus auch indefinit (↑indefinit/Indefinitheit) sein. – Unter dem V. eines ↑Quantors versteht man den V. der zugehörigen Variablen.

Literatur: P. Lorenzen/O. Schwemmer, Konstruktive Logik, Ethik und Wissenschaftstheorie, Mannheim/Wien/Zürich 1973, [2]1975; W. V. O. Quine, Philosophy of Logic, Cambridge Mass., Englewood Cliffs N. J. etc. 1970, 1994 (dt. Philosophie der Logik, Stuttgart etc. 1973, Bamberg 2005); weitere Literatur: ↑Variable. C. T.

Variable (engl. variable, franz. variable), in ↑Mathematik und ↑Logik sowie bei der Darstellung formaler und halbformaler Sprachen (↑Sprache, formale) Bezeichnung für Buchstaben, die (insbes. als Hilfsmittel zur Formulierung von ↑Kalkülen in solchen Sprachen) einem der folgenden Zwecke dienen:

(1) Dem Zweck der *Stellvertretung für bedeutungsvolle Ausdrücke* (Eigennamen von Gegenständen, unter anderem auch von Schriftzeichen oder Zeichenreihen, oder Quasi-Eigennamen für Eigenschaften, Beziehungen oder andere Abstrakta; ↑abstrakt/↑Abstraktion) im Hinblick auf formale Operationen mit diesen. Die einfachsten Operationen dieser Art sind die ↑Ersetzung einer in einem Ausdruck vorkommenden V.n durch einen Buchstaben aus ihrem ↑Variabilitätsbereich und die Einsetzung (↑Ersetzung, ↑Substitution) ein und desselben solchen Buchstabens für eine V. an allen Stellen ihres freien Auftretens in einem Ausdruck. Dabei markieren die V.n diejenigen Stellen (die sonst ›Leerstellen‹ wären), an denen solche Ersetzungen bzw. Einsetzungen vorgenommen werden können; V. haben also keine eigene ↑Referenz, sondern sind lediglich ›Platzhalter‹ für die bei einer Ersetzung oder Einsetzung an ihre Stelle tretenden Buchstaben.

Man spricht von ›V.n für‹ die durch diese Buchstaben (im allgemeinen Fall: Zeichenketten) bezeichneten oder dargestellten (↑Darstellung (logisch-mengentheoretisch)) Gegenstände bzw. Quasi-Gegenstände, z. B. von ›V.n für Grundzahlen‹ oder ›V.n für ↑Mengen‹. V. für Gegenstände der jeweils als Individuen betrachteten Art heißen ↑›Individuenvariable‹ oder ›Subjektvariable‹. Buchstaben und andere Einzelzeichen, die im Unterschied zu Individuenvariablen keine stellvertretende Funktion ausüben, sondern sich auf bestimmte Individuen beziehen, heißen ↑›Individuenkonstanten‹. Z. B. ist bei dem einfachen Zählzeichenkalkül

$$\Rightarrow |$$
$$n \Rightarrow n|$$

das Zeichen ›|‹ eine Individuenkonstante, der Buchstabe ›n‹ eine V. (genauer: eine ↑Eigenvariable, d. h. eine V., die nur durch Figuren ersetzt werden darf, die nach Regeln dieses Kalküls selbst herstellbar sind). Dem genannten Zweck dienen in der Elementarmathematik V. als ›Unbestimmte‹, wie z. B. ›t‹ in der Angabe eines Polynoms ›$t^3 + 3t^2 + t$‹ (das bei Einsetzung verschiedener Zahlzeichen für ›t‹ im allgemeinen verschiedene numerische Werte annimmt), oder als ›Unbekannte‹ bei der Auflösung einer Gleichung, wie z. B. ›$x^3 - 3x = 4x^2 + 5x - 24$ (die bei Einsetzen einer ›Lösung‹ für ›x‹ in eine wahre numerische Gleichheitsaussage übergeht, etwa bei der Einsetzung von ›2‹ in ›$2^3 - 3 \cdot 2 = 4 \cdot 2^2 + 5 \cdot 2 - 24$‹).

(2) Dem Zweck der *Stellvertretung für bedeutungsvolle Zeichenreihen* zum Ausdruck (2a) der *Allgemeingültigkeit* (↑allgemeingültig/Allgemeingültigkeit) *von* ↑*Aussageschemata* (›Gesetzen‹), z. B. des arithmetischen Aussageschemas

›$(a + b)(a - b) = a^2 - b^2$‹

oder des junktorenlogischen (↑Junktorenlogik) Aussageschemas ›$p \rightarrow (q \rightarrow p)$‹. V. mit dieser Aufgabe heißen ›schematische V.‹ (↑Variable, schematische), da sie zum Ausdruck der *Form* (griech. σχῆμα; ↑Schema) einer Aussage oder eines Terms (wie z. B. ›$(a + b)(a - b)$‹) dienen; in metamathematischen (↑Metamathematik) Arbeiten der Göttinger Schule (↑Hilbert, David) werden sie als ↑›Mitteilungszeichen‹ oder ›Mitteilungsvariable‹ bezeichnet. – Um sich, etwa bei der Aufstellung von Regeln für ihre Zusammensetzung oder in Aussagen über zwischen ihnen bestehende Implikationsverhältnisse (↑Implikation), auf Aussageschemata zu beziehen, verwendet man ↑›Metavariable‹, die deshalb so genannt werden, weil sie stellvertretend für ↑Objektvariable (hier: ↑Aussagenvariable) stehen, die sich ihrerseits auf ↑Konstanten aus ihrem Variabilitätsbereich beziehen. Manche Autoren sprechen statt von ›Metavariablen‹ von ›syntaktischen V.n‹.

Einen etwas komplizierteren Fall bilden die so genannten Nennvariablen. Ein Beispiel liefert die Verwendung der Zeichen ∗, †, ... als (Nenn-)V. für die Glieder von rationalen Folgen r_*, $s_\dagger$, ... (d. h. von Funktionen von Grundzahlen, deren Werte rationale Zahlen sind) beim Aufbau der ↑Analysis. Die Glieder der Folge r_* sind r_1, r_2, ..., so daß r_n das n-te Glied der Folge r_* ist (der ↑Term ›r_n‹ ist also nicht etwa eine Bezeichnung der Folge r_*, für die vielmehr $r_* = \iota_n\, r_n$ gilt).

V. stehen ferner stellvertretend für bedeutungsvolle Zeichenreihen zum Ausdruck von (2b) *funktionalen Zusammenhängen* wie in ›$y = x^2 + 5x + 2$‹ oder ›$y = \sin x$‹. Dabei wird das Argument x häufig als ›unabhängige‹, y als ›abhängige‹ V. bezeichnet, da in dem durch die Schreibweise ›$y = f(x)$‹ signalisierten Kontext der Wert von y in Abhängigkeit von der zuvor getroffenen Wahl des Wertes von x bestimmt wird.

(3) Dem Zweck der *Querverweisung* und *Querverbindung* zwischen verschiedenen Stellen in komplexen Ausdrücken (›gebundene‹ V. zur Rück- bzw. Vorausbeziehung, bei quantifizierten Aussagen wie ›$\bigwedge_x A(x)$‹ bzw. ›$A(x)$ für alle x‹ oder in Kennzeichnungen wie ›die(jenige) Grundzahl, die keinen Vorgänger hat‹).

Querverweisungen der unter (3) genannten Art sind aus der Mathematik durch die Integralschreibweise

$$\int_a^b f(x)\,dx$$

bekannt, wo ›x‹ als ›gebundene V.‹ fungiert, für die keine Einsetzungen erlaubt sind. Außer bei ↑Quantifikationen mit ›für alle‹ (↑Allquantor), ›für manche‹ (↑Einsquantor), ›für kein‹ usw. und ↑Kennzeichnungen treten solche gebundenen V. bei Klassen- oder Mengentermen (›die Menge derjenigen x, für die $x^2 > 2$ gilt‹, formal: ›$\{x \mid x^2 > 2\}$‹ oder ›$\in_x(x^2 > 2)$‹), Funktionstermen und ähnlichem auf. ↑Quantoren, ↑Kennzeichnungsoperatoren sowie Mengenbildungs- und Funktionsbildungsoperatoren (↑Funktor) sind daher variablenbindende ↑Operatoren.

V. mit der unter (1) und (2) genannten Aufgabe heißen ›freie V.‹, weil sie als Bestandteile der komplexen Ausdrücke, in denen sie diese Aufgabe wahrnehmen, ›frei‹ im Sinne der Ersetzbarkeit durch Ausdrücke aus ihrem Variabilitätsbereich sind. Die erlaubten Ersetzungsoperationen werden durch Substitutionsregeln (↑Substitution), der Wechsel von (freien wie gebundenen) V.n durch Umbenennungsregeln (↑Umbenennung) festgelegt, während das freie oder gebundene ↑Vorkommen bzw. Nicht-frei-Vorkommen einer V.n in einem kalkülmäßig erzeugten Ausdruck durch induktive Definitionen (↑Definition, induktive) dieser zweistelligen ↑Prädikatoren erfaßt wird. Bei der Substitution ist der Bereich der zur Einsetzung zugelassenen Zeichen (Zeichenreihen), der Variabilitätsbereich der V.n, anzugeben; bei den Umbenennungsregeln ist der Bereich der Buchstaben, in die eine V. umbenannt werden darf, durch die fallabhängigen Rahmenbedingungen zusammen mit den Ausdrucksbestimmungen des Kalküls und die dort erfolgte Angabe der als V. fungierenden Buchstaben bestimmt. Einen Sonderfall bildet der Gebrauch ›ausgezeichneter‹ freier V.n als ↑Parameter.

Bereits G. Frege hebt hervor, daß die Bezeichnung ›V.‹ und ihre Übersetzung ins Deutsche als ›Veränderliche‹ irreführend sind, indem sie eine veränderliche Bedeutung eines Zeichens suggerieren, nicht die Verschiedenheit möglicher Einsetzungen oder Umbenennungen. Die Analyse des Gebrauchs und der Rolle von V.n ist eine wichtige Aufgabe in den Grundlagendisziplinen der Logik und der Mathematik. Während lange Zeit die ↑Quantifikation als der Kontext betrachtet wurde, aus dem die Verwendung von V.n am besten verständlich würde, hat sich die Analyse in jüngerer Zeit stärker der Pronominalfunktion, d. h. den Arten der unter (3) genannten Querverweisung, zugewandt, die z. B. von W. V. O. Quine als fundamentaler und für die übrigen Gebrauchsweisen grundlegend angesehen wird. Die Untersuchung derartiger Fragen unter kalkültechnischen Gesichtspunkten, die allerdings auch das inhaltliche Verständnis des V.ngebrauchs vertieft hat, erfolgt in der Kombinatorischen Logik (↑Logik, kombinatorische).

Die erste konsequente Verwendung von V.n als Unbestimmte und als Parameter findet sich bei F. Vieta, dann vervollkommnet bei R. Descartes. Sie ist nicht zu verwechseln mit der Verwendung von Abkürzungen wie etwa ›*Δ*‹ oder ›*K*‹ (für ›*Δύναμις*‹ bzw. ›*Κύβος*‹) bei Diophantos von Alexandreia und Benennungen wie ›*A*‹, ›*B*‹, ›*Γ*‹ usw. für Punkte geometrischer Figuren in den »Elementen« des Euklid. Einen frühen Gebrauch schematischer V.n kann man in der Verwendung der Schemabuchstaben ›*A*‹, ›*B*‹, ›*Γ*‹, ›*M*‹, ›*N*‹, ›*Ξ*‹ sehen, die Aristoteles in den »Ersten Analytiken« bei der Angabe der Standardformen des kategorischen Urteils (↑Urteil, kategorisches) und der syllogistischen Schlußformen (↑Syllogistik) zur Vertretung von Prädikatoren heranzieht. Die Bezeichnungen ↑›*a*‹, ↑›*e*‹, ↑›*i*‹, ↑›*o*‹ der Standardformen in der späteren (›traditionellen‹) Syllogistik, z. B. bei der Darstellung des Modus Camestres der 2. Figur

$$\frac{\begin{array}{l}PaM\\SeM\end{array}}{SeP},$$

sind dagegen keine V., sondern bloße Abkürzungen. Ob die in manchen Rechenbüchern des 15. Jhs. vorgenommenen Operationen mit den Abkürzungen für ital. ›cosa‹ oder dt. ›Ding‹ (›∂‹, auch ›ϑ‹, woraus nach Meinung einiger Mathematikhistoriker das heutige ›𝔵‹ oder ›*x*‹ entstanden sein dürfte) als Operationen mit ›Unbestimmten‹ und also mit V.n anzusehen sind, ist bisher nicht eindeutig entschieden. Gebundene und freie V. unterscheidet erstmals G. Peano als ›scheinbare‹ und ›wirkliche‹ V. (›apparente‹ bzw. ›reale‹ oder ›réelle‹, Peano 1895, 1897, 1899 bzw. 1901), eine von B. Russell (1903) übernommene Bezeichnung, die gegenüber der heutigen (›gebundene‹ versus ›freie‹ V., D. Hilbert/W. Ackermann 1928, 46) unter anderem den Nachteil hat, daß unter einer ›reellen V.n‹ in der Mathematik eine V. mit reellen Zahlen als Werten verstanden wird.

Literatur: H. B. Curry, Apparent Variables from the Standpoint of Combinatory Logic, Ann. Math. 34 (1933), 381–404; ders., Foundations of Mathematical Logic, New York etc. 1963, New York 1977; ders./R. Feys/W. Craig, Combinatory Logic I, Amsterdam 1958, ²1968, 1974; G. Frege, Was ist eine Funktion?, in: Festschrift Ludwig Boltzmann gewidmet zum sechzigsten Geburtstage, 20. Februar 1904, Leipzig 1904, 656–666, Neudr. in: ders., Kleine Schriften, ed. I. Angelelli, Darmstadt, Hildesheim 1967, Hildesheim/Zürich/New York ²1990, 273–280, ferner in: ders., Funktion, Begriff, Bedeutung. Fünf logische Studien, ed. G. Patzig, Göttingen 1962, 79–88, ⁷1994, 81–90, 2008, 61–69; D. Hilbert/W. Ackermann, Grundzüge der theoretischen Logik, Berlin 1928, Berlin/Heidelberg/New York ⁶1972; S. C. Kleene, Mathematical Logic, New York/London/Sydney 1967, Mineola N. Y. 2002; P. Lorenzen, Formale Logik, Berlin 1958, ⁴1970; ders., Metamathematik, Mannheim 1962, Mannheim/Wien/Zürich ²1980 (franz. Métamathématique, Paris 1967); ders., Differential und Integral. Eine konstruktive Einführung in die klassische Analysis, Frankfurt 1965 (engl. Differential and Integral. A Constructive Introduction to Classical Analysis, Austin Tex./London 1971); G. Peano, Formulaire de mathématiques I, Turin 1895; ders., Studi di logica matematica, Atti Reale Accad. Sci. di Torino. Classe di scienze fisiche, matematiche e naturali 32 (1897), 565–583 (dt. Über mathematische Logik, in: A. Genocchi, Differentialrechnung und Grundzüge der Integralrechnung, ed. G. Peano, Leipzig 1899, 336–352 [Anhang I]); ders., Formulaire de mathématiques III, Paris 1901; W. V. O. Quine, Variables Explained Away, Proc. Amer. Philos. Soc. 104 (1960), 343–347, Neudr. in: ders., Selected Logic Papers, New York 1966, erw. Cambridge Mass./London 1995, 1996, 227–235; ders., The Variable, in: R. Parikh (ed.), Logic

Colloquium. Symposium on Logic Held at Boston, 1972–73, Berlin/Heidelberg/New York 1975, 155–168, Neudr. [gekürzt] in: ders., The Ways of Paradox and Other Essays, Cambridge Mass./London 1976, 1997, 272–282; ders., Quiddities. An Intermittently Philosophical Dictionary, Cambridge Mass./London 1987, London 1990, 236–238 (Variables); B. Russell, The Principles of Mathematics I, Cambridge/London 1903, London/New York ²1937, 1997, 89–94 (Chap. VIII The V.); P. Stekeler-Weithofer/Red., V., Hist. Wb. Ph. XI (2001), 545–548. C. T.

Variable, schematische, Terminus der ↑Logik zur Bezeichnung von Buchstaben, die als Hilfsmittel zur Rede über die Form sprachlicher Ausdrücke verwendet werden; sie markieren Stellen, an denen in den konkreten Ausdrücken, von deren Form die Rede sein soll, inhaltlich bestimmte Teilausdrücke stehen. Wird z. B. die Form einer ↑affirmativen ↑Elementaraussage durch das Schema

›$x_1, \ldots, x_n \varepsilon P$‹

erläutert, so sind ›x_1‹, …, ›x_n‹ s. V.. Diese zeigen an, an welchen Stellen in einer konkreten Elementaraussage (in vorgeschriebener Reihenfolge) die ↑Eigennamen der Gegenstände stehen, denen der ↑Prädikator zugesprochen wird, dessen Stelle durch die weitere s. V. ›P‹ kenntlich gemacht ist. Solche Buchstaben, über die nicht quantifiziert (↑Quantifizierung) werden soll, sind keine ↑Variable im gebräuchlichen Sinne. Deren andersartige Rolle verdeutlicht das Beispiel des logisch gültigen ↑Aussageschemas

$\bigvee_x [A(x) \rightarrow B(x)] \rightarrow [\bigwedge_y A(y) \rightarrow \bigvee_z B(z)]$,

in dem ›x‹, ›y‹, ›z‹ echte, hier durch ↑Quantoren gebundene, Variable sind, ›A‹ und ›B‹ jedoch als s. V. nur dazu dienen, die Formel als ↑*Schema* kenntlich zu machen, das die gemeinsame Form aller Subjunktionssätze (↑Subjunktion) wiedergibt, in denen an der Stelle von ›A‹ und ›B‹ aus einem inhaltlich gedeuteten Alphabet aufgebaute Aussageformen ›$A(\ldots)$‹ bzw. ›$B(\ldots)$‹ stehen und ›x‹, ›y‹ und ›z‹ Variable für Elemente eines inhaltlich gedeuteten nicht-leeren Bereichs von logischen Eigennamen sind. Zur Hervorhebung dieses Unterschiedes bezeichnet man s. V. neuerdings unmißverständlich einfach als ›schematische Buchstaben‹.

Literatur: ↑Variable. C. T.

Variablenkollision, von P. Bernays eingeführter Terminus zur Bezeichnung des Auftretens von ↑Quantoren im Wirkungsbereich gleichnamiger Quantoren, wie z. B. in $\bigwedge_x \bigvee_x P(x,x)$. Im Unterschied zu ↑Variablenkonfusionen führen V.en nicht zu ↑Fehlschlüssen. In der ↑Prädikatenlogik hängt es von pragmatischen Überlegungen ab, ob man die ↑Bildungsregeln für die Formeln eines aufzustellenden Systems (↑Ausdruckskalkül) so einschränkt, daß V.en nicht auftreten – ähnlich wie beim allgemeineren Verbot leerer ↑Quantifikationen wie z. B. in einer Formel $\bigwedge_x A$, wo x in A nicht frei (also z. B. überhaupt nicht) vorkommt. In Systemen des getypten ↑Lambda-Kalküls führt die Nicht-Zulassung von V.en bzw. leeren Bindungen durch λ-Operatoren zu nicht nur syntaktisch andersartigen Formalismen. Diese entsprechen relevanzlogischen Versionen der Junktorenlogik (↑Relevanzlogik), in denen z. B. $A \rightarrow (B \rightarrow A)$ nicht mehr allgemeingültig (↑allgemeingültig/Allgemeingültigkeit) ist.

Literatur: D. Hilbert/P. Bernays, Grundlagen der Mathematik I, Berlin 1934, 97–98, 384–386, Berlin/Heidelberg/New York ²1968, 97, 394–395; H. Scholz/G. Hasenjaeger, Grundzüge der mathematischen Logik, Berlin/Göttingen/Heidelberg 1961, 136. P. S.

Variablenkonfusion, in der formalen Logik (↑Logik, formale) Bezeichnung für einen syntaktischen Fehler, der sich ergibt, wenn man die bei Substitutionsoperationen vorausgesetzten Variablenbedingungen (↑Variable) nicht beachtet. Z. B. beinhaltet die aus $\bigvee_x P(x,y)$ durch Ersetzung von y durch $f(x)$ hervorgehende ↑Formel $\bigvee_x P(x,f(x))$ eine V.: Obwohl die freie Variable x des Terms $f(x)$ ebenso wie die freie Variable y universell verstanden werden müßte, gerät x bei der ↑Ersetzung von y durch $f(x)$ in den Wirkungsbereich des Existenzquantors $\bigvee_x$ (↑Einsquantor), d. h., $f(x)$ ist nicht frei für y in $\bigvee_x P(x,y)$ (↑Substitution). Entsprechend ergibt sich ein ↑Fehlschluß, wenn man etwa $P(x,y)$ als $x = y + 1$ und $f(x)$ als $x + 1$ über dem Bereich der natürlichen Zahlen versteht. Um diese V. zu vermeiden, müßte man zunächst in der Ausgangsformel eine gebundene ↑Umbenennung von x in eine neue Variable z durchführen, mit dem Resultat $\bigvee_z P(z,y)$, und dann erst die Ersetzung: $\bigvee_z P(z,f(x))$. Eine andere Möglichkeit der Vermeidung von V.en besteht darin, freie und gebundene Variablen syntaktisch durch Verwendung verschiedener Zeichenklassen zu unterscheiden.

V.en anderer Art ergeben sich bei der (fehlerhaften) Substitution von Formeln für ↑Prädikatvariable: Faßt man $\bigvee_x P(x,y)$ als Formel 2. Stufe mit der zweistelligen Prädikatvariablen P auf (oder auch als Formel 1. Stufe mit P als schematischem Prädikatzeichen; ↑Prädikatorenbuchstabe, schematischer) und ersetzt $P(v_1,v_2)$ durch die zweistellige ↑Aussageform $\bigwedge_y Q(v_1,v_2,y)$, dann ergibt sich mit $\bigvee_x \bigwedge_y Q(x,y,y)$ eine V.. Diesmal gerät durch die Substitution die Variable y der Ausgangsformel in den Bereich des ↑Allquantors des Substituts (dasselbe Problem tritt auf, wenn P als durch $P(v_1,v_2) \leftrightharpoons \bigwedge_y Q(v_1,v_2,y)$ definierte ↑Konstante aufgefaßt wird, die dann in $\bigvee_x P(x,y)$ durch ihr Definiens ersetzt werden soll). Diese Art der V. läßt sich durch gebundene Umbenennung im Substitut, nämlich von $\bigwedge_y Q(v_1,v_2,y)$ zu $\bigwedge_z Q(v_1,v_2,z)$ entgehen. Die syntaktische Unterscheidung zwischen freien und

gebundenen Variablen löst dieses Problem nicht, da es analog bei einer Ausgangsformel $\bigwedge_y \bigvee_x P(x,y)$ ohne freie ↑Individuenvariable auftritt, aus der man durch Ersetzung mit V. $\bigwedge_y \bigvee_x \bigwedge_y Q(x,y,y)$ erhält. Diese Formel enthält überdies eine ↑Variablenkollision.
Der Grund für das Problem der V. liegt darin, daß gebundene Variablen keine eigenständige Funktion haben, sondern nur dazu dienen, Argumentstellen von Prädikaten oder Funktionen zu markieren, auf die sich ein ↑Quantor bezieht. Dementsprechend treten sie in Logiken ohne gebundene Variablen, wie der kombinatorischen Logik (↑Logik, kombinatorische) oder der Prädikat-Funktor-Logik W. V. O. Quines, nicht auf.

Literatur: H. Scholz/G. Hasenjaeger, Grundzüge der mathematischen Logik, Berlin/Göttingen/Heidelberg 1961, bes. 136. P. S.

Variation (von lat. variatio, Verschiedenheit), Terminus verschiedener Fachsprachen zur Bezeichnung der herbeigeführten oder vorgefundenen Veränderung einer Grundgröße. Der Terminus ›V.‹ wird ab dem 16. Jh. zunächst in der Grammatik- und Musiktheorie verwendet, dann in Astronomie, Mathematik und Physik. Nach seiner Einführung in das evolutionstheoretische (↑Evolutionstheorie) Vokabular des 19. Jhs. verbreitet er sich in vielen Fachsprachen.
(1) *Philosophie:* F. Bacons Plädoyer (Novum Organon, London 1620) für die ↑Methode der *interpretatio naturae*, d. h. für einen methodisch abgesicherten empirischen Gang der Naturforschung, schließt die Forderung nach einer systematischen V. aller einschlägigen Situationsumstände ein. Denn nur so läßt sich das Geflecht der ↑Wirkungen klären und können einzelnen Wirkungen eindeutig (↑eindeutig/Eindeutigkeit) ↑Ursachen zugeordnet werden. Für gradierbare Wirkungen bedeutet dies direkte ↑Korrelation: Eine Intensivierung der Ursache ist mit einer Intensivierung der Wirkung verknüpft, und umgekehrt. Um dieser zweiten V., der unterschiedlichen Ausprägung der Wirkung, auf die Spur zu kommen, enthält Bacons Methodenkanon unter anderem die Aufstellung einer so genannten ›Tafel der Grade oder Vergleichung‹ (*tabula graduum sive comparativae*) und die Betrachtung der ›variierenden Fälle‹ (*instantias migrantes*). J. F. W. Herschel übernimmt später (Preliminary Discourse on the Study of Natural Philosophy, 1830) Bacons Vorgaben nahezu wörtlich. Dabei betont er, daß die V. der Umstände einen zentralen Bestandteil des Experimentierens ausmacht und die V. der Intensität der Wirkung für die Aufklärung quantitativer Kausalverhältnisse unerläßlich ist. J. S. Mill (A System of Logic, 1843) prägt für die Baconsche V. der Wirkungsintensität den Terminus ›Methode der begleitenden Veränderung‹ (*method of concomitant variation*): Wann immer eine Erscheinung zusammen mit einer anderen variiert, sind diese beiden kausal miteinander verbunden. Mills induktive Methode (↑Induktion, ↑Induktivismus, ↑Logik, induktive) wurde von seinen forschenden Zeitgenossen vielfach als treffliche Kanonisierung ihres alltäglichen Vorgehens angesehen; auch heute noch sind viele der diesbezüglichen Baconschen Forderungen fraglos akzeptierte Standards gängiger (Labor-)Praxis.
Im 20. Jh. richtete sich die Diskussion darauf, die Korrelation zwischen Ereignissen exakt zu erfassen und die Voraussetzungen für einen methodisch gerechtfertigten Rückschluß auf Ursachen und für die Bestätigung von ↑Naturgesetzen zu klären. Dabei ist insbes. die Abgrenzung zwischen direkter und gemeinsamer Verursachung wichtig (↑Ursache). Diese Fragen werden, im Anschluß an R. Carnap, zumeist mittels mathematischer Modellierungen bearbeitet, d. h. mittels probabilistischer (↑Bayessches Theorem, ↑Logik, induktive, ↑Probabilismus, ↑Wahrscheinlichkeitstheorie) bzw. statistischer Methoden (↑Statistik). In Anlehnung an den evolutionstheoretischen V.sbegriff tritt der Terminus ›V.‹ ferner in einem theoriendynamischen (↑Theoriendynamik) Zusammenhang auf.
E. Husserl bestimmt die Leistung (Freiheit und Schranken) einer Kategorie im objektiven Sinne dadurch, welche V.en des kategorial zu formenden Stoffes möglich sind (Logische Untersuchungen II/2, Halle 1901, § 62). Dieser Ansatz wird unter dem Titel ›eidetische V.‹ (↑Variation, eidetische) weiter ausgearbeitet (Formale und transzendentale Logik. Versuch einer Kritik der Logischen Vernunft, Jb. Philos. phänomen. Forsch. 10 [1929], 1–298). Auch sonst spielt der Begriff der V. in der Philosophie, wenngleich häufig nicht explizit unter dieser Bezeichnung, methodisch eine große Rolle. Hierbei geht es entweder darum, Auffassungen durch gelungene V. einiger ihrer Aspekte als nicht zwingend darzustellen, oder darum, durch Aufzeigen des Scheiterns einer V. ihre Notwendigkeit nachzuweisen. Dies zeigt sich z. B. in der Diskussion um den apriorischen (↑a priori) Charakter der Raumanschauung (↑Raum). Während I. Kant in der transzendentalen Ästhetik der KrV (↑Ästhetik, transzendentale) aus der Unmöglichkeit, Aspekte der Raumanschauung zu variieren (daß der Raum immer vorgestellt werden muß, daß es genau einer ist, daß er eine unendliche gegebene Größe ist), unter anderem auf dessen ↑Euklidizität schließt, versuchen spätere Autoren, dies gerade dadurch zu erschüttern, daß sie Beispiele variierter, nicht-euklidischer Raumanschauung anführen (H. Helmholtz, K. Laßwitz, E. A. Abbott, H. Poincaré). Belebt haben diesen Ansatz, mittels wissenschaftsorientierter V.sphantasien zu argumentieren, insbes. S. Lem (›Schichttorte‹) und H. Putnam (›Gehirne im Tank‹). Ein weiteres Beispiel bietet die ↑Sprachphilosophie: Der späte L. Wittgenstein benutzt die V. einer sprachlichen Äußerung in einer Situation (bzw. der Situation zu einer Aussage), um durch ein solches Experi-

mentieren mit dem sinnvoll Sagbaren bzw. nicht länger sinnvoll Sagbaren Regeln des Sprachgebrauchs (↑Sprachspiel) und damit ›Verhexungen des Verstandes durch die Sprache‹ (Philos. Unters. § 109) aufzudecken. Diese Methode der V. des eventuell nur unglücklich Sagbaren führt J. L. Austin weiter (Lehre von den Unglücksfällen [*infelicities*]), um seine Auffassung von Sprachhandlungen (↑Sprechakt) und deren Differenzierungen zu begründen. Bei dieser Auffassung von V. sind die Grenzen zu benachbarten Begriffen wie ↑Gedankenexperiment, Gegenbeispiel etc. fließend.

(2) In den *Wissenschaften* wird die wechselnde Ausprägung einer Größe als ›V.‹ bezeichnet. So heißt etwa die unterschiedliche Winkelgeschwindigkeit des Mondes relativ zur Erde ›Säkularvariation‹. In die *Biologie* wird der Begriff der V. durch C. Darwin eingeführt (On the Origin of Species, 1859, 11) und bezeichnet hier die unterschiedliche Ausprägung eines ↑Merkmales bei Individuen oder Populationen einer ↑Spezies. Die V. kann dabei in der Merkmalsanlage selbst begründet sein, sie kann aber auch von einer Neukombination der elterlichen Erbanlagen herrühren oder aus einer ↑Mutation stammen. Als ›genotypische‹ oder ›genetische‹ V. bezeichnet man die Unterschiede im Genotyp (Gesamtheit aller ↑Gene) von Individuen oder Populationen einer Art, verursacht durch Mutation, ↑Selektion oder genetische Drift. Als ›phänotypische‹ V. faßt man entsprechend Unterschiede im ↑Phänotyp (Gesamtheit aller Merkmale) auf, insbes. diejenigen, die durch Genvarianten (Allele) verursacht sind.

In der *Mathematik* spielt der von C. Jordan 1881 in die ↑Analysis eingeführte Begriff der V. einer Funktion (↑Infinitesimalrechnung) eine wichtige Rolle. Gegeben seien die Zerlegung Z eines Intervalls $[a,b]$ mit den Teilpunkten $a = x_0 < x_1 < \ldots < x_n = b$ und eine Funktion f, die reelle Zahlen auf reelle Zahlen abbildet und zu deren Definitionsbereich das Intervall $[a,b]$ gehört. Dann bezeichnet man den Wert

$$V_a^b(f,Z) = \sum_{k=1}^{n} |f(x_k) - f(x_{k-1})|$$

als ›V. (Schwankung) von f bezüglich Z‹. Wenn eine obere Grenze g existiert, so daß für alle Zerlegungen Z^* von $[a,b]$ gilt: $V_a^b(f,Z^*) \leq g$, dann heißt f ›von beschränkter V. (Schwankung) auf $[a,b]$‹. Funktionen beschränkter V. sind in vielen Bereichen bedeutsam, vor allem in der Theorie der Stieltjes-Integrale. Das von J. L. Lagrange eingeführte Verfahren der V. einer ↑Konstanten führt die Lösung einer inhomogenen ↑Differentialgleichung auf die Lösung einer homogenen Differentialgleichung zurück. Dabei heißt eine lineare Differentialgleichung 1. Ordnung $f'(x) + g(x) f(x) = s(x)$ ›homogen‹, falls für alle x gilt: $s(x) = 0$, und andernfalls ›inhomogen‹. Die allgemeine Lösung einer homogenen Differentialgleichung läßt sich auf die Form $f(x) = K \cdot e^{-\int g(x)dx}$ bringen. Ersetzt man die Integrationskonstante K durch einen Term $K(x)$, so kann dieser Term derart bestimmt werden, daß die Funktion $f(x) = K(x) \cdot e^{-\int g(x)dx}$ zur Lösung der inhomogenen Differentialgleichung wird. In der ↑*Kombinatorik* wird als ›V.‹ eine geordnete Auswahl von k Elementen aus einer n-elementigen Menge M ($k \leq n$) bezeichnet. Man spricht kurz von einer ›k-Auswahl aus einer n-Menge‹ und notiert deren Anzahl als $V_n^{(k)}$. Von ›Wiederholung‹ wird gesprochen, wenn Elemente mehrfach gewählt werden. Sind Wiederholungen erlaubt, so bestimmt sich die Anzahl solcher V.en nach

$$V_n^{(k)} = n^k.$$

So kann man $3^2 = 9$ verschiedene zweistellige Zahlen aus den Ziffern 1, 2, 3 bilden. Eine V. mit Wiederholung wird bisweilen auch ›Stichprobe‹ genannt. – In der *Physik* spielt die ↑Variationsrechnung eine herausragende Rolle, weil sich in deren Rahmen fundamentale Naturgesetze (↑Variationsprinzipien) formulieren lassen.

In der *Sprachwissenschaft* ist der Terminus ›V.‹ vor allem im Rahmen der Soziolinguistik einschlägig, wo sich die V.slinguistik (*variation analysis*) mit der Beschreibung und Erklärung sprachlicher V. auf allen Ebenen (Phonetik [↑Phonem], Morphologie [↑Morphem], ↑Syntax, ↑Lexikon [↑Lexem], ↑Pragmatik) unter besonderer Berücksichtigung der sozialen Kontexte befaßt.

Literatur: E. A. Abbott, Flatland. A Romance of Many Dimensions, London 1884, New York [6]1977, in 2 Bdn., Berlin 2012 (dt. Flächenland. Eine Geschichte von den Dimensionen, Leipzig/Berlin 1929, mit Untertitel: Ein mehrdimensionaler Roman, Bad Salzdetfurth, Stuttgart 1982, Laxenburg 1999); U. Ammon/K. J. Mattheier/P. H. Nelde (eds.), V.slinguistik/Linguistics of V./La linguistique variationnelle, Tübingen 1998; J. L. Austin, How to Do Things with Words. The William James Lectures Delivered at Harvard University in 1955, ed. J.O. Urmson, Oxford/New York, Cambridge Mass. 1962, ed. J.O. Urmson/M. Sbisà, London etc., Cambridge Mass. etc. [2]1975, Oxford etc. 2009; C.-J. N. Bailey, V. and Linguistic Theory, Arlington Va. 1973; ders., On the Yin and Yang Nature of Language, Ann Arbor Mich. 1982; F. B. Christiansen, Theories of Population V. in Genes and Genomes, Princeton N. J./Oxford 2008; C. Darwin, On the Origin of Species by Means of Natural Selection. Or, the Preservation of Favoured Races in the Struggle for Life, London 1859 (repr. Cambridge Mass. 1964, London 2003), [2]1860 (repr. London 1947), [6]1872, rev. London 1876, 1929, ed. G. de Beer, Oxford etc. 1951, unter dem Titel: The Origin of Species, Nachdr. [der 6. Aufl. 1876] als: The Works of Charles Darwin XVI, Oxford etc. 1998; ders., The V. of Animals and Plants under Domestication, I–II, London 1868 (repr. Brüssel 1969), [2]1875, New York 1883 (repr. Baltimore Md./London 1998), ed. F. Darwin, London 1905, New York 1928, Nachdr. als: The Works of Charles Darwin, XIX–XX, ed. P. H. Barrett/R. B. Freeman, New York, London 1988; R. W. Fasold/R. W. Shuy (eds.), Analyzing V. in Language. Papers from the Second Colloquium on New Ways of Analyzing V., Washington D. C. 1975; B. Hallgrímsson/B. K. Hall (eds.), V.. A Central Concept in Biology, Amsterdam etc. 2005; M. Hazewinkel (ed.), Encyclopaedia of Mathematics IX, Dordrecht/Boston Mass./

London 1993, 366–393 (Artikel von V. M. Tikhomirov, B. I. Golubov, A. G. Vitushkin, L. D. Ivanov, I. A. Aleksandrov, N. K. Rozov, J. Steenbrink, N. N. Moiseev, D. V. Anosov, I. B. Vapnyarskii, I. A. Vatel', V. M. Millionshchikov, C. Cuvelier, V. V. Rumyantsev, A. I. Shalyt); J. Hein/M. H. Schierup/C. Wiuf, Gene Genealogies, V. and Evolution, Oxford etc. 2005, 2006; H. v. Helmholtz, Über den Ursprung und die Bedeutung der geometrischen Axiome, in: ders., Vorträge und Reden II, Braunschweig [5]1903, 1–31, ferner in: ders., Abhandlungen zur Philosophie und Geometrie, ed. S. S. Gelhaar, Cuxhaven 1987, 113–132; J. F. W. Herschel, Preliminary Discourse on the Study of Natural Philosophy, London 1830 (repr. New York/London 1966, 1996); H.-U. Hoche, Zur Methodologie von Kombinationstests in der analytischen Philosophie, Z. allg. Wiss.theorie 12 (1981), 28–54; C. Jordan, Sur la série de Fourier, Comptes rendus de l'Académie des Sciences Paris, sér. 1: Math. 92, no 5 (1881), 228–230; W. Klein, V. in der Sprache. Ein Verfahren zu ihrer Beschreibung, Kronberg 1974; ders./N. Dittmar, Developing Grammars. The Acquisition of German Syntax by Foreign Workers, Berlin/Heidelberg/New York 1979; J. L. de Lagrange, Recherches sur les suites récurrentes dont les termes varient de plusieurs manières différentes, où sur l'intégration des équations linéaires aux différences finies et partielles, et sur l'usage de ces équations dans la théorie des hasards, in: ders., Œeuvres IV, ed. J.-A. Serret, Paris 1869 (repr. Hildesheim/New York 1973), 151–251; K. Laßwitz, Die Lehre Kants von der Idealität des Raumes und der Zeit im Zusammenhange mit seiner Kritik des Erkennens allgemeinverständlich dargestellt, Berlin 1883, ferner als: Kollektion Lasswitz Abt. 2/II, Lüneburg 2010; ders., Neue Räume, in: ders., Seelen und Ziele. Beiträge zum Weltverständnis, Leipzig 1908, 27–41, ferner als: Kollektion Lasswitz Abt. 2/VII, ed. D. v. Reeken, Lüneburg 2010, 38–48; S. Lem, Dialogi, Krakau 1959, 2001; ders., Przekladaniec, in: Bezsennośc [Schlaflosigkeit], Krakau 1971, 234–256 (dt. Schichttorte, in: F. Rottensteiner [ed.], Polaris I [Ein Science Fiction Almanach], Frankfurt 1973, 61–83); J. S. Mill, A System of Logic, Ratiocinative and Inductive. Being a Connected View of the Principles of Evidence and the Methods of Scientific Investigation, I–II, London 1843, [8]1872, Toronto/Buffalo N. Y., London 1973/1974, Indianapolis Ind. 2006 (= Collected Works VII–VIII); H. Poincaré, La science et l'hypothèse, Paris o.J. [1902], ed. J. Vuillemin, Paris 1968, 2013; ders., La valeur de la science, Paris o.J. [1905], ed. J. Vuillemin, Paris 1994; H. Pulte, V., Varietät; Variabilität, Hist. Wb. Ph. XI (2001), 548–554; H. Reichenbach, The Direction of Time, Berkeley Calif./Los Angeles, London 1956, Mineola N. Y. 1999; D. Sankoff/H. J. Cedergren (eds.), Variation Omnibus, Carbondale Ill./Edmonton 1981; H. Scheutz, Sprachvariation als methodologisches Problem einer soziolinguistisch orientierten Dialektologie, in: P. K. Stein (ed.), Sprache – Text – Geschichte [...], Göppingen 1980, 47–88; P. Siemund (ed.), Linguistic Universals and Language V., Berlin/New York 2011; G. L. Stebbins, V. and Evolution in Plants, New York/London 1950, 1967; V. E. Thoren, Tycho Brahe's Discovery of the V., Centaurus 12 (1968), 151–166; U. Weinreich/W. Labov/M. I. Herzog, Empirical Foundations for a Theory of Language Change, in: W. P. Lehmann/Y. Malkiel (eds.), Directions for Historical Linguistics. A Symposium, Austin Tex./London 1968, 1975, 95–188; weitere Literatur: ↑Kombinatorik, ↑Statistik, ↑Variationsprinzipien, ↑Variationsrechnung. B. B.

Variation, eidetische, Terminus der ↑Phänomenologie zur Bezeichnung eines von E. Husserl entwickelten Verfahrens zur Gewinnung von ›Wesenserkenntnissen‹. Mit der Ausarbeitung dieses Verfahrens – auch ↑Ideation genannt – gibt Husserl seine frühere Auffassung auf, daß sich Wesenseinsichten auf dem Fundament einer einzelnen sinnlichen Wahrnehmung durch ›Wesensschau‹ bzw. ›Abstraktion‹ (↑Eidetik, ↑Wesensschau) konstituieren können.

Die e. V. ist eine methodisch kontrollierte Vorgehensweise, die aus folgenden Schritten besteht: (1) In der ↑Phantasie wird eine beliebige erfahrene Gegenständlichkeit zu einem ›Exempel‹ gemacht, das die Rolle des leitenden Vorbildes übernimmt. (2) Das Exempel wird in eine Reihe von Phantasiebildern umgewandelt, wodurch eine offen endlose Mannigfaltigkeit von Varianten entsteht, die untereinander Gemeinsamkeiten und Differenzen aufweisen. Obwohl in der e.n V. die Beliebigkeit der Variantenbildung gewährleistet ist, müssen in ihr nicht alle Varianten erzeugt werden. (3) Es wird von allen Unterschieden zwischen den Varianten abstrahiert und die Aufmerksamkeit auf das Invariante gerichtet. Entscheidend für die Gewinnung der Wesenserkenntnisse sind dabei beide Momente: Die Differenzierung führt zu einer Ausscheidung der jeweils unterschiedlichen Merkmale; die Identifizierung ermöglicht es hingegen, das Gemeinsame in dem Mannigfaltigen zu erfassen. Zwischen den gemeinsamen Inhalten in den Varianten läßt sich nämlich eine beständige Deckung feststellen, die notwendig invariabel bleibt. (4) Auf Grund der fortlaufenden Deckung treten alle Einzelheiten in eine ↑synthetische Einheit, so daß die Invariante in ihrem absolut identischen Gehalt erfaßt wird. Das Endergebnis dieser Kongruenz wird von Husserl als allgemeines Wesen bzw. ↑Eidos bestimmt. Es ist derjenige ideal identische Sinngehalt (↑Sinn), ohne den ein Gegenstand in seinem invariablen ›Was‹ nicht gedacht werden kann.

In der e.n V. ist die Wahrnehmung der faktischen Wirklichkeit für die Gewinnung von reinen Wesenserkenntnissen irrelevant. Bei der Erfassung des Eidos bleibt jede Bindung an die Faktizität ausgeschlossen; der ganze Vorgang spielt sich in der puren Phantasiewelt, im Bereich der reinen Möglichkeiten (↑möglich/Möglichkeit) ab. Husserl bestimmt die e. V. als eine rein geistige Handlung, deren Endleistung im Erschauen des ↑Allgemeinen besteht, und hebt in diesem Verfahren zwei Momente hervor: Die fortlaufende Deckung von Varianten wird als *passive* Phase der Wesenskonstitution (↑Konstitution) bestimmt; die darauf aufbauende *aktive* Konstitutionsphase besteht hingegen – wie bei der Erzeugung von Verstandes- bzw. Allgemeingegenständlichkeiten (↑Verstand, ↑Verstandesbegriffe, reine) – in der schauenden Erfassung des Eidos.

Literatur: E. Husserl, Erfahrung und Urteil. Untersuchungen zur Genealogie der Logik, ed. L. Landgrebe, Prag 1939, Hamburg [7]1999; ders., Ideen zu einer reinen Phänomenologie und phänomenologischen Philosophie III (Die Phänomenologie und die Fundamente der Wissenschaften), ed. M. Biemel, Den Haag 1952, 1972, Tübingen 1980 (= Husserliana V), Hamburg 1986; ders., Phänomenologische Psychologie. Vorlesungen Sommersemester 1925, ed. W. Biemel, Den Haag 1962, [2]1968, 1995 (= Husserliana IX), Hamburg 2003; D. M. Levin, Induction and Husserl's Theory of Eidetic Variation, Philos. Phenom. Res. 29 (1968/1969), 1–15; D. Lohmar, Die phänomenologische Methode der Wesensschau und ihre Präzisierung als e. V., Phänom. Forsch. 27 (2005), 65–91; J. Palermo, Apodictic Truth. Husserl's Eidetic Variation versus Induction, Notre Dame J. Formal Logic 19 (1978), 69–80; E. Ströker, Husserls transzendentale Phänomenologie, Frankfurt 1987 (engl. Husserl's Transcendental Phenomenology, Stanford Calif. 1993); E. Tugendhat, Der Wahrheitsbegriff bei Husserl und Heidegger, Berlin 1967, [2]1970. C. F. G.

Variationsprinzipien (engl. variational principles), Bezeichnung für Prinzipien der mathematischen Naturbeschreibung, die im Unterschied zu den Differentialprinzipien (insbes. den Prinzipien von J. le Rond d'Alembert, H. Hertz und C. F. Gauß) (1) als Integralprinzipien formuliert und (2) mittels der ↑Variationsrechnung entwickelt werden. Ausgehend vom ↑d'Alembertschen Prinzip gaben J. L. Lagrange und W. R. Hamilton den ↑Bewegungsgleichungen der ↑*Mechanik* den folgenden Gehalt: Bei einem mechanischen System M von n Punktmassen mit den verallgemeinerten Koordinaten $q_r = (q_i)_{i=1,2,\dots,N}$ im Konfigurationsraum ($N \leq 3n$ sei die Anzahl von M's Freiheitsgraden nach Berücksichtigung aller Nebenbedingungen) ist die wirkliche Bewegung $q_r(t)$ des Systems M durch die mechanischen Gesetze bestimmt, wobei dann das ›Prinzip der stationären Wirkung‹ (↑Prinzip der kleinsten Wirkung) besagt: Bleibt die Gesamtenergie konstant (›isoenergetische Variation‹), so entspricht unter allen virtuellen, d.h. physikalisch nicht realisierten, Bahnen, die zwei Punkte P_0 und P_1 im Konfigurationsraum verbinden, die wirkliche Bewegung zwischen zwei Zeitpunkten t_0 und t_1 einem stationären Wert (↑Variationsrechnung) von ›Hamiltons charakteristischer Funktion‹

$$W = 2\int_{t_0}^{t_1} T \, dt$$

(mit T als kinetischer Energie des Systems); d.h., ihre erste Variation muß Null werden:

$$\partial W = 0.$$

Inhaltlich besagt dieses Prinzip, daß für die wirkliche Bewegung der zeitliche Mittelwert der kinetischen Energie stets einen stationären Wert (meist ein Minimum) annimmt. Entsprechend sagt das Hamiltonsche V. (↑Hamiltonprinzip): Durchlaufen alle virtuellen Bahnen die Punkte P_0 und P_1 zu denselben Zeiten t_0 und t_1 (›isochrone Variation‹), so entspricht $q_r(t)$ dem stationären Wert des Integrals

$$\int_{t_0}^{t_1} L \, dt,$$

kurz:

$$\partial \int_{t_0}^{t_1} L \, dt = 0.$$

Hierbei ist $L = L(q_r, q'_r, t)$ die Lagrange-Funktion (↑Lagrange, Joseph Louis); sie kann bei Vorliegen konservativer Systeme, für die die potentielle Energie V des Systems nicht explizit von der Zeit abhängt, zu $L = T - V$ gewählt werden. Inhaltlich besagt dieses Prinzip, daß für die wirkliche Bewegung der zeitliche Mittelwert der Gesamtenergie stets einen stationären Wert (meist ein Minimum) annimmt. Die Ausführung der ersten Variation führt vom Hamiltonprinzip unmittelbar auf die Lagrangeschen ↑Differentialgleichungen der Bewegung:

$$\frac{\partial L}{\partial q_i} - \frac{d}{d_t}\left(\frac{\partial L}{\partial q'_i}\right) = 0, \text{ für alle } i \in \{1,\dots,N\}.$$

Hamiltonfunktion und Hamiltonprinzip sind aus d'Alemberts Prinzip herleitbar; ihre mathematische Behandlung wurde vor allem durch C. G. J. Jacobi (Hamilton-Jacobi-Gleichungen) sowie durch J. W. Gibbs und P. Appell (Gibbs-Appellsche Funktion) fortgeführt.

In der ↑*Optik* wird der Weg eines Lichtstrahls zwischen zwei Punkten P_0 und P_1 (die den Zeiten t_0 und t_1 zugeordnet sind), wobei er Reflexion und Brechung unterliegen kann, durch das ›Prinzip der schnellsten Ankunft‹,

$$\partial \int_{P_1}^{P_2} dt = 0,$$

bzw. äquivalent durch das ›Prinzip des kürzesten Lichtweges‹ gegeben:

$$\partial \int_{P_1}^{P_2} n \, ds = 0$$

(mit dem Brechungsindex n und dem Bogenelement ds). Für den Fall der Reflexion wurde dieses V. der Sache nach zuerst von Heron von Alexandreia im 1. Jh. ausgesprochen; für die Brechung formulierte es zuerst P. de Fermat 1662 (↑Fermatsches Prinzip). Seine Fassung als V. geht auf Hamilton zurück.

In der ↑*Quantentheorie* sind beobachtbaren physikalischen Größen, den so genannten Observablen, Eigenwerte von linearen selbstadjungierten Operatoren $\hat{L}$ zugeordnet. Wird ein quantenmechanisches System durch die Wellenfunktion ψ beschrieben, so gilt für den Mittelwert (Erwartungswert) $\overline{L}$ eines Operators $\hat{L}$:

$$\overline{L} = \langle\psi^*|\hat{L}|\psi\rangle = \int \psi^* \hat{L}\psi \, dV$$

(ψ^* bezeichnet die konjugiert-komplexe Form von ψ [↑Raum], dV das Volumenelement). Wie in der klassischen Mechanik der Hamiltonfunktion, so entspricht in der Quantenmechanik dem Hamiltonoperator $\hat{H}$, der im einfachsten Fall durch die Überführung der verallgemeinerten Impulse $p_i = \partial L/\partial q_i$ in den Impulsoperator $i\hbar(\partial/\partial q_i)$ entsteht, die Gesamtenergie E, für die gilt: $\hat{H}\psi = E\psi$ (zeitunabhängige ↑Schrödinger-Gleichung). Hat der Hamiltonoperator für eine Wellenfunktion ψ ein nach unten beschränktes Spektrum von Eigenwerten, so ergibt sich nach dem Ansatz der Variationsrechnung mit der Normierung $\langle\psi\,|\,\psi\rangle = \int \psi^* \psi \, dV = 1$ das ›Ritzsche V.‹:

$$\partial\overline{H} = \partial\int \psi^* \,\hat{H}\psi \, dV = 0,$$

was auf die Eigenwertgleichung $\langle\psi|\psi\rangle \,\hat{H}\,\psi(x) - \overline{H}\,\psi(x) = 0$ führt.

In der *Speziellen Relativitätstheorie* (↑Relativitätstheorie, spezielle) kann man ausgehend vom V. der nicht-relativistischen Mechanik, $\partial\int_{t_0}^{t_1} L\,dt = 0$, Bewegungsgleichungen erhalten, wenn die kinetische und potentielle Energie geeignet bestimmt wird. So muß L vor allem ein Lorentz-Skalar werden, damit die Wirkung relativistisch invariant wird (↑Lorentz-Invarianz). Bei einem kräftefreien Teilchen reduziert sich L^{rel} auf die kinetische Energie, die man unter Rückgriff auf die Ruhemasse m_0 und die Lichtgeschwindigkeit c als

$$L^{rel} = -m_0 c^2\sqrt{1 - v^2/c^2}$$

bestimmt. Durch Differentiation nach der Eigenzeit τ ergibt sich daraus das einfachste speziell-relativistische V.:

$$\partial\int_{\tau_0}^{\tau_1} L^{rel} d\tau = \partial\int_{t_0}^{t_1} -m_0 c^2\sqrt{1 - v^2/c^2}\; dt = 0.$$

In der *Allgemeinen Relativitätstheorie* (↑Relativitätstheorie, allgemeine) kann die Bewegung eines Körpers aus dem V.

$$\partial\int ds = 0$$

hergeleitet werden, wobei ds das Riemannsche Bogenelement (↑Riemannscher Raum) bezeichnet. Danach bewegt sich der Körper auf einer Geodäten, der kürzesten Verbindung in der 4-dimensionalen Raum-Zeit. Allgemein gilt, daß, wenn eine physikalische Theorie als *Feldtheorie* (↑Feld) formulierbar ist (Elektromagnetismus, Quantenmechanik und subatomare Teilchen, Relativitätstheorie, Hydro- und Thermodynamik, die Mechanik der Kontinua, Elastica und Fluide etc.), sich die Feldgleichungen durch passend modifizierte Lagrange-Funktionen $\mathcal{L}$ aus V. der Form $\partial\int\mathcal{L}\, d\tau = 0$ herleiten lassen. Die klassische Lagrange-Funktion L und das Integralelement dt sind hier durch eine geeignet gewählte so genannte Lagrange-Dichtefunktion $\mathcal{L}(x,\psi,\partial\psi/\partial x_\mu)$ ersetzt, die die Wirkung nicht länger nach der Zeit, sondern nach dem Hypervolumenelement $d\tau = dx_1 dx_2 \ldots dx_\mu$ einer geeigneten Mannigfaltigkeit bestimmt.

Ein Grund für die Bedeutsamkeit von V. ist ihre Tauglichkeit, als grundlegende ↑Axiome den gesamten Inhalt der zugehörigen physikalischen Theorie in eine Formel zu kondensieren. Zudem erlauben V. den mit Abstand besten numerischen Zugang für Näherungslösungen. Zu diesen innertheoretischen Gründen treten intertheoretische. V. lassen nämlich disparat erscheinende Theorien als Ausformungen derselben Gesetzmäßigkeiten erkennen: Fermats optisches und Hamiltons mechanisches V. erweisen sich als äquivalent und finden sich in der Schrödinger-Gleichung ›aufgehoben‹. V. sind heuristisch (↑Heuristik) wertvoll, insofern sie neue Theorien in Analogie zu bekannten V. zu bilden helfen. Hinzu kommt ferner, daß sich der fundamentale, weil theorieübergreifende, Zusammenhang von ↑Erhaltungssätzen einerseits und die Invarianz (↑invariant/Invarianz) von Wirkungsgesetzen gegenüber Koordinatentransformationen andererseits innerhalb dieses mathematischen Ansatzes bearbeiten lassen (Noether-Theorem). Schließlich sind V. philosophisch von Bedeutung, weil sie eng mit grundlegenden naturphilosophischen Prinzipien verbunden sind (↑Extremalprinzipien). Dabei wurden V. zunächst nur als heuristische (Rechen-)Regeln angesehen. Dies änderte sich erst um die Wende zum 20. Jh., als man grundlegende Feldgleichungen unerwarteterweise aus V. herzuleiten lernte. – Außerhalb der Physik spielen V. vor allem in Theorien der ›mathematischen Programmierung‹ eine große Rolle (↑Variationsrechnung).

Literatur: P. E. Appell, Traité de mécanique rationnelle, I–V, Paris 1902–1926, I, [4]1919, II, [4]1924, III, [3]1921, IV, 1937, V, 1945; J.-L. Basdevant, Variational Principles in Physics, New York 2007; V. L. Berdichevsky, Variational Principles of Continuum Mechanics, I–II, Berlin etc. 2009; P. Funk, Variationsrechnung und ihre Anwendung in Physik und Technik, Berlin/Göttingen/Heidelberg 1962, Berlin/Heidelberg/New York [2]1970; H. Goldstein, Classical Mechanics, Reading Mass./Amsterdam/London 1950, Harlow etc. [3]2014 (dt. Klassische Mechanik, Frankfurt 1963, Wiesbaden [11]1991, Weinheim 2006); E. L. Hill, Hamilton's Principle and the Conservation Theorems of Mathematical Physics, Rev. Mod. Phys. 23 (1951), 253–260; A. Kristály/V. Radulescu/C. G. Varga, Variational Principles in Mathematical Physics, Geometry, and Economics. Qualitative Analysis of Nonlinear Equations and Unilateral Problems, Cambridge etc. 2010; F. Kuypers, Klassische Mechanik, Weinheim/New York/Basel 1983, Weinheim [10]2016; A. Mercier, Analytical and Canonical Formalism in Physics, Amsterdam 1959, New York 1963; R. K. Nesbet, Variational Principles and Methods in Theoretical Physics and Chemistry, Cambridge etc. 2003; J. T. Oden/J. N. Reddy, Variational Methods in Theoretical Mechanics, Berlin/Heidelberg/New York 1976, [2]1983; G. Prange, Die allgemeinen Integrationsmethoden der analytischen Mechanik, in: Encyklopädie der mathematischen Wissenschaften mit Einschluß ihrer Anwendungen IV/2, Leipzig 1935, 505–804; H. Pulte, Das Prinzip der kleinsten Wirkung und die Kraftkonzeptionen der rationalen Mechanik. Eine Untersuchung zur Grundlegungsproblematik bei Leonhard Euler, Pierre Louis Moreau de Maupertuis und Joseph Louis Lagrange, Stuttgart 1989; C. Schäfer, Die Prinzipe der Dynamik, Berlin/Leipzig 1919; E. Schmutzer, Grundlagen der theoretischen Physik mit einem Grundriß der Mathematik für Physiker, I–II, Mannheim/Wien/Zürich 1989, in 4 Bdn., Berlin [2]1991; I. Szabo, Geschichte der mechanischen Prinzipien und ihrer wichtigsten Anwendungen, Basel/Boston Mass./Stuttgart 1977, [3]1987, Basel/Boston Mass./Berlin 1996; A. Voss, Die Prinzipien der rationellen Mechanik, in: Encyklopädie der mathematischen Wissenschaften [s.o.] IV/1, 1–121; R. Weinstock, Calculus of Variations. With Applications to Physics and Engineering, New York/Toronto/London 1952, New York 1974; W. Yourgrau/S. Mandelstam, Variational Principles in Dynamics and Quantum Theory, London 1955, New York/Toronto/London [3]1979, Mineola N. Y. 2007. B. B.

Variationsrechnung (engl. calculus of variations), Terminus der ↑Mathematik zur Bezeichnung von Verfahren, für ein gegebenes ↑Funktional aus der Variationsbreite ›benachbarter‹ Funktionen diejenige Funktion zu bestimmen, bei der das Funktional einen (relativen) Extremwert, in der V. oft ›stationärer Wert‹ genannt, annimmt. Charakteristischerweise wird für eine integrierbare Funktion f zwischen zwei Punkten $P_1 = (x_1,y_1)$ und $P_2 = (x_2,y_2)$ unter allen Funktionen $u = u(x)$, die die Punkte P_1, P_2 verbinden, diejenige gesucht, die das Integral

$$I = I(u) \leftrightharpoons \int_{x_1}^{x_2} f(x,u(x),u'(x))\mathrm{d}x.$$

minimal bzw. maximal macht. Bei einer extremalen Lösung u_0 wird eine Schar von Vergleichsfunktionen durch $V_\varepsilon(x) = u_0(x) + \varepsilon h(x)$ dargestellt, wobei ε eine kleine Zahl und h eine beliebige differenzierbare Funktion bezeichnet (Abb. 1). Damit hängt der P_1 und P_2 verbindende Kurvenverlauf einzig vom Parameter ε ab, und I wird eine Funktion von ε:

$$I(\varepsilon) = \int_{x_1}^{x_2} f(x,v_\varepsilon(x),v'_\varepsilon(x))\mathrm{d}x.$$

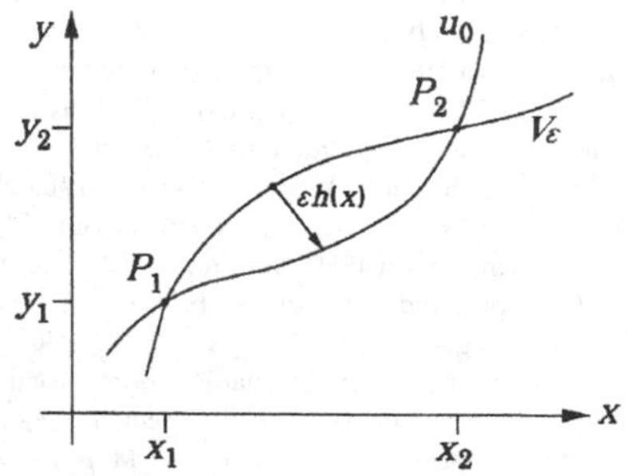

Abb. 1

Da u_0 eine Lösung sein soll, muß das Integral $I(\varepsilon)$ für $\varepsilon = 0$ extremal und seine 1. Ableitung daher an dieser Stelle notwendigerweise Null werden:

$$I'(0) = \left.\frac{\mathrm{d}I(\varepsilon)}{\mathrm{d}\varepsilon}\right|_{\varepsilon=0} = 0.$$

Das Variationsproblem ist somit auf eine gewöhnliche Extremwertaufgabe zurückgeführt.

Die Differenz $\varepsilon h(x)$ von der Nachbarfunktion $v_\varepsilon(x)$ zur Lösung $v_\varepsilon(0)$ bezeichnet man als ›1. Variation des Arguments $v_\varepsilon(x)$‹ und schreibt:

$$\partial v_\varepsilon(\varepsilon) \leftrightharpoons v_\varepsilon(\varepsilon) - v_\varepsilon(0) = \varepsilon h(x).$$

Der Ausdruck $(\mathrm{d}I(\varepsilon)/\mathrm{d}\varepsilon)_{\varepsilon=0}$ heißt die ›1. Variation des Integrals $I(\varepsilon)$‹ und wird notiert als

$$\partial I[u_0,h] = \partial I \leftrightharpoons \left.\frac{\mathrm{d}I(\varepsilon)}{\mathrm{d}\varepsilon}\right|_{\varepsilon=0}.$$

Entsprechend definiert man die ›2. Variation‹ $\partial^2 I[u_0,h]$ bzw. $\partial^2 I$ durch $(\mathrm{d}^2 I(\varepsilon)/\mathrm{d}\varepsilon^2)_{\varepsilon=0}$. Unter geeigneten Bedingungen sind Variation und Differentiation bzw. Integration vertauschbar; es gilt: $\partial((\mathrm{d}/\mathrm{d}x)\, f(x)) = (\mathrm{d}/\mathrm{d}x)\, \partial f(x)$ und $\partial(\int f(x)) = \int \partial f(x)$. Berücksichtigt man, daß die Wahl des Parameters ε nur innerhalb gewisser Grenzen sinnvoll ist, lauten die notwendigen Bedingungen für das Vorliegen eines stationären Werts allgemein:

$\bigvee_{\varepsilon_0>0} \bigwedge_\varepsilon (|\varepsilon| < \varepsilon_0 \to \partial I[u_0,h] = 0)$, für alle h, und

$$\begin{cases} \partial^2 I[u_0,h] \geq 0 \text{ (für ein Minimum) bzw.} \\ \partial^2 I[u_0,h] \leq 0 \text{ (für ein Maximum).} \end{cases}$$

Eine zufriedenstellende Behandlung der V. gelingt erst mit Begriffen und Methoden der Funktionalanalysis, deren Entwicklung wesentlich durch Probleme der V. bestimmt wurde.

Die Begründer der V. lösten Aufgaben durch geometrisch motivierte Überlegungen, L. Euler z. B. durch seine ›Methode der Polygonallinien‹. Bei numerischer Behandlung führt dies zu nur schwer durchführbaren Rechnungen, die sich teilweise erst im 20. Jh. als zugänglich erwiesen (Methode von B. G. Galerkin). Der skizzierte analytische Zugang eröffnet bessere Möglichkeiten. So führt z. B. die Ausführung der 1. Variation für das angeführte Beispiel (Differentiation unter dem Integralzeichen, partielle Integration des zweiten Integranden und Streichen des ausintegrierten Terms wegen der Nebenbedingung) auf den Ausdruck

$$\partial I = \int_{x_1}^{x_2} \left(\frac{\partial f}{\partial u_0} - \frac{\mathrm{d}}{\mathrm{d}x} \left(\frac{\partial f}{\partial u'_0} \right) \right) h(x)\,\mathrm{d}x$$

mit $\partial f = \partial f(x,u_0(x),u'_0(x))$ etc.. Weil nach Voraussetzung $\partial I = 0$ gelten soll, muß eine Lösung (Satz von Du Bois-

Reymond, Fundamental-Lemma der V., 1879) die ↑Differentialgleichung 2. Ordnung

$$\frac{\partial f}{\partial u_0} - \frac{\mathrm{d}}{\mathrm{d}x}\frac{\partial f}{\partial u'_0} = 0$$

erfüllen, die so genannte Euler(-Lagrange)sche Differentialgleichung. Die Erfüllung der Eulerschen Differentialgleichung stellt unter geeigneten Differenzierbarkeitsbedingungen folglich eine notwendige Eigenschaft jeder Lösung u_0 dar; die Angabe hinreichender Bedingungen ist schwieriger. Dieser Zusammenhang von V. und Differentialgleichungen ist in vielen Anwendungsfällen von Bedeutung; insbes. führt in der Physik das Hamiltonsche Variationsprinzip (↑Hamiltonprinzip) auf die üblichen Lagrangeschen Bewegungsgleichungen (↑Variationsprinzipien).

Schon seit der Antike wurden unter die V. fallende Aufgaben gestellt und gelöst, z. B. das so genannte isoperimetrische Problem, d. i. die Bestimmung einer Kurve vorgegebener Länge, die eine Extremaleigenschaft besitzt. So bewies bereits Zenodoros, daß die Kreislinie bei gegebener Länge die größte Fläche einschließt. Der Beginn der V. im heutigen Sinne läßt sich mit Joh. Bernoullis Preisfrage ›an die scharfsinnigsten Mathematiker des ganzen Erdkreises‹ (Problema novum ad cuius solutionem mathematici invitantur, Acta Eruditorum [1696] [dt. Einladung zur Lösung eines neuen Problems, in: P. Stäckel (ed.), Abhandlungen über V. I (s. Lit.), 3]) datieren: Bestimme die kürzeste Bahn, die ein Körper zwischen gegebenem Anfangs- und Endpunkt einer vertikalen Ebene auf Grund seiner eigenen Schwere beschreibt (›Problem der Brachistochrone‹). Während die ersten Bearbeiter (die Brüder Joh. und Jak. Bernoulli, G. F. A. de L'Hospital, G. W. Leibniz, I. Newton) nur Lösungen für Spezialfälle boten, gab L. Euler (Methodus inveniendi lineas curvas maximi minimive proprietate gaudentes [...], Lausanne/Genf 1744) erstmals ein allgemeines Verfahren an. Die Bezeichnung ›V.‹ geht auf den Titel von Eulers Abhandlung »Elementa calculi variationum« (1756) zurück. Gegenstand war die 1755 brieflich mitgeteilte, aber erst 1762 publizierte ›Variationsmethode‹ von J. L. Lagrange (Essay d'une nouvelle méthode pour déterminer les maxima et les minima des formules intégrales indéfinies, Miscellanea Taurinensia 2 [1760/1761], publ. 1762, 173–195), also das Rechnen mit dem Symbol ›∂‹. Stand die Bezeichnung zunächst nur für Lagranges Technik, so bezeichnete sie nach und nach das ganze Problemgebiet selbst und hat sich Anfang des 19. Jhs. in diesem Sinne eingebürgert.

Die Entwicklung der V. ist anfangs gekennzeichnet durch die Suche nach notwendigen Bedingungen für das Vorliegen von Extremwerten (Theorie der 2. Variation: A. M. Legendre, Memoire sur la manière de distinguer les maxima des minima dans le calcul des variations, Mémoires de l'Académie Royale des Sciences, series de mathématique et de physique, anneé 1786, Paris 1788, 7–37; Ausschluß konjugierter Punkte: C. G. J. Jacobi, Zur Theorie der Variations-Rechnung und der Differential-Gleichungen, J. reine u. angew. Math. 17 [1837], 68–82) und eine damit einhergehende zunehmende Verfeinerung der analytischen Techniken; doch erst K. Weierstraß begründete die Suche nach hinreichenden Bedingungen. Daß man auf hinreichende Bedingungen, die die Existenz einer Lösung erst garantieren, nicht verzichten kann, zeigen schon einfache Variationsprobleme ohne Lösung. So sei z. B. die kürzeste stetig gekrümmte Kurve gesucht, die die Punkte P_1, P_2 verbindet und auf der Geraden $\overline{P_1 P_2}$ senkrecht steht (Abb. 2). Bildet die Gerade $\overline{P_1 P_2}$ selbst auch eine untere Schranke, die beliebig approximiert werden kann, wird dieses Minimum doch von keiner der Kurven angenommen werden.

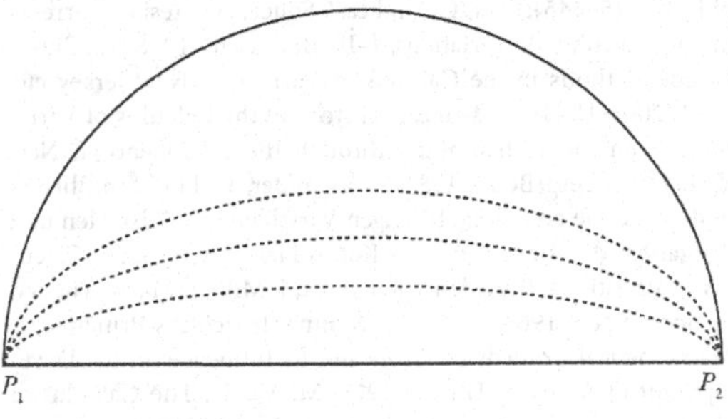

Abb. 2

Neben ihrem traditionellen Anwendungsgebiet, der Physik (↑Variationsprinzipien), findet die V. im 20. Jh. ihre Weiterentwicklung bzw. Anwendung durch die Einbeziehung topologischer Begriffe und Methoden (M. Morse; ↑Topologie), ferner in der ›Theorie optimaler Kontrolle‹ (*optimal control theory*: z. B. L. S. Pontryagins Maximalprinzip) und in der ›Theorie der dynamischen Programmierung‹ (*dynamic programming*: z. B. Ungleichung von R. Bellmann). Dadurch fallen Probleme der Ingenieurskunst (optimale Flugzeugform), der Wirtschaftsmathematik (optimale Lagerhaltung), der Regelungstechnik (optimale Steuerung), der Politikwissenschaft (spieltheoretische Modellierung optimalen Interessenausgleichs) usw. in den möglichen Anwendungsbereich der V..

Literatur: R. Bellmann, Dynamic Programming, Princeton N. J. 1957; P. Blanchard/E. Brüning, Direkte Methoden der V.. Ein Lehrbuch, Wien/New York 1982 (engl. Variational Methods in Mathematical Physics. A Unified Approach, Berlin/Heidelberg/New York 1992); G. A. Bliss, Calculus of Variations, Chicago Ill. 1925, La Salle Ill. 1971 (dt. V., Leipzig/Berlin 1932); ders., Lectures on the Calculus of Variations, Chicago Ill./London 1946, 1968; O. Bolza, Lectures on the Calculus of Variations, Chicago Ill. 1904, New York [3]1973, Providence R. I. 2000 (dt. Vorlesungen über V., Leipzig/Berlin 1909, New York 1962); B. van Brunt, The

Calculus of Variations, New York etc. 2004, 2006; C. Carathéodory, V. und partielle Differentialgleichungen erster Ordnung, Leipzig/Berlin 1935, Nachdr. mit Zusätzen v. H. Boerner, E. Hölder u. R. Klötzler, Stuttgart/Leipzig 1994 (mit kommentierter Bibliographie bis 1934, 243–254) (engl. Calculus of Variations and Partial Differential Equations of the First Order II [Calculus of Variations], San Francisco Calif./Cambridge/London 1967, New York ^{3}1989, Providence R. I. 1999); ders., The Beginning of Research in the Calculus of Variations, Osiris 3 (1937), 224–240, Neudr. in: ders., Ges. math. Schriften II (V.), München 1955, 93–107; ders., Basel und der Beginn der V., Festschrift zum 60. Geburtstag von Prof. Dr. Andreas Speiser, Zürich 1945, 1–18, Neudr. in: ders., Ges. math. Schr. [s. o.] II, 108–128; ders., Einführung in Eulers Arbeiten über V., in: Leonardi Euleri Opera Omnia I/24, Zürich/Basel 1952, VIII–LXIII, Neudr. in: ders., Ges. math. Schriften V, München 1957, 107–175; P. Du Bois-Reymond, Erläuterungen zu den Anfangsgründen der V., Math. Ann. 15 (1879), 282–315; P. Funk, V. und ihre Anwendung in Physik und Technik, Berlin/Göttingen/Heidelberg 1962, Berlin/Heidelberg/New York ^{2}1970; M. Giaquinta/S. Hildebrandt, Calculus of Variations, I–II, Berlin etc. 1996, ^{2}2004 (mit Bibliographie, II, 615–645); ders./G. Modica/J. Souček, Cartesian Currents in the Calculus of Variations, I–II, Berlin etc. 1998; E. Giusti, Direct Methods in the Calculus of Variations, New Jersey etc. 2003, 2005; H. H. Goldstine, A History of the Calculus of Variations from the 17th Century through the 19th Century, New York/Heidelberg/Berlin 1980; H. Kielhöfer, V.. Eine Einführung in die Theorie einer unabhängigen Variablen mit Beispielen und Aufgaben, Wiesbaden 2010; M. Kot, A First Course in the Calculus of Variations, Providence R. I. 2014; J. Milnor, Morse Theory, Princeton N. J. 1963, 1973; A. F. Monna, Dirichlet's Principle. A Mathematical Comedy of Errors and Its Influence on the Development of Analysis, Utrecht 1975; M. Morse, The Calculus of Variations in the Large, Providence R. I. 1934, 1986; J. Moser, Selected Chapters in the Calculus of Variations. Lecture Notes by Oliver Knill, Basel/Boston Mass./Berlin 2003; L. S. Pontryagin, Matematiceskaja teorija optimal'nych processow, Moskau 1961 (dt. Mathematische Theorie optimaler Prozesse, Berlin, München/Wien 1964, München/Wien ^{2}1967; engl. The Mathematical Theory of Optimal Processes, New York etc. 1962 [repr. als: Selected Works IV, 1986], 1965); H. Sagan, Introduction to the Calculus of Variations, New York etc. 1969, New York 1992; W. H. Schmidt u. a. (eds.), Variational Calculus, Optimal Control and Applications, Basel/Boston Mass./Berlin 1998; H. Seifert/W. Threlfall, V. im Großen (Theorie von Marston Morse), Leipzig/Berlin 1938, New York 1971; P. Stäckel (ed.), Abhandlungen über V., I–II, Leipzig 1894, I, ^{2}1914, II, 1921, unter dem Titel: V.. Abhandlungen von Johann Bernoulli, Jacob Bernoulli, Leonhard Euler, Joseph Louis Lagrange, Adrien Marie Legendre, Carl Gustav Jacob Jacobi, Darmstadt 1976; I. Todhunter, A History of the Progress of the Calculus of Variations During the Nineteenth Century, Cambridge 1861 (repr. unter dem Titel: A History of the Calculus of Variations During the Nineteenth Century, New York 1961); K. Weierstraß, Mathematische Werke VII (Vorlesungen über V.), Leipzig 1927 (repr. Hildesheim/New York 1967, 2001); R. Weinstock, Calculus of Variations with Applications to Physics and Engineering, New York/Toronto/London 1952, New York 1974; R. Woodhouse, A Treatise on Isoperimetrical Problems and the Calculus of Variations, Cambridge 1810 (repr. unter dem Titel: A History of the Calculus of Variations in the Eighteenth Century, Bronx N. Y. o.J. [1964]), Providence R. I. 2004. – M. Lecat, Bibliographie du calcul des variations 1850–1913, Paris 1913; ders., Bibliographie du calcul des variations depuis les origines jusqu'à 1850, comprenant la liste des travaux qui ont préparés ce calcul, Paris 1916; ders., Bibliographie des séries trigonométriques, avec un appendice sur le calcul des variations, Louvain/Brüssel 1921; ders., Bibliographie de la relativité, suivie d'un appendice sur les déterminants à plus de deux dimensions, le calcul des variations, les séries trigonométriques et l'azéotropisme, Brüssel 1924. B. B.

Varignon, Pierre, *Caen 1654, †Paris 23. Dez. 1722, franz. Mathematiker und Physiker. Wahrscheinlich Ausbildung am Jesuitenkolleg in Caen, 1676 Eintritt in den geistlichen Stand, 1682 maître ès arts an der Universität Caen, 1683 Priester in Caen. Ab 1686 in Paris, 1688 Prof. am Collège Mazarin und Mitglied der Académie des Sciences in Paris als ›géomètre‹, 1704 Prof. am Collège Royal, dem späteren Collège de France. Umfangreicher Briefwechsel mit G. W. Leibniz und J. Bernoulli, Freundschaft mit B. Le B. de Fontenelle. – V. trägt durch seine wirkungsvolle Lehrtätigkeit erheblich zur Verbreitung der zeitgenössischen Mathematik und Mechanik bei. Seine wissenschaftliche Bedeutung stützt sich auf seine Beiträge zur ↑Statik. V. gibt eine weiterentwickelte Formulierung des Gesetzes der Zusammensetzung der Kräfte (↑Parallelogrammregel) und stellt dieses anstelle des Hebelgesetzes an die Spitze der Statik. Bernoullis Formulierung des Prinzips der virtuellen Verschiebungen geht auf Anregungen V.s zurück. In der Mathematik verteidigt V. die ↑Infinitesimalrechnung gegen Einwände.

Werke: Projet d'une nouvelle mechanique [...], Paris 1687; Nouvelles conjectures sur la pesanteur [...], Paris 1690; Eclaircissements sur l'analyse des infiniment petits [...], Paris 1725 (repr. in: G. F. A. de L'Hôpital, Analyse des infiniment petits, pour l'intelligence des lignes courbes, Paris 1988); Nouvelle mécanique ou statique [...], I–II, Paris 1725; Traité du mouvement et de la mesure des eaux coulantes et jaillissantes. Avec un traité préliminaire du mouvement en général, Paris 1725; Éléments de mathématique [...], Paris 1731, Amsterdam 1734; Quatre mémoires inédits de P. V. consacrés à la science du mouvement, ed. M. Blay, Arch. int. hist. sci. 39 (1989), 218–248; Un corso inedito di geometria elementare attributo a P. V., ed. E. Giusti, Bollettino stor. sci. mat. 32 (2012), 261–310. – E. J. Fedel, Der Briefwechsel Johann(i) Bernoulli – P. V. aus den Jahren 1692 bis 1702 in erläuternder Darstellung, Stuttgart 1932; Der Briefwechsel von Johann I Bernoulli, ed. D. Speiser, II–III (II Der Briefwechsel mit P. V. I: 1692–1702, III Der Briefwechsel mit P. V. II: 1702–1714), Basel/Boston Mass./Berlin 1988/1992.

Literatur: M. Blay, La naissance de la mécanique analytique. La science du mouvement au tournant des XVIIe et XVIIIe siècles, Paris 1992, bes. 153–221 (II/2 L' algorithmisation varignonienne); ders., V., in: L. Foisneau (ed.), Dictionnaire des philosophes français du XVIIe siècle. Acteurs et réseaux du savoir, Paris 2015, 1727–1730; P. Costabel, Contribution à l'histoire de la loi de la chute des graves, Rev. hist. sci. et de leurs applications 1 (1947), 193–205; ders., P. V. (1654–1722) et la diffusion en France du calcul différentiel et intégral. Conférence donnée au Palais de la Découverte le 14 décembre 1965, Paris 1966; ders., V., Lamy et le parallélogramme des forces, Arch. int. hist. sci. 19 (1966), 103–

124; ders., V., DSB XIII (1976), 584–587; J. O. Fleckenstein, P. V. und die mathematischen Wissenschaften im Zeitalter des Cartesianismus, Arch. int. hist. sci. 2 (1948), 76–138; S. Gonzalez, V. et la transsubstantiation, Rev. hist. sci. 58 (2005), 207–223; K. Maglo, The Reception of Newton's Gravitational Theory by Huygens, V., and Maupertuis. How Normal Science May Be Revolutionary, Perspectives on Science. Historical, Philosophical, Social 11 (2003), 135–169. A. W.

Vasubandhu, Name eines Verfassers zahlreicher bedeutender Werke der buddhistischen Philosophie (↑Philosophie, buddhistische), eines ›Meisters der tausend Bücher‹, weil er je 500 Bücher zum ↑Hīnayāna und zum ↑Mahāyāna verfaßt habe, deren historische Einordnung aber umstritten ist. Wegen der widersprüchlichen Überlieferung in bezug auf Lebenszeit und Zeitgenossenschaft V.s sowie schwer erklärbarer inhaltlicher Differenzen zwischen den (nur teilweise in Sanskrit, zumeist in tibetischer oder auch nur in chinesischer Übersetzung) überlieferten Werken hat E. Frauwallner vorgeschlagen, von zwei Personen gleichen Namens auszugehen, einer älteren, Bruder von Asaṅga (ca. 305–380), und einer jüngeren, Lehrer von Dignāga (ca. 460–540), die beide schließlich der Schule des ↑Yogācāra innerhalb des Mahāyāna angehört hätten. Dabei wird die das Yogācāra charakterisierende Lehre des ›[alles ist] nur Bewußtsein‹ (vijñaptimātratā) in einer dem älteren Yogācāra nahestehenden Fassung, als Yogācāra-vijñaptimātratā oder nirākāravāda, auf den Bruder von Asaṅga bezogen, in einer dem Sautrāntika des Hīnayāna nahestehenden Fassung, als Sautrāntika-vijñaptimātratā oder sākāravāda, auf den Lehrer von Dignāga zurückgeführt. Die von dieser Zweiteilung erzwungene Deutung der ältesten überlieferten Biographie V.s durch den buddhistischen Mönch Paramārtha (ca. 499–569) als Verschmelzung zweier Biographien ist jedoch wie die Zweiteilung selbst und die nach dem genannten Kriterium von ihr implizierte Aufteilung der Werke auf zwei Personen bisher ebenfalls umstritten geblieben. Unter Zugrundelegung dieser Zweiteilung gehen die dem V. traditionell zugeschriebenen Werke auf *V. den Älteren* und *V. den Jüngeren* zurück.

(1) *V. d. Ä.*, ca. 320–380, entstammt einer Brahmanenfamilie aus Puruṣapura (heute Peshawar, Pakistan) in der Provinz Gandhāra und wurde nach der Überlieferung durch seinen älteren Halbbruder Asaṅga von einem ursprünglichen Anhänger des Hīnayāna, wie Asaṅga auch, zum Mahāyāna bekehrt. Er wird der bedeutendste Kommentator der Werke seines Bruders – z. B. mit einem bhāṣya zum Mahāyānasaṃgraha (= Zusammenfassung des Mahāyāna) und dem an Asaṅgas Versteil anschließenden wesentlich umfangreicheren Prosateil der nur chinesisch unter dem Titel Hsien-yang-sheng-chiao-lun (= Ausarbeitung der edlen Lehre) erhaltenen Systematisierung des Yogācārabhūmiśāstra, d. i. des Grundtextes des Yogācāra – und auch dessen Lehrers Maitreya (= Maitreyanātha, ca. 270–350), mit den beiden bhāṣya zum Madhyāntavibhāga (= Unterscheidung der Mitte von den Enden) und zum Mahāyānasūtralāṃkāra (= Schmuck der Sūtren des Mahāyāna). Sein traditioneller Ruhm aber gründet auf Kommentaren zu wichtigen Mahāyāna-Sūtren, z. B. zum Daśabhūmika- und zum Saddharmapuṇḍarīka-Sūtra. Eine Streitschrift Paramārthasaptati (= 70 [Strophen] über den höchsten Gegenstand) gegen den ↑Sāṃkhya-Lehrer Vindhyavāsa (4. Jh.) ist nicht überliefert, wohl aber der als ein bemerkenswerterweise unkommentiert gebliebenes Spätwerk ganz im Geist des ↑Mādhyamika verfaßte (und deshalb früher irrtümlich Nāgārjuna [ca. 120–200] zugeschriebene) Trisvabhāva-nirdeśa (= Darlegung der drei Naturen). Es handelt sich hierbei um eine inhaltlich dem Laṇkāvatāra-Sūtra folgende zusammenfassende Darstellung der drei Kennzeichen (lakṣaṇa) der Daseinsfaktoren (↑dharma): vorgestellt (parikalpita), abhängig (paratantra) und vollkommen (pariniṣpanna), wie sie erstmals im für das ↑Yogācāra grundlegenden Saṃdhinirmocana-Sūtra aufgetreten sind. Die zugleich theoretische und praktische, also argumentativ und meditativ vorgehende Durchdringung der Grundbegriffe des Yogācāra, bei V. d. Ä. mit Akzent auf der Meditation, bei V. d. J. mit Akzent auf der Argumentation, hat gewiß zur Verschmelzung beider Personen in der Tradition beigetragen und erklärt die überall in buddhistischen Ländern verbreitete Verehrung V.s als eines ›Buddha-Anwärters‹ (bodhisattva; ↑Mahāyāna).

(2) *V. d. J.*, ca. 400–480, lebte auf der Höhe seines Ruhms zur Zeit der Gupta-Herrscher Skandagupta Vikramāditya (ca. 455–467) und Narasiṃhagupta Bālāditya (ca. 467–473) in Ayodhyā. Seine größte Leistung vor dem Übertritt zum Mahāyāna ist die von ihm selbst mit einem vom Sautrāntika-Standpunkt aus kritischen Kommentar (↑bhāṣya) versehene Dogmatik des Sarvāstivāda, der Abhidharmakośa (= Schatzkammer der Untersuchung der Lehre; kārikā und bhāṣya). Im ursprünglich unter dem Titel Pudgala-pratiṣedha-prakaraṇa (= Widerlegung der Person) selbständig verfaßten Buch IX des Kośa verteidigt V. d. J. das zentrale buddhistische Lehrstück vom Nichtselbst (anātmavāda) gegen die Seelenlehre des ↑Sāṃkhya und des ↑Vaiśeṣika, aber auch gegen die häretische buddhistische Schule der Vātsīputrīya-Sāṃmatīya.

Im bereits vom Mahāyāna-Standpunkt aus, nämlich als Bearbeitung von Asaṅgas Abhidharmasamuccaya (dieser ist inhaltlich der Schule der den Sarvāstivādin nahestehenden Mahīśāsaka verpflichtet) geschriebenen Pañcaskandhaka-prakaraṇa (= Über die 5 Gruppen; ↑nāmarūpa) wird das System der Daseinsfaktoren in seinem Bezug zum klassischen Lehrstück von den 12 Bereichen (āyatana) begrifflich neu gefaßt. Die 12 Bereiche sind die sechs Sinnesorgane und deren zugehörige Objekte, und die sich durch ihr Zusammenwirken ergebenden sechs Sinnesbewußtseinsarten (↑vijñāna) unter Verwendung des im Yogācāra zu den sechs Objektbewußtseinsarten (viṣaya-vijñapti) hinzutretenden Subjektbewußtseins (kliṣṭa-manas, auch: mano-vijñāna, aber dies nicht als sechstes Objektbewußtsein, sondern, metastufig, als Ander-Empfindung-eines-Ich-haftendes-Bewußtsein) und des Grundbewußtseins (ālaya-vijñāna). Als systematische Alternative zum Sarvāstivāda im Sinne der Sautrāntika-vijñaptimātratā wird diese Neufassung aber erst im Karma-siddhi-prakaraṇa (= Nachweis der Handlung) sichtbar.

Unter dem Titel Vijñaptimātratā-siddhi (= Nachweis, daß [alles] nur Bewußtsein ist) sind schließlich zwei kurze Werke, die Viṃśatikā (in 20 [Versen]) (kārikā) mit Kommentar (vṛtti) und die Triṃśikā (in 30 [Versen]) überliefert. V. d. J. soll gestorben sein, bevor er auch dazu einen Kommentar verfassen konnte. Das erste läßt noch Sautrāntika-Auffassungen erkennen, insofern unter den sechs Sinnesbewußtseinsarten nur das Denkbewußtsein ein Wissen vom Subjekt und von den Objekten mit sich führt, die übrigen fünf Sinnesbewußtseinsarten hingegen ›vorstellungsfrei‹ sind. In der Sautrāntika-vijñaptimātratā, wie sie in der von Dignāga angeführten und logische Errungenschaften V.s d. J. insbes. in dessen Vādavidhi (= Vorschrift für Disputationen) kritisch weiterführenden logischen Schule des Buddhismus (↑Logik, indische) ausgebaut wird, läßt sich dies damit erklären, daß die Tätigkeit des Subjekts als Vollzug einer Repräsentation (ākāra) zwar wirklich ist, in ihrem Gerichtetsein auf den Inhalt der Repräsentation hingegen unwirklich bleibt: Erkennen tritt stets mit einem Wissen um das Erkennen zusammen auf (sākāravāda). Im Unterschied dazu enthält die für das Yogācāra speziell in China und Japan als grundlegend angesehene Triṃśikā nur noch Spuren des Sautrāntika. Sie vertritt den nirākāravāda der Yogācāra-vijñaptimātratā, insofern alle sechs Sinnesbewußtseinsarten vom Denkbewußtsein – jetzt als kliṣṭa-manas, ichbehaftetes Denken, ›ich weiß, daß‹ – begleitet und damit als ein Gegenstand des sich auf Erkennen richtenden Erkennens ihrerseits unwirklich sind: Eine Repräsentation von etwas Erkanntem findet im Erkennen nicht statt; es geht vielmehr um den Vollzug der Umwandlung (pariṇāma) der drei Stufen des Erkennens (vijñāna) – Objektbewußtsein, Subjektbewußtsein, Grundbewußtsein – ineinander.

Werke: L'Abhidharmakośa de V., I–VI, übers. L. de La Vallée Poussin, Paris, Louvain 1923–1931 (repr. Brüssel 1971, 1980) (engl. Abhidharmakośabhāṣyam of V., I–IV, trans. L. M. Pruden, Berkeley Calif. 1988–1990, 1991, unter dem Titel: Abhidharmakośa-Bhāṣya of V.. The Treasury of the Abhidarma and Its (Auto) Commentary, trans. G. Lodrö Sangpo, I–IV, Delhi 2012); Vijñaptimātratāsiddhi. Deux traités de V.. Viṃśatikā (La vingtaine) accompagnée d'une explication en prose, et Triṃśikā (La trentaine) avec le commentaire de Sthiramati [sanskr.], ed. S. Lévi, Paris 1925 (franz. Un système de philosophie bouddhique. Matériaux pour l'étude du système Vijñaptimātra, übers. S. Lévi, Paris 1932); Vijñaptimātratāsiddhi. La siddhi de Hiuan-Tsang, I–II, übers. L. de La Vallée Poussin, Paris 1928/1929, Indexbd. 1948 (Buddhica sér. 1, Mémoires I, V, VIII); Le petit traité de V.-Nagarjuna sur les trois natures [= Trisvabhāvanirdeśa, sanskr./franz.], übers. L. de La Vallée Poussin, Mélanges chinois et bouddhiques 2 (1932/1933), 147–161; Triṃśikāvijñapti des V. mit Bhāṣya des Ācārya Sthiramati, übers. H. Jacobi, Stuttgart 1932; L'Ālayavijñāna (le Réceptacle) dans le Mahāyānasaṃgraha (Chapitre 2). Asaṅga et ses commentateurs, übers. E. Lamotte, Mélanges chinois et bouddhiques 3 (1934/1935), 169–255; Le traité de l'acte de V. Karmasiddhiprakaraṇa [tibet./franz.], übers. É. Lamotte, Mélanges chinois et bouddhiques 4 (1935/1936), 151–182; Wei shih er shih lun, or the Treatise in Twenty Stanzas on Representation-only, by V. [chines./engl.], trans. C. H. Hamilton, New Haven Conn. 1938 (American Orient. Soc. XIII) (repr. New York 1967); The Trisvabhāvanirdeśa of V.. Sanskrit Text and Tibetan Versions Edited with an English Translation, Introduction, and Vocabularies, Kalkutta 1939 (Visvabharati Ser. IV); A Chapter on Reality from the Madhyântavibhâgaçâstra, trans. P. W. O'Brien, Monumenta Nipponica 9 (1953), 277–303; E. Frauwallner, Die Philosophie des Buddhismus, Berlin (Ost) 1956, Berlin [4]1994, 76–142 (V. der Jüngere (um 400–480 n. u. Z.) [enthält dt. Übers. einzelner Abschnitte aus dem »Abhidharmakośaḥ«, »Pudgalapratiṣedhaprakaraṇam«, »Pañcaskandhakam« und dem »Tattvasiddhiḥ« mit Einl. u. Kommentar]), 350–394 (V. der Ältere (um 320–380 n. u. Z.) [enthält »Der Nachweis, daß (alles) nur Erkenntnis ist, in zwanzig Versen« und »Der Nachweis, daß (alles) nur Erkenntnis ist, in dreißig Versen« mit Einl. u. Kommentar]), [5]2010, 47–89, 229–255 (engl. The Philosophy of Buddhism, Delhi 2010, 81–149 [BBA1.2 V. the Younger (ca. 400–480 c.e.)], 374–418 [CFE V.]); V.'s Vādavidhiḥ, übers. E. Frauwallner, Wiener Z. f. d. Kunde Süd- und Ostasiens u. Arch. ind. Philos. 1 (1957), 104–146 (repr. in: ders., Kleine Schriften, ed. G. Oberhammer/E. Steinkellner, Wiesbaden 1982, 716–758); The Thirty Verses on the Mind-only Doctrine, trans. W. Chan, in: S. Radhakrishnan/C. A. Moore (eds.), A Source Book in Indian Philosophy, Princeton N. J. 1957, 1989, 333–337; Abhidharmakośa and Bhāṣya of Ācārya V.. With the Sphutārthā Commentary of Ācārya Yaśomitra [sanskr.], I–IV, ed. D. Shastri, Varanasi 1970–1973, in 2 Bdn., 1998; T. A. Kochumuttom, A Buddhist Doctrine of Experience. A New Translation and Interpretation of the Works of V. the Yogācārin, Delhi 1982, 2008; Seven Works of V.. The Buddhist Psychological Doctor, ed. S. Anacker, Delhi 1984 (repr. 2002), rev. 1998; Karmasiddhiprakaraṇa. The Treatise on Action by V., ed. É. Lamotte, trans. L. M. Pruden, Berkeley Calif. 1988; K. H. Potter (ed.), Buddhist Philosophy from 100 to 350 A. D., Delhi 1999, 2002 (Encyclopedia of Indian Philosophies VIII), 483–649 [engl. Zusammenfassungen seiner Werke]; Translation of V.'s »Refutation of the Theory of a Self«, in: J. Duerlinger, Indian Buddhist Theories of Persons [s. u., Lit.], 71–121; »The Universal Vehicle Discourse Literature (Mahāyānasūtrālaṁkāra)« by Maitreyanātha/Āryāsaṅga. Together with Its »Commentary (Bhāṣya)« by V. [engl.], ed. R. A. F. Thurman, New York 2004; V.'s »Pañcaskandhaka« [sanskr./tibet./chines.], ed. L. Xuezhu/E. Steinkellner, Beijing, Wien 2008; Cinq traités sur l'esprit seulement, übers. P. Cornu, Paris 2008; The Inner Science of Buddhist Practice. V.'s »Summary of the Five Heaps« with Commentary by Sthiramati [tibet./sanskr./engl.], trans. A. B. Engle, Ithaca N. Y. 2009; V.'s Treatise on the Bodhisattva Vow. A

Discourse on the Bodhisattva's Vow and the Practices Leading to Buddhahood. Treatise on the Generating the Bodhi Resolve Sutra [chines./engl.], trans. Dharmamitra, Seattle 2009; Maitreya's Distinguishing the Middle from the Extremes (Madhyāntavibhāga). Along with V.'s Commentary (Madhyāntavibhāgabhāṣya). A Study and Annotated Translation, trans. M. D'Amato, New York 2012; Materials toward the Study of V.'s »Viṁśikā«. Sanskrit and Tibetan Critical Editions of the Verses and Autocommentary, an English Translation and Annotations, ed. J. A. Silk, Cambridge/London 2016.

Literatur: S. Anacker, V.. Three Aspects. A Study of a Buddhist Philosopher, Diss. Madison Wis. 1970; ders., V.s »Karmasiddhiprakaraṇa« and the Problem of the Highest Meditations, Philos. East and West 22 (1972), 247–258; S. Chaudhuri, Analytical Study of the Abhidharmakośa, Kalkutta 1976, [2]1983; F. Chenet, V., DP II ([2]1993), 2858–2860; J. Duerlinger, Indian Buddhist Theories of Persons. V.'s »Refutation of the Theory of a Self«, London/New York 2003, New Delhi 2005; ders., V., Enc. Ph. IX ([2]2006), 650–653; E. Frauwallner, On the Date of the Buddhist Master of the Law V., Rom 1951 (Serie Orientale Roma III); B. Galloway, A Yogācāra Analysis of the Mind, Based on the ›Vijñāna‹ Section of V.s »Pañcaskandhaprakaraṇa« with Guṇaprabha's Commentary, J. Int. Assoc. of Buddhist Stud. 3 (1980), H. 2, 7–20; V. V. Gokhale, The Pañcaskandhaka by V. and Its Commentary by Sthiramati, Ann. Bhandarkar Oriental Res. Inst. 18 (1937), 276–286; J. C. Gold, V., SEP 2011, rev. 2015; ders., Paving the Great Way. V.'s Unifying Buddhist Philosophy, New York 2014, 2016; S. N. D. Gupta, Philosophy of V. in Viṃśatikā and Triṃśikā, Indian Hist. Quart. 4 (1928), 36–43; B. C. Hall, The Meaning of ›Vijñapti‹ in V.s Concept of Mind, J. Int. Assoc. of Buddhist Stud. 9 (1986), 7–23; I. C. Harris, The Continuity of Madhyamaka and Yogācāra in Indian Mahāyāna Buddhism, Leiden etc. 1991; R. P. Hayes/M. Mejor, V., REP IX (1998), 583–587; K. K. Inada, Guide to Buddhist Philosophy, Boston Mass. 1985; K. Inazu, The Concept of Vijñapti and Vijñana in the Text of V.s Viṁśatikāvijñaptimātratā-siddhi, J. Indian and Buddhist Stud. 15 (1966), 474–488; M. T. Kapstein, Reason's Traces. Identity and Interpretation in Indian & Tibetan Buddhist Thought, Boston Mass. 2001, 2006, bes. 181–204 (Chap. 7 Mereological Considerations in V.'s »Proof of Idealism«); J. Kitayama, Metaphysik des Buddhismus. Versuch einer philosophischen Interpretation der Lehre V.s und seiner Schule, Stuttgart 1934 (repr. San Francisco Calif. 1976, 1983); R. Kritzer, V. and the Yogācārabhūmi. Yogācāra Elements in the Abhidharmakośabhāṣya, Tokyo 2005 (Stud. Philol. Buddhica XVIII); K. Lorenz, Indische Denker, München 1998, 103–135, 264 (Kap. IV V. der Ältere (ca. 320–380) und V. der Jüngere (ca. 400–480). Wortführer zweier Varianten des Yogācāra); C. Park, V., Śrīlāta, and the Sautrāntika Theory of Seeds, Wien 2014; A. v. Rospatt, The Buddhist Doctrine of Momentariness. A Survey of the Origins and Early Phase of This Doctrine Up to V., Stuttgart 1995; E. R. Sarachchandra, From V. to Śāntarakṣita. A Critical Examination of Some Buddhist Theories of the External World, J. Ind. Philos. 4 (1976), 69–107; L. Schmithausen, Sautrāntika-Voraussetzungen in Viṃśatikā und Triṃśikā, Wiener Z. f. d. Kunde Ost- und Südasiens u. Arch. ind. Philos. 11 (1967), 109–136, separat Wien 1967; ders., Ālayavijñāna. On the Origin and the Early Development of a Central Concept of Yogācāra Philosophy, I–II, Tokio 1987 (repr. [mit Addenda] 2007); H. W. Schumann, Mahāyāna-Buddhismus. Die zweite Drehung des Dharma-Rades, München 1990, überarb. mit Untertitel: Das große Fahrzeug über den Ozean des Leidens, München 1995; P. Skilling, V. and the »Vyākhyāyukti« Literature, J. Int. Ass. Buddhist Stud. 23 (2000), 297–350; F. Tola/C. Dragonetti, The Trisvabhāvakārikā of V., J. Indian Philos. 11 (1983), 225–266; dies., Being as Consciousness. Yogācāra Philosophy of Buddhism, Delhi 2004 (enthält »Viṃśatikā vijñaptimātrasiddhiḥ« u. »Trisvabhāvakārikā« v. V. [sanskr./engl.]); P. C. Verhagen, Studies in Indo-Tibetan Buddhist Hermeneutics IV (The »Vyākhyāyukti« of V.), J. Asiatique 293 (2005), 559–602; T. E. Wood, Mind Only. A Philosophical and Doctrinal Analysis of the Vijñānavāda, Honolulu Hawaii 1991, Delhi 1999; I. Yamada, »Vijñaptimātratā« of V., J. Royal Asiatic Soc. of Great Britain & Ireland (1977), 158–176. K. L.

Veda (sanskr., [heiliges] Wissen), Bezeichnung für die zugleich die Entwicklung vom vedischen zum klassischen Sanskrit spiegelnde älteste textliche Überlieferungsmasse auf dem indischen Subkontinent. Der V. entstand über einen Zeitraum von ungefähr 1000 Jahren, ab etwa 1500 v. Chr., der Zeit des Eindringens der Arier, und wurde zunächst ausschließlich mündlich tradiert, war dabei aber durchaus Veränderungen im Laufe der Geschichte unterworfen. Der V. gilt als autorlose (apauruṣeya) Offenbarung (↑śruti, wörtlich: das Gehörte), die von Sehern (ṛṣi) empfangen und weitergegeben wurde und im wesentlichen das für eine einwandfreie Ausübung religiöser Handlungen notwendige Wissen, die Grundlage des ↑Brahmanismus, darstellt.

Ausbildung und Weitergabe des V. war an bestimmte, durch einen Gründer bezeichnete Priesterschulen (śākhā) und deren spezifische Aufgaben gebunden mit der Folge, daß es für die drei wichtigsten Funktionen, die des *hotar* für die Rezitation von Gebeten, Lobpreisungen, Beschwörungen und anderer Textsorten (ṛc, wörtlich: heiliges Lied, Hymnus), die des *adhvaryu* für die Ausführung der eigentlichen Opferhandlungen einschließlich zusätzlicher Opferformeln (yajus) und die des *udgātar* für die begleitenden Gesänge mit feststehenden Melodien (sāman) – es war Aufgabe des Oberpriesters (brāhmaṇ), grundsätzlich schweigend über die Erfüllung dieser Funktionen zu wachen – jeweils einen eigenen, in meist mehreren schulspezifischen Rezensionen überlieferten V. gibt: *Ṛgveda*, *Yajurveda* (zusätzlich in einen schwarzen und einen weißen eingeteilt) und *Sāmaveda*. Auf die Kenntnis dieser drei Veden, unter denen der Ṛgveda der älteste und am strengsten kodifizierte ist, wird später in den orthodoxen Systemen der indischen Philosophie (↑Philosophie, indische) mit dem Ausdruck ›trayī-vidyā‹ (wörtlich: Wissen von den dreien) verwiesen. Ein vierter V., der *Atharvaveda*, ist zwar ebenso alt, enthält aber Material, das eher zu der von den eindringenden Ariern schon vorgefundenen Volksreligion gehört und wegen seiner Rolle für häusliche statt für öffentliche Opferhandlungen keiner bestimmten Priesterfunktion zugeordnet ist. Er galt mit seinem Akzent besonders auf Zaubersprüchen lange als niederrangig und wurde erst spät als zur śruti gehöriger V. anerkannt.

Jeder der vier Veden, gleichgültig welcher Rezension, ist in einen älteren, grundsätzlich in Versen verfaßten Teil (saṃhitā, wörtlich: Sammlung) und einen jüngeren, als (durchaus auch Umdeutungen einschließenden) Kommentar zum ersten Teil geltenden Prosateil, die Handbücher der Opferwissenschaft oder ↑Brāhmaṇas, gegliedert. Den Brāhmaṇas teilweise zugehörig treten dabei die weniger dem rituellen Tun als dem es begleitenden Wissen gewidmeten ›Waldbücher‹ (āraṇyaka) auf, wobei deren letzter Teil, teilweise getrennt von diesen, von den älteren Prosa-Upanischaden (↑upaniṣad) gebildet wird. Dem V. zugehörig ist ferner eine Gruppe weiterer grundsätzlich metrisch abgefaßter Upanischaden, die sich inhaltlich dadurch auszeichnen, daß neue, möglicherweise ursprünglich außervedische (ähnlich wie im Falle des Atharvaveda, dem auch die Anfänge der indischen Medizin, des Āyurveda, angegliedert sind), auf die Systeme des ↑Sāṃkhya und des ↑Yoga vorausweisende Elemente in sie Eingang gefunden haben. Die jenseits der 14 gegenwärtig als vedisch anerkannten zahlreichen übrigen, insbes. im Zusammenhang der Entwicklung des ↑Vedānta zum Teil mehr als 1000 Jahre später entstandenen Upanischaden werden von der indischen Tradition zwar ebenfalls zur śruti gezählt, sollten aber aus historischen Gründen nicht im Kontext des V. behandelt werden.

Schließlich gehören zum V. – wenngleich nicht als geoffenbartes (śruti), sondern nur als tradiertes (↑smṛti) Wissen – auch noch die in ↑sūtra-Form gebrachten und an vielen Stellen den Beginn theoretischer Wissenschaft markierenden erklärenden Lehrschriften, wie sie, gegliedert in sechs Disziplinen und in einer für die jeweilige vedische Priesterschule charakteristischen Fassung, den *Vedāṅga* bilden: (1) Ritual (kalpa, wörtlich: Form; die sūtras sind mehrfach unter Bezug auf verschiedene Bereiche des religiösen Kultus eingeteilt, darunter die die Regeln der Lebensführung betreffenden und immer wieder fortentwickelten dharmasūtras und die mit dem Bau von Opferaltären befaßten śulvasūtras; ↑Sakralgeometrie, vedische); (2) Phonetik (śikṣa, wörtlich: Unterweisung; niedergelegt in Handbüchern, den prātiśākhya); (3) Grammatik (vyākaraṇa; an die Stelle der nicht überlieferten sūtras ist schon früh die Grammatik des Pāṇini getreten); (4) Etymologie (nirukta; es gibt nur einen von Yāska redigierten, in zwei Rezensionen überlieferten Kommentar eines älteren Werkes Nighaṇṭu, der eine sprachtheoretisch bedeutende Einleitung enthält, die unter anderem mit ihrem Bezug auf – ihrerseits in Wurzel [dhātu] und Affix [pratyaya] analysierbare – Wörter [pada] viererlei Sorten, d.h. Nomina [nāma], Verba [ākhyāta], Präpositionen [upasarga] und Partikeln [nipāta], für einen später in den Systemen der indischen Philosophie lange geführten Streit um den Primat von Wort oder Satz, abhihitānvayavāda oder anvitābhidhānavāda, verantwortlich ist); (5) Metrik (chandas) und (6) Astronomie (jyotiṣa).

In der Übersicht des Vedāntin Madhusūdana Sarasvatī (um 1600; ↑Vedānta) gehören zur orthodoxen brahmanischen Literatur neben den vier Veden die sechs Vedāṅga, die vier Upāṅga (↑purāṇa, ↑Nyāya, ↑Mīmāṃsā, dharmaśāstra) und die vier Upavedas: Medizin (āyurveda), Bogenschießen (dhanurveda), Musik (gandharvaveda) und Ökonomie/Verwaltung (arthaśāstra) (↑Philosophie, indische).

Die philosophische Bedeutung des V. besteht darin, daß seine mit dem Kultus auf bisher nicht klar verstandene Weise verbundenen Mythen den Gegenstand der argumentativen Auseinandersetzungen sowohl in den orthodoxen, die Autorität des V. (als ein Erkenntnismittel, nämlich ↑śabda) anerkennenden Systemen der indischen Philosophie, als auch in den heterodoxen, den V. verwerfenden Systemen bilden. Die Mythen lassen sich als auf personifizierte Naturphänomene projizierte Gestalten sozialer Erfahrungen in den Bereichen Herrschaft, Krieg und Fruchtbarkeit verstehen und daher zugleich in Entsprechung zur sozialen Schichtung der Arier in die oberen drei Kastengruppen (varṇa, wörtlich: Farbe) der Zweimalgeborenen – Priester (brāhmaṇ, wörtlich: Besitzer der den Zugang zu den Göttern öffnenden heiligen Formel, des ↑brahman), Krieger (rājanya; später mit dem Terminus des Atharvaveda: kṣatriya) und Händler/Bauer (vaiśya; im Yajurveda auch: arya, später Terminus für die drei oberen Kastengruppen, insbes. die erste) – gegenüber der vierten Kastengruppe der Arbeiter/Diener (śūdra) und der nicht-arischen Kastenlosen. Die Auseinandersetzungen beginnen bereits in den auf das rituelle Tun konzentrierten Brāhmaṇas (von besonderer Bedeutung hier das zum weißen Yajurveda gehörende Śatapathabrāhmaṇa), indem dem Tun eine die Götter zwingende und sie so entmachtende Kraft zugeschrieben wird, und auch in den älteren Upanischaden, insofern deren Interesse an dem das Tun begleitenden Wissen zu einer wachsenden Verselbständigung dieses Wissens führt. Sie sind ebenso gegenwärtig in den Rationalisierungen der Disziplinen des Vedāṅga, und zwar unter Bezug auf Spekulationen schon in den Saṃhitās.

Von besonderer Bedeutung sind jüngere Textteile der Ṛksaṃhitā (vor allem im Buch X) und der Atharvasaṃhitā, insofern sie erste kosmologische Spekulationen enthalten, z.B. eine Berufung auf eine kosmische Ordnung, das ṛta (wörtlich: Fügung), das später zum Begriff des ↑dharma weiterentwickelt wurde. Dieser an der Wiederkehr der Jahreszeiten, der Gestirne und anderer natürlicher Zyklen ablesbaren Ordnung haben Handeln, Sprechen und Denken der Menschen zu entsprechen, um Störungen dieser Ordnung zu vermeiden oder zu korrigieren. Das Instrument, das diese Entsprechung garantiert, ist das die (profanen) Gegenstände in (heilige) Zeichen überführende Opferritual. Ein zyklisches Zeitverständnis ist seither für die gesamte indische Tradition charakteristisch. Weiterhin sind für die späteren, um ↑ātman und ↑brahman kreisenden Begriffsbildungen (↑upaniṣad) die kosmogonischen Spekulationen, wie sie sich im berühmten Weltschöpfungslied (Ṛgveda X, 129) finden, von großer Bedeutung, insofern der Urzustand als Weder-Sein-noch-Nichtsein, weil ›nur Denken‹ (↑manas), beschrieben wird, das sich durch den ›Willen zum Sein‹ (tapas, wörtlich: Glühen) zum ātman (an anderen Stellen zu Prajāpati, dem ›Herrn der Geschöpfe‹ und obersten Gott im ↑Brahmanismus) bildet.

Insofern es zunehmend darauf ankommt, der Wirksamkeit der rituellen Handlungen Glauben (śraddhā) zu schenken, statt sie nur fehlerfrei auszuführen, wird ein Schritt von der Praxis zur Theorie gegangen, und Wahrheit (satya) als Wissen um die Fehlerfreiheit einer Handlung löst bloße Kompetenz bei der Ausführung von Handlungen (↑karma) ab. Hier haben wiederum die ausgedehnten Debatten zwischen den Systemen der indischen Philosophie um Wahrheit und Irrtum, um ihre Herkunft und ihre Sicherung bzw. Beseitigung, ihre Wurzel.

Literatur: ↑Philosophie, indische. K. L.

vedanā (sanskr., Kenntnis, Empfindung, Schmerz), im Buddhismus (↑Philosophie, buddhistische) Oberbegriff für Empfindungen und Gefühle, die sich auf Grund der Tätigkeit der sechs Sinne Sehen, Hören, Riechen, Schmecken, Tasten und Denken einstellen und grundsätzlich in angenehme, unangenehme und neutrale gegliedert werden. Die v. ist eine der fünf Aneignungsgruppen (upādāna-skandha), aus denen ein Mensch zusammengesetzt ist, darüber hinaus das siebte Glied in dem den Kreislauf des Entstehens und Vergehens (↑saṃsāra) artikulierenden zwölfgliedrigen Bedingungszusammenhang der Daseinsfaktoren (↑dharma). K. L.

Vedānta (sanskr. veda + anta, Ende/Schluß des Veda), Bezeichnung (1) für die den Abschluß des ↑Veda bildenden Upanischaden (↑upaniṣad), im älteren indischen Sprachgebrauch auch die gesamten ↑āraṇyakas, als deren letzter Teil die meisten der älteren Upanischaden überliefert sind, (2) für eine Untersuchung des Veda im Blick auf die eigentliche Bedeutung der heiligen Schriften (↑śruti), wie sie sich insbes. durch ein Studium der Upanischaden ermitteln lasse. Erst zu Beginn der scholastischen Epoche der indischen Philosophie (↑Philosophie, indische) gegen Ende des ersten Jahrtausends wird mit ›V.‹ (3) auch das Ensemble aller aus den verschiedenen brahmanischen Veda-Schulen (śākhā) hervorgegangenen Auslegungstraditionen als eines der sechs klassischen orthodoxen Systeme (↑darśana) der indischen Philosophie bezeichnet. Diese Traditionen erörtern ›ihren‹ Veda speziell unter dem Gesichtspunkt, wie durch ihn ein Wissen von ↑brahman (= brahma-jñāna oder brahma-vidyā) vermittelt ist, und erheben zu diesem Zweck neben den Upanischaden das (der Kauthuma-Schule des Sāmaveda und damit der Chāndogya-Upaniṣad verpflichtete) Brahma-sūtra (= V.-sūtra) und die Bhagavadgītā (↑Brahmanismus) zu einer verbindlichen Textgrundlage (prasthāna). Der V. in diesem Sinne ist kraft seines alles durchdringenden Einflusses, der in seiner Fähigkeit gründet, die verschiedensten orthodoxen und heterodoxen Traditionen in sich aufzunehmen und einzuschmelzen, noch heute lebendig und Hauptquelle für die Entwicklungen des Neuhinduismus der Gegenwart.

Obwohl der V. sich daher als einziges der klassischen Systeme nicht nur auf ein ↑sūtra (bzw. eine ↑kārikā) stützt und darüber hinaus von zahlreichen V.-Schulen, insbes. denjenigen, die durch Verbindung mit den religiösen Auffassungen von Sekten des Vaiṣṇavismus und Śaivismus einen theistischen V. ausgebildet haben, verschiedene weitere Textgrundlagen als verbindlich hinzugefügt wurden, wird das seit Śaṃkara dem wohl ins 1. oder 2. vorchristliche Jh. gehörenden Bādarāyaṇa als Autor zugeschriebene, aber wahrscheinlich erst um 400 endgültig fixierte Brahma-sūtra von der späteren indischen Tradition als den V. konstituierend aufgefaßt und auf den mythischen Weisen Vyāsa, den vermeintlichen Autor des Epos Mahābhārata und damit auch der Bhagavadgītā, diesen dann mit Bādarāyaṇa identifizierend, als seinen Gründer zurückgeführt. Dabei versucht das aus 555 einzelnen Sūtras von äußerster Knappheit (zum Teil nur aus einem Wort) bestehende Brahma-sūtra mit seinem förmlichen Titel ›Śārīrakamīmāṃsā-sūtra‹ (= die Fäden einer Erörterung des verkörperten [ātman]) in Gestalt einer systematischen Zusammenfassung des Wissens der Upanischaden eine grundsätzlich theistische Auslegung derselben, die sich Śaṃkara, der bedeutendste V.-Lehrer, in seinem Kommentar, dem Brahma-sūtra-bhāṣya, allerdings nicht zu eigen macht.

Aber nicht allein der *Kevalādvaita* (= vollständige Nichtzweiheit) von Śaṃkara (ca. 700–750), sondern nahezu jede V.-Schule läßt sich inhaltlich weitgehend durch einen Kommentar (↑bhāṣya) des Schulgründers zum Brahma-sūtra charakterisieren. Von den knapp 50 überlieferten Kommentaren (darunter auch solche von Angehörigen anderer philosophischer Systeme, z. B. Vijñānabhikṣu; ↑Sāṃkhya) gelten neben Śaṃkaras Kommentar, dem ältesten, diejenigen von Bhāskara (ca. 750–800), Rāmānuja (ca. 1055–1137), Nimbārka (13. Jh.), Madhva (1238–1317) und Vallabha (1481–1533) als die bedeutendsten. Die von ihnen vertretenen Schulen tragen jeweils die Bezeichnungen *Bhedābheda* (= Unterschiedenheit und Unterschiedslosigkeit), *Viśiṣṭādvaita* (= [durch Binnengliederung] modifizierte Nichtzweiheit), *Dvaitādvaita* (= Zweiheit und Nichtzweiheit), *Dvaita* (= Zweiheit [von transzendenter Gottheit und immanenter Welt]) und *Śuddhādvaita* (= reine, nämlich von der ↑māyā freie, Nichtzweiheit).

Es gilt heute als gesichert (H. Nakamura, A History of Early Vedānta Philosophy, Delhi 1983), daß der ältere V. in seiner Entwicklung von den zum Brahma-sūtra führenden Debatten bis hin zu der in ihrer Strenge beispiellosen Tätigkeit Śaṃkaras, die seinen Advaita-V. zur Quelle der philosophisch anspruchsvollsten V.-Tradition werden ließ, im Keim bereits alle für die späteren Schulbildungen maßgebenden Unterschiede in der Auslegung der Upanischaden enthält. Im übrigen ist der ältere V. dadurch gekennzeichnet, daß trotz aller Auseinandersetzungen die Zusammengehörigkeit des V. als *Uttara-Mīmāṃsā* (= nachfolgende Erörterung, nämlich der brahman-bezogenen Upanischaden, deshalb auch Brahma- oder V.-Mīmāṃsā) mit der *Pūrva-Mīmāṃsā* (= vorhergehende Erörterung, nämlich der dharma-bezogenen Brāhmaṇas, deshalb auch Dharma-Mīmāṃsā), dem ebenso streng orthodox an der Auslegung des Veda orientierten System der ↑Mīmāṃsā, für das Ziel der Erlösung (↑mokṣa) grundsätzlich nicht aufgegeben wurde. Die Mīmāṃsā bleibt eine Vorbedingung für den V., weil sie primär an der Ermittlung der rituell gebotenen und damit den ↑dharma erfüllenden Handlungen (sie schließen Meditationen und damit brahman-Erfahrung als *Wirkung* ein) interessiert ist, wie sie im karmakāṇḍa des Veda niedergelegt sind, während der V. sich primär oder ausschließlich um das im jñānakāṇḍa des Veda enthaltene Wissen von brahman (jñāna schließt nicht-diskursives, in der Kontemplation – upāsanā – erfahrenes Wissen ein: brahman ist *Gegenstand* einer Erfahrung) kümmert. Die Mīmāṃsā ist vor allem den ersten beiden Lebensstadien (āśrama) eines Brahmanen (↑Brahmanismus), Schüler (brahmacārin) und Familienvater (gṛhastha), zugeordnet, während der V. insbes. zu den letzten beiden Lebensstadien, Einsiedler (vānaprastha) und Mönch (saṃnyāsin), gehört.

Allein im Advaita-V., wie er vermutlich von Gauḍapāda (2. Hälfte 6. Jh.) als ajātivāda (= Lehre vom Nichtentstehen) begründet und von dessen Enkelschüler Śaṃkara in seine konsequenteste Form gebracht wurde, wird eine Selbständigkeit des V. vertreten, insofern Erlösung als Befreiung vom Kreislauf der Wiedergeburten (↑saṃsāra) allein durch Wissen (↑jñāna oder ↑vidyā) um die ›Allseele‹ brahman als einzige unterschiedslose (advaita) und wandellose (nitya) Wirklichkeit, d. i. als nirguṇa (= eigenschaftsloses) brahman, und damit um seine Identität mit der ›Einzelseele‹ ↑ātman geschieht. Der saṃsāra ist ein durch Nichtwissen (avidyā oder ajñāna) erzeugter bloßer Schein (māyā), nämlich der mit Unterschieden behafteten Welt der Erscheinungen unter Einschluß der Personen (↑jīva) und Handlungen (karma), denen daher keine Funktion bei der Erlösung zukommen kann. Auch das ebenfalls mit ↑›karma‹ bezeichnete Kausalitätsprinzip für Handlungen hinsichtlich des durch sie jeweils bewirkten moralischen Zustandes ist aus diesem Grunde im Advaita nur eine epistemologische Fiktion.

In den für eine Wiederherstellung der Zusammengehörigkeit beider Mīmāṃsā eintretenden V.-Schulen ist deshalb der māyā-vāda – eine ausschließlich pejorativ verwendete Bezeichnung für den Advaita-V. Śaṃkaras – ein besonderer Stein des Anstoßes. Es handelt sich dabei zum einen um die Schulen, die Wissen und Tun gleichrangig behandeln und deshalb einen jñāna-karma-samuccaya-vāda vertreten (bei Bhāskara und bei Vallabha, aber auch bei dem sowohl der Mīmāṃsā seines Lehrers Kumārila [ca. 620–680] als auch dem *Śabdādvaita* [= Sprach-Nichtzweiheit, d. h. allein die Sprache, das śabdabrahman, ist wirklich] von Bhartṛhari [ca. 450–510] verpflichteten Śaṃkara-Anhänger und -Rivalen Maṇḍana Miśra [ca. 660–720]), zum anderen um die Schulen, die das Tun zumindest als ein unerläßliches Instrument zur Erlangung von Wissen einsetzen (bei Rāmānuja und im *Śivādvaita* [= Śiva-Nichtzweiheit, d. h. Śiva statt Brahman bzw. bei Rāmānuja Viṣṇu ist das allein Wirkliche] von Śrīkaṇṭha [12. Jh.]). Der māyā-vāda wird als eine häretische Übernahme buddhistischer Lehren angesehen: Bhāskara und Rāmānuja nennen Śaṃkara einen verkappten Yogācārin (↑Yogācāra), Madhva hält Śaṃkara gar für einen Dämon, Vallabha hingegen die māyāvādin generell für Inkarnationen der ↑Mādhyamika. In der Tat ist der eine Einheit von Vernunft (yukti) und Offenbarung (↑śruti) in unmittelbarer Erfahrung (anubhava) und in diesem Sinne eine ›philosophische Theologie‹ als Einheit von philosophischer Analyse (tattvārtha-vicāra) und Text-Exegese (vedavākya-vicāra = mīmāṃsā) anstrebende Advaita-V. seit Gauḍapāda durch die Anverwandlung wesentlicher Bestandteile des ↑Mahāyāna, insbes. von dessen Unterscheidung mehrerer Stufen des Wissens, ausgezeichnet. Dies beschleunigt im übrigen V. die Hinwendung zu religiösen Sekten des Hinduismus und damit die Ausbildung von eher sektarischen Theologien. Die nicht zur Śaṃkara-Tradition zählenden V.-Schulen werden deshalb, vom nichtsektarischen Bhedābheda Bhāskaras und vom eigentlich zur grammatischen Schule (Pāṇinīya darśana) gehörenden Śabdādvaita Bhartṛharis abgesehen, auch häufig zu den einen eher theologischen als philosophischen Anspruch erhebenden Schulen des Vaiṣṇavismus, Śaivismus oder Śāktismus gerechnet, während der V. dann grundsätzlich auf den Advaita-V. der Śaṃkara-Tradition eingeschränkt verstanden wird.

Zu den für die sektarischen Bindungen des nicht-advaitistischen jüngeren V. typischen weiteren verbindlichen Textgrundlagen aus den theologischen Schriften (↑śāstra) der jeweils einschlägigen religiösen Sekte gehört z. B. das auf die ↑Bhāgavata, die den viṣṇuitischen Pāñcarātra nahestehen, zurückgehende Bhāgavata-Purāṇa (↑purāṇa) im Dvaita und im Śuddhādvaita; von Madhva wird es zum 5. Veda gezählt, von Vallabha hingegen das 4. prasthāna genannt. Der Viśiṣṭādvaita Rāmānujas wiederum behandelt insgesamt die Texte der Pāñcarātra als ebenso autoritativ wie den Veda. Diese Erweiterung der autoritativen Textbasis kann, anders als bei den Vaiṣṇava-Schulen, bei den Śaiva-Schulen, sofern diese sich überhaupt dem V. zugehörig ansehen, zu einer solchen Gewichtsverlagerung führen, daß die Berufung auf den Veda zu einem bloßen Lippenbekenntnis wird. Gleichwohl haben etwa Śrīkaṇṭhas Śiva-viśiṣṭādvaita (= Śivādvaita) in seinem Brahma-sūtra-bhāṣya, aber auch ein sich als Śakti-viśiṣṭādvaita verstehender Kommentar der Liṅgāyats zum V.-sūtra, das Śrīkāra-bhāṣya von Śrīpati (14. Jh.) - beide stehen Rāmānujas Viśiṣṭādvaita inhaltlich sehr nahe - sogar auf die Śaṃkara-Tradition deutlichen Einfluß genommen, z. B. bei dem zum Bhāmatī-Zweig des Kevalādvaita gehörenden Śaiva Appaya Dīkṣita (1520–1592) (↑Philosophie, indische).

Neben den vier wichtigsten Vaiṣṇava-Schulen - dem Viśiṣṭādvaita Rāmānujas, dem Dvaitādvaita Nimbārkas, dem Dvaita Madhvas und dem Śuddhādvaita Vallabhas - ist noch der ebenfalls durch einen eigenen Kommentar zum V.-sūtra, das Govinda-bhāṣya von Baladeva (18. Jh.), charakterisierte, dem Dvaita nahestehende und auf ↑bhakti-Frömmigkeit setzende acintya-Bhedābheda (= der unfaßliche Bh.) von Caitanya (1486–1533) als eine Vaiṣṇava-Schule hervorzuheben. Daneben gehört dem V. im weitesten Sinn ein vermutlich ins 12. Jh. gehörender bedeutender synkretistischer (↑Synkretismus) Text an, der Yogavāsiṣṭha. Dieses umfangreiche philosophisch-literarische Werk stellt in einem didaktisch-poetischen Rahmen, wie ihn auch die ↑purāṇas besitzen, die Verwandtschaft alles Lebendigen in den Mittelpunkt, wobei insbes. - wohl auf Grund buddhistischen Einflusses - Mann und Frau völlig gleichberechtigt behandelt werden.

Die Differenz des Advaita der Śaṃkara-Tradition zu den übrigen V.-Schulen ist insbes. daran abzulesen, daß nirguṇa brahman, das eigenschaftslose brahman, außerhalb der Śaṃkara-Tradition entweder überhaupt geleugnet (z. B. im Viśiṣṭādvaita, im Dvaitādvaita) oder aber seines Ranges als Inhalt der höchsten Stufe des Wissens beraubt und darin als eine bloß auf den Unzulänglichkeiten der empirischen Erkenntnismittel (↑pramāṇa) beruhende negative Charakterisierung des personalen, durch ↑sat-cit-ānanda positiv erfahrbaren saguṇa brahman gesehen wird (z. B. im Bhedābheda, im Dvaita), des göttlichen Herrschers Īśvara, der, je nach Schule, mit Viṣṇu (= Nārāyaṇa), Śiva oder, noch näher der Volksfrömmigkeit, z. B. im Dvaitādvaita und im Śuddhādvaita, mit Kṛṣṇa (= Hari) identifiziert ist.

Zu den Folgen gehört, daß die im Advaita-V. der Śaṃkara-Tradition für die höchste Stufe des Wissens erklärte Ununterschiedenheit von ātman und brahman als unzutreffend zurückgewiesen wird: Der ātman oder jīvātman bleibe auch im Zustand der Erlösung, die auf dem Wege mentaler Kontrolle (↑Yoga) und Prüfung (vicāra) erreicht werden kann, von brahman unterscheidbar, weil Erkennender (viṣayin) und Erkanntes (viṣaya), insbes. brahman und die aus ihm durch Transformation (↑pariṇāma) hervorgegangene Welt, lediglich eine in sich gegliederte Einheit bilden können. Die aus dem brahman hervorgegangene Welt ist hingegen im Advaita, das als Weg den jñāna-yoga vor jedem anderen yoga auszeichnet, nur eine anātman (= nicht-Selbst) vortäuschende Erscheinungsform (↑vivarta) des brahman, und daher ist auch ein empirisches Ich (jīva) nur eine mit Unterschieden behaftete, im Spiegel der Unwissenheit reflektierte Erscheinung des ātman. Die Mādhvas erklären sogar explizit allein die Unterschiedenheit (bheda) für real, während die Unterschiedslosigkeit (abheda) ein Fall von Ähnlichkeit sei, so daß die Welt zwar abhängig (paratantra) von Viṣṇu (= brahman), aber nicht einmal als seine Transformation (pariṇāma) zu verstehen sei. Es ist daher nur konsequent, wenn das brahman im nicht-advaitistischen V. - außer im Dvaita der Mādhvas, wo es nur als causa efficiens gilt - zugleich als causa materialis (upādāna-kāraṇa) und als causa efficiens (nimitta-kāraṇa) der Welt gilt. Diese These ist im Advaita-V. richtig nur gegenüber der durch Subjekt-Objekt-Differenz charakterisierten, als Spiel (līlā) Īśvaras angesehenen Welt der Erscheinungen (↑nāmarūpa), also für brahman im personalen Aspekt, das intentionale Objekt der ↑bhakti, und nicht für die eigentliche Wirklichkeit des nirguṇa brahman, den Inhalt des jñāna.

Die Vermittlung zwischen dem strengen (epistemologischen) Dualismus von Geist (↑puruṣa) und Materie (↑prakṛti) des ↑Sāṃkhya und dem ebenso strengen (die Unterscheidung zwischen Ontologie und Epistemologie aufhebenden) Monismus einer Einheit von Sein (sat) und Bewußtsein (cit) des Śaṃkara-Advaita ist nur um den Preis einer Vermischung beider Betrachtungsweisen zu haben, wie es sich an der Formulierung, z. B. im Dvaitādvaita, ablesen läßt, daß der Untersuchende das allein wirkliche brahman als Untersuchtes zum Gegenstand hat und es durch Beseitigung von Nichtwissen erkennt.

Entsprechend uneinheitlich, weil verschiedenen Stufen des Wissens zugeordnet, sind auch Anzahl und Behandlung der für das Wissen um brahman eingesetzten

Erkenntnismittel (↑pramāṇa), von denen im Höchstfalle Wahrnehmung (↑pratyakṣa), Vergleich (↑upamāna), Nichterfassen (anupalabdhi), Schlußfolgerung (↑anumāna), Festsetzung (arthāpatti) und Überlieferung (↑śabda) unterschieden werden. Erschwert wird der Vermittlungsversuch auch dadurch, daß der V., in Übereinstimmung mit dem ↑Sāṃkhya und entgegen dem ↑Vaiśeṣika, generell die kategoriale Gliederung von Substanz und Akzidens nicht vollzieht und daher alle Eigenschaften wie Substanzen behandelt. Auch das darf – ungeachtet der bei aller Polemik eine Vorherrschaft durch Eingliederung betreibenden Übernahme vieler Lehrstücke anderer orthodoxer und heterodoxer Schulen der indischen Philosophie – als Folge der primären Orientierung am alten begrifflichen Rahmen der Upanischaden angesehen werden, zumal jeder Vedāntin bereits von der Einleitung eines philosophischen Textes Auskunft über die folgenden Fragen verlangt: (1) Wer ist zum Studium des Textes der *Geeignete* (adhikārin)? (2) Was ist das *Thema* (viṣaya)? (3) Wie ist der *Zusammenhang* von Thema und Darstellung (saṃbandha)? (4) Was ist der *Nutzen* des Textes (prayojana)?

Als noch dem Nichtwissen (avidyā) unterliegende Erfahrungsbasis für die angestrebte Einheit von Vernunft und Offenbarung dienen dem Advaita-V. seit Gauḍapāda die schon in den Upanischaden behandelten Zustände des Wachseins (jāgarita-sthāna), des Träumens (svapnasthāna) und des Tiefschlafs (suṣupti), deren Einheit im ihnen zugrundeliegenden vierten (turīya) Zustand der Tieftrance (nirvikalpa ↑samādhi, d. i. von Unterscheidungen freie ›Enstase‹) als Ununterschiedenheit von ātman und brahman erfahren werden kann, so daß damit Wissen, die brahma-vidyā, realisiert ist. Dies ist insbes. in den ›großen Aussprüchen‹ (mahāvākya) der Upanischaden, z. B. in dem die Identität von brahman und ātman bedeutenden ↑tat tvam asi in der Chāndogya-Upaniṣad, artikuliert, deren Auslegung daher eine Schlüsselrolle spielt und auf der ersten Stufe des ›Hörens‹ (śravaṇa) im dreistufigen V.-Kurs der Lehre des jñāna-yoga (= der Weg [der Erlösung] durch Wissen) stattfindet.

Der Nachweis der Identität von brahman und ātman folgt einem allgemeinen Schema der Behandlung von Identitätsaussagen im Advaita-V.. So darf etwa im Standardbeispiel ›dieser [Mann vor dir] ist jener Devadatta [den du, z. B. als Kind, kanntest]‹ das jeweils mit ›dieser‹ und ›jener‹ Bezeichnete nicht einfach identifiziert werden; vielmehr ist das, was verschieden ist, zuvor zu negieren (apavāda-nyāya, d. i. Argumentation durch Aufhebung), um die Identität der mit den beiden ↑Nominatoren nur indirekt, durch ›Andeutung‹ (lakṣanā), bezeichneten ›Substanzen‹ zu gewinnen. Angewendet auf ›tat tvam asi‹ muß von dem durch ›tvam‹ direkt bezeichneten Individuum (jīva) alles Individuelle abgezogen werden, um zum Kern, dem ātman oder ›Bewußtsein‹, als dem wahrhaft Bezeichneten (paramārtha) zu gelangen; desgleichen müssen von dem durch ›tat‹ direkt vorgestellten Allgemeinen alle spezifizierenden Bestimmungen abgezogen werden, um den Kern, das brahman oder die Einheit von ›Sein‹ und ›Wissen‹, als Inhalt des wirklich Erkannten zu erhalten: Paramātman und parābrahman sind identisch.

Dies ist bereits ein Beispiel für die auf der zweiten Stufe des ›Denkens‹ (manana) im V.-Kurs stattfindenden logischen Übungen, die in Gestalt geregelter Argumentationen (nyāya [↑Nyāya] oder ↑tarka) zwischen Lehrer und Schüler abgehalten werden, um selbständige Einsicht in die Richtigkeit des zuvor Gehörten zu ermöglichen. Die dritte Stufe schließlich besteht in der ›Betrachtung‹ (nididhyāsana), einer ununterbrochenen Meditation zur Realisierung des zuvor Gehörten und Durchdachten, die in einer auch als vierte Stufe bezeichneten ›Enstase‹, der Tieftrance (samādhi), endet. Die drei bzw. vier Stufen der Lehre entsprechen dabei in aufsteigender Folge den drei bzw. vier Bewußtseinszuständen der Erfahrungsbasis.

Alle zur Erlangung des Wissens eingesetzten Erkenntnismittel (pramāṇa) betreffen ausschließlich die Welt der Erscheinungen und sind Hilfsmittel auf der zweiten Stufe. Obwohl diese Welt dabei eine Erscheinungsform (vivarta) brahmans ist, wirkt sich in ihr die Kraft (↑śakti) brahmans als ›Täuschung‹ (↑māyā) aus; entsprechend wird die māyā mit – dem Sāṃkhya entnommenen – drei Potenzen ausgestattet gedacht: tamas als die brahman verbergende Kraft (āvaraṇa-śakti), rajas als die Unterschiede erzeugende Kraft (vikṣepa-śakti) und sattva als die erkennende Bezugnahme verursachende Kraft (↑buddhi). Der ›Welt an sich‹, der eigentlichen Wirklichkeit des brahman (paramārthika-sattā), stehen die ›Welt als Erscheinung‹, die scheinbare Wirklichkeit der māyā, gemäß den ersten beiden Zuständen der Erfahrungsbasis eingeteilt in die Welt des empirischen (Tätig-)Seins (vyāvahārika-sattā) und die Welt des empirischen (aus Halluzinationen, Träumen etc. gebildeten) Scheins (prātibhāsika-sattā), und die Unwirklichkeit des Widersprüchlichen (tuccha-sattā, = leer/nichtig-Seiendes) gegenüber.

Die immer wieder hervorgehobene spiegelbildliche Übereinstimmung des Advaita Śaṃkaras mit dem Mādhyamika Nāgārjunas (ca. 120–200, ↑Philosophie, buddhistische) bei der Entsprechung des nirguṇa brahman zum pratiṣṭhita nirvāṇa läßt sich jetzt so verstehen, daß im Erkenntnisvollzug bei Śaṃkara eine Handlung, auf die durch die śruti, i. e. fremdes Reden, als Realisierung eines Wissens aufmerksam gemacht wurde, als Zeichenhandlung (im passiven Aspekt) erlebt wird, d. i. ein objektloses Erlebnis als Universalisierung des Ich, während bei Nāgārjuna ein Zeichen, i. e. eigenes Reden, als subjektlose Handlung (im aktiven Aspekt) angeeignet wird, d.i. ein intentionsloses Handeln als Negation des Ich: Weder gibt es einen singularen Aspekt auf der Zeichenebene (Advaita) noch einen universalen Aspekt auf der Gegenstandsebene (Mādhyamika).

Unter den Schülern und Anhängern Śaṃkaras sind drei Begründer wichtiger Zweige des Advaita-V. geworden: Padmapāda für die *Vivaraṇa*-Schule, so genannt nach dem Kommentar des Prakāśātman (10. Jh.), dem Vivaraṇa zur Pañcapādika, ihrerseits einem Kommentar von Padmapāda zu Śaṃkaras Kommentar des Brahma-sūtra, und Maṇḍana Miśra für die *Bhāmatī*-Schule, die ihren Namen ebenfalls einem gleichnamigen Kommentar verdankt, nämlich dem von Vācaspati Miśra (ca. 900–980, ↑Nyāya) in der Nachfolge von Maṇḍanas Brahmasiddhi (= Vollendung des Brahma[-Studiums]) verfaßten Kommentar zu Śaṃkaras Brahma-sūtra-bhāṣya, der als der bedeutendste Kommentar zu Śaṃkaras Hauptwerk gilt. Sureśvara (ca. 720–770) schließlich ist Urheber einer zwischen beiden Zweigen und insofern Śaṃkara am nächsten stehenden Position, die sich ihrerseits in drei Teilzweigen verselbständigt hat: Sarvajñātman (um 1000) sucht ausdrücklich die Differenzen zwischen Sureśvaras Naiṣkarmyasiddhi (= Vollendung der Werklosigkeit) und Padmapādas Pañcapādika (= Fünfpāda[-Kommentar des Brahma-sūtra-bhāṣya]) zu überbrükken, während die beiden anderen extremen Positionen durch Śrīharṣa (ca. 1125–1200) und Prakāśānanda (um 1500) vertreten sind. Śrīharṣa auf der einen Seite entwickelt in seinem berühmten Khaṇḍana-khaṇḍa-khādya (= Schmelz der Widerlegung) das schon von Vimuktātman (10. Jh.) in der Iṣṭasiddhi (= Vollendung des Opfers), insbes. am Beispiel der Theorien des Irrtums (khyāti), begonnene Verfahren einer Verteidigung des Advaita-V. ausschließlich durch Widerlegung (vitaṇḍā im Unterschied zu vāda und jalpa, mit dem Argumentationsverfahren der buddhistischen Mādhyamika übereinstimmend, ↑Logik, indische) gegnerischer Auffassungen, vor allem bei den Erkenntnistheoretikern des Nyāya und Vaiśeṣika, zur Perfektion, und zwar indem er unter anderem kunstvoll von der Unterscheidung zwischen der allein zählenden praktischen Fertigkeit des Erkennens und einer Theorie des Erkennens Gebrauch macht. Prakāśānanda auf der anderen Seite bildet in der Vedānta-siddhānta-muktāvalī (= Perlenschnur der Quintessenz des V.) einen radikalen Solipsismus in Gestalt eines dṛṣṭi-sṛṣṭi-vāda (= Lehre von der ›Schöpfung = Wahrnehmung‹) aus, der die Welt zum Inhalt eines bloßen Traums macht (die ›Welt als Erscheinung‹ ist nur noch prātibhāsika, ihre vyāvahārika-Hälfte fehlt), aus dem man im Zustand der brahma-vidyā aufwacht und um die Existenz nur eines jīva, des mit brahman identischen ātman weiß (ekajīvavāda, = Lehre vom einzigen jīva). Selbst die Lehre von der Welt als Erscheinungsform brahmans ist eine bloße Fiktion, und Nichtwissen allein die materiale Ursache der Welt.

Obwohl der Kāśmīri Sadānanda (um 1500) den dṛṣṭi-sṛṣṭi-vāda für die Pointe des V. hält, errichten er, insbes. mit seinem Vedāntasāra (= Wesen des V.), und Madhusūdana Sarasvatī (um 1600), unter anderem mit seiner bedeutenden Advaitasiddhi, umfassende, die Differenzen als Widersprüche aufrechterhaltende Synthesen aller Zweige des Advaita-V. und sichern so – Madhusūdana betrachtet die verschiedenen Auffassungen als Mittel, sich der unterschiedlichen Eignung (adhikāra) von V.-Schülern anzupassen – zu Lasten intellektueller Sorgfalt, weil es allein auf die Erlösung ankomme, die Vorherrschaft des V. bis in die Gegenwart.

Die Vivaraṇa-Schule unterscheidet sich von der Bhāmatī-Schule vor allem darin, daß diese als Sitz (āśraya) der Unwissenheit (avidyā) die einzelnen Personen (jīva) ansieht, so daß jeder jīva auf Grund seiner avidyā in der für ihn spezifischen Welt lebt, während jene – und Sureśvara schließt sich in diesem Punkt an – das brahman in Verbindung mit der māyā zur Ursache der einen avidyā aller jīva und damit der Welt der Erscheinungen erklärt. Für diesen Fall wird das Bild von den jīva als Spiegelungen des brahman bzw. des ātman im erkennenden und begehrenden Aspekt (antaḥkaraṇa und saṃskāra) der avidyā gewählt. Dabei ist die Spiegelung (pratibimba), weil vom Original (bimba) verschieden, für Sureśvara ein Trugbild (ābhāsa-vāda), für Padmapāda hingegen, weil eigentlich dem Original gleich, so wirklich wie brahman selbst (pratibimba-vāda). Im Falle der Bhāmatī-Schule hingegen gilt die avidyā eines jīva als eine allgemein (das Wissen) einschränkende Bedingung (upādhi), die dazu führt, daß man etwas, insbes. sich selbst, fälschlich für etwas anderes hält, als es wirklich ist (Śaṃkaras Theorie des adhyāsa, i.e. Überlagerung). Das Bild vom jīva als Spiegelung wird zurückgewiesen, weil das eigenschaftslose brahman keine Spiegelung erlaube; der jīva ist vielmehr durch Unwissenheit beschränkt (avaccheda-vāda). Daher hängt Erlösung auch von der Beseitigung der mit der avidyā einhergehenden Strebungen (↑saṃskāra) durch Erzeugen von Nichttun ab und geschieht nicht direkt durch Wissen bereits vor dem Tod. Die mahāvākya haben deshalb auch nicht dieselbe prominente Rolle wie sonst im Advaita: nicht ↑śabda, sondern buddhi erzeugt letztlich Wissen.

In der Nachfolge des die Vivaraṇa-Schule mit Sureśvara wieder versöhnenden Sarvajñātman steht schließlich auch Vidyāraṇya (= Bhāratītīrtha, = Mādhava, 14. Jh.), dessen klare Systematisierungen des Advaita-V. unter Herausarbeitung seines Zusammenhangs insbes. mit den Evolutionsvorstellungen des Sāṃkhya in der Pañcadaśī (= die fünfzehn [Kapitel]) von nachhaltiger Wirkung bis heute geblieben sind. Ihm verdankt man auch die wichtige erhaltene Doxographie über die philosophischen Systeme der indischen Philosophie, den Sarvadarśanasaṃgraha (= Zusammenfassung aller Systeme).

Literatur: ↑Philosophie, indische, ↑Śaṃkara, ↑Rāmānuja, ↑Madhva, ↑Caitanya, ↑Bhartṛhari, ↑Nāgārjuna, ↑Maṇḍana Miśra. K. L.

Vektor (von lat. vehi, fahren; vector, Träger, Fahrer), in der Mathematik Bezeichnung für die Elemente eines V.-raumes, einer wichtigen algebraischen ↑Struktur (↑Algebra), die in der Linearen Algebra behandelt wird; in der Physik Bezeichnung für Größen, die sowohl einen Betrag als auch eine Richtung haben, z. B. Geschwindigkeiten, Beschleunigungen oder Kräfte. Gebräuchliche Schreibweisen für V.en sind Buchstaben mit einem Pfeil (›$\vec{v}$‹) sowie fette (›$\mathbf{v}$‹), unterstrichene (›$\underline{v}$‹) und deutsche Buchstaben (›$\mathfrak{v}$‹).

Dem Begriff des V.s liegt die anschauliche Vorstellung von Objekten v zugrunde, die eine Länge (der ›Betrag‹ des V.s, notiert etwa als ›$\|\vec{v}\|$‹) und eine Richtung haben (weswegen V.en graphisch im allgemeinen als Pfeile dargestellt werden) und nach der ↑Parallelogrammregel zu einem neuen Objekt derselben Art (dem ›resultierenden‹ V.) verknüpft bzw. ›addiert‹ (↑Verknüpfung, ↑Addition (mathematisch)) werden können. Bewegt sich z. B. eine Person mit der Geschwindigkeit v_p in einem mit der Geschwindigkeit v_z fahrenden Zug, so kann man die Bewegung des Zuges und die Bewegung der Person innerhalb des Zuges als V.en $\vec{v}_z$ bzw. $\vec{v}_p$ auffassen, wobei jeweils die Größe der Geschwindigkeit die Länge des V.s bestimmt. Die Bewegung $\vec{v}_a$ der Person relativ zum Erdboden ergibt sich dann als Resultante aus der Addition der beiden ursprünglichen V.en: $\vec{v}_a = \vec{v}_z + \vec{v}_p$. Bewegt sich die Person etwa *in* oder *entgegen* der Fahrtrichtung, so hat $\vec{v}_a$ zwar dieselbe Richtung wie $\vec{v}_z$, aber größere bzw. kleinere Länge: $\|\vec{v}_a\| = \|\vec{v}_z\| + \|\vec{v}_p\|$ (Abb. 1a) bzw. $\|\vec{v}_a\| = \|\vec{v}_z\| - \|\vec{v}_p\|$ (Abb. 1b). Bewegt sich die Person genau *quer* zur Fahrtrichtung (Abb. 1c), so weicht $\vec{v}_a$ richtungsmäßig sowohl von $\vec{v}_z$ als auch von $\vec{v}_p$ ab, und nach dem ↑Pythagoreischen Lehrsatz gilt für die Absolutgeschwindigkeit bzw. für die Länge des V.s $\vec{v}_a$:

$$\|\vec{v}_a\| = \sqrt{\|\vec{v}_z\|^2 + \|\vec{v}_p\|^2}.$$

Auf dieselbe Art kann man z. B. ermitteln, in welche Richtung sich ein Baumstamm bewegen muß, wenn drei Personen ihn mit ↑Kräften f_1, f_2 bzw. f_3 in verschiedene Richtungen zu ziehen versuchen (hier entspricht die Länge eines V.s $\vec{f}_i$ der Größe der aufgewandten Kraft f_i). Man wendet die Parallelogrammregel zunächst auf $\vec{f}_1$ und $\vec{f}_2$ an und erhält $\vec{f}_{1,2}$; dann addiert man $\vec{f}_{1,2}$ und $\vec{f}_3$ und erhält $\vec{f}_{1,2,3}$, den aus der Addition aller drei V.en resultierenden Kraftvektor (Abb. 2).

Addition und (implizit) Richtung von V.en werden mathematisch repräsentiert im Begriff des V.raumes. Ist K

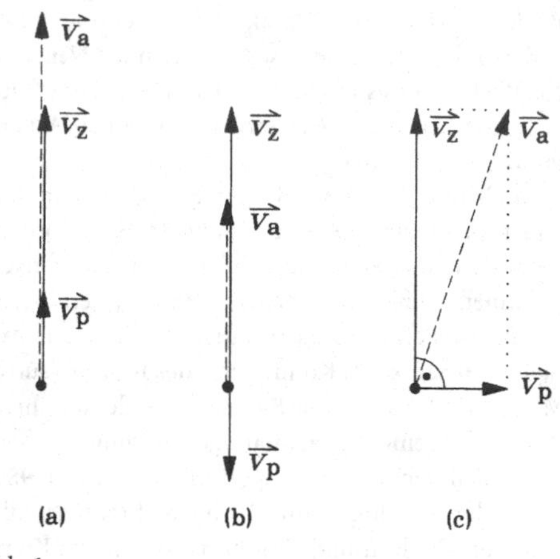

Abb. 1

ein Körper (↑Körper (mathematisch)), so nennt man ein Quadrupel $(V,+,\cdot,\mathbf{0})$ einen ›linearen Raum‹ oder ›V.raum über K‹ (kurz: ›K-V.raum‹), wenn die folgenden Bedingungen erfüllt sind:

- V ist eine Menge (die Elemente der Grundmenge V sind die ›V.en‹),
- $+$ ist eine zweistellige innere ↑Verknüpfung auf V (die ›V.addition‹),
- $\cdot$ ist eine zweistellige Verknüpfung, die jedem Paar $(a,v) \in K \times V$ (↑Produkt (mengentheoretisch)) einen V. $a \cdot v \in V$ zuordnet (›Skalarmultiplikation‹),
- $\mathbf{0} \in V$ (der ›Nullvektor‹),
- $(V,+)$ ist eine kommutative Gruppe (↑kommutativ/Kommutativität, ↑Gruppe (mathematisch)) mit dem neutralen Element $\mathbf{0}$,

und für alle $v, w \in V$ und alle $a, b \in K$ gilt:

- $(a + b) \cdot v = a \cdot v + b \cdot v$,
- $a \cdot (v + w) = a \cdot v + a \cdot w$,
- $(a \cdot b) \cdot v = a \cdot (b \cdot v)$,
- $1 \cdot v = v$

(dabei stehen ›+‹, ›·‹ und ›1‹ für die Addition, die Multiplikation bzw. das Einselement des Körpers K). Die Ele-

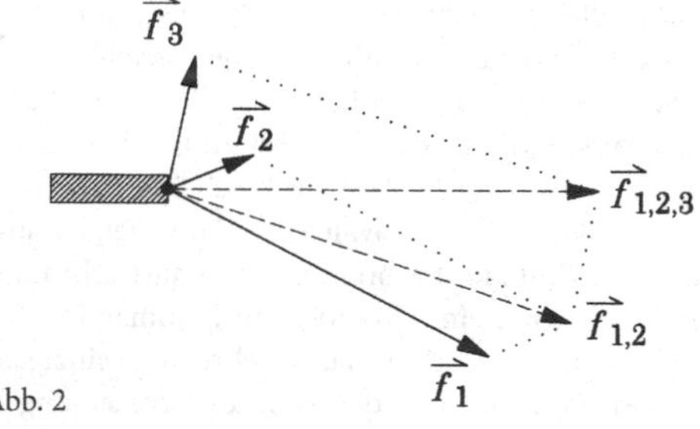

Abb. 2

mente des Körpers werden in diesem Zusammenhang auch als ›Skalare‹ bezeichnet. Wird ein V. v als Summe von V.en $v_1, \ldots, v_n$ dargestellt, so nennt man die v_i auch ›Komponenten‹ von v. Eine Summe $a_1 \cdot v_1 + \cdots + a_n \cdot v_n$ von V.en v_i mit ›Koeffizienten‹ $a_i \in K$ heißt eine ↑›Linearkombination‹ von $v_1, \ldots, v_n$. Ist $M \subseteq V$ und gibt es paarweise verschiedene $v_1, \ldots, v_n, w \in M$, so daß w als Linearkombination der übrigen V.en v_i dargestellt werden kann, so sagt man, M sei (bzw., wenn $M = \{v_1, \ldots, v_m\}$ mit $m > n$ endlich ist: die $v_1, \ldots, v_m$ seien) ›linear abhängig‹. Eine linear *un*abhängige Menge $B \subseteq V$ von maximaler Größe heißt eine ›Basis‹ von V. Jeder V.raum besitzt eine Basis, und alle Basen eines V.raumes haben dieselbe Länge bzw. Größe; daher kann man die ↑Dimension eines V.raumes V als die Länge einer Basis von V definieren.

In diesem Rahmen gilt: Zwei Elemente v, w eines V.-raumes haben gleiche oder entgegengesetzte Richtungen, wenn sie linear abhängig sind. Allerdings handelt es sich dabei oft nicht mehr um Richtungen im anschaulichen Sinne. Umgekehrt kann man (wenigstens im Falle des Körpers $\mathbb{R}$) die Multiplikation eines V.s v mit einem Skalar a anschaulich als Streckung oder Verlängerung von v auf das a-fache interpretieren: $2 \cdot v$ hat dieselbe Richtung wie v, ist aber doppelt so lang; $(-1) \cdot v$ hat dieselbe Länge wie v, zeigt aber in die entgegengesetzte Richtung.

Oft betrachtet man V.räume über dem Körper der reellen ↑Zahlen, $\mathbb{R}$, oder dem der komplexen Zahlen, $\mathbb{C}$. Wenn man auf dem kartesischen Raum $\mathbb{R}^3$ ($= \mathbb{R} \times \mathbb{R} \times \mathbb{R}$) eine Addition und eine Multiplikation mit reellen Skalaren komponentenweise definiert durch

$$(x_1,y_1,z_1) + (x_2,y_2,z_2) \leftrightharpoons (x_1 + x_2, y_1 + y_2, z_1 + z_2)$$

und

$$a \cdot (x,y,z) \leftrightharpoons (a \cdot x, a \cdot y, a \cdot z),$$

so kann man ihn als $\mathbb{R}$-V.raum auffassen. Betrachtet man jeweils die Komponenten eines Tripels $(x,y,z) \in \mathbb{R}^3$ als ↑Koordinaten eines Punktes im Euklidischen Raum (↑Raum (2), ↑Euklidische Geometrie), so wird dadurch eine $\mathbb{R}$-V.raum-Struktur auf dem Euklidischen Raum induziert.

Weitere Beispiele für K-V.räume sind die kartesischen Produkte (↑Produkt (mengentheoretisch)) K^n eines Körpers K, insbes. K selbst, sowie die Menge $K^{m \times n}$ der $m \times n$-↑Matrizen mit Komponenten in K und die Menge $K[x_1,\ldots,x_n]$ der Polynome in n Unbestimmten mit Koeffizienten in K (jeweils mit geeigneten Verknüpfungen und Nullvektoren). Jeder K-V.raum der (nicht notwendigerweise endlichen) Dimension κ ist isomorph (↑isomorph/Isomorphie) zu dem kartesischen Produkt K^κ; insofern genügt es unter algebraischen Gesichtspunkten, für gegebenes κ jeweils den K-V.raum K^κ als Repräsentanten der κ-dimensionalen K-V.räume zu untersuchen.

Eine mathematische Repräsentation der *Länge* (↑Abstand) von V.en erhält man erst in normierten V.räumen. Ist $(V,+,\cdot,0)$ ein $\mathbb{K}$-V.raum (wo $\mathbb{K} = \mathbb{R}$ oder $\mathbb{K} = \mathbb{C}$) und $\| \ \|$ eine Abbildung von V nach $\mathbb{R}$, so heißt $(V,+,\cdot,0,\| \ \|)$ ein ›normierter V.raum‹ über $\mathbb{K}$ (und $\| \ \|$ eine ›Norm‹ auf V), wenn für alle $v, w \in V$ und alle $a \in \mathbb{K}$ gilt:

- $\|v\| \geq 0$, und wenn $\|v\| = 0$, dann $v = 0$,
- $\|v + w\| \leq \|v\| + \|w\|$ (Dreiecksungleichung),
- $\|a \cdot v\| = |a| \cdot \|v\|$

(dabei steht ›$|a|$‹ für den Betrag der reellen oder komplexen Zahl a). Die Norm $\|v\|$ eines V.s v gibt dann jeweils dessen ›Länge‹ an. Beispiele für normierte V.räume sind die kartesischen Produkte $\mathbb{R}^n$ und $\mathbb{C}^n$ jeweils mit der euklidischen Norm

$$\|(x_1,\ldots,x_n)\| = \sqrt{x_1^2 + \cdots + x_n^2}.$$

Im Falle $n = 1$ ergibt dies gerade die Betragsfunktion auf $\mathbb{R}$ bzw. $\mathbb{C}$, d.h. $\|x\| = |x|$.

Auf dem $\mathbb{R}^3$ kann man neben der V.addition eine weitere innere Verknüpfung, das so genannte V.produkt, einführen durch

$$(x_1,y_1,z_1) \times (x_2,y_2,z_2) \leftrightharpoons$$
$$(y_1 \cdot z_2 - z_1 \cdot y_2, z_1 \cdot x_2 - x_1 \cdot z_2, x_1 \cdot y_2 - y_1 \cdot x_2).$$

Sind $v, w \in \mathbb{R}^3$ linear unabhängig, so legen sie zusammen eine Ebene im $\mathbb{R}^3$ fest; $v \times w$ steht senkrecht auf dieser Ebene.

Die für die physikalische Anwendung bedeutsamen Gebiete der ↑Differentialgeometrie und der V.analysis verbinden Gegenstände aus der Linearen Algebra (speziell Abbildungen zwischen $\mathbb{R}$-V.räumen) und analytische Methoden (↑Analysis): In der Differentialgeometrie werden n-dimensionale ↑Mannigfaltigkeiten untersucht, z. B. Kurven und Flächen im Raum, in der V.analysis Skalar- und V.felder.

Literatur: N. Bourbaki, Éléments de mathématique. Fascicule VI. Algèbre, Chapitre 2. Algèbre linéaire, Paris 1942, [3]1967, 1976; P. R. Halmos, Finite-Dimensional Vector Spaces, Princeton N. J. etc. 1942, [2]1958, New York etc. 1993; M. Hazewinkel (ed.), Encyclopaedia of Mathematics IX, Dordrecht/Boston Mass./Lancaster 1993, 398–414; B. Hoffmann, About Vectors, Englewood Cliffs N. J. 1966, New York 1975; K. Itô (ed.), Encyclopedic Dictionary of Mathematics I, Cambridge Mass./London 1993, 2000, 944–952 (Linear Spaces), 1678–1680 (Vectors); N. Jacobson, Basic Algebra I, San Francisco, New York 1974, [2]1985, Mineola N. Y. 2009; O. Kerner u. a., Vieweg Mathematik Lexikon. Begriffe/Definitionen/Sätze/Beispiele für das Grundstudium, Braunschweig/Wiesbaden 1988, [3]1995, 309–311; S. Lang, Linear Algebra, Reading Mass. etc. 1966, New York etc. [3]1987, 2010 (franz. Algèbre linéaire, I–II, Paris 1976, 1986/1989); B. L. van der Waerden, Moderne Algebra [...] I, Berlin/Göttingen/Heidelberg 1930, [3]1950, unter dem Titel: Algebra I, [4]1955, [8]1971 (engl. Modern Algebra [...] I, New York 1949, 1966). C. B.

Venn, John, *Drypool (b. Hull, England) 4. Aug. 1834, †Cambridge 4. April 1923, engl. Logiker und Philosoph. 1853–1857 Studium der Mathematik in Cambridge (Gonville and Caius College), ab 1857 ebendort Fellow, ab 1903 Präsident. 1858 Ordination als Geistlicher und Pfarrtätigkeit. Ab 1862 Dozent für Moralphilosophie (moral sciences). Unter dem lokalen Einfluß insbes. von H. Sidgwick und dem Studium der zeitgenössischen Logik wendet sich V. beinahe vollständig der Logik und Wissenschaftstheorie zu. – Der philosophische Schwerpunkt und die (allerdings begrenzte) Originalität V.s, der in der Erkenntnistheorie (an J. S. Mill anschließend) einen gemäßigten ↑Empirismus vertritt, liegen im Bereich der ↑Wahrscheinlichkeitstheorie und der ↑Logik. V. bestimmt wohl als erster ↑Wahrscheinlichkeit im Sinne des objektiven, statistischen Wahrscheinlichkeitsbegriffs (›Häufigkeitsinterpretation‹). Danach besitzen Einzelereignisse keine Wahrscheinlichkeit; lediglich die Rede von der relativen Häufigkeit ihres Vorkommens in der ihnen zugeordneten Ereignisklasse ist berechtigt. Die Wahrscheinlichkeit eines Ereignisses ist für V. der Grenzwert des Quotienten der ›günstigen‹ Fälle und der angestellten ›Versuche‹, falls die Anzahl der letzteren beliebig groß wird. Allerdings reichen die beobachteten Häufigkeiten im allgemeinen nicht für die Stützung spezifischer Erwartungen über künftige Fälle. V.s Ansatz wird später insbes. von R. v. Mises erheblich verbessert. – In der Logik schließt sich V. insbes. G. Boole und J. S. Mill an. Von nachhaltiger Wirkung und Bedeutung sind die nach ihm benannten logischen Diagramme (↑Diagramme, logische, ↑Venn-Diagramme), die eine Verbesserung der Eulerschen Kreisdiagramme (↑Euler-Diagramme) darstellen.

Werke: The Logic of Chance. An Essay of the Foundations and Province of the Theory of Probability [...], London/Cambridge 1866, [3]1888 (repr. New York 1971, Mineola N. Y. 2006), [4]1962; On Some of the Characteristics of Belief Scientific and Religious, London 1870 (repr. Bristol 1990); Symbolic Logic, London/Cambridge 1881, [2]1894 (repr. Providence R. I. 2007); The Principles of Empirical, or Inductive Logic, London/New York 1889, London [2]1907 (repr. unter dem Titel: The Principles of Inductive Logic, New York 1973, Bristol 1994).

Literatur: T. A. A. Broadbent, V., DSB XIII (1976), 611–613; P. Dessì, L'ordine e il caso. Discussioni epistemologiche e logiche sulla probabilità da Laplace a Peirce, Bologna 1989; M. Ferriani, Credenza e probabilità in J. V., Riv. filos. 61 (1970), 263–288; P. L. Heath, V., Enc. Ph. VIII (1967), 238–240, IX ([2]2006), 657–658; H. Jeffreys, Theory of Probability, Oxford 1939, [3]1961, 369–400; J. M. Keynes, A Treatise on Probability, London 1921, Neudr. als: The Collected Writings VIII, ed. R. B. Braithwaite, London 1973 (dt. Über Wahrscheinlichkeit, Leipzig 1926); D. D. Merrill, V., REP IX (1998), 594–595; G. Pareti/A. de Palma, Fallacie e paradossi. Vicende di storia della logica tra Ottocento e Novecento, Riv. filos. 70 (1979), 198–235; J. A. Passmore, A Hundred Years of Philosophy, London 1957, [2]1966, 134–136, Harmondsworth etc. 1968, 1980, 132–134. G. W.

Venn-Diagramme, nach ihrem Erfinder J. Venn benannte geometrisch-topologische Repräsentationen (↑Diagramme, logische) der Relationen zwischen den Begriffsklassen (↑extensional/Extension) der ↑Prämissen eines Syllogismus (↑Syllogistik), die es gestatten festzustellen, ob eine gültige ↑Konklusion vorliegt oder nicht (Gültigkeitstest). Im Bereich der Kreisdiagramme stellen die V.-D. eine erhebliche Verbesserung gegenüber den so genannten ↑Euler-Diagrammen dar.
Ausgangspunkt der V.-D. ist, wie bei den Euler-Diagrammen, die Repräsentation der Klasse (↑Klasse (logisch)) eines ↑Begriffs (bzw. eines ↑Prädikators) durch einen Kreis und der syllogistischen Satztypen (Urteile vom Typ ↑*a*, ↑*e*, ↑*i* bzw. ↑*o*) durch die speziellen Lageverhältnisse zweier Kreise zueinander. V.-D. unterscheiden sich dabei von Euler-Diagrammen insofern, als

- die Lage der beiden Kreise zueinander in allen vier Diagrammen unverändert bleibt,
- diejenigen Teile der Diagramme, die mengentheoretisch leer sind, schraffiert werden und
- bei den *i*- und den *o*-Urteilen in demjenigen Teil des Diagramms, auf den sich die Existenzbehauptung bezieht, ein besonderes Zeichen (›x‹) gesetzt wird (diese Methode wurde später von C. I. Lewis verbessert).

Man erhält so für die vier syllogistischen Satzarten die folgenden *Satzdiagramme*:

(1) Alle *S* sind *P* (*a*-Urteile):

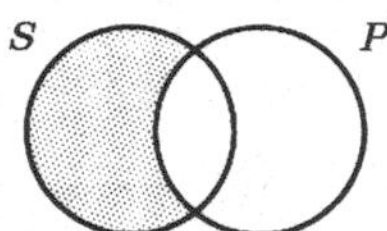

(2) Kein *S* ist *P* (*e*-Urteile):

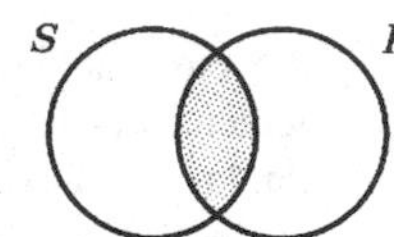

(3) Einige *S* sind *P* (*i*-Urteile):

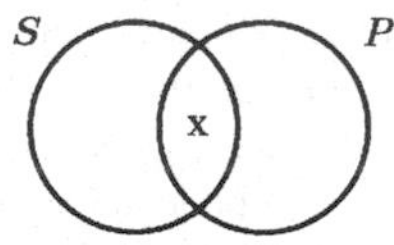

(4) Einige *S* sind nicht *P* (*o*-Urteile):

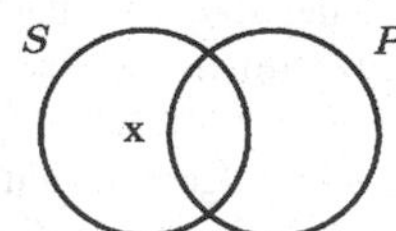

Syllogistische Diagramme werden aus den Satzdiagrammen gebildet, indem man die Satzdiagramme der beiden Prämissen kombiniert und prüft, ob zwischen den Diagrammen der beiden Prädikatoren, die in der Konklusion auftreten, eine derjenigen Beziehungen besteht, die in den vier Satzdiagrammen dargestellt sind.
Man betrachte z. B. die beiden Prämissen (P_1) ›alle *S* sind *M*‹, (P_2) ›einige *M* sind *P*‹ mit der Konklusion (*K*) ›einige *S* sind *P*‹. Das Satzdiagramm für die erste Prämisse ergibt das folgende syllogistische Diagramm:

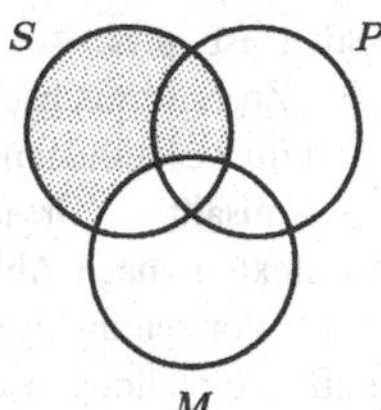

Da *M* ↑Mittelbegriff dieses Syllogismus ist, kommt es für die Konklusion auf die Untersuchung des Verhältnisses der Kreise von *S* und *P* an. Der *S* und *P* gemeinsame Teil des Diagramms ist nicht vollständig schraffiert, die Klassen von *S* und *P* können mithin gemeinsame Elemente besitzen. Nach der zweiten Prämisse muß in dem Gebiet, wo *M* und *P* überlappen, ein x gezeichnet werden; die Prämissen erzwingen jedoch nicht, daß dieses x innerhalb des *S* und *P* gemeinsamen Teiles liegt, d. h., das die Konklusion repräsentierende Diagramm muß nicht notwendigerweise vorliegen. Der angegebene Schluß ist also nicht logisch gültig.
Venn erweiterte seine Methode auf Kombinationen von mehr als drei Begriffen (diagrammatisch sind für vier Begriffe z. B. sich schneidende Ellipsen verwendbar; neuerdings werden auch computergraphische Methoden eingesetzt [J. Rybak/J. Rybak 1976]) und baute sie zu einer Interpretation der ↑Booleschen Algebra aus. Darüber hinaus eignen sich V.-D. auch zur Repräsentation junktorenlogischen (↑Junktorenlogik) Schließens, zum Test der Gültigkeit von ›plurativen‹ (d. h. über ›die meisten‹ quantifizierenden) Syllogismen (N. Rescher 1968) und (unter bestimmten Voraussetzungen) von Formeln der monadischen ↑Quantorenlogik (G. J. Massey 1966, ähnlich P. J. Fitzpatrick 1973). – Weiterentwicklungen von V.-D.n spielen heute in der mathematischen Graphentheorie sowie bei der Datenanalyse, z. B. in der Genetik, eine Rolle. Dabei geht es darum, Überschneidungen zwischen Datenmengen graphisch darzustellen.

Literatur: D. E. Anderson/F. L. Cleaver, Venn-Type Diagrams for Arguments of N Terms, J. Symb. Log. 30 (1965), 113–118; V. J. Cieutat u. a., Traditional Logic and the Venn Diagram. A Programmed Introduction, San Francisco Calif. 1969; A. W. F. Edwards, Cogwheels of the Mind. The Story of Venn Diagrams, Baltimore Md. 2004; P. J. Fitzpatrick, An Extension of Venn Diagrams, Notre Dame J. Formal Logic 14 (1973), 77–86; M. Gardner, Logic Machines and Diagrams, New York 1958, unter dem Titel: Logic Machines, Diagrams, and Boolean Algebra, New York 1968, unter dem ursprünglichen Titel, Chicago Ill. [2]1982, Brighton 1983; ders., Logic Diagrams, Enc. Ph. V (1967), 77–81, V ([2]2006), 560–564; B. Grünbaum, Venn Diagrams and Independent Families of Sets, Math. Mag. 48 (1975), 12–23; H. A. Kestler u. a., Generalized Venn Diagrams: A New Method of Visualizing Complex Genetic Set Relations, Bioinformatics 21 (2004), 1592–1595; C. I. Lewis, A Survey of Symbolic Logic, Berkeley Calif. 1918, Bristol 2001; G. J. Massey, An Extension of Venn Diagrams, Notre Dame J. Formal Logic 7 (1966), 239–250; T. More Jr., On the Construction of Venn Diagrams, J. Symb. Log. 24 (1959), 303–304; W. V. O. Quine, Methods of Logic, New York 1950, Cambridge Mass. [4]1982 (dt. Grundzüge der Logik, Frankfurt 1959, 2011); N. Rescher, Topics in Philosophical Logic, Dordrecht 1968, 126–133 (Venn Diagrams for Plurative Syllogisms); J. Rybak/J. Rybak, Venn Diagrams Extended: Map Logic, Notre Dame J. Formal Logic 17 (1976), 469–475; M. H. Salmon, Introduction to Logic and Critical Thinking, San Diego Calif. 1984, Fort Worth Tex. [6]2013; W. C. Salmon, Logic, Englewood Cliffs N. J. 1963, [2]1973, 59–70 (dt. Logik, Stuttgart 1983, 2006, 121–140); J. Venn, On the Diagrammatic and Mechanical Representation of Propositions and Reasonings, Philos. Magazine 10 (1880), 1–18; ders., Symbolic Logic, London/Cambridge 1881, [2]1894 (repr. Providence R. I. 2007). G. W.

vera causa (lat., wahre Ursache), Bezeichnung für ein methodologisches Kriterium zur Beurteilung von Theorien. Das v.-c.-Kriterium wurde 1785 von T. Reid (Essays on the Intellectual Powers of Man I 3, Philosophical Works I, ed. W. Hamilton, Edinburgh [8]1895 [repr. Hildesheim 1967], 219–220) eingeführt. Reid beruft sich auf die erste der ↑regulae philosophandi von I. Newton, der auch schon in den »Hypothesen« am Anfang des dritten Buches der »Principia« – wie schon vor ihm T. Hobbes (Elements of Physics, or the Phenomena of Nature, The English Works, I–XI, ed. W. Molesworth, London 1839–1845, I, 531) – festlegte, daß nur diejenigen Ursachen angenommen werden dürften, die »wahr sind und für die Erklärung der Erscheinungen dieser Dinge ausreichen« (Philosophiae naturalis principia mathematica, London 1687, 402 [dt. Die mathematischen Prinzipien der Physik, Berlin 1999, 380]). Eine methodisch zulässige ↑Hypothese zur Erklärung eines Phänomens muß danach eine v. c. anführen, d. h. eine ↑Ursache, deren *Kompetenz* und *Existenz* nachgewiesen werden könnten. Die Ursache muß dazu nicht allein fähig sein, das zu erklärende Phänomen hervorzubringen, es muß auch unabhängige empirische Hinweise auf ihre wirkliche Existenz geben. Von welcher Art solche Hinweise zu sein hätten, wurde nie eindeutig festgelegt. Das kanonische Beispiel einer v. c. war die Newtonsche Gravitationskraft (↑Gravitation); als kanonisches Gegenbeispiel galten die Cartesischen Wirbel (↑Wirbeltheorie).
Das v.-c.-Prinzip wurde im 19. Jh. von J. Herschel (Preliminary Discourse in the Study of Natural Philosophy, London 1830), W. Whewell und J. S. Mill (System of Lo-

gic, London 1843) erörtert und teilweise modifiziert bzw. abgeschwächt. In Großbritannien fand das v.-c.-Prinzip Eingang in die Methodologie der historischen Naturwissenschaften, insbes. der Geologie, wo es die spezifisch britische Form des ↑Aktualismus, den ›Uniformitarianismus‹, prägte. Nach dem Aktualismus dürfen nur diejenigen physikalischen Gesetze (↑Gesetz (exakte Wissenschaften)), die gegenwärtig empirisch aufweisbar sind, für historische Rekonstruktionen herangezogen werden; nach dem Uniformitarianismus sollen darüber hinaus nur diejenigen Arten von geologischen Prozessen, die sich in der Gegenwart auf Grund dieser Gesetze ergeben (nämlich gradualistische), als in der Vergangenheit wirksam angenommen werden. – Im späteren 19. Jh. ist einer der wichtigsten Anwendungsfälle des v.-c.-Prinzips die Frage, ob C. Darwins ›natürliche Auslese‹ (↑Evolutionstheorie) eine v. c. sei. Es wird häufig behauptet, daß das v.-c.-Prinzip die Struktur der Darstellung in Darwins Werk »On the Origin of Species« (London 1859) beeinflußt hat.

Literatur: R. E. Butts, Whewell on Newton's Rules of Philosophizing, in: ders./J. W. Davis (eds.), The Methodological Heritage of Newton, Oxford, Toronto 1970, 132–149; M. J. S. Hodge, Natural Selection as a Causal, Empirical, and Probabilistic Theory, in: L. Krüger/G. Gigerenzer/M. S. Morgan (eds.), The Probabilistic Revolution II (Ideas in the Sciences), Cambridge Mass./London 1987, 1990, 233–270; V. C. Kavaloski, The ›v. c.‹ Principle. A Historico-Philosophical Study of a Metatheoretical Concept from Newton through Darwin, Diss. Chicago Ill. 1974; L. Laudan, Thomas Reid and the Newtonian Turn of British Methodological Thought, in: R. E. Butts/J. W. Davis (eds.), The Methodological Heritage of Newton [s. o.], 103–131; R. Laudan, From Mineralogy to Geology. The Foundations of a Science 1650–1830, Chicago Ill./London 1987. P. M.

Verallgemeinerung, ↑Induktion.

Veränderung (engl. change, franz. changement), im Anschluß an die Aristotelische Unterscheidung zwischen *πάσχειν* ([er-]leiden, lat. ↑passio) und *ποιεῖν* (tun, lat. ↑actio) im Rahmen der Kategorienlehre (↑Kategorie) bzw. an eine Analyse im terminologischen Rahmen von *μεταβολή* (V.) und *κίνησις* (↑Bewegung als Form der V.; vgl. Phys. *Γ*1–3.200b9–202b29), die ihrerseits auf die vorsokratischen (↑Vorsokratiker) Lehren über ↑Werden (*γένεσις*) und Vergehen (*φθορά*) anschließt, Bezeichnung für Geschehnisse (↑Ereignis, ↑Vorgang) und ↑Prozesse im allgemeinen. Im Unterschied zur Lehre des Heraklit und des ↑Heraklitismus, in der der Begriff der V. im Sinne eines steten, von ↑Gegensätzen bestimmten Wandels aller Dinge ontologisch (↑Ontologie) als Grundbegriff ausgezeichnet ist, und der späteren Engführung des Begriffs auf qualitative V.en unterscheidet Aristoteles zwischen substantieller (↑Substanz) und akzidenteller (↑Akzidens) V., wobei als Formen der akzidentellen V. die qualitative (↑Qualität) und die quantitative (↑Quantität) V. sowie die (Orts-)Bewegung auftreten. Substantielle V.en erfolgen im Unterschied zu den drei anderen Formen der V. instantan (↑Akt und Potenz).

In der neuzeitlichen Entwicklung wird der Begriff der V. auf die Bedeutung eines Wechsels von Eigenschaften eines erhaltenbleibenden Objekts eingeschränkt. »Entstehen und Vergehen sind nicht V.en desjenigen, was entsteht oder vergeht. V. ist eine Art zu existieren, welche auf eine andere Art zu existieren eben desselben Gegenstandes erfolget. Daher ist alles, was sich verändert, bleibend, und nur sein Zustand wechselt« (I. Kant, KrV B 230). Der Begriff tritt im wesentlichen im Rahmen von Kausalitätstheorien (↑Kausalität, ↑Ursache, ↑Wirkung), in physikalischen Kontexten (nach Ablösung eher statisch-klassifikatorischer Vorstellungen im 18. Jh. durch dynamisch-prozeßhafte Vorstellungen im 19. Jh.; ↑Prozeß) insbes. in den Konzeptionen der Speziellen Relativitätstheorie (↑Relativitätstheorie, spezielle) und der ↑Thermodynamik (einschließlich deren philosophischen Interpretationen) auf, ferner in philosophischen Konzeptionen, die wie die ↑Lebensphilosophie und die ↑Existenzphilosophie den Begriff des ›schöpferischen Werdens‹ (H. Bergson) betonen. In der Raum-Zeit-Philosophie wird der Begriff der V. als bloß die zeitlichen Relationen des ›früher‹ und ›später‹ betreffend dem Begriff des ↑Werdens gegenübergestellt, der überdies eine sich verschiebende Gegenwart und damit einen ›Zeitpfeil‹ auszeichnet und neben ›früher‹ und ›später‹ auch die Unterscheidung von Vergangenheit und Zukunft einführt.

Literatur: F. Bockrath, Zeit, Dauer und V.. Zur Kritik reiner Bewegungsvorstellungen, Bielefeld 2014; J. Bogen, Change and Contrariety in Aristotle, Phronesis 37 (1992), 1–21; D. Bostock, Aristotle on the Principles of Change in »Physics« I, in: M. Schofield/M. C. Nussbaum (eds.), Language and Logos. Studies in Ancient Greek Philosophy Presented to G. E. L. Owen, Cambridge etc. 1982, 2006, 179–196; J. E. Brower, Aquinas's Ontology of the Material World. Change, Hylomorphism, and Material Objects, Oxford etc. 2014; M. Bunge, Ontology I (The Furniture of the World), Dordrecht/Boston Mass. 1977 (= Treatise on Basic Philosophy III), 215–275 (Chap. V Change); M. Čapek, Change, Enc. Ph. I (1967), 75–79; W. Charlton, Causation and Change, Philos. 58 (1983), 143–160; M. L. Gill, Aristotle on the Individuation of Changes, Ancient Philos. 4 (1984), 9–22; W. D. Graham, Change, NDHI I (2005), 295–297; D. E. Hahm, The Stoic Theory of Change, Southern J. Philos. 23 Suppl. (1985), 39–56; F. Kaulbach, Der philosophische Begriff der Bewegung. Studien zu Aristoteles, Leibniz und Kant, Köln/Graz 1965; J. Kostman, Aristotle's Definition of Change, Hist. Philos. Quart. 4 (1987), 3–16; N. Kretzmann, Continuity, Contrariety, Contradiction, and Change, in: ders. (ed.), Infinity and Continuity in Ancient and Medieval Thought, Ithaca N. Y./London 1982, 270–296; R. Le Poidevin, Change, REP II (1998), 274–276; L. B. Lombard, Events. A Metaphysical Study, London/Boston Mass./Henley 1986, 79–186; ders., Change, in: H. Burkhardt/B. Smith (eds.),

Handbook of Metaphysics and Ontology I, München/Philadelphia Pa./Wien 1991, 137–139; S. Maso/C. Natali/G. Seel (eds.), Reading Aristotle's »Physics« VII.3. ›What Is Alteration?‹ [...], Las Vegas Nev./Zürich/Athens Ohio 2012; C. Mortensen, Change and Inconsistency, SEP 2002, rev. 2015; J. A. van Ruler, The Crisis of Causality. Voetius and Descartes on God, Nature and Change, Leiden/New York/Köln 1995; S. Savitt, Being and Becoming in Modern Physics, SEP 2001, rev. 2013; W. Sellars, Naturalism and Process, Monist 64 (1981), 37–65; D. Sfendoni-Mentzou, Models of Change. A Common Ground for Ancient Greek Philosophy and Modern Science, in: P. Nicolacopoulos (ed.), Greek Studies in the Philosophy and History of Science, Dordrecht/Boston Mass./London 1990 (Boston Stud. Philos. Sci. 121), 149–169; M. A. Slote, Metaphysics and Essence, Oxford 1974, 11–39; J. W. Smith, Time, Change and Contradiction, Australas. J. Philos. 68 (1990), 178–188; Q. Smith/L. N. Oaklander, Time, Change, and Freedom. An Introduction to Metaphysics, London/New York 1995; J. J. Thomson, Parthood and Identity across Time, J. Philos. 80 (1983), 201–220; M. Ujvári, The Trope Bundle Theory of Substance. Change, Individuation and Individual Essence, Frankfurt etc. 2013; R. Wardy, The Chain of Change. A Study of Aristotle's »Physics« VII, Cambridge etc. 1990; M. Warkus, V. in Zeichen. Studien zu einem semiotisch-pragmatischen V.sbegriff, Münster 2015; S. Waterlow, Nature, Change, and Agency in Aristotle's »Physics«. A Philosophical Study, Oxford 1982, 2005; K. R. Westphal, V., in: M. Willaschek u. a. (eds.), Kant-Lexikon III, Berlin/Boston Mass. 2015, 2463–2464; G. H. v. Wright, Time, Change and Contradiction. The 22. Arthur Stanley Eddington Memorial Lecture Delivered at Cambridge University, 1 November 1968, Cambridge 1969, Neudr. in: ders., Philosophical Logic, Oxford 1983 (= Philosophical Papers II), 115–131. J. M.

Verantwortung (engl. responsibility, franz. responsabilité), ursprünglich dem Rechtsleben (↑Recht) entstammender Terminus für die rechtfertigende Antwort auf eine Klage oder einen Vorwurf vor Gericht. Das dabei wesentliche Verhältnis zwischen einem Subjekt, einem Objekt und einer Instanz der V. bestimmt auch den systematischen Begriff der V.: Damit V. entstehen kann, muß es ein handelndes Subjekt geben, das V. übernehmen, d. h. Rechenschaft abgeben oder zur Rechenschaft gezogen werden kann. Diese V. bezieht sich auf eine ↑Handlung oder die Wirkungen eines Handelns als sein Objekt, und sie wird übernommen gegenüber oder eingefordert von einer Instanz.

Damit eine ↑Person Subjekt der V. werden kann, muß sie zurechnungsfähig und darüber hinaus für die Wirkungen des Handelns, um die es geht, zuständig sein (↑Zurechnung). Hier kann es viele Abstufungen und Formen der Zurechnungsfähigkeit und der Zuständigkeit geben, die auch je unterschiedliche V.en definieren. In bezug auf die Zurechnungsfähigkeit liegt ein Grenzfall etwa dann vor, wenn eine Person zwar in der aktuellen Handlungssituation unter einem Zwang (welcher Art auch immer) und einer eingeschränkten Zurechnungsfähigkeit steht, durch ihr früheres Handeln in zwanglosen Situationen zurechnungsfähiger Entscheidungen diese Situation aber herbeigeführt hat oder hat entstehen lassen. In bezug auf die Zuständigkeit gibt es auf der einen Seite den Grenzfall ›indirekter‹ Zuständigkeit und V., wenn eine Person nicht nur für das eigene Handeln (und dessen Wirkungen) zuständig ist, sondern auch für das Handeln anderer, die in einem institutionellen Zusammenhang handeln, für den die Person insgesamt die leitende Funktion übernommen hat. Auf der anderen Seite gibt es den Grenzfall ›partieller‹ Zuständigkeit und V., wenn eine Person in einem institutionellen Zusammenhang mit ihrem eigenen Handeln an einem komplexen Handlungsgefüge nur mitwirkend (in einer begrenzten Phase oder an einer zugewiesenen Position) beteiligt ist und sie das Handlungsgefüge insgesamt nicht bestimmt und womöglich auch nicht überblickt. Die im Zusammenhang mit Schäden aus Handlungen organisierter Kollektive (etwa Umweltschäden aus Störfällen in Produktionsbetrieben) auftretenden V.sprobleme werden intensiv diskutiert; weniger gilt das derzeit noch für analoge Schäden aus Handlungen nichtorganisierter Kollektive. Der einfache Musterfall einer direkten und ganzen Zuständigkeit und V. jedenfalls besteht nur dann, wenn eine Person eine Handlung ausführt, zu der sie sich ohne Zwang entschlossen hat und deren Wirkungen sie überschaut.

Das Objekt der V. ist im allgemeinen ein Handeln in seinen Wirkungen betrachtet. Denn nur durch seine Wirkungen wird das Handeln zum Gegenstand einer Rechtfertigung gegenüber einer von der handelnden Person unabhängigen Instanz. Ein Sonderfall kann dadurch entstehen, daß man Gott (↑Gott (philosophisch)) als diese Instanz ansieht und ihm gegenüber nicht nur die Wirkungen oder den Vollzug seines Handelns, sondern auch seiner Gedanken und Gesinnungen – und dies selbst dann, wenn sie nicht zu einem Handeln führen – rechtfertigt. Werden die Wirkungen eines Handelns – sei es einer einfachen Handlung, sei es eines komplexen Handlungsgefüges – zum Gegenstand der V. gemacht, wird der Bereich der V. entsprechend dem Wirkungsbereich, der berücksichtigt werden soll, ausgeweitet oder eingegrenzt. Da durch die Entwicklung von Hochtechnologien, aber auch durch die großindustrielle Nutzung technischer Bearbeitungsmethoden überhaupt die Wirkungsmöglichkeiten des Handelns weit über den jeweils eigenen Erfahrungsbereich hinaus gesteigert worden sind, stellt sich die Frage, ob damit auch der Bereich der V. über die Grenzen eigener Erfahrungsmöglichkeiten hinaus ausgedehnt werden muß. Dies schließt die Frage nach einer neuen Definition von V. ein, die in das Zentrum der gegenwärtigen Ethikdiskussion gerückt ist.

Besonders kontrovers wird in der ↑Ethik die Frage nach der Instanz behandelt, vor der die V. für das eigene Handeln besteht und der gegenüber dessen Rechtfertigung gefordert ist. Die Antworten auf diese Frage reichen von

Gott über die Menschheit (einschließlich der künftigen Generationen), die von den Wirkungen des zu verantwortenden Handelns Betroffenen oder die an dem Diskurs darüber Beteiligten bis hin zu der ↑Natur oder dem ↑Sein als solchem. Entsprechend unterschiedlich sind die Begründungen, die für die Definition dieser Instanzen gegeben oder zugelassen werden. In dieser Diskussion ist zu unterscheiden zwischen der Instanz, *vor* der ein Handeln zu rechtfertigen ist, und all dem bzw. all denen, *für* die V. zu übernehmen ist. Während eine hohe Übereinstimmung darüber erreicht werden kann, daß wir mit unserem Handeln auch *für* die künftigen Generationen und die nicht-menschliche Natur eine V. tragen, ist die Definition der Instanz, *vor* der wir uns zu rechtfertigen haben, kontrovers. Die Antwort auf diese Frage hängt dabei von dem umfassenderen Verständnis davon ab, wie das Begründen (↑Begründung) und das Rechtfertigen (↑Rechtfertigung) des Handelns überhaupt begriffen werden sollen.

Literatur: K.-O. Apel, Diskurs und V.. Das Problem des Übergangs zur postkonventionellen Moral, Frankfurt 1988, [4]2008; H.M. Baumgartner/A. Eser (eds.), Schuld und V.. Philosophische und juristische Beiträge zur Zurechenbarkeit menschlichen Handelns, Tübingen 1983; K. Bayertz (ed.), V., Prinzip oder Problem?, Darmstadt 1995; ders., V., EP III ([2]2010), 2860–2863; V. Beck, Eine Theorie der globalen V.. Was wir Menschen in extremer Armut schulden, Berlin 2016; T. van den Beld, Moral Responsibility and Ontology, Dordrecht etc. 2000; B. Berofsky, Freedom from Necessity. The Metaphysical Basis of Responsibility, New York/London 1987; D. Birnbacher (ed.), Ökologie und Ethik, Stuttgart 1980, 2005; ders., V. für zukünftige Generationen, Stuttgart 1988, 1995; E. Bodenheimer, Philosophy of Responsibility, Littleton Colo. 1980; H. Bok, Freedom and Responsibility, Princeton N.J. 1998; K.E. Boxer, Rethinking Responsibility, Oxford etc. 2013; M. Braunleder, Selbstbestimmung, V. und die Frage nach dem sittlich Guten. Zum Begriff einer skeptischen Ethik, Würzburg 1990; G. Brock (ed.), Necessary Goods. Our Responsibilities to Meet Others' Needs, Lanham Md. etc. 1998; A. Brown, Personal Responsibility. Why It Matters, London/New York 2009; A. Buckareff/C. Moya/S. Rosell (eds.), Agency, Freedom, and Moral Responsibility, Basingstoke etc. 2015; E. Buddeberg, V. im Diskurs. Grundlinien einer rekonstruktiv-hermeneutischen Konzeption moralischer Verantwortung im Anschluss an Hans Jonas, Karl-Otto Apel und Emmanuel Lévinas, Berlin/Boston Mass. 2011; W.L. Bühl, V. für soziale Systeme. Grundzüge einer globalen Gesellschaftsethik, Stuttgart 1998; J.K. Campbell/M. O'Rourke/H.S. Silverstein (eds.), Action, Ethics, and Responsibility, Cambridge Mass./London 2010; P. Destrée/R. Salles/M. Zingano (eds.), What Is Up to Us? Studies on Agency and Responsibility in Ancient Philosophy, Sankt Augustin 2014; R.A. Duff, Responsibility, REP VIII (1998), 290–294; L.W. Ekstrom, Agency and Responsibility. Essays on the Metaphysics of Freedom, Boulder Colo./Oxford 2001; E.H. Erikson, Insight and Responsibility. Lectures on the Ethical Implications of Psychoanalytical Insight, London, New York 1964, London/New York 1994 (dt. Einsicht und V.. Die Rolle des Ethischen in der Psychoanalyse, Stuttgart 1966, Frankfurt 1992; franz. Éthique et psychanalyse, Paris 1971); A. Eshleman, Moral Responsibility, SEP 2001, rev. 2014; H. Fink/R. Rosenzweig (eds.), V. als Illusion? Moral, Schuld, Strafe und das Menschenbild der Hirnforschung, Paderborn/München 2012; J.M. Fischer (ed.), Moral Responsibility, Ithaca N.Y. 1986; ders., My Way. Essays on Moral Responsibility, Oxford etc. 2006; ders./M. Ravizza, Responsibility and Control. A Theory of Moral Responsibility, Cambridge etc. 1998, 2000; J. Forge, The Responsible Scientist. A Philosophical Inquiry, Pittsburgh Pa. 2008; P.A. French, Collective and Corporate Responsibility, New York 1984; ders./H.K. Wettstein (eds.), Forward-Looking Collective Responsibility, Boston Mass./Oxford 2014; T. Fuchs/G. Schwarzkopf (eds.), Verantwortlichkeit – nur eine Illusion?, Heidelberg 2010; M. Gatzemeier, V. in Wissenschaft und Technik, Mannheim/Wien/Zürich 1989; L. Heidbrink, Kritik der V.. Zu den Grenzen verantwortlichen Handelns in komplexen Kontexten, Weilerswist 2003; ders., Handeln in der Ungewissheit. Paradoxien der V., Berlin 2007; P. d'Hoine/G. Van Riel (eds.), Fate, Providence and Moral Responsibility in Ancient, Medieval and Early Modern Thought. Studies in Honour of Carlos Steel, Leuven 2014; J. Holl, Historische und systematische Untersuchungen zum Bedingungsverhältnis von Freiheit und Verantwortlichkeit, Königstein 1980; ders. u.a., V., Hist. Wb. Ph. XI (2001), 566–575; L. Honnefelder/M.C. Schmidt (eds.), Was heißt V. heute?, Paderborn 2008; R. Ingarden, Über die V.. Ihre ontischen Fundamente, Stuttgart 1970 (engl. Man and Value, Washington D.C., München/Wien 1983); H. Jonas, Das Prinzip V.. Versuch einer Ethik für die technologische Zivilisation, Frankfurt 1979, [13]1998, Neuausg. 2003, [5]2015; M. Kaufmann/J. Renzikowski (eds.), Zurechnung und V.. Tagung der Deutschen Sektion der Internationalen Vereinigung für Rechts- und Sozialphilosophie vom 22.–24. September 2010 in Halle (Saale), Stuttgart 2012; J. Kennett, Agency and Responsibility. A Common-Sense Moral Psychology, Oxford 2001, 2003; A. Kenny, Free Will and Responsibility, London/Boston Mass. 1978, 1988; C. Knight/Z. Stemplowska (eds.), Responsibility and Distributive Justice, Oxford etc. 2011, 2014; R.-P. Koschut, Strukturen der V.. Eine kritische Auseinandersetzung mit Theorien über den Begriff der V. unter besonderer Berücksichtigung des Spannungsfeldes zwischen der ethisch-personalen und der kollektiv-sozialen Dimension menschlichen Handelns, Frankfurt etc. 1989; T. Leiber, Natur-Ethik, V. und Universalmoral, Münster/Hamburg/London 2002; H. Lenk/G. Ropohl (eds.), Technik und Ethik, Stuttgart 1987, [2]1993; ders., Konkrete Humanität. Vorlesungen über V. und Menschlichkeit, Frankfurt 1998; N. Levy, Consciousness and Moral Responsibility, Oxford etc. 2014; K. Lippert-Rasmussen, Deontology, Responsibility, and Equality, Kopenhagen 2005; W. Lübbe (ed.), Kausalität und Zurechnung. Über V. in komplexen kulturellen Prozessen, Berlin/New York 1994; dies., V. in komplexen kulturellen Prozessen, Freiburg/München 1998; J.R. Lucas, Responsibility, Oxford etc. 1993, 2004; W.A.P. Luck (ed.), V. in Wissenschaft und Kultur, Berlin 1996; L. May, The Morality of Groups. Collective Responsibility, Group-Based Harm, and Corporate Rights, Notre Dame Ind. 1987; ders., Sharing Responsibility, Chicago Ill./London 1992, 1996; ders./S. Hoffman (eds.), Collective Responsibility. Five Decades of Debate in Theoretical and Applied Ethics, Savage Md. 1991; M. McKenna, Conversation and Responsibility, Oxford etc. 2012; G.F. Mellema, Collective Responsibility, Amsterdam/Atlanta Ga. 1997; J. Mellema, Individuals, Groups, and Shared Moral Responsibility, New York etc. 1988; S.S. Meyer, Aristotle on Moral Responsibility. Character and Cause, Oxford/Cambridge Mass. 1993, Oxford etc. 2011; H.A. Mieg, V.. Moralische Motivation und die Bewältigung sozialer Komplexität, Opladen 1994; C. Mitcham/D.G. Johnson/H. Lenk, Responsibility, in: C. Mitcham (ed.), Encyclopedia of Science, Technology and Ethics III, Detroit Mich. etc. 2005, 1609–1623; J. Mittelstraß, Leonardo-Welt. Über Wissenschaft, Forschung und V., Frankfurt 1992, ^{2}1996; M. S. Moore, Causation and Responsibility. An Essay in Law, Morals and Metaphysics, Oxford etc. 2009, 2010; H. Morris (ed.), Freedom and Responsibility. Readings in Philosophy and Law, Stanford Calif. 1961, 1973; T. Mulgan, Future People. A Moderate Consequentialist Account of Our Obligations to Future Generations, Oxford etc. 2006; H.-P. Müller/H.-P. Dürr, Wissen als V.. Ethische Konsequenzen des Erkennens, Stuttgart/Berlin/Köln 1991; D. K. Nelkin, Making Sense of Freedom and Responsibility, Oxford etc. 2011, 2013; O. Neumaier, Moralische V.. Beiträge zur Analyse eines ethischen Begriffs, Paderborn etc. 2008; J. Nida-Rümelin, V., Stuttgart 2011; M. Oshana, Responsibility. Philosophical Aspects, IESBS XIX (2001), 13279–13283; U. Pothast, Freiheit und V.. Eine Debatte, die nicht sterben will – und auch nicht sterben kann, Frankfurt 2011; C. Pulman (ed.), Hart on Responsibility, Basingstoke etc. 2014; J. Raz, From Normativity to Responsibility, Oxford etc. 2011, 2013; A. Ripstein, Equality, Responsibility, and the Law, Cambridge etc. 1999, 2001; F.-H. Robling, V., Hist. Wb. Rhetorik IX (2009), 1015–1034; J. Schälike, Spielräume und Spuren des Willens. Eine Theorie der Freiheit und der moralischen V., Paderborn 2010; M. Schefczyk, V. für historisches Unrecht. Eine philosophische Untersuchung, Berlin/New York 2012; H.-M. Schönherr-Mann, Die Macht der V., Freiburg/München 2010; W. Schulz, Philosophie in der veränderten Welt, Pfullingen 1972, ^{7}2001; J. Schwartländer, V., Hb. ph. Grundbegriffe III (1974), 1577–1588; M. Smiley, Collective Responsibility, SEP 2005, rev. 2010; M. Stier, V. und Strafe ohne Freiheit, Paderborn 2011; G. Teubner (ed.), Ecological Responsibility, Chichester etc. 1994; M. Vacquin, La responsabilité. La condition de notre humanité, Paris 1994, 2009; M. Vargas, Building Better Beings. A Theory of Moral Responsibility, Oxford etc. 2013, 2015; R. J. Wallace, Responsibility and the Moral Sentiments, Cambridge Mass. 1994, 1998; B. Waller, Against Moral Responsibility, Cambridge Mass./London 2011; W. Weischedel, Das Wesen der V.. Ein Versuch, Frankfurt 1933, ^{3}1972; R. Wimmer, V., in: P. Kolmer/A. G. Wildfeuer (eds.), Neues Handbuch philosophischer Grundbegriffe III, Freiburg/München 2011, 2309–2320; S. Wolf, Der deskriptive Kern der V.. Eine metaethische Untersuchung angesichts neurokognitionswissenschaftlicher Erkenntnisse, Paderborn 2012. O. S.

Verantwortungsethik, Bezeichnung für eine nach M. Weber die politische Persönlichkeit charakterisierende Fähigkeit, die im Durchsetzungsprozeß politischen Wollens zu treffenden Entscheidungen vermittels einer vom Standpunkt der Betroffenen vorgenommenen Güterabwägung an den unmittelbaren Folgen des Handelns zu orientieren. Die Folgenverantwortlichkeit des Politikers ergibt sich aus dem Einsatz legitimer staatlicher ↑Gewalt als dem spezifischen Mittel der Politikdurchsetzung. Insoweit steht die V. in Gegensatz zur *Gesinnungsethik*, deren Vertreter eine rigorose und situationsinvariante Befolgung von Handlungsanweisungen kennzeichnet, die ohne Praxisvermittlung aus für gültig angesehenen, abstrakten Prinzipien abgeleitet werden. Gerade durch eine bewußt auf sich genommene Folgenverantwortung kann jedoch der nicht bloß opportunistisch auf Situationen reagierende Politiker in einen gesinnungsethischen Gewissenskonflikt mit den für seine Politik grundlegenden Überzeugungen geraten.

Der Ausdruck ›V.‹ hat inzwischen seine Prägung durch Webers Formulierung im Kontext des spezifisch politischen Ethos verloren und bezeichnet heute die im Zusammenhang mit den (vor allem ökologischen) Gefährdungslagen der wissenschaftlich-technischen Zivilisation intensivierten Bemühungen um die Entwicklung moralischer Beurteilungsgesichtspunkte menschlichen Handelns, die einen stärkeren Einbezug der langfristigen Folgen gesellschaftlicher Entwicklungen ermöglichen (↑Verantwortung). Die von H. Jonas zum ›kategorischen Imperativ‹ der V. erhobene Forderung, so zu handeln, daß »die Wirkungen deiner Handlungen verträglich sind mit der Permanenz echten menschlichen Lebens auf Erden« (Das Prinzip Verantwortung, 1979, 36), ist umstritten sowohl hinsichtlich des Handlungssubjekts, an das eine solche Forderung sich sinnvollerweise richten kann (die Wirkungen meines Autofahrens mögen in der geforderten Weise verträglich sein, nicht aber die Wirkungen des auf Privatverkehr beruhenden Verkehrssystems als Ganzem), als auch hinsichtlich des insbes. für politische Entscheidungsträger auftauchenden Problems der Verhältnismäßigkeit der Mittel (fordert der Imperativ gegebenenfalls, die eine Hälfte der Menschheit um des Weiterlebens der anderen Hälfte willen zu opfern?). Die insoweit schon in der erwähnten Weberschen Entgegensetzung enthaltenen Probleme werden in verallgemeinerter Form im Rahmen der Unterscheidung von deontologischen (regelbefolgungsorientierten) und konsequentialistischen (folgenorientierten) Moralbegründungen diskutiert (↑Deontologie, ↑Konsequentialismus).

Literatur: G. Banzhaf, Philosophie der Verantwortung. Entwürfe, Entwicklungen, Perspektiven, Heidelberg 2002; P. Bessard, Charles Monnard. L' éthique de la responsabilité, Genf 2014; D. Birnbacher (ed.), Ökologie und Ethik, Stuttgart 1980, ^{2}1983, 2005; ders., Verantwortung für zukünftige Generationen, Stuttgart 1988, 1995; W. T. Blackstone (ed.), Philosophy and Environmental Crisis, Athens Ga. 1974, 1983; E. Bodenheimer, Philosophy of Responsibility, Littleton Colo. 1980; J. Boomgaarden/M. Leiner (eds.), Kein Mensch, der der Verantwortung entgehen könnte. V. in theologischer, philosophischer und religionswissenschaftlicher Perspektive, Freiburg/Basel/Wien 2014; M. Braunleder, Selbstbestimmung, Verantwortung und die Frage nach dem sittlich Guten. Zum Begriff einer skeptischen Ethik, Würzburg 1990; B. Brunner (ed.), Das Politische der Philosophie. Über die gesellschaftliche Verantwortung politischen Denkens, Mössingen-Talheim 1993; J. M. Fischer (ed.), Moral Responsibility, Ithaca N. Y./London 1986; ders./M. Ravizza, Responsibility and Control. A Theory of Moral Responsibility, Cambridge etc. 1998, 2000; M. Gatzemeier, Verantwortung in Wissenschaft und Technik, Mannheim/Wien/Zürich 1989; L. Heidbrink, Kritik der Verantwortung. Zu den Grenzen verantwortlichen Handelns in komplexen Kontexten, Weilerswist 2003; ders., Handeln in der Ungewissheit. Paradoxien der Verantwortung, Berlin 2007; E. Herms, V., RGG VIII (^{4}2005), 933–934; H. Jonas, Das Prinzip Verantwortung. Versuch einer Ethik für die technologische Zivilisation, Frankfurt 1979, [12]1995, 2015, ferner in: ders., Kritische Gesamtausg. der Werke I/2.1, ed. D. Böhler/B. Herrmann, Freiburg/Berlin/Wien 2015, 1–420; ders., Das Prinzip Verantwortung. Tragweite und Aktualität einer Zukunftsethik, ed. D. Böhler/B. Hermann, Freiburg/Berlin/Wien 2017 (= Kritische Gesamtausg. der Werke I/2.2); A. S. Kaufman, Responsibility, Moral and Legal, Enc. Ph. VII (1967), 183–188, VIII ([2]2006), 444–451; H. Kreß, V./Gesinnungsethik, EP III ([2]2010), 2863–2867; ders./W. E. Müller, V. heute. Grundlagen und Konkretionen einer Ethik der Person, Stuttgart/Berlin/Köln 1997; H. Lenk/G. Ropohl (eds.), Technik und Ethik, Stuttgart 1987, [2]1993; J. R. Lucas, Responsibility, Oxford etc. 1993, 2004; L. May, Sharing Responsibility, Chicago Ill./London 1992, 1996; ders./S. Hoffman (eds.), Collective Responsibility. Five Decades of Debate in Theoretical and Applied Ethics, Savage Md. 1991; J. Mellema, Individuals, Groups, and Shared Moral Responsibility, New York etc. 1988; H. A. Mieg, V., Hist. Wb. Ph. XI (2001), 575–576; J. Mittelstraß, Leonardo-Welt. Über Wissenschaft, Forschung und Verantwortung, Frankfurt 1992, [2]1996; H.-P. Müller/H.-P. Dürr, Wissen als Verantwortung. Ethische Konsequenzen des Erkennens, Stuttgart/Berlin/Köln 1991; J. Nida-Rümelin, Kritik des Konsequentialismus, München 1993, [2]1995; P. Pettit (ed.), Consequentialism, Aldershot etc. 1993; É. Pommier, Hans Jonas et le principe responsabilité, Paris 2012; ders., Ontologie de la vie et éthique de la responsabilité selon Hans Jonas, Paris 2013; W. Schluchter, Wertfreiheit und V.. Zum Verhältnis von Wissenschaft und Politik bei Max Weber, Tübingen 1971; ders., Individualismus, V. und Vielfalt, Weilerswist 2000; H.-M. Schönherr-Mann, Die Macht der Verantwortung, Freiburg/München 2010; J. Schubert, Das »Prinzip Verantwortung« als verfassungsstaatliches Rechtsprinzip. Rechtsphilosophische und verfassungsrechtliche Betrachtungen zur V. von Hans Jonas, Baden-Baden 1998; M. Weber, Politik als Beruf (Vortrag 1919), in: ders., Ges. politische Schriften, München 1921, 396–450, Neudr., ed. J. Winckelmann, Tübingen [2]1921, [4]1958 (repr. 1988), 505–560; weitere Literatur: ↑Verantwortung. H. R. G./W. L.

Verband (engl. lattice, franz. treillis), in der Mathematik Bezeichnung für eine ↑Menge V mit zwei zweistelligen inneren ↑Verknüpfungen, $\wedge$ und $\vee$, derart, daß alle a, b, $c \in V$ die folgenden Bedingungen erfüllen:

Assoziativität (↑assoziativ/Assoziativität):
$a \wedge (b \wedge c) = (a \wedge b) \wedge c$,
$a \vee (b \vee c) = (a \vee b) \vee c$;

Kommutativität (↑kommutativ/Kommutativität):
$a \wedge b = b \wedge a$,
$a \vee b = b \vee a$;

Reflexivität (↑reflexiv/Reflexivität) (oder Idempotenz; ↑idempotent/Idempotenz):
$a \wedge a = a$,
$a \vee a = a$;

Absorption (↑Absorptionsgesetz):
$a \vee (a \wedge b) = a$,
$a \wedge (a \vee b) = a$.

Ein V. läßt sich auch als eine spezielle Halbordnung (↑Ordnung) betrachten. Dazu wird zu einem V. $(V,\wedge,\vee)$ eine ↑Relation $\leq$ durch $a \leq b \leftrightharpoons a \wedge b = a$ definiert. Dann ist $(V,\leq)$ eine Halbordnung, in der für jede endliche ↑Teilmenge von V eine im Sinne von $\leq$ kleinste obere Schranke (Supremum) und eine größte untere Schranke (Infimum) in V existieren (ein Element $a \in V$ ist genau dann eine obere [bzw. untere] Schranke von $M \subseteq V$, wenn $\bigwedge_{x \in M} x \leq a$ [bzw. $\bigwedge_{x \in M} a \leq x$]; eine obere [bzw. untere] Schranke a von M heißt *kleinste* obere [bzw. größte untere] Schranke von M, wenn für jede andere obere [bzw. untere] Schranke b gilt: $b \geq a$ [bzw. $b \leq a$]). Eine Halbordnung mit dieser Eigenschaft wird auch eine ›verbandsgeordnete Menge‹ genannt. Für das Supremum und das Infimum einer Menge $M \subseteq V$ schreibt man sup M bzw. inf M. Sei umgekehrt eine verbandsgeordnete Menge $(V,\leq)$ gegeben, dann ist $(V,\wedge,\vee)$ mit

$a \wedge b \leftrightharpoons \inf\{a,b\}$,
$a \vee b \leftrightharpoons \sup\{a,b\}$

ein V.. Ist M eine Menge, so ist z. B. $(\mathfrak{P}(M),\cap,\cup)$, die ↑Potenzmenge von M zusammen mit den ↑Operationen der Schnittmengen- und Vereinigungsmengenbildung (eingeschränkt auf Teilmengen von M; ↑Durchschnitt, ↑Vereinigung (mengentheoretisch)), ein V.. Die entsprechende V.sordnung ist gerade die Teilmengenbeziehung $\subseteq$. Ein V. heißt ›(nach oben und unten) begrenzt‹, wenn Infimum und Supremum für seine Trägermenge V existieren; er heißt ›vollständig‹, wenn Suprema und Infima für beliebige (also auch unendliche; ↑unendlich/Unendlichkeit) Teilmengen von V existieren; er heißt ›modular‹, wenn stets gilt:

$c \leq a \Rightarrow a \wedge (b \vee c) = (a \wedge b) \vee c$,

und ›distributiv‹, wenn stets gilt:

$a \wedge (b \vee c) = (a \wedge b) \vee (a \wedge c)$.

Literatur: R. Berghammer, Ordnungen, Verbände und Relationen mit Anwendungen, Wiesbaden 2008, [2]2012; ders., Ordnungen und Verbände. Grundlagen, Vorgehensweisen und Anwendungen, Wiesbaden 2013; G. Birkhoff, Lattice Theory, New York, Providence R. I. 1940, [3]1967, 1995; T. S. Blyth, Lattices and Ordered Algebraic Structures, London 2005; G. Boole, An Investigation of the Laws of Thought, on Which Are Founded the Mathematical Theories of Logic and Probabilities, London 1854, Neudr. La Salle Ill. 1952 (= Collected Logical Works II), New York 1968; B. Buldt, V., V.stheorie, Hist. Wb. Ph. XI (2001), 576–579; B. A. Davey/H. A. Priestley, Introduction to Lattices and Order, Cambridge etc. 1990, [2]2002, 2010; A. De Morgan, Formal Logic. Or, the Calculus of Inference, Necessary and Probable, London 1847, 1926; H. Gericke, Theorie der Verbände, Mannheim 1963, [2]1967 (engl. Lattice Theory, New York, London 1966); G. Gierz u. a., Continuous Lattices and Domains, Cambridge etc. 2003; G. Grätzer, General Lattice Theory, Basel/Stuttgart 1978, Basel/Boston Mass./Berlin [2]1998, 2003; ders., Lattice Theory. Foundation, Basel 2011; ders., Lattice Theory. Special Topics and Applications, I–II, Cham 2014/2016; H. Hermes, Einführung in die V.stheorie, Berlin/Göttingen/Heidelberg 1955, Berlin/Heidelberg/New York [2]1967; V. G. Kaburlasos, Towards a Unified Modeling and Knowledge Representation Based on Lattice Theory. Computational Intelligence and Soft Computing Applications, Berlin/Heidelberg/New York 2006; J. Martinet, Les réseaux parfaits des espaces euclidiens, Paris/Mailand/Barcelona 1996 (engl. Perfect Lattices in Euclidean Spaces, Berlin etc. 2003, 2010); R. McKenzie/G. McNulty/W. Taylor, Algebras, Lattices, Varieties I, Monterey Calif. 1987; C. S. Peirce, On the Algebra of Logic, Amer. J. Math. 3 (1880), 15–57, Neudr. in: C. J. W. Kloesel (ed.), Writings of Charles S. Peirce IV, Bloomington Ind./Indianapolis Ind. 1986, 1998, 163–209; E. Schröder, Vorlesungen über die Algebra der Logik, I–III, Leipzig 1890–1905 (repr. Bristol/Sterling Va. 2001), Bronx N. Y. ²1966. A. F.

Verband, Boolescher, ↑Boolescher Verband.

Verband, orthomodularer, Bezeichnung für einen ↑Verband $(V,\wedge,\vee,^{\perp},0,1)$ mit zwei zweistelligen Operationen $\wedge$ und $\vee$, einer einstelligen Operation $^{\perp}$ und zwei ausgezeichneten Elementen 0 und 1, der für alle $a, b \in V$ die folgenden Bedingungen erfüllt:

(1) $a \wedge 0 = 0$ und $a \vee 1 = 1$;
(2) $a \wedge a^{\perp} = 0$ und $a \vee a^{\perp} = 1$;
(3) $(a \wedge b)^{\perp} = a^{\perp} \vee b^{\perp}$ und $(a \vee b)^{\perp} = a^{\perp} \wedge b^{\perp}$;
(4) $a^{\perp\perp} = a$;
(5) wenn $a \leq b$, dann $a \vee (a^{\perp} \wedge b) = b$.

Die Bedingungen (1) bis (4) definieren ›Orthoverbände‹. Orthoverbände sind im allgemeinen nicht distributiv (↑distributiv/Distributivität): Es gilt zwar $(a \wedge b) \vee (a \wedge c) \leq a \wedge (b \vee c)$, aber nicht notwendigerweise die Umkehrung. Nimmt man die Distributivität, also die Bedingung $(a \wedge b) \vee (a \wedge c) = a \wedge (b \vee c)$, zu den Postulaten (1) bis (4) hinzu, so erhält man die Definition einer ↑Booleschen Algebra. Jeder *modulare* Orthoverband (↑Verband) ist ein o. V., aber nicht umgekehrt. So hat die Menge der Teilräume eines endlich-dimensionalen euklidischen Raumes die Struktur eines modularen Orthoverbandes, während die Menge C(H) der abgeschlossenen Teilräume eines Hilbertraumes H im allgemeinen nicht modular, sondern bloß orthomodular ist. Da C(H) als Repräsentation der möglichen Zustände eines Quantensystems aufgefaßt werden kann, erhält die Theorie der o.n V.e Bedeutung als algebraische Theorie von Quantensystemen (↑Quantenlogik). In dieser Verbindung zur ↑Quantentheorie erschöpft sich weitgehend die Bedeutung o. V.e; aus rein algebraischer Sicht handelt es sich dabei um keine besonders auffällige Klasse von Algebren.

Literatur: G. Birkhoff/J. v. Neumann, The Logic of Quantum Mechanics, Ann. Math. 37 (1936), 823–843; G. H. Goldblatt, Orthomodularity Is Not Elementary, J. Symb. Log. 49 (1984), 401–404. A. F.

Verbandstheorie (engl. lattice theory), Bezeichnung für die Theorie halbgeordneter (↑Ordnung) ↑Mengen, in denen jede endliche Teilmenge eine kleinste obere und eine größte untere Schranke besitzt (↑Verband). Anfänge der V. finden sich in den Untersuchungen von A. De Morgan, G. Boole, C. S. Peirce und E. Schröder zur Formalisierung der Aussagenlogik (↑Algebra der Logik, ↑Boolescher Verband). In den 1930er Jahren legen die verbandstheoretischen Arbeiten von G. Birkhoff u. a. die Grundlagen für eine allgemeine Theorie algebraischer Strukturen (↑Algebra).

Literatur: ↑Verband. A. F.

Verdinglichung (abgeschwächter auch: Versachlichung, ↑Vergegenständlichung, engl. reification), im wesentlichen auf K. Marx' Lehre vom Fetischcharakter der ↑Ware (↑Warenfetischismus) zurückgehender Terminus zur Bezeichnung einer Selbstentfremdung des Menschen durch die Orientierung am ↑Tauschwert, statt am ↑Gebrauchswert von Waren; der Terminus wird vor allem im Frühwerk von G. Lukács und bei T. W. Adorno in kulturkritischer Absicht verwendet. Nach Marx ist den universell warenproduzierenden Gesellschaften die Verschleierung des gesellschaftlichen Charakters der Produktion eigentümlich. In den Vordergrund tritt das ›Gelddasein der Ware‹. Die gesellschaftlichen Charaktere der Privatarbeiten erscheinen als ›sachliche Verhältnisse der Personen und gesellschaftliche Verhältnisse der Sachen‹ (MEW XXIII, 87). Die V. ist als Selbstentfremdung (↑Entfremdung) des Menschen erst durch die Beseitigung der Warengesellschaft, d. h. die Orientierung der Produktion an den Bedürfnissen der Menschen und an den Gebrauchswerten, aufzuheben. Der Sache nach wird die V. von Marx bereits in seinen philosophisch-ökonomischen Frühschriften als ein kulturprägendes Phänomen identifiziert. Marx schließt dabei an Argumente G. W. F. Hegels in dessen ↑Phänomenologie des Geistes (↑Herr und Kecht) und L. Feuerbachs in dessen Lehre von der religionsstiftenden übersinnlichen Projektion menschlicher Eigenschaften an. – In einem weiteren Sinne sind alle menschlichen Interaktionen, die nicht direkt von Mensch zu Mensch (wie im Falle der Liebe), sondern über Sachen vermittelt sind (z. B. über Verträge), verdinglicht.

In einer Ergänzung und Korrektur zu Marx bewertet G. Simmel (1900) die Versachlichung der menschlichen Beziehungen auf Grund der Entwicklung der Geldwirtschaft nicht nur negativ (Traditionsverlust, Entwurzelung, Entqualifizierung usw.), sondern macht auf ihre auch positiven Folgen für die moderne Kultur aufmerksam (Befreiung von personenbezogener Herrschaft, Individuierung, Selbstverantwortlichkeit usw.). – Seit Lukács hat der Ausdruck ›V.‹ terminologische Form angenommen. Lukács unterscheidet an Marx anknüpfend die ›objektive‹ (Warenfetischismus) von der ›subjektiven‹ V., die das Bewußtsein der Warenproduzenten auf einer entwickelten Stufe der technischen Produktivkräfte ergreift. Im mechanisierten und atomisierten Produktionsprozeß erfährt sich der Arbeiter nur noch als Bestandteil dinglicher Prozesse und als Inhaber eines bestimmten Quantums abstrakter ↑Arbeit, nicht mehr als Produzent qualitativer Gebrauchswerte. Lukács' Thesen (Geschichte und Klassenbewußtsein, 1923) über die Möglichkeiten einer die V. aufhebenden Entwicklung brachten ihn in Konflikt mit der offiziellen Parteilinie des sowjetischen ↑Kommunismus. Nach Lukács hat insbes. die Kritische Theorie (↑Theorie, kritische) den Nachweis geführt, daß sich das V.sphänomen nicht nur auf den ökonomischen Lebensbereich, sondern auf die gesamte Kultur, z. B. in Form der Kulturindustrie, auswirkt.

Literatur: V. Chanson/A. Cukier/F. Monferrand (eds.), La réification. Histoire et actualité d'un concept critique, Paris 2014; C. Demmerling, Sprache und V.. Wittgenstein, Adorno und das Projekt einer kritischen Theorie, Frankfurt 1994; H. Friesen u. a. (eds.), Ding und V.. Technik- und Sozialphilosophie nach Heidegger und der Kritischen Theorie, München/Paderborn 2012; K. Hartmann, Die Marxsche Theorie. Eine philosophische Untersuchung zu den Hauptschriften, Berlin 1970, 274–283; A. Honneth, V.. Eine anerkennungstheoretische Studie, Frankfurt 2005, Berlin 2015 (franz. La réification. Petit traité de théorie critique, Paris 2007); ders., Reification. A New Look at an Old Idea, Oxford etc. 2008, 2012; G. Lukács, Die V. und das Bewußtsein des Proletariats, in: ders., Geschichte und Klassenbewußtsein. Studien über marxistische Dialektik, Berlin 1923, Nachdr. Darmstadt/Neuwied 1968 (= Werke II), Darmstadt [10]1988, 94–228, Bielefeld 2015 (= Werkausw. in Einzelbdn. III), 11–176 (franz. La réification et la conscience du prolétariat, in: ders., Histoire et conscience de classe. Essais de dialectique marxiste, Paris 1960, 1984, 109–256; engl. Reification and the Consciousness of the Proletariat, in: ders., History and Class Consciousness. Studies in Marxist Dialectics, Cambridge Mass. 1971, 83–222); ders. u. a., V., Marxismus, Geschichte. Von der Niederlage der Novemberrevolution zur kritischen Theorie, ed. M. Bitterolf/D. Maier, Freiburg 2012; M. Mayer, Objekt-Subjekt. F. W. J. Schellings Naturphilosophie als Beitrag zu einer Kritik der V., Bielefeld 2014; R. Rosdolsky, Zur Entstehungsgeschichte des Marxschen »Kapital«. Der Rohentwurf des »Kapital« 1857–58, I–III, Frankfurt 1968–1974, hier: I, 154–161 (engl. The Making of Marx's »Capital«, London 1977, 1989, hier: 123–129); A. Schmidt, V.; Vergegenständlichung, Hist. Wb. Ph. XI (2001), 608–613; G. Simmel, Philosophie des Geldes, München/Leipzig 1900, [8]1987, ferner als: Gesamtausg. VI, Frankfurt 1989, [10]2014; F. Vandenberghe, Reification. History of the Concept, IESBS XIX (2001), 12993–12996; J. Weiss, V. und Subjektivierung. Versuch einer Reaktualisierung der kritischen Theorie, Frankfurt 2015; J. Zimmer/A. Regenbogen, Entfremdung, EP I ([2]2010), 532–535. S. B.

Verdrängung (engl. repression, franz. refoulement), in der ↑Psychoanalyse Bezeichnung für eine als neurotisch gewertete Form der psychischen ↑Abwehr. Sie besteht darin, einen als unerträglich empfundenen ↑Konflikt zwischen den Ansprüchen antagonistischer ↑Triebe (z. B. Libido und Aggression) oder zwischen ↑Es und Über-Ich ins Unterbewußtsein (↑Unbewußte, das) zu verschieben bzw. ihn in Fällen, in denen der Konflikt selbst unbewußt ist, am Eintritt in das Bewußtsein zu hindern. V. ist somit ein motiviertes Vergessen. Motiviert wird es unter anderem durch ↑Angst, die jene Konflikte hervorrufen. V. läßt sich als der (untaugliche, weil vergebliche) Versuch der Angst- und Konfliktabwehr zum Zwecke der Erhaltung bzw. Wiederherstellung psychischen Gleichgewichts (z. B. im Sinne einer erträglicheren Selbstwahrnehmung im Hinblick auf das eigene Ichideal) verstehen. Die Abwehr verhindert zudem eine realitätsangemessene Korrektur des Ichideals und die Integration dem eigenen Zugriff entzogener, aber existenziell bedeutsamer (gegebenenfalls bedrohlich erscheinender, aber potenziell sinnstiftender) Persönlichkeitsmerkmale und Lebenskonstellationen in das bewußte Selbstverständnis. Bei dem Versuch der Bewußtmachung (und damit der Bearbeitung) von Konflikten in einer Psychoanalyse (und Therapie) macht sich dem Analytiker (und Therapeuten) die V. als ›Widerstand‹ bemerkbar.

Literatur: R. Bittner, Wer verdrängt was warum? Schwierigkeiten in Freuds Begriff der V., Analyse u. Kritik 7 (1985), 103–118; F.-W. Eickhoff, V., Hist. Wb. Ph. XI (2001), 618–622; M. H. Erdelyi, Repression, in: A. E. Kazdin (ed.), Encyclopedia of Psychology VII, Oxford etc. 2000, 69–71; weitere Literatur: ↑Psychoanalyse. R. Wi.

Verdünnung (engl. thinning), Terminus der formalen Logik (↑Logik, formale), von G. Gentzen 1933 zunächst für die Hinzufügung von ↑Annahmen bzw. ↑Prämissen zu den Vordergliedern eines (als ↑Implikation oder ↑Regel geschriebenen) Schlußschemas (↑Schluß, ↑Schema) eingeführt, dann 1935 verallgemeinert auf die durch Vermehrung der Antezedentien (↑Antezedens) *oder* der Sukzedentien (↑Sukzedens) bewirkte Abschwächung (↑Abschwächungsregel) einer ↑Sequenz $\Sigma \| \Pi$ zu $\Sigma, \Sigma' \| \Pi$ bzw. zu $\Sigma \| \Pi, \Pi'$. In Anlehnung an diese für ↑Sequenzenkalküle formulierten ↑Strukturregeln spricht man heute von ›$\wedge$-Verdünnung‹ bzw. ›$\vee$-Verdünnung‹ bei den junktorenlogischen Gesetzen (›V.sgesetzen‹, ›V.sregeln‹)

$$(a \wedge b) \rightarrow a \quad \text{und} \quad (a \wedge b) \rightarrow b$$

bzw.

$$a \rightarrow (a \vee b) \quad \text{und} \quad b \rightarrow (a \vee b).$$

Gelegentlich werden auch das aus $(a \wedge b) \rightarrow a$ durch Exportation (↑Exportationsregeln) folgende Gesetz $a \rightarrow (b \rightarrow a)$ sowie die Gesetze

$$(a \leftrightarrow b) \rightarrow (a \rightarrow b)$$

und

$$(a \leftrightarrow b) \rightarrow (b \rightarrow a)$$

als V.sgesetze bezeichnet.

Literatur: G. Gentzen, Über die Existenz unabhängiger Axiomensysteme zu unendlichen Satzsystemen, Math. Ann. 107 (1933), 329–350; ders., Untersuchungen über das logische Schließen, I–II, Math. Z. 39 (1935), 176–210, 405–431, separat Darmstadt 1969, 1974; H. Hermes, Einführung in die mathematische Logik. Klassische Prädikatenlogik, Stuttgart 1963, erw. [2]1969, [4]1976 (repr. 1991), 160 (engl. Introduction to Mathematical Logic, Berlin etc. 1973, 169); S. C. Kleene, Introduction to Metamathematics, Amsterdam, Groningen 1952 (repr. 1962, 2000), 443–444; H. A. Schmidt, Mathematische Gesetze der Logik I (Vorlesungen über Aussagenlogik), Berlin/Göttingen/Heidelberg 1960. C. T.

Vereinigung (mengentheoretisch) (engl. union [of sets]), in der ↑Mengenlehre Bezeichnung für die aus zwei ↑Mengen M und N gebildete Menge $M \cup N \leftrightharpoons \{x: x \in M \vee x \in N\}$, also die Menge derjenigen x, welche wenigstens einer der Mengen M und N als Element angehören. Allgemeiner ist die V. der Mengen einer Mengenfamilie $(M_i)_{i \in I}$ die Menge $\bigcup_{i \in I} M_i \leftrightharpoons \{x: \bigvee_{i \in I} x \in M_i\}$ und die V. der Mengen in einer Menge $\mathcal{M}$ von Mengen die Menge $\bigcup \mathcal{M} \leftrightharpoons \{x: \bigvee_{M \in \mathcal{M}} x \in M\}$. In bestimmten Axiomatisierungen der Mengenlehre (↑Mengenlehre, axiomatische) wie dem ↑Zermelo-Fraenkelschen Axiomensystem wird die Existenz von $\bigcup \mathcal{M}$ für beliebige Mengen $\mathcal{M}$ axiomatisch gefordert. Verbandstheoretisch (↑Verband) ist die V. von Mengen deren Supremum und damit das Gegenstück zum ↑Durchschnitt als deren Infimum. Die in der älteren Mengenlehre gebräuchliche Schreibweise ›$M + N$‹ (entsprechend der Rede von der ›Summe‹ von Mengen) wird in modernen konstruktiven ↑Typentheorien in modifiziertem Sinn wieder verwendet. Hier bezeichnet ›$M + N$‹ die disjunkte Vereinigung von M und N (klassische mengentheoretische Bezeichnung ›$\dot{\cup}$‹), bei deren Elementen es aufgrund der Konstruktionsregeln für $M + N$ immer feststeht, aus welcher Ausgangsmenge bzw. welchem Ausgangstyp (M oder N) sie stammen. P. S.

Vergegenständlichung, in G. W. F. Hegels dialektischem (↑Dialektik) Konzept Bezeichnung für die Auffassung des ↑Selbstbewußtseins als eines sich entäußernden (↑Entäußerung) und die Entäußerung zurücknehmenden (↑aufheben/Aufhebung) Prozesses. In der Entäußerung gibt sich das sonst abstrakt bleibende Für-sich-Sein ein äußeres Dasein und vergegenständlicht sich damit; es tritt in einen selbstentfremdeten (↑Entfremdung, ↑Verdinglichung), mit sich entzweiten (↑Entzweiung) Zustand ein. Terminologisch wird der Begriff der V. beim jungen K. Marx (Ökonomisch-philosophische Manuskripte aus dem Jahre 1844, MEW Erg.bd. I, 574–588), der im Rekurs auf Hegels ↑Phänomenologie des Geistes dessen Verdienst darin sieht, den Menschen als sich selbst erzeugend zu konzipieren, wobei dieser allerdings die Aufhebung der vergegenständlichenden Entäußerung nur als ›abstrakt geistig‹ (›formelle und abstrakte Fassung des Selbsterzeugungs- und Selbstvergegenständlichungsakts des Menschen‹), nicht als wirkliche gesellschaftlich-historische Tätigkeit begriffen habe. S. B.

Vergesellschaftung, Begriff der ↑Soziologie zur Bezeichnung der fortschreitenden Verbindung von Individuen in zweckrational (↑Zweckrationalität) geordneten sozialen Beziehungen. M. Weber übernimmt von F. Tönnies die Unterscheidung zwischen ↑Gemeinschaft und ↑Gesellschaft, verwendet diese Begriffe jedoch unspezifischer und konzentriert sich auf die nun von ihm als Vergemeinschaftung und V. bezeichneten Prozesse. Zu diesem Zweck unterscheidet Weber drei Formen des ›Gemeinschaftshandelns‹ (bzw. ›sozialen Handelns‹): bloßes Gemeinschaftshandeln, ›Einverständnishandeln‹ und ›Gesellschaftshandeln‹. ›Gesellschaftshandeln‹ entsteht durch ein ›V.shandeln‹, das dauerhafte Vereinbarungen herbeiführt. Die auf etablierte Ordnungen gestützten Erwartungen an das Verhalten anderer ›vergesellschafteter‹ Individuen sind charakteristisch für diesen erfolgten Übergang. In diesem Sinne ist schon der Kartenspieler, der sich an bestimmten Spielregeln orientiert, nach Weber ein ›Vergesellschafteter‹. Demgegenüber wird etwa in einer Freundschaft (mit sich möglicherweise wandelnden Einverständnissen) zwar auch eine Orientierung anhand wechselseitiger Erwartungen gesucht, aber diese beruht nicht auf einer etablierten Ordnung.

Der ↑Idealtypus des Gesellschaftshandelns ist für Weber der ›Zweckverein‹, der charakterisiert ist durch: (a) dauerhafte (wenn auch änderbare) zweckrationale Satzung (Vereinbarung genereller Regeln, zumindest über Verbotenes und Erlaubtes), (b) Vereinsorgane, (c) Vereinszwecke, (d) Zweckvermögen, (e) Zwangsapparat. Die Stufenfolge von einer ›Gelegenheitsvergesellschaftung‹ ohne generelle Regeln und ohne Organe, aber mit einer wenigstens implizit vereinbarten Ordnung (wie etwa bei einem isolierten rationalen Tausch oder in einem Falle spontaner Lynchjustiz) zu einem solchen Zweckverein weist fließende Übergänge auf. So setzen etwa Standeskonventionen ein Geltungseinverständnis voraus und ermöglichen auf diese Weise ein Einverständnishandeln, das über bloß eingeübte Sitten hinausgeht, aber unter anderem nicht über den Zwangsapparat des staatlichen ↑Rechts verfügt. Durch Zerfall etwa einer Rechtsvergesellschaftung kann es zu einer Wiederentstehung bloßen Gemeinschaftshandelns (etwa in einem amorphen Marktgeschehen) kommen. Generell ist jedoch eine Tendenz zur fortschreitenden V. festzustellen. Dies betrifft sowohl den wirtschaftlichen als auch den religiösen, künstlerischen und wissenschaftlichen Bereich (↑Wissenschaftssoziologie). Der Übergang von freien Gelegenheitsvergesellschaftungen zu ›perennierenden

Gebilden‹ (die von Weber ebenfalls als V.en bezeichnet werden), wie er sich etwa aus der inhärenten Dynamik erfolgreicher Kriegs- und Verteidigungsbünde ergibt, führt dabei zu einer zunehmenden ›Befriedung‹. Die schließlich herrschende Ordnung (↑Herrschaft) entsteht meist aber nicht durch die autonome Vereinbarung aller Beteiligten, sondern durch eine erfolgreiche ›Oktroyierung‹, die faktische Akzeptanz fand und insofern legitimiert (↑Legitimität) ist.

Anders als beim Idealtypus des autonom gegründeten Zweckvereins werden Individuen oft in solche V.en hineingeboren (etwa in einen ↑Staat oder auch in eine ›Kirche‹, im Gegensatz zu einer ›Sekte‹). Außerdem kann es im Gefolge von V.en zu ›vergesellschaftsbedingtem Handeln‹ kommen, das ein über die ursprüngliche Zwecksetzung hinausgehendes Gemeinschaftshandeln stiftet (↑Rolle). Die fortschreitende rationale gesellschaftliche Organisation mit der für die Prozesse der ↑Rationalisierung und ↑Säkularisierung typischen Differenzierung führt außerdem zur gleichzeitigen Orientierungsmöglichkeit an mehreren Ordnungen, die aus alldem erwachsende Unübersichtlichkeit oft zur bloßen Fügsamkeit in das Gewohnte. Die moderne ↑Zivilisation kann nach Weber aber trotzdem ↑Rationalität für sich beanspruchen, insofern in ihr der Glaube ›eingelebt‹ ist, daß die Bedingungen des Alltagslebens prinzipiell der rationalen Prüfung offenstehen und verläßlich kontrollierbar sind. Die Frage, inwieweit eine Gesellschaft als stabilisierendes Gegengewicht zu einer allgemeinen V.stendenz bestimmter gemeinschaftlich geteilter Traditionen, Überzeugungen und Interessen (die über jenes an der Vermeidung eines Bürgerkriegs hinausgehen) bedarf, bildet unter anderem einen Gegenstand der Debatte um den Kommunitarismus.

Als *juristischer* bzw. *politischer* Begriff bezeichnet V. die Aufhebung des Privateigentums (↑Eigentum) an einem bestimmten Gut zum Zwecke seiner Überführung in Gemeinbesitz. Verschiedene Formen der V. unterscheiden sich nach ihrem Subjekt (z. B. Verstaatlichung), ihrem Objekt (z. B. V. von Produktionsmitteln oder Naturschätzen) und ihrer Verfahrensweise und Zielsetzung (z. B. revolutionäre Gesellschaftsveränderung, im Gegensatz zur eher begrenzten Enteignung). Die Forderung nach der V. der Produktionsmittel und ihrer Überführung in eine (etwa genossenschaftlich organisierte) Gemeinwirtschaft gehört zu den zentralen politischen Forderungen des Sozialismus (↑Kommunismus). Im ↑Marxismus-Leninismus (↑Marxismus, ↑Sozialismus, wissenschaftlicher) tritt dabei die Forderung nach einer sozialen Revolution (↑Revolution (sozial)) zur Überwindung der bürgerlichen Gesellschaft (↑Gesellschaft, bürgerliche) in einer ›Diktatur des Proletariats‹ in den Vordergrund, die eine (zumindest zeitweilige) Verstaatlichung vorsieht.

Der Begriff der V. in diesem juristisch-politischen Sinne läßt sich mit Weber als Sonderfall des soziologischen Begriffs auffassen. Entfernter verwandt ist die Verwendung des Begriffs der V. bzw. *Vergesellung* in der ↑Ökologie, wo er zur Bezeichnung der ›sozialen‹ Beziehungen (im Sinne des gemeinsamen Auftretens) von Tieren (oder auch Pflanzen) einer oder mehrerer Arten dient. Mit der Erklärung dieser Beziehungen befaßt sich unter anderem die ↑Soziobiologie, deren Übertragung von Begriffen zur Beschreibung menschlichen Handelns auf das Verhalten anderer Lebewesen ohnehin nicht unproblematisch ist. Zumindest auf den Begriff der V. sollte daher in diesem Kontext besser verzichtet werden.

Literatur: M. Albert, Zur Politik der Weltgesellschaft. Identität und Recht im Kontext internationaler V., Weilerswist 2002; A. Honneth (ed.), Kommunitarismus. Eine Debatte über die moralischen Grundlagen moderner Gesellschaften, Frankfurt/New York 1993, [3]1995; M. Junge, Ambivalente Gesellschaftlichkeit. Die Modernisierung der V. und die Ordnungen der Ambivalenzbewältigung, Opladen 2000; H. Kliemt, Moralische Institutionen. Empiristische Theorien ihrer Evolution, Freiburg/München 1985; D. K. Lewis, Convention. A Philosophical Study, Cambridge Mass. 1969, Oxford 2002; K. Lichtblau, V., Hist. Wb. Ph. XI (2001), 666–671; S. Mau, Transnationale V.. Die Entgrenzung sozialer Lebenswelten, Frankfurt/New York 2007; O. v. Nell-Breuning, Sozialisierung, in: Görres-Gesellschaft (ed.), Staatslexikon. Recht, Wirtschaft, Gesellschaft VII, Freiburg [6]1962, 295–303; J. Neyer, Postnationale politische Herrschaft. V. und Verrechtlichung jenseits des Staates, Baden-Baden 2004; L. Pries (ed.), Zusammenhalt durch Vielfalt? Bindungskräfte der V. im 21. Jahrhundert, Wiesbaden 2013; O. Rammstedt (ed.), Simmel und die frühen Soziologen. Nähe und Distanz zu Durkheim, Tönnies und Max Weber, Frankfurt 1988; G. Rittig u. a., Sozialisierung, in: E. v. Beckerath u. a. (eds.), Handwörterbuch der Sozialwissenschaften IX, Stuttgart/Tübingen/Göttingen 1956, 455–486; J. Robelin, V., in: G. Labica/G. Bensussan (eds.), Kritisches Wörterbuch des Marxismus VIII, Hamburg 1989, 1370–1378; O. Römer, Globale V.. Perspektiven einer postnationalen Soziologie, Frankfurt/New York 2014; A. Schelske, Soziologie vernetzter Medien. Grundlagen computervermittelter V., München/Wien 2007; G. Simmel, Soziologie. Untersuchungen über die Formen der V., Leipzig 1908, Berlin [6]1983, ed. O. Rammstedt, Frankfurt 1992, [8]2016 (= Gesamtausg. XI); F. Tönnies, Gemeinschaft und Gesellschaft. Abhandlung des Communismus und des Socialismus als empirischer Culturformen, Leipzig 1887, mit Untertitel: Grundbegriffe der reinen Soziologie, Berlin [2]1912, Leipzig [8]1935 (repr. Darmstadt 1963, 1970), Darmstadt 2010; H. Veith, Theorien der Sozialisation. Zur Rekonstruktion des modernen sozialisationstheoretischen Denkens, Frankfurt/New York 1996; G. Wagner/H. Zipprian (eds.), Max Webers Wissenschaftslehre. Interpretation und Kritik, Frankfurt 1994; M. Weber, ›Kirchen‹ und ›Sekten‹ in Nordamerika. Eine kirchen- und sozialpolitische Skizze, Christl. Welt 20 (1906), 558–562, 577–582, Neudr. in: ders., Soziologie, Weltgeschichtliche Analysen, Politik, ed. J. Winckelmann, Stuttgart 1956, unter dem Titel: Soziologie, Universalgeschichtliche Analysen, Politik, Stuttgart [6]1992, 382–397, Neudr. [stark verändert] unter dem Titel: Die protestantischen Sekten und der Geist des Kapitalismus, in: ders., Gesammelte Aufsätze zur Religionssoziologie I, Tübingen 1920 (repr. 1923, 1988), Hamburg 2015, 207–236; ders., Über einige Kategorien der verstehenden Soziologie, Logos 4 (1913), 253–294, Neudr. in: ders., Gesammelte Aufsätze zur Wissenschaftslehre, Tübingen 1922, 403–450, ed. J. Winckelmann, Tübingen [6]1985 (repr. 1988), 427–474; ders., Wirtschaft und Gesellschaft, I–II, Tübingen 1921/1922 (Grundriß der Sozialökonomik III/1/2), Neudr. unter dem Titel: Wirtschaft und Gesellschaft. Grundriß der verstehenden Soziologie, Tübingen 1922, ed. J. Winckelmann, [4]1956, [5]1972, ferner als: MWG Abt. I/XXII–XXV, separat Frankfurt 2010 (1. Halbbd. I/1 Soziologische Grundbegriffe, bes. § 9 Vergemeinschaftung und V.); H. Zaunstöck/M. Meumann (eds.), Sozietäten, Netzwerke, Kommunikation. Neue Forschungen zur V. im Jahrhundert der Aufklärung, Tübingen 2003; weitere Literatur: ↑Gesellschaft, ↑Kommunismus. B. G.

Vergleichbarkeit, ↑Trichotomie.

Verhalten (sich verhalten) (engl. behavio[u]r), Terminus der ↑Philosophie des Geistes (↑philosophy of mind), der ↑Handlungstheorie (↑Handlung) und der ↑Psychologie. Als philosophischer Terminus findet er erst mit dem Aufkommen des ↑Behaviorismus größere Verbreitung. Dies ist darauf zurückzuführen, daß die Phänomene des V.s bis weit in die Terminologie des Behaviorismus und die Philosophie des Geistes hinein unter dem Begriff der ↑Gewohnheit (als Übersetzung von griech. ἕξις und lat. habitus) diskutiert wurden. Als Terminus der Psychologie hat der behavioristische Begriff des V.s weitreichende Folgen für die Semantik des mentalistischen Vokabulars (↑Mentalismus) und für die Erklärung des menschlichen V.s im allgemeinen.

Im Behaviorismus werden alle mentalen Phänomene auf das beobachtbare V. zurückgeführt. Was sich in dieser Weise nicht auf beobachtbares V. zurückführen läßt, wird als wissenschaftlich illegitim betrachtet. So genannte innere Vorgänge werden vom Behaviorismus zwar nicht grundsätzlich bestritten, sie werden jedoch gegenüber dem intersubjektiv zugänglichen V. als semantisch sekundär, d. h. für die Bedeutung psychologischer Ausdrücke irrelevant, betrachtet. Unter V. versteht der Behaviorismus dabei in erster Linie eine organische bzw. motorische *Reaktion* auf einen im Prinzip mit ausschließlich physikalischen Begriffen beschreibbaren Reiz. R. Tolman unterscheidet zwischen *molekularem* und *molarem* V., wobei unter molekularem V. die physiologischen und physikalischen Erscheinungen verstanden werden, die dem molaren V., der direkt wahrnehmbaren Reaktionsweise von Mensch und Tier, zugrundeliegen. Obwohl molares V. immer auf molekulares V. zurückgeführt werden kann, kommt ihm doch insofern eine Eigenständigkeit zu, als es Eigenschaften besitzt, die sich unabhängig von der Kenntnis von Muskel- und Drüsentätigkeit beschreiben lassen.

Semantisch gesehen stellt der Behaviorismus ein theoretisches Reduktionsprogramm (↑Reduktionismus) dar, das, insbes. in der Form des exemplarisch von C. G. Hempel und mit Einschränkungen von G. Ryle vertretenen so genannten *logischen* Behaviorismus, die mentalistischen Ausdrücke auf Beschreibungen des V.s reduziert. Eigentlich beziehen sich psychologische Ausdrücke auf das V.; Sätze über mentale Phänomene sind demnach bedeutungsgleich mit Sätzen über V.. Dagegen wird von R. Chisholm und D. Davidson eingewendet, daß das Verständnis von Sätzen über mentale Phänomene und insbes. deren begründete, nicht-willkürliche Verknüpfung mit V.sweisen letztlich den Rückgriff auf den intentionalen Gebrauch der Sprache verlangt (↑Intentionalität). Dieser Einwand stützt sich (1) auf die praktische Undurchführbarkeit der Identifikation mentaler Zustände allein über V.sdispositionen, die ihrerseits auf den komplexen Beziehungen zwischen beiden Typen von Objekten beruht. Eine gegebene Überzeugung kann sich unter verschiedenen äußeren Umständen in physisch disparatem V. äußern. Zudem beruht (2) jede solche Identifikation auf mental gefaßten Vorbehaltsklauseln. Das Erschließen einer Überzeugung aus einer entsprechenden sprachlichen Äußerung verlangt z. B. eine Aufrichtigkeitsklausel, die eben gerade auf mentale Zustände Bezug nimmt.

L. Wittgenstein betrachtet V. als Grundlage der Bedeutung psychologischer Begriffe, ohne jedoch den Reduktionismus des Behaviorismus zu teilen. Bedeutung erhalten diese Ausdrücke durch das V. (im weiten alltäglichen Sinn). V. ist das ↑Kriterium des Gebrauchs solcher Ausdrücke in der dritten Person. Äußerungen in der ersten Person hingegen lassen sich selbst als Ausdrucksverhalten verstehen, und dabei rekurrieren die Sprecher nicht auf das V., sondern verwenden die entsprechenden Ausdrücke kriterienlos. Dem Ausdrucksverhalten kommt in dieser Sichtweise eine wesentliche begriffliche Stellung zu, vor allem weil es nicht ein ↑Symptom eines verborgenen mentalen Vorganges ist, sondern ein definierendes Kriterium, ohne das der praktische Gebrauch psychologischer Ausdrücke in der üblichen Weise nicht möglich wäre. Hinsichtlich des kausalen (↑Kausalität) Erklärungsanspruchs von V. unterscheidet sich der Behaviorismus nicht wesentlich von der kognitiven Psychologie, die V. als kausal durch interne Prozesse hervorgerufen versteht. Hingegen stehen bei einer handlungstheoretischen Erklärung menschlichen V.s in konkreten, lebenspraktischen Situationen nicht Ursachen, sondern ↑Gründe oder ↑Motive im Mittelpunkt. Das Handeln profiliert sich so gesehen aus dem V. heraus, und erst durch den Bezug auf Gründe und Motive wird der Mensch in praktischen Situationen als verantwortliches, autonomes Subjekt verstanden.

Gegenüber dem individuellen V. hat für G. H. Mead das *gesellschaftliche* V. einen methodologischen Vorrang; der Begriff des V.s wird auf diese Weise zu einem Grundbegriff auch der ↑Gesellschaftstheorie. Mead bezeichnet seinen eigenen pragmatistischen (↑Pragmatismus) sozialpsychologischen Ansatz zwar selbst als Sozialbehaviorismus, setzt sich aber entschieden vom Behaviorismus im beschriebenen Sinne ab, insofern er nicht von einer Reduktion mentaler Phänomene auf beobachtbares V. ausgeht. Mead betrachtet mentale Phänomene wesentlich als aus sprachlichen bzw. symbolischen Interaktionen hervorgegangen, die er bereits auf der Ebene elementarer Gesten untersucht. Für das menschliche V. kommt dabei naturgemäß der ↑Sprache eine besondere Stellung zu. Die Sprache versteht Mead als Teil des gesellschaftlichen V.s und hebt damit ihre kommunikative, kooperative Rolle gegenüber dem Reiz-Reaktions-Schema des Behaviorismus hervor. Ausgehend von der Kooperation zwischen den Individuen läßt sich deren V. nur als in das organisierte gesellschaftliche V. eingebettet verstehen, womit das gesellschaftliche V. für Mead logisch primär ist.

Literatur: L. Alcock, The Triumph of Sociobiology, Oxford etc. 2001, 2003; D. Bickerton, Language and Human Behaviour, London 1996, Seattle 2001; S. Blackburn, Rule Following, Enc. Ph. VIII ([2]2006), 531–532; R. Carnap, Psychologie in physikalischer Sprache, Erkenntnis 3 (1932/1933), 107–142; M. Carrier/J. Mittelstraß, Geist, Gehirn, Verhalten. Das Leib-Seele-Problem und die Philosophie der Psychologie, Berlin/New York 1989 (engl. [erw.] Mind, Brain, Behavior. The Mind-Body Problem and the Philosophy of Psychology, Berlin/New York 1991, 1995); R. M. Chisholm, Sentences About Believing, Proc. Arist. Soc. 56 (1955/1956), 125–148 (dt. Sätze über Glauben, in: P. Bieri [ed.], Analytische Philosophie des Geistes, Königstein 1981, Weinheim/Basel [4]2007, 145–161); G. Cziko, The Things We Do. Using the Lessons of Bernard and Darwin to Understand the What, How, and Why of Our Behavior, Cambridge Mass./London 2000; D. Davidson, Mental Events, in: ders., Essays on Actions and Events, Oxford etc. 1980, [2]2001, 2002, 207–225 (dt. Geistige Ereignisse, in: ders., Handlung und Ereignis, Frankfurt 1985, [3]2005, 291–317); G. Ebbs, Rule Following (Addendum), Enc. Ph. VIII ([2]2006), 532–533; J. D. Glenn, The Behaviorism of a Phenomenologist. The Structure of Behavior and the Concept of Mind, Philos. Topics 13 (1985), 247–256; C. F. Graumann/H. Hühn/T. Jantschek, V., Hist. Wb. Ph. XI (2001), 680–689; C. G. Hempel, The Logical Analysis of Psychology, in: H. Feigl/W. Sellars (eds.), Readings in Philosophical Analysis, New York 1949 (repr. Atascadero Calif. 1981), 1972, 373–384; D. D. Hutto, Beyond Physicalism, Amsterdam/Philadelphia Pa. 2000; W. Kamlah, Philosophische Anthropologie. Sprachkritische Grundlegung und Ethik, Mannheim/Wien/Zürich 1972, 1984; F. Keijzer, Representation and Behavior, Cambridge Mass./London 2001; R. F. Kitchener, Behavior and Behaviorism, Behaviorism 5 (1977), 11–71; K. N. Laland/G. R. Brown, Sense and Nonsense. Evolutionary Perspectives on Human Behavior, Oxford etc. 2002, [2]2011; T. H. Leahey, A History of Behavior, J. Mind Behavior 14 (1993), 345–354; P. Lorenzen, Lehrbuch der Konstruktiven Wissenschaftstheorie, Mannheim/Wien/Zürich 1987, Stuttgart/Weimar 2000, 254–265 (Kap. II 3.2 Psychologischer Anhang); G. H. Mead, Mind, Self and Society. From the Standpoint of a Social Behaviorist, Chicago Ill./London 1934, 2015, 1–41 (dt. Geist, Identität und Gesellschaft. Aus der Sicht des Sozialbehaviorismus, ed. C. W. Morris, Frankfurt 1968, [17]2013, 39–80); J. Moore, On Mentalism, Methodological Behaviorism, and Radical Behaviorism, Behaviorism 9 (1981), 55–77; U. T. Place, Skinner's Distinction between Rule-Governed and Contingency-Shaped Behavior, Philos. Psychology 1 (1988), 225–234; B. Preston, Behaviorism and Mentalism. Is There a Third Alternative?, Synthese 100 (1994), 167–196; A. Regenbogen, V., EP III ([2]2010), 2882–2885; A. Rüssel, Aspekte des Verhaltens, Stud. Gen. 22 (1969), 705–723; G. Ryle, The Concept of Mind, London 1949, New York 1952 (repr. London etc. 1975), Harmondsworth 1963 (repr. London 1988), London/New York 2009 (dt. Der Begriff des Geistes, Stuttgart 1969, 2015); C. E. Sanders, De Behavioristische Revolutie in de Psychologie, Deventer 1972 (dt. Die behavioristische Revolution in der Psychologie, Salzburg 1978); D. M. Senchuk, Behavior, Biology, and Information Theory, Proc. Philos. Sci. Ass. 1 (1990), 141–150; B. F. Skinner, Science and Human Behavior, New York, London 1953, 1973 (dt. Wissenschaft und menschliches Verhalten, München 1953, 1973); ders., About Behaviorism, New York 1974, London 1993 (dt. Was ist Behaviorismus?, Reinbek b. Hamburg 1978; franz. Pour une science du comportement. Le behaviorisme, Neuchâtel/Paris 1979); E. C. Tolman, Purposive Behavior in Animals and Men, New York 1932, 1967; J. D. Trout, Measuring the Intentional World: Realism, Naturalism, and Quantitative Methods in the Behavioral Sciences, Oxford etc. 1998, 2003; B. Waldenfels, Der Spielraum des V.s, Frankfurt 1980, 55–75 (Kap. I 2 Die Verschränkung von Innen und Außen im V.); J. B. Watson, Psychology as the Behaviorist Views It, Psycholog. Rev. 20 (1913), 158–177; ders., Psychology. From the Standpoint of a Behaviorist, Philadelphia Pa./London 1919, [2]1924 (repr. London 1983), [3]1929, London 1994; ders., Ways of Behaviorism, New York 1928; L. Wittgenstein, Lectures on Philosophical Psychology 1946–47, ed. P. T. Geach, New York 1988, Chicago Ill. 1989 (dt. Vorlesungen über die Philosophie der Psychologie 1946/47, ed. P. T. Geach, Frankfurt 1991). T. J.

Verhaltensforschung (auch: Ethologie; engl. ethology), Bezeichnung für ein Teilgebiet der Zoologie, das die biologische Erforschung des tierischen Verhaltens zum Gegenstand hat. Die V. wird oft mit dem ↑Behaviorismus J. B. Watsons und B. F. Skinners in Zusammenhang gebracht, da dieser ebenfalls das Verhalten (↑Verhalten (sich verhalten)) untersucht. Während jedoch der Behaviorismus ein *Ansatz* ist, der ein bestimmtes Arbeitsgebiet (der Psychologie) stark beeinflußt hat, ist die V. ein *Arbeitsgebiet*, das zu Beginn von einem bestimmten Ansatz zur Erklärung des Verhaltens dominiert wird. Die moderne V. entsteht in den späten 30er und 40er Jahren des 20. Jhs. und wird vor allem durch die Arbeiten von K. Lorenz und N. Tinbergen geprägt, die sich insbes. für die angeborenen Elemente des Verhaltens interessieren.

Die V. ist zuerst Teil einer Rückkehr zur naturhistorischen Beobachtung (gegen die ›verarmte Umwelt‹ im Labor der vergleichenden Psychologie) und zur funktionalen Betrachtung (gegen die Konzentration auf Homologien in der vergleichenden Anatomie). Auch heute macht die Beobachtung unter natürlichen Umständen einen Großteil der Arbeit der V. aus, die mit einer Bestandsaufnahme des Verhaltens einer ↑Spezies (Ethogramm) beginnt. Das Verhalten wird wie andere phänotypische Merkmale behandelt: Die V. fragt (1) nach der Struktur bzw. Verursachung des Verhaltens, (2) nach seiner Funktion bzw. seinem Anpassungswert, (3) nach seiner phylogenetischen Entstehung und (4) nach seiner ontogenetischen Ausbildung. Wesentlich bei den beiden letzten Fragestellungen ist die *Herkunft* der Information, die das Verhalten steuert - ob und inwiefern diese Information angeboren ist oder erlernt wird (›nature or nurture‹). Diese Frage läßt sich oft nicht durch bloße Beobachtung beantworten, sondern nur durch experimentellen Eingriff: Im kontrovers diskutierten Deprivationsexperiment wird das zu beobachtende Tier von Geburt an isoliert von Artgenossen und von bestimmten Aspekten der natürlichen Umwelt gehalten, um den relativen Anteil von Angeborenem und Erlerntem zu bestimmen. Die heutige V. orientiert sich weiter an den vier Fragestellungen von Tinbergen und Lorenz, auch wenn ihre Antworten darauf oft in andere Richtungen gehen. - Bezogen auf die evolutionären Fragestellungen (2) und (3) und konzentriert auf das Sozialverhalten wird tierisches Verhalten in der ↑Soziobiologie untersucht.

Literatur: C. Allen/M. Bekoff, Species of Mind. The Philosophy and Biology of Cognitive Ethology, Cambridge Mass./London 1997, 1999; R.W. Burkhardt Jr., Patterns of Behavior. Konrad Lorenz, Niko Tinbergen, and the Founding of Ethology, Chicago Ill./London 2005; R. Campan/F. Scapini, Éthologie. Approche systémique du comportement, Brüssel 2002; I. Eibl-Eibesfeldt, Grundriß der vergleichenden V.. Ethologie, München 1967, München/Zürich [8]1999, Vierkirchen-Pasenbach 2004 (engl. Ethology. The Biology of Behavior, New York 1970, [2]1975); K. v. Frisch, Aus dem Leben der Bienen, Berlin 1927, Berlin/Heidelberg [10]1993 (engl. Bees. Their Vision, Chemical Senses, and Language, Ithaca N.Y. 1950, 1971; franz. Vie et mœurs des abeilles, Paris 1955, 2011); C.F. Graumann/H. Hühn/T. Jantschek, Verhalten, Hist. Wb. Ph. XI (2001), 680–689; R.A. Hinde, Ethology. Its Nature and Relations with Other Sciences, Oxford etc. 1982; K. Immelmann, Wörterbuch der V., München 1975, Berlin/Hamburg 1982 (engl. [mit C. Beer] A Dictionary of Ethology, Cambridge Mass./London 1989; franz. Dictionnaire de l'éthologie, Liège 1990); B. König/M. Vogt, V., in: W. Korff/L. Beck/P. Mikat (eds.), Lexikon der Bioethik III, Gütersloh 1998, 688–701; D.S. Lehrman, A Critique of Konrad Lorenz's Theory of Instinctive Behavior, Quart. Rev. Biol. 28 (1953), 337–363; K. Lorenz, Das sogenannte Böse. Zur Naturgeschichte der Aggression, Wien 1963, München [29]2014 (engl. On Aggression, London, New York 1966, London/New York 2002); ders., Phylogenetische Anpassung und adaptive Modifikation des Verhaltens, in: ders., Über tierisches und menschliches Verhalten [s.u.] II, 301–358 (engl. Evolution and Modification of Behavior, Chicago Ill./London, London 1965, Chicago Ill./London 1986); ders., Über tierisches und menschliches Verhalten. Aus dem Werdegang der Verhaltenslehre. Gesammelte Abhandlungen, I–II, München 1965, I, [17]1974, II, [11]1974, Neuausg. München/Zürich 1984, [3]1992 (franz. Essais sur le comportement animal et humain. Les leçons de l'évolution de la théorie du comportement, Paris 1970, 1989); G. Medicus, Was uns Menschen verbindet. Humanethologische Angebote zur Verständigung zwischen Leib- und Seelenwissenschaften, Berlin 2012, [3]2015; W. Nieke, Ethologie, Hist. Wb. Ph. II (1972), 812; J.-L. Renck/V. Servais, L'éthologie. Histoire naturelle du comportement, Paris 2002; A. Schmitt u.a. (eds.), New Aspects of Human Ethology. Proceedings of the 13th Conference of the International Society for Human Ethology, Held August 5–10, 1996, in Vienna, Austria, New York/London 1997; V. Schurig, Problemgeschichte des Wissenschaftsbegriffs Ethologie. Ursprung, Funktion und Zukunft eines Begründungsspezialisten, Rangsdorf 2014; F. Schweitzer/M.R. McLean, V., RGG VIII ([4]2005), 1008–1011; W.H. Thorpe, The Origins and Rise of Ethology. The Science of the Natural Behaviour of Animals, London, New York 1979; N. Tinbergen, The Study of Instinct, Oxford 1951, Oxford etc. 1989 (dt. Instinktlehre. Vergleichende Erforschung angeborenen Verhaltens, Berlin/Hamburg 1952, Berlin [6]1979; franz. L'étude de l'instinct, Paris 1953, 1980); ders., On Aims and Methods of Ethology, Z. Tierpsychol. 20 (1963), 410–433; W. Wickler, Antworten der V., München 1970, 1974; ders., Vergleichende V. und Phylogenetik, Berlin/Heidelberg 2015; E.O. Wilson, Sociobiology. The New Synthesis, Cambridge Mass./London 1975, [25]2002; F.M. Wuketits, Die Entdeckung des Verhaltens. Eine Geschichte der V., Darmstadt 1995, 2010; ders., V., TRE XXIV (2002), 694–696. P.M.

Verhältnis, Bezeichnung für die Beziehung zweier Größen, also für zweistellige ↑Relationen zwischen Gegenständen, in der Regel ihrerseits auf ein als Vergleichsmaßstab dienendes V. bezogen (↑Relationsbegriff), wobei dieser Bezug, wiederum in der Regel, eine Gleichheit (↑Gleichheit (logisch)) ist. Diese Gleichheit zweier Größenverhältnisse unterstellt, wenn sie in einer V.gleichung oder *Proportion* der Form $a : b = c : d$ (in Worten: a verhält sich zu b wie c zu d) ausgedrückt wird, bereits *Maßzahlen* für die in ein (multiplikatives) V. gebrachten Größen, z.B. Strecken als Vielfaches einer Einheitsstrecke, und damit quantifizierte V.se. Zwar lassen sich grundsätzlich auch qualitative V.se vergleichen, z.B. ›wärmer als‹ und ›glänzender als‹, doch ist dann erst die Gleichheit als eine ↑Äquivalenz zwischen dergleichen verschiedenartigen qualitativen V.sen zu bestimmen, etwa über ›gleiches Schmerzempfinden unter geeigneten Randbedingungen‹ bezüglich Haut und Auge. Sogar einfache V.se wie Elternteil zu Kind, bei denen der ↑Relator ›Elternteil von‹ bzw., dazu konvers (↑konvers/Konversion), ›Kind von‹ keiner Vergleichsskala eines Mehr-oder-weniger-Eltern-Seins entstammt, lassen sich ›messen‹. Dies geschieht dadurch, daß ein Relatum, etwa ein Mensch als Elternteil, zur *mittleren Proportionale* x einer (so genannten stetigen) Proportion $a : x = x : b$ gemacht und damit in einem doppelten Vergleich jeweils an verschiedene Stellen gesetzt wird: Dasselbe wird in zwei verschiedenen Hinsichten einem anderen gleichgesetzt und damit zugleich in denselben Hinsichten, nur vertauscht, vom anderen unterschieden.

Im Beispiel hat erstmals Heraklit das Mensch-Kind-V. mit dem Gott-Mensch-V. gleichgesetzt – der erwachsene Mensch (ἀνήρ [eigentlich ›Mann‹]) ist die mittlere Proportionale zwischen Kind und Gott (δαίμων, VS 22 B 79) – und so das Kindsein des Menschen als Unterschied zum Gott und sein Gottsein als Unterschied zum Kind bestimmt, dabei zugleich schon die Vergleichsskala ›verständiger als‹ mit den Enden Gott und Kind einführend. Es ist dies der Ursprung der antiken Lehre von der ↑Definition durch ↑Gattung (*genus*) und spezifische Differenz (↑differentia specifica), etwa des Menschen als *animal rationale*, insofern dieser durch die Position der mittleren Proportionale zwischen Tier (*ens animale*) und Gott (*ens rationale*; Heraklit VS 22 B 83) gemessen wird. Dies bildet zugleich die Erklärung dafür, daß *λόγος* (lat. ratio) die Bedeutung einer V.bestimmung oder eben Proportion hat. Ein *rationales* V. ist seither eines, das einem V. natürlicher Zahlen gleichgesetzt werden kann; die Entdeckung inkommensurabler (↑inkommensurabel/Inkommensurabilität), also irrationaler, V.se geometrischer Größen in der antiken Mathematik wurde zu einer Herausforderung, sie durch rationale V.se wenigstens zu approximieren, was mit der ↑Proportionenlehre von Eudoxos in einer der modernen Einführung reeller Zahlen vergleichbaren Weise auch gelungen ist.

In der ↑Geometrie dient das Teilverhältnis $\overline{P_1P_3} : \overline{P_2P_3}$ dreier Punkte P_1, P_2, P_3 einer Geraden dazu, *affine Abbildungen* eines (affinen) Raumes durch Invarianz (↑invariant/Invarianz) der *Teilverhältnisse* beliebiger dreier Punkte einer Geraden auszuzeichnen – es ist im Euklidischen Raum dem entsprechenden Streckenverhältnis gleich –, während *projektive Abbildungen* eines durch uneigentliche Punkte, Geraden usw. zu einem projektiven Raum erweiterten affinen Raums nur durch das *Doppelverhältnis* $\overline{P_1P_3}/\overline{P_1P_4} : \overline{P_2P_3}/\overline{P_2P_4}$ von vier Punkten P_1, P_2, P_3, P_4 einer Geraden charakterisiert sind. K. L.

Verhältnisbegriff, ↑Relationsbegriff.

Verifikation (engl. verification), Grundbegriff der Methodologie und der Wissenschaftssemantik des ↑Wiener Kreises und des Logischen Empirismus (↑Empirismus, logischer) zur Bezeichnung der empirischen Geltungsprüfung (↑Prüfbarkeit, ↑Überprüfbarkeit) von Aussagen. Durch die V. soll die Gültigkeit oder Ungültigkeit von Aussagen auf empirischem Wege ermittelt werden. Verifizierbarkeit (↑verifizierbar/Verifizierbarkeit), also die Möglichkeit der V., gilt dabei als notwendige und hinreichende Bedingung für die Sinnhaftigkeit von Aussagen mit ↑kognitivem Anspruch (↑Verifikationsprinzip, ↑Sinnkriterium, empiristisches). Die Möglichkeit der V. bildet danach die semantische Grenzlinie zwischen den sinnvollen Aussagen von ↑Alltagssprache und ↑Wissenschaftssprache einerseits und den sinnlosen Aussagen der ↑Metaphysik andererseits (↑Metaphysikkritik). Über diese Funktion als Sinnkriterium hinaus werden V.en auch für die Klärung der spezifischen Bedeutung von Aussagen herangezogen. Deren Bedeutung soll durch die Beobachtungsresultate der mit ihnen verknüpften Prüfungsverfahren festgelegt werden. Dies drückt sich in der auf F. Waismann (1930) zurückgehenden Formulierung der V.ssemantik aus: Der Sinn eines Satzes ist die Methode seiner V..

Eine besondere Schwierigkeit ergibt sich bei der V. von ↑Naturgesetzen. Diese beziehen sich gemäß ihrer logischen Form als universelle Aussagen auf eine unendliche Zahl von ↑Ereignissen oder ↑Prozessen, so daß ihre schlüssige Überprüfung selbst bei vorausgesetzter Verifizierbarkeit singularer Aussagen ausgeschlossen ist. Um die Gesetzesbehauptungen der Wissenschaft gleichwohl nicht als sinnlos ausscheiden zu müssen, werden drei Strategien verfolgt. Im Rahmen eines ↑Konstitutionssystems sieht R. Carnap zunächst (1928a) vor, daß Gesetze nur tatsächliche, vergangene und gegenwärtige Erfahrungen zum Ausdruck bringen, so daß der Anwendungsbereich von Gesetzen eine lediglich endliche Zahl von Elementen umfaßt. Nach dem zweiten, auf L. Wittgenstein zurückgehenden und von Waismann sowie zeitweise von M. Schlick verfolgten Ansatz handelt es sich bei Naturgesetzen nicht um Aussagen, sondern um Regeln zur Bildung von Aussagen. Naturgesetze leiten zur Verknüpfung von singularen, einzelne Erfahrungen betreffenden Aussagen an; sie stellen aber nicht selbst Aussagen deskriptiven (↑deskriptiv/präskriptiv) Anspruchs dar. Gesetzesbehauptungen kommt demnach kein ↑Wahrheitswert zu. Dagegen gibt die dritte, von Carnap später (1936/1937) entworfene und vor allem von H. Reichenbach (1938) aufgegriffene Zugangsweise die Vorstellung auf, eine V. müsse schlüssig und endgültig die Wahrheit oder Falschheit der betreffenden Aussage aufzeigen. Danach sind Naturgesetze tatsächlich universelle Aussagen. Deren Sinnhaftigkeit verlangt jedoch keine vollständige V., sondern lediglich partielle Prüfbarkeit. Wegen der Verknüpfung des Begriffs der V. mit der Vorstellung der umfassenden und schlüssigen Prüfung sucht Carnap diesen durch die Begriffe der Bestätigungsfähigkeit (↑Bestätigung, ↑Bestätigungstheorie) oder der Sachhaltigkeit zu ersetzen. Danach ist es für die Sinnhaftigkeit einer Aussage erforderlich, daß Beobachtungsbedingungen angebbar (aber nicht auch tatsächlich realisierbar) sind, die eine Bestätigung oder Erschütterung der entsprechenden Aussage darstellen. Es wird jedoch nicht mehr verlangt, daß sich jede sinnvolle Aussage in die Konjunktion ihrer Beobachtungskonsequenzen übersetzen läßt. Auf analoge Weise wird von Reichenbach ›V. im weiteren Sinne‹ als die empirische Bestimmung des Wahrheitswerts oder der ›Wahrscheinlichkeit‹ (↑Wahrscheinlichkeitslogik) aufgefaßt. Die V. läuft damit auf die Zuordnung eines Bestätigungsgrads hinaus.

Einen wichtigen Versuch einer Präzisierung des Begriffs der V. stellt das von A. J. Ayer (1946) formulierte Kriterium der *partiellen Prüfbarkeit* dar. Danach ist (1) eine nicht-analytische (↑analytisch) Aussage sinnvoll, wenn sie (a) entweder selbst eine Beobachtungsaussage ist oder (b) in Verbindung mit geeigneten Zusatzannahmen zu beobachtbaren Konsequenzen führt, die nicht aus den Zusatzannahmen allein folgen. Dabei müssen (2) diese Zusatzannahmen selbst sinnvoll sein, sich also nach (1a) oder (1b) rechtfertigen lassen. Durch diesen Ansatz sollen unter anderem diejenigen Einwände gegen die Annahme der partiellen Prüfbarkeit als Sinnkriterium gegenstandslos werden, die sich auf die logische Verknüpfung zweifelsfrei sinnvoller mit intuitiv sinnlosen Aussagen stützen. So ist etwa die Disjunktion ›Meiers Auto ist rostig oder das Absolute ist vollkommen‹ sicher partiell prüfbar und sollte damit insgesamt als sinnvoll gelten. Auf der Grundlage von Ayers Kriterium kann diese inakzeptable Konsequenz abgewiesen werden. Danach müßte nämlich die Hinzufügung der Vollkommenheitsbehauptung zur Beobachtungsaussage über Meiers Auto zu beobachtbaren Konsequenzen führen, die aus dieser Beobachtungsaussage allein nicht folgen. Das ist offenbar nicht der Fall, so daß sich die Disjunktion in der Tat als sinnlos erweist. Allerdings hat C. G. Hempel (1950) darauf hingewiesen, daß die Stichhaltigkeit dieser Argumentation davon abhängt, daß man eine passende Zerlegung in Teilaussagen durchführt. Wenn man nämlich die erwähnte Disjunktion als eine ungeteilte Aussage auffaßt, dann ergeben sich aus ihr unter Rückgriff auf semantisch unproblematische Hilfsannahmen über die Eigenschaften von Rost empirische Konsequenzen für den Zustand von Meiers Auto, die nicht aus diesen Hilfsannahmen allein folgen. Die Anwendung von Ayers Kriterium verlangt demnach die Identifikation der separat bedeutungstragenden Teile von Aussagen, was voraussetzt, daß die Bedeutungen bereits bekannt sind. Jedoch zielt Ayers Kriterium gerade darauf ab zu klären, welche Aussagen überhaupt Bedeutung haben. Entsprechend gilt Ayers Versuch, den zum Begriff der partiellen Prüfbarkeit abgeschwächten V.sbegriff als Grundlage des empiristischen Sinnkriteriums zu nehmen, als gescheitert.

Im Zuge der Aufgabe der V.ssemantik – vereinzelt in den 1930er Jahren (z. B. bei K. R. Popper) und generell seit etwa 1960 – werden die Optionen der empirischen Prüfung weitgehend wieder von den Verfahren der Bedeutungsbestimmung getrennt. Hinsichtlich der Geltungsprüfung von Aussagen wird der Begriff der V. durch die Begriffe der ↑Falsifikation und der ↑Bewährung (im Kritischen Rationalismus; ↑Rationalismus, kritischer) sowie der ↑Bestätigung (etwa in Carnaps induktiver Logik [↑Logik, induktive] oder im ↑Bayesianismus [↑Bayessches Theorem]) ersetzt.

Literatur: A. J. Ayer, Language, Truth and Logic, New York, London 1936, rev. London [2]1946 (repr. New York 1952, London 1970), Basingstoke/New York 2004; T. Blume/N. Milkov, V., Hist. Wb. Ph. XI (2001), 696–703; R. Carnap, Der logische Aufbau der Welt, Berlin 1928a (repr. Hamburg 1974), mit Untertitel: Scheinprobleme in der Philosophie, Hamburg 1961, 1998; ders., Scheinprobleme in der Philosophie. Das Fremdpsychische und der Realismusstreit, Leipzig/Berlin 1928, Neudr. in: ders., Der logische Aufbau der Welt [s. o.], [2]1961, 1998, 293–336; ders., Testability and Meaning, Philos. Sci. 3 (1936), 419–471, 4 (1937), 1–40, Neudr. in: H. Feigl/M. Brodbeck (eds.), Readings in the Philosophy of Science, New York 1953, 47–92, separat Indianapolis Ind. 1936, New Haven Conn. 1954; R. Creath, On Kaplan on Carnap on Significance, Philos. Stud. 30 (1976), 393–400; ders., The Gentle Strength of Tolerance. The Logical Syntax of Language and Carnap's Philosophical Programme, in: P. Wagner (ed.), Carnap's Logical Syntax of Language, Basingstoke etc., 2009, 203–214; ders., Logical Empiricism, SEP 2011, rev. 2017; K. J. Düsberg, V., EP III ([2]2010), 2885–2886; G. Haas, Minimal Verificationism. On the Limits of Knowledge, Boston Mass./Berlin 2015; R. Haller, Neopositivismus. Eine historische Einführung in die Philosophie des Wiener Kreises, Darmstadt 1993, 2005 (mit Bibliographie, 263–291); C. G. Hempel, Problems and Changes in the Empiricist Criterion of Meaning, Rev. int. philos. 4 (1950), 41–63, Neudr. unter dem Titel: The Empiricist Criterion of Meaning, in: A. J. Ayer (ed.), Logical Positivism, Glencoe Ill. 1959 (repr. Westport Conn. 1978), New York 1966, 108–129; ders., The Concept of Cognitive Significance. A Reconsideration, Proc. Amer. Acad. Arts Sci. 80 (1951), 61–77; D. Kaplan, Significance and Analyticity. A Comment on some Recent Proposals of Carnap, in: J. Hintikka (ed.), Rudolf Carnap, Logical Empiricist. Materials and Perspectives, Dordrecht/Boston Mass. 1975, 87–94; C. J. Misak, Verificationism. Its History and Prospects, London/New York 1995; H. Reichenbach, Experience and Prediction. An Analysis of the Foundations and the Structure of Knowledge, Chicago Ill. 1938, Notre Dame Ind. 2006, 3–80 (Chap. I Meaning) (dt. Erfahrung und Prognose. Eine Analyse der Grundlagen und der Struktur der Erkenntnis, Braunschweig/Wiesbaden 1983 [= Ges. Werke IV, ed. A. Kamlah/M. Reichenbach], 1–51 [Kap. I Bedeutung]); ders., The Verifiability Theory of Meaning, Proc. Amer. Acad. Arts Sci. 80 (1951), 46–60, Neudr. in: H. Feigl/M. Brodbeck (eds.), Readings in the Philosophy of Science [s. o.], 93–102; A. Richardson/T. Uebel (eds.), The Cambridge Companion to Logical Empiricism, Cambridge etc. 2007; W. C. Salmon/G. Wolters (eds.), Logic, Language, and the Structure of Scientific Theories. Proceedings of the Carnap-Reichenbach Centennial, University of Konstanz, 21–24 May 1991, Pittsburgh Pa./Konstanz 1994; H. Schleichert (ed.), Logischer Empirismus – Der Wiener Kreis. Ausgewählte Texte mit einer Einleitung, München 1975; M. Schlick, Meaning and Verification, Philos. Rev. 45 (1936), 339–369, Neudr. in: ders., Ges. Aufsätze 1926–1936, Wien 1938 (repr. Hildesheim 1969), 337–367, (repr. in: H. Schleichert [ed.], Logischer Empirismus [s. o.], 118–147); W. Spohn (ed.), Erkenntnis Orientated. A Centennial Volume for Rudolf Carnap and Hans Reichenbach, Dordrecht/Boston Mass./London 1991 (= Erkenntnis 35/1–3); W. Stegmüller, Probleme und Resultate der Wissenschaftstheorie und Analytischen Philosophie II/1 (Theorie und Erfahrung), Berlin etc. 1970; T. Uebel (ed.), Rediscovering the Forgotten Vienna Circle. Austrian Studies on Otto Neurath and the Vienna Circle, Dordrecht/Boston Mass./London 1991 (Boston Stud. Philos. Sci. 133); F. Waismann, Logische Analyse des Wahrscheinlichkeitsbegriffs, Erkenntnis 1 (1930/1931), 228–248, Neudr. in: ders., Was ist logische Analyse? Ges. Aufsätze, ed. G. H. Reitzig, Frankfurt 1973, 4–24, Hamburg 2008, 31–53 (engl. A Logical Analysis of the Concept of Probability, in: ders., Philosophical Papers, ed. B. McGuinness, Dordrecht/Boston Mass. 1977, 4–21). M. C.

Verifikationsprinzip (engl. principle of verifiability), zuerst von R. Carnap (1928) explizit formulierter und im ↑Wiener Kreis sowie im Logischen Empirismus (↑Empirismus, logischer) allgemein vertretener semantischer Grundsatz, demzufolge alle sinnvollen nicht-analytischen (↑analytisch) Aussagen verifizierbar (↑verifizierbar/Verifizierbarkeit) sein müssen. Nach dem V. wird die Bedeutung einer empirische ↑Geltung beanspruchenden Aussage durch die möglichen Ergebnisse der einschlägigen Prüfmethoden eindeutig festgelegt (›der Sinn eines Satzes ist die Methode seiner Verifikation‹). Nicht-verifizierbare Aussagen gelten entsprechend als sinnlos, d. h., sie sind weder wahr noch falsch. Allerdings können auch sinnlose Aussagen nicht-kognitive (z. B. emotionale) Wirksamkeit entfalten.

Das V. diente zum einen der ↑Metaphysikkritik, indem metaphysische Problemstellungen mit seiner Hilfe als ↑Scheinprobleme aufgewiesen werden sollten, die durch ↑Sprachanalyse aufzulösen seien (↑Sinnkriterium, empiristisches). In diesem Sinne wird z. B. die Frage nach der Existenz einer realen ↑Außenwelt (↑Realismus (erkenntnistheoretisch)) von Carnap (1928) als ein Scheinproblem aufgefaßt, da es prinzipiell nicht durch Erfahrung zu entscheiden sei. Zum anderen sollte das V. die Grundlage der Wissenschaftssemantik bereitstellen (↑Theoriesprache), also eine ↑Explikation der Sprachpraxis der Wissenschaft liefern. Im Selbstverständnis seiner Vertreter ist das V. folglich keine selbständige Norm, sondern stellt eine ›rationale ↑Rekonstruktion‹ dieser Praxis dar.

Das V. sah sich einer Fülle von logischen und quasi-empirischen Einwänden ausgesetzt. Zu den logischen Einwänden gehörte das Problem der Selbstanwendung des Prinzips: Das V. ist selbst weder analytisch noch empirisch prüfbar, genügt daher nicht dem V. und ist entsprechend sinnlos. Die häufigste Reaktion bestand in der Entgegnung, das V. sei keine Behauptung mit Wahrheitsanspruch, sondern stelle lediglich den Vorschlag einer ↑Definition oder ↑Konvention dar, dessen Annahme nicht Gegenstand theoretischer Erkenntnis, sondern praktischer Entscheidung sei (wobei die Fähigkeit zur Rekonstruktion der Sprachpraxis als Adäquatheitsbedingung [↑adäquat/Adäquatheit] galt; Carnap, A. Ayer). Weitere logische Schwierigkeiten erwuchsen z. B. aus der Möglichkeit der Verknüpfung zweifelsfrei sinnvoller mit anscheinend sinnlosen Aussagen. So ist die Geltung der ↑Disjunktion zweier solcher Aussagen (etwa: Meiers Auto ist grün oder das Nichts nichtet) durch die Prüfung der sinnvollen Teilaussage feststellbar. Daher sollte auch die Disjunktion als sinnvoll gelten – was jedoch als unakzeptabel verworfen wurde (↑Verifikation). Quasi-empirische Schwierigkeiten ergaben sich durch den Aufweis von innerwissenschaftlich als angemessen eingestuften Aussagen, die gleichwohl dem V. bzw. seinen jeweils gängigen Fassungen nicht genügten.

Schwierigkeiten dieser Art wurde durch eine Vielzahl von Reformulierungen und Liberalisierungen des V.s zu begegnen versucht, von denen jedoch keine allgemeine Anerkennung fand. Insgesamt gelang es nicht, eine Präzisierung des V.s anzugeben, die gegen logische Einwände abgesichert war, der Sprachpraxis der Wissenschaft gerecht wurde und die antimetaphysische Stoßrichtung aufrechterhielt. Diese Schwierigkeiten führten ab etwa 1960 zur Aufgabe des V.s. In der Philosophie der normalen Sprache (↑Ordinary Language Philosophy) wird – im Anschluß an das Spätwerk L. Wittgensteins – die Bedeutung eines Wortes mit seinen sprachlichen Gebrauchsweisen verknüpft (›meaning is use‹). Angesichts der Vielfalt dieser Gebrauchsweisen oder ↑Sprachspiele ist die Suche nach einem einzigen Kriterium für die Sinnhaftigkeit von Aussagen prinzipiell verfehlt. In der Wissenschaftssemantik ist eine spezifischere Fassung dieses Ansatzes, die Kontexttheorie der Bedeutung (↑Theoriesprache), weithin akzeptiert.

Literatur: R. W. Ashby, Verifiability Principle, Enc. Ph. VIII (1967), 240–247, IX ([2]2006), 659–670 (mit Addendum v. R. Creath, 668–670); A. J. Ayer, Language, Truth and Logic, New York, London 1936, rev. London [2]1946 (repr. New York 1952, London 1970), Basingstoke/New York 2004; ders., The Principle of Verifiability, Mind 45 (1936), 199–203; ders. (ed.), Logical Positivism, Glencoe Ill. 1959 (repr. Westport Conn. 1978), New York 1966; R. Carnap, Scheinprobleme in der Philosophie. Das Fremdpsychische und der Realismusstreit, Leipzig/Berlin 1928, Neudr. in: ders., Der logische Aufbau der Welt, Berlin 1928 (repr. Hamburg 1974), mit Untertitel: Scheinprobleme in der Philosophie, Hamburg [2]1961, 1998, 293–336; ders., Überwindung der Metaphysik durch logische Analyse der Sprache, Erkenntnis 2 (1931), 219–241 (repr. in: H. Schleichert [ed.], Logischer Empirismus – Der Wiener Kreis. Ausgewählte Texte mit einer Einleitung, München 1975, 149–171); ders., Theoretische Fragen und praktische Entscheidungen, Natur und Geist 2 (1934), 257–260 (repr. in: H. Schleichert [ed.], Logischer Empirismus [s. o.], 173–176); ders., Testability and Meaning, Philos. Sci. 3 (1936), 420–471, 4 (1937), 2–40, Neudr. in: H. Feigl/M. Brodbeck (eds.), Readings in the Philosophy of Science, New York 1953, 47–92, separat New Haven Conn. 1950, New York 1954; R. Creath, On Kaplan on Carnap on Significance, Philos. Stud. 30 (1976), 393–400; ders., The Gentle Strength of Tolerance. The Logical Syntax of Language and Carnap's Philosophical Programme, in: P. Wagner (ed.), Carnap's Logical Syntax of Language, Basingstoke etc. 2009, 203–214; ders., Logical Empiricism, SEP 2011, rev. 2017; H. Feigl/W. Sellars (eds.), Readings in Philosophical Analysis, New York 1949, Atascadero Calif. 1981; R. Haller, Neopositivismus. Eine historische Einführung in die Philosophie des Wiener Kreises, Darmstadt 1993, 2005 (mit Bibliographie, 263–291); W. D. Hart, Meaning and Verification, REP VI (1998), 230–236; C. G. Hempel, Problems and Changes in the Empiricist Criterion of Meaning, Rev. int. philos. 4 (1950), 41–63, Neudr. unter dem Titel: The Empiricist Criterion of Meaning, in: A. J. Ayer (ed.), Logical Positivism [s. o.], 108–129; ders., The Concept of Cognitive Significance. A Reconsideration, Proc. Amer. Acad. Arts Sci. 80 (1951), 61–77; D. Kaplan, Significance and Analyticity. A

Comment on Some Recent Proposals of Carnap, in: J. Hintikka (ed.), Rudolf Carnap, Logical Empiricist. Materials and Perspectives, Dordrecht/Boston Mass. 1975, 87–94; A. Richardson/T. Uebel (eds.), The Cambridge Companion to Logical Empiricism, Cambridge etc. 2007; W. C. Salmon/G. Wolters (eds.), Logic, Language, and the Structure of Scientific Theories. Proceedings of the Carnap-Reichenbach Centennial, University of Konstanz, 21–24 May 1991, Pittsburgh Pa./Konstanz 1994; M. Schlick, Meaning and Verification, Philos. Rev. 45 (1936), 339–369, Neudr. in: ders., Ges. Aufsätze 1926–1936, Wien 1938 (repr. Hildesheim 1969), 337–367 (repr. in: H. Schleichert [ed.], Logischer Empirismus [s. o.], 118–147); W. Spohn (ed.), Erkenntnis Orientated. A Centennial Volume for Rudolf Carnap and Hans Reichenbach, Dordrecht/Boston Mass./London 1991 (Erkenntnis 35/1–3); W. Stegmüller, Probleme und Resultate der Wissenschaftstheorie und Analytischen Philosophie II/1 (Theorie und Erfahrung), Berlin etc. 1970; T. Uebel, Vienna Circle, SEP 2006, rev. 2016; F. Waismann, Logische Analyse des Wahrscheinlichkeitsbegriffs, Erkenntnis 1 (1930/1931), 228–248, Neudr. in: ders., Was ist logische Analyse? Ges. Aufsätze, ed. G. H. Reitzig, Frankfurt 1973, 4–24, Hamburg 2008, 31–53 (engl. A Logical Analysis of the Concept of Probability, in: ders., Philosophical Papers, ed. B. McGuinness, Dordrecht/Boston Mass. 1977, 4–21); G. J. Warnock, Verification and the Use of Language, Rev. int. philos. 5 (1951), 307–322, Neudr. in: P. Edwards/A. Pap (eds.), A Modern Introduction to Philosophy. Readings from Classical and Contemporary Sources, Glencoe Ill. 1957, New York, London [3]1973, 780–790. F. K./M. C.

verifizierbar/Verifizierbarkeit (engl. verifiability), Bezeichnung für empirische ↑Überprüfbarkeit. Im Rahmen des ↑Wiener Kreises und des Logischen Empirismus (↑Empirismus, logischer) stellt V. die hinreichende und notwendige Bedingung für die Sinnhaftigkeit von Tatsachenbehauptungen sowie die Grundlage der Theorie der Wissenschaftssprache (↑Theoriesprache, ↑Verifikationsprinzip) dar.

Für die Verifikationssemantik ist die Bedeutung nichtanalytischer (↑analytisch) Aussagen durch die zugeordneten Prüfverfahren eindeutig festgelegt; die möglichen Resultate empirischer Prüfungen bestimmen deren Bedeutung vollständig. Entsprechend ist jede solche Aussage in diese Resultate übersetzbar. Daraus folgt, (1) daß Tatsachenbehauptungen ohne zugeordnete Prüfverfahren kognitiv sinnlos sind (↑Sinnkriterium, empiristisches), (2) daß Aussagen mit stets gleichen zugeordneten Prüfergebnissen synonym (↑synonym/Synonymität) sind. Eine Konsequenz aus (2) ist, daß viele traditionelle Problemstellungen der Philosophie zu ↑Scheinproblemen werden (↑Metaphysikkritik). So argumentiert R. Carnap (1928), daß sich Behauptungen über die ↑Realität bzw. Nicht-Realität der ↑Außenwelt (↑Realismus (erkenntnistheoretisch)) nicht empirisch prüfen ließen und daß entsprechend diese Unterscheidung ohne kognitiven Sinn sei. Eine weitere Konsequenz aus (2) ist die Verpflichtung auf eine behavioristische (↑Behaviorismus) Psychologie. Da sich Aussagen über psychische Zustände anderer Personen stets nur anhand der zugeordneten Verhaltensweisen überprüfen lassen, beziehen sich solche Aussagen nicht auf begrifflich eigenständig zu erfassende mentale Vorgänge, sondern allein auf diese Verhaltensweisen.

›V.‹ besagt zunächst ›Möglichkeit der ↑Verifikation‹. ›Möglichkeit‹ kann sich hier auf die *technische* Möglichkeit, also die tatsächliche Verfügbarkeit geeigneter Prüfverfahren, die *physikalische* Möglichkeit, also die Vereinbarkeit von Prüfverfahren mit den ↑Naturgesetzen, oder die *logische* Möglichkeit, also die widerspruchsfreie (↑widerspruchsfrei/Widerspruchsfreiheit) Beschreibbarkeit von Prüfverfahren, beziehen. Der technische Möglichkeitsbegriff wird einhellig zurückgewiesen; in der Regel wird physikalische Möglichkeit, vereinzelt auch lediglich logische Möglichkeit der entsprechenden Prüfverfahren gefordert (M. Schlick 1936; Carnap 1936/1937; H. Reichenbach 1938; C. G. Hempel 1950). ›Verifikation‹ besagt ›Rückführung auf Beobachtungsaussagen‹. Beobachtungsaussagen sprechen besonderen Gegenständen Merkmale zu, über deren Vorliegen unter geeigneten Umständen durch eine geringe Zahl von ↑Beobachtungen zu entscheiden ist. Auf Grund dieser Begriffsbestimmung gilt die Angabe von Meßergebnissen nicht als Beobachtungsaussage, da die Angemessenheit von Meßverfahren nur durch eine große Zahl von Beobachtungen zu sichern ist (Carnap 1936/1937; Hempel 1950). Der genauen Struktur der grundlegenden Beobachtungsaussagen gilt die Debatte über ↑*Protokollsätze* in den 1930er Jahren.

Die Angabe eines geeigneten Begriffs der *Rückführung* stellt ein weiteres zentrales Problem der Verifikationssemantik dar. So würde die Forderung, alle sinnvollen Aussagen müßten aus Beobachtungsaussagen deduktiv ableitbar sein, offenbar alle allgemeinen Gesetze ausschließen. Ebenso scheitert die Bedingung, alle sinnvollen Aussagen dürften nur Beobachtungsbegriffe (bzw. durch diese definierbare Begriffe) enthalten, am Problem der ↑Dispositionsbegriffe, die nicht durch explizite ↑Definition, sondern höchstens durch ↑Reduktionssätze empirisch einführbar sind. Entsprechend läßt Carnap auch solche Aussagen als sinnvoll zu, deren Begriffe über Reduktionssätze auf Beobachtungsprädikate zurückführbar sind. Ebenso werden quantifizierte (↑Quantor) Aussagen zugelassen, wodurch insbes. universelle ↑Generalisierungen, die durch keine endliche Zahl von Beobachtungen schlüssig zu bestätigen sind, als sinnvoll eingestuft werden (Carnap 1936/1937). Im gleichen Sinne sieht es Reichenbach als hinreichend für die Sinnhaftigkeit einer Aussage an, daß die physikalische Möglichkeit besteht, ihr auf Grund von Beobachtungen einen Wahrscheinlichkeitswert (↑Wahrscheinlichkeit) oder Bestätigungsgrad (↑Bestätigung) zuzuschreiben, was insbes. den Rückgriff auf theoriebeladene (↑Theoriebeladenheit) Messungen zuläßt (Reichenbach 1938).

Selbst diese liberalisierten Fassungen der V.sbedingung werden im Zuge der Entwicklung der ↑*Zweistufenkonzeption* in den 1950er Jahren als inadäquat betrachtet. Anlaß ist die zunehmende Berücksichtigung wissenschaftlicher Begriffsbildungen (wie Gravitationspotential, Carnot-Prozeß, Ψ-Funktion), denen Beobachtungen nur in höchst vermittelter Weise zugeordnet werden können und die daher nicht anhand von Beobachtungen einführbar sind. Carnaps Versuch der Formulierung eines Signifikanzkriteriums (↑Signifikanz) für solche theoretischen Begriffe (↑Begriffe, theoretische; Carnap 1956) wird allgemein als unzulänglich eingestuft. Damit ist das V.skriterium als Grundlage der Wissenschaftssemantik aufgegeben.

Die vorerst letzte bedeutsame Anwendung des V.skriteriums stellt W. V. O. Quines These der ›Unbestimmtheit der ↑Übersetzung‹ (1960) dar. Quine verbindet die Verifikationstheorie der Bedeutung mit der auf P. Duhem zurückgehenden Einsicht, daß nur umfassende Aussagensysteme, nicht aber deren Teile, zu eindeutigen Beobachtungskonsequenzen führen. Daraus ergibt sich für Quine, daß die Begriffe zweier natürlicher Sprachen (↑Sprache, natürliche) auf mehrfache, jeweils miteinander unverträgliche Weise einander zugeordnet werden können, wobei alle diese Übersetzungen den beobachtbaren Sprechdispositionen in gleicher Weise gerecht werden und daher der Sache nach gleichwertig sind.

Literatur: R. W. Ashby, Verifiability Principle, Enc. Ph. VIII (1967), 240–247, IX (²2006), 659–670; A. J. Ayer, Language, Truth and Logic, New York, London 1936, rev. London ²1946 (repr. New York 1952, London 1970), Basingstoke/New York 2004; R. Carnap, Scheinprobleme in der Philosophie. Das Fremdpsychische und der Realismusstreit, Leipzig/Berlin 1928, Neudr. in: ders., Der logische Aufbau der Welt. Scheinprobleme in der Philosophie, Hamburg ²1961, 1998, 293–336; ders., Testability and Meaning, Philos. Sci. 3 (1936), 420–471, 4 (1937), 2–40, Neudr. in: H. Feigl/M. Brodbeck (eds.), Readings in the Philosophy of Science, New York 1953, 47–92, separat New Haven Conn. 1950, 1954; ders., The Methodological Character of Theoretical Concepts, in: H. Feigl/M. Scriven (eds.), The Foundations of Science and the Concepts of Psychology and Psychoanalysis, Minneapolis Minn. 1956, 1976 (Minnesota Stud. Philos. Sci. I), 38–76; R. Creath, On Kaplan on Carnap on Significance, Philosophical Studies 30 (1976), 393–400; ders., The Gentle Strength of Tolerance. The Logical Syntax of Language and Carnap's Philosophical Programme, in: P. Wagner (ed.), Carnap's Logical Syntax of Language, Basingstoke etc. 2009, 203–214; ders., Logical Empiricism, SEP 2011, rev. 2017; R. Haller, Neopositivismus. Eine historische Einführung in die Philosophie des Wiener Kreises, Darmstadt 1993, 2005 (mit Bibliographie, 263–291); C. G. Hempel, Problems and Changes in the Empiricist Criterion of Meaning, Rev. int. philos. 4 (1950), 41–63, Neudr. unter dem Titel: The Empiricist Criterion of Meaning, in: A. J. Ayer (ed.), Logical Positivism, Glencoe Ill. 1959 (repr. Westport Conn. 1978), New York 1966, 108–129; ders., The Concept of Cognitive Significance. A Reconsideration, Proc. Amer. Acad. Arts Sci. 80 (1951), 61–77; D. Kaplan, Significance and Analyticity. A Comment on some Recent Proposals of Carnap, in: J. Hintikka (ed.), Rudolf Carnap, Logical Empiricist. Materials and Perspectives, Dordrecht/Boston Mass. 1975, 87–94; E. Nagel, Verifiability, Truth, and Verification, J. Philos. 31 (1934), 141–148, Neudr. in: ders., Logic without Metaphysics and Other Essays in the Philosophy of Science, Glencoe Ill. 1956, 143–152; W. V. O. Quine, Word and Object, Cambridge Mass./London 1960, 2013, 26–79 (Chap. 2 Translation and Meaning); ders., Ontological Relativity and Other Essays, New York/London 1969, 1971, 68–90 (Chap. 3 Epistemology Naturalized); H. Reichenbach, Experience and Prediction. An Analysis of the Foundations and the Structure of Knowledge, Chicago Ill. 1938, Notre Dame Ind. 2006, 3–80 (Chap. I Meaning); ders., The Verifiability Theory of Meaning, Proc. Amer. Acad. Arts Sci. 80 (1951), 46–60, Neudr. in: H. Feigl/M. Brodbeck (eds.), Readings in the Philosophy of Science [s. o.], 93–102; A. Richardson/T. Uebel (eds.), The Cambridge Companion to Logical Empiricism, Cambridge etc. 2007; B. Russell, Logical Positivism, Rev. int. philos. 4 (1950), 1–19, Neudr. in: ders., Logic and Knowledge. Essays 1901–1950, ed. R. C. Marsh, London 1956, Nottingham 2007, 367–382; M. Schlick, Meaning and Verification, Philos. Rev. 45 (1936), 339–369, Neudr. in: ders., Ges. Aufsätze 1926–1936, Wien 1938 (repr. Hildesheim 1969), 337–367 (repr. in: H. Schleichert [ed.], Logischer Empirismus – Der Wiener Kreis. Ausgewählte Texte mit einer Einleitung, München 1975, 118–147); W. Stegmüller, Probleme und Resultate der Wissenschaftstheorie und Analytischen Philosophie II/1 (Theorie und Erfahrung), Berlin etc. 1970; T. Uebel (ed.), Rediscovering the Forgotten Vienna Circle. Austrian Studies on Otto Neurath and the Vienna Circle, Dordrecht/Boston Mass./London 1991 (Boston Stud. Philos. Sci. 133). M. C.

Verkettung (engl. concatenation, franz. concaténation), Terminus der Mathematik und Metamathematik. (1) In der ↑Relationenlogik bezeichnet ›V.‹ nach H. Behmann (1927) die Multiplikation von Relationen bzw. das Ergebnis dieser Operation (↑Relationenmultiplikation). Z. B. ergibt (bzw. ist) die V. zweier Relationen R und S (in dieser Reihenfolge) das Relationenprodukt $R \mid S$ mit

$$x(R \mid S)y \leftrightharpoons \bigvee_z (xRz \wedge zSy).$$

Spezialfälle (nämlich V.en einer Relation mit sich selbst) sind die Relationspotenzen R^2, R^3, ..., erklärt als $R \mid R$, $R^2 \mid R$ usw.. Analog lassen sich dann auch ↑Funktionen verketten. Haben z. B. f_1 und f_2 die ↑Argumentbereiche A_1 bzw. A_2 und die ↑Wertbereiche B_1 bzw. B_2 und gilt $f_2(A_2) \subseteq A_1$, so ergibt (bzw. ist) die V. von f_1 mit f_2 die Funktion $f_1 \,\text{℩}\, f_2$ mit dem Argumentbereich A_2 und dem Wertbereich B_1, für die $(f_1 \,\text{℩}\, f_2)(x) = f_1(f_2(x))$ gilt. Verwendet man das Zeichen ›℩‹ auch für die ↑Argumentfunktion, so läßt sich dies noch suggestiver (da an das ↑Assoziativgesetz erinnernd) als $(f_1 \,\text{℩}\, f_2) \,\text{℩}\, x = f_1 \,\text{℩}\, (f_2 \,\text{℩}\, x)$ schreiben.

(2) In der ↑Semiotik, aufgefaßt als Teilgebiet der ↑Metamathematik, bedeutet V. die graphische Zusammenfügung (Hintereinanderschreibung, normalerweise von links nach rechts) zweier Figuren, d. h. Zeichen oder Zeichenreihen, $\mathfrak{x}$ und $\mathfrak{y}$ bzw. das meist durch ›$\mathfrak{x}\frown\mathfrak{y}$‹ oder einfach ›$\mathfrak{x}\mathfrak{y}$‹ symbolisierte Ergebnis dieser Operation. Diese wird dann entweder als diejenige Funktion be-

schrieben, die zwei Figuren $\mathfrak{x}$ und $\mathfrak{y}$ als Argumenten die Figur $\mathfrak{x}^\frown\mathfrak{y}$ als Wert zuordnet, oder als dreistelliger ↑Prädikator $C(x,y,z)$, der auf ein Tripel x, y, z von Zeichenreihen genau dann zutrifft, wenn x aus y gefolgt von z besteht. Die Assoziativität (↑assoziativ/Assoziativität) $\mathfrak{x}^\frown(\mathfrak{y}^\frown\mathfrak{z}) = (\mathfrak{x}^\frown\mathfrak{y})^\frown\mathfrak{z}$ gilt hier trivialerweise.

Eine allgemeine Theorie der durch V. von Einzelzeichen gebildeten Zeichenreihengestalten hat in axiomatischer Form zuerst A. Tarski vorgelegt (Tarski 1933/1935, 289; Tarski 1933, 100, unter Einführung des V.szeichens ›$\frown$‹, jedoch ohne Verwendung des Terminus ›V.‹). Eine andere Gestalt dieser Theorie, in der die V. als definierbarer Begriff auftritt, hat H. Hermes 1938 formuliert. Strukturen, die aus einer nicht-leeren Trägermenge H und einer als ›V.‹ oder ›Multiplikation‹ bezeichneten assoziativen zweistelligen Verknüpfung bestehen, werden als ›assoziative Systeme‹ oder auch ›Halbgruppen‹ in der Algebra untersucht.

Literatur: (ad (1)) H. Behmann, Mathematik und Logik, Leipzig/Berlin 1927, 44; R. Carnap, Abriss der Logistik mit besonderer Berücksichtigung der Relationstheorie und ihrer Anwendungen, Wien 1929, 38–41 (§ 16 Die V.); ders., Einführung in die symbolische Logik mit besonderer Berücksichtigung ihrer Anwendungen, Wien 1954, erw. Wien/New York [2]1960, [4]1973, 114 (engl. Introduction to Symbolic Logic and Its Applications, New York 1958, 114); P. Lorenzen, Formale Logik, Berlin 1958, [4]1970, 151 (engl. Formal Logic, Dordrecht 1965, 109). – (ad (2)) H. B. Curry, Foundations of Mathematical Logic, New York 1963, 1977, 51–52; H. Hermes, Semiotik. Eine Theorie der Zeichengestalten als Grundlage für Untersuchungen von formalisierten Sprachen, Leipzig 1938 (Forschungen zur Logik und zur Grundlegung der exakten Wissenschaften NF 5) (repr. Hildesheim 1970); ders., Einführung in die mathematische Logik. Klassische Prädikatenlogik, Stuttgart 1963, [5]1991, 52 (engl. Introduction to Mathematical Logic, Berlin etc. 1973, 47); P. Lorenzen, Einführung in die operative Logik und Mathematik, Berlin/Göttingen/Heidelberg 1955, Berlin/Heidelberg/New York [2]1969; ders., Formale Logik [s. o.], 58, 134; ders., Metamathematik, Mannheim 1962, Mannheim/Wien/Zürich [2]1980; W. V. O. Quine, Mathematical Logic, New York 1940, rev. [2]1951, Cambridge Mass. 1996; ders., Concatenation as a Basis for Arithmetic, J. Symb. Log. 11 (1946), 105–114; R. M. Smullyan, Gödel's Incompleteness Theorems, New York/Oxford 1992, 20–24 (Kap. II/II Concatenation and Gödel Numbering); A. Tarski, Pojęcie prawdy w językach nauk dedukcyjnych, Warschau 1933 (dt. [erw.] Der Wahrheitsbegriff in den formalisierten Sprachen, Stud. Philos. 1 [Krakau 1935], 261–405, Neudr. in: K. Berka/L. Kreiser [eds.], Logik-Texte. Kommentierte Auswahl zur Geschichte der modernen Logik, Berlin [Ost] 1971, 447–559, erw. [3]1983, [4]1986, 445–546; engl. The Concept of Truth in Formalized Languages, in: ders., Logic, Semantics, Metamathematics. Papers from 1923 to 1938, ed. J. Corcoran, Oxford 1956, Indianapolis Ind. [2]1983, 1990, 152–278); ders., Einige Betrachtungen über die Begriffe der ω-Widerspruchsfreiheit und der ω-Vollständigkeit, Mh. Math. Phys. 40 (1933), 97–112 (repr. in: ders., Collected Papers I, ed. S. R. Givant/N. McKenzie, Basel/Boston Mass./Stuttgart 1986, 619–636) (engl. Some Observations on the Concept of ω-Consistency and ω-Completeness, in: ders., Logic, Semantics, Metamathematics [s. o.], 279–295). C. T.

Verknüpfung (engl. composition, operation), bei I. Kant (KrV B 201, Anm.) Bezeichnung für die ↑Synthesis von notwendig zueinandergehörenden Elementen eines Mannigfaltigen (z. B. von Ursache und Wirkung oder des Subjektes eines Urteils mit dessen Prädikat) im Unterschied zur ›Zusammensetzung‹ als Synthesis von nicht notwendig zueinandergehörenden Elementen eines Mannigfaltigen. V. (*nexus*) und Zusammensetzung (*compositio*) sind Arten der Verbindung (*conjunctio*).

In Mathematik und Logik bezeichnet ›V.‹ die ↑Zuordnung eines Objekts eines Objektbereichs zu zwei anderen Objekten dieses Objektbereichs. In der ↑Junktorenlogik werden endlich viele ↑Formeln oder ↑Aussagen (insbes. ↑Primformeln bzw. ↑Primaussagen) durch ↑Junktoren zu komplexen Aussagen verknüpft. Ein z. B. für die Konstruktive Junktorenlogik vollständiges System von V.soperationen umfaßt ↑Adjunktion, ↑Konjunktion, ↑Subjunktion und ↑Negation, wobei die Negation als einstellige (und damit uneigentliche) V.soperation eine Sonderstellung einnimmt. In der klassischen Junktorenlogik (↑Logik, klassische) reicht die ↑Negatadjunktion (›nicht beide: A und B‹) oder auch die ↑Negatkonjunktion (›weder-noch‹; ↑Shefferscher Strich) aus, um alle anderen Junktoren zu definieren. Die V. unendlich vieler Formeln oder Aussagen wird in der ↑Quantorenlogik systematisch untersucht. Der ↑Allquantor läßt sich als unendliche Konjunktion (›Großkonjunktion‹), der ↑Einsquantor als unendliche Adjunktion (›Großadjunktion‹) deuten.

In der ↑Mengenlehre heißt eine zweistellige ↑Funktion $\top$ von einer Menge M in diese selbst (die also jedem Paar $(a,b) \in M \times M$ genau ein Objekt $a \top b \in M$ zuordnet) eine ›innere V.‹ auf M. Eine Funktion, die jeweils Paare aus einem Element von M und einem Element einer anderen Menge Ω auf Elemente von M abbildet, heißt eine ›äußere V.‹ (z. B. eine Skalarmultiplikation in der Linearen Algebra; ↑Vektor). V.en lassen sich auch als ↑Abbildungen definieren. Seien Ω und M Mengen und sei f eine Abbildung von $\Omega \times M$ in M, also $f\colon \Omega \times M \rightarrow M$, dann heißt f eine äußere V. auf M. Ein Beispiel ist das Potenzieren von reellen Zahlen mit natürlichen Exponenten: $\mathbb{N} \times \mathbb{R} \ni (n,a) \mapsto a^n \in \mathbb{R}$. Fallen Ω und M zusammen, heißt f eine innere V. auf M. Ein Beispiel für eine innere V. ist die Addition natürlicher Zahlen: $\mathbb{N} \times \mathbb{N} \ni (m,n) \mapsto m + n \in \mathbb{N}$.

Eine nicht-leere Menge M zusammen mit mindestens einer V. darauf heißt ›V.sgebilde‹. Die Eigenschaften der V.en auf M bestimmen die algebraische ↑Struktur von M. Die ↑Algebra als Theorie algebraischer Strukturen kann daher als allgemeine V.stheorie aufgefaßt werden. In ihr untersuchen z. B. die Gruppentheorie (↑Gruppe (mathematisch)) Strukturen mit einer V.soperation samt neutralem Element und Inversenbildung (↑invers/Inversion (2)) und die Verbandstheorie (↑Verband) Strukturen mit zwei V.soperationen samt zugehörigen neutralen Elementen. Wichtiger Vorläufer der strukturellen Auffassung der Algebra ist – neben der britischen ›Symbolic Algebra‹ (G. Peacock, A. De Morgan), insbes. dem ›Calculus of Operations‹ (D. F. Gregory, G. Boole) – H. G. Graßmann, der 1844 seiner »Linealen ↑Ausdehnungslehre« eine ›allgemeine Formenlehre‹ voranstellt, in der jeder ›synthetischen‹ V. zweier Glieder zwei ›analytische‹ V.en zugeordnet werden: ›*a* analytisch mit *b* verknüpft‹ bezeichnet diejenige Form, die mit *b* (bzw. *a*) synthetisch verknüpft *a* (bzw. *b*) ergibt: $(a \cup b) \cap b = a$ bzw. $(a \cup b) \cap a = b$. Daneben führt Graßmann auch Formen ein, in denen verschiedene synthetische V.sarten vorkommen. Dem Graßmannschen Beispiel folgend leitet H. Hankel seine »Theorie der complexen Zahlensysteme« (1867) ebenfalls mit einer allgemeinen Formenlehre ein, in der die ›lytische‹ V. λ von Objekten *a*, *b* zu einem neuen Objekt *c*, also $\lambda(a,b) = c$, so beschaffen ist, daß es eine ›thetische‹ V. Θ gibt, die auf *c* und *b* angewandt wieder zu *a* führt, also $\Theta(c,b) = \Theta\{\lambda(a,b),b\} = a$. R. Grassmann nutzt 1872 in seiner »Formenlehre oder Mathematik« das unterschiedliche Verhalten der V. von Einheiten mit sich selbst, die entweder mit dieser Einheit zusammenfällt, $e \circ e = e$ (›innere Knüpfung‹; ↑idempotent/Idempotenz), oder ihr ungleich ist, $e \circ e \neq e$ (›äußere Knüpfung‹), zur Klassifikation von Logik, ↑Kombinatorik, ↑Arithmetik und Ausdehnungslehre. Diese Einflüsse führen 1873 E. Schröder zur Formulierung des Programms einer (nicht notwendig kommutativen; ↑kommutativ/Kommutativität) ›absoluten Algebra‹, die zugleich die algebraische Struktur der Logik (↑Algebra der Logik) umfassen soll.

In der ersten Axiomgruppe seiner Axiomatik (↑System, axiomatisches) der ↑Euklidischen Geometrie formuliert D. Hilbert 1899 ›Axiome der V.‹, durch die die Inzidenzbeziehung zwischen den Grundobjekten der Geometrie – ›Punkten‹, ›Geraden‹ und ›Ebenen‹ – implizit definiert wird (↑Definition, implizite).

Literatur: H. G. Graßmann, Die lineale Ausdehnungslehre, ein neuer Zweig der Mathematik, dargestellt und durch Anwendungen auf die übrigen Zweige der Mathematik, wie auch auf die Statik, Mechanik, die Lehre vom Magnetismus und die Krystallonomie erläutert, Leipzig 1844, [2]1878, Neudr. in: ders., Ges. mathematische und physikalische Werke I/1, ed. F. Engel, Leipzig 1894 (repr. Bronx N. Y. 1969, New York/London 1972), 1–319 (franz. La science de la grandeur extensive. La »lineale Ausdehnungslehre«, Paris 1994); R. Grassmann, Die Formenlehre oder Mathematik, Stettin 1872 (repr. Hildesheim 1966); H. Hankel, Vorlesungen über die complexen Zahlen und ihre Functionen I (Theorie der complexen Zahlensysteme, insbesondere der gemeinen imaginären Zahlen und der Hamilton'schen Quaternionen nebst ihrer geometrischen Darstellung), Leipzig 1867; D. Hilbert, Grundlagen der Geometrie, in: Festschrift zur Feier der Enthüllung des Gauss-Weber-Denkmals in Göttingen, Leipzig 1899, 1–92 [separat paginiert], ed. M. Toepell, Stuttgart/Leipzig [14]1999; H. Mehrtens, Die Entstehung der Verbandstheorie, Hildesheim 1979; V. Peckhaus, Wozu Algebra der Logik? Ernst Schröders Suche nach einer universalen Theorie der V.en, Modern Logic 4 (1994), 357–381; E. Schröder, Lehrbuch der Arithmetik und Algebra für Lehrer und Studirende I, Leipzig 1873. V. P.

Verlaufsgesetz, Bezeichnung für einen Typus von Gesetzen (↑Gesetz (exakte Wissenschaften), ↑Gesetz (historisch und sozialwissenschaftlich)), mit denen die zeitliche Zustandsentwicklung eines Systems beschrieben wird. Mathematisch haben V.e häufig die Form $z_{t+\delta} = F_\delta(z_t)$, wobei z_t und $z_{t+\delta}$ ↑Zustandsbeschreibungen des Systems zur Zeit t bzw. $t + \delta$ sind und F eine Transformationsregel (↑Transformation), die für jedes δ angibt, wie sich aus einer Zustandsbeschreibung z_t die Zustandsbeschreibung $z_{t+\delta}$ ergibt. Gibt z. B. z_t die Höhe und Geschwindigkeit eines frei über dem Erdboden fallenden Körpers zur Zeit t an, so liefert das Galileische ↑Fallgesetz eine Transformationsregel, wie für jedes δ Höhe und Geschwindigkeit zur Zeit $t + \delta$ auszurechnen sind. In der klassischen ↑Mechanik liefert der Hamilton-Formalismus (↑Hamiltonprinzip) eine Form von V.en als ↑Differentialgleichungen 1. Ordnung, mit denen sich der Zustand eines Systems als Ort und ↑Impuls seiner Massenpunkte zu jedem Zeitpunkt aus einem früheren Zustand berechnen läßt. In diesem Falle handelt es sich um deterministische V.e.

Allgemein wird die Zustandsentwicklung eines Systems nach einem V. geometrisch dargestellt als Bahnkurve (Trajektorie) in einem Zustands- bzw. Phasenraum. Ein einfaches Beispiel ist ein schwingendes Pendel ohne Reibung, dessen jeweiliger Zustand zum Zeitpunkt t durch den Ort $z_1(t)$ und die Geschwindigkeit $z_2(t)$ bestimmt ist. Beide Koordinaten verändern sich mit der Zeit t ständig. Die Zustandsvektoren $z_t = (z_1(t), z_2(t))$, aufgefaßt als Punkte, bilden eine Trajektorie in einem zweidimensionalen Koordinatensystem mit Abszisse z_1 und Ordinate z_2, anhand deren sich das V. dieses dynamischen Systems veranschaulichen läßt. Abb. 1 zeigt die Zustandstrajektorie nach einem V. in einem dreidimensionalen Zustandsraum.

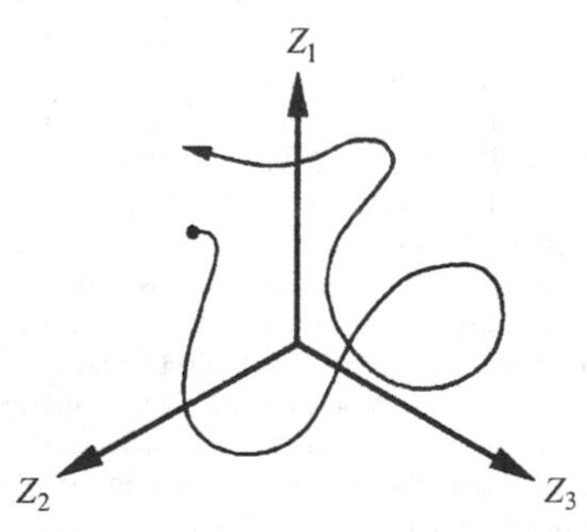

Abb. 1

Bei indeterministischen V.en ist die Zustandsentwicklung des Systems nicht eindeutig bestimmt. In diesem Falle ist keine eindeutige Trajektorienbahn möglich. In der Quantenmechanik (↑Quantentheorie, ↑Wellenmechanik) sind die Zustände eines Quantensystems (z. B. Elektron, Atom) durch eine Wellenfunktion ψ beschrieben, die nur statistische Angaben über Ort und Impuls eines Teilchens macht. Eine gleichzeitige Bestimmung von beiden Zustandskoordinaten Ort und Impuls mit beliebiger Genauigkeit, wie in der klassischen Physik, ist aufgrund der Heisenbergschen ↑Unschärferelation prinzipiell ausgeschlossen. In der Statistischen Mechanik und ↑Thermodynamik werden stochastische V.e für die zeitliche Entwicklung von Wahrscheinlichkeitsverteilungen bestimmter Eigenschaften in komplexen Systemen (z. B. Geschwindigkeit von Gasmolekülen) aufgestellt (z. B. Master-Gleichungen).

V.e sind nicht auf die Naturwissenschaften beschränkt, sondern finden überall in den empirischen Wissenschaften Anwendung, in denen Systemzustände als Zustandsvektoren mathematisch erfaßt werden können. So untersucht die Mathematische Ökonomie z. B. V.e von Konjunkturzyklen. Die Mathematische Soziologie präzisiert Zustandsvektoren einer Gruppe oder Gesellschaft als Wahrscheinlichkeitsverteilungen sozialer Eigenschaften und beschreibt ihre Trendentwicklung durch stochastische V.e. – Der Gegenbegriff zu ›V.‹ ist ›Koexistenzgesetz‹. Dabei handelt es sich um Gesetze, die gleichzeitig bestehende Zustände miteinander verbinden. Ein Beispiel ist das Gasgesetz, das Druck, Temperatur und Volumen einer vorliegenden Gasprobe miteinander verknüpft.

Literatur: M. Bunge, Scientific Research, I–II, Berlin/Heidelberg/New York 1967; H. Haken, Synergetics. An Introduction. Nonequilibrium Phase Transitions and Self-Organization in Physics, Chemistry and Biology, Berlin/Heidelberg/New York 1977, erw. Berlin etc. [3]1983 (dt. Synergetik. Eine Einführung. Nichtgleichgewichts-Phasenübergänge und Selbstorganisation in Physik, Chemie und Biologie, Berlin/Heidelberg/New York 1982, [3]1990); C. G. Hempel, Aspects of Scientific Explanation and Other Essays in the Philosophy of Science, New York, London 1965, 1970 (dt. Aspekte wissenschaftlicher Erklärung, Berlin/New York 1977); P. Lorenzen, Lehrbuch der konstruktiven Wissenschaftstheorie, Mannheim/Wien/Zürich 1987, Stuttgart/Weimar 2000; W. Stegmüller, Wissenschaftliche Erklärung und Begründung, Berlin/Heidelberg/New York 1969, 1974, erw. unter dem Titel: Probleme und Resultate der Wissenschaftstheorie und Analytischen Philosophie I (Erklärung, Begründung, Kausalität), Berlin/Heidelberg/New York [2]1983. K. M.

Vermittlung, Terminus zur Bezeichnung der Vereinigung verschiedener Erkenntnisse und Erkenntnisweisen, die wegen der Aspekthaftigkeit der Erkenntnisansätze und ihrer gelegentlich widersprüchlichen Ergebnisse erforderlich ist. V. bedeutet, ausgehend vom lateinischen ›mediatio‹, Angabe eines Mittleren zum Zwecke der Verbindung von einander ausschließenden Wahrnehmungen oder widersprüchlichen Begriffen. Daher gilt philosophisches Denken generell als V., als Auflösung von ↑Widersprüchen, Aufhebung von ↑Gegensätzen, ↑Versöhnung. In der neuzeitlichen Philosophie wird V. definiert als die Vergewisserung über Wißbares und Gewußtes sowie als Selbstvergewisserung des ↑Subjekts im Prozeß der Überprüfung (der Geltung) seines Wissens.

Während für die vorneuzeitliche Philosophie die V. in der Angabe einer ↑Einheit besteht, die die ↑Vielheit der Erscheinungen und des Wissens umfaßt – bei Platon etwa die ↑Teilhabe (↑Methexis) der ↑Erscheinung an der Idee (↑Ideenlehre), bei G. W. Leibniz die Konzeption einer prästabilierten Harmonie (↑Harmonie, prästabilierte) –, bemüht sich die neuzeitliche Philosophie um ein methodisches Verfahren zur Vereinigung der Gegensätze. V. in diesem Sinne leistet z. B. bei R. Descartes die Angabe eines unumstößlichen Fundamentes aller Erkenntnis, bei I. Kant die Entwicklung einer Frageweise nach den notwendig mitgesetzten Bedingungen des Erkennens und Handelns, die die Tragweite (↑Geltung) philosophischer Aussagen festlegt (↑transzendental) oder auch eine ↑Wissenschaftslehre als Begründung alles Wissens im Sinne J. G. Fichtes. G. W. F. Hegel bestimmt ausdrücklich die Tätigkeit des Denkens als V. der ↑Unmittelbarkeit. Daß jedes Unmittelbare vermittelt sein muß, gilt bereits für alltägliches Wissen. V. ist in diesem Kontext die faktische Entwicklung, Erziehung, Bildung. Von dieser unterscheidet sich die philosophische V. dadurch, daß sie nicht bei abstrakten, voneinander getrennten Sätzen stehenbleibt, sondern das zum Teil einander widersprechende Einzelwissen zu einem Ganzen, einem ↑System, verbindet. Kennzeichen für das Gelingen dieser philosophischen V. ist, daß eine neue, diesmal eingesehene und gerechtfertigte, nicht bloß faktische Unmittelbarkeit erreicht wird.

Die Methode, die zu diesem Ziel führen soll, ist die ↑Dialektik; die Leistung der Methode führt über die ↑Reflexion, die Rückfrage auf die Geltungsbedingungen des faktisch Gewußten, hinaus zur Spekulation (↑spekulativ/Spekulation), zur ›Reflexion der Reflexion‹, die die Synthese verschiedener und widersprechender Prinzipien in einem umfassenden System des philosophischen Wissens erreichen soll. V. in diesem umfassendsten Sinne wird dadurch gewährleistet, daß eine endliche ↑Realität und ihre Gegebenheitsweise oder ein jeweils partieller Begriff der Realität mit ihrer Idee (↑Idee (historisch)) verknüpft und dadurch die wahre Realität, das absolute Wissen (↑Wissen, absolutes), erreicht wird. Für Hegel ist V. nicht allein eine ›Bewegung‹, ein Fortschritt des Begriffs; vielmehr beansprucht die Philosophie zugleich, durch V. die eigentliche Realität zu erreichen. Daher entfaltet sich das V.sgeschehen in allen möglichen Bereichen des Wissens: Kunst, Religion, Sittlichkeit, Staat, Geschichte. Insofern in der philosophischen V. (der spekulativen V.) in den genannten verschiedenen Weisen des Weltvollzugs und seiner Reflexion eine *vermittelte Unmittelbarkeit* erreicht wird, garantiert V. die Vereinigung von Philosophie und Leben. A. G.-S.

Vermögen (engl. faculty, franz. faculté), im Rahmen der Unterscheidung zwischen ↑Dynamis (*δύναμις*) und ↑Energeia (*ἐνέργεια*) Grundbegriff der Aristotelischen ↑Metaphysik (↑Akt und Potenz). Danach ist V. »das Prinzip der Veränderung in einem anderen (Gegenstand als dem veränderten) oder (in eben diesem Gegenstand, aber insofern) als (er schon zu) einem anderen (geworden ist)« (Met. *Δ*12.1020a2–3, *Θ*1.1046a11, *Θ*7.1049b7), also die Fähigkeit, eine Veränderung eines anderen Gegenstandes oder seiner selbst zu bewirken. Im Kontext der Theoretischen Philosophie (↑Philosophie, theoretische) bezieht sich später die Rede von ›Erkenntnisvermögen‹ insbes. auf die Leistungen der ↑Sinnlichkeit und des ↑Verstandes, bei I. Kant auch auf Verstand, ↑Vernunft und ↑Urteilskraft als oberste V., im Kontext der Praktischen Philosophie (↑Philosophie, praktische) und der ↑Psychologie auf ein praktisches V. (neben den theoretischen V. des Verstandes, der Vernunft und der Urteilskraft), nämlich (wiederum nach Kant) in Form einer sowohl vernunftunabhängigen als auch vernunftbestimmten Willensbildung (↑Wille, ↑Willensfreiheit), ferner auf ↑Gefühle, die als V. der Rezeption nichtkognitiver und nicht-volitiver, insbes. moralischer (↑Moral) und ästhetischer (↑ästhetisch/Ästhetik), Gehalte aufgefaßt werden. – W. James wendet sich im Namen einer funktionalistischen (↑Funktionalismus, ↑Funktionalismus (kognitionswissenschaftlich)) Erklärungskonzeption gegen rationalistische (↑Rationalismus) bzw. essentialistische (↑Essentialismus) Formen einer (im 18. Jh. vor allem in Deutschland dominanten) V.spsychologie, d. h. gegen die Erklärung seelischer (↑Seele) Vorgänge und Leistungen durch ein substanzartig vorgestelltes Seelenvermögen (unterschieden nach Denken, Fühlen und Wollen), desgleichen T. Ziehen im Namen einer assoziationspsychologischen (↑Assoziationstheorie) Konzeption.

In der neueren Wissenschaftstheorie tritt der Begriff des V.s vor allem in Form so genannter ↑Dispositionsbegriffe auf, d. h. von Begriffen, die sich auf überdauernde Eigenschaften von Gegenständen beziehen, die sich jedoch nur unter bestimmten Umständen manifestieren (›löslich‹, ›erregbar‹, ›ängstlich‹; ↑Reduktionssatz). Die Disposition der Löslichkeit, also ein bestimmtes V. der betreffenden Substanz, setzt sich bei Gabe in Wasser in die manifeste Eigenschaft der Auflösung um. Nach Auffassung von N. Cartwright sind ↑Ursachen generell als V. zu deuten. Ursachen gelten danach als überdauernde V. von Objekten oder ↑Zuständen, unter geeigneten Bedingungen ↑Wirkungen hervorzubringen.

Literatur: I. Bandau, V. und Möglichkeit in der Ontologie des Aristoteles, Diss. Köln 1964; N. Cartwright, Nature's Capacities and Their Measurement, Oxford 1989, 2002; G. Deleuze, La philosophie critique de Kant. Doctrine des facultés, Paris 1963, [8]1994 (engl. Kant's Critical Philosophy. The Doctrine of the Faculties, Minneapolis Minn./London 1984, London 2008; dt. Kants kritische Philosophie. Die Lehre von den V., Berlin 1990); J. A. Fodor, The Modularity of the Mind. An Essay on Faculty Psychology, Cambridge Mass./London 1982, 2001; M. Haase, V., EP III ([2]2010), 2981–2893; S. Heßbrüggen-Walter, Die Seele und ihre V.. Kants Metaphysik des Mentalen in der »Kritik der reinen Vernunft«, Paderborn 2004; ders., V., in: P. Kolmer/A. G. Wildfeuer (eds.), Neues Handbuch philosophischer Grundbegriffe III, Freiburg/München 2011, 2321–2333; ders., V., in: M. Willaschek u. a. (eds.), Kant-Lexikon III, Berlin/Boston Mass. 2015, 2481–2484; L. Jansen, Tun und Können. Ein systematischer Kommentar zu Aristoteles' Theorie der V. im neunten Buch der Metaphysik, Frankfurt etc. 2002, Wiesbaden [2]2016; T. H. Leahey, A History of Psychology. Main Currents in Psychological Thought, Englewood Cliffs N. J. 1980, Upper Saddle River N. J. [6]2004; ders., Faculty Psychology, in: R. J. Corsini (ed.), Encyclopedia of Psychology II, New York etc. 1984, [2]1994, 6–7; D. E. Leary, Immanuel Kant and the Development of Modern Psychology, in: W. R. Woodward/M. G. Ash (eds.), The Problematic Science. Psychology in Nineteenth-Century Thought, New York 1982, 17–42; T. Roelcke, Die Terminologie der Erkenntnisvermögen. Wörterbuch und lexikosemantische Untersuchung zu Kants »Kritik der reinen Vernunft«, Tübingen 1989; G. Ryle, The Concept of Mind, London 1949, London/New York 2009; K. Sachs-Hombach, V.; V.spsychologie, Hist. Wb. Ph. XI (2001), 728–731; A. S. Spann/D. Wehinger (eds.), V. und Handlung. Der dispositionale Realismus und unser Selbstverständnis als Handelnde, Münster 2014; G. Stern, A Faculty Theory of Knowledge. The Aim and Scope of Hume's First Enquiry, Lewisburg Pa. 1971. J. M.

Vernunft (griech. *νοῦς*, lat. ratio, auch intellectus, engl. reason, auch understanding, franz. raison, auch entendement), von der griechischen Philosophie (↑Philosophie, griechische) bis zur frühen Neuzeit neben ↑›Verstand‹ Bezeichnung für eines der höheren (Seelen-) Vermögen. Die Charakterisierung der V. und die Zuordnung zu anderen Vermögen ist dabei sehr unterschiedlich, was sich auch in der schwankenden Wort- und Wortübersetzungsgeschichte niedergeschlagen hat. Das Verhältnis von V. und Verstand gehört zu den großen Fragen, die die gesamte abendländische Philosophie durchziehen; es ist vor allem ein zentrales Thema der neuzeitlichen Philosophie von R. Descartes bis G. W. F. Hegel. Dabei ist die paarweise Übersetzung der Begriffe V. und Verstand im Verlaufe der mittelalterlichen und frühneuzeitlichen Überlieferung noch ungefestigt, so daß *νοῦς* sowohl mit ↑›intellectus‹ als auch mit ↑›ratio‹ übersetzt und die im neuzeitlichen Sinne rationale Verstandestätigkeit dem Intellekt zugeschrieben wird. Die Übersetzung von ›ratio‹ durch ›V.‹ ist erst seit I. Kant einheitlich.

Die moderne Debatte um den Begriff der V. beginnt mit Kant, der mit V. die Fähigkeit des Menschen anspricht, sich gemeinsam über die aller Verstandestätigkeit (↑Verstand) und sinnlichen ↑Wahrnehmung vorausliegenden und durch sie vorausgesetzten Prinzipien Rechenschaft geben zu können (↑Vernunft, theoretische). Da solche durch V. begriffenen Bedingungen allgemein, d. h. ohne Ansehen der Person, gelten sollen, ist mit dem Begriff der V. der Anspruch auf ↑Intersubjektivität (↑Universalisierung, ↑Universalität (ethisch)) verbunden. Mit dem Begriff der V. ist seit der griechischen Philosophie das philosophische Grundproblem bezeichnet, die unabdingbaren Bedingungen menschlichen Redens und Handelns zu rekonstruieren. Eine Geschichte der sich in Auseinandersetzung mit Natur und Gesellschaft realisierenden menschlichen V. fällt letztlich mit der Geschichte menschlicher ↑Kultur überhaupt zusammen; die Geschichte der Versuche, die Möglichkeiten menschlicher V. systematisch zu rekonstruieren, ist die Geschichte der ↑Philosophie selbst.

Die Frage nach den Kriterien und Inhalten der V. stellt sich historisch jeweils in einem Umfeld, in dem bis dahin unbefragt geltende und naiv tradierte Inhalte des Wissens und Orientierungen des Handelns problematisch werden und eine ausdrückliche intersubjektive Sicherung gemeinsamen Wissens und Handelns gesucht wird. Die klassische griechische Philosophie entsteht im Rahmen einer solchen historischen Situation. Der Platonische Sokrates sucht gegenüber dem mythischen (↑Mythos) Weltbild und den eingelebten und unkritisch übernommenen Normen des gesellschaftlichen Lebens einerseits und dem durch die ↑Sophistik beförderten ↑Skeptizismus (demgemäß man durch ausreichendes rhetorisches Geschick alles begründen und folglich nichts als begründet auszeichnen kann) andererseits den Weg der V., des Unterschiedes zwischen dem allgemein Begründbaren und dem Unbegründbaren vorzuzeichnen (↑Kritik). Das Programm der V. bezieht sich dabei sowohl auf die Begründung des Wissens (paradigmatisch die ↑Geometrie) als auch auf die Begründung des moralischen (gruppenbezogenen wie staatlichen) Handelns. Die Sphäre der Ideen (↑Ideenlehre, ↑Liniengleichnis) stellt demnach den dem bloß individuellen Meinen enthobenen Bezugspunkt alles in V. begründeten Wissens und Handelns dar. Aristoteles' Kritik an der Platonischen Ideenlehre verlagert das V.problem in den Bereich intersubjektiver ↑Begründung und ↑Rechtfertigung. V. wird erkennbar in der Prüfung der ↑Gründe und Gegengründe gemäß situations- und kontextinvarianten Regeln (wodurch die ↑Logik das zentrale Instrumentarium der V.kritik wird; ↑Organon).

Die neuzeitliche V.philosophie ist gegenüber der klassischen griechischen Philosophie vor allem durch eine Radikalisierung des Begründungs- bzw. Rechtfertigungsproblems ausgezeichnet. In R. Descartes' Programm eines radikalen Neuanfangs bei einem archimedischen Punkt des Wissens schlägt sich eine Radikalisierung des V.anspruchs nieder, die im Wissen und Handeln keinen ↑Autoritäten und Traditionen mehr vertraut, wobei diese Radikalisierung häufig als Prozeß der ↑Säkularisierung der mittelalterlichen Struktur der göttlichen V. gedeutet wird. Als ↑lumen naturale ist die V. das Vermögen der Wahrheitserkenntnis im Unterschied zu einem ›impetus naturalis‹, der als blinder Naturtrieb zwar ein zweckmäßiges Handeln intendieren kann, aber nicht zur unbezweifelbaren ↑Gewißheit führt. ↑Rationalismus und ↑Empirismus diskutieren das Problem einer Grundlegung des Wissens und Handelns, die als alle Begründungs- bzw. Rechtfertigungsdefizite überwindend als vernunftgemäß ausgewiesen werden kann. Entsprechend dem Cartesischen Ansatz beim grundlegenden ↑*cogito ergo sum* wird im Rationalismus das ↑Selbstbewußtsein für die Konzeption der V. ausschlaggebend. V. wird dabei zunehmend als Leistung des ↑Subjekts konzipiert und schließlich im Deutschen Idealismus (↑Idealismus, deutscher), insbes. bei J. G. Fichte, mit dem sich selbst explizierenden ↑transzendentalen ↑Ich identifiziert (↑Transzendentalphilosophie). Die Philosophie Kants ist zugleich Reflexion auf den Anspruch der ↑Aufklärung, Begründungsleistungen ausschließlich durch V. zu erbringen, als auch Theorie der Reichweite und der Grenzen der Ansprüche der V.. Kann sich die V. nicht mehr auf einen überkommenen Bestand von Vorstellungen und Überzeugungen berufen, muß die Geltung von Wissensinhalten und Handlungsvorstellungen allein auf den Leistungen der V. selbst beruhen. Der Ausweis von ↑Geltung erfolgt durch ↑Konstitution und ↑Konstruktion nach ↑Vernunftprinzipien. Was allgemein Geltung beansprucht, muß als allgemein konstruierbar ausgewiesen sein. Kant unterscheidet aus systematischen Gründen zwischen *theoretischer* und *praktischer* V. (↑Vernunft, theoretische, ↑Vernunft, praktische), wobei es sich um Ausprägungen derselben V. handelt, insofern sie rein, d. h. erfahrungsunabhängig, ist.

Die nachkantische V.philosophie hat sich vielfach bemüht, das Kantische Programm von vermögenspsychologischen Konnotationen zu befreien und die Kriterien vernünftigen Redens und Handelns operabel zu machen. So betont C. S. Peirce, daß das Vernünftige im Diskurs einer Forschergemeinschaft (↑scientific community) – jedenfalls auf lange Sicht – auch als reales Einverständnis erscheinen können muß. Wie Kant sieht auch E. Husserl, unbeschadet seiner Kritik an Kants (angeblichem) ↑Anthropologismus in dessen Lehre vom ↑Ding an sich, in einer Kritik reiner, d. h. erfahrungsunabhängiger, V. die notwendige Voraussetzung einer wissenschaftlichen ›Metaphysik‹ bzw. ›universalen Philosophie‹ (Die Krisis der europäischen Wissenschaften und die transzendentale Phänomenologie, ed. W. Biemel, Den Haag ²1962 [Husserliana VI], 13 [§ 6]), die die allgemeinen Bedingungen möglichen Wissens und Handelns zum Gegenstand hat. Die Abhandlung »Ideen I« kulminiert in der These, daß eine ›vollständige Phänomenologie der V.‹ (↑Phänomenologie), die über die Darstellung der Konstitution der noetischen (↑Noetik) und noematischen (↑Noema) Schichten des Bewußtseins die allgemeine Konstitutionsproblematik einer Lösung zuführt, mit der Phänomenologie identisch sei. In der Abhandlung »Formale und transzendentale Logik«, die nach Angabe des Untertitels den ›Versuch einer Kritik der logischen V.‹ beinhaltet, wird die transzendentale Erkenntniskritik bzw. die Transzendentalphilosophie überhaupt als ›Kritik der V.‹ aufgefaßt (Formale und transzendentale Logik. Versuch einer Kritik der logischen Vernunft, ed. P. Janssen, Den Haag 1974 [Husserliana XXIX], 167–168, 179).

In der Philosophie der 2. Hälfte des 20. Jhs. werden die traditionellen Fragen der V. in modifizierter Form im Rahmen der Theorie der ↑Rationalität wieder aufgegriffen. Mehrere Ansätze der modernen deutschen Philosophie sind dabei durch das Bemühen gekennzeichnet, Kriterien des vernünftigen Redens und Handelns nach der Wende zur Sprache (↑Wende, linguistische) der Philosophie in Form von situationsinvarianten, schlechthin prädiskursiven Regeln zu rekonstruieren (z. B. P. Lorenzen, J. Habermas, K.-O. Apel). Innerhalb des ↑Konstruktivismus (↑Erlanger Schule) hat W. Kamlah V., die in der neuzeitlichen Profanität (↑profan/Profanität) im Zuge vorgeblich richtiger Wirklichkeitserkenntnis einer uneingestandenen ↑Metaphysik verhaftet bleibt, im Anschluß an das antike Philosophieren als vernehmende V. restituiert, um Philosophie als Wissenschaft neu zu begründen.

Literatur: H. Albert, Traktat über kritische V., Tübingen 1968, ⁵1991 (engl. Treatise on Critical Reason, Princeton N. J. 1985); M. C. Amoretti/N. Vassallo (eds.), Reason and Rationality, Frankfurt etc. 2012; U. Anacker, V., Hb. ph. Grundbegriffe III (1974), 1597–1612; K.-O. Apel, Transformation der Philosophie, I–II, Frankfurt 1973, I ⁴1991, II ⁶1999 (engl. Towards a Transformation of Philosophy, London etc. 1980, Milwaukee Wis. 1998); ders./M. Kettner (eds.), Die eine V. und die vielen Rationalitäten, Frankfurt 1996; A. Arndt, Dialektik und Reflexion. Zur Rekonstruktion des V.begriffs, Hamburg 1994; R. Audi, The Architecture of Reason. The Structure and Substance of Rationality, Oxford etc. 2001, 2002; H. M. Baumgartner, Endliche V.. Zur Verständigung der Philosophie über sich selbst, Bonn/Berlin 1991; J. L. Bermúdez/A. Millar (eds.), Reason and Nature. Essays in the Theory of Rationality, Oxford 2002, 2009; H. Blumenberg, Die Legitimität der Neuzeit, Frankfurt 1966, ⁶2012; E. Braun (ed.), Die Zukunft der V. aus der Perspektive einer nichtmetaphysischen Philosophie, Würzburg 1993; M. Bremer, Rationalität und Naturalisierung. Zur Problemgeschichte von V. und Verstand in der Analytischen Philosophie, Berlin 2001; K. Broese u. a. (eds.), V. der Aufklärung – Aufklärung der V., Berlin 2006; A. Burgio/V. Schürmann, V./Verstand, EP III (²2010), 2893–2900; M. Daskalaki, V. als Bewusstsein der absoluten Substanz. Zur Darstellung des V.begriffs in Hegels »Phänomenologie des Geistes«, Berlin 2012; C. Demmerling/F. Kambartel (eds.), V.-kritik nach Hegel. Analytisch-kritische Interpretationen zur Dialektik, Frankfurt 1992; A. Färber, Die Begründung der Wissenschaft aus reiner V.. Descartes, Spinoza und Kant, Freiburg/München 1999; H. F. Fulda/R.-P. Horstmann (eds.), V.begriffe in der Moderne. Stuttgarter Hegel-Kongreß 1993, Stuttgart 1994; E. Garver, Reason, Practical and Theoretical, NDHI V (2005), 2020–2023; P. Grice, Aspects of Reason, Oxford 2001, 2008; M. Horkheimer, Eclipse of Reason, New York 1947, London 2013; ders., Zum Begriff der V., in: ders./T. W. Adorno, Sociologica II (Reden und Vorträge), Frankfurt 1962, ³1973, 1984, 193–204; R.-P. Horstmann, Die Grenzen der V.. Eine Untersuchung zu Zielen und Motiven des deutschen Idealismus, Frankfurt 1991, ³2004; A. Hutter, V., in: M. Willaschek u. a. (eds.), Kant-Lexikon III, Berlin/Boston Mass. 2015, 2486–2489; ders., V., Einheit der, in: M. Willaschek u. a. (eds.), Kant-Lexikon [s. o.] III, 2490–2491; ders., V., reine, in: M. Willaschek u. a. (eds.), Kant-Lexikon [s. o.] III, 2500–2503; C. Jamme (ed.), Grundlinien der V.kritik, Frankfurt 1997; F. Kambartel, V., nicht-dogmatisch verstanden. Zum Dogma des Dogmatismusvorwurfs gegen Begründungsansprüche, in: ders., Theorie und Begründung. Studien zum Philosophie- und Wissenschaftsverständnis, Frankfurt 1976, 76–91; ders., V.: Kriterium oder Kultur? Zur Definierbarkeit des Vernünftigen, in: ders., Philosophie der humanen Welt. Abhandlungen, Frankfurt 1989, 27–43; W. Kamlah, Der Mensch in der Profanität. Versuch einer Kritik der profanen durch vernehmende V., Stuttgart 1949; ders., Von der Sprache zur V.. Philosophie und Wissenschaft in der neuzeitlichen Profanität, Mannheim/Wien/Zürich 1975; J. Keienburg, Immanuel Kant und die Öffentlichkeit der V., Berlin/New York 2011; I. Kern, Husserl und Kant. Eine Untersuchung über Husserls Verhältnis zu Kant und zum Neukantianismus, Den Haag 1964; F. Knappik, Im Reich der Freiheit. Hegels Theorie autonomer V., Berlin/Boston Mass. 2013; K. Konhardt, Die Einheit der V.. Zum Verhältnis von theoretischer und praktischer V. in der Philosophie Immanuel Kants, Königstein 1979; J. Kopper/R. Malter (eds.), Materialien zu Kants »Kritik der reinen V.«, Frankfurt 1975, ²1980; M. Kosch, Freedom and Reason in Kant, Schelling, and Kierkegaard, Oxford 2006, 2010; C. Larmore, V. und Subjektivität. Frankfurter Vorlesungen, Berlin 2012; A. R. Mele/P. Rawling (eds.), The Oxford Handbook of Rationality, Oxford etc. 2004; J. Mittelstraß, Neuzeit und Aufklärung. Studien zur Entstehung der neuzeitlichen Wissenschaft und Philosophie, Berlin/New York 1970; ders., Von der V.. Erwiderungen auf Friedrich Kambartel, in: ders., Der Flug der Eule. Von der V. der Wissenschaft und der Aufgabe der Philosophie, Frankfurt 1989, ²1997, 120–141; ders./M. Riedel (eds.), Vernünftiges Denken. Studien zur praktischen Philosophie und Wissenschaftstheorie (Wilhelm Kamlah zum Gedächtnis), Berlin/New York 1978; A. Nuzzo, Kant and the Unity of Reason, West Lafayette Ind. 2005; K. Oehler, Die Lehre vom noetischen und dianoetischen Denken bei Platon und Aristoteles. Ein Beitrag zur Erforschung der Geschichte des Bewußtseinsproblems in der Antike, München 1962, Hamburg ²1985; D. Owen, Hume's Reason, Oxford etc. 1999, 2004; H. Putnam, Reason, Truth and History, Cambridge etc. 1981, 2003; J. Quong, Public Reason, SEP 2013; C. Rapp u. a., V.; Verstand, Hist. Wb. Ph. XI (2001), 748–863; N. Rescher, Kant and the Reach of Reason. Studies in Kant's Theory of Rational Systematization, Cambridge etc. 2000; N. Rotenstreich, Reason and Its Manifestations. A Study on Kant and Hegel, Stuttgart-

Bad Cannstatt 1996; P. A. Schmid/S. Zurbuchen (eds.), Grenzen der kritischen V.. Helmut Holzhey zum 60. Geburtstag, Basel 1997; H. Schnädelbach, V. und Geschichte. Vorträge und Abhandlungen, Frankfurt 1987; ders., V., in: E. Martens/H. Schnädelbach (eds.), Philosophie. Ein Grundkurs I, Reinbek b. Hamburg 1991, [7]2003, 77–115; ders., V., Stuttgart 2007; G. Schönrich, Kategorien und transzendentale Argumentation. Kant und die Idee einer transzendentalen Semiotik, Frankfurt 1981; ders., Zeichenhandeln. Untersuchungen zum Begriff einer semiotischen V. im Ausgang von Ch. S. Peirce, Frankfurt 1990; O. Schwemmer (ed.), V., Handlung und Erfahrung. Über die Grundlagen und Ziele der Wissenschaften, München 1981; M. J. Siemek, V. und Intersubjektivität. Zur philosophisch-politischen Identität der europäischen Moderne, Baden-Baden 2000; M. Steinmann/E. Herms, V., RGG VIII ([4]2005), 1037–1045; U. Steinvorth, Was ist V.? Eine philosophische Einführung, München 2002; K. Stock u. a., V., TRE XXXIV (2002), 737–768, XXXV (2003), 1–15; S. Toulmin, Human Understanding I (The Collective Use and Evolution of Concepts), Oxford 1972, Princeton N. J. 1977 (dt. Menschliches Erkennen I [Kritik der kollektiven V.], Frankfurt 1978, 1983); ders., Return to Reason, Cambridge Mass./London 2001, 2003; W. Welsch, V.. Die zeitgenössische V.kritik und das Konzept der transversalen V., Frankfurt 1995, 2007; A. N. Whitehead, The Function of Reason, Princeton N. J. 1929, Boston Mass. 1962; A. G. Wildfeuer, V., in: P. Kolmer/A. G. Wildfeuer (eds.), Neues Handbuch philosophischer Grundbegriffe III, Freiburg/München 2011, 2333–2370; G. Williams, Kant's Account of Reason, SEP 2008, rev. 2014; K. W. Zeidler, Grundlegungen. Zur Theorie der V. und Letztbegründung, Wien 2016; weitere Literatur: ↑Rationalität. C. F. G.

Vernunft, faule (griech. ἀργὸς λόγος, lat. ignava ratio), Bezeichnung für den Verzicht auf die Betätigung der ↑Vernunft unter der Annahme, daß der ↑Fatalismus, selbst als ›sophismus ignavus‹ bezeichnet, gelte (vgl. M. T. Cicero, De fato 12, 28). I. Kant versteht unter dem Begriff der f.n V. jeden Grundsatz, »welcher macht, daß man seine Naturuntersuchung, wo es auch sei, für schlechthin vollendet ansieht, und die Vernunft sich also zur Ruhe begibt, als ob sie ihr Geschäfte völlig ausgerichtet habe« (KrV B 718). J. M.

Vernunft, historische, Terminus der Geschichtsphilosophie, Erkenntnistheorie und Wissenschaftstheorie der historischen Wissenschaften. Der Begriff einer h.n V. entsteht im Zusammenhang mit den Transformationen des Geschichtsbegriffs im 18. Jh. und setzt die Auflösung des strikten Gegensatzes von philosophischer Erkenntnis und historischem Wissen voraus. Während die Rationalisierung der ↑Geschichte bereits in den geschichtsphilosophischen Arbeiten I. Kants auf exemplarische Weise durchgeführt ist, vollzieht sich eine *Historisierung der Vernunft* im wesentlichen im Deutschen Idealismus (↑Idealismus, deutscher; J. G. Fichte, G. W. F. Hegel, F. W. J. Schelling). Hegel sucht im Rahmen einer spekulativen Geistmetaphysik eine vollkommene Vermittlung von Vernunft und Geschichte zu leisten. Dabei wird sowohl die ↑Geschichtlichkeit der Vernunft im Rahmen einer Philosophie- und allgemeinen Geistesgeschichte erfaßt als auch die Geschichte der politischen und sozialen Verhältnisse als Manifestation der Vernunft gedeutet: Geschichte ist »das wissende sich vermittelnde Werden – der an die Zeit entäußerte Geist« (Phänom. des Geistes, Sämtl. Werke II, 618–619).

Im 19. Jh. wird diese Form der Rationalisierung der Geschichte durch die ↑Geschichtsphilosophie in unterschiedlichen Formen weitergeführt (K. Marx, A. Comte, O. Spengler), im Zuge der Verwissenschaftlichung der Geschichtsschreibung aber auch zunehmend kritisiert (↑Historismus). Die Vertreter der historischen Schule (L. v. Ranke, J. G. Droysen) wenden sich programmatisch von spekulativer Geschichtsdeutung ab. An die Stelle der totalen Vermittlung von Vernunft und Geschichte im Diskurs einer spekulativen Geschichtsphilosophie tritt eine Rationalisierung der Geschichte im Medium der Geschichtswissenschaft. H. V. ist hier primär wirksam als erkenntnis- und wissenschaftstheoretische Begründung geschichtswissenschaftlicher Forschung. In diesem Zusammenhang kommt den Arbeiten Droysens und W. Diltheys große Bedeutung zu. Orientiert an der Philosophie Kants konzipiert Dilthey eine Grundlegung der ↑Geisteswissenschaften als Kritik der h.n V.. Dilthey bezeichnet h. V. als das Vermögen des Menschen, »sich selber und die von ihm geschaffene Gesellschaft und Geschichte zu erkennen« (Einleitung in die Geisteswissenschaften. Versuch einer Grundlegung für das Studium der Gesellschaft und der Geschichte. Erster Band, Leipzig 1883, 145, Neudr. als Ges. Werke I, ed. B. Groethuysen, Leipzig 1922, Stuttgart/Göttingen [4]1959, [9]1990, 116). Über die Bedingungen der Erkenntnis und die in Theorien erhobenen Geltungsansprüche kann ohne Berücksichtigung des historischen Kontextes keine Klarheit gewonnen werden: Vernunft ist historisch aufgeklärte Vernunft. In diesem Zusammenhang tritt die systematisch entscheidende Frage auf: Wie kann Vernunft als geschichtlich bedingt gedacht werden, ohne die Momente der Allgemeingültigkeit und Notwendigkeit der Erkenntnis aufzugeben und einem problematischen ↑Relativismus zu verfallen?

Die Erfahrung der totalitären Regime in Deutschland, Italien, UdSSR und China, die jeweils eigene Versionen einer h.n V. zum Kern ihrer Ideologien formten, führt im 20. Jh. zum Ende der Geschichtsphilosophie. Diltheys Konzeption der h.n V. wird im 20. Jh. maßgeblich in zwei Richtungen weiterverfolgt: im Rahmen der ↑Fundamentalontologie M. Heideggers und der philosophischen ↑Hermeneutik H.-G. Gadamers werden Konzeptionen der Geschichtlichkeit formuliert. In erkenntnis- und wissenschaftstheoretischen Überlegungen werden Theorien einer kritischen Geschichtswissenschaft erarbeitet (R. Koselleck, J. Rüsen, S. Otto), der Begriff historischer Erklärung untersucht (A. C. Danto, H. Lübbe) und ein

Konzept der rationalen ↑Rekonstruktion vernünftiger Entwicklungen formuliert (J. Mittelstraß).

Literatur: H. M. Baumgartner, Kontinuität und Geschichte. Zur Kritik und Metakritik der h.n V., Frankfurt 1972, 1997; ders./J. Rüsen (eds.), Seminar. Geschichte und Theorie. Umrisse einer Historik, Frankfurt 1976, [2]1982; B. Buldt, Vernunft, Geschichte der, in: M. Willaschek u. a. (eds.), Kant-Lexikon III, Berlin/Boston Mass. 2015, 2491–2493; A. C. Danto, Analytical Philosophy of History, Cambridge etc. 1965, 1968, Neudr. [erw.] unter dem Titel: Narration and Knowledge, New York 1985, 2007 (dt. Analytische Philosophie der Geschichte, Frankfurt 1974, 1980); M. Ermarth, Wilhelm Dilthey. The Critique of Historical Reason, Chicago Ill./London 1978; A. Hutter, V., h., Hist. Wb. Ph. XI (2001), 863–866; H. Ineichen, Erkenntnistheorie und geschichtlich-gesellschaftliche Welt. Diltheys Logik der Geisteswissenschaften, Frankfurt 1975; ders., Diltheys Kant-Kritik, Dilthey-Jb. 2 (1984), 51–64; R. Koselleck, Geschichte, Historie, in: O. Brunner/W. Conze/R. Koselleck (eds.), Geschichtliche Grundbegriffe. Historisches Lexikon zur politisch-sozialen Sprache in Deutschland II, Stuttgart 1975, [3]1992, 2004, 593–717; P. Krausser, Kritik der endlichen Vernunft. Wilhelm Diltheys Revolution der allgemeinen Wissenschafts- und Handlungstheorie, Frankfurt 1968; H.-U. Lessing, Einleitung: Wilhelm Dilthey – Das Programm einer Kritik der h.n V., in: ders. (ed.), Wilhelm Dilthey. Texte zur Kritik der h.n V., Göttingen 1983, 9–24; ders., Die Idee einer Kritik der h.n V.. Wilhelm Diltheys erkenntnistheoretisch-logisch-methodologische Grundlegung der Geisteswissenschaften, Freiburg/München 1984; K. Löwith, Von Hegel bis Nietzsche, Zürich/New York 1941, rev. unter dem Titel: Von Hegel zu Nietzsche. Der revolutionäre Bruch im Denken des neunzehnten Jahrhunderts. Marx und Kierkegaard, Stuttgart, Zürich/Wien [2]1950, Stuttgart [5]1964, mit Untertitel: Der revolutionäre Bruch im Denken des neunzehnten Jahrhunderts, Frankfurt 1969, Hamburg [9]1986, Stuttgart 1988 (= Sämtl. Schr. IV), Hamburg 1995; ders., Meaning in History. The Theological Implications of the Philosophy of History […], Chicago Ill./London 1949, 1970; H. Lübbe, Was heißt: »Das kann man nur historisch erklären«?, in: R. Koselleck/W.-D. Stempel (eds.), Geschichte – Ereignis und Erzählung, München 1973, 1990 (Poetik und Hermeneutik V), 542–554; ders., Geschichtsbegriff und Geschichtsinteresse. Analytik und Pragmatik der Historie, Basel/Stuttgart 1977, Basel [2]2012; R. A. Makkreel, Dilthey. Philosopher of the Human Studies, Princeton N. J. 1975, 1992 (dt. Dilthey. Philosoph der Geisteswissenschaften, Frankfurt 1991); O. Marquard, Schwierigkeiten mit der Geschichtsphilosophie. Aufsätze. Frankfurt 1973, [4]1997 (franz. Des difficultés avec la philosophie de l'histoire. Essais, Paris 2002); J. Mittelstraß, Neuzeit und Aufklärung. Studien zur Entstehung der neuzeitlichen Wissenschaft und Philosophie, Berlin/New York 1970; ders., Rationale Rekonstruktion der Wissenschaftsgeschichte, in: P. Janich (ed.), Wissenschaftstheorie und Wissenschaftsforschung, München 1981, 89–111, 137–148; ders., Philosophische Grundlagen der Wissenschaften. Über wissenschaftstheoretischen Historismus, Konstruktivismus und Mythen des wissenschaftlichen Geistes, in: ders., Der Flug der Eule. Von der Vernunft der Wissenschaft und der Aufgabe der Philosophie, Frankfurt 1989, [2]1997, 194–227; ders., Gründegeschichten und Wirkungsgeschichten. Bausteine zu einer konstruktiven Theorie der Wissenschafts- und Philosophiegeschichte, in: C. Demmerling/G. Gabriel/T. Rentsch (eds.), Vernunft und Lebenspraxis. Philosophische Studien zu den Bedingungen einer rationalen Kultur, Frankfurt 1995, 10–31; S. Otto, Materialien zur Theorie der Geistesgeschichte, München 1979; ders., Rekonstruktion der Geschichte. Zur Kritik der h.n Vernunft, I–II, München 1982/1992; F. Rodi, Diltheys Kritik der h.n V. – Programm oder System?, Dilthey-Jb. 3 (1985), 140–165; J. Rüsen, Grundzüge einer Historik, I–III, Göttingen 1983–1989; H. Schnädelbach, Geschichtsphilosophie nach Hegel. Die Probleme des Historismus, Freiburg/München 1974; ders., Geschichte, in: ders., Philosophie in Deutschland 1831–1933, Frankfurt 1983, [7]2007, 51–87; ders., Zur Dialektik der h.n V., in: ders., Vernunft und Geschichte. Vorträge und Abhandlungen, Frankfurt 1987, 47–63; W. Schulz, Philosophie in der veränderten Welt, Pfullingen 1972, [7]2001, 469–627 (Vergeschichtlichung); H. N. Tuttle, The Dawn of Historical Reason. The Historicality of Human Existence in the Thought of Dilthey, Heidegger and Ortega y Gasset, New York etc. 1994. D. T.

Vernunft, praktische, Terminus der Philosophie zur Bezeichnung der verallgemeinerbaren Prinzipien des (zwischenmenschlichen) Handelns (*πρᾶξις*) bzw. des ↑Vermögens zu ihrer Gewinnung. Die p. V. grenzt sich von der theoretischen Vernunft (↑Vernunft, theoretische) ab, die auf die allgemeinen Grundsätze des Erkennens gerichtet ist. Innerhalb der antiken Philosophie (↑Philosophie, antike) wird die sittliche Einsicht (*φρόνησις*; ↑Phronesis) als Gegenstück der vernünftigen Einsicht (*νόησις*, ↑Noesis, ↑Verstand) bzw. der wissenschaftlichen Erkenntnis (*ἐπιστήμη*) aufgefaßt und der sittlichen Tüchtigkeit (*ἀρετή*; ↑Arete) übergeordnet (Aristoteles, Eth. Nic. Z8.1142a26). Aristoteles, der in der »Nikomachischen Ethik« die erste grundlegende wissenschaftliche Darstellung des Bereichs praktischen Handelns vorlegt, stellt einerseits die *φρόνησις* der *σοφία* (↑Sophia), andererseits die p. V. (*διάνοια πρακτική*) der theoretischen Vernunft (*διάνοια θεωρητική*) gegenüber (Eth. Nic. Z1–13.1138b18–1145a11). Die moralischen Normen (↑Norm (handlungstheoretisch, moralphilosophisch)) werden dabei noch nicht scharf von den Regeln ihrer Anwendung getrennt. P. V. wird demgemäß noch stark im Zusammenhang der Lebensklugheit (↑Phronesis, prudentia) erörtert. Weil das praktische Wissen kontextvariant gilt, kann hier nicht dieselbe Präzision erreicht werden wie im Falle des epistemischen Wissens (theoretische Vernunft). Als praktische Norm bestimmt Aristoteles die Mitte (*μεσότης*, ↑Mesotes) zwischen Übermaß (*περιβολή*) und Mangel (*ἔλλειψις*), da von ihr aus in der Mehrzahl der möglicherweise eintretenden Fälle die richtige, d. h. zum Ziel führende, Entscheidung getroffen werden kann.

In der mittelalterlichen Philosophie (↑Scholastik) entwickelt Thomas von Aquin die von Aristoteles formulierten systematischen Ansätze weiter und gibt grundlegende Bestimmungen zur Differenzierung von p.r V. (*intellectus practicus*) und theoretischer Vernunft (*intellectus speculativus*) an. Danach ist die p. V. als eine Erweiterung der theoretischen Vernunft aufzufassen (*Intellectus speculativus per extensionem fit practicus*, S. th. I qu. 79 art. 11): indem das Erkennen auf das Handeln ausgedehnt wird, bestimmt sich die theoretische Vernunft zur p.n V.. Damit bleibt zugleich die Einheit des Vernunftbegriffs gewahrt (*Intellectus practicus et speculativus non sunt diversae potentiae*, ebd.).

I. Kant löst die Geltungsfragen der p.n V. völlig von der Lebensklugheit einerseits und der Anthropologie bzw. Psychologie andererseits. Danach ist p. V. als reine Vernunft in praktischer Funktion aufzufassen. Als oberstes apriorisches Prinzip des Handelns bzw. als Grundgesetz der reinen p.n V., durch das der ↑Wille rein formal bestimmt wird, fungiert der Kategorische Imperativ (↑Imperativ, kategorischer). Dieser ist als ↑synthetischer Satz ↑a priori nicht deduzierbar, sondern als Faktum der ursprünglich gesetzgebenden und deshalb autonomen Vernunft im ↑Bewußtsein gegeben. Die objektive, rein formale Gesetzmäßigkeit der p.n V. begründet ihrerseits die materialen, subjektiven Grundsätze (↑Maxime), nach denen der Einzelne handelt. Weil uns das moralische Gesetz als Vernunftfaktum bewußt ist, wissen wir auch, daß wir frei sind, da die Freiheit die Bedingung (*ratio essendi*) des moralischen Gesetzes ist (KpV A 5). Als Motiv des Handelns unterstellt Kant ein Gefühl der ↑Achtung (KpV A 139–140), das als materialer Beweggrund in seiner Relevanz für moralisches Handeln anzuerkennen, von der Rechtfertigungsfunktion der p.n V. jedoch fernzuhalten ist.

Der bereits von Kant vertretene Primat der p.n V. wird von J. G. Fichte zugleich mit dem Autonomiegedanken verschärft. So wie einerseits die Setzung des ↑Ich als ↑Tathandlung aufzufassen ist, wird andererseits das ↑Nicht-Ich vorrangig als Objekt des Handelns begriffen. Das Ich setzt sich theoretisch im Nicht-Ich einen Widerstand, um diesen praktisch zu überwinden. Dieser Widerstand muß gesetzt werden, da ohne ihn ein Handeln und somit ↑Sittlichkeit nicht möglich wäre. Als universelle Grundnorm der p.n V. fungiert bei Fichte das Gebot, autonom (↑Autonomie) zu handeln, um die ↑Freiheit zu verwirklichen. Im Unterschied dazu erhält bei G. W. F. Hegel der Kantische Gedanke der Achtung eine neue Akzentuierung im Begriff der ↑Anerkennung. Generell bestimmt Hegel die Vernunft als Einheit von Subjekt und Objekt. Insofern im absoluten Geist (↑Geist, absoluter) die Differenz von Subjekt und Objekt aufgehoben ist, ist dieser mit der Vernunft identisch. Die Fragen der p.n V. werden unter dem Titel des objektiven Geistes (↑Geist, objektiver) behandelt. Dieser gilt als eine Funktion des absoluten Geistes, insofern er sich in ↑Institutionen (z. B. dem ↑Staat) verwirklicht. Grundlage des praktischen Lebens in Institutionen ist das Prinzip der Anerkennung. Von den frühen Jenaer Systementwürfen bis zur Rechtsphilosophie werden die Strukturen des Geistes (wie Arbeit, Familie, Verfassung) von Hegel als Institutionalisierungen der Anerkennung gedeutet.

Für die Philosophie des 20. Jhs. ist der Versuch charakteristisch, die p. V. von vermögenspsychologischen Konnotationen abzulösen. Folglich geht es vornehmlich um die Frage, ob, und wenn ja, welche moralischen Intuitionen argumentativ gerechtfertigt werden können. Insofern werden die traditionellen Fragen der p.n V., ebenso wie der Begriff der Vernunft allgemein, teilweise im Rahmen der Theorie der ↑Rationalität wieder aufgegriffen.

Literatur: R. Audi, The Architecture of Reason. The Structure and Substance of Rationality, Oxford etc. 2001, 2002; ders., Practical Reasoning and Ethical Decision, London/New York 2006; L. W. Beck, A Commentary on Kant's »Critique of Practical Reason«, Chicago Ill./London 1960, 1996 (dt. Kants »Kritik der p.n V.«. Ein Kommentar, München 1974, [3]1995); R. Bittner/K. Cramer (eds.), Materialien zu Kants »Kritik der p.n V.«, Frankfurt 1975; C. Blöser, V., p., in: M. Willaschek u. a. (eds.), Kant-Lexikon III, Berlin/Boston Mass. 2015, 2496–2500; F. Börchers, Handeln. Zum Formunterschied von theoretischer und praktischer Vernunftausübung, Münster 2013; F.-J. Bormann/C. Schröer (eds.), Abwägende Vernunft. Praktische Rationalität in historischer, systematischer und religionsphilosophischer Perspektive, Berlin/New York 2004; R. Bubner, Handlung, Sprache und Vernunft. Grundbegriffe praktischer Philosophie, Frankfurt 1976, 1982; M. Byron (ed.), Satisficing and Maximizing. Moral Theorists on Practical Reason, Cambridge etc. 2004; A. Celano, Medieval Theories of Practical Reason, SEP 1999, rev. 2014; C. Chwaszcza, P. V. als vernünftige Praxis. Ein Grundriß, Weilerswist 2003, [2]2004; G. Cullity/B. Gaut (eds.), Ethics and Practical Reason, Oxford 1997; J. Dancy, Practical Reality, Oxford etc. 2000, 2004; D. Farrell, The Ends of the Moral Virtues and the First Principles of Practical Reason in Thomas Aquinas, Rom 2012; E. Garver, Reason, Practical and Theoretical, NDHI V (2005), 2020–2023; S. Grapotte/M. Ruffing/R. Terra (eds.), Kant. La raison pratique, concepts et héritages, Paris 2015; J. Habermas, Theorie des kommunikativen Handelns, I–II, Frankfurt 1981, [9]2014; ders., Vom pragmatischen, ethischen und moralischen Gebrauch der p.n V., in: ders., Erläuterungen zur Diskursethik, Frankfurt 1991, [6]2015, 100–138; W. F. R. Hardie, Aristotle's Ethical Theory, Oxford 1968, [2]1980, 1985; U. Heuer, Gründe und Motive. Über humesche Theorien p.r V., Paderborn 2001; O. Höffe (ed.), Immanuel Kant, Kritik der p.n V., Berlin 2002, [2]2011; T. Höwing, Praktische Lust. Kant über das Verhältnis von Fühlen, Begehren und p.r V., Berlin/Boston Mass. 2013; K.-H. Ilting, Grundfragen der praktischen Philosophie, Frankfurt 1994; M. Iorio/R. Stoecker (eds.), Actions, Reasons and Reason, Berlin/Boston Mass. 2015; F. Kambartel (ed.), Praktische Philosophie und konstruktive Wissenschaftstheorie, Frankfurt 1974, 1979; W. Kamlah, Philosophische Anthropologie. Sprachkritische Grundlegung und Ethik, Mannheim/Wien/Zürich 1972, 1984; K. Kastendieck, Der Begriff der p.n V. in der juristischen Argumentation. Zugleich ein Beitrag zur Rationalisierung und ethischen Legitimation von rechtlichen Entscheidungen unter Unsicherheitsbedingungen, Berlin, Baden-Baden 2000; P. Lorenzen/O. Schwemmer, Konstruktive Logik, Ethik und Wissenschaftstheorie, Mannheim/Wien/Zürich 1973, [2]1975; E. Millgram, Practical Induction, Cambridge Mass./London 1997, 1999 (dt. Praktische Induktion, Paderborn 2010); ders. (ed.), Varieties of Practical Reasoning, Cambridge Mass./London 2001; ders., Practical Reason and the Structure of Actions, SEP 2005, rev. 2016; J. Mittelstraß (ed.), Methodenprobleme der Wissenschaften vom gesellschaftlichen Handeln, Frankfurt 1979; C. W. Morris/A. Ripstein (eds.), Practical Rationality and Preference. Essays for David Gauthier, Cambridge etc. 2001; R. Mosayebi, Das Minimum der reinen p.n V.. Vom kategorischen Imperativ zum allgemeinen Rechtsprinzip bei Kant, Berlin/Boston Mass. 2013; M. C. Murphy, Natural Law and Practical Rationality, Cambridge etc. 2001; J.-S. Na, P. V. und Geschichte bei Vico und Hegel, Würzburg 2002; J. Nida-Rümelin, Strukturelle Rationalität. Ein philosophischer Essay über p. V., Stuttgart 2001; K. Oehler, Die Lehre vom noetischen und dianoetischen Denken bei Platon und Aristoteles. Ein Beitrag zur Erforschung der Geschichte des Bewußtseinsproblems in der Antike, München 1962, Hamburg [2]1985; O. O'Neill, The Constructions of Reason. Explorations of Kant's Practical Philosophy, Cambridge 1989; dies., Practical Reason and Ethics, REP VII (1998), 613–620; J. Pieper, Die ontische Grundlage des Sittlichen nach Thomas von Aquin, Münster 1929, unter dem Titel: Die Wirklichkeit und das Gute, Leipzig 1935, München [7]1963, Nachdr. in: Werke in acht Bänden V, Hamburg 1997, 48–98; G. Prauss (ed.), Kant. Zur Deutung seiner Theorie von Erkennen und Handeln, Köln 1973; S. Raedler, Kant and the Interests of Reason, Berlin/Boston Mass. 2015 (Kant-St. Erg.hefte 182); M.-L. Raters, Das moralische Dilemma. Antinomie der p.n V.?, Freiburg/München 2013; T. Rentsch, Negativität und p. V., Frankfurt 2000; M. Riedel (ed.), Rehabilitierung der praktischen Philosophie, I–II, Freiburg 1972/1974; ders. (ed.), Materialien zu Hegels Rechtsphilosophie, I–II, Frankfurt 1975; ders., Objektiver Geist und praktische Philosophie, in: ders., Zwischen Tradition und Revolution. Studien zu Hegels Rechtsphilosophie, Stuttgart 1982, 11–40; J. Ritter, Metaphysik und Politik. Studien zu Aristoteles und Hegel, Frankfurt 1969, [2]1988, 2003; H. Rosa (ed.), Zur Architektonik p.r V. – Hegel in Transformation, Berlin 2014; C. Schröer, P. V. bei Thomas von Aquin, Stuttgart/Berlin/Köln 1995; O. Schwemmer, Philosophie der Praxis. Versuch zur Grundlegung einer Lehre vom moralischen Argumentieren in Verbindung mit einer Interpretation der praktischen Philosophie Kants, Frankfurt 1971, 1980; L. Siep, Anerkennung als Prinzip der praktischen Philosophie. Untersuchungen zu Hegels Jenaer Philosophie des Geistes, Freiburg/München 1979, Hamburg 2014; ders., Praktische Philosophie im deutschen Idealismus, Frankfurt 1992; S. Tenenbaum (ed.), Desire, Practical Reason, and the Good, Oxford etc. 2010; E. Ullmann-Margalit (ed.), Reasoning Practically, Oxford etc. 2000; J. D. Velleman, The Possibility of Practical Reason, Oxford 2000; R. J. Wallace, Practical Reason, SEP 2003, rev. 2014; W. Wieland, Aporien der p.n V., Frankfurt 1989; A. G. Wildfeuer, P. V. und System. Entwicklungsgeschichtliche Untersuchungen zur ursprünglichen Kant-Rezeption Johann Gottlieb Fichtes, Stuttgart-Bad Cannstatt 1999; M. Willaschek, P. V.. Handlungstheorie und Moralbegründung bei Kant, Stuttgart 1992. C. F. G.

Vernunft, theoretische, Terminus der Philosophie zur Bezeichnung der verallgemeinerbaren Prinzipien des Erkennens (*θεωρία*; ↑Theoria) im Unterschied zu denen des (zwischenmenschlichen) Handelns (*πρᾶξις*; ↑Praxis). Diese Unterscheidung geht auf Platon zurück; erst durch I. Kant wird jedoch eine scharfe Trennung zwischen den Geltungsansprüchen der t.n und der praktischen Vernunft (↑Vernunft, praktische) vorgenommen. Dabei versucht auch Kant noch, an einer allerdings nicht mehr metaphysisch (↑Metaphysik) begründeten Einheit beider Vernunftformen festzuhalten (↑Vernunft). In beiden Fällen handelt es sich um dieselbe Vernunft, insofern sie rein, d. h. erfahrungsunabhängig, ist (↑a priori). Die Unterscheidung zwischen theoretischer und praktischer Vernunft beinhaltet keine substantielle Verschiedenheit, sondern wird aus systematischen Gründen vorgenommen, um unterschiedliche Funktionen der Vernunft terminologisch zu bestimmen.

Gewöhnlich bezeichnet Kant die t. V. einfach als reine Vernunft (so im Titel: Kritik der reinen Vernunft). Genauer wäre die reine t. V. von der reinen praktischen Vernunft zu unterscheiden. Kant greift damit im Rahmen der ↑Transzendentalphilosophie die Aristotelische Unterscheidung zwischen *νοῦς θεωρητικός* (intellectus theoreticus bzw. speculativus) und *νοῦς πρακτικός* (intellectus practicus), die sich auch in der mittelalterlichen Philosophie durchhält, auf. Entsprechend bezeichnet Kant die t. V. auch als spekulative Vernunft (↑spekulativ/Spekulation). T. V. ist demnach reine Vernunft in theoretischer Funktion. Innerhalb des Erkenntnisprozesses hat sie die höchste Position inne: »Alle unsere Erkenntnis hebt von den Sinnen an, geht von da zum Verstande und endigt bei der Vernunft« (KrV B 355). Während der reine ↑Verstand die Bedingungen der Möglichkeit von ↑Wissen überhaupt bzw. die Bedingungen der Möglichkeit untersucht, die erfüllt sein müssen, damit ein ↑Gegenstand in der ↑Anschauung überhaupt als Gegenstand gegeben sein kann (↑Kategorie), bezieht sich die t. V. ↑regulativ auf den Verstandesgebrauch. Auf der Vernunftebene entsprechen den reinen Verstandesbegriffen (Kategorien, ↑Verstandesbegriffe, reine) die reinen Vernunftbegriffe bzw. transzendentalen Ideen (↑Idee (historisch)): Gott, Freiheit, Unsterblichkeit. ↑Antinomien der t.n V. entstehen, wenn der regulative Vernunftgebrauch als konstitutiver mißverstanden wird: Ideen geben also keinesfalls die Konstitutionsbedingungen möglicher Gegenstände an. Daraus folgt für Kant aber nicht, daß auf sie zu verzichten sei. Auf Grund der ›Natur der allgemeinen Menschenvernunft‹ (KrV B 22) sind sie sogar unvermeidlich.

In J. G. Fichtes System der ↑Wissenschaftslehre, die für ihn gleichbedeutend mit Philosophie ist, wird die t. V. einerseits mit der Selbstexplikation des transzendentalen ↑Ich gleichgesetzt, andererseits hat die Vernunft die Aufgabe, das (empirische) Ich vom ↑Nicht-Ich und sich selbst als absolute Vernunft von der endlichen Vernunft abzugrenzen. Demgegenüber versucht G. W. F. Hegel, für den Vernunft der Inbegriff von ↑Realität überhaupt ist, die absolute t. V. und die endliche Vernunft insofern miteinander zu versöhnen, als beide als verschiedene Seiten eines universalen dialektischen (↑Dialektik) Prozesses aufgefaßt werden, in dem einerseits die endliche Vernunft sich als geschichtliche Manifestation der absoluten Vernunft bzw. des ↑Weltgeistes und der absoluten Idee (↑Idee, absolute) begreift, andererseits die absolute Vernunft nur im Verlauf der Geschichte durch die endliche Vernunft zum Bewußtsein ihrer selbst gelangt. Damit ist jedoch die metaphysikkritische (↑Metaphysikkritik) Position Kants wieder zugunsten eines Systems verlassen, das wesentlich von einer metaphysischen Prämisse Gebrauch macht, daß nämlich die Vernunft das Ziel (↑Telos) der Geschichte ist und sich in dieser verwirklicht (↑Teleologie).

Literatur: ↑Rationalität, ↑Vernunft. C. F. G.

vernünftig, Terminus der Philosophie zur Bezeichnung eines Erkennens oder Handelns, das gemäß dem Begriff der ↑Vernunft Anspruch auf universelle Geltung (↑Universalisierung, ↑Vernunftprinzip) erheben kann. Nur auf der Grundlage v.en Erkennens bzw. Handelns ist die planmäßige Bewältigung von Dissensen und ↑Konflikten dauerhaft möglich.

Literatur: P. Lorenzen/O. Schwemmer, Konstruktive Logik, Ethik und Wissenschaftstheorie, Mannheim/Wien/Zürich 1973, [2]1975; weitere Literatur: ↑Rationalität, ↑Vernunft. C. F. G.

Vernunftinteresse, im Anschluß an Formulierungen I. Kants (›Interesse der allgemeinen Menschenvernunft‹ [Proleg. A 7, Akad.-Ausg. IV, 257], spekulatives und praktisches Interesse der Vernunft [KrV B 832–833]), mit denen dieser die Einheit der ↑Vernunft in der Einheit von spekulativem und praktischem ↑Interesse der Vernunft (vgl. KrV B 694) hervorhebt, von F. Kambartel eingeführter Terminus zur Bezeichnung einer vernunftorientierten, weder subjektive noch objektive (dominanten Entwicklungen zugeordnete) Zwecke verfolgenden Beratungspraxis (↑Beratung, ↑Dialog, rationaler). Handlungsweisen, die das V. befördern, heißen ›formal gut‹, im Unterschied zu ›materialen‹ Urteilen, deren begründete Ausarbeitung die ›gute Form‹ der Beratungsbedingungen bereits unterstellt.

Literatur: H. Birken-Bertsch, Vernunft, Interesse der, in: M. Willaschek u. a. (eds.), Kant-Lexikon III, Berlin/Boston Mass. 2015, 2493–2495; P. Janich/F. Kambartel/J. Mittelstraß, Wissenschaftstheorie als Wissenschaftskritik, Frankfurt 1974, 115–118; M. Pascher, Kants Begriff ›V.‹, Innsbruck 1991. J. M.

Vernunftlehre, in der deutschen ↑Aufklärung verbreitete Bezeichnung für die um eine theoretische und praktische Methodenlehre erweiterte traditionelle Logik (↑Logik, traditionelle) von Begriff, Urteil und Schluß (vgl. C. Thomasius, Ausübung der V. […], Halle 1691 [repr. Hildesheim 1968]). G. W.

Vernunftprinzip, im ↑Konstruktivismus bzw. in der konstruktiven Ethik der Erlanger und Konstanzer Schule (↑Erlanger Schule) Bezeichnung für eine Forderung, deren Einhaltung als konstitutiv für die Herstellung von Objektivität in den theoretischen und in den praktischen Wissenschaften gilt. Objektivität wissenschaftlichen Wissens in beiden Bereichen soll es ermöglichen, I. Kants Konzeption einer umfassenden ↑Vernunft gegenüber empiristisch orientierten bzw. auf die Ökonomie ausgerichteten Rationalitätskonzeptionen (↑Rationalität) aufrechtzuerhalten. P. Lorenzen bestimmt das V., auch ›das Prinzip vernünftigen Argumentierens‹, als die Aufforderung zur Überwindung der eigenen Subjektivität (↑transsubjektiv/Transsubjektivität), die ihrerseits als Grundnorm des nachvollziehbaren Argumentierens (↑Argumentation, ↑Argumentationstheorie) im Hinblick auf das Zustandebringen eines Konsenses bestimmt wird (Lehrbuch der konstruktiven Wissenschaftstheorie, 1987, 251).

Die Bestimmung von Vernunft anhand des Begriffs der Transsubjektivität gehört zum Kern der konstruktiven Philosophie (↑Philosophie, konstruktive). Dabei bleibt der Status dieser Bestimmung, wie ihr Verhältnis zur ↑Moral, kontrovers. Strittig ist zum einen, ob mit dem V. eine Definition bzw. ein operationalisierbares Kriterium bereitgestellt wird, oder ob dieses Prinzip lediglich die allgemein adressierte Aufforderung zur Einnahme einer bestimmten praktischen Einstellung ausdrückt. Zum anderen gehen die Meinungen über der Frage auseinander, ob in der ↑Ethik zum V. ein weiteres Prinzip, das ↑Moralprinzip, hinzukommen muß, oder ob das Transsubjektivitätsprinzip selbst als ein moralisches Prinzip zu verstehen ist. Beim frühen Lorenzen wird die Aufforderung zur Aufgeschlossenheit bzw. Offenheit als ›das Moralprinzip‹ bezeichnet (Normative Logic and Ethics, [2]1984, 82); später charakterisiert er Transsubjektivität explizit als das Definiens vernünftiger Argumentation, einer Form von Argumentation, die allerdings nicht mehr ausdrücklich als moralbezogen zu verstehen ist. O. Schwemmer hingegen führt ein selbständiges Moralprinzip ein, das im Rahmen einer durch das Beratungsprinzip (↑Beratung) oder V. bestimmten Argumentation zur Geltung gebracht werden soll. Dabei soll das V. die Einhaltung von im wesentlichen zwei formalen Bedingungen vorschreiben: (1) eine formulierungstechnische Bestimmung, weder ↑Eigennamen noch ↑Indikatoren zu verwenden, (2) ein praktisches Konsistenzprinzip, demgemäß keine Orientierungen angeführt werden dürfen, an die sich ein Sprecher in seinem Handeln selbst nicht hält (Grundlagen einer normativen Ethik, 1974, 82–89).

Die konstruktiven Bemühungen um ein V. sind als Versuch zu verstehen, dem Kategorischen Imperativ Kants (↑Imperativ, kategorischer) nach der linguistischen und der pragmatischen Wende (↑Wende, linguistische, ↑Pragmatismus) eine überzeugende Fassung zu geben. Dies erklärt das Schwanken in der Frage, ob die Aufforderung zur Transzendierung der Subjektivität als Moralprinzip oder als V. zu verstehen ist, da bei Kant der Kategorische Imperativ einerseits das Grundprinzip der praktischen Vernunft (↑Vernunft, praktische) ist, andererseits der praktischen Vernunft ein Vorrang vor der theoretischen Vernunft (↑Vernunft, theoretische) zukommt (KpV A 216–219, Akad.-Ausg. V, 120–121). Plausibelster Kandidat für die Rolle eines moralisch bestimmten, gleichwohl für vernünftiges Argumentieren überhaupt konstitutiven Prinzips ist Lorenzens explizite Umformulierung des Kantischen Grundsatzes, dementsprechend nur diejenigen Normen als Handlungsorientierungen in der ↑Wissenschaft und in der ↑Lebenswelt gelten sollen, die sich gegenüber jedermann verteidigen lassen (Szientismus versus Dialektik, 50). Dem Versuch, das Moment der Begründbarkeit gegenüber jedermann durch die Anführung von Kompetenz- oder Situationsbedingungen näher zu bestimmen, gelten F. Kambartels Konzeption eines rationalen Dialogs (↑Dialog, rationaler) und die Diskurstheorie von J. Habermas.

Eine Erweiterung des V.s in seiner Rolle, für Objektivität zu sorgen, wird in der Fortentwicklung des Konstruktivismus zum Dialogischen Konstruktivismus (↑Konstruktivismus, dialogischer) von K. Lorenz vorgenommen. Dadurch, daß es dann nicht nur auf Argumentationshandlungen, sondern allgemein auf Handlungen jeder logischen Stufe bezogen wird, was sich als Forderung, die dialogische Polarität von Handlungen zu beachten (↑Prinzip, dialogisches), verstehen läßt, kann deutlich gemacht werden, daß das ursprünglich den Konstruktivismus der Erlanger Schule leitende methodische Prinzip (↑Prinzip, methodisches) auf dem Zusammenwirken zweier Prinzipien beruht: zum einen auf einem den *methodischen Aufbau* von Wissenschaft und Philosophie leitenden Prinzip, das zu lehr- und lernbarem *Können* führt, zum anderen auf einem die *begriffliche Organisation* von Wissenschaft und Philosophie leitenden Prinzip, das zu begründungsfähigem, eben auf nachvollziehbaren Argumentationen beruhendem *Wissen* führt. Darüber hinaus regiert das derart verallgemeinerte V. auch noch den Übergang vom Können zu dessen *Stabilisierung* in Gestalt von sinnlich-symptomatischem Wissen und vom Wissen zu dessen *Objektivierung* in Gestalt von sprachlich-symbolischem Können.

Literatur: J. Habermas, Vorbereitende Bemerkungen zu einer Theorie der kommunikativen Kompetenz, in: ders./N. Luhmann, Theorie der Gesellschaft oder Sozialtechnologie. Was leistet die Systemforschung?, Frankfurt 1971, [10]1990, 101–141; ders., Zwei Bemerkungen zum praktischen Diskurs. Paul Lorenzen zum 60. Geburtstag, in: ders., Zur Rekonstruktion des Historischen Materialismus, Frankfurt 1976, 2001, 338–346; O. Höffe, Diskursive Beratung – ein Modell für öffentliche Entscheidungsprozesse?, in: ders., Strategien der Humanität. Zur Ethik öffentlicher Entscheidungsprozesse, Freiburg/München 1975, Frankfurt 1985, 215–242; F. Kambartel, Wie ist praktische Philosophie konstruktiv möglich? Über einige Mißverständnisse eines methodischen Verständnisses praktischer Diskurse, in: ders. (ed.), Praktische Philosophie und konstruktive Wissenschaftstheorie, Frankfurt 1974, 1979, 9–33; ders., Universalität als Lebensform. Zu den (unlösbaren) Schwierigkeiten, das gute und vernünftige Leben über formale Kriterien zu bestimmen, in: ders., Philosophie der humanen Welt. Abhandlungen, Frankfurt 1989, 15–26; ders., Vernunft: Kriterium oder Kultur? Zur Definierbarkeit des Vernünftigen, in: ders., Philosophie der humanen Welt [s. o.], 27–43; K. Lorenz, Dialogischer Konstruktivismus, Berlin/New York 2009; P. Lorenzen, Normative Logic and Ethics, Mannheim/Zürich 1969, Mannheim/Wien/Zürich [2]1984; ders., Szientismus versus Dialektik, in: F. Kambartel (ed.), Praktische Philosophie und konstruktive Wissenschaftstheorie [s. o.], 34–53; ders., Lehrbuch der konstruktiven Wissenschaftstheorie, Mannheim/Wien/Zürich 1987 (repr. Stuttgart/Weimar 2000); ders./O. Schwemmer, Konstruktive Logik, Ethik und Wissenschaftstheorie, Mannheim/Wien/Zürich 1973, [2]1975; J. Mittelstraß, Von der Vernunft. Erwiderungen auf Friedrich Kambartel, in: ders., Der Flug der Eule. Von der Vernunft der Wissenschaft und der Aufgabe der Philosophie, Frankfurt 1989, [2]1997, 120–141; O. O'Neill, Reason and Politics in the Kantian Enterprise, in: dies., Constructions of Reason. Explorations of Kant's Practical Philosophy, Cambridge etc. 1989, 2000, 3–27; O. Schwemmer, Grundlagen einer normativen Ethik, in: F. Kambartel (ed.), Praktische Philosophie und konstruktive Wissenschaftstheorie [s. o.], 73–95; E. Tugendhat, Vorlesungen über Ethik, Frankfurt 1993, [8]2012, 32–48, 131–160; W. Wieland, Praxis und Urteilskraft, Z. philos. Forsch. 28 (1974), 17–42. K. L./N. R.

Vernunftreligion, Terminus der Philosophie und Theologie für religiöse Glaubensmeinungen und Handlungsnormen, die sich ohne Rückgriff auf Autorität oder ↑Offenbarung allein durch ↑Vernunft, d. h. durch allgemein zugängliche Überlegungen, begründen lassen (↑theologia naturalis).

Literatur: K. Feiereis, Die Umprägung der natürlichen Theologie in Religionsphilosophie. Ein Beitrag zur deutschen Geistesgeschichte des 18. Jahrhunderts, Leipzig 1965 (Erfurter Theolog. Stud. XVIII); N. Fischer/J. Sirovátka (eds.), V. und Offenbarungsglaube. Zur Erörterung einer seit Kant verschärften Problematik, Freiburg/Basel/Wien 2015; A.-K. Hake, V. und historische Glaubenslehre. Immanuel Kant und Hermann Cohen, Würzburg 2003; L. Wilkens, Zur Kritik der V.. Religionswissenschaftliche Vorträge und Aufsätze, Frankfurt etc. 2008. O. S.

Vernunftwahrheit, in der Wissenschafts- und Erkenntnistheorie von G. W. Leibniz, im kontradiktorischen Gegensatz (↑kontradiktorisch/Kontradiktion) zum Begriff der ↑Tatsachenwahrheit bzw. der Tatsachenwahrheiten (vérités de fait, veritates sensibiles seu facti), Bezeichnung für diejenigen Sätze (vérités de raison, veritates intellectuales seu rationes), deren ↑Wahrheit sich auf eine apriorische (↑a priori) Weise sichern läßt bzw. die in modaler (↑Modallogik) Ausdrucksweise notwendig (↑notwendig/Notwendigkeit) sind. In dieser Form ist die Unterscheidung zwischen V.en und Tatsachenwahrheiten auch Gegenstand moderner ↑Wahrheitstheorien bzw. der Diskussion über den Begriff der Wahrheit, insbes. bezogen auf die Unterscheidung zwischen ↑analytischen und ↑synthetischen Sätzen, in Logik, Sprachphilosophie und Erkenntnistheorie (z. B. bei S. Kripke und W. V. O. Quine).

Literatur: M. B. Bolton, Leibniz and Locke on the Knowledge of Necessary Truths, in: J. A. Cover/M. Kulstad (eds.), Central Themes in Early Modern Philosophy. Essays Presented to Jonathan Bennett, Indianapolis Ind./Cambridge Mass. 1990, 195–226; D. Bostock, Necessary Truth and A Priori Truth, Mind NS 97 (1988), 343–379; E. J. Craig, The Problem of Necessary Truth, in: S. Blackburn (ed.), Meaning, Reference and Necessity. New Studies in Semantics, Cambridge etc. 1975, 1–31; M. J. Ferejohn, Aristotle on Necessary Truth and Logical Priority, Amer. Philos. Quart. 18 (1981), 285–293; F. H. Heinemann, Truths of Reason and Truths of Fact, Philos. Rev. 57 (1948), 458–480; C. E. Jarrett, Leibniz on Truth and Contingency, in: ders./J. King-Farlow/F. J. Pelletier (eds.), New Essays on Rationalism and Empiricism, Guelph Ont. 1978 (Can. J. Philos. Suppl. IV), 83–100; S. Krämer, Tatsachenwahrheiten und V.en (§§ 28–37), in: H. Busche (ed.), Gottfried Wilhelm Leibniz. Monadologie, Berlin 2009, 95–111; S. A. Kripke, Naming and Necessity, in: D. Davidson/G. Harman (eds.), Semantics of Natural Language, Dordrecht 1972, Dordrecht/Boston Mass. [2]1972, 1977, 253–355 (Addenda 763–769), erw. separat Oxford, Cambridge Mass. 1980, Oxford 2010; C. Landesman, Mill on Necessary Truth, Midwest Stud. Philos. 8 (1983), 469–475; R. V. Mason, Explaining Necessity, Metaphilos. 21 (1990), 382–390; C. Mortensen, Anything Is Possible, Erkenntnis 30 (1989), 319–337; W. V. O. Quine, Two Dogmas of Empiricism, Philos. Rev. 60 (1951), 20–43, Neudr. in: ders., From a Logical Point of View. 9 Logico-Philosophical Essays, Cambridge Mass. 1953, [4]1964, 2003, 20–46; J.-B. Rauzy, La doctrine leibnizienne de la vérité. Aspects logiques et ontologiques, Paris 2001; A. Sani, Necessary and Contingent Truths in Leibniz, in: M. L. Dalla Chiara (ed.), Italian Studies in the Philosophy of Science, Dordrecht/Boston Mass./London 1981 (Boston Stud. Philos. Sci. XLVII), 411–422; H. Schepers, V.en/Tatsachenwahrheiten, Hist. Wb. Ph. XI (2001), 869–872; R. C. Sleigh Jr. (ed.), Necessary Truth, Englewood Cliffs N. J. 1972; L. W. Sumner/J. Woods (eds.), Necessary Truth. A Book of Readings, New York 1969; P. Tichy, Kripke on Necessity A Posteriori, Philos. Stud. 43 (1983), 225–241; F. Weinert, Kontingente versus notwendige Wahrheiten und mögliche Welten bei Leibniz, Stud. Leibn. 12 (1980), 125–139; M. D. Wilson, Leibniz' Doctrine of Necessary Truth, New York 1990; weitere Literatur: ↑Leibniz, Gottfried Wilhelm, ↑Monadentheorie, ↑Tatsachenwahrheit. J. M.

verschieden/Verschiedenheit (engl. diverse/diversity, distinct/distinctness, [numerically] different), Bezeichnung für einen vor allem in der Logik verwendeten ↑Relator. Allgemein bedeutet der Relator ›v.‹, daß ein Gegenstand *x nicht* identisch (↑Identität) oder gleich einem Gegenstand *y* ist, Zeichen: $x \neq y$. In der Begriffslehre der traditionellen Logik (↑Logik, traditionelle) wird V. extensional (↑extensional/Extension) so verstanden, daß die Klassen (↑Klasse (logisch)) zweier Begriffe *A* und *B* nicht gleich sind; sie wird intensional (↑intensional/Intension) so aufgefaßt, daß wenigstens ein ↑Merkmal eines der beiden Begriffe nicht zu den Merkmalen des anderen gehört.
Ein Spezialfall der V. zweier Begriffe liegt vor, wenn diese konträr (↑konträr/Kontrarität) sind. Hier sind die Klassen von *A* und *B* disjunkt, d. h. extensional: die Klassen von *A* und *B* haben keine gemeinsamen Elemente; intensional: es gibt ein Merkmal *M* von *A* (bzw. *B*), so daß die Prädikatorenregel $x \varepsilon M \Rightarrow x \varepsilon' B$ (bzw. $x \varepsilon M \Rightarrow x \varepsilon' A$) gilt. Dieser Fall wird gelegentlich als ›Diversität‹ von *A* und *B* bezeichnet. Ein weiterer Spezialfall der V. ist die Gattung-Art-Beziehung zwischen *A* und *B*. Hier ist, falls *B* ↑Gattung von *A* ist, (extensional) die Klasse von *A* in der von *B* echt enthalten (↑enthalten/Enthaltensein) bzw. (intensional) besitzt *A* alle Merkmale von *B* und zusätzlich noch Merkmale, die *B* nicht hat. G. W.

Verschmelzungsgesetze, in der ↑Verbandstheorie Bezeichnung für die zueinander dualen (↑dual/Dualität) Gesetze

$$(a \cap b) \cup a = a$$

und

$$(a \cup b) \cap a = a.$$

In der elementaren ↑Mengenlehre gelten als V. die Gesetze

$$(M \cap N) \cup M = M$$

und

$$(M \cup N) \cap M = M,$$

in der (konstruktiven und klassischen) ↑Junktorenlogik die (nach E. Schröder auch als ↑Absorptionsgesetze, engl. absorption laws, bezeichneten) Gesetze

$$(p \wedge q) \vee p \leftrightarrow p$$

und

$$(p \vee q) \wedge p \leftrightarrow p.$$ C. T.

Verschmelzungsregeln (bei G. Gentzen [1935] ›Regeln der Zusammenziehung‹, daher engl. ›rules of contraction‹), in den ↑Sequenzenkalkülen bzw. ↑Implikationenkalkülen für die klassische Logik (↑Logik, klassische) Bezeichnung für die Regel der Prämissenverschmelzung,

$$\Sigma, A, A \parallel \Pi \Rightarrow \Sigma, A \parallel \Pi$$

bzw.

$$\Sigma \wedge A \wedge A \prec \Pi \Rightarrow \Sigma \wedge A \prec \Pi,$$

und die entsprechende Regel für die Konklusionen,

$$\Sigma \parallel \Pi, C, C \Rightarrow \Sigma \parallel \Pi, C$$

bzw.

$$\Sigma \prec \Pi \vee C \vee C \Rightarrow \Sigma \prec \Pi \vee C.$$

Abweichend von dieser Bezeichnungsweise bezeichnet P. Lorenzen (1958) als ›V.‹ die in Implikationenkalkülen der klassischen ↑Quantorenlogik auftretenden Regeln

$$A \wedge \bigwedge_x B(x) \wedge B(y) \prec C \Rightarrow A \wedge \bigwedge_x B(x) \prec C,$$
$$A \prec \bigvee_x B(x) \vee B(y) \vee C \Rightarrow A \prec \bigvee_x B(x) \vee C.$$

Bei K. Schütte (1960, 1968) und H. A. Schmidt (1960) werden die diesen Regeln entsprechenden junktoren- und quantorenlogischen (Schluß-)Regeln als ›Kürzungsregeln‹ bezeichnet.

Literatur: G. Gentzen, Untersuchungen über das logische Schließen, Math. Z. 39 (1935), 176–210, 405–431, separat Darmstadt 1969, 1974; P. Lorenzen, Formale Logik, Berlin 1958, [4]1970 (engl. Formal Logic, Dordrecht 1965); H. A. Schmidt, Mathematische Gesetze der Logik I (Vorlesungen über Aussagenlogik), Berlin/Göttingen/Heidelberg 1960; K. Schütte, Beweistheorie, Berlin/Göttingen/Heidelberg 1960 (engl. Proof Theory, Berlin 1977); ders., Vollständige Systeme modaler und intuitionistischer Logik, Berlin/Heidelberg/New York 1968. C. T.

Versöhnung, aus der theologischen Heilslehre (insbes. der Paulinischen Theologie, die die V. des Menschen mit Gott, mit der Welt zum Thema hat) übernommener Begriff zur Bezeichnung einer Vereinigung oder Synthese von an sich unvereinbar Gegensätzlichem. Die gegensätzlichen Momente sind durch V. in einer lebendigen Einheit als ihrem Höheren aufgehoben (↑aufheben/Aufhebung), d.h. sowohl erhalten als auch in einen übergreifenden Zusammenhang gefügt. In der Philosophie wird der Begriff der V. besonders von G. W. F. Hegel verwendet. Hegel überträgt das Modell der V., die Aufhebung der Trennung zwischen Gott und dem von ihm (durch die Sünde) getrennten Menschen sowie der ihm entfremdeten Welt auf die philosophische Erkenntnis überhaupt. Ausgeblendet wird dabei das für die Paulinische Theologie typische passive Moment der V. zugunsten einer vom Menschen selbst in der (absoluten) Erkenntnis erreichbaren V..

Methodisch spielt der Begriff der V. in Hegels ↑Dialektik eine zentrale Rolle: V. ist die lebendig-konkrete Form systematischer ↑Vermittlung, die die angestrebte Einheit von ↑Begriff und ↑Realität garantiert. Mit dieser Bestimmung der Dialektik als V. versucht Hegel ein bloß schematisches Verständnis der Dialektik als These/Antithese/Synthese zu überwinden und den Akzent auf das Moment der ›lebendigen‹ Vereinigung zu legen. Die Gegensätze erscheinen jeweils als bestimmte Negation und Aufhebung dieser Negation durch eine weitergehende Bestimmung (↑Negation der Negation), so daß V. letztlich die Aufhebung von ↑Entfremdung gewährleistet. Die jeweils erreichten Stufen der V. bleiben selbst aber bloße Durchgangspunkte sowohl im Prozeß des Erkennens als auch in der geschichtlichen Realisation des absoluten Wissens (↑Wissen, absolutes). Erst in diesem Kulminationspunkt der Philosophie wie der Geschichte wird V. endgültig erreicht. Durch die Verknüpfung von Methode und Ziel der Philosophie tritt V. in der Hegelschen Philosophie nicht allein als Methodenbegriff auf, sondern bestimmt zugleich einen inhaltlichen Prozeß des ↑Erkenntnisfortschritts. Erkennen ist selbst Rückkehr des ↑Selbstbewußtseins in sich, nachdem es sein Anderes (↑Andere, das), die ↑Welt, erfaßt, es als Fremdes, Äußerliches aufgehoben und zur Einheit eines konkreten Weltbewußtseins synthetisiert, also versöhnt hat.

Dieser Grundform der V. als des methodischen Konzepts der Vermittlung und als des inhaltlichen Prozesses des Erkenntnisfortschritts beschreibt Hegel inhaltlich unterschiedliche Realisationsweisen ein. Diese erreichen eine lebendige Einheit. So bestimmt Hegel z. B. die Vereinigung von ↑Endlichkeit und Unendlichkeit (↑unendlich/Unendlichkeit) des Erkennens, die sich als Synthese der ↑Antinomien des Reflexionswissens zum System darstellt, als V.. Er charakterisiert aber auch verschiedene Formen des historischen Wissens, an denen diese Vereinigung von Endlichkeit und Unendlichkeit faßbar wird, selbst wieder als Formen der V.. Da historisches Wissen die V. von Endlichkeit und Unendlichkeit in unterschiedlichen Wissensbereichen und Wissensweisen realisiert, werden auch diese konkreten Formen geschichtlichen Bewußtseins als aktuelle, mehr oder weniger gelingende Weisen der V. bezeichnet. Besonders Kunst und Religion stehen dabei der V.sleistung der Philosophie nahe. Sie vergegenwärtigen die absolute Idee (↑Idee, absolute), die durch die Philosophie im Wissen expliziert vorliegt, zum einen in der unmittelbaren Vergegenwärtigung der ↑Anschauung, zum anderen in der ersten Vermittlungsform der ↑Vorstellung, und gelten für Hegel wegen ihrer Leistung der V. als Formen des absoluten, nicht des endlichen Geistes.

Literatur: H. Alpers/R. Loock, V., Hist. Wb. Ph. XI (2001), 891–904; M. O. Hardimon, Hegel's Social Philosophy. The Project of Reconciliation, Cambridge etc. 1994; K. Hock u. a., V., RGG VIII ([4]2005), 1050–1062; C. B. Koné, V., EP III ([2]2010), 2900–2905; J. E. Maybee, Hegel's Dialectics, SEP 2016; M. Quante/E. Rózsa (eds.), Vermittlung und V.. Die Aktualität von Hegels Denken für ein zusammenwachsendes Europa, Münster/Hamburg/Berlin 2001; E. Rózsa, V. und System. Zu Grundmotiven von Hegels praktischer Philosophie, München 2005; G. Sauter (ed.), ›V.‹ als Thema der Theologie, Gütersloh 1997; A. Schenker u. a., V., TRE XXXV (2003), 16–43; W. Schultz, Die Bedeutung der Idee der Liebe für Hegels Philosophie, Z. dt. Kulturphilos. 9 (1943), 217–238; ders., Die Transformierung der theologia crucis bei Hegel und Schleiermacher, Neue Z. systemat. Theol. u. Religionsphilos. 6 (1964), 290–317. A. G.-S.

Verstand (griech. *διάνοια*, lat. ratio, auch intellectus, engl. understanding, auch reason, franz. entendement, auch raison), Bezeichnung für diejenigen Erkenntnisfähigkeiten des Menschen, die es mit dem regelgemäßen Verknüpfen von Elementen zu Zusammenhängen, z. B. logischen Beziehungen zwischen ↑Prämissen und ↑Konklusionen oder ↑Mitteln und ↑Zwecken (↑Zweckrationalität), zu tun haben. V. ist dabei sowohl von den prinzipiellen Bedingungen allen Erkennens und Handelns (↑Vernunft) und von der sinnlichen ↑Wahrnehmung als auch vom ↑Willen und den emotiven und volitiven

↑Affekten unterschieden. Das Verhältnis von Vernunft und V. gehört zu den großen Fragen, die die gesamte abendländische Philosophie durchziehen; es ist vor allem ein zentrales Thema der neuzeitlichen Philosophie von R. Descartes bis G. W. F. Hegel.
Schon Platon unterscheidet die *νόησις* (↑Noesis), die intuitive ↑Apprehension der Ideen (bzw. den *νοῦς* (↑Nus) als Organ der intuitiven Ideenerkenntnis [↑Ideenlehre]), von der *διάνοια*, der diskursiven Erkenntnis, wie sie vor allem in der logischen Form des ↑Urteils vorliegt (vgl. auch *εἶδος* und *διαίρεσις*, ↑Dihairesis). *νόησις* und *διάνοια* stehen zueinander nicht in einem Verhältnis der Opposition oder gar Exklusion, sondern der Komplementarität. Die *νόησις* ist also gerade kein Ersatz für die dialektische (↑Dialektik) Bewegung des Gründe-Vorlegens (*λόγον διδόναι*), als welche die Wissenschaft und die Philosophie vor allem aufgefaßt werden, sondern allererst deren Resultat. Nach Aristoteles, der die Ideenlehre Platons nicht teilt, ist der V. das Vermögen (manchmal auch die Fähigkeit zur geschickten Ausübung des Vermögens) des begrifflichen und schlußfolgernden, diskursiven (↑diskursiv/Diskursivität) Denkens. Die Grenzen des V.es zeigen sich darin, daß das diskursive Denken auf oberste Prinzipien, vor allem den Satz vom zu vermeidenden Widerspruch (↑Widerspruch, Satz vom), zurückgreifen muß, die nicht wiederum Thema des diskursiven Denkens sein können. Ein noetisches Denken ist dem dianoetischen aber auch schon in der Weise vorgeordnet, daß es die Elemente bereitstellt, die das diskursive Denken zueinander in Beziehung setzt, um Erkenntnisse zu gewinnen (im Falle des Urteils z. B. die ↑Begriffe).
Die mittelalterliche Philosophie (↑Scholastik) folgt der Unterscheidung des A. Augustinus zwischen einer *ratio inferior*, die sich mit den endlichen Dingen befaßt, und einer *ratio superior*, die das Ewige zu erfassen sucht. Objekte des V.es sind Begriff, Urteil und ↑Schluß, wobei nach Thomas von Aquin dem Vermögen zu urteilen die zentrale Stellung zukommt, da die Begriffe lediglich als Komponenten von Urteilen Bedeutung haben und Schlüsse nur Komplexionen von Urteilen sind. Das diskursive Denken des V.es ist für den Menschen spezifisch, während die übermenschlichen Geister durch ihren reinen Intellekt (↑*intellectus purus*) intuitiv erkennen und die untermenschlichen Wesen lediglich mit sinnlicher Wahrnehmung ausgestattet sind. Allgemeinbegriffe können vom menschlichen V. demzufolge zwar gebildet werden, jedoch nur durch ↑Abstraktion (↑abstrakt), nicht durch ↑Intuition.
Nach Descartes' (Discours de la méthode pour bien conduire sa raison, et chercher la vérité dans les sciences, 1637) ist Erkenntnis mittels einer rationalen ↑Methode zu gewinnen. Diese Methode gehorcht Regeln, deren erste beinhaltet, daß nichts akzeptiert werden darf, das nicht auf evidente Weise als wahr eingesehen werden kann. Auf Grund der Koppelung von ↑Evidenz (↑klar und deutlich) und Regelhaftigkeit (↑Regel) scheint eine Unterscheidung von V. (als regelgeleitetes diskursives Vorgehen) und Vernunft (als unmittelbare Einsicht) bei Descartes wenig plausibel zu sein. Tatsächlich finden sich für die eine denkende Substanz (res cogitans; ↑res cogitans/res extensa) auch noch die Synonyme ›mens‹ und ›anima‹, als deren Vermögen *intellectus, ratio* und *ingenium* fungieren. Der Intellekt ist eo ipso auf Wahrheit ausgerichtet, ein Sachverhalt, den Descartes metaphorisch als Erleuchtung des V.es durch das ↑lumen naturale bezeichnet. Zwar unterscheidet Descartes zwei Arten der Begründung von Erkenntnis, nämlich durch Intuition und durch ↑Deduktion (wobei die Intuition primär ist, weil durch sie jeder einzelne Erkenntnisschritt abgesichert werden muß), ohne daß hier eine eindeutige Zuordnung zu einem bestimmten, dafür ausgezeichneten Erkenntnisvermögen feststellbar ist. Der ratio wird darüber hinaus die Funktion einer Kontrolle der Affekte zugeteilt (Les passions de l'âme, 1649).
Bei B. de Spinoza wird die rationale Erkenntnis von der *scientia intuitiva* unterschieden und dieser untergeordnet. Bedingung der Möglichkeit rationaler Erkenntnis ist, daß die Ordnung der Ideen (↑Idee (historisch)) mit der Ordnung der Wirklichkeit übereinstimmt. Dabei zählen zur Wirklichkeit im Sinne Spinozas nur objektiv notwendige Entitäten, während kontingente (↑kontingent/Kontingenz) Dinge prinzipiell nicht Gegenstand rationaler Erkenntnis sein können. Die Ermöglichungsbedingung rationaler Erkenntnis kann selbst nicht mehr rational, sondern nur auf intuitivem Wege erkannt werden. Das bedeutet aber nicht (ebensowenig wie in dem Platonischen Modell), daß die beiden Erkenntnisarten unabhängig voneinander sind. Rationale Erkenntnis, die aus allgemeinen wesentlichen Gesetzmäßigkeiten abgeleitet wird, ist einerseits geleitet durch das Ideal eines absoluten Wissens (↑Wissen, absolutes) und führt andererseits in letzter Konsequenz auf dieses hin. J. Locke unterscheidet drei Erkenntnisarten: sensitive, demonstrative und intuitive. Dabei ist die intuitive Erkenntnis ebenso wie die sensitive durch ↑Unmittelbarkeit gekennzeichnet und eines Beweises weder fähig noch bedürftig. Die intuitive Erkenntnis bezieht sich vor allem auf die ↑Identität und Distinktheit (↑klar und deutlich) der Ideen (↑Vorstellung). Die Evidenz der theoretischen Prinzipien von Erkenntnis ist ihrerseits in der Intuition der Identität und Distinktheit der Ideen fundiert. Demgegenüber ist andererseits die demonstrative bzw. rationale Erkenntnis durch Mittelbarkeit bzw. Vermittlung gekennzeichnet: an die Stelle der schlagartigen Intuition treten vermittelnde Erkenntnisschritte (vermittelt ist die so gewonnene Erkenntnis, weil sie in der Perzeption der sicheren Übereinstimmung oder Nicht-Übereinstim-

mung zweier beliebiger Ideen durch Vermittlung einer oder mehrerer anderer Ideen besteht; An Essay Concerning Human Understanding [1960] IV 17 § 170). Lockes leitende Idee besteht darin, die scholastische Deduktion von Erkenntnis aus allgemeinen Prinzipien mittels Syllogismenketten (↑Syllogistik) durch ein diskursives Verfahren zu ersetzen, das seine Gültigkeit nicht der logischen Schlüssigkeit allein verdankt, sondern der richtigen Verknüpfung der auf empirischem Wege gewonnenen Ideen.

Lockes ↑Erkenntnistheorie ist vor allem von G. W. Leibniz (Nouveaux essais sur l'entendement humain, 1704) kritisch untersucht worden. Leibnizens Kritik betrifft die Inhalte und Anwendungen der Lockeschen Theorie, wie skeptische Zweifel am Angeborensein der Ideen (↑Idee, angeborene) oder die Bestimmung der ↑Seele als ↑tabula rasa, die Leibniz mit dem Argument *nihil est in intellectu quod non fuerit in sensu, excipe: nisi ipse intellectus* (Essais II 1 § 2; ↑nihil est in intellectu quod non prius fuerit in sensu) zurückweist. Hinsichtlich der terminologischen Bestimmung der Arten bzw. Grade der Erkenntnis bestehen dagegen kaum Differenzen. Auch Leibniz trifft eine Unterteilung in sinnliche, demonstrative und intuitive Erkenntnis. Der systematische Zusammenhang, in den diese Form der Erkenntnis gestellt wird, eröffnet jedoch gegenüber der Lockeschen Position neue Möglichkeiten der Problemlösung (Unterscheidung zwischen ↑Vernunftwahrheit und ↑Tatsachenwahrheit, Neufassung einer Logik der ↑Wahrscheinlichkeit als Ersatz der Aristotelischen ↑Topik, Möglichkeit der Begründung von ↑Axiomen). Obwohl auch Locke der ↑Reflexion Rechnung trägt, liegt in Leibnizens Theorie der ↑Apperzeption eine ungleich differenziertere Theorie des ↑Selbstbewußtseins vor als in Lockes Ausführungen zum Problem der personalen Identität. Bei D. Hume bezeichnet der V. im weitesten Sinne das Vermögen intellektueller Erkenntnis im Gegensatz zur Fähigkeit, moralische und ästhetische Beurteilungen zu vollziehen. Als solches wird es häufig synonym mit Vernunft (reason) gebraucht. Im engeren Sinne wird dem V. die Erkenntnis auf der Grundlage der über die Sinne vermittelten ↑Erfahrung, der Vernunft dagegen die demonstrative und intuitive Erkenntnis zugeordnet.

Für Kant ist der V. das Vermögen der begrifflichen Bestimmung von Inhalten in Urteilen und das Vermögen, Gegebenes einheitlich unter Regeln zu bringen. Während der V. also das ›Vermögen zu urteilen‹ (KrV B 94) bzw. das ›Vermögen der Regeln‹ oder genauer das ›Vermögen der Einheit der Erscheinungen vermittelst der Regeln‹ (KrV B 359), kurz: das Vermögen der ↑Kategorien ist, bezeichnet Kant die Vernunft als das Vermögen der ↑Prinzipien. Das Prinzip allen V.esgebrauchs ist der Grundsatz der ursprünglich ↑synthetischen Einheit der Apperzeption (↑Synthesis). In einer metaphorischen Wendung spricht Kant vom V. als dem ›Geburtsorte‹ der Begriffe (KrV B 90; ↑Verstandesbegriffe, reine). Begriffe sind danach sozusagen latent im V. vorhanden und werden durch Erfahrung aktiviert. In einem zweiten Schritt werden dann die Begriffe, um sie zur Reinheit zu bringen, von den empirischen Bedingungen befreit. Als Prinzip der Begriffe ist der V. für die theoretische Erkenntnis konstitutiv, während der Vernunft in bezug auf diese nur eine ↑regulative Funktion zukommt (↑Schein).

In Übereinstimmung mit Kant notiert Hegel: »Die Vernunft ohne V. ist nichts, der V. doch etwas ohne Vernunft« (Aphorismen aus Hegels Wastebook [1803–1806], Werke in zwanzig Bänden, ed. E. Moldenhauer/K. M. Michel, Frankfurt 1969–1979, II [1970], 551). Gleichwohl ist diese zustimmende Äußerung nur auf der Folie seiner Polemik gegen einen antiaufklärerischen Mystizismus der Vernunft zu sehen, der sich der ›Anstrengung des Begriffs‹ nicht unterziehen mag. Denn gerade dort, wo Hegel die positive Arbeit am Begriff der Vernunft leistet, wird seine Kritik an Kant virulent. Bei voller Anerkennung der von Kant geleisteten Begriffsunterscheidung zwischen V. und Vernunft lehnt Hegel Kants Verzicht auf die konstitutive Rolle der Vernunft im Prozeß der Erkenntnisgewinnung ab. Der Vorzug von Kants kritischem Projekt, sich einer übereilten ↑Metaphysik zu enthalten, erscheint in Hegels Perspektive einer dialektischen Selbstentfaltung der Vernunft geradezu als Nachteil. Der durch Kant in kritischer Absicht fixierte V.esbegriff wird nicht als Moment der Vernunft selbst begriffen und gerät so zur ›fixierten Negation‹ (Sämtl. Werke IV, 148), die den dialektischen Begriff der Totalität der Vernunftwirklichkeit vereitelt.

In der nachidealistischen Philosophie verliert das Thema V. (im Unterschied zur Vernunft) zunehmend an Bedeutung, nicht zuletzt durch die philosophischen Bemühungen um eine wissenschaftliche ↑Psychologie, in der die V.estätigkeit vorwiegend Gegenstand einer experimentellen Wissenschaft wird. Als Gegenreaktion gegen einen angeblich übermäßigen ↑Rationalismus wird der V. zum Objekt der Polemik eines sich an A. Schopenhauer, F. Nietzsche und H. L. Bergson anschließenden Irrationalismus (↑irrational/Irrationalismus, ↑Lebensphilosophie). – In der Philosophie des 20. Jhs. werden die traditionellen Fragen der V.estätigkeit und das Problem des Verhältnisses von V. und Vernunft in modifizierter Form im Rahmen der Theorie der ↑Rationalität wieder aufgegriffen.

Literatur: A. J. Ayer, Hume, Oxford etc. 1980, 1991; J. Bennett, Locke, Berkeley, Hume. Central Themes, Oxford 1971, 1991; M. Bremer, Rationalität und Naturalisierung. Zur Problemgeschichte von Vernunft und V. in der Analytischen Philosophie, Berlin 2001; A. Burgio/V. Schürmann, Vernunft/V., EP III (^{2}2010), 2893–2900; E. Cassirer, Leibniz' System in seinen wissenschaftlichen Grundlagen, Marburg 1902 (repr. Hildesheim Darmstadt 1962, Hildesheim/New York 1980), Hamburg 1998 (= Ges. Werke I); V. C. Chappell (ed.), Hume, Garden City N.Y. 1966, London 1970; W. Cramer, Die absolute Reflexion I (Spinozas Philosophie des Absoluten), Frankfurt 1966; C. de Deugd, The Significance of Spinoza's First Kind of Knowledge, Assen 1966; J. Haag, Erfahrung und Gegenstand. Das Verhältnis von Sinnlichkeit und V., Frankfurt 2007; H. F. Hallett, Benedict de Spinoza. The Elements of His Philosophy, London 1957 (repr. Bristol 1990), London etc. 2013; S. Hampshire, Spinoza, Harmondsworth 1951, London 1956, 1992; R. Hiltscher, V., reiner, in: M. Willaschek u. a. (eds.), Kant-Lexikon III, Berlin/Boston Mass. 2015, 2527–2528; H. H. Joachim, Spinoza's Tractatus de intellectus emendatione, Oxford 1940 (repr. Bristol 1993), 1958; N. Jolley, Leibniz and Locke. A Study of the »New Essays on Human Understanding«, Oxford 1984, 1986; F. Kambartel, Erfahrung und Struktur. Bausteine zu einer Kritik des Empirismus und Formalismus, Frankfurt 1968, [2]1976; A. Kenny, Descartes. A Study of His Philosophy, New York 1968 (repr. Bristol 1993, South Bend Ind. 2009); A. Kern, V., anschauender (intuitiver), in: M. Willaschek u. a. (eds.), Kant-Lexikon [s. o.] III, 2524–2527; S. Klingner, V., in: M. Willaschek u. a. (eds.), Kant-Lexikon [s. o.] III, 2522–2524; D. Korsch, V., RGG VIII ([4]2005), 1063–1066; J. B. Lotz, V. und Vernunft bei Thomas von Aquin, Kant und Hegel, Wissenschaft und Weltbild 15 (1962), 193–208; J. L. Mackie, Problems from Locke, Oxford 1976, 1990; R. Malter, Arthur Schopenhauer. Transzendentalphilosophie und Metaphysik des Willens, Stuttgart-Bad Cannstatt 1991; T. C. Mark, Spinoza's Theory of Truth, New York/London 1972; G. Martin, Immanuel Kant. Ontologie und Wissenschaftstheorie, Köln 1951, Berlin [4]1969 (franz. Science moderne et ontologie traditionnelle chez Kant, Paris 1963); ders., Leibniz. Logik und Metaphysik, Köln 1960, Berlin [2]1967 (engl. Leibniz, Logic and Metaphysics, Manchester 1964 [repr. New York/London 1985]; franz. Leibniz. Logique et métaphysique, Paris 1966); J. B. Metz, Christliche Anthropozentrik. Über die Denkform des Thomas von Aquin, München 1962; J. Mittelstraß, Neuzeit und Aufklärung. Studien zur Entstehung der neuzeitlichen Wissenschaft und Philosophie, Berlin/New York 1970; O. Muck, V., Hb. ph. Grundbegriffe III (1974), 1613–1627; D. F. Norton, David Hume. Common-Sense Moralist, Sceptical Metaphysician, Princeton N. J. 1982; ders. (ed.), The Cambridge Companion to Hume, Cambridge 1993, [2]2009; K. Oehler, Die Lehre vom noetischen und dianoetischen Denken bei Platon und Aristoteles. Ein Beitrag zur Erforschung der Geschichte des Bewußtseinsproblems in der Antike, München 1962, Hamburg [2]1985; G. H. R. Parkinson, Spinoza's Theory of Knowledge, Oxford 1954, Aldershot etc. 1993; I. Petrocchi, Lockes Nachlaßschrift Of the Conduct of the Understanding und ihr Einfluß auf Kant. Das Gleichgewicht des V.es. Zum Einfluß des späten Locke auf Kant und die deutsche Aufklärung, Frankfurt etc. 2004; K. Rahner, Geist in Welt. Zur Metaphysik der endlichen Erkenntnis bei Thomas von Aquin, Innsbruck/Leipzig 1939, München [2]1957, Solothurn 1996 (= Sämtl. Werke II); C. Rapp u. a., Vernunft; V., Hist. Wb. Ph. XI (2001), 748–863; N. Rescher, Leibniz. An Introduction to His Philosophy, Oxford 1979, Aldershot etc. 1993; W. Röd, Descartes. Die innere Genesis des cartesianischen Systems, München/Basel 1964, mit Untertitel: Die Genese des cartesianischen Rationalismus, München [2]1982, [3]1995; A. Sesonske/N. Fleming (eds.), Human Understanding. Studies in the Philosophy of David Hume, Belmont Calif. 1965, 1968; N. K. Smith, The Philosophy of David Hume. A Critical Study of Its Origins and Central Doctrines, London 1941, Basingstoke etc. 2005; ders., New Studies in the Philosophy of Descartes. Descartes as Pioneer, London/Melbourne/Toronto 1952 (repr. New York 1987), 1966; P. F. Strawson, The Bounds of Sense. An Essay on Kant's »Critique of Pure Reason«, London 1966, London/New York 2004; I. C. Tipton (ed.), Locke on Human Understanding. Selected Essays, Oxford 1977; K. Vorderobermeier, Sinnlichkeit und V.. Zur transzendentallogischen Entfaltung des Gegenstandsbezugs bei Kant, Berlin/Boston Mass. 2012; H. Wagner (ed.), Sinnlichkeit und V. in der deutschen und französischen Philosophie von Descartes bis Hegel, Bonn 1976; J. W. Yolton, Locke and the Compass of Human Understanding. A Selective Commentary on the »Essay«, Cambridge etc. 1970. C. F. G.

Verstandesbegriffe, reine, Terminus der Theoretischen Philosophie I. Kants, synonym mit ↑Kategorie. Die kritische Philosophie Kants geht davon aus, daß sich empirische Erkenntnisse, wie sie etwa in den Naturwissenschaften vorliegen, den ↑Wahrnehmungen nicht einfach entnehmen lassen, sondern nur in einer nach Handlungsregeln und Grundsätzen organisierten Erfahrung möglich werden. Die Ordnung dieser Prinzipien der Erfahrung leisten die den logischen Formen (↑Form (logisch)) der ↑Urteile entsprechenden Kategorien. Die Kategorien sind insofern *r.* V., als sie jeder empirischen Erkenntnis und ihren ›Objekten‹ als für sie konstitutiv vorhergehen: »Derselbe Verstand also, und zwar durch eben dieselben Handlungen, wodurch er in Begriffen, vermittelst der analytischen Einheit, die logische Form eines Urteils zu Stande brachte, bringt auch, vermittelst der synthetischen Einheit des Mannigfaltigen in der Anschauung überhaupt, in seine Vorstellungen einen transzendentalen Inhalt, weswegen sie r. V. heißen, die a priori auf Objekte gehen, welches die allgemeine Logik nicht leisten kann« (KrV B 105, vgl. B 89–169).

Literatur: H. E. Allison, Kant's Transcendental Deduction. An Analytical-Historical Commentary, Oxford 2015, 164–196 (Chap. IV Setting the Stage); J. Bennett, Kant's Analytic, Cambridge 1966, 1992; L. Chipman, Kant's Categories and Their Schematism, Kant-St. 63 (1972), 36–50; P. Guyer, Kant and the Claims of Knowledge, Cambridge etc. 1987, 157–181 (Chap. VI The Schematism and System of Principles); R. Howell, Kant's Transcendental Deduction. An Analysis of Main Themes in His Critical Philosophy, Dordrecht/Boston Mass./London 1992, 59–101 (Chap. III Intuition, the Manifold of Intuition, and Its Synthesis); F. Kambartel, Erfahrung und Struktur. Bausteine zu einer Kritik des Empirismus und Formalismus, Frankfurt 1968, [2]1976, 103–112; B. Longuenesse, Kant on a priori Concepts. The Metaphysical Deduction of the Categories, in: P. Guyer (ed.), The Cambridge Companion to Kant and Modern Philosophy, Cambridge 2006, 129–168; G. Prauss, Erscheinung bei Kant. Ein Problem der »Kritik der reinen Vernunft«, Berlin 1971, 102–114 (§ 7 Deutung durch Anwendung von Kategorien); H. Sakai, Schematism Chapter in the »Critique of Pure Reason«, Ann. Japan Assoc. Philos. Sci. 5 (1978), 111–133; D. Schulting, Kant's Deduction and Apperception. Explaining the Categories, Basingstoke/New York 2012; G. Seel, Kategorie, in: M. Willaschek u. a. (eds.), Kant-Lexikon II, Berlin/Boston Mass. 2015, 1218–1220; B. Tuschling (ed.), Probleme der »Kritik der reinen Vernunft«. Kant-Tagung Marburg 1981, Berlin/New York 1984. F. K.

Verstandesding, vereinzelt neben dem verbreiteteren Terminus ›Gedankending‹ auftretende Übersetzung von ↑›ens rationis‹. B. U.

Verstehen, im allgemeinsten Sinne Bezeichnung der Entwicklung einer eigenen Darstellungsmöglichkeit für ein Geschehen (z. B. ein Naturereignis, eine Lebensäußerung oder ein Verhalten, eine menschliche ↑Handlung) oder ein symbolisches (↑Symbol), insbes. sprachliches, Erzeugnis. Was als Darstellung (↑Darstellung (semiotisch)) akzeptiert wird und worauf sich die Entwicklung solcher Darstellungsmöglichkeiten überhaupt richten soll, hängt von grundlegenden Annahmen über den Sinn des V.s ab, die in den theoretischen Konzeptionen des V.s verschieden akzentuiert und teilweise auch kontrovers diskutiert werden. Dabei ergeben sich Unterscheidungen, die dem V.sbegriff eine jeweils andere Bedeutung geben. So kann man im V. eine Leistung sehen, die sich auf Naturtatsachen oder auf Kulturleistungen (↑Kultur) bezieht. Während in einigen Konzeptionen V. und Erklären (↑Erklärung) einander entgegengestellt werden und die Rede vom V. (von Kulturleistungen) ausdrücklich den methodischen Unterschied zum Erklären (von Naturtatsachen) hervorheben soll, behandeln andere Konzeptionen V. und Erklären gleich, und zwar so, daß das V. von Kulturleistungen nur eine Sonderform des allgemeinen Erklärens überhaupt ist.

Die logische Interpretation dieser Einheitsthese sieht im V. von Kulturleistungen die gleichen formalen Operationen gefordert wie beim Erklären von Naturtatsachen: nach einer (möglichst) wissenschaftssprachlichen Darstellung des zu verstehenden oder zu erklärenden Sachverhaltes dessen Einordnung in einen (mehr oder weniger expliziten) theoretischen Zusammenhang, der als gültig unterstellt wird. In einer empirischen Interpretation der Einheitsthese wird im V. wie im Erklären eine Kausalverknüpfung hergestellt – und damit eben auch wieder die Einordnung in einen theoretischen Zusammenhang vorgenommen –, die den zu verstehenden oder zu erklärenden Sachverhalten jeweils bestimmte Ursachen oder Faktoren zuordnet. Für das Handeln und Reden würde eine solche Konzeption bedeuten, daß jeweils Motive für sie anzugeben sind, um sie zu verstehen, während eine Bedeutungsanalyse nur eine untergeordnete Rolle spielt (die Bedeutung gehört gewissermaßen zu den Eigenschaften der zu verstehenden Handlungen oder Reden).

Eine zweite Unterscheidung betrifft das Rahmenverständnis dessen, was zu verstehen ist: konkrete ↑Ereignisse oder strukturell bestimmte ↑Sachverhalte? Diese Unterscheidung erhält ihr Gewicht mit der Charakterisierung des Bereiches, in dem etwas zu verstehen ist. Geht man davon aus, daß es beim V. jedenfalls nicht um Naturtatsachen, sondern allein um Kulturleistungen geht, so kann sich das V. auf den nicht-sprachlichen (allgemeiner: nicht-symbolischen) Bereich beziehen oder auch auf den sprachlichen (bzw. symbolischen) Bereich von Lebensvollzügen. Sollen konkrete Ereignisse verstanden werden, könnten dies (nicht-sprachliche/nicht-symbolische) Handlungen sein oder aber Reden (bzw. andere symbolische Handlungen). Sollen dagegen strukturelle Sachverhalte verstanden werden, richtet sich das V. entsprechend auf die Struktur von ↑Institutionen oder von sprachlichen bzw. symbolischen Erzeugnissen, also etwa auf Ausdrücke, Sätze und Texte.

Obwohl immer wieder Theorien des V.s entwickelt worden sind, die eine Form des V.s zur Grundlage für alle anderen Formen machen, und obwohl die verschiedenen Formen des V.s oft kontrovers einander gegenübergestellt werden, lassen sie sich doch auch als komplementäre Methoden für verschiedene Aufgaben sehen, die nur insgesamt das V. von Kulturleistungen ermöglichen. Eine solche komplementäre Sicht wird gestützt durch die vielfachen Verschränkungen, die zwischen Handeln und Reden, Handlungen und sozialen Institutionen, Äußerungen und kulturellen Symbolismen und wiederum zwischen diesen Symbolismen und Institutionen bestehen. So lassen sich Handlungen und Reden als aufeinander bezogene Phasen eines übergreifenden Zusammenhanges sehen, der als Lebensepisode Einheit gewinnt, dabei zumindest teilweise in die Lebensepisoden anderer eingeht und so zum Moment einer historischen Situation wird. In den Gebrauchstheorien der sprachlichen Bedeutung wird die Verknüpfung von Reden und Handeln sogar so eng gesehen, daß die Handlungen, die durch die Intention des Redenden oder die allgemeinen Erwartungen mit einer ↑Äußerung verbunden werden, die Bedeutung dieser Äußerung ausmachen. Verstanden ist daher eine Äußerung genau dann, wenn auf diese Handlungserwartungen reagiert wird – durch die Ausführung dieser Handlungen, durch ihre Zurückweisung, durch einen Gegenvorschlag oder ähnliches.

Bei diesem ereignisbezogenen Verständnis des V.s ist zu beachten, daß die Verbindung zwischen Reden und Handeln nur dadurch zustandekommen kann, daß die strukturellen Bezüge genutzt werden, und zwar sowohl die sprachliche (syntaktische, semantische, phonetische) Regelung von Äußerungen als auch die institutionelle Regelung des Handelns, die jeweils die Identität von Äußerungen und Handlungen mitdefinierten. Wären die einzelnen Rede- und Handlungsereignisse nicht in diese sprachlichen und institutionellen Strukturen eingebettet, müßten sie stets neu und von Grund auf gedeutet werden, könnten sie keine Gemeinsamkeit von Erwartungen und Reaktionen sichern und also auch nicht verstanden werden. Selbst für das Ereignisverstehen ist daher ein Strukturverstehen erforderlich, d. i. die Erfassung der Rede- und Handlungsereignisse als konkrete Realisierungen einer allgemeinen Struktur bzw. eines allgemeinen Regelwerks, das in der ↑Sprache und den sozialen Institutionen den Rahmen für Reden und Handeln darstellt. Dabei können diese Realisierungen neue Akzente setzen und in der weiteren Entwicklung die Sprache und die Institutionen verändern. Das V. eines Ereignisses aus einer Struktur ist daher nicht als die bloße Ableitung eines Besonderen aus einem Allgemeinen anzusehen, sondern als das Erfassen einer Konkretisierungsleistung, mit der Neues – auch im Rahmen von Bekanntem – geschaffen werden kann.

Mit dieser Unterscheidung wird die interne Struktur des V.s selbst, und zwar vor allem des sprachlichen V.s, thematisiert. So werden sprachliche V.sleistungen vielfach als die Einordnung eines Besonderen in ein Allgemeines aufgefaßt: als Einordung eines konkreten Dinges oder Ereignisses als Fall einer allgemeinen ↑Regel, als Beispiel eines allgemeinen ↑Begriffes oder einer allgemeinen ↑Beschreibung, als Instanz eines allgemeinen Zusammenhanges. In einer *logischen* Interpretation erweist sich das V. dann im Kern als ein Subsumieren: von Gegenständen unter Begriffe, von weniger allgemeinen Begriffen unter allgemeinere Begriffe usw.. Verfügt man über die entsprechenden Begriffe, Beschreibungen oder Annahmen, so wird mit dem V. nichts Neues geschaffen, sondern lediglich Bekanntes angewendet. Aber auch die Entwicklung neuer Begriffe, Beschreibungen oder Annahmen beschränkt das V. auf die begrifflich verfaßten Verallgemeinerungsleistungen, denen das konkrete Ding oder Ereignis wieder nur über eine Subsumtion (↑Subordination) unter allgemeine Begriffe oder Beschreibungen zugänglich wird.

Demgegenüber betonen die phänomenologisch (↑Phänomenologie) und hermeneutisch (↑Hermeneutik) orientierten V.stheorien die poietische (↑Poiesis) Seite des V.s, die das V. wie die schöpferische Herstellung eines Werkes als einen kreativen Prozeß zeigt, der die Individualität seines Autors nicht nur dokumentiert, sondern auch benötigt, um überhaupt zu einem Ergebnis zu kommen. Das V. wird hier nach dem Modell eines ↑Dialoges zwischen Personen aufgefaßt, die ihre Äußerungen nicht nur als innersprachlich definierte ↑Propositionen interpretieren, sondern auch als Darstellungen individueller Intentionen in kulturellen, sozialen und biographischen Kontexten, die in der jeweiligen konkreten Situation bestehen. V. ist in dieser Perspektive Teil einer ↑Kommunikation, die dann in besonderer Weise gelingt, wenn sowohl die Äußerungen als auch ihr verstehendes Erfassen kreative Prozesse sind, in denen Darstellungen hervorgebracht werden, die dadurch, daß sie aufeinander Bezug nehmen, einander weiterführen und wechselseitig kommentieren. Nicht die Gleichheit eines V.sergebnisses, sondern die Einheit des V.sprozesses, nicht ↑Konsens, sondern Kommunikation werden hierbei als das Ziel des V.s angesehen.

Ähnlich wie das sprachliche V. läßt sich auch das V. von Handlungen und sozialen Institutionen zum einen unter einem formal-theoretischen Aspekt, zum anderen unter einem material-poietischen Aspekt thematisieren. Formal-theoretisch ließe sich eine Handlung dadurch verstehen, daß man den ↑Zweck angibt, der mit ihr verfolgt wird, und eine ↑Intention entsprechend dadurch, daß man die Funktionen angibt, die mit ihr erfüllt werden sollen. In beiden Fällen bedarf es einer allgemeinen theoretischen Begründung, um die jeweiligen V.sbehauptungen einzulösen. Für diese Begründungen wird man insbes. allgemein unterstellte Wirkungszusammenhänge (↑Wirkung), Handlungsnormen (↑Norm (handlungstheoretisch, moralphilosophisch)) und Wertsetzungen (↑Wert (moralisch)) heranziehen, die eine verallgemeinerbare Zuordnung von Handlungen und Zwecken, Institutionen und Funktionen erlauben. Demgegenüber zielt das V. der individuellen Intentionen eines Handelnden nicht auf einen allgemeinen Sachverhalt, der unter Umgehung der individuellen Personen unmittelbar Handlungen mit Zwecken und Institutionen mit Funktionen verbindet, sondern auf die Intentionen der Individuen, wie sie sich in den Kontexten ihres Handelns bilden.

Eine allgemeine Theorie des V.s wird diese verschiedenen Themen, Aspekte und Methoden des V.s kritisch, d.h. vor allem auf bestimmte Bereiche beschränkt und dadurch in ihrer thematischen und methodischen Relevanz begrenzt, zu integrieren versuchen. Dies verlangt die Einbettung einer V.stheorie in ein übergreifendes Verständnis des Gegenstandes und des Zieles von V., d.h. in ein Welt- und Selbstverständnis auf der einen und in eine Rationalitätstheorie (↑Rationalität) auf der anderen Seite. Ohne die Einbettung in eine solche philosophische Grundlagenreflexion geriete eine V.stheorie in die Gefahr, nur noch technische Probleme einer letztlich unreflektierten V.saufgabe zu behandeln.

Literatur: T. Abel, The Operation Called ›V.‹, Amer. J. Sociology 54 (1948), 211–218, Neudr. in: H. Feigl/M. Brodbeck (eds.), Readings in the Philosophy of Science, New York 1953, 677–687, ferner in: H. Albert (ed.), Theorie und Realität. Ausgewählte Aufsätze zur Wissenschaftslehre der Sozialwissenschaften, Tübingen 1964, [2]1972, 177–188; H. Albert, Theorie, V. und Geschichte. Zur Kritik des methodologischen Autonomieanspruchs in den sogenannten Geisteswissenschaften, Z. allg. Wiss.theorie 1 (1970), 3–23; J. Albrecht u. a. (eds.), Kultur nicht verstehen. Produktives Nichtverstehen und V. als Gestaltung, Zürich 2005; E. Angehrn, Interpretation und Dekonstruktion. Untersuchungen zur Hermeneutik, Weilerswist 2003, [2]2004; ders., Sinn und Nicht-Sinn. Das V. des Menschen, Tübingen 2010, 2011; K.-O. Apel, Das V.. Eine Problemgeschichte als Begriffsgeschichte, Arch. Begriffsgesch. 1 (1955), 142–199; ders., Die Erklären-V.-Kontroverse in transzendentalpragmatischer Sicht, Frankfurt 1979 (engl. Understanding and Explanation. A Transcendental-Pragmatic Perspective, Cambridge Mass./London 1984; franz. La controverse expliquer-comprendre. Une approche pragmatico-transcendantale, Paris 2000); ders., V., Hist. Wb. Ph. XI (2001), 918–938; ders./J. Manninen/R. Tuomela (eds.), Neue Versuche über Erklären und V., Frankfurt 1978; J. M. Böhm, Kritische Rationalität und V.. Beiträge zu einer naturalistischen Hermeneutik, Amsterdam/New York 2006; R. Bohn, Szenische Hermeneutik, verstehen, was sich nicht erklären lässt, Bielefeld 2015; U. Bruderer, V. ohne Sprache. Zu Donald Davidsons Szenario der radikalen Interpretation, Bern/Stuttgart/Wien 1997; D. Chart, A Theory of Understanding. Philosophical and Psychological Perspectives, Aldershot etc. 2000; R. M. Chisholm, V.. The Epistemological Question, Dialectica 33 (1979), 233–246; G. Damschen/A. G. Vigo (eds.), Dialog und V.. Klassische und moderne Perspektiven, Münster 2015; D. Davidson, Inquiries into Truth and Interpretation, Oxford 1984, Oxford etc. ^{2}2001, 2009 (dt. Wahrheit und Interpretation, Frankfurt 1986, ^{3}1999, 2005; franz. Enquêtes sur la vérité et l'interpretation, Nîmes 1993); C. Demmerling, Sinn, Bedeutung, V.. Untersuchungen zu Sprachphilosophie und Hermeneutik, Paderborn 2002; W. Detel, Geist und V., Historische Grundlagen einer modernen Hermeneutik, Frankfurt 2011; W. K. Essler, Zur Topologie von V. und Erklären, Grazer philos. Stud. 1 (1975), 127–141; U. Feest (ed.), Historical Perspectives on Erklären and V., Berlin 2007, Dordrecht etc. 2010; G. Figal, Der Sinn des V.s. Beiträge zur hermeneutischen Philosophie, Stuttgart 1996; M. Flacke, V. als Konstruktion. Literaturwissenschaft und radikaler Konstruktivismus, Opladen 1994; Forum für Philosophie Bad Homburg (ed.), Intentionalität und V., Frankfurt 1990; H.-G. Gadamer, Wahrheit und Methode. Grundzüge einer philosophischen Hermeneutik, Tübingen 1960, ^{5}1986 (= Ges. Werke I), ^{7}2010; ders./G. Boehm (eds.), Seminar: Philosophische Hermeneutik, Frankfurt 1976, ^{4}1985 (mit Bibliographie, 333–339); dies. (eds.), Seminar: Die Hermeneutik und die Wissenschaften, Frankfurt 1978, ^{2}1985 (mit Bibliographie, 473–485); U. Gerber (ed.), Hermeneutik als Kriterium für Wissenschaftlichkeit? Der Standort der Hermeneutik im gegenwärtigen Wissenschaftskanon, Loccum 1972; R. Greshoff/G. Kneer/W. L. Schneider (eds.), V. und erklären. Sozial- und kulturwissenschaftliche Perspektiven, München 2008; M. Günther, Prinzipien der Interpretation: Rationalität und Wahrheit. Donald Davidson und die Grundlagen einer philosophischen Theorie des V.s, Paderborn 2002; O. Hoeschen, V. und Rationalität. Donald Davidsons Rationalitätsthese und die kognitive Psychologie, Paderborn 2002; M. Hollis, Rationalität und soziales V., Frankfurt 1991; P. Janich/F. Kambartel/J. Mittelstraß, Wissenschaftstheorie als Wissenschaftskritik, Frankfurt 1974, 119–123, 128–137; H. R. Jauß, Probleme des V.s. Ausgewählte Aufsätze, Stuttgart 1999; T. Jung/S. Müller-Doohm (eds.), ›Wirklichkeit‹ im Deutungsprozeß. V. und Methoden in den Kultur- und Sozialwissenschaften, Frankfurt 1993, ^{2}1995; F. Kambartel, Versuch über das V., in: B. McGuinness u. a., »Der Löwe spricht ... und wir können ihn nicht verstehen.« Ein Symposion an der Universität Frankfurt anläßlich des hundertsten Geburtstags von Ludwig Wittgenstein, Frankfurt 1991, 121–137; H. Kämpf, Die Exzentrizität des V.s. Zur Debatte um die Verstehbarkeit des Fremden zwischen Hermeneutik und Ethnologie, Berlin 2003; M. Kober, Bedeutung und V.. Grundlegung einer allgemeinen Theorie sprachlicher Kommunikation, Paderborn 2002; W. Kogge, V. und Fremdheit in der philosophischen Hermeneutik. Heidegger und Gadamer, Hildesheim/Zürich/New York 2001; ders., Die Grenzen des V.s. Kultur – Differenz – Diskretion, Weilerswist 2002; W. R. Köhler, Personenverstehen. Zur Hermeneutik der Individualität, Frankfurt/Lancaster 2004; G. Kühne-Bertram/G. Scholtz (eds.), Grenzen des V.s. Philosophische und humanwissenschaftliche Perspektiven, Göttingen 2002; J. L. Kvanvig, The Value of Knowledge and the Pursuit of Understanding, Cambridge etc. 2003, 2007; V. Lau, Erzählen und V.. Historische Perspektiven der Hermeneutik, Würzburg 1999; H. Lenk, Philosophie und Interpretation. Vorlesungen zur Entwicklung konstruktivistischer Interpretationsansätze, Frankfurt 1993, 1995; G. B. Madison, Understanding. A Phenomenological-Pragmatic Analysis, Westport Conn./London 1982; J. Manninen/R. Tuomela (eds.), Essays on Explanation and Understanding. Studies in the Foundations of Humanities and Social Sciences, Dordrecht/Boston Mass. 1976; M. Martin, V.. The Uses of Understanding in Social Science, New Brunswick N. J. 2000; S. Mussil, V. in der Literaturwissenschaft, Heidelberg 2001; K. Neumer (ed.), Das V. des Anderen, Frankfurt etc. 2000; A. O'Hear (ed.), V. and Humane Understanding, Cambridge etc. 1996, 1997; H. Parret/J. Bouveresse (eds.), Meaning and Understanding, Berlin/New York 1981; G. Pasternack (ed.), Erklären, verstehen, begründen. Eine Ringvorlesung, Bremen 1985; G. Patzig, Erklären und V.. Bemerkungen zum Verhältnis von Natur- und Geisteswissenschaften, Neue Rdsch. 84 (1973), 392–413, ferner in: ders., Tatsachen, Normen, Sätze. Aufsätze und Vorträge, Stuttgart 1980, 1988, 45–75; B. Rehbein, Was heißt es, einen anderen Menschen zu verstehen?, Stuttgart 1997; M. Riedel, V. oder Erklären? Zur Theorie und Geschichte der hermeneutischen Wissenschaften, Stuttgart 1978; O. R. Scholz, V. und Rationalität. Untersuchungen zu den Grundlagen von Hermeneutik und Sprachphilosophie, Frankfurt 1999, ^{2}2016; ders., V., EP III (^{2}2010), 2905–2909; O. Schwemmer, Theorie der rationalen Erklärung. Zu den methodischen Grundlagen der Kulturwissenschaften, München 1976; ders., Die kulturelle Existenz des Menschen, Berlin 1997; M. Siebel (ed.), Kommunikatives V., Leipzig 2002; W. Stegmüller, Der sogenannte Zirkel des V.s, in: K. Hübner/A. Menne (eds.), Natur und Geschichte. X. Deutscher Kongreß für Philosophie, Kiel 8.–12. Oktober 1972, Hamburg 1973, 21–46, erw. unter dem Titel: Walther von der Vogelweides Lied von der Traumliebe und Quasar 3 C273. Betrachtungen zum sogenannten Zirkel des V.s und zur sogenannten Theoriebeladenheit der Beobachtung, in: W. Stegmüller, Rationale Rekonstruktion von Wissenschaft und ihrem Wandel, Stuttgart 1979, 1986, 27–86; T. Sutter (ed.), Beobachtung verstehen, V. beobachten. Perspektiven einer konstruktivistischen Hermeneutik, Opladen 1997; E. Tatievskaya, Wittgenstein über das V., Frankfurt etc. 2009; C. Taylor, Erklärung und Interpretation in den Wissenschaften vom Menschen, Frankfurt 1975; U. Tietz, Sprache und V. in analytischer und hermeneutischer Sicht, Berlin 1995; S. E. Toulmin, Foresight and Understanding. An Enquiry into the Aims of Science, London, Bloomington Ind. 1961, Westport Conn. 1981 (dt. Voraussicht und V.. Ein Versuch über die Ziele der Wissenschaft, Frankfurt 1968, 2009; franz. L'explication scientifique, Paris 1973); A. Vasilache, Interkulturelles V. nach Gadamer und Foucault, Frankfurt/New York 2003; J. Wach, Das V.. Grundzüge einer Geschichte der hermeneutischen Theorie im 19. Jahrhundert, I–III, Tübingen 1926–1933 (repr. in 1 Bd., Hildesheim 1966, 1984); B. Weyh, Vernunft und V.. Hans-Georg Gadamers anthropologische Hermeneutikkonzeption, Frankfurt etc. 1995; P. Winch, The Idea of a Social Science and Its Relation to Philosophy, London, New York 1958, London/New York 2008 (dt. Die Idee der Sozialwissenschaft und ihr Verhältnis zur Philosophie, Frankfurt 1966, 1974); G. H. v. Wright, Explanation and Understanding, Ithaca N. Y./London 1971 (repr. London/New York 2009), 2004 (dt. Erklären und V., Frankfurt 1974, Berlin ^{4}2000, 2008); ders., Probleme des Erklärens und V.s von Handlungen, Conceptus 19 (1985), H. 47, 3–19. O. S.

Versuch, ↑Experiment.

Vertauschung (engl. interchange, permutation), Terminus der formalen Logik (↑Logik, formale) für die ↑Strukturregel beliebiger Veränderungen der Reihenfolge sowohl der Glieder im ↑Antezedens einer ↑Sequenz als auch der Glieder im ↑Sukzedens einer Sequenz. Ihre Einführung geht auf G. Gentzen zurück, weil die jeweiligen Reihenfolgen für das mit ↑Sequenzenkalkülen kalkülisierte (↑Kalkülisierung) logische Schließen irrelevant sind. K. L.

Verteidigung, Terminus der Dialogischen Logik (↑Logik, dialogische). In dem in Anlehnung an die Terminologie der mathematischen ↑Spieltheorie formulierten Aufbau der Dialogischen Logik werden die ›Züge‹ der beteiligten Parteien von ↑Proponent und ↑Opponent in (Eröffnungs-)Behauptungen, Angriffe und V.en unterschieden. Behauptet z. B. eine Partei $A \rightarrow B$, so greift die andere durch die Behauptung von A an, worauf die erstere sich mit der Behauptung von B auf den Angriff A verteidigt. V.en sind dabei wiederum ↑Behauptungen (während Angriffe gemäß den ↑Partikelregeln nur bei manchen logischen Partikeln [↑Partikel, logische] Behauptungen sind, bei anderen hingegen Zweifel), die ihrerseits angegriffen werden können. Auf einen Angriff gegen $\neg A$ mit A gibt es keine V., da nach der dialogischen Auffassung des ↑Negators dieser auf $A \rightarrow \curlywedge$ (wo ›$\curlywedge$‹ für ↑›falsum‹ steht) definitorisch zurückführbar ist. Wer $\neg A$ verteidigen will, müßte also das Falsum behaupten können, was per definitionem nicht möglich ist.

Literatur: ↑Logik, dialogische. C. F. G.

Verteilung (engl. distribution), in mehrdeutiger Weise verwendeter Begriff der ↑Wahrscheinlichkeitstheorie zur Charakterisierung von zufälligen oder unsicheren ↑Ereignissen oder ↑Prozessen. (1) Im allgemeinsten Sinne ist eine V. – genauer: eine *Wahrscheinlichkeitsverteilung* – ein Wahrscheinlichkeitsmaß P über einem beliebigen Ereignisraum $\langle \Omega, \mathfrak{A} \rangle$. (2) Spezieller bezeichnet der Begriff der *Verteilung einer Zufallsvariablen* (bezüglich P) das Bildmaß Q_X eines Wahrscheinlichkeitsmaßes P unter der Zufallsvariablen X im Raum oder in einem Teilraum der ganzen Zahlen (↑diskreter Fall; ↑Diskontinuität) oder der reellen Zahlen (stetiger oder kontinuierlicher Fall; ↑Stetigkeit, ↑Kontinuität, ↑Kontinuum). So gilt z. B. für das durch die reellen Zahlen a und b abgegrenzte Intervall $[a, b]$: $Q_X([a, b]) = P(\{X \in [a, b]\}) = P(\{\omega \in \Omega : a \leq X(\omega) \leq b\})$, d. h., $Q_X([a, b])$ ist die Wahrscheinlichkeit, daß ein Zufallsexperiment (das Ziehen einer Stichprobe) ein Resultat ergibt, dem die Zufallsvariable X einen Wert zwischen a und b zuordnet. Beispiele von V.en in diesem Sinne sind die Binomialverteilung und die Poisson-V. im diskreten Fall, die Standard-Normalverteilung (Gaußsche ›Glockenkurve‹), die Exponentialverteilung und die χ^2-V. (Chi-Quadrat-V.) im kontinuierlichen Fall und schließlich die in beiden Fällen anwendbare Gleichverteilung.
(3) In einem weiteren Sinne wird durch eine V. – genauer: eine (*kumulative*) *Verteilungsfunktion* F_X – eine V. Q_X im zweiten Sinne charakterisiert, indem man für alle reellen Zahlen a die Wahrscheinlichkeit dafür angibt, daß die Zufallsvariable Werte nicht größer als a annimmt: $F_X(a) = Q_X(]-\infty, a]) = P(\{\omega \in \Omega\colon X(\omega) \leq a\})$. Allgemein ist eine V.sfunktion eine monoton wachsende, rechtsseitig stetige Funktion F auf den reellen Zahlen, die im negativ Unendlichen den Grenzwert 0 und im positiv Unendlichen den Grenzwert 1 annimmt. Sofern die Ableitung einer V.sfunktion F existiert, wird sie im allgemeinen als f bezeichnet und heißt ›V.sdichte‹ (auch: ›Wahrscheinlichkeitsdichte‹, ›Dichtefunktion‹). Sowohl durch F als auch durch f wird eine Wahrscheinlichkeitsverteilung in den reellen Zahlen eindeutig bestimmt.

Literatur: ↑Wahrscheinlichkeitstheorie, ↑Statistik. H. R.

verträglich/Verträglichkeit (engl. compatible/compatibility, franz. compatible/compatibilité), Bezeichnung für eine ↑Relation, die zwischen Objekten dann besteht, wenn sie einander nicht ausschließen; dabei läßt sich die V. zwischen n Objekten miteinander im allgemeinen nicht auf die V. je zweier von ihnen (›paarweise V.‹) zurückführen. V. wird von Objekten ganz verschiedener Art ausgesagt.
In ↑Alltagssprache und ↑Bildungssprache heißen zwei reale Gegenstände (im allgemeinen Körperdinge, aber z. B. auch psychische Phänomene) miteinander v., wenn sie einander in dem Sinne nicht ausschließen, daß sie »während einer hinreichend langen Zeit hinreichend nahe zusammen real existieren können« (K. W. Clauberg/W. Dubislav 1923, 498). In davon abweichender, aber praktisch wichtiger Verwendung nennt man in der Agronomie auch unterschiedliche Arten von Kulturpflanzen ›v.‹, wenn sie sich auf der gleichen Anbaufläche ohne Ertragseinbußen nacheinander anbauen lassen (z. B. Kartoffeln nach Zuckerrüben); gilt dies für Aussaaten von Pflanzen der gleichen Art (z. B. bei Roggen oder Mais), so spricht man von ›Selbstverträglichkeit‹.
Die traditionelle Logik (↑Logik, traditionelle) kennt V. sowohl bei ↑Begriffen als auch bei ↑Urteilen. Zwei *Begriffe* B_1, B_2 heißen v. (auch: einstimmig, vereinbar, notiones consentientes oder convenientes), wenn mindestens ein Gegenstand unter beide fallen kann; notwendige Bedingung dafür ist, daß B_1 kein Merkmal enthält, das einem Merkmal von B_2 entgegengesetzt ist (und es daher ausschließen würde; ↑konträr/Kontrarität). B. Bolzano beschreibt diese V. von B_1 und B_2 (die bei ihm ›Vorstellungen‹ heißen) als ihre ›gemeinsame Erfüllbarkeit‹ (↑erfüllbar/Erfüllbarkeit), was in der modernen

Logik als gemeinsame Erfüllbarkeit der B_1 und B_2 darstellenden (↑Darstellung (logisch-mengentheoretisch)) ↑Aussageformen ›$x \varepsilon A_1$‹ bzw. ›$x \varepsilon A_2$‹ interpretierbar ist. Dabei zeigen die drei zusammengesetzten Aussageformen ›$a(x) \leftrightarrow \neg b(x)$‹, ›$b(x) \leftrightarrow \neg c(x)$‹ und ›$c(x) \leftrightarrow \neg a(x)$‹, daß die V. von n (im vorliegenden Fall: drei) Aussageformen nicht auf die paarweise V. jeweils zweier zurückführbar ist, da zwar je zwei dieser Aussageformen zusammen erfüllbar sind, nicht aber alle drei gemeinsam. Zwei *Urteile* (Aussagen) heißen v. (iudicia consonantia), wenn die Gültigkeit des einen nicht zu der des anderen im Gegensatz steht, also die ↑Wahrheit des einen nicht die Falschheit des anderen impliziert. Als Verallgemeinerung dieser V.sbegriffe läßt sich die in der ↑Metamathematik erklärte V. zweier axiomatischer Systeme (›Theorien‹; ↑System, axiomatisches) S_1 und S_2 ansehen, die dann besteht, wenn beide die gleichen nicht-logischen ↑Konstanten und eine gemeinsame widerspruchsfreie (↑widerspruchsfrei/Widerspruchsfreiheit) ↑Erweiterung besitzen.

In der Mathematik wird ›V.‹ in unterschiedlicher Weise verwendet. So heißt die Fortsetzung einer auf einem bestimmten Zahlbereich Z_1 erklärten ↑Funktion f auf einen erweiterten Zahlbereich Z_2 v. mit einer Eigenschaft (genauer: mit einem in Z_1 gültigen Gesetz), wenn diese(s) auch im erweiterten Bereich gilt (z. B. die Fortsetzung der Funktion F: $x \mapsto a^x$ vom Bereich $\mathbb{N}$ der ↑Grundzahlen auf den Bereich $\mathbb{Z}$ der ganzen ↑Zahlen (↑Zahlensystem), die v. ist mit der Eigenschaft $f(t+u) = f(t) \cdot f(u)$, d. h. $a^{t+u} = a^t \cdot a^u$). Einen weiteren Anwendungsfall bildet die bei Beachtung der V. einer (zweistelligen) Relation R mit einer ↑Verknüpfung $x \circ y$ mögliche Konstruktion von Gebilden, über deren Trägermenge verschiedene Strukturen zusammenwirken. Die zu beachtende V.sforderung (auch ›Kompatibilitätsbedingung‹) besteht darin, daß für alle Elemente x, y, z des Gebildes

$$xRy \rightarrow (x \circ z)R(y \circ z) \wedge (z \circ x)R(z \circ y)$$

erfüllt sein muß. Ist etwa $\langle M, \circ \rangle$ eine Gruppe (↑Gruppe (mathematisch)) und $\langle M, \lhd \rangle$ eine ↑Ordnung, so lautet die V.sforderung:

$$x \lhd y \rightarrow (x \circ z) \lhd (y \circ z) \wedge (z \circ x) \lhd (z \circ y)$$

(für alle $x, y, z \in M$). Sie besagt, daß die Anordnungsbeziehungen gegenüber der Gruppenverknüpfung invariant sind (↑invariant/Invarianz); ihr Erfülltsein ermöglicht es, statt der Gruppe $\langle M, \circ \rangle$ und der Ordnung $\langle M, \lhd \rangle$ je für sich die ›geordnete Gruppe‹ $\langle M, \circ, \lhd \rangle$ zu untersuchen.

Besondere Bedeutung kommt dem Fall zu, in dem R eine ↑Äquivalenzrelation ist. Aus dem Bestehen von xRy und zRw folgen nach der V.sforderung $(x \circ z)R(y \circ z)$ und $(y \circ z)R(y \circ w)$, aus diesen beiden aber $(x \circ z)R(y \circ w)$ auf Grund der Transitivität (↑transitiv/Transitivität) von R. Führt man also durch ↑Abstraktion (↑abstrakt) zu jedem x die durch x festgelegte ›Äquivalenzklasse‹ $R(x) \leftrightharpoons \{u \mid uRx\}$ bezüglich der Äquivalenzrelation R ein (im mathematischen Sprachgebrauch: die Äquivalenzklasse $R(x)$ mit dem ›Repräsentanten‹ x), so wird durch $R(x) \odot R(y) \leftrightharpoons R(x \circ y)$ eine Verknüpfung zwischen diesen Äquivalenzklassen definiert, für die die ›natürliche Abbildung‹, die jedem x ›seine‹ Äquivalenzklasse $R(x)$ zuordnet, ein ↑Homomorphismus ist. Die Äquivalenzklassenbildung ist also ›repräsentantenunabhängig‹ in dem Sinne, daß es nicht darauf ankommt, mittels *welcher* Repräsentanten von $R(x)$ bzw. $R(y)$ man $R(x) \odot R(y)$ definiert: Wenn $x'Rx$ und $y'Ry$, dann gilt $R(x' \circ y') = R(x \circ y)$.

Nimmt man Aussageformen $A(x)$ als darstellende Objekte für ↑Mengen (Klassen; ↑Klasse (logisch)) $\in_x A(x)$ bzw. $\{x \mid A(x)\}$, so ist $A(x)$ v. mit der Äquivalenzrelation R, wenn $xRy \rightarrow (A(x) \rightarrow A(y))$ gilt. Man spricht dann von der »Invarianz der Aussageform ›xRy‹ bezüglich der Äquivalenzrelation R« (↑abstrakt, ↑Abstraktion, ↑Abstraktionsschema).

Literatur: N. Bourbaki, Éléments de mathématique XVII (Théorie des ensembles. Chapitres 1 et 2. Description de la mathématique formelle. Théorie des ensembles), Paris 1966, Berlin/Heidelberg 2017; K. W. Clauberg/W. Dubislav, Systematisches Wörterbuch der Philosophie, Leipzig 1923; P. Lorenzen, Einführung in die operative Logik und Mathematik, Berlin/Göttingen/Heidelberg 1955, Berlin/Heidelberg/New York [2]1969; ders., Formale Logik, Berlin 1958, [4]1970 (engl. Formal Logic, Dordrecht 1965); H. Schepers, V.; Kompatibilität, Hist. Wb. Ph. XI (2011), 983–985. C. T.

verum (lat., das Wahre), Zeichen: ⋎, metasprachlich (↑Metasprache) einer der beiden ↑Wahrheitswerte bei wertdefiniten (↑wertdefinit/Wertdefinitheit) Aussagen, daneben objektsprachlich (↑Objektsprache) eine beliebige wahre Aussage (das ↑Aussageschema v.) als Ergebnis der Anwendung eines der beiden verschiedenen 0-stelligen ↑Junktoren. Zugleich ist ›v.‹ Bezeichnung derjenigen identischen ↑Wahrheitsfunktion beliebiger Stellenzahl, die für jede Wahl der Argumente den Wert ›wahr‹ liefert und daher extensional (↑extensional/Extension) mit jeder ↑Tautologie, d. i. eine klassisch logisch wahre Aussage, z. B. $A \vee \neg A$, logisch äquivalent ist. Antonym: ↑›falsum‹. – In der scholastischen (↑Scholastik) Philosophie tritt ›v.‹ neben ↑›bonum‹, ↑›unum‹ und teilweise auch neben ↑›res‹ und ›aliquid‹ auf als Bezeichnung für eine der so genannten ↑Transzendentalien, d. h. derjenigen Eigenschaften, die einem Gegenstand koextensiv damit zukommen, daß er seiend ist (↑Seiende, das). K. L.

Verursachung, adäquate (engl. adequate causation), Bezeichnung für einen probabilistischen (↑Wahrscheinlichkeit) Kausalitätsbegriff (↑Kausalität), der heute vor allem im Rahmen des juristischen, insbes. zivilrechtlichen, Zurechnungsproblems (↑Zurechnung) Verwendung findet. Die Theorie der a.n V. (auch ›Adäquanztheorie‹) steht im Gegensatz zur ›Äquivalenztheorie‹, die alle notwendigen Bedingungen eines Ereignisses für gleichwertig erklärt, d. h. zwischen ihnen keinen Unterschied im Grad der kausalen Relevanz anerkennt. Sie wurde 1888 von dem Physiologen und Logiker J. v. Kries zur Klärung logischer und begriffsbildungspragmatischer Unklarheiten in der juristischen Kausalitätsdiskussion entwickelt. Es handelt sich um eine partiell generalisierende Kausalitätstheorie, die aus der wahrscheinlichkeitstheoretischen (↑Wahrscheinlichkeitstheorie) Diskussion den Begriff des begünstigenden Umstands heranzieht: »Es soll also, wo das ursächliche Moment *A* den Erfolg *B* verursachte (bedingte), *A* die adäquate Ursache von *B*, *B* die adäquate Folge von *A* heissen, falls generell *A* als begünstigender Umstand von *B* anzusehen ist; im entgegengesetzten Falle soll von zufälliger Verursachung und zufälligem Effecte gesprochen werden« (v. Kries, Ueber den Begriff der objectiven Möglichkeit [...], 1888, 202). Den bereits von Kries selbst erhobenen Anspruch, dieses Kausalitätskonzept sei auch außerhalb der Jurisprudenz z. B. für die Geschichtswissenschaft und die Sozialwissenschaften relevant, hat später M. Weber erneuert.

Literatur: J. v. Kries, Ueber den Begriff der objectiven Möglichkeit und einige Anwendungen desselben, Vierteljahrsschr. wiss. Philos. 12 (1888), 179–240, 287–323, 393–428; W. Lübbe, Die Theorie der a.n V.. Zum Verhältnis von philosophischem und juristischem Kausalitätsbegriff, Z. allg. Wiss.theorie 24 (1993), 87–102; G. Radbruch, Die Lehre von der a.n V., Berlin 1902; M. Rümelin, Die Verwendung der Causalbegriffe in Straf- und Civilrecht, Tübingen 1900, ferner in: Arch. f. civilistische Praxis 90 (1900), 171–344; S. P. Turner/R. A. Factor, Objective Possibility and Adequate Causation in Weber's Methodological Writings, Sociolog. Rev. 29 (1981), 5–28; M. Weber, Objektive Möglichkeit und a. V. in der historischen Kausalbetrachtung, Arch. Sozialwiss. u. Sozialpolitik 22 (1906), 185–207. W. L.

Verweistheorie (engl. reference theory, franz. théorie des références), Bezeichnung für eine Hilfsdisziplin im Programm der enzyklopädischen Repräsentation des Wissens (↑Enzyklopädie). Gegenstand der V. ist die relationale Struktur der Beziehung zwischen ↑Begriffen und ihren Erläuterungen. Dabei wird zwischen ›Nahbeziehung‹ und ›Fernbeziehung‹ unterschieden. Die *Nahbeziehung* ist durch die Form eines *Artikels* gegeben. Ein Artikel A ist ein geordnetes Paar (↑Paar, geordnetes), notiert als $A_k :\!- A_r$. Hier ist A_k der ›Kopf‹ (*head*), auch ›Stichwort‹ genannt, und A_r der ›Rumpf‹ (*body*) von A, der die Erläuterungen zu A_k enthält. Mit $\mathcal{T}_A$ wird die Menge der in A_r vorkommenden Termini (↑Terminus) bezeichnet. Für eine Menge $\mathcal{E}$ von Artikeln, genannt ›Enzyklopädie‹, heißt $\mathcal{NE} \leftrightharpoons \{A_k \mid A \in \mathcal{E}\}$ auch die ›Nomenklatur‹ von $\mathcal{E}$. Die *Fernbeziehung* ist eine interartikuläre ↑Relation und durch *Verweise* (auch: Querverweise, engl. cross-references) konstituiert. Ein Verweis in Artikel A auf Artikel B liegt dann vor, wenn sich Erläuterungen zu einem Terminus $T \in \mathcal{T}_A$ in B_r befinden und bei der Verwendung von T in A_r auf diese Erläuterungen Bezug genommen wird. Diese Bezugnahme erfolgt in der Regel durch einen Verweispfeil ›↑‹ gefolgt von B_k, wobei T häufig mit B_k identisch ist. A heißt ›Verweisartikel‹, wenn A_r nur aus Verweisen besteht. Die Menge

$$\mathcal{P}_A\mathcal{E} \leftrightharpoons \{B_k \in \mathcal{NE} \mid A \text{ enthält einen Verweis auf } B\}$$

wird als das ›Verweisprofil von A in $\mathcal{E}$‹ bezeichnet. Die Menge

$$\mathcal{K}_B\mathcal{E} \leftrightharpoons \{A_k \in \mathcal{NE} \mid A \text{ enthält einen Verweis auf } B\}$$

heißt ›Verweiskarte zu B in $\mathcal{E}$‹,

$$\mathcal{KE} \leftrightharpoons \{\langle B_k, \mathcal{K}_B\mathcal{E}\rangle \mid B \in \mathcal{E}\}$$

heißt ›Verweiskartei für $\mathcal{E}$‹. Ein Verweis in A auf A selbst heißt ›Selbstverweis‹ (↑Verweistheorie), ein Verweis auf einen Verweisartikel ›Kettenverweis‹ (↑Juxtaposition), ein Verweis auf einen nicht zu $\mathcal{E}$ gehörenden Artikel ›leerer Verweis‹ oder ↑›Pseudoverweis‹. Selbstverweise und Kettenverweise werden in der Regel aus Ökonomiegründen (↑Denkökonomie) ausgeschlossen, wiewohl sie verweistheoretisch harmlos sind. Die Zulässigkeit von Pseudoverweisen ist dagegen ein aktuelles Thema der Fiktionalitätsdebatte (↑Fiktion, ↑scientia fictiva). Die Mehrzahl der Editoren vertreten allerdings auch hier immer noch einen naiven verweistheoretischen Realismus (↑Realismus (ontologisch), ↑Realismus, semantischer), nach dem nur auf real existierende Stichwörter verwiesen werden kann. Entsprechend dieser Auffassung heißt ein Artikel A ›verweistheoretisch korrekt‹, falls

$$\mathcal{P}_A\mathcal{E} \subseteq \mathcal{NE} \setminus (\{A_k\} \cup \{B_k \mid B \text{ Verweisartikel}\}),$$

d. h., falls A keine Selbstverweise, Kettenverweise oder Pseudoverweise enthält. Ein Artikel A heißt ›verweistheoretisch vollständig‹, falls

$$\mathcal{T}A \cap \mathcal{NE} \subseteq \mathcal{P}_A\mathcal{E},$$

d. h., wenn alle in A_r vorkommenden Termini, die zur Nomenklatur gehören, Verweise sind. Eine Enzyklopädie $\mathcal{E}$ heißt ›verweistheoretisch korrekt‹ bzw. ›vollständig‹, wenn alle ihre Artikel diese Bedingung erfüllen. Verweistheoretische Korrektheit wird allgemein als notwendige Bedingung für die Brauchbarkeit einer Enzyklopädie angesehen. Der Begriff der verweistheoretischen Vollständigkeit spielt jedoch allenfalls eine architektonisch-systematische Rolle. Aus pragmatischen Gründen führt die Überfülle von Verweisen zur Kon-

fusion, solange keine Gewichtung der Verweise erfolgt. Daher wurden in neuester Zeit Ansätze zu einer metrischen V. entwickelt, in der jedem Verweis eine reelle Zahl als Signifikanzwert zugeordnet ist. Diese Ansätze haben in bisherigen Enzyklopädien noch keine Anwendung gefunden, hauptsächlich aus darstellungstechnischen Gründen. Sie werden aber als zukunftsträchtig angesehen, insbes. deshalb, weil sie durch die Möglichkeit der niedrigen Bewertung von Verweisen die Nachteile der Proliferation von Verweisen bei der Erstellung von Enzyklopädien (↑Proliferationsprinzip, philosophisches) kompensieren.
Argumentationstheoretisch (↑Argumentationstheorie) stellt die Verwendung von Verweisen eine subthiele (↑subthiel/Subthielität) Form eines ↑argumentum in distans dar, bei der man anderweitig zu gebende Erläuterungen als unmittelbar präsent ansieht. Dabei werden diese Erläuterungen ↑kontrafaktisch in jedem Fall auch rückwirkend (z. B. bei schon erschienenen Artikeln) als erfolgt unterstellt (↑Prinzip der rückwirkenden Verpflichtung), etwa im Sinne eines präsupponierten (↑Präsupposition) ›geht man davon aus, daß‹-Satzes (↑Gehtmanscher Doppelschluß). Ob Verweise ausschließlich der Verdichtung von Artikeln dienen, indem sie mögliche Eigenbestandteile in andere Artikel verlagern und auf diese Weise die Funktion eines ↑Kompressors erfüllen, oder ob sie vielmehr als Ausdruck der essentiellen Unzufriedenheit (↑Unzufriedenheitssatz) mit dem unmittelbaren Gehalt eines Artikels irreduzibel (↑irreduzibel/Irreduzibilität) sind, ist umstritten. Die orthosprachliche (↑Orthosprache) Schule der V. behauptet die grundsätzliche Eliminierbarkeit (↑Elimination) von Verweisen durch Einfügung der jeweiligen Erläuterung an der jeweiligen Stelle, während die hermeneutische (↑Hermeneutik) Schule der V. die prinzipielle ↑Unhintergehbarkeit von Verweisstrukturen (trotz zugestandener Eliminierbarkeit in Einzelfällen) postuliert. Die orthosprachliche Schule hat ihre Eliminierbarkeitsbehauptung bisher nur exemplarisch illustrieren können im Rahmen von Übungen zur logischen ↑Propädeutik (↑Erlanger Schule, ↑Orthodidaktik). Die hermeneutische Schule beruft sich zur Begründung der Irreduzibilität von Verweisstrukturen auf den von M. Heidegger im Zusammenhang seiner Theorie des Fahrtrichtungsanzeigers eingeführten Begriff der ›Verweisungsganzheit‹ (Sein und Zeit § 17). In neuester Zeit erhält diese Schule Unterstützung durch Theorien der Hypertextualität und deren softwaremäßigen Realisierungen, die es unter Verwendung telekommunikativer Hilfsmittel ermöglichen, Verweise (*links*) auf beliebige Orte im Internet einzubinden. Um Verweise nicht nur auf Texte, sondern auch auf Programme durchführen zu können, wurde in diesem Kontext die ↑Programmiersprache *Java* entwickelt, deren Name in nicht unprätentiöser Weise auf die bahnbrechenden Forschungen zur javanischen Grammatik von J. J. Feinhals anspielt. Auch wenn dieser moderne Ansatz in seiner Selbstdarstellung bisweilen vesikulizistische Züge (↑Vesikulizismus) trägt, stellt er eine Herausforderung an Theorien der Darstellung (↑Darstellung (semiotisch)) von Wissen dar, die sich gegenüber Anwendungen des ↑X-Kriteriums auf Erläuterungen zur V. als stabil erweist. P. S.

Verwissenschaftlichung, wahrscheinlich auf F. Nietzsche zurückgehende kritische Bezeichnung für eine allgemeine Tendenz der europäischen Kultur, die in unterschiedlichen Aspekten des gesellschaftlichen ↑Fortschritts seit der ↑Aufklärung faßbar ist. Diese Aspekte sind: (1) der ↑Erkenntnisfortschritt, negativ verstanden als zunehmende methodologische Abstraktion von der ↑vorwissenschaftlichen Erfahrung sowie als Vereinnahmung immer weiterer Erfahrungsbereiche durch einzelwissenschaftliche Theoriebildung; (2) die aus dem Erkenntnisfortschritt resultierende schnelle Entwicklung der ↑Technik und ihrer Auswirkungen auf Alltagsleben und Politik, einschließlich der technokratischen Systematisierung des menschlichen Zusammenlebens; (3) die zunehmende Abhängigkeit gesellschaftlicher Willensbildung und staatlicher Steuerungsmaßnahmen von institutionalisierter ↑Wissenschaft und technischen Möglichkeiten. Diesen Aspekten korrespondieren (4) die Verselbständigung der ↑Theorie gegenüber praktischen Bedürfnissen und damit verbunden das Problem, die Selbständigkeit des praktischen Diskurses gegenüber theoretischen und technokratischen Implikationen zu bewahren, sowie (5) die Transformation einer zunächst von außerwissenschaftlichen, geistigen Orientierungen und Werten konstituierten ↑Kultur in eine substantiell von technischer Verfügbarkeit abhängige ↑Zivilisation. Alle Aspekte durchdringen und überformen das Alltagsleben durch Denkmuster und konkrete Folgen der Wissenschaft, bis hinein in die fortschreitende V. der Selbstdeutung des modernen Menschen. Eine neue Stufe ist erreicht im globalen Datenraum des ›Cyberspace‹. Der auf der Grundlage umfassender Digitalisierung fortschreitenden Virtualisierung (↑Virtualismus) aller Lebensbereiche korrespondiert deren ›Optimierung‹ (↑Transhumanismus). Dies nicht nur in Technologie und Ökonomie, sondern, dank der Verfügbarkeit selbst der persönlichsten Daten, zuletzt auch beim Individuum. Über den »Prozess der Zivilisation« (N. Elias, 1939) und die »Technologies of the Self« (M. Foucault, 1988) gehen gegenwärtige Bestrebungen der Zurichtung des postmodernen (↑Postmoderne) Menschen längst hinaus: Das im Geiste des Silicon Valley propagierte ›Quantified Self‹ soll sich nicht nur durch messende Selbstkontrolle physisch fit halten, sondern auch mental stabilisieren, durch (auto)therapeutische Techniken auf dem neusten Stand der Forschung; (Selbst-) Zweifel gelten als dysfunktional. Wird die verwaltete Datenwelt zum letzten ›Sinnhorizont‹, so erscheinen ↑Autonomie und ↑Freiheit im Sinne der Aufklärung als akut bedroht, zunehmend auch durch die Entwicklung der Künstlichen Intelligenz (↑Intelligenz, künstliche) mit ihren wachsenden Möglichkeiten der Überwachung und Manipulation des ↑Individuums.

Die tendenzielle Gleichschaltung aller Lebensbereiche durch die Übernahme (einzel-)wissenschaftlicher Denk- und Deutungsmuster wird bereits in der ↑Phänomenologie E. Husserls als Gefährdung durch den neuzeitlichen ›Objektivismus‹ und die damit einhergehende ›Vergessenheit des lebensweltlichen Sinnfundaments‹ (↑Lebenswelt) in den Blick gerückt. Die so erwachsende ›Krisis‹ erfaßt nach Husserl nicht nur die abendländische Wissenschaft, sondern droht sich, in Folge der Ausbreitung europäischer Zivilisation und des wissenschaftlichen ↑Weltbildes, zu einer globalen Sinnkrise auszuweiten. – Unter den an Nietzsche und die ↑Lebensphilosophie anknüpfenden Ansätzen der Kulturkritik (O. Spengler, T. Lessing, K. Jaspers) findet M. Heideggers Technikkritik besondere Resonanz. Eine auch an marxistische (↑Marxismus) Positionen anschließende Gesellschaftskritik (↑Theorie, kritische) stellt die durch ↑Szientismus und Technokratie forcierte ↑Entfremdung und ↑Verdinglichung in den Mittelpunkt. Die diagnostizierte ›Instrumentalisierung‹ von Natur und Mensch manifestiert sich in einer umfassenden gesellschaftlichen ↑›Rationalisierung‹ (J. Habermas: ›Kolonialisierung der Lebenswelt‹ durch die Imperative von Expertenwissen, Bürokratie und Ökonomie). V. als Schattenseite der Aufklärung ist im Rahmen von ↑Wissenschaftskritik damit ihrerseits zum Objekt vielfältiger wissenschaftlicher Aufklärungsbemühungen in Philosophie, Soziologie und zunehmend auch ↑Wissenschaftsforschung und ↑Wissenschaftsethik geworden. Auf die durch ›technisch-wissenschaftliche Rationalisierung‹ aller Lebensbereiche (H. Schelsky, 1961/1965) bewirkte ›Entzauberung der Welt‹ (M. Weber, 1917/1919) folgt ihre ›Entwirklichung‹ qua digitaler Virtualisierung. Die Wissenschaften ihrerseits werden problematisiert und erleiden eine ›Demystifizierung‹ (U. Beck, 1986), dazu Effizienzkontrollen in Form einer ›Vermessung‹ ihrer Fortschritte. Die Evaluierung des Forschens geschieht vermittels quantifizierender Verfahren der ›Szientometrie‹ (*scientometrics*), womit Statistik zur Grundlage von Legitimation (↑Legitimität) wird.

Literatur: U. Beck, Risikogesellschaft. Auf dem Weg in eine andere Moderne, Frankfurt 1986, 2015; G. Böhme, Die V. der Erfahrung. Wissenschaftsdidaktische Konsequenzen, in: ders./M. v. Engelhardt (eds.), Entfremdete Wissenschaft, Frankfurt 1979, 114–136; N. Ditmuss, The Quantification of Progress – Just a Progress in Quantification?, J. Science Management 22 (2009), 63–84; G. Frey, Die Mathematisierung unserer Welt, Stuttgart etc. 1967; J. Habermas, Technik und Wissenschaft als ›Ideologie‹, Frankfurt 1968, 2014; ders., Theorie des kommunikativen Handelns, I–II, Frankfurt 1981, 2014; R. Hanson, The Age of Em. Work, Love, and Life when Robots Rule the Earth, Oxford 2016; D. Helbing, Thinking Ahead. Essays on Big Data, Digital Revolution, and Participatory Market Society, Cham 2015; H. Hou/Z. Liu, Review and Prospect of Research on Meta-Scientometrics, J. Dalian University of Technology. Social Sciences 1 (2006), 34–36; W. Luft, The Big Picture and Its Nasty Details. What Experts Don't Tell Us, J. Science Management 16 (2003), 112–136; N. Luhmann, Gesellschaftsstrukturelle Bedingungen und Folgeprobleme des naturwissenschaftlichen Fortschritts, in: R. Löw/P. Koslowski/P. Kreuzer (eds.), Fortschritt ohne Maß? Eine Ortsbestimmung der wissenschaftlich-technischen Zivilisation, München 1981, 113–134; A. S. Markovits/K. W. Deutsch (eds.), Fear of Science – Trust in Science, Cambridge Mass., Königstein 1980; L. H. Martin/H. Gutman/P. H. Hutton (eds.), Technologies of the Self. A Seminar with Michel Foucault, Amherst N. Y., London 1988; F. Mattern (ed.), Die Informatisierung des Alltags. Leben in smarten Umgebungen, Berlin/Heidelberg 2007; S. Mau, Das metrische Wir. Über die Quantifizierung des Sozialen, Berlin 2017; J. Mittelstraß, Fortschritt und Eliten. Analysen zur Rationalität der Industriegesellschaft, Konstanz 1984; ders., Leonardo-Welt. Über Wissenschaft, Forschung und Verantwortung, Frankfurt 1992, 1996; R. Pohlmann, V., Hist. Wb. Ph. XI (2001), 1011–1013; É. Sadin, Surveillance globale. Enquête sur les nouvelles formes de contrôle, Paris 2009; ders., La silicolonisation du monde. L'irrésistible expansion du libéralisme numérique, Paris 2016; H. Schelsky, Der Mensch in der wissenschaftlichen Zivilisation, Köln/Opladen 1961, Nachdr. in: ders., Auf der Suche nach der Wirklichkeit. Gesammelte Aufsätze, Düsseldorf/Köln 1965, 439–471; K. Schlieter, Die Herrschaftsformel. Wie Künstliche Intelligenz uns berechnet, steuert und unser Leben verändert, Frankfurt 2015; C. Schneck, Will Cyberspace Be Digital Natives' New Lifeworld? A Plea for some Old School Scepticism, Proc. Fred Toppler Foundation 8 (2003), 3–28; W. Schulz, Philosophie in der veränderten Welt, Pfullingen 1972, ^{7}2001, 12–245 (Teil 1 V.); H. Seigfried, Heideggers Technikkritik, in: C. F. Gethmann (ed.), Lebenswelt und Wissenschaft. Studien zum Verhältnis von Phänomenologie und Wissenschaftstheorie, Bonn 1991, 209–242; F. Turner, From Counterculture to Cyberculture. Stewart Brand, The Whole Earth Network, and the Rise of Digital Utopianism, Chicago Ill./London 2006, 2008 (franz. Aux sources de l'utopie numérique. De la contre-culture à la cyberculture. Stewart Brand, un homme d'influence, Caen 2012); M. Weber, Gesamtausg. I.17 (Wissenschaft als Beruf 1917/1919/Politik als Beruf 1919), ed. W. J. Mommsen/W. Schluchter, Tübingen 1992; P. Weingart, V. der Gesellschaft – Politisierung der Wissenschaft, Z. Soz. 12 (1983), 225–241; H. Welzer, Die smarte Diktatur. Der Angriff auf unsere Freiheit, Frankfurt 2016; N. Wilfred, Is Scientific Expertise Overrated? A Scientific Expertise, J. Science Management 16 (2003), 137–154; ders., Scientometrics – Metascience or Meganonsense?, Proc. Fred Toppler Foundation 17 (2012), 48–73; E. O. Wilson, Consilience. The Unity of Knowledge, New York 1998, London 2003 (dt. Die Einheit des Wissens, Berlin 1998, München 2000). R. W.

Verzweigung (engl. ramification, branching), in Logik und Mathematik Terminus vor allem zur Beschreibung von Baumstrukturen (allgemeinere Verwendung bei gerichteten ↑Graphen). Eine V. in einem Baum (↑Baum (logisch-mathematisch)) liegt dann vor, wenn ein Knoten mehr als einen unmittelbaren Nachfolger hat. Ein Baum heißt ›endlich verzweigt‹, wenn jeder Knoten höchstens endlich viele ↑Nachfolger hat. Das in der klassischen Logik (↑Logik, klassische) unter anderem im Zusammenhang mit ↑Vollständigkeitssätzen zentrale ↑Lemma von König besagt, daß jeder unendliche, aber endlich verzweigte Baum mindestens einen unendlichen Ast besitzt. In der verzweigten ↑Typentheorie hat jedes Prädikat neben seinem Typ oder seiner Stufe noch eine ›Ordnung‹, die von der Weise abhängt, in der es unter Rückgriff auf höherstufige ↑Quantoren definiert ist. Dieser Ordnungsparameter stellt also eine V. in der Typhierarchie dar. In der ↑Algorithmentheorie werden nicht-deterministische Verfahren, die keine Algorithmen im strengen Sinne sind, z. B. nicht-deterministische ↑Turing-Maschinen, oft durch Diagramme (↑Diagramme, logische) beschrieben, deren V.en besagen, daß an bestimmten Punkten des Rechenprozesses mehrere Fortsetzungen möglich sind, deren Auswahl nicht festgelegt ist. P. S.

Vesikulizismus (von lat. vesica bzw. vesicula, Blase, Redeschwulst), Bezeichnung für eine auch als *Zystizismus* (von griech. κύστις, Blase) bekannte, uneinheitliche philosophische Richtung der Gegenwart, die sich zwar nicht als eigenständige Schule identifizieren läßt, deren charakteristische Methodik und Metaphorik sich aber in vielfältigen wissenschaftlichen Bereichen als wirkungsmächtig nachweisen lassen. Zentrales Konzept des V. ist die Idee der Zystogonie (lat. inflatio vesicae, populärphilosophisch ›Blasenbildung‹), in deren Rahmen die wesentlichen grammatischen Mittel zur Theoriebildung und Erkenntniserweiterung in ↑Kosmologie, ↑Metaphysik und ↑Wissenschaftssoziologie bereitgestellt werden.

Der kosmologische bzw. kosmogonische (↑Kosmogonie) V. hat seine Wurzeln in der Theorie der Expansion des Weltalls und findet seine radikale Erweiterung in der Theorie eines ›Polyversums‹ (S. Lem) mit verschiedenen ›Baby-Universen‹ (S. W. Hawking), dessen Annahme es unter anderem erlaubt, die metaphysischen Ansprüche des ›Anthropischen Prinzips‹ (↑Prinzip, anthropisches) zurückzuweisen. In diesem naturwissenschaftlichen Kontext hat der V. seinen akzeptierten Sitz im Leben, denn hier fungiert er als gewagte ↑Hypothese, die zwar empirisch nicht direkt überprüfbar ist, aber doch der weiteren Forschung eine neue Richtung weisen kann (↑scientia fictiva).

Problematischer ist die Verselbständigung des V. im Rahmen einer induktiven Metaphysik. Dieser spekulative V. übernimmt von J. J. Feinhals die an G. W. Leibnizens ↑Monadentheorie (↑Monade) erinnernde Ontologie der Tier- und Pflanzenseelen und verbindet diese mit J. Pilzbarths dynamistischer ↑Anthropologie zu einer ›experimentellen Theogonie‹. Während dabei die Links-Vesikulizisten von einem ständigen Fortschritt des zystogonischen Prozesses (unter Umständen mit revolutionären Umbrüchen) ausgehen, neigen die Rechts-Vesikulizisten eher zu zyklischen Modellen eines An- und Abschwellens. Die in diesem Zusammenhang entstehenden notorischen Unentscheidbarkeitsprobleme vermeidet der konstruktivistische V. (↑Konstruktivismus). Geht man davon aus (↑Gehtmanscher Doppelschluß), daß bei Plattenverschweißungen und diskursiven Konfliktbewältigungen (↑Diskurs, ↑Konflikt) jeweils spezifische Blasen entstehen, für deren Korrektur jeweils spezifische Instrumente ausgearbeitet werden können (↑Orthodidaktik), dann erweist sich der V. als rückgebunden an eine lebensweltlich (↑Lebenswelt) eingeübte Praxis, so daß weitergehende Objektivierungsprojekte (etwa im Sinne eines Letztbegründungsprogramms; ↑Letztbegründung, ↑Retorsion) überflüssig werden.

Als fruchtbar erweist sich das begriffliche Instrumentarium des V. vor allem in der Wissenschaftssoziologie. Schon R. K. Merton etablierte das ›Matthäus-Prinzip‹ (»Denn wer da hat, dem wird gegeben werden, und er wird die Fülle haben; wer aber nicht hat, dem wird auch, was er hat, genommen werden«, Matth. 25, 29) zur Beschreibung der Eigendynamik in der Vergabepraxis von Reputationen und Drittmitteln. Dieses Prinzip stellt für den wissenschaftssoziologischen V. jedoch nur den Spezialfall eines allgemeineren Prinzips dar, dessen präzise Formulierung allerdings noch aussteht. Seine Erklärungskraft soll hinreichen, um so disparate Phänomene wie die Zunahme der Publikationsflut bei gleichzeitiger Abnahme des kognitiven Gehalts und das Anwachsen der bedeutendsten wissenschaftlichen Werke der Gegenwart auf enzyklopädische Länge (↑Proliferationsprinzip, philosophisches) adäquat zu erfassen. Inwiefern moderne Produktionstechniken nicht nur zur Beschleunigung, sondern auch zur Verlangsamung der Zystogonie beigetragen haben, ist strittig.

Verschwörungstheoretiker sehen in den Titelträgern des V. einen organisatorisch eng verbundenen Zirkel (↑Rosenkreuzer), der durch die Veröffentlichung umfassender Referenzwerke zur Aufklärung in allen gesellschaftlichen Bereichen beizutragen sucht. Wenn dieser Verdacht zufällig (↑zufällig/Zufall) die ↑Wahrheit trifft (›serendipity‹), wird die Arbeit dieses Zirkels mit allen philosophischen und wissenschaftstheoretischen Wassern gewaschener Gelehrter (neuen Typs) fortgesetzt werden.

Literatur: R. Darnton, The Business of Enlightenment. A Publishing History of the Encyclopédie 1775–1800, Cambridge Mass./London 1979 (dt. Glänzende Geschäfte. Die Verbreitung von Diderots Encyclopédie, oder: Wie verkauft man Wissen mit Gewinn?, Berlin 1993); J. J. Feinhals, Von der Seele selt-samer

Pflantzen und Thiere, I–IV, Herborn 1741–1753; G. Gabriel, Wovon man nicht reden kann, darüber muß man schreiben, in: G. Wolters (ed.), Jetztzeit und Verdunkelung. Festschrift für Jürgen Mittelstraß zum vierzigsten Geburtstag, Konstanz 1976, 3; F. Gehlhar, Anthropisches Prinzip, in: H. Hörz u. a. (eds.), Philosophie und Naturwissenschaften. Wörterbuch zu den philosophischen Fragen der Naturwissenschaften, I–II, Berlin 1991, I, 59–61; S. W. Hawking, Black Holes and Baby Universes and Other Essays, New York 1993 (dt. Einsteins Traum. Expeditionen an die Grenzen der Raumzeit, Reinbek b. Hamburg 1993); G. Heinrich/P. Rheinländer, De Magnitudine Philosophorum. Über Ko-Zitations-Cluster und ihre Bedeutung für die Früherkennung philosophischer Klassiker, I–IV, Bochum 1992–1995; V. Jäckchen, Wenn Denker zu viel fliegen. Don Dalle und der Mittelstreß, Sylter Philos. Stud. 1 (1997), 13–38; S. Lem, Wielkość urojona, Warschau 1973 (dt. Imaginäre Größe, Frankfurt 1976, 1981, [2]1982); A. Linde, The Self-Reproducing Inflationary Universe, Sci. Amer. 271/5 (1994), 32–39 (dt. Das selbstreproduzierende inflationäre Universum, Spektrum Wiss. 1995, H. 1, 32–40); R. K. Merton, The Matthew Effect in Science, Science 159 (1968), 56–63, Nachdr. in: ders., The Sociology of Science. Theoretical and Empirical Investigations, Chicago Ill./London 1973, 439–459 (dt. Der Matthäus-Effekt in der Wissenschaft, in: ders., Entwicklung und Wandel von Forschungsinteressen. Aufsätze zur Wissenschaftssoziologie, Frankfurt 1985, 147–171); S. Moritz, Bücher statt Aufsätze, Essen 1994; D. Rasche, Was sich überhaupt schreiben läßt, läßt sich auch schnell schreiben, Dvorak Report 1 (1986), 30–49; N. Rushmore, What Can Be Written Can also Be Published, Instant Brew Quart. 1 (1984), 453–463; B. D. Zee, Konstanz als Erfolgsgeheimnis. Vom Erlangen der Seelenruhe, Düsseldorf 1936. B. G.

via antiqua/via moderna (lat., alte Methode/neue Methode), Bezeichnung für zwei entgegengesetzte Konzeptionen des Universitätsunterrichts vor allem in der deutschen und französischen Spätscholastik (ca. 1350–1500), die auf ältere kontroverse Positionen im ↑Universalienstreit und später in der Lehre von den ↑proprietates terminorum zurückgehen. Bereits im 10. Jh. werden die Vertreter des Realismus (↑Realismus (ontologisch)) im Universalienstreit ›antiqui‹, die des ↑Nominalismus ›moderni‹ genannt. Die v. a. beruft sich, ohne daß stets scharfe Grenzziehungen zwischen ihr und der v. m. möglich wären, auf Thomas von Aquin, Albertus Magnus, J. Duns Scotus, während sich die v. m. vor allem an Wilhelm von Ockham anschließt. In der Logik zeigt die v. m. eine Präferenz für die ›logica moderna‹ (↑logica antiqua, ↑Terminismus), während für die v. a. das Schwergewicht auf der logica antiqua liegt. Im Zusammenhang damit ist der Unterricht in der v. m. stärker von eigenständigen, systematischen Fragestellungen, insbes. von einer sprachkritischen Behandlung der Probleme geprägt, wogegen die v. a. eine möglichst textgenaue Kommentierung der Autoritäten (Aristoteles, Thomas von Aquin, Albertus Magnus, Duns Scotus) bevorzugt. Diese unterschiedliche Schwerpunktsetzung führt zeitweise zur Teilung von Artistenfakultäten (↑ars) in solche, die der v. a., und solche, die der v. m. folgen.

Literatur: F. Ehrle, Der Sentenzenkommentar Peters von Candia, des Pisaner Papstes Alexanders V.. Ein Beitrag zur Scheidung der Schulen in der Scholastik des 14. Jahrhunderts und zur Geschichte des Wegestreits, Münster 1925; W. Freund, ›Modernus‹ und andere Zeitbegriffe des Mittelalters, Köln/Graz 1957; M. J. F. M. Hoenen, ›V. a.‹ and ›v. m.‹ in the Fifteenth Century. Doctrinal, Institutional and Political Factors in the ›Wegestreit‹, in: R. L. Friedman/L. O. Nielsen (eds.), The Medieval Heritage in Early Modern Metaphysics and Modal Theory, 1400–1700, Dordrecht 2003, 9–36; H. R. Jauß, Antiqui/moderni (Querelle des Anciens et des Modernes), Hist. Wb. Ph. I (1971), 410–414; ders., Alterität und Modernität der mittelalterlichen Literatur. Aufsätze 1956–1976, München 1977; R. F. Jones, Ancients and Moderns. A Study of the Background of the ›Battle of the Books‹, St. Louis Mo. 1936, mit Untertitel: A Study of the Rise and Fall of the Scientific Movement in Seventeenth-Century England, Berkeley Calif./Los Angeles 1965, New York 1982; V. Richter, Ockham und Moderni in der Universalienfrage, in: J. P. Beckmann u. a. (eds.), Sprache und Erkenntnis im Mittelalter I, Berlin/New York 1981, 471–475; L. M. de Rijk, Logica Modernorum. A Contribution to the History of Early Terminist Logic, I–II (in 3 Bdn.), Assen 1962–1967; G. Ritter, Studien zur Spätscholastik II (V. a. und v. m. auf den deutschen Universitäten des XV. Jahrhunderts), Heidelberg 1922, unter dem Titel: V. a. und v. m. auf den deutschen Universitäten des XV. Jahrhunderts, Heidelberg 1922 (repr. Darmstadt 1963, 1975); A. G. Weiler, Antiqui/moderni (v. a./v. m.), Hist. Wb. Ph. I (1971), 407–410; A. Zimmermann (ed.), Antiqui und Moderni. Traditionsbewußtsein und Fortschrittsbewußtsein im späten Mittelalter, Berlin/New York 1974. G. W.

Vicious-Circle Principle, Bezeichnung für ein von B. Russell 1908 so genanntes, auf J. A. Richard zurückgehendes Prinzip zur Vermeidung logischer Antinomien (↑Antinomien, logische). Richard analysiert das Zustandekommen der (nach ihm benannten) ↑Richardschen Antinomie so, daß eine Zahl N unter Bezugnahme auf eine vollständig vorliegende Zahlenmenge G zu einem Zeitpunkt definiert wird, an dem der Prozeß der Erzeugung von G noch nicht abgeschlossen ist. Richard hält eine derartige Definition von N jedoch für sinnlos. Diesen Gedanken nimmt H. Poincaré verallgemeinernd auf, spricht von einem ›cercle vicieux‹, nennt Gesamtheiten, die durch einen solchen Teufelskreis definiert sind, ›imprädikativ‹ (↑imprädikativ/Imprädikativität) und erklärt imprädikative Bildungen in der Mathematik für unzulässig. Nachdem Russell sich überzeugt hat, daß alle damals bekannten Antinomien auf solchen imprädikativen Bildungen beruhen (er nennt sie ›vicious-circle fallacies‹), erhebt er das Teufelskreis-Verbot zum Prinzip für seine neu geschaffene ↑Typentheorie und fordert, daß keine Gesamtheit Elemente enthalten dürfe, die mittels ihrer selbst definiert sind (Russell 1908, 237). Allerdings wird das V.-C. P. in der mathematischen Praxis häufig verletzt. So wird die Menge der natürlichen Zahlen üblicherweise definiert als ›die kleinste Menge, die die Null enthält und unter der Nachfolgeroperation abgeschlossen ist‹. Man betrachtet also alle Mengen, die die natürlichen Zahlen $\{0,1,2,3, \dots\}$ als Teilmenge enthalten, und sondert unter diesen die kleinste aus. Definitionstechnisch (↑Definition) scheint dies verboten, denn man definiert ℕ als Definiendum durch ein Definiens, in dem ℕ bereits vorkommt, nämlich die Gesamtheit aller Mengen, die ℕ als Teilmenge enthalten. Überdies muß man bei der Einführung der Vollständigkeit (↑vollständig/Vollständigkeit) der reellen Zahlen (↑Zahlensystem) und damit der Ermöglichung der klassischen ↑Analysis zwangsläufig das V.-C. P. verletzen. Damit scheint zur Gewinnung der klassischen Mathematik eine Vorgehensweise konstitutiv, die nachweislich zu Antinomien führen kann.

Die Reaktionen hierauf waren unterschiedlich. Poincaré verlangt den Ausschluß imprädikativer Bildungen in der Mathematik, was ihn jedoch nicht hindert, das ↑Auswahlaxiom als ein ›synthetisches a priori‹ anzuerkennen. Russell selbst annulliert zur Rettung des klassischen Mathematikbestandes das V.-C. P. wieder: in der ersten Auflage der ↑»Principia Mathematica« durch Einführung des ↑Reduzibilitätsaxioms, in der zweiten Auflage mit einer Durchbrechung der Typenhierarchie in gewissen günstig gelagerten Fällen (Principia Mathematica I, XLIV–XLV, 650–658 [Appendix B]). H. Weyl und im Anschluß an ihn P. Lorenzen verzichten auf Teile der klassischen Mathematik und halten nur den Teil für widerspruchsfrei (↑widerspruchsfrei/Widerspruchsfreiheit) gesichert, der sich konstruktiv wiedergewinnen läßt (↑Mathematik, konstruktive, ↑Mathematik, operative). Auch D. Hilberts Idee, mittels eines rein syntaktisch geführten ↑Widerspruchsfreiheitsbeweises die Zuverlässigkeit der mathematischen Schlußweisen zu demonstrieren (↑Hilbertprogramm), läßt sich in der Form, die G. Gentzen diesem Programm gab, mit dem V.-C. P. zusammenbringen. Im Gentzenschen Verfahren werden Widerspruchsfreiheitsbeweise wesentlich dadurch geführt, daß man das Prinzip der vollständigen Induktion (↑Induktion, vollständige, ↑Teilformelinduktion) ↑transfinit auf Anfangsabschnitte konstruktiv gewonnener ↑Ordinalzahlen fortsetzt. S. Feferman und K. Schütte gelingt es, die größte noch prädikativ gewinnbare Ordinalzahl, Γ_0, zu bestimmen; ihr entspricht ein formales System (↑System, formales), das einen Großteil der klassischen Analysis auszudrücken gestattet. Eine andere Haltung nimmt K. Gödel ein. Nach Gödel sind Definitionen nicht genetisch als Herstellungsvorschriften zu verstehen; vielmehr existierten die mathematischen Gegenstände unabhängig von jeglicher menschlichen Konstruktion (↑Platonismus (wissenschaftstheoretisch)). Imprädikative Definitionen dienen dann lediglich dem Zweck, gewisse Elemente unter Rückgriff auf die sie enthaltende Gesamtheit zu benennen, was in diesem Falle ein vollständig legitimes Vorgehen ist. – Über die Verwendung als terminus technicus der Mathematischen Logik (↑Logik, mathematische) hinaus bleibt die Bedeutung eines V.-C. P. als ›Prinzip vom zu vermeidenden Zirkelschluß‹ (↑circulus vitiosus) bestehen.

Literatur: C. S. Chihara, Ontology and the V.-C. P., Ithaca N. Y./London 1973; K. Gödel, Russell's Mathematical Logic, in: P. A. Schilpp (ed.), The Philosophy of Bertrand Russell, Evanston Ill./Chicago Ill. 1944, La Salle Ill. [5]1989, 125–153, Neudr. in: ders., Collected Works II, ed. S. Feferman u. a., New York, Oxford 1990, 2001, 119–141, 315–322; H. Poincaré, Les mathématiques et la logique, Rev. mét. mor. 14 (1906), 294–317; J. A. Richard, Les principes des mathématiques et le problème des ensembles, Rev. générale des sciences pures et appliquées 16 (1905), 541–543 (engl. The Principles of Mathematics and the Problem of Sets, in: J. van Heijenoort [ed.], From Frege to Gödel. A Source Book in Mathematical Logic, 1879–1931, Cambridge Mass./London 1967, 2002, 143–144); B. Russell, Mathematical Logic as Based on the Theory of Types, Amer. J. Math. 30 (1908), 222–262, Neudr. in: J. van Heijenoort (ed.), From Frege to Gödel [s. o.], 152–182; C. Thiel, Grundlagenkrise und Grundlagenstreit. Studie über das normative Fundament der Wissenschaften am Beispiel von Mathematik und Sozialwissenschaft, Meisenheim am Glan 1972, 130–156 (Kap. 4 Imprädikative Verfahren); A. N. Whitehead/B. Russell, Principia Mathematica I, Cambridge 1910, [2]1927 (repr. Cambridge etc. 1950, 1978, Teilrepr. unter dem Titel: Principia Mathematica to *56, Cambridge 1962, 1999). B. B.

Vico, Giambattista (auch: Giovanni Battista), *Neapel 23. Juni 1668, †ebd. 23. Jan. 1744, ital. Geschichts- und Rechtsphilosoph. Nach Studium der Rechte, der Geschichte, Philologie und Philosophie 1694 Doktor der Rechte an der Universität Neapel, 1697 Prof. der Rhetorik in Neapel, 1734 Historiograph des Königs von Neapel. V., im 18. Jh. kaum rezipiert, gilt später als Begründer der ›Schule menschlicher Wissenschaft‹ (J. G. Herder), als erster Völkerpsychologe, als Begründer der ↑Geschichtsphilosophie (B. Croce), als Systematiker der ↑Geisteswissenschaften (E. Rothacker) und als Wegbereiter des ↑Historismus. Er beeinflußt vor allem J. Michelet, Croce und R. G. Collingwood.

V. sieht seinen Hauptgegner in dem an Mathematik und Physik orientierten rationalistischen ↑Naturalismus von R. Descartes mit einer geschichtslosen Weltauffassung, die in ihren Deduktionen aus ersten evidenten Wahrheiten (*primum verum*) das bloß Wahrscheinliche (*verisimile*), nicht Ableitbare (Politik, Kunst, Historie, Recht usw.) entweder gänzlich vernachlässigt oder nicht ernst nimmt. Neben der eher Reflexionen über pädagogische Methoden enthaltenden Schrift »De nostri temporis studiorum ratione« (1709) ist vor allem seine Schrift »De antiquissima Italorum sapientia [...]« (1710) von Bedeutung, in der die Selbstentdeckung des Menschen durch den erkenntnistheoretischen Grundsatz *verum idem factum* formuliert wird: Im Unterschied zu Naturgegenständen kann der Mensch nur das erkennen, was er selbst geschaffen hat, wozu V. auch die Mathematik rechnete. Am Beispiel der philosophischen Aufarbeitung des rechtsgeschichtlichen Materials (De universi iuris uno principio et fine uno, 1720) entwickelt V. sein für die gesamte menschliche Geschichte formuliertes geschichtsphilosophisches Modell, das er in seinem alle früheren Gedanken zusammenfassenden Hauptwerk »Principj di una scienza nuova [...]« (in drei jeweils überarbeiteten Fassungen von 1725, ²1730 und ³1744 überliefert) näher ausführt.

Die Entdeckung der ↑Geschichtlichkeit des Rechts führt V. zu einer genetischen Geschichtsbetrachtung, die das Verschiedene und Gemeinsame der geschichtlichen Epochen, ausgehend von deren Mythos und Sprache, zu verstehen sucht. Diese Geschichtsbetrachtung mündet schließlich in eine Dreiteilung der Geschichte (göttliches, heroisches, menschliches Zeitalter), die selbst zyklisch (Aufstieg, Verfall, Wiederkehr; ↑Zyklentheorie) verstanden wird. Unklar bleibt der theologische Rahmen seiner Geschichtsphilosophie. Der Geschichtsprozeß beginnt zwar mit dem Sündenfall, und in diesem Prozeß ist die göttliche Vorsehung ständig wirksam, aber die Geschichte endet nicht mit dem Jüngsten Tag, vielmehr beginnt der Kreisprozeß (ricorso) von neuem.

Werke: Opere, I–VI, ed. G. Ferrari, Mailand 1835–1837, ²1852–1854; Opere, I–VIII, ed. G. Ferrari/F. S. Pomodoro, Neapel 1858–1869 (repr. Leipzig 1970); Opere, I–VIII (in 11 Bdn.), ed. F. Nicolini/G. Gentile/B. Croce, Bari 1911–1941; Tutte le opere di G. V. I [mehr nicht erschienen], ed. F. Flora, Mailand 1957; Opere [edizione critica], ed. G. G. Visconti/M. Sanna, Bologna, Neapel (heute Rom) 1982ff. (erschienen Bde I, II/1–II/3, VIII, IX, XI, XII/1–XII/2), I, II/1–II/3, VIII, XI, XII/1–XII/2 ²2013. – De nostri temporis studiorum ratione, Neapel 1709 (repr. in: »De nostri temporis studiorum ratione« di G. V.. Prima redazione inedita dal ms. XIII B 55 della Bibl. Naz. di Napoli, ed. M. Veneziani, Florenz 2000, 377–440), unter dem Titel: De nostri temporis studiorum ratione/Vom Wesen und Weg der geistigen Bildung [lat./dt.], ed. W. F. Otto, Godesberg 1947 (repr. Darmstadt 1963, 1984), unter dem Titel: De nostri temporis studiorum ratione/Sul metodo degli studi nel nostro tempo [lat./ital.], ed. A. Suggi, Pisa 2010, unter dem Titel: De nostri temporis studiorum ratione/La méthode des études de notre temps [lat./franz.], ed. A. Battistini/A. Pons, Paris 2010 (engl. On the Study Methods of Our Time, trans. E. Gianturco, Indianapolis Ind. 1965, Ithaca N. Y./London 1990); De antiquissima Italorum sapientia ex linguae latinae eruenda libri tres. Liber primus, sive metaphysicus, Neapel 1710 (repr. Florenz 1998), unter dem Titel: Liber metaphysicus (De antiquissima Italorum sapientia liber primus) 1710. Riposte 1711/1712 [lat./dt.], ed. S. Otto/H. Viechtbauer, München 1979, unter dem Titel: De la très ancienne philosophie des peuples italiques [lat./franz.], ed. G. Mailhos/G. Granel, Mauvezin 1987, unter dem Titel: De antiquissima Italorum sapientia [lat./ital.], ed. M. Sanna, Rom 2005, unter dem Titel: On the Most Ancient Wisdom of the Italians. Drawn out of the Origins of the Latin Language [lat./engl.], ed. J. Taylor/R. Miner, New Haven Conn./London 2010 (engl. On the Most Ancient Wisdom of the Italians. Unearthed from the Origins of the Latin Language, trans. L. M. Palmer, Ithaca N. Y./London 1988, 1996; franz. L'antique sagesse de l'Italie, übers. J. Michelet, ed. B. Pinchard, Paris 1993); Risposta del Sig. G. di V. nella quale si sciolgono tre gravi opposizioni fatte da dotto Signore contra il Primo Libro »De antiquissima Italorum Sapientia« [...], Neapel 1711 (dt. Entgegnung G. V.s [...] 1711, in: Liber metaphysicus [s. o.], 153–190; engl. V.'s First Response, in: On the Most Ancient Wisdom of the Italians. Unearthed [...] [s. o.], 118–135; franz. Réponses aux objections faites à la métaphysique, ed. P. Vighetti, Paris 2006); Risposta di G. di V. all'Articolo X. del Tomo VIII. del Giornale de' letterati d'Italia, Neapel 1712 (dt. Entgegnung G. V.s auf den Artikel X des Bandes VIII des »Giornale de' letterati d'Italia«, 1712, in: Liber metaphysicus [s. o.], 190–267; engl. V.'s Second Response, in: On the Most Ancient Wisdom of the Italians. Unearthed [...] [s. o.], 150–185; franz. Réponses aux objections faites à la métaphysique, ed. P. Vighetti, Paris 2006); De rebus gestis Antonj Caraphaei libri quatuor, Neapel 1716, 1746, unter dem Titel: Le gesta di Antonio Carafa [lat./ital.], ed. M. Sanna, Neapel 1997, 2013 (engl. Statescraft. The Deeds of Antonio Carafa [De rebus gestis Antonj Caraphaei], trans. G. A. Pinton, New York etc. 2004); De universi iuris uno principio, et fine uno, liber unus, Neapel 1720, mit Untertitel: (Napoli, 1720, con postille autografe, ms. XIII B 62), ed. F. Lomonaco, Neapel 2007 (dt. Von dem einen Anfange und dem einen Ende alles Rechts nach des Johann Baptista V. Buche De universi iuris uno principio et fine uno, übers. K. H. Müller, Neubrandenburg 1854, unter dem Titel: Von dem einen Ursprung und Ziel allen Rechtes, übers. M. Glaner, Wien 1950; engl. The One Principle and the One End of Universal Right (September 1720), in: Universal Right, trans. G. Pinton/M. Diehl, Amsterdam/Atlanta Ga. 2000, 1–291, unter dem Titel: Synopsis of Universal Law and On the One Principle and One End of Universal Law, trans. D. P. Verene/J. D. Schaeffer, Atlanta Ga. 2003 [New Vico Studies XXI], unter dem Titel: On the One Principle and One End of Universal Law, in: Diritto universal. A Translation from Latin into English of G. V.'s Il diritto universale/Universal Law, I–II, trans. J. D. Schaeffer, Lewiston N. Y. 2011, I, 27–297); Liber alter qui est de constantia jurisprudentis [...], Neapel 1721, unter dem Titel: De constantia iurisprudentis (Napoli, 1721, con postille autografe, ms XIII B 62), ed. F. Lomonaco, Neapel 2013 (engl. The Constancy of the Jurist [...], in: Universal Right [s. o.], 293–613, unter dem Titel: On the Constancy of the Jurisprudent, trans. J. D. Schaeffer, Atlanta Ga. 2006 [New Vico Studies XXIII], ferner in: Diritto universal. A Translation [...] [s. o.] II, 337–669); Notae in duos libros alterum de uno universi iuris principio, &c. alterum De constantia iurisprudentis, Neapel 1722 (repr. mit Untertitel: (Napoli, 1722, con postille autografe, ms. XIII B 62) [lat./ital.], ed. F. Lomonaco/F. Tessitore, Neapel 2013) (engl. Notes [...], in: Universal Right [s. o.], 616–712); Principj di una scienza nuova intorno alla natura delle nazioni [...], Neapel 1725 (repr. Rom 1979), ed. S. Gallotti, Neapel 1817, ed. P. Cristofolini, Pisa 2016, unter dem Titel: Cinque libri [...] de' Principj d'una scienza nuova d'intorno alla comune natura delle nazioni [...], Neapel ²1730 (repr., ed. F. Lomonaco/F. Tessitore, Neapel 2002), unter dem Titel: Principj di scienza nuova [...] d'intorno alla comune natura delle nazioni, I–II [auch in einem Bd.], Neapel ³1744 (repr., ed. M. Veneziani, Florenz 1994), I–III, Neapel 1811 (dt. Grundzüge einer neuen Wissenschaft über die gemeinschaftliche Natur der Völker, ed. W. E. Weber, Leipzig 1822, [gekürzt] unter dem Titel: Die Neue Wissenschaft über die gemeinschaftliche Natur der Völker [³1744], ed. E. Auerbach, München 1924, Berlin/New York 2000, unter dem Titel: Prinzipien einer neuen Wissenschaft über die gemeinsame Natur der Völker, I–II, ed. V. Hösle/C. Jermann, Hamburg 1990, in einem Bd. 2009; franz. [gekürzt] Principes de la philosophie de l'histoire, übers. J. Michelet, Paris 1827, I–II, Brüssel 1835, unter dem Titel: La science nouvelle [1725], übers. C. Trivulzio, Paris 1993, unter dem Titel: Principes d'une science nouvelle relative à la nature commune des nations [³1744], übers. A. Pons, Paris 2001; engl. The New Science [³1744], trans. T. G. Bergin/M. H.

Fisch, Ithaca N. Y. 1948, Ithaca N. Y./London 1984, unter dem Titel: The First New Science [1725], ed. L. Pompa, Cambridge etc. 2002); Vita di G. V. scritta da se medesimo, in: Raccolta d'opuscoli scientifici, e filologici I, Venedig 1728, 125–215, (zusammen mit der Aggiunta [1731]) in: Principj [s. o.] I, Neapel 1811, III–LXXVI, unter dem Titel: Autobiografia, Neapel 1858 (repr. Leipzig 1970) (= Opere I, ed. G. Ferrari/F. S. Pomodoro), unter dem Titel: Autobiografia. Il carteggio e le poesie varie, ed. B. Croce, Bari 1911, [2]1929 (= Opere V, ed. F. Nicolini/G. Gentile/B. Croce), separat unter dem Titel: Autobiografia, ed. F. Nicolini, Mailand 1947 (repr. Bologna 1992), ed. P. Soccio, Mailand 1983, 2006, unter dem Titel: Vita scritta da se medesimo, ed. F. Lomonaco/R. Diana/S. Principe, Pomigliano d'Arco 2012 (engl. The Autobiography of G. V., ed. M. H. Fisch/T. G. Bergin, Ithaca N. Y. 1944, Ithaca N. Y./London 1993; franz. Vie de G. V. écrite par lui-même, ed. J. Chaix-Ruy, o.J. [1944], ed. J. Michelet/D. Luglio, Paris 2004; dt. Autobiographie, ed. V. Rüfner, Zürich/Basel, Brüssel 1948); De mente heroica [...], Neapel 1732, [lat./ital.], ed. E. Nanetti, Pisa 2014 (engl. On the Heroic Mind. An Oration [...], trans. E. Sewell/A. C. Sirignano, in: G. Tagliacozza/M. Monney/D. P. Verene [eds.], V. and Contemporary Thought, Atlantic Highlands N. J. 1979, London/Basingstoke 1980, 228–245); Latinae orationes nunc primum collectae, Neapel 1766; Œuvres choisies, I–II, ed. M. Michelet, Paris 1835, ed. J. Chaix-Ruy, Paris 1946; Opere filosofiche, ed. P. Cristofolini/N. Baldoni, Florenz 1971; Opere giuridiche. Il diritto universale, ed. P. Cristofolini/N. Baldoni, Florenz 1974; Le orazioni inaugurali, I–VI, ed. G. G. Visconti, Neapel 1982, Rom 2013 (engl. Le orazioni inaugural (1699–1707)/On Humanistic Education (Six Inaugural Orations, 1699–1707), ed. G. A. Pinton/A. Shippee, Ithaca N. Y. 1993); Institutiones Oratoriae [lat./ital.], ed. G. Crifò, Neapel 1989, 1995 (engl. The Art of Rhetoric (Institutiones Oratoriae, 1711–1741), trans. G. A. Pinton/A. W. Shippee, Amsterdam/Atlanta Ga. 1996). – B. Croce, Bibliografia vichiana, Neapel 1904–1910, fortgeführt v. F. Nicolini, I–II, Neapel 1947/1948, fortgeführt v. M. Donzelli unter dem Titel: Contributo alla bibliografia vichiana (1948–1970), Neapel 1973, fortgeführt v. A. Battistini unter dem Titel: Nuovo contributo alla bibliografia vichiana (1971–1980), Neapel 1983, fortgeführt v. R. Mazzola unter dem Titel: Terzo contributo alla bibliografia vichiana (1981–1985), Neapel 1987, fortgeführt von A. Stile/D. Rotoli unter dem Titel: Quarto contributo [...] (1986–1990), Neapel 1994, fortgeführt von M. Martirano unter dem Titel: Quinto contributo [...] (1991–1995), Sesto contributo [...] (1996–2000), Neapel 1997/2002, fortgeführt von D. Armando/M. Riccio unter dem Titel: Settimo contributo [...] (2001–2005), Rom 2008, fortgeführt von A. Scognamiglio unter dem Titel: Ottavo contributo [...] (2006–2010), Rom 2012; E. Gianturco, A Selective Bibliography of V. Scholarship (1948–1968), Florenz 1968; A. Battistini, Rassegna vichiana (1968–1975), Lettere italiane 28 (1976), 76–112; ders., Le tendenze attuali degli studi vichiani, in: ders. (ed.), V. oggi [s. u., Lit.], 9–67; R. Crease, V. in English. A Bibliography of Writings by and about G. V. (1668–1744), Atlantic Highlands N. J. 1978; G. Tagliacozzo/D. P. Verene/V. Rumble, A Bibliography of V. in English (1884–1984), Bowling Green Ohio 1986; M. B. Verene, V.. A Bibliography of Works in English from 1884–1994, Bowling Green Ohio 1994. – Totok IV (1981), 428–455.

Literatur: H. P. Adams, The Life and Writings of G. V., London 1935, New York 1970; M. E. Albano, V. and Providence, New York/Bern/Frankfurt 1986; L. Amoroso, Lettura della Scienza nuova di V., Turin 1998, unter dem Titel: Introduzione alla Scienza nuova di V., Pisa 2011 (dt. Erläuternde Einführung in V.s »Neue Wissenschaft«, Würzburg 2006); K.-O. Apel, Die Idee der Sprache in der Tradition des Humanismus von Dante bis V., Bonn 1963, [4]1992; P. Avis, Foundations of Modern Historical Thought. From Machiavelli to V., London etc. 1986, London/New York 2016; A. Battistini (ed.), V. oggi, Rom 1979; ders., V. tra antichi e moderni, Bologna 2004; T. I. Bayer/D. P. Verene (eds.), G. V.. Keys to the »New Science«. Translations, Commentaries, and Essays, Ithaca N. Y./London 2009; G. Bedani, V. Revisited. Orthodoxy, Naturalism and Science in the »Scienza Nuova«, Oxford/Hamburg/München 1989; I. Berlin, V. and Herder. Two Studies in the History of Ideas, London 1976, 1992, ferner [zusammen mit: The Magus of the North] in: ders., Three Critics of the Enlightenment. V., Hamann, Herder, Princeton N. J./Oxford 2000, 2013, 1–300; D. Black, V. and Moral Perception, New York etc. 1997; N. du Bois Marcus, V. and Plato, New York etc. 2001; F. Botturi, La sapienza della storia. G. V. e la filosofia practica, Mailand 1991; P. Burke, V., Oxford/New York 1985 (dt. V.. Philosoph, Historiker, Denker einer neuen Wissenschaft, Berlin 1987, Frankfurt 1990, Berlin 2001); G. Cacciatore, Metaphysik, Poesie und Geschichte. Über die Philosophie von G. V., Berlin 2002; G. Carillo, V.. Origine e genealogia dell'ordine, Neapel 2000; J. Chabot, G. V.. La raison du mythe, Aix-en-Provence 2005; T. Costelloe, V., SEP 2003, rev. 2014; B. Croce, La filosofia di G. V., Bari 1911, [2]1922, Neapel 1997 (= Edizione nazionale delle opere II) (engl. The Philosophy of G. V., New York 1913, New Brunswick N. J./London 2002; dt. Die Philosophie G. V.s, Tübingen 1927); M. Danesi (ed.), G. V. and Anglo-American Science. Philosophy and Writing, Berlin/New York 1995; ders., G. V. and the Cognitive Science Enterprise, New York etc. 1995; N. Erny, Theorie und System der »Neuen Wissenschaft« von G. V.. Eine Untersuchung zu Konzeption und Begründung, Würzburg 1994; F. Fellmann, Das V.-Axiom. Der Mensch macht die Geschichte, Freiburg/München 1976; G. Gentile, Studi Vichiani, Messina 1915, Florenz [2]1927, [3]1968 (= Opere XVI); ders., G. V., Florenz 1936; T. Gilbhard, Nova scientia tentatur. Die Metaphysik und ihre kulturphilosophische Wendung bei V., Z. Kulturphilos. 4 (2010), 195–209, separat Hamburg 2010; ders., V.s Denkbild. Studien zur Dipintura der »Scienza Nuova« und der Lehre vom Ingenium, Berlin 2012; P. Girard, G. V.. Rationalité et politique. Une lecture de la »Scienza nuova«, Paris 2008; J. R. Goetsch Jr., V.'s Axioms. The Geometry of the Human World, New Haven Conn./London 1995; P. König, G. V., München 2005; ders. (ed.), V. in Europa zwischen 1800 und 1950, Heidelberg 2013; F. Lomonaco, A partire da G. V.. Filosofia, diritto e letteratura nella Napoli del secondo Settecento, Rom 2010; K. Löwith, V.s Grundsatz: verum et factum convertuntur. Seine theologische Prämisse und deren säkulare Konsequenzen, Heidelberg 1968; ders., Gott, Mensch und Welt in der Philosophie der Neuzeit. G. B. V., Paul Valéry, Stuttgart 1986 (= Sämtl. Schriften IX); D. Luglio, La science nouvelle ou l'extase de l'ordre. Connaissance, rhétorique et science dans l'œuvre de G. B. V., Paris 2003; A. Lumpe, V., BBKL XII (1997), 1332–1334; J. Mali, The Rehabilitation of Myth. V.'s »New Science«, Cambridge etc. 1992, 2002; ders., The Legacy of V. in Modern Cultural History. From Jules Michelet to Isaiah Berlin, Cambridge etc. 2012; R. Manson, The Theory of Knowledge of G. V., Hamden Conn. 1969; S. Marienberg, Zeichenhandeln. Sprachdenken bei G. V. und Johann Georg Hamann, Tübingen 2006; D. L. Marshall, V. and the Transformation of Rhetoric in Early Modern Europe, Cambridge etc. 2010; R. Mazzola, Metafisica, storia, erudizione. Saggi su G. V., Florenz 2007; G. Mazzotta, The New Map of the World. The Poetic Philosophy of G. V., Princeton N. J./London

1999; J. Milbank, The Religious Dimensions in the Thought of G. V., 1668–1744, I–II, Lewiston N. Y./Lampeter 1991/1992; R. C. Miner, V.. Genealogist of Modernity, Notre Dame Ind. 2002; M. Mooney, V. in the Tradition of Rhetoric, Princeton N. J. 1985; J.-S. Na, Praktische Vernunft und Geschichte bei V. und Hegel, Würzburg 2002; B. A. Naddeo, V. and Naples. The Urban Origins of Modern Social Theory, Ithaca N. Y. /London 2011; F. Nicolini, La giovinezza di G. V. (1668–1700). Saggio biografico, Bari 1932 (repr. Bologna 1992); ders., Saggi Vichiani, Neapel 1955; S. Otto, G. V.. Grundzüge seiner Philosophie, Stuttgart/Berlin/Köln 1989 (ital. G. V.. Lineamenti della sua filosofia, Neapel 1992); ders./H. Viechtbauer (eds.), Sachkommentar zu G. V.s »Liber metaphysicus«, München 1985 (mit Bibliographie, 124–139); P. G. Pandimakil, Das Ordnungsdenken bei G. V.. Als philosophische Anthropologie, Kulturentstehungstheorie, soziale Ordnung und politische Ethik, Frankfurt etc. 1995; G. Patella, G. V. tra barocco e postmoderno, Mailand 2005; L. Pompa, V.. A Study of the »New Science«, Cambridge etc. 1975, [2]1990; ders., Human Nature and Historical Knowledge. Hume, Hegel and V., Cambridge 1990; ders., V., REP IX (1998), 599–606; A. Pons, V., DP II ([2]1993), 2867–2874; O. Remaud, Les archives de l'humanité. Essai sur la philosophie de V., Paris 2004; R. Ruggiero, Nova scientia tentatur. Introduzione al »Diritto universale« di G. V., Rom 2010; A. Sabetta, G. V.. Metafisica e storia, Rom 2011; J. D. Schaeffer, Sensus Communis. V., Rhetoric, and the Limits of Relativism, Durham S. C./London 1990; R. W. Schmidt, Die Geschichtsphilosophie G. B.V.s. Mit einem Anhang zu Hegel, Würzburg 1982; H. S. Stone, V.'s Cultural History. The Production and Transmission of Ideas in Naples, 1685–1750, Leiden/New York/Köln 1997; D. Strassberg, Das poietische Subjekt. G. V.s Wissenschaft vom Singulären, München/Paderborn 2007; N. Struever, V., HSK VII/1 (1992), 330–338; G. Tagliacozzo (ed.), V.. Past and Present, Atlantic Highlands N. J. 1981; ders./D. P. Verene (eds.), G. V.'s Science of Humanity, Baltimore Md./London 1976; J. Trabant, Neue Wissenschaft von alten Zeichen. V.s Sematologie, Frankfurt 1994 (engl. V.'s New Science of Ancient Signs, London/New York 2004); ders. (ed.), V. und die Zeichen/V. e i segni, Tübingen 1995; ders., V., in: T. Borsche (ed.), Klassiker der Sprachphilosophie. Von Platon bis Noam Chomsky, München 1996, 2001, 161–178; F. Vaughan, The Political Philosophy of G. V.. An Introduction to »La Scienza nuova«, The Hague 1972; D. P. Verene, V.'s Science of Imagination, Ithaca N. Y./London 1981 (dt. V.s Wissenschaft der Imagination. Theorie und Reflexion der Barbarei, München 1987); ders., The New Art of Autobiography. An Essay on the »Life of G. V. Written by Himself«, Oxford 1991; ders., V.'s »New Science«. A Philosophical Commentary, Ithaca N. Y./London 2015; A. Verri, Con V. nel secolo dei lumi, Galatina 2002; H. Viechtbauer, Transzendentale Einsicht und Theorie der Geschichte. Überlegungen zu G. V.s »Liber metaphysicus«, München 1977; S. Woidich, V. und die Hermeneutik. Eine rezeptionsgeschichtliche Annäherung, Würzburg 2007. – Z. f. Kulturphilos. 4 (2010), H. 2 (Schwerpunkt V.). A. V.

vidyā (sanskr., Kenntnisse, Lehre, insbes. die vedische Beschwörungskunst), in der indischen Philosophie (↑Philosophie, indische) Bezeichnung für lehr- und lernbare, sowohl praktische als auch theoretische Kenntnisse und damit so viel wie Lehre im Sinne einer ↑ars, vermöge der Fertigkeiten weitergegeben werden. Z. B. trayī-v.: Lehre von den drei [Vedas], vāda-v.: Debattenlehre, nyāya-v.: Argumentationslehre; die jeweils zugehörige Disziplin heißt gewöhnlich ↑śāstra, z. B. tarkaśāstra: Debattentheorie. Die v. als ein auch auf theoretischen Gebieten grundsätzlich praktisches *Kennen*, ein Verfügen über empirische Erfahrung, ist sowohl vom *Erkennen*, einem entweder diskursiven oder intuitiven (höheren) Wissen (↑jñāna), als auch von dem das Kennen und Erkennen zu einer Einheit verschmelzenden *Reflexionswissen* (↑vijñāna) zu unterscheiden. Gleichwohl wird v. auch für Wissen ganz allgemein im Sinne eines theoretischen Könnens im Unterschied zu praktischem Können, etwa einer rituellen Praxis, verwendet. Im Tantrismus (↑tantra) ist v. ein ↑mantra für verschiedene weibliche Gottheiten. K. L.

Vielheit (griech. *τὰ πολλά*, *πλῆθος*, lat. multa, multitudo; engl. multitude/plurality), als Bezeichnung einer unterschiedenen ↑Mannigfaltigkeit komplementäre Begriffsbildung zu ↑Einheit. Die Vorstellung einer synthetischen Einheit der Mannigfaltigkeit in einem Ganzen (↑Teil und Ganzes) bestimmt bereits das vorsokratische Denken (↑Vorsokratiker). Sie wird bei Heraklit (VS 22 B 10) in der (später zur Kennzeichnung des ↑Pantheismus herangezogenen) Formel ›eins und alles‹ (*ἓν καὶ πᾶν*, wörtlich: *ἐκ πάντων ἓν καὶ ἐξ ἑνὸς πάντα* [aus allem eins und aus einem alles]) zusammengefaßt und findet – wesentlich beeinflußt durch die Begrifflichkeit der Platonischen ↑Ideenzahlenlehre (Prinzipien der Einheit [*ἕν*] und der ›unbestimmten Zweiheit‹ [*ἀόριστος δυάς*], aus denen, zunächst in einem arithmetischen Zusammenhang, die V. entsteht) – ihre philosophische Ausarbeitung vor allem in der neupythagoreischen (↑Neupythagoreismus) und neuplatonischen (↑Neuplatonismus) Literatur (vor allem bei Plotinos und Proklos) zur Prinzipienlehre. Für G. W. F. Hegel, der in der Philosophie »nichts anderes als das Studium der Bestimmungen der Einheit« sieht (Philos. der Religion, Sämtl. Werke XV, 113), bildet bereits bei Platon (Parm. 166b) die Einheit von Einheit und V. den Kern der ↑Dialektik von ↑Werden und ↑Sein (Vorles. Gesch. Philos., Sämtl. Werke XVIII, 243). In der Kategorientafel bei I. Kant tritt V. neben Einheit und Allheit unter der ↑Kategorie der ↑Quantität auf (KrV B 106).

Literatur: W. Beierwaltes, Denken des Einen. Studien zur neuplatonischen Philosophie und ihrer Wirkungsgeschichte, Frankfurt 1985, [2]2016; J. Brachtendorf/S. Herzberg (eds.), Einheit und V. als metaphysisches Problem, Tübingen 2011; W. Burkert, Weisheit und Wissenschaft. Studien zu Pythagoras, Philolaos und Platon, Nürnberg 1962 (engl. Lore and Science in Ancient Pythagoreanism, Cambridge Mass. 1972); E. C. Halper, One and Many in Aristotle's Metaphysics. The Central Books, Columbus Ohio 1989, mit Untertitel: Books Alpha–Delta, Las Vegas Nev./Zürich/Athens Ohio 2009; T. Hammer, Einheit und V. bei Heraklit von Ephesus, Würzburg 1991; K. Huber, Einheit und V. in Denken und Sprache Giordano Brunos, Diss. Winterthur 1965; G. Köhler, Zenon von Elea. Studien zu den ›Argumenten gegen die V.‹ und zum sogenannten ›Argument des Orts‹, Berlin/München/Boston Mass. 2014; H. J. Krämer, Der Ursprung der Geistmetaphysik. Untersuchungen zur Geschichte des Platonismus zwischen Platon und Plotin, Amsterdam 1964, [2]1967; G. Löhr, Das Problem des Einen und Vielen in Platons »Philebos«, Göttingen 1990; S. Makin, Zeno on Plurality, Phronesis 37 (1982), 223–238; S. Meier-Oeser/T. Gloyna/F. Schlegel, V., Hist. Wb. Ph. XI (2001), 1041–1056; V. Oittinen, Einheit/V., EP I ([2]2010), 466–471; D. P. Rutherford, Leibniz's »Analysis of Multitude and Phenomena into Unities and Reality«, J. Hist. Philos. 28 (1990), 525–552; D. Svoboda, Aquinas on One and Many, Neunkirchen-Seelscheid 2015; K. Vogel, Kant und die Paradoxien der V.. Die Monadenlehre in Kants philosophischer Entwicklung bis zum Antinomiekapitel der »Kritik der reinen Vernunft«, Meisenheim am Glan 1975, Frankfurt [2]1986; J. Zhang, One and Many. A Comparative Study of Plato's Philosophy and Daoism Represented by Ge Hong, Honolulu Hawaii 2012. J. M.

Vierfarbenproblem, in der Mathematik Bezeichnung für die Aufgabe, einen Beweis für die Vermutung zu finden, daß sich jede Landkarte mit höchstens vier Farben so kolorieren läßt, daß keine zwei Länder mit gemeinsamer Grenze gleichfarbig sind (die Landkarte soll dabei auf eine ebene Fläche gezeichnet sein; Länder sollen zusammenhängende Gebiete sein; der Zusammenstoß an bloß einem Punkt, z. B. Simbabwe und Namibia, soll nicht als gemeinsame Grenze gelten). Das Mitte des 19. Jhs. gestellte V. wurde erst 1976 von K. Appel und W. Haken gelöst. Der Beweis des Vierfarbensatzes macht Gebrauch von Computerberechnungen, die per Hand nicht nachprüfbar sind. In dieser Tatsache wird manchmal eine wesentliche Erweiterung des Beweisbegriffs (↑Beweis) gesehen. – Das V. ist (ähnlich wie das Fermatsche Theorem [›Fermats letzter Satz‹]; ↑Fermat, Pierre de) ein klassisches Problem der neuzeitlichen Mathematik. Seine einfache Formulierbarkeit weckte die Erwartung, daß sich entweder mit den verfügbaren Methoden der Mathematik eine einfache Lösung herbeiführen ließe oder dazu neue, auch in anderen Bereichen fruchtbare Methoden zu entwickeln wären. Tatsächlich hat das V. wesentlichen Anstoß zur Entwicklung der Graphentheorie (↑Graph) gegeben. Die Lösung gelang aber am Ende nicht auf Grund neuer mathematischer Methoden, sondern mit Hilfe der Rechenkapazität moderner Computer.

Die Beweisidee geht im wesentlichen auf einen Ansatz von A. B. Kempe (1879) zurück. Kempe hatte eine Lösung des V.s in zwei Schritten vorgeschlagen: (1) Es wird gezeigt, daß sich jede Landkarte in eine ›normale‹ Landkarte umformen läßt. Auf einer normalen Landkarte sind Konfigurationen ›unvermeidbar‹, in denen ein Gebiet fünf oder weniger Nachbarn hat. (2) Man beweist, daß sich solche unvermeidbaren Konfigurationen so ›reduzieren‹ lassen, daß sie unmöglich auf einer Karte vorkommen können, die nur mit fünf Farben koloriert werden kann. Kempes Beweisgang ist korrekt bis auf den Nachweis, daß seine Menge unvermeidbarer Konfigurationen reduzierbar ist. Für eine Reparatur von Kempes vermeintlichem Beweis galt es, eine neue Menge unvermeidbarer, reduzierbarer Konfigurationen zu finden. – Appel und Haken entwickelten mechanisierbare und effiziente Methoden, die Unvermeidbarkeit und Reduzierbarkeit einer Menge von Konfigurationen zu prüfen. Der Einsatz eines Computers war hier in zweifacher Weise wesentlich. Erstens sind solche Mengen zu groß (einige tausend Konfigurationen), um sie per Hand auf Unvermeidbarkeit und Reduzierbarkeit zu überprüfen. Zweitens wurden die ↑Algorithmen zum Auffinden der gesuchten Mengen durch gezielte Rechenexperimente so verfeinert, daß der Suchraum eingeschränkt und eine möglichst kleine Menge gefunden werden konnte. Es wurden also nicht nur aufwendige Kalkulationen im Beweis vom Computer übernommen; es wurde auch das Beweisverfahren selbst durch das experimentelle Zusammenspiel von Mensch und Maschine verbessert. In der Folge wurde das Beweisverfahren von Appel und Haken verschiedentlich vereinfacht. B. Werner und G. Gonthier gelang es 2005, den Beweis in einem einzigen computergestützten Beweissystem, Coq, ausführen zu lassen.

Der Kern des Beweises von Appel und Haken besteht in dem Nachweis, daß die Programme, die Mengen von Konfigurationen auf Unvermeidbarkeit und Reduzierbarkeit überprüfen, korrekt sind. Dieser Teil des Beweises ist gänzlich ›traditionell‹. Die durch den Computer vermittelte ↑Heuristik für die Verfeinerung des Programms gehört, wie jede Heuristik, in den Kontext der Entdeckung, nicht in den der Rechtfertigung (↑Entdeckungszusammenhang/Begründungszusammenhang).

Eine ›Aufweichung‹ des Beweisbegriffs sehen manche jedoch in den Berechnungen, die ohne Hilfe eines Computers nicht nachprüfbar sind. Diese ›Aufweichung‹ ist graduierbar, aber nicht im Sinne von weniger Gewißheit zu verstehen, da die Berechnungen gerade von der Art sind, die ein Computer nicht nur schneller, sondern auch zuverlässiger ausführt als ein Mensch.

Literatur: K. Appel/W. Haken, Every Planar Map Is Four Colorable, Illinois J. Math. 21 (1977), 429–567; dies., The Four Color Problem, in: L. A. Steen (ed.), Mathematics Today, New York/Heidelberg/Berlin 1978, 153–180; N. L. Biggs/E. K. Lloyd/R. J. Wilson, Graph Theory 1736–1936, Oxford 1976, 1998; J. P. Davis/R. Hersh, The Mathematical Experience, Boston Mass./Basel/Stuttgart 1981, mit Untertitel: Study Edition. Updated with Epilogues by the Authors, Cambridge Mass. 2011 (dt. Erfahrung Mathematik, Basel/Boston Mass./Berlin 1994); R. Fritsch, Der Vierfarbensatz. Geschichte, topologische Grundlagen und Beweisidee, Mannheim etc. 1994; G. Gonthier, Formal Proof – The Four-Color Theorem, Notices of the Amer. Math. Soc. 55 (2008), 1382–1393; J. I. Manin, A Course in Mathematical Logic, New York/Heidelberg/Berlin 1977, 1984, erw. unter dem Titel: A Course in Mathematical Logic for Mathematicians, New York 2010; O. Ore, The Four-Color Problem, New York 1967, 1968; T.

Tymoczko, The Four-Color Problem and Its Philosophical Significance, J. Philos. 76 (1979), 57–83; ders., Computers, Proofs and Mathematicians. A Philosophical Investigation of the Four-Color Proof, Math. Magazine 53 (1980), 131–138. A. F.

Vieta, Franciscus (latinisiert für: Viète, François, Sieur [oder: Seigneur] de la Bigotière), *Fontenay-le-Comte (Bas-Poitou, heute: Vendée) 1540, †Paris 23. Febr. (oder 13. Dez.) 1603, franz. Jurist und Mathematiker. Nach Ausbildung an der Klosterschule der Minoriten in Fontenay ab 1558 Studium der Rechte an der Universität von Poitiers, 1559 Baccalaureus; nach Erwerb des Lizentiats beider Rechte Niederlassung als Advokat in Fontenay. Obwohl Katholik, tritt V. 1564 in den Dienst der angesehenen calvinistischen Familie Soubise, der er nicht nur als juristischer und politischer Berater dient, sondern auch als Erzieher der Tochter Cathérine de Parthenay. In dem dabei für Unterrichtszwecke verfaßten (wegen des fragmentarischen Charakters der einzig verfügbaren Vorlage nicht in die Leidener »Opera« aufgenommenen und noch heute nur in einer Originalhandschrift V.s in der Nationalbibliothek in Florenz sowie in einigen Abschriften greifbaren) »Harmonikon coeleste« beabsichtigt V. eine Verbesserung des »Almagest«, bleibt aber auf dem Ptolemaiischen Standpunkt, da er dem Werk des N. Kopernikus wegen mathematischer Schwächen desselben und Diskrepanzen zu den Beobachtungsdaten nicht folgen möchte. 1571–1573 Advokat am Parlament von Paris (Bekanntschaft mit führenden Gelehrten wie P. Ramus und J. Peletier), ab 1573 Rat am Parlament in Rennes (Ausarbeitung des »Canon mathematicus« [1579]). Zugleich wirkt V. als persönlicher Ratgeber des Königs Henri III.. Nach zwischenzeitlichem Amtsverlust tritt V. in die Dienste von dessen Nachfolger Henri IV., dem er sich insbes. durch die Entschlüsselung codierter politisch-militärischer Botschaften der Spanier verdient macht. Neben dem Hauptwerk »In artem analyticem Isagoge« (1591) gibt V. 1593–1595 wichtige geometrische Arbeiten in Druck. Nachdem er sich 1595, wohl aus gesundheitlichen Gründen, in seine Heimatstadt zurückgezogen hatte, kehrt V. 1599 nach Paris zurück und engagiert sich 1600 (mit guten Gründen, aber mehr als zwei Jahrzehnte zu spät und daher vergeblich) gegen die seit 1577 vorbereitete Einführung des Gregorianischen Kalenders.

Die Textlage der Schriften V.s ist unbefriedigend, da er die weitaus meisten auf eigene Kosten drucken ließ und selbst an andere Mathematiker Europas versandte. Manche dieser Drucke sind heute sehr selten (der Grund dafür ist beim »Canon mathematicus«, daß V. wegen zahlreicher Druckfehler in diesem Tabellenwerk bald alle erreichbaren Exemplare zurückzog und vernichtete). Hinzu kommen Abweichungen zwischen den Originaldrucken und den Abdrucken in der Leidener Ausgabe der »Opera«. Obwohl nebenberuflich und meist in gedrängten Freistunden entstanden, enthalten V.s mathematische Schriften herausragende Beiträge zur Mathematik der Neuzeit.

In der Trigonometrie stellt V. in seinem »Canon mathematicus« Tabellen der sechs trigonometrischen Funktionen auf, führt Lösungen aller Grundaufgaben der ebenen und der sphärischen Trigonometrie vor, verwendet am sphärischen Dreieck die später als ›Npersche Regeln‹ (nach J. Napier, 1550–1617) bezeichneten Formeln sowie in der ebenen Trigonometrie den Cosinussatz und den Tangenssatz, und drückt cos $n\varphi$ und (sin $n\varphi$)/sin φ als Funktionen von cos φ aus. In einem Mathematikerwettstreit zur Lösung einer Gleichung 45. Grades herausgefordert, findet V. durch trigonometrische Überlegungen 23 Lösungen und ignoriert die restlichen 22 Wurzeln nur deshalb, weil sie negative Sinuswerte einschließen und er negative Zahlen nicht anerkennt. Tatsächlich hält V. geometrische Methoden algebraischen in diesem Bereich für überlegen, weil sie das Problem der negativen Zahlen vermeiden; insbes. gelingt ihm eine trigonometrische Lösung des so genannten Casus irreducibilis der kubischen Gleichung. Mehrfach setzt V. zur numerischen Lösung von Gleichungen auch systematische Näherungsverfahren ein, die zu einem schon gefundenen Näherungswert die jeweils nächste Dezimalstelle zu bestimmen erlauben.

Dem Bereich der Geometrie gehören ferner V.s Studien über die Winkelteilung an, in denen er neben einer Konstruktion des regelmäßigen Siebenecks unter anderem Lösungen der Winkeldreiteilung und der Würfelverdoppelung durch Einschiebung selbständig wiederentdeckt und den bemerkenswerten Satz (»Consectarium generale«, Opera mathematica, ed. F. à Schooten, 256) aufstellt, daß jede nicht elementar lösbare kubische oder biquadratische Aufgabe durch Zurückführung entweder auf eine Winkeldreiteilung oder aber auf eine Einschiebung zweier mittlerer Proportionalen gelöst werden kann. Berühmt wird seine Bestimmung des Wertes von π durch das unendliche Produkt

$$\sqrt{\frac{1}{2}}\cdot\sqrt{\frac{1}{2}+\frac{1}{2}\sqrt{\frac{1}{2}}}\cdot\sqrt{\frac{1}{2}+\frac{1}{2}\sqrt{\frac{1}{2}+\frac{1}{2}\sqrt{\frac{1}{2}}}}\cdot\ldots=\frac{2}{\pi},$$

die historisch früheste analytische Darstellung von π. An seinen Beitrag zur Inversionsgeometrie erinnert ein ›Satz von V.‹.

Bekannter ist der heute auf Grund von Vorarbeiten V.s ebenfalls nach diesem benannte Satz (›V.scher Wurzelsatz‹) über die Beziehungen zwischen den Koeffizienten und den Wurzeln einer algebraischen Gleichung: Sind $w_1, \ldots, w_n$ die Lösungen der Gleichung

$$x^n + a_1x^{n-1} + a_2x^{n-2} + \ldots + a_n = 0,$$

so gilt

$$a_1 = -(w_1 + w_2 + \ldots + w_n),$$
$$a_2 = +(w_1w_2 + w_1w_3 + \ldots + w_{n-1}w_n),$$
$$a_3 = -(w_1w_2w_3 + w_1w_2w_4 + \ldots + w_{n-2}w_{n-1}w_n),$$
$$\ldots$$
$$a_n = (-1)^n\, w_1w_2 \ldots w_n,$$

wobei die in jeder Zeile rechts aufsummierten Produkte so viele Faktoren enthalten wie der Index des links stehenden Koeffizienten a angibt, und für die Indices der Faktoren $w_iw_jw_k \ldots w_n$ jeweils $1 \leq i < j < k < \ldots \leq$ n gelten soll.

Während man V. erste Einsichten in die dadurch ausgedrückte Rolle der symmetrischen Funktionen in der Gleichungstheorie kaum bestreiten wird, verhindert seine schon genannte Beschränkung auf positive Wurzeln die Formulierung des allgemeinen Satzes, die A. Girard (1629) vorbehalten bleibt. Dagegen liegt ein bedeutender Fortschritt in V.s konsequenter Ausbildung und Anwendung von Verfahren zur Reduktion von ↑Gleichungen, durch die die Suche nach Lösungen einen einheitlichen und methodischen Charakter erhält.

Die Formulierbarkeit der ›allgemeinen Gleichung‹ eines bestimmten Grades sowie allgemeiner Lösungsverfahren und Lösungsstrategien wird durch die für die Mathematikgeschichte wohl folgenreichste Neuerung V.s ermöglicht: die Einführung einer ›symbolischen‹ ↑Algebra. Sie erscheint aus heutiger Sicht als der Doppelschritt zum einen der Etablierung einer *logistica speciosa*, die im Unterschied zur ↑Arithmetik (der *logistica numerosa*) nicht von numerisch gegebenen Zahlen, sondern als ›Buchstabenalgebra‹ von den ›Formen‹ oder ›Spezies‹ handelt (»quae per species seu rerum formas exhibetur«, Opera mathematica, ed. F. à Schooten, 4), zum anderen der Schöpfung einer mit den Buchstaben nur noch auf Grund der für sie aufgestellten Gesetze operierenden *algebra speciosa*. Während die antike und hellenistische Algebra allenfalls Abkürzungen für Zahlen, Rechenoperationen oder (bei Diophantos von Alexandreia) die ›Unbekannte‹ verwenden, bezeichnet V. erstmals die verschiedenen Unbekannten eines algebraischen Problems mit großen Vokalbuchstaben *A, E, I, O, U, Y*, die dabei bekannten Größen (›Parameter‹) dagegen mit Konsonanten *B, C, D* usw.. Obwohl Rechenoperationen wie die Exponentiation noch nicht durch Spezialzeichen oder Kunstgriffe wie die Hochstellung von Ziffern oder Buchstaben ausgedrückt werden (z. B. schreibt V. noch ›latus‹ für A, ›quadratum‹ für A^2, ›cubus‹ für A^3, ›cubo-cubo-cubus‹ für A^9; die allgemeine Potenznotation wird erst 1585 von S. Stevin eingeführt), ergibt sich bei V. ein bis dahin nicht erreichter Überblick über algorithmische und systematische Zusammenhänge in der Arithmetik, der Gleichungslehre und der allgemeinen Algebra. Die Neuerungen in diesem auch als ›Ars Analytica‹ bezeichneten Zugang V.s sind so erfolgreich, daß ›Algebra‹ und ›Analysis‹ noch bis ins 19. Jh. häufig wie synonyme Begriffe verwendet werden. Die mathematische Fachsprache verdankt V. außerdem Termini wie ›Koeffizient‹ (bei V. ›longitudo coefficiens‹) und ›Polynom‹.

In der gezielten Verknüpfung von Geometrie und Algebra (später vervollkommnet vor allem von R. Descartes, der V. nicht erwähnt, nach Auskunft der neueren Mathematikgeschichtsschreibung jedoch deutlich von ihm beeinflußt ist) liegt das auf lange Zeit hin wirkende Hauptverdienst V.s, den F. Cajori deshalb als den hervorragendsten französischen Mathematiker des 16. Jhs. bezeichnet hat.

Werke: Quod captae ab hostibus regionis melior sit quàm vastatae conditio, oratio quarta, in: Quinque orationes philosophicae [...], Paris 1555; Canon mathematicus, seu ad triangula cum appendicibus, Paris 1579, ferner in: Opera mathematica [s. u.], London 1589, ferner in: Libellorum [...] opera mathematica [s. u.]; Universalium inspectionum ad canonem mathematicum liber singularis, Paris 1579; Opera mathematica, in quibus tractatur canon mathematicus, seu ad triangula [...], London 1589, unter dem Titel: Libellorum supplicum in regia magistri insignisque mathematici varia opera mathematica. In Quibus tractatur canon mathematicus [...], Paris 1609; Deschifrement d'une lettre escrite par le commandeur Moreo au roy d'Espaigne son maistre, du 28 octobre 1589, Tours 1590; In artem analyticem isagoge seorsim excussa ab opere restituta mathematica analyseos, seu, Algebrâ novâ, Tours 1591, unter dem Titel: In artem analyticem isagoge. Eiusdem ad logisticem speciosam notae priores, ed. J. de Beaugrand, Paris 1631, unter dem Titel: In artem analyticam isagoge [...], Leiden 1635 (franz. Introduction en l'art analytic, ou nouvelle algebre de François Viete [...], übers. J.-L. Vaulezard, Paris 1630 [repr. unter dem Titel: La nouvelle algèbre de M. Viète. Précédée de Introduction en l'art analytique, ed. J.-R. Armogathe, Paris 1986], unter dem Titel: L'algebre nouvelle de M[R]. Viete [...], übers. A. Vasset, Paris 1630, unter dem Titel: L'algebre, effections geometriques, & partie de l'exegetique nombreuse de l'illustre F. Viète, übers. N. Durret, Paris 1694; engl. Introduction to the Analytical Art, trans. J. W. Smith, in: J. Klein, Greek Mathematical Thought and the Origin of Algebra [s. u., Lit.], 313–353, unter dem Titel: Introduction to the Analytic Art, in: The Analytic Art [s. u.], 11–32; dt. Einführung in die Algebra – In Artem Analyticem Isagoge, in: François Viète. Einführung in die neue Algebra, ed. K. Reich/H. Gericke, München 1973, 34–61); Zeteticorum liber primus [– quintus], in: In artem analyticem Isagoge [s. o.], separat o.O. [Tours] o.J. [1591/1593] (franz. Les cinq livres des Zetetiques [...], Paris 1630, ferner in: Introduction en l'art analytic [s. o.], 49–79, ferner in: L'algebre nouvelle de M[R]. Viete [s. o.], 37–186; dt. Fünf Bücher Aufgaben – Zeteticorum libri quinque, in: Einführung in die Neue Algebra [s. o.], 98–136; engl. Five Books of Zetetica, in: The Analytic Art [s. u.], 83–158); Variorum de rebus mathematicis responsorum, liber VIII [...], Tours 1593; Effectionum geometricarum canonica recensio, Tours 1593 (engl. A Canonical Survey of Geometric Constructions, in: The Analytic Art [s. u.], 371–387); Supplementum geometriae. Ex opere restitutae Mathematicae Analyseos, seu Algebrâ novâ, Tours 1593 (engl. A Supplement to Geometry, in: The Analytic Art [s. u.], 388–417); Munimen adversus nova cyclometrica, seu *ΑΝΤΙΠΕΛΕΚΥΣ*, Paris 1594; Pseudo-mesolabum & alia quaedam adiuncta capitula. Ex Geometricis Schediasmatis, Paris 1595; Ad problema quod omnibus mathematicis totius orbis construendum proposuit Adrianus Romanus Francisci Vietae responsum, Paris 1595; Apollonius Gallus, seu, exsuscitata Apollonii Pergaei *ΠΕΡΙ ΕΠΑΦΩΝ* geometria ad V. C. Adrianum Romanum Belgam, Paris 1600; De numerosa potestatum ad exegesim resolutio. Ex Opere restitutae mathematicae analyseos, seu, Algebrâ novâ, Paris 1600 (engl. On the Numerical Resolution of Powers by Exegetics, in: The Analytic Art [s.u.], 311–370); Libellorum supplicum in Regiâ magistri relatio kalendarii vere Gregoriani [...], Paris 1600; Adversus Christophorum Clavium expostulatio, Paris 1602; De aequationum recognitione et emendatione tractatus duo, ed. A. Anderson, Paris 1615 (engl. Two Treatises on the Understanding and Amendment of Equations, in: The Analytic Art [s.u.], 159–310); Ad angularium sectionum analyticen. Theoremata. *ΚΑΘΟΛΙΚΩΤΕΡΑ* [...], ed. A. Anderson, Paris 1615 (engl. Universal Theorems on the Analysis of Angular Sections with Demonstrations by Alexander Anderson, in: The Analytic Art [s.u.], 418–450); Ad logisticem speciosam notae priores, in: In artem analyticem isagoge [...], ed. J. de Beaugrand [s.o.] (dt. Formeln für das algebraische Rechnen – Ad Logisticen speciosam Notae priores, in: Einführung in die Neue Algebra [s.o.], 71–91; engl. Preliminary Notes on Symbolic Logistics, in: The Analytic Art [s.u.], 33–82); Principes de cosmographie. Tirez d'un manuscrit de Viette, & traduits en François, Paris 1637, Rouen 1647; Opera mathematica, in unum volumen congesta, ac recognita, ed. F. à Schooten, Leiden 1646 (repr., mit Vorw. u. Reg. v. J.E. Hofmann, Hildesheim/New York 1970, 2001) (franz. Œuvres mathematiques, I–II, übers. J. Peyroux, Paris 1991/1992); The Analytic Art. Nine Studies in Algebra, Geometry, and Trigonometry from the »Opus restitutae mathematicae analyseos, seu Algebrâ novâ« by François Viète, Kent Ohio 1983, Mineola N.Y. 2006. – K. Reich/H. Gericke, Viètes Werke, in: dies. (eds.), François Viète. Einführung in die neue Algebra [s.o.], 13–20; W. van Egmond, A Catalog of François Viète's Printed and Manuscript Works, in: M. Folkerts/U. Lindgren (eds.), Mathemata. Festschrift für Helmuth Gericke, Stuttgart/Wiesbaden 1985, 359–396.

Literatur: E. Barbin/A. Boyé (eds.), François Viète. Un mathématicien sous la Renaissance, Paris 2005; C. B. Boyer, Viète's Use of Decimal Fractions, Math. Teacher 55 (1962), 123–127; H. L. L. Busard, Über einige Papiere aus Viètes Nachlaß in der Pariser Bibliothèque Nationale [...], Centaurus 10 (1964/1965), 65–126; ders., Viète, DSB XIV (1976), 18–25; F. Cajori, A History of Mathematics, New York 1894, [5]1991; J. Grisard, François Viète mathématicien de la fin du seizième siècle. Thèse de 3e cycle. École pratique des hautes études, Paris 1968; J. E. Hofmann, Über Viètes Beiträge zur Geometrie der Einschiebungen, Math.-phys. Semesterber. 8 (1962), 191–214; ders., François Viète (1540–1603). Leben, Wirken, Bedeutung, in: Opera mathematica [s.o., Werke], 1970, V*–XXX*; D. Kahn, The Codebreakers. The Story of Secret Writing, New York 1967, rev. mit Untertitel: The Comprehensive History of Secret Communication from Ancient Times to the Internet, New York 1996, 116–118; J. Klein, Greek Mathematical Thought and the Origin of Algebra, Cambridge Mass. 1968, New York 1992, 150–185 (11 The Formalism of V. and the Transformation of the ›arithmos‹ Concept); H. Lebesgue, Commentaires sur l'œuvre de F. Viète, Monographies de l'enseignement mathématique 4 (Genf 1958), 10–17; P. Pesic, François Viète, Father of Modern Cryptanalysis – Two New Manuscripts, Cryptologia 21 (1997), 1–29; K. Reich, Diophant, Cardano, Bombelli, Viète. Ein Vergleich ihrer Aufgaben, in: Rechenpfennige. Aufsätze zur Wissenschaftsgeschichte. Kurt Vogel zum 80. Geburtstag am 30. September 1968 gewidmet von Mitarbeitern und Schülern, München 1968, 131–150; dies., Quelques remarques sur Marinus Ghetaldus et François Viète, in: Actes du symposium international »La géométrie et l'algèbre au début du XVIIe siècle«, Zagreb 1969, 171–174; F. Ritter, François Viète, inventeur de l'algèbre moderne, 1540–1603, Essai sur sa vie et son œuvre, Rev. occidentale philos., soc. polit. 2. sér. 10 (1895), 234–274, 354–415; I. Schneider, François Viète, in: K. Fassmann u.a. (eds.), Die Grossen der Weltgeschichte V, Zürich 1974, 222–241, ferner in: M. Schmid (ed.), Exempla historica. Epochen der Weltgeschichte in Biographien XXVII (Die Konstituierung der neuzeitlichen Welt. Naturwissenschaftler und Mathematiker), Frankfurt 1984, 57–84, 281–282; C. Thiel, Speciosa, Hist. Wb. Ph. IX (1995), 1350; H. Wußing, François V. (1540 bis 1603), in: ders./W. Arnold (eds.), Biographien bedeutender Mathematiker. Eine Sammlung von Biographien, Köln 1989, 127–133. C. T.

vijñāna (sanskr., Erkenntnis, Wissen), Grundbegriff der indischen Philosophie (↑Philosophie, indische). V. ist einerseits das *Reflexionsvermögen*, also die Fähigkeit zur Artikulation von sinnlichen Unterscheidungen und damit begrifflicher Abgrenzungen samt dem (diskursiven) Wissen darum, andererseits eine Aktualisierung dieser Fähigkeit samt Wissen in Gestalt von *Reflexionswissen* als der Einheit von Kennen (↑vidyā) und Erkennen (↑jñāna); deshalb in vielen Kontexten auch so viel wie *Bewußtsein* (cit), *Geist* (↑citta) oder *Vorstellung* im Sinne gedanklicher Konstruktion (kalpanā). Wenn es darauf ankommt, wie z.B. häufig im ↑Yogācāra, der ausdrücklich als v.-vāda (Lehre vom [nur] Bewußtsein [als einzig Wirklichem]) auftretenden philosophischen Schule des ↑Mahāyāna, wird vom Bewußtsein als Tätigkeit (v.) das dadurch Bewußtgemachte (vijñapti, eigentlich: Bitte, Mitteilung) terminologisch unterschieden.

Ein intuitives, nach Überwindung aller Reflexion ›hinter‹ dem v. liegendes (höchstes) Wissen wird teils ebenfalls durch ›v.‹, z.B. im ↑Vedānta, teils wieder durch ›jñāna‹, z.B. im Buddhismus (↑Philosophie, buddhistische), wiedergegeben. Im übrigen ist im Buddhismus v. eine der fünf, dem Entstehen und Vergehen unterworfenen Aneignungsgruppen (upādāna-skandha), aus denen ein Mensch zusammengesetzt ist, und das dritte Glied im zwölfgliedrigen, den Kreislauf des Entstehens und Vergehens (↑saṃsāra) artikulierenden Bedingungszusammenhang zwischen den Daseinsfaktoren (↑dharma). Dabei ist jeder der sechs Sinne (Sehen, Hören, Riechen, Schmecken, Tasten, Denken) ein spezifisches v., das aus der Verbindung von Sinnesorgan und Sinnesobjekt hervorgeht, z.B. das Denkbewußtsein oder ›wissende Denken‹ (mano-v.) aus Denkorgan (↑manas) und Denkobjekt (dharma), das Sehbewußtsein oder ›wissende Sehen‹ (cakṣur-v.) aus Sehorgan (cakṣu) und Sehobjekt (rūpa, ↑nāmarūpa). Da im Yogācāra alle Differenzierungen des Wirklichen als Differenzierungen des v. aufgefaßt werden, sind dort insbes. drei Entwicklungsstufen des v. unterschieden: ālaya-v. (das Grundbewußtsein, grundsätzlich mit ↑nirvāṇa gleichwertig), mano-v. (das Subjektbildung ausdrückende Denkbewußtsein) und viṣaya-vijñapti (das Bewußtsein von Objekten): Tätigkeit (bewußter Vollzug, v.), Organ (Denkorgan, manas) und Inhalt (geistiger Inhalt, citta) bzw. Tätigkeit des Denksinns bleiben gleichwohl bloße Aspekte desselben v.. K. L.

Vinzenz von Beauvais (lat. Vincentius Bellovavensis), *um 1190, †Beauvais 1264, mittelalterlicher Universalgelehrter. Seit etwa 1220 Dominikaner. Nach Studium in Paris von König Ludwig IX. 1246 an den franz. Hof gerufen, wo sich V. vor allem der Beratung des Königs in politischen und wissenschaftlichen Fragen, dem Aufbau einer Bibliothek und der Erziehung der Prinzen widmet. Mit seinem enzyklopädischen Hauptwerk, dem »Speculum maius«, sucht V. eine ↑Enzyklopädie des christlichen und heidnischen Wissens zu schreiben, die die Wissenschaft in den Universitäten und die Predigtvorbereitungen der Dominikaner leiten soll. Das der Enzyklopädie vorausgegangene Werk »Imago mundi« (um 1230) ist verlorengegangen.

Ab 1244 arbeiteten V. und zahlreiche Mitarbeiter in Royaumont (unter Rückgriff auf die enzyklopädischen Werke von Alexander Neckam, Bartholomäus Anglicus, Thomas von Cantimpré und Brunetto Latini) am »Speculum maius«, das sich in das »Speculum historiale«, das »Speculum naturale« und das »Speculum doctrinale« gliedert. Der vierte Teil, das »Speculum morale«, wird ihm nicht mehr zugeschrieben. Im »Speculum historiale« wird das Geschehen während der sechs Weltalter behandelt, im »Speculum naturale« die Schöpfung in den ersten sechs Tagen des Weltbeginns und im »Speculum doctrinale« das Trivium (↑ars), Moral, Recht und Schuld sowie Medizin, Physik, Mathematik und Theologie. In der Enzyklopädie soll vom Anbeginn der Welt bis zum jüngsten Gericht alles Wissenswerte gesammelt werden. Sie handelt unter anderem vom Schöpfer und den Geschöpfen, vom Kirchenrecht Gregors IX. und den Abhandlungen der Kirchenrechtslehrer Isidor, Gregor, A. Augustinus und der Historiker Beda Venerabilis, Alkuin, Walafried Strabo und Hugo von St. Viktor. Darüber hinaus werden die Medizin des Hippokrates, die Rhetorik M. T. Ciceros, die Logik des Aristoteles, die Chemie al-Razes, die Geographie und die Astronomie Avicennas und die Mathematik (unter Rückgriff auf die Werke von Nikomachos von Gerasa, A. M. T. S. Boethius und al-Farabi) dargestellt. Das Werk, nach Anlage und Umfang die umfassendste Enzyklopädie des Mittelalters, wird späteren Generationen zu einem Steinbruch des Wissens.

Werke: Speculum historiale [Einheitssachtitel], I–IV, Straßburg 1473, I–III, Augsburg o.J. [ca. 1474], I–II [auch in einem Bd.], Nürnberg 1483, ferner als: Speculum quadruplex [s. u.] IV; Speculum naturale [Einheitssachtitel], I–II, Straßburg 1476, 1481, ferner als: Speculum quadruplex [s. u.] I; Speculum doctrinale [Einheitssachtitel], Straßburg o.J. [ca. 1477], Nürnberg 1486, ferner als: Speculum quadruplex [s. u.] II; De morali principis institutione, in: De liberali ingenuorum institutione [s. u.], 1a–34a, ed. R. J. Schneider, Turnhout 1995 (CCCM 137) (franz. De l'institution morale du prince, ed. C. Munier, Paris 2010); De eruditione filiorum nobilium, in: De liberali ingenuorum institutione [s. u.], 34a–104b, unter dem Titel: Liber de erudition puerum regalium, in: Opuscula [s. u.], unter dem Titel: De eruditione filiorum nobilium, ed. A. Steiner, Cambridge Mass. 1938 (repr. New York 1970), unter dem Titel: Tratado sobre la formación de los hijos de los nobles (1246)/De eruditione filiorum nobilium [lat./span.], ed. I. Adeva/J. Vergara, Madrid 2011 (dt. Hand- und Lehrbuch für königliche Prinzen und ihre Lehrer, I–II, Frankfurt 1819); Epistola consolatoria de morte amici, in: De liberali ingenuorum institutione [s. u.], 104b–147b, unter dem Titel: Liber consolatorius de morte amici, in: Opuscula [s. u.], unter dem Titel: Epístola consolatoria por la muerte de un amigo [lat./span.], ed. J. Vergara Ciorda/F. Calero Calero, Madrid 2006, 2010); De liberali ingenuorum institutione pariter ac educatione, Rostock o.J. [1477]; Opuscula [enthält: liber grati[a]e, liber laudu[m] virginis gloriose, liber de sancto Joha[n]ne eva[n]gelista, liber de eruditione puero[rum] regali[u]m, liber consolatio[rius] de morte amici, ed. J. v. Amerbach, Basel 1481; Speculum quadruplex, naturale, doctrinale, morale, historiale [...], I–IV, Douai 1624 (repr. unter dem Titel: Speculum quadruplex sive speculum maius [...], Graz 1964–1965); Memoriale omnium temporum (Excerpta), ed. O. Holder-Egger, MGH XXIV (1879), 154–162. – T. Kaeppli/E. Panella, Vincentius Belvacensis (B.), in: dies., Scriptores Ordinis Praedicatorum Medii Aevi IV, Rom 1993, 435–458. – http://www.vincentiusbelvacensis.eu [sehr umfangreiche Seite mit u. a. Bibliographie der Manuskripte und gedruckten Werke].

Literatur: W. J. Aerts/E. R. Smits/J. B. Voorbij (eds.), Vincent of B. and Alexander the Great. Studies on the »Speculum Maius« and Its Translations into Medieval Vernaculars, Groningen 1986; R. Düchting/C. Hünemörder, V. v. B., LMA VII (1997), 1705–1707; ders., V. v. B., TRE XXXV (2003), 106–108; A. Fijałkowski, The Education of Women in Light of Works by Vincent of B., OP, in: J. A. Aertsen/A. Speer (eds.), Geistesleben im 13. Jahrhundert, Berlin/New York 2000, 513–526; ders., Puer eruditus. Idee Edukacyjne Wincentego z B. (ok. 1194–1264), Warschau 2001 [mit engl. u. franz. Zusammenfassung, 208–214]; M. Franklin-Brown, The »Speculum Maius«. Between ›Thesaurus‹ and ›Lieu de Mémoire‹, in: E. Brenner/M. Cohen/M. Franklin-Brown (eds.), Memory and Commemoration in the Medieval World, c. 500–c. 1400, London/New York 2013, 143–162; E. Frunzeanu, Vincent of B., in: D. Thomas/A. Mallett (eds.), Christian-Muslim Relations. A Bibliographical History IV (1200–1350), Leiden/Boston Mass. 2012, 405–415; A. L. Gabriel, The Educational Ideas of Vincent of B., Notre Dame Ind. 1956, 1962 (dt. V. v. B.. Ein mittelalterlicher Erzieher, Frankfurt 1967); G. Göller, V. v. B. O. P. (um 1194–1264) und sein Musiktraktat im »Speculum doctrinale«, Regensburg 1959; G. G. Guzman, Vincent of B., in: J. R. Strayer (ed.), Dictionary of the Middle Ages XII, New York 1989, 453–455; ders., Vincent of B., in: T. Glick/S. J. Livesey/F. Wallis (eds.), Medieval Science, Technology, and Medicine. An Encyclopedia, London/New York 2005, 501–502; L. Lieser, V. v. B. als Kompilator und Philosoph. Eine Untersuchung seiner Seelenlehre im Speculum Maius, Leipzig 1928; S. Lusignan, Préface au »Speculum maius« de Vincent de B.. Réfraction et diffraction, Montréal/

Paris 1979; ders./M. Paulmier-Foucart/A. Nadeau (eds.), V. de B.: Intentions et réceptions d'une œuvre encyclopédique au Moyen Âge. Actes du XIVe colloque de l'Institute d'études médiévales [...] 27–30 avril 1988, Saint-Laurent, Paris 1990; ders./M. Paulmier-Foucart (eds.), Lector et compilator. V. de B., frère prêcheur un intellectuel et son milieu au XIIIe siècle, Grâne 1997; P. v. Moos, Die Trostschrift des V. v. B. für Ludwig IX., Mittellat. Jb. 4 (1967), 173–218; M. Paulmier-Foucart, Vincent de B., in: A. Derville/P. Lamarche/A. Solignac (eds.), Dictionnaire de spiritualité XVI, Paris 1994, 806–813; dies./M.-C. Duchenne, Vincent de B. et le Grand Miroire du monde, Turnhout 2004; M. Tarayre, La vierge et le miracle. Le »Speculum historiale« de Vincent de B., Paris 1999; R. B. Tobin, Vincent of B.' »De Eruditione Filiorum Nobilium«. The Education of Women, New York/Bern/Frankfurt 1984; R. Weigand, V. v. B.. Scholastische Universalchronistik als Quelle volkssprachiger Geschichtsschreibung, Hildesheim/Zürich/New York 1991 (Germanist. Texte u. Stud. XXXVI). E.-M. E.

Virtualismus (von lat. virtus, Vermögen, Kraft), Bezeichnung für die Vorstellung, daß die Wirklichkeit durch Kräfte und Gegenkräfte bestimmt ist, in einem erkenntnistheoretischen Zusammenhang bei F. Bouterwek (Idee einer Apodiktik. Ein Beytrag zur menschlichen Selbstverständigung und zur Entscheidung des Streits über Metaphysik, kritische Philosophie und Skepticismus, I–II, Halle 1799 [repr. Brüssel 1968]) für die Konzeption einer Einheit von ›wollendem‹ Subjekt und dem Willen Widerstand entgegensetzendem Objekt. Nach Bouterwek ist damit sowohl die Annahme von ↑Dingen an sich als auch die Position eines erkenntnistheoretischen ↑Subjektivismus widerlegt. Kraft und Widerstand machen die absolute ↑Realität oder *Virtualität* aus (»Die absolute Realität ist nichts anderes als eben diese Virtualität, die in uns ist, wie wir in ihr sind. Sie ist das Absolute, das durch sich selbst ist«, a. a. O., II, 68). J. M.

Vischer, Friedrich Theodor, *Ludwigsburg 30. Juni 1807, †Gmünden (Oberösterr.) 14. Sept. 1887, dt. Philosoph und Schriftsteller. V. tritt 1825 ins evangelisch-theologische Seminar Tübingen (Tübinger Stift) ein. Nach dem Studium der Philologie, Philosophie und Theologie legt er 1830 seine theologischen Examina ab. Danach Tätigkeit als Vikar und ab 1831 als Repetent am Kloster Maulbronn. 1832 Promotion mit einer dogmatischen Arbeit. Nach mehreren Studienreisen ab 1833 Repetent am Tübinger Stift. 1836 Habilitation für Ästhetik und deutsche Literatur in Tübingen, 1837 a.o., 1844 o. Prof. für Ästhetik und Literatur in Tübingen. 1845–1847 wird V. wegen seiner Affinität zum Linkshegelianismus (↑Hegelianismus) vom Dienst suspendiert; 1848 vertritt er als Mitglied des Frankfurter Parlaments die gemäßigte Linke. 1855–1866 lehrt V. an der Universität und am Polytechnikum Zürich, kehrt 1866 aber nach Tübingen zurück und lehrt dort an der Universität und gleichzeitig am Polytechnikum Stuttgart. Auch in dieser Zeit engagiert sich V. politisch und wird 1870 Mitglied des Württembergischen Landtags.

V.s Anliegen ist die Weiterführung und Vollendung einer systematischen Philosophie im Sinne G. W. F. Hegels, wobei er sich auf die Ästhetik (↑ästhetisch/Ästhetik) konzentriert. In seinem Hauptwerk »Ästhetik oder Wissenschaft des Schönen« (entstanden 1846–1857) entwickelt er ähnlich wie Hegel drei Stufen der ↑Kunst, sieht aber in der symbolischen oder orientalischen Kunst nur eine Vorstufe zu der Kunst, die die ›germanische‹ Kultur bestimmt. In seiner Ästhetik folgt daher auf die Abhandlung des antiken oder objektiven Ideals eine Darstellung des romantischen und des modernen Ideals. V.s Grundgedanke ist, daß man Hegels Methode zusammen mit der Einsicht, daß die Kunst erst nach der Befreiung von ihrer religiösen Einbindung zu sich selbst gelangt, zu einem System der Ästhetik verschmelzen muß. Kunst wird – gegen Hegel – dabei zur höchsten Form der Wahrheitsvermittlung. Später modifiziert V. die idealistische Grundkonzeption auf Grund der Einsicht, daß die historische Entwicklung keineswegs die Manifestation der Idee sein muß. Kunst bleibt zwar die höchste Weise der Wahrheitserfahrung, wird aber nicht mehr in einem System darstellbar, sondern nur als Traum vollendeter Wahrheit vollziehbar. – Neben den grundlegenden ästhetischen Überlegungen publiziert V. zahlreiche kritische Auseinandersetzungen mit zeitgenössischen Problemen, ferner Literaturkritiken und eigene literarische Schriften. Besonders seine Novelle »Auch Einer« thematisiert das Grundproblem seiner Spätphilosophie, den Zwiespalt zwischen einem Idealismus der Lebenseinstellung und der konkreten Existenz.

Werke: Dichterische Werke, I–V, ed. R. Vischer, Leipzig 1917; Ausgewählte Werke, I–III, ed. G. Keyssner, Stuttgart/Berlin 1918, Neudr. 1921; Ausgewählte Werke, I–VIII, ed. T. Kappstein, Leipzig 1919. – Über das Erhabene und Komische. Ein Beitrag zu der Philosophie des Schönen, Stuttgart 1837; Kritische Gänge, I–II, Tübingen 1844, weitergeführt unter dem Titel: Kritische Gänge. Neue Folge, I–VI, Stuttgart 1861–1873, Neudr. [erw.] unter dem Titel: Kritische Gänge, ed. R. Vischer, I–VI, Leipzig, München/Berlin/Wien ²1914–1922; Ästhetik oder Wissenschaft des Schönen. Zum Gebrauche für Vorlesungen, I–III, Reutlingen/Leipzig 1846–1857, Neudr., ed. R. Vischer, I–VI, München ²1922–1923 (repr. Hildesheim 1975, 1996); Faust. Der Tragödie dritter Teil. Treu im Geiste des zweiten Teils des Goetheschen Faust gedichtet von Deutobold Symbolizetti Allegoriowitsch Mystifizinsky, Tübingen 1862, ²1886, Leipzig 1919 (= Ausgew. Werke IV), Stuttgart 2009; Auch Einer. Eine Reisebekanntschaft, Berlin 1879, Leipzig 1917 (= Dichterische Werke, I–II), Stuttgart/Berlin 1918, Neudr. 1921 (= Ausgew. Werke II [ed. G. Keyssner]), Leipzig 1919 (= Ausgew. Werke V–VI), Frankfurt 1987; Altes und Neues, I–III, Stuttgart 1881–1882, unter dem Titel: Altes und Neues. Neue Folge, ed. R. Vischer, Stuttgart 1889; Philosophische Aufsätze. Eduard Zeller zu seinem 50. Doctor-Jubiläum gewidmet, Leipzig 1887, Leipzig 1962; Vorträge. Erste Reihe: Das Schöne und die Kunst. Zur Einführung in die Aesthetik, ed. R. Vischer, Stuttgart 1898, Stuttgart/Berlin ³1907; Vorträge. Zweite Reihe: Shakespeare-Vorträge, I–VI, ed. R. Vischer, Stuttgart/Berlin 1899–1905, I, [3]1912, II, [2]1907, III, [2]1912; Briefe aus Italien, ed. R. Vischer, München 1907, 1908.

Literatur: P. Ajouri, Erzählen nach Darwin. Die Krise der Teleologie im literarischen Realismus. F. T. V. und Gottfried Keller, Berlin/New York 2007; H. Glockner, F. T. V.s Ästhetik in ihrem Verhältnis zu Hegels Phänomenologie des Geistes. Ein Beitrag zur Geschichte der Hegelschen Gedankenwelt, Leipzig 1920; ders., F. T. V. und das neunzehnte Jahrhundert, Berlin 1931; F. Iannelli, F. T. V. und Italien. Die erlebte Ästhetik eines Augenmenschen, Frankfurt 2016; G. Kotowski, F. V. und der politische Idealismus, Diss. Berlin 1951; P. Mayer, V., NDB XXVI (2016), 830–832; W. Moog, Hegel und die Hegelsche Schule, München 1930 (repr. Nendeln 1973); W. Oelmüller, F. T. V. und das Problem der nachhegelschen Ästhetik, Stuttgart 1959; U. Ott (ed.), F. T. V.. 1807–1887, Marbach 1987, [2]1998; H. Postma (ed.), Gute Nacht, Goethe! F. T. V. und sein »Faust III«, Hannover 2001; B. Potthast/A. Reck (eds.), F. T. V.. Leben, Werk, Wirkung, Heidelberg 2011; A. Reck, F. T. V.. Parodien auf Goethes Faust, Heidelberg 2007; F. Schlawe, F. T. V., Stuttgart 1959; H. Schneider, Historik und Systematik. F. T. V.s Bemerkungen zur Kunst und Theorie der Künste im neunzehnten Jahrhundert, Weimar 1996; B. Titus, Recognizing Music as an Art Form. F. T. V. and German Music Criticism, 1848–1887, Leuven 2016; E. Zeller, Zur Erinnerung an F. V., Goethe-Jb. IX (1888), 262–278. A. G.-S.

viśeṣa (sanskr., Unterschied, Besonderheit), Grundbegriff der indischen Logik (↑Logik, indische) und Sprachphilosophie; der ein Einzelnes charakterisierende Zug (*singular feature*), ein Quale (↑Qualia). Der v. gehört zu den Kategorien (↑padārtha) im ↑Vaiśeṣika; weil er jedoch korrelativ zur und insofern abhängig von der Kategorie des ↑sāmānya (universal feature) ist, wird er in der ↑Mīmāṃsā nicht als eigenständige Kategorie anerkannt. Ein v. kann keine Instanz einer jāti (Gattung) sein, ist also kein Einzelding (vyakti); vielmehr inhäriert er nur genau einem solchen und vermag es so, z. B. als ›dies Blau‹, zu charakterisieren. Im Unterschied zu einem sāmānya, das sowohl Substanzen (↑dravya) als auch Eigenschaften (↑guṇa) und Bewegungen (↑karma) (d. s. die Kategorien der Objektstufe) inhärieren kann (und deshalb selbst, wie auch der v., eine Kategorie der ↑Metastufe ist), ist ein v. auf die Inhärenz (↑inhärent/Inhärenz) in einer Substanz bzw. einem (substantiellen) Einzelding beschränkt. Daher werden auch vyakti und v. zuweilen miteinander identifiziert. K. L.

visio beatifica dei (auch: visio Dei intuitiva, intellectualis, praesentaria, scientia intellectualis), in der mittelalterlichen Philosophie und Theologie in dogmatischer Form Bezeichnung für das höchste und letzte Ziel des menschlichen Lebens und Erkennens als die postmortale, beseligende Schau Gottes, die als nicht intentional, intuitiv und unmittelbar verstanden wird (im Gegensatz zur diesseitigen, analogen oder abstrakten, diskursiven Gotteserkenntnis). Quellen sind (1) die altorientalisch-alttestamentliche Rede vom Sehen des Angesichts Gottes als Bild für dessen Hulderweis (die reale Theophanie ist todbringend; Gen. 32,21; Ex. 33,20), (2) die Paulinische ↑Eschatologie der konsequenten Trennung von Glauben (*πίστις*) und Sehen (*εἶδος*) (1. Kor. 13; A. Augustinus: *v. b. d. per fidem/per speciem*), die beide (3) in der mittelalterlichen Theologie mit neuplatonischen (↑Neuplatonismus) Lehren von der Schau Gottes, später mit dem Aristotelischen Konzept der ↑Theoria verbunden und dogmatisiert werden, wobei ein analoger Prozeß im islamischen Denken (↑Philosophie, islamische) und in der jüdischen Mystik (↑Philosophie, jüdische) auftritt. Die antike philosophische Tradition der Dignität der kontemplativen (↑Kontemplation) Schau bildet mit der altorientalischen Bildwelt (das Gesicht als Spiegel der Seele, das Leuchten des Antlitzes Gottes als Glück) und der christlichen Tradition des sich geschichtlich ereignenden individuellen und endzeitlichen Schauens als der personalen Vollendung des Glaubenden (*deificatio*) eine Einheit von nachhaltiger Konstanz.

Die innerdogmatischen Problematisierungen betreffen die Möglichkeit einer innerweltlichen seligen Schau (Begarden und Beginen, 1312 verurteilt), die Möglichkeit einer komprehensiven Schau (Eunomios, dagegen G. von Nyssa, J. Chrysostomos) und den Primat von Verstand (Thomas von Aquin) oder Wille (J. Duns Scotus) bei der v. b. d.. Anthropologisch ist seit Thomas von Aquin die Rede vom ›desiderium naturale‹, dem natürlichen Streben aller Menschen nach der v. b. d. als der völligen Transparenz für sich selbst und Gott. Die Thematik der v. b. d. wird in der neuzeitlichen Philosophie mit der Erörterung der intellektuellen Anschauung (↑Anschauung, intellektuelle) und mit Fragen der Ästhetik (↑ästhetisch/Ästhetik) verbunden.

Literatur: P. K. Bastable, Desire for God. Does Man Aspire Naturally to the Beatific Vision? An Analysis of This Question and Its History, London/Dublin 1947; A. D. De Conick, Seek to See Him. Ascent and Vision Mysticism in the Gospel of Thomas, Leiden/New York/Köln 1996; H.-F. Dondaine, L'objet et le ›médium‹ de la vision béatifique chez les théologiens du XIIIe siècle, Recherches théol. ancienne et médiévale 19 (1952), 60–130; G. Grisez/P. Ryan, Moral Good, the Beatific Vision, and God's Kingdom. Writings, New York etc. 2015; J. P. Hergan, St. Albert the Great's Theory of the Beatific Vision, New York etc. 2002; G. Hoffmann, Der Streit über die selige Schau Gottes (1331–1338), Leipzig 1917; H. K. Kohlenberger, Anschauung Gottes, Hist. Wb. Ph. I (1971), 347–349; J. Kreuzer, Visio, Hist. Wb. Ph. XI (2001), 1068–1071; B. Oberdorfer, Visio Dei, RGG VIII ([4]2005), 1125–1126; T. Rentsch, Der Augenblick des Schönen. Visio beatifica und Geschichte der ästhetischen Idee, in: H. Bachmaier/T. Rentsch (eds.), Poetische Autonomie? Zur Wechselwirkung von Dichtung und Philosophie in der Epoche Goethes und Hölderlins, Stuttgart 1987, 329–353; A. Sartori, La visione beatifica. La dottrina e la controversia nella storia, Turin/Rom 1926; H. Scholz, Glaube und Unglaube in der Weltgeschichte. Ein Kommentar zu Augustins De Civitate Dei. Mit einem Exkurs: Fruitio Dei, ein Beitrag zur Geschichte der Theologie und der Mystik, Leipzig 1911 (repr. Leipzig 1967); C. Trottmann, La vision béatifique. Des disputes scolastiques à sa définition par Benoît XII, Rom 1995; J. D. Walshe, The Vision Beatific, San José Calif. 1923, Neudr. [erw.] New York 1926; N. Wicki, Die Lehre von der himmlischen Seligkeit in der mittelalterlichen Scholastik von Petrus Lombardus bis Thomas von Aquin, Fribourg 1954. T. R.

Viṣṇuismus, auch: Vaiṣṇavismus, ↑Brahmanismus, ↑Philosophie, indische.

vis viva (lat., lebendige Kraft), von G. W. Leibniz eingeführter und bis zum Ende des 19. Jhs. gebräuchlicher Begriff zur Bezeichnung der kinetischen ↑Energie. Die v. v. ist Gegenstand eines theoretischen Grundlagenstreits (›v.-v.-Streit‹), an dem sich fast alle Vertreter der rationalen ↑Mechanik der ↑Aufklärung beteiligen und der zur Artikulierung und Klärung einer Reihe von physikalischen Grundbegriffen (wie ↑Kraft, ↑Impuls, Energie und Arbeit) führt. Ältere Interpretationen betrachten den v.-v.-Streit vielfach als einen von J. le Rond d'Alembert (Traité de dynamique, 1743) beigelegten bloßen Wortstreit. Allerdings ist die Kontroverse bereits zuvor so bezeichnet worden; sie ist auch nach d'Alembert keineswegs beendet.
R. Descartes (Principia philosophiae, 1644) führt einen Kraftbegriff ein, der folgende Merkmale umfaßt: (1) die Wirkfähigkeit eines sich bewegenden Körpers, (2) die Arbeit, die nötig ist, eine Last zu heben, (3) die kausale Wirksamkeit (Gottes), die im Weltsystem erhalten bleibt. Der v.-v.-Streit beginnt 1686 mit Leibniz (Brevis demonstratio erroris memorabilis Cartesii [...], Acta Erud. 5 [1686], 161–163), der zeigt, daß die Annahme des Cartesischen Maßes der Kraft $|mv|$ zusammen mit dem Galileischen Fallgesetz und dem Hebelgesetz die Möglichkeit eines mechanischen ↑Perpetuum mobile impliziert. Daraus ergeben sich zwei alternative Entwicklungslinien: Leibniz und seine Anhänger halten an der *skalaren* Natur der kausalen Wirksamkeit fest und ändern deren Maß in mv^2 (ab 1691 als ›v. v.‹ bezeichnet). Hingegen halten die orthodoxen Cartesianer und später die Newtonianer an der *Dimension mv* fest, machen aber aus der Cartesischen Kraft oder Bewegungsquantität die gerichtete Größe $\overrightarrow{mv}$, also den heute so genannten Impuls. Seit C. Huygens' Arbeit über die ↑Stoßgesetze (1668) ist erkennbar, daß beide Größen mv und mv^2 im elastischen Stoß erhalten bleiben. Ferner ist seit D. Bernoulli (Examen principiorum mechanicae, Comm. Acad. Scient. Imper. petropolitanae 1 [1726]; Remarques [...], Berlin 1750) bekannt, daß mv als Zeitintegral und mv^2 als Wegintegral eines beschleunigten Körpers dargestellt werden kann. Der v.-v.-Streit dreht sich im Grunde um die Frage, welche der beiden Größen die physikalische ↑Kausalität derart repräsentiert, daß die Ursache mit der Wirkung größengleich ist.
Erst mit der Aufstellung des Energieerhaltungssatzes (↑Erhaltungssätze) durch H. v. Helmholtz (Über die Erhaltung der Kraft, Berlin 1847 [repr. Weinheim 1983], Neudr. Leipzig 1889) ist es möglich, Umwandlungen von Energieformen (Wärme, Arbeit, Verformung, usw.) begrifflich zu fassen, und klar, daß die Erhaltung der Vektorgröße Impuls für die Mechanik, die Erhaltung der skalaren Größe Energie dagegen für den Gesamtbereich der Physik gilt. Damit konnte der inzwischen abgekühlte Streit endgültig verstanden und auch beendet werden.

Literatur: P. Costabel (ed.), Leibniz et la dynamique – les textes de 1692, Paris 1960, unter dem Titel: Leibniz et la dynamique en 1692. Textes et commentaires, 1981 (engl. Leibniz and Dynamics – the Texts of 1692, Paris, London, Ithaca N. Y. 1973); Y. Elkana, The Discovery of the Conservation of Energy, London 1974, Cambridge Mass. 1975; G. Freudenthal, ›Perpetuum Mobile‹. The Leibniz-Papin Controversy, Stud. Hist. Philos. Sci. 33 (2002), 573–637; T. L. Hankins, Eighteenth-Century Attempts to Resolve the V. V. Controversy, Isis 56 (1965), 281–297; B. Hepburn, Euler, V. V., and Equilibrium, Stud. Hist. Philos. Sci. 41 (2010), 120–127; C. Iltis, D'Alembert and the V. V. Controversy, Stud. Hist. Philos. Sci. 1 (1970/1971), 135–144; dies., Leibniz and the V. V. Controversy, Isis 62 (1971), 21–35; M. Jammer, Concepts of Force. A Study in the Foundations of Dynamics, Cambridge Mass. 1957, Mineola N. Y. 1999, bes. 162–187; C. L. Laudan, The V. V. Controversy. A Post-Mortem, Isis 59 (1968), 130–143; C.-F. Liu, Die metaphysische Grundlage der Kontroverse um den Kraftbegriff zwischen Descartes und Leibniz, Tübingen 2014; J. K. McDonough, Leibniz's Philosophy of Physics, SEP 2007, rev. 2014; J. Mittelstraß, Neuzeit und Aufklärung. Studien zur Entstehung der neuzeitlichen Wissenschaft und Philosophie, Berlin/New York 1970, 485–489; D. Papineau, The V. V. Controversy: Do Meanings Matter?, Stud. Hist. Philos. Sci. 8 (1977), 111–142; P. Ruben, Mechanik und Dialektik, untersucht am Streit der Cartesianer und Leibnizianer über das ›wahre Maß der bewegenden Kraft‹, in: H. Ley/R. Löther (eds.), Mikrokosmos – Makrokosmos. Philosophisch-theoretische Probleme der Naturwissenschaft, Technik und Medizin II, Berlin (Ost) 1967, 15–54; N. Schirra, Die Entwicklung des Energiebegriffs und seines Erhaltungskonzepts. Eine historische, wissenschaftstheoretische, didaktische Analyse, Thun/Frankfurt 1991; I. Shimony, Leibniz and the ›V. V.‹ Controversy, in: M. Dascal (ed.), The Practice of Reason. Leibniz and His Controversies, Amsterdam/Philadelphia Pa. 2010, 51–73; M. Zwerger, Die lebendige Kraft und ihr Maß, München 1885. P. M.

vita activa (lat., aktives, tätiges Leben), ↑vita contemplativa.

vita contemplativa (griech. *βίος θεωρητικός*), Bezeichnung für ein anschauendes, beschauliches, theoretisches Leben, komplementär zu *vita activa* (*βίος πρακτικός*, *βίος πολιτικός*, tätiges, politisch-praktisches Leben), idealtypisch konstruierte ↑Lebensform der griechischen und der mittelalterlichen Philosophie (↑Kontemplation). Die auf Homer und Hesiod zurückgehende Alternative des politisch-kriegerischen Heldenideals einerseits und des Lebens in vornehmer, freier Muße (positiv) bzw. in trägem Genießen (negativ) andererseits erfährt durch die Philosophie insofern eine Umdeutung, als das Muße-Leben vorwiegend auf die theoretische

Wahrheitssuche (Anaxagoras, Demokrit) bzw. (im Anschluß an die religiöse ›Schau‹ der ↑Orphik) bei Platon auf das ›Schauen‹ der Ideen (↑Idee (historisch)) bezogen wird. Aristoteles gibt der auf die Frage nach dem Glück (↑Glück (Glückseligkeit)) bzw. dem guten Leben (↑Leben, gutes) bezogenen Diskussion die klassische Fassung in der Dreiteilung: vita activa (politische Tätigkeit), v. c. (theoretische Tätigkeit, ↑Theoria) und Genußleben (*βίος ἀπολαυστικός*). Der v. c. gibt er als höchster Form menschlicher Praxis den Vorrang, ohne jedoch die vita activa als minderwertig hinzustellen. Das Genußleben als Lebensideal wird von Aristoteles verworfen.

Die hellenistische Philosophie (↑Philosophie, hellenistische), die sich ausführlich mit der Beschreibung, Analyse und Bewertung unterschiedlicher Lebensformen befaßt, gibt teils der vita activa (Dikaiarchos), teils der v. c. (Theophrast und andere ↑Peripatetiker), teils einer Mischform (›vita mixta‹) aus beiden den Vorzug. Die Stoiker (↑Stoa) halten die vita activa nur dann für erstrebenswert, wenn sie nicht zur Beunruhigung (↑Ataraxie) führt. M. T. Cicero tritt, indem er auf die nach einem gelungenen Politikerleben zu erwartende Belohnung und Wertschätzung durch Götter und Menschen hinweist, für den Primat der vita activa ein. Für den ↑Neuplatonismus ist die religiös verstandene, in der ›Schau‹ des höchsten Einen (↑Einheit) gipfelnde v. c. Ziel des Lebens. Das Christentum schließt sich über Euagrios Pontikos und A. Augustinus zunächst dem Neuplatonismus an. Thomas von Aquin versteht unter der v. c. die Suche nach der Wahrheit, insbes. der göttlichen Wahrheit, und bewertet sie höher als die vita activa (das sittlich gute Leben); das Ideal scheint für ihn in der vita activa und v. c. umfassenden Lebensform der ↑Klugheit zu bestehen.

Literatur: H. Arendt, The Human Condition, Chicago Ill. 1958, [2]1998; T. Bénatouïl/M. Bonazzi (eds.), Theoria, Praxis, and the Contemplative Life after Plato and Aristotle, Leiden/Boston Mass. 2012; F. Boll, V. c., Sitz.ber. Heidelberger Akad. Wiss., philos.-hist. Kl. 11 (1920), H. 8, 3–34; I. Düring, Aristotle's Protrepticus. An Attempt at Reconstruction, Göteborg, Stockholm 1961; A.-J. Festugière, Contemplation et vie contemplative selon Platon, Paris 1936, [4]1975; W. Jaeger, Scripta minora II, Rom 1960; R. Joly, Le thème philosophique des genres de vie dans l'antiquité classique, Brüssel 1956; K. Lorenz, Die Aufgabe der Philosophie zwischen den Disziplinen, in: M. Gatzemeier (ed.), Wissenschaftstheorie, Wissenschaft und Gesellschaft, Aachen 1987, 28–37; M. E. Mason, Active Life and Contemplative Life. A Study of the Concepts from Plato to the Present, ed. G. E. Gauss, Milwaukee Wis. 1961; F. Matzner, Vita activa et V. c.. Formen und Funktionen eines antiken Denkmodells in der Staatsikonographie der italienischen Renaissance, Frankfurt etc. 1994; J. Pieper, Glück und Kontemplation, München 1957, [4]1979, Kevelaer 2012; I.-M. Szaniszló, Kontemplation und Handeln. Vita activa et v. c. chez Hannah Arendt et dans la tradition catholique. Praktische Lösungen im menschlichen Leben. Theologisch-soziale Studie, Neckenmarkt etc. 2009; M. Thurian, L'homme moderne et la vie spirituelle, Paris 1961, 1972 (dt. Aktion und Kontemplation. Das geistliche Leben des modernen Menschen, Gütersloh 1963); C. Trottmann (ed.), Vie active et vie contemplative au Moyen Âge et au seuil de la Renaissance [...], Rom 2009; ders., Vita activa/v. c., Hist. Wb. Ph. XI (2001), 1071–1075; B. Vickers (ed.), Arbeit – Muße – Meditation. Betrachtungen zur Vita activa und V. c., Zürich 1985, mit Untertitel: Studies in the Vita activa and V. c., Zürich, Stuttgart [2]1991; W. Vogl, Aktion und Kontemplation in der Antike. Die geschichtliche Entwicklung der praktischen und theoretischen Lebensauffassung bis Origenes, Frankfurt etc. 2002; S. Zeppi, ›Bios theoretikós‹ e ›bios politikós‹ come ideali di vita nella filosofia preplatonica, Logos 4 (1972), 219–248. M. G.

Vitalismus (von lat. vita, Leben), in der zweiten Hälfte des 18. Jhs. aufgekommene Bezeichnung für unterschiedliche biologische Konzeptionen, die mit Blick auf die spezifische Zweckmäßigkeit (↑Teleologie) der Formen und Prozesse im Bereich des Lebendigen dessen ›Autonomie‹ behaupten. Diese Autonomiebehauptung findet sich in den folgenden Thesen: (1) In lebenden Systemen sind andere Substanzen und/oder Kräfte vorhanden als in unbelebten (ontologischer V.). (2) Strukturen und Funktionen lebender Systeme können nicht mit den Erklärungsmitteln der physikalisch-chemischen Naturwissenschaften erklärt werden (epistemologischer V.). (3) Die Methoden der anorganischen Naturwissenschaften sind für die Phänomene des Lebendigen unangemessen (methodologischer V.). Form (1) impliziert die Formen (2) und (3), aber nicht umgekehrt. Die Gegenposition zum V. bezeichnet der ↑Mechanismus bzw. ↑Reduktionismus. Vitalistische Positionen verstehen sich meist auch als Verbindungsglied zwischen Naturwissenschaft und Religion.

Als Begründer des V. gilt Aristoteles im Kontext seiner Theorie von ↑Form und Materie. Das belebende Formprinzip ist für ihn die immaterielle ↑Seele. Weibliche Organismen liefern (z. B. beim Menschen in Form des Menstrualblutes) jeweils den ↑Stoff des entstehenden Lebewesens, während der männliche Samen (in Analogie zum künstlerischen Schaffen) die ↑Form als beseelenden und damit belebenden Faktor beiträgt (↑Entelechie, ↑Hylozoismus). Bei Pflanzen findet man als Vitalprinzip eine ›Ernährungsseele‹ (*ψυχὴ θρεπτική*), die zugleich als ›Wachstumsseele‹ (*ψυχὴ αὐξητική*) sowie als die im Samen selbst vorhandene ›Zeugungsseele‹ (*ψυχὴ γενητική*) wirkt. Bei Tieren tritt zur Wachstumsseele eine auch begehrende ›Empfindungsseele‹ (*ψυχὴ αἰσθητική*) hinzu. Der Mensch schließlich verfügt zusätzlich zu den bereits genannten Seelenstufen noch über die sein Wesen kennzeichnende rationale Seele (*νοῦς*). In nur unwesentlichen Modifikationen prägt der Aristotelische V. die mittelalterliche und frühneuzeitliche Wissenschaft (z. B. bei W. Harvey und G. E. Stahl). R. Descartes und G. W. Leibniz vertreten hingegen mechanistische Auffassungen, wonach Organismen keine

grundsätzlich von unbelebten Systemen verschiedenen Wesenheiten seien und daher im Prinzip mit den Mitteln der ↑Mechanik erklärt werden könnten.
Neue Bedeutung erhält der V. im 18. Jh. im Zusammenhang mit der Entwicklung der Embryologie, der Vererbungslehre und der Untersuchung des Phänomens der Regeneration. Während die ›Präformationisten‹ (z. B. A. v. Haller, C. Bonnet), die eine ›Präformation‹ der Keime in der Schöpfung annehmen, ausnahmslos Mechanisten sind und die Embryonalentwicklung als bloßes Größenwachstum der von Gott in unsichtbarer, aber bereits vollständiger, wenn auch unendlich miniaturisierter Form geschaffenen Keime betrachten, gehen die ›Epigenetiker‹ (z. B. C. F. Wolff [1733–1794]) von der Entstehung wirklich neuer Formen in der Embryogenese aus. Diese erfolgt unter der Wirkung einer von den physikalischen Kräften grundsätzlich verschiedenen ›Lebenskraft‹ (vis essentialis; Wolff) oder einem ›Bildungstrieb‹ (nisus formativus; J. F. Blumenbach [1752–1844]), die offensichtlich die Funktion der Seele in den älteren Konzeptionen übernehmen.
I. Kants Theorie der Biologie in der »Kritik der Urteilskraft« nimmt eine vermittelnde Stellung zwischen ↑Mechanismus und V. ein, indem Kant zwar die mechanische Erklärung der ↑Zweckmäßigkeit in der Natur für unmöglich erklärt, dennoch aber teleologische Erklärungen, in denen Lebenskräfte einen Platz haben könnten, für heuristische (↑Heuristik) Zwecke (›regulativ‹) zuläßt (›Als-ob-Teleologie‹). Neuen Aufschwung erhält der V. gegen Ende des 18. und im 19. Jh. im Gefolge der romantischen Naturphilosophie (↑Naturphilosophie, romantische) bei L. Oken, J. C. Reil, G. R. Treviranus und J. Müller. Einen gewissen Rückschlag für den V. bedeutet die künstliche Synthese des Harnstoffs durch F. Wöhler (1828), da im V. vielfach eine Lebenskraft bereits als notwendig für die Bildung organischer Verbindungen erachtet wurde. J. v. Liebig vertritt allerdings die Auffassung, daß es trotz der geglückten Synthese organischer Verbindungen niemals möglich sein werde, echte biologische Formen wie Augen, Haare oder Blätter zu synthetisieren, da hierfür Lebenskraft erforderlich sei. – Als Kritiker des V. treten im 19. Jh. vor allem C. Bernard, E. H. Du Bois-Reymond, H. Lotze und H. v. Helmholtz hervor.
Die Wiederbelebung des V. durch H. Driesch wird oft als ›Neovitalismus‹ bezeichnet. Statt einer Lebenskraft führt Driesch als Vitalfaktor die ↑›Entelechie‹ ein. ›Entelechie‹ ist für ihn keine Kraft, sondern eine ›Konstante‹. Dies entspricht methodologisch in etwa einem theoretischen Begriff (↑Begriffe, theoretische, ↑Theoriesprache) in der neueren ↑Wissenschaftstheorie. Die Entelechie ist eine immaterielle und unräumliche zweite ›Substanz‹, mit deren Hilfe in ihrer Zielbestimmtheit physikalisch-chemisch angeblich nicht erklärbare Prozesse wie biologische Formbildung, Regeneration sowie zahlreiche embryologische Phänomene erklärt werden sollen. Die Tatsache, daß man die Entelechie nicht direkt beobachten könne, spricht nach Driesch nicht gegen sie, da ›Konstanten‹ (wie etwa spezifische Wärme) generell der Beobachtung entzogen seien und stattdessen aus ihren Wirkungen erschlossen würden. Die Einführung der Entelechie ergibt sich für Driesch aus der Notwendigkeit, das Kausalgesetz (↑Kausalität) nicht zu verletzen. Da die vollendete biologische Form ›mehr‹ ist als ihre materiellen Komponenten und Wechselwirkungen, muß zu eben diesen Komponenten der diese organisierende Faktor ›Entelechie‹ hinzukommen, den Driesch in offensichtlicher Anspielung auf Aristoteles auch als ›Psychoid‹ bezeichnet. – Der *ontologische* V. wird heute nicht mehr vertreten. Spezielle Lebenskräfte oder Vitalsubstanzen haben sich nicht nachweisen lassen. Das Gleiche gilt für Drieschs Entelechie, die sich, als immateriell und von Kräften grundsätzlich verschieden, prinzipiell jeder empirischen Nachweisbarkeit entzieht. – Auch H. Bergsons Lehre vom ↑›élan vital‹, einer Lebenskraft, welche die ↑Evolution und die Morphogenese steuere, läßt sich neovitalistischen Konzepten zurechnen und hat im postmodernen Kontext durch G. Deleuze eine Wiederbelebung erfahren.
Basis des *epistemologischen* V. ist die Unmöglichkeitsbehauptung von physikalisch-chemischen Erklärungen zweckmäßig-zielgerichteter Phänomene. Eine derartige Unmöglichkeitsbehauptung ist nach und nach für praktisch alle diese Phänomene widerlegt worden. Hierbei spielt neben der Molekularbiologie vor allem die ↑Evolutionstheorie eine wichtige Rolle, da sich mit ihrer Hilfe zweckmäßige Strukturen und Funktionen in ihrer adaptiven Entstehung auf so genannte ultimate (d. h. evolutionäre) Ursachen zurückführen lassen. Dieser Ursachentyp war vom V., der lediglich ›proximate‹ (unmittelbare) Ursachen betrachtete, nicht beachtet worden.
Die vom V. vertretene These einer Autonomie der Biologie ist in indirekt vitalistischer Form (↑Organizismus) von Biologen bzw. Physikern wie L. v. Bertalanffy, P. Weiss, N. Bohr, M. Delbrück, W. Heitler und E. Wigner erneut vorgebracht worden. Der Grundgedanke dieser Ansätze besteht darin, daß Strukturen und Funktionen des Lebendigen nur durch Bezug auf das Gesamtsystem zureichend erklärt werden könnten (›das Ganze ist mehr als die Summe seiner Teile‹). Z. B. vertritt v. Bertalanffy die Autonomie der Biologie (unter Beanspruchung einer Überwindung von Mechanismus und V.) im Rahmen einer allgemeinen ↑Systemtheorie, in der Organismen als hierarchisch organisierte, ›offene Systeme‹ figurieren, deren Teile nur in Bezug auf das Systemganze (↑Teil und Ganzes) verstanden werden könnten. Generell scheinen die genannten Ansätze die Autonomie der Biologie in der ungewöhnlichen, hierarchischen Komplexität leben-

der Systeme zu begründen, die diese einer Untersuchung mit den Standardmethoden der Physik und Chemie entzögen. Es ist freilich nicht zu sehen, wie sich ein derart grundsätzlicher ontologischer bzw. epistemologischer Unterschied zwischen Belebtem und Unbelebtem begründen läßt.

Gegenwärtige, allerdings nicht-vitalistische Konzeptionen einer Autonomie der Biologie bauen vor allem auf dem Begriff der Supervenienz (↑supervenient/Supervenienz) ›echter‹ biologischer Eigenschaften wie ↑Fitneß oder ↑Selektion auf. Mit der Supervenienz solcher Eigenschaften wird eine nicht-reduktive (↑Reduktion) Beziehung zwischen den supervenienten Begriffen und denjenigen Begriffen angesetzt, die die von Art (↑Spezies) zu Art unterschiedlichen materiellen Realisierungstypen supervenienter Eigenschaften repräsentieren. – Im Unterschied zum ontologischen und epistemologischen V. wird ein *methodologischer* V. nach dem Niedergang des ↑Behaviorismus heute für Teilbereiche der Biologie wie die ↑Verhaltensforschung weitgehend anerkannt.

Literatur: G. E. Allan, Mechanism, Vitalism and Organicism in Late Nineteenth and Twentieth-Century Biology. The Importance of Historical Context, Stud. Hist. Philos. Biol. & Biomed. Sci. 36 (2005), 261–283; K. M. Baker/J. M. Gibbs (eds.), Life Forms in the Thinking of the Long Eighteenth Century, Toronto 2016; W. Bechtel/R. C. Richardson, Vitalism, REP IX (1998), 639–643; M. O. Beckner, Vitalism, Enc. Ph. VIII (1967), 253–256, (²2006), 694–698; L. v. Bertalanffy, Das biologische Weltbild I (Die Stellung des Lebens in Natur und Wissenschaft), Bern 1949, Wien/Köln 1990; ders., General System Theory. Foundations, Development, Applications, New York 1968, 2015; F. Burwick (ed.), The Crisis in Modernism. Bergson and the Vitalist Controversy, Cambridge etc. 1992; G. Cimino/F. Duchesneau (eds.), Vitalisms from Haller to the Cell Theory. Proceedings of the Zaragoza Symposium, XIXth International Congress of History of Science, 22-29 August 1993, Florenz 1997; C. Colebrook, Deleuze and the Meaning of Life, London etc. 2010; G. Deleuze, Le bergsonisme, Paris 1966, ⁵2014 (dt. Bergson zur Einführung, Hamburg 1989, unter dem Titel: Henri Bergson zur Einführung, ²1997, ⁴2007); H. Driesch, Der V. als Geschichte und als Lehre, Leipzig 1905, 2. Aufl. des 1. Hauptteils [erw.] unter dem Titel: Geschichte des V., Leipzig 1922; ders., The Science and Philosophy of the Organism. The Gifford Lectures Delivered Before the University of Aberdeen in the Year 1907, I–II, London 1908 (repr. New York 1979); P. Frank, Mechanismus oder V.?, Ann. Naturphilos. 7 (1908), 393–409; M. Fraser/S. Kember/C. Lury (eds.), Inventive Life. Approaches to the New Vitalism, London/Thousand Oaks Calif./New Delhi 2006; T. S. Hall, Ideas of Life and Matter. Studies in the History of General Physiology 600 B. C.–1900 A. D., I–II, Chicago Ill./London 1969; M. R. Johnson, Aristotle on Teleology, Oxford 2005, 2008; R. Mocek, V., EP III (²2010), 2910–2912; S. Normandin/C. T. Wolfe (eds.), Vitalism and the Scientific Image in Post-Enlightenment Life Science, 1800–2010, Dordrecht etc. 2013; P. Nouvel, Repenser le vitalisme. Histoire et philosophie du vitalisme, Paris 2011; P. H. Reill, Vitalizing Nature in the Enlightenment, Berkeley Calif./Los Angeles/London 2005; R. Rey, Naissance et développement du vitalisme en France de la deuxième moitié du 18e siècle à la fin du Premier Empire, Oxford 2000; J. Riskin, The Restless Clock. A History of the Centuries-Long Argument over What Makes Living Things Tick, Chicago Ill./London 2016; M. Schlick, Naturphilosophie, in: M. Dessoir (ed.), Lehrbuch der Philosophie II (Die Philosophie in ihren Einzelgebieten), Berlin 1925, 393–492; N. Tsouyopoulos, V., Hist. Wb. Ph. XI (2001), 1076–1078. G. W.

vivarta (sanskr., Wirbel, Truggebilde), in der indischen Philosophie (↑Philosophie, indische) verwendeter Terminus, um innerhalb von Schulen, in denen die Lehrmeinung vom Enthaltensein der Wirkung in der Ursache (satkāryavāda) vertreten wird, die Auffassung von der Wirkung als einer bloßen Erscheinungsform der Ursache (v.-vāda) gegenüber der Auffassung von der Wirkung als einer realen Transformation der Ursache (pariṇāma-vāda) abzugrenzen. Der pariṇāma-vāda gilt im Advaita (↑Vedānta) als Vorbereitung auf die Einsicht in den v.-vāda. K. L.

Vivekānanda (eigentlich: Narendranāth Datta), *Kalkutta 12. Jan. 1863, †Belūr-Maṭh b. Kalkutta 4. Juli 1902, ind. Philosoph und Religionsreformer. V. war Schüler von Rāmakṛṣṇa, d. i. Gadādhar Chaṭṭopādhyāya [Chatterjee] (1836–1886), dessen Lehre, den an der Bhagavadgītā und der Praxis des ↑Yoga orientierten Rāmakrishna-Vedānta, eine Darstellung des übereinstimmenden Kerns aller Religionen in ihren auf die grundsätzlich drei Erlösungswege, durch Handeln (↑karma), durch Wissen (↑jñana) oder durch Hingabe (↑bhakti) reduzierbaren Gestalten (↑Philosophie, indische), er systematisierend zu einem Erlösungsweg durch Dienst (sevā) zusammenfaßte und lehrend verbreitete. V. und andere ehemalige Mönchsschüler gründeten 1887 den Rāmakrishna-Orden, der mittlerweile in über 200 Kollegs (maṭh) und Klöstern (āśram) verbreitet ist. Durch sein Auftreten auf dem im Zusammenhang der Weltausstellung in Chicago 1893 abgehaltenen Weltkongreß der Religionen wurde V. in der westlichen Welt bekannt; er erhielt so die Gelegenheit, auch in Europa Vorträge zu halten sowie etliche westliche (Neo)-Vedānta-Gesellschaften zu gründen.

Werke: The Complete Works, I–VII, Mayavati 1907–1922, Indexbd., Kalkutta 1926, I–IX, Kalkutta 1955–1997. – Inana Yoga. Gemeinverständliche Einführung in die Gedankenwelt Indiens, übers. F. Rose, Stuttgart/Heilbronn 1923; Raja-Yoga. Mit den Yoga-Aphorismen des Patanjali, ed. E. v. Pelet, Zürich 1937, mit Untertitel: Der Pfad der vollkommenen Beherrschung aller seelischen Vorgänge, Freiburg ³1995; Les Yogas pratiques (Karma, Bhakti, Râja), übers. J. Herbert, Paris 1939, 2005; Jñāna-Yoga. Der Pfad der Erkenntnis, I–II, übers. F. Dispeker, Zürich 1940, ²1949, in einem Bd., Freiburg 1977, 1990; Karma-Yoga und Bhakti-Yoga, übers. I. Krämer/F. Dispeker, Zürich 1953, Freiburg 1983, ²1993; The Yogas and Other Works, ed. Swami Nikhilananda, New York 1953, 1983; Vedanta. Voice of Freedom, ed. Swami Chetanananda, New York 1986, St. Louis Mo. 1990 (dt. Vedanta. Der Ozean der Weisheit. Eine Einführung in die spirituellen Lehren und Grundlagen der Praxis des geistigen Yoga in der indischen Vedanta-Tradition, Bern/München/Wien 1989, 2010); Wege des Yoga. Reden und Schriften, ed. M. Kämpchen, Frankfurt/Leipzig 2009.

Literatur: G. S. Banhatti, Life and Philosophy of Swami V., New Delhi 1989, 2015; R. Chattopadhyaya, Swami V. in the West, Kalkutta 1994; ders., Swami V. in India. A Corrective Biography, Delhi 1999; S. N. Chattopadhyay (ed.), Swami V.. His Global Vision, Kalkutta 2001; J. Dam, Große Meister Indiens. Ramakrishna, V., Sri Aurobindo, Ramana Maharshi, Sri Chinmoy, München 2003, Darmstadt 2006; C. Isherwood, Rāmakrishna and His Disciples, Kalkutta, London, New York 1965, London 1986 (franz. Rāmakrishna. Une âme réalisée, Monaco/Paris 1995); S. Lemaitre, Rāmakrishna et la vitalité de l'hindouisme, Paris 1959, 2015 (dt. Rāmakrischna in Selbstzeugnissen und Bilddokumenten, Reinbek b. Hamburg 1963, 1986); S. L. Malhotra, Social and Political Orientations of Neo-Vedantism. Study of the Social Philosophy of V., Aurobindo, Bipin Chandra Pal, Tagore, Gandhi, Vinoba, and Radhakrishnan, Delhi 1970; S. Nikhilananda, V.. A Biography, New York 1953, rev. 1984, Kalkutta 1992 (franz. La vie de V., Paris 1956, Etrepilly 1994; dt. V.. Leben und Werk, bearb. u. erg. v. H. Spengler-Zomak, München/Engelberg 1972, Argenbühl-Eglofstal [2]2004); W. Radice, Swami V. and the Modernisation of Hinduism, Delhi/New York 1998, 1999; S. Râmakrishna, Sri Sri Râmakrishna Kathâmrita [bengal.], I–II, 1902/1903 (engl. The Gospel of Râmakrishna, ed. Swami Abhedânda, New York 1907, ed. Swāmī Nikhilānanda, New York 1942, [gekürzt] 1942, 1996 [dt. (gekürzt) Das Vermächtnis. Die Botschaft eines der größten Heiligen und geistigen Lehrer der Neuzeit, Bern/München 1981, 2003]); A. Rambachan, The Limits of Scripture. V.'s Reinterpretation of the Vedas, Honolulu Hawaii 1994, Delhi 1995; R. Rolland, La vie de V. et l'évangile universel, Paris 1930, 1977 (dt. Das Leben des V., Leipzig 1930, unter dem Titel: V., Zürich/Stuttgart 1965; engl. The Life of V. and the Universal Gospel, Almora 1931, Kalkutta 1995); A. Roy, Contemporary Indian Philosophy, in: B. Carr/I. Mahalingam (eds.), Companion Encyclopedia of Asian Philosophy, London/New York 1997, 281–299, bes. 284–286; J.-R. Sansen, V., DP II ([2]1993), 2882–2883; P. K. Sengupta (ed.), The Philosophy of Swami V., Kalkutta 1995; S. Sengupta/M. Paranjape (eds.), The Cyclonic Swami. V. in the West, New Delhi 2005; G. R. Sharma, The Idealistic Philosophy of Swami V., New Delhi 1987; H. Torwesten, V.. Ein Brückenbauer zwischen Ost und West. Die Biographie, Grafing 2015. K. L.

Vives, Juan Luis, *Valencia 1493, †Brügge 6. Mai 1540, span. Humanist. 1509–1512 Studium der Philosophie in Paris, ab 1512 in Brügge, 1521 Lateindozent in Brüssel, 1523–1528 Lehrauftrag für klassische Philologie und Jura in Oxford. V. war befreundet mit den Humanisten (↑Humanismus) Erasmus von Rotterdam, G. Budé, T. More und F. v. Cranefeld. – In kritischer Distanz zu den realitätsfernen logischen und semantischen Übungen (Adversus Pseudodialecticos, 1520) und den Quantifizierungsbemühungen von Naturphänomenen in der zeitgenössischen ↑Schulphilosophie fordert V. eine Zurückführung der Wissenschaften auf (empirisch und lebensweltlich fundierte) allgemeingültige und gemeinverständliche Regeln sowie eine Hinwendung der Theorie auf Probleme der Gesellschaft (z. B. Armenfürsorge: De subventione pauperum, 1526) und der Erziehung (De disciplinis, 1531). In der ↑Sprachphilosophie betont V. den dynamischen Charakter der Sprache und die systematische Bedeutung des allgemeinen Sprachgebrauchs (*communis verborum usus*). Er spricht sich gegen die Idee einer (für alle Völker und Sprachen gültigen) universalen ↑Grammatik aus und lehnt den Logozentrismus, der die Sprache ausschließlich als Funktion bzw. Organon des Verstandes sieht, ab. Sprachliches Handeln ist für ihn Ausdruck der gesamten menschlichen Persönlichkeit, auch ihrer Emotionalität und Affektivität. V. hebt den sozialen Charakter der Sprache (des Sprechens) und die Historizität der Sprachen hervor und versucht, die ↑Dialektik (Logik) aus dem Sprachgebrauch heraus zu entwickeln. Seine vor allem auf psychologischen Beobachtungen fußenden Reformvorschläge zur Pädagogik haben die Erziehungsarbeit der Jesuiten beeinflußt.

Werke: Opera, I–II, Basel 1555; Opera omnia, I–VIII, ed. G. Mayáns y Siscar, Valencia 1782–1790 (repr. London 1964); Obras completas, I–II, ed. L. Riber, Madrid 1947/1948; Opera omnia, ed. A. Mestre u. a., Valencia 1992ff. (erschienen Bde I–VI). – Opuscula varia, Louvain o. J. [1519]; Fabula de homine, in: Opuscula varia [s. o.] (engl. A Fable about Man, in: E. Cassirer/P. O. Kristeller [eds.], The Renaissance Philosophy of Man, Chicago Ill./London 1948, 2007, 385–393; dt. Eine Fabel vom Menschen, in: J. v. Stackelberg [ed.], Humanistische Geisteswelt. Von Karl dem Großen bis Philip Sidney, Baden-Baden, Zürich 1956, 249–258); Declamationes Syllanae quinque, Antwerpen 1520, ferner in: Declamationes sex. Syllanae quinque. Sexta, qua respondet Parieti palmato Quintiliani, Basel 1538, unter dem Titel: Declamationes Sullanae [lat./engl.], I–II, ed. E. V. George, Leiden etc. 1989/2012 (= Selected Works II/IX); Adversus pseudodialecticos, Schlettstadt 1520, unter dem Titel: In pseudodialecticos [lat./engl.], ed. C. Fantazzi, Leiden 1979, unter dem Titel: In pseudodialecticos/Against the Pseudodialecticians [lat./engl.], in: Against the Pseudodialecticians. A Humanist Attack on Medieval Logic [...], ed. R. Guerlac, Dordrecht/Boston Mass./London 1979, 45–109; Somnium Scipionis, Louvain, Antwerpen 1520, unter dem Titel: Somnium et vigilia, Antwerpen 1520, unter dem Titel: Somnium et vigilia in somnium Scipionis (Commentary on the »Dream of Scipio«) [lat./engl.], ed. E. V. George, Greenwood S. C. 1989; Commentarii in XXII libros de civitate dei, in: A. Augustinus, De civitate Dei libri XXII, Basel 1522, unter dem Titel: Commentarii ad divi Aurelii Augustini de Civitate Dei, I–V, Valencia 1992–2010 (= Opera omnia II–VI); De institutione foeminae christianae, Antwerpen 1524, rev. Basel 1538, unter dem Titel: De institutione feminae christianae [lat./engl.], I–II, ed. C. Fantazzi/C. Matheeussen, Leiden/New York/Köln 1996/1998 (= Selected Works VI/VII) (engl. A Very Frutefule and Pleasant Boke Called the Instruction of a Christian Woman [...], London o. J. [1529], 1557, unter dem Titel: The Education of a Christian Woman. A Sixteenth-Century Manual, ed. C. Fantazzi, Chicago Ill./London 2000; franz. Livre de l'institution de la femme chrestienne [zusammen mit: De officio mariti (s. u.)], Lyon, Paris 1542, Antwerpen 1579, unter dem Titel: L'éducation de la femme chrétienne, ed. B. Jolibert, Paris 2010; dt. Von underweysung ayner Christlichen Frawen [...], Augsburg 1544, unter dem Titel: Von Underweisung und gottseliger Anfürung einer christlichen Frawen, Frankfurt 1566, unter dem Titel: Die Erziehung der

Christin, in: Pädagogische Hauptschriften [s. u.], 15–101); Introductio ad sapientiam, satellitium sive symbola, epistolae duae, de ratione studii puerilis, Louvain 1524, erw. Paris 1527, rev. Antwerpen 1530, Dublin 1730 (engl. An Introduction to Wisedome, trans. R. Morison, o.O. [London] 1540, unter dem Titel: Introduction to Wisdom. A Renaissance Textbook, ed. M. L. Tobriner, New York 1968; dt. Anlaitung zu der rechten und waren Weyßheit, Ingolstadt 1546, unter dem Titel: Anführung zu der Weißheit, Hamburg 1649, Nürnberg 1716; franz. L'introduction à la sagesse, Paris 1670, unter dem Titel: Introduction à la sagesse, übers. É. Wolff, Monaco 2000); De subventione pauperum. Sive de humanis necessitatibus. Libri II, Brügge 1525 [1526], [2]1526, [lat./engl.] ed. C. Matheeussen/C. Fantazzi, Leiden/Boston Mass. 2002 (= Selected Works IV) (dt. Von Almüsen geben zwey büchlin, Straßburg 1533, unter dem Titel: Zwey Bücher J. L. V.s, welcher in sich begreifen wie man solle die Armen unterhalten [...], Durlach 1627, unter dem Titel: Über die Unterstützung der Armen und über die menschliche Not, in: S. Zeller, J. L. V. [s. u., Lit.], 263–319; franz. L'Aumônerie de Jean Loys V., divisée en deux livres [...], Lyon 1583, unter dem Titel: De l'assistance aux pauvres, Brüssel 1943; engl. Concerning the Relief of the Poor, trans. M. M. Sherwood, New York 1917, unter dem Titel: On Assistance to the Poor, trans. A. Tobriner, Toronto/Buffalo N. Y./ London 1999, unter dem Titel: De Subventione Pauperum (1526)/On the Relief of the Poor, or of Human Need, trans. P. Spicker, in: P. Spicker [ed.], The Origins of Modern Welfare. J. L. V., »De subventione pauperum«, and City of Ypres, »Forma subventionis pauperum«, Oxford etc. 2010, 1–100); De officio mariti, Brügge 1529, rev. Basel 1538, [lat./engl.], ed. C. Fantazzi, Leiden/Boston Mass. 2006 (= Selected Works VIII) (franz. [zusammen mit: Livre de l'institution de la femme chrestienne (s. o.)] L'office du mary, Lyon, Paris 1542, Antwerpen 1579, unter dem Titel: Les devoirs du mari, ed. B. Jolibert, Paris 2010; dt. Von gebirlichem thun und lassen aines Ehemanns, Augsburg 1544, unter dem Titel: Von gebürlichem thun und lassen eines Christlichen Ehemanns, Frankfurt 1566; engl. The Office and Duetie of an Husband, London o.J. [ca. 1557]); De concordia et discordia in humano genere libri quattuor/De pacificatione liber unus/ Quam misera esset vita chistianorum sub Turca liber unus, Antwerpen 1529 (dt. [Teilausg] Vier Bücher von Einigkeit und Zwytracht in dem menschlichen Geschlecht, Frankfurt 1578); De disciplinis libri XII, I–III (I De corruptis artibus, II De tradendis disciplinis, III De artibus), Antwerpen 1531, [Auszug] unter dem Titel: »On Dialectic«, Book III, v, vi, vii from »The Causes of the Corruption of the Arts« [lat./engl.], in: Against the Pseudodialecticians. A Humanist Attack on Medieval Logic [s. o.], 110–153, [Bd. I] unter dem Titel: Über die Gründe des Verfalls der Künste/ De causis corruptarum artium [lat./dt.], ed. E. Hidalgo-Serna, München 1990, [Bde I–II] unter dem Titel: De disciplinis. Savoir et enseigner [lat./franz.], ed. T. Vigliano, Paris 2013 (engl. [Bd. II] V. on Education, ed. F. Watson, Cambridge 1913, Totowa N. J. 1971); De ratione dicendi libri tres, in: De ratione dicendi libri tres/De consultatione, Louvain 1533, unter dem Titel: De ratione dicendi [lat./dt.], übers. A. Ott, Marburg 1993, unter dem Titel: El arte retórica/De ratione dicendi [lat./span.], ed. A. I. Camacho, Barcelona 1998, unter dem Titel: Del arte de hablar/De ratione dicendi [span./lat.], ed. J. M. Rodríguez Peregrina, Granada 2000, unter dem Titel: De ratione dicendi/La retorica [lat./ital.], ed. E. Mattioli, Neapel 2002 (engl. De ratione dicendi. A Treatise on Rhetoric, trans. J. F. Cooney, Diss. Columbus Ohio 1966 [repr. Ann Arbor Mich. 1983]); De epistolis conscribendis, Antwerpen 1534, unter dem Titel: De conscribendis epistolis [lat./engl.], ed. C. Fantazzi, Leiden etc. 1989 (= Selected Works III); Declamationes sex, Basel 1538; De anima et vita libri tres, Basel 1538, unter dem Titel: De anima et vita [lat./ital.], ed. M. Sancipriano, Turin 1959, 1974 (engl. [Auszug] The Passions of the Soul. The Third Book of De anima et vita, trans. C. G. Noreña, Lewiston N. Y. etc. 1999); Linguae latinae exercitatio, Basel 1539, unter dem Titel: Los diálogos (Linguae latinae exercitatio) [lat./span.], Valencia 1994, ed. M. P. García Ruiz, Pamplona 2005; De veritate fidei christianae libri quinque, Basel 1543, Lyon 1639; In leges Ciceronis praelectio, in: Opera [s. o.] I, 286–292, unter dem Titel: Praefatio in leges Ciceronis, in: Praefatio in leges Ciceronis et Aedes legum, ed. C. Matheeussen, Leipzig 1984; Pädagogische Schriften, ed. F. Kayser, in: Ausgewählte pädagogische Schriften des Desiderius Erasmus/J. L. V.' pädagogische Schriften, ed. D. Reichling/F. Kayser, Freiburg 1896, 121–426; Pädagogische Hauptschriften. »Die Erziehung der Christin« und »Über die Wissenschaften«, ed. T. Edelbluth, Paderborn 1912; Obras sociales y politicas, Madrid 1960; Early Writings [lat./engl.], I–II, I, ed. C. Matheeussen/C. Fantazzi/E. George, II, ed. J. Ijsewijn/A. Fritsen/C. Fantazzi, Leiden etc. 1987/1991 (= Selected Works I/V); Selected Works of J. L. V., ed. C. Matheeussen (später: C. Fantazzi), Leiden etc. 1987ff. (erschienen Bde I–X); Obras políticas y pacifistas, übers. F. Calero u. a., Madrid 1999. – Epistolario, ed. J. Jiménez Delgado, Madrid 1978; La correspondance de Guillaume Budé et J. L. V., ed. G. Tournoy, Leuven 2015. – R. U. Pane, English Translations from the Spanish, 1484–1943. A Bibliography, New Brunswick N. J. 1944; E. Hildago-Serna, Bibliographie, in: J. L. V.. Über die Gründe des Verfalls der Künste/De causis corruptarum artium [lat./dt.], ed. E. Hildago-Serna, München 1990, 92–99; E. González/S. Albiñana/V. Gutiérrez, V.. Edicions princeps, Valencia 1992; F. Calero/D. Sala, Bibliografía sobre J. L. V., Valencia 1999; E. González Gonzáles/V. Gutiérrez Rodríguez, Los diálogos de V. y la imprenta. Fortuna de un manuel escolar renacentista (1539–1994), Valencia 1999.

Literatur: J. L. Abellán, El pacifismo de J. L. V., Valencia 1997; A. Bonilla y San Martin, L. V. y la filosofía del Renacimiento, Madrid 1903 (repr. 1981); A. Buck (ed.), J. L. V.. Arbeitsgespräch [...], Hamburg 1981; L. Casini, J. L. V. (Johannes Ludovicus V.), SEP 2009, rev. 2012; ders., J. L. V., in: H. Lagerlund (ed.), Encyclopedia of Medieval Philosophy. Philosophy between 500 and 1500 I, Dordrecht etc. 2011, 659–661; J. M. Cruselles Gómez u. a., Un valenciano universal. J. L. V., Valencia 1993; P. Duhem, Études sur Léonard de Vinci III, Paris 1913 (repr. Paris 1984), 167–174, 180–181, 488, 490; J. Estelrich, L. V.. Exposition organisée à la Bibliothèque Nationale, Paris 1941, 1942; C. Fantazzi (ed.), A Companion to J. L. V., Leiden/Boston Mass. 2008; F. J. Fernández Nieto/A. Melero/A. Mestre (eds.), L. V. y el humanismo europeo, Valencia 1998; J. A. Fernández-Santamaría, J. L. V.. Esceptismo y prudencia en el Renacimiento, Salamanca 1990; ders., The Theater of Man. J. L. V. on Society, Philadelphia Pa. 1998; A. Fontán, J. L. V. (1492–1540), Valencia 1992; N. W. Gilbert, V., Enc. Ph. VIII (1967), 257–258, IX ([2]2006), 699–701 (mit erw. Bibliographie v. T. Frei, 701); E. Grant, V., DSB XIV (1976), 47–48; R. Guerlac, V., REP IX (1998), 645–650; A. Guy, V. ou l'humanisme engagé, Paris 1972; C. Kahl, V., BBKL XXIV (2005), 1493–1512; A. Keck, Das philosophische Motiv der Fürsorge im Wandel. Vom Almosen bei Thomas von Aquin zu J. L. V.' »De subventione pauperum«, Würzburg 2010; J. Kraus, Menschenbild und Menschenbildung bei Johann Ludwig V., Diss. München 1956; T. Leinkauf, Grundriss Philosophie des Humanismus und der Renaissance (1350–1600) I, Hamburg 2017, bes. 379–391; G. Marañón, L. V.. Un español fuera de España, Madrid 1942; B. G. Monsegú, La filosofía del humanismo de J. L. V., Madrid 1961; C. G. Noreña, J. L. V., Den Haag 1970 (mit Bibliographie, 311–321) (span. [rev.] J. L. V., Madrid 1978); ders., J. L. V. and the Emotions, Carbondale Ill./Edwardsville Ill. 1989 (mit Bibliographie, 255–266); ders. u. a., J. L. V.. Vie et destin d'un humaniste européen. Une biographie intellectuelle. Précéde de »V. et la France« et suivi de »V. en France. La fabrique de l'oubli«, Paris 2013; A. R. Perreiah, Renaissance Truths. Humanism, Scholasticism and the Search for the Perfect Language, Farnham/Burlington Vt. 2014; E. Rivari, La sapienza psicologica e pedagogica di Giovanni Lodovico V. da Valencia, Bologna 1922; M. Sancipriano, Il pensiero psicologico e morale di G. L. V., Florenz 1957; V. Sanz, Vigencia actual de L. V., Montevideo 1967; C. Strosetzki (ed.), J. L. V.. Sein Werk und seine Bedeutung für Spanien und Deutschland. Akten der internationalen Tagung vom 14. – 15. Dezember 1992 in Münster, Frankfurt 1995; P. Tort, V., DP II ([2]1993), 2883–2887; W. H. Woodward, Studies in Education During the Age of the Renaissance 1400–1600, Cambridge 1906, New York 1967; M. Wriedt, V., TRE XXXV (2003), 173–177; J. Xirau, El pensamiento vivo de J. L. V., Buenos Aires 1944; S. Zeller, J. L. V. (1492–1540). (Wieder)Entdeckung eines Europäers, Humanisten und Sozialreformers jüdischer Herkunft im Schatten der spanischen Inquisition. Ein Beitrag zur Theoriegeschichte der Sozialen Arbeit als Wissenschaft, Freiburg 2006. – F. Calero/D. Sala, Bibliografía sobre L. V., Valencia 2000. M. G.

Vogt, Karl, *Gießen 5. Juli 1817, †Genf 5. Mai 1895, dt. Zoologe und Philosoph, neben L. Büchner und J. Moleschott bedeutendster Vertreter des Materialismus (↑Materialismus (systematisch), ↑Materialismus (historisch)) im 19. Jh.. 1833–1839 Medizinstudium in Gießen und Bern, nach der Promotion 1839 bis 1844 Mitarbeiter des Geologen L. Agassiz, 1844–1847 Forschungsreisen im Mittelmeerraum und Aufenthalt als Wissenschaftsjournalist in Paris, wo er M. Bakunin, A. Herzen, G. Herwegh und P. J. Proudhon kennenlernt, 1847 a.o. Prof. für Zoologie in Gießen. V. schließt sich der revolutionären Bewegung von 1848 an (1848 Mitglied der Deutschen Nationalversammlung). Wegen seiner politischen Aktivitäten 1849 seines Lehramtes enthoben, übersiedelt V. in die Schweiz und übernimmt an der Universität Genf einen Lehrstuhl für Geologie (1852) bzw. Zoologie (1872).

V.s »Physiologische Briefe« (1847) unterscheiden sich von zahllosen popularisierenden Darstellungen der Naturwissenschaften, die in der Mitte des 19. Jhs. erscheinen, dadurch, daß V. als erster aus dem naturwissenschaftlichen Standpunkt anti-idealistische (↑Idealismus) und atheistische (↑Atheismus) Konsequenzen zieht. Dem christlichen Schöpfungsglauben (↑Schöpfung) hält er das Credo der Unzerstörbarkeit der ↑Materie entgegen, der idealistischen Auszeichnung des ↑Bewußtseins begegnet er mit der reduktionistischen (↑Reduktionismus) These vom ↑Geist als Transformation der Materie. Es handelt sich bei diesem Materialismus nicht um eine systematische philosophische Position, sondern um das praktische Komplement zu L. Feuerbachs Idealismuskritik: die Naturwissenschaften werden zum Instrument und zur Rechtfertigungsbasis einer Opposition gegen überkommene Autoritäten. – V. hat Feuerbachs Schriften selbst wahrscheinlich nicht rezipiert, sich vielmehr an der Tradition der französischen Materialisten (↑Materialismus, französischer), insbes. an F. Cabanis, geschult (vgl. F. Gregory 1977, 60–61). Bei seinem Bemühen um ↑Aufklärung hat er vor allem die ↑Religion und religiös begründete Normen im Blick (↑Religionskritik); auch für alle gesellschaftlichen Mißstände sieht er den Grund in der Religion. Diese Ausrichtung, ferner V.s Bestimmung des gesellschaftlichen Idealzustandes als Anarchie (↑Anarchismus), vor allem aber die mangelnde Reflexion der eigenen Voraussetzungen tragen dem Ansatz von seiten des Dialektischen Materialismus (↑Materialismus, dialektischer) das Verdikt ↑›Vulgärmaterialismus‹ ein. Mit K. Marx gerät V. 1859 überdies in eine heftige tagespolitische Auseinandersetzung (vgl. K. Marx, Herr V. [1860], MEW XIV, 385–702; Gregory 1977, 200–204).

V.s Äußerungen im so genannten *Materialismusstreit*, einer zwischen V. und R. Wagner bzw. zwischen J. Liebig und J. Moleschott ausgetragenen, durch einen Vortrag von Wagner auf der 31. Versammlung deutscher Naturforscher und Ärzte 1854 in Göttingen verschärften Auseinandersetzung um das Verhältnis von Naturwissenschaft und christlicher Weltanschauung, zeigen eine Vorliebe für drastische Wortwahl. Besonders markant ist V.s, eine Wendung von Cabanis abwandelndes Diktum »daß die Gedanken etwa in demselben Verhältnisse zum Gehirne stehen, wie die Galle zu der Leber oder der Urin zu den Nieren« (Köhlerglaube und Wissenschaft, 1855, 32 [= nicht buchstabengetreues Selbstzitat aus: Physiologische Briefe, 1847, 206]). Mit seinen zunächst öffentlich vorgetragenen, dann in Buchform erschienenen »Vorlesungen über den Menschen« (1863) und zahlreichen Beiträgen in Zeitungen und Zeitschriften tritt V., noch vor E. Haeckel, als einer der frühesten Verfechter Darwinscher Thesen im deutschsprachigen Raum auf (vgl. F. Gregory 1977, 76).

Werke: Zur Anatomie der Amphibien, Diss. Bern 1839; Physiologische Briefe für Gebildete aller Stände, Stuttgart/Tübingen 1847, Gießen [4]1874, [Auszug] in: D. Wittich (ed.), V., Moleschott, Büchner [s. u., Lit.] I, 1–24 (franz. Lettres physiologiques, Paris 1875); Über den heutigen Stand der beschreibenden Naturwissenschaften. Rede gehalten am 1. Mai 1847 zum Antritte des zoologischen Lehramtes an der Universität Gießen, Gießen 1847; Ocean und Mittelmeer. Reisebriefe, I–II, Frankfurt 1848; Die Aufgabe der Opposition in unserer Zeit. Zum Besten der deutschen Flüchtlinge, Gießen 1849; Untersuchungen über Thierstaaten, Frankfurt 1851; Bilder aus dem Thierleben, Frankfurt 1852; Köhlerglaube und Wissenschaft. Eine Streitschrift gegen Hofrath Rudolph Wagner in Göttingen, Gießen 1855, [4]1855, 1856, ferner in: D. Wittich (ed.), V., Moleschott, Büchner [s. u., Lit.] II, 517–640; Altes und Neues aus Thier- und Menschenleben, I–II, Frankfurt 1859; Studien zur gegenwärtigen Lage

Europas, Genf/Bern 1859; Vorlesungen über den Menschen, seine Stellung in der Schöpfung und in der Geschichte der Erde, I–II, Gießen 1863 (engl. Lectures on Man, His Place in Creation and the History of the Earth, ed. J. Hunt, London 1864; franz. Leçons sur l'homme, sa place dans la création et dans l'histoire de la terre, Paris 1865); Politische Briefe an Friedrich Kolb, Biel 1870; Ein frommer Angriff auf die heutige Wissenschaft, Breslau 1882; Aus meinem Leben, Erinnerungen und Rückblicke, Stuttgart 1896, ed. E.-M. Felschow, Gießen 1997.

Literatur: M. Amrein/K. Nickelsen, The Gentleman and the Rogue. The Collaboration between Charles Darwin and Carl V., J. Hist. Biology 41 (2008), 237–266; J. Frohschammer, Menschenseele und Physiologie. Eine Streitschrift gegen Professor Carl V. in Genf, München 1855; F. Gregory, Scientific Materialism in Nineteenth Century Germany, Dordrecht 1977, bes. 51–79 (Chap. III K. V.. Sounding the Alarm); J. Jung, K. V.s Weltanschauung. Ein Beitrag zur Geschichte des Materialismus im neunzehnten Jahrhundert, Paderborn 1915; E. Krause, V., ADB XL (1896), 181–189; H. Misteli, Carl V.. Seine Entwicklung vom angehenden naturwissenschaftlichen Materialisten zum idealen Politiker der Paulskirche (1817–1849), Zürich 1938; P. E. Pilet, V., DSB XIV (1976), 57–58; W. Vogt, La vie d'un homme. Carl V., Paris 1896, ^{2}1896; D. Wittich (ed.), V., Moleschott, Büchner. Schriften zum kleinbürgerlichen Materialismus in Deutschland, I–II, Berlin 1971; ders., V., in: E. Lange/D. Alexander (eds.), Philosophenlexikon, Berlin 1982, 1987, 908–912. B. U.

Vokabular, ↑Sprache, formale.

Volkelt, Johannes, *Kunzendorf, polnisch Lipnik (Galizien), heute der östliche Stadtteil der polnischen Stadt Bielsko-Biała, 21. Juli 1848, †Leipzig 8. Mai 1930, dt. Philosoph. Als Vertreter einer kritischen Metaphysik auf erkenntnistheoretischer Grundlage gehört V. der metaphysischen Richtung des ↑Neukantianismus an. 1867–1871 Studium der Philosophie in Wien, Jena und Heidelberg. 1871 Promotion, 1876 Habilitation und 1879 a.o. Prof. in Jena, 1883 o. Prof. in Basel, 1889 in Würzburg, 1894 in Leipzig. Die ↑Metaphysik, die nach V. ›das Wesen der Wirklichkeit‹ untersucht, könne zwar nur wahrscheinliche Erkenntnis erlangen, sei jedoch gleichwohl berechtigt, da selbst die empirischen Wissenschaften den Bereich der Erfahrung ständig überschreiten würden. Um die ungeordneten Bewußtseinstatsachen als wissenschaftliche ↑Erfahrung verstehen zu können, sei die Anerkennung einer außersubjektiven Wirklichkeit, eines ›transsubjektiven Minimums‹, notwendig (Gewißheit und Wahrheit, 231–268). V. vertritt, um einen Ausgleich des subjektiven und des objektiven Anteils in der Erkenntnis bemüht, einen ›subjektivistischen Transsubjektivismus‹. Bekannt geworden ist er vor allem als Vertreter einer psychologischen Einfühlungsästhetik. Die ästhetische Einfühlung, die nicht begrifflich, sondern als ›schauendes Erfühlen‹ zustandekomme, versteht er als Steigerung der alltäglichen ↑Einfühlung, die jeder zwischenmenschlichen Begegnung zugrundeliege.

Werke: Pantheismus und Individualismus im Systeme Spinoza's, Leipzig 1872; Das Unbewußte und der Pessimismus. Studien zur modernen Geistesbewegung, Berlin 1873; Die Traum-Phantasie, Stuttgart 1875; Der Symbol-Begriff in der neuesten Aesthetik, Jena 1876; Immanuel Kant's Erkenntnisstheorie nach ihren Grundprincipien analysirt. Ein Beitrag zur Grundlegung der Erkenntnisstheorie, Leipzig 1879; Über die Möglichkeit der Metaphysik, Hamburg/Leipzig 1884; Erfahrung und Denken. Kritische Grundlegung der Erkenntnistheorie, Hamburg/Leipzig 1886 (repr., ed. H. Schwaetzer, Hildesheim/Zürich/New York 2002), Leipzig ^{2}1924; Franz Grillparzer als Dichter des Tragischen, Nördlingen 1888, München ^{2}1909; Vorträge zur Einführung in die Philosophie der Gegenwart, München 1892; Ästhetische Zeitfragen. Vorträge, München 1895; Ästhetik des Tragischen, München 1897, ^{4}1923; Arthur Schopenhauer. Seine Persönlichkeit, seine Lehre, sein Glaube, Stuttgart 1900, ^{5}1923; System der Ästhetik, I–III, München 1905–1914, ^{2}1925–1927; Die Quellen der menschlichen Gewissheit, München 1906; Zwischen Dichtung und Philosophie. Gesammelte Aufsätze, München 1908 (repr. Bremen 2012); Kunst und Volkserziehung. Betrachtungen über Kulturfragen der Gegenwart, München 1911; Gewissheit und Wahrheit. Untersuchung der Geltungsfragen als Grundlegung der Erkenntnistheorie, München 1918, ^{2}1930; Religion und Schule, Leipzig 1919; Das ästhetische Bewusstsein. Prinzipienfragen der Ästhetik, München 1920; Mein philosophischer Entwicklungsgang, in: R. Schmidt (ed.), Die deutsche Philosophie der Gegenwart in Selbstdarstellungen I, Leipzig 1921, 201–228, ^{2}1923, 215–243; Die Gefühlsgewissheit. Eine erkenntnistheoretische Untersuchung, München 1922; Phänomenologie und Metaphysik der Zeit, München 1925; Das Problem der Individualität, München 1928; Versuch über Fühlen und Wollen, München 1930; Erkenntnistheorie, in: H. Schwarz (ed.), Deutsche systematische Philosophie nach ihren Gestaltern, Berlin 1931, 1–56. – H. Volkelt, Bibliographie J. V., in: P. Barth u. a., Festschrift J. V. [s. u., Lit.], 417–428.

Literatur: P. Barth u. a., Festschrift J. V. zum 70. Geburtstag, München 1918; T. Kubalica, J. V. und das Problem der Metaphysik, Würzburg 2014 (mit Bibliographie, 245–260); ders., J. V.s philosophische Entwicklung, in: ders./S. Nachtsheim (eds.), Neukantianismus in Polen, Würzburg 2015, 289–298; T. Neumann, Gewissheit und Skepsis. Untersuchungen zur Philosophie J. V.s, Amsterdam 1978; W. Schuster (ed.), Zwischen Philosophie und Kunst. J. V. zum 100. Lehrsemester, Leipzig 1926; H. Schwaetzer, Subjektivistischer Transsubjektivismus, in: J. V., Erfahrung und Denken, Hildesheim/Zürich/New York 2002, IX–XLVI; E. Utitz, J. V., Kant-St. 36 (1931), 158–160. G. G.

Vollbegründung, von H. Dingler eingeführte Bezeichnung für ein erkenntnis- und wissenschaftstheoretisches Programm, das sich die ↑Begründung aller wissenschaftlichen Aussagen, ausgehend von einem ersten Akt des praktischen Willens, zum Ziel setzt. Diese in der systemmorphologischen Konstruktion am ehesten mit der ↑Wissenschaftslehre J. G. Fichtes vergleichbare Konzeption (häufig mißverständlich als ↑›Voluntarismus‹ bezeichnet) ergibt sich bei Dingler zufolge der durch das Prinzip vom zu vermeidenden unendlichen Regreß (↑regressus ad infinitum) entstehenden methodischen Probleme. Dadurch, daß die letzte Begründung in einem freien Vollzug der Setzung dieses Anfangs erfolgt, unterscheidet sich Dinglers Position von axiomatischen bzw. deskriptivistischen Konzeptionen einer ↑Letztbegründung. Dinglers Konzeption der Begründung ist vor allem von K. R. Popper kritisiert worden und war für die Entwicklung des ↑Münchhausen-Trilemmas bei H. Albert bestimmend. Sie ist unter Berücksichtigung der Einwände von seiten des Kritischen Rationalismus (↑Rationalismus, kritischer) und unter Einbeziehung phänomenologischer (↑Phänomenologie) Momente (↑Lebenswelt) von der Konstruktiven Wissenschaftstheorie (↑Wissenschaftstheorie, konstruktive) weiterentwickelt worden.

Literatur: H. Dingler, Die Grundlagen der Physik. Synthetische Prinzipien und mathematische Naturphilosophie, Berlin/Leipzig 1919, [2]1923; ders., Metaphysik als Wissenschaft vom Letzten, München 1929; ders., Aufbau der exakten Fundamentalwissenschaft, München 1964; P. Janich, Dingler und Apriorismus, in: ders. (ed.), Wissenschaft und Leben. Philosophische Begründungsprobleme in Auseinandersetzung mit Hugo Dingler, Bielefeld 2006, 53–68; K. Lorenz/J. Mittelstraß, Die methodische Philosophie Hugo Dinglers, in: H. Dingler, Die Ergreifung des Wirklichen. Kapitel I–IV, Frankfurt 1969, 7–55; J. Mittelstraß, Wider den Dingler-Komplex, in: ders., Die Möglichkeit von Wissenschaft, Frankfurt 1974, 84–105, 230–234, Neudr. in: G. Böhme (ed.), Protophysik. Für und wider eine konstruktive Wissenschaftstheorie der Physik, Frankfurt 1976, 11–39; ders., Gibt es eine Letztbegründung?, in: P. Janich (ed.), Methodische Philosophie. Beiträge zum Begründungsproblem der exakten Wissenschaften in Auseinandersetzung mit Hugo Dingler, Mannheim/Wien/Zürich 1984, 12–35, Neudr. in: ders., Der Flug der Eule. Von der Vernunft der Wissenschaft und der Aufgabe der Philosophie, Frankfurt 1989, 281–312; K. R. Popper, Logik der Forschung. Zur Erkenntnistheorie der modernen Naturwissenschaft, Wien 1935, Tübingen [10]1994, [11]2005 (= Ges. Werke III), 47–59 (Kap. IV Falsifizierbarkeit) (engl. The Logic of Scientific Discovery, London, New York 1959, London/New York 2010, 78–92 [Chap. IV Falsifiability]); H. Wagner, Hugo Dinglers Beitrag zur Thematik der Letztbegründung, Kant-St. 47 (1955/1956), 148–167. C. F. G.

Vollformalismus, von P. Lorenzen (1962) eingeführte Bezeichnung für ein formales System (↑System, formales, ↑Formalismus, ↑Kalkül), bei dem die Ableitungsregeln endlich viele ↑Prämissen haben. Die Bezeichnung ›V.‹ dient dabei zur Abgrenzung von (durch K. Schütte 1960 eingeführte und so bezeichnete) ↑*Halbformalismen*, in denen man Regeln mit unendlich vielen Prämissen zuläßt. Die Unterscheidung zwischen V.en und Halbformalismen spielt vor allem in der ↑Beweistheorie der ↑Arithmetik und ↑Analysis (↑Metamathematik) eine Rolle, insbes. im Zusammenhang mit der ω-Regel (Regel der unendlichen Induktion; ↑Induktion, unendliche):

$$\frac{A(0)\quad A(1)\quad A(2)\quad \ldots}{\bigwedge_x A(x)}$$

Nach dem üblichen *syntaktischen* Verständnis von Regeln, wonach Anwendungen von Ableitungsregeln (↑ableitbar/Ableitbarkeit) rein syntaktisch spezifizierte Operationen auf Zeichenketten sind, ist die Bezeichnung ›Halbformalismus‹ und damit die Unterscheidung zwischen V.en und Halbformalismen irreführend, da Halbformalismen keine Formalismen im eigentlichen Sinne sind. Die unendliche Prämissenfolge etwa der ω-Regel, die nicht effektiv hingeschrieben, sondern nur mit Hilfe einer (berechenbaren) Funktion aufgezählt werden kann (↑aufzählbar/Aufzählbarkeit), ist danach eher eine *semantische* Charakterisierung ihrer Konklusion (einer arithmetischen Allaussage). Das Motiv für die Untersuchung von Halbformalismen und damit für die Unterscheidung zwischen Halbformalismus und V. ist die Unvollständigkeit der V.en der Arithmetik (Gödelscher ↑Unvollständigkeitssatz; ↑unvollständig/Unvollständigkeit). Ein präziser Begriff des V. und der durch V.en generierbaren Zeichenketten (erstmals von E. L. Post angegeben) führt zu einer Charakterisierung berechenbarer Funktionen, die äquivalent zum Begriff der rekursiven Funktion (↑Funktion, rekursive, ↑berechenbar/Berechenbarkeit, ↑Algorithmentheorie) ist.

Literatur: B. Buldt, Infinitary Logics, REP IV (1998), 769–772; ders., V., Hist. Wb. Ph. XI (2001), 1113–1115; P. Lorenzen, Metamathematik, Mannheim 1962, Mannheim/Wien/Zürich [2]1980; K. Schütte, Beweistheorie, Berlin/Göttingen/Heidelberg 1960 (engl. Proof Theory, Berlin/Heidelberg/New York 1977). P. S.

Vollkommenheit (engl. perfection), (1) als Terminus der Ontologie und der Metaphysik (z. B. bei C. Wolff, A. G. Baumgarten und I. Kant) Bezeichnung (a) in quantitativer Hinsicht für Vollständigkeit, (b) in qualitativer Hinsicht für die Übereinstimmung aller Bestimmungen eines Objektes mit einer geordneten Einheit bzw. (teleologisch verstanden) mit einem ↑Zweck; (2) als Terminus der ↑Ethik Bezeichnung für ein anzustrebendes, aber nie ganz erreichbares ↑Ideal. Nach Kant besteht die moralische V. darin, »seine Pflicht zu tun, und zwar aus Pflicht (daß das Gesetz nicht bloß die Regel, sondern auch die Triebfeder der Handlung sei)« (Met. Sitten, Tugendlehre, Einl. VIII/1, Akad.-Ausg. VI, 392); negativ wird die ethische V. bestimmt als Freiheit von Fehlern, Begierden und Leidenschaften bzw. (theologisch) als Sündenlosigkeit.

Literatur: A. Assmann/J. Assmann (eds.), V., Paderborn/München 2010; W. Braun, V. und Erziehung. Geschichte und Gegenwart, Weinheim 1997; E. Conee, The Nature and the Impossibility of Moral Perfection, Philos. Phenom. Res. 54 (1994), 815–825; E. Faye, Philosophie et perfection de l'homme. De la Renaissance à Descartes, Paris 1998; M. Foss, The Idea of Perfection in the Western World, Lincoln Neb., Princeton N. J. 1946, Lincoln Neb. 1967; C. Hartshorne, ›The Logic of Perfection‹ and Other Essays in Neoclassical Metaphysics, La Salle Ill. 1962; T. S. Hoffmann, V., Hist. Wb. Ph. XI (2001), 1115–1132; M. Moxter, V. (Gottes/des Menschen), RGG VIII ([4]2005), 1199–1201; S. Müller, V., in: P. Kolmer/A. G. Wildfeuer (eds.), Neues Handbuch philosophischer Grundbegriffe III, Freiburg/München 2011, 2370–2384; J. Passmore, The Perfectibility of Man, New York, London 1970, Indianapolis Ind. [3]2000 (dt. Der vollkommene Mensch. Eine Idee im Wandel von drei Jahrtausenden, Stuttgart 1975); M. Stocker, Some Comments on ›Perfectionism‹, Ethics 105 (1995), 386–400; G. Wainwright, V., TRE XXXV (2003), 273–285. M. G.

vollständig/Vollständigkeit (engl. complete/completeness), Terminus zur Charakterisierung von Systemen oder Verfahren; diese heißen v. bezüglich einer Eigenschaft *E*, wenn sie ausnahmslos alle Elemente mit der Eigenschaft *E* enthalten bzw. liefern. In diesem Sinne will z. B. I. Kant in seiner Urteilstafel »die Funktionen der Einheit in den Urteilen v. darstellen« (KrV B 94). Im gleichen Sinne nennt man eine komplexe Handlung v. ausgeführt, wenn alle ihre Teilhandlungen vollzogen sind. Im logisch-mathematischen Sinne (↑Logik, mathematische) ist V. eine Eigenschaft mancher formaler Systeme (↑System, formales) bzw. der ihnen zugrundeliegenden Axiomensysteme (↑System, axiomatisches). Obwohl dabei durchwegs die Beziehungen zwischen deren semantischen (↑Semantik) und syntaktischen (↑Syntax) Eigenschaften interessieren, formuliert man je nach Art der Fragestellung verschiedene Arten von V.. Ein in einer formalen Sprache (↑Sprache, formale) $\mathcal{L}$ formuliertes widerspruchsfreies (↑widerspruchsfrei/Widerspruchsfreiheit) Axiomensystem $\mathfrak{A}$ heißt bezüglich $\mathcal{L}$ (1) *semantisch* v., wenn jede inhaltlich (auf Grund eines semantischen ↑Wahrheitsbegriffs oder einer konstruktiven Wahrheitsdefinition) wahre Aussage von $\mathcal{L}$ aus $\mathfrak{A}$ ableitbar (↑ableitbar/Ableitbarkeit) ist, (2) *syntaktisch* v., wenn es maximal widerspruchsfrei ist, d. h., wenn bei jeder Erweiterung von $\mathfrak{A}$ um eine nicht aus $\mathfrak{A}$ ableitbare Aussage von $\mathcal{L}$ sämtliche Aussagen von $\mathcal{L}$ ableitbar (und somit das Axiomensystem widerspruchsvoll) werden, (3) *klassisch* v. (auch: *deduktiv* v.), wenn zu jeder nicht selbst aus $\mathfrak{A}$ ableitbaren Aussage A von $\mathcal{L}$ ihr Negat $\neg A$ aus $\mathfrak{A}$ ableitbar ist.

Jede auf einem v.en rekursiv aufzählbaren (↑aufzählbar/Aufzählbarkeit) Axiomensystem aufgebaute Theorie ist entscheidbar (↑entscheidbar/Entscheidbarkeit); kennt man sogar ein *effektives* ↑Entscheidungsverfahren, so heißt die Theorie *effektiv* v.. Ein Axiomensystem in einer Sprache, die zur Formulierung der elementaren ↑Arithmetik hinreicht, heißt *ω-vollständig* (↑ω-vollständig/ω-Vollständigkeit), wenn die Allaussage $\bigwedge_x A(x)$ zu jeder einstelligen arithmetischen Aussageform $A(x)$ ableitbar ist, für die sich konstruktiv die Wahrheit jedes Einsetzungsergebnisses $A(n)$ mit einem Zählzeichen (↑Ziffer) n zeigen läßt. – Daneben bezeichnet man in der modelltheoretischen Semantik (↑Modelltheorie) eine Theorie T als *semantisch* v., falls für jede in der Sprache von T formulierbare Aussage A gilt: $T \vDash A$ (d. h., jedes ↑Modell von T ist auch ein Modell von A) oder $T \vDash \neg A$, d. h., T macht entweder A oder $\neg A$ wahr. Die ältere Rede von der V. einer Theorie im Sinne der Isomorphie (↑isomorph/Isomorphie) aller ihrer Modelle ist durch die Rede von ›Kategorizität‹ (↑kategorisch) und ›Monomorphie‹ (↑monomorph/Monomorphie) ersetzt worden. – In der ↑Mathematik heißt ein metrischer Raum (↑Abstand) v., wenn jede Cauchy-Folge (↑Folge (mathematisch)) gegen einen Punkt des Raumes konvergiert. Im Falle des reellen Zahlenkörpers (↑Körper (mathematisch)) bedeutet seine V., daß er maximal unter den archimedisch geordneten Körpern (↑Archimedisches Axiom) ist. C. T.

Vollständigkeitssatz (engl. completeness theorem, franz. théorème de complétude), in der Mathematischen Logik (↑Logik, mathematische) Bezeichnung für den metamathematischen (↑Metamathematik) Satz, daß jede allgemeingültige (↑allgemeingültig/Allgemeingültigkeit) Formel der ↑Quantorenlogik 1. Stufe (QL) aus einem geeigneten Axiomensystem QK (↑System, axiomatisches) ableitbar (↑ableitbar/Ableitbarkeit), dieses also semantisch vollständig (↑vollständig/Vollständigkeit) ist:

$$\vDash_{QL} A \prec \vdash_{QK} A.$$

Der V. wurde erstmals 1930 von K. Gödel in seiner Wiener Dissertation bewiesen; die heute üblichen Beweise folgen meist dem von L. Henkin 1949 gelieferten und 1953 von G. Hasenjaeger vereinfachten Beweis. Während diese sowie die Beweise von W. E. Beth und J. Hintikka (beide 1955) semantisch vorgehen, hat K. Schütte 1960 einen (strukturell an den beiden letztgenannten orientierten) rein syntaktischen Beweis des V.es geliefert. Dabei wird auch deutlich, daß V.e auf Grund der Eigenschaften einer mengen- bzw. modelltheoretischen ↑Semantik (↑Interpretationssemantik, ↑Modelltheorie) nur klassische Gültigkeit beanspruchen können, wenn auch Schütte 1960 und P. Lorenzen 1972 einen konstruktiven (↑Mathematik, konstruktive) Teilinhalt klären konnten. Der V. gehört zu den Ergebnissen der Mathematischen Logik, die Logik und ↑Algebra unmittelbar verknüpfen und – z. B. durch das Korollar, daß eine unvollständige (↑unvollständig/Unvollständigkeit) Theorie über der Quantorenlogik 1. Stufe mindestens zwei nicht-isomorphe Modelle hat – weiterführende Anwendungen in der Mathematik gefunden haben. Für stufenlogische (↑Stufenlogik) oder typentheoretische (↑Typentheorien) Systeme lassen sich bei Einschränkung der Klasse der Modelle V.e gewinnen. Auf Grund des Gödelschen ↑Unvollständigkeitssatzes sind solche Systeme unvollständig. Im Bereich der intensionalen Logiken (↑Logik, intensionale) liegen jedoch V.e für verschiedenartigste Formalismen vor. Die Beweisbarkeit eines V.es bezüglich einer geeigneten Semantik wird dabei häufig als Rechtfertigung oder zumindest als notwendige Bedingung für die

Wahl eines solchen formalen Systems (↑System, formales) angesehen.

Literatur: K. Berka/L. Kreiser (eds.), Logik-Texte. Kommentierte Auswahl zur Geschichte der modernen Logik, Berlin (Ost) 1971, [4]1986; E. W. Beth, Semantic Entailment and Formal Derivability, Amsterdam 1955; B. Buldt, Vollständigkeit/Unvollständigkeit, Hist. Wb. Ph. XI (2001), 1136–1141; D. van Dalen, Logic and Structure, Berlin/Heidelberg/New York 1980, Berlin etc. [5]2013; T. Franzén, Gödel's Theorem. An Incomplete Guide to Its Use and Abuse, Wellesley Mass. 2005, 2006; U. Friedrichsdorf, Einführung in die klassische und intensionale Logik, Braunschweig/Wiesbaden 1992; K. Gödel, Über die Vollständigkeit des Logikkalküls, Diss. Wien 1930, Neudr. in: Collected Works I, Oxford 1986, Oxford etc. 2001, 60–100, rev. u. gekürzt unter dem Titel: Die Vollständigkeit der Axiome des logischen Funktionenkalküls, Mh. Math. Phys. 37 (1930), 349–360, Neudr. in: Collected Works [s. o.] I, 102–123; G. Hasenjaeger, Eine Bemerkung zu Henkins Beweis für die Vollständigkeit des Prädikatenkalküls der ersten Stufe, J. Symb. Log. 18 (1953), 42–48; L. Henkin, The Completeness of the First-Order Functional Calculus, J. Symb. Log. 14 (1949), 159–166; ders., Completeness in the Theory of Types, J. Symb. Log. 15 (1950), 81–91; ders., The Discovery of My Completeness Proofs, Bull. Symb. Log. 2 (1996), 127–158; J. Hintikka, Two Papers on Symbolic Logic. Form and Content in Quantification Theory and Reductions in the Theory of Types, Helsinki 1955 (Acta Philos. Fennica VIII); J. Kennedy, Kurt Gödel, SEP 2007, rev. 2015; dies. (ed.), Interpreting Gödel. Critical Essays, Cambridge etc. 2014; P. Lorenzen, Zur konstruktiven Deutung der semantischen Vollständigkeit klassischer Quantoren- und Modalkalküle, Arch. math. Logik u. Grundlagenforsch. 15 (1972), 103–117; A. Mostowski, Thirty Years of Foundational Studies. Lectures on the Development of Mathematical Logic and the Study of the Foundations of Mathematics in 1930–1964, Helsinki 1965, 1967, 51–61 (Lecture VI The Completeness Problem); W. A. Pogorzelski/P. Wojtylak, Completeness Theory for Propositional Logics, Basel/Boston Mass./Berlin 2008. C. T.

volonté de tous, ↑volonté générale.

volonté générale (franz., allgemeiner Wille), in der Staatstheorie J.-J. Rousseaus Bezeichnung für das herrschaftslose, Gesellschaftsformen konstituierende Prinzip eines subjektiv und objektiv allgemeinen freien ↑Willens. Die sittlich gesollte, inhaltlich notwendig unbestimmte v. g. steht als bloßes Formprinzip im Gegensatz zu den empirisch vorfindlichen, stets auf inhaltlich bestimmte ↑Interessen gerichteten besonderen Willen, deren Verbindung auch dann, wenn die Gesamtheit im Willen übereinstimmt, immer nur eine – von Rousseau als *volonté de tous* bezeichnete – Summe prinzipiell isolierter Einzelwillen ergibt. Widersetzt sich der Einzelne der v. g., so widersetzt er sich dem Gesetz, und indem er sich über das Gesetz erhebt, vergeht er sich an der ↑Freiheit der anderen, die darin besteht, sich einem Gesetz zu unterwerfen, das nicht von einem Einzelwillen abhängig ist.

Rousseau betont erstmals den historischen Charakter des ↑Naturrechts, dessen Entstehung er nicht vor den Abschluß eines fiktiven ↑Gesellschaftsvertrags, sondern an das Ende eines langen Entwicklungsprozesses vergesellschafteter (↑Vergesellschaftung) Menschen stellt. Da die Genese sittlicher und rechtlicher Normen (↑Norm (handlungstheoretisch, moralphilosophisch), ↑Norm (juristisch, sozialwissenschaftlich)) lebensweltlich durch die aus konkreten Individuen gebildete konkrete Gesellschaft erklärt wird, relativiert Rousseau den Geltungsbereich der v. g. räumlich und zeitlich und begrenzt ihn auf den Rahmen des jeweiligen Staatswesens. Die Verallgemeinerungsfähigkeit dieser nationalen v. g. liegt darin, daß sie auf dem Prinzip des sittlichen Willens beruht. Damit ergibt sich für Rousseau das Dilemma, daß die Errichtung einer idealen Gesellschaft die Umkehrung von Ursache und Wirkung voraussetzt: Der Gemeinsinn, der die Folge guter politischer Institutionen ist, müßte diesen vorausgehen, und die Menschen müßten schon vor Erlaß der Gesetze so sein, wie sie durch die Gesetze erst werden sollen (Vom Gesellschaftsvertrag oder Grundsätze des Staatsrechts, ed. H. Brockard, Stuttgart 1977, 46).

Literatur: R. Brandt, Rousseaus Philosophie der Gesellschaft, Stuttgart 1973; J.-M. Cotteret, Les avatars de la v. g., Paris 2011; N. J. H. Dent, Rousseau. An Introduction to His Psychological, Social and Political Theory, Oxford/New York 1988, 1989; J. Farr/D. L. Williams (eds.), The General Will. The Evolution of a Concept, Cambridge etc. 2015; I. Fetscher, Rousseaus politische Philosophie. Zur Geschichte des demokratischen Freiheitsbegriffs, Neuwied/Berlin 1960, Frankfurt [3]1980, 2009; ders., V. g.; volonté de tous, Hist. Wb. Ph. XI (2001), 1141–1143; M. Forschner, Rousseau, Freiburg/München 1977; H. Gildin, Rousseau's Social Contract. The Design of the Argument, Chicago Ill./London 1983; M. Glötzner, Rousseaus Begriff der ›v. g.‹. Eine Annäherung über die Theologie, Hamburg 2013; V. Goldschmidt, Anthropologie et politique. Les principes du système de Rousseau, Paris 1974, [2]1983; J. C. Hall, Rousseau. An Introduction to His Political Philosophy, London etc. 1973; A. Levine, The General Will. Rousseau, Marx, Communism, Cambridge etc. 1993; J. A. Neidleman, The General Will Is Citizenship. Inquiries into French Political Thought, Lanham Md. 2001; P. P. Nicholson, General Will, REP IV (1998), 9–12; Y. Vargas, Rousseau. Économie politique (1755), Paris 1986; M. Viroli, La théorie de la société bien ordonnée chez Jean-Jacques Rousseau, Florenz/Berlin/New York 1988; O. Vossler, Rousseaus Freiheitslehre, Göttingen 1963; weitere Literatur: ↑Rousseau, Jean-Jacques. H. R. G.

Voltaire (eigentlich François Marie Arouet), *Paris 21. Nov. 1694, †ebd. 30. Mai 1778, franz. Philosoph und Literat. Als Sohn eines wohlhabenden Notars erhält V. eine gute Ausbildung und wird dank der Eleganz seiner Verse und der Treffsicherheit seiner geistvollen Kritik schnell bekannt. 1716 wegen kritischer Haltung gegenüber Regierung und Hof Verbannung, 1717 elfmonatige Haft in der Bastille. 1718 erfolgreiche Uraufführung des »Œdipe«, Arbeiten am ersten Teil von »La ligue, ou Henry le Grand. Poeme epique« (Genf 1723, ab 1728 unter dem Titel: »Henriade«). 1726 erneut Haft in der

Bastille und Freilassung mit der Auflage, das Land zu verlassen; V. geht nach England. Die 1734 erscheinenden »Lettres philosophiques« (ursprüngliche Fassung: Letters Concerning the English Nation, 1733) beschreiben die liberalen politischen und intellektuellen Zustände in England und kontrastieren diese mit den französischen Verhältnissen, wodurch sie zur französischen Rezeption englischer Kultur beitragen. 1728 Rückkehr nach Frankreich und erneute Schwierigkeiten mit der Zensur (1731 Beschlagnahmung der »Geschichte Karl XII«).

Die Publikation der »Lettres philosophiques«, denen ein Nachtrag zu B. Pascals »Pensées« beigegeben ist, führt zur Verurteilung und Verbrennung des Buches durch das Pariser Parlament. Der Autor flieht nach Lothringen, um einer Inhaftierung zu entgehen. Die nächsten 15 Jahre verbringt V. in Schloß Cirey, wo er gemeinsam mit der Marquise du Châtelet wissenschaftlich arbeitet. Mit dieser kommentiert er I. Newton, G. W. Leibniz und C. Wolff. Es entstehen der »Traité de métaphysique« (1734, erschienen 1785) und die »Éléments de la philosophie de Newton« (1738). Daneben arbeitet V. an der ersten Fassung des »Siècle de Louis XIV« (1751), an dem »Essai sur les mœurs et l'esprit des nations«, der die moderne Geschichtsschreibung begründet, sowie an weiteren Theaterstücken und Erzählungen (Mahomet 1741, Mérope 1743, Zadig 1747). 1745 Ernennung zum Historiographen Frankreichs, 1746 Aufnahme in die Akademie. Nach dem Tode Mme. du Châtelets nimmt V. eine Einladung Friedrich des Großen nach Potsdam an. V. arbeitet auch hier intensiv an einer geplanten Universalgeschichte, an den Bausteinen seines »Philosophischen Wörterbuches« und an mehreren Erzählungen (Micromégas 1752). 1756 verläßt er Potsdam; es folgt eine Periode unsteter Reisen, in der der »Essai sur les mœurs« (1756, Vorfassung 1753), das Gedicht über das Erdbeben von Lissabon (1756) und die »Geschichte Rußlands unter Peter dem Großen« (1759/1763) entstehen. 1755 läßt sich V. am Genfer See nieder, wo er den die Leibnizsche Philosophie persiflierenden »Candide« (1759) verfaßt. Aber auch hier gerät V. in Schwierigkeiten mit der kalvinistischen Stadtregierung. 1758 kauft er das auf französischem Boden gelegene Gut Ferney bei Genf und macht es zu seinem Alterssitz.

In den folgenden 20 Jahren schreibt V. mehr als 400 Arbeiten, darunter Kommentare zum Theater P. Corneilles, die Geschichte des Pariser Parlaments und seine einflußreichen Kommentare zu C. B. Beccarias Traktat über das Strafrecht. Gleichzeitig wirkt V. jetzt politisch (zahllose Pamphlete gegen Fanatismus, Obskurantismus und Aberglauben, ferner religionskritische Traktate). Eine Vielzahl wissenschaftlicher Artikel, in denen V. seine Auffassung zu gesellschaftspolitischen und philosophischen Problemen seiner Zeit darstellt, wird in dem ab 1764 erscheinenden »Philosophischen Wörterbuch« zusammengestellt, das einen erheblichen Anteil an der Verbreitung der Philosophie der ↑Aufklärung hat. Im Februar 1778 reist V. ohne Erlaubnis nach Paris und wird dort begeistert empfangen. V. stirbt zwei Monate nach seiner Ankunft; der Erzbischof von Paris verweigert ein christliches Begräbnis.

Der erzwungene Aufenthalt in England macht aus V. einen Philosophen im Sinne des 18. Jhs.. Studien P. Gassendis und P. Bayles führen V. zu einem skeptischen ↑Epikureismus. Diese Grundeinstellung erhält durch die Lektüre der englischen Philosophie und die Kenntnis der liberal regierten, bürgerlichen Gesellschaft Englands zusätzliche Sicherheit. Einer seiner ›Philosophischen Briefe‹ ist J. Locke gewidmet, dessen psychologischen ↑Sensualismus V. als erkenntnistheoretische Grundlage seiner wissenschaftlichen Arbeiten übernimmt, ohne ihn – wie E. B. de Condillac – weiterzuentwickeln. Auch in seiner skeptischen Einstellung hinsichtlich der Natur der Seele fühlt sich V. durch Locke bestätigt. Nicht der Zweifel an den traditionellen Auffassungen der Kirche ist das Besondere, sondern die Form, in der er geäußert wird. Sie führt zur Verurteilung und Verbrennung der »Philosophischen Briefe«, sichert ihrem Inhalt jedoch weite Verbreitung. Ebenso wenig originell ist V.s Bearbeitung der Newtonschen Physik; die Leistung V.s besteht vielmehr in der Luzidität der Darstellung. Mit den Kommentaren der »Éléments« trägt V. zur schnellen Verbreitung der neuen Kosmologie und zur Ablösung des ↑Cartesianismus in Frankreich bei. V. kritisiert Pascal, dessen Theorie nur als ›geoffenbarte‹, nicht aber als ›begründete‹ Wahrheit angenommen werden könne und dem er vorwirft, weder über einen aufgeklärten Verstand noch über ein humanitäres Herz zu verfügen.

Trotz seiner Ablehnung der katholischen Kirche bleibt V. Theist (↑Theismus). Die Existenz der Welt impliziert für ihn die eines Schöpfers, weil keine Wirkung ohne Ursache sein könne. Die Gesetzmäßigkeit des Universums scheint ihm den Schluß auf Gott als höchste Intelligenz zuzulassen. Er glaubt, daß die physiologische Konstitution des Menschen als ein Teil der gesetzesförmigen Natur die moralische Konstitution in komplexer Weise determiniere, so daß einige Verhaltensregularitäten – wie Gerechtigkeit und Solidarität – in ihrer je historisch-kulturell verschiedenen Erscheinungsform universellen Charakter haben. Im unermüdlichen Kampf gegen Metaphysik, Obskurantismus, Mystizismus und Dogmatismus als Ursache von Fanatismus und Intoleranz wird V.s Philosophie praktisch. Sie bedient sich aller Ausdrucksformen, sofern sie nur wirksam sind. Seine Philosophie, obwohl wenig eigenständig, ist durch ihre außerordentliche Verbreitung wirksamer als diejenige seiner Mitstreiter, die radikaler denken, jedoch die Aufnahmefähigkeit der Zeit überschätzen. V.s Anerkennung der Regeln des guten Geschmacks markiert zugleich die Grenze und Zeitgebundenheit seines Denkens.

Größer als in der Philosophie ist V.s Eigenständigkeit im Bereich der Methodologie der Geschichtsschreibung, die er zu einer Wissenschaft macht. Die »Henriade« ist trotz ihres regimekritischen Gegenstands konventionelle Geschichte in Versen; die »Geschichte Karl XII« ist eine heroische Erzählung. Dagegen zeigt das »Jahrhundert Ludwig XIV« eine neue sozialgeschichtliche Orientierung. Zum ersten Mal werden ökonomische, politische und kulturelle Erscheinungen als ein Zusammenhang betrachtet. Mit dem »Essai sur les mœurs« setzt V. der theologischen ↑Universalgeschichte J. B. Bossuets die ↑Geschichtsphilosophie entgegen. Er fordert von der Geschichtsschreibung, sich der Exaktheit ihrer Fakten durch Quellenprüfung und Quellenkritik zu vergewissern. Inhaltlich tritt die Geschichte der Haupt- und Staatsaktionen zurück hinter den Versuch, Ideen, Religion, Kunst, Wissenschaft, Technik, Handel und Industrie, d. h. die von V. als ›Sitten‹ und ›Bräuche‹ bezeichnete Gesamtheit der ↑Lebensformen, zu fassen. Dabei begreift V. die Geschichte als Genese der Gegenwart. Drei Ursachen sieht er in der Geschichte am Werk: (1) die großen Menschen, die im Rahmen einer spezifischen Situation handeln, (2) den Zufall (↑zufällig/Zufall) und (3) eine komplexe Gesetzmäßigkeit, in der materielle und institutionelle Faktoren auftreten. V. interpretiert die Weltgeschichte aus einem ihr immanenten Entwicklungsgesetz heraus (↑Gesetz (historisch und sozialwissenschaftlich)), das sich bei Betrachtung der Epochenfolge als eine fortschreitende Vervollkommnung der ↑Vernunft erweist. Dabei nimmt V. eine kulturrelativistische Position ein.

V. gilt heute vor allem als brillanter Schriftsteller, glänzender Erzähler, als Kritiker, der mit der Waffe geistvoller ↑Ironie den Angegriffenen der Lächerlichkeit preisgibt, als Schöpfer formvollendeter Versdichtung und als Verfasser überlebter Dramen. Die Ziele, für die er sich einsetzt, sind die eines liberalen Bürgertums, das die ↑Menschenrechte, die formelle ↑Freiheit und die Gleichheit (↑Gleichheit (sozial)) aller Menschen vor einem allgemeinen Gesetz gegen den historisch obsolet gewordenen feudalen ↑Absolutismus durchsetzt.

Werke: Œuvres complètes, I–LXX, Kehl 1784–1789; Œuvres complètes, I–LII, ed. M. L. Moland, Paris 1877–1885 (repr. Nendeln 1967); Les œuvres complètes de V./The Complete Works of V., ed. T. Besterman u. a., Genf (heute: Oxford) 1968ff. (erschienen Bde I–V, VII–X, XII–XX, XXII–XXVIII, XXX–XXXVI, XXXVIII–XLIII, XLV–LXXXIII, LXXXV–CXLIII [in 178 Teilbdn.]), Suppl. unter dem Titel: Provisional Table of Contents for the Complete Works of V./Les œuvres complètes de V., ed. U. Kölving, Oxford 1983. – Le dîner du Comte de Boulainvilliers, par Mr. St. Hiacinte, Genf 1728 [1767], Amsterdam 1768, ferner in: Les œuvres complètes de V. [s. o.] LXIII/A, 291–408 (dt. Das Mittagsmahl des Grafen Boulainvilliers, in: Sechs Vorträge, Leipzig 1870, 347–388, unter dem Titel: Das Diner beim Grafen Boulainvilliers, in: Erzählungen, Dialoge, Streitschriften [s. u.] II, 122–154); Letters Concerning the English Nation, London, Dublin 1733, unter dem Titel: Philosophical Letters, trans. E. Dilworth, New York, London, Indianapolis Ind. 1961 (repr. unter dem Titel: Philosophical Letters. Letters Concerning the English Nation, Mineola N. Y. 2003), unter dem Titel: Letters on England, trans. L. Tancock, Harmondsworth 1980, 2005, unter dem ursprünglichen Titel, ed. N. Cronk, Oxford etc. 1994, 1999, unter dem Titel: Philosophical Letters, or, Letters Regarding the English Nation, ed. J. Leigh, Indianapolis Ind. 2007 (franz. [erw.] Lettres écrites de Londres sur les Anglois et autres sujets, Basel [London] 1734, unter dem Titel: Lettres philosophiques, Amsterdam, Rouen 1734, in 2 Bdn., ed. G. Lanson, Paris 1909, 1964, unter dem Titel: Lettres philosophiques. Ou Lettres anglaises, ed. R. Naves, Paris 1962, 1988, unter dem Titel: Lettres philosophiques, ed. R. Pomerau, Paris 1964, 2007, ed. F. Deloffre, Paris 1986, 2008, ed. O. Ferrett/A. McKenna, Paris 2010; dt. Philosophische Briefe, ed. R. v. Bitter, Frankfurt/Berlin/Wien 1985, ed. J. Köhler, Frankfurt 1992, unter dem Titel: Briefe aus England, ed. R. v. Bitter, Zürich 1994); Élémens de la philosophie de Newton mis à la portée de tout le monde, Amsterdam 1738, rev. u. erw. London, Paris 1741, 1745, unter dem Titel: Eléments de la philosophie de Newton, als: Les œuvres complètes de V. [s. o.] XV (engl. The Elements of Sir Isaac Newton's Philosophy, London 1738 [repr. 1967]; dt. [Teilausg.] Die Metaphysik des Neuton, oder Vergleichung der Meinungen des Herren von Leibniz und des Neutons, Helmstädt 1741 [repr. in: Elemente der Philosophie Newtons (s. u.), 245–356], [vollständig] unter dem Titel: Elemente der Philosophie Newtons, in: Elemente der Philosophie Newtons/Verteidigung des Newtonianismus/Die Metaphysik des Neuton, ed. R. Wahsner/H.-H. v. Borzeszkowski, Berlin/New York 1997, 79–212); Anti-Machiavel, ou Essai de critique sur le Prince de Machiavel, La Haye 1740, ferner als: Les œuvres complètes de V. [s. o.] XIX (engl. Anti-Machiavel or An Examination of Machiavel's Prince. With Notes Historical and Political, London 1741, 1752; dt. Antimachiavell oder Versuch einer Critik über Nic. Machiavells Regierungskunst eines Fürsten, Hannover 1756, unter dem Titel: Antimachiavell, oder, Untersuchung von Machiavellis »Fürst«, Leipzig 1991); Memnon. Histoire orientale, London 1747 (repr. Stuttgart/Zürich 1991), unter dem Titel: Zadig, ou la destinée. Histoire orientale, o.O. 1748, ferner in: Les œuvres complètes de V. [s. o.] XXX/B, 65–234, ed. J. Van den Heuvel, Paris 2015 (dt. Memnon. Eine morgenländische Helden- und Liebes-Geschichte oder Nichts geschieht von ohngefähr, Frankfurt/Leipzig 1748, mit Untertitel: Eine Morgenländische Geschichte, oder Die in den unglücklichen Begebenheiten des Memnons gerechtfertigte Fürsehung, Leipzig 1748, unter dem Titel: Zadig. Eine gantz neue morgenländische Geschichte, Göttingen 1748, unter dem Titel: Zadig, eine morgenländische Geschichte, Frankfurt/Leipzig 1762, unter dem Titel: Zadig oder Das Verhängnis. Eine morgenländische Geschichte, Leipzig 1925, 1953, unter dem Titel: Zadik oder Das Schicksal. Eine orientalische Erzählung, Frankfurt 1975, unter dem Titel: Zadig. Erzählung, Dortmund 1991; engl. Zadig, or, the Book of Fate. An Oriental History, London 1749, unter dem Titel: The History of Zadig, or Destiny. An Oriental Tale, Paris 1952, unter dem Titel: Zadig, London 2011); Siècle de Louis XIV, I–II, Berlin 1751, I–IV, Genf 1768, in 2 Bdn., Paris 1966, ferner als: Les œuvres complètes de V. [s. o.] XII (Listes et Catalogue des écrivains), XIII/A–III/D (Text) (engl. The Age of Lewis XIV [...], I–II, London 1752, in 1 Bd., trans. M. P. Pollack, London 1926, 1978; dt. Die Zeiten Ludewigs des Vierzehnten, I–II, Berlin 1752, unter dem Titel: Das

Zeitalter Ludwigs XIV, I–II, Leipzig 1885, München 1975/1982, in 1 Bd. [dt./franz.] Berlin 2015); Le Micromégas, London 1752, ferner in: Les œuvres complètes de V. [s.o.] XX/C, 59–103 (dt. Mikromegas, Dresden 1752, ferner in: Sämtliche Romane und Erzählungen [s.u.], 125–146, separat Stuttgart 1984; engl. Micromegas. A Comic Romance, London 1753 [1752]); Abrégé de l'histoire universelle depuis Charlemagne jusques à Charlequint, I–II, La Haye 1753, III (Essai sur l'histoire universelle), Dresden 1754, erw. I–III, La Haye/Berlin 1754–1755, erw. unter dem Titel: Essay sur l'histoire générale, et sur les mœurs et l'esprit des nations, depuis Charlemagne jusqu'à nos jours, I–IV, Genf 1756 (= Collection complète des œuvres des M. de V. XI–XIV), erw. unter dem Titel: Essai sur les mœurs et l'esprit des nations et sur les principaux faits de l'histoire depuis Charlemagne jusqu'à Louis XIII, I–III, Genf 1769 (= Collection complette des œuvres de M. de V. VIII–X), ferner als: Les œuvres complètes de V. [s.o.] XXII–XXVI/A–C, XXVII (Textes annexes, Fragments sur l'histoire générale) (engl. The General History and State of Europe, from the Time of Charlemain to Charles V., I–V, London 1754–1757, in 3 Bdn., 1758, erw. unter dem Titel: An Essay on Universal History. The Manners, and Spirit of Nations, from the Reign of Charlemaign to the Age of Lewis XIV, I–IV, London [2]1759, Dublin [3]1759, London 1777; dt. Versuch einer allgemeinen Weltgeschichte, worinnen zugleich die Sitten und das Eigene derer Völkerschaften von Carln dem Großen an, bis auf unsere Zeiten beschrieben werden, I–IV, Dresden/Leipzig 1760–1762, unter dem Titel: Geschichte der Völker. Vorzüglich in den Zeiten Karls des Großen bis auf Ludwig XIII, I–XVI, Leipzig 1828–1830, unter dem Titel: Über den Geist und die Sitten der Nationen, I–VI, Leipzig 1867); La religion naturelle. Poëme en quatre parties [Raubdruck], Genf 1756, unter dem Titel: Poème sur le désastre de Lisbonne et sur la Loi Naturelle, Genf, Paris 1756, ferner in: Les œuvres complètes de V. [s.o.] XLV/A, 269–358 (engl./franz. Poem upon the Lisbon Disaster/Poème sur le desastre de Lisbonne, ou Examen de cet axiome »tout est bien«, Lincoln Mass. 1977; dt./franz. Gedicht über die Katastrophe von Lissabon/Poëme sur le désastre de Lisbonne, Daphnis 21 [1992], 376–407, [dt.] in: W. Breidert [ed.], Die Erschütterung der vollkommenen Welt. Die Wirkung des Erdbebens von Lissabon im Spiegel europäischer Zeitgenossen, Darmstadt 1994, 51–73, 205–213); Candide, ou L'optimisme, traduit de l'allemand de Mr. le docteur Ralph, o.O. [Paris, Genf] 1759, ferner als: Les œuvres complètes [s.o.] XLVIII (engl. Candid[us], or, All for the Best, London, Edinburgh 1759, unter dem Titel: Candidus, or, The Optimist, London, Dublin 1759, unter dem Titel: Candide, or Optimism, trans. J. Butt, London 1947, 1982, trans. T. Cuffe, London etc. 2005, 2009; dt. Die beste Welt. Eine theologische, philosophische, praktische Abhandlung aus dem spanischen Grund-Text des Don Ranudo Maria Elisabeth Francisco Carlos Immanuel de Collibradoz, Beysitzer der heiligen Inquisition, o.O. 1761, unter dem Titel: Kandide oder die beste Welt, Berlin 1778, unter dem Titel: Candide oder die beste der Welten. Philosophischer Roman, übers. P. Seliger, Berlin/Leipzig 1904, unter dem Titel: Kandide oder Die beste Welt, übers. W. C. S. Mylius, München 1920 [mit Zeichnungen von Paul Klee], unter dem Titel: Candid oder Die Beste der Welten, übers. E. Sander, Leipzig 1925, Stuttgart 2014, unter dem Titel: Candide oder der Optimismus, übers. I. Lehmann, Frankfurt 1972, 1973 [mit Zeichnungen von Paul Klee], [franz./dt.], übers. J. v. Stackelberg, München 1987, 1994, [dt.] Frankfurt 2007, übers. S. Hermlin, Zürich 1991, übers. J. Frerking, Zürich 2005); Sermon des Cinquante, o.O. [Genf] 1749 [1762], ferner in: Les œuvres complètes de V. [s.o.] XLIX/A, 1–139 (engl. The Sermon of the Fifty, trans. J. A. R. Séguin, New York 1962, [2]1963; dt. Die Predigt der Fünfzig, in: Erzählungen, Dialoge, Streitschriften [s.u.] III, 228–249); L'A, B, C, dialogue curieux. Traduit de l'Anglais de Monsieur Huet, London [Genf] 1762 [1768], unter dem Titel: L'A. B. C.. Dix-Sept dialogues, o.O. 1769, unter dem Titel: L'A, B, C, ou Dialogues entre A. B. C., in: La Raison par alphabet [s.u.] II, [6]1769, 199–339, [7]1770, 195–335, unter dem Titel: L'A. B. C.. Dix-Sept dialogues, ed. A. Lefèvre, Paris 1879 (repr. Caen 1985) (engl. The A B C, or Dialogues between A B C, in: Political Writings [s.u.], 85–191); Les singularités de la nature, par un académicien de Londres, de Boulogne, de Pétersbourg, de Berlin, etc., Basel [Genf], 1762 [1768], ferner als: Les œuvres complètes de V. [s.o.] LXV/B (dt. V.'s Denkwürdigkeiten der Natur, Berlin/Leipzig 1786); Traité sur la tolérance à l'occasion de la mort de Jean Calas, o.O. [Genf] 1763, ferner als: Les œuvres complètes de V. [s.o.] LVI/C (dt. Abhandlung über die Religionsduldung, Leipzig 1764, unter dem Titel: Über die Toleranz, veranlaßt durch die Hinrichtung des Johann Calas, im Jahre 1762, Berlin 1789, unter dem Titel: Über die Toleranz, ed. L. Joffrin, Berlin 2015; engl. A Treatise on Religious Toleration. Occasioned by the Execution of the Unfortunate John Calas, Unjustly Condemned and Broken upon the Wheel at Toulouse, for the Murder of His Own Son, London, Dublin 1764, unter dem Titel: A Treatise upon Toleration, Dublin 1764, Glasgow 1765, unter dem Titel: The Calas Affair. A Treatise on Tolerance, ed. B. Masters, London 1994, unter dem Titel: Treatise on Tolerance, ed. S. Harvey, Cambridge etc. 2000); Dictionnaire philosophique portatif, London [Genf], Berlin, London 1764, I–II, [6]1767, unter dem Titel: La Raison par alphabet, I–II, o.O. [Genf] [6]1769, [7]1770, unter dem Titel: Dictionnaire philosophique, ou La Raison par alphabet, I–II, London [7]1770, ferner als: Les œuvres complètes de V. [s.o.] XXXV–XXXVI (engl. The Philosophical Dictionary for the Pocket, London 1765, unter dem Titel: Philosophical Dictionary, I–II, 1785, trans. P. Gay, New York 1962, in einem Bd., ed. T. Besterman, Harmondsworth/Baltimore Md. 1971, London 2004, unter dem Titel: A Pocket Philosophical Dictionary, trans. J. Fletcher, Oxford etc. 2011; dt. [Ausw.] unter dem Titel: Philosophisches Wörterbuch, ed. R. Noack, Leipzig o.J. [1963], [4]1984, [Auswahl aus dieser Auswahl] unter dem Titel: Aus dem Philosophischen Wörterbuch, ed. K. Stierle, Frankfurt 1967, Neuausg. unter dem Titel: Philosophisches Wörterbuch, ed. K. Stierle, 1985); L'examen important par Milord Bolingbroke, écrit sur la fin de 1736, in: ders. (ed.), Recueil nécessaire, Leipzig [Genf] 1765 [1766], 151–296, separat o.O. [Genf] erw. 1767, ferner in: Les œuvres complètes de V. [s.o.] LXII, 127–362 (engl. The Important Examination of the Holy Scriptures. Attributed to Lord Bolingbroke but Written by M. V., and First Published in 1736, London 1819, mit Untertitel: A Critical Inquiry into the Old and New Testaments, 1890; dt. Wichtige Untersuchung von Mylord Bolingbroke oder Das Grabmal des Fanatismus, in: Kritische und satirische Schriften [s.u.], 257–370); La philosophie de l'histoire, Amsterdam, Genf, Utrecht 1765, ferner als: Les œuvres complètes de V. [s.o.] LIX, Neudr., ed. C. Volpilhac-Auger, Paris/Genf 1996 (engl. The Philosophy of History, London, Glasgow 1766, New York 1965; dt. Die Philosophie der Geschichte, Leipzig 1768); Commentaire sur le livre Des délits et des peines, par un avocat de province, o.O. [Genf] 1766, erw. 1767, ferner in: Les œuvres complètes de V. [s.o.] LXI/A, 1–168 (engl. Commentary on the Book of Crimes and Punishments, in: C. Beccaria, An Essay on Crimes and Punishments. With a Commentary, Attributed to Mons. de V., London, Dublin 1767, i–lx, Philadelphia Pa. 1809, 137–191, ferner in: Political Writings [s.u.], 244–279; dt. Kommentar zu dem Buch »Über Verbrechen und Strafen«, in: Schriften [s.u.] II, 33–88); Le philosophe ignorant, o.O. [Genf] 1766, ferner in: Les œuvres complètes de V. [s.o.] LXII, 1–105 (dt. Der unwissende Weltweise, Leipzig 1767, unter dem Titel: Der unwissende Philosoph, Berlin/Leipzig 1785, ferner in: Der unwissende Philosoph und kleinere Schriften [s.u.], 11–88; engl. The Ignorant Philosopher, London 1767, 1797); L'Ingenu, histoire véritable, tirée des manuscrits du Père Quesnel, London, Genf 1767, unter dem Titel: Le Huron, ou l'Ingénu, I–II, Lausanne [2]1767, ferner als: Les œuvres complètes de V. [s.o.] LXIII/C (dt. Der Freymüthige. Eine wahrhafte Geschichte, Frankfurt/Leipzig 1768, unter dem Titel: Hurone. Eine wahre Geschichte, Berlin/Leipzig 1784, unter dem Titel: Der Harmlose, übers. W. Heichen, Berlin 1948, Hildesheim 1949, unter dem Titel: L'ingénu/Der Freimütige [franz./dt.], übers. P. Brockmeier, Stuttgart 1982, 2008; engl. L'Ingénue, or The Sincere Huron. A True History, Glasgow, London, Dublin 1768, unter dem Titel: L'Ingénu (The Child of Nature), in: Zadig/L'Ingenu, ed. J. Butt, London etc. 1964, 103–191); Lettres à Son Altesse Monseigneur le Prince de ***. Sur Rabelais & sur d'autres auteurs accusés d'avoir mal parlé de la religion chrétienne, Amsterdam 1767, ferner in: Les œuvres complètes de V. [s.o.] LXIII/B, 353–489 (dt. Aus den Briefen an seine Hoheit Monseigneur le Prince de ... Über Rabelais sowie andere Autoren, die man bezichtigt, sie hätten die christliche Religion verunglimpft, in: Kritische und satirische Schriften [s.u.], 386–427); L'homme aux quarante écus, o.O. [Genf] 1768, ferner in: Les œuvres complètes de V. [s.o.] LXVI, 211–409 (engl. The Man of Forty Crowns, London, Dublin, Glasgow 1768, unter dem Titel: The Man Worth Forty Crowns, Philadelphia Pa. 1778; dt. Der Mann von vierzig Thalern, o.O. 1768, unter dem Titel: Der Mann mit vierzig Thalern, Frankfurt/Leipzig 1769, ferner in: Sämtliche Romane und Erzählungen [s.u.], 366–437, unter dem Titel: Der Vierzigtalermann, in: A. Hartig/G. Schneider/M. Meitzel, Großbürgerliche Aufklärung als Klassenversöhnung, Berlin 1972, 1973 [als Anhang]); Dieu et les hommes, œuvre théologique, mais raisonnable, par le Docteur Obern, traduit par Jaques Aimon, Berlin [Genf] 1769, ferner in: Les œuvres complètes de V. [s.o.] LXIX, 247–506 (engl. God and Human Beings, trans. M. Shreve, Amherst N.Y. 2010); Tout en Dieu, commentaire sur Mallebranche, o.O. [Genf] o.J. [1769], ferner in: Les œuvres complètes de V. [s.o.] LXX/B, 189–233; Les Adorateurs, ou les louanges de Dieu. Ouvrage unique de Monsieur Imhof, Berlin [Genf] 1769, ferner in: Les œuvres complètes de V. [s.o.] LXX/B, 235–300; Questions sur L'Encyclopédie, par des amateurs, I–IX, Genf 1770–1772, ferner als: Les œuvres complètes [s.o.] XXXVIII–XLIII (dt. [Auszug] Auserlesene Stücke aus den Fragen über die Encyclopedie des Herrn v. V., London 1776, [Auszug] unter dem Titel: V.s auserlesene Gedanken, London [Heidelberg] 1793); Histoire de Jenni, ou le sage et l'athée, par M. Sherloc, traduit par M. de la Caille, London [Genf] 1775, ferner in: Les œuvres complètes de V. [s.o.] LXXVI, 1–124 (engl. Young James or The Sage and the Atheist. An English Story, London 1776; dt. Jenny oder der Weise und Atheist, Leipzig 1783, unter dem Titel: Geschichte von Jenni oder Der Atheist und der Weise, in: Sämtliche Romane und Erzählungen [s.u.], 619–688); La bible enfin expliquée par plusieurs aumôniers de S. M. L. R. D. P., I–II, London 1776, ferner als: Les œuvres complètes de V. [s.o.] LXXIX/A.1–2 (dt. Die endlich einmal von vielen Almosenpflegern S. M. d. Kön. v. Preußen erklärte Bibel, I–II, London [Wien] 1787, [3]1788); Dialogues d'Évhémère, London [Amsterdam] 1777, ferner in: Les œuvres complètes de V. [s.o.] LXXX/C, 77–274; Traité de métaphysique, in: Œuvres complètes XXXII, Kehl 1784, 13–76, ed. H. Temple Patterson, Manchester 1937, [2]1957, ferner in: Les œuvres complètes de V. [s.o.] XIV, 357–503; Sämtliche Romane und Erzählungen, übers. L. Ronte/W. Widmer, München 1969, [6]1995; Kritische und satirische Schriften, übers. K. A. Horst/J. Timm/L. Ronte, München, Darmstadt 1970, 1984; Schriften, I–II, ed. G. Mensching, Frankfurt 1978/1979; Erzählungen, Dialoge, Streitschriften, I–III, ed. M. Fontius, Berlin 1981; Selections, ed. P. Edwards, New York/London 1989; The Complete Tales of V., I–III, trans. W. Walton, New York 1990; Political Writings, ed. D. Williams, Cambridge etc. 1994, 2003; Selected Writings, ed. C. Thacker, London 1995; Micromégas and Other Short Fictions, ed. T. Cuffe/H. Mason, London etc. 2002; Der unwissende Philosoph und kleinere Schriften, Wiesbaden 2015. – Correspondance, I–CVII, ed. T. Besterman, Genf 1953–1965; Correspondance, I–XIII, ed. F. Deloffre, Paris 1975–1993; Monsieur – Madame. Der Briefwechsel zwischen der Zarin und dem Philosophen, ed. H. Schumann, Zürich 1991; V. – Friedrich der Große. Aus dem Briefwechsel, ed. H. Pleschinski, Zürich, Frankfurt/Wien 1992, mit Untertitel: Briefwechsel, München 1994, 2010; Der Briefwechsel zwischen Luise Dorothée von Sachsen-Gotha und V. (1751–1767), ed. B. Raschke, Leipzig 1998. – G. Bengesco, V.. Bibliographie de ses œuvres, I–IV, Paris 1882–1890 (Suppl.: J. Malcolm, Table de la bibliographie de V. par Bengesco, Genf 1953); P. Wallich/H. v. Müller, Die deutsche V.-Literatur des 18. Jahrhunderts. Annalistisch und systematisch verzeichnet, Berlin 1921; T. Bestermann, Some Eighteenth-Century V. Editions Unknown to Bengesco, Stud. on V. and the Eighteenth Century 8 (1959), 123–242, erw. Banbury [4]1973 (Stud. on V. and the Eighteenth Century 111); H. B. Evans, A Provisional Bibliography of English Editions and Translations of V., Stud. on V. and the Eighteenth Century 8 (1959), 9–121. – Totok V (1986), 453–462.

Literatur: P. Alatri, V., Diderot e il ›partito filosofico‹, Messina/Florenz 1965; A. J. Ayer, V., London 1986, London/Boston Mass. 1988 (dt. V.. Eine intellektuelle Biographie, Frankfurt 1987, Weinheim 1994); H. Baader (ed.), V., Darmstadt 1980 (Wege d. Forschung 286); T. Besterman, V., London, New York 1969, Oxford, Chicago Ill. [3]1976 (dt. V., München 1971); P. Brockmeier/R. Desné/J. Voss (eds.), V. und Deutschland. Quellen und Untersuchungen zur Rezeption der Französischen Aufklärung, Stuttgart 1979; R. A. Brooks, V. and Leibniz, Genf 1964; J. H. Brumfitt, V.. Historian, London/Oxford 1958, 1970; P. Brunet, L'introduction des théories de Newton en France au XVIIIe siècle avant 1738, Paris 1931 (repr. Genf 1970); J. Cazeneuve, La philosophie de V. d'après le »Dictionnaire philosophique«, Synthèses 16 (1961), 14–31; S. Charles, V., Enc. Ph. IX ([2]2006), 708–714; ders./S. Pujol (eds.), V. philosophe. Regards croisés, Ferney-Voltaire 2017; M. Clive, La vingt-cinquième lettre des »Lettres philosophiques« de V. sur les »Pensées de M. Pascal«, Rev. mét. mor. 88 (1983), 356–384; N. Cronk (ed.), The Cambridge Companion to Voltaire, Cambridge etc. 2009; ders., V.. A Very Short Introduction, Oxford etc. 2017; I. Davidson, V. in Exile, London 2004, 2005 (franz. V. en exil. Les dernières années, 1753–1778, Paris 2007); ders., V.. A Life, London 2010, rev. 2012; C. Dédéyan, V. et la pensée anglaise, Paris 1956, 1963; R. Desné, V. et Helvetius, in: C. Mervaud/S. Menant (eds.), Le siècle de V.. Hommage à René Pomeau I, Oxford 1987, 395–415; K. Dirscherl, Der Roman der Philosophen. Diderot, Rousseau, V., Tübingen 1985; O. Ferret, V. dans l'»Encyclopédie«, Paris 2016; F. de Gandt (ed.), Ciray dans la vie intellectuelle. La réception de Newton en France, Oxford 2001; C. C. Gillispie, Science and the Literary Imagination: V. and Goethe, in: D. Daiches/A. K. Thorlby (eds.), Literature and Western Civilisation IV, London 1975, 167–194; ders., V., DSB XIV (1976), 82–85; J. Goldzink, V., Paris 1994; J. Goulemot/A. Magnan/D. Masseau (eds.), Inventaire V., Paris 1995; J. Hahn, V.s

Stellung zur Frage der menschlichen Freiheit in ihrem Verhältnis zu Locke und Collins, Borna-Leipzig 1905; G. Holmsten, V.. Mit Selbstzeugnissen und Bilddokumenten dargestellt, Reinbek b. Hamburg 1971, [16]2012; F. Koppe, Literarische Versachlichung. Zum Dilemma der neueren Literatur zwischen Mythos und Szientismus, München 1977, 24–52 (Ironische Versachlichung als Appell an praktische Vernunft. Paradigma: V.s »Micromégas«); R. Kühn, V., DP II ([2]1993), 2889–2893; É. Martin-Haag, V.. Du cartésianisme aux Lumières, Paris 2002; H. Mason (ed.), Pour encourager les autres. Studies for the Tercentenary of V.'s Birth, 1694–1994, Oxford 1994; S. Mattei, V. et les voyages de la raison, Paris 2010; S. Menant, L' estétique de V., Paris 1995; M. Méricam-Bourdet, Voltaire et l'écriture de l'histoire. Un enjeu politique, Oxford 2012; P. Milza, V., Paris 2007, 2015; R. Naves, V. et l'encyclopédie, Paris 1938 (repr. Genf 1970); P. Neiertz, V. et l'économie politique, Oxford 2012; J. Orieux, V. ou la royauté de l'esprit, Paris 1966, 1994 (dt. Das Leben des V., Frankfurt 1968, 1994); J. N. Pappas, V. and d'Alembert, Bloomington Ind. 1962; R. Pomeau/R. Vaillot/C. Mervaud, V. en son temps, I–V, Oxford 1985–1994, in 2 Bdn. Oxford, Paris 1995; C. Porset, V. humaniste, Paris 2003, 2012; K. Racevskis, V. and the French Academy, Chapel Hill N. C. 1975; R. S. Ridgway, La propagande philosophique dans les tragédies de V., Oxford, Genf 1961 (Studies on V. and the Eighteenth Century XV), Oxford 1978; G. R. Schmidt, V., TRE XXXV (2003), 286–290; J. B. Shank, V., SEP 2009, 2015; J. Starobinski, Sur le style philosophique de »Candide«, Comparative Lit. 28 (1976), 193–200, ferner in: Rev. des belles lettres 101 (1977), 105–115; M. S. Staum, Newton and V.: Constructive Skeptics, Studies on V. and the Eighteenth Century 62 (1968), 29–56; G. Stenger, Kultur- und Religionskritik: V., in: J. Rohbeck/H. Holzhey (eds.), Die Philosophie des 18. Jahrhunderts II/1, Basel 2008, 213–261; N. L. Torrey, V. and the English Deists, New Haven Conn./London/Oxford 1930 (repr. Hamden Conn. 1967); ders., V., Enc. Ph. VIII (1967), 262–270; R. Trousson/J. Vercruysse, Dictionnaire général de V., Paris 2003; I. O. Wade, The Intellectual Development of V., Princeton N. J. 1969; R. L. Walters (ed.), Colloque 76: V., London Ont. 1983; M. Waterman, V., Pascal and Human Destiny, New York 1942, 1971; K.-G. Wesseling, V., BBKL XIII (1998), 1–55; D. Williams, V., REP IX (1998), 657–663; B. Winklehner (ed.), V. und Europa. Der interkulturelle Kontext von V.s »Correspondance«, Tübingen 2006. – M.-M. H. Barr, A Century of V. Study. A Bibliography of Writings on V. 1825–1925, New York 1929 (repr. 1972); dies./F. A. Spear, Quarante années d'études voltairiennes. Bibliographie analytique des livres et articles sur V. 1926–1965, Paris 1968. H. R. G.

Voluntarismus (von lat. voluntas, Wille), von F. Tönnies eingeführte und vor allem von W. Wundt und F. Paulsen verwendete Bezeichnung für diejenige philosophische Position, nach der (im Unterschied zu ↑Intellektualismus, ↑Rationalismus, ↑Naturalismus und ↑Emotivismus) der ↑Wille als Basis der Erkenntnis (erkenntnistheoretischer V.), als Grundfunktion der Seele (psychologischer V.), als bestimmendes Prinzip der Welt (metaphysischer V.), als Grundprinzip der ↑Ethik (ethischer V.) oder als vorherrschende Eigenschaft Gottes (theologischer V.) gilt.

Im Gegensatz zum Intellektualismus und Rationalismus (z. B. Platons, R. Descartes' und I. Kants) betonen der *erkenntnistheoretische* und der *psychologische* V., daß der Wille (nicht die ↑Vernunft) das theoretische und praktische Handeln bestimmt. Erste Ansätze dieser Variante des V., die bei T. Hobbes, D. Hume und A. Schopenhauer ihre klassische Ausprägung erhält, finden sich im ↑Homo-mensura-Satz des Protagoras und in der Synkatathesis- und Prohairesislehre (↑Synkatathesis, ↑Prohairesis) der späten ↑Stoa. Hobbes führt alles menschliche Handeln auf Begehren (›desire‹) und Abneigung (›aversion‹), die beiden Arten des Strebens (›endeavor‹), zurück. Für Hume sind Vernunft und Wissenschaft nur Sklaven des Willens; sie liefern nur Begriffe, Deduktions- und Induktionsverfahren, aber keine ↑Ziele und ↑Zwecke, ohne die alle Erkenntnis gleichgültig (›indifferent‹) ist (A Treatise of Human Nature. Being an Attempt to Introduce the Experimental Method of Reasoning Into Moral Subjects, I–III, London 1739–1740, bes. II.3.3). Schopenhauer, der Hauptvertreter des V. (Die Welt als Wille und Vorstellung, Leipzig 1819), sieht im Willen das Grundprinzip nicht nur des Menschen, sondern der Welt überhaupt, wenn er den Willen mit dem ↑Ding an sich Kants, das allen Phänomenen zugrundeliege, gleichsetzt. Diese Rückführung der gesamten Wirklichkeit auf den Willen ist das Merkmal des *metaphysischen* V., der sich in Ansätzen auch bei J. G. Fichte und H. Bergson findet. Der blinde, d. h. ohne konkretes Ziel und ohne Vernunftgründe wirkende, Wille bestimmt nach Schopenhauer vor allem über die Sexualität das Verhalten und die Struktur aller Lebewesen.

Für den *ethischen* V. folgt daraus, daß ↑Moralität nicht (wie bei Platon) durch Einsicht in die Idee des Guten, nicht (wie bei Kant) durch den rationalen Beweggrund des Handelns aus ↑Pflicht, sondern durch die Eigenliebe und die nicht durch Vernunft beschränkte Freiheit des Willens (↑Willensfreiheit) definiert wird. ›Gut‹ und ›böse‹ sind nach Hobbes nicht im eigentlichen Sinne moralische Kategorien, sondern lediglich Ausdruck dafür, daß man bestimmte Dinge oder Ziele erreichen oder vermeiden will. Hobbes läßt keine für alle Menschen auf Grund ihrer Vernunftnatur verbindlichen Ziele gelten; lediglich das faktische Interesse an Selbsterhaltung bildet die allen gemeinsame Basis des Handelns, auf der Gesellschafts- und Staatstheorien aufbauen können (Leviathan or the Matter, Form and Power of a Commonwealth, Ecclesiastical and Civil, London 1651). W. James leitet aus der Subjektivität und Relativität menschlichen Wollens das Prinzip der größtmöglichen Bedürfnisbefriedigung als einzige Maxime der Ethik ab (The Moral Philosopher and the Moral Life, Indianapolis Ind. 1891; The Will to Believe, and Other Essays in Popular Philosophy, New York/London/Bombay 1876).

Der *theologische* V. bezieht sich einerseits auf den Primat des göttlichen Willens (vor der Vernunft), andererseits auf den Vorrang des Willens bzw. des Glaubens (Glaubensentschlusses) vor dem Intellekt (wobei eine Entsprechung zwischen dem menschlichen und dem göttlichen Geist angenommen wird). A. Augustinus identifiziert den Willen als Liebeskraft mit dem Glauben, den er (voluntaristisch) als Voraussetzung der Erkenntnis ansieht. J. Duns Scotus bestreitet gegenüber Thomas von Aquin die objektive, auch für Gott verbindliche Geltung sittlicher Normen. Gott sei nur an die Logik gebunden. Die Beurteilung menschlicher Taten entspringe allein seinem freien Willen; auch im Menschen müsse daher der Wille dem Verstand übergeordnet werden. Die uneingeschränkte (nicht an die ↑ratio gebundene) Willensfreiheit Gottes und der Primat des Glaubens vor dem Wissen werden von Wilhelm von Ockham mit dem Hinweis darauf postuliert, daß den ↑Universalien (z. B. auch ›gut‹, ›böse‹) keine reale Existenz zukomme, sie also ihre Verbindlichkeit allein durch den Willen Gottes erhalten könnten (was auch für die Gegenstände des Glaubens gelte). Für Petrus Damianus ist der Wille Gottes auch über die Gesetze der Logik erhaben. Anselm von Canterbury betont den theoretischen Vorrang des Willens (Glaubens) vor dem Wissen (↑credo ut intelligam), während S. Kierkegaard (wie Ockham, Duns Scotus und Augustinus) den Primat des göttlichen Willens für die Ethik hervorhebt.

Literatur: J. Auer, Die menschliche Willensfreiheit im Lehrsystem des Thomas von Aquin und Johannes Duns Scotus, München 1938; E. Benz, Marius Victorinus und die Entwicklung der abendländischen Willensmetaphysik, Stuttgart 1932; R. J. Berg, Objektiver Idealismus und V. in der Metaphysik Schellings und Schopenhauers, Würzburg 2003; V. J. Bourke, Will in Western Thought. An Historico-Critical Survey, New York 1964; R. Eisler, V., Wb. ph. Begr. III (1930), 429–435; FM IV (1994), 3732–3734 (Voluntarismo); E. Herms/C. Schröder-Field, V., RGG VIII ([4]2005), 1204–1206; W. Kahl, Die Lehre vom Primat des Willens bei Augustinus, Duns Scotus und Descartes, Straßburg 1866; R. Knauer, Der V.. Ein Beitrag zu seiner Geschichte und Kritik mit besonderer Berücksichtigung des 19. Jahrhunderts, Diss. Berlin 1907; S. K. Knebel, V., Hist. Wb. Ph. XI (2001), 1143–1145; A. Lazaroff, Voluntarism, Jewish, REP IX (1998), 664–666; B. Leftow, Voluntarism, REP IX (1998), 663–664; J. Marcus, Intellektualismus und V. in der modernen Philosophie, Düsseldorf 1918; M. Murphy, Theological Voluntarism, SEP 2002, rev. 2012; F. Prezioso, L'evoluzione del volontarismo da Duns Scoto a Guglielmo Alnwick, Neapel 1964; R. Taylor, Voluntarism, Enc. Ph. VIII (1967), 270–272, IX ([2]2006), 714–717. M. G.

Voraussage, ↑Prognose.

Voraussetzung, (1) im *argumentationstheoretischen* Sinne Bezeichnung für Sätze (insbes. Aussagen und Werturteile), auf die sich eine ↑Argumentation stützt, ohne daß sie selbst in dieser Argumentation gerechtfertigt werden, (2) im *pragmatischen* Sinne Bezeichnung für Bedingungen der Möglichkeit von ↑Handlungen oder der Anwendung von Handlungsregeln. Zumal bei logischen oder kausalen Schlußfolgerungen ist häufig auch im ersten Falle von ↑Bedingung statt von V. die Rede.

(1) V.en können in einer Argumentation eingeführt werden, ohne daß für sie ↑Wahrheit beansprucht wird; sie heißen dann ↑›Annahmen‹ oder, soweit es sich um die Grundlagen von ↑Deduktionen handelt, auch ↑›Prämissen‹. Handelt es sich bei V.en um Annahmen, die zu Erklärungszwecken als Vermutungen in naturwissenschaftliche Theorien und Argumentationen eingehen, ist in der Regel von ↑›Hypothesen‹ die Rede. Demgegenüber ist das Wort ›*ὑπόθεσις*‹ in der griechischen Argumentationstheorie noch weitgehend synonym mit ›V.‹ im allgemeinen Sinne einer für die Argumentation zugestandenen Grundlage.

(2) Unter den pragmatischen V.en sind insbes. die ↑*Präsuppositionen* von Bedeutung, bei denen es sich um für die ↑Aktualisierung einer Handlung konstitutive Bedingungen handelt. Präsuppositionen spielen in der linguistischen ↑Pragmatik (Sprechhandlungstheorie; ↑Sprechakt) eine wichtige Rolle; ihre Kenntnis erlaubt es, Schlüsse von der korrekten Ausführung einer Sprechhandlung auf das Vorliegen ihrer Präsuppositionen als stillschweigender notwendiger V.en zu ziehen. So kann (ein bekanntes Beispiel G. Freges) der Satz ›der Entdekker der elliptischen Gestalt der Planetenbahnen starb im Elend‹ nur dann sinnvoll behauptet werden, wenn es genau einen Entdecker der elliptischen Gestalt der Planetenbahnen gibt.

Literatur: J. D. Atlas, On Presupposing, Mind 87 (1978), 396–411; D. I. Beaver/B. Geurts, Presupposition, SEP 2011; G. Gabriel, Kennzeichnung und Präsupposition, Linguist. Ber. 15 (1971), 27–31; C. K. Grant, Pragmatic Implication, Philos. 33 (1958), 303–324; L. Hollings, Presupposition and Theories of Meaning, Mind 89 (1980), 274–281; D. Lee, Assumption-Seeking as Hypothetic Inference, Philos. Rhet. 6 (1973), 131–152; ders., Belief, Reference, and Proposition, Tulane Stud. Philos. 30 (1981), 59–81; J. E. Llewelyn, Presuppositions, Assumptions and Presumptions, Theoria 28 (1962), 158–172; D. S. Mackay, On Supposing and Presupposing, Rev. Met. 2 (1948), 1–20; J. F. Post, An Analysis of Presupposing, Southern J. Philos. 6 (1968), 167–171; N. Rescher, Hypothetical Reasoning, Amsterdam 1964; ders., The Epistemology of Pragmatic Beliefs, Proc. Amer. Cath. Philos. Assoc. 58 (1984), 173–187; I. Rumfitt, Presupposition, REP VII (1998), 672–675; A. Stroll, Presupposing, Enc. Ph. VI (1967), 446–449, VII ([2]2006), 765–769; H. P. Weingartner, A System of Rational Belief, Knowledge and Assumption, in: R. Haller (ed.), Science and Ethics, Amsterdam 1981, 143–166; ders., Conditions of Rationality for the Concepts Belief, Knowledge and Assumption, Dialectica 36 (1982), 243–263; D. H. Whittier, Basic Assumption and Argument in Philosophy, Monist 48 (1964), 486–500; weitere Literatur: ↑Annahme, ↑Präsupposition. F. K.

voraussetzungslos/Voraussetzungslosigkeit, Bezeichnung für die der Philosophie und Wissenschaft zugeschriebene Haltung, die ↑Argumentation nicht durch eine Vorabverpflichtung auf fraglos akzeptierte ↑Prämissen und ↑Postulate zu beschränken. Der Terminus

›v.‹ bzw. ›V.‹ diente zunächst dazu, den Anspruch der Hegelschen Philosophie zu verdeutlichen, nicht mit Behauptungen (und insofern ›Voraussetzungen‹) anzufangen, sondern mit dem *Entschluß* (Postulat), »sich denkend zu verhalten« (J. E. Erdmann, Grundriß der Logik und Metaphysik, Halle 1841, § 24). Später wird der Terminus ›V.‹, häufig auch im Anschluß an die analoge (oder auch: inhaltsgleiche) Methodenlehre R. Descartes', für ein Verständnis philosophischer und wissenschaftlicher Forschung verwendet, nach dem keine der Beurteilung entzogenen Voraussetzungen gemacht werden dürfen. In beiden Fällen spielt vor allem die Forderung nach der Unabhängigkeit der Wissenschaft von religiösen und metaphysischen Überzeugungen und Dogmen eine wesentliche Rolle. Es wird dagegen oft bestritten, daß insbes. die wissenschaftliche Theologie und die Geisteswissenschaften in diesem Sinne v. sein können. Demgegenüber gelten Mathematik und Naturwissenschaften als unbestritten v.e Wissenschaften. Diese Entgegensetzung vermengt sich mit der von M. Weber eingeleiteten Auseinandersetzung um die ↑Wertfreiheit der Wissenschaften, insbes. der ↑Kulturwissenschaften. V. erhält hier den Sinn einer ›Wertvorurteilslosigkeit‹ (J. v. Kempski), wobei häufig irrtümlich Wertungen generell als nicht begründungsfähig und in diesem Sinne als ↑Vorurteile verstanden werden.

Literatur: H. A. Durfee, Ultimate Meaning and Presuppositionless Philosophy, Ultimate Reality and Meaning 6 (1983), 244–262; H. Hühn, V., Hist. Wb. Ph. XI (2001), 1166–1180; J. v. Kempski, ›V.‹. Eine Studie zur Geschichte eines Wortes, in: ders., Brechungen. Kritische Versuche zur Philosophie der Gegenwart, Hamburg 1964, 140–159, Neudr. in: Ges. Schriften I, ed. A. Eschbach, Frankfurt 1992, 174–197; K. Rossmann, Wissenschaft, Ethik und Politik. Erörterung des Grundsatzes der V. in der Forschung, Heidelberg 1949; E. Spranger, Der Sinn der V. in den Geisteswissenschaften, Berlin 1929 (repr. Darmstadt 1963), Heidelberg [3]1964. F. K.

Vordersatz, Bezeichnung (1) für die erste ↑Prämisse eines Syllogismus (↑Syllogistik) bzw. (2) für das ↑Antezedens eines hypothetischen Urteils (↑Urteil, hypothetisches). G. W.

Vorgang, auch: ↑Prozeß, Bezeichnung für Geschehnisse unter Berücksichtigung ihrer dynamischen Binnenstruktur, ihres (zeitlich gerichteten) *Verlaufs* in Gestalt aufeinanderfolgender Phasen; auch die gewöhnlich in Stadien gegliederten ↑Entwicklungen gehören zu den V.en. Ein V. als ein eine Einheit bildendes Ganzes aus seinen Phasen (↑Teil und Ganzes), unter Umständen sogar nur sein Anfang oder sein Ende, z. B. (das ganze) Leben ebenso wie dessen Anfang Geburt und dessen Ende Tod, gilt dabei ebenso wie ein Geschehnis ohne Berücksichtigung seines Verlaufs als ein ↑*Ereignis*: V.e, z. B. ein Krankheitsverlauf, *dauern an*, von Ereignissen hingegen, z. B. derselben Krankheit ›im Ganzen‹, sagt man gewöhnlich, daß sie *stattfinden*. In der Regel werden V.e in den indoeuropäischen Sprachen durch Verbalsubstantive, etwa nominalisierte Infinitive, artikuliert (↑Artikulator), z. B. ›stürzen‹, ›kranksein‹, während Ereignisse für ihre Artikulation in der Regel auf für diesen Zweck geeignete, von Verben abgeleitete Substantive angewiesen sind, z. B. ›Sturz‹, ›Krankheit‹.
Im übrigen gehört es zum verbreiteten Sprachgebrauch auch in (nicht-formalisierten) ↑Wissenschaftssprachen, sowohl einen V. im Ganzen als auch seine Phasen unter Bezug auf ↑›Dinge‹, etwa einen Felsen im Fall des Stürzens oder einen Menschen im Fall des Krankseins, als jeweils mit Aussagen vorgenommene Beschreibungen eines ↑Zustands, in dem sich diese Gegenstände befinden, und damit eines ↑Sachverhalts, aufzufassen, z. B. ›dieser Felsen stürzt‹, ›dieser Mensch ist [eben] krank geworden‹. V.e, Entwicklungen und auch Ereignisse werden auf diese Weise als Objektsorten eliminiert und auf Aussagen über andersartige Objekte, etwa Dinge, oder auch, speziell in den Naturwissenschaften, über bloße Raum-Zeit-Bereiche, zurückgeführt. K. L.

Vorgängerfunktion, in der ↑Arithmetik natürlicher Zahlen Bezeichnung für diejenige ↑Funktion, die jeder Nachfolgerzahl n' ihren Vorgänger n zuordnet und für 0 entweder (als partielle Funktion) undefiniert ist oder (als totale Funktion) einen willkürlich gewählten Wert (in der Regel 0) hat. Entsprechend bezeichnet man mit ›V.‹ in einer Termalgebra eine Funktion, die einem ↑Term einen bestimmten seiner unmittelbaren Teilterme zuordnet, z. B. bei Termen t der Form $(t_1,\ldots,t_n)$ eine Funktion $(t)_i$ $(1 \leq i \leq n)$, die jedem t den i-ten unmittelbaren Teilterm t_i zuordnet, oder allgemeiner eine Funktion, die einen bestimmten (nicht notwendigerweise unmittelbaren) Teilterm liefert, im Beispiel etwa die Funktion $(t)_{312}$, die für jedes t den zweiten unmittelbaren Teilterm des ersten unmittelbaren Teilterms des dritten unmittelbaren Teilterms von t als Wert hat. In der Logik spielen V.en eine Rolle bei der Arithmetisierung (↑Gödelisierung) formaler Systeme.

Literatur: S. C. Kleene, Introduction to Metamathematics, Amsterdam 1952 (repr. New York/Tokyo 2009), Groningen 2000, bes. 246–261 (Chap. X The Arithmetization of Metamathematics); P. Lorenzen, Metamathematik, Mannheim 1962, Mannheim/Wien/Zürich [2]1980, bes. 97–106 (§ 9 Entscheidbarkeit). P. S.

Vorgängergleichung, Bezeichnung für eine Gleichung $f(w_1) = g(w_2)$ zwischen Vorgängern (d. h. Werten von ↑Vorgängerfunktionen f und g) von (eindeutig zerlegbaren) Worten über einem gegebenen Alphabet. Solche entscheidbaren Gleichungen und deren junktorenlogische (↑Junktorenlogik) Zusammensetzungen gehen in P.

Lorenzens Definition der elementaren Berechenbarkeit und Entscheidbarkeit (↑elementar-berechenbar, ↑elementar-entscheidbar) ein.

Literatur: P. Lorenzen, Metamathematik, Mannheim 1962, Mannheim/Wien/Zürich ²1980, bes. 97–106 (§ 9 Entscheidbarkeit). P. S.

vorgeometrisch, in der Konstruktiven Wissenschaftstheorie (↑Wissenschaftstheorie, konstruktive) Bezeichnung für die methodisch (und historisch) vor der als Theorie ausformulierten ↑Geometrie liegenden Sachverhalte bzw. Wissensbestände. In der ↑vorwissenschaftlichen bzw. außerwissenschaftlichen Praxis werden Form, Größe und Lage von Körpern und Hohlkörpern im Zusammenhang handwerklicher Herstellung und technischer Beherrschung alltagssprachlich (↑Alltagssprache) beschrieben bzw. vorgeschrieben. Für das Rekonstruktionsprogramm (↑Rekonstruktion) der ↑Protophysik sind es die bereits v. größeninvarianten Verwendungen von Wörtern wie ›Kugel‹, ›Würfel‹, ›Zylinder‹ für räumliche Formen, die ein Rekonstruktionsziel für die methodische Begründung abgeben. Hinzu kommt eine schon vorwissenschaftlich skaleninvariante Meßkunst räumlicher Parameter, die das Rekonstruktionsziel einer formentheoretischen Geometriebegründung rechtfertigen.

Als Begründungsanfang steht zur Verfügung, daß bereits außerwissenschaftlich künstlich erzeugte Oberflächenformen an Körpern wie Ebene, rechtwinkliger Keil und rechte Ecke mit der Erwartung spezifischer Passungseigenschaften hergestellt und verwendet werden. Damit ist v. das Problem aufgeworfen, wie aus der ↑operativen ↑Definition der Grundform der Ebene (↑Dreiplattenverfahren), wonach eine Körperoberfläche ›eben‹ heißt, wenn es für sie zwei passende Gegenstücke gibt, die auch untereinander passen, die Allaussage ›alle ebenen Oberflächen passen aufeinander‹ gewonnen werden kann. Diese in technischer Praxis generell in Anspruch genommene Passung heißt im Rahmen der Protophysik Eindeutigkeit (↑eindeutig/Eindeutigkeit) der Ebenendefinition und bedarf eines expliziten Beweises aus den Beschreibungen des Realisierungsverfahrens der ebenen Form. Methodologisch ist die Eindeutigkeit gleichbedeutend mit einer prototypenfreien technischen ↑Reproduzierbarkeit von Grundformen und damit mit der Sicherung eines methodischen Begründungsanfangs. Analoges gilt für die Grundformen des rechten Winkels und der Parallelität. Die v.e Praxis liefert damit eine Rechtfertigung, über Vorschreiben und Beschreiben der technischen Praxis hinaus Herstellungszwecke ›ideativ‹ (↑Ideation), d. h. als ob sie vollständig realisiert wären, zu diskutieren. Empirisch beobachtete Abweichungen von denjenigen räumlichen Verhältnissen, die gemäß Herstellungsnormen gerechtfertigterweise erwartet werden dürfen, werden als Störungen betrachtet, kausal erklärt und technisch behoben. Die prototypenfreie Reproduzierbarkeit v. definierter Formen ist also ein Mittel, die transsubjektive (↑transsubjektiv/Transsubjektivität) Geltung geometrischer Aussagen über reale Körper zu sichern.

Diese auf H. Dingler und P. Janich zurückgehende Form der Geometriebegründung steht dem Rekonstruktionsprogramm von P. Lorenzen und R. Inhetveen gegenüber, bei dem im Rahmen einer ↑Protogeometrie nicht die v. erfolgreiche technische Praxis, sondern historisch vorliegende Satzbestände, in diesem Falle die Definitionen und Postulate der »Elemente« Euklids, methodisch rekonstruiert werden sollen.

Literatur: H. Dingler, Die Grundlagen der angewandten Geometrie. Eine Untersuchung über den Zusammenhang zwischen Theorie und Erfahrung in den exakten Wissenschaften, Leipzig 1911; D. Hartmann/P. Janich (eds.), Methodischer Kulturalismus. Zwischen Naturalismus und Postmoderne, Frankfurt 1996; R. Inhetveen, Konstruktive Geometrie. Eine formentheoretische Begründung der euklidischen Geometrie, Mannheim/Wien/Zürich 1983; P. Janich, Zur Protophysik des Raumes, in: G. Böhme (ed.), Protophysik. Für und wider eine konstruktive Wissenschaftstheorie der Physik, Frankfurt 1976, 83–130; ders., Was heißt »eine Geometrie operativ begründen«?, in: W. Diederich (ed.), Zur Begründung physikalischer Geo- und Chronometrien, Bielefeld 1979, 59–77; ders., Euklids Erbe. Ist der Raum dreidimensional?, München 1989 (engl. Euclid's Heritage. Is Space Three-Dimensional?, Dordrecht/Boston Mass./London 1992); ders., Die technische Erzwingbarkeit der Euklidizität, in: ders. (ed.), Entwicklungen der methodischen Philosophie, Frankfurt 1992, 68–84; P. Lorenzen, Elementargeometrie. Das Fundament der Analytischen Geometrie, Mannheim/Wien/Zürich 1984. P. J.

vorhanden/zuhanden, von M. Heidegger im Rahmen seiner ↑Fundamentalontologie eingeführte Unterscheidung zur Auszeichnung des phänomenologisch elementaren lebensweltlichen Umgangs mit Gegenständen (↑Zeug) im Unterschied zur thematischen und isolierten Erforschung der Gegenstände, wie sie Grundlage der empirischen Wissenschaften ist. Beim alltäglichen Umgang mit den Dingen (wobei Heidegger einen elementaren Umgang mit einfachen, noch keine wissenschaftliche Theorie voraussetzenden Geräten als exemplarisch ansieht) werden diese vor allem in ihrer instrumentellen Funktion für einen Zweck der Lebensbewältigung (»Zeug ist wesenhaft ›etwas, um zu …‹«, Sein und Zeit, Halle 1927, Tübingen ¹⁷1993, 68) unthematisch verwendet; sie sind primär z.. Erst bestimmte Formen von Störung in diesem unproblematisierten Verwendungszusammenhang (›Auffälligkeit‹, ›Aufdringlichkeit‹, ›Aufsässigkeit‹) erzwingen eine Ausdifferenzierung isolierter und mit Eigenschaften ausgestatteter, insofern v.er Dinge aus ihrem Verwendungszusammenhang.

Mit der Unterscheidung von v./z. soll vor allem eine Untersuchung der ›ontologischen Genese‹ der empirischen Wissenschaften aus der ↑Lebenswelt ermöglicht werden, da Vorhandenheit der den neuzeitlichen Wissenschaften zugrundeliegende ontologische Modus ist. Insoweit die neuzeitliche Philosophie ihre Auffassung vom ↑Ding (↑res cogitans/res extensa) an diesem fundierten Modus ausrichtet, ist sie kritikbedürftig. Heideggers phänomenologische Weltanalyse (↑Phänomenologie, ↑Welt) beeinflußte das Programm einer konstruktiven Begründung der Wissenschaften aus der elementaren lebensweltlichen Praxis der Geräteherstellung und Geräteverwendung (↑Prototheorie, ↑Wissenschaftstheorie, konstruktive).

Literatur: H. L. Dreyfus/H. Hall (eds.), Heidegger. A Critical Reader, Oxford/Cambridge Mass. 1992, 1995; C. F. Gethmann, Verstehen und Auslegung. Das Methodenproblem in der Philosophie Martin Heideggers, Bonn 1974, bes. 196–203 (§ 3.2.6); ders., Phänomenologie, Lebensphilosophie und Konstruktive Wissenschaftstheorie. Eine historische Skizze zur Vorgeschichte der Erlanger Schule, in: ders. (ed.), Lebenswelt und Wissenschaft. Studien zum Verhältnis von Phänomenologie und Wissenschaftstheorie, Bonn 1991, 28–77; ders., Der existenziale Begriff der Wissenschaft. Zu »Sein und Zeit«, § 69 b, in: ders., Dasein: Erkennen und Handeln. Heidegger im phänomenologischen Kontext, Berlin/New York 1993, 169–206; K. J. Huch, Philosophiegeschichtliche Voraussetzungen der Heideggerschen Ontologie, Frankfurt 1967; G. Prauss, Erkennen und Handeln in Heideggers »Sein und Zeit«, Freiburg/München 1977, [2]1996 (engl. Knowing and Doing in Heidegger's »Being and Time«, Amherst N. Y. 1999); R. Schubert, Das Problem der Zuhandenheit in Heideggers »Sein und Zeit«, Frankfurt etc. 1995; M. Sena, The Phenomenal Basis of Entities and the Manifestation of Being According to Sections 15–17 of »Being and Time«. On the Pragmatist Misunderstanding, Heidegger Stud. 11 (1995), 11–31; M. Theunissen, Intentionaler Gegenstand und ontologische Differenz. Ansätze zur Fragestellung Heideggers in der Phänomenologie Husserls, Philos. Jb. 70 (1962/1963), 344–362; B. Waldenfels, In den Netzen der Lebenswelt, Frankfurt 1985, [3]2005; R. Welter, Der Begriff der Lebenswelt. Theorien vortheoretischer Erfahrungswelt, München 1986. C. F. G.

Vorkommen (engl. occurrence, franz. occurrence), in der ↑Logik und allgemeiner der ↑Semiotik Bezeichnung für ein Teilzeichen eines Zeichens (↑Zeichen (logisch)) zusammen mit seiner relativen Position in diesem Zeichen. Z. B. enthält die atomare Aussage ›*P*(*a*,*b*,*a*)‹ die ↑Konstante ›*a*‹ als Teilzeichen, jedoch zwei V. von ›*a*‹: das linke und das rechte. In der logischen Syntax (↑Syntax, logische) ist die Unterscheidung zwischen einem Zeichen (im Beispiel ›*a*‹) und seinem V. in einem anderen Zeichen (im Beispiel das linke ›*a*‹ in ›*P*(*a*,*b*,*a*)‹ oder das rechte ›*a*‹ in ›*P*(*a*,*b*,*a*)‹) fundamental, da sich manche Begriffe auf Zeichen und andere auf V. von Zeichen beziehen, bisweilen sogar unter demselben Namen. So unterscheidet man etwa eine gebundene ↑*Variable* in einer Formel als Variable, die an *irgendeiner* Stelle in dieser Formel im Bereich eines zugehörigen ↑Quantors steht, von einem gebundenen V. einer Variablen als Variable an einer *bestimmten* Stelle im Bereich eines zugehörigen Quantors. Z. B. ist in der Formel $P(x) \wedge \bigwedge_x Q(x)$ das letzte V. der Variablen x gebunden und das erste frei. Die Variable x ist damit zugleich eine gebundene und eine freie Variable in dieser Formel. Bei dieser Unterscheidung zwischen Zeichen und V. ist zu beachten, daß damit nicht nur eine Teil-Ganzes-Beziehung (↑Teil und Ganzes) zwischen Typen oder (Zeichen-)Schemata derselben logischen Stufe gemeint sein kann, sondern auch ein besonderer Fall der Type-token-Dichotomie (↑type and token), bei der Zeichen, sofern sie als einfache oder zusammengesetzte Elemente einer logischen Syntax (↑Syntax, logische) und damit in Gestalt von Schriftzeichen (↑Schrift) auftreten, als ↑Abstrakta ihrer V. und damit als Typen logisch zweiter Stufe verstanden werden. V. wiederum gelten dann als Ergebnis einer ↑Schematisierung ihrer ↑konkreten, durch Schreiben oder Drucken erzeugten *Vorkommnisse* (engl. inscriptions). P. S.

Vorländer, Karl, *Marburg 2. Jan. 1860, †Münster 6. Dez. 1928, Vertreter des ↑Neukantianismus der Marburger Schule. 1877–1883, unterbrochen vom Militärdienst 1880–1881, Studium bei H. Cohen und P. Natorp in Marburg, ab 1883 Gymnasiallehrer in Neuwied, dann in Mönchen-Gladbach, 1887 Oberlehrer in Solingen. 1919 Oberschulrat in Münster und Honorarprof. für Philosophie an der Universität. – V. erwarb sich Verdienste vor allem um die Kant-Forschung, verteidigte die Ethik I. Kants gegen den Formalismusvorwurf und versuchte sie zur Grundlage des von ihm vertretenen Sozialismus zu machen. Bekannt wurde V. vor allem durch seine »Geschichte der Philosophie« (I–II, Leipzig 1903) und seine noch heute benutzten Editionen der Hauptwerke Kants in der »Philosophischen Bibliothek«.

Werke: Der Formalismus der Kantischen Ethik in seiner Notwendigkeit und Fruchtbarkeit, Diss. Marburg 1893; Kant und der Sozialismus unter besonderer Berücksichtigung der neuesten theoretischen Bewegung innerhalb des Marxismus, Berlin 1900; Die neukantische Bewegung im Sozialismus, Kant-St. 7 (1902), 23–84, separat Berlin 1902; Geschichte der Philosophie, I–II, Leipzig 1903, I–III, [7]1927, Neudr., ed. H. Schnädelbach, Reinbek b. Hamburg 1990; Kant, Schiller, Goethe. Gesammelte Aufsätze, Leipzig 1907, [2]1923 (repr. Aalen 1984); Immanuel Kants Leben, Leipzig 1911, ed. R. Malter, Hamburg [4]1986; Kant und Marx. Ein Beitrag zur Philosophie des Sozialismus, Tübingen 1911, [2]1926; Die ältesten Kant-Biographien. Eine kritische Studie, Berlin 1918 (Kant-St. Erg.hefte 41) (repr. Vaduz 1978); Kant als Deutscher, Darmstadt 1919; Kant und der Gedanke des Völkerbundes. Mit einem Anhange: Kant und Wilson, Leipzig 1919; Kants Weltanschauung aus seinen Werken, Darmstadt 1919, [2]1927; Kant, Fichte, Hegel und der Sozialismus, Berlin 1920; Marx, Engels und Lasalle als Philosophen, Stuttgart 1920, Berlin [3]1926; Volkstümliche Geschichte der Philosophie, Stuttgart 1921, Berlin [3]1923;

Immanuel Kant und sein Einfluß auf das deutsche Denken, Bielefeld/Leipzig 1921, [3]1925; Die Philosophie unserer Klassiker. Lessing, Herder, Schiller, Goethe, Berlin/Stuttgart 1923; Französische Philosophie, Breslau 1923; Die griechischen Denker vor Sokrates, Leipzig 1924; Einführung in die Philosophie, Leipzig 1924; Immanuel Kant. Der Mann und das Werk, I–II, Leipzig 1924, erw., in 1 Bd., ed. R. Malter, Hamburg [2]1977, [3]1992, Wiesbaden 2003, 2004; Geschichte der sozialistischen Ideen, Breslau 1924; Von Machiavelli bis Lenin. Neuzeitliche Staats- und Gesellschaftstheorien, Leipzig 1926; Karl Marx. Sein Leben und sein Werk, Leipzig 1929.

Literatur: W. Kinkel, K. V. zum Gedächtnis, Kant-St. 34 (1929), 1–5; P. Müller, Erkennen und Organisieren. Oder: Der Weg ist alles, das Ziel nichts. K. V.s Kritischer Sozial(ideal)ismus, in: H. Holzhey (ed.), Ethischer Sozialismus. Zur politischen Philosophie des Neukantianismus, Frankfurt 1994, 222–237. – V., in: B. Jahn (ed.), Biographische Enzyklopädie deutschsprachiger Philosophen, München 2001, 437–438. G. G.

vorprädikativ, zuerst von E. Husserl verwendete Bezeichnung zur Charakterisierung des Erfahrungsfundaments (↑Erfahrung) für den Vollzug der ↑Prädikation. Die Frage nach der Ursprungsklärung des prädikativen Urteils (↑Apophansis, ↑Urteil) wird von Husserl aufgegriffen, um die Genealogie der Logik zu rekonstruieren, wobei seine Analysen sowohl die geschichtliche als auch die genetisch-psychologische ↑Erklärung zurückweisen. Die phänomenologische (↑Phänomenologie) Klärung dieses Problems gründet in der Grundunterscheidung zwischen passiven Vorgegebenheiten im Bereich der Rezeptivität und den aktiven Erkenntnisleistungen, die auf ihnen aufbauen. Diesem Ansatz zufolge liegt jedem Urteilen die Erfahrung eines Gegenstandes voraus, über den etwas ausgesagt wird. Die Theorie dieser v.en Erfahrung bildet die Grundlage der phänomenologischen Urteilstheorie.

Husserl faßt das prädikative Urteil als eine Erkenntnisaktivität auf, die ihren sprachlichen Niederschlag in der Apophansis, im Aussagesatz (↑Aussage) findet. Die Aufdeckung des Fundaments für dieses Urteil besteht im methodischen Rückfragen nach den Schichten, in denen es seinen Ursprung hat. Nach Husserl liegt das Fundament des prädikativen Urteils in der v.en Erfahrung als Selbstgebung individueller Gegenstände; denn jeder Anfang der erkennenden Tätigkeit setze immer schon wahrgenommene, d.h. in schlichter Gewißheit vorgegebene, Gegenstände voraus. Sie treten im Bewußtseinsfeld (↑Bewußtsein) auf und liegen allen anderen Interessen der Lebenspraxis (↑Lebenswelt), darunter auch den ↑Erkenntnisinteressen, voraus. Husserls Methode des ›Rückfragens‹ ergibt folglich eine Sphäre der v.en Erfahrung, in der Prädikationssubstrate passiv, d.h. ohne jedes Zutun und ohne Hinwendung des erfassenden Blickes, vorgegeben sind. Auf diesem universalen Erfahrungsboden wird jede Praxis, sowohl die Praxis des Lebens als auch die theoretische Praxis des Erkennens, aufgebaut.

Im Unterschied zu Husserl rekonstruiert M. Heidegger die Genealogie der Logik nicht durch den Bezug auf die v.e Erfahrung, sondern auf die ↑operativen (↑Operationalismus) Strukturen des seine Welt ›besorgenden‹ (↑Sorge) Menschen, in denen wissenschaftliche Prädikationen ihr Fundament finden. Heideggers Klärung der ontologischen Genesis von wissenschaftlichen Prädikationen gründet sich auf der fundamentalen Unterscheidung zwischen der apophantischen und der hermeneutischen (↑Hermeneutik) Als-Struktur, die parallel zur Unterscheidung zwischen den ontologischen Modi der Zuhandenheit und der Vorhandenheit (↑vorhanden/zuhanden) konzipiert wird. Damit knüpft Heidegger an die traditionelle Logik (↑Logik, traditionelle) an, die die Als-Sätze verwendet, um die noch nicht durch ein Urteil oder eine Behauptung in Geltung gesetzte ↑Prädikation, das Zu- und Absprechen (↑zusprechen/absprechen) auszudrücken. In seiner Rekonstruktion der ontologischen Genesis der apophantischen Urteilsstruktur gilt die ↑Wahrnehmung nicht als primäres Thema der ›Werkwelt‹, sondern als Ex-post-Konstrukt einer theoretischen Einstellung der Welt gegenüber, das aus einem Zusammenhang operativer Verflechtung der ›Bewandtnisganzheit‹ herauspräpariert wird. Mit dem Nachweis, daß die Wahrnehmung ein nachträgliches Herauslösen eines Aktes aus dem umsichtigen Umgang mit Dingen ist, stellt Heidegger heraus, daß die Genealogie der Logik umgekehrt verläuft, als Husserl dies beschrieben hat. Nicht die schlichte Wahrnehmung, sondern der operative Kontext in einer instrumentalistisch (↑Instrumentalismus) organisierten Werkwelt ist fundierend für den Vollzug der Prädikation.

Literatur: L. Eley, Phänomenologie und Sprachphilosophie, Nachwort, in: E. Husserl, Erfahrung und Urteil. Untersuchungen zur Genealogie der Logik, ed. L. Landgrebe, Hamburg [4]1972, [7]1999, 479–518; C. F. Gethmann, Der existenziale Begriff der Wissenschaft, in: ders., Dasein: Erkennen und Handeln. Heidegger im phänomenologischen Kontext, Berlin/New York 1993, 169–206; R. Harrison, The Concept of Prepredicative Experience, in: E. Pivcević (ed.), Phenomenology and Philosophical Understanding, Cambridge etc. 1975, 1980, 93–107; M. Heidegger, Sein und Zeit. Erste Hälfte, Jb. Philos. phänomen. Forsch. 8 (1927), 1–438, separat Halle 1927, [2]1929, Tübingen [19]2006, Berlin/Boston Mass. 2015; E. Husserl, Formale und transzendentale Logik. Versuch einer Kritik der logischen Vernunft, Jb. Philos. phänomen. Forsch. 10 (1929), 1–298, separat Halle 1929, mit ergänzenden Texten, ed. P. Janssen, Den Haag 1974, 1977 (= Husserliana XVII), Hamburg 1992 (= Ges. Schr. VII); ders., Erfahrung und Urteil. Untersuchungen zur Genealogie der Logik, ed. L. Landgrebe, Prag 1939, Hamburg [7]1999; P. Janssen/C. Henning, V., Hist. Wb. Ph. XI (2001), 1196–1198; G. C. Moneta, The Foundation of Predicative Experience and the Spontaneity of Consciousness, in: L. E. Embree (ed.), Life-World and Consciousness. Essays for Aron Gurwitsch, Evanston Ill. 1972, 171–190; G. Müller, Wahrnehmung, Urteil und Erkenntniswille. Untersuchungen zu Husserls Phänomenologie der v.en Erfahrung, Bonn 1999; H. Spiegelberg, Toward a Phenomenology of Experience, Amer. Philos. Quart. 1 (1964), 325–332; M. K. Tillman, W. Dilthey and J. H. Newman on Prepredicative Thought, Human Stud. 8 (1985), 345–355. C. F. G.

Vorsokratiker, Sammelbezeichnung für die (inhaltlich und methodisch inhomogene Gruppe der) griechischen Philosophen des 8.–5. Jhs. v. Chr.. Diese enthält insofern eine Wertung, als sie mit Sokrates die eigentliche, klassische Epoche der Philosophie in Griechenland beginnen läßt (↑Philosophie, griechische). Hauptrichtungen der vorsokratischen Philosophie sind:
Die *Orphiker* (8.–6. Jh., ↑Orphik), von Aristoteles ›Theologen‹ genannt und wegen ihrer vorwiegend mythisch-religiösen Vorstellungen bisweilen nicht zu den Philosophen gezählt. Sie harmonisieren und systematisieren die zum Teil widersprüchliche Vielfalt der ↑Mythen und suchen durch Göttergenealogien einen einheitlichen Ursprung für die Vielheit der Dinge anzugeben, worin bereits ein typisch philosophisches Anliegen zum Ausdruck kommt (↑Archē). Auch in der Konstruktion eines unpersönlichen gesetzesähnlichen Prinzips der ›Notwendigkeit‹, im metaphorischen Gebrauch der Götternamen (Pherekydes) und in der allegorischen Mythendeutung (Theagenes) zeigen sich deutliche Formen einer Lösung von mythisch-religiösen Vorstellungen und einer Hinwendung zu rationalistischer ↑Aufklärung. Die auf dem Gegensatz von Leib und Seele (↑Leib-Seele-Problem) basierende (der Leib als Gefängnis der ↑Seele), dem griechischen Denken erstmals Sünden- und Sühnebewußtsein, Erlösungssehnsucht, Askese und Ekstase nahebringende orphische Seelenlehre beeinflußt unter anderem Pythagoras, Empedokles, Platon und Plotin. – Die so genannten *Sieben Weisen* (unter ihnen Solon, Thales, Bias) zählen, ohne eigentlich Philosophen zu sein, zu den kulturhistorisch bedeutendsten Denkern der vorsokratischen Zeit. Ihre Sentenzen haben das allgemeine Bewußtsein und das Denken der Philosophie (bis hin zu Aristoteles) maßgeblich beeinflußt.
Mit den *ionischen Naturphilosophen* (Thales, Anaximander, Anaximenes; ↑Philosophie, ionische), die sich erstmals konsequent von mythologischer Theogonie abwenden und die Natur empirisch-rational zu erklären suchen, läßt die Philosophiehistorie im allgemeinen die griechische Philosophie im engeren Sinne beginnen. Als Ursprung der Welt werden nicht mehr Götter, sondern einheitliche (teils stoffliche, teils immaterielle) Prinzipien angeführt: z. B. Wasser (Thales), ↑Apeiron (Anaximander), Luft (Anaximenes). Thales werden Erklärungen für Naturphänomene zugeschrieben, desgleichen die für die Entwicklung der Wissenschaften und der Philosophie entscheidende Begründung der ↑Geometrie mit der Entdeckung der Möglichkeit des theoretischen Satzes und des Beweises (Form einer logikfreien Elementargeometrie; J. Mittelstraß 1962–1966).
Für eine als ↑*Pythagoreer* zusammengefaßte, heterogene Gruppe gilt nach nicht unbestrittener Auffassung die (unstoffliche) ↑Zahl als Prinzip der materiellen und der gesellschaftlich-ethischen Welt. Zahlen bzw. Zahlenverhältnisse dienen zur Erklärung der Natur, der Gesellschaft und der individuellen Tugenden und Laster. Akustik, Arithmetik, Astronomie und Geometrie, die Hauptgegenstände pythagoreischer Wissenschaft (↑ars), bilden zugleich die theoretische Basis der praktisch-politischen Aktivitäten der Pythagoreer.
Kritik an Tradition und Sitte (↑Nomos), insbes. an anthropomorphen Gottesvorstellungen, ist das zentrale Thema des *Xenophanes*, dessen erkenntnistheoretische Skepsis (↑Skeptizismus) und dessen Theorem von der Einheit, Unbeweglichkeit und Ewigkeit des Alls den ↑Eleatismus (Parmenides von Elea, Zenon von Elea) prägen. *Heraklit* dagegen geht von der beobachteten Vielheit, dem ›Fluß der Dinge‹ aus, die stets gegensätzliche Eigenschaften aufweisen. Der ›Vater aller Dinge‹ ist der Krieg, der Kampf der Gegensätze, der allerdings im ewigen, unveränderlichen ↑Logos (Vernunft, Weltgesetz) aufgehoben wird. In kritischer Auseinandersetzung mit Heraklit entwickelt wiederum *Parmenides* seine statische ↑Ontologie: Weil die Nicht-Existenz nicht prädizierbar sei (jede ↑Prädikation impliziert eine Existenzaussage), seien Aussagen über Veränderliches (die die Prädikation nicht-zukommender Eigenschaften, also Nicht-Existenz, einschließen) nicht denkbar; auf Grund der Identität von Denken und ↑Sein folge daraus, daß Veränderliches nicht existiere und ↑Seiendes nur als ungewordene, unvergängliche und unveränderliche Einheit begriffen werden könne. Gegenüber dem allein Wahrheit vermittelnden Denken seien die Wahrnehmungsurteile bloße ↑Meinung (›Doxa‹ bzw. Trug), die, wie die Paradoxien *Zenons von Elea* (↑Paradoxien, zenonische) zeigen, zu ↑Trugschlüssen und Widersprüchen führen.
Empedokles, mit dem die Reihe der ›jüngeren‹ vorsokratischen Naturphilosophen beginnt, sucht zwischen den Positionen Heraklits und Parmenides' zu vermitteln. Er geht von der qualitativen Unveränderbarkeit des Seienden aus, sieht aber das grundlegende Seiende nicht als Einheit, sondern als qualitativ unterschiedliche Form von vier ›Elementen‹ (Erde, Wasser, Luft, Feuer) an. Die sichtbaren Dinge unterscheiden sich je nach ihrem quantitativen Anteil und der Art der Mischung der Elemente. Entstehen und Vergehen werden als Vereinigung bzw. Trennung der Elemente gedeutet; den Anlaß für Veränderungen geben nicht die Elemente selbst, sondern die immateriell wirkenden Kräfte ›Liebe‹ und ›Streit‹, die in stetem Kampf miteinander liegen und im gesamten ↑Kosmos einen stetigen Wandel von Weltentstehung und Weltzerstörung bewirken. *Anaxagoras* nimmt eine unendlich große Zahl ungewordener unveränderlicher Grundstoffe an (›Homoiomerien‹), von denen in un-

sichtbar kleinen Mengen ›alles in allem enthalten‹ ist; der Geist (↑Nus) ist zugleich das erkennende und Mikrokosmos und ↑Makrokosmos bewegende Prinzip.

Leukippos und *Demokrit* suchen durch einen monistischen (↑Monismus) ↑*Atomismus* die Kluft zwischen Heraklit und Parmenides zu überbrücken, ohne (wie Empedokles und Anaxagoras) ein geistiges Prinzip als Bewegungsursache zu postulieren: die sichtbare Welt besteht aus kleinsten, unteilbaren Urbestandteilen (↑Atomen), die sich durch Gestalt, Lage und Anordnung unterscheiden und in steter Bewegung sind. Veränderungen werden durch eine Änderung der Anordnung und der Lage der Atome erklärt, die dadurch bewirkt wird, daß fremdartige Atome in die in jedem Körper vorhandenen Hohlräume (das ↑Leere) eindringen und seine Struktur zerstören. Diese mechanische Erklärung des Welt- und Naturgeschehens, die mit der Ausklammerung metaphysischer Prinzipien zugleich auf die Frage nach der Ursache geordneter Naturabläufe verzichtet, wird später von Epikur und Lukrez in der Auseinandersetzung mit Aberglauben und religiös motivierten Naturtheorien emphatisch vertreten.

Die *Sophisten* (↑Sophistik), teils historisch tatsächlich V., teils Zeitgenossen des Sokrates, leiten, indem sie sich von den bisher vorherrschenden ontologischen, kosmologischen und naturphilosophischen Problemen ab- und ethisch-gesellschaftlichen Problemen zuwenden, eine neue Epoche der griechischen Philosophie ein. Ausgehend von der Erfahrung der Relativität (↑Relativismus) und Subjektivität (↑Subjektivismus) menschlicher Einstellungen, Wertungen und Institutionen und der Annahme der Unüberwindbarkeit des philosophischen Meinungsstreites, vertreten sie einen generellen ethischen und erkenntnistheoretischen Skeptizismus. An die Stelle des bisher gültigen, von den Sophisten für uneinlösbar gehaltenen Wahrheitsanspruches tritt die ↑Rhetorik als Mittel der Kommunikation und der Überzeugung. Sokrates und Platon sehen in dieser eine nur zu einem Scheinwissen führende Strategie der Manipulation und Überredung, die durch eine systematisch begründete Philosophie des theoretischen und des praktischen Wissens überwunden werden müsse.

Quellen: W. Capelle (ed.), Die V.. Die Fragmente und Quellenberichte, Leipzig 1935, Stuttgart ^{2}1938, ^{9}2008; P. Curd (ed.), A Presocratics Reader. Selected Fragments and Testimonia, Indianapolis Ind. 1996, 2011; H. Diels (ed.), Die Fragmente der V. [griech./dt.], Berlin 1903, I–II/1–2 [II/2 = Wortindex v. W. Kranz], 1906–1910, I–III, ed. W. Kranz, Berlin ^{3}1912–1922, überarb. v. W. Kranz ^{5}1934–1937, verb. ^{6}1951–1952, 2004–2005; M. L. Gemelli Marciano (ed.), Die V. [griech./dt.], I–III, Düsseldorf 2007–2009, II, Berlin ^{3}2013, III, ^{2}2013; D. W. Graham (ed.), The Texts of Early Greek Philosophy. The Complete Fragments and Selected Testimonies of the Major Presocratics [griech./engl.], I–II, Cambridge etc. 2010, 2011; M. Grünwald (ed.), Die Anfänge der abendländischen Philosophie. Fragmente und Lehrberichte der V., Zürich 1949, 1970 [mit Einl. v. E. Howald, VII–XXVIII], rev. Zürich/München 1991 [mit Einl. v. M. L. Gemelli Marciano, 5–43]; F. Jürss/R. Müller/E. G. Schmidt (eds.), Griechische Atomisten. Texte und Kommentare zum materialistischen Denken der Antike, Leipzig 1973, ^{4}1991; W. Kranz (ed.), Vorsokratische Denker. Auswahl aus dem Überlieferten [griech./dt.], Berlin 1939, ^{2}1949, ^{4}1974; A. Laks/G. W. Most (eds.), Early Greek Philosophy [griech./engl.], I–IX, Cambridge Mass./London 2016; J. Mansfeld (ed.), Die V. [griech./dt.], I–II, Stuttgart 1983/1986, in einem Bd., 1987, ed. mit O. Primavesi, 2011; W. Nestle (ed.), Die V., Jena 1908, erw. 1922, Düsseldorf/Köln ^{4}1956 (repr. Aalen 1969), Wiesbaden 1978; R. Waterfield, The First Philosophers. The Presocratics and Sophists, Oxford etc. 2000, 2009; F. J. Weber (ed.), Fragmente der V., Paderborn etc. 1988. – Totok I (1964), 103–129.

Literatur: R. Baccou, Histoire de la science grecque de Thalès à Socrate, Paris 1951; J. Barnes, The Presocratic Philosophers, I–II, London/Henley/Boston Mass. 1979, rev. in 1 Bd., London/New York 1982, 2006; H. Boeder, Grund und Gegenwart als Frageziel der früh-griechischen Philosophie, Den Haag 1962; A. Bonetti, Il concetto nella filosofia presocratica, Mailand 1960; W. Bröcker, Die Geschichte der Philosophie vor Sokrates, Frankfurt 1965, ^{2}1986; T. Buchheim, Die V.. Ein philosophisches Porträt, München 1994; J. Burnet, Early Greek Philosophy, London/Edinburgh 1892, ^{4}1930 (repr. London 1975) (dt. Die Anfänge der griechischen Philosophie, Leipzig/Berlin 1913); ders., Greek Philosophy I (Thales to Plato), London 1914 (repr. London 1981); W. Capelle, Die griechische Philosophie I (Von Thales bis Leukippos), Berlin 1922, mit Untertitel: Von Thales bis zum Tode Platons, Berlin ^{3}1971; V. Caston/D. W. Graham (eds.), Presocratic Philosophy. Essays in Honour of Alexander Mourelatos, Aldershot/Burlington Vt. 2002; F. M. Cleve, The Giants of Pre-Sophistic Greek Philosophy. An Attempt to Reconstruct Their Thoughts, I–II, The Hague 1965, ^{3}1973; F. M. Cornford, Principium Sapientiae. The Origins of Greek Philosophical Thought, Cambridge 1952, ed. W. K. C. Guthrie, New York 1965 (repr. Gloucester Mass. 1971); L. De Crescenzo, Storia della filosofia greca. I presocratici, Mailand 1983, 2005 (dt. Geschichte der griechischen Philosophie. Die V., Zürich 1985, ferner in: ders., Geschichte der Philosophie, Zürich 1998, 2016, 9–274; franz. Les grands philosophes de la Grèce antique I [Les Présocratiques], Paris 1988; engl. The History of Greek Philosophy I [The Presocratics], London 1989, 1990); P. Curd, The Legacy of Parmenides. Eleatic Monism and Later Presocratic Thought, Princeton N. J. 1998, Las Vegas Nev. 2004; dies., Presocratic Philosophy, SEP 2007, rev. 2016; dies./D. W. Graham (eds.), The Oxford Handbook of Presocratic Philosophy, Oxford etc. 2008, 2011; H. Dörrie, V., KP V (1975), 1338–1339; E. Fantino u. a. (eds.), Heraklit im Kontext, Berlin/Boston Mass. 2017; D. Fehling, Materie und Weltbau in der Zeit der frühen V.. Wirklichkeit und Tradition, Innsbruck 1994; H. Flashar/D. Bremer/G. Rechenauer (eds.), Die Philosophie der Antike I/1–2 (Frühgriechische Philosophie), Basel 2013; H. Fränkel, Dichtung und Philosophie des frühen Griechentums. Eine Geschichte der griechischen Literatur von Homer bis Pindar, New York 1951, mit Untertitel: Eine Geschichte der griechischen Epik, Lyrik und Prosa bis zur Mitte des 5. Jahrhunderts, München ^{2}1962, ^{5}2006 (engl. Early Greek Poetry and Philosophy. A History of Greek Epic, Lyric, and Prose to the Middle of the Fifth Century, Oxford, New York 1975, New York 1984); ders., Wege und Formen frühgriechischen Denkens. Literarische und philosophiegeschichtliche Studien, München 1955, ^{3}1968; H. Frankfort u. a., The Intellectual Adventure of Ancient Man. An

Essay on Speculative Thought in the Ancient Near East, Chicago Ill. 1946, 2003 (dt. Frühlicht des Geistes. Wandlungen des Weltbildes im alten Orient, Stuttgart 1954, unter dem Titel: Alter Orient – Mythos und Wirklichkeit, Stuttgart etc. ²1981); D. Frede/B. Reis (eds.), Body and Soul in Ancient Philosophy, Berlin/New York 2009, 19–142 (Part I Presocratics); K. Freeman, The Pre-Socratic Philosophers. A Companion to Diels, »Fragmente der V.«, Oxford 1946, ³1966; dies. (ed.), Ancilla to the Pre-Socratic Philosophers. A Complete Translation of the Fragments in Diels' »Fragmente der V.«, Oxford 1947, ⁶1971; D. J. Furley/R. E. Allen (eds.), Studies in Presocratic Philosophy, I–II, London 1970/1975; H.-G. Gadamer (ed.), Um die Begriffswelt der V., Darmstadt 1968, ³1989; M. Gatzemeier, Sprachphilosophische Anfänge, HSK VII/1 (1992), 1–17; M. Gentile, La metafisica presofistica, Padua 1939, Pistoia 2006; C.-F. Geyer, Die V. zur Einführung, Hamburg 1995, unter dem Titel: Die V.. Eine Einführung, Wiesbaden o.J. [2005]; O. Gigon, Der Ursprung der griechischen Philosophie. Von Hesiod bis Parmenides, Basel 1945, Basel/Stuttgart ²1968; ders., V., LAW (1965), 3247–3248; T. Gomperz, Griechische Denker I, Leipzig 1896, ⁴1922 (repr. Berlin 1973, Frankfurt 1996) (engl. Greek Thinkers. A History of Ancient Philosophy I, London 1901 [repr. Bristol 1996], 1969); A. Graeser, Die V., in: O. Höffe (ed.), Klassiker der Philosophie I (Von den V.n bis David Hume), München 1981, 13–37, 457–459, 515–516, ³1994, 13–37, 457–460, 521–522; ders., Die V., in: G. Böhme (ed.), Klassiker der Naturphilosophie. Von den V.n bis zur Kopenhagener Schule, München 1989, 13–28; D. W. Graham, Science Before Socrates. Parmenides, Anaxagoras, and the New Astronomy, Oxford etc. 2013; A. Gregory, The Presocratics and the Supernatural. Magic, Philosophy and Science in Early Greece, London etc. 2013, 2015; W.-D. Gudopp-von Behm, Thales und die Folgen. Vom Werden des philosophischen Gedankens. Anaximander und Anaximenes, Xenophanes, Parmenides und Heraklit, Würzburg 2015; W. K. C. Guthrie, The Greek Philosophers From Thales to Aristotle, Norwich, London, New York 1950, Neudr. London/New York 2013 (dt. Die griechischen Philosophen von Thales bis Aristoteles, Göttingen 1950, ²1963); ders., A History of Greek Philosophy, I–III, Cambridge 1962–1969, 2000–2010; ders., Pre-Socratic Philosophy, Enc. Ph. VI (1967), 441–446, VII (²2006), 758–765 (rev. Bibliography by A. Mourelatos); K. Held, Heraklit, Parmenides und der Anfang von Philosophie und Wissenschaft. Eine phänomenologische Besinnung, Berlin/New York 1980; K. Hildebrandt, Frühe griechische Denker. Eine Einführung in die vorsokratische Philosophie, Bonn 1968; E. Hoffmann, Geschichte der Philosophie I (Die griechische Philosophie von Thales bis Platon), Leipzig/Berlin 1921, unter dem Titel: Die griechische Philosophie bis Platon, Heidelberg 1951; E. Howald, Bericht über die V. (einschließlich Sophistik) aus den Jahren 1897 bis zur Gegenwart, Jb. Fortschr. Altertumswiss. 197 (1923), 139–192; K. Hülser/H. Cancik, V., RGG VIII (⁴2005), 1222–1226; W. Jaeger, The Theology of the Early Greek Philosophers, Oxford 1947, 1968 (dt. Die Theologie der frühen griechischen Denker, Stuttgart 1953 [repr. Darmstadt, Stuttgart 1964, Stuttgart 2009]); F. Jürss, Von Thales zu Demokrit. Frühe griechische Denker, Leipzig/Jena/Berlin 1977, 1982; G. Kafka, Die V., München 1921 (repr. Nendeln 1973); I. G. Kalogerakos, Seele und Unsterblichkeit. Untersuchungen zur Vorsokratik bis Empedokles, Stuttgart/Leipzig 1996; G. B. Kerferd (ed.), The Sophists and Their Legacy. Proceedings of the 4th International Colloquium on Ancient Philosophy Held at Bad Homburg, 29th August – 1st September 1979, Wiesbaden 1981 (Hermes, Einzelschriften XLIV); J. Kerschensteiner, Kosmos. Quellenkritische Untersuchungen zu den V.n, München 1962; G. S. Kirk/J. E. Raven, The Presocratic Philosophers. A Critical History with a Selection of Texts, Cambridge etc. 1957, mit M. Schofield, ²1983, 2010 (dt. Die vorsokratischen Philosophen. Einführung, Texte und Kommentare, Stuttgart/Weimar 1994, 2001); A. Kojève, Essai d'une histoire raisonnée de la philosophie païenne I (Les présocratiques), Paris 1968, 1997; F. Krafft, Geschichte der Naturwissenschaft I (Die Begründung einer Wissenschaft von der Natur durch die Griechen), Freiburg 1971; W. Kranz, Vorsokratisches, I–IV, Hermes 69 (1934), 114–119, 226–228, 70 (1935), 111–119, 72 (1937), 223–232, ferner in: ders., Studien zur antiken Literatur und ihrem Fortwirken. Kleine Schriften, ed. E. Vogt, Heidelberg 1967, 98–123; G. Kröber (ed.), Wissenschaft und Weltanschauung in der Antike. Von den Anfängen bis Aristoteles, Berlin 1966; A. Laks, V., DNP XII/2 (2003), 341–342; ders./C. Louguet (eds.), Qu'est-ce que la Philosophie présocratique?/What Is Presocratic Philosophy?, Villeneuve d'Ascq 2002; A. A. Long (ed.), The Cambridge Companion to Early Greek Philosophy, Cambridge etc. 1999, 2008 (dt. Handbuch frühe griechische Philosophie. Von Thales bis zu den Sophisten, Stuttgart/Weimar 2001); S. Luria, Anfänge griechischen Denkens, Berlin 1963; J. McCoy (ed.), Early Greek Philosophy. The Presocratics and the Emergence of Reason, Washington D. C. 2013; R. D. McKirahan, Philosophy Before Socrates. An Introduction with Texts and Commentary, Indianapolis Ind./Cambridge 1994, ²2010; K. P. Michaelides, Mensch und Kosmos in ihrer Zusammengehörigkeit bei den frühen griechischen Denkern, Diss. München 1962; E. L. Minar Jr., A Survey of Recent Works in Pre-Socratic Philosophy, Class. Weekly 47 (1954), 161–170, 177–182; G. Misch, Der Weg in der Philosophie. Eine philosophische Fibel, Leipzig/Berlin 1926, erw. unter dem Titel: Der Weg in die Philosophie. Eine philosophische Fibel I (Der Anfang), Bern 1950 (engl. The Dawn of Philosophy. A Philosophical Primer, ed. R. F. C. Hull, Cambridge Mass. 1951); J. Mittelstraß, Die Entdeckung der Möglichkeit von Wissenschaft, Arch. Hist. Ex. Sci. 2 (1962–1966), 410–435, Neudr. in: ders., Die Möglichkeit von Wissenschaft, Frankfurt 1974, 29–55, 209–221, ferner in: J. Christianidis (ed.), Classics in the History of Greek Mathematics, Dordrecht/Boston Mass./London 2004 (Boston Stud. Philos. Hist. Sci. 240), 19–44; ders., Griechische Anfänge des wissenschaftlichen Denkens, in: G. Damschen/R. Enskat/A. G. Vigo (eds.), Platon und Aristoteles – sub ratione veritatis, Göttingen 2003, 134–157, ferner in: ders., Die griechische Denkform. Von der Entstehung der Philosophie aus dem Geiste der Geometrie, Berlin/Boston Mass. 2014, 19–42; A. P. D. Mourelatos (ed.), The Pre-Socratics. A Collection of Critical Essays, Garden City N. Y., Princeton N. J. 1974, rev. Princeton N. J. 1993; W. Nestle, Vom Mythos zum Logos. Die Selbstentfaltung des griechischen Denkens von Homer bis auf die Sophistik und Sokrates, Stuttgart 1940, ²1942 (repr. Aalen 1966), 1975; C. Osborne, Presocratic Philosophy. A Very Short Introduction, Oxford etc. 2004; W. H. Pleger, Die V., Stuttgart 1991; M. Plessner, Vorsokratische Philosophie und griechische Alchemie in arabisch-lateinischer Überlieferung. Studien zu Text und Inhalt der Turba Philosophorum, ed. F. Klein-Franke, Wiesbaden 1975; K. R. Popper, Back to the Pre-Socratics, Proc. Arist. Soc. 59 (1958/1959), 1–24, ferner in: ders., The World of Parmenides [s. u.], 1998, 7–32 [mit Addenda 1964 und 1968], 2012, 7–35 (dt. Zurück zu den V.n, in: ders., Die Welt des Parmenides [s. u.], 31–71); ders., The World of Parmenides. Essays on the Presocratic Enlightenment, ed. A. F. Petersen, London/New York 1998, 2012 (dt. Die Welt des Parmenides. Der Ursprung des europäischen Denkens, München/Zürich 2001, 2005); R. A. Prier, Archaic Logic. Symbol and Structure in Heraclitus, Parmenides, and Empedocles, The Hague/Paris 1976; C. Ramnoux/J. Wahl, Études présocratiques, Paris 1970; C. Rapp, V., München 1997, ^{2}2007; G. Rechenauer (ed.), Frühgriechisches Denken, Göttingen 2005; F. Ricken, Vorsokratik, in: ders. (ed.), Lexikon der Erkenntnistheorie und Metaphysik, München 1984, 225–228; W. Röd, Die Philosophie der Antike I (Von Thales bis Demokrit), München 1976, ^{3}2009; W. Schadewaldt, Tübinger Vorlesungen I (Die Anfänge der Philosophie bei den Griechen. Die V. und ihre Voraussetzungen), Frankfurt 1978, ^{9}2007; M. Schofield, The Presocratics, in: D. Sedley (ed.), The Cambridge Companion to Greek and Roman Philosophy, Cambridge etc. 2003, 2009, 42–72; P.-M. Schuhl, Essai sur la formation de la pensée grecque, Paris 1934, erw. ^{2}1949; G. J. Seidel, Martin Heidegger and the Pre-Socratics. An Introduction to His Thought, Lincoln Neb. 1964, 1978; H. Seidel, Von Thales bis Platon. Vorlesungen zur Geschichte der Philosophie, Köln 1980, Berlin ^{5}1989; G. Siegmann, Vorsokratik, TRE XXXV (2003), 328–334; G. Skirbekk/N. Gilje, Geschichte der Philosophie. Eine Einführung in die europäische Philosophiegeschichte mit Blick auf die Geschichte der Wissenschaften und die politische Philosophie I, Frankfurt 1993, 2003, 11–60; B. Snell, Die Entdeckung des Geistes. Studien zur Entstehung des europäischen Denkens bei den Griechen, Hamburg 1946, rev. Göttingen ^{4}1975, ^{9}2009 (engl. The Discovery of the Mind. The Greek Origins of European Thought, Oxford 1953 [repr. unter dem Titel: The Discovery of the Mind in Greek Philosophy and Literature, New York 1982], Tacoma Wash. 2013; franz. La découverte de l'esprit. La genèse de la pensée européenne chez les Grecs, Combas 1994); G. Stamatellos, Introduction to Presocratics. A Thematic Approach to Early Greek Philosophy with Key Readings, Malden Mass./Oxford/Chichester 2012; M. C. Stokes, One and Many in Presocratic Philosophy, Cambridge Mass., Washington D. C. 1971; L. Sweeney, Infinity in the Presocratics. A Bibliographical and Philosophical Study, The Hague 1972; C. C. W. Taylor (ed.), From the Beginning to Plato, London/New York 1997, 2003 (Routledge Hist. Philos. I); G. D. Thomson, Studies in Ancient Greek Society II (The First Philosophers), London 1955, ^{2}1961, 1977 (dt. Forschungen zur Altgriechischen Gesellschaft II [Die ersten Philosophen], Berlin 1961, ^{4}1980; franz. Les premiers philosophes, Paris 1973); C. J. Vamvacas, Die Geburt der Philosophie. Der vorsokratische Geist als Begründer von Philosophie und Naturwissenschaften, Darmstadt 2006; G. Vlastos, Studies in Greek Philosophy I (The Presocratics), ed. D. W. Graham, Princeton N. J. 1995, 1996; K.-H. Volkmann-Schluck, Die Philosophie der V.. Der Anfang der abendländischen Metaphysik, ed. P. Kremer, Würzburg 1992; J. Warren, Presocratics, Stocksfield 2007, mit Untertitel: Natural Philosophers before Socrates, Berkeley Calif. 2007; R. Waterfield, Before Eureka. The Presocratics and Their Science, New York 1989; E. Wolf, Griechisches Rechtsdenken, I (V. und frühe Dichter), Frankfurt 1950; M. R. Wright, Cosmology in Antiquity, London/New York 1995, 1996; E. Zeller, Die Philosophie der Griechen in ihrer geschichtlichen Entwicklung dargestellt I, Tübingen 1844, I/1–2, Leipzig ^{6}1919/1920 (repr. Darmstadt 1963, 2013); S. Zeppi, Due studi sul pensiero presocratico, Rom 1978, 1979. – Bibl. Praesocratica. M. G.

Vorstellung (lat. repraesentatio, engl. idea), meist als Terminus für die psychischen ↑Abbilder der in der Sinnes- und Selbstwahrnehmung gegenwärtigen Objekte und Erscheinungen. Als Abbilder sind sie von den als Urbildern verstandenen platonischen Ideen (↑Idee (historisch), ↑Ideenlehre) verschieden, als psychische Gebilde sind sie von den logisch aufzufassenden ↑Begriffen zu unterscheiden. V.en sind durch drei Aspekte bestimmt: den Vorstellungsakt (als Tätigkeit des Vorstellens), den Vorstellungsinhalt (als Bewußtseinsbild) und den Vorstellungsgegenstand (der Gegenstand, der durch den Vorstellungsinhalt vorgestellt wird).

Der deutsche Ausdruck ›V.‹ wird zuerst von C. Wolff verwendet. Der Sache nach unterscheidet bereits Aristoteles zwischen *φάντασμα* (Vorstellungsbild) und *λόγος* (Begriff). Dabei werden die V.en als schwächere Nachwirkungen der ↑Wahrnehmungen aufgefaßt. In der neuzeitlichen bewußtseinsanalytischen Erkenntnistheorie gerät der Zusammenhang von Wahrnehmung und V. zunächst aus dem Blick. So unterscheidet J. Locke zwar die V.en (ideas) der Sinneswahrnehmung (sensation) von denen der Selbstwahrnehmung (reflection); aber nicht nur die erinnerten Wahrnehmungen, sondern auch die direkten Wahrnehmungen sind bei ihm V.en. Alle Objekte des Verstandes werden als V.en aufgefaßt. Erst D. Hume stellt den direkten Wahrnehmungen, den Eindrücken (impressions), wieder die V.en (ideas) gegenüber und charakterisiert die V.en als schwächere Abbilder der Eindrücke.

Neben dieser Herkunft des deutschen Ausdrucks ›V.‹ aus der Übersetzungstradition von engl. ›idea‹ existiert eine zweite, davon verschiedene Tradition, die sich von dem lateinischen Ausdruck ↑›repraesentatio‹ herleitet und in der V.en häufig nicht als psychische Gebilde verstanden werden. Bei I. Kant etwa dient der Begriff der V. als Oberbegriff zu ↑Anschauung und ↑Begriff; B. Bolzano spricht im platonistischen Sinne von ↑Vorstellungen an sich. Parallel dazu bleibt die für den britischen ↑Empirismus charakteristische Gleichsetzung von Denken und Vorstellen und damit von Begriff und V., obwohl von Logikern wie G. Frege heftig bekämpft, bis ins 20. Jh. in psychologistischen (↑Psychologismus) Theorien erhalten. Diese Auseinandersetzung wird in neueren sprachanalytischen (↑Sprachanalyse) Diskussionen als Frage mitgeführt, ob Bedeutungsverstehen an das Haben von V. gebunden ist, was unter anderem von L. Wittgenstein (Philos. Unters. § 396) bestritten wird. Im Rahmen der ↑Kognitionswissenschaft und der ↑Philosophie des Geistes (↑philosophy of mind) werden im weiteren Sinne ↑kognitive ↑Zustände, die stellvertretend für andere stehen, und insbes. intentionale (↑Intentionalität) Zustände, die auf bestimmte Gehalte ›gerichtet‹ sind, als mentale Repräsentationen (↑Repräsentation, mentale) bezeichnet.

Literatur: M. Banwart, Hume's Imagination, New York etc. 1994; H. Clapin/P. Staines/P. Slezak (eds.), Representation in Mind. New Approaches to Mental Representation, Amsterdam etc. 2004; T. Crane, The Mechanical Mind. A Philosophical Introduction to Minds, Machines and Mental Representation, London 1995, London/New York ^{3}2016; K. Crone, V., EP III (^{2}2010),

2918–2921; A. B. Dickerson, Kant on Representation and Objectivity, Cambridge etc. 2004; K. Drilo/A. Hutter (eds.), Spekulation und V. in Hegels enzyklopädischem System, Tübingen 2015; J. A. Fodor, Representations. Philosophical Essays on the Foundations of Cognitive Science, Brighton, Cambridge Mass. 1981, Cambridge Mass. 1983; B. Freydberg, Imagination and Depth in Kant's »Critique of Pure Reason«, New York etc. 1994; V. Gottschling, Bilder im Geiste. Die Imagery-Debatte, Paderborn 2003; W. Halbfass/E.-O. Onnasch/O. R. Scholz, V., Hist. Wb. Ph. XI (2001), 1227–1246; A. Hannay, Mental Images. A Defence, London, New York 1971; C. Knüfer, Grundzüge der Geschichte des Begriffs ›V.‹ von Wolff bis Kant. Ein Beitrag zur Geschichte der philosophischen Terminologie, Halle 1911 (repr. ohne Untertitel, Hildesheim/New York 1975, Hildesheim/Zürich/New York 1999); A. Newen/A. Bartels/E.-M. Jung (eds.), Knowledge and Representation, Stanford Calif./Paderborn 2011; J. M. Nicholas (ed.), Images, Perception, and Knowledge. Papers Deriving from and Related to the Philosophy of Science Workshop at Ontario, Canada, May 1974, Dordrecht/Boston Mass. 1977; D. Pitt, Mental Representation, SEP 2000, rev. 2012; W. M. Ramsey, Representation Reconsidered, Cambridge etc. 2007, 2010; weitere Literatur: ↑Repräsentation, mentale. G. G.

Vorstellung an sich, Terminus der Wissenschaftslehre B. Bolzanos (Sulzbach 1837, Leipzig ²1929 [repr. Aalen 1970, 1981], insbes. §§ 48–90). Verbunden mit sprachlichen Ausdrücken haben V.en a. s. eine ähnliche Funktion wie der (›objektiv‹ verstandene) ↑Sinn im Rahmen der semantischen Terminologie G. Freges. V.en a. s. stehen den mit sprachlichen Ausdrücken konnotierten ›subjektiven‹ ↑Vorstellungen gegenüber, die je nach Person und Situation wechseln können. Im Unterschied zu Freges Sinnverständnis sind V.en a. s. nicht an das Vorliegen eines sprachlichen Ausdrucks gebunden. Innerhalb der V.en a. s. unterscheidet Bolzano insbes. Begriffe an sich und Anschauungen an sich.

Literatur: J. Berg, Bolzano's Logic, Stockholm/Göteborg/Uppsala 1962; G. Fréchette, Gegenstandslose Vorstellungen. Bolzano und seine Kritiker, Sankt Augustin 2010; G. Frege, Über Sinn und Bedeutung, Z. Philos. phil. Kritik 100 (1892), 25–50, ferner in: ders., Kleine Schriften, ed. I. Angelelli, Darmstadt, Hildesheim 1967, 143–162, Hildesheim/Zürich/New York ²1990, 143–162; F. Kambartel, Der philosophische Standpunkt der Bolzanoschen Wissenschaftslehre. Zum Problem des »An sich« bei Bolzano, in: ders. (ed.), Bernard Bolzano's Grundlegung der Logik. Ausgewählte Paragraphen aus der Wissenschaftslehre, Band I und II, Hamburg 1963, VII–XXIX, ²1978, VII–XXIX; ders., V. a. s., Hist. Wb. Ph. XI (2001), 1247; E. Morscher, Das logische An-sich bei Bernard Bolzano, Salzburg/München 1973; J. Proust, Bolzano's Theory of Representation, Rev. hist. sci. 52 (1999), 363–384; G. Schenk, Über Bolzanos Theorie der Beziehungen zwischen ›V.en a. s.‹, in: W. Schuffenhauer (ed.), Bernard Bolzano 1781–1848. Studien und Quellen, Berlin (Ost) 1981, 119–145; G. Terton, Bemerkungen zu Bolzanos Vorstellungsbegriff unter besonderer Beachtung sprachanalytischer Aspekte, in: W. Schuffenhauer (ed.), Bernard Bolzano 1781–1848 [s. o.], 93–98. F. K.

Vorurteil (lat. praejudicium, engl. prejudice, franz. préjugé), Terminus der Jurisprudenz, Logik, Ethik und Sozialpsychologie. Das Römische Recht bezeichnet als *praejudicium* oder V. eine rechtliche oder richterliche Entscheidung, die zeitlich dem definitiven Gerichtsurteil vorausgeht. Außerhalb der Jurisprudenz tritt der Ausdruck ›V.‹ seit dem Ende des 16. Jhs. auf und ist spätestens seit Beginn des 18. Jhs. allgemein verbreitet.

Wichtige Impulse zur Formulierung eines logischen V.sbegriffs gehen, wenn man vom antiken Begriff der ↑Prolepsis (vgl. K. Hülser, Die Fragmente zur Dialektik der Stoiker I, Stuttgart 1987, 311–316) absieht, von F. Bacon und R. Descartes aus. Die ↑Idolenlehre Bacons wendet sich kritisch gegen Denkgewohnheiten, die die Erkenntnis der Natur behindern und Quellen des ↑Irrtums in den Wissenschaften sind. Obwohl im Werk Descartes' die Termini ›praejudicium‹ und ›préjugé‹ keine wesentliche Rolle spielen, ist die Cartesische Kritik an tradiertem und nicht streng begründetem Wissen der Sache nach eine wesentliche Voraussetzung für die Entwicklung des V.sbegriffs der ↑Aufklärung. Die V.stheorien der Aufklärer behandeln das V. im Rahmen der Logik oder Vernunftlehre als ein Problem der ↑Urteilskraft. Wenn ein Urteil als V. bezeichnet wird, wird damit nicht die sachliche Falschheit behauptet, sondern festgestellt, daß das Urteil nicht gut begründet, vorschnell gefällt und potentiell sachlich falsch ist. Der Begriff hat somit – im Gegensatz zum juristischen V.sbegriff – eine pejorative Bedeutung. Einige Autoren gehen allerdings davon aus, daß außerhalb des Bereichs wissenschaftlicher und philosophischer Wissensbildung die Forderung nach vollständiger V.sfreiheit nicht ohne Einschränkung erhoben werden kann (G. F. Meier, I. Kant).

Bei F. Nietzsche wird das V. im Rahmen einer erkenntnis- und moralkritischen Fragestellung untersucht, wobei die Frage nach der »Herkunft unserer moralischen Vorurtheile« in den Mittelpunkt rückt (Zur Genealogie der Moral [1887], Werke. Krit. Gesamtausg. VI/2, 260). Im 20. Jh. wird der Begriff des V.s meist als soziologischer oder psychologischer Begriff verwendet. Als solcher bezeichnet er stereotype Wahrnehmungsmuster, Einstellungen und Verhaltensweisen, die der (meist negativen) Diskriminierung gesellschaftlicher Minderheiten zugrundeliegen. Die Arbeiten von T. W. Adorno u. a. (1950) stellen in diesem Zusammenhang einen wichtigen Beitrag für die empirische Sozialforschung dar. V.sforschung fragt nach Entstehungsbedingungen, Ausbreitungsformen, Funktionen von V.en und sucht nach Mitteln, um diese zu beseitigen.

In Antithese zum sozialwissenschaftlichen und ideologiekritischen (↑Ideologie) V.sbegriff steht die Auffassung der philosophischen ↑Hermeneutik H.-G. Gadamers, der eine »Diskreditierung des V.s durch die Aufklärung« feststellt (Wahrheit und Methode, Tübingen 1972, 256–261). Gadamer weist auf die Bedeutung von

Vorwissen, Vorverständnis und vorgängigen Orientierungen hin, um die Bedeutung von Traditionen zu betonen. Kritik (von J. Habermas u. a.) richtet sich auf den Umstand, daß Gadamer dabei die neuere Begriffsgeschichte übergeht und die Verbindung der V.sdiskussion mit den Begriffen der Diskriminierung und der sozialen Gerechtigkeit unbeachtet läßt.

Literatur: T. W. Adorno u. a., The Authoritarian Personality, New York 1950, New York/London 1993; G. W. Allport, The Nature of Prejudice, Cambridge Mass. 1954, Reading Mass./Menlo Park Calif. 1992 (dt. Die Natur des V.s, Köln 1971); A. Baier, Moral Prejudices. Essays on Ethics, Cambridge Mass./London 1994, 1996; R. Bergler/B. Six, Stereotype und V.e, in: C. F. Graumann (ed.), Sozialpsychologie, Göttingen/Toronto/Zürich 1972 (Handbuch d. Psychologie VII/2), 1371–1432 (mit Bibliographie, 1419–1432); R. Brown, Prejudice. Its Social Psychology, Oxford/Cambridge Mass. 1995, Chichester etc. [2]2010; A. Dorschel, Rethinking Prejudice, Aldershot 2000 (dt. Nachdenken über V.e, Hamburg 2001); J. F. Dovidio (ed.), On the Nature of Prejudice. Fifty Years after Allport, Malden Mass./Oxford 2005, 2009; J. Duckitt, Prejudice, NDHI V (2005), 1890–1896; B. Estel, Soziale V.e und soziale Urteile. Kritik und wissenssoziologische Grundlegung der V.sforschung, Opladen 1983; R. Godel, V. – Anthropologie – Literatur. Der V.sdiskurs als Modus der Selbstaufklärung im 18. Jahrhundert, Tübingen 2007; J. Habermas, Der hermeneutische Ansatz, in: ders., Zur Logik der Sozialwissenschaften, Philos. Rdsch. 14 (1967), Beih. 5, 149–176, Neudr. in: ders., Zur Logik der Sozialwissenschaften, Frankfurt [5]1982, 1985, 271–305; ders., Der Universalitätsanspruch der Hermeneutik, in: R. Bubner/K. Cramer/R. Wiehl (eds.), Hermeneutik und Dialektik I, Tübingen 1970, 73–103, Neudr. in: J. Habermas, Zur Logik der Sozialwissenschaften [s. o.], 331–366; ders., Zu Gadamers »Wahrheit und Methode«, in: ders., Hermeneutik und Ideologiekritik, Frankfurt 1971, 45–56; M. L. Hecht (ed.), Communicating Prejudice, Thousand Oaks Calif./London/New Dehli 1998; M. Horkheimer, Über das V., Frankfurter Allgemeine Zeitung Nr. 116, 20. Mai 1961, Neudr. in: ders., Ges. Schr. VIII, ed. G. Schmid Noerr, Frankfurt 1985, 194–200; W.-G. Jankowitz, Philosophie und V.. Untersuchungen zur V.shaftigkeit von Philosophie als Propädeutik einer Philosophie des V.s, Meisenheim am Glan 1975; A. Karsten (ed.), V.. Ergebnisse psychologischer und sozialpsychologischer Forschung, Darmstadt 1978; M. Maßhof-Fischer, Ethik und V.. Moralpsychologische Studien zu den Legitimationsstrategien soziokulturellen Handelns im Konfliktfeld von Mythos und Rationalität, Frankfurt etc. 2000; R. Miles, Racism, London/New York 1989, [2]2003 (dt. Rassismus. Einführung in die Geschichte und Theorie eines Begriffs, Hamburg 1991, [4]2014); J. Mills/J. A. Polanowski, The Ontology of Prejudice, Amsterdam/Atlanta Ga. 1997; T. D. Nelson (ed.), Handbook of Prejudice, Stereotyping and Discrimination, New York/Hove 2009, [2]2016; L. M. Palmer, Gadamer and the Enlightenment's Prejudice against All Prejudices, Clio 22 (1993), 369–376; A. Pelinka/K. Bischof/K. Stögner (eds.), Handbook of Prejudice, Amherst N. Y. 2009 (dt. V.. Ursprünge, Formen, Bedeutung, Berlin/New York 2012); L.-E. Petersen/B. Six (eds.), Stereotype, V.e und soziale Diskriminierung. Theorien, Befunde und Interventionen, Weinheim/Basel 2008; R. Regvald, Kant und die Logik. Am Beispiel seiner ›Logik der vorläufigen Urteile‹, Berlin 2005; K. Reisinger, Urteil, vorläufiges, Hist. Wb. Ph. XI (2001), 473–479; ders./O. R. Scholz/B. Six, V., Hist. Wb. Ph. XI (2001), 1250–1268; M. Riedel (ed.), »Jedes Wort ist ein V.«. Philologie und Philosophie in Nietzsches Denken, Köln/Weimar/Wien 1999; W. Schneiders, Aufklärung und V.skritik. Studien zur Geschichte der V.stheorie, Stuttgart-Bad Cannstatt 1983; W. Schröder/M. Vorwerg, V., EP III ([2]2010), 2921–2925; C. G. Sibley/F. K. Barlow (eds.), The Cambridge Handbook of the Psychology of Prejudice, Cambridge etc. 2017; C. Stangor (ed.), Stereotypes and Prejudice. Essential Readings, Philadelphia Pa. etc. 2000; R. I. Sugarman, Rancor Against Time. The Phenomenology of ›Ressentiment‹, Hamburg 1980; A. Surdu, Aristotelian Theory of Prejudicative Forms, Hildesheim/Zürich/New York 2006; H. E. Wolf, Kritik der V.sforschung. Versuch einer Bilanz, Stuttgart 1979; E. Young-Bruehl, The Anatomy of Prejudices, Cambridge Mass. 1996, 1998. D. T.

Vorverständnis, unter Rückgriff auf M. Heideggers Analyse der ›hermeneutischen Situation‹ eingeführter Terminus der ↑Hermeneutik zur Bezeichnung einer Grundstruktur des ↑Verstehens. Danach ist alles Verstehen schon durch eine vorgängige Ausgelegtheit des zu Verstehenden geleitet. Während Heideggers Untersuchung transzendental-ontologisch formuliert ist, indem er in der Linie transzendentalphilosophischer (↑Transzendentalphilosophie) Argumentation auf den Beitrag des Verstehens bei der Konstitution von ↑Welt aufmerksam macht, wird von H.-G. Gadamer auf die ↑Unhintergehbarkeit faktisch-inhaltlicher Verstehensbedingungen hingewiesen, derzufolge alles Erkennen durch eine durch Reflexion nicht vollständig auflösbare Vorurteilslage (↑Vorurteil) bestimmt wird. In der Kritik an der hermeneutischen Philosophie ist z. B. von K. Lorenz und J. Mittelstraß (1967) auf den Unterschied zwischen der in der Tat unhintergehbaren, weil alle Reflexion erst ermöglichenden Apriorität allen Redens und Handelns (›Sprache‹) und den historischen Bedingtheiten faktischen Redens und Handelns hingewiesen worden. Auf die Notwendigkeit der ideologiekritischen (↑Ideologie) Aufklärung unthematisierter Vorverständnisse hat vor allem J. Habermas (1971) in seiner Kritik an der hermeneutischen Konzeption des Verstehens aufmerksam gemacht.

Literatur: E. Betti, Teoria generale della interpretazione, Mailand 1955, bes. 241–251 (§ 10 b Indebita identificazione dell'intendere con qualsiasi esperienza o fatto di autocoscienza) (dt. Allgemeine Auslegungslehre als Methodik der Geisteswissenschaften, Tübingen 1967, bes. 165–173 [§ 10 b Unzulässige Angleichung des Verstehens an jegliche Erfahrung des Begreifens wie an jede reflektierende Selbstbesinnung]); H.-G. Gadamer, Wahrheit und Methode. Grundzüge einer philosophischen Hermeneutik, Tübingen 1960, [5]1986 (= Ges. Werke I), [7]2010, bes. 250–275; C. F. Gethmann, Verstehen und Auslegung. Das Methodenproblem in der Philosophie Martin Heideggers, Bonn 1974; J. Habermas, Zur Logik der Sozialwissenschaften, Tübingen 1967 (Philos. Rdsch., Beih. 5), Frankfurt 1970, [5]1982, 1985, 281–290; ders., Der Universalitätsanspruch der Hermeneutik, in: K.-O. Apel u. a., Hermeneutik und Ideologiekritik, Frankfurt 1971, 1980, 120–159; M. Heidegger, Sein und Zeit. 1. Hälfte, Jb. Philos. phänomen. Forsch. 8 (1927), 1–438, separat Halle 1927, [2]1929, Tübingen [19]2006, Berlin/Boston Mass. 2015, bes. §§ 32, 45; G. Kühne-

Bertram, V., Hist. Wb. Ph. XI (2001), 1268–1271; K. Lorenz/J. Mittelstraß, Die Hintergehbarkeit der Sprache, Kant-St. 58 (1967), 187–208. C. F. G.

vorwissenschaftlich, in wissenschaftstheoretischen (↑Wissenschaftstheorie) Zusammenhängen von ↑Theorie und ↑Begründung ebenso wie ›vortheoretisch‹ Terminus zur Bezeichnung von Orientierungen, die auf keine (theoretischen) Sprach- und Wissenschaftskonstruktionen rekurrieren, ihrerseits jedoch in einem begründeten Aufbau als Basis derartiger Konstruktionen dienen. In diesem Sinne spricht sowohl die ↑Phänomenologie als auch die Konstruktive Wissenschaftstheorie (↑Wissenschaftstheorie, konstruktive) von einem *lebensweltlichen Apriori* (↑Apriori, lebensweltliches), auf das sich in wissenschaftlichen Fundierungszusammenhängen zumal empirischer Theorien ein *prototheoretisches Apriori* (↑Prototheorie) gründet. Rekonstruierbar (↑Rekonstruktion) ist dieses lebensweltliche Apriori im Rahmen einer auf eine elementare Unterscheidungspraxis (↑Unterscheidung) bezogenen Prädikationstheorie (↑Prädikation) und einer auf eine elementare Herstellungspraxis (↑Herstellung) bezogenen Poiesistheorie (J. Mittelstraß 1974, 1991; ↑Poiesis, ↑Philosophie, poietische).

Literatur: M. C. M. de Carvalho, Karl R. Poppers Philosophie der wissenschaftlichen und v.en Erfahrung, Frankfurt/Bern 1982; C. F. Gethmann (ed.), Lebenswelt und Wissenschaft. Studien zum Verhältnis von Phänomenologie und Wissenschaftstheorie, Bonn 1991; P. A. Heelan, Husserl's Later Philosophy of Natural Science, Philos. Sci. 54 (1987), 368–390; E. Husserl, Die Krisis der europäischen Wissenschaften und die transzendentale Phänomenologie. Eine Einleitung in die phänomenologische Philosophie, Philosophia 1 (Belgrad 1936), 77–176 [Teil 1 u. 2], separat Belgrad 1936, erw. um Teil 3, ed. W. Biemel, Den Haag 1954, [2]1962, 1976 (Husserliana VI [Erg.bd.: Husserliana XXIX]), ed. E. Ströker, Hamburg 1977, ferner in: Ges. Schr. VIII, 1992, 165–276, [3]1996, 2012; P. Janssen, Die Problematik der Rede von der Lebenswelt als Fundament der Wissenschaft, in: E. Ströker (ed.), Lebenswelt und Wissenschaft in der Philosophie Edmund Husserls, Frankfurt 1979, 56–67; J. Mittelstraß, Die Möglichkeit von Wissenschaft, Frankfurt 1974, 56–83, 221–229 (3 Erfahrung und Begründung), 158–205, 244–252 (7 Das normative Fundament der Sprache); ders., Historische Analyse und konstruktive Begründung, in: K. Lorenz (ed.), Konstruktionen versus Positionen. Beiträge zur Diskussion um die konstruktive Wissenschaftstheorie II, Berlin/New York 1979, 256–277; ders., Das lebensweltliche Apriori, in: C. F. Gethmann (ed.), Lebenswelt und Wissenschaft [s. o.], 114–142; G. Neumann, Die phänomenologische Frage nach dem Ursprung der mathematisch-naturwissenschaftlichen Raumauffassung bei Husserl und Heidegger, Berlin 1999; I.-C. Park, Die Wissenschaft von der Lebenswelt. Zur Methodik von Husserls später Phänomenologie, Amsterdam/New York 2001; T. Rehbock, V.; vortheoretisch, Hist. Wb. Ph. XI (2001), 1273–1276; A. Ulfig, Lebenswelt – Reflexion – Sprache. Zur reflexiven Thematisierung der Lebenswelt in Phänomenologie, Existenzialontologie und Diskurstheorie, Würzburg 1997; R. Welter, Der Begriff der Lebenswelt. Theorien vortheoretischer Erfahrungswelt, München 1986. J. M.

Vuillemin, Jules, *Pierrefontaine-les-Varans (Doubs) 15. Febr. 1920, †16.1.2001, Les Fourgs, franz. Philosoph und Wissenschaftshistoriker. Nach Studium an der École Normale Supérieure und der Sorbonne (1939–1943) bei G. Bachelard, E. Bréhier, J. Cavaillès und H. Gouhier 1943 Agrégé de philosophie; Lehrtätigkeit an einem Gymnasium in Besançon, Forscher am Centre National de la Recherche Scientifique (CNRS), Prof. in Clermont-Ferrand, 1962 Nachfolger von M. Merleau-Ponty am Collège de France. V. führt in den 1960er Jahren in seinen Vorlesungen am Collège de France die damals in Frankreich weithin unbekannte moderne angelsächsische Philosophie ein (La logique et le monde sensible, 1971).

Nach anfänglichen Arbeiten zum Existentialismus (↑Existenzphilosophie) und ↑Marxismus stehen im weiteren Werk V.s die Geschichte der Philosophie (↑Philosophiegeschichte) in ihrer Beziehung zu ↑Logik, ↑Mathematik und ↑Physik im Vordergrund. In Anlehnung an die ›strukturelle‹ Methode M. Gueroults sucht V. philosophische Systeme allein auf Grund ihres internen Aufbaus zu rekonstruieren. Der Maßstab dieses Aufbaus wird den Wissenschaften entlehnt: Die Physik I. Newtons und die Methoden der algebraischen Geometrie dienen zur Analyse philosophischer Prinzipien bei I. Kant bzw. R. Descartes (1955/1960), die Philosophie B. Russells wird vor dem Hintergrund der formalen Logik (↑Logik, formale) und der ↑Mengenlehre untersucht (1968). Aus der Entfaltung formaler Strukturen in der Geschichte der Algebra werden die Bedingungen für eine Übertragung der dort verwandten Regeln auf die Philosophie gewonnen. Der Terminus ›Vernunft‹ ist in diesem Zusammenhang für die Fähigkeit reserviert, einen Strukturzusammenhang zu denken; die Axiomatik (↑System, axiomatisches) wird entsprechend als die den Wissenschaften und der Philosophie gemeinsame Methode angesehen (La philosophie de l'algèbre I, 465–476). Die ↑Klassifikation philosophischer Systeme, zunächst motiviert durch die möglichen Kombinationen zur Lösung der Aporie von Diodoros Kronos (↑Meisterargument), erfolgt aufgrund sechs fundamentaler Formen der ↑Prädikation, die jeweils zu verschiedenen Ontologietypen führen (1984, 1986). Jede dieser Typen besitzt Vor- und Nachteile, doch für die Wahl einer bestimmten Ontologie bleibt dem Philosophen nur eine rationale Wahl ohne Beweis im strikten Sinne. Dieser so genannte ›kritische Pluralismus‹ unterscheidet nach V. Philosophie und Wissenschaft. Später beschäftigt sich V. mit der Analyse physikalischer Theorien und deren Grundbegriffen (1990, 1991). Daneben gilt sein Interesse dem Regelsystem der Ästhetik (↑ästhetisch/Ästhetik) (1991).

Werke: (mit L. Guillermit) Le Sens du destin, Neuchâtel 1948; Essai sur la signification de la mort, Paris 1948; L'être et le travail. Les conditions dialectiques de la psychologie et de la sociologie,

Paris 1949 (span. El ser y el trabajo. Las condiciones dialécticas de la psicología y de la sociología, Buenos Aires 1961); L'héritage kantien et la révolution copernicienne. Fichte - Cohen - Heidegger, Paris 1954; Physique et métaphysique kantiennes, Paris 1955, ^{2}1987; Mathématiques et métaphysiques chez Descartes, Paris 1960, 1987; La philosophie de l'algèbre I, Paris 1962, 1993; Le miroir de Venise, Paris 1965; De la logique à la théologie. Cinq études sur Aristote, Paris 1967, ed. T. Bénatouïl, Louvain-la-Neuve/Dudley Mass. 2008; Leçons sur la première philosophie de Russell, Paris 1968; Rebâtir l'université, Paris 1968; Le Dieu d'Anselme et les apparences de la raison, Paris 1971; La logique et le monde sensible. Études sur les théories contemporaines de l'abstraction, Paris 1971; (ed. mit K. Hübner) Wissenschaftliche und nichtwissenschaftliche Rationalität: ein deutsch-französisches Kolloquium, Stuttgart-Bad Cannstatt 1983; Nécessité ou contingence. L'aporie de Diodore et les systèmes philosophiques, Paris 1984 (engl. Necessity or Contingency. The Master Argument, Stanford Calif. 1996); What Are Philosophical Systems?, Cambridge etc. 1986, 2009; (ed.) Mérites et limites des méthodes logiques en philosophie. Colloque international organisé par la Fondation Singer-Polignac en juin 1984, Paris 1986; Éléments de poétique, Paris 1991; Trois histoires de guerre, Besançon 1991, Dettes, Besançon 1992; L'intuitionnisme kantien, Paris 1994; Mathématiques pythagoriciennes et platoniciennes, Paris 2001. - Publications of J. V., in: G. G. Brittan Jr. (ed.), Causality, Method, and Modality [s. u., Lit.], 225–238; Publications de J. V. (15.02.1920–16.01.2001), in: R. Rashed/P. Pellegrin (eds.), Philosophie des mathématiques et théorie de la connaissance [s. u., Lit.], 371–388. - Archives J. V. (http://poincare.univ-lorraine.fr/fr/archives-jules-vuillemin).

Literatur: H. Angstl, Bemerkungen zu J. V., Die Aporie des Meisterschlusses von Diodoros Kronos und ihre Lösungen, in: AZP 10.2 (1985), Allg. Z. Philos. 11 (1986), H. 3, 79–82; F. Armengaud, V., DP II (^{2}1993), 2894–2895; J. Bardy, J. V.. Philosophe pédagogue en quête de la vérité, Rev. d'Auvergne 120 (2006), H. 3/4, 125–132; J. Bouveresse, Qu'est-ce qu'un système philosophique?, o.O. 2012 (http://books.openedition.org/cdf/1715); G. G. Brittan Jr. (ed.), Causality, Method, and Modality. Essays in Honor of J. V., Dordrecht/Boston Mass./London 1991 (Western Ont. Ser. Philos. Sci. XLVIII); B. de Clerq, De atheïstische arbeidsontologie van J. V., Tijdschr. Filos. 25 (1963), 341–411; G. Crocco, Méthode structurale et systèmes philosophiques, Rev. mét. mor. 110 (2005), 69–88; G. Granger, Nécessité ou contingence, Dialectica 40 (1986), 59–70; F. Kambartel, Die strukturtheoretische Interpretation der Mathematik und der Philosophische Kritizismus. Zur Theorie eines Zusammenhanges bei J. V., Arch. Gesch. Philos. 47 (1965), 79–97; S. Maronne, Pierre Samuel et J. V.: mathématiques et philosophie, Rev. d'Auvergne 128 (2014), H. 2/3, 151–173; J. Moutaux, La classification des systèmes philosophiques par J. V., Cahiers philos. 46 (1991), 67–88, 47 (1991), 57–80; J.-C. Pariente, Sur J. V. (1920–2001), Rev. d'Auvergne 120 (2006), H. 3/4, 133–157; R. Rashed/P. Pellegrin (eds.), Philosophie des mathématiques et théorie de la connaissance. L'Œuvre de J. V., Paris 2005; E. Schwartz, Le sens et la portée de l'idéalisme allemand dans la philosophie de J. V., Rev. d'Auvergne 121 (2007), H. 4, 105–134; J. Vidal-Rosset, Une preuve intuitionniste de l'argument de Diodore-Prior, in: P. Joray/D. Miéville (eds.), Regards croisés sur l'axiomatique, Neuchâtel/Rennes Cedex 2011 (Travaux de Logique XX), 103–122; ders., Stable Philosophical Systems and Radical Anti-Realism, in: S. Rahman/G. Primiero/M. Marion (eds.), The Realism-Antirealism Debate in the Age of Alternative Logics, Dordrecht etc. 2011, 2012, 313–324; A. de Waelhens, J. V., Essai sur la signification de la mort [Rezension], Rev. philos. Louvain 48 (1950), 585–588. - Ét. philos. 112 (2015), H. 1 (J. V. et les systèmes philosophiques); Philosophia Scientiae 20 (2016), H. 3 (Le scepticisme selon J. V.). G. He.

Vulgärmaterialismus, Bezeichnung der marxistisch-leninistischen Philosophie (↑Marxismus-Leninismus) für bestimmte Formen eines nicht-dialektischen Materialismus (↑Materialismus (historisch), ↑Materialismus, dialektischer). Der Begriff geht auf F. Engels zurück, der von der »verflachten, vulgarisierten Gestalt, worin der Materialismus des 18. Jahrhunderts heute in den Köpfen von Naturforschern und Ärzten fortexistiert und in den fünfziger Jahren von Büchner, Vogt und Moleschott gereisepredigt wurde«, schreibt (Ludwig Feuerbach und der Ausgang der klassischen deutschen Philosophie [1888], MEW XXI, 259–307, hier: 278). Den Vulgärmaterialisten wird vorgeworfen, daß sie zwar eine atheistische (↑Atheismus) Naturwissenschaft verteidigten, ihr Verständnis der Natur im allgemeinen und des menschlichen Bewußtseins im besonderen aber mechanistisch (↑Mechanismus) sei. Darüber hinaus vernachlässigten sie die Bedeutung der geschichtlichen Entwicklung der Natur und versäumten die Anwendung des Materialismus auf die Analyse der menschlichen Gesellschaft (↑Materialismus, historischer). Wissenssoziologisch (↑Wissenssoziologie) wird der V. als ↑Ideologie kleinbürgerlicher Demokraten aufgefaßt, die nach marxistischer Ansicht durch den ›proletarischen Atheismus‹ überwunden wurde. Systematisch aktuell ist der V. als ›physiologischer Materialismus‹ bezüglich des ↑Leib-Seele-Problems, der im Sinne eines reduktionistischen (↑Reduktionismus) ↑Physikalismus (↑Identitätstheorie) interpretiert werden muß (↑Materialismus (systematisch)). Von K. Vogt stammt die berüchtigte Aussage, daß die Gedanken im selben Verhältnis zum Gehirn stehen wie die Galle zur Leber oder der Urin zu den Nieren. Damit wird nicht nur Psychisches auf eine physische Basis zurückgeführt, sondern auch Geistiges kategorial auf Materielles reduziert. An dieser kategorialen Differenz hält dagegen der angebliche Vulgärmaterialist L. Büchner fest, so daß ihm allenfalls eine Variante des ↑Epiphänomenalismus zugeschrieben werden kann.

Literatur: D. Birnbacher, Epiphenomenalism as a Solution to the Ontological Mind-Body Problem, Ratio NS 1 (1988), 17–32; A. Kosing, Wörterbuch der marxistisch-leninistischen Philosophie, Berlin (Ost) 1985, ^{4}1989, 545–546 (V.); W. Nieke, Materialismus, Hist. Wb. Ph. V (1980), 842–850; E. Rosenthal/H. Freiheit, Zur philosophischen Position Mario Bunges, Dt. Z. Philos. 36 (1988), 233–240; D. Wittich (ed.), Vogt, Moleschott, Büchner. Schriften zum kleinbürgerlichen Materialismus in Deutschland, I–II, Berlin (Ost) 1971. B. G.

vyāpti (sanskr., Durchdringung), in der indischen Logik (↑Logik, indische) der schließlich verwendete Terminus für die ↑Implikation, die dabei grundsätzlich als eine

Beziehung zwischen den Bedeutungen zweier prädikativer Ausdrücke, zwischen dem Grund (↑hetu) und der Folge (sādhya), die als ›Durchdringung‹ des Grundes (des vyāpya [= Durchdrungenen]) durch die Folge (das vyāpaka [= Durchdringende]), z. B. des Anwesendseins von Rauch durch das Anwesendsein von Feuer – d. h., Rauch impliziert Feuer –, verstanden wird. In den erkenntnistheoretisch motivierten Überlegungen zur Rolle der Schlußfolgerung (↑anumāna) – wie sie (im Unterschied zu den zunächst ganz anderen Überlegungen im Rahmen des argumentationstheoretischen Interesses im frühen ↑Nyāya und im frühen Buddhismus) vor allem von den älteren Grammatikern angestellt werden – tritt die v., terminologisch noch unscharf als ›Verbindung‹ (saṃbandha) gefaßt, als Hilfsmittel auf, dessen es bedarf, um vom Anwesendsein von etwas Wahrgenommenem – es ist der als Agens verstandene hetu – auf das Anwesendsein von etwas Nicht-Wahrgenommenem oder Nicht-Wahrnehmbaren schließen zu können, insbes. von einem sprachlichen Ausdruck (↑śabda) auf seine Bedeutung (artha), sei es sein Sinn oder seine Referenz: der hetu wird zum Zeichen (liṅga) für das mit seiner Hilfe Erschlossene (liṅgī). Erst im Zusammenhang der Auseinandersetzungen der logischen Schule des Buddhismus (↑Yogācāra) mit dem Nyāya, der die erkenntnistheoretischen und argumentationstheoretischen Interessen der Schlußlehre im Lehrstück vom fünfgliedrigen Satz(-zusammenhang) (pañcāvayava vākya) zusammenführt (↑Logik, indische), setzt sich die Einsicht in den für einen Schluß erforderlichen *allgemeinen* Charakter der v. allmählich durch. Seit Kumārila (ca. 620–680) – die ↑Mīmāṃsā hat sich die Schlußlehre des Nyāya zu eigen gemacht – wird auch der Terminus ›v.‹ oder, insbes. im Jainismus (↑Philosophie, jainistische): ›avinābhāva‹, d. i. Nicht-Getrenntsein (von vyāpya und vyāpaka), in diesem Sinne verwendet.

Es ist das Verdienst Dignāgas (ca. 460–540), die überlieferte Lehre von den ›drei Kennzeichen (des Grundes)‹ (trairūpya) mit Hilfe seines ↑Rades der Gründe (hetucakra) in eine präzise Lehre von der *Form* schlüssiger Argumentation verwandelt zu haben. Ein Schluß von $\iota p \varepsilon h$ (z. B. ›an der Stelle dieses Berges ist Rauch‹) auf $\iota p \varepsilon s$ (›an der Stelle dieses Berges ist Feuer‹) ist genau dann gültig, wenn (1) das Zeichen (hetu h) am Gegenstand (pakṣa ιp) anwesend ist (pakṣadharmatva, d. h. Modifiziertsein des Gegenstandes durch die Eigenschaft [dharma]), (2) das Zeichen *nur* dort anwesend ist, wo die Folge (sādhya s) anwesend ist, d. h. an Stellen, die denen des Gegenstandes in dieser Hinsicht gleichen (sapakṣa sattva), und (3) das Zeichen dort abwesend ist, wo die Folge abwesend ist, d. h. an Stellen, die denen des Gegenstandes in dieser Hinsicht nicht gleichen (vipakṣa asattva). Kennzeichen (1) besagt $\iota p \varepsilon h$; Kennzeichen (2) besagt $h \prec s$ (›wo Rauch anwesend ist, ist Feuer anwesend‹) und wird auch, wie schon beim Grammatiker Patañjali (um 150 v. Chr.), die anvaya-Gestalt der v. genannt; Kennzeichen (3) besagt $\overline{s} \prec \overline{h}$, die ↑Kontraposition von $h \prec s$, und ist die vyatireka-Gestalt der v.. Insgesamt handelt es sich um die Begründung des ↑modus ponens $A ; A \prec B \Rightarrow B$ für Aussagen A, B über jeweils den gleichen Gegenstand, wobei die ↑Implikation $A \prec B$ eine Instanz der allgemeinen v. ist; v. und pakṣadharmatva zusammen sind die genauen Bedingungen für einen Schluß (anumāna), dessen Schlüssigkeit auf den drei Kennzeichen (trairūpya liṅgatva) beruht. Dignāga besteht darauf, daß die v. in beiden Gestalten, als anvayī v. und als vyatirekī v., gesichert sein muß und diese nicht, wie es später Dharmottara (ca. 750–810) ausdrücklich vermerkt, als äquivalent zu behandeln sind, so daß in der buddhistischen Logik vom klassischen ↑duplex negatio affirmat nicht ohne weiteres Gebrauch gemacht werden darf.

Dharmakīrti (ca. 600–660) wiederum, der Dignāgas Überlegungen weiterführt, unterscheidet an der Allgemeinheit der v., die er durch Herausarbeiten des Regelcharakters (niyama) der v. in seinem Hetubindu scharf vom bloßen Zusammenvorkommen (sāhacarya) abgrenzt, drei Formen: Die ersten beiden, die mit der anvayī v. verbunden sind, sind *kausale* Implikation (der hetu tritt als kārya, das Bewirkte, des sādhya auf) und *begriffliche* Implikation (es liegt sādhya-svabhāvatva des hetu vor, d. h., der hetu macht das ›Selbstsein‹ des sādhya aus – sādhya gehört zur begrifflichen Bestimmung des hetu) – sie führen zu kausalen Schlußfolgerungen (kāryānumāna) bzw. zu begrifflichen Schlußfolgerungen (svabhāvānumāna) –, während die dritte, mit der vyatirekī v. verbundene Form einer Verbindung von hetu und sādhya ex negativo zu einer Schlußfolgerung ›auf Grund von Nicht-Erfassen‹ (anupalabdhyānumāna) führt. Bei den Gegnern der buddhistischen Logiker im Nyāya – erst Raghunātha (ca. 1475–1550) wird die streng formalen buddhistischen Auffassungen, die gegen den Nyāya auf der Trennung der Einsicht in die logische Form, den ›Schluß für sich‹ (svārthānumāna), von einer auf Grund einer Debatte außerdem gewonnenen psychologischen Überzeugung durch einen ›Schluß für andere‹ (parārthānumāna) bestehen, grundsätzlich anerkennen – übernimmt die Unterscheidung einer antar-v. (interne Implikation) von einer bahir-v. (externe Implikation), wie sie Udayana (ca. 975–1050) vermutlich unter dem Einfluß jainistischer Logiker (z. B. bei Siddhasena Divākara [7. Jh.]), ihre ursprüngliche Funktion einer Unterscheidung zwischen einem notwendigen und einem bloß zufälligen Zusammenhang modifizierend, eingeführt hat, die Rolle der Unterscheidung Dharmakīrtis zwischen begrifflicher und kausaler Implikation. Im übrigen wird die Untersuchung der v. zum zentralen Thema des mit Udayana beginnenden neuen Nyāya (Navya Nyāya).

Im einflußreichen Tattvacintāmaṇi von Gaṅgeśa (ca. 1300–1360), dessen vier Teile die vier vom Nyāya anerkannten Erkenntnismittel (↑pramāṇa) behandeln, besteht der bedeutendste, der Schlußfolgerung (anumāna) gewidmete zweite Teil aus einem Abschnitt über die v. (vyāptikāṇḍa) und einem Abschnitt über das ›Gegenstand-einer-Erkenntnis-Sein‹ (die pakṣatā im jñānakāṇḍa). Hier wird der Schlußprozeß, also etwa der Übergang von $\iota p \; \varepsilon \; h$ zu $\iota p \; \varepsilon \; s$, als ein Erkenntnisprozeß aufgefaßt, bei dem die Erkenntnis des Anwesendseins des Rauches an der Stelle des Berges (H als Nominalisierung von $\iota p \; \varepsilon \; h$) als ursächlicher Anlaß (karaṇa, d. i. grundsätzlich = nimitta ↑kāraṇa) der Erkenntnis des Anwesendseins des Feuers an der Stelle des Berges (S als Nominalisierung von $\iota p \; \varepsilon \; s$) auftritt; die Erkenntnisrelation ›H verursacht S‹ heißt ›v.-jñāna‹, also Wissen von der v. $h \prec s$. Wenn ein ursächlicher Anlaß seine Wirkung hervorbringt, so ist dies eine Operation (vyāpāra), die im Falle des v.-jñāna daraus besteht, eine Instantiierung der v. $h \prec s$ an der Stelle des Berges ιp vorzunehmen, anschließend die Abtrennung von $\iota p \; \varepsilon \; h$: der vyāpāra, derart bewußt gemacht, ist der parāmarśa (= [realisierende] Überlegung). Der ursächliche Anlaß H bringt zusammen mit dem parāmarśa die Wirkung S hervor. Es ist dieser epistemisch-logische oder psychologische Überbau über formal-logischen Verhältnissen, durch den sich die Logik des Nyāya von der buddhistischen Logik unterscheidet und der zu weiteren, subtilen Differenzierungen bei der Behandlung der v. im neuen Nyāya führt.

Literatur: K. Bhattacharya, Some Thoughts on ›Antarvyāpti‹, ›Bahirvyāpti‹, and ›Trairūpya‹, in: B. K. Matilal/R. D. Evans (eds.), Buddhist Logic and Epistemology, Dordrecht etc. 1986, 89–105; K. Chakraborty, Definitions of ›v.‹ (Pervasion) in Navyanyāya. A Critical Survey, J. Indian Philos. 5 (1978), 209–236; M. K. Gangopadhyay, V.. Bauddha and Jaina Views, in: P. K. Sen (ed.), History of Science, Philosophy and Culture in Indian Civilization III/4 (Philosophical Concepts Relevant to Sciences in Indian Tradition), New Delhi 2006, 2008, 309–320; D. H. H. Ingalls, Materials for the Study of Navya-Nyāya Logic, Cambridge Mass. 1951, Delhi etc. 1988; A. K. Mukherjee, The Definition of Pervasion (›v.‹) in Navya-Nyāya, J. Indian Philos. 4 (1976), 1–50; M. Mullik, Implication and Entailment in Navya-Nyāya Logic, J. Indian Philos. 4 (1976), 127–134; G. Oberhammer, Der svābhavikasaṃbandha. Ein geschichtlicher Beitrag zur Nyāya-Logik, Wiener Z. f. d. Kunde Süd- u. Ostasiens 8 (1964), 131–181; O. Strauss, Zur Definition der v. in der Siddhāntamuktāvalī [von Viśvanātha, 1. Hälfte 17. Jh.], Z. f. Indologie u. Iranistik 3 (1925), 116–139 (repr. in: ders., Kleine Schriften, ed. F. Wilhelm, Wiesbaden 1983, 183–206). K. L.

Vygotski, Lev Semionovitch, *Orscha (Russland) 17. Nov. 1896, †Moskau 11. Juni 1934 (an den Folgen einer Tuberkuloseerkrankung). 1913–1917 Studium in Moskau, zunächst Medizin, dann Jura sowie Parallelstudium von Philosophie, Psychologie, Sozial- und Sprachwissenschaften. Nach sechsjähriger Lehrertätigkeit in Gomel 1924 Wechsel an das Psychologische Institut der Universität Moskau. In den nachfolgenden 12 Jahren umfangreiche psychologische Forschungen, u. a. zur Kunst-, Sprach- und Entwicklungspsychologie, basierend auf der Überzeugung von der Historizität des menschlichen Bewußtseins sowie dessen funktionaler Bindung an die Gesellschaft. Mit diesem Wirken sowie der Kritik am ↑Idealismus in der Psychologie, dem ↑Behaviorismus und dem mechanistischen Materialismus (↑Materialismus (historisch)) wird V. zum Mitbegründer der kulturhistorischen Schule.

Vor allem die in kritischer Auseinandersetzung mit J. Piaget erfolgten Untersuchungen zur Genesis sowie Wechselwirkung von Denken und Sprechen beim Kind liefern philosophische Anknüpfungspunkte, insbes. für Erkenntnis- und Bedeutungstheorie. Nach V. beginnt die Sprachentwicklung beim Kind nicht egozentrisch, sondern entwickelt sich von vornherein vom Sozialen zum Individuellen, wobei die frühe ontogenetische Trennung zwischen Sprechen und Denken durch Umstrukturierung der beiden Funktionen überwunden wird. Im Anschluß an die Sprachphilosophie Wilhelm v. Humboldts und dessen These vom eng verwobenen Ursprung sowie dem gegenseitigen Einfluß von Sprechen und Denken untersucht V. empirisch, wie in der frühen Entwicklung des Kindes das Denken versprachlicht und das Sprechen immer weiter durchdacht, d. h. vernünftig, rational-kommunikativ wird. Kindersprache ist damit von Anfang an sozial, wenngleich noch nicht von Beginn an rational. Die Rationalisierung der Sprache erfolgt durch die zunehmende handelnde Erschließung der umgebenden sozialen Welt. Sprachliche Ausdrücke erfahren folglich durch die sukzessive Einbettung in das Handeln des Kindes ihre Bedeutung.

Werke: Sobranie sočinenij, I–VI, Moskau 1982–1984 (engl. [in neuer Anordnung] The Collected Works, I–VI, ed. R. W. Rieber/A. S. Carton, New York/London 1987–1999). – Soznanie kak problema psichologii povedenija, in: K. N. Kornilov (ed.), Psichologija i marksizm I, Leningrad 1925, 175–198, ferner in: Sobranie sočinenij [s. o.] I, 78–98 (engl. Consciousness as a Problem in the Psychology of Behavior, Soviet Psychology 17 [1979], H. 4, 3–35, ferner in: The Collected Works [s. o.] III, 63–79, ferner in: N. Veresov, Undiscovered V. [s. u., Lit.], 256–281; dt. Das Bewußtsein als Problem der Psychologie des Verhaltens, in: Ausgew. Schr. [s. u.] I, 279–308); Pedagogičeskaja psichologija, Moskau 1926, 2005 (engl. Educational Psychology, Boca Raton Fla. 1997); Metodika refleksologičeskogo i psichologičeskogo issledovanija [Die Methodik der reflexologischen und psychologischen Forschung], in: K. N. Kornilov (ed.), Problemy sovremonnoj psichologii II, Leningrad 1926, 26–46, ferner in: Sobranie sočinenij [s. o.] I, 43–62; (mit A. R. Lurija) Etjudy po istorii povedenija, Moskau/Leningrad 1930, 1993 (engl. Studies in the History of Behavior. Ape, Primitive, and Child, Orlando Fla./Helsinki/Moskau, New York 1992, New York/London 2009); Voobraženie i tvorčestvo v detskom vozraste (psichologičeskij očerk), Moskau/Leningrad 1930, ³1991, St. Petersburg 1997 (engl. Imagination and Creativity in Childhood, ed. P. Hakkarainen, J. Russian & East European Psychology 42 [2004], H. 1); Myšlenie i reč', Moskau/Leningrad 1934, ferner in: Sobranie sočinenij [s.o.] II, 5–361, Neudr. Moskau 2005 (engl. Thought and Language, ed. E. Hanfmann/G. Vakar, Cambridge Mass./London 1962, ed. A. Kozulin, 1986, unter dem Titel: Thinking and Speech, in: The Collected Works [s.o.] I, 37–285, unter dem Titel: Thought and Language, ed. E. Hanfmann, Cambridge Mass./London 2012; dt. Denken und Sprechen. Psychologische Untersuchungen, ed. J. Helm, Berlin 1964, ed. J. Lompscher/G. Rückriem, Weinheim/Basel 2002; franz. Pensée et langage, ed. L. Sève, Paris 1985, ^{3}1997); Lekcii po psichologij, in: Razvitie vysšich psichičeskich funkcij, Moskau 1960, 235–363, ferner in: Sobranie sočinenij [s.o.] II, 363–465 (engl. Lectures on Psychology, in: The Collected Works [s.o.] I, 287–358; dt. Vorlesungen über Psychologie, ed. B. Fichtner, Marburg 1996, ed. G. Rückriem, Berlin ^{2}2011; franz. Leçons de psychologie, ed. M. Brossard, Paris 2011); Razvitie vysšich psichičeskich funkcij. Iz neopublikovannych trudov, Moskau 1960, erw. in: Sobranie sočinenij [s.o.] III, 5–328 (dt. Geschichte der höheren psychischen Funktionen, Münster/Hamburg 1992; engl. The History of the Development of Higher Mental Functions, New York/London 1997 [= The Collected Works IV]; franz. Histoire du développement des fonctions psychiques supérieures, Paris 2014); Psichologija iskusstva, Moskau 1965, ^{3}1986, 1997 (engl. The Psychology of Art, Cambridge Mass./London 1971; dt. Psychologie der Kunst, Dresden 1976, 1979; franz. Psychologie de l'art, Paris 2005); Mind in Society. The Development of Higher Psychological Processes, ed. M. Cole u.a., Cambridge Mass. 1978, 1979; Istoričeskij smysl psichologičeskogo krizisa, in: Sobranie sočinenij [s.o.] I, 291–436 (dt. Die Krise der Psychologie in ihrer historischen Bedeutung, in: Ausgew. Schr. [s.u.] I, 57–277; engl. The Historical Meaning of the Crisis in Psychology. A Methodological Investigation, in: The Collected Works [s.o.] III, 233–343; franz. La signification historique de la crise en psychologie, Lausanne 1999, Paris 2010); Učenie ob emocijach. Istoriko-psichologičeskoe issledovanie, in: Sobranie sočinenij [s.o.] VI, 91–318 (dt. Die Lehre von den Emotionen. Eine psychologiehistorische Untersuchung, Münster 1996; engl. The Teaching about Emotions. Historical-Psychological Studies, in: The Collected Works [s.o.] VI, 69–235; franz. Théorie des émotions. Étude historico-psychologique, Paris 1998, 2004); Ausgewählte Schriften, I–II (I Arbeiten zu theoretischen und methodologischen Problemen der Psychologie, II Arbeiten zur psychischen Entwicklung der Persönlichkeit), ed. J. Lompscher, Köln 1985/1987, Berlin 2003; The Vygotsky Reader, ed. R. van der Veer/J. Valsinger, Oxford/Cambridge Mass. 1994, 1998; Conscience, inconscient, émotions, Paris 2003; The Essential Vygotsky, ed. R.W. Rieber/D.K. Robinson, New York 2004. – Pis'ma k uchenikam i soratnikam, Vestnik Moskovskogo Universiteta, Ser. 14 Psikhologiya (2004), H. 3, 3–40 (engl. L.S. Vygotsky. Letters to Students and Colleagues, J. Russian & East European Psychology 45 [2007], 11–60); Briefe/Letters 1924–1934 [dt./engl.], ed. G. Rückriem, Berlin 2008, ^{2}2009. – Bibliography of the Writings of L.S. Vygotsky, J. Russian & East European Psychology 37 (1999), 79–102.

Literatur: T.V. Akhutina, L.S. Vygotsky and A.R. Luria. Foundations of Neuropsychology, J. Russian & East European Psychology 41 (2003), H. 3/4, 159–190; M. Cole, Cultural Psychology. A Once and Future Discipline, Cambridge Mass./London 1996, 2003; H. Daniels (ed.), An Introduction to Vygotsky, 1996, ^{3}2017; ders., Vygotsky and Pedagogy, London/New York 2001, 2016; ders., Vygotsky and Research, London/New York 2008; ders. (ed.), Vygotsky and Sociology, London/New York 2012; ders./M. Cole/J.V. Wertsch (eds.), The Cambridge Companion to Vygotsky, Cambridge etc. 2007; W. Frawley, Vygotsky and Cognitive Science. Language and the Unification of the Social and Computational Mind, Cambridge Mass./London 1997; J. Friedrich, V.. Médiation, apprentissage et développement. Une lecture philosophique et épistémologique, Genf 2010; W. Jantzen, Kulturhistorische Psychologie heute. Methodologische Erkundungen zu L.S. Vygotskij, Berlin 2008; D. Joravski, V., REP IX (1998), 671–675; P. Keiler, L. Vygotskij – ein Leben für die Psychologie, Weinheim 2002, mit weiterem Untertitel: Eine Einführung in sein Werk, ^{2}2015; C. Kölbl, Die Psychologie der Kulturhistorischen Schule: Vygotskij, Lurija, Leont'ev, Göttingen 2006; A. Kozulin, V.'s Psychology. A Biography of Ideas, New York etc., Cambridge Mass. 1990; ders. u.a. (eds.), Vygotsky's Educational Theory in Cultural Context, Cambridge etc. 2003, 2007 (franz. V. et l'éducation. Apprentissages, développement et contextes culturels, Paris 2009, 2016); P. Lloyd/C. Fernyhough (eds.), L. Vygotsky. Critical Assessments, I–IV, London/New York 1999; E. Matusov, Vygotskij's Theory of Human Development and New Approaches to Education, IESBS XXIV (2001), 16339–16343; R. Miller, Vygotsky in Perspective, Cambridge/New York 2011, 2012; L.C. Moll (ed.), L.S. Vygotsky and Education. Instructional Implications and Applications of Sociohistorical Psychology, Cambridge etc. 1990, 2003; ders., L.S. Vygotsky and Education, London/New York 2014; F. Newman/L. Holzman, L. Vygotsky. Revolutionary Scientist, London/New York 1993, New York 2014; D. Papadopoulos, L.S. Wygotski: Werk und Wirkung. Frankfurt/New York 1999, Berlin ^{2}2010; S. Pass, Parallel Paths to Constructivism. Jean Piaget and L. Vygotsky, Greenwich Conn. 2004; C. Ratner/D. Nunes Henrique Silva (eds.), Vygotsky and Marx. Towards a Marxist Psychology, London/New York 2017; A. Rivière, La psicología de V., Madrid 1985, ^{5}2002 (franz. La psychologie de Vygotsky, Liège 1990); B. Schneuwly, V., l'école et l'écriture, Genf 2008; L. Smith/J. Dockrell/P. Tomlinson (eds.), Piaget, Vygotsky and Beyond. Future Issues in Developmental Psychology and Education, London/New York 1998, mit Untertitel: Central Issues in Developmental Psychology and Education, 2014; R. van der Veer, V., IESBS XXIV (2001), 16335–16339; ders., L. Vygotsky, London/New York 2007, 2014; ders., V., in: N. Koertge (ed.), New Dictionary of Scientific Biography VII, Detroit Mich. etc. 2008, 192–197; ders./J. Valsiner, Understanding Vygotsky. A Quest for Synthesis, Oxford/Cambridge Mass. 1991, 1994; N. Veresov, Undiscovered Vygotsky. Etudes on the Pre-History of Cultural-Historical Psychology, Frankfurt etc. 1999; G.L. Vygodskaja/T.M. Lifanova, L.S. Vygotskij. Žizn' – Dejatel'nost' – Štrichi k portretu, Moskau 1996 (dt. L.S. Vygotskij. Leben – Tätigkeit – Persönlichkeit, Hamburg 2000); J.V. Wertsch, Vygotsky and the Social Formation of Mind, Cambridge Mass./London 1985, 1997 (dt. Vygotskij und die gesellschaftliche Bildung des Bewußtseins, Marburg 1996, 1997); A. Yasnitsky/R. van der Veer (eds.), Revisionist Revolution in Vygotsky Studies, London/New York 2016. – Sonderhefte: J. Russian & East European Psychology 38 (2000), H. 6; J. Russian & East European Psychology 45 (2007), H. 2; J. Russian & East European Psychology 48 (2010), H. 1; J. Russian & East European Psychology 50 (2012), H. 4; Hist. Human Sci. 28 (2015), H. 2. M. Wi.

Waagerechte, der, Terminus der Logik G. Freges. Während Freges ›erste Urteilslehre‹ (↑Urteil) aus der »Begriffsschrift« (1879) dem waagerechten Strich (↑Inhaltsstrich) kaum mehr als die Funktion zuweist, den Inhalt eines Urteils notationell in seine zweidimensionale ↑Begriffsschrift einzubinden, wird dem waagerechten Strich in der ›zweiten Urteilslehre‹, die mit »Funktion und Begriff« (1891) beginnt, eine ganz andere Rolle zugewiesen. Frege erweitert zunächst den gewöhnlichen Funktionsbegriff, wie er für Zahlen bekannt ist, also z. B.:

$f(x) = y,$ für $x, y \in \mathbb{N}$,

zu Gegenstandsfunktionen φ, die für beliebige Gegenstände erklärt sind:

$\varphi(a) = b,$ für $a, b \in$ *Menge der Gegenstände.*

Da er des weiteren die beiden ↑Wahrheitswerte selbst wieder als (↑abstrakte) ↑Gegenstände bestimmt, nämlich als ›das Wahre‹ (↑wahr/das Wahre) und ›das Falsche‹, kann er aus der Klasse dieser Gegenstandsfunktionen diejenigen aussondern, deren Werte gerade wieder Wahrheitswerte sind. Aus der so gewonnenen Teilklasse betrachtet er nun eine Funktion φ', die wie folgt definiert ist:

$$\varphi'(x) \leftrightharpoons \begin{cases} \text{das Wahre,} & \text{falls } x = \text{das Wahre,} \\ \text{das Falsche,} & \text{sonst.} \end{cases}$$

Diese Funktion ist es, die er mittels des W.n notiert:

$-\,x \leftrightharpoons \varphi'(x).$

Sprachlich fungiert der Funktionsausdruck ›— *x*‹ damit als ›Überführungsausdruck‹: Er überführt beliebige Gegenstandsnamen in einen Wahrheitswertnamen; war das Argumentzeichen bereits ein Wahrheitswertname, wird dieser in sich selbst überführt. Da Frege ferner die ↑Bedeutung von Aussagesätzen jetzt als ihren Wahrheitswert auffaßt, ergibt sich für beliebige Aussagen *p*:

$$-p = \begin{cases} \text{das Wahre,} & \text{falls } p \text{ das Wahre benennt} \\ & \text{(wahr ist),} \\ \text{das Falsche,} & \text{falls } p \text{ das Falsche benennt} \\ & \text{(falsch ist).} \end{cases}$$

Während der weitere Aufbau der Begriffsschrift mittels ↑Urteilsstrich, Verneinungsstrich, Bedingungsstrich und Höhlung parallel zur ›ersten Urteilslehre‹ erfolgen kann, manifestiert sich im W.n der Fortgang der Fregeschen Revolution der modernen Logik, hier der Urteilslehre. In Anlehnung an die traditionelle Urteilslehre, die ›Urteil‹ einerseits und ›Inhalt des Urteils‹ andererseits unterscheidet, spaltet Frege in seiner ersten Lehre vom Urteil diese entsprechend auf in den Akt der Urteilsbehauptung, typographisch bedeutet durch den Senkrechten ›|‹, den so genannten Urteilsstrich, und den Inhalt des Urteils – das, was behauptet wird –, typographisch angezeigt durch den W.n ›—‹. Nach der neuen Auffassung braucht der Urteilsinhalt erstens nicht länger ein beurteilbarer Inhalt zu sein. Denn ›— Konstanz‹ ist, obwohl ›Konstanz‹ keine Aussage ist, das Falsche, und ›— Konstanz‹ wird damit eine sinnvolle (wenngleich falsche) Behauptung. Da zweitens ›— *p*‹ den durch *p* hingeschriebenen Wahrheitswert behauptet, wird nicht länger beurteilt, ob einer Aussage eine gewisse Eigenschaft, nämlich wahr zu sein, zukommt oder nicht, sondern im Urteil wird ausgesagt, was die Aussage benennt, nämlich welchen Wahrheitswert.

Literatur: H. Frank, Frege's W.r und die Logik der Begriffsumfänge, in: I. Max/W. Stelzner (eds.), Logik und Mathematik. Frege-Kolloquium Jena 1993, Berlin/New York 1995, 49–57; H.-U. Hoche, Vom ›Inhaltsstrich‹ zum ›W.n‹. Ein Beitrag zur Entwicklung der Fregeschen Urteilslehre, in: M. Schirn (ed.), Studien zu Frege II (Logik und Sprachphilosophie)/Studies on Frege II (Logic and Philosophy of Language), Stuttgart-Bad Cannstatt 1976, 87–102; F. v. Kutschera, Gottlob Frege. Eine Einführung in sein Werk, Berlin/New York 1989; C. Thiel, Sinn und Bedeutung in der Logik Gottlob Freges, Meisenheim am Glan 1965 (engl. Sense and Reference in Frege's Logic, Dordrecht 1968). B. B.

Waerden, Bartel Leendert van der, *Amsterdam 2. Febr. 1903, †Zürich 12. Jan. 1996, niederl. Mathematiker und Wissenschaftshistoriker. 1919–1926 Studium in Amsterdam und Göttingen, 1926 Promotion in Amsterdam, 1927 Habilitation in Göttingen, dazwischen 1926 ein Jahr an der Universität Hamburg; nach 1928 Prof. in Groningen, 1931–1945 in Leipzig, ab 1948 Prof. in Amsterdam und ab 1951 in Zürich. – V. d. W.s mathematische Forschungsschwerpunkte liegen im Bereich der ↑Algebra und der algebraischen Geometrie. Das Lehrbuch »Moderne Algebra« (1930/1931) entsteht zum großen Teil aus Vorlesungen von E. Noether (Göttingen) und E. Artin (Hamburg); es gilt über Jahrzehnte als Standardwerk. Darüber hinaus verfaßt W. bedeutende Arbeiten zur Statistik und zur Gruppentheorie sowie im Bereich der angewandten Mathematik zur Spinoranalyse und zur Quantenmechanik.

Seit Ende der 1930er Jahre beschäftigt sich W. zunehmend auch mit der Frühgeschichte der Mathematik und Astronomie in Griechenland sowie in Babylonien und Ägypten. Seine wissenschaftshistorischen Arbeiten, insbes. über die Entstehung der griechischen Mathematik, haben maßgeblichen Einfluß auf die weitere wissenschaftshistorische Forschung. Auf dem Hintergrund der von O. Neugebauer veröffentlichten babylonischen Texte greift W. eine Vermutung von P. Tannery und H. G. Zeuthen über den babylonischen und algebraischen Ursprung der griechischen Geometrie auf und interpretiert Teile der griechischen Mathematik als eine Übertragung babylonischer algebraischer Verfahren in eine geometrische Sprache. Diese These der ›geometrischen Algebra‹ der Griechen fand große Zustimmung, wird in der neueren Forschung allerdings aus methodischen Gründen zunehmend kritisiert.

Werke: Moderne Algebra, I–II, Berlin 1930/1931, [3]1950/1955, mit Untertitel: Unter Benutzung von Vorlesungen von E. Artin und E. Noether, I–II, Berlin/Heidelberg [2]1937/1940, unter dem Titel: Algebra […] I [7]1966, [9]1993, II [5]1967, [6]1993 (engl. Modern Algebra. In Part a Development from Lectures by E. Artin and E. Noether, I–II, New York 1949/1950, rev. unter dem Titel: Algebra. Based in Part on Lectures by E. Artin and E. Noether, I–II, New York 1970, New York etc. 1991, 2003); Die gruppentheoretische Methode in der Quantenmechanik, Berlin 1932 (repr. Ann Arbor Mich. 1944) (engl. Group Theory and Quantum Mechanics, Berlin/Heidelberg/New York 1974, 1986); Gruppen von linearen Transformationen, Berlin 1935, New York 1948; Einführung in die algebraische Geometrie, Berlin 1939 (repr. New York 1945), Berlin/Heidelberg/New York [2]1973; Ontwakende wetenschap. Egyptische, babylonische en griekse wiskunde, Groningen 1950 (engl. Science Awakening I, Groningen 1954, Dordrecht, Princeton N. J. [5]1988; dt. Erwachende Wissenschaft. Ägyptische, babylonische und griechische Mathematik, Basel/Stuttgart 1956, unter dem Titel: Erwachende Wissenschaft I, [2]1966); Einfall und Überlegung. Drei kleine Beiträge zur Psychologie des mathematischen Denkens, Basel/Stuttgart 1954, erw. mit Untertitel: Beiträge zur Psychologie des mathematischen Denkens, [3]1973; Mathematische Statistik, Berlin/Göttingen/Heidelberg 1957, Berlin/Heidelberg/New York [3]1971 (franz. Statistique mathematique, Paris 1967; engl. Mathematical Statistics, Berlin/Heidelberg/New York 1969); Die Anfänge der Astronomie. Erwachende Wissenschaft II, Groningen 1966, unter dem Titel: Erwachende Wissenschaft II (Die Anfänge der Astronomie), Basel/Stuttgart 1968, [2]1980 (engl. [überarb. u. unter Mitarbeit v. P. Huber] Science Awakening II [The Birth of Astronomy], Leiden, New York 1974); Hamiltons Entdeckung der Quaternionen, Göttingen 1973; Mathematik für Naturwissenschaftler, Mannheim/Wien/Zürich 1975, 1990; Heisenbergs Entwicklung bis 1927, in: ders./C. F. v. Weizsäcker, Werner Heisenberg, München/Wien 1977, 15–24; Die vier Wissenschaften der Pythagoreer, in: Rheinisch-Westfälische Akademie der Wissenschaften (ed.), Vorträge N 268 (Natur-, Ingenieur- und Wirtschaftswissenschaften), Opladen 1977, 7–16; Die Pythagoreer. Religiöse Bruderschaft und Schule der Wissenschaft, Zürich/München 1979; Die gemeinsame Quelle der erkenntnistheoretischen Abhandlungen von Iamblichos und Proklos, Heidelberg 1980 (Sitz.ber. Heidelberger Akad. Wiss., philos.-hist. Kl. 1980, 12. Abh.); Geometry and Algebra in Ancient Civilizations, Berlin etc. 1983; Zur algebraischen Geometrie. Selected Papers, Berlin etc. 1983; A History of Algebra. From al-Khwārizmī to Emmy Noether, Berlin/Heidelberg 1985; Die Astronomie der Griechen. Eine Einführung, Darmstadt 1988. – Publikationen von B. L. v. d. W., in: H. Gross, Herr Professor B. L. v. d. W. feierte seinen siebzigsten Geburtstag [s. u., Lit.], 26–32; Publikationen von B. L. v. d. W. bis Ende 1982, in: Zur algebraischen Geometrie [s. o.], 469–479.

Literatur: J. L. Berggren, History of Greek Mathematics. A Survey of Recent Research, Hist. Math. 11 (1984), 394–410, Nachdr. in: N. Sidoli/G. Van Brummelen (eds.), From Alexandria, through Baghdad. Surveys and Studies in the Ancient Greek and Medieval Islamic Mathematical Sciences in Honor of J. L. Berggren, Heidelberg etc. 2014, 3–15; G. Eisenreich, Zum Tode des Mathematikers B. L. v. d. W., in: Mitteilungen und Berichte für die Angehörigen und Freunde der Universität Leipzig 1996, H. 2, 23–24; G. Frei, Dedication. B. L. v. d. W.. Zum 90. Geburtstag, Hist. Math. 20 (1993), 5–11; ders./J. Top/L. Walling, A Short Biography of B. L. v. d. W., Nieuw Archief voor Wiskunde, 4. Ser., 12 (1994), Nr. 3, 137–144; H. Gross, Herr Professor B. L. v. d. W. feierte seinen siebzigsten Geburtstag, Elemente Math. 28 (1973), 25–32; E. Neuenschwander, W., in: J. W. Dauben/C. J. Scriba (eds.), Writing the History of Mathematics. A Historical Development, Basel/Boston Mass./Berlin 2002, 547–551; ders., W., in: Stiftung Historisches Lexikon der Schweiz (ed.), Historisches Lexikon der Schweiz XIII, Basel 2014, 135–136; M. R. Schneider, Zwischen zwei Disziplinen. B. L. v. d. W. und die Entwicklung der Quantenmechanik, Heidelberg etc. 2011; A. Soifer, Life and Fate. In Search of v. d. W., New York/London 2013; ders., The Scholar and the State. In Search of V. d. W., Basel 2015; R. Thiele, V. d. W. in Leipzig, Leipzig 2009; S. Unguru, On the Need to Rewrite the History of Greek Mathematics, Arch. Hist. Ex. Sci. 15 (1975/1976), 67–114. E.-M. E./P. M.

Wagner, Johann Jakob, *Ulm 21. Jan. 1775, †Neu-Ulm 22. Nov. 1841, dt. Philosoph. 1795–1796 Studium der Rechtswissenschaften in Jena (Bekanntschaft mit J. G. Fichte), 1796–1797 in Göttingen, ergänzt durch ein Studium der Philosophie. 1797 Promotion, 1798 Redakteur in Nürnberg, anschließend als Privatgelehrter in Salzburg und München. 1803 Prof. der Philosophie in Würzburg, 1809 Übersiedlung nach Heidelberg, 1815 Rückkehr nach Würzburg. – W. ist zeitweilig (bis zur Wende F. W. J. Schellings zur theologischen Metaphysik) Anhänger der Schellingschen ↑Identitätsphilosophie, deren Formalismus er zunächst auf eigene naturphilosophische Werke (Theorie der Wärme und des Lichts, 1802; Von der Natur der Dinge, 1803) überträgt, später tetradisch erweitert (Organon der menschlichen Erkenntniß, 1830). Danach stellen die Kategorien des Wesens, des

Gegensatzes, der Vermittlung und der Form das Grundschema der Wirklichkeit dar. Das ›Weltgesetz‹ ist mathematisch erfaßbar, weshalb auch Philosophie sich nach W. in der Beschreibung mathematischer Strukturen verwirklichen soll; diese stellen zugleich die Kategorien des Denkens und die Formen der Sprache dar (Mathematische Philosophie, 1811). In kulturphilosophischen, staatstheoretischen und pädagogischen Arbeiten werden diese spekulativen Erwägungen auch auf gesellschaftliche Entwicklungen (unter anderem mit dem Ziel einer Identität von Ethik und Politik) übertragen.

Werke: Lexici Platonici specimen, Göttingen 1797, rev. unter dem Titel: Wörterbuch der Platonischen Philosophie, Göttingen 1799; Fichte's Nikolai oder Grundsätze des Schriftsteller-Rechts, Nürnberg 1801; Theorie der Wärme und des Lichts, Leipzig 1802; Von der Natur der Dinge, Leipzig 1803 (repr. Brüssel 1968 [Aetas Kantiana 294]); Über das Lebensprinzip, Leipzig 1803; Philosophie der Erziehungskunst, Leipzig 1803; Über das Wesen der Philosophie, Bamberg/Würzburg 1804; Über die Trennung der legislativen und executiven Staatsgewalt. Ein Beitrag zu Beurtheilung des Werthes landständischer Verfassungen, München 1804 (repr. Leipzig 1971); System der Idealphilosophie, Leipzig 1804 (repr. Brüssel 1968 [Aetas Kantiana 291]); Von der Philosophie und der Medizin. Ein Prodromus für beyde Studien, Bamberg 1805; Grundriß der Staatswissenschaft und Politik, Leipzig 1805; Ideen zu einer allgemeinen Mythologie der alten Welt, Frankfurt 1808; Theodicee, Bamberg/Würzburg 1809; Mathematische Philosophie, Erlangen 1811, Ulm 1851 (repr. Vaduz, Wiesbaden 1969); Der Staat, Würzburg 1815, Ulm 1848, 1851; Elementarlehre der Zeit- und Raum-Größen, Erlangen 1818, Ulm 1851; Religion, Wissenschaft, Kunst und Staat in ihren gegenseitigen Verhältnissen betrachtet, Erlangen 1819, Ulm 1851; System des Unterrichts [...], Aarau 1821, Ulm 1851; Organon der menschlichen Erkenntniß, Erlangen 1830 (repr. Brüssel 1968 [Aetas Kantiana 290]), Ulm 1851; System der Privatökonomie [...], Aarau 1836, Ulm 1848, 1856; Kleine Schriften, I–III, ed. P. L. Adam, Ulm 1839–1847; Dichterschule, Ulm 1840, [2]1850; Lebensnachrichten und Briefe, ed. P. L. Adam/A. Koelle, Ulm 1849, [2]1851; Homer und Hesiod. Ein Versuch über das griechische Alterthum, Ulm 1850 (repr. Rom 1980); Nachgelassene Schriften über Philosophie, I–VI, ed. P. L. Adam, Ulm 1852–1857; Dictate über Ideal- und Naturphilosophie, ed. S. Palombari, Frankfurt etc. 1998.

Literatur: M. Heinze, W., ADB XL (1896), 510–515; B. Jahn, W., in: ders., Biographische Enzyklopädie deutschsprachiger Philosophen, München 2001, 439; T. Morel, Mathématiques et Naturphilosophie. L'exemple de la controverse entre J. J. W. et Johann Schön (1803–1804), Rev. hist. sci. 66 (2013), 73–105; G. Oeltze, J. J. W.s Staatsphilosophie. Ein Beitrag zur Geschichte der romantischen Philosophie, Diss. Jena 1927, Aschersleben 1928; S. Palombari, Weltgesetz und Tetrade. Struktur und Besonderheit der Philosophie des J. J. W., Jb. Rückert-Ges. 10 (1996), 13–45; L. Rabus, J. J. W.'s Leben, Lehre und Bedeutung. Ein Beitrag zur Geschichte des deutschen Geistes, Nürnberg 1862; W. G. Stock, Die Philosophie J. J. W.s, Z. philos. Forsch. 36 (1982), 262–282 (mit Bibliographie, 272–282). J. M.

Wahlfolge (engl. choice sequence), von L. E. J. Brouwer geprägter Terminus der intuitionistischen Mathematik (↑Intuitionismus), von E. Borel übernommen, um der potentiellen Unendlichkeit (↑unendlich/Unendlichkeit), dem ›freien Werden‹, des ↑Kontinuums dadurch Ausdruck zu geben, daß die Dezimalbruchentwicklung einer reellen Zahl als freie und endlose Wahl ihrer Folgenglieder, als ›W.‹, aufgefaßt wird. Während bezüglich der natürlichen und der rationalen Zahlen und auch der Definition der reellen Zahlen als Fundamentalfolgen (↑Zahlensystem) kaum Unterschiede zur klassischen Auffassung bestehen, faßt Brouwer den unendlichen Dezimalbruch $r = \langle n_1,n_2,n_3,\ldots\rangle$ ($n_i \in \{0,1,2,\ldots,9\}$) nicht klassisch als abgeschlossen gegebene, aktual-unendliche Folge auf, sondern als Folge im Werden. Denn nach klassischer Auffassung steht fest, ob z. B. das i-te Folgenglied gerade oder ungerade ist, unabhängig davon, ob das durch eine Konstruktion der Folge erwiesen ist und ob eine solche Konstruktion überhaupt möglich ist (↑Platonismus (wissenschaftstheoretisch)). Dies ist nach Brouwer eine unerlaubte Übertragung der Logik des Endlichen auf das Unendliche und beraubt das Unendliche seines spezifischen Charakters, nämlich des freien Werdens oder seiner Potentialität.

Sei $\vec{a} = (a_n) = \langle a_1,a_2,a_3,\ldots\rangle$ eine unendliche Folge (↑Folge (mathematisch)) natürlicher Zahlen; läßt sich eine berechenbare (↑berechenbar/Berechenbarkeit) Funktion $f\colon \mathbb{N} \rightarrow \mathbb{N}$ angeben, so daß für alle $n \in \mathbb{N}$ gilt: $f(n) = a_n$, so heißt die Folge $\vec{a}$ ›gesetzesartig‹ (*lawlike sequence*), andernfalls ›gesetzlos‹ (*lawless sequence*). Eine gesetzlose Folge entsteht etwa durch Auswürfeln der einzelnen Folgenglieder a_i. W.n stellen insofern eine Mischung dieser beiden Grundformen dar, als bei jeder Wahl des nächsten Folgengliedes gesetzesartige Restriktionen für kommende Wahlen festgelegt werden können. In der Angabe, was genau eine W. konstituiert, schwankt Brouwer; die nachfolgende Forschung geht, was die erklärungsbedürftigen gesetzlosen Folgen angeht, von folgenden vier Axiomen aus:

(GLF 1) $\bigwedge_{\vec{a}_n} \bigvee_{\vec{\alpha}} \vec{\alpha} \in \vec{a}_n$,

(GLF 2) $\bigwedge_{\vec{\alpha},\vec{\beta}} (\vec{\alpha} = \vec{\beta} \vee \vec{\alpha} \neq \vec{\beta})$,

(GLF 3) $\bigwedge_{\vec{\alpha}} (A(\vec{\alpha}) \rightarrow \bigvee_n \bigwedge_{\vec{\beta} \in \vec{\alpha}_n} A(\vec{\beta}))$,

(GLF 4) $\bigwedge_{\vec{\alpha}} \bigvee_x A(\vec{\alpha},x) \rightarrow \bigwedge_{\vec{\alpha}} \bigvee_{n,y} \bigwedge_{\vec{\beta} \in \vec{\alpha}_n} A(\vec{\beta},y)$.

Dabei sind ›$\vec{\alpha}$‹ und ›$\vec{\beta}$‹ Variablen für W.n, ›$\vec{\alpha}_n$‹ bezeichnet das Anfangssegment von $\vec{\alpha}$ bis zur n-ten Ziffer und ›$\vec{a}_n$‹ eine endliche Folge der Länge n; (extensionale) Gleichheit $\vec{\alpha} = \vec{\beta}$ gilt genau dann, wenn für alle $i \in \mathbb{N}$ gilt: $(\vec{\alpha})_i = (\vec{\beta})_i$, jeweils mit $(x)_i$ als i-tem Glied der Folge x; $\vec{\alpha} \in \vec{\alpha}_n^*$ gilt genau dann, wenn $\vec{\alpha}_n = \vec{\alpha}_n^*$ (das Symbol ›$\in$‹ steht hier also nicht für die Elementbeziehung, sondern für ›enthält als Anfangssegment‹). (GLF 1) besagt, daß jede endliche Folge Anfangssegment einer gesetzlosen Folge ist; (GLF 2) beinhaltet die Entscheidbarkeit (↑entscheidbar/Entscheidbarkeit) der Gleichheit zwischen gesetzlosen Folgen. (GLF 3) bringt zum Ausdruck, daß, wenn eine Aussage A von $\vec{\alpha}$ gilt, dies bereits auf Grund der Kenntnis eines endlichen Anfangssegmentes festgestellt werden konnte und damit A für alle Folgen $\vec{\beta}$ mit diesem Anfangssegment gilt. (GLF 4) ist das schwächste in einer Reihe von Stetigkeitsprinzipien (↑Stetigkeit), die sich wie (GLF 3) motivieren lassen: Folgen werden aufgefaßt als Punkte im Baire-Raum $\mathbb{N}^{\mathbb{N}}$, so daß jedes für alle gesetzlosen Folgen definierte Funktional $\Phi: \mathbb{N}^{\mathbb{N}} \to \mathbb{N}$ nach (GLF 4) stetig (im Sinne der ↑Topologie) ist. Die hierauf aufbauende ↑Analysis liegt gleichsam quer zur klassischen: sie ist teils ärmer, teils äquivalent, teils reicher. So gilt die Monotonie-Eigenschaft (›jede monotone, beschränkte Folge konvergiert in $\mathbb{R}$‹) nur klassisch, der Heine-Borelsche Überdeckungssatz gilt klassisch wie intuitionistisch, der Brouwersche Stetigkeitssatz (›jede reellwertige Funktion auf dem Intervall [0,1] ist gleichmäßig stetig‹) gilt hingegen nur intuitionistisch.

Literatur: M. van Atten, Brouwer Meets Husserl. On the Phenomenology of Choice Sequences, Dordrecht 2007; M. Dummett, Elements of Intuitionism, Oxford 1977, [2]2000; A. Heyting, Intuitionism. An Introduction, Amsterdam 1956, Amsterdam/London [3]1971, 1980; S. C. Kleene/R. E. Vesley, The Foundations of Intuitionistic Mathematics. Especially in Relation to Recursive Functions, Amsterdam 1965; A. S. Troelstra, Informal Theory of Choice Sequences, Stud. Log. 25 (1969), 31–54; dies., Choice Sequences. A Chapter of Intuitionistic Mathematics, Oxford 1977; dies., On the Origin and Development of Brouwer's Concept of Choice Sequence, in: dies./D. van Dalen (eds.), The L. E. J. Brouwer Centenary Symposium, Amsterdam/New York/Oxford 1982, 465–486; dies., Analyzing Choice Sequences, J. Philos. Log. 12 (1983), 197–260 (Errata zu Troelstra 1977, 205–206); dies./D. van Dalen, Constructivism in Mathematics. An Introduction, I–II, Amsterdam etc. 1988 (mit Bibliographie, 853–879). B. B.

wahr/das Wahre, grundlegender Terminus der ↑Semantik; bei G. Frege ist ›d. W.‹ die Bezeichnung für einen der beiden ↑Wahrheitswerte. Der ↑Prädikator ›w.‹ ist auf ↑Aussagen bzw. Aussagesätze im ↑Modus der ↑Behauptung anwendbar, ihre ↑Geltung in einem ↑Urteil aussagend. Jede (semantische) ↑Metaaussage (↑Metasprache) der Form »›*A*‹ ist w.« bringt als Behauptung ihrerseits wieder nur einen Anspruch auf Geltung vor, während die Berufung auf ↑Prämissen eines (eventuell sogar logischen) ↑Schlusses mit ›*A*‹ als ↑Konklusion den Anspruch auf Geltung für ›*A*‹ lediglich durch den Geltungsanspruch für seine Prämissen ersetzt. Deshalb kann mit keiner Aussage auch die Einlösung eines Geltungsanspruchs vollzogen werden. Vielmehr muß dazu zu den Gegenständen zurückgegangen werden, über die etwas ausgesagt wird. Folglich sind die Kriterien für die Einlösung der (metasprachlichen) Behauptung »›*A*‹ ist w.« keine anderen als die Kriterien für die Einlösung der objektsprachlichen (↑Objektsprache) Behauptung ›*A*‹ (↑Wahrheitskriterium). Dabei ist das Zeichen ›*A*‹ an dieser Stelle die (symbolische) Notation für eine nicht näher bestimmte Aussage und kein bereits einen metasprachlichen Status einnehmendes ↑Mitteilungszeichen für eine Aussage.

Bei Frege steht ›*A*‹ allerdings nur für die syntaktische Gestalt der Aussage, so daß erst nach Hinzufügung des ↑›Inhaltsstrichs‹, also mit ›–*A*‹, eine Aussage, und zwar ihr propositionaler Kern, der ↑*Gedanke*, bezeichnet wird, während man für die volle Behauptung zusätzlich noch den ↑›Urteilsstrich‹ benötigt: ›⊢*A*‹ ist sowohl Bezeichnung für die (eigentlich objektsprachliche) Behauptung als auch für das (eigentlich metasprachliche) Urteil, gleichwertig mit »›*A*‹ ist w.«, mit dem das bloß angenommene Wahrsein auch anerkannt wird. Frege behandelt die Behauptung auf logisch gleicher Stufe wie das Urteil, weil er den Übergang von der ↑Semantik einer Aussage (einer bloßen Vorstellungsverbindung zu einem Ganzen, eben dem Gedanken als dem Inhalt der Aussage) zur ↑Pragmatik der Aussage (der Verwandlung der Vorstellungsverbindung in ein Urteil) an die Stelle des Überganges von der Objektsprache zur Metasprache setzt: ›⊢‹ und damit ›ist w.‹ wird als das eine einheitliche, allen Urteilen gemeinsame (logische) ↑Prädikat behandelt. Da Frege im Urteil den Gedanken gegenständlich versteht, als eine bloße (verbundene) Vorstellung (z. B. ›das große Haus [ist eine Tatsache]‹), im Fassen des Gedankens diesen jedoch propositional versteht, als eine Vorstellungsverbindung (z. B. ›[der Umstand, daß] das Haus groß ist‹), und deshalb den propositionalen Charakter nur als einen Sonderfall des gegenständlichen Charakters auffaßt (mit allen Folgen, die diese Angleichung hat, z. B. Formeln als besondere Terme, nämlich von ↑Aussagefunktionen, zu behandeln), ist bis heute der Status von ›w.‹ (Metaprädikator, Gegenstandsname, Vertreter einer beliebigen wahren Aussage, etc.) umstritten.

Die grundsätzliche Entbehrlichkeit von ›w.‹ (Aussagen führen im Behauptungsmodus ohnehin stets einen Wahrheitsanspruch mit sich) bildet den Hintergrund für den von B. Russell, W. V. O. Quine u. a. vertretenen *deflationären* ↑Wahrheitsbegriff (auch: ›Redundanztheorie der Wahrheit‹), nach dem »›*A*‹ ist w.« durch ›*A*‹ ersetzt werden darf. Daraus kann allerdings nicht gefolgert werden, daß ›w.‹ in allen Kontexten eliminierbar (↑Elimination) ist; es ›kürzt‹ sich nur mit den ↑Anführungszeichen des durch Anführung gebildeten Namens einer Aussage: »truth is disquotation« (Quine, Pursuit of Truth, Cambridge Mass. 1990, 80). Daher bleibt trotz aller Argumente für ein ausschließlich extensionales (↑extensional/Extension) Verständnis von Prädikatoren, also für eine ›Bedeutung‹ auf ›Wahrheit‹ zurückführende Referenzsemantik (↑Semantik, logische), die begriffliche Bestimmung von Prädikatoren nicht nur ihrem ↑Umfang, sondern auch ihrem ↑Inhalt nach eine unerläßliche Aufgabe. Andernfalls wären Begriffe mit

Klassen (↑Klasse (logisch)) zu identifizieren, also unabhängig von ihrer Anwendung auf Gegenstände gar nicht bestimmbar; insbes. wäre auch der Inhalt von ›w.‹ nur durch die Klasse aller w.en Aussagen zu charakterisieren.
In der klassischen Logik (↑Logik, klassische) gilt seit Aristoteles die Eigenschaft, w. oder ↑falsch zu sein, als Charakteristikum dafür, daß ein sprachlicher Ausdruck eine Aussage ist (↑Zweiwertigkeitsprinzip). Schon bei Aussagen über die Zukunft (↑Futurabilien) ist aber, wie ebenfalls bereits von Aristoteles festgestellt, unklar, in welchem Sinne sie bereits *vor* dem Eintreffen der Zukunft w. bzw. falsch sein können. Generell gilt für alle ↑Elementaraussagen ›$s\ \varepsilon\ P$‹ mit einem Prädikator ›P‹, bei dem bisher nicht entschieden ist oder nachweislich gar nicht entschieden werden kann, ob er s zukommt oder nicht (↑zukommen), daß ›w.‹ (und wegen der Zweiwertigkeit ebenso ›falsch‹) ihnen gegenüber kein entscheidbarer ↑Metaprädikator ist, solche Aussagen daher nicht wahrheitsdefinit (↑wahrheitsdefinit/Wahrheitsdefinitheit) oder wertdefinit (↑wertdefinit/Wertdefinitheit), gleichwohl aber Aussagen sind. In diesen Fällen tritt an die Stelle der *Wertdefinitheit* die allgemeine, nun tatsächlich alle Aussagen, und zwar unabhängig von ihrem Modus, charakterisierende *Dialogdefinitheit* (↑dialogdefinit/Dialogdefinitheit): Damit ein sprachlicher Ausdruck eine Aussage ist, muß sich um ihn nach Regeln, deren Ausführbarkeit entscheidbaren Kriterien gehorcht, ein ↑Dialog führen lassen, und zwar so, daß nach endlich vielen Schritten entschieden ist, wer ›gewonnen‹ und wer ›verloren‹ hat. In der Dialogischen Logik (↑Logik, dialogische) wird dann die Angemessenheit derjenigen Definition von ↑Wahrheit erörtert, kraft derer eine Aussage ›A‹ im Behauptungsmodus genau dann w. heißt, wenn der ›A‹ Behauptende eine ↑Gewinnstrategie für sie hat.
In den verschiedenen ↑Wahrheitstheorien wird versucht, neben der Einführung eines adäquaten Wahrheitsbegriffs auch eine Abgrenzung von ›w.‹ gegenüber ›richtig‹, ›echt‹, ›gültig‹, ›wahrhaftig‹, ›nützlich‹ und anderen Termini desselben semantischen Feldes vorzunehmen. Desgleichen haben dort die Spezialisierungen von ›w.‹ ihren Platz, die sich ergeben, wenn die verschiedenen Arten von Gründen berücksichtigt werden, die für die Einlösung eines Wahrheitsanspruches in Frage kommen. Ist z. B. eine Behauptung w. allein auf Grund ihrer Zusammensetzung mit den logischen Partikeln (↑Partikel, logische), so spricht man von *logischer* Wahrheit oder, unter Berücksichtigung der in der Dialogischen Logik möglichen weiteren Differenzierung, genauer von *formal-logischer* Wahrheit, weil sich unter den formal w.en Aussagen neben den formal-logisch w.en z. B. auch die formal-arithmetisch w.en Aussagen unterscheiden lassen. Es sind dies solche arithmetischen Aussagen, bei denen man zwar in bezug auf die Prädikatoren schematisch verfährt, nicht aber in bezug auf die ↑Nominatoren: Die ↑Objektvariablen behalten weiterhin die natürlichen Zahlen als ihren ↑Variabilitätsbereich, so daß auf die Verfahren der Objektkonstruktion (hier der der natürlichen Zahlen durch den ↑Strichkalkül) zurückgegriffen werden muß. Z. B. ist das so genannte Induktionsaxiom (↑Induktion, vollständige)

$$A(|) \wedge \bigwedge_x (A(x) \rightarrow A(x|)) \rightarrow \bigwedge_x A(x)$$

wegen der Existenz einer formalen Gewinnstrategie für dieses Axiom eine formal-arithmetisch w.e Aussage (↑Folgerung).
Werden für die Einlösung des mit der Behauptung einer Aussage erhobenen Wahrheitsanspruches neben den Regeln für die logische Zusammensetzung zusätzlich höchstens terminologische Regeln, insbes. ↑Definitionen, in Anspruch genommen, so ist es üblich, von ↑*analytischer* Wahrheit zu reden. Wird wiederum die Wahrheit einer behaupteten Aussage durch logische ↑Deduktion aus einem Bereich bereits als w. anerkannter Aussagen gewonnen, so spricht man von ›*notwendiger* Wahrheit‹ relativ zu diesem Bereich (↑notwendig/Notwendigkeit). Das kann dann logische ebenso wie analytische Notwendigkeit sein, aber auch kausale Notwendigkeit, wenn ein Bereich anerkannter ↑Naturgesetze zugrundegelegt ist. K. L.

Wahrhaftigkeit, in der ↑Ethik Bezeichnung für die Übereinstimmung des Redens und Handelns mit den eigenen Einstellungen, Überzeugungen und Gedanken, mögen diese auch auf ↑Irrtümern beruhen; je nach Kontext synonym mit den Ausdrücken ›Aufrichtigkeit‹, ›Ehrlichkeit‹, ›Redlichkeit‹. – Aristoteles zählt W. zu den Tugenden des sozialen Lebens im Alltag (vgl. Eth. Nic. *Δ*13.1127a13–b32), nämlich habituell der ↑Wahrheit auch dann zu folgen, wenn daraus kein persönlicher Vorteil erwächst. A. Augustinus tritt über die Analyse ihres Gegenteils, der ↑Lüge, für W. im Reden ein (De mendacio, um 395 [MPL 40, 487–518]; Contra mendacium, um 422 [MPL 40, 518–548]): Lügen heißt, willentlich eine Unwahrheit aussprechen. Wahrhaftigsein bedeutet demgegenüber das Fehlen einer Täuschungsabsicht; folglich gehört W. zu den Grundlagen der ↑Kommunikation. Das Mittelalter ist um eine Vermittlung beider Positionen bemüht. Unter den neuzeitlichen Bedingungen eines säkularen ↑Staats, etwa im Kriegszustand, binden H. Grotius und S. Pufendorf W. an ein Recht des Gesprächspartners, die Wahrheit zu erfahren. In ihrer juristisch orientierten Argumentation sind Lügen erlaubt, insoweit sie von Nutzen sind. Für I. Kant ist W. dagegen eine »unbedingte Pflicht (...), die in allen Verhältnissen gilt« (Über ein vermeintes Recht aus Menschenliebe zu lügen A 311, Akad.-Ausg. VIII, 429); auch

Notlügen verletzen die Menschenwürde (↑Würde) und die moralische Verpflichtung auf Wahrheit (vgl. Met. Sitten A 83–84, Akad.-Ausg. VI, 429). – In der Ethik nach Kant wird W. nicht grundsätzlich anders bestimmt; allerdings sollen in manchen Situationen Notlügen erlaubt sein, etwa dem Arzt einem Patienten gegenüber, um so wenig Schaden wie möglich anzurichten, oder unter einem Unrechtsregime, um diesem Informationen vorzuenthalten. – J. Habermas versteht W. als einen Geltungsanspruch (neben Richtigkeit und Wahrheit), der mit allen Äußerungen erhoben wird.

Literatur: M. Annen, Das Problem der W. in der Philosophie der deutschen Aufklärung. Ein Beitrag zur Ethik und zum Naturrecht des 18. Jahrhunderts, Würzburg 1997; S. Bok, Lying. Moral Choice in Public and Private Life, New York 1978, 1999 (dt. Lügen. Vom täglichen Zwang zur Unaufrichtigkeit, Reinbek b. Hamburg 1980); O. F. Bollnow, W., Die Sammlung 2 (1947), 234–245; H. Caton, Truthfulness in Kant's Metaphysics, in: C. G. Vaught (ed.), Essays in Metaphysics, University Park Pa./London 1970, 19–38; J. Ebbinghaus, Kant's Ableitung des Verbotes der Lüge aus dem Rechte der Menschheit, Rev. int. philos. 8 (1954), 409–422, ferner in: ders., Sittlichkeit und Recht. Praktische Philosophie 1929–1954, ed. H. Oberer/G. Geismann, Bonn 1986 (= Ges. Schr. I), 407–420; J. Habermas, Wahrheitstheorien, in: H. Fahrenbach (ed.), Wirklichkeit und Reflexion. Walter Schulz zum 60. Geburtstag, Pfullingen 1973, 211–265, ferner in: ders., Vorstudien und Ergänzungen zur Theorie des kommunikativen Handelns, Frankfurt 1984, 127–183; ders., Theorie des kommunikativen Handelns I, Frankfurt 1981, 2014, 367–452; P. Keseling, Einführung, in: A. Augustinus, Die Lüge und Gegen die Lüge, Würzburg 1953, VI–IL; D. V. Morano, Truth as a Moral Category, J. Value Inquiry 9 (1975), 243–259; D. Nyberg, The Varnished Truth. Truth Telling and Deceiving in Ordinary Life, Chicago Ill./London 1993 (dt. Lob der Halbwahrheit. Warum wir so manches verschweigen, Hamburg 1994); P. Schmidt-Sauerhöfer, W. und Handeln aus Freiheit. Zum Theorie-Praxis-Problem der Ethik Immanuel Kants, Bonn 1978; T. Sturm, W., in: M. Willaschek u. a. (eds.), Kant-Lexikon, Berlin/Boston Mass. 2015, 2583–2584; U. Thurnherr, W., Hist. Wb. Ph. XII (2004), 42–48; B. A. O. Williams, Truth and Truthfulness. An Essay in Genealogy, Princeton N. J. etc. 2002, 2004 (dt. Wahrheit und W., Frankfurt 2003, Berlin 2013); P. Wilpert, Die W. in der aristotelischen Ethik, Philos. Jb. 53 (1940), 324–338. H. Sc.

Wahrheit (griech. *ἀλήθεια*, lat. veritas, engl. truth, franz. vérité), in alltags- und bildungssprachlicher Verwendung soviel wie Richtigkeit (rightness) oder Gültigkeit (validity), und zwar nicht nur gegenüber etwas verbal (lautlich oder schriftlich) Geäußertem, dessen Glaubwürdigkeit, etwa angesichts von ›fake news‹, betreffend, sondern auch gegenüber bildlichen, etwa photographischen oder filmischen, Darstellungen, wohingegen der philosophische Sprachgebrauch eine Fülle von terminologischen Fixierungen zu einem ↑Wahrheitsbegriff kennt, mit dem Abgrenzungen von ›wahr‹ (↑wahr/das Wahre) gegenüber ›richtig‹ und ›gültig‹, aber auch gegenüber bedeutungsverwandten Ausdrücken wie ›echt‹, ›nützlich‹, ›wahrhaftig‹, ›überzeugend‹ etc. vorgenommen werden. Grundsätzlich steht in allen Fällen W. im Gegensatz zu Falschheit (↑falsch) oder zu ↑Lüge (↑Wahrhaftigkeit) bzw. zu ↑Irrtum und kommt daher insbes. der Rede, also der ↑Sprache in kommunikativer Rolle, zu, im Standardfall einer in einem ↑Satz geäußerten ↑Aussage. W. ist das Ergebnis einer unter vielen Möglichkeiten der Beurteilung einer Aussage (↑Urteil), wenn diese nämlich mit Wahrheitsanspruch geäußert wird.

Der Ausdruck ›W.‹ gehört der ↑Objektstufe und ↑Metastufe umfassenden Reflexionsstufe an – ›wahr‹ ist ein Beurteilungsprädikator, W. ein ↑Reflexionsbegriff – und darf nicht als bloßer ↑Metaprädikator auf dem Bereich entweder syntaktischer (Satzzeichen) oder semantischer (Aussagen/Propositionen) oder pragmatischer (Äußerungen/Sprechakte) Spracheinheiten aufgefaßt werden. Dabei ist nicht jeder Satz wahrheitsfähig (↑wahrheitsfähig/Wahrheitsfähigkeit); ein W.sanspruch kann nur in Bezug auf gewisse Modi einer Aussage erhoben werden, z. B. im ↑Modus der ↑Behauptung oder im Modus der Mitteilung, nicht aber im Modus der Aufforderung und auch nicht ohne weiteres in dem der Erzählung, etwa über fiktive Gegenstände (↑Fiktion). Andererseits können auch Satzfunktion ausübende Zeichen nonverbaler Sprachen, der ›Sprachen der Kunst‹ etwa, mit einem Anspruch auf ↑Geltung auftreten, die als ›W. der Kunst‹ häufig gegen die ›bloße Richtigkeit‹ von (verbalen) Aussagen ausgespielt wird (vgl. G. W. F. Hegel, Ästhetik, Sämtl. Werke XII, 215; R. Wagner, Ein Ende in Paris, Ges. Schriften und Dichtungen I, Leipzig 1871, 166; H.-G. Gadamer, Wahrheit und Methode, Tübingen ^{2}1965, I.3), obwohl es sich um Geltungsansprüche auf verschiedenen Ebenen handelt.

W. ist, allgemein genommen, auf ↑Erkenntnis bezogen, wird aber in der Regel auf theoretische Erkenntnis oder ↑Wissen eingeschränkt verstanden, weil praktische Erkenntnis oder Einsicht und damit der Bereich ↑normativer W., insbes. existentieller W., in dem es außer um bloß regelkonformes Verhalten unter anderem um ›wahre‹ (= selbstbestimmte statt fremdbestimmte oder gottgefällige statt eigenmächtige) Lebensführung, ›wahre‹ (= eigentliche statt vermeintliche) Güter oder ›wahre‹ (= echte statt scheinhafte) Werte (↑Wert (moralisch)) geht, eher unter der Frage nach dem ↑Guten in Philosophie und Theologie behandelt wird. Insoweit mit einem Zeichen (↑Zeichen (semiotisch)) im Rahmen eines ganzen Zeichensystems (↑Symboltheorie) für jemanden eine Erkenntnis gewonnen ist, ist es eine W. oder eben wahr (vgl. On Rightness of Rendering, in: N. Goodman, Ways of Worldmaking, Hassocks 1978, 109–140). Mit Zeichen in symptomatischer Funktion (↑Symptom), z. B. einer Zeichnung oder einem Lied, läßt sich *sinnliche Erkenntnis* (perceptual knowledge) vermitteln, mit Zeichen in symbolischer Funktion (↑Symbol), z. B. einem ↑Artikulator oder einer ↑Aussage, hingegen *begriffliche Erkenntnis* (conceptual knowledge). Es ist eine Frage der Hilfsmittel und des Kontextes, wodurch bzw. wo und wann Erkenntnisgewinn stattfindet. Nur unter Bezug auf solche Hilfsmittel, mit denen sich vermeintliche Erkenntnis von echter (auch: ›wahrer‹, ›wirklicher‹) Erkenntnis unterscheiden läßt, soll von W. im Unterschied zu bloßem Für-wahr-Halten oder Überzeugt-Sein (↑Glaube (philosophisch)) die Rede sein.

Damit wird die gebrauchssprachliche (↑Gebrauchssprache) Verwendung von ›W.‹ zugunsten eines philosophisch-reflektierten Sprachgebrauchs verlassen, ohne daß damit schon Entscheidungen für oder gegen eine spezielle ↑Wahrheitstheorie getroffen wären. Es reicht nicht, unmittelbar Zeichen gegenüber, seien sie nonverbal, z. B. Zeichnungen, oder verbal, z. B. Aussagen, von W. oder ›rightness of rendering‹ zu sprechen; sie müssen zuvor zum Gegenstand höherstufiger Kompetenzen gemacht werden, nämlich künstlerischer oder wissenschaftlicher Kompetenzen. Unter Verwendung der von M. Schlick eingeführten Unterscheidung zwischen *Kennen* ([Ergebnis von] knowing how [G. Ryle]; knowledge by acquaintance [B. Russell]; ↑*Objektkompetenz*) und *Erkennen* (knowing that; knowledge by description; ↑*Metakompetenz*) ist künstlerische Kompetenz eine Objektkompetenz 2. Stufe gegenüber Objekt- und Metakompetenz, also eine Fähigkeit zu *zeigen*, daß man mit Gegenständen sowohl (pragmatisch) umgehen als sie auch (semiotisch) darstellen kann, d. i. Kunst als ↑Poiesis und Kunst als ↑Mimesis. Wissenschaftliche Kompetenz wiederum ist eine Metakompetenz 2. Stufe gegenüber Objekt- und Metakompetenz, also eine Fähigkeit zu *sagen*, daß man mit Gegenständen sowohl umzugehen als sie auch darzustellen weiß, d. i. Wissenschaft als ↑Forschung und Wissenschaft als Darstellung (↑Darstellung (semiotisch)). Die Verfahren der Poiesis – eine den Handlungscharakter der ↑Zeichenhandlungen betreffende Fertigkeit – entscheiden darüber, ob Mimesis gelungen und damit eine W. ist. Entsprechend entscheiden die Verfahren der Forschung – eine den Zeichencharakter der Zeichenhandlungen betreffende Fertigkeit – darüber, ob eine Darstellung gelungen und damit ›richtig‹ oder ›wahr‹ ist (↑Wahrheitskriterium).

Verbalsprachliche Darstellung geschieht durch (einfache oder symbolische) ↑Artikulation (↑Sprache), die elementar, durch nur einen Artikulator vorgenommen, oder zusammengesetzt sein kann und sowohl eine in der ↑Ostension mittels einer ↑Gegebenheitsweise signifikative als auch eine in der ↑Prädikation mittels eines ↑Modus kommunikative Rolle spielt. Da weiter von einer symbolischen Artikulation beliebige andere Artikulationen (z. B. mit anderen Worten oder mit den Augen und den zugehörigen Wahrnehmungen oder Vorstellungen) vertreten werden, stehen bei zusammengesetzten symbolischen Artikulationen im allgemeinen nicht mehr alle von den elementaren Bestandteilen vertretenen einfachen Artikulationen zur Verfügung, z. B. keine Wahrnehmung, wohl aber eine Zeichnung für ›geflügeltes Pferd‹, keine Vorstellung und daher auch keine Zeichnung für ›rundes Viereck‹: ein geflügeltes Pferd gibt es nur als semiotischen oder fiktiven Gegenstand; ein rundes Viereck ist ein (begrifflich) unmöglicher Gegenstand. Nur insoweit, als bei zusammengesetzten symbolischen Artikulationen weiterhin alle von ihren Bestandteilen vertretenen einfachen Artikulationen ausführbar bleiben, spricht man von einem *wirklichen* oder einem realen Gegenstand (↑wirklich/Wirklichkeit) im engeren Sinne, gleichgültig in wie vielen individuellen Exemplaren er zum Gegenstand einer Erfahrung wird (↑Objekt). Da jede weitere hinzutretende symbolische Artikulation einerseits als prädikative Bestimmung an einer der individuellen Einheiten des bereits vorliegenden wirklichen Gegenstandes aufgefaßt werden kann, andererseits mit ihrer Hilfe ein neuer komplexerer (↑komplex/Komplex) Gegenstand artikuliert wird, dessen individuelle Exemplare von der ↑Individuation des alten Artikulators oder von der des neuen Artikulators bestimmt sein können (z. B. ›dieser Mensch sitzt‹ versus ›sitzender Mensch‹ oder ›Sitzen dieses Menschen‹), entscheidet die in einer Gegebenheitsweise, z. B. visueller ↑Wahrnehmung, einem der einschlägigen Verfahren der Forschung, vorliegende *Wirklichkeit* des neuen Gegenstandes über die *W.* der Aussage über den alten Gegenstand im Modus etwa der Behauptung. ↑Tatsachen als eine weitere, von wahren Aussagen artikulierte Gegenstandsart neben den wirklichen Gegenständen sind, wie L. Wittgenstein gegen G. Frege im »Tractatus« auseinandersetzt, überflüssig; mit ›Tatsache‹ wird das Bestehen (nicht das Vorkommen!) eines ↑Sachverhalts artikuliert, wobei Sachverhalte als intensionale Abstrakta (↑intensional/Intension) aus Aussagen gewonnen sind.

Dies ist der Hintergrund für die in der philosophischen Tradition des Mittelalters (↑Scholastik) im Anschluß an die Aristotelische Erklärung, daß ›sein‹ (*εἶναι*) in bezug auf (affirmative [*ἐπὶ καταφάσεως*] oder negative [*ἐπ' ἀποφάσεως*]) Sätze ›wahr‹ (*ἀληθές*) und ›nicht-sein‹ (*μὴ εἶναι*) ›falsch‹ (*ψευδές*) bedeutet (Met. *Δ*7.1017a31–33), bis ins 17. Jh. übliche Unterscheidung zwischen einer *veritas essendi* (auch: *veritas rei*, *veritas in essendo*) oder Wirklichkeit und einer *veritas cognoscendi* (auch: *veritas intellectus*, *veritas in cognoscendo*) oder W., die in einer echten Erkenntnis – ›sagen, wie etwas wirklich ist‹ – übereinstimmen müssen. Die heute als *Korrespondenzbedingung* in semantischen ↑Wahrheitstheorien auftretende und bereits Aristoteles zugeschriebene Übereinstimmung von Denken und Sein (*adaequatio rei et intellectus*, Thomas von Aquin, De verit. I,2) beruht auf der Äquivokation (↑äquivok) von ›W.‹ zum einen ontologisch als ›Wirklichkeit‹ (signifikative Rolle eines Artikulators), zum anderen epistemologisch als ›Wissen‹ (kommunikative Rolle eines Artikulators). Nur weil Wirklichkeit als Kriterium für Wissen fungiert, vermeintliches von echtem Wissen scheidend, wird W. (oder Falschheit) als Ergebnis der die *semiotische* (↑Semiotik) Relation zwischen Sprache und Welt betreffenden Beurteilung einer Behauptung und damit als ein zur ↑Pragmatik gehörender Reflexionsbegriff irreführend als zu einer Semantik höherer Stufe gehörige Bezeichnung einer gewöhnlichen Relation zwischen (Zeichengegenständen, den Sätzen) der Sprache und (gewöhnlichen Gegenständen, den Tatsachen) der Welt verstanden.

In der Tradition ist W. eine Eigenschaft (von Gegenständen) der Welt, insofern sie begrifflich erfaßt ist (sind), in der Gegenwart hingegen eine Eigenschaft (von Aussagen) der Sprache, insofern sie referentielle (↑Referenz) Bedeutung hat (haben). Dieselbe Relation ist im ersten Falle als Welt-Sprache-Beziehung auf der Basis von ↑Gegenstand und ↑Nominator, im zweiten Falle konvers (↑konvers/Konversion) als Sprache-Welt-Beziehung auf der Basis von Aussage und Tatsache wiedergegeben.

Noch in der die ↑Erkenntnistheorie endgültig mit dem Vorrang vor der ↑Ontologie ausstattenden ↑Reflexionsphilosophie der Neuzeit ist dieses Erbe erhalten geblieben und so in die zeitgenössischen Auseinandersetzungen insbes. über Bedeutung und W. eingedrungen. Beispiele sind die Erklärung I. Kants, daß (materiale) W. eine »Übereinstimmung unserer Begriffe mit dem Objekte« (KrV B 670) ist, oder Hegels Erklärung, »daß die Idee nur *vermittelst* des Seyns, und umgekehrt das Seyn nur *vermittelst* der Idee, *das Wahre*« (Enc. phil. Wiss. §70, Sämtl. Werke VIII, 176) ergebe, man mithin die wahre Idee mit dem Wirklichen gleichzusetzen habe. Später finden sich noch radikalere Versionen, etwa mit der an die scholastische Tradition von den ›ewigen‹ W.-en anschließenden Trennung der zeitlosen *W.en an sich* von den ausgesprochenen oder auch nur gedachten W.en bei B. Bolzano (Wissenschaftslehre I, Erstes Hauptstück, Gesamtausg. I, XI/1, 103–176), gegen die sich z. B. C. Sigwart mit seinem Beharren darauf wendet, daß keine W. ohne Denken eines Urteils existiere (Logik I, Tübingen 1873, 331–370).

Allerdings hat Kant wichtige Differenzierungen in bezug auf die Art der W. eines ↑Urteils angebracht, die über die für die beiden cartesischen Reiche des Körpers und der Seele (↑res cogitans/res extensa) bei N. Malebranche (z. B. Recherche de la vérité I,3) bzw. G. W. Leibniz (z. B. Monadologie § 33 [Philos. Schr. VI, 612]) charakteristische Unterscheidung zwischen *kontingenten* W.en bzw. ↑Tatsachenwahrheiten (*vérités de fait*) und *notwendigen* W.en bzw. ↑Vernunftwahrheiten (*vérités de raison*) hinausgehen. Diese die ↑Modalität eines Urteils betreffende Unterscheidung macht von der Art der Begründung für die Geltung des Urteils Gebrauch, also von ↑Sprachhandlungen, mit denen die Verfahren der Forschung, die für die Beurteilung einer zur Darstellung verwendeten Aussage hinsichtlich W. und Falschheit herangezogen werden, artikuliert sind und die in kommunikativer Rolle, z. B. als Beobachtungsaussagen bezüglich visueller Wahrnehmungen (Tatsachenwahrheiten; ↑Protokollsatz) oder als Aussagen über ↑analytische Zusammenhänge bezüglich begrifflicher Analysen (Vernunftwahrheiten; ↑Urteilstheorie), auftreten. Kant ersetzt diese Unterscheidung durch die noch heute gebräuchliche, wenngleich begrifflich anders bestimmte Unterscheidung zwischen *materialen* W.en und *formalen* W.en, wobei es ein allgemeines Kriterium für die den ↑Inhalt eines Urteils betreffende materiale W. nicht geben kann. Hingegen ist das logische Kriterium für die die Form (↑Form (logisch)) eines Urteils betreffende formale W. die (innere) Widerspruchsfreiheit (↑widerspruchsfrei/Widerspruchsfreiheit) des Urteils, seine Übereinstimmung mit den Gesetzen des Denkens, was allerdings für sich allein außer bei analytischen Urteilen (↑Urteil, analytisches) noch keine W., sondern nur ihre Möglichkeit verbürgt. In der modernen ↑Logik sind materiale W. und formale W. von Aussagen so unterschieden, daß es im materialen Falle für die W. auf die Bedeutung der Bestandteile einer Aussage ankommt (↑Semantik), während im formalen Falle die W. auch bei Ersetzung der ↑Prädikatoren und/oder der ↑Nominatoren, nicht aber der logischen Partikeln (↑Partikel, logische) und meist auch nicht der ↑Identität, durch schematische Buchstaben, also bloße Prädikatoren- bzw. Nominatorenschemata, ermittelt werden kann.

Darüber hinaus unterscheidet Kant zwischen *analytisch wahren* und *synthetisch wahren* Urteilen nach dem Kriterium, ob sie wahr allein auf Grund der Bedeutung der im Urteil vorkommenden Begriffswörter, also des ↑Subjektbegriffs und des ↑Prädikatbegriffs, und damit ↑a priori sind oder ob sie darüber hinausgehender Tätigkeiten der Sinne und des Verstandes bedürfen, also empirischer ↑Experimente, d. i. der Fall *aposteriorischer* W.en, oder rationaler ↑Konstruktionen (in Arithmetik und Analysis) bzw. ↑Ideationen (in Geometrie und anderen protophysikalischen Theorien; ↑Protophysik), d. i. der Fall *apriorischer* W.en. Die so von Kant ausgezeichneten synthetisch a priori wahren Urteile gehören in der Leibnizschen Klassifikation zu den Vernunftwahrheiten, während sie in der Analytischen Wissenschaftstheorie (↑Wissenschaftstheorie, analytische), anders als bei der dem Verständnis Kants nahestehenden Konstruktiven Wissenschaftstheorie (↑Wissenschaftstheorie, konstruktive), als *hypothetische* W.en, nämlich als Sätze axiomatischer Theorien (↑System, axiomatisches) rekonstruiert werden, deren ↑Axiome grundsätzlich bloße ↑Annahmen sind. Die Einschränkung bezieht sich darauf, daß im Falle der Arithmetik und Analysis die Axiome durch mengentheoretische Interpretation (↑Mengenlehre, ↑Interpretationssemantik) meist als formal-logische W.en höherer Stufe angesehen werden, so daß wahre Aussagen der Arithmetik und Analysis, in zumindest verbaler Übereinstimmung mit Leibniz, als analytische W.en gelten.

Berücksichtigt man neben der erst durch die Dialogische Logik (↑Logik, dialogische) möglich gewordenen Unterscheidung zwischen formal-logischer Geltung (alle Nominatoren und Prädikatoren sind schematisiert) und formal-arithmetischer Geltung (nur die Prädikatoren der Arithmetik sind schematisiert) (↑wahr/das Wahre) noch die durch ↑Prädikatorenregeln wiedergegebenen materialen ↑Regulationen von Prädikatoren, im weiteren Sinne unter Einschluß der expliziten ↑Definitionen, so ergibt sich die untenstehende, die Darstellung P. Lorenzens (Normative Logic and Ethics, Mannheim/ Zürich 1969, 61) leicht modifizierende Übersicht der Arten von W.en im Anschluß an Kant.

In den verschiedenen, gegenwärtig im Anschluß an historisch bereits vorliegende Ansätze ausgearbeiteten ↑Wahrheitstheorien wird im Zusammenhang einer Diskussion unterschiedlicher ↑Wahrheitskriterien für die Begründung einer W. in der Regel eines dieser Kriterien als Maßstab für eine zu einem ↑Wahrheitsbegriff führende Wahrheitsdefinition ausgewählt. Dabei spielt die zunächst nur für formale Sprachen (↑Sprache, formale) von A. Tarski vorgeschlagene semantische W.sdefinition (↑Wahrheitsdefinition, semantische), die sich der Korrespondenzbedingung ››*A*‹ ist wahr genau dann, wenn *A*‹ als eines W.skriteriums bedient, eine zentrale Rolle. Sie hat diese Bedeutung angesichts der mittlerweile von D. Davidson versuchten Übertragung auch auf natürliche Sprachen (↑Sprache, natürliche) nicht nur für die semantischen W.stheorien, sondern in verstärktem Maße auch für die mit diesen konkurrierenden W.stheorien, also im wesentlichen für die sich an der *Kohärenzbedingung* ››*A*‹ ist wahr genau dann, wenn sich ›*A*‹ konsistent begrifflich und logisch zusammenhängend in ein konsistentes, begrifflich und logisch zusammenhängendes und außerdem umfassendes System umgangssprachlicher und wissenschaftssprachlicher Aussagen einbetten läßt‹ orientierenden *syntaktischen* W.stheorien und die sich an der *Konsensbedingung* ››*A*‹ ist wahr genau dann, wenn jeder Sachkundige und Gutwillige hätte zustimmen können‹ orientierenden *pragmatischen* W.stheorien.

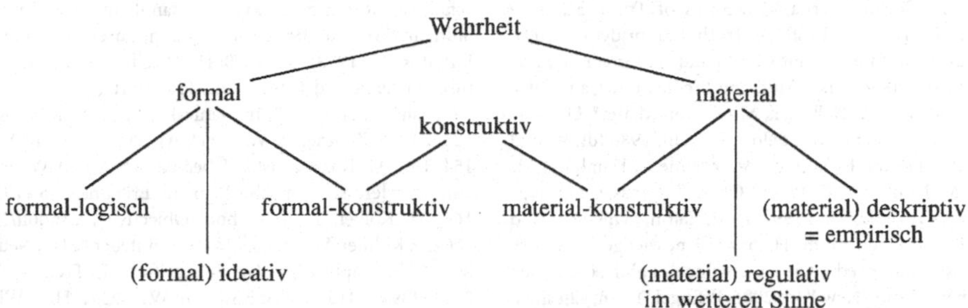

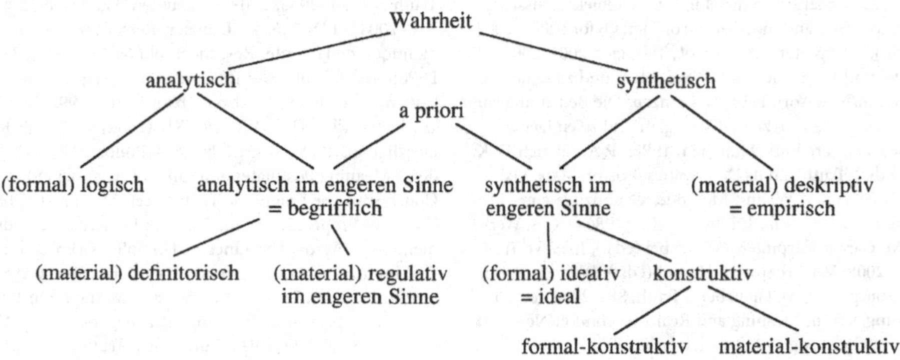

Literatur: W. P. Alston, A Realist Conception of Truth, Ithaca N. Y./London 1996; E. Angehrn/B. Baertschi (eds.), Interpretation und W./Interprétation et vérité, Bern/Stuttgart/Wien 1998; A. Appiah, For Truth in Semantics, Oxford/New York 1986; L. Armour, The Concept of Truth, Assen 1969; J. L. Austin, Truth, in: ders., Philosophical Papers, ed. J. O. Urmson/G. J. Warnock, Oxford 1961, Oxford etc. [3]1979, 117–133; A. J. Ayer, Language, Truth, and Logic, London 1936, [2]1946 (repr. New York 1952, London 1970), Basingstoke/New York 2004; O. Balaban, Plato and Protagoras. Truth and Relativism in Ancient Greek Philosophy, Lanham Md. etc. 1999; H. U. v. Balthasar, W.. Ein Versuch, Einsiedeln/Zürich 1947; R. Barth, Absolute W. und endliches W.sbewußtsein. Das Verhältnis von logischem und theologischem W.sbegriff – Thomas von Aquin, Kant, Fichte und Frege, Tübingen 2004; B. Bauch, W., Wert und Wirklichkeit, Leipzig 1923; J. C. Beall, Spandrels of Truth, Oxford 2009, 2011; M. Black, The Semantic Definition of Truth, Analysis 8 (1948), 49–63; S. Blackburn, Truth. A Guide for the Perplexed, Oxford etc. 2005, London 2006 (dt. W.. Ein Wegweiser für Skeptiker, Darmstadt 2005); ders./K. Simmons (eds.), Truth, Oxford etc. 1999, 2000; G. Boas, An Analysis of Certain Theories of Truth, Berkeley Calif. 1921; O. F. Bollnow, Philosophie der Erkenntnis II (Das Doppelgesicht der W.), Stuttgart 1975; F. H. Bradley, Essays on Truth and Reality, Oxford 1914 (repr. Bristol 1999), 1968; G. Brand, Husserls Lehre von der W., Philos. Rdsch. 17 (1970), 57–94; E. Brendel, W. und Wissen, Paderborn 1999; F. Brentano, W. und Evidenz, Erkenntnistheoretische Abhandlungen und Briefe, ed. O. Kraus, Leipzig 1930, Hamburg 1974; L. E. Brouwer, Wiskunde, Waarheid, Werkelijkheid, Groningen 1919; A. G. Burgess/J. P. Burgess, Truth, Princeton N. J./Oxford 2011; R. Carnap, Truth and Confirmation, in: H. Feigl/W. Sellars (eds.), Readings in Philosophical Analysis, New York 1949, Atascadero Calif. 1981, 119–127; D. R. Cousin, Carnap's Theories of Truth, Mind 59 (1950), 1–22; P. Crivelli, Aristotle on Truth, Cambridge etc. 2004, 2006; D. Davidson, Inquiries into Truth and Interpretation, Oxford 1984, [2]2001, 2009; ders., Truth and Predication, Cambridge Mass./London 2005; M. Delbrück, Mind from Matter? An Essay on Evolutionary Epistemology, Palo Alto Calif. 1986 (dt. W. und Wirklichkeit. Über die Evolution des Erkennens, Hamburg/Zürich 1986); M. Dummett, Truth and Other Enigmas, Cambridge Mass., London 1978, London 1992; R. M. Eaton, Symbolism and Truth. An Introduction to the Theory of Knowledge, New York 1925, 1964; M. Enders (ed.), Die Geschichte des philosophischen Begriffs der W., Berlin/New York 2006; P. Engel, Truth, Chesham 2002; G. Evans/J. McDowell (eds.), Truth and Meaning. Essays in Semantics, Oxford 1976, 2005; H.-P. Falk, W. und Subjektivität, Freiburg/München 2010; D. Fenner, W. am Ende? Kritischer Versuch über das Verhältnis von Subjekt und Objekt, Düsseldorf 2001; H. Field, Truth and the Absence of Fact, Oxford 2001, 2003; G. Figal (ed.), Interpretationen der W., Tübingen 2001, 2002; M. Fleischer, W. und W.sgrund. Zum W.sproblem und zu seiner Geschichte, Berlin/New York 1984; W. Franzen, Die Bedeutung von ›wahr‹ und ›W.‹. Analysen zum Wortbegriff und zu einigen neueren W.stheorien, Freiburg/München 1982; P. A. French/H. K. Wettstein (eds.), Truth and Its Deformities, Boston Mass./Oxford 2008; H.-G. Gadamer, W. und Methode. Grundzüge einer philosophischen Hermeneutik, Tübingen 1960, [5]1986 (= Ges. Werke I), [7]2010; M. García-Carpintero/M. Kölbel (eds.), Relative Truth, Oxford etc. 2008; V. Gerhardt/N. Herold (eds.), W. und Begründung, Würzburg 1985; M. Glanzberg, Truth, SEP 2006, rev. 2013; A. C. Grayling, Truth, Meaning and Realism, London/New York 2007, 2008; P. Greenough/M. P. Lynch (eds.), Truth and Realism, Oxford 2006; K. Harries, W.. Die Architektur der Welt, München 2012; M. Harth, Werte und W., Paderborn 2008; M. Heidegger, Vom Wesen der W., Frankfurt 1943, [7]1986, 1988 (= Gesamtausg. Abt. 2, IX), [8]1997; ders., Platons Lehre von der W.. Mit einem Brief über den Humanismus, Bern 1947, [4]1997; C. G. Hempel, On the Logical Positivists' Theory of Truth, Analysis 2 (1934/1935), 49–59; M. P. Hess, Is Truth the Primary Epistemic Goal?, Frankfurt etc. 2010; R. Hiltscher, W. und Reflexion. Eine transzendentalphilosophische Studie zum W.sbegriff bei Kant, dem frühen Fichte und Hegel, Bonn 1998; D. V. Hofmann, Gewißheit des Fürwahrhaltens. Zur Bedeutung der W. im Fluß des Lebens nach Kant und Wittgenstein, Berlin/New York 2000; C. Hookway, Truth, Rationality, and Pragmatism. Themes from Peirce, Oxford 2000, 2002; P. G. Horwich, Truth, Oxford 1990, [2]1998, 2005; ders., Truth, Meaning, Reality, Oxford 2010; H. Ineichen, Einstellungssätze. Sprachanalytische Untersuchungen zur Erkenntnis, W. und Bedeutung, München 1987; W. James, Pragmatism. A New Name for some Old Ways of Thinking. Popular Lectures on Philosophy, New York/London 1907, Cambridge Mass./London 1975 (= Works I), 1996; ders., The Meaning of Truth. A Sequel to »Pragmatism«, New York/London 1909, ohne Untertitel, Cambridge Mass./London 1975 (= Works II), Mineola N. Y. 2002; P. Janich, Was ist W.? Eine philosophische Einführung, München 1996, [3]2005; K. Jaspers, Philosophische Logik I (Von der W.), München 1947, München/Zürich [4]1991; H. H. Joachim, The Nature of Truth. An Essay, Oxford 1906 (repr. New York 1969, Westport Conn. 1977), [2]1939; E. Jüngel u. a., W., RGG VIII ([4]2005), 1245–1259; F. Kambartel, W. und Begründung, Erlangen/Jena 1997; W. Kamlah, Der moderne W.sbegriff, in: K. Oehler/R. Schaeffler (eds.), Einsichten. Gerhard Krüger zum 60. Geburtstag, Frankfurt 1962, 107–130; ders./P. Lorenzen, Logische Propädeutik oder Vorschule des vernünftigen Redens, Mannheim 1967, unter dem Titel: Logische Propädeutik. Vorschule des vernünftigen Redens, Mannheim/Wien/Zürich [2]1973, Stuttgart/Weimar [3]1996; F. Kaufmann, Three Meanings of Truth, J. Philos. 45 (1948), 337–350; H. Khatchadourian, Truth. Its Nature, Criteria, and Conditions, Frankfurt etc. 2011; W. Kneale, Propositions and Truth in Natural Languages, Mind 81 (1972), 225–243; S. K. Knebel, W., objektive, Hist. Wb. Ph. XII (2004), 154–163; M. Kokoszynska, Über den absoluten W.sbegriff und einige andere semantische Begriffe, Erkenntnis 6 (1936), 143–165; M. Kölbel, Truth without Objectivity, London/New York 2002; P. Kolmer, W., in: dies./A. G. Wildfeuer (eds.), Neues Handbuch philosophischer Grundbegriffe III, Freiburg/München 2011, 2397–2415; R. Konersmann, W., nackte, Hist. Wb. Ph. XII (2004), 148–154; L. Kreiser/P. Stekeler-Weithofer, W./W.stheorie, EP III ([2]2010), 2927–2937; S. Kripke, Outline of a Theory of Truth, J. Philos. 72 (1975), 690–716; W. Künne, Conceptions of Truth, Oxford 2003, 2009; K. Laudien, W., ewige, Hist. Wb. Ph. XII (2004), 141–146; H. Lauener, Remarques sur la notion sémantique de la vérité, Rev. théol. philos. 23 (1973), 383–392; E. LePore (ed.), Truth and Interpretation. Perspectives on the Philosophy of Donald Davidson, Oxford 1986, 1992; H.-U. Lessing, W., historische, Hist. Wb. Ph. XII (2004), 146–148; K. Lorenz, Der dialogische W.sbegriff, Neue H. Philos. 2/3 (1972), 111–123; ders., Meaning Postulates and Rules of Argumentation. Remarks Concerning the Pragmatic Tie between Meaning (of Terms) and Truth (of Propositions), in: F. H. van Eemeren u. a. (eds.), Argumentation. Across the Lines of Disciplines (Proceedings of the Conference on Argumentation 1986), Dordrecht 1987, 65–71, Neudr. in: ders., Logic, Language and Method. On Polarities in Human Experience. Philosophical Papers, Berlin/New York 2010, 71–80; E. J. Lowe/A. Rami (eds.), Truth and Truth-Making, Stocksfield 2009; W. Luther, W., Licht und Erkenntnis in der griechischen Philosophie bis Demokrit. Ein Beitrag zur Erforschung des Zusammenhangs von Sprache und philosophischem Denken, Arch. Begriffsgesch. 10 (1966), 1–240; M. P. Lynch, Truth in Context. An Essay on Pluralism and Objectivity, Cambridge Mass./London 1998, 2001; ders. (ed.), The Nature of Truth. Classic and Contemporary Perspectives, Cambridge Mass./London 2001; ders., True to Life. Why Truth Matters, Cambridge Mass./London 2004, 2005; ders., Truth as One and Many, Oxford etc. 2009, Oxford 2011; R. Marten, Menschliche W., München 2000; R. M. Martin, Truth and Denotation. A Study in Semantical Theory, London 1958, London/New York 2015; ders., Truth and Its Illicit Surrogates, Neue H. Philos. 2/3 (1972), 95–110; T. Merricks, Truth and Ontology, Oxford 2007; H. Meschkowski, Richtigkeit und W. in der Mathematik, Mannheim/Wien/Zürich 1976, [2]1978; J. Milbank/C. Pickstock, Truth in Aquinas, London/New York 2001, 2002; C. J. Misak, Truth and the End of Inquiry. A Peircean Account of Truth, Oxford 1991, Oxford etc. 2004; R. v. Mises, Wahrscheinlichkeit, Statistik und W., Wien 1928, mit Untertitel: Einführung in die neue Wahrscheinlichkeitslehre und ihre Anwendung, Wien/New York [4]1972; J. Möller, W. als Problem. Traditionen, Theorien, Aporien, München/Freiburg 1971; E. A. Moody, Truth and Consequence in Mediaeval Logic, Amsterdam 1953 (repr. Westport Conn. 1976); R. Mugnier, Le problème de la vérité, Paris 1959, [2]1962; A. Müller, W. und Wirklichkeit. Untersuchungen zum realistischen W.sproblem, Bonn 1913; A. Naess, An Empirical Study of the Expressions ›True‹, ›Perfectly Certain‹ and ›Extremely Probable‹, Oslo 1953; S. Neale, Facing Facts, Oxford 2001; E.-O. Onnasch, W., absolute, Hist. Wb. Ph. XII (2004), 135–137; J. van Oorschot u. a., W./Wahrhaftigkeit, TRE XXXV (2003), 337–378; M. Ossa, Voraussetzungen voraussetzungsloser Erkenntnis? Das Problem philosophischer Letztbegründung von W., Paderborn 2007; A. Pap, Semantics and Necessary Truth. An Inquiry into the Foundations of Analytic Philosophy, New Haven Conn./London 1958, 1969; G. Patzig, Kritische Bemerkungen zu Husserls Thesen über das Verhältnis von W. und Evidenz, Neue H. Philos. 1 (1971), 12–32; J. Peregrin (ed.), Truth and Its Nature (If any), Dordrecht/Boston Mass. 1999; G. Pitcher (ed.), Truth, Englewood Cliffs N. J. 1964; E. Pivcevic, What Is Truth?, Aldershot etc. 1997 (dt. Was ist W.?, Freiburg/München 2001); H. Plessner, Krisis der transzendentalen W. im Anfang, Heidelberg 1918; C. G. Prado, Searle and Foucault on Truth, Cambridge etc. 2006; L. B. Puntel (ed.), Der W.sbegriff. Neue Erklärungsversuche, Darmstadt 1987; ders., Grundlagen einer Theorie der W., Berlin/New York 1990; W. V. O. Quine, Pursuit of Truth, Cambridge Mass./London 1990, [2]1992, 2003; F. P. Ramsey, Facts and Propositions, in: ders., The Foundations of Mathematics and Other Logical Essays, ed. R. B. Braithwaite, London 1931, London/New York 2001, 138–155; M. Richard, When Truth Gives Out, Oxford etc. 2008, 2010; E. Richter (ed.), Die Frage nach der W., Frankfurt 1997; P. Ricœur, Histoire et vérité, Paris 1955, [3]1964, 2001; B. Russell, An Inquiry into Meaning and Truth. The William James Lectures for 1940 Delivered at Harvard University, New York, London 1940 (repr. 1992), Nottingham 2007; R. Schantz, W., Referenz und Realismus. Eine Studie zur Sprachphilosophie und Metaphysik, Berlin/New York 1996; M. Schlick, Das Wesen der W. nach der modernen Logik, Vierteljahreszeitschr. wiss. Philos. u. Soz. 34 (1910), 386–477; F. F. Schmitt, Truth, NDHI VI (2005), 2380–2384; W. Sellars, Truth and Correspondence, J. Philos. 59 (1962), 29–56; G. Siegwart, Vorfragen zur W.. Ein Traktat über kognitive Sprachen, München 1997; J. Simon, Sprache und Raum. Philosophische Untersuchungen zum Verhältnis zwischen W. und Bestimmtheit von Sätzen, Berlin 1969; L. Sklar, Theory and Truth. Philosophical Critique within Foundational Science, Oxford etc. 2000, 2002; N. J. J. Smith, Vagueness and Degrees of Truth, Oxford etc. 2008, 2013; B. Snell, Der Weg zum Denken und zur W.. Studien zur frühgriechischen Sprache, Göttingen 1978, 1990; S. Soames, Understanding Truth, Oxford etc. 1999; J. T. Srzednicki, Franz Brentano's Analysis of Truth, The Hague 1965; W. Stegmüller, Das W.sproblem und die Idee der Semantik. Eine Einführung in die Theorien von A. Tarski und R. Carnap, Wien 1957, Wien/New York [2]1968, 1977; ders., The Problem of Truth, The Hague 1965; A. Stern, Die philosophischen Grundlagen von W., Wirklichkeit, Wert, München 1932; P. F. Strawson, Truth, Analysis 9 (1949), 83–97; G. Striker, *Κριτήριον τῆς ἀληθείας*, Göttingen 1974; J. Szaif, Platons Begriff der W., Freiburg/München 1996, [2]1998; ders. u. a., W., Hist. Wb. Ph. XII (2004), 48–123; A. Tarski, Der W.sbegriff in den formalisierten Sprachen, Stud. Philos. 1 (1935), 261–405; K. Taylor, Truth and Meaning. An Introduction to the Philosophy of Language, Oxford/Malden Mass. 1998; N. W. Tennant, Anti-Realism and Logic. Truth as Eternal, Oxford 1987; J. Thyssen, Die wissenschaftliche W. in der Philosophie, Bonn 1950; T. Trappe, W. (christlich-theologisch), Hist. Wb. Ph. XII (2004), 123–134; E. Tugendhat, Der W.sbegriff bei Husserl und Heidegger, Berlin 1967, [2]1970; N. Unwin, Aiming at Truth, Basingstoke etc. 2007; E. Villanueva (ed.), Truth, Atascadero Calif. 1997; T. C. Vinci, Cartesian Truth, Oxford etc. 1998; J. Volkelt, Gewißheit und W.. Untersuchung der Geltungsfragen als Grundlegung der Erkenntnistheorie, München 1918, [2]1930; A. de Waelhens, Phénoménologie et vérité. Essai sur l'évolution de l'idée de vérité chez Husserl et Heidegger, Paris 1953, Louvain [3]1969; P. Weingartner, Vier Fragen zum W.sbegriff, Salzburger Jb. Philos. 8 (1964), 31–74; ders., Basic Questions on Truth, Dordrecht etc. 2000; A. R. White, Truth, Garden City N. Y. 1970, London 1971; B. Williams, Der Wert der W., Wien 1998; ders., Truth and Truthfulness. An Essay in Genealogy, Princeton N. J. 2002, 2004 (dt. W. und Wahrhaftigkeit, Frankfurt 2003, Berlin 2013; franz. Vérité et véracité. Essai de généalogie, Paris 2006); C. J. Williams, What Is Truth?, Cambridge etc. 1976; J. Wissing, W., transzendentale, Hist. Wb. Ph. XII (2004), 167–170; C. Wright, Truth and Objectivity, Cambridge Mass./London 1992, 1994 (dt. W. und Objektivität, Frankfurt 2001); B.-Y. Yun, Der Wandel des W.sverständnisses im Denken Heideggers. Untersuchung seiner W.sauffassung im Lichte des husserlschen und griechischen Denkens, Aachen 1996; J. Zachhuber, W., praktische/moralische, Hist. Wb. Ph. XII (2004), 164–167; U. M. Zeglen (ed.), Donald Davidson. Truth, Meaning and Knowledge, London/New York 1999, 2001; weitere Literatur: ↑Wahrheitstheorien. K. L.

Wahrheit, doppelte, Bezeichnung für den in der ↑Scholastik (z. B. von J. Duns Scotus, Wilhelm von Ockham und Siger von Brabant) im Anschluß an Averroës vertretenen Standpunkt, daß Glaubenssätze einen anderen Begriff von Wahrheitsfähigkeit (↑wahrheitsfähig/Wahrheitsfähigkeit) in Anspruch nehmen können als andere (lebensweltliche und wissenschaftliche) Sätze bzw. daß (1) zwei zueinander konträre (↑konträr/Kontrarität) Aussagen (über denselben ↑Sachverhalt) wahr sein können, wenn es sich dabei einerseits um eine philosophische, andererseits um eine theologische Aussage handelt, oder (2) für den Glauben etwas wahr sein kann, was für die Vernunft falsch ist, und umgekehrt. Entsprechend unterscheidet z. B. R. Holkot (im Zusammenhang mit der Erläuterung der Trinitätslehre) zwischen einer *logica naturalis* und einer *logica fidei* (oder *logica singularis*) als Glaubenswahrheit.

Im so genannten Paduaner ↑Aristotelismus (↑Padua, Schule von) bestimmt dieser Standpunkt des averroistischen (↑Averroismus) Aristotelismus auch noch die Wissenschaftsdiskussion der Philosophie der ↑Renaissance (z. B. bei A. Nifo und P. Pomponazzi). Die These der d.n W. dient dabei weniger der Verteidigung des theologischen Dogmas als der Sicherung philosophischer und wissenschaftlicher Rationalitätsansprüche (↑Rationalität), unbeschadet der durch das Dogma gesetzten Grenzen theologischer Orientierungen. Gegen diese These wendet sich die ↑Aufklärung mit der religionsphilosophischen (↑Religionsphilosophie) Konzeption einer natürlichen Religion (↑Religion, natürliche, ↑Deismus, ↑theologia naturalis), in deren Rahmen die Vernunft Kriterium auch der ›offenbarten‹ (↑Offenbarung) Wahrheit ist (↑Rationalismus).

Literatur: W. Betzendörfer, Die Lehre von der zweifachen Wahrheit. Ihr erstmaliges Auftreten im christlichen Abendland und ihre Quellen. Ein Beitrag zur Geschichte der Religionsphilosophie des Als Ob, Tübingen 1924; L. Bianchi, Pour une histoire de la ›double vérité‹, Paris 2008; B. Brożek, The Double Truth Controversy. An Analytical Essay, Krakau 2010; A. Chiappelli, La dottrina della doppia verità e i suoi riflessi recenti, Neapel 1902; É. Gilson, La doctrine de la double vérité, in: ders., Études de philosophie médiévale, Straßburg 1921, 51–69; B. Hägglund, Theologie und Philosophie bei Luther und in der occamistischen Tradition. Luthers Stellung zur Theorie von der d.n W., Lund 1955 (Lund universitets arsskrift NF LI, Nr. 4); K. Heim, Zur Geschichte des Satzes von der d.n W., in: F. Traub (ed.), Studien zur systematischen Theologie. Theodor von Haering zum siebzigsten Geburtstag, Tübingen 1918, 1–16; L. Hödl, »... sie reden, als ob es zwei gegensätzliche Wahrheiten gäbe.«. Legende und Wirklichkeit der mittelalterlichen Theorie von der d.n W., in: J. P. Beckmann u. a. (eds.), Philosophie im Mittelalter. Entwicklungslinien und Paradigmen, Hamburg 1987, [2]1996, 225–243; A. Hufnagel, Zur Lehre von der d.n W., Tübinger theolog. Quartalsschr. 136 (1956), 284–295; A. Maier, Studien zur Naturphilosophie der Spätscholastik IV (Metaphysische Hintergründe der spätscholastischen Naturphilosophie), Rom 1955, 1977, 1–44 (Das Prinzip der d.n W.); A. Maurer, Boetius of Dacia and the Double Truth, Med. Stud. 17 (1955), 233–239; M. Maywald, Die Lehre von der zweifachen Wahrheit. Ein Versuch der Trennung von Theologie und Philosophie im Mittelalter, Berlin 1871; G. Mensching (ed.), De usu rationis. Vernunft und Offenbarung im Mittelalter. Symposium des Philosophischen Seminars der Leibniz-Universität Hannover vom 21. bis 23. Februar 2006, Würzburg 2007; M. Pine, Pomponazzi and the Problem of ›Double Truth‹, J. Hist. Ideas 29 (1968), 163–176; F. van Steenberghen, Une légende tenace: la théorie de la double vérité, Acad. royale de Belgique. Bulletin de la classe des lettres et des sciences morales et politiques 5e sér. 56 (1970), 179–196, Neudr. in: ders., Introduction à l'étude de la philosophie médiévale, Louvain/Paris 1974, 555–570; E. Wéber/L. Hödl, D. W., LMA III (1986), 1260–1261; A. N. Woznicki, The Challenge of the Medieval Double Truth Doctrine in the Astronomy by Nicholas Copernicus, Studia Philosophiae Christianae 18 (Warschau 1982), H. 2, 161–175. J. M.

Wahrheitsähnlichkeit (auch: Wahrheitsnähe; engl. truthlikeness, verisimilitude, franz. vraisemblance, vérisimilitude), in der ↑Wissenschaftstheorie Bezeichnung für das Maß der Übereinstimmung einer ↑Hypothese oder Theorie mit der ↑Wahrheit. Der Begriff der W. wurde als wissenschaftstheoretischer Terminus 1963 von K. R. Popper eingeführt, um die Grundgedanken seines wissenschaftlichen Realismus (↑Realismus, wissenschaftlicher), wonach Wissenschaft Suche nach Wahrheit ist, mit denen seines ↑Fallibilismus zu vereinbaren, nach dem die einer Forschergemeinschaft (↑scientific community) tatsächlich zur Verfügung stehenden, nur hypothetisch zu akzeptierenden Theorien immer falsch sind. Poppers Idee war es, wissenschaftlichen Fortschritt (↑Erkenntnisfortschritt) und rationale Theorienwahl auf nicht-induktivistische Weise (↑Induktion) als ein Vergrößern der W. von einander ablösenden Theorien zu erklären, d. h. als eine Annäherung an die Wahrheit.

Trotz etymologischer Verwandtschaft in vielen Sprachen (griech. εἰκός und ἐοικότα, lat. verisimilis) ist der (objektive) Begriff der W. einer Theorie streng zu unterscheiden vom (epistemischen) Begriff ihrer ↑Wahrscheinlichkeit (Sicherheit, Zuverlässigkeit, induktive Stützung). Nach Popper war diese Unterscheidung bereits den ↑Vorsokratikern gegenwärtig (bes. Xenophanes, VS 21 B 35), wurde aber von Platon und Aristoteles verwischt. Auch J. Locke (Essay Concerning Human Understanding IV 15 § 3) unterscheidet nicht zwischen W. und Wahrscheinlichkeit. Wissenschaftliche Theorien sollen nach Popper einen möglichst großen empirischen Gehalt (↑Gehalt, empirischer) besitzen. Dieser ergibt sich durch eine große Zahl möglicher empirischer Gegenbeispiele und entspricht einer hohen Erklärungskraft und Informativität der Theorie. Folglich ist mit der Geltung einer solchen Theorie nicht von vornherein zu rechnen; die Vorab-Wahrscheinlichkeit ihrer Gültigkeit ist gering. Der Begriff der W. soll ein Maß für die Annäherung an die Wahrheit mit einem Maß des empirischen Gehalts kombinieren. ↑Regulatives ↑Ideal der wissenschaftlichen Forschung ist maximale W., d. h. Wahrheit und maximale Informativität (›die ganze Wahrheit‹). – Ebenfalls abzugrenzen vom Begriff der W. sind Abweichungen vom Grundsatz der Zweiwertigkeit (↑Zweiwertigkeitsprinzip, ↑Wahrheitswert), wie sie in der mehrwertigen Logik (↑Logik, mehrwertige) studiert werden.

Popper definiert den ›logischen Gehalt‹ einer Hypothese oder Theorie *A* als die Klasse ihrer logischen Konsequenzen (↑Gehalt, empirischer); ihr ›Wahrheitsgehalt‹ besteht in der Klasse ihrer wahren Konsequenzen, ihr ›Falschheitsgehalt‹ in der Klasse ihrer falschen Konsequenzen. Die intuitive Vorstellung, daß W. gleich Größe des Wahrheitsgehaltes minus Größe des Falschheitsgehaltes ist, findet ihren Ausdruck in folgender Definition (Conjectures and Refutations [4]1972, 233; Objektive Erkenntnis, [4]1984, 52): Eine Hypothese oder Theorie *A* ist ›wahrheitsähnlicher‹ als eine Hypothese oder Theorie *B*, wenn (a) der Wahrheitsgehalt von *A* den von *B* übertrifft und der Falschheitsgehalt von *A* in dem von *B* enthalten ist oder (b) der Falschheitsgehalt von *B* den von *A* übertrifft und der Wahrheitsgehalt von *B* in dem von *A* enthalten ist. D. Miller und P. Tichý zeigten jedoch 1974 (unabhängig voneinander), daß dieser komparative Begriff der W. zu einer Trivialisierung führt: es ist unmöglich, daß von zwei falschen Theorien *A* und *B* die eine wahrheitsähnlicher ist als die andere.

Nach dem Scheitern des auf logischen Konsequenzen basierenden Ansatzes wurden linguistisch orientierte Explikationen von W. als einer Ähnlichkeitsrelation entwickelt (R. Hilpinen, I. Niiniluoto, G. Oddie, P. Tichý). Grundlegend für diesen Ansatz ist eine Distanzfunktion *d*, die den ↑Abstand *d*(*A*,*W*) einer in einer formalen Sprache (↑Sprache, formale) *L* formulierten Hypothese *A* von der (relativ zu *L*) vollständigen Beschreibung *W* der wirklichen Welt ausdrückt, wobei sich der Abstand nach den syntaktischen Strukturen von *A* und *W* richtet (unter Verwendung von J. Hintikkas Theorie der distributiven ↑Normalformen) und einen Wert zwischen 0 und 1 annimmt. Der quantitative Wert der W. von *A* ist dann durch 1 - *d*(*A*,*W*) gegeben. Die W. von Hypothesen kann als ›epistemischer Nutzen‹ aufgefaßt werden, der in eine kognitive ↑Entscheidungstheorie Eingang findet (I. Levi, I. Niiniluoto).

Eine Alternative zu linguistisch basierten Analysen von W. wurde in den modelltheoretisch (↑Modelltheorie) oder strukturalistisch (↑Strukturalismus (philosophisch, wissenschaftstheoretisch)) orientierten Ansätzen von D. Miller und T. A. F. Kuipers entwickelt, die von Abständen zwischen möglichen Welten (↑Welt, mögliche, ↑Modell, ↑Struktur) und ↑Propositionen (Mengen von möglichen Welten) ausgehen. Wenn *M* die Menge der physikalisch oder naturgesetzlich möglichen Welten bezeichnet, dann ist nach Kuipers eine Proposition *A* ›(theoretisch) wahrheitsähnlicher‹ als eine Proposition *B* genau dann, wenn die symmetrische Differenz (↑Differenz, symmetrische) von *A* und *M* eine echte Teilmenge der symmetrischen Differenz von *B* und *M* ist:

$$A \triangle M \subset B \triangle M.$$

Die Entwicklung der Theorie der W. war stets begleitet von einer fundamentalen Kritik an der Sinnhaftigkeit eines solchen Begriffs. W. V. O. Quine weist 1960 die Peircesche Redeweise von der Wahrheit als dem Grenzwert der Evolution wissenschaftlicher Theorien als unhaltbar zurück. D. Miller (1974) weist darauf hin, daß der Begriff der W. in den bisherigen Explikationen grundsätzlich von der Wahl der ↑Theoriesprache abhängig sei. L. J. Cohen (1980) erklärt, daß das eigentliche Ziel wissenschaftlichen Forschens nicht W., sondern ›Gesetzesähnlichkeit‹ (*legisimilitude*) sei. Diese Einwände sind in den neueren Forschungen zur W. berücksichtigt. Vor allem wird die Abhängigkeit des W.sbegriffs von der Wahl einer Theoriesprache und der Wahl einer Distanzfunktion nicht als unverträglich mit dem Ziel einer realistischen Interpretation der Wissenschaft betrachtet.

Literatur: C. Brink, Verisimilitude. Views and Reviews, Hist. Philos. Log. 10 (1989), 181–201; L. J. Cohen, What Has Science to Do with Truth?, Synthese 45 (1980), 489–510; D. Goldstick/B. O'Neill, Truer, Philos. Sci. 55 (1988), 583–597; R. Hilpinen, Approximate Truth and Truthlikeness, in: M. Przełecki/K. Szaniawski/R. Wójcicki (eds.), Formal Methods in the Methodology of the Empirical Sciences. Proceedings of the Conference for Formal Methods in the Methodology of the Empirical Sciences, Warsaw, June 17–21, 1974, Dordrecht/Boston Mass./Breslau 1976 (Synthese Library 103), 19–42; I. A. Kieseppä, Truthlikeness for Multidimensional, Quantitative Cognitive Problems, Dordrecht etc. 1996; T. A. F. Kuipers, Approaching Descriptive and Theoretical Truth, Erkenntnis 18 (1982), 343–378; ders. (ed.), What Is Closer-to-the-Truth? A Parade of Approaches to Truthlikeness, Amsterdam 1987; ders., Naive and Refined Truth Approximation, Synthese 93 (1992), 299–341; I. Levi, Gambling with Truth. An Essay on Induction and the Aims of Science, New York, London 1967, Cambridge Mass./London 1973; D. Miller, Popper's Qualitative Theory of Verisimilitude, Brit. J. Philos. Sci. 25 (1974), 166–177; ders., On Distance from the Truth as a True Distance, in: J. Hintikka/I. Niiniluoto/E. Saarinen (eds.), Essays on Mathematical and Philosophical Logic. Proceedings of the Fourth Scandinavian Logic Symposium and of the First Soviet-Finnish Logic Conference, Jyväskylä, Finland, June 29–July 6, 1976, Dordrecht/Boston Mass./London 1978 (Synthese Library 122), 415–435; ders., Critical Rationalism. A Restatement and Defence, Chicago Ill./LaSalle Ill. 1994; I. Niiniluoto, Truthlikeness. Comments on Recent Discussion, Synthese 38 (1978), 281–330; ders., Is Science Progressive?, Dordrecht/Boston Mass./Lancaster 1984 (Synthese Library 177); ders., Truthlikeness, Dordrecht etc. 1987 (Synthese Library 185); ders., Critical Scientific Realism, Oxford etc. 1999, 2004; G. Oddie, Verisimilitude Reviewed, Brit. J. Philos. Sci. 32 (1981), 237–265; ders., Likeness to Truth, Dordrecht etc. 1986 (Western Ont. Ser. Philos. Sci. XXX); ders., Truthlikeness, SEP 2001, rev. 2014; E. Orłowska, Verisimilitude Based on Concept Analysis, Stud. Log. 49 (1990), 307–320; K. R. Popper, Conjectures and Refutations. The Growth of Scientific Knowledge, London, New York 1963 London/Melbourne/Henley [4]1972, London [5]1974, rev. 1989, London/New York 2010, 215–250 (Truth, Rationality, and the Growth of Scientific Knowledge), 391–397 (Addendum 3: Verisimilitude), 399–401 (Addendum 6: A Historical Note on Verisimilitude), 401–404 (Addendum 7: Some Further Hints on Verisimilitude); ders., Objective Knowledge. An Evolutionary Approach, Oxford 1972, 2003, bes. 52–60; ders., A Note on Verisimilitude, Brit. J. Philos. Sci. 27 (1976), 147–159; S. Psillos, Scientific Realism. How Science Tracks Truth, London/New York 1999; H. Pulte, W., Hist. Wb. Ph. XII (2004), 170–177; P. Tichý, On Popper's Definitions of Verisimilitude, Brit. J. Philos. Sci. 25 (1974), 155–160; ders., Verisimilitude Revisited, Synthese 38 (1978), 175–196; P. Urbach, Intimations of Similarity. The Shaky Basis of Verisimilitude, Brit.

J. Philos. Sci. 34 (1983), 266–275; T. Weston, Approximate Truth and Scientific Realism, Philos. Sci. 59 (1992), 53–74; S. D. Zwart, Approach to the Truth. Verisimilitude and Truthlikeness, Amsterdam 1998; ders., Refined Verisimilitude, Dordrecht etc. 2001. H. R.

Wahrheitsantinomie, Bezeichnung für eine von A. Tarski um 1930 zunächst als Variante der ↑Lügner-Paradoxie entwickelte, später in Parallele zu K. Gödels 1. ↑Unvollständigkeitssatz ausgearbeitete und bis heute einflußreiche ↑Antinomie, die zeigen soll, daß man den Begriff der ↑Wahrheit für eine Sprache L nicht in L selbst definieren (↑Definition) kann. Tarski beginnt mit einem ↑Schema (dem ›Tarski-Schema‹), das er als eine semantische (↑Semantik) Definition der Wahrheit einer ↑Aussage p einführt:

(T) ›p‹ ist wahr genau dann, wenn p.

Ein sprachlicher Ausdruck (↑Ausdruck (logisch)) $W_L(\ldots)$ mit einer freien Argumentstelle heißt ein ›Wahrheitsprädikat für L‹ genau dann, wenn für alle Aussagen $p \in L$ gilt:

(W) $W_L(p)$ genau dann, wenn p.

Die Berechtigung, W_L ein Wahrheitsprädikat zu nennen, folgt aus (T):

(∗) W_L(es schneit) genau dann, wenn es schneit (W); und dies ist der Fall genau dann, wenn ›es schneit‹ wahr ist (T).

Die W. ergibt sich dann wie folgt: Aus den Annahmen, daß (1) $W_L(\ldots)$ selbst ein Ausdruck der Sprache L ist: $W_L(\ldots) \in L$, und daß sowohl (2) ↑Substitution als auch (3) logisches Schließen (↑Folge (logisch)) im Bereich von L erlaubt sind, folgt, daß es in L Aussagen gibt (die mittels $W_L(\ldots)$ gebildet sind), die zugleich wahr und falsch sind, was einen ↑Widerspruch bedeutet (zum Beweis s. u.). Damit ergeben sich entsprechend den Annahmen (1)–(3) drei Alternativen.

Ad (1): Man zieht aus der W. die Folgerung, daß keine Sprache ihr eigenes Wahrheitsprädikat enthalten kann. Und da ein solches nach (∗) zugleich als Wahrheitsdefinition fungiert, bedeutet dies, daß man nicht mit einer Definition für alle Aussagen $p \in L$ auskommt. Dieser Ansatz führte in der Mathematischen Logik (↑Logik, mathematische, ↑Metamathematik), die wesentlich mit formalen Sprachen (↑Sprache, formale) befaßt ist, zur Einführung von Sprachhierarchien, in denen auf der Stufe $n + 1$ jeweils eine Wahrheitsdefinition für alle Aussagen der n-ten Stufe gegeben wird. Im Kontext nichtformaler Sprachen dient die W. dazu, eine typentheoretische Stufung der Sprache (↑Stufenlogik, ↑Typentheorien) oder eine Unterscheidung von ↑Objektsprache und ↑Metasprache zu motivieren. Hierbei wird eine Wahrheitsdefinition für die Sprachstufe L_n bzw. für die Objektsprache L erst auf der Stufe $n + 1$ bzw. in der Metasprache zu L eingeführt. Im Gegensatz hierzu sieht die konstruktive ↑Sprachphilosophie die Einführung von Sprachhierarchien als ungenügend begründet an, da die W. das ↑Prinzip der pragmatischen Ordnung verletzt und nur imprädikativ (↑imprädikativ/Imprädikativität) gewonnen werden kann (vgl. Lorenz 1970, 43–46).

Ad (2): Man verbietet uneingeschränkte Substitution, etwa indem man relevante Segmente von L als intensional (↑intensional/Intension) bestimmt durch den Nachweis, daß ›wahr sein‹ immer nur als epistemische Haltung des Fürwahrhaltens einer Person vorkommt.

Ad (3): Man ergänzt die Sprache L durch eine Logik, die den Schluß auf den Widerspruch nicht erlaubt oder in der Widersprüche handhabbar werden (parakonsistente Logik; ↑parakonsistent/Parakonsistenz). Darüber hinaus kann (4) bezweifelt werden, ob (T) sinnvoll und ob Wahrheit überhaupt einer definitorischen Einführung fähig ist (vgl. G. Frege, Der Gedanke [Neudr. 1966], 30–54).

Wurde innerhalb der idealsprachlich (↑Sprache, ideale) ausgerichteten Analytischen Philosophie (↑Philosophie, analytische, ↑Wissenschaftstheorie) das Tarski-Schema (T) zunächst zur gültigen Norm, hat man gegenwärtig eher dessen Defizite im Blick. Hingegen erlangte in den Anwendungsfeldern formaler Sprachen, für die (T) ursprünglich eingeführt worden war, (T) dadurch kanonische Geltung, daß es gelang, den gesamten Apparat der modelltheoretischen Semantik (↑Interpretationssemantik, ↑Modelltheorie) auf ihm zu errichten.

Muster aller *natürlichsprachlichen* W.n ist der Satz S: ›Dieser Satz ist falsch.‹ Wenn S wahr ist, dann ist es wahr, daß S falsch ist; also ist S falsch. Ist S hingegen falsch, dann ist es falsch, daß S falsch ist; also ist S wahr. Zusammengenommen ergibt sich aus ›S ist wahr $\Rightarrow$ S ist falsch‹ und ›S ist falsch $\Rightarrow$ S ist wahr‹ die ↑Äquivalenz: ›S ist wahr $\Leftrightarrow$ S ist falsch‹. Diese Antinomie läßt sich auch durch das Schema (T) ausdrücken. Es ergibt sich: ›S ist falsch‹ ist wahr genau dann, wenn ›S ist falsch‹ falsch ist.

In *formalsprachlicher* Rekonstruktion ergibt sich die W. wie folgt. Vorausgesetzt sei ein widerspruchsfreies (↑widerspruchsfrei/Widerspruchsfreiheit) formales System F (↑System, formales), das ↑Repräsentierung erlaubt. Dann läßt sich für F folgender Fixpunktsatz (›Diagonalisierungslemma‹) beweisen: Für alle Ausdrücke $\varphi(x) \in L_F$ mit einer freien Variablen x gibt es einen Ausdruck ψ aus L_F ohne freie Variable (d. h. einen Satz), so daß sich in F die Äquivalenz von ψ mit $\varphi(\overline{\psi})$ herleiten läßt, d. h., es gilt:

$$\vdash_F \psi \leftrightarrow \varphi(\overline{\psi})$$

(dabei ist $\overline{\psi}$ diejenige ↑Ziffer $\overline{\mathrm{n}}$, die die natürliche Zahl $n \in \mathbb{N}$ in F repräsentiert, die Gödelzahl [↑Gödelisierung] des Ausdrucks ψ ist: $n = \mathrm{gz}(\psi)$; zum Beweis: ↑Unvollständigkeitssatz). Man nennt ψ dann einen ›↑Fixpunkt von $\varphi(x)$‹.

Angenommen, es gebe ein Wahrheitsprädikat (*truth predicate*) $Tr_F(x)$ für L_F in L_F, d. h., für alle Sätze $\varphi \in L_F$ gilt:

(W′) $\vdash_F Tr_F(\overline{\varphi}) \leftrightarrow \varphi$.

Dann läßt sich nach dem Fixpunktsatz ein Fixpunkt ψ von $\neg Tr_F(x)$ konstruieren:

(1) $\vdash_F \psi \leftrightarrow \neg Tr_F(\overline{\psi})$.

Andererseits muß nach (W′) für ψ gelten:

(2) $\vdash_F Tr_F(\overline{\psi}) \leftrightarrow \psi$.

Aus der Transitivität (↑transitiv/Transitivität) von $\leftrightarrow$ folgt:

(3) $\vdash_F Tr_F(\overline{\psi}) \leftrightarrow \neg Tr_F(\overline{\psi})$,

was äquivalent ist zu

(4) $\vdash_F Tr_F(\overline{\psi}) \wedge \neg Tr_F(\overline{\psi})$.

Damit ist die Annahme widerlegt, es könne ein Wahrheitsprädikat $Tr_F(x)$ für L_F in L_F geben. In diesem Zusammenhang hilft auch nicht, die Wahrheitsbedingung (2) durch das schwächere

(2*) $\vdash_F Tr_F(\overline{\psi})$ genau dann, wenn $\vdash_F \psi$

zu ersetzen. Denn für diesen Fall zeigt die gleiche Argumentation, die den 1. Gödelschen Unvollständigkeitssatz etabliert, daß für den Fixpunkt ψ weder $\vdash_F Tr_F(\overline{\psi})$ noch $\vdash_F \neg Tr_F(\overline{\psi})$ gilt; mit anderen Worten: Wenn auch ein offener Widerspruch um den Preis der Unvollständigkeit (↑unvollständig/Unvollständigkeit) des formalen Systems F vermieden wird, kann Tr_F nicht länger ein Wahrheitsprädikat genannt werden, da es die Wahrheit von ψ unentschieden lassen muß.

Die formalsprachliche Rekonstruktion macht alle in die Argumentation eingehenden Voraussetzungen durch strenge ↑Kalkülisierung (↑Kalkül) explizit. Zunächst zeigt die geforderte Eigenschaft, Repräsentation zu erlauben, daß die einschlägige Sprache L nicht trivial sein darf: Sie muß reich genug sein, um über ihre eigene ↑Syntax (↑Syntaktik) Aussagen machen zu können. J. Myhill (1950) konnte zeigen, daß sich die W. für triviale Sprachen nicht herleiten läßt. Der Beweis des Fixpunktsatzes macht ferner deutlich, daß die Sprache L insofern extensional (↑extensional/Extension) sein muß, als sie folgende Substitutionen erlaubt: Ist $x = y$ und ist $\varphi(x)$ wahr (bzw. ableitbar), dann ist auch $\varphi(y)$ wahr (bzw. ableitbar). Insgesamt ist es daher für jede nicht-triviale und extensionale Sprache L, deren Wahrheitsbegriff (›wahr in L‹) der Bedingung (T) genügt, unmöglich, diesen widerspruchsfrei in L selbst zu definieren. Nennt man mit Tarski eine Sprache ›semantisch abgeschlossen‹, wenn sie nicht-trivial ist und ein (W) genügendes Wahrheitsprädikat hat, so lautet das Resultat: Keine extensionale Sprache ist semantisch abgeschlossen.

Mit der W. verwandt ist die wahrheitstheoretische Version der ↑Curryschen Antinomie, bei der durch Verwendung eines Wahrheitsprädikates beliebige Sätze ableitbar werden. Setzt man wiederum ein Repräsentierung erlaubendes formales System F mit einem Wahrheitsprädikat $Tr_F(x)$ voraus, das (W′) erfüllt (s. o.), so existiert nach dem Diagonalisierungslemma auch ein Fixpunkt für die Formel $Tr_F(x) \to \chi$ (wo χ eine beliebige Aussage von L_F sein kann, etwa ›0 = 1‹), d. h. eine Aussage ψ mit

(5) $\vdash_F \psi \leftrightarrow (Tr_F(\overline{\psi}) \to \chi)$.

Der Satz ψ besagt gewissermaßen: ›Wenn ich wahr bin, dann ist χ der Fall.‹ Nach (W′) gilt:

(6) $\vdash_F Tr_F(\overline{\psi}) \leftrightarrow \psi$.

Aus (5) erhält man nun wegen (6):

$\vdash_F \psi \to (\psi \to \chi)$,

woraus mittels ›Kontraktion‹ folgt:

(7) $\vdash_F \psi \to \chi$.

Nach (W′) bzw. (6) ist dies äquivalent zu

$\vdash_F Tr_F(\overline{\psi}) \to \chi$,

und aufgrund der Fixpunkteigenschaft (5) ergibt sich: $\vdash_F \psi$. Dann folgt aber wegen (7), daß die (beliebig gewählte) Aussage χ in F ableitbar ist: $\vdash_F \chi$.

Eine nicht-zirkuläre, nicht-selbstbezügliche Version (↑zirkulär/Zirkularität, ↑Selbstbezüglichkeit) der W. hat S. Yablo vorgeschlagen, ›Yablos Paradoxon‹: Es sei S_1, S_2, S_3, … eine unendliche Folge (↑Folge (mathematisch)) von Aussagen, wo der Satz S_i jeweils lautet:

›für alle $j > i$ gilt: S_j ist unwahr‹.

Angenommen, S_i sei wahr. Das heißt, für alle $j > i$ gilt: S_j ist unwahr. Also ist S_{i+1} unwahr, und auch für alle $j > i + 1$ ist S_j unwahr. Letzteres ist aber gerade, was S_{i+1} besagt, also ist S_{i+1} wahr - ein Widerspruch. Aufgrund dieser ↑reductio ad absurdum ergibt sich, daß S_i unwahr ist. - Da man so für jedes i argumentieren kann, folgt, daß *alle* Glieder der Folge unwahr sind. Dann gilt aber insbes. für jedes i, daß alle auf S_i folgenden Aussagen unwahr sind, woraus wiederum folgt, daß für jedes i der Satz S_i *wahr* ist.

Literatur: J. C. [auch: JC und Jc] Beall, Curry's Paradox, SEP 2001, rev. 2008; ders./M. Glanzberg/D. Ripley, Liar Paradox, SEP 2011, rev. 2016; U. Blau, Die Logik der Unbestimmtheiten und Paradoxien, Heidelberg 2008; E. Brendel, Die Wahrheit über den Lügner. Eine philosophisch-logische Analyse der Antinomie des

Lügners, Berlin/New York 1992; A. Cantini, Paradoxes, Self-Reference and Truth in the 20th Century, in: D. M. Gabbay/J. Woods (eds.), Handbook of the History of Logic V (Logic from Russell to Church), Amsterdam/Oxford 2009, 875–1013; R. Carnap, Die Antinomien und die Unvollständigkeit der Mathematik, Mh. Math. Phys. 41 (1934), 263–284; A. Gupta, Truth, in: L. Goble (ed.), The Blackwell Guide to Philosophical Logic, Malden Mass. etc. 2001, 2002, 90–114; ders./N. Belnap, The Revision Theory of Truth, Cambridge Mass./London 1993; V. Halbach, Axiomatische Wahrheitstheorien, Berlin 1996; ders., Axiomatic Theories of Truth, Cambridge etc. 2011, [2]2014; S. Kripke, Outline of a Theory of Truth, J. Philos. 72 (1975), 690–716, Nachdr. in: R. L. Martin (ed.), Recent Essays on Truth and the Liar Paradox [s. u.], 53–81; F. v. Kutschera, Antinomie II, Hist. Wb. Ph. I (1971), 396–405; K. Lorenz, Elemente der Sprachkritik. Eine Alternative zum Dogmatismus und Skeptizismus in der Analytischen Philosophie, Frankfurt 1970, 1971; R. L. Martin (ed.), Recent Essays on Truth and the Liar Paradox, Oxford etc. 1984; V. McGee, Truth, Vagueness, and Paradox. An Essay on the Logic of Truth, Indianapolis Ind./Cambridge 1991; J. Myhill, A System Which Can Define Its Own Truth, Fund. Math. 37 (1950), 190–192; G. Skirbekk (ed.), Wahrheitstheorien. Eine Auswahl aus den Diskussionen über Wahrheit im 20. Jahrhundert, Frankfurt 1977, [11]2012; W. Stegmüller, Das Wahrheitsproblem und die Idee der Semantik. Eine Einführung in die Theorien von A. Tarski und R. Carnap, Wien 1957, Wien/New York [2]1968, 1977; A. Tarski, O pojęciu prawdy w odniesieniu do sformalizowanych nauk dedukcynych (Über den Begriff der Wahrheit in Bezug auf formalisierte deduktive Wissenschaften), Ruch Filozoficzny 12 (1930/1931), 210–211 (repr. in: ders., Collected Papers IV, ed. S. R. Givant/R. N. McKenzie, Basel/Boston Mass./Stuttgart 1986, 555–559); ders., Der Wahrheitsbegriff in den Sprachen der deduktiven Disziplinen, Anzeiger Akad. Wiss. Wien, math.-naturwiss. Kl. 39 (1932), 23–25 (repr. in: ders., Collected Papers [s. o.] I, 615–617); ders., Pojęcie prawdy w językach nauk dedukcyjnych, Warschau 1933 (Prace Towarzystwa Naukowego Warszawskiego, Wydział III, Matematyczno-fizycznych/Travaux de la Société des Sciences et des Lettres de Varsovie, Classe 3, Science mathématique et physique 34) (dt. [erw.] Der Wahrheitsbegriff in den formalisierten Sprachen, Stud. Philos. (Krakau) 1 [1935], 261–405 [repr. in: ders., Collected Papers (s. o.) II, 53–198], Neudr. in: K. Berka/L. Kreiser [eds.], Logik-Texte. Kommentierte Auswahl zur Geschichte der modernen Logik, Berlin 1971, [4]1986, 445–546; engl. The Concept of Truth in Formalized Languages, in: A. Tarski, Logic, Semantics, Metamathematics. Papers from 1923 to 1938, ed. J. Corcoran, Oxford 1956, Indianapolis Ind. [2]1983, 1990, 152–278); ders., The Semantic Conception of Truth and the Foundations of Semantics, Philos. Phenom. Res. 4 (1943/1944), 341–376 (repr. in: ders., Collected Papers [s. o.] II, 665–699), Neudr. in: H. Feigl/W. Sellars (ed.), Readings in Philosophical Analysis, New York 1949, Atascadero Calif. 1981, 52–84 (dt. Die semantische Konzeption der Wahrheit und die Grundlagen der Semantik, in: J. Sinnreich [ed.], Zur Philosophie der idealen Sprache. Texte von Quine, Tarski, Martin, Hempel und Carnap, München 1972, 53–100, Neudr. [gekürzt] in: G. Skirbekk [ed.], Wahrheitstheorien [s. o.], 140–188); ders., Undecidable Theories, Amsterdam 1953, 1971; E. Tugendhat, Tarskis semantische Definition der Wahrheit und ihre Stellung innerhalb der Geschichte des Wahrheitsproblems im Logischen Positivismus, Philos. Rdsch. 8 (1960), 131–159, Neudr. in: G. Skirbekk (ed.), Wahrheitstheorien [s. o.], 189–223; S. Yablo, Paradox without Self-Reference, Analysis 53 (1993), 251–252. B. B./C. B.

Wahrheitsbedingung (engl. truth condition), in der ↑Logik Bezeichnung für Kriterien, deren Erfülltsein die Zuschreibung von ↑Wahrheit einer ↑Aussage gegenüber rechtfertigt. Es geht zum einen darum, W.en dafür anzugeben, daß bei einer k-stelligen ↑Elementaraussage ›$n_1, \ldots, n_k \varepsilon P$‹ der ↑Prädikator ›$P$‹ dem System der durch die ↑Nominatoren ›n_1‹, …, ›n_k‹ vertretenen Gegenstände *zukommt* (↑zukommen), die Elementaraussage also wahr (↑wahr/das Wahre) ist, zum anderen darum, daß eine logisch aus Aussagen $A_1, \ldots, A_n$ zusammengesetzte Aussage A in Abhängigkeit von ihren Teilaussagen wahr ist. Der erste Fall wird in der Regel auf ein ↑Wahrheitskriterium zur Beurteilung der Angemessenheit einer Definition von Wahrheit zurückgeführt; der zweite Fall läßt sich für wahrheitsfunktional (↑Wahrheitsfunktion) logisch zusammengesetzte Aussagen, z. B. in der klassischen Logik (↑Logik, klassische), wie folgt beantworten: Die W.en einer aus den Aussagen $A_1, \ldots, A_n$ logisch zusammengesetzten Aussage A bestehen aus denjenigen Systemen von ↑Wahrheitswerten der Aussagen $A_1, \ldots, A_n$ – ihren ›Wahrheitsmöglichkeiten‹ in der Ausdrucksweise L. Wittgensteins –, bei denen A wahr ist. Z. B. sind ⟨ϒ,ϒ⟩ und ⟨⅄,⅄⟩ die W.en für die Aussage $a \leftrightarrow b$ in der klassischen Logik, weil die ↑Äquijunktion durch die folgende ↑Wahrheitstafel definiert ist:

A	B	$A \leftrightarrow B$
ϒ	ϒ	ϒ
ϒ	⅄	⅄
⅄	ϒ	⅄
⅄	⅄	ϒ

K. L.

Wahrheitsbegriff, innerhalb der verschiedenen ↑Wahrheitstheorien Bezeichnung für die jeweilige terminologische Festlegung des allein gegenüber ↑Aussagen im Modus der Behauptung verwendbaren Metaprädikators ›wahr‹ (↑wahr/das Wahre). In der philosophischen Tradition gibt es auch W.e, bei denen die Verwendung von ›wahr‹ gegenüber anderen Gegenständen, z. B. Resultaten einer künstlerischen Tätigkeit oder der Lebensführung eines Menschen, und als Folge davon auch gegenüber Aussagen in anderen Modi, z. B. Aufforderungen oder Fragen, als sinnvoll unterstellt ist. Gelegentlich wird in der Theoretischen Philosophie (↑Philosophie, theoretische) ›wahr‹ mit ›wirklich‹ (im Unterschied zu ›nur ausgedacht‹) und in der Praktischen Philosophie (↑Philosophie, praktische) ›wahr‹ mit ›echt‹ (im Unterschied zu ›nur scheinbar‹) synonym (↑synonym/Synonymität) verwendet. Bei einem derart weiten Begriff von ↑Wahrheit sind insbes. die Abgrenzungen von ›wahr‹ zu ›für wahr gehalten‹ und ›wahrhaftig‹ (↑Wahrhaftigkeit) oder dem noch allgemeineren ›aufrichtig‹ im Zusammenhang von Glauben (↑Glaube (philosophisch)) und

↑Wissen bzw. von ↑Irrtum und ↑Lüge, aber auch zu ›authentisch‹ und ›richtig‹ oder ›berechtigt‹ im Zusammenhang der Beurteilung von ↑Handlungen und Handlungszusammenhängen ein eigenständiger Untersuchungsgegenstand. K. L.

wahrheitsdefinit/Wahrheitsdefinitheit, Bezeichnung für eine Eigenschaft von behauptend verwendeten ↑Aussagen, wenn die Zuschreibung von ›wahr‹ (↑wahr/das Wahre) entscheidbar (↑entscheidbar/Entscheidbarkeit) ist. Da dann auch ↑›falsch‹ ein entscheidbarer ↑Metaprädikator ist, bedeutet w. so viel wie ↑wertdefinit (↑wertdefinit/Wertdefinitheit). K. L.

Wahrheitsdefinition, semantische, Bezeichnung für eine von A. Tarski für formale Sprachen (↑Sprache, formale) entwickelte, ihrerseits formale, mit Mitteln der ↑Mengenlehre vorgenommene Charakterisierung der Menge der wahren Aussagen der formalen Sprache derart, daß die Bedingung für inhaltliche Angemessenheit der Definition, d. i. ein ↑Wahrheitskriterium, erfüllt ist. Tarski gibt dieses Wahrheitskriterium durch die ›Korrespondenzbedingung‹ (›Convention T‹) wieder:

›*A*‹ ist wahr genau dann, wenn *A*

(z. B. »›Schnee ist weiß‹ ist wahr genau dann, wenn Schnee weiß ist«).
Die (inhaltlich angemessene und formal korrekte [*materially adequate and formally correct*]) s. W. bedient sich der ›Erfüllungsrelation‹ (*relation of satisfaction*; ↑erfüllbar/Erfüllbarkeit), die auf dem induktiv gewonnenen Bereich der Formeln rekursiv definiert wird (↑Definition, induktive, ↑Definition, rekursive). In dieser Relation stehen Formeln (verstanden als ↑Terme, die eine ↑Aussagefunktion darstellen) unter der Voraussetzung, daß sie als Bestandteile eines quantorenlogischen formalen Systems mit Gleichheit (↑Quantorenlogik, ↑System, formales, ↑Gleichheit (logisch)) bereits mittels einer ›Interpretation‹ des formalen Systems (↑Interpretationssemantik) in Bestandteile einer formalen Sprache überführt worden sind, relativ zu einer ↑›Belegung‹ (›*variable assignment*‹) oder ›Bewertung‹ (›*valuation*‹; ↑Bewertung (logisch)) der (potentiell unendlichen Systeme von) ↑Objektvariablen durch (potentiell unendliche Systeme von) Gegenstände(n) des im Rahmen der Interpretation gewählten Objektbereichs (engl. auch: ↑universe of discourse). Z. B. besteht die Erfüllungsrelation zwischen der Formel ›$x_1 + 2 = x_2$‹ der (formalen) arithmetischen Sprache, wie sie bei der üblichen Interpretation (von Additionssymbol ›+‹ und Konstantensymbol ›2‹ durch arithmetischen Additionsoperator und natürliche Zahl 2) gewonnen wird, und der (kurz ›erfüllend‹ genannten) Belegung von $\langle x_1, x_2, \ldots\rangle$ durch $\langle 1, 3, \ldots\rangle$.

Die s. W. besagt, daß eine Formel eines formalen Systems *S* – enthält sie noch freie Objektvariablen, so wird sie gleichwertig mit ihrer Universalisierung in bezug auf alle frei vorkommenden Objektvariablen behandelt – genau dann ›wahr in einer Interpretation von *S*‹ heißen soll, wenn sie durch jede Belegung (ihrer frei vorkommenden Objektvariablen durch Gegenstände des für die Interpretation gewählten Gegenstandsbereichs) erfüllt wird. Z. B. ist die Formel ›$x_1 + 2 = x_2$‹ in der arithmetischen Interpretation nicht wahr (weil nicht arithmetisch generell gültig), wohl aber ›$\bigvee_{x_1, x_2} x_1 + 2 = x_2$‹, wie es sich auf Grund der rekursiven Definition der Erfüllung von ›$\bigvee_x a(x)$‹ mit Hilfe der Erfüllung von ›$a(x)$‹ ergibt: ›$\bigvee_x a(x)$‹ wird in einer Interpretation *I* von einer Belegung *w* erfüllt genau dann, wenn es eine Belegung *w*′ gibt, die sich höchstens für die Variable ›*x*‹ von *w* unterscheidet und ›$a(x)$‹ in *I* erfüllt.
Die s. W. erlaubt es Tarski – und damit wird auch der Weg frei für die Entwicklung der ↑Modelltheorie in Verbindung mit der modelltheoretischen Semantik (↑Interpretationssemantik, ↑Semantik, logische) –, dem schon auf B. Bolzano (vgl. Wissenschaftslehre. Bernard Bolzano-Gesamtausg. I/12.1, ed. J. Berg, Stuttgart-Bad Cannstatt 1987, 240–242 [§ 162], I/12.2, ed. J. Berg, Stuttgart-Bad Cannstatt 1988, 33–37 [§ 168]) zurückgehenden und von L. Wittgenstein (vgl. Tract. 5.11) im Zusammenhang der Darstellung einer ↑Wahrheitsfunktion durch eine ↑Wahrheitstafel zumindest im Rahmen der ↑Junktorenlogik formulierten ›semantischen Folgerungsbegriff‹ (↑Folgerung) eine präzise Fassung zu geben: Eine Aussage *A* folgt logisch aus einer Menge *K* von Aussagen genau dann, wenn bei jeder Interpretation, in der die Aussagen aus *K* wahr sind (und die deshalb ein ↑›Modell‹ von *K* heißt), auch *A* wahr ist (die Interpretation also auch ein Modell von *A* ist), kurz: wenn alle Modelle von *K* auch Modelle von *A* sind.
Insofern die s. W. die Korrespondenzbedingung erfüllt, gehört sie trotz der ihr zugrundeliegenden, grundsätzlich nur die Beziehung einer formalen Sprache *S* zu einer formalen ↑Metasprache *S*′ von *S* betreffenden Aufgabenstellung, nämlich das Wahrheitsprädikat für *S* in *S*′ zu definieren und damit eine formale Semantik (↑Semantik, logische) aufzubauen, in die Tradition einer *realistischen* ↑Semantik, auch wenn mit Recht eingewendet worden ist (z. B. von D. Davidson), daß auf Grund der s.n W. natürlich alle wahren Aussagen von denselben Belegungen erfüllt werden, daher extensionale (↑extensional/Extension) ↑Äquivalenz zwischen ihnen besteht und keine intensionale (↑intensional/Intension) Differenzierung zwischen ihnen vorgenommen wird (↑Semantik, intensionale), wie man es von einer Korrespondenztheorie der Wahrheit (↑Wahrheitstheorien) erwarte. Dabei ist von dem z. B. von M. Dummett vorgebrachten weitergehenden Einwand noch ganz abgesehen, daß es

sich um gar keine richtige Wahrheits*definition* handle, weil sie nur relativ zu einer formalen Sprache formuliert werde.

Gleichwohl sind weitreichende Versuche unternommen worden, das Tarskische Verfahren auch auf reichere, der Struktur einer natürlichen Sprache (↑Sprache, natürliche) nähere formale Sprachen, als es die quantorenlogischen Systeme sind, auszudehnen, z. B. in der ↑Situationssemantik. Von besonderem Interesse ist dabei der Vorschlag S. Kripkes, angesichts des von Tarski erbrachten Nachweises, daß in einer hinreichend ausdrucksstarken (z. B. für elementare Arithmetik ausreichenden) formalen Sprache *S* das Wahrheitsprädikat bei Strafe semantischer Antinomien (↑Antinomien, semantische) nicht in *S* selbst ausdrückbar ist, durch Übergang zu einer dreiwertigen Logik (↑Logik, mehrwertige) – neben ›wahr‹ und ›falsch‹ noch ›unbestimmt‹ – eine formale Sprache zu konstruieren, in der sich ihr eigenes Wahrheitsprädikat durchaus objektsprachlich ausdrücken läßt.

Literatur: A. Chrudzimski, Ist Tarskis Wahrheitsdefinition philosophisch uninteressant? S. W., Verifikationismus und Begriffsempirismus, Conceptus 34 (2001), 33–45; D. Davidson, Inquiries into Truth and Interpretation, Oxford 1984, ^{2}2001, 2009; M. Dummett, Truth, in: ders., Truth and Other Enigmas, Cambridge Mass., London 1978, London 1992, 1–24; A. Edmüller, Wahrheitsdefinition und radikale Interpretation, Frankfurt etc. 1991; L. Fernández Moreno, Die Undefinierbarkeit der Wahrheit bei Frege, Dialectica 50 (1996), 25–23; A. Gupta, Tarski's Definition of Truth, REP VI (1998), 219–226; V. Halbach/L. Horsten (eds.), Principles of Truth, Frankfurt etc. 2002, Frankfurt/Lancaster ^{2}2004; W. Hodges, Tarski's Truth Definitions, SEP 2001, rev. 2014; S. Kripke, Outline of a Theory of Truth, J. Philos. 72 (1975), 690–716; A. Tarski, Der Wahrheitsbegriff in den formalisierten Sprachen, Stud. Philos. (Krakau) 1 (1935), 261–405 (repr. in: ders., Collected Papers II, ed. S. R. Givant/R. N. McKenzie, Basel/Boston Mass./Stuttgart 1986, 51–198), ferner in: K. Berka/L. Kreiser (eds.), Logik-Texte. Kommentierte Auswahl zur Geschichte der modernen Logik, Berlin 1971, 447–559, ^{4}1986, 445–546; ders., Über den Begriff der logischen Folgerung, Actes du congrès international de philosophie scientifique 7 (1936), 1–11 (repr. in: ders., Collected Papers II [s. o.], 271–281), ferner in: K. Berka/L. Kreiser (eds.), Logik-Texte [s. o.], 1971, 359–368, ^{4}1986, 404–413; ders., The Semantic Conception of Truth and the Foundations of Semantics, Philos. Phenom. Res. 4 (1944), 341–376 (repr. in: ders., Collected Papers II [s. o.], 665–699). K. L.

wahrheitsfähig/Wahrheitsfähigkeit, Bezeichnung für eine Eigenschaft von ↑Aussagen im ↑Modus einer ↑Behauptung, einer Mitteilung etc.; im Unterschied zu Aussagen z. B. im erzählenden Modus (↑Fiktion) oder im auffordernden Modus (↑Imperativlogik), die sich auf ↑Wahrheit hin nur in einem weiteren Sinne, etwa im Sinne von Kohärenz (↑kohärent/Kohärenz) oder von Rechtmäßigkeit, beurteilen lassen. Dabei brauchen den Aussagen keineswegs alle Modi offenzustehen. Z. B. ist keine Aussage über Einhörner im engeren Sinne w., weil es Einhörner nur als erzählte oder bildlich dargestellte und nicht als sinnlich wahrgenommene Lebewesen gibt. K. L.

Wahrheitsfunktion (engl. truth-function), in der ↑Logik Bezeichnung für eine ↑Aussagefunktion, deren Wert – im Fall der klassischen Logik (↑Logik, klassische) ›wahr‹ (↑verum, Zeichen: ⋎) oder ›falsch‹ (↑falsum, Zeichen: ⋏) – nur von den ↑Wahrheitswerten der als Argumente eingesetzten Aussagen abhängt, wenn also neben den Werten (↑Wert (logisch)) der Aussagefunktion auch ihre Argumente als Wahrheitswerte gewählt werden können. Die zugehörige Logik ist dann extensional (↑extensional/Extension, ↑Logik, extensionale). Die junktorenlogischen Zusammensetzungen der klassischen Logik (↑Junktorenlogik) sind (klassische) W.en, die sich mit Hilfe von ↑Wahrheitstafeln schematisch angeben lassen. Z. B. ist die Konjunktion diejenige zweistellige klassische W., die genau dann den Wert ⋎ erhält, wenn beide Argumente (d. h. beide Konjunktionsglieder) den Wert ⋎ haben. In dieser Ausdrucksweise, die zwischen ↑Formeln und ↑Termen keinen Unterschied macht, heißen zwei Terme, z. B. $a \wedge \neg b$ und $\neg(a \rightarrow b)$, die beide dieselbe W., im Beispiel die ↑Abjunktion, darstellen, ›klassisch logisch äquivalent‹; die ↑Äquijunktion zweier klassisch logisch äquivalenter Terme, z. B. $(a \wedge \neg b) \leftrightarrow \neg(a \rightarrow b)$, stellt die W. ↑Tautologie (bezüglich der gewählten Stellenzahl) dar. Die seit der Antike (↑Logik, stoische) geführte Diskussion um die Angemessenheit einer wahrheitsfunktionalen Behandlung des ↑›wenn – dann‹ (↑Subjunktion, ↑Implikation) angesichts der damit verbundenen ↑Paradoxien der Implikation gehört zu den entscheidenden Motiven, nach nicht-klassischen Logiken (↑Logik, nicht-klassische) zu suchen, also entweder das ↑Zweiwertigkeitsprinzip aufzugeben und mehrwertige Logiken (↑Logik, mehrwertige) aufzubauen oder für die semantische Fundierung eines ↑Logikkalküls auf W.en im üblichen Sinne zu verzichten, z. B. bei der Deutung einer nicht-klassischen Logik als einer ↑Modallogik.

Alle n-stelligen klassischen W.en – aus kombinatorischen Gründen gibt es 2^{2^n} verschiedene solche (allgemeiner: m^{m^n} verschiedene n-stellige W.en bei m Wahrheitswerten) – lassen sich aus einer Basis geeigneter Grundfunktionen zusammensetzen (↑Verkettung), z. B. aus der zweistelligen ↑Konjunktion und der einstelligen ↑Negation. Es reicht sogar jede der beiden W.en ↑Injunktion (›weder – noch‹, Zeichen: ⊽) und ↑Disjunktion (in der Bedeutung ›nicht beide‹, Zeichen: ⊼ oder der ↑Sheffersche Strich |) allein aus, alle übrigen klassischen W.en zu erzeugen. Allgemein nennt man jede W., die bei einem zugrundegelegten Bereich von Wahrheitswerten allein als Basis für alle W.en ausreicht, eine ›Sheffer-Funktion‹. K. L.

Wahrheitskriterium, in ↑Wahrheitstheorien Bezeichnung für diejenigen Eigenschaften oder Beziehungen eines auf die Berechtigung seines Wahrheitsanspruchs hin beurteilten Gegenstandes - normalerweise einer ↑Aussage im ↑Modus der ↑Behauptung, aber auch (empirische) Wahrnehmungen oder (normative) Einsichten werden gelegentlich für wahrheitsfähig gehalten -, die als Begründung für das Vorliegen von ↑Wahrheit herangezogen werden dürfen. Z. B. wird in der philosophischen Tradition ↑Evidenz häufig als W. sowohl für die ersten Sätze einer (rationalen) Theorie (↑Axiom) als auch für die Basiselemente der ↑Beobachtungssprache einer (empirischen) Theorie (↑Konstatierung) angenommen. Im übrigen treten als W. für Aussagen Eigenschaften auf wie z. B. logische Verträglichkeit (mit einigen oder allen Aussagen einer zugehörigen Theorie; ↑kohärent/Kohärenz), praktische Dienlichkeit (↑Nutzen), experimentelle Bestätigung (↑Induktion), mehrheitliche oder ausnahmslose, faktische oder idealtypische Zustimmung (↑Konsens), sachliche Entsprechung (↑adaequatio, ↑adäquat/Adäquatheit), Beweisbarkeit (↑beweisbar/Beweisbarkeit) im Sinne formaler Ableitbarkeit (↑ableitbar/Ableitbarkeit) aus Axiomen oder im Sinne einer Rückführung auf materiale Handlungszusammenhänge (↑Beweis).

Der Streit um Wesen und Funktion von Wahrheitskriterien geht in der Regel darum, ob ein W. an die Stelle einer Wahrheitsdefinition treten darf, oder ob es sich bei einem W. eher um ein ↑Kriterium zur Beurteilung der Angemessenheit einer Wahrheitsdefinition handelt. So orientiert sich die *semantische* Definition der Wahrheit (↑Wahrheitsdefinition, semantische) an der Korrespondenzbedingung (Convention T) ››*A*‹ ist wahr genau dann, wenn *A*‹ als dem Kriterium für inhaltliche Angemessenheit (material adequacy) der Definition, während sich die *pragmatische* Definition der Wahrheit der Konsensbedingung ›jeder Sachkundige und Gutwillige ist bereit, die Aussage zu vertreten‹ als dem Kriterium für formale Tauglichkeit der Definition bedient. K. L.

Wahrheitstafel (engl. truth table), auch: logische Matrix (↑Matrix, logische), Bezeichnung für eine von L. Wittgenstein 1921 - wie unabhängig von ihm zur gleichen Zeit auch von E. L. Post und J. Łukasiewicz - systematisch entwickelte Darstellung einer ↑Wahrheitsfunktion, d. h. einer Funktion mit ↑Wahrheitswerten als Argumenten (↑Argument (logisch)) und als Werten (↑Wert (logisch)). Insofern jede solche (endliche) W. zugleich einen ↑Junktor (verstanden als Funktionszeichen oder Funktor) definiert, nennt Wittgenstein eine W. ein ›Satzzeichen‹. Werden wie in der klassischen Logik (↑Logik, klassische) nur zwei Wahrheitswerte, ↑verum (Zeichen: Y) und ↑falsum (Zeichen: ⅄), zugrundegelegt, so gibt es aus kombinatorischen Gründen genau 16 verschiedene zweistellige (klassische) Wahrheitsfunktionen, von denen allerdings nur 10 echt zweistellig sind in dem Sinne, daß ihre Werte tatsächlich von beiden Argumenten abhängen. Die zugehörigen darstellenden W.n lassen sich wie folgt zusammenfassend notieren:

A	B	$A \wedge B$	$A \rightarrow B$	$A \leftrightarrow B$	$A \leftarrow B$	A ⩛ B
Y	Y	Y	Y	Y	Y	⅄
Y	⅄	⅄	⅄	⅄	Y	⅄
⅄	Y	⅄	Y	⅄	⅄	⅄
⅄	⅄	⅄	Y	Y	Y	Y

A	B	$A \vee B$	$A \mathbin{-\!\!\prec} B$	$A \mathbin{\succ\!\!-\!\!\prec} B$	$A \mathbin{\succ\!\!-} B$	A ⩚ B
Y	Y	Y	⅄	⅄	⅄	⅄
Y	⅄	Y	⅄	Y	Y	Y
⅄	Y	Y	Y	Y	⅄	Y
⅄	⅄	⅄	⅄	⅄	⅄	Y

Es sind dies der Reihe nach die W.n für ↑Konjunktion $\wedge$, ↑Subjunktion $\rightarrow$, ↑Äquijunktion (= Konjunktion von Subjunktion und konverser Subjunktion = negierte Kontrajunktion = ↑Bisubjunktion) $\leftrightarrow$, konverse Subjunktion $\leftarrow$, ↑Negatkonjunktion (= ↑Injunktion = negierte Adjunktion) ⩛, ↑Adjunktion $\vee$, konverse Abjunktion $\mathbin{-\!\!\prec}$, ↑Kontrajunktion (= Adjunktion von Abjunktion und konverser Abjunktion = negierte Äquijunktion = vollständige Disjunktion) $\mathbin{\succ\!\!-\!\!\prec}$, ↑Abjunktion (= negierte Subjunktion) $\mathbin{\succ\!\!-}$, ↑Negatadjunktion (= ↑Disjunktion = negierte Konjunktion = ↑Shefferscher Strich) ⩚. Die verbleibenden 6 unecht zweistelligen ↑Aussagefunktionen sind ↑Position und ↑Negation für jedes der beiden Argumente, also A, B, $\neg A$ und $\neg B$ sowie die beiden konstanten ↑Wahrheitsfunktionen ↑Tautologie und Kontradiktion (↑kontradiktorisch/Kontradiktion), die stets den Wert Y bzw. ⅄ haben und daher mit Y bzw. ⅄ identifiziert werden können.

Die W.n erlauben es, für jede *n*-stellige klassische Wahrheitsfunktion (diese lassen sich aus allein zweistelligen als Grundfunktionen zusammensetzen, wobei sogar allein die Negatkonjunktion oder auch die Negatadjunktion bereits ausreichen; ↑Junktorenlogik) in endlich vielen Schritten zu entscheiden, ob sie die Tautologie ist oder nicht: Die klassische Junktorenlogik ist entscheidbar (↑entscheidbar/Entscheidbarkeit). K. L.

Wahrheitstheorien (engl. theories of truth), Bezeichnung für verschiedene Definitionen des ↑Wahrheitsbegriffs, je nachdem, welches ↑Wahrheitskriterium in welchem Sinne für die Adäquatheit der Definition von ↑Wahrheit oder ›wahr‹ (↑wahr/das Wahre) herangezogen wird. Man unterscheidet drei große Gruppen von W., *Korrespondenztheorien*, *Kohärenztheorien* und *Konsensustheorien*, nach dem jeweiligen für sie grundlegenden Wahrheitskriterium, nämlich der Korrespondenzbedingung ››*A*‹ ist wahr genau dann, wenn *A*‹, der Kohärenzbedingung ››*A*‹ ist wahr genau dann, wenn sich ›*A*‹ konsistent begrifflich und logisch zusammenhängend in ein konsistentes, begrifflich und logisch zusammenhängendes und außerdem umfassendes System umgangssprachlicher und wissenschaftssprachlicher Aussagen einbetten läßt‹ und der Konsensbedingung ››*A*‹ ist wahr genau dann, wenn jeder Sachkundige und Gutwillige hätte zustimmen können‹. Mit Rücksicht darauf, daß diese Bedingungen sich nicht ausschließen und gewöhnlich auch nicht so verstanden werden, vielmehr in ihrem Zusammenhang jeweils unterschiedlich bestimmt sind, sollte angemessener von *semantischen* W., *syntaktischen* W., und *pragmatischen* W. gesprochen werden, wobei auch Mischformen eine wichtige Rolle spielen.

Semantische W. sind wie folgt charakterisiert: (1) Als Träger von Wahrheit gelten grundsätzlich die Bedeutungen von Aussagesätzen (↑Satz), gleichgültig, in welchen begrifflichen Zusammenhang die Lehre von den ↑Bedeutungen sprachlicher Ausdrücke dabei eingebettet wird (unter einer ↑Aussage wird gewöhnlich ein Aussagesatz zusammen mit seiner Bedeutung verstanden). Auch die für die Bedeutungen von Aussagesätzen gebräuchlichen Ausdrücke, darunter: ↑›Gedanke‹, ↑›Proposition‹, ↑›Sachverhalt‹, erlauben in der Regel keinen Schluß darauf, ob es sich um logisch oder psychologisch bestimmte Gebilde, um ideale oder reale Gegenstände, um empirisch Vorfindliches oder rational Erzeugtes handeln soll. (2) Die Zuschreibung von Wahrheit orientiert sich am Kriterium der Korrespondenz von Wahrheit und Wirklichkeit (↑wirklich/Wirklichkeit), auch hier zunächst ohne Bezug darauf, ob Wirklichkeit als unabhängig vom erkennenden Zugriff (↑Ding an sich) oder als abhängig davon durch Sinne und Verstand konstituiert (↑Erfahrung) aufgefaßt wird, ob sie als etwas empirisch ↑Gegebenes (↑Erscheinung) oder als etwas rational, allein durch Denken (z.B. in intellektueller Anschauung; ↑Anschauung, intellektuelle) Erfaßbares gilt (↑Phaenomenon, ↑Noumenon). In jedem Falle soll die Korrespondenz sichern, daß es sich um *objektive Wahrheit* und nicht um eine bloß individuell oder sozial von Gruppen, eventuell der ganzen Menschheit, getragene bloße ↑Meinung oder *subjektive Wahrheit* handelt, was bei einer sich ausschließlich auf die Konsens- oder Kohärenzbedingung stützenden W. ununterscheidbar würde.

Unter den semantischen W. sind ↑*Abbildtheorien* der Erkenntnis die ältesten Modellbildungen. Sie beruhen darauf, daß die wirklichen Dinge mit ihren Eigenschaften und Beziehungen im Bewußtsein mit den gleichen Eigenschaften und Beziehungen abgebildet werden, womit es nur darauf anzukommen scheint, diese Bewußtseinsinhalte adäquat mit sprachlichen Ausdrücken, deren Bedeutungen sie sind, wiederzugeben. Diese im antiken Materialismus (↑Materialismus (historisch)) erstmals entwickelte Vorstellung, deren Kern auch noch die ↑Widerspiegelungstheorie in der Philosophie des ↑Marxismus (↑Philosophie, marxistische) bestimmt – dort allerdings um Elemente pragmatischer W. ergänzt, insofern gelingende Praxis als Kriterium für eine korrekte Abbildung einschließlich ihres sprachlichen Ausdrucks eingesetzt wird –, ist von Anfang an ihrer philosophischen Naivität wegen kritisiert und durch eine eingeschränkte Fassung ersetzt worden, die sich unter der Annahme bloß strukturerhaltender Abbildung als *Isomorphietheorie* der Erkenntnis bis heute behauptet hat.

In einer *mentalistischen* (↑Mentalismus), logisches und psychologisches Verständnis zunächst nicht unterscheidenden Version werden nicht die wirklichen Dinge samt Eigenschaften und Beziehungen im ↑Bewußtsein abgebildet, sondern nur ihr ›Wesen‹, wie es sich als Unterordnung unter ↑Begriffe bzw. ↑Vorstellungen verstehen läßt. Es ist dann der damit vorliegende begriffliche Zusammenhang (die *veritas essendi*), der darüber entscheidet, ob eine sprachliche Darstellung im ↑Urteil (die *veritas cognoscendi*) mit ihr übereinstimmt oder nicht. Die Strukturgleichheit der sprachlich ausgedrückten Begriffszusammenhänge mit den im Bewußtsein als Struktur der Wirklichkeit bereitliegenden Begriffszusammenhängen definiert die Wahrheit eines Urteils. Je konsequenter dabei die Begriffe als ↑Relationsbegriffe aufgefaßt werden, um so besser läßt sich die Strukturgleichheit sprachlicher Darstellung mit der begrifflich erfaßten Wirklichkeit als Isomorphie (↑isomorph/Isomorphie) präzisieren (die Trennung in primäre und sekundäre ↑Qualitäten, wobei nur die primären Qualitäten als eigentlich relational auftreten, ist ebenso wie die Identifizierung räumlicher und zeitlicher Bestimmungen durch G. W. Leibniz als relationale ein Schritt zu einer derartigen Auffassung, dessen Endpunkt mit R. Carnaps ↑Konstitutionssystem [Der logische Aufbau der Welt, Berlin 1928] für die begriffliche Erfassung der Wirklichkeit erreicht wird, insofern nur noch eine einzige Relation, die ↑Ähnlichkeitserinnerung, die Basis bildet). So soll bei Leibniz die Idee der ↑ars characteristica, einer rechnend wie die Mathematik verfahrenden ›formalen‹ Zeichensprache (↑Kalkül) für die Ursache-Wirkung-Zusammenhänge der Körper, strukturgleich mit der ›inhaltlichen‹ Begriffssprache für die Mittel-Zweck-Zusammenhänge der Seelen (↑Monade) sein (↑Harmonie, prästabilierte).

In einer *linguistischen* Version der Isomorphietheorie, die nicht Sprache und Wirklichkeit in der Gestalt von

Sinn der Sprache und Bewußtseinsinhalt (wie im mentalistischen Fall) vergleicht, sondern in der Gestalt von ↑Sprache und ↑Referenz der Sprache, wird Wahrheit einer Aussage durch die Existenz einer ihr strukturell korrespondierenden ↑Tatsache erklärt, z. B. von B. Russell, solange dieser einen Logischen Atomismus (↑Atomismus, logischer) vertrat. Die Eineindeutigkeit (↑eindeutig/Eindeutigkeit) der Korrespondenz wird dabei dadurch gewährleistet, daß von Aussagen zuvor durch logische Analyse (↑Analyse, logische) ihre kanonische, aus einfachen Bausteinen, den logischen Atomen (d. s. Eigennamen für einfache Gegenstände jeder logischen Stufe), bestehende logische Form aufgesucht wird, um Invarianz (↑invariant/Invarianz) gegenüber den verschiedenen linguistischen Realisierungen einer Aussage zu erreichen. Die klassische Fassung der linguistischen Isomorphietheorie, wenngleich unter Benutzung von Gedanken zwischen Tatsache und Satz, liegt in L. Wittgensteins »Tractatus« vor (»Die Wirklichkeit wird mit dem Satz verglichen. Nur dadurch kann der Satz wahr oder falsch sein, indem er ein Bild der Wirklichkeit ist«, Tract. 4.05–4.06). Allerdings macht Wittgenstein dabei zugleich klar, daß die Übereinstimmung der logischen Form (↑Form (logisch)) der Aussage mit der logischen Form der Wirklichkeit ihrerseits nicht mehr (aus-)*gesagt* werden kann, sich vielmehr *zeigt*. Ferner wird klargestellt, daß es nicht eine vom sinnvoll sprechenden ↑Subjekt unabhängige Wirklichkeit ist, die mit einem Satz verglichen wird, sondern daß es Sprach*verwendung* und Sprache*inführung* sind, die miteinander verglichen werden (»um sagen zu können, ›*p*‹ ist wahr (oder falsch), muß ich bestimmt haben, unter welchen Umständen ich ›*p*‹ wahr nenne, und damit bestimme ich den Sinn des Satzes«, Tract. 4.063). Damit werden Grenzen des für semantische W. charakteristischen erkenntnistheoretischen Realismus (↑Realismus (erkenntnistheoretisch)) sichtbar, die auf Zusammenhänge sowohl mit syntaktischen als auch mit pragmatischen W. verweisen, die in der Folgezeit sowohl ausgearbeitet als auch heftig debattiert werden.

Besonders Carnap hat darauf bestanden, daß in einer ↑Metasprache über die Wahrheit und ihre Kriterien in der ↑Objektsprache nicht nur geredet werden könne, sondern daß in ihr eine semantische W. überhaupt erst formulierbar ist. Das dafür erforderliche Werkzeug wurde von A. Tarski mit seiner *semantischen Wahrheitsdefinition* (↑Wahrheitsdefinition, semantische) für formale Sprachen (↑Sprache, formale) geschaffen, die unter der von Tarski intendierten Bedingung, daß auch die Metasprache eine formale Sprache sein soll, den Beginn der formalen Semantik (↑Semantik, logische) darstellt. Die semantische Wahrheitsdefinition ist so konzipiert, daß sie die unter ausdrücklichem Bezug auf Aristoteles (»Vom Seienden aussagen, daß es nicht ist, oder vom Nichtseienden, daß es ist, ist falsch; hingegen vom Seienden aussagen, daß es ist, und vom Nichtseienden, daß es nicht ist, ist wahr«, Met. Γ7.1011b26–27) formulierte Korrespondenzbedingung erfüllt. Zugleich konnte Tarski unter Verwendung der Methode K. Gödels zum Nachweis der Unvollständigkeit der Peano-Arithmetik (↑Unvollständigkeitssatz) zeigen, daß für formale Sprachen, in denen mindestens die elementare Arithmetik mit Addition und Multiplikation ausdrückbar ist, ihr Wahrheitsbegriff sich bei Strafe semantischer ↑Antinomien (↑Antinomien, semantische) objektsprachlich nicht definieren läßt (↑Wahrheitsantinomie).

Dieses negative Resultat, das die von Gödel gezeigte Unzulänglichkeit eines *syntaktischen Wahrheitsbegriffs* für hinreichend ausdrucksstarke wissenschaftliche Theorien bestätigt, nämlich die Unmöglichkeit, in solchen Fällen Wahrheit durch *Ableitbarkeit* (↑ableitbar/Ableitbarkeit) in einem ↑Vollformalismus, der Formalisierung einer wissenschaftlichen Theorie durch eine als ↑Kalkül aufgebaute formale Sprache, zu ersetzen, hat die Bedeutung der *formal-semantischen* W. Tarskis weiter erhöht. Gleichzeitig ist von Kritikern darauf aufmerksam gemacht worden (z. B. M. Black), daß durch die Relativierung der Wahrheitsdefinition auf eine (formale) Sprache – diese Beschränkung bleibt auch bei den Erweiterungen des Tarskischen Verfahrens auf natürliche Sprachen (↑Sprache, natürliche) erhalten (D. Davidson) – die ursprüngliche Absicht, mit einer semantischen W. einen allgemeinen Wahrheitsbegriff zur Verfügung zu stellen (von Tarski wegen der semantischen Geschlossenheit einer natürlichen Sprache im strengen Sinne als unerfüllbar angesehen), aufgegeben ist. Gibt man jedoch die semantische Geschlossenheit auf und ersetzt die Möglichkeit, *in* einer Sprache stets auch *über* die Sprache zu reden, durch sorgfältiges Auseinanderhalten der jeweiligen Sprachstufe, ebnet also die hierarchische Binnenstruktur einer Sprache nicht ein, so entsteht eine neue Situation. Insbes. wird deutlich, daß die Korrespondenzbedingung nicht wirklich ein Wahrheitskriterium ist, sondern lediglich von Ausdrücken zweier Sprachstufen fordert, daß sie gleichwertig sein sollen. Es wird ein sprachinterner Zusammenhang zwischen Aussagen hergestellt, der in Kontexten wie diesen zur Eliminierung des Wahrheitsprädikats führt: es ›kürzt sich‹ mit den ↑Anführungszeichen (*truth is disquotation* [W. V. O. Quine, Pursuit of Truth, Cambridge Mass./London 1990, 80]), der Wahrheitsbegriff ist *deflationär*.

Die deflationäre W. ist eine spezielle Variante der in die Gruppe der syntaktischen W. gehörenden *Redundanztheorien* (↑redundant/Redundanz), bei denen der Träger von Wahrheit grundsätzlich das Satzzeichen ist. Bereits G. Frege hatte in den nachgelassenen Vorstudien (1897) zu den »Logischen Untersuchungen« (1918/1919) deutlich gemacht, daß ›wahr‹ nicht als semantischer ↑Metaprädikator verstanden werden darf (das Urteil ›⊢*A*‹ läßt sich auch durch ›*A* ist wahr‹ wiedergeben), sondern mit jeder ↑Prädikation im Modus der Behauptung mitausgesagt ist. Russell hatte sich daraufhin anfänglich die Definition ›*A* ist wahr ⇋ *A*‹, in der ›*A* ist wahr‹ *keine* Metaaussage ist, als *no-truth-theory* der Wahrheit zu eigen gemacht, sie aber wegen der Folgen, pragmatische Gesichtspunkte berücksichtigen zu müssen, wieder aufgegeben. Von Carnap wurde sie als (nicht-semantische) *absolute Wahrheit* bezeichnet (Introduction to Semantics, Cambridge Mass. 1942, 1961, 88–95); sie ist für ihn der Auslöser der dann in der Auseinandersetzung mit der Kohärenztheorie O. Neuraths gewonnenen syntaktischen Lesart der Korrespondenzbedingung. Dagegen haben F. P. Ramsey, A. J. Ayer und (zunächst) P. F. Strawson die pragmatischen Konsequenzen aus der no-truth-theory gezogen und eine Redundanztheorie in Gestalt einer *Kontexttheorie* (Strawson: performance theory) formuliert: Die Wahrheit einer Aussage behaupten ist der Behauptung dieser Aussage gleichwertig oder zusätzlich Anzeichen für weitere, vom Kontext der Äußerung abhängige ↑Sprachhandlungen, etwa eine Bekräftigung oder eine Bestätigung, nicht jedoch eine eigenständige Behauptung auf der ↑Metastufe.

Die am weitesten entwickelte syntaktische W. ist die am Leitfaden der Kohärenzbedingung entwickelte *Kohärenztheorie*, wie sie Neurath gegen die im frühen Logischen Empirismus (↑Empirismus, logischer) unter anderem von Carnap vertretene Verwendung des ↑Verifikationsprinzips als (empirisches) Wahrheitskriterium vorbringt. Auch ↑Beobachtung wird erst in Gestalt von ↑Protokollsätzen wissenschaftlich relevant. Die Wahrheit derartiger Sätze ist jedoch in intersubjektiv kontrollierbarer Weise weder auf ↑Evidenz zu gründen, wie in der *Evidenztheorie* der Wahrheit bei F. Brentano und der von ihr sich herleitenden Auffassung der Evidenz als ›Erlebnis‹ der Wahrheit bei E. Husserl (Logische Untersuchungen I, Den Haag 1975 [Husserliana XVIII], 190), noch kann sie wie bei M. Schlick auf handlungsbegleitende ↑Konstatierungen als Zeichenanteil eines jedes Erkennen fundierenden Erlebens zurückgeführt werden. Erst ihre konsistente Eingliederung in das (schon als konsistent angenommene) System aller bisher anerkannten Aussagen macht sie zu einer wahren Aussage. Aussagen können nur mit Aussagen verglichen werden, nicht mit etwas Außersprachlichem. Dies läßt sich schon der Formulierung der im übrigen nicht bestrittenen, sondern auch für Kohärenztheoretiker selbstverständlichen Korrespondenzbedingung entnehmen. Für N. Rescher wurden die Schwächen der Kohärenztheorie Neuraths zum Auslöser eines wesentlich differenzierter konzipierten, durch die Unterscheidung von Wahrheit garantierenden und Wahrheit legitimierenden Wahrheitskriterien Elemente sowohl semantischer als auch pragmatischer W. einbeziehenden Aufbaus einer seine Position eines pragmatischen Idealismus stützenden Kohärenztheorie der Wahrheit.

Eine mit Graden der Wahrheit und damit mit ↑Wahrscheinlichkeit arbeitende Version der Kohärenztheorie – sie entspricht der Ersetzung von ›Wahrheit‹ durch ›warranted assertability‹ in wahrscheinlichkeitstheoretischen Theorien (induktiver) ↑Bestätigung – vertritt B. Blanshard (»The degree of truth of a particular proposition is to be judged in the first instance by its coherence with experience as a whole, ultimately by its coherence with that further whole, all-comprehensive and fully articulated, in which thought can come to rest«, The Nature of Thought II, London 1939, 1964, 264). Hier ist mit dem Kohärenzbildungsprozeß der syntaktische Charakter der W. durch ein pragmatisches Element ergänzt, das als Forschungsprozeß in der von C. S. Peirce vertretenen Fassung einer pragmatischen W., der *Konsensustheorie*, im Mittelpunkt steht: »the opinion which is fated to be ultimately agreed to by all who investigate [scientifically], is what we mean by the truth, and the object represented in this opinion is the real« (Collected Papers 5.407). Dabei wird der von Peirce nicht als empirisch-historischer, sondern als rational-reflexiver, durch wachsende Selbstkontrolle charakterisierte Forschungsprozeß von der pragmatischen Maxime regiert, die sicherstellt, daß alle Bedeutungsunterschiede der in Aussagen auftretenden prädikativen Ausdrücke durch Unterschiede in den von ihnen vertretenen Komplexen von Handlungskompetenzen (habits) mit Gegenständen gedeckt sind. Pragmatische W. betrachten grundsätzlich die Aussage in ihrem gesamten Äußerungskontext als Träger von Wahrheit. Eine von der Peirceschen deutlich unterschiedene empirische Variante unter den pragmatischen W. entwickelt W. James als *utilitaristische* (↑Utilitarismus) W., indem er das für die Übereinstimmung der Ideen mit der Wirklichkeit ähnlich wie in der marxistischen Philosophie benutzte Kriterium lebensdienlicher Wirkungen zu einer ›Definition‹ macht: ›(theoretisch) nützlich‹ (useful) wird mit ›wahr‹ (true) gleichgesetzt (»›the true‹ [...] is only the expedient in the way of our thinking, just as ›the right‹ is only the expedient in the way of our behaving«, Pragmatism, New York/London 1907, 222).

Die Konsensustheorie von Peirce hat J. Habermas in Verbindung mit Ergebnissen der Sprechakttheorie (↑Sprechakt) und unter Bezug auf das Organonmodell der Sprache bei K. Bühler zu einer auch Korrespondenz- und Kohärenzbedingung berücksichtigenden *Diskurstheorie* (↑Diskurs) von universalen Geltungsansprüchen weiterentwickelt, in der ein diskursiver Wahrheitsanspruch (Darstellung) seine Rolle nur im Verbund mit dem ebenfalls diskursiven Anspruch auf Richtigkeit (Appell), dem nicht-diskursiven Anspruch auf ↑Wahrhaftigkeit (Ausdruck) und dem allen drei Ansprüchen zugrundeliegenden (nicht-diskursiven) Anspruch auf Verständlichkeit und damit im Vorgriff auf eine ideale, durch Redegleichheit und Handlungsfreiheit ausgezeichnete Kommunikationssituation spielen kann. Nicht durch Erfahrung oder Evidenz kann ein Wahrheitsanspruch eingelöst werden, sondern nur durch ↑Argumentation. Allerdings wird bei Habermas die für Peirces Konsensustheorie konstitutive Bindung der ↑Sprachhandlungen an gewöhnliche Handlungen, die von ihnen artikuliert werden, ihrer Rolle als ebenfalls wirksames Wahrheitskriterium im Sinne von Korrespondenz beraubt, und zwar dadurch, daß die (pragmatisch-semiotischen) Forschungsprozesse durch nur noch auf der Sprachebene verlaufende Argumentationsprozesse ersetzt werden. Eine materiale Kontrolle der Argumente kann nicht mehr gewährleistet werden, es sei denn durch Metadiskurse, was aber einen infiniten Regreß einleiten würde.

An dieser Stelle setzt die vom Dialogischen Konstruktivismus (↑Konstruktivismus, dialogischer) vorgeschlagene *Dialogtheorie* der Wahrheit ein. Es handelt sich dabei um eine Variante pragmatischer W., in der zwischen geltungsbezogenen Begründungen und bedeutungsbezogenen Dialogführungen unterschieden wird, wobei Argumentationen nach bisher üblichem Sprachgebrauch teils in begründender, teils in bedeutungsexplizierender Funktion auftreten. Dialogregeln als Spielregeln für ein offenes Zweipersonenmattspiel im Sinne der ↑Spieltheorie, also mit präziser Festlegung der Bedingungen für Gewinn und Verlust der einzelnen Dialoge, definieren allein die Bedeutung von Aussagen bzw. des einer Aussage kanonisch zugeordneten ↑Artikulators (↑dialogdefinit/Dialogdefinitheit), während die Wahrheit (bzw. Falschheit) einer Aussage durch die Existenz einer ↑Gewinnstrategie für (bzw. gegen) sie definiert ist. Daher ist in der Dialogtheorie, die aus der dialogischen Begründung der formalen Logik hervorgegangen ist (↑Logik, dialogische), die Konsensbedingung nur auf der Strategieebene erfüllt; sie macht auf der Partieebene als Ebene streitiger Auseinandersetzung keinen Sinn. Hingegen gilt die Korrespondenzbedingung in der Lesart der no-truth-theory. Die Kohärenzbedingung wiederum ist trivial erfüllt.

Literatur: H. Beebee/J. Dodd (eds.), Truthmakers. The Contemporary Debate, Oxford 2005; V. Beeh, Die halbe Wahrheit. Tarskis Definition und Tarskis Theorem, Paderborn 2003; S. Blackburn, The Dispute on the Primacy of the Notion of Truth in the Philosophy of Language, HSK VII/2 (1996), 1012–1024; B. Blanshard, The Nature of Thought, I–II, London 1939, 1978; A. G. Burgess/J. P. Burgess, Truth, Princeton N. J./Oxford 2011; A. Cantini, Logical Frameworks for Truth and Abstraction. An Axiomatic Study, Amsterdam etc. 1996; H. Coomann, Die Kohärenztheorie der Wahrheit. Eine kritische Darstellung der Theorie Reschers vor ihrem historischen Hintergrund, Frankfurt/Bern/New York 1983; M. David, The Correspondence Theory of Truth, SEP 2002, rev. 2015; M. Devitt, Realism and Truth, Oxford, Princeton N. J. 1984, Cambridge Mass./Oxford ²1991, Princeton N. J. 1997; H. Field, Tarski's Theory of Truth, J. Philos. 69 (1972), 347–375 (dt. Tarskis Theorie der Wahrheit, in: M. Sukale [ed.], Moderne Sprachphilosophie, Hamburg 1976, 123–148); ders., Saving Truth from Paradox, Oxford etc. 2008; M. Fischer, Davidsons semantisches Programm und deflationäre Wahrheitskonzeptionen, Frankfurt etc. 2008; R. Gaskin, The Identity Theory of Truth, SEP 2015; M. Gómez-Torrente, Logical Truth, SEP 2006, rev. 2014; D. Greimann (ed.), Das Wahre und das Falsche. Studien zu Freges Auffassung von Wahrheit, Hildesheim/Zürich/New York 2003; D. L. Grover/J. L. Camp Jr./N. D. Belnap Jr., A Prosentential Theory of Truth, Philos. Stud. 27 (1975), 73–125; J. Habermas, W., in: H. Fahrenbach (ed.), Wirklichkeit und Reflexion. Walter Schulz zum 60. Geburtstag, Pfullingen 1973, 211–265; V. Halbach, Axiomatische W., Berlin 1996; ders./L. Horsten (eds.), Principles of Truth, Frankfurt etc. 2002, Frankfurt/Lancaster ²2004; V. Halbach/G. E. Leigh, Axiomatic Theories of Truth, SEP 2005, rev. 2013; H.-D. Heckmann, Was ist Wahrheit? Eine systematisch-kritische Untersuchung philosophischer Wahrheitsmodelle, Heidelberg 1981; W. Hodges, Tarski's Truth Definitions, SEP 2001, rev. 2014; O. Höffe, Kritische Überlegungen zur Konsensustheorie der Wahrheit, Philos. Jb. 83 (1976), 313–332; F. Hofmann-Grüneberg, Radikal-empiristische Wahrheitstheorie. Eine Studie über Otto Neurath, den Wiener Kreis und das Wahrheitsproblem, Wien 1988; L. Horsten, The Tarskian Turn. Deflationism and Axiomatic Truth, Cambridge Mass./London 2011; P. Horwich (ed.), Theories of Truth, Aldershot etc. 1994; H. Khatchadourian, The Coherence Theory of Truth. A Critical Evaluation, Beirut 1961; R. L. Kirkham, Theories of Truth. A Critical Introduction, Cambridge Mass./London 1992, 2001; ders., Truth, Coherence Theory of, REP IX (1998), 470–472; ders., Truth, Correspondence Theory of, REP IX (1998), 472–475; ders., Truth, Deflationary Theories of, REP IX (1998), 475–478; ders., Truth, Pragmatic Theory of, REP IX (1998), 478–480; P. Kolmer, Wahrheit. Plädoyer für eine hermeneutische Wende in der Wahrheitstheorie, Freiburg/München 2005; L. Kreiser/P. Stekeler-Weithofer, Wahrheit/Wahrheitstheorie, EP III (²2010), 2927–2937; P. Kremer, The Revision Theory of Truth, SEP 1995, rev. 2015; T. Kubalica, Wahrheit, Geltung und Wert. Die Wahrheitstheorie der Badischen Schule des Neukantianismus, Würzburg 2011; W. Künne, Conceptions of Truth, Oxford 2003, 2009; N. J. L. Linding Pedersen/C. Wright, Pluralist Theories of Truth, SEP 2012, rev. 2013; K. Lorenz, Der dialogische Wahrheitsbegriff, Neue H. Philos. 2/3 (1972), 111–123; ders., Dialogspiele und Syntax, HSK VII/2 (1996), 1380–1391; ders., Sinnbestimmung und Geltungssicherung. Ein Beitrag zur Sprachlogik, in: G.-L. Lueken (ed.), Formen der Argumentation, Leipzig 2000, 87–106, ferner in: ders., Dialogischer Konstruktivismus, Berlin/New York 2009, 118–141; D. Mans, Intersubjektivitätstheorien der Wahrheit. Eine Studie zur Definition des Prädikates ›wahre philosophische Aussage‹, Diss. Frankfurt 1974; T. M. Mosteller, Theories of Truth. An Introduction, London etc. 2014; D. J. O'Connor, The Correspondence Theory of Truth, London 1975; T. Pawlow, Die Widerspiegelungstheorie. Grundfragen der dialektisch-materialistischen Erkenntnistheorie, Berlin (Ost) 1973; L. B. Puntel, W. in der neueren Philosophie, Darmstadt 1978, ³1993, 2005; N. Rescher, The Coherence Theory of Truth, Oxford 1973, Washington D. C. 1982; A. Schaff, Zu einigen Fragen der marxistischen Theorie der Wahrheit, Berlin 1954, unter dem Titel: Theorie der Wahrheit. Versuch einer marxistischen Analyse, Wien ²1971; O.

Schlaudt, Was ist empirische Wahrheit? Pragmatische Wahrheitstheorie zwischen Kritizismus und Naturalismus, Frankfurt 2014; F. F. Schmitt (ed.), Theories of Truth, Oxford/Malden Mass. 2004; W. Siebel, Systematische Wahrheitstheorie. Methodische und wissenschaftstheoretische Überlegungen zur Frage nach dem grundlegenden Einheitsprinzip, Frankfurt etc. 1996; G. Siegwart, Korrespondenz und Kohärenz. Fragen an ein Versöhnungsprogramm, Z. allg. Wiss.theorie 24 (1993), 303–313; ders., Vorfragen zur Wahrheit. Ein Traktat über kognitive Sprachen, München 1997; G. Skirbekk (ed.), W.. Eine Auswahl aus den Diskussionen über Wahrheit im 20. Jahrhundert, Frankfurt 1977, [11]2012; D. Stoljar/N. Damnjanovic, The Deflationary Theory of Truth, SEP 1997, rev. 2010; S. Strasser, Zur Konsensustheorie der Wahrheit. Eine kritische Studie im Zusammenhang mit Kamlahs und Lorenzens »Logische Propädeutik«, in: H. Kohlenberger (ed.), Die Wahrheit des Ganzen, Wien/Freiburg/Basel 1976, 53–64; J. Szaif u. a., W., Hist. Wb. Ph. XII (2004), 48–123; N. Tennant, The Taming of the True, Oxford 1997, 2004; S. T. Vasilie, Esquisse pour une théorie de la vérité, Arch. philos. 31 (1968), 586–627; K. Wagner/G. Terton/K. H. Schwabe, Zur marxistisch-leninistischen Wahrheitstheorie, Berlin 1974; C. Wright, Realism, Meaning and Truth, Oxford 1987, [2]1993, 1995; ders., Truth and Objectivity, Cambridge Mass./London 1992, 1994 (dt. Wahrheit und Objektivität, Frankfurt 2001); ders., Saving the Differences. Essays on Themes from »Truth and Objectivity«, Cambridge Mass./London 2003; J. O. Young, The Coherence Theory of Truth, SEP 1996, rev. 2013. K. L.

Wahrheitswert (engl. truth-value), von G. Frege in die formale Logik (↑Logik, formale) eingeführte Bezeichnung für die zwei Gegenstände ›das Wahre‹ (↑wahr/das Wahre) und ›das Falsche‹, die als Werte extensionaler (↑extensional/Extension) ↑Aussagefunktionen auftreten und daher im Falle des W.es ↑verum (Zeichen: $\curlyvee$) von wahren Aussagen bzw. im Falle des W.es ↑falsum (Zeichen: $\curlywedge$) von falschen Aussagen dargestellt werden: »Ich verstehe unter dem Wahrheitswerthe eines Satzes den Umstand, daß er wahr oder daß er falsch ist« (Über Sinn und Bedeutung, Z. Philos. phil. Kritik NF 100 [1892], 34). Der W. einer Aussage wird aus diesem Grunde auch als die ›(extensionale) Bedeutung‹ oder die ↑›Referenz‹ der Aussage bezeichnet.

Es ist auf die von Frege als vollständig behandelte ↑Disjunktion ›[etwas ist] Funktion oder Gegenstand‹ zurückzuführen, daß Aussagen deshalb, weil sie ›gesättigte‹, d. h. ohne Leerstelle (↑Variable) auftretende, Ausdrücke sind, als eine besondere Art von ↑Namen behandelt werden – eine Auffassung, die z. B. von L. Wittgenstein (vgl. Tract. 3.143, 3.3) durch die Betonung des Unterschieds zwischen den beiden klassischen Funktionen sprachlicher Äußerungen (↑Artikulator), den Sprachhandlungen des (Be-)Nennens und des (Aus-)Sagens, der Signifikation (↑Benennung) und der Kommunikation (↑Prädikation), zu Recht zurückgewiesen wird. Frege markiert den semantischen Anteil einer Aussage durch Anbringen des ↑›Inhaltsstrichs‹ an das (bloß syntaktische) Aussagezeichen, also ›$-A$‹, und erklärt, daß ›$-A$‹ etwas bezeichne, nämlich sowohl den ↑Gedanken (oder Inhalt) der Aussage als den ↑Sinn von ›$-A$‹ als auch den W. der Aussage als die Bedeutung von ›$-A$‹; der Sinn wird ausgedrückt, die Bedeutung wird benannt. Tritt außerdem der ↑›Urteilsstrich‹ zur Markierung des pragmatischen Anteils einer Aussage hinzu, also ›$\vdash A$‹, so werde hingegen nichts mehr bezeichnet, sondern nur noch behauptet. Frege erklärt jetzt, daß in der Behauptung $\vdash A$ der Gegenstand $-A$ einer Beurteilung (↑Urteil) dahingehend unterzogen werde, ob die bloße Annahme der ↑Wahrheit auch Anerkennung verdiene. Bedeutet jedoch ›$-A$‹ das Falsche, so sieht man, daß der mit einer Behauptung erhobene Wahrheits*anspruch* nicht mit seiner Einlösung verwechselt werden darf. Freges Gleichbehandlung der Aussagen mit den Namen läßt den von ihm selbst hervorgehobenen Unterschied unberücksichtigt, daß ein Gedanke noch zur Beurteilung ansteht, die W.e eigentlich *Beurteilungs*prädikate gegenüber Aussagen sind, während Namen nur eine semantische und keine unmittelbar pragmatische Rolle spielen.

Die ↑Metaprädikatoren ›wahr‹ (↑wahr/das Wahre) und ↑›falsch‹ als schon zur (extensionalen) ↑Semantik von Aussagen gehörig aufzufassen, statt sie erst auf der Ebene der ↑Pragmatik der Aussagen und damit insbes. im Zusammenhang der ↑Sprechakte zu behandeln, hat die wenig plausible Konsequenz, eine Aussage zum Namen der Klasse (↑Klasse (logisch)) aller mit ihr extensional äquivalenten Aussagen zu machen. Darüber hinaus ergibt sich die schon von Frege bemerkte Unmöglichkeit, Aussagen dann als propositionalen Kern auch von Bitten, Aufforderungen usw. statt nur von Behauptungen, Fragen usw., ansehen zu können.

Treten als Argumente einer Aussagefunktion nicht beliebige Gegenstände, sondern wiederum nur W.e auf, so liegt eine ↑Wahrheitsfunktion vor, die im junktorenlogischen Falle (↑Junktorenlogik) von Wahrheitsfunktionen endlicher Stellenzahl durch einen n-stelligen ↑Junktor bzw. eine entsprechende ↑Wahrheitstafel darstellbar ist. Z. B. hat die zweistellige Wahrheitsfunktion ›weder – noch‹, also $\veebar \leftrightharpoons \iota_{A,B} A \veebar B$, für das Argumentepaar $\curlywedge$, $\curlywedge$ den Wert $\curlyvee$. Eine Wahrheitsfunktion, die bei jeder Wahl der Argumente, d. h. jeder möglichen ↑Belegung der Aussagevariablen mit den beiden W.en, den Wert $\curlyvee$ ergibt, heißt dabei ›tautologisch‹ (↑Tautologie), z. B. ↑verum selbst, verstanden als eine der beiden nullstelligen Wahrheitsfunktionen.

Werden Wahrheitsfunktionen auf der Grundlage von mehr als zwei W.en betrachtet (z. B. über ›wahr‹ und ›falsch‹ hinaus noch ›unbestimmt‹), so erhält man anstelle der auf dem ↑Zweiwertigkeitsprinzip aufgebauten klassischen Logik (↑Logik, klassische) eine mehrwertige Logik (↑Logik, mehrwertige). In ihr gelten alle diejenigen Wahrheitsfunktionen als tautologisch, die für jede Wahl der Argumente einen der so genannten designierten oder ausgezeichneten W.e (im zweistelligen Falle $\curlyvee$)

als Wert haben (↑Matrix, logische). Insbes. kann die intuitionistische Junktorenlogik (↑Logik, intuitionistische) zwar nicht als eine n-wertige, wohl aber als eine unendlich-wertige Logik aufgebaut werden. K. L.

Wahrnehmung (engl. perception), in umgangs- und wissenschaftssprachlicher Verwendung Bezeichnung sowohl für das Ergebnis als auch für das Geschehen eines Vorganges, in dessen Verlauf strukturierte Inhalte der sinnlichen Erfahrung zugänglich werden. Neuzeitlich wird der Begriff der W. meist einerseits vom Begriff der ↑Empfindung, andererseits vom Begriff des Erfahrungsurteils abgegrenzt, wobei der Nachdruck dieser Differenzierung von den vorausliegenden erkenntnistheoretischen Positionen abhängt. Neben dieser am Gesichtspunkt der ↑Geltung orientierten Unterscheidung treten in Kontexten, die auf eine Analyse der Begriffe der ↑Psychologie zielen, Explikationen auf, die den Begriff der W. in bezug auf das Kriterium der subjektiven Verfügbarkeit zwischen die Begriffe der als unwillkürlich bestimmten Empfindung und der als willensabhängig gekennzeichneten Vorstellung einordnen. Als Bestimmungsstück der Grundlagen der Erkenntnis ist W. immer ein zentrales Thema der Philosophie, insbes. der ↑Erkenntnistheorie und der ↑Wissenschaftstheorie, gewesen. In deskriptiv-empirischer Ausrichtung beschäftigen sich mit Fragen der W. heute vor allem die W.spsychologie (Bedingtheiten der Informationsgewinnung und Informationsverarbeitung) und die Neurophysiologie (organismische Bedingtheiten) sowie kognitionswissenschaftliche (↑Kognitionswissenschaften) ↑Simulationen.

Die griechische ↑Naturphilosophie beschäftigt sich vorwiegend mit den physikalisch-physiologischen Aspekten der W. und sucht sie als Zusammentreffen materieller Emanationen der physikalischen Objekte der Außenwelt einerseits und der Sinnesorgane andererseits auf der Basis einer atomistischen Kosmogonie mechanistisch zu erklären (↑Bildchentheorie). Dies begünstigte eine im ↑Empirismus bis in die Gegenwart vertretene Auffassung, wonach das rein passivisch als Eindruck Aufgenommene eine intuitive, unmittelbare, zweifelsfreie, von verstandesmäßigen Interpretationen unabhängige W. des unmittelbar ↑Gegebenen und damit das objektive ↑Abbild (↑Abbildtheorie) eines Teils der ↑Außenwelt ist (↑Realismus (erkenntnistheoretisch)). Mit Platon und Aristoteles treten erkenntnis- und wissenschaftstheoretische Probleme der W. in den Vordergrund. Die bloße Sinneserfahrung ist als das dem Verstandesurteil über sie Vorgängige nicht wahrheitsfähig und führt daher nach Platon lediglich zu ↑Meinung, nicht aber zu dem nur über die ↑Dialektik zu gewinnenden ↑Wissen vom Seienden. In der christlich-mittelalterlichen Philosophie werden die W.stheorien – meist mit Platonischen oder Aristotelischen Argumenten – im Rahmen des ↑Universalienstreits diskutiert.

R. Descartes' Ansatz, eine Fundierung des Wissens durch selbstreflexiven Anfang im Denken zu gewinnen, und der darin implizierte ↑Dualismus von Subjekt und Objekt (↑Subjekt-Objekt-Problem) liefert den neuzeitlichen Bezugsrahmen, in dem der Begriff der W. im Sinne einer Aufspaltung der Quellfunktion der Erfahrung in eine subjektiv-geistige und eine objektiv-materielle Seite expliziert wird. Danach erscheint W. als Verweisungszusammenhang einer Außenwelt bzw. von ↑Sinnesdaten als Wirkungen der Existenz von Gegenständen der Außenwelt und eines denkenden Subjekts. Der Umstand, daß W.en nicht objektivierbar sind, erscheint in dieser Perspektive als ein Defizit, das je nach erkenntnistheoretischer Ausrichtung der objektiven oder der subjektiven Seite der W. angelastet wird. Soweit rationalistisch (↑Rationalismus) zur Begründung von Erkenntnis auf erfahrungsunabhängige Prinzipien rekurriert wird, erscheint das sinnlich Gegebene als Quelle von Erkenntnisirrtümern. Der Empirismus sucht die Objektivität einer in der Neuzeit verstärkt auf ↑Beobachtung und ↑Experiment gestützten Wissenschaft durch den methodischen Rückgang auf eine begriffsfrei gedachte ↑Erfahrung, zunehmend dann auch auf das im Sinnesdatum unmittelbar Gegebene zu sichern. Erkenntnisirrtümer entstehen nach dieser Auffassung nicht bei der passivischen Aufnahme von Sinnesdaten, sondern bei deren verstandesmäßiger Bearbeitung. Daher wird jetzt zwischen den – der naiven W. unbewußten – Elementen der ›Empfindung‹ einerseits und deren – häufig als ›Idee‹ (↑Idee (historisch)) bezeichneter – Aufbereitung zur Gestalt der bewußten, gegenständlichen W. andererseits unterschieden. Die empiristischen W.stheorien besitzen zentrale Bedeutung für die Entstehung des neuzeitlichen Wissenschaftsbegriffs im Zusammenhang mit der Galileischen und Newtonschen Physik. Von daher erweist sich der Umstand, daß die für naturwissenschaftliche Erklärungen unabdingbaren Ursache-Wirkungsbeziehungen (↑Kausalität, ↑Ursache) nicht sinnlich wahrnehmbar sind und folglich nach der Korrespondenztheorie der Wahrheit (↑Wahrheitstheorien) auf sie gestützte Aussagen kein sicheres Wissen begründen, als Dilemma für die Begründungsbemühungen einer wissenschaftlichen Physik.

In Auseinandersetzung mit dieser Begründungsproblematik weist I. Kant ein deskriptives Verständnis des Cartesischen Dualismus zurück und betont, daß es sich bei der Rede von der Rezeptivität (↑rezeptiv/Rezeptivität) der ↑Sinnlichkeit und der Spontaneität (↑spontan/Spontaneität) des Denkens um die Bestimmungsstücke der Analyse eines instrumentalen oder konstruktiven Erfahrungsbegriffs handelt (vgl. H. Schnädelbach 1977, 61–133). Im Rahmen der Rekonstruktion dieses Erfahrungsbegriffs expliziert Kant den Begriff der W. ebenfalls aus der Perspektive des Herstellens (↑Herstellung, ↑Poiesis). Kant definiert W. als ›bewußte ↑Anschauung‹. Dabei zeigt der Terminus ›Anschauung‹ an, daß W. als Ergebnis und als Akt an die Sinnlichkeit gebunden ist. Der Terminus ›bewußt‹ weist darauf hin, daß die Identifizierung und die Unterscheidung optischer, akustischer, haptischer oder anderer sensorischer Gestalten intersubjektiv verbindlich sind, wenn auch nicht objektivierbar, da an die sinnliche Präsenz oder Vergegenwärtigung gebunden (vgl. P. Stekeler-Weithofer 1995, 163–206). Die Gewährleistung dieser Verbindlichkeit sieht Kant in einer aktiven Rolle des ↑Subjekts, dem Inbegriff der idealen Formen des Erkennens und Handelns, gegeben. Weil der Mensch mittels jener idealen Kompetenz Strukturierungsleistungen im sinnlich Gegebenen durchsetzt, kann er sich auf seine Identifikationen im Bereich der W. verlassen.

In Absetzung von dieser Option auf die Perspektive des Herstellens hat vor allem die ↑Phänomenologie einen Begriff von W. entwickelt, der die Eigenständigkeit und Irreduzibilität der Gestalten des unmittelbaren Welt- und Selbstverhältnisses betont, ohne diese absolut zu setzen, also von der menschlichen Praxis abzulösen. Diese Gefahr der Verabsolutierung droht eher, wie von L. Wittgenstein verdeutlicht, in der ↑Gestalttheorie, die am Anfang des 20. Jhs. als psychologische Theorie entstand. Am Begriff des Aspektwechsels – bei Wittgenstein allgemein das Vehikel, über das er die Vorstellung einer Zerlegung der W. in ein sinnlich Gegebenes und ein geistiges Deuten kritisiert – wird deutlich gemacht, daß die Annahme von reinen Gestaltqualitäten nicht viel mehr als die Umkehrung der alten empiristischen Tabula-rasa-Theorie (↑tabula rasa) des Bewußtseins ist.

Im Rahmen der kognitiven W.stheorien in der Psychologie (J. Bruner, D. P. Ausubel) wird betont, daß jede W.saussage die durch die Sinne bereitgestellte Information übersteigt. W. beinhaltet die Anwendung allgemeiner Begriffe oder ›Kategorien‹, die als Regeln zur Klassifizierung von Objekten oder Vorgängen dienen. Durch die Anwendung derartiger Kategorien werden Objekte oder Vorgänge als gleichartig oder ähnlich bestimmt. W. stellt sich daher als ein Prozeß des Urteilens dar. Die kognitive W.stheorie betont vor allem den Einfluß von Hintergrundüberzeugungen sowohl auf die Struktur des jeweiligen Kategoriensystems als auch darauf, welche Kategorien im Einzelfall herangezogen werden. Daraus folgt, daß W.serlebnisse von weiteren Überzeugungen des Wahrnehmenden abhängen und entsprechend durch diese verfälscht werden können (↑Sinnestäuschung). Nach der vor allem von L. Fleck, N. R. Hanson, T. S. Kuhn und P. K. Feyerabend verteidigten These der ↑Theoriebeladenheit der Beobachtung beeinflussen solche Überzeugungen das W.serlebnis. W.en beinhalten danach stets schon eine Organisation des zugehörigen W.sfeldes, die Zusammengehöriges als einheitlich wiedergibt und eine Unterscheidung zwischen Relevantem und Irrelevantem einführt. Neutrale Sinnesdaten sind danach lediglich eine philosophische Konstruktion und nicht Gegenstand der Erfahrung. Ursprünglich eingeleitet durch I. Hacking (1983), findet gegen diese umfassende These der Theoriebeladenheit die Auffassung Beachtung, daß W.en vielfach keinen spezifischen Theoriebezug aufweisen und von theorieübergreifender Beschaffenheit sind.

Literatur: W. P. Alston, The Reliability of Sense Perception, Ithaca N. Y./London 1993, 1996; R. J. L. Austin, Sense and Sensibilia. Reconstructed From the Manuscript Notes by G. J. Warnock, Oxford 1962, London/New York 2010 (dt. Sinn und Sinneserfahrung, Stuttgart 1975, 1986); D. J. Bennett/C. S. Hill (eds.), Sensory Integration and the Unity of Consciousness, Cambridge Mass./London 2014; T. Burge, Origins of Objectivity, Oxford etc. 2010; R. M. Chisholm, Perceiving. A Philosophical Study, Ithaca N. Y. 1957, 1982; P. Coates, The Metaphysics of Perception. Wilfrid Sellars, Perceptual Consciousness and Critical Realism, New York/London 2007; T. Crane, The Problem of Perception, SEP 2005, rev. 2011; G. Dicker, Perceptual Knowledge. An Analytical and Historical Study, Dordrecht/Boston Mass./London 1980; F. Dretske, Perception, Knowledge and Belief. Selected Essays, Cambridge etc. 2000, 2003; M. Dummett, Thought and Perception. The Views of Two Philosophical Innovators, in: D. Bell/N. Cooper (eds.), The Analytic Tradition. Meaning, Thought and Knowledge, Oxford/Cambridge Mass. 1990, 83–103; P. K. Feyerabend, Problems of Empiricism, in: R. G. Colodny (ed.), Beyond the Edge of Certainty. Essays in Contemporary Science and Philosophy, Englewood Cliffs N. J. 1965 (repr. Lanham Md./New York/London 1983), 145–260; W. Fish, Perception, Hallucination, and Illusion, Oxford etc. 2009, 2013; L. Fleck, Patrzeć, widzieć, wiedzieć, Problemy 2 (1947), 74–84, ferner in: ders., Style myślowe i fakty. Artykuły I świadectwa, ed. S. Werner/C. Zittla/F. Schmaltza, Warschau 2007, 163–184 (dt. Schauen, Sehen, Wissen, in: ders., Erfahrung und Tatsache. Gesammelte Aufsätze, ed. L. Schäfer/T. Schnelle, Frankfurt 1983, 2008, 147–174, ferner in: ders., Denkstile und Tatsachen. Gesammelte Schriften und Zeugnisse, ed. S. Werner/C. Zittel, Berlin 2011, 2014, 390–418; engl. To Look, to See, to Know, in: R. S. Cohen/T. Schnelle [eds.], Cognition and Fact. Materials on Ludwik Fleck, Dordrecht etc. 1986 [Boston Stud. Philos. Hist. Sci. LXXXVII], 129–151); S. Gaukroger, Aristotle on the Function of Sense Perception, Stud. Hist. Philos. Sci. 12 (1981), 75–89, ferner in: ders., The Genealogy of Knowledge. Analytical Essays in the History of Philosophy and Science, Aldershot etc. 1997, 47–76; J. Good, Wittgenstein and the Theory of Perception, London/New York 2006, 2010; P. M. S. Hacker, Appearance and Reality. A Philosophical Investigation into Perception and Perceptual Qualities, Oxford/New York 1987, 1991; I. Hacking, Representing and Intervening. Introductory Topics in the Philosophy of Natural Science, Cambridge 1983, 2010 (dt. Einführung in die Philosophie der Naturwissenschaften, Stuttgart 1996, 2011); D. W. Hamlyn, Sensation and Perception. A History of the Philosophy of Perception, London 1961, 1969; N. R. Hanson, Patterns of Discovery. An Inquiry into the Conceptual Foundations of Science, Cambridge 1958 (repr. 1965), 2010; ders., Seeing and Seeing As, in: ders., Perception and Discovery. An Introduction to Scientific Inquiry, ed. W. C. Humphreys, San Francisco Calif. 1969, 1970, 91–110, ferner in: Y. Balashov/A. Rosenberg (eds.), Philosophy of Science. Contemporary Readings, London/New York 2002, 2006, 321–339; G. Hatfield, The Natural and the Normative. Theories of Spatial Perception from Kant to Helmholtz, Cambridge Mass./London 1990; R. J. Hirst, Perception, Enc. Ph. VI (1967), 79–87, VII ([2]2006), 177–187 (mit erw. Bibliographie v. B. Fiedor); K. Holzkamp, Sinnliche Erkenntnis. Historischer Ursprung und gesellschaftliche Funktion der W., Frankfurt 1973, rev. [3]1976, ferner als: ders., Schriften IV, Hamburg 2006; J. Hyman, The Causal Theory of Perception, Philos. Quart. 42 (1992), 277–296; W. Janke, Perzeption, Hist. Wb. Ph. VII (1989), 382–386; T. S. Kuhn, The Structure of Scientific Revolutions, Chicago Ill./London 1962, erw. [2]1970, [4]2012 (dt. Die Struktur wissenschaftlicher Revolutionen, Frankfurt 1967, [2]1976 [mit Postskriptum von 1969], [24]2014); P. K. Machamer/R. G. Turnbull (eds.), Studies in Perception. Interrelations in the History of Philosophy and Science, Columbus Ohio 1978; M. Matthen, Seeing, Doing, and Knowing. A Philosophical Theory of Sense Perception, Oxford/New York 2005, 2011; B. Maund, Perception, Chesham, Montreal 2003; M. M. McCabe/M. Textor (eds.), Perspectives on Perception, Frankfurt etc. 2007; R. McRae, Leibniz. Perception, Apperception, and Thought, Toronto/Buffalo N. Y. 1976 (repr. Ann Arbor Mich. 2007), bes. 19–68; D. K. W. Modrak, Aristotle. The Power of Perception, Chicago Ill./London 1987, 1989; B. Nanay (ed.), Perceiving the World, Oxford etc. 2010, 2014; ders., Between Perception and Action, Oxford etc. 2013; A. Noë, Action in Perception, Cambridge Mass./London 2004, 2006; G. Pitcher, A Theory of Perception, Princeton N. J. 1971; U. Pompe, Perception and Cognition. The Analysis of Object Recognition, Paderborn 2011; H. H. Price, Perception, London/New York 1932, [2]1950 (repr. Westport Conn. 1981, Bristol 1996 [= The Collected Works II]), 1973; R. Schantz, Der sinnliche Gehalt der W., München/Hamden/Wien 1990; W. Schapp, Beiträge zur Phänomenologie der W., Halle, Göttingen 1910 (repr. Wiesbaden 1976), Frankfurt [2]1981, [5]2013; H. J. Scheurle, Überwindung der Subjekt-Objekt-Spaltung in der Sinneslehre. Phänomenologische und erkenntnistheoretische Grundlagen der allgemeinen Sinnesphysiologie, Stuttgart/New York 1977, unter dem Titel: Die Gesamtsinnesorganisation. Überwindung der Subjekt-Objekt-Spaltung in der Sinneslehre. Phänomenologische und erkenntnistheoretische Grundlagen der allgemeinen Sinnesphysiologie, [2]1984; H. Schmitz, System der Philosophie III/5 (Die W.), Bonn 1978, [2]1989, 2005; H. Schnädelbach, Reflexion und Diskurs, Fragen einer Logik der Philosophie, Frankfurt 1977; J. Schulte, Erlebnis und Ausdruck. Wittgensteins Philosophie der Psychologie, München/Wien 1987, 1988 (engl. Experience and Expression. Wittgenstein's Philosophy of Psychology, Oxford 1993, 2003); R. Schwartz (ed.), Perception, Malden Mass./Oxford 2004; J. R. Searle, Seeing Things as They Are. A Theory of Perception, Oxford etc. 2015; A. D. Smith, The Problem of Perception, Cambridge Mass./London 2002, Delhi 2005; E. Sosa/E. Villanueva/B. Brogaard (eds.), The Epistemology of Perception, Boston Mass./Oxford 2011; A. Staudacher, Das Problem der Wahrnehmung, Paderborn 2011; P. Stekeler-Weithofer, Sinnkriterien. Die logischen Grundlagen kritischer Philosophie von Platon bis Wittgenstein, Paderborn etc. 1995; E. Thompson, Colour Vision. A Study in Cognitive Science and the Philosophy of Perception, London/New York 1995; G. Vision, Problems of Vision. Rethinking the Causal Theory of Perception, Oxford/New York 1997; B. Waldenfels, W., Hb. ph. Grundbegriffe III (1974), 1669–1678; G. J. Warnock (ed.), The Philosophy of Perception, Oxford 1967, 1977; J. W. Yolton, Perceptual Acquaintance. From Descartes to Reid, Oxford, Minneapolis Minn. 1984. B. U./H. R. G.

Wahrnehmung, außersinnliche (abgekürzt: ASW, engl. extrasensory perception [ESP]), in der ↑Parapsychologie Bezeichnung für den nicht oder nicht ausschließlich mit Hilfe bekannter Sinnesorgane erfolgenden Erwerb von Wissen (neuerdings oft: ›Information‹) über Personen, Ereignisse oder Dinge. Zwar unterliegt diese Definition dem Bedenken einer rein negativen Merkmalsbestimmung, nicht jedoch dem Einwand, sie präsupponiere die Existenz ›außer-‹ oder ›übersinnlicher‹ Wege des Wissenserwerbs (denn keine formal korrekte Definition postuliert über die Bestimmung eines Begriffs hinaus die Existenz unter diesen Begriff fallender Gegenstände). Jedoch bevorzugt die Forschungspraxis der Parapsychologie die rein operative Definition der von ihr untersuchten ASW-Phänomene durch Angabe von ↑Handlungsschemata zur Herstellung von Bedingungen für ihr Auftreten sowie zu ihrer Untersuchung.

Die (wohl von G. Pagenstecher 1924 stammende) Begriffsbildung ›a. W.‹ ist allerdings umstritten. Nicht durchgesetzt hat sich der Vorschlag (R. Tischner), ›a. W.‹ durch den Terminus ›außersinnliche Erfahrung‹ zu ersetzen, um dem Einwand zu entgehen, a. W. sei schon deshalb ein leerer Begriff, weil ↑Wahrnehmung als ein sinnlich vermitteltes Ereignis definiert sei. Ferner wird die Abhängigkeit der Begriffsbestimmung vom jeweiligen Stand der Wissenschaft bemängelt (G. Spencer Brown), da jedes zu irgendeiner Zeit t_1 ernstgenommene Phänomen a.r W. zu Forschungen Anlaß gebe, die zu irgendeinem späteren Zeitpunkt t_2 zur Entdeckung eines das Phänomen (mit-)verursachenden, vorher unbekannten Sinnes führen und es dadurch unter die (in der jetzt erweiterten Bedeutung) sinnlichen Wahrnehmungen einordnen würden. Manche Autoren sprechen auch von außersinnlich erworbenem ›Wissen‹, da dieses nicht mit bewußter Wahrnehmung verknüpft zu sein braucht, sondern sich z. B. in Träumen dokumentieren oder auch unbewußt (also z. B. allein aus Handlungen des dieses Wissen tragenden Subjektes erschließbar) sein kann.

Außer nach der Thematik, der Rolle und der Beziehung der beteiligten Personen, deren Bewußtseinszustand und der Erlebnisform (Halluzination, symbolischer oder realistischer Traum, Ahnung usw.; vgl. Bauer 1995, 125–126) gliedern sich die Phänomene der a.n W. vor allem in solche der Telepathie, des Hellsehens und der Präkognition. Ein Problem dieser Klassifikation liegt darin, daß sich nicht nur ein konkretes Phänomen oft nicht eindeutig einer dieser Klassen zuordnen läßt, sondern auch die Unabhängigkeit der Klassen selbst methodologisch nicht gesichert werden kann. *Telepathie* bezeichnet die durch Wahrnehmung mittels bekannter Sinne nicht erklärbare Erfahrung fremdpsychischer Vorgänge, zu denen nicht nur Gedanken, sondern z. B. auch Vorstellungen, Gefühle, Antriebe etc. gehören (so daß der früher viel gebrauchte Ausdruck ›Gedankenübertragung‹

zu eng ist, ganz abgesehen davon, daß er voreilig einen Übertragungsvorgang längs eines Kommunikationsweges unterstellt [s. u.]). Telepathische Vorgänge sind die in Laborversuchen am umfassendsten und mit dem höchsten methodischen Aufwand erforschten Phänomene a.r W.; ihre Existenz wird kaum noch bezweifelt (vgl. die 1993 veröffentlichten Versuche an der Universität Edinburgh, aber auch die neuere Kontroverse über die Experimente von D. J. Bem). *Hellsehen* ist die ohne Vermittlung derzeit bekannter Sinne zustandekommende Wahrnehmung eines objektiven Vorgangs, von dem zum Zeitpunkt der Wahrnehmung niemand (außer dem diese Kenntnis gerade erlangenden Subjekt) Kenntnis hat. Diese Formulierung (im Anschluß an H. Bender/E. R. Gruber 1982, 377) schließt telepathische Phänomene aus, erfaßt jedoch als traditionellerweise separat behandelten Spezialfall (›Hellsehen in die Zukunft‹) auch die *Präkognition*, das sich unter Umständen auch ohne anschauliche Komponenten einstellende »Vorauswissen eines zukünftigen Ereignisses, für das zur Zeit des Vorauswissens keine zureichenden Gründe bekannt sein können und das auch nicht als dessen Folge eintritt« (Bender/Gruber, 1982, 377). Präkognitionsphänomene sind Laborexperimenten naturgemäß am wenigsten zugänglich; Berichte haben im allgemeinen Spontanphänomene in Kontexten mit hoher emotionaler Belastung zum Inhalt und beziehen sich z. B. auf Gefahrensituationen im Kriege oder bei Unfällen, auf Todesfälle und Naturkatastrophen.

Die beharrliche Skepsis gegenüber der Existenz a.r W. und der ›Wissenschaftlichkeit‹ ihrer Untersuchung hat ihre Ursache nicht nur in Schwierigkeiten definitorischer oder methodischer Art, sondern auch in der problematischen Geschichte dieser Phänomene und ihrer Erforschung. Wegen ihrer nur losen Verankerung in universitären Forschungseinrichtungen und entsprechend geringer Forschungsförderung waren parapsychologische Studien fast bis zur Mitte des 20. Jhs. weitgehend Sache von Amateuren und bilden auf Grund vermuteter weltanschaulicher Implikationen und ausgezeichneter Vermarktbarkeit in den öffentlichen Medien bis heute einen Tummelplatz für Scharlatane.

Für die Philosophie liegt die Relevanz von Phänomenen a.r W. zum einen in den möglichen Folgerungen für die ↑Erkenntnistheorie, vor allem in deren klassischer Gestalt mit ihrer deutlichen Orientierung an sensualistischen (↑Sensualismus) Theorien der Wahrnehmung gemäß dem Motto ↑›nihil est in intellectu quod non prius fuerit in sensu‹; eine Erweiterung und damit Veränderung des Wahrnehmungsbegriffs würde auch die Begriffe der Erkenntnis und des Bewußtseins berühren. Zum anderen scheinen a. W.en (wie auch die so genannten paraphysikalischen Phänomene; ↑Parapsychologie) den der Alltagserfahrung und der klassischen Physik gleichermaßen zugrundeliegenden Annahmen zu widersprechen, daß jedes Ereignis eine ihm vorhergehende ↑Ursache habe, daß kein Ereignis eine ↑Wirkung habe, bevor es stattfindet (↑Retrokausalität), und daß jede Beeinflussung eines Ereignisses durch ein anderes notwendigerweise mit einem Energietransport verbunden sei. Manche neueren Erklärungsmodelle verlassen daher von vornherein die Denkstrukturen der klassischen Physik (der z. B. die heute nicht mehr diskutierte ›Strahlungshypothese‹ zur Erklärung der Telepathie noch in den 1960er Jahren folgte), gehen von gewissen ›Isomorphien‹ zwischen paranormalen und Quantenphänomenen aus und suchen (z. B. W. v. Lucadou/K. Kornwachs 1979) nach Indizien für eine mit Mitteln der klassischen Physik nicht beschreibbare neue Art der Interaktion. Diese Versuche bewegen sich jedoch vorerst im Bereich der Spekulation.

Literatur: E. Bauer, Parapsychologie, in: G. L. Eberlein (ed.), Kleines Lexikon der Parawissenschaften, München 1995, 123–133; D. J. Bem, Feeling the Future. Experimental Evidence for Anomalous Retroactive Influences on Cognition and Affect, J. of Personality and Social Psychology 100 (2011), 407–425 [s. dazu E.-J. Wagenmakers u. a. (s. u.)]; ders./C. Honorton, Does Psi Exist? Replicable Evidence for an Anomalous Process of Information Transfer, Psychological Bull. 115 (1994), 4–18; D. J. Bem/J. Utts/W. O. Johnson, Reply. Must Psychologists Change the Way They Analyze Their Data?, J. of Personality and Social Psychology 101 (2011), 716–719; D. J. Bem u. a., Feeling the Future. A Meta-Analysis of 90 Experiments on the Anomalous Anticipation of Random Future Events, F1000Research 2015 [elektronische Ressource: https://f1000research.com/articles/4-1188/v1], rev. 2016 [https://f1000research.com/articles/4-1188/v2]; H. Bender, Zum Problem der a.n W.. Ein Beitrag zur Untersuchung des ›Hellsehens‹ mit Laboratoriumsmethoden, Z. f. Psychologie 135 (1935), 20–130, mit Untertitel: Ein Beitrag zur Untersuchung des ›räumlichen Hellsehens‹ mit Laboratoriumsmethoden, Leipzig 1936; ders./E. R. Gruber, Parapsychologie – die Erforschung einer verborgenen Wirklichkeit, in: R. Stalmann (ed.), Kindlers Handbuch Psychologie, München 1982, 367–400; P. Brugger, ASW: AußerSinnliche Wahrnehmung oder Ausdruck Subjektiver Wahrscheinlichkeit?, Z. f. Parapsychologie u. Grenzgebiete d. Psychologie 33 (1991), 76–102; A. Gauld, ESP and Attempts to Explain It, in: S. C. Thakur (ed.), Philosophy and Psychical Research, London 1976 (repr. London/New York 2002), 17–45, unter dem Titel: Attempts to Explain ESP, in: A. Flew (ed.), Readings in the Philosophical Problems of Parapsychology, Buffalo N. Y. 1987, 71–86; F. Gudas (ed.), Extrasensory Perception, New York 1961, 1975; H. O. Gulliksen, Extra-Sensory Perception. What Is It?, Amer. J. Sociology 43 (1937/1938), 623–634; C. E. M. Hansel, ESP. A Scientific Evaluation, London, New York 1966; ders., ESP and Parapsychology. A Critical Reevaluation, Buffalo N. Y. 1980; ders., The Search for a Demonstration of ESP, in: P. Kurtz (ed.), A Skeptic's Handbook of Parapsychology, Buffalo N. Y. 1985, 1987, 97–127; A. Hardy, Biology and ESP, in: J. R. Smythies (ed.), Science and ESP [s. u.], 143–164; R. Heywood, The Sixth Sense. An Inquiry into Extrasensory Perception, London 1959, rev. ^{2}1971, unter dem Titel: Beyond the Reach of Sense. An Inquiry into Extra-Sensory Perception, New York 1961, 1974; C. Honorton/D. C. Ferrari, ›Future Telling‹. A Meta-Analysis of Forced-Choice Precognition Experiments, 1935–1987, J. Parapsychology 53 (1989), 281–308; F. Huxley, Anthropology and ESP, in: J. R. Smythies (ed.), Science and ESP [s. u.], 281–302; G. O. Lindholm, Fehlerquellen der sog. ASW-Versuche, Helsinki 1967 (Annales Academiae Scientiarum Fennicae, Ser. B, 145/2); W. v. Lucadou/K. Kornwachs, Parapsychologie und Physik, in: G. Condrau (ed.), Die Psychologie des 20. Jahrhunderts XV (Transzendenz, Imagination und Kreativität. Religion, Parapsychologie, Literatur und Kunst), Zürich 1979, 581–590; A. Massucco Costa, ESP, Enc. filos. III (1982), 238–239; E. C. May/S. B. Marwaha (eds.), Extrasensory Perception. Support, Skepticism, and Science, I–II, Santa Barbara Calif./Denver Colo. 2015; R. A. McConnell, The Nature of the Laboratory Evidence for Extrasensory Perception, in: G. E. W. Wolstenholme/E. C. P. Millar (eds.), Ciba Foundation Symposium on Extrasensory Perception [s. u.], 4–13; R. L. Morris, A Survey of Methods and Issues in ESP-Research, in: S. Krippner (ed.), Advances in Parapsychological Research II (Extrasensory Perception), New York/London 1978, 7–58; C. W. K. Mundle, The Explanation of ESP, Int. J. Parapsychology 7 (1965), 221–234, ferner in: J. R. Smythies (ed.), Science and ESP [s. u.], 197–207; ders., ESP Phenomena, Philosophical Implications of, Enc. Ph. III (1967), 49–58 (mit Bibliographie, 57–58); H. v. Noorden, Theorien der A.n W., Z. f. Parapsychologie u. Grenzgebiete d. Psychologie 11 (1968), 44–85; G. Pagenstecher, Past Events Seership. A Study in Psychometry, New York 1923 (dt. Die Geheimnisse der Psychometrie oder Hellsehen in die Vergangenheit. Eine psychometrische Studie, Leipzig 1928); ders., A. W.. Experimentelle Studie über den sogenannten Trancezustand, Halle 1924; J. Palmer, Extrasensory Perception. Research Findings, in: S. Krippner (ed.), Advances in Parapsychological Research II [s. o.], 59–244; J. G. Pratt, Parapsychology. An Insider's View of ESP, Garden City N. Y. 1964, Metuchen N. J. 1977 (dt. [Teilübers.] Der Durchbruch zur ASW, in: H. Bender [ed.], Parapsychologie. Entwicklung, Ergebnisse, Probleme, Darmstadt 1966, ^{4}1976 [repr., als 5. Aufl., 1980], 339–345); ders. u. a., Extra-Sensory Perception After Sixty Years. A Critical Appraisal of the Research in Extra-Sensory Perception, Boston Mass. 1940, ^{2}1966; J. L. Randall, Techniques for the Study of Extrasensory Perception and Psychokinesis, in: I. Grattan-Guinness (ed.), Psychical Research. A Guide to Its History, Principles and Practice. In Celebration of 100 Years of the Society for Psychical Research, Wellingborough 1982, 217–228; J. B. Rhine, Extra-Sensory Perception, Boston Mass. 1934, 1973; G. Schmeidler (ed.), Extrasensory Perception, New York 1969, New Brunswick N. J./London 2009; dies./R. A. McConnell, ESP and Personality Patterns, New Haven Conn., London 1958 (repr. Westport Conn. 1973); H. Schmidt, Precognition of a Quantum Process, J. Parapsychology 33 (1969), 99–108; K. Smith/H. J. Canon, A Methodological Refinement in the Study of ›ESP‹, and Negative Findings, Science 120 (1954), 148–149; J. R. Smythies (ed.), Science and ESP, London, New York 1967 (repr. London/New York 2009); ders., Is ESP Possible?, in: ders. (ed.), Science and ESP [s. o.], 1–14; G. Spencer Brown, The Data of Psychical Research. A Study of Three Hypotheses, in: G. E. W. Wolstenholme/E. C. P. Millar (eds.), Ciba Foundation Symposium on Extrasensory Perception [s. u.], 73–79; G. N. M. Tyrrell, Further Research in Extra-Sensory Perception, Proc. Society for Psychical Research 44 (1936), 99–168; E.-J. Wagenmakers u. a., Why Psychologists Must Change the Way They Analyze Their Data. The Case of Psi. Comment on Bem (2011), J. of Personality and Social Psychology 100 (2011), 426–432; D. J. West, The Strength and Weakness of the Available Evidence for Extrasensory Perception, in: G. E. W. Wolstenholme/E. C. P. Millar (eds.), Ciba Foundation Symposium on Extrasensory Perception [s. u.], 14–23; G. E. W. Wolstenholme/E. C. P. Millar (eds.), Ciba Foundation Symposium on Extrasensory Perception, London, Boston Mass. 1956, unter dem Titel: Extrasensory Perception. A Ciba Foundation Symposium, New York 1966. C. T.

Wahrscheinlichkeit (lat. probabilitas, engl. probability, franz. probabilité), Bezeichnung für den Grad der Möglichkeit des Eintritts eines Ereignisses oder den Grad der Gewißheit oder der Glaubwürdigkeit einer Aussage. •

(1) Die doppelte, einerseits ontologische, andererseits epistemische Verwendung des W.sbegriffs, die bis heute Anlaß gibt zu Kontroversen über die richtige Interpretation der Grundbegriffe des in den 30er Jahren des 20. Jhs. axiomatisierten W.skalküls (↑Wahrscheinlichkeitstheorie), tritt schon zu Beginn des systematischen Nachdenkens über W. auf, der allgemein auf das Jahr 1654 datiert wird (Briefwechsel zwischen B. Pascal und P. de Fermat über das so genannte *problème des parties*, nämlich Teilung eines Spieleinsatzes bei Abbruch des Spiels nach Maßgabe der Gewinnchancen, die die Spieler zum Abbruchzeitpunkt haben; vgl. Œuvres de Fermat II, Paris 1894, 288–314). Zwar hat die Beschäftigung mit den Glücksspielen eine lange Tradition, aber erst in der 2. Hälfte des 17. Jhs. verbindet sich bei Pascal und anderen miteinander in Kontakt stehenden Gelehrten (unter anderem A. Arnauld, G. W. Leibniz und C. Huygens, der die wirkungsgeschichtlich bedeutende erste Monographie zum Thema schreibt [De ratiociniis in ludo aleae, in: Frans van Schooten, Exercitationum Mathematicarum, Leiden 1657, 521–534]) die aleatorische Tradition mit dem epistemischen Problem einer rationalen Beurteilung der Glaubwürdigkeit umstrittener oder unbewiesener Aussagen, so daß eine Nutzung der auf dem Felde der Zufallsspiele gewonnenen Erkenntnisse zum Aufbau einer allgemeinen Wissenschaft vom Ungewissen ins Auge gefaßt werden konnte.

Das Problem der Glaubwürdigkeit ungewisser Aussagen (lat. *opinio*, im Unterschied zur – demonstrablen – *scientia*) hat ebenfalls eine lange Tradition, in der freilich gerade um diese Zeit eine folgenreiche Umgewichtung leitend wird: sie betrifft die Bedeutung des hier (nicht in der Glücksspieldiskussion) beheimateten Ausdrucks ›probabilis‹, der als Ausdruck für die ›glaubwürdige‹ Meinung in der aristotelisch-scholastischen Tradition vor allem die von den meisten oder von den ↑Autoritäten bestätigte Meinung auszeichnet, während nun der Blick sich auf die in der Logik von Port-Royal (↑Port-Royal, Schule von; La logique ou l'art de penser. Contenant, outre les règles communes, plusieures observations nouvelles, propres à former le jugement, Paris 1662 [repr. Hildesheim/New York 1970], ed. P. Clair/F. Girbal, Paris 1965, ^{2}1981, 1993, 340) so genannten internen (»celles qui appartiennent au fait même«), dann auch als

Kriterien für die Akzeptabilität herrschender Meinungen geeigneten, Bestätigungen richtet. Leibniz (der ›le probable‹ ›le vraisemblable‹ hier austauschbar verwendet) kann dann formulieren: »Et lorsque Copernic êtoit presque seul de son opinion, elle êtoit tousjours incomparablement plus *vraisemblable* que celle de tout le reste du genre humain« (Nouv. essais IV 2 § 14, Akad.-Ausg. VI/6, 373).

Die Entwicklung und Verallgemeinerung mathematischer Sätze aus den Glücksspielproblemen – von Jak. Bernoullis Schrift »Ars conjectandi« (Basel 1713 [repr. Brüssel 1968]; dt. W.srechnung, Leipzig 1899), die eine erste Formulierung des ↑Gesetzes der großen Zahlen enthält, bis zu P. S. de Laplaces »Théorie analytique des probabilités« (Paris 1812 [repr. Brüssel 1967]), dem zusammenfassenden Standardwerk der klassischen Epoche – schreitet rasch voran. Unterdessen bleiben sowohl die erkenntnistheoretischen Grundlagen als auch die Fragen, die Umfang und Bedingungen einer sinnvollen Anwendung der entwickelten Verfahren auf andere Gegenstandsbereiche betreffen, weitgehend ungeklärt. Ein erster Anwendungsbereich entsteht bereits im 17. Jh. im Zusammenhang mit Bemühungen um eine kontrolliertere Festsetzung von Leibrenten und anderen versicherungspraktisch bedeutsamen Größen. Die Tatsache, daß man sich bei der Berechnung der hier relevanten W.en, z. B. Sterbewahrscheinlichkeiten, auf empirische Daten anstatt (wie etwa beim Würfelspiel) auf Kenntnisse über die Struktur einer Versuchsanordnung stützt, wird mit Hilfe der Unterscheidung von a-priori- und a-posteriori-W.en thematisiert, gibt jedoch nicht zu Zweifeln an der grundsätzlichen Einheitlichkeit des Sinns von W.sangaben Anlaß, also etwa daran, daß eine numerische W., daß eine Person in einem bestimmten Lebensalter stirbt, in demselben Sinne bestehe wie die W., daß mit einem Würfel eine bestimmte Augenzahl geworfen wird. Bei der generellen Analogisierung des Bereichs der Glücksspiele mit anderen Bereichen der Ungewißheit rekurriert Bernoulli auf die ›Anzahl‹ und das ›Gewicht‹ der »Beweisgründe (...), welche auf irgend eine Weise darthun oder anzeigen, dass ein Ding ist, sein wird oder gewesen ist« (a. a. O. IV, 1899, 75). Hätten alle Indizien, die für bzw. gegen ein bestimmtes Ereignis sprechen, dasselbe Gewicht, so ließe sich – dies ist die Grundidee – die W. des betreffenden Ereignisses aus der Anzahl der Indizien so berechnen, wie sich die W., mit einem Würfelpaar acht Augen zu werfen, aus den Anzahlen der diesem Ergebnis günstigen bzw. ungünstigen unter allen möglichen Würfen berechnen läßt. Das Gewicht eines Beweisgrundes hänge nun seinerseits ab von der »Menge der Fälle (...), in welchen dieser vorhanden oder nicht vorhanden sein kann, eine Sache anzeigen oder nicht anzeigen oder auch ihr Gegentheil anzeigen kann« (a. a. O. IV, 82). Bernoulli erläutert das an einem Beispiel in dem Sinne, daß das Indiz, daß in einer Gruppe von Streitenden der Mörder einen schwarzen Mantel getragen habe, nur zu einem Viertel beweise, daß Gracchus der Mörder sei, zu drei Vierteln aber seine Unschuld beweise, wenn außer Gracchus noch drei andere der Streitenden einen solchen Mantel getragen hätten (a. a. O. IV, 81). Tatsächlich beweist das Indiz nur, daß Gracchus insoweit der Mörder gewesen sein kann, aber nicht gewesen sein muß; die besagte W., der Mörder gewesen zu sein, ergäbe sich aus dem Indiz nur, wenn das Tragen eines schwarzen Mantels in der Gruppe der Streitenden zu der Ausführung des Mordes in demselben Verhältnis stünde, in dem das Liegen einer Kugel in einer Urne, in der noch drei andere Kugeln liegen, zum Gezogenwerden dieser Kugel im Rahmen eines Zufallsexperiments steht. Wenn Bernoulli später allgemein hinzusetzt: »Wir nehmen noch an, dass alle Fälle gleich möglich sind, d. h. dass jeder Fall mit derselben Leichtigkeit wie jeder andere eintreten kann« (a. a. O. IV, 82), so zeigt sich darin bereits das Bewußtsein von der erst im 19. Jh. ins Zentrum der Debatten tretenden Hauptschwierigkeit der ganzen Analogie: eine nicht-willkürliche numerische W.sangabe im Sinne der Zufallsspiele setzt neben der Angabe konstanter allgemeiner Bedingungen – nämlich solcher, bei deren Vorliegen sowohl der Eintritt als auch der Nichteintritt eines fraglichen Ereignisses möglich ist (bei den Zufallsspielen sind das die angegebenen Versuchsbedingungen) – eine nichtwillkürliche Aufteilung des durch die angegebenen Bedingungen definierten Möglichkeitsspielraums in gleichmögliche Verläufe voraus.

Derselbe erkenntnistheoretische Optimismus, der Bernoulli veranlaßt, eine ganz allgemeine Anwendung der W.srechnung ins Auge zu fassen, leitet noch Laplace, der die klassische Lehre in der folgenden Weise zusammenfaßt (1814): »Die Theorie des Zufalls (*des hasards*) besteht darin, alle Ereignisse derselben Art auf eine gewisse Anzahl gleichmöglicher Fälle zurückzuführen, d. h. auf solche, über deren Existenz wir in gleicher Weise im Unklaren sind, und dann die Zahl der Fälle zu bestimmen, die dem Ereigniss, dessen W. man sucht, günstig sind. Das Verhältniss dieser Zahl zu der aller möglichen Fälle ist das Maass dieser W., die also nur ein Bruch ist, dessen Zähler die Zahl der günstigen Fälle, und dessen Nenner die Zahl aller möglichen Fälle ist« (vgl. Philosophischer Versuch über die W., Frankfurt 1996, 4). Die Basierung der Gleichmöglichkeitsannahme auf das in der nachfolgenden Diskussion so genannte Prinzip des mangelnden Grundes (seit J. M. Keynes, A Treatise on Probability, 1921 [repr. New York 1979], 41–64 [Chap. IV The Principle of Indifference] [Indifferenzprinzip]) – dem urteilenden Subjekt liegt kein Indiz für eine unterschiedliche Gewichtung der verschiedenen Möglichkeiten vor – entspricht der nicht erst bei Laplace, aber bei ihm besonders nachdrücklich, formulierten Überzeugung, daß an sich auch bei den Zufallsspielen das jeweilige Resultat nicht sowohl eintreten als auch ausbleiben kann, sondern daß der Verlauf durch die gesamten (allerdings nicht angebbaren) ↑Randbedingungen vollständig determiniert ist. Insoweit beruht – so die übliche Folgerung – *jede* W.sangabe anstatt auf einer Kenntnis der objektiven Verhältnisse auf einem Mangel an Kenntnis und ist daher von bloß subjektiver Bedeutung. Dieser subjektivistische Standpunkt kennt entsprechend keine epistemische Situation, in der eine numerische Angabe von W.en im Prinzip nicht ebensogut möglich wäre wie im Falle der Zufallsspiele. Laplace beteiligt sich denn auch im Anwendungsteil der zitierten Schrift an den damals üblichen Versuchen der ›Berechnung‹ von W.en in allerlei gar nicht dem Zufall unterworfenen Bereichen, z. B. der W., die einem Ereignis auf Grund der Aussage eines Zeugen zukomme, von dem »die Erfahrung (...) gelehrt« habe, daß er »ein Mal unter 10 Mal falsch aussagt« (Philosophischer Versuch über die W.en, Frankfurt 1886, 95).

Auch den ›Subjektivisten‹ fehlt nicht das Gefühl z. B. für den Unterschied zwischen einer W.sangabe ›$p = 1/2$‹ für das Ziehen einer schwarzen Kugel auf Grund der Information, daß eine Urne weiße und schwarze Kugeln in unbekanntem Verhältnis enthält, und der W.sangabe ›$p = 1/2$‹ für dasselbe Ereignis auf Grund der Information, daß die Urne weiße und schwarze Kugeln im Verhältnis 1:1 enthält. Das Zahlenverhältnis der Kugeln in der Urne (bzw. entsprechende Größen bei anderen Zufallsspielen) wird denn auch (objektivistisch) als ›Ursache‹ für das Herauskristallisieren dieses Verhältnisses in einer langen Reihe von Ziehungen begriffen: »In einer unbegrenzt fortgesetzten Reihe von Ereignissen (muß) die Wirkung der regelmäßigen und konstanten Ursachen mit der Länge der Zeit über die unregelmäßigen Ursachen die Oberhand gewinnen«, kommentiert Laplace (Philosophischer Versuch über die W., Frankfurt 1996, 46), ohne darauf zu reflektieren, daß im Rahmen des deterministischen Kausalitätsverständnisses (↑Kausalität) gar nicht angegeben werden kann, wie eine solche Bedingung ihre Wirkung hervorbringt. Die hier von Laplace verwendete kausalitätstheoretische Terminologie liegt zunächst im Bereich der seit der Mitte des 18. Jhs. von T. Simpson, A.-M. Legendre, J. L. Lagrange u. a., dann auch von Laplace selbst entwickelten Fehlerrechnung nahe – einer zuerst in der Astronomie mit Erfolg genutzten Anwendung der W.srechnung zum Zwecke der Bestimmung des wahrscheinlichsten Wertes aus einer Reihe von divergierenden Meßdaten für eine fragliche Größe. Die Meßergebnisse streuen dabei in der charakteristischen Weise, die heute als ↑›Normalverteilung‹ bekannt ist. Bei deren kausalitätstheoretischer Deutung kann als konstante Ursache die wirkliche Größe des beobachteten Objekts gelten, die – neben den akzidentellen, das Meßergebnis störenden Ursachen, d. h. den Fehlerquellen – auch tatsächlich in jedem Einzelfall das Meßergebnis mitbestimmt. Mittels der Idee einer durch Mitursachen störbaren kausalen Beziehung läßt sich freilich die Art und Weise, in der sich bei den Zufallsspielen die relevanten Größenverhältnisse langfristig zur Geltung bringen, nicht fassen.

Mit A. Quételet beginnt die Übertragung der kausalitätstheoretischen Deutung statistischer Verteilungen auf den sozialstatistischen Bereich. Quételet betrachtet die Verteilungen bei der Messung der Größe ein und derselben Statue durch verschiedene Ausführende oder bei der Messung der Größe verschiedener Personen einer Population (z. B. der Rekruten eines Departements). Auch hier deutet er den wahrscheinlichsten Wert als den wahren Wert und entsprechend die kausalen Verhältnisse so, daß es eine konstante Ursache gebe, die jeden Rekruten zu dieser (den ↑›Typus‹ repräsentierenden) Größe zu bringen strebe, während Ernährungsumstände und andere ›störende‹ Ursachen für die Differenzen verantwortlich seien. Die Ausdehnung auf moralstatistische Daten (Verbrechen, Selbstmorde, Heiratsziffern etc.) führt dann auch zur Unterstellung kausal relevanter, als Resultanten der gesellschaftlichen Verhältnisse interpretierter mittlerer Heirats- und Verbrechensneigungen usw.. Ohne Hypostasierung solcher im Einzelfall wirksamen kausalen Tendenzen vermochte man sich das Phänomen der Konstanz der sozialstatistischen Reihen (z. B. der jährlichen Selbstmordraten) nicht zu erklären; andererseits geriet diese Deutung in Konflikt mit dem herrschenden Freiheitsverständnis (vgl. z. B. A. Wagner, Die Gesetzmäßigkeit in den scheinbar willkührlichen menschlichen Handlungen vom Standpunkte der Statistik, Hamburg 1864).

Die Verfügbarkeit exakterer und umfangreicherer, auch längere Zeiträume umfassender Daten sowie der seit der Jahrhundertwende zunächst vor allem in England (F. Galton, F. Y. Edgeworth, K. Pearson, R. A. Fisher) stattfindende Fortschritt der statistischen Methoden führen rasch zu einer Differenzierung und Professionalisierung der Diskussion. Andere Anwendungsdiskurse mit neuen Methoden – die Korrelationsanalyse in der Biologie, die Zeitreihenanalyse in Ökonomie und Meteorologie, die Faktorenanalyse in der Psychologie etc. – entwickeln sich, wobei der noch im 19. Jh. weitgehend als gemeinsam begriffene Diskussionszusammenhang der sich ausdifferenzierenden Disziplinen zunehmend verlorengeht.

(2) Während seit Beginn des 20. Jhs. die mathematische Erfassung der allgemeinen Gesetze der W. entscheidend fortschreitet und in A. N. Kolmogorovs Axiomatisierung (↑Wahrscheinlichkeitstheorie) eine weitgehend konsensfähige Darstellung findet, bleibt die Interpretation

des W.sbegriffs umstritten. Einerseits können die Postulate der W.stheorie auf verschiedene Art interpretiert werden, andererseits ist zu fragen, ob das intuitive Verständnis von W. diese Postulate erfüllt (tatsächlich liefern die meisten Interpretationen der W. nur die Eigenschaft der endlichen Additivität, nicht die aus mathematischen Gründen von Kolmogorov postulierte σ-Additivität).

›W.‹ wird auch zu Beginn des 21. Jhs. auf zwei grundsätzlich verschiedene Weisen verstanden. Die ›subjektive‹ Interpretation faßt W.en von Aussagen als Überzeugungsstärken (*degrees of belief*) auf, während die ›objektive‹ Interpretation W.en entweder bestimmt als ↑Grenzwerte relativer Häufigkeiten bei einem unendlich oft wiederholten Versuch oder als durch eine Versuchsanordnung physikalisch determinierte Disposition (↑Dispositionsbegriff), in einem Einzelfall ein bestimmtes Merkmal oder Verhalten aufzuweisen. Subjektive Interpretationen sind im allgemeinen klar und plausibel, scheinen aber den realistischen Sinn, den man im wissenschaftlichen Diskurs mit ›W.‹ verbindet, nicht zu treffen. Dem entspräche ein objektives Verständnis, das aber schwer in eine kohärente und nicht zirkuläre Fassung zu bringen ist.

In der philosophischen Grundlagendiskussion dominiert zunächst die Häufigkeitsinterpretation der W. (J. Venn 1866, R. v. Mises 1919, 1928, H. Reichenbach 1935). Nach v. Mises sind W.saussagen Aussagen über Grenzwerte relativer Häufigkeiten des Auftretens eines Merkmals in einer unendlichen Folge von Zufallsexperimenten. Ein zentrales Problem dieser Interpretation blieb die Frage, wie man entscheiden könne, ob eine konkret vorliegende Folge von Ereignissen Zufallscharakter (↑zufällig/Zufall) hat. W.saussagen sind nach v. Mises nicht für alle solchen Folgen sinnvoll, sondern nur für ›Kollektive‹, für die (1) ein Grenzwert der relativen Häufigkeiten der relevanten Attribute existiert und (2) dieser Grenzwert erhalten bleibt, wenn aus der ursprünglichen Folge durch eine so genannte Stellenauswahl eine (selbst wieder unendliche) Teilfolge ausgesondert wird. Die Stellenauswahl muß dabei effektiv berechenbar (↑berechenbar/Berechenbarkeit) und ohne Bezugnahme auf die relevanten Attribute erfolgen; z. B. kann die Folge derjenigen Stelleninhaber, deren Platznummer durch 6 teilbar ist, ausgewählt werden. Hierbei zeigt v. Mises, daß ein Kollektiv als Folge von Realisierungen unabhängiger und identisch verteilter Zufallsvariablen (z. B. durch Ziehen von ›Stichproben‹) aufgefaßt werden kann.

Dieser Ansatz ist in mehrfacher Hinsicht kritisierbar. Erstens präzisiert der Misessche Begriff des Kollektivs das Konzept einer Zufallsfolge nur für den Fall unendlich vieler Wiederholungen; diese treten jedoch in der Erfahrung nicht auf, so daß der Ansatz schwerlich mit einer empiristischen Zugangsweise in Einklang zu bringen ist. Entsprechende Erweiterungen des Begriffs der zufälligen Folge auf den finiten Fall wurden von K. R. Popper, Kolmogorov und P. Martin-Löf vorgeschlagen. Zweitens schränkt die Misessche Festlegung auf Kollektive die Anwendbarkeit des W.sbegriffs ohne überzeugende Rechtfertigung auf unabhängige und identisch verteilte Zufallsvariablen (so genannte Bernoulli-Experimente) ein. Nach diesem Kriterium wäre etwa ein durch ↑Übergangswahrscheinlichkeiten charakterisierter Markovscher Prozeß nicht zufällig. Drittens erscheint es unplausibel, den W.sbegriff per definitionem an relative Häufigkeiten zu binden, statt die Verknüpfung von W. und relativer Häufigkeit in abgeleiteten mathematischen Theoremen zu fassen (↑Gesetz der großen Zahlen). Damit zusammenhängend ist viertens zu fragen, ob der von v. Mises propagierte Verzicht auf Einzelfall-W.en gerechtfertigt werden kann. Dies ist zumindest dann (aber wohl nicht nur dann) fragwürdig, wenn man die Möglichkeit eines indeterministischen Weltverlaufs zugesteht (was durch die ↑Quantentheorie zumindest nahegelegt wird; ↑Determinismus, ↑Indeterminismus). In diesem Falle muß man W. auch als ein Maß für die objektive, nicht in unserer Unkenntnis, sondern in der Welt selbst wurzelnde Unbestimmtheit des Eintretens von singularen Ereignissen auffassen. Einzelereignisse, die als Glieder zweier Kollektive mit demselben Grenzwert relativer Häufigkeit auftreten, können demgemäß durchaus unterschiedliche W.en besitzen. Die Häufigkeitsinterpretation kann hingegen nicht unterscheiden zwischen einem von einem einzigen Zufallsmechanismus (↑Zufallsgenerator) erzeugten homogenen Kollektiv und einem Kollektiv, das durch zwei sich in zufälliger Folge abwechselnde Zufallsmechanismen mit verschiedenen Dispositionen generiert wird.

Aufbauend auf dieser Kritik hat Popper eine Interpretation von W.en als ›Propensitäten‹ entwickelt, die der Bestimmung der W. durch physikalische Gegebenheiten (bei festgelegten Werten aller kausal relevanten Faktoren und Parameter) in den je vorliegenden beobachteten Einzelfällen gerecht zu werden sucht. Ähnlich wie Kräfte in der Newtonschen ↑Mechanik dienen W.en damit als ein nicht weiter erklärbares, irreduzibles (↑irreduzibel/Irreduzibilität) Maß für die Disposition oder ↑Tendenz einer Versuchsanordnung, im Einzelfall gewisse Ergebnisse hervorzubringen. Daß Propensitäten die Axiome der W.stheorie erfüllen, ist ein zunächst nicht weiter begründbares Postulat der Theorie. Verwandte Theorien, die auf einer objektiven, für eine bestimmte Situation zu einem bestimmten Zeitpunkt gültigen W. (engl. chance) aufbauen und diese sowohl mit dem Grad der rationalen Erwartung eines Ereignisses als auch mit der relativen Häufigkeit seines Auftretens (als Ereignistyp) bei vielfachen Wiederholungen unter konstanten Bedingungen in

Zusammenhang bringen, wurden in neuerer Zeit von H. Mellor, D. Lewis und B. Skyrms vorgelegt. Ein häufig akzeptiertes ↑Brückenprinzip besagt, daß der Überzeugungsgrad (= subjektive W.) für das Eintreten eines Ereignisses E unter der Annahme, daß für das Eintreten von E eine Propensität (= objektive Einzelfall-W.) von x besteht, gleich x sein sollte. Durch solche Verknüpfungen können die Axiome der W.stheorie gerechtfertigt werden. Es bleibt jedoch fraglich, ob die Begriffskonstrukte dieser Autoren als ausgearbeitete theoretische Begriffe (↑Begriffe, theoretische) wirklich den in Alltag und Wissenschaft verwendeten Begriff des Zufalls (der objektiven Einzelfall-W.) treffen.

Uneinigkeit besteht darüber, ob es sinnvoll ist, auch in einer deterministischen Welt von Einzelfall-W.en zu sprechen. Da in diesem Falle das Eintreten eines Ereignisses durch die ↑Anfangsbedingungen kausal vorbestimmt ist, kann eine Unsicherheit nur auf Grund der Unkenntnis dieser Bedingungen oder der in Anwendung zu bringenden Gesetze bestehen. Es handelt sich dann wieder um eine subjektive oder personale W., die den Grad des Glaubens an eine ↑Hypothese repräsentiert. Zentrale These des auf T. Bayes (An Essay Towards Solving a Problem in the Doctrine of Chances, 1763) zurückgehenden, in der gegenwärtigen Erkenntnis- und Wissenschaftstheorie wiedererstarkten ↑Bayesianismus (J. Earman, C. Howson, P. M. Urbach) ist, daß Glauben (↑Glaube (philosophisch)) oder Meinen (↑Meinung) keine Ja-oder-Nein-Entscheidungen darstellen, sondern graduell abzustufen sind, wobei die Überzeugungsstärken der Gewißheitsgrade numerisch erfaßt werden können und den Axiomen der mathematischen W.stheorie gehorchen. Für die Dynamik der Überzeugungsstärken bestimmt der Bayesianismus, daß Änderungen, die durch eine neue Information A (mit einer a-priori-W. $P(A)$ größer als 0 und einer zu erreichenden a-posteriori-W. $P_A(A)$ von 1) induziert werden, gemäß der Regel der Konditionalisierung vorgenommen werden sollen:

$$P_A(B) = P(B \mid A) = P(A \wedge B) / P(A).$$

Zur Modifikation von Hypothesenwahrscheinlichkeiten auf Grund von durch Beobachtung oder Experiment gewonnener Erfahrung kann außerdem speziell das ↑Bayessche Theorem verwendet werden. Bestandteil mancher Varianten des Bayesianismus ist schließlich eine Festlegung von Kriterien für die Anfangswahrscheinlichkeiten (a-priori-W.en) von Hypothesen.

Waren die traditionellen subjektivistischen Interpretationen der (dann ›logisch‹ oder ›induktiv‹ genannten) W. meist auf das Prinzip des mangelnden Grundes oder Indifferenzprinzip gegründet, so ist in den entsprechenden Theorien des 20. Jhs. die Verknüpfung von ›personaler‹ W. (als Grad des Glaubens) mit dem Konzept des ↑Nutzens (als Grad des Wünschens oder der erwarteten Befriedigung) in einer verbindliche Rationalitätsmaßstäbe vorgebenden ↑Entscheidungstheorie charakteristisch.

Die bekannteste Methode, die Rationalität von W.sgraden zu demonstrieren, besteht in den von B. de Finetti (1937) eingeführten so genannten Dutch-Book-Argumenten. Dabei werden Überzeugungsstärken durch Wettquotienten expliziert. Wenn Harald bereit ist, im Verhältnis 3:7 darauf zu wetten, daß Ottey den 100 m-Sprint bei der Olympiade gewinnt, dann – und nur dann – glaubt er an Otteys Sieg im Grade 3/(3 + 7) = 0,3 (sein Einsatz geteilt durch den möglichen Gewinn). Das zentrale Theorem de Finettis besagt: wenn die Überzeugungsstärken einer Person nicht den Axiomen der W.stheorie gehorchen, dann kann die Person in ein unfaires System von Wetten (ein ›Dutch Book‹) verwickelt werden, in dem sie unweigerlich, d. h. unabhängig vom tatsächlichen Ausgang der Wette, einen Verlust erleidet. Wenn Harald etwa 30 EUR gegen 70 EUR darauf wettet, daß Ottey den 100 m-Sprint gewinnt, und die gleichen Summen darauf, daß Devers gewinnt, dann ist es für ihn nicht vernünftig, wenn er gleichzeitig eine Wette 50 EUR gegen 50 EUR *dagegen* anbietet, daß *eine* dieser beiden Sprinterinnen gewinnt. Denn seinem Einsatz von insgesamt 110 EUR steht dann nur ein (sicherer) Gewinn von 100 EUR gegenüber. Dem entspricht eine Verletzung des Additivitätsaxioms für W.sfunktionen: in Haralds Wettverhalten kommt zum Ausdruck, daß er an Otteys und an Devers' Sieg jeweils im Grade 0,3 glaubt, daß er der ↑Disjunktion (›Ottey oder Devers gewinnt‹) aber nur eine Überzeugungsstärke von 0,5 zubilligt. Da es im Sprint nur eine Siegerin geben kann, wird genau dieser Überzeugungszustand durch das Wettsystem als inkohärent nachgewiesen. Genügen die Glaubensgrade einer Person hingegen der W.stheorie, so sind sie nachweislich ›kohärent‹, d. h., es gibt kein im genannten Sinne unfaires Wettsystem gegen sie. Insofern rationale Personen danach streben, ihren Nutzen zu maximieren (also einen sicheren Verlust zu vermeiden), müssen sie sich in ihren Überzeugungsgraden an die Postulate der W.stheorie halten.

Der Wert, den eine Wette für ein reales Individuum hat, hängt aber nicht unbedingt linear mit dem erwarteten Nutzen zusammen, allein schon deswegen, weil 2 Millionen EUR nicht unbedingt als doppelt so gewinnbringend empfunden werden wie 1 Million EUR. Deshalb muß eine Lösung gefunden werden, die es erlaubt, W.en sowie Nutzenwerte simultan und adäquat zu bestimmen. F. P. Ramsey (1926, postum 1931) zeigte als erster, wie eine Nutzenfunktion u (für ›utility‹) geeicht werden kann, indem er ausgehend von einer postulierten ›ethisch neutralen Proposition‹ die Präferenzen zwischen Optionen der Form

(*) ›du bekommst X, wenn A wahr ist, und Y, wenn nicht‹

ermittelt. Sind die Nutzen derart festgestellt, so kann der Grad der Überzeugung, daß A gilt, durch das Verhältnis von Nutzendifferenzen definiert werden. Man sucht zunächst eine Option Z derart, daß die Versuchsperson zwischen Z und der Option (*) indifferent ist (die Existenz einer solchen Option wird wieder unterstellt). Da die Präferenzen den erwarteten Nutzen einer Option widerspiegeln sollen, kann man wegen der Indifferenz-Annahme

$$u(Z) = P(A) \cdot u(X) + (1 - P(A)) \cdot u(Y)$$

ansetzen und erhält durch elementare Umformung:

$$P(A) = \frac{u(Z) - u(Y)}{u(X) - u(Y)}.$$

Die personale W. von A kann also durch den relativen Abstand der ›mittelwertigen‹ Option von einem Endpunkt des durch $u(X)$ und $u(Y)$ begrenzten Nutzenintervalls gemessen werden. – L. J. Savage (1954) zeigte in einem allgemeinen Repräsentationstheorem, wie für jede Präferenzrelation, die einigen wenigen plausiblen Rationalitätspostulaten genügt, immer eine W.sfunktion P und eine Nutzenfunktion u gefunden werden können, so daß die Präferenzrelation die verfügbaren Optionen entsprechend dem erwarteten Nutzen bezüglich P und u einordnet.

Eine bedeutende Liberalisierung des Bayesianismus wurde von R. C. Jeffrey (1965/1983) geleistet. Er repräsentiert erstens den doxastischen Zustand eines Subjekts durch eine Menge von W.sverteilungen und ordnet damit einzelnen Sätzen nicht punktuelle W.en, sondern durch die respektiven Minima und Maxima definierte W.sintervalle zu. Zweitens definiert er verallgemeinerte Konditionalisierungen, gemäß denen die Revision (↑Wissensrevision) von W.en auf Grund von unscharfen oder unsicheren Informationen A (mit einer a-posteriori-W. $P_A(A)$ kleiner als 1) vonstatten gehen soll. Jeffrey argumentiert, daß nur eine so erweiterte ›W.skinematik‹ als Modell einer realistischen Erkenntnistheorie tauglich ist.

Anwendung finden W.en – neben den angeführten Bereichen – als Instrumente des richtigen (gehaltserweiternden) Schließens und der ↑Bestätigung von Hypothesen (↑Logik, induktive, ↑Schluß, induktiver, ↑Wahrscheinlichkeitslogik). Der Versuch R. Carnaps, allgemein gültige Regeln für eine definite probabilistische Bewertung von Aussagen auf Grund empirischer Evidenz aufzustellen, wird heute jedoch als gescheitert betrachtet.

Der Siegeszug der W. in den Wissenschaften veranlaßte mehrere Philosophen (darunter Reichenbach, de Finetti, Jeffrey und P. Suppes), einen epistemologischen ↑Probabilismus zu vertreten. Demnach erreichen menschliche Erkenntnis und Wissenschaft nie mit Sicherheit gültiges ↑Wissen, fallen aber auch nicht den Argumenten des radikalen ↑Skeptizismus zum Opfer; vielmehr können Hypothesen und Theorien auf methodisch abgesicherte Weise nach ihrer W. beurteilt werden. Ausgehend von einer Theorie der probabilistischen ↑Kausalität hat Suppes (1984) eine umfassende probabilistische Metaphysik vorgelegt. Diese beinhaltet, über die epistemologischen Behauptungen der Unmöglichkeit präziser Voraussagen und sicherer Erkenntnis hinausgehend, auch die These vom intrinsisch probabilistischen Wesen der ↑Naturgesetze und des Materiebegriffs (↑Materie). Ähnlich wie W. James und Popper versteht Suppes die Welt als ›offenes Universum‹.

Literatur: E. W. Adams, A Primer of Probability Logic, Stanford Calif. 1998; E. Agazzi (ed.), Probability in the Sciences, Dordrecht/Boston Mass./London 1988; B. W. Bateman, Keynes's Uncertain Revolution, Ann Arbor Mich. 1996, 1999; T. Bayes, An Essay Towards Solving a Problem in the Doctrine of Chances, Philos. Transact. Royal Soc. 53 (1763), 370–418 (repr. in: W. E. Deming [ed.], Facsimiles of Two Papers by Bayes, Washington D. C. 1940, New York/London 1963), ferner in: Biometrika 45 (1958), 293–315; ders., A Demonstration of the Second Rule in the Essay Towards the Solution of a Problem in the Doctrine of Chances, Philos. Transact. Royal Soc. 54 (1764), 296–325; C. Beisbart/S. Hartmann (eds.), Probabilities in Physics, Oxford etc. 2011; Y. Ben-Menahem/M. Hemmo (eds.), Probability in Physics, Berlin/Heidelberg 2012; K. Bosch, Statistik für Nichtstatistiker. Zufall und W., München/Wien 1990, München [6]2012; J. J. Buckley, Fuzzy Probabilities. New Approach and Applications, Heidelberg/New York 2003, Berlin/Heidelberg/New York 2005; ders., Fuzzy Probability and Statistics, Berlin/Heidelberg/New York 2006; E. F. Byrne, Probability and Opinion. A Study in the Medieval Presuppositions of Post-Medieval Theories of Probability, The Hague 1968; R. Carnap, Logical Foundations of Probability, Chicago Ill. 1950, Chicago Ill./London, Toronto [2]1962, Chicago Ill./London 1971; ders., Induktive Logik und W., bearb. v. W. Stegmüller, Wien 1959; ders./R. C. Jeffrey (eds.), Studies in Inductive Logic and Probability I, Berkeley Calif./Los Angeles/London 1971; P. Cheeseman, In Defense of Probability, in: A. Joshi (ed.), Proceedings of the Ninth International Joint Conference on Artificial Intelligence II, Los Altos Calif. 1985, 1002–1009; T. Childers, Philosophy and Probability, Oxford etc. 2013; L. J. Cohen, The Probable and the Provable, Oxford etc. 1977, Aldershot 1991; ders., An Introduction to the Philosophy of Induction and Probability, Oxford 1989; A. I. Dale, A History of Inverse Probability. From Thomas Bayes to Karl Pearson, New York etc. 1991, New York [2]1999; F. N. David, Games, Gods and Gambling. The Origins and History of Probability and Statistical Ideas from the Earliest Times to the Newtonian Era, London 1962, Mineola N. Y. 1998 (mit Fermat-Pascal-Korrespondenz v. 1654, 229–251); R. M. Dawes, Probabilistic Thinking, IESBS XVIII (2001), 12082–12089; L. Demey/B. Kooi/J. Sack, Logic and Probability, SEP 2013; A. Eagle (ed.), Philosophy of Probability. Contemporary Readings, London/New York 2011; J. Earman, Bayes or Bust. A Critical Examination of Bayesian Confirmation Theory, Cambridge Mass./London 1992, 1996; E. Eells, Probability, in: R. Audi (ed.), The Cambridge Dictionary of Philosophy, Cambridge etc. [2]1999, 743–745; ders./B. Skyrms (eds.), Probability and Conditionals. Belief Revision and Rational Decision, Cambridge etc. 1994; T. L. Fine, Theories of Probability. An Examination of Foundations, New York/London 1973; B. de Finetti, Sul significato soggettivo della probabilità, Fund. Math. 17 (1931), 298–329; ders., Probabilismo, Logos 14 (Neapel 1931), 163–219 (engl. Probabilism, Erkenntnis 31 [1989], 169–223); ders., La prévision. Ses lois logiques, ses sources subjectives, Ann. de L'Institut Henri Poincaré 7 (1937), 1–68 (engl. Foresight: Its Logical Laws, Its Subjective Sources, in: H. E. Kyburg Jr./H. E. Smokler [eds.], Studies in Subjective Probability, New York/London/Sydney 1964, Huntington N. Y. ^{2}1980, 93–158); ders., Probability, Induction and Statistics. The Art of Guessing, London/New York 1972; J. Franklin, The Science of Conjecture. Evidence and Probability before Pascal, Baltimore Md./London 2001, 2002; J. F. Fries, Versuch einer Kritik der Principien der W.srechnung, Braunschweig 1842 (repr. als: ders., Sämtl. Schriften Abt. III/2, ed. G. König/L. Geldsetzer, Aalen 1974, 1996); S. Funaki, Kants Unterscheidung zwischen Scheinbarkeit und W.. Ihre historischen Vorlagen und ihre allmähliche Entwicklung, Frankfurt etc. 2002; M. C. Galavotti, Philosophical Introduction to Probability, Stanford Calif. 2005; G. Gigerenzer u. a., The Empire of Chance. How Probability Changed Science and Everyday Life, Cambridge etc. 1989, 1997 (dt. Das Reich des Zufalls. Wissen zwischen W.en, Häufigkeiten und Unschärfen, Heidelberg etc. 1999); D. Gillies, Philosophical Theories of Probability, London/New York 2000, 2010; I. J. Good, Good Thinking. The Foundations of Probability and Its Applications, Minneapolis Minn. 1983, 2009; Y. M. Guttmann, The Concept of Probability in Statistical Physics, Cambridge etc. 1999; I. Hacking, The Leibniz-Carnap Program for Inductive Logic, J. Philos. 68 (1971), 597–610; ders., The Emergence of Probability. A Philosophical Study of Early Ideas about Probability, Induction and Statistical Inference, London 1975, Cambridge etc. ^{2}2006, 2009; ders., The Taming of Chance, Cambridge etc. 1990, 2006; ders., An Introduction to Probability and Inductive Logic, Cambridge etc. 2001, 2009; R. Haenni u. a. (eds.), Probabilistic Logics and Probabilistic Networks, Dordrecht etc. 2011; A. Hájek, Interpretations of Probability, SEP 2002, rev. 2011; ders., Probability, NDHI V (2005), 1909–1912; ders./C. Hitchcock (eds.), The Oxford Handbook of Probability and Philosophy, Oxford 2016; A. Hald, A History of Probability and Statistics and Their Applications before 1750, New York 1990, Hoboken N. J. 2003; W. L. Harper/C. A. Hooker (eds.), Foundations of Probability Theory, Statistical Inference, and Statistical Theories of Science. Proceedings of an International Research Colloquium Held at the University of Western Ontario, London, Canada, 10–13 May 1973, I–III, Dordrecht/Boston Mass. 1976 (Univ. Western Ontario Ser. Philos. Sci. VI); J. Hintikka/D. Gruender (eds.), Probabilistic Thinking, Thermodynamics and the Interaction of the History and Philosophy of Science. Proceedings of the 1978 Pisa Conference on the History and Philosophy of Science II, Dordrecht/Boston Mass./London 1981; C. Hitchcock, Probability and Chance: Philosophical Aspects, IESBS XVIII (2001), 12089–12095; P. Horwich, Probability and Evidence, Cambridge etc. 1982, 2016; D. Howie, Interpreting Probability. Controversies and Developments in the Early Twentieth Century, Cambridge etc. 2002; C. Howson, Probabilities, Propensities, and Chances, Erkenntnis 21 (1984), 279–293; ders., Theories of Probability, Brit. J. Philos. Sci. 46 (1995), 1–32; ders./P. M. Urbach, Scientific Reasoning. The Bayesian Approach, La Salle Ill. 1989, Chicago Ill./La Salle Ill. ^{3}2006; P. Humphreys, Why Propensities Cannot Be Probabilities, Philos. Rev. 94 (1985), 557–570; ders., Probability, Interpretations of, REP VII (1998), 701–705; R. C. Jeffrey, The Logic of Decision, New York etc. 1965, Chicago Ill./London ^{2}1983, 1990 (dt. Logik der Entscheidungen, Wien/München 1967); ders. (ed.), Studies in Inductive Logic and Probability II, Berkeley Calif./Los Angeles/London 1980; ders., Probability and the Art of Judgment, Cambridge etc. 1992; ders., Subjective Probability. The Real Thing, Cambridge etc. 2004; R. Johns, A Theory of Physical Probability, Toronto/Buffalo N. Y./London 2002; J. M. Keynes, A Treatise on Probability, London 1921, Nachdr. als: The Collected Writings of John Maynard Keynes VIII, ed. Royal Economic Society, London etc. 1973, Cambridge etc. 2013; I. A. Kieseppä, Truthlikeness for Multidimensional, Quantitative Cognitive Problems, Dordrecht/Boston Mass./London 1996; A. C. King/C. B. Read, Pathways to Probability. History of the Mathematics of Certainty and Chance, New York 1963; D. A. Klain/G.-C. Rota, Introduction to Geometric Probability, Cambridge etc. 1997, 1999; W. Kneale, Probability and Induction, Oxford 1949, 1966; J. v. Kries, Die Principien der W.srechnung. Eine logische Untersuchung, Freiburg 1886, Tübingen ^{2}1927; L. Krüger/L. J. Daston/M. Heidelberger (eds.), The Probabilistic Revolution I (Ideas in History), Cambridge Mass./London 1987, 1990; L. Krüger/G. Gigerenzer/M. S. Morgan (eds.), The Probabilistic Revolution II (Ideas in the Sciences), Cambridge Mass./London 1987, 1990; H. E. Kyburg, Probability and the Logic of Rational Belief, Middletown Conn. 1961; ders. [Kyberg], Propensities and Probabilities, Brit. J. Philos. Sci. 25 (1974), 358–375; P. S. de Laplace, Essai philosophique sur les probabilités, Paris 1814 (repr. Brüssel 1967), ^{6}1840, ferner als: Œuvres de Laplace VII, Paris 1847 (repr. 1995), ^{3}1886, Neudr. 1986 (dt. Des Grafen Laplace philosophischer Versuch über die Wahrscheinlichkeiten, Heidelberg 1819, unter dem Titel: Philosophischer Versuch über die W.en, Leipzig 1886, unter dem Titel: Philosophischer Versuch über die W., ed. R. v. Mises 1932 [repr. 1986, Thun/Frankfurt 1996, 2003]); H. Leblanc, The Autonomy of Probability Theory (Notes on Kolmogorov, Rényi, and Popper), Brit. J. Philos. Sci. 40 (1989), 167–181; I. Levi, Gambling with Truth. An Essay on Induction and the Aims of Science, New York, London 1967, Cambridge Mass./London 1973; D. Lewis, A Subjectivist's Guide to Objective Chance, in: R. Jeffrey (ed.), Studies in Inductive Logic and Probability II [s. o.], 263–293; B. Loewer, Probability Theory and Epistemology, REP VII (1998), 705–711; J. R. Lucas, The Concept of Probability, Oxford 1970; L. C. Madonna, La filosofia della probabilità nel pensiero moderno. Dalla ›logique di Port-Royal‹ a Kant, Rom 1988; P. Maher, Betting on Theories, Cambridge etc. 1993, 2008; H. Mellor, The Matter of Chance, Cambridge etc. 1971, 2004; ders., Probability. A Philosophical Introduction, London/New York 2005; V. Mike, Probability, in: C. Mitcham (ed.), Encyclopedia of Science, Technology and Ethics III, Detroit Mich. etc. 2005, 1492–1507; R. v. Mises, Grundlagen der W.srechnung, Math. Z. 5 (1919), 52–99; ders., W., Statistik und Wahrheit, Wien 1928, mit Untertitel: Einführung in die neue W.slehre und ihre Anwendung, Wien/New York ^{4}1972; ders., Mathematical Theory of Probability and Statistics, ed. H. Geiringer, New York/London 1964, 1967; E. Nagel, Principles of the Theory of Probability, Chicago Ill. 1939, 1982; I. Niiniluoto, W., EP III (^{2}2010), 2946–2949; D. B. Owen (ed.), On the History of Statistics and Probability. Proceedings of a Symposium on the American Mathematical Heritage to Celebrate the Bicentennial of the United States of America Held at Southern Methodist University, May 27–29, 1974, New York 1976; E. S. Pearson/M. G. Kendall (eds.), Studies in the History of Statistics and Probability. A Series of Papers, I–II, London etc. 1970, 1977/1978; T. Placek (ed.), Probabilities – a New Tool for Philosophy?, Krakau 2000; R. L. Plackett/M. G. Kendall (eds.), Studies in the History of Statistics and

Probability II, London 1977; J. v. Plato, Creating Modern Probability. Its Mathematics, Physics and Philosophy in Historical Perspective, Cambridge etc. 1994, 1998; J. L. Pollock, Nomic Probability and the Foundations of Induction, Oxford etc. 1990; K. R. Popper, The Propensity Interpretation of the Calculus of Probability, and the Quantum Theory, in: S. Körner (ed.), Observation and Interpretation. A Symposium of Philosophers and Physicists, London 1957, New York 1962, 65–70, 88–89; ders., The Propensity Interpretation of Probability, Brit. J. Philos. Sci. 10 (1959/1960), 25–42; ders., The Open Universe. An Argument for Indeterminism. From the ›Postscript to the Logic of Scientific Discovery‹, ed. W. W. Bartley III, Totowa N. J., London etc., London/New York 1982, London/New York 2000; ders., A World of Propensities, Bristol 1990, 1995; F. P. Ramsey, Truth and Probability [1926], in: ders., The Foundations of Mathematics and Other Logical Essays, ed. R. B. Braithwaite/G. E. Moore, London 1931, 1965, 156–198, ferner in: ders., Philosophical Papers, ed. D. H. Mellor, Cambridge etc. 1990, 1994, 52–94 (Postscripts, 95–109); ders., Notes on Philosophy, Probability and Mathematics, ed. M. C. Galavotti, Neapel 1991; H. Reichenbach, Der Begriff der W. für die mathematische Darstellung der Wirklichkeit, Leipzig 1916; ders., W.slehre. Eine Untersuchung über die logischen und mathematischen Grundlagen der W.srechnung, Leiden 1935 (engl. [erw.] The Theory of Probability. An Inquiry into the Logical and Mathematical Foundations of the Calculus of Probability, Berkeley Calif./Los Angeles 1949 [repr. Berkeley Calif./Los Angeles/London 1971]; dt. W.slehre, Gesammelte Werke VII, ed. A. Kamlah/M. Reichenbach, Braunschweig/Wiesbaden 1994); A. Rényi, Foundations of Probability, San Francisco Calif. etc. 1970, Mineola N. Y. 2007; P. Roeper/H. Leblanc, Probability Theory and Probability Logic, Toronto/Buffalo N. Y./London 1999; G. Rohwer/U. Pötter, W.. Begriff und Rhetorik in der Sozialforschung, Weinheim/München 2002; J. Rosenthal, W.en als Tendenzen. Eine Untersuchung objektiver W.sbegriffe, Paderborn 2004; ders., Die Propensity-Theorie der W., Z. philos. Forsch. 60 (2006), 241–268; F. Russo/J. Williamson (eds.), Causality and Probability in the Sciences, London 2007; W. C. Salmon, Propensities: A Discussion Review, Erkenntnis 14 (1979), 183–216; L. J. Savage, The Foundations of Statistics, New York etc. 1954, New York ^{2}1972; K. D. Schmidt, Maß und W., Berlin/Heidelberg 2009, ^{2}2011; I. Schneider (ed.), Die Entwicklung der W.stheorie von den Anfängen bis 1933. Einführungen und Texte, Darmstadt 1988, Berlin 1989; R. Schuessler, Probability in Medieval and Renaissance Philosophy, SEP 2014; G. Schurz, W., Berlin/Boston Mass. 2015; T. Seidenfeld, Probability: Interpretations of, IESBS XVIII (2001), 12014–12110; G. Shafer, The Art of Causal Conjecture, Cambridge Mass./London 1996; N. Shanks/R. B. Gardner (eds.), Logic, Probability and Science, Amsterdam/Atlanta Ga. 2000; B. J. Shapiro, Probability and Certainty in Seventeenth-Century England. A Study of the Relationships between Natural Science, Religion, History, Law, and Literature, Princeton N. J. 1983; B. Skyrms, Stability and Chance, in: W. Spohn/B. C. van Fraassen/B. Skyrms (eds.), Existence and Explanation. Essays Presented in Honor of Karel Lambert, Dordrecht/Boston Mass./London 1991 (Univ. Western Ontario Ser. Philos. Sci. XLIX), 149–163; C. A. B. Smith, Consistency in Statistical Inference and Decision, J. Royal Statistical Soc. Ser. B 23 (1961), 1–25; M. v. Smoluchowski, Über den Begriff des Zufalls und den Ursprung der W.sgesetze in der Physik, Naturwiss. 6 (1918), 253–263, ferner in: I. Schneider (ed.), Die Entwicklung der W.stheorie von den Anfängen bis 1933 [s. o.], 79–98; G. Spencer-Brown, Probability and Scientific Inference, London 1957 (dt. W. und Wissenschaft, Heidelberg 1996, ^{2}2008); W. Spohn, The Laws of Belief. Ranking Theory and Its Philosophical Applications, Oxford etc. 2012; J. M. Steele, Probability: Formal, IESBS XVIII (2001), 12099–12104; W. Stegmüller, Probleme und Resultate der Wissenschaftstheorie und analytischen Philosophie IV/1–2 (IV/1 Personelle W. und Rationale Entscheidung, IV/2 Statistisches Schließen, Statistische Begründung, Statistische Analyse), Berlin/Heidelberg/New York 1973; R. Steyer, W. und Regression, Berlin etc. 2003; M. Strevens, Bigger than Chaos. Understanding Complexity through Probability, Cambridge Mass./London 2003; ders., Probability and Chance, Enc. Ph. VIII (^{2}2006), 24–40; M. Suárez, Probabilities, Causes and Propensities in Physics, Dordrecht/London/New York 2011; P. Suppes, Probabilistic Metaphysics, I–II, Uppsala 1974, in 1 Bd., Oxford 1984, 1985; L. V. Tarasov, Wie der Zufall will? Vom Wesen der W., Heidelberg etc. 1993, 1998; I. Todhunter, A History of the Mathematical Theory of Probability. From the Time of Pascal to that of Laplace, Cambridge/London 1865 (repr. Bristol 1993), Neudr. New York 1949, 1965; J. Venn, The Logic of Chance, New York 1866, ^{4}1962, Mineola N. Y. 2006; J. M. Vickers, Belief and Probability, Dordrecht/Boston Mass. 1976; ders., Chance and Structure. An Essay on the Logical Foundations of Probability, Oxford etc. 1988; K. Vogt u. a., W., Hist. Wb. Ph. XII (2004), 251–306; R. Weatherford, Philosophical Foundations of Probability Theory, London etc. 1982; A. Wilce, Quantum Logic and Probability Theory, SEP 2002, rev. 2017; G. Wright/P. Ayton, Subjective Probability, Chichester/New York 1994; T. van Zantwijk, Heuristik und W. in der logischen Methodenlehre, Paderborn 2009; ders., W., Wahrheit, Hist. Wb. Rhetorik IX (2009), 1285–1340; weitere Literatur: ↑Wahrscheinlichkeitstheorie, ↑Statistik. H. R./W. L.

Wahrscheinlichkeitsimplikation (engl. probabilistic implication), im weiteren Sinne Bezeichnung für eine ↑Implikation oder einen ↑Schluß, in der bzw. in dem entweder der Übergang von den ↑Prämissen zur ↑Konklusion nicht zwingend, sondern nur mit einer gewissen ↑Wahrscheinlichkeit gültig ist oder die Konklusion selbst eine Wahrscheinlichkeitsaussage ist. Im engeren Sinne bezeichnet der Begriff der W. eine Implikation oder einen Schluß, die bzw. der von einem System der ↑Wahrscheinlichkeitslogik oder der induktiven Logik (↑Logik, induktive, ↑Implikation, induktive, ↑Schluß, induktiver) als gültig ausgewiesen wird.

Literatur: ↑Wahrscheinlichkeitslogik. H. R.

Wahrscheinlichkeitslogik (engl. probability logic, probabilistic logic), Bezeichnung für logisch-philosophische Untersuchungen und formale Kalkülisierungen von Schlußformen, in denen sich gewisse ↑Wahrscheinlichkeiten von den ↑Prämissen (Hypothesen) auf die ↑Konklusion (These) übertragen. Dies markiert den prinzipiellen Unterschied zur deduktiven Logik (↑Logik, deduktive), die Schlußformen kanonisiert, in denen sich die (hypothetische) Wahrheit der Prämissen auf die Konklusion überträgt, d. h., bei denen eine logische ↑Folgerung oder ↑Implikation vorliegt.

Eine Integration von Wahrscheinlichkeitsargumenten in die formale Logik (↑Logik, formale) wird schon von

G. W. Leibniz angemahnt, nach dem »eine neue Art Logik nötig wäre, die die Wahrscheinlichkeitsgrade behandeln müßte«, wobei »die Logik des Wahrscheinlichen andere Folgerungen als die Logik der notwendigen Wahrheiten« aufweise (Nouv. essais IV 16 §9 [Akad.-Ausg. 6.6, 466], IV 17 §6 [Akad.-Ausg. 6.6, 484] [dt. Neue Abhandlungen über den menschlichen Verstand, ed. E. Cassirer, Hamburg 1971, 562, 588–589]). Im 19. Jh. wird die Idee einer W. zunächst von B. Bolzano (Wissenschaftslehre II, 1837, §161) mit Bezug auf das »Verhältnis der vergleichsweisen Gültigkeit (...) eines Satzes in Hinsicht auf andere Sätze« namhaft gemacht und später von A. De Morgan, G. Boole, C. S. Peirce und H. MacColl weiterentwickelt. Trotz fortgesetzten Bemühens im 20. Jh. (insbes. durch J. M. Keynes, B. de Finetti, H. Reichenbach, Z. Zawirski, R. Carnap) gibt es bis heute kein allgemein akzeptiertes Verständnis des Begriffs der W..

Gegenüber der ↑Wahrscheinlichkeitstheorie ist die W. schon dadurch hervorgehoben, daß in ihr ↑Aussagen und nicht, wie in jener, ↑Ereignissen Wahrscheinlichkeiten zugeordnet werden. Von der induktiven Logik (↑Logik, induktive) und vom statistischen Schließen (↑Statistik) unterscheidet sich die W. dadurch, daß es in ihr nicht um das erkenntnistheoretische Problem der Rechtfertigung gehaltserweiternder Schlüsse oder der Gewinnung adäquater Wahrscheinlichkeitsverteilungen geht, sondern um das semantische Problem der Erarbeitung eines Folgerungs- und Gültigkeitsbegriffs (↑gültig/Gültigkeit), der sich auf probabilistische Beziehungen zwischen Prämissen und Konklusion gründet. Die W. im engeren Sinne befaßt sich demnach mit der *Klärung* des Begriffs der ↑Wahrscheinlichkeitsimplikation; die *Anwendung* dieses Begriffs, also die konkrete Durchführung von Wahrscheinlichkeitsschlüssen (wie in der induktiven Logik (↑Logik, induktive) und im ↑Bayesianismus), wird nicht zur W. gerechnet. Im einen Falle geht es um Logik, im anderen um ↑Bestätigungstheorie.

Die auf wahrheitserhaltende Folgerung und Implikation aufgebaute deduktive Logik profitiert von der Tatsache, daß die ↑Junktoren (↑Partikel, logische) $\neg$, $\wedge$, $\vee$ und $\rightarrow$ als wahrheitsfunktional (↑Wahrheitsfunktion) gelten können: die Wahrheit eines unter Verwendung dieser Zeichen konstruierten komplexen Satzes hängt allein von der Wahrheit der durch sie verbundenen Teilsätze ab. Eine analoge ›Funktionalität‹ gilt bei Wahrscheinlichkeiten nur für die ↑Negation: $P(\neg A) = 1 - P(A)$. Für die ↑Konjunktion gilt $P(A \wedge B) = P(A) \cdot P(B)$ nur dann, wenn A und B stochastisch unabhängig (↑unabhängig/Unabhängigkeit (von Ereignissen)) sind; für die ↑Adjunktion gilt $P(A \vee B) = P(A) + P(B)$ nur dann, wenn A und B einander ausschließen (d. h., wenn $\neg(A \wedge B)$ eine ↑Tautologie ist). Allgemeingültige Beziehungen der Wahrscheinlichkeitstheorie sind dagegen die folgenden Multiplikations- und Additionsregeln:

$$P(A \wedge B) = P(A) \cdot P(B \mid A),$$
$$P(A \vee B) = P(A) + P(B) - P(A \wedge B),$$

wobei ›$P(B \mid A)$‹ die ›bedingte Wahrscheinlichkeit‹ von B unter der Voraussetzung, daß A wahr ist, bezeichnet. Die Wahrscheinlichkeiten der komplexen Sätze können also bestimmt werden, wenn neben den Wahrscheinlichkeiten ihrer Teilsätze auch gewisse bedingte Wahrscheinlichkeiten bekannt sind. Darauf aufbauend hat H. Reichenbach (1935/1949) ↑Wahrheitstafeln für die Junktoren $\neg$, $\wedge$ und $\vee$ angegeben und beansprucht, die W. (oder ›Logik der Gewichte‹) als eine mehrwertige Logik (↑Logik, mehrwertige) mit (überabzählbar; ↑überabzählbar/Überabzählbarkeit) unendlich vielen Wahrheitswerten rekonstruiert zu haben. Dies ist jedoch nicht korrekt. Denn zum einen erlauben diese Tafeln keine rekursive Bewertung (↑Bewertung (logisch)) komplexer Sätze auf Grund der Wahrheitswerte einfacherer Sätze, zum anderen ist ›$B \mid A$‹ (anders als etwa ›$B \wedge A$‹ und ›$B \vee A$‹) kein syntaktisch zulässiger Satz der ↑Objektsprache und drückt auch keine ↑Proposition aus. Wie bereits von Peirce und MacColl betont, darf die bedingte Wahrscheinlichkeit $P(B \mid A)$ von B auf der Grundlage von A nicht mit der Wahrscheinlichkeit $P(A \rightarrow B)$ der ↑Subjunktion (des materialen ↑Konditionalsatzes) $A \rightarrow B$ verwechselt werden. Zwar gilt stets $P(B \mid A) \leq P(A \rightarrow B)$, aber im allgemeinen nicht die Identität. D. Lewis (1976) zeigt, daß es kein ›Wahrscheinlichkeitskonditional‹ $\rightarrow$ geben kann, so daß $A \rightarrow B$ eine Proposition ausdrückt und allgemein (d. h. für jedes Wahrscheinlichkeitsmaß P) gilt: $P(A \rightarrow B) = P(B \mid A)$.

In der W. von E. W. Adams wird ein Schluß von den Prämissen $A_1, \ldots, A_n$ auf die Konklusion B als P-gültig ausgezeichnet, wenn es möglich ist, durch Erhöhung der Wahrscheinlichkeit der Prämissen die Wahrscheinlichkeit der Konklusion beliebig zu vergrößern, d. h., wenn es für jede positive Zahl ε eine Zahl δ gibt, so daß für jedes Wahrscheinlichkeitsmaß P die Schwellenwertüberschreitung $P(B) \geq 1 - \varepsilon$ garantiert ist, sofern nur $P(A_i) \geq 1 - \delta$ für jede Prämisse A_i gilt. Neben dieser Logik der Erhaltung von hoher Wahrscheinlichkeit untersucht Adams auch die Logiken der Erhaltung der Gewißheit (Wahrscheinlichkeit gleich 1), von positiver Wahrscheinlichkeit (Wahrscheinlichkeit ungleich 0) und der minimalen Prämissenwahrscheinlichkeit. Diese Ansätze haben sich als für die logische Analyse von Konditionalsätzen sehr fruchtbar erwiesen. – R. Giles kombiniert eine subjektive Wahrscheinlichkeitszuschreibung für atomare Sätze mit einer Dialogischen Logik (↑Logik, dialogische), die durch eine spieltheoretische Semantik (↑Semantik, spieltheoretische) interpretiert wird. Resultat ist die charakteristische Bewertungsfunktion einer unendlich-wertigen Logik von J. Łukasiewicz, deren logische Werte (↑Wert (logisch)) freilich nicht mehr als Wahrscheinlichkeitswerte verstanden werden können.

In allen diesen Spielarten hat es die W. mit einer von Wahrscheinlichkeitsausdrücken freien Objektsprache zu tun und beurteilt (nicht notwendig deduktiv gültige) Schlüsse auf Grund ihrer wahrscheinlichkeitserhaltenden Funktion. In anderen Varianten beschäftigt sich die W. mit der Frage, wie die Wahrscheinlichkeiten einer bestimmten Menge von Aussagen die Wahrscheinlichkeiten weiterer Aussagen zwar nicht determinieren, aber doch beschränken. So ist z. B. klar, daß $P(A \vee B)$ größer oder gleich (dem Maximum von) $P(A)$ und $P(B)$, aber kleiner oder gleich der Summe $P(A) + P(B)$ ist. Ein anderes Beispiel ist unter Zuhilfenahme von Wahrscheinlichkeitsintervallen formulierbar: Man kann aus $P(A) \geq \alpha$ und $P(A \rightarrow B) \geq \beta$ sicher erschließen, daß $P(B) \geq \alpha + \beta - 1$; dies ist eine generalisierte Form der deduktiv gültigen Schlußregel des ↑modus ponens. (Die Prämissen dieses Schlußschemas sind nur konsistent, wenn $\alpha + \beta \geq 1$. Man vergleiche dagegen die alternative Überlegung, daß aus $P(A) \geq \alpha$ und $P(B|A) \geq \beta$ sicher und ohne Konsistenzbedingung $P(B) \geq \alpha \cdot \beta$ erschlossen werden kann; jedoch kann ›$B|A$‹ wieder nicht als Aussage betrachtet werden.) In dieser Fassung zeichnet die W. streng (nicht nur wahrscheinlich) gültige Schlüsse aus, in denen die Prämissen und die Konklusion objektsprachliche Aussagen über Wahrscheinlichkeiten sind (T. Hailperin 1984, N. J. Nilsson 1986, R. Fagin/J. Y. Halpern/N. Megiddo 1990).

Literatur: E. W. Adams, Probability and the Logic of Conditionals, in: J. Hintikka/P. Suppes (eds.), Aspects of Inductive Logic, Amsterdam 1966, 265–316; ders., The Logic of Conditionals. An Application of Probability to Deductive Logic, Dordrecht/Boston Mass. 1975; ders., On the Logic of High Probability, J. Philos. Log. 15 (1986), 255–279; ders., Four Probability-Preserving Properties of Inferences, J. Philos. Log. 25 (1996), 1–24; ders., A Primer of Probability Logic, Stanford Calif. 1998; ders./H. P. Levine, On the Uncertainties Transmitted from Premises to Conclusions in Deductive Inferences, Synthese 30 (1975), 429–460; R. Aleliunas, A New Normative Theory of Probabilistic Logic, in: H. E. Kyburg Jr./R. P. Loui/G. N. Carlson (eds.), Knowledge Representation and Defeasible Reasoning, Dordrecht/Boston Mass./London 1990, 387–403; F. Bacchus, Representing and Reasoning with Probabilistic Knowledge. A Logical Approach to Probabilities, Cambridge Mass./London 1990; M. S. Bartlett, Probability in Logic, Mathematics and Science, Dialectica 3 (1949), 104–113; B. Bolzano, Wissenschaftslehre. [...], I–IV, Sulzbach 1837, [2]1929–1930 (repr. Aalen 1970, 1981), ferner als: Gesamtausg. I, 11/1–14/3, Stuttgart-Bad Cannstatt 1985–2000; J. P. Burgess, Probability Logic, J. Symb. Log. 34 (1969), 264–274; P. G. Calabrese, An Algebraic Synthesis of the Foundations of Logic and Probability, Information Sciences 42 (1987), 187–237; ders., Deduction and Inference Using Conditional Logic and Probability, in: I. R. Goodman u. a. (eds.), Conditional Logic in Expert Systems, Amsterdam etc. 1991, 71–100; R. Carnap, Logical Foundations of Probability, Chicago Ill., London 1950, [4]1971; ders., Induktive Logik und Wahrscheinlichkeit, bearb. v. W. Stegmüller, Wien 1959; R. Chuaqui, Truth, Possibility, and Probability. New Logical Foundations of Probability and Statistical Inference, Amsterdam etc. 1991; G. Coletti/R. Scozzafava, Probabilistic Logic in a Coherent Setting, Dordrecht/Boston Mass./London 2002; R. Cox, The Algebra of Probable Inference, Baltimore Md. 1961; L. Demey/B. Kooi/J. Sack, Logic and Probability, SEP 2013; A. P. Dempster, Upper and Lower Probabilities Induced by a Multivalued Mapping, Ann. Math. Statistics 38 (1967), 325–339; A. Eagle (ed.), Philosophy of Probability. Contemporary Readings, London/New York 2011; B. Ellis, The Logic of Subjective Probability, Brit. J. Philos. Sci. 24 (1973), 125–152; R. Fagin/J. Y. Halpern, Reasoning about Knowledge and Probability, J. Assoc. of Computing Machinery 41 (1994), 340–367; R. Fagin/J. Y. Halpern/N. Megiddo, A Logic for Reasoning about Probabilities, Information and Computation 87 (1990), 78–128; S. Fajardo, Probability Logic with Conditional Expectation, Ann. Pure and Applied Log. 28 (1985), 137–161; J. E. Fenstad, Logic and Probability, in: E. Agazzi (ed.), Modern Logic – A Survey. Historical, Philosophical, and Mathematical Aspects of Modern Logic and Its Applications, Dordrecht/Boston Mass./London 1981, 223–233; B. de Finetti, The Logic of Probability, Philos. Stud. 77 (1985), 181–190; B. C. van Fraassen, Representation of Conditional Probabilities, J. Philos. Log. 5 (1976), 417–430; ders., Rational Belief and Probability Kinematics, Philos. Sci. 47 (1980), 165–187; ders., Gentlemen's Wagers. Relevant Logic and Probability, Philos. Stud. 43 (1983), 47–61; P. Gärdenfors, Qualitative Probability as an Intensional Logic, J. Philos. Log. 4 (1975), 171–185; M. R. Genesereth/N. J. Nilsson, Logical Foundations of Artificial Intelligence, Los Altos Calif. 1987, 1988, 177–206 (Chap. 8 Reasoning with Uncertain Beliefs) (dt. Logische Grundlagen der künstlichen Intelligenz, Braunschweig/Wiesbaden 1989, 249–298 [Kap. 8 Schlußfolgerungen bei unsicheren Überzeugungen]); R. Giles, A Non-Classical Logic for Physics, Stud. Log. 33 (1974), 397–415, Neudr. in: R. Wójcicki/G. Malinowski (eds.), Selected Papers on Łukasiewicz Sentential Calculi, Breslau 1977, 13–51; I. J. Good, Good Thinking. The Foundations of Probability and Its Applications, Minneapolis Minn. 1983; B. Grofman/G. Hyman, Probability and Logic in Belief Systems, Theory and Decision 4 (1973), 179–191; I. Hacking, The Theory of Probable Inference: Neyman, Peirce, and Braithwaite, in: D. H. Mellor (ed.), Science, Belief and Behaviour. Essays in Honour of R. B. Braithwaite, Cambridge etc. 1980, 141–160; ders., An Introduction to Probability and Inductive Logic, Cambridge etc. 2001, 2009 (franz. L' ouverture au probable. Éléments de logique inductive, Paris 2004); R. Haenni u. a., Probabilistic Logics and Probabilistic Networks, Dordrecht etc. 2011; T. Hailperin, Boole's Logic and Probability. A Critical Exposition from the Standpoint of Contemporary Algebra, Logic and Probability Theory, Amsterdam etc. 1976, [2]1986; ders., Probability Logic, Notre Dame J. Formal Logic 25 (1984), 198–212; ders., The Development of Probability Logic from Leibniz to MacColl, Hist. Philos. Log. 9 (1988), 131–191; ders., Probabilistic Logic in the Twentieth Century, Hist. Philos. Log. 12 (1991), 71–110; ders., Sentential Probability Logic. Origins, Development, Current Status, and Technical Applications, Bethlehem Penn./London 1996; ders., Logic with a Probability Semantics. Including Solutions to some Philosophical Problems, Bethlehem Penn./Lanham Md. 2011; A. Hájek/C. Hitchcock (eds.), The Oxford Handbook of Probability and Philosophy, Oxford etc. 2016; J. Y. Halpern, An Analysis of First-Order Logics of Probability, Artificial Intelligence 46 (1990), 311–350; ders., Reasoning about Uncertainty, Cambridge

Mass./London 2003, [2]2017; ders./M. R. Tuttle, Knowledge, Probability, and Adversaries, J. Assoc. Computing Machinery 40 (1993), 917–962; D. N. Hoover, Probability Logic, Ann. Math. Log. 14 (1978), 287–313; C. Howson, The Rule of Succession, Inductive Logic and Probability Logic, Brit. J. Philos. Sci. 26 (1975), 187–198; W. E. Johnson, Probability. The Deductive and Inductive Problems, Mind 41 (1932), 409–423; E. Kaila, Die Prinzipien der W., Turku 1926; H. J. Keisler, A Completeness Proof for Adapted Probability Logic, Ann. Pure and Applied Log. 31 (1986), 61–70; ders., Hyperfinite Models of Adapted Probability Logic, Ann. Pure and Applied Log. 31 (1986), 71–86; J. M. Keynes, A Treatise on Probability, London 1921 (repr. New York 1979), London 1963, London, New York 1973 (= The Collected Writings VIII), Cambridge etc. 2013; H. E. Kyburg, Probability and the Logic of Rational Belief, Middletown Conn. 1961; ders., Uncertainty Logics, in: D. M. Gabbay/C. J. Hogger/J. A. Robinson (eds.), Handbook of Logic in Artificial Intelligence and Logic Programming III (Nonmonotonic Reasoning and Uncertain Reasoning), Oxford, Oxford etc. 1994, 397–438; ders./C. M. Teng, Uncertain Inference, Cambridge etc. 2001; D. Lewis, Probabilities of Conditionals and Conditional Probabilities, Philos. Rev. 85 (1976), 297–315, Neudr. in: W. L. Harper/R. Stalnaker/G. Pearce (eds.), Ifs. Conditionals, Belief, Decision, Chance, and Time, Dordrecht/Boston Mass./London 1981, 129–147, ferner [mit einem Postskriptum] in: D. Lewis, Philosophical Papers II, Oxford etc. 1986, 133–156; ders., Probabilities of Conditionals and Conditional Probabilities II, Philos. Rev. 95 (1986), 581–589; S. Lindström/W. Rabinowicz, On the Probabilistic Representation of Non-Probabilistic Belief Revision, J. Philos. Log. 18 (1989), 69–101; J. Łukasiewicz, Die logischen Grundlagen der Wahrscheinlichkeitsrechnung, Krakau 1913 (engl. Logical Foundations of Probability Theory, in: L. Borkowski [ed.], Jan Łukasiewicz. Selected Works, Amsterdam/London/Warschau 1970, 16–43); ders., Philosophische Bemerkungen zu mehrwertigen Systemen des Aussagenkalküls, Comptes rendus des séances de la société des sciences et des lettres de Varsovie Cl. III/23 (1930), 51–77 (engl. Philosophical Remarks on Many-Valued Systems of Propositional Logic, in: S. McCall [ed.], Polish Logic 1920–1939, Oxford 1967, 40–65, ferner unter dem Titel: Logical Foundations of Probability, in: L. Borkowski [ed.], Jan Łukasiewicz. Selected Works [s. o.], 153–178); ders./A. Tarski, Untersuchungen über den Aussagenkalkül, Comptes rendus des séances de la société des sciences et des lettres de Varsovie Cl. III/23 (1930), 30–50 (engl. Investigations into the Sentential Calculus, in: A. Tarski, Logic, Semantics, Metamathematics. Papers from 1923 to 1938, Oxford 1956, Indianapolis Ind. [2]1983, 1990, 38–59); H. MacColl, The Calculus of Equivalent Statements (Fourth Paper), Proc. London Math. Soc. 11 (1880), 113–121; ders., Symbolical Reasoning, Mind 6 (1897), 493–510; H. Margenau, Probability, Many-Valued Logics, and Physics, Philos. Sci. 6 (1939), 65–87; P. Milne, Minimal Doxastic Logic. Probabilistic and Other Completeness Theorems, Notre Dame J. Formal Logic 34 (1993), 499–526; J. Mittelstraß/P. Schroeder-Heister, Zeichen, Kalkül, Wahrscheinlichkeit. Elemente einer Mathesis universalis bei Leibniz, in: H. Stachowiak (ed.), Pragmatik. Handbuch pragmatischen Denkens I (Pragmatisches Denken von den Ursprüngen bis zum 18. Jahrhundert), Hamburg 1986, 392–414, bes. 406–411, Neudr., unter dem Titel: Zeichen, Kalkül, Wahrscheinlichkeit, in: J. Mittelstraß, Leibniz und Kant. Erkenntnistheoretische Studien, Berlin/Boston Mass. 2011, 59–84, bes. 77–84; C. G. Morgan, Logic, Probability Theory and Artificial Intelligence I, Computational Intelligence 7 (1991), 94–109; I. Niiniluoto, Wahrscheinlichkeit, EP III ([2]2010), 2946–2949; N. J. Nilsson, Probabilistic Logic, Artificial Intelligence 28 (1986), 71–87; M. Oaksford/N. Chater (eds.), Cognition and Conditionals. Probability and Logic in Human Thinking, Oxford etc. 2010; Z. Ognjanović/M. Rašković/Z. Marković, Probabilistic Logics. Probability-Based Formalization of Uncertain Reasoning, Cham 2017; G. Paass, Probabilistic Logic, in: P. Smets u. a. (eds.), Non-Standard Logics for Automated Reasoning, London etc. 1988, 213–244 (mit Diskussion, 244–251); J. Pearl, Probabilistic Reasoning in Intelligent Systems. Networks of Plausible Inference, San Mateo Calif. 1988, San Francisco Calif. 2008; ders., Probabilistic Semantics for Nonmonotonic Reasoning, in: R. Cummins/J. Pollock (eds.), Philosophy and AI. Essays at the Interface, Cambridge Mass./London 1991, 157–187; C. S. Peirce, On an Improvement in Boole's Calculus of Logic, Proc. Amer. Acad. Arts and Sciences 7 (1867), 250–261, Neudr. in: The Writings of Charles S. Peirce. A Chronological Edition II (1867–1871), ed. E. C. Moore, Bloomington Ind. 1984, 1990, 12–23; ders., A Theory of Probable Inference, in: ders. (ed.), Studies in Logic, Boston Mass. 1883 (repr. Amsterdam/Philadelphia Pa. 1983), 126–181; F. P. Ramsey, Philosophical Papers, ed. D. H. Mellor, Cambridge etc. 1990, 1994; H. Reichenbach, W., Sitz.ber. Preuß. Akad. Wiss. Berlin, phys.-math. Kl. 29 (1932), 476–490; ders., Wahrscheinlichkeitslehre. Eine Untersuchung über die logischen und mathematischen Grundlagen der Wahrscheinlichkeitsrechnung, Leiden 1935, ed. A. Kamlah/M. Reichenbach, Braunschweig/Wiesbaden 1994 (= Ges. Werke VII) (engl. The Theory of Probability. An Inquiry into the Logical and Mathematical Foundations of the Calculus of Probability, Berkeley Calif./Los Angeles 1949 [repr. Berkeley Calif./Los Angeles/London 1971]); N. Rescher, Topics in Philosophical Logic, Dordrecht 1968, 182–195 (Chap. XI Probability Logic); ders., Many-Valued Logic, New York 1969, Aldershot 1993; P. Roeper/H. Leblanc, Probability Theory and Probability Logic, Toronto/Buffalo N. Y./London 1999; J. Rosenthal, Wahrscheinlichkeiten als Tendenzen. Eine Untersuchung objektiver Wahrscheinlichkeitsbegriffe, Paderborn 2004; D. Scott/P. Krauss, Assigning Probabilities to Logical Formulas, in: J. Hintikka/P. Suppes (eds.), Aspects of Inductive Logic, Amsterdam 1966, 219–264; G. Shafer, A Mathematical Theory of Evidence, Princeton N. J. 1976; ders./J. Pearl (eds.), Readings in Uncertain Reasoning, San Mateo Calif. 1990; N. Shanks/R. B. Gardner (eds.), Logic, Probability and Science, Amsterdam/Atlanta Ga. 2000; W. Spohn, The Representation of Popper Measures, Topoi 5 (1986), 69–74; R. Stalnaker, Probability and Conditionality, Philos. Sci. 37 (1970), 64–80, unter dem Titel: Probability and Conditionals, in: W. L. Harper/R. Stalnaker/G. Pearce (eds.), Ifs. Conditionals, Belief, Decision, Chance, and Time [s. o.], 107–128; P. Suppes, Probabilistic Inference and the Concept of Total Evidence, in: J. Hintikka/P. Suppes (eds.), Aspects of Inductive Logic [s. o.], 49–65; ders., Logique du probable. Démarche bayésienne et rationalité, Paris 1981; A. Tarski, Wahrscheinlichkeitslehre und mehrwertige Logik, Erkenntnis 5 (1935/1936), 174–175; K. Vogt u. a., W., Hist. Wb. Ph. XII (2004), 251–306; Z. Zawirski, Znaczenie logiki wielowartościowej dla poznania i związek jej z rachunkiem prawdopodobienstwa [Die Bedeutung der mehrwertigen Logik für die Erkenntnis und ihre Verbindung zum Wahrscheinlichkeitskalkül], Warschau 1934; ders., Über das Verhältnis der mehrwertigen Logik zur Wahrscheinlichkeitsrechnung, Studia Philosophica (Commentarii Societatis Philosophicae Polonorum) 1 (Leopoli 1935), 407–442; ders., Bedeutung der mehrwertigen Logik für die Erkenntnis und ihr Zusammenhang mit der Wahrscheinlichkeitsrechnung, Actes du Huitième Congrès International de Philosophie à Prague 2–7 septembre 1934, Prag 1936 (repr. Nendeln 1968), 175–180; ders.,

Über die Anwendung der mehrwertigen Logik in der empirischen Wissenschaft, Erkenntnis 6 (1936/1937), 430–435. H. R.

Wahrscheinlichkeitstheorie (auch: Wahrscheinlichkeitsrechnung; engl. probability theory, probability calculus), Bezeichnung für eine mathematische Disziplin, in der die formalen Eigenschaften und Gesetzmäßigkeiten der ↑Wahrscheinlichkeit axiomatisiert und hergeleitet werden. Zusammen mit der ↑Statistik wird die W. auch als Stochastik bezeichnet. Die Anfänge der W. als eigenständiger Disziplin können auf den Schweizer Mathematiker Jak. Bernoulli (Ars conjectandi, 1705/postum 1713) zurückgeführt werden, der die bis dahin eher unsystematischen kombinatorischen Erkenntnisse der Glücksspielrechnung mit den philosophischen Diskussionen des Wahrscheinlichkeitsbegriffs vereinigte. Insbes. das (schwache) ↑Gesetz der großen Zahlen und der zentrale Grenzwertsatz erlaubten eine Anwendung der W. auf Probleme der Physik, des Versicherungswesens und der Fehlerrechnung. In seinem berühmten Vortrag über »Mathematische Probleme« (1901) zählt D. Hilbert die W. noch zu den ›physikalischen Disziplinen‹ und macht ihre axiomatische Behandlung zum Bestandteil seines 6. offenen Problems der Mathematik (repr. in: ders., Gesammelte Abhandlungen III, Berlin 1935, 290–329, bes. 306). Erst in der 1. Hälfte des 20. Jhs. gelingt es, die W. durch Subsumtion unter die von H. Lebesgue, M. J. Radon und M. Fréchet neu entwickelte Maß- und Integrationstheorie (↑Maß, ↑Integral) als ein Teilgebiet der Mathematik zu etablieren. Von großer Bedeutung war hierbei die Monographie »Grundbegriffe der Wahrscheinlichkeitsrechnung« (1933) von A. N. Kolmogorov, durch dessen Axiome die W. im heutigen Sinne gekennzeichnet ist.

Gegenstand der W. ist die Berechnung von Wahrscheinlichkeiten von Ereignissen auf der Grundlage bekannter Wahrscheinlichkeiten anderer (einfacherer oder ›elementarer‹) Ereignisse. So errechnet sich z. B. die Wahrscheinlichkeit, in zwei aufeinanderfolgenden Würfen mit einem Würfel insgesamt 11 Augen zu werfen, als *Summe* der Wahrscheinlichkeiten der verschiedenen (einander ausschließenden oder ›disjunkten‹) Wege, dies zu erreichen: entweder eine 5 im 1. und eine 6 im 2. Wurf oder eine 6 im 1. und eine 5 im 2. Wurf. Die Summanden selbst sind wiederum *Produkte* aus der Wahrscheinlichkeit, eine 5 zu werfen, und der Wahrscheinlichkeit, eine 6 zu werfen, da die aufeinanderfolgenden Würfe als voneinander ›unabhängig‹ angenommen werden können (↑unabhängig/Unabhängigkeit (von Ereignissen)). Ist der Würfel fair, errechnet sich die Wahrscheinlichkeit daher als

$$P(»11«) = P(»5«) \cdot P(»6«) + P(»6«) \cdot P(»5«) \\ = (1/6)^2 + (1/6)^2 = 1/18.$$

Die W. im modernen Verständnis grenzt als mathematische Teildisziplin kontroverse inhaltliche Fragen aus; sie beschäftigt sich weder mit der (philosophischen) Interpretation der Wahrscheinlichkeit noch mit Anwendungsproblemen wie dem Erstellen geeigneter probabilistischer Modelle oder der Bestimmung je konkret vorliegender Wahrscheinlichkeitswerte (was zur Methodenlehre der Statistik gehört). Die Prinzipien der W. können in ihrer maßtheoretischen Einbettung in Analogie zu den Prinzipien der geometrischen Flächen- oder Volumenmessung dargestellt werden. Ähnlich wie für Flächen und Volumina ist das entscheidende Merkmal der Wahrscheinlichkeit ihre ›(endliche) Additivität‹, wonach die Wahrscheinlichkeit, daß eines von zwei einander ausschließenden Ereignissen eintritt, gleich der Summe der Wahrscheinlichkeiten der beiden Einzelereignisse ist.

Der zentrale Begriff der W. ist der des *Wahrscheinlichkeitsraums.* Wahrscheinlichkeitsräume werden durch Tripel $\mathfrak{W} = \langle \Omega, \mathfrak{A}, P \rangle$ mit den folgenden Bestandteilen repräsentiert. Der ›Ergebnisraum‹ Ω ist eine beliebige nicht-leere ↑Menge, deren Elemente als ›Elementarereignisse‹ oder ›Ergebnisse‹ bezeichnet werden. $\mathfrak{A}$ ist die Menge der ›meßbaren‹ Teilmengen von Ω (auch bezeichnet als ›[zufällige] Ereignisse‹), also derjenigen Teilmengen, denen durch P jeweils eine Wahrscheinlichkeit zugeordnet ist (aus mathematischen Gründen kann für einen überabzählbaren [↑überabzählbar/Überabzählbarkeit] Ergebnisraum Ω nicht jeder Teilmenge von Ω eine Wahrscheinlichkeit zugeordnet werden). $\mathfrak{A}$ besitzt die mathematische Struktur einer σ-Algebra (auch: ›σ-Körper‹, ›Borelscher Mengenkörper‹) über Ω: $\mathfrak{A}$ enthält Ω und ferner für jede Menge A in $\mathfrak{A}$ auch deren ↑Komplement $\complement A$ sowie für jede Folge $A_1, A_2, \ldots$ von Mengen in $\mathfrak{A}$ (↑Folge (mathematisch)) auch deren Vereinigung $\bigcup_{i=1}^{\infty} A_i$ (↑Vereinigung (mengentheoretisch)). Das ›Wahrscheinlichkeitsmaß‹ (auch: ›Wahrscheinlichkeitsfunktion‹, ›Wahrscheinlichkeitsgesetz‹, ›Wahrscheinlichkeitsverteilung‹) P auf $\mathfrak{A}$ schließlich ist eine Funktion, die jedem Ereignis A in $\mathfrak{A}$ eine Zahl $P(A)$ (dessen ›Eintretenswahrscheinlichkeit‹) mit $0 \leq P(A) \leq 1$ so zuordnet, daß die beiden folgenden Kolmogorovschen Axiome erfüllt sind:

(1) $P(\Omega) = 1$,

(2) $P\left(\bigcup_{i=1}^{\infty} A_i\right) = \sum_{i=1}^{\infty} P(A_i)$ für alle Folgen $A_1, A_2, \ldots$ von paarweise disjunkten Mengen aus $\mathfrak{A}$.

Wegen (1) bezeichnet man Wahrscheinlichkeitsmaße auch als ›normierte‹ Maße. Die Eigenschaft (2), bezeichnet als ›σ-Additivität‹, ist eine mathematisch motivierte Verallgemeinerung der erwähnten endlichen Additivität von Wahrscheinlichkeitsmaßen (philosophisch ist diese Verallgemeinerung der Additivität auf den unendlichen Fall allerdings nicht unproblematisch). Alle formalen Eigenschaften von Wahrscheinlichkeitsmaßen werden unter anderem von Verhältniszahlen (Anteilen, Proportionen) in einer Population und von relativen Häufigkeiten erfüllt.

Neben der Normierung ist es der Begriff der Unabhängigkeit von Ereignissen und Zufallsvariablen, der der W. innerhalb der Maßtheorie ihr eigentümliches Gepräge gibt. Die Unabhängigkeit läßt sich objektivistisch oder epistemisch verstehen. Ein Ereignis A ist von einem Ereignis B ›unabhängig‹ genau dann, wenn das Eintreten von B (bzw. die Information, daß B eingetreten ist) die objektive (bzw. subjektive) Wahrscheinlichkeit dafür, daß A eintritt, nicht verändert. Die hierfür einschlägige ›bedingte Wahrscheinlichkeit von B unter der Bedingung A‹ bestimmt sich als

$$P(B \mid A) = P(A \cap B) / P(A),$$

wobei $P(A) \neq 0$ vorausgesetzt werden muß. Die bedingte Wahrscheinlichkeit von B unter der Bedingung A besteht also im Anteil des Maßes, das dem durch ›A und B‹ bezeichneten Ereignis zugeordnet wird, am Maß des Ereignisses A.

Zwei Ereignisse A und B sind ›voneinander unabhängig (bezüglich P)‹ genau dann, wenn gilt: $P(A \mid B) = P(A)$ und $P(B \mid A) = P(B)$. Die beiden Gleichungen sind (bis auf die Voraussetzungen $P(B) \neq 0$ bzw. $P(A) \neq 0$) äquivalent (↑Äquivalenz); eine multiplikative Darstellung desselben Sachverhaltes lautet: $P(A \cap B) = P(A) \cdot P(B)$. Der Begriff der bedingten Wahrscheinlichkeit spielt eine entscheidende Rolle beim (in der ↑Bestätigungstheorie herangezogenen, in seiner Deutung aber umstrittenen) ↑Bayesschen Theorem.

Ein weiteres zentrales Konzept der W. ist das der Zufallsvariablen (auch: ›Zufallsgröße‹, ›stochastische Größe‹ oder ↑›Zufallsfunktion‹). Eine ›(reelle) Zufallsvariable‹ ist eine (meßbare) Funktion, die jedem ›Elementarereignis‹ aus Ω eine reelle Zahl zuordnet. Einem zufälligen Spielausgang ω können Zufallsvariablen etwa die Anzahl der geworfenen Augen oder die auszuzahlende Gewinnsumme zuordnen, einer zufällig ausgewählten Person die Schuhgröße oder das Jahreseinkommen. Die Bezeichnung ›Zufallsvariable‹ ist hier insofern irreführend, als an einer Zufallsvariablen selbst überhaupt nichts zufällig ist. Vielmehr wird durch eine Zufallsvariable X die Wahrscheinlichkeit P vom Wahrscheinlichkeitsraum $\mathfrak{W} = \langle \Omega, \mathfrak{A}, P \rangle$ gewissermaßen auf die (Menge $\mathfrak{B}$ der Borelschen Mengen über den) reellen Zahlen übertragen. Das Ereignis $\{\omega \in \Omega: X(\omega) = r\}$ bezeichnet man abkürzend als ›$\{X = r\}$‹, das Ereignis $\{\omega \in \Omega: X(\omega) \in B\}$ als ›$\{X \in B\}$‹. Mit diesen Bezeichnungen ist die durch die Zufallsvariable X ›induzierte Wahrscheinlichkeit‹ Q_X durch

$$Q_X(B) = P(\{X \in B\})$$

definiert für alle Borelschen Mengen B von reellen Zahlen. Q_X heißt auch das ›Bildmaß von P vermöge X‹. Besonders wichtig sind die (uneigentlichen) reellen Intervalle $I_r = \{s \in \mathbb{R}: s \leq r\}$ und die Wahrscheinlichkeiten, daß Q_X Werte in I_r annimmt, wodurch die ›Verteilungsfunktion‹ F_X einer Zufallsvariablen X über $\mathfrak{W}$ definiert ist: $F_X(r) = Q_X(I_r) = P(\{X \in I_r\})$ (↑Verteilung).

Im so genannten diskreten Fall, in dem die Zufallsvariable X höchstens abzählbar (↑abzählbar/Abzählbarkeit) unendlich viele Werte annehmen kann, ist der ›Erwartungswert‹ $\mathrm{E}(X)$ von X folgendermaßen definiert:

$$\mathrm{E}(X) = \mu_X = \sum_k k \cdot P(\{X = k\}).$$

Bei der Ermittlung des Erwartungswertes werden also die von der Variablen X angenommenen Werte mit der Wahrscheinlichkeit ihres Angenommenwerdens gewichtet. Die ›Varianz‹ Var und (wichtiger) die ›Standardabweichung‹ (oder ›Streuung‹) σ von X dienen als Maß für die mittlere Abweichung vom Erwartungswert und damit für die Variabilität der Zufallsvariablen:

$$\mathrm{Var}(X) = \mathrm{E}((X - \mathrm{E}(X))^2),$$

$$\sigma_X = \sqrt{\mathrm{Var}(X)}.$$

Für die große philosophische wie praktische Bedeutung der W., insbes. für die Aufdeckung kausaler Zusammenhänge zwischen Variablen, ist das Konzept der statistischen (Un-)Abhängigkeit von Zufallsvariablen entscheidend. Zwei Zufallsvariablen X und Y heißen ›(statistisch oder stochastisch) unabhängig‹ genau dann, wenn für alle (Borelschen) Mengen B_1 und B_2 von reellen Zahlen gilt:

$$P(\{X \in B_1 \wedge Y \in B_2\}) = P(\{X \in B_1\}) \cdot P(\{Y \in B_2\}).$$

Aus diesem allgemeinen Begriff der Unabhängigkeit kann als Spezialfall die erwähnte Unabhängigkeit von Ereignissen gewonnen werden, indem man diese mit ihren Indikatorfunktionen identifiziert. Eine häufig benutzte Form der Abhängigkeit zweier Zufallsvariablen X und Y ist bestimmt durch die ↑Kovarianz

$$\mathrm{Cov}(X,Y) = \mathrm{E}((X - \mathrm{E}(X)) \cdot (Y - \mathrm{E}(Y))).$$

Durch deren Normierung erhält man den ›Korrelationskoeffizienten‹ (↑Korrelation) von X und Y:

$$\mathrm{Cor}(X,Y) = \mathrm{Cov}(X,Y) / (\sigma_X \cdot \sigma_Y).$$

Es gilt $-1 \leq \mathrm{Cor}(X,Y) \leq 1$. Der Korrelationskoeffizient stellt ein Maß für die lineare Unabhängigkeit von X und Y dar. Es gilt z. B. $\mathrm{Cor}(X,Y) = 1$ genau dann, wenn $X - \mathrm{E}(X)$ ›fast sicher‹ ein positives Vielfaches von $Y - \mathrm{E}(Y)$ ist. Unabhängigkeit impliziert Unkorreliertheit, die Umkehrung ist jedoch nicht gültig: längst nicht jede

Form der Abhängigkeit ist linear. So bedeutet ein Korrelationskoeffizient von 0 noch nicht, daß die Zufallsvariablen X und Y voneinander unabhängig sind – ebensowenig, wie man aus dem Vorliegen oder Nicht-Vorliegen einer statistischen Abhängigkeit direkt, d.h. ohne weitere methodische Reflexion, auf eine entsprechende Ursache-Wirkung-Beziehung schließen darf (›scheinbare‹ und ›versteckte‹ Ursachen in P. Suppes' und W. Spohns Theorie probabilistischer ↑Kausalität).

Ein Zusammenhang zwischen empirisch feststellbaren relativen Häufigkeiten und den ihnen zugrundeliegenden Wahrscheinlichkeiten ist für endlich viele Versuche keineswegs zwingend: nichts kann das Unwahrscheinliche daran hindern, einzutreten. Dies ändert sich, wenn Grenzwertbetrachtungen angestellt werden. Die Modellsituation besteht aus einer unendlichen Folge von unabhängigen und identisch verteilten Zufallsvariablen X_1, X_2, X_3, ... mit dem gemeinsamen Erwartungswert μ. Eine solche Situation wäre praktisch realisiert, wenn ein Zufallsexperiment (z.B. das Werfen einer Münze oder einer Roulettekugel) unter konstanten Bedingungen unendlich oft wiederholt werden könnte.

Betrachtet man die beobachteten Mittelwerte $\overline{X}_n = (X_1 + X_2 + \ldots + X_n)/n$ nach n Versuchen ($\overline{X}_n$ ist selbst eine Zufallsvariable), so stellt sich die Frage, wie sich die empirisch ermittelten Mittelwerte zum theoretischen Erwartungswert verhalten. Die folgenden Gesetze der großen Zahlen werden von manchen Autoren als intuitive Grundlage für eine Häufigkeitsinterpretation des Wahrscheinlichkeitsbegriffs herangezogen, wobei aber fragwürdig bleibt, ob die Gesetze nicht vielmehr einen vorgängig zu verstehenden Wahrscheinlichkeitsbegriff voraussetzen und relative Häufigkeiten erst aus diesem abgeleitet werden können.

Schwaches Gesetz der großen Zahlen (Jak. Bernoulli 1713):

für alle $\varepsilon > 0$, $\lim\limits_{n\to\infty} (\{|\overline{X}_n - \mu| \leq \varepsilon\}) = 1$.

Starkes Gesetz der großen Zahlen (F.P. Cantelli 1917, Kolmogorov):

$P(\{\lim\limits_{n\to\infty} \overline{X}_n = \mu\}) = 1$.

Der im starken Gesetz steckende Begriff der fast sicheren Konvergenz ist stärker als der im schwachen Gesetz steckende Begriff der stochastischen Konvergenz von Zufallsvariablen. Die beiden Gesetze sagen nur, daß Konvergenz vorliegt, nicht aber, wie groß die zu erwartenden Abweichungen sind. Zur Lösung dieses Problems ist der zentrale Grenzwertsatz (A.A. Markov [1856–1922] 1898, A. Ljapunov 1900) von Nutzen, der die zu erwartenden ›Fehler‹ durch die Gaußsche (1794) ↑Normalverteilung abzuschätzen erlaubt:

$$\lim_{n\to\infty} P\left(\left\{a \leq \sqrt{n}\cdot\frac{\overline{X}_n - \mu}{\sigma} \leq b\right\}\right) = \int_a^b \frac{1}{\sqrt{2\pi}}\cdot e^{-\frac{x^2}{2}}dx.$$

Neben diesen Elementen der klassischen W. gibt es mehrere von der Hauptentwicklung abweichende Theorien. So kann der Begriff der Wahrscheinlichkeit rein komparativ, durch die Axiomatisierung des Prädikats ›ist mindestens so wahrscheinlich wie‹ studiert werden (B. de Finetti, R.D. Luce und Suppes). Andere Ansätze bauen die W. von vornherein auf dem Begriff der bedingten Wahrscheinlichkeit auf, so daß eine Konditionalisierung auch bezüglich einer Bedingung mit Wahrscheinlichkeit 0 definiert ist (K.R. Popper), oder verwenden die so genannte ↑Non-Standard-Analysis (A. Robinson), die mit infinitesimal kleinen Wahrscheinlichkeitswerten zu rechnen erlaubt. Als weiterer sehr fruchtbarer Forschungszweig hat sich die Theorie ›unscharfer Wahrscheinlichkeiten‹ erwiesen, d.h. die Theorie von Wahrscheinlichkeitsintervallen mit oberen und unteren Schranken (A. Dempster, G. Shafer, P. Walley).

Literatur: S. Albeverio/W. Schachermayer/M. Talagrand, Lectures on Probability Theory and Statistics. Ecole d'Eté de Probabilités de Saint-Flour XXX–2000, Berlin etc. 2003; M.T. Barlow/D. Nualart, Lectures on Probability Theory and Statistics. Ecole d'Eté de Probabilités de Saint-Flour XXV–1995, Berlin etc. 1998; J. Barone/A. Novikoff, A History of the Axiomatic Formulation of Probability from Borel to Kolmogorov I, Arch. Hist. Ex. Sci. 18 (1977/1978), 123–190; H. Bauer, W. und Grundzüge der Maßtheorie, Berlin 1968, Berlin/New York [3]1978, unter dem Titel: W., [4]1991 (engl. Probability Theory and Elements of Measure Theory, New York 1972, London [2]1981, unter dem Titel: Probability Theory, Berlin 1996); ders., Maß- und Integrationstheorie, Berlin/New York 1990, [2]1992 (engl. Measure and Integration Theory, Berlin/New York 2001); Jak. Bernoulli, Ars conjectandi, Basel 1713 (repr. Brüssel 1968) (dt. Wahrscheinlichkeitsrechnung, I–II, ed. R. Haussner, Leipzig 1899 [repr. in 1 Bd., Thun etc. 1999, 2002]); J. Bertoin/F. Martinelli/Y. Peres, Lectures on Probability Theory and Statistics. Ecole d'Eté de Probabilités de Saint-Flour XXVII–1997, Berlin etc. 1999; G. Bol, W.. Einführung, München/Wien 1992, [6]2007; E. Bolthausen/E. Perkins/A. van der Vaart, Lectures on Probability Theory and Statistics. Ecole d'Eté de Probabilités de Saint-Flour XXIX–1999, Berlin etc. 2002; R. Dedekind, Über die Elemente der Wahrscheinlichkeitsrechnung, Vierteljahresschr. naturforschenden Ges. in Zürich 1860, 66–75; H. Dehling/B. Haupt, Einführung in die W. und Statistik, Berlin etc. 2003, [2]2004; A. Dembo/T. Funaki, Lectures on Probability Theory and Statistics. Ecole d'Eté de Probabilités de Saint-Flour XXXIII–2003, Berlin etc. 2005; A.P. Dempster, Upper and Lower Probabilities Induced by a Multivalued Mapping, Ann. Math. Stat. 38 (1967), 325–339; H. Dinges/H. Rost, Prinzipien der Stochastik, Stuttgart 1982; R. Dobrushin/P. Groeneboom/M. Ledoux, Lectures on Probability Theory and Statistics. Ecole d'Été de Probabilités de Saint-Flour XXIV–1994, Berlin etc. 1996; J.L. Doob, The Development of Rigor in Mathematical Probability (1900–1950), in: J.P. Pier (ed.), Development of Mathematics 1900–1950, Basel/Boston Mass./Berlin 1994, 2000, 157–169; W. Eckhardt, Paradoxes in Probability Theory, Dordrecht etc. 2013; M. Emery/A. Nemirovski/D. Voiculescu, Lectures on Probability Theory and Statistics. Ecole d'Eté de Probabilités de Saint-Flour XXVIII–1998, Berlin etc. 2000; W. Feller, An Introduction to Probability Theory and Its Applications, I–II, New York 1950/1966, I ^{2}1960, New York/London/Sydney ^{3}1968, II New York/London/Sydney ^{2}1971, I–II, New York 2009; B. de Finetti, Teoria della probabilità, Rom 1965, mit Untertitel: Sintesi introduttiva con appendice critica, I–II, Turin 1970; M. Fisz, Rachunek prawdopodobieństwa i statystyka matematyczna, Warschau 1958 (dt. Wahrscheinlichkeitsrechnung und mathematische Statistik, Berlin 1958, ^{11}1989; engl. Probability Theory and Mathematical Statistics, New York 1963, Huntington N.Y. 1980); H.-O. Georgii, Stochastik. Einführung in die W. und Statistik, Berlin/New York 2002, Berlin/Boston Mass. ^{5}2015 (engl. Stochastics. Introduction to Probability and Statistics, Berlin/New York 2008, Berlin/Boston Mass. ^{2}2013); D. Gillies, Philosophical Theories of Probability, London/New York 2000, 2009; E. Giné/G. R. Grimmett/L. Saloff-Coste, Lectures on Probability Theory and Statistics. Ecole d'Ete de Probabilités de Saint-Flour XXVI–1996, Berlin etc. 1997; B. V. Gnedenko/A. J. Chinčin, Elementarnoe vvedenie v teoriju verojatnostej, Moskau 1950, 1976 (dt. Elementare Einführung in die Wahrscheinlichkeitsrechnung, Berlin 1955, ^{12}1983; franz. Introduction à la théorie des probabilités, Paris 1960, ^{3}1971; engl. An Elementary Introduction to the Theory of Probability, San Francisco Calif. 1961, Berlin 2015); A. Hájek, Interpretations of Probability, SEP 2002, rev. 2011; L. L. Helms, Introduction to Probability Theory. With Contemporary Applications, New York 1997, Mineola N. Y. 2010; V. F. Hendricks/S. A. Pedersen/K. Frovin (eds.), Probability Theory. Philosophy, Recent History, and Relations to Science, Dordrecht/Boston Mass. 2001; C. Hesse, Angewandte W.. Eine fundierte Einführung mit über 500 realitätsnahen Beispielen und Aufgaben, Braunschweig/Wiesbaden 2003, unter dem Titel: W.. Eine Einführung mit Beispielen und Anwendungen, Wiesbaden ^{3}2016; D. Hilbert, Mathematische Probleme, Arch. Math. Phys. 3/1 (1901), 44–63, 213–237, Neudr. in: ders., Ges. Abhandlungen III (Analysis. Grundlagen der Mathematik. Physik. Verschiedenes. Nebst einer Lebensgeschichte), Berlin 1935 (repr. New York 1965, Berlin/Heidelberg/New York 1970), 290–329; ders., Die Hilbertschen Probleme, Vortrag ›Mathematische Probleme‹, gehalten auf dem 2. Internationalen Mathematikerkongreß Paris 1900, ed. P. S. Alexandrov/H. Wussing, Leipzig 1971, Frankfurt ^{4}1998, 2007; K. Hinderer, Grundbegriffe der W., Berlin/Heidelberg/New York 1972, Berlin etc. ^{3}1985; E. P. Hsu/S. R. S. Varadhan (eds.), Probability Theory and Applications, Providence R. I. 1999; J. Humburg, Grundzüge zu einem neuen Aufbau der W., Frankfurt/Bern 1981; A. Irle, W. und Statistik. Grundlagen, Resultate, Anwendungen, Stuttgart/Leipzig/Wiesbaden 2001, Wiesbaden ^{2}2005, 2010; E. T. Jaynes, Probability Theory. The Logic of Science, Cambridge etc. 2003, 2013; K. Jordan, Chapters on the Classical Calculus of Probability, Budapest 1972; A. Klenke, W., Berlin/Heidelberg/New York 2006, Berlin/Heidelberg ^{3}2013 (engl. Probability Theory. A Comprehensive Course, London etc. 2008, ^{2}2014); A. N. Kolmogorov, Grundbegriffe der Wahrscheinlichkeitsrechnung, Berlin 1933 (repr. Berlin/Heidelberg/New York 1973, 1977) (engl. Foundations of the Theory of Probability, New York 1950, ^{2}1956); L. B. Koralov/Y. G. Sinai, Theory of Probability and Random Processes, Heidelberg etc. 2007; K. Krickeberg/H. Ziezold, Stochastische Methoden, Berlin/Heidelberg/New York 1977, ^{4}1995; P. S. de Laplace, Théorie analytique des probabilités, Paris 1812 (repr. Brüssel 1967), ^{3}1820, rev. 1847 (= Œuvres de Laplace VII) (repr. in 2 Bdn. 1995); B. Loewer, Probability Theory and Epistemology, REP VII (1998), 705–711; R. D. Luce/P. Suppes, Preference, Utility and Subjective Probability, in: R. D. Luce/R. R. Bush/E. Galanter (eds.), Handbook of Mathematical Psychology III, New York/London/Sydney 1965, 249–410; L. E. Majstrov, Teorija verojatnostej istoričeskich očerk, Moskau 1967 (engl. Probability Theory. A Historical Sketch, New York 1974); G. Menges/H. J. Skala, Grundriß der Statistik I (Theorie), Köln/Opladen 1968, Opladen ^{2}1972; R. v. Mises, Wahrscheinlichkeit, Statistik und Wahrheit, Wien 1928, mit Untertitel: Einführung in die neue Wahrscheinlichkeitslehre und ihre Anwendung, Wien/New York ^{4}1972; ders., The Mathematical Theory of Probability and Statistics, New York 1964, 1967; P. H. Müller (ed.), Wahrscheinlichkeitsrechnung und mathematische Statistik. Lexikon, Berlin 1970, mit Untertitel: Lexikon der Stochastik, Darmstadt ^{2}1975, Berlin ^{5}1991; M. Mürmann, W. und Stochastische Prozesse, Berlin/Heidelberg 2014; I. Niiniluoto, Wahrscheinlichkeit, EP III (^{2}2010), 2946–2949; J. Pfanzagl, Elementare Wahrscheinlichkeitsrechnung, Berlin/New York 1988, ^{2}1991; H. Poincaré, Calcul des probabilités, Paris 1896, ^{2}1912 (repr. 1987), 1923; K. R. Popper, Logik der Forschung. Zur Erkenntnistheorie der modernen Naturwissenschaft, Wien 1935 [1934], Tübingen ^{11}2005 (= Ges. Werke III); H. Reichenbach, Wahrscheinlichkeitslehre. Eine Untersuchung über die logischen und mathematischen Grundlagen der Wahrscheinlichkeitsrechnung, Leiden 1935, Braunschweig/Wiesbaden 1994 [= Ges. Werke VII] (engl. [erw.] The Theory of Probability. An Inquiry into the Logical and Mathematical Foundations of the Calculus of Probability, Berkeley Calif./Los Angeles 1949 [repr. Berkeley Calif./Los Angeles/London 1971]); A. Rényi, Wahrscheinlichkeitsrechnung (mit einem Anhang über Informationstheorie), Berlin 1962, ^{6}1979 (franz. Calcul des probabilités. Avec un appendice sur la théorie de l'information, Paris 1966, 1992; engl. Probability Theory, Amsterdam/London 1970, Mineola N. Y. 2007); A. Robinson, Non-Standard Analysis, Amsterdam 1966, New Haven Conn. 1979 [= Selected Papers of Abraham Robinson II], Princeton N. J. 1996; P. Roeper/H. Leblanc, Probability Theory and Probability Logic, Toronto/Buffalo N. Y./London 1999; J. S. Rosenthal, A First Look at Rigorous Probability Theory, Singapur etc. 2000, New Jersey etc. ^{2}2006, 2010; T. Rudas, Probability Theory. A Primer, Thousand Oaks Calif./London/New Delhi 2004; ders. (ed.), Handbook of Probability. Theory and Applications, Los Angeles etc. 2008; L. Rüschendorf, W., Berlin/Heidelberg 2016; I. Schneider (ed.), Die Entwicklung der W. von den Anfängen bis 1933. Einführungen und Texte, Darmstadt 1988, Berlin 1989; K. Schürger, W., München/Wien 1998; G. Shafer, A Mathematical Theory of Evidence, Princeton N. J. 1976; W. Spohn, The Laws of Belief. Ranking Theory and Its Philosophical Applications, Oxford etc. 2012, 2014; S. Tappe, Einführung in die W., Berlin/Heidelberg 2013; S. Tavaré/O. Zeitouni, Lectures on Probability Theory and Statistics. Ecole d'Eté de Probabilités de Saint-Flour XXXI–2001, Berlin etc. 2004; B. Tsirelson/W. Werner, Lectures on Probability Theory and Statistics. Ecole d'Eté de Probabilités de Saint-Flour XXXII–2002, Berlin etc. 2004; K. Vogt u. a., W., Hist. Wb. Ph. XII (2004), 251–306; P. Walley, Statistical Reasoning with Imprecise Probabilities, London etc. 1991; A. Wilce, Quantum Logic and Probability Theory, SEP 2002, rev. 2017; weitere Literatur: ↑Wahrscheinlichkeit. H. R.

Waismann, Friedrich, *Wien 21. März 1896, †Oxford 4. Nov. 1959, österr. Philosoph und Wissenschaftstheoretiker. 1922–1936 Studium der Mathematik und Physik, später der Philosophie, an der Universität Wien, Promotion 1936. Von 1929–1936 Mitarbeiter von M. Schlick, Mitglied des ↑Wiener Kreises. Nach dem ›Anschluß‹ Österreichs 1938 kurzfristig Gastprofessor in Cambridge, 1939 Lecturer, später University Reader in the Philosophy of Mathematics in Oxford, 1955 Fellow der British Academy. – W. stand bis 1936 in engem Gedankenaustausch mit L. Wittgenstein, wobei er dessen (im Abrücken vom »Tractatus«) sich wandelnde Ansichten zu systematisieren suchte. W.s erst aus dem Nachlaß herausgegebenes Buch »Logik, Sprache, Philosophie« war als Darstellung der Philosophie Wittgensteins geplant. Unter dem Einfluß von Wittgenstein änderte W. seine im Wiener Kreis entwickelten logisch-empiristischen Ansichten zu einer Auffassung von Philosophie, die nicht den Aufbau einer exakten ↑Wissenschaftssprache (R. Carnap), sondern die Vermittlung neuer Sichtweisen und Einsichten als ihre Aufgabe betrachtete. In dieser Hinsicht ging W. über Wittgensteins eher negativ-therapeutische Auffassung der Philosophie positiv hinaus.

Werke: Die Natur des Reduzibilitätsaxioms, Mh. Math. 35 (1928), 143–146; Logische Analyse des Wahrscheinlichkeitsbegriffs, Erkenntnis 1 (1930/1931), 228–248; Über den Begriff der Identität, Erkenntnis 6 (1936), 56–64; Einführung in das mathematische Denken. Die Begriffsbildung der modernen Mathematik, Wien 1936, Darmstadt [4]1996 (engl. Introduction to Mathematical Thinking. The Formation of Concepts in Modern Mathematics, New York 1951, Mineola N. Y. 2003); De beteekenis van Moritz Schlick voor de wijsbegeerte, Synthese 1 (1936), 361–370; Ist die Logik eine deduktive Theorie?, Erkenntnis 7 (1937), 274–281; (mit anderen) The Relevance of Psychology to Logic, Proc. Arist. Soc. Suppl. 17 (1938), 54–68, ferner in: H. Feigl/W. Sellars (eds.), Readings in Philosophical Analysis, New York 1949, Atascadero Calif. 1981, 211–221; Wittgenstein und der Wiener Kreis. Aus dem Nachlaß, ed. B. F. McGuinness, Oxford 1967, Neudr. als: L. Wittgenstein, Schriften III, Frankfurt 1967, 1980 (engl. Wittgenstein and the Vienna Circle, Oxford, New York 1979; franz. Wittgenstein et le cercle de Vienne, Mauvezin 1991); How I See Philosophy, ed. R. Harré, London/Melbourne/Toronto, New York 1968; Was ist logische Analyse?, ed. G. H. Reitzig, Frankfurt 1973, ed. K. Buchholz, Hamburg [2]2008; Logik, Sprache, Philosophie, ed. G. P. Baker/B. McGuinness, Stuttgart 1976, 1985 (engl. The Principles of Linguistic Philosophy, ed. R. Harré, London/Melbourne/Toronto 1965, Basingstoke 1997); Philosophical Papers, ed. B. McGuinness, Dordrecht/Boston Mass. 1977; Lectures on the Philosophy of Mathematics, ed. W. Grassl, Amsterdam 1982; Wille und Motiv. Zwei Abhandlungen über Ethik und Handlungstheorie, ed. J. Schulte, Stuttgart 1983. – Bibliographie der Schriften W.s, in: Was ist logische Analyse? [s. o.], ed. G. H. Reitzig, 177–184, ed. K. Buchholz, 217–218; Bibliography of Works by F. W., in: Philosophical Papers [s. o.], ed. B. McGuinness, 186–188.

Literatur: G. P. Baker, Verehrung und Verkehrung: W. and Wittgenstein, in: C. G. Luckhardt (ed.), Wittgenstein. Sources and Perspectives, Hassocks 1979, Bristol 1996, 243–285; ders., W., in: H. C. G. Matthew/B. Harrison (eds.), Oxford Dictionary of National Biography LVI, Oxford etc. 2004, 710–711; S. Hampshire, F. W. 1896–1959, Proc. Brit. Acad. 46 (1960), 309–317; B. F. McGuinness (ed.), F. W. – Causality and Logical Positivism, Dordrecht etc. 2011; J. Schulte, Der W.-Nachlass. Überblick – Katalog – Bibliographie, Z. philos. Forsch. 33 (1979), 108–140; ders., Bedeutung und Verifikation: Schlick, W. und Wittgenstein, Grazer philos. Stud. 16/17 (1982), 241–253. – W., in: B. Jahn (ed.), Biographische Enzyklopädie deutschsprachiger Philosophen, München 2001, 440–441. G. G.

Walch, Johann Georg, *Meiningen 17. Juni 1693, †Jena 13. Jan. 1775, dt. (ev.) Theologe und Philosoph. 1710–1713 Studium der Theologie, der alten Sprachen, der Philosophie und Geschichte in Leipzig, Prof. in Jena für Philosophie und Altertumskunde (1718), Beredsamkeit (1719), Dichtkunst (1721) und Theologie (1724); Historiograph der ev. Kirchen- und Dogmengeschichte und Herausgeber der Werke M. Luthers. W.s »Philosophisches Lexicon« (1726, [4]1775), das erste in deutscher Sprache, zeugt vom philosophischen Einfluß seines Leipziger Lehrers A. Rüdiger, ferner C. Wolffs und J. F. Buddeus'. Im Hinblick auf das Problem der Identität der Erkenntnis- und Lehrmethode der Mathematik und der Theologie bzw. Philosophie spricht sich W. – im Unterschied zu Wolff, jedoch in Übereinstimmung mit Buddeus – gegen eine unbegrenzte Übertragung der mathematischen Methode (↑more geometrico) aus. Grundlage aller ↑Religion sind nach W. die ›Wahrheiten‹ der natürlichen Gotteserkenntnis (↑theologia naturalis). Mit ihrer Hilfe lassen sich die auf ↑Offenbarung gegründeten Religionen prüfen.

Werke: Historia critica Latinae lingua, Leipzig 1716, 1761; Parerga academica [...], Leipzig 1721; Gedancken vom philosophischen Naturell. Als eine Einleitung zu seinen »Philosophischen Collegiis« aufgesetzt, Jena 1723 (repr. unter dem Titel: Gedanken vom philosophischen Naturell, ed. F. A. Kurbacher, Hildesheim/Zürich/New York 2000); Bescheidene Antwort auf Herrn Christian Wolffens Anmerckungen über das Buddeische Bedencken Dessen Philosophie betreffendt [...], Jena 1724 (repr. in: C. Wolff, Gesammelte Werke III/29 [J. G. W., Kontroversstücke gegen die Wolffsche Metaphysik], Hildesheim/Zürich/New York 1990); Bescheidener Beweis, daß das Buddeische Bedencken noch fest stehe, wieder Hrn. Christian Wolffens nöthige Zugabe aufgesetzet, Jena 1725 (repr. in: C. Wolff, Gesammelte Werke III/29 [J. G. W., Kontroversstücke gegen die Wolffsche Metaphysik], Hildesheim/Zürich/New York 1990); Philosophisches Lexicon [...], Leipzig 1726, [2]1733 (repr. in 3 Bdn. Bristol 2001), in 2 Bdn., ed. J. C. Hennings, [4]1775 (repr. Hildesheim 1968); Observationes in Novi Foederis libros [...], Jena 1727; Einleitung in die Philosophie [...], Leipzig 1727 (repr., ed. W. Schneiders, Hildesheim/Zürich/New York 2007), [3]1738 (repr. in 2 Bdn. Bristol 2001) (lat. Introductio in Philosophiam [...], Leipzig 1730); Historische und Theologische Einleitung in die Religions-Streitigkeiten der Evangelisch-Lutherischen Kirche [...], I–V (in 8 Teilbdn.), Jena 1733–1739 (repr. Stuttgart-Bad Cannstatt 1972–1985); Einleitung in die theologische [sic!] Wissenschaften [...], Jena 1737, [2]1753; Historia ecclesiastica novi Testamenti variis observationibus illustrata, Jena 1744; Dissertatio De Bestiariis inter antiquiores Christianos, Jena 1746; Einleitung in die christliche Moral, Jena 1747, [2]1757; Historia controversiae graecorum latinorumque de processione Spiritus Sancti, Jena 1751; Bibliotheca theologica selecta [...], I–IV, Jena 1757–1765; Bibliotheca patristica [...], Jena 1770, ed. J. T. L. Danz, Jena 1834; Initia doctrinae patristicae introductionis instar in patrum ecclesiae stadium. Adhaerent supplementa ad Bibliothecae patristicae Walchianae ed. Novam, ed. J. T. L. Danz, Jena 1839; Lessico filosofico della ›Frühaufklärung‹. Christian Thomasius, Christian Wolff, J. G. W. [dt.], ed. D. v. Wille, Rom 1991. – (ed.) Luthers sämtliche Schriften [dt.], I–XXIII, Halle 1739–1753, Neudr. I–XXIII (in 25 Bdn.), St. Louis Mo. 1880–1910 (repr. Groß-Oesingen 1986).

Literatur: F. Bottin, J. G. W. (1693–1775). Historia logicae, in: ders./M. Longo/G. Piaia, Dall'età cartesiana a Brucker, Brescia 1979, 415–421; G. Kawerau, W., in: A. Hauck (ed.), Realencyklopädie für protestantische Theologie und Kirche XX, Leipzig [3]1908, 792–797; F. A. Kurbacher, Passion und Reflexion. Zur Philosophie des Philosophen in J. G. W.s »Gedancken vom Philosophischen Naturell« (1723), in: F. Grunert/F. Vollhardt (eds.), Aufklärung als praktische Philosophie. Werner Schneiders zum 65. Geburtstag, Tübingen 1998, 253–268; V. Leppin, W., RGG VIII ([4]2005), 1271; G. MacDonald, »Die Religion derer Reformirten«. Das Bild der reformierten Kirche in der lutherischen Spätorthodoxie am Beispiel J. G. W.s (1693–1775), in: T. K. Kuhn/H.-G. Ulrichs (eds.), Reformierter Protestantismus vor den Herausforderungen der Neuzeit [...], Wuppertal 2008, 197–207; C. Schmitt, W., BBKL XIII (1998), 183–186; W. Schneiders, W., in: H. Holzhey/V. Mudroch (eds.), Die Philosophie des 18. Jahrhunderts V/1, Basel 2014, 79–82, 100; P. Tschackert, W., ADB XL (1896), 650–652; J. E. I. Walch, Leben und Character des wohlseeligen Herrn Kirchenraths D. J. G. W., Jena 1777; D. von Wille, Bruno, Campanella und die Renaissance in J. G. W.s »Philosophischem Lexicon«, Bruniana & Campanelliana 17 (2011), 435–454; J. Wolff, Selbsttätigkeit und Freiheit bei J. G. W., in: W. Härle/B. Mahlmann-Bauer (eds.), Prädestination und Willensfreiheit. Luther, Erasmus, Calvin und ihre Wirkungsgeschichte. Festschrift für Theodor Mahlmann zum 75. Geburtstag, Leipzig 2009, 237–253; E. W. Zeeden, Martin Luther und die Reformation im Urteil des deutschen Luthertums, I–II, Freiburg 1950/1952, I, 209–226, II, 251–268. – W., in: J. H. Zedler, Grosses vollständiges Universal Lexicon aller Wissenschaften und Künste LII, Leipzig/Halle 1747 (repr. Graz 1962), 1108–1125; W., in: B. Jahn (ed.), Biographische Enzyklopädie deutschsprachiger Philosophen, München 2001, 441. C. S.

Wallis, John, *Ashford (Kent) 23. Nov. (= 3. Dez. neuen Stils) 1616, †Oxford 28. Okt. (= 8. Nov. neuen Stils) 1703, engl. Mathematiker, Logiker und Theologe. Nach Abschluß des 1632 begonnenen Studiums am Emmanuel College in Cambridge (B. A. 1637, M. A. 1640) mit der Ordination Tätigkeit als Geistlicher in London. Eine ihm vom Parlament verliehene und 1644 angetretene Fellowship am Queen's College in Cambridge gibt W. schon 1645 wieder auf, als er heiratet und seinen Wohnsitz in London nimmt. Neben R. Boyle wird er dort zur führenden Persönlichkeit einer Gruppe von Reformatoren der wissenschaftlichen Methode, die sich wöchentlich im Gresham College trifft und später zum Kern der nach der offiziellen Anerkennung durch Charles II. 1662 (und Verleihung weiterer Privilegien 1663) institutionalisierten Royal Society wird. Ab 1649 trifft sich der Kreis abwechselnd in London und in Oxford, da W. in diesem Jahr (vermutlich in Würdigung der Verdienste, die er sich gegenüber König und Parlament durch die Entzifferung verschlüsselter Botschaften militärischen und politischen Inhalts seit 1643 erworben hatte) zum Savilian Professor of Geometry in Oxford ernannt wurde. Er entfaltet dort eine reiche Forschungs- und Publikationstätigkeit und wirkt, 1653 zum Divinitatis Doctor promoviert, seit 1657/1658 zugleich als Custos Archivarum. Zur Historiographie der Wissenschaften steuert W. durch seine griechischen bzw. griechisch/lateinischen Editionen der »Harmonik« des K. Ptolemaios (samt dem Kommentar des Porphyrios), der Abhandlung des Aristarchos von Samos über die Größen und Entfernungen der Sonne und des Mondes sowie anderer Klassiker bei. Auf den Gebieten der Mathematik und der Mechanik wird W. zu einem der bedeutendsten Vorläufer I. Newtons, den er mit seiner »Arithmetica infinitorum« (1656) stark beeinflußt. Indem W. in diesem Werk den Verlauf von Kurven mittels Wertetabellen beschreibt, bereitet er den modernen, auf Zuordnungsgesetzen bzw. Konstruktions- oder Berechnungsvorschriften beruhenden Funktionsbegriff (↑Funktion) vor. An B. F. Cavalieri anknüpfend entwickelt W. dessen Indivisibilienmethode (↑Indivisibilien) weiter, entdeckt die heute als ›W.sches Produkt‹ bezeichnete Darstellung der Zahl π durch die Formel

$$\frac{\pi}{2} = \frac{2 \cdot 2 \cdot 4 \cdot 4 \cdot 6 \cdot 6 \cdot 8 \cdots}{3 \cdot 3 \cdot 5 \cdot 5 \cdot 7 \cdot 7 \cdot 9 \cdots}$$

und berechnet daraus den Wert von π durch Interpolation (ein von ihm eingeführter und bis heute üblicher Terminus; auch der Ausdruck ›continued fraction‹ für einen Kettenbruch und das Symbol ›∞‹ zur Bezeichnung des mathematisch unendlich Großen gehen auf W. zurück). Trotz der berechtigten Kritik an der von W. dabei verwendeten Methode (einer in der Literatur als ›unvollständige Induktion‹ bezeichneten Verallgemeinerung einer Formel von einfachen Fällen auf kompliziertere) bestätigt sich der gefundene Wert durch Berechnung nach einer von W. Brouncker angegebenen gleichwertigen Kettenbruchdarstellung.

Einen festen Platz in der Geschichte der ↑nicht-euklidischen Geometrie hat W.' Herleitung des Euklidischen ↑Parallelenaxioms aus dem kongruenzfreien Satz, daß es zu jeder geometrischen Figur eine ähnliche Figur von beliebiger Größe gebe (das so genannte W.-Kriterium für das Vorliegen einer ↑Euklidischen Geometrie). Doch versucht W. in der Geometrie vor allem die von P. de Fermat und R. Descartes begonnene ↑Algebraisierung weiterzutreiben und ersetzt z. B. in »De sectionibus conicis« (1655) die geometrischen Beschreibungen des Apollonios von Perge für Parabel, Ellipse und Hyperbel durch algebraische Gleichungen, aus denen er dann Eigenschaften dieser Kurven rein rechnerisch ableiten kann. In ähnlicher Weise leitet er in seinem »Treatise of Algebra« (1685) alle Sätze des V. Buchs des Euklid rein algebraisch her. Seine Propagierung der neuen symbolischen ↑Algebra verwickelt W. in einen unfruchtbaren literarischen Streit mit T. Hobbes, der nicht nur gegen die Verwendung ›inhaltsleerer‹ Symbole in der Algebra polemisiert (da wirkliche Beweise nur mit bedeutungsvollen Zeichen zu führen seien), sondern auch die ›unmöglichen‹ (d. h. die negativen und die imaginären) Zahlen als illegitim verwirft. Problematischer und folgenreicher sind die wenig später entflammten Kontroversen zwischen englischen und kontinentalen Mathematikern, in denen der nationalistisch gesonnene W. mit zahlreichen Prioritätsansprüchen für englische (und Plagiatsanschuldigungen gegen kontinentale) Mathematiker beteiligt ist. So polemisiert er in der Zahlentheorie z. B. gegen Fermat und Descartes, in der Mechanik gegen C. Huygens, in der ↑Analysis (wo W. auch einzelne Leistungen französischer Mathematiker in Zweifel zieht) vor allem hinsichtlich der allgemeinen Methode des Infinitesimalkalküls (↑Infinitesimalrechnung) für Newton und gegen G. W. Leibniz, in deren Prioritätsstreit die Veröffentlichung zweier Briefe Newtons an Leibniz aus dem Jahre 1676 im 3. Band von W.' »Opera mathematica« (1699) eine entscheidende Rolle spielt.

Als der »zweifellos bedeutendste englische Logiker seiner Zeit« (W. Risse 1970, 450) erweist sich W. in den »Institutio logicae« (1687), auf deren wichtigen Beitrag zur Definitionslehre (↑Definition) – mit einer Verteidigung der ↑Realdefinitionen z. B. in den Naturwissenschaften neben den für die Mathematik charakteristischen Nominaldefinitionen – F. Enriques (1922) hingewiesen hat. In der Logik im engeren Sinne sucht W. gegenüber der ramistischen (↑Ramismus) Logik wieder die formallogischen Aspekte der ↑Aristotelischen Logik zur Geltung zu bringen und gelangt zu einer Position, die Vorzüge beider Ansätze vereinigt. Die als Kunst des rechten Verstandesgebrauchs erklärte Logik betrifft sowohl die *ratio* als auch die *oratio*, das (als inneres Sprechen aufgefaßte) Denken und das Sprechen. Dementsprechend lehrt die Logik sowohl individuelles Schlußfolgern als auch Argumentieren, wobei sich jeder dieser beiden Bereiche nach den drei geistigen Grundfähigkeiten gliedert: dem begrifflichen Erfassen, dem Urteilen und dem Schließen. In der ↑Syllogistik deutet W. die singularen Urteile (↑Urteil, singulares) nicht als partikulare (↑Urteil, partikulares), sondern als universelle Urteile (↑Urteil, universelles) und stützt dies durch eine eigene Lehre vom Elementarsatz, d. h. hier der in den syllogistischen Standardformen ↑*a*, ↑*e*, ↑*i* und ↑*o* vorliegenden Verhältnisse. In ihren traditionellen Teilen ist W.' »Institutio logicae« ein vorzügliches Kompendium überkommener Lehren, das trotz der ausdrücklichen Einbeziehung der Argumentationskunst, der Methodenlehre und der ↑Topik vielleicht darum nur begrenzte Wirksamkeit erlangt, weil W. wie Aristoteles die ↑Induktion der Syllogistik unterordnet, ihre Beziehungen zu Beobachtung, Experiment und Hypothesenbildung zumindest offenläßt und so den Anschluß an die ›induktive Logik‹ (↑Logik, induktive) der von F. Bacon inspirierten mathematischen Naturwissenschaft verpaßt. – Während W.' Dechiffrierkünste zwar den Lauf der politischen Geschichte Englands beeinflußt, zur Kryptographie als Wissenschaft aber kaum etwas beigetragen haben, sind seine praktische Arbeit als Taubstummenlehrer und die mit diesem Engagement zusammenhängenden Untersuchungen zur Grammatik der englischen Sprache und zur Phonetik, die im 20. Jh. wiederentdeckt wurden, von bleibender Bedeutung.

Werke: Grammatica linguae Anglicanae. Cui praefigitur, de loquela sive sonorum formatione, tractatus grammatico-physicus, Oxford 1653 (repr. Menston 1969), [4]1674, Hamburg 1688, ferner in: Opera quaedam miscellanea [s. u.], in: Opera mathematica [s. u.] III, 1–80, [lat./engl.] Grammar of the English Language with an Introductory Grammatico-Physical Treatise on Speech [...], ed. J. A. Kemp, London 1972; Elenchus Geometriae Hobbianae. Sive, Geometricorum, quae in ipsius Elementis Philosophia, à Thoma Hobbes [...] proferuntur, refutatio, Oxford 1655; De sectionibus conicis, nova methodo expositis, tractatus, Oxford 1655, ferner in: Opera mathematica [s. u.] I, 291–354; Eclipsis solaris Oxonii visae anno aerae Christianae 1654, Oxford 1655, ferner in: Opera mathematica [s. u.] I, 479–487; Arithmetica infinitorum [...], Oxford 1656, ferner in: Opera mathematica [s. u.] I, 355–478 (engl. The Arithmetics of Infinitesimals, trans. J. A. Stedall, New York 2004, 2010); Operum mathematicorum, I–II, Oxford 1656/1657; Mathesis universalis, sive arithmeticum opus integrum [...], in: Operum mathematicorum [s. o.] I, 1–398, ferner in: Opera mathematica [s. u.] I, 11–228; Tractatus duo. Prior, De cycloide et corporibus inde genitis. Posterior epistolaris, in quia agitur, De cissoide et corporis inde genitis, et De curvarum tum linearum *Εὐθυνσει*, tum superficierum *Πλατυσμῷ*, Oxford 1659, ferner in: Opera mathematica [s. u.] I, 489–569; Mechanica. Sive, de motu, tractatus geometricus, I–III [auch in einem Bd.], London 1670–1671, ferner in: Opera mathematica [s. u.] I, 571–1063; A Discourse of Gravity and Gravitation, Grounded on Experimental Observations. Presented to the Royal Society, November 12. 1674, London 1675 (lat. De gravitate et gravitatione, disquisitio geometrica. Phenomenis experimento comprobatis stabilita, in: Opera mathematica [s. u.] II, 705–735); Exercitationes tres. De Cometarum distantiis investigandis, De rationum & fractionum reductione, De periodo Juliana, London 1678; A Treatise of Angular Sections, London 1684 (lat. De sectionibus anguloribus tractatus, in: Opera mathematica [s. u.] II, 531–601); A Treatise of Algebra, Both Historical and Practical [...], London 1685 (lat. [erw.] unter dem Titel: De algebra tractatus. Historicus & practicus, in: Opera mathematica [s. u.] II, 1–482); Institutio logicae, ad communes usus accommodata, Oxford 1687, [6]1763, ferner in: Opera quaedam miscellanea [s. u.], in: Opera mathematica [s. u.] III, 81–210; Opera mathematica, I–III (I Opera mathematica. Volumen primum, II De Algebra tractatus [...]. Cum variis appendicibus [...]. Operum mathematicorum volumen alterum, III Operum mathematicorum volumen tertium), Oxford 1693–1699 (repr. unter dem Titel: Opera mathematica, I–III, ed. C. J. Scriba, Hildesheim/New York 1972); Demonstratio postulati quinti Euclidis [...] Oxoniae (Julii 11, 1663) habita, in: Opera mathematica [s. o.]

II, 674–678 (dt. Beweis der fünften Forderung Euklids [...], in: P. Stäckel/F. Engel [eds.], Die Theorie der Parallellinien von Euklid bis auf Gauss. Eine Urkundensammlung zur Vorgeschichte der nichteuklidischen Geometrie, Leipzig 1895 [repr. New York/ London 1968], 21–30); Opera quaedam miscellanea, Oxford 1699; Writings on Music, ed. D. Cram/B. Wardhaugh, Farnham/ Burlington Vt. 2014. – The Correspondence of J. W., ed. P. Beeley/C. J. Scriba, Oxford/New York 2003ff. (erschienen Bde I–IV). – K. O. May, Bibliography and Research Manual of the History of Mathematics, Toronto/Buffalo N. Y. 1973, 376.

Literatur: P. Beeley, Logik und Mathematik bei J. W. (1616–1703), in: W. Hein/P. Ulrich (eds.), Mathematik im Fluß der Zeit. Tagung zur Geschichte der Mathematik in Attendorn/Neu Listernohl (28.5.–1.6.2003), Augsburg 2004, 154–171; ders., »Un de mes amis«. On Leibniz's Relation to the English Mathematician and Theologian J. W., in: P. Phemister/S. Brown (eds.), Leibniz and the English-Speaking World, Dordrecht etc. 2007, 63–81; ders., The Progress of Mathematick Learning. J. W. as Historian of Mathematics, in: B. Wardhaugh (ed.), The History of the History of Mathematics. Case Studies for the Seventeenth, Eighteenth and Nineteenth Centuries, Oxford etc. 2012, 9–30; ders., »Nova methodus investigandi«. On the Concept of Analysis in J. W.'s Mathematical Writings, Stud. Leibn. 45 (2013), 42–58; ders., Breaking the Code. J. W. and the Politics of Concealment, in: W. Li/S. Noreik (eds.), G. W. Leibniz und der Gelehrtenhabitus. Anonymität, Pseudonymität, Camouflage, Köln/ Weimar/Wien 2016, 49–81; D. Bertoloni Meli, W., in: H. C. G. Matthew/B. Harrison (eds.), Oxford Dictionary of National Biography LVII, Oxford/New York 2004, 15–18; R. Bonola, La geometria non-euclidea. Esposizione storico-critica del suo sviluppo, Bologna 1906 (repr. 1976), §§ 6 und 9 (dt. Die Nichteuklidische Geometrie. Historisch-kritische Darstellung ihrer Entwicklung, Leipzig/Berlin 1908, [3]1921; engl. Non-Euclidean Geometry. A Critical and Historical Study of Its Development, Chicago Ill. 1912, New York 1955); F. Cajori, Controversies on Mathematics between W., Hobbes, and Barrow, Math. Teacher 22 (1929), 146–151; U. Cassina, Sulla dimostrazione di W. del postulato V di Euclide, Periodico di matematiche 34 (Bologna 1956), 197–219; A. Cayley, The Investigation by W. of His Expression for π, Quart. J. Pure and Applied Math. 23 (1889), 165–169; F. Enriques, Per la storia della logica. I principii e l'ordine della scienza nel concetto dei pensatori matematici, Bologna 1922 (repr. 1987), 81–82 (dt. Zur Geschichte der Logik. Grundlagen und Aufbau der Wissenschaft im Urteil der mathematischen Denker, Leipzig/Berlin 1927, 68–69; engl. The Historic Development of Logic. The Principles and Structures of Science in the Conception of Mathematical Thinkers, New York 1929, 1968, 73–74); N. Guicciardini, J. W. as Editor of Newton's Mathematical Work, Notes and Records of the Royal Society 66 (2012), 3–17; K. Hill, Neither Ancient nor Modern. W. and Barrow on the Conception of Continua, Notes and Records of the Royal Society 50 (1996), 165–178; W. S. Howell, Eighteenth-Century British Logic and Rhetoric, Princeton N. J. 1971 (repr. unter dem Titel: The History of Logic and Rhetoric in Britain 1500–1800 II [Eighteenth-Century British Logic and Rhetoric], Bristol 1999), 29–41 (Chap. 2/IV J. W.'s »Institutio Logicae«); D. M. Jesseph, Squaring the Circle. The War between Hobbes and W., Chicago Ill./London 1999; D. Kahn, The Codebreakers. The Story of Secret Writing, New York 1967, mit Untertitel: The Comprehensive History of Secret Communication from Ancient Times to the Internet, rev. New York 1996, 166–169; M. Lehnert, Die Grammatik des englischen Sprachmeisters J. W. (1616–1703), Breslau 1936; L. Maierù, Fra Descartes e Newton. Isaac Barrows e J. W., Soveria Mannelli/Messina 1994; ders., J. W.. Una vita per un progetto, Soveria Mannelli 2007; A. Prag, J. W.. 1616–1703. Zur Ideengeschichte der Mathematik im 17. Jahrhundert, in: O. Neugebauer/J. Stenzel/O. Toeplitz (eds.), Quellen und Studien zur Geschichte der Mathematik, Astronomie und Physik Abt. B (Studien), I/3, Berlin 1930, 381–412; P. Pritchard, W., in: A. Pyle (ed.), The Dictionary of Seventeenth-Century British Philosophers II, Bristol 2000, 847–851; S. Probst, Infinity and Creation. The Origin of the Controversy between Thomas Hobbes and the Savilian Professors Seth Ward and J. W., Brit. J. Hist. Sci. 26 (1993), 271–279; ders., Die mathematische Kontroverse zwischen Thomas Hobbes und J. W., Diss. Regensburg 1997; H. M. Pycior, Mathematics and Philosophy. W., Hobbes, Barrow, and Berkeley, J. Hist. Ideas 48 (1987), 265–286; W. Risse, Die Logik der Neuzeit II (1640–1780), Stuttgart-Bad Cannstatt 1970, 450–458; J. F. Scott, The Mathematical Work of J. W., D. D., F. R. S. (1616–1703), London 1938, New York 1981; C. J. Scriba, Studien zur Mathematik des J. W. (1616–1703). Winkelteilungen, Kombinationslehre und zahlentheoretische Probleme, Wiesbaden 1966; ders., The Autobiography of J. W., F. R. S., Notes and Records of the Royal Society of London 25 (1970), 17–46; ders., W., DSB XIV (1976), 146–155; D. E. Smith, J. W. as a Cryptographer, Bull. Amer. Math. Soc. 24 (1917), 82–96; J. A. Stedall, A Discourse Concerning Algebra. English Algebra to 1685, Oxford/ New York 2002, 155–182 (Chap. 6 Reading between the Lines. J. W.'s »Arithmetica infinitorum«); C. R. Wallner, Die Wandlungen des Indivisibilienbegriffs von Cavalieri bis W., Bibl. Math. 3. Folge 4 (1903), 28–47; H. Wieleitner, Die Verdienste des J. W. um die analytische Geometrie, Das Weltall 29 (1929/1930), 56–60; G. U. Yule, J. W., D. D., F. R. S. 1616–1703, Notes and Records of the Royal Society of London 2 (1939), 74–82. C. T.

Wang, Hao, *Tsinan, Provinz Chantung, China (auch: Jinan, Provinz Shangdon) 20. Mai 1921, †New York 13. Mai 1995, chines. Mathematiker, Logiker und Philosoph. Nach Abschluß des Studiums in China (B. Sc. in Mathematik an der Southwest University 1943, M. A. in Philosophie an der Universität Tsinhua unter Prof. Jin Yuelin 1945), Ph. D. 1948 an der Harvard University unter der Betreuung von W. V. O. Quine. 1950/1951 ETH Zürich, 1951–1953 Assistant Prof. an der Harvard University, 1954 Reader in the Philosophy of Mathematics in Oxford (1955/1956 John Locke Lecturer). Nach Forschungsarbeiten für IBM 1958 und an den Bell Telephone Laboratories (1959–1960) 1961–1967 Prof. an der Harvard University und ab 1967 an der Rockefeller University.

In seinen frühen Arbeiten verbessert W. das in seiner ersten Fassung von 1940 inkonsistente mengentheoretische System von Quines »Mathematical Logic« und zeigt, daß seine Neufassung genau dann widerspruchsfrei (↑widerspruchsfrei/Widerspruchsfreiheit) ist, wenn auch Quines System der »New Foundations« dies ist (↑New Foundations-Axiomensystem). In diesen Zusammenhang lassen sich auch spätere Arbeiten über ↑Paradoxien, die Wahrheitsdefinition (↑Wahrheitstheorien) sowie ↑Formalisierung und Arithmetisierung

(↑Gödelisierung, ↑Metamathematik) einordnen. Fast gleichzeitig mit P. Lorenzens geschichteter Analysis entwickelt W. ein die verzweigte ↑Typentheorie konstruktiv erweiterndes formales System (↑Typentheorie, konstruktive, ↑System, formales), das zum Aufbau der wesentlichen Teile der ↑Analysis ausreicht. Zahlreiche Arbeiten W.s zur ↑Algorithmentheorie haben die Theorie und Praxis des ›automatischen Beweisens‹ gefördert. Seine bekannteste Leistung ist jedoch die (mit A. S. Kahr und E. F. Moore erzielte) Lösung des letzten beim ↑Entscheidungsproblem der mathematischen Logik (↑Logik, mathematische) noch offenen Falles (des ›AEA-Falles‹) durch Lösung eines dazu äquivalenten kombinatorischen ›Domino-Problems‹; die dabei verwendete Technik hat in der Logik und in der theoretischen Informatik umfassendere Anwendungen gefunden.

Auf dem Gebiet der Philosophie ist W. als Interpret vor allem der Logik B. Russells und des logischen Gesamtwerks von T. Skolem hervorgetreten, in zahlreichen Beiträgen aber auch als Vermittler der philosophischen Auffassungen K. Gödels, mit dem er als einer von ganz wenigen Zeitgenossen in einen engeren Gedankenaustausch treten konnte. Auf dem Gebiet der systematischen Philosophie und als Teilnehmer an der philosophischen Diskussion der Gegenwart wirkt W. vor allem als Kritiker, der den ›analytischen‹ Philosophen (↑Philosophie, analytische) nicht nur Unterschätzung der philosophischen Tradition, sondern auch Unkenntnis der Bedeutung der Rolle der Logik in den Grundlagen der Mathematik vorwirft und ihnen ankreidet, durch unangebrachte Strenge nicht-analytisch orientierten Philosophen den Einsatz logischer Mittel für die philosophische Analyse nicht attraktiv gemacht, sondern geradezu verleidet zu haben. Dabei lehnt W. den Logischen Empirismus (↑Empirismus, logischer) R. Carnaps und den ›logischen Negativismus‹ Quines auch deshalb ab, weil sie kein adäquates Bild von Logik und Mathematik gäben (und auch nicht geben könnten).

W.s eigener positiver Beitrag zur systematischen Philosophie ist uneinheitlich und nicht einfach zu fassen. Ausgehend von der Tatsache, daß der Mensch über einen beachtlichen Wissensbestand verfügt, ohne doch über die Arten seiner Gewinnung und über seine Sicherheit hinreichend Auskunft geben zu können, postuliert W. einen ›substantiellen Faktualismus‹ als die philosophische Befassung mit dem Wissen. Dabei soll es nicht um Prinzipienfragen gehen, sondern um den Aufweis bescheidenerer, aber dennoch wichtiger Aufgaben für die Philosophie (»to do justice to what we know, what we believe, and how we feel«, Beyond Analytic Philosophy, x). Diese Philosophie einer durch menschliche Erfahrung erfaßten ↑Realität könnte ›Phänomenologie‹ heißen, müßte W. diese Bezeichnung nicht zur Abgrenzung von E. Husserls gleichnamiger Lehre (↑Phänomenologie) ablehnen, die ihm wegen ihres subjektivistischen Ausgangspunktes weder der Möglichkeit von Objektivität (↑objektiv/Objektivität) noch dem Faktum der ↑Intersubjektivität gerecht zu werden scheint. Daß W.s Vorschlag ›Phänomenographie‹ die vage angedeuteten lebensweltlichen Bezüge seines Ansatzes besser zum Ausdruck bringe, dürfte allerdings ebenso zweifelhaft sein.

Werke: Yu yan ho xing shang xue, Zhexue pinglun 10 (1945), 35–38 (engl. Language and Metaphysics, J. Chinese Philos. 32 [2005], 139–147); A Note on Quine's Principles of Quantification, J. Symb. Log. 12 (1947), 130–132; A New Theory of Element and Number, J. Symb. Log. 13 (1948), 129–137, Neudr. in: A Survey of Mathematical Logic [s. u.], 515–524; On Zermelo's and von Neumann's Axioms for Set Theory, Proc. National Acad. Sci. U. S. A. 35 (1949), 150–155; Remarks on the Comparison of Axiom Systems, Proc. Nat. Acad. Sci. U. S. A. 36 (1950), 448–453; A Formal System of Logic, J. Symb. Log. 15 (1950), 25–32, Neudr. in: A Survey of Mathematical Logic [s. u.], 415–423; Existence of Classes and Value Specifications of Variables, J. Symb. Log. 15 (1950), 103–112, Neudr. [gekürzt] in: A Survey of Mathematical Logic [s. u.], 507–515; Set-Theoretical Basis of Real Numbers, J. Symb. Log. 15 (1950), 241–247, Neudr. in: A Survey of Mathematical Logic [s. u.], 525–532; (mit J. B. Rosser) Non-Standard Models for Formal Logics, J. Symb. Log. 15 (1950), 113–129; Arithmetic Models of Formal Systems, Methodos 3 (1951), 217–232; Arithmetic Translations of Axiom Systems, Transact. Amer. Math. Soc. 71 (1951), 283–293; Logic of Many-Sorted Theories, J. Symb. Log. 17 (1952), 105–116, Neudr. in: Computation, Logic, Philosophy [s. u.], 293–304; Truth Definitions and Consistency Proofs, Transact. Amer. Math. Soc. 73 (1952), 243–275, Neudr. in: A Survey of Mathematical Logic [s. u.], 443–477; (mit R. McNaughton) Les systèmes axiomatiques de la théorie des ensembles, Paris, Louvain 1953; What Is an Individual?, Philos. Rev. 62 (1953), 413–420, Neudr. in: From Mathematics to Philosophy [s. u.], 416–423 (dt. Was ist ein Individuum?, in: W. Stegmüller [ed.], Das Universalien-Problem, Darmstadt 1978, 280–290); Certain Predicates Defined by Induction Schemata, J. Symb. Log. 18 (1953), 49–59, Neudr. in: A Survey of Mathematical Logic [s. u.], 535–545; Quelques notions d'axiomatique, Rev. philos. Louvain 51 (1953), 409–443 (engl. The Axiomatic Method, in: A Survey of Mathematical Logic [s. u.], 1–33); The Formalization of Mathematics, J. Symb. Log. 19 (1954), 241–266, Neudr. in: A Survey of Mathematical Logic [s. u.], 559–584; A Question on Knowledge of Knowledge, Analysis 14 (1954), 142–146, Neudr. in: From Mathematics to Philosophy [s. u.], 412–416; Undecidable Sentences Generated by Semantic Paradoxes, J. Symb. Log. 20 (1955), 31–43, Neudr. in: A Survey of Mathematical Logic [s. u.], 546–558; On Formalization, Mind NS 64 (1955), 226–238, Neudr. in: A Survey of Mathematical Logic [s. u.], 57–67, ferner in: I. M. Copi/J. A. Gould (eds.), Contemporary Readings in Logical Theory, New York, London 1967, 1970, 29–40, ferner in: dies. (eds.), Contemporary Philosophical Logic, New York 1978, 2–13, ferner in: Computation, Logic, Philosophy [s. u.], 3–12; On Denumerable Bases of Formal Systems, in: T. Skolem u. a., Mathematical Interpretation of Formal Systems, Amsterdam 1955, Amsterdam/London 1971, 57–84; A Variant to Turing's Theory of Computing Machines, J. ACM 4 (1957), 63–92, Neudr. in: A Survey of Mathematical Logic [s. u.], 127–159; The Axiomatization of Arithmetic, J. Symb. Log. 22 (1957), 145–158, Neudr. in: A Survey of Mathematical Logic [s. u.], 68–81; (mit A. W. Burks)

The Logic of Automata, J. Assoc. Computing Machinery 4 (1957), 193–218, 279–297, Neudr. in: A Survey of Mathematical Logic [s. u.], 175–223; Eighty Years of Foundational Studies, Dialectica 12 (1958), 466–497, Neudr. in: Logica. Studia Paul Bernays Dedicata, Neuchâtel 1959, 262–293, Neudr. in: A Survey of Mathematical Logic [s. u.], 34–56; (mit G. Kreisel/J. Shoenfield) Number Theoretic Concepts and Recursive Well-Orderings, Arch. math. Log. Grundlagenforsch. 5 (1959), 42–64; Toward Mechanical Mathematics, IBM J. Research and Development 4 (1960), 2–22 (repr. in: J. Siekmann/G. Wrightson [eds.], Automation of Reasoning I, Berlin/Heidelberg/New York 1983, 244–264), Neudr. in: A Survey of Mathematical Logic [s. u.], 224–268, ferner in: K. M. Sayre/F. J. Crosson (eds.), The Modelling of Mind. Computers and Intelligence, Notre Dame Ind. 1963, New York 1968, 91–120; Proving Theorems by Pattern Recognition, I–II, I, Communications ACM 3 (1960), 220–234 (repr. in: J. Siekmann/G. Wrightson [eds.], Automation of Reasoning I [s. o.], 229–243), II, Bell System Technical J. 40 (1961), 1–41, I–II, New York 1960/1961, ferner in: Computation, Logic, Philosophy [s. u.], 76–102, 159–192; Process and Existence in Mathematics, in: Y. Bar-Hillel u. a. (eds.), Essays on the Foundations of Mathematics, Dedicated to A. A. Fraenkel on His Seventieth Anniversary, Jerusalem 1961, ²1966, 328–351, Neudr. in: Computation, Logic, Philosophy [s. u.], 30–46; An Unsolvable Problem on Dominoes, Harvard Computation Laboratory 1961, Report BL-30, 1, July 1961; (mit A. S. Kahr/E. F. Moore) Entscheidungsproblem Reduced to the ∀∃∀ Case, Proc. National Acad. Sci. U.S.A. 48 (1962), 365–377; A Survey of Mathematical Logic, Peking 1962, Peking, Amsterdam 1964, Neudr. unter dem Titel: Logic, Computers, and Sets, New York 1970, unter ursprünglichem Titel, Peking 1985; Dominoes and the AEA Case of the Decision Problem, in: Proceedings of the Symposium on »Mathematical Theory of Automata«, New York, N. Y., April 24, 25, 26, 1962, Brooklyn N. Y. 1963, 23–55, Neudr. in: Computation, Logic, Philosophy [s. u.], 218–245; Critique [of R. R. Korfhage's »Logic for the Computer Sciences«], Communications ACM 7 (1964), 218; Russell and His Logic, Ratio 7 (1965), 1–34, rev. unter dem Titel: Russell's Logic and some General Issues, in: From Mathematics to Philosophy [s. u.], 103–130 (dt. Russell und seine Logik, Ratio 7 [1965], 24–54); Note on Rules of Inference, Z. math. Logik u. Grundlagen d. Math. 11 (1965), 193–196; Games, Logic and Computers, Sci. Amer. 213 (1965), 98–106, Neudr. in: Computation, Logic, Philosophy [s. u.], 195–208; On Axioms of Conditional Set Existence, Z. math. Logik u. Grundlagen d. Math. 13 (1967), 183–188, Neudr. in: Computation, Logic, Philosophy [s. u.], 139–143; A Survey of Skolem's Work in Logic, in: T. Skolem. Selected Works in Logic, ed. J. E. Fenstad, Oslo/Bergen/Tromsø 1970, 17–52, Neudr. in: D. M. Gabbay/J. Woods (eds.), Handbook of the History of Logic V (Logic from Russell to Church), Amsterdam etc. 2009, 2010, 134–171; Logic, Computation, and Philosophy, L'âge de la science 3 (1971), 101–115, Neudr. in: Computation, Logic, Philosophy [s. u.], 47–59; From Mathematics to Philosophy, London, New York 1974; The Concept of Set, in: ders., From Mathematics to Philosophy [s. o.], 181–223, Neudr. in: P. Benacerraf/H. Putnam (eds.), Philosophy of Mathematics. Selected Readings, Cambridge ²1983, 530–570; Metalogic, in: Encyclopaedia Britannica XI, Chicago Ill. etc. ¹⁵1974, 1078–1086, Neudr. [Auszug] in: From Mathematics to Philosophy [s. o.], 166–180, [Auszug] unter dem Titel: Model Theory, in: Computation, Logic, Philosophy [s. u.], 325–330; Notes on a Class of Tiling Problems, Fund. Math. 82 (1975), 295–305, Neudr. unter dem Titel: Appendix: Notes on a Class of Tiling Problems, in: Computation, Logic, Philosophy [s. u.], 209–217; (mit B. Dunham) Towards Feasible Solutions of the Tautology Problem, Ann. Math. Logic 10 (1976), 117–154, Neudr. in: Computation, Logic, Philosophy [s. u.], 246–274; Kurt Gödel's Intellectual Development, The Math. Intelligencer 1 (1978), 182–184; Some Facts About Kurt Gödel, J. Symb. Log. 46 (1981), 653–659, erw. in: Reflections on Kurt Gödel [s. u.], 41–67; Popular Lectures on Mathematical Logic, New York etc., Peking 1981, erw. New York 1993; Specker's Mathematical Work from 1949 to 1979, L'enseignement mathématique 2. sér. 27 (1981), 85–98, Neudr. in: Logic and Algorithmic. An International Symposium Held in Honour of Ernst Specker, Genf 1982, 11–24; The Formal and the Intuitive in the Biological Sciences, Perspectives in Biology and Medicine 27 (1984), 525–542; Beyond Analytic Philosophy. Doing Justice to What We Know, Cambridge Mass./London 1986, 1988; Reflections on Kurt Gödel, Cambridge Mass./London 1987, 2002 (franz. Kurt Gödel, Paris 1990); Gödel and Wittgenstein, in: P. Weingartner/G. Schurz (eds.), Logik, Wissenschaftstheorie und Erkenntnistheorie. Akten des 11. Internationalen Wittgenstein Symposiums 4. bis 13. August 1986 Kirchberg am Wechsel (Österreich), Ausgewählte Beiträge, Wien 1987, 83–90; Mind, Brain, Machine, in: Jb. 1989 der Kurt-Gödel-Gesellschaft, Wien 1990, 5–43; Computation, Logic, Philosophy. A Collection of Essays, Peking, Dordrecht etc. 1990 (mit Teilbibliographie, 371–373); Gödel's and some Other Examples of Problem Transmutation, in: T. Drucker (ed.), Perspectives on the History of Mathematical Logic, Boston Mass./Basel/Berlin 1991 (repr. 2008), 101–109; To and from Philosophy – Discussions with Gödel and Wittgenstein, Synthese 88 (1991), 229–277; On Physicalism and Algorithmism: Can Machines Think?, Philos. math. 3. Ser. 1 (1993), 97–138; Time in Philosophy and in Physics. From Kant and Einstein to Gödel, Synthese 102 (1995), 215–234; A Logical Journey. From Gödel to Philosophy, Cambridge Mass./London 1996, 2001; Skolem and Gödel, Nordic J. Philos. Logic 1 (1996), 119–132; Sets and Concepts, on the Basis of Discussions with Gödel, in: C. Parsons/M. Link (eds.), H. W. [s. u., Lit.], 79–118. – M. Grossi u. a., Bibliography of H. W., Philos. math. 3. Ser. 6 (1998), 25–38, erw. in: C. Parsons/M. Link (eds.), H. W. [s. u., Lit.], 195–216.

Literatur: I. H. Anellis, H. W. (1921–1995), Modern Logic 5 (1995), 329–337; N. Bunnin, W., in: S. Brown/D. Collinson/R. Wilkinson (eds.), Biographical Dictionary of Twentieth-Century Philosophers, London/New York 1996, 820–821; C. Parsons, In Memoriam: H. W.. 1921–1995, Bull. Symb. Log. 2 (1996), 108–111; ders., H. W. as Philosopher, in: P. Hájek (ed.), Gödel '96. Logical Foundations of Mathematics, Computer Science and Physics – Kurt Gödel's Legacy. Bruno [sic], Czech Republic, August 1996, Proceedings, Berlin etc. 1996, 64–80, erw. unter dem Titel: H. W. as Philosopher and Interpreter of Gödel, Philos. math. 3. Ser. 6 (1998), 3–24; ders./M. Link (eds.), H. W.. Logician and Philosopher, London 2011. C. T.

Wang Ch'ung (auch: Wang Chong), *27 n. Chr., †ca. 100 n. Chr., Neukonfuzianer der Han-Zeit, Vertreter der Alttextschule (↑Konfuzianismus), kritischer und aufklärerischer Geist, der sich selbst unter das Motto ›Haß gegen Einbildungen und Falsches‹ stellte. In seinen »Kritischen Abhandlungen« (Lun-heng) untersucht W. die Lehrmeinungen seiner Zeit, insbes. die spekulative Neutextschule des Konfuzianismus. Er vertritt einen vom ↑Taoismus beeinflußten ↑Naturalismus und sieht das natürliche Geschehen als unabhängig von menschlichen

Handlungen oder gar Zeremonien an. Im Gegensatz zum etablierten ›soziokosmischen‹ Weltbild behauptet er, daß ›der Himmel‹ (d.h. die Natur) weder handelt noch redet. Der ↑Kosmos ist ohne Einfluß auf das menschliche Leben; Mensch und Welt sind nicht nach einem bewußten Plan geschaffen worden, sondern ›von selbst‹ entstanden. Menschliches Handeln, insbes. das Verwalten des Staates, hat darum auch keinen Einfluß auf den ›Himmel‹.

W. lehrt die Sterblichkeit und Vergänglichkeit des Menschen, auch des Geistes. Er verwirft das traditionelle chinesische Geschichtsverständnis mit seiner Überbewertung der Vergangenheit. Die Vergangenheit war nicht besser als die Gegenwart, es hat immer sowohl gute als auch schlechte Menschen gegeben. Hinsichtlich der Frage nach der ›Natur des Menschen‹ steht W. in der Mitte zwischen Menzius und Hsün Tzu: Manche Menschen sind von Natur aus gut, manche schlecht; aber auch die schlechten können erzogen werden. Als allgemeine Erkenntnismethode fordert W. die Fundierung von Behauptungen durch direkte Untersuchung, nicht durch das Zitieren alter Klassiker. Gleichzeitig ist W. extremer Vertreter der Schicksalsgläubigkeit; auch damit steht er im Gegensatz zu den meisten chinesischen Denkern (speziell zu Mo Ti und Hsün Tzu). Schicksal und menschliches Handeln sind unabhängig voneinander; gute Menschen haben oft ein böses Schicksal und umgekehrt: es gibt keine ausgleichende Gerechtigkeit des Schicksals. Das Schicksal ist unabwendbar; es bestimmt Glück und Unglück, Leben und Tod. Das vorbestimmte Schicksal eines Menschen läßt sich aus gewissen Anzeichen ablesen, etwa aus der Gestalt der Knochen. – Wegen seiner kritischen Haltung ist W. in China praktisch ignoriert worden; erst im 20. Jh. kam er besonders im ↑Marxismus wieder zu Ehren.

Texte: Lun-Hêng. Selected Essays of the Philosopher W., trans. A. Forke, Mitteilungen des Seminars für Orientalische Sprachen 9 (1906), 181–399, 10 (1907), 1–173, 11 (1908), 1–188, 14 (1911), 1–536, Neudr., I–II, London 1907/1911, Berlin 1911 (repr. New York 1962); Discussions critiques, übers. N. Zufferey, Paris 1997; Readings in Han Chinese Thought, ed. M. Csikszentmihalyi, Indianapolis Ind./Cambridge 2006, 93–95 (From »Asking Questions about Kongzi« (Wen Kong), Chapter 9 of the »Balanced Discussions« (Lunheng)), 137–139 (From »Revising Demons« (Ding gui), Chapter 65 of the »Balanced Discussions« (Lunheng)), 150–152 (From »Falsehood about the Way« (Dao xu), Chapter 9 of the »Balanced Discussions« (Lunheng)); Balance des discours: destin, providence et divination/Lun heng, übers. M. Kalinowski, Paris 2011.

Literatur: A. Chalier, W. Chong, REP IX (1998), 679–680; dies., Des idées critiques en Chine ancienne, Paris/Montreal 1999; J.-s. Chen, W. Chong, Enc. Ph. IX (^{2}2006), 723–724; A. Forke, W. C. and Plato on Death and Immortality, J. North China Branch of the Royal Asiatic Soc. 31 (1896/1897), 40–60; Y.-m. Fung, Philosophy in the Han Dynasty, in: B. Mou (ed.), History of Chinese Philosophy, London/New York 2009, 269–302, bes. 293–299 (5 W. C.'s Naturalistic Philosophy); S. Y. Li, W. C., T'ien-hsia Monthly 5 (1937), 162–184, 290–307; M. Loewe, Chinese Ideas of Life and Death. Faith, Myth and Reason in the Han Period (202 BC – AD 220), London/Sydney/Boston Mass. 1982, unter dem Titel: Faith, Myth, and Reason in Han China, Indianapolis Ind. 2005; A. McLeod, A Reappraisal of W. Chong's Critical Method through the »Wenkong« Chapter, J. Chinese Philos. 34 (2007), 581–596; ders., Pluralism about Truth in Early Chinese Philosophy. A Reflection on W. Chong's Approach, Comparative Philos. 2 (2011), 38–60; M. Nylan, W. Chong (W. C.), Enc. Chinese Philos. 2003, 745–748; L. Rainey, The Concept of ›Ch'i‹ in the Thought of W. C., J. Chinese Philos. 19 (1992), 263–284; T'ien Chang-Wu, Methodological Problems in the Study of the History of Philosophy from an Evaluation of W. C., Chinese Stud. Philos. 4 (1972/1973), 70–99; ders., W. C.: An Ancient Chinese Militant Materialist, Chinese Stud. Philos. 7 (1975/1976), 4–197; N. Zufferey, Quelques questions à propos de la biographie de W. Chong (27–97?), J. Asiatique 282 (1994), 165–200; ders., W. Chong (27–97?). Connaissance, politique et vérité en Chine ancienne, Bern etc. 1995. H. S.

Wang Pi (auch: Wang Bi), *226 n. Chr., †249 n. Chr., frühverstorbener Taoist (↑Taoismus), schrieb berühmte Kommentare zum ↑I Ching und zum ↑Tao-te ching. W. betont die fundamentale Rolle des Leeren, Nicht-Seienden, das der Ursprung aller Dinge sei.

Texte: P. J. Lin, A Translation of Lao Tzu's Tao Te Ching and W. P.'s Commentary, Ann Arbor Mich. 1977 (Michigan Monographs in Chinese Stud. XXX); Commentary on the Lao Tzu by W. P., trans. A. Rump, Honolulu Hawaii 1979; Traduction et texte chinois du »Tcheou Yi lio-li« [d.i. W. P.s Kommentar zum I-Ching], in: M.-I. Bergeron, W. P. [s. u., Lit.], 145–176; The Classic of Changes. A New Translation of the »I Ching« as Interpreted by W. Bi, trans. R. J. Lynn, New York 1994; The Classic of the Way and Virtue. A New Translation of the »Tao-te Ching« of Laozi as Interpreted by W. Bi, trans. R. J. Lynn, New York 1999; A Chinese Reading of the Daodejing: W. Bi's Commentary on the Laozi with Critical Text and Translation, trans. R. G. Wagner, Albany N. Y. 2003.

Literatur: M.-I. Bergeron, W. P. Philosophie du non-avoir, Taipei/Paris/Hongkong 1986; A. K. L. Chan, Two Visions of the Way. A Study of the W. P. and the Ho-shang Kung Commentaries on the »Lao-Tzu«, Albany N. Y. 1991; ders., W. Bi (W. P.), Enc. Chinese Philos. 2003, 741–745; ders., W. Bi, Enc. Ph. IX (^{2}2006), 720–721; C.-y. Chang, W. P. on the Mind, J. Chinese Philos. 9 (1982), 77–106; A. Philipp, W. Bi's Weg hinter die Kultur. Zum Abstraktionsgewinn im Vorfeld des Songkonfuzianismus, Leipzig 2001; R. Wagner, The Craft of the Commentator. W. Bi on the »Laozi«, Albany N. Y. 2000; ders., Language, Ontology, and Political Philosophy in China: W. Bi's Scholarly Exploration of the Dark (Xuanxue), Albany N. Y. 2003. H. S.

Wangsche Paradoxie (engl. Wang's paradox), Bezeichnung für einen von M. Dummett auf H. Wang zurückgeführten, scheinbar auf vollständiger Induktion (↑Induktion, vollständige) beruhenden Schluß der Gestalt

0 ist klein,
wenn n klein ist, so ist auch $n + 1$ klein,
also sind alle natürlichen Zahlen klein.

Tatsächlich handelt es sich dabei um eine Variante des ↑Sorites (im Sinne des antiken ›Haufen‹-↑Trugschlusses), die von Wang nach eigener Angabe zuerst um 1957 diskutiert (aber offenbar nicht publiziert) wurde und wie der Sorites zu behandeln ist.

Literatur: M. Dummett, Wang's Paradox, Synthese 30 (1975), 301–324, Neudr. in: ders., Truth and Other Enigmas, London 1978, Cambridge Mass. etc, 1996, 248–268; H. Wang, Computation, Logic, Philosophy. A Collection of Essays, Peking, Dordrecht etc. 1990, xvi. C. T.

Wang Yang-ming (auch: Wang Shou-Jen), *1472, †1529, chines. Philosoph, Neokonfuzianer (↑Konfuzianismus) der subjektiv-idealistischen Richtung, auch Kritiker des Buddhismus. Nach W. ist das Universum eine geistige Einheit; es gibt nur eine Welt, nämlich die wahrgenommene; nichts existiert außerhalb des Geistes. Zufolge der ursprünglichen Einheit von Individuum und Kosmos besitzt jeder Mensch ein angeborenes, intuitives Wissen über Gut und Böse. Die Pflege (Bewußtmachung) dieses Wissens geschieht durch sorgsame Beachtung der alltäglichen sittlichen Pflichten. Mit W. erreicht die auch von Chou Tun-i, Ch'eng Hao und Lu Chiu-yüan vertretene idealistische Richtung ihren Höhepunkt.

Texte: Instructions for Practical Living and Other Neo-Confucian Writings, trans. W.-T. Chan, New York/London 1963; The Philosophical Letters of W. Y., trans. J. Ching, Canberra 1972, Columbia S. C. 1973; Readings from the Lu-Wang School of Neo-Confucianism, trans. P. J. Ivanhoe, Indianapolis Ind./Cambridge 2009, 99–184 (Part III W. Yangming (1472–1529)).

Literatur: D. Bartosch, ›Wissendes Nichtwissen‹ oder ›gutes Wissen‹? Zum philosophischen Denken von Nicolaus Cusanus und W. Yángmíng, Paderborn 2015; W.-T. Chan, How Buddhistic Is W. Y.?, Philos. East and West 12 (1962), 203–215; ders., W. Y.. A Biography, Philos. East and West 22 (1972), 63–74; ders., W. Y.. Western Studies and an Annotated Bibliography, Philos. East and West 22 (1972), 75–92; C. Chang, W. Y.'s Philosophy, Philos. East and West 5 (1955/1956), 3–18; ders., W. Y., Idealist Philosopher of Sixteenth-Century China, New York 1962; C.-Y. Cheng, Unity and Creativity in W. Y.'s Philosophy of Mind, Philos. East and West 23 (1973), 49–72; J. Ching, To Acquire Wisdom. The Way of W. Y., New York/London 1976; A. S. Cua, The Unity of Knowledge and Action. A Study in W. Y.'s Moral Psychology, Honolulu Hawaii 1982; ders., Between Commitment and Realization. W. Y.'s Vision of the Universe as a Moral Community, Philos. East and West 43 (1993), 611–647; ders., W. Yangming, Enc. Chinese Philos. 2003, 760–775; ders., W. Y., Enc. Ph. IX ([2]2006), 725–727; W. G. Frisina, Are Knowledge and Action Really One Thing? A Study of W. Y.'s Doctrine of Mind, Philos. East and West 39 (1989), 419–447; K. Hauf, Goodness Unbound. W. Y. and the Redrawing of the Boundary of Confucianism, in: K.-w. Chow/O.-c. Ng/J. B. Henderson (eds.), Imagining Boundaries. Changing Confucian Doctrines, Texts, and Hermeneutics, Albany N. Y. 1999, 121–146; F. G. Henke, The Philosophy of W. Y., London/Chicago Ill. 1916 (repr. New York 1964); A. Ihlan, W. Y.. A Philosopher of Practical Action, J. Chinese Philos. 20 (1993), 451–463; P. J. Ivanhoe, Ethics in the Confucian Tradition. The Thought of Mencius and W. Yangming, Atlanta Ga. 1990, Indianapolis Ind./Cambridge [2]2002; I. Kern, Das Wichtigste im Leben. W. Yangming (1472–1529) und seine Nachfolger über die ›Verwirklichung des ursprünglichen Wissens‹, Basel 2010; S.-h. Liu, Neo-Confucianism II (From Lu Jiu-Yuan to W. Y.), in: B. Mou (ed.), History of Chinese Philosophy, London/New York 2009, 396–428; D. S. Nivison, The Ways of Confucianism. Investigations in Chinese Philosophy, ed. W. Van Norden, Chicago Ill./La Salle Ill. 1996, 217–231 (Chap. 14 The Philosophy of W. Yangming), 233–247 (Chap. 15 Moral Decision in W. Yangming. The Problem of Chinese ›Existentialism‹), 308–311; K.-l. Shun, W. Y., REP IX (1998), 682–684; ders., W. Y. on Self-Cultivation in the »Daxue«, J. Chinese Philos. 38 Suppl. (2011), 96–113; J. E. Smith, Some Pragmatic Tendencies in the Thought of W. Y., J. Chinese Philos. 13 (1986), 167–183; D. W. Tien, Metaphysics and the Basis of Morality in the Philosophy of W. Yangming, in: J. Makeham (ed.), Dao Companion to Neo-Confucian Philosophy, Dordrecht etc. 2010, 295–314; W. M. Tu, The Quest for Self-Realization. A Study of W. Y.'s Formative Years (1472–1509), Diss. Cambridge Mass. 1968; B. Van Norden, W. Yangming, SEP 2014; T. T. Wang, La philosophie morale de W. Y., Schanghai, Paris 1936; T. Weiming, Learning to Be Human. Spiritual Exercises from Zhu Xi and W. Yangming to Liu Zongzhou, in: ders./M. E. Tucker (eds.), Confucian Spirituality II, New York 2004, 149–162; P. Wienpahl, W. Y. and Meditation, J. Chinese Philos. 1 (1973/1974), 199–227; W. Yau-nang Ng, W. Yangming (W. Y.): Rivals and Followers, Enc. Chinese Philos. 2003, 775–783. H. S.

Warburg, Abraham Moritz (Aby), *Hamburg 13. Juni 1866, †Hamburg 26. Okt. 1929, dt. Kunst- und Kulturwissenschaftler, Begründer der Bildwissenschaften und der ikonologischen Methode. 1889–1892 Studium der Kunstgeschichte, Geschichte und Archäologie in Bonn, Florenz und Straßburg, 1892 Promotion, 1893–1895 Studien in Florenz. 1895/1896 Amerikareise, ethnologische Beschäftigung mit Kultur und Ritualen der Hopi-Indianer. Ablehnung von Rufen nach Breslau (1906) und Halle (1912). 1918–1924 Aufenthalt in der Psychiatrie, 1924 zurück in Hamburg. Durch intensive Archivstudien während der Florentiner Zeit Aneignung profunder Kenntnisse über Auftraggeber- und Künstlerpersönlichkeiten der ↑Renaissance, deren wirtschaftliche Situation sowie die erst allmähliche Herausbildung des aufgeklärten, durch die Wiederaufnahme antiken Gedankenguts geprägten Denkens des Renaissancemenschen. Ergebnis sind einige seiner wichtigsten Aufsätze, aber auch eine Reihe von Vorträgen über Leonardo da Vinci (1899). Ab 1908 verstärkte Zuwendung zu seinem zweiten Forschungsschwerpunkt, der Astrologie und ihrer Verbindung zur Renaissance. 1912 Vortrag auf dem internationalen Kunsthistorikertag in Rom (Italienische Kunst und internationale Astrologie im Palazzo Schifanoja zu Ferrara, 1922), der als ›Geburtsstunde‹ der modernen Ikonologie gilt.

W. sammelte systematisch Bücher, die geeignet sind, das Thema des ›Nachlebens der Antike‹ zu erhellen (seit 1895 Extrabudget für die Bücherkäufe Abys im Bankhaus W.). Ab 1909 befindet sich die 9000 Bände umfassende »Kulturwissenschaftliche Bibliothek W.« als halböffentliche Institution im Erdgeschoß der Privatvilla W.s. 1925 Bau eines eigenen Bibliotheksgebäudes mit Lese- und Vortragssaal für die inzwischen fast 46.000 Bände. 1933 wird die Bibliothek vor dem Nationalsozialismus nach London verlegt und ist heute Teil der Londoner Universität.

W.s Verdienste liegen insbes. darin, Kunstwerke nicht als isolierte formalästhetische Gebilde zu betrachten, sondern nach dem Kontext ihrer Entstehung sowie den geistigen Einflüssen zu fragen, die Werk, Künstler und Auftraggeber prägen. Zur Klärung dieses Kontextes zieht er schriftliche zeitgenössische Quellen und literarische Zeugnisse heran. Seine dominante Fragestellung ist die nach dem ›Nachleben der Antike‹. Ihn interessiert, warum und auf welche Weise bestimmte antike Ausdrucksformen (»Pathosformeln«, Dürer und die italienische Antike [1906], in: GS, 446) in der Kunst der Renaissance übernommen werden und auf welchen Wegen antike Bildfindungen und antikes Gedankengut sich bis in den Norden Europas ausbreiten (›Wanderstraßen der Kultur‹). W. ist ein Vertreter einer interdisziplinären Wissenschaft (↑Interdisziplinarität). Um seine Fragestellungen zu bearbeiten, bezieht er neben Kunst- und Kulturwissenschaften auch psychologische, religionswissenschaftliche, historische, ethnologische, philosophische, soziologische, literarische und ökonomische Aspekte mit ein. Spezifisch ist dabei seine diachrone, systematische Betrachtungsweise, mit der er zeitlich wie räumlich weit auseinanderliegende Phänome in Beziehung zueinander setzt. Sein Ruf als Begründer der Bildwissenschaften beruht darauf, daß für ihn bildliche Darstellungen jeglicher Art das ausgezeichnete Medium (↑Medium (semiotisch)) sind, in dem sich die Symptome manifestieren, die Rückschlüsse über die je spezifische Verfaßtheit einer Zeit und ihrer Menschen erlauben. Im unvollendet gebliebenen »Bilderatlas Mnemosyne« wird über die Kombination von schwarz-weißen photografischen Reproduktionen bildlicher Darstellungen auf der Fläche einer Bildtafel von 1 x 2 m ein rein über das visuelle Material vermitteltes Argument gestaltet.

Werke: Gesammelte Schriften, ed. G. Bing/F. Rougement, Leipzig/Berlin 1932ff. (erschienen Bd. I/1–2 [Die Erneuerung der heidnischen Antike. Kulturwissenschaftliche Beiträge zur Geschichte der Europäischen Renaissance]) (zitiert als GS) (franz. Essais florentines, übers. S. Müller, Paris 1990, 2003; engl. The Renewal of Pagan Antiquity. Contributions to the Cultural History of European Renaissance, ed. K.W. Forster/D. Britt, Los Angeles 1999); Gesammelte Schriften (Studienausgabe), ed. H. Bredekamp u.a., Berlin 1998ff. (erschienen Bde I/1–2 [Nachdr. Ges. Schriften (s.o.)], II/1 [Der Bilderatlas Mnemosyne], II/2 [Bilderreihen und Ausstellungen], IV [Fragmente zur Ausdruckskunde], VII/7 [Tagebuch der Kulturwissenschaftlichen Bibliothek W.]); Werke in einem Band, ed. M. Treml/S. Weigel/P. Ladwig, Berlin, Darmstadt 2010, Berlin 2011. – Sandro Botticellis »Geburt der Venus« und »Frühling«. Eine Untersuchung über die Vorstellungen von der Antike in der italienischen Frührenaissance, Frankfurt 1892, Hamburg/Leipzig 1893 (ital. Botticelli, übers. E. Cantimori, Mailand 2003, 2013; franz. »La Naissance de Vénus« & »Le Printems« de Sandro Botticelli. Étude des répresentations de l'Antiquité dans la première Renaissance italienne, übers. L. Cahen-Maurel, Paris 2007); Bildniskunst und florentinisches Bürgertum I (Domenico Ghirlandajo in Santa Trinita. Die Bildnisse des Lorenzi de' Medici und seiner Angehörigen), Leipzig 1902; Dürer und die italienische Antike, in: K. Kissel/G. Rosenhaben (eds.), Verhandlungen der achtundvierzigsten Versammlung deutscher Philologen und Schulmänner in Hamburg vom 3. bis 6. Oktober 1905, Leipzig 1906, 55–60, ferner in: GS [s.o.], 443–449; Heidnisch-antike Weissagungen in Wort und Bild zu Luthers Zeiten, Heidelberg 1920; Italienische Kunst und internationale Astrologie im Palazzo Schifanoja zu Ferrara, in: Italia e l'arte straniera. Atti del X congresso internazionale di storia dell'arte in Roma, Rom 1922 (repr. Nendeln 1978), 179–193, ferner in: GS [s.o.], 459–481; A Lecture on Serpent Ritual, J. of the W. Institute 2 (1938/1939), 277–292, dt. Original unter dem Titel: Schlangenritual. Ein Reisebericht, ed. U. Raulff, Wagenbach 1988, 2011; Manets Déjeuner sur l'herbe. Die vorprägende Funktion heidnischer Elementargottheiten für die Entwicklung modernen Naturgefühls, in: D. Wuttke (ed.), Kosmopolis der Wissenschaft. E.R. Curtius und das W. Institute. Briefe 1928–1953 und andere Dokumente, Baden-Baden 1989, 257–272; Begleitmaterial zur Ausstellung »Aby M. W.. Mnemosyne«, ed. M. Koos u.a., Hamburg 1994, unter dem Titel: Mnemosyne-Materialien, ed. W. Rappl u.a., Ebenhausen 2006; B. Biester, Tagebuch der Kulturwissenschaftlichen Bibliothek W. 1926–1929. Annotiertes Sach-, Begriffs- und Ortsregister, Erlangen 2005; »Per monstra ad Sphaeram«. Sternglaube und Bilddeutung. Vortrag gehalten in Gedenken an Franz Boll und andere Schriften 1923 bis 1925, ed. D. Stimili/C. Wedepohl, Ebenhausen 2008. – »Ausreiten der Ecken«. Die Aby W. – Fritz Saxl Korrespondenz 1910–1919, ed. D. McEwan, Hamburg 1998; »Wanderstraßen der Kultur«. Die Aby W. – Fritz Saxl Korrespondenz 1920 bis 1929, ed. D. McEwan, München/Hamburg 2004; L. Binswanger, Aby Warburg. La guarigione infinita. Storia clinica di Aby W., ed. D. Stimili, Vicenza 2005 (dt. Ludwig Binswanger – Aby W.. Die unendliche Heilung. Aby W.s Krankengeschichte, Zürich/Berlin 2007; franz. Ludwig Binswanger. Aby W.. La guérison infinite. Histoire clinique d'Aby W., Paris 2011). – D. Wuttke, Aby M. W.-Bibliographie 1866 bis 1995. Werk und Wirkung. Mit Annotationen, Baden-Baden 1998; B. Biester/D. Wuttke, Aby M. W.-Bibliographie 1996–2005. Mit Annotationen und mit Nachträgen zur Bibliographie 1866–1995, Baden-Baden 2007; B. Biester, Aby W.-Bibliographie 2006ff.: http://aby-warburg.blogspot.de/2009/12/aby-m-warburg-bibliografie-2006-bis.html (elektronische Ressource) [ausführliche, fortlaufend weitergeführte u. teilw. annotierte Bibliographie].

Literatur: H. Böhme, Aby M. W., in: A. Michaels (ed.), Klassiker der Religionswissenschaft. Von Friedrich Schleiermacher bis Mircea Eliade, München 1997, ³2010, 133–156; H. Bredekamp, W. Institute, the, DNP XV/3 (2003), 1098–1107; ders./M. Diers/C. Schoell-Glass (eds.), Aby W.. Akten des internationalen Symposions Hamburg 1990, Weinheim 1991; G. Didi-Huberman, L'image survivante. Histoire de l'art et temps des fantômes selon Aby W., Paris 2002 (dt. Das Nachleben der Bilder. Kunstgeschichte und Phantomzeit nach Aby W., Berlin 2010; engl. The Surviving Image. Phantoms of Time and Time of Phantoms. Aby W.'s History of Art, University Park Pa. 2017); M. Diers, W. aus

Briefen. Kommentare zu den Kopierbüchern der Jahre 1905–1918, Weinheim 1991; ders. (ed.), Porträt aus Büchern. Bibliothek W. und W. Institute, Hamburg – 1933 – London, Hamburg 1993; ders., Die Erinnerung der Antike bei Aby W. oder Die Gegenwart der Bilder, in: B. Seidensticker/M. Vöhler (eds.), Urgeschichten der Moderne. Die Antike im 20. Jahrhundert, Stuttgart/Weimar 2001, 40–65; ders., Atlas und Mnemosyne. Von der Praxis der Bildtheorie bei Aby W., in: K. Sachs-Hombach (ed.), Bildtheorien. Anthropologische und kulturelle Grundlagen des Visualistic Turn, Frankfurt 2009, 2011, 181–213; U. Fleckner/P. Mack (eds.), The Afterlife of the Kulturwissenschaftliche Bibliothek W.. The Emigration and the Early Years of the W. Institute in London, Berlin/Boston Mass. 2015 (Vorträge aus dem W.-Haus XII); S. Füssel (ed.), Mnemosyne. Beiträge zum 50. Todestag von Aby M. W., Göttingen 1979; R. Galitz/B. Reimers (eds.), Aby W.. »Ekstatische Nymphe … trauernder Flußgott«. Portrait eines Gelehrten, Hamburg 1995; E. H. Gombrich, Aby W.. An Intellectual Biography, London 1970, Oxford, Chicago Ill. 1986 (dt. Aby W.. Eine intellektuelle Biographie, Frankfurt 1981, Hamburg 2012; franz. Aby W.. Une biographie intellectuelle, o.O. [Paris] 2015); T. Hensel, Wie aus der Kunstgeschichte eine Bildwissenschaft wurde. Aby W.s Graphien, Berlin 2011; W. Hofmann/W. Symranken/M. Warnke, Die Menschenrechte des Auges. Über Aby W., Frankfurt 1980; C.-D. Johnson, Memory, Metaphor, and Aby W.'s Atlas of Images, Ithaca N. Y. 2012; G. Korff (ed.), Kasten 117. Aby W. und der Aberglaube im Ersten Weltkrieg, Tübingen 2007; P.-A. Michaud, Aby W. et l'image en mouvement, Paris 1998, [3]2012 (engl. Aby W. and the Image in Motion, New York 2004, 2007); K. Michels, Aby W. – Im Bannkreis der Ideen, München 2007; U. Raulff, Wilde Energien. Vier Versuche zu Aby W., Göttingen 2003; B. Roeck, Der junge Aby W., München 1997; P. Rösch, A. W., Paderborn 2010; H.-M. Schäfer, Die Kulturwissenschaftliche Bibliothek W.. Geschichte und Persönlichkeit der Bibliothek W. mit Berücksichtigung der Bibliothekslandschaft und der Stadtsituation der Freien und Hansestadt Hamburg zu Beginn des 20. Jahrhunderts, Berlin 2003; T. Schindler, Zwischen Empfinden und Denken. Aspekte zur Kulturpsychologie von Aby W., Münster/Hamburg/London 2000; C. Schoell-Glass, Aby W. und der Antisemitismus. Kulturwissenschaft als Geistespolitik, Frankfurt 1998 (engl. Aby W. and Anti-Semitism. Political Perspectives on Images and Culture, Detroit Mich. 2008); dies., Aby W. (1866–1929), in: U. Pfisterer (ed.), Klassiker der Kunstgeschichte. Von Winckelmann bis W., München 2007, 181–193; T. v. Stockhausen, Die Kulturwissenschaftliche Bibliothek W.. Architektur, Einrichtung und Organisation, Hamburg 1992; M. Treml/S. Flach/P. Schneider (eds.), W.s Denkraum. Formen, Motive, Materialien, München 2014; B. Villhauer, A. W.s Theorie der Kultur. Detail und Sinnhorizont, Berlin 2002; A. Wessels, Ursprungszauber. Zur Rezeption Hermann Useners Lehre von der religiösen Begriffsbildung, Berlin/New York 2003, 155–184 (»Von der mythisch-fürchtenden zur wissenschaftlich-errechnenden Orientierung des Menschen sich selbst und dem Kosmos gegenüber«. Zu Aby W.); R. Woodfield (ed.), Art History as Cultural History. W.'s Projects, Amsterdam 2001; D. Wuttke, Aby M. W.s Methode als Anregung und Aufgabe, Göttingen 1977, Wiesbaden [4]1990; C. Zumbusch, Wissenschaft in Bildern. Symbol und dialektisches Bild in Aby W.s Mnemosyne Atlas und Walter Benjamins Passagen-Werk, Berlin 2004. P. R.

Ware (engl. commodity), ursprünglich in der Kameralistik und in den Handelswissenschaften Bezeichnung für den Gegenstand der W.nkunde und W.ntypologie. Beschreibungen und Klassifizierungen des Aussehens, der Beschaffenheit und der Herkunft dienten der Vereinfachung und Normierung des Handelsverkehrs. Die Normierungen werden heute noch in den W.nabkommen des internationalen Handels angewendet.

W.n sind in der klassischen politischen Ökonomie (↑Ökonomie, politische), insbes. bei K. Marx, diejenigen Güter, die durch gesellschaftliche Arbeitsteilung hergestellt werden und für den Austausch bestimmt sind. Marx (Das Kapital. Kritik der politischen Ökonomie, MEW XXIII–XXV; Grundrisse der politischen Ökonomie, MEGA II/1.1–2) sieht in der W. die ›Elementarform‹ der kapitalistischen Ökonomie. Damit ein Gegenstand, ein ›Ding‹, zur W. wird, müssen nach Marx mehrere Voraussetzungen erfüllt sein: Der Gegenstand muß einen ↑Gebrauchswert haben, d. h., er muß für einen bestimmten Zweck nützlich sein. Der Gegenstand muß gesellschaftlich, und zwar vermittelt über den Tausch (↑Tauschwert), übertragen werden. Für den Tausch werden bei Marx definitionsgemäß gesellschaftliche Arbeitsteilung und privates ↑Eigentum an den Produktionsmitteln vorausgesetzt. In der kapitalistischen Ökonomie ist die W.nproduktion die vorherrschende Produktionsweise. Marx sieht in der Kritik der bürgerlichen politischen Ökonomie von den Gebrauchswerteigenschaften der W.n ab und analysiert sie ausschließlich als Produkte gesellschaftlicher, ›abstrakter‹ ↑Arbeit. – In der Konstruktiven Wissenschaftstheorie (↑Wissenschaftstheorie, konstruktive) wird kritisiert, daß Marx den Begriff der W. als ›Elementarform‹, also unabhängig von den Tauschhandlungen bestimme (J. Schampel, Das Warenmärchen, [2]1984, 77–78). Die Marxsche W.ntheorie sei objektivistisch, weil dem Gegenstand W. fälschlicherweise die Eigenschaft, ›Tauschwert zu sein‹ prädiziert (↑Prädikation) werde, während hier richtigerweise in einer mehrstelligen Relation der Bezug zur Tauschhandlung herzustellen sei: Person P tauscht x Einheiten der Ware A gegen y Einheiten der Ware B von Person O. In der neoklassischen Wirtschaftswissenschaft wird anstatt von W.n von Gütern gesprochen, die konkrete, auf ein bestimmtes Individuum bezogene Gebrauchswerteigenschaften haben (C. Menger, A. Marshall). Diese Eigenschaften werden später von K. J. Lancaster näher untersucht. Demnach seien nicht die Güter selbst nutzenstiftend (↑Nutzen), sondern deren Eigenschaften (characteristics theory of demand). In jüngerer Zeit findet der klassische Gebrauch des Terminus ›W.‹ seit P. Sraffas ›W.nproduktion mittels W.n‹ wieder Verwendung. In der Tradition von D. Ricardo werden W.n hier ausschließlich in ihrer Rolle als Inputs und Outputs einer am Tauschwert orientierten Ökonomie analysiert.

Literatur: H. Drügh/C. Metz/B. Weyand (eds.), W.nästhetik. Neue Perspektiven auf Konsum, Kultur und Kunst, Berlin 2011; M. Fitzenreiter (ed.), Das Heilige und die W.. Zum Spannungsfeld von Religion und Ökonomie, London 2007; W. Goldschmidt, W., in: H. J. Sandkühler (ed.), Europäische Enzyklopädie zu Philosophie und Wissenschaften IV, Hamburg 1990, 770–782; C. Iber/G. Lohmann, W.; W.ncharakter; W.nfetischismus, Hist. Wb. Ph. XII (2004), 320–325; G. M. König, Konsumkultur. Inszenierte W.nwelt um 1900, Wien/Köln/Weimar 2009; A. Krause/C. Köhler (eds.), Arbeit als W.. Zur Theorie flexibler Arbeitsmärkte, Bielefeld 2012; K. J. Lancaster, Change and Innovation in the Technology of Consumption, Amer. Economic Rev. 56 (1966), 14–23; A. Marshall, Principles of Economics, London/New York 1890 (repr. Düsseldorf 1989), London [8]1920 (repr. Basingstoke etc. 2013), New York 2009 (dt. Handbuch der Volkswirtschaftslehre, Stuttgart/Berlin 1905); W. G. Neumann, Der Kommentar. Karl Marx, das Kapital I (1. Buch, 1. Abschnitt. Die W. und das Geld), Hannover 1997; H. G. Nutzinger/E. Wolfstetter (eds.), Die Marxsche Theorie und ihre Kritik. Eine Textsammlung zur Kritik der politischen Ökonomie, I–II, Frankfurt/New York 1974 (repr. Marburg 2008); D. Ricardo, On the Principles of Political Economy and Taxation, London 1817, [3]1821, ferner als: The Works and Correspondence of David Ricardo I, ed. P. Sraffa, London 1951, Indianapolis Ind. 2004 (dt. Grundgesetze der Volkswirtschaft und Besteuerung, I–II, Leipzig 1837/1838, I–III, [2]1877–1905, unter dem Titel: Grundsätze der Volkswirtschaft und Besteuerung, Jena 1905, [3]1923, unter dem Titel: Grundsätze der politischen Ökonomie und der Besteuerung, ed. H. D. Kurz, Marburg 1994, [2]2006); N. Sammond, Commodities, Commodity Fetishism, and Commodification, in: G. Ritzer (ed.), The Blackwell Encyclopedia of Sociology II, Malden Mass./Oxford 2007, 607–612; J. Schampel, Das W.nmärchen. Über den Symbolcharakter der W. im »Kapital« von Karl Marx, Königstein 1982, Aachen [2]1984; P. Sraffa, Production of Commodities by Means of Commodities. Prelude to a Critique of Economic Theory, Cambridge etc. 1960, 1992 (dt. W.nproduktion mittels W.n. Einleitung zu einer Kritik der ökonomischen Theorie, Berlin 1968, Frankfurt 1976 [repr. Marburg 2014]; franz. Production de marchandises par des marchandises. Prélude à une critique de la théorie économique, Paris 1970, [2]1999); H. Wohlrapp, Materialistische Erkenntniskritik? Kritik an Alfred Sohn-Rethels Ableitung des abstrakten Denkens und Erörterung einiger grundlegender Gesichtspunkte für eine mögliche materialistische Erkenntnistheorie, in: J. Mittelstraß (ed.), Methodologische Probleme einer normativ-kritischen Gesellschaftstheorie, Frankfurt 1975, 160–243. M. S.

Warenfetischismus, Terminus im Zusammenhang der Warenanalyse im Hauptwerk von K. Marx »Das Kapital« (MEW XXIII, 85–98). ↑Waren sind ↑Gebrauchswerte, darüber hinaus tauschen sie sich auf dem ↑Markt in bestimmten Relationen (↑Tauschwert). Im voll entwickelten Äquivalententausch setzt sich als objektive Größe die in die Produkte investierte Arbeitszeit als Maß der Bewertung auf dem Markt durch. Da die Bewertung der Waren sich erst auf dem Markt ergibt, wird die gesellschaftliche Qualität der Produktion und damit der Gebrauchswertcharakter der Ware verschleiert. Das gesellschaftlich-personale Verhältnis der Produktion erscheint als ein sachliches Verhältnis, über das die Menschen letztlich nicht verfügen, sondern dem sie unterworfen sind. Der zum Zwecke des universellen Tausches entwickelte objektive Tauschwert verselbständigt sich in fetischisierter Form als eine Macht über die gesellschaftliche Qualität der Produktion und prägt schließlich die gesamte Kultur. – Marx' Theorie des W. ist später für die Kulturtheorie linker wie konservativer Richtungen bedeutsam geworden (G. Simmel, G. Lukács, W. Benjamin, T. W. Adorno, H. Freyer, A. Gehlen, H. Schelsky u. a.) (↑Entfremdung, ↑Verdinglichung).

Literatur: C. Iber/G. Lohmann, Ware; Warencharakter; W., Hist. Wb. Ph. XII (2004), 320–325; G. Lukács, Geschichte und Klassenbewußtsein. Studien über marxistische Dialektik, Berlin 1923 (repr. Amsterdam 1967, London 2000), ferner in: Werke II, ed. F. Beuseler, Neuwied 1968, Bielefeld 2013, 161–517; G. Simmel, Philosophie des Geldes, München/Leipzig 1900, Berlin [8]1987, ferner als: Gesamtausg. VI, Frankfurt 1989, [10]2014. S. B.

Wärmetod, von R. Clausius 1867 eingeführter Begriff zur Bezeichnung des Zustands des finalen thermischen Gleichgewichts des ↑Universums. Nach dem 2. Hauptsatz der ↑Thermodynamik nimmt bei allen irreversiblen (↑reversibel/Reversibilität) Prozessen die ↑Entropie zu. Dies drückt sich insbes. in der Abnahme von Temperaturunterschieden aus; Temperaturunterschiede sind andererseits zur thermischen Erzeugung mechanischer Arbeit erforderlich. Daraus hatte bereits H. v. Helmholtz 1854 den Schluß gezogen, daß das Universum schließlich in einen Endzustand mit überall gleicher Temperatur übergehen müsse, in dem jede Veränderung zum Stillstand gekommen sei: »Dann ist jede Möglichkeit einer weiteren Veränderung erschöpft; dann muss vollständiger Stillstand aller Naturprozesse von jeder nur möglichen Art eintreten. [...] Kurz das Weltall wird von da an zu ewiger Ruhe verurtheilt sein« (Ueber die Wechselwirkung der Naturkräfte und die darauf bezüglichen neuesten Ermittelungen der Physik [1854], in: ders., Vorträge und Reden I, Braunschweig [5]1903, 66–67). Dieser finale Ruhezustand wurde von Clausius als W. bezeichnet. Clausius betrachtete den 2. Hauptsatz als Grundlage für die Widerlegung jeder Vorstellung einer zyklischen Entwicklung des Universums. In der Interpretation des 2. Hauptsatzes durch die statistische Thermodynamik stellt sich der W. als Zustand maximaler molekularer Unordnung dar.

In der Folge wurde die Annahme des finalen W.s durch Unterstellung entgegenwirkender Mechanismen (wie kosmischer Kollisionen) zu entkräften versucht. Zudem wurde der statistische Charakter des 2. Hauptsatzes herangezogen, wonach spontane Entropieverminderungen (und entsprechend die Entstehung von Temperaturunterschieden) nicht ausgeschlossen, sondern nur unwahrscheinlich sind. Danach ist es also möglich, daß das Universum dem Schicksal des W.s entgeht. L. Boltzmann unterstellte, daß sich das Universum insgesamt im Zustand des thermischen Gleichgewichts befindet und daß der in der kosmischen Nachbarschaft der Erde realisierte vergleichsweise niedrige Entropiewert auf einer örtlichen Zufallsfluktuation beruht. Auch bei vorliegendem W. kann daher ein Zustand erhöhter Ordnung als Folge lokaler Schwankungen eintreten.

Ein grundlegender Einwand gegen die Stichhaltigkeit der Annahme des finalen W.s wurde von H. Poincaré unter Rückgriff auf sein ›Wiederkehrtheorem‹ (1890) erhoben. Nach diesem Theorem nimmt jedes begrenzte mechanische System seinen Anfangszustand näherungsweise wieder ein, wenn auch möglicherweise erst nach sehr langer Zeit. Poincaré schloß, daß dieses Resultat der Vorstellung des W.s widerspräche, daß aber beide durch die Annahme in Einklang zu bringen seien, daß das Universum nach einer (möglicherweise lange anhaltenden) Periode des ›Scheintods‹ wieder zum Leben erwache. Tatsächlich ergibt sich aus der statistischen Thermodynamik, daß diese Wiederkehrzeit das Alter des Universums um ein Vielfaches übersteigt.

Vor dem Hintergrund der modernen ↑Kosmologie und ↑Teilchenphysik ist ein zyklisch oszillierendes Universum ausgeschlossen. Stattdessen findet sich eine unbegrenzt andauernde und sogar beschleunigt verlaufende Expansion. Der finale Zustand des Universums stellt sich danach als eine Vielzahl weit verstreuter erkalteter Himmelskörper dar. Unter der weiteren Voraussetzung des gegenwärtig hypothetisch unterstellten Protonenzerfalls und der so genannten Verdampfung schwarzer Löcher durch Hawking-Strahlung stellt sich der finale Zustand des Universums als homogene, maximal ungeordnete Durchmischung von Leptonen (etwa Elektronen) und Photonen (etwa Licht) dar. Dieser Zustand repräsentiert entsprechend die moderne Version des W.s.

Literatur: F. C. Adams/G. Laughlin, A Dying Universe. The Long-Term Fate and Evolution of Astrophysical Objects, Rev. Modern Phys. 69 (1997), 337–372; dies., The Five Ages of the Universe. Inside the Physics of Eternity, New York 1999, 2000 (dt. Die fünf Zeitalter des Universums. Eine Physik der Ewigkeit, Stuttgart/München 2000; München ²2003); A. Ben-Naim, Entropy Demystified. The Second Law Reduced to Plain Common Sense, Hackensack N. J. 2007, New Jersey ²2016; ders., Entropy. The Truth, the Whole Truth, and Nothing but the Truth, New Jersey 2017; S. G. Brush, The Kind of Motion We Call Heat. A History of the Kinetic Theory of Gases in the 19th Century II (Statistical Physics and Irreversible Processes), Amsterdam/New York/Oxford 1976, ²1986, 1992; J. H. Buckley, The Triumph of Time. A Study of the Victorian Concepts of Time, History, Progress, and Decadence, Cambridge Mass. 1966, 1967; G. F. R. Ellis (ed.), The Far Future Universe. Eschatology from a Cosmic Perspective, Philadelphia Pa./London 2002; H. Hiller, Die Evolution des Universums. Eine Geschichte der Kosmologie, Frankfurt 1989; U. Hoyer, W., Hist. Wb. Ph. XII (2004), 325–327; L. M. Krauss/G. D. Starkman, Life, the Universe, and Nothing. Life and Death in an Ever-Expanding Universe, Astrophys. J. 531 (2000), 22–30; R. Penrose, Cycles of Time. An Extraordinary New View of the Universe, London 2010 (dt. Zyklen der Zeit. Eine neue ungewöhnliche Sicht des Universums, Heidelberg 2011). M. C.

Warschauer Schule (in der Philosophie heute meist ›Lemberg-Warschauer Schule‹), Bezeichnung für eine aus dem Schülerkreis von K. Twardowski (1866–1938) in Lemberg (= Lwów) hervorgegangene Gruppe von später meist in Warschau lehrenden Logikern, Wissenschaftstheoretikern und Philosophen, die der polnischen formalen Logik (↑Logik, formale) und Philosophie Weltgeltung verschafften. Die Lemberg-W. S. unterhielt enge Beziehungen zur Polnischen Mathematischen Schule um Z. Janiszewski (1888–1920), W. Sierpiński (1882–1969), K. Kuratowski (1896–1980) und S. Mazurkiewicz (1888–1945), die vor allem durch topologische (↑Topologie) Arbeiten hervortrat und sich ein prominentes und (mit der Unterbrechung 1939–1945) bis heute existierendes Publikationsorgan in den »Fundamenta Mathematicae« schuf, sowie zur ›Lemberger Schule‹ um S. Banach (1892–1945), H. Steinhaus (1887–1972), S. Mazur (1905–1981), J. Schauder (1899–1943) und S. Ulam (1909–1984), in der vor allem zur Funktionalanalysis gearbeitet wurde.

Es lassen sich zwei Perioden der Lemberg-W. S. unterscheiden: die *Lemberger* Periode 1895–1918, in der die Orientierung an der Philosophie von Twardowskis Lehrer F. Brentano bestimmend ist und in der sich der Schülerkreis mit K. Ajdukiewicz (1890–1963), T. Czeżowski (1889–1981), T. Kotarbiński (1886–1981), J. Łukasiewicz (1878–1956), Z. Zawirski (1882–1948) und S. Leśniewski (1886–1939), der sich nach seinem Studium in Deutschland der Schule 1910 anschließt, formiert, und die *Lemberg-Warschauer* Periode (1918–1939), in der Logik und Wissenschaftstheorie im Vordergrund stehen. In deren Verlauf bildet sich die polnische wissenschaftliche bzw. Analytische Philosophie (↑Philosophie, analytische) auch an anderen polnischen Universitäten heraus; ferner werden Kontakte des polnischen ›logistischen Antiirrationalismus‹ zum Logischen Empirismus (↑Empirismus, logischer, ↑Neopositivismus) insbes. des ↑Wiener Kreises geknüpft. Aus der Lemberg-W. S. geht die W. S. im engeren Sinne hervor, nämlich die vornehmlich in Warschau in Teamarbeit forschende und lehrende polnische Schule der *Logik*. Als ihre Begründer gelten Leśniewski und Łukasiewicz, als ihr wichtigster Repräsentant A. Tarski (Tajtelbaum-Tarski, 1902–1983); doch zählen zu dieser Gruppe auch andere bedeutende Vertreter der Logik und ↑Metamathematik des 20. Jhs. wie Ajdukiewicz, S. Jaśkowski (1906–1965), A. Lindenbaum (1909–1941; ↑Lindenbaum-Algebra), A. Mostowski (1913–1975), J. Słupecki (1904–1987), B. Sobociński (1906–1980) und M. Wajsberg (1902, nach 1939 verschollen). In dieser W. S. entstehen wichtige Untersuchungen zur ↑Junktorenlogik (unter anderem zur Matrizenmethode), wobei die meisten dieser Arbeiten in einer in der W. S. entwickelten klammerfreien Symbolik, der heute so genannten ›polnischen Notation‹ (↑Notation, logische) verfaßt sind. In ihr werden die mehrwertige Logik (↑Logik, mehrwertige) und die formale Semantik (↑Semantik, logische) entwickelt einschließlich einer über die logische Syntax (↑Syntax, logische) hinausgehenden ↑Metalogik (unter anderem J. Hosiasson-Lindenbaum [1899–1942]) sowie allgemein eine ausgebaute Methodologie der deduktiven (↑Deduktion) Wissenschaften und der axiomatischen Verfahren (↑Methode, axiomatische). – Ähnlich wie im Falle der durch H. Scholz gegründeten Schule von Münster, die mit der Lemberg-W. S. enge Kontakte pflegte, gingen auch von dieser entscheidende Impulse auf die *logikgeschichtliche Forschung* vor allem von Łukasiewicz, J. Salamucha (1903–1944) und dem zum Krakauer Kreis gehörenden, aber unter Einfluß der Lemberg-W. S. stehenden J. M. Bocheński (1902–1995) aus, die insbes. in der Anwendung moderner formal-logischer Techniken auf die Analyse von Texten antiker und mittelalterlicher Logik begründet lagen.

In der *Philosophie* bildet die metatheoretische (↑Metatheorie) Ausrichtung ein einigendes Band der ansonsten pluralistischen Lemberg-W. S.. Neben der breiten Anwendung formaler Logik auf die logische Analyse (›Rekonstruktivismus‹; ↑Analyse, logische) ist ein im Vergleich zu den Vertretern des Wiener Kreises gemäßigtes Verhältnis zur ↑Metaphysik feststellbar. Beispiele philosophischer Ansätze sind Leśniewskis nominalistische (↑Nominalismus) Grundlegung der Mathematik über das Zusammenwirken dreier ↑Kalküle, der ↑Protothetik (einem verallgemeinerten Aussagenkalkül; ↑Junktorenlogik), der Ontologie (einem Namenkalkül) und der ↑Mereologie (einer Theorie der Aggregate bzw. der Teil-Ganzes-Relation; ↑Teil und Ganzes), Ajdukiewiczs semantische Fundierung der Erkenntnistheorie, Kotarbińskis ontologische Theorie des ↑Reismus, nach der nur Dingen, nicht aber Eigenschaften, Relationen und Ereignissen Existenz zukommt, und die von Kotarbiński vorgelegte, als ↑›Praxeologie‹ bezeichnete Theorie zweckrationalen Handelns (↑Zweckrationalität).

Der Lemberg-W. S. gehörten auch der Philosophiehistoriker W. Tartakiewicz (1886–1980), der Linguist J. Kuryłowicz (1895–1978) und der Psychologe W. Witwicki (1878–1948) an. Nach Schätzungen zählte die Schule vor ihrer Zerschlagung im 2. Weltkrieg etwa 100 Philosophen (D. Pearce/J. Woleński 1988).

Literatur: K. Ajdukiewicz, Der logistische Antiirrationalismus in Polen, Erkenntnis 5 (1935), 151–161, Neudr. in: D. Pearce/J. Woleński (eds.), Logischer Rationalismus [s. u.], 30–37; J. M. Bocheński, The Cracow Circle, in: K. Szaniawski (ed.), The Vienna Circle and the Lvov-Warsaw School [s. u.], 9–18; A. Brożek u. a. (eds.), Tradition of the Lvov-Warsaw School. Ideas and Continuations, Leiden 2016 (Poznań Stud. Philos. Sci. and Humanities 106); K. Ciesielski/Z. Pogoda, Conversation with Andrzej Turowicz, Math. Intelligencer 10 (1988), 13–20; F. Coniglione/R. Poli/J. Woleński (eds.), Polish Scientific Philosophy. The Lvov-Warsaw School, Amsterdam/Atlanta Ga. 1993 (Poznań Stud. Philos. Sci. and Humanities XXVIII); I. Dąmbska, François Brentano et la pensée philosophique en Pologne: Casimir Twardowski et son école, Grazer philos. Stud. 5 (1978), 117–129; N. Franzke/W. Rautenberg, Zur Geschichte der Logik in Polen, in: H. Wessel (ed.), Quantoren, Modalitäten, Paradoxien. Beiträge zur Logik, Berlin (Ost) 1979, 33–94; J. J. Jadacki, From the Viewpoint of the Lvov-Warsaw School, Amsterdam/New York 2003 (Poznań Stud. Philos. Sci. and Humanities LXXVIII); ders./J. Paśniczek (eds.), The Lvov-Warsaw School – The New Generation, Amsterdam/New York 2006 (Poznań Stud. Philos. Sci. and Humanities LXXXIX); Z. Jordan, The Development of Mathematical Logic and of Logical Positivism in Poland between the Two Wars, Oxford 1945; K. Kijania-Placek/J. Woleński (eds.), The Lvov-Warsaw School and Contemporary Philosophy II, Axiomathes 7 (1996), 293–415; dies., The Lvov-Warsaw School and Contemporary Philosophy, Dordrecht 1998; T. Kotarbiński, Grundlinien und Tendenzen der Philosophie in Polen, Slawische Rdsch. 4 (1933), 218–229, Neudr. in: D. Pearce/J. Woleński (eds.), Logischer Rationalismus [s. u.], 21–29; S. Lapointe u. a. (eds.), The Golden Age of Polish Philosophy. Kazimierz Twardowski's Philosophical Legacy, Dordrecht etc. 2009; S. McCall (ed.), Polish Logic 1920–1939, Oxford 1967; D. Pearce/J. Woleński (eds.), Logischer Rationalismus. Philosophische Schriften der Lemberg-Warschauer Schule, Frankfurt 1988; dies., Einleitung, in: D. Pearce/J. Woleński (eds.), Logischer Rationalismus [s. o.], 9–19; J. Pelc (ed.), Semiotyka polska 1894–1969, Warschau 1971 (engl. Semiotics in Poland 1894–1969, Warschau, Dordrecht/Boston Mass. 1979); P. Simons, Philosophy and Logic in Central Europe from Bolzano to Tarski. Selected Essays, Dordrecht/Boston Mass./London 1992, 2011; V. Sinisi/J. Woleński (eds.), The Heritage of Kazimierz Ajdukiewicz, Amsterdam/Atlanta Ga. 1995 (Poznań Stud. Philos. Sci. and Humanities XL); H. Skolimowski, Polish Analytical Philosophy. A Survey and a Comparison with British Analytical Philosophy, London, New York 1967; B. Smith, Austrian Origins of Logical Positivism, in: K. Szaniawski (ed.), The Vienna Circle and the Lvov-Warsaw School [s. u.], 19–53; K. Szaniawski (ed.), The Vienna Circle and the Lvov-Warsaw School, Dordrecht/Boston Mass./London 1989; J. Woleński, Filozoficzna szkoła lwowsko-warszawska, Warschau 1985 (engl. [rev.] Logic and Philosophy in the Lvov-Warsaw School, Dordrecht/Boston Mass./London 1989; franz. [rev.] L'École de Lvov-Varsovie. Philosophie et logique en Pologne (1895–1939), Paris 2011); ders., Mathematical Logic in Poland 1900–1939. People, Circles, Institutions, Ideas, Modern Logic 5 (1995), 363–405; ders., Lvov-Warsaw School, SEP 2003, rev. 2015. – Sonderheft: Przegląd Filozoficzny 44 (1948), H. 1–3 (Pięćdziesiąt lat Filozofii w Polsce 1898–1948). C. T./V. P.

Washeit, ↑Quidditität.

Weber, Alfred, *Erfurt 30. Juli 1868, †Heidelberg 2. Mai 1958, dt. Nationalökonom und Soziologe, jüngerer Bruder von Max Weber. 1888–1897 Studium der Rechts- und Staatswissenschaften in Bonn, Tübingen und Berlin (bei G. Schmoller), 1897 Promotion, 1899 Habilitation für das Fach Nationalökonomie an der Berliner Universität, bis 1904 Privatdozent ebendort. 1904–1907 o. Prof. an der dt. Universität in Prag, von 1908 bis zu seiner vorzeitigen Emeritierung 1933 o. Prof. in Heidelberg, nach 1945 bis zu seinem Tode wieder an der Universität

Heidelberg wirksam, dabei stark in der universitären Selbstverwaltung und auch bundespolitisch (in sozialliberaler Orientierung) aktiv.

W.s frühe Arbeiten sind wirtschaftstheoretischer Art. Das auf zwei Bände angelegte Werk »Ueber den Standort der Industrien«, von dem nur der erste Teil, die »Reine Theorie des Standortes« (1909), erschienen ist, gibt im Rahmen der zu Beginn des 20. Jhs. noch sehr jungen Disziplin der Standortlehre zum ersten Mal ein Modell für die Industrieentwicklung. Vor dem Hintergrund der Kulturkrise, die in den 1920er Jahren ihren Höhepunkt erreicht, erweitert W. sein Arbeitsgebiet von der Nationalökonomie in Richtung auf eine als ↑Kulturwissenschaft verstandene ↑Soziologie, zu deren Ausprägung in ihrer frühen deutschen Form er wesentlich beiträgt. In Bezug auf die Kulturkrise gilt W. als ›Modernist‹, d. h., er gehört zu denjenigen Gelehrten, die die idealistische Orientierung der Wissenschaft durch Anpassung an die neuen gesellschaftlichen und politischen Bedingungen zu retten versuchten. In seinem Hauptwerk (Kulturgeschichte als Kultursoziologie, 1935) konzipiert W. die Soziologie in Abgrenzung einerseits von der formalen Soziologie und empirischen Sozialforschung (↑Sozialforschung, empirische), andererseits vom ↑Idealismus rationalistischer Prägung als eine lebensphilosophisch (↑Lebensphilosophie) fundierte Beschreibung der menschlichen Welt mit universalhistorischem (↑Universalgeschichte) Anspruch. Seine Analyse der menschlichen Welt, des ›Daseins‹ (↑Lebenswelt), unterscheidet die Sphäre der ↑Gesellschaft als den Bereich des von Trieb- und Willenskräften (↑Trieb, ↑Wille) bestimmten Überlebenskampfes, die Sphäre der ↑Zivilisation als den Bereich des Zweckrationalen (↑Zweckrationalität) und die Sphäre der ↑Kultur als den Bereich des ›Seelisch-Geistigen‹, der Werte (↑Wert (moralisch)). Daß diese Bereiche ihrer jeweils eigenen Dynamik folgen, wodurch stets neue Konstellationen der daseinsbestimmenden Faktoren entstehen, macht nach W. das Wesen der Geschichte (↑Geschichtsphilosophie) aus (vgl. R. Eckert 1970).

Die strikte Unterscheidung zwischen Kultur und Zivilisation und der idealistisch akzentuierte Begriff der Kultur, der Kultur zugleich romantisch (↑Romantik) als das Spontane, Individuelle, Nicht-Normierbare expliziert, stellen W.s Kultursoziologie, die wegen ihres universalhistorischen Anspruchs häufig auch als Geschichtssoziologie bezeichnet wird, in die Tradition des Kulturklassizismus und unterscheiden sie z. B. von S. Freuds Kulturtheorie oder dem geschichtsphilosophischen Modell des ↑Marxismus.

Werke: Gesamtausgabe, I–X, ed. R. Bräu u. a., Marburg 1997–2003. – Ueber den Standort der Industrien I (Reine Theorie des Standorts), Tübingen 1909 (repr. 1922), ferner in: Gesamtausg. [s. o.] VI, 29–265 (russ. Teorija razmescenija promyslennosti, Leningrad/Moskau 1926; engl. Theory of the Location of Industries, Chicago Ill. 1929, New York 1971); Religion und Kultur, Jena 1912, ferner in: Gesamtausg. [s. o.] VIII, 315–338; Die Not der geistigen Arbeiter, München/Leipzig 1923, ferner in: Gesamtausg. [s. o.] VIII, 601–639; Deutschland und die europäische Kulturkrise, Berlin 1924, ferner in: Gesamtausg. [s. o.] VII, 469–498; Die Krise des modernen Staatsgedankens in Europa, Stuttgart/Berlin/Leipzig 1925, ferner in: Gesamtausg. [s. o.] VII, 233–346; Ideen zur Staats- und Kultursoziologie, Karlsruhe 1927, Berlin 1932; Das Ende der Demokratie? Ein Vortrag, Berlin 1931; Kulturgeschichte als Kultursoziologie, Leiden 1935, München ²1950, 1963, ferner als: Gesamtausg. [s. o.] I; Das Tragische und die Geschichte, Hamburg 1943, ferner als: Gesamtausg. [s. o.] II; Abschied von der bisherigen Geschichte. Überwindung des Nihilismus?, Bern, Hamburg 1946, ferner als: Gesamtausg. [s. o.] III (engl. Farewell to European History. Or the Conquest of Nihilism, London 1947, London/New York 1998); (mit A. Mitscherlich) Freier Sozialismus, Heidelberg 1946, ferner in: Gesamtausg. [s. o.] IX, 17–70; Entwurf für eine Stellungnahme zum deutschen Friedensvertrag, Heidelberg 1947, ferner in: Gesamtausg. [s. o.] IX, 125–134; Sozialisierung zugleich als Friedenssicherung, Heidelberg 1947, ferner in: Gesamtausg. [s. o.] IX, 436–448; (mit E. Nölting) Sozialistische Wirtschaftsordnung. Beiträge zur Diskussion, Hamburg 1948; Prinzipien der Geschichts- und Kultursoziologie, München 1951, ferner als: Gesamtausg. [s. o.] VIII; Der dritte und der vierte Mensch. Vom Sinn des geschichtlichen Daseins, München 1953, 1963, ferner in: Gesamtausg. [s. o.] III, 253–477; Staat und gewerkschaftliche Aktion, Köln 1954, 1955, ferner in: Gesamtausg. [s. o.] IX, 564–577; (mit H. v. Borch u. a.) Einführung in die Soziologie, München 1955, ferner als: Gesamtausg. [s. o.] IV; Haben wir Deutschen nach 1945 versagt? Politische Schriften. Ein Lesebuch, ed. C. Dericum, München 1979, Frankfurt 1982, ferner in: Gesamtausg. [s. o.] IX, 91–102. – A.-W.-Institut für Sozial- und Staatswissenschaften an der Universität Heidelberg (ed.), A. W.. Schriften und Aufsätze 1897–1955. Bibliographie, zusammengestellt von J. Kepeszczuk, München 1956.

Literatur: E. Demm (ed.), A. W. als Politiker und Gelehrter. Die Referate des ersten A.-W.-Kongresses in Heidelberg (28.–29. Oktober 1984), Stuttgart 1986 (mit Bibliographie, 205–218); ders., Ein Liberaler in Kaiserreich und Republik. Der politische Weg A. W.s bis 1920, Boppard 1990; ders., Von der Weimarer Republik zur Bundesrepublik. Der politische Weg A. W.s 1920–1958, Düsseldorf 1999; R. Eckert, Kultur, Zivilisation und Gesellschaft. Die Geschichtstheorie A. W.s. Eine Studie zur Geschichte der deutschen Soziologie, Basel, Tübingen 1970; P. Gerlinghoff (ed.), A. W. und T. G. Masaryk. Materialien zu einer deutsch-tschechischen Kontroverse über die Gestaltung Mitteleuropas im Zeitalter der Weltkriege, Berlin 1996; V. Kruse, Soziologie und ›Gegenwartskrise‹. Die Zeitdiagnosen Franz Oppenheimers und A. W.s. Ein Beitrag zur historischen Soziologie der Weimarer Republik, Wiesbaden 1990; ders., Die Kultursoziologie A. W.s, Kultursoz. 23 (2014), 22–31; E. Lederer (ed.), Soziologische Studien zur Politik, Wirtschaft und Kultur der Gegenwart. A. W. gewidmet, Potsdam 1939 (repr. Frankfurt 1989); L. M. Luoma, Die drei Sphären der Geschichte. Systematische Darstellung und Versuch einer kritischen Analyse der kultursoziologischen inneren Strukturlehre der Geschichte von A. W., Helsinki 1959; H. G. Nutzinger (ed.), Zwischen Nationalökonomie und Universalgeschichte. A. W.s Entwurf einer umfassenden Sozialwissenschaft in heutiger Sicht, Marburg 1995; E. Salin (ed.), Synopsis. Festgabe für A. W., Heidelberg 1948; S. Wald, Geschichte und Gegenwart im Denken A. W.s. Ein Versuch über seine soziologischen und universalhistorischen Gesichtspunkte, Zürich 1964. B. U.

Weber, Karl (Carl) Julius, *Langenburg (Landkreis Schwäbisch-Hall) 16. April 1767, †Kupferzell (Hohenlohekreis) 20. Juli 1832, dt. Privatgelehrter und philosophischer Schriftsteller. Nach juristischem Studium in Erlangen (1785–1788) und Göttingen (1789), unter anderem bei dem Historiker A. L. Schlözer, ab 1790 Hauslehrer in Bougy am Genfer See (Waadtland). 1792–1799 Privatsekretär des Reichsgrafen Christian v. Erbach-Schönberg in Mergentheim (Teilnahme am Rastatter Kongreß 1797–1799). Nach dem Tode des Grafen Regierungsrat im Odenwald, ab 1802 Büdingenscher Hofrat und Reisebegleiter des Erbgrafen von Isenburg-Büdingen, ab 1804 Aufenthalt bei der Familie seines Schwagers in Jagsthausen, Weikersheim (ab 1809), Künzelsau und Kupferzell (ab 1830), Beginn der Arbeiten am »Democritos«, die sich bis zu seinem Tode hinziehen (der erste Band erscheint 1832). 1820–1824 Abgeordneter in der württembergischen Ständekammer.

W. ist ein Meister der literarischen Form in der Philosophie. Seine Werke, darunter auch historische Arbeiten über die ›Möncherey‹ (1819/1820), das Ritterwesen (1822–1824) und das Papsttum (1834), meist in essayistischer, unsystematischer, aber literarisch anspruchsvoller Form geschrieben, zeugen von ungewöhnlicher Gelehrsamkeit, scharfem Verstand und einer seltenen Einheit von Witz, Humor, Ironie und der ↑Aufklärung – vor allem in deren französischer Variante – verbundener philosophischer ↑Kritik. Dabei wendet sich W. im Namen der Aufklärung und des gesunden Menschenverstandes (↑common sense) nicht nur gegen den zeitgenössischen ↑Empirismus und Materialismus (↑Materialismus (historisch)), sondern auch gegen den ↑Idealismus und damit auch gegen I. Kants ↑Transzendentalphilosophie (vgl. B. Gräfrath 1993, 89), vor allem aber gegen die ›Kantlinge‹.

Das monumentale, zwölfbändige Werk »Democritos oder hinterlassene Papiere eines lachenden Philosophen« (1832–1839) bildet in der Verbindung von gelehrtem Scharfsinn und philosophischer Heiterkeit (»Gelehrsamkeit [...] ist eine Nuß, die einen Zahn kosten kann, und mit einem Wurme lohnet«, Democritos X, Stuttgart 1840 [= Sämmtl. Werke XXV], 368) gewissermaßen als ›Lehrbuch‹ der ↑Weltweisheit eine eigene philosophische Gattung. W.s Deutschlandbriefe (Deutschland oder Briefe eines in Deutschland reisenden Deutschen, I–IV, 1826–1828) ist das nach F. Nicolais »Beschreibung einer Reise durch Deutschland und die Schweiz im Jahre 1781 [...]« (I–XII, Berlin/Stettin 1783–1796) geistreichste und kulturhistorisch bedeutendste Reisebuch. Bei einem Besuch in Konstanz erinnert sich W. an das Schicksal von Johannes Hus und den »Fluch vom Concilium«, mit dem die Konstanzer ihre »moralische Freiheit« verloren hätten. Er flieht über die Rheinbrücke nach Petershausen, und erst »unten in Staad an der Spitze der Erdzunge, die den untern See in zwei Arme theilet, fühlte ich mich freier und leichter um die Brust, wo man Constanz nicht mehr siehet« (Deutschland [...] I, ^{2}1834 [= Sämmtl. Werke IV], 443, 446).

Werke: Sämmtliche Werke, I–XXX, Stuttgart 1834–1844, ^{2}1845–1852. – Die Möncherey oder geschichtliche Darstellung der Klosterwelt, I–III (in vier Bdn.), Stuttgart 1819–1820, I–IV, ^{2}1834, 1836 (= Sämmtl. Werke VIII–XI); Das Ritter-Wesen und die Templer, Johanniter und Marianer oder Deutsch-Ordens-Ritter insbesondere, I–III, Stuttgart 1822–1824, ^{2}1836 (= Sämmtl. Werke XII–XIV) (repr. Leipzig 2008–2010), unter dem Titel: Das Ritterwesen [...], 1849 (= Sämmtl. Werke XXIV–XXVI); Deutschland oder Briefe eines in Deutschland reisenden Deutschen, I–IV, Stuttgart 1826–1828, I–VI, ^{2}1834 (= Sämmtl. Werke IV–VII), ^{3}1843–1844, 1849 (= Sämmtl. Werke XIII–XVI), 1855; Democritos oder hinterlassene Papiere eines lachenden Philosophen, I–XII, Stuttgart 1832–1839, ^{2}1837–1840, 1838–1841 (= Sämmtl. Werke XVI–XXVII), 1848–1849 (= Sämmtl. Werke I–XII), unter dem Titel: Demokritos [...], in vier Bdn., ^{8}1888, I–XII, ed. K. M. Schiller, Leipzig 1927; Das Papstthum und die Päpste, I–III, Stuttgart 1834 (= Sämmtl. Werke I–III), ^{2}1845, 1849 (= Sämmtl. Werke XVII–XIX).

Literatur: M. Blümcke (ed.), K. J. W., der Demokrit aus Hohenlohe (1767–1832). Mit der Diskussion über den Büchernachdruck in der Zweiten Württembergischen Kammer im Jahre 1821, Marbach am Neckar 1996 (Marbacher Magazin 70, Sonderh.); ders./F. Schmoll (eds.), K. J. W.. Verneigung vor einem aufgeklärten Kopf. Leben, Wirken, Wirksamkeit, Tübingen 2017; B. Gräfrath, Ketzer, Dilettanten und Genies. Grenzgänger der Philosophie, Hamburg, Darmstadt 1993, 67–91; C. Gräter, Gegensätze ziehen sich an. K. J. W. und Agnes Günther in Langenburg, in: ders./H. D. Schmidt (eds.), »... muß in Dichters Lande gehen ...«. Dichterstätten in Franken, München/Bad Windsheim 1989, 142–158; B. Jahn, W., in: ders., Biographische Enzyklopädie deutschsprachiger Philosophen, München 2001, 443; F. W. Kantzenbach, K. J. W. als Satiriker. Die Grundzüge seiner Weltauffassung, Z. bayer. Landesgesch. 62 (1999), 825–844; E. Ludwig, Die ästhetischen Anschauungen in W.s »Demokrit«. Ein Beitrag zur Geschichte der Theorie des Lächerlichen, Gießen 1927 (repr. Amsterdam 1968); U. Rickleffs, W., in: W. Killy (ed.), Literatur Lexikon. Autoren und Werke deutscher Sprache XII, Gütersloh/München 1992, 165–166, ferner in: W. Killy (ed.), Deutsche Autoren. Vom Mittelalter bis zur Gegenwart V, Gütersloh/München 1994, 281–282. J. M.

Weber, Karl Emil Maximilian (Max), *Erfurt 21. April 1864, †München 14. Juni 1920, dt. Sozial- und Kulturwissenschaftler. Intensive Lektüre antiker und historischer Werke in der Jugendzeit, 1882–1886 – unterbrochen von einem Jahr Wehrdienst (1883–1884) – Studium der Jurisprudenz und einiger Nebenfächer, insbes. Nationalökonomie und Geschichte, in Heidelberg, Berlin und Göttingen; 1888 Beitritt zum Verein für Socialpolitik; 1889 Promotion, 1891/1892 Habilitation in Berlin, nebenher Anwaltstätigkeit, 1893 a.o. Prof. für Handels- und deutsches Recht in Berlin, 1894 Prof. für Nationalökonomie in Freiburg i. Br., 1896 in Heidelberg. Ab 1897 wiederholte Zusammenbrüche auf Grund nervlicher Erschöpfung, die zur Beurlaubung (1900) und schließlich zum Rücktritt von der Professur führen (1903). Nach Wiederherstellung der Arbeitsfähigkeit ist W. als Privatgelehrter tätig, unter anderem ab 1904 als Mitredaktor des »Archivs für Sozialwissenschaft und Sozialpolitik«, das sich in der Folge zur führenden deutschen sozialwissenschaftlichen Zeitschrift entwickelt und in dem viele Aufsätze W.s erstmals erscheinen. Seit 1908 ist W. schriftführender Herausgeber des »Grundrisses der Sozialökonomik«, dessen von W. ausgearbeiteter Teil postum unter dem Titel »Wirtschaft und Gesellschaft« (1922) erscheint und als W.s soziologisches Hauptwerk gilt. 1909 Mitbegründer der Deutschen Gesellschaft für Soziologie, aus der W. wegen anhaltender Meinungsverschiedenheiten in der Frage der Werturteilsfreiheit 1912 wieder austritt. 1918 probeweise Übernahme des Lehrstuhls für Nationalökonomie in Wien, 1919 Professur für Nationalökonomie in München.

W.s frühe Arbeiten liegen auf dem Gebiet der Rechts-, Sozial- und Wirtschaftsgeschichte der Antike und des Mittelalters; zugleich beschäftigt er sich im Auftrag des Vereins für Sozialpolitik und des Evangelisch-sozialen Kongresses mit empirischen Erhebungen zu den Lebensverhältnissen der ostelbischen Landarbeiter, später auch der Industriearbeiterschaft, wobei nationalpolitische Interessen auf der Basis einer höchst komplexen Wahrnehmung der Sachzusammenhänge formuliert werden und hinter dem Bedürfnis nach deren wissenschaftlicher Erforschung zunehmend zurücktreten. Die in diesen Kontexten geleistete Arbeit legt den Grundstein für W.s umfassende, inhaltlich wie methodisch die sich damals etablierenden oder verstärkenden Fächergrenzen überschreitenden Kenntnisse und Fähigkeiten. W. stützt sich in seinen historischen Arbeiten auf Hunderte von Quellen, wertet im Kontext der Landarbeiterenqueten, die er mit detaillierten methodischen Überlegungen begleitet, zahllose Fragebögen aus und verarbeitet in seinen Studien zu den Arbeitsbedingungen und Arbeitsleistungen der Industriearbeiterschaft die physiologische, experimentalpsychologische und psychopathologische Literatur seiner Zeit.

Thematisch verbindet die frühen Arbeiten das Interesse am Phänomen des ↑Kapitalismus, und zwar sowohl des antiken Agrarkapitalismus als auch des modernen Kapitalismus, seiner Anlage in der mittelalterlichen Stadtentwicklung und seiner industriellen Gegenwartsform in ihrer lebensbestimmenden Macht. Im Bemühen um die Spezifizierung des Begriffs des modernen Kapitalismus liegt eine Wurzel des idealtypischen Vorgehens (↑Idealtypus), das W. im Bedürfnis nach komparativer begrifflicher Ordnung der historischen Stofffülle praktiziert, bevor er es in seinen methodologischen Schriften explizit benennt und begründet. Methodisch ist außerdem das vollständige Fehlen einer Tendenz zu monokausalen Erklärungen entscheidend. Seinen Höhepunkt – wirkungsgeschichtlich betrachtet – findet dieses Herangehen in W.s Protestantismusstudie (Die protestantische Ethik und der Geist des Kapitalismus, 1904/1905). Die hier besonders am Calvinismus und anderen protestantischen Sekten durchgeführte Untersuchung der Prägung von Wirtschaftsstilen durch das religiöse Ethos der tragenden Schichten dehnt W. später auf die nichtchristlichen Weltreligionen aus, wobei die Erforschung der Entstehungsbedingungen des spezifisch okzidentalen, in der Wirtschaft wie in Recht, Technik und Wissenschaft sich zeigenden ↑Rationalismus das leitende Interesse bleibt. Dies gilt im wesentlichen auch für die den Stoff stärker generalisierenden herrschafts-, rechts- und religionssoziologischen Analysen, die in »Wirtschaft und Gesellschaft« (1922) eingegangen sind.

Von großer Bedeutung für die Entwicklung der dieses Werk einleitenden allgemeinsoziologischen und wirtschaftssoziologischen Kategorienlehre ist W.s unter anderem durch Kontakt mit H. Rickert angeregte Beschäftigung mit logischen und methodologischen Fragen der kulturwissenschaftlichen Begriffs- und Theoriebildung, die ihren literarischen Niederschlag ab 1903 in zumeist umfangreichen Rezensionen und in drei wichtigen Aufsätzen findet: im Objektivitätsaufsatz (Die ›Objektivität‹ sozialwissenschaftlicher und sozialpolitischer Erkenntnis, 1904), den W. als programmatischen Text anläßlich der erwähnten Übernahme der Redaktion des »Archivs« verfaßt und der seine Theorie des Idealtypus enthält, im Kategorienaufsatz (Über einige Kategorien der verstehenden Soziologie, 1913), der ersten Ausformulierung seiner soziologischen Kategorienlehre, und im Wertfreiheitsaufsatz (Der Sinn der ›Wertfreiheit‹ der soziologischen und ökonomischen Wissenschaften, 1918), dem Niederschlag von W.s in wiederholten Auseinandersetzungen mit Fachkollegen gefestigter Überzeugung von der erkenntnishemmenden Wirkung versteckter partikularer ↑Werturteile in der sozialwissenschaftlichen Analyse (↑Werturteilsstreit). In den Rezensionen, die heute wegen ihres intensiven Bezugs auf die damalige fachwissenschaftliche Literatur mehrerer Disziplinen schwer zu rezipieren sind, entwickelt W. aus der Kritik der vorliegenden methodischen Positionen heraus die Vorstellung einer zugleich handlungssinnverstehenden und kausalwissenschaftlichen Vorgehensweise. Diese ist in ihrem hermeneutischen (↑Hermeneutik) Teil durch konsequente Unterscheidung von subjektivem (das Handeln faktisch bestimmendem) und objektivem (vom Forscher wertphilosophisch, juristisch oder anderweitig dogmatisiertem, d. h. ↑kontrafaktisch vereindeutigtem und in seinen Geltungsgrundlagen [↑Geltung] festgeschriebenem) Sinn, in ihrem kausalwissenschaftlichen (↑Kausalität) Teil durch die für die historischen Wissenschaften unvermeidliche Unterscheidung von kausaler und gesetzesartiger Verknüpfung gekennzeichnet. Obwohl W. damit keine systematisch ausgearbeitete Wissenschaftstheorie der ↑Kulturwissenschaften vorlegt, hält das Problembewußtsein seiner Analysen bis heute dem Vergleich mit allem seither Geleisteten stand. Im Laufe der Rezeption, die im Kontext des ↑Positivismusstreits zu teilweise heftigen Auseinandersetzungen um Werk und Person W.s geführt hat, ist W.s wissenschaftliche Bedeutung auch von Gegnern umstrittener Aspekte seines Wirkens nie angezweifelt worden. Mittlerweile gilt W. entsprechend seinem auch international maßgeblichen Einfluß auf Themen und wissenschaftliches Selbstverständnis der Sozial- und Kulturwissenschaften als deren wichtigster gemeinsamer Klassiker.

Werke: Gesamtausgabe (MWG), Tübingen 1984ff. (repr. 1988ff.) (erschienen Abt. 1: I–VIII, X–XI, XIV–XXV; Abt. 2: I–III, V–X; Abt. 3: I, IV–VII). – Die ›Objektivität‹ sozialwissenschaftlicher und sozialpolitischer Erkenntnis, Arch. Sozialwiss. Sozialpolitik 19 (1904), 22–87, ferner in: Gesammelte Aufsätze zur Wissenschaftslehre [s. u.], 146–214 (engl. Objectivity in Social Science and Social Policy, in: The Methodology of the Social Sciences, ed. E. A. Shils/H. A. Finch, New York 1949, 1978, 50–112; franz. L'objectivité de la connaissance dans les sciences et la politique sociales, in: Essais sur la théorie de la science [s. u.], 117–213); Die protestantische Ethik und der Geist des Kapitalismus, Arch. Sozialwiss. Sozialpolitik 20 (1904), 1–54, 21 (1905), 1–110, ferner als: MWG Abt. 1/XVIII (engl. The Protestant Ethic and the Spirit of Capitalism, London 1930, ^{2}1976, Oxford etc. 2011; franz. L'ethique protestante et l'esprit du capitalisme, Paris 1964, 2009); Über einige Kategorien der verstehenden Soziologie, Logos 4 (1913), 253–294, ferner in: Gesammelte Aufsätze zur Wissenschaftslehre [s. u.], 427–474 (franz. Essai sur quelques catégories de la sociologie compréhensive, in: Essais sur la théorie de la science [s. u.], 325–398); Der Sinn der ›Wertfreiheit‹ der soziologischen und ökonomischen Wissenschaften, Logos 7 (1918), 40–88, ferner in: Gesammelte Aufsätze zur Wissenschaftslehre [s. u.], 489–540 (engl. The Meaning of ›Ethical Neutrality‹ in Sociology and Economics, in: The Methodology of the Social Sciences [s. o.], 1–47; franz. Essai sur le sens de la ›neutralité axiologique‹ dans les sciences sociologiques et économiques, in: Essais sur la théorie de la science [s. u.], 399–477); Gesammelte Aufsätze zur Religionssoziologie, I–III, Tübingen 1920–1921 (repr. 1923, 1988), Hamburg 2015; Gesammelte Politische Schriften, München 1921, Tübingen ^{4}1980 (repr. 1988); Wirtschaft und Gesellschaft, I–II, Tübingen 1921/1922 (Grundriß der Sozialökonomik III/1–2), Neudr. unter dem Titel: Wirtschaft und Gesellschaft. Grundriß der verstehenden Soziologie, Tübingen 1922, ed. J. Winckelmann, Tübingen ^{4}1956, ^{5}1972, ferner als: MWG Abt. 1/XXII–XXV, Neudr. Frankfurt 2010 (engl. Economy and Society. An Outline of Interpretive Sociology, New York 1968, in 2 Bdn. Berkeley Calif./Los Angeles/London 2013; franz. Economie et société I, Paris 1971, I–II, 1995, 2009/2010); Gesammelte Aufsätze zur Wissenschaftslehre, Tübingen 1922, ^{6}1985 (repr. 1988) (franz. Essais sur la théorie de la science, Paris 1965, 1992); Gesammelte Aufsätze zur Sozial- und Wirtschaftsgeschichte, Tübingen 1924 (repr. 1988); Gesammelte Aufsätze zur Soziologie und Sozialpolitik, Tübingen 1924 (repr. 1988). – C. Seyfarth/G. Schmidt, M. W. Bibliographie. Eine Dokumentation der Sekundärliteratur, Stuttgart 1977, ^{2}1982; A. Sica, M. W.. A Comprehensive Bibliography, New Brunswick N. J./London 2004.

Literatur: C. Adair-Toteff, Fundamental Concepts in M. W.'s Sociology of Religion, New York 2015; ders., M. W.'s Sociology of Religion, Tübingen 2016; G. Albert u. a. (eds.), Das W.-Paradigma. Studien zur Weiterentwicklung von M. W.s Forschungsprogramm, Tübingen 2003, 2005; J. C. Alexander, Theoretical Logic in Sociology III (The Classical Attempt at Theoretical Synthesis. M. W.), Berkeley Calif./Los Angeles 1983, 1985; A. Anter, M. W.s Theorie des modernen Staates. Herkunft, Struktur und Bedeutung, Berlin 1995, ^{3}2014 (engl. M. W.'s Theory of the Modern State. Origins, Structure and Significance, Basingstoke/Hampshire/New York 2014); ders./S. Brauer (ed.), M. W.s Staatssoziologie. Positionen und Perspektiven, Baden-Baden 2007, ^{2}2016; K.-L. Ay/K. Borchardt (eds.), Das Faszinosum M. W.. Die Geschichte seiner Geltung, Konstanz 2006; J. Barbalet, W., Passion and Profits. »The Protestant Ethic and the Spirit of Capitalism« in Context, Cambridge etc. 2008, 2010; E. Baumgarten (ed.), M. W.. Werk und Person. Dokumente, mit Zeittafel, Tübingen 1964; M. Bayer/G. Mordt, Einführung in das Werk M. W.s, Wiesbaden 2008; L. Beeghley, W., IESS IX (^{2}2008), 54–58; R. Bendix, M. W.. An Intellectual Portrait, Garden City N. Y., London 1960, London/New York 1998 (dt. M. W. – Das Werk. Darstellung, Analyse, Ergebnisse, München 1964); A. Bienfait (ed.), Religionen verstehen. Zur Aktualität von M. W.s Religionssoziologie, Wiesbaden 2011; J. Bohmann, W., in: R. Audi (ed.), The Cambridge Dictionary of Philosophy, Cambridge etc. ^{2}1999, 968–969; C. Brennan, M. W. on Power and Social Stratification. An Interpretation and Critique, Aldershot etc. 1997; S. Breuer, Bürokratie und Charisma. Zur politischen Soziologie M. W.s, Darmstadt 1994; ders., M. W.s tragische Soziologie. Aspekte und Perspektiven, Tübingen 2006; ders., ›Herrschaft‹ in der Soziologie M. W.s, Wiesbaden 2011; H. Bruhns, M. W. und der Erste Weltkrieg, Tübingen 2017; ders./W. Nippel (eds.), M. W. und die Stadt im Kulturvergleich, Göttingen 2000; T. Burger, M. W.'s Theory of Concept Formation. History, Laws, and Ideal Types, Durham N. C. 1976, erw. ^{2}1987; C. Camic/P. S. Gorski/D. M. Trubek (eds.), M. W.'s »Economy and Society«. A Critical Companion, Stanford Calif. 2005; E. Chowers, Disciplining the Personality. Self and Social Critique in M. W.'s Work, Hist. Polit. Thought 15 (1994), 447–460; J. A. Ciaffa, M. W. and the Problems of Value-Free Social Science. A Critical Examination of the Werturteilsstreit, Lewisburg N. J./London 1998; C. Colliot-Thélène, W., M., DP II (^{2}1993), 2915–2918; D. L. D'Avray, Medieval Religious Rationalities. A W.ian Analysis, Cambridge etc. 2010; J. Derman, M. W. in Politics and Social Thought, Cambridge etc. 2012; J. P. Diggins, M. W.. Politics and the Spirit of Tragedy, New York 1996; M. Eberl, Legitimität der Moderne. Kulturkritik und Herrschaftskonzeption bei M. W. und bei Carl Schmitt, Marburg 1994; S. Egger, Herrschaft, Staat und Massendemokratie. M. W.s politische Moderne im Kontext des Werks, Konstanz 2006; S. Eliaeson, M. W.'s Methodologies. Interpretation and Critique, Cambridge etc. 2002; T. C. Ertman (ed.), M. W.'s Economic Ethic of the World Religions. An Analysis, Cambridge etc. 2017; G. Fitzi, M. W.s politisches Denken, Konstanz 2004; ders., M. W., Frankfurt/New York 2008; C. Fleck (ed.), M. W.s Protestantismus-These. Kritik und Antikritik, Innsbruck/Wien/Bozen 2012; J. Freund, Sociologie de M. W., Paris 1966, ^{2}1968 (engl. The Sociology of M. W., London 1968, London/New York 1998); N. Gane, M. W. and Postmodern Theory. Rationalization versus Re-Enchantment, Basingstoke etc. 2002, 2004; W. Gephart, M. W. als Philosoph? Philosophische Grundlagen und Bezüge M. W.s im Spiegel neuer Studien und Materialien, Philos. Rdsch. 40 (1993), 34–56; ders., Handeln und Kultur. Vielfalt und Einheit der Kulturwissenschaften im Werk M. W.s, Frankfurt 1998; A. Germer, Wissenschaft und Leben. M. W.s Antwort auf eine Frage Friedrich Nietzsches, Göttingen 1994; P. Ghosh, A Historian Reads M. W.. Essays on the Protestant Ethic, Wiesbaden 2008; ders., M. W. and the Protestant Ethic. Twin Histories, Oxford etc. 2014, 2017; B. Giesing, Religion und Gemeinschaftsbildung. M. W.s kulturvergleichende Theorie, Opladen 2002; C. Gneuss/J. Kocka (eds.), M. W.. Ein Symposion, München 1988, 1989; F. W. Graf, W., RGG VIII (^{4}2005), 1317–1320; F. Guttandin, Einführung in die »Protestantische Ethik« M. W.s, Opladen/Wiesbaden 1998; P. Hamilton (ed.), M. W.. Critical Assessments, I–II (in 8 Teilbdn.), London/New York 1991, 1997; E. Hanke/W. J. Mommsen (eds.), M. W.s Herrschaftssoziologie. Studien zu Entstehung und Wirkung, Tübingen 2001; W. Hellmich, Aufklärende Rationalisierung. Ein Versuch, M. W. neu zu interpretieren, Berlin 2013; W. Hennis, M. W.s Fragestellung. Studien zur Biographie des Werks, Tübingen 1987 (engl. M. W.. Essays in Reconstruction, London etc. 1988; franz. La problématique de M. W., Paris 1996); ders., M. W.s Wissenschaft vom Menschen. Neue Studien zur Biographie des Werks, Tübingen 1996, 2003 (engl. M. W.'s Science of Man. New Studies for a Biography of the Work, Newbury 2000); ders., M. W. und Thukydides. Die ›hellenische Geisteskultur‹ und die Ursprünge von W.s politischer Denkart, Göttingen 2003; ders., M. W. und Thukydides. Nachträge zur Biographie des Werks, Tübingen 2003; S. Hermes, Soziales Handeln und Struktur der Herrschaft. M. W.s verstehende historische Soziologie am Beispiel des Patrimonialismus, Berlin 2003; P. Honigsheim, The Unknown M. W., New Brunswick N. J./London 2000, 2003; A. Horowitz/T. Maley (eds.), The Barbarism of Reason. M. W. and the Twilight of Enlightenment, Toronto/Buffalo N. Y./London 1994; S. Kalberg, M. W.'s Comparative-Historical Sociology, Cambridge etc. 1994 (dt. Einführung in die historisch-vergleichende Soziologie M. W.s, Wiesbaden 2001); ders., M. W. lesen, Bielefeld 2006; ders., M. W.'s Comparative-Historical Sociology Today. Major Themes, Mode of Causal Analysis, and Applications, Farnham etc. 2012; ders., Deutschland und Amerika aus der Sicht M. W.s, Wiesbaden 2013; ders., The Social Thought of M. W., Los Angeles etc. 2017; D. Käsler (ed.), M. W.. Sein Werk und seine Wirkung, München 1972; ders., Einführung in das Studium M. W.s, München 1979 (engl. M. W.. An Introduction to His Life and Work, Chicago Ill., Oxford 1988); ders., M. W.. Eine Einführung in Leben, Werk und Wirkung, Frankfurt/New York 1995, ^{4}2014 (franz. M. W.. Sa vie, son œuvre, son influence, Paris 1996); ders., M. W., München 2011; ders., M. W.. Preuße, Denker, Muttersohn. Eine Biographie, München 2014; J. Kaube, M. W.. Ein Leben zwischen den Epochen, Berlin 2014; S. H. Kim, M. W.'s Politics of Civil Society, Cambridge etc. 2004; ders., W., SEP 2007, rev. 2012; H. G. Kippenberg, W., TRE XXXV (2003), 442–447; ders./M. Riesebrodt (eds.), M. W.s ›Religionssystematik‹, Tübingen 2001; R. König/J. Winckelmann (eds.), M. W. zum Gedächtnis. Materialien und Dokumente zur Bewertung von Werk und Persönlichkeit (Kölner Z. f. Soziologie u. Sozialpsychologie, Sonderh. 7), Köln/Opladen 1963, Opladen ^{2}1985; B. Krolop, Magie, Mystik und Moderne. Religionstheorie nach M. W., Düsseldorf 2003; V. Kruse/U. Barrelmeyer, M. W.. Eine Einführung, Konstanz, Stuttgart 2012; H. Lehmann, M. W.s »Protestantische Ethik«. Beiträge aus der Sicht eines Historikers, Göttingen 1996; ders., Die Entzauberung der Welt. Studien zu Themen von M. W., Göttingen 2009; ders./J. M. Ouédraogo (eds.), M. W.s Religionssoziologie in interkultureller Perspektive, Göttingen 2003; M. R. Lepsius, M. W. und seine Kreise. Essays, Tübingen 2016; M. H. Lessnoff, The Spirit of Capitalism and the Protestant Ethic. An Enquiry into the W. Thesis, Aldershot/Brookfield Vt. 1994; K. Lichtblau (ed.), M. W.s »Grundbegriffe«. Kategorien der kultur- und sozialwissenschaftlichen Forschung, Wiesbaden 2006; R. Llano Sánchez, La sociología comprensiva como teoría de la cultura. Un análisis de las categorías fundamentales del pensamiento de M. W., Madrid 1992 (dt. M. W.s Kulturphilosophie der Moderne. Eine Untersuchung des Berufsmenschentums, Berlin 1997); A. Maurer (ed.), Wirtschaftssoziologie nach M. W., Wiesbaden 2010; M.-W. Stiftung (ed.), M. W. in der Welt. Rezeption und Wirkung, Tübingen 2014; W. J. Mommsen, M. W. und die deutsche Politik 1890–1920, Tübingen 1959, ^{3}2004 (engl. M. W. and German Politics 1890–1920, Chicago Ill./London 1984; franz. M. W. et la politique allemande 1890–1920, Paris 1985); ders./W. Schwentker (eds.), M. W. und seine Zeitgenossen, Göttingen/Zürich 1988; dies. (eds.), M. W. und das moderne Japan, Göttingen 1999; H.-P. Müller, M. W.. Eine Einführung in sein Werk, Köln/Weimar/Wien, Stuttgart 2007; ders./S. Sigmund, M.-W.-Handbuch. Leben – Werk – Wirkung, Stuttgart/Weimar, Darmstadt 2014; H. H. Nau, Eine ›Wissenschaft vom Menschen‹. M. W. und die Begründung der Sozialökonomik in der deutschsprachigen Ökonomie 1871 bis 1914, Berlin 1997; G. Neugebauer, Die Religionshermeneutik M. W.s, Berlin/Boston Mass. 2017; Z. Norkus, M. W. und Rational Choice, Marburg 2001; J. Oelkers u. a. (eds.), Rationalisierung und Bildung bei M. W.. Beiträge zur Historischen Bildungsforschung, Bad Heilbrunn 2006; E. Otto, M. W.s Studien des antiken Judentums. Historische Grundlegung einer Theorie der Moderne, Tübingen 2002, 2011; J. Petersen, M. W.s Rechtssoziologie und die juristische Methodenlehre, Berlin 2008, Tübingen ^{2}2014; R. Prewo, M. W.s Wissenschaftsprogramm. Versuch einer methodischen Neuerschließung, Frankfurt 1979; G. Preyer, M. W.s Religionssoziologie. Eine Neubewertung, Frankfurt 2010; B. K. Quensel, M. W.s Konstruktionslogik. Sozialökonomik zwischen Geschichte und Theorie, Baden-Baden 2007; J. Radkau, M. W.. Die Leidenschaft des Denkens, München/Wien 2005, München 2013; F. Ringer, M. W.'s Methodology. The Unification of the Cultural and Social Sciences, Cambridge Mass./London 1997, 2000; ders., M. W.. An Intellectual Biography, Chicago Ill./London 2004; P. Rossi, Vom Historismus zur historischen Sozialwissenschaft. Heidelberger M. W.-Vorlesungen 1985, Frankfurt 1987; G. Roth, M. W.s deutsch-englische Familiengeschichte, 1800–1950. Mit Briefen und Dokumenten, Tübingen 2001; L. A. Scaff, M. W. in America, Princeton N. J./Oxford 2011 (dt. M. W. in Amerika, Berlin 2013); A. v. Schelting, M. W.s Wissenschaftslehre. Das logische Problem der historischen Kulturerkenntnis. Die Grenzen der Soziologie des Wissens, Tübingen 1934, Nachdr. New York 1975; W. Schluchter, Religion und Lebensführung, I–II, Frankfurt 1988, 1992; ders., Paradoxes of Modernity. Culture and Conduct in the Theory of M. W., Stanford Calif. 1996, 1997; ders., Die Entstehung des modernen Rationalismus. Eine Analyse von M. W.s Entwicklungsgeschichte des Okzidents, Frankfurt 1998; ders., Handlung, Ordnung und Kultur. Studien zu einem Forschungsprogramm im Anschluss an M. W., Tübingen 2005; ders., Die Entzauberung der Welt. Sechs Studien zu M. W., Tübingen 2009; G. Schöllgen, M. W., München 1998; R. Schroeder (ed.), M. W., Democracy and Modernization, Basingstoke etc. 1998; C. Schwaabe, Freiheit und Vernunft in der unversöhnten Moderne. M. W.s kritischer Dezisionismus als Herausforderung des politischen Liberalismus, München 2002; W. Schwentker, M. W. in Japan. Eine Untersuchung zur Wirkungsgeschichte 1905–1995, Tübingen 1998; T. Schwinn, M. W.s Verstehensbegriff, Z. philos. Forsch. 47 (1993), 573–587; ders., M. W. und die Systemtheorie. Studien zu einer handlungstheoretischen Makrosoziologie, Tübingen 2013; ders./G. Albert (eds.), Alte Begriffe, neue Probleme. M. W.s Soziologie im Lichte aktueller Problemstellungen, Tübingen 2016; M. Spöttel, M. W. und die jüdische Ethik. Die Beziehung zwischen politischer Philosophie und Interpretation der jüdischen Kultur, Frankfurt etc. 1997; O. Stammer (ed.), M. W. und die Soziologie heute (Verhandlungen des 15. deutschen Soziologentages), Tübingen 1965 (engl. M. W. and Sociology Today, Oxford 1971); H. Steinert, M. W.s unwiderlegbare Fehlkonstruktionen. Die protestantische Ethik und der Geist des Kapitalismus, Frankfurt/New York 2010; A. Sterbling/H. Zipprian (eds.), M. W. und Osteuropa, Hamburg 1997; M. Sukale, M. W. – Leidenschaft und Disziplin. Leben, Werk, Zeitgenossen, Tübingen 2002; R. Swedberg, M. W. and the Idea of Economic Sociology, Princeton N. J. 1998, 2000; ders./O. Agevall, The M. W. Dictionary. Key Words and Central Concepts, Stanford Calif. 2005, [2]2016; M. Symonds, M. W.'s Theory of Modernity. The Endless Pursuit of Meaning, Farnham etc. 2015; C. Torp, M. W. und die preußischen Junker, Tübingen 1998; H. Treiber, M. W.s Rechtssoziologie – eine Einladung zur Lektüre, Wiesbaden 2017; C. Turner, W.ian Social Thought, History of, IESBS XXIV (2001), 16407–16412; S. P. Turner (ed.), The Cambridge Companion to W., Cambridge etc. 2000; ders., W., IESBS XXIV (2001), 16401–16407; ders./R. A. Factor, M. W.. The Lawyer as a Social Thinker, London/New York 1994; dies., W., REP IX (1998), 693–698; H. Tyrell, ›Religion‹ in der Soziologie M. W.s, Wiesbaden 2014; J. Vahland, M. W.s entzauberte Welt, Würzburg 2001; L. Waas, M. W. und die Folgen. Die Krise der Moderne und der moralisch-politische Dualismus des 20. Jahrhunderts, Frankfurt/New York 1995; G. Wagner/H. Zipprian, M. W.s Wissenschaftslehre. Interpretation und Kritik, Frankfurt 1994; R. Wang, Cäsarismus und Machtpolitik. Eine historisch-biobibliographische Analyse von M. W.s Charismakonzept, Berlin 1997; M. (Marianne) Weber, M. W. – Ein Lebensbild, Tübingen 1926, [3]1984, München etc. 1989 (engl. M. W.. A Biography, New York etc. 1975, New Brunswick N. J./Oxford 1988); J. Weiß, M. W.s Grundlegung der Soziologie. Eine Einführung, München 1975, München etc. [2]1992; ders. (ed.), M. W. heute. Erträge und Probleme der Forschung, Frankfurt 1987; ders., W., in: S. Gosepath/W. Hinsch/B. Rössler (eds.), Handbuch der politischen Philosophie und Sozialphilosophie II, Berlin 2008, 1463–1468; S. Whimster (ed.), M. W. and the Culture of Anarchy, Basingstoke etc. 1999; ders. (ed.), The Essential W.. A Reader, London/New York 2004; P. Winch, W., Enc. Ph. VIII (1967), 282–283, IX ([2]2006), 734–736; J. Winckelmann, M. W.s hinterlassenes Hauptwerk: Die Wirtschaft und die gesellschaftlichen Ordnungen und Mächte. Entstehung und gedanklicher Aufbau, Tübingen 1986; G. Zecha, Werte in den Wissenschaften. 100 Jahre nach M. W., Tübingen 2006. W. L.

Weber-Fechnersches Gesetz, Bezeichnung für ein Gesetz der ↑Psychophysik. Genauer unterscheidet man es als *Fechnersches Gesetz* vom *Weberschen Gesetz,* auf dem es aufbaut. Das von G. T. Fechner nach E. H. Weber benannte Webersche Gesetz besagt, daß das Verhältnis zwischen der Unterschiedsschwelle ΔR einer Reizgröße R, deren Addition zu oder Subtraktion von R gerade noch wahrgenommen werden kann, und R selbst konstant ist:

$$\frac{\Delta R}{R} = k.$$

Dies bedeutet z. B., daß bei Verdoppelung der Reizgröße sich auch die Unterschiedsschwelle verdoppelt. Das Webersche Gesetz gilt näherungsweise in bestimmten Bereichen (z. B. der Optik und Akustik), keineswegs jedoch universell. Das Fechnersche Gesetz erhält man aus dem Weberschen Gesetz durch die zusätzliche Annahme, daß eben noch merkliche Änderungen ΔE der Empfindungsstärke E unabhängig von der Größe von E sind, woraus sich ergibt:

$$E = c \cdot \log\left(\frac{R}{R_0}\right),$$

wobei R_0 die Größe der absoluten Reizschwelle und c eine Konstante ist. Dies besagt, daß die Empfindungsgröße logarithmisch von der Reizgröße abhängt. Das Fechnersche Gesetz ist ein Beispiel für die Angabe einer psychophysischen Funktion $E = f(R)$, die die Abhängigkeit einer Empfindungsgröße von einer Reizgröße beschreibt. Die Empfindungsdimension wird dabei auch als Maß für die Anzahl unterscheidbarer Reizgrößen angesehen, um die sich ein wahrgenommener Reiz R vom Schwellenreiz R_0 unterscheidet. Andere Definitionen der Messung von E als durch eben noch merkliche, als gleichgroß angenommene Unterschiede, etwa durch direkte Verhältnisschätzungen von Empfindungen, führen zu anderen psychophysischen Funktionen, insbes. zu Exponentialgesetzen

$$E = c \cdot R^n,$$

auf denen heute viele psychophysische Skalen basieren, z. B. die Sone-Skala für die (subjektive) Lautheit, die mit dem Exponenten $n = 0{,}3$ vom (objektiven) Schalldruck abhängt (vgl. S. S. Stevens 1957). Ihre wissenschaftstheoretische und wissenschaftshistorische Bedeutung verdanken das Webersche und das Fechnersche Gesetz der Tatsache, daß sie erstmals zu subjektiven Skalen führten und damit paradigmatisch den Nachweis erlaubten, daß der Bereich des Subjektiven der quantitativen Messung (↑Meßtheorie) zugänglich ist.

Literatur: G. T. Fechner, Über ein psychophysisches Grundgesetz und dessen Beziehung zur Schätzung der Sterngrössen, Abh. math.-phys. Cl. Königl. Sächs. Ges. Wiss. 4 (1859), 455–532; S. S. Stevens, On the Psychophysical Law, Psychol. Rev. 64 (1957), 153–181; E. H. Weber, Der Tastsinn und das Gemeingefühl, in: R. Wagner (ed.), Handwörterbuch der Physiologie mit Rücksicht auf physiologische Pathologie III/2, Braunschweig 1846 (repr. unter dem Titel: Die Lehre vom Tastsinne und Gemeingefühle auf Versuche gegründet, für Aerzte und Philosophen, Braunschweig 1851), 481–588; weitere Literatur: ↑Psychophysik. G. Hei./P. S.

Webersches Gesetz, ↑Weber-Fechnersches Gesetz.

Wechselbegriffe, Terminus der traditionellen Logik (↑Logik, traditionelle) für umfangsgleiche Begriffe (↑extensional/Extension); synonym mit ›äquipollente Begriffe‹ (↑äquipollent/Äquipollenz). W. können intensional (↑intensional/Intension) verschieden sein (z. B. ›Morgenstern‹ und ›Abendstern‹). G. W.

Wechselwirkung (engl. interaction), Bezeichnung für eine wechselseitige Verursachung. Objekte oder Systeme befinden sich in W., wenn ein Zustand eines Systems kausal (↑Kausalität) auf den Zustand eines anderen einwirkt, zugleich aber von dessen Zustand seinerseits kausal beeinflußt wird. Beispiele für W.en sind die ↑Gravitation oder elektrische Kräfte. Jede der beteiligten ↑Massen bzw. ↑Ladungen übt eine ↑Kraft auf alle anderen Massen bzw. Ladungen aus. Während die einfache Kausalbeziehung einsinnig ist, ist die Beziehung der W. wechselseitig. In der Newtonschen ↑Mechanik gilt das Prinzip der Gleichheit von Wirkung und Gegenwirkung (↑›actio = reactio‹). Die Kraftwirkung eines Körpers *A* auf einen Körper *B* wird danach stets von einer gleich großen, aber entgegengesetzt gerichteten Kraftwirkung von *B* auf *A* begleitet.
Eine typische Form der W. ist die *Rückkoppelung*, bei der die Wirkung eines Zustands zu einer Veränderung dieses Ausgangszustands beiträgt, d.h. ein System sich mittelbar in W. mit sich selbst befindet. Negative Rückkoppelung findet sich in Regelkreisen wie der thermostatischen Temperaturregelung. Positive Rückkoppelung ist oft für die Selbstverstärkung eines Effekts verantwortlich. So bildeten sich die Eiszeiten unter anderem dadurch aus, daß die durch eine verminderte Sonneneinstrahlung abgesenkte Temperatur eine vermehrte Schneebedeckung zur Folge hatte, die ihrerseits zu einer erhöhten Rückstrahlung des einfallenden Sonnenlichts und damit zu einer weiteren Temperaturabsenkung führte. Rückkoppelung ist überdies für viele chemische und biologische Prozesse charakteristisch. Z. B. verläuft die Produktion von ATP in der Glykolyse über Zwischenschritte, von denen einige ATP erfordern. Durch diese Rückkoppelungsschleife katalysiert ATP seine eigene Herstellung. – Nicht jede wechselseitige Abhängigkeit ist auch eine W.. Wechselseitige Abhängigkeiten können sich vielmehr auch aus gemeinsamer Verursachung (↑Ursache) ergeben und drücken dann keine W. zwischen den beteiligten Größen aus. So ist die Fallzeit weder die Ursache noch die Wirkung des Fallweges; ihre Verknüpfung im ↑Fallgesetz geht auf die Wirkung der Gravitation als gemeinsamer Ursache zurück.
In der philosophischen Tradition spielt der Begriff der W. eine wichtige Rolle. Unter dem Eindruck des Gravitationsgesetzes (↑Gravitation) betrachtet I. Kant die W. als eine – neben Substanz und Kausalität – eigenständige Kategorie der ↑Relation. W. ist Bedingung der Möglichkeit der Erfahrung gleichzeitiger Phänomene (KrV B 256–262). Im Dialektischen Materialismus (↑Materialismus, dialektischer) wird W. für grundlegender gehalten als Verursachung. Urteile über einsinnige Kausalverhältnisse sind nur in Einzelfällen sinnvoll. Der Naturzusammenhang insgesamt ist als universelle W. zu kennzeichnen, insofern »Ursachen und Wirkungen fortwährend ihre Stelle wechseln, das was jetzt oder hier Wirkung, dort oder dann Ursache wird und umgekehrt« (F. Engels, Anti-Dühring, MEW XX, 22).
Die Betonung der Universalität von W.en ist auch für moderne *holistische* (↑Holismus) Strömungen der ↑Naturphilosophie charakteristisch. Diese gehen über die traditionellen Vorstellungen eines Primats der W. insofern hinaus, als die Annahme separater, in W. miteinander stehender Objekte aufgegeben wird. Stattdessen wird der Naturzusammenhang als eine ungeteilte und durch Wechselbeziehungen gebildete Ganzheit von Prozessen aufgefaßt, die keine festen und überdauernden Grundbestandteile enthalten (D. Bohm, F. Capra).

Literatur: D. Bohm, Wholeness and the Implicate Order, London/Boston Mass./Henley 1980, London/New York 2002 (dt. Die implizite Ordnung. Grundlagen eines dynamischen Holismus, München 1985, 1987); M. Bunge, Causality. The Place of the Causal Principle in Modern Science, Cambridge Mass. 1959, New York [3]1979 (dt. Kausalität. Geschichte und Probleme, Tübingen 1987); F. Capra, The Turning Point. Science, Society, and the Rising Culture, New York, London 1982, 1984 (dt. Wendezeit. Bausteine für ein neues Weltbild, Bern/München/Wien 1982, [20]1991, München 2004); M. Esfeld, Der Holismus der Quantenphysik. Seine Bedeutung und seine Grenzen, Philos. Nat. 36 (1999), 157–185; ders., Holismus in der Philosophie des Geistes und in der Philosophie der Physik, Frankfurt 2002; H. Reichenbach, The Direction of Time, ed. M. Reichenbach, Berkeley Calif./Los Angeles, London 1956, Mineola N. Y. 1999; W. C. Salmon, Scientific Explanation and the Causal Structure of the World, Princeton N. J. 1984; P. Ziche, W., Hist. Wb. Ph. XII (2004), 334–341. M. C.

Weierstraß, Karl Theodor Wilhelm, *Ostenfelde (Westfalen) 31. Okt. 1815, †Berlin 19. Febr. 1897, dt. Mathematiker. Nach Besuch des Theodorianischen Gymnasiums in Paderborn ab 1834 Studium der Kameralistik in Bonn, 1838 abgebrochen. 1839–1841 Lehramtsstudium in der Akademischen Lehranstalt Münster; 1841–1856 Gymnasiallehrer in Münster, Deutsch-Krone (Westpreußen) und Braunsberg (Ostpreußen). Nach Veröffentlichung der aufsehenerregenden Arbeit »Zur Theorie der Abel'schen Functionen« (1854) Ehrenpromotion durch die Universität Königsberg und Beförderung zum Oberlehrer. 1856 Ruf als Prof. an das Gewerbeinstitut Berlin (heute Technische Universität) und Ernennung zum Extraordinarius an der Universität Berlin sowie Wahl zum ordentlichen Mitglied der Berliner Akademie. 1861 zusammen mit E. E. Kummer Gründung des ersten rein mathematischen Seminars in Deutschland. 1864 o. Prof. an der Universität Berlin (Rektor 1873/1874). – W. gehörte mit L. Kronecker und Kummer zum ›Triumvirat‹ der Berliner Mathematik, unter dessen Führung diese in der Konkurrenz zu Göttingen eine Zeitlang die Oberhand gewinnen konnte.

Durch seinen über 30 Jahre hinweg durchgehaltenen viersemestrigen Zyklus von vier Vorlesungen (»Einleitung in die Theorie der analytischen Funktionen«, »Elliptische Funktionen«, »Abelsche Funktionen« und »Variationsrechnung« bzw. »Anwendung der elliptischen Funktionen«) entfaltete er eine große Wirkung als akademischer Lehrer, vor allem auf dem Gebiet der komplexen Analysis (↑Funktionentheorie), als deren Begründer er mit A.-L. Cauchy und B. Riemann gilt. Zu seinen Schülern gehören unter anderem H. A. Schwarz, E. Husserl und S. Kowalewskaja, die W. als Privatschülerin unterrichtete und deren externe Promotion in Göttingen er betrieb.

Die sprichwörtliche ›W.sche Strenge‹ findet ihren Ausdruck in der Forderung nach einer Arithmetisierung der ↑Analysis (↑Arithmetisierungstendenz), d. h. der Forderung (so eine spätere Bestimmung F. Kleins) nach ausschließlich arithmetischer Beweisführung. Dazu bedarf es der Zurückführung der reellen und komplexen Zahlen auf die natürlichen Zahlen (↑Grundzahlen, ↑Zahlensystem). In seinen Vorlesungen zur Einleitung in die Theorie der analytischen Funktionen konstruiert W. die Zahlklassen unter Voraussetzung der als gedankliche Zusammenfassungen von Dingen mit einem gemeinschaftlichen Merkmal (›Einheiten‹) veranschaulichten natürlichen Zahlen. Während Riemann zur Einführung analytischer Funktionen eine geometrische Veranschaulichung wählt und Cauchy komplexe Integrale verwendet, baut W. die Funktionentheorie auf konvergenten Potenzreihen (↑konvergent/Konvergenz, ↑Reihe) auf. Sein Vorgehen bei der Einführung der analytischen Funktionen charakterisiert er als den Übergang vom Einfacheren zum Schwierigeren, indem er von rationalen Funktionen ausgehend den Funktionsbegriff (↑Funktion) schrittweise durch Betrachtung von Ausdrücken (↑Ausdruck (logisch)) erweitert, die aus unendlich vielen rationalen Funktionen zusammengesetzt sind. In diesem Zusammenhang formuliert W. Sätze über Größen im allgemeinen, wie den ›Satz von Bolzano-W.‹, wonach jede beschränkte unendliche Punktmenge A mindestens einen Häufungspunkt besitzt, in jeder noch so kleinen Umgebung dieses Punktes also unendlich viele Punkte aus A liegen.

W. definiert eine ›analytische Funktion‹ auf einem Gebiet $\mathfrak{G}$ der komplexen Zahlenebene als Inbegriff (d. h. Äquivalenzklasse; ↑Äquivalenzrelation) aller Potenzreihen, die aus einer gegebenen Potenzreihe durch Fortsetzung entstehen. Liegt ein Punkt x innerhalb des Konvergenzkreises einer Potenzreihe (›Funktionenelement‹), die eine analytische Fortsetzung der ursprünglich gegebenen Potenzreihe ist, so hat diese Potenzreihe einen bestimmten Wert für x, der als (ein) Wert der durch die Ausgangsreihe bestimmten analytischen Funktion aufgefaßt wird. Der bei dieser ↑Definition zentrale Begriff der analytischen Fortsetzung läßt sich wie folgt erläutern. Gegeben seien eine Potenzreihe $\mathfrak{P}_1(x-a)$, die in einem Konvergenzkreis C mit positivem Radius um a konvergiert, und eine Potenzreihe $\mathfrak{P}_2(x-b)$, die in einem Konvergenzkreis C' mit positivem Radius um b konvergiert. Stimmt dann die durch $\mathfrak{P}_1$ auf C definierte Funktion auf $C \cap C'$ mit der durch $\mathfrak{P}_2$ auf C' definierten überein, so heißen die beiden Reihen ›analytische Fortsetzungen‹ voneinander. Dieses Instrumentarium setzt W. zur Begründung der Theorie der elliptischen Funktionen ein, für deren Aufbau er die nach ihm benannten $\wp$-, σ- und ζ-Funktionen entwickelt, und für die Theorie der Abelschen Integrale, also aller Integrale über algebraische Funktionen mit ihren Umkehrfunktionen. Außerdem legt W. durch den heute so genannten W.-schen Vorbereitungssatz und die W.sche Formel die Fundamente für die Funktionentheorie mehrerer komplexer Veränderlicher.

Werke: Mathematische Werke, I–VII, Berlin 1894–1927 (repr. Hildesheim, New York 1967). – Zur Theorie der Abel'schen Functionen, J. reine u. angew. Math. 47 (1854), 289–306, separat Berlin 1856, ferner in: Mathematische Werke [s. o.] I, 133–152; Zur Funktionentheorie, Acta Math. 45 (1925), 1–10; Einführung in die Theorie der analytischen Funktionen, nach einer Vorlesungsmitschrift von Wilhelm Killing aus dem Jahr 1868, Münster 1986 (Schriftenreihe Math. Inst. Univ. Münster, 2. Ser., H. 38); Einleitung in die Theorie der analytischen Funktionen. Vorlesung Berlin 1878 in einer Mitschrift von Adolf Hurwitz, ed. P. Ullrich, Braunschweig/Wiesbaden 1988 (Dokumente Gesch. Math. IV); Ausgewählte Kapitel aus der Funktionenlehre. Vorlesung, gehalten in Berlin 1886. Mit der akademischen Antrittsrede, Berlin 1857, und drei weiteren Originalarbeiten von K. W. aus den Jahren 1870 bis 1880/86, ed. R. Siegmund-Schultze, Leipzig 1988 (Teubner-Arch. Math. IX). – R. Lipschitz, Briefwechsel mit Cantor, Dedekind, Helmholtz, Kronecker, W. und anderen, bearb. v. W. Scharlau, Braunschweig/Wiesbaden 1986, 216–226; R. Bölling (ed.), Briefwechsel zwischen K. W. und Sofja Kowalewskaja, Berlin 1993.

Literatur: H. Behnke, K. W. und seine Schule, in: ders./K. Kopfermann (eds.), Festschrift zur Gedächtnisfeier für K. W. 1815–1965 [s. u.], 13–40; ders./K. Kopfermann (eds.), Festschrift zur Gedächtnisfeier für K. W. 1815–1965, Köln/Opladen 1966; K.-R. Biermann, K. W.. Ausgewählte Aspekte seiner Biographie, J. reine u. angew. Math. 223 (1966), 191–220; ders., Die Berufung von W. nach Berlin, in: H. Behnke/K. Kopfermann (eds.), Festschrift zur Gedächtnisfeier für K. W. 1815–1965 [s. o.], 41–52; ders., W., DSB XIV (1976), 219–224; ders., Die Mathematik und ihre Dozenten an der Berliner Universität 1810–1933. Stationen auf dem Wege eines mathematischen Zentrums von Weltgeltung, Berlin 1988, 79–152; R. Bölling, K. W. – Stationen eines Lebens, Jahresber. Dt. Math.ver. 96 (1994), 56–75; U. Bottazzini, Il calcolo sublime. Storia dell'analisi matematica da Euler a W., Turin 1981 (engl. The Higher Calculus. A History of Real and Complex Analysis from Euler to W., New York etc. 1986); ders., Three Traditions in Complex Analysis: Cauchy, Riemann and W., in: I. Grattan-Guinness (ed.), Companion Encyclopedia of the History and Philosophy of the Mathematical Sciences I, London/New York 1994, Baltimore Md./London 2003, 419–431; V. v. Dantscher, Vorlesungen über die W.'sche Theorie der irrationalen

Zahlen, Leipzig/Berlin 1908; P. Dugac, Éléments d'analyse de K. W., Arch. Hist. Ex. Sci. 10 (1973), 41–176; ders., Grundlagen der Analysis, in: J. Dieudonné, Geschichte der Mathematik 1700–1900. Ein Abriß, Braunschweig/Wiesbaden 1985, 359–421, bes. 389–391, 395–398; M. Hartimo, Mathematical Roots of Phenomenology. Husserl and the Concept of Number, Hist. and Philos. Log. 27 (2006), 319–337; T. Hawkins, W. and the Theory of Matrices, Arch. Hist. Ex. Sci. 17 (1977), 119–163; D. Hilbert, Zum Gedächtnis an K. W., Nachr. Königl. Ges. Wiss. zu Göttingen, math.-phys. Kl., Geschäftl. Mitteilungen 1897, 60–69, Neudr. in: H. Reichardt (ed.), Nachrufe auf Berliner Mathematiker des 19. Jahrhunderts, Leipzig 1988, 138–147; L. Kiepert, Persönliche Erinnerungen an K. W., Jahresber. Dt. Math.ver. 35 (1926), 56–65; W. Killing, K. W.. Rede gehalten beim Antritt des Rektorats der Königlichen Akademie zu Münster am 15. Oktober 1897, Natur und Offenbarung 43 (1897), 704–725, separat Münster 1897; M. Kleberger, Über eine von W. gegebene Definition der analytischen Funktion, Gießen 1921 (Mitteilungen Math. Seminars der Universität Gießen I); F. Klein, Vorlesungen über die Entwicklung der Mathematik im 19. Jahrhundert I, Berlin 1926 (repr. New York 1950, I–II in 1 Bd., New York 1967, Berlin/Heidelberg/New York 1979, Darmstadt 1989), 276–295; P. J. Kočina, K. Vejerštrass. 1815–1897, Moskau 1985; L. Koenigsberger, W.' erste Vorlesung über die Theorie der elliptischen Funktionen, Jahresber. Dt. Math.ver. 25 (1917), 393–424; W. König/J. Sprekels (eds.), K. W. (1815–1897). Aspekte seines Lebens und Werkes/Aspects of His Life and Work, Wiesbaden 2016; K. Kopfermann, W.' Vorlesung zur Funktionentheorie, in: H. Behnke/K. Kopfermann (eds.), Festschrift zur Gedächtnisfeier für K. W. 1815–1965 [s. o.], 75–96; E. Lampe, K. W., Jahresber. Dt. Math.ver. 6 (1899), 27–44; ders., Zur hundertsten Wiederkehr des Geburtstages von K. W., Jahresber. Dt. Math.ver. 24 (1915), 416–438; R. v. Lilienthal, K. W., Westfäl. Lebensbilder 2 (1931), 164–179; K. R. Manning, The Emergence of the Weierstrassian Approach to Complex Analysis, Arch. Hist. Ex. Sci. 14 (1975), 297–383; G. Mittag-Leffler, Zur Biographie von W., Acta Math. 35 (1912), 29–65; ders., Die ersten 40 Jahre des Lebens von W.. Vortrag, gehalten auf dem 4. Skandinavischen Mathematiker-Kongreß in Stockholm (30. August – 2. September 1916), Acta Math. 39 (1923), 1–57; E. Neuenschwander, Über die Wechselwirkungen zwischen der französischen Schule, Riemann und W.. Eine Übersicht mit zwei Quellenstudien, Arch. Hist. Ex. Sci. 24 (1981), 221–255; J. C. Poggendorff, Biographisch-literarisches Handwörterbuch zur Geschichte der exacten Wissenschaften [...] II, Leipzig 1863, 1282, III.2 1898, 1424, IV.2 1904, 1610, unter dem Titel: J. C. Poggendorffs biographisch-literarisches Handwörterbuch für Mathematik, Astronomie, Physik, Chemie und verwandte Wissenschaftsgebiete, ed. Sächsische Akademie der Wissenschaften zu Leipzig, Leipzig/Berlin V.2, 1926, 1345, VI.2 1940, 2831; H. Poincaré, L'œuvre mathématique de W., Acta Math. 22 (1899), 1–18; A. Pringsheim, Grundlagen der allgemeinen Funktionenlehre, in: Encyklopädie der Mathematischen Wissenschaften mit Einschluß ihrer Anwendungen II.1.1 (Analysis 1.1), Leipzig 1899–1916, 1–53; G. Schubring, Warum K. W. beinahe in der Lehrerprüfung gescheitert wäre, Der Math.unterricht 35 (1989), 13–29; D. D. Spalt, Die mathematischen und philosophischen Grundlagen des W.schen Zahlbegriffs zwischen Bolzano und Cantor, Arch. Hist. Ex. Sci. 41 (1990/1991), 311–362; P. Ullrich, W.' Vorlesung zur »Einleitung in die Theorie der analytischen Funktionen«, Arch. Hist. Ex. Sci. 40 (1989), 143–172; A. Vogt, Die Herausbildung der modernen Funktionentheorie in den Arbeiten von B. Riemann (1826–1866) und K. W. (1815–1897). Ein Vergleich ihres Denkstils, Diss. Leipzig 1984. V. P.

Weigel, Erhard, *Weiden (Oberpfalz) 16. Dez. 1625, †Jena 21. März 1699, dt. Philosoph, Mathematiker und Pädagoge. Noch während seiner Gymnasialzeit in Halle (1644–1647) Privatstudien in Mathematik und Astronomie (bei B. Schrimpfer). 1647–1650 Studium in Leipzig, 1650 Magister der Philosophie; ab 1653 Prof. der Mathematik in Jena. In seinen Arbeiten befaßt sich W. mit mathematischen, astronomischen (unter anderem: Globenkunde und Zeitrechnung), geographischen und pädagogischen Themen. – W. vertritt eine eigentümliche Verbindung zwischen einer pythagoreisierenden (↑Pythagoreismus) Zahlenspekulation (in der Ordnung der Zahlen spiegelt sich die Ordnung der Dinge) und einer methodisch-naturwissenschaftlich orientierten Mathematik (die mathematische Methode als Grundlage empirischer Wissenschaft und der Philosophie; ↑more geometrico). In seiner Theorie der ›impositiven‹ Gegenstandskonstitution, die einen einheitlichen Realitätsbegriff zu begründen sucht und dabei die Grundlage für die Konzeption einer einheitlichen ↑Mathesis bzw. einer ↑scientia generalis bildet, werden sowohl die *entia physica* (physische Sachverhalte) als auch die *entia moralia* (moralische oder soziale Sachverhalte) und die *entia notionalia* (theoretische Sachverhalte) durch einen Akt der Setzung (als *entia impositiva*) geschaffen, die *entia physica* durch Gott, die *entia moralia* und *entia notionalia* durch den Menschen. – Zu den Schülern W.s zählen S. v. Pufendorf und G. W. Leibniz, der im Sommer 1663 W.s Vorlesungen in Jena besucht, sich später Aufzeichnungen unter anderem über einen Gottesbeweis W.s macht (G. Grua [ed.], Textes inédits [...], I–II, Paris 1948, I, 329–332) und 1679–1697 mit W. im Briefwechsel steht. Maßgeblichen Einfluß gewinnen W.s pädagogische, insbes. den Willen und dessen Unterweisung im Bildungsprozeß betonenden, Bemühungen um den naturwissenschaftlichen Schulunterricht, Kindergärten und die allgemeine Schulpflicht.

Werke: Werke, ed. T. Behme, Stuttgart-Bad Cannstatt 2003ff. (erschienen Bde I–V.2). – De ascensionibus et descensionibus astronomicis dissertatio, Jena 1650; Dissertationem [...] de tempore in genere [...], Leipzig 1652; Dissertatio metaphysica prior De existentia [...], Leipzig 1652; Dissertatio metaphysica posterior De modo existentiae, qui dicitur duratio [...], Leipzig 1652; Commentatio astronomica de cometa novo qui sub finem anni 1652 [...], Jena 1653; Geoscopiae selenitarum [...], Jena 1654; Exercitationum philosophicarum prima de natura logicae, Jena 1655; Analysis Aristotelica ex Euclide restituta, Jena 1658, erw. unter dem Titel: Idea totius encyclopaediae mathematico-philosoph. [...], Jena 1671, unter dem Titel: De demonstratione Aristotelico-Euclidea [...], Leipzig 1662 [1672]; Speculum Uranicum aquilae Romanae sacrum, Das ist Himmels Spiegel [...], Frankfurt 1661, 1681; Speculum temporis civilis. Das ist Bürgerlicher Zeit-Spiegel [...], Jena 1664; Speculum terrae, Das ist Erd-Spiegel [...], Jena 1665, 1713; Fortsetzung des Himmels-Spiegels [...], Jena 1665, 1681; Idea matheseos universae cum speciminibus inventionum mathematicarum, Jena 1669, [2]1687; Pancosmus aethereus & sublunaris, hoc est, nova globi coelestis & terrestris Adornatio [...], Jena 1670 (dt. Ober- und Unter-Welt, das ist, Eine neue Art der Himmels- und Erdkugel [...], Jena 1670); Vorstellung der Kunst- und Handwercke, Jena o.J. [1672]; Universi corporis pansophici prodromus de gradibus humanae cognitionis [...], Jena 1672; Universi corporis pansophici caput summum, a rebus naturalibus, moralibus et notionalibus [...], Jena 1673 [1672]; Corporis pansophici Pantologia [...], Jena 1673; Physicae pansophicae [...] specimen primum, Jena 1673; Die Fried- und Nutzbringende Kunst-Weißheit, Jena 1673; Tetractys summum tum arithmeticae tum philosophiae discursivae compendium, Jena 1673; Methodum discendi nov-antiquam, Jena 1673; Methodi nov-antiquae qua more veterum [...], Jena 1673; Arithmethische Beschreibung der Moral-Weißheit von Personen und Sachen worauf das gemeine Wesen bestehet [...], Jena 1674; Memoria temporum & introductio brevis in chronometriam, Jena 1677; Cosmologia nucleum astronomiae & geographiae [...], Jena 1680, [3]1695; Himmels-Zeiger der Bedeutung bey Erscheinung des ungemeinen Cometen anno 1680 von 6. Novembr. an beobachtet, Jena 1681; Himmels-Zeiger der Bedeutung aller Dinge dieser Welt [...]. Auff Veranlassung des ungemeinen Cometen im 1680 und 1681sten Jahre, Jena 1681; Fortsetzung des Himmels-Zeigers [...] bey vollbrachtem Lauff des ungemeinen Cometen im Monat Februario 1681, Jena 1681; Kurtze Beschreibung der verbesserten Himmels- und Erd-Globen [...], Jena 1681, Frankfurt/Leipzig o.J. [1714]; Unmaßgebliche mathematische Vorschläge betreffend einige Grund-Stücke des gemeinen Wesens [...], Jena 1681, 1682; Von der Würkung des Gemüths, die man das Rechnen heist [...], Jena 1684; Specimen deliberationis mathematicae, das ist rechenschafftliche Forschung woher so viel Ungerechtigkeit und Bosheit [...] komme?, Jena 1685; Wienerischer Tugend-Spiegel [...], Nürnberg 1687, Teilausg. unter dem Titel: Aretologistica, die tugendübende Rechen-Kunst, Nürnberg 1687; Collegium Artium Liberalium, Jena 1688; Wegweiser zu der Unterweisungs-Kunst nicht nur des Verstandes, sondern auch des Willens, Jena 1688; Genealogiam Matheseos [...], Jena 1691; Philosophia mathematica, theologia naturalis solida, per singulas scientias continuata, universae artis inveniendi prima stamina complectens, Jena 1693 (repr., ed. J. Ecole, Hildesheim/Zürich/New York 2006); Paedagogiae mathematicae ad praxin pietatis, fundamenta & principia, Coburg 1694; Conspectus sapientiae plenarius [...], Jena 1695; Entwurff der Conciliation deß Alten und Neuen Calender-Styli, welcher gestalt solche im Novemb. Anno 1699. anzustellen ist [...], Regensburg 1698, o.O. 1699; Gesammelte pädagogische Schriften, ed. H. Schüling, Gießen 1970. – Briefwechsel mit Leibniz, in: G. W. Leibniz, Akad.-Ausg. 2.1, 485–487, 493–494. – H. Schüling, Verzeichnis der Schriften von E. W., in: ders., E. W. (1625 bis 1699). Materialien zur Erforschung seines Wirkens [s. u., Lit.], 8–61.

Literatur: T. Ballauff/K. Schaller, Pädagogik. Eine Geschichte der Bildung und Erziehung II, Freiburg/München 1970, 252–262; T. Behme, E. W.s Programm einer Wiederherstellung der aristotelischen Philosophie aus dem Geiste Euklids, in: U. Heinen (ed.), Welche Antike? Konkurrierende Rezeptionen des Altertums im Barock II, Wiesbaden 2011, 873–886; K. Habermann/K.-D. Herbst (eds.), E. W. (1625–1699) und seine Schüler. Beiträge des 7. E.-W.-Kolloquiums 2014, Göttingen 2016; K.-D. Herbst (ed.), E. W. (1625–1699) und die Wissenschaften, Frankfurt 2013; ders./H. G. Walther (eds.), »Idea matheseos universae«. Ordnungssysteme und Welterklärung an den deutschen Universitäten in der zweiten Hälfte des 17. Jahrhunderts, Stuttgart 2012; W. Hestermeyer, Paedagogia mathematica. Idee einer universellen Mathematik als Grundlage der Menschenbildung in der Dialektik E. W.s, zugleich ein Beitrag zur Geschichte des pädagogischen Realismus im 17. Jahrhundert, Paderborn 1969; R. Knott, W., ADB XLI (1896), 465–469; S. Kratochwil (ed.), Philosophia mathematica. Die Philosophie im Werk von E. W., Jena 2005; ders., Der Briefwechsel von E. W., in: K.-D. Herbst/S. Kratochwil (eds.), Kommunikation in der frühen Neuzeit, Frankfurt etc. 2009, 135–154 [Verzeichnis sämtlicher bekannter Briefe an und von W.]; ders./V. Leppin (eds.), E. W. und die Theologie, Berlin 2015; U. G. Leinsle, Reformversuche protestantischer Metaphysik im Zeitalter des Rationalismus, Augsburg 1988, 63–87 (2.3 Mathematische Metaphysik und Pansophie. E. W.); ders., W., BBKL XIII (1998), 592–599; W. Mägdefrau, E. W.s Wirken in Jena (1653–1699) und seine Bedeutung für die deutsche und europäische Geistesgeschichte, in: M. Steinmetz (ed.), Geschichte der Universität Jena 1548/58–1858. Festgabe zum 400jährigen Universitätsjubiläum I, Jena 1958, 128–140; K. Moll, Der junge Leibniz I (Die wissenschaftstheoretische Problemstellung seines ersten Systementwurfs. Der Anschluß an E. W.s Scientia Generalis), Stuttgart-Bad Cannstatt 1978; ders., Von E. W. zu Christiaan Huygens. Feststellungen zu Leibnizens Bildungsweg zwischen Nürnberg, Mainz und Paris, Stud. Leibn. 14 (1982), 56–72; ders., E. W., in: H. Holzhey/W. Schmidt-Biggemann (eds.), Die Philosophie des 17. Jahrhunderts IV/2 (Das Heilige Römische Reich Deutscher Nation. Nord- und Ostmitteleuropa), Basel 2001, 948–957, 987–989; ders., Naturerkenntnis und Imitatio Dei als Norm der Humanität in der deutschen Frühaufklärung. Ein Hinweis auf die »Philosophia mathematica« E. W.s, Stud. Leibn. 38/39 (2006/2007), 42–62; W. Röd, E. W.s Lehre von den entia moralia, Arch. Gesch. Philos. 51 (1969), 58–84; ders., E. W.s Metaphysik der Gesellschaft und des Staates, Stud. Leibn. 3 (1971), 5–28; K. Schaller, E. W.s Einfluß auf die systematische Pädagogik der Neuzeit, Stud. Leibn. 3 (1971), 28–40; R. E. Schielicke/K.-D. Herbst/S. Kratochwil (eds.), E. W. – 1625 bis 1699. Barocker Erzvater der deutschen Frühaufklärung. Beiträge des Kolloquiums anläßlich seines 300. Todestages am 20. März 1999 in Jena, Thun/Frankfurt 1999; H. Schlee, E. W. und sein süddeutscher Schülerkreis. Eine pädagogische Bewegung im 17. Jahrhundert, Heidelberg 1968; H. Schüling, E. W. (1625 bis 1699). Materialien zur Erforschung seines Wirkens, Gießen 1970; W. Voisé, Meister und Schüler: E. W. und Gottfried Wilhelm Leibniz, Stud. Leibn. 3 (1971), 55–67. – W., in: B. Jahn (ed.), Biographische Enzyklopädie deutschsprachiger Philosophen, München 2001, 445–446. J. M.

Weigel, Valentin, *Naundorf (b. Dresden) 7. Aug. (?) 1533, †Zschopau 10. Juni 1588, dt. ev. Theologe. Ab 1554 Studium der Theologie und Philosophie in Leipzig (Magister 1559), 1563 in Wittenberg; ab 1567 Pfarrer in Zschopau. – W. vertritt in theologischen und philosophischen Zusammenhängen, beeinflußt durch S. Franck (1499–1542) und in antiorthodoxer Orientierung, Positionen der ↑Mystik, der ↑Theosophie und des ↑Spiritualismus. Gott und Welt sind eins (↑Pantheismus), desgleichen, durch das Christentum, Gott und Mensch. Philosophischer Ausdruck dieser theologischen Orientierung ist im späteren Sinne ein subjektiver Idealismus (↑Idealismus, subjektiver), d. h. die Vorstellung einer durchgängigen Subjektivität aller Erkenntnis, einschließlich der Raum- und Zeiterfahrung (der Mensch erkennt die Welt, insofern er diese in körperlicher wie in geistiger Hinsicht selbst ist). In naturphilosophischen Zusammenhängen (↑Naturphilosophie) beruft sich W. unter anderem auf Paracelsus und betont die Harmonie von ↑Makrokosmos und Mikrokosmos. Seine Vorstellungen beeinflußten unter anderem die protestantische Mystik, J. Böhme und G. W. Leibniz. – W.s Werke zirkulierten bis auf wenige Ausnahmen nur handschriftlich; erst ab 1609 liegen sie in gedruckter Form vor (darunter auch solche Texte, die irrtümlich unter seinem Namen geführt sind). Seine Autorschaft ist ferner deshalb schwierig nachzuweisen, weil er manche Texte zusammen mit seinem Kantor B. Biedermann verfaßte.

Werke: Sämtliche Schriften, I–VII, ed. W.-E. Peukert/W. Zeller, Stuttgart-Bad Cannstatt 1962–1978, mit Untertitel: Neue Edition, I–XIV (in 15 Bdn.), ed. H. Pfefferl, 1996–2014. – Unterricht Predigte. Wie man Christlich tawren und teglich solle im Herren sterben [...], o.O. 1576, ferner in: Sämtl. Schr.. Neue Edition [s.o.] IX, 91–108; Libellus de vita beata [...], Halle 1609, ferner in: Sämtl. Schr.. Neue Edition [s.o.] II, 1–107; Ein schön Gebetbüchlein [...], Halle 1612, Newen Stadt [Magdeburg] 1617, 1618, unter dem Titel: Einfältiger Unterricht vom Gebeth [...], Frankfurt/Leipzig 1700, unter dem Titel: Das Buch vom Gebet (»Gebetbüchlein«), ed. P. Martin, Basel 2006, ferner in: Sämtl. Schr.. Neue Edition [s.o.] IV, 1–121; Ein nützliches Tractätlein vom Ort der Welt, Halle 1613, 1614, o.O. 1705, ferner in: Sämtl. Schr.. Neue Edition [s.o.] X, 1–83; Der gueldene Griff alle Ding ohne Irrthumb zu erkennen [...], Halle 1613, unter dem Titel: Der gueldene Griff. Das ist alle Ding ohne Irrthumb zu erkennen [...], Newenstatt [Magdeburg] 1616, 1617, unter dem Titel: Der gueldene Griff. Das ist: Alle Dinge ohne Irrthum zu erkennen [...], Frankfurt 1697, ferner in: Sämtl. Schr.. Neue Edition [s.o.] VIII, 1–102; Dialogus de Christianismo [...], Halle 1614, Newenstatt [Halle?] 1616, 1618, unter dem Titel: Gespräch vom wahren Christentum, ed. A. Ehrentreich, Hamburg 1922, ferner in: Sämtl. Schr.. Neue Edition [s.o.] XIII, 69–158; *ΓΝΩΘΙ ΣΕΑΥΤΟΝ.* Nosce teipsum. Erkenne dich selbst [...], Newenstatt [Magdeburg] 1615, 1618, ferner in: Sämtl. Schr.. Neue Edition [s.o.] III, 47–197; Informatorium [...], Newenstatt [Magdeburg] 1616, unter dem Titel: Soli Deo Gloria [...], Newenstadt [Magdeburg] 1680, unter dem Titel: Speculum mysteriumque Christiani et clavis sapientiae [...], Amsterdam/Frankfurt/Leipzig 1686, unter dem Titel: Informatorium [...], Amsterdam 1695, ferner in: Sämtl. Schr.. Neue Edition [s.o.] XI, 1–131; Kirchen oder Hauspostill vber die Sontags und fuernembsten Fest Evangelien [...], Newenstatt [Magdeburg] 1617, 1618, unter dem Titel: Kirchen- oder Hauß-Postill uber die Sonntags- und fuernehmsten Fest-Evangelien [...], o.O. 1699, ferner als: Sämtl. Schr.. Neue Edition [s.o.] XII/1–XII/2; Zwey schoene Buechlein. Das Erste Von dem leben Christi [...]. Das Ander Eine kurtze außfuehrliche Erweisung das zu diesen Zeiten in gantz Europa bey nahe kein einziger Stul sey in allen Kirchen und Schulen [...], Newstatt [Frankfurt?] 1618, teilweise [Vom Leben Christi] in: Sämtl. Schr.. Neue Edition [s.o.] VII, 23–172 (engl. [teilw.] The Life of Christ [...], London 1648); Philosophia Mystica, darinn begriffen eilff unterschidene Theologico-Philosophische doch teutsche Tractätlein [...], Newstatt [Frankfurt] 1618 [enthält die W.-Schriften: Kurtzer Bericht und Anleitung zur Teutschen Theologey, 134–154; Scholasterium christianum, 155–182; Vom himmlischen Jerusalem in uns, 183–195; Philosophia Theologica, daß nemblich allein Gott gut sey, 196–215; Von Betrachtung deß Lebens Christi, 215–227]; Studium universale [...], Newenstadt [?] 1618, o.O. 1695, Frankfurt/Leipzig 1698, 1700; Eine kurtze ausführliche Erweisung daß [...] bey nahe kein einiger Stuhl sey in allen Kirchen und Schulen darauff nicht ein [...] Verführer des Volcks [...] stehe [...], o.O. 1697; Viererley Auslegung uber das erste Capitel Mosis von der Schoepffung aller Dinge, in: Geheimnueß der Schoepfung [...], Amsterdam 1701, 1–221 [nur Auslegung 1–3], ferner in: Sämtl. Schr.. Neue Edition [s.o.] XI, 195–389; Ausgewählte Werke, ed. S. Wollgast, Berlin (Ost) 1977, Stuttgart etc. 1978; Selected Spiritual Writings, ed. A. Weeks, New York/Mahwah N.J. 2003.

Literatur: H. Aarsleff, W., DSB XIV (1976), 225–227; M.L. Bianchi, Natura e sovrannatura nella filosofia tedesca della prima età moderna. Paracelsus, W., Böhme, Florenz 2011, bes. 151–268 (Kap. 2 V. W.); G. Bosch, Reformatorisches Denken und frühneuzeitliches Philosophieren. Eine vergleichende Studie zu Martin Luther und V. W., Marburg 2000; B. Gorceix, La mystique de V. W. (1533–1588) et les origines de la théosophie allemande, Lille 1972; K. Hannak, Geist=reiche Critik. Hermetik, Mystik und das Werden der Aufklärung in spiritualistischer Literatur der frühen Neuzeit, Berlin/Boston Mass. 2013, 173–306 (Kap. IV Wiedergeburt und All-Einheit. V. W. (1533–1588)); A. Koyré, Mystiques, spirituels, alchimistes du XVIe siècle allemand, Paris 1955, 1971, 131–184 (Chap. IV Un mystique protestant. V. W. [1533–1588]); R. Kühn, W., DP II ([2]1993), 2919–2920; H. Längin, Grundlinien der Erkenntnislehre V. W.s, Arch. Gesch. Philos. 41 (1932), 435–478; F. Lieb, V. W.s Kommentar zur Schöpfungsgeschichte und das Schrifttum seines Schülers Benedikt Biedermann. Eine literarkritische Untersuchung zur mystischen Theologie des 16. Jahrhunderts, Zürich 1962; H. Maier, Der mystische Spiritualismus V. W.s, Gütersloh 1926; S. Meier-Oeser, Die V. W.-Rezeption, in: H. Holzhey/W. Schmidt-Biggemann/V. Mudroch (eds.), Die Philosophie des 17. Jahrhunderts IV/1 (Das Heilige Römische Reich Deutscher Nation. Nord- und Ostmitteleuropa), Basel 2001, 18–23, 124–125; G. Müller, W., ADB XLI (1896), 472–476; F. Odermatt, Der Himmel in uns. Das Selbstverständnis des Seelsorgers V. W. (1533–1588), Bern etc. 2008; S. E. Ozment, Mysticism and Dissent. Religious Ideology and Social Protest in the Sixteenth Century, New Haven Conn./London 1973, 203–245; H. Pfefferl, V. W. und Paracelsus, in: Paracelsus und sein dämonengläubiges Jahrhundert, Wien 1988, 77–95; ders., Die Überlieferung der Schriften V. W.s, Marburg 1991; ders., W., TRE XXXV (2003), 447–453; A. Weeks, V. W. (1533–1588). German Religious Dissenter, Speculative Theorist, and Advocate of Tolerance, Albany N.Y. 2000; G. Wehr, V. W.. Der Pansoph und esoterische Christ, Freiburg 1979; S. Wollgast, V. W. in der deutschen Philosophiegeschichte, in: ders. (ed.), Ausgewählte Werke [s.o., Werke], 17–164; ders., Philosophie in Deutschland zwischen Reformation und Aufklärung 1550-1650, Berlin 1988, [2]1993, 499–600 (Kap. 9 V. W.); ders., V. W. und seine Stellung in der deutschen Philosophiegeschichte, in: ders., Vergessene und Verkannte. Zur Philosophie- und Geistesentwicklung in Deutschland zwischen Reformation und Frühaufklärung, Berlin 1993, 229–253; W. Zeller, Die Schriften V. W.s. Eine literarkritische Untersuchung, Berlin 1940 (repr. Vaduz 1965); ders., Naturmystik und spiritualistische Theologie bei V. W., in: A. Faivre/R. C. Zimmermann (eds.), Epochen der Naturmystik. Hermetische Tradition im wissenschaftlichen Fortschritt, Berlin 1979, 105–124. – W., in: B. Jahn (ed.), Biographische Enzyklopädie deutschsprachiger Philosophen, München 2001, 446. J. M.

Weil, Simone, *Paris 3. Febr. 1909, †Ashford (Kent) 24. Aug. 1943, franz. Philosophin. 1928–1931 Philosophiestudium in Paris (École Normale Supérieure und Sorbonne), 1931 Agrégation, 1931–1937 Philosophielehrerin an den Gymnasien von Le Puy, Auxerre, Roanne, Bourges, Saint-Quentin, 1928–1940 gewerkschaftliche, soziale und pazifistische Aktivitäten in dissidenten Gruppen um die Zeitschriften »La Révolution Prolétarienne« und »Nouveaux Cahiers«; zur Erkundung der Situation der franz. Industriearbeiterinnen und Industriearbeiter 1934–1935 Hilfsarbeiterin in Pariser Fabriken; 1936 auf Seiten der Anarchisten Teilnahme am Spanischen Bürgerkrieg, 1940–1942 Mitarbeit in der franz. Widerstandsbewegung 1942–1943 in der franz. Exilregierung unter C. de Gaulle in London. Ab 1940 Kontakte zu religiös-literarischen Kreisen um die Dominikaner in Marseille und die Zeitschrift »Cahiers du Sud«.

Engagierte politisch-gesellschaftliche Praxis wie philosophische Kritik gelten bei W. der ›authentischen Realitätsbegegnung‹. Erkenntnistheorie, Gesellschaftsanalyse und Traditionshermeneutik ergeben sich dabei insbes. aus einer ›Wahrnehmungsphilosophie‹, im direkten Anschluß an J. Lagneau und Alain (E.-A. Chartier). W.s Zentralbegriff der Deutungsaufhebung (›non-lecture‹) umfaßt nicht nur eine semiotisch-phänomenologienahe Befragung der jeweiligen Bedeutungs-›Evidenz‹ des subjektiv Erscheinenden. Das Subjekt selbst unterliegt der Forderung nach einer ›Ent-Werdung‹ (›dé-création‹), die transzendentale, ethische und religiöse Bedingungen besitzt. Aus dem Moment der absichtslosen Leere (›désir sans désir‹) ergibt sich die Berührungsmöglichkeit mit dem ›transzendent Guten‹ oder ›Übernatürlichen‹, das die ›Fülle der Realität‹ beinhaltet. Zur Korrektur des herrschenden Wissenschaftsverständnisses entwirft W. eine ›Poetik‹ der tätig-kontemplativen Welt-›Verwurzelung‹ (›enracinement‹). In dieser verbinden sich die Heils- und Versöhnungsmetaphern antik-kosmologischer wie religiös-offenbarungsbezogener Herkunft mit dem Cartesischen Erkenntnisideal.

Werke: Œuvres complètes, ed. R. Chenavier/A. A. Devaux/F. de Lussy, I–, Paris 1988ff. (erschienen Bde I, II/1–3, IV/1–2, V/2, VI/1–4, VII/1); Œuvres, ed. F. de Lussy, Paris 1999. – La pesanteur et la grâce, Paris 1947, 1991 (dt. [erw./gekürzt] Schwerkraft und Gnade, München 1952, [3]1981, München/Zürich 1989; engl. Gravity and Grace, London, New York 1952, London/New York 2002); L'enracinement. Prélude à une déclaration des devoirs envers l'être humain, Paris 1949, ferner als: Œuvres complètes [s. o.] V/2, Nachdr. in: Œuvres [s. o.], 1025–1218, Paris 2014 (engl. The Need for Roots. Prelude to a Declaration of Duties towards Mankind, London, New York 1952, London/New York 2002; dt. Die Einwurzelung. Einführung in die Pflichten dem menschlichen Wesen gegenüber, München 1956, unter dem Titel: Die Verwurzelung. Vorspiel zu einer Erklärung der Pflichten dem Menschen gegenüber, Zürich 2011); Attente de Dieu, Paris 1950, 1998 (engl. Waiting on God, London 1951, [2]1979, Abingdon/New York 2009, unter dem Titel: Waiting for God, New York 1951, 2009; dt. Das Unglück und die Gottesliebe, München 1953, [2]1961); La connaissance surnaturelle, Paris 1950, 1964, ferner als: Œuvres complètes [s. o.] VI/4; Intuitions pré-chrétiennes, Paris 1951, 1985 (dt. Vorchristliche Schau, München-Planegg 1959); Lettre à un religieux, Paris 1951, 1999, Nachdr. in: Œuvres [s. o.], 981–1016 (engl. Letter to a Priest, London 1953, 2014; dt. Entscheidung zur Distanz. Fragen an die Kirche, München 1988); La condition ouvrière, Paris 1951, erw. Nachdr. in: Œuvres complètes [s. o.] II/2, 149–307, III/2, 255–276, Paris 2002 (dt. [Teilübers.] Fabriktagebuch und andere Schriften zum Industriesystem, Frankfurt 1978); Cahiers, I–III, Paris 1951–1956, rev. 1970–1974, erw. als: Œuvres complètes [s. o.] VI/1–4 (dt. Cahiers. Aufzeichnungen, I–IV, ed. E. Edl/W. Matz, München/Wien 1991–1998; engl. The Notebooks of S. W., I–II, London 1956, in einem Bd., London/New York 2004); La source grecque, Paris 1953, 1979; Oppression et liberté, Paris 1955, 1981 (engl. Oppression and Liberty, London 1958, London/New York 2001; dt. [Teilübers.] Unterdrückung und Freiheit. Politische Schriften, München 1975, 1987, 241–272); Réflexions sur les causes de la liberté et de l'oppression sociale, Paris 1955, 1998 (dt. Über die Ursachen von Freiheit und gesellschaftlicher Unterdrückung, Zürich 2012); Écrits de Londres et dernières lettres, Paris 1957, 1980 (engl. [Teilübers.] Selected Essays 1934–1943, ed. R. Rees, London/New York/Toronto 1962, 9–34, 211–227); Intimations of Christianity among the Ancient Greeks, London 1957, London/New York 1998; Leçons de philosophie – Roanne 1933–1934, ed. A. Reynaud-Guérithault, Paris 1959, 1989 (engl. Lectures on Philosophy, Cambridge/New York/Melbourne 1978, 1997); Écrits historiques et politiques, Paris 1960, ferner als: Œuvres complètes [s. o.] II/1–3 (engl. [Teilübers.] Selected Essays [s. o.], 35–210; dt. [Teilübers.] Unterdrückung und Freiheit [s. o.], 23– 240); Pensées sans ordre concernant l'amour de Dieu, Paris 1962, 1968; Sur la science, Paris 1966; Poèmes, suivis de »Venise sauvée«. Lettre de Paul Valéry, Paris 1968; First and Last Notebooks, ed. R. Rees, London/New York 1970; Zeugnis für das Gute. Traktate – Briefe – Aufzeichnungen, ed. F. Kemp, Olten/Freiburg 1976, [2]1979, München 1990; Notes sur la suppression générale des partis politiques, Paris 2006 (dt. Anmerkung zur generellen Abschaffung der politischen Parteien, Berlin/Zürich 2009; engl. On the Abolition of All Political Parties, New York 2013); Krieg und Gewalt. Essays und Aufzeichnungen, Zürich 2011; Écrits sur l'Allemagne 1932–1933, Paris 2015. – Seventy Letters, ed. R. Rees, New York/Toronto 1965 (repr. mit Untertitel: Personal and Intellectual Windows on a Thinker, Eugene Or. 2015); Correspondance (S. W./J. Bousquet), Lausanne 1982. – J. P. Little, S. W.. A Bibliography, London 1973; ders., S. W.. Suppl. No. 1, London 1979; J. Nordquist, S. W.. A Bibliography, Santa Cruz Calif. 1995.

Literatur: I. Abbt/W. W. Müller (eds.), S. W.. Ein Leben gibt zu denken, St. Ottilien 1999; H. Abosch, S. W. zur Einführung, Hamburg 1990 (repr. unter dem Titel: S. W.. Eine Einführung, Wiesbaden 2005) (engl. S. W.. An Introduction, New York 1994); R. H. Bell (ed.), S. W.'s Philosophy of Culture. Readings toward a Divine Humanity, Cambridge 1993; ders., S. W.. The Way of Justice as Compassion, Lanham Md. etc. 1998; L. A. Blum/V. J. Seidler, A Truer Liberty. S. W. and Marxism, New York/London 1989, 2010; G. Brée, W., Enc. Ph. IX ([2]2006), 736–738; J. Cabaud, L'expérience vécue de S. W., Paris 1957 (engl. [rev.] S. W.. A Fellowship in Love, London, New York 1964; dt. S. W.. Die Logik der Liebe, Freiburg/München 1968); ders., S. W. à New York et à Londres. Les quinze derniers mois (1942–1943), Paris 1967; M.

Calle/E. Gruner (eds.), S. W.. La passion de la raison, Paris 2003; Y. S. Cha, Decreation and the Ethical Bind. S. W. and the Claim of the Other, New York 2017; R. Chenavier, S. W.. Une philosophie du travail, Paris 2001; ders., S. W.. L'attention au réel, Paris 2009 (engl. S. W.. Attention to the Real, Notre Dame Ind. 2012); C. Delsol (ed.), S. W., Paris 2009; A.-A. Devaux/H. R. Schlette (eds.), S. W.. Philosophie - Religion - Politik, Frankfurt 1985 (mit Bibliographie, 301–309); E. J. Doering/E. O. Springsted (eds.), The Christian Platonism of S. W., Notre Dame Ind. 2004; K. Epting, Der geistliche Weg der S. W., Stuttgart 1955; R. Esposito, L'origine della politica. Hannah Arendt o S. W.?, Rom 1996 (engl. The Origin of the Political. Hannah Arendt or S. W.?, New York 2017); G. Fiori, S. W.. Biografia di un pensiero, Mailand 1981, 1990 (engl. S. W.. An Intellectual Biography, Athens Ga./London 1989); E. Gabellieri, Être et don. S. W. et la philosophie, Louvain-la-Neuve/Paris 2003; ders./M.-C. Lucchetti Bingemer (eds.), S. W.. Action et contemplation, Paris 2008, 2009; ders./F. L'Yvonnet (eds.), S. W., Paris 2014; G. Gutbrod/J. Janiaud/E. Sepsi (eds.), S. W.. Philosophie, mystique, esthétique. Actes du colloque international du centenaire de S. W., organisé les 21 et 22 Janvier 2010 à Budapest, Paris 2012; G. Hourdin, S. W., Paris 1989; C. Jacquier (ed.), S. W.. L'expérience de la vie et le travail de la pensée, Arles 1998 (dt. [rev.] Lebenserfahrung und Geistesarbeit. S. W. und der Anarchismus, Nettersheim 2006); G. Kahn (ed.), S. W.. Philosophe, historienne et mystique, Paris 1978; ders., W., DP II (^{2}1993), 2926–2933; H. Kohlenberger, W., in: J. Nida-Rümelin (ed.), Philosophie der Gegenwart in Einzeldarstellungen. Von Adorno bis v. Wright, Stuttgart 1991, 624–627, ^{2}1999, 781–784; A. Krogmann, S. W. in Selbstzeugnissen und Bilddokumenten, Reinbek b. Hamburg 1970, 1981; R. Kühn, Deuten als Entwerden. Eine Synthese des Werkes S. W.s in hermeneutisch-religionsphilosophischer Sicht, Freiburg/Basel/Wien 1989; ders., Leere und Aufmerksamkeit. Studien zum Offenbarungsdenken S. W.s, Dresden 2014; F. de Lussy (ed.), S. W.. Sagesse et grâce violente, Montrouge/Paris 2009; F. L'Yvonnet (ed.), S. W.. Le grand passage, Paris 1994, 2006; D. MacLellan, S. W.. Utopian Pessimist, London/Basingstoke 1989, mit Untertitel: The Life and Thought of S. W., New York etc. 1990, London/Basingstoke 1991; W. W. Müller (ed.), S. W. und die religiöse Frage, Zürich 2007; J.-M. Perrin/G. Thibon, S. W.. Telle que nous l'avons connue, Paris 1952, 1967 (engl. S. W. as We Knew Her, London 1953, London/New York 2003; dt. Wir kannten S. W., Paderborn 1954); S. Pétrement, La vie de S. W., I–II, Paris 1973, in 1 Bd., 1997 (engl. S. W.. A Life, London, New York 1976, New York 1988; dt. S. W.. Ein Leben, Leipzig 2007); R. Rhees, Discussions of S. W., ed. D. Z. Philips, Albany N. Y. 1999, 2000; A. R. Rozelle-Stone/L. Stone, S. W. and Theology, London etc. 2013; H. R. Schlette/A.-A. Devaux (eds.), S. W.. Philosophie, Religion, Politik, Frankfurt 1985; D. Seelhöfer, W., BBKL XIII (1998), 605–613; E. O. Springsted, Christus Mediator. Platonic Mediation in the Thought of S. W., Chico Calif. 1983; ders., S. W. and the Suffering of Love, Cambridge Mass. 1986; M. Vetö, La métaphysique religieuse de S. W., Paris 1971, ^{3}2014 (engl. The Religious Metaphysics of S. W., Albany N. Y. 1994); G. A. White, S. W.. Interpretations of a Life, Amherst Mass. 1981; R. Wimmer, Vier jüdische Philosophinnen. Rosa Luxemburg, S. W., Edith Stein, Hannah Arendt, Tübingen 1990, Leipzig 1996, ^{2}1999; ders., S. W.. Person und Werk, Freiburg/Basel/Wien 2009; P. Winch, S. W. ›The Just Balance‹, Cambridge etc. 1989, 1995. – Sonderhefte: Cahiers S. W.. Revue trimestrielle publiée par l'Association pour l'étude de la pensée de S. W. 1 (1978)ff.; Ét. philos. 3 (2007) (S. W. et la philosophie). R. K.

Weininger, Otto, *Wien 3. April 1880, †ebd. 4. Okt. 1903, österr. Psychologe und Philosoph. 1898–1902 Studium der Philosophie und Psychologie an der Universität Wien, Besuch von mathematischen, naturwissenschaftlichen und medizinischen Vorlesungen, 1902 Promotion (bei F. Jodl). W.s (in überarbeiteter Form erschienene) Dissertation »Geschlecht und Charakter« (1903) wurde zu einem Kultbuch der literarischen und künstlerischen Moderne, wirkte aber auch nachhaltig auf Philosophen wie L. Wittgenstein. – W.s Denken spiegelt (auch in seinen Widersprüchen) den Zeitgeist der Jahrhundertwende, mit dessen Tendenzen W. in Wien bestens vertraut wurde. Durch Vermittlung des Psychologen H. Swoboda stand W. in Verbindung mit S. Freud und entwickelte parallel zu diesem den Gedanken der Bisexualität (in der Natur und beim Menschen). Nach W. nimmt der oder die Einzelne jeweils eine Zwischenstufe zwischen den idealtypischen Polen ›Mann‹ (M) und ›Weib‹ (W) ein. Zwischen ihnen bestehe das ›Gesetz der sexuellen Anziehung‹, das besagt, daß alle von ihrem ›Komplement‹ angezogen werden: männliche Männer von weiblichen Frauen, männliche Frauen von weiblichen Männern usw.. Diesen lebensweltlichen Sachverhalt der ›Wahlverwandtschaften‹ (J. W. v. Goethe) meint W. sogar mathematisch so erfassen zu können, daß die Gesamtsumme der männlichen und weiblichen Anteile, die von den Partnern einer ›vollkommenen Affinität‹ eingebracht werden, jeweils 1 M + 1 W ausmache.

In Kontrast zu diesem mechanistischen Modell der ↑Triebe steht W.s ethische Weltauffassung, die den Kantischen Dualismus (↑›Reich der Freiheit‹/›Reich der Natur‹) zuspitzt. Philosophisch zunächst durch den ↑Empiriokritizismus beeinflußt, behauptet W. später eine Verbindung zwischen dessen erkenntnistheoretischer Auflösung des Ichbegriffs (besonders durch E. Mach) und dem von F. Nietzsche heraufbeschworenen ↑Nihilismus. Diesen sucht er durch eine existentialistisch anmutende Radikalisierung des Kantischen Personenbegriffs zu überwinden, die in Orientierung an A. Schopenhauers Geniebegriff zu einem moralisch-heroischen ↑Solipsismus und einer Ethisierung der Logik führt (»Logik und Ethik [...] sind im Grunde nur eines und dasselbe – Pflicht gegen sich selbst«, Geschlecht und Charakter, ^{12}1910, 207). Der formale, häufig als ›inhaltsleer‹ kritisierte Charakter der Logik, der vor allem am Satz der ↑Identität ›*A* = *A*‹ erläutert wird, begründet nach W. gerade deren normative Kraft als »Maß, das an alle Denkakte angelegt wird« (a. a. O., 200). Diese eigentümliche Verbindung von tautologischer (↑Tautologie) Logik und rigoroser Ethik zur Lebensform des kontemplativen Solipsismus ist auch der ›weltanschauliche‹ Kern von Wittgensteins »Tractatus«.

W.s dualistisches Denken setzt sich fort in der Behauptung einer Bipolarität von Wahrheit und Falschheit, Gut und Böse, Gott und Teufel, Sein und Nichts, Heiligem und Verbrecher, die schließlich mit den Gegensätzen von Mann und Weib sowie Arier und Jude verbunden werden. Obwohl W. diese Begriffe metaphysisch-idealtypisch im Sinne platonischer Ideen (↑Idee (historisch)) und nicht empirisch meinte, haben seine (mißverständlichen) Thesen als Quelle frauenfeindlicher und insbes. antisemitischer ↑Ideologien gedient. Für W. selbst ist die rechtliche Gleichstellung von Frauen und Männern, Juden und Nicht-Juden moralische Pflicht. Eine Pointe seines Antifeminismus ist, daß er sich mit gegenwärtigen radikalfeministischen Thesen darin berührt, daß die Unterdrückung der Frau durch die sexuell definierte Anbindung des Weibes an den Mann erklärt wird und daher nur durch die endgültige Überwindung der männlichen Sexualität beseitigt werden könne. Die Tatsache, daß W. selbst Jude war (er konvertierte 1902 zum Protestantismus), ließ ihn zu einem Beispiel des so genannten ›jüdischen Selbsthasses‹ (T. Lessing) werden. Leben und Freitod W.s haben literarische Gestaltung erfahren in J. Sobols Theaterstück »W.s Nacht« (dt., ed. P. Manker, Wien/Zürich 1988) und in M. Hernádis Roman »W.s Ende« (Frankfurt 1993).

Werke: Geschlecht und Charakter. Eine prinzipielle Untersuchung, Wien/Leipzig 1903 (repr., im Anhang unter anderem W.s »Taschenbuch«, München 1980) [12]1910, [28]1947 (ab 27. Aufl. 1926 als gekürzte »Volksausgabe«), Hamburg 2014 (engl. Sex and Character. An Investigation of Fundamental Principles, New York etc. 1906, Bloomington Ind./Indianapolis Ind. 2005); Über die letzten Dinge, Wien/Leipzig 1904 (mit einem biographischen Vorwort von M. Rappaport, V–XXIV), [2]1907 (Teil »Letzte Aphorismen« gekürzt), [9]1930, München 1997 (franz. Des fins ultimes, Lausanne 1981; engl. A Translation of W.'s Über die letzten Dinge (1904–1907)/On Last Things, Lewiston N.Y./Queenston/Lampeter 2001); Taschenbuch und Briefe an einen Freund, ed. A. Gerber, Leipzig/Wien 1919 (repr., ohne Vorwort des Herausgebers, in: Geschlecht und Charakter, München 1980, 601–647), 1922 (franz. Livre de poche et lettres, Paris 2005); Eros und Psyche. Studien und Briefe 1899–1902, ed. H. Rodlauer, Wien 1990 (Sitz.ber. Österr. Akad. Wiss., philos.-hist. Kl., 559) (enthält unter anderem Vorarbeiten zu »Geschlecht und Charakter« und Briefwechsel mit H. Swoboda).

Literatur: D. Abrahamsen, The Mind and Death of a Genius, New York 1946; A. Birk, Vom Verschwinden des Subjekts. Eine historisch-systematische Untersuchung zur Solipsismusproblematik bei Wittgenstein, Paderborn 2006, 57–78 (Kap. 3 Die Bedeutung von O. W.); C. Dallago, O. W. und sein Werk, Innsbruck 1912; H. v. Dettelbach, O. W., in: Neue österr. Biographie ab 1815. Große Österreicher XVII, Wien/München/Zürich 1968, 119–129; G. Gabriel, Solipsismus: Wittgenstein, W. und die Wiener Moderne, in: H. Bachmaier (ed.), Paradigmen der Moderne, Amsterdam/Philadelphia Pa. 1990, 29–47, Neudr. in: G. Gabriel, Zwischen Logik und Literatur. Erkenntnisformen von Dichtung, Philosophie und Wissenschaft, Stuttgart 1991, 89–108; N.A. Harrowitz/B. Hyams (eds.), Jews & Gender. Responses to O. W., Philadelphia Pa. 1995; U. Heckmann, Das verfluchte Geschlecht. Motive der Philosophie O. W.s im Werk Georg Trakls, Frankfurt etc. 1992; A. Janik, Essays on Wittgenstein and W., Amsterdam 1985; J.-M. Lachaud, W., DP II ([2]1993), 2933–2934; J. Le Rider, Le cas O. W.. Racines de l'antiféminisme et de l'antisémitisme, Paris 1982 (dt. [erw.] Der Fall O. W.. Wurzeln des Antifeminismus und Antisemitismus, Wien/München 1985); ders./N. Leser (eds.), O. W.. Werk und Wirkung, Wien 1984 (Quellen u. Studien z. österreichischen Geistesgeschichte im 19. und 20. Jh. V); E. Lucka, O. W.. Sein Werk und seine Persönlichkeit, Wien/Leipzig 1905, Berlin [6]1921; D. S. Luft, Eros and Inwardness in Vienna. W., Musil, Doderer, Chicago Ill./London 2003; J.-A. Malarewicz, L'énigme O. W., Nantes 2017; C. Sengoopta, O. W.. Sex, Science, and Self in Imperial Vienna, Chicago Ill./London 2000; D. G. Stern/B. Szabados (eds.), Wittgenstein Reads W., Cambridge etc. 2004; H. Swoboda, O. W.s Tod, Wien/Leipzig 1911, [2]1923 (erw. um bisher unveröffentlichte Briefe von O. W.); L. Thaler, W.s Weltanschauung im Lichte der Kantischen Lehre, Wien 1935; N. Wagner, Geist und Geschlecht. Karl Kraus und die Erotik der Wiener Moderne, Frankfurt 1981, 1987. G. G.

Weisheit (engl. wisdom), anfangs ohne Differenzierung des theoretischen, praktischen und religiösen Aspekts allgemeine Bezeichnung für das meisterliche, vollendete Können und Sich-verstehen-auf; darüber hinaus wird W. vor allem auf das Können der Handwerker und Dichter bezogen sowie auf die Verbindung von theoretischer und praktischer Einsicht, wie sie in der Antike den ›Sieben Weisen‹ zugeschrieben wurde. Die ↑Pythagoreer verstehen unter W. die Summe allen Wissens; die einzelnen Wissenschaften sind nur Teile dieses Ganzen. Da niemand die W. jemals vollständig erreichen könne, dürfe man einen Menschen nie als Weisen (*σοφός*), sondern nur als ›Freund der Weisheit‹ (*φιλόσοφος*) bezeichnen; W. im eigentlichen Sinne sei nur den Göttern vorbehalten. – Für Platon bezieht sich W. vor allem auf die Kenntnis der Ideen (↑Ideenlehre), insbes. der Idee des Guten. Aristoteles bestimmt W. als eine Verbindung von ↑Nus und Episteme, d.h. als Kenntnis sowohl der ersten Prinzipien des (theoretischen und praktischen) Wissens als auch der aus ihnen abgeleiteten Aussagen. Die Stoiker (↑Stoa), die im ›Weisen‹ nicht nur den vollkommenen Theoretiker, sondern auch den besten Staatslenker, Priester und Zukunftsdeuter sehen, betonen den religiösen Aspekt, der später im Christentum vor allem auf die Marienverehrung übertragen wurde und sich zu einer Sophien-Mystik und Sophien-Theologie entwickelte. – Die lat. Übersetzung ›sapientia‹ (ursprünglich ›Geschmack‹, von sapere, schmecken, weise sein) hebt vor allem den Aspekt der praktischen ↑Klugheit hervor.

Literatur: T. Borsche/J. Kreuzer (eds.), W. und Wissenschaft, München 1995; W. Burkert, W. und Wissenschaft, Studien zu Pythagoras, Philolaos und Platon, Nürnberg 1962 (engl. Lore and Science in Ancient Pythagoreism, Cambridge Mass. 1972); H. Dörrie, Sophia, KP V (1975), 270–271; G. Figal/M. Haller/H. Wahl, W., RGG VIII ([4]2005), 1362–1365; O. Gigon, Sophia, LAW (1965), 2831; K. Gloy, Von der W. zur Wissenschaft. Eine Genealogie und Typologie der Wissensformen, Freiburg/München 2007; J. Goody, Wisdom, Human, NDHI VI (2005), 2474–2476;

M. Hosseini, Wittgenstein und W., Stuttgart 2007; B. L. Mack, Logos und Sophia. Untersuchungen zur W.stheologie im hellenistischen Judentum, Göttingen 1973; H. Meisinger/W. B. Drees/Z. Liana (eds.), Wisdom or Knowledge? Science, Theology and Cultural Dynamics, London 2006; J. Piaget, Sagesse et illusions de la philosophie, Paris 1965, [3]1972, 1992; H. Pichler, Vom Sinn der W., Stuttgart 1949; A. Regenbogen, W., EP III ([2]2010), 2949–2953; K. Rudolph u. a., W./W.sliteratur, TRE XXXV (2003), 478–522; S. Ryan, Wisdom, SEP 2007, rev. 2013; H. Sluga, Wisdom, in: R. Audi (ed.), The Cambridge Dictionary of Philosophy, Cambridge etc. [2]1999, 976–980; N. D. Smith, Wisdom, REP IX (1998), 752–755; A. Speer, W., Hist. Wb. Ph. XII (2004), 371–397; F. Volpi, W., DNP XII/2 (2002), 436–444; W. Welsch, W., in: P. Kolmer/A. G. Wildfeuer (eds.), Neues Handbuch philosophischer Grundbegriffe III, Freiburg/München 2011, 2447–2465. M. G.

Weiße, Christian Hermann, *Leipzig 10. Aug. 1801, †ebd. 19. Sept. 1866, dt. Philosoph, Vertreter eines religiös geprägten spekulativen ↑Idealismus. Nach dem Studium der Jurisprudenz, Literaturgeschichte, Kunstgeschichte und Philosophie in Leipzig (1818–1822) Habilitation 1823 ebendort (De Platonis et Aristotelis in constituendis summis philosophiae principiis differentia, 1828). 1832 theologische Promotion in Jena; 1832–1837, 1844–1845 a.o. Prof., ab 1845 o. Prof. für Philosophie in Leipzig. – W. entwickelt in Auseinandersetzung mit G. W. F. Hegel (unter dem Einfluß F. W. J. Schellings, den er selbst allerdings explizit in Abrede stellt) eine Begründung der von Hegel in Berlin noch unsystematisiert vorgetragenen Ästhetik (1830) und des Hegelschen metaphysischen Systems (Grundzüge der Metaphysik, 1835). Im Gegensatz zu Hegels idealistischem ↑Pantheismus vertritt W. (wie J. G. Fichte) einen spekulativ begründeten ethischen ↑Theismus, der während der 40er und 50er Jahre des 19. Jhs. großen Einfluß gewinnt. Die Bemühung um die ›Christlichkeit‹ des Philosophierens motiviert W. zur kritischen Absetzung von Hegel (Darlegung meiner Ansicht des Systems der Philosophie, 1832), dessen dialektische (↑Dialektik) Methode er übernimmt, dessen Irrtum er aber in der Logifizierung der Idee in der Lehre vom absoluten Geist (↑Geist, absoluter) sieht. W. kritisiert diesen metaphysischen Gottesbegriff unter Hinweis auf die Freiheit Gottes und fordert ein ›spekulativ anschauendes Erkennen‹, das die Dreiheit der Grundkräfte sowohl des absoluten als auch des endlichen menschlichen Geistes aktualisiert, nämlich ↑Vernunft, ↑Gemüt und ↑Wille, und das die Dreiheit der Ideen des Wahren, Schönen und Guten in Einheit (Dreieinigkeit) entwickelt. Er integriert dadurch seinem spekulativen Idealismus Gedanken der griechischen Philosophie (Platon, Aristoteles, Plotin), der ↑Mystik (J. Böhme), I. Kants und Schellings. W. versteht seine Philosophie als systematische Entfaltung des Glaubens, die den Pantheismus der idealistischen Metaphysik zugunsten der Annahme eines persönlichen Gottes überwindet. In seinen theologischen Schriften wendet er sich gegen die Beschränkung auf eine Bibelkritik.

1830 entwickelt W. im Anschluß an Hegels Berliner Ästhetikvorlesungen eine systematische Ästhetik (↑ästhetisch/Ästhetik) als Wissenschaft von der Idee der Schönheit (die fünf Jahre vor Hegels postum herausgegebener »Ästhetik« erscheint). W. deutet zwar Schönheit zu einer Gestaltung der Wirklichkeit durch die Kräfte des Gemüts (Phantasie) um, hält aber an der Schönheit als dem Grundbegriff der Ästhetik fest (↑Schöne, das), der (im Sinne eines Klassizismus) das neue Kunstideal und damit Kanon und Gesetz für die Kunstbeurteilung sein soll. In Antithese zum Schönen entwickelt er ästhetische Grundbegriffe wie die des ↑Erhabenen, des Häßlichen und des Komischen, die allerdings lediglich Index einer Abkehr des Zeitgeistes vom religiösen Geistesleben sind. – Mit seiner systematischen Philosophie und Ästhetik beeinflußt W. unter anderem H. Lotze, mit seiner Ästhetik F. T. Vischer und die Einfühlungstheorie der psychologischen Ästhetik in der zweiten Hälfte des 19. Jhs..

Werke: Ueber das Studium des Homer und seine Bedeutung für unser Zeitalter [...], Leipzig 1826; Darstellung der griechischen Mythologie I (Über den Begriff, die Behandlung und die Quellen der Mythologie. Als Einleitung in die Darstellung der griechischen Mythologie), Leipzig 1828; De Platonis et Aristotelis in constituendis summis philosophiae principiis differentia [...], Leipzig 1828; Ueber den gegenwärtigen Standpunct der philosophischen Wissenschaft. In besonderer Beziehung auf das System Hegels, Leipzig 1829; System der Ästhetik als Wissenschaft von der Idee der Schönheit, I–II, Leipzig 1830 (repr., in 1 Bd., Hildesheim 1966); Ueber das Verhältniß des Publicums zur Philosophie in dem Zeitpuncte von Hegels Abscheiden. Nebst einer kurzen Darlegung meiner Ansicht des Systems der Philosophie, Leipzig 1832; Ueber die Legitimität der gegenwärtigen französischen Dynastie, Leipzig 1832; Die Idee der Gottheit. Eine philosophische Abhandlung als wissenschaftliche Grundlegung zur Philosophie der Religion, Dresden 1833; (unter dem Pseudonym Nikodemus) Theodicee, in deutschen Reimen, Dresden 1834; Die philosophische Geheimlehre von der Unsterblichkeit des menschlichen Individuums, Dresden 1834, 1844; Grundzüge der Metaphysik, Hamburg 1835; (unter dem Pseudonym Nikodemus) Das Büchlein von der Auferstehung, Dresden 1836; Kritik und Erläuterung des Goetheschen Faust. Nebst einem Anhange zur sittlichen Beurtheilung Goethes, Leipzig 1837; Die evangelische Geschichte, kritisch und historisch bearbeitet, I–II, Leipzig 1838; Das philosophische Problem der Gegenwart. Sendschreiben an J. H. Fichte, Leipzig 1842; In welchem Sinne die deutsche Philosophie jetzt wieder an Kant sich zu orientieren hat. Eine akademische Antrittsrede, Leipzig 1847; Ueber die Zukunft der evangelischen Kirche. Reden an die Gebildeten deutscher Nation, Leipzig 1849, [2]1849; Die Christologie Luthers [...], Leipzig 1852, erw. [2]1855; Philosophische Dogmatik oder Philosophie des Christentums, I–III, Leipzig 1855–1862 (repr. Frankfurt 1967); Die Evangelienfrage in ihrem gegenwärtigen Stadium, Leipzig 1856; Kleine Schriften zur Ästhetik und ästhetischen Kritik, ed. R. Seydel, Leipzig 1867 (repr. Hildesheim 1966); Psychologie und Unsterblichkeitslehre nebst Vorlesungen über den Materialismus und verwandte Beigaben, ed. R. Seydel, Leipzig 1869; System der Ästhetik. Nach dem Collegienhefte letzter

Hand, ed. R. Seydel, Leipzig 1872. – R. Seydel, Verzeichnis sämmtlicher gedruckter Schriften C. H. W.'s [...], Z. Philos. phil. Kritik NF 55 (1869), 173–184.

Literatur: O. Briese, Im Geflecht der Schulen. C. H. W.s akademische Karriere, in: ders., Konkurrenzen. Philosophische Kultur in Deutschland 1830–1850. Porträts und Profile, Würzburg 1998, 65–77; F. L. Greb, Die philosophischen Anfänge C. H. W.s. Ein Beitrag zur Genesis des Spätidealismus, Diss. Bonn 1943; A. Hartmann, Der Spätidealismus und die Hegelsche Dialektik, Berlin 1937 (repr. Darmstadt 1968); M. Heinze, W., ADB XLI (1896), 590–594; D. Henrich, Der ontologische Gottesbeweis. Sein Problem und seine Geschichte in der Neuzeit, Tübingen 1960, ²1967; M. Horstmeier, Die Idee der Persönlichkeit bei I. H. Fichte und C. H. W., Berlin, Göttingen 1930; H. Knudsen, Gottesbeweise im deutschen Idealismus. Die modaltheoretische Begründung des Absoluten, dargestellt an Kant, Hegel und W., Berlin/New York 1972; G. Kruck, Hegels Religionsphilosophie der absoluten Subjektivität und die Grundzüge des spekulativen Theismus C. H. W.s, Wien 1994; ders., Die philosophische Theologie C. H. W.s in ihrem Verhältnis zu G. W. F. Hegel, Jb. Philos. d. Forschungsinstituts f. Philos. Hannover 5 (1994), 126–142; K. Leese, Philosophie und Theologie im Spätidealismus. Forschungen zur Auseinandersetzung von Christentum und idealistischer Philosophie im 19. Jahrhundert, Berlin 1929; A. Schneider, Personalität und Wirklichkeit. Nachidealistische Schellingrezeption bei Immanuel Herrmann Fichte und C. W., Würzburg 2001; R. Seydel, C. H. W. Nekrolog, Leipzig 1866, Nachdr., Z. Philos. phil. Kritik NF 50 (1867), 154–168; K.-G. Wesseling, W., BBKL XIII (1998), 684–690. – W., in: B. Jahn (ed.), Biographische Enyklopädie deutschsprachiger Philosophen, München 2001, 448. A. G.-S.

Weizsäcker, Carl Friedrich von, *Kiel 26. Juni 1912, †Söckingen am Starnberger See 28. April 2007, dt. Physiker und Philosoph. Nach Studium der Physik 1929–1933 an den Universitäten Berlin, Göttingen und Leipzig 1933 physikalische Promotion bei F. Hund. 1936 Habilitation für Physik in Leipzig. 1936–1942 Assistent am Kaiser-Wilhelm-Institut für Physik in Berlin, dabei 1940–1942 Mitarbeit am deutschen ›Uranprojekt‹, 1942–1944 planmäßiger a.o. Prof. für theoretische Physik an der Universität Straßburg, 1946–1957 Abteilungsleiter am Max-Planck-Institut für Physik in Göttingen und Honorarprof. an der Universität Göttingen, 1957 als einer der »Göttinger 18« Protest gegen die geplante atomare Bewaffnung der Bundeswehr, 1957–1969 o. Prof. für Philosophie an der Universität Hamburg, 1970–1980 Direktor des Max-Planck-Instituts zur Erforschung der Lebensbedingungen der wissenschaftlich-technischen Welt in Starnberg.

W.s physikalische Arbeiten betreffen zunächst die theoretische Kernphysik, in der er 1935 (im Rahmen der Ausarbeitung des so genannten Tröpfchenmodells des Atomkerns) eine Formel (W.sche Massenformel bzw. Bethe-W.-Formel) für die Kernbindungsenergie aufstellt und 1936 die Spinabhängigkeit der Kernkräfte nachweist. Auf dieser Grundlage entwickelt W. 1937 eine Theorie der Energieproduktion in Sternen, die als W.-

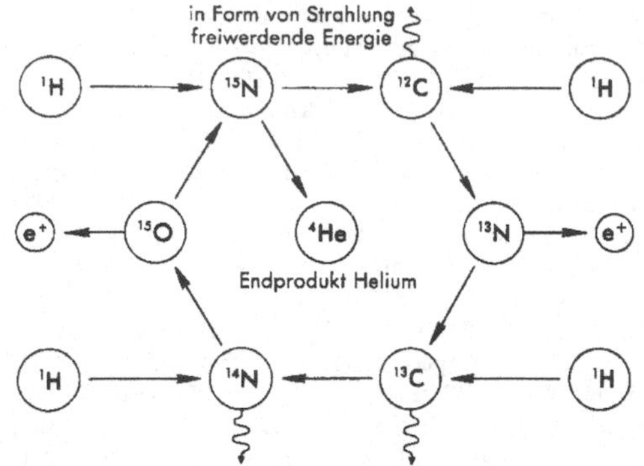

Abb. 1

scher Kohlenstoffzyklus bzw. Bethe-W.-Zyklus bekannt wird. Danach ist ein Zyklus von Kernreaktionen mit Kohlenstoff-, Stickstoff- und Sauerstoffkernen für die Energieerzeugung im Innern von Sternen der Hauptreihe des Hertzsprung-Russell-Diagramms verantwortlich. In diesem Zyklus (Abb. 1) werden 4 Protonen unter Abgabe der 2 überschüssigen positiven Elementarladungen als Positronen zu einem Alphateilchen (Heliumkern) vereinigt, ohne daß sich dabei die Anzahl der beteiligten C-, N- und O-Kerne ändert, weshalb sie auch die Rolle kernphysikalischer Katalysatoren spielen.

Unter den Rahmenbedingungen der modernen Physik und Chemie schlägt W. 1943 eine Theorie der Entstehung des Planetensystems vor, die wissenschaftshistorisch an I. Kants und P. S. Laplaces Theorie der Planetenentstehung anschließt. Dabei gelingt es ihm vor allem, Einwände gegen die Kant-Laplace-Theorie auszuräumen. Diesen Ansatz weitet W. später zu einer allgemeinen Theorie der Entwicklung von Sternen und Sternsystemen aus.

Erkenntnis- und wissenschaftstheoretische Basis der Naturwissenschaft ist nach W. die Quantenmechanik (↑Quantentheorie). Grundprinzipien der ↑Kopenhagener Deutung der Quantenmechanik wie das ↑Komplementaritätsprinzip erhalten einen kategorialen und apriorischen (↑a priori) Status für Naturerkenntnis überhaupt. Philosophie- und wissenschaftshistorisch schließt W. damit an N. Bohr und Kants Begründung der Erfahrung durch apriorische ↑Kategorien an. Kants Beschränkung auf die kategorialen Rahmenbedingungen der klassischen Physik müßte nach W. für die Quantenmechanik durch Prinzipien wie das Komplementaritätsprinzip erweitert werden. Gleichwohl behalten die klassischen Kategorien im Rahmen der Kopenhagener Deutung ihre Geltung für die Beschreibung von makroskopischen Meßapparaten, die für die Erfahrung der Quantenwelt vorausgesetzt werden.

Nach W. muß der klassische Horizont des Denkens bereits im Bereich der Logik überschritten werden. Wäh-

rend die Aussagen der klassischen Physik einen ↑Booleschen Verband bilden und den Gesetzen der klassischen Logik (↑Logik, klassische) genügen, ist im Rahmen der Quantenmechanik wegen der Heisenbergschen ↑Unschärferelation und des Bohrschen Komplementaritätsprinzips von einem nicht-booleschen (nämlich nicht-distributiven) Aussagenverband auszugehen. Quantenmechanische Aussagen gehorchen daher nach W. den Regeln einer Komplementaritätslogik, für die P. Mittelstaedt 1978 unter dem Titel einer ↑*Quantenlogik* im Anschluß an E. W. Beth und P. Lorenzen eine dialogische Begründung (↑Logik, dialogische) ausführt. Für W. ist die Quantenlogik jedoch nur eine Spezialisierung einer fundamentalen ›Logik der Zeit‹, auf die er die Einheit der Physik gründet. Ausgehend von einfachen Postulaten über trennbare und empirisch entscheidbare Alternativen von zeitlich möglichen Ereignissen rekonstruiert W. zunächst eine abstrakte, für beliebige denkbare Objekte gültige Quantentheorie. Für den Übergang von dieser abstrakten Quantentheorie zur konkreten Quantentheorie real existierender Objekte (z. B. Elementarteilchen) und ihrer konkreten Dynamik nimmt die heutige Physik in der Regel zusätzliche besondere dynamische Gesetze an. Demgegenüber geht W. von einer einzigen zusätzlichen Hypothese über Uralternativen aus (›Urhypothese‹), aus der die Spezielle und die Allgemeine Relativitätstheorie (↑Relativitätstheorie, spezielle, ↑Relativitätstheorie, allgemeine) ebenso abzuleiten seien wie die Quantentheorie der Elementarteilchen. Uralternativen bezeichnen danach die binären Alternativen, aus denen die Zustandsräume der Quantentheorie aufgebaut werden können. W.s Urhypothese umfaßt dann das Postulat der ↑Wechselwirkung und das Postulat der Ununterscheidbarkeit der Subobjekte (›Ure‹), die einer Uralternative zugeordnet sind.
Die moderne Elementarteilchenphysik (↑Teilchenphysik) sucht das System der Elementarteilchen auf besondere Symmetriegruppen zu gründen (↑Symmetrieprinzip, ↑symmetrisch/Symmetrie (naturphilosophisch)). W. zeigt zunächst, daß die Uralternativen eine Symmetriegruppe definieren, die der Symmetriegruppe der Speziellen Relativitätstheorie isomorph (↑isomorph/Isomorphie) ist. Aus der um die Urhypothese erweiterten abstrakten Quantentheorie folgt dann die Existenz eines 3-dimensionalen reellen Ortsraums und die Geltung der Speziellen Relativitätstheorie. Die Existenz von Teilchen ergibt sich unmittelbar aus der Speziellen Relativitätstheorie, insofern diese irreduzible (↑irreduzibel/Irreduzibilität) Darstellungen der Poincaré-Gruppe sind. Die Ableitung konkreter Teilchen und Felder aus der Urhypothese gelang allerdings nicht. W.s Ziel war es, die Divergenzen der Quantenfeldtheorien, die durch ad hoc angenommene Renormierungstechniken beseitigt werden müssen, durch direkte Ableitung aus der Urtheorie zu vermeiden. Die Eichsymmetrien der physikalischen Grundkräfte und ihrer Teilchen wären dann nach W. ›urentheoretisch‹ begründet.
Die Logik der Zeit begründet nach W. nicht nur Teilchen, Felder und das relativistische ↑Raum-Zeit-Kontinuum, sondern über den Begriff der ↑Wahrscheinlichkeit und die statistische Mechanik auch den 2. Hauptsatz der ↑Thermodynamik und die damit erfaßten irreversiblen (↑reversibel/Reversibilität) Prozesse der Natur. Dazu wird die klassische Wahrscheinlichkeitstheorie zu einer nicht-kommutativen (Quanten-)Wahrscheinlichkeitstheorie abgeändert, so daß eine stochastische Begründung der Quantentheorie möglich wird. W.s Erkenntnisprogramm erinnert an Kants ↑Transzendentalphilosophie, mit dem Anspruch auf Einheit und ↑Letztbegründung in einer Logik der Zeit als dem überdauernden Kerngedanken, ferner an eine platonistische Naturphilosophie: die Symmetrien der Natur sollen als Näherungen aus einer tiefer liegenden Urtheorie der Uralternativen abgeleitet werden.
In seiner Zeit am Starnberger Max-Planck-Institut rückte W. vor allem die Gefahr eines Atomkriegs, den Umweltschutz und den Nord-Süd-Konflikt in den Vordergrund. In seinen Beiträgen zur geschichtlichen ↑Anthropologie und zur Friedensforschung verbindet W. naturwissenschaftliche, gesellschaftstheoretische und religiöse Elemente in Verbindung mit teils philosophischen, teils politischen Studien über die Lebensbedingungen der wissenschaftlich-technischen Welt zu einer ›Theologie des Guten‹, die zu Gerechtigkeit, Frieden und Bewahrung der Schöpfung aufruft. Dabei sollen christliche Traditionen aus dem Geist der Bergpredigt, aber auch Traditionen der fernöstlichen Meditation zusammengeführt werden. Philosophisch folgt W. damit wieder dem platonischen Vorbild: erkennbar wird die Welt erst, wenn der Aufstieg zur Begründung durch das Gute vollzogen ist.

Werke: Durchgang schneller Korpuskularstrahlen durch ein Ferromagnetikum, Ann. Phys. 17 (1933), 869–896; Über die Spinabhängigkeit der Kernkräfte, Z. Phys. 102 (1936), 572–602; Die Atomkerne. Grundlagen und Anwendungen ihrer Theorie, Leipzig 1937; Zum Weltbild der Physik, Leipzig 1943, erw. Stuttgart [4]1949 (engl. The World View of Physics, London, Chicago Ill. 1952), erw. Stuttgart [7]1958, [14]2002 (franz. Le monde vu par la physique, Paris 1956); Die Geschichte der Natur. Zwölf Vorlesungen, Stuttgart/Zürich, Göttingen 1948, [9]1992, Stuttgart 2006 (engl. The History of Nature, Chicago Ill. 1959, 1976); (mit J. Julifs) Physik der Gegenwart, Bonn 1952, Göttingen [2]1958 (engl. The Rise of Modern Physics [auch unter dem Titel: Contemporary Physics], London, New York 1957, rev. unter dem Titel: Contemporary Physics, New York 1962); Atomenergie und Atomzeitalter. Zwölf Vorlesungen, Frankfurt 1957, 1963; Die Verantwortung der Wissenschaft im Atomzeitalter, Göttingen 1957, [7]1986; Das Problem der Zeit als philosophisches Problem, Berlin o.J. [1963, 1967]; Bedingungen des Friedens [...], Göttingen 1963, 1981; The Relevance of Science. Creation and Cosmogony, New York, London 1964 (dt. [erw.] Die Tragweite der Wissenschaft I, Stuttgart 1964, zusammen mit Bd. II, [6]1990, [7]2006); Der ungesicherte Friede, Göttingen 1969, [2]1979; (mit M. Kulessa/J. Heinrichs) Indiengespräche. Indien als Modellfall der Entwicklungspolitik, München 1970; Die Einheit der Natur. Studien, München 1971, [8]2002 (engl. The Unity of Nature, New York 1980); Platonische Naturwissenschaft im Laufe der Geschichte, Göttingen 1971; (ed.) Kriegsfolgen und Kriegsverhütung, München 1971; (ed.) Durch Kriegsverhütung zum Krieg? Die politischen Aussagen der W.-Studie »Kriegsfolgen und Kriegsverhütung«, München 1972, [2]1974; Voraussetzungen des naturwissenschaftlichen Denkens, Freiburg 1972; Was wird aus dem Menschen?, Zürich 1972; Die philosophische Interpretation der modernen Physik. 2 Vorlesungen, Leipzig 1972, [12]1989; Fragen zur Weltpolitik, München 1975, [3]1976; (ed., mit L. Castell/M. Drieschner) Quantum Theory and the Structures of Space and Time, I–VI, München/Wien 1975–1986; Wege in die Gefahr. Eine Studie über Wirtschaft, Gesellschaft und Kriegsverhütung, München/Wien 1976, [6]1987 (engl. The Politics of Peril. Economics, Society, and the Prevention of War, New York 1978); (mit B. L. van der Waerden) Werner Heisenberg, München/Wien 1977; Der Garten des Menschlichen. Beiträge zur geschichtlichen Anthropologie, München 1977, München, Frankfurt 1992 (engl. The Ambivalence of Progress, New York 1988); Deutlichkeit. Beiträge zu politischen und religiösen Gegenwartsfragen, München/Wien 1978, Neudr. München 1981, [5]1989; Diagnosen zur Aktualität. Beiträge, München/Wien 1979; Ein Blick auf Platon. Ideenlehre, Logik und Physik, Stuttgart 1981, 2002; Der bedrohte Friede. Politische Aufsätze 1945–1981, München/Wien 1981, [4]1983, wesentlich überarb. u. erw. unter dem Titel: Der bedrohte Friede – heute, 1994; Wahrnehmung der Neuzeit, München/Wien 1983, München 1990; (ed.) Die Praxis der defensiven Verteidigung, Hameln 1984; Aufbau der Physik, München/Wien 1985, [4]2002 (engl. The Structure of Physics, ed. u. erw. v. T. Görnitz/H. Lyre, Dordrecht 2006); Die Zeit drängt. Eine Weltversammlung der Christen für Gerechtigkeit, Frieden und die Bewahrung der Schöpfung, München/Wien 1986 (franz. La temps presse: Une assemblée mondiale des chrétiens pour la justice, la paix et la préservation de la création, Paris 1987), [7]1988; Die Unschuld der Physiker? C. F. v. W. im Gespräch mit Erwin Koller, Zürich 1987, [2]1997; Ausgewählte Texte, ed. H. C. Meiser, München 1987; Bewußtseinswandel, München/Wien 1988, 1991; Worte für ein neues Bewußtsein, ed. R. Walter, Freiburg/Basel/Wien 1989, [4]1992; Bedingungen der Freiheit. Reden und Aufsätze 1989–1990, München/Wien 1990; (ed.) Die Zukunft des Friedens in Europa. Politische und militärische Voraussetzungen, München/Wien 1990; Der Mensch in seiner Geschichte, München/Wien 1991, München 1994; Die Sterne sind glühende Gaskugeln, und Gott ist gegenwärtig. Über Religion und Naturwissenschaft, ed. T. Görnitz, Freiburg/Basel/Wien 1992, [4]1995 (franz. La science des astres et la présence de Dieu. Religion et science de la nature, Genf 2012); Zeit und Wissen, München/Wien 1992, München 1995; Wohin gehen wir? Der Gang der Politik/Der Weg der Religion/Der Schritt der Wissenschaft/Was sollen wir tun?, München/Wien 1997; Große Physiker. Von Aristoteles bis Werner Heisenberg, ed. H. Rechenberg, München/Wien 1999, Wiesbaden 2004; (mit K. Lindner) C. F. v. W.s Wanderung ins Atomzeitalter. Ein dialogisches Selbstportrait, Paderborn 2002; Der begriffliche Aufbau der theoretischen Physik. Vorlesung gehalten in Göttingen im Sommer 1948, ed. H. Lyre, Stuttgart/Leipzig 2004; Major Texts on Religion, ed. K. Raiser, Cham etc. 2014; Major Texts in Philosophy, ed. M. Drieschner, Cham etc. 2014; Major Texts in Physics, ed. M. Drieschner, Cham etc. 2014; Major Texts on Politics and Peace Research, ed. U. Bartosch, Cham etc. 2015. – Lieber Freund! Lieber Gegner! Briefe aus fünf Jahrzehnten, ed. E. Hora, München/Wien 2002. – P. Ackermann, Bibliographie der Schriften C. F. v. W.s, in: ders. u. a. (eds.), Erfahrung des Denkens – Wahrnehmung des Ganzen [s. u., Lit.], 211–246; M. Anacker/T. Schöttler, C. F. v. W. – Bibliographie, Z. allg. Wiss.theorie 39 (2008), 179–244.

Literatur: P. Ackermann u. a. (eds.), Erfahrung des Denkens – Wahrnehmung des Ganzen. C. F. v. W. als Physiker und Philosoph, Berlin (Ost) 1989; S. Albrecht/U. Bartosch/R. Braun (eds.), Zur Verantwortung der Wissenschaft, C. F. v. W. zu Ehren, Berlin/Münster 2008; U. Bartosch, Weltinnenpolitik. Zur Theorie des Friedens von C. F. v. W., Berlin 1995; ders. (ed.), Weltinnenpolitik für das 21. Jahrhundert. C. F. v. W. verpflichtet, Hamburg/Münster 2007, [3]2009; ders., C. F. v. W.. Pioneer of Physics, Philosophy, Religion, Politics and Peace Research, Cham etc. 2015; ders./R. Braun (eds.), Perspektiven und Begegnungen. C. F. v. W. zum 100. Geburtstag, Berlin/Münster 2012; L. Castell/O. Ischebeck (eds.), Time, Quantum, and Information, Berlin/Heidelberg/New York 2003, 2004; F. Dantonel, W., BBKL XXXIV (2013), 1506–1521; M. Drieschner, C. F. v. W. zur Einführung, Hamburg 1992, unter dem Titel: C. F. v. W.. Eine Einführung, Wiesbaden o.J. [2005]; T. Görnitz, C. F. v. W.. Ein Denker an der Schwelle zum neuen Jahrtausend, Freiburg/Basel/Wien 1992, mit Untertitel: Physiker, Philosoph, Visionär, Enger 2012; D. Hattrup, C. F. v. W.. Physiker und Philosoph, Darmstadt 2004, 2013; K. Hentschel/D. Hoffmann (eds.), C. F. v. W.. Physik – Philosophie – Friedensforschung. Leopoldina-Symposium vom 20. bis 22. Juni 2012 in Halle (Saale), Stuttgart, Halle 2014, [2]2015 (Acta historica Leopoldina LXIII); E. Kraus, Von der Uranspaltung zur Göttinger Erklärung. Otto Hahn, Werner Heisenberg, C. F. v. W. und die Verantwortung des Wissenschaftlers, Würzburg 2001; W. Krohn/K. M. Meyer-Abich (eds.), Einheit der Natur – Entwurf der Geschichte. Begegnungen mit C. F. v. W., München/Wien 1997; D.-C. Kwon, C. F. v. W.. Brückenbauer zwischen Theologie und Naturwissenschaft, Frankfurt etc. 1995; K. M. Meyer-Abich (ed.), Physik, Philosophie und Politik. Festschrift für C. F. v. W. zum 70. Geburtstag, München/Wien 1982; D. E. Newton, W., in: B. Narins (ed.), Notable Scientists from 1900 to the Present V, Farmington Hills Mich. 2001, 2366–2368; E. Scheibe/G. Süßmann (eds.), Einheit und Vielheit. Festschrift für C. F. v. W. zum 60. Geburtstag, Göttingen 1973; M. Schüz, Die Einheit des Wirklichen. C. F. v. W.s Denkweg, Pfullingen 1986; I. Weber, C. F. v. W.. Ein Leben zwischen Physik und Philosophie, Amerang 2012; B. Zehnpfennig, W., in: J. Nida-Rümelin (ed.), Philosophie der Gegenwart in Einzeldarstellungen. Von Adorno bis v. Wright, Stuttgart 1991, 628–631, [2]1999, 785–788, ed. mit E. Özmen, [3]2007, 698–702. K. M.

Welle (engl. wave, franz. onde), Bezeichnung für eine grundlegende Modellvorstellung der Physik. Eine W. entsteht, wenn bei einer Auslenkung aus einer Gleichgewichtslage eine rückwirkende, auf die Gleichgewichtslage gerichtete Kraft auftritt (Abb. 1). Bei *Transversalwellen* (wie Wasserwellen) erfolgt die Auslenkung senkrecht zur Fortpflanzungsrichtung, bei *Longitudinalwellen* (wie Schallwellen) sind beide gleichgerichtet.
Bereits in der Naturphilosophie der ↑Stoa werden W.n als universale Formen der Wirkungsausbreitung in unterschiedlichen Medien wie Wasser, Luft und Licht an-

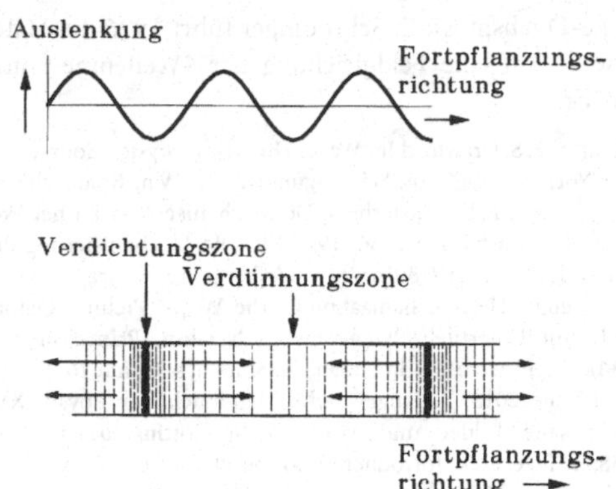

Abb. 1

genommen. In der klassischen Physik werden W.n in Flüssigkeiten, Gasen und elastischen Medien im Rahmen der Mechanik der Kontinua untersucht. Eine einfache W.nbewegung eines ↑Kontinuums ist die transversale Schwingung einer gespannten Saite, die zuerst von J. B. le Rond d'Alembert 1747 durch eine W.ngleichung beschrieben wird. Danach gilt bei einer kontinuierlichen Saite der Bogenlänge x mit konstanter Massenbelegung μ und Saitenspannung S für kleine Auslenkungen y:

$$\mu \frac{\partial^2 y}{\partial t^2} = S \frac{\partial^2 y}{\partial x^2}.$$

Eine Lösung dieser Gleichung ist die fortschreitende W.. L. Euler gibt 1748 eine Lösung für eine beliebige vorgegebene Anfangsauslenkung an. Grundlegend wird D. Bernoullis Untersuchung von 1753, in der dieser erstmals den Aufbau einer allgemeinen Gleichungslösung durch ↑Superposition von Einzellösungen vorlegt. Bernoullis Methode wird durch Untersuchungen von J. P. J. Fourier 1822 bestätigt, der damit die Grundlagen zur ›harmonischen Analyse‹ (der heute so genannten ↑Fourier-Analyse) legt. Danach lassen sich beliebige W.nformen stets in sinusförmige harmonische ebene W.n zerlegen bzw. aus diesen in einer Superposition zusammensetzen. Ein Spezialfall ist die Superposition zweier ebener, laufender W.n gleicher Amplitude, Frequenz und Phasenkonstanten zu einer ›stehenden‹ W..

In der Mechanik der Kontinua werden Schallwellen als Wirkungsübertragung in der Luft untersucht. Bereits I. Newton erklärt Schallwellen als Fortpflanzung von Druckstößen, die z. B. von einer schwingenden Saite auf die Luft übertragen werden (Philosophiae naturalis principia mathematica, Prop. XLI, XLII, Theor. XXXII, XXXIII), und macht Vorschläge zur Berechnung der Schallgeschwindigkeit. Zudem zeigt er durch mechanische Analogien, daß die Schallgeschwindigkeit c in einem gegebenen Medium durch den Druck p und die Dichte ρ des Mediums bestimmt ist: $c = \sqrt{p/\rho}$. Newton erhält einen Wert von c = 968 engl. Fuß/sec = 295 m/sec, der gegenüber Versuchsergebnissen ca. 17 Prozent zu klein ist. Erst P. S. Laplace erkennt 1816, daß die Erhöhung der Schallgeschwindigkeit gegenüber dem Newtonschen Wert aus einer von der Schallwelle selbst bewirkten Temperaturerhöhung resultiert. Die Laplacesche Formel $c = \sqrt{\kappa p/\rho}$ mit κ als dem Quotienten der spezifischen Wärme bei konstantem Druck und Volumen wird durch S. D. Poisson thermodynamisch (↑Thermodynamik) begründet.

In der 2. Hälfte des 19. Jhs. führt E. Mach Experimente mit (z. B. durch Explosion und elektrische Funkenentladung hervorgerufenen) Knallwellen durch, die sich mit Überschallgeschwindigkeit fortpflanzen. Mach zeigt, daß die momentane und punktförmige Druckstörung eines mit der Geschwindigkeit v fliegenden kleinen Körpers A (z. B. eines Geschosses) sich bei Unterschallgeschwindigkeit $v < c$ in Form einer Kugelwelle ausbreitet (Abb. 2), während bei Überschallgeschwindigkeit $v > c$ die Wirkung auf einen Kegel des Öffnungswinkels 2α beschränkt bleibt (Abb. 3). Dieser Winkel α ist durch den Quotienten v/c festgelegt, der auch als ›Mach-Zahl‹ bezeichnet wird und unter anderem in der Raketentechnik von Bedeutung ist.

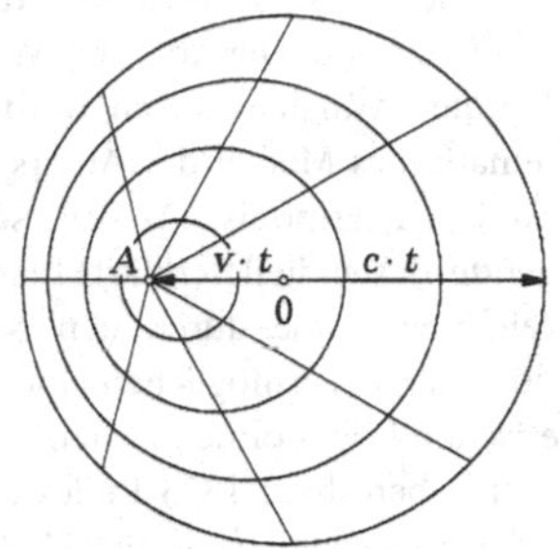

Abb. 2 (nach I. Szabó 1987, 304)

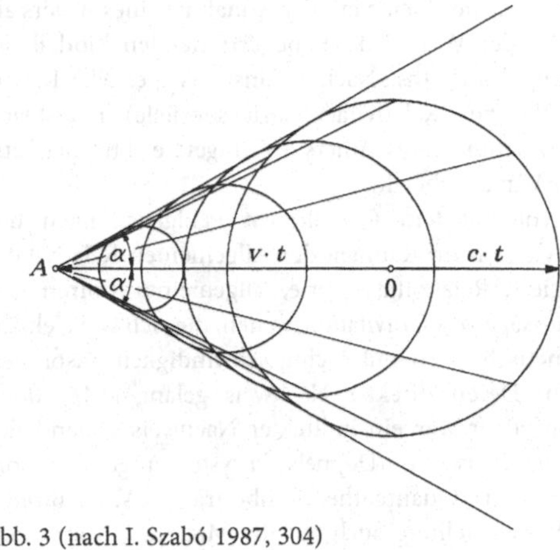

Abb. 3 (nach I. Szabó 1987, 304)

In der klassischen Physik werden elektromagnetische Lichtwellen im Rahmen der ↑Optik untersucht. Nach Ansätzen von R. Grosseteste, R. Descartes und R. Hooke faßt C. Huygens (Traité de la lumière, 1678, gedruckt 1690) Licht als (Longitudinal-)W. auf, die durch Stöße in der lichtaussendenden Materie verursacht und in einem feinen Medium übertragen wird. Ein von Licht getroffener Materieteil überträgt nach Huygens seine Bewegung auf die Umgebung und wird so zum Ausgangspunkt einer Kugelwelle. N. Malebranche ergänzt um 1700 Huygens' Ansicht, indem er den verschiedenen Farben verschiedene Frequenzen im ↑Äther als dem Medium der Lichtwellen zuschreibt. Dagegen vertritt Newton eine Teilchenvorstellung des Lichts. Diese setzt sich in der Folge weitgehend durch; sie wird insbes. durch die geradlinige Ausbreitung des Lichts und durch das Phänomen der Polarisation gestützt, das sich mit der Vorstellung longitudinaler Lichtwellen nicht in Einklang bringen läßt.

Anfang des 19. Jhs. erklären T. Young, A. J. Fresnel u. a. Beugungserscheinungen mit periodischen Lichtwellen; desgleichen werden Polarisationserscheinungen durch die Annahme transversaler Lichtwellen verstanden. Fresnel und D. F. Arago konstruieren erstmals Interferometer (↑Michelson-Morley-Versuch), mit denen A. A. Michelson 1883 die W.nlänge des Lichts für verschiedene Spektrallinien mißt. Die aus der Mechanik der Kontinua bekannten W.ngleichungen werden benutzt, um ein mathematisches Modell des Äthers zu begründen. Licht wird durch harmonisch transversal und elliptisch schwingende Bestandteile erklärt. Erst die ↑Maxwellschen Gleichungen, die durch den Ansatz einer ebenen W. gelöst werden, ermöglichen eine Theorie des elektromagnetischen Feldes ohne mechanische Deutungen. H. A. Lorentz berechnet 1875 Reflexion und Brechung einer elektromagnetischen W.. H. Hertz weist 1887 experimentell nach, daß mit elektromagnetischen Mitteln hergestellte W.n sich wie Licht verhalten. Die W.ntheorie des Lichts mit der Annahme eines Äthers als Trägers der W.n wird zur beherrschenden Modellvorstellung des 19. Jhs.. Nach A. Einsteins Spezieller Relativitätstheorie (↑Relativitätstheorie, spezielle) erweist sich die Annahme eines Äthers als Trägers elektromagnetischer W.n als überflüssig.

Die von Einstein formulierten Feldgleichungen der ↑Gravitation im Rahmen der Allgemeinen Relativitätstheorie (↑Relativitätstheorie, allgemeine) führen zur Voraussage von Gravitationswellen, die sich wie elektromagnetische W.n mit Lichtgeschwindigkeit ausbreiten sollen. Deren direkter Nachweis gelang 2016, doch schon zuvor war ein indirekter Nachweis anhand des Energieverlusts von Doppelsternsystemen geführt worden. In der ↑Quantentheorie überträgt L. V. de Broglie die W.nvorstellung auch auf die Materie (↑Korpuskel-Welle-Dualismus). E. Schrödinger führt 1926 die Materiewelle auf eine Feldgleichung der ↑Wellenmechanik zurück.

Literatur: F. S. Crawford Jr., Waves (Berkeley Physics Course III), New York etc. 1968 (dt. Schwingungen und W.n, Braunschweig 1974, [3]1989); E. J. Dijksterhuis, De Mechanisering van het Wereldbeeld, Amsterdam 1950, 1998 (dt. Die Mechanisierung des Weltbildes, Berlin/Göttingen/Heidelberg 1956 [repr. 1983, 2002]; engl. The Mechanization of the World Picture, Oxford 1961, mit Untertitel: Pythagoras to Newton, Princeton N. J. 1986); D. Fleisch/L. Kinnaman, A Student's Guide to Waves, Cambridge 2015; S. Flügge (ed.), Handbuch der Physik XVI (Elektrische Felder und W.n), Berlin/Göttingen/Heidelberg 1958; T. Freegarde, Introduction to the Physics of Waves, Cambridge etc. 2013; G. Fritzsche, Systeme, Felder, W.n, Berlin (Ost) 1975; H. Goldstein, Classical Mechanics, Reading Mass. 1950, überarb. mit C. P. Poole/J. L. Safko, Upper Saddle River N. J. [3]2002, Harlow 2014 (dt. Klassische Mechanik, Frankfurt 1963, Weinheim 2006); J. D. Jackson, Classical Electrodynamics, New York etc. 1962, [3]1999 (dt. Klassische Elektrodynamik, Berlin etc. 1981, [5]2014); K.-H. Krysmanski, W.n, Berlin (Ost) 1976, [2]1979; E. Mach, Die Prinzipien der physikalischen Optik. Historisch und erkenntnispsychologisch entwickelt, Leipzig 1921, Frankfurt 1982 (engl. The Principles of Physical Optics. An Historical and Philosophical Treatment, London 1926, Mineola N. Y. 2003); I. Szabó, Geschichte der mechanischen Prinzipien und ihrer wichtigsten Anwendungen, Basel/Stuttgart 1976, ed. P. Zimmermann/E. A. Fellmann, Basel/Boston Mass./Stuttgart [3]1987, korr. 1996; G. B. Whitham, Linear and Nonlinear Waves, New York 1974, 1999; E. T. Whittaker, A History of the Theories of Aether and Electricity from the Age of Descartes to the Close of the Nineteenth Century, London 1910, erw. unter dem Titel: A History of the Theories of Aether and Electricity, I–II, London [2]1951/1953 (repr. New York 1960, 1973), in einem Bd., New York 1989. K. M.

Wellenmechanik (engl. wave mechanics, franz. mécanique ondulatoire), Bezeichnung für eine auf E. Schrödinger zurückgehende Form der ↑Quantentheorie mit der ↑Schrödinger-Gleichung als Wellengleichung. Bereits A. Einstein liest 1909 aus der Planckschen Strahlungsformel die Existenz sowohl von Lichtquanten als auch von klassischen Lichtwellen (↑Welle) heraus. Nach dem Compton-Effekt wird der ↑Korpuskel-Welle-Dualismus für das Licht bestätigt. 1923–1924 überträgt L. V. de Broglie die Gegenüberstellung von Teilchen und Welle auf Materie. Dabei verwendet er zwei entsprechende Lorentz-invariante (↑Lorentz-Invarianz) Gleichungen für Teilchengrößen (E,p) und Wellengrößen (ω,k). Die Quantenzustände eines Atoms sollen Eigenschwingungen bzw. stehende Wellen der Materie in der Umgebung des Atomkerns sein. Allerdings bleibt die Existenz von Elementarteilchen mit der Wellenvorstellung unvereinbar. 1926 führt Schrödinger die Materiewelle auf eine Feldgleichung zurück. Er übernimmt von de Broglie nur die Analogie von Welle und Strahl, nicht aber dessen Lorentz-invariante relativistische Fassung. Aus der Wellengleichung für elektromagnetische Wellen ergibt sich durch Separation der Zeit zunächst die zeitunabhängige Form der Wellengleichung:

$\Delta\psi + k^2\psi = 0,$

bzw. nach de Broglie:

$\hbar^2\Delta\psi + p^2\psi = 0.$

Schrödinger ersetzt p^2 durch den nicht-relativistischen Ausdruck $2m(E - V)$ und erhält die (zeitunabhängige) Schrödinger-Gleichung für ein Teilchen:

$$-\frac{\hbar^2}{2m}\Delta\psi + (V - E)\psi = 0.$$

Die stationären Zustände der Quantentheorie mit den diskreten Werten der ↑Energie werden als Eigenschwingungen eines ↑Feldes mit diskreten Werten der Frequenz $E_n = \hbar\omega_n$ aufgefaßt. Auf diese Weise kann Schrödinger die Energieniveaus von Elektronen in einem Atom korrekt erklären. Er zeigt ferner die mathematische Äquivalenz seiner Gleichung mit der Matrizenmechanik nach W. Heisenberg, M. Born und P. Jordan. Die Zeitevolution einer Wellenfunktion ψ wird durch die zeitabhängige Schrödinger-Gleichung beschrieben.

Philosophisch glaubt Schrödinger mit seinem Wellenbild eine anschauliche Erklärung der Quantenerscheinungen gefunden zu haben. Tatsächlich hat aber seine Gleichung nur im Falle eines einzelnen Teilchens den Charakter einer Feldgleichung. Ferner bleibt unklar, wie diskrete Eigenschaften der Quantenwelt durch eine sich stetig ausbreitende Welle erklärt werden sollen. Eine Wellenfunktion $\psi(r,t)$ liefert für jeden Ortsvektor r und jeden Zeitpunkt t im allgemeinen eine komplexe Zahl. Born stellt eine Verbindung von Wellen- und Teilchenbild her, indem er die reelle Zahl $|\psi|^2 dV$ als die ↑Wahrscheinlichkeit interpretiert, daß sich ein Elektron zum Zeitpunkt t in dem um r zentrierten Volumenelement dV befindet. Damit verliert die Wellenfunktion $\psi(r,t)$ ihre anschauliche Deutung als ›Materiewelle‹ und wird zu einem wahrscheinlichkeitstheoretischen Rechenausdruck. Im Rahmen des Hilbertraum-Formalismus der Quantentheorie wird daher $\psi(r,t)$ allgemein als Zustand eines Quantensystems definiert, dessen Zeitevolution durch eine partielle ↑Differentialgleichung von der Form der (zeitabhängigen) Schrödinger-Gleichung determiniert wird (↑Determinismus).

Eine Schwierigkeit der Schrödingerschen W. ist das Auftreten von spezifischen Meßwerten. Die W. liefert für eine Verknüpfung von Objekt und Meßgerät lediglich eine ↑Superposition von Zuständen und stellt keinen Grund bereit, daß überhaupt ein bestimmter Wert angenommen wird (geschweige denn eine Angabe, welcher es ist). Entsprechend wird in der ↑Kopenhagener Deutung neben der Schrödinger-Gleichung das Postulat des ›Kollapses des Wellenpakets‹ eingeführt, durch den sich beim quantenmechanischen Meßakt die während des Meßprozesses wechselwirkenden (↑Wechselwirkung) und daher verschränkten Wellenfunktionen von Meßapparat und Quantensystem plötzlich separieren. In Schrödingers Katzenparadoxon (↑Quantentheorie, Abb. 2) wird dieses ›Wellenpaket‹ als Superposition der Zustände ›tot‹ und ›lebendig‹ einer Katze in einem geschlossenen Kasten verstanden, in dem ein Radiumpräparat mit der Wahrscheinlichkeit 1/2 zerfällt und dabei eine Blausäureflasche zerstört. Tatsächlich kann das quantenmechanische Meßproblem im Rahmen der Schrödingerschen W. nicht erklärt werden (↑Quantentheorie).

Die nicht-relativistische W. ist nur für einen Energiebereich anwendbar, in dem die Teilchengeschwindigkeiten deutlich kleiner als die Lichtgeschwindigkeit sind. Deshalb wird versucht, die Schrödinger-Gleichung relativistisch zu verallgemeinern. Bereits 1926 wird von O. Klein, W. Gordon u. a. die Klein-Gordon-Gleichung als Variante einer solchen Verallgemeinerung eingeführt. Sie kann jedoch nur spinlose Teilchen (›Klein-Gordon-Teilchen‹) erfassen. Verschiedene Eigenschaften der Mesonen (z. B. p-Mesonen, K-Mesonen) werden durch diese Gleichung beschrieben. Die Aufgabe, eine relativistische W. mit Berücksichtigung des Spins zu finden, führt zunächst zu P. A. M. Diracs Theorie der Bewegung des Spin-Elektrons (1928). Dabei zeigt sich, daß der Spin eines Quantensystems nicht mit einer einzigen komplexen Wellenfunktion erfaßt werden kann, sondern eine Mehrkomponententheorie erfordert. In der Diracschen W. werden vier komplexe Wellenfunktionen als Komponenten eines Dirac-Spinors

$$\psi \begin{pmatrix} \psi^1 \\ \psi^2 \\ \psi^3 \\ \psi^4 \end{pmatrix}$$

benutzt. Mathematisch handelt es sich bei Spinoren um geometrische Objekte, die ein spezifisches Transformationsgesetz erfüllen. Die W. findet schließlich ihre Verallgemeinerung in den Quantenfeldtheorien, von der die erwähnte Schrödinger-W., die Klein-Gordon-W. und die Dirac-W. nur Spezialfälle sind.

Literatur: M. Alonso/E. J. Finn, Fundamental University Physics III (Quantum and Statistical Physics), Reading Mass. etc. 1968, 1983 (dt. Physik III [Quantenphysik und statistische Physik], Amsterdam 1974, unter dem Titel: Quantenphysik, Bonn etc. ²1993, unter dem Titel: Quantenphysik und statistische Physik, München/Wien 1998, ⁵2012); S. Gao, The Meaning of the Wave Function. In Search of the Ontology of Quantum Mechanics, Cambridge etc. 2017; G. Ludwig, Wave Mechanics, Oxford etc. 1968 (dt. W.. Einführung und Originaltexte, Berlin, Oxford, Braunschweig 1969, 1970); W. Pauli, Die allgemeinen Prinzipien der W., in: S. Flügge (ed.), Handbuch der Physik V/1 (Prinzipien der Quantentheorie I), Berlin/Göttingen/Heidelberg 1958, 1–168; W. C. Price/S. S. Chissick/T. Ravensdale (eds.), Wave Mechanics. The First Fifty Years, London 1973; E. Schrödinger, Die W., Stuttgart 1963 [Schrödingers Arbeiten zur W.]; W. Thirring/P. Urban (eds.), The Schrödinger Equation (Proceedings of the International Symposium »50 Years Schrödinger Equation« in Vienna 10th–12th June 1976), Wien/New York 1977 (repr. Wien/New York 2013) (Acta Physica Austriaca Suppl. XVII); weitere Literatur: ↑Broglie, Louis Victor de, ↑Heisenberg, Werner, ↑Schrödinger, Ernst, ↑Schrödinger-Gleichung, ↑Quantentheorie. K. M.

well-formed formula (engl., regelgerecht gebildete Formel; Abkürzung: wff), Bezeichnung für solche Folgen von Symbolen einer formalen Sprache (↑Sprache, formale) oder eines ↑Kalküls, die gemäß den entsprechenden Bildungsregeln hergestellt wurden. Im Deutschen spricht man von ›Ausdrücken‹ oder ›Formeln‹. Z. B. ist $p \wedge \neg \rightarrow qr$ zwar eine Zeichenreihe eines Kalküls der ↑Junktorenlogik, aber keine w.-f. f.. Eine solche wäre z. B. $(p \wedge \neg q) \rightarrow r$. G. W.

Welt, im kosmologischen (↑Kosmologie) Zusammenhang Bezeichnung für die Gesamtheit der wirklichen (↑Universum) und möglichen (↑Welt, mögliche) Dinge, in der ↑Erkenntnistheorie ›Inbegriff aller Erscheinungen‹, die Gesamtheit des Erlebens (Erlebniswelt), der Handlungsmaximen (moralische W.) oder der Erfahrung überhaupt (↑Lebenswelt). Die kosmologischen Theorien deuten die W. als beseeltes Wesen (Heraklit, Platon; ↑Weltseele), als Gott, Bild oder ↑Emanation Gottes (Plotinos) und als ↑Schöpfung. Im Anschluß an die Antike unterscheidet die scholastische (↑Scholastik) Philosophie himmlische (supralunare) und irdische (sublunare), sinnliche und übersinnliche W.en (mundus sensibilis, mundus intelligibilis). I. Kant lehrt wie P. S. de Laplace die Entwicklung der W.en aus einem elementarischen Grundstoff und der Zusammenballung dieser Materie durch ↑Gravitation; die Theorien über einen Anfang oder ein Ende der W. in der Zeit oder ihrer Unendlichkeit sind nach Kant antinomisch (↑Antinomie).

Kant konzipiert den erkenntnistheoretischen Begriff der W., d. i. W. im ↑transzendentalen Sinne, als ›absolute Totalität des Inbegriffs existierender Dinge‹ (KrV A 419/B447, Akad.-Ausg. III, 289). W. ist in diesem Sinne zunächst Inbegriff aller Erscheinungen und der Möglichkeit ihrer begrifflichen (naturwissenschaftlichen) Erfassung. Der W.begriff hat als Begriff der theoretischen Vernunft (↑Vernunft, theoretische) den Status einer ›transzendentalen Idee‹. W. bezeichnet die Totalität in der ↑Synthesis der ↑Erscheinungen, mithin nicht die ↑Realität, sondern die Möglichkeitsbedingungen der Denkbarkeit von Realität. Auch die moralische W. erhält in der erkenntnistheoretischen Umdeutung des Begriffs der intelligiblen W. den Status einer transzendentalen (praktischen) Idee. Moralische W. ist die W., sofern sie als sittlichen Gesetzen gemäß aufgefaßt wird. Weil die Grundlage dieser Idee die ↑Freiheit, mithin selbst eine Idee (↑Idee (historisch)) ist, kommt ihr keine Realität zu. Kant nimmt deshalb eine Vermittlung der beiden im Bereich der praktischen Vernunft möglichen Standpunkte durch den Begriff der Verstandeswelt vor. Zum Begriff der Verstandeswelt sieht die Vernunft sich genötigt, um den Begriff der moralischen W. auf ein Seiendes (den Menschen) anwendbar zu machen, das sowohl als Erscheinung, d. h. zugehörig zur ↑Sinnenwelt, als auch unter der praktischen Idee der Freiheit gedacht werden muß. In dieser Hinsicht gewinnt die moralische W. objektive Realität, nämlich insoweit, als sie sich notwendig auf die W. als Erscheinung, der der Mensch zugehört, beziehen muß. Unter Verstandeswelt versteht Kant also die Annahme, es gebe ein Reich der ↑Zwecke, zu dem die Menschen gehören und in dem sie sich nach ↑Maximen der Freiheit verhalten, so ↑als ob diese Maximen ↑Naturgesetze wären. Diese praktische Idee eines nach Zwecken zusammenhängenden Ganzen oder ›Systems von Endursachen‹ (KU § 86, Akad.-Ausg. V, 442–447) wird vermittels der Notwendigkeit der Hypothese einer an der moralischen Idee vom höchsten Gut orientierten, durch praktische Vernunft erschaffenen W. zur Grundlage des vernünftigen Glaubens (↑Glaube (philosophisch)). Bei Kant wird die ontologisch bzw. kosmologisch interpretierte intelligible W. als Reich der Intelligenzen über den Begriff der Verstandeswelt durch den erkenntnistheoretischen W.begriff vermittelt. Denn die Hypothese einer realen Ordnung der Vernunft, in der der Mensch wie in einer sinnlichen W. beheimatet sein kann, wird zur vernünftigen Grundlage der Idee eines ›Ganzen aller Intelligenzen‹. – Die Philosophie nach Kant sucht entweder eine ontologische Einheit von W.begriffen und realer W. in Überwindung des Kantischen ↑Kritizismus wiederherzustellen (F. W. J. Schelling, G. W. F. Hegel) oder in Absetzung von der systematischen Philosophie des Deutschen Idealismus (↑Idealismus, deutscher) die erkenntnistheoretische Bestimmung wiederaufzugreifen und in dem Sinne zu erweitern, daß der Hiatus zwischen theoretischer und praktischer Vernunft für den W.begriff überwunden wird.

E. Husserl bestimmt W. als ↑Horizont der ↑Erfahrung, d. h. als ein zunächst inhaltlich unbestimmtes oder nur vage bestimmtes Vorwissen, das über die Einzeldaten der Erfahrung hinausweist und sich in der Analyse der Erfahrung spezifiziert. Horizont bedeutet, daß Daten auf ihre weitere Spezifikation vorausdeuten, daß sie auf einen Umkreis von Mit-Objekten und schließlich auf die Gesamtheit der Gegenstände, die Ganzheit der W. als den ›offenen Horizont der Raum-Zeitlichkeit‹ verweisen (Erfahrung und Urteil, § 8). In Weiterführung der Kantischen transzendentalen und der phänomenologischen

(↑Phänomenologie) Bestimmung definiert M. Heidegger in der ↑Fundamentalontologie von »Sein und Zeit« und der sich anschließenden ↑Metaphysikkritik die ontologische Kategorie der W., die die (ontische) Allheit der Dinge begründet, als ›Charakter des Daseins‹ (Sein und Zeit, [19]2006, 64). W. ist hier Inbegriff aller möglichen (praktischen wie daraus ableitbaren theoretischen) Vollzüge: Verstehenshorizont für das Seiende wie den Menschen und zudem ↑Entwurf des eigenen Seinkönnens. W. bezeichnet die Ganzheit der Seinsmöglichkeiten des ↑Daseins, die ↑Zeitlichkeit oder ↑Geschichtlichkeit. Die zur Zeitlichkeit des Daseins gehörende ›erschlossene W.‹ (Sein und Zeit, [19]2006, 365) ist weder ›Allheit der Naturdinge‹ noch ›Gemeinschaft der Menschen‹, also nicht Summe alles Seienden im Sinne eines abstrakten philosophischen Begriffs. Sie ist Entwurf der universalen Verstehbarkeit (↑Vorverständnis) von Seiendem, der zugleich das Seiende als Zuhandenes und Vorhandenes (↑vorhanden/zuhanden) auslegt und konkret die Seinsweise des Daseins als ↑In-der-Welt-sein, d.h. als Einheit von Entwurf und ↑Geworfenheit, bestimmt (Vom Wesen des Grundes, [8]1995, 55). W. ist daher zugleich ↑Lebenswelt und Horizont der Erschlossenheit der Lebenswelt. In seinen späteren Schriften bestimmt Heidegger W. im Zusammenhang der methodisch variierten Entwicklung der Seinsfrage als geschichtlichen, sprachlich ausgelegten Verständnishorizont bzw. als geschichtlich-sprachliche Seinserfahrung, die selbst wieder geschichtlich, d.h. nach Epochen und Kulturen unterschiedlich, geprägt ist.

In der philosophischen ↑Anthropologie wird der W.begriff (im Interesse der Absetzung des Menschen vom Tier) der Gegenbegriff zur Umweltgebundenheit des Tieres. Der Mensch ist durch W.offenheit gekennzeichnet, vermag die Wirklichkeit, in der er sich vorfindet, uneingeschränkt zu erfahren und als das Ganze seines Lebensraumes, damit auch als Verständnishorizont für Einzelerfahrungen zu erfassen und zum Bewußtsein zu erheben. Die W. des Einzelnen vermittelt sich in Sprache und gemeinsamer Tradition zu einer gemeinschaftlichen W.. W. ist also nicht allein apriorischer Entwurf, sondern umgreifende Wirklichkeit im Sinne der Sprachwelt, der Geschichte, aber auch im Sinne der vorgegebenen Realität.

Literatur: S. Bauberger, Was ist die W.? Zur philosophischen Interpretation der Physik, Stuttgart 2003, [3]2009; C. Bermes, ›W.‹ als Thema der Philosophie. Vom metaphysischen zum natürlichen W.begriff, Hamburg 2004; H. Cancik u.a., W., RGG VIII ([4]2005), 1387–1401; P. Clavier, Le concept du monde, Paris 2000; S.J. Dick, Plurality of Worlds. The Origins of the Extraterrestrial Life Debate from Democritus to Kant, Cambridge etc. 1982, 1984; U. Dirks, W./W.en, EP III ([2]2010), 2953–2962; M. Enders, Transzendenz und W.. Das daseinshermeneutische Transzendenz- und W.-Verständnis Martin Heideggers auf dem Hintergrund der neuzeitlichen Geschichte des Transzendenz-Begriffs, Frankfurt etc. 1999; S. Gaston, The Concept of World from Kant to Derrida, London/New York 2013; C. Hackenesch, Selbst und W.. Zur Metaphysik des Selbst bei Heidegger und Cassirer, Hamburg 2001; M. Heidegger, Sein und Zeit. Erste Hälfte, Jb. Philos. phänomen. Forsch. 8 (1927), 1–438, separat Halle 1927, [2]1929, Tübingen [19]2006, Berlin/Boston Mass. 2015; ders., Vom Wesen des Grundes, Halle 1929, Frankfurt [8]1995; E. Husserl, Erfahrung und Urteil. Untersuchungen zur Genealogie der Logik, ed. L. Landgrebe, Prag 1939, Hamburg 1948, 1964, mit Nachwort u. Reg. v. L. Eley, [4]1972, [7]1999; C.W. Kim, Der Begriff der W. bei Wolff, Baumgarten, Crusius und Kant. Eine Untersuchung zur Vorgeschichte von Kants W.begriff von 1770, Frankfurt/New York 2004; P. Kouba, Die W. nach Nietzsche. Eine philosophische Interpretation, München 2001; J. Leslie, Universes, London/New York 1989, 1997; B. Liebsch, Verzeitlichte W.. Variationen über die Philosophie Karl Löwiths, Würzburg 1995; K. Löwith, Der W.begriff in der neuzeitlichen Philosophie, Heidelberg 1960, [2]1968; M.K. Munitz, Cosmic Understanding. Philosophy and Science of the Universe, Princeton N.J. 1986; C. Nielsen/H.R. Sepp (eds.), W. denken. Annäherungen an die Kosmologie Eugen Finks, Freiburg/München 2011; S. Overgaard, Husserl and Heidegger on Being in the World, Dordrecht/Boston Mass./London 2004; G. Pöltner/M. Wiesbauer (eds.), ›W.en‹ – zur W. als Phänomen, Frankfurt etc. 2008; G. Prauss, Die W. und wir I/1 (Sprache – Subjekt – Zeit), Stuttgart 1990; T. Rentsch/H. Braun/U. Dirks, W., Hist. Wb. Ph. XII (2004), 407–443; G. Scherer, W. – Natur oder Schöpfung?, Darmstadt 1990, 2005; H. Schmitz, W., in: P. Kolmer/A.G. Wildfeuer (eds.), Neues Handbuch philosophischer Grundbegriffe III, Freiburg/München 2011, 2466–2484; A. Schütz, Der sinnhafte Aufbau der sozialen W.. Eine Einleitung in die verstehende Soziologie, Wien 1932, Frankfurt [6]1993, ferner als: Werkausg. II, ed. M. Endreß/J. Renn, Konstanz/München 2004; K. Stock u.a., W./W.-anschauung/W.bild, TRE XXXV (2003), 536–611; E. Thomas, Der W.begriff in Heideggers Sein und Zeit. Kritik der ›existenzialen‹ W.bestimmung, Frankfurt/New York 2006; P. Trawny, Martin Heideggers Phänomenologie der W., Freiburg/München 1997; C. Wohlers, Kants Theorie der Einheit der W.. Eine Studie zum Verhältnis von Anschauungsformen, Kausalität und Teleologie bei Kant, Würzburg 2000. A. G.-S.

Welt, beste, im Rahmen der ↑Monadentheorie über den Begriff der prästabilierten Harmonie (↑Harmonie, prästabilierte) in Verbindung mit dem Satz vom zureichenden Grund (↑Grund, Satz vom) und der Formulierung von ↑Naturgesetzen in Form von ↑Extremalprinzipien von G.W. Leibniz eingeführter Terminus für eine philosophische Konzeption, die besagt, daß die tatsächliche Welt die beste aller möglichen Welten (↑Welt, mögliche) ist. Nach dem Satz vom Grund hat alles in der Welt, z.B. jeder Zustand einer ↑Substanz (↑Monade), einen zureichenden Grund. Dieser bedeutet in physikalischen Zusammenhängen, daß die Natur eindeutig bestimmt ist (↑Determinismus), in meist als ontologisch bezeichneten Zusammenhängen, daß in ihm ein Prinzip des Besten (↑principium melioris) zum Ausdruck kommt, dessen Geltung alles in der Welt als auf bestmögliche Weise bestimmt sieht.

Begründet wird diese Vorstellung wiederum damit, daß Gott (↑Gott (philosophisch)) der erste (zureichende)

Grund der Welt (Princ. nat. grâce § 8, Philos. Schr. VI, 602; vgl. De rerum originatione radicali [1697], Philos. Schr. VII, 302) bzw. der in ihr herrschenden prästabilierten Harmonie (Monadologie § 51, Philos. Schr. VI, 615) ist. Wenn Gott der erste zureichende Grund der Welt ist und Gott stets auf die bestmögliche Weise handelt, weil auch sein Handeln einen zureichenden Grund hat (vgl. De contingentia, in: Textes inédits [...] I, ed. G. Grua, Paris 1948, 305; Initia et specimina scientiae novae generalis, Philos. Schr. VII, 109; 3. Schreiben an S. Clarke [25.2.1716], Philos. Schr. VII, 364–365) bzw. darin dem Prinzip des Besten folgt (Essais de théodicée § 196, Philos. Schr. VI, 232–233; Monadologie § 48, Philos. Schr. VI, 615; Brief vom 19.12.1707 an P. Coste, Philos. Schr. III, 402), dann ist auch die unter allen möglichen Welten realisierte Welt die b. W. (vgl. Essais de théodicée, Préf., Philos. Schr. VI, 44; Disc. mét. § 36, Philos. Schr. IV, 462, Akad.-Ausg. 6.4B, 1586–1587; Monadologie § 48, Philos. Schr. VI, 615).

Im Kontext der Praktischen Philosophie (↑Philosophie, praktische) bestimmt der Begriff der b.n W. bzw. der besten aller möglichen Welten einerseits Probleme der ↑Theodizee (Ergänzung der seit A. Augustinus geläufigen Unterscheidung zwischen dem physischen und dem moralischen ↑Übel durch die Kategorie des metaphysischen Übels, das auf der ↑Endlichkeit der von Gott geschaffenen Dinge beruht), andererseits das Problem der ↑Willensfreiheit. Hier steht der Begriff der b.n W. für eine Welt, zu deren Idee (analog dem vernünftigen Willen Gottes) die Einsicht in das Vernünftige und die freie Wahl der dieses Vernünftige realisierenden Handlungsmöglichkeiten gehört. Dies macht zugleich den eigentümlichen (metaphysischen) ↑Optimismus der Leibnizschen Philosophie aus.

Literatur: D. Blumenfeld, Perfection and Happiness in the Best Possible World, in: N. Jolley (ed.), The Cambridge Companion to Leibniz, Cambridge etc. 1995, 1999, 382–410; G. Brown, Leibniz's Theodicy and the Confluence of Worldly Goods, J. Hist. Philos. 26 (1988), 571–591; ders./Y. Chiek (eds.), Leibniz on Compossibility and Possible Worlds, Cham 2016; D. X. Burt, Courageous Optimism. Augustine on the God of Creation, Augustinian Stud. 21 (1990), 55–66; R. E. Creel, Divine Impassibility. An Essay in Philosophical Theology, Cambridge etc. 1986, 188–203 (Chap. 11 How to Create the Best Possible World); I. Ekeland, The Best of All Possible Worlds. Mathematics and Destiny, Chicago Ill./London 2006, 2007; G. Gale, On What God Chose. Perfection and God's Freedom, Stud. Leibn. 8 (1976), 69–87; M. V. Griffin, Leibniz, God and Necessity, Cambridge etc. 2013, 2015; A. Gurwitsch, Leibniz. Philosophie des Panlogismus, Berlin/New York 1974, bes. 458–463; A. Heinekamp/A. Robinet (eds.), Leibniz. Le meilleur des mondes [...], Stuttgart 1992; S. K. Knebel, Necessitas moralis ad optimum. Zum historischen Hintergrund der Wahl der besten aller möglichen Welten, Stud. Leibn. 23 (1991), 3–24; W. E. Mann, The Best of All Possible Worlds, in: S. MacDonald (ed.), Being and Goodness. The Concept of the Good in Metaphysics and Philosophical Theology, Ithaca N. Y./London 1991, 250–277; S. Nadler, The Best of All Possible Worlds. A Story of Philosophers, God, and Evil, New York 2008, Princeton N. J. 2010; G. H. R. Parkinson, Logic and Reality in Leibniz's Metaphysics, Oxford 1965, New York 1985, 104–105, 189–190; A. C. Plantinga, Which Worlds Could God Have Created?, J. Philos. 70 (1973), 539–552; T. Ramelow, Gott, Freiheit, Weltenwahl. Der Ursprung des Begriffes der besten aller möglichen Welten in der Metaphysik der Willensfreiheit zwischen Antonio Perez (1599–1649) und G. W. Leibniz (1646–1716), Leiden/New York/Köln 1997; P. Rateau, Leibniz et le meilleur des mondes possibles, Paris 2015; B. R. Reichenbach, Must God Create the Best Possible World?, Int. Philos. Quart. 19 (1979), 203–212; N. Rescher, Leibniz. An Introduction to His Philosophy, Oxford 1979, Aldershot etc. 1993; ders., Leibniz's Metaphysics of Nature. A Group of Essays, Dordrecht/Boston Mass./London 1981 (Univ. Western Ontario Ser. Philos. Sci. XVIII); D. Rutherford, Leibniz and the Rational Order of Nature, Cambridge etc. 1995, 1998; H. Schepers, Zum Problem der Kontingenz bei Leibniz. Die beste der möglichen Welten, in: E.-W. Böckenförde u. a., Collegium Philosophicum. Studien Joachim Ritter zum 60. Geburtstag, Basel/Stuttgart 1965, 326–350, Neudr. in: A. Heinekamp/F. Schupp (eds.), Leibniz' Logik und Metaphysik, Darmstadt 1988, 193–222; T. M. Schmaltz, Malebranche and Leibniz on the Best of All Possible Worlds, South. J. Philos. 48 (2010), 28–48; L. Strickland, Leibniz Reinterpreted, London/New York 2006; H. Titze, Betrachtungen zu Leibnizens b.r W., in: Akten des II. Internationalen Leibniz-Kongresses, Hannover, 17.–22. Juli 1972 III, Wiesbaden 1975 (Stud. Leibn. Suppl. XIV), 15–24; J. F. Williams, Hating Perfection. A Subtle Search for the Best Possible World, Amherst N. Y. 2009, 2013; weitere Literatur: ↑Grund, Satz vom, ↑Leibniz, Gottfried Wilhelm, ↑Theodizee. J. M.

Welt, mögliche (engl. possible world, franz. monde possible), Bezeichnung für mögliche (↑möglich/Möglichkeit) ↑Zustände und Zustandskombinationen (jede vollständige ↑Zustandsbeschreibung beschreibt eine m. W.), im Gegensatz zum Begriff der wirklichen oder tatsächlichen Welt (↑wirklich/Wirklichkeit, ↑Realität). Der Begriff der m.n W. wird (vor dem Hintergrund der seit der Antike – vor allem im antiken ↑Atomismus, im beginnenden neuzeitlichen Denken z. B. von G. Bruno und B. Fontenelle – vertretenen Konzeption einer Pluralität der Welten) von G. W. Leibniz in die Theoretische Philosophie (↑Philosophie, theoretische) eingeführt und dient unter anderem dem Zweck, den Bereich des Möglichen in einem logischen, sprachphilosophischen und wissenschaftstheoretischen Rahmen theoriefähig zu machen.

(1) Leibniz arbeitet seinen Weltbegriff im Rahmen der ↑Monadentheorie vor dem Hintergrund des Begriffs der m.n W. aus, und zwar so, daß die Aussagen der Monadentheorie für alle m.n W.en gelten sollen. Entsprechend wird die ↑Logik als Theorie der ↑Vernunftwahrheiten aufgefaßt, die in allen m.n W.en gelten (wohingegen die ↑Tatsachenwahrheiten nur in der – von Gott allerdings nach dem Prinzip des zureichenden Grundes geschaffenen – faktischen Welt gelten). Jede m. W. besteht nach Leibniz aus ↑Substanzen (↑Monade), die hinsichtlich

ihres vollständigen Begriffs (↑Begriff, vollständiger) widerspruchsfrei (↑widerspruchsfrei/Widerspruchsfreiheit) sind, weshalb auch die entsprechenden m.n W.en als widerspruchsfrei gedacht werden können. Schon bei Leibniz ist damit eine m. W. modelltheoretisch (↑Modelltheorie) verstanden als eine Menge von Substanzen, Zuständen und Ereignissen, in der bestimmte (Natur-) Gesetze gelten und andere nicht. Unter allen m.n W.en ist dann die wirkliche Welt ein ausgezeichnetes Element. Bei Leibniz beruht diese Auszeichnung darin, daß sie die *beste* aller m.n W.en (↑Welt, beste) ist.

Die Begründung dieser These erfolgt wiederum über den Satz vom Grund (↑Grund, Satz vom), und zwar in dessen Formulierung als Prinzip des Besten (↑principium melioris), die diesen Satz auf Gottes Handeln (↑Gott (philosophisch)) bezieht. Gottes Handeln hat einen zureichenden Grund, und dieser ist in der besten aller m.n W.en, mit Gott als dem zureichenden Grund aller Dinge (De rerum originatione radicali [1697], Philos. Schr. VII, 302), realisiert (vgl. Essais de théodicée, Préf., Philos. Schr. VI, 44; Disc. mét. § 36, Philos. Schr. IV, 462, Akad.-Ausg. 6.4B, 1586–1587; Monadologie § 48, Philos. Schr. VI, 615). Sie zeigt sich in einer ›vollkommensten Ordnung‹, d. h. einer Ordnung, die »die einfachste den Hypothesen nach, aber die reichste den Erscheinungen nach ist« (Disc. mét. § 6, Philos. Schr. IV, 431, Akad.-Ausg. 6.4B, 1538).

(2) Für die moderne ↑Logik, ↑Sprachphilosophie und ↑Linguistik wird der Begriff der m.n W. von R. Carnap (1947), S. Kanger (1957, 1957/1958), J. Hintikka (1962) und S. Kripke (1971; ↑Kripke-Semantik) als modelltheoretischer Terminus fruchtbar gemacht. M. W.en sind Bestandteile der Modellstrukturen, anhand derer Sprache interpretiert wird; sie dienen der Interpretation modaler (↑Modalität) Begriffe, insbes. des Begriffs der Notwendigkeit (↑notwendig/Notwendigkeit) und des Begriffs der Möglichkeit. In der propositionalen ↑Modallogik besteht jedes ↑Modell aus einer Menge m.r W.en, einer Zugänglichkeitsrelation zwischen diesen und einer Zuweisung von ↑Wahrheitswerten zu jeder ↑Elementaraussage in jeder m.n W.. Ausgehend von der Darstellung von ↑Propositionen durch ↑Zuordnung m.r W.en zu Wahrheitswerten, von Eigenschaften durch Zuordnungen m.r W.en zu ↑Mengen und von Individuenbegriffen durch Zuordnung m.r W.en zu ↑Individuen verallgemeinert R. Montague (↑Montague-Grammatik) diese Begriffe zu einer ↑Typentheorie. D. Lewis (1973, 1986) und R. Stalnaker (1968, 1984) ziehen den Begriff der m.n W. für die Analyse ↑kontrafaktischer Bedingungssätze heran.

Die philosophische Debatte über die Grundlagen der ↑Mögliche-Welten-Semantik konzentriert sich auf die Frage des ontologischen Status m.r W.en. Während Lewis eine realistische (↑Realismus, semantischer) Position einnimmt und davon ausgeht, daß eine m. W. in gleichem Maße wirklich und ↑konkret ist wie die tatsächliche Welt, stellt sich für R. M. Adams (1974) eine m. W. als maximal konsistente (↑widerspruchsfrei/Widerspruchsfreiheit) Menge von Propositionen und damit als ↑abstraktes Objekt dar. – In der *Fiktionstheorie* wird die Welt der ↑Fiktionen mit ihren fiktionalen Individuen von L. Dolezel (1989) ontologisch als eine neben der wirklichen Welt bestehende, bloß mögliche, aber nicht tatsächliche/aktuale Welt verstanden. Dagegen faßt N. Wolterstorff (1980) fiktionale Individuen als Bestandteile existierender nicht-aktualer ↑Sachverhalte auf. Beide Autoren (ebenso T. Pavel 1975/1976, 1986) stimmen darin überein, daß fiktionale Welten unvollständig (↑unvollständig/Unvollständigkeit) und inkonsistent (↑inkonsistent/Inkonsistenz) sein können, während sie für Lewis existierende, vollständige (↑vollständig/Vollständigkeit), aber nicht-aktuale Welten sind, die jeweils über einen eigenen Individuenbereich verfügen. Die Korrespondenz zwischen den Individuen verschiedener m.r W.en beruht bei Lewis auf der so genannten Counterpart-Relation.

(3) In der *Wissenschaftstheorie* wird der Begriff der m.n W. von T. S. Kuhn (1989) aufgegriffen. Kuhn geht im Gegensatz zu den Anhängern einer Mögliche-Welten-Semantik davon aus, daß nicht alles in jeder Sprache gesagt werden kann. Probleme einer intensionalen (↑intensional/Intension) oder modalen Semantik müssen demnach Fragen einer spezifizierten Sprache sein, und nur diejenigen m.n W.en, die sich in dieser Sprache festlegen lassen, können als relevant herangezogen werden. Die Annahme, daß ein vorhandenes Wissen die Anzahl der Welten, die Mitglieder einer Sprach- oder Kulturgemeinschaft beschreiben können, begrenzt, richtet sich direkt gegen die kausale Theorie der ↑Referenz, die Bedeutungsveränderungen ausschließt. Das Erlernen theoretischer Begriffe (↑Begriffe, theoretische, ↑Theoriesprache) beinhaltet ostensive oder festsetzende Elemente, indem diese Begriffe in Situationen eingeführt werden, auf die sie zutreffen. Ändern sich die Bedeutungen der lexikalischen Eintragungen (z. B. beim Übergang von der Newtonschen zur Einsteinschen Mechanik), erlauben die aus ihnen resultierenden Lexika einen Zugang nur zu den jeweils entsprechenden m.n W.en.

(4) In der *Physik* bezieht sich der Begriff der m.n W. auf den ↑Spielraum, den tatsächlich bestehende oder mögliche Gesetze (↑Gesetz (exakte Wissenschaften)) für den Zustand einer Welt zulassen. Auf Grund der probabilistischen (↑Probabilismus, ↑Wahrscheinlichkeit) Natur der ↑Quantentheorie spielt der Begriff der m.n W. dort in zweierlei Hinsicht eine wichtige Rolle: (a) In der von R. P. Feynman entwickelten Fassung der Quantenmechanik ergeben sich die beobachteten Quantenzustände aus der Berücksichtigung aller Möglichkeiten,

die zu diesen Zuständen führen können. Z. B. erhält man die Wahrscheinlichkeit für das Auftreffen eines Teilchens an einem bestimmten Ort eines Beobachtungsschirms aus der ›Summierung‹ aller möglichen Wege des Teilchens zu diesem Ort (*sum-over-histories approach*). (b) Die von H. Everett III 1957 formulierte ›Viele-Welten-Interpretation‹ soll der Lösung des ›Quantenmeßproblems‹ dienen: Aus der Standardfassung der Quantenmechanik folgt, daß die Wechselwirkung zwischen Meßobjekt und Meßgerät lediglich zu einem Spektrum möglicher Meßwerte führt und nicht zur Folge hat, daß einer dieser Meßwerte tatsächlich angenommen wird. Die Viele-Welten-Interpretation unterstellt, daß tatsächlich keine Auswahl aus der Menge der möglichen Werte stattfindet und stattdessen jeder mögliche Wert in einer jeweils anderen Welt angenommen wird.

Literatur: R. M. Adams, Theories of Actuality, Noûs 8 (1974), 211–231; J. Barwise, Situationen und kleine Welten, in: A. v. Stechow/D. Wunderlich (eds.), Semantik. Ein internationales Handbuch zeitgenössischer Forschung, Berlin/New York 1991, 80–89; ders./J. Perry, Situations and Attitudes, Cambridge Mass./London 1983, Stanford Calif. 2000 (dt. Situationen und Einstellungen. Grundlagen der Situationssemantik, Berlin/New York 1987); S. Beck, The Method of Possible Worlds, Metaphilos. 23 (1992), 119–131; J. S. Bell, Six Possible Worlds of Quantum Mechanics, in: S. Allén (ed.), Possible Worlds in Humanities, Arts and Sciences, Berlin/New York 1989, 359–373; T. F. Bigaj, Non-Locality and Possible Worlds. A Counterfactual Perspective on Quantum Entanglement, Frankfurt etc. 2006; J. C. Bigelow, Truth and Universals, in: H.-J. Eikmeyer/H. Rieser (eds.), Words, Worlds, and Contexts. New Approaches in Word Semantics, Berlin/New York 1981, 168–189; M. Boudot, La sémantique kripkéenne et les doctrines logiques de Leibniz, Rech. sur la philos. et le langage 9 (Grenoble 1989), 15–38; R. Carnap, Meaning and Necessity. A Study in Semantics and Modal Logic, Chicago Ill./Toronto/London 1947, Chicago Ill./London ²1956, 1988; C. S. Chihara, The Worlds of Possibility. Modal Realism and the Semantics of Modal Logic, Oxford etc. 1998, 2001; M. J. Cresswell, Entities and Indices, Dordrecht/Boston Mass./London 1990; ders., Die Weltsituation, in: A. v. Stechow/D. Wunderlich (eds.), Semantik [s. o.], 71–80; S. J. Dick, Worlds, Possible Worlds, in: H. Burkhardt/B. Smith (eds.), Handbook of Metaphysics and Ontology II, München/Philadelphia Pa./Wien 1991, 949–950; J. Divers, Possible Worlds, London/New York 2002; L. Dolezel, Possible Worlds and Literary Fictions, in: S. Allén (ed.), Possible Worlds in Humanities, Arts and Sciences [s. o.], 221–242; P. Engel, Monde (possible), Enc. philos. universelle II/2 (1990), 1674–1676; J. W. Felt, Impossible Worlds, Int. Philos. Quart. 23 (1983), 251–265; G. Forbes, The Metaphysics of Modality, Oxford etc. 1985, 1986; ders., Languages of Possibility. An Essay in Philosophical Logic, Oxford/New York 1989; G. Gabriel, Fiction. A Semantic Approach, Poetics 8 (1979), 245–255; J. W. Garson, Modal Logic for Philosophers, Cambridge etc. 2006, ²2013; R. Girle, Possible Worlds, Chesham 2003, London/New York 2014; T. Gloyna, W., m., Hist. Wb. Ph. XII (2004), 443–453; N. Goodman, Ways of Worldmaking, Indianapolis Ind./Cambridge Mass. 1978, 1995 (dt. Weisen der Welterzeugung, Frankfurt 1984, ¹⁴2014; franz. Manières de faire des mondes, Paris 1992, 2006); R. Heißler, David Lewis' m. W.en, Marburg 2010; J. Hintikka, Knowledge and Belief. An Introduction to the Logic of the Two Notions, Ithaca N. Y. 1962, London 2005; G. E. Hughes/M. J. Cresswell, A Companion to Modal Logic, London/New York 1984; dies., A New Introduction to Modal Logic, London/New York 1996, 2003; P. Hutcheson, Transcendental Phenomenology and Possible World Semantics, Husserl Stud. 4 (1987), 225–242; G. Imaguire (ed.), Possible Worlds. Logic, Semantics and Ontology, München 2010; P. van Inwagen, Two Concepts of Possible Worlds, Midwest Stud. Philos. 11 (1986), 185–213; M. Jubien, Problems with Possible Worlds, in: D. F. Austin (ed.), Philosophical Analysis. A Defense by Example, Dordrecht/Boston Mass./London 1988, 299–322; S. Kanger, Provability in Logic, Stockholm 1957 (Stockholm Stud. Philos. I); ders., The Morning Star Paradox, Theoria 23/24 (1957/1958), 1–11; A. Kratzer, Semantik der Rede. Kontexttheorie, Modalwörter, Konditionalsätze, Königstein 1978; dies., An Investigation of the Lumps of Thought, Linguistics and Philos. 12 (1989), 607–653; S. Kripke, Identity and Necessity, in: M. K. Munitz (ed.), Identity and Individuation, New York 1971, 135–164; T. S. Kuhn, Possible Worlds in History of Science, in: S. Allén (ed.), Possible Worlds in Humanities, Arts and Sciences [s. o.], 9–32; D. Lewis, Counterfactuals, Oxford 1973, Malden Mass./Oxford 2001; ders., On the Plurality of Worlds, Oxford 1986, Malden Mass./Oxford 2009; C. Lewy, Meaning and Modality, Cambridge etc. 1976; L. Linsky (ed.), Reference and Modality, Oxford etc. 1971, 1979; M. J. Loux (ed.), The Possible and the Actual. Readings in the Metaphysics of Modality, Ithaca N. Y./London 1979, 1988; W. G. Lycan, Two – No, Three – Concepts of Possible Worlds, Proc. Arist. Soc. 91 (1990/1991), 215–227; R. B. Marcus, Possibilia and Possible Worlds, Grazer philos. Stud. 25/26 (1985/1986), 107–133; R. Martin, Argumentation et sémantique des mondes possibles, Rev. int. philos. 39 (1985), 302–321; C. Menzel, Possible Worlds, SEP 2013, rev. 2016; R. Montague, Pragmatics and Intensional Logic, Synthese 22 (1970), 68–94, Neudr. in: ders., Formal Philosophy [s. u.], 119–147; ders., Universal Grammar, Theoria 36 (1970), 373–398, Neudr. in: ders., Formal Philosophy [s. u.], 222–246; ders., Formal Philosophy. Selected Papers of Richard Montague, ed. R. Thomason, New Haven Conn./London 1974, 1979; D. P. Nolan, Topics in the Philosophy of Possible Worlds, New York/London 2002; J. E. Nolt, What Are Possible Worlds?, Mind NS 95 (1986), 432–445; J. Padilla Gálvez, Referenz und Theorie der m.n W.en. Darstellung und Kritik der logisch-semantischen Theorie in der Sprachanalytischen Philosophie, Frankfurt etc. 1989; T. Parsons, Essentialism and Quantified Modal Logic, Philos. Rev. 78 (1969), 35–52; B. H. Partee, Possible Worlds in Model-Theoretic Semantics. A Linguistic Perspective, in: S. Allén (ed.), Possible Worlds in Humanities, Arts and Sciences [s. o.], 93–123; T. G. Pavel, ›Possible Worlds‹ in Literary Semantics, J. Aesthetics Art Criticism 34 (1975/1976), 165–176; ders., Fictional Worlds, Cambridge Mass./London 1986 (franz. Univers de la fiction, Paris 1988); D. Pearce/H. Wansing, On the Methodology of Possible Worlds Semantics I (Correspondence Theory), Notre Dame J. Formal Logic 29 (1988), 482–496; P. M. Pietroski, Possible Worlds, Syntax, and Opacity, Analysis 53 (1993), 270–280; A. Plantinga, The Nature of Necessity, Oxford 1974, 2010; ders., Essays in the Metaphysics of Modality, ed. M. Davidson, Oxford etc. 2003; A. R. Pruss, Actuality, Possibility, and Worlds, London/New York 2011; L. B. Puntel, Grundlagen einer Theorie der Wahrheit, Berlin/New York 1990; W. V. O. Quine, Reference and Modality, in: ders., From a Logical Point of View. 9 Logico-Philosophical Essays, Cambridge Mass. 1953, ²1961, 2001, 139–159; N. Rescher, A Theory of Possibility. A Constructivistic and Conceptualistic Account of Possible Individuals and Possible Worlds, Oxford 1975; ders., Leibniz's Metaphysics of Nature. A Group of Essays, Dordrecht/Boston Mass./London 1981 (Univ. Western Ontario Ser. Philos. Sci. XVIII), 1–19 (Chap. I Leibniz on Creation and the Evaluation of Possible Worlds); N. U. Salmon, Reference and Essence, Princeton N. J. 1981, Amherst N. Y. ²2005; B. Skyrms, Possible Worlds, Physics and Metaphysics, Philos. Stud. 30 (1976), 323–332; R. C. Stalnaker, A Theory of Conditionals, in: N. Rescher (ed.), Studies in Logical Theory, Oxford 1968, 98–112; ders., Inquiry, Cambridge Mass./London 1984, 1987, 43–58; ders., Ways a World Might Be. Metaphysical and Anti-Metaphysical Essays, Oxford 2003; R. H. Thomason, Modal Logic and Metaphysics, in: K. Lambert (ed.), The Logical Way of Doing Things, New Haven Conn./London 1969, 119–146; R. Vergauwen, How to Do Things with Worlds. Intentionality and the Ontology of Model-Theoretic Semantics, Log. anal. 29 (1986), 297–320; N. Wolterstorff, Works and Worlds of Art, Oxford etc. 1980. E.-M. E./J. M.

Weltanschauung, Bezeichnung für eine einheitliche ↑vorwissenschaftliche oder philosophisch formulierte bzw. in unterschiedlichen philosophischen Systemen dargestellte Gesamtauffassung der Welt und der Stellung des Menschen in der Welt. Eine W. umfaßt nicht allein eine theoretische Erkenntnis der Welt im ganzen (↑Weltbild), sondern begründet zugleich eine (Be-)Wertung, damit eine Handlungsorientierung und eine Umsetzung von Überzeugungen in die Realität. Die philosophische Bestimmung einer W. enthält grundsätzlich den Verweis auf die Relativität der Geltung von W.en. In der methodischen Begründung geschichtlichen Wissens wird Philosophie zur W.skritik.

J. G. Herders Gedanke einer Situations- und Kulturvarianz der Erkenntnis sowie, damit verknüpft, der sprachlichen Verfaßtheit des Denkens bereitet die philosophische Konzeption der W. vor. In der ↑Sprachphilosophie (z. B. bei W. v. Humboldt und F. Mauthner) wird die Relativität von W.en mit den durch Sprachentwicklung bedingten Unterschieden in der Welterfahrung begründet. – Historisch taucht der Begriff W. um 1800 im Denken der ↑Romantik auf. F. W. J. Schelling beschreibt die Leistung der Poesie als Stiftung einer W. (ohne diesen Begriff explizit zu verwenden). Die Poesie legt ›das ganze der Geschichte und Bildung‹ einer bestimmten Zeit, in einem ›poetischen Ganzen‹ nieder (Ueber Dante in philosophischer Beziehung, 1801). Diese Bedeutung von ›W.‹ wird von F. Schleiermacher aufgegriffen, der im Zusammenhang seiner ↑Religionsphilosophie und Pädagogik den Gebrauch des Begriffs der W. in der ↑Hermeneutik vorbereitet. Schleiermacher verwendet ›W.‹ synonym mit ›Anschauung des Universums‹, die er als »Resultat der spekulativen Naturwissenschaft und der wissenschaftlichen Betrachtung der Geschichte« bestimmt (Vorlesungen über Pädagogik, 1813). Wie in Schellings Bestimmung der Kunst wird die W. der höchsten, weil zugleich theoretischen und praktischen Artikulation der menschlichen Vernunft zugeschrieben.

Für W. Dilthey verbindet W. die Einzelerfahrungen zu einer ›allgemeinen Erfahrung über das Leben‹ (↑Lebensphilosophie). W. bestimmt sich daher als »ein geistiges Gebilde, das Welterkenntnis, Ideal, Regelgebung und oberste Zweckbestimmung einschließt« (Das Wesen der Philosophie, 1984, 50). In seiner W.slehre bestimmt Dilthey die Typen der W.en, die sich auf wenige Grundmuster der Interpretation des ›Verhältnisses des eigenen Lebens zur Welt als ganzer‹ zurückführen lassen. Diese W.stypen sind zugleich ›Kultursysteme‹, d. h., sie bilden geschichtliche Formationen des objektiven Geistes (↑Geist, objektiver). Aus der vorwissenschaftlichen Orientierung entstehen die *religiöse* und die *poetische* W., aus dem Willen zum allgemeingültigen Wissen drei Typen der *metaphysischen* W.: (1) Der ↑Naturalismus mit dem Materialismus (↑Materialismus (historisch)) als Metaphysik, dem ↑Sensualismus bzw. Positivismus (↑Positivismus (historisch)) als Erkenntnisideal, dem ↑Hedonismus und der ↑Kontemplation als Lebensideal; (2) der ↑Idealismus der ↑Freiheit; (3) der objektive Idealismus (↑Idealismus, objektiver). Dilthey weist zwar auf die Widersprüchlichkeiten der W.en hin, entwickelt seine historische Typologie aber nicht zu einer Kritik weiter, sondern läßt die W.en im Sinne des in der Lebensphilosophie angenommenen letztlich irrationalen (↑irrational/Irrationalismus) Kampfes von W.en in ihrer Unterschiedlichkeit nebeneinander bestehen. – Neben dieser umfassenden Bestimmung der W. finden sich sporadische Verwendungen des Begriffs wie etwa bei H. Maier, der die wissenschaftliche W. als Synthese der positiven Wissenschaft und der Metaphysik definiert, wobei er selbst in der Metaphysik die ›Formstruktur des Universums‹ herauszuarbeiten sucht (Philosophie der Wirklichkeit I, 564, vgl. 567–568). Negativ wird der Begriff der W. in F. A. Langes Kritik an der Metaphysik und am Materialismus verwendet, die beide als wissenschaftliche W.en zwar Ausdruck des menschlichen Sinnbedürfnisses seien, aber die Grenzen des philosophischen Wissens zur Unwissenschaftlichkeit hin überschritten.

M. Schelers Konzept der natürlichen W. wird in E. Husserls Begriff der ↑Lebenswelt als dem Bereich der vorwissenschaftlichen Erfahrung aufgegriffen und in einer phänomenologischen (↑Phänomenologie) Ontologie systematisch verortet. Von dieser Konzeption ausgehend stellt M. Heidegger im Rahmen seiner ↑Metaphysikkritik die Bestimmung der W. in den Zusammenhang der Forderung nach einer methodisch gerechtfertigten Grundlegung verschiedener metaphysischer Entwürfe und unterstellt die W.en der Forderung permanenter, methodisch geleiteter Revision.

Literatur: E. Adickes, Charakter und W.. Eine akademische Antrittsrede, Tübingen 1905, 1907; K. Bayertz/M. Gerhard/W. Jaeschke (eds.), W., Philosophie und Naturwissenschaft im 19. Jahrhundert, I–III, Hamburg 2007; C. Berner, Qu'est-ce qu'une conception du monde?, Paris 2006; C. C. Brinton, Ideas and Men. The Story of Western Thought, New York 1950, Englewood Cliffs N. J. ^{2}1963 (dt. Ideen und Menschen. Geschichte der abendländischen W.en, Stuttgart 1950, Stuttgart, Zürich 1954); W. Dilthey, W.slehre. Abhandlungen zur Philosophie der Philosophie, Leipzig/Berlin 1931, Stuttgart/Göttingen ^{2}1960, ^{6}1991 (= Ges. Schr. VIII); ders., Das Wesen der Philosophie, Berlin/Leipzig 1907, ed. O. Pöggeler, Hamburg 1984, Neudr. Wiesbaden 2008; G. Dux, Die Logik der Weltbilder. Sinnstrukturen im Wandel der Geschichte, Frankfurt 1982, ^{3}1990; L. Gabriel, Logik der W., Graz/Salzburg/Wien 1949; U. B. Glatz, Emil Lask. Philosophie im Verhältnis zu W., Leben und Erkenntnis, Würzburg 2001; M. Heidegger, Vom Wesen des Grundes, Frankfurt 1950, ^{8}1995; ders., Die Zeit des Weltbildes [1938], in: ders., Holzwege, Frankfurt 1950, 69–104, ^{8}2003, 75–113; B. Hering (ed.), Naturerkenntnis und W., Berlin 1986; E. Herms/W. Thiede, W., RGG VIII (^{4}2005), 1401–1406; K. Jaspers, Psychologie der W.en, Berlin 1919, Berlin/New York/Heidelberg ^{6}1971, Neuausg. München/Zürich 1985, ^{2}1994; K. Joël, Wandlungen der W.. Eine Philosophiegeschichte als Geschichtsphilosophie, I–II, Tübingen 1928/1934 (repr. 1965); B. Kern, W.en und Welterkenntnis, Berlin 1911; F. Klimke, Die Hauptprobleme der W., Kempten/München 1910, ^{4}1920; G. F. Lipps, W. und Bildungsideal, Leipzig/Berlin 1911; H. Maier, Philosophie der Wirklichkeit, I–III, Tübingen 1926–1935; O. Marquard, W.stypologie, in: ders., Schwierigkeiten mit der Geschichtsphilosophie, Frankfurt 1973, ^{3}1992, mit Untertitel: Aufsätze, ^{4}1997, 107–121; F. Mauthner, Beiträge zu einer Kritik der Sprache, I–III, Leipzig 1901–1902, ^{3}1923 (repr. Hildesheim 1967–1969), Wien/Köln/Weimar 1999; ders., Die Sprache, Frankfurt 1906, Marburg 2012 (franz. Le langage, Paris 2012); ders., Wörterbuch der Philosophie. Neue Beiträge zu einer Kritik der Sprache, I–II, München/Leipzig 1910/1911 (repr. Zürich 1980), in 3 Bdn., ^{2}1923–1924, Köln/Weimar/Wien 1997; ders., Die drei Bilder der Welt. Ein sprachkritischer Versuch, ed. W. Jacobs, Erlangen 1925, Hamburg 2014; H. G. Meier, W.. Studien zu einer Geschichte und Theorie des Begriffs, Diss. Münster 1968; H. Meyer, Geschichte der abendländischen W., I–V, Würzburg/Paderborn 1947–1950, unter dem Titel: Abendländische W., I–V, Paderborn/Würzburg, I, ^{3}1967, II, ^{3}1965, III, ^{3}1966, IV, 1950, V, ^{2}1966; T. Mies, W., EP III (^{2}2010), 2962–2967; A. Müller, W. – eine Herausforderung für Martin Heideggers Philosophiebegriff, Stuttgart 2010; K. Nielsen, Philosophy and »W.«, J. Value Inqu. 27 (1993), 179–186; H. Reiner, Zum Begriff und Wesen der W.. Die W. in ihrem Verhältnis zur Metaphysik und als existentieller und sozialer Tatbestand, Philos. Stud. 1 (1949), 141–163; H. Rickert, Psychologie der W.en und Philosophie der Werte, Logos 9 (1920/1921), 1–42; ders., Wissenschaftliche Philosophie und W., Logos 22 (1933), 37–57; J. Rohbeck (ed.), Philosophie und W., Dresden 1999; K. Salamun (ed.), Aufklärungsperspektiven. W.sanalyse und Ideologiekritik, Tübingen 1989; ders. (ed.), Geistige Tendenzen der Zeit. Perspektiven der W.stheorie und Kulturphilosophie, Frankfurt etc. 1996; M. Scheler, Schriften zur Soziologie und W.slehre, I–III, Leipzig 1923–1924, ferner als: Ges. Werke VI, Bern/München ^{2}1963, Bonn ^{4}2008; ders., Philosophische W., Bonn 1929, ed. Maria Scheler, Bonn/Bern ^{2}1954, Bern/München ^{3}1968; F. W. J. Schelling, Ueber Dante in philosophischer Beziehung (1801), in: G. W. F. Hegel, Gesammelte Werke IV, Hamburg 1968, 486–493; W. Stern, Person und Sache. System der philosophischen W., I–III, Leipzig 1906–1924, I, ^{2}1923, II, ^{3}1919; ders., Vorgedanken zur W., Leipzig 1915; K. Stock u. a., Welt/W./Weltbild, TRE XXXV (2003), 536–611; H. Thomé, W., Hist. Wb. Ph. XII (2004), 453–460; E. Topitsch, Vom Ursprung und Ende der Metaphysik. Eine Studie zur W.skritik, Wien 1958, München 1972; ders., Heil und Zeit. Ein Artikel zur W.sanalyse, Tübingen 1990; P. Ziche (ed.), Monismus um 1900. Wissenschaftskultur und W., Berlin 2000. A. G.-S.

Weltbild, Bezeichnung für das zum anschaulichen Modell der ↑Welt objektivierte Wissen. Im Gegensatz zum Begriff der ↑Lebenswelt oder der ↑Weltanschauung bezieht sich der Begriff des W.es auf die anschauliche Synthese der Ergebnisse einer Einzelwissenschaft (↑Verwissenschaftlichung) und wird relativ zum Ansatz des zur Gesamtsicht der Welt erweiterten Wissens als naturwissenschaftlich-physikalisches (kausal-mechanistisches), biologisches, soziologisches, historisches W. bestimmt. In der weiteren Fassung als anschaulich gegebene ›Gesamtheit der gegenständlichen Inhalte, die ein Mensch hat‹ (K. Jaspers) bestimmt sich das W. als psychologisches, kulturelles, umfassend als metaphysisches oder philosophisches W.. Unterschiedliche W.er stehen in inhaltlicher Konkurrenz zueinander (Vielfalt der W.er), doch läßt sich durch eine philosophische Reflexion auf die Konstitution des W.es ihre eingeschränkte Geltung erkennen. In der philosophischen Bestimmung wird das W. entweder als Weise der Welterkenntnis bestimmt (W. Dilthey) oder als eine Erkenntnis, die zugleich das Handeln festlegt (M. Heidegger).

Dilthey definiert W. im Kontext der Erkenntnis als anschauliches Resultat des ›auffassenden Verhaltens‹. Ein W. entsteht bzw. wird gebildet gemäß der gesetzmäßigen Konstitution des Erkennens. Ausgehend von der Beobachtung innerer Vorgänge und (durch diese vermittelt) äußerer Gegenstände über die Erklärung und Ordnung der Wahrnehmung sowie abschließend in Begriff und Urteil schließt sich im W. die Mannigfaltigkeit der Lebenserfahrung zur Einheit einer Sicht der Welt zusammen. Das W. gewinnt seine Bedeutung daraus, daß – wie Heidegger kritisch einwendet – bei Dilthey »die Grundhaltung des Menschen zum Seienden im Ganzen als Weltanschauung bestimmt« wird (Holzwege, 93). In Anknüpfung an diese Bestimmung des W.es als objektivierter Weltanschauung weist Heidegger auf die praktische Konsequenz des zunächst im Bereich des Erkennens angesiedelten Begriffs des W.es hin. Die Philosophie der Neuzeit entwickelt ein Verständnis der Welt als Seiendes im ganzen, das im Erkennen nach den Exaktheitskriterien und Prinzipien mathematisch-naturwissenschaftlichen Wissens vorgestellt zum W. und im technischen Handeln dieser Vorstellung gemäß hergestellt wird: »Der Grundvorgang der Neuzeit ist die Eroberung der Welt als Bild« (a. a. O., 94). Das wissenschaftliche W. wird dadurch zu einem philosophischen W., damit zu einer alles umfassenden Sicht der Welt, die sich der Relativierung der W.er widersetzt. Heidegger begründet diese Herrschaft des W.es in seiner Metaphysikkritik aus dem Grundzug des metaphysischen Denkens (↑Metaphysik): »Daß die Welt zum Bild wird, ist ein und derselbe Vorgang mit dem, daß der Mensch innerhalb des Seienden zum Subjectum wird« (a. a. O., 92). Daß die Welt zum ›Bild‹ wird (ebd.), definiert das neuzeitliche Weltverhältnis nicht nur im Entwurf möglichen Wissens und Handelns, sondern in dem das Wissen wie Handeln anleitenden Seinsentwurf selbst. Das W. *ist* die Weltanschauung der Neuzeit.

Literatur: V. Albus, W. und Metapher. Untersuchungen zur Philosophie im 18. Jahrhundert, Würzburg 2001; D. Backes, Der steinige Weg zu einem neuen W.. Die Entwicklung der Quantentheorie und philosophische Probleme ihrer Deutung, Aachen 2000; W. Böcher, Natur, Wissenschaft und Ganzheit. Über die Welterfahrung des Menschen, Opladen, Wiesbaden 1992; E. Brix/G. Magerl (eds.), W.er in den Wissenschaften, Wien/Köln/Weimar 2005; F. Capra, The Turning Point. Science, Society and the Rising Culture, Toronto/New York 1981, London 1983 (dt. Wendezeit. Bausteine für ein neues W., Bern/München/Wien 1982, [20]1991, München 2004); D. J. Dijksterhuis, De Mechanisering van het Wereldbeeld, Amsterdam 1950, [3]1977, 2006 (dt. Die Mechanisierung des W.es, Berlin/Göttingen/Heidelberg 1956 [repr. Berlin/Heidelberg/New York 1983, 2002]; engl. The Mechanization of the World Picture, Oxford 1961, Princeton N. J. 1986); G. Dux, Die Logik der W.er. Sinnstrukturen im Wandel der Geschichte, Frankfurt 1982, [3]1990; G. Figal u. a., W., RGG VIII ([4]2005), 1406–1431; E. P. Fischer, Hinter dem Horizont. Eine Geschichte der W.er, Berlin 2017; H. Franz, Auf dem Weg zu einem ganzheitlichen W., Wien/Köln 1990; H. Gebhardt/H. Kiesel (eds.), W.er, Berlin etc. 2004; U. Gehring (ed.), Die Welt im Bild. Weltentwürfe in Kunst, Literatur und Wissenschaft seit der Frühen Neuzeit, München/Paderborn 2010; H. Grössing, Frühling der Neuzeit. Wissenschaft, Gesellschaft und W. in der frühen Neuzeit, Wien 2000; M. Heidegger, Die Zeit des W.es [1938], in: ders., Holzwege, Frankfurt 1950, 69–104, [8]2003, 75–113; B. Hespel, Outre Newton. Quelques images du monde à l'Age classique, Bern etc. 2003; P. Kamleiter, Der entzauberte Glaube. Eine Kritik am theistischen W. aus naturwissenschaftlicher, philosophischer und theologischer Sicht, Marburg 2016; B. Kanitscheider/R. Neck (eds.), Das naturwissenschaftliche W. am Beginn des 21. Jahrhunderts, Frankfurt 2011; H. Linser, Chemismus des Lebens. Das biologische W. der Gegenwart, Wien 1948; C. Markschies/J. Zachhuber (eds.), Die Welt als Bild. Interdisziplinäre Beiträge zur Visualität von W.ern, Berlin/New York 2008; ders. u. a. (eds.), Atlas der W.er, Berlin 2011; T. Mies, W., EP III ([2]2010), 2967–2969; J. Mittelstraß, W.er. Die Welt der Wissenschaftsgeschichte, in: ders., Der Flug der Eule. Von der Vernunft der Wissenschaft und der Aufgabe der Philosophie, Frankfurt 1989, [2]1997, 228–254 (engl. World Pictures. The World of the History and Philosophy of Science, in: J. R. Brown/J. Mittelstraß [eds.], An Intimate Relation. Studies in the History and Philosophy of Science. Presented to Robert E. Butts on His 60th Birthday, Dordrecht/Boston Mass./London 1989 [Boston Stud. Philos. Sci. 116], 319–341); ders., Machina mundi – zum astronomischen W. der Renaissance, Basel/Frankfurt 1995; P. Neukam/B. O'Connor (eds.), W. und Weltdeutung, München 2002; H. Precht, Das wissenschaftliche W. und seine Grenzen, München/Basel 1960; C. Reichel/E. Prat de la Riba (eds.), Naturwissenschaft und W.. Mathematik und Quantenphysik in unserem Denk- und Wertesystem, Wien 1992; E. R. Sandvoss, Sternstunden des Prometheus. Vom W. zum Weltmodell, Frankfurt/Leipzig 1996, 1998; K. Stock u. a., Welt/Weltanschauung/W., TRE XXXV (2003), 536–611; H. Thomé, W., Hist. Wb. Ph. XII (2004), 460–463; K. Ullrich, Abschied von Platon. Das naturwissenschaftliche W. der Gegenwart, Frankfurt 2001. A. G.-S.

Weltbild, elektromagnetisches (engl. elektromagnetic world picture), Bezeichnung für die in der Zeit um 1900 verbreitete Position in der ↑Physik, daß die ↑Elektrodynamik grundlegender als die ↑Mechanik und diese auf jene zu reduzieren sei (↑Reduktion). Das mechanische Weltbild (↑Mechanismus) hatte in der ↑Materie, in Korpuskeln und deren Bewegung, die Basis aller Naturprozesse gesehen. Entsprechend wurden die elektromagnetischen Phänomene in der zweiten Hälfte des 19. Jhs. oft auf einen mechanisch verstandenen ↑Äther zurückgeführt, dessen korpuskulare Bestandteile die mechanischen Eigenschaften der ↑Trägheit und der Elastizität besitzen (und der auch J. C. Maxwells eigener Ableitung der ↑Maxwellschen Gleichungen zugrundegelegen hatte). Dagegen rückten ab etwa 1890 Denkansätze in den Vordergrund, die die Materie auf nicht-mechanische Eigenschaften zu gründen suchten. Neben die Energetik W. Ostwalds (welche ↑Energie als die basale Größe betrachtete) trat das e. W. mit dem nicht-materiell gedachten Äther als einziger Grundgröße. Die Gesetze der Elektrodynamik (die Maxwellschen Gleichungen oder deren Verallgemeinerungen) sollten die Grundlage allen Naturgeschehens bilden. Geladene Teilchen sind lokale Verdichtungen oder ›Knoten‹ elektromagnetischer Felder.

Zu den frühen Protagonisten dieses Programms zur Vereinheitlichung der Physik zählten J. Larmor und J. J. Thomson; die spätere Entwicklung wurde von M. Abraham (der 1905 den Ausdruck ›e. W.‹ einführte), A. Bucherer, P. Langevin, H. A. Lorentz, G. Mie, H. Poincaré, E. Wiechert und W. Wien geprägt. Das e. W. übte nicht allein als physikalisches Reduktionsprogramm große Anziehungskraft aus, sondern auch als philosophische Naturdeutung, die den als ›primitiv‹ empfundenen Materialismus (↑Materialismus (historisch)) entweder überwand oder wesentlich fortentwickelte (und aus diesem Grund etwa von W. I. Lenin 1908 als Stütze des Dialektischen Materialismus [↑Materialismus, dialektischer] befürwortet wurde).

Das e. W. zielte entsprechend darauf ab, die Elektrodynamik (in verbesserter Gestalt) als Grundlage aller physikalischen Theoriebildung auszuweisen, die Mechanik auf diese zu reduzieren und materielle Korpuskel als Anregungszustände des Äthers zu verstehen. Thomson hatte 1881 gezeigt, daß als Folge der Selbstinduktion eine Ladung in einem Feld einen Widerstand gegen eine Änderung ihrer Bewegung ausübt, was (nach Verbesserungen der Ableitung) zu der Auffassung inspirierte, elektromagnetische Effekte bildeten die Grundlage der mechanischen Trägheit. Danach sollte die träge ↑Masse auf die

↑Wechselwirkung zwischen geladenen Teilchen und dem Weltäther (oder dem elektromagnetischen Feld) zurückgehen. Abraham entwarf 1903 die Vorstellung, Elektronen seien starre Kugeln homogener Ladungsverteilung und leitete daraus eine Zunahme der Masse bei wachsender Geschwindigkeit gegen den Äther ab. Diesem starren Elektron setzte Lorentz 1904 das deformierbare Elektron entgegen, das durch seine Bewegung durch den Äther gestaucht wird (Lorentz-Kontraktion; ↑Lorentz). Lorentz' Ansatz führt zu einer von Abraham abweichenden Geschwindigkeitsabhängigkeit der Masse. Bucherer und Langevin entwarfen einen dritten Ansatz, der eine Deformation unter Volumenerhaltung vorsah und zu ähnlichen Vorhersagen wie Abraham gelangte. Die Experimente W. Kaufmanns und Bucherers sollten zwischen diesen drei Fassungen entscheiden und favorisierten am Ende Lorentz' Ansatz. A. Einsteins Spezielle Relativitätstheorie (↑Relativitätstheorie, spezielle, 1905) führte auf die gleiche Geschwindigkeitsabhängigkeit wie Lorentz' deformierbares Elektron und wurde anfangs als Spielart dieses Ansatzes wahrgenommen. Überdies wurde schon im Rahmen des e.n W.s mechanische Masse generell auf elektromagnetische Energie zurückgeführt (ähnlich der späteren Äquivalenz von Masse und Energie in der Speziellen Relativitätstheorie).

Das e. W. stieß auf anhaltende Schwierigkeiten bei der Erklärung der Stabilität des Elektrons, der Interpretation des Protons (als eines weiteren Teilchens neben dem Elektron), der Einbindung der ↑Gravitation (wie sie auf andersartige Weise durch die Allgemeine Relativitätstheorie [↑Relativitätstheorie, allgemeine] geleistet wurde) und der Begründung des Planckschen Strahlungsgesetzes (die erst in der ↑Quantentheorie gelang). Die Anziehungskraft des e.n W.s ging entsprechend in der zweiten Dekade des 20. Jhs. stark zurück.

Literatur: M. Frisch, Mechanisms, Principles, and Lorentz's Cautious Realism, Stud. Hist. Philos. Modern Phys. 36 (2005), 659–679; M. Heidelberger, Weltbildveränderungen in der modernen Physik vor dem Ersten Weltkrieg, in: R. vom Bruch/B. Kaderas (eds.), Wissenschaften und Wissenschaftspolitik. Bestandsaufnahmen zu Formationen, Brüchen und Kontinuitäten im Deutschland des 20. Jahrhunderts, Stuttgart 2002, 84–96; L. Hopf, Die Relativitätstheorie, Berlin 1931, 7–28 (Kap. 2 Mechanisches und e. W.); M. Jammer, Concepts of Mass in Classical and Modern Physics, Cambridge Mass. 1961, Mineola N. Y. 1997, 136–153 (Chap. 11 The Electromagnetic Concept of Mass) (dt. Der Begriff der Masse in der Physik, Darmstadt 1964, [3]1981, 146–164 [Kap. XI Der elektromagnetische Begriff der Masse]); M. Janssen, Drawing the Line between Kinematics and Dynamics in Special Relativity, Stud. Hist. Philos. Modern Phys. 40 (2009), 26–52; ders./M. Mecklenburg, From Classical to Relativistic Mechanics. Electromagnetic Models of the Electron, in: V. F. Hendricks u. a. (eds.), Interactions: Mathematics, Physics and Philosophy. 1860–1930, Berlin 2007, 65–134; H. Kragh, Higher Speculations. Grand Theories and Failed Revolutions in Physics and Cosmology, Oxford 2011, 59–86 (Chap. 3 Electrodynamics as a World View); R. McCormmach, H. A. Lorentz and the Electromagnetic View of Nature, Isis 61 (1970), 459–497; A. I. Miller, Albert Einstein's Special Theory of Relativity. Emergence (1905) and Early Interpretation (1905–1911), Reading Mass. 1981, New York etc. 1998, 11–113 (Chap. 1 Electrodynamics 1890–1905); J. Schwinger, Electromagnetic Mass Revisited, Found. Phys. 13 (1983), 373–383. M. C.

Weltbild, mechanistisches, Bezeichnung für das Erkenntnisprojekt vor allem des 17. Jhs., alle Erscheinungen auf Materie und Bewegung zurückzuführen (G. Galilei, R. Descartes, R. Boyle u. a.). Angenommen wird, daß ↑Materie eine einzige, universelle Gestalt besitzt und durch ↑Ausdehnung und ↑Undurchdringbarkeit charakterisiert ist. Im Mittelpunkt der Betrachtung stehen Wirkungen bewegter Körper nach Maßgabe von Druck und Stoß, die sich etwa in der Kollision von Teilchen oder in starren Verbindungen ausdrücken. Entsprechend beschreiben die ↑Stoßgesetze die fundamentalen ↑Wechselwirkungen in der Natur. Das m. W. ist durch die Behauptung gekennzeichnet, daß sämtliche Natureffekte auf Gestalt und Bewegung materieller Korpuskeln zurückgehen (»corporeal agents as do not appear either to work otherwise than by virtue of the motion, size, figure, and contrivance of their own parts« [Boyle, The Works III, 13]). Entsprechend wird die mechanische Uhr mit ihren Gewichten, Stäben und Zahnrädern zum Symbol für das Gefüge des Universums und liefert zugleich ein Vorbild für Naturerklärungen.

Galilei übte eine prägende Wirkung auf die Ausbildung des m.n W.s aus. Er hob die Einheitlichkeit der Materie hervor (im Gegensatz zur Viergestalt der aristotelischen Elemente) und rückte für die Materie (nach dem Vorbild des Archimedes) die Wirkungsübertragung nach dem Muster einfacher Maschinen (Hebel, Waage etc.) ins Zentrum. Körper und ihre Bewegungen avancierten zur zentralen Erklärungsgrundlage der Erscheinungswelt. Bei Galilei wie bei Descartes drückte sich dieser Gedanke in einer Verschmelzung von ↑Physik und ↑Mechanik aus. Im mittelalterlichen ↑Aristotelismus war die Mechanik als die Lehre von den Maschinen begrifflich von der Physik geschieden, die die ungestörten Naturprozesse zum Gegenstand hatte. Künstliche Vorrichtungen wurden als Eingriffe in diese Naturprozesse vorgestellt, die diese von ihrem gewöhnlichen Gang entfernten. Dem stellten Galilei, Descartes sowie F. Bacon die Vorstellung gegenüber, daß auch Maschinen Naturprozesse umsetzen und daß entsprechend die Mechanik ein Teil der Physik ist. Phänomene, wie sie z. B. mittels der Luftpumpe erzeugt werden, sind Naturtatsachen. Die Regelmäßigkeit des Uhrengangs ist von gleicher Art wie das Gleichmaß des Planetenumlaufs. Erst die Aufgabe der kategorischen Unterscheidung von *natura* und *ars* ermöglichte die Vorstellung des Universums als Uhrwerk. Und erst im Zuge dieser begrifflichen Umorientierung konnte die Maschinenmetapher auf Naturprozesse Anwendung finden. – Die Uhrenmetapher verdeutlichte insbes., daß regelmäßige Abläufe durch Mechanismen erzeugt werden können, die trotz ihrer Komplexität vom Menschen zu durchdringen sind. Das m. W. ging entsprechend mit dem Versprechen einer Verstehbarkeit der Natur einher. Während der mittelalterliche Aristotelismus und die ↑Naturphilosophie der ↑Renaissance verborgene Eigenschaften und Zusammenhänge als basale Charakteristika des Naturlaufs hinnahm, setzte das m. W. die Intelligibilität aller Naturprozesse voraus.

Das m. W. entfaltete sich in zwei hauptsächlichen Varianten, der cartesischen und der atomistischen. In der cartesischen Fassung ist die einheitliche Materie durch Ausdehnung, Bewegungserhaltung und unendliche Teilbarkeit gekennzeichnet. Mit der Gleichsetzung von Materie und Ausdehnung ergibt sich deren unendliche Teilbarkeit aus der unendlichen Teilbarkeit des ↑Raumes. Dieselbe Gleichsetzung schließt den leeren Raum aus. Die atomistische Variante nahm ihren Ausgang von P. Gassendis Wiederbelebung des antiken ↑Atomismus und sah unteilbare Korpuskel unterschiedlicher Gestalten vor, die durch den leeren Raum voneinander getrennt sind. Beide Denkansätze führten in der Regel zu den gleichen Mikromechanismen von Teilchenkonfigurationen. Z. B. lauteten typische Erklärungen in beiderlei Rahmen, daß sich der scharfe Geschmack der Säuren aus der spitzen Gestalt der Säureteilchen ergibt oder daß die Lösung von Stoffen dadurch zustandekommt, daß die Teilchen der Flüssigkeit in die Poren des betreffenden Stoffs eindringen und dadurch deren Korpuskel auseinanderdrängen und in der Flüssigkeit verteilen.

Bereits Descartes wendete den mechanistischen Denkansatz auf ↑Organismen und den menschlichen Körper an. Physiologische Prozesse sind von mechanischer Art und beruhen auf der Bewegung subtiler Fluida im Körper. Wenn die Uhr die Zeit anzeigt, handelt es sich also um einen Vorgang gleicher Art wie wenn der Apfelbaum Frucht trägt. Das m. W. beinhaltete die Absage an Zwecke oder Absichten von Naturgrößen. In diesem Verständnis ersetzte A. Torricelli die traditionelle Erklärung von Saugpumpen unter Bezug auf den Schrekken der Natur vor dem Leeren (↑horror vacui) durch das Gewicht der atmosphärischen Luft. Der Rückgriff auf Bestrebungen macht Platz für den Gedanken, daß Luft ein Gewicht besitzt und daß Pumpen nach dem Vorbild von Waagen funktionieren. In Weiterführung der mechanistischen Physiologie über Descartes hinaus entwickelte J. O. de la Mettrie seinen materialistischen ↑Monismus (L'homme machine 1748), der sämtliche Lebensfunktionen, einschließlich der psychischen, als Wirkung der Materie betrachtete.

I. Newton leitete eine wesentliche Wendung des m.n W.s ein. Er behielt die atomistische Orientierung bei, führte aber nicht-mechanische, also nicht durch Druck und Stoß vermittelte Kraftwirkungen ein, zu denen insbes. die ↑Gravitation zählte. Mechanische ↑Wechselwirkungen waren für Newton (im Gegensatz zu Descartes) außerstande, die Menge der Bewegung im Universum zu erhalten. Reibung und inelastische Stöße vermindern fortwährend die Gesamtmenge der Bewegung. Im Einklang mit dem Cambridge Platonismus (↑Cambridge, Schule von) H. Mores mußten daher ›aktive Prinzipien‹ spiritueller Natur hinzutreten, um neue Bewegung zu erzeugen und damit dem letztendlichen Stocken der kosmischen Maschinerie entgegenzuwirken. Newton wollte diese Prinzipien nicht als der Materie inhärent betrachten, aber gerade diese Auffassung setzte sich im Newtonianismus schnell durch. Auch ohne einen Mechanismus von Druck und Stoß wurden newtonsche Kräfte im 18. Jh. als wesentliche Eigenschaft der Materie angesehen. Demgegenüber hielten G. W. Leibniz und C. Huygens an der traditionellen Form des m.n W.s fest und wiesen die Gravitation als eine durch nichts vermittelte Fernkraft zurück. Insbes. Huygens entwickelte ausgehend von Descartes Wirbelmodelle der Gravitation, die Newton als unzulänglich kritisierte. Diese philosophische Zweiteilung der Welt in ↑Cartesianismus und Newtonianismus beschreibt Voltaire 1734: Auf der Reise von Paris nach London verläßt man eine lückenlos erfüllte Welt und findet das Leere. In der cartesianischen Welt verläuft alles durch Stöße, die man kaum versteht, bei Newton geschieht dies durch eine Anziehung, deren Grund man auch nicht besser kennt. Selbst das Wesen der Dinge hat sich völlig verändert (»Il a laissé le monde plein; il le trouve vide. … Chez vos cartésiens, tout se fait par une impulsion qu'on ne comprend guère; chez M. Newton, c'est par une attraction dont on ne connaît pas mieux la cause. … L'essence même des choses a totalement changé« (Voltaire, Quatorzième lettre sur Descartes et Newton, in: ders., Lettres philosophiques, ed. O. Ferret/A. McKenna, Paris 2010, 114). – Im Rückblick kann Newtons klassische Mechanik entsprechend entweder als Aufgabe des m.n W.s oder als dessen fundamentale Revision gedeutet werden. Charakteristisch ist auf jeden Fall, daß im Newtonianismus der Anspruch der Verstehbarkeit der Natur wegen des Fehlens einer Erklärung der Gravitation und anderer Naturkräfte stark eingeschränkt wurde.

Das m. W. in diesem erweiterten Sinn traf im 19. Jh. auf die Herausforderung der Eingliederung elektromagnetischer Kräfte. Ziel war dabei insbes., die Gesetze der ↑Elektrodynamik (↑Maxwellsche Gleichungen) aus der Anwendung der klassischen Mechanik auf die Bewegung von Ladungen abzuleiten. Dabei spielte die Einführung eines mechanischen ↑Äthers als Medium der Ausbreitung elektromagnetischer Wellen eine zentrale Rolle. Letztlich gelang es nie, die Eigenschaften dieses Äthers hinreichend einzugrenzen. Im Lichte dieser Mißerfolge wurde gegen Ende des 19. Jhs. die Erklärungsrichtung umgekehrt und eine Ableitung der mechanischen Gesetze (insbes. der ↑Trägheit) auf elektrodynamischer Grundlage versucht (↑Weltbild, elektromagnetisches). Auch dieses Vorhaben ist inzwischen gescheitert und aufgegeben.

Die Bezeichnung ›m. W.‹ bezieht sich auf den beschriebenen Ansatz vor allem des 17. Jhs.. Die damit ausgedrückten systematischen Ansprüche werden in der Gegenwart meist durch den im ↑Wiener Kreis geprägten Ausdruck ↑›Physikalismus‹ wiedergegeben. Dieser Ausdruck besagt, daß alle Gegenstände und Prozesse physikalischer Natur sind und daß damit biologische, psychologische und gesellschaftliche Phänomene auf physikalische Größen zurückgehen (↑Reduktion, ↑Reduktionismus). Durch den generellen Bezug auf die Physik wird die Auszeichnung einer inhaltlich privilegierten Erkenntnisbasis (wie im m.n W.) vermieden. Stattdessen wird es der Evolution der physikalischen Theorie überlassen, was eine geeignete Erklärungsgrundlage ist.

Literatur: P. R. Anstey, The Philosophy of Robert Boyle, London/New York 2000; S. Berryman, The Mechanical Hypothesis in Ancient Greek Natural Philosophy, Cambridge etc. 2009; E. A. Burtt, The Metaphysical Foundations of Modern Physical Science. A Historical and Critical Essay, London, New York 1925, London/New York 2014; K. Clatterbaugh, The Causation Debate in Modern Philosophy, 1637–1739, New York/London 1999; A. C. Crombie, Augustine to Galileo. The History of Science A. D. 400–1650, I–II, London 1952 (repr. 1964, unter dem Titel: The History of Science from Augustine to Galileo, New York 1995), ohne Untertitel [2]1961, in 1 Bd., London, Cambridge Mass. 1979 (dt. Von Augustinus bis Galilei. Die Emanzipation der Naturwissenschaft, Köln/Berlin 1959, [2]1965, 1977; franz. Histoire des sciences de Saint Augustin à Galilée [400–1650], I–II, ed. J. d'Hermies, Paris 1959); E. J. Dijksterhuis, De Mechanisering van het Wereldbeeld, Amsterdam 1950, [3]1977, 2006 (dt. Die Mechanisierung des Weltbildes, Berlin/Göttingen/Heidelberg 1956 [repr., Berlin/Heidelberg/New York 1983, 2002]; engl. The Mechanization of the World Picture, Oxford 1961, Princeton N. J. 1986); S. Gaukroger, The Emergence of a Scientific Culture. Science and the Shaping of Modernity, 1210–1685, Oxford etc. 2006, 2009; ders., The Collapse of Mechanism and the Rise of Sensibility. Science and the Shaping of Modernity, 1680–1760, Oxford etc. 2010, 2012; H. v. Helmholtz, Populäre wissenschaftliche Vorträge, I–III, Braunschweig 1865–1876, unter dem Titel: Vorträge und Reden, I–II, [3]1884, [4]1896 (repr. als: Ges. Schriften V/1–2, Hildesheim/Zürich/New York 2002), [5]1903; F. Krafft/K. Mainzer, Mechanik, Hist. Wb. Ph. V (1980), 950–959; T. Leiber, Vom m.n W. zur Selbstorganisation des Lebens. Helmholtz' und Boltzmanns Forschungsprogramme und ihre Bedeutung für Physik, Chemie, Biologie und Philosophie, Freiburg/München 2000; E. Mach, Die Mechanik in ihrer Entwickelung. Historisch-kritisch dargestellt, Leipzig 1883, erw. [7]1912 (repr. Frankfurt 1982), [9]1933 (repr. Darmstadt 1963, 1991), [Neudr. d. Ausg. [7]1912] ed. G. Wolters/G. Hon, Berlin 2012; A. Maier, Die Mechanisierung des Weltbildes im 17. Jahrhundert, Leipzig 1938; J. Mittelstraß, Neuzeit und Aufklärung. Studien zur Entstehung der neuzeitlichen Wissenschaft und Philosophie, Berlin/New York 1970; ders., Das Wirken der Natur. Materialien zur Geschichte des Naturbegriffs, in: F. Rapp (ed.), Naturverständnis und Naturbeherrschung. Philosophiegeschichtliche Entwicklung und gegenwärtiger Kontext, München 1981, 36–69; ders., World Pictures. The World of the History and Philosophy of Science, in: J. R. Brown/J. Mittelstraß (eds.), An Intimate Relation. Studies in the History and Philosophy of Science. Presented to Robert E. Butts on His 60th Birthday, Dordrecht/Boston Mass./London 1989 (Boston Stud. Philos. Sci. 116), 319–341 (dt. Weltbilder. Die Welt der Wissenschaftsgeschichte, in: ders., Der Flug der Eule. Von der Vernunft der Wissenschaft und der Aufgabe der Philosophie, Frankfurt 1989, [2]1997, 228–254); B. Remmele, Die Entstehung des Maschinenparadigmas. Technologischer Hintergrund und kategoriale Voraussetzungen, Opladen 2003; J. Renn, Boltzmann und das Ende des m.n W.es [...], Wien 2007; G. Schiemann, Wahrheitsgewißheitsverlust. Hermann von Helmholtz' Mechanismus im Aufbruch der Moderne. Eine Studie zum Übergang von klassischer zu moderner Naturphilosophie, Darmstadt 1997, 2010 (engl. Hermann von Helmholtz's Mechanism. The Loss of Certainty. A Study on the Transition from Classical to Modern Philosophy of Nature, Dordrecht 2009); S. Shapin, The Scientific Revolution, Chicago Ill./London 1996, 2004 (dt. Die wissenschaftliche Revolution, Frankfurt 1998; franz. La révolution scientifique, Paris 1998); R. S. Westfall, The Construction of Modern Science. Mechanisms and Mechanics, New York 1971, Cambridge etc. 1999. M. C.

Weltgeist (lat. spiritus mundi), in der Antike und im Mittelalter auch synonym mit ↑Weltseele (anima mundi) verwendeter philosophischer Terminus, der von der Vorstellung ausgeht, daß die gesamte Welt (Natur), analog zum menschlichen Körper, geistig bestimmt bzw. beseelt sei. Nach J. Walch (Philos. Lexicon, Leipzig [4]1975 [repr. Hildesheim 1968], II, 1540–1544) gibt es traditionell drei Gründe für die Annahme eines W.s, der zumeist nicht direkt mit Gott (↑Gott (philosophisch)), sondern im Rückgriff auf Platons »Timaios« mit einem ↑Demiurgen identifiziert wird: (1) die Erhaltung der von Gott geschaffenen Dinge, (2) Genesis 1.2, wo vom Schweben des Geistes Gottes über den Wassern die Rede ist, (3) die Schwierigkeit, sich Gott als alleinige Ursache für die Welt vorzustellen. Philosophiehistorisch steht die Annahme eines W.s bzw. einer Weltseele im Zusammenhang mit der Feststellung des Aristoteles, daß die Zeit nicht ohne die ↑Seele sein könne (Phys. Δ14.223a21–29). So erwägt A. Augustinus (Conf. XI, 41) im Zusammenhang mit einer Argumentation für die objektive Allgegenwart der ↑Zeit eine derartige zwischen Gott und den menschlichen Seelen angesiedelte Instanz.

Ohne terminologischen Anspruch wird der Ausdruck ›W.‹ z. B. von J. G. Herder, J. W. v. Goethe, F. W. J. Schelling, A. Schopenhauer und G. T. Fechner verwendet. Zentral wird der Begriff in G. W. F. Hegels Geschichtsphilosophie. Die Geschichte ist in der sich stufenden Ausbildung der vier welthistorischen Reiche (orientalisches, griechisches, römisches, germanisches Reich) ein Freiheit realisierender, langsamer Prozeß, in dem

Individuen und Völker eine ihnen selbst verborgene Rolle übernehmen (↑List der Vernunft; Rechtsphilos., Sämtl. Werke VII, 446–451 [§§ 340–452], Vorles. Philos. Gesch., Sämtl. Werke XI, 49–69). Wegen der Mehrdeutigkeit der Äußerungen Hegels ist nicht eindeutig zu klären, ob die Annahme einer allgemeinen Weltvernunft einen ontologischen Status besitzt oder sich einer aus methodologischen Gründen zum Zwecke der Rekonstruktion und Bewertung geschichtlicher Prozesse vorgenommenen Prinzipienbildung verdankt. Dieses Prinzip wäre nicht mehr als »der einfache Gedanke der Vernunft, daß die Vernunft die Welt beherrsche« (Vorles. Philos. Gesch., Sämtl. Werke XI, 34).

Literatur: H. F. Fulda, Geschichte, W. und Weltgeschichte bei Hegel, Ann. int. Ges. f. dialektische Philos. Societas Hegeliana 2 (1986), 58–105; ders., W., Hist. Wb. Ph. XII (2004), 476–480; W. Jaeschke, World History and the History of the Absolute Spirit, in: R. L. Perkins (ed.), History and System. Hegel's Philosophy of History, Albany N. Y. 1984, 101–122; H. D. Kittsteiner, W., Weltmarkt, Weltgericht, Paderborn/München 2008; B. Liebrucks, Zur Theorie des W.es in Theodor Litts Hegelbuch, Kant-St. 46 (1954/1955), 230–267; F. Lienhard, Der Gottesbegriff bei Gustav Theodor Fechner. Darstellung und Kritik, Bern 1920, 9–51; B. K. Linser, W. und Weltpolitik. Hegels Philosophie des Staates und der internationalen Beziehungen, Herbolzheim 2007; T. Litt, Hegel. Versuch einer kritischen Erneuerung, Heidelberg 1953, [2]1961, 121–128; R. Martin, The World Spirit, Southwestern J. Philos. 2 (1971), 153–161; J. Moreau, L'âme du monde de Platon aux stoïciens, Paris 1939 (repr. Hildesheim/New York 1965, 1981); H.-J. Neubauer/C. Seiler (eds.), Mit Hegel dem W. auf der Spur, Freiburg/Basel/Wien 2007; B. Oelze, Gustav Theodor Fechner. Seele und Beseelung, Münster/New York 1988, 124–132; M. Theunissen, Hegels Lehre vom absoluten Geist als theologisch-politischer Traktat, Berlin 1970; weitere Literatur: ↑Weltseele. S. B.

Weltlinie (engl. world line, franz. ligne d'univers), Bezeichnung für die vierdimensionale Darstellung der Bewegung von Gegenständen und Lichtsignalen im Rahmen der Minkowski-Raum-Zeit der Speziellen Relativitätstheorie (↑Relativitätstheorie, spezielle). In der auf eine einzige räumliche Dimension (x) verkürzten graphischen Darstellung liegen vom Koordinatenursprung 0 ausgehende Lichtsignale auf dem ›Lichtkegel‹ $c^2t^2 = x^2$ (Abb. 1).

Innerhalb des vorwärts gerichteten Lichtkegels oder auf diesem liegen alle diejenigen Ereignisse (oder ›Weltpunkte‹), die sich von 0 aus beeinflussen lassen; diese Ereignisse sind bezogen auf 0 zukünftig. Umgekehrt können die im rückwärts gerichteten Lichtkegel oder auf diesem gelegenen Ereignisse 0 beeinflussen und bilden daher dessen Vergangenheit. Die Ereignisse in bzw. auf beiden Lichtkegeln heißen relativ zu 0 ›zeitartig‹. Die *auf* den Lichtkegeln gelegenen Ereignisse können durch Lichtsignale von 0 aus bzw. 0 kann von ihnen aus erreicht werden; sie sind relativ zu 0 ›lichtartig‹. Die *außerhalb* der Lichtkegel befindlichen Ereignisse schließlich

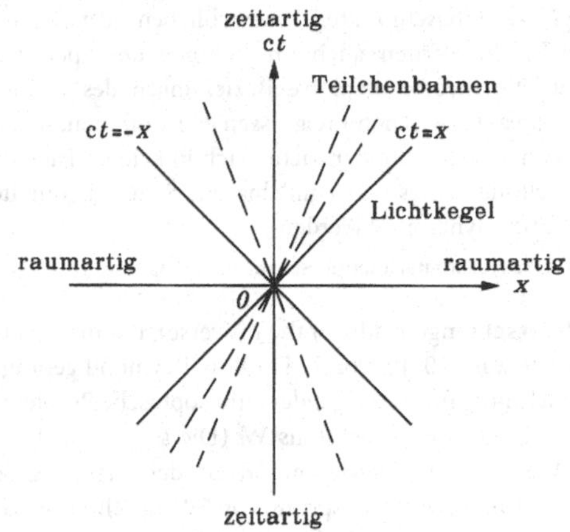

Abb. 1

sind kausal irrelevant für 0. Sie bilden die Gegenwart von 0 und heißen relativ zu 0 ›raumartig‹. Da sich materielle Gegenstände mit Unterlichtgeschwindigkeit bewegen, befinden sich ihre W.n stets innerhalb des Lichtkegels; sie verbleiben im zeitartigen Bereich.

In der Minkowski-Raum-Zeit ist die raumzeitliche Größe $\Delta s^2 = c^2\Delta t^2 - \Delta x^2$ (hier auf nur eine räumliche Dimension bezogen) invariant (↑invariant/Invarianz) und entsprechend vom gewählten Bezugssystem unabhängig. Für zeitartige W.n ist $\Delta s^2 \geq 0$, für raumartige W.n ist $\Delta s^2 < 0$, und für lichtartige W.n ist $\Delta s^2 = 0$. Die Größe Δs wird als ›Viererabstand‹ oder ›Intervalllänge‹ bezeichnet; sie ist ein Maß für die Länge von W.n. Die Länge zeitartiger W.n wird durch die Eigenzeit einer entlang der W. bewegten Uhr gemessen. Allerdings genügt der hierdurch charakterisierte Längenbegriff nicht allen einschlägigen Axiomen (↑Länge). Die ↑Metrik der Minkowski-Raum-Zeit ist nämlich ›indefinit‹, d. h., auch nicht-reellwertige Viererabstände sind möglich. Insbes. kann der Viererabstand zwischen zwei unterschiedlichen Ereignissen verschwinden (falls nämlich beide durch ein Lichtsignal verknüpfbar sind), und die Dreiecksungleichung (↑Abstand) kann ebenfalls verletzt sein (↑Uhrenparadoxon).

In philosophischer Hinsicht gab die Darstellung von Bewegungen durch W.n Anlaß zu einer auch als ›moderner ↑Eleatismus‹ bezeichneten ›statischen‹ Interpretation von Veränderungen: »Die objektive Welt *ist* schlechthin, sie *geschieht* nicht. Nur vor dem Blick des in der W. seines Leibes emporkriechenden Bewußtseins ›lebt‹ ein Ausschnitt dieser Welt ›auf‹ und zieht an ihm vorüber als räumliches, in zeitlicher Wandlung begriffenes Bild« (H. Weyl, Was ist Materie?, Berlin 1924 [repr. zusammen mit: Mathematische Analyse des Raumproblems (Berlin 1923), Darmstadt 1963, 1977], 87). Der Eindruck der Veränderung ist entsprechend nur eine

Folge der beschränkten menschlichen Perspektive. Gleichwohl werden auch im Rahmen der Speziellen Relativitätstheorie objektive Beziehungen des ›früher‹ oder ›später‹ zwischen Ereignissen angenommen, so daß die W.n-Darstellung der Sache nach in keinem Falle die Vorstellung eines ›unwandelbaren Seins‹ beinhaltet (↑Thermodynamik, ↑Werden).

Literatur: ↑Relativitätstheorie, spezielle. M. C.

Welträtsel (engl. riddle of the universe), um die Wende vom 19. zum 20. Jh. von E. Du Bois-Reymond geprägte Bezeichnung für ›tiefliegende‹ philosophische Probleme. Du Bois-Reymond nennt als W. (Die sieben W., 1882) das Wesen von ↑Materie und ↑Kraft, den Ursprung der ↑Bewegung und den Ursprung von ↑Wahrnehmung (die sämtlich prinzipiell unlösbar sein sollen), ferner die Entstehung des ↑Lebens, die Anpassungsfähigkeit der ↑Organismen, die Entwicklung von ↑Vernunft und ↑Sprache (prinzipiell lösbar) und das Problem der ↑Willensfreiheit, dessen Lösbarkeit er offenläßt. E. Haeckel (Die Welträthsel, 1899) läßt lediglich das Problem der ↑Substanz als W. gelten; die drei unlösbaren Rätsel Du Bois-Reymonds sieht er durch seinen monistischen (↑Monismus) Substanzbegriff ersetzt, die drei prinzipiell lösbaren als durch die ↑Evolutionstheorie gelöst an, während das Problem der Willensfreiheit ein ↑Scheinproblem sei.

Literatur: E. H. Du Bois-Reymond, Die sieben W.. Vortrag gehalten in der Öffentlichen Sitzung der Königlichen Akademie der Wissenschaften zu Berlin zur Feier des Leibnizschen Jahrestages am 8.4.1880, in: ders., Über die Grenzen des Naturerkennens/Die sieben W.. Zwei Vorträge von Emil Du Bois-Reymond, Leipzig 1882, [7]1916 (repr. Darmstadt 1961, Berlin 1967), 69–120, Neudr. in: ders., Vorträge über Philosophie und Gesellschaft, ed. S. Wollgast, Hamburg, Berlin 1974, 159–187; E. Haeckel, Die Welträthsel. Gemeinverständliche Studien über monistische Philosophie, Bonn 1899, Leipzig [11]1919 (repr. Stuttgart 1984), Neuausg. unter dem Titel: Die W.. Gemeinverständliche Studien über monistische Philosophie, Berlin 2016 (engl. The Riddle of the Universe at the Close of the Nineteenth Century, London 1900, 1911); F. J. Wetz, W., Hist. Wb. Ph. XII (2004), 507–510. G. W.

Weltseele (lat. anima mundi bzw. anima orbis), Bezeichnung für die Vorstellung, daß der ↑Kosmos beseelt bzw. ›begeistet‹ (↑Weltgeist) sei. Die bio- bzw. psychomorphe Annahme einer W. ist mit der Vorstellung verbunden, daß der Kosmos ein lebendiger ↑Organismus sei und der ↑Makrokosmos Welt dem Mikrokosmos Mensch entspreche. Animistische (↑Animismus) und pantheistische (↑Pantheismus) Welt- und Naturdeutungen enthalten in der Regel eine derartige Konzeption. Platon (Tim. 34aff.) entwirft als erster, in enger Verbindung mit astronomischen Konzeptionen, eine explizite Theorie der W., die nicht, wie Plotinos später annimmt, mit dem ↑Demiurgen identisch ist (↑Ideenzahlenlehre). Die bei ihm noch lockere Verbindung von Weltschöpfung, Beseelung und Zeit als Abbild der Ewigkeit führt bei Aristoteles zu der These, daß die Zeit nicht ohne ↑Seele sein könne (Phys. Δ14.223a21–29). Die antiken Aristoteleskommentatoren schließen aus dieser Behauptung in dem Bemühen, die objektive Zeit zu erklären, auf die Existenz einer W.. Für die stoische (↑Stoa) Philosophie ist das ↑Pneuma eine Makrokosmos und Mikrokosmos durchdringende lebensspendende Kraft. Trotz ihrer materialistischen Grundthesen gibt es für sie ein aktives beseeltes Weltprinzip (Logos, Pronoia etc.) (Zenon, SVF I, 111–114); sie hält den Kosmos sogar für sinnen- und vernunftbegabt.

Der ↑Neuplatonismus identifiziert die W. wegen ihrer Körpergebundenheit nicht mit dem Einen, sondern faßt sie als dessen ↑Emanation. A. Augustinus nimmt eine von Gott differente W. an, weil nur durch sie die objektive Allgegenwart der Zeit gewährleistet werden könne (Conf. XI, 27–28). In der christlichen Philosophie (↑Philosophie, christliche) des Mittelalters, die grundsätzlich auf eine Entgöttlichung der Natur angelegt ist, findet sich bei vielen Autoren eine Gleichsetzung von W. und Hl. Geist (↑Chartres, Schule von). Eine Beseelung der Welt vertritt G. Bruno; auch die Attributenlehre B. de Spinozas legt ein derartiges Verständnis nahe. – Zentrale Bedeutung gewinnt der Begriff der W. bei F. W. J. Schelling (Von der W. [1798], Sämtl. Werke I, ed. M. Schröter, 412–637), der mit ihm die Erklärung der Kontinuität der Verbindung der ›anorganischen‹ und der ›organischen Natur‹ verbindet (Sämtl. Werke I/2, 569).

Literatur: M. Baltes, Die Weltentstehung des Platonischen Timaios nach den antiken Interpreten, I–II, Leiden 1976/1978; M. Blamauer, The Mental as Fundamental. New Perspectives on Panpsychism, Frankfurt etc. 2011; P. Delhaye, Une controverse sur l'âme universelle au IXe siècle, Namur 1950; M. Fick, Sinnenwelt und W.. Der psychophysische Monismus in der Literatur der Jahrhundertwende, Tübingen 1993; K. Flasch, Was ist Zeit? Augustinus von Hippo. Das XI. Buch der Confessiones. Historisch-philosophische Studie, Frankfurt 1993, [3]2016; T. Gregory, Anima mundi. La filosofia di Guglielmo di Conches e la Scuola di Chartres, Florenz 1955; U. R. Jeck, Aristoteles contra Augustinum. Zur Frage nach dem Verhältnis von Zeit und Seele bei den antiken Aristoteleskommentatoren, im arabischen Aristotelismus und im 13. Jahrhundert, Amsterdam/Philadelphia Pa. 1994; J. Jost, Die Bedeutung der W. in der Schellingschen Philosophie im Vergleich mit der platonischen Lehre, Diss. Bonn 1929; W. Kranz, Kosmos, Arch. Begriffsgesch. 2 (1955–1957); J. Moreau, L'âme du monde de Platon aux stoïciens, Paris 1939 (repr. Hildesheim 1965, 2013); R. D. Parry, The Intelligible World-Animal in Plato's Timaeus, J. Hist. Philos. 29 (1991), 13–32; M. v. Perger, Die Allseele in Platons »Timaios«, Stuttgart/Leipzig 1997; H. R. Schlette, W.. Geschichte und Hermeneutik, Frankfurt 1993; R. J. Tseke, The World-Soul and Time in St. Augustine, Augustinian Stud. 14 (1983), 75–92; M. Vassányi, Anima mundi. The Rise of the World Soul Theory in Modern German Philosophy, Dordrecht etc. 2011; G. Vlastos, Plato's Universe, Seattle, Oxford 1975; J. Zachhuber, W., Hist. Wb. Ph.

XII (2004), 516–521; H. Ziebritzki, Heiliger Geist und W.. Das Problem der dritten Hypostase bei Origenes, Plotin und ihren Vorläufern, Tübingen 1994. M. G.

Weltweisheit, in Anlehnung an biblische, insbes. Paulinische Begriffsbildungen (z. B. sapienta huius mundi, 1. Kor. 1,20) in der ↑Patristik, im Mittelalter (›werltwîsheit‹), bei M. Luther und bis ins frühe 19. Jh. Bezeichnung für ein nicht auf ↑Offenbarung und Glauben beruhendes Wissen über weltliche Dinge, das in dieser Tradition als ›Torheit‹ gilt. Mit der Emanzipation der Philosophie von ihrer Stellung als ›Magd der Theologie‹ (↑ancilla theologiae) verliert ›W.‹ diese pejorative Komponente und wird, beginnend im 16. Jh. (wohl zuerst bei Paracelsus), zur deutschen Bezeichnung für ›Philosophie‹, die im 18. Jh. allgemeine Verbreitung findet (z. B. C. Thomasius, C. Wolff, I. Kant). Die verbleibende unterschwellige Polemik dieser Begriffsbildung als eines rationalen (statt offenbarungs- und glaubensgeleiteten) Wissens von der Welt (statt von den göttlichen Dingen) dürfte ein Grund dafür sein, daß sie sich als Disziplinenbezeichnung nicht zu erhalten vermochte.

Literatur: G. Böhme, W., Lebensform, Wissenschaft. Eine Einführung in die Philosophie, Frankfurt 1994, unter dem Titel: Einführung in die Philosophie. W., Lebensform, Wissenschaft, [2]1997, [5]2009, 33–144 (Philosophie als W.); W. Schröder, W., Hist. Wb. Ph. XII (2004), 531–534; J. G. Walch, W., in: ders., Philosophisches Lexicon, worinnen die in allen Theilen der Philosophie vorkommende Materien und Kunstwörter erkläret [...] werden [...] II, Leipzig [4]1775 (repr. Hildesheim 1968), 1544–1545. G. W.

Wende, linguistische (engl. linguistic turn), eine 1964 durch G. Bergmann (Logic and Reality, Madison Wis. 1964) geprägte und 1967 durch R. Rorty ([ed.] The Linguistic Turn. Recent Essays in Philosophical Method, Chicago/London 1967, 1988, Neudr. mit verändertem Untertitel: Essays in Philosophical Method, Chicago/London 1992) in Umlauf gebrachte Bezeichnung, die die von der Analytischen Philosophie (↑Philosophie, analytische) ins Zentrum gerückte Methode der logischen ↑Sprachanalyse in ihrer radikalen, von L. Wittgenstein durchgesetzten Form charakterisiert, nämlich philosophische Sachfragen im Unterschied zu wissenschaftlichen Sachfragen als Sachfragen der philosophischen *Sprache* zu behandeln (↑Redeweise, formale), so daß Philosophie zu *linguistischer Philosophie* (linguistic philosophy) wird. Dabei nimmt diese entweder, wie im Logischen Empirismus (↑Empirismus, logischer), die Gestalt einer Theorie der ↑Wissenschaftssprache an – was auch die Philosophie der Linguistik als Theorie der Sprache der Linguistik einschließt – oder, wie im Linguistischen Phänomenalismus (↑Phänomenalismus, linguistischer), die Gestalt einer Phänomenologie der ↑Gebrauchssprache, später sogar die Gestalt eines Bestandteils der ↑Linguistik als Theorie selbst (↑Semantik). K. L.

wenn – dann, grammatische Konjunktion der natürlichen Sprache (↑Sprache, natürliche), die in logischer Analyse (↑Analyse, logische) Ausdruck für verschiedenartige logische Partikel (↑Partikel, logische) sein kann (↑Implikation, ↑Konditionalsatz). A. F.

Werden (engl. becoming, franz. devenir), im Rahmen des terminologischen Gegensatzes von ↑Sein und W. Grundbegriff der griechischen ↑Metaphysik (↑Philosophie, griechische, ↑Philosophie, ionische) und deren europäischer Tradition. Während die ↑Naturphilosophie der ↑Vorsokratiker noch durch die Suche nach materiellen und immateriellen Prinzipien des ›W.s und Vergehens‹ (*γένεσις καὶ φθορά*) bestimmt ist, geben Heraklit und Parmenides der philosophischen Forschung eine ›abstrakte‹ Fassung, die durch die Antithese von Sein, im Sinne einer Negation von ↑Veränderung und W. (Parmenides), und W., im Sinne einer Negation von Sein (Heraklit), bestimmt ist. Auch der ontologische (↑Ontologie) ↑Dualismus der Platonischen ↑Ideenlehre (↑Idee (historisch), ↑Ideenzahlenlehre) ist auf derartigen Begriffsbildungen aufgebaut. Diese werden allerdings später noch bei Platon selbst in einer Analyse des Gegensatzes von ›Sein‹ und ›Nicht-Sein‹ in Verbindung mit einer Theorie von Wahr und Falsch sprachkritisch rekonstruiert (Soph. 251dff.). Mit der Explikation des begrifflichen Zusammenhanges der Redeweise von ›Nicht-Seiendem‹ und ›Falschem‹ wird die Parmenideische These, daß es Nicht-Seiendes (und damit auch W.) nicht geben könne, widerlegt. Entsprechend tritt der Begriff des W.s in physikalischen bzw. kosmologischen Zusammenhängen im »Timaios« (47aff.) auf.

Ontologisch und sprachkritisch (logisch) zugleich sind auch die Bemühungen, mit denen Aristoteles das Rekonstruktionsprogramm Platons fortsetzt. Einerseits sucht Aristoteles nach Gründen dafür, daß die Gegenstände der physischen Welt so sind, wie sie (geworden) sind bzw. wie sie unterschieden werden können (ausgearbeitet in einer Theorie des W.s und Vergehens sowie der Annahme eines unbewegten Bewegers; ↑Beweger, unbewegter). Andererseits gibt er im Rahmen seiner Prinzipienanalyse (↑Prinzip) eine semantische Analyse des Sprachgebrauchs von ›W.‹ (*γίγνεσθαι*), die dazu dienen soll, auch noch die ontologischen Unterscheidungen der Physik begrifflich zu klären (Phys. *A*7.189b30–191a22). Diese Analyse, die selbst der für die Aristotelische Metaphysik zentralen Unterscheidung zwischen Form und Materie, damit auch der Lehre von ↑Akt und Potenz, methodisch vorausliegt, führt insbes. auf die Unterscheidung zwischen W. als Entstehen (*γίγνεσθαι ἁπλῶς*) und W. als akzidenteller (↑Akzidens) Veränderung (*τόδε γίγνεσθαί τι*): ›etwas wird aus etwas‹ (Beispiel: ›aus Erz entsteht eine Statue‹) und ›etwas wird etwas anderes‹ (Beispiel: ›ein Nicht-Gebildeter wird ein Gebildeter‹). In der Ausarbeitung dieser Unterscheidung werden wiederum die Begriffe des Zugrundeliegenden (ὑποκείμενον; ↑Substanz, ↑Substrat), der ↑Form (μορφή; ↑Morphē) und des Formmangels (στέρεσις; ↑Steresis) als allgemeine Prinzipien des W.s gewonnen; die Anwendung dieser Begrifflichkeit auf vor-Aristotelische Theorien von Sein und W., vor allem auf die eleatische (↑Eleatismus) Negation des W.s, bringt die sich bisher an den Begriff des W.s knüpfende metaphysische Antithetik zum Verschwinden (Phys. *A*8.191a23–9.192b4). Das hat insofern auch philosophiehistorische Konsequenzen, als in der nach-Aristotelischen Metaphysik der Begriff des W.s gegenüber dem Begriff des Seins bzw. anderen Unterscheidungen wie der zwischen Sein und ↑Wesen in den Hintergrund tritt.

Erst in der Philosophie G. W. F. Hegels wird der Begriff des W.s gegenüber dem des Seins wieder kategorial (Logik I, Sämtl. Werke IV, 88–121). Der für die ↑Scholastik charakteristische Versuch, das dem Seienden (Dasein) zugrundeliegende Sein (*actus purus, esse qua principium essendi*; ↑actus) als rein und bestimmungslos zu denken, hat zur Konsequenz, daß Sein und Nichts voneinander ununterscheidbar und damit auch identitätslos sind. Für Hegel ergibt sich daraus die Aufgabe der begrifflichen Fixierung von Sein und Nichts gegeneinander und die Fassung beider als W. in den das W. bestimmenden Momenten des Entstehens und Vergehens. Durch diese Momente wird das ›Dasein‹ als je sich veränderndes (›Sein mit einem Nichtsein‹, Logik I, Sämtl. Werke IV, 123), das sein Sein in einem anderen hat, konstituiert (↑Hegelsche Logik). In der weiteren philosophischen Entwicklung tritt der Begriff des W.s im wesentlichen unspezifisch auf, z. B. in der Auffassung des ↑Lebens als beständigen W.s in der ↑Lebensphilosophie oder in Form des ↑Willens zur Macht als Prinzips von W. und Sein bei F. Nietzsche.

In der modernen ↑Physik tritt der Begriff des W.s vor allem in den Konzeptionen der Speziellen Relativitätstheorie (↑Relativitätstheorie, spezielle) und der ↑Thermodynamik bzw. in deren philosophischen Interpretationen auf. So stellen in der Minkowski-Welt (d. h. in H. Minkowskis mathematischer Fassung der Speziellen Relativitätstheorie, in deren Rahmen ↑Raum und ↑Zeit zu einer vierdimensionalen Raum-Zeit formal vereinigt werden; ↑Raum-Zeit-Kontinuum) nicht Örter oder Zeitpunkte, sondern ↑Ereignisse (›Weltpunkte‹), die bewegt ↑Weltlinien bilden, die Grundelemente der Wirklichkeit (↑wirklich/Wirklichkeit) dar. Gegen eine auch als ›moderner Eleatismus‹ bezeichnete statische Interpretation dieser Minkowski-Welt (z. B. bei H. Weyl, Was ist Materie?, Berlin 1924 [repr. zusammen mit: Mathematische Analyse des Raumproblems, Darmstadt 1963, 1977], 87) steht der Umstand, daß auch in der Speziellen Relativitätstheorie objektive Beziehungen des ›früher‹ und ›später‹ zwischen Ereignissen angenommen werden, die Vorstellung einer Minkowski-Welt als unwandelbarer Welt des Seins folglich nicht zutrifft.

J. M. E. McTaggart unterscheidet 1908 die Zeitfolge des ›früher‹ und ›später‹ (seine ›B-Reihe‹) von den Zeitverhältnissen, die auf ein ›Jetzt‹ bezogen werden (seine ›A-Reihe‹). Die A-Reihe bestimmt also zeitliche Beziehungen nach Vergangenheit und Zukunft, die von einer sich ständig verschiebenden Gegenwart getrennt werden. McTaggart hält die A-Reihe für die grundlegendere; sie wird in der gegenwärtigen Diskussion begrifflich mit dem W. verbunden (in Abgrenzung zum Wandel oder zur ↑Veränderung).

Im Zentrum der modernen Diskussion des W.s steht der 2. Hauptsatz der Thermodynamik, der in seiner phänomenologischen Fassung die einsinnige zeitliche Änderung der ↑Entropie ausdrückt und folglich irreversible (↑reversibel/Reversibilität) Prozesse beschreibt. Entsprechend faßt L. Boltzmann den 2. Hauptsatz als physikalische Grundlage der Gerichtetheit oder Anisotropie der Zeit auf. Allerdings zeigt bereits Boltzmanns Rückführung des 2. Hauptsatzes auf die Statistische Mechanik, daß die zugrundeliegenden ↑Naturgesetze zeitsymmetrisch sind und sich die Anisotropie nur bei Vorliegen bestimmter Randbedingungen ergibt. Zudem wird mit dem Begriff des W.s die Vorstellung eines ›Zeitpfeils‹ verknüpft, der in der Gegenwart oder dem ›Jetzt‹ ansetzt und in die Zukunft zeigt. Versuchen (etwa von H. Reichenbach), dem ›Jetzt‹ eine physikalische Bedeutung zuzuschreiben (etwa bezüglich des Übergangs quantenmechanischer [↑Quantentheorie] Möglichkeiten in Wirklichkeit), steht die Auffassung von A. Grünbaum gegenüber, die dem ›Jetzt‹ eine ausschließlich psychologische Signifikanz zuspricht. Danach gibt es zwar Wandel, aber kein W. in der Natur.

Literatur: J. Baechler, Le devenir, Paris 2010, [2]2015; H. Barreau, Temps et devenir, Rev. philos. Louvain 86 (1988), 5–36; R. Bolton, Plato's Distinction between Being and Becoming, Rev. Met. 29 (1975/1976), 66–95; C. D. Broad, Scientific Thought, London, New York 1923, mit Untertitel: A Philosophical Analysis of some of Its Fundamental Concepts, London/New York 2000, 2001, 67–84; W. Bröcker, Aristoteles, Frankfurt 1935, [5]1987; M. Čapek, Change, Enc. Ph. II (1967), 75–79; ders. (ed.), The Concepts of Space and Time. Their Structure and Their Development, Dordrecht/Boston Mass. 1976 (Boston Stud. Philos. Sci. XXII); D. Cürsgen, W./Vergehen, Hist. Wb. Ph. XII (2004), 540–547; D. Dieks (ed.), The Ontology of Spacetime I, Amsterdam etc. 2006; M. Dorato, Time and Reality. Spacetime Physics and the Objectivity of Temporal Becoming, Bologna 1995; J. W. Felt, Coming to Be. Toward a Thomistic-Whiteheadian Metaphysics of Becoming, Albany N. Y. 2001; G. Fichera, Il problema del cominciamento logico e la categoria del devenire in Hegel e nei suoi critici, Catania 1956; P. Fitzgerald, Four Kinds of Temporal Becoming, Philos. Topics 13 (1985), H. 3, 145–177; R. M. Gale, The Language of Time, London, New York 1968, 189–243 (Part IV The Objectivity of Temporal Becoming); A. Grünbaum, Philosophical Problems of Space and Time, New York 1963, Dordrecht/Boston Mass. ^{2}1973, 1974, 209–280, 314–329; ders., Modern Science and Zeno's Paradoxes, Middletown Conn. 1967, London 1968, 7–36; H. Heimsoeth, Die sechs großen Themen der abendländischen Metaphysik und der Ausgang des Mittelalters, Berlin/Darmstadt 1922, Darmstadt ^{8}1987, 131–171 (Kap. IV Sein und Lebendigkeit) (engl. The Six Great Themes of Western Metaphysics and the End of the Middle Ages, Detroit Mich. 1994, 131–192 [Chap. IV Reality and Life]); R. Lestienne, Les fils du temps. Causalité, entropie, devenir, Paris 1990, 2003 (engl. The Children of Time. Causality, Entropy, Becoming, Urbana Ill. 1995); I. C. Lieb, Being and Becoming, in: T. Krettek (ed.), Creativity and Common Sense, Albany N. Y. 1987, 252–261; K. Lorenz/J. Mittelstraß, Theaitetos fliegt. Zur Theorie wahrer und falscher Sätze bei Platon (Soph. 251d–263d), Arch. Gesch. Philos. 48 (1966), 113–152, Nachdr. unter dem Titel: Theaitetos fliegt – Zur Theorie wahrer und falscher Sätze in Platons »Sophistes«, in: K. Lorenz, Philosophische Variationen. Gesammelte Aufsätze unter Einschluss gemeinsam mit Jürgen Mittelstraß geschriebener Arbeiten zu Platon und Leibniz, Berlin/New York 2011, 11–48, ferner in: J. Mittelstraß, Die griechische Denkform. Von der Entstehung der Philosophie aus dem Geiste der Geometrie, Berlin/Boston Mass. 2014, 193–229; J. E. Maybee, Hegel's Dialectics, SEP 2016; J. A. McGilvray, A Defense of Physical Becoming, Erkenntnis 14 (1979), 275–299; J. M. E. McTaggart, The Unreality of Time, Mind NS 17 (1908), 457–474; ders., The Nature of Existence II, ed. C. D. Broad, Cambridge etc. 1927 (repr. 1968), 1988, 9–31 (Chap. 33 Time); E. Meyerson, The Elimination of Time in Classical Science, in: M. Čapek (ed.), The Concepts of Space and Time [s. o.], 255–264; J. Mittelstraß, From Time to Time. Remarks on the Difference between the Time of Nature and the Time of Man, in: J. Earman u. a. (eds.), Philosophical Problems of the Internal and the External Worlds. Essays on the Philosophy of Adolf Grünbaum, Pittsburgh Pa./Konstanz 1993 (Pittsburgh-Konstanz Ser. Philos. Hist. Sci. I), 83–101; ders., On the Philosophy of Time, European Rev.. Interdisciplinary J. Academia Europaea 9 (2001), 19–29; C. Noica, Becoming within Being, Milwaukee Wis. 2009; H. Reichenbach, Die Kausalstruktur der Welt und der Unterschied von Vergangenheit und Zukunft, Sitz.ber. Bayer. Akad. Wiss., math.-naturwiss. Abt., München 1925, 133–175; ders., The Direction of Time, Berkeley Calif./Los Angeles, London 1956, Mineola N. Y. 1999; A. Rivaud, Le problème du devenir et la notion de matière dans la philosophie grecque depuis les origines jusqu'à Théophraste, Paris 1906; C. Robbiano, Becoming Being. On Parmenides' Transformative Philosophy, Sankt Augustin 2006; R. J. Roecklein, Plato versus Parmenides. The Debate over Coming-into-Being in Greek Philosophy, Lanham Md. 2011; G. Römpp, Sein als Genesis von Bedeutung. Ein Versuch über die Entwicklung des Anfangs in Hegels »Wissenschaft der Logik«, Z. philos. Forsch. 43 (1989), 58–80; S. Savitt, Being and Becoming in Modern Physics, SEP 2002, rev. 2017; R. Small, Absolute Becoming and Absolute Necessity, Int. Stud. Philos. 21 (1989), 125–134; J. J. C. Smart, Time and Becoming, in: P. van Inwagen (ed.), Time and Cause. Essays Presented to Richard Taylor, Dordrecht/Boston Mass./London 1980, 3–15; Q. Smith, The Mind-Independence of Temporal Becoming, Philos. Stud. 47 (1985), 109–120; W. Sohst, Reale Möglichkeit. Eine allgemeine Theorie des W.s, Berlin 2016; W. J. Verdenius/J. H. Waszink, Aristotle on Coming-to-Be and Passing-Away. Some Comments, Leiden 1946, ^{2}1966, 1968; G. J. Whitrow, The Natural Philosophy of Time, London/Edinburgh 1961, 288–296, Oxford ^{2}1980, 1984, 344–351; W. Wieland, Die aristotelische Physik. Untersuchungen über die Grundlegung der Naturwissenschaft und die sprachlichen Bedingungen der Prinzipienforschung bei Aristoteles, Göttingen 1962, ^{3}1992, 110–140; D. C. Williams, The Myth of Passage, J. Philos. 48 (1951), 457–472; D. Zeilicovici, Temporal Becoming Minus the Moving-Now, Noûs 23 (1989), 505–524; D. Zeyl, Plato's Timaeus, SEP 2005, rev. 2013; K. Zillober, W., Hb. ph. Grundbegr. III (1974), 1679–1687. J. M.

Werk (griech. *ἔργον*, lat. opus, engl. work, franz. œuvre), Bezeichnung für das Resultat einer ↑Handlung bzw. eines Handlungszusammenhanges, insbes. einer Herstellungshandlung (↑Herstellung, ↑Poiesis), in einem ökonomischen oder sozialwissenschaftlichen Zusammenhang mit ↑Arbeit. In diesem Sinne tritt der Terminus ›Ergon‹ (*ἔργον*) bereits in der griechischen Philosophie (↑Philosophie, griechische) auf, insbes. in der Aristotelischen Philosophie, meist im Gegensatz zum Terminus ↑›Energeia‹ (*ἐνέργεια*), der – häufig synonym mit dem Terminus ↑›Entelechie‹ (*ἐντελέχεια*) – die Tätigkeit, aber auch die Wirklichkeit (↑wirklich/Wirklichkeit) im Sinne einer verwirklichten Bestimmung bezeichnet. Als W. gilt hier jede Form der Hervorbringung (vgl. Eth. Eud. *B*1.1218b31ff.). So ist, wie der Schuh das W. des Schuhmachers ist, das Sehen das W. des Auges und die ↑Tugend das W. der ↑Seele, deren W. auch das ↑Leben ist (Eth. Eud. *B*1.1219a23–24). In älteren kosmologischen (↑Kosmologie) Zusammenhängen verbinden sich mit dem W.begriff auch der Begriff der ↑Schöpfung (↑Demiurg) und einer Himmelsmaschine (*machina mundi*), in ästhetischen (↑ästhetisch/Ästhetik) Zusammenhängen der Begriff des Kunstwerks (↑Produktionstheorie), so z. B. bei M. Heidegger, der eine Wesensbestimmung des Kunstwerks in Abgrenzung einerseits zum vorhandenen ›Ding‹, andererseits zum zuhandenen ↑›Zeug‹ (↑vorhanden/zuhanden) trifft (Der Ursprung des Kunstwerkes, in: ders., Holzwege, Frankfurt 1950, 1–70, separat Stuttgart 1960).

Literatur: B. Marschall-Bradl, W., in: M. Willaschek u. a. (eds.), Kant-Lexikon III, Berlin/Boston Mass. 2015, 2631–2632; P. Mathias/F. Bayer, Œuvre/Œuvre (ouverte), Enc. philos. universelle II/2 (1990), 1798–1800; A. Müller u. a., Kunst/Kunstwerk, Hist. Wb. Ph. IV (1976), 1357–1434; B. Recki, W., Hist. Wb. Ph. XII (2004), 547–553. J. M.

Wert (logisch) (engl. value), in Mathematik und ↑Logik Bezeichnung für diejenigen Gegenstände, die bei einer funktionalen ↑Zuordnung zwischen einem Gegenstand oder einem Gegenstandssystem als (unabhängigen) Eingangsgrößen, dem ›Argument‹ (↑Argument (logisch)) bzw. den Argumenten der ↑Funktion, und der (abhängigen) Ausgangsgröße als eben diese Ausgangsgröße auftreten, nämlich als der W. der Funktion für das gewählte Argument (↑Argument (logisch)) oder Argumentsystem. Die Gesamtheit der W.e einer Funktion auf dem Argumentbereich, für den sie definiert ist, heißt dabei ihr ↑›Wertbereich‹. Deshalb wird insbes. das Ergebnis

der Ausführung einer ↑Operation (d.i. eine funktionale Zuordnung innerhalb eines einzigen Gegenstandsbereichs) der ›W.‹ der Operation für das betreffende Argument oder Argumentsystem genannt.
Da Funktionen grundsätzlich durch Abstraktion aus ↑Termen gewonnen werden (z.B. die Funktion oder Operation der Addition natürlicher Zahlen f_+ aus dem Additionsterm ›$x + y$‹, also $f_+ \leftrightharpoons \iota_{x,y}(x + y)$), lassen sich auch die W.e einer Funktion grundsätzlich durch Terme darstellen (z.B. bei der Additionsfunktion der Funktionswert 3 für das Argumentepaar $\langle 1,2 \rangle$ durch ›1 + 2‹). Die Einschränkung ›grundsätzlich‹ bezieht sich darauf, daß bei dem gegenwärtig üblichen, mengentheoretisch definierten allgemeinen Funktionsbegriff zu jeder abzählbaren Menge dargestellter Funktionen auf einem abzählbar unendlichen Argumentbereich eine weitere in der Abzählung noch nicht erfaßte Funktionsdarstellung konstruiert werden kann (↑Cantorsches Diagonalverfahren), so daß die Menge aller solcher Funktionen, im Unterschied zur abzählbaren (↑abzählbar/Abzählbarkeit) Menge aller Darstellungen, überabzählbar (↑überabzählbar/Überabzählbarkeit) ist.
Wenn ↑Aussagen als darstellende Terme von ↑Aussagefunktionen aufgefaßt werden, gehören zu den W.en auch die ↑Wahrheitswerte, also für den Bereich der wertdefiniten (↑wertdefinit/Wertdefinitheit) Aussagen die W.e ›wahr‹ (↑verum) und ›falsch‹ (↑falsum). Im speziellen Falle einer ↑Wahrheitsfunktion sind die Wahrheitswerte allerdings nicht nur deren Funktionswerte, sondern auch deren Argumente – ein Hinweis darauf, daß bei dieser ›wahr‹ und ›falsch‹ zu W.en im logischen Sinne machenden Redeweise an die Stelle einer Wahrheitsfunktion eigentlich eine Aussagefunktion, gleichwertig mit der ↑Verkettung (also der Hintereinanderausführung) von Elementaraussagefunktionen und daran anschließender Wahrheitsfunktion im üblichen Sinne, zu treten hätte. K. L.

Wert (moralisch) (engl. value), im weiteren Sinne Bezeichnung für den Grund oder das Ergebnis einer *Wertung*, d.h. der Bevorzugung einer ↑Handlung vor einer anderen bzw. allgemein eines Gegenstandes oder eines Sachverhaltes vor einem anderen. Das Ergebnis einer Wertung – nämlich die bevorzugte Handlung, der bevorzugte Gegenstand oder Sachverhalt – wird zum Thema philosophischer Überlegungen insofern, als die faktischen Wertungen im Rahmen einiger werttheoretischer (↑Wertphilosophie) Konzeptionen auch die Gründe für weitere Wertungen liefern, z.B. als allgemein übliche Wertungen einen Grund für die besondere Wertung in einer bestimmten Situation. Im übrigen erfolgt die Feststellung der W.e im Sinne der Ergebnisse von Wertungen durch die empirische Erforschung der tatsächlich vollzogenen Wertungen.
Im Sinne der Gründe für Wertungen sind die W.e ein Thema jeder ethisch-politischen Theorie. Je nach den Unterscheidungen, die für die Typisierung solcher Wertungsgründe ausgearbeitet werden, lassen sich auch Typen oder Bereiche von W.en unterscheiden. Besonders einflußreich sind dabei die Unterscheidungen in relative und nicht-relative (›absolute‹) und in subjektive und nicht-subjektive (›objektive‹, ›transsubjektive‹, ›intersubjektive‹) W.e geworden. *Relativ* (↑relativ/Relativierung) ist ein W. dann, wenn er Grund einer Bevorzugung durch seinen Bezug auf einen übergeordneten W. (im Sinne von Typ eines W.es) wird, z.B. als ↑Mittel zu einem ↑Zweck (›instrumentaler‹ W.), als Teil zu einem Ganzen (›partieller‹ W.), als Folgerung aus einer Voraussetzung (›hypothetischer‹ W.), als förderliches Element für den Zustand eines Systems (›funktionaler‹ W.). Nicht-relativ oder *absolut* (↑Absolute, das) ist ein W. dementsprechend dann, wenn er auch ohne einen solchen Bezug Grund von Wertungen sein kann. I. Kant schreibt einen absoluten W. nur ↑Personen, d.h. vernünftigen Wesen, zu, da sie als ›Zweck an sich selbst‹ (↑Selbstzweck) existieren. Insofern die Personen mit ihrem Dasein bereits einen absoluten W. haben, liegt in ihnen – und nur in ihnen – »der Grund eines möglichen kategorischen Imperativs« (Grundl. Met. Sitten BA 64–65, Akad.-Ausg. IV, 427–428). Der absolute W. wird damit zum Grund der ↑Pflicht.
Argumentationshistorisch ist die Rede vom W. als Gegenkonzeption zur Kantischen ↑Pflichtethik entwickelt worden. Während nämlich Pflichten sich nur aus Vernunftüberlegungen ergeben, bestehen bzw. ›gelten‹ die W.e für sich, d.h. *vor* derartigen Überlegungen. Vor allem im Anschluß an F. Brentano und seine Lehre von den richtigen Gemütsbewegungen wird eine in diesem Sinne vorsubjektive oder objektive W.lehre ausgebildet. Schon bei Brentano liefert dabei die W.evidenz – die ›innere Auszeichnung‹ der ›als richtig charakterisierten Liebe‹ – die letzte Instanz für die Richtigkeit von Wertungen. Obwohl auch mit C. v. Ehrenfels, F. Krueger und dem jungen A. Meinong einige Brentano-Schüler den W. eines Dinges über seine ›Begehrbarkeit‹ (Ehrenfels) oder ›Motivationskraft‹ (Meinong), d.h. über subjektive Faktoren, bestimmen, wird die Tradition der W.lehre durch die Fortentwicklung der Evidenzphilosophie getragen. M. Scheler behauptet die Möglichkeit der W.erkenntnis durch ein W.fühlen, d.h. ein emotionales Erfassen für sich bestehender W.e, deren Ordnung im übrigen »so bestimmt, genau und einsichtig wie jene der Logik und Mathematik« sei (Der Formalismus in der Ethik und die materiale W.ethik, Ges. Werke II, Bern/München ^{6}1980, 261). N. Hartmann verstärkt diese Lehre noch insofern, als er die Systematisierung eines an sich bestehenden Reiches von hierarchisierten W.en versucht. Diese sich auf Evidenz gründende phänomenologische (↑Phäno-

menologie) W.lehre sieht sich seit ihren Anfängen dem Einwand konfrontiert, sie würde die Einsichtigkeit ihrer W.systeme bloß behaupten und ihre (teilweise) Plausibilität lediglich dem Anschluß an faktische Wertungstraditionen verdanken (die sie mit ihren Argumentationsmitteln jedoch nicht kritisch reflektieren könne).

Literatur: H. Albert/E. Topitsch (eds.), W.urteilsstreit, Darmstadt 1971, erw. [2]1979, [3]1990; E. Anderson, Value in Ethics and Economics, Cambridge Mass./London 1993, 1995; R. Attfield, A Theory of Value and Obligation, London/New York/Sydney 1987; A. J. Bahm, Axiology. The Science of Values, Amsterdam/Atlanta Ga. 1993; J. Bindé (ed.), Où vont les valeurs?, Paris 2004 (dt. Die Zukunft der W.e. Dialoge über das 21. Jahrhundert, Frankfurt 2007); C. Breitsameter, Individualisierte Perfektion. Vom W. der W.e, Paderborn etc. 2009; T. Brosch/D. Sander (eds.), Handbook of Value. Perspectives from Economics, Neuroscience, Philosophy, Psychology and Sociology, Oxford etc. 2016; A. J. Buch, W., W.bewußtsein, W.geltung. Grundlagen und Grundprobleme der Ethik Nicolai Hartmanns, Bonn 1982; T. L. Carson, Value and the Good Life, Notre Dame Ind. 2000; R. E. Chang, Value Pluralism, IESBS XXIV (2001), 16139–16145; H. Drexler, Begegnungen mit der W.ethik: M. Scheler, J. Hessen, H.-E. Hengstenberg, D. v. Hildebrand, Imm. Kant, H. Rickert, N. Hartmann, G. Patzig, K. Lorenz, A. Gehlen, Göttingen 1978; J. N. Findlay, Values and Intention. A Study in Value-Theory and Philosophy of Mind, London/New York 1961; M. Flügel/T. Gfeller/C. Walser (eds.), W.e und Fakten. Eine Dichotomie im Spiegel philosophischer Kontroversen, Bern/Stuttgart/Wien 1999; T. Gfeller, Was ist wichtig? Beschreibung, Wertung und ethische Theorie, Bern/Stuttgart/Wien 1999; R. Ginters, W.e und Normen. Einführung in die philosophische und theologische Ethik, Göttingen, Düsseldorf 1982; J. Griffin, Value Judgement. Improving Our Ethical Beliefs, Oxford etc. 1996, 2006; M. Großheim u. a., W./W.e, RGG VIII ([4]2005), 1467–1476; S. O. Hansson, The Structure of Values and Norms, Cambridge etc. 2001; G. Harman, Explaining Value and Other Essays in Moral Philosophy, Oxford etc. 2000, 2005; J. G. Hart/L. Embree (eds.), Phenomenology of Values and Valuing, Dordrecht/Boston Mass. 1997; M. Harth, W.e und Wahrheit, Paderborn 2008; N. Hartmann, Ethik, Berlin/Leipzig 1926, Berlin [4]1962 (engl. Ethics, London/New York 1932, New Brunswick N. J. 2003); B. W. Helm, Emotional Reason. Deliberation, Motivation, and the Nature of Value, Cambridge etc. 2001, 2007; W. Henckmann/H. Kreß, W., TRE XXXV (2003), 648–657; F. Hiller (ed.), Normen und W.e, Heidelberg 1982; A. Hügli u. a., W., Hist. Wb. Ph. XII (2004), 556–583; T. Hurka, Virtue, Vice, and Value, Oxford etc. 2000, 2003; W. Kolster, Ethische W.e. Geltung und Wandel, Berlin 2013; M. Konrad, W.e versus Normen als Handlungsgründe, Bern etc. 2000; V. Kraft, Die Grundlagen einer wissenschaftlichen W.lehre, Wien 1937, [2]1951 (engl. Foundations for a Scientific Analysis of Values, ed. H. L. Mulder, Dordrecht/Boston Mass./London 1981); L. Kuczynski, Values, Development of, IESBS XXIV (2001), 16148–16150; F. v. Kutschera, Einführung in die Logik der Normen, W.e und Entscheidungen, Freiburg/München 1973; ders., W. und Wirklichkeit, Paderborn 2010; R. M. Lemos, The Nature of Value. Axiological Investigations, Gainesville Fla. etc. 1995; R. Lepley (ed.), The Language of Value, New York 1957 (repr. Westport Conn. 1973); M. S. Lieberman, Commitment, Value, and Moral Realism, Cambridge etc. 1998; T. Magnell, Explorations of Value, Amsterdam/Atlanta Ga. 1997; A. Marmor, Positive Law and Objective Values, Oxford 2001; E. Mason, Value Pluralism, SEP 2006, rev. 2011; G. Meggle, Actions, Norms, Values. Discussions with Georg Henrik von Wright, Berlin/New York 1999; L. Mohn u. a. (eds.), W.e – was die Gesellschaft zusammenhält, Gütersloh 2007; G. Oddie, Value, Reality, and Desire, Oxford 2005, 2009; A. Oliver, Values, Ontological Status of, REP IX (1998), 580–581; B. Österman, Value and Requirements. An Enquiry Concerning the Origin of Value, Aldershot etc. 1995; D. Oyserman, Values. Psychological Perspectives, IESBS XXIV (2001), 16150–16153; J. Peacock, Values, Anthropology of, IESBS XXIV (2001), 16145–16148; J. Raz, Engaging Reason. On the Theory of Value and Action, Oxford etc. 1999, 2010; ders., The Practice of Value, Oxford etc. 2003, 2008; A. Regenbogen, W./W.e, EP III ([2]2010), 2973–2979; R. Rezsohazy, Values, Sociology of, IESBS XXIV (2001), 16153–16158; P. Rinderle, W.e im Widerstreit, Freiburg/München 2007; J. Schälike, Wünsche, W.e und Moral. Entwurf eines handlungstheoretischen und ethischen Internalismus, Würzburg 2002; M. Scheler, Der Formalismus in der Ethik und die materiale W.ethik, Jb. Philos. phänomen. Forsch. 1 (1913), 405–565, 2 (1916), 21–478, separat mit Untertitel: Neuer Versuch der Grundlegung eines ethischen Personalismus, Halle 1916, [3]1927, ferner als: Ges. Werke II, Bern [4]1954, [7]2000, ed. C. Bermes, Hamburg 2014; M. Schroeder, Value Theory, SEP 2008, rev. 2016; S. Schroeder, Between Freedom and Necessity. An Essay on the Place of Value, Amsterdam/Atlanta Ga. 2000; J. Schroth, Die Universalisierbarkeit moralischer Urteile, Paderborn 2001; W. Schweidler (ed.), W.e im 21. Jahrhundert, Baden-Baden 2001; C. L. Sheng, A Utilitarian General Theory of Value, Amsterdam/Atlanta Ga. 1998; I. Singer, Meaning in Life. The Creation of Value, New York etc. 1992, Cambridge Mass. 2010; A. U. Sommer, W.e. Warum man sie braucht, obwohl es sie nicht gibt, Stuttgart 2016; M. Stocker, Plural and Conflicting Values, Oxford 1990, 2004; C. Tappolet, Émotions et valeurs, Paris 2000; A. Thomas, Values, REP IX (1998), 581–583; P. Weingartner, Logisch-philosophische Untersuchungen zu W.en und Normen. W.e und Normen in Wissenschaft und Forschung, Frankfurt etc. 1996; A. G. Wildfeuer, W., in: W. D. Rehfus (ed.), Handwörterbuch Philosophie, Göttingen 2003, 678–689; ders., W., in: P. Kolmer/A. G. Wildfeuer (eds.), Neues Handbuch philosophischer Grundbegriffe III, Freiburg/München 2011, 2484–2504; G. H. v. Wright, The Varieties of Goodness, London/New York 1963 (repr. Bristol 1993, 1996), 1972; ders., Normen, W.e und Handlungen, Frankfurt 1994; M. J. Zimmerman, Intrinsic vs. Extrinsic Value, SEP 2002, rev. 2014. O. S.

Wert (ökonomisch), Terminus der Ökonomie (↑Ökonomie, politische) zur Bezeichnung von Handlungen des Bewertens. Bewertungen treten normalerweise als Urteile über Güter (↑Ware) und Produktionsfaktoren (↑Arbeit, Produktionsmittel, natürliche ↑Ressourcen) im ökonomischen Leistungsaustausch auf. Urteile über den ↑Gebrauchswert eines Konsumgutes zum Zwecke der Bedürfnisbefriedigung (↑Bedürfnis) sind vernünftig verstanden qualitativer Art. Die quantitativen ökonomischen W.theorien suchen die allokativen und distributiven Grundaufgaben einer ↑Ökonomie zu begreifen. Die Allokation betrifft die Zuordnung der Produktionsfaktoren zu alternativen möglichen Produktionsverwendungen, und zwar im Hinblick auf die Einsatzmenge, die Zuordnung zu verschiedenen Produktionszweigen (Sektoren), die dabei verwendete Technik und die zeitliche

Verteilung des Einsatzes (Investitionen). Die Distributionsaufgabe beinhaltet in realen Marktwirtschaften zwei Aspekte: Im Rahmen der primären Distribution wird die Güterproduktion auf die Eigentümer der Produktionsfaktoren verteilt. Die sekundäre Verteilung wird mittels sozial- und wohlfahrtsstaatlicher Instrumente politisch bestimmt. Sobald die Grundaufgaben der Ökonomie nicht mehr im Rahmen tradierter Leistungsverpflichtungen kleiner Gemeinschaften gelöst werden, ist wegen der Heterogenität der unzähligen Güter und der an der Leistungserstellung Beteiligten eine quantitative Bewertung aus Gründen der Effektivität der Entscheidungsprozesse unausweichlich. Dies ist der praktische Sinn der Rede vom ökonomischen W.. Für die Wirtschaftstheorie stellt sich daher das Problem, wie die W.e der Güter und Faktoren so bestimmt werden, daß unter Zugrundelegung des Handelns der wirtschaftlichen Akteure die Allokations- und Distributionsaufgaben gelöst werden. Dieses Problem stellt sich sowohl in normativer Hinsicht als auch hinsichtlich der angemessenen theoretischen Beschreibung faktischer Verhältnisse.

Die Ansätze der klassischen politischen Ökonomie (A. Smith, D. Ricardo, J. S. Mill, K. Marx) zur Erklärung des ökonomischen W.es werden als ›objektive W.theorien‹ bezeichnet, da sie den ökonomischen W. anhand der ›objektiv‹ in einer Ökonomie gegebenen technischen Produktionsbedingungen und der gesellschaftlich bestimmten Verteilungsrelationen (Höhe der Löhne und Profite) bestimmen. Weil in diesen Theorien von kurzfristigen Nachfrageschwankungen abstrahiert wird, beanspruchen sie, die langfristige Ausprägung des ökonomischen W.es zu erklären. Im Gegensatz dazu beziehen sich die neoklassischen ›subjektiven‹ W.theorien (C. Menger, L. Walras, S. Jevons) auf die subjektiven W.- bzw. Nutzeneinschätzungen einzelner Wirtschaftssubjekte. Nicht die Reproduktionsbedingungen der Produktionssphäre, sondern die Bewertung alternativer konsumtiver oder produktiver Verwendungen unter Bedingungen der Knappheit ist in der Neoklassik entscheidend für die Wertbestimmung. – Umstritten ist zwischen neoklassischen und klassischen Theoretikern, ob auch der Kapitalzins als Resultat individueller Spar- bzw. Investitionsentscheidungen und die Löhne als Resultat individueller Arbeitsangebots- und Arbeitsnachfrageentscheidungen verstanden werden sollen. Die neoklassische Konzeption eines durch ein Marktgleichgewicht gebildeten Kapitalzinses wurde, eingeleitet durch J. Robinson (Postkeynesianismus) und P. Sraffa (Neoricardianismus), kritisiert, da zur Bestimmung des W.es der Kapitalgüter die Zinshöhe bereits vorausgesetzt werden müsse. Sowohl die klassischen als auch die neoklassischen W.theorien beanspruchen, die wesentlichen Bestimmungsgründe der Preisbildung in kapitalistischen Marktwirtschaften zu erklären und zu zeigen, daß damit die beiden Grundaufgaben der Ökonomie erfüllt werden. Die in den Modellen auftretenden ↑Tauschwerte bzw. Preise sind insofern identisch mit den ökonomischen W.en.

Der erklärende Anspruch der W.theorie wird vor allem in der Neoklassik und in der Marxschen Arbeitswertlehre (↑Marx, Karl) mit normativ-politischen Urteilen verbunden. In der Neoklassik wird das Marktgleichgewicht unter den Idealbedingungen der vollkommenen Konkurrenz als effizient im Sinne der bestmöglichen Koordination individueller Ziele bezeichnet (›Pareto-Optimum‹; ↑Pareto, Vilfredo). Wo die allokative Effizienz dabei zum alleinigen normativen Kriterium erhoben wird und politische Instrumente zur Beeinflussung der Einkommensverteilung als ineffizient gelten, gerät die Analyse zur Apologie der kapitalistischen Marktwirtschaft. Auch die Marxsche Arbeitswertlehre legt eine normative Interpretation nahe: Bei Marx eignen sich die Kapitalisten den vollen (Arbeits-)W. der produzierten Ware an, während die Arbeiter nur den Tauschwert der Arbeit, der durch die Mittel zur Reproduktion der Arbeitskraft bestimmt ist, erhalten. Die Aneignung der Differenz, des ↑Mehrwertes, durch die Kapitalisten bezeichnet Marx als Ausbeutung.

Explizit wird die ↑normative Seite einer W.theorie, wenn sie auf praktische Fragen der institutionellen Ausgestaltung der Allokations- und Distributionsaufgabe angewandt wird. Bei vielen realen Problemen zeigt sich dann, wie eng die Grenzen vereinheitlichender Modelle sind. Z. B. taucht die kritische Dimension des W.begriffes in jüngerer Zeit in Diskussionen über den ökonomischen W. der ↑Natur wieder auf (H. Immler). Die Frage, ob diese Beiträge (lediglich) als Vorschläge zur Änderung institutioneller Regelungen in den Bereichen der Allokation und Verteilung oder als Versuche einer Neubestimmung ökonomischen W.es zu verstehen sind, berührt das Problem, ob ein einheitlicher Begriff des ökonomischen W.es wirtschaftspolitisch sinnvoll und theoretisch angemessen ist. In dem Maße, in dem eine Wirtschaftsordnung nicht mehr nur durch wenige Regeln der Verteilung und Allokation bestimmt ist, sondern viele, zum Teil gegenläufige Regelungen ineinandergreifen, wird die Konstruktion eines einheitlichen ökonomischen W.begriffs zunehmend unübersichtlich oder gar unmöglich.

Literatur: K. J. Arrow/G. Debreu, Existence of an Equilibrium for a Competitive Economy, Econometrica 22 (1954), 265–290; ders./F. H. Hahn, General Competitive Analysis, San Francisco Calif. 1971, Amsterdam etc. 1991; H.-G. Backhaus, Dialektik der W.form. Untersuchungen zur Marxschen Ökonomiekritik, Freiburg 1997, [2]2011; J. B. Clark, The Distribution of Wealth. A Theory of Wages, Interests and Profits, New York/London 1899 (repr. Düsseldorf 1999), New York 2005; J. L. Collins, The Politics of Value. Three Movements to Change How We Think about the Economy, Chicago Ill./London 2017; P. Deane, Value and Distribution, in: A. Kuper/J. Kuper (eds.), The Social Science Encyclopedia, London/New York [2]1996, 2003, 895–896; G. Debreu, Theory of Value. An Axiomatic Analysis of Economic Equilibrium, New Haven Conn., New York/London/Sydney 1959, New Haven Conn. 2007 (franz. Théorie de la valeur, Paris 1966, [2]1984, 2001; dt. W.theorie. Eine axiomatische Analyse des ökonomischen Gleichgewichts, Berlin/Heidelberg/New York 1976); M. H. Dobb, Theories of Value and Distribution since Adam Smith. Ideology and Economic Theory, Cambridge etc. 1973, 1985 (dt. W.- und Verteilungstheorien seit Adam Smith. Eine nationalökonomische Dogmengeschichte, Frankfurt 1977); I. Fisher, The Nature of Capital and Income, New York/London 1906 (repr. Düsseldorf 1991), [2]1923, New York 2007; G. C. Harcourt/N. F. Laing (eds.), Capital and Growth. Selected Readings, Harmondsworth 1971, 1973; M. Heinrich, Die Wissenschaft vom W.. Die Marxsche Kritik der politischen Ökonomie zwischen wissenschaftlicher Revolution und klassischer Tradition, Hamburg 1991, Münster [6]2014; F. Helmedag, Warenproduktion mittels Arbeit. Zur Rehabilitation des W.gesetzes, Marburg 1992, [2]1994; L. Herzog/A. Honneth (eds.), Der W. des Marktes. Ein ökonomisch-philosophischer Diskurs vom 18. Jahrhundert bis zur Gegenwart, Berlin 2014; J. R. Hicks, Value and Capital. An Inquiry into some Fundamental Principles of Economic Theories, Oxford 1939 (repr. Düsseldorf 1997), [2]1946, 2001 (franz. Valeur et capital. Enquête sur divers principes fondamentaux de la théorie économique, Paris 1965, 1981); S. Hollander, Collected Essays I (Ricardo – the New View), London/New York 1995; ders., The Economics of Karl Marx. Analysis and Application, Cambridge etc. 2008; H. Immler, Vom W. der Natur. Zur ökologischen Reform von Wirtschaft und Gesellschaft, Opladen 1989, [2]1990; W. S. Jevons, Theory of Political Economy, London/New York 1871 (repr. Düsseldorf 1995), New York [5]1957, Basingstoke etc. 2013 (franz. La théorie de l'économie politique, Paris 1909; dt. Die Theorie der politischen Ökonomie, Jena 1923, 1924); R. Kurz, Geld ohne W.. Grundrisse zu einer Transformation der Kritik der politischen Ökonomie, Berlin 2012; K. Lichtblau, W./Preis, Hist. Wb. Ph. XII (2004), 586–591; K. Marx, Das Kapital. Kritik der politischen Ökonomie, I–III, Hamburg 1867–1894 (MEW XXIII–XXV); ders., Grundrisse der politischen Ökonomie, Frankfurt/Berlin/Moskau 1939–1941 (MEGA II/1.1, II/1.2); R. L. Meek, Studies in the Labour Theory of Value, London 1956, [2]1973; C. Menger, Grundsätze der Volkswirtschaftslehre, Wien 1871 (repr. Düsseldorf 1990), ed. K. Menger, Wien/Leipzig [2]1923 (repr. Aalen 1968), ed. F. A. Hayek, Tübingen 1968 (= Ges. Werke I); A. Meyer-Faje/P. Ulrich (eds.), Der andere Adam Smith. Beiträge zur Neubestimmung von Ökonomie als politischer Ökonomie, Bern/Stuttgart 1991; J. S. Mill, Principles of Political Economy with some of Their Applications to Social Philosophy, I–II, London, Boston Mass., Philadelphia Pa. 1848 (repr. Düsseldorf 1988), ed. W. J. Ashley, London/New York 1909, 1940, Neudr. als: Collected Works, II–III, Toronto/London 1965, Indianapolis Ind. 2006 (dt. Grundsätze der politischen Ökonomie mit einigen ihrer Anwendungen auf die Sozialphilosophie, I–III, Hamburg 1852, Leipzig 1869–1881, I–II, ed. H. Waentig, Jena 1913/1921, Neudr. als Ges. Werke, V–VII, Aalen 1968); M. Morishima, Marx's Economics. A Dual Theory of Value and Growth, Cambridge etc. 1973, 1977; O. Nankivell, Economics, Society and Values, Aldershot etc. 1995, 1997; A. Orléan, L'empire de la valeur. Refonder l'économie, Paris 2011, 2013 (engl. The Empire of Value. A New Foundation for Economics, Cambridge Mass./London 2014); B. P. Priddat (ed.), W., Meinung, Bedeutung. Die Tradition der subjektiven W.lehre in der deutschen Nationalökonomie vor Menger, Marburg 1997; D. Ricardo, On the Principles of Political Economy and Taxation, London 1817, [3]1821, Neudr. als: The Works and Correspondence of David Ricardo I, ed. P. Sraffa, London 1951, Indianapolis Ind. 2004 (dt. Grundgesetze der Volkswirtschaft und Besteuerung, I–II, Leipzig 1837/1838, I–III, [2]1877–1905, unter dem Titel: Grundsätze der Volkswirtschaft und Besteuerung, Jena 1905, [3]1923, unter dem Titel: Über die Grundsätze der politischen Ökonomie und der Besteuerung, ed. H. D. Kurz, Marburg 1994, [2]2006); J. Robinson, The Production Function and the Theory of Capital, Rev. Economic Stud. 21 (1953/1954), 81–106; P. A. Samuelson, Foundations of Economic Analysis, Cambridge Mass./London 1947 (repr. Düsseldorf 1997), 1953, 1983; J. A. Schumpeter, Das Wesen und der Hauptinhalt der theoretischen Nationalökonomie, Leipzig 1908 (repr. Düsseldorf 1991), Berlin 1998; A. Smith, An Inquiry into the Nature and Causes of the Wealth of Nations, I–II, Dublin, London 1776, London [5]1789, Chicago Ill. 2013 (dt. Der Reichtum der Nationen, Leipzig 1910, unter dem Titel: Untersuchung über Natur und Wesen des Volkswohlstandes, München 1974, [2]1978, unter dem Titel: Untersuchung über Wesen und Ursachen des Reichtums der Völker, Tübingen 2012); P. Sraffa, Production of Commodities by Means of Commodities. Prelude to a Critique of Economic Theory, Cambridge etc. 1960, 1992 (dt. Warenproduktion mittels Waren. Einleitung zu einer Kritik der ökonomischen Theorie, Berlin 1968, Frankfurt 1976 [repr. Marburg 2014]; franz. Production de marchandises par des marchandises. Prélude à une critique de la théorie économique, Paris 1970, [2]1999); C. Steed, A Question of Worth. Economy, Society and the Quantification of Human Value, London etc. 2016; L. Walras, Éléments d'économie politique pure, ou, théorie de la richesse sociale, Lausanne 1874 (repr. Düsseldorf 1988), [4]1900, Paris 1926, 1976. M. S.

Wertbereich (engl. range, auch: Wertemenge), in der Mathematik Bezeichnung für den Bereich der Werte (↑Wert (logisch)) einer ↑Funktion. Wird statt von ›Funktionen‹ von ↑›Abbildungen‹ gesprochen, dann nennt man den W. einer Abbildung f die *Bildmenge* von f:

$$\{y : \bigvee_x y = f(x)\}.$$

Damit ist die ↑Menge aller Objekte y bezeichnet, für die es ein Objekt x gibt derart, daß y der Wert der Funktion f für das Argument (↑Argument (logisch)) x ist. A. F.

wertdefinit/Wertdefinitheit, eigentlich: wahrheitswertdefinit (↑Wahrheitswert), Bezeichnung für eine Eigenschaft von ↑Aussagen, die diese dann haben, wenn es jeweils ein Verfahren gibt, das nach endlich vielen Schritten darüber entscheidet, ob die betreffende Aussage wahr ist oder falsch. Für den Bereich der w.en Aussagen liegt daher ein entscheidbarer ↑Wahrheitsbegriff vor, was damit gleichwertig ist, daß es sich bei der Menge der wahren Aussagen als Teilmenge aller w.en wahren oder falschen Aussagen um eine entscheidbare Menge handelt (↑entscheidbar/Entscheidbarkeit). Die W. ist eine Verschärfung des der klassischen Logik (↑Logik, klassische) zugrundeliegenden Satzes vom ausgeschlossenen Dritten (↑principium exclusi tertii) – jede Aussage ist entweder wahr oder falsch –, der im Fall logisch einfacher Aussagen auch als ↑›Zweiwertigkeitsprinzip‹ bezeichnet wird, wobei nicht-wahre Aussagen als falsch und nicht-falsche Aussagen als wahr zu gelten haben. Seit Aristoteles wird in der traditionellen Logik (↑Logik, traditionelle) das *principium exclusi tertii* auf das für noch grundlegender gehaltene *principium contradictionis* (↑Widerspruch, Satz vom) zurückgeführt, demzufolge keine Aussage zugleich wahr und falsch sein kann, was darauf hinausläuft, auf der Metastufe den nur klassisch-logisch gültigen Schluß von $\neg(a \wedge b)$ auf $\neg a \vee \neg b$ zu verwenden. Aus dem klassisch-logischen Entweder-wahr-oder-falsch-Sein einer Aussage folgt noch nicht die Entscheidbarkeit in Bezug auf ihr Wahrsein oder Falschsein. Gleichwohl wird die W. in der auch ›zweiwertig‹ genannten klassischen Logik unter Berufung auf Aristoteles als Kriterium dafür benutzt, daß ein sprachlicher Ausdruck eine Aussage ist. Um unentscheidbare oder zumindest bisher unentschiedene Aussagen nicht aus dem Bereich der sinnvollen Aussagen auszuschließen, ist zunächst der Bereich der w.en Aussagen zum Bereich der beweisdefiniten (↑beweisdefinit/Beweisdefinitheit) oder widerlegungsdefiniten (↑widerlegungsdefinit/Widerlegungsdefinitheit) Aussagen erweitert worden. ↑Allaussagen über unendlichen Bereichen sind im allgemeinen höchstens widerlegungsdefinit (↑Falsifikation), also die Menge der Widerlegungen als Teilmenge aller Widerlegungen und Nicht-Widerlegungen von Aussagen entscheidbar. Manchaussagen (↑Existenzaussage) wiederum sind höchstens beweisdefinit (↑Verifikation), die Menge der Beweise als Teilmenge aller Beweise und Nicht-Beweise von Aussagen entsprechend ebenfalls entscheidbar. Allerdings läßt sich aus der Widerlegung bzw. dem Beweis einer Aussage zwar auf deren Falschheit bzw. deren Wahrheit schließen, nicht jedoch aus einer Nicht-Widerlegung bzw. einem Nicht-Beweis ohne weiteres auf deren Wahrheit bzw. Falschheit.

Bei mehrfach mit Allquantoren und Einsquantoren zusammengesetzten Aussagen braucht weder ein entscheidbarer Beweisbegriff noch ein entscheidbarer Widerlegungsbegriff zur Verfügung zu stehen. Deshalb wird in der Dialogischen Logik (↑Logik, dialogische) eine weitere Verallgemeinerung der W. zum Zwecke einer entscheidbaren Charakterisierung von Aussagen innerhalb des Bereichs sprachlicher Äußerungen und deren Schematisierungen vorgenommen: Ein sprachlicher Ausdruck ist eine Aussage, wenn für ihn ein entscheidbarer Dialogbegriff festgelegt werden kann, es also entscheidbar ist, ob eine Folge von Dialogschritten nach vereinbarten Regeln eines Dialogspiels regelgerecht ausgefallen ist und mit Gewinn bzw. Verlust für jeden der beiden Dialogpartner nach endlich vielen Schritten beendet wurde. Das Kriterium der Dialogdefinitheit (↑dialogdefinit/Dialogdefinitheit) für Aussagen ersetzt das klassische Kriterium der W. von Aussagen und ebenso dessen Erweiterungen durch Beweisdefinitheit und Widerlegungsdefinitheit von Aussagen. Allerdings führt die Logik der dialogdefiniten Aussagen zu einem Begriff der Allgemeingültigkeit (↑allgemeingültig/Allgemeingültigkeit), der dem der effektiven oder der intuitionistischen Logik (↑Logik, intuitionistische, ↑Logik, konstruktive) gleichwertig ist, so daß insbes. das für den Bereich der w.en Aussagen gültige ↑tertium non datur (A oder nicht-A, symbolisch: $A \vee \neg A$) kein (dialogisch) allgemeingültiges ↑Aussageschema ist. K. L.

Wertethik, Bezeichnung für eine in der Tradition der phänomenologischen (↑Phänomenologie) Wertlehre – und hier vor allem auf die ↑Wertphilosophie F. Brentanos zurückgehende – und im Gegensatz zur formalen ↑Pflichtethik I. Kants formulierte ↑Ethik, die den Anspruch erhebt, Handlungen durch den Bezug auf ein Reich von Werten (↑Wert (moralisch)) zu begründen.

Der Hauptvertreter einer materialen W. ist M. Scheler (Der Formalismus in der Ethik und die materiale W., 1913/1916). Scheler greift an der Ethik Kants deren Formalismus, Subjektivismus, Rationalismus und Universalismus an. Dem *Formalismus*, der in der Erklärung eines formalen Prinzips, nämlich des Kategorischen Imperativs (↑Imperativ, kategorischer) zum obersten Kriterium der ↑Sittlichkeit und ↑Moral besteht, stellt er die Darstellung eines von menschlichen Wertungen unabhängigen hierarchisch geordneten Reiches bestimmter Werte gegenüber. Die Erkenntnis dieser Werte geht aller theoretischen Erkenntnis voraus. Scheler postuliert dementsprechend ein ursprüngliches Werterfassen, in dem die Werte aufscheinen, und hält dieses Werterfassen für übersubjektiv. Dem ↑*Subjektivismus*, der in dem Hinweis auf die erkenntniskonstitutiven Leistungen des transzendentalen Subjekts (↑Subjekt, transzendentales) besteht, wird die Behauptung entgegengestellt, daß das wahre Apriori (↑a priori) menschlicher Erkenntnis – auch der Werterkenntnis – in den aufscheinenden Wesensgehalten der Dinge bestehe. Dem ↑*Rationalismus*, der in der ausschließlichen Berufung auf die ↑Vernunft für die Leitung des Handelns besteht, wird die emotionale Fundierung des Sittlichen, das Erkennen der Werte durch ein Wertgefühl und das Erkennen ihrer Rangordnung durch emotionale Vorzugsakte entgegengestellt, dem *Universalismus*, der in der Allgemeingültigkeitsbehauptung begründeter Normen (↑Norm (handlungstheoretisch, moralphilosophisch)) besteht, die Konzeption eines ›An-sich-Guten-für-mich‹, das auf die Konkretheit der historischen und sozialen Situation und die Individualität der handelnden Person bezogen wird. N. Hartmann (Ethik, Berlin/Leipzig 1926, ⁴1962) sucht die Gedanken Schelers zu systematisieren und durch Einzelanalysen von Werten zu konkretisieren.

Bereits im Rahmen der wertethischen Begrifflichkeit haben Autoren wie R. Reininger (Wertphilosophie und Ethik, 1939) die Gründung einer subjektunabhängigen Wertordnung auf das Wertfühlen kritisiert und demgegenüber die Subjektivität der Werterkenntnis – die Reininger als Selbsterkenntnis des Wertenden darstellt – herausgearbeitet. Die entscheidende Kritik an der materialen W. erfolgt jedoch durch die (dabei oft an die Ethik Kants anschließenden) sprachanalytisch (↑Sprachanalyse) reflektierten Theorien der Normbegründung, nach denen die Berufung auf ↑Gefühle keine Begründung für verbindliche Forderungen oder für die Geltung objektiver Werte sein kann.

Literatur: H. M. Baumgartner, Die Unbedingtheit des Sittlichen. Eine Auseinandersetzung mit Nicolai Hartmann, München 1962; P. Blosser, Scheler's Critique of Kant's Ethics, Athens Ohio 1995; N. Bolz, Das richtige Leben, München/Paderborn 2014; A. J. Buch, Wert – Wertbewußtsein – Wertgeltung. Grundlagen und Grundprobleme der Ethik Nicolai Hartmanns, Bonn 1982; H. Drexler, Begegnungen mit der W.: M. Scheler, J. Hessen, H.-E. Hengstenberg, D. von Hildebrand, Imm. Kant, H. Rickert, N. Hartmann, G. Patzig, K. Lorenz, A. Gehlen, Göttingen 1978; G. Fröhlich, Nachdenken über das Gute. Ethische Positionen bei Aristoteles, Cicero, Kant, Mill und Scheler, Göttingen 2006; M. Heesch, W., RGG VIII (^{4}2005), 1477–1478; D. v. Hildebrand, Sittlichkeit und ethische Werterkenntnis. Eine Untersuchung über ethische Strukturprobleme, Jb. Philos. phänomen. Forsch. 5 (1922), 463–602 (repr. [zusammen mit der Dissertation: Die Idee der sittlichen Handlung] Darmstadt 1969, 127–266), Neudr. Vallendar-Schönstatt ^{3}1982; E. Kelly, Material Ethics of Value. Max Scheler and Nicolai Hartmann, Dordrecht/Boston Mass. 2011; M.-W. Kim, Grundlegung der Werte in der Lebenswelt des Menschen. Studien zum Pflichtbewußtsein und zur W., Marburg 2000; S. Klausen, Grundgedanken der materialen W. bei Hartmann (Scheler) in ihrem Verhältnis zur Kantischen, Oslo 1958; E. Mayer, Die Objektivität der Werterkenntnis bei Nicolai Hartmann, Meisenheim am Glan 1952; R. Reininger, Wertphilosophie und Ethik. Die Frage nach dem Sinn des Lebens als Grundlage einer Wertordnung, Wien/Leipzig 1939, ^{3}1947; M. Scheler, Der Formalismus in der Ethik und die materiale W., Jb. Philos. phänomen. Forsch. 1 (1913), 405–565, 2 (1916), 21–478, separat mit Untertitel: Neuer Versuch der Grundlegung eines ethischen Personalismus, Halle 1916, ^{3}1927, ferner als: Ges. Werke II, Bern ^{4}1954, ^{7}2000, ed. C. Bermes, Hamburg 2014; H. Schiller (ed.), Die Frage nach dem Sinn des Lebens. Eine Einführung in die Wertphilosophie und Ethik. Mit Original-Texten von Dietrich Heinrich Kerler (1882–1921) und Kurt Port (1896–1979), Esslingen 1987; A. G. Wildfeuer, W., in: W. D. Rehfus (ed.), Handwörterbuch Philosophie, Göttingen 2003, 680–681; M. Zimmerman, The Nature of Intrinsic Value, Lanham Md. etc. 2001. O. S.

Wertfreiheit (der Wissenschaften), im eigentlichen Sinne ›Wertungsfreiheit‹ (M. Weber), mit dem Namen Webers verbundene Bezeichnung einer wissenschaftstheoretischen Position, nach der alle Wissenschaften, insbes. die ↑Sozialwissenschaften, sich aller praktischen Bewertungen, d. h. bewertender Stellungnahmen gegenüber ihrem Gegenstand, zu enthalten haben. Unter praktischen, vornehmlich ethischen Bewertungen versteht Weber Stellungnahmen zu handlungsmäßig beeinflußbaren sozialen und kulturellen Sachverhalten als ›verwerflich oder billigenswert‹. Webers Forderung an die Wissenschaften liegt die in der ↑Wertphilosophie (↑Wert (moralisch)) des 19. Jhs. (R. H. Lotze) getroffene fundamentale Unterscheidung der Ebenen des Seins und der Werte (des Geltens) zugrunde, ferner das so genannte Humesche Gesetz (↑Naturalismus (ethisch)), wonach sich ↑normative Urteile nicht aus deskriptiven Urteilen deduzieren lassen. Die W.sthese zielt dabei in zwei Richtungen: (1) Aus der Nichtableitbarkeit der Werturteile aus Urteilen über Sachverhalte folgt, daß sich in letzter Instanz die personal gebundenen Wertentscheidungen nicht wissenschaftlich begründen lassen; hier gibt es keine Objektivität (↑objektiv/Objektivität). (2) Die wissenschaftlichen Aussagen sind von praktischen Bewertungen frei zu halten; nur so läßt sich deren Objektivität sichern.

Weber bestreitet nicht, daß wissenschaftsleitende Gesichtspunkte in einem vor dem wissenschaftlichen (logischen und empirischen) liegenden Bereich (↑vorwissenschaftlich) durch Wertungen bestimmt sind. So ist z. B. die Auswahl der Forschungsgegenstände von Wertentscheidungen abhängig. Auch die Verpflichtung zur (wissenschaftlichen) ↑Rationalität, damit zur W., ist kultur- und damit wertabhängig. Weber bestreitet ferner nicht, daß Bewertungen Objekte einer selbst wertfreien deskriptiv-verstehenden wissenschaftlichen Untersuchung sein können. Wertfrei lassen sich die Wertaxiome handelnder Personen, deren Implikationen und die Folgen der durch sie bestimmten Handlungen untersuchen. Mit der W.sthese ist nach Weber auch nicht die Behauptung einer partikularen Subjektivität aller Wertungen verbunden; nur gehört die Diskussion über Werte selbst in die Wertphilosophie und nicht in die Wissenschaft. – Die Forderung nach W. der Sozialwissenschaften führt im ersten Drittel des 20. Jhs. zu einer wissenschaftstheoretischen Kontroverse um deren grundsätzliches Selbstverständnis (↑Werturteilsstreit). Diese Kontroverse findet in Teilaspekten eine Fortsetzung im ↑Positivismusstreit.

Daß die W. eine emphatische und auch praxisrelevante Entscheidung für wissenschaftliche Werte, genauer: für die intersubjektive (↑Intersubjektivität) Überprüfung des Wissens einschließt, und daß die methodologischen Regeln unter dieser Zwecksetzung ihre Formulierung und sachliche Grundlage finden, betont in der an Weber sachlich anschließenden Diskussion insbes. der Kritische Rationalismus (↑Rationalismus, kritischer). Die Entscheidung für die intersubjektive Überprüfung als Geltungsbasis für Wissenschaftlichkeit ist ihrerseits nicht regelgeleitet und regreßfrei begründbar und insofern selbst nicht streng objektiv. Im Anschluß an die Überlegungen Webers zur W. formuliert H. Albert zur

Überbrückung der Differenz von Sein und Sollen ein ↑Brückenprinzip (›Sollen impliziert Können‹), das zwar wissenschaftlich nicht begründbar ist, aber ›kognitive Kritik an Wertüberzeugungen‹ ermöglicht.

Die Kritik an der W.sthese setzt zum einen an der von Weber vorgenommenen Einschränkung des Wissenschaftsbegriffs (↑Szientismus), zum anderen am regelbezogenen Begriff der ↑Begründung an. In Frage steht, ob es sinnvoll ist, in erkenntnistheoretischer Perspektive eine von der Wertsphäre unabhängige Tatsachensphäre anzunehmen, die für alle in gleicher Weise zugänglich ist. In Form der Frage, ob es einen von der subjektiven Perspektive auf die Welt unabhängigen, objektiven ›Blick von Nirgendwo‹ gibt, wird die philosophische Diskussion um den Begriff der W. von T. Nagel (1986) fortgeführt.

Literatur: T. W. Adorno u. a., Der Positivismusstreit in der deutschen Soziologie, Neuwied/Berlin/Darmstadt 1969, [14]1991, München 1993; H. Albert, W. als methodisches Prinzip. Zur Frage der Notwendigkeit einer normativen Sozialwissenschaft, in: E. v. Beckerath/H. Giersch (eds.), Probleme der normativen Ökonomik und der wirtschaftspolitischen Beratung, Berlin 1963, 32–63, Neudr. in: E. Topitsch (ed.), Logik der Sozialwissenschaften, Köln/Berlin 1965, [9]1976, 181–210, Frankfurt [12]1993, 196–225; ders., Traktat über kritische Vernunft, Tübingen 1964, [5]1991 (engl. Treatise on Critical Reason, Princeton N. J. 1985); ders., Konstruktion und Kritik. Aufsätze zur Philosophie des kritischen Rationalismus, Hamburg 1972, [2]1975; ders., Aufklärung und Steuerung. Aufsätze zur Sozialphilosophie und zur Wissenschaftslehre der Sozialwissenschaften, Hamburg 1976; ders./E. Topitsch (eds.), Werturteilsstreit, Darmstadt 1971, [3]1990; G. Andersson (ed.), Rationality in Science and Politics, Dordrecht/Boston Mass. 1984, 1985 (Boston Stud. Philos. Sci. LXXIX); K.-O. Apel/M. Kettner (eds.), Mythos W.? Neue Beiträge zur Objektivität in den Human- und Kulturwissenschaften, Frankfurt/New York 1994; U. Beck, Objektivität und Normativität. Die Theorie-Praxis-Debatte in der modernen deutschen und amerikanischen Soziologie, Hamburg 1974; P. Bulthaup, Zur gesellschaftlichen Funktion der Naturwissenschaften, Frankfurt 1973, Lüneburg [2]1996; A. Büter, Das W.sideal in der Sozialen Erkenntnistheorie. Objektivität, Pluralismus und das Beispiel Frauengesundheitsforschung, Frankfurt etc. 2012; D. Döring u. a., Wissenschaft, W., Lebensform, Salzburg 2003; H. E. Douglas, Science, Policy, and the Value-Free Ideal, Pittsburgh Pa. 2009; G. L. Eberlein, Maximierung der Erkenntnisse ohne sozialen Sinn? Für eine wertbewußte Wissenschaft, Zürich 1987; C. v. Ferber, Der Werturteilsstreit 1909/1959. Versuch einer wissenschaftsgeschichtlichen Interpretation, Kölner Z. f. Soziologie u. Sozialpsychologie 11 (1959), 21–37, Neudr. in: E. Topitsch (ed.), Logik der Sozialwissenschaften [s. o.] [9]1976, 165–180; P. Janich/F. Kambartel/J. Mittelstraß, Wissenschaftstheorie als Wissenschaftskritik, Frankfurt 1974, 108–118 (VIII Grundlagen der Sozialwissenschaften); F. Kambartel/J. Mittelstraß (eds.), Zum normativen Fundament der Wissenschaft, Frankfurt 1973; G. Keil, Bewertung, in: E. Braun/H. Radermacher (eds.), Wissenschaftstheoretisches Lexikon, Graz/Wien/Köln 1978, 100–103; H. Kincaid/J. Dupré/A. Wylie (eds.), Value-Free Science? Ideals and Illusions, Oxford etc. 2007; P. Kondylis, Macht und Entscheidung. Die Herausbildung der Weltbilder und der Wertfrage, Stuttgart 1984; H. Lacey, Is Science Value Free? Values and Scientific Understanding, London/New York 1999, 2005; L. McFalls, Max Weber's »Objectivity« Reconsidered, Toronto/Buffalo N. Y./London 2007; J. Mittelstraß, Sozialwissenschaften im System der Wissenschaft, in: M. Timmermann (ed.), Sozialwissenschaften. Eine multidisziplinäre Einführung, Konstanz 1978, 173–189, ferner in: ders., Die Häuser des Wissens. Wissenschaftstheoretische Studien, Frankfurt 1998, 134–158; A. Montefiore (ed.), Neutrality and Impartiality. The University and Political Commitment, London etc. 1975; G. Myrdal, Das Wertproblem in der Sozialwissenschaft, Hannover 1958, Bonn [2]1975; T. Nagel, The View from Nowhere, Oxford etc. 1986, 1989; K. R. Popper, Objective Knowledge. An Evolutionary Approach, Oxford 1972, 2003; R. Prewo, Max Webers Wissenschaftsprogramm. Versuch einer methodischen Neuerschließung, Frankfurt 1979; R. N. Proctor, Value-Free Science? Purity and Power in Modern Knowledge, Cambridge Mass./London 1991; G. Radnitzky, W.sthese: Wissenschaft, Ethik und Politik, in: ders./G. Andersson (eds.), Voraussetzungen und Grenzen der Wissenschaft, Tübingen 1981, 47–126; M. Riedel, Norm und Werturteil. Grundprobleme der Ethik, Stuttgart 1979; J. Ritsert (ed.), Zur Wissenschaftslogik einer kritischen Soziologie, Frankfurt 1976; J. Rüsen (ed.), Historische Objektivität. Aufsätze zur Geschichtstheorie, Göttingen 1975; W. Schluchter, W. und Verantwortungsethik. Zum Verhältnis von Wissenschaft und Politik bei Max Weber, Tübingen 1971; O. Stammer (ed.), Max Weber und die Soziologie heute. Verhandlungen des 15. Deutschen Soziologentages, Tübingen 1965 (engl. Max Weber and Sociology Today, Oxford 1971); M. Weber, Die ›Objektivität‹ sozialwissenschaftlicher und sozialpolitischer Erkenntnis, Arch. Sozialwiss. Sozialpolitik 19 (1904), 22–87, ferner in: ders., Gesammelte Aufsätze zur Wissenschaftslehre, ed. M. [Marianne] Weber, Tübingen 1922, ed. J. Winckelmann, Tübingen [2]1951, [6]1985 (repr. 1988), 146–214; ders., Der Sinn der ›W.‹ der soziologischen und ökonomischen Wissenschaften, Logos 7 (1918), 40–88, ferner, in: ders., Gesammelte Aufsätze zur Wissenschaftslehre [s. o.], 489–540; ders., Wissenschaft als Beruf, München/Leipzig 1919, ferner in: ders., Gesammelte Aufsätze zur Wissenschaftslehre [s. o.], 582–613, ferner in: MWG Abt. 1/XVII, 71–111, separat Stuttgart 2013; W. Weber/E. Topitsch, Das W.sproblem seit M. Weber, Z. Nationalökonomie 13 (1952), 158–201; G. Weippert, Vom Werturteilsstreit zur politischen Theorie, Weltwirtschaftliches Arch. 49 (1939), 1–100, Neudr. in: ders., Aufsätze zur Wissenschaftslehre I (Sozialwissenschaft und Wirklichkeit), Göttingen 1966, 71–163; weitere Literatur: ↑Positivismusstreit, ↑Werturteilsstreit. S. B.

Wertfreiheitsprinzip, Bezeichnung für eine von M. Weber zu Beginn des 20. Jhs. eingeführte und von H. Albert (Das Werturteilsproblem im Lichte der logischen Analyse, Z. f. d. ges. Staatswiss. 112 [1956], 410–439) als solche ausgewiesene methodologische ↑Regel, die die spezifische wissenschaftliche Tätigkeit über die Forderung nach intersubjektiver (↑Intersubjektivität) Überprüfbarkeit ihrer Aussagen definiert und mit der Behauptung, daß im engeren Sinne praktische Bewertungen einer derartigen Kontrolle nicht standhielten, ↑Werturteile aus der Wissenschaft eliminiert. Mit der Forderung, daß die Wissenschaften, insbes. die eng mit Wertungen verbindbaren ↑Sozialwissenschaften, wertfrei (↑Wertfreiheit) vorzugehen hätten, löste Weber eine anhaltende Kontroverse um das Methodenideal der Sozialwissenschaften aus (↑Werturteilsstreit). Daß das W. für die wissenschaftliche Methodik eine grundsätzliche Bedeutung hat, wird in den 1970er Jahren von alternativen wissenschaftstheoretischen Konzeptionen bestritten (↑Positivismusstreit), unter anderem von der Kritischen Theorie (↑Theorie, kritische, ↑Frankfurter Schule) und der Konstruktiven Wissenschaftstheorie (↑Wissenschaftstheorie, konstruktive, ↑Erlanger Schule). S. B.

Wertgesetz, in der klassischen politischen Ökonomie (↑Ökonomie, politische) Bezeichnung für die ideale Normalsituation, zwei Warenmengen genau dann als tauschäquivalent zu betrachten, wenn ihre Produktion die gleiche (nach Mühe und Ausbildung gewogene) gesellschaftlich notwendige Arbeitszeit erfordert. A. Smith und D. Ricardo verstehen das W. als Regel des rationalen (›natürlichen‹) Tausches in ökonomisch elementaren Situationen und als Grundlage einer auf den Arbeitsaufwand bezogenen ökonomischen Wert- und Wachstumstheorie (↑Tauschwert).

Schon Ricardo sieht, daß bei profitorientierter Produktion Abweichungen vom W. unausweichlich sind. In Fortführung des Ansatzes von Ricardo formuliert P. Sraffa das Theorem, daß allenfalls bei Nullprofiten arbeitsaufwandsproportionale Preise möglich sind. Auch die Tatsache, daß die Profite über reale Preise, nicht über Arbeitswerte bestimmt werden, zeigt, wie etwa N. Okishio mathematisch ausgeführt hat, daß das W. für eine Kennzeichnung kapitalistischer Gesellschaften (↑Kapitalismus) nur begrenzt anwendbar ist. K. Marx verwendet das W. für den Nachweis, daß es im fairen Warentausch keinen Profit geben kann, Mehrwert also nur entsteht, indem der Preis der Ware Arbeitskraft unter dem Tauschwert der von ihr produzierten Güter liegt, welche unmittelbar in die Verfügungsmacht des Arbeitsgebers übergehen.

Literatur: W. Cesarz, Mehrwert, W., Profit. Veränderungen – Folgen – Konsequenzen, Kückenshagen 2004; L. Cuyvers, The Economic Ideas of Marx's Capital. Steps towards Post-Keynesian Economics, London/New York 2017; M. Dobb, Theories of Value and Distribution since Adam Smith. Ideology and Economic Theory, Cambridge etc. 1973, 1977 (dt. Wert- und Verteilungstheorien seit Adam Smith. Eine nationalökonomische Dogmengeschichte, Frankfurt 1977); H. Fahrenholz-Hilwig, W. und Wirtschaftssystem. Probleme der Preisbindung in warenproduzierenden Gesellschaften, Frankfurt/New York 1977; D. F. Gordon, Value, Labor Theory of, IESS XVI (1968), 279–282; K. Marx, Das Kapital. Kritik der politischen Ökonomie I, Hamburg, New York 1867, Berlin [34]1991 (= MEW XXIII), ferner als: MEGA II/3.1, bes. Kap. 1–5; J. Nanninga, Tauschwert und Wert. Eine sprachkritische Rekonstruktion des Fundamentes der Kritik der politischen Ökonomie, Diss. Hamburg 1975; H. G. Nutzinger/E. Wolfstetter (eds.), Die Marxsche Theorie und ihre Kritik. Eine Textsammlung zur Kritik der Politischen Ökonomie, I–II, Frankfurt/New York 1974 (repr. Marburg 2008); N. Okishio, Technische Veränderungen und Profitrate (1961), in: H. G. Nutzinger/E. Wolfstetter (eds.), Die Marxsche Theorie und ihre Kritik [s. o.] II, 173–191; D. Ricardo, On the Principles of Political Economy and Taxation, London 1817 (repr. Hildesheim/New York 1977, Düsseldorf 1988), [3]1821, ferner als: The Works and Correspondences of David Ricardo I, ed. P. Sraffa, Cambridge etc. 1951, 1975; A. Smith, An Inquiry into the Nature and Causes of the Wealth of Nations, I–III, Dublin 1776, in 2 Bdn. London 1776 (repr. New York 1966), [4]1785 (repr. New York 2011), ed. K. Sutherland, Oxford etc. 1993, 2008, bes. Kap. IV–VI; P. Sraffa, Production of Commodities by Means of Commodities. Prelude to a Critique of Economic Theory, Cambridge etc. 1960, 1992 (dt. Warenproduktion mittels Waren. Einleitung zu einer Kritik der ökonomischen Theorie, Berlin 1968, Frankfurt 1976 [repr. Marburg 2014]; franz. Production de marchandises par des marchandises. Prélude à une critique de la théorie économique, Paris 1970, [2]1999); W. Weber, Wert, in: E. Beckerath u. a. (eds.), Handwörterbuch der Sozialwissenschaften XI, Stuttgart etc. 1961, 637–658, bes. 644–645. F. K.

Wertphilosophie (auch: Wertlehre, Werttheorie, Axiologie, selten Timologie), Terminus für eine im 19. Jh. entwickelte philosophische Position, die neben einen Bereich des Seienden bzw. Wirklichen einen eigenen Bereich der Werte (↑Wert (moralisch)) setzt und insofern vom (bloßen, d. h. im Sinne der Faktizität verstandenen) Sein die ↑Geltung der Werte unterscheidet. R. H. Lotze, der Begründer der W., geht von einer Parallelisierung der Begründung für die Wahrheit des Erkennens und für die Wahrheit der Überzeugungen im Handeln aus. Die Welt der ↑Tatsachen begründet die Geltung der ↑Urteile; entsprechend muß es auch für die Begründung der Überzeugungen und Aufforderungen ein Fundament geben, nämlich die Werte. Diese Werte sind als absolut gültig vorgegeben und werden nicht durch Verstandeserkenntnis (↑Verstand), sondern mittels ↑Vernunft – und zwar durch die spezielle Fähigkeit des Wertfühlens – erfaßt. Bereits in dieser Konzeption entsteht das Problem der Geltungsbegründung, das Lotze durch die Unterscheidung zwischen formaler (apriorischer) Erklärung der Geltung von Werten hinsichtlich ihres Verpflichtungscharakters für das Handeln und inhaltlich (psychologisch) erklärter Geltung zu lösen versucht. Wie die Ideen (↑Idee (historisch), ↑Ideenlehre) existieren Werte ewig. E. v. Hartmann entwickelt die W. zu einer eigenständigen Disziplin (↑Axiologie).

Eine W. wird später zum Teil in direktem Anschluß an Lotze in unterschiedlichen philosophischen Richtungen vertreten. Die Repräsentanten der südwestdeutschen Schule des ↑Neukantianismus W. Windelband und H. Rickert ordnen die Naturwissenschaften den Gesetzen, die Kulturwissenschaften den Werten zu. Rickert übernimmt in der Geltungsbegründung Lotzes Unterscheidung von ewigen Werten und zeitweiliger bzw. bedingter Gültigkeit der Werte durch Setzung der Werte in wertenden Akten des Menschen. Dieser Ansatz führt zu einem Irrationalismus (↑irrational/Irrationalismus) der Werte

(E. Spranger, W. Dilthey) und zu einer Entfaltung der Theorie des Wertfühlens (F. Brentano, A. Meinong). Eine psychologisch begründete W. vertreten im Anschluß an Meinong O. Kraus, in Orientierung am Neukantianismus M. Wundt, C. v. Ehrenfels, H. Münsterberg, J. C. Kreibig, W. Stern und T. Lipps sowie R. B. Perry. Der Neukantianer H. Cohen leitet dagegen die Werte aus dem reinen ↑Willen ab. Ausgehend von E. Husserl, der den Wert als das ›intentionale Korrelat des wertenden Aktes‹ (Ideen zu einer reinen Phänomenologie und phänomenologischen Philosophie I, ed. K. Schuhmann, Den Haag 1976 [Husserliana III/1], 76) bestimmt, entwickelt M. Scheler eine materiale ↑Wertethik, die die Werte als eigenständiges, vom Seienden unabhängiges Apriori (so auch bei N. Hartmann) auffaßt, zugänglich im intentionalen Fühlen als dem ›emotionalen Apriori‹ der Erfassung von seienden Gütern. – In einem allgemeineren Sinne findet sich eine philosophische Theorie der Werte im ↑Marxismus, in einigen Ansätzen der ethischen Begründung des Sollens, in der Ästhetik, z. B. der phänomenologischen Ästhetik (R. Ingarden) und der pragmatistischen Ästhetik (J. Dewey).

Literatur: B. Bauch, Wahrheit, Wert und Wirklichkeit, Leipzig 1923; S. Behn, Philosophie der Werte als Grundwissenschaft der pädagogischen Zieltheorie, München 1930; J. Berthold/A. Hügli, W., Hist. Wb. Ph. XII (2004), 611–614; L. Brentano, Die Entwicklung der Wertlehre, München 1908; T.-H. Chang, Wert und Kultur. Wilhelm Windelbands Kulturphilosophie, Würzburg 2012; H. v. Coelln, Von den Gütern zu den Werten. Versuch einer Kritik aller W., Essen 1996; H. Cohen, System der Philosophie II (Ethik des reinen Willens), Berlin 1904, [2]1907 (repr. als: Werke VII, Hildesheim/Zürich/New York 1981, 2002), [3]1921; J. Cohn, Voraussetzungen und Ziele des Erkennens. Untersuchungen über die Grundfragen der Logik, Leipzig 1908; J. Delesalle, Liberté et valeur, Louvain 1950; J. Dewey, Theory of Valuation, Chicago Ill. 1939, 1972, ferner in: Later Works XIII, Carbondale Ill. etc. 1988, 2008, 189–251; C. v. Ehrenfels, System der Werttheorie, I–II, Leipzig 1897/1898; G. Ehrl, Schelers W. im Kontext seines offenen Systems, Neuried 2001; R. Eisler, Studien zur Werttheorie, Leipzig 1902; E. v. Hartmann, Grundriß der Axiologie oder Wertwägslehre, Bad Sachsa 1908 (= System der Philosophie im Grundriß V); N. Hartmann, Ethik, Berlin 1926, [4]1962; F. Hausen, Wert und Sinn. Apriorische Hermeneutik des Tuns und Fühlens in der Spur Max Schelers, Nordhausen 2015; A. Heller, Hypothese über eine marxistische Theorie der Werte, Frankfurt 1972; J. Hessen, Lehrbuch der Philosophie II (Wertlehre), München/Basel 1948, [2]1959; J. Heyde, Wert. Eine philosophische Grundlegung, Erfurt 1926; I. Hirose/J. Olson (eds.), The Oxford Handbook of Value Theory, Oxford etc. 2015; A. Hoffmann, Das Systemprogramm der Philosophie der Werte. Eine Würdigung der Axiologie Wilhelm Windelbands, Erfurt 1922; E. R. Jaensch, Wirklichkeit und Wert in der Philosophie und Kultur der Neuzeit. Prolegomena zur philosophischen Forschung auf der Grundlage philosophischer Anthropologie nach empirischer Methode, Berlin 1929; V. Kraft, Die Grundlagen einer wissenschaftlichen Wertlehre, Wien 1937, [2]1951 (engl. Foundations for a Scientific Analysis of Value, ed. H. L. Mulder, Dordrecht/Boston Mass./London 1981 [Vienna Circle Collection 15]); O. Kraus, Die Werttheorien. Geschichte und Kritik, Brünn 1937; J. K. Kreibig, Psychologische Grundlegung eines Systems der Wert-Theorie, Wien 1902; C. Krijnen, Nachmetaphysischer Sinn. Eine problemgeschichtliche und systematische Studie zu den Prinzipien der W. Heinrich Rickerts, Würzburg 2001; T. Lipps, Vom Fühlen, Wollen und Denken. Eine psychologische Skizze, Leipzig 1902, [3]1926; ders., Leitfaden der Psychologie, Leipzig 1903, [3]1909; J. B. Lotz, Sein und Wert, Z. kathol. Theol. 57 (1933), 557–603; R. H. Lotze, Logik, Leipzig 1843, wesentlich überarbeitet u. erw. unter dem Titel: System der Philosophie I (Drei Bücher der Logik), Leipzig 1874 (repr. Hildesheim/Zürich/New York 2004), [2]1880; H. Lützeler, Der Philosoph Max Scheler. Eine Einführung, Bonn 1947; A. Meinong, Psychologisch-ethische Untersuchung zur Wert-Theorie [...], Graz 1894 (repr. in: Gesamtausg. III, Graz 1968, 1–244); ders., Über Annahmen, Leipzig 1902 (repr. Amsterdam 1970, Ann Arbor Mich./London 1980), [2]1910 (repr. als: Gesamtausg. IV, Graz 1977), Leipzig [3]1928; A. Messer, Deutsche W. der Gegenwart, Leipzig 1926; M. Müller, Über Grundbegriffe philosophischer Wertlehre. Logische Studien über Wertbewußtsein und Wertgegenständlichkeit, Freiburg 1932; H. Münsterberg, Philosophie der Werte. Grundzüge einer Weltanschauung, Leipzig 1908, [2]1921; ders., The Eternal Values, Boston Mass., London 1909; M. G. Murphey/I. Berg (eds.), Values and Value Theory in Twentieth-Century America. Essays in Honor of Elizabeth Flower, Philadelphia Pa. 1988; W. Ostwald, Die Philosophie der Werte, Leipzig 1913; R. B. Perry, General Theory of Value. Its Meaning and Basic Principles Construed in Terms of Interest, New York etc. 1926, Cambridge Mass. 1967; R. Reininger, W. und Ethik. Die Frage nach dem Sinn des Lebens als Grundlage einer Weltordnung, Wien/Leipzig 1939, [3]1947; N. Rescher, Value Matters. Studies in Axiology, Frankfurt/Lancaster 2004; H. Rickert, Die Grenzen der naturwissenschaftlichen Begriffsbildung. Eine logische Einleitung in die historischen Wissenschaften, I–II, Freiburg/Tübingen 1896/1902, II, Tübingen [5]1929, Nachdr. Hildesheim/Zürich/New York 2007; ders., Vom System der Werte, Logos 4 (1913), 295–327; ders., Psychologie der Weltanschauungen und Philosophie der Werte, Logos 9 (1920/1921), 1–42; ders., System der Philosophie I, Tübingen 1921; F.-J. v. Rintelen, Das philosophische Wertproblem I (Der Wertgedanke in der europäischen Geistesentwicklung), Halle 1932; M. Scheler, Der Formalismus in der Ethik und die materiale Wertethik, Jb. Philos. phänomen. Forsch. 1 (1913), 405–565, 2 (1916), 21–478, separat mit Untertitel: Neuer Versuch der Grundlegung eines ethischen Personalismus, Halle 1916, [3]1927, ferner als: Ges. Werke II, Bern/München [4]1954, [7]2000, separat, ed. C. Bermes, Hamburg 2014; ders., Abhandlungen und Aufsätze, I–II, Leipzig 1915, unter dem Titel: Vom Umsturz der Werte, I–II, Leipzig 1919, ferner als: Ges. Werke III, Bern/München [4]1955, Bonn [6]2007; A. Stern, Die philosophischen Grundlagen von Wahrheit, Wirklichkeit, Wert, München 1932; ders., La philosophie des valeurs, regard sur ses tendances actuelles en Allemagne, I–II, Paris 1936; W. Stern, Person und Sache. System der philosophischen Weltanschauung III (W.), Leipzig 1924; R. Wentz, Lassen sich Werte evaluieren? Grundzüge einer empirischen Werttheorie nach John Dewey, Berlin 2007; D. Wiggins, Needs, Values, Truth. Essays in the Philosophy of Value, Oxford 1987, [3]1998, 2002; W. Windelband, Einleitung in die Philosophie, Tübingen 1914, [3]1923; K. Wolf, Die Entwicklung der W. in der Schule Meinongs, Schriften der Universität Graz 1 (1952), 157–171. A. G.-S.

Wertrealismus (engl. value realism, franz. realisme des valeurs), metaethische (↑Metaethik) Bezeichnung zur Klassifizierung ethischer Theorien und Konzepte

(↑Ethik). Als wertrealistisch werden dabei solche Ansätze bezeichnet, die Werte (↑Wert (moralisch)) oder andere Maßstäbe der moralischen Handlungsbeurteilung nicht als Hervorbringung moralischer Diskurse oder als soziale Konstruktion ansehen, sondern als vorgängig und unabhängig gegebene Bezugsgrößen, die dem Handeln moralische Orientierung und den moralischen Überzeugungen ihre Rechtfertigungsgründe geben. Die Rede von ›Werten‹ erhält entsprechend dadurch ihre Bedeutung, daß sie, sofern sie wahr ist, auf ein Referenzobjekt verweist (↑Realismus, semantischer, ↑Realismus, ethischer). Der Bezug auf solche Referenzobjekte soll die ›objektive‹, von allem menschlichen Wollen, Erwägen und Entscheiden unabhängige Verbindlichkeit moralischer Wertaussagen sichern. Dabei wird in der Regel eine Pluralität oder ein System von Werten angenommen, für die die Konsistenz teils aus prinzipiellen Gründen unterstellt oder durch ein – dann ebenfalls als real gegeben vorgestelltes – Prinzip der Über- und Unterordnung hergestellt wird (↑Axiologie). Meist werden zudem die ontologischen (↑Ontologie) Grundannahmen des W. zugleich mit einer epistemologischen Theorie vertreten, die die ↑Wahrnehmung und das Erkennen moralischer Werte durch die Moralakteure zum Inhalt hat (ethischer ↑Kognitivismus). Ein solcher W. wird etwa prototypisch entwickelt durch M. Schelers und N. Hartmanns Ansätze zu einer materialen ↑Wertethik. Unabhängig und für sich existente Werte werden danach den Moralakteuren und den Teilnehmern an moralischen Diskursen durch ein wahrnehmungsanaloges ›Wertfühlen‹ zugänglich.

In jüngerer Zeit werden wertrealistische Ethikkonzepte in einem weiteren, nicht zwingend auf die Wertrede zurückgreifenden Sinne vor allem in der Analytischen Philosophie (↑Philosophie, analytische) diskutiert. Dort hat insbes. J. L. Mackie (1977) mit einer prononcierten Kritik am W. eine andauernde Debatte ausgelöst, wobei er klassische Autoren wie Platon, I. Kant und H. Sidgwick als Vertreter anführt, aber auch bei Aristoteles und D. Hume Spuren einer Sprache findet, die er als wertrealistisch imprägniert wahrnimmt. Dies ist der Ausgang seiner ›Irrtumstheorie‹, derzufolge die Parteien in moralischen Kontroversen zwar Bezug nehmen auf vermeintlich objektive Maßstäbe, wenn sie etwa ein Verhalten als falsch oder richtig charakterisieren, dabei aber nur einer oberflächengrammatischen Täuschung erliegen. In Auseinandersetzung mit Mackies Position eines ›moralischen Skeptizismus‹ (»There are no objective values«, 1977, 15) sind dann in der Folge verschiedene Ansätze zur Verteidigung eines realistischen Verständnisses der Wertrede unternommen worden. So etwa versteht J. McDowell im Rahmen seines so genannten ›secondary property realism‹ die unabhängige Existenz moralischer Werte als notwendig anzunehmende Präsuppositionen unserer moralischer Diskurse – analog den Farben, die nicht Teil der Welt, aber notwendig zu unterstellen seien, damit Wahrnehmungsphänomene erklärbar werden.

Literatur: S. W. Ball, Facts, Values, and Normative Supervenience, Philos. Stud. 55 (1989), 143–172; G. N. Belknap, Objective Value, J. Philos. 35 (1938), 29–39; E. V. Garcia, Value Realism and the Internalism/Externalism Debate, Philos. Stud. 117, 231–258; A. H. Goldman, The Case Against Objective Values, Ethical Theory Moral Pract. 11 (2008), 507–524; A. Hills, Kantian Value Realism, Ratio 21 (2008), 182–200; J. L. Mackie, Ethics. Inventing Right and Wrong, Harmondsworth 1977, 1990 (dt. Ethik. Die Erfindung des moralisch Richtigen und Falschen, Stuttgart 1981, 2014); J. McDowell, Projection and Truth in Ethics, in: S. Darwall/A. Gibbard/P. Railton (eds.), Moral Discourse and Practice. Some Philosophical Approaches, New York/Oxford 1997, 215–225; ders., Mind, Value, and Reality, Cambridge Mass. 1998, 2002 (dt. Wert und Wirklichkeit. Aufsätze zur Moralphilosophie, Frankfurt 2002, 2009); J. Mendola, Objective Value and Subjective States, Philos. Phenom. Res. 50 (1990), 695–713; G. Oddie, Value, Reality, and Desire, Oxford 2005, 2009; J. F. Post, Objective Value, Realism, and the End of Metaphysics, J. Speculative Philos. NS 4 (1990), 146–160; N. Rescher, How Wide Is the Gap between Facts and Values?, Philos. Phenom. Res. 50 (1990), 297–319; G. Sayre-McCord (ed.), Essays on Moral Realism, Ithaca N. Y./London 1988, ^{7}2007; S. Street, A Darwinian Dilemma for Realist Theories of Value, Philos. Stud. 127 (2006), 109–166; C. Wright, Truth and Objectivity, Cambridge Mass. 1992; H. W. Wright, Objective Values, Int. J. Ethics 42 (1932), 255–272. G. K.

Werturteil, bewertendes ↑Urteil, in der philosophischen und sozialwissenschaftlichen Tradition auf Grund von Kontroversen um den Status der ↑Sozialwissenschaften (↑Werturteilsstreit, ↑Positivismusstreit) zumeist für präskriptive (↑normative) Aussagen, also speziell praktische Bewertungen (↑Wertfreiheit, ↑Wertfreiheitsprinzip) verwendete Bezeichnung, ferner in einem weiteren Sinne Bezeichnung für ethische (↑Ethik) und ästhetische (↑ästhetisch/Ästhetik) Bewertungen, die keinen handlungsleitenden, sondern lediglich einen konstatierend-analytischen Charakter besitzen. Deskriptive und präskriptive (↑deskriptiv/präskriptiv) W.e sind daher voneinander zu unterscheiden. Im W. wird das Verhältnis eines ↑Sachverhaltes zu Werten (↑Wert (moralisch)) ausgedrückt, wobei es in der wertphilosophischen Diskussion (↑Wertphilosophie) strittig ist, ob die Beziehung sich einer Relation zu subjektiven Einstellungen von Personen (Gefühlen, Interessen usw.) oder zu objektiven Werten verdankt.

Wird der Wertbegriff über ↑Interessen definiert, haben die entsprechenden W.e einen präskriptiven Sinn. In ihnen wird unter Inanspruchnahme eines Geltungsanspruchs (↑Geltung) die Relevanz eines Sachverhaltes für das Handeln unterstellt. In dem von M. Weber zu Beginn des 20. Jhs. ausgelösten ↑Werturteilsstreit um die Bedeutung der ↑Wertfreiheit für die Sozialwissenschaften geht es um diese praktischen Bewertungen, in denen Sachverhalte als ›verwerflich oder billigenswert‹ (Weber) in einem objektiven Sinne beurteilt werden. Diese W.e hält Weber für nicht begründbar; sie sollen daher aus den Wissenschaften eliminiert werden. Die positiv oder negativ bewertende, praktisch orientierte Stellungnahme richtet sich nach der jeweiligen Eigentümlichkeit des zugrundeliegenden Handlungs- bzw. Interessentyps, nach der Eigenart des Sachverhaltes und nach dem Grad der Intensität der unterstellten Relevanz für das entsprechende Handeln. – W.e lassen sich allein anhand ihrer grammatischen Form von anderen Aussagetypen nicht unterscheiden. Zur Abgrenzung wissenschaftsmethodologisch bedeutsamer praktischer Bewertungen bietet sich die folgende Unterscheidung an: Eine deskriptive Funktion haben diejenigen Aussagen, in denen ein Sachverhalt – gegebenenfalls auch ein ›Wertverhalt‹ – lediglich im Modus des Behauptens auftritt; eine präskriptive Funktion haben diejenigen Aussagen, in denen durch Vorschreiben, Verbieten, Befehlen usw. bzw. durch moralische Bewertungen mit der Aussage ein normativer Sinn verbunden wird.

Literatur: H. Albert, Das W.sproblem im Lichte der logischen Analyse, Z. gesamte Staatswiss. 112 (1956), 410–439; T. Geiger, Das W.. Eine ideologische Aussage, in: H. Albert/E. Topitsch (eds.), W.sstreit, Darmstadt 1971, ³1990, 33–43; J. Griffin, Value Judgement. Improving Our Ethical Beliefs, Oxford 1996, 2006; M. Harth, Werte und Wahrheit, Paderborn 2008; P. Janich/F. Kambartel/J. Mittelstraß, Wissenschaftstheorie als Wissenschaftskritik, Frankfurt 1974, 108–118 (VIII Grundlagen der Sozialwissenschaften); H. Keuth, Wissenschaft und W.. Zu W.sdiskussion und Positivismusstreit, Tübingen 1989; V. Kraft, Die Grundlagen einer wissenschaftlichen Wertlehre, Wien 1937, ²1951 (engl. Foundations for a Scientific Analysis of Value, ed. H. L. Mulder, Dordrecht/Boston Mass./London 1981); ders., Die Grundlage der Erkenntnis und der Moral, Berlin 1968; B. Österman, Value and Requirements. An Enquiry Concerning the Origin of Value, Aldershot etc. 1995; A. Piecha, Die Begründbarkeit ästhetischer W.e, Paderborn 2002; A. Pieper/A. Hügli, W.; W.sstreit, Hist. Wb. Ph. XII (2004), 614–621; A. Regenbogen, W./W.sstreit, EP III (²2010), 2979–2982; A. Ross, On the Logical Nature of Propositions of Value, Theoria 11 (1945), 172–210; P. Weingartner, Logisch-Philosophische Untersuchungen zu Werten und Normen. Werte und Normen in Wissenschaft und Forschung, Frankfurt etc. 1996; T. Wesche, Wahrheit und W.. Eine Theorie der praktischen Rationalität, Tübingen 2011. S. B.

Werturteilsstreit, Bezeichnung für eine seit dem Anfang des 20. Jhs. andauernde wissenschaftsmethodologische Kontroverse um die vor allem von M. Weber vertretene These der ↑Wertfreiheit (↑Wertfreiheitsprinzip) der wissenschaftlichen, insbes. der sozialwissenschaftlichen, Erkenntnis wegen der Unmöglichkeit der intersubjektiven (↑Intersubjektivität) Begründung der Objektivität (↑objektiv/Objektivität) praktischer ↑Werturteile. Einen ersten Höhepunkt findet die Kontroverse 1909 auf der Wiener Tagung des Vereins für Socialpolitik im Anschluß an ein Referat von E. Philippovich über den Produktivitätsbegriff in der Volkswirtschaft. Weber und W. Sombart sprechen sich gegen dessen ↑normative Fassung aus und fordern allgemein die Wertneutralität wissenschaftlicher Aussagen. Die von Weber vertretene These der Unmöglichkeit, Wertaxiome logisch oder erfahrungswissenschaftlich zu begründen, bzw. die Behauptung ihrer unhintergehbaren Subjektivität, läßt eine Einigung hinsichtlich der Zwecke wirtschaftlichen und allgemeiner anderen Handelns als unmöglich erscheinen. Die Reduktion auf ethisch neutrale ›wissenschaftliche Werte‹ ist der letzte mögliche Ort von Gemeinsamkeit unter Wissenschaftlern. Für Werturteile einschlägige, wenn auch diese nicht begründende wissenschaftliche Aussagen sind lediglich hinsichtlich der Relationen von ↑Zwecken und ↑Mitteln und der Nebenfolgen von Handlungen möglich (↑Zweckrationalität), ferner hinsichtlich der logischen Beziehungen wie der ↑Implikation oder des Widerspruchs (↑Widerspruch (logisch)). Die Vertreter der Wertfreiheitsthese (unter ihnen O. v. Zwidineck-Südenhorst, W. Weddigen, W. Weber, V. Kraft, E. Topitsch, H. Albert), die wissenschaftstheoretisch positivistischen (↑Positivismus (systematisch)) bzw. kritisch-rationalistischen (↑Rationalismus, kritischer) Richtungen zuzurechnen sind, wiederholen und präzisieren im wesentlichen Webers Argumente. Die Kritik der Vertreter einer wertenden Position richtet sich im Regelfall auf die mit der Wertfreiheitsthese verbundene Einschränkung des Wissenschaftsbegriffs, auf einen allein regelorientierten Begründungsbegriff und auf die Einebnung der Sein-Sollen-Differenz (↑Naturalismus (ethisch)).

Die von Weber und Sombart auf der Wiener Tagung angeschnittenen Methodenfragen werden erst in den 1920er Jahren systematisch behandelt. Neben F. Wunderlich, die in einer Untersuchung zum Produktivitätsbegriff den Wirtschaftszweck transzendentallogisch zu begründen sucht, sind es auf wirtschaftswissenschaftlicher Seite vor allem F. v. Gottl-Ottlilienfeld und im Anschluß an diesen G. Weippert, die eine wertende Position beziehen. Im kritischen Anschluß an Sombarts Lehre von der Immanenz der verstehenden Erkenntnis formulieren sie einen um innere Erfahrung erweiterten Begriff der Wirklichkeitswissenschaft. Die die Immanenz definierende Zugehörigkeit von Erkennendem und Erkenntnisgegenstand zum gleichen Bereich, die die Erkenntnis im Medium sozialer Selbstreflexion ansiedelt, erschließt dem Verstehen in einer Ontologie des auf Dauer und Bestand sich stellenden menschlichen Zusammenlebens ein seinsmäßig gegebenes Sollen, dessen Verbindlichkeit sich einer ausgezeichneten Evidenz verdankt. Die Differenz von Subjekt und Objekt, von ↑Sein und ↑Sollen, von Wissen und Glauben usw. ist im wesenserhellenden Verstehensakt, der das soziale Sein in seiner normativen Verschränkung zum Gegenstand hat, hinfällig. Auf philosophischer Seite sind es vor allem T. Litt und E. Spranger, die ebenfalls im Rückgriff auf den Verstehensakt den Graben zwischen Werten und wissenschaftlicher Erkenntnis zu schließen suchen. – In der neueren Diskussion, die im so genannten ↑Positivismusstreit ihre Zusammenfassung erfährt, kritisieren Vertreter der Kritischen Theorie (T. W. Adorno, J. Habermas; ↑Theorie, kritische, ↑Frankfurter Schule) und der Konstruktiven Wissenschaftstheorie (F. Kambartel, P. Lorenzen; ↑Wissenschaftstheorie, konstruktive, ↑Erlanger Schule) unter anderem die Ablösung der wissenschaftlichen Erkenntnis von einem normativen Sinnbezug.

Literatur: T. W. Adorno u. a., Der Positivismusstreit in der deutschen Soziologie, Neuwied/Berlin/Darmstadt 1969, [14]1991, München 1993; H. Albert, Wertfreiheit als methodisches Prinzip. Zur Frage der Notwendigkeit einer normativen Sozialwissenschaft, in: E. v. Beckerath/H. Giersch (eds.), Probleme der normativen Ökonomik und der wirtschaftspolitischen Beratung, Berlin 1963, 32–63, Neudr. in: E. Topitsch (ed.), Logik der Sozialwissenschaften, Köln/Berlin 1965, [9]1976, 181–210, Frankfurt [12]1993, 196–225; ders./E. Topitsch (eds.), W., Darmstadt 1971, [3]1990; U. Beck, Objektivität und Normativität. Die Theorie-Praxis-Debatte in der modernen deutschen und amerikanischen Soziologie, Hamburg 1974; J. A. Ciaffa, Max Weber and the Problems of Value-Free Social Science. A Critical Examination of the ›W.‹, Lewisburg Pa./London 1998; C. v. Ferber, Der W. 1909/1959. Versuch einer wissenschaftsgeschichtlichen Interpretation, Kölner Z. f. Soziologie u. Sozialpsychologie 11 (1959), 21–37, Neudr. in: E. Topitsch (ed.), Logik der Sozialwissenschaften, Köln/Berlin 1965, [9]1976, 165–180; J. Glaeser, Der W. in der deutschen Nationalökonomie. Max Weber, Werner Sombart und die Ideale der Sozialpolitik, Marburg 2014; F. v. Gottl-Ottlilienfeld, Wirtschaft und Wissenschaft, I–II, Jena 1931; P. Janich/F. Kambartel/J. Mittelstraß, Wissenschaftstheorie als Wissenschaftskritik, Frankfurt 1974, 108–118 (VIII Grundlagen der Sozialwissenschaften); G. Keil, Bewertung, in: E. Braun/H. Radermacher (eds.), Wissenschaftstheoretisches Lexikon, Graz/Wien/Köln 1978, 100–103; A. Krause, Werte und Wissenschaft in kritisch-rationaler Sicht, Gießen 1995; T. Litt, Erkenntnis und Leben. Untersuchungen über Gliederung, Methoden und Beruf der Wissenschaft, Leipzig/Berlin 1923; H. H. Nau, Der W.. Die Äußerungen zur Werturteilsdiskussion im Ausschuß des Vereins für Sozialpolitik (1913), Marburg 1996; A. Pieper/A. Hügli, Werturteil; W., Hist. Wb. Ph. XII (2004), 614–621; A. Regenbogen, Werturteil/W., EP III ([2]2010), 2979–2982; J. Ritsert, Einführung in die Logik der Sozialwissenschaften, Münster 1996, [2]2003; G. Schurz/M. Carrier (eds.), Werte in den Wissenschaften. Neue Ansätze zum W., Berlin 2013; W. Sombart, Die drei Nationalökonomien. Geschichte und System der Lehre von der Wirtschaft, München/Leipzig 1930, Berlin [3]2003; E. Spranger, Die Stellung der Werturteile in der Nationalökonomie, Schmollers Jb. f. Gesetzgebung, Verwaltung u. Volkswirtschaft im Deutschen Reich 38 (1914), 33–57; O. Stammer (ed.), Max Weber und die Soziologie heute. Verhandlungen des 15. Deutschen Soziologentages, Tübingen 1965 (engl. Max Weber and Sociology Today, Oxford 1971); M. Weber, Die ›Objektivität‹ sozialwissenschaftlicher und sozialpolitischer Erkenntnis, Arch. Sozialwiss. Sozialpolitik 19 (1904), 22–87, ferner in: Gesammelte Aufsätze zur Wissenschaftslehre, Tübingen 1922, [6]1985 (repr. 1988), 146–214; W. Weber/E. Topitsch, Das Wertfreiheitsproblem seit Max Weber, Z. f. Nationalökonomie 13 (1952), 158–201; W. Weddigen, Das Werturteil in der politischen Wirtschaftswissenschaft, Jahrbücher f. Nationalökonomie u. Statistik 153 (1941), 263–285; G. Weippert, Vom W. zur politischen Theorie, Weltwirtschaftliches Archiv 49 (1939), 1–100, Neudr. in: ders., Aufsätze zur Wissenschaftslehre I (Sozialwissenschaft und Wirklichkeit), Göttingen 1966, 71–163; K. Wuchterl, Streitgespräche und Kontroversen in der Philosophie des 20. Jahrhunderts, Bern/Stuttgart/Wien 1997; F. Wunderlich, Produktivität, Jena 1926; G. Zecha (ed.), Werte in den Wissenschaften. 100 Jahre nach Max Weber, Tübingen 2006. – Verhandlungen des Vereins für Socialpolitik in Wien 1909, Leipzig 1910 (Schriften des Vereins für Socialpolitik 132); weitere Literatur: ↑Positivismusstreit, ↑Wertfreiheit. S. B.

Wertverlaufsinduktion, in Mathematik und Logik Bezeichnung für eine Form der vollständigen Induktion (↑Induktion, vollständige) zum Beweis von ↑Allaussagen über einen Gegenstandsbereich, der induktiv definiert (↑Definition, induktive), d. h. durch einen ↑Kalkül oder ein Konstruktionsverfahren gegeben, ist, z. B. die natürlichen Zahlen oder die ↑Ordinalzahlen. Soll etwa gezeigt werden, daß eine Aussage $A(n)$ für alle natürlichen Zahlen n gilt, so genügt es, für jedes n zu beweisen: Wenn $A(m)$ für alle $m < n$ gilt, so gilt auch $A(n)$. Denn da es keine natürliche Zahl $m < 0$ gibt, gilt dann $A(0)$; daraus erhält man wiederum $A(1)$; aus $A(0)$ und $A(1)$ zusammen folgt $A(2)$; usw.. Formal läßt sich dieses Schlußprinzip als Axiomenschema der W. für natürliche Zahlen notieren:

$$\bigwedge_n(\bigwedge_{m<n} A(m) \to A(n)) \to \bigwedge_n A(n).$$

Der Unterschied zur (gewöhnlichen) vollständigen Induktion besteht darin, daß bei der vollständigen Induktion im so genannten Induktionsschritt für beliebiges n die Aussage $A(n+1)$ aus $A(n)$ allein hergeleitet werden muß:

$$A(0) \wedge \bigwedge_n(A(n) \to A(n+1)) \to \bigwedge_n A(n),$$

während man bei der W. für die Aussage $A(n)$ auf alle $A(m)$ mit $m < n$ zurückgreifen darf. Allgemeiner gesagt, greift die W. im Induktionsschritt für ein gegebenes Objekt a auf *alle* Objekte zurück, die in einer Konstruktion oder Ableitung von a vorkommen können, wohingegen die (gewöhnliche) vollständige Induktion nur jeweils auf den oder die *unmittelbaren* ›Vorgänger‹ von a Bezug nimmt.

Die W. bietet insofern gegenüber der vollständigen Induktion einen praktischen Vorteil. Die beiden Verfahren sind jedoch für die natürlichen Zahlen gleich leistungsfähig: Jede Aussage $\bigwedge_n A(n)$ über die natürlichen Zahlen, die durch W. bewiesen werden kann, kann auch schon mittels vollständiger Induktion für die ↑Aussageform $B(n) \leftrightharpoons \bigwedge_{m \leq n} A(m)$ bewiesen werden. Leistungsfähiger als die vollständige Induktion ist die W. in Bereichen, in denen manche Objekte weder unmittelbare Vorgänger besitzen noch Anfangsobjekte (wie die 0) sind, z. B. die Zahl ω in der transfiniten Arithmetik (↑Arithmetik, transfinite), d. i. die kleinste Ordinalzahl, die größer als jede natürliche Zahl ist (↑Induktion, transfinite).

Literatur: U. Friedrichsdorf/A. Prestel, Mengenlehre für den Mathematiker, Braunschweig/Wiesbaden 1985; S. C. Kleene, Introduction to Metamathematics, Amsterdam, Groningen, New York 1952, New York/Tokio 2009. C. B.

Wertverlaufsrekursion, in Mathematik und Logik Bezeichnung für ein Verfahren zur rekursiven Definition (↑Definition, rekursive) von ↑Prädikaten und ↑Funktionen auf Gegenstandsbereichen B, die induktiv definiert (↑Definition, induktive) sind, d. h. durch einen ↑Kalkül oder ein Konstruktionsverfahren gegeben. Dabei wird der Wert einer Funktion (bzw. der ↑Wahrheitswert eines Prädikates) für ein Argument $a \in B$ festgelegt in Abhängigkeit von den Werten der Funktion (bzw. Wahrheitswerten des Prädikates) für die ›Vorgänger‹ von a (d. s. diejenigen Objekte, die in einer Ableitung oder Konstruktion von a vorkommen). Durch ↑Wertverlaufsinduktion läßt sich zeigen, daß es jeweils genau eine Funktion (bzw. ein Prädikat) gibt, die (bzw. das) diesen Anforderungen genügt, vorausgesetzt, daß kein a Vorgänger von sich selbst sein kann, und außerdem, daß entweder jedes $a \in B$ nur eine Ableitung besitzt oder die gestellten Bedingungen für verschiedene Ableitungen von a stets zum selben Ergebnis führen.

Soll etwa ein einstelliges Prädikat P auf der Menge $\mathbb{N}$ der natürlichen Zahlen definiert werden, so genügt es, für jedes $n \in \mathbb{N}$ eine Bedingung Φ_n anzugeben, die abhängig von den Wahrheitswerten von $P(m)$ für $m < n$ den Wahrheitswert von $P(n)$ festlegt. Sind solche Bedingungen Φ_n ($n \in \mathbb{N}$) gegeben, läßt sich dies formal so ausdrücken, daß an P die Forderung

$$\bigwedge_n (P(n) \leftrightarrow \Phi_n(P(0), \ldots, P(n-1)))$$

gestellt wird. – Ist für jedes $n \in \mathbb{N}$ eine n-stellige Funktion f_n: $\mathbb{N}^n \to \mathbb{N}$ gegeben (eine 0-stellige Funktion sei einfach eine natürliche Zahl), so läßt sich analog eine einstellige Funktion F: $\mathbb{N} \to \mathbb{N}$ definieren, indem gefordert wird:

$$\bigwedge_n F(n) = f_n(F(0), \ldots, F(n-1)).$$

Dieses Verfahren läßt sich verallgemeinern, um Prädikate und Funktionen beliebiger Stelligkeit $l+1$ zu erhalten, indem man ↑Parameter $k_1, \ldots, k_l$ einführt und fordert:

$$\bigwedge_n (P(k_1, \ldots, k_l, n) \leftrightarrow \Phi_n(k_1, \ldots, k_l, P(k_1, \ldots, k_l, 0), \ldots, P(k_1, \ldots, k_l, n-1)))$$

bzw.

$$\bigwedge_n F(k_1, \ldots, k_l, n) = f_n(k_1, \ldots, k_l, F(k_1, \ldots, k_l, 0), \ldots, F(k_1, \ldots, k_l, n-1)).$$

Wie es bei der Wertverlaufsinduktion im Vergleich zur gewöhnlichen vollständigen Induktion beim Induktionsschritt der Fall ist, so greift auch die W. im Vergleich zur primitiven Rekursion (↑Funktion, rekursive) beim ›Definitionsschritt‹ für ein beliebiges n nicht nur auf den unmittelbaren, sondern auf alle Vorgänger von n zurück. Für induktiv definierte Bereiche B, in denen ein Objekt unendlich viele Vorgänger haben kann (z. B. im Bereich der ↑Ordinalzahlen), lautet das Verfahren der W. wie folgt: Zu einer Funktion f: $B \to B$ und einer Menge $A \subseteq B$ bezeichne ›$f|_A$‹ diejenige Funktion mit ↑Definitionsbereich A, die auf A mit f übereinstimmt; weiter sei $V_a \subset B$ die Menge aller Vorgänger von a in B. Zu jedem $a \in B$ sei eine Funktion f_a gegeben, die Funktionen g: $V_a \to B$ jeweils Objekte $f_a(g) \in B$ zuordnet (solche Funktionen g stellen mögliche ›Wertverläufe‹ einer zu definierenden Funktion F auf V_a dar). Dann kann man F festlegen durch die Forderung

$$\bigwedge_a F(a) = f_a(F|_{V_a}).$$

Analog läßt sich für Prädikate vorgehen.

Literatur: H. Bachmann, Transfinite Zahlen, Berlin/Göttingen/Heidelberg 1955, Berlin/Heidelberg/New York [2]1967, 15; U. Friedrichsdorf/A. Prestel, Mengenlehre für den Mathematiker, Braunschweig/Wiesbaden 1985, 45; H. Hermes, Aufzählbarkeit, Entscheidbarkeit, Berechenbarkeit. Einführung in die Theorie der rekursiven Funktionen, Berlin/Göttingen/Heidelberg 1961, Berlin/Heidelberg/New York [3]1978, 82–83 (engl. Enumerability, Decidability, Computability. An Introduction to the Theory of Recursive Functions, Berlin/Heidelberg/New York 1965, [2]1969, 81–82); H. Lüneburg, Rekursive Funktionen, Berlin etc. 2002, 16–19 (Kap. 4 W.). C. B.

Wesen (engl./franz. essence), substantivierter Infinitiv zum althochdeutschen Hilfsverb ›wesan‹ (›sein‹), von den deutschen Mystikern (neben ›Wesenheit‹) als Übersetzung des lateinischen Terminus ↑›essentia‹ (›Sosein‹), der seinerseits (vermutlich zuerst bei M. T. Cicero) der Übersetzung des griechischen Terminus ›*οὐσία*‹ (↑Usia) dient, in die deutsche philosophische Sprache eingeführt. Die umgangssprachliche Bedeutungsvielfalt von ›W.‹ als Bezeichnung eines Gegenstandes (z. B. in den Wendungen ›armes W.‹, ›W. von einem anderen Stern‹), als Synonym für ›Temperament‹ oder ›Charakter‹, als Inbegriff der ↑Eigenschaften eines Gegenstandes, die in seiner ↑Definition als charakteristische ↑Prädikatoren auftreten, und als Bezeichnung für den verborgenen oder (z. B. in einer Definition) offenliegenden Kern eines Gegenstandes (›W.‹ oder ›Natur‹ einer Sache) spiegelt Differenzierungen einer philosophischen Terminologie wider, in der seit der Ausbildung der griechischen ↑Metaphysik und Substanzenlehre *logische* und *ontologische* Analysegesichtspunkte eng beieinanderliegen.

In der griechischen Philosophie (↑Philosophie, griechische) tritt *οὐσία* synonym mit ↑*Substanz* auf, wobei Substanzen im Rahmen des Gegensatzes von Substanz und ↑Akzidens sowohl als Trägerinnen von Eigenschaften als auch als Trägerinnen von ↑Erscheinungen definiert werden. Entsprechend steht ›W.‹ (*οὐσία*) schon bei Platon sowohl als Bezeichnung für Ideen (↑Idee (historisch), ↑Ideenlehre) in deren Rolle als Gründe (›Urbilder‹) von Erscheinungen (›Abbildern‹; ↑Abbildtheorie) als auch für den einen Gegenstand charakterisierenden ↑Begriff, d.h. den Begriff, unter den ein Gegenstand fällt (Krat. 423e, Soph. 261e), genauer: für die ›abstrakte‹ Tatsache, daß der betreffende Gegenstand unter den durch seinen (als ↑Kennzeichnung verstandenen) ↑Namen dargestellten Begriff fällt. W., aufgefaßt als das Bleibende (Idee) im Wechsel der Erscheinungen, besagt hier eine ontologische Interpretation, W., verstanden als begriffliche Bestimmung, eine logische Interpretation. Aristoteles wendet sich, orientiert an der von ihm diagnostizierten Platonischen Verselbständigung des W.s eines Gegenstandes in einer ihm zugeordneten Idee – »wie können Ideen (*ἰδέαι*), wenn sie die W. (*οὐσίαι*) der Dinge (*πραγμάτων*) sind, getrennt von diesen existieren?« (Met. *A*9.991b2–3) –, gegen die Platonische Unterscheidung zweier Bedeutungen von ›W.‹ und ersetzt sie durch die Unterscheidung zwischen dem Gegenstand selbst, einschließlich seiner akzidentellen Bestimmungen (›erste Substanz‹), und dem einen Gegenstand definierenden Begriff (›zweite Substanz‹; Cat. 5.2a11–19). Im Sinne dieser für die weitere Tradition konstitutiven Unterscheidung wird unter dem ›W.‹ eines Gegenstandes dasjenige verstanden, ›wodurch etwas ist, was es ist‹, d.h. der ihn charakterisierende Begriff (bei Aristoteles ausgedrückt durch die Formel *τὸ τί ἦν εἶναι*; Met. *Z*4.1029b14).

Die spätere Identifikation von *substantia* und *essentia* (etwa bei A. Augustinus und A. M. T. S. Boethius) entspricht zunächst der Aristotelischen Terminologie, wird aber in der ↑Scholastik um die Unterscheidungen zwischen *essentia* und ↑*existentia* (Dasein) einerseits und *essentia* und *esse* (Sein) andererseits erweitert. Insofern dabei ↑Sein und W. (im Sinne der zweiten Unterscheidung) als Prinzipien der realen Zusammensetzung existierender Gegenstände aufgefaßt werden (↑Quiddität), gewinnt auch die ontologische (↑Ontologie) Interpretation von W. im Sinne eines Gegensatzes von W. und Erscheinung wieder an Bedeutung: W. als der einen Gegenstand definierende Begriff (*essentia proprie est id quod significatur per definitionem*, Thomas von Aquin, S. th. I qu. 29 art. 2 ad 3) und W. als (zumeist unbekannter oder als unerkennbar bezeichneter) Grund der in ihrer Phänomenalität gegebenen Gegenstände (*rerum essentiae sunt nobis ignotae*, Thomas von Aquin, De verit. 10,1). Diese Interpretation bestimmt auch die durch ↑Nominalismus und Realismus (↑Realismus (ontologisch), ↑Realismus (erkenntnistheoretisch)) repräsentierten Kontroversen um den logischen Status der ↑Universalien (↑Universalienstreit), in denen wiederum auch die ursprünglichen Aristotelischen Unterscheidungen präsent bleiben (vgl. Thomas von Aquin, De ente et essentia 1).

Das gilt selbst für die nach-scholastische Erkenntnistheorie in definitionstheoretischen Zusammenhängen (Unterscheidung zwischen Nominaldefinition, ↑Realdefinition und ↑Wesensdefinition). So kritisiert z. B. J. Locke (ebenso wie T. Hobbes) den Versuch, das ›wirkliche‹ W. von Gegenständen (bzw. ihrer Gattungen und Arten) über Begriffsbestimmungen zu erfassen, hält aber gleichzeitig über die Unterscheidung zwischen *nominalem* W. (den abstrakten Ideen der Gegenstände) und *realem* W. (»the real internal, but generally (in substances) unknown, constitution of things«, An Essay Concerning Human Understanding [1690] III 3 § 15) die Vorstellung eines Fundierungszusammenhanges zwischen ›logischen‹ und ›ontologischen‹ Bestimmungen wach: Ebenso wie beim Substanzbegriff steht auch hier mit der Redeweise vom realen W., d.h. der ›realen Konstitution‹ (*real constitution*) der Gegenstände, von der deren Eigenschaften abhängen (Essay III 3 § 18), eine realistische Trägerkonzeption im Hintergrund einer sonst nominalistischen Begrifflichkeit. Diese Konzeption tritt jedoch in definitionstheoretischen Zusammenhängen mehr und mehr zurück. So unterscheidet I. Kant zwischen dem ›Real- oder Natur-W.‹ und dem ›logischen W.‹ der Dinge, bezieht letzteres allein auf »die Erkenntnis aller der Prädikate, in Ansehung deren ein Objekt durch seinen Begriff bestimmt ist« (Logik, Einl. VIII, Akad.-Ausg. IX, 61), und wählt für den nicht-definitionstheoretischen Teil der klassischen W.slehre einen anderen Bezugsrahmen (↑Ding an sich).

In G. W. F. Hegels absoluter Geistphilosophie, in der Gegenständlichkeit in der Struktur reflektierender Subjektivität (↑Subjektivismus) gefaßt wird (»das Wahre nicht als Substanz, sondern eben so sehr als Subjekt«, Phänom. des Geistes, Vorrede, Sämtl. Werke II, 22), entfällt der traditionelle Gegensatz von nominalistischer und realistisch-ontologischer Position (Logik I, Sämtl. Werke IV, 481–721). Es ist das ›Sein‹ selbst, das reflektierend sein ›W.‹, den es bestimmenden ›Begriff‹, expliziert und sich als dessen ›Scheinen‹ aufweist. Aristotelisierend kritisiert Hegel die Annahme erscheinungsunabhängig gedachter Wesenheit (»das Erscheinende zeigt das Wesentliche, und dieses ist in seiner Erscheinung«, Logik I, Sämtl. Werke IV, 598); die ›vollkommene Durchdringung‹ von W. und Erscheinung ist ›Wirklichkeit‹ (ebd.) (↑Hegelsche Logik).

In der ↑Phänomenologie gewinnt der Begriff des W.s noch einmal eine methodische Bedeutung. In der zunächst als ↑›Eidetik‹, später als ›W.serschauung‹ (↑Wesensschau) bezeichneten Methode sollen nach E. Husserl, in kritischer Absetzung von F. Brentanos Begriff der apodiktischen ↑Evidenz, Aussagen über das W. der Phänomene begründet werden. Im Rahmen der Unterscheidung zwischen ›Tatsache (Faktum)‹ und ›W. (Eidos)‹ stellt sich nach der Methode der eidetischen Reduktion (↑Wesensschau) das W. eines Phänomens als die in einer gedanklichen Variation reiner intentionaler (↑Intention, ↑Intentionalität) Ereignisse (Akte) isolierte Invariante dar (die Reduktion, »die vom psychologischen Phänomen zum reinen ›W.‹, bzw. im urteilenden Denken von der tatsächlichen (›empirischen‹) Allgemeinheit zur ›W.s‹allgemeinheit überführt, ist die eidetische Reduktion«, Ideen zu einer reinen Phänomenologie und phänomenologischen Philosophie I [1913], ed. W. Biemel, Den Haag 1950 [Husserliana III], 6). Entsprechend wird die reine bzw. transzendentale Phänomenologie bei Husserl im Unterschied zur Tatsachenwissenschaft als ›W.s-wissenschaft‹ oder ›eidetische Wissenschaft‹ bezeichnet (ebd.). In einen phänomenologischen Zusammenhang gehören auch J.-P. Sartres zugleich auf die scholastische Unterscheidung zwischen *essentia* und *existentia* zurückgreifende These, daß die Existenz dem W. (*l'essence*) vorausgehe, der Mensch Schöpfer seiner selbst, d.h. seines W.s und seiner Geschichte, sei, und die die Existenzialanalyse M. Heideggers auf eine Formel bringende Formulierung, daß das W. des Daseins in seiner Existenz liege (Sein und Zeit, Tübingen [14]1977, 42). Bei O. Becker tritt die Unterscheidung zwischen Sein und W. in abgewandelter heideggerscher Terminologie als ›Dasein und Dawesen‹ wieder auf, wobei ›Sein‹ nunmehr für ›existentia‹, nicht für ›essentia‹ steht und, in einem anthropologischen Kontext, Existenz auf ↑Zeitlichkeit bzw. ↑Geschichtlichkeit (›Einmaligkeit‹) bezogen ist, Essenz hingegen auf Räumlichkeit bzw. Natürlichkeit (›Wiederkehr des Gleichen‹).

Literatur: D. W. Aiken, Essence and Existence, Transcendentalism and Phenomenalism. Aristotle's Answers to the Questions of Ontology, Rev. Met. 45 (1991/1992), 29–55; G. E. M. Anscombe/P. T. Geach, Three Philosophers, Oxford 1961, 2009 (franz. Trois philosophes. Aristote, Thomas, Frege, Paris 2014); O. Becker, Para-Existenz. Menschliches Dasein und Dawesen, Bl. dt. Philos. 17 (1943/1944), 62–95; ders., Dasein und Dawesen. Gesammelte philosophische Aufsätze, Pfullingen 1963; H. H. Berger, Ousia in de dialogen van Plato. Een terminologisch onderzoek, Leiden 1961; R. Boehm, Das Grundlegende und das Wesentliche. Zu Aristoteles' Abhandlung »Über das Sein und das Seiende« (Metaphysik *Z*), Den Haag 1965; K. Brinkmann, Aristoteles' allgemeine und spezielle Metaphysik, Berlin/New York 1979; W. E. Carlo, The Ultimate Reducibility of Essence to Existence in Existential Metaphysics, The Hague 1966; B. Carr, Metaphysics. An Introduction, Basingstoke/London 1987, 53–72 (Chap. 3 Essence and Accident); D. Charles, Aristotle on Meaning and Essence, Oxford 2000, 2005; F. Cirulli, Hegel's Critique of Essence. A Reading of the »W.slogik«, New York/London 2006; C. H. Conn, Locke on Essence and Identity, Dordrecht/Boston Mass./London 2003; E. Coreth, Metaphysik. Eine methodisch-systematische Grundlegung, Innsbruck/Wien/München 1961, [3]1980, 178–215; C. A. Cunningham, Essence and Existence in Thomism. A Mental vs. the ›Real Distinction‹?, Lanham Md. etc. 1988; D. H. DeGrood, Philosophies of Essence. An Examination of the Category of Essence, Groningen 1970, Amsterdam [2]1976; D. Demoss/D. Devereux, Essence, Existence, and Nominal Definition in Aristotle's Posterior Analytics II 8–10, Phronesis 33 (1988), 133–154; K. Fine, The Logic of Essence, J. Philos. Log. 24 (1995), 241–273; ders., Senses of Essence, in: W. Sinnott-Armstrong (ed.), Modality, Morality and Belief. Essays in Honor of Ruth Barcan Marcus, Cambridge etc. 1995, 53–73; K. Flasch, W., Hb. ph. Grundbegriffe III (1974), 1687–1693; B. C. van Fraassen, Essences and Laws of Nature, in: R. Healey (ed.), Reduction, Time and Reality. Studies in the Philosophy of the Natural Sciences, Cambridge etc. 1981, 2010, 189–200; J. de Ghellinck, L'entrée d'essentia, substantia, et autres mots apparentés dans le latin médiéval, Archivum Latinitatis Medii Aevi 16 (1942), 77–112; É. Gilson, L'être et l'essence, Paris 1948, [3]1994, 2000; A. M. Goichon, La distinction de l'essence et de l'existence d'après Ibn Sīnā (Avicenne), Paris 1937 (repr. Frankfurt 1999); H. Graubner, Form und W.. Ein Beitrag zur Deutung des Formbegriffs in Kants »Kritik der reinen Vernunft«, Bonn 1972 (Kant-Stud. Erg.hefte 104); A. Grieder, What Did Heidegger Mean by ›Essence‹?, J. Brit. Soc. Phenomenol. 19 (1988), 64–89; D. Henrich, Hegels Logik der Reflexion. Neue Fassung, in: ders. (ed.), Die Wissenschaft der Logik und die Logik der Reflexion, Bonn 1978 (Hegel-Stud. Beih. XVIII), 203–324; J. Hering, Bemerkungen über das W., die Wesenheit und die Idee, Jb. Philos. phänomen. Forsch. 4 (1921), 497–543; T. Hoffmann u. a., W., Hist. Wb. Ph. XII (2004), 621–645; R. Ingarden, Über das W., ed. P. McCormick, Heidelberg 2007; T. Irwin, Aristotle's First Principles, Oxford 1988, 2002; J.-E. Jones, Locke on Real Essence, SEP 2012, rev. 2016; F. Kaulbach, Einführung in die Metaphysik, Darmstadt 1972, [5]1991; B. Landor, Aristotle on Demonstrating Essence, Apeiron 19 (1985), 116–132; M.-T. Liske, Aristoteles und der aristotelische Essentialismus. Individuum, Art, Gattung, Freiburg/München 1985; K. Lorenz/J. Mittelstraß, On Rational Philosophy of Language. The Programme in Plato's »Cratylus« Reconsidered, Mind 76 (1967), 1–20, Neudr. in: K. Lorenz, Philosophische Variationen. Gesammelte Aufsätze unter Einschluss gemeinsam mit Jürgen Mittelstraß geschriebener Arbeiten zu Platon und Leibniz, Berlin/New York 2011, 49–67, ferner in: J. Mittelstraß, Die griechische Denkform. Von der Entstehung der Philosophie aus dem Geiste der Geometrie, Berlin/Boston Mass. 2014, 230–246; M. J. Loux, Primary ›Ousia‹. An Essay on Aristotle's »Metaphysics« *Z* and *H*, Ithaca N. Y./London 1991, 2008; S. MacDonald, The ›Esse/Essentia‹ Argument in Aquinas's »De ente et essentia«, J. Hist. Philos. 22 (1984), 157–172; A. MacIntyre, Essence and Existence, Enc. Ph. III (1967), 59–61 ([2]2006), 394–352 (mit Addendum v. O. Leaman, 351–352); P. Mackie, How Things Might Have Been. Individuals, Kinds, and Essential Properties, Oxford 2006, 2009; R. Marten, *ΟΥΣΙΑ* im Denken Platons, Meisenheim am Glan 1962; F. Mondadori, Understanding Superessentialism, Stud. Leibn. 17 (1985), 162–190; M. Oberst, W., in: M. Willaschek u. a. (eds.), Kant-Lexikon III, Berlin/Boston Mass. 2015, 2633–2635; D. S. Oderberg, Real Essentialism, New York/London 2007; R. Patterson, Aristotle's Modal Logic. Essence and Entailment in the »Organon«, Cambridge etc. 1995, 2002; E. I. Rambaldi/D. Pätzold, W./Erscheinung/Schein, EP III ([2]2010), 2982–2989; F. Rese/J. Zachhuber, W., RGG VIII ([4]2005), 1481–1483; P. Ricœur, Être, essence et substance chez Platon et Aristote. Cours professé à l'université de Strasbourg en 1953–1954, Paris 1960, 2011; G. Römpp, W. der Wahrheit und Wahrheit des W.s. Über den Zusammenhang von Wahrheit und Unverborgenheit im Denken Heideggers, Z. philos. Forsch. 40 (1986), 181–205; S. Rosen, The Limits of Analysis, New York 1980, New Haven Conn./London 1985, 52–97; K. J. Schmidt, Georg W. F. Hegel, Wissenschaft der Logik – die Lehre vom W.. Ein einführender Kommentar, Paderborn etc. 1997; A. Silverman, The Dialectic of Essence, Princeton N. J./Oxford 2002; M. A. Slote, Metaphysics and Essence, Oxford 1974; P. Thom, The Logic of Essentialism. An Interpretation of Aristotle's Modal Syllogistic, Dordrecht/Boston Mass./London 1996; E. Tugendhat, *TI KATA TINOΣ*. Eine Untersuchung zu Struktur und Ursprung aristotelischer Grundbegriffe, Freiburg/München 1958, ^{5}2003; M. Ujvári, The Trope Bundle Theory of Substance. Change, Individuation and Individual Essence, Frankfurt etc. 2013; E. Vollrath, Essenz, essentia, Hist. Wb. Ph. II (1972), 753–755; J. de Vries, Grundbegriffe der Scholastik, Darmstadt 1980, ^{3}1993, 107–113; M. Wetzel, W., in: P. Kolmer/A. G. Wildfeuer (eds.), Neues Handbuch philosophischer Grundbegriffe III, Freiburg/München 2011, 2504–2516; F. C. White, Plato's Theory of Particulars, New York 1981; D. Wiggins, Sameness and Substance, Oxford, Cambridge Mass. 1980, unter dem Titel: Sameness and Substance Renewed, Cambridge etc. 2001; C. Witt, Substance and Essence in Aristotle. An Interpretation of »Metaphysics« VII–IX, Ithaca N. Y./London 1989, 1994; G. M. Wölfle, Die W.slogik in Hegels »Wissenschaft der Logik«. Versuch einer Rekonstruktion und Kritik unter besonderer Berücksichtigung der philosophischen Tradition, Stuttgart-Bad Cannstatt 1994; S. Yablo, Essentialism, REP III (1998), 417–422; weitere Literatur: ↑Substanz. J. M.

Wesensdefinition, in der traditionellen Logik (↑Logik, traditionelle) meist Bezeichnung für eine ↑Definition des ↑Wesens einer *Sache* und dann zum Teil gleichbedeutend verwendet mit ↑›Realdefinition‹ (im Unterschied zur Nominaldefinition). W.en stellen sich seit Platon als Antworten auf Fragen der Form ›was ist *x*?‹ dar, wobei *x* z. B. für Tugend oder Frömmigkeit steht. Die Möglichkeit von (oder die Forderung nach) W.en ist im gleichen Maße umstritten wie die Rede vom ›Wesen‹ selbst, weil hier unterstellt zu werden scheint, es gäbe ein unwandelbares Wesen im Sinne einer vorgegebenen (Platonischen) Idee (↑Idee (historisch), ↑Ideenlehre). Weniger problematisch erscheint der Begriff der W., wenn man ihn für *grundlegende* Definitionen, d. h. Definitionen der *Grundbegriffe* (einer Wissenschaft), reserviert und diese dadurch vor bloß terminologischen Festsetzungen auszeichnet. Sieht man von der Beschränkung auf Sachen ab, indem man neben realen Wesenheiten *nominale* Wesenheiten anerkennt, so sind W.en auch als Nominaldefinitionen möglich (vgl. C. Wolff, Philosophia rationalis sive logica II, Frankfurt/Leipzig ^{3}1740, §§ 192–193). Im Unterschied zu bloßen sprachlichen Abkürzungen sind sie hermeneutische ↑Explikationen des Sprachgebrauchs. Sie geben nicht mehr Antworten auf Fragen der Form, was die Sache *x* sei, sondern auf Fragen der Form, wie der *Ausdruck* ›*x*‹ angemessen zu verwenden sei.

Literatur: ↑Definition. G. G.

Wesensphilosophie, vermutlich in Analogie zu E. Husserls Bezeichnung ›Wesenswissenschaft‹ (↑Wesen) gebildetes deutsches Äquivalent für die zuerst bei P. Duhem in philosophiehistorischem Zusammenhang auftretende französische Bezeichnung ›essentialisme‹ (↑Essentialismus). J. M.

Wesensschau, Bezeichnung einer für die phänomenologische Methode charakteristischen und von den Vertretern der ↑Phänomenologie als besonderes Mittel philosophischer Erkenntnis in Anspruch genommenen Art von ↑Anschauung. Sie wurde als solche von E. Husserl eingeführt, der sie in seinen »Logischen Untersuchungen« (II/2 1901, ^{2}1921) als ›Ideation‹, in der Abhandlung »Philosophie als strenge Wissenschaft« (1910) als ›Wesensschauung‹ und ›Wesensschauen‹ bezeichnet (in den »Ideen« von 1913 wird Ideation mit W. und ›Wesenserschauung‹ ausdrücklich gleichgesetzt). Als Beispiel dient Husserl die Erkenntnis des ›Wesens ›*rot*‹‹ in einem Akt der ↑Ideation oder W., der seinerseits in einem Akt der sinnlichen ↑Wahrnehmung oder ↑Vorstellung eines roten Einzelgegenstandes fundiert ist, wobei dieser aber nur als *Beispiel* fungiert, an dem sich das ›Wesen ›*rot*‹‹ (unter Umständen mit Hilfe tatsächlich oder in der Phantasie vorgenommener Variation von Rotwahrnehmungen; ↑Variation, eidetische) erkennen läßt. Unbeschadet dessen, daß alles Wahrnehmen Wahrnehmen von Wirklichem ist, wird durch ›Einklammerung‹ des Wirklichkeitscharakters (›eidetische Reduktion‹) das Wesen oder ↑Eidos der in der Wahrnehmung gegebenen Sache zugänglich. Da das, was vom Wesen einer Sache gilt, auch von allen dieses Wesen aufweisenden Individuen gelten muß, kann niemals »ein Tatsachengesetz einem Wesensgesetz widersprechen, nie kann durch Berufung auf Erfahrung ein Wesensgesetz widerlegt werden« (E. v. Aster 1935, 74). Dementsprechend gründen sich bei Husserl auf W. die eidetischen oder Wesenswissenschaften, z. B. Logik, Mathematik, phänomenologische Philosophie.

Die Behauptung des Intuitionscharakters (↑Intuition) dieser neuen Art von Erkenntnisakten stützt sich auf die als Kriterium von Anschauung betrachtete ›leibhaftige‹ (bei Husserl: ›originäre‹) Gegebenheit ihres jeweiligen Gegenstandes in ›klarer und deutlicher‹ (↑klar und deutlich) ↑Evidenz. Diesem Verfahren, aus ursprünglich anschaulichen Gegenständlichkeiten »rein intuitiv Wesensallgemeinheiten herauszuschauen« (Husserl 1968, 88), kommt dabei eine problematische Stellung zwischen sinnlicher Anschauung und rationaler Intuition zu (↑Anschauung). Verschiedene Nachfolger Husserls (etwa E. Lask; ↑Phänomenologie) haben die W. nicht nur weiter analysiert und differenziert, sondern (meist unter zunehmender Lösung von der bei Husserl intendierten methodischen Strenge) auch versucht, sie auf neue Bereiche wie z. B. den der Werterkenntnis auszudehnen.

Literatur: E. v. Aster, Die Philosophie der Gegenwart, Leiden 1935, 1967, 54–176 (Kap. II Die Phänomenologie); E. Husserl, Logische Untersuchungen II (Untersuchungen zur Phänomenologie und Theorie der Erkenntnis), Halle 1901, II/2 (Elemente einer phänomenologischen Aufklärung der Erkenntnis), [2]1921, Tübingen [4]1968, ed. U. Panzer, Den Haag/Boston Mass./Lancaster 1984 (= Husserliana XIX/2), ferner als: Ges. Schr. IV, Hamburg 1992; ders., Philosophie als strenge Wissenschaft, Logos 1 (1910/1911), 289–341, ed. W. Szilasi, Frankfurt 1965, ferner in: Aufsätze und Vorträge (1911–1921). Mit ergänzenden Texten, ed. T. Nenon/H. R. Sepp, Dordrecht/Boston Mass./Lancaster 1987 (= Husserliana XXV), 3–62, Hamburg 2009; ders., Ideen zu einer reinen Phänomenologie und phänomenologischen Philosophie I, Jb. Philos. phänomen. Forsch. 1 (1913), 1–323, separat Halle 1913, 1922, 1928, erw., I–III, I (Allgemeine Einführung in die reine Phänomenologie), ed. W. Biemel, Den Haag 1950 (= Husserliana III), in 2 Bdn., ed. K. Schuhmann, Den Haag 1976 (= Husserliana III/1–2), Hamburg 2009, II (Phänomenologische Untersuchungen zur Konstitution), ed. M. Biemel, Den Haag 1952, 1969 (= Husserliana IV), III (Die Phänomenologie und die Fundamente der Wissenschaften), ed. M. Biemel, Den Haag 1952 (= Husserliana V), Hamburg 1986; ders., Phänomenologische Psychologie. Vorlesungen Sommersemester 1925, ed. W. Biemel, Den Haag 1962, [2]1968, 1995 (= Husserliana IX), Hamburg 2003; E. Levinas, Sur les »Ideen« de M. E. Husserl, Rev. philos. France étrang. 107 (1929), 230–265; D. Lohmar, Die phänomenologische Methode der W. und ihre Präzisierung als eidetische Variation, Phänom. Forsch. 27 (2005), 65–91; R. Zocher, Husserls Phänomenologie und Schuppes Logik. Ein Beitrag zur Kritik des intuitionistischen Ontologismus in der Immanenzidee, München 1932. C. T.

Weyl, (Claus Hugo) Hermann, *Elmshorn 9. Nov. 1885, †Zürich 8. Dez. 1955, dt.-amerik. Mathematiker, Physiker und Philosoph. Ab 1904 Studium der Mathematik in Göttingen, 1905–1906 in München, Besuch von Veranstaltungen zur Philosophie (unter anderem bei E. Husserl). 1908 Promotion über Integraltheorie bei D. Hilbert, 1910 Habilitation, anschließend Privatdozentur in Göttingen. 1913–1930 Prof. für Geometrie an der ETH Zürich (dort ein Jahr lang Kollege von A. Einstein, als dieser gerade seine Allgemeine Relativitätstheorie [↑Relativitätstheorie, allgemeine] konzipierte), 1928/1929 Gastprof. in Princeton. 1930 Nachfolger Hilberts in Göttingen, ab 1933 Prof. am Institute for Advanced Study in Princeton, 1939 amerik. Staatsbürgerschaft, 1951 Emeritus; während seiner letzten Jahre wechselte W. jeweils halbjährlich zwischen Princeton und Zürich.

W.s *mathematisches* Schaffen umspannt die gesamte reine Mathematik, zielt meist auf fundamentale Fragen und bietet stets neue Zugänge, so daß er zu den herausragenden Mathematikern in der 1. Hälfte des 20. Jhs. zu rechnen ist. Hervorzuheben sind seine Arbeiten über Spektraltheorie, ↑Differentialgleichungen 2. Ordnung (Habilitation 1910), Eigenwerte (↑Quantentheorie) von selbstadjungierten kompakten Operatoren im Hilbertraum (↑Raum) (1911), Riemannsche Flächen (↑Riemannscher Raum) und die Einführung affiner Aspekte in die ↑Differentialgeometrie, wo W., auf Vorarbeiten H. Poincarés, L. E. J. Brouwers und Hilberts aufbauend, die erste strenge Definition einer komplexen ↑Mannigfaltigkeit der Dimension 1 unter Einschluß von Orientierung, Homologie und Fundamentalgruppen gibt (Die Idee der Riemannschen Fläche, 1913). 1916 publiziert W. seine berühmte zahlentheoretische Arbeit über die Gleichverteilung reeller Zahlen modulo 1; die hier eingeführten ›W.schen Summen‹ spielen bis heute in der Analytischen ↑Zahlentheorie eine Rolle. Im Zuge seiner Beschäftigung mit dem Tensorkalkül im Rahmen der Relativitätstheorie und damit zusammenhängenden philosophischen Fragen im Anschluß an H. Helmholtz' Auffassung über die Auszeichnung der ↑Euklidischen Geometrie durch die freie Beweglichkeit starrer Körper (↑Körper, starrer) befaßt sich W. 1925–1927 mit der Darstellungstheorie insbes. der kompakten und semi-einfachen Lie-Gruppen (↑Gruppe (mathematisch)), die als ein Höhepunkt seines mathematischen Schaffens gilt. Unter dem Einfluß der ↑Phänomenologie Husserls nähert sich W. in Grundlagenfragen der Mathematik dem ↑Intuitionismus Brouwers.

In der *Physik* liefert W. bedeutende Beiträge zur Quantentheorie und zur Allgemeinen Relativitätstheorie. In der Quantenmechanik gelingt ihm durch gruppentheoretische Analyse die Angabe einer einheitlichen mathematischen Struktur der Theorie (Gruppentheorie und Quantenmechanik, 1928). Aus dieser Vorgehensweise entwickelt sich das (weite Teile der späteren theoretischen Physik prägende) Verfahren, physikalische Gesetze aus gruppentheoretischen Symmetrien (↑symmetrisch/Symmetrie (naturphilosophisch)) abzuleiten. Außerdem führt er in diesem Zusammenhang die (gewöhnlich J. v. Neumann zugeschriebene) wichtige Unterscheidung zwischen ›reinen‹ und ›gemischten‹ quantenmechanischen Zuständen ein. Daneben finden sich andere Konzeptionen bei ihm vorweggenommen (Prinzip der Eichinvarianz, Unterteilung der Elementarteilchen in Bosonen und Fermionen etc.). In seinen Beiträgen zur Allgemeinen Relativitätstheorie erkennt W. als erster, daß die Theorie keine Relativierung der Beschleunigung und damit kein ›allgemeines‹ ↑Relativitätsprinzip beinhaltet (Raum, Zeit, Materie, 1918, [5]1923). W. versucht, die Einsteinschen Feldgleichungen der ↑Gravitation zu einer Gravitation und ↑Elektrodynamik umfassenden einheitlichen geometrischen Feldtheorie (↑Feld) weiterzuentwickeln (Gravitation und Elektrizität, 1918). Dazu erweitert er die ↑Metrik des Riemannschen Raumes um eine Maßstabstransformation, d. h., die Parallelverschiebung eines ↑Vektors wird nicht nur von einer Richtungsänderung, sondern auch von einer

Längenänderung des Vektors begleitet. – Trotz seines Gegensatzes zu empirischen Befunden (über konstant bleibende diskrete Spektren der chemischen Elemente) inspiriert W.s Ansatz spätere Versuche einer Geometrodynamik, d. i. die Zurückführung der gesamten Physik auf gekrümmte Raum-Zeit (J. A. Wheeler 1968). Zudem führt W. darin so genannte Eichfelder bzw. die Eichinvarianz ein, denen in der Quantenmechanik und in den vereinheitlichten Theorien der bekannten Wechselwirkungen eine fundamentale Rolle zukommt.

W.s *philosophische* Arbeit betrifft vor allem die Begriffe des ↑Kontinuums und der ↑Konstruktion (↑konstruktiv/Konstruktivität). So sucht er nach einer Klärung des Begriffs des Kontinuums im Wechselspiel von phänomenaler Erfahrungswelt, Mathematik und Physik und versucht ferner, Erkenntnis als ›symbolische Konstruktion‹ zu beschreiben bzw. sie durch Angabe derartiger Konstruktionen zu sichern. Beides wird in seinen Beiträgen zur Grundlegung der Mathematik deutlich. So schlägt W. eine streng konstruktive Einführung der reellen Zahlen vor (Das Kontinuum, 1918). Nach W. macht der klassische, mengentheoretisch (↑Mengenlehre) definierte Begriff der reellen Zahl von imprädikativen (↑imprädikativ/Imprädikativität) Begriffsbildungen Gebrauch und ist daher in seiner Extension (↑extensional/Extension) nicht klar fixiert. Umfangsdefinitheit ist stattdessen durch Konstruktionsanweisungen sicherzustellen. Die Menge der natürlichen Zahlen sieht W. durch die Operation der Bildung des ↑Nachfolgers konstruktiv gegeben.

In diesem Bereich der natürlichen Zahlen sind neben den gewöhnlichen Gesetzen der Mengenalgebra und der ↑Quantifikation folgende Prinzipien konstruktiv gerechtfertigt: (1) Das *Prinzip der ↑Substitution* ist typentheoretisch (↑Typentheorien) formuliert und ›virtualisiert‹ B. Russells ↑Reduzibilitätsaxiom (wie W. V. O. Quines ›Stratifikation‹ dies mit Russells Typentheorie tut), indem es die Essenz des Axioms – es gibt zu jedem höherstufigen Ausdruck einen umfangsgleichen 1. Stufe – direkt in die Bildungsregeln hineinnimmt. (2) Das *Prinzip der Iteration* schreibt die Möglichkeit zur Bildung induktiver Definitionen (↑Definition, induktive) auch im Bereich von Ausdrücken fest, die durch Substitution gewonnen werden. Ausgehend von den natürlichen Zahlen gewinnt W. mittels dieser beiden Prinzipien die rationalen und schließlich eine gleichsam verdünnte Version der reellen Zahlen. Dieses konstruktiv begründete reelle Zahlensystem reicht für die Grundlagen der ↑Analysis hin; so gelten z. B. das Konvergenzkriterium A. L. Cauchys und der Zwischenwertsatz von Bolzano-Weierstraß. Es verzichtet aber bewußt auf Konzeptionen, die nur imprädikativ eingeführt werden können, z. B. daß jede nach oben beschränkte Teilmenge eine obere Grenze besitzt. W. nimmt seine eigene Konzeption 1921 zeitweilig zugunsten der Brouwerschen Auffassung vom Kontinuum als Medium freien Werdens zurück und diskutiert später Komplikationen durch die Gödelschen ↑Unvollständigkeitssätze, bis ihm die Lösung aller Schwierigkeiten in P. Lorenzens ›operativer‹ Einstellung (↑Mathematik, operative) zu liegen scheint, die zum Teil an W.s Kontinuum-Schrift von 1918 anknüpft.

Seine *naturphilosophischen* Bemühungen stellt W. in eine Traditionslinie, nach der die phänomenale Welt dem Menschen gegeben ist, während die wirkliche Welt dem Menschen als Konstruktion aufgegeben ist (›Wissenschaft als symbolische Konstruktion des Menschen‹). Die geschichtliche Entwicklung dieser Konstruktionsaufgabe sieht er dadurch charakterisiert, daß sich das postulierte Wirkliche, angefangen mit Demokrits Atomen (↑Atomismus), zunehmend von anschaulichen Begriffen entfernt, bis es sich nur noch in symbolischer Form, d. h. mittels mathematischer Theorien, rekonstruieren läßt. W. betont, daß diese Theorien vom Menschen konstruiert sind; und gerade weil sie vom Menschen geschaffene ↑Symbole benutzen, erscheint die Natur in ihrem Lichte verständlich. Hierbei vertritt W. einen von der axiomatischen bzw. abstrakt-mathematischen Orientierung der Göttinger Schule (Hilbert, F. Klein) herrührenden ↑Holismus, insofern er dafür argumentiert, daß sich nicht einzelne theoretische Sätze, sondern nur ganze Theorien an die phänomenale Welt anbinden lassen. W.s Betonung der Invarianz (↑invariant/Invarianz) entstammt der Einsicht, daß die mit einer freien Konstruktion einhergehende Willkür nicht das Wirkliche selbst berühren kann; sie muß durch eine Invarianzforderung im nachhinein unschädlich gemacht werden. Bezüglich des ↑Komplementaritätsprinzips der Quantenmechanik gelangt W. zu keiner ihn befriedigenden Antwort.

Werke: Gesammelte Abhandlungen, I–IV, ed. K. Chandrasekharan, Berlin/Heidelberg/New York 1968, 2014. – Die Idee der Riemannschen Fläche, Leipzig/Berlin 1913 (repr., ed. R. Remmert, Stuttgart/Leipzig 1997), überarb. [3]1955 (repr. Darmstadt 1974) (engl. The Concept of a Riemann Surface, Reading Mass. 1964 [repr. Mineola N. Y. 2009]); Raum, Zeit, Materie. Vorlesungen über allgemeine Relativitätstheorie, Berlin 1918, [4]1921 (engl. Space, Time, Matter, New York, London 1922 [repr. New York 1950, 2003], New York 2010; franz. Temps, espace, matière. Leçons sur la théorie de la relativité générale, Paris 1922, Neuausg. 1958 [repr. 1979]), umgearb. [5]1923 (repr. Darmstadt 1961), Berlin/Heidelberg/New York [6]1970, ed. u. erg. v. J. Ehlers, [7]1988, [8]1993); Das Kontinuum. Kritische Untersuchungen über die Grundlagen der Analysis, Leipzig 1918 (repr. in: ders. u. a., Das Kontinuum und andere Monographien, New York 1960, Providence R. I. 2006), Berlin/Leipzig 1932 (engl. The Continuum. A Critical Examination of the Foundation of Analysis, Kirksville Mo./Lanham Md. 1987, Mineola N. Y. 1994; franz. Le continu, in: Le continu et autres écrits [s. u.], 33–124); Gravitation und Elektrizität, Sitz.ber. Königl. Preuss. Akad. Wiss. Berlin (1918), 465–480 (repr. in: Ges. Abh. [s. o.] II, 29–42); (ed.) B. Riemann, Über die Hypothesen, die der Geometrie zu Grunde liegen, Berlin 1919, ^{3}1923 (mit Erläuterungen W.s, 23–48) (repr. in: H. W. u. a., Das Kontinuum und andere Monographien [s. o.]); Über die neue Grundlagenkrise der Mathematik (Vorträge, gehalten im mathematischen Kolloquium Zürich), Math. Z. 10 (1921), 39–79 (repr. Darmstadt 1965) (engl. On the New Foundational Crisis in Mathematics, in: P. Mancosu, From Brouwer to Hilbert [s. u., Lit.], 86–122); Mathematische Analyse des Raumproblems. Vorlesungen gehalten in Barcelona und Madrid, Berlin 1923 (repr. in: ders. u. a., Das Kontinuum und andere Monographien [s. o.], ferner in: ders., Mathematische Analyse des Raumproblems [...]/ Was ist Materie? Zwei Aufsätze zur Naturphilosophie, Darmstadt 1963, 1977), unter dem Titel: L'analyse mathematique du problème de l'espace [franz./dt.], I–II [I Version bilingue allemand-français, II Notes et commentaires], übers. É. Audureau/J. Bernard, Aix-en-Provence 2015; Was ist Materie? Zwei Aufsätze zur Naturphilosophie, Berlin 1924 (repr. in: ders., Mathematische Analyse des Raumproblems [s. o.]); Die heutige Erkenntnislage in der Mathematik, Symposion 1 (Berlin 1925), 1–32 (repr. in: Ges. Abh. [s. o.] II, 511–542), separat Erlangen 1926 (franz. L'état présent de la connaissance en mathématiques, in: Le continu et autres écrits [s. u.], 133–161; engl. The Current Epistemological Situation in Mathematics, in: P. Mancosu, From Brouwer to Hilbert [s. u., Lit.], 123–142); Theorie der Darstellung kontinuierlicher halb-einfacher Gruppen durch lineare Transformationen, I–III u. Nachtrag, Math. Z. 23 (1925), 271–309, 24 (1926), 328–376, 377–395, 789–791 (repr. in: Ges. Abh. [s. o.] II, 543–647) (franz. Les groupes de Lie dans l'œuvre de H. W.. Traduction et commentaire de l'article »Théorie de la représentation des groupes continus semi-simples par des transformations linéaires« (1925–1926), übers. C. Eckes, Nancy 2014); Philosophie der Mathematik und Naturwissenschaft, I–II, München/Berlin 1926 (Handbuch der Philosophie Abt. II/A), in 1 Bd., München 1927, ^{2}1928 (engl. [erw.] Philosophy of Mathematics and Natural Science, Princeton N. J. 1949 [repr. 2009]), erw. [um die Anhänge u. Erg. d. engl. Ausg. 1949] Darmstadt, München ^{3}1966, ^{8}2009; Gruppentheorie und Quantenmechanik, Leipzig 1928, überarb. ^{2}1931 (repr. Darmstadt 1981) (engl. The Theory of Groups and Quantum Mechanics, New York 1931 [repr. 1950, Mineola N. Y. 2009]); Die Stufen des Unendlichen. Vortrag, gehalten am 27. Oktober 1930 bei der Eröffung der Gästetagung der Mathematischen Gesellschaft an der Universität Jena im Abbeanum, Jena 1931 (franz. Les degrés de l'infini, in: Le continu et autres écrits [s. u.], 288–308); The Open World. Three Lectures on the Metaphysical Implications of Science, London/New Haven Conn. 1932, Woodbridge Conn. 1989, ferner in: Mind and Nature. Selected Writings on Philosophy, Mathematics, and Physics [s. u.], 34–82; Mind and Nature, Philadelphia Pa., London 1934, ferner in: Mind and Nature. Selected Writings on Philosophy, Mathematics, and Physics [s. u.], 83–150; The Structure and Representation of Continuous Groups, I–II, o.O. [Princeton N. J.] 1934/1935, in 1 Bd., Princeton N. J. 1955; The Classical Groups. Their Invariants and Representations, Princeton N. J. 1939, erw. ^{2}1946; Algebraic Theory of Numbers, Princeton N. J., London 1940, Princeton N. J. 1998 (dt. Algebraische Zahlentheorie, Mannheim 1966); (mit F. J. Weyl) Meromorphic Functions and Analytic Curves, Princeton N. J./London 1943 (repr. New York 1965); Symmetry, Princeton N. J. 1952, 2016 (dt. Symmetrie, Basel/Stuttgart 1955, ^{2}1981, erw. mit Untertitel: Ergänzt durch den Text »Symmetry and Congruence« aus dem Nachlass und mit Kommentaren von Domenico Giulini, Erhard Scholz und Klaus Volkert, Berlin/Heidelberg ^{3}2017; franz. Symétrie et mathématique moderne, Paris 1964, 1996); Selecta H. W., ed. Eidgenössische Technische Hochschule/Institute for Advanced Study Princeton, Basel/Stuttgart 1956; Axiomatic versus Constructive Procedures in Mathematics, ed. T. Tonietti, The Mathematical Intelligencer 7 (1985), H. 4, 10–17, 38 (franz. Comparaison entre procédures axiomatiques et procédures constructives en mathématiques, in: Le continu et autres écrits [s. u.], 265–279); Riemanns geometrische Ideen, ihre Auswirkung und ihre Verknüpfung mit der Gruppentheorie, ed. K. Chandrasekharan, Berlin etc. 1988; Le continu et autres écrits, übers. J. Largeault, Paris 1994; Einführung in die Funktionentheorie, bearb. v. R. Meyer/S. J. Patterson, Basel etc. 2008, 2013; Mind and Nature. Selected Writings on Philosophy, Mathematics, and Physics, ed. P. Pesic, Princeton N. J./Oxford 2009; Levels of Infinity. Selected Writings on Mathematics and Philosophy, ed. P. Pesic, Mineola N. Y. 2012. – Verzeichnis der Veröffentlichungen von H. W., in: Selecta H. W. [s. o.], 582–592.

Literatur: C. Alunni u. a. (eds.), Albert Einstein et H. W., 1955–2005. Questions épistémologiques ouvertes, Manduria 2009, 2010; P. Beisswanger, H. W. and Mathematical Texts, Ratio 8 (1966), 25–45 (dt. H. W. und die Texte der Mathematik, Ratio 8 [1966], 23–39); J. L. Bell/H. Korté, W., SEP 2009, rev. 2015; C. W. Berenda, W., Enc. Ph. VIII (1967), 286–287, IX (^{2}2006), 740–742; J. Bernard, L'idéalisme dans l'infinitésimal. W. et l'espace à l'époque de la relativité, Nanterre 2013; H. Breger, Leibniz, W. und das Kontinuum, in: A. Heinekamp (ed.), Beiträge zur Wirkungs- und Rezeptionsgeschichte von Gottfried Wilhelm Leibniz, Stuttgart 1986 (Stud. Leibn. Suppl. XXVI), 316–330; E. Casari, Questioni di filosofia della matematica, Mailand 1964, ^{3}1976, 166–182 (Le teorie predicative di H. W.); K. Chandrasekharan (ed.), H. W. 1885–1985. Centenary Lectures Delivered by C. N. Yang, R. Penrose, A. Borel at the ETH Zürich, Berlin etc. 1986; C. Chevalley/A. Weyl, H. W. (1885–1955), L'enseignement mathématique, 2e sér. 3 (1957), 157–187 (repr. in: H. W., Ges. Abh. [s. o., Werke] IV, 655–685); J. A. Coffa, Elective Affinities. W. and Reichenbach, in: W. C. Salmon (ed.), Hans Reichenbach. Logical Empiricist, Dordrecht/Boston Mass./London 1979, 267–304; D. van Dalen (ed.), Four Letters from Edmund Husserl to H. W., Husserl Stud. 1 (1984), 1–12; W. Deppert, H. W. – Leben und Werk, Elmshorn 1985; ders., Über den Zusammenhang von Mathematik, Physik und Philosophie, Der mathematische und naturwissenschaftliche Unterricht 39 (1986), 449–451; ders. u. a. (eds.), Exact Sciences and Their Philosophical Foundations/Exakte Wissenschaft und ihre philosophische Grundlegung. Vorträge des Internationalen H.-W.-Kongresses, Kiel 1985, Frankfurt etc. 1988; J. Dieudonné, W., DSB XIV (1976), 281–285; T. Drucker, W., in: B. Narins (ed.), Notable Scientists from 1900 to the Present V, Farmington Hills Mich. 2001, 2376–2379; S. Feferman, The Significance of W.'s »Das Kontinuum«, in: V. F. Hendricks/S. A. Pedersen/K. F. Jørgensen (eds.), Proof Theory. History and Philosophical Significance, Dordrecht/Boston Mass./London 2000, 179–194; G. Frei/U. Stammbach, H. W. und die Mathematik an der ETH Zürich, 1913–1930, Basel/Boston Mass./Berlin 1992; T. Hawkins, Emergence of the Theory of Lie Groups. An Essay in the History of Mathematics 1869–1926, New York/Berlin/Heidelberg 2000, bes. 317–514 (Part IV H. W.); K. Hentschel, W., in: B. Jahn (ed.), Biographische Enzyklopädie deutschsprachiger Philosophen, München 2001, 453; P. Kerszberg, Sur la physique et la phénoménologie de H. W., Ét. phénoménologiques 3 (1986), 3–31; R. Leupold, Die Grundlagenforschung bei H. W., Diss. Mainz 1960; P. Mancosu, From Brouwer to Hilbert. The Debate on the Foundations of Mathematics in the 1920s, New York/Oxford 1998, 65–142 (Part II H. W.); ders./T. Ryckman, Mathematics and Phenomenology. The Correspondence between O. Bekker and H. W., Philos. Math. Ser. 3, 10 (2002), 130–202; J. Mehra/H. Rechenberg, The Historical Development of Quantum Theory VI/1, New York etc. 2000, bes. 102–107 (Chap. IIb The W.-Eddington and Pauli-W.-Eddington Dialogues on the Unified Theory of Matter (1918–1923)), 478–488 (Chap. IIIb H. W.. Group Theory and Natural Philosophy (1922–1928)); M. H. A. Newman, H. W. 1885–1955, Biographical Memoirs of the Fellows of the Royal Society London 3 (1957), 305–328; S. Pollard, W. on Sets and Abstraction, Philos. Stud. 53 (1988), 131–140; N. Rosen, W.'s Geometry and Physics, Found. Phys. 12 (1983), 213–248; T. A. Ryckman, W., REP IX (1998), 706–707; ders., The Reign of Relativity. Philosophy in Physics 1915–1925, Oxford etc. 2005; A. Schirrmacher, W., in: D. Hoffmann/H. Laitko/S. Müller-Wille (eds.), Lexikon der bedeutenden Naturwissenschaftler III, München 2004, 447–448; E. Scholz, H. W. on the Concept of Continuum, in: V. F. Hendricks/S. A. Pedersen/K. F. Jørgensen (eds.), Proof Theory [s. o.], 195–217; ders. (ed.), H. W.'s »Raum – Zeit – Materie« and a General Introduction to His Scientific Work, Basel/Boston Mass./Berlin 2001; ders., W., in: N. Koertge (ed.), New Dictionary of Scientific Biography VII, Detroit Mich. etc. 2008, 276–279; N. Sieroka, Umgebungen. Symbolischer Konstruktivismus im Anschluss an H. W. und Fritz Medicus, Zürich 2010; K. Tent (ed.), Groups and Analysis. The Legacy of H. W., Cambridge etc. 2008; T. Tonietti, H. W. e la meccanica quantistica, in: F. Bevilacqua/A. Russo (eds.), Atti del III Congresso Nazionale di storia della fisica, Palermo, 11–16 Ottobre 1982, o.O. 1983, 513–524; V. P. Vizgin, Einstein, Hilbert, W.. Genesis des Programms der einheitlichen geometrischen Feldtheorie, NTM. Z. Gesch. Naturwiss. Technik Medizin 21 (1984), 23–33; J. A. Wheeler, Einsteins Vision. Wie steht es heute mit Einsteins Vision, alles als Geometrie aufzufassen?, Berlin/Heidelberg/New York 1968. B. B.

Weylsche Antinomie, Fehlbezeichnung der ↑Grellingschen Antinomie. In seiner vielbeachteten Klassifikation der logischen, semantischen und mengentheoretischen Antinomien (↑Antinomien, logische, ↑Antinomien, semantische, ↑Antinomien der Mengenlehre) bezeichnete F. P. Ramsey 1925 die Grellingsche Antinomie als ›Weyl's contradiction‹, eine historisch inkorrekte Bezeichnung, die von hier aus in die Literatur Eingang fand (z. B. M. Black, The Nature of Mathematics. A Critical Survey, London 1933 [repr. Totowa N. J. 1965], 98). Die mehrfach, z. B. bei J. M. Bocheński (Formale Logik, 1956, [4]1978, 465), W. V. O. Quine (Set Theory and Its Logic, 1963, [2]1969, 254, Anm. 6, in den dt. Ausgaben 185, Anm. 2) und F. v. Kutschera (Antinomie II, Hist. Wb. Ph. I [1971], 398), korrigierte fehlerhafte Zuschreibung erklärt sich daraus, daß H. Weyl an der bei Ramsey herangezogenen und zitierten Stelle seiner berühmten Abhandlung »Das Kontinuum« (1918, 1932, 2) die Grellingsche Antinomie ohne Quellenangabe referiert und erörtert.

Literatur: J. M. Bocheński, Formale Logik, Freiburg/München 1956, [6]2015; K. Grelling/L. Nelson, Bemerkungen zu den Paradoxieen von Russell und Burali-Forti, Abh. Fries'schen Schule NF 2 (1908), 301–334, ferner in: L. Nelson, Beiträge zur Philosophie der Logik und Mathematik. Mit einführenden und ergänzenden Bemerkungen von Wilhelm Ackermann, Paul Bernays, David Hilbert, Frankfurt 1959, 59–77; F. v. Kutschera, Antinomie II, Hist. Wb. Ph. I (1971), 396–405; W. V. O. Quine, Set Theory and Its Logic, Cambridge Mass./London 1963, [2]1969, 1980; F. P. Ramsey, The Foundations of Mathematics, Proc. London Math. Soc. 2. Ser. 25 (1926), 338–384 (dort 353), ferner in: ders., The Foundations of Mathematics and Other Logical Essays, ed. R. B. Braithwaite, London 1931, 1965, 1–61 (dort 20), ferner in: ders., Foundations. Essays in Philosophy, Logic, Mathematics and Economics, ed. D. H. Mellor, London/Henley 1978, 152–212 (dort 171), ferner in: ders., Philosophical Papers, ed. D. H. Mellor, Cambridge etc. 1990, 1994, 164–224 (dort 183); H. Weyl, Das Kontinuum. Kritische Untersuchungen über die Grundlagen der Analysis, Leipzig 1918, Berlin/Leipzig 1932 (repr. in: ders./E. Landau/B. Riemann, Das Kontinuum und andere Monographien, New York o. J. [1970], Providence R. I. 2006, 1–83); weitere Literatur: ↑Grellingsche Antinomie. C. T.

Whewell, William, *Lancaster 24. Mai 1794, †Cambridge 6. März 1866, engl. Wissenschaftshistoriker und Wissenschaftstheoretiker, physikalischer Astronom und Pädagoge. W. erhielt seine Ausbildung 1811–1817 am Trinity College, Cambridge; er war Priester der Kirche von England und lehrte von 1841 bis zu seinem Tode als Master am Trinity College. 1842 und 1855 Vizekanzler der Universität Cambridge. W. war zunächst Prof. für Mineralogie, später für Moralphilosophie. Als viktorianischer Universalgelehrter trug er sowohl auf dem Gebiet der Literatur als auch auf dem Gebiet der Naturwissenschaft Bedeutendes bei. Er schrieb Predigten und Gedichte, Übersetzungen deutscher und griechischer Werke, Aufsätze über Architektur, Theologie, Philosophie, politische Ökonomie und Universitätsausbildung. Zudem erfand er ein automatisches Windmeßgerät, verfaßte Lehrbücher der Mechanik und Dynamik, unternahm den vergeblichen Versuch, die Dichte der Erde zu messen, und trug zur Standardisierung des wissenschaftlichen Sprachgebrauchs bei. Insbes. prägte er die Termini ›Ion‹, ›Anode‹ und ›Kathode‹, geologische Termini (z. B. ›Miozän‹ und ›Pliozän‹) und die Bezeichnungen ›scientist‹ und ›physicist‹. W.s wichtigste wissenschaftliche Arbeiten betreffen die mathematischen Grundlagen der Kristallographie und die physikalische Astronomie.

W.s bekannteste Werke sind »History of the Inductive Sciences« (1837) und »The Philosophy of the Inductive Sciences« (1840). W. sucht hier eine Philosophie der Naturwissenschaften aus den Grundzügen der historischen Entwicklung der empirischen Wissenschaften herzuleiten. Die ↑Wissenschaftsgeschichte wird als fortschreitende Bewegung von weniger allgemeinen zu allgemeineren Theorien dargestellt. Ausgehend von einfachen induktiven ↑Generalisierungen schreitet die Wissenschaft zu hypothetisch-deduktiven Theorien fort. Die fundamentalen ↑Naturgesetze beruhen für W. auf apriorischen (↑a priori) Grundlagen – nicht unähnlich den Kantischen ↑Kategorien – und gelten daher als notwendig (↑notwendig/Notwendigkeit). W. faßt ↑Induktion als einen nicht-deduktiven, von ↑Urteilskraft geleiteten Prozeß auf, bei dem einer Menge von ↑Tatsachen ein ↑Begriff zugeordnet wird; die Induktion stellt eine Verbindung (›colligation‹) zwischen Tatsachen her. Induktiv gewonnene Tatsachenverbindungen müssen drei ↑Wahrheitskriterien genügen: Sie müssen (1) die gegebenen Fakten erklären. Da jedoch beliebig viele Annahmen zur Erklärung der gegebenen Fakten hinreichen könnten, ist eine strengere Prüfung erforderlich. Diese Prüfung besteht (2) in der erfolgreichen Vorhersage (↑Prognose) von noch nicht gegebenen Ereignissen oder Objekten, die von der gleichen Art sind wie die von der ursprünglichen Tatsachenverbindung bereits erklärten. Jedoch ist auch diese Erweiterung der relevanten Belege noch unzureichend. Die am besten gestützten Induktionen sind (3) solche, die zu einer unerwarteten Vereinheitlichung von Tatsachen beitragen. Dadurch werden Theorien ausgezeichnet, die ohne explizite Anpassung zu diesem Zweck zuvor als disparat eingestufte Phänomene als Manifestation desselben grundlegenden Prozesses oder Mechanismus erklären. Dieses dritte Kriterium bezeichnet W. als ›Übereinstimmung von Induktionen‹ (›consilience of inductions‹); es ist das Kriterium der notwendigen Wahrheit einer ↑Hypothese.

Das Übereinstimmungskriterium zeichnet Theorien aus, die in hohem Maße Einfachheit, Allgemeinheit, Einheitlichkeit und deduktive Kraft erreichen. W.s Beispiele derartiger Theorien sind I. Newtons Theorie der allgemeinen ↑Gravitation, die scheinbar so verschiedenartige Phänomene wie die Bewegungen der Himmelskörper und die Gezeiten einheitlich erklärt, und die Wellentheorie des Lichts, die sowohl die Polarisierung des Lichts durch Kristalle als auch die Farben dünner Plättchen auf einheitliche Weise erfaßt. Da W. darauf besteht, daß übereinstimmende Induktionen zu notwendigen Wahrheiten führen, kann er als wissenschaftlicher Realist (↑Realismus, wissenschaftlicher) angesehen werden. – Neuere Arbeiten zeigen, daß Newtons Argumentation für die allgemeine Gravitation insofern im Sinne W.s verstanden werden kann, als sich die Newtonsche ›Deduktion aus den Phänomenen‹ als Aufweis übereinstimmender Induktionen rekonstruieren läßt.

Werke: The Historical and Philosophical Works of W. W., ed. G. Buchdahl/L. Laudan, London 1967ff. (erschienen Bde II–VI); The Collected Works of W. W., I–XVI, ed. R. Yeo, Bristol/Sterling Va. 2001. – An Elementary Treatise on Mechanics I (Containing Statics and Part of Dynamics), Cambridge/London 1819, [7]1847; A Treatise on Dynamics. Containing A Considerable Collection of Mechanical Problems, Cambridge/London 1823, I–II, 1832–1834; Architectural Notes on German Churches. With Remarks on the Origin of Gothic Architecture, Cambridge 1830 (repr. Cambridge etc. 2013), mit Untertitel: New Edition to Which Is now Added, Notes Written During an Architectural Tour in Picardy and Normandy, 1835, mit zusätzlichem Untertitel: To Which are Added Notes on the Churches of the Rhine by M. F. de Lassaulx, [3]1842 (repr. in: The Collected Works [s. o.] VIII); Astronomy and General Physics Considered with Reference to Natural Theology, London 1833, [6]1837 (repr. Cambridge 2009), [8]1862, Neudr. Cambridge 1864 (repr. als: The Collected Works [s. o.] IX) (dt. Die Sternenwelt als Zeugniß für die Herrlichkeit des Schöpfers, Stuttgart 1837); Newton and Flamsteed. Remarks on an Article in Number CIX of the Quarterly Review, Cambridge, London 1836, mit Untertitel: To Which Are Added Two Letters, Occasioned by a Note in Number CX of the Review, [2]1836 (repr. in: The Collected Works [s. o.] XIV); The Mechanical Euclid. Containing the Elements of Mechanics and Hydrostatics [...], Cambridge/London 1837, [3]1838 (repr. in: The Collected Works [s. o.] VIII), [5]1849; On the Foundations of Morals. Four Sermons Preached Before the University of Cambridge, November 1837, Cambridge, London o.J. [1837], mit weiterem Untertitel: With Additional Discourses and Essays, New York 1839 (repr. in: The Collected Works [s. o.] XI); On the Principles of English University Education, London, Cambridge 1837 (repr. London/New York 1994, 2000), mit Untertitel: Including Additional Thoughts on the Study of Mathematics, [2]1838 (repr. in: The Collected Works [s. o.] XII); History of the Inductive Sciences, I–III, London 1837, [3]1857 (repr. als: The Historical and Philosophical Works of W. W. [s. o.], II–IV, ferner als: The Collected Works [s. o.] I–III), New York 1890 (dt. Geschichte der induktiven Wissenschaften, der Astronomie, Physik, Mechanik, Chemie, Geologie etc., von der frühesten bis zu unserer Zeit, I–III, Stuttgart 1840–1841 [repr. Köln 1985]); Philosophy of the Inductive Sciences, I–II, London 1840 (repr., ed. A. Pyle, London/New York 1996), [2]1847 (repr. New York 1967, ferner als: The Historical and Philosophical Works of W. W. [s. o.], V–VI, [Bd. I, III] als: The Collected Works [s. o.], IV–V), I–III (I The History of Scientific Ideas, II Novum Organon Renovatum, III On the Philosophy of Discovery), London [3]1858–1860 (repr. [Bd. III] New York 1971, [Bd. II–III] als: The Collected Works [s. o.] VI–VII); Two Introductory Lectures to Two Courses of Lectures on Moral Philosophy, Delivered in 1839 and 1841, Cambridge 1841 (repr. in: The Collected Works [s. o.] XI); Of a Liberal Education in General, London 1845, mit Untertitel: And with Particular Reference to the Leading Studies of the University of Cambridge, I–III, London [2]1850–1852 (repr. in: The Collected Works [s. o.] XIII); The Elements of Morality, Including Polity, I–II, London 1845, Cambridge, London [4]1864; Lectures on Systematic Morality. Delivered in Lent Term, 1846, London 1846; Of Induction, with Especial Reference to Mr. J. Stuart Mill's System of Logic, London 1849 (repr. in: The Collected Works [s. o.] XIV); The General Bearing of the Great Exhibition on the Progress of Art and Sciences, o.O. o.J. [1852] (repr. in: The Collected Works [s. o.] XIII); Lectures on the History of Moral Philosophy in England, London, Cambridge 1852, unter dem Titel: Lectures on the History of Moral Philosophy. A New Edition with Additional Lectures, 1862 (repr. Bristol 1990, ferner in: The Collected Works [s. o.] XI); Of the Plurality of Worlds. An Essay, London 1853 (repr., ed. M. Ruse, Chicago Ill./London 2001), [4]1855 (repr. als: The Collected Works [s. o.] X); Six Lectures on Political Economy. Delivered at Cambridge in Michaelmas Term, 1861, Cambridge 1862 (repr. New York 1967, ferner in: The Collected Works [s. o.] XIV); Theory of Scientific Method, Pittsburgh Pa. 1967, unter dem Titel: W. W.'s Theory of Scientific Method, ed. R. E. Butts, Pittsburgh Pa. 1968 (repr. 2012) (mit Bibliographie, 339–341), Neudr. unter dem Titel: Theory of Scientific Method, Cambridge/Indianapolis Ind. 1989 (mit Bibliographie, 339–341);

Selected Writings on the History of Science, ed. Y. Elkana, Chicago Ill./London 1984. – J. M. Douglas (ed.), Life and Selections from the Correspondence of W. W., London 1881 (repr. Bristol, Tokio 1991).

Literatur: P. Achinstein, Inference to the Best Explanation. Or Who Won the Mill-W. Debate?, Stud. Hist. Philos. Sci. Part A 23 (1992), 349–364; R. Anderson, The W.-Faraday Exchange on the Application of the Concepts of Momentum and Inertia to Electromagnetic Phenomena, Stud. Hist. Philos. Sci. Part A 25 (1994), 577–594; A. Belsey, Interpreting W., Stud. Hist. Philos. Sci. Part A 5 (1974/1975), 49–58; R. Blanché, Le rationalisme de W., Paris 1935; ders., W., Enc. Ph. VIII (1967), 288–289, IX ([2]2006), 743–745; G. Buchdahl, Inductivist versus Deductivist Approaches in the Philosophy of Science as Illustrated by some Controversies between W. and Mill, Monist 55 (1971), 343–367; R. E. Butts, Necessary Truth in W.'s Theory of Science, Amer. Philos. Quart. 2 (1965), 161–181, ferner in: ders., Historical Pragmatics [s. u.], 189–233; ders., W. on Newton's Rules of Philosophizing, in: ders./J. W. Davis (eds.), The Methodological Heritage of Newton, Oxford, Toronto 1970, 132–149, ferner in: ders., Historical Pragmatics [s. u.], 293–312; ders., W.'s Logic of Induction, in: R. Giere/R. Westfall (eds.), Foundations of Scientific Method: The Nineteenth Century, Bloomington Ind./London 1973, 1974, 53–85, ferner in: ders., Historical Pragmatics [s. u.], 235–267; ders., W., DSB XIV (1976), 292–295; ders., Consilience of Inductions and the Problem of Conceptual Change in Science, in: R. Colodny (ed.), Logic, Laws and Life, Pittsburgh Pa. 1977, 71–88, ferner in: ders., Historical Pragmatics [s. u.], 269–291; ders., Historical Pragmatics. Philosophical Essays, Dordrecht/Boston Mass./London 1993 (Boston Stud. Philos. Hist. Sci. 155), 187–338 (Part III W. and Nineteenth-Century Philosophy of Science); A. Corral, Zur Hypothesenbildung. Das Problem der epistemologischen Voraussetzungen wissenschaftlicher Prinzipien bei W. W., Frankfurt etc. 1996; C. J. Ducasse, W. W.'s Philosophy of Scientific Discovery, Philos. Rev. 60 (1951), 56–69, 213–234, ferner in: E. H. Madden (ed.), Theories of Scientific Method. The Renaissance through the Nineteenth Century, Seattle/London 1960 (repr. New York 1989), 183–217; M. Fisch, W.'s Consilience of Inductions. An Evaluation, Philos. Sci. 52 (1985), 239–255; ders., W. W.. Philosopher of Science, Oxford 1991; ders., W., REP IX (1998), 709–711; ders./S. Schaffer (eds.), W. W.. A Composite Portrait, Oxford 1991; W. Harper, Consilience and Natural Kind Reasoning (in Newton's Argument for Universal Gravitation), in: J. R. Brown/J. Mittelstraß (eds.), An Intimate Relation. Studies in the History and Philosophy of Science Presented to Robert E. Butts on His 60th Birthday, Dordrecht/Boston Mass./London 1989 (Boston Stud. Philos. Sci. 116), 115–152; J. P. Henderson, Early Mathematical Economics. W. W. and the British Case, Lanham Md. etc. 1996; M. Hesse, W.'s Consilience of Inductions and Predictions, Monist 55 (1971), 520–524; L. Laudan, W. W. on the Consilience of Inductions, Monist 55 (1971), 368–391; A. Lugg, History, Discovery and Induction. W. on Kepler on the Orbit of Mars, in: J. R. Brown/J. Mittelstraß (eds.), An Intimate Relation [s. o.], 283–298; S. Marcucci, L'›idealismo‹ scientifico di W. W., Pisa 1963; J. F. Metcalfe, W.'s Developmental Psychologism. A Victorian Account of Scientific Progress, Stud. Hist. Philos. Sci. Part A 22 (1991), 117–139; I. Niiniluoto, Notes on Popper as Follower of W. and Peirce, Ajatus. Yearbook of the Philos. Soc. Finland 37 (1978), 272–327, ferner in: ders., Is Science Progressive?, Dordrecht/Boston Mass./Lancaster 1984, 18–60; R. Robson/W. F. Cannon, W. W., F. R. S. (1794–1866), I–II (I R. Robson, Academic Life, II W. F. Cannon, Contributions to Science and Learning), Notes and Records Royal Soc. London 19 (1964), 168–191; S. Ross, Scientist: The Story of a Word, Ann. Sci. 18 (1962), 65–85; M. Ruse, The Scientific Methodology of W. W., Centaurus 20 (1976), 227–257; F. Schipper, W. W.'s Conception of Scientific Revolutions, Stud. Hist. Philos. Sci. Part A 19 (1988), 43–53; L. J. Snyder, It's »All« Necessarily So: W. W. on Scientific Truth, Stud. Hist. Philos. Sci. Part A 25 (1994), 785–807; dies., W., SEP 2000, rev. 2017; dies., Reforming Philosophy. A Victorian Debate on Science and Society, Chicago Ill./London 2006, bes. 33–94 (Chap. 1 W. and the Reform of Inductive Philosophy); dies., »The Whole Box of Tools«. W. W. and the Logic of Induction, in: J. Woods/D. Gabbay (eds.), Handbook of the History of Logic IV, Amsterdam etc. 2008, 163–228; dies., The Philosophical Breakfast Club. Four Remarkable Men Who Transformed Science and Changed the World, New York 2011; I. Todhunter, W. W., I–II, London 1876 (repr. Farnborough 1970, ferner als: The Collected Works of W. W. [s. o., Werke], XV–XVI); J. Wettersten, W. W.. Problems of Induction vs. Problems of Rationality, Brit. J. Philos. Sci. 45 (1994), 716–742; ders., W.'s Critics. Have They Prevented Him from Doing Good?, ed. J. A. Bell, Amsterdam/New York 2005 (Poznań Stud. Philos. Sci. and Humanities LXXXV) [mit Kommentaren v. M. Segre u. a.]; D. B. Wilson, W., in: N. Koertge (ed.), New Dictionary of Scientific Biography VII, Detroit Mich. etc. 2008, 279–283; R. R. Yeo, Defining Science. W. W., Natural Knowledge, and Public Debate in Early Victorian Britain, Cambridge etc. 1993, 2003. R. E. B.

White, Morton Gabriel, *New York 29. April 1917, †Skillman N. J. 27. Mai 2016, amerik. Philosoph. 1932–1936 Studium am City College/New York, 1942 Promotion bei E. Nagel an der Columbia University/New York, 1942–1946 Lehrtätigkeit ebendort, 1946–1948 an der University of Pennsylvania/Philadelphia, 1948–1969 Prof. der Philosophie an der Harvard University/Cambridge Mass.. 1953/1954, 1962/1963, 1967/1969 Mitglied am Institute for Advanced Study in Princeton N. J., ab 1970 ständiges Mitglied und Prof., emeritiert 1987.

W., dessen frühe Zusammenarbeit insbes. mit W. V. O. Quine und N. Goodman eine ähnlich fruchtbare Verschmelzung der Verfahren der Analytischen Philosophie (↑Philosophie, analytische) mit denjenigen des amerikanischen ↑Pragmatismus zur Folge hatte wie bei Quine und Goodman, vertritt eine einerseits eingeschränkte und andererseits erweiterte Version des auf P. Duhem zurückgehenden und von Quine vertretenen, von W. als ›Korporatismus‹ (corporatism) bezeichneten ↑Holismus. Dieser ist eingeschränkt, insofern die Anerkennung von Aussagen nicht vom Gesamtkorpus von Aussagen abhängig gedacht ist, sondern nur von eingeschränkten Bereichen; er ist erweitert, insofern nicht nur deskriptive Aussagen, sondern auch normative Aussagen (↑deskriptiv/präskriptiv) einbezogen sind. Dieser Korporatismus wird verwendet, um Brücken sowohl zwischen den verschiedenen philosophischen Disziplinen, insbes. zwischen Theoretischer und Praktischer Philosophie (↑Philosophie, praktische, ↑Philosophie, theoretische), als auch zwischen verschiedenen Wissenschaften, der Psychologie und der Physik ebenso wie der ↑Ideengeschichte und der ↑Kulturphilosophie, zu schlagen. Zu diesem Zweck müssen in Übereinstimmung mit der Methodologie des Pragmatismus nicht nur die Barrieren zwischen logisch-begrifflichem und empirisch-faktischem Wissen und damit der von der Unterscheidung zwischen ↑analytisch und ↑synthetisch implizierte erkenntistheoretische ↑Dualismus aufgehoben werden, was auch Quine getan hat, es muß vielmehr auch ein nicht-dualistischer und dabei gleichwohl nicht-reduktionistischer (↑Reduktionismus) Zusammenhang von deskriptivem und normativem (↑Norm (handlungstheoretisch, moralphilosophisch)) Wissen hergestellt, also auch die Unterscheidung zwischen kognitiver und emotiver Bedeutung unterlaufen werden. Eine Epistemologie normativer, insbes. ethischer, Aussagen tritt an die Stelle der in der Analytischen Philosophie verbreiteten metaethischen (↑Metaethik) Aufgabe einer ↑Semantik ethischer oder (allgemeiner) ↑normativer Aussagen; diese soll durch eine Untersuchung der Erkenntnis- und Rechtfertigungsbedingungen von Normen entwickelt werden. W.s systematisch angelegte philosophiehistorische Untersuchungen fallen ebenfalls in diesen Bereich. Sein Ziel ist ein narrativ darzustellendes historisches Wissen, wobei die Methodologie der narrativen Geschichtswissenschaft zur Einlösung der unterstellten These, daß Historie eine Form von Wissen ist, nämlich in einem Zusammenhang zwischen Feststellungen von Fakten, Verallgemeinerungen zu kontextgebundenen und deshalb von ihm ›Regularitäten‹ genannten Gesetzen und wertenden Beurteilungen besteht, den Gegenstand von W.s Hauptwerk »Foundations of Historical Knowledge« (1965) bildet. An die Stelle des DN-Modells der ↑Erklärung in den Naturwissenschaften tritt für W. eine Theorie des ›existential regularism‹ in den historischen Wissenschaften.

Gegen den in der Ethik vertretenen reduktionistischen Naturalismus (↑Naturalismus (ethisch)) D. Humes und den reduktionistischen Antinaturalismus Moores analysiert W. Art und Status der zur erklärenden Begründung elementarer Erfahrungen herangezogenen Aussagen, seien sie deskriptiv artikuliert, z. B. bei Aussagen über sinnliche Empfindungen, oder normativ artikuliert, z. B. bei Aussagen über moralische Gefühle. Sie enthalten stets sowohl normative als auch deskriptive Komponenten: ↑Rechtfertigungen sind nur reflexiv (↑reflexiv/Reflexivität) möglich. Bei gewöhnlichen Aussagen erscheinen beide Komponenten in Gestalt zweier verschiedener Beurteilungsmöglichkeiten, nämlich deskriptiv oder normativ, z. B. ›er lügt‹ hinsichtlich Wahrheit – ›ist es so?‹ – und hinsichtlich Berechtigung – ›darf es sein?‹. Epistemologie läßt sich ohne normative Ethik nicht aufbauen, genausowenig wie Ethik ohne ein Korpus deskriptiver Aussagen möglich ist. Das hat zur Folge, daß ähnlich wie im Falle ›widerspenstiger‹ Erfahrungen (↑Anomalie) im Bereich äußerer Wahrnehmung, bei denen nach Quine selbst eine Abänderung der Logik in Betracht gezogen werden muß, im Falle widerspenstiger moralischer Erfahrung auch mit einer Abänderung der moralischen Beurteilungsmaßstäbe zu rechnen ist. Im Rahmen dieser Überlegungen ist es W. gelungen, auch die Überzeugung von der Existenz eines freien ↑Willens unabhängig von Annahmen über ↑Determinismus oder ↑Indeterminismus zu rechtfertigen.

Werke: The Origin of Dewey's Instrumentalism, New York 1943, 1977; Social Thought in America. The Revolt against Formalism, New York 1949, Oxford etc. 1976; (ed.) The Age of Analysis. 20th Century Philosophers, New York 1955, 1983; Toward Reunion in Philosophy, Cambridge Mass. 1956, Westport Conn. 1982; Religion, Politics and the Higher Learning, Cambridge Mass. 1959; (mit L. White) The Intellectual versus the City. From Thomas Jefferson to Frank Lloyd Wright, Cambridge Mass. 1962, Westport Conn. 1981; (ed. mit A. M. Schlesinger Jr.) Paths of American Thought, Boston Mass. 1963; Foundations of Historical Knowledge, New York 1965, Westport Conn. 1982; (mit S. Morgenbesser/P. Suppes) Philosophy, Science, and Method. Essays in Honor of Ernest Nagel, New York 1969; (ed.) Documents in the History of American Philosophy. From Jonathan Edwards to John Dewey, Oxford etc. 1972; Science and Sentiment in America. Philosophical Thought from Jonathan Edwards to John Dewey, Oxford etc. 1972, 1976; Pragmatism and the American Mind. Essays and Reviews in Philosophy and Intellectual History, New York 1973, 1975; The Philosophy of the American Revolution, Oxford etc. 1978, 1981; What Is and What Ought to Be Done. An Essay on Ethics and Epistemology, Oxford etc. 1981 (dt. Was ist und was getan werden sollte. Ein Essay über Ethik und Erkenntnistheorie, ed. H. Stachowiak, Freiburg/München 1987); (mit L. White) Journeys to the Japanese. 1952–1979, Vancouver 1986; Philosophy. The Federalist and the Constitution, Oxford etc. 1987, 1989; The Question of Free Will. A Holistic View, Princeton N. J. 1993; A Philosopher's Story, University Park Pa. 1999; A Philosophy of Culture. The Scope of Holistic Pragmatism, Princeton N. J./Oxford 2002, 2005 (franz. Une philosophie de la culture. Du point de vue pragmatiste, Paris 2006); From a Philosophical Point of View. Selected Studies, Princeton N. J./Oxford 2005.

Literatur: S. Pihlström, M. W.'s Philosophy of Culture. Holistic Pragmatism and Interdisciplinary Inquiry, Human Affairs 21 (2011), 140–156. – Institute for Advanced Study, M. W.. Obituary [https://www.ias.edu/scholars/white]. K. L.

Whitehead, Alfred North, *Ramsgate (Kent) 15. Febr. 1861, †Cambridge Mass. 30. Dez. 1947, engl. Mathematiker, theoretischer Physiker, Wissenschaftstheoretiker und Philosoph. 1880–1884 Studium der Mathematik am Trinity College in Cambridge, 1884–1910 Lehrer ebendort. Zu seinen Schülern in Cambridge zählt B. Russell, mit dem W. 1900–1911 die monumentalen ↑»Principia Mathematica« schreibt. 1910 geht W. nach London, zunächst an das University College, ab 1914 als Prof. für Angewandte Mathematik an das Imperial College of Science and Technology. 1924 übernimmt W. eine Pro-

fessur für Philosophie an der Harvard University und lehrt dort bis 1937.
In seiner ersten, mathematischen und logischen Schaffensperiode beschäftigt sich W. vor allem mit Axiomatisierungen der allgemeinen Algebra und der physikalischen Geometrie. Resultate sind der »Treatise on Universal Algebra« (1898), der die Vorstellungen der ↑Ausdehnungslehre von H. G. Graßmann zur Struktur algebraischer Operationen weiterentwickelt, und die Studie »On Mathematical Concepts of the Material World« (1906), ein Versuch, sowohl die Grundbegriffe der ↑Euklidischen Geometrie als auch die der Partikelphysik auf eine Axiomatisierung der Vorstellung von Kraftlinienfeldern zu gründen. Gleichzeitig unternimmt W. zusammen mit Russell den ersten formal weitgehend gelungenen Versuch, alle grundlegenden Begriffe und Theoreme der Logik und Mathematik in einem einheitlichen und selbst mathematischer Strenge und Methode verpflichteten Aufbau systematisch zu definieren und abzuleiten. Während G. Freges wenig früherer Ansatz durch eine von Russell gefundene Antinomie scheitert (↑Zermelo-Russellsche Antinomie), ziehen Russell und W. daraus bereits die Konsequenzen und vermeiden die für Freges Schwierigkeiten verantwortlichen imprädikativen (↑imprädikativ/Imprädikativität) Begriffsbildungen durch eine typentheoretische Konstruktion der Logiksprache (↑Typentheorien).
In den wissenschaftstheoretischen und naturphilosophischen Arbeiten aus W.s Londoner Zeit, vor allem in den Arbeiten »An Enquiry Concerning the Principles of Natural Knowledge« (1919) und »The Concept of Nature« (1920), geht es W. darum, die Vorstellung eines Universums isolierter Objektatome als Grundlage der Naturwissenschaften zu überwinden. Er schlägt vor, stattdessen von der allgemein zugänglichen Erfahrung auszugehen, in der nach W. lediglich der Lauf der Natur, gegliedert in raumzeitlich ausgedehnte, einander überlappende Ereignisse (*events*) gegeben ist. Aus dieser Erfahrung müssen gemäß dem von W. vorgeschlagenen Verständnis ›Objekte‹ erst in einem zweiten Schritt auf Grund von Rekurrenzerscheinungen gewonnen werden. Die in dieser Phase deutlich hervortretende Kritik W.s an einer Atomisierung und Geometrisierung der konkreten Naturerfahrung durch die Wissenschaften bestimmt sehr stark seine spätere naturphilosophische und kosmologische Spekulation. In der Relativitätstheorie (↑Relativitätstheorie, spezielle, ↑Relativitätstheorie, allgemeine) lehnt W. die Bezugnahme auf Einzeltatsachen wie die Lichtgeschwindigkeit ab und vertritt Alternativen zum Einsteinschen Ansatz auf der Basis eines uniformen Raumbegriffes.
In der dritten, der so genannten metaphysischen Phase seines wissenschaftlichen Lebens, die auch durch W.s Wechsel an die Harvard University markiert wird, erweitert W. seine Naturphilosophie zu einer ›Kosmologie‹ im Sinne eines alle Gegenstände menschlichen Erfahrens umfassenden philosophischen Systems. Der vor allem in »Process and Reality« (1929) entfaltete philosophische Ansatz versteht die Substanz der ↑Realität als sich selbst produzierende Einheiten. Zugleich ist die Bildung jeder dieser unter Termini wie ›actual occasion‹ oder ›actual entity‹ behandelten Einheiten als ein organisches ›Zusammenwachsen‹ (*concrescence*) ihrer ›Objektivationen‹ oder ›Prehensionen‹ anderer Einheiten zu verstehen. So bezeichnet W. seine Überlegungen auch als ›philosophy of organism‹. Gegenüber der unausschöpflichen prozeßhaften Realität sind alle begrifflichen Unterscheidungen, insbes. die der Wissenschaften, ↑›abstrakter‹ Natur, in Bezug auf welche die Philosophie das Konkrete (↑konkret) in der Vielfalt der zum Teil einander widersprechenden Abstraktionen vergegenwärtigt. In W.s Spätphilosophie kehren damit vor allem Gedanken der Leibnizschen Monadologie (↑Monadentheorie) wieder. Auch ist der Einfluß des englischen Neuhegelianismus (vor allem F. H. Bradleys; ↑Hegelianismus) ebenso wie von H. L. Bergson und W. James unverkennbar. – W. hat die Kosmologie von »Process and Reality« mit religionsphilosophischen Ideen verbunden, die ihn dazu führen, das Wort ›Gott‹ für das ›Konkretionsprinzip‹ zu verwenden, das die ›actual entities‹ dazu bringt, in den Prozeß der Selbstbildung einzutreten.

Werke: A Treatise on Universal Algebra. With Applications, Cambridge 1898 (repr. New York 1960, 2009); On Mathematical Concepts of the Material World, Philos. Transact. Royal Soc. A 205 (1906), 465–525; (mit B. Russell) Principia Mathematica, I–III, Cambridge 1910–1913 (repr. o.O. 2009), ^{2}1925–1927 (repr. Cambridge etc. 1950, 1978, Teilrepr. unter dem Titel: Principia mathematica to *56, Cambridge 1962, 1997) (dt. Vorwort und Einleitungen beider Aufl. unter dem Titel: Einführung in die mathematische Logik. Die Einleitung der »Principia Mathematica«, München/Berlin 1932, ferner unter dem Titel: Principia Mathematica. Vorwort und Einleitungen, Wien/Berlin 1984, Frankfurt 2008); An Introduction to Mathematics, London 1911, New York etc. 1958, 1992 (dt. Eine Einführung in die Mathematik, Wien, Bern 1948, Bern, München ^{2}1958); An Enquiry Concerning the Principles of Natural Knowledge, Cambridge 1919, ^{2}1925 (repr. New York 1982); The Concept of Nature. The Tarner Lectures Delivered in Trinity College, November 1919, Cambridge 1920, 2015 (dt. Der Begriff der Natur, Weinheim 1990; franz. Le concept de nature, Paris 1998, 2006); The Principle of Relativity with Applications to Physical Science, Cambridge 1922, 2011 (franz. Le principe de relativité et ses applications en physique, Louvain-la-Neuve 2012); Science and the Modern World. Lowell Lectures, 1925, Cambridge 1926, New York etc. 1997 (franz. La science et le monde moderne, Paris 1930, Frankfurt etc. 2006; dt. Wissenschaft und moderne Welt, Zürich 1949, Frankfurt 2011); Religion in the Making, New York, Cambridge 1926 (repr. Cambridge 2011) (franz. Le devenir de la religion, Paris 1939; dt. Wie entsteht Religion?, Frankfurt 1985, 1996); Symbolism. Its Meaning and Effect, New York 1927, 1985 (dt. Kulturelle Symbolisierung, Frankfurt 2000); Process and Reality. An Essay in Cosmology, New York 1929, 1985 (dt. Prozeß und Realität. Entwurf einer Kosmologie, Frankfurt 1979, 2008; franz. Procès et réalité, Paris 1995, 2015); The Function of Reason, Princeton N. J. 1929, Boston Mass. 1971 (franz. La fonction de la raison. Et autres essais, Paris 1969, 2007; dt. Die Funktion der Vernunft, ed. E. Bubser, Stuttgart 1974, 1995); The Aims of Education and Other Essays, London 1929, 1970 (dt. Die Ziele von Erziehung und Bildung und andere Essays, Berlin 2012); Adventures of Ideas, New York, Cambridge 1933, New York etc. 1967 (dt. Abenteuer der Ideen, Frankfurt 1971, 2000; franz. Aventures d'idées, Paris 1993); Nature and Life, Chicago Ill., Cambridge 1934, Cambridge etc. 2011, ferner in: Modes of Thought [s. u.], 127–169; Modes of Thought, New York, Cambridge 1938, New York 1968 (dt. Denkweisen, Frankfurt 2001; franz. Modes de pensée, Paris 2004); Essays in Science and Philosophy, New York 1947, 1977 (dt. Philosophie und Mathematik. Vorträge und Essays, Wien 1949); A. N. W.. An Anthology, ed. F. S. C. Northrop/M. W. Gross, Cambridge 1953, New York 1961; The Interpretation of Science. Selected Essays, ed. A. H. Johnson, Indianapolis Ind. 1961; The Harvard Lectures of A. N. W., 1924–1925. Philosophical Presuppositions of Science, ed. P. A. Bogaard/J. Bell, Edinburgh 2017. – B. A. Woodbridge (ed.), A. N. W.. A Primary-Secondary Bibliography, Bowling Green Ohio 1977.

Literatur: G. Allan, Modes of Learning. W.'s Metaphysics and the Stages of Education, Albany N. Y. 2012; R. E. Auxier/G. L. Herstein, The Quantum of Explanation. W.'s Radical Empiricism, New York/London 2017; A. Z. Bar-On, The Categories and the Principles of Coherence. W.'s Theory of Categories in Historical Perspective, Dordrecht/Boston Mass./Lancaster 1987; P. Basile, Leibniz, W. and the Metaphysics of Causation, Basingstoke etc. 2009; ders., W.'s Metaphysics of Power. Reconstructing Modern Philosophy, Edinburgh 2017; A. Berve, Spekulative Vernunft, symbolische Wahrnehmung, intuitive Urteile. Höhere Formen der Erfahrung bei A. N. W., Freiburg/München 2015; ders./H. Maaßen (eds.), A. N. W.'s Thought through a New Prism, Newcastle upon Tyne 2016; J. Bradley, A. N. W., REP IX (1998), 713–720; A. Deregibus, W., in: A. Bausola (ed.), Questioni di storiografia filosofica V, Brescia 1978, 125–166; D. A. Dombrowski, W.'s Religious Thought. From Mechanism to Organism, from Force to Persuasion, Albany N. Y. 2017; T. E. Eastman/H. Keeton (eds.), Physics and W.. Quantum, Process, and Experience, Albany N. Y. 2004; D. M. Emmet, W.'s Philosophy of Organism, London 1932, London/New York [2]1966 (repr. Westport Conn. 1981); dies., W., Enc. Ph. VIII (1967), 290–296, IX ([2]2006), 746–754 (mit erw. Bibliographie v. B. Fiedor); M. Epperson, Quantum Mechanics and the Philosophy of A. N. W., New York 2004; R. Faber/B. G. Henning/C. Combs (eds.), Beyond Metaphysics? Explorations in A. N. W.'s Late Thought, Amsterdam/New York 2010; R. Faber/J. A. Bell/J. Petek (eds.), Rethinking W.'s Symbolism. Thought, Language, Culture, Edinburgh 2017; R. L. Fetz, W.. Prozeßdenken und Substanzmetaphysik, Freiburg/München 1981; H. J. Folse Jr., The Copenhagen Interpretation of Quantum Theory and W.'s Philosophy of Organism, Tulane Stud. Philos. 23 (1974), 32–47; L. S. Ford, The Emergence of W.'s Metaphysics 1925–1929, Albany N. Y. 1984; S. T. Franklin, Speaking from the Depths. A. N. W.'s Hermeneutical Metaphysics of Propositions, Experience, Symbolism, Language, and Religion, Grand Rapids Mich. 1990; N. Gaskill/A. J. Nocek (eds.), The Lure of W., Minneapolis Minn. 2014; D. R. Griffin, W.'s Radically Different Postmodern Philosophy. An Argument for Its Contemporary Relevance, Albany N. Y. 2007; N. Griffin/B. Linsky/K. Blackwell (eds.), Principia Mathematica at 100, Hamilton 2011, ferner als: Russell 31 (2011), H. 1; N. Griffin/B. Linsky (eds.), The Palgrave Centenary Companion to Principia Mathematica, Basingstoke etc. 2013; A. Grünbaum, W.'s Method of Extensive Abstraction, Brit. J. Philos. Sci. 4 (1953), 215–226; M. Hampe, Die Wahrnehmung der Organismen. Über die Voraussetzungen einer naturalistischen Theorie der Erfahrung in der Metaphysik W.s, Göttingen 1990; ders./H. Maaßen (eds.), Materialien zu W.s »Prozeß und Realität«, I–II (I Prozeß, Gefühl und Raum-Zeit, II Die Gifford Lectures und ihre Deutung), Frankfurt 1991; C. Hartshorne/W. C. Peden, W.'s View of Reality, New York 1981, Newcastle upon Tyne 2010; M. Hauskeller, A. N. W. zur Einführung, Hamburg 1994; B. G. Henning/W. T. Myers/J. D. John (eds.), Thinking with W. and the American Pragmatists. Experience and Reality, Lanham Md. 2015; G. L. Herstein, W. and the Measurement Problem of Cosmology, Frankfurt etc. 2006; H. Holz/E. Wolf-Gazo (eds.), W. und der Prozeßbegriff/W. and the Idea of Process. Beiträge zur Philosophie A. N. W.s auf dem 1. Internationalen W.-Symposion 1981, Freiburg/München 1984; H. Holzhey/A. Rust/R. Wiehl (eds.), Natur, Subjektivität, Gott. Zur Prozeßphilosophie A. N. W.s, Frankfurt 1990; A. D. Irvine, A. N. W., SEP 1996, rev. 2015; A. H. Johnson, W.'s Theory of Reality, Boston Mass. 1952, New York 1962; F. Kambartel, The Universe Is More Various, More Hegelian. Zum Weltverständnis bei Hegel und W., in: E.-W. Böckenförde u. a., Collegium Philosophicum. Studien. J. Ritter zum 60. Geburtstag, Basel/Stuttgart 1965, 72–98; G. L. Kline (ed.), A. N. W.. Essays on His Philosophy, Englewood Cliffs N. J. 1963, Lanham Md. 1989; E. M. Kraus, The Metaphysics of Experience. A Companion to W.'s »Process and Reality«, New York 1979, 1998; R. Lachmann, Ethik und Identität. Der ethische Ansatz in der Prozeßphilosophie A. N. W.s und seine Bedeutung für die gegenwärtige Ethik, Freiburg/München 1994; N. Lawrence, W.'s Method of Extensive Abstraction, Philos. Sci. 17 (1950), 142–163; ders., W.'s Philosophical Development. A Critical History of the Background of »Process and Reality«, Berkeley Calif. 1956, New York 1971; I. Leclerc, W.'s Metaphysics. An Introductory Exposition, London 1958, Lanham Md. 1986; ders. (ed.), The Relevance of W.. Philosophical Essays in Commemoration of the Centenary of the Birth of A. N. W., London, New York 1961 (repr. Bristol 1993); R. R. Llewellyn, W. and Newton on Space and Time Structure, Process Stud. 3 (1973), 239–258; V. Lowe, Understanding W., Baltimore Md. 1962, 1968; ders., A. N. W.. The Man and His Work, I–II (I 1861–1910, II 1910–1947), Baltimore Md./London 1985/1990; ders./C. Hartshorne/A. H. Johnson, W. and the Modern World. Science, Metaphysics, and Civilization. Three Essays on the Thought of A. N. W., Boston Mass. 1950, New York 1972; G. R. Lucas Jr., The Rehabilitation of W.. An Analytic and Historical Assessment of Process Philosophy, Albany N. Y. 1989; ders./A. Braeckmann (eds.), W. und der deutsche Idealismus/W. and German Idealism, Bern etc. 1990; W. Mays, W.'s Philosophy of Science and Metaphysics. An Introduction to His Thought, The Hague 1977; C. R. Mesle, Process-Relational Philosophy. An Introduction to A. N. W., West Conshohocken Pa. 2008; R. C. Morris, Process Philosophy and Political Ideology. The Social and Political Thought of A. N. W. and Charles Hartshorne, Albany N. Y. 1991; O. Müller, W., in: J. Nida-Rümelin (ed.), Philosophie der Gegenwart in Einzeldarstellungen. Von Adorno bis v. Wright, Stuttgart 1991, 631–635, [2]1999, 788–793; J. L. Nobo, W.'s Metaphysics of Extension and Solidarity, Albany N. Y. 1986; F. S. C. Northrop (ed.), Philosophical Essays for A. N. W., February 15th 1936, London/New York 1936, New York 1967; R. M. Palter, W.'s Philosophy of Science, Chicago Ill. 1960, 1970; A. L. Plamondon, W.'s Organic Philosophy of Science, Albany N. Y. 1979; L. Price, Dialogues of A. N. W., London, Boston Mass. 1954 (repr. Westport Conn. 1977); F. Rapp/R. Wiehl (eds.), W.s Metaphysik der Kreativität. Internationales W.-Symposium Bad Homburg 1983, Freiburg/München 1986 (engl. W.'s Metaphysics of Creativity, Albany N. Y. 1990); F. Riffert, W. und Piaget. Zur interdisziplinären Relevanz der Prozeßphilosophie, Frankfurt etc. 1995; S. D. Ross, Perspective in W.'s Metaphysics, Albany N. Y. 1983; A. Rust, Die organismische Kosmologie von A. N. W.. Zur Revision des Selbstverständnisses neuzeitlicher Philosophie und Wissenschaft durch eine neue Philosophie der Natur, Frankfurt 1987; P. A. Schilpp (ed.), The Philosophy of A. N. W., New York 1941, [2]1951, in 2 Bdn., Ann Arbor Mich. 1995; M. Sehgal, Eine situierte Metaphysik. Empirismus und Spekulation bei William James und A. N. W., Konstanz 2016; G. W. Shields (ed.), Process and Analysis. W., Hartshorne, and the Analytic Tradition, Albany N. Y. 2003; A. Shimony, Quantum Physics and the Philosophy of W., in: R. S. Cohen/M. W. Wartofsky (eds.), Proceedings of the Boston Colloquium for the Philosophy of Science 1962–1964. In Honor of Philipp Frank, New York 1965 (Boston Stud. Philos. Sci. II), 307–330, Neudr. in: M. Black (ed.), Philosophy in America, Ithaca N. Y. 1965, London etc. 2007, 240–261; J. Siebers, The Method of Speculative Philosophy. An Essay on the Foundations of W.'s Metaphysics, Kassel 2002; J. J. C. Smart, W. and Russell's Theory of Types, Analysis 10 (1950), 93–96; I. Stengers (ed.), L'effet W., Paris 1994; dies., Penser avec W.. Une libre et sauvage création de concepts, Paris 2002 (engl. Thinking with W.. A Free and Wild Creation of Concepts, Cambridge Mass. etc. 2011, 2014); dies., Civiliser la modernité? W. et les ruminations du sens commun, Dijon 2017; J. Stolz, W. und Einstein. Wissenschaftsgeschichtliche Studien in naturphilosophischer Absicht, Frankfurt etc. 1995; J. L. Synge, The Relativity Theory of A. N. W., Baltimore Md. 1951; R. Thaler, Kosmologie und Dichtung. Zum Verhältnis von Philosophie und Literatur bei A. N. W., Bern etc. 2001; F. N. Walker, Enjoyment and the Activity of Mind. Dialogues on W. and Education, Amsterdam etc. 2000; F. B. Wallack, The Epochal Nature of Process in W.'s Metaphysics, Albany N. Y. 1980; M. Weber (ed.), After W.. Rescher on Process Metaphysics, Frankfurt/Lancaster 2004; M. Welker, A. N. W.. Relativistische Kosmologie, in: J. Speck (ed.), Grundprobleme der großen Philosophen. Philosophie der Gegenwart I, Göttingen [3]1985, 269–312; E. Wolf-Gazo (ed.), W.. Einführung in seine Kosmologie, Freiburg/München 1980; ders., Process in Context. Essays in Post-W.ian Perspectives, Bern etc. 1988. – W.-Symposium, Int. Philos. Quart. 19 (1979), 253–377. – Nachrufe (von B. Russell u. a.), Mind N S 57 (1948), 137–145. F. K.

Whittaker, Edmund Taylor, *Birkdale (Lancashire) 24. Okt. 1873, †Edinburgh 24. März 1956, engl. Mathematiker, Physiker, Wissenschaftshistoriker und Philosoph. 1891–1895 Studium am Trinity College Cambridge, 1896 Fellow ebendort. 1912–1946 Prof. für Mathematik in Edinburgh. 1905 Mitglied der Royal Society, 1945 geadelt. W.s starkes religiöses Interesse führt 1930 zur Konversion zum Katholizismus, 1935 Verleihung des päpstlichen Ordens »Pro ecclesia et pontefice«. In seinen späteren philosophischen Werken befaßt sich W. insbes. mit den philosophischen Auswirkungen von Erkenntnissen der modernen Physik auf die Theologie. So untersucht er in »Space and Spirit« (1946) die Haltbarkeit der fünf ↑Gottesbeweise des Thomas von Aquin und glaubt diese für zwei bestätigt zu haben. – W.s wissenschaftliches Interesse gilt vor allem den Grundlagenfragen der Mathematischen Physik, und hier zunächst der Theorie der ↑Differentialgleichungen. Von ihm stammt ein vielbeachtetes Lehrbuch der ↑Analysis; sein Werk »Analytical Dynamics« (1904) beeinflußt die Entwicklung der ↑Quantentheorie. Philosophisch vertritt W. eine Art kritischen Realismus (↑Realismus, kritischer), wonach die Wirklichkeit eine in lückenloser Wechselbeziehung stehende Struktur darstellt, die eine systematische Ordnung des naturwissenschaftlichen Wissens ermöglicht. Von besonderer Wirkung waren seine begriffs- und theoriegeschichtlichen Arbeiten zur Physik. W.s unorthodoxe Darstellung der Geschichte der Speziellen Relativitätstheorie (↑Relativitätstheorie, spezielle) räumt dabei den Arbeiten von H. A. Lorentz und H. Poincaré (dem er z. B. die Formel $E = mc^2$ zuschreibt) eine größere Bedeutung ein, als ihnen nach der heutigen Standardauffassung zukommt.

Werke: A Course of Modern Analysis. An Introduction to the General Theory of Infinite Series and of Analytic Functions. With an Account of the Principal Transcendental Functions, Cambridge 1902, mit G. N. Watson, mit Untertitel: An Introduction to the General Theory of Infinite Processes and of Analytic Functions. With an Account of the Principal Transcendental Functions, [2]1915, [4]1927 (repr. 1935, 1996); A Treatise on the Analytical Dynamics of Particles and Rigid Bodies. With an Introduction to the Problem of Three Bodies, Cambridge 1904, [2]1917, [4]1937 (repr. 1959, 1999), New York 1944 (dt. Analytische Dynamik der Punkte und starren Körper. Mit einer Einführung in das Dreikörperproblem und mit zahlreichen Übungsaufgaben, Berlin/Heidelberg 1924); The Theory of Optical Instruments, Cambridge 1907, New York 1960 (dt. Einführung in die Theorie der optischen Instrumente, Leipzig 1926, 1962); (mit G. Robinson) A Short Course in Interpolation, London 1923, 1924; (mit G. Robinson) The Calculus of Observations. A Treatise on Numerical Mathematics, London 1924, mit Untertitel: An Introduction to Numerical Analysis, New York 1967; The Beginning and End of the World, Oxford 1942 (dt. Der Anfang und das Ende der Welt. Die Dogmen und die Naturgesetze, Stuttgart 1955); Space and Spirit. Theories of the Universe and the Arguments for the Existence of God, London 1946, Hinsdale Ill. 1948 (franz. L'espace et l'esprit. Théories de l'univers et preuves de l'existence de Dieu, Paris 1952, 1953); The Modern Approach to Descartes' Problem. The Relation of the Mathematical and Physical Sciences to Philosophy, London 1948; From Euclid to Eddington. A Study of Conceptions of the External World, Cambridge, New York 1949 (repr. New York 1979) (dt. Von Euklid zu Eddington. Zur Entwicklung unseres modernen physikalischen Weltbildes, Wien/Stuttgart, Zürich 1952); Eddington's Principle in the Philosophy of Science, Cambridge 1951; A History of the Theories of Aether and Electricity, I–II, London 1951/1953 (repr. New York 1973, in 1 Bd., 1989) (Bd. I in einer ersten Fassung bereits London 1910), New York 1960; Are There Quantum Jumps?, Brit. J. Philos. Sci. 3 (1953), 348–349.

Literatur: M. Born (ed.), The Born – Einstein Letters. Correspondence between Albert Einstein and Max and Hedwig Born from 1916 to 1955, London, New York 1971, Basingstoke/New York 2005, 197–199; G. Holton, On the Origins of the Special Theory of Relativity, Amer. J. Phys. 28 (1960), 627–636; G. H. Keswani,

Origin and Concept of Relativity I, Brit. J. Philos. Sci. 15 (1965), 286–306; D. Martin, W., DSB XIV (1976), 316–318; W. H. McCrea, E. T. W., J. London Math. Soc. 32 (1957), 234–256; G. F. J. Temple, W., Biographical Memoirs of Fellows of the Royal Society 2 (1956), 299–325. – Proc. Edinburgh Math. Soc. 11 (1958), 1–70. G. W.

Wiclif (auch: Wyclif, Wiclef, Wycliffe etc.), John, *Spreswell (Yorkshire) um 1320 oder 1330, †Lutherworth (Leicester) 31. Dez. 1384, engl. Theologe und Philosoph. 1344 Studium der Theologie in Oxford; um 1356 Baccalaureus artium, um 1360 Magister artium, um 1369 Bacc. theol. und 1327 Dr. der Theologie; 1365–1370 Leiter des Canterbury College. W.s Lehre wurde in Teilelementen von verschiedenen Institutionen verurteilt: unter anderem 1377 von Gregor XI., 1380 in Oxford (die Eucharistielehre), 1382 von der Dominikanersynode in London, 1403 in Prag, 1415 auf dem Konzil in Konstanz. In Oxford und Prag wurden seine Bücher verbrannt.

Der Grundtenor von W.s Denken kann darin gesehen werden, daß er eine Einheit von Theologie und Philosophie anstrebt, und zwar auf der Basis eines konsequenten Begriffsrealismus (↑Realismus (erkenntnistheoretisch), ↑Realismus (ontologisch)), in strikter Ablehnung des ↑Nominalismus Wilhelm von Ockhams (mit dem er allerdings in Fragen der Kirchenpolitik weitgehend übereinstimmt). W. verwirft die kirchliche Transsubstantiationslehre, weil diese (im Gegensatz zu einer realistischen Position) eine völlige Vernichtung der Substanzen impliziere, und weil sie den Priestern mit dem Vermögen, den Leib Christi zu erzeugen, göttliche Schöpferkraft zubillige. Die Offenbarungslehre hält W. weitgehend für eine bloße Gedankenspielerei, ebenso die Sakramentenlehre; in der Heilslehre erkennt er allein Christus als Heilsbringer (bzw. Heilsvermittler) an, nicht auch die Heiligen. Gott als der absolut Gute verfügt nicht über die Freiheit zum Bösen, d. h., es ist unmöglich, daß sich Gott von seinen eigenen sittlichen Gesetzen dispensiert. Das ↑Böse ist für W. keine eigenständige (persönliche) Macht, sondern lediglich ein Mangel (*defectus*) des ↑Guten. W. vertritt eine konsequente Prädestinationslehre (↑Prädestination), nach der alles Geschehen in Natur und Geschichte von Gott bis ins einzelne vorherbestimmt ist. Die menschliche ↑Willensfreiheit ›rettet‹ W. durch die Annahme, daß der freie Wille seinerseits in Gottes Plan der Vorherbestimmung integriert ist; Willensfreiheit besteht hauptsächlich in der Gesinnung und im Wollen.

Weniger wegen seiner von der offiziellen Lehre abweichenden philosophisch-theologischen Lehren, sondern vor allem wegen seiner kritischen (zum Teil polemischen) Äußerungen gegen alle kirchlichen ↑Autoritäten zog W. heftige Kritik auf sich. Er verficht die Idee eines strikten urchristlichen Selbstverständnisses mit Demut, Gottes- und Nächstenliebe als Grundtugenden. Die kirchlichen Zustände seiner Zeit haben sich nach seinem Urteil so weit vom urchristlichen Ideal entfernt, daß Papst, Kardinäle, Bischöfe und religiöse Orden sich selbst außerhalb der Gnade Gottes gestellt und somit ihre ursprüngliche Autorität und Legitimation eingebüßt hätten. – Das Denken W.s steht unter dem Einfluß scholastischer (↑Scholastik) Philosophen wie Alexander von Hales, R. Bacon, J. Duns Scotus, Ockham und R. Grosseteste. Sein Einfluß in England und Böhmen (vor allem auf J. Hus) war beträchtlich. Vielen gilt W. als Vorläufer M. Luthers und der Reformation.

Werke: Latin Works, I–XXXV, ed. Wiclef-Society, London 1883–1922 (repr., ed. R. Buddensieg, Frankfurt, New York 1966). – Dialogoru[m] libri q[ua]ttuor, o.O. [Basel] 1525, unter dem Titel: Dialogorum libri quatuor, ed. L. P. Wirth, Frankfurt/Leipzig 1753, unter dem Titel: Trialogus, ed. G. V. Lechler, Oxford 1869 (engl. Trialogus, trans. S. E. Lahey, Cambridge etc. 2013); Select English Works, I–III, ed. T. Arnold, Oxford 1869–1871; The English Works, Hitherto Unprinted, ed. F. D. Matthew, London 1880, ²1902 (repr. Millwood N. Y. 1978, 1990); Tractatus de Simonia, ed. S. Herzberg-Fränkel/M. H. Dziewicki, London 1898 (repr. Frankfurt, New York 1966) (= Latin Works XXII) (engl. On Simony, trans. T. A. McVeigh, New York 1992); The Earlier Version of the Wycliffite Bible, I–VIII, ed. C. Lindberg, Stockholm 1959–1997; Tractatus de Trinitate, ed. A. du Pont Breck, Boulder Colo. 1962; Tractatus de Universalibus, ed. I. J. Mueller, Oxford 1985, 1986 (engl. On Universals, trans. A. Kenny, Oxford 1985, 2007); Selections from English Wycliffite Writings, ed. A. Hudson, Cambridge etc. 1978, Toronto/Buffalo N. Y./London 1997; Summa insolubilium, ed. P. V. Spade/G. A. Wilson, Binghampton N. Y. 1986; English Wycliffite Sermons, I–V, I, III, ed. A. Hudson, II, IV–V, ed. P. Gradon, Oxford 1983–1996, I, 1990; English Wyclif Tracts, I–II, ed. C. Lindberg, Oslo 1991/2000; The Wycliffe New Testament, 1388, ed. W. R. Cooper, London 2002; Four Wycliffite Dialogues, ed. F. Somerset, Oxford/New York 2009. – W. W. Shirley, A Catalogue of the Original Works of J. Wyclif, Oxford 1865, unter dem Titel: Shirleys Catalogue of the Extant Latin Works of J. Wyclif, erg. v. J. Loserth, London o.J. [1925]; W. R. Thomson, The Latin Writings of J. Wyclyf. An Annotated Catalog, Toronto 1983.

Literatur: C. Beiting, Wycliffe, in: R. H. Fritze/W. B. Robison (eds.), Historical Dictionary of Late Medieval England, 1272–1485, Westport Conn./London 2002, 587–589; G. A. Benrath, Wyclifs Bibelkommentar, Berlin 1966; ders., J. Wyclif. Doctor evangelicus, in: G. Köpf (ed.), Theologen des Mittelalters. Eine Einführung, Darmstadt 2002, 197–211; E. Boreczky, J. Wyclif's Discourse on Dominion in Community, Leiden/Boston Mass. 2008; M. Bose/J. P. Hornbeck (eds.), Wycliffite Controversies, Turnhout 2011; S. F. Brown, Wyclif, in: ders./J. C. Flores (eds.), Historical Dictionary of Medieval Philosophy and Theology, Lanham Md./Toronto/Plymouth 2007, 307–308; J. I. Catto, Wyclif, REP IX (1998), 802–805; A. Conti, J. Wyclif, SEP 2001, rev. 2017; R. Cox, J. Wyclif on War and Peace, Woodbridge 2014; J. Crompton, Wyclif, LThK X (1965), 1278–1281; M. Dove, The First English Bible. The Text and Context of the Wycliffite Versions, Cambridge etc. 2007, 2011; G. R. Evans, J. Wyclif. Myth and Reality, Downers Grove Ill. 2005; M. Fumagalli Beonio Brocchieri/S. Simonetta (eds.), J. Wyclif. Logica, politica, teologia. Atti del convegno internazionale, Milano, 12–13 febbraio 1999, Tavernuzze 2003; K. Ghosh, The Wycliffite Heresy. Authority and the Interpretation of Texts, Cambridge etc. 2002; J. P. Hornbeck/M. Van Dussen (eds.), Europe after Wyclif, New York 2017; A. Hudson, The Premature Reformation. Wycliffite Texts and Lollard History, Oxford 1988, 2002; dies., Wyclife, in: J. R. Strayer (ed.), Dictionary of the Middle Ages XII, New York 1989, 706–711; dies., Studies in the Transmission of Wyclif's Writings, Aldershot/Burlington Vt. 2008; dies./M. Wilks (eds.), From Ockham to Wyclif, Oxford 1987; A. Hudson/A. Kenny, Wyclif, in: H. C. G. Matthew/B. Harrison (eds.), Oxford Dictionary of National Biography LX, Oxford/New York 2004, 616–630; A. Kenny, Wyclif, Oxford 1985, 1987; ders. (ed.), Wyclif in His Times, Oxford 1986; J. D. Kronen, J. Wyclif, in: J. J. E. Gracia/T. B. Noone (eds.), A Companion to Philosophy in the Middle Ages, Malden Mass./Oxford/Carlton 2003, 407–408; S. E. Lahey, Wyclif and Lollardy, in: G. R. Evans (ed.), The Medieval Theologians, Oxford/Malden Mass. 2001, 2008, 334–354; ders., Philosophy and Politics in the Thought of J. Wyclif, Cambridge etc. 2003; ders., J. Wyclif, Oxford/New York 2009; ders., J. Wyclife, in: G. Oppy/N. Trakakis (eds.), The History of Western Philosophy of Religion II, New York 2009, 223–234; ders., J. Wyclife, in: H. Lagerlund (ed.), Encyclopedia of Medieval Philosophy II, Dordrecht etc. 2011, 653–658; I. C. Levy, J. Wyclif. Scriptural Logic, Real Presence, and the Parameters of Orthodoxy, Milwaukee Wis. 2003, rev. u. erw. unter dem Titel: J. Wyclif's Theology of the Eucharist in Its Medieval Context, 2014; ders. (ed.), A Companion to J. Wyclif. Late Medieval Theologian, Leiden/Boston Mass. 2006; J. Loserth, Johann v. W. und Robert Grosseteste, Bischof von Lincoln, Wien 1918 (Sitz.ber. Kaiserl. Akad. Wiss., philos.-hist. Kl. 186,2); K. B. MacFarlane, J. Wycliffe and the Beginnings of English Nonconformity, London 1952, 1966; C. v. Nolcken, Wyclif, TRE XXXVI (2004), 415–425; J. Robson, Wyclif and the Oxford Schools. The Relation of the »Summa de ente« to Scholastic Debates at Oxford in the Later Fourteenth Century, Cambridge 1961, 1966; W. Rügert, J. Wyclif, Jan Hus, Martin Luther. Wegbereiter der Reformation, Konstanz 2017; M. Schmidt, Wyclif, RGG VI (1962), 1849–1851; E. Solopova (ed.), The Wycliffite Bible. Origin, History and Interpretation, Leiden/Boston Mass. 2016; M. Spinka (ed.), Advocates of Reform. From Wyclif to Erasmus, London 1953; J. Stacey, J. Wyclif and Reform, Philadelphia Pa. 1964 (repr. New York 1983); K. J. Walsh, Wyclif, LMA IX (1998), 391–393; K.-G. Wesseling, Wyclif, BBKL XIII (1998), 242–258; M. Wilks, Wyclif. Political Ideas and Practice, ed. A. Hudson, Oxford 2000; H. B. Workman, J. Wyclif. A Study of the English Medieval Church, I–II, Oxford 1926 (repr. in einem Bd., Hamden Conn. 1966). M. G.

Widerfahrnis (engl. befalling, something that happens), ein von W. Kamlah (Philosophische Anthropologie. Sprachkritische Grundlegung und Ethik, 1972) eingeführter Terminus der philosophischen ↑Anthropologie zur Bezeichnung für ↑Ereignisse, die einem Menschen geschehen, ohne daß er ein Ereignis durch eigenes Handeln in Gestalt der Ausübung einer ↑Handlung, d. h. eines Aktes, hervorgebracht hat. Wohl aber kann das Handeln (= ›aktiver‹ Aspekt einer Handlung) eines Handlungssubjekts zum Widerfahren (= ›passiver‹ Aspekt einer Handlung) für jemanden werden, dem gegenüber der Akt begrifflich als Handlungsobjekt, etwa im Falle des jemanden Schlagens, oder unter Umständen auch nur faktisch als (vielleicht sogar unbeabsichtigte) Handlungsfolge, etwa beim Ballwerfen das jemand anderen (unter Umständen sogar den Ballwerfer selbst) Treffen, auftritt. Bei Aristoteles gehören (Be)Wirken (ποιεῖν) und (Er)Leiden (πάσχειν) (engl. doing and suffering; J. Dewey) sogar zu den gegenwärtig allerdings nur noch in der Grammatik unter den Titeln ›Aktiv‹ und ›Passiv‹ selbstverständlichen ↑Kategorien und bezeugen erstmals explizit die durch Selbstreflexion gewonnene Erkenntnis von der dialogischen Verfaßtheit des Menschen. Dabei gehören unter den Hervorbringungen grundsätzlich nur die Versuche ihrer ↑Herstellung zum aktiven Aspekt einer Handlung, der zugehörige Erfolg der Herstellung hingegen ist ein W., da er nicht nur von der Handlungskompetenz des Handelnden, sondern auch noch von Situationsbedingungen abhängt, über deren Vorliegen der Handelnde in der Regel nicht verfügt.

Literatur: B. Birgmeier, Handlung und W.. Prolegomena einer strukturellen Betrachtung von Lebenswirklichkeiten im Rahmen von Handlungs-W.-Kontexten, Frankfurt etc. 2007; D. Böhler, ζῷον λόγον ἔχον – ζῷον κοινόν. Sprachkritische Rehabilitierung der Philosophischen Anthropologie. Wilhelm Kamlahs Ansatz im Licht rekonstruktiven Philosophierens, in: J. Mittelstraß/M. Riedel (eds.), Vernünftiges Denken. Studien zur praktischen Philosophie und Wissenschaftstheorie, Berlin/New York 1978, 342–373, bes. 349–356; A. De, Widerspruch und Widerständigkeit. Zur Darstellung und Prägung räumlicher Vollzüge personaler Identität, Berlin/New York 2005; J. Dewey, Human Nature and Conduct. Introduction to Social Psychology, New York 1922, Neudr., ohne Untertitel, als: The Middle Works, 1899–1924 XIV, ed. J. A. Boydston, Carbondale Ill. 1988, 2008 (dt. Die menschliche Natur. Ihr Wesen und ihr Verhalten, Stuttgart 1931, ed. R. Horlacher/J. Oelkers, Zürich 2004 [John-Dewey-Reihe IV]); A. Gethmann-Siefert, Kultur: Technik oder Kunst? Überlegungen zur kulturalistischen Weiterung des Konstruktivismus, in: G. Wolters/M. Carrier (eds.), Homo Sapiens und Homo Faber. Epistemische und technische Rationalität in Antike und Gegenwart. Festschrift für Jürgen Mittelstraß, Berlin/New York 2005, 267–283, bes. 280–282; H. Hühn, W., Hist. Wb. Ph. XII (2004), 678–680; P. Janich, Logisch-pragmatische Propädeutik. Ein Grundkurs im philosophischen Reflektieren, Weilerswist 2001, 37–38 (Kap. I/2.1. Kooperation und W.); W. Kamlah, Philosophische Anthropologie. Sprachkritische Grundlegung und Ethik, Mannheim/Wien/Zürich 1972, 1984, 34–40 (Erster Teil § 3 W. und Handlung); K. Lorenz, Einführung in die philosophische Anthropologie, Darmstadt 1990, 1992; ders., Philosophische Anthropologie, in: H. D. Brandt (ed.), Disziplinen der Philosophie. Ein Kompendium, Hamburg 2014, 470–495; B. Marx (ed.), W. und Erkenntnis. Zur Wahrheit menschlicher Erfahrungen, Leipzig 2010; P. Stoellger, Passivität aus Passion. Zur Problemgeschichte einer ›categoria non grata‹, Tübingen 2010, bes. 470–479 (VI.5.G W. (Kamlah, Mildenberger, Bayer)). K. L.

widerlegbar/Widerlegbarkeit, Bezeichnung für die Eigenschaft von Aussagen A, daß es eine *Widerlegung* (griech. ἔλεγχος; lat. refutatio) für A gibt; bei den üblichen Regeln für die ↑Negation ist dies gleichwertig damit, daß es für $\neg A$ (in Worten: nicht-A) einen ↑Beweis gibt. Eine bloße Verneinung ist also noch keine Widerlegung. Eine w.e Aussage ist ↑falsch, ihre Negation also wahr (↑wahr/das Wahre), ohne daß daraus gefolgert werden kann, daß eine nicht-w.e Aussage wahr ist. Dieser Schluß ist nur für wertdefinite (↑wertdefinit/ Wertdefinitheit) Aussagen zulässig, weil für diese ›nicht-wahr $\prec$ falsch‹ (bzw. durch ↑Kontraposition ›nicht-falsch $\prec$ wahr‹) gilt. Wohl aber sind allgemein für dialogdefinite (↑dialogdefinit/Dialogdefinitheit) Aussagen *A* weder die ↑Konjunktion ›*A* ε wahr‹ *und* ›*A* ε falsch‹ beweisbar (↑beweisbar/Beweisbarkeit) noch die ↑Adjunktion ›*A* ε wahr‹ *oder* ›*A* ε falsch‹ w., wenn ›*A* ε wahr‹ und ›*A* ε falsch‹ nach den Regeln der Dialogischen Logik (↑Logik, dialogische) durch die Existenz einer ↑Gewinnstrategie für bzw. gegen *A* definiert sind.

Die empirische W. nicht nur einzelner Aussagen, sondern auch ganzer Theorien als Systeme untereinander in logischen Beziehungen (z. B. Beziehungen der ↑Implikation) stehender Aussagen wird von K. R. Popper zum Kriterium ihres wissenschaftlichen Charakters gemacht (↑Falsifikation) und ist in strenger Form als Forderung der Widerlegungsdefinitheit (↑widerlegungsdefinit/Widerlegungsdefinitheit) für empirisch relevante Aussagen oder Aussagensysteme zu verstehen. K. L.

widerlegungsdefinit/Widerlegungsdefinitheit, in der ↑Logik Bezeichnung für Aussagen, deren Widerlegbarkeit (↑widerlegbar/Widerlegbarkeit) entscheidbar ist (↑entscheidbar/Entscheidbarkeit). Wenn für einen vorgelegten Widerlegungsversuch entschieden ist, daß es sich nicht um eine Widerlegung handelt, kann daraus nicht geschlossen werden, daß die Aussage wahr ist. Erst wenn auch ihre Beweisbarkeit entscheidbar, die Aussage also zugleich *beweisdefinit* (↑beweisdefinit/Beweisdefinitheit) ist, ist ihre Wahrheit entscheidbar: die Aussage ist entweder wahr oder falsch, d. h. *wertdefinit* (↑wertdefinit/Wertdefinitheit). Z. B. sind ↑Existenzaussagen über unendlichen Bereichen im allgemeinen nicht w., sondern nur *dialogdefinit* (↑dialogdefinit/Dialogdefinitheit), d. h., es kann für eine vorgelegte Argumentation um diese Aussage entschieden werden, wer ›gewonnen‹ und wer ›verloren‹ hat.

Die Dialogdefinitheit ist eine gemeinsame Verallgemeinerung der Beweisdefinitheit und der W.. Gleichwohl läßt sich jene nicht auf die Alternative ›beweisdefinit oder w.‹ zurückführen, wie Aussagen belegen, die mehrfach sowohl mit ↑Einsquantoren als auch mit ↑Allquantoren zusammengesetzt sind. Die Forderung der Dialogdefinitheit für Aussagen verallgemeinert daher auch das die Forderung der W. für (empirisch relevante) Aussagen bildende und als ↑Abgrenzungskriterium fungierende Falsifikationsprinzip (↑Falsifikation) K. R. Poppers und ebenso das die Forderung der Beweisdefinitheit für (empirisch sinnvolle) Aussagen bildende und als Sinnkriterium (↑Sinnkriterium, empiristisches) fungierende ↑Verifikationsprinzip R. Carnaps. K. L.

Widersinn, Bezeichnung für das Absurde (↑absurd/das Absurde), wie es sich insbes. in Kontradiktionen (↑kontradiktorisch/Kontradiktion) und ↑Widersprüchen ausdrückt. Dabei sind in der Regel die einander widersprechenden Aussagen durch ↑Konjunktion zu einer Aussage zusammengefaßt. Im Falle eines W.s braucht sich der Widerspruch nicht schon aus logischen Gründen zu ergeben, wie etwa bei ›*A* und nicht-*A*‹ (↑Widerspruch, Satz vom) und den übrigen bereits logisch falschen Aussagen. Diese werden im Bereich der klassischen ↑Junktorenlogik von L. Wittgenstein zusammen mit den logisch wahren Aussagen (↑Tautologie) zwar *sinnlos* im Sinne von ›sinnleer‹ oder ›inhaltsleer‹ genannt, aber nicht *unsinnig* (↑Unsinn), weil sie sprachlich einwandfrei gebildet sind. Der Widerspruch ergibt sich bei einem W. aber auch nicht erst auf Grund der ↑Tatsachen, wie etwa bei ›*n* ist ein Säugetier und hat keine Nieren‹, weil das Sprachwissen allein schon, ohne Hinzuziehung von Weltwissen (↑Semantik) und auch nicht bloß auf Grund der logischen Sprachform, ausreichen muß, eine Aussage als widersinnig oder unvernünftig und in diesem Sinne als widersprüchlich zu erkennen. Ein W. beruht daher auf implizit oder explizit dem gewöhnlichen Sprachgebrauch widersprechenden ↑Regulationen der Sprache (↑Prädikatorenregel), wie bei ›etwas ist rund und viereckig‹. K. L.

Widerspiegelungstheorie, Bezeichnung für eines der Kernstücke der Erkenntnistheorie des ↑Marxismus-Leninismus sowie des Historischen und Dialektischen Materialismus (↑Materialismus, historischer, ↑Materialismus, dialektischer). Die W. ist zunächst eine (insbes. von W. I. Lenin formulierte) Variante einer ↑Abbildtheorie der Erkenntnis (»Die Anerkennung der objektiven Gesetzmäßigkeit der Natur und der annähernd richtigen Widerspiegelung dieser Gesetzmäßigkeit im Kopf des Menschen ist Materialismus«, Lenin, Materialismus und Empiriokritizismus, Berlin [Ost] ^{6}1973 [Werke XIV], 150–151). Sie umfaßt aber nicht nur das erkenntnistheoretische Verhältnis von erkennendem Subjekt und erkanntem Objekt (↑Subjekt-Objekt-Problem), sondern auch das ontologische Verhältnis von Sein und Bewußtsein überhaupt.

Erkenntnistheoretisch schließt die W. einen Realismus (↑Realismus (erkenntnistheoretisch)) ein, nach dem das Objekt der Erkenntnis sowohl in seinem Dasein als auch in seinem Sosein unabhängig vom erkennenden Subjekt besteht. *Ontologisch* setzt sie einen Materialismus (↑Materialismus (historisch), ↑Materialismus (systematisch)) voraus. Dem Vorwurf, Erkenntnis als bloß passiven Vorgang zu verstehen, wird durch die Auffassung der Erkenntnis als eines gesellschaftlichen Prozesses zu begegnen versucht. Dabei wird (im Sinne des Historischen Materialismus) die aktive Rolle des Erkenntnissubjekts in den an der ↑Praxis orientierten, sich historisch entfaltenden Aneignungsprozeß verlegt, der sich von der elementaren Bedürfnisbefriedigung bis zu hochkomplexen industriellen Produktionsformen erstreckt. Das transzendentalphilosophische (↑transzendental, ↑Transzendentalphilosophie) Verständnis, das den Beitrag des Subjekts in bestimmten, die Praxis allererst konstituierenden ↑Kategorien des ↑Verstandes oder der ↑Sprache sucht, wird als idealistisch (↑Idealismus) zurückgewiesen.

Da der Dialektische Materialismus die Erkenntnisfähigkeit auf eine Höherentwicklung der ↑Materie zurückführt, sucht er nachzuweisen, daß die Grundstruktur des Erkennens, die Widerspiegelung, bereits auf niedrigeren Entwicklungsstufen vorhanden ist. Die W. dient ferner als erkenntnistheoretische Grundlage der marxistisch-leninistischen Ästhetik (auch weniger dogmatische Autoren wie G. Lukács bedienen sich ihrer). Dabei wird nicht nur der klassische Nachahmungsbegriff (↑Mimesis) im Sinne der W. interpretiert, sondern auch die Funktion der Kunst danach bestimmt, daß diese als Ausprägung des gesellschaftlichen Bewußtseins das gesellschaftliche Sein widerspiegelt.

Literatur: H. Brinkmann, Zur Kritik der W.. Ein Beitrag gegen den orthodox-ontologischen Marxismus, Gießen 1978; M. Hayat, Vers une philosophie matérialiste de la représentation, Paris 2002; H. H. Holz, Widerspiegelung, in: H. J. Sandkühler (ed.), Europäische Enzyklopädie zu Philosophie und Wissenschaften IV, Hamburg 1990, 825–844; ders., Widerspiegelung, Bielefeld 2003; V. Karbusicky, W. und Strukturalismus. Zur Entstehungsgeschichte und Kritik der marxistisch-leninistischen Ästhetik, München 1973; I. Löffler, Der Begriff der W., gewonnen anhand der »Ästhetik« von G. Lukács, Diss. Bremen 1977; T. Pawlow, Die W.. Grundfragen der dialektisch-materialistischen Erkenntnistheorie, Berlin (Ost) 1973; H. J. Sandkühler (ed.), Marxistische Erkenntnistheorie. Texte zu ihrem Forschungsstand in den sozialistischen Ländern, Stuttgart-Bad Cannstatt 1973 (mit Bibliographie, 279–280); A. Tosel, Widerspiegelung, in: G. Labica/G. Bensussan (eds.), Kritisches Wörterbuch des Marxismus VIII, Hamburg 1989, 1428–1431; D. Wittich/K. Gößler/K. Wagner, Marxistisch-leninistische Erkenntnistheorie, Berlin (Ost) 1978, ^{2}1980, 120–267. – Red., Widerspiegelung; W., Hist. Wb. Ph. XII (2004), 685–687. G. G.

Widerspruch (griech. ἀντίφασις, lat. contradictio, engl. contradiction, franz. contradiction), zentraler Terminus der Logik und, zum Teil in einem weiteren Sinne, der Philosophie insgesamt. Systematische Beachtung fand der W. zuerst in der eleatischen Philosophie (↑Eleatismus), die dadurch möglicherweise die Form des indirekten Beweises (↑Beweis, indirekter) entdeckte. Nachdem Aristoteles den ›Satz vom W.‹ (↑Widerspruch, Satz vom) formuliert und begründet hatte (Met. Γ3.1005b17–34), zählte dieser neben dem Satz der ↑Identität und dem Satz vom zureichenden Grund (↑Grund, Satz vom) zu den drei grundlegenden Prinzipien der Logik und Metaphysik. Zu unterscheiden sind der kontradiktorische W. (↑kontradiktorisch/Kontradiktion) von der bloß konträren (↑konträr/Kontrarität) oder gegensätzlichen (↑Gegensatz, ↑Opposition) Aussage, die ↑Antinomie von der ↑Paradoxie, ferner, in sozialen Kontexten, der W. vom Gegensatz oder Widerstreit (z. B. der ↑Interessen; ↑Antagonismus). Großen Einfluß auf die Entwicklung der modernen ↑Logik und ↑Semantik sowie der idealsprachlich (↑Sprache, ideale) ausgerichteten Analytischen Philosophie und Wissenschaftstheorie (↑Philosophie, analytische, ↑Wissenschaftstheorie, analytische) hatten die Anfang des 20. Jhs. bekanntgewordenen W.e der Mengenlehre und der Logik (↑Antinomien, logische, ↑Antinomien der Mengenlehre).

Unter Zugrundelegung einer klassischen oder intuitionistischen Logik (↑Logik, klassische, ↑Logik, intuitionistische) folgt (↑Folge (logisch)) aus einer widersprüchlichen (↑widerspruchsfrei/Widerspruchsfreiheit) Teilmenge einer Sprache L stets jeder beliebige Ausdruck aus L (↑ex falso quodlibet) und damit ganz L (dies gilt nicht bei Verwendung einer parakonsistenten Logik [↑Logik, parakonsistente, ↑parakonsistent/Parakonsistenz], da hier das ex falso quodlibet außer Kraft gesetzt ist). Dabei wird klassisch und intuitionistisch (aus jeweils unterschiedlichen Gründen) der Satz vom (ausgeschlossenen) W. gefordert: p und $\neg p$ können nicht zugleich wahr sein. Klassisch ist $\neg(p \wedge \neg p)$ dem Satz vom ausgeschlossenen Dritten (↑principium exclusi tertii) $p \vee \neg p$ äquivalent; intuitionistisch gilt dagegen nur: $\neg(\neg p \wedge \neg\neg p) \leftrightarrow \neg\neg(p \vee \neg p)$, da der Satz vom ausgeschlossenen Dritten intuitionistisch ungültig ist. – Viele Modellierungen im Rahmen der Künstliche-Intelligenz-Forschung (↑Intelligenz, künstliche) erlauben lokale W.e, etwa in der ›Logik‹ großer Datenbanken, da man davon ausgeht, daß faktisch epistemische Agenten bzw. Systeme Selbstwidersprüche nicht ausschließen können.

Verwendet man die immer falsche Aussagekonstante $\perp$ (↑falsum) als festes Zeichen für den W., so gelten für den W. folgende Beziehungen:

(1) $(p \wedge \neg p) \leftrightarrow \perp$,

(2) $(p \rightarrow \perp) \leftrightarrow \neg p$,

(3) $(p \wedge \perp) \leftrightarrow \perp$,

(4) $(p \vee \perp) \leftrightarrow p$.

(1) kann zur definitorischen Einführung von $\perp$ benutzt werden; (2) ermöglicht eine vereinfachte Darstellung der ↑Junktorenlogik mit dem ↑Subjunktor als einzigem ↑Junktor. In der intuitionistischen Logik wird $\perp$ als ›Absurdität‹ interpretiert und kann einer einfachen Grenz-

ziehung dienen: Ein ↑Kalkül des natürlichen Schließens mit der Einführungsregel ›$[\neg p] \ldots \perp \Rightarrow p$‹ (›hat man $\perp$ unter der Annahme $\neg p$ hergeleitet, so kann man auf p schließen‹) ist klassisch, einer, der stattdessen nur die Regel ›$\ldots \perp \Rightarrow p$‹ besitzt (›hat man $\perp$ hergeleitet, so kann man auf p schließen‹), intuitionistisch.
Funktion und Stellung des W.s im philosophischen Denken hängen wesentlich von der unterstellten Beziehung zwischen gegebener empirisch-phänomenaler Welt und deren erkenntnistheoretischer ↑Rekonstruktion ab. So wird teilweise die gegebene Welt als widersprüchlich aufgefaßt und jenseits dieser eine widerspruchsfreie ›wirklichere‹ Welt angesiedelt. Als Vertreter dieser Position kann in einer platonistischen (↑Platonismus) Deutung (der mittlere) Platon angesehen werden, insofern dieser der phänomenalen Welt nur einen minderen Wirklichkeitscharakter über die ↑Teilhabe (↑Methexis) an der Welt der Ideen zugesteht, die selbst wahrhaft wirklich und widerspruchsfrei ist (↑Ideenlehre). Alternativ läßt sich die gegebene Welt als widerspruchsfrei ansetzen und das Auftreten von W.en erst als Folge der Konstruktionstätigkeit ansehen. Als Vertreter dieser Position kann I. Kant gelten, insofern dieser behauptet, der ↑Verstand könne die gegebene Welt widerspruchsfrei konstituieren, wogegen sich die ↑Vernunft unvermeidlich in W.e, die (↑Paralogismen und) Antinomien der reinen Vernunft und der teleologischen ↑Urteilskraft (↑Dialektik, transzendentale), verwickelt, sobald sie versucht, einen in der Erfahrung nicht gegebenen Abschluß zu konstruieren.
Andererseits läßt sich die Trennung zwischen gegebener und konstruierter Welt bestreiten, wobei in einem solchen monistischen (↑Monismus) Ansatz der W. nicht lokal eingrenzbar ist und dabei entweder ubiquitär oder gar nicht besteht. Die letztere Alternative konkretisiert sich als das ›Prinzip des zu vermeidenden W.s‹. Dessen ›idealistische‹ Ausformung ist die eleatische Philosophie, in der die phänomenale Welt völlig in W.e aufgelöst und als solche ganz aufgegeben wird zugunsten eines einzigen wirklichen Seins, das nur dem ↑Nus (Parmenides, VS 28 B 5) zugänglich ist. In realistischer Ausprägung ist dieses Prinzip bei Aristoteles verwirklicht, der die Platonische Idee durch die ↑Form (↑Morphē) ersetzt, die zusammen mit dem Stoff (↑Hylē) die ↑Substanz (↑Usia) bildet (↑Form und Materie) und für deren Zusammengehen der Satz vom W. gilt. Die Ubiquität des W.s drückt sich dagegen im ›Prinzip des durchzuhaltenden W.s‹ aus. Dessen idealistische Ausformung findet sich in Hegels System. Das spekulative (↑spekulativ/Spekulation) Denken der Vernunft spitzt die W.e auf wesentliche Gegensätze zu, wodurch die Vorstellungen erst die »inwohnende Pulsation der Selbstbewegung und Lebendigkeit« (Logik I, Sämtl. Werke IV, 549) erhalten, die den Geist, durch den W. getrieben, aus seinem Anfang (Logik) in sein Anderssein (Natur) und wieder zu sich selbst (Kunst, Religion, Philosophie; ↑Geist, objektiver) treiben. Hier gilt: »Der W. ist [...] das innere Leben der Wirklichkeit des Wirklichen« (M. Heidegger, Der Satz vom Grund, Pfullingen 1957, 38). Die realistische Ausprägung des Prinzips vom durchzuhaltenden W. reklamiert der Dialektische Materialismus (↑Materialismus, dialektischer) für sich, insofern K. Marx die gesellschaftliche Dynamik auf die W.e der Produktivkräfte zurückführt und F. Engels diese Rückführung auf die Naturgeschichte ausdehnt (↑Materialismus, historischer). B. B.

Widerspruch (logisch) (engl. contradiction, franz. contradiction), in der ↑Logik Bezeichnung für ein Paar von Aussagen, von denen eine die ↑Negation der anderen ist, oder (äquivalent) für die ↑Konjunktion $A \wedge \neg A$ zweier solcher Aussagen. Läßt sich in einem formalen System (↑System, formales) ein W. herleiten, dann kann man in diesem System nach den üblichen ↑Axiomen bzw. Regeln der ↑Junktorenlogik, die gleichermaßen klassisch wie konstruktiv gelten (↑Logik, klassische, ↑Logik, konstruktive), jede beliebige Aussage gewinnen (*ex contradictione quodlibet*). Ausnahmen bilden Systeme der ↑Relevanzlogik und der parakonsistenten Logik (↑Logik, parakonsistente), in denen ein W. nicht ›explosiv‹ wirkt, d. h. nicht das ganze System in Mitleidenschaft zieht. Formulierungen einer Dialektischen Logik (↑Logik, dialektische) auf formallogischer Basis, die ein Argumentieren trotz logischer W.e erlauben, sind umstritten geblieben. In Systemen mit einer nullstelligen Prädikatkonstante für die Absurdität (↑falsum, Zeichen: ›⅄‹ oder ›$\perp$‹) kann ein W. durch diese Konstante ausgedrückt werden. Das ↑›ex falso quodlibet‹ erlaubt dann die Folgerung beliebiger Aussagen. ↑Widerspruchsfreiheitsbeweise dienen dem Nachweis, daß in einem System kein W. auftritt (↑widerspruchsfrei/Widerspruchsfreiheit). P. S.

Widerspruch, Satz vom (ausgeschlossenen), auch: principium contradictionis (↑kontradiktorisch/Kontradiktion), Bezeichnung für ein Prinzip der Logik seit Aristoteles (›keine Aussage ist zugleich *wahr* und *falsch*‹), der es für ↑Elementaraussagen erstmals formuliert. Der S. v. W. gehört zu den obersten Grundsätzen, die jeder, der überhaupt über etwas argumentieren will, anerkennen muß: »es ist unmöglich, daß dasselbe [Prädikat] demselben [Subjekt] in derselben Hinsicht zugleich zukommt und nicht zukommt« (Met. Γ3.1005b19–20); in voller Allgemeinheit bei G. W. Leibniz als *Principe de la Contradiction* (Monadologie § 31 [Philos. Schr. VI, 612]). Davon zu unterscheiden ist das aus dem S. v. W. zusammen mit der Definition des ↑Konjunktors ↑›und‹ und des ↑Negators ↑›nicht‹ folgende, traditionell ebenfalls als ›principium contradictionis‹ bezeichnete ↑tertium non datur, d. h. die (effektive, also auch klassische) logische Wahrheit der das ↑Aussageschema $\neg(A \wedge \neg A)$ (nicht: A und nicht-A) bzw. seine Universalisierung $\bigwedge_x \neg(A(x) \wedge \neg A(x))$ (effektiv logisch äquivalent mit $\neg\bigvee_x(A(x) \wedge \neg A(x))$) erfüllenden Aussagen (↑Logik, formale). K. L.

widerspruchsfrei/Widerspruchsfreiheit (auch: konsistent/Konsistenz, engl. consistent/consistency, franz. cohérent/cohérence, consistant/consistance), in der Mathematischen Logik (↑Logik, mathematische) Bezeichnung für eine Eigenschaft von Formelmengen (↑Formel). Man unterscheidet zwischen ›semantischer‹ und ›syntaktischer‹ W.. Eine Formelmenge Γ heißt *semantisch* w. oder *erfüllbar* (*satisfiable*), wenn sie ein ↑Modell hat, also wenn es eine Interpretation gibt, unter der alle Formeln aus Γ gelten (↑Interpretationssemantik). Von *syntaktischer* W. spricht man in bezug auf einen vorausgesetzten Ableitbarkeitsbegriff und damit auf ein formales System S (↑ableitbar/Ableitbarkeit, ↑System, formales; D. Hilbert/P. Bernays, Grundlagen der Mathematik I, ^{2}1968, 19, sprechen daher zutreffender von W. ›im deduktiven Sinne‹). Dabei werden vor allem zwei Begriffe unterschieden: Γ heißt syntaktisch w., (1) falls aus Γ in S kein Widerspruch herleitbar ist (↑Widerspruch (logisch)), d. h. für keine Formel A die Behauptung $\Gamma \vdash_S A \wedge \neg A$ gilt, oder (2) falls aus Γ nicht jede Formel der betrachteten Sprache in S herleitbar ist, d. h. nicht für jede Formel A die Behauptung $\Gamma \vdash_S A$ gilt. Die beiden syntaktischen W.sbegriffe sind in der Regel, d. h. unter der Annahme des ↑ex falso quodlibet, äquivalent (↑Äquivalenz); der zweite Begriff ist jedoch allgemeiner, da er ohne Bezugnahme auf den syntaktischen Aufbau von Formeln formuliert ist. Semantische W. impliziert syntaktische W., falls S korrekt ist, d. h., falls mit der Ableitbarkeitsbeziehung $\Gamma \vdash_S A$ auch die logische Folgerungsbeziehung $\Gamma \vDash A$ (jedes Modell von Γ ist Modell von A) gilt (↑korrekt/Korrektheit). Umgekehrt impliziert syntaktische W. semantische W., falls S vollständig ist, d. h., falls mit $\Gamma \vDash A$ auch $\Gamma \vdash_S A$ gilt (↑vollständig/Vollständigkeit). Für die ↑Quantorenlogik 1. Stufe sind also alle genannten W.sbegriffe gleichwertig, jedoch nicht notwendigerweise für stärkere Systeme. Häufig (vor allem in englischsprachigen Lehrbüchern) spricht man statt von ›semantischer Korrektheit‹ von ›semantischer W.‹ eines formalen Systems S und bezeichnet den Korrektheitssatz auch als ›Konsistenztheorem‹. Die Tatsache, daß nur logische Folgerungsbeziehungen in S ableitbar sind, wird also als W. des Ableitbarkeitsbegriffs von S in bezug auf den Folgerungsbegriff aufgefaßt.

Von der W. einer Formel A *relativ* zu einer Formelmenge Γ spricht man, wenn Γ mit A verträglich ist, d. h., wenn $\Gamma \cup \{A\}$ w. ist. A ist *unabhängig* von Γ, falls auch die Negation von A relativ zu Γ w. ist, d. h., wenn sowohl $\Gamma \cup \{A\}$ als auch $\Gamma \cup \{\neg A\}$ w. ist (↑unabhängig/Unabhängigkeit (logisch)). In dieser Form wurde der semantische W.sbegriff in einem informellen Sinne schon vor Entstehen der modernen Mathematischen Logik verwendet, etwa in Beweisen der Unabhängigkeit des ↑Parallelenaxioms von den übrigen Axiomen der ↑Euklidischen Geometrie durch Angabe von Modellen ↑nicht-euklidischer Geometrien.

Verschärfte Begriffe der W., die in speziellen Kontexten eine Rolle spielen, sind vor allem der Begriff der ω-W. (↑ω-vollständig/ω-Vollständigkeit) im Zusammenhang mit den ↑Unvollständigkeitssätzen K. Gödels und der der maximalen Konsistenz (eine Formelmenge ist maximal konsistent, wenn sie w. ist, sich jedoch nicht erweitern läßt, ohne ihre W. zu verlieren), der in Vollständigkeitsbeweisen nach L. Henkin (↑Vollständigkeitssatz) zentral ist. – Im ↑Hilbertprogramm dient der Nachweis der syntaktischen W. (↑Widerspruchsfreiheitsbeweis) als erkenntnistheoretische Rechtfertigung formalisierter mathematischer Theorien. In der Wissenschaftstheorie faßt man W. als notwendige Anforderung an wissenschaftliche Theorien auf, da widersprüchliche Theorien – aus denen jede beliebige Aussage folgt – keinen empirischen Gehalt (↑Gehalt, empirischer) besitzen.

Literatur: H.-D. Ebbinghaus/J. Flum/W. Thomas, Einführung in die mathematische Logik, Darmstadt 1978, Heidelberg ^{5}2007 (engl. Mathematical Logic, New York etc. 1984, 1996); D. Hilbert/P. Bernays, Grundlagen der Mathematik, I–II, Berlin 1934/1939, Berlin/Heidelberg/New York ^{2}1968/1970; S. C. Kleene, Introduction to Metamathematics, Amsterdam/Groningen 1952 (repr. New York/Tokyo 2009), Groningen 2000; J. R. Shoenfield, Mathematical Logic, Reading Mass. etc. 1967, Boca Raton Fla. 2010. P. S.

Widerspruchsfreiheitsbeweis (engl. consistency proof), Terminus der Mathematischen Logik (↑Logik, mathematische), insbes. der ↑Beweistheorie. Ein W. dient dem Nachweis der Widerspruchsfreiheit (↑widerspruchsfrei/Widerspruchsfreiheit) eines formalen Systems S (↑System, formales), und zwar im semantischen Sinne durch Angabe eines ↑Modells für die ↑Axiome von S, im syntaktischen Sinne z. B. durch den Nachweis, daß nicht alle ↑Formeln der Sprache von S in S ableitbar sind. Die syntaktische Lesart wurde durch das ↑Hilbertprogramm, das eine formalistische Grundlegung der Mathematik (↑Formalismus, ↑Metamathematik) anstrebte, in den Vordergrund gerückt. Darin haben W.e die Aufgabe, mathematische Schlußweisen, die inhaltlich problematisch erscheinen, als formale Operationen zu rechtfertigen. Hierzu kommen semantische W.e nicht in Frage, da im Falle leistungsfähiger mathematischer Theorien Modelle über unendlichen (↑unendlich/Unendlichkeit) Objektbereichen betrachtet werden müßten, deren Beschreibung problematische (infinite) Methoden erfordert (vgl. D. Hilbert/P. Bernays, Grundlagen der Mathematik I,

[2]1968, 15–17). Vielmehr dürfen in den W.en selbst nur unproblematische (finite; ↑finit/Finitismus) Schlußweisen verwendet werden.

Nach der ursprünglichen Konzeption Hilberts wurden solche finiten Schlußweisen als eine Teilklasse der Schlußweisen der betrachteten Theorie aufgefaßt. Diese Konzeption mußte schon 1931 auf Grund der ↑Unvollständigkeitssätze K. Gödels aufgegeben werden, aus denen unter Verwendung der arithmetischen Kodierung syntaktischer Begriffe (↑Gödelisierung) folgt, daß W.e für Formalismen, die die Arithmetik der natürlichen Zahlen (↑Peano-Axiome, ↑Peano-Formalismus) oder entsprechend starke Theorien umfassen, immer Mittel verwenden müssen, die in den betreffenden Theorien nicht ausdrückbar sind. Als Ausweg bietet sich an, (1) diese zusätzlichen Mittel als unproblematischer anzusehen als gewisse Bestandsstücke der betreffenden Theorie, die im W. nicht benutzt werden (z. B. eine quantorenfreie Theorie mit starken transfiniten Induktionsprinzipien [↑Induktion, transfinite] als unproblematischer als eine Theorie mit ↑Quantoren, aber schwächerem Induktionsprinzip), oder (2) das reduktionistische (↑Reduktionismus) Programm ganz aufzugeben und die philosophische oder begriffliche Signifikanz von W.en nicht im Resultat der (vermeintlich absoluten) Widerspruchsfreiheit, sondern in den dabei verwendeten Methoden und bewiesenen allgemeinen Resultaten zu sehen, insbes. solchen zur Einbettung von Theorien in andere Theorien, oder in der Charakterisierung der Stärke von Theorien durch Induktionsprinzipien. Vertreter der ersten Position sind z. B. G. Gentzen und P. Lorenzen, Vertreter der zweiten Position z. B. G. Kreisel und D. Prawitz.

W.e für die Peano-Arithmetik 1. Stufe hat erstmals Gentzen im Rahmen der nach ihm benannten ↑Gentzentypkalküle (↑Kalkül des natürlichen Schließens, ↑Sequenzenkalkül) und im Zusammenhang mit seinem Verfahren der Schnittelimination (↑Schnittregel) vorgelegt. Diese Beweise benutzen das Prinzip der transfiniten Induktion bis zur ↑Ordinalzahl ε_0, das in der Peano-Arithmetik selbst nicht formalisierbar ist. Aus diesem Resultat ging das (insbes. von K. Schütte und S. Feferman verfolgte) beweistheoretische Programm hervor, arithmetische Theorien durch kleinste Ordinalzahlen zu charakterisieren, deren Wohlgeordnetheit (↑Wohlordnung) in der Theorie selbst nicht beweisbar ist, die aber zum W. der Theorie als Grundlage eines Induktionsprinzips benötigt werden. Ein anderes Verfahren ist Gödels ↑Funktionalinterpretation, in der zum Nachweis der Widerspruchsfreiheit der Arithmetik diese in eine quantorenfreie Theorie eingebettet wird, die anders als die Arithmetik selbst ↑Funktionale beliebiger endlicher Stufe als Ausdrucksmittel hat. Weitere klassische W.e betreffen die verzweigte ↑Typentheorie (Lorenzen), die einfache Typentheorie (Prawitz, M. Takahashi) und Teilsysteme der Analysis (z. B. Feferman, J.-Y. Girard, Kreisel, Schütte, G. Takeuti).

Literatur: S. Feferman, Systems of Predicative Analysis, J. Symb. Log. 29 (1964), 1–30; G. Gentzen, Die Widerspruchsfreiheit der reinen Zahlentheorie, Math. Ann. 112 (1936), 493–565, separat Darmstadt 1967 (engl. The Consistency of Elementary Number Theory, in: M. E. Szabo [ed.], The Collected Papers of Gerhard Gentzen, Amsterdam/London 1969, 132–213); ders., Neue Fassung des W.es für die reine Zahlentheorie, in: ders., Die gegenwärtige Lage in der mathematischen Grundlagenforschung. Neue Fassung des W.es für die reine Zahlentheorie, Leipzig 1938 (repr. Darmstadt 1969, Hildesheim 1970), 19–44 (engl. New Version of the Consistency Proof for Elementary Number Theory, in: M. E. Szabo [ed.], The Collected Papers of Gerhard Gentzen [s. o.], 252–286); J.-Y. Girard, Proof Theory and Logical Complexity I, Neapel 1987; D. Hilbert/P. Bernays, Grundlagen der Mathematik, I–II, Berlin 1934/1939, Berlin/Heidelberg/New York [2]1968/1970; S. C. Kleene, Introduction to Metamathematics, Amsterdam/Groningen 1952 (repr. New York/Tokyo 2009), Groningen 2000; G. Kreisel, Mathematical Significance of Consistency Proofs, J. Symb. Log. 23 (1958), 155–182; P. Lorenzen, Metamathematik, Mannheim 1962, Mannheim/Wien/Zürich [2]1980; D. Prawitz, Hauptsatz for Higher Order Logic, J. Symb. Log. 33 (1968), 452–457; K. Schütte, Beweistheorie, Berlin/Göttingen/Heidelberg 1960; ders., Syntactical and Semantical Properties of Simple Type Theory, J. Symb. Log. 25 (1960), 305–326; ders., Proof Theory, Berlin/Heidelberg/New York 1977; M. Takahashi, A Proof of Cut-Elimination Theorem in Simple Type Theory, J. Math. Soc. Japan 19 (1967), 399–410; ders., Simple Type Theory of Gentzen Style with Inference on Extensionality, Proc. Japan Acad. 44 (1968), 43–45; G. Takeuti, Consistency Proofs of Subsystems of Classical Analysis, Ann. Math. NS 86 (1967), 299–348; ders., Proof Theory, Amsterdam etc. 1975, [2]1987, Mineola N. Y. 2013. P. S.

Wiedererinnerung, ↑Anamnesis.

Wiederholbarkeit, in der ↑Handlungstheorie Bezeichnung für mehrmalige Ausführbarkeit einer ↑Handlung. In der dialogischen Modellierung des Erwerbs einer Handlungskompetenz realisiert sich die W. in Gestalt von *Wiederholung* (repetition) und *Nachahmung* (imitation). Bei einer Untersuchung der W. bedarf es großer begrifflicher Sorgfalt, da es einerseits um jeweils *verschiedene* Handlungsausübungen, d. s. die ↑Aktualisierungen eines ↑Schemas (↑type and token), insbes. die Anwendungen einer ↑Regel (z. B. einer ↑Spielregel oder einer Sprachregel), andererseits um eine Behandlung der Ausübungen als ↑Wiederkehr des Gleichen geht: Es ist immer noch *dieselbe* Handlung. So steht etwa die (ontologische) Einmaligkeit eines ↑Individuums mit seiner (epistemologischen) W. – es kann immer wieder neu als dasselbe identifiziert werden – nicht im Widerspruch; allein die ↑Singularia sind strikt *unwiederholbar* ebenso wie das Ganze (↑Teil und Ganzes) aller Gegenstände, die ↑Welt oder das ↑Universum im logischen Sinne. In der Anwendung auf das ↑Ich – einerseits als Bedingung der Einheit der Welt (transzendentales Ich), andererseits als immer wieder neuer Lebensvollzug mit einer individuellen Person (↑Subjekt) als vermittelnder Instanz – wird die *Wiederholung* zu einem zentralen Gegenstand der ↑Existenzphilosophie, z. B. in der Auseinandersetzung mit ↑Erinnerung bei S. Kierkegaard (Die Wiederholung, Kopenhagen 1843) einschließlich der ↑Fundamentalontologie M. Heideggers (z. B. als Überlieferung in der Auseinandersetzung mit ↑Geschichtlichkeit in »Sein und Zeit«, Gesamtausg. Abt. I/2, 1977, 505–512). K. L.

Wiederholungsschranke, in der Dialogischen Logik (↑Logik, dialogische) Bezeichnung für die zur ↑Rahmenregel gehörende Festlegung der Zahl der Angriffe, die im Verlaufe einer Partie des Dialogspiels gegen eine gegebene gegnerische Aussage einerseits von seiten des ↑Opponenten, andererseits von seiten des ↑Proponenten gemacht werden dürfen. Je nach Festlegung der beiden *Angriffsschranken* α (für den Opponenten O) und β (für den Proponenten P) ändert sich der Bereich der Aussagen, für die eine ↑Gewinnstrategie existiert, die also wahr sind. Im Falle $\alpha = \beta = 1$ spricht man von ›strenger‹ Wahrheit. Wird die Wahl der Angriffsschranken (vor Spielbeginn, erst O, dann P; deshalb beliebige konstruktive ↑Ordinalzahlen) zum Bestandteil einer (als Argumentation um die von P gesetzte Anfangsaussage bezeichneten) Partie gemacht, so liegt intuitionistische Wahrheit vor. Bei einer Beschränkung der Untersuchung auf die Existenz formaler Gewinnstrategien und damit auf Begriffe formaler Wahrheit genügt es, die W.n aus dem Bereich finiter Ordinalzahlen, also natürlicher Zahlen, zu wählen, sofern es um nur *formal-logische* Wahrheit (↑wahr/das Wahre) geht: eine Aussage ist intuitionistisch-logisch wahr genau dann, wenn es für sie bei beliebiger Wahl von n im Dialogspiel mit den Angriffsschranken $\alpha = 1$, $\beta = n$ eine formale Gewinnstrategie gibt. Werden zum Zweck der dialogischen ↑Rekonstruktion des Begriffs klassisch-logischer Wahrheit die Spielregeln um die Wiederholbarkeit von Verteidigungszügen (↑Verteidigung) erweitert, so ist auch für sie eine Festlegung von W.n erforderlich. K. L.

Wiederkehr des Gleichen (auch: ewige Wiederkehr [Wiederkunft] des Gleichen), im Spätwerk und im »Nachlaß der Achtzigerjahre« F. Nietzsches Formel für die »extremste Form des Nihilismus: das Nichts (das ›Sinnlose‹) ewig!« (Aus dem Nachlaß der Achtzigerjahre, Werke. Krit. Gesamtausg. VIII/I, 217; Werke [Schlechta], IV, 853). Der einfache ↑Nihilismus, verbreitet in den décadence-Formen des ↑Pessimismus und Positivismus (↑Positivismus (historisch), ↑Positivismus (systematisch)), ist nach Nietzsche als bloß einfache Wertnegation selbst noch wertbezogen. Erst die durch die Einsicht in die W. d. G. vollzogene ↑Umwertung aller Werte führt zur Überwindung des Menschen im ↑Übermenschen, der durch die Fähigkeit zur Überwindung des Nihilismus gekennzeichnet ist. – Die Annahme der W. d. G. verdankt sich zunächst einem heuristischen (↑Heuristik) ↑Gedankenexperiment. Nietzsche faßt sie jedoch auch als umfassendes kosmologisches Prinzip auf (Aus dem Nachlaß der Achtzigerjahre, Werke. Krit. Gesamtausg. VIII/1, 209). Er steht damit in inhaltlichem Zusammenhang mit der zeitgenössischen Debatte über die Reversibilität (↑reversibel/Reversibilität) der ↑Thermodynamik. Danach tritt jede Konfiguration von Molekülorten und Molekülbewegungen früher oder später (in beliebiger Näherung) erneut auf.

Literatur: G. Abel, Nietzsche contra ›Selbsterhaltung‹. Steigerung der Macht und ewige Wiederkehr, Nietzsche-Stud. 10/11 (1981/1982), 367–407 [mit Diskussion]; ders., Nietzsche. Die Dynamik der Willen zur Macht und die ewige Wiederkehr, Berlin/New York 1984, [2]1998; R. L. Anderson, Friedrich Nietzsche, SEP 2017; M. Beaux, Le grand manège au passage du Verseau. L'éternel retour au miroir de Nietzsche revisité, Paris 1998; O. Becker, Nietzsches Beweise für seine Lehre von der ewigen Wiederkunft, Bl. dt. Philos. 9 (1935/1936), 368–387; U. Beckerhoff, Der Verlust der Aisthesis. Nietzsches Gedanke von der ewigen W. d. G. aus Sicht seiner späten Philosophie, Marburg 1998; M. Brusotti, Wiederkunft, ewige; Wiederkehr, ewige, Hist. Wb. Ph. XII (2004), 746–751; S. Cuisin Boujac, Nietzsche et l'écriture de l'éternel retour. Une analyse à l'articulation de la philosophie et de la psychanalyse, Paris 2011; M. Djurić, Die antiken Quellen der Wiederkunftslehre, Nietzsche-Stud. 8 (1979), 1–16; G. Driscoll, Nietzsche and Eternal Recurrence, Personalist 47 (1966), 461–474; L. J. Hatab, Nietzsche and Eternal Recurrence. The Redemption of Time and Becoming, Washington D. C. 1978; ders., Nietzsche's Life Sentence. Coming to Terms with Eternal Recurrence, New York/London 2005; M. Heidegger, Nietzsche, I–II, Pfullingen 1961, Frankfurt 1996/1997 (= Gesamtausg. Abt. I/6.1–2), Stuttgart [6]1998; R. Hinterleitner, Auf der Suche nach dem großen Jahr. Metaphorisierungen von Großperioden und das Prinzip der ewigen Wiederkehr, Wien/Münster 2005; J. Krueger, Nietzschean Recurrence as a Cosmological Hypothesis, J. Hist. Philos. 16 (1978), 435–444; D. Letocha, L'éternel retour chez Nietzsche. Une faillité philosophique, Dialogue 14 (1975), 474–501; K. Löwith, Nietzsches Philosophie der ewigen Wiederkunft des Gleichen, Berlin 1935, unter dem Titel: Nietzsches Philosophie der ewigen W. d. G., Stuttgart [2]1956, Hamburg [4]1986; ders., Nietzsche's Doctrine of Eternal Recurrence, J. Hist. Ideas 6 (1945), 273–284; B. Magnus, »Eternal Recurrence«, Nietzsche-Stud. 8 (1979), 362–377; A. Nehamas, The Eternal Recurrence, Philos. Rev. 89 (1980), 331–356; R. Pfeffer, Eternal Recurrence in Nietzsche's Philosophy, Rev. Met. 19 (1965), 276–300; M. Riedel, Vorspiele zur ewigen Wiederkunft. Nietzsches Grundlehre, Wien/Köln/Weimar 2012; R. Small, Three Interpretations of Eternal Recurrence, Dialogue 22 (1983), 91–112; K. Spiekermann, Nietzsches Beweise für die ewige Wiederkehr, Nietzsche-Stud. 17 (1988), 496–538; J. Stambaugh, Nietzsche's Thought of Eternal Return, Baltimore Md./London 1972, Washington D. C. 1988; M. C. Sterling, Recent Discussions of Eternal Recurrence. Some Critical Comments, Nietzsche-Stud. 6 (1977), 261–291; K. Verrycken, Apokatastasis en Herhaling. Nietzsches Eeuwigheidsbegrip, Tijdschr. Filos. 51 (1989), 649–668; W. Weimer, Die ewige W. d. G. bei Schopenhauer und Nietzsche, Schopenhauer-Jahrbuch 65 (1984), 44–54. S. B.

Wien, Wilhelm (Willy) Karl Werner, *Gaffken (Ostpreußen) 13. Jan. 1864, †30. Aug. 1928, dt. Physiker. Studium der Mathematik und Physik an den Universitäten Göttingen (1882), Berlin (1883–1884) und Heidelberg (1884). 1886 Promotion in Physik bei H. v. Helmholtz. Nach bäuerlicher Tätigkeit auf dem Hof seines Vaters wurde W. 1890 Assistent von Helmholtz, der 1888 die Leitung der Physikalisch-Technischen Reichsanstalt in Berlin übernommen hatte. 1892 Habilitation an der Universität Berlin, 1896 Extraordinarius für Physik und Nachfolger von P. Lenard an der Technischen Hochschule Aachen, 1899 o. Prof. für Physik an der Universität Gießen, 1900 an der Universität Würzburg und 1920 o. Prof. für Experimentalphysik an der Universität München. 1911 erhielt W. den Nobelpreis für Physik für seine Arbeiten auf dem Gebiet der Wärmestrahlung.

In der Experimentalphysik beschäftigt sich W. mit Korpuskularstrahlen und führt Versuche zur Beugung und Polarisation des Lichts durch. 1897 untersucht er ›Kanalstrahlen‹, d.h. Ströme positiver Gas-Ionen, und bestimmt 1898 die Masse der Kanalstrahlteilchen. Berühmt werden seine beiden Gesetze der Wärmestrahlung, die unmittelbar zur Entdeckung des Planckschen Wirkungsquantums und damit zur Entwicklung der ↑Quantentheorie führen. 1896 stellt W. das nach ihm benannte Strahlungsgesetz über die Energieverteilung der schwarzen Strahlung, d.h. der in einem schwarzen Hohlraumkörper eingeschlossenen Strahlung, auf. Auf Grund von ↑Gedankenexperimenten mit beweglichen Spiegeln vermutet er eine universelle Funktion für die Strahlungsenergie $E_\lambda d\lambda$ im Wellenlängenbereich zwischen λ und $\lambda + d\lambda$. Sorgfältige Messungen bestätigen W.s Formel

$$E_\lambda = \frac{c_1}{\lambda^{-5} e^{c_2/\lambda T}}$$

mit den Konstanten c_1, c_2 und der absoluten Temperatur T. W. deutet diese Formel als Ausdruck einer Maxwellschen Geschwindigkeitsverteilung der lichtemittierenden Moleküle, wobei deren Geschwindigkeit eindeutig mit der Wellenlänge des emittierten Lichts zusammenhängen soll. Allerdings gilt sein Energieverteilungsgesetz nur für die sichtbare Region des Spektrums und nicht für längere Wellenlängen. M. Planck geht vom Ansatz eines harmonischen Oszillators als Modell des Strahlung emittierenden und absorbierenden Mechanismus aus und erhält die modifizierte Formel

$$E_\lambda = \frac{c_1}{\lambda^{-5} e^{c_2/\lambda T} - 1}.$$

Aus dem W.schen Strahlungsgesetz ergibt sich die Existenz eines von der Temperatur abhängigen Maximums der Strahlungsdichte (also der Strahlungsenergie pro Wellenlängenintervall). Abb. 1 zeigt zwei Kurven der Strahlungsdichte für zwei Temperaturen eines schwarzen, d.h. alle einfallende Strahlung absorbierenden, Körpers zusammen mit den Maxima von entsprechenden Kurven anderer Temperaturen:

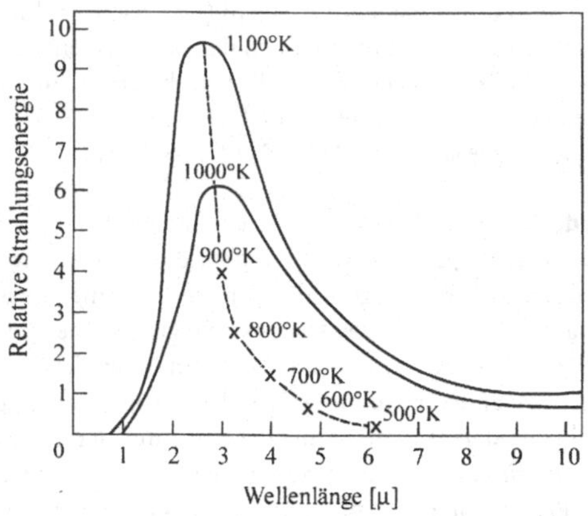

Abb. 1 (nach W. T. Thorneycroft, in: J. Thewlis u. a. [eds.], Encyclopaedic Dictionary of Physics VII, Oxford etc. 1962, 762)

Der Ort dieser Maxima liefert eine glatte Kurve, die dem Gesetz $\lambda_{\max} T$ = const. genügt. Das ist der Ausdruck von W.s Verschiebungsgesetz von 1893, wonach die Wellenlänge maximaler Emission des schwarzen Körpers umgekehrt proportional zur absoluten Temperatur ist. Mit wachsender Temperatur verschiebt sich entsprechend das Maximum der Energieverteilung der ausgesandten Strahlung zu immer kürzeren Wellenlängen, was mit einer Veränderung der Farbe des leuchtenden Körpers einhergeht.

W. zählt zu den Begründern und führenden Vertretern des ›elektromagnetischen Weltbildes‹ (↑Weltbild, elektromagnetisches), das die Elektrodynamik als die grundlegende Theorie einstuft und eine Rückführung der Mechanik auf diese anstrebt. Das mehrmalige Scheitern von Versuchen, elektromagnetische Phänomene durch mechanische Schwingungen eines Äthers mit passend gewählten Eigenschaften zu erklären (W. Thomson [Lord Kelvin], J. C. Maxwell), begünstigt in den Jahren um 1900 den umgekehrten Ansatz einer Rückführung der Mechanik auf die Elektrodynamik. Zentraler Bestandteil dieses Programms ist die elektromagnetische Begründung der ↑Trägheit. Diese stützt sich auf eine 1889 von O. Heaviside (nach Vorarbeiten von J. J. Thomson und G. F. FitzGerald) abgeleitete Konsequenz der ↑Maxwellschen Gleichungen: Die Bewegung einer geladenen Kugel in einem dielektrischen Medium erfährt einen Widerstand (der sich daraus ergibt, daß ein Teil der Bewegungsenergie für den Aufbau des zugehörigen elektromagnetischen Feldes verwendet wird). Heaviside interpretiert diese Widerstandszunahme als Ausdruck einer ›elektrischen Trägheit‹; W. verallgemeinert diese Vorstellung und nimmt an, daß die mechanische Trägheit gänzlich auf elektromagnetischen Effekten fuße und folglich die Elektrodynamik die Grundlage der Mechanik bilde. W. formuliert eine verbesserte Ableitung des Zusammenhangs von träger Masse und elektromagnetischer Energie, aus der sich insbes. die Abhängigkeit der Masse von der Geschwindigkeit des Körpers ergibt. – Unter wissenschaftstheoretischen Gesichtspunkten betont W. die Einheit von Experimentalphysik und theoretischer Physik (in der er ↑Gedankenexperimenten eine besondere heuristische Bedeutung zumißt) und unterscheidet zwischen mathematischer und theoretischer Physik (Ziele und Methoden der theoretischen Physik, 1914).

Werke: (mit L. Holborn) Über die Messung hoher Temperaturen, Ann. Phys. 283 (1892), 107–134, 292 (1895), 360–396; Über die Energievertheilung im Emissionsspectrum eines schwarzen Körpers, Ann. Phys. 294 (1896), 662–669; (mit L. Holborn) Über die Messung tiefer Temperaturen, Ann. Phys. 295 (1896), 213–228; Zur Theorie der Strahlung schwarzer Körper. Kritisches, Ann. Phys. 308 (1900), 530–539; Lehrbuch der Hydrodynamik, Leipzig 1900; Über die Möglichkeit einer elektromagnetischen Begründung der Mechanik, in: Recueil de travaux offerts par les auteurs à H. A. Lorentz [...], La Haye 1900, 96–107, Neudr., Ann. Phys. 310 (1901), 501–513; Zur Theorie der Strahlung. Bemerkungen zur Kritik des Hrn. Planck, Ann. Phys. 309 (1901), 422–424; Über die Natur der positiven Elektronen, Ann. Phys. 314 (1902), 660–664; Über die Differentialgleichungen der Elektrodynamik für bewegte Körper, Ann. Phys. 318 (1904), 641–662, 663–668; Über eine Berechnung der Wellenlänge der Röntgenstrahlen aus dem Planckschen Energie-Element, Nachr. Königl. Ges. Wiss. zu Göttingen, math.-phys. Kl. 1907, 598–601; Theorie der Strahlung, in: Encyklopädie der Mathematischen Wissenschaften mit Einschluß ihrer Anwendungen V/3, Leipzig 1909, 282–357; Über die Gesetze der Wärmestrahlung. Nobel-Vortrag gehalten am 11. Dezember 1911 in Stockholm, Leipzig 1912; Vorlesungen über neuere Probleme der theoretischen Physik [...], Leipzig/Berlin 1913; Ziele und Methoden der theoretischen Physik. Festrede zur Feier des Dreihundertzweiunddreissigjährigen Bestehens der Königl. Julius-Maximilians-Universität zu Würzburg, gehalten am 11. Mai 1914, Würzburg 1914, ferner in: Jb. der Radioaktivität und Elektronik 12 (1915), 241–259; Kanalstrahlen, in: E. Marx (ed.), Handbuch der Radiologie IV, Leipzig 1917, 1–210, erw. als: Handbuch der Radiologie IV/1, Leipzig 1923; Über Messungen der Leuchtdauer der Atome und die Dämpfung der Spektrallinien, Ann. Phys. 365 (1919), 597–637, 371 (1921), 229–236; Aus der Welt der Wissenschaft. Vorträge und Aufsätze, Leipzig 1921; (mit O. Lummer) Das W.sche Verschiebungsgesetz. Die Verwirklichung des schwarzen Körpers, ed. M. v. Laue, Leipzig 1929, Thun/Frankfurt 1997; (ed., mit F. Harms) Handbuch der Experimentalphysik, I–XXVI, Leipzig 1926–1937; Aus dem Leben und Wirken eines Physikers, ed. K. Wien, Leipzig 1930.

Literatur: D. Hoffmann, W., in: ders./H. Laitko/S. Müller-Wille (eds.), Lexikon der bedeutenden Naturwissenschaftler III, München 2004, 452–453; M. Jammer, Concepts of Mass in Classical and Modern Physics, Cambridge Mass. 1961 (repr. New York 1993), Mineola N.Y. 1997, 136–153 (dt. [erw.] Der Begriff der Masse in der Physik, Darmstadt 1964, [3]1981, 146–164); H. Kangro, Vorgeschichte des Planckschen Strahlungsgesetzes. Messungen und Theorien der spektralen Energieverteilung bis zur Begründung der Quantenhypothese, Wiesbaden 1970 (engl. Early History of Planck's Radiation Law, London 1976); ders., W., DSB XIV (1976), 337–342; M. v. Laue, W., Dt. Biographisches Jb. 10 (1928), 302–310; D. E. Newton, W., in: B. Narins (ed.), Notable Scientists from 1900 to the Present V, Farmington Hills Mich. 2001, 2406–2408; K. Reger, W., in: R. Erckmann (ed.), Nobelpreisträger auf dem Weg ins Atomzeitalter, München/Wien 1958, 233–246; M. Steenbeck, W. W. und sein Einfluß auf die Physik seiner Zeit, Berlin 1964; W. T. Thorneycroft, W. Displacement Law, in: J. Thewlis u. a. (eds.), Encyclopaedic Dictionary of Physics VII, Oxford etc. 1962, 761–762. K. M.

Wiener, Ludwig Christian, *Darmstadt 7. Dez. 1826, †Karlsruhe 31. Juli 1896, dt. Mathematiker, Physiker und Philosoph. 1843–1847 Studium der Ingenieurwissenschaften und Architektur an der Universität Gießen und Staatsprüfung im Baufach, ab 1848 Lehrauftrag für Physik, Mechanik, Hydraulik und Darstellende Geometrie an der Höheren Gewerbeschule in Darmstadt, der späteren Technischen Hochschule, 1850 Promotion an der Universität Gießen; im gleichen Jahr Priv.doz. für Mathematik ebendort. 1852 o. Prof. für Darstellende Geometrie am Karlsruher Polytechnikum, der späteren Technischen Hochschule. Sein Sohn Hermann Wiener (1857–1939) war ebenfalls Mathematiker.

In W.s von einer umfassenden Geschichte der Darstellenden Geometrie eröffnetem mathematischen Hauptwerk (»Lehrbuch der Darstellenden Geometrie«, I–II, 1884/1887) bildet die Beleuchtungslehre einen Schwerpunkt der Darstellung. Untersuchungen zur Lichtstreuung an Oberflächen (1892) führen auf Experimente zur Bestimmung der Stärke von Helligkeitsempfindungen unter Verwendung einer am Begriff der Reizschwelle aus der ↑Psychophysik G. T. Fechners orientierten Empfindungseinheit. Im Rahmen seiner physikalischen Studien an Flüssigkeiten führt W. 1863 Experimente zur 1827 von dem britischen Botaniker R. Brown 1829 entdeckten ›Brownschen Bewegung‹ durch, die er korrekt als Molekularbewegung deutet. Der bei der mathematischen Beschreibung der Brownschen Bewegung in der stochastischen Analysis verwendete ›Wiener-Prozeß‹ geht jedoch auf Norbert Wiener zurück. – Die philosophischen Grundlagen seiner wissenschaftlichen Arbeiten legt W. in den »Grundzügen der Weltordnung« (1863, I–II, [2]1869). Die im ersten Buch über »Die nicht geistige Welt« entwickelte ›Atomenlehre‹ fußt auf der Grundannahme, daß die von W. als Bausteine der Materie angenommenen Körper- und Ätheratome (↑Äther) einander ebenso abstoßen wie die Ätheratome untereinander, während die Körperatome einander anziehen. In der Anwendung der Atomenlehre auf den flüssigen Aggregatzustand entwickelt W. unabhängig von R. Clausius eine detaillierte kinetische Theorie. Das zweite Buch behandelt »Die geistige Welt« auf Grundlage der gegen die Psychologie gerichteten, aus Geistes- und Schädellehre bestehenden morphologisch-physiologischen Phrenologie F. J. Galls. Das Werk schließt im dritten Buch mit einer ↑Metaphysik.

Werke: Erklärung des atomistischen Wesens des tropfbar-flüssigen Körperzustandes, und Bestätigung desselben durch die sogenannten Molecularbewegungen, Ann. Phys. u. Chemie 118 (1863), 79–94; Die Grundzüge der Weltordnung, Leipzig/Heidelberg 1863, I–II, ^{2}1869; Lehrbuch der Darstellenden Geometrie, I–II, Leipzig 1884/1887; Die Zerstreuung des Lichtes durch matte Oberflächen und die Empfindungseinheit zum Messen der Empfindungsstärke, in: Festgabe zum Jubiläum der vierzigjährigen Regierung seiner Königlichen Hoheit des Grossherzogs Friedrich von Baden, Karlsruhe 1892, 145–168; Die Helligkeit des klaren Himmels und die Beleuchtung durch Sonne, Himmel und Rückstrahlung, ed. H. Wiener/O. Wiener, Nova Acta Leopoldina 73 (1907), 1–240 [bereits 1900 publiziert], 91 (1909), 81–292.

Literatur: [anonym] W., in: F. Weech/L. Sohncke (eds.), Badische Biographien V, Heidelberg 1906, 814–817; [anonym; O. Wiener/H. Wiener] Zur Erinnerung an Dr. C. W., Karlsruhe o.J. [1896] (mit Bibliographie der veröffentlichten Schriften, 14–24); [anonym; H. Wiener], Zur Erinnerung an Dr. C. W., Leopoldina 32 (1896), 155–159 (mit Bibliographie, 166–169); A. v. Braunmühl, W., Biographisches Jb. Deutscher Nekrolog 1 (1897), 207–209; A. Brill/L. Sohncke, C. W., Jahresber. Dt. Math.ver. 6 (1897), 46–69; H.-G. Körber, W., DSB XIV (1976), 342–344; M. v. Renteln, Die Mathematiker an der Technischen Hochschule Karlsruhe (1825–1945), Karlsruhe 2000, ^{2}2002, 367–376; A. Schleiermacher, W., in: H. Haupt (ed.), Hessische Biographien II, Darmstadt 1927, Walluf 1973, 321–324; H. Wiener, W., ADB XLII (1897), 790–792; O. Wiener, C. W. zum hundertsten Geburtstag am 7. Dezember 1926, Naturwiss. 15 (1927), 81–84. – W., in: J. C. Poggendorffs biographisch-literarisches Handwörterbuch für Mathematik, Astronomie, Physik, Chemie und verwandte Wissensgebiete, ed. Sächsische Akademie der Wissenschaften zu Leipzig, Leipzig/Berlin II (1863), 1322, III/2 (1898), 1442, IV/2 (1904), 1634, V/2 (1926), 1369, VI/4 (1940), 2879, VIIa, Suppl. (1969–1971), 771. V. P.

Wiener, Norbert, *Columbia Mo. 26. Nov. 1894, †Stockholm 18. März 1964, amerik. Mathematiker, Begründer der ↑Kybernetik. 1909–1912 Studium der Philosophie an der Cornell und der Harvard University, 1912 Promotion an der Harvard University im Bereich der Philosophie der Mathematik; danach Studienaufenthalt an der Cornell und der Columbia University sowie in Cambridge (B. Russell, G. H. Hardy), Göttingen (D. Hilbert, E. Landau) und Kopenhagen (N. Bohr, H. Bohr). 1914/1915 Lecturer an der Harvard University, anschließend für kurze Zeit Dozent für Mathematik an der Universität von Maine in Orono. Während des 1. Weltkriegs bis 1919 als Zivil- und Militärmathematiker mit der Ausarbeitung von Schußtafeln für die Artillerie beschäftigt; danach zunächst Dozent, ab 1932 bis zu seinem Tode Prof. in der mathematischen Abteilung des MIT. Während des 2. Weltkriegs wichtige Erfindungen auf dem Gebiete des Flugmeldewesens und der Radartechnik. Im Zusammenhang mit seinen Studien bereiste W. alle Kontinente. Er sprach dreizehn Sprachen, darunter Chinesisch.

W. beginnt mit Studien über Grundlagen der Mathematik und der formalen Logik (↑Logik, formale), die er bei der Systemanalyse anwendet und beschäftigt sich mit der Anwendung der Maßtheorie auf Zufallsprozesse (↑zufällig/Zufall). Dabei findet er eine mathematische Modellierung der Brownschen Bewegung. Im Anschluß an eine Vermutung des Physikers J. Perrin weist W. nach, daß mit Ausnahme einer Reihe von Fällen der Wahrscheinlichkeit 0 alle Brownschen Bewegungen stetige, nicht-differenzierbare Kurven sind. Dabei erkennt W. Zusammenhänge der Brownschen Bewegung mit Unregelmäßigkeiten des so genannten Schroteffekts, der bei der Leitung elektrischer Ströme längs eines Drahtes oder durch eine Vakuumröhre in Form eines Stromes unstetiger Elektronen auftritt und große Bedeutung für die Elektrotechnik hat. Durch die Weiterentwicklung der Theorie Fourierscher Reihen und des Fourierschen Integrals gelingt W. ferner eine Verallgemeinerung der harmonischen Analyse (↑Welle) mit weitreichender Bedeutung für die Nachrichtentechnik. In Arbeiten zur ↑Zahlentheorie formuliert er – im Anschluß an J. Hadamard – einen einfachen Beweis über eine Abschätzung der Primzahlverteilung. Anfang der 1930er Jahre entwickelt W. zusammen mit dem Ingenieur V. Bush vom MIT Analogrechner, die auf die Lösung von partiellen ↑Differentialgleichungen spezialisiert sind (›Differentialanalysatoren‹). Neben der angewandten Mathematik kommt W. immer wieder auf Probleme der reinen Mathematik zurück.

In den Kriegsjahren (1940–1945) baut W. neben technischen Untersuchungen über Magnetspeicherung bei Rechengeräten und Kodierung von Nachrichten eine mathematische Vorhersagetheorie mit weitreichenden Folgen für die Nachrichten-, Radar- und Fernsehtechnik auf. Ausgehend von der Idee, die Zukunft einer von einem Störgeräusch begleiteten Nachricht auf Grund des gleichzeitigen statistischen Verhaltens des Geräuschs und der Nachricht vorauszusagen, entwickelt er eine Methode, Nachrichten von Geräuschen (›Rauschen‹) auf eine damals bestmögliche Art zu filtern. Durch seine Beschäftigung mit Regler- und Steuerungsvorgängen von z. B. Geschütztürmen und Flakfeuerleitgeräten entwickelt W. ferner eine Theorie der Rückkopplungssysteme (›Feedback‹) mit fachübergreifender Bedeutung für die Kybernetik. Insbes. deren Anwendung auf lebende Systeme geht auf eine enge Zusammenarbeit mit dem mexikanischen Neurophysiologen A. Rosenblueth zurück. Unabhängig von C. E. Shannon, aber zur gleichen Zeit, gibt W. eine statistische Begründung der ↑Informationstheorie und der ↑Kommunikationstheorie. Während Shannon von einer diskontinuierlichen Be-

trachtung digitaler Nachrichten ausgeht, gelangt W. in seiner kontinuierlichen Filtertheorie zu einer ähnlichen Definition der Informationseinheit.
Nach dem Krieg faßt W. seine Untersuchungen zusammen (Cybernetics, or Control and Communication in the Animal and the Machine, 1948) und legt damit die Grundlage für die Kybernetik, die in den 1950er und 1960er Jahren Anwendung in Technik-, Natur-, Sozial- und Kommunikationswissenschaften findet. Auf der Grundlage der Begriffe Information, Rückkopplung und Regelkreis analysiert er unterschiedliche komplexe Systeme und formuliert damit einen interdisziplinären Ansatz zur Aufdeckung gleichartiger Strukturen in unterschiedlichen Wirklichkeitsbereichen. Prozesse der Trennung, Steuerung und Stabilisierung treten sowohl in technischen Anlagen und lebenden Organismen als auch in gesellschaftlichen Strukturen auf und sind daher einer gleichartigen formalen Behandlung zugänglich. Philosophisch spricht W. bereits Probleme der ↑Selbstorganisation bzw. ↑Autopoiesis an, die später im Rahmen des so genannten radikalen Konstruktivismus (H. R. Maturana, F. G. Varela u. a.; ↑Konstruktivismus, radikaler) diskutiert werden. In seiner letzten Lebensperiode befaßt sich W. auch mit ethischen und soziologischen Konsequenzen der Kybernetik. Die Kybernetik geht dabei von analog gesteuerten Prozessen aus, wie sie W. bei der Zielfindung von automatisch geleiteten Geschossen im 2. Weltkrieg vorfand. Sie orientiert sich entsprechend am Vorbild des Analogcomputers und ist durch die Digitalisierung als ein bereichsübergreifendes Modell von Steuerungsprozessen überholt.

Werke: Collected Works With Commentaries, I–IV, ed. P. R. Masani, Cambridge Mass./London 1976–1985. – (mit V. Bush) Operational Circuit Analysis, New York, London 1929, 1937; The Fourier Integral and Certain of Its Applications, Cambridge Mass. 1933, 1988; (mit R. E. A. C. Paley) Fourier Transforms in the Complex Domain, New York 1934, Providence R. I. 2000; Cybernetics, or Control and Communication in the Animal and the Machine, New York, Paris 1948, Cambridge Mass. 1952, 1999 (dt. Kybernetik. Regelung und Nachrichtenübertragung im Lebewesen und in der Maschine, Düsseldorf/Wien 1963, 1992; franz. La cybernétique. Information et régulation dans le vivant et la machine, [o.O.] 1969, Paris 2014); Extrapolation, Interpolation, and Smoothing of Stationary Time Series. With Engineering Applications, Cambridge Mass. 1949, 1977; The Human Use of Human Beings. Cybernetics and Society, Boston Mass. 1950, Garden City N. Y. ²1954, London 1989 (dt. Mensch und Menschmaschine. Kybernetik und Gesellschaft, Frankfurt 1952, ⁴1972; franz. Cybernétique et société. L'usage humain des êtres humains, Paris 1962, 2014); Ex-Prodigy. My Childhood and Youth, New York 1953, Cambridge Mass. etc. 1983; I Am a Mathematician. The Later Life of a Prodigy, Garden City N. Y. 1956, Cambridge Mass. ⁵1981 (dt. Mathematik – mein Leben, Düsseldorf/Wien 1962, Frankfurt/Hamburg 1965); Nonlinear Problems in Random Theory, Cambridge Mass. 1958, 1966; The Tempter, New York 1959 (dt. Die Versuchung. Geschichte einer großen Erfindung, Düsseldorf 1960); God and Golem, Inc.. A Comment on Certain Points where Cybernetics Impinges on Religion, Cambridge Mass. 1964 (dt. Gott und Golem, Inc., Düsseldorf/Wien 1965); Selected Papers of N. W.. Including »Generalized Harmonic Analysis« and »Tauberian Theorems«, Cambridge Mass. 1964; Generalized Harmonic Analysis and Tauberian Theorems, Cambridge Mass. 1966; (mit B. Rankin u. a.) Differential Space, Quantum Systems, and Prediction, Cambridge Mass. 1966; Ich und die Kybernetik. Der Lebensweg eines Genies, München 1971; Invention. The Care and Feeding of Ideas, Cambridge Mass./London 1993, 1996; Futurum exactum. Ausgewählte Schriften zur Kybernetik und Kommunikationstheorie, ed. B. Dotzler, Wien/New York 2002.

Literatur: L. Bluma, N. W. und die Entstehung der Kybernetik im Zweiten Weltkrieg. Eine historische Fallstudie zur Verbindung von Wissenschaft, Technik und Gesellschaft, Münster 2005; P. Cassou-Noguès, Les rêves cybernétiques de N. W.. Suivi de »Un savant réapparaît« – nouvelle de N. W., Paris 2014; F. Conway/J. Siegelman, Dark Hero of the Information Age. In Search of N. W. – The Father of Cybernetics, New York 2005, 2006; T. Drucker, W., in: B. Narins (ed.), Notable Scientists from 1900 to the Present V, Farmington Hills Mich. 2001, 2409–2412; M. Faucheux, N. W., le Golem et la cybernétique. Eléments de fantastique technologique, Paris 2009; H. Freudenthal, W., DSB XIV (1976), 344–347; S. J. Heims, John von Neumann and N. W.. From Mathematics to the Technologies of Life and Death, Cambridge Mass./London 1980, 1987; H. J. Ilgauds, N. W., Leipzig 1980, ²1984; D. Jerison/I. M. Singer/D. W. Stroock (eds.), The Legacy of N. W.. A Centennial Symposium, Providence R. I. 1997; P. R. Masani, N. W. 1894–1964, Basel/Boston Mass./Berlin 1990; F. Naumann, W., in: D. Hoffmann/H. Laitko/S. Müller-Wille (eds.), Lexikon der bedeutenden Naturwissenschaftler III, München 2004, 453–460; J. Rose (ed.), Survey of Cybernetics. A Tribute to Dr. N. W., London 1969. – N. W. 1894–1964, Bull. Amer. Math. Soc. 72 (1966), H. 1 (mit Bibliographie, 135–145). K. M.

Wiener Kreis, Selbstbezeichnung einer Gruppe von Wissenschaftlern, die an der Universität Wien zum wichtigsten Träger der mittleren Phase der Analytischen Philosophie (↑Philosophie, analytische) wurde. Charakterisiert als *Logischer Empirismus* (↑Empirismus, logischer, auch: ↑Neopositivismus) bildet diese Phase einen der beiden Zweige der Analytischen Philosophie mit der Blütezeit in den Jahren 1920–1950.
Der W. K. ist aus regelmäßigen, jeweils im Wintersemester ab 1923/1924 von M. Schlick auf Anregung seiner Studenten F. Waismann und H. Feigl einmal wöchentlich veranstalteten Diskussionsabenden mit Kollegen, vor allem aus den exakten Wissenschaften, und fortgeschrittenen Studenten, dem *Schlick-Zirkel*, hervorgegangen. Er kann als Wiederaufnahme eines schon 1907–1912 auf Initiative des Ökonomen O. Neurath gebildeten (von R. Haller so genannten) ›ersten W. K.es‹ gelten, insofern sowohl Neurath als auch die zum Kern des ersten W. K.es zählenden Kollegen, der für die Berufung Schlicks 1922 nach Wien auf den 1895 für E. Mach eingerichteten Lehrstuhl ›Philosophie, insbesondere Geschichte und Theorie der induktiven Wissenschaften‹ die treibende Kraft bildende Mathematiker H. Hahn und

der Physiker P. Frank, ständige Teilnehmer des Schlick-Zirkels wurden. Die Interessen des ersten W. K.es, eine Auseinandersetzung mit dem ↑Phänomenalismus Machs und seines Ökonomiekriteriums (↑Denkökonomie) für die wissenschaftliche Theoriebildung angesichts des im Blick auf pragmatische Einfachheit bei der Anwendung wissenschaftlicher Theorien damit konkurrierenden ↑Holismus bei P. Duhem und des ↑Konventionalismus bei H. Poincaré, sind von Anfang an im Schlick-Zirkel vertreten und haben entscheidende Schritte, z. B. den zunächst phänomenalistischen Ansatz bei R. Carnap – er war 1926–1931 und danach bis 1935 von Prag aus Teilnehmer des Schlick-Zirkels –, aber auch die für den frühen Logischen Empirismus charakteristische Trennung von ↑Beobachtungssprache und ↑Theoriesprache sowie das ↑Toleranzprinzip Carnaps, mitbestimmt. Auch die Idee, wissenschaftliche Theorien als Bestandteile einer durch methodologische Einheitlichkeit (dieser Gedanke ist schon bei J. S. Mill vorgebildet) ausgezeichneten ↑Einheitswissenschaft aufzufassen, d. h. als eine am Modell der Physik abgelesene, ständigem historischen Wandel unterworfene Wissenschaft aller empirischen Phänomene ohne Trennung zwischen Beobachtungs- und Theoriesprache und im Zusammenhang mit dem gebrauchssprachlich verfaßten Alltagswissen – ein sich erst viel später durch den Einfluß des ↑Pragmatismus im Logischen Empirismus durchsetzender Holismus (W. V. O. Quine) –, ist von Neurath schon während des ersten W. K.es konzipiert worden. Diese Idee wurde zur Quelle interner Auseinandersetzungen im W. K. um das besonders von Carnap vertretene Formalsprachenprogramm mit seiner strikten Trennung von objektsprachlicher (↑Objektsprache) und metasprachlicher (↑Metasprache) Theorie.

Ein alle Teilnehmer des W. K.es einigendes Band war die antimetaphysische (↑Metaphysikkritik), allein den positiven Wissenschaften zugewandte Haltung. Zu den Teilnehmern zählten z. B. K. Gödel und G. Bergmann, aber auch solche, die sich trotz Teilnahme nicht als Mitglieder verstanden, z. B. F. Kaufmann und K. Menger, ferner auswärtige Gäste wie E. Kaila aus Finnland, Tscha Hung aus China, C. G. Hempel aus Berlin, A. Tarski aus Warschau, später kurzzeitig auch A. J. Ayer, Quine und A. Naess. Erfahrungsunabhängige Sätze hatten, von terminologischen Vereinbarungen und Definitionen samt ihren logischen Konsequenzen abgesehen, in einer wissenschaftlichen Philosophie nichts zu suchen. Insbes. die ↑synthetischen Urteile ↑a priori I. Kants waren für alle ein Stein des Anstoßes. Sie wurden im Falle der Mathematik unter Übernahme des ↑Logizismus von G. Frege und B. Russell (die ↑»Principia Mathematica« wurden sorgfältig im W. K. studiert), also der Zurückführung der Arithmetik und Analysis auf Logik unter Einschluß der ↑Mengenlehre als höherstufige Logik, auf analytische Urteile (↑Urteil, analytisches), im Falle der Physik auf Konventionen (z. B. bezüglich des Kausalprinzips; P. Frank) und Urteile a posteriori, zurückgeführt. Das mit dem Einsatz der modernen ↑Logik in der Analytischen Philosophie wirksam gewordene Werkzeug der logischen Analyse (↑Analyse, logische) sprachlicher Ausdrücke erlaubte eine rationale ↑Rekonstruktion des klassischen ↑Empirismus und Positivismus (↑Positivismus (historisch)) von D. Hume über A. Comte zu Mill, die zu keiner schlichten Fundierung empirischer Wissenschaft in etwas Gegebenem (↑Gegebene, das) führte, sondern die insbes. durch die Leibniz-Rezeption bei Frege und Russell vermittelten logisch-methodologischen Errungenschaften des klassischen ↑Rationalismus einbezog.

Den entscheidenden Einfluß auf den W. K. übte L. Wittgenstein mit seinem »Tractatus« aus. Wittgenstein war ebensowenig wie K. R. Popper ein Teilnehmer des Schlick-Zirkels, hat sich aber ab 1927 mit Schlick selbst und seinen Schülern Waismann und Feigl zu Gesprächen, an denen auch Carnap in den ersten zwei Jahren teilnehmen durfte, getroffen und dabei auch über die Rezeption des »Tractatus« im Schlick-Zirkel debattiert. Insbes. über das Verständnis des in Tract. 4.063 ausgesprochenen Sinnkriteriums (↑Sinnkriterium, empiristisches), das zur Formulierung des umstrittenen ↑Verifikationsprinzips führte, kam es zu keiner Einigung, auch nicht über das Verständnis der Philosophie als einer Tätigkeit und keiner Lehre (Tract. 4.112), wodurch es unmöglich wird, in der Metasprache zu Erklärungen der Objektsprache zu gelangen. Diese Differenzen führten zu einer Fraktionsbildung, bei der sich die Wittgenstein-Anhänger Schlick und Waismann mit dem Akzent auf ↑Sprachkritik und die Wittgenstein-Kritiker Carnap und Neurath mit dem Akzent auf dem Programm einer (von beiden allerdings auch wegen ihrer Differenz im Wahrheitsbegriff – Korrespondenztheorie versus Konsensustheorie [↑Wahrheitstheorien] – verschieden verstandenen) Einheitswissenschaft gegenüberstanden. Gleichwohl hat gerade Carnap den Einfluß Wittgensteins auf sein Denken deutlich zum Ausdruck gebracht: Auf ihn führt Carnap insbes. seinen Wechsel vom Phänomenalismus zum ↑Physikalismus und seine syntaktische Konzeption der Sprache (↑Syntax) zurück. Neurath hingegen sieht im Denken der Wittgenstein-Fraktion unbeschadet des ›konsistenten Empirismus‹ von Schlick eine Rückkehr zur ↑Metaphysik und einen Verrat an den gemeinsamen Überzeugungen des W. K.es.

Auf Initiative Neuraths und des Freidenkerbundes Österreich kommt es im November 1928 zur Gründung eines Vereins ›zur Verbreitung von Erkenntnissen der exakten Wissenschaften‹, der den Namen Ernst Machs trägt und dessen Vorsitzender Schlick wird. Der Verein Ernst Mach wird zusammen mit der 1927 gegründeten und in ihrer Tätigkeit besonders von H. Reichenbach geprägten Berliner Gesellschaft für empirische Philosophie (1931 auf Vorschlag D. Hilberts umbenannt in: Gesellschaft für wissenschaftliche Philosophie) Veranstalter der ersten beiden Tagungen für Erkenntnislehre der exakten Wissenschaften (Prag 1929, Königsberg 1930); für beide agieren jeweils Carnap und Reichenbach als gemeinsame Herausgeber des nach dem Erwerb der »Annalen der Philosophie« (1919–1929, ab Bd. 4 [1924/1925] bis Bd. 8 mit dem Zusatz »und philosophischen Kritik«) ab 1930/1931 unter dem Titel »Erkenntnis« erscheinenden Publikationsorgans des W. K.es. Inzwischen war auch aus Dank für die von Schlick ausgesprochene Ablehnung eines Rufes nach Bonn eine wiederum von Neurath initiierte und von ihm zusammen mit Hahn und Carnap für den Verein Ernst Mach herausgegebene Programmschrift erschienen (1929), in der unter dem Titel »Wissenschaftliche Weltauffassung. Der Wiener Kreis« in mehreren Beiträgen die wesentlichen gemeinsamen Überzeugungen dargestellt sind. Sie wird auf dem Prager Kongreß erstmals präsentiert und gilt seither als die offizielle Gründungsurkunde des W. K.es.

Mit der Ermordung Schlicks 1936 enden die regelmäßigen Diskussionsrunden des Schlick-Zirkels; mit dem ›Anschluß‹ Österreichs an Hitler-Deutschland 1938 muß die Zeitschrift »Erkenntnis« ihren Publikationsort nach Holland verlegen, wo sie 1940 nach der Besetzung Hollands ihr Erscheinen zwangsweise einstellt. Die Mitglieder des W. K.es, soweit sie nicht schon vorher an ausländische Universitäten berufen worden waren (z. B. Carnap 1935 an die Harvard University), müssen das deutsch gewordene Österreich verlassen oder können rechtzeitig fliehen; mit ihnen wandert auch der Logische Empirismus aus Deutschland aus. Er findet vor allem in den USA eine neue Heimat, wo sich C. W. Morris erfolgreich um einen Verlag für das von Neurath im Anschluß an den Ersten Internationalen Kongreß für Einheit der Wissenschaft (Paris 1935) initiierte Projekt einer umfassenden Enzyklopädie der Einheitswissenschaft bemüht hatte: 1938 erscheint in Chicago das erste Heft der von Neurath, Carnap und Morris herausgegebenen »International Encyclopedia of Unified Science«. Bedingt durch den 2. Weltkrieg und den Tod Neuraths 1945 – während seiner Zeit in Holland kam es auch zu engerer Zusammenarbeit mit der signifischen Bewegung (↑Signifik) von G. Mannoury – sind nur 19 Beiträge zustandegekommen; sie wurden in einem Neudruck 1969/1970 in zwei Bänden unter dem Titel »Foundations of the Unity of Science« wieder zugänglich. Weitere wichtige Publikationen des W. K.es sind die von Frank und Schlick 1928–1937 herausgegebenen »Schriften zur wissenschaftlichen Weltauffassung« (I–X, Wien; Bd. I sollte Waismanns Darstellung der Tractatus-Philosophie enthalten, was am Einspruch Wittgensteins scheiterte; sie ist erst mit der Nachlaßveröffentlichung »Logik, Sprache, Philosophie« 1976 zugänglich geworden) und die von Neurath in Verbindung mit Carnap, Frank und Hahn (1933–1938) herausgegebene Reihe »Einheitswissenschaft« (I–VII). Als Beitrag zur Forschung über den W. K. erscheint seit 1973 – zunächst bei D. Reidel, dann bei Kluwer/Reidel, seit 2004 bei Springer (New York) – die umfangreiche Vienna Circle Collection. Demselben Ziel dient der 1991 als ›Institut W. K.‹ von F. Stadler gegründete ›Verein zur Förderung Wissenschaftlicher Weltauffassung (Society for the Advancement of the Scientific World Conception)‹, seit 2011 als eine eigenständige Einheit der Fakultät Philosophie und Bildungswissenschaft der Universität Wien zugehörig.

Literatur: F. Barone, Il neopositivismo logico, Turin 1953, erw., I–II, Rom 1977, ²1986; K. J. Brand, Ästhetik und Kunstphilosophie im ›W. K.‹, Essen 1988; R. Cirera, Carnap and the Vienna Circle. Empiricism and Logical Syntax, Amsterdam/Atlanta Ga. 1994; H.-J. Dahms (ed.), Philosophie, Wissenschaft, Aufklärung. Beiträge zur Geschichte und Wirkung des W. K.es, Berlin/New York 1985; C. Damböck (ed.), Der W. K.. Ausgewählte Texte, Stuttgart 2013; D. Fleming/B. Bailyn (eds.), The Intellectual Migration. Europe and America, 1930–1960, Cambridge Mass. 1969, 1988; G. Frost-Arnold, Carnap, Tarski, and Quine at Harvard. Conversations on Logic, Mathematics, and Science, Chicago Ill. 2013; M. C. Galavotti (ed.), Cambridge and Vienna. Frank P. Ramsey and the Vienna Circle, Dordrecht 2006 (Vienna Circle Inst. Yearbook XII); R. Giere/A. Richardson (eds.), Origins of Logical Empiricism, Minneapolis Minn./London 1996 (Minn. Stud. Philos. Sci. XVI); R. Haller, Neopositivismus. Eine historische Einführung in die Philosophie des W. K.es, Darmstadt 1993, 2005; G. Hardcastle/A. Richardson (eds.), Logical Empiricism in North America, Minneapolis Minn. 2003 (Minn. Stud. Philos. Sci. XVIII); G. König, W. K., Hist. Wb. Ph. XII (2004), 751–755; V. Kraft, Der W. K.. Der Ursprung des Neopositivismus. Ein Kapitel der jüngsten Philosophiegeschichte, Wien/New York 1950, ³1997 (engl. The Vienna Circle. The Origin of Neopositivism. A Chapter in the History of Recent Philosophy, New York 1953 [repr. 1969]); F. Kreuzer, Grenzen der Sprache, Grenzen der Welt. Wittgenstein, der W. K. und die Folgen. Franz Kreuzer im Gespräch mit Rudolf Haller, Wien 1982; N. Leser (ed.), Das geistige Leben Wiens in der Zwischenkriegszeit, Wien 1981; J. Manninen/F. Stadler (eds.), The Vienna Circle in the Nordic Countries. Networks and Transformations of Logical Empiricism, Dordrecht etc. 2010 (Vienna Circle Inst. Yearbook XIV); K. Menger, Reminiscences of the Vienna Circle and the Mathematical Colloquium, ed. L. Golland/B. McGuinness/A. Sklar, Dordrecht 1994 (Vienna Circle Collection XX); N. Milkov/V. Peckhaus (eds.), The Berlin Group and the Philosophy of Logical Empiricism, Dordrecht etc. 2013 (Boston Stud. Philos. Hist. Sci. 273); O. Neurath, Le développement du Cercle de Vienne et l'avenir de l'empirisme logique, Paris 1935; P. Parrini/W. Salmon/M. Salmon (eds.), Logical Empiricism. Historical and Contemporary Perspectives, Pittsburgh Pa. 2003; Å. Petzäll, Logistischer Positivismus. Versuch einer Darstellung und Würdigung der philosophischen Grundanschauungen des sogenannten W. K.es der wissenschaftlichen Weltauffassung, Göteborg 1931; A. Richardson/T. Uebel (eds.), Cambridge Companion to Logical Empiricism, Cambridge etc. 2007; W. C. Salmon/G. Wolters (eds.), Logic,

Language, and the Structure of Scientific Theories. Proceedings of the Carnap-Reichenbach Centennial, University of Konstanz, 21–24 May 1991, Pittsburgh Pa., Konstanz 1994; S. Sarkar (ed.), The Legacy of the Vienna Circle. Modern Reappraisals, New York/London 1996; H. Schleichert (ed.), Logischer Empirismus. Der W. K.. Ausgewählte Texte mit einer Einleitung, München 1975; G. Schnitzler, Zur ›Philosophie‹ des W. K.es. Neopositivistische Schlüsselbegriffe in der Zeitschrift »Erkenntnis«, München 1980; A. Soulez (ed.), Manifeste de Cercle de Vienne et autres écrits. Carnap, Hahn, Neurath, Schlick, Waismann, Wittgenstein, Paris 1985, rev. ²2010; W. Spohn (ed.), Erkenntnis Orientated: A Centennial Volume for Rudolf Carnap and Hans Reichenbach, Dordrecht/Boston Mass./London 1991 (Erkenntnis 35/1–3); F. Stadler (ed.), Vertriebene Vernunft. Emigration und Exil österreichischer Wissenschaft, I–II, Wien/München 1987/1988, Münster etc. 2004; ders., Studien zum W. K.. Ursprung, Entwicklung und Wirkung des Logischen Empirismus im Kontext, Frankfurt 1997, gekürzt unter dem Titel: Der W. K., Ursprung, Entwicklung und Wirkung des logischen Empirismus im Kontext, Wien ²2015 (Vienna Circle Inst. Library IV) (engl. The Vienna Circle. Studies in the Origins, Development and Influence of Logical Empiricism, Wien/New York 2001, [gekürzt] ²2015 [Vienna Circle Inst. Library IV]); ders., Vienna Circle, REP IX (1998), 606–614; ders. (ed.), The Vienna Circle and Logical Empiricism. Re-evaluation and Future Perspectives, New York etc. 2003 (Vienna Circle Inst. Yearbook X); ders./T. Uebel (eds.), Wissenschaftliche Weltauffassung. Der W. K., Wien/New York 2012; M. Stöltzner/T. Uebel (eds.), W. K.. Texte zur wissenschaftlichen Weltauffassung von Rudolf Carnap, Otto Neurath, Moritz Schlick, Philipp Frank, Hans Hahn, Karl Menger, Edgar Zilsel und Gustav Bergmann, Hamburg 2006, 2009; T. Uebel (ed.), Rediscovering the Forgotten Vienna Circle. Austrian Studies on Otto Neurath and the Vienna Circle, Dordrecht/Boston Mass./ London 1991 (Boston Stud. Philos. Sci. CXXXIII); ders., Vienna Circle, SEP 2006, rev. 2016; ders., Empiricism at the Crossroads. The Vienna Circle's Protocol-Sentence Debate, Chicago Ill./La Salle Ill. 2007; F. Waismann, Wittgenstein und der W. K.. Gespräche, ed. B. McGuinness, Oxford, Frankfurt 1967, ⁹2013 (= Ludwig Wittgenstein Werkausg. III) (engl. Wittgenstein and the Vienna Circle. Conversations, Oxford 1979, 2003); ders., Logik, Sprache, Philosophie, ed. G. Baker/B. McGuinness/J. Schulte, Stuttgart 1976, 1985 (engl. The Principles of Linguistic Philosophy, ed. R. Harré, London/Melbourne/Toronto, New York 1965, Basingstoke 1997); J. Woleński/E. Köhler (eds.), Alfred Tarski and the Vienna Circle, Dordrecht 1999. K. L.

Wiese und Kaiserswaldau, Leopold von, *Glatz 2. Dez. 1876, †11. Jan. 1969, dt. Nationalökonom, Soziologe und Philosoph. Nach Studium der Volkswirtschaftslehre (bei G. Schmoller) 1898–1902 in Berlin, 1906 Prof. an der Königlichen Akademie Posen, 1908 an der TH Hannover, 1915 an der Handelshochschule Köln. 1919–1950 Prof. für wirtschaftliche Sozialwissenschaften und Soziologie an der Universität Köln, 1919–1934 gemeinsam mit C. Eckert und M. Scheler Direktor des Forschungsinstituts für Sozialwissenschaften in Köln. – Für v. W. ist die Philosophie eine erfahrungswissenschaftlich geleitete ›Ordnungslehre‹. In ihrem Bemühen, die Quintessenz der Einzelwissenschaften zu systematisieren, stößt sie nur ausnahmsweise auf widerspruchsfreie Prinzipien, im Regelfall auf Polaritäten und Dichotomien. Der Mensch erscheint je nach wissenschaftlicher Zielrichtung als Lebewesen, Individuum, Kollektivwesen etc., ohne durch einen einzigen Begriff bestimmbar zu sein. V. W.s Hauptinteresse gilt der soziologischen Kategorienlehre (›formale Soziologie‹), der Bereichsabgrenzung eines ›Systems der allgemeinen Soziologie‹. Ausgehend von den ›sozialen Prozessen‹ (Auseinander, Zueinander, Miteinander, Ohneeinander usw.) und deren Ruhezuständen, den ›sozialen Beziehungen‹ (Beziehungslehre), werden in der Soziologie die überpersönlichen ›sozialen Gebilde‹ (Massen, Gruppen, Körperschaften) (Gebildelehre) behandelt. V. W. plädiert in wesentlich ebenfalls analytisch-systematisierendem Sinne für eine situationsbezogene ↑Ethik, wobei er ethische Haltungen durch ihre Interessefreiheit (↑Interesse) definiert.

Werke: Zur Grundlegung der Gesellschaftslehre. Eine kritische Untersuchung von Herbert Spencers System der synthetischen Philosophie, Jena 1906; Posadowsky als Sozialpolitiker. Ein Beitrag zur Geschichte der Sozialpolitik des Deutschen Reiches, Köln 1909; Einführung in die Sozialpolitik, Leipzig 1910, ²1921; Das Wesen der politischen Freiheit. Eine akademische Rede, Tübingen 1911; Politische Briefe über den Weltkrieg. Zwölf Skizzen, Leipzig/München 1914 (repr. Nendeln 1976); Gedanken über Menschlichkeit, Leipzig/München 1915; Staatssozialismus, Berlin 1916; Der Liberalismus in Vergangenheit und Zukunft, Berlin 1917, ²1917; Freie Wirtschaft, Leipzig 1918; Der Schriftsteller und der Staat, Berlin 1918; Strindberg. Ein Beitrag zur Soziologie der Geschlechter, München/Leipzig 1918, ²1920; Strindberg und die junge Generation, Köln 1921; Wegweiser für das Studium der Soziologie oder Gesellschaftslehre an deutschen Hochschulen, Halle/Köln 1921; Briefe aus Asien, Köln 1922; Die Weltwirtschaft als soziologisches Gebilde, Jena 1923 (Kieler Vorträge VIII); Allgemeine Soziologie als Lehre von den Beziehungen und Beziehungsgebilden der Menschen, I–II, München/ Leipzig 1924/1929, unter dem Titel: System der allgemeinen Soziologie als Lehre von den sozialen Prozessen und den sozialen Gebilden der Menschen, München/Leipzig ²1933, Berlin ⁴1966; Soziologie. Geschichte und Hauptprobleme, Berlin/Leipzig 1926, ³1947 (repr. 2011), ⁸1964, unter dem Titel: Geschichte der Soziologie, Berlin ⁹1971; Sozial, geistig und kulturell. Eine grundsätzliche Betrachtung über die Elemente des zwischenmenschlichen Lebens, Leipzig 1936; Homo sum. Gedanken zu einer zusammenfassenden Anthropologie, Jena 1940; Sociology, ed. F. H. Müller, New York 1941; Ethik in der Schauweise der Wissenschaften vom Menschen und von der Gesellschaft, Bern 1947, ²1960; Gesellschaftliche Stände und Klassen, Bern, München 1950; Die Sozialwissenschaften und die Fortschritte der modernen Kriegstechnik, Mainz 1951; Spätlese, Köln 1954; Das Soziale im Leben und im Denken, Köln 1956; Erinnerungen, Köln 1957; Philosophie und Soziologie, Berlin 1959; Herbert Spencers Einführung in die Soziologie, Köln 1960; Ethik der sozialen Gebilde, Frankfurt/Bonn 1961; Das Ich-Wir-Verhältnis, Berlin 1962; Der Mensch als Mitmensch, Bern 1964; Wandel und Beständigkeit im sozialen Leben, Berlin 1964; Die Philosophie der persönlichen Fürwörter, Tübingen 1965; Der Mitmensch und der Gegenmensch im sozialen Leben der nächsten Zukunft, Köln/Opladen 1967; Das Ich und das Kollektiv, Berlin 1967. – Briefwechsel mit L. v. W., in: R. König, Briefwechsel I, ed. M. König/O. König, Opladen 2000 (= Schr. XIX), 13–74.

Literatur: H. v. Alemann, L. v. W. und das Forschungsinstitut für Sozialwissenschaften in Köln 1919 bis 1934, Kölner Z. Soziologie und Sozialpsychologie 28 (1976), 649–673, ferner in: W. Lepenies (ed.), Geschichte der Soziologie. Studien zur kognitiven, sozialen und historischen Identität einer Disziplin II, Frankfurt 1981, 349–389, ferner in: R. Boudon/M. Cherkaoui/J. Alexander (eds.), The Classical Tradition in Sociology. The European Tradition III, London/Thousand Oaks Calif./New Delhi 1997, 342–371; R. Aron, La sociologie allemande contemporaine, Paris 1935, ^{5}2007 (dt. Die deutsche Soziologie der Gegenwart. Eine systematische Einführung, Stuttgart 1953, mit Untertitel: Systematische Einführung in das soziologische Denken, Stuttgart ^{2}1965, ^{3}1969; engl. German Sociology, Melbourne/London/Toronto, Glencoe Ill. 1957, New York 1979); W. Bernsdorf/H. Knospe, L. v. W. (und Kaiserswaldau), in: W. Bernsdorf (ed.), Internationales Soziologen Lexikon, Stuttgart 1959, 633–639; G. Gurvitsch, Réponse à une critique. Lettre ouverte au Prof. L. v. W., Cahiers int. de sociologie 7 (1952), 94–104; M. Lindemann, Über ›formale‹ Soziologie. Systematische Untersuchungen zum ›soziologischen Relationismus‹ bei Georg Simmel, Alfred Vierkandt und L. v. W., Diss. Bonn 1986; S. P. Schad, Empirical Social Research in Weimar-Germany, Paris/The Hague 1972, 58–66; K. G. Specht (ed.), Soziologische Forschung in unserer Zeit. Ein Sammelwerk L. v. W. zum 75. Geburtstag, Köln/Opladen 1951; E. Stauffer, La méthode relationnelle en psychologie sociale et en sociologie selon M. L. v. W., Neuchâtel/Paris 1950 (dazu v. W.s Erwiderung: Kölner Z. f. Soziologie u. Sozialpsychologie 3 [1950/1951], 87–91); ders., La méthode systématique en sociologie. Etude critique de la sociologie dite relationnelle de M. L. v. W. par rapport à la sociologie positive française, Lausanne 1950. – W., in: B. Jahn (ed.), Biographische Enzyklopädie deutschsprachiger Philosophen, München 2001, 454–455. S. B.

Wilhelm de la Mare, engl. Theologe und Philosoph der 2. Hälfte des 13. Jhs., Franziskaner. 1274/1275 Magister regens an der Pariser Universität, wahrscheinlich Schüler von J. Peckham, enge Verbindung zu R. Bacon. – W. d. l. M. befaßt sich weniger mit spekulativen Themen als mit textkritischen Bibelstudien und (in empirisch-analytischer Ausrichtung) mit Fragen der Wissenschaftstheorie der Theologie (vgl. H. Kraml 1989, 16). Sein bekanntestes Werk ist das auf den Zeitraum zwischen 1277 und 1279 zu datierende »Correctorium fratris Thomae«, eine kritische Auseinandersetzung mit (größtenteils der »Summa theologiae« zugehörenden) 118 Artikeln Thomas von Aquins. W. d. l. M. wendet sich gegen den thomasischen ↑Hylemorphismus und verteidigt Elemente des ↑Augustinismus, vor allem die These vom Vorrang des Willens vor dem Intellekt und in der Konsequenz den praktischen Charakter der Theologie gegen den Rationalismus des Thomas von Aquin. Das »Correctorium fratris Thomae« wurde 1282 vom Franziskanerorden zum verbindlichen Korrektiv zu den Schriften des Thomas von Aquin erklärt. Der Traktat provozierte von seiten der Dominikaner mehrere Gegenschriften; er war Auslöser des so genannten Korrektorienstreites.

Werke: Les premières polémiques thomistes I (Le correctorium corruptorii »Quare«), ed. P. Glorieux, Kain 1927; Declarationes Magistri Guilelmi de la Mare O. F. M. de variis sententiis S. Thomae Aquinitatis, ed. F. Pelster, Münster 1956; Questions disputeé sur les attributs divins [lat.], ed. B. M. Lemaigre, in: ders., Perfection de Dieu et multiplicité des attributs divins, Rev. sci. philos. théol. 50 (1966), 198–227, 225–227; Trois articles de la seconde redaction du »Correctorium« de Guillaume d. l. M., ed. R. Hissette, Rech. théol. anc. et médiévale 51 (1984), 230–241; Scriptum in primum librum sententiarum, ed. H. Kraml, München 1989; Scriptum in secundum librum sententiarum, ed. H. Kraml, München 1995; Quaestiones in tertium et quartum librum Sententiarum, ed. H. Kraml, München 2001; Sermon pour la fête de Saint Pierre. Sermon de Venedri Saint. Sermon de S. Nicolas, ed. L. J. Bataillon, in: ders., Guillaume d. l. M.. Note sur sa regence parisienne et sa predication, Arch. Franciscanum hist. 98 (2005), 367–422, 383–422; Correctorium Fratris Guillelmi (conscriptio altera), ed. A. Oliva, in: dies., La deuxième rédaction du »Correctorium« de Guillaume d. l. M.. Les Questions concernant la ›I Pars‹, Arch. Franciscanum hist. 98 (2005), 423–464, 439–464; Prologus scripti in primum librum Sententiarum/Prolog zum ersten Buch des Sentenzenkommentars Fragen 1, 2 und 9, in: B. Niederbacher/G. Leibold (eds.), Theologie als Wissenschaft im Mittelalter. Texte, Übersetzungen, Kommentare, Münster 2006, 291–311. – R. Schönberger u. a. (eds.), Repertorium edierter Texte des Mittelalters aus dem Bereich der Philosophie und angrenzender Gebiete, I–IV, Berlin ^{2}2010, II, 1676–1678. – Totok II (1973), 483.

Literatur: S. F. Brown, William d. l. M., in: ders./J. C. Flores (eds.), Historical Dictionary of Medieval Philosophy and Theology, Lanham Md./Toronto/Plymouth 2007, 296–297; J.-P. Genet, William d. l. M., in: A. Vauchez/B. Dobson/M. Lapidge (eds.), Encyclopedia of the Middle Ages II, Paris, Cambridge, Rom 2000, 1547; L. Hödl, Anima forma corporis. Philosophisch-theologische Erhebungen zur Grundformel der scholastischen Anthropologie im Korrektorienstreit (1277–1287), Theol. Philos. 41 (1966), 536–556; M. J. F. M. Hoenen, The Literary Reception of Thomas Aquinas' View on the Provability of the Eternity of the World in d. l. M.'s Correctorium (1278–9) and the Correctoria Corruptorii (1279–ca 1286), in: J. B. M. Wissink (ed.), The Eternity of the World in the Thought of Thomas Aquinas and His Contemporaries, Leiden etc. 1990, 39–68; ders., Being and Thinking in the »Correctorium fratris Thomae« and the »Correctorium corruptorii Quare«. Schools of Thought and Philosophical Methodology in: J. A. Aertsen/K. Emery Jr./A. Speer (eds.), Nach der Verurteilung von 1277. Philosophie und Theologie an der Universität von Paris im letzten Viertel des 13. Jahrhunderts. Studien und Texte/After the Condemnation of 1277. Philosophy and Theology at the University of Paris in the Last Quarter of the Thirteenth Century. Studies and Texts, Berlin/New York 2001, 417–435; H. Kraml, Studien zur Philosophie des W. d. l. M.. Mit einer Bibliographie der Sekundärliteratur zu seinem Werk, Diss. Insbruck 1986; ders., Einleitung, in: Scriptum in primum librum sententiarum [s. o., Werke], 13–83; ders., W. d. l. M., LMA IX (1998), 174–175; ders., Erläuterungen zum Prolog des Sentenzenkommentars von W. d. l. M., in: B. Niederbacher/G. Leibold (eds.), Theologie als Wissenschaft im Mittelalter. Texte, Übersetzungen, Kommentare, Münster 2006, 312–324; ders., The »Quodlibet« of William d. l. M., in: C. Schabel (ed.), Theological quodlibeta in the Middle Ages I (The Thirteenth Century), Leiden/Boston Mass. 2006, 151–170; R. Kühn, Guillaume d. l. M., Enc. philos. universelle III/1 (1992), 573; E. Longpré, Maîtres franciscains de Paris. Guillaume d. l. M., O. F. M., La France Franciscaine 4 (1921), 288–302, 5 (1922),

71–82, 289–306; D. Metz, W. d . l. M., BBKL XIII (1998), 1247–1250; F. Pelster, Das Ur-Correctorium W.s d. l. M.. Eine theologische Zensur zu Lehren des hl. Thomas, Gregorianum 28 (1947), 220–235; S. Podlech, Animae cum corpore amicitia. Zum Leib-Seele-Problem nach W. d. l. M. (d. 1298), Collectanea Franciscana 70 (2000), 43–78; ders., Freiheit und Gewissen. Eine scholastische Kontroverse am Beispiel des Franziskanertheologen W. d. l. M., Collectanea Franciscana 71 (2001), 421–446; F.-X. Putallaz, W. von M., in: A. Brungs/V. Mudroch/P. Schulthess (eds.), Die Philosophie des Mittelalters IV/1 (13. Jahrhundert), Basel 2017, 536–537, 549–551, 688–689. B. U.

Wilhelm von Auvergne (auch: Wilhelm von Paris), *Aurillac (Auvergne) ca. 1180, †Paris 30. März 1249, franz. Theologe und Philosoph. 1215 Magister Artium, 1225 Magister der Theologie an der Pariser Universität, ab 1228 Bischof von Paris. – Als einer der ersten Rezipienten des Aristotelischen Gesamtwerks, d.h. auch der nicht-logischen Schriften, und vertraut mit der arabischen und jüdischen Geisteswelt versucht W. v. A. eine Synthese von neuplatonisch-augustinisch orientierter Theologie und aristotelischer Wissenschaftlichkeit. In ihrer nachdrücklichen Berücksichtigung des Individuellen und der Auffassung des ↑Allgemeinen als Unmittelbares ist diese Synthese anti-rationalistisch konzipiert und enthält charakteristische Elemente der später ↑Augustinismus genannten, gegen den ↑Thomismus gerichteten geistesgeschichtlichen Strömung der Spätscholastik (↑Scholastik). Der aristotelische Realismus wird von W. v. A. unter Ausklammerung der Abstraktionstheorie (↑abstrakt, ↑Abstraktion) mit der neuplatonisch-augustinischen ↑Lichtmetaphysik zu einer Art ›Transzendenz in der Immanenz‹ verbunden. So kommt z.B. W. v. A.s Theorie der ↑Referenz ohne Rekurs auf metaphysische Garantien im engeren Sinne aus (vgl. S. P. Marrone 1983, 126–134), insofern der Königsweg zur Erkenntnis für W. v. A. eine Form der intellektuellen Anschauung (↑Anschauung, intellektuelle) ist, in der die Geist-Seele, die als Abbild Gottes aufgefaßt wird, sich selbst transparent wird (vgl. G. Jüssen 1987, 162). Eine analoge Struktur findet sich bei W. v. A.s Konzeption des Tugendbegriffs. In Ablehnung des platonisch-augustinischen Verständnisses von ↑Tugend als einer von Gott bewirkten rein geistigen Haltung adaptiert W. v. A. die Aristotelische realistische Anthropologie und damit die Sicht des Tugendsubjekts als eines Wesens, das sich um das ↑Gute bemüht (vgl. H. Borok 1979, 154). Das Ziel der Tugendanstrengung bestimmt W. v. A. hingegen nicht wie Aristoteles als Selbstvervollkommnung, sondern ordnet die ›perfectio sui‹ der ›gloria dei‹ unter, wobei beide Zielsetzungen letztlich in der – wegen der Erbsünde innerweltlich nicht zustandekommenden – ↑visio beatifica dei zusammenfallen (vgl. Borok 1979, 87–100).

W. v. A.s Hauptwerk ist das zwischen 1223 und 1240 entstandene »Magisterium divinale«, eine philosophische Verteidigung der christlichen Glaubenssätze in Form einer großangelegten ↑Summe mit den sieben Teilen »De trinitate«, »De universo«, »De anima«, »Cur Deus homo«, »De fide et legibus«, »De sacramentis« und »De virtutibus«. Die Texte zeigen eine wenig normierte, bilderreiche Sprache und eine Tendenz zur Berufung auf die sinnliche Anschauung und die eigene Erfahrung. »De anima« gilt als erste scholastische Abhandlung, die erkenntnistheoretische Fragen aufwirft. Sie eröffnet die Möglichkeit einer im wesentlichen nicht-aristotelischen Philosophie des Geistes, an die z.B. Meister Eckhart anknüpft (vgl. Jüssen 1987, 164). Als bedeutendes Zeugnis des kosmologischen und allgemeiner des naturwissenschaftlichen Wissens der Zeit hat auch die aus sechs Büchern bestehende Schrift »De universo« besondere Beachtung gefunden.

Werke: Opera, Nürnberg 1496, unter dem Titel: Opera omnia, Venedig 1591, I–II, London, Paris 1674 (repr. Frankfurt 1963). – De fide et legib[us], Augsburg o.J. [nicht nach 1476], unter dem Titel: Tractatus de fide, et legibus, in: Opera omnia [s.o.] I, 1–102; De faciebus mundi, Ulm o.J. [ca. 1480]; Rhetorica divina, Gent 1483, unter dem Titel: Rhetorica diuina de oratione, Freiburg o.J. [nicht nach 1491], unter dem Titel: Rhetorica diuina, Paris 1516, unter dem Titel: Rhetorica divina sive Ars oratoria eloquentiae divinae, in: Opera omnia [s.o.] I, 336–406, unter dem Titel: Rhetorica divina, seu ars oratoria eloquentiae divinae [lat./engl.], ed. R. J. Teske, Paris/Leuven/Walpole Mass. 2013 (dt. Rhetorica divina. Ein Kunst vber alle künst, wie der Mensch mit Gott reden soll im Gebett. Himmlische Rhetorick, Freiburg 1598, unter dem Titel: Rhetorica Divina. Him[m]lische Rhetorick. Ein kunst vber alle künst wie der Mensch mit Gott reden sol im Gebet, Prag 1601, unter dem Titel: Himmlische Weißheit, das ist, wie der Mensch mit Gott reden soll im Gebett [...], Freiburg 1603); De immortalitate animae, Ulm 1485, ferner in: Opera omnia [s.o.] I, 329–336, ed. G. Bülow, in: ders., Des Dominicus Gundissalinus Schrift von der Unsterblichkeit der Seele nebst einem Anhange, enthaltend die Abhandlung des W. v. Paris (A.) »De immortalitate animae«, Münster 1897 (Beitr. Gesch. Philos. MA II/3), 39–61 (engl. The Immortality of the Soul, trans. R. J. Teske, Milwaukee Wis. 1991); Summa de Virtutibus et vitiis, Ulm 1485, unter dem Titel: De virtutibus, in: Opera omnia [s.o.] I, 102–328 (engl. On the Virtues, trans. R. J. Teske, Milwaukee Wis. 2009; On Morals, trans. R. J. Teske, Milwaukee Wis. 2013); Dyalogus [...] de septe[m] sacramentis, Paris 1489, 1492, unter dem Titel: De sacramentis. Cur deus homo et De penetencia, Nürnberg o.J. [nicht nach 1497], unter dem Titel: Dyalogus [...] de sacrame[n]tis cuilibet sacerdoti q[ua] vtilissim[us], Leipzig 1512, unter dem Titel: De septem sacramentis, London 1516, ferner in: Opera omnia [s.o.] I, 407–555; Jncipit p[r]ima pars p[r]ime partis Guilhermi Parisien[sis] de vniuerso [De universo], Nürnberg o.J. [nicht nach 1497], unter dem Titel: De universo opus celeberrimum et singulare, in: Opera omnia [s.o.] I, 593–1074 (engl. [teilw.] The Universe of Creatures, trans. R. J. Teske, Milwaukee Wis. 1998, unter dem Titel: The Providence of God Regarding the Universe. Part Three of the First Principal Part of »The Universe of Creatures«, trans. R. J. Teske, Milwaukee Wis. 2007); Cur deus homo, in: De sacramentis. Cur deus homo et De penetencia, Nürnberg o.J. [nicht nach 1497], unter dem Titel: Tractatus de Causis, cur Deus homo, in: Opera omnia [s.o.] I, 555–570; De penetencia, in: De sacramentis. Cur deus homo et De penetencia,

Nürnberg o.J. [nicht nach 1497], unter dem Titel: Tractatus novus de poenitentia, in: Opera omnia [s.o.] I, 570–592, II/2, 229–247; Tractatus [...] super passio[n]e christi, Hagenau 1498; De collationibus & pluralitate ecclesiasticorum beneficorum, Straßburg 1507, unter dem Titel: Tractatus de Collatione beneficiorum, in: Opera omnia [s.o.] II/2, 248–260; De claustro anime, Paris 1507; De trinitate, in: Opera omnia [s.o.] II/2, 1–64, ed. B. Switalski, Toronto 1976 (engl. [teilw.] The Trinity, or the First Principles, trans. R.J. Teske/F.C. Wade, Milwaukee Wis. 1989, ^{2}1995, [Chap. I–III] trans. A.B. Schoedinger, in: ders., Readings in Medieval Philosophy, Oxford/New York 1996, 59–66); Tractatus de anima, in: Opera omnia [s.o.] II/2, 65–228, unter dem Titel: The Treatise »De anima« of Dominicus Gundissalinus, ed. J.T. Muckle, Med. Stud. 2 (1940), 23–103 (franz. [teilw.] De l'Âme (VII, 1–9), ed. J.-B. Brenet, Paris 1998; engl. The Soul, trans. R.J. Teske, Milwaukee Wis. 2000); Un manuel de predication médiévale. Le ma. 97 de Bruges [De arte praedicandi], ed. A. de Poorter, Rev. néo-schol. philos. 25 (1923), 192–209; Tractatus Magistri Guillelmi Alvernensis De bono et malo, ed. J.R. O'Donnell, Med. Stud. 8 (1946), 245–299; Tractatus secundus Guillelmi Alvernensis De bono et malo [De paupertate spirituali], ed. J.R. O'Donnell, Med. Stud. 16 (1954), 219–271; Il »Tractatus de gratia« di Guglielmo d'A., ed. G. Corti, Rom 1966; Selected Spiritual Writings (Why God Became Man, On Grace, On Faith), trans. R.J. Teske, Milwaukee Wis. 2011; Opera homiletica, I–IV (I Sermones de tempore I–CXXXV, II Sermones de tempore CXXXVI–CCCXXIV, III Sermones de sanctis, IV Sermones de communi sanctorum et de occasionibus), ed. F. Morenzoni, Turnhout 2010–2013 (CCM 230). – J.R. Ottman, List of Manuscripts and Editions, in: F. Morenzoni/J.-Y. Tilliette (eds.), Autour de Guillaume d'A. [s.u., Lit.], 375–399; R. Schönberger u.a. (eds.), Repertorium edierter Texte des Mittelalters aus dem Bereich der Philosophie und angrenzender Gebiete, I–IV, Berlin ^{2}2010, II, 1642–1647.

Literatur: M. Baumgartner, Die Erkenntnislehre des W. v. A., Münster 1893; H. Borok, Der Tugendbegriff des W. v. A. (1180–1249). Eine moralhistorische Untersuchung zur ideengeschichtlichen Rezeption der aristotelischen Ethik, Düsseldorf 1979; R. Heinzmann, Zur Anthropologie des W. v. A., Münchener Theol. Z. 16 (1965), 27–36; G. Jüssen, W. v. A. und die Transformation der scholastischen Philosophie im 13. Jahrhundert, in: J.P. Beckmann u.a. (eds.), Philosophie im Mittelalter. Entwicklungslinien und Paradigmen, Hamburg 1987, ^{2}1996, 141–164; ders., W. v. A., LMA IX (1998), 162–163; ders., W. v. A., TRE XXXVI (2004), 45–48; N. Lewis, William of A.'s Account of the Enuntiable. Its Relations to Nominalism and the Doctrine of the Eternal Truth, Vivarium 33 (1995), 113–136; ders., William of A., SEP 2008, rev. 2016; S.P. Marrone, William of A. and Robert Grosseteste. New Ideas of Truth in the Early Thirteenth Century, Princeton N.J. 1983; ders., William of A., REP IX (1998), 725–727; T. de Mayo, The Demonology of William of A.. By Fire and Sword, Lewiston N.Y./Queenston/Lampeter 2007; E.A. Moody, William of A. and His Treatise »De anima«, in: ders., Studies in Medieval Philosophy, Science, and Logic. Collected Papers 1933–69, Berkeley Calif. 1975, 1–109; F. Morenzoni/J.-Y. Tilliette (eds.), Autour de Guillaume d'A. (†1249), Turnhout 2005; T. Pitour, W. v. A.s Psychologie. Von der Rezeption des aristotelischen Hylemorphismus zur Reformulierung der Imago-Dei-Lehre Augustins, Paderborn etc. 2011; A. Quentin, Naturerkenntnisse und Naturanschauungen bei W. v. A., Hildesheim 1976; J. Rohls, W. v. A. und der mittelalterliche Aristotelismus. Gottesbegriff und aristotelische Philosophie zwischen Augustin und Thomas von Aquin, München 1980; S. Schindele, W. v. A., in: H. Hergenröther/F. Kaulen (eds.), Wetzer und Welte's Kirchenlexikon oder Encyclopädie der katholischen Theologie und ihrer Hülfswissenschaften XII, Freiburg ^{2}1901, 1586–1590; T. Suarez-Nani, W. v. A., in: A. Brungs/V. Mudroch/P. Schulthess (eds.), Die Philosophie des Mittelalters IV/1 (13. Jahrhundert), Basel 2017, 270, 281–286, 621; R.J. Teske, William of A., in: J.J.E. Gracia/T.B. Noone (eds.), A Companion to Philosophy in the Middle Ages, Malden Mass./Oxford/Carlton 2003, 680–687; ders., Studies in the Philosophy of William of A., Bishop of Paris (1228–1249), Milwaukee Wis. 2006; ders., William of A., in: H. Lagerlund (ed.), Encyclopedia of Medieval Philosophy II, Dordrecht etc. 2011, 1402–1405; N. Valois, Guillaume d'A., évêque de Paris (1228–1249). Sa vie et ses ouvrages, Paris 1880 (repr. Dubuque Iowa o.J. [ca. 1963]). B.U.

Wilhelm von Auxerre (auch: Guillelmus Altissiodorensis), †wahrscheinlich 1231, Archidiakon von Beauvais, Frühscholastiker. W. gehörte 1219–1229 in Paris theologischen Kreisen an, in denen sich der Übergang vom ↑Neuplatonismus zum ↑Aristotelismus durchzusetzen begann; 1230–1231 Unterhändler im Pariser Universitätsstreit in Rom. 1231 von Gregor IX. zum Mitglied einer Kommission ernannt, die die Werke des Aristoteles für eine autorisierte Ausgabe prüfen sollte. Sein Hauptwerk, die »Summa aurea«, zwischen 1215 und 1229 verfaßt, ist ein ↑Sentenzenkommentar, der sich im Aufbau eng an den des Petrus Lombardus anschließt. Der Kommentar enthält neben neuplatonischem und augustinischem auch aristotelisches Gedankengut. In Buch I behandelt W. das Verhältnis zwischen Vernunft und Glauben, die Erkennbarkeit Gottes und die ↑Gottesbeweise; dabei setzt er sich auch mit dem Gottesbeweis des Anselm von Canterbury auseinander. In den folgenden drei Büchern befaßt er sich unter anderem mit einer rationalen Begründung der Trinitätslehre, mit der Schöpfung der Welt und der Frage nach ihrer Zeitlichkeit. Seine Äußerungen zur Erkenntnistheorie lassen zwar erkennen, daß er die Aristotelische Erkenntnistheorie in »De anima« kannte, doch stützt er sich hier auf A. Augustinus. Rezipiert hat W. von Aristoteles dessen Logik und Analytik sowie dessen Metaphysik und Ethik und wendet den Wissenschaftsbegriff aus Aristoteles' »Analytica posteriora« richtungweisend auf die Theologie an. Auf rein theologischem Gebiet kritisiert W. insbes. den ↑Manichäismus.

Werke: Summa aurea in quattuor libros sententiarum, ed. P. Pigouchet, Paris 1500 (repr. New York, Frankfurt 1964), unter dem Titel: Aurea doctoris [...] Guillelmi altissiodore[n]sis in quattuor sententiarum libros perlucida explanatio [...], ed. F. Regnault, Paris o.J. [nach 1500], unter dem Titel: Magistri Guillelmi Altissiodorensis Summa aurea, I–VII, ed. J. Ribaillier, Paris/Rom 1980–1987; La Summa de officiis ecclesiasticis de Guillaume d'Auxerre, ed. R.M. Martineau, Et. hist. litt. doctr. du XIII siècle 2 (1932), 25–58, [Teilausg.] unter dem Titel: W. v. A. zu Kirchweihfest und Kirchweihritus. Edition aus der »Summa de officiis ecclesiasticis«, ed. J. Arnold, in: ders., ›Spiritualis dedicatio‹ [s.u.,

Lit.], 423–438, unter dem Titel: Magistri Guillelmi Autissiodorensis Summa de officiis ecclesiasticis. Kritisch-digitale Erstausgabe, ed. F. Fischer, Köln 2007–2013 [guillelmus.uni-koeln.de].

Literatur: J. Arnold, ›Perfecta communicatio‹. Die Trinitätslehre W.s v. A., Münster 1995; ders., W. v. A. (Guillelmus Alt-/Ant-/Autissiodorensis). Mag. Theol., Archdiakon von Beauvais († vermutlich 1231/spätestens 1237), LMA IX (1998), 163–164; ders., ›Spiritualis dedicatio‹. Zum geistlichen Sinn von Kirchweihfest und Kirchweihritus. Zwei Abschnitte der »Summa de officiis ecclestiasticis« des W. v. A. und ihre Rezeption durch Durandus von Mende, in: R. M. W. Stammberger/C. Sticher/A. Warnke (eds.), »Das Haus Gottes, das seid ihr selbst«. Mittelalterliches und barockes Kirchenverständnis im Spiegel der Kirchweihe, Berlin 2006, 367–438; C. Baladier, ›Intensio‹ de la charité et géométrie de l'infini chez Guillaume d'Auxerre, Rev. de l'histoire des religions 225 (2008), 347–391; B. T. Coolman, Knowing God by Existence. The Spiritual Senses in the Theology of William of A., Washington D. C. 2004; ders., William of A., in: H. Lagerlund (ed.), Encyclopedia of Medieval Philosophy II, Dordrecht etc. 2011, 1405–1407; S. Ernst, Ethische Vernunft und christlicher Glaube. Der Prozeß ihrer wechselseitigen Freisetzung. In der Zeit von Anselm von Canterbury bis W. v. A., Münster 1996; ders., W. v. A., TRE XXXVI (2004), 48–51; M. Haren, Medieval Thought. The Western Intellectual Tradition from Antiquity to the Thirteenth Century, New York, Basingstoke/London 1985, Toronto, Basingstoke/London ²1992; P. Lackas, Die Ethik des W. v. A.. Beiträge zu ihrer Würdigung, Ahrweiler 1939; G. Leibold, Kommentar zum Text [W. v. A., Prolog zur Summa aurea], in: B. Niederbacher/G. Leipold (eds.), Theologie als Wissenschaft im Mittelalter. Texte, Übersetzungen, Kommentare [...], Münster 2006, 26–36, 13–25, Text; S. C. MacDonald, William of A., REP IX (1998), 727–729; C. Ottaviano, Guglielmo d'Auxerre. La vita, le opere, il pensiero, Rom 1930; J. A. St. Pierre, The Theological Thought of William of Auxerre. An Introductory Bibliography, Rech. théol. anc. et médiévale 33 (1966), 147–155; W. H. Principe, The Theology of the Hypostatic Union in the Early Thirteenth Century I (William of Auxerre's Theology of the Hypostatic Union), Toronto 1963; J. Ribaillier, Guillaume d'Auxerre, in: M. Villier u. a. (eds.), Dictionnaire de spiritualité VI, Paris 1967, 1192–1199; J.-L. Solère, La logique d'un texte medieval. Guillaume d'Auxerre et le problème du possible, Rev. philos. Louvain 98 (2000), 250–293; T. Suarez-Nani, W. v. A., in: A. Brungs/V. Mudroch/P. Schulthess (eds.), Die Philosophie des Mittelalters IV/1 (13. Jahrhundert), Basel 2017, 269, 276–278, 619–620; M. J. Tracey, ›Prudentia‹ in the Parisian Theological »summae« of William of A., Philip the Chancellor, and Albert the Great, in: L. Honnefelder/H. Möhle/S. Bullido del Barrio (eds.), Via Alberti. Texte - Quellen - Interpretationen, Münster 2009, 267–293; J. Zuplo, William of A., in: J. J. E. Gracia/T. B. Noone (eds.), A Companion to Philosophy in the Middle Ages, Malden Mass./Oxford/Carlton 2003, 688–689. E.-M. E.

Wilhelm von Champeaux, *Champeaux (b. Melun) ca. 1070, †1122, franz. Theologe und Philosoph, Schüler Manegolds von Lautenbach, Anselms von Laon und Roscelins von Compiègne, ab 1113 Bischof von Châlons-sur-Marne. – W. v. C. gilt zusammen mit Wilhelm von Laon auf Grund der gemeinsam ausgebildeten ersten theologisch-philosophischen Schule des Mittelalters als Begründer der Frühscholastik (↑Scholastik). Die Schule Anselms von Laon und W.s v. C., der an der Kathedralschule von Paris lehrte, bemühte sich in strikter Orientierung an den Kirchenvätern, vor allem an A. Augustinus, durch Ausarbeitung und Vervollständigung zahlreicher ↑Summen und ↑Sentenzenkommentare um eine Systematisierung der theologischen Lehre (vgl. H. Weisweiler 1936, 247–252). Der Festlegung auf die Autorität der Kirchenväter korrespondiert bei W. v. C. eine Tendenz zur ↑Mystik. 1108 zieht er sich in die Augustinerabtei von St. Viktor zurück; unter seiner Wirkung wird die Schule von St. Viktor (↑Sankt Viktor, Schule von), als deren bedeutendster Schüler Hugo von St. Viktor gilt, zu einer maßgeblichen Instanz der Vermittlung von Wissenschaft und Kontemplation.

In der Universalienfrage (↑Universalienstreit) vertritt W. v. C. zunächst einen extremen Realismus (↑Realismus (ontologisch)). Unter den Angriffen P. Abaelards, der sein Schüler an der Kathedralschule in Paris war, gibt er diese Position auf; nach dem Zeugnis Abaelards (vgl. Historia calamitatum, MPL CLXXVIII [1855], 119) wandelt er sie sogar zur so genannten Indifferenzthese ab, d. h. zu der Auffassung, das Universale der Einzeldinge bestehe nicht in ihrer Essenz, sondern in ihrer Indifferenz, darin nämlich, worin sie sich nicht unterscheiden.

Werke: Opera, MPL CLXIII (1854), 1037–1072. – Wilhelmi Campallensis de natura et origine rerum placita, ed. G. A. Patru, Paris 1847; De essentia et substantia dei et de tribus ejus personis, ed. V. Cousin, in: Fragments philosophiques pour server à l'histoire de la philosophie II, Paris 1865 (repr. Genf 1970), 328–335; Sententiae vel quaestiones XLVII, ed. G. Lefevre, in: ders., Les variations de Guillaume de C. et la question des universaux, Lille 1898 (Travaux et mémoires des facultés de Lille VI/20), 19–79; Les »Sentences« de Guillaume de C., ed. O. Lottin, in: ders., Psychologie et morale aux XIIe et XIIIe siècles V [s. u., Lit.], 190–227; Introductiones dialecticae secundum Wilgelmum, ed. L. M. de Rijk, in: ders., Logica modernorum. A Contribution to the History of Early Terminist Logic II/1 (The Origin and Early Development of the Theory of Supposition), Assen 1967, 130–146, unter dem Titel: Introductiones dialecticae secundum Wilgelmum, ed. Y. Iwakuma, in: ders., The »Introductiones dialecticae secundum Wilgelmum« and »secundum G. Paganellum«, Cahiers de l'Institute du Moyen-Âge grec et latin 63 (1993), 45–114, 57–84; William of C. on Boethius' Topics According to Orleans Bibl. Mun. 266, ed. N. J. Green-Pedersen, in: Studia in honorem Henrici Roos septuagenarii, Kopenhagen 1974 (Cahiers de l'Institute du Moyen-Âge grec et latin 13), 13–30; The Commentaries on Cicero's »De inventione« and »Rhetorica ad Herennium«, ed. K. M. Fredborg, Cahiers de l'Institute du Moyen-Âge grec et latin 17 (1976), 1–39, 33–39. – R. Schönberger u. a. (eds.), Repertorium edierter Texte des Mittelalters aus dem Bereich der Philosophie und angrenzender Gebiete, I–IV, Berlin 1994, II, 1653–1655.

Literatur: R. Berndt, William of C., in: A. Vauchez/B. Dobson/M. Lapidge (eds.), Encyclopedia of the Middle Ages II, Paris, Cambridge, Rom 2000, 1548; C. Erismann, L'homme commun. La genèse du réalisme ontologique durant le haut Moyen Âge, Paris 2011, 363–380 (Chap. VII Guillaume de C.); A. Grondeux, Guillaume de C., Joscelin de Soissons, Abélard et Gosvin d'Anchin.

Ètude d'un milieu intellectuel, in: I. Rosier-Catach (ed.), Arts du langage et théologie aux confins de XIe et XIIe siècles. Textes, maîtres, débats, Turnhout 2011, 3–44; K. Guilfoy, William of C., SEP 2005; Y. Iwakuma, William of C. on Aristotle's Categories, in: J. Biard/I. Rosier-Catach (eds.), La tradition médiévale des categories (XIIe–XVe siècles). Actes du XIIIe Symposium européen de logique et de sémantique médiévales (Avignon, 6–10 juin 2000), Louvain-la-Neuve, Louvain/Paris 2003, 313–328; K. Jacobi, W. v. C. (Guillelmus de Campellis, Campellensis), Philosoph und Theologe (um 1070–1122), LMA IX (1998), 167–168; ders., William of C.. Remarks on the Tradition in the Manuscripts, in: I. Rosier-Catach (ed.), Arts du langage et théologie [...] [s.o.], 261–274; J. Jolivet, Données sur Guillaume de C.. Dialecticien et théologien, in: J. Longère (ed.), L'abbaye parisienne de Saint-Victor au Moyen Age. Communications présentées au XIIIe Colloque d'Humanisme Médiéval de Paris (1986–1988), Paris/Turnhout 1991, 235–251; ders., Guillaume de C., Enc. philos. universelle III/1 (1992), 571; O. Lottin, Psychologie et morale au XIIe et XIIIe siècles V (Problèmes d'histoire littéraire. L'école d'Anselme de Laon et de Guillaume de C.), Louvain, Gembloux 1959; J. Marenbon, William of C., in: J. J. E. Gracia/T. B. Noone (eds.), A Companion to Philosophy in the Middle Ages, Malden Mass./Oxford/Carlton 2003, 690–691; C. J. Mews, William of C., the Foundation of Saint-Victor (Easter, 1111), and the Evolution of Abelard's Early Career, in: I. Rosier-Catach (ed.), Arts du langage et théologie [...] [s.o.], 83–104; E. Michaud, Guillaume de C. et les écoles de Paris au XIIe siècle. D'après des documents inédits, Paris 1867 (repr. Dubuque Iowa 1971); C. de Miramon, Quatre notes biographiques sur Guillaume de C., in: I. Rosier-Catach (ed.), Arts du langage et théologie [...] [s.o.], 45–82; M. M. Tweedale, William of C., REP IX (1998), 729–730; J. O. Ward/K. M. Fredborg, Rhetoric in the Time of William of C., in: I. Rosier-Catach (ed.), Arts du langage et théologie [...] [s.o.], 219–234; H. Weisweiler, Das Schrifttum der Schule Anselms von Laon und W.s v. C. in deutschen Bibliotheken. Ein Beitrag zur Geschichte der Verbreitung der ältesten scholastischen Schule in deutschen Landen, Münster 1936. B. U.

Wilhelm von Conches (lat. Guilelmus de Conchis), *Conches (Normandie) um 1080, †1154, Philosoph aus der Schule von Chartres (↑Chartres, Schule von), einer der Lehrer des Johannes von Salisbury und vermutlich Schüler des Bernhard von Chartres. W.s Hauptschriften sind der ↑Naturphilosophie gewidmet. Er orientiert sich an Platons »Timaios« und an den Schriften von Constantinus Africanus, Johannitius, Theophilus, Nemesius von Emesa, L. A. Seneca und A. M. T. S. Boethius. Seine »Philosophia mundi« (um 1125) stellt die erste systematische Wissenskompilation des Mittelalters dar.

W. geht durchgängig von natürlichen Erklärungen der Geschehnisse in der Welt aus. Wie Adelard von Bath verteidigt er eine Atom- oder Elemententheorie als physikalische Basis der Welt. In dieser ersten Schaffensperiode identifiziert er den Hl. Geist mit der ↑Weltseele und entwickelt eine platonistische Version der christlichen Lehre von der ↑Schöpfung und Lenkung der Welt durch den (dreifaltigen) Gott. Später zieht sich W. nach Angriffen durch Wilhelm von St.-Thierry gegen seine die Grenzen der kirchlichen Lehre überschreitenden kosmologischen Spekulationen (in die er auch die Trinitätstheologie einbezieht) unter dem Schutz des Herzogs Geoffrey Plantagenet als Erzieher von dessen Sohn, dem späteren König Heinrich II. von England, in die Normandie zurück. Hier verfaßt W. sein dialogisch dargestelltes »Dragmaticon philosophiae« (1144–1149), in dem er seine früheren Gleichsetzungen theologischer und kosmologischer Erklärungen weitgehend aufgibt. An einer naturwissenschaftlichen Erklärung der Welt durch ↑Elemente und vier Kräfte hält er aber weiterhin fest. Er befaßt sich hier mit Fragen der ↑Kosmogonie, der Astronomie, Meteorologie, Anthropologie, Anatomie und Physiologie. Für letztere zog er arabische medizinische Quellen in Übersetzung von Constantinus Africanus heran.

Werke: Opera omnia, Turnhout 1997ff. (erschienen Bde I–III [CCM 152, 158, 203]. – Liber qui dici[tur] moraliu[m] dogma de virtutibus & vitijs oppositis moraliter & philosophice determinans, o.O. [Deventer] o. J. [1486], unter dem Titel: Das Moralium Dogma philosophorum des Guillaume de C. [lat./altfranz./mittelniederfränkisch], ed. J. Holmberg, Uppsala, Leipzig 1929 (Autorschaft umstritten); Philosophicarum et astronomicarum institutionum [...] libri tres, Basel 1531, unter dem Titel: De philosophia mundi, MPL 172 (dort Honorius von Autun zugeschrieben), 41–102, unter dem Titel: Un brano inedito della »Philosophia« di Guglielmo di C., ed. C. Ottaviano, Neapel 1935, unter dem Titel: Philosophia mundi. Ausgabe des 1. Buches [...] [lat./dt.], ed. G. Maurach, Pretoria 1974, unter dem Titel: Philosophia, 1980, [lat./ital.], ed. M. Albertazzi, Lavis 2010 (franz. [teilw.] La philosophie, in: M. Lemoine/C. Picard-Parra, Théologie et cosmologie au XIIe siècle, Paris 2004, 9–42); Dialogus de substantiis physicis, ed. G. Gratorolus, Straßburg 1567 (repr. Frankfurt 1967), unter dem Titel: Dragmaticon philosophiae. Summa de Philosophia in vulgari, ed. L. Badia/J. Pujol, Turnhout 1997 (= Opera omnia I [CCM 152]) (engl. A Dialogue on Natural Philosophy (Dragmaticon philosophiae), trans. I. Ronca/M. Curr, Notre Dame Ind. 1997; franz. [teilw.], Dialogue de Philosophie, in: M. Lemoine/C. Picard-Parra, Théologie et cosmologie au XIIe siècle, Paris 2004, 47–118); Des commentaires inédits de Guillaume de C. et de Nicolas Triveth, sur la »Consolation de Philosophie« de Boèce, ed. M. C. Jourdain, in: Notices et extraits des manuscrits de la Bibliothèque Impériale XX/2, Paris 1862, 40–82, 72–82, unter dem Titel: Les gloses de Guillaume de C. sur la Consolation de Boèce, ed J. M. Parent, in: ders., La doctrine de la création dans l'École de Chartres, Paris, Ottawa Ont. 1938, 124–136, unter dem Titel: William of C. and the Tradition of Boethius' »Consolatio Philosophiae«. An Edition of His »Glosae super Boetium« and Studies of the Latin Commentary Tradition, ed. L. Nauta, Diss. Groningen 1999, unter dem Titel: Glosae super Boetium, ed. L. Nauta, Turnhout 1999 (= Opera omnia II [CCM 158]); Glosae super Platonem, ed. E. Jeauneau, Paris 1965, mit Untertitel: Editionem novam trium codicum nuper repertorum testimonio suffultam curavit, Turnhout 2006 (= Opera III [CCM 203]), [teilw.] unter dem Titel: Tractatus de anima mundi/Trattato sull'anima del mondo, in: C. Martello, Platone a Chartres. Il »Trattato sull'anima del mondo« di Guglielmo di C., Palermo 2011, 97–178; Deux rédactions des gloses de Guillaume de C. sur Priscien, in: E. Jeauneau, Lectio philosophorum. Recherches sur l'École de Chartres, Amsterdam 1973, 335–370; Selections from William of C.'s Commentary on Macrobius [lat.], in: P. Dronke,

Fabula. Explorations into the Uses of Myth in Medieval Platonism, Leiden/Köln 1974, 1985, 68–78, unter dem Titel: Extraits des »Glosae Colonienses« dans la version interpolée des »Glosae super Macrobium« de Guillaume de C. (MS København, Det. Kongelige Bibl., Gl.Kgl.S.19104°) [lat.], in: I. Caiazzo, Lectures médiévales de Macrobe. Les »Glosae Colonienses super Macrobium«, Paris 2002, 277–289; Glosae in Iuvenalem [lat.], ed. B. Wilson, Paris 1980, unter dem Titel: [Kommentar] P. Paris, Bibliothèque Nationale lat.2940. [Kommentar] W. Baltimore, Walters Art Gallery 20, ed. B. Löfstedt, in: ders., Vier Juvenal-Kommentare aus dem 12. Jahrhundert, Amsterdam 1995, 215–365. – R. Schönberger u. a. (eds.), Repertorium edierter Texte des Mittelalters aus dem Bereich der Philosophie und angrenzender Gebiete, I–IV, Berlin ^{2}2010, II, 1656–1660.

Literatur: J. Cadden, Science and Rhetoric in the Middle Ages. The Natural Philosophy of William of C., J. Hist. Ideas 56 (1995), 1–24; P. Dronke, W. of C. and the ›New Aristotle‹, in: ders., Sacred and Profane Thought in the Middle Ages, Florenz 2016, 155–166; E. P. Dutton, The Mystery of the Missing Heresy Trial of William of C., Toronto 2006; D. Elford, Developments in the Natural Philosophy of William of C.. A Study of the »Dragmaticon« and a Consideration of Its Relationship to the »Philosophia«, Diss. Cambridge 1983; dies., William of C., in: P. Dronke (ed.), A History of Twelfth-Century Western Philosophy, Cambridge 1988, 1992, 308–327; S. Ernst, W. v. C., LMA IX (1998), 168–170; G. R. Evans, William of C., in: ders., Fifty Key Medieval Thinkers, London/New York 2002, 91–94; H. Flatten, Die Philosophie des W. v. C., Koblenz 1929; M. Grabmann, Handschriftliche Forschungen und Mitteilungen zum Schrifttum des W. v. C. und zu Bearbeitungen seiner naturwissenschaftlichen Werke, München 1935 (Sitz.ber. Bayer. Akad. Wiss. 1935,10); T. Gregory, Anima mundi. La filosofia di Guglielmo di C. e la scuola di Chartres, Florenz 1955; J. Hatinguais, Points de vue sur la volonté et le jugement dans l'œuvre d'un humaniste chartrain, in: L'Homme et son destin. D'après les penseurs du moyen âge. Actes du premier congrès international de philosophie médiévale, Louvain, Bruxelles, 28 août - 4 septembre 1958, Louvain/Paris 1960, 417–429; J. Jolivet, William of C., in: A. Vauchez/B. Dobson/M. Lapidge (eds.), Encyclopedia of the Middle Ages II, Paris, Cambridge, Rom 2000, 1548; J. Marenbon, William of C., REP IX (1998), 730–731; J. H. Newell jr., William of C., in: J. Hacket (ed.), Medieval Philosophers, Detroit Mich./London 1992 (Dictionary of Literary Biography 115), 353–359; B. Obrist/I. Caiazzo (eds.), Guillaume de C.. Philosophie et science au XIIe siècle, Florenz 2011; N. F. Palmer, W. v. C., in: B. Wachinger u. a. (eds.), Die Deutsche Literatur des Mittelalters. Verfasserlexikon XI, Berlin/New York ^{2}2004, 2010, 1663–1668; J. Pfeiffer, Contemplatio Caeli. Untersuchungen zum Motiv der Himmelsbetrachtung in lateinischen Texten der Antike und des Mittelalters, Hildesheim 2001, 216–259 (Kap. VII.3 Das Motiv der Himmelsbetrachtung in den Schriften W.s v. C.); T. Ricklin, Der Traum der Philosophie im 12. Jahrhundert. Traumtheorien zwischen Constantinus Africanus und Aristoteles, Leiden/Boston Mass./Köln 1998, bes. 125–246 (Kap. II Ein Text und viele Versionen. W. v. C.); R. Rieger, W. v. C., RGG VIII (^{4}2005), 1551; L. M. de Rijk, Logica modernorum. A Contribution to the History of Early Terminist Logic II/1 (The Origin and Early Development of the Theory of Supposition), Assen 1967, 221–228; A. Speer, Die entdeckte Natur. Untersuchungen zu Begründungsversuchen einer »scientia naturalis« im 12. Jahrhundert, Leiden/New York/Köln 1995, 130–221 (Kap. IV W. v. C.); L. Thorndike, More Manuscripts of the »Dragmaticon« and »Philosophia« of William of C., Speculum 20 (1945), 84–87; A. Vernet, Un remaniement de la »Philosophia« de Guillaume de C., Scriptorum 1 (1946/1947), 243–259; K. Werner, Die Kosmologie und Naturlehre des scholastischen Mittelalters mit specieller Beziehung auf W. v. C., Wien 1873 (Sitz.ber. Akad. Wiss. Wien, philos.-hist. Kl. 75,5), 309–403; G. A. Zinn, William of C., in: R. K. Emmerson/S. Clayton-Emmerson (eds.), Key Figures in Medieval Europe. An Encyclopedia, London/New York 2006, 672. E.-M. E./O. S.

Wilhelm von Moerbeke, *Moerbeke (bei Gent) ca. 1220–1235, †Korinth 1286, bedeutendster und einflußreichster mittelalterlicher Übersetzer von griechischen Texten ins Lateinische. W. v. M. war Mitglied des Dominikanerordens. 1260 Aufenthalt in Kleinasien und Griechenland; ab November 1267 päpstlicher Kaplan und Pönitentiar bei Clemens IV. in Viterbo, später auch bei Gregor X. 1274 begleitete er Gregor X. zum Konzil von Lyon und setzte sich dort für eine Wiedervereinigung der römischen und der byzantinischen Kirche ein. Im April 1278 Ernennung zum Erzbischof von Korinth. W. v. M.s Übersetzungen der Schriften des Aristoteles sowie philosophischer und naturwissenschaftlicher Texte anderer Autoren sind grundlegend für die hochscholastische (↑Scholastik) Wissenschaft und noch weit über das Mittelalter hinaus einflußreich.

Die Schriften des Aristoteles, die W. v. M. zum ersten Mal vom Griechischen ins Lateinische übersetzt, sind: »De caelo« (Bücher *Γ–Δ*), »Historia animalium«, »Metaphysik« (Buch *Λ*), »Meteorologica« (Bücher *A–Γ*), »Poetica«, »Politica«. Für die »Categoriae«, »De caelo« (Bücher *A–B*), »De interpretatione«, »Meteorologica« (Buch *Δ*) und »Rhetorica«, die bereits ins Lateinische übertragen vorlagen, fertigt W. v. M. neue Übersetzungen an. Außerdem überarbeitet er bereits vorliegende Übersetzungen. W. v. M.s Übersetzungen (darunter auch Aristoteles-Kommentare z. B. von Alexander von Aphrodisias, J. Philoponos, Simplikios und Themistios, ferner naturwissenschaftliche Texte z. B. von Archimedes, Galenos, Heron von Alexandreia, Hippokrates von Chios und K. Ptolemaios) gelten als wortgetreu und auch dort, wo W. v. M. mangels geeigneter Entsprechungen neue Wörter prägt, als sorgfältig bedacht (vgl. L. Minio-Paluello 1974, 436). Seit der Edition von M.s Übersetzung der Aristotelischen »Meteorologica« durch G. Vuillemin-Diem 2008 muß man allerdings Roger Bacons bis dahin als übertrieben und ungerecht eingestufter Kritik an den Übersetzungen M.s eine gewisse Berechtigung einräumen (vgl. J. Hackett 2011, 160–162). Mit seiner Übersetzungsarbeit beeinflußt W. v. M. die philosophische Sprache und Begrifflichkeit bis in die Neuzeit hinein erheblich. Den Zeitgenossen bieten seine Übersetzungen erstmals die Möglichkeit textkritischer Aristoteles-Studien. Eine deutlichere Unterscheidung zwischen Aristotelischem und Platonischem Gedankengut wird durch W. v. M.s Proklos-Übersetzungen möglich, insbes. durch die Übertragung der »Elementatio theologica« und durch den Nachweis der Nähe dieser Abhandlung zum »Liber de causis«, einer bis dahin Aristoteles bzw. seinem Umkreis zugeschriebenen Schrift. W. v. M.s Übersetzung der »Elementatio theologica« und anderer Proklos-Schriften begründet die neuplatonische (↑Neuplatonismus) Tradition des Mittelalters, z. B. der Schule von Ulrich von Straßburg, die bis in die ↑Renaissance reicht. – Die einzige von W. v. M. selbst verfaßte Schrift, die im Gegensatz zu den Übersetzungen allerdings ohne Einfluß bleibt, ist eine Art Orakelbuch, ein Werk zur Geomantik.

Werke: Ars geomantiae, Handschrift [wahrscheinlich 1276], mit dem Incipit »Et quia prima et principalis [...]« z. B. Erfurt, Universitäts- und Forschungsbibliothek, Amplon., Qu. 384. – Meteorologica. Translatio Guillelmi de Moerbeka, ed. G. Vuillemin-Diem, I–II, Turnhout 2008 (Aristoteles Latinus X/2,1–2,2). – Für eine Auflistung aller Übersetzungen W. v. M.s und ihrer jeweiligen Editionen vgl. L. Minio-Paluello [s. u., Lit.]; W. Vanhamel, Biobibliographie de Guillaume de M., in: J. Brams/W. Vanhamel (eds.), Guillaume de M. [s. u., Lit.], 301–383 [Verzeichnis aller Übersetzungen sowie der vor 1989 publizierten Editionen]; R. Schönberger u. a. (eds.), Repertorium edierter Texte des Mittelalters aus dem Bereich der Philosophie und angrenzender Gebiete, I–IV, Berlin ²2010, II, 1692–1697; P. De Leemans/V. Cordonier/C. Steel, W. v. M. [s. u., Lit.], 112–114 [Auflistung der Aristoteles-Übersetzungen]. – Totok II (1973), 325.

Literatur: M. A. Aris, W. v. M., LMA IX (1998), 175–176; A. Beccarisi, Natürliche Prognostik und Manipulation. W. v. M. »De arte et scientia geomantiae«, in: L. Sturlese (ed.), Mantik, Schicksal und Freiheit im Mittelalter, Köln/Weimar/Wien 2011, 109–127; J. Brams, Mensch und Natur in der Übersetzungsarbeit W.s v. M., in: A. Zimmermann/A. Speer (eds.), Mensch und Natur im Mittelalter II, Berlin/New York 1992, 537–561; ders., L'édition critique de l'Aristote latin. Le problème des revisions, in: S. G. Lofts/P. W. Rosemann (eds.), Éditer, traduire, interpreter. Essais de méthodologie philosophique, Louvain-la-Neuve 1997, 39–53; ders., Les traductions de Guillaume de M., in: J. Hamesse (ed.), Les traducteurs au travail. Leurs manuscrits et leurs méthodes, Turnhout 2001, 231–256; ders./W. Vanhamel (eds.), Guillaume de M.. Recueil d'études à l'occasion du 700ᵉ anniversaire de sa mort (1286), Louvain 1989; W. Ciżewski, William of M., in: J. R. Strayer (ed.), Dictionary of the Middle Ages XII, New York 1982, 640–641; P. De Leemans/V. Cordonier/C. Steel, W. v. M., in: A. Brungs/V. Mudroch/P. Schulthess (eds.), Die Philosophie des Mittelalters IV/1 (13. Jahrhundert), Basel 2017, 112–114, 121–126, 236–237; E. R. Fairweather, William of M., Enc. Ph. VIII (1967), 305–306, IX (²2006), 769–770; S. F. Fredricks, William of M., in: F. N. Magill u. a. (eds.), Dictionary of World Biography II (The Middle Ages), Chicago Ill./London, Pasadena Calif./Englewood Cliffs N. J. 1998, 985–986; M. Grabmann, Forschungen über die lateinischen Aristoteles-Übersetzungen des XIII. Jahrhunderts, Münster 1916 (Beitr. Gesch. Philos. MA XVII/5–6), bes. 56–73; ders., I papi del duecento e l'aristotelismo I (Guglielmo di M., O. P., il traduttore delle opere di Aristotele), Rom 1946 (repr. 1970); J. Hackett, ›Ego expertus sum‹. Roger Bacon's Science and the Origins of Empiricism, in: T. Bénatouil/I. Draelants (eds.), Expertus sum. L'expérience par les sens dans la philosophie naturelle médiévale. Actes du colloque international de Pont-à-Mousson (5–7 février 2009), Florenz 2011, 145–173; L. Minio-Paluello, William of M., DSB IX (1974), 434–440; A. Paravicini Bagliani, William of M., in: A. Vauchez/B. Dobson/M. Lapidge (eds.), Encyclopedia of the Middle Ages II, Paris, Cambridge, Rom 2000, 1549; G. Verbeke, Het Wetenschappelijk Profiel van Willem van M., Amsterdam 1975. B. U.

Wilhelm von Ockham, ↑Ockham, Wilhelm von.

Wilhelm von Saint-Thierry (lat. Guilelmus de Sancto Theodorico), *Liège vermutlich 1085, †Signy 1148, scholastischer (↑Scholastik) Theologe und Mystiker. Nach 1091 Ausbildung in der Kathedralenschule in Reims, 1113 Eintritt in die Benediktinerabtei St. Nicaise, 1121 zum Abt von St. Thierry gewählt, ab 1135 Zisterzienser in Signy. W. schreibt um 1140 die »Disputatio adversus Petrum Abaelardum«, eine Widerlegung von 13 Thesen P. Abaelards, die er Bernhard von Clairvaux schickt, mit dem er in regem Austausch steht. Ebenso wie mit Abaelards Schriften verfährt W. mit Werken Wilhelms von Conches 1141. W.s theologische Reaktionen auf die Thesen Abaelards und Wilhelms von Conches, die ihren Niederschlag auch in seinen mystischen Werken finden, sind auch eine Reaktion auf eine Krise des mönchischen Lebens im 12. Jh.. Beeinflußt wird er insbes. von philosophischen (A. Augustinus, Johannes Scotus Eriugena, Claudianus Mamertus) und medizinischen (Constantinus Africanus, Nemesius, Avicenna) Schriften sowie den Schriften der Kirchenväter (Origenes, Gregorius von Nyssa, Gregor der Große).
W. entfaltet seine theologische Mystik hauptsächlich in einem Hohelied-Kommentar (Expositio altera super Cantica Canticorum, ca. 1137–1139) und in dem Spätwerk »Epistola ad fratres de Monte Dei« (ca. 1144, auch als ›Goldener Brief‹ bezeichnet). Er betont in Absetzung von Abaelards rationalistischem Glaubensbegriff die Bedeutung der ↑Liebe für den Glauben. Obgleich W. bei der Entwicklung seines Liebesbegriffs in der Tradition Augustinus' steht, ist dieser Begriff nicht wie bei diesem ein Begriff des Wissens, sondern einer der ↑Mystik. Die Liebe zwischen Gott und Mensch wird als Garantin einer Rückkehr der ↑Seele zu Gott hervorgehoben. Dennoch bedingen sich Gottesliebe und Gotteserkenntnis für die Wiedervereinigung der Seele mit Gott gegenseitig, ebenso wie Affekt und Intellekt. Der mystische Aufstieg der Seele führt dabei vom *status animalis* über den *status rationalis* zum *status spiritualis* und schließlich zur *unitas spiritus* mit Gott. – Wie bei Augustinus ist auch bei W. Gotteserkenntnis mit Selbsterkenntnis verbunden; so beginnt »De natura corporis et animae« mit der delphischen Aufforderung ›erkenne Dich selbst!‹. Im Gegensatz zu Augustinus weitet W. die Selbsterkenntnis aber auf den menschlichen Körper aus. Der gesamte Mikrokosmos (↑Makrokosmos) Mensch, d. h. Körper und Geist, soll erkundet werden, um schließlich bis zu seinem Schöpfer vorzudringen. Im ersten Teil beschäf-

tigt sich W. mit dem menschlichen Körper, im zweiten mit dem menschlichen Geist. Über die Vier-Säfte-Lehre hinaus geht er auf die Verdauungsorgane, das Gehirn, das Auge und die anderen Sinnesorgane ein. Diese Abschnitte sind, wie W. im Prolog schreibt, eine Sammlung von Exzerpten, denen keine eigenen naturkundlichen Ergebnisse hinzugefügt sind. Im zweiten Teil von »De natura corporis et animae« wird nicht nur eine Definition des Geistes gegeben, sondern auch auf das Verhältnis von Körper und Geist eingegangen. Außer Schriften zur Mystik und zur Spiritualität hat W. monastische und dogmatische Schriften hinterlassen.

Werke: Opera, ed. B. Tissier, Bonofonte 1662 (Bibliotheca Patrum Cisterciensium IV); Opera omnia, ed. P. Verdeyen u. a., Turnhout 1989ff. (erschienen Bde I–VI [CCM 86–89B]); The Works of William of S.-T. [engl.], I–IV, Shannon, Spencer Mass. (später: Kalamazoo Mich.) 1970–1974; Opere [ital.], I–IV, ed. M. Spinelli, Rom 1993–2002. – Meditationes devotissimae, Antwerpen 1550, 1589, unter dem Titel: Meditativae orationes, MPL 180, 205–248, unter dem Titel: Oraisons méditatives [lat./franz.], ed. J. Hourlier, Paris 1985, 2006, unter dem Titel: Meditationen und Gebete [lat./dt.], ed. K. Berger/C. Nord, Frankfurt/Leipzig, Darmstadt 2001, unter dem Titel: Meditationes devotissimae, ed. P. Verdeyen, in: Opera omnia [s. o.] IV (CCM 89), 1–80 (engl. Meditations, in: On Contemplating God. Prayer. Meditations, trans. P. Lawson, Shannon 1971, Kalamazoo Mich. 1977 [= Works I], 89–178); Commentarius in Cantica canticorum ex scriptis Sancti Ambrosii, MPL 15, 1851–1962, unter dem Titel: Excerpta de libris beati Ambrosii super Cantica canticorum, ed. A. v. Burink, in: Opera omnia [s. o.] II (CCM 87), 205–384; Epistola seu tractatus ad fratres de Monte Dei, MPL 184, 307–364, unter dem Titel: Un traité de la vie solitaire. Epistola ad Fratres de Monte Dei [lat.], ed. M.-M. Davy, Paris 1940, unter dem Titel: Lettre aux frères du Mont-Dieu. Lettre d'or [lat./franz.], ed. J.-M. Déchanet, Paris 1975, 2004, unter dem Titel: Die »Epistola ad fratres de Monte Dei« des W. v. S. T.. Lateinische Überlieferung und mittelalterliche Übersetzung [lat./franz./niederl./dt.], ed. V. Honemann, Zürich/München 1978, unter dem Titel: Epistola ad fratres de Monte Dei, ed. P. Verdeyen, in: Opera omnia [s. o.] III (CCM 88), 223–289 (engl. The Golden Epistle of Abbot William of St. T. to the Carthusians of Mont Dieu, trans. W. Shewring/J. McCann, London 1930, unter dem Titel: The Golden Epistle. A Letter to the Brethren at Mont Dieu, trans. T. Berkeley, Spencer Mass. 1971, Kalamazoo Mich. 1976, 1980 (= Works IV); franz. Un traité de la vie solitaire. Lettre aux frères du Mont Dieu, übers. M.-M. Davy, Paris 1946; dt. Goldener Brief. Brief an die Brüder vom Berge Gottes, übers. B. Kohout-Berghammer, Eschenbach 1992); Tractatus de contemplando Deo, MPL 184, 365–380, unter dem Titel: De la contemplation de Dieu [lat./franz.], ed. M.-M. Davy, in: dies. (ed.), Deux traités de l'amour de Dieu [s. u.], 31–67, unter dem Titel: La contemplation de Dieu. L'oraison de Dom Guillaume, ed. J. Hourlier, Paris 1959, [2]1968, 1999, unter dem Titel: De contemplando Deo, ed. P. Verdeyen, in: Opera omnia [s. o.] III (CCM 88), 151–173 (engl. On Contemplating God, trans. G. Webb/A. Walker, London 1955, 2001, ferner in: On Contemplating God. Prayer. Meditations, trans. P. Lawson, Shannon 1971, Kalamazoo Mich. 1977 [= Works I], 36–64); Tractatus de natura et dignitate amoris, MPL 184, 379–408, unter dem Titel: De la nature et de la dignité de l'amour [lat./franz.], ed. M.-M. Davy, in: dies. (ed.), Deux traités de l'amour de Dieu [s. u.], 69–137, unter dem Titel: De natura et dignitate amoris, ed. P. Verdeyen, in: Opera omnia [s. o.] III (CCM 88), 175–212, unter dem Titel: Nature et dignité de l'amour [lat./franz.], ed. P. Verdeyen/Y.-A. Baudelet/R. Thomas, Paris 2015 (engl. The Nature and Dignity of Love, trans. G. Webb/A. Walker, London 1956, trans. T. X. Davis, Kalamazoo Mich. 1981); In Cantici canticorum priora duo capita brevis commentatio [...], MPL 184, 407–436, unter dem Titel: Brevis commentatio, ed. S. Cegla/P. Verdeyen, in: Opera omnia [s. o.] II (CCM 87), 153–196; Disputatio adversus Petrum Abaelardum, MPL 180, 249–282, ed. P. Verdeyen, in: Opera omnia [s. o.] V (CCM 89A), 17–59; De erroribus Guillelmi de Conchis, MPL 180, 333–340, ed. P. Verdeyen, in: Opera omnia [s. o.] V (CCM 89A), 61–71 (franz. La lettre de Guillaume de S.-T. sur les erreurs de Guillaume de Conches, in: M. Lemoine/C. Picard-Parra [eds.], Théologie et cosmologie au XIIe siècle, Paris 2004, 183–197); De sacramento altaris, MPL 180, 341–366, ed. S. Ceglar/P. Verdeyen, in: Opera omnia [s. o.] III (CCM 88), 53–91; Speculum fidei, MPL 180, 365–398, unter dem Titel: Le miroir de la foi [lat./franz.], ed. J.-M. Déchanet, Brügge 1946, Paris 1982, ed. M.-M. Davy, in: dies. (ed.), Deux traités sur la foi [s. u.], 24–91, unter dem Titel: Speculum fidei, ed. P. Verdeyen, in: Opera omnia [s. o.] V (CCM 89A), 81–127 (engl. The Mirror of Faith, trans. G. Webb/A. Walker, London 1959, trans. T. X. Davis, Kalamazoo Mich. 1979; dt. Der Spiegel des Glaubens. Mit den Traktaten »Über die Gottesschau«, »Über die Würde der Natur und der Liebe«, ed. H. U. v. Balthasar, Einsiedeln 1981); Ænigma fidei, MPL 180, 397–440, unter dem Titel: L'énigme de la foi [lat./franz.], ed. M.-M. Davy, in: dies. (ed.), Deux traités sur la foi [s. u.], 92–179, unter dem Titel: Aenigma fidei, ed. P. Verdeyen, in: Opera omnia [s. o.] V (CCM 89A), 129–191 (engl. The Enigma of the Faith, trans. J. D. Anderson, Kalamazoo Mich. 1974 [= Works III]; dt. Rätsel des Glaubens, übers. T. Kurent/B. Kohout-Berghammer, Eschenbach 1992); Excerpta ex libris S. Gregorii papae super Cantica canticorum, MPL 180, 441–474, unter dem Titel: Excerpta de libris beati Gregorii super Cantica canticorum, ed. P. Verdeyen, in: Opera omnia [s. o.] II (CCM 87), 393–444; Expositio super altera cantica canticorum, MPL 180, 473–546, unter dem Titel: Commentaire sur le cantique des cantiques [lat./franz.], ed. M.-M. Davy, Paris 1958, I–IV, ed. R. Thomas, Chambarand 1961, unter dem Titel: Exposé sur le cantique des cantiques [lat./franz.], ed. J.-M. Déchanet, Paris 1962, 2007, unter dem Titel: Expositio super Cantica canticorum, ed. P. Verdeyen, in: Opera omnia [s. o.] II (CCM 87), 17–133 (engl. Exposition of the Song of Songs, trans. C. Hart, Shannon, Spencer Mass. 1970 [= Works II]); Expositio in epistolam ad Romanos, MPL 180, 547–694, unter dem Titel: Expositio super epistolam ad Romanos, ed. P. Verdeyen, Turnhout 1989 (= Opera omnia I [CCM 86]), unter dem Titel: Exposé sur l'Épître aux Romains [lat./franz.], I–II, ed. P. Verdeyen/Y.-A. Baudelet, Paris 2011/2014 (engl. Exposition on the Epistle to the Romans, trans. J. B. Hasbrouck, Kalamazoo Mich. 1980; dt. Kommentar zum Römerbrief, übers. K. Berger/C. Nord, Heimbach/Eifel 2012); De natura corporis et animae libri duo, MPL 180, 695–726, unter dem Titel: De la nature du corps et de l'âme [lat./franz.], ed. M. Lemoine, Paris 1988, unter dem Titel: De natura corporis et animae, ed. P. Verdeyen, in: Opera omnia [s. o.] III (CCM 88), 101–146 (engl. The Nature of the Body and Soul, trans. B. Clark, in: B. McGinn [ed.], Three Treatises on Man. A Cistercian Anthropology, Kalamazoo Mich. 1977, 101–152); Sancti Bernhardi [...] vita et res gestae [...] liber primus, MPL 185, 225–268, unter dem Titel: Vita prima Sancti Bernardi – Liber primus, ed. P. Verdeyen, Turnhout 2011 (= Opera omnia [s. o.] VI [CCM 89B]) (engl. St Bernard of Clairvaux. The Story of His Life as Recorded in the

»Vita prima Bernardi [...]«, trans. G. Webb/A. Walker, London 1960; dt. Das Leben des heiligen Bernhard von Clairvaux (Vita prima), übers. P. Sinz, Düsseldorf 1962; franz. Vie de Saint Bernard écrite par Guillaume de S.-T. et continuée par Arnaud de Bonneval et Geoffroi de Clairvaux, übers. F. Guizot, Clermont-Ferrand 2004); J.-M. Déchanet, Œuvres choisies de Guillaume de Saint-Thierry, Paris 1944; Deux traités de l'amour de Dieu, ed. M.-M. Davy, Paris 1953; Deux traités sur la foi, ed. M.-M. Davy, Paris 1959. – Medioevo latino. Bollettino bibliografico della cultura europea tra secolo VI e XII, I–VIII, ed. C. Leonardi, Spoleto 1980–1987, I: 131–132, II: 144–145, III: 207–210, IV: 186–187, V: 168–169, VI: 176–178, VII: 173–174, VIII: 174–175. – F. T. Sergent, A Bibliography of William of S. T., in: M. Dutton/D. M. La Corte/P. Lockey (eds.), Truth as Gift. Studies in Medieval Cistercian History in Honor of John R. Sommerfeldt, Kalamazoo Mich. 2004, 457–482; R. Schönberger u. a. (eds.), Repertorium edierter Texte des Mittelalters aus dem Bereich der Philosophie und angrenzender Gebiete, I–IV, Berlin ^{2}2010, II, 1746–1760.

Literatur: Y.-A. Baudelet, L'experience spirituelle selon Guillaume de S.-T., Paris 1985; N. Boucher (ed.), Signy l'Abbaye, site cistercien enfoui, site de mémoire, et Guillaume de S.-T.. Actes du Colloque international d'études cisterciennes, 9, 10, 11 septembre 1998, Les Vieilles Forges (Ardennes), Signy l'Abbaye 2000; S. F. Brown, William of S.-T., in: ders./J. C. Flores (eds.), Historical Dictionary of Medieval Philosophy and Theology, Lanham Md./Toronto/Plymouth 2007, 305–306; M. Bur (ed.), Saint-Thierry. Une abbaye du VIe au XXe siècle. Actes du Colloque international d'histoire monastique, Reims-Saint-Thierry, 11 au 14 octobre 1976, Saint-Thierry 1979 (engl. William, Abbot of St. Thierry. A Colloquium at the Abbey of St. Thierry, trans. J. Carfantan, Kalamazoo Mich. 1987 [Cistercian Stud. XLIX]); ders., William of S.-T., in: A. Vauchez/B. Dobson/M. Lapidge (eds.), Encyclopedia of the Middle Ages II, Paris, Cambridge, Rom 2000, 1549–1550; D. Cazes, La théologie sapientielle de Guillaume de S. T., St. Ottilien 2009; J. Coleman, Ancient and Medieval Memories. Studies in the Reconstruction of the Past, Cambridge etc. 1992, 1995, 200–208; J. Déchanet, Guillaume de Saint-Thierry. L'homme et son œuvre, Brügge 1942 (engl. William of St. T.. The Man and His Work, Spencer Mass. 1972); ders., Guillaume de Saint-Thierry. Aux sources d'une pensée, Paris 1978; M. Desthieux, Désir de voir Dieu et amour chez Guillaume de S.-T., Bégrolles-en-Mauges 2006; E. R. Elder, The Influence of Clairvaux. The Experience of William of S.-T., Cistercian Stud. Quart. 51 (2016), 55–75; I. Gobry, Guillaume de S.-T.. Maître en l'art d'aimer, Paris 1998; G. Lautenschläger, W. v. S.-T., BBKL XV (1999), 1506–1508; J. Leclercq, Études récentes sur Guillaume de Saint-Thierry, Bull. de philos. médiévale 19 (1977), 49–55; G. W. Olsen, William of S.-T., in: F. N. Magill u. a. (eds.), Dictionary of World Biography II (The Middle Ages), Chicago Ill./London, Pasadena Calif./Englewood Cliffs N. J. 1998, 994–996; A. M. Piazzoni, Guglielmo di Saint-Thierry. Il declino dell'ideale monastico nel secolo XII, Rom 1988; M. Rougé, Doctrine et experience de l'eucharistie chez Guillaume de S.-T., Paris 1999; K. Ruh, Geschichte der Abendländischen Mystik I (Die Grundlegung durch die Kirchenväter und die Mönchstheologie des 12. Jahrhunderts), München 1990, 2001, 276–319 (Kap. IX W. v. St. T.); A. Rydstrøm-Poulsen, Research on William of S.-T. from 1998–2008, Analecta Cisterciensa 58 (2008), 158–169; ders., The Humanism of William of S.-T., in: J. P. Bequette (ed.), A Companion to Medieval Christian Humanism. Essays on Principial Thinkers, Leiden/Boston Mass. 2016, 88–100; K. A. Sander, Amplexus. Die Begegnung des Menschen mit dem dreieinigen Gott in der Lehre des sel. W. v. St. T., Langwaden 1998; F. T. Sergent/A. Rydstrøm-Poulsen/M. L. Dutton (eds.), Unity of Spirit. Studies on William of S.-T. in Honor of E. Rozanne Elder, Athens Ohio, Collegeville Minn. 2015; I. van't Spijker, Fictions of the Inner Life. Religious Literature and Formation of the Self in the Eleventh and Twelfth Centuries, Turnhout, Abingdon 2004, 185–231 (Chap. 5 William of S.-T.. Experience and the Religious Subject); R. Thomas, Guillaume de S.-T.. Homme de doctrine, homme de prière, Sainte-Foy 1989; P. Verdeyen, La théologie mystique de Guillaume de S.-T., Paris 1990; ders., Willem van S.-T. en de liefde. Eerste mysticus van de Lage Landen, Leuven 2001 (franz. Guillaume de S.-T.. Premier auteur mystique des anciens Pays-Bas, Turnhout 2003); ders., W. v. S.-T., TRE XXXVI (2004), 51–54; ders., La chronologie des œuvres de Guillaume de S.-T., Collectanea Cisterciensia 72 (2010), 427–440. E.-M. E.

Wilhelm von Shyreswood, ↑Shyreswood, Wilhelm von.

Wilkins, John, *Northamptonshire 1614, †London 19. Nov. 1672, engl. Philosoph und Theologe. Nach Studium der Theologie in Oxford (B. A. 1631, M. A. 1634) Tutor in Magdalen Hall (Oxford) bis 1637, im gleichen Jahr Vikar in Fawsley, 1645 Prediger von Gray's Inn. 1648–1659 Warden von Wadham College, Oxford (theologische Promotion 1649), 1659/1660 Master von Trinity College, Cambridge, 1661 erneut Prediger von Gray's Inn, 1668 Bischof von Chester; Gründungsmitglied der Royal Society (1663–1668 einer der beiden ständigen Sekretäre). – In »The Discovery of a World in the Moone« (London 1638, im gleichen Jahr wie F. Godwins »The Man in the Moone« [London 1638]) und »A Discourse Concerning a New World and Another Planet« (London 1640) vertritt W. in sachlicher wie polemischer Form das neue Weltbild N. Kopernikus', G. Galileis und J. Keplers gegen die aristotelische ↑Naturphilosophie und theologische Lehrmeinungen (unter anderem unter Hinweis auf T. Campanella [Apologia pro Galileo, Frankfurt 1622]). In seinen physikalischen Arbeiten (Mathematical Magick [...], London 1648) ist W. durch Guidobaldo del Monte (Mechanicorum liber, Pesaro 1577) und M. Mersenne (Cogitata physico-mathematica, Paris 1644) beeinflußt, durch Mersenne (ebenso wie durch J. Locke) auch im Bereich der Erkenntnistheorie und der Konstruktion von ↑Wissenschaftssprachen. Nach kryptographischen Studien (Mercury or The Secret and Swift Messenger, London 1641) entwickelt W. eine durch G. Dalgarno angeregte, als ›Universalgrammatik‹ bezeichnete Zeichensprache (An Essay Towards a Real Character and a Philosophical Language, London 1668), die im wesentlichen aus einer Kodierung gebrauchssprachlicher Elemente besteht, aber ebenso wie Dalgarnos Entwurf einer ›philosophischen‹ Universalsprache (Ars signorum, London 1661) G. W. Leibnizens Kunstsprachenprogramm (↑Kunstsprache), insbes. seine Entwürfe zu einer *characteristica universalis* (↑Leibnizsche Charakteristik), beeinflußt (vgl. Nouv. essais III 2 § 1, Akad.-Ausg. 6.6, 278).

Werke: The Discovery of a World in the Moone, London 1638 (repr. Amsterdam, New York 1972, Delmar N. Y. 1973, Hildesheim/New York 1981); A Discourse Concerning a New World & Another Planet, London 1640, unter dem Titel: A Discovery of a New World, or, A Discourse Tending to Prove, that 'tis Probable there May Be Another World in the Moone. [...] Unto which is Added, A Discourse Concerning a New Planet, Tending to Prove, That 'tis Probable Our Earth is One of the Planets, London [4]1684 (franz. Le monde dans la lune, übers. J. de la Montagne, Rouen 1655; dt. Verteidigter Copernicus, oder Curioser und gründlicher Beweis der Copernicanischen Grundsätze in zweyen Theylen verfasset und dargetan I. Dass der Mond eine Welt oder Erde II. Die Erde ein Planet seye, Leipzig 1713, unter dem Titel: Die Welt auf dem Mond. Der neue Planet, übers. A. Grübler/G. Grübler, Marburg 2006 [Übers. des Textes aus: The Mathematical and Philosophical Works (s. u.)]); Mercury or The Secret and Swift Messenger, London 1641, [2]1694, ferner in: Mathematical and Philosophical Works [s. u.], [3]1708 (repr. ed. B. Asbach-Schnitker, Amsterdam/Philadelphia Pa. 1984); Ecclesiastes, or, A Discourse Concerning the Gift of Preaching as it Fals under the Rules of Art, London 1646, [9]1718; Mathematical Magick or, The Wonders that May Be Performed by Mathematical Geometry, London 1648, [4]1691; A Discourse Concerning the Beauty of Providence [...], London 1649, [7]1704, Boston Mass. 1720 (dt. Gottselige Gedancken über die zierliche Ordnung die bey der Fürsehung und Regierung Gottes in allen unverhofften und beschwärlichen Zufällen zu verspüren ist, übers. J. Zollikofer, Basel 1672; franz. Discours de la beauté de la providence, Amsterdam 1690); A Discourse Concerning the Gift of Prayer, London 1651, [9]1718 (franz. Traicté du don de la prière [...], übers. J. de la Montagne, Quevilly 1665; dt. Discours von der Gabe zu bethen, übers. G. Dewerdeck, Frankfurt/Leipzig 1701); An Essay Towards a Real Character and a Philosophical Language, London 1668 (repr. Menston 1968); An Alphabetical Dictionary, wherein All English Words [...] Are either Referred to Their Places in the Philosophical Tables, or Explained by Such Words as Are in Those Tables, London 1668 (repr. Menston 1968); Of the Principles and Duties of Natural Religion, London 1675, 1693 (repr. New York/London 1969), [9]1734 (dt. Zwey Bücher von den Grundsätzen und Pflichten der natürlichen Religion, übers. J. H. Tiling, Bremen 1750); Sermons Preach'd upon Several Occasions before the King at White-Hall, London 1677, [2]1680; Sermons Preached upon Several Occasions, London 1682, [2]1701; The Mathematical and Philosophical Works, London 1708, I–II, [2]1802 (repr. in einem Bd. 1970). – H. M. Lord, J. W.: A Bibliography 1614–1672 [...], Diss. London 1957 (Werkverzeichnis übernommen in: B. Asbach-Schnitker, Introduction [s. u., Lit.], lxxxi–cix).

Literatur: H. Aarsleff, W., DSB XIV (1975), 361–381, Neudr. in: ders., From Locke to Saussure. Essays on the Study of Language and Intellectual History, Minneapolis Minn. 1982, 1985, 239–277; B. Asbach-Schnitker, Introduction, in: J. W., Mercury [...], Amsterdam/Philadelphia Pa. 1984, ix–cix; M. Avxentevskaya, How to Discover Things with Words? J. W.. From ›inventio‹ to Invention, Diss. Berlin 2015; A. Blank, Dalgarno, W., Leibniz and the Descriptive Nature of Metaphysical Concepts, in: P. Phemister/S. Brown (eds.), Leibniz and the English-Speaking World, Dordrecht/Boston Mass./London 2007, 51–62; S. Clauss, J. W.' Essay Toward a Real Character. Its Place in the Seventeenth-Century Episteme, J. Hist. Ideas 43 (1982), 531–553, Neudr. in: J. L. Subbiondo (ed.), J. W. [s. u.], 45–67, ferner in: N. Struever (ed.), Language and the History of Thought, Rochester N. Y./Woodbridge 1995, 27–49; J. G. Crowther, Founders of British Science. J. W., Robert Boyle, John Ray, Christopher Wren, Robert Hooke, Isaac Newton, London 1960, Westport Conn. 1982, 16–50; B. DeMott, The Sources and Development of J. W.' Philosophical Language, J. English and Germanic Philol. 57 (1958), 1–13, Neudr. in: J. L. Subbiondo (ed.), J. W. [s. u.], 169–181; F. Dolezal, Forgotten but Important Lexicographers: J. W. and William Lloyd. A Modern Approach to Lexicography before Johnson, Tübingen 1985; M. van Dyck/K. Vermeir, Varieties of Wonder. J. W.' Mathematical Magic and the Perpetuity of Invention, Hist. Math. 41 (2014), 463–489; C. Emery, J. W.' Universal Language, Isis 38 (1948), 174–185; M. J. Ferreira, Scepticism and Reasonable Doubt. The British Naturalist Tradition in W., Hume, Reid, Newman, Oxford 1986, 12–31; J. D. Fleming, The Mirror of Information in Early Modern England. J. W. and the Universal Character, Cham 2016; L. Formigari, Language and Experience in Seventeenth-Century British Philosophy, Amsterdam/Philadelphia Pa. 1988, bes. 61–90; O. Funke, Zum Weltsprachenproblem in England im 17. Jahrhundert. G. Dalgarno's »Ars signorum« (1661) und J. W.' »Essay Towards a Real Character and a Philosophical Language« (1668), Heidelberg 1929 (repr. Amsterdam 1978); J. Henry, W., in: A. Pyle (ed.), The Dictionary of Seventeenth-Century British Philosophers II, Bristol 2000, 888–893; ders., W., in: H. C. G. Matthew/B. Harrison (eds.), Oxford Dictionary of National Biography LVIII, Oxford/New York 2004, 982–985; H. G. van Leeuwen, The Problem of Certainty in English Thought 1630–1690, The Hague 1963, 1970, 50–71; R. Lewis, Language, Mind and Nature. Artificial Languages in England from Bacon to Locke, Cambridge etc. 2007; J. Maat, Philosophical Languages in the Seventeenth Century. Dalgarno, W., Leibniz, Amsterdam 1999, Dordrecht/Boston Mass./London 2004, 135–266 (Chap. 4 W.. The Art of Things); J. Mittelstraß, Neuzeit und Aufklärung. Studien zur Entstehung der neuzeitlichen Wissenschaft und Philosophie, Berlin/New York 1970, 425–435 (§ 12.3 Die Idee der Kunstsprache von Lull bis Leibniz); M. H. Nicolson, Voyages to the Moon, New York 1948, 1960, bes. 93–98, 113–126; L. Obertello, Scienza, morale e religione nel pensiero di J. W., in: Miscellanea Seicento II, Florenz 1971, 1–61; W. Poole (ed.), J. W. (1614–1672). New Essays, Leiden/Boston Mass. 2017; V. Salmon, J. W.' »Essay« (1668). Critics and Continuators, Historiographica Linguistica 1 (1974), 147–163; B. J. Shapiro, J. W. 1614–1672. An Intellectual Biography, Berkeley Calif./Los Angeles 1969; R. E. Stillman, The New Philosophy and Universal Languages in Seventeenth-Century England. Bacon, Hobbes, and W., Lewisburg Pa., Cranbury N. J./London/Mississauga 1995; J. L. Subbiondo, J. W.' Theory of Meaning and the Development of a Semantic Model, Cahiers linguistiques d'Ottawa 5 (1977), 41–61; ders. (ed.), J. W. and 17th-Century British Linguistics, Amsterdam/Philadelphia Pa. 1992; P. B. Wood, J. W., in: J.-P. Schobinger (ed.), Die Philosophie des 17. Jahrhunderts III (England), Basel 1988, 430–434, 499–500; P. A. Wright Henderson, The Life and Times of J. W. Warden of Wadham College, Oxford [...], Edinburgh/London 1910. J. M.

Wille, philosophischer Terminus, im umfassendsten Sinne gewöhnlich als handlungsleitendes Streben (griech. ὄρεξις, lat. appetitus, engl. will, franz. volonté) definiert. Je nach Problemstellungen und Lösungsmustern lassen sich verschiedene Typen von W.nsbegriffen unterscheiden. In Beantwortung der Frage nach der Gutheit der Ziele oder der Vernünftigkeit des Handelns wird in der klassischen griechischen Philosophie (↑Philosophie, griechische) im allgemeinen vom W.n (*βούλησις*) im Sinne eines Strebens geredet, sofern es gemäß der Vernunft bzw. aus Gründen bestimmt ist (z. B. Aristoteles, De an. *Γ*10.433a23–25). Auch die Stoiker (↑Stoa) verstehen den W.n als wohlbegründetes Streben (Diog. Laert. VII 1.116: *εὔλογον ὄρεξις*). In diesem Sinne bezeichnet der W. den Übergang vom Beraten bzw. Überlegen zum Handeln. Die Rede vom W.n bleibt eingebettet in ein *Beratungsmodell* (↑Beratung), in dem Argumente (↑Argumentation, ↑Argumentationstheorie) für oder gegen bestimmte Handlungsvorschläge auszutauschen sind: Dem W.n kommt keine Bedeutung für die Auswahl dieser Vorschläge zu, sondern lediglich für die Verwirklichung der Beratungsergebnisse. Er besteht in dem Entschluß, die in der Beratung beschlossenen Vorschläge zu verwirklichen.

Demgegenüber wird im christlichen Denken der W. – für den die frühchristlichen Autoren im Anschluß an Clemens von Alexandrien ebenfalls den Ausdruck *βούλησις* verwenden – als eigenständige Quelle auch für die Ausrichtung des Handelns und des Lebens im allgemeinen dargestellt. Den Grund für diese Darstellung liefert der Versuch, den W.n Gottes als übervernünftige und daher unbegreifliche Ursache des Weltgeschehens sowohl anzuerkennen als auch begrifflich darzustellen. Das dazu erforderliche begriffliche Rüstzeug soll durch eine Verselbständigung des W.ns gegenüber der ↑Vernunft geschaffen werden: Der W. als solcher – also nicht nur der W. Gottes, sondern auch der W. des Menschen – ist ein der Vernunft selbständig gegenüberstehendes Vermögen zur Bestimmung des Handelns und des Lebens. Dieser ist zwar nicht rational verstehbar, aber auch nicht irrational (↑irrational/Irrationalismus) im Sinne von bloß emotional; vielmehr ist der W. außer- oder sogar überrational. Dieser zweite, von A. Augustinus formulierte Typ des W.nsbegriffs schafft zugleich ein neues Problemfeld, nämlich die Frage nach dem Primat des W.ns oder der Vernunft, d. h. die Frage danach, ob das Handeln und das Leben überhaupt nach (vernünftigen) Gründen bestimmt werden können oder sollen, oder ob der (nicht vernünftig einsehbare) W. diese Bestimmung leisten kann oder soll. Diese Frage bildet eines der Hauptthemen der mittelalterlichen Philosophie (↑Scholastik), in der der skotistische (↑Skotismus) ↑Voluntarismus (Primat des W.ns) und der thomistische (↑Thomismus) ↑Intellektualismus (Primat der Vernunft) die entscheidenden Gegenpositionen markieren, und in einer theologiefreien Reformulierung auch des neuzeitlichen und gegenwärtigen Denkens.

Auch die Frage nach der ↑*Willensfreiheit* erhält durch die Gegenüberstellung von Vernunft und W. einen neuen Sinn. Läßt sich diese Frage in der griechischen Philosophie verstehen als die Frage nach den in einer bestimmten Situation bestehenden Wahl- und Handlungsmöglichkeiten – wie auch nach den Gründen für eine bestimmte Wahl –, so stellt sich jetzt die Frage nach der Freiheit des W.ns als Frage nach seiner Selbständigkeit in einem doppelten Sinne: Nach seinem (außer- oder übervernünftigen) Rechtfertigungsvermögen für ↑Handlungen und nach seiner Fähigkeit, ohne weitere Fremdverursachung Handlungen hervorzubringen. Die Verknüpfung der eigenständigen Rechtfertigung mit der Selbstverursachung im Konzept der W.nsfreiheit findet sich auch bei I. Kant in den Konzeptionen der ›Kausalität durch Freiheit‹ und des guten W.ns, der einzig und ohne Einschränkung gut genannt werden könne. Mit J. G. Fichte und A. Schopenhauer (der seinen W.nsbegriff ausdrücklich von der griechischen *βούλησις* unterscheidet und ihn an das – im NT und bei einigen Kirchenschriftstellern nachweisbare – *θέλημα* anschließt) wird diese Verknüpfung, wenn auch mit andersartigen erkenntnistheoretischen und praktischen Konsequenzen, zum Prinzip des Philosophierens erhoben. Ebenso wird in den existentialistischen (↑Existenzphilosophie) und dezisionistischen (↑Dezisionismus) Positionen der Gegenwartsphilosophie die willentliche Setzung von Sachverhalten als deren Rechtfertigung oder jedenfalls als Nachweis der Unmöglichkeit, sie durch Vernunftgründe zu rechtfertigen, verstanden. In der Analytischen Philosophie (↑Philosophie, analytische) ist vor allem die Konzeption des W.ns als der eigenständigen ↑Ursache des Handelns – mit dem Hinweis auf das mit ihr verbundene mechanistische Modell der Ursache-Wirkung-Relation – kritisiert worden (G. Ryle).

Als Versuche zur Bildung einer Synthese aus dem griechischen und dem christlichen W.nsbegriff lassen sich die verschiedenen neuzeitlichen Entwürfe zu einer Theorie der Handlungs- oder Normbegründung verstehen, vor allem die utilitaristische (↑Utilitarismus) und die Kantische Ethik. In beiden ethischen Theorien werden Prinzipien vernünftiger W.nsbildung formuliert, durch die der ↑Dualismus von W. und Vernunft überwunden werden soll. In der utilitaristischen Ethik wird das Prinzip der W.nsbildung unmittelbar auf die durch ↑Lust und Schmerz bedingten ↑Bedürfnisse angewendet. Der W. wird damit nicht zu einer dritten Quelle des Handelns neben Gefühl und Vernunft, sondern bildet sich aus der Anwendung der Vernunft auf die ↑Gefühle bzw. die gefühlsbedingten Bedürfnisse. Kant beläßt demgegenüber einen natürlichen W.n, von dem er selbst allerdings nur als ↑Willkür redet, in gewisser Eigenständigkeit. Er wendet nämlich sein ↑Vernunftprinzip, d. h. den Kategorischen Imperativ (↑Imperativ, kategorischer), nicht unmittelbar auf die in bestimmten Situationen entstehenden Gefühle, sondern erst auf die ↑Maximen, d. h. auf die zur Regel erhobenen Zwecke und Bedürfnisse, an. In der Maxime wird nicht mehr das unmittelbar auftretende Gefühl, sondern ein – wenn auch nicht nach einem vernünftigen Prinzip – gebildeter W. formuliert, den Kant selbst zwar nicht so nennt, der aber in der Tradition des W.nsbegriffs so genannt werden kann, weil er weder Gefühl noch Vernunft ist und doch das Handeln leitet.

Kant selbst reserviert den Terminus ›W.‹ für das Streben, sofern es durch seinen Bezug zum Vernunftprinzip seine Maximen gewählt hat. Zunächst ist der W. für ihn einfach die praktische Vernunft (↑Vernunft, praktische). Später gesteht er auch die Möglichkeit zu, daß ein W. sich über die Verneinung des Vernunftprinzips, als böser W., bilden kann. Mit dieser Möglichkeit, in der Verweigerung gegenüber der Einsichtigkeit des Vernunftprinzips einen W.n zu bilden, schließt sich Kant wieder der christlichen Tradition an, während der Utilitarismus der griechischen Tradition, die einen schwachen, aber keinen bösen W.n kennt, nähersteht.

Insofern in beiden ethischen Theorien der vernünftige W. nicht nur den Übergang von der Beratung zum Handeln vollzieht, sondern auch durch ein eigenes Prinzip seiner Bildung definiert wird, das auch für die Kritik der faktisch geführten Beratungen Verwendung finden soll, werden sowohl der Vernunft- als auch der W.nsbegriff gegenüber der griechischen Tradition erweitert. Der Vernunft wird nämlich nicht mehr nur die Aufgabe gestellt (und zu lösen zugetraut), die in einer Beratung vorgetragenen Argumente klug (auf Grund der lebensweltlich erworbenen Erfahrungen) abzuwägen, sondern auch – als Aufgabe nun der ›praktischen‹ Vernunft – ein eigenes Prinzip solchen Abwägens zu formulieren und zu befolgen. Der W. wird dadurch nicht schon durch die vorangehende Beratung (bzw. Überlegung), sondern erst durch dieses Prinzip praktischer Vernunft zu einem vernünftigen W.n. Die neuzeitlichen Ethiken, soweit sie sich an Kant und die Utilitaristen zumindest in der Fragestellung anschließen, lassen sich als die Erörterung des damit entstandenen Problems rekonstruieren, ob eine derartige wechselseitige Erweiterung der Aufgaben und Fähigkeiten von Vernunft und W. sinnvoll möglich ist.

Literatur: S. Ahmed, Willful Subjects, Durham N.C./London 2014; H.-U. Baumgarten, Handlungstheorie bei Platon. Platon auf dem Weg zum W.n, Stuttgart/Weimar 1998; P. Bieri, Das Handwerk der Freiheit. Über die Entdeckung des eigenen W.ns, München 2001, Frankfurt [11]2013 (franz. La liberté, un métier. À la découverte de sa volonté propre, Paris 2011); S. Bobzien, Determinism and Freedom in Stoic Philosophy, Oxford 1998, 2005; V.J. Bourke, Will in Western Thought. An Historico-Critical Survey, New York 1964; T.D.J. Chappell, Aristotle and Augustine on Freedom. Two Theories of Freedom, Voluntary Action and Akrasia, Basingstoke/London, New York 1995; W. Charlton, Weakness of Will, Oxford/New York 1988; F. Decher, W. zum Leben, W. zur Macht. Eine Untersuchung zu Schopenhauer und Nietzsche, Würzburg, Amsterdam 1984; P. Desoche (ed.), La volonté. Introduction, choix de textes, commentaire, vade-mecum et bibliographie, Paris 1999; A. Dihle, Die Vorstellung vom W.n in der Antike, Göttingen 1985; W.H. Dray, Determinism, Enc. Ph. II (1967), 359–378, III ([2]2006), 4–23; R. Dunn, The Possibility of Weakness of Will, Indianapolis Ind. 1987; E. Düsing/K. Düsing (eds.), Geist und W.nsfreiheit. Klassische Theorien von der Antike bis zur Moderne, Würzburg 2006; L. Eley, Grundzüge einer konstruktiv-phänomenologischen Kognitions- und W.nstheorie, Würzburg 2004; J.F. Erpenbeck, Wollen und Werden. Ein psychologisch-philosophischer Essay über W.nsfreiheit, Freiheitswillen und Selbstorganisation, Konstanz 1993; W. Fischel, Der W. in psychologischer und philosophischer Betrachtung, Berlin 1971; R. Giedrys/A. Regenbogen, W., EP III ([2]2010), 2994–2997; J.C. Gosling, Weakness of the Will, London/New York 1990, 2000; H. Heckhausen/P.M. Gollwitzer/F.E. Weinert (eds.), Jenseits des Rubikon. Der W. in den Humanwissenschaften, Berlin etc. 1987; J.-H. Heinrichs, W.nlos. Der W.nsbegriff zwischen antiker Moralpsychologie und modernen Neurowissenschaften, Münster 2017; T. Hoffmann (ed.), Weakness of Will from Plato to the Present, Washington D.C. 2008; ders./J. Müller/M. Perkams (eds.), Das Problem der W.nsschwäche in der mittelalterlichen Philosophie/The Problem of Weakness of Will in Medieval Philosophy, Leuven/Paris/Dudley Mass. 2006; R.P. Hofmann, W.nsschwäche. Eine handlungstheoretische und moralphilosophische Untersuchung, Berlin/Boston Mass. 2015; R. Holton, Willing, Wanting, Waiting, Oxford etc. 2009, 2011; C. Horn u.a., W., Hist. Wb. Ph. XII (2004), 763–796; M. Hossenfelder, Der W. zum Recht und das Streben nach Glück. Grundlegung einer Ethik des Wollens und Begründung der Menschenrechte, München 2000; S. Josifović, W.nsstruktur und Handlungsorganisation in Kants Theorie der praktischen Freiheit, Leiden/Boston Mass. 2014; Y. Kamata, Der junge Schopenhauer. Genese des Grundgedankens der Welt als W. und Vorstellung, Freiburg/München 1988; W. Keller, Psychologie und Philosophie des Wollens, München/Basel 1954, [2]1968; A. Kenny, Action, Emotion and Will, London, New York 1963 (repr. Bristol 1994), London/New York [2]2003; ders., Will, Freedom and Power, Oxford 1975; Y. Kim, Selbstbewegung des W.ns bei Thomas von Aquin, Berlin 2007; M. Kisner, Der W. und das Ding an sich. Schopenhauers W.nsmetapysik in ihrem Bezug zu Kants kritischer Philosophie und dem nachkantischen Idealismus, Würzburg 2016; R. Kottmann, Leiblichkeit und W. in Fichtes »Wissenschaftslehre nova methodo«, Frankfurt 1998; I. Mandrella, W., in: P. Kolmer/A.G. Wildfeuer (eds.), Neues Handbuch philosophischer Grundbegriffe III, Freiburg/München 2011, 2516–2528; C. Markschies u.a., W., RGG VIII ([4]2005), 1560–1567; H.J. McCann, The Works of Agency. On Human Action, Will, and Freedom, Ithaca N.Y./London 1998; A.R. Mele, Effective Intentions. The Power of Conscious Will, Oxford etc. 2009, 2010; K. Mierke, W. und Leistung, Göttingen 1955; J. Mittelstraß, Der arme W., in: H. Heckhausen u.a. (eds.), Jenseits des Rubikon [s.o.], 33–48, ferner in: ders., Der Flug der Eule. Von der Vernunft der Wissenschaft und der Aufgabe der Philosophie, Frankfurt 1989, [2]1997, 142–163; C. Müller, W. und Gegenstand. Die idealistische Kritik der kantischen Besitzlehre, Berlin/New York 2006; J. Müller, W.nsschwäche in Antike und Mittelalter. Eine Problemgeschichte von Sokrates bis Johannes Duns Scotus, Leuven 2009; N.M.L. Nathan, Will and World. A Study in Metaphysics, Oxford etc. 1992; J. Noller, Die Bestimmung des W.ns. Zum Problem individueller Freiheit im Ausgang von Kant, Freiburg/München 2015; A. Oldenquist, Choosing, Deciding, and Doing, Enc. Ph. II (1967), 96–104; B. O'Shaughnessy, The Will. A Dual Aspect Theory, I–II, Cambridge etc. 1980, [2]2008; J. Overhoff, Hobbes's Theory of the Will. Ideological Reasons and Historical Circumstances, Lanham Md. etc. 2000; T. Pink, The Psychology of Freedom, Cambridge etc. 1996; ders., Will, the, REP IX (1998), 720–725; ders./M.W.F.

Stone (eds.), The Will and Human Action. From Antiquity to the Present Day, London/New York 2004; J. Proust, La Nature de la volonté, Paris 2005; L. Radoilska, Addiction and Weakness of Will, Oxford etc. 2013; R. J. Richman, God, Free Will and Morality. Prolegomena to a Theory of Practical Reasoning, Dordrecht/ Boston Mass./Lancaster 1983; P. Ricœur, Philosophie de la volonté I (Le volontaire et l'involontaire), Paris 1949, 1993; P. Rohner, Das Phänomen des Wollens. Ergebnisse der empirischen Psychologie und ihre philosophische Bedeutung, Bern/Stuttgart 1964; D. Ross, Distributed Cognition and the Will. Individual Volition and Social Context, Cambridge Mass. 2007; N. Roughley/J. Schälike (eds.), Wollen. Seine Bedeutung, seine Grenzen, Münster 2016; G. Ryle, The Concept of Mind, London 1949, London/New York 2009 (dt. Der Begriff des Geistes, Stuttgart 1969, 2002); G. Seebaß, Wollen, Frankfurt 1993; W. Seelig, W., Vorstellung und Wirklichkeit. Menschliche Erkenntnis und physikalische Naturbeschreibung, Bonn 1980; J. H. Sobel, Puzzles for the Will. Fatalism, Newcomb and Samarra, Determinism and Omniscience, Toronto etc. 1998; V. Spierling (ed.), Materialien zu Schopenhauers »Die Welt als W. und Vorstellung«, Frankfurt 1984; T. Spitzley (ed.), W.nsschwäche, Paderborn 2005, Münster ^{2}2013; P. Stemmer, Der Vorrang des Wollens. Eine Studie zur Anthropologie, Frankfurt 2016; S. Stroud, Weakness of Will, SEP 2008, rev. 2014; dies./C. Tappolet (eds.), Weakness of Will and Practical Irrationality, Oxford 2003, 2007; E. Tegen, Moderne W.nstheorien. Eine Darstellung und Kritik, I–II, Uppsala 1924/1928; G. N. A. Vesey, Volition, Enc. Ph. VIII (1967), 258–260; T. Vierkant (ed.), W.nshandlungen. Zur Natur und Kultur der Selbststeuerung, Frankfurt 2008; F. Waismann, W. und Motiv. Zwei Abhandlungen über Ethik und Handlungstheorie, ed. J. Schulte, Stuttgart 1983; D. M. Wegner, The Illusion of Conscious Will, Cambridge Mass./London 2002; A. R. White (ed.), The Philosophy of Action, London/Oxford 1968, Oxford etc. 1979; G. Zöller, Fichte's Transcendental Philosophy. The Original Duplicity of Intelligence and Will, Cambridge etc. 1998; R. Zöller, Die Vorstellung vom W.n in der Morallehre Senecas, München/ Leipzig 2003; weitere Literatur: ↑Willensfreiheit. O. S.

Willensfreiheit, philosophischer Begriff, der unterschiedliche Aspekte der ↑Freiheit von Akteuren bezeichnet. Der Freiheitsbegriff wird verwendet, um das Fehlen von etwas auszudrücken (›keimfrei‹, E. Tugendhat 1987, 373). Wenn in Bezug auf (intentional oder nicht-intentional – ›freier Fall‹) Strebendes von Freiheit geredet wird, so ist das Fehlen von Hindernissen gemeint (T. Hobbes 1656, 196; A. Schopenhauer [1839], Über die Freiheit des menschlichen Willens [...], ed. P. Theison, Stuttgart 2013, 39–46 [Abschn. 1]; G. Seebaß 2006, 148). In der Philosophie wird hierbei grundlegend zwischen Handlungsfreiheit und W. unterschieden. Jemand ist handlungsfrei, wenn er tun kann, was er will – wenn sein ↑Wille sich also ungehindert entfalten kann. Vielfach wird W. als Freiheit der Willensbildung verstanden. W. ist von Handlungsfreiheit unabhängig: Jemand könnte den Willen bilden können, *x* zu tun, ohne *x* ausführen zu können, da es ihm an Handlungsfreiheit mangelt, z. B. weil er gefesselt oder gelähmt ist.
Im Zentrum der Debatte steht die Frage, inwiefern der kausale ↑Determinismus W. bedroht bzw. inwiefern der kausale ↑Indeterminismus W. ermöglicht. Hierbei geht es um den Möglichkeitsspielraum des Willens, das Anderswollenkönnen. In einer kausal deterministischen Welt wäre die Bildung des Willens durch die vergangenen Weltzustände und die ↑Naturgesetze ontologisch fixiert und insofern an anderen Verläufen gehindert. Kann der Wille in einer deterministischen Welt in anderen Hinsichten frei sein bzw. in welchen Hinsichten kann er in einer indeterministischen Welt frei sein? Eine Hinsicht, die dabei besonders interessiert, betrifft die moralische ↑Verantwortung. Die meisten Autoren halten W. für eine Voraussetzung für moralische Verantwortung, sodaß die Frage lautet: Kann der Wille in einer deterministischen bzw. in einer indeterministischen Welt in einer Weise frei sein, die moralische Verantwortung ermöglicht? Moralische Verantwortung hängt eng zusammen mit moralischen Evaluationen von Akteuren (›gut oder böse?‹) sowie der Disposition zu Gefühlen wie Empörung, Groll und Schuld und dem Ausdruck solcher Evaluationen bzw. Gefühle in explizitem Tadel und Sanktionen (P. F. Strawson 1962).
Positionen, denen zufolge W. und moralische Verantwortung mit dem kausalen Determinismus vereinbar sind, bezeichnet man als kompatibilistisch, die Gegenpositionen als inkompatibilistisch (↑Kompatibilismus/ Inkompatibilismus). Kompatibilismus und Inkompatibilismus sind rein begriffliche Thesen, sie implizieren keine Annahmen bezüglich der faktischen kausalen Struktur der Welt. Kompatibilisten, die die Welt für deterministisch halten, nennt man weiche Deterministen; sofern sie die Determinismusfrage offenlassen, kann man sie als agnostische (↑Agnostizismus) Kompatibilisten bezeichnen. Wenn Inkompatibilisten meinen, die Welt sei deterministisch, werden sie als harte Deterministen bezeichnet; wenn sie meinen, sie sei indeterministisch und Freiheit existiere, nennt man sie Libertarianer. Die Position, Freiheit sei weder mit dem Determinismus noch mit dem Indeterminismus vereinbar, nennt man Impossibilismus, harten Inkompatibilismus oder Freiheitsskepsis. In der Regel sind Kompatibilisten in Bezug auf W. auch Kompatibilisten in Bezug auf Verantwortung, doch die so genannten Semi-Kompatibilisten halten zwar Verantwortung, nicht aber Freiheit für vereinbar mit dem Determinismus (z. B. J. M. Fischer und M. Ravizza).
W. läßt sich als ein Phänomen analysieren, das sowohl mit dem Determinismus vereinbar als auch relevant für moralische Verantwortung ist. J. Locke zufolge ist W. die Fähigkeit, in den ansonsten automatisch ablaufenden Prozeß der Willensbildung einzugreifen, ihn kritisch zu überprüfen und durch reflektierte Entscheidungen zu steuern (Locke 1690; Tugendhat 1987). Diese Fähigkeit kann durch Hindernisse gestört werden; der kausale Determinismus stellt kein solches Hindernis dar. Phobien,

Hypnose, Drogen oder neuronale Implantate hingegen behindern die Willensbildung, sodaß ein hiervon unbeeinträchtigter Wille in gewisser Hinsicht frei wäre. W. dieser Art ist mit dem Determinismus vereinbar. Aus dem Determinismus folgt ja nicht, daß alle Akteure stets süchtig oder hypnotisiert etc. sind. Allerdings verschließt der Determinismus alle *ontologischen* Alternativen, auch die Alternativen derer, die nicht süchtig und nicht hypnotisiert etc. sind. Die kompatibilistischen Konditionalanalytiker argumentieren jedoch dafür, daß andere im Blick auf Verantwortung relevante Arten alternativer Möglichkeiten dennoch offenbleiben. Der Vorschlag setzt an bei der Analyse des Begriffs der Handlungsfreiheit. Daß jemand anders handeln kann, heißt, daß er anders handeln würde, wenn er es wollte (bzw. wenn er sich dafür entschiede, es zu tun: A. Augustinus, *De libero arbitrio* III, 14–41; G.E. Moore 1912; Tugendhat 1987; Schälike 2010; K. Vihvellin 2004, 2013). ›*x* kann *y*‹ konditional zu analysieren als ›*x* würde *y*, wenn *z* der Fall wäre‹ scheint im Falle von ↑Dispositionsbegriffen angemessen zu sein. So scheint es plausibel, ›Eis kann schmelzen‹ zu analysieren als ›Eis würde schmelzen, wenn seine Temperatur über null Grad Celsius stiege‹. Entsprechend kann jemand, der faktisch sitzt, auch zwei Kilometer in 20 Minuten laufen, denn er würde dies tun, sofern er es wollen (bzw. sich dafür entscheiden) würde. Er hätte jedoch nicht 20 Kilometer in zwei Minuten laufen können, denn auch wenn er dies wollen würde, würde er es doch nicht tun.

Die konditionale Analyse greift scheinbar tatsächlich Eigenschaften heraus, die für Fähigkeiten relevant sind. Vielfach wird sie als Analyse von Handlungsfreiheit auch akzeptiert (vgl. jedoch die Einwände von J.L. Austin 1961 und das *finkishness*-Problem, D. Lewis 1997; G. Watson 1987; Schälike 2010, 33–38 [Kap. 3.2]). Einen Vorschlag Moores abwandelnd kann man entsprechend den Begriff der W. verstehen: ›*x* kann *y* wollen‹ sei zu analysieren als ›*x* würde *y* wollen, wenn *x* wollen würde, *y* zu wollen‹ (Moore 1912); alternativ Tugendhat: ›*x* kann *y* wollen‹ heiße soviel wie ›*x* will *y*, wenn sein Wille entsprechend stimuliert wird, z.B. durch Strafe oder Belohnung‹ (Tugendhat 1987, 386). Es droht jedoch ein Regreß, denn nun fragt sich: ›Kann *x* wollen, *y* zu wollen bzw. kann der Wille in geeigneter Weise stimuliert werden?‹ – und so weiter *ad infinitum*. Um diesem Problem zu entgehen, vertreten Konditionalanalytiker die Ansicht, daß es für das Bestehen der jeweiligen Freiheit irrelevant sei, ob die ↑kontrafaktische Bedingung eintreten könne. Jemand genieße in dem Maße Handlungsfreiheit, wie er tun könne, was er wolle, gleichgültig, ob er dies auch wollen könne. Entsprechend sei jemand in dem Maße willensfrei, wie er wollen könne, was er wolle, gleichgültig, ob er dieses Wollen wollen könne (Schälike 2010, 59). Daß ein Akteur im Sinne der konditionalen Analyse anders handeln oder wollen kann, ist mit dem kausalen Determinismus vereinbar, denn auch wenn die Welt kausal deterministisch ist, kann es z.B. der Fall sein, daß Akteure anders handeln würden, wenn ihr Wollen anders wäre. Etwas kann, so Moore, in einem Sinne von ›können‹ unmöglich sein (z.B. im kausaldeterministischen Sinne), in einem anderen Sinne jedoch möglich (z.B. im Sinne der konditional analysierten Freiheit; Moore 1912, 218–220).

Da es umstritten bleibt, ob die konditionale Analyse von alternativen praktischen Möglichkeiten angemessen ist, sind Versuche interessant, die versprechen, diese Debatte zu umschiffen. Hierzu zählt H. Frankfurts Angriff auf das ›Prinzip alternativer Möglichkeiten‹ PaM, dem zufolge Verantwortung alternative Möglichkeiten voraussetzt; PaM habe keine Gültigkeit (Frankfurt 1969). Frankfurt versucht, Szenarien zu entwerfen, in denen der Akteur in jedem Sinne von ›können‹ nicht anders handeln kann, es aber dennoch plausibel ist, ihn für moralisch verantwortlich zu halten. Die Szenarien operieren mit einem Faktor *F*, der alle Alternativen verschließt, ohne jedoch kausal wirksam zu werden, etwa einem neuronalen Implantat, das in der Lage ist, *P* dazu zu bringen, *x* zu tun, das aber nur aktiv wird, falls *P* sich nicht aus eigenem Antrieb entscheidet, *x* zu tun. Entscheide sich *P* selbst für *x*, dann sei der Fall so zu betrachten, wie wenn *F* inexistent wäre – *F* bleibe schließlich inaktiv und sei für die Frage nach der Verantwortung somit irrelevant. Da mit *F* der Wegfall alternativer Möglichkeiten einhergehe, sei somit auch irrelevant, ob alternative Möglichkeiten existierten oder nicht. Relevant sei hingegen, ob der Akteur die Handlung wirklich vollziehen wolle (*[if] he really wanted to do [it]*, Frankfurt 1969, 838).

Was heißt es, daß jemand etwas wirklich will, und ist wirkliches Wollen schon hinreichend für Verantwortung? Frankfurt zufolge (Frankfurt 1971) reichen Wissen und Wollen (Absichtlichkeit, Freiwilligkeit) allein für Verantwortung nicht aus, sonst wären auch Tiere, Kinder und Süchtige verantwortlich; die Handlung müsse auf den im prägnanten Sinne echten, eigenen Willen des Akteurs zurückgehen (solche Konzepte werden auch ›*Real Self/Deep Self Theories*‹ genannt; S. Wolf 1990, 29), und dies heiße: es müsse der Wille sein, den er – auf einer höheren, reflexiven Stufe des Wünschens – zu haben wünsche. Ein derart gebilligter Wille sei ein freier Wille. Diese Form von W. sei von alternativen Möglichkeiten unabhängig und mit dem Determinismus vereinbar. So sei es dem Süchtigen, der mit seinem Drogenwunsch zufrieden sei, nicht möglich, einen anderen Willen zu bilden; dennoch handele er aus eigenem freien Willen. Einem Süchtigen wider Willen hingegen fehle diese Freiheit der Willensbildung, denn sein höherstufiges Streben werde an seiner handlungswirksamen Entfaltung durch Einstellungen niederer Stufe gehindert (Frankfurt 1971).

Sowohl Frankfurts Argument gegen PaM, als auch seine hierarchische Analyse von W. als Identifikation mit einem Willen durch Wünsche höherer Stufe werden kritisiert. Da für Inkompatibilisten der Determinismus Verantwortung ausschließt, halten sie die These, der Akteur sei in einem deterministischen Szenario verantwortlich, falls der Manipulationsmechanismus inaktiv bleibe, für eine ↑petitio principii. Unter den Bedingungen des Indeterminismus jedoch könnten Alternativen nicht vollständig verschlossen werden. Der Mechanismus sei auf ein aktivierendes Zeichen angewiesen, das Aufschluß über die eigene Willensbildung des Akteurs gebe. In einer indeterministischen Welt könnten solche Zeichen jedoch trügerisch sein, sodaß der Mechanismus von einer unerwarteten - alternativen - Willensbildung überrumpelt werden könne. Frankfurt-Anhänger haben versucht, Beispiele ohne vorheriges Zeichen zu entwickeln (A. R. Mele/D. Robb 1998; D. P. Hunt 2000) - ob erfolgreich, ist umstritten. Außerdem haben sie argumentiert, daß Beispiele mit Zeichen auch unter den Bedingungen des Indeterminismus die inkompatibilistische Position unterminieren, da die verbleibenden Alternativen allenfalls einen ›Freiheitsfunken‹ (*flicker of freedom*; Fischer 1994) aufblitzen ließen, der für Verantwortung nicht robust genug sei (zur Diskussion der Frankfurt-Szenarien Fischer 1999).

Bei der hierarchischen Analyse von W. wird ein Regreß diagnostiziert. Die Frage, was den Wünschen höherer Stufe die nötige Autorität verleihe, bleibe offen (Watson 1975). Frankfurt scheine sagen zu müssen, daß noch höhere Wunschstufen dies leisteten, doch dann entstehe ein Regreß. Frankfurt bietet in späteren Arbeiten (Frankfurt 1999) eine Lösung für dieses Problem an: Es gehe nicht darum, daß bestimmte Faktoren auf höherer Stufe existierten, sondern darum, daß bestimmte Faktoren nicht existierten. Ein Wille ist also für Frankfurt nicht dann frei und der Akteur verantwortlich, wenn gilt: Der Wille wird auf einer dazu autorisierten, und d. h. höherstufig gebilligten höheren, Stufe des Wünschens gebilligt (Regreßproblem), sondern wenn gilt: Er wird auf mindestens einer höheren Stufe gebilligt, und es gibt keine Stufen, auf denen er mißbilligt wird. Ist dies gewährleistet, ist der Wille ungeteilt, der Akteur steht mit ganzem Herzen hinter seinem Willen (*wholeheartedness*). - Auch wenn das Regreßproblem lösbar ist, gilt eine ahistorische, allein auf die Willensstruktur abhebende Analyse wie die Frankfurts vielen dennoch als unplausibel, da der Akteur in seinem Willen auf allen Stufen manipuliert sein könnte (Fischer/Ravizza 1998, 194–206). Andere Kompatibilisten haben die Kriterien für W. und Verantwortung anders bestimmt: Nicht Wünsche höherer Stufe seien relevant, vielmehr müsse die Handlung mit den Werturteilen des Akteurs in Einklang stehen (Watson 1975).

Alle diese kompatibilistischen Konzepte werden von Autoren abgelehnt, die wahre Urheberschaft anspruchsvoller verstehen. Damit der Akteur moralisch verantwortlicher Urheber seiner Taten sein könne, müsse er wahrhaft Kontrolle über sein Handeln haben; dies sei nicht möglich, wenn schon vorher feststünde, was geschehe. Vielmehr müßten die Kausalketten in ihm beginnen, bzw. die Art und Weise, wie sie den Akteur durchliefen, müsse indeterministisch sein. Solche Kausalketten stünden in einem Spielraum alternativer Möglichkeiten, der Freiheit eröffne.

Indetermination allein genügt jedoch nicht bzw. genügt nicht unter allen Bedingungen, denn eine Kausalkette, die nichts mit den Eigenschaften zu tun hat, die die praktische Identität des Akteurs konstituieren (Charakter, Wünsche, Absichten, Überlegungen etc.), hat scheinbar auch mit dem Akteur selbst nichts zu tun, sodaß es unsinnig erscheint, ihn verantwortlich zu machen (P. Bieri 2001, 163–365 [2. Teil]). Indeterministische Kausalketten sind - so die Kritik - zufällig, und Zufall (↑zufällig/Zufall) ist mit Verantwortung unvereinbar. Ein Inkompatibilist, der nicht nur die These vertreten will, daß Indetermination eine notwendige Bedingung für Freiheit und Verantwortung ist, sondern auch hinreichende Bedingungen angeben möchte, steht scheinbar vor einem Dilemma: Je geringer der kausale Einfluß antezedenter Weltzustände (etwa von Wünschen), desto größer der Einfluß des Zufalls. Die Aufgabe besteht darin, eine Möglichkeit aufzuzeigen, wie eine Kausalkette einerseits indeterministisch sein, andererseits dem Akteur zugeordnet werden kann. Anders formuliert: Wie kann eine indeterministische Handlung unter der Kontrolle des Akteurs stehen?

Indeterministische Ereigniskausalisten wie R. Kane meinen, daß unter bestimmten Umständen bloße Indetermination allein dem Akteur Freiheit und Verantwortung verleiht. Die Kontrolle des Akteurs bleibe dabei gewährleistet (Kane 1996). Wenn der Akteur sich - ähnlich wie ↑Buridans Esel zwischen zwei Heuhaufen - in einer Konfliktsituation befinde, sodaß er zwischen zwei Handlungen *A* und *B* entscheiden müsse, und zwischen *A* und *B* ein volitionales und rationales Patt bestehe (er will beides gleichermaßen und hat gleich gute Gründe für beides), und es ferner indeterminiert sei, welche Seite die Oberhand gewinne, dann würde für jede der beiden Handlungen gelten, daß sie aus Gründen und (durch Gründe bzw. den eigenen Willen) kontrolliert vollzogen würde. Der Akteur lasse die eine Seite über die andere siegen, indem er sich für sie entscheide. Und er entscheide frei, insofern er auch anders hätte entscheiden können. Indem er entscheide, vollziehe er zugleich eine selbstgestaltende Handlung (*self-forming action*): Er mache sich zu jemandem, der *A* Vorrang vor *B* einräume (oder umgekehrt), und dies präge seinen Charakter. Habe er sich erst einmal selbst gestaltet, sei es nicht nötig, daß ihm zu jeder Handlung Alternativen offen stünden, damit er verantwortlich sei. Es genüge, daß die Handlung kausal von einem Willen abhänge, den er in früheren freien Handlungen selbst geformt und für den er so Verantwortung übernommen habe. – Physikalisch könne man sich die relevante Indetermination so denken, daß die Gehirnprozesse, die in einem willentlichen Zwiespalt involviert seien, einen chaotischen Zustand erzeugten, der dafür anfällig sei, daß kleinste Veränderungen große Wirkungen hervorbringen. Ein indeterminierter Quantensprung könne dann den Ausschlag geben. Ob das physikalisch möglich sei, müsse empirisch geklärt werden.

G. Keils Variante eines ereigniskausalistischen ↑Libertarianismus legt das Augenmerk nicht auf die Entscheidung zwischen *A* und *B*, sondern auf die Entscheidung, weiter zu überlegen oder zu handeln. Freiheit sei dann nicht mehr auf Buridan-Situationen angewiesen, denn eine Entscheidung zugunsten des Weiterüberlegens könne auch dann rational sein, wenn die Gründe beim gegenwärtigen Stand der Überlegungen für eine Option zu sprechen scheinen. Die rationale Person hätte anders handeln können, wenn gilt: Sie hätte weiter überlegen können, und die Überlegung hätte sie, hätte die rationale Person weiter überlegt, zu einer anderen Handlung geführt (Keil ²2013, 128–132). Weiter überlegen könne man, wenn es indeterminiert sei, ob man weiter überlege (a. a. O., 225–226).

Andere Inkompatibilisten halten bloße Indetermination nicht für ausreichend, um Verantwortung und Freiheit zu ermöglichen. Schließlich bleibe – ähnlich wie im deterministischen Szenario – der Akteur eine kausale Durchgangsstation. Zwar sei nun gleichsam ein Zufallsgenerator zwischengeschaltet, aber warum sollte das einen relevanten Unterschied machen? Erforderlich für wahre Urheberschaft sei, daß der Akteur Kausalketten ›aus dem Nichts‹ anstoßen könne bzw., wie Kant es ausdrückt, es vermag, »einen Zustand *von selbst* anzufangen« (KrV B 561, Akad.-Ausg. III, 363). Der freie Akteur wäre – in dieser Hinsicht gottgleich – ein unbewegter Beweger (↑Beweger, unbewegter), während er bei Kane und Keil indeterministisch bewegt ist. Einige Libertarianer behaupten, daß Ereignisse nicht nur spontan auftreten oder (deterministisch oder indeterministisch) von anderen Ereignissen verursacht werden können, sondern daß eine dritte Möglichkeit bestehe: sie können durch einen Akteur verursacht werden. Dies sei jedoch nicht so zu verstehen, daß antezedente Zustände des Akteurs (seine mentalen Einstellungen) die Handlung verursachten (dies wäre eine Form der Ereigniskausalität). Vielmehr stelle der Akteur einen eigentümlichen kausalen Sonderfaktor dar, eine Substanz, die die Fähigkeit besitze, spontan Kausalketten in Gang zu setzen. Solche Theorien werden als Theorien der Akteurskausalität (*agent causation accounts, extra factor accounts*) bezeichnet (R. M. Chisholm 1964; T. O'Connor 2000; R. Clarke 2003; E. Mayr 2011). Die Welt sei nicht kausal deterministisch. Im kausalen Fluß der Ereignisse gebe es Lükken, die aber (manchmal) nicht der Zufall, sondern der Mensch als Kausalfaktor fülle. Die Lücken träten im Akteur (seinem Gehirn) auf, in sie ›springe‹ der Mensch als Akteur gleichsam hinein und setze eine Ursache, deren Wirkung sich dann nach außen entfalte. – Solche Konzepte sind mit Problemen unterschiedlicher Art konfrontiert: Der Begriff einer ↑Substanz mit kausaler Kraft gilt als mysteriös (P. van Inwagen 2002). Eine Ursache müsse datierbar sein, um erklären zu können, warum etwas zu einem bestimmten Zeitpunkt stattfindet. Datierbar seien jedoch Ereignisse, nicht Substanzen (C. D. Broad 1952, 215). Die fragliche Substanz müsse als eigenschaftslos verstanden werden, sie komme urplötzlich (unverursacht) in einer rational unerklärbaren Weise zum Ausbruch und setze erratisch einen kausalen Impuls (Watson ²2003, 10–11). So lasse sich nicht nur der Zeitpunkt der Handlung nicht erklären, sondern diese Handlung habe auch mit den empirischen Eigenschaften des Akteurs nichts zu tun. Das werfe die Frage auf, inwiefern sein Wirken dem Akteur überhaupt zugerechnet werden könne.

Diese und andere Probleme von Kompatibilismus und Libertarianismus haben einige Autoren zu der Ansicht geführt, daß Freiheit und Verantwortung weder in einer deterministischen, noch in einer indeterministischen Welt möglich seien (G. Strawson 1986; 1994; D. Pereboom 2001; B. Guckes 2003). Pereboom vertritt die Auffassung, daß die lebenspraktischen Auswirkungen weniger tiefgreifend sind, als vielfach vermutet wird. Zwar entfalle die Basis von Affekten wie Empörung und Schuld, aber es gäbe ›kompatibilistische Analoga‹, die nicht auf Freiheit angewiesen seien, etwa Ärger und Bedauern. Strafe lasse sich zwar nicht mehr retributivistisch durch moralische Schuld begründen, wohl aber durch ihren sozialen Nutzen, etwa durch die Abschrekkungswirkung, wenngleich Pereboom diese Praxis kritisch sieht, da hier Unschuldige instrumentalisiert würden. Weniger problematisch sei die Begründung von Strafe als Quarantäne- und Erziehungsmaßnahme. Bestimmte Aspekte von Dankbarkeit könnten auch ohne Freiheit gerechtfertigt sein, auch Liebe sei nicht bedroht. Somit sei ein erfülltes, sinnvolles Leben auch ohne W. möglich.

Literatur: N. Arpaly, Merit, Meaning, and Human Bondage. An Essay on Free Will, Princeton N. J./Oxford 2006; A. Augustinus, De libero arbitrio [lat./dt.], ed. J. Brachtendorf, Paderborn etc. 2006 (= Opera IX); J. L. Austin, Ifs and Cans, Proc. Brit. Acad. 42

(1956), 109–132, ferner in: ders., Philosophical Papers, ed. J. O. Urmson/G. J. Warnock, Oxford 1961, 153–180, [2]1970, [3]1979, 2007, 205–232 (dt. ›Falls‹ und ›können‹, in: ders., Wort und Bedeutung. Philosophische Aufsätze, ed. J. Schulte, München 1975, 213–244, ferner in: U. Pothast [ed.], Seminar: Freies Handeln und Determinismus, Frankfurt 1978, 1988, 169–200, ferner in: J. L. Austin, Gesammelte philosophische Aufsätze, ed. J. Schulte, Stuttgart 1989, 269–304); M. Balaguer, Free Will as an Open Scientific Problem, Cambridge Mass./London 2010; R. F. Baumeister/A. R. Mele/K. D. Vohs (eds.), Free Will and Consciousness. How Might They Work?, Oxford etc. 2010; B. Berofsky, Nature's Challenge to Free Will, Oxford etc. 2012; P. Bieri, Das Handwerk der Freiheit. Über die Entdeckung des eigenen Willens, München/Wien, Darmstadt 2001, Frankfurt 2013 (franz. La liberté, un métier. À la découverte de sa volonté propre, Paris 2011); C. D. Broad, Ethics and the History of Philosophy. Selected Essays, London 1952 (repr. Westport Conn. 1979), 2001; G. D. Caruso, Free Will and Consciousness. A Determinist Account of the Illusion of Free Will, Lanham Md. etc. 2012, 2013; R. M. Chisholm, Human Freedom and the Self, Lawrence Kan. 1964, ferner in: P. van Inwagen/D. W. Zimmerman (eds.), Metaphysics. The Big Questions, Malden Mass./Oxford 1998, 356–365, [2]2008, 441–450 (dt. Die menschliche Freiheit und das Selbst, in: U. Pothast [ed.], Seminar: Freies Handeln und Determinismus, Frankfurt 1978, 1988, 71–87); R. Clarke, Libertarian Accounts of Free Will, Oxford etc. 2003; ders./J. Capes, Incompatibilist (Nondeterministic) Theories of Free Will, SEP 2000, rev. 2017; D. C. Dennett, Elbow Room. The Varieties of Free Will Worth Wanting. Oxford, Cambridge Mass. 1984, Cambridge Mass./London 2015 (dt. Ellenbogenfreiheit. Die wünschenswerten Formen von freiem Willen, Frankfurt 1986, Weinheim [2]1994, erw. Hamburg 2015); R. Double, The Non-Reality of Free Will, Oxford etc. 1991; L. W. Ekstrom, Free Will. A Philosophical Study, Boulder Colo. 2000; J. M. Fischer, The Metaphysics of Free Will. An Essay on Control, Oxford/Cambridge Mass. 1994, 1997; ders., Recent Work on Moral Responsibility, Ethics 110 (1999), 93–139; ders./M. Ravizza, Responsibility and Control. A Theory of Moral Responsibility, Cambridge etc. 1998, 2008; ders. u. a., Four Views on Free Will, Malden Mass./Oxford 2007; H. G. Frankfurt, Alternate Possibilities and Moral Responsibility, J. Philos. 66 (1969), 829–839, ferner in: The Importance of What We Care about, Cambridge etc. 1988, 2009, 1–10, ferner in: P. Russell/O. Deery (eds.), The Philosophy of Free Will. Essential Readings from the Contemporary Debates, Oxford etc. 2013, 139–148 (dt. Alternative Handlungsmöglichkeiten und moralische Verantwortung, in: ders., Freiheit und Selbstbestimmung. Ausgewählte Texte, ed. M. Betzler, Berlin 2001, 53–64); ders., Freedom of the Will and the Concept of a Person, J. Philos. 68 (1971), 5–20, ferner in: The Importance of What We Care about [s. o.], 11–25, ferner in: P. Russell/O. Deery (eds.), The Philosophy of Free Will [s. o.], 253–266 (dt. W. und der Begriff der Person, in: P. Bieri [ed.], Analytische Philosophie des Geistes, Frankfurt, Königstein 1981, Weinheim/Basel [4]2007, 287–302, ferner in: H. G. Frankfurt, Freiheit und Selbstbestimmung [s. o.], 65–83); ders., The Faintest Passion, in: ders., Necessity, Volition, and Love, Cambridge etc. 1999, 2003, 95–107; M. Frede, A Free Will. Origins of the Notion in Ancient Thought, Berkeley Calif./Los Angeles/London 2011; C. Geyer (ed.), Hirnforschung und W.. Zur Deutung der neuesten Experimente, Frankfurt 2004, [8]2013; B. Guckes, Ist Freiheit eine Illusion? Eine metaphysische Untersuchung, Paderborn 2003; J. W. Haag, Emergent Freedom. Naturalizing Free Will, Göttingen 2008; T. Hobbes, The Questions Concerning Liberty, Necessity, and Chance, London 1656, ferner als: The English Works of Thomas Hobbes of Malmesbury V, ed. W. Molesworth, London 1841 (repr. Aalen 1962, 1966); T. Honderich, How Free Are You? The Determinism Problem, Oxford etc. 1993, [2]2002 (dt. Wie frei sind wir? Das Determinismus-Problem, Stuttgart 1995); D. P. Hunt, Moral Responsibility and Unavoidable Action, Philos. Stud. 97 (2000), 195–227; P. van Inwagen, An Essay on Free Will, Oxford 1983, 2010; ders., Free Will Remains a Mystery, in: R. Kane (ed.), The Oxford Handbook of Free Will, Oxford etc. 2002, 2005, 158–177; ders., Thinking about Free Will, Cambridge etc. 2017; C. Jedan, W. bei Aristoteles?, Göttingen 2000; R. Kane, Free Will and Values, Albany N. Y. 1985; ders., The Significance of Free Will, New York/Oxford 1996, 1998; ders. (ed.), Free Will, Malden Mass. 2002, 2007; ders., The Oxford Handbook of Free Will, Oxford etc. 2002, [2]2011; ders., A Contemporary Introduction to Free Will, Oxford etc. 2005; G. Keil, W., Berlin/New York 2007, [2]2013; ders., W. und Determinismus, Stuttgart 2009; D. Lewis, Finkish Dispositions, Philos. Quart. 187 (1997), 143–158, ferner in: ders., Papers in Metaphysics and Epistemology, Cambridge 1999, 2006, 133–151; J. Locke, An Essay Concerning Human Understanding, London 1690, ed. P. H. Nidditch, Oxford 1975, 2011; A. Lohmar, Moralische Verantwortlichkeit ohne W., Frankfurt 2005; J. R. Lucas, The Freedom of the Will, Oxford 1970; E. Mayr, Understanding Human Agency, Oxford etc. 2011, 2013; G. McFee, Free Will, Teddington 2000; A. R. Mele, Autonomous Agents. From Self-Control to Autonomy, New York/Oxford 1995, 2001; ders., Free. Why Science Hasn't Disproved Free Will, Oxford etc. 2014; ders./D. Robb, Rescuing Frankfurt-Style Cases, Philos. Rev. 107 (1998), 97–112; G. E. Moore, Ethics, London, New York 1912, London etc. [2]1966, erw. unter dem Titel: Ethics and »The Nature of Moral Philosophy«, ed. W. H. Shaw, Oxford etc. 2005, 2007 (dt. Grundprobleme der Ethik, München 1975); T. O'Connor (ed.), Agents, Causes and Events. Essays on Indeterminism and Free Will, Oxford etc. 1995; ders., Persons and Causes. The Metaphysics of Free Will, Oxford etc. 2000, 2002; ders., Free Will, SEP 2002, rev. 2010; D. Palmer (ed.), Libertarian Free Will. Contemporary Debates, Oxford etc. 2014; M. Pauen, Illusion Freiheit? Mögliche und unmögliche Konsequenzen der Hirnforschung, Frankfurt 2004, [2]2005, 2008; ders./G. Roth, Freiheit, Schuld und Verantwortung. Grundzüge einer naturalistischen Theorie der W., Frankfurt 2008, [2]2010; D. F. Pears (ed.), Freedom and the Will, London, New York 1963, 1969; D. Pereboom (ed.), Free Will, Indianapolis Ind. 1997; ders., Living Without Free Will, Cambridge etc. 2001, 2006; T. Pink, Free Will. A Very Short Introduction, Oxford etc. 2004; J. Nida-Rümelin, Über menschliche Freiheit, Stuttgart 2005, 2012; P. Russell, Hume on Free Will, SEP 2007, rev. 2014; ders./O. Deery (eds.), The Philosophy of Free Will. Essential Readings from the Contemporary Debates, Oxford etc. 2013; C. Sartorio, Causation and Free Will, Oxford etc. 2016; J. Schälike, Spielräume und Spuren des Willens. Eine Theorie der Freiheit und der moralischen Verantwortung, Paderborn 2010; A. Schopenhauer, Über die Freiheit des Willens, in: ders., Die beiden Grundprobleme der Ethik, behandelt in zwei akademischen Preisschriften, Frankfurt 1841, 1–104, ferner in: Über die Freiheit des menschlichen Willens und Über das Fundament der Moral, ed. P. Theisohn, Stuttgart 2013, 39–149; G. Seebaß, Handlung und Freiheit. Philosophische Aufsätze, Tübingen 2006; ders., W. und Determinismus I (Die Bedeutung des W.sproblems), Berlin 2007; ders. u. a., Wille/W., TRE XXXVI (2004), 55–107; S. Smilansky, Free Will and Illusion, Oxford 2000, 2003; G. S. Stent, Paradoxes of Free Will, Philadelphia Pa. 2002; M. P. Strasser, Agency, Free Will and Moral Responsibility, Wakefield N. H. 1992; G. Strawson, Freedom and Belief, Oxford

1986, rev. Oxford etc. 2010; ders., The Impossibility of Moral Responsibility, Philos. Stud. 75 (1994), 5–24, ferner in: G. Watson (ed.), Free Will [s. u.], ²2003, 2010, 212–228; P. F. Strawson, Freedom and Resentment, Proc. Brit. Acad. 48 (1962), 187–211, ferner in: G. Watson (ed.), Free Will [s. u.], 1982, 59–80, ²2003, 2010, 72–93, ferner in: P. Russell/O. Deery (eds.), The Philosophy of Free Will [s. o.], 63–83 (dt. Freiheit und Übelnehmen, in: U. Pothast [ed.], Seminar: Freies Handeln und Determinismus, Frankfurt 1978, 1988, 201–233); J. Thorp, Free Will. A Defence against Neurophysiological Determinism, London/Boston Mass./Henley 1980; J. Timmermann, Sittengesetz und Freiheit. Untersuchungen zu Immanuel Kants Theorie des freien Willens, Berlin/New York 2003; K. Timpe, Free Will. Sourcehood and Its Alternatives, London 2008, ²2013; ders./M. Griffith/N. Levy (eds.), The Routledge Companion to Free Will, New York/London 2017; J. Trusted, Free Will and Responsibility, Oxford etc. 1984; E. Tugendhat, Der Begriff der W., in: K. Cramer u. a. (eds.), Theorie der Subjektivität, Frankfurt 1987, 1990, 373-393; K. Vihvelin, Free Will Demystified. A Dispositional Account. Philos. Topics 32 (2004), 427–450, ferner in: P. Russell/O. Deery (eds.), The Philosophy of Free Will [s. o.], 166–189; dies., Causes, Laws, and Free Will. Why Determinism Doesn't Matter, Oxford etc. 2013; B. Walde, W. und Hirnforschung. Das Freiheitsmodell des epistemischen Libertarismus, Paderborn 2006; H. Walter, Neurophilosophie der W.. Von libertarischen Illusionen zum Konzept natürlicher Autonomie, Paderborn etc. 1998, ²1999 (engl. Neurophilosophy of Free Will. From Libertarian Illusions to a Concept of Natural Autonomy, Cambridge Mass./London 2001); S. Walter, Illusion freier Wille? Grenzen einer empirischen Annäherung an ein philosophisches Problem, Stuttgart 2016; G. Watson, Free Agency, J. Philos. 72 (1975), 205–220, ferner in: ders. (ed.), Free Will, Oxford etc. 1982, 96–110, ²2003, 2010, 337–351; ders., Introduction, in: ders. (ed.), Free Will, Oxford etc. 1982, 1–14, völlig überarb. ²2003, 2010, 1–25; ders., Free Action and Free Will, Mind NS 96 (1987), 145–172, ferner in: ders. (ed.), Agency and Answerability. Selected Essays, Oxford etc. 2004, 2009, 161–196; M. White, The Question of Free Will. A Holistic View, Princeton N. J. 1993; S. Wolf, Freedom Within Reason, New York/Oxford 1990, 1993; L. Zagzebski, Foreknowledge and Free Will, SEP 2004, rev. 2017. J. Sc.

Willensschwäche, ↑Akrasie.

Wille zur Macht, zentraler Begriff in F. Nietzsches Spätwerk und »Nachlaß der Achzigerjahre«. Ein von Nietzsche geplantes Werk »Der W. z. M.. Versuch einer Umwertung aller Werte« (mehrere Titelentwürfe) ist nicht zur Ausführung gelangt; ein unter diesem Titel erschienenes Werk ist nicht authentisch, sondern eine von Nietzsches Schwester E. Förster-Nietzsche vorgenommene Zusammenstellung.

Der W. z. M. wird von Nietzsche anfangs als lebenskonstituierendes Prinzip und schließlich als Prinzip alles Seienden konzipiert (vgl. Also sprach Zarathustra, Werke. Krit. Ges.ausg. VI/1, 143–144, Werke [Schlechta] II, 371, und Aus dem Nachlaß der Achtzigerjahre, Werke. Krit. Ges.ausg. VIII/3, 49–52, Werke [Schlechta] III, 776–777). Es verdankt sich teils einer empirischen Verallgemeinerung, in der alle Bewegungs- und Kraftäußerungen übereinkommen, teils einer metaphysischen Spekulation. Nietzsche verwendet dieses Prinzip vor allem zur Rückführung aller Geltungsansprüche, des Strebens nach Wahrheit, aller Erkenntnis, der Tugend und der Gerechtigkeit, der Affekte, aller Wertsetzungen usw. auf einen Ursprung. ›Maskierte‹ Formen des W.ns z. M. sind das Verlangen nach Freiheit, Gleichheit, die Unterwerfung, die Liebe oder das Gewissen (Aus dem Nachlaß der Achtzigerjahre, Werke. Krit. Ges.ausg. VIII/1, 283, Werke [Schlechta] III, 888–889). Mit der Einsicht in dieses Prinzip allen Seins und Werdens ist für Nietzsche eine ↑›Umwertung aller Werte‹ verbunden, die dort, wo der W. z. M. an Durchsetzungskraft verliert (décadence), in den ↑Nihilismus mündet. Der ↑Übermensch stellt denjenigen Menschentypus dar, der angesichts der nihilistischen Einsicht in die ewige ↑Wiederkehr des Gleichen als Ziel und Sinn der unter dem W.n z. M. stehenden Weltentwicklung gleichwohl sinnschöpfend leben kann. – M. Heidegger hat Nietzsches Prinzip des W.ns z. M. als nicht zu überbietende Vollendung und zutreffende Deutung der abendländischen ↑Metaphysik gewürdigt und deren Überwindung gefordert.

Literatur: G. Abel, Nietzsche contra ›Selbsterhaltung‹. Steigerung der Macht und ewige Wiederkehr, Nietzsche-Stud. 10/11 (1981/1982), 367–407 [mit Diskussion]; ders., Nietzsche. Die Dynamik der W.n z. M. und die ewige Wiederkehr, Berlin/New York 1984, ²1998; C. Althaus, W. z. M., Hist. Wb. Ph. XII (2004), 797–800; R. L. Anderson, Nietzsche's Will to Power as a Doctrine of the Unity of Science, Stud. Hist. Philos. Sci. 25 (1994), 729–750; A. Baeumler, Der Wille als Macht, in: A. Guzzoni (ed.), 90 Jahre philosophische Nietzsche-Rezeption, Königstein 1979, 35–56; K. H. Bohrer, Kein W. z. M.. Dekadenz, Stuttgart 2007; K.-H. Dickopp, Aspekte zum Verhältnis Nietzsche – Kant und ihre Bedeutung für die Interpretation des ›W.n z. M.‹, Kant-St. 61 (1970), 97–111; I. Eschebach, Der versehrte Maßstab. Versuch zu Nietzsches ›W.n z. M.‹ und seiner Rezeptionsgeschichte, Würzburg 1990; D. A. Freeman, Nietzsche. Will to Power as a Foundation of a Theory of Knowledge, Int. Stud. Philos. 20 (1988), 3–14; V. Gerhardt, Macht und Metaphysik. Nietzsches Machtbegriff im Wandel der Interpretationen, Nietzsche-Stud. 10/11 (1981/1982), 193–221; L. Giesz, Nietzsche. Existenzialismus und W. z. M., Stuttgart 1950; G.-G. Grau, Ideologie und W. z. M.. Zeitgemäße Betrachtungen über Nietzsche, Berlin/New York 1984; G. Haberkamp, Triebgeschehen und W. z. M.. Nietzsche – zwischen Philosophie und Psychologie, Würzburg 2000; M. Heidegger, Nietzsche, I–II, Pfullingen 1961, Stuttgart ⁶1998; J.-E. Joullie, Will to Power, Nietzsche's Last Idol, Basingstoke etc. 2013; B. J.-S. Kim, Hermeneutik als W. z. M. bei Nietzsche, Frankfurt etc. 1991; S. Körnig, Perspektivität und Unbestimmtheit in Nietzsches Lehre vom W.n z. M.. Eine vergleichende Studie zu Hegel, Nietzsche und Luhmann, Tübingen/Basel 1999; A. Kremer-Marietti, Le Nietzsche de Heidegger. Sur la volonté de puissance, Rev. int. philos. 43 (1989), 131–141; A. Lingis, The Last Form of the Will to Power, Philos. Today 22 (1978), 193–205; W. Mittelman, The Relation between Nietzsche's Theory of the Will to Power and His Earlier Conception of Power, Nietzsche-Stud. 9 (1980), 122–141; P. Montebello, Nietzsche. La volonté de puissance, Paris 2001; W. Müller-Lauter, Nietzsches Lehre vom W.n z. M., Nietzsche-Stud. 3 (1974), 1–60; ders., Welt als W. z. M.. Ein Beitrag zum Verständnis von Nietzsches Philosophie, Tijdschr.

Filos. 36 (1974), 78–106; ders., Das Willenswesen und der Übermensch. Ein Beitrag zu Heideggers Nietzsche-Interpretationen, Nietzsche-Stud. 10/11 (1981/1982), 132–192 [mit Diskussion]; ders., Nietzsche-Interpretationen I (Über Werden und W. z. M.), Berlin/New York 1999; C. Nielsen, Zeitatomistik und ›W. z. M.‹. Annäherungen an Nietzsche, Tübingen 2014; K. Schlechta, Entmythologisierung des ›W.ns z. M.‹, Frankfurter H. 12 (1957), 17–26; J. Schmidt, Der Mythos ›W. z. M.‹. Nietzsches Gesamtwerk und der Nietzsche-Kult. Eine historische Kritik, Berlin/Boston Mass. 2016; S. P. Schwartz, The Status of Nietzsche's Theory of the Will to Power in the Light of Contemporary Philosophy of Science, Int. Stud. Philos. 25 (1993), 85–92; ders., Nietzsche's Doctrine of the Will to Power, Cuxhaven/Dartford 1998; G. J. Stack, Nietzsche's Myth of the Will to Power, Dialogos 17 (1982), 27–50; R. Wall, Der W. z. M. – der Wille zum Nichts. Über den W.n z. M. in Friedrich Nietzsches Philosophie, Berlin 2003; L. L. Williams, Nietzsche's Mirror. The World as Will to Power, Lanham Md. etc. 2001. S. B.

Willkür, gewöhnlich für den ↑Willen verwendete Bezeichnung, sofern dieser zwischen verschiedenen (Handlungs-)Möglichkeiten wählen kann oder soll, daneben auch für die Wahl des Willens selbst (↑Willensfreiheit). I. Kant definiert die W. als »Vermögen, nach Belieben zu tun oder zu lassen«, und zwar, sofern es »mit dem Bewußtsein des Vermögens seiner Handlung zur Hervorbringung des Objekts verbunden ist« (Met. Sitten AB 5, Akad.-Ausg. VI, 213). Fehlt dieses Bewußtsein, spricht Kant von einem (bloßen) Wunsch. Zu einem Willen wird die W. als Vermögen, nach ↑Prinzipien zu handeln (Grundl. Met. Sitten BA 36–37, Akad.-Ausg. IV, 412–413). Im neueren Sprachgebrauch der Philosophie wird W. zumeist im Sinne der Grundlosigkeit einer Entscheidung verstanden.

Literatur: ↑Wille, ↑Willensfreiheit. O. S.

Winch, Peter Guy, *London 14. Jan. 1926, †27. April 1997, engl. Philosoph. 1947–1951 Studium der Philosophie, Politik und Ökonomie in St. Edmund Hall/Oxford (1949–1951 B. Phil. Studium), 1951–1964 Lecturer bzw. Senior Lecturer an der University of Wales/Swansea, 1964–1967 Reader in Philosophy am Birkbeck College/University of London; 1967–1984 Prof. der Philosophie am King's College/London, ab 1985 Prof. der Philosophie an der University of Illinois at Urbana/Champaign, ab 1989 neben G. E. M. Anscombe, G. H. v. Wright und A. Kenny Mitverwalter des Wittgenstein-Nachlasses.

W. befaßt sich neben Arbeiten über die Philosophie L. Wittgensteins, in denen er die These einer Einheit zwischen dessen Früh- und Spätwerk vertritt, vor allem mit systematischen Anwendungen Wittgensteinscher Gedanken. Dabei handelt es sich um Anwendungen in zwei Bereichen, nämlich in der Philosophie der Sozialwissenschaften und in der Moralphilosophie. In seiner Theorie der Sozialwissenschaften argumentiert W. gegen nomologisch-deduktive Konzeptionen (↑Erklärung), nach denen es die Aufgabe des Sozialwissenschaftlers sei, empirische Gesetze herauszuarbeiten, auf deren Grundlage sich ↑Prognosen über künftiges Verhalten (↑Verhalten (sich verhalten)) formulieren lassen. Dieser durch J. S. Mill und V. Pareto exemplifizierten Auffassung stellt er einen Vorschlag gegenüber, der M. Webers Konzept einer sinnverstehenden ↑Soziologie durch Wittgensteins Analyse des Regelfolgens methodisch zu fundieren sucht. Diese Fundierung soll das Eigenrecht des ↑Verstehens gegenüber dem Erklären (↑Erklärung) in der Soziologie sichern und zugleich psychologistische Mißverständnisse (↑Psychologismus), die bei Weber naheliegen, beseitigen. Für W. muß das soziologische Verstehen Begriffe verwenden, die mit denjenigen Begriffen logisch verknüpft sind, anhand derer die betreffenden Akteure ihre eigenen Handlungen intentional (↑Intentionalität) beschreiben würden. Die mit diesen Begriffen getroffenen Unterscheidungen halten nämlich die ↑Regeln fest, als deren Befolgung ihre Handlungen laut W. zu verstehen sind, bzw. die als Komponenten von soziologisch signifikanten Verallgemeinerungen verstanden werden müssen. Damit führt W. in die angelsächsische Diskussion eine Variante des hermeneutischen (↑Hermeneutik) Argumentationstyps ein, der in Deutschland in der Tradition von F. D. E. Schleiermacher bis H.-G. Gadamer schon etabliert war als Anspruch, den ↑Geisteswissenschaften ihre methodische Unterschiedenheit von den Naturwissenschaften zu sichern. Entsprechend löste sein Ansatz im analytischen Kontext (↑Philosophie, analytische) eine heftige Diskussion aus, während er in Deutschland dem älteren Argumentationszusammenhang eingeordnet werden konnte.

Systematisch gesehen besteht die besondere Radikalität des W.schen Ansatzes darin, daß er nicht nur szientistischen (↑Szientismus) Vorstellungen der ↑Kulturwissenschaften entgegentritt, die den Verständnissen der gesellschaftlichen Akteure selbst keine Bedeutung zumessen, sondern darüber hinaus eine ausschließliche ↑Geltung für solche Gründe im Rahmen der Soziologie reklamiert. Zu dem mit diesem Schritt etablierten methodologischen ↑Dualismus tritt ein ↑Relativismus der ↑Lebensformen: Weil die in verschiedenen Gesellschaften oder Kulturen verwendeten Begriffe und Orientierungstypen mit denjenigen des sozialwissenschaftlichen oder ethnologischen Forschers oft nicht übereinstimmen, stehe dieser vor der Alternative, entweder seinen eigenen konzeptuellen Rahmen der fremden Lebensform überzustülpen oder das System der intentionalen Beschreibungen der Teilnehmer an der betreffenden Kultur lediglich aufzudecken. In einer Auseinandersetzung mit dem Ethnologen E. E. Evans-Pritchard vertritt W. die Position, daß auch angesichts des magischen Weltverständnisses (↑Magie) eines ›primitiven‹ Stammes keine Annahmen über die Angemessenheit der darin zum Ausdruck kommenden ›Rationalitätsstandards‹ eine Rolle spielen dürfen, da kein Standpunkt verfügbar sei, von dem aus wissenschaftliche und magische Realitätskonzeptionen verglichen werden könnten. Das Verstehen einer fremden Lebensform erfordert demnach eine Erweiterung der eigenen.

Auch in der ↑Moralphilosophie vertritt W. einen radikalen Antireduktionismus (↑Reduktionismus). Dieser richtet sich z. B. gegen die insbes. von R. Hare vertretene Auffassung, wonach der Anspruch auf Universalisierbarkeit (↑Universalisierung), d. h. intersituationale und intersubjektive Konsistenz, begrifflich zum Fällen moralischer Urteile gehört. Dagegen argumentiert W., daß sich Fälle vorstellen lassen, in denen eine Kategorie des für die jeweils urteilende Person Richtigen in Rechnung zu stellen ist. Diese gegen Kantische Moralkonzeptionen gerichtete Argumentation ist eine Anwendung von W.s leitender Überzeugung, daß es in der Moralphilosophie wie in der Philosophie der Sozialwissenschaften unzulässig sei, die unterschiedlichen Verständnisse der betreffenden Akteure überhaupt durch eine Theorie vereinheitlichen zu wollen. In der Moralphilosophie läuft dies darauf hinaus, anhand von Beispielen die Spezifität derjenigen Faktoren herauszuarbeiten, die in konkreten Situationen auf jeweils unterschiedliche Weise für die Rechtfertigung eines Urteils bzw. einer Handlung relevant sind. W.s Werk stellt somit eine (nicht unumstrittene) Durchführung des Wittgensteinschen Postulats dar, die Philosophie lasse alles, wie es ist (Philos. Unters. § 124).

Werke: The Idea of a Social Science and Its Relation to Philosophy, London 1958, London, Atlantic Highlands N. J. [2]1990, London/New York 2008 (dt. Die Idee der Sozialwissenschaft und ihr Verhältnis zur Philosophie, Frankfurt 1966, 1974; franz. L'ideé d'une science sociale et sa relation à la philosophie, Paris 2009); Understanding a Primitive Society, Amer. Philos. Quart. 1 (1964), 307–324, ferner in: Ethics and Action [s. u.], 8–49; Mr. Louch's Idea of a Social Science, Inquiry 7 (1964), 202–208; Can a Good Man Be Harmed?, Proc. Arist. Soc. NS 66 (1965/1966), 55–70, ferner in: Ethics and Action [s. u.], 193–209; Moral Integrity, Oxford 1968, ferner in: Ethics and Action [s. u.], 171–192; Introduction: The Unity of Wittgenstein's Philosophy, in: ders. (ed.), Studies in the Philosophy of Wittgenstein, London, New York 1969 (repr. London/New York 2006), London/New York 2010, 1–19; Comment, in: R. Borger/F. Cioffi (eds.), Explanation in the Behavioural Sciences [s. u., Lit.], 249–259; Ethics and Action, London 1972; Causality and Action, in: J. Manninen/R. Tuomela (eds.), Essays on Explanation and Understanding. Studies in the Foundations of the Humanities and Social Sciences, Dordrecht/Boston Mass. 1976, 123–135; Ceasing to Exist, Proc. Brit. Acad. 58 (1982), 329– 353, separat London 1983, ferner in: Trying to Make Sense [s. u.], 81–106 (dt. Aufhören zu existieren, in: Versuchen zu verstehen [s. u.], 113–147); Trying to Make Sense, Oxford/New York 1987 (dt. Versuchen zu verstehen, Frankfurt 1992); Simone Weil. ›The Just Balance‹, Cambridge etc. 1989, 1995; Persuasion, in: P. A. French/T. E. Uehling Jr./H. K. Wettstein (eds.), The Wittgenstein Legacy, Notre Dame Ind. 1992 (Midwest Stud. Philos. XVII), 123–137; Discussion of Malcolm's Essay, in: N. Malcolm, Wittgenstein. A Religious Point of View?, ed. P. W., London 1993, 1997, 95–135 (franz. Discussion de l'essai de Malcolm, in: N. Malcolm, Wittgenstein. Un point de vue religieux?, Paris 2014, 121–167); Can We Understand Ourselves?, Philos. Investigations 20 (1997), 193–204.

Literatur: K.-O. Apel, Die Entfaltung der ›sprachanalytischen‹ Philosophie und das Problem der ›Geisteswissenschaften‹, in: ders., Transformation der Philosophie II (Das Apriori der Kommunikationsgemeinschaft), Frankfurt 1973, 1999, 28–95; ders., Die Kommunikationsgemeinschaft als transzendentale Voraussetzung der Sozialwissenschaften, in: ders., Transformation der Philosophie II [s. o.], 220–263 (engl. The Communication Community as the Transcendental Presupposition for the Social Sciences, in: ders., Towards a Transformation of Philosophy, London/Boston Mass./Henley 1980, Milwaukee Wis. 1998, 136–179); R. J. Bernstein, The Restructuring of Social and Political Theory, Oxford, New York 1976, Philadelphia Pa. 1990 (dt. Restrukturierung der Gesellschaftstheorie, Frankfurt 1978, 1981); R. Borger/F. Cioffi (eds.), Explanation in the Behavioural Sciences, Cambridge 1970, 1978; C. Borst, W., in: S. Brown/D. Collinson/R. Wilkinson (eds.), Biographical Dictionary of Twentieth-Century Philosophers, London/New York 1996, 842–843; R. Gaita (ed.), Value and Understanding. Essays for P. W., London/New York 1990; E. Gellner, The New Idealism. Cause and Meaning in the Social Sciences, in: I. Lakatos/A. Musgrave (eds.), Problems in the Philosophy of Science. Proceedings of the International Colloquium in the Philosophy of Science, London 1965 III, Amsterdam 1968, 377–406; J. Habermas, Zur Logik der Sozialwissenschaften, Tübingen 1967 (Philos. Rdsch. Beiheft 5), unter dem Titel: Ein Literaturbericht (1967): Zur Logik der Sozialwissenschaften, in: ders., Zur Logik der Sozialwissenschaften, Frankfurt 1970, [4]1977, 71–308, [5]1982, 1985, 89–330 (engl. On the Logic of the Social Sciences, Cambridge Mass. 1988, Cambridge 1990); M. Hollis, Witchcraft and W.craft, Philos. Soc. Sci. 2 (1972), 89–103; ders./S. Lukes (eds.), Rationality and Relativism, Cambridge Mass., Oxford 1982, Cambridge Mass. 1997; P. Hutchinson/R. Read/W. Sharrock, There Is No Such Thing as a Social Science. In Defence of P. W., Aldershot/Burlington Vt. 2008, 2009; M. Jegen, Ludwig Wittgenstein et l'épistémologie. Remarques mêlées à partir de la pensée de Thomas S. Kuhn et de P. W., Genf 1995; F. Koppe, Hermeneutik der Lebensformen – Hermeneutik als Lebensform. Zur Sozialphilosophie P. W.s, in: J. Mittelstraß (ed.), Methodenprobleme der Wissenschaften vom gesellschaftlichen Handeln, Frankfurt 1979, 223–272; B. D. Lerner, Rules, Magic and Instrumental Reason. A Critical Interpretation of P. W.'s Philosophy of the Social Sciences, London/New York 2001, 2014; M. E. Levin, The Universalizability of Moral Judgements Revisited, Mind NS 88 (1979), 115–119; A. R. Louch, The Very Idea of a Social Science, Inquiry 6 (1963), 273–286; ders., On Misunderstanding Mr. W., Inquiry 8 (1965), 212–216; ders., Explanation and Human Action, Oxford, Berkeley Calif./Los Angeles 1966, 1972; C. Lyas, P. W., Teddington 1999; ders., W., in: S. Brown (ed.), The Dictionary of Twentieth-Century British Philosophers II, Bristol 2005, 1143–1149; A. C. MacIntyre, The Idea of a Social Science, in: ders., Against the Self-Images of the Age. Essays on Ideology and Philosophy, London 1971, Notre Dame Ind. 1984, 2001, 211–229; R. Montague, W. on Agents' Judgements, Analysis 34 (1973/1974), 161–166; H. O. Mounce, Understanding a Primitive Society, Philos. 48 (1973), 347–362; O. O'Neill, The Power of Example, in: dies., Constructions of Reason. Explorations of Kant's Practical Philosophy, Cambridge etc. 1989, 2000,

165–186; H. F. Pitkin, Wittgenstein and Justice. On the Significance of Ludwig Wittgenstein for Social and Political Thought, Berkeley Calif./Los Angeles/London 1972, 1993; H. R. Straughan, Hypothetical Moral Situations, J. Moral Education 4 (1975), 183–189; R. Wiggershaus (ed.), Sprachanalyse und Soziologie. Die sozialwissenschaftliche Relevanz von Wittgensteins Sprachphilosophie, Frankfurt 1975; B. R. Wilson (ed.), Rationality, Oxford 1970, 1991; G. H. v. Wright, Explanation and Understanding, London, Ithaca N. Y. 1971, London/New York 2009. – Sonderheft: Hist. Human Sci. 13 (2000), H. 1 (P. W. and »The Idea of Social Science«). N. R.

Winckelmann, Johann Joachim, *Stendal 9. Dez. 1717, †Triest 8. Juni 1768, dt. Kunsthistoriker und Archäologe. Ab 1738 Studium der Theologie in Halle, Hauslehrer, ab 1741 Studium der Altertumswissenschaft, Mathematik und Medizin in Jena, 1743–1748 Konrektor, 1748 Bibliothekar. W. veröffentlicht 1755 sein erstes Buch »Gedancken über die Nachahmung der griechischen Wercke in der Mahlerey und Bildhauer-Kunst« und geht im selben Jahr nach Rom. Er unternimmt Reisen zu den Stätten der klassischen Altertümer (Neapel, Herkulaneum, Pompeji, Florenz) und erhält, nachdem 1762 seine »Anmerkungen über die Baukunst der Alten« erschienen, die Stelle eines Generalkustos der klassischen Altertümer in Rom und Latium. Er gilt als Begründer der klassischen Archäologie und Kunstgeschichte.
Im Zusammenhang mit seinen historischen Studien entwickelt W. eine Ästhetik (↑ästhetisch/Ästhetik), die die Geschmackstheorie (↑Geschmack) der ↑Aufklärung durch den Hinweis auf eine Epoche begründet, in der sich der ästhetische Geschmack in der schönen Kunst realisiert hat. ↑Kunst entwickelt sich prinzipiell in Abhängigkeit vom geographischen, nationalen und kulturellen Zusammenhang. Der gute Geschmack aber hat sich nach W. zuerst ›unter dem griechischen Himmel‹ gebildet. In der »Geschichte der Kunst des Altertums« (1764) geht W. auf die Entwicklungsbedingungen der schönen griechischen Kunstwerke ein und überwindet die Ästhetik der Aufklärung zugunsten einer geschichtlichen Betrachtung der Kunst. Da die Kunst nicht nur einzigartig in ihrer Schönheit (↑Schöne, das), sondern zugleich Vorbild und Maßstab für die gegenwärtige Kunst ist, mündet das historische Verstehen in eine normative Ästhetik auf der Grundlage der Nachahmungstheorie. An die Stelle der Schönheit der Natur tritt die Schönheit der griechischen Kunstwerke, die die Künstler nachahmen sollen, um auf dem Wege über dieses Ideal die Schönheit der Natur um so treffsicherer zu erreichen. Den häufig zitierten Satz von der ›edlen Einfalt und stillen Größe‹ erläutert W. so, daß Stellung und Ausdruck griechischer Plastiken bei aller Bewegtheit der Leidenschaft eine ›große und gesetzte Seele‹ dokumentierten. Das von W. ausgezeichnete Beispiel schöner Kunst, die Laokoon-Gruppe, inspiriert G. E. Lessing (Laokoon, oder Über die Grenzen der Mahlerey und Poesie, 1766) zu einer über W.s Festlegung der Kunst auf die Schönheit hinausgehenden Diskussion über die Möglichkeit und ästhetische Rechtfertigung der Darstellung des Nicht-mehr-Schönen bis hin zum Häßlichen. Ebenso wie die geschichtstheoretische Auffassung der einzelnen Kunstepochen als jeweils organisch sich entfaltender Einheiten eröffnet die Beurteilung der Antike (über Lessing und J. G. Herder vermittelt) entscheidende Perspektiven der Ästhetik des Deutschen Idealismus (↑Idealismus, deutscher).

Werke: W.s Werke, I–VIII, ed. C. L. Fernow u. a., Dresden 1808–1820, Nachtrag: Briefe, I–III (= IX–XI), ed. F. Förster, Berlin, Dresden 1824–1825; Sämtliche Werke, I–XII, Erg.bd. unter dem Titel: Abbildungen zu J. W.s Sämtlichen Werken, ed. J. Eiselein, Donaueschingen 1825–1835 (repr. Osnabrück 1965); Kunsttheoretische Schriften, I–X, Baden-Baden/Straßburg 1962–1971; Kleine Schriften, Vorreden, Entwürfe, ed. W. Rehm, Berlin 1968, Berlin/New York [2]2002; Werke in einem Band, ed. H. Holtzhauer, Berlin 1969, [4]1986; Schriften und Nachlaß, ed. Akad. Wiss. u. Lit. Mainz, Mainz 1996ff. (erschienen Bde I–VII, IX). – Gedancken über die Nachahmung der Griechischen Wercke in der Mahlerey und Bildhauer-Kunst, o.O. [Friedrichstadt] 1755, erw. Dresden/Leipzig [2]1756, Stuttgart 2013 (engl. Reflections on the Painting and Sculpture of the Greeks. With Instructions for the Connoisseur, and an Essay on Grace in Works of Art, London 1765, unter dem Titel: Reflections Concerning the Imitation of the Grecian Artists in Painting and Sculpture. In a Series of Letters, Glasgow 1766, unter ursprünglichem Titel, London 1999); Anmerkungen über die Baukunst der Alten, Leipzig 1762 (repr. Baden-Baden/Straßburg 1964 [= Kunsttheoretische Schr. II]) (franz. Remarques sur l'architecture des anciens, Paris 1783); Sendschreiben von den herculanischen Entdeckungen, Dresden 1762 (repr. in: Sendschreiben von den herculanischen Entdeckungen. Nachrichten von den neuesten herculanischen Entdeckungen, Baden-Baden/Straßburg 1964 [= Kunsttheoretische Schr. III], 1–96 [getrennte Paginierung]), Mainz 1997 (= Schr. u. Nachlaß II/1) (franz. Lettre de l'abbé W. [...] sur les découvertes d'Herculanum, Dresden/Paris 1964; engl. Letter on the Herculanean Discoveries, in: Letter and Report on the Discoveries at Herculaneum, ed. C. C. Mattusch, Los Angeles 2011, 63–160); Abhandlung von der Fähigkeit der Empfindung des Schönen in der Kunst, und dem Unterrichte in derselben, Dresden 1763, 1771; Nachrichten von den neuesten Herculanischen Entdeckungen, Dresden 1764 (repr. in: Sendschreiben von den herculanischen Entdeckungen. Nachrichten von den neuesten herculanischen Entdeckungen [s. o.], 1–53 [getrennte Paginierung]), ed. S.-G. Bruer/M. Kunze, Mainz 1997 (= Schr. u. Nachlaß II/2) (engl. Report of the Latest Discoveries at Herculaneum, in: Letter and Report on the Discoveries at Herculaneum [s. o.], 161–211); Geschichte der Kunst des Alterthums, I–II, Dresden 1764, Wien [2]1776, 1934 (repr. unter dem Titel: Geschichte der Kunst des Altertums, Darmstadt 1993), ed. A. H. Borbein u. a., Mainz 2002 (= Schr. u. Nachlaß IV/1 [Ausgaben von 1764 und 1776]) (franz. Histoire de l'art chez les anciens, I–II, Paris, Amsterdam 1766 [repr., in 1 Bd., Genf 1972], I–III, Paris 1802–1803, unter dem Titel: Histoire de l'art de l'antiquité, I–III, Leipzig 1781, in 1 Bd., Paris 2005; engl. The History of Ancient Art, I–II, Boston Mass. 1849, New York 1968, gekürzt unter dem Titel: The History of Ancient Art among the Greeks, London 1850, unter dem Titel:

History of the Art of Antiquity, Los Angeles 2006); Versuch einer Allegorie, besonders für die Kunst, Dresden 1766 (repr. Baden-Baden/Straßburg 1964 [= Kunsttheoretische Schr. IV]), Donaueschingen 1825 (= Sämtl. Werke IX), unter dem Titel: Versuch einer Allegorie. De l'allégorie [franz./dt.], New York 1976 (franz. Essai sur l'allégorie, principalement à l'usage des artistes, in: ders., De l'allégorie, ou traités sur cette matière I, ed. H. J. Jansen, Paris 1799, 1–360); Anmerkungen über die Geschichte der Kunst des Alterthums, I–II, Dresden 1767 (repr., in 1 Bd., Baden-Baden/Straßburg 1966 [= Kunsttheoretische Schr. VI]), ed. A. H. Borbein/M. Kunze, Mainz 2008 (= Schr. u. Nachlaß IV/4); Monumenti antichi inediti, I–II, Rom 1767 (repr. Baden-Baden/Straßburg 1967 [= Kunsttheoretische Schr. VII/VIII]), in 1 Bd., ed. A. H. Borbein/M. Kunze, Mainz 2011 (= Schr. u. Nachlaß VI/1) (dt. Alte Denkmäler der Kunst, Berlin 1780, erw., I–III, Berlin ^{2}1804; franz. Monuments inédits de l'antiquité, I–III, Paris 1808–1809; engl. Images from the Ancient World. Greek, Roman, Etruscan and Egyptian, ed. S. Appelbaum, Mineola N. Y. 2010); De ratione delineandi Graecorum artificum primi artium seculi ex nummis antiquissimis dignoscenda, ed. K.-P. Goethert, Mainz, Wiesbaden 1973 (= Akad. Wiss. u. Lit. Mainz, Abh. geistes- u. sozialwiss. Kl. 1973, 7); Unbekannte Schriften. Antiquarische Relationen und Beschreibung der Villa Albani, ed. S. v. Moisy u. a., München 1987; J. J. W. on Art, Architecture, and Archaeology, ed. D. Carter, Rochester N. Y. 2013; Dresdner Schriften. Text und Kommentar, ed. A. H. Borbein/M. Kunze/A. Rügler, Mainz 2016 (= Schr. u. Nachlaß IX/1); Das Sankt Petersburger Manuskript der »Gedancken über die Nachahmung der Griechischen Wercke in der Mahlerey und Bildhauer-Kunst«. Faksimiles, Texte und Dokumente, ed. M. Kunze, Ruhpolding/Mainz 2016. – Briefe, I–IV, ed. W. Rehm, Berlin 1952–1957; Briefe, Entwürfe und Rezensionen zu den Herkulanischen Schriften, Mainz 2001 (= Schr. u. Nachlaß II/3). – H. Ruppert, W.-Bibliographie, ed. W.-Gesellschaft Stendal, Berlin 1942; ders., Ergänzungen zur W.-Bibliographie für die Jahre 1942–1955, ed. W.-Gesellschaft Stendal, Berlin 1956, Neudr. der Folgen 1 und 2, in 1 Bd., Berlin 1968; H. Henning, W.-Bibliographie. Folge 3 für die Jahre 1955–1966, ed. W.-Gesellschaft Stendal, Berlin 1967; M. Kunze, W.-Bibliographie. Folge 4 (1967–1984), ed. W.-Gesellschaft Stendal, Stendal 1988.

Literatur: M. L. Baeumer, W.s Formulierung der klassischen Schönheit, Monatshefte 65 (1973), 61–75; A. Baeumler, Das Irrationalitätsproblem in der Ästhetik und Logik des 18. Jahrhunderts bis zur »Kritik der Urteilskraft«, Halle 1923 (repr. Darmstadt ^{2}1967, 1981) (franz. Le problème de l'irrationalité dans l'esthétique et la logique du XVIIIe siècle, jusqu'à la »Critique de la faculté de juger«, Straßburg 1999); L. Balet/E. Gerhard, Die Verbürgerlichung der deutschen Kunst, Literatur und Musik im 18. Jahrhundert, Straßburg/Leipzig/Zürich, Leiden 1936, ed. G. Mattenklott, Frankfurt 1973, 1981; M. Baltzer, W., Enc. philos. universelle III/1 (1992), 1550–1552; G. Baumecker, W. in seinen Dresdner Schriften. Die Entstehung von W.s Kunstanschauung und ihr Verhältnis zur vorhergehenden Kunsttheoretik mit Benutzung der Pariser Manuskripte W.s, Berlin 1933; F. Bomski/H. T. Seemann/T. Valk (eds.), Die Erfindung des Klassischen. W.-Lektüren in Weimar, Göttingen 2017; W. Bosshard, W.. Ästhetik der Mitte, Zürich/Stuttgart 1960, Zürich 1961; L. Curtius, W. und seine Nachfolge, Wien 1941; ders./H. Rüdiger/R. Biedrzynski, J. J. W.. 1768–1968, Bad Godesberg 1968; E. Décultot, J. J. W.. Enquête sur la genèse de l'histoire de l'art, Paris 2000 (dt. Untersuchungen zu W.s Exzerptheften. Ein Beitrag zur Genealogie der Kunstgeschichte im 18. Jahrhundert, Ruhpolding 2004); A. Degange, W., DP II (^{2}1993), 2951–2953; H. Dilly, Die Verzeitlichung der Künste, in: ders., Kunstgeschichte als Institution. Studien zur Geschichte einer Disziplin, Frankfurt 1979, 90–115; M. Disselkamp/F. Testa, W.-Handbuch. Leben – Werk – Wirkung, Stuttgart/Heidelberg 2017; J. Dummer (ed.), J. J. W.. Seine Wirkung in Weimar und Jena, Stendal 2007; C. Ephraim, Wandel des Griechenbildes im 18. Jahrhundert, Bern/Leipzig 1936, Nendeln 1970; M. K. Flavell, W. and the German Enlightenment. On the Rediscovery and Uses of the Past, Modern Language Rev. 74 (1979), 79–96; M. Fontius, W. und die französische Aufklärung, Berlin 1968; E. Forssman, Edle Einfalt und stille Größe. W.s »Gedanken über die Nachahmung der griechischen Werke in der Malerei und Bildhauerkunst« von 1755, Freiburg/Berlin/Wien 2010; M. Fuhrmann, W. – ein deutsches Symbol, Neue Rdsch. 83 (1972), 265–283; T. W. Gaehtgens (ed.), J. J. W. 1717–1768, Hamburg 1986; P. Griener, L'esthétique de la traduction. W., les langues et l'histoire de l'art 1755–1784, Genf 1998; K. Harloe, W. and the Invention of Antiquity. History and Aesthetics in the Age of Altertumswissenschaft, Oxford 2013; H. C. Hatfield, W. and His German Critics 1755–1781. A Prelude to the Classical Age, New York 1943; N. Himmelmann, W.s Hermeneutik, Mainz/Wiesbaden, Wiesbaden 1971; M. R. Hofter, Die Sinnlichkeit des Ideals. Zur Begründung von J. J. W.s Archäologie, Ruhpolding/Mainz 2008; H. Koch, J. J. W.. Sprache und Kunstwerk, Berlin 1957; K. Kraus, W. und Homer, mit Benutzung der Hamburger Homer-Ausschreibungen W.s, Berlin 1935; I. Kreuzer, Studien zu W.s Ästhetik. Normativität und historisches Bewußtsein, Berlin 1959; W. Leppmann, W., New York 1970, London 1971 (dt. W.. Eine Biographie, Frankfurt/Berlin/Wien 1971); C. Pagnini (ed.), Mordakte W.. Die Originalakten des Kriminalprozesses gegen den Mörder J. J. W.s, Berlin 1965; J. Pistor, W., ADB XLIII (1898), 343–363; E. Pommier, W., inventeur de l'histoire de l'art, Paris 2003; A. Potts, W.'s Construction of History, Art History 5 (1982), 377–407; ders., Flesh and the Ideal. W. and the Origins of Art History, New Haven Conn. 1994, 2000; W. Rehm, W. und Lessing, Berlin 1941; U. G. M. Rein, W.s Begriff der Schönheit. Über die Bedeutung Platons für W., Diss. Bonn 1972; L. A. Ruprecht, W. and the Vatican's First Profane Museum, New York 2011; W. Schadewaldt, W. und Homer, Leipzig 1941; A. Schulz, Die Kasseler Lobschriften auf W., Berlin 1963; H. C. Seeba, J. J. W.. Zur Wirkungsgeschichte eines ›unhistorischen‹ Historikers zwischen Ästhetik und Geschichte, Dt. Vierteljahrsschr. Literaturwiss. u. Geistesgesch. 56 (1982) (Sonderheft: Kultur, Geschichte und Verstehen), 168–210; W. E. Spengler, Der Begriff des Schönen bei W.. Ein Beitrag zur deutschen Klassik, Göppingen 1970; E. S. Sünderhauf, Griechensehnsucht und Kulturkritik. Die deutsche Rezeption von W.s Antikenideal 1840–1945, Berlin 2004; P. Szondi, Antike und Moderne in der Ästhetik der Goethezeit, in: ders., Poetik und Geschichtsphilosophie I, ed. S. Metz/H.-H. Hildebrandt, Frankfurt 1974, 2001, 11–165, bes. 18–64; H.-G. Thalheim, Zeitkritik und Wunschbild im Werk des frühen W.. Ein Beitrag zum Problem der Traditionswahl in der deutschen Klassik, Diss. Jena 1954; G. Tonelli, W., Enc. Ph. VIII (1967), 319–320, IX (^{2}2006), 789–791; B. Vallentin, W., Berlin 1931; W. Waetzoldt, J. J. W., in: ders., Deutsche Kunsthistoriker, I–II, Leipzig 1921/1924, Berlin ^{3}1986, I, 51–73, separat unter dem Titel: J. J. W., der Begründer der deutschen Kunstwissenschaft, Leipzig 1940, ^{3}1946; W. v. Wangenheim, Der verworfene Stein. W.s Leben, Berlin 2005; F. Will, Intelligible Beauty in Aesthetic Thought from W. to Victor Cousin, Tübingen 1958; W. Zbinden, W., Bern 1935. – Sonderheft: Aufklärung 27 (2015) (Thema: W.). A. G.-S.

Windelband, Wilhelm, *Potsdam 11. Mai 1848, †Heidelberg 22. Okt. 1915, dt. Philosoph und Philosophiehistoriker. Zuerst Studium der Medizin und Naturwissenschaften, später der Geschichte und Philosophie in Jena, Berlin und Göttingen; Promotion 1870 bei R. H. Lotze, 1873 Habilitation in Leipzig, o. Prof. in Zürich (1876), Freiburg i. Br. (1877), Straßburg (1882) und ab 1903 als Nachfolger K. Fischers in Heidelberg. In Absetzung von seinen philosophischen Lehrern R. H. Lotze und dem Hegelianer K. Fischer entwickelt W. seine Philosophie im Rückgriff auf den Kantischen ↑Kritizismus im Sinne einer Reflexion auf die (apriorischen) Voraussetzungen aller Wissenschaften und als kritische Wissenschaft von allgemein gültigen Werten (↑Wertphilosophie). – Über I. Kant hinausgehend fordert W. neben der Grundlegung der generalisierenden (↑Generalisierung) bzw. ›nomothetischen‹ Naturwissenschaften und der Mathematik auch eine Wissenschaftstheorie der individualisierenden bzw. ›idiographischen‹ (↑idiographisch/nomothetisch) historischen Wissenschaften. Während die Wissenschaften ein System theoretischer Urteile darstellen, stellen die praktischen Disziplinen die Beurteilungen als Bezug des beurteilenden ↑Bewußtseins (als Bedingung der Organisation der Realitätserfahrung) auf die Gesamtheit der Verknüpfungen existierender Gegebenheiten dar. Im theoretischen Bereich ist der spezifische Gegenstand der Philosophie das ↑›Bewußtsein überhaupt‹, das sowohl der Organisation der Vorstellungsinhalte als auch dem beurteilenden Bewußtsein in seinen spezifischen Ausprägungen als wissenschaftliches, moralisches oder ästhetisches Bewußtsein zugrundeliegt. Zum praktischen Bereich der Philosophie gehört das Reich der (universal gültigen) Werte, die die Kultur als ganze organisieren und alle individuelle Wertsetzung fundieren. Die Philosophie beschreibt allerdings nicht die faktischen Wertsetzungen, sondern stellt im Sinne der ↑Transzendentalphilosophie die Frage nach der ↑Geltung der Werte.

W.s Wissenschaftslehre, insbes. die mit der Unterscheidung zwischen nomothetischen ↑Naturwissenschaften und individualisierenden bzw. idiographischen ↑Kulturwissenschaften (↑Geisteswissenschaften) gewonnene Erweiterung der Kantischen Philosophie, wird zur Grundlage der über die Geltungslehre hinausgehenden transzendentallogischen ↑Kulturphilosophie in der Südwestdeutschen Schule des ↑Neukantianismus. In seinen philosophiehistorischen Arbeiten entwickelt W. statt der üblichen chronologischen Abhandlung der Philosophen und Theorien die für den Neukantianismus typische problemorientierte Darstellung der Philosophie.

In der ↑Logik ist W. im Anschluß an seinen Lehrer H. Lotze ein früher Vertreter des Antipsychologismus (↑Psychologismus). Die Geltung der Logik ist für ihn unabhängig von Psychologie und Grammatik. Demgemäß hat der ↑normative Charakter der Logik, das logische Sollen, seinen Grund in der objektiven Geltung der Logik. Mit Blick auf das Problem der ↑Letztbegründung stellt W. klar, daß die Geltung der logischen Grundgesetze (Axiome) nicht mit logischer Notwendigkeit bewiesen werden könne. Stattdessen könne aber die teleologische (↑Teleologie) Notwendigkeit (↑notwendig/Notwendigkeit) dieser Gesetze aufgewiesen werden, indem wir uns besinnen, »daß ihre Geltung unbedingt anerkannt werden muß«, wenn »das Denken den Zweck wahr zu sein [...] erfüllen will« (Kritische oder genetische Methode?, in: Präludien II, [5]1915, 99–135, hier: 109). Die teleologische Notwendigkeit der Grundgesetze ergibt sich demnach aus dem Zweck des Denkens ›wahr zu sein‹; und in diesem Sinne stellt dann die Wahrheit für uns einen Wert dar.

In der nachkantischen Diskussion über die Urteilsformen (↑Urteil) greift W. mit der Betonung des Aktcharakters des Urteils auf die voluntaristische (↑Voluntarismus) Urteilstheorie R. Descartes' zurück. Er liefert damit ein Pendant zur Urteilstheorie G. Freges, der im ↑Urteilsstrich ein eigenes Zeichen für den Urteilsakt eingeführt hat. Während Frege den Akt der Verneinung auf die Bejahung eines negativen Inhalts zurückführt, beläßt es W. bei der Gegenüberstellung der beiden Akte Bejahung (Zustimmung) und Verneinung (Verwerfung). Die in diesen Akten vorgenommene Wahrheitsbewertung macht für ihn das Hauptmoment des Urteils aus. Mit dieser Deutung des Urteilsaktes als einer Entscheidung über den ↑Wahrheitswert eines propositionalen Inhalts (↑Proposition) ist die für den werttheoretischen Neukantianismus charakteristische Verbindung des Urteilsaktes mit einem wertenden Moment vollzogen. In diesem Zusammenhang führt W. den Terminus ›Wahrheitswert‹ als Analogiebildung zur üblichen Rede von Werten ein und betont, der logische »Wahrheitswerth« sei »den übrigen Werthen zu coordiniren« (Beiträge zur Lehre vom negativen Urtheil, 173–174). Der Begriff des Wahrheitswertes wird von Frege in seiner Gleichsetzung der Bedeutung von Aussagesätzen mit ihrem jeweiligen Wahrheitswert (des Wahren oder des Falschen) übernommen.

Werke: Die Lehren vom Zufall, Berlin 1870, Tübingen 1916; Über die Gewissheit der Erkenntniss. Eine psychologisch-erkenntnisstheoretische Studie, Berlin, Leipzig 1873; Über den gegenwärtigen Stand der psychologischen Forschung. Rede zum Antritt der ordentlichen Professur der Philosophie an der Hochschule zu Zürich am XX. Mai MDCCCLXXVI gehalten, Leipzig 1876; Ueber die verschiedenen Phasen der Kantischen Lehre vom Ding-an-sich, Vierteljahrsschr. wiss. Philos. 1 (1877), 224–266; Die Geschichte der neueren Philosophie in ihrem Zusammenhange mit der allgemeinen Cultur und den besonderen Wissenschaften dargestellt, I–II, Leipzig 1878/1880, 1922; Präludien. Aufsätze und Reden zur Einleitung in die Philosophie, Freiburg/Tübingen 1884 (repr. Eschborn 1996), erw. I–II, Tübingen [4]1911, unter dem Titel: Präludien. Aufsätze und Reden zur

Philosophie und ihrer Geschichte, I–II, Tübingen [5]1915, 1924; Beiträge zur Lehre vom negativen Urtheil, in: Strassburger Abhandlungen zur Philosophie. Eduard Zeller zu seinem siebenzigsten Geburtstage, Freiburg/Tübingen 1884, 165–195, separat Tübingen 1921; Geschichte der alten Philosophie, Nördlingen 1888, München [2]1894, unter dem Titel: Geschichte der abendländischen Philosophie im Altertum, München [4]1923 (repr. 1963) (engl. History of Ancient Philosophy, New York 1899 [repr. New York 1958], [3]1921); Fichte's Idee des deutschen Staates. Rede zur Feier des Geburtstages seiner Majestät des Kaisers am 27. Januar 1890 in der Aula der Kaiser-Wilhelms-Universität Straßburg, Freiburg 1890, Tübingen 1921; Geschichte der Philosophie, Freiburg 1892, unter dem Titel: Lehrbuch der Geschichte der Philosophie, Tübingen [3]1903, ed. H. Heimsoeth, Tübingen [13]1935 (mit einem Schlußkapitel »Die Philosophie im 20. Jahrhundert« und einer »Übersicht über den Stand der philosophiegeschichtlichen Forschung«), [18]1993 (engl. A History of Philosophy. With Especial Reference to the Formation and Development of Its Problems and Conceptions, New York 1893, [2]1901 [repr. New York 1956, Westport Conn. 1979], in zwei Bdn., 1958); Platon, Stuttgart 1900 (repr., ed. H. Menges, Eschborn 1992, 1994), [7]1923; Über Willensfreiheit. 12 Vorlesungen, Tübingen 1904, [3]1918 (repr. als 4. Aufl. 1923); Logik, in: ders. (ed.), Die Philosophie im Beginn des zwanzigsten Jahrhunderts. Festschrift für Kuno Fischer I, Heidelberg 1904, 163–186, I–II in einem Bd., [2]1907 (repr. 1923), 183–207; Schiller und die Gegenwart. Rede zur Gedächtnisfeier bei der hundertjährigen Wiederkehr seines Todestages an der Universität Heidelberg, Heidelberg 1905; Kuno Fischer. Gedächtnisrede bei der Trauerfeier der Universität in der Stadthalle zu Heidelberg am 23. Juli 1907, Heidelberg 1907; Die neuere Philosophie, in: W. Wundt u. a., Allgemeine Geschichte der Philosophie, Berlin/Leipzig 1909, 382–543, [2]1913, 1923, 432–587; Der Wille zur Wahrheit. Akademische Rede zur Erinnerung an den zweiten Gründer der Universität Karl Friedrich Grossherzog von Baden am 22. November 1909 [...], Heidelberg 1909; Die Philosophie im deutschen Geistesleben des 19. Jahrhunderts. Fünf Vorlesungen, Tübingen 1909 (repr. Eschborn 1992); Die Erneuerung des Hegelianismus. Festrede in der Sitzung der Gesamtakademie am 25. April 1910, Heidelberg 1910 (Sitz.ber. Heidelberger Akad. Wiss., philos.-hist. Kl., Abh. 10); Über Gleichheit und Identität, Heidelberg 1910 (Sitz.ber. Heidelberger Akad. Wiss., philos.-hist. Kl., Abh. 14); Über Sinn und Wert des Phänomenalismus. Festrede in der Sitzung der Gesamtakademie am 24. April 1912, Heidelberg 1912 (Sitz.ber. Heidelberger Akad. Wiss., philos.-hist. Kl., Abh. 9); Die Prinzipien der Logik, in: A. Ruge (ed.), Encyclopädie der philosophischen Wissenschaften I, Tübingen 1912, 1–60 (engl. Theories in Logic, New York 1961); Einleitung in die Philosophie, Tübingen 1914, [2]1920 (repr. 1923) (engl. An Introduction to Philosophy, London, New York 1921, London 1923); Die Hypothese des Unbewußten. Festrede, gehalten in der Gesamtsitzung der Heidelberger Akademie der Wissenschaften am 24. April 1914, Heidelberg 1914 (Sitz.ber. Heidelberger Akad. Wiss., philos.-hist. Kl., Abh. 4); Geschichtsphilosophie. Eine Kriegsvorlesung. Fragment aus dem Nachlass, ed. W. [Wolfgang] Windelband/B. Bauch, Berlin 1916 (Kant-St. Erg.hefte 38) (repr. Würzburg 1971, Vaduz/Liechtenstein 1981); Qu'est-ce que la philosophie? Et autres textes, übers. É. Dufour, Paris 2002.

Literatur: T.-H. Chang, Wert und Kultur. W. W.s Kulturphilosophie, Würzburg 2012; R. G. Collingwood, The Idea of History, Oxford 1946, rev. 1993, 2005, 165–168 (dt. Philosophie der Geschichte, Stuttgart 1955, 176–179); G. Daniels, Das Geltungsproblem in W.s Philosophie, Berlin 1929 (Philos. Abh. VII); G. Gabriel, W. und die Diskussion um die Kantischen Urteilsformen, in: M. Heinz/C. Krijnen (eds.), Kant im Neukantianismus. Fortschritt oder Rückschritt?, Würzburg 2007, 91–108; H. Gundlach, W. W. und die Psychologie. Das Fach Philosophie und die Wissenschaft Psychologie im Deutschen Kaiserreich, Heidelberg 2017; H.-D. Häußer, Transzendentale Reflexion und Erkenntnisgegenstand. Zur transzendentalphilosophischen Erkenntnisbegründung unter besonderer Berücksichtigung objektivistischer Transformationen des Kritizismus. Ein Beitrag zur systematischen und historischen Genese des Neukantianismus, Bonn 1989, bes. 42–47; K. Helfrich, Die Bedeutung des Typusbegriffs im Denken der Geisteswissenschaften. Eine wissenschaftstheoretische Untersuchung unter besonderer Berücksichtigung der Wissenschaftslehren von Wilhelm Dilthey, Eduard Spranger, W. W., Heinrich Rickert und Max Weber, Gießen 1938; J. Hessen, Die Religionsphilosophie des Neukantianismus, Freiburg etc. 1919 (Frei. Theol. Stud. XXIII), bes. 27–33, [2]1924, bes. 60–70; A. Hoffmann, Das Systemprogramm der Philosophie der Werte. Eine Würdigung der Axiologie W. W.s, Erfurt 1922 (Beitr. Philos. dt. Idealismus Beih. 9); B. Jakowenko, W. W.. Ein Nachruf, Prag 1941 (mit Bibliographie, 25–35); M. Kemper, Geltung und Problem. Theorie und Geschichte im Kontext des Bildungsgedankens bei W. W., Würzburg 2006; K. C. Köhnke, Entstehung und Aufstieg des Neukantianismus. Die deutsche Universitätsphilosophie zwischen Idealismus und Positivismus, Frankfurt 1986, 1993 (engl. The Rise of Neo-Kantianism. German Academic Philosophy between Idealism and Positivism, Cambridge etc. 1991); A. Kronfeld, Über W.s Kritik am Phänomenalismus, Arch. f. d. gesamte Psychologie 26 (1913), 392–413, separat Leipzig 1913; T. Kubalica, Wahrheit, Geltung und Wert. Die Wahrheitstheorie der Badischen Schule des Neukantianismus, Würzburg 2011, bes. 1–19 (Teil 1 Die Noëtik der Wahrheit (W. W.)); E. Laas, Ueber teleologischen Kriticismus, Vierteljahrsschr. wiss. Philos. 8 (1884), 1–17; G. Morrone, Valore e realtà. Studi intorno alla logica della storia di W., Rickert e Lask, Soveria Mannelli 2013, bes. 23–158 (Teil 1 W.); A. Ravà, Guglielmo W., Riv. filos. 11 (1919), 253–257; H. Rickert, W. W., Tübingen 1915, [2]1929; P. Rossi, L'eredità del neocriticismo e la filosofia dei valori. W. W., Heinrich Rickert, in: ders., Lo storicismo tedesco contemporaneo, Turin 1956, 1971, 125–183, Mailand 1994, 119–173; A. Ruge, W. W., Leipzig 1917; H. Schnädelbach, Philosophie in Deutschland 1831–1933, Frankfurt 1983, [8]2013, 219–225; W. Stelzner, Die Logik der Zustimmung. Historische und systematische Perspektiven epistemischer Logik, Münster 2013, 66–89 (Kap. 1.8 W. W.: Zustimmung und Verwerfung); H. V. White, W., Enc. Ph. VIII (1967), 320–322, IX ([2]2006), 791–793; R. Wiehl, Die Heidelberger Tradition der Philosophie zwischen Kantianismus und Hegelianismus. Kuno Fischer, W. W., Heinrich Rickert, in: W. Doerr u. a. (eds.), Semper apertus. Sechshundert Jahre Ruprecht-Karls-Universität Heidelberg 1386–1986 II, Berlin etc. 1985, 413–435; P. Ziche, Indecisionism and Anti-Relativism. W. W. as a Philosophical Historiographer of Philosophy, in: G. Hartung/V. Pluder (eds.), From Hegel to W.. Historiography of Philosophy in the 19th Century, Berlin/Boston Mass. 2015, 207–226; E. Zombek, Wille und Willensfreiheit bei Karl Joël und W. W., Greifswald 1913. A. G.-S./G. G.

Wirbeltheorie, in der von R. Descartes formulierten Theorie des Weltsystems Bezeichnung für ein gemeinsames Erklärungsprinzip für die Bewegung der Planeten und den Fall schwerer Körper. Die W. sollte die Aristotelische ↑Kosmologie ersetzen. – In den »Principia philosophiae« (1644) und in der früheren, erst postum veröffentlichten Schrift »Le monde ou traité de la lumière« (Paris 1664, Neudr. Œuvres XI) postuliert Descartes eine ›Himmelsmaterie‹ (Materie 2. Art), die in Wirbeln um die Sterne (Materie 1. Art) kreist. Diese Wirbel transportieren wie in einem Strom die Planeten (Materie 3. Art), wobei um die Planeten wiederum Nebenwirbel kreisen. Durch die Begrenzung der größeren Wirbel durch andere Wirbel erhalten jene eine abgeplattete Kreisform. Descartes bezieht sich dabei aber nicht auf die Keplerschen Gesetze (↑Kepler, Johannes) und bezeichnet die Form der Wirbel nicht als elliptisch. Da die Partikel der Himmelsmaterie in den Wirbeln ›solider‹ sind als die Partikel der gewöhnlichen Materie (3. Art), besitzen jene auch eine größere Fliehkraft. Deshalb sinkt die gewöhnliche Materie relativ im Wirbel; sie fällt also auf die Planetenoberfläche. Descartes' Argument stützt sich auf eine nur qualitativ durchgeführte Analyse der ↑Kräfte, die auf einen Körper im Wirbel einwirken: (1) eine Zentrifugal- bzw. Zentripetalkraft proportional zum Volumen, (2) eine Umkreiskraft proportional zur Körperoberfläche, (3) eine Tangentialkraft proportional zur Quantität der Materie 3. Art.

Nach anfänglichen Versuchen durch die Schüler Descartes', vor allem J. Rohault, die W. exakter darzustellen, unternimmt C. Huygens eine kritische Erneuerung, die einige Umgereimtheiten des Originals beseitigt. Dabei handelt es sich etwa darum, daß nach der ursprünglichen Fassung der W. die Körper nicht zum Erdmittelpunkt, sondern zur Rotationsachse fallen müßten. G. W. Leibniz versucht ab 1689 in einer Reihe von Arbeiten in den »Acta Eruditorum« mit Hilfe des Infinitesimalkalküls (↑Infinitesimalrechnung) mit einigem Erfolg, die W. mit verschiedenen Beobachtungen und mit allen drei Keplerschen Gesetzen in Einklang zu bringen. Bis zu B. Le B. de Fontenelle (Théorie des tourbillons cartésiens [...], Paris 1752) gibt es wissenschaftlich ernstzunehmende Vertreter der W., die dann durch die Newtonsche Gravitationstheorie (↑Gravitation) abgelöst wird. – Die W. wurde, vor allem vor der Durchsetzung der Ätherwellentheorie (↑Äther) des Lichts in der Mitte des 19. Jhs., häufig als warnendes Beispiel für eine bloße Hypothese benutzt (↑vera causa).

Literatur: E. J. Aiton, The Vortex Theory of Planetary Motions, London, New York 1972; ders., The Vortex Theory in Competition with Newtonian Celestial Dynamics, in: R. Taton/C. Wilson (eds.), The General History of Astronomy II (Planetary Astronomy from the Renaissance to the Rise of Astrophysics Part B. The Eighteenth and Nineteenth Centuries), Cambridge 1995, 2009, 3–21; D. M. Clarke, Occult Powers and Hypotheses. Cartesian Natural Philosophy under Louis XIV, Oxford 1989; P. Damerow u. a., Exploring the Limits of Preclassical Mechanics. A Study of Conceptual Development in Early Modern Science: Free Fall and Compounded Motion in the Work of Descartes, Galileo, and Beeckman, New York etc. 1991, [2]2004; P. Mouy, Le développement de la physique cartésienne 1646–1712, Paris 1934, New York 1981. P. M.

wirklich/Wirklichkeit (engl. real/reality, franz. réel/réalité), in alltags- und bildungssprachlicher Verwendung dasselbe wie ›real‹/›Realität‹, im Rahmen philosophischer Terminologien ebenso wie ↑›Realität‹ und im Gegensatz sowohl zum Bereich der Gegenstände fiktionaler Rede (↑Fiktion) und anderer Darstellungen bloß vorgestellter Gegenstände, etwa in der Malerei, die allein semiotische Realität haben, als auch zu ›Möglichkeit‹ (↑möglich/Möglichkeit), Bezeichnung für die Welt der ↑Gegenstände, ↑Ereignisse, ↑Vorgänge und ↑Zustände, auch der durch den Menschen hergestellten Dinge und in Gang gesetzten Entwicklungen. In dieser Bedeutung wird der Terminus ›W.‹ zuerst von Aristoteles im Zusammenhang seiner Prinzipienanalyse eingeführt. W., terminologisch gefaßt als ↑Entelechie (*ἐντελέχεια*, häufig synonym mit ↑›Energeia‹ [*ἐνέργεια*]), besagt hier im Unterschied zu ↑›Dynamis‹ (*δύναμις*) das erreichte (›verwirklichte‹) ↑Telos: Ein Ding ist w., wenn es seine Natur (↑Physis) vollständig entwickelt hat (Phys. *B*1.193b1). In der ↑Scholastik wird einerseits diese Aristotelische Begrifflichkeit in der Lehre von ↑Akt und Potenz weitergeführt (mit dem Ausdruck ›W.‹ wird in der deutschen Mystik der scholastische Terminus ↑›actualitas‹ wiedergegeben); andererseits tritt, wiederum im Anschluß an Aristoteles, w./W. als eine der ↑Modalitäten auf, nämlich, neben Wahrheit (↑verum) und Falschheit (↑falsum), der ↑Modi des Wahr- und Falschseins von Aussagen (↑Modallogik). Auch bei I. Kant ist W. eine Kategorie der Modalität; zu den ›Postulaten des empirischen Denkens‹ gehört, daß ›w.‹ ist, »was mit den materialen Bedingungen der Erfahrung (der Empfindung) zusammenhängt« (KrV B 266). Bei G. W. F. Hegel bezeichnet ›W.‹ »die unmittelbar gewordene Einheit des ↑Wesens und der Existenz« (Enc. phil. Wiss. § 142, Sämtl. Werke VIII, 319), die ›vollkommene Durchdringung‹ von Wesen und Erscheinung (Logik II, Sämtl. Werke IV, 598) (↑Hegelsche Logik).

Neben der Behandlung von w./W. als Modalität, nämlich als Modus des Wahr- und Falschseins von Aussagen in der (alethischen) Modallogik (Klärung des Zusammenhanges von ›w.‹ und ›zufällig‹ mit ›möglich‹ und ›notwendig‹), der epistemischen Logik (↑Logik, epistemische), der mellontischen Logik (↑Logik, temporale) und der deontischen Logik (↑Logik, deontische), ist im Rahmen neuerer sprachkritischer Positionen die Redeweise von ›w.‹ und ›W.‹ auf Sätze bezogen, die begründete Situationsverständnisse darstellen: Ein ↑Sachverhalt ›besteht‹ oder ›ist w.‹ genau dann, wenn die ihn darstellende Aussage *wahr* ist (↑Tatsache). In diesem Sinne ist auch die Charakterisierung einer Aussage als ›logisches

Bild‹ oder ›Modell‹ der W. bei L. Wittgenstein (Tract. 2.12, 2.1512, 4.01, 4.03) zu verstehen.

Literatur: M. A. Arbib/M. B. Hesse, The Construction of Reality, Cambridge etc. 1986, 1990; Bayerische Akademie der Schönen Künste (ed.), Was heißt »w.«? Unsere Erkenntnis zwischen Wahrnehmung und Wissenschaft, Waakirchen-Schaftlach 2000; Z. Bechler, Aristotle's Theory of Actuality, Albany N. Y. 1995; I. Düring, Aristoteles. Darstellung und Interpretation seines Denkens, Heidelberg 1966, [2]2005; H. Dyke (ed.), From Truth to Reality. New Essays in Logic and Metaphysics, New York/London 2009; D. Emundts, Erfahren und Erkennen. Hegels Theorie der W., Frankfurt 2012; C. F. Gethmann, Realität, Hb. ph. Grundbegriffe II (1973), 1168–1187; K. Gloy, Was ist die W.?, Paderborn 2015; T. Gollasch, Der Mythos von der W.. Eine Konfrontation des neurowissenschaftlichen Konstruktivismus mit Platons Philosophie, Freiburg/München 2017; S. Grapotte, La conception kantienne de la réalité, Hildesheim/Zürich/New York 2004; L. Honnefelder, Was ist W.? Zur Grundfrage der Metaphysik, ed. I. Mandrella/H. Möhle, Paderborn 2016; W. Janke/J. Kunstmann, W., TRE XXXVI (2004), 114–123; B. Kilinc, w./W., in: M. Willaschek u. a. (eds.), Kant-Lexikon III, Berlin/Boston Mass. 2015, 2664–2666; J. Kleinstück, W. und Realität. Kritik eines modernen Sprachgebrauchs, Stuttgart 1971; K. Lorenz, Elemente der Sprachkritik. Eine Alternative zum Dogmatismus und Skeptizismus in der Analytischen Philosophie, Frankfurt 1970, 1971; M. J. Loux (ed.), The Possible and the Actual. Readings in the Metaphysics of Modality, Ithaca N. Y./London 1979, 1988; S. Menn, The Origins of Aristotle's Concept of Energeia. Energeia and Dynamis, Ancient Philos. 14 (1994), 73–114; G. E. Moore, Philosophical Studies, London, New York 1922 (repr. London/New York 2000, 2001), London 1970, 197–219 (Chap. VI The Conception of Reality); W. Müller-Lauter, Möglichkeit und W. bei Martin Heidegger, Berlin 1960; V. Nordsieck, Formen der W. und der Erfahrung. Henri Bergson, Ernst Cassirer und Alfred North Whitehead, Freiburg/München 2015; M. Plümacher, W./Realität, in: P. Kolmer/A. G. Wildfeuer (eds.), Neues Handbuch philosophischer Grundbegriffe III, Freiburg/München 2011, 2540–2553; H. Putnam, Representation and Reality, Cambridge Mass./London 1988, 2001; H. Rott/V. Horák (eds.), Possibility and Reality. Metaphysics and Logic, Frankfurt/London 2003; R. Schantz (ed.), Wahrnehmung und W., Frankfurt etc. 2009; J. Seifert, Überwindung des Skandals der reinen Vernunft. Die Widerspruchsfreiheit der W. – trotz Kant, Freiburg/München 2001; U. Steinbrenner, Objektive W. und sinnliche Erfahrung. Zum Verhältnis von Geist und Welt, Frankfurt etc. 2007; P. Stekeler-Weithofer, Realität/W., EP III ([2]2010), 2221–2230; T. Trappe, W., Hist. Wb. Ph. XII (2004), 829–846; D. Vaihinger, Auszug aus der W.. Eine Geschichte der Derealisierung vom positivistischen Idealismus bis zur virtuellen Realität, München 2000; T. Yamane, W.. Interpretation eines Kapitels aus Hegels »Wissenschaft der Logik«, Frankfurt/Bern/New York 1983; J. L. Zalabardo, Representation and Reality in Wittgenstein's »Tractatus«, Oxford etc. 2015; E. M. Zemach, The Reality of Meaning and the Meaning of ›Reality‹, Providence R. I. 1992; weitere Literatur: ↑Modalität, ↑Modallogik, ↑möglich/Möglichkeit, ↑Realität. J. M.

Wirkung (engl. effect), Bezeichnung für ein Ereignis, das von einem anderen Ereignis (oder einer Ereignisverkettung), der ↑Ursache (engl. cause), kausal hervorgebracht wird. Für die naturphilosophische Diskussion der Ursache-W.-Beziehung sind vor allem die kausale Theorie der ↑Zeit sowie die Geltung bzw. die Geltungsbeschränkungen von Kausalprinzip und Kausalgesetz (↑Kausalität) von zentraler Bedeutung. – Im Gegensatz zu der auf D. Hume zurückgehenden *Regularitätstheorie* (↑Ursache) geht die *kausale Theorie der Zeit* davon aus, daß der Begriff der Verursachung grundlegender ist als der Begriff der Zeitfolge. Zeitliche Beziehungen sollen entsprechend auf Kausalbeziehungen zurückgeführt werden. Als zentral gilt der Begriff der kausalen Verknüpfbarkeit. Wenn ein Ereignis E_2 (die W.) durch ein Ereignis E_1 (die Ursache) kausal beeinflußbar ist, dann ist E_2 später als E_1. Bei fehlender kausaler Verknüpfbarkeit sind E_1 und E_2 gleichzeitig (↑gleichzeitig/Gleichzeitigkeit). Diese zeitlichen Beziehungen lassen sich durch weitere Postulate präzisieren. Fordert man etwa Transitivität (↑transitiv/Transitivität) der Gleichzeitigkeit (wenn E_1 und E_2 sowie E_2 und E_3 gleichzeitig sind, dann sind auch E_1 und E_3 gleichzeitig), so ergeben sich universelle Gleichzeitigkeitsschnitte, wie sie für die Zeitstruktur der klassischen Physik charakteristisch sind. Durch andersartige Postulate läßt sich die volle Raum-Zeit-Struktur der Speziellen Relativitätstheorie (↑Relativitätstheorie, spezielle) auf kausaler Grundlage ableiten (J. A. Winnie).

Die Schwierigkeiten der kausalen Zeittheorie treten bei der kausalen Ableitung der *Anisotropie* der Zeit bzw. der *Zeitrichtung* in Erscheinung. Für eine solche Ableitung müssen Ursache und W. unterscheidbar sein, ohne dazu auf ihre jeweilige Zeitfolge zurückzugreifen. Für dieses Problem gibt es bislang keine allgemein akzeptierte Lösung. Ein weiterer Schwerpunkt der Diskussion ist die Frage der Geltung des *Kausalprinzips*, demzufolge jedes Ereignis als W. einer Ursache gilt, und des *Kausalgesetzes*, wonach gleiche Ursachen gleiche W.en haben. Das Kausalprinzip schließt ursachelose Ereignisse, das Kausalgesetz wesentlich probabilistische Ereignisfolgen aus. Statistische Gesetze beruhen danach auf einer bloß fragmentarischen Berücksichtigung der relevanten Anfangszustände. – Die Geltung beider Grundsätze ist für quantenmechanische Phänomene fraglich. Wenn man die ↑Quantentheorie als vollständige Beschreibung des einschlägigen Phänomenbereichs gelten läßt, sind beide verletzt. Diese Verletzungen treten beim quantenmechanischen Meßprozeß in Erscheinung. Die übliche Form der Quantenmechanik schließt aus, daß das Auftreten eines definiten Meßwertes für eine veränderliche Observable (wie Ort oder Impuls eines Teilchens) auf eine physikalische Ursache zurückführbar ist – was eine Verletzung des Kausalprinzips darstellt; und sie enthält erst recht keine Festlegung dafür, welcher Meßwert sich einstellt. Vielmehr spezifiziert die Theorie lediglich die Wahrscheinlichkeiten möglicher Meßwerte. Dies besagt, daß auf ein und denselben quantenmechanischen Ausgangszustand unterschiedliche quantenmechanische

Zustände folgen können. Wird die Vollständigkeit der Quantenmechanik unterstellt, dann dokumentiert sich in dieser fehlenden Bestimmtheit eine Verletzung des Kausalgesetzes. Allerdings bleibt eine statistische, auf die Abfolge von Wahrscheinlichkeiten bezogene Abschwächung des Kausalgesetzes gültig.
Von besonderer naturphilosophischer Bedeutung sind die auf A. Einstein, B. Podolsky und N. Rosen (1935) zurückgehenden *EPR-Korrelationen* (↑Einstein-Podolsky-Rosen-Argument). Dabei handelt es sich um Korrelationen zwischen Meßergebnissen an entfernten Teilchen, die sich zuvor in räumlicher Nachbarschaft befanden und deren einschlägige Zustände dabei miteinander verkoppelt wurden. Für eine Kausalerklärung derart entfernter Korrelationen gibt es zwei Optionen: (1) Die korrelierten Meßergebnisse sind W. einer gemeinsamen Ursache, nämlich der gekoppelten Anfangszustände. Die Umsetzung dieser Option führt auf die Bellsche Ungleichung und wird durch deren empirische Verletzung vereitelt. (2) Die Meßergebnisse für eines der Teilchen sind eine W. der Ausführung der Messung am anderen Teilchen. Da beide Messungen räumlich beliebig weit voneinander entfernt und zeitlich beliebig nahe beieinander durchgeführt werden können, verlangt die Umsetzung dieser Option die Annahme eines unmittelbar in die Ferne wirkenden Einflusses (der für die Übertragung von Signalen nicht geeignet wäre). Jedoch gelingt selbst unter dieser Voraussetzung keine adäquate Kausalerklärung, da für bestimmte (raumartig gelegene) Meßanordnungen die Richtung der W.sübertragung von der Wahl des Bewegungszustandes des Beobachters abhängt. Die Quantenmechanik erlaubt daher keine Kausalerklärung der EPR-Korrelationen.

Literatur: K. Baumann/R. U. Sexl (eds.), Die Deutungen der Quantentheorie, Braunschweig/Wiesbaden 1984, [3]1987, 1992; N. Bohr, Kausalität und Komplementarität, Erkenntnis 6 (1936), 293–302; ders., On the Notions of Causality and Complementarity, Dialectica 2 (1948), 312–319; M. Born, Natural Philosophy of Cause and Chance, Oxford 1949, New York [2]1964; M. Carrier, Aspekte und Probleme kausaler Beschreibungen in der gegenwärtigen Physik, Neue H. Philos. 32/33 (1992), 82–104; ders., How to Tell Causes from Effects. Kant's Causal Theory of Time and Modern Approaches, Stud. Hist. Philos. Sci. 34 (2003), 59–71; ders., Raum-Zeit, Berlin/New York 2009; ders., What the Philosophical Interpretation of Quantum Theory Can Accomplish, in: P. Blanchard/J. Fröhlich (eds.), The Message of Quantum Science. Attempts Towards a Synthesis, Berlin/Heidelberg 2015, 47–63; J. T. Cushing, Quantum Theory and Explanatory Discourse: Endgame for Understanding?, Philos. Sci. 58 (1991), 337–358; D. Dieks, Physics and the Direction of Causation, Erkenntnis 25 (1986), 85–110; P. Dowe, Process Causality and Asymmetry, Erkenntnis 37 (1992), 179–196; M. Esfeld, Der Holismus der Quantenphysik. Seine Bedeutung und seine Grenzen, Philos. Nat. 36 (1999), 157–185; ders., Holismus in der Philosophie des Geistes und in der Philosophie der Physik, Frankfurt 2002; B. d'Espagnat, Une incertaine réalité. Le monde quantique, la connaissance et la durée, Paris 1985, 1987 (engl. Reality and the Physicist. Knowledge, Duration and the Quantum World, Cambridge etc. 1989); A. Grünbaum, Philosophical Problems of Space and Time, New York, Toronto 1963, Dordrecht/Boston Mass. [2]1973, 179–208 (Chap. 7 The Causal Theory of Time); N. Herbert, Quantum Reality. Beyond the New Physics, Garden City N. Y. 1985, 1987 (dt. Quantenrealität. Jenseits der neuen Physik, Basel/Boston Mass. 1987, Basel 2014); H. Mehlberg, Time, Causality, and the Quantum Theory. Studies in the Philosophy of Science I (Essay on the Causal Theory of Time), ed. R. S. Cohen, Dordrecht/Boston Mass./London 1980; A. I. Rae, Quantum Physics: Illusion or Reality?, Cambridge etc. 1986, [2]2012 (dt. Quantenphysik. Illusion oder Realität?, Stuttgart 1996); H. Reichenbach, The Direction of Time, ed. M. Reichenbach, Berkeley Calif./Los Angeles 1956, Mineola N. Y. 1999; R. Swinburne (ed.), Space, Time and Causality, Dordrecht/Boston Mass./London 1983; J. A. Winnie, The Causal Theory of Space-Time, in: J. Earman/C. Glymour/J. Stachel (eds.), Foundations of Space-Time Theories, Minneapolis Minn. 1977, 134–205. M. C.

Wirkungsgeschichte, Bezeichnung für die Geschichte von Entwicklungen, sofern diese sich als beabsichtigte oder unbeabsichtigte Wirkungen von Handlungsweisen darstellen lassen. In diesem Sinne ist W. Gegenstand empirisch-historischer Analysen. Systematische Bedeutung erhält der Begriff der W. in der ↑Hermeneutik H.-G. Gadamers. So wird ↑Verstehen von Gadamer als ein ›wirkungsgeschichtlicher Vorgang‹ gedeutet (Wahrheit und Methode, [6]1990, 305–312); als ein ›Einrücken in ein Überlieferungsgeschehen‹ (a. a. O., 295) steht ein Erkennen der geschichtlichen Welt selbst unter den historischen Bedingungen seines Gegenstandes (↑Geschichtlichkeit des Verstehens). Der ›hermeneutischen Situation‹, von der jedes Verstehen ausgehen muß, entspricht ein ›wirkungsgeschichtliches Bewußtsein‹ (a. a. O., 307, 346), das im Hegelschen Sinne eine ↑Vermittlung von Geschichte und Gegenwart leisten und das ›selbstvergessene‹ Methodenbewußtsein der Wissenschaft überwinden soll (a. a. O., 346).
In der Konstruktiven Wissenschaftstheorie (↑Wissenschaftstheorie, konstruktive) dient die Unterscheidung zwischen W. und *Gründegeschichte* der Auszeichnung begründeter Entwicklungen. Faktische ↑Genesen, d. h. als Wirkungszusammenhänge analysierte historische Entwicklungen, sollen im Rahmen dieser Unterscheidung daraufhin beurteilt werden, inwieweit sie sich als Resultat schrittweise zu rechtfertigender Entwicklungen, d. h. als ↑*normative* Genesen, rekonstruieren (↑Rekonstruktion) lassen. Eine normative (oder kritische) Genese stellt in diesem Sinne eine unter heuristischen (↑Heuristik) Gesichtspunkten ›konstruierte‹ Gründegeschichte dar. Im Rahmen einer Theorie der ↑Wissenschaftsgeschichte (J. Mittelstraß 1974, 1995) richtet sich die Unterscheidung zwischen W. und Gründegeschichte gegen die in analytischen Theorien erfolgte Einschränkung des historischen Verstehens auf eine Theorie der historischen Verlaufsformen wissenschaftlichen Wissens

und den darin zum Ausdruck kommenden ↑Historismus in der neueren (analytischen) Wissenschaftstheorie (↑Wissenschaftstheorie, analytische).

Literatur: E. Braun, W., WL (1978), 662–664; H.-G. Gadamer, Wahrheit und Methode. Grundzüge einer philosophischen Hermeneutik, Tübingen 1960, [6]1990 (= Ges. Werke I), [7]2010; H.-U. Lessing, W., Hist. Wb. Ph. XII (2004), 846–847; P. Lorenzen, Normative Logic and Ethics, Mannheim/Zürich 1969, [2]1984; J. Mittelstraß, Prolegomena zu einer konstruktiven Theorie der Wissenschaftsgeschichte, in: ders., Die Möglichkeit von Wissenschaft, Frankfurt 1974, 106–144, 234–244; ders., Gründegeschichten und W.n. Bausteine zu einer konstruktiven Theorie der Wissenschafts- und Philosophiegeschichte, in: C. Demmerling/G. Gabriel/T. Rentsch (eds.), Vernunft und Lebenspraxis. Philosophische Studien zu den Bedingungen einer rationalen Kultur. Für Friedrich Kambartel, Frankfurt 1995, 10–31; M. Pöttner, W., TRE XXXVI (2004), 123–130; M. Steinmann u. a., W./Rezeptionsgeschichte, RGG VIII ([4]2005), 1596–1606; D. Teichert, Erfahrung, Erinnerung, Erkenntnis. Untersuchungen zum Wahrheitsbegriff der Hermeneutik Gadamers, Stuttgart 1991, 110–112; ders., Verstehen und W., Bonn 2000. J. M.

Wirkursache, ↑causa, ↑Ursache.

Wirtschaftsethik, Sammelbegriff für die ethische Bewertung und Kritik der gegenwärtig herrschenden ökonomischen Theorie und Praxis. Ausgangspunkte der seit der zweiten Hälfte des 19. Jhs. in Phasen verlaufenden und durch starke Gegensätze geprägten Auseinandersetzung sind einerseits die sozialen Folgen des sich durchsetzenden Kapitalismus, andererseits die durch die neoklassische Revolution (↑Ökonomie) zugespitzte Trennung der Wirtschaftswissenschaft von der Praktischen Philosophie (↑Philosophie, praktische). Seit den 1980er Jahren ist die wirtschaftsethische Debatte wieder aufgelebt.

W. beschäftigt sich heute mit drei Problembereichen: (1) dem Stellenwert ↑normativer Gesichtspunkte im Methodenverständnis der Wirtschaftswissenschaft und der Gestaltung des interdisziplinären Verhältnisses zwischen Wirtschaftswissenschaft und ↑Ethik, (2) der normativen Rechtfertigung und institutionellen Ausgestaltung der Wirtschaftsordnung (W. im engeren Sinne) und (3) den Kriterien des moralisch verantwortlichen Handelns der Akteure in einer Wirtschaft (Unternehmer, Konsumenten).

(1) Die Auseinandersetzungen zur Methode der Wirtschaftswissenschaft beziehen sich in jüngerer Zeit auf ein angemessenes Rationalitätsverständnis (↑Rationalität). In der szientistischen (↑Szientismus) Ökonomik wird ökonomische Rationalität durch am Eigeninteresse orientierte instrumentelle Wahlakte des so genannten *homo oeconomicus* verkörpert. Kritisiert wird zunächst, daß die traditionell in der neoklassischen Ökonomik vorgenommene Konkretisierung des Eigeninteresses mittels des utilitaristischen (↑Utilitarismus) Prinzips der Nutzenmaximierung (↑Nutzen) die Betrachtung moralischen Handelns ausschließe. Die in der modernen Neoklassik vorherrschende Präferenzaxiomatik hingegen sei inhaltsleer, da sie jedes in sich konsistente Handeln annahmegemäß mit Nutzenmaximierung gleichsetze (A. Etzioni, A. Sen). Für eine Erweiterung der ökonomischen Rationalität hin zur kommunikativen Rationalität plädiert P. Ulrich. Im Rahmen der Konstruktiven Philosophie und Wissenschaftstheorie (↑Konstruktivismus, ↑Wissenschaftstheorie, konstruktive) wird die normative Fundierung der Ökonomie gefordert (F. Kambartel, J. Mittelstraß). Konflikte auf Grund von Knappheitssituationen seien erst dann als ökonomische Probleme zu analysieren, wenn die ihnen zugrundeliegenden Ansprüche als gerechtfertigte Bedürfnisse ausgezeichnet worden sind. In der Tradition der historischen Schule der Nationalökonomie (B. Hildebrand, K. G. Knies, G. v. Schmoller) wird auf die Notwendigkeit einer sittlich verankerten Moral für das Funktionieren der Marktwirtschaft hingewiesen (P. Koslowski, E. K. Seifert). Die Wirtschaftswissenschaft solle sich als ethische Ökonomie der Herausarbeitung dieser moralischen Grundlage widmen. – Den konkurrierenden Methoden entsprechen unterschiedliche Auffassungen über das disziplinäre Verhältnis zwischen Wirtschaftswissenschaft und Ethik. Während in der Konstruktiven Philosophie und Wissenschaftstheorie von einem Primat der Ethik ausgegangen wird, versteht K. Homann, als Vertreter der szientistischen Ökonomik, die Anwendung der Verhaltensannahmen des *homo oeconomicus* auf moralische Fragen als ökonomischen Beitrag zur Grundlegung der Ethik. In der integrativen Wirtschaftsethik Ulrichs sollen Ethik und Wirtschaftswissenschaft in einer Disziplin vereint werden.

(2) Die mit der Begründung und Ausgestaltung einer Wirtschaftsordnung verbundenen normativen Probleme werden im Rahmen der W. im engeren Sinne behandelt. Für die Entwicklung der sozialen Marktwirtschaft maßgeblich waren die normativen Überlegungen der Freiburger Schule (W. Eucken, A. Müller-Armack, W. Röpke) und der katholischen und evangelischen Soziallehre (O. v. Nell-Breuning, A. Rich) zum ↑Subsidiaritätsprinzip als Prinzip des Ausgleichs zwischen individueller Verantwortung und sozialer Gerechtigkeit. In der neoklassisch geprägten neuen institutionellen Ökonomik wird untersucht, wie moralische Normen so in eine Wirtschaftsordnung eingebettet werden können, daß die allein am eigenen Vorteil interessierten Akteure den Rahmen nicht destabilisieren (Homann). Zentral für dieses Vorgehen ist die Analyse von so genannten ›Gefangenendilemmata‹ (↑Gefangenendilemma), also Situationen, in denen individuell vorteilhaftes Verhalten ohne Absprachen zu kollektiv unerwünschten und damit letztlich auch für den Einzelnen nachteiligen Ergebnissen führt.

(3) Ein Teilgebiet der W. ist die Unternehmensethik, in der nach dem moralisch richtigen Verhalten der Unternehmen in der kapitalistischen Marktwirtschaft gefragt wird. Umstritten ist vor allem, wie weit den Unternehmen ihr Handeln durch das Ziel der Gewinnerwirtschaftung im Wettbewerb vorgegeben ist. In der Betriebswirtschaftslehre der Erlanger Schule (H. Steinmann, A. Löhr) wird davon ausgegangen, daß Unternehmen im dynamischen Wettbewerb (J. A. Schumpeter) über einen Gestaltungsraum verfügen, den sie zur Erfüllung moralischer Ansprüche nutzen können. – Zur Lösung unternehmensethischer Konflikte werden im Anschluß an die konstruktive Ethik bzw. die Diskursethik vernünftige Beratungen bzw. Diskurse vorgeschlagen. Die Unternehmensorganisation soll weg von einem einseitigen Führungsanspruch des Managements und der Kapitaleigner hin zu konsensorientierten Entscheidungen weiterentwickelt werden. Dies gilt sowohl im Binnenverhältnis der Unternehmen, als auch im Verhältnis zu den von der Unternehmenspolitik Betroffenen. Eine W., die im dynamischen Wettbewerb Spielräume zur Fortentwicklung der Marktwirtschaft sieht, muß sich konsequenterweise auch dem Bereich des Konsums und einer ›Konsumethik‹ analog zu einer ›Unternehmensethik‹ zuwenden. Dieser Aspekt wird erst seit jüngerer Zeit in die wirtschaftsethische Debatte einbezogen.

Literatur: P. Aerni/K.-J. Grün/I. Kummert (eds.), Schwierigkeiten mit der Moral. Ein Plädoyer für eine neue W., Wiesbaden 2016; V. Arnold (ed.), Wirtschaftsethische Perspektiven, VI–VII, Berlin 2002/2004 (Schr. des Vereins f. Socialpolitik NF 228/VI–VII); D. Aufderheide/M. Dabrowski (eds.), W. und Moralökonomik. Normen, soziale Ordnung und der Beitrag der Ökonomik, Berlin 1997; Z. Bauman, Does Ethics Have a Chance in a World of Consumers?, Cambridge Mass./London 2008, 2009 (franz. L'éthique a-t-elle une chance dans un monde de consommateurs?, Paris 2009); J. Becker, Ethik in der Wirtschaft. Chancen verantwortlichen Handelns, Stuttgart/Berlin/Köln 1996; P. Bendixen, Ethik und Wirtschaft. Über die moralische Natur des Menschen, Wiesbaden 2013; B. Biervert/M. Held (eds.), Ökonomische Theorie und Ethik, Frankfurt/New York 1987; ders./K. Held/J. Wieland (eds.), Sozialphilosophische Grundlagen ökonomischen Handelns, Frankfurt 1990, [2]1990; J. D. Bishop (ed.), Ethics and Capitalism, Toronto/Buffalo N. Y./London 2000; N. E. Bowie, Business Ethics. A Kantian Perspective, Malden Mass./Oxford 1999; ders. (ed.), The Blackwell Guide to Business Ethics, Malden Mass./Oxford 2002; G. G. Brenkert (ed.), The Oxford Handbook of Business Ethics, Oxford etc. 2010, 2012; J. Broome, Ethics out of Economics, Cambridge etc. 1999, 2003; W. Buchholz (ed.), Wirtschaftsethische Perspektiven IX, Berlin 2012 (Schr. des Vereins f. Socialpolitik NF 228/IX); C. Cowton/M. Haase (eds.), Trends in Business and Economic Ethics, Berlin/Heidelberg 2008; H. Diefenbacher, Gerechtigkeit und Nachhaltigkeit. Zum Verhältnis von Ethik und Ökonomie, Darmstadt 2001, 2012; T. Donaldson/P. H. Werhane (eds.), Ethical Issues in Business. A Philosophical Approach, Englewood Cliffs N. J. 1979, Upper Saddle River N. J. [8]2002; U. Ebert (ed.), Wirtschaftsethische Perspektiven VIII, Berlin 2006 (Schr. des Vereins f. Socialpolitik NF 228/VIII); W. Eecke, Ethical Dimensions of the Economy. Making Use of Hegel and the Concepts of Public and Merit Goods, Berlin/Heidelberg 2008; G. Enderle (ed.), Ethik und Wirtschaftswissenschaft, Berlin 1985 (Schr. des Vereins f. Socialpolitik NF 147); ders., Handlungsorientierte W.. Grundlagen und Anwendungen, Bern/Stuttgart/Wien 1993; ders. u. a. (eds.), Lexikon der W., Freiburg/Basel/Wien 1993; A. Etzioni, The Moral Dimension. Toward a New Economics, New York, London 1988, 1990 (dt. Jenseits des Egoismus-Prinzips. Ein neues Bild von Wirtschaft, Politik und Gesellschaft, Stuttgart 1994); Forum für Philosophie Bad Homburg (ed.), Markt und Moral. Die Diskussion um die Unternehmensethik, Bern/Stuttgart/Wien 1994 (St. Galler Beiträge zur W. XIII); H. Friesen/M. Wolf (eds.), Ökonomische Moral oder moralische Ökonomie? Positionen zu den Grundlagen der W., Freiburg/München 2014; W. Gaertner (ed.), Wirtschaftsethische Perspektiven, IV–V, Berlin 1998 (Schr. des Vereins f. Socialpolitik NF 228/IV–V); K. Gibson, Ethics and Business. An Introduction, Cambridge etc. 2007, 2010; M. R. Griffiths/J. R. Lucas, Ethical Economics, Basingstoke etc. 1996; P. Groenewegen, Economics and Ethics?, London/New York 1996; S. Hahn/H. Kliemt, Wirtschaft ohne Ethik? Eine ökonomisch-philosophische Analyse, Stuttgart 2017; D. Hausman/M. S. McPherson, Economic Analysis, Moral Philosophy, and Public Policy, Cambridge etc. 1996, [2]2006, 2009; dies., Economics and Ethics, REP III (1998), 205–211; A. Heeg, Ethische Verantwortung in der globalisierten Ökonomie. Kritische Rekonstruktion der Unternehmensethikansätze von Horst Steinmann, Peter Ulrich, Karl Homann und Josef Wieland, Frankfurt etc. 2002; H. Hesse (ed.), Wirtschaftswissenschaft und Ethik, Berlin 1988, [2]1989 (Schr. des Vereins f. Socialpolitik NF 171); B. Hodgson, Economics as Moral Science, Berlin etc. 2001; R. Holzmann, W., Wiesbaden 2015; K. Homann (ed.), Aktuelle Probleme der W., Berlin 1992 (Schr. des Vereins f. Socialpolitik NF 211); ders. (ed.), Wirtschaftsethische Perspektiven I, Berlin 1994 (Schr. des Vereins f. Socialpolitik NF 228/I); ders., Ethik in der Marktwirtschaft, Köln/München 2007; ders./C. Lütge, Einführung in die W., Münster 2004, Berlin [3]2013; K. I. Horn, Moral und Wirtschaft. Zur Synthese von Ethik und Ökonomik in der modernen W. und zur Moral in der Wirtschaftstheorie und im Ordnungskonzept der Sozialen Marktwirtschaft, Tübingen 1996; F. Kambartel, Bemerkungen zum normativen Fundament der Ökonomie, in: ders., Theorie und Begründung. Studien zum Philosophie- und Wissenschaftsverständnis, Frankfurt 1976, 172–190; M. Karmasin, Ethik als Gewinn. Zur ethischen Rekonstruktion d. Ökonomie. Konzepte und Perspektiven von W., Unternehmensethik, Führungsethik, Wien 1996; W. Kersting (ed.), Moral und Kapital. Grundfragen der Wirtschafts- und Unternehmensethik, Paderborn 2008; ders., Wie gerecht ist der Markt? Ethische Perspektiven der sozialen Marktwirtschaft, Hamburg 2012; W. Klein u. a., Wirtschaft/W., TRE XXXVI (2004), 130–184; W. Kluxen, Perspektiven der W., Opladen 1998; M. König/M. Schmidt (eds.), Unternehmensethik konkret. Gesellschaftliche Verantwortung ernst gemeint, Wiesbaden 2002; W. Korff (ed.), Handbuch der W., I–IV, Gütersloh 1999, Berlin 2009; P. Koslowski, Ethik des Kapitalismus, Tübingen 1982, [6]1998; ders., Prinzipien der ethischen Ökonomie. Grundlegung der W. und der auf die Ökonomie bezogenen Ethik, Tübingen 1988, 1994 (franz. Principes d'économie éthique, Paris 1998; engl. Principles of Ethical Economy, Dordrecht/Boston Mass./London 2001); ders., The Social Market Economy. Theory and Ethics of the Economic Order, Berlin etc. 1998; ders. (ed.), Contemporary Economic Ethics and Business Ethics, Berlin etc. 2000, 2010; ders. (ed.), W. – wo ist die Philosophie?, Heidelberg 2001; H. Kreikebaum, Grundlagen der Unternehmensethik, Stuttgart 1996; A. Kuttner, Ökonomisches

Denken und Ethisches Handeln. Ideengeschichtliche Aporien der W., Wiesbaden 2015; H. Lenk/M. Maring (eds.), Wirtschaft und Ethik, Stuttgart 1992, 2002; dies. (eds.), Technikethik und W.. Fragen der praktischen Philosophie, Opladen 1998; P. Lorenzen, Philosophische Fundierungsprobleme einer Wirtschafts- und Unternehmensethik, in: H. Steinmann/A. Löhr (eds.), Unternehmensethik, Stuttgart 1989, ²1991, 25–58; M. T. Lunati, Ethical Issues in Economics. From Altruism to Cooperation to Equity, Basingstoke etc. 1997; C. Lütge, W. ohne Illusionen. Ordnungstheoretische Reflexionen, Tübingen 2012; G. Meckenstock, W., Berlin/New York 1997; J. Mittelstraß (ed.), Methodenprobleme der Wissenschaften vom gesellschaftlichen Handeln, Frankfurt 1979, 299–454 (II Ökonomie und praktisches Wissen); ders., W. als wissenschaftliche Disziplin?, in: G. Enderle (ed.), Ethik und Wirtschaftswissenschaft [s. o.], 17–32; ders., W. oder der erklärte Abschied vom Ökonomismus auf philosophischen Wegen, in: P. Ulrich (ed.), Auf der Suche nach einer modernen W.. Lernschritte zu einer reflexiven Ökonomie, Bern/Stuttgart 1990, 17–38, ferner in: ders., Leonardo-Welt. Über Wissenschaft, Forschung und Verantwortung, Frankfurt 1992, ²1996, 195–218; B. Molitor, W., München 1989; E. Müller/H. Diefenbacher, Wirtschaft und Ethik. Eine kommentierte Bibliographie, Heidelberg 1992, 1994; R. Neck (ed.), Wirtschaftsethische Perspektiven X, Berlin 2015 (Schr. des Vereins f. Socialpolitik NF 228/X); A. Neschen, Ethik und Ökonomie in Hegels Philosophie und in modernen wirtschaftsethischen Entwürfen, Hamburg 2008; T. Nguyen (ed.), Mensch und Markt. Die ethische Dimension wirtschaftlichen Handelns, Wiesbaden 2011; B. Noll, Wirtschafts- und Unternehmensethik in der Marktwirtschaft, Stuttgart/Berlin/Köln 2002, Stuttgart ²2013; H. G. Nutzinger, Unternehmensethik zwischen ökonomischem Imperialismus und diskursiver Überforderung, in: Forum für Philosophie Bad Homburg (ed.), Markt und Moral [s. o.], 181–214; ders. (ed.), Wirtschaftsethische Perspektiven, II–III, Berlin 1994/1996 (Schr. des Vereins f. Socialpolitik NF 228/II–III); ders. (ed.), Christliche, jüdische und islamische W.. Über religiöse Grundlagen wirtschaftlichen Verhaltens in der säkularen Gesellschaft, Marburg 2003, ²2006; ders./Berliner Forum zur Wirtschafts- und Unternehmensethik (eds.), Wirtschafts- und Unternehmensethik. Kritik einer neuen Generation. Zwischen Grundlagenreflexion und ökonomischer Indienstnahme, München/Mering 1999; R. Otte, Der Stachel der Verantwortung. Nachhaltiges Denken und wirtschaftliche Vernunft, Frankfurt 1996; J. P. Powelson, The Moral Economy, Ann Arbor Mich. 1998, 2000; B. P. Priddat, Ökonomische Knappheit und moralischer Überschuß. Theoretische Essays zum Verhältnis von Ökonomie und Ethik, Hamburg 1994, 1995; ders., Moral und Ökonomie, Berlin 2005; A. Rich, W., I–II, Gütersloh 1984/1990, I, ⁴1991, II, ²1992 (franz. Ethique économique, Genf 1994); K. P. Rippe, Ethik in der Wirtschaft, Paderborn 2010; K. W. Rothschild, Ethik und Wirtschaftstheorie, Tübingen 1992; H. Sautter, Verantwortlich wirtschaften. Die Ethik gesamtwirtschaftlicher Regelwerke und des unternehmerischen Handelns, Marburg 2017; P. Schulte, W. und die Grenzen des Marktes, Tübingen 2014; J. A. Schumpeter, Theorie der wirtschaftlichen Entwicklung, Berlin 1912, ⁶1964, 2006; A. Sen, Rational Fools. A Critique of the Behavioral Foundations of Economic Theory, Philos. Publ. Affairs 6 (1977), 317–344; ders., The Moral Standing of the Market, Social Philos. and Policy 2 (1985), 1–19; ders., On Ethics and Economics, Oxford 1987, 2010 (franz. Ethique et économie. Et autres essais, Paris 1993, 2012); H. Steinmann/A. Löhr (eds.), Unternehmensethik, Stuttgart 1989, ²1991; dies., Grundlagen der Unternehmensethik, Stuttgart 1991, ²1994; ders./G. R. Wagner (eds.), Umwelt und W., Stuttgart 1998; A. Suchanek, Ökonomische Ethik, Tübingen, Stuttgart 2001, ²2007; G. Trautnitz, Normative Grundlagen der W.. Ein Beitrag zur Bestimmung ihres Ausgangsparadigmas, Berlin 2008, 2009; P. Ulrich, Transformation der ökonomischen Vernunft. Fortschrittsperspektiven der modernen Industriegesellschaft, Bern/Wien/Stuttgart 1986, ³1993; ders., Integrative W.. Grundlagen einer lebensdienlichen Ökonomie, Bern/Stuttgart/Wien 1997, ⁴2008 (engl. Integrative Economic Ethics. Foundations of a Civilized Market Economy, Cambridge etc. 2008, 2010); ders., Der entzauberte Markt. Eine wirtschaftsethische Orientierung, Freiburg/Basel/Wien 2002, ²2005; D. Vickers, Economics and Ethics. An Introduction to Theory, Institutions, and Policy, Westport Conn. 1997; E. Waibl, Angewandte W., Wien 2005; G. Wegner, Moralische Ökonomie. Perspektiven lebensweltlich basierter Kooperation, Stuttgart 2014; M. D. White, Kantian Ethics and Economics. Autonomy, Dignity, and Character, Stanford Calif. 2011; J. Wieland (ed.), W. und Theorie der Gesellschaft, Frankfurt 1993; P. J. Zak (ed.), Moral Markets. The Critical Role of Values in the Economy, Princeton N. J. 2008. M. S.

Wisdom, (Arthur) John (Terence Dibben), *London 12. Sept. 1904, †Cambridge 9. Dez. 1993, brit. Philosoph. 1921–1924 Studium der Philosophie in Cambridge, 1924 B. A. ebendort, 1929–1934 Lecturer in Philosophie an der Universität von St. Andrews (Schottland), 1934 M. A. Cambridge, 1934–1952 Lecturer in Moral Sciences am Trinity College Cambridge, 1952–1968 Prof. der Philosophie in Cambridge (Lehrstuhl L. Wittgensteins), 1969–1972 an der Universität von Oregon (Eugene); nicht zu verwechseln mit John O. (Oulton) Wisdom.

W. ist, beeinflußt von G. E. Moore, B. Russell und L. Wittgenstein, ein herausragender Repräsentant der Analytischen Philosophie (↑Philosophie, analytische): »To philosophize is to analyse« (Philosophy and Psycho-Analysis, 1953, 3). Musterbeispiel einer solchen Analyse ist zunächst Russells Theorie der ↑Kennzeichnungen. Entsprechend vertritt W. eine Version des Logischen Atomismus (↑Atomismus, logischer): Durch ›logische Konstruktion‹ (logical construction) wird die Rückführung bestimmter Entitäten auf andere (grundlegendere) in der Weise vorgenommen, daß *Aussagen* über die einen Entitäten in Aussagen über die anderen *übersetzt* werden, z. B. Aussagen über materielle Gegenstände in Aussagen über ↑Sinnesdaten. Später (vgl. Philosophical Perplexity, Proc. Arist. Soc. 37 [1936/1937], 71–88 [dt. Philosophische Verblüffung, in: E. v. Savigny (ed.), Philosophie und normale Sprache. Texte der Ordinary-Language-Philosophie, Freiburg/München 1969, 19–37]) ersetzt W. diese eher reduktionistische (↑Reduktionismus) Analyse durch eine allgemeinere. Bemüht um eine Verhältnisbestimmung von Philosophie, Psychoanalyse und Literatur hebt er deren gemeinsamen nichtszientifischen Charakter hervor. Mit Wittgenstein stimmt er darin überein, daß Philosophie nicht bloß akademisch betrieben werden dürfe, widerspricht aber dessen Tendenz, Philosophie therapeutisch ›zum Verschwinden‹ bringen zu wollen und hält an deren positiver Aufgabe fest, philosophische ›Rätsel‹ zu lösen und eine Klärung und Verbesserung *kategorialer* ›Einsichten‹ (insights) zu erreichen.

Werke: Interpretation and Analysis in Relation to Bentham's Theory of Definition, London 1931; Logical Constructions, Mind 40 (1931), 188–216, 460–475, 41 (1932), 441–464, 42 (1933), 43–66, 186–202, separat, ed. J. J. Thomson, New York 1969; Problems of Mind and Matter, Cambridge 1934, 1970; Other Minds, New York, Oxford 1952, [2]1965, Berkeley Calif./Los Angeles 1968; Philosophy and Psycho-Analysis, Oxford 1953, Oxford, Berkeley Calif. 1969; Paradox and Discovery, Oxford 1965, Berkeley Calif./Los Angeles 1970; Proof and Explanation. The Virginia Lectures, ed. S. F. Barker, Lanham Md. etc. 1991.

Literatur: M. Ayers, W., in: H. C. G. Matthew/B. Harrison (eds.), Oxford Dictionary of National Biography. From the Earliest Times to the Year 2000 LIX, Oxford etc. 2004, 827–828; I. Dilman (ed.), Philosophy and Life. Essays on J. W., The Hague/Boston Mass./Lancaster 1984; ders., Obituary: J. W. (1904–1993), Philos. Investigations 17 (1994), 471–480; D. A. T. Gasking, The Philosophy of J. W., Australas. J. Philos. 32 (1954), 136–156, 185–212; P. Ginestier, W., DP II ([2]1993), 2953–2954; G. Pole, The Later Philosophy of Wittgenstein. A Short Introduction with an Epilogue on J. W., London 1958, London etc. 2013, 103–129; J. J. Thomson, W., Enc. Ph. VIII (1967), 324–327, IX ([2]2006), 796–799. G. G.

Wissen (engl. knowledge, franz. connaissance), ebenso wie ↑Erkenntnis und die mit diesem Begriff verbundenen Unterscheidungen (z. B. zwischen diskursiver [↑diskursiv/Diskursivität] und intuitiver [↑Intuition] Erkenntnis), im weiteren Sinne, hier wie ↑Erfahrung in ↑vorwissenschaftlichen Zusammenhängen, Bezeichnung für allgemein verfügbare Orientierungen im Rahmen alltäglicher Handlungs- und Sachzusammenhänge (›Alltagswissen‹), im engeren, philosophischen und wissenschaftlichen Sinne im Unterschied zu Meinen (↑Meinung) und Glauben (↑Glaube (philosophisch)) für die auf Begründungen bezogene und strengen Überprüfungspostulaten unterliegende Kenntnis, institutionalisiert im Rahmen der ↑Wissenschaft. Die Frage nach den Bedingungen der W.sbildung und des begründeten W.s ist Gegenstand der ↑Erkenntnistheorie; bezweifelt wird die Möglichkeit eines begründeten W.s im ↑Skeptizismus und ↑Relativismus.

Bereits der griechische Begriff des W.s (*ἐπιστήμη*) enthält in seiner Abgrenzung gegenüber Glauben (*πίστις*), Meinung (*δόξα*) und Kunstfertigkeit (*τέχνη*) alle wesentlichen Elemente, die für die begriffliche und institutionelle Bestimmung von Philosophie und Wissenschaft maßgeblich sind. Inbegriff philosophischen, die Wissenschaften noch nicht ausgrenzenden W.s ist nach Platon und Aristoteles die ↑Theorie (↑Theoria). Entsprechend unterscheidet Aristoteles zwischen dem *theoretischen* W. (*ἐπιστήμη θεωρητική*) bzw. der Theoretischen Philosophie (↑Philosophie, theoretische), als deren Beispiele Mathematik, Physik und Theologie bzw. Erste Philosophie (↑Philosophie, erste, ↑Metaphysik) genannt werden (Met. *K*7.1064b1–3), dem *praktischen* W. bzw. der Praktischen Philosophie (↑Philosophie, praktische) und dem *poietischen* W. bzw. der Poietischen Philosophie (↑Philosophie, poietische), um auf diese Weise das W. im engeren Sinne von einem ›vergänglichen‹, weil sich konkreten alltäglichen Anlässen verdankenden, Problemlösungswissen zu trennen. Ursprünglich noch als *praxisstabilisierendes* W. aufgefaßt, verselbständigt sich auf diese Weise das philosophische bzw. wissenschaftliche W. bei Aristoteles in Form der ›reinen‹ Theorie ansatzweise in Form einer Praxis, in der diese Theorie Inhalt der Praxis selbst ist. Charakteristisch für diesen Begriff des W.s ist der Gegensatz zur ›Historie‹ (*ἱστορία*), der ursprünglich an einen Augenzeugenbericht geknüpften Kenntnis, sofern es sich hierbei – Beispiele sind die empirische Medizin und die *historia naturalis* von Plinius d. Ä. – um kein Begründungswissen (↑Begründung) im strengen, systematischen Sinne handelt.

Differenzierungen des wesentlich in der Platonischen und Aristotelischen Philosophie begründeten Begriffs des W.s in seinem engeren Sinne – bei Platon konstituiert die Unterscheidung zwischen W. und Meinen, am prägnantesten ausgeführt im Rahmen der ↑Ideenlehre (↑Liniengleichnis), alle in Wissenschaft und Philosophie ausgearbeiteten Formen der ↑Rationalität – werden einerseits durch die Geschichte der Wissenschaften dokumentiert, insbes. durch das Auftreten der empirischen Wissenschaften, andererseits durch die Geschichte der Erkenntnistheorie, insbes. im Rahmen der zueinander konträren Positionen von ↑Rationalismus und ↑Empirismus sowie Realismus (↑Realismus (erkenntnistheoretisch)) und ↑Idealismus. Im Rahmen der erkenntnistheoretischen Diskussionen um Genesis (↑Genese) und ↑Geltung (↑Entdeckungszusammenhang/Begründungszusammenhang) des W.s bleiben dabei die zentralen Bestimmungen eines begründungsorientierten (philosophischen bzw. wissenschaftlichen) W.s im wesentlichen unverändert. So definiert noch I. Kant W. als ein subjektiv und objektiv zureichendes Fürwahrhalten im Unterschied zum Meinen, das als subjektiv und objektiv unzureichendes Fürwahrhalten, und zum Glauben, der als bloß subjektives Fürwahrhalten bezeichnet wird (KrV B 850–851). Dabei ist es Sache des ↑Verstandes, die Bedingungen der Möglichkeit von W. überhaupt, dieses wiederum unterschieden in ein empirisches W. (*cognitio ex datis*) und ein ›rationales‹ W. (*cognitio ex principiis*, KrV B 863–864), darzulegen (↑Transzendentalphilosophie).

Im Zuge der modernen Behandlung erkenntnistheoretischer Fragestellungen im Rahmen von ↑Logik,

↑Sprachphilosophie und ↑Wissenschaftstheorie richtet sich das philosophische Interesse am Begriff des W.s vor allem auf sprachkritische Analysen (↑Sprachanalyse) im Bedeutungsfeld von ›wissen‹, ›meinen‹ und ›glauben‹ (z. B. bei J. L. Austin, A. J. Ayer, G. Ryle und W. Stegmüller) und auf den für den Aufbau eines begründeten W.s wesentlichen Zusammenhang von lebensweltlichen (↑Lebenswelt) Orientierungen, damit W. im weiteren Sinne, und (theoretischen) Sprach- und Wissenschaftskonstruktionen (↑vorwissenschaftlich). Eine logische Analyse des Begriffs des W.s erfolgt in der epistemischen Logik (↑Logik, epistemische), eine Analyse der sozialen (›externen‹) Bedingungen (↑intern/extern) der W.sbildung in der ↑Wissenssoziologie.

Literatur: B. Allen, Knowledge, NDHI III (2005), 1199–1204; D. M. Armstrong, Belief, Truth, and Knowledge, Cambridge 1973, 1981; A. J. Ayer, The Problem of Knowledge, London/New York 1956, London etc. 1990 (repr. in: ders., Writings on Philosophy III, Basingstoke etc. 2004); H. H. Benson, Socratic Wisdom. The Model of Knowledge in Plato's Early Dialogues, Oxford etc. 2000; L. Bonjour, Knowledge and Justification, Coherence Theory of, REP V (1998), 253–259; E. Brendel, Wahrheit und W., Paderborn 1999; dies., W., Berlin/Boston Mass. 2013; J. Bromand, Grenzen des W.s, Paderborn 2009; M. Brüggen, W., Hb. ph. Grundbegriffe III (1974), 1723–1739; J. K. Campbell/M. O'Rourke/H. S. Silverstein (eds.), Knowledge and Skepticism, Cambridge Mass./London 2010; A. Casullo, Essays on A Priori Knowledge and Justification, Oxford etc. 2012; R. M. Chisholm, Theory of Knowledge, Englewood Cliffs N. J. 1966, [3]1989 (dt. Erkenntnistheorie, München 1979, o.O. [Bamberg] 2004); H. Collins, Tacit and Explicit Knowledge, Chicago Ill./London 2010, 2013; E. Craig, Was wir wissen können. Pragmatische Untersuchungen zum W.sbegriff, ed. W. Vossenkuhl, Frankfurt 1993; J. Dancy/E. Sosa (eds.), A Companion to Epistemology, Oxford/Cambridge Mass. 1992, Malden Mass./Oxford/Chichester [2]2010; A. C. Danto, Analytical Philosophy of Knowledge, London/New York 1968, Nachdr. in: ders., Narration and Knowledge, New York 1985, 2007, 1–284; M. Davies, Knowledge (Explicit and Implicit). Philosophical Aspects, IESBS XII (2001), 8126–8132; W. Detel/C. Zittel (eds.), W.sideale und W.skulturen in der frühen Neuzeit/Ideals and Cultures of Knowledge in Early Modern Europe, Berlin 2002; C. L. van Doren, A History of Knowledge. Past, Present, and Future, New York 1992 (dt. Geschichte des W.s, Basel/Boston Mass./Berlin 1996, München [2]2000, Augsburg 2005); R. Enskat, W., RGG VIII ([4]2005), 1642–1643; G. Ernst, Das Problem des W.s, Paderborn 2002; J. L. Evans, Knowledge and Infallibility, London 1978, New York 1979; R. Fagin u. a., Reasoning about Knowledge, Cambridge Mass./London 1995, 2003; R. Foley, When Is True Belief Knowledge?, Princeton N. J./Oxford 2012; R. Fumerton, Knowledge by Acquaintance and Description, REP V (1998), 259–263; K. Gloy, Von der Weisheit zur Wissenschaft. Eine Genealogie und Typologie der W.sformen, Freiburg/München 2007; D. W. Hamlyn, Epistemology, History of, Enc. Ph. III (1967), 8–38, ([2]2006), 281–320 (mit Addendum v. I. Kalin, 319–320); J. Hardy u. a., W., Hist. Wb. Ph. XII (2004), 855–902; C. Hay, The Theory of Knowledge and the Rise of Modern Science, Cambridge 2009; K. W. Hempfer/A. Traninger (eds.), Dynamiken des W.s, Freiburg/Berlin/Wien 2007; J. Hintikka, Knowledge and Belief. An Introduction to the Logic of the Two Notions, Ithaca N. Y. 1962, London 2005; ders., Knowledge and the Known. Historical Perspectives in Epistemology, Dordrecht/Boston Mass./London 1974, [2]1991; ders., Socratic Epistemology. Explorations of Knowledge-Seeking by Questioning, Cambridge etc. 2007; N. Hoerster, Was können wir wissen? Philosophische Grundfragen, München 2010; J. J. Ichikawa/M. Steup, The Analysis of Knowledge, SEP 2001, rev. 2017; P. Janich, Handwerk und Mundwerk. Über das Herstellen von W., München 2015; J. I. Jenkins, Knowledge and Faith in Thomas Aquinas, Cambridge etc. 1997; E.-M. Jung, Gewusst wie? Eine Analyse praktischen W.s, Berlin/Boston Mass. 2012; F. Kambartel, Erfahrung und Struktur. Bausteine zu einer Kritik des Empirismus und Formalismus, Frankfurt 1968, [2]1976; H. Kelm, Hegel und Foucault. Die Geschichtlichkeit des W.s als Entwicklung und Transformation, Berlin/München/Boston Mass. 2015; A. Kern, Quellen des W.s. Zum Begriff vernünftiger Erkenntnisfähigkeiten, Frankfurt 2006 (engl. Sources of Knowledge. On the Concept of a Rational Capacity for Knowledge, Cambridge Mass./London 2017); P. D. Klein, Knowledge, Concept of, REP V (1998), 266–276; N. Kompa, W. und Kontext. Eine kontextualistische W.stheorie, Paderborn 2001; H. Krings/H. M. Baumgartner, Erkennen, Erkenntnis, Hist. Wb. Ph. II (1972), 643–662; K. Lehrer, Knowledge, Oxford 1974, 1978, rev. unter dem Titel: Theory of Knowledge, London 1990, Boulder Colo. [2]2000; I. Levi, The Enterprise of Knowledge. An Essay on Knowledge, Credal Probability, and Chance, Cambridge Mass./London 1980, 1983; J. Loenhoff, Implizites W.. Epistemologische und handlungstheoretische Perspektiven, Weilerswist 2012; P. Lorenzen, Methodisches Denken, Frankfurt 1968, 1988; H. O. Matthiessen/M. Willaschek, W., EP III ([2]2010), 3012–3018; J. Mittelstraß, Die Möglichkeit von Wissenschaft, Frankfurt 1974; ders., W. und Grenzen. Philosophische Studien, Frankfurt 2001; ders., Der philosophische Blick. Elf Studien über W. und Denken, Wiesbaden 2015; H. Mohr, W. – Prinzip und Ressource, Berlin etc. 1999; G. E. Moore, Philosophical Papers, London/New York 1959, [3]1970, 2002; P. K. Moser (ed.), Empirical Knowledge. Readings in Contemporary Epistemology, Totowa N. J. 1986, Lanham Md. etc. [2]1996; ders., Knowledge and Evidence, Cambridge etc. 1989, 1991; A. Musgrave, Common Sense, Science and Scepticism. A Historical Introduction to the Theory of Knowledge, Cambridge etc. 1993, 1996 (dt. Alltagswissen, Wissenschaft und Skeptizismus. Eine historische Einführung in die Erkenntnistheorie, Tübingen 1993, 2010); J. Nagel, Knowledge. A Very Short Introduction, Oxford etc. 2014; G. S. Pappas (ed.), Justification and Knowledge. New Essays in Epistemology, Dordrecht/Boston Mass./London 1979; S. H. Phillips, Knowledge, Indian Views of, REP V (1998), 280–285; J.-E. Pleines, Glauben oder W.. Analyse eines Dilemmas, Hildesheim/Zürich/New York, Darmstadt 2008; L. P. Pojman, What Can We Know? An Introduction to the Theory of Knowledge, Belmont Calif. 1995, [2]2000, 2001; J. L. Pollock, Contemporary Theories of Knowledge, Totowa N. J. 1986, Lanham Md. etc. 1999; D. Pritchard, What Is This Thing Called Knowledge?, London/New York 2006, [3]2014; ders./J. Turri, The Value of Knowledge, SEP 2007, rev. 2014; A. Quinton, Knowledge and Belief, Enc. Ph. IV (1967), 345–352, V ([2]2006), 91–100; N. Rescher, Cognitive Harmony. The Role of Systemic Harmony in the Constitution of Knowledge, Pittsburgh Pa. 2005; M. D. Roth/L. Galis (eds.), Knowing. Essays in the Analysis of Knowledge, New York 1970, Lanham Md. etc. 1984; B. Russell, A Priori Justification and Knowledge, SEP 2007, rev. 2014; G. Ryle, The Concept of Mind, London 1949, London/New York 2009 (dt. Der Begriff des Geistes, Stuttgart 1969, 2002); H. J. Sandkühler, Kritik der Repräsentation. Einführung in die Theorie der Überzeugungen, der W.skulturen und des W.s, Frankfurt 2009;

K. M. Sayre, Belief and Knowledge. Mapping the Cognitive Landscape, Lanham Md. etc. 1997; I. Scheffler, Worlds of Truth. A Philosophy of Knowledge, Malden Mass./Oxford 2009; G. Schönrich, W. und Werte, Paderborn 2009; R. K. Shope, The Analysis of Knowing. A Decade of Research, Princeton N. J. 1983; E. Sosa, Knowledge in Perspective. Selected Essays in Epistemology, Cambridge etc. 1991, 1995; T. Spitzley, W. und Rechtfertigung. Zur sprachanalytischen Diskussion des W.sbegriffs, Pfaffenweiler 1986; J. Stanley, Knowledge and Practical Interests, Oxford etc. 2005, 2007; W. Stegmüller, Metaphysik, Wissenschaft, Skepsis, Frankfurt/Wien 1954, unter dem Titel: Metaphysik, Skepsis, Wissenschaft, Berlin/Heidelberg/New York [2]1969; ders., Glauben, W. und Erkennen, Z. philos. Forsch. 10 (1956), 509–549; E. Stei, Die Bedeutung von ›wissen‹. Eine Untersuchung zur Kontextabhängigkeit von W.saussagen, Münster 2014; M. Swain, Knowledge, Causal Theory of, REP V (1998), 263–266; ders., Knowledge, Defeasibility Theory of, REP V (1998), 276–280; R. Swinburne, Epistemic Justification, Oxford 2001; M. Vogel/L. Wingert (eds.), W. zwischen Entdeckung und Konstruktion. Erkenntnistheoretische Kontroversen, Frankfurt 2003; P. Walde/F. Kraus (eds.), An den Grenzen des W.s, Zürich 2008; A. R. White, The Nature of Knowledge, Totowa N. J. 1982; W. Wieland, Platon und die Formen des W.s, Göttingen 1982, [2]1999; A. D. Woozley, Theory of Knowledge. An Introduction, London etc. 1949, 1973; G. H. v. Wright (ed.), Problems in the Theory of Knowledge/Problèmes de la théorie de la connaissance, The Hague 1972; C. Zittel (ed.), W. und soziale Konstruktion, Berlin 2002; weitere Literatur: ↑Erkenntnistheorie, ↑Meinung, ↑Wissenschaftstheorie. J. M.

Wissen, absolutes, in G. W. F. Hegels ↑»Phänomenologie des Geistes« Bezeichnung für die letzte Gestalt der Entwicklung des ↑Geistes. Absolut (↑Absolute, das) ist das Wissen, weil es sich in den Formen des religiösen Vorstellens und der philosophischen begrifflichen Erkenntnis (auch in deren historischer Entwicklung) selbst zum Gegenstand hat. Von dieser letzten Stufe her wird der Gang der Selbstkonstitution des Geistes in historischer und systematischer Perspektive rekonstruierbar. Die »Phänomenologie des Geistes« ist nichts anderes als diese ↑Rekonstruktion und in ihrer Gesamtheit eine Realisierung des a.n W.s. Mit der im a.n W. erreichten Selbstreferentialität des Geistes werden die Subjekt-Objekt- und die Subjekt-Subjekt-Differenzen aufgehoben (↑aufheben/Aufhebung, ↑Subjekt-Objekt-Problem), ferner wird der systematische Ort erreicht, an dem die Philosophie sich in Form einer Kategorienlehre selbst in der »Wissenschaft der Logik« (↑Hegelsche Logik) thematisiert.

Literatur: T. Auinger, Das a. W. als Ort der Ver-Einigung. Zur a.n W.sdimension des Gewissens und der Religion in Hegels Phänomenologie des Geistes, Würzburg 2003; H. F. Fulda, Das Problem einer Einleitung in Hegels »Wissenschaft der Logik«, Frankfurt 1965, [2]1975; J. Heinrichs, Die Logik der »Phänomenologie des Geistes«, Bonn 1974, [2]1983; R.-P. Horstmann (ed.), Seminar: Dialektik in der Philosophie Hegels, Frankfurt 1978, [2]1989; H. Kimmerle, Das Problem der Abgeschlossenheit des Denkens. Hegels »System der Philosophie« in den Jahren 1800–1804, Bonn 1970, erw. [2]1982 (Hegel-Stud. Beih. 8); P. Klimatsakis, Religion und a.s W.. Die Genese der »Phänomenologie des Geistes« aus dem positivierten Christentum, Berlin 1997; J. Mittelstraß, Fichte und das a. W., in: W. Hogrebe (ed.), Fichtes Wissenschaftslehre 1794. Philosophische Resonanzen, Frankfurt 1995, 141–161; H. H. Ottmann, Das Scheitern einer Einleitung in Hegels Philosophie. Eine Analyse der »Phänomenologie des Geistes«, München/Salzburg 1973; J. Schmidt, ›Geist‹, ›Religion‹ und ›a. W.‹. Ein Kommentar zu den drei gleichnamigen Kapiteln aus Hegels »Phänomenologie des Geistes«, Stuttgart/Berlin/Köln 1997; H. Wagner, Hegels Lehre vom Anfang der Wissenschaft, Z. philos. Forsch. 23 (1969), 339-348. S. B.

Wissenschaft, Bezeichnung für eine Lebens- und Weltorientierung, zugleich für eine (gesellschaftliche) Institution, die auf eine spezielle, meist berufsmäßig ausgeübte Begründungspraxis angewiesen ist und insofern über das jedermann verfügbare Alltagswissen hinausgeht, ferner die Tätigkeit, die das wissenschaftliche ↑Wissen produziert. W. heißt auch jede aus der W. im genannten Sinne ausdifferenzierbare Teilpraxis, sofern diese durch einen bestimmten Phänomen- oder Problembereich definiert ist. W. wird schon in der Antike als *ἐπιστήμη* und *scientia* abgegrenzt von der bloßen ↑Meinung (*δόξα*, opinio) einerseits und der Kunstfertigkeit (*τέχνη*; ↑Technē, ↑ars) andererseits.

Gegenüber dem unabgesicherten und häufig subjektiven Meinen (↑Meinung) steht das wissenschaftliche Wissen unter Begründungsanspruch (↑Begründung), d. h., für seine Aussagen wird unterstellt, daß sie in jeder kompetent und rational geführten Argumentation Zustimmung finden können (↑Dialog, rationaler). In diesem Sinne wird W. erstmals im W.sverständnis der griechischen Philosophie (↑Philosophie, griechische) von Sokrates bis Aristoteles begriffen. Der Anspruch wissenschaftlichen Wissens, eine allgemeingültig (↑allgemeingültig/Allgemeingültigkeit) gesicherte Grundlage zu besitzen, führt insbes. Aristoteles dazu, W. als ›theoretisch‹ orientierte Tätigkeit (↑Theoria) aus der veränderlichen Vielfalt politisch und technisch praktischer Problemlösungen herauszuheben. Während der Mensch im ›praktischen Leben‹ eine zeitlich wechselnde und stets ungesicherte Realität erzeugt, kann er in der W. gleichsam als Zuschauer den Begründungszusammenhang dessen betrachten, was ohne sein Zutun und insbes. unabhängig von der Betrachtung der Fall ist, nach Analogie des ›theoros‹ (*θεωρός*), der als offizieller Delegierter eines griechischen Staats- oder Gemeinwesens den großen Festen und Spielen zu Ehren der Götter beiwohnt und den besten Platz zur Beobachtung allen Geschehens einnimmt. Als Bereiche einer ›unwandelbaren‹, wissenschaftlichen Orientierung dieser Art unterscheidet Aristoteles Mathematik, Physik und (im wesentlichen kosmologisch verstandene) Theologie bzw. Erste Philosophie (↑Philosophie, erste). Andere Einteilungen beziehen gegen die Aristotelische Grundper-

spektive praktische W. ein, so die auf Xenokrates zurückgehende Systematik der ↑Stoa nach Logik, Physik, Ethik. Später überlagern sich die Aristotelische und die stoische Wissenschaftseinteilung mit bildungssystematischen Schemata (z. B. in den ›freien Künsten‹ des Mittelalters; ↑ars). Auch wird in der christlich dominierten Tradition des Mittelalters eine Neubestimmung der Theologie notwendig.
Insofern auch die ↑Philosophie seit der griechischen Antike als Bemühen um begründete Handlungsorientierung definiert ist, wird bis ins 18. Jh. hinein kaum zwischen Philosophie und (begründungsorientierter) W., z. B. ↑Naturphilosophie und naturwissenschaftlicher ↑Physik, unterschieden. Dagegen gelten in Berichten nach Art geordneter Faktensammlungen zusammengestellte Kenntnisse nicht als W., sondern als ›Geschichte‹, wie es etwa das Wort ›Naturgeschichte‹ als Synonym zu ›Naturkunde‹ noch spät anzeigt (↑Experimentalphilosophie). Im 19. Jh. hat nach der Abkehr von G. W. F. Hegels Projekt zwar nicht überall in der Wissenschaftspraxis, wohl aber in der philosophischen Wissenschaftsreflexion und in positivistischen ›Wissenschaften‹ eine Aufweichung des begründungsorientierten und allgemeine Wahrheiten kanonisierenden W.sbegriffes stattgefunden, und zwar zugunsten von Vorstellungen, die lediglich der Ordnung empirischer Daten verpflichtet sind. Damit wird zugleich die traditionelle *allgemeine* Trennlinie zwischen wissenschaftlichem (philosophischem) und historischem Wissen hinfällig.
Neben den klassischen wissenschaftlichen Disziplinen und den neuzeitlichen ↑Naturwissenschaften entwickeln sich im 19. Jh. (nach dem Entwurf Hegels in der Enzyklopädie der philosophisch, d. h. theoretisch begriffenen Wissenschaften) die so genannten ↑Geisteswissenschaften, die die Tradition der freien Künste Grammatik und Rhetorik verlassen und insbes. den begründeten Inhalt eines historischen Bewußtseins (↑Bewußtsein, historisches) der Gesellschaft liefern. Zugleich wachsen seit dem 18. Jh. neue Wissenschaften der Gesellschaftsanalyse, wie politische Ökonomie (↑Ökonomie, politische), Politikwissenschaft und ↑Soziologie über den traditionellen Rahmen der Praktischen Philosophie (↑Philosophie, praktische) hinaus und verbinden sich mit den Geisteswissenschaften, heute häufig zu einer nicht mehr kanonisch systematisierten Vielfalt verstehender, erklärender, zumeist aber bloß beschreibender, historischer, ↑Kulturwissenschaften. In den vielfältigen Methodenkontroversen seit der 2. Hälfte des 19. Jhs. wirkt das antike W.sverständnis mit der Frage nach angemessenen Begründungsverfahren fort, auch wenn die W.ssystematik, die die Entwicklung von der Antike bis ins 18. Jh. und in Hegels Programm bestimmt, ihre Bedeutung zu verlieren scheint. An die Stelle älterer Systematiken, die sich an den *Gegenständen* und Methoden der Wissenschaften orientieren, tritt eine Einteilung der Phänomene der Kulturwissenschaften (Geistes- und Sozialwissenschaften) und der Naturwissenschaften. Klassisch herrschen Einteilungen nach der ↑Methode (verstehende versus erklärende Wissenschaften) oder der Begründungsart (apriorische [↑a priori] versus empirische Wissenschaften) vor.
Von der W. hebt der antike W.sbegriff die handwerkliche oder die im engeren Sinne künstlerische, ›schöne‹ ↑Kunst ab als die Beherrschung von Handlungen, insbes. Herstellungshandlungen (↑Herstellung), ohne für die Kunst notwendig einzuschließen, daß die Grundlagen der sie jeweils ausmachenden Fähigkeiten und ihr Aufbau theoretisch bewußt oder gesichert sind (↑ästhetisch/Ästhetik). Vor allem die Fächer des Platonischen Bildungskanons, der ›enkyklios paideia‹ (↑Enzyklopädie) für den freien Bürger, werden dabei in der lateinischen Übersetzung von ›*ἐλευθερίαι ἐπιστῆμαι*‹ (freie Wissenschaften) auch als ›artes liberales‹ bezeichnet, d. h. wesentlich als ein zu lernendes Können begriffen (↑ars). Demgemäß unterscheidet das Mittelalter, zumal in bildungssystematischen Erörterungen, nicht mehr streng zwischen W. und Kunst. Entsprechend ist das kanonische System der sieben freien Künste, nämlich Grammatik, Rhetorik, Philosophie (vor allem als Kunst des philosophischen Diskurses oder Dialektik), Arithmetik, Musik, Geometrie, Astronomie, zugleich als umfassendes W.ssystem gemeint. Auch die mittelalterlich geprägte Universitätsorganisation ordnet die neuzeitlichen Natur- und Geisteswissenschaften, soweit sie sich nicht außerhalb der Universitäten entwickeln, weitgehend der Artistenfakultät zu, die als ›niedere‹ und ›philosophische‹ Fakultät insbes. das Grundstudium für die ›höheren‹ berufsbildenden Fakultäten, nämlich die theologische, medizinische und juristische Fakultät, bereitstellt.
Unabhängig von dieser Entwicklung bestimmt eine andere Entwicklung das Verhältnis von W. und (technischer) Kunst: Technische Kompetenz im engeren Sinne ist in komplexen gesellschaftlichen Organisationsformen zunehmend nur noch von W. abhängig und in diesem Sinne theoretisch begründet verfügbar. So kommt es zur Ausbildung eigener technischer W.en. Im deutschen Bildungswesen spiegelt zuletzt die Umbenennung der Technischen Hochschulen in Technische Universitäten das Bewußtsein dieses Prozesses wider. Andererseits ist wissenschaftliches Wissen bereits für seine ersten (grundlegenden) Schritte auf ↑vorwissenschaftliche sprachliche und (für die Naturwissenschaften) handwerkliche Fähigkeiten angewiesen. Daher läßt sich der Begründungszusammenhang zwischen W. und Technik nicht einseitig von der W. zur Technik konstruieren. Diese Tatsache hat die Konstruktive Wissenschaftstheorie (↑Wissenschaftstheorie, konstruktive) wieder in den Blick gerückt und genauer erforscht.

Literatur: F. Allhoff (ed.), Philosophies of the Sciences. A Guide, Chichester/Malden Mass./Oxford 2010; E. Craig, Was wir wissen können. Pragmatische Untersuchungen zum Wissensbegriff, Frankfurt 1993; G. N. Derry, What Science Is and How It Works, Princeton N. J. 1999, 2002 (dt. Wie W. entsteht. Ein Blick hinter die Kulissen, Darmstadt 2001); R. Enskat, W., RGG VIII ([4]2005), 1643–1648; H.-G. Gadamer, Vernunft im Zeitalter der W.. Aufsätze, Frankfurt 1976, [3]1991; J. Habermas, Theorie und Praxis. Sozialphilosophische Studien, Neuwied 1963, [2]1967, Frankfurt 2000, bes. 307–358 (Kap. 8 und 9); J. E. Heyde, Das Bedeutungsverhältnis von φιλοσοφία und ›Philosophie‹, Philos. Nat. 7 (1961/1962), 144–155; H. Holzhey (ed.), Interdisziplinäre Arbeit und W.stheorie II (W./W.en), Basel/Stuttgart 1974; P. Janich, Handwerk und Mundwerk. Über das Herstellen von Wissen, München 2015; ders./F. Kambartel/J. Mittelstraß, W.stheorie als W.skritik, Frankfurt 1974; E. v. Kahler, Der Beruf der W., Berlin 1920; F. Kambartel, Erfahrung und Struktur. Bausteine zu einer Kritik des Empirismus und Formalismus, Frankfurt 1968, [2]1976, 50–86; ders., Theorie und Begründung. Studien zum Philosophie- und W.sverständnis, Frankfurt 1976; H. M. Klinkenberg, Artes liberales/artes mechanicae, Hist. Wb. Ph. I (1971), 531–535; P. Lorenzen/O. Schwemmer, Konstruktive Logik, Ethik und W.stheorie, Mannheim/Wien/Zürich 1973, [2]1975; J. Mariétan, Problème de la classification des sciences d'Aristote à St. Thomas, Paris 1901; S. Meier-Oeser/H. Hühn/H. Pulte, W., Hist. Wb. Ph. XII (2004), 902–948; J. Mittelstraß, Die Möglichkeit von W., Frankfurt 1974; ders., Der Flug der Eule. Von der Vernunft der W. und der Aufgabe der Philosophie, Frankfurt 1989, [2]1997; ders., Leonardo-Welt. Über W., Forschung und Verantwortung, Frankfurt 1992, [2]1996; W. Oelmüller (ed.), Philosophie und W., Paderborn etc. 1988, 1989; J. Ritter, Die Lehre vom Ursprung und Sinn der Theorie bei Aristoteles, Arbeitsgemeinschaft für Forschung des Landes Nordrhein-Westfalen, Geisteswissenschaften 1 (1952), 32–54; ders., Die Aufgabe der Geisteswissenschaften in der modernen Gesellschaft, in: ders., Subjektivität. Sechs Aufsätze, Frankfurt 1974, 1989, 105–140; H. J. Sandkühler (ed.), Philosophie und W.en. Formen und Prozesse ihrer Interaktion, Frankfurt 1997; O. Schwemmer, Die Philosophie und die W.en. Zur Kritik einer Abgrenzung, Frankfurt 1990; H. Tetens, W., EP III ([2]2010), 3018–3028; W. Wühr, Das abendländische Bildungswesen im Mittelalter, München 1950. F. K.

Wissenschaft, bürgerliche, Bezeichnung des ↑Marxismus und der mit ihm assoziierten politischen Bewegungen (↑Marxismus-Leninismus) für eine ↑Wissenschaft, deren Inhalt klassenspezifisch (↑Klasse (sozialwissenschaftlich)) bürgerlichen, kognitiven Beschränkungen unterliegt oder deren Anwendung oder Gegenstandswahl durch kapitalistische Verwertungsinteressen (↑Kapitalismus) bestimmt wird. Die Bezeichnung ›b. W.‹ verweist zunächst auf einen ursprünglichen Gleichklang zwischen den ökonomischen Interessen des Bürgertums und den Erkenntnisinteressen der Menschheit, darauf nämlich, daß die modernen Wissenschaften zusammen mit der bürgerlichen Gesellschaft (↑Gesellschaft, bürgerliche) entstanden sind, diese von Anfang an materiell und ideologisch gestützt haben und umgekehrt von ihr gestützt wurden. Zugleich bringt diese Bezeichnung aber auch die Behauptung zum Ausdruck, daß dieser Gleichklang heute nicht mehr bestehe. Der Begriff der b.n W. läßt sich in unterschiedlicher Weise weiter differenzieren, je nachdem, ob (1) die Wissenschaft zur gesellschaftlichen Basis (↑Basis, ökonomische), wie die Technik, oder zum ↑Überbau, wie etwa die ↑Religion, gerechnet wird, ob (2) die bestimmenden Faktoren für den bürgerlichen Charakter der b.n W. in der Produktions- oder eher in der Distributionssphäre gesucht werden, ob (3) lediglich die Geistes- und Sozialwissenschaften oder auch die Naturwissenschaften als b. W. bezeichnet werden. Die Alternative zur b.n W. kann entweder in einer Wissenschaft schlechthin oder in einer sozialistischen bzw. proletarischen Wissenschaft gesucht werden.

Die philosophischen Grundlagen der Überlegungen zur klassenspezifischen Natur der Erkenntnis werden gewöhnlich der ↑Dialektik von ↑Herr und Knecht in der Hegelschen ↑Phänomenologie des Geistes entlehnt, wonach die Naturaneignung des Herrn stets durch die Arbeit des Knechts vermittelt wird, der selbst einen anderen (vielleicht wahrhafteren) Zugang zu Natur und Wirklichkeit besitzt. Die Begründung für die Höherbewertung des Zugangs des Knechtes zur Natur wird dann in eine ↑Geschichtsphilosophie der aufeinanderfolgenden Gesellschaftsformationen eingebettet. Dadurch unterscheidet sich die Theorie der b.n W. in der Regel von ähnlich strukturierten Standpunkttheorien etwa über ›männliche‹ oder ›eurozentrische‹ Wissenschaft, die ebenfalls häufig mit der Herr-Knecht-Dialektik argumentieren.

Der von K. Marx ursprünglich erhobene politische Vorwurf gegen die ›bürgerlichen Ökonomen‹ und die Weiterentwicklung eines ›wissenschaftlichen Sozialismus‹ (↑Sozialismus, wissenschaftlicher) durch die Zweite Internationale richten sich gegen einen Typus von ↑Sozialwissenschaft, der (oft explizit) die Parteinahme für die bürgerliche Gesellschaft und die kapitalistische Produktionsweise als seine Aufgabe betrachtet. Mit der Durchsetzung des Postulates der ↑Wertfreiheit (↑Wertfreiheitsprinzip) der Sozialwissenschaften im Anschluß an M. Weber erhält die Frage nach der ideologisch bedingten Beschränktheit oder Verfälschung der Erkenntnis durch die b. W. eine wissenschaftstheoretische Prägung. Die Frage ist dann, ob die b. W. deshalb bürgerlich ist, weil sie ihrem eigenen Begriff von (wertfreier) Wissenschaft in der Praxis nicht entspricht, oder deshalb, weil sie ihm gerade entspricht oder entsprechen will. Ferner erhebt sich mit der Gründung der Sowjetunion die Frage nach der positiven Form der Wissenschaft (auch der Naturwissenschaft) im Sozialismus bzw. nach einer sozialistischen Wissenschaft. Es entsteht die Frage, ob die nicht-b. W. eine andere klassenspezifische, etwa proletarische Wissenschaft oder eine klassenlose Wissenschaft sei.

Literatur: K. Gösler, Erkennen als sozialer Prozeß, Dt. Z. Philos. 20 (1972), 517–546; D. Lecourt, Lyssenko. Histoire réelle d'une

›science prolétarienne‹, Paris 1976, 1995 (dt. Proletarische Wissenschaft? Der ›Fall Lyssenko‹ und der Lyssenkismus, Berlin 1976; engl. Proletarian Science? The Case of Lyssenko, London 1977); G. Lukács, Geschichte und Klassenbewußtsein. Studien über marxistische Dialektik, Berlin 1923 (repr. Amsterdam 1967, London 2000), ferner in: Werke II, ed. F. Beuseler, Neuwied 1968, Bielefeld 2013, 161–517; T. A. McCarthy/K. G. Ballestrem, Wissenschaft, in: C. D. Kernig (ed.), Marxismus im Systemvergleich. Ideologie und Philosophie III (Naturphilosophie bis Wissenschaft), Freiburg 1966, Frankfurt/New York 1973, 262–330; H. J. Sandkühler (ed.), Marxistische Wissenschaftstheorie. Studien zur Einführung in ihren Forschungsbereich, Frankfurt 1975; H. Seiffert, Marxismus und b. W., München 1971, [3]1977; A. Sohn-Rethel, Warenform und Denkform. Aufsätze, Frankfurt, Wien 1971, mit Untertitel: Mit zwei Anhängen, Frankfurt 1978; F. Tomberg, Was heißt b. W.?, Das Argument 13 (1971), 461–475; ders., B. W.. Begriff, Geschichte, Kritik, Frankfurt 1973. P. M.

Wissenschaft, konstruktive, ↑Konstruktivismus.

Wissenschaft, normale (engl. normal science), nach T. S. Kuhn eine traditionsgebundene Praxis von Forschung innerhalb eines bestimmten theoretischen Rahmens. In der n.n W. werden gewisse Elemente wissenschaftlichen Wissens nicht zur Disposition gestellt, da hinsichtlich ihrer Geltung in der wissenschaftlichen Gemeinschaft (↑scientific community) ein breiter Konsens besteht. Wissenschaften, in denen Grundlagenfragen (↑Grundlagenforschung) kein Gegenstand wissenschaftlicher Kontroversen sind, bezeichnet Kuhn als ›reife Wissenschaften‹. In den von ihm beschriebenen Phasen wissenschaftlicher Entwicklung (↑Theoriendynamik) ist n. W. demnach dasjenige Stadium der reifen Wissenschaft, in dem die wissenschaftliche Praxis über einen breiten Konsens der entsprechenden Gemeinschaft in bezug auf Grundlagenfragen verfügt. Damit ist n. W. zugleich gegenüber zwei anderen Praxen der Wissenschaft abgegrenzt: (1) gegenüber einer Wissenschaft, in der ein allgemeiner forschungstragender Konsens noch nicht erreicht worden ist und die von Kuhn (1970) als ›Proto-Wissenschaft‹ bezeichnet wird, (2) gegenüber einer Wissenschaft mit einem grundlegenden Dissens im Reifestadium, der als Resultat des Zerbrechens eines vorgängigen, allgemeinen Konsenses gewertet und als ›außerordentliche Wissenschaft‹ bezeichnet wird.

N. W. ist nach Kuhn (1962) durch die enge Bindung an ein ↑Paradigma definiert, das die für die Wissenschaftlergemeinschaft fundamentale forschungsleitende Theorie, Annahmen, Prinzipien, Verallgemeinerungen, ferner Begriffe, Definitionen, Regeln, Naturgesetze und einen gewissen Bestand kanonisierten Wissens enthält. Später (1969) führt Kuhn den Begriff der *disziplinären Matrix* ein, der neben diesen (weiten) Paradigmenbegriff auch einen (engen) Paradigmenbegriff im Sinne von ›Musterbeispiel‹ setzen soll. In diesem letzten Sinne wird der Paradigmenbegriff von Kuhn nach 1969 überwiegend verwendet. Da zunächst der Begriff der n.n W. und der Begriff des Paradigmas derart korreliert sind, daß die Bezeichnungen ›n. W.‹ und ›paradigmengeleitete Wissenschaft‹ wechselseitig substituierbar sind und entsprechend vor-normale W. nur als Phase der Abwesenheit eines Paradigmas charakterisiert ist, hat Kuhn später versucht, der Existenz von konkurrierenden theoretischen Schulen, die in der Phase der vor-normalen W. ebenso paradigmengeleitet arbeiten, Rechnung zu tragen. Entsprechend genügt es nicht mehr, n. W. als paradigmengeleitet zu kennzeichnen, da dieses Merkmal auch auf die vor-normale W. – nun nicht mehr vor-paradigmatische Wissenschaft – zutreffen kann.

Zur konkreten Bestimmung der n.n W. kann die Kuhnsche Metapher des ›Rätsel-Lösens‹ dienen, die gewisse Typen der normalwissenschaftlichen Problembearbeitung charakterisieren soll: (1) Reglementierung, d. h., sowohl der Lösungsweg als auch die Zulässigkeit einer Lösung sind normiert; (2) Lösbarkeitserwartung, d. i. die Erwartung einer reglementierungskonformen Lösung des jeweils gewählten Problems, und zwar geleitet durch ein (enges) Paradigma; (3) fehlende fundamentale Innovationen, d. h. daß keine Forschung betrieben wird, die (1) verletzt; (4) fehlende Test- bzw. Bestätigungsverfahren (↑Test, ↑Bestätigung) von Theorien, da durch Konformität gegenüber (1) gesichert ist, daß keine weitere Theorie zur Debatte steht. Da n. W. gerade darin besteht, eine maximale Kohärenz (↑kohärent/Kohärenz) zwischen den jeweils akzeptierten Theorien und den ›Tatsachen‹ herzustellen, liefern begriffliche, theoretische, instrumentelle und methodische Bindungen die Reglementierungen, die dem Wissenschaftler der n.n W. angeben, wie diese Relation beschaffen und zu verbessern ist; sie werden daher nicht in Frage gestellt. Mittels (4) kann Kuhn erklären, warum in der n.n W. bislang unbefriedigend gelöste, insbes. aber momentan unlösbare Probleme, die der herrschenden Theorie zuwiderlaufen (↑Anomalien), beiseitegeschoben und statt dessen die als lösbar geltenden Probleme in Angriff genommen werden. Damit steht Kuhns Beschreibung der Wissenschaft etwa im Gegensatz zu K. R. Poppers Position des Kritischen Rationalismus (↑Rationalismus, kritischer), der eine Kritik von Theorien durch fortschreitende ↑Falsifikation fordert. In diesem Falle müßte entweder jede Abweichung von der Theorie durch die Theorie gegebenenfalls falsifizierende ↑Hypothesen verfolgt werden, bis entschieden ist, ob das Problem innerhalb der vorliegenden Reglementierungen lösbar ist oder nicht, oder bei widersprechenden Instanzen die Theorie als falsifiziert gelten. Anomalien haben jedoch in der Kuhnschen Beschreibung eine auslösende Funktion beim Übergang der n.n W. in eine Theorierevolution (↑Revolution, wissenschaftliche): In der n.n W. gibt es zwar Entdeckungen neuer Phänomene oder neuer Entitäten, aber diese Entdeckungen sind von der jeweils akzeptierten Theorie weitgehend antizipiert. Erst wenn es durch das Auftreten von Anomalien zu Entdeckungen kommt, die von einer Theorie nicht prognostiziert werden konnten, und die innerhalb der Reglementierungen der n.n W. üblicherweise angewendeten Verfahren mit Regelmäßigkeit versagen, geht die n. W. in eine außerordentliche Wissenschaft oder in einen Krisenzustand (↑Krise) über.

In der Diskussion zwischen Kuhn und Vertretern des Kritischen Rationalismus um den Begriff der n.n W. geht es nicht um das historische Faktum der n.n W., sondern um deren methodologische Bewertung. Nach Popper ist die Kritik (↑Prüfung, kritische) ein wesentlicher Bestandteil der Wissenschaft, so daß der Wissenschaftler der n.n W. als ein Dogmatiker erscheint, der auch dann noch an seiner Theorie festhält, wenn ein gewisser Satz widerlegender Instanzen die Theorie umgibt. Daher ist die n. W. eine Gefahr für den wissenschaftlichen Fortschritt (↑Erkenntnisfortschritt). P. K. Feyerabend und I. Lakatos gestehen Kuhn gegen eine ›naive‹ (Lakatos) Auffassung des Falsifikationsprinzips bei Popper zu, daß es weder historisch zutreffend noch methodologisch wünschenswert ist, daß eine Theorie bereits auf Grund gewisser widerlegender Beobachtungen oder logischer oder mathematischer Gegenargumente aufgegeben wird. Unter Zugrundelegung dieses *Prinzips der Beharrlichkeit* (›principle of tenacity‹), so Feyerabend, reichen dann eindeutige Hypothesen zur Widerlegung einer Theorie T nicht aus. Vielmehr müsse man ein *Prinzip des Proliferierens* (›principle of proliferation‹; ↑Proliferationsprinzip) akzeptieren, womit die Hervorbringung alternativer Theorien T^1, T^2, ..., T^n gemeint ist, die die Schwierigkeiten von T systematisieren und ihre Behebung versprechen. Nach Feyerabend kann also einerseits die Normalwissenschaft faktisch nicht so monolithisch sein, wie dies Kuhn zum Teil unterstellt, da so nicht erklärt werden kann, wie konkurrierende Theorien und damit Revolutionen aufkommen. Andererseits hat der ↑Theorienpluralismus eine wohlbestimmte Funktion, da Kuhn den Übergang von der Normalwissenschaft zu wissenschaftlichen Revolutionen durch das verstärkte Auftreten von Anomalien erklärt, die gerade durch alternative Theorien vergrößert werden, was nahelegt, daß die Beschreibung der Normalwissenschaft nicht einmal historisch zutreffend ist.

Literatur: P. Hoyningen-Huene, Die Wissenschaftsphilosophie Thomas S. Kuhns. Rekonstruktion und Grundlagenprobleme, Braunschweig/Wiesbaden 1989 (engl. Reconstructing Scientific Revolutions. Thomas S. Kuhn's Philosophy of Science, Chicago Ill./London 1993); P. Janich/F. Kambartel/J. Mittelstraß, Wissenschaftstheorie als Wissenschaftskritik, Frankfurt 1974; T. S. Kuhn, The Structure of Scientific Revolutions, Chicago Ill./London 1962, erw. [2]1970, [3]1996, 2007; ders., Comment on the Relations of Science and Art, Comparative Stud. in Society and History 11 (1969), 403–412, ferner in: ders., The Essential Tension. Selected Studies in Scientific Tradition and Change, Chicago Ill./London 1977, 2000, 340–351; I. Lakatos/A. Musgrave (eds.), Criticism and the Growth of Knowledge, Cambridge etc. 1970, 1999 (Proc. Int. Coll. Philos. Sci., London, 1965, IV); J. Mittelstraß, Prolegomena zu einer konstruktiven Theorie der Wissenschaftsgeschichte, in: ders., Die Möglichkeit von Wissenschaft, Frankfurt 1974, 106–144, 234–244; G. Schurz/P. Weingartner (eds.), Koexistenz rivalisierender Paradigmen. Eine post-kuhnsche Bestandsaufnahme zur Struktur gegenwärtiger Wissenschaft, Opladen 1998. C. F. G.

Wissenschaft, revolutionäre, ↑Revolution, wissenschaftliche.

Wissenschaftsdarwinismus, im Anschluß an biologische, erkenntnistheoretische (↑Erkenntnistheorie, evolutionäre) und allgemeinphilosophische Vorstellungen, die auf die ↑Evolutionstheorie von C. R. Darwin zurückgehen, Bezeichnung für Theorien der ↑Wissenschaftsgeschichte, die diese unter Betonung von so genannten ↑Verlaufsgesetzen wissenschaftlicher Entwicklungen als reine ↑Wirkungsgeschichte schreiben. Demnach soll ein ›Kampf ums Dasein‹ konkurrierender Theorien untereinander, der in der Weise von ↑Variation und ↑Selektion von Theoriebildungen relativ zu den ›naturwüchsigen‹ Bedingungen einer wissenschaftlichen (und gesellschaftlichen) Praxis beschrieben wird, zur Durchsetzung der besseren Theorie führen.

Den Anfang dieser Vorstellung bildet E. Machs evolutionistische Deutung wissenschaftlicher Entwicklungen, nach der die Wissenschaftsgeschichte die ›kontinuierliche biologische Entwicklungsreihe‹ fortsetzt (Erkenntnis und Irrtum. Skizzen zur Psychologie der Forschung, Leipzig [4]1926, 2), die markanteste Position in der neueren Wissenschaftstheorie S. Toulmin, der in diesem Punkt Historikern und Philosophen empfiehlt, von der Biologie zu lernen (Foresight and Understanding. An Enquiry into the Aims of Science, London 1961, 110–111 [dt. Voraussicht und Verstehen. Ein Versuch über die Ziele der Wissenschaft, Frankfurt 1968, 131–132]). Nach Toulmin lassen sich die erklärenden ↑Paradigmen (*ideals of natural order*) sowohl aus wissenschaftsinternen als auch aus wissenschaftsexternen, gesellschaftlichen Prozessen ableiten. Auch in der ↑Wissenschaftssoziologie wird die These vertreten, daß die Wissenschaftsentwicklung wissenschaftsexternen Selektionsmechanismen folge (M. Polanyi, The Republic of Science. Its Political and Economic Theory, Minerva 1 [1962], 54–73). Im Gegensatz zu derartigen wissenschaftstheoretischen Vorstellungen stehen z. B. die Konzeption einer Methodologie der ↑Forschungsprogramme bei I. Lakatos und die Unterscheidung zwischen einer Gründegeschichte und einer ↑Wirkungsgeschichte in der Konstruktiven Wissenschaftstheorie (↑Wissenschaftstheorie, konstruktive).

Literatur: G. Böhme/W. van den Daele/W. Krohn, Alternativen in der Wissenschaft, Z. Soz. 1 (1972), 302–316; F. Kaulbach, Das anthropologische Interesse in Ernst Machs Positivismus, in: J. Blühdorn/J. Ritter (eds.), Positivismus im 19. Jahrhundert. Beiträge zu seiner geschichtlichen und systematischen Bedeutung, Frankfurt 1971, 39–55; J. Koller, Evolutionäre Erkenntnistheorie. Genese und Geltung. Ein kritischer Abriss, Marburg 2008; J. Mittelstraß, Prolegomena zu einer konstruktiven Theorie der Wissenschaftsgeschichte, in: ders., Die Möglichkeit von Wissenschaft, Frankfurt 1974, 106–144, 234–244; ders., Gründegeschichten und Wirkungsgeschichten. Bausteine zu einer konstruktiven Theorie der Wissenschafts- und Philosophiegeschichte, in: C. Demmerling/G. Gabriel/T. Rentsch (eds.), Vernunft und Lebenspraxis. Philosophische Studien zu den Bedingungen einer rationalen Kultur, Frankfurt 1995, 10–31; G. Pöltner, Evolutionäre Vernunft. Eine Auseinandersetzung mit der evolutionären Erkenntnistheorie, Stuttgart/Berlin/Köln 1993; T. B. Seiler, Evolution des Wissens, I–II, Berlin/Münster 2012. J. M.

Wissenschaftsethik (engl. ethics of science, franz. éthique de la science), Bezeichnung für die systematische Rekonstruktion derjenigen Handlungsorientierungen, die durch das den Wissenschaften immanente Verständnis ihres jeweiligen Gegenstandsbereichs, der wissenschaftlichen Verfahren seiner Beschreibung und Erklärung sowie der durch das wissenschaftliche Wissen eröffneten Handlungsmöglichkeiten mitgesetzt sind. Eine sachgerechte und handlungsrelevante W. kann nur in enger Wechselbeziehung mit der ↑Wissenschaftstheorie der jeweiligen Fächer entwickelt werden. Sie ist dabei als Teil der philosophischen ↑Ethik zu verstehen, der sich auf ein besonderes soziales, durch besondere Erkenntnisformen bestimmtes Handlungsfeld bezieht. Aus der Sicht der Philosophie sind Tendenzen zu einer ›Sonderethik‹ im Sinne der ↑kognitiven und institutionellen Verselbständigung der W. als ›applied ethics‹ (↑Ethik, angewandte) auf Mißverständnisse hinsichtlich der Aufgabe und der Fragestellungen der Ethik zurückzuführen.

W. hat sich vor allem mit zwei zusammenhängenden Phänomenbereichen zu befassen: (1) Sie bezieht sich auf das spezifische Ethos der Wissenschaftlergemeinschaft (↑scientific community), um diejenigen Orientierungen zu rekonstruieren, an die der Wissenschaftler im Interesse der Wahrheitsfindung (↑Wahrheit) gebunden ist. Dabei besteht ein gleitender Übergang von allgemeinen Handlungsregeln (z. B. dem Verbot der Fälschung von Forschungsergebnissen) zu den spezifischen Regeln einzelner Disziplinen im Rahmen ihrer jeweiligen ↑Methodologie. In diesem Zusammenhang ist auch zu untersuchen, in welcher Weise sich der von der griechischen Philosophie (↑Philosophie, griechische) entwickelte Gedanke einer ›Wissenschaft als ↑Lebensform‹ (J. Mittelstraß unter Bezugnahme auf den Bios theoretikos [↑vita contemplativa]) unter den Bedingungen von ›big science‹ realisieren läßt. Mit den moralischen Selbstverpflichtungen der Mitglieder der Wissenschaftlergemeinschaft beschäftigt sich unter deskriptiv-funktionalistischen Gesichtspunkten die ↑Wissenschaftssoziologie. (2) Sie bezieht sich auf das Verhältnis von allgemeinen moralischen Orientierungen zu den besonderen Problemen der Erzeugung und Verwendung wissenschaftlichen Wissens, wobei es sowohl bei der *Erzeugung* als auch bei der *Verwendung* vor allem um die praktischen Folgen technischen Wissens geht. Ein Beispiel für die moralischen Probleme bei der Wissenserzeugung stellen die Restriktionen bei Humanexperimenten in den medizinischen und anderen humanwissenschaftlichen Disziplinen (vor allem der ↑Psychologie) dar; neuere Diskussionen beziehen sich auf Tierexperimente oder gentechnische Interventionen in das Genom von Menschen, Tieren, Pflanzen und Mikroorganismen zum Zwecke des genetischen Wissenserwerbs. Die moralischen Probleme bei der Verwendung wissenschaftlichen Wissens und die dabei geforderte Verantwortung des Wissenschaftlers werden insbes. seit dem ›Manhattan-Projekt‹ (Bau der Atombombe durch amerikanische Physiker) bezüglich fast aller Bereiche der modernen Naturwissenschaften diskutiert.

Von W. kann im strengen Sinne nur mit Bezug auf die neuzeitliche ↑Wissenschaft seit dem 16. Jh. gesprochen werden. Einige grundlegende Fragen der W. werden jedoch schon im Rahmen der Erkenntniskonzeptionen der klassischen griechischen Philosophie erörtert. Hier steht vor allem das Problem im Vordergrund, welche besondere ↑Verantwortung dem Menschen als demjenigen Wesen, das über Wissen um die wesentlichen Eigenschaften der Dinge verfügt, zukommt. Nach Platon kann der Mensch gleichermaßen an der Idee des Wahren und des Guten teilhaben, so daß der Erkenntnisfähigkeit immer auch eine Verpflichtung auf das Streben zum ↑Guten korrespondiert. Nach Aristoteles ergibt sich aus der *θεωρία* (↑Theoria) eine allgemeine ethische und politische Orientierung im Sinne einer besonderen Lebensform innerhalb der Polis. Dieser Bios theoretikos wird von Aristoteles als höchste Form menschlicher Praxis konzipiert. Sie steht in engem Zusammenhang mit dem Gedanken des geglückten Lebens (↑Glück (Glückseligkeit)). Unter dem Einfluß der christlichen Jenseitsvorstellungen und der mit diesen verbundenen Idealen asketischer Lebensführung wird der Gedanke des Bios theoretikos in der mittelalterlichen Philosophie zum Ideal kontemplativen Lebens (↑vita contemplativa), wie es paradigmatisch in klösterlichen Gemeinschaften vorgelebt wird.

Der Beginn der neuzeitlichen Wissenschaft besteht im Kern in einer Distanzierung von der kontemplationistischen Wissenskonzeption, da jene wesentlich durch ein Wissen geprägt ist, das sich der technischen Intervention in die Natur unter kontrollierten Bedingungen (↑Experiment, ↑Kausalität) verdankt. Mit der Entstehung der neuzeitlichen Wissenschaft ist daher eine Krise der theoretischen Lebensform gegeben. Erst durch die bei I. Kant und dem Deutschen Idealismus (↑Idealismus, deutscher) einsetzende grundsätzliche Problematisierung des neuzeitlichen Wissensbegriffs wird deutlich, daß sich auch dieser moralischen ↑Präsuppositionen verdankt. Dabei stehen zunächst nicht die technischen Folgen der Anwendung des Wissens, sondern die Selbstverpflichtungen des Wissenschaftlers auf die Wahrheit im Interesse der Erzeugung verläßlichen Wissens im Vordergrund. Die wissenschaftsethische Diskussion des 20. Jhs. ist demgegenüber vor allem durch die Erfahrung der poietischen (↑Poiesis) und praktischen Folgen wissenschaftlichen Wissens bestimmt. Dabei waren es zunächst vorrangig Naturwissenschaftler, die im Zuge der Entwicklung von Massenvernichtungswaffen und anderen großtechnischen Anwendungen des Wissens nach den moralischen Grundsätzen ihres Handelns fragten. Vor allem mit der Entwicklung der modernen Biowissenschaften ist dann die Frage nach der moralischen Verantwortung der Erzeugung des Wissens in das Zentrum der Aufmerksamkeit getreten. Neben der W. soll die aus den Sozialwissenschaften heraus entwickelte ↑Technikfolgenabschätzung (↑Technikethik) die Rolle einer kritischen Instanz spielen. Die vor allem durch die medizinischen Disziplinen und die damit in Zusammenhang stehenden Biowissenschaften aufgeworfenen Probleme erweisen sich heute als höchst komplexe Fragen nach den grundlegenden ethischen Orientierungen von Gesellschaften, die durch die wissenschaftlich-technische ↑Kultur geprägt sind.

Literatur: W. Achtner/C. Horn, W., TRE XXXVI (2004), 216–231; J. Batiéno, Karl Popper ou l'éthique de la science, Paris 2012; H. M. Baumgartner/W. Becker (eds.), Grenzen der Ethik, München, Paderborn etc. 1994; K. Becker/E.-M. Engelen/M. Vec (eds.), Ethisierung – Ethikferne. Wie viel Ethik braucht die Wissenschaft?, Berlin 2003; D. Bischur/C. Sedmak, »Aber ich bin eben auch ein Mensch«. Zum Umgang mit ethischen Fragen im Wissenschaftsalltag, Salzburg 2003; A. Briggle/C. Mitcham, Ethics and Science. An Introduction, Cambridge etc. 2012; S. Clark, The Moral Status of Animals, London, Oxford 1977, Oxford etc. 1984; D. Demko/G. Brudermüller (eds.), Forschungsethik, Würzburg 2014; K. C. Elliott, A Tapestry of Values. An Introduction to Values in Science, Oxford etc. 2017; Ethikkommission der Universität Zürich (ed.), Ethische Verantwortung in den Wissenschaften, Zürich 2006; S. Foley/C. Kühberger/C. Sedmak, Ethics of Science. Overview and Exemplification, Salzburg 2003; J. Forge, The Responsible Scientist. A Philosophical Inquiry, Pittsburgh Pa. 2008; W. Frühwald, Von der Verantwortung der Wissenschaft. Zur Diskussion über W., ethische Konvention und Folgenabschätzung wissenschaftlicher Erkenntnisse, Jena 1995; M. Fuchs u. a. (eds.), Forschungsethik. Eine Einführung, Stuttgart 2010; M. Gatzemeier (ed.), Verantwortung in Wissenschaft und Technik, Mannheim/Wien/Zürich 1989; C. F. Gethmann/M. Kloepfer/H. G. Nutzinger, Langzeitverantwortung im Umweltstaat, Bonn 1993; J. Habermas, Technik und Wissenschaft als ›Ideologie‹, Frankfurt 1968, [20]2014; H. Haf (ed.), Ethik in den Wissenschaften. Beiträge einer Ringvorlesung der Universität Kassel, Kassel 2003; H. Haker/R. Hearn/K. Steigleder (eds.), Ethics of Human Genome Analysis. European Perspectives, Tübingen 1993 (Ethik in den Wissenschaften V); F. Hammer, Selbstzensur für Forscher? Schwerpunkte einer W., Zürich, Osnabrück 1983; O. Höffe, W., in: ders. (ed.), Lexikon der Ethik, München [4]1992, 310–314, [7]2008, 352–356; ders., Moral als Preis der Moderne. Ein Versuch über Wissenschaft, Technik und Umwelt, Frankfurt 1993, [3]1995, 2000 (franz. Le prix moral de la modernité. Essai sur la science, la technique et l'environnement, Paris etc. 2001); J. Hoffmann (ed.), Ethische Vernunft und technische Rationalität. Interdisziplinäre Studien, Frankfurt 1992; S. Holland/K. Lebacqz/L. Zoloth (eds.), The Human Embryonic Stem Cell Debate. Science, Ethics, and Public Policy, Cambridge Mass./London 2001; L. Honnefelder, Die ethische Entscheidung im ärztlichen Handeln. Einführung in die Grundlagen der medizinischen Ethik, in: ders./G. Rager (eds.), Ärztliches Urteilen und Handeln. Zur Grundlegung einer medizinischen Ethik, Frankfurt/Leipzig 1994, 135–190; P. Hoyningen-Huene/T. Tarkian, W., EP III ([2]2010), 3028–3030; W. Huber, Wissenschaft verantworten. Überlegungen zur Ethik der Forschung, Göttingen 2006; C. Hubig, Technik und W.. Ein Leitfaden, Berlin etc. 1993, [2]1995; B. Irrgang, Forschungsethik, Gentechnik und neue Biotechnologie. Entwurf einer anwendungsorientierten W. unter besonderer Berücksichtigung von gentechnologischen Projekten an Pflanzen, Tieren und Mikroorganismen, Stuttgart/Leipzig 1997; D. Koepsell, Scientific Integrity and Research Ethics. An Approach from the Ethos of Science, Cham 2017; C. Kühberger/C. Sedmak, Ethik der Geschichtswissenschaft. Zur Einführung, Wien 2008; B.-O. Küppers, Nur Wissen kann Wissen beherrschen. Macht und Verantwortung der Wissenschaft, Köln 2008; K. Lehrer (ed.), Science and Ethics, Amsterdam 1987; H. Lenk, Zwischen Wissenschaft und Ethik, Frankfurt 1992; ders., Verantwortung und Gewissen des Forschers, Innsbruck/Wien/Bozen 2006; ders./H. Staudinger/E. Ströker (eds.), Ethik der Wissenschaften. Arbeiten aus einer Studiengruppe der Werner Reimers-Stiftung, I–IX, München etc. 1984–1994 (I Ethik der Wissenschaften? Philosophische Fragen, II Entmoralisierung der Wissenschaften? Physik und Chemie, III Humane Experimente? Genbiologie und Psychologie, IV Anfang und Ende des menschlichen Lebens. Medizinethische Probleme, V Ökologische Probleme im kulturellen Wandel, VI Politik und Moral. Entmoralisierung des Politischen?, VII Ethische Probleme des ärztlichen Alltags, VIII Medizinische Ethik und soziale Verantwortung, IX Grenzen der Ethik); ders./G. Ropohl (eds.), Technik und Ethik, Stuttgart 1987, [2]1993; W. Li/H. Poser (eds.), The Ethics of Today's Science and Technology. A German-Chinese Approach, Berlin etc. 2008; W. Löwer/K. F. Gärditz (eds.), Wissenschaft und Ethik, Tübingen 2012; W. A. P. Luck (ed.), Verantwortung in Wissenschaft und Kultur, Berlin 1996; G. Magerl/H. Schmidinger (eds.), Ethos und Integrität der Wissenschaft, Wien/Köln/Weimar 2009; G. Maio, Ethik der Forschung am Menschen. Zur Begründung der Moral in ihrer historischen Bedingtheit, Stuttgart-Bad Cannstatt 2002; Max Planck-Gesellschaft (ed.), Verantwortung und Ethik in der Wissenschaft. Symposion der Max Planck-Gesellschaft Schloß Ringberg/Tegernsee, Mai 1984, München 1984, Stuttgart 1985; D. Mieth (ed.), Ethik und Wissenschaft in Europa. Die gesellschaftliche, rechtliche und philosophische Debatte, Freiburg/München 2000; C. Mitcham (ed.), Encyclopedia of Science, Technology and Ethics, I–IV, Detroit Mich. etc. 2005; J. Mittelstraß, Wissenschaft als Lebensform. Zur gesellschaftlichen Relevanz und zum bürgerlichen Begriff der Wissenschaft, Konstanzer

Blätter f. Hochschulfragen 19 (1981), 89–109, ferner in: ders., Wissenschaft als Lebensform. Reden über philosophische Orientierungen in Wissenschaft und Universität, Frankfurt 1982, 11–36; ders., Das ethische Maß der Wissenschaft, Rechtshist. J. 7 (1988), 193–210, ferner in: H.-L. Ollig (ed.), Philosophie als Zeitdiagnose. Ansätze der deutschen Gegenwartsphilosophie, Darmstadt 1991, 225–241; ders., Ethics of Nature?, in: W. R. Shea/B. Sitter (eds.), Scientists and Their Responsibility [s. u.], 41–57; ders., Leonardo-Welt. Über Wissenschaft, Forschung und Verantwortung, Frankfurt 1992, ^{2}1996, 120–154; ders., Ethics in Science – Substance or Rhetoric?, in: J. Götschl (ed.), Revolutionary Changes in Understanding Man and Society. Scopes and Limits, Dordrecht/Boston Mass./New York 1995, 269–277; H. G. Nutzinger (ed.), W. – Ethik in den Wissenschaften?, Marburg 2006; K. Ott, Ökologie und Ethik. Ein Versuch praktischer Philosophie, Tübingen 1993, ^{2}1994 (Ethik in den Wissenschaften IV); ders., Vom Begründen zum Handeln. Aufsätze zur angewandten Ethik, Tübingen 1996 (Ethik in den Wissenschaften VIII); ders., Ipso Facto. Zur ethischen Begründung normativer Implikate wissenschaftlicher Praxis, Frankfurt 1997; G. Plehn (ed.), Ethos der Forschung/Ethics of Research, München 2000; C. A. Reinhardt (ed.), Sind Tierversuche vertretbar? Beiträge zum Verantwortungsbewusstsein in den biomedizinischen Wissenschaften, Zürich 1990; T. Reydon, W.. Eine Einführung, Stuttgart 2013; W. Schlaffke (ed.), Ethik in der Forschung, Köln 1992; W. Schweidler, W., Hist. Wb. Ph. XII (2004), 957–960; A. E. Shamoo/D. B. Resnik, Responsible Conduct of Research, Oxford etc. 2003, ^{3}2015; W. R. Shea/B. Sitter (eds.), Scientists and Their Responsibility, Canton Mass. 1989; P. Singer, Animal Liberation. A New Ethics for Our Treatment of Animals, New York 1976, ^{2}1990, mit Untertitel: The Definitive Classic of the Animal Movement, 2009 (dt. Die Befreiung der Tiere. Eine neue Ethik zur Behandlung der Tiere, München 1982, unter dem Titel: Animal Liberation. Die Befreiung der Tiere, Reinbek b. Hamburg 1996, Erlangen 2015, ^{2}2016; franz. La libération animale, Paris 1993, 2012); K. Steigleder, Begründung des moralischen Sollens. Studien zur Möglichkeit einer normativen Ethik, Tübingen 1992 (Ethik in den Wissenschaften III); ders./D. Mieth (eds.), Ethik in den Wissenschaften. Ariadnefaden im technischen Labyrinth? 5. Blaubeurer Symposium vom 8.–12. Oktober 1989, Tübingen 1990, ^{2}1991 (Ethik in den Wissenschaften I); J. E. Stern/D. Elliott, The Ethics of Scientific Research. A Guidebook for Course Development, Hanover N. H. 1997; C. Walther, Ethik und Technik. Grundfragen – Meinungen – Kontroversen, Berlin/New York 1992; J. P. Wils/D. Mieth (eds.), Ethik ohne Chance? Erkundungen im technologischen Zeitalter, Tübingen 1989, ^{2}1991 (Ethik in den Wissenschaften II); U. Wolf, Das Tier in der Moral, Frankfurt 1990, ^{2}2004; H. Zehetmair/K. Behringer (eds.), Ethik und Wissenschaft. Eine Wahlverwandtschaft im Widerspruch, Starnberg 1995. C. F. G.

Wissenschaftsforschung (engl. science of science), häufig mit ↑›Wissenschaftswissenschaft‹ synonym verwendete Übersetzung für ›science of science‹, seit Beginn der 1970er Jahre aber auch vermehrt Bezeichnung für ein Forschungsprogramm, das von dem soziologisch-funktionalistischen Ansatz der science of science abrückt. Die W. beansprucht als theoretische, empirische und historische Disziplin gegenüber den disziplinären Traditionen von ↑Wissenschaftstheorie, ↑Wissenschaftssoziologie und ↑Wissenschaftsgeschichte eine umfassende Basis zur adäquaten Untersuchung der Wissenschaft zu schaffen. Sie beruft sich auf die historische Entwicklung von einer logisch-empiristischen Wissenschaftstheorie (↑Empirismus, logischer) zu einer dynamischen Theorieauffassung (↑Theoriendynamik), wie sie von K. R. Popper, I. Lakatos und speziell von T. S. Kuhn (S. Toulmin und P. K. Feyerabend) vertreten wird. Dabei wird explizit der Anspruch erhoben, das ›Legitimationsproblem‹ der Wissenschaft, also die Frage, inwiefern diese einen Beitrag zu den gesellschaftlichen Zielen leistet, mitzubehandeln.

Die Wende, die Kuhns Untersuchungen in der Wissenschaftsphilosophie und der funktionalistischen Wissenschaftssoziologie herbeigeführt haben, ist durch die perspektivische Verschiebung zum ↑kognitiv und sozial agierenden und interagierenden (Wissenschaftler-)Subjekt gekennzeichnet. Für die Wissenschaftssoziologie – neben Wissenschaftspolitik die Kerndisziplin der W. – hat P. Weingart im Anschluß an Kuhn herausgestellt, daß es Aufgabe der W. sei, die kognitiven und sozialen Strukturen als aufeinander bezogen nachzuweisen, d. h., daß Begründungs- wie Entdeckungszusammenhang (↑Entdeckungszusammenhang/Begründungszusammenhang), Durchsetzung, Verfestigung und Verfall der Elemente wissenschaftlicher Systematisierung wie Theorien oder Methoden (↑Paradigma, ↑Matrix) in der wissenschaftlichen Entwicklung als soziale Prozesse zu deuten und mit bestimmten Wissenschaftsgemeinschaften (↑scientific community) zu identifizieren sind. Diese Neuorientierung hat zusammen mit den wissenschaftspolitischen Ambitionen der Wissenschaftsplanung und Wissenschaftssteuerung sowie einer Krise der wissenschaftlichen Institutionen (vor allem der Universitäten) zu einem interdisziplinären Forschungsprogramm der ›Selbsterforschung der Wissenschaft‹ geführt. Dieses wird wissenschaftspolitisch als Informationserweiterung über die ›externen‹ Determinanten zur Planbarkeit und Steuerbarkeit von Wissenschaftsentwicklung verstanden. Besonders deutlich ist dabei das wissenschaftspolitische Interesse an einer Wissenschaftssteuerung unter dem Begriff der ↑Finalisierung herausgestellt worden. Im Anschluß an Kuhn wird der Nachweis der Steuerbarkeit als identisch mit dem Nachweis der externen Steuerung angesehen, d. h. durch Faktoren, die nicht aus der Wissenschaftsgemeinschaft ›intern‹ (↑intern/extern) hervorgegangen sind.

Gegenüber dem Anspruch, die Trias Wissenschaftstheorie, Wissenschaftssoziologie, Wissenschaftsgeschichte zu einer einheitlichen W. zusammenzuführen und diese als Disziplin zu institutionalisieren, muß das Programm der W. als gescheitert gelten. Weder konnte die W. ein wissenschaftstheoretisches und empirisch-historisch ausgearbeitetes Konzept entwickeln (J. Mittelstraß, 1979, 1985) noch gelang es, die sich in den 1970er Jahren institutionell herausbildenden Strukturen aufrechtzuerhalten; sie entwickelten sich vielmehr zurück. Schließlich wurde der W. der Status einer eigenen Disziplin überhaupt abgesprochen, da sie über die Problemstellungen der traditionellen Trias nicht hinausgelangt sei (C. F. Gethmann, 1978, 1981, 1985). Die Kritik zum Teil rezipierend, haben W. Krohn und G. Küppers (1987) einen methodischen Neuansatz für die W. versucht.

Literatur: S. Bauer/T. Heinemann/T. Lemke (eds.), Science and Technology Studies. Klassische Positionen und aktuelle Perspektiven, Berlin 2017; G. Baumgartner (ed.), Wissenschaftsgeschichte - W., Wien 1996; G. Böhme/W. van den Daele/W. Krohn, Die Finalisierung der Wissenschaft, Z. Soz. (1973), 128–144, Neudr. in: W. Diederich (ed.), Theorien der Wissenschaftsgeschichte. Beiträge zur diachronen Wissenschaftstheorie, Frankfurt 1974, 1978, 276–311; W. Bonß/R. Hohlfeld/R. Kollek (eds.), Wissenschaft als Kontext - Kontexte der Wissenschaft, Hamburg 1993; S. Böschen/P. Wehling, Wissenschaft zwischen Folgenverantwortung und Nichtwissen. Aktuelle Perspektiven der W., Wiesbaden 2004; U. Felt/H. Nowotny/K. Taschwer, W.. Eine Einführung, Frankfurt/New York 1995; U. Felt u. a. (eds.), The Handbook of Science and Technology Studies, Cambridge Mass. 2017; K. Fischer/H. Parthey/H. A. Mieg (eds.), Interdisziplinarität und Institutionalisierung der Wissenschaft, Berlin 2011; C. F. Gethmann, Zur normativen Genese wissenschaftlicher Institutionen, in: C. Burrichter (ed.), Probleme der W., Erlangen 1978, 69–91; ders., W.? Zur philosophischen Kritik der nach-Kuhnschen Reflexionswissenschaften, in: P. Janich (ed.), Wissenschaftstheorie und W., München 1981, 9–38; ders., W.: Auf Wiedervorlage, in: C. Burrichter (ed.), Theorie und Praxis der W.. Praxis und Konzepte. Beiträge vom XIV. Erlanger Werkstattgespräch 1985, Erlangen 1987, 13–49; R. N. Giere, Explaining Science. A Cognitive Approach, Chicago Ill./London 1988, 1997; D. Hoffmann, Kritische W.. Untersuchungen zur gesellschaftlichen Bedingtheit und ideologischen Befangenheit pädagogischer Theorie und Praxis, Hamburg 2011; K. Hübner u. a. (eds.), Die politische Herausforderung der Wissenschaft. Gegen eine ideologisch verplante Forschung, Hamburg 1976; D. L. Hull, Science as a Process. An Evolutionary Account of the Social and Conceptual Development of Science, Chicago Ill./London 1988, 1998; R. Inhetveen/R. Kötter (eds.), Forschung nach Programm? Zur Entstehung, Struktur und Wirkung wissenschaftlicher Forschungsprogramme, München 1994; S. A. Kleiner, The Logic of Discovery. A Theory of the Rationality of Scientific Research, Dordrecht/Boston Mass./London 1993; G. Krampen/L. Montada, W. in der Psychologie, Göttingen etc. 2002; W. Krohn/E. T. Layton/P. Weingart (eds.), The Dynamics of Science and Technology. Social Values, Technical Norms and Scientific Criteria in the Development of Knowledge, Dordrecht/Boston Mass. 1978; ders./G. Küppers, Die Selbstorganisation der Wissenschaft, Bielefeld 1987, Frankfurt 1989 (Report W. 33); D. Lengersdorf/M. Wieser (eds.), Schlüsselwerke der Science & Technology Studies, Wiesbaden 2014; J. Mittelstraß, Theorie und Empirie der W., in: C. Burrichter (ed.), Grundlegung der historischen W., Basel/Stuttgart 1979, 71–106, ferner in: ders., Wissenschaft als Lebensform. Reden über philosophische Orientierungen in Wissenschaft und Universität, Frankfurt 1982, 185–225; ders., Zur Philosophie der Wissenschaftstheorie, in: C. Burrichter (ed.), W.. Neue Probleme, neue Aufgaben. Kolloquium des IGW im Wissenschaftszentrum Bonn, 10./11. Juni 1985, Erlangen 1985, 3–39, ferner mit Untertitel: Über das Verhältnis von Wissenschaftstheorie, W. und Wissenschaftsethik, Z. allg. Wiss.theorie 19 (1988), 308–327; ders., W. hüben und drüben: nach dem Spiel, in: W. Krohn u. a. (eds.), Formendes Leben, Formen des Lebens. Philosophie - Wissenschaft - Gesellschaft, Halle 2016, 116–129; N. P. Nersessian (ed.), The Progress of Science. Contemporary Philosophical Approaches to Understanding Scientific Practice, Dordrecht 1987; H. Pulte, W.; Wissenschaftswissenschaft, Hist. Wb. Ph. XII (2004), 960–963; H. Radder, The Commodification of Academic Research. Science and the Modern University, Pittsburgh Pa. 2010, 2012; M. Scharping (ed.), Wissenschaftsfeinde? ›Science Wars‹ und die Provokation der W., Münster 2001; I. S. Spiegel-Rösing, Wissenschaftsentwicklung und Wissenschaftssteuerung. Einführung und Material zur W., Frankfurt 1973 (mit Bibliographie, 142–283); J. Strübing, Pragmatistische Wissenschafts- und Technikforschung. Theorie und Methode, Frankfurt/New York 2005; A. M. Weinberg, Reflections on Big Science, Oxford etc., Cambridge Mass./London 1967, Cambridge Mass./London 1968 (dt. Probleme der Großforschung, Frankfurt 1970); P. Weingart (ed.), W.. Eine Vorlesungsreihe mit Beiträgen von Ben-David, Hirsch, Kambartel, Krohn, Lakatos, Radnitzky u. a., Frankfurt/New York 1975; ders., Verwissenschaftlichung der Gesellschaft - Politisierung der Wissenschaft, Z. Soz. 12 (1983), 225–241; ders., Anything Goes - rien ne va plus. Der Bankrott der Wissenschaftstheorie, Kursbuch 78 (1984), 61–75; ders., W. - Neue Probleme, neue Aufgaben, in: C. Burrichter (ed.), W. [s. o.], 40–62; weitere Literatur: ↑Wissenschaftssoziologie, ↑Wissenschaftswissenschaft. C. F. G.

Wissenschaftsgeschichte (engl. history of science, franz. histoire de la science), Bezeichnung einerseits für die Geschichte der ↑Wissenschaften, ihrer Konzeptionen und Theorien, damit auch der wissenschaftlichen ↑Rationalität, andererseits für die disziplinäre Beschäftigung der Wissenschaft mit ihrer Geschichte, in Form der ↑Wissenschaftstheorie auch der Philosophie mit der Geschichte der Wissenschaften (wie im Falle des Terminus ↑›Philosophiegeschichte‹, der sowohl die Geschichte der Philosophie, ihrer Konzeptionen und Theorien, als auch die disziplinäre Beschäftigung der ↑Philosophie mit ihrer Geschichte betrifft). Dabei schließt die zweite Bedeutung von ›W.‹ (entsprechend der zweiten Bedeutung von ›Philosophiegeschichte‹) nicht nur die professionelle Geschichtsschreibung der Wissenschaften ein, sondern auch *Theorien der Wissenschaftsgeschichte*, d. h. der historischen Genese der Wissenschaften, und Theorien der *Wissenschaftsgeschichtsschreibung*, d. h. Theorien der Art und Weise, wie W. geschrieben werden sollte. Beide, Theorien der W. und Theorien der Wissenschaftsgeschichtsschreibung, sind wiederum Thema der Wissenschaftstheorie.

Die insbes. im Bereich der Naturwissenschaften und der Mathematik disziplinenbildende Bezeichnung ›W.‹ setzt die sich erst im 18. Jh. allmählich ausbildende Unterscheidung zwischen Philosophie und Wissenschaft, im 19. Jh. ergänzt um die Unterscheidung zwischen ↑Naturwissenschaften, ↑Sozialwissenschaften und ↑Geisteswissenschaften, voraus, wobei für wissenschaftshistorische Analysen die Orientierung am jeweiligen Lehrbuchwissen der Fachwissenschaften und einer ›Akkumulationstheorie‹ des wissenschaftlichen Fortschritts (der wissenschaftliche Fortschritt erfolgt weitgehend ›verlustlos‹, frühere Theorien werden als Grenzfälle späterer Theorien [↑Reduktion] dargestellt) charakteristisch bleibt. Seit den 20er Jahren des 20. Jhs. wird dieser auf die Identifikation von Vorläufern gegenwärtiger Theorieauffassungen gerichtete Ansatz weitgehend durch einen vom jeweils zugehörigen intellektuellen Umfeld ausgehenden Zugang ersetzt. Danach ist Wissenschaftsgeschichtsschreibung primär mit der Rekonstruktion historisch wechselnder Theorien aus ihrem Selbstverständnis und deren Integration in das zeitgenössische System des ↑Wissens befaßt. Ziel ist es, Theorien aus der Binnenperspektive im Lichte der verfügbaren Daten und der Weltsicht der Epoche zu rekonstruieren (H. Metzger, A. Koyré). Dabei müssen derartige ↑Rekonstruktionen stets auch auf die moderne Sicht des betreffenden Gegenstandsbereiches zurückgreifen, da die entsprechenden Konzeptionen im Kontext der gegenwärtigen Wissenschaftsentwicklung sonst fremd und unverständlich blieben (↑Hermeneutik).

Das neuere *wissenschaftstheoretische* Interesse an der W. verdankt sich im wesentlichen einer Problematisierung der Wissenschaft als einer Begründungspraxis. Im Anschluß an K. R. Popper wird in der Analytischen Wissenschaftstheorie (↑Wissenschaftstheorie, analytische) die Beantwortung von Geltungsfragen (↑Geltung) im wesentlichen auf der Basis faktischer theoretischer Entwicklungen entschieden. Theorien der W. dienen in diesem Zusammenhang der Analyse der historischen Verlaufsformen wissenschaftlichen Wissens, und zwar sowohl unter dem Gesichtspunkt einer Theoriengeschichte als auch, im Anschluß an die ↑Wissenschaftssoziologie, unter dem Gesichtspunkt einer Geschichte der Forschungspraxis (T. S. Kuhn, I. Lakatos, P. K. Feyerabend). Dabei tritt der Begriff der ↑Bewährung an die Stelle des (älteren) Begriffs der ↑Begründung; Fragen eines wissenschaftlichen ↑Fortschritts (↑Erkenntnisfortschritt) werden z. B. an eine falsifikationistische (↑Falsifikation) Methodologie (Popper), an eine Methodologie von ↑Forschungsprogrammen (Lakatos), an die Frage der Kommensurabilität bzw. Inkommensurabilität (↑inkommensurabel/Inkommensurabilität) von ↑Paradigmen (Kuhn), an die Konzeption eines methodologischen oder erkenntnistheoretischen Anarchismus (Feyerabend; ↑Anarchismus, erkenntnistheoretischer) oder an eine evolutionstheoretische Begrifflichkeit (S. Toulmin; ↑Wissenschaftsdarwinismus) gebunden (↑Rationalitätskriterium, ↑Theoriendynamik).

Gegen die genannten, eher ↑kognitiv orientierten, also an den Beziehungen zwischen Theorien und empirischen Befunden ansetzenden, Richtungen stehen wissenssoziologische (↑Wissenssoziologie) Ansätze, die den Einfluß gesellschaftlicher Faktoren auf die Annahme von Theorien betonen. Für das so genannte *strong programme* gründet sich die Einschätzung der Geltung wissenschaftlicher Theorien auf die politischen und wirtschaftlichen Interessen der jeweils einflußreichen sozialen Gruppen: W. ist wesentlich Sozialgeschichte (S. Shapin, D. Bloor). Im Gegensatz zu der für alle genannten Positionen charakteristischen Konzentration auf ↑Theorien geht der ›Neue Experimentalismus‹ von der zentralen Bedeutung des ↑Experiments in der W. aus. Danach besteht insbes. auf der Ebene der Experimente eine Kontinuität, die auf der theoretischen Ebene fehlt; Experimente bilden eine auch theoretische Umbrüche (›Paradigmenwechsel‹) überdauernde Grundlage des wissenschaftlichen Fortschritts (I. Hacking).

Der in den wissenschaftstheoretisch motivierten Ansätzen zum Ausdruck kommenden weitgehenden Beschränkung auf wirkungsgeschichtliche Zusammenhänge und einem mit dieser Beschränkung verbundenen wissenschaftstheoretischen ↑Historismus (J. Mittelstraß 1974), den in ihrem theoretischen Selbstverständnis auch die ↑Wissenschaftsforschung teilt, steht im Rahmen der Konstruktiven Wissenschaftstheorie (↑Wissenschaftstheorie, konstruktive) ein ↑normativer, rekonstruktiver (↑Rekonstruktion) Ansatz gegenüber, der es erlaubt, in wirkungsgeschichtlichen Zusammenhängen wieder von begründeten (›vernünftigen‹) wissenschaftlichen Entwicklungen oder einer *Gründegeschichte* zu sprechen (↑Wirkungsgeschichte). Faktische ↑Genesen, d. h. als Wirkungszusammenhänge analysierte historische Entwicklungen, sollen im Rahmen der Unterscheidung zwischen einer Gründegeschichte und einer Wirkungsgeschichte daraufhin beurteilt werden, inwieweit sie sich als Resultate schrittweise gerechtfertigter Entwicklungen, d. h. als *normative* Genesen, rekonstruieren lassen. Wissenschaftstheorie und W. bilden hier, wie in einem vergleichbaren Zusammenhang bei Lakatos (methodologische Rekonstruierbarkeit als Kriterium der Unterscheidung zwischen einer internen und einer externen Wissenschaftsentwicklung [↑intern/extern], ferner als Kriterium wissenschaftlicher Rationalität), im Sinne eines konstruktiven Wissenschaftsprogramms eine philosophische (oder wissenschaftstheoretische) Einheit.

Literatur: J. Agassi, Towards an Historiography of Science, 's-Gravenhage 1963, Middletown Conn. 1967 (History and Theory, Beih. 2); G. Andersson, Kritik der W.. Kuhns, Lakatos' und Feyerabends Kritik des Kritischen Rationalismus, Tübingen 1988 (engl. Criticism and the History of Science. Kuhn's, Lakatos's and Feyerabend's Criticisms of Critical Rationalism, Leiden/New York/Köln 1994); W. Baron (ed.), Beiträge zur Methodik der W., Wiesbaden 1967; G. Baumgartner (ed.), W. – Wissenschaftsforschung, Wien 1996; K. Bayertz, Wissenschaft als historischer Prozeß. Die antipositivistische Wende in der Wissenschaftstheorie, München 1980; ders. (ed.), W. und wissenschaftliche Revolution, o.O. [Köln] 1981; V. Bialas, Allgemeine W.. Philosophische Orientierungen, Wien/Köln 1990; H.-W. Blanke/F. Jaeger/T. Sandkühler (eds.), Dimensionen der Historik. Geschichtstheorie, W. und Geschichtskultur heute. Jörn Rüsen zum 60. Geburtstag, Köln/Weimar/Wien 1998; D. Bloor, Knowledge and Social Imagery, London/Henley/Boston Mass. 1976, Chicago Ill./London ²1991, 1998; O. Breidbach u.a. (eds.), Experimentelle W., Paderborn/München 2010; B. vom Brocke, W. als historische Disziplin. Zur Entwicklung der Geschichte der Medizin, Naturwissenschaften, Technik- und Geisteswissenschaften in Deutschland seit Ranke, Berlin 1995; J. R. Brown, The Rational and the Social, London/New York 1989, mit Untertitel: How to Understand Science in a Social World, Abingdon/New York 2015; R. vom Bruch/U. Gerhardt/A. Pawliczek (eds.), Kontinuitäten und Diskontinuitäten in der W. des 20. Jahrhunderts, Stuttgart 2006; C. Burrichter (ed.), Grundlegung der historischen Wissenschaftsforschung, Basel/Stuttgart 1979; W. F. Bynum/E. J. Browne/R. Porter (eds.), Macmillan Dictionary of the History of Science, London/Basingstoke 1981, London etc. 1996; G. Canguilhem, W. und Epistemologie. Gesammelte Aufsätze, Frankfurt 1979, 2001; M. Carrier, W., rationale Rekonstruktion und die Begründung von Methodologien, Z. allg. Wiss.theorie 17 (1986), 201–228; U. Charpa, Philosophische Wissenschaftshistorie. Grundsatzfragen, Verlaufsmodelle, Braunschweig/Wiesbaden 1995; K. Christ, Griechische Geschichte und W., Stuttgart 1996; I. B. Cohen, History and the Philosopher of Science, in: F. Suppe (ed.), The Structure of Scientific Theories, Urbana Ill./Chicago Ill./London 1974, ²1977, 1979, 308–349; P. Corsi/P. Weindling (eds.), Information Sources in the History of Science and Medicine, London etc. 1983; A. C. Crombie, Styles of Scientific Thinking in the European Tradition. The History of Argument and Explanation Especially in the Mathematical and Biomedical Sciences and Arts, I–III, London 1994; H. J. Dahms/U. Majer, W., WL (1978), 670–672; L. Danneberg/C. Spoerhase/D. Werle (eds.), Begriffe, Metaphern und Imaginationen in Philosophie und W., Wiesbaden 2009; L. Daston, History of Science, IESBS X (2001), 6842–6848; W. Diederich, Theorien der W.. Beiträge zur diachronen Wissenschaftstheorie, Frankfurt 1974, 1978; A. Diemer (ed.), Die Struktur wissenschaftlicher Revolutionen und die Geschichte der Wissenschaften. Symposion der Gesellschaft für W. anläßlich ihres zehnjährigen Bestehens 8.–10. Mai 1975 in Münster, Meisenheim am Glan 1977; M. Eggers/M. Rothe (eds.), W. als Begriffsgeschichte. Terminologische Umbrüche im Entstehungsprozess der modernen Wissenschaften, Bielefeld 2009; P. K. Feyerabend, Against Method. Outline of an Anarchistic Theory of Knowledge, in: M. Radner/S. Winokur (eds.), Analyses of Theories and Methods of Physics and Psychology, Minneapolis Minn. 1970 (Minnesota Stud. Philos. Sci. IV), 17–130, erw. Atlantic Highlands N. J., London 1975, ³1993; M. Fichant/M. Pêcheux, Sur l'histoire des sciences, Paris 1969, 1974 (dt. Überlegungen zur W., Frankfurt 1977); M. A. Finocchiaro, On the Methodological Problems of the History of Science. An Analytical Approach, in: L. J. Cohen u.a. (eds.), Logic, Methodology, and Philosophy of Science VI. Proceedings of the Sixth International Congress of Logic, Methodology, and Philosophy of Science, Hannover 1979, Amsterdam etc. 1982, 693–710; G. Freudenthal (ed.), Études sur/Studies on Hélène Metzger, Paris 1988, Leiden etc. 1990; K. Gavroglu/J. Christianidis/E. Nicolaidis (eds.), Trends in the Historiography of Science, Dordrecht/Boston Mass./London 1994 (Boston Stud. Philos. Sci. 151); ders./J. Renn (eds.), Positioning the History of Science, Dordrecht 2007 (Boston Stud. Philos. Sci. 248); C. C. Gillispie (ed.), Dictionary of Scientific Biography, I–XVIII, New York 1970–1990; H. Grössing (ed.), Themen der W., Wien 1999; I. Hacking, The Self-Vindication of the Laboratory Sciences, in: A. Pickering (ed.), Science as Practice and Culture, Chicago Ill./London 1992, 1994, 29–64; M. Hagner (ed.), Ansichten der W., Frankfurt 2001; G. Hartung (ed.), Eduard Zeller. Philosophie- und W. im 19. Jahrhundert, Berlin/New York 2010; S. Jordan/P. T. Walther (eds.), W. und Geschichtswissenschaft. Aspekte einer problematischen Beziehung. Wolfgang Küttler zum 65. Geburtstag, Waltrop 2002; J. Kegley, History and Philosophy of Science. Necessary Partners or Merely Roommates?, in: T. Z. Lavine/V. Tejera (eds.), History and Anti-History in Philosophy, Dordrecht/Boston Mass./London 1989, New Brunswick N. J. etc. 2012, 237–255; H. Kragh, An Introduction to the Historiography of Science, Cambridge etc. 1987, 1994; W. Krohn, W., in: H. J. Sandkühler (ed.), Europäische Enzyklopädie zu Philosophie und Wissenschaften IV, Hamburg 1990, 936–947; ders., W., EP III (²2010), 3030–3035; T. S. Kuhn, The Structure of Scientific Revolutions, Chicago Ill./London 1962, erw. ²1970, ³1996, ⁴2012 (dt. Die Struktur wissenschaftlicher Revolutionen, Frankfurt 1967, ²1976 [mit Postskriptum von 1969], ²⁴2014); ders., Die Entstehung des Neuen. Studien zur Struktur der W., ed. L. Krüger, Frankfurt 1977, ⁵1997, 2010; I. Lakatos, History of Science and Its Rational Reconstructions, in: R. S. Buck/R. S. Cohen (eds.), PSA 1970, Dordrecht/Boston Mass./London 1971 (Boston Stud. Philos. Sci. VIII), 91–135, Neudr. in: ders., The Methodology of Scientific Research Programmes. Philosophical Papers I, ed. J. Worrall/G. Currie, Cambridge etc. 1978, 1999, 102–138 (dt. Die Geschichte der Wissenschaft und ihre rationalen Rekonstruktionen, in: ders., Die Methodologie der wissenschaftlichen Forschungsprogramme. Philosophische Schriften I, ed. J. Worrall/G. Currie, Braunschweig/Wiesbaden 1982, 108–148); L. Laudan, Progress and Its Problems. Towards a Theory of Scientific Growth, London/Henley 1977, Berkeley Calif./Los Angeles/London 1978; D. C. Lindberg (ed.), The Cambridge History of Science, II–VII, Cambridge etc. 2003–2013; L. M. Lindholm, Is Realistic History of Science Possible? A Hidden Inadequacy in the New History of Science, in: J. Agassi/R. S. Cohen (eds.), Scientific Philosophy Today. Essays in Honour of Mario Bunge, Dordrecht/Boston Mass./London 1982 (Boston Stud. Philos. Sci. LXVII), 159–186; E. McMullin, Wissenschaft, Geschichte der, Hb. wiss.theoret. Begr. III (1980), 737–752; P. Meusburger/D. Livingstone/H. Jöns (eds.), Geographies of Science, Dordrecht 2010; J. Mittelstraß, Prolegomena zu einer konstruktiven Theorie der W., in: ders., Die Möglichkeit von Wissenschaft, Frankfurt 1974, 106–144, 234–244; ders., Rationale Rekonstruktion der W., in: P. Janich (ed.), Wissenschaftstheorie und Wissenschaftsforschung, München 1981, 89–111, 137–148; ders., World Pictures. The World of History and Philosophy of Science, in: J. R. Brown/J. Mittelstraß (eds.), An Intimate Relation. Studies in the History and Philosophy of Science. Presented to Robert E. Butts on His 60th Birthday, Dordrecht/Boston Mass./London 1989 (Boston Stud. Philos. Sci. 116), 319–341 (dt. Weltbilder. Die Welt der W., in: ders., Der Flug der Eule. Von der Vernunft der Wissenschaft und der Aufgabe der Philosophie, Frankfurt 1989, ²1997, 228–254); ders., Gründegeschichten und Wirkungsgeschichten. Bausteine zu einer konstruktiven Theorie der Wissenschafts- und Philosophiegeschichte, in: C. Demmerling/G. Gabriel/T. Rentsch (eds.), Vernunft und Lebenspraxis. Philosophische Studien zu den Bedingungen einer rationalen Kultur. Für Friedrich Kambartel, Frankfurt 1995, 10–31; ders., Wissenschaft/W./Wissenschaftstheorie (Philosophisch), TRE XXXVI (2004), 184–200; R. Mocek, Neugier und Nutzen. Blicke in die W., Berlin 1988, mit Untertitel: Fragen an die W., Köln 1988; ders., W., in: H. Hörz u.a. (eds.), Philosophie und Naturwissenschaften. Wörterbuch zu den philosophischen Fragen der Naturwissenschaften II, Berlin [3]1991, 991–994; I. R. Morus, History of Science. Constructivist Perspectives, IESBS X (2001), 6848–6852; ders. (ed.), The Oxford Illustrated History of Science, Oxford etc. 2017; J. Needham (ed.), Situating the History of Science. Dialogues with Joseph Needham, Oxford etc. 1999, 2001; E. Oeser, Wissenschaftstheorie als Rekonstruktion der W.. Fallstudien zu einer Theorie der Wissenschaftsentwicklung, I–II, Wien/München 1979; R. C. Olby u. a. (eds.), Companion to the History of Modern Science, London/New York 1990 (repr. 2016), 1996; V. Peckhaus/C. Thiel (eds.), Disziplinen im Kontext. Perspektiven der Disziplingeschichtsschreibung, München 1999; F. Russo, Nature et méthode de l'histoire des sciences, Paris 1983, 1984; G. Sarton, Introduction to the History of Science, I–III, Baltimore Md. 1927–1948 (repr. Malabar Fla. 1975); ders., A Guide to the History of Science. A First Guide for the Study of the History of Science. With Introductory Essays on Science and Tradition, New York 1952; S. Shapin, Discipline and Bounding. The History and Sociology of Science as Seen Through the Externalism-Internalism Debate, Hist. Sci. 30 (1992), 333–369; M. Sommer/S. Müller-Wille/C. Reinhardt (eds.), Handbuch W., Stuttgart 2017; U. Stoll/C. J. Scriba (eds.), Nach oben und nach innen – Perspektiven der W.. Festschrift für Fritz Krafft zum 65. Geburtstag, Weinheim 2000; A. Thackray (ed.), Constructing Knowledge in the History of Science, Chicago Ill., Philadelphia Pa. 1995 (= Osiris NS 10); A. Timm, Einführung in die W., München 1973. – Die Bedeutung der W. für die Wissenschaftstheorie. Symposium der Leibniz-Gesellschaft, Hannover, 29. und 30. November 1974, Wiesbaden 1977 (Stud. Leibn. Sonderh. 6). – F. Russo, Histoire des sciences et des techniques. Bibliographie, Paris 1954, unter dem Titel: Éléments de bibliographie de l'histoire des sciences et des techniques, [2]1969; B. Weiss, Wie finde ich Literatur zur Geschichte der Naturwissenschaften und Technik, Berlin 1985, [2]1990; ISIS Cumulative Bibliography, I–III, London 1971–1990; ISIS Current Bibliography, Philadelphia Pa. 1989ff.. J. M.

Wissenschaftskritik, Ausdruck einer am Ende des 20. Jhs. verbreiteten Haltung gegenüber der ↑Wissenschaft, die vor allem als Teil einer Aufklärungskritik auftritt und vom Ende der Moderne und dem Beginn einer ›postmodernen‹ (↑Postmoderne) Epoche ausgeht. Postmoderne W. arbeitet zum einen häufig mit einem (zweckrational oder technisch) eingeschränkten, historistischen oder positivistischen Verständnis von ↑Vernunft oder ↑Rationalität. In anderen Formen betrachtet sie die abendländische Rationalität als scheinbar bloß ›relatives‹ Produkt einer bestimmten, historisch kontingenten Kultur, nicht als Ansatz einer universalen Menschheitsvernunft (↑Universalisierung) und als gemeinsames Projekt der kontrollierten Entwicklung allgemeinen Wissens.

W. behält allerdings ihre notwendige Rolle *innerhalb* einer Perspektive aufgeklärter (↑Aufklärung) Vernunft. Dabei lassen sich zwei Grundorientierungen unterscheiden: (1) Es geht zum einen um eine Kritik ungerechtfertigter wissenschaftlicher Reinterpretationen der menschlichen ↑Lebenswelt. W. dient hier der Verteidigung der lebensweltlichen Praxis und ihrer normalsprachlichen Deutungen gegen ihre ungerechtfertigte Usurpation durch wissenschaftliche Begriffe und Erklärungen. Ansätze dieser Art finden sich unter anderem bei Hegel und in der ↑Phänomenologie, insbes. bei E. Husserl (↑Verwissenschaftlichung), in Analysen des späten L. Wittgenstein, in der neueren ↑Frankfurter Schule unter dem Stichwort einer (wissenschaftlichen) ›Kolonialisierung der Lebenswelt‹ (J. Habermas) und in der Szientismuskritik (↑Szientismus) des (philosophischen) ↑Konstruktivismus. (2) Vernunftinterne W. kann sich zum anderen eine Reform der Wissenschaften an ihren Grundlagen zum Ziele setzen. Als reformbedürftig erweisen sich dabei vor allem: falsche Selbstdeutungen der Wissenschaftspraxis oder des wissenschaftlichen Vorgehens überhaupt, eine verworrene ↑Wissenschaftssprache mit ungeklärten Grundbegriffen, nicht gerechtfertigte Verfahren oder methodische Einstellungen. Subjekt dieser Art von W. wird im allgemeinen eine kritische ↑Wissenschaftstheorie wie z. B. die Konstruktive Wissenschaftstheorie (↑Wissenschaftstheorie, konstruktive) sein, mit den von ihr ausgearbeiteten rationalen ↑Rekonstruktionen wissenschaftlicher Theoriebildung und Empirie.

Literatur: J. J. Albertz (ed.), Aufklärung und Postmoderne. 200 Jahre nach der französischen Revolution das Ende aller Aufklärung?, Berlin 1991; M. Anacker, W., Hist. Wb. Ph. XII (2004), 963–965; D. Dumbadze u. a. (eds.), Erkenntnis und Kritik. Zeitgenössische Positionen, Bielefeld 2009; P. K. Feyerabend, Against Method. Outline of an Anarchistic Theory of Knowledge, in: M. Radner/S. Winokur (eds.), Analyses of Theories and Methods of Physics and Psychology, Minneapolis Minn. 1970 (Minnesota Stud. Philos. Sci. IV), 17–130, erw. Atlantic Highlands N. J., London 1975, [3]1993; ders., Der wissenschaftstheoretische Realismus und die Autorität der Wissenschaften, Braunschweig/Wiesbaden 1978 (= Ausgewählte Schriften I); C. Gentili/C. Nielsen (eds.), Der Tod Gottes und die Wissenschaft. Zur W. Nietzsches, Berlin/New York 2010; A. Germer, Wissenschaft und Leben. Max Webers Antwort auf eine Frage Friedrich Nietzsches, Göttingen 1994; C. F. Gethmann (ed.), Lebenswelt und Wissenschaft. Studien zum Verhältnis von Phänomenologie und Wissenschaftstheorie, Bonn 1991; J. Habermas, Technik und Wissenschaft als ›Ideologie‹, Frankfurt 1968, [20]2014; ders., Der philosophische Diskurs der Moderne. Zwölf Vorlesungen, Frankfurt 1985, [8]2001, 2011; ders., Nachmetaphysisches Denken. Philosophische Aufsätze, Frankfurt 1988, [6]2013; H. Heuermann, W.. Konzepte, Positionen, Probleme, Tübingen/Basel 2000; E. Husserl, Die Krisis der europäischen Wissenschaften und die transzendentale Phänomenologie. Eine Einleitung in die phänomenologische Philosophie, Philosophia 1 (1936), 77–176, separat Belgrad 1936, ed. W. Biemel, Den Haag 1954, [2]1962, 1976 (= Husserliana IV), ed. E. Ströker, Hamburg 1977, [3]1996, 2012; P. Janich/F. Kambartel/J. Mittelstraß, Wissenschaftstheorie als W., Frankfurt 1974; F. Kambartel, Theorie und Begründung. Studien zum Philosophie- und Wissenschaftsverständnis, Frankfurt 1976; I. Lakatos/A. Musgrave (eds.), Criticism and the Growth of Knowledge, Cambridge 1970, Cambridge etc. 2004; P. Lorenzen, Konstruktive Wissenschaftstheorie, Frankfurt 1974; ders., Lehrbuch der konstruktiven Wissenschaftstheorie, Mannheim/Wien/Zürich 1987, Stuttgart/Weimar 2000; ders./O. Schwemmer, Konstruktive Logik, Ethik und Wissenschaftstheorie, Mannheim/Wien/Zürich 1973,

²1975; J. Mittelstraß, Die Möglichkeit von Wissenschaft, Frankfurt 1974; ders., Fortschritt und Eliten. Analysen zur Rationalität der Industriegesellschaft, Konstanz 1984; ders., Leonardo-Welt. Über Wissenschaft, Forschung und Verantwortung, Frankfurt 1992, ²1996; C. Norris, The Truth about Postmodernism, Oxford/Cambridge Mass. 1993, 1996; K. Parsons (ed.), The Science Wars. Debating Scientific Knowledge and Technology, Amherst N. Y. 2003; K. R. Popper, Logik der Forschung. Zur Erkenntnistheorie der modernen Naturwissenschaft, Wien 1935 [1934], Tübingen ¹⁰1994, ¹¹2005 (= Ges. Werke III); M. Weingarten, Wissenschaftstheorie als W.. Beiträge zur kulturalistischen Wende in der Philosophie, Bonn 1998; A. Wellmer, Kritische Gesellschaftstheorie und Positivismus, Frankfurt 1969, ⁵1977 (engl. Critical Theory of Society, New York 1971, 1974); ders., Zur Dialektik von Moderne und Postmoderne. Vernunftkritik nach Adorno, Frankfurt 1985, ⁶2000; W. Welsch (ed.), Wege aus der Moderne. Schlüsseltexte der Postmoderne-Diskussion, Weinheim 1988, Berlin ²1994. F. K.

Wissenschaftslehre, zunächst durch J. G. Fichte als Titel für seine eigenen philosophischen Bemühungen terminologisch fixierte Bezeichnung für die ›Wissenschaft von der Wissenschaft überhaupt‹ (Über den Begriff der W. oder der so genannten Philosophie [1794, ²1798], Ausgew. Werke I, 172). Fichte versteht das Programm der W. dabei als die von I. Kant noch überlassene Aufgabe, »eine vollständige Deduktion der ganzen Erfahrung aus der Möglichkeit des Selbstbewußtseins« (Zweite Einleitung in die W. [...] [1797], Ausgew. Werke III, 46) vorzuführen. Diese Deduktion antizipiert zwar nicht Erfahrungen, bestimmt aber ihre Möglichkeit hinsichtlich der für ihre Darstellung bereitstehenden Grundbegriffe und der für ihre Herstellung erforderlichen Methoden. Die W. »sagt es dem Bearbeiter der Wissenschaft, was er wissen kann, und was nicht; wonach er fragen kann und soll, gibt ihm die Reihe der anzustellenden Untersuchungen an, lehrt ihn, wie er sie anzustellen und seinen Beweis zu führen hat« (Sonnenklarer Bericht an das größere Publikum [...] [1801], Ausgew. Werke III, 631). Der Ausgangspunkt der methodischen Entwicklung der Möglichkeit von Erfahrungen ist für Fichte allein die Fähigkeit des Menschen, jederzeit (und also ›frei‹) ein Bewußtsein seines Handelns, insbes. seines ›inneren‹ Handelns, nämlich seines Denkens, mit diesem Handeln zu erzeugen, d. i. die Möglichkeit der ↑Tathandlung. Dieser Ausgangspunkt hat seiner W. den Vorwurf des bloß subjektiven Idealismus (↑Idealismus, subjektiver) eingetragen und unterscheidet die W. schon in ihrem Ansatz von der modernen ↑Wissenschaftstheorie.

Ebenfalls als programmatischen Titel für die eigenen Bemühungen verwendet B. Bolzano den Ausdruck ›W.‹, und zwar synonym mit dem Titel ›Logik‹ zur Bezeichnung der systematischen Gliederung der Wissenschaften. Bolzano definiert W. als »den Inbegriff aller derjenigen Regeln, nach denen wir bei dem Geschäfte der Abtheilung des gesammten Gebietes der Wahrheit in einzelne Wissenschaften und bei der Darstellung derselben in eigenen Lehrbüchern vorgehen müssen, wenn wir recht zweckmäßig vorgehen wollen« (W., ed. W. Schultz, I–IV, Leipzig ²1929 [repr. Aalen 1981], I, 7 [= Gesamtausg. Reihe 1, XI/1, ed. E. Winter u. a., Stuttgart 1985, 36]). Von der modernen Wissenschaftstheorie unterscheidet sich die W. Bolzanos vor allem dadurch, daß als ihr Untersuchungsgegenstand ein System von an sich seienden Vorstellungen und Sätzen behauptet wird. Dieser platonistische Standpunkt (↑Platonismus (wissenschaftstheoretisch)) ist teilweise für Rezeptionsbarrieren der Bolzanoschen W. überhaupt verantwortlich. Heute wird er als eine vom Kern der W. abtrennbare Behauptung behandelt.

Auch die methodologischen Überlegungen M. Webers zu den Sozialwissenschaften sind unter dem Titel einer W. erschienen. Dieser Titel stammt allerdings nicht von Weber selbst, sondern von seiner Frau Marianne Weber, die ihn aus Hochschätzung für Fichtes Werk wählte. Im allgemeinen hat sich für alle Grundlagenüberlegungen zu den Zielen und Aufgaben, den Grundbegriffen und Prinzipien, den sprachlichen und methodischen Regeln wissenschaftlichen Vorgehens die Bezeichnung ›Wissenschaftstheorie‹ eingebürgert; der Bezeichnung derartiger Überlegungen als ›W.‹ kommt insofern nur noch historische Bedeutung zu.

Literatur: J. Beeler-Port, Verklärung des Auges. Konstruktionsanalyse der ersten W. J. G. Fichtes von 1804, Bern etc. 1997; J. Brachtendorf, Fichtes Lehre vom Sein. Eine kritische Darstellung der W. von 1794, 1798/99 und 1812, Paderborn etc. 1995; D. Breazeale, Johann Gottlieb Fichte, SEP 2001, rev. 2014; ders., Thinking Through the W.. Themes from Fichte's Early Philosophy, Oxford etc. 2013, 2016; W. Class/A. K. Soller, Kommentar zu Fichtes »Grundlage der gesamten W.«, Amsterdam/New York 2004; K. Crone, Fichtes Theorie konkreter Subjektivität. Untersuchungen zur »W. nova methodo«, Göttingen 2005; S. Dähnhardt, Wahrheit und Satz an sich. Zum Verhältnis des Logischen zum Psychischen und Sprachlichen in Bernard Bolzanos W., Pfaffenweiler 1992; M. V. D'Alfonso, Vom Wissen zur Weisheit. Fichtes W. 1811, Amsterdam/New York 2005; J. M. Dittmer, Schleiermachers W. als Entwurf einer prozessualen Metaphysik in semiotischer Perspektive. Triadizität im Werden, Berlin/New York 2001; H. Girndt/J. Navarro-Pérez (eds.), Zur Einheit der Lehre Fichtes. Die Zeit der »W. nova methodo«, Amsterdam/Atlanta Ga. 1999; C. Hanewald, Apperzeption und Einbildungskraft. Die Auseinandersetzung mit der theoretischen Philosophie Kants in Fichtes früher W., Berlin/New York 2001; D. Henrich, Die Einheit der W. Max Webers, Tübingen 1952; T. S. Hoffmann, Johann Gottlieb Fichtes W. von 1812. Vermächtnis und Herausforderung des transzendentalen Idealismus, Berlin 2016; W. Hogrebe (ed.), Fichtes W. 1794. Philosophische Resonanzen, Frankfurt 1995; T. P. Hohler, Imagination and Reflection: Intersubjectivity. Fichtes Grundlage of 1794, The Hague/Boston Mass./London 1982; S. Imhof, Der Grund der Subjektivität. Motive und Potenzial von Fichtes Ansatz, Basel 2014; W. G. Jacobs, W., EP III (²2010), 3036–3038; C. M. Jalloh, Fichte's Kant-Interpretation and the Doctrine of Science, Lanham Md., Washington D. C. 1988; W. Janke, Johann Gottlieb Fichtes »W.

1805«. Methodisch-systematischer und philosophiegeschichtlicher Kommentar, Darmstadt 1999; H. Jergius, Philosophische Sprache und analytische Sprachkritik. Bemerkungen zu Fichtes W.n, Freiburg/München 1975; W. Kabitz, Studien zur Entwicklungsgeschichte der Fichteschen W. aus der Kantischen Philosophie. Mit bisher ungedruckten Stücken aus Fichtes Nachlaß, Berlin 1902 (repr. Darmstadt 1968); C. Klotz, Selbstbewußtsein und praktische Identität. Eine Untersuchung über Fichtes W. nova methodo, Frankfurt 2002; R. Kottmann, Leiblichkeit und Wille in Fichtes »W. nova methodo«, Münster 1998; R. Lauth, Die transzendentale Naturlehre Fichtes nach den Prinzipien der W., Hamburg 1984, München ²2004; G. Meckenstock, Vernünftige Einheit. Eine Untersuchung zur W. Fichtes, Frankfurt/Bern/New York 1983; J. Mittelstraß, Fichte und das absolute Wissen, in: W. Hogrebe (ed.), Fichtes W. 1794 [s.o.], 141–161; J. P. Mittmann, Das Prinzip der Selbstgewißheit. Fichte und die Entwicklung der nachkantischen Grundsatzphilosophie, Bodenheim 1993; H.-J. Müller, Subjektivität als symbolisches und schematisches Bild des Absoluten. Theorie der Subjektivität und Religionsphilosophie in der W. Fichtes, Königstein 1980; H. Münster, Fichte trifft Darwin, Luhmann und Derrida. »Die Bestimmung des Menschen« in differenztheoretischer Rekonstruktion und im Kontext der »W. nova methodo«, Amsterdam/New York 2011; C. A. Riedel, Zur Personalisation des Vollzuges der W. J. G. Fichtes. Die systematische Funktion des Begriffes ›Hiatus irrationalis‹ in den Vorlesungen zur W. in den Jahren 1804/05, Stuttgart 1999; W. H. Schrader (ed.), Materiale Disziplinen der W.. Zur Theorie der Gefühle. ›200 Jahre W. – Die Philosophie Johann Gottlieb Fichtes‹ [...], Amsterdam/Atlanta Ga. 1997; ders. (ed.), Fichte im 20. Jahrhundert. ›200 Jahre W. – Die Philosophie Johann Gottlieb Fichtes‹ [...], Amsterdam/Atlanta Ga. 1997; ders. (ed.), Fichte und die Romantik – Hölderlin, Schelling, Hegel und die späte W.. ›200 Jahre W. – Die Philosophie Johann Gottlieb Fichtes‹ [...], Amsterdam/Atlanta Ga. 1997; ders. (ed.), Die Grundlage der gesamten W. von 1794/95 und der transzendentale Standpunkt. ›200 Jahre W. – Die Philosophie Johann Gottlieb Fichtes‹ [...], Amsterdam/Atlanta Ga. 1997; I. Schüssler, Die Auseinandersetzung von Idealismus und Realismus in Fichtes W. [...], Frankfurt 1972; U. Schwabe, Individuelles und transindividuelles Ich. Die Selbstindividuation reiner Subjektivität und Fichtes W.. Mit einem durchlaufenden Kommentar zur »W. nova methodo«, Paderborn etc. 2007; A. Seliger, Freiheit und Bild. Die frühe Entwicklung Fichtes von den »Eignen Meditationen« bis zur »W. nova methodo«, Würzburg 2010; M. Stange, Antinomie und Freiheit. Zum Projekt einer Begründung der Logik im Anschluß an Fichtes »Grundlage der gesamten W.«, Paderborn 2010; J. Stolzenberg, Fichtes Begriff der intellektuellen Anschauung. Die Entwicklung in den W.n von 1793/94 bis 1801/02, Stuttgart 1986; K. V. Taver, Johann Gottlieb Fichtes W. von 1810. Versuch einer Exegese, Amsterdam/Atlanta Ga. 1999; G. Wagner/H. Zipprian, Max Webers W.. Interpretation und Kritik, Frankfurt 1994; ders./C. Härpfer (ed.), Max Webers vergessene Zeitgenossen. Beiträge zur Genese der W., Wiesbaden 2016; M. Weber, Gesammelte Aufsätze zur W., Tübingen 1922, ⁶1985 (repr. 1988); T. van Zantwijk, W., Hist. Wb. Ph. XII (2004), 965–968; G. Zöller/H. G. v. Manz (eds.), Fichtes letzte Darstellungen der W. I, Amsterdam/New York 2005; weitere Literatur: ↑Fichte, Johann Gottlieb. O. S.

Wissenschaftslogik, von R. Carnap 1934 eingeführter und im Rahmen des ↑Wiener Kreises verwendeter Terminus zur Bezeichnung der logischen Analyse (↑Analyse, logische) der Begriffe, Aussagen und Theorien der Wissenschaft. Für Carnap bilden die traditionell als philosophisch geltenden Problemstellungen drei Gruppen, nämlich empirische Probleme, ↑Scheinprobleme und Probleme der logischen Analyse der ↑Wissenschaftssprache. Entsprechend umfaßt die W. alle sinnvollen, genuin philosophischen Probleme. Alle Philosophie ist ↑Wissenschaftstheorie und alle Wissenschaftstheorie ist W..

Zentral für Carnaps Verständnis der W. ist die Annahme, daß sich W. erschöpfend als logische Syntax (↑Syntax, logische) der Wissenschaftssprache charakterisieren läßt. Danach ist W. ohne Rückgriff auf einen eigenständigen Bedeutungsbegriff allein durch Untersuchung der ↑formalen Beziehungen zwischen Begriffen und Aussagen zu kennzeichnen. Anschließend an D. Hilberts formal-axiomatische Methode (↑Methode, axiomatische) gilt eine wissenschaftliche Theorie als ein System zunächst uninterpretierter Zeichen, das durch die Anwendung von ›Formregeln‹ und ›Umformungsregeln‹ entsteht. Das formale Gegenstück zur Bedeutung einer Aussage ist ihr ›logischer Gehalt‹ (↑Gehalt, empirischer), also die Menge ihrer nicht-analytischen Konsequenzen. Kernstück der W. ist die Ersetzung der ›inhaltlichen‹ Redeweise durch die ›formale‹ oder ›syntaktische‹ Redeweise: Statt einem Objekt eine Eigenschaft zuzuschreiben, ordnet man der Bezeichnung des Objekts ein syntaktisches Merkmal zu. Z. B. tritt an die Stelle des Satzes: ›Fünf ist kein Ding‹ der Satz: ››Fünf‹ ist kein Dingwort‹.

Carnaps Behauptung ist, daß die Übersetzung in formale Redeweise (↑Redeweise, formale) für alle sinnvollen philosophischen Problemstellungen (1) möglich und (2) wünschenswert ist. Z. B. läßt sich die Frage nach der empirischen Grundlegung der Wissenschaft syntaktisch als das Problem der Ableitbarkeitsbeziehungen (↑ableitbar/Ableitbarkeit) zwischen den formal zu charakterisierenden ↑Protokollsätzen und den übrigen Aussagen der Wissenschaft ausdrücken (↑verifizierbar/Verifizierbarkeit). Analog kann etwa die naturphilosophische Behauptung, die Zeit sei stetig, formal durch die Aussage reformuliert werden, als Zeitkoordinaten würden reelle Zahlen verwendet. Der Vorzug der formalen Redeweise liegt für Carnap darin, daß sie zu einer Klärung der entsprechenden Problemstellungen beiträgt. So besteht dem Anschein nach zwischen dem Realismus (↑Realismus (erkenntnistheoretisch)), der Dinge als Atomkomplexe auffaßt, und dem ↑Phänomenalismus, dem Dinge als Komplexe von Sinnesempfindungen gelten, ein unüberbrückbarer Gegensatz. Bei der Übertragung in formale Redeweise hingegen behauptet der Realismus, daß jeder Satz mit Dingbezeichnungen in einen gehaltgleichen Satz mit Raum-Zeit-Koordinaten und deskriptiven Begriffen der Physik überführt werden kann, während

der Phänomenalismus behauptet, daß jeder solche Satz in einen Satz mit Empfindungsbezeichnungen übersetzbar ist. Daraus wird erkennbar, daß beide Behauptungen miteinander verträglich sind, womit dem Streit zwischen beiden Positionen ein bloßes Scheinproblem zugrundeliegt. Carnap zieht später die These, alle sprachanalytischen Fragen seien syntaktisch behandelbar, zurück und läßt ↑Semantik und ↑Pragmatik als eigenständige Untersuchungsbereiche zu.
Die in Carnaps Bestimmung der W. enthaltene Festlegung der Wissenschaftstheorie auf die Analyse der Wissenschaftssprache erlangt für weite Teile des Wiener Kreises und des Logischen Empirismus (↑Empirismus, logischer) Verbindlichkeit (↑Theoriesprache). Die sich in dieser Bestimmung ausdrückende These, die Theoretische Philosophie (↑Philosophie, theoretische) könne keine eigenständigen Wirklichkeitsbehauptungen formulieren, wird von den meisten Vertretern der Wissenschaftsphilosophie und der Analytischen Philosophie (↑Philosophie, analytische) bis heute geteilt.

Literatur: H. Andreas, Carnaps W.. Eine Untersuchung zur Zweistufenkonzeption, Paderborn 2007; R. Carnap, Die Aufgabe der W., Wien 1934; ders., Logische Syntax der Sprache, Wien 1934, Wien/New York [2]1968; ders., On the Character of Philosophic Problems, Philos. Sci. 1 (1934), 5–19 (repr. Philos. Sci. 51 [1984], 5–19); ders., Von der Erkenntnistheorie zur W., Actes du congrès international de philosophie scientifique I (Philosophie scientifique et empirisme logique), Paris 1936, 36–41; C. Klein, W., Hist. Wb. Ph. XII (2004), 968–972. M. C.

Wissenschaftssoziologie (engl. sociology of science, franz. sociologie des sciences), Bezeichnung für die Untersuchung und Beschreibung der ↑Wissenschaft als sozialer Einrichtung durch die ↑Soziologie; dabei stehen die Wissenschaftler als soziale Gruppe und ihre Interaktion mit und in Abgrenzung zu anderen sozialen Gruppen im Mittelpunkt.
(1) *Theoretische Grundlagen* der W.: Eine soziologische Betrachtung der Wissenschaft findet sich bereits bei C.-H. de Saint-Simon, der die Beobachtung des Zusammenhangs von moderner Wissenschaft und industrieller Gesellschaft mit der Forderung verbindet, daß die Unabhängigkeit der Wissenschaftler vom Staat und den besitzenden Klassen garantiert und die Wissenschaft der Führung der industriellen Klasse unterstellt wird, die ihre Existenz sichert. Eine Problematisierung des Verhältnisses von Wissenschaft und ↑Gesellschaft, das auch für die W. bedeutsam ist, nimmt ihren Ausgang insbes. von den historisch-materialistischen Gesellschaftstheorien (↑Materialismus, historischer). Nach K. Marx und F. Engels ist die Form der Wissenschaft bedingt durch die Produktivkräfte und Produktionsverhältnisse der jeweiligen ökonomischen Gesellschaftsformation. Diesem Bedingungsverhältnis zufolge verhindert die kapitalistische Produktionsweise durch die Trennung von körperlicher und geistiger Tätigkeit die Ausschöpfung der sozialen Funktion der Wissenschaft (Produktivkraft, Bildung, Erziehung, Planung der Gesellschaft). Ihre Kapazitäten können daher nur unter der gesellschaftlichen Voraussetzung der Einheit von praktischer und theoretischer Tätigkeit genutzt werden.
Die fundamentale Konzeption der marxistischen Gesellschaftstheorie, nämlich die Abhängigkeit des geistigen ↑Überbaus, als dessen Teil die Wissenschaft fungiert, von der ökonomischen Basis (↑Basis, ökonomische) einer Gesellschaft, ist auch für M. Weber maßgebend. Weber wie Marx teilen die für die W. bedeutsame kultursoziologische Perspektive des Bedingungsverhältnisses zwischen sozialen Strukturen und Ideen, Werten und Überzeugungen. Für Weber ist der soziale Umbruch der Wissenschaft durch Industrialisierung und Bürokratisierung gekennzeichnet, womit der Wissenschaftler von seinen Produktionsmitteln entfremdet (↑Entfremdung) und somit proletarisiert wird. Ebenfalls an die Marxsche Analyse der Wissenschaftsorganisation knüpfen historische Studien zur Entwicklung der neuzeitlichen Wissenschaft an, die die wissenschaftsinternen Aspekte durch soziokulturelle zu erweitern suchen (J. D. Bernal, M. Horkheimer). Die Wissenschaft wird nicht als isoliertes System der Gesellschaft begriffen, sondern als in Wechselwirkung stehend mit den ökonomischen und technischen Veränderungen sowie dem Wandel von ↑Weltbildern und Wertsystemen (↑Wert (moralisch), ↑Wert (ökonomisch)).
Eine Weiterführung erfährt der Marxsche Ansatz durch die ↑Wissenssoziologie von M. Scheler, A. v. Schelting und K. Mannheim. Im Unterschied zur W. geht es in der Wissenssoziologie um eine Analyse der Wissensbildung, nicht um eine Analyse der Wissenschaft und ihrer Normen. Besonders radikal ist hier der Ansatz Mannheims: nicht nur die Denkprozesse, sondern auch die ihnen zugrundeliegenden Strukturen sind sozial bedingt. Die W. tritt dieser Auffassung zunächst erkenntnistheoretisch entgegen, indem sie die Wissenschaftsentwicklung als intern (↑intern/extern) gesteuerten Prozeß deutet. Zudem erklärt die empirisch orientierte W. die durch die Wissenssoziologie postulierte Beziehung zwischen Wissensformen und sozialer Struktur für nicht prüfbar. Beide Aspekte erklären zum Teil, warum die Wissenssoziologie keinen dauerhaften Einfluß auf die W. gehabt hat.
Die W. als Disziplin mit eigenen methodischen Ansätzen entsteht um 1930. Als ihr exponiertester Vertreter gilt R. K. Merton. Merton knüpft vorübergehend an Problemstellungen Webers und Mannheims an, wenn er das Verhältnis von bestehenden Forschungsproblemen und herrschenden sozioökonomischen Strukturen untersucht. Zum vorherrschenden Forschungsprogramm der W. wird jedoch der als Makrotheorie fungierende ↑Funk-

tionalismus Mertons. Diesem liegt (1) die Annahme zugrunde, daß menschliches Handeln in den Kategorien manifester wie latenter Funktionen zu erklären ist. Erscheinen manifeste Intentionen des Handelns als irrational (↑irrational/Irrationalismus), läßt sich ihre Rationalität doch oft noch dadurch aufweisen, daß ihre latenten Funktionen in bezug auf die ↑Bedürfnisse sozialer Gruppen oder ↑Institutionen erkannt werden. (2) Es wird angenommen, daß die Institutionen innerhalb einer Gesellschaft ihre Ansprüche durch Sozialisierung entsprechender Normen befriedigen können. – Die W. im Sinne Mertons abstrahiert (wie schon zuvor Marx und Weber) von den ↑kognitiven Aspekten des Wissenschaftsprozesses, speziell von den systematischen Inhalten des Wissens und ihrer Beurteilung. Stattdessen werden die sozialen Korrelate dieser Strukturen behandelt, nämlich die Funktionalität solcher sozialen Bedingungen, die für die Entstehung von Wissenschaft und ihren Erhalt maßgeblich sind.

Mertons Ansatz liegt ein empiristischer Wissenschaftsbegriff (↑Empirismus) zugrunde: Wissenschaft zeichnet sich gegenüber Nicht-Wissenschaft durch eine einheitliche, restriktive Methode aus; die Maßstäbe zur Beurteilung ihrer Ergebnisse sind zeitunabhängig, allgemeingültig, der wissenschaftliche ↑Fortschritt (↑Erkenntnisfortschritt) ist kumulativ. Das von Merton behauptete ›Ethos der Wissenschaft‹ stützt sich auf soziale Normen (im wesentlichen Universalismus, ›Kommunismus‹, Uneigennützigkeit und organisierter ↑Skeptizismus), die in ihrer Funktionalität für die als oberste institutionelle Norm fungierende ›Erweiterung des Wissens‹ begründet werden. Die Normen, die einen Schutz gegenüber den Ansprüchen von Gesellschaft und Staat garantieren sollen, werden als weitgehend unabhängig von historischen Entwicklungen und institutionellen Aufklärungsprozessen angesehen und sind in diesem Sinne zur logisch-empiristischen Wissenschaftsidee, einer nach internen Kriterien der Wissenschaftsgemeinschaft betriebenen Wissenschaft, komplementär.

Während für Merton die wissenschaftliche Methode und ihre Institutionalisierung stets gleich und unverändert bleiben, weisen S. B. Barnes und R. G. A. Dolby darauf hin, daß sich die Wissenschaften und ihre sich jeweils historisch ausprägenden Organisationsformen in spezifischer Weise ändern. Die funktionalistische W. Mertons und seiner Schüler gibt dagegen die herrschende Wissenschaftsauffassung wieder. Exemplarisch vorgeführt wird dies durch M. Polanyi, der die freie Kooperation unabhängiger Wissenschaftler strukturell ähnlich einer liberal-ökonomischen Gesellschaftsordnung versteht. Nach Polanyi beschränkt sich die ↑Verantwortung des Wissenschaftlers auf seine durch Vertrag festgelegte Arbeit, während die (als idealtypisch zu denkende) freie Gesellschaft die Verwertung ihrer Ergebnisse übernimmt. Die Wissenschaftsentwicklung ist das Resultat eines wissenschaftsexternen Selektionsmechanismus (↑Wissenschaftsdarwinismus); sie wird damit als Resultat der Einflüsse der Umwelt auf die Wissenschaft verstanden und nicht als das Ergebnis von Maßstäben wissenschaftlicher ↑Rationalität oder bewußter Planungen der Wissenschaftler.

In den 1960er Jahren werden die Wissenschaft als soziale Institution, die internen Abläufe in der ↑scientific community und ihre Innovationspotentiale zum Forschungsschwerpunkt der W.. Durch W. O. Hagstrom und N. W. Storer wird der Mertonsche Ansatz zu einer funktionalistischen ›Austauschtheorie‹ ausgebaut. Zentral ist hier die Beobachtung, daß eine wissenschaftliche Leistung mit in der Wissenschaft spezifischen Belohnungen sanktioniert wird, die ihrerseits als Motivation zur Erbringung solcher Leistungen fungieren. Durch dieses Austauschsystem wird die soziale Kontrolle begründet, die das normengerechte Verhalten des Wissenschaftlers garantiert, damit die Zielsetzungen der Institution Wissenschaft erreicht werden. Storer, der diesen Theorieansatz mit der ↑Systemtheorie von T. Parsons verbindet, setzt eine – lediglich anthropologisch (↑Anthropologie) begründbare – Disposition kreativen Schaffens voraus, die das Verhalten von Belohnung und Leistungsbereitschaft bedingt. Unter dem Einfluß der von T. S. Kuhn interpretierten Phasen normaler und revolutionärer wissenschaftlicher Entwicklung (↑Wissenschaft, normale, ↑Revolution, wissenschaftliche) problematisiert Hagstrom die Verpflichtung des Wissenschaftlers gegenüber dem Ziel der Wissenserweiterung. Infolgedessen mißt er dem System der sozialen Kontrolle eine entscheidende Bedeutung bei. Theoretischer Wandel führt nämlich zu einer Instabilität des Normensystems, der sozialen Kohäsion in bezug auf die wissenschaftlichen Methoden und theoretischen Systeme sowie der Wirkungsweise der sozialen Kontrolle. Unter funktionalen Aspekten steht damit der ↑normative Begriff der normalen Wissenschaft im Sinne Kuhns im Vordergrund.

Die wissenschaftsphilosophischen Arbeiten von Kuhn, aber auch von P. K. Feyerabend und S. Toulmin, die wissenschaftstheoretische, wissenschaftsgeschichtliche, psychologische und soziologische Beschreibungen miteinander verbinden, führen zu einer Revision der funktionalistisch (und systemtheoretisch) orientierten W.. Nach diesen wissenschaftsphilosophischen Konzeptionen kann weder von einem stabilen, systemerhaltenden Normenkatalog im Sinne Mertons ausgegangen werden noch läßt sich historisch nachweisen, daß die Wissenschaftler jeweils genau diesen und keinen anderen Normen gefolgt sind. Bezüglich der Austauschtheorie erhebt sich darüber hinaus die grundsätzliche Schwierigkeit, daß sie zwar einsichtig machen kann, warum system-

spezifische Belohnungen auf Wissenschaftler motivierend wirken, nicht jedoch, warum sich Wissenschaftler überhaupt an wissenschaftliche Standards halten.
Die Krise der funktionalistischen W. ist vor allem in der englischen Soziologie unter Berufung auf Kuhn deutlich geworden. Allgemein wird kritisiert, daß sich (1) ihre Aussagen in den wenigsten Fällen empirisch bestätigen lassen, und daß (2) ihre Analysen zu kurz greifen, da sie nur auf die formalen Aspekte des wissenschaftlichen Prozesses beschränkt sind. Systemtheoretisch aufgefaßt, betrachtet der Funktionalismus nur die Ein- und Ausgänge des Systems ›Wissenschaft‹, weshalb er keine Antworten etwa auf Fragen nach der Interaktion von sozialen und kognitiven Faktoren bei der Wissenserzeugung oder der Auswirkung unterschiedlicher Formen des wissenschaftlichen Wissens auf die Gesellschaft zu geben vermag. – Speziell wird versucht, einige zentrale Begriffe der wissenschaftsgeschichtlichen Analyse Kuhns für die W. fruchtbar zu machen. Z. B. wird in der Modifikation der Austauschtheorie durch M. J. Mulkay der Kuhnsche Paradigmenbegriff (↑Paradigma) in soziologischen Kategorien definiert, nämlich als Spezialfall kognitiver und technischer Normen. Wissenschaftliche Innovationen sind danach besondere Fälle sozialer Abweichung. Ein zentrales Problem der W., die Erklärung wissenschaftlicher Entwicklung, kann für Mulkay demnach als eine Frage von sozialer Kontrolle und Nonkonformität beantwortet werden.
Durch die diachrone Wissenschaftstheorie (↑Theoriendynamik, ↑Wissenschaftsgeschichte) ist die W. im Grunde wieder auf Fragestellungen zurückgeworfen, wie sie die Wissenssoziologie angeregt hat, ohne sich jedoch auf bestimmte Bedingungsverhältnisse festzulegen. Es ist vielmehr die Beziehung zwischen sozialen und kognitiven Strukturen und Vorgängen selbst, die problematisiert wird. Die schematischen Deutungen einer idealistischen (↑Idealismus) oder materialistischen (↑Materialismus (systematisch)) Wissenschaftsentwicklung, wonach diese entweder durch die Geltung ahistorischer Standards nur als intern induzierter Prozeß oder als ein Reflex nur externer Faktoren wie der Herrschaftsstruktur verstanden wird, müssen nach P. Weingart durch eine ›intervenierende Variable‹ des organisatorischen Aufbaus der Wissenschaft, ihrer Strukturen, Regeln und prozessualen Mechanismen miteinander verknüpft werden. Durch diese findet einerseits eine Vermittlung von sozialen Bedingungen und Einflüssen in wissenschaftliche, d.h. kognitive, Prozesse statt, andererseits werden ihre Resultate über die spezifische Organisation der Wissenschaft in die Gesellschaft vermittelt und wirken auf diese. Der Bezug der sozialen und kognitiven Strukturen aufeinander im Rahmen einer einheitlichen Konzeption ergibt sich nur, wenn die Institution der Wissenschaft (als intervenierende Variable) auf ihre normativen Grundlagen hin untersucht und mit den normativen Ansprüchen, die Wissenschaftler kognitiv als Gründe erfahren, verglichen wird (↑Wissenschaftsforschung).
(2) *Empirische* W.: In Ergänzung zu theoretischen Studien werden in der W. der Einfluß sozialer Bedingungen auf die Wissenschaftsorganisation, insbes. auf die Entstehung von wissenschaftlichen Disziplinen (↑Disziplin, wissenschaftliche, ↑Disziplinarität), und die Institutionalisierung professioneller Wissenschaft empirisch untersucht. Formen der Forschungsorganisation und der wissenschaftlichen Produktivität wurden von D. C. Pelz empirisch zu messen versucht. Produktivität wird dabei als abhängige Variable organisatorischer Autonomie, individueller Motivation und bestehender Kommunikationsbeziehungen verstanden. Ein weiteres Arbeitsgebiet der W. ist die Untersuchung der internen wissenschaftlichen Kommunikations- und Diffusionsprozesse. So weist D. J. de Solla Price darauf hin, daß der wachsende Informationsbedarf in den Forschungsprogrammen der ›big science‹ durch informelle Gruppen und informelle Kommunikationskanäle, vor allem durch unveröffentlichte Manuskripte, befriedigt wird. Hier zeigt sich, daß relativ kleine, geschlossene Gruppen von Wissenschaftlern mit hohem Ansehen in ihrem Forschungsbereich im Zentrum der relevanten ↑Kommunikation stehen und ihrerseits in der Lage sind, den Informationsfluß zu steuern. In diesem Zusammenhang steht auch die von D. Crane aufgeworfene Frage, ob die Entwicklung wissenschaftlicher Erkenntnis durch die Struktur der scientific community und deren Kommunikationsverhalten beeinflußt wird. – Untersuchungen dieser Art sind meist quantitative Analysen von Diffusionsprozessen, denen als methodisches Instrument ein ›Zitationsindex‹ zugrundeliegt. Problematisch erweist sich dabei zum einen die Gleichsetzung wissenschaftlicher Erkenntnis mit der Anzahl der publizierten Artikel, zum anderen die Bestimmung der Qualität einer wissenschaftlichen Arbeit aus der Häufigkeit, mit der diese in anderen Arbeiten zitiert wird.
Die Untersuchungen zur Kommunikationsstruktur in den Wissenschaften führte die W. auf das Forschungsproblem der *Sozialstruktur* der scientific community. Ihre Problematisierung ergibt sich aus den Annahmen der Austauschtheorie, einer Entsprechung von Leistung, Bewertung und Belohnung. Auf der Grundlage eines empiristischen Wissenschaftsbegriffs kann ein Belohnungssystem dann als funktional gelten, wenn es in Abhängigkeit von der Beurteilung wissenschaftlicher Leistung diese Leistung sanktioniert. S. Cole versucht vor diesem Hintergrund nachzuweisen, daß es im Gegensatz zu anderen sozialen Kontexten in der Wissenschaft nicht zu einer Verselbständigung von Reputation bzw. zur Herausbildung von Hierarchien kommt. Crane zeigt dies anhand amerikanischer Universitäten bezüglich ihrer

Prestigeunterschiede und deren Übertragung auf ihre Mitglieder. Im Gegensatz dazu behauptet Merton, daß sich Reputation durchaus verselbständigt. Dieser ›Matthäus-Effekt‹ wird von ihm auf die Anerkennung bei simultanen Entdeckungen und die Zusammenarbeit mit Nobelpreisträgern bezogen. Obwohl Merton zugesteht, daß der Matthäus-Effekt die Belohnungsordnung verzerrt, hebt er nur dessen funktionale Konsequenz hervor, nämlich unbedeutende und bedeutende Wissenschaftler deutlicher zu unterscheiden und wichtige Forschungsvorhaben auf die letzteren zu konzentrieren.

Mertons Studie wie auch ähnliche Arbeiten über die Sozialstruktur der scientific community deuten Schichtung und Autorität stets funktional und lassen ihre Wechselwirkung mit kognitiven Elementen unberücksichtigt. Da die Wissenschaftsentwicklung jedoch wesentlich von der jeweiligen Struktur der kognitiven Gegebenheiten abhängt, dürfen institutionelle, vor allem auch soziostrukturelle Bedingungen im Hinblick auf ihre inhaltliche Ausgestaltung nicht vernachlässigt werden. Wissenschaftliche Methoden, Begriffssysteme und Interpretationsschemata unterliegen historischen Veränderungen – unter anderem durch Formen der Institutionalisierung –, womit sie weder stabil sind noch verallgemeinert werden können. Mithin kommt es (nach Weingart) für die empirische W. darauf an, soziale und kognitive Strukturen aufeinander zu beziehen und ihre Wechselwirkungen zu erfassen, wenn die Entwicklung der Wissenschaft adäquat erklärt werden soll.

Literatur: A. Abbott, Chaos of Disciplines, Chicago Ill./London 2001; J. Agassi, Science and Society. Studies in the Sociology of Science, Dordrecht/Boston Mass./London 1981 (Boston Stud. Philos. Sci LXV); E. Aljets, Der Aufstieg der empirischen Bildungsforschung. Ein Beitrag zur institutionalistischen W., Wiesbaden 2015; A. Bammé, Science and Technology Studies. Ein Überblick, Klagenfurt 2004, Marburg 2009; B. Barber, Science and the Social Order, Glencoe Ill. 1952 (repr. Westport Conn. 1978), New York 1970; S. B. Barnes/D. Bloor/J. Henry, Scientific Knowledge. A Sociological Analysis, Chicago Ill./London, London 1996; S. Beck/J. Niewöhner/E. Sørensen, Science and Technology Studies. Eine sozialanthropologische Einführung, Bielefeld 2012; J. Ben-David, Scientific Growth. A Sociological View, Minerva 2 (1964), 455–476; ders., The Scientific Role. Conditions of Its Establishment in Europe, Minerva 4 (1965), 15–54; ders./A. Zloczower, Universities and the Academic Systems in Modern Societies, Arch. européennes de sociologie 3 (1962), 45–84; ders./R. Collins, Social Factors in the Origin of a New Science. The Case of Psychology, Amer. Soc. Rev. 31 (1966), 451–465; J. D. Bernal, Science in History, London 1954, ^{3}1965, in 4 Bdn., Harmondsworth, London 1969, Cambridge Mass. 1986 (dt. Die Wissenschaft in der Geschichte, Berlin, Darmstadt 1961, Berlin ^{3}1967, unter dem Titel: Wissenschaft, I–IV, Reinbek b. Hamburg 1970, unter dem Titel: Die Sozialgeschichte der Wissenschaften, I–IV, 1978); M. Biagioli (ed.), The Science Studies Reader, New York/London 1999; G. Böhme/W. v. d. Daele/W. Krohn, Die Finalisierung der Wissenschaft, Z. Soz. 2 (1973), 128–144, Neudr. in: W. Diederich (ed.), Theorien der Wissenschaftsgeschichte. Beiträge zur diachronen Wissenschaftstheorie, Frankfurt 1974, 1978, 276–311; F. Borkenau, Der Übergang vom feudalen zum bürgerlichen Weltbild. Studien zur Geschichte der Philosophie der Manufakturperiode, Paris 1934 (repr. Darmstadt 1971, 1988); R. Breithecker-Amend, Wissenschaftsentwicklung und Erkenntnisfortschritt. Zum Erklärungspotential der W. von R. K. Merton, M. Polanyi und D. de Solla Price, Münster/New York 1992; M. Bridgstock u. a., Science, Technology and Society. An Introduction, Cambridge etc. 1998; W. L. Bühl, Einführung in die W., München 1974; A. F. Chalmers, Science and Its Fabrication, Minneapolis Minn., Milton Keynes 1990, Buckingham 1994 (franz. La fabrication de la science, Paris 1991; dt. Grenzen der Wissenschaft, Berlin etc. 1999); B. Choluj/J. C. Joerden (eds.), Von der wissenschaftlichen Tatsache zur Wissensproduktion. Ludwik Fleck und seine Bedeutung für die Wissenschaft und Praxis, Frankfurt etc. 2007; S. Cole, Professional Standing and the Reception of Scientific Discoveries, Amer. J. Soc. 76 (1970), 286–306; D. Crane, Scientists at Major and Minor Universities. A Study of Productivity and Recognition, Amer. Soc. Rev. 30 (1965), 699–714; dies., Invisible Colleges. Diffusion of Knowledge in Scientific Communities, Chicago Ill./London 1972, 1988; R. G. A. Dolby, Uncertain Knowledge. An Image of Science for a Changing World, Cambridge etc. 1996; G. S. Drori u. a., Science in the Modern World Polity. Institutionalization and Globalization, Stanford Calif. 2003; S. Engler, ›In Einsamkeit und Freiheit‹? Zur Konstruktion der wissenschaftlichen Persönlichkeit auf dem Weg zur Professur, Konstanz 2001; U. Felt/H. Nowotny/K. Taschwer, Wissenschaftsforschung. Eine Einführung, Frankfurt/New York 1995; P. Galison/D. J. Stump (eds.), The Disunity of Science. Boundaries, Contexts, and Power, Stanford Calif. 1996; C. F. Gethmann, Wissenschaftsforschung? Zur philosophischen Kritik der nach-Kuhnschen Reflexionswissenschaften, in: P. Janich (ed.), Wissenschaftstheorie und Wissenschaftsforschung, München 1981, 9–38; T. F. Gieryn, Science, Sociology of, IESBS XX (2001), 13692–13698; W. O. Hagstrom, The Scientific Community, New York 1965 (repr. Carbondale Ill., London 1975); J. Halfmann/F. Schützenmeister (eds.), Organisationen der Forschung. Der Fall der Atmosphärenwissenschaft, Wiesbaden 2009; J. Hamann, Die Bildung der Geisteswissenschaften. Zur Genese einer sozialen Konstruktion zwischen Diskurs und Feld, Konstanz/München 2014; B. Heintz, Die Innenwelt der Mathematik. Zur Kultur und Praxis einer beweisenden Disziplin, Wien/New York 2000; M. Horkheimer, Anfänge der bürgerlichen Geschichtsphilosophie, Stuttgart 1930, zusammen mit: Hegel und das Problem der Metaphysik. Montaigne und die Funktion der Skepsis, Frankfurt/Hamburg 1971; S. Hornbostel, Wissenschaftsindikatoren. Bewertungen in der Wissenschaft, Opladen 1997; P. Hoyningen-Huene, Der Zusammenhang von Wissenschaftsphilosophie, Wissenschaftsgeschichte und W. in der Theorie Thomas Kuhns, Z. allg. Wiss.theorie 22 (1991), 43–59; R. Inhetveen/R. Kötter (eds.), Forschung nach Programm? Zur Entstehung, Struktur und Wirkung wissenschaftlicher Forschungsprogramme, München 1994; S. Jasanoff u. a. (eds.), Handbook of Science and Technology Studies, Thousand Oaks Calif./London/New Delhi 1995, 2007; B. Joerges/H. Nowotny (eds.), Social Studies of Science and Technology. Looking back, ahead, Dordrecht/Boston Mass./London 2003; D. Kaldewey, Wahrheit und Nützlichkeit. Selbstbeschreibungen der Wissenschaft zwischen Autonomie und gesellschaftlicher Relevanz, Bielefeld 2013; J. Klüver, Die Konstruktion der sozialen Realität Wissenschaft. Alltag und System, Braunschweig/Wiesbaden 1988; K. Knorr-Cetina, The Manufacture of Knowledge. An Essay on the Constructivist and Contextual Nature of Science, Oxford etc. 1981 (dt. [erw.] Die Fabrikation von Erkenntnis. Zur Anthropologie der Naturwissenschaft, Frankfurt 1984, ³2012); dies., Epistemic Cultures. How the Sciences Make Knowledge, Cambridge Mass./London 1999, 2003 (dt. Wissenskulturen. Ein Vergleich naturwissenschaftlicher Wissensformen, Frankfurt 2002, 2011); J. A. Labinger/H. Collins (eds.), The One Culture? A Conversation about Science, Chicago Ill./London 2001; B. Latour, Petites leçons de sociologie des sciences, Paris 1993, 2007; H. E. Longino, Science as Social Knowledge. Values and Objectivity in Scientific Inquiry, Princeton N. J. 1990; dies., The Fate of Knowledge, Princeton N. J. 2002; H. Lübbe, Die Wissenschaften und ihre kulturellen Folgen. Über die Zukunft des Common Sense, Opladen 1987; N. Luhmann, Soziologische Aufklärung I (Aufsätze zur Theorie sozialer Systeme), Köln/Opladen 1970, Wiesbaden ⁸2009, 232–252 (Selbststeuerung der Wissenschaft); S. Maasen/M. Winterhager (eds.), Science Studies. Probing the Dynamics of Scientific Knowledge, Bielefeld 2001; S. Maasen u. a. (eds.), Handbuch W., Wiesbaden 2012; K. Mannheim, Das Problem einer Soziologie des Wissens, Arch. Sozialwiss. u. Sozialpol. 53 (1925), 557–652; ders., Wissenssoziologie, in: ders., Ideologie und Utopie, Bonn 1929, ²1930, Frankfurt ³1952, ⁹2015, 227–267; H. Matthies/D. Simon/M. Torka (eds.), Die Responsivität der Wissenschaft. Wissenschaftliches Handeln in Zeiten neuer Wissenschaftspolitik, Bielefeld 2015; R. K. Merton, Social Theory and Social Structure, Glencoe Ill. 1949, erw. New York, London ³1968 (franz. Éléments de théorie et de méthode sociologique, Paris 1953, ²1965, 1997; dt. Soziologische Theorie und soziale Struktur, Berlin/New York 1995); ders., Priorities in Scientific Discovery. A Chapter in the Sociology of Science, in: B. Barber/W. Hirsch (eds.), The Sociology of Science, New York 1962, 1968, 447–485; ders., The Matthew Effect in Science, Science 159 (1968), 56–63; ders., The Sociology of Science. Theoretical and Empirical Investigations, Chicago Ill./London 1973, 1998 (dt. Entwicklung und Wandel von Forschungsinteressen. Aufsätze zur W., Frankfurt 1985, 1988); J. Mittelstraß, Die Möglichkeit von Wissenschaft, Frankfurt 1974, 106–144, 234–244 (Prolegomena zu einer konstruktiven Theorie der Wissenschaftsgeschichte); ders., Theorie und Empirie der Wissenschaftsforschung, in: C. Burrichter (ed.), Grundlegung der historischen Wissenschaftsforschung, Basel/Stuttgart 1979, 71–106, ferner in: ders., Wissenschaft als Lebensform. Reden über philosophische Orientierungen in Wissenschaft und Universität, Frankfurt 1982, 185–225; M. J. Mulkay, The Social Process of Innovation, London 1972; M. J. Nye, Michael Polanyi and His Generation. Origins of the Social Construction of Science, Chicago Ill./London 2011, 2013; D. C. Pelz, Some Social Factors Related to Performance in a Research Organization, Administrative Sci. Quart. 1 (1956), 310–325; ders., Organizational Atmosphere, Motivation, and Research Contribution, Amer. Behavioral Scientist 6 (1962), 43–47; ders./F. M. Andrews, Scientists in Organizations. Productive Climates for Research and Development, New York 1966, Ann Arbor Mich. 1978; M. Polanyi, The Republic of Science. Its Political and Economic Theory, Minerva 1 (1962), 54–73; J. Preston, Feyerabend. Philosophy, Science and Society, Cambridge/Oxford/Malden Mass. 1997; L. Pyenson/S. Sheets-Pyenson, Servants of Nature. A History of Scientific Institutions, Enterprises and Sensibilities, London 1999, New York 2000; S. Richards, Philosophy and Sociology of Science. An Introduction, Oxford 1983, ²1987; M. S. Schäfer, Wissenschaft in den Medien. Die Medialisierung naturwissenschaftlicher Themen, Wiesbaden 2007; M. Scheler, Die Formen des Wissens und die Bildung, Bonn 1925; ders., Die Wissensformen und die Gesellschaft. Probleme einer Soziologie des Wissens, Leipzig 1926, ed. Maria Scheler, München/Bern ²1960 (= Ges. Werke VIII), separat, ed. M. S. Frings, Frankfurt 1977; A. v. Schelting, Zum Streit um die Wissenssoziologie, Arch. Sozialwiss. u. Sozialpol. 62 (1929), 1–66; F. Schützenmeister, Zwischen Problemorientierung und Disziplin. Ein koevolutionäres Modell der Wissenschaftsentwicklung, Bielefeld 2008; D. J. de Solla Price, Little Science, Big Science, New York/London 1963, mit Untertitel: ... and beyond, New York 1986 (franz. Science et suprascience, Paris 1972; dt. Little Science, Big Science. Von der Studierstube zur Großforschung, Frankfurt 1974); N. Stehr/R. König (eds.), W.. Studien und Materialien, Köln/Opladen 1975 (Kölner Z. Soz. u. Sozialpsychol., Sonderheft 18); A. Sterbling, Informationszeitalter und Wissensgesellschaft. Zum Wandel der Wissensgrundlagen der Moderne, Hamburg 2002; R. Stichweh, Zur Entstehung des modernen Systems wissenschaftlicher Disziplinen. Physik in Deutschland 1740–1890, Frankfurt 1984 (franz. Études sur la genèse du système scientifique moderne, Lille 1991); ders., Wissenschaft, Universität, Professionen. Soziologische Analysen, Frankfurt 1994, Bielefeld 2013; N. W. Storer, The Social System of Science, New York/London 1966; P. Thuillier, Les passions du savoir. Essais sur les dimensions culturelles de la science, Paris 1988; M. Torka, Die Projektförmigkeit der Forschung, Baden-Baden 2009; M. Weber, Wissenschaft als Beruf, München 1919, Berlin ⁸1991, Stuttgart 2013, ferner in: ders., Gesammelte Aufsätze zur Wissenschaftslehre, Tübingen 1922, ⁶1985 (repr. 1988), 582–613; ders., Gesammelte Aufsätze zur Religionssoziologie I, Tübingen 1920 (repr. Tübingen 1923, 1988), Hamburg 2015; ders., Wirtschaft und Gesellschaft, I–II, Tübingen 1921/1922 (Grundriß der Sozialökonomik III/1–2), Neudr. unter dem Titel: Wirtschaft und Gesellschaft. Grundriß der verstehenden Soziologie, Tübingen 1922, ed. J. Winckelmann, Tübingen ⁴1956, ⁵1972, ferner als: MWG Abt. 1/XXII–XXV, separat Frankfurt 2010; P. Wehling, Im Schatten des Wissens? Perspektiven der Soziologie des Nichtwissens, Konstanz 2006; P. Weingart, Wissenschaftsforschung und wissenschaftssoziologische Analyse, in: ders. (ed.), W. I (Wissenschaftliche Entwicklung als sozialer Prozeß. Ein Reader mit einer kritischen Einleitung des Herausgebers), Frankfurt 1972, 1973, 11–42; ders., Wissenschaftlicher Wandel als Institutionalisierungsstrategie, in: ders. (ed.), W. II (Determinanten wissenschaftlicher Entwicklung), Frankfurt 1974, 11–35; ders., Die Stunde der Wahrheit? Zum Verhältnis der Wissenschaft zu Politik, Wirtschaft und Medien in der Wissensgesellschaft, Weilerswist 2001, ³2011; ders., W., Bielefeld 2003, ³2013; ders., W., Hist. Wb. Ph. XII (2004), 972–973; R. D. Whitley, Black Boxism and the Sociology of Science. A Discussion of Major Developments in the Field, in: P. Halmos/M. Albrow (eds.), The Sociology of Science, Keele 1972, 61–92; M. Wingens, Wissensgesellschaft und Industrialisierung der Wissenschaft, Wiesbaden 1998; S. Woolgar (ed.), Knowledge and Reflexivity. New Frontiers in the Sociology of Knowledge, London etc. 1988, 1991. C. F. G.

Wissenschaftssprache (engl. language of science, scientific language, franz. langage scientifique), Bezeichnung für eine überwiegend auf die Fachsprache der exakten Wissenschaften eingeschränkt verstandene Sprache der Darstellung (↑Darstellung (semiotisch)) und nicht der ↑Forschung. Soweit sie nicht zu (logisch höherstufigen) wissenschaftstheoretischen Zwecken (↑Wissenschaftstheorie) in eine – einem expliziten Prozeß der ↑Interpretation aller ihrer Zeichen unterworfene – formale Sprache (↑Sprache, formale) überführt wird, wie es ins-

bes. das Programm des Logischen Empirismus (↑Empirismus, logischer) als Aufgabe einer ↑Wissenschaftslogik in einem ursprünglich phänomenalistischen (↑Phänomenalismus), später im wesentlichen physikalistischen (↑Physikalismus) Rahmen verlangt, gehört die W. ebenso zur ↑*Gebrauchssprache* wie auch andere Fachsprachen und die der Orientierung im lebensweltlichen Alltag dienende *Umgangssprache* (↑Alltagssprache).
Wie alle Fachsprachen ist auch die Fachsprache einer Wissenschaft auf einen kontrollierten Erwerb in einem sich der Umgangssprache (oder auch bereits beherrschter vorangehender Stadien der jeweiligen W.) gewöhnlich bereits bedienenden Lehr- und Lernprozeß angewiesen. Anders als bei allein der Darstellung operationalen Wissens (›knowing-how‹; G. Ryle) dienenden Fachsprachen, wie z. B. in rein technischen Disziplinen, gehören bei der Darstellung auch propositionalen Wissens (›knowing-that‹) die das jeweilige Wissen rechtfertigenden Verfahren, die Begründungen, ebenfalls zumindest teilweise der Darstellungsebene an – sie heißen insoweit ↑Beweise – und müssen daher in der W. ausdrückbar sein. Der Versuch, eine W. so aufzubauen, daß alles Verfahrenswissen als Aussagewissen aufgefaßt wird und auch Begründungen ausschließlich in Gestalt von Beweisen auftreten, Weltwissen buchstäblich in Sprachwissen überführt ist – vom ↑Logizismus zumindest für die Mathematik unternommen und vom modernen Strukturalismus (↑Strukturalismus (philosophisch, wissenschaftstheoretisch)) als Programm weiterhin vertreten –, darf dabei als gescheitert gelten. Die Welt-Sprache-Differenz, gleichgültig auf welcher Stufe von ↑Gegenstand (↑Objekt) und Zeichen (↑Zeichen (logisch), ↑Zeichen (semiotisch)) für Gegenstand, läßt sich nicht zu Lasten nur einer Seite überwinden.
Für den Aufbau einer W., der rekonstruierend wahrgenommenen Aufgabe von allgemeiner und jeweils fachspezifischer ↑Wissenschaftstheorie, gleichgültig ob sie analytisch (↑Wissenschaftstheorie, analytische) oder konstruktiv (↑Wissenschaftstheorie, konstruktive) verfährt, und im Unterschied zu ihrem Erwerb – auch das ist ein Fall der Differenz von Zeichen und Gegenstand –, ist die Bereitstellung eines Systems der von ↑Unbestimmtheit (↑Ambiguität) und insbes. ↑Vagheit der Bedeutung freien ↑Termini in einer durch ↑Regulation (engl. regimentation; W. V. O. Quine) gewonnenen ↑Terminologie, des ›technical vocabulary‹, die zentrale Aufgabe. Diese Terminologie ist dabei sowohl kleinen (›stetigen‹) als auch großen (›sprunghaften‹), durch einen nicht nur von der Forschung ausgelösten Wechsel des wissenschaftstheoretischen ↑Paradigmas bestimmten Veränderungen unterworfen. Historisch ältere Stadien einer W. machen dann, wenn ihre der ursprünglichen Funktion beraubten Termini in der Gebrauchssprache verbleiben, wie es insbes. für die vorneuzeitliche, von Philosophie gemäß antiker Tradition begrifflich noch nicht nach dem Kriterium ›(empirischen) Gehalt betreffend‹ versus ›(rationalen) Rahmen betreffend‹ unterschiedene Wissenschaft der Fall ist, die ↑Bildungssprache aus. Ihre Ausdrücke, z. B. ›Existenz‹, ›Realität‹, ›Identität‹, ›Kausalität‹, beherrschen auch heute noch als meist metasprachliches (↑Metasprache) Vokabular neben zahlreichen, historisch oft zurückliegenden Metaphorisierungen (↑Metapher) alltagssprachlicher Ausdrücke, z. B. ›Kraft‹, ›Energie‹, sowohl die Gesichtspunkte beim Aufbau einer W. als auch die Wahl ihrer inhaltlichen Termini. Sie machen die Aufgabe der logischen ↑Genese (↑Rekonstruktion) der Wissenschaften aus der ihre Geschichte einschließenden Lebenswelt zusammen mit den dabei verwendeten ↑Sprachen zu einem unaufhebbaren ›philosophischen‹ Bestandteil des historischen Prozesses, wie er insbes. im ↑Pragmatismus konzipiert worden ist.

Literatur: G. Bongo, Der theoretische Raum der W.. Untersuchungen über die funktionale Konstitution einer Wissenschaftssprachtheorie und deren Anwendung in der Praxis, Bern etc. 2010; I. N. Bulhof, The Language of Science. A Study of the Relationship between Literature and Science in the Perspective of a Hermeneutical Ontology. With a Case Study of Darwin's »The Origin of Species«, Leiden/New York/Köln 1992; L. Drozd/W. Seibicke, Deutsche Fach- und W.. Bestandsaufnahme, Theorie, Geschichte, Wiesbaden 1973; J. Ducos (ed.), Sciences et langues au Moyen Âge/Wissenschaften und Sprachen im Mittelalter. Actes de l'Atelier franco-allemand, Paris, 27–30 janvier 2009, Heidelberg 2012; K. Ehlich/D. Heller (eds.), Die Wissenschaft und ihre Sprachen, Bern etc. 2006; W. Eins/H. Glück/S. Pretscher (eds.), Wissen schaffen – Wissen kommunizieren. W.n in Geschichte und Gegenwart, Wiesbaden 2011; P. Hinst, Logische Propädeutik. Eine Einführung in die deduktive Methode und logische Sprachenanalyse, München 1974; P. Kirchhof (ed.), Wissenschaft und Gesellschaft. Begegnung von Wissenschaft und Gesellschaft in Sprache. Symposion zur Hundertjahrfeier der Heidelberger Akademie der Wissenschaften, Heidelberg 2010; H. L. Kretzenbacher, W., Heidelberg 1992; ders./H. Weinrich, Linguistik der W., Berlin/New York 1995; J. Mittelstraß/J. Trabant/P. Fröhlicher, W.. Ein Plädoyer für Mehrsprachigkeit in der Wissenschaft, Stuttgart 2016; D. Shapere, Talking and Thinking about Nature. Roots, Evolution, and Future Prospects, Dialectica 46 (1992), 281–296; W. Thielmann, Deutsche und englische W. im Vergleich. Hinführen, Verknüpfen, Benennen, Heidelberg 2009; H. E. Wiegand (ed.), Sprache und Sprachen in den Wissenschaften. Geschichte und Gegenwart. Festschrift für Walter de Gruyter & Co. anläßlich einer 250jährigen Verlagstradition, Berlin/New York 1999. K. L.

Wissenschaftstheorie (engl. philosophy of science, franz. philosophie des sciences), modernes Teilgebiet der Theoretischen Philosophie (↑Philosophie, theoretische). Die W. umfaßt Untersuchungen zur Begriffsbildung, zu den Theoriestrukturen, zur Methode, zu den geschichtlichen Entwicklungsmustern und zu den philosophischen Konsequenzen insbes. der empirischen Wissenschaften insgesamt bzw. einzelner Disziplinen

oder Theorien. Ziel ist dabei in der Regel die Klärung oder systematische ↑Rekonstruktion wissenschaftlicher Theoriebildungen unter den genannten Aspekten.
Inhaltlich konzentriert sich die W. auf drei Bereiche. Sie befaßt sich (1) mit der ↑*Struktur* wissenschaftlicher Theorien. Dabei geht es z. B. um die Frage, ob Theorien als mengentheoretische Modelle (↑Strukturalismus (philosophisch, wissenschaftstheoretisch)) oder als deduktiv geordnete Aussagensysteme (↑System, axiomatisches) aufzufassen sind. Im zweiten Falle ergibt sich die Anschlußfrage nach dem Status der ↑Axiome; diese können entweder als erfahrungsnahe, vergleichsweise gut prüfbare Annahmen oder als eher abstrakte Behauptungen mit großer systematischer Tragweite formuliert werden. In engem Zusammenhang damit steht das Problem der *Wissenschaftssemantik*, bei dem es um die Prinzipien und Verfahren der Bedeutungsbestimmung wissenschaftlicher Begriffe geht (↑Theoriesprache). Im einzelnen handelt es sich um die Klärung der Abhängigkeit wissenschaftlicher Begriffsbildungen von der ↑Erfahrung, von experimentellen Operationen, vom zugehörigen theoretischen Zusammenhang oder von bloßen Konventionen. In diesem Problemfeld spielt auch die Frage nach der Struktur von Theorieanwendungen und insbes. die allgemeine Form wissenschaftlicher ↑Erklärungen eine wichtige Rolle.
Ein Schwerpunkt der W. ist (2) das Problem der wissenschaftlichen ↑*Methode*. Im ↑hypothetisch-deduktiven Methodenverständnis steht dabei die Einschätzung von Wissensansprüchen im Zentrum. Hierbei handelt es sich zum einen um die Klärung von Verfahren der empirischen Prüfung (↑Prüfbarkeit, ↑Prüfung, kritische) und ↑Bestätigung (↑Bestätigungstheorie), zum anderen um die Untersuchung der Wirksamkeit nicht-empirischer Anforderungen, insbes. methodologischer Kriterien wie Erklärungskraft oder innerer Zusammenhang von Theorien. Ein wichtiges Forschungsthema in diesem Zusammenhang ist die Frage, ob und gegebenenfalls auf welche Weise auch die fundamentalen, in aller Regel nicht direkt prüfbaren Annahmen von Theorien als bestätigt und damit als glaubwürdig einzustufen sind. Unterschiedliche Einschätzungen in dieser Frage begründen den Gegensatz von Realismus (↑Realismus, wissenschaftlicher) und ↑Instrumentalismus.
Ein weiterer Schwerpunkt ist (3) die Klärung der begrifflichen Struktur und der weiteren philosophischen Konsequenzen besonderer wissenschaftlicher Theorien. Diese Aufgabe der *Theorienexplikation* wird in Subdisziplinen der W., etwa der Philosophie der Physik oder der Philosophie der Biologie, bearbeitet. Auch die ↑Philosophie des Geistes (↑philosophy of mind), insofern sie als Philosophie der Psychologie oder der Neurowissenschaften betrieben wird, gehört in diesen Bereich der W..

Das erste Werk, das sich systematisch um eine Klärung der Vorgehensweise der neuzeitlichen Naturwissenschaft bemüht, ist F. Bacons »Novum organum« (1620). Durch methodisch geleitetes Datensammeln und sorgfältiges Verallgemeinern sucht Bacon zu einer gleichsam authentischen, nicht durch Voreingenommenheit getrübten Interpretation der Natur zu gelangen. Dieser empiristischen Orientierung und ihrer Bemühung um eine methodische Basis induktiver Argumente (↑Induktion) stellt sich der rationalistische Ansatz R. Descartes' entgegen, demzufolge Erfahrungen trügerisch sind, weshalb auch die Grundlage der Wissenschaft allein in ›klaren und deutlichen‹ (↑klar und deutlich) Verstandeserkenntnissen zu suchen ist. An diesen Gegensatz schließen sich die beiden erkenntnistheoretischen Richtungen des klassischen ↑Empirismus (J. Locke, G. Berkeley, D. Hume) und des klassischen ↑Rationalismus (G. W. Leibniz) an. I. Kant versucht durch eine Analyse des Erkenntnisvermögens zu einer erfahrungsunabhängigen Begründung unter anderem der Grundsätze der Newtonschen ↑Mechanik zu gelangen. Bis etwa 1830 bilden wissenschaftstheoretische Betrachtungen in der Regel einen untergeordneten Aspekt allgemein erkenntnistheoretischer Studien, oder sie treten in Form von Nebenbemerkungen in naturwissenschaftlichen Werken auf. Erst ab diesem Zeitpunkt werden – oft von empirisch arbeitenden Wissenschaftlern – vermehrt systematische Untersuchungen zu den Besonderheiten der wissenschaftlichen Erkenntnis durchgeführt. Diese konzentrieren sich zunächst auf die wissenschaftliche Methode. Während im induktivistischen (↑Induktivismus) Methodenverständnis (wie bei Bacon) Verfahren zur Erkenntnisgewinnung im Vordergrund stehen, rücken mit dem Übergang zur hypothetisch-deduktiven Methode ab der Mitte des 19. Jhs. Maßstäbe für die Beurteilung von wissenschaftlichen Annahmen in den Vordergrund. In einem hypothetisch-deduktiven Rahmen ist es legitim, eine Annahme oder ↑Hypothese zunächst ohne Begründung zu unterstellen und sie anschließend anhand der aus ihr ableitbaren empirischen Konsequenzen zu beurteilen. Dieser Denkansatz geht mit einer Betonung der schöpferischen Elemente bei der Formulierung von Theorien einher (W. Whewell, P. Duhem). Demgegenüber findet sich bei J. S. Mill, an Bacon anschließend, die Angabe eines festen Kanons von Induktionsregeln (↑Induktion), der die Berechtigung der Annahme von Gesetzen und vor allem von Kausalverknüpfungen (↑Kausalität) erschöpfend bestimmen soll. Mill und Whewell streiten polemisch über die Bedeutung freier Hypothesenbildung im Vergleich zur Anwendung induktiver Schemata.
Im letzten Drittel des 19. Jhs., gefördert durch die krisenhafte Entwicklung der kinetischen Wärmetheorie (↑Thermodynamik), setzt sich eine *instrumentalistische*

Orientierung durch, die im Einzelfall entweder eine *phänomenalistische* (↑Phänomenalismus) oder eine *konventionalistische* (↑Konventionalismus) Ausprägung findet. Die kinetische Wärmetheorie sucht thermischen Phänomenen durch die mechanische Analyse atomarer Wechselwirkungen Rechnung zu tragen; ihr relativer Mißerfolg führt zu einer skeptischen Einschätzung der Fähigkeit der Wissenschaft, ›hinter die Erscheinungen‹ vorzudringen. In diesem Sinne beschränkt z. B. E. Mach die Aufgabe der Wissenschaft auf die Erforschung der funktionalen Abhängigkeiten der Sinnesempfindungen voneinander (↑Empiriokritizismus). Für Duhem besteht die legitime Funktion wissenschaftlicher Theorien lediglich in der Zusammenfassung beobachtbarer Regularitäten, während weitergehende Ansprüche einer Wirklichkeitserkenntnis nicht zu rechtfertigen sind. Vor diesem Hintergrund entwickelt Duhem seine bis heute fortwirkende Analyse der empirischen Hypothesenprüfung, derzufolge Beobachtungsergebnisse allein niemals die schlüssige Beurteilung einer Hypothese erlauben (↑Unterbestimmtheit). Jede empirische Prüfung einer Hypothese erfordert nämlich eine Vielzahl weiterer Annahmen, so daß das Auftreten einer ↑Anomalie lediglich zeigt, daß irgendeine der herangezogenen Annahmen fehlerhaft ist. Die Falschheit der Hypothese, der die Prüfung galt, folgt daraus nicht.

Im 19. Jh. tritt verstärkt eine Hinwendung zur ↑*Wissenschaftsgeschichte* auf. Viele führende Wissenschaftstheoretiker verfassen selbst umfangreiche wissenschaftshistorische Studien (Whewell, Mach, Duhem). Kennzeichnend für diese Studien ist die Wirksamkeit einer ›Akkumulationstheorie‹ des wissenschaftlichen ↑Fortschritts (↑Erkenntnisfortschritt). Danach werden wissenschaftliche Erkenntnisse niemals verworfen, sondern höchstens in ihrem Geltungsbereich eingeschränkt und in einen weiteren Zusammenhang eingeordnet. Die frühere Theorie ist stets der Grenzfall der späteren (↑Reduktion); es gibt keine grundsätzlichen konzeptionellen Umbrüche. Diese Sichtweise des wissenschaftlichen Fortschritts bleibt bis weit ins 20. Jh. hinein bestimmend.

Der Beginn der modernen W. im engeren Sinne wird meist mit der Gründung des ↑*Wiener Kreises* in den 1920er Jahren angesetzt (R. Carnap, O. Neurath, M. Schlick u. a.). Kennzeichnend ist eine Hinwendung zur ↑Wissenschaftssprache und insbes. zur Entwicklung von Kriterien der Sinnhaftigkeit von Aussagen. Als zentrales Kriterium wird das ↑*Verifikationsprinzip* formuliert, demzufolge ↑Bedeutung und ↑Geltung aller Tatsachenaussagen durch die Erfahrung bestimmt sind (↑verifizierbar/Verifizierbarkeit). Aussagen, bei denen die Möglichkeit einer empirischen Prüfung nicht besteht, gelten als ↑kognitiv sinnlos. Der Wiener Kreis verfolgt dabei (1) das Ziel einer systematischen Explikation der Prinzipien der Bedeutungsfestlegung in der Wissenschaft und richtet sich (2) polemisch gegen die Ansprüche metaphysischer (↑Metaphysik) Systeme, denen nicht allein Gültigkeit, sondern jeder sachliche Aussagegehalt abgesprochen wird (↑Sinnkriterium, empiristisches). W. gilt als systematische, sich wesentlich der Mittel der formalen Logik (↑Logik, formale) bedienende Analyse der Wissenschaftssprache (↑Wissenschaftslogik).

Wegweisend für die Entwicklung der Verifikationssemantik sind Machs Argument der mangelnden empirischen Einlösbarkeit von I. Newtons Konzeption des absoluten Raumes (↑Raum, absoluter) und A. Einsteins operationale Analyse der Gleichzeitigkeit (↑gleichzeitig/Gleichzeitigkeit), derzufolge Aussagen über die Gleichzeitigkeit entfernter Ereignisse nur bei Rückgriff auf besondere ↑Bezugssysteme prüfbar sind. Die sich hierin ausdrückende Bindung sinnvoller wissenschaftlicher Begriffsbildungen an deren empirische Umsetzbarkeit fördert die Herausbildung einer *operationalistischen* (↑Operationalismus) Fassung der Verifikationssemantik. Danach ist die Bedeutung von Begriffen erschöpfend durch Handlungsanweisungen und vor allem durch Meßmethoden festgelegt (P. W. Bridgman).

Aus dem Operationalismus erwächst der Ansatz H. Dinglers, der seinerseits zur *Konstruktiven Wissenschaftstheorie* (↑Wissenschaftstheorie, konstruktive, ↑Konstruktivismus) führt. Dingler gibt dem Operationalismus eine begründungstheoretisch-normative Wendung. Danach stellen die elementaren menschlichen Handlungsfähigkeiten die Grundlage für einen methodisch gesicherten Aufbau der Wissenschaft bereit, der durch den ›Willen zur Eindeutigkeit‹ ausgezeichnet ist. Im Anschluß an Dingler strebt auch die Konstruktive W. den methodischen Aufbau wissenschaftlicher Theorien an, der seinerseits über den methodischen, d. h. lückenlosen und zirkelfreien, Aufbau der Wissenschaftssprache erfolgt. Grundlage dieses Aufbaus ist das elementare Vermögen, ↑Unterscheidungen zu treffen, das zur exemplarischen Einführung von ↑Prädikatoren (↑Prädikation) verwendet wird. Mit deren Hilfe wird der weitere Sprachaufbau über die schrittweise Einführung von ↑Kennzeichnungen, Eigennamen etc. fortgesetzt. Die auf diese Weise normierte sprachliche Erfassung lebensweltlicher (↑Lebenswelt) Sachverhalte liefert das Fundament der Wissenschaftssprache.

Der methodische Aufbau physikalischer Theorien beginnt mit Anweisungen zur Herstellung von ↑*Meßgeräten*. Deren Herstellung beruht wesentlich auf der Realisierung ausgezeichneter geometrischer Formen (wie ebener Flächen, gerader Kanten oder rechter Winkel). Ihre Realisierung erfolgt durch Spezifizierung von Herstellungsnormen, die sich ihrerseits an ↑*Homogenitätsprinzipien* orientieren. So ist etwa die Ebene durch die Ununterscheidbarkeit aller ihrer Punkte und ihrer beiden Seiten charakterisiert; ihre Herstellung wird durch das ↑Dreiplattenverfahren reguliert. Das der messenden Physik vorausgehende Normensystem zur Herstellung von Meßgeräten wird in der ↑*Protophysik* (↑Norm (protophysikalisch)) formuliert. Die Gesamtheit dieser Herstellungsanweisungen fügt sich durch das ↑*Prinzip der pragmatischen Ordnung* (↑Prinzip, methodisches) zu einer systematischen Struktur zusammen. Danach darf bei jeder ↑Konstruktion nur auf bereits konstruierte Hilfsmittel zurückgegriffen werden. Auf diese Weise wird ein eindeutig (↑eindeutig/Eindeutigkeit) ausgezeichneter und methodisch begründeter Aufbau der messenden Physik angestrebt. Dieses präskriptive (↑deskriptiv/präskriptiv), auf die Rechtfertigung ausgezeichneter wissenschaftlicher Vorgehensweisen gerichtete Verständnis setzt die Konstruktive W. der vorwiegend deskriptiv und rekonstruktiv verfahrenden ›analytischen‹ W. (↑Wissenschaftstheorie, analytische) entgegen.

Der von K. R. Popper in den 1930er Jahren entwickelte *Kritische Rationalismus* (↑Rationalismus, kritischer) entsteht im Umkreis und vor dem Hintergrund des Wiener Kreises. Wie dieser mißt auch Popper der ↑Prüfbarkeit wissenschaftlicher Aussagen großes Gewicht zu; im Unterschied zu diesem strebt Popper jedoch nicht mehr an, prüfbare Aussagen anhand sprachlicher Merkmale auszuzeichnen. Entsprechend geht es ihm nicht mehr um die Angabe eines Sinnkriteriums, sondern um die Angabe eines ↑Abgrenzungskriteriums zur Unterscheidung wissenschaftlicher von nicht-wissenschaftlichen Aussagen. Nach Poppers Bedingung der *Falsifizierbarkeit* (↑Falsifikation) müssen wissenschaftliche Hypothesen im Grundsatz der Widerlegung durch die Erfahrung fähig sein. Popper akzeptiert dabei (in der Regel) die auf Duhem zurückgehende Behauptung, einzelne Annahmen seien niemals schlüssig zu widerlegen, weshalb der Wissenschaftler auch stets einen Freiraum für die Lokalisierung des theoretischen Grundes eines empirischen Mißerfolgs besitze. Er macht jedoch geltend, daß die wissenschaftliche Methode gerade dadurch gekennzeichnet sei, daß nicht unter allen Umständen an bestimmten Annahmen festgehalten werde. Wissenschaftlichkeit ist dadurch charakterisiert, daß gravierende empirische Schwierigkeiten als Falsifikation aufgefaßt werden, obwohl sie es – logisch betrachtet – nicht sind. Die positive Auszeichnung einer Hypothese (ihre ↑Bewährung) ergibt sich als Resultat einer bestandenen kritischen Prüfung (↑Prüfung, kritische), also des gescheiterten Versuchs ihrer Falsifikation.

In den 1940er und 1950er Jahren entwickelt sich der Wiener Kreis (nach der Emigration der meisten seiner Vertreter in angelsächsische Länder) zum *Logischen Empirismus* (↑Empirismus, logischer). Dieser ist durch die beiden Kernbestandteile der ↑*Zweistufenkonzeption* und einer Theorie der wissenschaftlichen Erklärung gekennzeichnet. Der Zweistufenkonzeption zufolge enthalten wissenschaftliche Theorien Begriffe zweier Sprachstufen: Beobachtungsbegriffe (↑Beobachtungssprache) und theoretische Begriffe (↑Begriffe, theoretische). Beobachtungsbegriffe beziehen sich auf Objekte und Eigenschaften, die ohne weitere Hilfsmittel empirisch zugänglich sind; theoretische Begriffe werden im Rahmen einer Theorie eingeführt und bezeichnen Größen, die nicht direkt beobachtbar sind (↑Theoriesprache). Insgesamt umfaßt die Zweistufenkonzeption eine Theorie der Prinzipien der wissenschaftlichen Begriffsbildung und der allgemeinen Struktur wissenschaftlicher Theorien (Carnap, C. G. Hempel).

Die vor allem von Hempel entwickelte Erklärungstheorie des Logischen Empirismus enthält die Behauptung, daß alle wissenschaftlichen Erklärungen durch zwei verwandte logische Strukturen gekennzeichnet sind. Das Schema der *deduktiv-nomologischen* ↑Erklärung bezieht sich auf Erklärungen durch deterministische (↑Determinismus) Gesetze und besagt, daß Erklärungen durch logische Ableitung der Explanandum-Aussage aus allgemeinen Gesetzen und besonderen Anfangs- und Randbedingungen (↑Anfangsbedingung, ↑Randbedingung) unter Beachtung bestimmter Adäquatheitsbedingungen gegeben werden. Bei statistischen Gesetzen tritt ein Wahrscheinlichkeitsschluß (↑Wahrscheinlichkeit) an die Stelle der Deduktion; es gelten besondere Adäquatheitsbedingungen (*induktiv-statistische* Erklärung). Auch die Erklärung von Gesetzen durch allgemeinere Gesetze sowie von Theorien durch andere Theorien (↑Reduktion) sollte im Kern dem DN-Schema genügen.

Im Verlauf der 1960er Jahre gerät die in der Zweistufenkonzeption enthaltene Annahme einer Beobachtungssprache zunehmend in Schwierigkeiten. Charakteristisch für diese Annahme ist, daß es eine Ebene der Datenbeschreibung gibt, die der Anwendung von Theorien systematisch vorausgeht. Demgegenüber wird die ↑Theoriebeladenheit der Tatsachen betont. Danach wird in der Wissenschaft bereits die Beschreibung beobachtbarer Sachverhalte in theoretischen Begriffen und unter Rückgriff auf ↑Naturgesetze gegeben, so daß eine prätheoretische Beobachtungssprache in der Wissenschaft keine Verwendung findet. Die *Kontexttheorie der Bedeutung* zieht daraus den Schluß, daß die Bedeutung aller wissenschaftlichen Begriffe – und damit insbes. auch der vergleichsweise erfahrungsnahen Begriffe – durch ihren jeweiligen theoretischen Zusammenhang festgelegt wird (N. R. Hanson, T. S. Kuhn; ↑Theoriesprache).

Eine weitere Alternative zur Zweistufenkonzeption ist die *semantische* Theorieauffassung (↑Theorieauffassung, semantische), die in den 1980er Jahren Verbreitung findet. Danach ist eine Theorie nicht als ein deduktiv geordnetes System von Aussagen, sondern als eine Menge von ↑*Modellen* aufzufassen. Ein theoretisches Modell ist ein System von Größen, für das die Aussagen der entsprechenden Theorie gelten. Z. B. stellt ein Arrangement von Massenpunkten, das den Axiomen der Newtonschen Mechanik und dem Gravitationsgesetz (↑Gravitation) genügt, ein Modell der Teilchenmechanik (↑Teilchenphysik) dar. Allgemein umfaßt ein theoretisches Modell die Angabe von Gesetzen sowie die Spezifizierung von Anfangs- und Randbedingungen. Die empirische Aussage der Theorie besteht dann in der Behauptung, daß bestimmte beobachtbare Phänomene durch das Modell näherungsweise erfaßt werden (B. C. van Fraassen, R. Giere, P. Suppes).

Auch die Erklärungstheorie des Logischen Empirismus sieht sich zunehmend mit einer Reihe von Einwänden konfrontiert. Z. B. wird eingewendet, das DN-Modell enthalte keine adäquate Auszeichnung von Kausalerklärungen; es schließe nämlich nicht aus, daß eine Ursache durch Bezug auf ihre Wirkung erklärt wird. Entsprechend werden vor allem in den 1980er Jahren im wesentlichen drei alternative Theorien der wissenschaftlichen Erklärung entwickelt. In W. C. Salmons Theorie der *Kausalerklärung* wird verlangt, daß sich jede adäquate Erklärung auf Ursachen stützen muß. Die Theorie spezifiziert Kriterien zur Identifikation von *Kausalprozessen* (↑Ursache). Die von van Fraassen entwickelte *pragmatische Theorie* der Erklärung weist die für Hempels Modell zentrale Annahme zurück, wissenschaftliche Erklärungen zeichneten sich durch eine normierte Standardform aus. Vielmehr gelten Erklärungen als Antworten auf kontextabhängig aufzufassende Warum-Fragen, wobei diese Antworten einer Reihe von Adäquatheitsbedingungen (↑adäquat/Adäquatheit) zu genügen haben. Die von P. Kitcher (nach Vorarbeiten von M. Friedman) formulierte *Vereinheitlichungstheorie* der Erklärung fordert, daß wissenschaftliche Erklärungen zu einem Verständnis des zu erklärenden Phänomens führen müssen, das durch den Aufweis von Beziehungen zwischen Phänomenen und folglich durch die Verminderung der Zahl der als unabhängig eingestuften Phänomene erzeugt wird. Eine theoretische Vereinheitlichung in diesem Sinne kommt durch die Anwendung desselben ›Argumentationsmusters‹ in mehreren Erklärungszusammenhängen zustande. Allen drei Alternativtheorien gelingt die Auflösung der Standardeinwände gegen Hempels Erklärungsschema; sie führen jedoch ihrerseits auf weitere Präzisierungsprobleme.

Ausgelöst durch Kuhns *Paradigmentheorie* (↑Paradigma) wendet sich die W. in den 1960er und 1970er Jahren vermehrt dem Problem des *wissenschaftlichen Fortschritts* (↑Erkenntnisfortschritt) zu. Kuhn weist die traditionelle Akkumulationstheorie zurück und behauptet, daß in wissenschaftlichen Revolutionen (↑Revolution, wissenschaftliche) ein fundamentaler und diskontinuierlicher Theorienwandel auftritt. Wissenschaftliche Revolutionen sind durch einen grundlegenden Wandel der herangezogenen Begrifflichkeit, der als fruchtbar geltenden Problemstellungen und der Maßstäbe für annehmbare Problemlösungen gekennzeichnet. Entsprechend gibt es keinen allgemein akzeptierten und allgemein anwendbaren Kanon von Kriterien zur Beurteilung der relativen Leistungsfähigkeit konkurrierender Paradigmen. Folglich werden Theoriewahlentscheidungen von subjektiven Faktoren wesentlich beeinflußt.

Aus Kuhns Analyse ergibt sich, daß über die Berechtigung rivalisierender theoretischer Ansprüche auf der Grundlage der Daten und allgemeiner methodologischer Kriterien in der Regel nicht eindeutig entschieden werden kann. Dieses Ergebnis wird wiederum als Bedrohung der wissenschaftlichen ↑Rationalität aufgefaßt (↑Relativismus); entgegen der Kuhnschen Behauptung wird versucht, Theoriewahlentscheidungen anhand allgemeiner methodologischer Kriterien zu rekonstruieren (↑Theoriendynamik). Besondere Verbreitung findet I. Lakatos' Methodologie wissenschaftlicher ↑*Forschungsprogramme*. Grundlage der Beurteilung von Theorien (bzw. Forschungsprogrammen) ist danach eine Anzahl besonders qualifiziert erklärter Tatsachen (bzw. empirischer Regularitäten). Lakatos fordert zunächst, daß allein die von einer Theorie zutreffend vorhergesagten und insofern ›neuartigen‹ Phänomene diese Theorie bestätigen. Diese Forderung wird später dahingehend abgeschwächt, daß diejenigen Phänomene eine Theorie stützen, auf die bei der Formulierung dieser Theorie nicht zurückgegriffen werden mußte (J. Worrall, E. Zahar). Damit ist die Behauptung verbunden, daß sich auf der Grundlage dieser Konzeption der stützenden Tatsache die faktischen Theoriewahlentscheidungen (zumindest in als beispielhaft geltenden Fällen) kohärent rekonstruieren lassen. Diese Rekonstruierbarkeit (↑Rekonstruktion) gilt als Kennzeichen der Rationalität der Wissenschaft; wissenschaftliche Vernunft soll sich entsprechend in der Vernünftigkeit der Wissenschaftsgeschichte dokumentieren.

Die Methodologie wissenschaftlicher Forschungsprogramme spezifiziert Kriterien zur Einschätzung der Qualifikation wissenschaftlicher Theorien und stellt insofern eine ↑*Bestätigungstheorie* dar. Sie ist dabei durch einen (1) *theoriendynamischen* und einen (2) *holistischen* (↑Holismus) Ansatz gekennzeichnet. Gegenstand der Beurteilung sind primär Theorienmodifikationen bzw. Theorienreihen; nur umfassende Theoriensysteme, nicht aber einzelne Hypothesen werden als bestätigt oder erschüttert eingestuft. Demgegenüber sucht das 1980 von C. Glymour im Anschluß an Hempel formulierte ›*Bootstrap*‹-Modell der Bestätigung zu einer Einschätzung auch einzelner Hypothesen zu gelangen. Danach werden Hypothesen durch ihre positiven Einzelfälle bestätigt und durch ihre negativen diskreditiert. Ein Einzelfall liegt vor, wenn alle in der Hypothese vorkommenden Größen definite Werte aufweisen. Derartige Einzelfälle werden durch ›bootstrapping‹ erhalten, d. h. durch Berechnung der entsprechenden Größen aus empirischen Daten unter Rückgriff auf andere Hypothesen. Die Wertezuschreibung muß auf solche Weise erfolgen, daß negative Einzelfälle nicht logisch ausgeschlossen sind; die Wertezuschreibung muß also ein Fehlschlagsrisiko enthalten. Die spezifische Bestätigungswirkung der Daten – und entsprechend die Vermeidung des Bestätigungsholismus – kommt dann durch zwei Mechanismen zustande: (1) Nicht-Bestätigung einer einzelnen Hypothese bei Nicht-Erfüllung. Diese liegt vor, wenn mindestens einer Größe der entsprechenden Hypothese auf der Grundlage der Daten kein definiter Wert zugeschrieben werden kann, oder wenn eine solche Wertezuschreibung kein Fehlschlagsrisiko enthält. (2) ›Hypothesenhärtung‹ durch erfolgreiche Konkordanzprüfung. Diese besagt, daß theoretisch unterschiedliche Verfahren der Wertezuschreibung im Einzelfall zu übereinstimmenden Resultaten führen. Durch beide Bedingungen soll eine Beurteilung der spezifischen Auswirkungen empirischer Erfolge bzw. Mißerfolge möglich werden.

Der ↑*Bayesianismus* stellt einen weiteren verbreiteten Ansatz der Bestätigungstheorie dar. Dieser knüpft an Carnaps Versuch der Entwicklung einer induktiven Logik (↑Logik, induktive) und der Formulierung einer ↑Bestätigungsfunktion insofern an, als Bestätigung als *Wahrscheinlichkeit* der Hypothese im Lichte der Daten aufgefaßt wird. Grundlage für die Zuschreibung eines Bestätigungsgrads ist das ↑Bayessche Theorem, das im Bayesianismus wie folgt interpretiert wird: Die Wahrscheinlichkeit einer Hypothese h relativ zu den Daten e ergibt sich aus der Anfangswahrscheinlichkeit $p(h)$ ohne Berücksichtigung von e, der ›Erwartbarkeit‹ der Daten (Likelihood) $p(e/h)$, also der Wahrscheinlichkeit von e unter Voraussetzung von h, und der Datenwahrscheinlichkeit $p(e)$:

$$p(h/e) = \frac{p(e/h) \cdot p(h)}{p(e)}.$$

Die relevanten Wahrscheinlichkeitswerte beziehen sich dabei auf das Hintergrundwissen. Dieser Ansatz besagt, daß die Bestätigung einer Hypothese von zwei Faktoren abhängt: (1) dem Verhältnis der Erwartbarkeit der Daten relativ zur vorausgesetzen Hypothese im Vergleich zur bestrittenen Hypothese $(p(e/h):p(e/\neg h))$, (2) dem Verhältnis der Anfangswahrscheinlichkeit der Hypothese im Vergleich zu ihrer Negation $(p(h):p(\neg h))$.

Die Anwendung des Bayesschen Theorems erfordert die Zuschreibung konkreter Wahrscheinlichkeitswerte. Die personalistische Interpretation zieht hierfür eine Abschätzung der (wie auch immer zustandegekommenen) faktischen Beurteilung der Situation durch die beteiligten Wissenschaftler heran (B. de Finetti, C. Howson, P. Urbach). Die objektive Interpretation strebt demgegenüber eine begründete Zuschreibung von Wahrscheinlichkeitswerten an (H. Jeffreys, Salmon). Allerdings ist die Grundlage einer solchen Zuschreibung umstritten. Insgesamt gelingt dem Bayesianismus die Lösung einer Reihe wichtiger Probleme und ↑Paradoxien anderer Bestätigungstheorien sowie eine qualifizierte Erklärung verbreiteter Beurteilungsmaximen für Hypothesen.

Beginnend mit dem Wiener Kreis, fortgesetzt vom Operationalismus (bzw. dem aus diesem hervorgegangenen Konstruktivismus) und vom Logischen Empirismus wird das charakteristische Merkmal von Wissenschaft in Besonderheiten der *Wissenschaftssprache*, also der Verwendung eines in bestimmter Weise qualifizierten Vokabulars, gesehen. Demgegenüber betrachten Popper, Lakatos und die neueren bestätigungstheoretischen Ansätze die (nicht durch sprachliche Spezifika charakterisierte) *methodische Prüfung* und systematische Beurteilung von theoretischen Annahmen als das Kennzeichen der Wissenschaft. Dabei ist zunächst an eine vergleichsweise isolierte Beurteilung einzelner Hypothesen anhand der verfügbaren Daten gedacht (Carnap, Hempel, Popper). Dieser Zugang wird durch holistisch orientierte, theoriendynamische Ansätze mit einer Konzentration auf den wissenschaftlichen Wandel abgelöst. Primärer Gegenstand methodologischer Beurteilung ist danach eine Theorienänderung (Lakatos, L. Laudan). Die jüngste Entwicklung ist durch eine erneute Hinwendung zu Kriterien für eine Beurteilung einzelner Hypothesen im Lichte des historisch jeweils verfügbaren Hintergrundwissens gekennzeichnet, womit eine Rücknahme der theoriendynamischen Wendung verbunden ist (Glymour, Bayesianismus).

Neben diese umfassenden, dem Anspruch nach auf alle empirischen Wissenschaften gerichteten Ansätze treten wissenschaftstheoretische Untersuchungen zu einzelnen wissenschaftlichen Disziplinen. Dabei stehen die begriffliche Klärung philosophisch relevanter Aspekte empirischer Theorien und die Analyse möglicher Besonderheiten der Theorienstrukturen und methodischen Zugangsweisen der betreffenden Disziplin im Vordergrund. In der *Philosophie der Physik* geht es um die Ausarbeitung philosophisch gehaltvoller und physikalisch haltbarer ↑Explikationen naturphilosophisch bedeutsamer Begriffe. Dabei handelt es sich z. B. um die Entwicklung eines adäquaten Verständnisses der sich aus der Allgemeinen Relativitätstheorie (↑Relativitätstheorie, allgemeine) ergebenden Konzeption von ↑Raum und ↑Zeit. Ebenso werden philosophische Fragen der Natur und der Tragweite der ↑Kausalität oder des ↑Determinismus sowie der Charakteristika der ↑Materie oft im

Rahmen von Interpretationen der ↑Quantentheorie zu beantworten versucht. Eine derartige Problemstellung besteht z. B. darin, ob die quantenmechanischen Nicht-Lokalitäten eine umfassende holistische Auffassung der Natur stützen (↑Wechselwirkung, ↑Wirkung).

Während sich die W. traditionell zunächst stark an der Physik orientiert, findet ab etwa 1970 eine Ausweitung auf die Spezifika auch anderer Disziplinen, insbes. der Biologie, statt. Die *Philosophie der Biologie* befaßt sich unter anderem mit der Explikation von evolutionstheoretischen (↑Evolution, ↑Evolutionstheorie) Begriffen wie ↑Fitneß, ↑Anpassung und ↑Spezies sowie mit Untersuchungen des begrifflichen Verhältnisses von chemisch-molekularen und traditionell makroskopisch ausgerichteten Erklärungsansätzen (↑Reduktionismus). Analog besteht einer der Schwerpunkte der ↑*Philosophie des Geistes* (↑philosophy of mind) in der Analyse der begrifflichen Beziehungen zwischen psychologischen und biologischen Theorien. Daneben etabliert sich eine *Philosophie der Chemie*, die die Besonderheiten chemischer Forschungsansätze zum Gegenstand hat. Viele dieser Untersuchungen werden von der Frage geleitet, ob die Wissenschaft durch eine methodische Einheit und inhaltliche Einheitlichkeit gekennzeichnet ist.

Insgesamt konzentriert sich die W. auf die ↑*kognitiven* Aspekte der Wissenschaft. ↑Wissenschaft wird als eine auf die Gewinnung von ↑Erkenntnis gerichtete Bemühung aufgefaßt, deren Ziel in der Formulierung sachlich zutreffender und methodisch gerechtfertigter Aussagen besteht. Entsprechend bedienen sich wissenschaftstheoretische Untersuchungen häufig logischer Mittel und richten sich auf rationale Verfahren der Geltungssicherung (↑Geltung). So geht es etwa um die Analyse rationaler Kriterien wie empirische Adäquatheit, ↑Überprüfbarkeit oder vereinheitlichende Kraft sowie um deren Anwendung in der (historischen) Wissenschaftspraxis. Die W. befaßt sich demnach mit denjenigen Aspekten der Wissensbildung, die als der Wissenschaft intern (↑intern/extern) und immanent gelten. Ihre Analysen werden oft durch Untersuchungen über faktische Theoriebildungen und Forschungsformen in der Wissenschaftsgeschichte ergänzt und geprüft.

Die ↑*Wissenschaftssoziologie* und die aus ihr hervorgehende ↑*Wissenschaftsforschung* richten sich demgegenüber auf die Wissenschaft als gesellschaftliche ↑Institution sowie auf den Einfluß externer, also politischer oder sozialer Faktoren auf die Wissenschaft. In ihrer traditionellen Gestalt streben beide eine externe Erklärung derjenigen Merkmale der Wissenschaft an, die einer internen Erklärung widerstehen. In dieser Form sind sie mit wissenschaftstheoretischen Ansätzen verträglich. Umfassendere wissenschaftssoziologische und wissenschaftswissenschaftliche (↑Wissenschaftswissenschaft) Programme behaupten dagegen die Relevanz sozialer Faktoren auch für die Annahme von Tatsachen und Theorieinhalten (so genanntes Starkes Programm der Wissenschaftssoziologie; D. Bloor). Solche Ansätze treten unter Umständen in Konkurrenz zur W.. Ein weiteres Nachbargebiet der W. ist die ↑*Wissenschaftsethik*, die sich mit den aus der Durchführung wissenschaftlicher Experimente sowie aus den Anwendungen der Wissenschaft ergebenden ethischen Fragen befaßt.

Literatur: R. Ackermann, Philosophy of Science. An Introduction, New York 1970; A. J. Ayer (ed.), Language, Truth and Logic, London 1936, [2]1946 (repr. New York 1952, London 1970), Basingstoke/New York 2004 (dt. Sprache, Wahrheit und Logik, Stuttgart 1970, 1987); ders., Logical Positivism, Glencoe Ill. 1959 (repr. Westport Conn. 1978), New York etc. 1966; Y. Balashov/A. Rosenberg (eds.), Philosophy of Science. Contemporary Readings, London/New York 2002, 2006; A. Bartels/M. Stöckler (eds.), W.. Ein Studienbuch, Paderborn 2007, [2]2009; R. Boyd/P. Gasper/J. D. Trout (eds.), The Philosophy of Science, Cambridge Mass./London 1991, 1999; R. Carnap, Philosophical Foundations of Physics. An Introduction to Philosophy of Science, New York/London 1966, unter dem Titel: An Introduction to Philosophy of Science, New York 1995; M. Carrier, Explaining Scientific Progress. Lakatos's Methodological Account of Kuhnian Patterns of Theory Change, in: G. Kampis/L. Kvasz/M. Stöltzner (eds.), Appraising Lakatos. Mathematics, Methodology, and the Man, Dordrecht/Boston Mass. 2002, 53–71; ders., Smooth Lines in Confirmation Theory. Carnap, Hempel, and the Moderns, in: P. Parrini/W. C. Salmon/M. H. Salmon (eds.), Logical Empiricism. Historical and Contemporary Perspectives, Pittsburgh Pa. 2003, 304–324; ders., W.. Zur Einführung, Hamburg 2006, [4]2017; ders., Wege der Wissenschaftsphilosophie im 20. Jahrhundert, in: A. Bartels/M. Stöckler (eds.), W.. Ein Studienbuch [s. o.], 15–44; ders., Historical Approaches. Kuhn, Lakatos, Feyerabend, in: J. R. Brown (ed.), Philosophy of Science. The Key Thinkers, London/New York 2012, 132–151; ders., Karl Popper. Die wissenschaftliche Methode, in: F. O. Engler/M. Iven (eds.), Große Denker, Leipzig 2013, 125–154; A. F. Chalmers, What Is This Thing Called Science? An Assessment of the Nature and Status of Science and Its Methods, St. Lucia 1976, Indianapolis Ind./Cambridge, Maidenhead [4]2013 (dt. Wege der Wissenschaft. Einführung in die W., Berlin etc. 1986, Berlin/Heidelberg/New York [6]2007; franz. Qu'est-ce que la science? Récents développements en philosophie des sciences. Popper, Kuhn, Lakatos, Feyerabend, Paris 1987, 1990); P. Clark/K. Hawley (eds.), Philosophy of Science Today, Oxford etc. 2003; I. B. Cohen (ed.), The Natural Sciences and the Social Sciences. Some Critical and Historical Perspectives, Dordrecht/Boston Mass./London 1994; M. Curd/J. A. Cover/C. Pincock (eds.), Philosophy of Science. The Central Issues, New York/London 1998, [2]2013; A. C. Danto, Philosophy of Science, Problems of, Enc. Ph. VI (1967), 296–300, VII ([2]2006), 516–521; ders./S. Morgenbesser (eds.), Philosophy of Science. Readings, Cleveland Ohio 1961, New York 1974; W. K. Essler, W., I–IV, Freiburg/München 1970–1979, I, Freiburg/München [2]1982; H. Feigl/M. Brodbeck (eds.), Readings in the Philosophy of Science, New York 1953; J. H. Fetzer, Philosophy of Science, New York 1993; ders./R. F. Almeder, Glossary of Epistemology/Philosophy of Science, New York 1993; S. French/J. Saatsi (eds.), The Continuum Companion to the Philosophy of Science, London/New York 2011; S. Fuller, Philosophy of Science and Its Discontents, Boulder Colo./San Francisco Calif./London 1989, New York [2]1993; R. N. Giere, Understanding Scientific Reasoning,

New York etc. 1979, ^{5}2006; D. Gillies, Philosophy of Science in the Twentieth Century. Four Central Themes, Oxford/Cambridge Mass. 1993; I. Hacking, Representing and Intervening. Introductory Topics in the Philosophy of Natural Science, Cambridge etc. 1983, 2010 (dt. Einführung in die Philosophie der Naturwissenschaften, Stuttgart 1995, 2011); R. Harré, Philosophy of Science, History of, Enc. Ph. VI (1967), 289–296; ders., The Philosophies of Science. An Introductory Survey, London/Oxford/New York 1972, 1981; C. G. Hempel, Philosophy of Natural Science, Englewood Cliffs N. J. 1966; C. Howson (ed.), Method and Appraisal in the Physical Sciences. The Critical Background to Modern Science. 1800–1905, Cambridge etc. 1976; ders./P. Urbach, Scientific Reasoning. The Bayesian Approach, La Salle Ill. 1989, Chicago Ill./La Salle Ill. ^{3}2006; P. Hoyningen-Huene, Die Wissenschaftsphilosophie Thomas S. Kuhns. Rekonstruktion und Grundlagenprobleme, Braunschweig/Wiesbaden 1989, Wiesbaden 2014 (engl. Reconstructing Scientific Revolutions. Thomas S. Kuhn's Philosophy of Science, Chicago Ill./London 1993); ders./G. Hirsch (eds.), Wozu Wissenschaftsphilosophie? Positionen und Fragen zur gegenwärtigen Wissenschaftsphilosophie, Berlin/New York 1988; A. Hügli/P. Lübcke, Philosophie im 20. Jahrhundert II (W. und Analytische Philosophie), Reinbek b. Hamburg 1993, ^{3}2006; P. W. Humphreys (ed.), The Oxford Handbook of Philosophy of Science, Oxford etc. 2012, 2016; P. Janich/F. Kambartel/J. Mittelstraß, W. als Wissenschaftskritik, Frankfurt 1974; H. Kochiras, Locke's Philosophy of Science, SEP 2009, rev. 2017; P. Kosso, Reading the Book of Nature. An Introduction to the Philosophy of Science, Cambridge etc. 1992, 1993; J. A. Kourany (ed.), Scientific Knowledge. Basic Issues in the Philosophy of Science, Belmont Calif. 1987, ^{2}1998; D. Krause/J. R. B. Arenhart, The Logical Foundations of Scientific Theories. Languages, Structures, and Models, New York/London 2017; L. Krüger (ed.), Erkenntnisprobleme der Naturwissenschaften. Texte zur Einführung in die Philosophie der Wissenschaft, Köln/Berlin 1970; U. Kühne/B. Haferkamp, W., EP III (^{2}2010), 3056–3069; K. Lambert/G. G. Brittan Jr., An Introduction to the Philosophy of Science, Englewood Cliffs N. J. 1970, Atascadero Calif. ^{4}1992 (dt. Eine Einführung in die Wissenschaftsphilosophie, Berlin/New York 1991); R. Lanfredini/S. Dellantonio, Wissenschaftsphilosophie, EP III (^{2}2010), 3038–3056; G. Linde, W., RGG VIII (^{4}2005), 1658–1663; P. Lorenzen, Lehrbuch der konstruktiven W., Mannheim/Wien/Zürich 1987, Stuttgart/Weimar 2000; J. Losee, A Historical Introduction to the Philosophy of Science, London/Oxford/New York 1972, Oxford etc. ^{4}2001 (dt. W.. Eine historische Einführung, München 1977); ders., Philosophy of Science and Historical Enquiry, Oxford 1987; P. Machamer/M. Silberstein (eds.), The Blackwell Guide to the Philosophy of Science, Malden Mass./Oxford/Carlton 2002, ^{2}2007; J. Mittelstraß, Die Möglichkeit von Wissenschaft, Frankfurt 1974; ders., Die Philosophie der W.. Über das Verhältnis von W., Wissenschaftsforschung und Wissenschaftsethik, Z. allg. Wiss.theorie 19 (1988), 308–327, ferner in: ders., Der Flug der Eule. Von der Vernunft der Wissenschaft und der Aufgabe der Philosophie, Frankfurt 1989, ^{2}1997, 167–193; ders., Wissenschaft/Wissenschaftsgeschichte/W. (I Philosophisch), TRE XXXVI (2004), 184–200; E. Nagel, The Structure of Science. Problems in the Logic of Scientific Explanation, New York, London 1961, Indianapolis Ind./Cambridge ^{2}1979, 2003; W. H. Newton-Smith (ed.), A Companion to the Philosophy of Science, Malden Mass./Oxford/Carlton 2000, 2001; A. O'Hear, Introduction to the Philosophy of Science, Oxford 1989, 1990; S. Okasha, Philosophy of Science. A Very Short Introduction, Oxford etc. 2002, ^{2}2016; A. Pap, An Introduction to the Philosophy of Science, New York 1962, 1967; J. C. Pitt (ed.), Theories of Explanation, Oxford etc. 1988; D. Prawitz/O. Westerstahl (eds.), Logic and Philosophy of Science. Papers from the 9th International Congress of Logic, Methodology, and Philosophy of Science in Uppsala 1991, Dordrecht/Boston Mass./London 1994; S. Psillos, Philosophy of Science, History of, Enc. Ph. VII (^{2}2006), 503–516; H. Pulte, W.; Wissenschaftsphilosophie, Hist. Wb. Ph. XII (2004), 973–981; M. Redhead, From Physics to Metaphysics. The Tarner Lectures Delivered at Cambridge under the Auspices of Trinity College in February 1993, Cambridge etc. 1995, 1996; H. C. de Regt, Representing the World by Scientific Theories. The Case for Scientific Realism, Tilburg 1994; M. H. Salmon u. a., Introduction to the Philosophy of Science. A Text by Members of the Department of the History and Philosophy of Science of the University of Pittsburgh, Englewood Cliffs N. J. 1992, Indianapolis Ind. 1999; W. C. Salmon, Four Decades of Scientific Explanation, Minneapolis Minn. 1989, Pittsburgh Pa. 2006; H. Schleichert (ed.), Logischer Empirismus. Der Wiener Kreis. Ausgewählte Texte mit einer Einleitung, München 1975; H. Seiffert/G. Radnitzky (eds.), Handlexikon der W., München 1989, ^{2}1994; L. Sklar, Philosophy of Science, in: R. Audi (ed.), The Cambridge Dictionary of Philosophy, Cambridge etc. ^{2}1999, 700–704; J. Speck (ed.), Handbuch wissenschaftstheoretischer Begriffe, I–III, Göttingen 1980; W. Stegmüller, Probleme und Resultate der W. und Analytischen Philosophie, I–IV, Berlin/Heidelberg/New York 1969–1973, ^{2}1983–1986; E. Ströker, Einführung in die W., Darmstadt 1973, ^{4}1992; F. Suppe (ed.), The Structure of Scientific Theories, Urbana Ill./Chicago Ill./London 1974, ^{2}1977, 1979; P. Suppes, Models and Methods in the Philosophy of Science. Selected Essays, Dordrecht/Boston Mass./London 1993; S. Toulmin, The Philosophy of Science. An Introduction, London 1953, 1969 (dt. Einführung in die Philosophie der Wissenschaft, Göttingen 1953, 1969); E. Watkins/M. Stan, Kant's Philosophy of Science, SEP 2003, rev. 2014; J. Worrall, Science, Philosophy of, REP VIII (1998), 572–576. M. C.

Wissenschaftstheorie, analytische, Bezeichnung für spezielle Formen der ↑Wissenschaftstheorie im Rahmen der Analytischen Philosophie (↑Philosophie, analytische). In ihrem Selbstverständnis ist die a.W. durch ein primär systematisches (im Unterschied zu einem historischen) philosophisches Interesse charakterisiert und sieht sich auf Klarheit der Sprache (↑Sprachanalyse) und ↑Rationalität der Argumentation verpflichtet. In einem spezifischeren Sinne kennzeichnend für die a. W. ist die *deskriptive* (↑deskriptiv/präskriptiv) Orientierung an einer gegebenen Wissenschaftspraxis. Der a.n W. geht es um die ↑Rekonstruktion der faktisch in der Wissenschaft akzeptierten ↑Theorien (ihrer Begrifflichkeit, methodischen Stützung und philosophischen Konsequenzen), deren Gültigkeit entsprechend vorausgesetzt und nicht kritisch untersucht wird. Im Gegensatz dazu setzt die ebenfalls systematisch orientierte Konstruktive Wissenschaftstheorie (↑Wissenschaftstheorie, konstruktive) an der Frage an, ob und gegebenenfalls wie diese Theorien durch methodisch gesicherte Einzelschritte begründet aufzubauen sind. Charakteristisch für die Konstruktive Wissenschaftstheorie ist folglich eine ↑*normative* Ausrichtung, auf deren Grundlage die gegebene Wissenschaftspraxis kritisch beleuchtet werden soll. Dies schließt insbes. den Anspruch ein, die wissenschaftlich akzeptierten Theorien nicht allein zu analysieren, sondern durch Vorschriften zur Begriffsbildung und Methodologie zu verändern.

Literatur: P. Janich, Protophysik der Zeit, Mannheim/Wien/Zürich 1969, erw. und mit Untertitel: Konstruktive Begründung und Geschichte der Zeitmessung, Frankfurt [2]1980 (engl. Protophysics of Time. Constructive Foundation and History of Time Measurement, Dordrecht/Boston Mass./Lancaster 1985); ders., Eindeutigkeit, Konsistenz und methodische Ordnung: Normative versus deskriptive Wissenschaftstheorie zur Physik, in: F. Kambartel/J. Mittelstraß (eds.), Zum normativen Fundament der Wissenschaft, Frankfurt 1973, 131–158; ders./F. Kambartel/J. Mittelstraß, Wissenschaftstheorie als Wissenschaftskritik, Frankfurt 1974; J. Mittelstraß, Die Möglichkeit von Wissenschaft, Frankfurt 1974; H. Pulte, W.; Wissenschaftsphilosophie, Hist. Wb. Ph. XII (2004), 973–981; W. Stegmüller, Probleme und Resultate der Wissenschaftstheorie und Analytischen Philosophie, I–IV, Berlin/Heidelberg/New York 1969–1973, [2]1983–1986. M. C.

Wissenschaftstheorie, konstruktive, Bezeichnung für das von der ↑Erlanger Schule des ↑Konstruktivismus im Rahmen der ↑Wissenschaftstheorie vertretene philosophische Programm. Als ›konstruktiv‹ (↑Konstruktion, ↑konstruktiv/Konstruktivität) wird die Wissenschaftstheorie nach diesem Programm bezeichnet, weil sie die Gegenstände der Wissenschaften als *Konstruktionen*, d. h. als Produkte zweckgerichteten menschlichen Handelns versteht. Näherhin besteht die generelle Aufgabe der k.n W. darin, die Erzeugung der Gegenstände einer Wissenschaft als implizit gegebenen Vorschriften folgend zu rekonstruieren (↑Rekonstruktion), um dann auf dem Hintergrund dieser Regeln die faktischen Wissenschaften einer kritischen Kontrolle ihres methodischen Aufbaus zu unterziehen. Dabei sollen auch Fragen der ↑Philosophie, sofern diese Probleme des Aufbaus der Wissenschaften betreffen, als wissenschaftstheoretische Probleme formuliert und gelöst werden.

Die k. W. versteht sich als Philosophie nach der Wende zur Sprache (↑Wende, linguistische), wobei der Fundierungsanspruch wissenschaftstheoretischer Rekonstruktionen nicht wie in der hermeneutischen Philosophie (↑Hermeneutik) oder in der ↑Ordinary Language Philosophy Wittgensteinscher Prägung (↑Phänomenalismus, linguistischer) aufgegeben wird. Vielmehr geht es um Fundierungsbemühungen, die von der Tatsache ausgehen, daß alle philosophischen Bemühungen zwar ›inmitten von … (Leben, Welt, Sprache usw.)‹ vollzogen werden müssen, daß sich jedoch ausgehend von ersten lebensweltlichen (↑Lebenswelt) ↑Anfängen nach den Regeln des methodischen Denkens, d. h. unter der Verwendung eines *methodischen* und eines *dialogischen* Prinzips (↑Prinzip, methodisches, ↑Prinzip, dialogisches), ↑Wissenschaftssprachen auf pragmatischer Basis kontrolliert aufbauen lassen (↑Unhintergehbarkeit). K. W. ist daher im Kern das Programm der (Re-)Konstruktion komplexer Wissenschaftssprachen, ausgehend von lebensweltlichen praktischen Fundamenten.

Die Arbeit an der Entwicklung und Ausführung des Programms der k.n W. beginnt in Form der Zusammenarbeit zwischen W. Kamlah und P. Lorenzen mit der Berufung von Lorenzen nach Erlangen (1962). Die Blütezeit fällt mit der raschen Aufnahme des Programms durch den Schülerkreis und weitere Philosophen in die 70er und 80er Jahre. In der weiteren Entwicklung geht mit der Tätigkeit der Vertreter einer k.n W. in einer Reihe von Universitäten Deutschlands die programmatische Einheit verloren. Gleichwohl haben grundlegende Prinzipien und Diskussionen der k.n W. die gegenwärtige Diskussion der Philosophie in Deutschland weitgehend mitgeprägt. Außerhalb Deutschlands ist die k. W. vor allem in den Niederlanden (E. M. Barth, E. C. W. Krabbe), Belgien und den USA (H. Robinson, P. T. Sagal, J. Silber) diskutiert worden.

(1) *Philosophiegeschichtliche Wurzeln und Hintergründe:* Die historischen Ansatzpunkte für die Grundlagen der k.n W. liegen in den intellektuellen Wechselbeziehungen zwischen der ↑Phänomenologie und der Göttinger ↑Lebensphilosophie in den 20er Jahren des 20. Jhs. sowie in den Arbeiten H. Dinglers zur methodischen Ordnung des Aufbaus der Wissenschaften. Kamlah kam in den 20er Jahren, Lorenzen in den 30er Jahren in Göttingen mit dieser Diskussion in Berührung. In diesen Diskussionsraum gehören auch die Heideggersche Reformulierung des phänomenologischen Programms, die Kamlah in Marburg kennenlernte, und die von M. Heidegger beeinflußte Weiterführung der Phänomenologie durch O. Becker, mit der sich Lorenzen nach dem 2. Weltkrieg in Bonn auseinandersetzte. Dingler, der in der Außendefinition der k.n W. häufig als deren herausragender geistiger Ahnherr betrachtet wird, verstand sich selbst als Schüler E. Husserls.

Die Grundzüge einer ↑normativen Wissenschaftstheorie finden sich bereits im ersten Band der »Logischen Untersuchungen« Husserls (1900). Durch mehrfache Modifikationen dieses Programms hindurch bleibt die Aufgabenstellung der Fundierung situationsinvarianter Strukturen des Wissens und Handelns im Rahmen sich wandelnder psychischer Erlebnisse das Grundthema der Phänomenologie. Für die k. W. wirksam wurde vor allem Heideggers Reformulierung des phänomenologischen Programms, die dieser seit Beginn der 20er Jahre in seinen frühen Freiburger und Marburger Vorlesungen entwickelte und die ihre teilweise textliche Verdichtung in »Sein und Zeit« (1927) fand. Heidegger vollzieht dabei eine strikte Ablösung von der Bewußtseinsphilosophie im Sinne R. Descartes' und Husserls, und zwar mit der Begründung, daß nicht die sprachfreien Operationen des ↑Bewußtseins, sondern die Rede das ›ausgezeichnete universale Grundverhalten‹ des Menschen sei (Logik. Die Frage nach der Wahrheit, Frankfurt 1976 [Gesamtausg. XXI], 3). Mit der Konzeption des Erkennens als Modus des ↑In-der-Welt-seins weist Heidegger (mit W. Dilthey) die Idee eines fundierenden Bewußtseins zurück, hält aber zugleich (mit Husserl) am Programm einer Fundierung des wissenschaftlichen Erkennens fest. Die Tatsache, daß der Mensch in seiner alltäglichen Umgebung auf der Basis von (hinsichtlich ihrer Geltungsansprüche undurchschauten) Überzeugungen im großen und ganzen erfolgreich handelt (›umsichtiger Umgang‹), ist nach Heidegger der für alle philosophischen Fundierungsbemühungen methodisch erste Sachverhalt.

Die Göttinger Lebensphilosophie, deren historisch bedeutsame Rolle für die k. W. durch autobiographische Hinweise Kamlahs und Lorenzens bestätigt wird, steht selbst über ihre Repräsentanten H. Nohl, G. Misch und J. König in der Auseinandersetzung mit der Phänomenologie. Insbes. die Arbeiten Mischs stellen die Gemeinsamkeiten zwischen Phänomenologie (vor allem in der durch Heidegger reformulierten Fassung) und Diltheyscher Lebensphilosophie in den Vordergrund. Misch versucht dabei, Dilthey von einer irrationalistischen (↑irrational/Irrationalismus) und wissenschaftsfeindlichen ›Weltanschauungsphilosophie‹ abzugrenzen und den Begriff des ↑Lebens so zu konzipieren, daß die logischen Strukturen als Grundlagen kognitiver und operativer Geltungsbegründung auf der Basis der Unergründlichkeit (›Unhintergehbarkeit‹) des Lebens zu explizieren sind. Dieser Ansatz der ›Göttinger Logik‹ wird in der k.n W. unter dem Stichwort der ›Hochstilisierung‹ aufgegriffen und weitergeführt.

Ein weiterer wichtiger Impuls für die k. W. geht von Beckers phänomenologischer Grundlegung der Geometrie, Mathematik und Physik aus. Becker (zeitgleich mit Heidegger ab 1919 Husserls Assistent) versteht seine Arbeit zunächst als Anwendung und Durchführung Husserlscher Vorgaben, löst sich dann allerdings von diesen und stellt den existenzialontologischen Ansatz Heideggers in das Zentrum seiner philosophischen Grundlagenforschung. Gegen Platon und G. W. Leibniz, aber mit Aristoteles und I. Kant entwirft Becker ein ↑operatives Verständnis der Mathematik (Mathematische Existenz. Untersuchungen zur Logik und Ontologie mathematischer Phänomene, Jb. Philos. phänomen. Forsch. 8 [1927], 441–809, separat Tübingen ²1973); eine konsequente Ausführung des aristotelisch-kantischen Erbes sieht Becker in L. E. J. Brouwers ↑Intuitionismus.

Hinsichtlich der *sprachphilosophischen* (↑Sprachphilosophie) und *semiotischen* (↑Semiotik) Grundlagen steht die k. W. auf den systematischen Fundamenten, die G. Frege gelegt hat. Freges Kritik am ↑Psychologismus hatte wiederum Husserl aufgegriffen, der Freges Auffassungen dadurch zu einer breiten Bekanntheit verhalf. Über B. Russell und R. Carnap gilt Frege auch als Mitbegründer der Analytischen Philosophie (↑Philosophie, analytische). Die wichtige Rolle Freges für die k. W. und die Analytische Wissenschaftstheorie (↑Wissenschaftstheorie, analytische) läßt die Kontroversen zwischen beiden wissenschaftstheoretischen Ansätzen auf dem Hintergrund der großen philosophischen Divergenzen als weniger tiefgreifend erscheinen. Neben Frege haben für die sprachphilosophischen Grundlagen ferner C. S. Peirce und L. Wittgenstein eine wichtige Rolle gespielt. Für die *konstruktive Logik* (↑Logik, konstruktive) übte Brouwers Kritik am klassischen ↑Logikkalkül Freges großen Einfluß auf die verschiedenen Varianten der operativen, dialogischen und argumentativen Logik aus (↑Logik, operative, ↑Logik, dialogische). Brouwers Kritik an der Allgemeingültigkeit (↑allgemeingültig/Allgemeingültigkeit) des ↑tertium non datur und an der Vorstellung des analytischen Kontinuums als aktual-unendlicher Gesamtheit hat auch Becker überzeugt, der seinerseits in diesem Punkte Husserl (Formale und transzendentale Logik. Versuch einer Kritik der logischen Vernunft, Jb. Philos. phänomen. Forsch. 10 [1929], 1–198, separat Halle 1929) beeinflußte. Neben Brouwer haben vor allem G. Gentzen (↑Kalkül des natürlichen Schließens) und der Brouwer-Schüler E. W. Beth die Untersuchungen zur operativen Logik beeinflußt.

Für die Arbeit der k.n W. an den Grundlagen der *Mathematik* haben neben Brouwer J. H. Poincaré und H. Weyl eine wichtige Rolle gespielt. Die konstruktive Grundlegung der *Physik* ist hingegen in Teilen bereits von Dingler vorformuliert worden (↑Operationalismus). So weist Dingler darauf hin, daß die Theorie der Messung nicht empirischen Charakter haben kann, da durch sie erst festgelegt wird, was als empirisch zu gelten hat. Für die konstruktive Grundlegung von ↑*Ethik* und *politischer Theorie* gehen zentrale Anregungen auf Kant, K. Marx und M. Weber zurück.

(2) *Entwicklungen und Diskussionszusammenhänge:* Der Zusammenarbeit von Kamlah und Lorenzen an der Universität Erlangen ging eine längere Phase der Suche und Annäherung an das spätere Programm der k.n W. voraus. Kamlah befaßte sich nach seiner öffentlichen Distanzierung von Heidegger (1954) zunehmend mit der Analytischen Philosophie und der Logik, wobei sein systematischer Schwerpunkt in einer den gesamten Themenkanon der Praktischen Philosophie (↑Philosophie, praktische) einbeziehenden philosophischen ↑Anthropologie liegt. Der Wunsch, die eigene Konzeption sprachkritisch zu präzisieren, war der Grund für Kamlah, sich für die Einrichtung eines zweiten Philosophielehrstuhls und seine Besetzung mit Lorenzen einzuset-

zen. Unter anderem unter dem Eindruck der Gödelschen Limitationsergebnisse (↑Unvollständigkeitssatz) und ihren Deutungen hatte sich Lorenzen in den 1950er Jahren dem Fundierungsproblem von Logik und Mathematik zugewandt und von daher zunehmend Anteil an Fragen der Philosophie genommen. Seine ersten Überlegungen zur Bestimmung eines eigenen philosophischen Programms greifen auf Diltheys Konzeption der Unhintergehbarkeit des Lebens zurück, lehnen jedoch einen ↑Relativismus der Vormeinungen ab und plädieren stattdessen für ein Verständnis der Philosophie im Sinne einer Kritik der Vormeinungen mit dem Ziel einer positiven Wissensfundierung.

Erster Ertrag der Kooperation zwischen Kamlah und Lorenzen ist die »Logische Propädeutik« (1967). Sie ist sowohl Programmschrift als auch als ›Vorschule des vernünftigen Redens‹ Lehrbuch der methodischen Grundlagen der k.n W.. Kamlah betrachtet später seine »Philosophische Anthropologie« (1973) als dieser Vorschule entsprechende ›Hauptschule‹, in der die sprachkritisch-methodischen Grundlagen inhaltlich-praktisch angewendet werden. Aus dem Kreis der Mitarbeiter und Schüler befassen sich seit den 1960er Jahren K. Lorenz mit der Entwicklung der Dialogischen Logik (↑Logik, dialogische), der ↑Semiotik und der ↑Sprachphilosophie, J. Mittelstraß mit den sprachphilosophischen Grundlagen der Philosophie und mit der ↑Wissenschaftsgeschichte, P. Janich mit der Wissenschaftstheorie der ↑Naturwissenschaften, C. Thiel mit der Wissenschaftstheorie der ↑Formalwissenschaften, O. Schwemmer mit der ↑Ethik und der ↑Sozialphilosophie. Seit den frühen 1970er Jahren nehmen weitere Philosophen und Wissenschaftler methodische und programmatische Elemente der k.n W. auf. So arbeitet F. Kambartel auf dem Gebiet der Grundlagen der Mathematik und der Logik sowie der Praktischen Philosophie und Ökonomie, C. F. Gethmann auf dem Gebiet der Sprachphilosophie, der Logik und der Ethik. Die programmatische Einheitlichkeit und die thematische Arbeitsteiligkeit hat seit den frühen 1970er Jahren zur Bezeichnung ›Erlanger Schule‹ geführt; zu diesem Zeitpunkt war die geographische Zuordnung allerdings bereits obsolet, da die k. W. auch an Universitäten wie Aachen, Essen, Hamburg, Konstanz, Marburg und Saarbrücken weiterentwickelt wurde. Zeitweise, als Janich, Kambartel und Mittelstraß in den 1970er Jahren gemeinsam an der Universität Konstanz arbeiteten und sich G. Gabriel (1976), M. Gatzemeier (1973), Gethmann (1978) und H. J. Schneider (1975) dort habilitierten, wurde auch von der ›Erlanger und Konstanzer Schule‹ gesprochen.

Die k. W. steht von Anfang an in einem kritischen Diskussionsverhältnis zu dem seinerzeit international in der ↑Wissenschaftstheorie tonangebenden Logischen Empirismus (↑Empirismus, logischer) und seinen Weiterentwicklungen in der Analytischen Philosophie und Wissenschaftstheorie. Mit einer Reihe von Ansätzen der Analytischen Wissenschaftstheorie teilt die k. W. den *sprachkritischen* (↑Sprachkritik) Ansatz, nach dem die Bedeutung aller verwendeten Ausdrücke intersubjektiv (↑Intersubjektivität) kontrollierbar sein muß. Die k. W. lehnt jedoch z. B. das reduktionistische (↑Reduktionismus) Programm ab, demzufolge alle wissenschaftlichen Sprachen auf eine physikalische Sprache zurückführbar sein müssen. Ferner teilt die k. W. nicht das anfänglich im Logischen Empirismus vertretene Sinnlosigkeitsverdikt hinsichtlich aller nicht-erfahrungswissenschaftlichen Aussagen, insbes. denen der Praktischen Philosophie (↑Kognitivismus). In den 1970er und 1980er Jahren bestimmen Kontroversen mit dem *Kritischen Rationalismus* (↑Rationalismus, kritischer) einerseits und der ↑*Transzendentalpragmatik* und ↑*Universalpragmatik* andererseits die Diskussionen in der deutschen Philosophie. Der Kritik am Gedanken der Fundierung des Wissens und Handelns mittels des vom Kritischen Rationalismus (H. Albert) formulierten ↑Münchhausen-Trilemmas wird von der k.n W. ein ↑pragmatisches Verständnis von ›Begründen‹ (↑Begründung) entgegengesetzt: Im Aufbau von *Protosprachen* werden Fundierungen gegeben, indem im Ausgang von unter Zweckgesichtspunkten ausgewiesenen Anfängen weitere Schritte methodisch erarbeitet werden. Dieser pragmatischen Deutung des Begründungsgedankens steht die in der Transzendentalpragmatik von K.-O. Apel vertretene Konzeption der ↑Letztbegründung entgegen. Seitens der k.n W. werden einerseits Reichweite und materialer Gehalt des Letztbegründungsanspruchs kritisiert, andererseits die Unklarheit und Voraussetzungshaftigkeit der beanspruchten Argumentationsfigur bemängelt. Demgegenüber bestehen deutliche Gemeinsamkeiten mit dem von J. Habermas entwickelten Projekt einer Universalpragmatik.

(3) *Systematische Grundzüge:* (3.1) *Lebenswelt:* Das Programm einer (Re-)Konstruktion und Fundierung komplexer Wissenschaftssprachen begreift die Wissenschaften als Hochstilisierungen lebensweltlicher Handlungskompetenzen. Die k. W. sucht also keinen voraussetzungslosen (↑voraussetzungslos/Voraussetzungslosigkeit) Anfang, sondern unterstellt für das Fundierungsproblem die Möglichkeit des Rekurses auf lebensweltlich ›immer schon Gekonntes‹, auf ›bewährte‹ Handlungsweisen. Das als kommunikativ und kooperativ erfahrene lebensweltliche Handeln ist in diesen Eigenschaften rekonstruiert verfügbar; die zu seinem Vollzug erforderliche Kompetenz wird praktisch und nicht theoretisch vermittelt erworben. Beispiele für derartige Handlungsweisen sind die Meßkunst der Landvermesser, der Seefahrer oder der Feinmechaniker, die einerseits Redehandlungen darstellen – Fachausdrücke werden ver-

wendet, um z. B. Meßresultate festzuhalten –, andererseits sprachfreie Handlungsweisen – es wird geregelt mit entsprechenden Geräten hantiert.
Wird die Lebenswelt unter dem Gesichtspunkt von Fundierungsbemühungen betrachtet, dann werden durch diese Zwecksetzung für die Auswahl geeigneter ›Anfänge‹ bereits kritische Gesichtspunkte mitgesetzt: (a) Das zu Fundierende, die Wissenschaften, kann nicht selbst ein geeigneter Anfang sein. Das bedeutet, daß z. B. das ›Fenster der Evolution‹ keine geeignete Grundlage des methodischen Aufbaus darstellt. Das wissenschaftliche Wissen muß im Sinne Husserls ›eingeklammert‹ werden. Damit wird jedoch nicht geleugnet, daß die Wissenschaften, ihre Voraussetzungen und Anwendungen, Teile der modernen Lebenswelt sind. (b) Das bloß Okkasionelle, das nicht im Modus lebensweltlicher Bewährung begriffen werden kann, ist kein möglicher Anfang. Mögliche Anfänge sind Handlungsweisen, die durch ihre lokale Zweckmäßigkeit einen Ansatzpunkt für weitergehende Geltungsüberlegungen bieten. (c) Methodische Anfänge sind nur ausgezeichnet relativ zum Zweck der methodischen Fundierung. Innerhalb der Lebenswelt muß ihnen ansonsten keine besondere Auffälligkeit zugesprochen werden. (d) Methodische Anfänge sind nicht exklusiv; es mag vielmehr mehrere Möglichkeiten geben, eine lebensweltliche Basis auszuzeichnen bzw. ↑kognitive und ↑operative Geltungsansprüche auf eine lebensweltliche Basis zurückzubeziehen. (e) Methodische Anfänge sind auf Grund ihrer methodischen Funktionalität auch kritisierbar und somit niemals letzte Gründe im Sinne einer Letztbegründungsphilosophie (↑Letztbegründung).
(3.2) *Wissenschaft:* Lebensweltliches Handeln ist durch relativen, lokalen Erfolg praktisch bewährt. Nur als solches ist es unter der Bedingung der dem dialogischen Prinzip (↑Prinzip, dialogisches) unterworfenen Rekonstruktion seines Erwerbs möglicher Anfang methodischer Fundierungsbemühungen. Das Interesse an einem wissenschaftlich bewährten Können verdankt sich dem Umstand, daß lebensweltliches Handeln auf Grund seiner Begrenztheit Störungen unterliegt. Störungen sind grundsätzlich Unterbrechungen kontinuierlichen Operierens; die Bewältigung von Störungen orientiert sich entsprechend an der Vorstellung, Kontinuitäten auf Dauer zu stellen. Sind die Störungspotentiale lebensweltlicher Handlungskontexte hinreichend groß und machen sie sich häufig bemerkbar, so werden sie zu einem Problem, das eine dauerhafte Lösung erfordert. Ein erster Schritt in diese Richtung besteht darin, die Problembeschreibungen ihrer kontextualen Merkmale zu entkleiden und sie in eine kontextinvariante Darstellung zu bringen. Ergeben sich dann unter dieser neuen Darstellung Lösungsvorschläge, so besitzen sie die geforderte Universalität. Mit ›Wissenschaft‹ wird dann diejenige Form des Wissens bezeichnet, die solche situationsinvarianten Geltungsansprüche umfaßt.
Die generelle Methode der Wissensfundierung wird zweckmäßigerweise in ›zwei Durchgängen‹ organisiert: (a) ↑*Heuristik:* Ausgehend von prätendierten Geltungsansprüchen (z. B. einer wissenschaftlichen Disziplin) werden *reduktiv* diejenigen ↑Prämissen und ↑Präsuppositionen herausgestellt, die benötigt werden, um den zur Debatte stehenden Teil der Wissenschaftssprache zu fundieren. (b) *Methodik:* Ausgehend von möglichen, dem dialogischen Prinzip unterworfenen lebensweltlichen Anfängen werden *produktiv* gemäß den für das methodische Prinzip maßgeblichen Kriterien der Lückenlosigkeit und Zirkelfreiheit weitere Schritte eingeführt, die letztlich durch Situationsinvarianz ausgezeichnet sein müssen. Eine Wissenschaft gilt als rekonstruiert, wenn die Ergebnisse der beiden Vorgehensweisen sich decken.
Der Nachweis der Zweckmäßigkeit einer wissenschaftlichen Praxis ist erst mit ihrer expliziten Beschreibung und dem Ausweis als Mittel zur Realisierung des intendierten Zweckes erbracht. Die methodische Rekonstruktion einer Wissenschaft vollzieht sich als Aufbau ihrer ↑*Wissenschaftssprache*: »Wir beginnen (...) inmitten und mit Hilfe unserer Umgangssprache, aber auch der Aufbau des wissenschaftlichen Sprechens wird nicht ganz und gar der Zirkelbewegung entraten. Jedoch die Einführung *derjenigen* Wörter, die eines nach dem andern den Aufbau *tragen* werden, soll von jetzt an zirkelfrei a primis fundamentis versucht werden« (Kamlah/Lorenzen, Logische Propädeutik, ^{2}1973, 27). Die k. W. bemüht sich zur Realisierung des Zwecks der Rekonstruktion von wissenschaftlichen Geltungsansprüchen zunächst um sprachphilosophische Grundlagen. Ausgehend vom (unhintergehbaren) Unterscheidungsvermögen (↑Sprache, ↑Unhintergehbarkeit) und von der jeweiligen (hintergehbaren) umgangssprachlichen ›Rede‹ werden elementare Ausdrücke einer wissenschaftstheoretischen Terminologie eingeführt. Auch das Einführungsverfahren für erste Wörter folgt dem dialogischen Prinzip des Kompetenzerwerbs, geschieht also mit Hilfe einer ↑Lehr- und Lernsituation für ↑Artikulatoren (↑Prädikation). Zur weiteren Normierung der einer funktionalen Trennung in ↑Nominatoren und ↑Prädikatoren unterworfenen Artikulatoren werden Prädikatoren durch ↑Prädikatorenregeln stabilisiert (↑Regulation). So genannte ›abstrakte Gegenstände‹ wie ↑Begriffe, ↑Tatsachen, ↑Zahlen werden über ein Abstraktionsverfahren (↑abstrakt, ↑Abstraktion) terminologisch eingeführt. Die Ausdrücke ›Begriff‹, ›Tatsache‹, ›Zahl‹ bezeichnen keine Entitäten, sondern zeigen an, daß invariant bezüglich einer ↑Äquivalenzrelation auf dem Bereich der Konkreta geredet wird. Der Abstraktor ›Begriff von‹ wird so über die Äquivalenzrelation der Synonymie (↑synonym/

Synonymität) auf dem Bereich der Prädikatoren eingeführt.
Weitere Grundlagen, die für die Rekonstruktion der Wissenschaften benötigt werden, sind ↑Logik und ↑Pragmatik (als elementarer Teil einer ↑Handlungstheorie). Die *Konstruktive Logik* (↑Logik, konstruktive, ↑Protologik) – hinsichtlich ihres Geltungsaspekts als Rekonstruktion der argumentativen Praxis – legt die Bedeutung der logischen Ausdrücke auf der Basis einer Rekonstruktion der in lebensweltlicher Redepraxis anerkannten Argumentationsverpflichtungen und Argumentationsberechtigungen vor dem Hintergrund beliebiger Redehandlungen (↑Sprechakt) fest. Die *Konstruktive Pragmatik* (↑Handlung, ↑Handlungstheorie) führt insbes. die Rede von Handlung, Verhalten, ↑Widerfahrnis, ↑Mittel und ↑Zweck ein. Damit werden die notwendigen Redemittel bereitgestellt, um z. B. über die Zweckmäßigkeit des Aufbaus einer Wissenschaft (Wissenschaftssprache) relativ zu einem Zweck zu befinden oder die Grundlagen der Praktischen Philosophie zu explizieren. Die Verknüpfung von Handlung und Widerfahrnis im Erfahrungsbegriff (↑Erfahrung) ist entscheidend für die Bedeutung des ↑Experiments in den Experimentalwissenschaften: Erfahrungen werden *gemacht*, d. h., sie sind an Handlungen gebunden, die als solche – im Unterschied zum Verhalten (↑Verhalten (sich verhalten)) – gelingen oder mißlingen können. Durch den Widerfahrnischarakter des Gelingens oder Mißlingens von Handlungen, d. h. durch die prinzipielle Unverfügbarkeit des Gelingens, ist (gegenüber der Kritik aus der Sicht des erkenntnistheoretischen Realismus; ↑Realismus (erkenntnistheoretisch)) die Redeweise gerechtfertigt, daß Menschen von etwas Erfahrung haben, über das sie nicht beliebig verfügen können (↑Realität).
(3.3) *Protodisziplinen:* Die Grundlagen der wissenschaftlichen Disziplinen lassen sich nach gleichen Kriterien einführen, so daß es eine in vieler Hinsicht gleiche Struktur solcher erster Redeteile gibt. In bewußtem terminologischen Kontrast zu den Metadisziplinen der Analytischen Wissenschaftstheorie (↑Metalogik, ↑Metamathematik) hat Lorenzen für diese ersten Redeteile die Ausdrucksverbindung ›Proto-…‹ vorgeschlagen (↑Prototheorie). Eine Prototheorie rekonstruiert die Schritte von der sprachphilosophisch und handlungstheoretisch aufgearbeiteten Lebenswelt zu den parteien- und kontextinvariant geltenden Behauptungen einer Wissenschaft. Eine zentrale Rolle spielt hierbei das auf Dingler zurückgehende ↑*Prinzip der pragmatischen Ordnung* (auch: *Prinzip der methodischen Ordnung*), demgemäß die prototheoretischen Schritte den Kriterien der Lükkenlosigkeit und Zirkelfreiheit zu genügen haben bzw., allgemeiner, Teilhandlungen zweckgerichteter Handlungsketten in beschreibender wie vorschreibender Rede hinsichtlich ihrer Reihenfolge nicht anders rekonstruiert werden dürfen, als sie (bei Strafe des Mißerfolgs) zur Erreichung ihres Zweckes vollzogen werden müssen. Zu Beginn der Arbeiten zur k.n W. stand in Anlehnung an die Aristotelische Einteilung der Philosophie in Logik, Physik und Ethik jeweils ein prototheoretischer Aufbau der entsprechenden Disziplinengruppen vor Augen. Später verlief die Entwicklung von Protodisziplinen eher unsystematisch.
Nachdem sich Lorenzen um 1948 von der Notwendigkeit einer Grundlagenkritik der *Mathematik* überzeugt hatte, bemühte er sich um eine Synthese des Hilbertschen Formalismus und der intuitionistischen Kritik; in Aufnahme von Ideen Gentzens zur Fortführung des scheinbar an Gödels ↑Unvollständigkeitssatz gescheiterten ↑Hilbertprogramms führt er 1949/1950 mit konstruktiven (intuitionistisch unbedenklichen) Mitteln einen ↑Widerspruchsfreiheitsbeweis für die entscheidenden Teile der klassischen Analysis.
Da alle mathematischen Beweise von logischen Beweisschritten Gebrauch machen, mußte auch die Logik zum Gegenstand kritischer Reflexion werden. An Gedanken Dinglers (Die Grundlagen der Naturphilosophie, Leipzig 1913; Das System. Das philosophisch-rationale Grundproblem und die exakte Methode der Philosophie, München 1930) anknüpfend, entdeckt Lorenzen eine von Vorentscheidungen über das ›klassische‹ oder ›konstruktive‹ Vorgehen noch unabhängige Fundierungsmöglichkeit in der Untersuchung des in beiden Fällen verwendeten schematischen Operierens (›operative Logik und Mathematik‹; ↑Logik, operative, ↑Mathematik, operative). Dabei ergeben sich die logischen Regeln als die für *beliebige* Kalküle zulässigen (›allgemeinzulässigen‹; ↑allgemeinzulässig/Allgemeinzulässigkeit) Regeln, und zwar auf Grund der Rolle der ↑Negation zunächst gerade die Regeln der intuitionistischen Logik (↑Logik, intuitionistische), auf deren Basis sich freilich die Regeln der klassischen Logik (↑Logik, klassische) als widerspruchsfrei erweisen lassen.
Da diese ›protologische‹ Untersuchung der Regeln schematischen Operierens und der durch sie ermöglichten Zulässigkeitsaussagen auch zu einem Fundament der Arithmetik führt, ergaben sich zwei von diesem Ansatz ausgehende ›Forschungsprogramme‹. Zum einen war die lebensweltliche argumentierende Rede mit Hilfe der bereits gewonnenen ↑*Protologik* zu rekonstruieren; dabei ließen sich Schwierigkeiten bei der im operativen Ansatz notwendig werdenden Iteration von wenn-dann-Verknüpfungen durch einen dem operativen in dieser Hinsicht überlegenen ›dialogischen‹ Ansatz (↑Logik, dialogische) überwinden, der später in einen allgemein argumentationstheoretischen Ansatz (↑Argumentationstheorie) integriert wird. Zum anderen galt es, einen den Grundprinzipien der k.n W. genügenden Weg von der ↑Arithmetik zum Satzbestand der klassischen ↑Ana-

lysis zu finden, ohne konstruktiv nicht gültige Beweisschritte unter Voraussetzung des ↑tertium non datur oder den für ›klassische‹ Existenzbeweise typischen Schritt von $\neg\bigwedge_x\neg ax$ zu $\bigvee_x ax$ zuzulassen. Im Rahmen der operativen Mathematik wird dieses Programm zur Sicherung des wesentlichen Satzbestandes der klassischen Analysis durch eine ›geschichtete Analysis‹ (Lorenzen 1955) eingelöst und 1965 durch Beschränkung auf die Unterscheidung von definiten und indefiniten Quantoren (↑Quantor, indefiniter) bedeutend vereinfacht. Auf beiden Wegen lassen sich wegen der Nicht-Begründbarkeit von ›absoluten‹ Mächtigkeiten und damit auch von absolut ›überabzählbaren‹ (↑überabzählbar/Überabzählbarkeit) Bereichen die – allerdings auch nicht zum Satzbestand der klassischen Analysis gehörigen – Hauptsätze der so genannten transfiniten Kardinalzahlarithmetik nicht rekonstruieren.

Methodisch geht die vor allem von P. Janich weitergeführte ↑*Protophysik* als Theorie der operationalen Definition physikalischer Grundgrößen der Physik voraus. ›Operational‹ soll hier in dem Sinne verstanden werden, daß zur Festlegung physikalischer Grundgrößen nicht nur eine formale ↑Meßtheorie benötigt wird, sondern auch und in erster Linie Funktionsnormen für die zur Messung der Größen erforderlichen ↑Meßgeräte. Solche Funktionsnormen basieren auf Theorien, die in ihrem Aufbau unabhängig sein müssen von empirischen, also selbst wieder durch Meßdaten beschriebenen Sachverhalten. Ausgehend von einer ↑vorwissenschaftlichen technischen Lebenspraxis werden z. B. die Geometrie und die Chronometrie als fundierende Prototheorien für die Längen- und Zeitmessung rekonstruiert. Wichtiger Verfahrensschritt der erfahrungswissenschaftlichen Prototheorien ist dabei die ↑Ideation. Mittels eines Ideationsverfahrens wird in der Terminologiebildung z. B. der Schritt von der Rede über Oberflächenformen an realen Körpern zur Rede über ideale oder mathematische Gegenstände geleistet (↑Protogeometrie, ↑vorgeometrisch), wodurch man die für die Konstruktion geometrischer Gebilde erforderlichen Grundformen (Ebene, Gerade, Punkt etc.) erhält. Ein entsprechendes formentheoretisches Vorgehen wird protophysikalisch auch für die Messung von ↑Zeit und ↑Masse vorgeschlagen.

Die Rechtfertigung von sozialen Normen wird, da diese sowohl bei der Rekonstruktion sprachphilosophischer Grundlagen als auch der Prototheorien eine wesentliche Rolle spielen, in der konstruktiven ↑*Ethik* als eigenständiger Problemkomplex behandelt. Im Laufe der Entwicklung der k.n W. wurden diesem Theoriestück verschiedene Plätze zugewiesen. Während die Ethik in »Konstruktive Logik, Ethik und Wissenschaftstheorie« (1973, [2]1975) von Lorenzen und Schwemmer im methodischen Aufbau der logischen Propädeutik nachfolgte, wird sie im »Lehrbuch der k.n W.« von Lorenzen zum Bestandteil der Wissenschaftstheorie des politischen Wissens. Demgegenüber folgt die Konzeption der ↑*Protoethik* (Gethmann) der Vorstellung einer strengeren Parallelität zu den übrigen Protodisziplinen. Die Protoethik rekonstruiert aus lebensweltlich immer schon anerkannten Diskursregeln die Redeteile, die sich zur Konstruktion von Beurteilungskriterien für allgemeine Aufforderungen im Rahmen einer normativen Ethik eignen. Ausgehend vom Programm einer konstruktiven Ethik als wissenschaftstheoretischer Grundlage der Theorien des politischen Wissens ergibt sich ein spezifisches Verständnis der Aufgaben und Methoden der ↑Sozialwissenschaften. Einer rein empirischen, ›szientistischen‹ (↑Szientismus) Auffassung der Sozialwissenschaften wird eine normative, gesellschaftskritische Auffassung gegenübergestellt, die sich insbes. mit den Verfahren und Institutionen des Zustandekommens gesellschaftlichen Konsenses zu befassen hat (Schwemmer).

(4) *Kritik und weitere Tendenzen:* Die Kritik an der k.n W. bezieht sich sowohl auf das Gesamtprogramm, hier insbes. auf den Fundierungsanspruch, als auch auf einzelne Elemente des Programms. Von seiten des Kritischen Rationalismus (Albert, H. Spinner) wird die Einlösung des Begründungsanspruchs bestritten und die Ablehnung eines ↑Theorienpluralismus durch die k. W. kritisiert. Unter den sprachphilosophischen Grundlagen der k.n W. werden insbes. die konstruktivistische Prädikationslehre (G. Siegwart), das Einführungsverfahren (E. v. Savigny, Siegwart) und das Abstraktionsverfahren (W. Künne, Siegwart, P. Simons) kritisiert. Die Arbeiten zur Protologik werden sowohl hinsichtlich des Begründungsanspruchs (H. Lenk) als auch bezüglich der verschiedenen Elemente des Logikaufbaus kritischer Würdigung unterzogen (J. Friedmann, W. Kindt, G. Mayer). Von den Prototheorien wird vor allem die Protophysik durch Physiker und an der Standarddarstellung der Physik orientierte Wissenschaftstheoretiker kritisiert. In bezug auf das protophysikalische Programm kritisiert G. Böhme, daß die Forderungen an die Meßgeräte konstitutiv sein sollen für die zu messenden Gegenstände. P. Mittelstaedt vertritt die Position, daß das Programm nicht in aller Strenge, sondern nur zum Teil durchführbar sei, da ein Rückgriff auf wissenschaftliche Erfahrungen unvermeidlich sei (ähnlich K. J. Düsberg). A. Kamlah bestreitet die Anwendbarkeit der protophysikalischen Sprache, solange die ideativen Normen nicht präzisiert und erschöpfend dargestellt sind. Auf die Lückenhaftigkeit bei der Ausführung des sprachlichen Aufbaus hat P. Hinst hingewiesen. Die von der konstruktiven Ethik und Theorie der Politik geforderte Rechtfertigbarkeit von Normen ist von H. Lübbe grundsätzlich in Frage gestellt worden. Gleichwohl wurde die k. W. in Fachwissenschaften durchaus zur Kenntnis genom-

men und führte dort zu Diskussionen, die nicht nur allgemeine wissenschaftliche Grundeinstellungen betreffen, sondern die jeweiligen theoretischen Ansprüche kritisch reflektieren; so z. B. in der Mathematik (P. Zahn), der Informatik (H. Wedekind, A. L. Luft, W. Büttemeyer), der Ökonomie (H. Steinmann, A. Löhr) und der Biologie (W. Gutmann).

Der Verlust an programmatischer Einheit der k.n W. seit etwa der Mitte der 1980er Jahre (und damit das Ende der Formation als ›Schule‹) steht im Zusammenhang mit dem Tode Kamlahs 1976 und der Emeritierung Lorenzens 1980. Einige der Schüler und Anhänger des Programms gehen seither philosophisch eigene Wege (Kambartel, Schwemmer). Auf der anderen Seite ist eine Fülle von Weiterentwicklungen, Anwendungen und Vertiefungen festzustellen. Die am Zusammenhang von Semiotik und Pragmatik orientierten Grundlagen der Philosophie der Sprache, Kunst und Mathematik werden auf dem Gebiet der anthropologischen Fundierung grammatischer, kunsttheoretischer und mathematischer Kategorien bearbeitet (Lorenz, D. Gerhardus, G. Heinzmann). Die Theorie des technischen Wissens wird vor allem durch Janich und seine Mitarbeiter um Arbeiten zur ↑Protobiologie, ↑Protochemie und ↑Protopsychologie erweitert. Durch Arbeiten auf den Gebieten der ↑Technikfolgenabschätzung, der medizinischen Ethik (↑Ethik, medizinische), der ↑Wissenschaftsethik, der Unternehmensethik und der ↑Technikethik ist der Ansatz der konstruktiven Ethik in weite Bereiche der angewandten Philosophie (↑Ethik, angewandte) vorgetrieben worden (Gethmann, R. Kötter, Mittelstraß). Zahlreiche Arbeiten zur ↑Philosophiegeschichte und ↑Wissenschaftsgeschichte (Gethmann, Janich, Mittelstraß, Thiel u. a.) stehen in engem Zusammenhang mit dem Programm der k.n W., darunter auch Arbeiten zur Theorie der Philosophie- und Wissenschaftsgeschichte (Mittelstraß). Schließlich ist auch die »Enzyklopädie Philosophie und Wissenschaftstheorie« selbst zu großen Teilen das gemeinsame Werk von Vertretern der k.n W..

Literatur: B. Abel, Grundlagen der Erklärung menschlichen Handelns. Zur Kontroverse zwischen Konstruktivisten und kritischen Rationalisten, Tübingen 1983; H. Albert, Traktat über kritische Vernunft, Tübingen 1964, ^{3}1975 (mit Nachwort: Der Kritizismus und seine Kritiker, 183–210), ^{4}1980 (erw. Nachwort, 183–216), ^{5}1991 (erw. um: Georg Simmel und das Begründungsproblem. Ein Versuch der Überwindung des Münchhausen-Trilemmas, 257–264, Ein Nachtrag zur Begründungsproblematik, 264–277) (engl. Treatise on Critical Reason, Princeton N. J. 1985); ders., Konstruktion und Kritik. Aufsätze zur Philosophie des kritischen Rationalismus, Hamburg 1972, ^{2}1975; E. M. Barth/J. L. Martens (eds.), Argumentation. Approaches to Theory Formation. Containing the Contributions to the Groningen Conference on the Theory of Argumentation, October 1978, Amsterdam 1982; ders./E. C. W. Krabbe, From Axiom to Dialogue. A Philosophical Study of Logics and Argumentation, Berlin/New York 1982; G. Böhme (ed.), Protophysik. Für und wider eine k. W. der Physik, Frankfurt 1976; R. E. Butts/J. R. Brown (eds.), Constructivism and Science. Essays in Recent German Philosophy, Dordrecht/Boston Mass./London 1989 (Western Ont. Ser. Philos. Sci. XLIV); C. Demmerling/G. Gabriel/T. Rentsch (eds.), Vernunft und Lebenspraxis. Philosophische Studien zu den Bedingungen einer rationalen Kultur. Für Friedrich Kambartel, Frankfurt 1995; J. Friedmann, Kritik konstruktivistischer Vernunft. Zum Anfangs- und Begründungsproblem bei der Erlanger Schule, München 1981; G. Gabriel, Definitionen und Interessen. Über die praktischen Grundlagen der Definitionslehre, Stuttgart-Bad Cannstatt 1972; ders., Fiktion und Wahrheit. Eine semantische Theorie der Literatur, Stuttgart-Bad Cannstatt 1975; ders., Zwischen Logik und Literatur. Erkenntnisformen von Dichtung, Philosophie und Wissenschaft, Stuttgart 1991; ders., Die Erkenntnis der Welt. Eine Einführung in die Erkenntnistheorie, Freiburg/München 2012, ^{4}2013; ders., Erkenntnis, Berlin/Boston Mass. 2015; M. Gatzemeier, Theologie als Wissenschaft?, I–II, Stuttgart-Bad Cannstatt 1974/1975; ders. (ed.), Verantwortung in Wissenschaft und Technik, Mannheim/Wien/Zürich 1989; D. Gerhardus, Wie läßt sich das Wort ›rekonstruieren‹ rekonstruieren? Zu einem Aspekt des methodologischen Ansatzes im Wiener Kreis, Conceptus 11 (1977), 151–159; ders./S. M. Kledzik/G. H. Reitzig, Schlüssiges Argumentieren. Logisch-propädeutisches Lehr- und Arbeitsbuch, Göttingen 1975; C. F. Gethmann, Logische Propädeutik als Fundamentalphilosophie?, Kant-St. 60 (1969), 352–368; ders., Protologik. Untersuchungen zur formalen Pragmatik von Begründungen, Frankfurt 1979; ders. (ed.), Theorie des wissenschaftlichen Argumentierens, Frankfurt 1980; ders., Wissenschaftsforschung? Zur philosophischen Kritik der nachkuhnschen Reflexionswissenschaften, in: P. Janich (ed.), Wissenschaftstheorie und Wissenschaftsforschung [s. u.], 9–38; ders. (ed.), Logik und Pragmatik. Zum Rechtfertigungsproblem logischer Sprachregeln, Frankfurt 1982; ders., Proto-Ethik. Zur formalen Pragmatik von Rechtfertigungsdiskursen, in: H. Stachowiak/T. Ellwein (eds.), Bedürfnisse, Werte und Normen im Wandel I (Grundlagen, Modelle und Perspektiven), München etc. 1982, 113–143 (engl. Protoethics. Towards a Formal Pragmatics of Justificatory Discourse, in: R. E. Butts/J. R. Brown [eds.], Constructivism and Science [s. o.], 191–220); ders., Deduktive Begründung, Ex-post-Interpretation und produktive Rechtfertigung der Logik, Conceptus 19 (1985), 67–71; ders., Handlung, Bedeutung, Folgerung. Probleme des methodischen Aufbaus bei der Logikrechtfertigung, Philosophica 35 (1985), 21–32; ders., Letztbegründung vs. lebensweltliche Fundierung des Wissens und Handelns, in: Forum Philosophie Bad Homburg (ed.), Philosophie und Begründung, Frankfurt 1987, 268–302; ders. (ed.), Lebenswelt und Wissenschaft. Studien zum Verhältnis von Phänomenologie und Wissenschaftstheorie, Bonn 1991; ders., Langzeitverantwortung als ethisches Problem im Umweltstaat, in: ders./M. Kloepfer/H. G. Nutzinger, Langzeitverantwortung im Umweltstaat, Bonn 1993, 1–21; ders., Zur Ethik des Handelns unter Risiko im Umweltstaat, in: ders./M. Kloepfer, Handeln unter Risiko im Umweltstaat, Berlin etc. 1993, 1–54; ders., Heilen. Können und Wissen. Zu den philosophischen Grundlagen der wissenschaftlichen Medizin, in: J. P. Beckmann (ed.), Fragen und Probleme einer medizinischen Ethik, Berlin/New York 1996, 68–93; ders., Vom Bewußtsein zum Handeln. Das phänomenologische Projekt und die Wende zur Sprache, Paderborn/München 2007; ders./R. Hegselmann, Das Problem der Begründung zwischen Dezisionismus und Fundamentalismus, Z. allg. Wiss.theorie 8 (1977), 342–368; C. F. Gethmann/G. Siegwart, The Constructivism of the ›Erlanger Schule‹. Background, Goals and Developments,

Cogito 8 (1994), 226–233; C. F. Gethmann u. a., Interdisciplinary Research and Trans-Disciplinary Validity Claims, Cham etc. 2015; G. Haas, Konstruktive Einführung in die formale Logik, Mannheim/Wien/Zürich 1984; D. Hartmann, Naturwissenschaftliche Theorien. Wissenschaftstheoretische Grundlagen am Beispiel der Psychologie, Mannheim etc. 1993; G. Heinzmann, Mathematical Reasoning and Pragmatism in Peirce, in: D. Prawitz/D. Westerståhl (eds.), Logic and Philosophy of Science in Uppsala, Dordrecht/Boston Mass./London 1994, 297–310; ders., Zwischen Objektkonstruktion und Strukturanalyse. Zur Philosophie der Mathematik bei Jules Henri Poincaré, Göttingen 1995; P. Hinst, Die Grundlagen der Protophysik der Zeit, Philos. Nat. 22 (1985), 31–50; R. Inhetveen, Konstruktive Geometrie. Eine formentheoretische Begründung der euklidischen Geometrie, Mannheim/Wien/Zürich 1983; ders., Abschied von den Homogenitätsprinzipien?, Philos. Nat. 22 (1985), 132–144; ders., Wissenschaftstheorie und die Einheit der Natur, in: P. Janich (ed.), Entwicklungen der methodischen Philosophie [s. u.], 85–90; P. Janich, Die Protophysik der Zeit, Mannheim/Wien/Zürich 1969, erw. unter dem Titel: Die Protophysik der Zeit. Konstruktive Begründung und Geschichte der Zeitmessung, Frankfurt ^{2}1980 (engl. Protophysics of Time. Constructive Foundation and History of Time Measurement, Dordrecht/Boston Mass./Lancaster 1985 [Boston Stud. Philos. Sci. XXX]); ders., Zweck und Methode der Physik aus philosophischer Sicht, Konstanz 1973; ders., Ist Masse ein ›theoretischer Begriff‹?, Z. allg. Wiss.theorie 8 (1977), 302–314; ders., Ist Psychologie auf der Grundlage technischer Rationalität als Wissenschaft möglich?, in: W. Kempf/G. Aschenbach (eds.), Konflikt und Konfliktbewältigung. Handlungstheoretische Aspekte einer praxisorientierten psychologischen Forschung, Bern/Stuttgart/Wien 1981, 419–441; ders. (ed.), Wissenschaftstheorie und Wissenschaftsforschung, München 1981; ders. (ed.), Methodische Philosophie. Beiträge zum Begründungsproblem der exakten Wissenschaften in Auseinandersetzung mit Hugo Dingler, Mannheim/Wien/Zürich 1984; ders., Philosophische Beiträge zu einem kulturalistischen Naturbegriff, Z. Wissenschaftsforsch. 3 (1986), 35–46, Neudr. in: C. Burrichter/R. Inhetveen/R. Kötter (eds.), Zum Wandel des Naturverständnisses, Paderborn etc. 1987, 115–128; ders., Evolution der Erkenntnis oder Erkenntnis der Evolution?, in: W. Lütterfelds (ed.), Transzendentale oder evolutionäre Erkenntnistheorie?, Darmstadt 1987, 210–226; ders., Operationalismus und Empirizität, in: A. Menne (ed.), Philosophische Probleme von Arbeit und Technik, Darmstadt 1987, 53–63; ders., Voluntarismus, Operationalismus, Konstruktivismus. Zur pragmatischen Begründung der Naturwissenschaften, in: H. Stachowiak (ed.), Pragmatik. Handbuch pragmatischen Denkens II (Der Aufstieg pragmatischen Denkens im 19. und 20. Jahrhundert), Hamburg 1987, Darmstadt 1997, 233–256; ders., Euklids Erbe. Ist der Raum dreidimensional?, München 1989 (engl. Euclid's Heritage. Is Space Three-Dimensional?, Dordrecht/Boston Mass./London 1992 [Western Ont. Ser. Philos. Sci. LII]); ders., Chemie als Kulturleistung, in: J. Mittelstraß/G. Stock (eds.), Chemie und Geisteswissenschaften. Versuch einer Annäherung, Berlin 1992, 161–173; ders., Die methodische Ordnung von Konstruktionen. Der Radikale Konstruktivismus aus der Sicht des Erlanger Konstruktivismus, in: S. J. Schmidt (ed.), Kognition und Gesellschaft. Der Diskurs des Radikalen Konstruktivismus II, Frankfurt 1992, ^{3}1994, 1998, 24–41; ders. (ed.), Entwicklungen der methodischen Philosophie, Frankfurt 1992; ders., Das Leib-Seele-Problem als Methodenproblem der Naturwissenschaften, in: A. Elepfandt/G. Wolters (eds.), Denkmaschinen? Interdisziplinäre Perspektiven zum Thema Gehirn und Geist, Konstanz 1993, 39–53; ders., Biologischer versus physikalischer Naturbegriff, in: G. Bien/T. Gil/J. Wilke (eds.), ›Natur‹ im Umbruch. Zur Diskussion des Naturbegriffs in Philosophie, Naturwissenschaft und Kunsttheorie, Stuttgart-Bad Cannstatt 1994, 165–176; ders., Die k. W., Hagen 1994 (Studienbrief der Fernuniversität Hagen); ders., Ist der (philosophische) Konstruktivismus ein ›Forschungsprogramm‹?, in: R. Inhetveen/R. Kötter (eds.), Forschung nach Programm? Zur Entstehung, Struktur und Wirkung wissenschaftlicher Forschungsprogramme, München 1994, 9–23; ders., Protochemie. Programm einer konstruktiven Chemiebegründung, Z. allg. Wiss.theorie 25 (1994), 71–87; ders., Der erkenntnistheoretische Status von Prototheorien, in: E. Jelden (ed.), Prototheorien – Praxis und Erkenntnis?, Leipzig 1995, 31–40; ders., Information als Konstruktion, in: I. Max/W. Stelzner (eds.), Logik und Mathematik. Frege-Kolloquium Jena 1993, Berlin/New York 1995, 470–483; ders., Konstruktivismus und Naturerkenntnis. Auf dem Weg zum Kulturalismus, Frankfurt 1996; ders., Was ist Wahrheit? Eine philosophische Einführung, München 1996, ^{3}2005; ders., Kleine Philosophie der Naturwissenschaften, München 1997; ders., Das Maß der Dinge. Protophysik von Raum, Zeit und Materie, Frankfurt 1997; ders., Was ist Erkenntnis? Eine philosophische Einführung, München 2000; ders., Logisch-pragmatische Propädeutik. Ein Grundkurs im philosophischen Reflektieren, Weilerswist 2001; ders., Kultur und Methode. Philosophie in einer wissenschaftlich geprägten Welt, Frankfurt 2006; ders., Was ist Information? Kritik einer Legende, Frankfurt 2006; ders. (ed.), Wissenschaft und Leben. Philosophische Begründungsprobleme in Auseinandersetzung mit Hugo Dingler, Bielefeld 2006; ders., Kein neues Menschenbild. Zur Sprache der Hirnforschung, Frankfurt 2009; ders., Sprache und Methode. Eine Einführung in philosophische Reflexion, Tübingen 2014; ders., Handwerk und Mundwerk. Über das Herstellen von Wissen, München 2015; ders., Mundwerk ohne Handwerk? Ein vergessenes Rationalitätsprinzip und die geistesgeschichtlichen Folgen, Stuttgart 2016; ders./F. Kambartel/J. Mittelstraß, Wissenschaftstheorie als Wissenschaftskritik, Frankfurt 1974; P. Janich/M. Weingarten, Wissenschaftstheorie der Biologie. Methodische Wissenschaftstheorie und die Begründung der Wissenschaften, München 1999, mit Untertitel: Methodisch-kulturalistische Philosophie und die Begründung der Wissenschaften, Hagen 1999; P. Janich/R. Oerter, Der Mensch zwischen Natur und Kultur, Göttingen 2012; F. Kambartel, Erfahrung und Struktur. Bausteine zu einer Kritik des Empirismus und Formalismus, Frankfurt 1968, ^{2}1976; ders., Was ist und soll Philosophie?, Konstanz 1968 (Konstanzer Universitätsreden V), Neudr. in: ders., Theorie und Begründung [s. u.], 11–27; ders., Ethik und Mathematik, in: M. Riedel (ed.), Rehabilitierung der praktischen Philosophie I (Geschichte, Probleme, Aufgaben), Freiburg 1972, 489–503, Neudr. in: C. Thiel (ed.), Erkenntnistheoretische Grundlagen der Mathematik, Hildesheim 1982, 339–354 (engl. Ethics and Mathematics, Contemporary German Philos. 4 [1984], 49–61); ders., Wie abhängig ist die Physik von Erfahrung und Geschichte? Zur methodischen Ordnung apriorischer und empirischer Elemente in der Naturwissenschaft, in: K. Hübner/A. Menne (eds.), Natur und Geschichte. X. Deutscher Kongreß für Philosophie, Kiel 8.–12. Oktober 1972, Hamburg 1973, 154–169, Neudr. in: F. Kambartel, Theorie und Begründung [s. u.], 151–171; ders. (ed.), Praktische Philosophie und k. W., Frankfurt 1974, 1979; ders., Bemerkungen zum normativen Fundament der Ökonomie, in: J. Mittelstraß (ed.), Methodologische Probleme einer normativ-kritischen Gesellschaftstheorie, Frankfurt 1975, 107–125, Neudr. in: F. Kambartel, Theorie und Begründung [s. u.], 172–190; ders., Theorie und Begründung. Studien zum Philosophie- und Wissenschaftsverständnis, Frankfurt 1976; ders., Apriorische und empirische Elemente im methodischen Aufbau der Physik, in: G. Böhme (ed.), Protophysik [s. o.], 351–371; ders., Symbolic Acts. Remarks on the Foundations of a Pragmatic Theory of Language, in: G. Ryle (ed.), Contemporary Aspects of Philosophy, Stocksfield/London/Boston Mass. 1976, 70–85 (dt. Symbolische Handlungen. Überlegungen zu den Grundlagen einer pragmatischen Theorie der Sprache, in: J. Mittelstraß/M. Riedel [eds.], Vernünftiges Denken [s. u.], 3–22); ders., Überlegungen zum pragmatischen und zum argumentativen Fundament der Logik, in: K. Lorenz (ed.), Konstruktionen versus Positionen [s. u.] I, 216–228; ders., Philosophie der humanen Welt, Frankfurt 1989; ders., Arbeit und Praxis. Zu den begrifflichen und methodischen Grundlagen einer aktuellen politischen Debatte, Dt. Z. Philos. 41 (1993), 239–249, Neudr., ohne Untertitel, in: A. Honneth (ed.), Pathologien des Sozialen. Die Aufgaben der Sozialphilosophie, Frankfurt 1994, 123–139; ders., Kann es gehirnphysiologische Ursachen unseres Handelns geben?, in: A. Elepfandt/G. Wolters (eds.), Denkmaschinen? [s. o.], 215–227; ders., Philosophie und politische Ökonomie, Göttingen 1998; ders./J. Mittelstraß (eds.), Zum normativen Fundament der Wissenschaft, Frankfurt 1973; F. Kambartel/P. Stekeler-Weithofer, Sprachphilosophie. Probleme und Methoden, Stuttgart 2005; A. Kamlah, Zwei Interpretationen der geometrischen Homogenitätsprinzipien in der Protophysik, in: G. Böhme (ed.), Protophysik [s. o.], 169–218; ders., Zur Diskussion um die Protophysik, in: K. Lorenz (ed.), Konstruktionen versus Positionen [s. u.] I, 311–339; W. Kamlah, Platons Selbstkritik im Sophistes, München 1963 (Zetemata 33); ders., Aristoteles' Wissenschaft vom Seienden als Seienden und die gegenwärtige Ontologie, Arch. Gesch. Philos. 49 (1967), 269–297, Neudr. in: ders., Von der Sprache zur Vernunft [s. u.], 86–112; ders., Utopie, Eschatologie, Geschichtsteleologie. Kritische Untersuchungen zum Ursprung und zum futurischen Denken der Neuzeit, Mannheim/Wien/Zürich 1969; ders., Philosophische Anthropologie. Sprachliche Grundlegung und Ethik, Mannheim/Wien/Zürich 1973, 1984; ders., Von der Sprache zur Vernunft. Philosophie und Wissenschaft in der neuzeitlichen Profanität, Mannheim/Wien/Zürich 1975; ders./P. Lorenzen, Logische Propädeutik oder Vorschule des vernünftigen Redens, Mannheim 1967, rev. 1967, unter dem Titel: Logische Propädeutik. Vorschule des vernünftigen Redens, Mannheim/Wien/Zürich ^{2}1973, Stuttgart/Weimar ^{3}1996; G. Kirchgässner, Zwischen Dogma und Dogmatismusvorwurf. Bemerkungen zur Diskussion zwischen Kritischem Rationalismus und konstruktivistischer Wissenschaftstheorie, Jb. Sozialwiss. 33 (1982), 64–91; ders., Konstruktivismus, in: H. Seiffert/G. Radnitzky (eds.), Handlexikon zur Wissenschaftstheorie, München 1989, ^{2}1994, 164–168; R. Kötter, Kausalität, Teleologie und Evolution. Methodologische Grundprobleme der modernen Biologie, Philos. Nat. 21 (1984), 3–31; ders., Vereinheitlichung und Reduktion. Zum Erklärungsproblem der Physik, in: P. Janich (ed.), Entwicklungen der methodischen Philosophie [s. o.], 91–112; ders., Unternehmensethik – Ethik oder Theorie der rationalen Konfliktbewältigung?, in: Forum für Philosophie Bad Homburg (ed.), Markt und Moral. Die Diskussion um die Unternehmensethik, Bern/Stuttgart/Wien 1994, 131–144; ders., Voraussicht und Vorsicht. Zu Möglichkeiten und Grenzen der Prognostik, Aufklärung und Kritik 2 (1995), 90–104; ders./R. Inhetveen, Paul Lorenzen, Philos. Nat. 32 (1995), 319–330; E. C. W. Krabbe, The Adequacy of Material Dialogue-Games, Notre Dame J. Formal Logic 19 (1978), 321–330; W. Künne, Abstrakte Gegenstände via Abstraktion? Fragen zu einem Grundgedanken der Erlanger Schule, in: K. Prätor (ed.), Aspekte der Abstraktionstheorie [s. u.], 19–24; U. G. Leinsle, Vom Umgang mit Dingen. Ontologie im dialogischen Konstruktivismus, Augsburg 1992, ^{2}1996; H. Lenk, Kritik der logischen Konstanten. Philosophische Begründungen der Urteilsformen vom Idealismus bis zur Gegenwart, Berlin 1968, 538–600 (Kap. XXI Die Begründung der logischen Konstanten in der operativen Logik Lorenzens); ders., Philosophische Logikbegründung und rationaler Kritizismus, Z. philos. Forsch. 24 (1970), 183–205, Neudr. in: ders., Metalogik und Sprachanalyse. Studien zur analytischen Philosophie, Freiburg 1973, 88–109; A. Löhr, Unternehmensethik und Betriebswirtschaftslehre. Untersuchungen zur theoretischen Stützung der Unternehmenspraxis, Stuttgart 1991; K. Lorenz, Arithmetik und Logik als Spiele, Diss. Kiel 1961, Neudr. [gekürzt] in: ders./P. Lorenzen, Dialogische Logik [s. u.], 17–95; ders., Elemente der Sprachkritik. Eine Alternative zum Dogmatismus und Skeptizismus in der Analytischen Philosophie, Frankfurt 1970, 1971; ders., Der dialogische Wahrheitsbegriff, Neue H. Philos. 2/3 (1972), 111–123; ders., Die dialogische Rechtfertigung der effektiven Logik, in: F. Kambartel/J. Mittelstraß (eds.), Zum normativen Fundament der Wissenschaft [s. o.], 250–280, Neudr. in: K. Lorenz/P. Lorenzen, Dialogische Logik [s. u.], 179–209; ders., Rules versus Theorems. A New Approach for Mediation between Intuitionistic and Two-Valued Logic, J. Philos. Log. 2 (1973), 352–369; ders., Die Überzeugungskraft von Argumenten. Bemerkungen über die Fundierung des Geltungsbegriffs im Dialogbegriff, Arch. Rechts- u. Sozialphilos. Beih. NF 9 (1977), 15–22; ders., Der Entwurf einer Semiotik bei Richard Gätschenberger, in: ders. (ed.), Richard Gätschenberger, Zeichen, die Fundamente des Wissens, Stuttgart-Bad Cannstatt ^{2}1977, VII–XXXI; ders. (ed.), Konstruktionen versus Positionen. Beiträge zur Diskussion um die K. W., I–II, Berlin/New York 1979; ders., The Concept of Science. Some Remarks on the Methodological Issue Construction versus Description in the Philosophy of Science, in: P. Bieri/R.-P. Horstmann/L. Krüger (eds.), Transcendental Arguments and Science. Essays in Epistemology, Dordrecht/Boston Mass./London 1979 (Synthese Library 133), 177–190; ders., Science, a Rational Enterprise? Some Remarks on the Consequences of Distinguishing Science as a Way of Presentation and Science as a Way of Research, in: R. Hilpinen (ed.), Rationality in Science. Studies in the Foundations of Science and Ethics, Dordrecht/Boston Mass./London 1980, 63–78, Neudr. in: R. E. Butts/J. R. Brown (eds.), Constructivism and Science [s. o.], 3–18; ders., Dialogischer Konstruktivismus, in: K. Salamun (ed.), Was ist Philosophie? Neuere Texte zu ihrem Selbstverständnis, Tübingen ^{2}1986, ^{3}1992, 335–352, ^{5}2009, 355–369, Neudr. in: ders., Dialogischer Konstruktivismus [s. u.], 5–23; ders., Erleben und Erkennen. Stadien der Erkenntnis bei Moritz Schlick, Grazer philos. Stud. 16/17 (1982), 271–282; ders., Einführung in die philosophische Anthropologie, Darmstadt 1990, ^{2}1992; ders., On the Way to Conceptual and Perceptual Knowledge, in: F. R. Ankersmit/J. J. A. Mooij (eds.), Knowledge and Language III (Metaphor and Knowledge), Dordrecht/Boston Mass./London 1993, 95–109; ders., Pragmatics and Semeiotic. The Peircean Version of Ontology and Epistemology, in: G. Debrock/M. Hulswit (eds.), Living Doubt. Essays Concerning the Epistemology of Charles Sanders Peirce, Dordrecht/Boston Mass./London 1994 (Synthese Library 243), 103–108; ders., Artikulation und Prädikation, HSK VII/2 (1996), 1098–1122; ders., Versionen des methodologischen Dualismus. Bemerkungen zu den historischen Wurzeln des Streits um kausale und finale Erklärungen, Int. Z. Philos. 1 (1999), 5–23; ders., Die Wiedervereinigung von theoretischer und praktischer Rationalität in einer dialogischen Philosophie, in: M. Gutmann u. a. (eds.), Kultur –

Handlung - Wissenschaft, Weilerswist 2002, 201–215, Neudr. in: Dialogischer Konstruktivismus [s. u.], 142–158; ders., Pragmatic and Semiotic Prerequisites for Predication, in: D. Vanderveken (ed.), Logic, Thought and Action, Dordrecht etc. 2005, 343–357, Neudr. mit Untertitel: A Dialogue Model, in: ders., Logic, Language and Method [s. u.], 42–55; ders., Dialogischer Konstruktivismus, Berlin/New York 2008, 2009; ders., Another Version of Methodological Dualism, in: ders., Logic, Language and Method [s. u.], 148–161; ders., Procedural Principles of the Erlangen School. On the Interrelation between the Principles of Method, of Dialogue, and of Reason, in: ders., Logic, Language and Method [s. u.], 207–218; ders., Logic, Language and Method - On Polarities in Human Experience. Philosophical Papers, Berlin/New York 2010; ders., Philosophische Variationen. Gesammelte Aufsätze unter Einschluss gemeinsam mit Jürgen Mittelstraß geschriebener Arbeiten zu Platon und Leibniz, Berlin/New York 2011; ders./J. Mittelstraß, On Rational Philosophy of Language. The Programme in Plato's Cratylus Reconsidered, Mind 76 (1967), 1–20, Neudr. in: ders., Philosophische Variationen [s. o.], 49–67, ferner in: J. Mittelstraß, Die griechische Denkform [s. u.], 230–246; dies., Die Hintergehbarkeit der Sprache, Kant-St. 58 (1967), 187–208; dies., Die methodische Philosophie Hugo Dinglers, in: H. Dingler, Die Ergreifung des Wirklichen. Kapitel I–IV, Frankfurt 1969, 7–55; P. Lorenzen, Konstruktive Begründung der Mathematik, Math. Z. 53 (1950/1951), 162–202; ders., Einführung in die operative Logik und Mathematik, Berlin/Göttingen/Heidelberg 1955, Berlin/Heidelberg/New York ^{2}1969; ders., Formale Logik, Berlin 1958, ^{4}1970 (engl. Formal Logic, Dordrecht 1965); ders., Das Begründungsproblem der Geometrie als Wissenschaft der räumlichen Ordnung, Philos. Nat. 6 (1960/1961), 415–431, Neudr. in: ders., Methodisches Denken [s. u.], 120–141; ders., Gleichheit und Abstraktion, Ratio 4 (1962), 77–81, Neudr. in: ders., K. W. [s. u.], 190–198; ders., Metamathematik, Mannheim 1962, Mannheim/Wien/Zürich ^{2}1980 (franz. Métamathématique, Paris 1967); ders., Wie ist die Objektivität der Physik möglich?, in: H. Delius/G. Patzig (eds.), Argumentationen. Festschrift für Josef König, Göttingen 1964, 143–150, Neudr. in: P. Lorenzen, Methodisches Denken [s. u.], 142–151; ders., Differential und Integral. Eine konstruktive Einführung in die klassische Analysis, Frankfurt 1965 (engl. Differential and Integral. A Constructive Introduction to Classical Analysis, Austin Tex. 1971); ders., Methodisches Denken, Ratio 7 (1965), 1–23, Neudr. in: ders., Methodisches Denken [s. u.], 24–59; ders., Moralische Argumentationen im Grundlagenstreit der Mathematiker, in: W. Arnold/H. Zeltner (eds.), Tradition und Kritik. Festschrift für Rudolf Zocher zum 80. Geburtstag, Stuttgart-Bad Cannstatt 1967, 219–227, Neudr. in: P. Lorenzen, Methodisches Denken [s. u.], 152–161; ders., Methodisches Denken, Frankfurt 1968, ^{3}1988; ders., Normative Logic and Ethics, Mannheim/Zürich 1969, Mannheim/Wien/Zürich ^{2}1984; ders., K. W., Frankfurt 1974; ders., Zur Definition der vier fundamentalen Meßgrößen, Philos. Nat. 16 (1976), 1–9, Neudr. in: J. Pfarr (ed.), Protophysik und Relativitätstheorie [s. u.], 25–33; ders., Eine konstruktive Theorie der Formen räumlicher Figuren, Zentralbl. f. Didaktik d. Math. 9 (1977), 95–99, ferner in: M. Svilar/A. Mercier (eds.), L'espace/Space, Bern/Frankfurt/Las Vegas 1978, 109–129; ders., Theorie der technischen und politischen Vernunft, Stuttgart 1978; ders., Politische Anthropologie, in: O. Schwemmer (ed.), Vernunft, Handlung und Erfahrung [s. u.], 104–116; ders., Elementargeometrie. Das Fundament der Analytischen Geometrie, Mannheim/Wien/Zürich 1984; ders., Constructive Philosophy, Amherst Mass. 1987; ders., Lehrbuch der k.n W., Mannheim/Wien/Zürich 1987, Stuttgart/Weimar 2000; ders., Konstruktivismus, Z. allg. Wiss.theorie 25 (1994), 125–133; ders./K. Lorenz, Dialogische Logik, Darmstadt 1978; P. Lorenzen/O. Schwemmer, Konstruktive Logik, Ethik und Wissenschaftstheorie, Mannheim/Wien/Zürich 1973, ^{2}1975; G.-L. Lueken, Inkommensurabilität als Problem rationalen Argumentierens, Stuttgart-Bad Cannstatt 1992; ders., Protologik und Argumentation, in: E. Jelden (ed.), Prototheorien - Praxis und Erkenntnis?, Leipzig 1995, 164–176; ders., Sozialwissenschaft und Teilnehmerreflexion. Zu Paul Lorenzens politischer Anthropologie, in: Associations 1 (1997), 53–80; ders., Ethik als philosophische Anthropologie. Zur Verteidigung des Kamlah-Projekts, in: J. Mittelstraß (ed.), Der Konstruktivismus in der Philosophie im Ausgang von Wilhelm Kamlah und Paul Lorenzen, Paderborn 2008, 155–166; J. Mittelstraß, Die Prädikation und die Wiederkehr des Gleichen, in: H.-G. Gadamer (ed.), Das Problem der Sprache. VIII. Deutscher Kongreß für Philosophie Heidelberg 1966, München 1967, 87–95, Neudr. in: ders., Die Möglichkeit von Wissenschaft [s. u.], 145–157 (engl. Predication and Recurrence of the Same, Ratio 10 [1968], 78–87); ders., Neuzeit und Aufklärung. Studien zur Entstehung der neuzeitlichen Wissenschaft und Philosophie, Berlin/New York 1970; ders., Das praktische Fundament der Wissenschaft und die Aufgabe der Philosophie, Konstanz 1972 (Konstanzer Universitätsreden 50), Neudr. in: F. Kambartel/J. Mittelstraß (eds.), Zum normativen Fundament der Wissenschaft [s. o.], 1–69; ders., Metaphysik der Natur in der Methodologie der Naturwissenschaften. Zur Rolle phänomenaler (Aristotelischer) und instrumentaler (Galileischer) Erfahrungsbegriffe in der Physik, in: K. Hübner/A. Menne (eds.), Natur und Geschichte. X. Deutscher Kongreß für Philosophie, Kiel 8.–12. Oktober 1972, Hamburg 1973, 63–87; ders., Die Möglichkeit von Wissenschaft, Frankfurt 1974, bes. 106–144, 234–244 (5 Prolegomena zu einer konstruktiven Theorie der Wissenschaftsgeschichte), 158–205, 244–252 (7 Das normative Fundament der Sprache); ders. (ed.), Methodologische Probleme einer normativ-kritischen Gesellschaftstheorie, Frankfurt 1975; ders., Philosophie oder Wissenschaftstheorie?, in: H. Lübbe (ed.), Wozu Philosophie? Stellungnahmen eines Arbeitskreises, Berlin/New York 1978, 107–126; ders., Historische Analyse und konstruktive Begründung, in: K. Lorenz (ed.), Konstruktionen versus Positionen. Beiträge zur Diskussion um die k. W. [s. o.] II, 256–277; ders. (ed.), Methodenprobleme der Wissenschaften vom gesellschaftlichen Handeln, Frankfurt 1979; ders., Theorie und Empirie der Wissenschaftsforschung, in: C. Burrichter (ed.), Grundlegung der historischen Wissenschaftsforschung, Basel/Stuttgart 1979, 71–106, Neudr. in: J. Mittelstraß, Wissenschaft als Lebensform [s. u.], 185–225; ders., Rationale Rekonstruktion der Wissenschaftsgeschichte, in: P. Janich (ed.), Wissenschaftstheorie und Wissenschaftsforschung [s. o.], 89–111, 137–148; ders., Wissenschaft als Lebensform. Reden über philosophische Orientierungen in Wissenschaft und Universität, Frankfurt 1982; ders., Forschung, Begründung, Rekonstruktion. Wege aus dem Begründungsstreit, in: H. Schnädelbach (ed.), Rationalität. Philosophische Beiträge, Frankfurt 1984, 117–140, Neudr. in: ders., Der Flug der Eule [s. u.], 257–280 (engl. Scientific Rationality and Its Reconstruction, in: N. Rescher [ed.], Reason and Rationality in Natural Science. A Group of Essays, Lanham Md./New York/London 1985, 83–102); ders., Gibt es eine Letztbegründung?, in: P. Janich (ed.), Methodische Philosophie [s. o.], 12–35, Neudr. in: J. Mittelstraß, Der Flug der Eule [s. u.], 281–312; ders., On the Concept of Reconstruction, Ratio 27 (1985), 83–96 (dt. Über den Begriff der Rekonstruktion, Ratio 27 [1985], 71–82); ders., Philosophische Grundlagen der Wissenschaften. Über wissenschaftstheoretischen Historismus, Konstruktivismus und Mythen des wissenschaftlichen Geistes, in: P. Hoyningen-Huene/G. Hirsch (eds.), Wozu Wissenschaftsphilosophie? Positionen und Fragen zur gegenwärtigen Wissenschaftsphilosophie, Berlin/New York 1988, 179–212, Neudr. in: J. Mittelstraß, Der Flug der Eule [s.u.], 194–227; ders., Die Philosophie der Wissenschaftstheorie. Über das Verhältnis von Wissenschaftstheorie, Wissenschaftsforschung und Wissenschaftsethik, Z. allg. Wiss.theorie 19 (1988), 308–327, Neudr. in: ders., Der Flug der Eule [s.u.], 167–193; ders., Der Flug der Eule. Von der Vernunft der Wissenschaft und der Aufgabe der Philosophie, Frankfurt 1989, [2]1997; ders., Das lebensweltliche Apriori, in: C. F. Gethmann (ed.), Lebenswelt und Wissenschaft [s.o.], 114–142; ders., Leonardo-Welt. Über Wissenschaft, Forschung und Verantwortung, Frankfurt 1992, [2]1996; ders., Gründegeschichten und Wirkungsgeschichten. Bausteine zu einer konstruktiven Theorie der Wissenschafts- und Philosophiegeschichte, in: C. Demmerling/G. Gabriel/T. Rentsch (eds.), Vernunft und Lebenspraxis [s.o.], 10–31; ders., Die Häuser des Wissens. Wissenschaftstheoretische Studien, Frankfurt 1998; ders., Wissen und Grenzen. Philosophische Studien, Frankfurt 2001; ders. (ed.), Der Konstruktivismus in der Philosophie im Ausgang von Wilhelm Kamlah und Paul Lorenzen, Paderborn 2008; ders., Leibniz und Kant. Erkenntnistheoretische Studien, Berlin/Boston Mass. 2011; ders. (ed.), Zur Philosophie Paul Lorenzens, Münster 2012; ders., Die Griechische Denkform. Von der Entstehung der Philosophie aus dem Geiste der Geometrie, Berlin/Boston Mass. 2014; ders., Der philosophische Blick. Elf Studien über Wissen und Denken, Wiesbaden 2015; ders. (ed.), Paul Lorenzen und die konstruktive Philosophie, Münster 2016; J. Mittelstraß/C. F. Gethmann (eds.), Langzeitverantwortung. Ethik, Technik, Ökologie, Darmstadt 2008; J. Mittelstraß/C. v. Bülow (eds.), Dialogische Logik, Münster 2015; J. Pfarr, Die Protophysik der Zeit und das Relativitätsprinzip, Z. allg. Wiss.theorie 7 (1976), 298–326; ders. (ed.), Protophysik und Relativitätstheorie. Beiträge zur Diskussion über eine k. W. der Physik, Mannheim/Wien/Zürich 1981; K. Prätor (ed.), Aspekte der Abstraktionstheorie. Ein interdisziplinäres Kolloquium, Aachen 1988; ders., Wer hat Angst vor ›dem‹ Nashorn? Einige Bedenken nicht nur zur konstruktiven Abstraktionstheorie, in: ders., Aspekte der Abstraktionstheorie [s.o.], 64–85; V. Richter, Untersuchungen zur operativen Logik der Gegenwart, Freiburg/München 1965; E. v. Savigny, Das normative Fundament der Sprache. Ja und aber, Grazer philos. Stud. 2 (1976), 141–158; H. J. Schneider, Pragmatik als Basis von Semantik und Syntax, Frankfurt 1975; ders., Die Asymmetrie der Kausalrelation. Überlegungen zur interventionistischen Theorie G. H. von Wrights, in: J. Mittelstraß/R. Riedel (eds.), Vernünftiges Denken [s.o.], 217–234; ders., Der Konstruktivismus ist kein Reduktionismus! Thesen zur konstruktiven Abstraktionstheorie, in: K. Prätor (ed.), Aspekte der Abstraktionstheorie [s.o.], 164–169; ders., Phantasie und Kalkül. Über die Polarität von Handlung und Struktur in der Sprache, Frankfurt 1992, 1999; ders., Die sprachphilosophischen Annahmen der Sprechakttheorie, HSK VII/1(1992), 761–775; ders., Der Begriff der Erfahrung und die Wissenschaften vom Menschen, in: ders./R. Inhetveen (eds.), Enteignen uns die Wissenschaften? Zum Verhältnis zwischen Erfahrung und Empirie, München 1993, 7–27; O. Schwemmer, Philosophie der Praxis. Versuch zur Grundlegung einer Lehre vom moralischen Argumentieren in Verbindung mit einer Interpretation der praktischen Philosophie Kants, Frankfurt 1971, 1980; ders., Vernunft und Moral. Versuch einer kritischen Rekonstruktion des kategorischen Imperativs bei Kant, in: G. Prauss (ed.), Kant. Zur Deutung seiner Theorie von Erkennen und Handeln, Köln 1973, 255–273; ders., Theorie der rationalen Erklärung. Zu den methodischen Grundlagen der Kulturwissenschaften, München 1976; ders. (ed.), Vernunft, Handlung und Erfahrung. Über die Grundlagen und Ziele der Wissenschaften, München 1981; ders. (ed.), Über Natur. Philosophische Beiträge zum Naturverständnis, Frankfurt 1987, [2]1991; ders., Die Philosophie und die Wissenschaften. Zur Kritik einer Abgrenzung, Frankfurt 1990; G. Siegwart, Zur Inkonsistenz der konstruktivistischen Abstraktionslehre, Z. philos. Forsch. 47 (1993), 246–260; H. Steinmann/A. Löhr, Grundlagen der Unternehmensethik, Stuttgart 1991, [2]1994; P. Stekeler-Weithofer, Ist die dialogische Logik eine pragmatische Begründung der Logik?, Conceptus 48 (1985), 37–50; ders., Grundprobleme der Logik. Elemente einer Kritik der formalen Vernunft, Berlin/New York 1986; ders., On the Concept of Proof in Elementary Geometry, in: M. Detlefsen (ed.), Proof and Knowledge in Mathematics, London/New York 1992, 135–157; ders., Ideation und Projektion. Zur Konstitution formentheoretischer Rede, Dt. Z. Philos. 42 (1994), 783–798; ders., Sinn - Kriterien. Die logischen Grundlagen kritischer Philosophie von Platon bis Wittgenstein, Paderborn etc. 1995; ders., What Are Geometrical Forms?, in: T. Childers/P. Kolár/V. Svoboda (eds.), Logica 96. Proceedings of the 10th International Symposium, Prag 1997, 211–228; ders., Zu einer prototheoretischen Begründung der klassischen Mengenlehre, in: V. Peckhaus (ed.), Oskar Becker und die Philosophie der Mathematik, München/Paderborn 2005, 299–324; ders., What Is Objective Probability?, in: O. Tomala/R. Honzík (eds.), The Logica Yearbook 2006, Prag 2007, 237–249; ders., Formen der Anschauung. Eine Philosophie der Mathematik, Berlin/New York 2008; H. Tetens, Experimentelle Erfahrung. Eine wissenschaftstheoretische Studie über die Rolle des Experiments in der Begriffs- und Theoriebildung der Physik, Hamburg 1987; C. Thiel, Grundlagenkrise und Grundlagenstreit. Studie über das normative Fundament der Wissenschaften am Beispiel von Mathematik und Sozialwissenschaft, Meisenheim am Glan 1972; ders., Gottlob Frege. Die Abstraktion, in: J. Speck (ed.), Grundprobleme der großen Philosophen. Philosophie der Gegenwart I, Göttingen 1972, 9–44, [3]1985, 9–46; ders., Was heißt ›wissenschaftliche Begriffsbildung‹?, in: D. Harth (ed.), Propädeutik der Literaturwissenschaft, München 1973, 95–125; ders., Die Unwissenschaftlichkeit der Wissenschaftstheorie, in: ders./G. Wolandt (eds.), Zugänge zur Philosophie. Aachener Vorträge, Kastellaun/Hunsrück 1979, 27–36; ders., Realisierung und Ideation, in: A. Menne (ed.), Philosophische Probleme von Arbeit und Technik, Darmstadt 1987, 190–202; ders., Wissenschaftstheorie und Wissenschaftsethik, in: M. Gatzemeier (ed.), Verantwortung in Wissenschaft und Technik, Mannheim/Wien/Zürich 1989, 86–101; ders., Brouwer's Philosophical Language Research and the Concept of the Ortho-Language in German Constructivism, in: E. Heijerman/H. W. Schmitz (eds.), Significs, Mathematics and Semiotics. The Signific·Movement in the Netherlands. Proceedings of the International Conference Bonn, 19–21 November 1986, Münster 1991, 21–31; ders., Die Erlanger Philosophie im Zeitalter der Wissenschaften, in: H. Kössler (ed.), 250 Jahre Friedrich-Alexander-Universität Erlangen-Nürnberg. Festschrift, Erlangen 1993 (Erlanger Forschungen, Sonderreihe IV), 437–446; ders., Geo Siegwarts Szenario. Eine katastrophentheoretische Untersuchung. Zugleich ein Versuch, enttäuschte Kenner wieder aufzurichten, Z. philos. Forsch. 47 (1993), 261–270; ders., Philosophie und Mathematik. Eine Einführung in ihre Wechselwirkungen und in die Philosophie der Mathematik, Darmstadt 1995, 2005; ders., Paul Lorenzen (1915–1994), J. General Philos. Sci. 27 (1996), 1–13 (mit Bibliographie, 187–202); ders., Methode und Methoden. Zur frühen Programmatik der späteren Erlanger Schule, in: J. Mittelstraß (ed.), Paul Lorenzen und die konstruktive Philosophie [s.o.], 27–37; H. Wedekind, Datenbanksysteme I (Eine konstruktive Einführung in die Datenverarbeitung in Wirtschaft und Verwaltung), Mannheim/Wien/Zürich 1974, [3]1991; H. Wohlrapp, Der Begriff des Arguments. Über die Beziehungen zwischen Wissen, Forschen, Glauben, Subjektivität und Vernunft, Würzburg 2008, [2]2009 (engl. The Concept of Argument. A Philosophical Foundation, Dordrecht etc. 2014); G. Wolters, »Dankschön Husserl!« Eine Notiz zum Verhältnis von Dingler und Husserl, in: C. F. Gethmann (ed.), Lebenswelt und Wissenschaft [s.o.], 13–27; P. Zahn, Ein konstruktiver Weg zur Maßtheorie und Funktionalanalysis, Darmstadt 1978; ders., Ein argumentativer Weg zur Logik, Darmstadt 1982; ders., Gedanken zur pragmatischen Begründung von Logik und Mathematik, in: H. Stachowiak (ed.), Pragmatik. Handbuch pragmatischen Denkens IV (Sprachphilosophie, Sprachpragmatik und formative Pragmatik), Hamburg 1993, Darmstadt 1997, 424–455; weitere Literatur: ↑Erlanger Schule, ↑Kamlah, Wilhelm, ↑Konstruktivismus, ↑Lorenzen, Paul, ↑Protophysik, ↑Prototheorie. C. F. G.

Wissenschaftswissenschaft (engl. science of science, science policy studies, franz. recherche sur recherche, études de la politique des sciences), Bezeichnung für die Bemühung um eine Institutionalisierung von wissenschaftlichen Aktivitäten mit dem Anspruch, alle reflexionswissenschaftlichen Ansätze von der ↑Wissenschaftstheorie über die ↑Wissenschaftssoziologie und die ↑Wissenschaftsgeschichte bis zum Wissenschaftsrecht in ein einheitliches Forschungsprogramm zu integrieren.

Methodisch ist die W. orientiert an der durch M. Ossowska und S. Ossowski 1936 formulierten disziplinären Matrix – Wissenschaftsphilosophie, Wissenschaftsgeschichte, Wissenschaftspsychologie, Wissenschaftssoziologie, Wissenschaftsorganisation und Wissenschaftspolitik –, die bis heute die Kerndisziplinen der W. darstellt. Später hat man die W. durch weitere disziplinspezifische Problemstellungen zu erweitern versucht. Für D. J. de Solla Price umfaßt die W. unter anderem Philosophie, Politologie, Operations Research, Ökonomie von Wissenschaft, Technik und Medizin. Eine von der UNESCO 1971 erstellte Liste führt bereits 16 Rubriken wissenschaftswissenschaftlicher Problemstellungen auf, darunter Disziplinen wie Philosophie und Ökonomie, Forschungsgegenstände wie Kreativität und Psychologie des Forschers oder die Wissenschaft betreffende Praxen wie Rechtsprechung und Planung von Forschung und Entwicklung.

Erkennbar bereits an der Verbreitung des Ausdrucks ›science policy studies‹ im angelsächsischen Raum, hat eine deutliche Verlagerung des wissenschaftswissenschaftlichen Interesses im Hinblick auf die (politische) Wissenschaftsorganisation stattgefunden. Als Ziel der W. wird entsprechend die Steuerung von Wissenschaft auf der Grundlage der Untersuchung des (historischen) Verlaufs der Wissenschaft betrachtet. In der Perspektive wissenschaftspolitischer Fragestellungen, die Wissenschaftsentwicklung und Wissenschaftssteuerung als zentrale Faktoren ansieht, wird Wissenschaft sowohl als ein von internen Steuerungsprozessen als auch von anderen gesellschaftlichen Teilsystemen extern geleitetes Subsystem verstanden (↑intern/extern). Genauer wird die Wissenschaftsentwicklung damit ausgewiesen durch (1) eine immanente rationale Methodik wissenschaftlicher Theoriebildung, (2) die Zwecke, d.h. die Problemlösungsziele der Wissenschafler, (3) die Struktur der ↑scientific community als der engeren sozialen Bezugsgruppe des Wissenschaftlers, (4) die Wissenschaftssteuerung durch verschiedene organisatorische Ebenen, von der Leitung und Verwaltung einer Forschungseinrichtung bis zur nationalen und internationalen Wissenschaftspolitik, (5) durch die gesellschaftlichen Bedingungen – politische, soziale, ökonomische –, in die die Wissenschaft eingebettet ist.

Die konzeptionelle Entwicklung der W. läßt, im Gegensatz zu der programmatisch vorgesehenen, umfassenden und einheitlichen Reflexionswissenschaft, einen gemeinsamen Forschungsansatz nicht erkennen; vielmehr ist die W. stark disziplinenorientiert. Ferner ist es durch die wissenschaftshistorischen Arbeiten von T. S. Kuhn zu einer weitgehenden Neuorientierung nicht nur in der Wissenschaftstheorie, sondern auch in der Wissenschaftssoziologie und W. gekommen. Um dieser Entwicklung eines von der W. konzeptionell unterschiedenen Bezugsrahmens auch terminologisch Rechnung zu tragen, wird in diesem Zusammenhang vor allem in der deutschen Diskussion von ↑›Wissenschaftsforschung‹ gesprochen.

Literatur: H. Baitsch u. a. (Projektgruppe W.), Memorandum zur Förderung der Wissenschaftsforschung in der Bundesrepublik Deutschland, ed. Stifterverband für die Deutsche Wissenschaft, Essen 1973; G. M. Dobrov, Hauka o nauke, Kiev 1966 (dt. W.. Eine Einführung in die allgemeine W., ed. G. Lotz, Berlin [Ost] 1969, [2]1970); K. H. Fealing u. a. (eds.), The Science of Science Policy. A Handbook, Stanford Calif. 2011; H. Greniewski, Einführung in die allgemeine Wissenschaft der Wissenschaft, Berlin 1966; P. Janich (ed.), Wissenschaftstheorie und Wissenschaftsforschung, München 1981; S. Meier-Oeser, Wissenschaft der Wissenschaften, Hist. Wb. Ph. XII (2004), 948–951; J. Mittelstraß, Theorie und Empirie der Wissenschaftsforschung, in: C. Burrichter (ed.), Grundlegung der historischen Wissenschaftsforschung, Basel/Stuttgart 1979, 71–106, ferner in: ders., Wissenschaft als Lebensform. Reden über philosophische Orientierungen in Wissenschaft und Universität, Frankfurt 1982, 185–225; M. Ossowska/S. Ossowski, Die Wissenschaft von der Wissenschaft, Organon 1 (1936), 1–12, Neudr. in: H. Krauch/W. Kunz/H. Rittel (eds.), Forschungsplanung. Eine Studie über Ziele und Strukturen amerikanischer Forschungsinstitute, München/Wien 1966, 11–21; H. Pulte, Wissenschaftsforschung; W., Hist. Wb. Ph. XII (2004), 960–963; E. B. Skolnikoff, International Commission for Science Policy Studies, Sci. Stud. 3 (1973), 89–90; D. J. de Solla Price, The Science of Science, in: M. Goldsmith/A. Mackay (eds.), The Science of Science. Society in the Technological Age, London 1964, 195–208; I. S. Spiegel-Rösing, Wissenschaftsentwicklung und Wissenschaftssteuerung. Einführung und Material zur Wissenschaftsforschung, Frankfurt 1973 (mit Bibliographie, 142–283); UNESCO (ed.), Science Policy Research and Teaching Units. Europe and North America, Paris 1971 (Science Policy Studies and Documents 28); weitere Literatur: ↑Wissenschaftssoziologie, ↑Wissenschaftsforschung. C. F. G.

Wissensrevision (auch: Theorienrevision; engl. belief revision, theory change), Bezeichnung für die Änderung eines Korpus von Überzeugungen oder ↑Meinungen auf Grund neuer, mit diesem Korpus häufig logisch unverträglicher Information. Gegenüber den meist wissenschaftstheoretisch ausgerichteten Untersuchungen zur ↑Theoriendynamik besteht die Theorie der W. in einer abstrakt-logischen Charakterisierung der Eigenschaften rationaler Revisionen und in der Untersuchung von Konstruktionsmöglichkeiten auf der Grundlage einer mit dem Korpus assoziierten, revisionsleitenden Struktur. Die Verwendung des Terminus ↑›Wissen‹ für den Inhalt des Korpus ist – ähnlich wie in den Termini ›Wissensbasis‹ und ›Wissensrepräsentation‹ – verbreitet, aber philosophisch ungenau, da in der Literatur zur W. weder der Wahrheitsanspruch (↑Wahrheit) noch der Begründungs- oder Rechtfertigungsanspruch (↑Begründung, ↑Rechtfertigung) der im Korpus zusammengefaßten Überzeugungen oder Meinungen thematisiert wird. Es geht bei der W. also strenggenommen um die Dynamik doxastischer, nicht epistemischer Einstellungen. Nach Vorarbeiten von W. L. Harper und I. Levi wird das dominierende Forschungsparadigma zur W. etwa 1980 von C. Alchourrón, P. Gärdenfors und D. Makinson begründet, die einen gemeinsamen Kern in ihren Arbeiten zur Logik von Normensystemen (↑Norm (handlungstheoretisch, moralphilosophisch)) und zur Logik von ↑kontrafaktischen ↑Konditionalsätzen (↑Konditionalsatz, irrealer) erkennen. Heute werden die Forschungen zur W. interdisziplinär in Philosophie, Logik und Informatik betrieben.

Der doxastische Zustand eines Subjekts wird im Grundmodell der W. als eine Menge von Aussagen dargestellt, genannt der ›Korpus‹ K. Das Modell ist demnach qualitativ; d. h., es verwendet keine numerischen Werte und kennt nur drei doxastische Einstellungen: eine Aussage A wird im Korpus K eines Subjekts entweder akzeptiert (A folgt aus K) oder zurückgewiesen (d. h., die ↑Negation $\neg A$ wird akzeptiert), oder das Subjekt enthält sich einer definiten doxastischen Stellungnahme (weder A noch $\neg A$ folgen aus K). Nach einer kohärentistischen (↑kohärent/Kohärenz, ↑Wahrheitstheorien) Auffassung soll K bezüglich der zugrundeliegenden logischen Folgerungsoperation Cn widerspruchsfrei (↑widerspruchsfrei/Widerspruchsfreiheit) und deduktiv abgeschlossen (↑abgeschlossen/Abgeschlossenheit) sein; gleiches soll auch für den Korpus *nach* der Revision gelten. Abgeschlossene Aussagenmengen werden in diesem Zusammenhang auch ↑›Theorien‹ genannt.

In einer ›fundamentalistischen‹ Auffassung wird eine (Informations- oder Wissens-)Basis als gegeben angenommen; dieser Basis gebührt der Primat gegenüber der von ihr erzeugten Theorie, d. h. gegenüber der Menge der aus ihr ableitbaren Aussagen (↑ableitbar/Ableitbarkeit, ↑Theorienhierarchie). Die Revision der Theorie erfolgt lediglich abgeleitet aus der vorgängigen Revision der Basis:

$$K * A = Cn(B \star A).$$

Hierbei ist B die ursprüngliche Basis und $K = Cn(B)$ die von B erzeugte Theorie, und $B \star A$ bzw. $K * A$ sind die durch A revidierte Basis bzw. Theorie. Die Basis ist hier nicht nur eine beliebige Axiomatisierung (↑System, axiomatisches) der relevanten Theorie; ihre (syntaktische und eventuell durch Prioritäten bestimmte) Struktur repräsentiert vielmehr Information, die die Durchführung der W. steuert.

Das Problem der Konstruktion einer Revision ist insofern nicht trivial, als es im Falle einer mit dem Ausgangskorpus K inkonsistenten (↑inkonsistent/Inkonsistenz) Neuinformation A offenbar nicht vernünftig ist, zur ›Expansion‹ $K + A$, definiert als $Cn(K \cup \{A\})$, überzugehen. Wegen der Schlußregel ↑ex falso quodlibet beinhaltet nämlich die inkonsistente Theorie $K + A$ in einem solchen Falle jede beliebige Aussage. Neben der Konsistenzerhaltung ist es ein zentrales Prinzip der W., daß die durch eine Neuinformation A erzwungene Änderung am Korpus K immer *minimal* sein soll (ökonomisches Prinzip der Minimierung des Informationsverlusts, Prinzip der Konservativität, doxastisches Trägheitsprinzip).

Allgemeine Rationalitätsforderungen für W.en werden in den nach Alchourrón, Gärdenfors und Makinson benannten AGM-Postulaten formuliert:

(K∗1) Wenn K eine Theorie ist, dann ist auch $K * A$ eine Theorie. (Abgeschlossenheit)

(K∗2) $A \in K * A$. (Erfolg)

(K∗3) $K * A \subseteq K + A$. (Expansion 1)

(K∗4) Wenn $\neg A \notin K$, dann $K + A \subseteq K * A$. (Expansion 2)

(K∗5) $K * A$ ist inkonsistent nur dann, wenn A inkonsistent ist. (Konsistenzerhaltung)

(K∗6) Wenn $Cn(A) = Cn(B)$, dann $K * A = K * B$. (Extensionalität)

(K∗7) $K * (A \wedge B) \subseteq (K * A) + B$. (Konjunktion 1)

(K∗8) Wenn $\neg B \notin K * A$, dann $(K * A) + B \subseteq K * (A \wedge B)$. (Konjunktion 2 oder Rationale Monotonie)

Levi vertritt die These, daß eine W. durch A immer in zwei Schritte zerlegbar sein müsse, und zwar in eine Beseitigung der Negation von A (eine ›Kontraktion‹ von K bezüglich $\neg A$, symbolisiert als $K \dot{-} \neg A$), gefolgt von einer (dann konsistenten) Expansion durch A. Dies ist die so genannte Levi-Identität:

(L) $K * A = (K \dot{-} \neg A) + A$.

Diesem Vorschlag folgend, konzentrieren sich die meisten Autoren auf die Ausarbeitung entsprechender Postulate und Konstruktionsmethoden für Kontraktionen. Logische Postulate reichen nicht aus, um eine Kontraktion von K bezüglich einer Aussage A (unter Minimierung des Informationsverlustes) auszuzeichnen. Für die Konstruktion von $K \dot{-} A$ müssen zusätzlich außerlogische Faktoren – wie etwa die Struktur der Basis von K – herangezogen werden. Es ist umstritten, ob diese Faktoren als Bestandteil des doxastischen Zustands des Subjekts aufzufassen sind oder ob sie sich nicht vielmehr nach objektivierbaren Kriterien bemessen.

Im AGM-Paradigma werden drei Standardmethoden entwickelt, die Kontraktion $K \dot{-} A$ eines Korpus K bezüglich einer Aussage A effektiv zu konstruieren. Die erste Methode bestimmt $K \dot{-} A$ als den ↑Durchschnitt der ›besten‹ maximalen Teilmengen von K, die A nicht implizieren (*partial meet contraction*). Die zweite Methode behält in $K \dot{-} A$ diejenigen Aussagen bei, die in allen minimalen A implizierenden Teilmengen von K ›sicher‹ sind (*safe contraction*). Die dritte Methode behält in $K \dot{-} A$ diejenigen Aussagen bei, die in K ›epistemisch gut verankert‹ sind (*epistemic entrenchment contraction*). Unter gewissen Voraussetzungen an die für diese Konstruktionen notwendigen revisionsleitenden Strukturen kann man Repräsentationstheoreme beweisen, die besagen, daß eine Kontraktionsoperation für eine Theorie K die AGM-Postulate genau dann erfüllt, wenn sie unter Verwendung einer der drei Standardmethoden (re-)konstruiert werden kann. Die drei Standardmethoden erweisen sich also letztlich als logisch äquivalent. Die erste Methode läßt sich darüber hinaus direkt als eine semantische Methode der Auswahl ›plausibelster‹ möglicher Welten (↑Welt, mögliche) darstellen (A. Grove).

Erweiterungen des Standardmodells für W. erstrecken sich auf Analysen von *iterierten* Revisionen, die eine Methode zur Revision von revisionsleitenden Strukturen erfordern, und von *multiplen* Revisionen, die durch eine Menge von simultan zu akzeptierenden Aussagen induziert werden und nicht allgemein auf einfache oder iterierte Revisionen reduzierbar sind. Von W.en, die den Umgang mit neuen Informationen über eine statische Welt betreffen, sind terminologisch zu unterscheiden so genannte ›Updates‹ von Wissensbasen (H. Katsuno/A. O. Mendelzon), die Meinungsänderungen zum Gegenstand haben, die durch Änderungen in der Welt veranlaßt sind. Formales Kennzeichen solcher Updates ist, daß sie das Postulat (K*4) verletzen und statt dessen folgende Monotoniebedingung erfüllen:

(K*M) Wenn $K \subseteq K'$, dann $K * A \subseteq K' * A$. (*-Monotonie)

Weil für W.en im allgemeinen nicht gilt, daß aus $A \in Cn(B)$ die Bedingung $K * A \subseteq K * B$ folgt, kann eine Art von W. dazu dienen, Formen des so genannten nicht-monotonen Schließens darzustellen. Solche für das alltägliche Schlußfolgern grundlegenden Inferenzrelationen werden durch gewisse nicht-klassische Logiken (↑Logik, nicht-klassische) erfaßt, bei denen im allgemeinen durch eine Erweiterung der Prämissenmenge nicht nur neue Aussagen ableitbar werden, sondern auch zuvor ableitbare Aussagen verlorengehen können. Für entsprechende Konsequenzoperationen C gilt also nicht die für gebräuchliche (Tarskische) Logiken (↑Konsequenzenlogik) gültige Beziehung

(M) Wenn $X \subseteq Y$, dann $C(X) \subseteq C(Y)$. (C-Monotonie)

Gärdenfors und Makinson (1991, 1994) zeigen, daß man für eine endliche Menge $X = \{A_1, \ldots, A_n\}$ von ↑Prämissen die Konsequenzenmenge $C(X)$ als diejenige Theorie auffassen kann, die durch Revision einer ›im Hintergrund‹ postulierten Menge E von Erwartungen durch die Konjunktion von X entsteht:

$C(X) = E * (A_1 \wedge \ldots \wedge A_n)$.

Wenn die Revisionsoperation * die AGM-Postulate erfüllt, hat die so erzeugte Konsequenz- oder Inferenzoperation C genau diejenigen Eigenschaften, die man von ›rationalen‹ nicht-monotonen Logiken fordern würde.

Wissenschaftstheoretische Anwendungen des logischen Revisionsmodells lassen sich im Zusammenhang mit intertheoretischen Relationen (↑Relationen, intertheoretische), insbes. mit dem Begriff der ↑Reduktion sowie mit ↑Idealisierungen, angeben. Oft kann eine ältere Theorie vom Standpunkt einer mit ihr unverträglichen neueren Theorie aus durch eine Revision der neueren Theorie mit bereichsspezifizierenden oder idealisierenden (kontrafaktischen) Bedingungen als beschränkt bzw. idealiter gültig erwiesen werden. Beispiele hierfür liefern die Erklärung der Keplerschen Gesetze der Planetenbewegung durch die Newtonsche Theorie der ↑Gravitation und die Ableitung des idealen Gasgesetzes als eines idealisierten Grenzfalles des van-der-Waalsschen Gasgesetzes. Damit ist ein Modell des wissenschaftlichen ↑Fortschritts (↑Erkenntnisfortschritt) in einer Abfolge von Theorien (↑Theoriendynamik) gegeben, das in dem Sinne nicht-kumulativ ist, daß Aussagen einer älteren Theorie von einer neueren Theorie als falsch bzw. als nur idealiter (oder nur approximativ) gültig erwiesen werden können.

Literatur: C. E. Alchourrón/D. Makinson, Hierarchies of Regulations and Their Logic, in: R. Hilpinen (ed.), New Studies in Deontic Logic. Norms, Actions, and the Foundations of Ethics, Dordrecht/Boston Mass./London 1981, 125–148; dies., On the Logic of Theory Change. Contraction Functions and Their Associated Revision Functions, Theoria 48 (1982), 14–37; dies., On the Logic of Theory Change. Safe Contraction, Stud. Log. 44 (1985), 405–422; dies./P. Gärdenfors, On the Logic of Theory Change. Partial Meet Contraction and Revision Functions, J. Symb. Log. 50 (1985), 510–530; A. Bochman, A Logical Theory of Nonmonotonic Inference and Belief Change, Berlin etc. 2001; C. Boutilier, Unifying Default Reasoning and Belief Revision in a Modal Framework, Artificial Intelligence 68 (1994), 35–85; ders./M. Goldszmidt, On the Revision of Conditional Belief Sets, in: G. Crocco/L. Fariñas del Cerro/A. Herzig (eds.), Conditionals. From Philosophy to Computer Science, Oxford 1995, 267–300; E. Eells, Probability and Conditionals. Belief Revision and Rational Decision, Cambridge etc. 1994; B. Ellis, Rational Belief Systems, Oxford, Totowa N. J. 1979; E. Fermé/S. O. Hansson, AGM 25 Years. Twenty-Five Years of Research in Belief Change, J. Philos. Log. 40 (2011), 295–331; P. Forrest, The Dynamics of Belief. A Normative Logic, Oxford/New York 1986; A. Fuhrmann, Theory Contraction Through Base Contraction, J. Philos. Log. 20 (1991), 175–203; ders. (ed.), Belief Revision, Notre Dame J. Formal Logic 36 (1995), 1–183 (Sonderheft); ders./M. Morreau (eds.), The Logic of Theory Change. Workshop, Konstanz, FRG, October 13–15, 1989 Proceedings, Berlin etc. 1991 (Lecture Notes in Artificial Intelligence 465); ders./H. Rott (eds.), Logic, Action, and Information. Essays on Logic in Philosophy and Artificial Intelligence, Berlin/New York 1996; P. Gärdenfors, Conditionals and Changes of Belief, in: I. Niiniluoto/R. Tuomela (eds.), The Logic and Epistemology of Scientific Change, Amsterdam 1979 (Acta Philos. Fennica 30), 381–404; ders., Belief Revisions and the Ramsey Test for Conditionals, Philos. Rev. 95 (1986), 81–93; ders., Knowledge in Flux. Modeling the Dynamics of Epistemic States, Cambridge Mass./London 1988; ders., The Dynamics of Belief Systems. Foundations vs. Coherence Theories, Rev. int. philos. 44 (1990), 24–46; ders. (ed.), Belief Revision, Cambridge etc. 1992, 2003; ders./D. Makinson, Revisions of Knowledge Systems Using Epistemic Entrenchment, in: M. Y. Vardi (ed.), Proceedings of the Second Conference on Theoretical Aspects of Reasoning about Knowledge, Los Altos Calif. 1988, 83–95; dies., Nonmonotonic Inference Based on Expectations, Artificial Intelligence 65 (1994), 197–245; P. Gärdenfors/H. Rott, Belief Revision, in: D. M. Gabbay/C. H. Hogger/J. A. Robinson (eds.), Handbook of Logic in Artificial Intelligence and Logic Programming IV (Epistemic and Temporal Reasoning), Oxford 1995, 35–132; M. L. Ginsberg (ed.), Readings in Nonmonotonic Reasoning, Los Altos Calif. 1987; A. Grove, Two Modellings for Theory Change, J. Philos. Log. 17 (1988), 157–170; G. Haas, Revision und Rechtfertigung. Eine Theorie der Theorieänderung, Heidelberg 2005; S. O. Hansson, In Defense of Base Contraction, Synthese 91 (1992), 239–245; ders., Reversing the Levi Identity, J. Philos. Log. 22 (1993), 637–669; ders., Theory Contraction and Base Contraction Unified, J. Symb. Log. 58 (1993), 602–625; ders., A Textbook of Belief Dynamics. Theory Change and Database Updating, Dordrecht/Boston Mass./London 1999; ders., Ten Philosophical Problems in Belief Revision, J. Log. Computation 13 (2003), 37–49; ders., Logic of Belief Revision, SEP 2006, rev. 2011; G. Harman, Change in View. Principles of Reasoning, Cambridge Mass./London 1986, 1989; W. L. Harper, Rational Conceptual Change, in: F. Suppe/P. D. Asquith (eds.), PSA 1976. Proceedings of the 1976 Biennial Meeting of the Philosophy of Science Association II, East Lansing Mich. 1977, 462–494; H. Katsuno/A. O. Mendelzon, Propositional Knowledge Base Revision and Minimal Change, Artificial Intelligence 52 (1991), 263–294; dies., On the Difference between Updating a Knowledge Base and Revising It, in: P. Gärdenfors (ed.), Belief Revision [s. o.], 183–203; G. Kern-Isberner, Conditionals in Nonmonotonic Reasoning and Belief Revision. Considering Conditionals as Agents, Berlin etc. 2001; I. Levi, Subjunctives, Dispositions and Changes, Synthese 34 (1977), 423–455; ders., The Fixation of Belief and Its Undoing. Changing Beliefs Through Inquiry, Cambridge etc. 1991; ders., Mild Contraction. Evaluating Loss of Information Due to Loss of Belief, Oxford 2004; D. Lewis, Counterfactuals, Oxford, Cambridge Mass. 1973, Malden Mass./Oxford 2001; S. Lindström/W. Rabinowicz, On Probabilistic Representation of Non-Probabilistic Belief Revision, J. Philos. Log. 18 (1989), 69–101; D. Makinson, How to Give It Up. A Survey of some Formal Aspects of the Logic of Theory Change, Synthese 62 (1985), 347–363; ders., Five Faces of Minimality, Stud. Log. 52 (1993), 339–379; ders., General Patterns in Nonmonotonic Reasoning, in: D. M. Gabbay/C. J. Hogger/J. A. Robinson (eds.), Handbook of Logic in Artificial Intelligence and Logic Programming III (Nonmonotonic Reasoning and Uncertain Reasoning), Oxford 1994, 35–110; J. P. Martins/S. C. Shapiro, A Model for Belief Revision, Artificial Intelligence 35 (1988), 25–79; A. C. Nayak, Iterated Belief Change Based on Epistemic Entrenchment, Erkenntnis 41 (1994), 353–390; B. Nebel, Reasoning and Revision in Hybrid Representation Systems, Berlin etc. 1990 (Lecture Notes in Artificial Intelligence 442); E. J. Olsson/S. Enqvist (eds.), Belief Revision Meets Philosophy of Science, Dordrecht etc. 2011; M. Plach, Prozesse der Urteilsrevision. Kognitive Modellierung der Verarbeitung unsicheren Wissens, Wiesbaden 1998; N. Rescher, Plausible Reasoning. An Introduction to the Theory and Practice of Plausibilistic Inference, Assen/Amsterdam 1976; M. M. Ribeiro, Belief Revision in Non-Classical Logics, London etc. 2012; H. Rott, Reduktion und Revision. Aspekte des nichtmonotonen Theorienwandels, Frankfurt etc. 1991; ders., Two Methods of Constructing Contractions and Revisions of Knowledge Systems, J. Philos. Log. 20 (1991), 149–173; ders., Modellings for Belief Change. Prioritization and Entrenchment, Theoria 58 (1992), 21–57; ders., Belief Contraction in the Context of the General Theory of Rational Choice, J. Symb. Log. 58 (1993), 1426–1450; ders., Change, Choice and Inference. A Study of Belief Revision and Nonmonotonic Reasoning, Oxford etc. 2001, 2006; W. Spohn, Ordinal Conditional Functions. A Dynamic Theory of Epistemic States, in: W. L. Harper/B. Skyrms (eds.), Causation in Decision, Belief Change, and Statistics. Proceedings of the Irvine Conference on Probability and Causation II, Dordrecht/Boston Mass./London 1988, 105–134; ders., The Laws of Belief. Ranking Theory and Its Philosophical Applications, Oxford etc. 2012; N. Tennant, Changes of Mind. An Essay on Rational Belief Revision, Oxford etc. 2012; M.-A. Williams, Transmutations of Knowledge Systems, in: J. Doyle/E. Sandewall/P. Torasso (eds.), Proceedings of the Fourth International Conference on Principles of Knowledge Representation and Reasoning, San Francisco Calif. 1994, 619–629; dies./H. Rott (eds.), Frontiers of Belief Revision, Dordrecht etc. 2001; M. Winslett, Updating Logical Databases, Cambridge etc. 1990, 2005; F. Zenker, Ceteris Paribus in Conservative Belief Revision. On the Role of Minimal Change in Rational Theory Development, Frankfurt 2009. H. R.

Wissenssoziologie (engl. sociology of knowledge, franz. sociologie de la connaissance), Teilbereich der Soziologie, der sich mit den sozialen Bedingungen und Ursachen der Meinungs- und Wissensbildung beschäftigt. Zu den Vorläufern der W. lassen sich rückblickend F. Bacon, A. Comte, F. Nietzsche, V. Pareto, W. Dilthey, M. Weber und insbes. K. Marx und F. Engels rechnen. Als eigenständige Disziplin wird die W. in den 20er Jahren des 20. Jhs. in Deutschland von M. Scheler und K. Mannheim begründet; ein ähnlicher Ansatz wird in Frankreich in den ethnologischen Arbeiten von É. Durkheim und L. Lévy-Bruhl entwickelt.

Die Untersuchungen Schelers und Mannheims nehmen ihren Ausgang von einer kritischen Auseinandersetzung mit der materialistischen Geschichtsauffassung (↑Materialismus, historischer) von Marx, nach der die ökonomische Basis (↑Basis, ökonomische) den geistigen ↑Überbau bestimmt. Damit steht jede Theorie (wie jede Aussage überhaupt) unter Ideologieverdacht (↑Ideologie). Scheler reagiert darauf, indem er zwischen ›Realfaktoren‹ und ›Idealfaktoren‹ unterscheidet, wobei erstere nur die notwendigen sozialen Voraussetzungen für letztere bilden. Die Bandbreite der ›Idealfaktoren‹ (Religion, Metaphysik, Wissenschaft) ist damit eingeschränkt; diese sind jedoch inhaltlich nicht konkret determiniert. Das objektiv ↑Gegebene zeigt sich danach in einer Vielfalt unterschiedlicher Wissensformen. Mannheim radikalisiert demgegenüber den Marxschen Ansatz im Sinne eines soziologistisch basierten ↑Perspektivismus und behauptet, daß keine Theorie einen archimedischen Punkt beanspruchen kann, der ideologisch unbelastet ist. Angesichts dieses umfassenden Ideologiebegriffs bleibt nur die soziologische Erklärung für vielfältige Formen von ›Wissen‹, das sozial gerade wirksam ist oder in Anwendung auf historische Erklärungen das Verhalten bestimmter Gruppierungen beeinflußt.

Mit dieser relativistischen (↑Relativismus) Wendung erhebt die W. einen erkenntniskritischen Anspruch, der allerdings nicht überzeugend begründet wird: Das Bestreiten schlicht gegebener Wahrnehmungsdaten ist seit I. Kant Teil vieler philosophischer Richtungen; und die Standortgebundenheit einer Untersuchung beweist nicht die Ungültigkeit ihrer Ergebnisse. Der Nachweis der Möglichkeit (teilweiser) genetischer Erklärungen wäre nur dann epistemisch bedeutsam, wenn durch diesen die Geltung der entsprechenden Befunde erschüttert würde (↑Entdeckungszusammenhang/Begründungszusammenhang, ↑Geltung, ↑Genese). Für eine derartige These trägt Mannheim keine hinreichenden Argumente vor. Überdies sucht er die Wahrheit seiner Theorie von der soziologistischen Relativierung auszunehmen. Es bleibt unklar, wie diese Position konsistent zu halten ist.

Später werden (wie schon beim späten Engels) die übergreifenden philosophischen Ansprüche der W. zurückgenommen; Geltungsfragen werden nicht mehr berücksichtigt. ↑Meinungen und begründetes ↑Wissen werden unterschiedslos funktional analysiert, da sich die W. »mit allem zu beschäftigen habe, was in einer Gesellschaft als ›Wissen‹ gilt, ohne Ansehen seiner absoluten Gültigkeit oder Ungültigkeit« (P. L. Berger/T. Luckmann, Die gesellschaftliche Konstruktion der Wirklichkeit, 1970, 3). Die Forschung konzentriert sich nunmehr gerade auf die Untersuchung irrationaler (↑irrational/Irrationalismus) Glaubenssysteme, womit sich der Begriff der W. als unangemessen erweist. Der Sache nach bildet die W. (neben psychologischen oder evolutionsbiologischen Betrachtungsweisen) einen legitimen soziologischen Ansatz zur Erhellung der ↑Ideengeschichte (vor allem zur Erklärung des Wandels von Forschungsinteressen) mit beschränkter Reichweite.

Eine andere Entwicklung führt von der W. zur ↑Wissenschaftssoziologie (R. K. Merton). Während die frühen Wissenssoziologen annehmen, daß die Naturwissenschaften einen privilegierten Zugang zur Wirklichkeit besitzen und eine soziologische Untersuchung ihrer Wissensbildung unfruchtbar bleiben muß, gewinnt dieser Zweig der W. auf Grund neuerer Ergebnisse der ↑Wissenschaftstheorie wieder an Beachtung. So führt die ↑Unterbestimmtheit von Theorien durch die empirischen Daten dazu, daß außerempirische Faktoren eine wesentliche Rolle bei der Wissensbildung spielen (↑Wissenschaftsforschung). Eine andere Lesart Mannheims könnte diesen sogar in die Nähe der Duhem-Quine-These (↑experimentum crucis) rücken, deren ↑Holismus in Mannheims ›Relationismus‹ anklingt. Die pragmatistische (↑Pragmatismus) Ausrichtung von Mannheims Erkenntnistheorie kommt darüber hinaus in seiner historistischen (↑Historismus) Betonung der ›Wandelbarkeit der kategorialen Apparatur‹ zum Ausdruck.

Literatur: L. Bailey, Critical Theory and the Sociology of Knowledge. A Comparative Study in the Theory of Ideology, New York etc. 1994, 1996; B. Barnes, Interests and the Growth of Knowledge, London/Boston Mass./Henley 1977, 1979; P. L. Berger/T. Luckmann, The Social Construction of Reality. A Treatise in the Sociology of Knowledge, Garden City N. Y. 1966, Harmondsworth 1991 (dt. Die gesellschaftliche Konstruktion der Wirklichkeit. Eine Theorie der W., Frankfurt 1969, [26]2016); O. Berli/M. Endreß (eds.), Wissen und soziale Ungleichheit, Weinheim/Basel 2013; D. Bloor, Sociology of Knowledge, REP VIII (1998), 1–2; M. Bracht, Voraussetzungen einer Soziologie des Wissens. Erarbeitet am Beispiel Max Scheler, Tübingen 1974; C. Calhoun (ed.), Robert K. Merton. Sociology of Science and Sociology as Science, New York 2010; C. Camic/N. Gross/M. Lamont (eds.), Social Knowledge in the Making, Chicago Ill./London 2011; A. Child, The Problem of Truth in the Sociology of Knowledge, Ethics 58 (1947/1948), 18–34; R. Collins, The Sociology of Philosophies. A Global Theory of Intellectual Change, Cambridge Mass./London 1998, 2002; L. A. Coser, Sociology of

Knowledge, IESS VIII (1968), 428–435; J. E. Curtis/J. W. Petras (eds.), The Sociology of Knowledge. A Reader, New York/Washington D. C., London 1970, London 1982; H. O. Dahlke, The Sociology of Knowledge, in: H. E. Barnes/H. Becker/F. B. Becker (eds.), Contemporary Social Theory, New York 1940, 1971, 64–89; G. De Gré, Society and Ideology. An Inquiry into the Sociology of Knowledge, New York 1943, 1979; É. Durkheim/M. Mauss, De quelques formes primitives de classification, L'année sociologique 6 (1901/1902), 1–72; A. Engelhardt/L. Kajetzke (eds.), Handbuch Wissensgesellschaft. Theorien, Themen und Probleme, Bielefeld 2010; F. Frieß, Wissen in der differenzierten Gesellschaft. Soziologische und erkenntnistheoretische Grundlagen der W. aus konstruktivistisch-systemtheoretischer Sicht, Sankt Ingbert 2000; B. Glaeser, Kritik der Erkenntnissoziologie, Frankfurt 1972; E. Grünwald, Das Problem der Soziologie des Wissens. Versuch einer kritischen Darstellung der wissenssoziologischen Theorien, Wien/Leipzig 1934 (repr. Hildesheim 1967); I. Hacking, The Social Construction of What?, Cambridge Mass./London 1999, 2003 (dt. Was heißt ›soziale Konstruktion‹? Zur Konjunktur einer Kampfvokabel in den Wissenschaften, Frankfurt 1999, [3]2002; franz. Entre science et réalité. La construction sociale de quoi?, Paris 2001, 2008); V. G. Hinshaw Jr., The Epistemological Relevance of Mannheim's Sociology of Knowledge, J. Philos. 40 (1943), 57–72; R. Hitzler/J. Reichertz/N. Schröer (eds.), Hermeneutische W.. Standpunkte zur Theorie der Interpretation, Konstanz 1999, 2003; I. L. Horowitz, Philosophy, Science, and the Sociology of Knowledge, Springfield Ill. 1961 (repr. Westport Conn. 1976); R. Keller, Wissenssoziologische Diskursanalyse. Grundlegung eines Forschungsprogramms, Wiesbaden 2005, [3]2011; ders. u. a. (eds.), Die diskursive Konstruktion von Wirklichkeit. Zum Verhältnis von W. und Diskursforschung, Konstanz 2005; ders./O. Dimbath, Einführung in die W., Wiesbaden 2008; R. Keller/H. Knoblauch/J. Reichertz (eds.), Kommunikativer Konstruktivismus. Theoretische und empirische Arbeiten zu einem neuen wissenssoziologischen Ansatz, Wiesbaden 2013; A. Kieserling, Selbstbeschreibung und Fremdbeschreibung. Beiträge zur Soziologie soziologischen Wissens, Frankfurt 2004; R. Kilminster, The Sociological Revolution. From the Enlightenment to the Global Age, London/New York 1998, 2002; H. Knoblauch, W., Konstanz 2005, [3]2014; R. Laube, Karl Mannheim und die Krise des Historismus. Historismus als wissenssoziologischer Perspektivismus, Göttingen 2004; H. Longino, The Social Dimensions of Scientific Knowledge, SEP 2002, rev. 2015; T. Luckmann, Wissen und Gesellschaft. Ausgewählte Aufsätze 1981–2002, Konstanz 2002; G. Lukács, Geschichte und Klassenbewußtsein. Studien über marxistische Dialektik, Berlin 1923 Nachdr. Darmstadt/Neuwied 1968 (= Werke II), Darmstadt [10]1988, Bielefeld 2015 (= Werkauswahl in Einzelbdn. III) (franz. Histoire et conscience de classe. Essais de dialectique marxiste, Paris 1960, 1984; engl. History and Class Consciousness. Studies in Marxist Dialectics, Cambridge Mass. 1971); S. Maasen, W., Bielefeld 1999, [3]2012; K. Mannheim, Das Problem einer Soziologie des Wissens, Arch. Sozialwiss. u. Sozialpolitik 53 (1925), 577–652, Neudr. in: ders., W.. Auswahl aus dem Werk, ed. K. H. Wolff, Berlin/Neuwied 1964, [2]1970, 308–387; ders., W., in: Handwörterbuch der Soziologie, ed. A. Vierkandt, Stuttgart 1931 (repr. 1959), 659–680, Neudr. in: ders., Ideologie und Utopie, Frankfurt [3]1952, [9]2015, 227–267; J. Maquet, Sociologie de la connaissance. Sa structure et ses rapports avec la philosophie de la connaissance. Étude critique des systèmes de Karl Mannheim et de Pitirim A. Sorokin, Louvain 1949, Neudr. Brüssel [2]1969 (engl. The Sociology of Knowledge. Its Structure and Its Relation to the Philosophy of Knowledge. A Critical Analysis of the Systems of Karl Mannheim and Pitirim A. Sorokin, Boston Mass. 1951 [repr. Westport Conn. 1973, 1977]); E. D. McCarthy, Knowledge as Culture. The New Sociology of Knowledge, London/New York 1996; V. Meja/N. Stehr (eds.), Der Streit um die W., I–II, Frankfurt 1982 (engl. Knowledge and Politics. The Sociology of Knowledge Dispute, London/New York 1990); R. K. Merton, Sociology of Knowledge, in: G. Gurvitch/W. E. Moore (eds.), Twentieth-Century Sociology, New York 1945, 366–405 (dt. Zur W., in: ders., Entwicklung und Wandel von Forschungsinteressen. Aufsätze zur Wissenschaftssoziologie, Frankfurt 1985, 217–257); ders., Social Theory and Social Structure, Glencoe Ill. 1949, New York/London [3]1968, 493–582 (The Sociology of Knowledge and Mass Communications); M. Mulkay, Science and the Sociology of Knowledge, London/Boston Mass./Sydney 1979 (repr. Aldershot 1992), 1985; H. Neisser, On the Sociology of Knowledge. An Essay, New York 1965; H. Nowotny/P. Scott/M. Gibbons (eds.), Re-Thinking Science. Knowledge and the Public in an Age of Uncertainty, Cambridge/Malden Mass. 2001, 2008 (dt. Wissenschaft neu denken. Wissen und Öffentlichkeit in einem Zeitalter der Ungewißheit, Weilerswist 2004, [4]2014; franz. Repenser la science. Savoir et société à l'ère de l'incertitude, Paris 2003); A. Poferl/N. Schröer (eds.), Wer oder was handelt? Zum Subjektverständnis der hermeneutischen W., Wiesbaden 2014; K. R. Popper, The Open Society and Its Enemies II, London 1945, [5]1966, Princeton N. J. 2013, 212–223; J. Raab, Visuelle W.. Theoretische Konzeption und materiale Analysen, Konstanz 2008; G. W. Remmling (ed.), Towards the Sociology of Knowledge. Origin and Development of a Sociological Thought Style, London 1973; J. Ritsert, Ideologie. Theoreme und Probleme der W., Münster 2002, [2]2015; L. Rosemann, Die Zeit als Paradigma in der W. von Norbert Elias, Münster/Hamburg/London 2003; W. G. Roy, Making Societies. The Historical Construction of Our World, Thousand Oaks Calif./London/New Delhi 2001; R. Schantz/M. Seidel, The Problem of Relativism in the Sociology of (Scientific) Knowledge, Frankfurt etc. 2011; M. Scheler, Probleme einer Soziologie des Wissens, in: ders. (ed.), Versuche zu einer Soziologie des Wissens, München/Leipzig 1924, 3–146, ferner in: ders., Die Wissensformen und die Gesellschaft, Leipzig 1926, 1–229, ed. Maria Scheler, Bern/München [2]1960 (= Ges. Werke VIII), [3]1980, Bonn 2008, 15–190; A. v. Schelting, Zum Streit um die W.. Die W. und die kultursoziologischen Kategorien Alfred Webers, Arch. Sozialwiss. u. Sozialpolitik 62 (1929), 1–66; M. Schetsche, W. sozialer Probleme. Grundlegung einer relativistischen Problemtheorie, Wiesbaden 2000; P. A. Schilpp, The ›Formal Problems‹ of Scheler's Sociology of Knowledge, Philos. Rev. 36 (1927), 101–120; B. Schofer, Das Relativismusproblem in der neueren W.. Wissenschaftsphilosophische Ausgangspunkte und wissenssoziologische Lösungsansätze, Berlin 1999; M. W. Schramm, Symbolische Formung und die gesellschaftliche Konstruktion von Wirklichkeit, Konstanz/München 2014; N. Schröer (ed.), Interpretative Sozialforschung. Auf dem Wege zu einer hermeneutischen W., Opladen 1994; R. Schützeichel, W., Hist. Wb. Ph. XII (2004), 981–983; ders. (ed.), Handbuch W. und Wissensforschung, Konstanz 2007; A. P. Simonds, Karl Mannheim's Sociology of Knowledge, Oxford 1978; H.-G. Soeffner/R. Herbrik (eds.), W., München 2006; W. Stark, The Sociology of Knowledge. An Essay in Aid of a Deeper Understanding of the History of Ideas, London 1958, 2001 (dt. [gekürzt] Die W.. Ein Beitrag zum tieferen Verständnis des Geisteslebens, Stuttgart 1960); ders., Sociology of Knowledge, Enc. Ph. VII (1967), 475–478, IX ([2]2006), 100–105; N. Stehr/V. Meja (eds.), W., Opladen 1981 (engl. [stark verändert] Society and Knowledge. Contemporary Perspectives in the Sociology of Knowledge, New Brunswick

N. J./London 1984, unter dem Titel: Society & Knowledge. Contemporary Perspectives in the Sociology of Knowledge & Science, [2]2005); D. Tänzler/H. Knoblauch/H.-G. Soeffner (eds.), Neue Perspektiven der W., Konstanz 2006; K. H. Wolff, The Sociology of Knowledge in the United States of America. A Trend Report and Bibliography, The Hague/Paris 1967 (Current Sociology 15 [1967], H. 1) (mit Bibliographie, 30–56); ders., Versuch zu einer W., Berlin/Neuwied 1968; S. Yearly, Making Sense of Science. Understanding the Social Study of Science, London 2005; E. Zerubavel, Social Mindscapes. An Invitation to Cognitive Sociology, Cambridge Mass./London 1997, 1999. B. G.

Witelo (Vitello), *bei Liegnitz um 1220, †vermutlich Kloster Witów (b. Piotrków Trybunalski) um 1275, dt.-poln. Naturphilosoph und Mathematiker, Mitglied des Prämonstratenserordens. Um 1250 Studien in Paris, um 1260 in Padua (kanonisches Recht), 1268 (oder 1269) Aufenthalt in Viterbo (Bekanntschaft mit Wilhelm von Moerbeke). – W. befaßt sich vor allem mit Fragen der ↑Optik. Sein um 1271 geschriebenes, 1535 in Nürnberg herausgegebenes und bis ins 17. Jh. als Lehrbuch vielverbreitetes und einflußreiches Werk »Perspectiva« greift im wesentlichen auf Alhazens und auf K. Ptolemaios' Optik zurück und läßt detaillierte Kenntnisse Euklids, Apollonios' von Perge und Pappos' von Alexandreia erkennen. J. Kepler (Ad Vitellionem paralipomena, Frankfurt 1604) und C. Huygens greifen in ihren Optiken später auf W. zurück. In der ↑Naturphilosophie vertritt W. in Verbindung mit seinen optischen Vorstellungen Konzeptionen einer ↑Lichtmetaphysik. Danach ist Licht die von Gott geschaffene primäre ↑Substanz, die ihrerseits die physikalischen Substanzen erzeugt.

Werke: *Περὶ ὀπτικῆς* [...] quam vulgo Perspectivam vocant, libri X, Nürnberg 1535, 1551, unter dem Titel: Opticae [...] libri X, Basel 1572 [zusammen mit Alhazens Optica] (repr. New York 1972); Teorema della bellezza [Vitellonis opticae liber quartus] [lat./ital.], ed. A. Parronchi, Mailand 1958, 1967, Arezzo 2000; Witelonis Perspectivae liber primus. Book I of W.'s »Perspectiva« [lat./engl.], ed. S. Unguru, Breslau etc. 1977; Witelonis Perspectivae liber quintus. Book V of W.'s Perspectiva [lat./engl.], ed. A. M. Smith, Breslau etc. 1983; Witelonis Perspectivae liber secundus et liber tertius. Books II and III of W.'s Perspectiva [lat./engl.], ed. S. Unguru, Breslau etc. 1991; Witelonis Perspectivae liber quartus/ Book IV of W.'s Perspectiva [lat./engl.], ed. C. J. Kelso, Diss. Missouri-Columbia 2003.

Literatur: C. Baeumker, W.. Ein Philosoph und Naturforscher des XIII. Jahrhunderts, Münster 1908 (repr. 1991); L. Bazinek, W., BBKL XXIV (2005), 1553–1560; A. Birkenmajer, Études sur W., in: ders., Études d'histoire des sciences en Pologne, Breslau etc. 1972, 95–434 (mit lat. Text v. De natura daemonum, 122–136; De primaria causa poenitentiae, 136–141; Solutio quaestionis, qua quaeritur, utrum secundum naturalem philosophiam sint aliquae substantiae separatae praeter motores orbium caelestium?, 142–152); J. Burchardt, W.. Filosofo della natura del XIII sec.. Una biografia, Breslau 1984; ders., Kosmologia i psychologia Witelona, Breslau 1991; M. Folkerts, W., LMA IX (1998), 263–264; ders., W., in: A. Brungs/V. Mudroch/P. Schulthess (eds.), Die Philosophie des Mittelalters IV/2 (13. Jahrhundert), Basel 2017, 1439–1442, 1453; D. C. Lindberg, Lines of Influence in Thirteenth-Century Optics. Bacon, W., and Pecham, Speculum 46 (1971), 66–83 (repr. in: ders., Studies in the History of Medieval Optics, London 1983); ders., Theories of Vision from Al-Kindi to Kepler, Chicago Ill./London 1976, 1981, bes. 116–121 (dt. Auge und Licht im Mittelalter. Die Entwicklung der Optik von Alkindi bis Kepler, Frankfurt 1987, bes. 212–220); ders., W., DSB XIV (1976), 457–462; J. A. Lohne, Der eigenartige Einfluß W.s auf die Entwicklung der Dioptrik, Arch. Hist. Ex. Sci. 4 (1967/1968), 414–426; A. Paravicini Bagliani, W. et la science de l'optique à la cour pontificale de Viterbe (1277), Mélanges de l'École Francaise de Rome 87 (1975), 425–453; E. Paschetto, Demoni e prodigi. Note su alcuni scritti di W. e di Oresme, Turin 1978; J. Trzynadlowski (ed.), W.. Matematyk, fizyk, filozof, Breslau 1979; S. Unguru, W. and the Thirteenth-Century Mathematics. An Assessment of His Contributions, Isis 63 (1972), 496–508; ders., Mathematics and Experiment in W.'s »Perspectiva«, in: E. Grant/J. E. Murdoch (eds.), Mathematics and Its Applications to Science and Natural Philosophy in the Middle Ages, Cambridge etc. 1987, 2010, 269–297; ders., W., in: T. Glick/S. J. Livesey/F. Wallis (eds.), Medieval Science, Technology and Medicine. An Encyclopedia, London/New York 2005, 520–522. J. M.

Wittgenstein, Ludwig Johann Josef, *Wien 26. April 1889, †Cambridge 29. April 1951, österr.-brit. Philosoph, zu Lebzeiten im Brennpunkt der Analytischen Philosophie (↑Philosophie, analytische), danach von immer noch wachsender Bedeutung auch für andere philosophische Richtungen, z. B. ↑Pragmatismus, ↑Konstruktivismus, ↑Phänomenologie, ↑Existenzphilosophie und ↑Philosophie des Geistes (↑philosophy of mind). Als jüngstes von acht Kindern einer sehr wohlhabenden und kunstverständigen großbürgerlichen Familie jüdischer Herkunft wird W. bis zu seinem 14. Lebensjahr privat erzogen. Nach drei Jahren auf der k.u.k. Staats-Oberrealschule in Linz 1906–1908 Maschinenbaustudium an der TH Berlin-Charlottenburg; 1908 Fortsetzung des Studiums als Research Student an der Technischen Universität Manchester. Nach der Lektüre von B. Russells »Principles of Mathematics« (Cambridge 1903) gibt W. das Ingenieurstudium auf und bewirbt sich, ermutigt durch einen Rat G. Freges, den er 1911 aufgesucht hatte, um Zulassung an der Universität Cambridge, um Grundlagen der Logik und Mathematik bei Russell zu studieren. Im Januar 1912 Aufnahme im Trinity College, wo W. fünf Trimester (ohne Abschluß) studiert. Russells Anerkennung befördert intensive logisch-philosophische Forschungen, bis zum Ausbruch des 1. Weltkrieges in Norwegen, wo W. zeitweise in völliger Abgeschiedenheit in einer selbstgebauten Hütte lebt und einen intensiven Briefwechsel unter anderem mit Russell führt; anschließend, nach seiner Meldung 1914 zum freiwilligen Kriegsdienst, unter Verarbeitung von Gedanken aus der Schule F. Brentanos, unterwegs während seiner freien Zeit. Als W. 1918 in italienische Kriegsgefangenschaft gerät, ist das Manuskript der »Logisch-Philosophischen Abhandlung« abgeschlossen; es gelangt auf diplomatischem Wege durch Vermittlung des gemeinsamen Freundes J. M. Keynes in die Hände Russells. Nach vielen, von Russell unterstützten vergeblichen Anläufen erscheint die Arbeit 1921 in W. Ostwalds »Annalen der Naturphilosophie« und 1922, zusammen mit einer englischen Übersetzung des 18jährigen Studenten F. P. Ramsey und C. K. Ogdens samt Vorwort von Russell, unter dem von G. E. Moore vorgeschlagenen Titel »Tractatus logico-philosophicus« in England.

1919–1920 Besuch einer Lehrerbildungsanstalt, 1920–1926 Grundschullehrer in verschiedenen Orten Niederösterreichs. Seine Kontakte mit den Freunden in England hält W. auch während dieser Zeit aufrecht (1922 Treffen mit Russell in Den Haag, 1923 Besuch von Ramsey mit intensiven Diskussionen über den »Tractatus«). Versuche von M. Schlick, dem spiritus rector des ↑Wiener Kreises, mit W., dessen »Tractatus« im Schlick-Zirkel detailliert besprochen wurde, Kontakt aufzunehmen, führen erst nach drei Jahren – W. hatte inzwischen neben Versuchen als bildender Künstler als Architekt für eine seiner Schwestern gearbeitet – 1927 zu einer ersten Begegnung im Hause von W.s Schwester zusammen mit dem Ehepaar K. Bühler. Seit dieser Zeit auf dem Wege über Schlick und F. Waismann, der an einer Studie über den »Tractatus« arbeitete, indirekte regelmäßige Verbindung mit den Diskussionen im Wiener Kreis. Vermutlich motiviert durch einen Vortrag L. E. J. Brouwers über die Grundlagen der Mathematik in Wien 1928 und die Aussicht auf Promotion in Cambridge 1929 Rückkehr nach England, zunächst als Gast von Keynes, dann, nach der von Russell und Moore mit dem »Tractatus« als Dissertation vertretenen Promotion im Sommer 1929, 1930–1936 als Fellow von Trinity College, jedoch weiter im Kontakt mit Waismann und Schlick (1931 gemeinsame Urlaubs- und Arbeitsreise mit Schlick nach Italien). 1929 erscheint die einzige neben dem »Tractatus« zu Lebzeiten W.s publizierte philosophische Arbeit »Some Remarks on Logical Form«, die bereits erste Anzeichen einer Neuorientierung von W.s philosophischen Interessen enthält, nämlich die Hinwendung zur Vielfalt ›logischer‹ Funktionen der Sprache anstelle der bisher allein berücksichtigten Darstellungsfunktion.

1936/1937 zieht sich W. wieder nach Norwegen zurück, wird aber auf Grund einer Bewerbung 1939 wenige Monate vor der Annahme der britischen Staatsbürgerschaft in Cambridge Nachfolger Moores auf dessen Lehrstuhl. Seine Vorlesungen, die auch zuvor schon allein eigenen Überlegungen galten, erstrecken sich auf Gebiete, die W. zur Zeit des »Tractatus« noch für nicht sinnvoll erörterbar hielt: Ästhetik, Psychologie, Ethik, religiösen Glauben. Im wesentlichen konzentriert er sich im Zusammenhang insbes. von Reflexionen über den Regelbegriff (↑Regel) auf die Ausarbeitung seiner Ideen zu den ›Anfängen‹ der Mathematik, ab 1944 ausgeweitet auf die Rolle von Regeln in der Psychologie. Diese Überlegungen werden auch nicht, wie seine Lehrtätigkeit, unterbrochen vom freiwilligen Einsatz im Krankenhausdienst während des 2. Weltkrieges (September 1941 – Februar 1944). Nach einem längeren Aufenthalt in Swansea/Wales bei R. Rhees, der der Neuordnung seiner seit vielen Jahren in Vorbereitung befindlichen »Philosophischen Untersuchungen« gilt, kehrt W. nach Cambridge zurück. 1945/1946 entsteht die letzte Fassung von Teil I der »Philosophischen Untersuchungen« mit ihren drei Blöcken, §§ 1–189 von 1938, §§ 190–421 von 1944 und §§ 422–693 von 1945/1946. Ende 1947 gibt W. seinen Lehrstuhl auf – er wird auf seinen Wunsch von G. H. v. Wright übernommen – und zieht sich nach Irland zurück, wo er, unterbrochen von Reisen nach Oxford und Cambridge sowie nach Wien zu seiner Familie und in die USA zu Gesprächen mit N. Malcolm, für fast zwei Jahre abwechselnd in Dublin und an der Westküste lebt. In dieser Zeit wird Teil II der »Philosophischen Untersuchungen« fertiggestellt, die nicht, wie ursprünglich geplant, den Grundlagen der Mathematik gewidmet sind, sondern vor allem vom Verhältnis von Sehen und Denken bzw. Verstehen, den verschiedenen Weisen des Erkennens, handeln und im Zusammenhang mit Arbeiten zur Philosophie der Psychologie stehen; gleichwohl schiebt W. die Veröffentlichung weiter hinaus (sie wird erst postum 1953 erfolgen). Abgesehen von zwei Reisen, erneut nach Wien und nach Norwegen, arbeitet W. die letzten 18 Monate seines Lebens – er weiß um seine Krebserkrankung – bis zum Tage vor seinem Tode im Hause seines Arztes, motiviert von seinen Gesprächen mit Malcolm, über Moores Common-sense-Widerlegung des Skeptizismus (jetzt in: »Über Gewißheit«, 1969) und über J. W. v. Goethes Farbenlehre (jetzt in: »Bemerkungen über die Farben«, 1977). Diese Überlegungen sind durchlässig geworden gegenüber allgemeinen Gedanken zu Kunst und Religion, der eigenen Existenz und der conditio humana in privaten Aufzeichnungen während seines ganzen Lebens; in »Vermischte Bemerkungen« (1977 [engl. »Culture and Value«, 1980]) sind sie zumindest teilweise gegenwärtig zugänglich.

Es ist üblich geworden, den W. des »Tractatus« als W. I dem W. der »Philosophischen Untersuchungen« als W. II gegenüberzustellen, wobei sich die Beurteilung des Zusammenhanges beider Stadien zwischen völligem Bruch und nahtloser Entwicklung auf Selbstzeugnisse W.s auch für zahllose Zwischenstufen beruft, zumal mittlerweile aus dem Nachlaß reiches Material für Einzelheiten der philosophischen Entwicklung W.s vom frühen zum späten Stadium zur Verfügung steht. Die Frage nach der Art des Zusammenhanges zwischen W. I und W. II hat auch deshalb systematisches Gewicht, weil W. I für die Phase des Logischen Empirismus (↑Empirismus, logischer) innerhalb der Analytischen Philosophie von entscheidender Bedeutung gewesen ist – z. B. führt R. Carnap die syntaktische Konzeption der Sprache und die daraus gewonnene Auffassung der Philosophie als logische Syntax (↑Syntax, logische) entgegen W.s Erklärung, daß Philosophie keine Lehre, sondern eine Tätigkeit sei (Tract. 4.112), auf W. I zurück – und für die Phase des Linguistischen Phänomenalismus (↑Phänomenalismus, linguistischer) innerhalb der Analytischen Philosophie W. II sogar häufig als ihr Hauptvertreter bezeichnet wird, etwa in den Darstellungen der ↑Ordinary Language Philosophy durch E. v. Savigny.

Nun gehört das mit der Philosophie gleichursprüngliche Problem des Zusammenhanges von Welt und Sprache zum Kernproblem sowohl von W. I als auch von W. II; es wird nur anders behandelt, und zwar nicht, um es durch eine philosophische Theorie (transzendental, empiristisch, evidenztheoretisch etc.) zu lösen oder als ein immerwährendes Problem einer ↑philosophia perennis zu identifizieren, dem allenfalls durch einen Sprung in den Glauben (↑Glaube (philosophisch)) zu entgehen sei, sondern um es zum Verschwinden zu bringen, als ein ↑Scheinproblem zu entlarven. Im »Tractatus« gelingt dies W. dadurch, daß er die scheinbar *externe* Relation von Zeichen und Bezeichnetem als eine *interne* Relation identifiziert, die *sich zeigt* und die nicht gesagt werden kann: die *logische Form* (↑Form (logisch)) ist Welt und Sprache gemeinsam. Die ↑Kopula, die einen ↑Prädikator (ein Sprachelement) mit durch ↑Nominatoren vertretenen Gegenständen (Weltelementen, bei W. zur Substanz der Welt gehörig) in einer ↑Prädikation verknüpft, ist keine gewöhnliche, ›externe‹, Relation zwischen Gegenständen, sondern das Hilfsmittel, um auszudrücken, daß eine gewöhnliche Relation, z. B. zwischen (externer) Eigenschaft und dem Gegenstand, an dem sie vorkommt, besteht. Eine ↑Elementaraussage ›ιP ε Q‹ (dies *P* ist *Q*) ist nach W. die Darstellung eines probeweisen Zusammenstellens einer Sachlage (Tract. 4.031), in der die Namen ›ιP‹ und ›ιQ‹ von Gegenständen mit den internen (oder formalen) Eigenschaften *P*-sein bzw. *Q*-sein – ihre externen Eigenschaften werden erst durch ↑Aussagen bzw. ↑Sätze (d. s. Satzzeichen in ihrer projektiven Beziehung zur Welt; Tract. 3.12) dargestellt (Tract. 2.0231) – so zusammenhängen wie die Gegenstände im Sachverhalt. Ob dann die durch ›ιP ε Q‹ dargestellte Konfiguration besteht oder nicht, also der Sachverhalt eine ↑Tatsache ist oder nicht – in beiden Fällen ist die durch ›ιP ε Q‹ notierte Namenverknüpfung ›$\iota P \iota Q$‹ kein Komplex (↑komplex/Komplex), sondern ihrerseits eine (sprachliche) Tatsache –, zeigt sich und kann nicht (mit einem metasprachlichen [↑Metasprache] Satz) gesagt werden (Tract. 4.122), weil ↑Sachverhalte (und Tatsachen) im Unterschied zu Gegenständen keine externen Eigenschaften haben.

Die semiotische (↑Semiotik) Unterscheidung von ›intern‹ und ›extern‹ (↑intern/extern) ist W.s Hilfsmittel, um auf der einen Seite Reden *über* Gegenstände einschließlich (instantiierter) Eigenschaften, z. B. dieses Rot, und Beziehungen, z. B. dieses Kleiner-als-jenes, und auf der anderen Seite Verfahren, Gegenstände durch Darstellungsmittel überhaupt erst verfügbar zu machen, auseinanderzuhalten. Die Darstellungsmittel – bei W. die ›Symbole‹ und nicht etwa nur ihre sinnlichen Träger, die ›Zeichen‹, die extern, durch ↑Konvention, ihre Symbolfunktion erhalten (Tract. 3.32) – sind *intern* mit den Gegenständen, die sie bezeichnen, verknüpft. Dabei werden die internen Eigenschaften eines Gegenstandes als seine Formen bezeichnet, durch die die Strukturen derjenigen Sachverhalte, in denen sie vorkommen können, vollständig bestimmt sind (Tract. 2.012). Was also wie eine ↑Abbildtheorie der Wahrheit (↑Wahrheitstheorien) in Gestalt einer linguistischen Isomorphietheorie (↑isomorph/Isomorphie) aussieht und, wörtlich genommen, die bekannten Probleme angesichts der Existenz falscher Bilder nach sich zöge, ist W.s Fassung einer Theorie der ↑Prädikation, in der Namen (außersprachliche) Gegenstände *nennen* und Aussagen deren Konfiguration in den durch (intensionale) Abstraktion gewonnenen Sachverhalten *sagen* (Tract. 3.221): Aussagen haben unter Verwendung der Terminologie Freges nur einen Sinn, ↑Namen hingegen nur eine Bedeutung; ihre Rollen sind strikt disjunkt.

W. wählt den Terminus ›Bild‹ zur Charakterisierung der internen oder *grammatischen* Beziehung zwischen Sprache und Welt, weil Sätze allein auf Grund der Bestimmungen der Gegenstände, von denen sie handeln – das sind ihre internen Eigenschaften, nämlich diejenigen, durch die sie ›definiert‹ sind –, verstanden werden, d. h. einen Gedanken ausdrücken. Ein Bild kann wahr oder falsch sein und heißt deswegen auch ein ›Modell‹ der Wirklichkeit: »Es ist wie ein Maßstab an die Wirklichkeit angelegt« (Tract. 2.1512). Der Sprache gegenüber stehen allein die Gegenstände, *über* die etwas gesagt wird, nicht etwa die Sachverhalte; *was* man über die Gegenstände sagt, *daß* ein Sachverhalt besteht, d. h. eine Tatsache ist, ist nur sprachlich zugänglich; zwischen der Substanz der Welt, der Gesamtheit der Gegenstände (↑Objekt), und der Welt, der Gesamtheit der Tatsachen, ist strikt zu unterscheiden (Tract. 1.2, 2.021).

Es kommt hinzu, daß W. seine *Bildtheorie der Sprache* um die These des Logischen Atomismus (↑Atomismus, logischer) ergänzt: Alle Gegenstände sind aus logisch einfachen Gegenständen aufgebaut, so daß Namen in Gestalt von ↑Kennzeichnungen solange nach dem Verfahren Russells zu eliminieren sind, bis man bei Namen einfacher Gegenstände ankommt, auch wenn sich alle vorgeschlagenen Beispiele für derart einfache Namen, z. B. Namen von Sinnesdaten (↑Qualia), leicht als Komplexe nachweisen ließen. Diese Ergänzung, die von Russell in seinen Vorlesungen über »The Philosophy of Logical Atomism« (1918/1919) ausdrücklich als Idee W.s bezeichnet wird, steht im Zusammenhang mit der Aufgabe des »Tractatus«, eine durch logische Analyse (↑Analyse, logische) der ↑Gebrauchssprache für eine ↑Wissenschaftssprache taugliche Zeichensprache anzugeben, die der aus den Regeln der logischen Syntax (↑Syntax, logische) gebildeten logischen Grammatik (↑Grammatik, logische) gehorcht (Tract. 3.325). Die Bildtheorie für sich allein ist von der Existenz von Elementarsätzen im strengen Sinne einer Konfiguration einfacher Namen unabhängig. Erst im Zusammenhang des zweiten Hauptstücks seines »Tractatus«, der *Theorie der ↑Wahrheitsfunktionen*, bedient sich W. dieser Basis, um die Wahrheit logisch zusammengesetzter Aussagen als eine Funktion der Wahrheit und Falschheit der als ihre letzten Bestandteile auftretenden einfachen Elementaraussagen auffassen zu können, also seiner Einsicht, daß die logischen Partikel (↑Partikel, logische) Funktionszeichen (›Interpunktionen‹, Tract. 5.4611) und keine Namen sind, Geltung zu verschaffen.

W. benutzt dafür den für alle logischen Verknüpfungen der klassischen Logik (↑Logik, klassische) ausreichenden ↑Junktor ›weder-noch‹ (↑Negatkonjunktion) zusammen mit seinem quantorenlogischen Pendant ↑›kein‹, beide von ihm mit einem ↑Operator ›*N*‹ notiert. Als Darstellung für seinen Gedankengang, mit dem er dem Ausdruck der Gedanken eine Grenze ziehen will – deshalb die Versicherung am Ende (Tract. 6.54), daß der Leser, der W.s Sätze verstanden habe, sie nicht als Sätze, sondern als Verfahren der Klärung und damit als ›unsinnig‹ erkennen werde, weil es nur Sätze der (Natur-)Wissenschaft, nicht aber der Philosophie geben könne –, wählt W. eine Dezimalnotation, durch die der Aufbau mit seinen Abhängigkeiten sichtbar werden soll. Die sieben Hauptsätze lauten:

1. Die Welt ist alles, was der Fall ist.
2. Was der Fall ist, die Tatsache, ist das Bestehen von Sachverhalten.
3. Das logische Bild der Tatsachen ist der Gedanke.
4. Der Gedanke ist der sinnvolle Satz.
5. Der Satz ist eine Wahrheitsfunktion der Elementarsätze.
6. Die allgemeine Form der Wahrheitsfunktion ist: $[\bar{p}, \bar{\xi}, N(\bar{\xi})]$.
7. Wovon man nicht sprechen kann, darüber muß man schweigen.

Bei diesem derart mit radikal vorgehender sprachkritischer Tätigkeit (↑Sprachkritik) identifizierten Verständnis von ↑Philosophie sind auch die philosophischen Grunddisziplinen ↑Logik und ↑Ethik nicht mehr als begründete Satzsysteme möglich, sondern ausdrücklich auf ihre, von W. in Abwandlung der Kantischen Terminologie ↑›transzendental‹ genannte, Rolle beschränkt, für die (deskriptiven [↑deskriptiv/präskriptiv] und ↑normativen) Bedingungen zu sorgen, unter denen die Sprache der Wissenschaft ihre Aufgabe erfüllen kann: das Logische ebenso wie das Ethische kann sich nur zeigen, als Bild der Welt (Tract. 6.13) und als Wahl der Welt (Tract. 6.43). Diese Radikalität wird von W. in den »Philosophischen Untersuchungen« nicht etwa aufgegeben, sondern noch erweitert. W. erarbeitet über viele Schritte, die zunächst den grammatischen Regeln gelten, die zahlreiche syntaktische Formen anstelle der einen logischen Form von Sätzen festlegen, ein Verständnis der Zugehörigkeit von ↑Semantik und ↑Pragmatik zur ↑Syntax, das über die schon im »Tractatus« formulierte Einsicht hinausgeht, erst der sinnvolle Gebrauch eines Zeichens verwandle es in ein Symbol (Tract. 3.326–3.327). Er gewinnt dabei die Überzeugung, daß der von einem ↑Kalkül abgelesene Begriff der ↑Regel im Kontext der ↑Grammatik einer Sprache erheblich liberalisiert werden muß, um einen sinnvollen Sprachgebrauch charakterisieren zu können.

An die Stelle grammatischer Regeln treten ↑*Sprachspiele*, ein Geflecht von Verwendungsregeln für sprachliche Ausdrücke im Zusammenhang mit anderen Handlungen: »Das Wort ›Sprach*spiel*‹ soll (...) hervorheben, daß das *Sprechen* der Sprache ein Teil ist einer Tätigkeit, oder einer Lebensform« (Philos. Unters. § 23). Auch die Rede von einfachen Gegenständen hat nur noch im Kontext eines Sprachspiels einen Sinn (Philos. Unters. § 47). Die im »Tractatus« ausschließlich thematisierte Darstellungsfunktion der Sprache ist einer Betrachtung zahlloser Funktionen gewichen, die keineswegs nur ↑Sprechakte einschließen und erst recht nicht ihre empirische Untersuchung betreffen, wie es vom Linguistischen Phänomenalismus zunächst verstanden wurde. Es geht W. vielmehr um die Bedingungen, unter denen so etwas wie Feststellungen von Sprachverwendungen überhaupt möglich sind. Ein Sprachspiel dient der ›übersichtlichen Darstellung‹ (Philos. Unters. § 122), nicht ›einer künftigen Reglementierung der Sprache‹ (Philos. Unters. § 130). Sie werden als *Vergleichsobjekte* entworfen, »die durch Ähnlichkeit und Unähnlichkeit ein Licht in die Verhältnisse unsrer Sprache werfen sollen« (Philos. Unters. § 130). Der Sprachgebrauch selbst soll, anders als im »Tractatus«, ohne Vermittlung theoretischer Konstruktionen und ohne den Umweg über eine logische Form, allein mit Hilfe von Sprachspielen, zu einer ↑Tiefengrammatik der Gebrauchssprache führen. Es bedarf nicht des vom Bau einer formalen Sprache (↑Sprache, formale) abgelesenen Exaktheitsideals, um der Sprachkritik ihre methodische Sicherheit zu geben. Vielmehr genügt es zu verstehen, was man redend immer schon kann: »unsere Untersuchung [...] richtet sich nicht auf die *Erscheinungen*, sondern […] auf die ›*Möglichkeiten*‹ der Erscheinungen. Wir besinnen uns, heißt das, auf die *Art der Aussagen*, die wir über die Erscheinungen machen« (Philos. Unters. § 90). Indem »die Wörter von ihrer metaphysischen, wieder auf ihre alltägliche Verwendung zurück[geführt]« werden (Philos. Unters. § 116), wird das, was im »Tractatus« in einheitlicher Weise *sich* (passivisch) *zeigt*, mit Hilfe von Sprachspielen auf vielfältige Weise (aktivisch) *gezeigt*.

Die »Philosophischen Untersuchungen« errichten das für die Ausführung des Programms im »Tractatus« notwendige Fundament: Mit dem Übergang von der *Sprache als Bild* zur *Sprache als Spiel*, bei dem sich der Bildcharakter von den Sätzen auf die Satzradikale verlagert (Philos. Unters. § 23), Bedeutung nicht durch ›Bild‹, sondern durch ›Verwendung eines Bildes‹ erklärt wird, geht der Primat der (epistemologischen) Frage nach den wahren Aussagen im »Tractatus« über auf den Primat der (ontologischen) Frage nach den wirklichen Gegenständen in den »Philosophischen Untersuchungen«. Allerdings glaubt W. I, daß er im »Tractatus« dieses Ziel dank seiner Überlegungen zu einer Idealsprache (↑Sprache, ideale) bereits erreicht habe, während W. II dasselbe Ziel einer Umwandlung der Gebrauchssprache in eine Wissenschaftssprache nicht mehr zu den Aufgaben der Philosophie zählt: »Alle *Erklärung* muß fort, und nur Beschreibung an ihre Stelle treten« (Philos. Unters. § 109). Es ist der sprachkritischen Tätigkeit sogar hinderlich, dieses Ziel vor Augen zu haben, weil »wir glauben, jene Ordnung, das Ideal, in der wirklichen Sprache finden zu müssen« (Philos. Unters. § 105), und eine nicht mehr legitimierbare bloße Forderung die Maßstabfunktion der durch ↑*Familienähnlichkeiten* verbundenen Sprachspielentwürfe übernimmt. Darauf ist auch zurückzuführen, daß W. den Begriff der Regel im mathematischen Kontext – insbes. behandelt er jede ↑Allaussage grundsätzlich als eine Regel zur Erzeugung ihrer Instanzen – nicht mehr weiter verfolgt, sondern das Regelfolgen im allgemeineren psychologischen Zusammenhang erörtert: Allgemeines, und sei es auch schematische Allgemeinheit (↑Schema, ↑Schematisierung), ist kein (normgebender) Gegenstand, sondern ein Verfahren zur Wiederholung bzw. Fortsetzung einer endlichen Sequenz von Gegenständen, die auf beliebig viele verschiedene Weisen möglich ist, wie es allein im Prozeß der Herstellung einer sozial geteilten Lebensweise sichtbar wird. Nur gegenüber der Folie einer eingeübten gemeinsamen Praxis lassen sich individuelle Stellungnahmen in Gestalt grammatisch supponierter mentaler Tätigkeiten bzw. Prozesse identifizieren. Auf dieser Basis kann W. die Unmöglichkeit einer ↑Privatsprache nachweisen. Innere Vorgänge, wie z. B. eine Schmerzempfindung, müssen durch öffentlichen Sprachgebrauch fundiert werden; sie lassen sich nicht nachträglich in ihn einbetten. Alle Klärungen und damit erst recht Rechtfertigungen und Begründungen enden in an Sprachspielen sichtbar gemachten geteilten Weltansichten und Lebensweisen, die dabei ständigen individuellen und sozialen Veränderungen unterworfen bleiben.

Jedem Versuch, die Sprachspielkonstruktionen zu einem systematischen Verfahren des Aufbaus einer die Syntax unter Einschluß von Semantik und Pragmatik behandelnden Grammatik auszubauen, statt sie nur zu therapeutischen Zwecken einzusetzen, hat W. wegen einer dann ohne Aussicht auf Legitimierbarkeit erneut ins Spiel gebrachten normativ leitenden Rolle von etwas Allgemeinem konsequent widerstanden. So ist es auch nicht verwunderlich, wenn vor allem W. I in den erklärenden (Natur-)Wissenschaften eine wichtige Rolle spielt, während W. II eher in den verstehenden (Kultur-) Wissenschaften rezipiert wird. Dabei versprechen gerade die für den Zusammenhang von W. I und W. II wichtigen Überlegungen W.s zu den Grundlagen der Mathematik, deren Erforschung erst am Anfang steht, weiterführende Einsichten über den Umgang mit dem cartesischen Erbe der Trennung mentaler und körperlicher Tätigkeit und dem davon implizierten ↑Subjekt-Objekt-Problem (↑Subjekt).

Werke: Schriften, I–VIII, Frankfurt 1960–1982; The W. Papers, I–CV, Ithaca N. Y. 1968, rev. 1982 [Mikrofilm]; Werkausgabe, I–VIII, Frankfurt 1984, 2012–2014; Wiener Ausgabe, ed. M. Nedo, Wien/New York 1994ff. (erschienen Bde I–IV, VIII/1, XI, 1 Registerbd. zu den Bänden I–V, Konkordanz zu den Bdn. I–V u. Einführungsbd.). – Logisch-philosophische Abhandlung, Ann. Naturphilos. 14 (1921), 185–262, rev. unter dem Titel: Tractatus logico-philosophicus [dt./engl.], trans. C. K. Ogden/F. P. Ramsey, London, New York 1922 [mit Vorwort v. B. Russell, 7–23], trans. D. F. Pears/B. F. McGuinness, 1961 [mit Vorwort v. B. Russell, ix–xxii], unter dem Titel: Tractatus logico-philosophicus/Logisch-philosophische Abhandlung [dt.], Frankfurt 1963, unter dem Titel: Logisch-philosophische Abhandlung/Tractatus logico-philosophicus. Kritische Edition [dt.], ed. B. McGuinness/J. Schulte, Frankfurt 1989, [2]2001 [mit »Prototractatus«, 181–255] (franz. Tractatus logico-philosophicus, übers. P. Klossowski, in: »Tractatus logico-philosophicus« suivi de »Investigations philosophiques, Paris 1961, 7–107, separat, übers. G.-G. Granger, 1993, 2002; engl. Tractatus logico-philosophicus, trans. D. F. Pears/B. F. McGuinness, London/New York 1974, 2010); Some Remarks on Logical Form, in: Knowledge, Experience and Realism. The Symposia Read at the Joint Session of the ›Aristotelian Society‹ and the ›Mind Association‹ at the University College Nottingham, July 12th–15th, 1929 (Arist. Soc. Suppl. IX), 162–171, separat o.O. 1929, ferner in: I. M. Copi/R. W. Beard (eds.), Essays on W.'s »Tractatus« [s. u., Lit.], 31–37 (franz. Quelques remarques sur la forme logique, Mauvezin 1985; dt. Bemerkungen über logische Form, in: Vortrag über Ethik und andere kleine Schriften [s. u.], 20–28); Philosophical Investigations [dt./engl.], trans. G. E. M. Anscombe, Oxford 1953, [3]1967, unter dem Titel: Philosophische Untersuchungen/Philosophical Investigations, rev. v. P. M. S. Hacker/J. Schulte, Malden Mass./Oxford/Chichester [4]2009, [dt.] unter dem Titel: Philosophische Untersuchungen, Frankfurt 1967, mit Untertitel: Kritisch-genetische Edition, ed. J.

Schulte, Frankfurt 2001, Neudr. 2011 (engl. Philosophical Investigations, Oxford 1963, ³1968, Englewood Cliffs N. J. 2000; franz. Investigations philosophiques, in: »Tractatus logico-philosophicus« suivi de »Investigations philosophiques, Paris 1961, 109–364, unter dem Titel: Recherches philosophiques, ed. É. Rigal, Paris 2004, 2014); Notebooks 1914–1916 [dt./engl.], ed. G. H. v. Wright/G. E. M. Anscombe, Oxford 1961, Oxford, Chicago Ill. ²1979, Malden Mass./Oxford 2004 (franz. Carnets 1914–1916, Paris 1971, 1997); Lecture on Ethics, Philos. Rev. 74 (1965), 3–12, separat, ed. E. Zamuner/E. V. Di Lascio/D. K. Levy, Malden Mass./Oxford/Chichester 2014 (dt. Vortrag über Ethik, in: Vortrag über Ethik und andere kleine Schriften [s. u.], 9–19; franz./engl. Conférence sur l'éthique, in: Conférence sur l'ethique/Remarques sur »Le rameau d'or Frazer«/Cours sur la liberté de la volonté, Mauvezin 2001, 8–19); Lectures and Conversations on Aesthetics, Psychology and Religious Belief, ed. C. Barrett, Oxford 1966, 2007 (dt. Vorlesungen und Gespräche über Ästhetik, Psychologie und Religion, Göttingen 1968, 1971, unter dem Titel: Vorlesungen und Gespräche über Ästhetik, Psychoanalyse und religiösen Glauben, Düsseldorf/Bonn 1994, Frankfurt ³2005; franz. Leçons et conversations. Sur l'esthétique, la psychologie et la croyance religieuse, Paris 1971, 2000); Zettel [dt./engl.], ed. G. E. M. Anscombe/G. H. v. Wright, Oxford 1967, [engl.] ²1981, [dt.] in: Werkausg. [s. o.] VIII, 259–443 (franz. Fiches, Paris 1971, 2008); Bemerkungen über Frazers »Golden Bough«, Synthese 17 (1967), 233–253, unter dem Titel: Bemerkungen über Frazers »Golden Bough«/Remarks on Frazer's »Golden Bough« [dt./engl.], ed. R. Rhees, Retford, Atlantic Highlands N. J. 1979, Bishopstone 2010, [dt.] in: ders., Vortrag über Ethik und andere kleine Schriften [s. u.], 29–46 (engl. Remarks on Frazer's »Golden Bough«, Human World 3 [1971], 18–41; franz. Remarques sur »Le rameau d'or« de Frazer, Paris 1982, franz./dt. in: Conférence sur l'ethique/[...] [s. o.], 20–47); Über Gewißheit/On Certainty [dt./engl.], ed. G. E. M. Anscombe/G. H. von Wright, Oxford 1969, 2008, unter dem Titel: Über Gewißheit [dt.], Frankfurt 1970, 2012, ferner in: Werkausg. [s. o.], 113–257 (franz. De la certitude, Paris 1976, 2006); Prototractatus. An Early Version of »Tractatus Logico-Philosophicus« by L. W. [dt./engl.], ed. B. F. McGuinness/T. Nyberg/G. H. v. Wright, Ithaca N. Y., London 1971, London/New York 1996; W.'s Lectures on the Foundations of Mathematics. Cambridge 1939. From the Notes of R. G. Bosanquet, Norman Malcolm, Rush Rhees, and Yorick Smythies, ed. C. Diamond, Ithaca N. Y., Hassocks 1976, Chicago Ill./London 1998 (dt. Vorlesungen über die Grundlagen der Mathematik. Cambridge 1939. Nach den Aufzeichnungen von R. G. Bosanquet, Norman Malcolm, Rush Rhees, and Yorick Smythies, Frankfurt 1978 [= Schr. VII]; franz./engl. Cours sur les fondements des mathématiques. Cambridge 1939, Mauvezin 1995); Vermischte Bemerkungen. Eine Auswahl aus dem Nachlaß, ed. G. H. v. Wright, Frankfurt 1977, neu bearb. v. A. Pichler, 1994, ferner in: Werkausg. [s. o.] VIII, 445–573 (engl./dt. Culture and Value, Oxford 1980, rev. ²1998, Malden Mass./Oxford/Carlton, Chicago Ill./London 2006; franz./engl. Remarques mêlées, Bramepan 1984, rev. Oxford, Mauvezin ²1990, Paris 2002); Bemerkungen über die Farben/Remarks on Colour [engl./dt.], ed. G. E. M. Anscombe, Berkeley Calif., Oxford 1977, Berkeley Calif./Los Angeles 2007, unter dem Titel: Bemerkungen über die Farben [dt.], Frankfurt 1979, ferner in: Werkausg. [s. o.] VIII, 7–112 (franz./dt. Remarques sur les couleurs/Bemerkungen über die Farben, Mauvezin 1983, ⁴1997); W.'s Lectures Cambridge 1932–1935. From the Notes of Alice Ambrose and Margaret Macdonald, ed. A. Ambrose, Oxford 1979, Amherst N. Y. 2001 (dt. Vorlesungen 1932–1935, in: ders., Vorlesungen 1930–1935 [...], Frankfurt 1984, 2000, 141–442; franz./engl. Les Cours de Cambridge. 1932–1935, Mauvezin 1992); W.'s Lectures 1930–1932. From the Notes of John King and Desmond Lee, ed. D. Lee, Oxford, Totowa N. J. 1980, Chicago Ill. 1989 (dt. Vorlesungen 1930–1932, in: ders., Vorlesungen 1930–1935 [s. o.], 9–139; franz./engl. Les Cours de Cambridge. 1930–1932, Mauvezin 1988); Bemerkungen über die Philosophie der Psychologie/Remarks on the Philosophy of Psychology [dt./engl.], I–II, I, ed. G. H. v. Wright/H. Nyman, II, ed. G. E. M. Anscombe/G. H. v. Wright, Oxford, Chicago Ill./London 1980, 1988 (franz./dt. Remarques sur la philosophie de la psychologie, übers. G. Granel, Mauvezin 1989/1994); Letzte Schriften über die Philosophie der Psychologie/Last Writings on the Philosophy of Psychology [dt./engl.], I–II, ed. G. H. v. Wright/H. Nyman, Oxford, Frankfurt 1982/1992, [dt.] Frankfurt 1989/1993 (franz./dt. Derniers écrits sur la philosophie de la psychologie, I–II, Mauvezin 1985/2000); W.'s Lectures on Philosophical Psychology 1946–47. Notes by P. T. Geach, K. J. Shah, A. C. Jackson, ed. P. T. Geach, New York etc. 1988, Chicago Ill. 1989 (dt. Vorlesungen über die Philosophie der Psychologie 1946/47. Aufzeichnungen von P. T. Geach, K. J. Shah und A. C. Jackson, Frankfurt 1991); Vortrag über Ethik und andere kleine Schriften, ed. J. Schulte, Frankfurt 1989, ⁶2012; Geheime Tagebücher 1914–1916, ed. W. Baum, Wien/Berlin 1991, ³1992 (franz. Carnets secrets 1914–1916, Tours 2001); Philosophical Occasions 1912–1951, ed. J. C. Klagge/A. Nordmann, Indianapolis Ind./Cambridge 1993, 1994; Denkbewegungen. Tagebücher 1930–1932, 1936–1937 (MS 183), I–II (I Normalisierte Fassung, II Diplomatische Fassung), ed. I. Somavilla, Innsbruck 1997, [normalisierte Fassung] Frankfurt 1999 (franz. Carnets de Cambridge et de Skjolden, Paris 1999); The Big Typescript [dt.], ed. M. Nedo, Wien/New York 2000 (= Wiener Ausg. XI), unter dem Titel: The Big Typescript TS 213. German-English Scholar's Edition, ed. C. G. Luckhardt/M. A. E. Aue, Malden Mass./Oxford Carlton 2005; The Voices of W.. The Vienna Circle. L. W. and Friedrich Waismann [dt./engl.], ed. G. Baker, London/New York 2003; Public and Private Occasions [dt./engl.], ed. J. C. Klagge/A. Nordmann, Lanham Md. etc. 2003; Major Works. Selected Philosophical Writings, New York 2009; Lectures, Cambridge 1930–1933, from the Notes of G. E. Moore, ed. D. G. Stern/B. Rogers/G. Citron, Cambridge etc. 2016; W.'s Whewell's Court Lectures. Cambridge, 1938–1941. From the Notes by Yorick Smythies, ed. V. A. Munz/B. Ritter, Malden Mass./Oxford/Chichester 2017. – Letters to C. K. Ogden. With Comments on the English Translation of the »Tractatus Logico-Philosophicus« and an Appendix of Letters by Frank Plumpton Ramsey, ed. G. H. v. Wright, Oxford, London/Boston Mass. 1973, 1983; Letters to Russell, Keynes and Moore, ed. G. H. v. Wright, Ithaca N. Y./Oxford 1974, ²1977; Briefwechsel mit B. Russell, G. E. Moore, J. M. Keynes, F. P. Ramsey, W. Eccles, P. Engelmann und L. von Ficker, ed. B. McGuinness/G. H. v. Wright, Frankfurt 1980; Ludwig Hänsel – L. W.. Eine Freundschaft. Briefe, Aufsätze, Kommentare, ed. I. Somavilla/A. Unterkicher/C. P. Berger, Innsbruck 1994; Cambridge Letters. Correspondence with Russell, Keynes, Moore, Ramsey and Sraffa, ed. B. McGuinness/G. H. v. Wright, Oxford/Cambridge Mass. 1995, erw. unter dem Titel: W. in Cambridge. Letters and Documents 1911–1951, ed. B. McGuinness, Malden Mass./Oxford/Carlton ⁴2008, 2012; Familienbriefe, ed. B. McGuinness/M. C. Ascher/O. Pfersmann, Wien 1996; W. und die Musik. L. W. – Rudolf Koder. Briefwechsel, ed. M. Alber, Innsbruck 2000; Ludwig (von) Ficker – L. W.. Briefwechsel 1914–1920, ed. A. Steinsiek/A. Unterkicher, Innsbruck 2014; Er »ist eine Künstlernatur von hinreissender Genialität«. Die Korrespondenz zwischen L. W. und Moritz Schlick sowie ausgewählte

Briefe von und an Friedrich Waismann, Rudolf Carnap, Frank P. Ramsey, Ludwig Hänsel und Margaret Stonborough, ed. M. Iven, W.-Stud. 6 (2015), 83–174.

Hilfsmittel: J. Borgis, Index zu L. W.s »Tractatus logico-philosophicus« und W.-Bibliographie, Freiburg/München 1968; F. Börncke/A. Roser (eds.), Konkordanz zu L. W.s »Tractatus logico-philosophicus«, Hildesheim/Zürich/New York 1995; R. Drudis Baldrich, Bibliografía sobre L. W.. Literatura secundaria (1921–1985), Madrid 1992; G. Frongia, Guida alla letteratura su W.. Storia e analisi della critica, Urbino 1981 (engl. [rev., mit B. McGuinness] W.. A Bibliographical Guide, Oxford/Cambridge Mass. 1990; H.-J. Glock, A W. Dictionary, Oxford/Cambridge Mass. 1995, 2007 (dt. W.-Lexikon, Darmstadt 2000, ^{2}2010; franz. Dictionnaire W., Paris 2003); H. Kaal/A. McKinnon, Concordance to W.'s »Philosophische Untersuchungen«, Leiden 1975; F. H. Lapointe, L. W.. A Comprehensive Bibliography, Westport Conn./London 1980; P. Philipp, Bibliographie zur W.-Literatur, überarb., erg. u. ed. F. Kannetzky/R. Raatzsch, Bergen 1996; G. K. Plochmann/J. B. Lawson, Terms in Their Propositional Contexts in W.'s »Tractatus«. An Index, Carbondale Ill. 1982; V. A. Shanker/S. G. Shanker, L. W.. Critical Assessments V (A W. Bibliography), London/Sydney/Wolfeboro N. H. 1986, 2000; D. Richter, Historical Dictionary of W.'s Philosophy, Lanham Md./Toronto/Oxford 2004, ^{2}2014.

Literatur: G. Abel/M. Kroß/M. Nedo (eds.), L. W.. Ingenieur, Philosoph, Künstler, Berlin 2007 (W.iana I); M. Aenishänslin, Le »Tractatus« de W. et »L'Éthique« de Spinoza. Étude de comparaison structurale, Basel/Boston Mass./Berlin 1993; L. Albinus/J. G. F. Rothhaupt/A. Seery (eds.), W.'s Remarks on Frazer. The Text and the Matter, Berlin/Boston Mass. 2016 (On W. III); R. Allen/M. Turvey (eds.), W., Theory and the Arts, London/New York 2001, 2006; G. E. M. Anscombe, An Introduction to W.'s »Tractatus«, London 1959, ^{4}1971 (repr. Bristol 1996), South Bend Ind. 2005 (dt. Eine Einführung in W.s »Tractatus«. Themen in der Philosophie W.s, Wien/Berlin 2016); D. Antiseri, Dopo W.. Dove va la filosofia analitica, Rom 1967; O. Arabi, W.. Langage et ontologie, Paris 1982; L. Arnswald/A. Weiberg (eds.), Der Denker als Seiltänzer. L. W. über Religion, Mystik und Ethik, Düsseldorf 2001; J. V. Arregui, Acción y sentido en W., Pamplona 1984; R. L. Arrington/H.-J. Glock (eds.), W.'s »Philosophical Investigations«. Text and Context, London/New York 1991; R. L. Arrington/M. Addis (eds.), W. and Philosophy of Religion, London/New York 2001, 2004; A. J. Ayer, W., New York/London 1985, unter dem Titel: L. W., Harmondsworth 1986; G. P. Baker, W., Frege and the Vienna Circle, Oxford 1988; ders., W.'s Method. Neglected Aspects. Essays on W., ed. K. J. Morris, Malden Mass./Oxford/Carlton 2004, 2006; ders./P. M. S. Hacker, An Analytical Commentary on the »Philosophical Investigations«, I–IV, Oxford/Cambridge Mass. 1980–1996, I (in 2 Bdn.), ^{2}2005, 2009, II, ^{2}2009, 2014, III (in 2 Bdn.), rev. 1993, 2001, IV (in 2 Bdn.), 2000; dies., Scepticism, Rules and Language, Oxford 1984; C. Barrett, W. on Ethics and Religious Belief, Oxford/Cambridge Mass. 1991; W. W. Bartley III, W., Philadelphia Pa./New York, London 1973, La Salle Ill. ^{2}1985, 1994 (franz. W., une vie, Brüssel 1973, 1978; dt. W.. Ein Leben, München 1983, 1999); P. Basile, L. W., in: ders./W. Röd, Geschichte der Philosophie XI, München 2014, 254–286, 347–349; W. Baum, L. W., Berlin 1985; ders., W. im Ersten Weltkrieg. Die »Geheimen Tagebücher« und die Erfahrungen an der Front (1914–1918), Klagenfurt/Wien 2014; J. Beale/K. J. Kidd (eds.), W. and Scientism, London/New York 2017; R. Bensch, L. W.. Die apriorischen und mathematischen Sätze in seinem Spätwerk, Bonn 1973; C. P. Berger, Erstaunte Vorwegnahmen. Studien zum frühen W., Wien/Köln/Weimar 1992; H. Berghel/A. Hübner/E. Köhler (eds.), W.. Der Wiener Kreis und der Kritische Rationalismus/W.. The Vienna Circle and Critical Rationalism. Akten des 3. internationalen W. Symposiums [...], Wien 1979; C. Bezzel, W. zur Einführung, Hamburg 1988, ^{4}2004, unter dem Titel: W., Stuttgart 2007; ders. (ed.), Sagen und Zeigen. W.s »Tractatus«, Sprache und Kunst, Berlin 2005; ders./J. Kosuth, W.. Eine Ausstellung der Wiener Secession, I–II, Wien 1989; A. Biletzki, (Over)Interpreting W., Dordrecht/Boston Mass./London 2003; dies./A. Matar, W., SEP 2002, rev. 2014; H. Billing, W.s Sprachspielkonzeption, Bonn 1980; T. Binkley, W.'s Language, The Hague 1973; D. Birnbacher, Die Logik der Kriterien. Analysen zur Spätphilosophie W.s, Hamburg 1974; ders./A. Burkhardt (eds.), Sprachspiel und Methode. Zum Stand der W.-Diskussion, Berlin/New York 1985; M. Black, A Companion to W.'s »Tractatus«, Cambridge 1964, Ithaca N. Y./London 1992; I. Block (ed.), Perspectives on the Philosophy of W., Oxford, Cambridge Mass. 1981, Cambridge Mass. 1983; D. Bloor, W.. A Social Theory of Knowledge, Basingstoke/London, New York 1983, New York 1993; J. Bogen, W.'s Philosophy of Language. Some Aspects of Its Development, London, New York 1972 (repr. London/New York 2006); D. Bolton, An Approach to W.'s Philosophy, London/Basingstoke, Atlantic Highlands N. J. 1979; J. Bouveresse, Le mythe de l'intériorité. Expérience, signification et langage privé chez W., Paris 1976, 1989; ders., La force de la règle. W. et l'invention de la nécessité, Paris 1987, 2007; ders., Philosophie, mythologie et pseudo-science. W. lecteur de Freud, Combas 1991, Paris 2015 (engl. W. Reads Freud. The Myth of the Unconscious, Princeton N. J. 1995, 1996); ders., W., HSK VII/1 (1992), 563–579; O. K. Bouwsma, W.. Conversations 1949–1951, ed. J. L. Craft/R. E. Hustwit, Indianapolis Ind. 1986 (franz. Conversations avec W. (1949–1951), Marseille, Montréal 2001); R. Bradley, The Nature of All Being. A Study of W.'s Modal Atomism, New York/Oxford 1992; R. R. Brockhaus, Pulling Up the Ladder. The Metaphysical Roots of W.'s »Tractatus logico-philosophicus«, La Salle Ill. 1991; J. Bromand/B. Reichardt (eds.), W. und die Philosophie der Mathematik, Münster 2017; K. Brose, Sprachspiel und Kindersprache. Studien zu W.s »Philosophischen Untersuchungen«, Frankfurt/New York 1985; C. H. Brown, W.ian Linguistics, The Hague/Paris 1974; S. v. Bru/W. Huemer/D. Steuer (eds.), W. Reading, Berlin/Boston Mass. 2013 (On W. II); K. Buchheister/D. Steuer, L. W., Stuttgart 1992; M. Budd, W.'s Philosophy of Psychology, London 1989, 2014; J. V. Canfield, W.. Language and World, Amherst Mass. 1981; ders. (ed.), The Philosophy of W., I–XV, New York 1986; W. Carl, Sinn und Bedeutung. Studien zu Frege und W., Königstein 1978; P. Carruthers, Tractarian Semantics. Finding Sense in W.'s »Tractatus«, Oxford/Cambridge Mass. 1989; ders., The Metaphysics of the »Tractatus«, Cambridge etc. 1990; R. Casati/B. Smith/G. White (eds.), Philosophy and the Cognitive Sciences. Proceedings of the 16th International W. Symposium [...], Wien 1994; M. Chapman/R. A. Dixon (eds.), Meaning and the Growth of Understanding. W.'s Significance for Developmental Psychology, Berlin etc. 1987; C. Chauviré, L. W., Paris 1989; dies., L'immanence de l'ego. Langage et subjectivité chez W., Paris 2009; dies., W. en héritage. Philosophie de l'esprit, épistémologie, pragmatisme, Paris 2010; dies. (ed.), Lectures de W., Paris 2012; dies., Comprendre l'art. L'esthétique de W., Paris 2016; R. M. Chisholm u. a. (eds.), Philosophie des Geistes. Philosophie der Psychologie/Philosophy of Mind. Philosophy of Psychology. Akten des 9. internationalen W. Symposiums [...], Wien 1985; A. Coliva, Moore e W.. Scetticismo, certezza e senso comune, Padua 2003 (engl. Moore and W.. Scepticism, Certainty and Common Sense, Basingstoke/New

York 2010); dies./E. Picardi (eds.), W. Today, Padua 2004; D. Compagna, W., BBKL XV (1999), 1524–1543; J. W. Cook, W.'s Metaphysics, Cambridge etc. 1994; I. M. Copi/R. W. Beard (eds.), Essays on W.'s »Tractatus«, New York, London 1966 (repr. Bristol 1993, London/New York 2006), New York 1973; C. F. Costa, W.s Beitrag zu einer sprachphilosophischen Semantik, Konstanz 1990; A. Crary (ed.), W. and the Moral Life. Essays in Honor of Cora Diamond, Cambridge Mass./London 2007; dies./R. Read (eds.), The New W., London/New York 2000, 2010; J. Czermek/K. Puhl (eds.), Philosophie der Mathematik/Philosophy of Mathematics. Akten des 15. internationalen W. Symposiums, I–II, Wien 1993; J. W. Danford, W. and Political Philosophy. A Reexamination of the Foundations of Social Science, Chicago Ill./London 1978; T. Demeter (ed.), Essays on W. and Austrian Philosophy. In Honour of J. C. Nyíri, Amsterdam/New York 2004; C. Diamond, The Realistic Spirit. W., Philosophy, and the Mind, Cambridge Mass./London 1991, 2011 (franz. L'esprit réaliste. W., la philosophie et l'esprit, Paris 2004); R. A. Dietrich, Sprache und Wirklichkeit in W.s »Tractatus«, Tübingen 1973; I. Dilman, Induction and Deduction. A Study in W., Oxford 1973; J.-C. Dumoncel, Le jeu de W.. Essai sur la Mathesis Universalis, Paris 1991; P. Dwyer, Sense and Subjectivity. A Study of W. and Merleau-Ponty, Leiden etc. 1990; J. C. Edwards, Ethics Without Philosophy. W. and the Moral Life, Tampa Fla. etc. 1982, 1985; R. Egidi (ed.), W.. Mind and Language, Dordrecht/Boston Mass./London 1995, 2010; J. Ellis/D. Guevara (eds.), W. and the Philosophy of Mind, Oxford etc. 2012; J. M. Engel, W.'s Doctrine of the Tyranny of Language. An Historical and Critical Examination of His Blue Book, The Hague 1971 (repr. 1975); P. Engelmann, Letters from W.. With a Memoir, ed. B. F. McGuinness, Oxford 1967, dt. Original unter dem Titel: L. W.. Briefe und Begegnungen, ed. B. F. McGuinness, München 1970, erw. unter dem Titel: W. – Engelmann. Briefe, Begegnungen, Erinnerungen, ed. I. Somavilla, Innsbruck/Wien 2006; R. Fahrnkopf, W. on Universals, New York etc. 1988; K. T. Fann (ed.), L. W.. The Man and His Philosophy, New York 1967 (repr. Atlantic Highlands N. J., Hassocks 1978); ders., W.'s Conception of Philosophy, Berkeley Calif./London, Oxford 1969, Berkeley Calif./London 1971 (dt. Die Philosophie L. W.s, München 1971); D. Favrholdt, An Interpretation and Critique of W.'s »Tractatus«, Kopenhagen 1964, 1967; H. L. Finch, W.. The Early Philosophy. An Exposition of the »Tractatus«, New York 1971; ders., W.. The Later Philosophy. An Exposition of the »Philosophical Investigations«, Atlantic Highlands N. J. 1977; ders., W., Rockport Mass. 1995, unter dem Titel: The Vision of W., London 2001; J. N. Findlay, W.. A Critique, London etc. 1984, 2010; F. A. Flowers III (ed.), Portraits of W., Bristol 1999, ed. mit I. Ground, rev. in 2 Bdn., London etc. ^{2}2016; J. Floyd, W. on Philosophy of Logic and Mathematics, in: S. Shapiro (ed.), The Oxford Handbook of Philosophy of Logic and Mathematics, Oxford etc. 2005, 2007, 75–128; R. J. Fogelin, W., London/Henley/Boston Mass. 1976, London/New York ^{2}1987, 1995; ders., Taking W. at His Word. A Textual Study, Princeton N. J./Oxford 2009; M. Frank/G. Soldati, W.. Literat und Philosoph, Pfullingen 1989; P. Frascolla, W.'s Philosophy of Mathematics, London/New York 1994, 2006; ders., Il Tractatus logico-philosophicus di W.. Introduzione alla lettura, Rom 2000, 2006 (engl. Understanding W.'s »Tractatus«, London/New York 2007); P. A. French/T. E. Uehling Jr./H. K. Wettstein (eds.), The W. Legacy, Notre Dame Ind. 1992 (Midwest Stud. Philos. XVII); S. Fromm, W.s Erkenntnisspiele contra Kants Erkenntnislehre, Freiburg/München 1979; G. Frongia, W.. Regole e sistema, Mailand 1983; H. Furuta, W. und Heidegger. ›Sinn‹ und ›Logik‹ in der Tradition der analytischen Philosophie, Würzburg 1996; A. G. Gargani, Linguaggio ed esperienza in L. W., Florenz 1966; N. Garver, This Complicated Form of Life. Essays on W., Chicago Ill./La Salle Ill. 1994; ders., W. and Approaches to Clarity, Amherst N. Y. 2006; G. Gebauer, W.s anthropologisches Denken, 2009; ders./F. Goppelsröder/J. Volbers (eds.), W. – Philosophie als »Arbeit an Einem selbst«, München 2009; M. Geier, W. und Heidegger. Die letzten Philosophen, Reinbek b. Hamburg 2017; J. Genova, W.. A Way of Seeing, London/New York 1995; J. Gibson/W. Huemer (eds.), The Literary W., London/New York 2004 (dt. W. und die Literatur, Frankfurt 2006); N. F. Gier, W. and Phenomenology. A Comparative Study of the Later W., Husserl, Heidegger, and Merleau-Ponty, Albany N. Y. 1981; F. Gil (ed.), La réception de W.. Acta du colloque W., Mauvezin 1990; H.-J. Glock/J. Hyman (eds.), A Companion to W., Cambridge Mass./Oxford/Chichester 2017; R. Goeres, Die Entwicklung der Philosophie L. W.s unter besonderer Berücksichtigung seiner Logikkonzeptionen, Würzburg 2000; G. G. Granger (ed.), W. et le problème d'une philosophie de la science, Paris 1971; ders., Invitation à la lecture de W., Aix-en-Provence 1990, Paris 2011; A. C. Grayling, W., Oxford/New York 1988, mit Untertitel: A Very Short Introduction, 2001 (dt. W., Freiburg/Basel/Wien 1999, 2004); G. Grewendorf, Sprache als Organ – Sprache als Lebensform, Frankfurt 1995; J. Griffin, W.'s Logical Atomism, London 1964 (repr. Bristol 1997), Seattle 1969 (dt. W.s logischer Atomismus, Wien/Berlin 2016); A. P. Griffiths (ed.), W.. Centenary Essays, Cambridge etc. 1991, 1992 (Royal Inst. Philos. Suppl. XXVIII); J. Guetti, W. and the Grammar of Literary Experience, Athens Ga./London 1993; P. M. S. Hacker, Wittgenstein's Place in Twentieth-Century Analytic Philosophy, Oxford/Cambridge Mass. 1996, 1997 (dt. Wittgenstein im Kontext der analytischen Philosophie, Frankfurt 1997); ders., Insight and Illusion. W. on Philosophy and the Metaphysics of Experience, Oxford 1972, mit Untertitel: Themes in the Philosophy of W., Oxford 1986 (repr. Bristol 1997) (dt. Einsicht und Täuschung. W. über Philosophie und die Metaphysik der Erfahrung, Frankfurt 1978, 1989); ders., W.. Connections and Controversies, Oxford 2001, 2006; ders., W.. Comparisons and Context, Oxford etc. 2013; G. Hagberg, W.'s Aesthetics, SEP 2007, rev. 2014; R. Haller (ed.), Sprache und Erkenntnis als soziale Tatsache. Beiträge des W.-Symposiums von Rom 1979, Wien 1981; ders. (ed.), Ästhetik/Aesthetics. Akten des 8. internationalen W. Symposiums [...], I–II, Wien 1984; ders., Fragen zu W. und Aufsätze zur Österreichischen Philosophie, Amsterdam 1986 (engl. [Teilübers.] Questions on W., London, Lincoln Neb. 1988); ders./W. Grassl (eds.), Sprache, Logik und Philosophie/Language, Logic, and Philosophy. Akten des 4. internationalen W. Symposiums [...], Wien 1980; R. Haller/J. Brandl (eds.), W.. Eine Neubewertung/W.. Towards a Re-Evaluation. Akten des 14. internationalen W. Symposiums [...], I–III, Wien 1990; R. Haller/K. Puhl (eds.), W. und die Zukunft der Philosophie/W. and the Future of Philosophy. Eine Neubewertung nach 50 Jahren. Akten des 24. Internationalen W. Symposiums [...], Wien 2002; G. Hallett, W.'s Definition of Meaning as Use, New York 1967; ders., A Companion to W.'s »Philosophical Investigations«, Ithaca N. Y./London 1977; A. Hamilton, Routledge Philosophy Guidebook to W. and »On Certainty«, London/New York 2014; O. Hanfling, W.'s Later Philosophy, Basingstoke/London, Albany N. Y. 1989; ders., W. and the Human Form of Life, London/New York 2002, 2006; C. S. Hardwick, Language Learning in W.'s Later Philosophy, The Hague/Paris 1971; M. ter Hark, Beyond the Inner and the Outer. W.'s Philosophy of Psychology, Dordrecht/Boston Mass./London 1990; R. Harris, Language, Saussure and W.. How to Play Games with Words, London/New York 1988, 1995; J. Hartnack, W. og den Moderne

Filosofi, Kopenhagen 1960, [2]1994 (dt. W. und die moderne Philosophie, Stuttgart 1962, 1968; engl. W. and Modern Philosophy, London, New York, Garden City N. Y. 1965, Notre Dame Ind. [2]1986); D. W. Harward, W.'s Saying and Showing Themes, Bonn 1976; J. Heal, W., REP IX (1998), 757–770; R. Heinrich u. a. (eds.), Image and Imaging in Philosophy, Science and the Arts. Proceedings of the 33rd International L. W.-Symposium in Kirchberg, 2010 I, Frankfurt etc. 2011; M. Herbert, Rechtstheorie als Sprachkritik. Zum Einfluß W.s auf die Rechtstheorie, Baden-Baden 1995; D. M. High, Language, Persons, and Belief. Studies in W.'s »Philosophical Investigations« and Religious Uses of Language, New York 1967; S. Hilmy, The Later W.. The Emergence of a New Philosophical Method, Oxford/New York 1987, 1989; J. Hintikka, L. W.. Half-Truths and One-and-a-Half-Truths, Dordrecht/Boston Mass./London 1996 (= Selected Papers I); ders./K. Puhl (eds.), The British Tradition in 20th Century Philosophy. Proceedings of the 17th International W. Symposium [...], Wien 1995; M. B. Hintikka/J. Hintikka, Investigating W., Oxford/New York 1986 (dt. Untersuchungen zu W., Frankfurt 1990, 1996; franz. Investigations sur W., Liège 1991); H. Hochberg, Russell, Moore and W.. The Revival of Realism, Egelsbach etc. 2001; S. H. Holtzman/C. M. Leich (eds.), W.: To Follow a Rule, London/Boston Mass./Henley 1981, 2006; G. Hottois, La philosophie du langage de L. W., Brüssel 1976; K. Hülser, Wahrheitstheorie als Aussagetheorie. Untersuchungen zu W.s »Tractatus«, Königstein 1979; G. Hunnings, The World and Language in W.'s Philosophy, Basingstoke/London, Albany N. Y. 1988; J. F. M. Hunter, Understanding W.. Studies of »Philosophical Investigations«, Edinburgh 1985; ders., W. on Words as Instruments. Lessons in Philosophical Psychology, Edinburgh, Savage Md. 1990; M. Hymers, W. on Sensation and Perception, New York/London 2017; A. Janik, Essays on W. and Weininger, Amsterdam 1985; ders., W.'s Vienna Revisited, New Brunswick N. J./London 2001; ders., Assembling Reminders. Studies in the Genesis of W.'s Concept of Philosophy, Stockholm 2006; ders./S. Toulmin, W.'s Vienna, New York, London 1973 (franz. W., Vienne et la modernité, Paris 1978; dt. W.s Wien, München/Wien 1984, Wien 1998); K. S. Johannessen/T. Nordenstam (eds.), W.. Ästhetik und transzendentale Philosophie. Akten eines Symposiums in Bergen (Norwegen) 1980, Wien 1981; K. S. Johannessen/R. Larsen/K. O. Åmås (eds.), W. and Norway, Oslo 1994; K. S. Johannessen/T. Nordenstam (eds.), W. and the Philosophy of Culture. Proceedings of the 18th International W. Symposium [...], Wien 1996; P. Johnston, W.. Rethinking the Inner, London/New York 1993, 2000; O. R. Jones (ed.), The Private Language Argument, London/Basingstoke 1971; G. Kahane/E. Kanterian/O. Kuusela (eds.), W. and His Interpreters. Essays in Memory of Gordon Baker, Malden Mass./Oxford/Carlton 2007; P. Kampits, L. W.. Wege und Umwege zu seinem Denken, Graz/Wien/Köln 1985; ders./A. Weiberg (eds.), Angewandte Ethik/Applied Ethics. Akten des 21. Internationalen W.-Symposiums [...], Wien 1999; H. Kannisto, Thoughts and Their Subject. A Study of W.'s »Tractatus«, Helsinki 1986 (Acta Philos. Fennica XL); R. F. Kaspar, W.s Ästhetik. Eine Studie, Wien etc. 1992; W. Kellerwessel/T. Peuker (eds.), W.s Spätphilosophie. Analysen und Probleme, Würzburg 1998; A. Kenny, W., London 1973, rev. Malden Mass./Oxford/Carlton 2006 (dt. W., Frankfurt 1974, 2008); ders., W. and His Times, ed. B. McGuinness, Chicago Ill./London, Oxford 1982 (repr. Bristol 1998); ders., The Legacy of W., Oxford/New York 1984, 1987; F. Kerr, Theology after W., Oxford/New York 1986, London [2]1997 (franz. La théologie après W.. Une introduction à la lecture de W., Paris 1991); ders., W., TRE XXXVI (2004), 251–257; C. F. Kielkopf, Strict Finitism. An Examination of L. W.'s »Remarks on the Foundations of Mathematics«, The Hague/Paris 1970; W. Kienzler, W.s Wende zu seiner Spätphilosophie 1930–1932. Eine historische und systematische Darstellung, Frankfurt 1997; ders., L. W.s »Philosophische Untersuchungen«, Darmstadt 2007; J. C. Klagge, W.. Biography and Philosophy, Cambridge etc. 2001; ders., W. in Exile, Cambridge Mass./London 2010, 2014; E. D. Klemke (ed.), Essays on W., Urbana Ill./Chicago Ill./London 1971; V. H. Klenk, W.'s Philosophy of Mathematics, The Hague 1976; M. Kober, Gewißheit als Norm. W.s erkenntnistheoretische Untersuchungen in »Über Gewißheit«, Berlin/New York 1993; ders. (ed.), Deepening Our Understanding of W., Amsterdam/New York 2006 (Grazer philos. Stud. LXXI); M. Kölbel/B. Weiss (eds.), W.'s Lasting Significance, London/New York 2004, 2010; S. A. Kripke, W. on Rules and Private Language. An Elementary Exposition, Oxford 1982, 2007 (dt. W. über Regeln und Privatsprache. Eine elementare Darstellung, Frankfurt 1987, [2]2014; franz. Règles et langage privé. Introduction au paradoxe de W., Paris 1996); M. Kroß, Klarheit als Selbstzweck. W. über Philosophie, Religion, Ethik und Gewißheit, Berlin 1993; O. Kuusela, The Struggle against Dogmatism. W. and the Concept of Philosophy, Cambridge Mass./London 2008; ders./M. McGinn (eds.), The Oxford Handbook of W., Oxford etc. 2011, 2014; M. Lang, W.s philosophische Grammatik. Entstehung und Perspektiven der Strategie eines radikalen Aufklärers, Den Haag 1971; E. M. Lange, W. und Schopenhauer. »Logisch-philosophische Abhandlung« und Kritik des Solipsismus, Cuxhaven 1989, 1992; ders., L. W.: »Logisch-philosophische Abhandlung«. Ein einführender Kommentar in den »Tractatus«, Paderborn etc. 1996; ders., L. W.. »Philosophische Untersuchungen«. Eine kommentierte Einführung, Paderborn etc. 1998; F. Latraverse, W., Enc. philos. universelle III/2 (1992), 2937–2942; E. Leinfellner u. a. (eds.), W. und sein Einfluß auf die gegenwärtige Philosophie/W. and His Impact on Contemporary Thought. Akten des 2. internationalen W. Symposiums [...], Wien 1978; W. Leinfellner/E. Kraemer/J. Schank (eds.), Sprache und Ontologie/Language and Ontology. Akten des 6. internationalen W. Symposiums [...], Wien 1982; W. Leinfellner/F. M. Wuketits (eds.), Die Aufgabe der Philosophie in der Gegenwart/The Tasks of Contemporary Philosophy. Akten des 10. internationalen Wittgenstein Symposiums [...], Wien 1986; M. Lemahieu/K. Zumhagen-Yekplé (eds.), W. and Modernism, Chicago Ill./London 2017; P. B. Lewis (ed.), W., Aesthetics and Philosophy, Aldershot/Burlington Vt. 2004; J.-P. Leyvraz/K. Mulligan (eds.), W. analysé. Onze études, Nîmes 1993; K. Lorenz, Elemente der Sprachkritik. Eine Alternative zum Dogmatismus und Skeptizismus in der Analytischen Philosophie, Frankfurt 1970, 1971; ders., Zur Deutung der Abbildtheorie in W.s »Tractatus«, Teorema número monográfico 1972 (sobre el tractatus logico-philosophicus), 67–90, unter dem Titel: Zur Deutung der Abbildtheorie in W.s »Tractatus logico philosophicus«, in: ders., Philosophische Variationen. Gesammelte Aufsätze unter Einschluss gemeinsam mit Jürgen Mittelstraß geschriebener Arbeiten zu Platon und Leibniz, Berlin/New York 2011, 165–186; ders., What Do Language Games Measure?, Crítica 21 (México D. F. 1989), H. 63, 59–73, Neudr. in: ders., Logic, Language and Method – On Polarities in Human Experience. Philosophical Papers, Berlin/New York 2010, 81–91; C. G. Luckhardt (ed.), W.. Sources and Perspectives, Hassocks 1979 (repr. Bristol 1996); W. Lütterfelds (ed.), Erinnerung an W.. »Kein Sehen in die Vergangenheit«?, Frankfurt etc. 2004; ders./A. Roser (eds.), Der Konflikt der Lebensformen in W.s Philosophie der Sprache, Frankfurt 1999; W. Lütterfelds/T. Mohrs (eds.), Globales Ethos. W.s Sprachspiele interkultureller Moral und Religion, Würzburg 2000; S. Majetschak, L. W.s Denkweg, Freiburg/München 2000; ders. (ed.), W.s große Maschinenschrift. Untersuchungen zum philosophischen Ort des Big Typescripts (TS 213), Frankfurt etc. 2006; N. Malcolm, Nothing Is Hidden. W.'s Criticism of His Early Thought, Oxford/New York 1986, 1989; ders., A Religious Point of View?, ed. P. Winch, London 1993, 1997; ders., W.ian Themes. Essays 1978–1989, ed. G. H. v. Wright, Ithaca N. Y./London 1995, 1996; ders. u. a., Über L. W., Frankfurt 1968, [2]1969; C. Mann, Wovon man schweigen muß. W. über die Grundlagen von Logik und Mathematik, Wien 1994; D. Marconi, Il mito del linguaggio scientifico. Studio su W., Mailand 1971; L. A. Marcuschi, Die Methode des Beispiels. Untersuchungen über die methodische Funktion des Beispiels insbesondere bei L. W., Erlangen 1976; M. Marion, W., Finitism, and the Foundations of Mathematics, Oxford etc. 1998, 2008; A. Marques/N. Venturinha (eds.), Knowledge, Language and Mind. W.'s Thought in Progress, Berlin/Boston Mass. 2012 (On W. I); A. Maslow, A Study in W.'s »Tractatus«, Berkeley Calif./Los Angeles 1961 (repr. Bristol 1997) (dt. Eine Untersuchung in W.s »Tractatus«, Wien/Berlin 2016); T. de Mauro, L. W.. His Place in the Development of Semantics, Dordrecht 1967; A. Maury, The Concepts of ›Sinn‹ and ›Gegenstand‹ in W.'s »Tractatus«, Amsterdam 1977 (Acta Philos. Fennica XXIX/4); T. McCarthy/S. C. Stidd (eds.), W. in America, Oxford 2001; R. M. McDonough, The Argument of the »Tractatus«. Its Relevance to Contemporary Theories of Logic, Language, Mind and Philosophical Truth, Albany N. Y. 1986; C. McGinn, W. on Meaning. An Interpretation and Evaluation, Oxford 1984, 1989; M. McGinn, Routledge Philosophy Guidebook to W. and the »Philosophical Investigations«, London/New York 1997, rev. [2]2013; dies., Elucidating the »Tractatus«. W.'s Early Philosophy of Logic and Language, Oxford etc. 2006, 2009; B. McGuinness, W.. A Life. Young Ludwig (1889–1921), London, Berkeley Calif./Los Angeles/London 1988, unter dem Titel: Young Ludwig. W.'s Life, 1889–1921, Oxford 2005 (dt. W.s frühe Jahre, Frankfurt 1988, 1992; franz. W. I [Les années de jeunesse, 1889–1921], Paris 1991); ders., Approaches to W.. Collected Papers, London/New York 2002; ders./R. Haller (eds.), W. in Focus/Im Brennpunkt: W., Amsterdam/Atlanta Ga. 1989 (Grazer philos. Stud. XXXIII/XXXIV); B. McGuinness u. a. (eds.), »Der Löwe spricht ... und wir können ihn nicht verstehen«. Ein Symposion an der Universität Frankfurt anläßlich des hundertsten Geburtstags von L. W., Frankfurt 1991; D. McManus, The Enchantment of Words. W.'s »Tractatus logico-philosophicus«, Oxford etc. 2006, 2010; ders. (ed.), W. and Scepticism, London/New York 2004, 2012; T. McNally, W. and the Philosophy of Language. The Legacy of the Philosophical Investigations, Cambridge etc. 2017; S. Miller/C. Wright (eds.), Rule-Following and Meaning, Montreal, Chesham 2002, London/New York 2014; E. H. Minar, »Philosophical Investigations« §§ 185–202. W.'s Treatment of Following a Rule, New York 1990; R. Monk, L. W.. The Duty of Genius, London, New York 1990, 1991 (dt. W.. Das Handwerk des Genies, Stuttgart 1992, 2004; franz. W.. Le devoir de génie, Paris 1993, 2009); T. Morawetz, W. and Knowledge. The Importance of »On Certainty«, Amherst Mass. 1978, Atlantic Highlands N. J., Brighton 1980; H. Morick (ed.), W. and the Problem of Other Minds, New York etc. 1967, Atlantic Highlands N. J., Brighton 1981; M. Morris, Routledge Philosophy Guidebook to W. and the »Tractatus logico-philosophicus«, London/New York 2008; J. C. Morrison, Meaning and Truth in W.'s »Tractatus«, The Hague/Paris 1968; E. Morscher/R. Stranzinger (eds.), Ethik. Grundlagen, Probleme und Anwendungen/Ethics. Foundations, Problems, and Applications. Akten des 5. internationalen W. Symposiums [...], Wien 1981; D. Moyal-Sharrock (ed.), The Third W.. The Post-Investigations Works, Aldershot 2004; dies., Unterstanding W.'s »On Certainty«, Basingstoke/New York 2004, 2007; dies./W. H. Brenner (eds.), Readings of W.'s »On Certainty«, Basingstoke/New York 2005, 2007; D. Moyal-Sharrock/V. A. Munz/A. Coliva (eds.), Mind, Language and Action. Proceedings of the 36th International W. Symposium [...], Berlin/München/Boston Mass. 2015; S. Mulhall, On Being in the World. W. and Heidegger on Seeing Aspects, London/New York 1990, 2014; ders., Inheritance and Originality. W., Heidegger, Kierkegaard, Oxford etc. 2001, 2007; ders., W.'s Private Language. Grammar, Nonsense, and Imagination in »Philosophical Investigations«, §§ 243–315, Oxford etc. 2007, 2008; ders., The Great Riddle. W. and Nonsense, Theology and Philosophy. The Stanton Lectures 2014, Oxford etc. 2015; K. Mulligan, W. et la philosophie austro-allemande, Paris 2012; D. Musciagli, Logica e ontologia in W.. Proposta d'analisi su struttura e conoscenza nel »Tractatus«, Lecce 1974; M. Nedo (ed.), L. W.. Ein biographisches Album, München 2012; ders./M. Ranchetti (eds.), L. W.. Sein Leben in Bildern und Texten, Frankfurt 1983; M. Neumer (ed.), Traditionen W.s, Frankfurt etc. 2004; R. Nieli, W.. From Mysticism to Ordinary Language. A Study of Viennese Positivism and the Thought of L. W., Albany N. Y. 1987; R. Nowak, Grenzen der Sprachanalyse. Ein Beitrag zur Klärung des Verhältnisses von Philosophie und Sprachwissenschaft, Tübingen 1981; J. C. Nyíri, Gefühl und Gefüge. Studien zum Entstehen der Philosophie W.s, Amsterdam 1986; ders., Tradition and Individuality. Essays, Dordrecht/Boston Mass./London 1992; M. Ohler, Sprache und ihre Begründung. W. contra Searle, Köln 1988; D. Pears, L. W., New York 1970, London [2]1997 (franz. W., Paris 1970; dt. L. W., München 1971); ders., The False Prison. A Study of the Development of W.'s Philosophy, I–II, Oxford 1987/1988, 2003/2004 (franz. La pensée-W.. Du »Tractatus« aux »Recherches philosophiques«, Paris 1993); ders., Paradox and Platitude in W.'s Philosophy, Oxford etc. 2006, 2008; C. Penco, Matematica e gioco linguistico. W. e la filosofia della matematica del '900, Florenz 1981; M. Perloff, W.'s Ladder. Poetic Language and the Strangeness of the Ordinary, Chicago Ill./London 1999, 2012; J. F. Peterman, Philosophy as Therapy. An Interpretation and Defense of W.'s Later Philosophical Project, Albany N. Y. 1992; D. Peterson, W.'s Early Philosophy. Three Sides of the Mirror, New York etc., Toronto etc. 1990; D. L. Phillips, W. and Scientific Knowledge. A Sociological Perspective, London/Basingstoke, Totowa N. J. 1977, London 1979; D. Z. Phillips/P. Winch (eds.), W.: Attention to Particulars. Essays in Honour of Rush Rhees (1905–1989), Basingstoke/London, New York 1989; D. Z. Phillips/M. von der Ruhr (eds.), Religion and W.'s Legacy, Aldershot/Burlington Vt. 2005; G. Piana, Interpretazione del »Tractatus« di W., Mailand 1973, 1994; A. Pichler, W.s »Philosophische Untersuchungen«. Vom Buch zum Album, Amsterdam/New York 2004; ders./S. Säätelä (eds.), W.. The Philosopher and His Works, Bergen 2005, Frankfurt etc. [2]2006; A. Pichler/H. Hrachovec (eds.), W. and the Philosophy of Information. Proceedings of the 30. International L. W. Symposium [...] I, Frankfurt etc. 2008; D. H. Pinsent, A Portrait of W. as a Young Man. From the Diary of David Hume Pinsent 1912–1914, ed. G. H. v. Wright, Oxford/Cambridge Mass. 1990 (dt. Reise mit W. in den Norden. Tagebuchauszüge, Briefe, Wien etc. 1994); G. Pitcher, The Philosophy of W., Englewood Cliffs N. J. 1964, 1965 (dt. Die Philosophie W.s. Eine kritische Einführung in den »Tractatus« und die Spätschriften, Freiburg/München 1967); ders. (ed.), W.. The »Philosophical Investigations«. A Collection of Critical Essays, London, Notre Dame Ind./London, Garden City N. Y. 1966, London 1970; D. Pole, The Later Philosophy of W.. A Short Introduction, London 1958, ohne Untertitel, London etc. 2013; M.

Potter, The Logic of the »Tractatus«, in: D. M. Gabbay/J. Woods (eds.), Handbook of the History of Logic V, Amsterdam etc. 2009, 2010, 255–305; J. T. Price, Language and Being in W.'s »Philosophical Investigations«, The Hague/Paris 1973; I. Proops, W.'s Logical Atomism, SEP 2004, rev. 2013; K. Puhl (ed.), Meaning Scepticism, Berlin/New York 1991; ders., W.'s Philosophie der Mathematik/W.'s Philosophy of Mathematics. Akten des 15. Internationalen W.-Symposiums [...] II, Wien 1993; R. Raatzsch, L. W. zur Einführung, Hamburg 2008; E. Reck (ed.), From Frege to W.. Perspectives on Early Analytic Philosophy, Oxford etc. 2002; T. Rentsch, Heidegger und W.. Existential- und Sprachanalysen zu den Grundlagen philosophischer Anthropologie, Stuttgart 1985, 2003; R. Rhees (ed.), Personal Recollections, Oxford, Totowa N. J. 1981, erw. unter dem Titel: Recollections of W., Oxford/New York 1984 (dt. L. W.. Porträts und Gespräche, Frankfurt 1987, 1992); ders., W. and the Possibility of Discourse, ed. D. Z. Phillips, Cambridge etc. 1998; J. T. E. Richardson, The Grammar of Justification. An Interpretation of W.'s Philosophy of Language, London, New York 1976; É. Rigal (ed.), W.. Recherches philosophiques, I–II, Paris 2004/2005; dies. (ed.), W.. État des lieux, Paris 2008; E. da Rocha Marques, W. und die Möglichkeit eines kategorialen Diskurses, Konstanz 1995; V. Rodych, W.'s Philosophy of Mathematics, SEP 2007, rev. 2011; G. Römpp, L. W.. Eine philosophische Einführung, Köln/Weimar/Wien 2010; J. G. F. Rothhaupt, Farbthemen in W.s Gesamtnachlaß. Philologisch-philosophische Untersuchungen im Längsschnitt und in Querschnitten, Weinheim 1996; ders./W. Vossenkuhl (eds.), Kulturen und Werte. W.s Kringel-Buch als Initialtext, Berlin/Boston Mass. 2013; B. Rundle, W. and Contemporary Philosophy of Language, Oxford/Cambridge Mass. 1990; A. Rust, W.s Philosophie der Psychologie, Frankfurt 1996; E. v. Savigny, W.s »Philosophische Untersuchungen«. Ein Kommentar für Leser, I–II, Frankfurt 1988/1989, ^{2}1994/1996, 2016; ders., Der Mensch als Mitmensch. W.s »Philosophische Untersuchungen«, München 1996; ders./O. R. Scholz (eds.), W. über die Seele, Frankfurt 1995, ^{2}1996; C.-A. Scheier, W.s Kristall. Ein Satzkommentar zur »Logisch-philosophischen Abhandlung«, Freiburg/München 1991; B. Schmitz, W. über Sprache und Empfindung. Eine historische und systematische Darstellung, Paderborn 2002; F. Schmitz, W., la philosophie et les mathématiques, Paris 1988; H. J. Schneider, Phantasie und Kalkül. Über die Polarität von Handlung und Struktur in der Sprache, Frankfurt 1992, 1999 (engl. [Kap. IV, erw.] W.'s Later Theory of Meaning. Imagination and Calculation, Malden Mass./Oxford/Chichester 2014); ders./M. Kroß (eds.), Mit Sprache spielen. Die Ordnungen und das Offene nach W., Berlin 1999; S. Schroeder, Das Privatsprachen-Argument. W. über Empfindung und Ausdruck, Paderborn etc. 1998; ders. (ed.), W. and Contemporary Philosophy of Mind, Basingstoke/New York 2001; ders., W.. The Way out of the Fly-Bottle, Cambridge/Malden Mass. 2006, 2007; J. Schulte, Erlebnis und Ausdruck. W.s Philosophie der Psychologie, München/Wien 1987, 1988 (engl. Experience and Expression. W.'s Philosophy of Psychology, Oxford 1993, 2003); ders., W.. Eine Einführung, Stuttgart 1989, ^{2}2016 (engl. W.. An Introduction, Albany N. Y. 1992); ders. (ed.), Texte zum Tractatus, Frankfurt 1989; ders., Chor und Gesetz. W. im Kontext, Frankfurt 1990; ders., W., in: J. Nida-Rümelin (ed.), Philosophie der Gegenwart in Einzeldarstellungen. Von Adorno bis v. Wright, Stuttgart 1991, 639–652, ^{2}1999, 799–813; ders., W.-Handbuch. Leben, Werk, Wirkung, Stuttgart 2001, 2017; ders., L. W., Frankfurt 2005; ders./G. Sundholm (eds.), Criss-Crossing a Philosophical Landscape. Essays on W.ian Themes. Dedicated to Brian McGuinness, Amsterdam/Atlanta Ga. 1992 (Grazer philos. Stud. XLII); W. Schulz, W.. Die Negation der Philosophie, Pfullingen 1967, ^{2}1979; W. Schweidler, W.s Philosophiebegriff, Freiburg/München 1983; J. Sebestik/A. Soulez (eds.), W. et la philosophie aujourd'hui, Paris 1992, 2001; C. Sedmak, Kalkül und Kultur. Studien zu Genesis und Geltung von W.s Sprachspielmodell, Amsterdam/Atlanta Ga. 1996; S. G. Shanker (ed.), L. W.. Critical Assessments, I–V, London 1986; ders., W. and the Turning-Point in the Philosophy of Mathematics, London/Sydney, Albany N. Y. 1987, London/New York 2006; ders./D. Kilfoyle (eds.), L. W.. Critical Assenssments of Leading Philosophers. Second Series, I–IV, London/New York 2002; W. A. Shibles, W.. Language and Philosophy, Dubuque Iowa 1969, Whitewater Wis. 1974 (dt. W.. Sprache und Philosophie, Bonn 1973); H. Sluga/D. G. Stern (eds.), The Cambridge Companion to W., Cambridge/New York/Melbourne 1996, 2007; E. K. Specht, Die sprachphilosophischen und ontologischen Grundlagen im Spätwerk L. W.s, Köln 1963 (Kant-St. Erg.hefte LXXXIV) (engl. The Foundations of W.'s Late Philosophy, Manchester, New York 1969); P. Stalmaszczyk (ed.), Philosophy of Language and Linguistics. The Legacy of Frege, Russell, and W., Berlin/Boston Mass. 2014; W. Stegmüller, Kripkes Deutung der Spätphilosophie W.s. Kommentarversuch über einen versuchten Kommentar, Stuttgart 1986; C. A. Stein, Regeln und Übereinstimmung. Zu einer Kontroverse in der neueren W.-Forschung, Pfaffenweiler 1994; P. Stekeler-Weithofer (ed.), W.. Zu Philosophie und Wissenschaft, Hamburg 2012 (Dt. Jb. Philos. III); E. Stenius, W.'s »Tractatus«. A Critical Exposition of Its Main Lines of Thought, Oxford 1960 (repr. Westport Conn. 1981, Bristol 1996), 1964 (dt. W.s Traktat. Eine kritische Darlegung seiner Hauptgedanken, Frankfurt 1969); D. G. Stern, W. on Mind and Language, New York/Oxford 1995; ders., W.'s »Philosophical Inverstigations«. An Introduction, Cambridge etc. 2004, 2010; S. R. Stripling, The Picture Theory of Meaning. An Interpretation of W.'s »Tractatus logico-philosophicus«, Washington D. C. 1978; A. Stroll, Moore and W. on Certainty, New York/Oxford 1994; P. Sullivan/M. Potter (eds.), W.'s »Tractatus«. History and Interpretation, Oxford etc. 2013; G. Svensson, On Doubting the Reality of Reality. Moore and W. on Sceptical Doubts, Stockholm 1981; J.-M. Terricabras, L. W.. Kommentar und Interpretation, Freiburg/München 1978; ders. (ed.), A W. Symposium, Girona 1989, Amsterdam/Atlanta Ga. 1993; H. Tetens, W.s »Tractatus«. Ein Kommentar, Stuttgart 2009, ^{3}2016; C. Travis, The Uses of Sense. W.'s Philosophy of Language, Oxford 1989, 2001; H. Veigl, W. in Cambridge. Eine Spurensuche in Sachen Lebensform, Wien 2004; A. Vohra, W.'s Philosophy of Mind, La Salle Ill., London/Sydney 1986 (repr. Abingdon/New York 2014); U. Volk, Das Problem eines semantischen Skeptizismus. Saul Kripkes W.-Interpretation, Rheinfelden/Berlin 1988; W. Vossenkuhl (ed.), Von W. lernen, Berlin 1992; ders., L. W., München 1995, ^{2}2003; ders. (ed.), L. W., Tractatus logico-philosophicus, Berlin 2001; ders., Solipsismus und Sprachkritik. Beiträge zu W., Berlin 2009; F. Wallner, W.s philosophisches Lebenswerk als Einheit. Überlegungen zu und Übungen an einem neuen Konzept von Philosophie, Wien 1983; ders., Die Grenzen der Sprache und der Erkenntnis. Analysen an und im Anschluß an W.s Philosophie, Wien 1983; ders./A. Haselbach (eds.), W.s Einfluß auf die Kultur der Gegenwart, Wien 1990; H. Watzka, Sagen und Zeigen. Die Verschränkung von Metaphysik und Sprachkritik beim frühen und beim späten W., Stuttgart/Berlin/Köln 2000; O. Weinberger/P. Koller/A. Schramm (eds.), Philosophie des Rechts, der Politik und der Gesellschaft/Philosophy of Law, Politics and Society. Akten des 12. internationalen W. Symposiums [...], Wien 1988; dies., Recht, Politik, Gesellschaft/Law, Politics, Society. Berichte des 12. internationalen W. Symposiums [...], Wien 1988; D. A. Weiner, Genius and

Talent. Schopenhauer's Influence on W.'s Early Philosophy, Rutherford N. J./Madison N. J./Teaneck N. J., London/Toronto 1992; P. Weingartner/J. Czermak (eds.), Erkenntnis- und Wissenschaftstheorie/Epistemology and Philosophy of Science. Akten des 7. internationalen W. Symposiums [...], Wien 1983; P. Weingartner/G. Schurz (eds.), Logik, Wissenschaftstheorie und Erkenntnistheorie/Logic, Philosophy of Science and Epistemology. Akten des 11. internationalen W. Symposiums [...], Wien 1987; dies. (eds.), Philosophie der Naturwissenschaften/Philosophy of the Natural Sciences. Akten des 13. internationalen W. Symposiums [...], Wien 1989; dies. (eds.), Grenzfragen zwischen Philosophie und Naturwissenschaft/Philosophy and Natural Sciences: Borderline Questions. Berichte des 13. internationalen W. Symposiums [...], Wien 1989; J. Westphal, Colour. Some Philosophical Problems from W., Oxford 1987, mit Untertitel: A Philosophical Introduction, [2]1991; M. Williams, W., Mind and Meaning. Toward a Social Conception of Mind, London/New York 1999, 2002; dies. (ed.), W.'s Philosophical Investigations. Critical Essays, Lanham Md. etc. 2007; P. Winch (ed.), Studies in the Philosophy of W., London/New York 1969, 2010; ders., Trying to Make Sense, Oxford/New York 1987 (dt. Versuchen zu verstehen, Frankfurt 1992); C. Wright, W. on the Foundations of Mathematics, Cambridge Mass., London 1980 (repr. Aldershot 1994); ders., Rails to Infinity. Essays on Themes from W.'s Philosophical Investigations, Cambridge Mass./London 2001; G. H. v. Wright, W., Oxford, Minneapolis Minn. 1982 (dt. W., Frankfurt 1984, 1990; franz. W., Mauvezin 1986); K. Wuchterl, Struktur und Sprachspiel bei W., Frankfurt 1969; ders., Handbuch der analytischen Philosophie und Grundlagenforschung. Von Frege zu W., Bern/Stuttgart/Wien 2002; ders./A. Hübner, L. W. in Selbstzeugnissen und Bilddokumenten, Reinbek b. Hamburg 1979, [13]2006; J. L. Zalabardo, W.'s Early Philosophy, Oxford etc. 2012; ders., Representation and Reality in W.'s »Tractatus«, Oxford etc. 2015; E. Zamuner/D. K. Levy (eds.), W.'s Enduring Arguments, London/New York 2009, 2014; W. Zimmermann, W.s sprachphilosophische Hermeneutik, Frankfurt 1975. – W. Studies, Passau 1994–1997; W.iana, Berlin 2007ff.; W.-Studien. Int. Jb. für W.-Forschung, Berlin/New York 2010ff.; On W., Berlin/Boston Mass. 2012ff.. – Understanding W., London/Basingstoke 1974 (Royal Institute of Philosophy Lectures VII); Synthese 56 (1983), H. 2–3 (L. W.. Proceedings of a Conference Sponsored by the Austrian Institute, New York, I–II); Synthese 58 (1984), H. 3 (Essays on W.'s Later Philosophy); Crítica 21 (México D. F. 1989), H. 63; Z. Lit.wiss. u. Linguistik 115 (1999) (W.); Rev. mét. mor. (2005), H. 2 (W. et les sciences); Grazer philos. Stud. 89 (2014) (Themes from W. and Quine). K. L.

Wohlordnung (engl. well-ordering, franz. bon ordre), Bezeichnung für einen bestimmten Typ von ↑Ordnungsrelation (auch: ↑›Ordnung‹). Eine W. ist eine auf einer Menge M definierte Totalordnung (↑Ordnung) R mit der Eigenschaft, daß jede nicht-leere Teilmenge M' von M ein kleinstes Element bezüglich R besitzt, d.h. ein Element x, für das gilt: (1) für alle y in M' gilt xRy (falls R eine nicht-strikte Ordnung ist) bzw. (2) für alle y in M' mit $y \neq x$ gilt xRy (falls R eine Striktordnung ist). Die Menge M heißt dann ›durch die Relation R wohlgeordnet‹ (engl. well-ordered, franz. bien ordonné). W.en spielen eine entscheidende Rolle in der mengentheoretischen Definition des Begriffs der ↑Ordinalzahl.

Ein wichtiges Prinzip der ↑Mengenlehre ist das W.sprinzip (auch: ›W.ssatz‹): Zu jeder Menge M existiert eine ↑Relation R, durch die M wohlgeordnet wird. Vor dem Hintergrund der üblichen Axiome für die Mengenlehre ist das W.sprinzip mit dem ↑Auswahlaxiom äquivalent. Es wurde 1904 zuerst von E. Zermelo unter expliziter Zuhilfenahme des Auswahlaxioms bewiesen. Die kritische Rezeption dieser Arbeit veranlaßte Zermelo 1908 zu seiner bahnbrechenden Axiomatisierung der Mengenlehre (↑Mengenlehre, axiomatische, ↑Zermelo-Fraenkelsches Axiomensystem).

Literatur: P. Bernays/A. A. Fraenkel, Axiomatic Set Theory, Amsterdam 1958, [2]1968, New York 1991; N. Brunner, Dedekind-Endlichkeit und Wohlordenbarkeit, Mh. Math. 94 (1982), 9–31; O. Deiser, Einführung in die Mengenlehre. Die Mengenlehre Georg Cantors und ihre Axiomatisierung durch Ernst Zermelo, Berlin/Heidelberg 2002, [3]2010; K. J. Devlin, Fundamentals of Contemporary Set Theory, New York/Heidelberg/Berlin 1979, unter dem Titel: The Joy of Sets. Fundamentals of Contemporary Set Theory, New York etc. [2]1993, 1997; H.-D. Ebbinghaus, Einführung in die Mengenlehre, Darmstadt 1977, Heidelberg/Berlin [4]2003; A. A. Fraenkel/Y. Bar-Hillel/A. Levy, Foundations of Set Theory, Amsterdam 1958, Amsterdam/London [2]1973, 1984; U. Friedrichsdorf/A. Prestel, Mengenlehre für den Mathematiker, Braunschweig/Wiesbaden 1985; P. R. Halmos, Naive Set Theory, New York etc., Princeton N. J. 1960, Mansfield 2011 (franz. Introduction à la théorie des ensembles, Paris 1967, [2]1970; dt. Naive Mengenlehre, Göttingen 1968, [5]1994); T. J. Jech, The Axiom of Choice, Amsterdam/London/New York 1973, Mineola N. Y. 2008; ders., About the Axiom of Choice, in: J. Barwise (ed.), Handbook of Mathematical Logic, Amsterdam/New York/Oxford 1977, 2006, 345–370; G. H. Moore, Zermelo's Axiom of Choice. Its Origins, Development, and Influence, New York/Heidelberg/Berlin 1982, Mineola N. Y. 2013; A. Mostowski, Über die Unabhängigkeit des W.ssatzes vom Ordnungsprinzip, Fund. Math. 32 (1939), 201–252; V. Peckhaus, W.ssatz, Hist. Wb. Ph. XII (2004), 1004–1005; H. Rubin/J. E. Rubin, Equivalents of the Axiom of Choice, Amsterdam/London 1963, 1970, erw. unter dem Titel: Equivalents of the Axiom of Choice II, Amsterdam/New York/Oxford [2]1985; J. R. Shoenfield, Mathematical Logic, Reading Mass. 1967, Boca Raton Fla. 2010; P. Suppes, Axiomatic Set Theory, Princeton N. J. 1960, New York 1972; E. Zermelo, Beweis, daß jede Menge wohlgeordnet werden kann, Math. Ann. 59 (1904), 514–516; ders., Neuer Beweis für die Möglichkeit einer W., Math. Ann. 65 (1908), 107–128. H. R.

Wohlordnungsprinzip, ↑Wohlordnung.

Wolff (auch: Wolf), Christian Freiherr von, *Breslau 24. Jan. 1679, †Halle 9. April 1754, dt. Philosoph der ↑Aufklärung. Ab 1699 Studium der Theologie, Mathematik, Physik und Jurisprudenz in Jena, 1702 externer Erwerb des Magistergrades an der Universität Leipzig, 1703 ebendort Erwerb der Lehrberechtigung und Aufnahme der Vorlesungen in Mathematik und Physik; Zusammentreffen und Briefwechsel mit G. W. Leibniz; 1706 Prof. der Mathematik in Halle. W. wendet sich nach einigen Jahren zunehmend der Philosophie zu und wird zum angesehensten Philosophen Deutschlands. Kontroversen mit Hallenser pietistischen (↑Pietismus) Theologen (insbes. J. Lange und A. H. Francke) führen dazu, daß W. 1723 Halle unter Androhung der Todesstrafe binnen zwei Tagen verlassen muß und seine Bücher öffentlich verbrannt werden. Grundlage dieser Maßnahmen ist der von theologischer Seite gegen W. erhobene Vorwurf eines die ↑Willensfreiheit und indirekt die Schuldfähigkeit aufhebenden ↑Determinismus. W. erhält einen Lehrstuhl in Marburg, von wo er 1740 durch Friedrich II. ehrenvoll nach Halle zurückberufen wird, jedoch nicht mehr an seine früheren Erfolge als Lehrer anknüpfen kann. W. war Mitglied der Akademien von Berlin, London, Paris und St. Petersburg und wurde 1745 in den Reichsfreiherrnstand erhoben.

W.s wissenschaftliche Tätigkeit erstreckt sich, ohne inhaltlich originell zu sein, auf fast alle Gebiete des philosophischen, mathematischen, naturwissenschaftlichen und juristischen Wissens. Abhängigkeiten bestehen insbes. gegenüber R. Descartes, E. W. v. Tschirnhaus und der Spätscholastik (F. Suárez). Vor allem aber ist der ↑Rationalismus W.s von Leibniz in einer solchen Weise geprägt, daß sich der Terminus ↑›Leibniz-W.sche Philosophie‹ durchsetzt. W. bringt zentrale Teile der Leibnizschen Philosophie (mit Ausnahme der ↑Monadentheorie) in eine schulmäßige systematische Fassung, wobei allerdings die ursprüngliche Konzeption von Leibniz häufig transformiert wird. Philosophisch bedeutsam sind W.s Definition der Philosophie als »Wissenschaft aller möglichen Dinge, wie und warum sie möglich sind« (Deutsche Logik, Vorbericht § 1 [Ges. Werke I/1, 115]) und seine Einteilung der ↑Metaphysik in die allgemeine und die spezielle Metaphysik, wobei letztere in rationale Kosmologie, rationale Psychologie und rationale (natürliche) Theologie unterteilt wird. Diese Unterscheidungen werden insbes. von I. Kant in der »Kritik der reinen Vernunft« wieder aufgenommen. Zu seinen, das erste geschlossene philosophische System in deutscher Sprache darstellenden Werken verfaßt W. in der Regel synthetisch aufgebaute lateinische Parallelfassungen.

Was W. zum bedeutendsten Denker der deutschen Aufklärung zwischen Leibniz und Kant macht, sind weniger die Inhalte seines Denkens, das weitgehend der traditionellen Metaphysik verhaftet bleibt, als vielmehr seine einen neuen Denkstil prägende methodische Wendung der Philosophie, die unter den Prinzipien des Satzes vom Grunde (↑Grund, Satz vom) und des Satzes vom Widerspruch (↑Widerspruch, Satz vom) steht. Damit gilt für wissenschaftliches Denken die Maxime der Herausarbeitung durchgehender Begründungszusammenhänge mittels jeden Widerspruch ausschließender logischer ↑Deduktion aus von W. als evident (↑Evidenz) angesehenen ersten Sätzen (↑Axiome). Die Übertragung der mathematischen Methode (↑Methode, axiomatische) auf alles wissenschaftliche Wissen soll den in der Mathematik bereits erreichten Standard von ↑Wahrheit und ↑Gewißheit universalisieren. Der in der Position W.s enthaltene Erkenntnisoptimismus einer allgemein in der Erfahrung begründeten Philosophie prägt und kennzeichnet, bis heute fortwirkend, die Aufklärung.

Von besonderem Interesse ist W.s konsequente Anwendung methodischen Denkens in Ethik, Politik und Recht. Zwar wird hier die axiomatische Methode, die die Theoretische Philosophie (↑Philosophie, theoretische) charakterisiert, nicht angewendet, dennoch geht es darum, in durchgehendem argumentativen Zusammenhang moralische, politisch-soziale und rechtliche Normen in Übereinstimmung mit den im ↑Naturrecht gegebenen Grundrechten des Menschen zu formulieren. Mit der Unterordnung von Ethik, Politik und Recht unter die Erkenntnismaximen und Erkenntnisresultate einer methodischen Vernunft vertritt W. die bürgerliche (↑Gesellschaft, bürgerliche) Idee einer freien Entfaltung des Individuums in einem nach Vernunftgesetzen geordneten Rechtsstaat, der eine nicht legitimierte Autorität von Kirche und Staat verwirft und die republikanische Staatsform gegenüber dem feudalen ↑Absolutismus favorisiert.

W.s zunächst überwältigender direkter Einfluß auf die deutsche Philosophie ist nur von kurzer Dauer. Dazu dürfte unter anderem der von G. W. F. Hegel kritisierte ›barbarische Pedantismus‹ in der Anwendung der Methode, verbunden mit einer leeren, ›scholastischen‹ Begriffsdifferenzierung, beigetragen haben, der letztlich eine häufig vom konkreten Leben abgewandte geschichtslose Einstellung zum Ausdruck bringt. Insbes. die ›dogmatische‹, Bedingungen der Möglichkeit von Erkenntnis und der Wahrheit der ersten Sätze nicht beachtende Einstellung W.s fördern die Überwindung seines Ansatzes durch Kant, der W. für den größten aller ›dogmatischen‹ Philosophen hält, und den Deutschen Idealismus (↑Idealismus, deutscher). Außer durch seine Anhänger (insbes. G. A. Baumgarten, G. B. Bilfinger, J. C. Gottsched, M. Knutzen und G. F. Meier) wirkt W.s Denken direkt in der ↑Popularphilosophie der deutschen Aufklärung fort. Indirekt wirkt W., der als erster eine deutsche philosophische Fachterminologie entwikkelt und dabei neue Begriffe prägt (z. B. ›Begriff‹), in den Fachsprachen bis heute fort. Er gilt als einer der ersten Verfechter des Völkerbundgedankens und als einer der Mitbegründer des modernen Völkerrechts.

Werke: Gesammelte Werke, ed. J. École u. a., Hildesheim/New York/Zürich 1962ff. (erschienen I. Abt. [Deutsche Schriften]: I/1–I/25; II. Abt. [Lateinische Schriften]: II/1–II/38; III. Abt. [Ergänzungsreihe. Materialien und Dokumente]: I–CLII). – Aerometriae Elementa, Leipzig 1709 (repr. Hildesheim/New York 1981 [= Ges. Werke II/37]); Anfangs-Gründe aller mathematischen Wissenschaften, I–IV, Halle 1710, I, Frankfurt/Leipzig

^{7}1750, II–IV, Halle ^{7}1750–1757 (repr. Hildesheim/New York 1973, 1999 [= Ges. Werke I/12–I/15.1]), Wien 1763, Wien, Frankfurt/Leipzig 1775; Kurtzer Unterricht von den vornehmsten mathematischen Schriften, in: Anfangs-Gründe aller mathematischen Wissenschaften [s.o.] IV, 377–490, separat Halle 1717, erw. ^{3}1725, erw. Frankfurt/Leipzig ^{4}1731, erw. 1750 (repr. Hildesheim/New York 1973, 2013 [= Ges. Werke I/15.2]), Wien 1763, Halle 1775; Vernünfftige Gedancken von den Kräften des menschlichen Verstandes und ihrem richtigen Gebrauche in Erkenntnis der Wahrheit, Halle 1713, ^{14}1754, Neudr. mit Paralleltitel: Vernünftige Gedanken I (Deutsche Logik), ed. H. W. Arndt, Hildesheim 1965, 2006 (= Ges. Werke I/1) (lat. Cogitationes rationales de viribus intellectus humani [...], Frankfurt/Leipzig 1730, ^{3}1740 [repr. Hildesheim/Zürich/New York 1983 (= Ges. Werke II/2)], Halle 1765; franz. Logique ou réflexions sur les forces de l'entendement humain, et sur leur légitime usage, dans la connoissance de la vérité, Berlin 1736 [repr. Hildesheim/Zürich/New York 2000 (= Ges. Werke III/63)], Lausanne/Genf ^{2}1744; engl. Logic, or Rational Thoughts on the Powers of the Human Understanding. With Their Use and Application in the Knowledge and Search of Truth, London 1770 [repr. Hildesheim/Zürich/New York 2003 (= Ges. Werke III/77)]); Elementa matheseos universae, I–II, Halle 1713/1715, I–V, ^{2}1730–1741 (repr. Hildesheim 1968–1971, 2003 [= Ges. Werke II/29–II/33]), Genf 1743–1752 (engl. [gekürzt] A Treatise of Algebra [...], London 1739, 1765; dt. [gekürzt] Mathematik. Ein Auszug aus dem ersten Theile seiner »Elementa matheseos universae« [...], Wien 1777); Mathematisches Lexicon [...], Leipzig 1716 (repr. Hildesheim 1965 [= Ges. Werke I/11]), erw. unter dem Titel: Vollständiges Mathematisches Lexicon [...], I–II, 1734/1742, I, 1747; Auszug aus den Anfangs-Gründen aller mathematischen Wissenschaften. Zu bequemerem Gebrauche der Anfänger auf Begehren verfertiget, Halle 1717, ^{3}1728 (repr. Hildesheim/Zürich/New York 2009 [= Ges. Werke I/25]), 1772, unter dem Titel: Neuer Auszug aus den Anfangsgründen aller mathematischen Wissenschaften, bearb. v. J. T. Mayer/K. C. Langsdorf, Marburg 1797; Entdeckung der wahren Ursache von der wunderbahren Vermehrung des Getreydes [...], Halle 1718 (repr. in: C. W./G. C. Happe, Entdekkung der wahren Ursache von der wunderbahren Vermehrung des Getreydes/Der in seiner eignen gemachten Gruben sich selbst fangende Wolff, Stuttgart-Bad Cannstatt 1993, 1–80), ^{2}1725 (repr. in: Ges. Werke [s.o.] I/24), 1750 (engl. A Discovery of the True Cause of the Wonderful Multiplication of Corn [...], London 1734); Ratio Praelectionum in Mathesin et Philosophiam universam, Halle 1718, ^{2}1735 (repr. Hildesheim/New York 1972 [= Ges. Werke II/36]); Erläuterung der Entdeckung der wahren Ursache von der wunderbahren Vermehrung des Getreydes [...], Halle 1719 (repr. in: C. W./G. C. Happe, Entdeckung der wahren Ursache von der wunderbahren Vermehrung des Getreydes/Der in seiner eignen gemachten Gruben sich selbst fangende Wolff [s.o.], 83–134, ferner in: Ges. Werke [s.o.] I/24), Frankfurt/Leipzig 1730; Erinnerung, wie er es künfftig mit den Einwürffen halten will, die wider seine Schriften gemacht werden, Halle 1720, Frankfurt/Leipzig ^{6}1736, Halle 1751 [zus. mit: Vernünftige Gedancken von Gott, der Welt und der Seele des Menschen (s.u.)] (repr. in: Ges. Werke [s.o.] I/2); Vernünfftige Gedancken von der Menschen Thun und Lassen. Zu Beförderung ihrer Glückseligkeit [...], Halle 1720, Frankfurt/Leipzig ^{4}1733 (repr. mit Paralleltitel: Vernünftige Gedanken III [Deutsche Ethik], Hildesheim/New York 1976, 2006 [= Ges. Werke I/4]), Frankfurt/Leipzig ^{8}1752; Vernünfftige Gedancken von Gott, der Welt und der Seele des Menschen, auch allen Dingen überhaupt [...], Halle 1720, ^{11}1751 (repr. mit Paralleltitel: Vernünftige Gedanken II [Deutsche Metaphysik], Hildesheim/Zürich/New York 1983, 2009 [= Ges. Werke I/2]), ^{12}1752; Vernünfftige Gedancken von dem gesellschaftlichen Leben der Menschen und insonderheit dem gemeinen Wesen [...], Halle 1721 (repr. Frankfurt 1971), Frankfurt/Leipzig ^{4}1736 (repr. mit Paralleltitel: Vernünftige Gedanken IV [Deutsche Politik], Hildesheim/New York 1975, 1996 [= Ges. Werke I/5]), ^{7}1756; Allerhand nützliche Versuche, dadurch zu genauer Erkäntnis der Natur und Kunst der Weg gebähnet wird, I–III, Halle 1721–1723, 1727–1729 (repr. Hildesheim/New York 1982 [= Ges. Werke I/20.1–I/20.3]), 1745–1747; Vernünfftige Gedancken von den Würckungen der Natur, Halle 1723 (repr. mit Paralleltitel: Vernünftige Gedanken V [Deutsche Physik], Hildesheim/New York 1981, 2003 [= Ges. Werke I/6]), ^{5}1746; Anmerckungen über die vernünfftigen Gedancken von Gott, der Welt und der Seele des Menschen, auch allen Dingen überhaupt, Frankfurt 1724, unter dem Titel: Der Vernünfftigen Gedancken von Gott, der Welt [...], anderer Theil, bestehend in ausführlichen Anmerckungen, ^{2}1727, ^{4}1740 (repr. mit Paralleltitel: Anmerkungen zur deutschen Metaphysik, Hildesheim/Zürich/New York 1983 [= Ges. Werke I/3]), ^{6}1760; Opuscula Metaphysica, Leipzig, Halle 1724 (repr. Hildesheim/Zürich/New York 1983 [= Ges. Werke II/9]); Vernünfftige Gedancken von den Absichten der natürlichen Dinge, Halle 1724, Frankfurt/Leipzig ^{2}1726 (repr. mit Paralleltitel: Vernünftige Gedanken VI [Deutsche Theologie], Hildesheim/New York 1980 [= Ges. Werke I/7]), ^{3}1737, Halle ^{4}1741, 1752; Vernünfftige Gedancken von dem Gebrauche der Theile in Menschen, Thieren und Pflantzen, Frankfurt/Leipzig 1725 (repr. mit Paralleltitel: Vernünftige Gedanken VII [Deutsche Physiologie], Hildesheim/New York 1980 [= Ges. Werke I/8]), Halle ^{4}1743, 1753; Ausführliche Nachricht von seinen eigenen Schriften, die er in deutscher Sprache von den verschiedenen Theilen der Welt-Weißheit heraus gegeben, Frankfurt 1726, ^{2}1733 (repr. Hildesheim/New York 1973, 1996 [= Ges. Werke I/9]), unter dem Titel: Ausführliche Nachricht von seinen eigenen Schriften, die er in deutscher Sprache herausgegeben, ^{3}1757; Oratio de Sinarum philosophia practica [...], Frankfurt 1726, unter dem Titel: Oratio de Sinarum philosophia practica/Rede über die praktische Philosophie der Chinesen [lat./dt.], ed. M. Albrecht, Hamburg 1985 (dt. Rede von der Sittenlehre der Sineser, in: Gesammlete kleine philosophische Schrifften [s.u.] VI, 1–320, [gekürzt] in: F. Brüggemann, Das Weltbild der deutschen Aufklärung. Philosophische Grundlagen und literarische Auswirkung: Leibniz, W., Gottsched, Brokkes, Haller, Leipzig 1930 [repr. Darmstadt 1966], 174–195; franz. [gekürzt] Discours sur la morale des Chinois, in: La belle W.ienne II, La Haye 1741; engl. [gekürzt] Discourse on the Practical Philosophy of the Chinese, in: J. Ching/W. G. Oxtoby, Moral Enlightenment. Leibniz and W. on China, Nettetal 1992, 145–186); Philosophia rationalis sive logica, methodo scientifica pertractata [...], I–III, Frankfurt/Leipzig 1728, ^{3}1740 (repr. Hildesheim/Zürich/New York 1983 [= Ges. Werke II/1.1–II/1.3]), Verona 1779, Bd. I unter dem Titel: Discursus praeliminaris de philosophia in genere/Einleitende Abhandlung über Philosophie im allgemeinen [lat./dt.], ed. G. Gawlick/L. Kreimendahl, Stuttgart-Bad Cannstatt 1996, 2006 (engl. [Bd. I] Preliminary Discourse on Philosophy in General, ed. R. J. Blackwell, Indianapolis Ind. 1963); Horae subsecivae Marburgenses, Anni MDCCXXIX–Anni MDCCXXXI (in 12 Bdn.), Frankfurt/Leipzig 1729–1741 (repr. in 3 Bdn., Hildesheim/Zürich/New York 1983 [= Ges. Werke II/34.1–II/34.3]); Philosophia prima sive ontologia [...], Frankfurt/Leipzig 1730, Verona, Frankfurt/Leipzig ^{2}1736 (repr. Darmstadt, Hildesheim/New York 1962, Hildesheim/Zürich/New York 2001 [= Ges. Werke II/3]), Verona 1779 (dt. Erste Philosophie oder Ontologie. Nach wissenschaftlicher Methode behandelt, in der die Prinzipien der gesamten menschlichen Erkenntnis enthalten sind, §§ 1–78 [lat./dt.], ed. D. Effertz, Hamburg 2005); Cosmologia generalis [...], Frankfurt/Leipzig 1731, ^{2}1737 (repr. Hildesheim 1964 [= Ges. Werke II/4]), Verona 1779; Psychologia empirica, methodo scientifica pertractata [...], Frankfurt/Leipzig 1732, ^{2}1738 (repr. Hildesheim 1968 [= Ges. Werke II/5]), Verona 1779; Psychologia rationalis, methodo scientifica pertractata [...], Frankfurt/Leipzig 1734, ^{2}1740 (repr. Hildesheim/New York 1972, 1994 [= Ges. Werke II/6]), Verona 1779; Theologia naturalis, methodo scientifica pertractata, I–II, Frankfurt/Leipzig 1736/1737, ^{2}1739/1741 (repr. Hildesheim/New York 1978/1981 [= Ges. Werke II/7–II/8]), Verona 1779; Gesammlete kleine philosophische Schrifften, I–VI, ed. G. F. Hagen, Halle 1736–1740 (repr. Hildesheim/New York 1981 [= Ges. Werke I/21.1–I/21.6]); Philosophia practica universalis, methodo scientifica pertractata, I–II, Frankfurt/Leipzig 1738/1739 (repr. Hildesheim/New York 1971/1979 [= Ges. Werke II/10–II/11]), 1744/1750, Verona 1779; Jus naturae, I–VIII, I, Frankfurt/Leipzig 1740 (repr. Hildesheim/New York 1972, 2003 [= Ges. Werke II/17]), II–VIII, Halle/Magdeburg 1742–1748 (repr. Hildesheim/New York 1968 [= Ges. Werke II/18–II/24]), Frankfurt/Leipzig ^{4}1764–1766 (franz. [Teilübers.] Principes du droit de la nature et des gens, I–III, Amsterdam 1758 [repr. Caen 1990, ferner als: Ges. Werke [s. o.] III/66.1–III/66.3, Caen 2011); Natürliche Gottesgelahrheit, I–II (in 5 Teilbdn.), Halle 1742–1745 (repr. Hildesheim/New York 1995 [= Ges. Werke I/23.1–I/23.5]); Jus gentium, methodo scientifica pertractatum [...], Halle 1749 (repr. Hildesheim/New York 1972 [= Ges. Werke II/25]), Frankfurt/Leipzig ^{2}1764 (repr. Oxford, London 1934) (engl. Ius gentium [...]. The Translation, Oxford, London 1934 [repr. New York 1964]); Institutiones iuris naturae et gentium, in quibus ex ipsa hominis natura continuo nexu omnes obligationes et jura omnia deducuntur, Halle 1750 (repr. Hildesheim 1969 [= Werke II/26]), ^{4}1774 (dt. Grundsätze des Natur- und Völkerrechts [...], Halle 1754 [repr. Königstein 1980]; franz. Institutiones iuris naturae et gentium [...], Leiden 1772); Philosophia moralis sive ethica, I–V, Halle 1750–1753 (repr. Hildesheim/New York 1970–1973, 2006 [= Ges. Werke II/12–II/16]); Grundsätze des Natur- und Völkerrechts, Halle 1754 (repr. Königstein, Hildesheim/New York 1980 [= Ges. Werke I/19]), ^{2}1769; Oeconomica. Methodo scientifica pertractata, I–II, Halle 1754/1755 (repr. Hildesheim/New York 1972 [= Ges. Werke II/27–II/28]); Meletemata mathematico-philosophica, Halle 1755 (repr. Hildesheim/New York 1974, 2003 [= Ges. Werke II/35]); Des weyland Reichs-Freyherrn v. W. übrige theils noch gefundene kleine Schriften und einzelne Betrachtungen zur Verbesserung der Wissenschaften, Halle 1755 (repr. Hildesheim/Zürich/New York 1983 [= Ges. Werke I/22]); Eigene Lebensbeschreibung, mit einer Abhandlung über W. v. H. Wuttke, Leipzig 1841 (repr. in: Biographie, ed. H. W. Arndt, Hildesheim/New York 1980 [= Ges. Werke I/10], Königstein 1982); Kleine Kontroversschriften mit J. Lange und J. F. Budde, Hildesheim/New York 1980 (= Ges. Werke I/17); Schutzschriften gegen Johann Franz Budde, Hildesheim/New York 1980 (= Ges. Werke I/18). – Briefe aus den Jahren 1719 bis 1753. Ein Beitrag zur Geschichte der Kaiserlichen Academie der Wissenschaften zu St. Petersburg, ed. J. E. Hofmann, St. Petersburg 1860 (repr. Hildesheim 1971, 2010 [= Werke I/16]); Briefwechsel zwischen G. W. Leibniz und C. W., ed. C. I. Gerhardt, Halle 1860 (repr. Hildesheim 1963, Hildesheim/New York 1971). – H. P. Delfosse/B. Krämer/E. Reinardt, W.-Index. Stellenindex und Konkordanz zu C. W.s »Deutsche Logik«, Stuttgart-Bad Cannstatt 1987; J. École, Index auctorum et locorum. Scripturae Sacrae [...], Hildesheim/Zürich/New York 1988 (= Ges. Werke III/10); G. Gawlick/L. Kreimendahl, W.-Index. Stellenindex und Konkordanz zu C. W.s »Discursus praeliminaris de philosophia in genere«, Stuttgart-Bad Cannstatt 1999. – Totok V (1986), 40–43.

Literatur: M. Albrecht, Kants Kritik der historischen Erkenntnis – ein Bekenntnis zu W.?, Stud. Leibn. 14 (1982), 1–24; ders., C. W. und der W.ianismus, in: H. Holzhey/V. Mudroch (eds.), Die Philosophie des 18. Jahrhunderts V/1, Basel 2014, 103–236; R. L. Anderson, The Wolffian Paradigm and Its Discontents. Kant's Containment Definition of Analyticity in Historical Context, Arch. Gesch. Philos. 87 (2005), 22–74; H. W. Arndt, Der Möglichkeitsbegriff bei C. W. und Johann Heinrich Lambert, Diss. Göttingen 1959; ders., Methodo scientifica pertractatum. Mos geometricus und Kalkülbegriff in der philosophischen Theorienbildung des 17. und 18. Jahrhunderts, Berlin/New York 1971, 69–97 (Kap. III Zur Auffassung des ›Mos Geometricus‹ und der ›Mathesis Universalis‹ in der zweiten Hälfte des 17. Jahrhunderts); ders. (ed.), C. W.. Biographie, Hildesheim/New York 1980 (= C. W., Ges. Werke I/10); J. G. Backhaus (ed.), C. W. and Law & Economics. The Heilbronn Symposium, Hildesheim/Zürich/New York 1998 (= C. W., Ges. Werke III/45); L. W. Beck, Early German Philosophy. Kant and His Predecessors, Cambridge Mass. 1969 (repr. Bristol 1996), 256–275; A. Bissinger, Die Struktur der Gotteserkenntnis. Studien zur Philosophie C. W.s, Bonn 1970; R. J. Blackwell, C. W.'s Doctrine of the Soul, J. Hist. Ideas 22 (1961), 339–354; J. V. Burns, Dynamism in the Cosmology of C. W.. A Study in Pre-Critical Rationalism, New York 1966; M. Büttner, Zum Gegenüber von Naturwissenschaft (insbesondere Geographie) und Theologie im 18. Jahrhundert. Der Kampf um die Providentiallehre innerhalb des W.schen Streites, Philos. Nat. 14 (1973), 95–123; M. Campo, C. W. e il razionalismo precritico, I–II, Mailand 1939 (repr. in 1 Bd., Hildesheim/New York 1980 [= C. W., Werke III/9]); S. Carboncini/L. Cataldi Madonna (eds.), Nuovi studi sul pensiero di C. W., Il cannocchiale (1989), H. 2/3, Nachdr. Hildesheim/New York 1992 (= C. W., Ges. Werke III/31); E. Cassirer, Die Philosophie der Aufklärung, Tübingen 1932, Hamburg 2007; L. Cataldi Madonna, Wahrscheinlichkeit und wahrscheinliches Wissen in der Philosophie von C. W., Stud. Leibn. 19 (1987), 2–40 (repr. in: ders., C. W. und das System des klassischen Rationalismus [s. u.], 83–121); ders., C. W. und das System des klassischen Rationalismus. Die ›philosophia experimentalis universalis‹/C. W. e il sistema del razionalismo classico/ [...], Hildesheim/Zürich/New York 2001 (= C. W., Ges. Werke III/62); ders. (ed.), Macht und Bescheidenheit der Vernunft. Beiträge zur Philosophie C. W.s. Gedenkband für Hans Werner Arndt, Hildesheim/Zürich/New York 2005 (= C. W., Ges. Werke III/98); F. C. Copleston, A History of Philosophy VI (W. to Kant), London 1960, unter dem Titel: A History of Philosophy VI (The Enlightenment. Voltaire to Kant), London/New York 2003, 2011, bes. 101–120; C. A. Corr, C. W.'s Treatment of Scientific Discovery, J. Hist. Philos. 10 (1972), 323–334; ders., C. W. and Leibniz, J. Hist. Ideas 36 (1975), 241–262; ders., The Deutsche Metaphysik of C. W.. Text and Transitions, in: L. J. Thro (ed.), History of Philosophy in the Making, Washington D. C. 1982, 149–164; ders., W., REP IX (1998), 776–786; D. Döring, Die Philosophie Gottfried Wilhelm Leibniz' und die Leipziger Aufklärung in der ersten Hälfte des 18. Jahrhunderts, Stuttgart/Leipzig 1999 (Abh. Sächsischen Akad. Wiss. Leipzig, philol.-hist. Kl. 75, 4); W. Drechsler, C. W. (1679–1754). A Biographical Essay, European J. of Law and Economics 4 (1997), 111–128; K. Dunlop, Mathematical Method and Newtonian Science in the Philosophy of C. W., Stud. Hist. Philos. Sci. A 44 (2013), 457–469; J. École, En quels sens peut-on dire que W. est rationaliste?, Stud. Leibn. 11 (1979), 45–61 (repr. in: C. W., Ges. Werke III/11, 144–160); ders., Les rapports de la raison et de la foi selon C. W., Stud. Leibn. 15 (1983), 205–214 (repr. in: C. W., Ges. Werke III/11, 229–238); ders., La métaphysique de C. W., I–II, Hildesheim/Zürich/New York 1990 (= C. W., Ges. Werke III/12.1–III/12.2); H. D. Engelkemper, Recht und Staat bei C. W., Diss. Würzburg 1966; H.-J. Engfer, Philosophie als Analysis. Studien zur Entwicklung philosophischer Analysiskonzeptionen unter dem Einfluß mathematischer Methodenmodelle im 17. und frühen 18. Jahrhundert, Stuttgart-Bad Cannstatt 1982, 219–263; F. Fabbianelli/J.-F. Goubet/O.-P. Rudolph (eds.), Zwischen Grundsätzen und Gegenständen. Untersuchungen zur Ontologie C. W.s, Hildesheim/Zürich/New York 2011 (= C. W., Ges. Werke III/133); T. Frängsmyr, C. W.'s Mathematical Method and Its Impact on the Eighteenth Century, J. Hist. Ideas 36 (1975), 653–668; H.-M. Gerlach (ed.), C. W. – seine Schule und seine Gegner, Hamburg 2001; J. I. Gómez Tutor, Die wissenschaftliche Methode bei C. W., Hildesheim/Zürich/New York 2004 (= C. W., Ges. Werke III/90); J. J. E. Gracia, C. W. on Individuation, Hist. Philos. Quart. 10 (1993), 147–164, erw. in: K. F. Barber/J. J. E. Gracia (eds.), Individuation and Identity in Early Modern Philosophy, Albany N. Y. 1994, 219–243; M. Hettche, W., SEP 2006, rev. 2014; C. Knüfer, Grundzüge einer Geschichte des Begriffs ›Vorstellung‹ von W. bis Kant. Ein Beitrag zur Geschichte der philosophischen Terminologie, Halle 1911 (repr. Hildesheim/New York 1975); P. Kobau, Essere qualcosa. Ontologia e psicologia in W., Turin 2004; M. Kuehn, The W.ian Background of Kant's Transcendental Deduction, in: P. A. Easton (ed.), Logic and the Workings of the Mind. The Logic of Ideas and Faculty Psychology in Early Modern Philosophy, Atascadero Calif. 1997, 229–250; W. Lenders, Die analytische Begriffs- und Urteilstheorie von G. W. Leibniz und C. W., Hildesheim/New York 1971; ders., The Analytic Logic of G. W. Leibniz and C. W.. A Problem in Kant Research, Synthese 23 (1971), 147–153; H. Lüthje, C. W.s Philosophiebegriff, Kant-St. 30 (1925), 39–66; R. L. Marcolungo (ed.), C. W. tra psicologia empirica e psicologia razionale. Atti del seminario internazionale di studi, Verona, 13–14 maggio 2005, Hildesheim/Zürich/New York 2007 (= C. W., Ges. Werke III/106); J. C. Morrison, C. W.'s Criticism of Spinoza, J. Hist. Philos. 31 (1993), 405–420; J.-P. Paccioni, Cet esprit de profondeur. C. W., l'ontologie et la métaphysique, Paris 2006; M. Paolinelli, Metodo matematico e ontologia in C. W., Riv. filos. neo-scolastica 66 (1974), 3–39; C. A. van Peursen, C. W.'s Philosophy of Contingent Reality, J. Hist. Philos. 25 (1987), 69–82; P. Pimpinella. W. e Baumgarten. Studi di terminologia filosofica, Florenz 2005; P. Piur, Studien zur sprachlichen Würdigung C. W.s. Ein Beitrag zur Geschichte der Neuhochdeutschen Sprache, Halle 1903 (repr. Hildesheim 1973); H. Poser, W., TRE XXVI (2004), 277–281; O.-P. Rudolph/J.-F. Goubet (eds.), Die Psychologie C. W.s. Systematische und historische Untersuchungen, Tübingen 2004; B. Sassen, 18th Century German Philosophy Prior to Kant, SEP 2002, rev. 2014; C. Schildknecht, Philosophische Masken. Studien zur literarischen Form der Philosophie bei Platon, Descartes, W. und Lichtenberg, Stuttgart 1990, 85–122 (Kap. III W. oder Die Lehrbuchform der Philosophie); C. Schmitt, W., BBKL XIII (1998), 1509–1527; W. Schneiders, Leibniz – Thomasius – W.. Die Anfänge der Aufklärung in Deutschland, in: Akten des II. Int. Leibniz-Kongresses Hannover, 17.–22. Juli 1972, I, Wiesbaden 1973 (Stud. Leibn. Suppl. XII), 105–121; ders. (ed.), C. W. 1679–1754. Interpretationen zu seiner Philosophie und deren Wirkung [...], Hamburg 1983, ^{2}1986; W. Schrader, W., ADB XLIV (1898), 12–28; W. A. Schulze, C. W.s Marburger Lehrtätigkeit, Z. philos. Forsch. 22 (1968), 458–459; C. Schwaiger, Das Problem des Glücks im Denken C. W.s. Eine quellen-, begriffs- und entwicklungsgeschichtliche Studie zu Schlüsselbegriffen seiner Ethik, Stuttgart-Bad Cannstatt 1995; S. Sommerhoff-Benner, C. W. als Mathematiker und Universitätslehrer des 18. Jahrhunderts, Aachen 2002; M. Stan, Newton and W.. The Leibnizian Reaction to the »Principia«, 1716–1763, South. J. Philos. 50 (2012), 459–481; D. Sutherland, Philosophy, Geometry, and Logic in Leibniz, W., and the Early Kant, in: M. Domski/M. Dickson (eds.), Discourse on a New Method. Reinvigorating the Marriage of History and Philosophy of Science, Chicago Ill./La Salle Ill. 2010, 155–192; R. Theis, De W. à Kant. Études/Von W. zu Kant. Studien, Hildesheim/Zürich/New York 2013 (= C. W., Ges. Werke III/139); M. Thomann, C. W. et son temps (1679–1754). Aspects des sa pensée morale et juridique, I–II, Diss. Straßburg 1963; ders., C. W., in: M. Stolleis (ed.), Staatsdenker im 17. und 18. Jahrhundert. Reichspublizistik, Politik, Naturrecht, Frankfurt 1977, 248–271, erw. ^{2}1987, unter dem Titel: Staatsdenker in der frühen Neuzeit, München ^{3}1995, 257–283; G. Tonelli, Der Streit um die mathematische Methode in der Philosophie in der ersten Hälfte des 18. Jahrhunderts und die Entstehung von Kants Schrift über die ›Deutlichkeit‹, Arch. Philos. 9 (1959), 37–66; H. Van den Berg, W. and Kant on Scientific Demonstration and Mechanical Explanation, Arch. Gesch. Philos. 95 (2013), 178–205; M. Wundt, Die deutsche Schulphilosophie im Zeitalter der Aufklärung, Tübingen 1945 (repr. Hildesheim 1964, 1992); S. E. Wunner, C. W. und die Epoche des Naturrechts, Hamburg 1968; G. Zingari, Die Philosophie von Leibniz und die »Deutsche Logik« von C. W., Stud. Leibn. 12 (1980), 265–278. – Sonderhefte: Arch. philos. 65 (2002), H. 1 (W. et la Métaphysique); Rev. synt. 6. sér. 128 (2007), H. 3/4 (Leibniz, W. et les monades. Science et métaphysique); Aufklärung 23 (2011) (Thema: Die natürliche Theologie bei C. W.). C. S.

Wollheim, Richard Arthur, *5. Mai 1923 in London, †4. November 2003 in London, engl. Philosoph. Nach dem Studium der Geschichte, Philosophie, Politik- und Wirtschaftswissenschaften 1941–1942 und 1945–1948, unterbrochen von der Teilnahme am 2. Weltkrieg, an der Westminster School, London, und am Balliol College, Oxford, lehrte W. ab 1949 am University College, London, wo er 1963 – 1982 die Grote Professur of Philosophy of Mind and Logic innehatte, ab 1982 vorwiegend an amerikanischen Universitäten, zuletzt 1985 – 2003 an der University of California in Berkeley. – W.s Interesse galt vor allem den Theorien S. Freuds und M. Kleins. Begriffe der ↑Psychoanalyse, z. B. ›Projektion‹ (↑Projektion (psychoanalytisch und sozialpsychologisch)), und der Wahrnehmungspsychologie fanden Eingang in seine interpretatorischen Bemühungen zur Kunst, vor allem der Malerei. Durch eine psychologisch erweiterte Vorstellung des menschlichen Geistes suchte W. den vorherrschenden ↑Kognitivismus zu überwinden und revolutionierte so die analytische Ästhetik. Angeregt durch L. Wittgensteins Überlegungen zum Aspektsehen unterscheidet W. zwischen ›Bild als Fläche‹ und ›Bild als Repräsentation‹. Heute knüpft die wahrnehmungstheoretisch orientierte Bildtheorie an W.s

Untersuchungen zum Sehen-In an, nach der die Bildwahrnehmung in einer einzigen Erfahrung zwei Momente enthält: die Wahrnehmung des Mediums einer Darstellung (Bild als Fläche) und die Wahrnehmung des Objekts einer Darstellung in einem Medium (Bild als Repräsentation).

Werke: F. H. Bradley, Harmondsworth 1959, ^{2}1969; Socialism and Culture, London 1961, 1969 (Fabian Tract 331); Minimal Art, Arts Magazine Jan. 1965, 26–32, ferner in: On Art and the Mind [s.u.], 101–111 (franz. L'art minimal, Retour d'y voir [2010], H. 3/4, 235–244); On Drawing an Object, London 1965, ferner in: H. Osborne (ed.), Aesthetics, London etc. 1972, 1979, 121–144, ferner in: R. W., On Art and the Mind [s.u.], 3–30; Art and Its Objects. An Introduction to Aesthetics, New York 1968, mit Untertitel: With 6 Supplementary Essays, Cambridge etc. ^{2}1980, 1996 (dt. Objekte der Kunst, Frankfurt 1982, 2008; franz. L'art et ses objets, Paris 1994); Sigmund Freud, New York 1971, unter dem Titel: Freud, London ^{2}1991 (dt. Sigmund Freud, München 1972); On Art and the Mind. Essays and Lectures, London 1973, ohne Untertitel, Cambridge Mass. 1974, 1983; (ed.) Freud. A Collection of Critical Essays, Garden City N. Y. 1974, unter dem Titel: Philosophers on Freud. New Evaluations, New York 1977; The Thread of Life. The William James Lectures, Cambridge Mass./London 1984, 1986, New Haven Conn./London 1999; Painting as an Art, London 1987, 1998; (ed., mit J. Hopkins) Philosophical Essays on Freud, Cambridge etc. 1988; The Mind and Its Depths, Cambridge Mass./London 1993, 1994; On the Emotions, New Haven Conn./London 1999 (dt. Emotionen. Eine Philosophie der Gefühle, München 2001); On Aesthetics. A Review and some Revisions, Literature & Aesthetics 11 (2001), 7–29; Germs. A Memoir of Childhood, London 2004.

Literatur: D. Carrier, W., in: M. Kelly (ed.), Encyclopedia of Aesthetics IV, Oxford/New York 1998, 476–478; N. Carroll, Art Interpretation. The 2010 R. W. Memorial Lecture, Brit. J. Aesthetics 51 (2011), 117–135; S. Gardner, R. W.s Ästhetik, Dt. Z. Philos. 54 (2006), 733–742; R. v. Gerven (ed.), R. W. on the Art of Painting. Art as Representation and Expression, Cambridge etc. 2001; J. Hopkins/A. Savile (eds.), Psychoanalysis, Mind and Art. Perspectives on R. W., Oxford/Cambridge Mass. 1992; R. Hopkins, Picture, Image and Experience. A Philosophical Inquiry, Cambridge 1998; J. Lear, Das körperliche Ich. Zum Gedenken an R. W., Dt. Z. Philos. 54 (2006), 743–750; D. Matravers, R. W. (1923–2003), in: D. Costello/J. Vickery (eds.), Art: Key Contemporary Thinkers, Oxford/New York 2007, 140–143; F. Schier, Deeper into Pictures. An Essay on Pictorial Representation, Cambridge etc. 1986, 1989. B. P.

Wort (lat. verbum, engl. word, franz. mot), abgesehen von metonymischer Verwendung im Sinne von ›Ausspruch‹ oder ›Rede‹ (z. B. W. Gottes), bei der ›W.‹ für ganze Sätze oder Satzzusammenhänge (Plural: Worte) eintreten kann und dabei in geeigneten Kontexten auch vom gegenstandskonstituierenden statt nur gegenstandsbeschreibenden Charakter von ↑Artikulationen (↑Sprachhandlung) Gebrauch macht, ist ›W.‹ (Plural: Wörter) Bezeichnung für eine grammatisch nur in bezug auf bestimmte natürliche Sprachen (↑Sprache, natürliche), nicht jedoch einheitlich allgemein charakterisierbare sprachliche Einheit. Dies ist am Problem, ob z. B. Wörter und W.formen (d. h. lexikalisches und grammatisches W.), z. B. ›tragen‹ und ›trägt‹, oder obligatorische W.verbindungen, z. B. ›weder-noch‹, als Einheiten oder voneinander getrennt behandelt werden sollen, ablesbar, ebenso an den Schwierigkeiten, die mit der morphologischen Unterscheidung in einfache, abgeleitete und zusammengesetzte Wörter bzw. mit der semantischen Unterscheidung in Autosemantika (↑autosemantisch) und Synsemantika (↑synsemantisch) verbunden sind. Ein W. in diesem Sinne erscheint grundsätzlich als Eintrag in einem ↑Lexikon und wird in modernen Grammatiktheorien im unzusammengesetzten Fall als ↑›Lexem‹ bezeichnet. Die Gliederung der Wörter in *Wortarten* – von den *Redeteilen* (*μέρη λόγου*, partes orationis), also der Funktion eines W.es im ↑Satz, zunächst nicht klar unterschieden (weshalb es auch keinen Terminus für W. im Griechischen gibt) – ist hingegen so alt wie die Beschäftigung mit ↑Grammatik selbst. So unterscheidet Dionysios Thrax in der ersten überlieferten Grammatik unserer Tradition acht W.arten: Nomen, Verbum, Partizip, Artikel, Pronomen, Präposition, Adverb und Konjunktion. Diese Einteilung ist im Laufe der Geschichte zwar immer wieder abgeändert worden, in ihren Grundzügen jedoch bis heute Grundlage von Grammatiktheorien, etwa bei der Zerlegung eines Satzes in Nominalphrase und Verbalphrase.

In logischer Analyse (↑Analyse, logische) ist ein W. ein im *signifikativen* Aspekt vollständiger sprachlicher Ausdruck im Unterschied zum Satz als einem im *kommunikativen* Aspekt vollständigen sprachlichen Ausdruck. Die einfachsten derart vollständigen sprachlichen Ausdrücke sind in logischer Rekonstruktion die ↑Artikulatoren, die als Bestandteil einer ↑Sprachhandlung sowohl W.rolle (Artikulation) als auch Satzrolle (↑Prädikation) übernehmen können. Ein W. gehört primär der Ebene der langue (↑Sprachsystem) an, ist also ein ↑Schema, dessen Aktualisierung in der Rede, also der parole im Sinne F. de Saussures, primär durch seinen Beitrag zu einem Satz gekennzeichnet ist. Es ist strittig, ob es neben einer Referenzsemantik (↑Semantik) von W.en auch noch eine eigenständige Referenzsemantik von Sätzen bzw. Texten geben muß, wird doch mit Sätzen etwas (aus-)gesagt und nicht benannt. Die Entscheidung darüber hängt unter anderem davon ab, ob eingebettete Sätze, z. B. ›ich kann ihm helfen‹ in ›ich glaube, daß ich ihm helfen kann‹, obwohl sie ihre aussagende Kraft, wie L. Wittgenstein im »Tractatus« gegen G. Frege betont, verloren haben, noch als Sätze oder vielmehr als (zusammengesetzte) W.e im logischen Sinne zu gelten haben, wie es von der semantisch äquivalenten Fassung des Beispielsatzes, nämlich ›ich glaube, ihm helfen zu können‹, nahegelegt wird. Die klassische, auch in der indischen Logik (↑Logik, indische) erörterte Streitfrage, ob das W. oder der Satz in einer ↑Sprache methodischen

Primat hat, ist jedenfalls auf Grund der eigentlich schon seit Platon (Krat. 388b) bekannten Doppelrolle der ↑›Namen‹, nämlich Gegenstände zu unterscheiden (διακρίνειν τὰ πράγματα; Wortrolle) und einander zu verständigen (διδάσκειν τι ἀλλήλους; Satzrolle), also etwas über etwas zu sagen, gegenstandslos geworden.

Literatur: G. Andrieu, Au-delà des mots, Paris 2012; R. Brown, Words and Things, New York 1958, 1968; R. Coates, Word Structure, London/New York 1999; H. G. Davis, Words - An Integrational Approach, Richmond Va. 2001; G. Ebbs, Truth and Words, Oxford etc. 2009, 2011; K. O. Erdmann, Die Bedeutung des W.es, Leipzig 1900, [4]1925 (repr. Darmstadt 1966); B. Fradin (ed.), Mot et grammaires, Paris 1997; L. Gasparri/D. Marconi, Word Meaning, SEP 2015; G. Helbig (ed.), Beiträge zur Klassifizierung der W.arten, Leipzig 1977; C.-P. Herbermann, W., Basis, Lexem und die Grenze zwischen Lexikon und Grammatik. Eine Untersuchung am Beispiel der Bildung komplexer Substantive, München 1981; E. Klein/S. J. Schierholz (eds.), Betrachtungen zum W.. Lexik im Spannungsfeld von Syntax, Semantik und Pragmatik, Tübingen 1998; C. Knobloch/B. Schaeder (eds.), W.arten und Grammatikalisierung. Perspektiven in System und Erwerb, Berlin/New York 2005; S. Meier-Oeser/J. Ringleben, W., Hist. Wb. Ph. XII (2004), 1023–1036; H. Newell u. a. (eds.), The Structure of Words at the Interfaces, Oxford etc. 2017; B. Schaeder/C. Knobloch (eds.), W.arten. Beiträge zur Geschichte eines grammatischen Problems, Tübingen 1992; J. R. Taylor (ed.), The Oxford Handbook of the Word, Oxford etc. 2015; J.-M. Zemb/B. K. Matilal, La controverse sur la primauté du mot ou de la phrase/ The Dispute on the Primacy of Word or Sentence, HSK VII/2 (1996), 900–916. K. L.

Wortgebrauch, im Rahmen der im Linguistischen Phänomenalismus (↑Phänomenalismus, linguistischer) vertretenen Gebrauchstheorie der Bedeutung Bezeichnung für den jeweils auf ein ↑Wort und seinen Kontext bezogenen ↑Sprachgebrauch. Allgemein verweist ›W.‹ darauf, daß sprachliche Ausdrücke, insbes. ↑Artikulatoren, in ihrer signifikativen Rolle, nämlich als Wörter, ebenso wie in ihrer kommunikativen Rolle als Sätze, nur als Bestandteil einer ↑Sprachhandlung diese Rolle spielen können (↑Artikulation, ↑Ostension, ↑Prädikation). Mit W.sregeln, speziell einer ↑Prädikatorenregel, kann ein W. durch Abgrenzung von anderen W.sarten terminologisch stabilisiert werden (↑Terminologie). K. L.

Wortstreit (Logomachie), Bezeichnung für einen Streit, der nicht die Sache, sondern das ↑Wort, also den sprachlichen Ausdruck betrifft. W.igkeiten treten zunächst dadurch auf, daß in einem Sachdisput von unterschiedlichen Parteien dasselbe Wort in unterschiedlichen Bedeutungen verwendet wird, ohne daß dies den Teilnehmern am Disput bewußt ist. Dabei kann jede Partei das Wort durchaus in genau bestimmter Weise verwenden. Es liegt dann ↑Ambiguität des Sprachgebrauchs ohne ↑Vagheit vor. Meist ist jedoch Vagheit die Ursache für Ambiguität, indem von verschiedenen *Kernbedeutungen* innerhalb eines Bedeutungsspektrums ausgegangen wird. Die Sachaussage, um deren ↑Wahrheit in einem solchen Disput gestritten wird, ist dann gar nicht dieselbe Aussage. Es liegt ein verbales Mißverständnis vor, das dadurch ausgeräumt werden kann, daß die Beteiligten ihren jeweiligen Sprachgebrauch in Worterläuterungen oder ↑Definitionen explizit machen. Eine solche Klärung kann dann zu einem Konsens in den Sachaussagen führen; zumindest legt sie den eigentlichen sachlichen Dissens offen, mit dessen Diskussion dann fortzufahren ist. In einem spezifischen Sinne bezeichnet ›W.‹ nicht allein verbale Mißverständnisse, sondern drückt den Vorwurf aus, man streite über Worte *ohne* Sachbezug. Das bedeutet, daß der Sachbezug nicht lediglich sprachlich verstellt ist, sondern überhaupt fehlt. Man streitet dann nicht ›bloß um Worte‹, sondern geradezu ›um bloße Worte‹.

Der Streit *um* Worte wird seit Platons Auseinandersetzung mit den Sophisten (↑Sophistik) mit dem Streit *in* Worten, der Redekunst, in Verbindung gebracht (vgl. Platon, Euthyd. 305a4, Gorg. 489b–e). Der Vorwurf des W.es dient dabei allgemein als Kritik an der rhetorischen Tradition (↑Rhetorik) in der Philosophie. Er wird aber auch der logisch-scholastischen Tradition (↑Scholastik) mit ihrem Bemühen um subtile Unterscheidungen angelastet, in denen es nicht auf Wahrheit ankomme, sondern auf das letzte Wort im Disput (vgl. J. Locke, An Essay Concerning Human Understanding [1689] III 10, §§ 6–13, ed. J. W. Yolton, I–II, New York/London [2]1964, II, 92–95). Eine moderatere Auffassung vertritt C. Wolff. Der W. beim ›Disputieren‹ lasse sich gerade vermeiden, wenn man der logischen Forderung nach ›deutlichen Begriffen‹ (↑klar und deutlich) nachkomme (Vernünftige Gedanken von den Kräften des menschlichen Verstandes [...], Ges. Werke I/1, ed. H. W. Arndt, Hildesheim 1965, 155, 237–238, 242; vgl. Philosophia rationalis sive logica, pars III, Ges. Werke II/1.3, ed. J. École, Hildesheim etc. 1983, 739).

Klassischen Ausdruck hat die antischolastische Kritik in den Worten Mephistos gefunden, daß sich mit Worten ›trefflich streiten‹ lasse (J. W. v. Goethe, Faust I, Vers 1997). In neuerer Zeit hat K. R. Popper pauschal gegen die sprachanalytische Philosophie (↑Philosophie, analytische) den Vorwurf erhoben, daß sie echte Probleme zugunsten von W.igkeiten vernachlässige (Unended Quest. An Intellectual Autobiography, Glasgow 1976, 19 [dt. Ausgangspunkte. Meine intellektuelle Entwicklung, Hamburg 1979, 1994, 21]).

Geht man von einer ↑transzendentalen Rolle der ↑Sprache für die Erkenntnis aus, indem man einen sprachfreien Zugang zur Erkenntnis und zur Wirklichkeit bestreitet, ist der W. differenzierter zu beurteilen. Prinzipiell kann er auch nach dieser Auffassung auf einem sprachlichen Mißverständnis beruhen, das sich durch einen Rekurs auf die gemeinte Bedeutung ausräumen läßt. Er kann aber auch ein Indiz dafür sein, daß die streitenden Parteien die Welt unterschiedlich gliedern wollen und das Festhalten an bestimmten Wörtern ein Interesse an bestimmten ↑Unterscheidungen zum Ausdruck bringt. Dies ist der Grund, warum in kategorialen Diskursen um den *angemessenen* sprachlichen Ausdruck oder die Berechtigung seiner Verwendung gestritten wird. W.igkeiten treten insbes. dann auf, wenn die Wörter neben ihrer deskriptiven Bedeutung auch eine emotive (↑Emotivismus) Bedeutung haben, so daß man sie dem Gegner wegen des konnotativen Potentials (↑Konnotation) nicht zugeben mag, sondern für die eigene Position reklamiert. Dies ist vor allem bei ↑persuasiven ↑Definitionen in politischen Auseinandersetzungen der Fall (vgl. z.B. den Streit um Ausdrücke wie ›rechts‹, ›links‹ und ›neue Mitte‹).

Literatur: B. Badura, Sprachbarrieren. Zur Soziologie der Kommunikation, Stuttgart-Bad Cannstatt 1971, [2]1973; W. Dieckmann, Sprache in der Politik. Einführung in die Pragmatik und Semantik der politischen Sprache, Heidelberg 1969, [2]1975 (mit einem Literaturbericht, 133–140); G. Gabriel, Definitionen und Interessen. Über die praktischen Grundlagen der Definitionslehre, Stuttgart-Bad Cannstatt 1972; ders., W., Hist. Wb. Ph. XII (2004), 1050–1052; W. B. Gallie, Essentially Contested Concepts, Proc. Arist. Soc. 56 (1955/56), 167–198, Nachdr. in: M. Black (ed.), The Importance of Language, Englewood Cliffs N. J. 1962, Ithaca N. Y. 1976, 121–146; H. Lübbe, Der Streit um Worte. Sprache und Politik, Bochum 1967 (Bochumer Universitätsreden III); C. Mayer, Öffentlicher Sprachgebrauch und Political Correctness. Eine Analyse sprachreflexiver Argumente im politischen W., Hamburg 2002; G. Stötzel, Semantische Kämpfe im öffentlichen Sprachgebrauch, in: G. Stickel (ed.), Deutsche Gegenwartssprache. Tendenzen und Perspektiven, Berlin/New York 1990, 45–65. G. G.

Wren, Christopher, *East Knoyle (Wiltshire) 20. Okt. 1632, †London 25. Febr. 1723, engl. Mathematiker, Gründungsmitglied (1680–1682 Präsident) der Royal Society und maßgeblicher Gestalter des Übergangs vom Klassizismus zum Barock in der englischen Architektur. Nach Studium der Naturwissenschaften in Oxford (Wadham College, 1650–1653), 1653–1657 Fellow im All Souls College ebendort; 1657 Prof. für Astronomie im Gresham College, ab 1661 (mit der Restauration der Monarchie) in Oxford. W.s Beiträge in den Bereichen Astronomie, Anatomie, mikroskopische Forschung und Instrumentenbau, Physik und Mathematik wurden von ihm selbst nicht veröffentlicht, aber von anderen Autoren dargestellt oder in deren Werke aufgenommen. Nach 1662 beschäftigte sich W. zunehmend mit Architektur.

In seiner einzigen empirisch-wissenschaftlichen Publikation (1668/9) legt W. (gleichzeitig mit C. Huygens) die ersten empirisch gültigen ↑Stoßgesetze vor. Er betrachtet zwei sich stoßende Körper, die sich entlang der beiden Arme eines Hebels bewegen, der sich im Gleichgewicht befindet und dessen Drehpunkt im Schwerpunkt des Systems liegt. In diesem Falle sind die Geschwindigkeiten der Körper umgekehrt proportional zu ihren Gewichten. Nach W. besitzen dann die Körper die ihnen ›eigentümlichen Geschwindigkeiten‹, die sie auch nach dem Stoß (in umgekehrter Richtung) behalten. Alle anderen Fälle führt W. auf diesen Fall zurück. In der Betrachtungsweise der klassischen ↑Mechanik wird W.s Erhaltung der eigentümlichen Geschwindigkeit dadurch ausgedrückt, daß im Schwerpunktsystem die ↑Impulse stoßender Körper vor und nach dem Stoß jeweils entgegengesetzt gleich sind.

Nach dem Großbrand, der 1666 London zerstörte, wurde W. maßgeblich an den Planungen zum Wiederaufbau der Stadt beteiligt. Er übernahm die Bauleitung für den Wiederaufbau der bei dem Brand zerstörten Kathedrale St. Paul's sowie für mehr als 50 andere Kirchen in London und Umgebung. Der Großteil dieser (jetzt protestantischen) Kirchen mußte auf den Bauplätzen oder Grundmauern der alten katholischen, meist gotischen Kirchen errichtet werden. Das prinzipielle Problem, das W. immer wieder empirisch-pragmatisch zu lösen suchte, war das einer protestantischen Raumgestaltung unter katholischen Ausgangsbedingungen: In einer reformierten Gemeindekirche, so W., müßten alle den Gottesdienst klar sehen und hören können, nicht bloß »das Murmeln der Messe hören und die Erhebung der Hostie sehen« (C. Wren Jr. 1750, 320).

Werke: The W. Society, I–XX, Oxford 1924–1943; Oratio Inauguralis [1657], in: J. Ward, The Lives of the Professors of Gresham College [...], London 1740 (repr. New York 1967), Appendix 8, 29–37; Lex naturae de collisione corporum, Philos. Transact. Royal Soc. 3 (1668/9), 867–868; The Description of an Instrument Invented Divers Years Ago by Dr. C. W., for Drawing the Out-Lines of any Object in Perspective, Philos. Transact. Royal Soc. 4 (1669), 898–899; Generatio corporis cylindroidis hyperbolici, elaborandis lentibus hyperbolicis accommodati, Philos. Transact. Royal Soc. 4 (1669), 961–962; A Description of Dr. C. W.'s Engin, Designed for Grinding Hyperbolic Glasses, Philos. Transact. Royal Soc. 4 (1669), 1059–1060; A Letter [on Finding a Straight Line Equal to that of a Cycloid and to the Parts Thereof], Philos. Transact. Royal Soc. 8 (1673), 6150; W.'s »Tracts« on Architecture and other Writings, ed. L. M. Soo, Cambridge 1998; The Architectural Drawings of Sir C. W. at All Souls College, Oxford. A Complete Catalogue, ed. A. Geraghty, Aldershot 2007.

Literatur: J. A. Bennett, The Mathematical Science of C. W., Cambridge etc. 1982, 2002; V. Fürst, The Architecture of Sir C. W., London 1956; J. Hamel, W., in: D. Hoffmann/H. Laitko/S. Müller-Wille (eds.), Lexikon der bedeutenden Naturwissenschaftler III, Heidelberg/Berlin 2004, 478–479; C. E. Hauer, C. W. and the Many Sides of Genius. Proceedings of a C. W. Symposium, Lewiston N. Y. 1997; M. Hunter, The Making of C. W., London J. 16 (1991), 101–116, ferner in: C. E. Hauer (ed.), C. W. and the Many Sides of Genius [s. o.], 129–156; L. Jardine, On a Grander Scale. The Outstanding Career of Sir C. W., London/New York 2002, London 2004; M. Kalmar, Some Collision Theories of the Seventeenth Century. Mathematicism vs. Mathematical Physics, Diss.

Baltimore Md. 1981; B. Little, Sir C. W.. A Historical Biography, London 1975; J. F. Scott, W., DSB XIV (1976), 509–511; J. Summerson, Architecture in Britain 1530–1830, Harmondsworth 1953, New Haven Conn. [9]1993; ders., Sir C. W., London, New York 1953, London 1965; A. Tinniswood, His Invention so Fertile. A Life of C. W., Oxford, London 2001, London 2002; A. Van Helden, C. W.'s De Corpora Saturni, Notes Records Royal Soc. 23 (1968), 213–229; R. S. Westfall, Force in Newton's Physics. The Science of Dynamics in the Seventeenth Century, London, New York 1971; C. Wren Jr., Parentalia. Or Memoirs of the Family of the Wrens, ed. S. Wren, London 1750 (repr. Farnborough 1965). P. M.

Wright, Georg Henrik von, *Helsinki 14. Juni 1916, †Helsinki 16. Juni 2003, finnischer Philosoph und Logiker. Nach Studium (1934–1939) der Philosophie in Helsinki und Cambridge (bei L. Wittgenstein) 1941 Promotion in Helsinki bei E. Kaila, 1943–1946 Dozent und 1946–1961 Prof. für Philosophie ebendort, 1948–1951 auch Prof. für Philosophie in Cambridge, 1956 Shearman Memorial Lecturer in London, 1959–1960 Gifford Lecturer an der University of St. Andrews. Nach Aufgabe seiner Lehrtätigkeit 1961–1986 Forschungsprofessur an der Finnischen Akademie der Wissenschaften, 1963–1965 Präsident der International Union of History and Philosophy of Science, 1965–1977 Andrew D. White Professor-at-Large an der Cornell University, 1968–1977 Kanzler der Åbo Academi University in Åbo/Turku, 1968–1969 Präsident der Finnischen Akademie der Wissenschaften, 1969 Tarner Lecturer am Trinity College in Cambridge, 1972 Woodbridge Lecturer an der University of Columbia, 1975–1978 Präsident des Institut International de Philosophie in Paris, 1978 Nellie Wallace Lecturer an der University of Oxford, 1984 Tanner Lecturer an der Universität Helsinki; Mitherausgeber des Nachlaßwerkes Wittgensteins.

Nach Untersuchungen zur induktiven Logik (↑Logik, induktive) und zur ↑Wahrscheinlichkeitstheorie entwirft v. W. ein inzwischen als klassisch geltendes System der deontischen Logik (↑Logik, deontische) in strikter Analogie zur alethischen ↑Modallogik. In Reaktion auf in diesem System aufgewiesene ↑Paradoxien (↑Priorsche Paradoxie, ↑Rosssche Paradoxie) entwickelt v. W. eine Vielzahl von Varianten solcher Logiken und schlägt unter anderem die Darstellung bedingter Normen unter Verwendung zweistelliger Operatoren (etwa ›$O(p/q)$‹) vor. Die auch für diesen Ansatz leitende Annahme der Analogie von deontischer und alethischer Modallogik wird im folgenden aufgegeben. Später steht v. W. der deontischen Logik insgesamt skeptisch gegenüber. Nach seiner seit Mitte der 1980er Jahre vertretenen ›nihilistischen Konzeption‹ gibt es keine logischen Beziehungen zwischen Normen (↑Norm (handlungstheoretisch, moralphilosophisch), ↑Norm (juristisch, sozialwissenschaftlich)); gewisse Regelmäßigkeiten in den Beziehungen zwischen Normen werden als ›semantische Zufälle‹ charakterisiert, aus denen allerdings Kriterien für eine rationale Normgebung entwickelt werden können (Is and Ought, 1985).

Im Zusammenhang mit der Entwicklung der deontischen Logik stehen v. W.s Beiträge zur ↑Handlungstheorie. Zum einen entwickelt er für die genauere Analyse der ↑Operatoren deontisch-logischer Formeln eine *Handlungslogik*, in der das Ausführen und das Unterlassen von Handlungen als Typen der Veränderung von Weltzuständen konzipiert werden. Zum anderen setzt er sich in kritisch-rekonstruktiver Absicht mit dem Konzept der ↑Intentionalität von Handlungen auseinander. Ausgehend von insbes. durch G. E. M. Anscombe in die handlungstheoretische Diskussion eingebrachten Überlegungen zum ›praktischen Schließen‹ in Form des Aristotelischen so genannten praktischen Syllogismus (↑Syllogismus, praktischer) und inspiriert von L. Wittgensteins Kritik am ↑Mentalismus entwickelt er eine Position, die mit der Abgrenzung von Erklären (↑Erklärung) und ↑Verstehen eine Annäherung an hermeneutische Positionen (↑Hermeneutik) darstellt und zu den meistdiskutierten handlungstheoretischen Konzeptionen der Gegenwart gehört. Im Gegensatz zum kausalistischen Erklärungsmodell der Naturwissenschaften hebt v. W. den zweckhaften (↑Zweck) Charakter menschlichen Tuns hervor und entwickelt auf der Grundlage der Unterscheidung von Tun und Herbeiführen eine ›interventionalistische‹ bzw. ›experimentalistische‹ Auffassung von ↑Kausalität (↑Ursache).

Ausgehend vom Verhalten (↑Verhalten (sich verhalten)) als Grundbegriff wird Handeln (↑Handlung) als dasjenige menschliche Verhalten beschrieben, bei dem innere und äußere Aspekte unterscheidbar sind. Den inneren Aspekt einer Handlung stellt die Intentionalität dar. Demnach sind Handlungen solche Verhaltensweisen, die Gegenstand einer möglichen intentionalen bzw. ›teleologischen‹ (↑Teleologie) Erklärung sein können. Der äußere Aspekt besteht in der Muskeltätigkeit und den damit verbundenen äußeren Ereignissen: den kausalen Antezedentien (↑Antezedens) des Handlungsergebnisses, dem eigentlichen Ergebnis und den später eintretenden ↑Wirkungen oder Folgen. Das Handlungsergebnis ist logisch notwendige Bedingung für die Aussage, daß jemand eine Handlung H vollzogen hat; seine Ermittlung ist folglich eine sprachlogische Angelegenheit.

Weiterhin unterscheidet v. W. zwischen dem Verstehen des Handelns Einzelner und einem auf gesellschaftliches Handeln gerichteten Verstehen 2. Ordnung. Schließlich treten zu den durch die intentionale Tiefenanalyse erfaßten internen Determinanten von Handlungen externe Handlungsdeterminanten hinzu. So kann die Umsetzung von ↑Intentionen durch den ↑normativen Druck, den die Gemeinschaft auf den Einzelnen ausübt, und durch Zeitfaktoren entscheidend beeinflußt werden. Die

Frage nach dem Zusammenspiel von Wünschen, Pflichten, Fähigkeiten und Gelegenheiten führt v. W. zur Auseinandersetzung mit dem Problem der menschlichen ↑Freiheit.

Werke: On Probability, Mind NS 49 (1940), 265–283; The Logical Problem of Induction [Diss. Helsinki 1941], Helsinki 1941 (Acta Philos. Fennica III), Oxford, New York ²1957, Westport Conn. 1979; Georg Christoph Lichtenberg als Philosoph, Theoria 8 (1942), 201–217; Some Principles of Eliminative Induction, Ajatus 15 (1949), 315–328; Deontic Logic, Mind NS 60 (1951), 1–15, Neudr. in: ders., Logical Studies [s. u.], 58–74, ferner in: I. M. Copi/J. A. Gould (eds.), Contemporary Readings in Logical Theory, New York, London 1967, 1970, 303–315 (dt. Deontische Logik, in: ders., Handlung, Norm und Intention [s. u.], 1–17); A Treatise on Induction and Probability, London 1951 (repr. 2000, 2003), Paterson N. J. 1960; An Essay in Modal Logic, Amsterdam 1951 (repr. Ann Arbor Mich. 1970, 1982), 1968; (mit P. T. Geach) On an Extended Logic of Relations, Helsinki 1952 (Soc. Scient. Fennica. Comment. phys.-math. XVI/1); On the Logic of some Axiological and Epistemological Concepts, Ajatus 17 (1952), 213–234; Ludwig Wittgenstein. En biografisk skis, Ajatus 18 (1954), 5–23 (engl. A Biographical Sketch, Philos. Rev. 64 [1955], 527–545, Nachdr., in: N. Malcolm, Ludwig Wittgenstein. A Memoir, London 1958, 1–22, rev. Oxford/New York ²1984, 2001, 1–20; dt. Biographische Skizze, in: N. Malcolm, Ludwig Wittgenstein. Ein Erinnerungsbuch, München/Wien 1958, 7–33, rev. unter dem Titel: L. W.. Eine biographische Skizze, in: N. Malcolm, Erinnerungen an Wittgenstein, Frankfurt 1987, 11–38); Logical Studies, London, New York 1957 (repr. London/New York 2000, 2001), 1967; On the Logic of Negation, Helsinki 1959 (Soc. Scient. Fennica. Comment phys.-math. XXII/4); The Varieties of Goodness, London, New York 1963 (repr. Bristol 1993, 1996), 1972; Norm and Action. A Logical Inquiry, London, New York 1963, 1977 (dt. Norm und Handlung. Eine logische Untersuchung, Königstein 1979, 1984); The Logic of Preference. An Essay, Edinburgh 1963, 1971; Practical Inference, Philos. Rev. 72 (1963), 159–179, ferner in: Philosophical Papers [s. u.] I, 1–17 (dt. Praktisches Schließen, in: ders., Handlung, Norm und Intention [s. u.], 41–60); A New System of Deontic Logic, Danish Year-Book of Philos. 1 (1964), 173–182, Neudr. in: R. Hilpinen (ed.), Deontic Logic. Introductory and Systematic Readings, Dordrecht 1971, 1981, 105–120; The Paradoxes of Confirmation, Theoria 31 (1965), 255–274, rev. in: J. Hintikka/P. Suppes (eds.), Aspects of Inductive Logic, Amsterdam 1966, 208–218, ferner in: Philosophical Papers [s. u.] II, 34–43; The Foundation of Norms and Normative Statements, in: K. Ajdukiewicz (ed.), The Foundation of Statements and Decisions. Proceedings of the International Colloquium on Methodology of Sciences Held in Warsaw, 18–23 September 1961, Warschau 1965, 351–367, ferner in: Philosophical Papers [s. u.] I, 67–82; The Logic of Action. A Sketch, in: N. Rescher (ed.), The Logic of Decision and Action, Pittsburgh Pa. 1967 (repr. Ann Arbor Mich. 1980, 1997), 121–136 (dt. Handlungslogik. Ein Entwurf, in: ders., Handlung, Norm und Intention [s. u.], 83–103); Deontic Logic and the Theory of Conditions, Critica 2 (1968), 3–25, Neudr. in: R. Hilpinen, Deontic Logic [s. o.], 159–177 (dt. Deontische Logik und die Theorie der Bedingungen, in: ders., Handlung, Norm und Intention [s. u.], 19–39); An Essay in Deontic Logic and the General Theory of Action, Amsterdam 1968 (Acta Philos. Fennica XXI), 1972; Time, Change and Contradiction. The Twenty-Second Arthur Stanley Eddington Memorial Lecture Delivered at Cambridge University, 1 November 1968, Cambridge 1969, ferner in: Philosophical Papers [s. u.] II, 115–131; Explanation and Understanding, London, Ithaca N. Y. 1971 (repr. London/New York 2009), Ithaca N. Y./London 2004 (dt. Erklären und Verstehen, Frankfurt 1974, ³1991, Berlin ⁴2000, Hamburg 2008); On So-Called Practical Inference, Acta Sociologica 15 (1972), 39–53, ferner in: J. Raz (ed.), Practical Reasoning, Oxford etc. 1978, 46–62, ferner in: Philosophical Papers [s. u.] I, 18–34 (dt. Über sogenanntes praktisches Schließen, in: ders., Handlung, Norm und Intention [s. u.], 61–81); Causality and Determinism, New York/London 1974 (repr. New York 1995); Handlung, Norm und Intention. Untersuchungen zur deontischen Logik, ed. H. Poser, Berlin/New York 1977; The Origin of Wittgenstein's »Tractatus«, in: C. G. Luckhardt (ed.), Wittgenstein. Sources and Perspectives, Hassocks 1979, 99–137, rev. unter dem Titel: The Origin of the »Tractatus«, in: ders., Wittgenstein [s. u.], 63–109 (dt. Die Entstehung des »Tractatus«, in: ders., Wittgenstein [s. u.], 77–116); The Origin and Composition of Wittgenstein's »Investigation«, in: C. G. Luckhardt (ed.), Wittgenstein [s. o.], 138–160, rev. unter dem Titel: The Origin and Composition of Wittgenstein's »Philosophical Investigations«, in: ders., Wittgenstein [s. u.], 111–136 (dt. Die Entstehung und Gestaltung der »Philosophischen Untersuchungen«, in: ders., Wittgenstein [s. u.], 117–143); Freedom and Determination, Amsterdam 1980 (Acta Philos. Fennica XXXI/1); Wittgenstein, Minneapolis Minn., Oxford 1982 (dt. Wittgenstein, Frankfurt 1986, 1990; franz. W., Mauvezin 1986); On Causal Knowledge, in: C. Ginet/S. Shoemaker (eds.), Knowledge and Mind. Philosophical Essays, New York/Oxford 1983, 50–62, ferner in: Philosophical Papers [s. u.] III, 86–95; Philosophical Papers, I–III (I Practical Reason, II Philosophical Logic, III Truth, Knowledge, and Modality), Oxford 1983–1984, II, Ithaca N. Y. 1984; A Pilgrim's Progress/Voyage d'un pélerin [engl./franz.], in: A. Mercier/M. Svilar (eds.), Philosophes critiques d'eux-mêmes/Philosophers on Their Own Work/Philosophische Selbstbetrachtungen XII, Bern/Frankfurt/New York 1985, 257–294; Probleme des Erklärens und Verstehens von Handlungen, Conceptus 19 (1985), H. 47, 3–19 (franz. Problèmes de l'explication et de la compréhension de l'action, in: M. Neuberg [ed.], Theorie de l'action. Textes majeurs de la philosophie analytique de l'action, Liège 1991, 101–119; engl. Explanation and Understanding of Action, in: G. Holmström-Hintikka/R. Tuomela [eds.], Contemporary Action Theory I, Dordrecht/Boston Mass./London 1997, 1–20); Of Human Freedom, in: S. M. McMurrin (ed.), The Tanner Lectures on Human Values VI, Salt Lake City etc. 1985, 107–170, ferner in: In the Shadow of Descartes [s. u.], 1–44; Is and Ought, in: E. Bulygin/J.-L. Gardies/I. Niiniluoto (eds.), Man, Law and Modern Forms of Life, Dordrecht/Boston Mass./Lancaster 1985, 263–281, ferner in: M. C. Doeser/J. N. Kraay (eds.), Facts and Values. Philosophical Reflections from Western and Non-Western Perspective, Dordrecht/Boston Mass./Lancaster 1986, 31–48, ferner in: S. L. Paulson/B. Litschewski Paulson (eds.), Normativity and Norms. Critical Perspectives on Kelsenian Themes, Oxford etc. 1998, 365–382; Truth, Negation, and Contradiction, Synthese 66 (1986), 3–14; Rationality: Means and Ends, Epistemologia 9 (1986), 57–71; Wissenschaft und Vernunft, Rechtstheorie 18 (1987), 15–33, ferner in: Wissenschaft und Vernunft. Reden anläßlich des Forschungspreises der Alexander von Humboldt-Stiftung für ausländische Geisteswissenschaftler an Professor G. H. v. W. am 26. November 1989 in der Westfälischen Wilhelms-Universität Münster, Münster 1988 (Akademische Reden und Beiträge I), 29–57, unter dem Titel: Rationalität und Vernunft in der Wissenschaft, Universitas 43 (Stuttgart 1988), 931–945; Truth-Logics, Log. anal. 30 (1987), 311–334; Action Logic as a Basis for Deontic Logic, in: G. di Bernardo (ed.), Normative Structures of the Social World, Amsterdam 1988 (Poznań Stud. Philos. Sci. and the Humanities XI), 39–63; Reflections on Psycho-Physical Parallelism, in: L. Hertzberg/J. Pietarinen (eds.), Perspectives on Human Conduct, Leiden etc. 1988, 22–32; Wittgenstein and the Twentieth Century, in: L. Haaparanta/M. Kusch/I. Niiniluoto (eds.), Language, Knowledge, and Intentionality. Perspectives on the Philosophy of Jaakko Hintikka, Helsinki 1990 (Acta Philos. Fennica XLIX), 47–67, ferner in: R. Egidi (ed.), W.. Mind and Language, Dordrecht/Boston Mass./ London 1995, 2010, 1–19; Eino Kaila's Monism, in: I. Niiniluoto/M. Sintonen/G. H. v. W. (eds.), Eino Kaila and Logical Empiricism, Helsinki 1992 (Acta Philos. Fennica LII), 71–91; Analytische Philosophie – eine historisch-kritische Betrachtung, Rechtstheorie 23 (1992), 3–25, ferner in: G. Meggle/U. Wessels (eds.), *ἀναλύωμεν*/Analyomen I (Proceedings of the 1st Conference »Perspectives in Analytical Philosophy«), Berlin/New York 1994, 3–30; Gibt es eine Logik der Normen, in: A. Aarnio u. a. (eds.), Rechtsnorm und Rechtswirklichkeit. Festschrift für Werner Krawietz zum 60. Geburtstag, Berlin 1993, 101–123; The Tree of Knowledge and Other Essays, Leiden/New York/Köln 1993 (dt. [erw.] Erkenntnis als Lebensform. Zeitgenössische Wanderungen eines philosophischen Logikers, Wien/Köln/Weimar 1995); Normen, Werte und Handlungen, Frankfurt 1994; Six Essays in Philosophical Logic, Helsinki 1996 (Acta Philos. Fennica LX); In the Shadow of Descartes. Essays in the Philosophy of Mind, Dordrecht/Boston Mass./London 1998; Mitt liv som jag minns det [Autobiographie], Stockholm 2001. – Bibliographie G. H. v. W., Rechtstheorie 18 (1987), 35–75; R. Vilkko, The G. H. v. W.-Bibliography, Z. allg. Wiss.theorie 36 (2005), 155–210.

Literatur: A. R. Anderson, Comments on v. W.'s »Logic and Ontology of Norms«, in: J. W. Davis/D. J. Hockney/W. K. Wilson (eds.), Philosophical Logic, Dordrecht 1969, 108–113; K.-O. Apel, Die Erklären-Verstehen-Kontroverse in transzendental-pragmatischer Sicht, Frankfurt 1979 (engl. Understanding and Explanation. A Transcendental-Pragmatic Perspective, Cambridge Mass./London 1984; franz. La controverse expliquer-comprendre. Une approche pragmatico-transcendantale, Paris 2000); ders./J. Manninen/R. Tuomela (eds.), Neue Versuche über Erklären und Verstehen, Frankfurt 1978; L. Åqvist, ›Next‹ and ›Ought‹. Alternative Foundations for v. W.'s Tense-Logic, with an Application to Deontic Logic, Log. anal. 9 (1966), 231–251; T. L. Beauchamp/D. N. Robinson, Zu v. W.s Argument zugunsten einer rückwirkenden Verursachung, Ratio 17 (1975), 95–99; A. Beckermann, A Note on v. W.'s Formulation of Intentional Explanations, Erkenntnis 14 (1979), 349–353; R. Bichler, Intentionale Erklärungen. Kritische Gedanken zu G. H. v. W.s Sicht der Erklärung, Grazer philos. Stud. 2 (1976), 173–188; W. Brennenstuhl, Handlungstheorie und Handlungslogik. Vorbereitungen zur Entwicklung einer sprachadäquaten Handlungslogik, Kronberg 1975; J. Broido, v. W.'s Principle of Predication. Some Clarifications, J. Philos. Logic 4 (1975), 1–11; D. Carr, Two Kinds of Virtue, Proc. Arist. Soc. 85 (1984/1985), 47–61; R. M. Chisholm, Contrary-to-Duty Imperatives and Deontic Logic, Analysis 24 (1963), 33–36; R. Egidi (ed.), In Search of a New Humanism. The Philosophy of G. H. v. W., Dordrecht/Boston Mass./London 1999; J. Hintikka (ed.), Essays on Wittgenstein in Honour of G. H. v. W., Amsterdam 1976 (Acta Philos. Fennica XXVIII/1–3); G. Hottois, Logique déontique et logique de l'action chez G. H. v. W., Rev. int. philos. 35 (1981), 143–152; C. H. Huisjes, Norms and Logic. An Investigation of the Links between Normontology and Deontic Logic, Especially in the Work of G. H. v. W., Diss. Groningen 1981; R. Jansana, Some Logics Related to v. W.'s Logic of Place, Notre Dame J. Formal Logic 35 (1994), 88–98; G. Kalinowski, Sur le fondement des normes et des énoncés normatifs. A propos des idées de v. W. et de Castañeda, Theoria 1 (San Sebastian 1985), 59–85; W. Kersting, v. W., in: J. Nida-Rümelin (ed.), Philosophie der Gegenwart in Einzeldarstellungen. Von Adorno bis v. W., Stuttgart 1991, 653–657, [2]1999, 814–818, ed. mit E. Özmen, [3]2007, 723–729; J. Kim, Book Review of »Explanation and Understanding«, Philos. Rev. 82 (1973), 380–388; W. Krawietz, Recht und Rationalität. Hommage à G. H. v. W., Rechtstheorie 18 (1987), 4–6; J. Manninen/R. Tuomela (eds.), Essays on Explanation and Understanding. Studies in the Foundations of Humanities and Social Sciences, Dordrecht/Boston Mass. 1976; R. Martin, v. W., Action and Causation. An Addendum to Kim's Critique, Philos. Stud. 28 (1975), 295–296; ders., »The Problem of the Tie« in v. W.'s Schema of Practical Inference. A Wittgensteinian Solution, in: J. Hintikka (ed.), Essays on Wittgenstein in Honour of G. H. v. W. [s. o.], 326–363; B. F. McGuinness, Comments on Professor v. W.'s »Wittgenstein on Certainty«, in: G. H. v. W. (ed.), Problems in the Theory of Knowlege, The Hague 1972, 61–65; G. Meggle (ed.), Actions, Norms, Values. Discussions with G. H. v. W., Berlin/New York 1999; ders./R. Vilkko (eds.), G. H. v. W.'s Book of Friends, Helsinki 2016 (Acta Philos. Fennica XCII); I. Niiniluoto, v. W., REP IX (1998), 667–669; ders. (ed.), Philosophical Essays in Memoriam G. H. v. W., Helsinki 2005 (Acta Philos. Fennica LXXVII); ders./T. Wallgren (eds.), On the Human Condition. Philosophical Essays in Honour of the Centennial Anniversary of G. H. v. W., Helsinki 2017 (Acta Philos. Fennica XCIII); W. Rehder, v. W.'s ›And Next‹ Versus a Sequential Tense-Logic, Log. anal. 25 (1982), 33–46; N. Rescher, Reply to v. W. (A Modal Logic of Place), in: E. Sosa (ed.), The Philosophy of Nicholas Rescher. Discussion and Replies, Dordrecht/Boston Mass./London 1979, 74–75; L. C. Rice, v. W.. Rationalism and Modality, Int. Log. Rev. 15 (1977), 53–56; I. Rusza, Semantics for v. W.'s Latest Deontic Logic [...], Stud. Log. 35 (1976), 297–314; P. A. Schilpp/L. E. Hahn (eds.), The Philosophy of G. H. v. W., La Salle Ill. 1989; O. Schwemmer, Theorie der rationalen Erklärung. Zu den methodischen Grundlagen der Kulturwissenschaften, München 1976; K. Segerberg, v. W., Enc. Ph. Suppl. (1996), 593–594, IX ([2]2006), 847–848; H. S. Silverstein, v. W.'s Deontic Logic, Philos. Stud. 25 (1974), 365–371; W. Stegmüller, Hermeneutik und Wissenschaftstheorie. Erklären und Verstehen nach G. H. v. W., in: ders., Hauptströmungen der Gegenwartsphilosophie II, Stuttgart 1975, [8]1987, 103–147; F. Stoutland, Philosophy of Action. Davidson, v. W., and the Debate over Causation, in: G. Fløistad (ed.), Contemporary Philosophy. A New Survey III, The Hague/Boston Mass./London 1982, 45–72; ders., G. H. v. W. (1916 –), in: A. P. Martinich/D. Sosa (eds.), A Companion to Analytic Philosophy, Malden Mass./Oxford 2001, 2006, 274–280; ders., v. W., in: T. O'Connor/C. Sandis (eds.), A Companion to the Philosophy of Action, Malden Mass./Oxford/Chichester 2010, 2013, 589–597; ders. (ed.), Philosophical Probings. Essays on v. W.'s Later Work, o.O. [Kopenhagen] 2009, 2011; J. Strang/T. Wallgren (eds.), Tankens utåtvändhet. G. H. v. W. som intellektuell, Helsinki, Stockholm 2016; R. Vilkko, G. H. v. W. (1916–2003), Z. allg. Wiss.theorie 36 (2005), 1–14; O. Weinberger, Alternative Handlungstheorie. Gleichzeitig eine Auseinandersetzung mit G. H. v. W.s praktischer Philosophie, Wien/Köln/Weimar 1996; E. Weinryb, V. W. on Historical Causation, Inquiry 17 (1974), 327–338; A. Wellmer, G. H. v. W. über ›Erklären‹ und ›Verstehen‹, Philos. Rdsch. 26 (1979), 1–27. C. F. G.

Wundt, Max, *Leipzig 29. Jan. 1879, †Tübingen 31. Okt. 1963, Sohn des Psychologen und Philosophen W. Wundt. 1899–1903 Studium der Philologie und Philosophie in Leipzig, Freiburg, Berlin und München, Promotion 1903 in Leipzig, 1907 Privatdozent für Philosophie in Straßburg, 1918 Prof. für Philosophie in Marburg, 1919 in Jena und 1929 in Tübingen. – Der größte Teil der Arbeiten W.s behandelt philosophiegeschichtliche Probleme insbes. der antiken griechischen Philosophie (↑Philosophie, griechische) und der Philosophiegeschichte des 17. und 18. Jhs.; hinzu kommen einige deutschnational, später nationalsozialistisch orientierte politische Schriften. W.s Interpretation des Kantischen ↑Kritizismus (Kant als Metaphysiker, 1924) wendet sich mit dem Versuch einer Neubegründung der ↑Metaphysik in Anlehnung an die systematische (dialektische) Philosophie des Deutschen Idealismus (↑Idealismus, deutscher) gegen den ↑Neukantianismus. In seiner Theorie des Seins entwickelt W. eine ↑Dialektik von ↑Sein und ↑Werden als Zusammenspiel des Möglichen und Wirklichen, des Einen und Vielen, des Ewigen und Zeitlichen (bes. Ewigkeit und Endlichkeit, 1937), des Unendlichen und Endlichen.

Werke: Der Intellektualismus in der griechischen Ethik, Leipzig 1907; Geschichte der griechischen Ethik, I–II, Leipzig 1908/1911 (repr. Aalen 1966, 1985); Griechische Weltanschauung, Leipzig 1910, Leipzig/Berlin ³1929; Goethes Wilhelm Meister und die Entwicklung des modernen Lebensideals, Berlin/Leipzig 1913, ²1932; Platons Leben und Werk, Jena 1914, ²1924; Plotin. Studien zur Geschichte des Neuplatonismus I, Leipzig 1919; Vom Geist unserer Zeit, München 1920, ²1922; Staatsphilosophie. Ein Buch für Deutsche, München 1923; Die Zukunft des deutschen Staates, Langensalza 1923, ²1925; Was heißt völkisch?, Langensalza 1924, unter dem Titel: Volk, Volkstum, Volkheit, Langensalza ⁴1927; Kant als Metaphysiker. Ein Beitrag zur Geschichte der deutschen Philosophie im 18. Jahrhundert, Stuttgart 1924 (repr. Hildesheim/Zürich/New York 1984, 2013); Deutsche Weltanschauung. Grundzüge völkischen Denkens, München 1926; Johann Gottlieb Fichte, Stuttgart 1927 (repr. 1976); Fichte-Forschungen, Stuttgart 1929 (repr. 1976); Geschichte der Metaphysik, Berlin 1931; Die Philosophie an der Universität Jena. In ihrem geschichtlichen Verlauf dargestellt, Jena 1932; Platons Parmenides, Stuttgart/Berlin 1935; Ewigkeit und Endlichkeit. Grundzüge der Wesenslehre, Stuttgart 1937; Die deutsche Schulmetaphysik des 17. Jahrhunderts, Tübingen 1939 (repr. Hildesheim/Zürich/New York 1992); Die Sachlichkeit der Wissenschaft/Wissenschaft und Weisheit. Zwei Aufsätze zur Wissenschaftslehre, Tübingen 1940; Christian Wolff und die deutsche Aufklärung, in: T. Haering (ed.), Das Deutsche in der deutschen Philosophie, Stuttgart/Berlin 1941, 230–246, separat Stuttgart/Berlin 1941; Die Wurzeln der deutschen Philosophie in Stamm und Rasse, Berlin 1944; Die deutsche Schulphilosophie im Zeitalter der Aufklärung, Tübingen 1945 (repr. Hildesheim 1964, 1992); Hegels Logik und die moderne Physik, Köln 1949; Untersuchungen zur Metaphysik des Aristoteles, Stuttgart 1953.

Literatur: H.-J. Dahms, Jenaer Philosophen in der Weimarer Republik, im Nationalsozialismus und in der Folgezeit bis 1950, in: U. Hoßfeld u.a. (eds.), »Kämpferische Wissenschaft«. Studien zur Universität Jena im Nationalsozialismus, Köln/Weimar/Wien 2003, 723–771; J. Köck, M. W. – Die völkische Weltanschauung als Dreiklang aus griechischer Antike, Christentum und Germanentum, in: ders., »Die Geschichte hat immer Recht«. Die Völkische Bewegung im Spiegel ihrer Geschichtsbilder, Frankfurt/New York 2015, 211–247; W. Ritzel, Studien zum Wandel der Kantauffassung. Die Kritik der reinen Vernunft nach Alois Riehl, Hermann Cohen, M. W. und Bruno Bauch, Meisenheim am Glan 1952, 1968. – W., in: B. Jahn (ed.), Biographische Enzyklopädie deutschsprachiger Philosophen, München 2001, 463. A. G.-S.

Wundt, Wilhelm, *Neckarau (b. Mannheim) 16. Aug. 1832, †Großbothen (b. Leipzig) 31. Aug. 1920, dt. Psychologe und Philosoph. 1851–1856 Studium der Medizin in Tübingen und Heidelberg, 1857 Habilitation für Physiologie (an der Medizinischen Fakultät) in Heidelberg, 1858–1863 Assistent bei H. v. Helmholtz ebendort, 1864 a.o. Prof. für Anthropologie und medizinische Psychologie (an der Medizinischen Fakultät), 1864–1868 Abgeordneter im Badischen Landtag, 1874 Prof. der Philosophie in Zürich, ab 1875 in Leipzig. – W. kam über die Physiologie und physiologische Psychologie zur Philosophie, in der er sich endgültig etablierte, nachdem er den Ruf als Nachfolger von F. A. Lange auf den Lehrstuhl für Induktive Philosophie in Zürich erhalten hatte. Philosophisch war W. eher ein eklektizistischer Systematisierer (↑Eklektizismus). Seine bleibenden Verdienste liegen in der ↑Psychologie, zu deren wissenschaftlichen Begründern er gehört. In Leipzig gründete W. 1879 das erste Institut für experimentelle Psychologie, das Vorbild für ähnliche Einrichtungen vor allem in den USA wurde.

W. ist bemüht, in der Verbindung von naturwissenschaftlicher Einzelforschung und idealistischer (↑Idealismus) Philosophie ein einheitliches Weltbild (unter Einschluß von Moral und Religion) zu entwerfen. In diesem Sinne bestimmt er, ähnlich wie bereits H. Lotze, den Zweck der Philosophie als »Zusammenfassung der Einzelerkenntnisse zu einer die Forderungen des Verstandes und die Bedürfnisse des Gemüthes befriedigenden Welt- und Lebensanschauung« (System der Philosophie, 1889, 2). G. W. Leibniz ist für W. maßgeblicher Vordenker einer solchen Verbindung. Ihm schließt er sich insbes. darin an, daß er die Lösung des ↑Leib-Seele-Problems in einem psychisch-physischen Parallelismus (↑Parallelismus, psychophysischer) sieht, wonach seelische und körperliche Vorgänge zwar zu unterscheiden sind, aber einander entsprechen. Die seelischen Vorgänge werden unterteilt in solche des ↑Willens, des Intellekts und des ↑Gefühls. Die ↑Seele als ↑Substanz aufzufassen, lehnt W. ab. Er identifiziert sie mit dem seelischen Geschehen und wird so zu einem der ersten Vertreter einer ›Psychologie ohne Seele‹, allerdings unter Beschränkung auf bewußte seelische Vorgänge. Die Annahme unbewußter Vorstellungen wird zurückgewiesen.

Durch die Anwendung von Experimenten hebt W. die Beschränkung der Psychologie auf Selbstbeobachtung auf. Als Ergänzung zur experimentellen Psychologie, die als Individualpsychologie nur individuelle Vorgänge beschreiben könne, faßt er die Völkerpsychologie auf, in der Sprache, Mythos und Sitte zu erforschen seien. Über seinen Schüler und Nachfolger F. Krüger beeinflußt W. die Entwicklung der Gestaltpsychologie (↑Gestalttheorie).

Für W. ist die Psychologie Grundwissenschaft, zumindest für alle ↑Geisteswissenschaften. Diese Position trägt ihm den Vorwurf des ↑Psychologismus ein. W. selbst wehrt sich gegen diesen Vorwurf, indem er der Psychologie die Beschreibung des tatsächlichen Verlaufs der Gedanken zuweist und demgegenüber den ↑normativen Charakter der ↑Logik betont. Die Logik habe die Methoden anzugeben, nach denen das Denken verlaufen solle, damit es zu wissenschaftlicher Erkenntnis führe. W. versteht also die Logik nicht als formale Logik (↑Logik, formale) im heutigen Sinne, sondern (hierin J. S. Mill folgend) als Methodologie der Wissenschaften. – W.s Gesamtwerk ist nicht frei von Widersprüchen. So erklärt er trotz seiner Ablehnung des Psychologismus, daß die Logik eine ›empirische Erkenntniswissenschaft‹ sei (Logik I, Stuttgart [4]1919, VIII). Vermutlich ist gemeint, daß die Logik normativ nur in ihrer Stellung zu den Wissenschaften ist, nicht aber, was ihre eigene Begründung betrifft. Eine ähnliche Position nimmt W. zur ↑Ethik ein, die er neben der Logik als ›Normwissenschaft‹ aufführt und sie gleichwohl auf die ›Tatsachen des sittlichen Lebens‹ zu gründen unternimmt.

Werke: Die Lehre von der Muskelbewegung. Nach eigenen Untersuchungen bearbeitet, Braunschweig 1858; Beiträge zur Theorie der Sinneswahrnehmung, Leipzig/Heidelberg 1862 (repr. Ann Arbor Mich. 1981); Vorlesungen über die Menschen- und Thierseele, I–II, Leipzig 1863 (repr. Berlin etc. 1990), überarb., in 1 Bd. [2]1892, [8]1922 (engl. Lectures on Human and Animal Psychology, London, New York 1894 [repr. Bristol 1998], [5]1912); Lehrbuch der Physiologie des Menschen, Erlangen 1865, [4]1878; Die physikalischen Axiome und ihre Beziehung zum Causalprinzip. Ein Capitel aus einer Philosophie der Naturwissenschaften, Erlangen 1866, unter dem Titel: Die Prinzipien der mechanischen Naturlehre, Stuttgart [2]1910; Handbuch der medicinischen Physik, Erlangen 1867 (franz. [erw. v. F. Monoyer] Traité élémentaire de physique médicale, Paris/London/Madrid 1871, [erw. v. A. Imbert] [2]1884); Grundzüge der physiologischen Psychologie, Leipzig 1874, I–III, [2]1880, [6]1908–1911, I, [7]1923 (franz. Éléments de psychologie physiologique, I–II, Paris 1886 [repr. unter dem Titel: Principes de psychologie physiologique (1874–1880), Paris/Budapest/Turin 2005]; engl. [Teilausg.] The Principles of Physiological Psychology I, London, New York 1904, 1910 [repr. New York 1969]); Logik. Eine Untersuchung der Principien der Erkenntnis und der Methoden wissenschaftlicher Forschung, I–II, Stuttgart 1880/1883 (repr. Boston Mass. 2006), I–III, [2]1893–1895, [4]1919–1921, I, [5]1924; (ed.) Philosophische Studien, 1 (1883) - 20 (1902), fortgeführt als: Psychologische Studien. Neue Folge der Philosophischen Studien, 1 (1906) - 10 (1917); Essays, Leipzig 1885, [2]1906; Ethik. Eine Untersuchung der Thatsachen und Gesetze des sittlichen Lebens, Stuttgart 1886, I–II, [3]1903, I–III, [4]1912 (repr. Bremen 2012), [5]1923–1924 (engl. Ethics. An Investigation of the Facts and Laws of the Moral Life, I–III, London, New York 1897–1901, 1922); System der Philosophie, Leipzig 1889, I–II, [3]1907, [4]1919; Grundriss der Psychologie, Leipzig 1896 (repr. Düsseldorf 2004), [15]1922 (engl. Outlines of Psychology, Leipzig, London, New York 1897 [repr. St. Clair Shores Mich. 1969, Bristol, Tokio 1998], [3]1907); Völkerpsychologie. Eine Untersuchung der Entwicklungsgesetze von Sprache, Mythus und Sitte, I–II (I/1–I/2 Die Sprache, II/1–II/3 Mythus und Religion), Leipzig 1900–1909, I–X (I–II Die Sprache, III Die Kunst, IV–VI Mythus und Religion, VII–VIII Die Gesellschaft, IX Das Recht, X Kultur und Geschichte), [2]1904–1929, I–II, [3]1911/1912 (repr. Aalen 1975), [4]1922, III, [4]1923, IV–VI, [3]1920–1922; Sprachgeschichte und Sprachpsychologie. Mit Rücksicht auf B. Delbrücks »Grundfragen der Sprachforschung«, Leipzig 1901 (repr. in: H. Paul/W. W., Principien der Sprachgeschichte/Spachgeschichte und Sprachpsychologie, ed. C. Hutton, London/New York 1995); Einleitung in die Philosophie, Leipzig 1901, [9]1922; Kleine Schriften, I–II, Leipzig 1910/1911, III, Stuttgart 1921; Probleme der Völkerpsychologie, Leipzig 1911, Stuttgart [2]1921; Elemente der Völkerpsychologie. Grundlinien einer psychologischen Entwicklungsgeschichte der Menschheit, Leipzig 1912, [2]1913 (engl. Elements of Folk Psychology. Outlines of a Psychological History of the Development of Mankind, London, New York 1916 [repr. London/New York 2003]); Reden und Aufsätze, Leipzig 1913 (repr. Hamburg 2011), [2]1914; Sinnliche und übersinnliche Welt, Leipzig 1914, [2]1923; Die Nationen und ihre Philosophie. Ein Kapitel zum Weltkrieg, Leipzig 1915, Stuttgart 1944; Erlebtes und Erkanntes, Stuttgart 1920, [2]1921 (Autobiographie) (franz. De la physiologie à l'ethnopsychologie. Ce que j'ai vécu, ce que j'ai appris, Paris 2009); Ausgewählte psychologische Schriften. Abhandlungen, Aufsätze, Reden, I–II, ed. W. Meischner, Leipzig 1983. – Der Briefwechsel zwischen W. W. und Emil Kraepelin. Zeugnis einer jahrzehntelangen Freundschaft, ed. H. Steinberg, Bern etc. 2002. – E. Wundt (ed.), W. W.s Werk. Ein Verzeichnis seiner sämtlichen Schriften, München 1927.

Literatur: A. Arnold, W. W.. Sein philosophisches System, Berlin (Ost) 1980; A. L. Blumenthal, W., in: N. Koertge (ed.), New Dictionary of Scientific Biography VII, Detroit Mich. etc. 2008, 368–371; E. G. Boring, A History of Experimental Psychology, New York/London 1929, 310–344, [2]1950 (repr. Englewood Cliffs N. J. 1957), 1957, 316–347; W. G. Bringmann/R. D. Tweney (eds.), W. Studies. A Centennial Collection, Toronto 1980; J. Brockmeier, W., REP IX (1998), 798–802; S. Bushuven, Ausdruck und Objekt. W. W.s Theorie der Sprache und seine philosophische Konzeption ursprünglicher Erfahrung, Münster/New York 1993; S. Diamond, W., DSB XIV (1976), 526–529; R. Eisler, W. W.s Philosophie und Psychologie. In ihren Grundlehren dargestellt, Leipzig 1902; S. de Freitas Araujo, W. and the Philosophical Foundations of Psychology. A Reappraisal, Cham etc. 2016; C. F. Graumann, W., Mead, Bühler. Zur Sozialität und Sprachlichkeit menschlichen Handelns, Heidelberg 1983, ferner in: ders./T. Herrmann (eds.), Karl Bühlers Axiomatik. Fünfzig Jahre Axiomatik der Sprachwissenschaften, Frankfurt 1984, 217–247; H. Gundlach, W., in: B. Jahn (ed.), Biographische Enzyklopädie deutschsprachiger Philosophen, München 2001, 463–464; S. Hall, W. W., in: ders., Founders of Modern Psychology, New York/London 1912 (repr. Bristol 2002), 1924, 309–458 (dt. W. W., in: ders., Die Begründer der modernen Psychologie (Lotze, Fechner, Helmholtz, W.), Leipzig 1914, 193–363, 386–392, separat unter dem Titel: W. W.. Der Begründer der modernen Psychologie, Leipzig 1914); G. Jüttemann (ed.), W. W.s anderes Erbe. Ein Missverständnis löst sich auf, Göttingen 2006; A. Kim, W., SEP 2006, rev. 2016; E. König, W. W.. Seine Philosophie und Psychologie, Stuttgart 1901, [3]1909; L. Kreiser, Eine Rekonstruktion der logischen Auffassungen W. W.s., Wiss. Z. der Karl-Marx-Universität Leipzig, Gesellschafts- u. sprachwissenschaftl. Reihe 28 (1979), 283–294; G. Lamberti, W. Maximilian W. (1832–1920). Leben, Werk und Persönlichkeit in Bildern und Texten. In Gedenken an den 75jährigen Todestag von W. W., Bonn 1995; W. Meischner/E. Eschler, W. W., Leipzig/Jena/Berlin (Ost), Köln 1979; W. Nef, Die Philosophie W. W.s, St. Gallen, Leipzig 1923; B. Oelze, W. W.. Die Konzeption der Völkerpsychologie, Münster/New York 1991; O. Paßkönig, Die Psychologie W. W.s. Zusammenfassende Darstellung der Individual-, Tier- und Völkerpsychologie, Leipzig 1912; P. Petersen, W. W. und seine Zeit, Stuttgart 1925; R. W. Rieber (ed.), W. W. and the Making of a Scientific Psychology, New York/London 1980; ders./D. K. Robinson (eds.), W. W. in History. The Making of a Scientific Psychology, New York etc. 2001; C. M. Schneider, W. W.s Völkerpsychologie. Entstehung und Entwicklung eines in Vergessenheit geratenen, wissenschaftshistorisch relevanten Fachgebietes, Bonn 1990; L. Sprung, W., IESBS XXIV (2001), 16644–16647; A. Wellek, W., Enc. Ph. VIII (1967), 349–351, IX ([2]2006), 848–850; W. R. Woodward, From the Science of Language to Völkerpsychologie. Lotze, Steinthal, Lazarus, and W., Heidelberg 1982. G. G.

Würde (engl. dignity, franz. dignité), wertendes bzw. ↑normatives Prädikat, das primär Menschen, aber auch anderen Gegenständen zugesprochen wird. Die heutige Verwendung in rechtlichen wie in moralischen Kontexten geht im wesentlichen auf I. Kant zurück und ist mit dem Gebrauch des Kompositums ›Menschenwürde‹ äquivalent. Der Begriff der ↑Menschenwürde wird in einer Reihe von juridischen Texten des 20. Jhs., die die ↑Menschenrechte kodifizieren, als zentrale Begründungsinstanz verwendet, zuerst in der irischen Verfassung (1937), dann in der Charter der Vereinten Nationen (1945) und der Pariser Allgemeinen Erklärung der Menschenrechte (1948). Im Bereich der angewandten Ethik (↑Ethik, angewandte) werden dem Begriff der Menschenwürde unterschiedliche Aufgaben übertragen: Er soll unter anderem (1) die normative Unzulänglichkeit konsequentialistischer (↑Konsequentialismus) Ansätze in Fragen von Anfang und Ende des menschlichen Lebens deutlich machen und (2) Gründe für die Einschränkung oder das Verbot von Eingriffen in das menschliche Genmaterial bereitstellen. In (1) wird Menschenwürde allen Mitgliedern der Spezies Mensch, in (2) der biologischen Gattung zugeschrieben. In beiden Verwendungen wird die Frage der Menschenwürde von der Frage nach der Personalität (↑Person) abgekoppelt.
Der Rechtsbegriff der Menschenwürde, gemäß dem alle Menschen allein auf Grund ihres Menschseins als in bestimmten Hinsichten gleichermaßen moralisch geschützt gelten sollen, ist eine historisch späte Erscheinung. Er ist von der Qualität der W. zu unterscheiden, die ein Gegenstand auf Grund des kontingenten Habens bestimmter anderer Eigenschaften besitzt und die er mit dem Verlust der betreffenden Eigenschaften auch verlieren kann. In diesem Sinne kann W. einem alten Baum, einem Elefanten oder einem Berg zugeschrieben werden, insofern diese durch ihre Größe und Gewichtigkeit den Eindruck eines In-sich-Ruhens vermitteln. Ein analoger Fall besteht, wenn von einem ›Würdenträger‹ gesprochen oder gesagt wird, jemand erfülle eine Aufgabe ›mit W.‹. Der Besitz von W. beinhaltet, eine Einstellung der ›Achtung‹ zu verdienen bzw. ihrer würdig zu sein. In der kontingenten Eigenschaft der W. gilt die Fähigkeit eines Betrachters, diese Haltung an der angemessenen Stelle einzunehmen, als wünschenswert, nicht aber als moralisch gefordert.
Diese Verwendung ist strikt vom modernen Rechtsbegriff der Menschenwürde zu trennen, die laut Art. 1 des Grundgesetzes der Bundesrepublik Deutschland (1949) ›unantastbar‹ ist und der die ›Unverletzlichkeit‹ und ›Unveräußerlichkeit‹ der Menschenrechte korrespondieren. Nicht-theologische Verständnisse von W. beruhen hier auf einer Kantischen Konzeption. Bei Kant selbst besteht diese aus sieben Komponenten: Ein mit W. ausgestattetes Wesen hat (1) ↑Rechte, denen (2) ↑Pflichten der anderen korrespondieren. Die Einhaltung dieser Pflichten bringt (3) die ↑Achtung zum Ausdruck, die einem Wesen mit W. gebührt und deren Forderung Kant in der zweiten Formulierung des Kategorischen Imperativs (↑Imperativ, kategorischer) als Grundprinzip der ↑Moral darstellt. Gemäß diesem Prinzip sind Entitäten mit W. nie bloß als ↑Mittel, sondern immer zugleich als ↑Zweck zu behandeln (Grundl. Met. Sitten B 66–67 [Akad.-Ausg. IV, 429], Met. Sitten A 140 [Akad.-Ausg. VI, 462]), und zwar deswegen, weil (4) W. zu besitzen einen absoluten Wert und keinen bloßen ›Marktpreis‹ zu haben bedeutet (Grundl. Met. Sitten B 77 [Akad.-Ausg. IV, 434–435]). Der ›unvergleichliche‹ Charakter des Wertes der W. bringt es mit sich, daß moralische Fragen, bei denen W. auf dem Spiele steht, keine Güterabwägung gestatten: Dieser Wert darf nicht nur nicht mit demjenigen von Sachen verglichen werden; Menschenleben dürfen auch nicht gegeneinander abgewogen werden. Begründet wird dieses Argument (5) mit dem Verweis auf rationale Handlungsfähigkeit (›Menschheit‹), d.h. auf das Vermögen, sich selbst Zwecke zu setzen (Grundl. Met. Sitten B 82 [Akad.-Ausg. IV, 437], Met. Sitten A 23 [Akad.-Ausg. VI, 392]). Dieses Vermögen der rationalen Handlungsfähigkeit erhebt (6) das betreffende Wesen über die Stufe tierischen, nur nach sinnlichen Impulsen gerichteten Verhaltens. Wesen, die dieses Vermögen besitzen, heißen (7) ↑Personen.
Neben W. als zentralem moralischen Begründungsbegriff spielt bei Kant W. auch als kontingente Qualität eine Rolle. So ist es für Kant eine Pflicht des Menschen

gegen sich selbst, ein Bewußtsein seiner W. als Person – ›Ehrliebe‹ (honestas interna, iustum sui aestimium) im Gegensatz zur ›Ehrbegierde‹ (ambitio) (Met. Sitten A 69 [Akad.-Ausg. VI, 420]) – aufrechtzuerhalten. Aus dieser Pflicht zur ›Selbstschätzung‹ leitet Kant insbes. das Verbot der Kriecherei ab (Met. Sitten A 94 [Akad.-Ausg. VI, 435]). Mißachtet man sich selbst als Person, indem man sich ›knechtisch‹ verhält, verliert man zwar nicht seine W. und die damit verbundenen Rechte, man ›verletzt‹ aber seine W., indem man das Bewußtsein ihrer verliert. Dieser Konzeption entspricht es, daß heute etwa süchtiges Verhalten als ›menschenunwürdig‹ charakterisiert werden kann. Dabei werden zwar keine Rechte verletzt, aber der betreffende Mensch verhält sich so, wie wenn er selbst die Rechte nicht besäße, die alle – auf Grund ihres Personseins – besitzen.

Historische Vorbegriffe von W. sind zunächst mit W. als kontingenter Qualität, im griechischen Denken *ἀξίωμα* (Wert, Geltung, Ansehen) und *τιμή* (Wert, Ehre), verwandt. Beide weisen Verwandtschaften mit den in der Kantischen Konzeption wesentlichen Momenten auf. *ἀξίωμα* verwendet Aristoteles, um das Zuschreiben der ↑Tugend der Großgesinntheit (*μεγαλοψυχία*) zu begründen. Zu diesem Begriff, der die Mitte (↑Mesotes) zwischen Prahlerei und Ängstlichkeit einnimmt, gehört ein konstitutiver Bezug auf die ↑Anerkennung anderer. Diese wird durch eine vornehme Abkunft, durch Einfluß und Besitz begünstigt, doch besitzt Großgesinntheit jemand erst auf der Grundlage moralischer Vorzüglichkeit: der Größe in jeder Tugend (Eth. Nic. *Δ*7.1123a34–10.1125b25, vgl. *Α*11.1100b30–12.1102a4). Ein zweites, für die Begriffsgeschichte von W. konstitutives Moment verbindet sich mit dem griechischen Begriff der Besonnenheit (*σωφροσύνη*; ↑Sophrosyne). Diese beinhaltet die Beherrschung sinnlicher Begierden, deren Vorherrschaft deswegen als verwerflich gilt, weil sie Menschen nicht als Menschen, sondern bloß als Lebewesen charakterisiert (Eth. Nic. *Γ*13.1118b1–4). Aristoteles unterscheidet allerdings die Besonnenheit dadurch von der Beherrschtheit (*ἐγκράτεια*), daß nur letztere die Überwindung unvernünftiger Impulse bedeutet, während der Besonnene ausschließlich vernünftige Lüste (↑Lust) empfindet (Eth. Nic. *Η*11.1152a1–4). Im römischen Denken stellt der Begriff der W. (dignitas) dann in erster Linie einen politischen Begriff dar. Wie Aristoteles macht dabei M. T. Cicero den Bezug zu einer sozialen Konzeption der ↑Freiheit zur Bedingung der W.: Wie die griechische Großgesinntheit ist die römische dignitas mit Knechtschaft unvereinbar. Dignitas besitzen nur wenige; man kann sie durch unangemessenes Verhalten verlieren, aber auch wieder erwerben. Ihr Besitz begründet Ungleichheiten, sowohl in den Verpflichtungen als auch in den Rechten derjenigen, die sie besitzen (De re publica 1,43). Zugleich macht Cicero den ersten Schritt von der Bestimmung der W. als einer kontingenten Eigenschaft zu ihrer Konzeption als einem alle Mitglieder der menschlichen Gattung auszeichnenden, unaufhebbaren Merkmal. Er greift den Platonischen anthropologischen Gedanken der Sonderstellung des Menschen als desjenigen Wesens auf, das durch das Vermögen des Geistes über die Tiere hinausgehoben wird, und sieht darin eine Begründung für die besondere dignitas, die der menschlichen Natur eignet. Damit wird W. über besondere soziale Auszeichnungen hinaus auf alle Menschen potentiell ausgeweitet, bleibt allerdings an bestimmte Leistungen geknüpft und behält somit ihren kontingenten Charakter. Nur derjenige besitzt sie, der die Standards der »Sparsamkeit, Enthaltsamkeit, der Strenge gegen sich selbst und der Nüchternheit« einhält (off. 1, 106).

In der ↑Patristik wird der Begriff der W. mit der Vorstellung der Gottesebenbildlichkeit des Menschen und seiner Herrschaftsstellung gegenüber der ↑Schöpfung (Gen. 1, 26–28) verknüpft. Gegen die römische Verknüpfung von dignitas und äußerem Ansehen richtet sich die als Gabe Gottes verstandene Eigenschaft der ›inneren‹ W.. Zugleich bildet die dignitas hominis den Gegenbegriff zu der seit dem Sündenfall bestehenden miseria hominis, die sich nur auf der Basis der Menschwerdung Gottes überwinden läßt (A. Augustinus, quaest. evangel. 2, 33). In der Hochscholastik (↑Scholastik) wird W. durch Bonaventura und Thomas von Aquin begrifflich an ein Konzept der Person gebunden (S. th. I qu. 29 art. 3 ad 2), deren wesentliches Merkmal die ↑Willensfreiheit ist. Auch hier kann ein Mensch seine W. durch die Sünde verlieren, was den Verlust der Personenrechte auf Freiheit und schließlich auf körperliche Unversehrtheit zur Folge hat (S. th. II–II qu. 64 art. 2 ad 3). In den Renaissance-Traktaten über die ›dignitas hominis‹ werden theologische Topoi wie die Gottesebenbildlichkeit, die ↑Unsterblichkeit der ↑Seele und die Menschwerdung Christi mit anthropologischen Begründungen vermischt, die auf einer Aufwertung der ↑Sinnlichkeit und der vita activa (↑vita contemplativa) basieren. Die dadurch entstehende Neuinterpretation der christlichen W.konzeption beginnt bei F. Petrarca und findet sich z. B. in B. Facios »De excellentia et praestantia hominis« (1447), G. Manettis »De dignitate et excellentia hominis« (1452) und M. Ficinos »Platonica Theologia« (1482). Schließlich begründet G. Pico della Mirandola die W. des Menschen mit Verweis auf dessen von Gott verliehene Nicht-Festgelegtheit, die ihm die Aufgabe seiner eigenen Schöpfung auferlegt (De hominis dignitate oratio, 1486).

In der vorkantischen ↑Aufklärung spielt der Begriff der Freiheit, damit auch der Begriff der W., keine zentrale Rolle bei der Begründung moralischer Normen (↑Norm (handlungstheoretisch, moralphilosophisch)). Aus der entsakralisierten Sicht von T. Hobbes ist der Wert eines Menschen von der faktischen Wertschätzung abhängig, die andere Menschen ihm entgegenzubringen bereit sind, W. von der Wertschätzung der Mitglieder eines ›commonwealth‹, wobei das Zuschreiben von Wert (↑Wert (moralisch)) die Festlegung des Preises beinhaltet, den man für den Einsatz der Kraft des Betreffenden bezahlen würde (Leviathan I, X [ed. R. Tuck, Cambridge 1991, 63]). Insofern sind der Wert und die W. eines Menschen vom kontingenten Bestehen und von der Stärke der Präferenzen der anderen Mitglieder einer Gesellschaft abhängig. Bei D. Hume wiederum tritt ein Begriff der W. auf, der auf die Kantische ›Selbstschätzung‹ verweist, sie zugleich aber psychologistisch von der Fundierung in einem Rechtsbegriff abtrennt: ›Well-founded pride‹ bzw. ›reverence for themselves‹ motiviert tugendhafte Menschen, moralisch richtig zu handeln, indem diese ihren eigenen Wert von einer aus der Perspektive anderer vorgenommenen Selbstbetrachtung abhängig machen (Enquiries Concerning Human Understanding and Concerning the Principles of Morals, Sect. IX, Part 1 [ed. L. A. Selby-Bigge/P. H. Nidditch, Oxford [3]1975, 1995, 276], vgl. Of the Dignity or Meanness of Human Nature, in: ders., Essays. Moral, Political and Literary, Oxford 1963, 81–88, hier: 87).

Systematisch sind alle Varianten des kontingenten W.begriffs, die heute als ›Selbstachtung‹ (›self-respect‹) diskutiert werden, und der rechtebegründende Begriff der W. bzw. der Menschenwürde auseinanderzuhalten. So wird argumentiert, daß ein spezifisches Recht darauf besteht, nicht unter Bedingungen leben zu müssen, die die Ausbildung von Selbstachtung verhindern. Solche Bedingungen werden als ›menschenunwürdig‹ bezeichnet, obwohl ›menschenunwürdige‹ Lebensbedingungen zum Teil auch konstatiert werden, wo elementare Formen von Selbstbestimmung verhindert werden. Zu klären bleibt auch der genauere Status des Begriffs der W. und die Begründung seiner normativen Kraft. Nach dem Kantischen Modell ist W. auf einer Zwischenebene zwischen der deskriptiven Eigenschaft der rationalen Handlungsfähigkeit und der normativen Eigenschaft, Rechtssubjekt zu sein, angesiedelt. Wenn rationale Handlungsfähigkeit W. und W. ihrerseits den Besitz von Rechten begründet, muß W. einen eigenen Inhalt haben. Ist ein solcher Inhalt nicht nachweisbar, liegt es nahe, W. als den Besitz entweder von rationaler Handlungsfähigkeit oder von Rechten zu definieren. Ohne weitere Klärung besteht hier die Gefahr, daß der Begriff der W. lediglich die Funktion erfüllt, die Illusion eines begründeten Übergangs vom Sein (rationaler Handlungsfähigkeit) zum Sollen (den moralischen Pflichten) rhetorisch herzustellen. Diese Vermutung, daß es sich bei Inanspruchnahmen von W. lediglich um ›schöne Verführungs- und Beruhigungsworte‹ handle (F. Nietzsche, Die Geburt der Tragödie. Oder: Griechenthum und Pessimismus, Werke. Krit. Gesamtausg. III/1, 113), vertritt z. B. B. F. Skinner (1972). Die entgegengesetzte Reaktion auf die Unklarheit des Begriffs tritt in der Konzeption einer ökologischen Ethik (↑Ethik, ökologische) auf, in der eine radikale Erweiterung seiner Extension gefordert wird, um Pflichten auch gegenüber der Natur zu begründen (H. Jonas, Das Prinzip Verantwortung. Versuch einer Ethik für die technologische Zivilisation, Frankfurt 1979, [8]1988, 246).

Literatur: R. Andorno/M. Thier (eds.), Menschenwürde und Selbstbestimmung, Zürich 2014; P. Balzer/K. P. Rippe/P. Schaber, Menschenwürde vs. W. der Kreatur. Begriffsbestimmung, Gentechnik, Ethikkommissionen, Freiburg/München 1998, 1999; H. Baranzke, W. der Kreatur? Die Idee der W. im Horizont der Bioethik, Würzburg 2002; dies. (ed.), Autonomie und W.. Leitprinzipien in Bioethik und Medizinrecht, Würzburg 2013; Y. M. Barilan, Human Dignity, Human Rights and Responsibility. The New Language of Global Bioethics and Biolaw, Cambridge Mass. 2012; K. Bayertz, Die Idee der Menschenwürde. Probleme und Paradoxien, Arch. Rechts- u. Sozialphilos. 81 (1995), 465–481; D. Beyleveld, Human Dignity in Bioethics and Biolaw, New York etc. 2001, 2004; P. Bieri, Eine Art zu leben. Über die Vielfalt menschlicher W., München 2013, 2015; D. Birnbacher, Kann die Menschenwürde die Menschenrechte begründen?, in: B. Gesang/J. Schälike (eds.), Die großen Kontroversen der Rechtsphilosophie, Paderborn 2011, 77–98; E. Bloch, Naturrecht und menschliche W., Frankfurt 1961, 1999 (= Werke VI) (engl. Natural Law and Dignity, Cambridge Mass./London 1986); G. M. Borsi (ed.), Die W. des Menschen im psychiatrischen Alltag, Göttingen 1989 (repr. Norderstedt 2006); R. Breun, Scham und W.. Über die symbolische Prägnanz des Menschen, Freiburg/München 2014; R. Bruch, Die W. des Menschen in der patristischen und scholastischen Tradition, in: W. Gruber/J. Ladrière/N. Leser (eds.), Wissen, Glaube, Politik. Festschrift für Paul Asveld, Graz/Wien/Köln 1981, 139–154; A. Buck, Die Rangstellung des Menschen in der Renaissance: dignitas et miseria hominis, Arch. Kulturgesch. 42 (1960), 61–75; P. Capps, Human Dignity and the Foundations of International Law, Oxford etc. 2009, 2010; R. Debes (ed.), Dignity. A History, Oxford etc. 2017; R. S. Dillon (ed.), Dignity, Character, and Self-Respect, New York/London 1995; C. Dupré, The Age of Dignity. Human Rights and Constitutionalism in Europe, Oxford etc. 2015; G. Dürig, Der Grundrechtssatz von der Menschenwürde. Entwurf eines praktikablen Wertsystems der Grundrechte aus Art. 1 Abs. I in Verbindung mit Art. 19 Abs. II des Grundgesetzes, Arch. öffentl. Rechts 81 (1956), 117–156; M. Düwell, The Cambridge Handbook of Human Dignity. Interdisciplinary Perspectives, Cambridge 2014; R. M. Dworkin, Taking Rights Seriously, London 1977, [2]1978, London etc. 2013 (dt. Bürgerrechte ernstgenommen, Frankfurt 1984, 1990); D. Egonsson, Dimensions of Dignity. The Moral Importance of Being Human, Dordrecht etc. 1998; C. Erk, Health, Rights and Dignity. Philosophical Reflections on an Alleged Human Right, Frankfurt etc. 2011; H.-G. Gadamer, Die Menschenwürde auf ihrem Weg von der Antike bis heute, Humanistische Bildung 12 (1988), 95–107; V. Gerhardt, Die angeborene W. des Menschen. Aufsätze zur Biopolitik, Berlin 2004; B. Gesang, Kann man die Achtung der Menschenwürde als Prinzip der normativen Ethik retten?, Z. philos. Forsch. 64 (2010), 474–497; C. F. Gethmann, Proto-Ethik. Zur formalen Pragmatik von Rechtfertigungsdiskursen, in: H. Stachowiak/T. Ellwein (eds.), Bedürfnisse, Werte und Normen im Wandel I (Grundlagen, Modelle und Prospektiven), München etc. 1982, 113–143; A. Gewirth, Human Rights. Essays on Justification and Applications, Chicago Ill. 1982, 1985; B. Giese, Das W.-Konzept. Eine normfunktionale Explikation des Begriffes W. in Art. 1 Abs. 1 GG, Berlin 1975; R. Gröschner/O. Lembcke (eds.), Das Dogma der Unantastbarkeit. Eine Auseinandersetzung mit dem Absolutheitsanspruch der W., Tübingen 2009; A. Grossmann, W., Hist. Wb. Ph. XII (2004), 1088–1093; E. Herms (ed.), Menschenbild und Menschenwürde, Gütersloh 2001; T. E. Hill Jr., Autonomy and Self-Respect, Cambridge 1991, 2000; ders., Dignity and Practical Reason in Kant's Moral Theory, Ithaca N. Y./London 1992; R. Hodson, Dignity at Work, Cambridge etc. 2001; H. Hofmann, Die versprochene Menschenwürde, Arch. öffentl. Rechts 118 (1993), 353–377; A. Honneth, Kampf um Anerkennung. Zur moralischen Grammatik sozialer Konflikte, Frankfurt 1992, 2014 (engl. The Struggle for Recognition. The Moral Grammar of Social Conflicts, Cambridge 1995, 2005); D. G. Kirchhoffer, Human Dignity in Contemporary Ethics, Amherst N. Y. 2013; S. Kirste/G. Sprenger (eds.), Menschliche Existenz und W. im Rechtsstaat. Ergebnisse eines Kolloquiums für und mit Werner Maihofer aus Anlass seines 90. Geburtstages, Berlin 2010; T. Kobusch, Die Entdeckung der Person. Metaphysik der Freiheit und modernes Menschenbild, Freiburg/Basel/Wien 1993 (repr. Darmstadt 1997); R. P. Kraynak (ed.), In Defense of Human Dignity. Essays for Our Times, Notre Dame Ind. 2003; S. Killmister, Dignity. Not Such a Useless Concept, J. Med. Ethics 36 (2010), 160–164; J. Lenz, Die Personwürde des Menschen bei Thomas von Aquin, Philos. Jb. 49 (1936), 138–166; W. Maihofer, Rechtsstaat und menschliche W., Frankfurt 1968; A. Margalit, The Decent Society, Cambridge Mass./London 1996, 1998 (dt. Die Politik der W.. Über Achtung und Verachtung, Berlin 1997, 2012); C. McCrudden (ed.), Understanding Human Dignity, Oxford 2013, 2014; A. I. Melden, Rights and Persons, Oxford, Berkeley Calif./Los Angeles 1977, 1980; M. J. Meyer, Kant's Concept of Dignity and Modern Political Thought, Hist. European Ideas 8 (1987), 319–332; J. Nida-Rümelin, Wo die Menschenwürde beginnt, in: ders., Ethische Essays, Frankfurt 2002, 405–410; D. v. der Pfordten, Menschenwürde, München 2016; H. Plessner, Grenzen der Gemeinschaft. Eine Kritik des sozialen Radikalismus, in: ders., Gesammelte Schriften V (Macht und menschliche Natur), Frankfurt 1981, Darmstadt 2003, 7–133; V. Pöschl, Der Begriff der W. im antiken Rom und später. Vorgetragen am 10. Mai 1969, Heidelberg 1989 (Sitz.ber. Heidelberger Akad. Wiss., philos.-hist. Kl. 1989, 3); ders./P. Kondylis, W., in: O. Brunner/W. Conze/R. Koselleck (eds.), Geschichtliche Grundbegriffe VII, Stuttgart 1992, 2004, 637–677; M. Quante, Menschenwürde und personale Autonomie. Demokratische Werte im Kontext der Lebenswissenschaften, Hamburg 2010, 2014; J. Rawls, A Theory of Justice, Cambridge Mass. 1971 (repr. Cambridge Mass./London 2005), rev. London, Cambridge Mass. 1999, 2003 (dt. Eine Theorie der Gerechtigkeit, Frankfurt 1975, [19]2014); E. Romanus, Soziale Gerechtigkeit, Verantwortung und W.. Der egalitäre Liberalismus nach John Rawls und Ronald Dworkin, Freiburg/München 2008; M. Rosen, Dignity. Its History and Meaning, Cambridge Mass. 2012; M. Rothhaar, Die Menschenwürde als Prinzip des Rechts. Eine rechtsphilosophische Rekonstruktion, Tübingen 2015; P. Schaber, Instrumentalisierung und W., Paderborn 2010, Münster [2]2013; D. Schroeder/A.-H. Bani-Sadr, Dignity in the 21st Century. Middle East and West, Cham 2017; B. F. Skinner, Beyond Freedom and Dignity, New York 1971, Indianapolis Ind. 2002 (dt. Jenseits von Freiheit und W., Reinbek b. Hamburg 1973); R. Spaemann, Über den Begriff der Menschenwürde, in: ders., Das Natürliche und das Vernünftige. Essays zur Anthropologie, München/Zürich 1987, 77–106; R. Stoecker (ed.), Menschenwürde. Annäherung an einen Begriff, Wien 2003; C. Thies, Der Wert der Menschenwürde, Paderborn/München 2009; T. Todorov, Fâce à l'extrême, Paris 1991, 1994, Neudr. in: ders., Le siècle de totalitarismes, Paris 2010, 39–322 (dt. Angesichts des Äußersten, München 1993; engl. Facing the Extreme. Moral Life in the Concentration Camps, New York 1996, London 2000); C. Trinkaus, In Our Image and Likeness. Humanity and Divinity in Italian Humanist Thought, I–II, Chicago Ill./London 1970, Notre Dame Ind. 1995; ders., The Renaissance Idea of the Dignity of Man, in: ders., The Scope of Renaissance Humanism, Ann Arbor Mich. 1983, 1988, 343–363; H. Wagner, Die W. des Menschen, Würzburg 1992, Neudr. mit Untertitel: Wesen und Normfunktion, als: ders., Ges. Schriften II, ed. S. Nachtsheim, Paderborn 2014; J. Waldron, Dignity, Rank, and Rights, Oxford etc. 2012, 2015; W. Wertenbruch, Grundgesetz und Menschenwürde. Ein kritischer Beitrag zur Verfassungswirklichkeit, Köln/Berlin 1958; A. Wildt, Recht und Selbstachtung, im Anschluß an die Anerkennungslehren von Fichte und Hegel, in: M. Kahlo/E. A. Wolff/R. Zaczyk (eds.), Fichtes Lehre vom Rechtsverhältnis. Die Deduktion der §§ 1–4 der ›Grundlage des Naturrechts‹ und ihre Stellung in der Rechtsphilosophie, Frankfurt 1992, 127–172; J.-P. Wils, Zur Typologie und Verwendung der Kategorie ›Menschenwürde‹, in: ders./D. Mieth (eds.), Ethik ohne Chance? Erkundungen im technologischen Zeitalter, Tübingen 1989, [2]1991, 130–157. N. R.

Wust, Peter, *Rissenthal (Saarland) 28. Aug. 1884, †Münster 3. April 1940, dt. katholischer Existenzphilosoph. 1907 Studium der Germanistik, Anglistik und Philosophie in Berlin (insbes. bei F. Paulsen) und (ab 1908) Straßburg (insbes. bei C. Baeumker). Nach dem Examen (1910) zunächst Schuldienst; gleichzeitig (1914) Promotion bei O. Külpe in Bonn. 1930 Prof. für Philosophie in Münster. – Ursprünglich dem ↑Neukantianismus nahestehend entwickelt W. unter dem Einfluß M. Schelers, den er als Gymnasiallehrer in Köln (ab 1921) kennenlernt, und des französischen ›Renouveau catholique‹ (J. Maritain, G. Marcel u. a.) einen christlichen Existentialismus (↑Existenzphilosophie), den er als Ausdruck einer Wiederbelebung der ↑Metaphysik versteht. Dessen zentraler Begriff ist die Ungesichertheit und Ungeborgenheit der menschlichen Existenz, sowohl auf der Ebene des Alltagslebens mit seiner ständigen Suche nach Glück (↑Glück (Glückseligkeit)) als auch in der Wissenschaft (jedenfalls in deren Grundlagen; ↑Grundlagenkrise) und sogar in der ↑Religion. In der Philosophie führt die diskursive Vernunft (↑diskursiv/Diskursivität) in letzter Instanz auf die Frage nach einem geordneten ↑Kosmos, die ihrerseits nicht mehr diskursiv beantwortet werden kann. Hier ist vielmehr nur noch eine ↑Entscheidung zwischen den Alternativen sinnvoll oder nicht sinnvoll geordnet möglich. W. entscheidet sich für die Annahme eines sinnvoll geordneten Seins und damit für die auf der genannten Basis in seinen Augen dann wieder rational (wenn auch nicht letztgültig) zu begründende grundsätzliche Erkennbarkeit der Wirklichkeit, ihrer prinzipiellen Gutheit (↑Gute, das) und für die Existenz Gottes (↑Gottesbeweis), die ihrerseits wiederum auf Erkennbarkeit und Gutheit der Welt und damit auf die Metaphysik insgesamt fundierend zurückwirkt. Trotz der im Grunde optimistischen, metaphysischen Fundierung spielen, nicht zuletzt bedingt durch die Zeitumstände (1. Weltkrieg und Weimarer Republik, Nationalsozialismus), im Denken W.s Interferenzen mit dem metaphysisch ↑Bösen (↑Übel, das) eine wichtige Rolle. Der wissenschaftlich-technischen Welt wie überhaupt dem Gedanken der ↑Aufklärung steht W. in seiner ↑Kulturphilosophie skeptisch bis ablehnend gegenüber.

Werke: Gesammelte Werke, I–X, ed. W. Vernekohl, Münster 1963–1969. – John Stuart Mills Grundlegung der Geisteswissenschaften, Diss. Bonn 1914; Die Auferstehung der Metaphysik, Leipzig 1920, Hamburg 1963 (= Ges. Werke I); Die Krisis des abendländischen Menschentums, Innsbruck/Wien/München 1927 (engl. Crisis in the West, London 1931); Die Dialektik des Geistes, Augsburg 1928, Münster 1964 (= Ges. Werke III); Ungewißheit und Wagnis, Salzburg/Leipzig 1937, München [7]1962 (= Ges. Werke IV), ed. W. Schüßler/F. W. Veauthier, Münster 2002, [4]2014 (Edition P. W. I) (ital. Incertezza e rischio, Brescia 1945, [2]1948); Gestalten und Gedanken. Ein Rückblick auf mein Leben, München 1940, [5]1961 (= Ges. Werke V), mit historischen Fotos und einem Beitrag v. H. Rohde/F. Bersin, Blieskastel 1995. – E. Blattmann (ed.), Philosophenbriefe von und an P. W., Berlin 2013 (Edition P. W. IV).

Literatur: E. Blattmann, P. W. als Denker und Leser des Bösen, Frankfurt etc. 1994; ders. (ed.), P. W.. Aspekte seines Denkens. F. Werner Veauthier zum Gedächtnis, Münster 2004 (Edition P. W. II); W. T. Cleve, P. W.. Ein christlicher Existenzphilosoph unserer Tage, Speyer 1950; P. C. Keller (ed.), Begegnung mit P. W.. 36 Autoren im Dialog mit dem christlichen Existenzphilosophen aus dem Saarland, Saarbrücken 1984; A. Lohner, Gewißheit im Wagnis des Denkens. Die Frage nach der Möglichkeit von christlicher Philosophie und Metaphysik im Werk und Denken des Philosophen P. W.. Eine Gesamtdarstellung seiner Philosophie, Frankfurt etc. 1990, unter dem Titel: P. W.. Gewißheit und Wagnis. Eine Gesamtdarstellung seiner Philosophie, Paderborn etc. [2]1995; W. Meiers, Zwischen klassischer Metaphysik und Existenzdenken. Eine werkgeschichtliche Analyse der philosophischen Gotteslehre P. W.s, Berlin 2015 (Edition P. W. VII); K. Pfleger, Dialog mit P. W.. Briefe und Aufsätze, Heidelberg 1949, [2]1953; W. Rest (ed.), P. W.. Reflexionen und Vorträge zum 50. Todestag des Philosophen. Memorial, Münster 1991; M. Röbel, Staunen und Ehrfurcht. Eine werkgeschichtliche Untersuchung zum Denken P. W.s, Münster 2009 (Edition P. W. III); B. Scherer, Ein moderner Mystiker. Begegnung mit P. W., Würzburg 1973; W. Schüßler, W., BBKL XIV (1998), 193–200; ders., »Geborgen in der Ungeborgenheit«. Einführung in Leben und Werk des Philosophen P. W., Münster 2008 (Beih. Edition P. W. II); ders./M. Röbel/W. Meiers, Der Mensch als Ausgangspunkt der Philosophie. Einführung in die Hauptwerke P. W.s, Berlin 2015 (Beih. Edition P. W. III); F. W. Veauthier, Kulturkritik als Aufgabe der Kulturphilosophie. P. W.s Bedeutung als Kultur- und Zivilisationskritiker, Heidelberg 1997; W. Vernekohl, Der Philosoph von Münster. P. W.. Ein Lebensbild, Münster 1950; ders. (ed.), »Ich befinde mich in absoluter Sicherheit«. Gedenkbuch der Freunde für P. W., Münster 1950. G. W.

X

Xenarchos von Seleukeia, *Seleukeia (Kilikien) um 75 v. Chr., † um 18 n. Chr., griech. Philosoph, trotz seiner Kritik an Aristoteles in der Antike als ↑Peripatetiker geführt. Nach Strabon (14,5,4), der sich als seinen Schüler bezeichnet, lehrte X. in Alexandreia, Athen und Rom und war mit Kaiser Augustus befreundet. – X. kritisiert die Aristotelischen Annahmen eines fünften Elements (↑quinta essentia) und eines unbewegten Bewegers (↑Beweger, unbewegter) und vertritt, wiederum gegen Aristoteles und beeinflußt durch die Physik der ↑Stoa, die Annahme der Existenz des Leeren (↑Leere, das). Zur Erklärung physischer Zustände und Prozesse bedarf es lediglich physikalischer, keiner intelligiblen Ursachen (Simplikios, In Arist. De caelo commentaria *A*2, ed. I. L. Heiberg, Berlin 1894 [CAG VII], 13–25).

Literatur: A. Falcon, X. [4], DNP XII/2 (2002), 608–609; ders., Aristotelianism in the First Century BCE. Xenarchus of Seleucia, Cambridge etc. 2012; P. Moraux, X., RE IX/A2 (1967), 1422–1435; ders., Der Aristotelismus bei den Griechen. Von Andronikos bis Alexander von Aphrodisias I, Berlin/New York 1973, 197–214 (Teil 3 Die innere Opposition. X. v. S.); S. Sambursky, The Physical World of Late Antiquity, Princeton N. J., London 1962, 1987, 122–132 (dt. Das physikalische Weltbild der Antike, ed. O. Gigon, Zürich/Stuttgart 1965, 533–541). J. M.

Xenokrates von Chalkedon, *Chalkedon um 395 v. Chr., †Athen 313 v. Chr., griech. Philosoph, Schüler Platons, 339–313 v. Chr. Leiter der ↑Akademie. Von etwa 70 Schriften sind nur Fragmente erhalten. – Ziel der Philosophie ist für X. die (vor allem durch Naturerkenntnis zu erreichende) Befreiung von Angst. In enger Anlehnung an die Altersphilosophie Platons, dessen undogmatisch offene Lehre er zu einem geschlossenen, lehrbaren System zusammenfaßt und mit pythagoreischer (↑Pythagoreismus) Zahlenlehre verbindet (↑Ideenzahlenlehre), sucht X. den ↑Dualismus durch eine vom höchsten Einen (Guten) ausgehende Hierarchisierung zu überwinden und legt damit die Basis für die Hypostasenlehre (↑Hypostase) des ↑Neuplatonismus. Charakteristisch für seine Philosophie sind überschaubare Dreiteilungen: der Philosophie in Ethik, Physik und Logik, der Seinsbereiche (und der Erkenntnisarten) in sublunare sinnliche Welt (Wahrnehmung), Himmelssphäre (Vorstellung) und supralunare Welt (Vernunft, wahres Wissen), der Lebewesen in Götter, Menschen und Dämonen. Die eleatischen (↑Eleatismus) Paradoxien des Kontinuums (↑Paradoxien, zenonische) werden durch die Annahme unteilbarer Größen zu lösen versucht.

Werke: R. Heinze, X.. Darstellung der Lehre und Sammlung der Fragmente, Leipzig 1892 (repr. Hildesheim 1965), 157–197 [griech.]; Senocrate – Ermodoro. Frammenti [griech./ital.], ed. M. Isnardi Parente, Neapel 1982, erw. unter dem Titel: Senocrate e Ermodoro. Testimonianze e frammenti [griech./ital.], ed. mit T. Dorandi, Pisa 2012; Supplementum Academicum. Per l'integrazione e la revisione di Speusippo, »Frammenti« [...], ed. M. Isnardi Parente, Atti della Accademia Nazionale dei Lincei, classe di scienze morali, storiche e filologiche. Memorie, Ser. 9, 6 (1995), 247–311.

Literatur: P. Boyancé, Xénocrate et les orphiques, Rev. ét. anc. 50 (1948), 218–231; H. F. Cherniss, The Riddle of the Early Academy, Berkeley Calif./Los Angeles 1945 (repr. New York/London 1980), New York 1962 (dt. Die ältere Akademie. Ein historisches Rätsel und seine Lösung, Heidelberg 1966; franz. L'énigme de l'ancienne Académie, Paris 1993); R. Dancy, Xenocrates, SEP 2003, rev. 2017; J. M. Dillon, Xenocrates, REP IX (1998), 806–807; ders., The Heirs of Plato. A Study of the Old Academy (347–274 BC), Oxford 2003, 2008, 89–155 (Chap. 3 Xenocrates and the Systematization of Platonism); H. Dörrie, X., RE IX/A2 (1967), 1512–1528; ders., X., KP V (1975), 1413–1416; H. Happ, Hyle. Studien zum aristotelischen Materie-Begriff, Berlin/New York 1971; H. J. Krämer, Platonismus und hellenistische Philosophie, Berlin/New York 1971; ders., X., in: H. Flashar (ed.), Die Philosophie der Antike III, Basel/Stuttgart 1983, 44–72, [2]2004, 32–55; H. Leisegang, Hellenistische Philosophie. Von Aristoteles bis Plotin, Breslau 1923; P. Merlan, Beiträge zur Geschichte des antiken Platonismus, I–II, Philol. 89 (1934), 35–53, 197–214 (repr. in: ders., Kleine philosophische Schriften, ed. F. Merlan, Hildesheim/New York 1976, 51–87); ders., From Platonism to Neoplatonism, The Hague 1953, [3]1968 (repr. 1975); S. Pines, A New Fragment of X. and Its Implications, Transact. Amer. Philos. Soc. 51 (1961), H. 2, 3–34; K.-H. Stanzel, X. aus C., DNP XII/2 (2003), 620–623; J. Stenzel, Zahl und Gestalt bei Platon und Aristoteles, Leipzig 1924, Darmstadt [3]1959; D. Thiel, Die Philosophie des X. im Kontext der Alten Akademie, München/Leipzig 2006; C. J. de Vogel, Problems Concerning Later Platonism, I–II, Mnemosyne 2 (1949), 197–216, 299–318; E. Watts, Creating the Academy. Historical Discourse and the Shape of Community in the Old Academy, J. Hellenic Stud. 127 (2007), 106–122. M. G.

Xenophanes von Kolophon, *Kolophon um 570 v. Chr., †Elea um 475 v. Chr., griech. Philosoph und Dichter. X. trug nach 545 v. Chr. etwa 67 Jahre lang als Wanderlehrer und Rhapsode vor allem in Sizilien und Unteritalien neben fremden auch eigene Werke vor (120 Verse sind erhalten). Er soll Schüler des Anaximander und Lehrer des Parmenides gewesen sein und war Wegbereiter, nicht Gründer der eleatischen Schule (↑Eleatismus). – X. hat kein systematisches Lehrgebäude entworfen. Als systematisch-philosophische Elemente können seine (als Antizipation Aristotelischer Theoreme interpretierbaren) theologisch-kosmologischen Thesen gelten: die These von der Einzigartigkeit und Bewegungslosigkeit ›Gottes‹, den er vermutlich mit der äußeren Hülle des Himmelsgewölbes gleichsetzte, und die These von der ↑Ewigkeit der Welt (↑creatio ex nihilo). Sein Hauptanliegen ist jedoch die Kritik an unreflektiert übernommenen Traditionen und Sitten, an unmoralischen und anthropomorphen (↑Anthropomorphismus) Gottesvorstellungen und an der Überbewertung des Körpers (Heroenkult der Sportler) gegenüber dem Geist. Seine systematischen Ansätze übten große Wirkung auf die ↑Vorsokratiker aus: Seine These der Ewigkeit der Welt beeinflußte die Einheitslehre der Eleaten, die außerdem seine dialektische (↑Dialektik) Argumentationsweise aufnahmen und ausbauten; seine Unterscheidung zwischen (göttlichem) wahrem Wissen und (menschlichem) unvollkommenem Erkennen bereitete unter anderem den Platonischen ↑Dualismus von Wissen und ↑Meinung (Doxa) sowie den erkenntnistheoretischen ↑Skeptizismus vor. X.' Vorstellung von Gott als allmächtigem Geistwesen und seine natürliche (nicht-mythische) Deutung der Gestirne und Naturgewalten trug maßgeblich zur Entwicklung einer monotheistisch-spirituellen ↑Theologie und einer mythen- und religionsfreien ↑Naturphilosophie bei.

Werke: VS 21; Senofane, Testimonianze e frammenti, ed. M. Untersteiner, Florenz 1956; Die Fragmente [griech./dt.], ed. E. Heitsch, München/Zürich 1983; J. Mansfeld (ed.), Die Vorsokratiker I [griech./dt.], Stuttgart 1983, I–II in einem Bd., 1986, 204–230, ed. mit O. Primavesi, 2011, 2012, 206–235; Fragments. A Text and Translation with a Commentary [griech./engl.], ed. J. H. Lesher, Toronto/Buffalo N. Y./London 1992, 2001 (mit Bibliographie, 235–242); M. L. Gemelli Marciano (ed.), Die Vorsokratiker I (Thales, Anaximander, Anaximenes, Pythagoras und die Pythagoreer, Xenophanes, Heraklit), Düsseldorf 2007, Berlin 2011, 222–383 [griech./dt.]; D. W. Graham (ed.), The Texts of Early Greek Philosophy. The Complete Fragments and Selected Testimonies of the Major Presocratics, Cambridge etc. 2010, 2011, 95–134 [griech./lat./engl.]; Œuvre poétique [griech./franz.], ed. L. Reibaud, Paris 2012; A. Laks/G. W. Most (eds.), Early Greek Philosophy III (Early Ionian Thinkers 2), Cambridge Mass./London 2016, 3–113 [griech./lat./engl.].

Literatur: J. Barnes, The Presocratic Philosophers I (Thales to Zeno), London 1979, rev., I–II in 1 Bd., London/New York 1982, 2000; J. Bryan, Likeness and Likelihood in the Presocratics and Plato, Cambridge etc. 2012, 6–57 (Chap. 1 X.' Fallibilism); G. Calogero, Studi sull'eleatismo, Florenz [2]1977, 315–334 (Appendici I: Senofane, Eschilo e la prima definizione dell'omnipotenza di Dio) (dt. Studien über den Eleatismus, Darmstadt 1970, 283–301 [Anhang I: X., Aischylos und die erste Definition der Allmacht Gottes]); C. J. Classen, X. and the Tradition of Epic Poetry, in: K. J. Boudouris (ed.), Ionian Philosophy, Athen 1989, 91–103; M. Enders, Natürliche Theologie im Denken der Griechen, Frankfurt 2000, 47–73 (Kap. III Die Theologie des X. v. K.); H. Fränkel, Dichtung und Philosophie des frühen Griechentums. Eine Geschichte der griechischen Literatur von Homer bis Pindar, New York 1951, mit Untertitel: Eine Geschichte der griechischen Epik, Lyrik und Prosa bis zur Mitte des 5. Jahrhunderts, München [2]1962, [5]2006 (engl. Early Greek Poetry. A History of Greek Epic, Lyric, and Prose to the Middle of the Fifth Century, Oxford, New York 1975, New York 1984); W.-D. Gudopp v. Behm, Thales und die Folgen. Vom Werden des philosophischen Gedankens: Anaximander und Anaximenes, X., Parmenides und Heraklit, Würzburg 2015; W. K. C. Guthrie, A History of Greek Philosophy I, Cambridge 1962, 2000, 360–402; E. Heitsch, X. und die Anfänge kritischen Denkens, Stuttgart 1994; W. Jaeger, The Theology of the Early Greek Philosophers, Oxford 1947, 1968, 38–54 (dt. Die Theologie der frühen griechischen Denker, Stuttgart 1953 [repr. Darmstadt, Stuttgart 1964, Stuttgart 2009], 50–68); G. B. Kerferd, X. of Colophon, Enc. Ph. VIII (1967), 353–354; G. S. Kirk/J. E. Raven, The Presocratic Philosophers. A Critical History with a Selection of Texts, Cambridge 1957, 163–181, (mit M. Schofield) [2]1983, 2010, 163–180 (dt. Die vorsokratischen Philosophen. Einführung, Texte und Kommentare, Stuttgart/Weimar 1994, 2001, 178–197); J. Lesher, X., REP IX (1998), 807–810; ders., Early Interest in Knowledge, in: A. A. Long (ed.), The Cambridge Companion to Early Greek Philosophy, Cambridge etc. 1999, 2008, 225–249 (dt. Das frühe Interesse am Wissen, in: A. A. Long [ed.], Handbuch frühe griechische Philosophie. Von Thales bis zu den Sophisten, Stuttgart/Weimar 2001, 206–227); ders., X., SEP 2002, 2014; A. Lumpe, Die Philosophie des X. v. K., München 1952; ders., X., BBKL XIV (1998), 273–278; A. MacIntyre, Pantheism, Enc. Ph. VI (1967), 31–35, bes. 32, VII ([2]2006), 94–99, bes. 94; R. McKirahan, X. of Colophon, Enc. Ph. IX ([2]2006), 853–854; A. P. D. Mourelatos, X., DNP XII/2 (2003), 628–632; J. A. Palmer, X.' Ouranian God in the Fourth Century, Oxford Stud. Ancient Philos. 16 (1998), 1–34; R. H. Popkin, Skepticism, Enc. Ph. VII (1967), 449–461, bes. 449, stark überarb. unter dem Titel: Skepticism, History of, Enc. Ph. IX ([2]2006), 47–61, bes. 48; K. R. Popper, The Unknown X.. An Attempt to Establish His Greatness, in: ders., The World of Parmenides. Essays on the Presocratic Enlightenment, ed. A. F. Petersen, London/New York 1998, 33–67, Abingdon/New York 2012, 36–75 (dt. Der unbekannte X.. Ein Versuch, seine Größe nachzuweisen, in: ders., Die Welt des Parmenides. Der Ursprung des europäischen Denkens, München/Zürich 2001, 2005, 73–122); K. Praechter, Zu X., Philol. 64 (1905), 308–310; C. Schäfer, X. v. K.. Ein Vorsokratiker zwischen Mythos und Philosophie, Stuttgart/Leipzig, Wiesbaden 1996; T. Schirren, X., in: H. Flashar/D. Bremer/G. Rechenauer (eds.), Die Philosophie der Antike I/1, Basel 2013, 339–374; P. Steinmetz, X.studien, Rhein. Mus. Philol. 109 (1966), 13–73; ders., X., KP V (1975), 1419–1421; M. C. Stokes, One and Many in Presocratic Philosophy, Washington D. C. 1971, 66–85; J. Warren, Presocratics, Stocksfield 2007, mit Untertitel: Natural Philosophers before Socrates, Berkeley Calif./Los Angeles 2007, bes. 41–56, 192–193; J. Wiesner, X., Anzeiger f. d. Altertumswiss. 25 (1972), 1–15; ders., Ps.-Aristoteles, MXG. Der historische Wert des X.referats. Beiträge zur Geschichte des Eleatismus, Amsterdam 1974. M. G.

Xenophon von Athen, *Athen um 426 v. Chr., †Athen (oder Korinth) um 354 v. Chr., griech. Historiker und philosophischer Schriftsteller, Schüler des Sokrates (nach 410). Teilnehmer am Feldzug des jüngeren Kyros gegen Artaxerxes II. (401) und an Feldzügen des Spartanerkönigs Agesilaos gegen die Perser. Wegen seiner Teilnahme an der Schlacht bei Koroneia 394 auf Seiten der Spartaner Verbannung aus Athen und Aufenthalt in Skillos bei Olympia, nach der Niederlage Spartas bei Leuktra (371) in Korinth; nach Aussöhnung Spartas, Korinths und Athens wahrscheinlich Rückkehr nach Athen.

Von X. stammen historische Schriften (darunter die »Anabasis« und die »Hellenika«), politische Schriften (über den idealen Staat und den idealen Herrscher), Lehrschriften über die Staatsfinanzen und sokratische Schriften (darunter die »Memorabilien« [Erinnerungen an Sokrates], die »Apologia« [Verteidigungsrede des Sokrates vor seinen Richtern] und das »Symposion«). Im Gegensatz zum philosophischen Sokratesbild Platons beschreibt X. einen einfachen, mit Alltagsproblemen politischer und moralischer Art befaßten Sokrates und dessen Wirkung auf die alltägliche Praxis und verbindet diese Beschreibung, die ebenso konstruiert ist wie diejenige Platons und der anderen ↑Sokratiker, mit eigenen moralischen Vorstellungen und polemischer Kritik anderer Auffassungen.

Werke: Opera omnia [griech.], I–V, ed. E. C. Marchant, Oxford 1900–1920, 1974–2004; Œuvres complètes [franz.], I–III, ed. P. Chambry, Paris 1967. – Hellenika [griech.], I–III, ed. L. Breitenbach, Berlin 1873–1876, unter dem Titel: *ΕΛΛΗΝΙΚΑ*. Historia graeca [griech.], ed. O. Keller, Leipzig 1890, 1926, ed. C. Hude, Leipzig 1930, 1939, Stuttgart 1969 (Bibliotheca Scriptorum Graecorum et Romanorum Teubneriana), unter dem Titel: Hellenica [griech./engl.], I–II, ed. C. L. Brownson, Cambridge Mass., London 1918/1921, Cambridge Mass./London 1985/1986, unter dem Titel: Helléniques [griech./franz.], I–II, ed. J. Hatzfeld, Paris 1936/1939, I 2007, II 2006, unter dem Titel: Hellenika [griech./dt.], ed. G. Strasburger, München 1970, Düsseldorf/Zürich ^{3}2000, ^{4}2005, unter dem Titel: The Hellenica [griech./engl.], krit. ed. D. F. Jackson/R. E. Doty, Lewiston N. Y. 2006 (engl. The Landmark X.'s Hellenika, ed. R. B. Strassler, neu übers. J. Marincola, New York 2009, 2010); *ΚΥΡΟΥ ΠΑΙΔΕΙΑ*. Institutio Cyri [griech.], ed. A. Hug, Leipzig 1883, ed. W. Gemoll, Leipzig 1912, ed. J. Peters, Stuttgart ^{2}1968 (Bibliotheca Scriptorum Graecorum et Romanorum Teubneriana), unter dem Titel: Cyropaedia [griech./engl.], I–II, ed. W. Miller, Cambridge Mass., London 1914, Cambridge Mass./London 2000/2001, unter dem Titel: Cyropédie [griech./franz.], I–III, ed. M. Bizos/É. Delebecque, Paris 1971–1978, unter dem Titel: Kyrupädie. Die Erziehung des Kyros [griech./dt.], ed. R. Nickel, München/Zürich, Darmstadt 1992, unter dem Titel: Cyropaedia [griech./engl.], ed. D. F. Jackson/R. E. Doty, Lewiston N. Y. 2010; *ΑΠΟΜΝΗΜΟΝΕΥΜΑΤΑ*. Commentarii [griech.], ed. W. Gilbert, Leipzig 1888, 1928, ed. C. Hude, Leipzig 1934, Stuttgart 1969, 1985 (Bibliotheca Scriptorum Graecorum et Romanorum Teubneriana), unter dem Titel: Memorabilia [griech./engl.], ed. E. C. Marchant, London, New York 1923, 1–359, rev. J. Henderson, Cambridge Mass./London 2013, 1–377, unter dem Titel: Erinnerungen an Sokrates [griech./dt.], ed. P. Jaerisch, München 1962, Düsseldorf/Zürich 2003, unter dem Titel: Mémorables [griech./franz.], I–II (in drei Bdn.), ed. M. Bandini/L.-A. Dorion, Paris 2000/2011, I, 2010, II, 2014 (dt. Erinnerungen an Sokrates, ed. R. Preiswerk, Zürich 1953, Stuttgart 2005; engl. Memorabilia, ed. A. L. Bonnette, Ithaca N. Y. 1994, 2001; franz. Mémorables, ed. L.-A. Dorion, Paris 2015); *ΚΥΡΟΥ ΑΝΑΒΑΣΙΣ*. Expeditio Cyri [griech.], ed. W. Gemoll, Leipzig 1899, 1927, ed. C. Hude, Leipzig 1931, rev. J. Peters, ^{2}1972 (Bibliotheca Scriptorum Graecorum et Romanorum Teubneriana), unter dem Titel: Anabasis [griech./engl.], I–II, ed. C. L. Brownson, Cambridge Mass., London 1921/1922, in einem Bd. 1968, rev. J. Dillery, Cambridge Mass./London 1998, 2006, unter dem Titel: Anabase [griech./franz.], I–II, ed. P. Masqueray, Paris 1930/1931, ed. S. Milanezi, Paris ^{2}2000, 2009, unter dem Titel: Anabasis. Der Zug der Zehntausend [griech./dt.], ed. W. Müri, München/Zürich, Darmstadt 1990, Mannheim ^{4}2010 (dt. Des Kyros Anabasis. Der Zug der Zehntausend, ed. H. Vretska, Stuttgart 1958, 2009; engl. The Expedition of Cyrus, ed. R. Waterfield/T. Rood, Oxford/New York 2005, 2009, unter dem Titel: The Anabasis of Cyrus, ed. W. Ambler/E. Buzzetti, Ithaca N. Y. 2008); Opuscula politica, equestria et venatica, ed. G. Pierleoni, Rom 1906, unter dem Titel: Opuscula, 1933, 1954; Scripta minora, I–II, ed. T. Thalheim/F. Rühl, Leipzig 1910/1912, I 1915; Symposium [griech./engl.], ed. O. J. Todd, Cambridge Mass., London 1922, rev. ed. J. Henderson, Cambridge Mass./London 2013, unter dem Titel: Le Banquet. Apologie de Socrate [griech./franz.], ed. F. Ollier, Paris 1961, 2014, unter dem Titel: Das Gastmahl [griech./dt.], ed. E. Stärk, Stuttgart 1986, 2009, unter dem Titel: Symposium [griech./engl.], ed. A. J. Bowen, Warminster 1998, unter dem Titel: The Symposium [griech./engl.], krit. ed. D. F. Jackson, Lewiston N. Y. 2013 (dt. Das Gastmahl, ed. G. P. Landmann, Hamburg 1957; unter dem Titel: Symposion, ed. B. Huß, Stuttgart/Leipzig 1999); Oeconomicus [griech./engl.], ed. E. C. Marchant, Cambridge Mass., London 1923, rev. ed. J. Henderson, Cambridge Mass./London 2013, unter dem Titel: Économique [griech./franz.], ed. P. Chantraine, Paris 1949, 2008, unter dem Titel: Oeconomicus. A Social and Historical Commentary [griech./engl.], ed. S. B. Pomeroy, Oxford 1994, 2002; Scripta minora [griech./engl.], ed. E. C. Marchant, London, Cambridge Mass. 1925, 1993; La république des Lacédémoniens [griech./franz.], ed. F. Ollier, Lyon, Paris 1934 (repr. New York 1979), unter dem Titel: Die Verfassung der Spartaner [griech./dt.], ed. S. Rebenich, Darmstadt 1998, 2010, unter dem Titel: X.'s Spartan Constitution. Introduction, Text, Commentary [griech./engl.], ed. M. Lipka, Berlin/New York 2002, unter dem Titel: The Constitution of the Lacedaemonians [griech./engl.], ed. D. F. Jackson, Lewiston N. Y. 2007; Hiéron [griech./franz.], ed. J. Luccioni, Paris 1948, unter dem Titel: Hiero – A New Translation [griech./engl.], ed. R. Doty, Lewiston N. Y. 2003; Die sokratischen Schriften. Memorabilien, Symposion, Oikonomikos, Apologie, ed. E. Bux, Stuttgart 1956; Reitkunst [griech./dt.], ed. K. Widdra, Berlin, Darmstadt 1965, Schondorf a. Ammersee 2007, unter dem Titel: De l'art équestre [griech./franz.], ed. E. Delebecque, Paris 1978, 2002; L'art de la chasse [griech./franz.], ed. E. Delebecque, Paris 1970, 2003, unter dem Titel: X. on Hunting [griech./engl.], ed. R. E. Doty, Lewiston N. Y. 2001; Vorschläge zur Beschaffung von Geldmitteln oder Über die Staatseinkünfte [griech./dt.], ed. E. Schütrumpf, Darmstadt 1982, unter dem Titel: Poroi. A New Translation [griech./engl.], ed. R. Doty, Lewiston N. Y. 2003; Conversations of Socrates, ed. H. Tredennick/R. Waterfield, London etc. 1990; Ökonomische Schriften [griech./dt.], ed. G. Audring, Berlin 1992 [enth. »Gespräch über Haushaltsführung«

und »Mittel und Wege, dem Staat Geld zu verschaffen«]; The Shorter Socratic Writings. »Apology of Socrates to the Jury«, »Oeconomicus« and »Symposium«, ed. R. C. Bartlett, Ithaca N. Y. 1996, 2006; X. on Government, ed. V. Gray, Cambridge etc. 2007, 2010; Apology and Memorabilia I [griech./engl.], ed. M. D. Macleod, Oxford 2008. – Xenophonis operum concordantiae, I–VI (in 10 Bdn.), ed. C. Schrader/J. Vela Tejada/V. Ramón, Hildesheim/Zürich/New York 2002–2010. – D. R. Morrison, Bibliography of Editions, Translations, and Commentary on X.'s Socratic Writings 1600 – Present, Pittsburgh Pa. 1988; L.-A. Dorion, Les écrits socratiques de X.. Supplément bibliographique (1984–2008), in: M. Narcy/A. Tordesillas (eds.), X. et Socrate [s. u., Lit.], 283–300.

Literatur: J. K. Anderson, X., London 1974, Bristol 2001, 2008; H. R. Breitenbach, Historiographische Anschauungsformen X.s, Fribourg 1950; ders., X., KP V (1975), 1422–1429; ders./M. Treu, X. von Athen, RE IX/A2 (1967), 1569–2052 (repr. Stuttgart 1966); C. Bruell, X.s Politische Philosophie, München 1990; W. Burkert, X., LAW (1965), 3290–3294; E. Buzzetti, X. the Socratic Prince. The Argument of the Anabasis of Cyrus, New York 2014; A.-H. Chroust, Socrates. Man and Myth. The Two Socratic Apologies of X., London, Notre Dame Ind. 1957; C. J. Classen, X.s Darstellung der Sophistik und der Sophisten, Hermes 112 (1984), 154–167; J. M. Cooper, Notes on X.'s Socrates, in: ders., Reason and Emotion. Essays on Ancient Moral Philosophy and Ethical Theory, Princeton N. J./Chichester 1999, 3–28; G. Danzig, Apologizing for Socrates. How Plato and X. Created Our Socrates, Lanham Md. etc. 2010; É. Delebecque, Essai sur la vie de Xénophon, Paris 1957; J. Dillery, X. and the History of His Times, London/New York 1995; K. Döring, X., in: H. Flashar (ed.), Grundriss der Geschichte der Philosophie. Die Philosophie der Antike II/1 (Sophistik, Sokrates, Sokratik, Mathematik, Medizin), Basel 1998, 182–200, 344–347; L.-A. Dorion, Introduction, in: Mémorables I, Paris 2000, 2010 [s. o., Werke], VII–CCLII; ders., L'autre Socrate. Études sur les écrits socratiques de X., Paris 2013; E. J. Edelstein, Xenophontisches und Platonisches Bild des Sokrates, Berlin 1935; M. A. Flower, The Cambridge Companion to X., Cambridge etc. 2016; P. Gauthier, Un commentaire historique des »Poroi« de X. [griech.], Genf/Paris 1976; O. Gigon, Kommentar zum ersten Buch von X.s Memorabilien, Basel 1953; ders., Kommentar zum zweiten Buch von X.s Memorabilien, Basel 1956; V. J. Gray, The Character of X.'s »Hellenica«, London, Baltimore Md. 1989; dies., X.'s Symposion. The Display of Wisdom, Hermes 120 (1992), 58–75; dies., X.'s Image of Socrates in the »Memorabilia«, Prudentia 27 (1995), 50–73; dies., The Framing of Socrates. The Literary Interpretation of X.'s Memorabilia, Stuttgart 1998; dies. (ed.), X., Oxford/New York 2010, 2011; dies., X.'s Mirror of Princes. Reading the Reflections, Oxford/New York 2011, 2012; W. E. Higgins, X. the Athenian. The Problem of the Individual and the Society of the ›Polis‹, Albany N. Y. 1977; R. Lane Fox (ed.), The Long March. X. and the Ten Thousand, New Haven Conn./London 2004; O. Lendle, Kommentar zu X.s Anabasis. Bücher 1–7, Darmstadt 1995; ders., X., in: K. Brodersen (ed.), Große Gestalten der griechischen Antike. 58 historische Porträts von Homer bis Kleopatra, München 1999, 185–193; J. Luccioni, Xénophon et le socratisme, Paris 1953; C. Mueller-Goldingen, Untersuchungen zu X.s Kyrupädie, Stuttgart/Leipzig 1995; ders., X.. Philosophie und Geschichte, Darmstadt 2007; M. Narcy/A. Tordesillas (eds.), X. et Socrate. Actes du colloque d'Aix-en-Provence (6–9 novembre 2003), Paris 2008; R. Nickel, X., Darmstadt 1979, rev. mit Untertitel: Leben und Werk, Marburg 2016; ders., Der verbannte Stratege. X. und der Tod des Thukydides, Darmstadt 2014 (engl. A Strategist in Exile. X. and the Death of Thucydides, Barnsley 2016); D. K. O'Connor, X., REP IX (1998), 810–815; P. Pontier, Trouble et ordre chez Platon et X., Paris 2006; ders. (ed.), Xénophon et la rhétorique, Paris 2014; D. B. Robinson, X., Enc. Ph. VIII (1967), 354–355, IX (^{2}2006), 854–856, mit Addendum v. S. Carson, X (^{2}2006), 47–48; A. Róspide López/F. Martín García, Index Xenophontis Opusculorum, Hildesheim/Zürich/New York 1994; B. Schiffmann, Untersuchungen zu X.. Tugend, Eigenschaft, Verhalten, Folgen, Göttingen 1993; L. Strauss, On Tyranny. An Interpretation of X.'s »Hiero«, Glencoe Ill. 1948, rev. ed. V. Gourevitch/M. S. Roth, Chicago Ill./London 2000, 2011 (franz. De la tyrannie, Paris 1954, 1997; dt. Über Tyrannis. Eine Interpretation von X.s »Hieron«, Neuwied/Berlin 1963, Stuttgart/Weimar 2000, 2015 [= Ges. Schr. V]); ders., X.'s Socrates, Ithaca N. Y./London 1972, 1973 (franz. Le discours socratique de X. suivi de Le Socrate de X., Combas 1992, 87–210); C. Tuplin, The Failings of Empire. A Reading of X. »Hellenica« 2.3.11–7.5.27, Stuttgart 1993; ders. (ed.), X. and His World. Papers from a Conference Held in Liverpool in July 1999, Stuttgart 2004; B. Zimmermann/A. Rengakos (eds.), Handbuch der griechischen Literatur der Antike II (Die Literatur der klassischen und hellenistischen Zeit), München 2014, 284–289, 586–589, 623–631, 700–701. – Études philos. 69 (2004), H. 2 (Les écrits socratiques de X.). – Totok I (1964), 141–143. J. M.

X-Kriterium (engl. Roentgen criterion), Bezeichnung für ein nach der Redensart ›ich lasse mir doch kein X für ein U vormachen‹ benanntes, im Idealfall quantitatives ↑Kriterium, das den Ernsthaftigkeitsgrad (engl. degree of seriousness) einer wissenschaftlichen oder philosophischen Arbeit zu beurteilen gestattet. Die Artikulation eines X-K.s erwies sich als ein dringendes Desiderat der Publikationsbewertungsforschung, nachdem seit den 1920er Jahren auch seriöse Publikationsorgane in beunruhigendem Maße von Elaboraten zweifelhafter, unfreiwillig parodistischer und sogar intentional parodistischer Art überschwemmt wurden. Die frühen Versuche zur Formulierung eines X-K.s aus dem ↑Wiener Kreis (↑Empirismus, logischer) und seinem Umfeld waren ausschließlich syntaktischer Natur (↑Syntax). Der Grund hierfür liegt nicht allein in der traditionellen Orientierung des ↑Neopositivismus an der Syntax, sondern auch in der Perspektive einer möglichen Automatisierung der Anwendung des Kriteriums in einem ↑Algorithmus, wie sie von Editorenseite aus naheliegenden Gründen seit den späten 1920er Jahren wiederholt gefordert worden war. Tatsächlich aber scheint die Formulierung eines rein syntaktischen Kriteriums unmöglich zu sein, wenn auch hierfür noch kein Unmöglichkeitsbeweis im engeren Sinne vorliegt. Die Einbeziehung der semantisch-pragmatischen Dimension (↑Semantik, ↑Pragmatik) in die Formulierung von X-K.en hat in den letzten Jahrzehnten unter anderem die Frage aufgeworfen, ob nicht in lateraler Ergänzung dieser Ansätze zusätzlich auch ↑Hermeneutik und Tiefenhermeneutik (↑Habermas, Jürgen) Berücksichtigung finden müßten.

In neuerer Zeit hat die Diskussion um X-K.en auf Grund eklatanter Beispielfälle (↑Paradigma) eine Wendung ins Konkrete genommen. So verweist S. Weigert (1998) auf die Arbeit »Bemerkung zur Quantentheorie der Nullpunktstemperatur« von G. Beck, H. Bethe und W. Riezler (1931), deren parodistischer Charakter zunächst weder vom Herausgeber der Zeitschrift noch von so prominenten Physikern wie A. Sommerfeld erkannt worden war. Die Arbeit »sollte eine gewisse Klasse von theoretisch-physikalischen Arbeiten der letzten Zeit treffen, die lediglich spekulativen Charakter und nur zufällige Zahlenübereinstimmungen zur Grundlage haben«, wie der Herausgeber in einer zähneknirschenden »Berichtigung« knapp zwei Monate nach der Publikation der Originalarbeit hermeneutisch-rekonstruierend vermerkt. Ziel der parodistischen Kritik war der englische Astrophysiker A. S. Eddington (1882–1944), der verschiedene Arbeiten veröffentlicht hatte, in denen er die Feinstrukturkonstante α ($\approx$ 1/137) und das Verhältnis von Proton- und Elektronmasse algebraisch berechnen wollte (↑Quantentheorie); diese Versuche waren von den meisten Physikern mit großer Skepsis aufgenommen worden. Nach der skandalösen Publikation der Arbeit von Beck u. a. rückte in der editorischen Vorbemerkung zum Abschnitt »Zuschriften« (wo sowohl das Elaborat von Beck u. a. als auch die erlösende Berichtigung des Herausgebers publiziert worden war) der Passus »Für die Zuschriften hält sich der Herausgeber nicht für verantwortlich« von seiner bisherigen Stellung als (kleingedruckter) letzter Satz an die prominentere Stelle eines zentrierten ersten Satzes.

Die Anwendung eines X-K.s wird auch auf der Rezipientenseite regelmäßig zu Beginn des Monats April ein Bedürfnis, wenn sich Editoren wissenschaftlicher Journale zur Publikation humorig gemeinter parodistischer Artikel hinreißen lassen. So berichtet z. B. die Zeitschrift »Spektrum der Wissenschaft« im April 1994 über die experimentelle Umwandlung von Elementarteilchen in pinguinartige Gebilde (U. Reichert 1994). Die offensichtliche Unplausibilität dieser Behauptung wird noch durch den Umstand ins fast Geschmacklose übertrieben, daß die Unterschenkel dieser im Speicherring gefundenen Pinguine aus Gluonen bestehen sollten, während die Superauswahlregeln der Quantenchromodynamik dies bekanntlich explizit verbieten (↑Teilchenphysik).

Ein weiteres, potentiell fruchtbares Anwendungsfeld von X-K.en sind parodistische Aufsätze, die nicht zur Erheiterung des Publikums, sondern zur Demaskierung von angeblich unzureichenden Publikationspraktiken dienen sollen. So wurde in der Zeitschrift »Social Text« ein Artikel des Physikers A. Sokal publiziert, der mit einem Wust von Pseudoargumenten für die Inexistenz der physischen Welt argumentierte. Die vom Autor intendierte Annahme des Artikels sollte, wie er in einem späteren Beitrag in der Zeitschrift »Lingua Franca« offenlegte, die faktische redaktionelle Ununterscheidbarkeit von ernst gemeinten und parodistischen Arbeiten in bestimmten Segmenten des Diskurses über die Sozialkonstruktion von Realität belegen (↑Konstruktivismus, radikaler). Tatsächlich aber belege der Artikel nur, wie der Herausgeber von »Social Text« den Vorgang kommentierte, die Arroganz von (Natur-)Wissenschaftlern gegenüber jeglicher von außen kommender Kritik. Wie immer man diese Einschätzung auch beurteilt, ein praktikables X-K. würde solche Diskussionen bereits im Keim ersticken, weil sowohl das Parodieobjekt als auch die parodistischen Artikel selbst die engen Maschen eines geeignet gewählten X-K.s nicht passieren könnten.

Unglücklicherweise ist die sehr substantielle Diskussion über X-K.en, die im Februar und März 1996 im Internet stattfand (http://www.parod.uni-konstanz.de), auf Grund eines Fehlers bei der Konversion eines Files vom Macintosh-Format in den Industriestandard gelöscht worden, so daß sie sich der Dokumentation entzieht. Jedenfalls sollten Entgleisungen der genannten Art, die die Wissenschaft zutiefst ins Lächerliche ziehen, in Zukunft durch die Formulierung eines adäquaten X-K.s aufspür- und eliminierbar sein. Zu wünschen ist allerdings, daß sich der entsprechende Diskurs nicht durch die Wirkung des philosophischen Proliferationsprinzips (↑Proliferationsprinzip, philosophisches) ins Uferlose ausweitet.

Literatur: H. Auinger, Mißbrauchte Mathematik. Zur Verwendung mathematischer Methoden in den Sozialwissenschaften, Frankfurt etc. 1995; G. Beck/W. Bethe/W. Riezler, Bemerkung zur Quantentheorie der Nullpunktstemperatur, Naturwiss. 19 (1931), 39; A. Berliner, Berichtigung, Naturwiss. 19 (1931), 233; C. W. Kilmister, Eddington's Search for a Fundamental Theory. A Key to the Universe, Cambridge 1994; U. Reichert, Pinguine im Teilchenzoo, Spektrum Wiss. H. 4 (1994), 24–25; A. D. Sokal, Transgressing the Boundaries. Toward a Transformative Hermeneutics of Quantum Gravity, Social Text 46/47 (1996), 217–252; ders., A Physicist Experiments with Cultural Studies, Lingua Franca 6 (1996), 62–64; ders., Beyond the Hoax. Science, Philosophy and Culture, Oxford/New York 2008; J. Weinberg, Hey Did You Know Logical Pluralism Is »Connected to Homosexuality«?, DailyNous, 20.01.2016: http://dailynous.com/2016/01/20/hey-did-you-know-logical-pluralism-is-connected-to-homosexuality/; S. Weigert, Wissenschaftliche Darstellungsformen und Uneigentliches Sprechen. Analyse einer Parodie aus der Theoretischen Physik, in: L. Danneberg/J. Niederhauser, Darstellungsformen der Wissenschaften im Kontrast. Aspekte der Methodik, Theorie und Empirie, Tübingen 1998, 131–156. P. H.-H.

Y

Yang Chu (auch: Yang Zhu), *440 v. Chr., †ca. 360 v. Chr., chines. Philosoph, von dem nur im 7. Buch des Lieh Tzu berichtet wird. Y. C. vertritt eine Staat und Ehren ignorierende Moral, deren höchstes Ziel das Genießen des Augenblickes ist. Da im Tode ohnehin alle Menschen gleich sind, seien das Streben der Konfuzianer (↑Konfuzianismus) nach Nachruhm und das komplizierte System von Riten und Tugendlehren lächerlich.

Texte: Liä Dsi. Das wahre Buch vom quellenden Urgrund. Die Lehre der Philosophen Liä Yü Kou und Yang Dschu, übers. V. R. Wilhelm, Jena 1911, [3]1936, Düsseldorf 1968, [6]1996, rev. München 2009; Wisdom of the East. Yang Chu's Garden of Pleasure, trans. A. Forke, London 1912; The Book of Lieh-tzu, trans. A. C. Graham, London 1960, mit Untertitel: A Classic of the Tao, New York 1990.

Literatur: A. Chang, A Comparative Study of Y. C. and the Chapter on Y. C., Chinese Culture 12 (1971), 49–60, 13 (1972), 44–84; J. Emerson, Y. C.'s Discovery of the Body, Philos. East and West 46 (1996), 533–566; A. C. Graham, The Date and Composition of Liehtzyy, Asia Major NS 8 (1960), 139–198, unter dem Titel: The Date and Composition of Lieh-Tzŭ, in: ders., Studies in Chinese Philosophy & Philosophical Literature, Singapur 1986, Albany N. Y. 1990, 216–282; T. Kushner, Y. C.. Ethical Egoist in Ancient China, J. Chinese Philos. 7 (1980), 319–325; H. D. Roth, Yangzhu, REP IX (1998), 822–823; H. Schleichert, Klassische chinesische Philosophie. Eine Einführung, Frankfurt 1980, 76–85 (§ 6 Y. Zhu), [2]1990, 110–118 (§ 6 Y. Zhu), mit H. Roetz, [3]2009, 105–111 (§ 7 Y. Zhu); V. Shen, Y. Zhu, Enc. Chinese Philos. 2003, 840–842; ders., Y. Zhu, Enc. Ph. IX ([2]2006), 862–863. H. S.

Yang Hsiung (auch: Yang Xiong), *53 v. Chr., †18 n. Chr., Neukonfuzianer der Alttextschule (↑Konfuzianismus). Y. vertritt eine sorgfältige Trennung der klassischen konfuzianischen Texte von der Yin-Yang-Schule (↑Yin-Yang) und sonstigen Weissagepraktiken, obgleich er stark vom ↑I Ching beeinflußt ist. Er ist skeptisch gegenüber magischen Vorhersagen (an deren Möglichkeit man zu seiner Zeit allgemein glaubte) und gegenüber volkstaoistischen Versuchen, das Leben zu verlängern. Die menschliche Natur enthält nach Y. beides: Gutes und Böses (↑Menzius und ↑Hsün Tzu).

Texte: Y. H.'s »Fa-yen« (Wörter strenger Ermahnung). Ein philosophischer Traktat aus dem Beginn der christlichen Zeitrechnung, übers. E. v. Zach, Batavia 1939 (Sinolog. Beitr. IV) (repr. San Francisco Calif. 1978); The Han Shu Biography of Y. Xiong (53 B. C. – A. D. 18), trans. D. R. Knechtges, Tempe Ariz. 1982; The Canon of Supreme Mystery. A Translation with Commentary of the »T'ai Hsüan Ching«, trans. M. Nylan, Albany N. Y. 1993; The Elemental Changes. The Ancient Chinese Companion to the »I Ching«. The »T'ai hsüan ching« of Master Y. H., trans. M. Nylan, Albany N. Y. 1994, Delhi 1995; Readings in Han Chinese Thought, ed. M. Csikszentmihalyi, Indianapolis Ind./Cambridge 2006, 16–22 (»Putting Learning into Action« (Xuexing), Chapter 1 of »Model Sayings« (Fayan)), 75–78 (From »Asking about the Way« (Wen Dao), Chapter 4 of the »Model Saying« (Fayan)); Maîtres mots [chin./franz.], ed. B. L'Haridon, Paris 2010. – The Liu Hsin/Y. H. Correspondence on the Fang Yen [engl.], trans. D. R. Knechtges, Monumenta Serica 33 (1977/1978), 309–325.

Literatur: B. Belpaire, Le catéchisme philosophique de Yang-Hiong-tse, Brüssel 1960; F. M. Doeringer, Y. and His Formulation of a Classicism, Ann Arbor Mich. 1971, 1994; A. Forke, Geschichte der mittelalterlichen chinesischen Philosophie, Hamburg 1934, [2]1964; G. Kechang, Studies on the Han Fu, New Haven Conn. 1997, bes. 183–226 (Chap. 6 The »Fu« of Y. Xiong); D. R. Knechtges, Yang Schyong, the Fuh and Han Rhetoric, Diss. Seattle 1968; ders., The Han Rhapsody. A Study of the Fu of Y. H. (53 B. C. – A. D. 18), Cambridge/New York 1976; M. Nylan, Y. Xiong, REP IX (1998), 821–822; ders., Y. Xiong, Enc. Chinese Philos. 2003, 837–840. H. S.

Yin–Yang, Bezeichnung für die beiden entgegengesetzten Prinzipien einer alten, spekulativen Naturphilosophie in China, etwa seit 400 v. Chr.; Yin ist das passive, weiche, weibliche, Yang das aktive, harte, männliche Prinzip. In die Y.–Y.-Spekulation wurde auch die Lehre von den fünf Elementen (Wasser, Feuer, Holz, Metall, Erde) einbezogen, die man auch als bestimmende Faktoren der Entwicklung der Kaiserdynastien betrachtete. Die Y.–Y.-Lehre spielt in der klassischen chinesischen Philosophie (↑Philosophie, chinesische) keine Rolle, wird aber im Neukonfuzianismus (↑Konfuzianismus), zusammen mit dem ↑I Ching, Ausgangspunkt ausgreifender kosmologischer Spekulationen.

Literatur: R. T. Ames, Y.–Y., REP IX (1998), 831–832; ders., Yin and Yang, Enc. Chinese Philos. 2003, 846–847; Y. Fung, A History of Chinese Philosophy, I–II, Peiping 1937/1953, Princeton N. J. [2]1952/1953, 1983; A. C. Graham, Y.-Y. and the Nature of Correlative Thinking, Singapur 1986; G. Linck, Yin und Yang.

Auf der Suche nach Ganzheit im chinesischen Denken, München 2000, [3]2006; R. R. Wang, Yinyang. The Way of Heaven and Earth in Chinese Thought and Culture, Cambridge etc. 2012. H. S.

Yoga (sanskr., Verbindung, Ins-Werk-Setzen, Aufmerksamkeit; von der Wurzel ›yuj‹, ins Joch nehmen, zusammenbinden, alle Kräfte anspannen), in der indischen Tradition Bezeichnung für eine Praxis der ↑Meditation, die sich psychosomatischer Techniken bedient. Der y. ist möglicherweise nicht-arischer Herkunft, ursprünglich der śramaṇa-Tradition zugehörig, aber fast überall auch in der brāhmaṇa-Tradition fest verwurzelt (↑Philosophie, indische). Er vereinigt die schon in der Zeit des ↑Veda existierende Tradition der Asketen und Ekstatiker mit der in den Upanischaden (↑upaniṣad) einsetzenden Verinnerlichung der Opferhandlungen durch Symbolisierung mittels mentaler Handlungen.
Bereits in den älteren Upanischaden spielen yogische Techniken wie Atembeherrschung (prāṇāyāma, in der Bṛhadāraṇyaka-Upaniṣad) und Zurückziehen der Sinnesorgane (pratyāhāra, in der Chāndogya-Upaniṣad) eine wichtige Rolle. Dabei erscheint der Ausdruck ›y.‹ selbst erstmals in der Taittirīya-Upaniṣad, während die Śvetāśvatara-Upaniṣad schon eine im ganzen vom y. bestimmte Upanischade ist. Man unterscheidet unter den jüngeren Upanischaden (metrisch verfaßte) yogische von (prosaisch verfaßten) saṃnyāsa (= der Welt entsagenden, d.h. mönchischen), also dem ↑Vedānta zugeordneten Upanischaden. Von Siddhārta Gautama, dem späteren Buddha, wird berichtet, daß er auf der Suche nach Erleuchtung von seinen Lehrern Ārāḍa Kālāma die Versenkungsstufe ›Nichts‹ und von Udraka Rāmaputra die Versenkungsstufe ›Jenseits von ↑saṃjñā und asaṃjñā‹ zu erreichen gelernt habe. Dies sind die beiden letzten Stufen der später in acht Stufen untergliederten Versenkung (↑dhyāna), die das letzte Glied der Lehre vom achtgliedrigen Weg (zur Aufhebung des Leidens) bildet, wie sie nach Gautamas Erleuchtung zum Buddha formuliert wurde; sie gehört zu einer yogischen Meditationstechnik (↑Philosophie, buddhistische). Das wird auch dadurch gestützt, daß im späteren System des Y. (s.u.) die Beschreibungen von Versenkungsstufen ähnlich wie im frühen Buddhismus, wenn auch anders klassifiziert und angeordnet, wiederkehren. Im übrigen gehen der Systematisierung im System des Y. bereits Gliederungsversuche von Stadien der Meditationserfahrung im y. des Epos voraus, die als Schau des eigenen Selbst (↑ātman) und seiner nicht mit Identifizierung gleichgesetzten Teilhabe an der ›Weltseele‹ (↑brahman) gedeutet wurde. Sie finden sich in der Lehre vom hiraṇyagarbha-yoga (= Goldkeim-Yoga, unter Verwendung eines Beinamens des Gottes Brahma) im mokṣadharma (= Erlösungslehre)-Abschnitt des Epos Mahābhārata (im 12. Buch), wobei die Beschreibungen dieser Erfahrung als Lichterscheinung eine auffällige Übereinstimmung insbes. mit der ›Lehre des Śāṇḍilya‹ in der Chāndogya-Upaniṣad aufweisen.
Insofern jedes Stadium durch spezifische Methoden vorbereitet wird und sich verschiedene Auffassungen über die Reichweite dieser Methoden herausgebildet haben, spielt die in der Bhagavadgītā unter Verallgemeinerung der Bedeutung von ›y.‹ verwendete Dreiteilung des y. in den *karma-yoga* (auch: karma-mārga, Verfahren bzw. Weg zur Erlösung durch Handeln; ↑karma), den *jñāna-yoga* (auch: jñāna-mārga, Verfahren bzw. Weg zur Erlösung durch Wissen; ↑jñāna) und den *bhakti-yoga* (auch: bhakti-mārga, Verfahren bzw. Weg zur Erlösung durch Hingabe; ↑bhakti) eine zumindest für die Auseinandersetzungen zwischen den verschiedenen orthodoxen Systemen der indischen Philosophie (↑Philosophie, indische) wichtige Rolle. Der karma-yoga macht von einer Meditation im engeren Sinne überhaupt keinen Gebrauch, sondern begnügt sich mit der sonst allein als Vorbereitung auftretenden Einübung förderlichen äußeren Verhaltens mit der inneren Einstellung, es um seiner selbst willen zu tun: In der ↑Mīmāṃsā etwa bedeutet die Befolgung der im ↑Veda niedergelegten praktisch-religiösen Pflichten für sich allein schon Erlösung. Der jñāna-yoga wiederum, vom Advaita-Vedānta Śaṃkaras ausschließlich anerkannt, macht nur von den auf Erkenntnis zielenden Meditationstechniken des y. und dem, was zu ihrer Vorbereitung unerläßlich ist, Gebrauch. Im theistischen Vedānta hingegen haben grundsätzlich alle drei Wege ihre Berechtigung, wobei der bhakti-yoga mit seiner Einübung in richtige Frömmigkeit häufig, wie in der Bhagavadgītā, den Primat erhält (z.B. im Vaiṣṇavismus Caitanyas). Auf der anderen Seite wird für die Rolle des y. im Buddhismus die im ↑Mahāyāna einsetzende gegenseitige Vertretung von Üben und Wissen maßgebend; dabei bedeutet entweder Argumentieren als Gestalt von Wissen bereits Üben (↑Mādhyamika), oder Meditieren als Gestalt von Üben verkörpert zugleich Wissen (↑Yogācāra). Sie führt in der Fortentwicklung des Yogācāra schließlich zur Meditationsschule des ↑Zen. Doch auch für die verschiedenen Schulen des Tantrismus (↑tantra), insbes. das tantrische Mahāyāna (↑Tantrayāna), sind yogische Techniken konstitutiv. Der y. ist in der einen oder anderen Gestalt unentbehrlicher Bestandteil der heterodoxen Systeme des Buddhismus (↑Philosophie, buddhistische) und des Jainismus (↑Philosophie, jainistische) ebenso wie der meisten orthodoxen Systeme der indischen Philosophie.
Neben der *prädikativen* (↑Prädikation) Rolle von ›y.‹ zur Artikulation praktischer Verfahren, Erlösung zu gewinnen, wobei im engeren Sinne stets eine Meditationspraxis mit Hilfe von verschiedenen, Leib, Seele und Geist betreffenden Techniken eingeschlossen ist, hat ›Y.‹ auch die Rolle eines ↑*Eigennamens* für eines der sechs klassi-

schen orthodoxen Systeme (↑darśana) der indischen Philosophie. Es geht auf Patañjali, den Verfasser des den Y. begründenden Yoga-Sūtra zurück (3./4. Jh.). Die Abfassung des Sūtra erfolgte ungefähr zeitgleich mit der das eng mit dem Y. verbundene System des ↑Sāṃkhya in seiner klassischen Gestalt begründenden Sāṃkhya-Kārikā des Īśvarakṛṣṇa (ca. 350–450). Das aus 194 in vier Teilen zusammengefaßten Einzelsūtras bestehende Y.-Sūtra enthält neben zeitgenössischem auch altes Material, das wahrscheinlich bis in die Zeit des Kauṭilya um 300 v. Chr. zurückreicht, in dessen Arthaśāstra der Y. bereits neben dem Sāṃkhya und dem ↑Lokāyata als ›Vernunftwissenschaft‹ (ānvīkṣikī, ↑Logik, indische) ausgezeichnet ist. Selbst wenn es daher richtig ist, von einem Sāṃkhya-Yoga als gemeinsamer historischer Wurzel für die beiden Systeme des Sāṃkhya und Y. auszugehen, wie es unter anderem der Inhalt des aus dem 1. Jh. stammenden medizinischen Lehrbuchs von Caraka, der Carakasaṃhitā, nahelegt, so sind Sāṃkhya und Y. doch schon früh zumindest methodisch als voneinander unterschieden begriffen worden. Beide verdanken sich Versuchen, die Erfahrungen der Y.-Praxis theoretisch zu erklären, das Sāṃkhya primär mit dem Erkenntnismittel Schlußfolgerung (↑anumāna) – es macht dabei von Überlegungen des ↑Vaiśeṣika Gebrauch, z. B. von der Atomtheorie –, der Y. primär mit dem Erkenntnismittel Wahrnehmung (↑pratyakṣa), wobei er auf buddhistische Lehren im ↑Hīnayāna, z. B. den kṣaṇika-vāda (= Lehre von der nur momentanen Existenz aller Daseinsfaktoren; ↑dharma) zurückgreift.

Es ist auf die für alle Systeme charakteristischen Schulbildungen auf Grund der mündlichen Weitergabe durch Lehrer-Schüler-Ketten zurückzuführen, daß der Y.-Praxis nahe und von ihr sich entfernende Theoriebildungen entstehen, die schließlich in dem primär soteriologisch orientierten System des klassischen Y. und dem die Erlösungslehre in einen kosmologischen Rahmen der Evolution der Welt stellenden System des klassischen Sāṃkhya ihre kanonische Fassung bekommen haben. Dabei haben die Texte, und zwar sowohl die fundierenden Sūtren als auch ihre Kommentare und die Folge der Subkommentare, grundsätzlich nur eine mnemotechnische Stützungsfunktion und bleiben auf begleitende Erläuterungen angewiesen. So läßt sich auch die bereits in der späteren Tradition und selbst heute noch verbreitete, jedoch von einer vergleichenden Analyse des Y.-Sūtra und der Sāṃkhya-Kārikā nicht gestützte Meinung erklären, in der Theorie stimmten Y. und Sāṃkhya bis auf wenige eher marginale Differenzen überein. Bereits der auffallendste Unterschied, der ↑Theismus des Y. gegenüber dem ↑Atheismus des Sāṃkhya, ist eine offensichtliche Folge dieser verschiedenen Orientierung.

Dem im Y.-Sūtra gelehrten achtgliedrigen Y.-Weg (yogāṅga) geht eine als *kriyā-yoga* (= Werkyoga) bezeichnete Beschreibung von Übungen voraus. Diese bestehen in Askese (tapas, i. e. Bestimmung des eigentlichen Inhalts des karma-yoga), Selbststudium – durch Rezitation des Veda, insbes. der heiligen Silbe ›oṃ‹ (↑Tantrayāna) – (svādhyāya, i. e. Bestimmung des eigentlichen Inhalts des jñāna-yoga) und Hinwenden zu Gott (īśvara-praṇidhāna, i. e. Bestimmung des eigentlichen Inhalts des bhakti-yoga – im Epos steht meist noch der Gott Brahma an der Stelle von Īśvara –) und sind für die Meisterung der ersten fünf Stufen, den ›äußeren Gliedern‹ (bahir-aṅga) des achtgliedrigen Weges unerläßlich. Der kriyā-yoga wird als die über die Zusammenfassung älterer Lehren hinausgehende Neuerung Patañjalis angesehen; die schon im y. des Epos unterbliebene Identifizierung von ātman und brahman wird durch die Unterscheidung von (individuellem) puruṣa (anstatt ātman) und (überindividuellem) Īśvara (anstatt brahman) sichtbar gemacht, eine Unterscheidung, die im Sāṃkhya wegen der bereits im Vollzug der Erkenntnis von der strikten Differenz zwischen ↑puruṣa (›passivem Geist‹) und ↑prakṛti (›aktiver Materie‹) aufgehobenen Vielfachheit der individuellen puruṣa grundsätzlich belanglos geblieben ist.

Auf den ersten fünf Stufen, die von der späteren Tradition insgesamt als kriyā-yoga bezeichnet wurden, werden (1) die fünf Pflichten (yama) gelehrt, die mit den fünf Geboten des Jainismus (↑Philosophie, jainistische) wörtlich übereinstimmen, (2) die fünf Regeln (niyāma) formuliert, die außer einer ausdrücklichen Wiederholung von tapas, svādhyāya und īśvara-praṇidhāna (körperliche und geistige) Reinheit (śauca) und Genügsamkeit (saṃtoṣa) fordern, (3) das Einnehmen bestimmter Meditationshaltungen (āsana) festgelegt, (4) Atembeherrschung (prāṇāyāma) auseinandergesetzt und (5) das Zurückziehen der Sinnesorgane (von den Sinnesobjekten, pratyāhāra) beschrieben. Erst auf den letzten drei Stufen, von der späteren Tradition als *rāja-yoga* (= Königsyoga) bezeichnet, aber auch schon von Patañjali als saṃyama (= gänzliche Disziplinierung) bei den ›inneren Gliedern‹ (antar-aṅga) des achtgliedrigen Wegs zusammengefaßt, findet die eigentliche Meditation statt, der Reihe nach in dhāraṇā (= Konzentration, nämlich auf einen Punkt, die ekāgratā), ↑dhyāna (= Meditation im engeren Sinne oder Versenkung, eine Aufhebung der Wahrnehmung durch ein Zum-Stillstand-Bringen der kognitiven und emotiven Prozesse) und ↑samādhi (= Sammlung, das Einswerden von Subjekt und Objekt, auch als ›Enstase‹ bezeichnet) gegliedert. Dabei wird der samādhi noch einmal zweifach unterteilt, in den saṃprajñāta-samādhi, eine noch kognitive, durch intuitives Wissen (↑prajñā) charakterisierte Form der Enstase, in der noch (nicht mehr fluktuierende) Vorstellungen (pratyaya) präsentiert werden, und in den asaṃprajñāta-samādhi, einen Zustand jenseits von Bewußtheit und Nicht-Bewußtheit, in dem auch solche Vorstellungen aufgehoben sind (pratyaya-nirodha) und kaivalya (= vollständige Isoliertheit, nämlich des puruṣa von der prakṛti, also insbes. die Auflösung der Bindung [yoghatā] des puruṣa an das citta, das Ensemble der mentalen Tätigkeiten), der Zustand der erlösenden Erleuchtung des Yogin, erreicht ist.

Im Sāṃkhya war das Ensemble der mentalen Tätigkeiten, gegliedert in ↑buddhi, ↑ahaṃkāra und ↑manas für das (unterscheidende) Bestimmen, das Sich-für-etwas-Eigenständiges-Halten und das Überlegen, zunächst als ›Binnenvermögen‹ (antaḥkaraṇa) zusammengefaßt worden. Es wurde später aus systematischen Gründen, zur Auszeichnung der Vorbedingungen für Wahrnehmen und Tun, unter Denken (manas) eingeordnet und in dieser Form, jedoch unter dem eher Bewußtsein konnotierenden Terminus ›citta‹, vom Y. übernommen. Wie generell die prakṛti, so ist auch das ↑citta aus den drei gestaltenden Kräften (↑guṇa) sattva (Klarheit/Bewußtheit), rajas (Antrieb/Tätigkeit) und tamas (Dunkelheit/Widerstand) zusammengesetzt. Diese sind als Potenzen zu betrachten, verantwortlich für den ununterbrochenen Wechsel von Bewußtseinsereignissen, aktuell als Fluktuationen (vṛtti, den ↑Perzeptionen bei G. W. Leibniz analog), potentiell als Stimulatoren (↑saṃskāra, d. s. die dem ↑Yogācāra entnommenen ›Keime‹ im ungereinigten Grundbewußtsein, den appétitions [↑appetitus] bei Leibniz analog), den es in der Meditation durch Üben (abhyāsa) und Ablegen von Verlangen (vairāgya) stillzulegen gilt, um sich von der Täuschung, das Selbst sei durch mentale Tätigkeiten charakterisiert, freizumachen.

Die Fluktuationen sind eingeteilt in (richtiges) Erkennen (↑pramāṇa), Irrtum (viparyaya), Fiktion (vikalpa), Tiefschlaf (nidrā) und Erinnerung (↑smṛti). Ihrer Aufhebung (nirodha) stehen die ebenfalls fünffach – in Nichtwissen (↑avidyā), Ichwahn (asmitā, d. h. ›Ich-binheit‹), Verlangen (rāga), Haß (dveṣa) und Lebenswille (abhiniveśa) – gegliederten Verunreinigungen (kleśa) im Wege, durch die es zu unangenehmen (kliṣṭa) Fluktuationen kommen kann. Indem sich die Techniken insbes. der 5. und 6. Stufe auf den vṛtti-nirodha richten, werden die Verunreinigungen gemindert, so daß sie sich durch Vollzug des vṛtti-nirodha auf der 7. Stufe gänzlich beseitigen lassen. Damit ist der Weg frei, auf der letzten Stufe auch den pratyaya-nirodha in Gang zu setzen, dessen Vollzug im Übergang vom saṃprajñāta-samādhi zum asaṃprajñāta-samādhi durch Beherrschung sowohl der Fluktuationen als auch der (ruhend) präsentierten Vorstellungen schließlich den saṃskāra-nirodha und damit durch sarva-nirodha (Aufhebung von allem) den Zustand des kaivalya eines Yogin bewirkt.

Im einzigen überlieferten alten Kommentar zum Y.-Sūtra, dem Y.-Bhāṣya von Vyāsa (5./6. Jh.), werden unter Verwendung der mittlerweile vom Vaiśeṣika ins Sāṃkhya übernommenen kategorialen Unterscheidung zwischen Eigenschaft (dharma) und Träger der Eigenschaft (dharmin) die (aktuellen und potentiellen) Bewußtseinsereignisse (citta) als Eigenschaften des Denkorgans (manas, Terminus sowohl für Denken als auch für Denkorgan) aufgefaßt. Darüber hinaus wird der Bewußtseinsstrom in Übereinstimmung mit dem pariṇāma-vāda des Sāṃkhya und unter Heranziehung des kṣaṇika-vāda im Sarvāstivāda (↑Hīnayāna) als Transformation (↑pariṇāma) des manas hinsichtlich seiner Eigenschaften begriffen, diese wiederum hinsichtlich ihrer Merkmale ›gegenwärtig‹, ›vergangen‹ oder ›zukünftig‹, gegenwärtige Eigenschaften hinsichtlich ihres Zustands. Im übrigen haben sowohl Vyāsa als auch die späteren Kommentatoren vor allem die im Y.-Sūtra allein durch Gegenwärtigkeit charakterisierte Rolle Īśvaras, systematisch eine Verankerung des puruṣa in der Erfahrung bzw. seine Funktion als Prinzip der Erfahrung, durch Ausstattung mit anthropomorphen, der Volksfrömmigkeit entlehnten Zügen weiter ausgebaut und damit die Übernahme der Praxis des Y. auch hinsichtlich ihres theoretischen Lehrzusammenhanges in andere Schulen erleichtert. So macht z. B. Vācaspati Miśra (ca. 900–980, ↑Nyāya) in seinem Kommentar Tattvavaiśāradī Īśvara zum Urheber der Weltenzyklen und zum Verfasser der heiligen Schriften, während Bhojarāja (11. Jh.) ihn – im Kommentar Rājamārtaṇḍa zum Y.-Sūtra – nahezu konträr zur ursprünglichen Auffassung als Weltenlenker versteht. Der vom führenden Vertreter des nachklassischen synkretistischen (↑Synkretismus) Sāṃkhya, Vijñānabhikṣu (2. Hälfte 16. Jh.), verfaßte Kommentar Yogavārttika steht ganz im Zeichen des Nachweises der Verträglichkeit des Y. mit den Lehrinhalten der übrigen Schulen. Von Bedeutung für die Rezeption des Y. in der Tradition ist auch der noch jüngere Kommentar Maṇiprabhā von Rāmānanda Sarasvatī (17. Jh.).

Im Zusammenhang mit der Rolle des Y. in den verschiedenen Schulen des Tantrismus (↑tantra) ist der ursprüngliche Aufbau des kriyā-yoga mannigfachen Veränderungen unterzogen worden. Zu den wichtigsten zählt die Ersetzung des kriyā-yoga durch die als Formen von Y.-Praxis verstandenen tantrischen Praktiken: *Haṭha-yoga* (Zusammenfassung aller Übungen zur Beherrschung des Körpers und seiner Funktionen, von der Einnahme schwieriger Positionen bis hin zu Atemtechnik und sexuellen Techniken), *Mantra-yoga* (Zusammenfassung aller Übungen im Zusammenhang des Gebrauchs eines ↑mantra) und *Laya-yoga* (Zusammenfassung der Übungen zum Vollzug der im Śāktismus gelehrten Vereinigung von weiblicher ↑śakti und männlichem śiva, häufig als ranggleich mit dem rāja-yoga angesehen). – Die als Begleiterscheinung der Enstase in einer Meditationserfahrung beschriebenen ›übernatürlichen‹ Fähigkeiten eines Yogin spielen wie in den häufig gleichlautend auftretenden Schilderungen des jainistischen Erlösungsprozesses (↑Philosophie, jainistische) nur die Rolle einer Veranschaulichung des Zustandes eines ›kevalin‹ (= Allwissenden, jainistischer Terminus anstelle des yogischen ›kaivalya‹, beide von sanskr. kevala, allein), der keine davon unabhängige Funktion, etwa in Alltagszusammenhängen, zukommt.

Literatur: ↑Philosophie, indische. K. L.

Yogācāra (sanskr., den Yoga Ausübender), auch: vijñānavāda (= Lehre vom [nur] Bewußtsein), Bezeichnung für die zweite der beiden großen philosophischen Schulen des Mahāyāna-Buddhismus (↑Mahāyāna), wie sie sich als Konsequenz aus der Anwendung des anātmavāda (Lehre vom Nichtselbst, ↑Philosophie, buddhistische) auf die Bausteine alles Wirklichen, die Daseinsfaktoren (↑dharma), herausgebildet haben. Geht man nämlich von der schon im ↑Hīnayāna ausgearbeiteten Einsicht in den ausschließlich prädikativen (↑Prädikation) Charakter der Daseinsfaktoren aus – die dharmas sind keine Substanzen, sondern Aussageweisen: es besteht Wesenlosigkeit der dharmas (dharmanairātmya) –, so gibt es die Alternative, über sie von einem Standpunkt in der Gegenstandsebene oder von einem Standpunkt in der Zeichenebene her zu sprechen. Im ersten Falle muß den Daseinsfaktoren selbständige Existenz abgesprochen werden, sie sind im Darübersprechen bloß fingiert und daher ›leer‹ (śūnya): weder existieren sie noch existieren sie nicht. Im zweiten Falle hingegen gibt es die Daseinsfaktoren, wenngleich nur als Bezeichnendes im Bewußtsein ohne Bezeichnetes: sowohl existieren sie als auch nicht. Da aber natürlich auch die Zeichenebene, wird sie objektiviert, im Darübersprechen nur fingiert werden kann, gibt es zwischen den beiden Schulen keinen Widerspruch (vgl. I. C. Harris, The Continuity of Madhyamaka and Yogācāra in Indian Mahāyāna Buddhism, Leiden 1991).

Der erste Fall liegt in der von Nāgārjuna (ca. 120–200) und seinem Schüler Āryadeva (ca. 150–230) begründeten Schule des ↑Mādhyamika vor, die deshalb auch ›Lehre vom Leeren‹ (śūnyavāda) oder ›Lehre von der Leerheit‹ (↑śūnyatā) genannt wird, während der zweite Fall in der von Asaṅga (ca. 305–380) und seinem Halbbruder Vasubandhu (dem Älteren, ca. 320–380), unter Berufung auf den als historische Person nicht zweifelsfrei gesicherten Lehrer Asaṅgas, Maitreya oder Maitreyanātha (ca. 270–350), begründeten Schule des Y. verwirklicht ist.

Unter den für das Y. maßgebenden Sūtras tritt das wohl ins 4. Jh. gehörende und für den späteren Zen-Buddhismus (↑Zen) einflußreiche Laṅkāvatāra (= Herabstieg [des Buddha] nach Laṅkā [= Ceylon])-Sūtra für die Lehre vom cittamātra (= Nur-Geist) ein, während das um 200 Jahre ältere Saṃdhinirmocana(= Verbindung [= Absicht Buddhas] lösen [= offenbar machen])-Sūtra das davon unterschiedene Lehrstück vom vijñaptimātra (= Nur-intentionales-Bewußtsein) enthält. Die cittamātratā steht dabei im Kontext der dem Y. allgemein eigentümlichen Erweiterung der in der Abhidharma-Literatur des Hīnayāna ausgearbeiteten Auffassung von den sechs Sinnesbewußtseinen (↑vijñāna) als Gestalten des Objektbewußtseins (viṣaya-vijñapti) um das Subjektbewußtsein (kliṣṭa-manas, wörtlich: beflecktes Denken, d. h. mano-vijñāna auf der Reflexionsstufe als An-der-Empfindung-eines-Ich-haftendes-Bewußtsein im Unterschied zu mano-vijñāna als sechstem, dem Denksinn ↑manas zugehörigen Objektbewußtsein) und um das Grundbewußtsein (ālaya-vijñāna). Die durch die cittamātratā ausgezeichnete Version des Y. ist bereits vor Asaṅga im wohl fälschlich Aśvaghoṣa (1./2. Jh.) zugeschriebenen Mahāyānaśraddhotpāda (= Unterredung über die Erweckung des Glaubens im Mahāyāna) zu finden und verdankt sich daher vermutlich dem Einfluß der eigenständigen, mit dem Namen Sāramatis (um 250) verbundenen Mahāyāna-Schule. Die vijñaptimātratā wiederum tritt im Saṃdhinirmocanasūtra zusammen mit den für das Y. insgesamt charakteristischen drei Kennzeichen (lakṣaṇa) der Daseinsfaktoren auf, die, solange das höchste Wissen noch nicht erlangt ist, auch Naturen (svabhāva, soviel wie: Wesenseigentümlichkeiten) der Daseinsfaktoren heißen: Sie sind vorgestellt (parikalpita), abhängig (paratantra) und vollkommen (pariniṣpanna). Vorgestellt sind sie, insofern Aussageweisen als signifikativ (nimitta, d. i. Zeichen) aufgefaßt werden, obwohl es nichts Allgemeines auf der Gegenstandsebene gibt. Abhängig sind sie, insofern sie Vorgestelltes auf einen Vorstellenden beziehen – das Ergriffene (grāhya) und der Ergreifende (grāhaka) sind korrelativ –, obwohl nur das Vorstellen (parikalpa/vikalpa) selbst, das Produkt des Bewußtseinsakts (vijñapti) *im* Bewußtseinsakt (↑vijñāna), etwas von der Täuschung einer Subjekt-Objekt-Spaltung (dvaya, wörtlich: Zweiheit) nur begleitetes Einzelnes (↑Singularia), wirklich ist. Vollkommen sind sie, insofern sie die Selbigkeit (samānatā), also das Zugleich von Existieren (bhāva, dharma als Singulare) und Nicht-Existieren (abhāva, dharma als Universale [↑Universalia]) verkörpern.

Die cittamātratā und die vijñaptimātratā markieren in ihrer Unterschiedenheit zugleich den Unterschied zwischen Maitreya und Asaṅga, insofern in der Lehre vom Nur-Geist alle Unterscheidungen als einen ↑Dualismus bloß vortäuschende Objektivationen des Geistes, dem reinen Tätigsein des Aristotelischen ↑Nus vergleichbar, aufgefaßt werden – citta und vijñāna (wie auch manas) werden in Übereinstimmung mit den Sautrāntikas koreferentiell gebraucht, mentales Tun und Um-dieses-Tun-Wissen sind dasselbe. Hingegen gelten in der Lehre vom

Nur-intentionalen-Bewußtsein die Unterscheidungen als bloß vom Bewußtsein hervorgebracht, weshalb sie unwirklich sind – hier sind nur citta und ālaya-vijñāna, also das Grundbewußtsein als die Gesamtheit der möglichen Unterscheidungen (grundsätzlich gegliedert in individuelle ālaya-vijñānas) gleichwertig: citta – manas – vijñāna bilden eine Stufenfolge des Bewußtseins, verstanden jeweils als ein Erkenntniszustand: unterbewußt im Grundbewußtsein ālaya-vijñāna, bewußt im Subjektbewußtsein mano-vijñāna und überbewußt im Objektbewußtsein viṣaya-vijñapti. Im Vollzug der Umwandlung des Bewußtseins (vijñāna-pariṇāma) in umgekehrter Richtung, den Schritten der Semiose bei C. S. Peirce vergleichbar, wie es in der Triṃśikā Vasubandhus (des Jüngeren, ca. 400–480) auseinandergesetzt ist, findet die Erlösung als höchstes Wissen (↑prajñā) um die Wesenlosigkeit aller dharmas statt. Dieser Umwandlungsprozeß führt bis zur Aufhebung auch noch der in Gestalt von ›Samen‹ (bīja) der Daseinsfaktoren – diese heißen dann Erscheinungen (pratibhāsa) der Samen – auftretenden möglichen Unterscheidungen und damit zur Aufhebung des ālaya-vijñāna in die mit ↑nirvāṇa gleichwertige Möglichkeit der Unterscheidungen. Das liegt daran, daß die für die Wirksamkeit des den Bedingungszusammenhang der Daseinsfaktoren regierenden Prinzips der Tatvergeltung (↑karma) verantwortlichen Samen wie ein ›Duft‹ (vāsanā) das ālaya (= Speicher) durchdringen und damit verunreinigen, wobei das ālaya aber dynamisch als ständiges momentanes Entstehen und Vergehen, nämlich der dharmas als Singularia, und nicht etwa statisch als deren Behältnis zu verstehen ist (vgl. Dharmapālas Kommentar zur Triṃśikā in der chinesischen Übersetzung von Hsüan-tsang, zugänglich in der französischen Übersetzung ›La Siddhi de Hsuan-Tsang‹ von de La Vallée Poussin: Vijñaptimātratāsiddhi III, 7b–8a).

Diese doppelte Sichtweise auf das ālaya-vijñāna hat in der Weiterentwicklung der vijñaptimātratā die Übernahme des Lehrstücks vom tathāgatagarbha aus der Sāramati-Schule begünstigt, insofern eine Identifizierung des tathāgatagarbha (= Keim des Vollendeten, d. h. potentiell Erleuchtetsein) mit dem ālaya-vijñāna im Aspekt der Gesamtheit möglicher Unterscheidungen stattgefunden hat, während das ālaya-vijñāna im Aspekt der reinen Möglichkeit der Unterscheidungen, auch als ›amala-vijñāna‹ (= fleckenloses vijñāna) bezeichnet, das vollständige nirvāṇa ist. Die tathatā oder Soheit, das reine Tätigsein, läßt sich von da an unter ihrem aktiven singularen Aspekt, dem tathāgatagarbha, und unter ihrem passiven universalen Aspekt, dem (von allen Keimen gereinigten) ālaya-vijñāna, betrachtend vollziehen bzw. vollziehend betrachten.

Beide Zweige des Y. verschärfen die im Mādhyamika vertretene Lehre von der Leerheit, insofern durch den Übergang von einer eher logischen zu einer mehr psychologischen Behandlung der letztlich stets auf die Befreiung vom Leid (↑duḥkha) bezogenen Fragen die Zeichenebene nicht nur verwendet, sondern immer auch erwähnt werden muß (↑use and mention), so daß die Zusammengehörigkeit der ontologischen Ausdrucksweise – sie kann sich wegen der Leerheit grundsätzlich nur negativer Formulierungen bedienen und hat zu der im Mādhyamika zur Höchstform entwickelten Kunst dialektischer Auseinandersetzung geführt – mit der epistemologischen Ausdrucksweise in Gestalt einer Thematisierung auch des Ebenenwechsels vom Gegenstand zum Zeichen und umgekehrt im Y. nicht nur gezeigt, sondern auch gesagt werden kann. – Übernimmt im Mādhyamika Argumentation zugleich die Rolle einer das höchste Wissen vermittelnden meditativen Übung, so wird im Y. die ↑Meditation Trägerin von auf welcher Sprachstufe auch immer darstellbarem und insofern konventionellem Wissen: Die im Mādhyamika gerade wegen der Ununterscheidbarkeit für unüberbrückbar erklärte Differenz zwischen konventionellem und höchstem Wissen verliert im Y. durch Artikulierbarkeit der Differenz, sie dadurch als unwirklich nachweisend, ihre Unbedingtheit.

Die cittamātratā Maitreyas steht inhaltlich den direkt aus dem Sautrāntika entwickelten Auffassungen nahe, wie sie in der logischen Schule des Buddhismus (↑Logik, indische), von Dignāga (ca. 460–540), Vasubandhu den Jüngeren kritisch weiterführend, begründet und von Dharmakīrti (ca. 600–660) auf ihren Höhepunkt geführt, ausgearbeitet wurden. Gemäß diesen auch unter der Bezeichnung kṣaṇikavāda (von kṣaṇa, Moment) zusammengefaßten Auffassungen – im erkenntnistheoretischen Hauptwerk Dignāgas, dem Pramāṇasamuccaya (= Zusammenstellung der Erkenntnismittel) auseinandergesetzt – sind nur Singularia wirklich. Sie sind in Akten sinnlicher Wahrnehmung mit einem der sechs Sinne Sehen, Hören, Riechen, Schmecken, Tasten und Denken unmittelbar, d. h. nicht als Objekt mit Hilfe einer Vorstellung, sondern im Vollzug zugänglich, so daß es keinen Sinn macht, bei ihnen zwischen Gegenstandsebene und Zeichenebene zu unterscheiden. Universalia (↑Universalien) hingegen gehören allein dem vorstellenden Denken (vikalpa) mittels begrifflicher Konstruktion (kalpanā) und damit ausschließlich der deshalb bloß fingierenden Zeichenebene an. Es ist deshalb erlaubt, die wohl erstmals von Bhāvaviveka (ca. 500–570) in seinem Madhyamaka-ratnapradīpa (= Juwelenleuchte der mittleren [Lehre]), unter Bezug auf Asvabhāva (ca. 450–530) – dieser verfaßte einen einflußreichen, vijñaptimātratā in cittamātratā umdeutenden Kommentar zum Mahāyānasaṃgraha Asaṅgas – und ihrer Systematisierung durch Dharmapāla (ca. 530–561), Dignāga zugeschriebene Position eines *sākāravāda* – Erkennen und

Wissen um das Erkennen (i.e. eine Repräsentation, ākāra) treten zusammen auf, auch ›Sautrāntika-vijñaptimātratā‹ genannt – mit der cittamātratā zu identifizieren.

Die Übersetzung der Vijñaptimātratāsiddhi, eines von Dharmapāla in Nālandā verfaßten Kommentars der Triṃśikā Vasubandhus des Jüngeren auf der Grundlage zehn vorangegangener indischer Kommentare, durch Hsüan-tsang (ca. 602–664), der bei dem Oberhaupt der Nālandā-Universität und Schüler Dharmapālas, Śīlabhadra, fünf Jahre in die Schule gegangen war, wird der Grundtext der chinesischen (neuen) Fa-hsiang (jap. Hossō, = Kennzeichen der dharmas)-Schule. Demgegenüber ist die vijñaptimātratā Asaṅgas, fortgeführt von Vasubandhu dem Älteren und durch Paramārtha (ca. 499–569) mit der Gründung der (alten) Fa-hsiang- oder She-lun-Schule in China eingeführt – sie hat die begriffliche Abtrennung des reinen Grundbewußtseins als amala-vijñāna durchgesetzt, wurde aber von der neuen Fa-hsiang-Schule abgelöst –, als *nirākāravāda* oder Y.-vijñaptimātratā (auch: Mahāyāna-saṃgrahaśāstra-Schule, nach einem Hauptwerk Asaṅgas) tradiert worden: Das Erkennen mit einem der sechs Sinne tritt als deshalb nur fingierter und nicht repräsentierter Gegenstand wiederum eines (in der Form von ›ich weiß, daß‹ erinnernden) Erkennens, des ichbehafteten manovijñāna, auf.

Die dritte und älteste Y.-Tradition in China geht auf schon zwischen 508 und 512 erfolgte Übersetzungen des Kommentars von Vasubandhu dem Älteren zum Daśabhūmika-Sūtra zurück. Sie führte zur Gründung der Ti-lun-Schule, deren südlicher Zweig von Hui-kuang (468–537) geleitet wurde und durch diesen sich die durch das Laṅkāvatāra-Sūtra angebotene Verschmelzung des (aktiven singularen) ālaya-vijñāna mit dem (passiven universalen) tathāgata-garbha zu eigen gemacht hat. Damit hat eine universalistische Weiterbildung des Y. begonnen, die unter Berufung auf die Ermahnung des Laṅkāvatāra-Sūtra, die Unterscheidung von Existieren und Nicht-Existieren überhaupt zu unterlassen, ein *Ekayāna* (= das eine Fahrzeug) in Gestalt der Integration aller Schulen von Hīnayāna und Mahāyāna unter dem Titel des (schon bei Maitreya die Rolle des höchsten Seins bzw. Wissens spielenden) dharmadhātu (= Bereich des/der dharma, i.e. der durch Selbstdarstellung vollzogene Bedingungszusammenhang der Daseinsfaktoren) als Kennzeichen der tathatā vertritt. Hui-kuangs Schüler Tu-shun (557–640) hat unter ergänzender Heranziehung auch des Mahāyāna-śraddhotpāda diesen Schritt benutzt, um eine Schule zu gründen, die sich nach der Systematisierung ihrer Lehrinhalte durch den dritten Patriarchen Fa-tsang (643–712) – ermöglicht insbes. durch die unter seiner Beteiligung erfolgte Übersetzung des an der Einsicht des dharmadhātu orientierten und im 3. Jh. entstandenen Avataṃsaka(= Blumenkranz)-Sūtra – unter der Bezeichnung Hua-yen (jap. Kegon, = Blumenkranz) zu dem in ganz Ostasien einflußreichen ›theoretischen‹ Gegenstück zum ›praktischen‹ Ch'an (jap. ↑Zen) entwickelt hat.

Entsprechend dem Nāgārjuna zugeschriebenen Grundtext des Mādhyamika, dem Mahāprajñāpāramitāśāstra (= Lehrbuch von der großen Vollkommenheit der Weisheit), ist als Grundtext des Y. das dieser Schule vermutlich auch ihren Namen gebende Yogācārabhūmiśāstra (= Lehrbuch von den Stufen der Ausübung des Yoga) ausgezeichnet. Es wird traditionell Maitreya zugeschrieben, ist aber wohl über mehrere Generationen entstanden; als sein ältester Teil gilt die Bodhisattvabhūmi (= Stufe des Buddhaanwärters), in der vor allem die Laufbahn eines Bodhisattva geschildert wird. Sie steht inhaltlich dem Mahāyānasūtrālaṃkāra (= Schmuck der Sūtren des Mahāyāna) nahe, der auf Grund textkritischer Untersuchungen von demselben Autor verfaßt ist wie der Madhyāntavibhāga (= Unterscheidung der Mitte von den Enden), eben einem nur unter dem Titel des Bodhisattva Maitreya bekannten Lehrer Asaṅgas; die beiden letztgenannten Werke sind ebenso wie Werke Asaṅgas und zahlreiche Mahāyāna-Sūtren von Vasubandhu dem Älteren autoritativ kommentiert worden. Maitreya werden auch eine Übersicht über ein Prajñāpāramitāsūtra, d.i. der Abhisamayālaṃkāra (= Schmuck des Erschauens) – zwei wichtige Kommentare dazu stammen von Haribhadra (Ende des 8. Jhs.), einem Schüler Śāntarakṣitas –, und der ebenfalls von Vasubandhu dem Älteren kommentierte Dharmadharmatāvibhāga (= Unterscheidung von Dharma und Dharmasein) zugeschrieben.

Die inhaltlich durch die vijñaptimātratā von der cittamātratā Maitreyas unterschiedenen Werke Asaṅgas sind vor allem der Abhidharmasamuccaya (= Zusammenstellung der Untersuchung der Lehre) – eine am Abhidharma der Mahīśāsaka-Schule des Hīnayāna orientierte Systematik des Y., später kommentiert von Sthiramati – und der demselben Ziel dienende Mahāyānasaṃgraha (= Zusammenfassung des Mahāyāna) sowie der Versteil einer nur in chinesischer Übersetzung unter dem Titel Hsien-yang-sheng-chiao-lun (= Ausarbeitung der edlen Lehre) erhaltenen Systematisierung des Yogācārabhūmiśāstra. Der umfangreiche Prosateil desselben Werkes stammt aus der Feder Vasubandhus des Älteren. Aber erst die von Vasubandhu dem Jüngeren als Alterswerk verfaßte Triṃśikā (= in 30 [Versen]) enthält die von der Tradition, insbes. in Ostasien, als grundsätzlich verbindlich ausgezeichnete Kurzfassung der vijñaptimātratā, also des nirākāravāda innerhalb des Y. (es ist allerdings weiterhin umstritten, ob die auf Grund widersprüchlicher Überlieferung von E. Frauwallner vorgeschlagene Aufteilung der unter dem Namen Va-

subandhus erhaltenen und nicht nur für das Y., sondern für die gesamte buddhistische Philosophie ähnlich wie im Falle Nāgārjunas grundlegenden Schriften auf zwei Personen gerechtfertigt ist).
Unter den Anhängern des nirākāravāda in der Zeit nach Vasubandhu sind Guṇamati (ca. 420–500), Gründer der buddhistischen Klosteruniversität Valabhī auf der Halbinsel Kāṭhiāvar in Konkurrenz zu dem von Vertretern der logischen Schule des Buddhismus beherrschten Zentrum in Nālandā, und sein Schüler Sthiramati (ca. 470–550) hervorzuheben. Sthiramati und sein Kontrahent auf seiten des Svātantrika-Zweiges des Mādhyamika, Bhāvaviveka (oder Bhavya), gelten als Wegbereiter einer Synthese von Y. und Mādhyamika auf der Ebene der Analyse konventionellen Wissens, die als Y.-Mādhyamika von Śāntarakṣita (ca. 725–788) und seinem im Zusammenhang der Einführung des Buddhismus in Tibet ebenso bedeutenden Schüler Kamalaśīla (ca. 740–795) vollzogen worden ist. Als schon vorher einen Y.-Mādhyamika vertretende nirākāravādins werden dabei von der Tradition der als Schüler Vasubandhus des Jüngeren geltende, mit seinem Kommentar zum Abhisamayālaṃkāra Maitreyas Prajñāpāramitā-Lehren einbeziehende Ārya-Vimuktisena (1. Hälfte 6. Jh.) und sein Schüler Bhadanta-Vimuktisena genannt. Der Grundtext der Y.-Mādhyamika-Schule ist jedoch der Madhyamakālaṃkāra (= Schmuck der mittleren [Lehre]) samt vṛtti von Śāntarakṣita. Diesem Text, der auch auf seinen Tattvasaṃgraha, eine kritische Darstellung der wichtigsten orthodoxen und heterodoxen Schulen der indischen Philosophie (↑Philosophie, indische) – von Kamalaśīla ausführlich kommentiert –, Bezug nimmt, läßt sich entnehmen, daß er auf das Y., und zwar unter Rückgriff auf das Laṅkāvatāra-Sūtra, das Wissen um die Nicht-Existenz von (externen) Gegenständen, hingegen auf das Mādhyamika das Wissen um die generell bestehende Nicht-Existenz zurückführt und in diesem Sinne die cittamātratā als philosophische Propädeutik des Mādhyamika behandelt. Der durch Bhāvaviveka auf Grund von dessen Auseinandersetzung auch mit Dharmapāla wirksam gewordene Einfluß der logischen Schule hat einen sākāravāda bei Śāntarakṣita und Kamalaśīla zur Folge gehabt. Für den als Kommentator Dharmakīrtis bedeutenden Y.-Mādhyamika Prajñākaragupta (8. Jh.) gilt dies ohnehin, nicht hingegen für den in Opposition zum Y.-Mādhyamika ein Vijñapti-Mādhyamika als das ›wahre‹ Mādhyamika vertretenden nirākāravādin Ratnākaraśānti (um 1040).
Es ist kennzeichnend für die schon mit Vasubandhu dem Jüngeren einsetzende logische Schule des Buddhismus, daß die Untersuchung konventionellen Wissens, also der mit Hilfe der (Allgemeines fingierenden) Sprache darstellbaren Zusammenhänge, unter Zurücktreten der Rolle des ālaya-vijñāna, einen wesentlich breiteren Raum einnimmt als sonst im Y., wo man sich mit eher psychologischen Fragen mentalen Tuns befaßt, wiewohl in beiden Fällen die Einbettung in den praktischen Zusammenhang eines Gewinns des (erlösenden) höchsten Wissens (prajñā) niemals außer acht gelassen wird. Dignāga gelingt dabei mit dem ↑Rad der Gründe – erstmals in seinen nur tibetisch überlieferten Schriften Hetucakraḍamaru (= Trommel des Rades der Gründe) und Hetucakranirṇaya (= Bestimmung des Rades der Gründe) dargestellt – die Rechtfertigung schlüssiger Relationen zwischen Gründen und Folgen, die den Beginn einer formalen Behandlung logischen Schließens im Dienste der Erkenntnistheorie in Indien markieren (↑Logik, indische). Auch die Beziehung von Wort und Gegenstand gilt als ein Fall von Grund und Folge, so daß eine sprachlich vermittelte Erkenntnis immer das Ergebnis einer Schlußfolgerung (↑anumāna) ist. Jede begriffliche Bestimmung eines Gegenstandes kann nur durch ›Sonderung‹ (↑apoha) geschehen, ein Verfahren der Bedeutungsbestimmung von ↑Prädikatoren ex negativo, nämlich durch Nicht-Zugehörigkeit zum Komplement des Prädikators, z. B. von ›Kuh‹ durch: Nicht-Mensch und Nicht-Giraffe und ... (vgl. R. P. Hayes, Dignāga on the Interpretation of Signs, Dordrecht 1988). Die Lehre vom apoha ist auf der Basis ihres Entwurfs im Abhidharmakośabhāṣya Vasubandhus des Jüngeren und ihrer ersten Durchführung im Pramāṇasamuccaya Dignāgas durch Dharmakīrti in seinem Pramāṇavārttika, einem Kommentar zum Pramāṇasamuccaya Dignāgas, ausgearbeitet und von Dharmottara (ca. 730–800) im Apohaprakaraṇa fortgeführt worden mit der Konsequenz, daß in der buddhistischen Logik das ↑duplex negatio affirmat nicht gilt.
Natürlich gibt es den Unterschied von Wahrnehmung (↑pratyakṣa) und Vorstellung (vikalpa), wobei Wahrnehmung als ein singularer Handlungsvollzug – erst Dharmakīrti wird im Pramāṇavārttika, systematisiert im Pramāṇaviniścaya, den sākāravāda, das Zugleich von Erkennen und Wissen um das Erkennen, so auslegen, daß daran zwei Singularia, das Wahrnehmen und das Wahrgenommene, zu unterscheiden sind – prädikativ unbestimmt (nirvikalpaka) bleibt, während prädikativ bestimmte (savikalpaka) Wahrnehmung nichts als Vorstellung ist. Es lassen sich also, wie schon bei Vasubandhu dem Jüngeren, ›Dinge der Substanz nach‹ (dravyasat) und ›Dinge der Benennung nach‹ (prajñaptisat) unterscheiden, wobei, die Idee der Eliminierbarkeit von Kennzeichnungen antizipierend, aus Singularia zusammengesetzte Gegenstände als nur ›konventionell wirklich‹ (saṃvṛtisat) gelten. Im übrigen, und das macht die überragende Bedeutung Dharmakīrtis aus, darf diese auf der theoretischen Ebene liegende Differenz von existierendem Singulare und nicht-existierendem Universale, die mit den beiden einzigen in der logischen Schule des

Buddhismus anerkannten Erkenntnismitteln (für konventionelles Wissen; ↑pramāṇa) Wahrnehmung (↑pratyakṣa) und Schlußfolgerung (↑anumāna) zugänglich sind, nicht mit der auf der praktischen Ebene liegenden Differenz zwischen einem Vollzug höchsten Wissens und dem konventionellen Wissens, zwei verschiedenen (pragmatischen und nicht semiotischen) Umgangsweisen mit Singularia, verwechselt werden: Im Vollzug konventionellen Wissens kommt den Singularia, also Handlungsvollzügen, die ihre ›Wesenseigentümlichkeit‹ (svabhāva) ausmachende Fähigkeit zu, einen Zweck zu erfüllen – sie werden handelnd und nicht durch Sprache schematisiert und bilden so den traditionell als Kausalnexus dargestellten, von Dharmakīrti hier ausdrücklich auf ↑Intentionalität zurückgeführten Bedingungszusammenhang der Daseinsfaktoren –, während im Vollzug höchsten Wissens auch dieser Kausalnexus eine bloße (an dieser Stelle auf Begehren und nicht auf Unwissen wie im theoretischen Kontext beruhende) Vorstellung ist. Es ist diese vermutlich auf den Disput zwischen Bhartṛhari und Dignāga (↑Logik, indische) zurückgehende systematische Trennung der Theorieebene von der Praxisebene – in der Logik wirkt sie sich durch die Ausarbeitung der Unterscheidung von allgemeinen implikativen Zusammenhängen (↑vyāpti) auf Grund begrifflicher und auf Grund kausaler Verbindung aus –, durch die sich Dharmakīrti von Dignāga unterscheidet und die ihm die Bezeichnung eines Kant Indiens eingetragen hat (T. Stcherbatsky).

Zu den bedeutenden Philosophen der logischen Schule nach Dharmakīrti, dessen Werk, obgleich nicht ins Chinesische übersetzt, anders als dasjenige Dignāgas ungewöhnlich vollständig überliefert ist, gehören außer Dharmottara die sākāravādins Jñānaśrīmitra (ca. 980–1050), unter anderem mit der Kāryakāraṇabhāvasiddhi (= Untersuchung über die Existenz von Ursache und Wirkung), und dessen durch Übersetzung zahlreicher Werke in westliche Sprachen bereits gut zugänglicher Schüler Ratnakīrti (ca. 1000–1050) sowie noch später der durch seine Tarkabhāṣā, eine Einführung in die Logik auf der Grundlage von Dharmakīrtis Nyāyabindu, bekannt gewordene Mokṣākaragupta (ca. 1050–1102). Die logisch-erkenntnistheoretische Auseinandersetzung des sākāravāda-Zweiges des Y. von Dignāga bis Ratnakīrti mit den Systemen des ↑Nyāya und ↑Vaiśeṣika von Uddyotakara (ca. 550–620) bzw. Praśastapāda (ca. 550–600) bis Udayana (ca. 975–1050) wird der Auseinandersetzung zwischen Nominalisten (↑Nominalismus) und Realisten (↑Realismus (erkenntnistheoretisch), ↑Realismus (ontologisch)) in der ↑Scholastik in zahlreichen Zügen ähnlich angesehen (H. Nakamura).

Literatur: ↑Asaṅga, ↑Dharmakīrti, ↑Dharmapāla, ↑Dignāga, ↑Philosophie, buddhistische, ↑Philosophie, chinesische, ↑Philosophie, japanische, ↑Sthiramati, ↑Vasubandhu. K. L.

Yorck von Wartenburg, Paul Graf, *Berlin 1. März 1835, †Klein Oels (b. Breslau) 12. Sept. 1897, dt. Philosoph. 1853–1858 Studium der Rechtswissenschaften und der Philosophie in Bonn und Breslau. – In seinen Briefen an W. Dilthey und in fragmentarischen geschichtsphilosophischen Abhandlungen, die das griechische Denken zum Ausgangspunkt nehmen, übt Y. v. W. Kritik am Objektivismus der historischen Schule und skizziert die Grundlagen einer ›neuen Erkenntnistheorie‹ für das geschichtliche Erkennen, in deren Mittelpunkt die Idee der ↑Geschichtlichkeit des menschlichen Lebens steht. Durch einen Rückgriff auf das lutherische Christentum sucht Y. v. W. die metaphysische Deutung der Geschichte durch ein existentielles Bewußtsein der Geschichte zu überwinden. In seiner ↑Fundamentalontologie greift M. Heidegger (Sein und Zeit § 77) Y. v. W.s Unterscheidung des Ontischen und des Historischen sowie dessen Auffassung der Geschichtlichkeit als spezifischer Existenzweise des Menschen auf und entwickelt unter Berufung auf den Briefwechsel Y. v. W.s mit Dilthey den Ansatz für den (nicht veröffentlichten) zweiten Teil von »Sein und Zeit«. H.-G. Gadamer greift auf diese Ausarbeitung zurück und löst damit die ↑Hermeneutik von ihrem transzendental-phänomenologischen Ansatz.

Werke: Die Katharsis des Aristoteles und der Oedipus Coloneus des Sophokles, Berlin 1866, Neudr. in: K. Gründer, Zur Philosophie des Grafen P. Y. v. W. [s. u., Lit.], 154–186; Italienisches Tagebuch, ed. S. v. der Schulenburg, Darmstadt 1927, Neuausg. Leipzig 1939, [2]1941; Bewußtseinsstellung und Geschichte. Ein Fragment, ed. I. Fetscher, Tübingen 1956, Hamburg [2]1991 (ital. Coscienza e storia, ed. F. Donadio, Mailand 2000); Heraklit. Ein Fragment aus dem philosophischen Nachlaß, ed. I. Fetscher, Arch. Philos. 9 (1959), 214–284, separat Stuttgart 1959; Gedanken über eine Reform des Gymnasialunterrichts in Preußen, ed. J. v. Kempski, Arch. Philos. 9 (1959), 285–313. – Briefwechsel zwischen Wilhelm Dilthey und dem Grafen P. Y. v. W. 1877–1897, ed. S. v. der Schulenburg, Halle 1923 (repr. Hildesheim/New York 1974, 2010); Briefe, in: K. Gründer, Zur Philosophie des Grafen P. Y. v. W. [s. u., Lit.], 121–153, 187–208, 354–369.

Literatur: F. Donadio, La storicità e l'originario. Religione e arte in P. Y. v. W., Soveria Mannelli 1998; ders., L'albero della filosofia e la radice della mistica. Lutero, Schelling, Y. v. W., Neapel 2002; ders., L'onda lunga della storicità. Studi sulla religione in P. Y. v. W., Neapel 2008 (dt. Religion und Geschichte bei P. Y. v. W., Würzburg 2013); I. Farin, Count P. Y. v. W., SEP 2012, rev. 2016; K. Gründer, Zur Philosophie des Grafen P. Y. v. W.. Aspekte und neue Quellen, Göttingen 1970; M. Heidegger, Wilhelm Diltheys Forschungsarbeit und der gegenwärtige Kampf um eine historische Weltanschauung. 10 Vorträge (Gehalten in Kassel vom 16. IV.–21. IV. 1925). Nachschrift von W. Bröcker, ed. F. Rodi, Dilthey-Jb. f. Philos. u. Gesch. d. Geisteswiss, 8 (1992/1993), 143–180; P. Hünermann, Der Durchbruch geschichtlichen Denkens im 19. Jahrhundert. Johann Gustav Droysen, Wilhelm Dilthey, Graf P. Y. v. W.. Ihr Weg und ihre Weisung für die Theologie, Freiburg/Basel/Wien 1967; F. G. Jünger, Graf P. Y. v. W., in: ders., Sprache und Denken, Frankfurt 1962, 162–212; F. Kaufmann, Die Philosophie des Grafen P. Y. v. W., Jb. Philos. phänomen. Forsch. 9 (1928), 1–235; J. Krakowski/G. Scholtz (eds.), Dilthey und Y.. Philosophie und Geisteswissenschaften im Zeichen von Geschichtlichkeit und Historismus, Breslau 1996; G. Kühne-Bertram, P. Y. v. W.s Interpretation der Heraklit-Fragmente als Konkretisierung seiner historisch-psychologischen Lebensphilosophie, Dilthey-Jb. f. Philos. u. Gesch. d. Geisteswiss. 5 (1988), 181–199; dies., Konzeptionen einer lebenshermeneutischen Theorie des Wissens. Interpretationen zu Wilhelm Dilthey, Georg Misch und Graf P. Y. v. W., Würzburg 2015; E. Leibfried, Y. v. W., in: B. Jahn (ed.), Biographische Enzyklopädie deutschsprachiger Philosophen, München 2001, 464–465; L. v. Renthe-Fink, Geschichtlichkeit. Ihr terminologischer und begrifflicher Ursprung bei Hegel, Haym, Dilthey und Y., Göttingen 1964 (Abh. Akad. Wiss. Göttingen, philos.-hist. Kl. 3. Folge 59), [2]1968; B. Wirkus, Deutsche Sozialphilosophie in der ersten Hälfte des 20. Jahrhunderts, Darmstadt 1996, 335–341. A. G.-S.

Young, Thomas, *Milverton (Somerset) 13. Juni 1773, †London 10. Mai 1829, engl. Naturforscher. 1792–1799 Medizinstudium in London, Edinburgh und Göttingen; 1801–1803 Prof. für Naturphilosophie an der Royal Institution. Anschließend Tätigkeit als Arzt und in der Wissenschaftsverwaltung. – In der physiologischen Optik entdeckt Y., daß die Akkommodation des Auges durch Veränderung der Gestalt der Augenlinse zustandekommt, und entwirft die trichromatische Theorie der Farbwahrnehmung. Danach ist die Netzhaut für die drei Grundfarben rot, grün und violett empfindlich; die übrigen Farbwahrnehmungen ergeben sich durch Mischung dieser Grundempfindungen. Y.s Annahme wird von J. C. Maxwell und H. v. Helmholtz aufgenommen und in modifizierter Form ausgearbeitet (Y.-Helmholtz-Theorie). In der physikalischen ↑Optik entdeckt Y. die Lichtinterferenz. In seinem Doppelspaltversuch (1807) beobachtet er, daß zwei Lichtstrahlen aus derselben Lichtquelle nach Durchtritt durch einen Doppelspalt auf einem hinter diesem postierten Beobachtungsschirm ein Streifenmuster hervorbringen und deutet dies als Ergebnis von Interferenz und entsprechend als Stütze für die Wellentheorie. Y. betrachtet Licht als mechanische Longitudinalschwingung des ↑Äthers, vermutet jedoch später auf Grund der Berücksichtigung von Polarisationseffekten, daß Lichtschwingungen zusätzlich eine kleine Transversalkomponente besitzen.

Y.s Arbeiten schließen sich nicht zu einer kohärenten und ausgearbeiteten Wellentheorie zusammen. Insbes. vermag er nicht, das Interferenzprinzip auf eine theoretisch fruchtbare Weise zu formulieren. Alles dies wird wenig später weitgehend unabhängig von Y. von A. Fresnel geleistet. – Y. verfolgte weitgespannte wissenschaftliche Interessen und entwickelte auf vielen Gebieten originelle Ansätze (so etwa bei der Entzifferung ägyptischer Hieroglyphen). Ihm fehlten jedoch die Fähigkeit und die Beständigkeit, diese Ansätze systematisch, auch in ihren Konsequenzen, auszuarbeiten.

Werke: Miscellaneous Works of the Late T. Y. [...], I–III, I–II, ed. G. Peacock, III, ed. J. Leitch, London 1855 (repr. New York 1972,

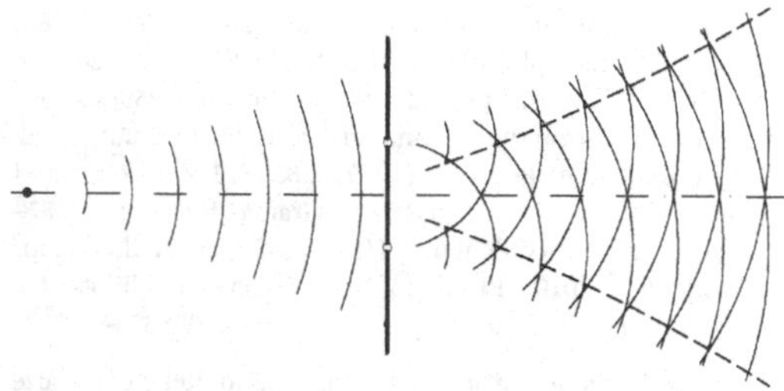

Abb. 1: Interferenz am Doppelspalt (nach: M. Alonso/E. J. Finn, Fundamental University Physics II [Fields and Waves], Reading Mass. etc. [2]1983, 510).

Abb. 2: Lichtstreifenmuster am Doppelspalt bei Beleuchtung mit monochromatischem Licht (aus: M. Alonso/E. J. Finn, Fundamental University Physics II [s. o.], 511).

Abb. 3: Interferenzmuster bei Wasserwellen (aus: M. Alonso/E. J. Finn, Fundamental University Physics II [s. o.], 507).

Bristol 2003); A Course of Lectures on Natural Philosophy and the Mechanical Arts, I–II, London 1807 (repr. New York 1971), [2]1845.

Literatur: G. N. Cantor, The Changing Role of Y.'s Ether, Brit. J. Hist. Sci. 5 (1970), 44–62; ders., Optics After Newton. Theories of Light in Britain and Ireland, 1704–1840, Manchester/Dover N. H. 1983, bes. 129–146; P. Heering, Y., in: D. Hoffmann/H. Laitko/S. Müller-Wille (eds.), Lexikon der bedeutenden Naturwissenschaftler III, Heidelberg 2004, 486–487; N. Kipnis, History of the Principle of Interference of Light, Basel/Boston Mass./Berlin 1991; D. L. Kline, T. Y.. Forgotten Genius. An Annotated Narrative Biography, Cincinnati Ohio 1993; K. A. Latchford, T. Y. and the Evolution of the Interference Principle, Diss. London 1975; E. Mach, Die Prinzipien der physikalischen Optik. Historisch und erkenntnispsychologisch entwickelt, Leipzig 1921 (repr. Frankfurt 1982); E. W. Morse, Y., DSB XIV (1976), 562–572; G. Peacock, Life of T. Y. […], London 1855 (repr. Cambridge etc. 2013); A. Robinson, The Last Man Who Knew Everything. T. Y., the Anonymous Polymath Who Proved Newton Wrong, Explained How We See, Cured the Sick, and Deciphered the Rosetta Stone, among Other Feats of Genius, New York 2006, Oxford 2007; A. Wood/F. Oldham, T. Y.. Natural Philosopher 1773–1829, Cambridge 1954; J. Worrall, T. Y. and the ›Refutation‹ of Newtonian Optics. A Case-Study in the Interaction of Philosophy of Science and History of Science, in: C. Howson (ed.), Method and Appraisal in the Physical Sciences. The Critical Background to Modern Science, 1800–1905, Cambridge etc. 1976 (repr. 2009), 107–179. M. C.

Z

Zabarella, Giacomo (Jacopo), *Padua 5. Sept. 1533, †ebd. 15. Okt. 1589, ital. Philosoph und Logiker, bedeutendster Vertreter des alexandrinischen (↑Alexandrismus), in Logik und Methodenlehre aber auch des averroistischen (↑Averroismus) ↑Aristotelismus der Paduaner Schule (↑Padua, Schule von), gilt bis ins 17. Jh. hinein in der philosophischen und logischen Lehrbuchliteratur neben Aristoteles und Averroës als dritte Autorität. Nach Studium der Mathematik, der Naturphilosophie und der Logik in Padua (Promotion 1553) 1564 bis zu seinem Tode Prof. der Logik, ferner (ab 1568) der Naturphilosophie, in Padua.

Z. schrieb (unter Rückgriff auf die Aristoteles-Kommentatoren Alexander von Aphrodisias, Olympiodoros, Simplikios, Themistios und J. Philoponos) zahlreiche Kommentare zu Aristotelischen Schriften (unter anderem zu den »Zweiten Analytiken«, »De anima«, »De generatione et corruptione«, den »Meteorologica« und Büchern der »Physik«) und entwickelte eigene naturphilosophische (↑Naturphilosophie) Vorstellungen z. B. zur Bewegungs- und Elemententheorie, vor allem in »De rebus naturalibus« (1590). Der methodische Zugang bleibt im wesentlichen qualitativ-morphologisch (Paradigma ist die Biologie, nicht die Physik); quantitative Methoden, wie sie seit dem 14. Jh. in Oxford (↑Merton School) und Paris entwickelt wurden, finden keine Anwendung. In der Seelenlehre (↑Seele) steht Z. der Position P. Pomponazzis nahe, bleibt aber in mancher Hinsicht der Aristotelischen Psychologie (die Seele als Prinzip des belebten Körpers) näher als dieser.

In der ↑Logik vertritt Z. einen argumentationstheoretischen (↑Argumentationstheorie) Ansatz (den Zweck der Logik bildet das Aufsuchen und das Vortragen von Gründen). Basis ist wie bei P. Ramus und im ↑Ramismus die Unterscheidung zwischen einer ›natürlichen‹ Dialektik (*dialectica naturalis*) und einer aus dieser abgeleiteten ›künstlichen‹ Dialektik (*dialectica artificialis*). Im Vordergrund steht (im Anschluß an Petrus Hispanus) die Stellung der Logik im systematischen Aufbau des Wissens. Nach Z. ist die Logik als eine ›operative‹ Disziplin im Aristotelischen Sinne ↑Organon des Wissens (*instrumentum philosophiae* oder *habitus intellectualis instrumentalis*), nicht Teil der Philosophie bzw. des (materialen) Wissens (*scientia*) und auch nicht *intelligentia, sapientia, prudentia* oder ↑ars. Ihr Kernstück ist eine Methodenlehre (↑Methodologie). Dabei werden, auf dem Hintergrund der Methodendiskussion im Paduaner Aristotelismus und im Anschluß an die Wissenschaftslehre der Aristotelischen »Zweiten Analytiken«, die analytische Methode (↑Methode, analytische), verbunden mit einer *demonstratio quia*, und die synthetische Methode (↑Methode, synthetische), verbunden mit einer *demonstratio propter quid* (↑demonstratio propter quid/ demonstratio quia) – terminologisch als Unterscheidung zwischen einem ›metodo risolutivo‹ (oder ›resolutio‹) und einem ›metodo compositivo‹ (oder ›compositio‹) gefaßt –, in Richtung auf eine Methodologie empirischer Wissenschaften weiterentwickelt.

Allerdings können nach Z. in der *resolutio*, die als ein empirisches Verfahren verstanden wird, auch Sätze z. B. über eine erste Materie (↑materia prima) oder einen unbewegten Beweger (↑Beweger, unbewegter), also Sätze der ↑Metaphysik, auftreten, doch empfiehlt Z. gleichzeitig, eher auf Erfahrungssätze zurückzugreifen (De methodis III 19, Opera logica, col. 268–274; De regressu I, Opera logica, col. 481A–E). In dieser Form gewinnen die methodologischen Analysen Z.s Einfluß auf G. Galileis Methodologie: Hier dient der *metodo risolutivo* der Formulierung von Sätzen zur Erklärung beobachteter Phänomene, während der *metodo compositivo* mit Hilfe analytisch gewonnener Sätze zur Formulierung von ↑Hypothesen führt, die dann in erneuter Anwendung der analytischen Methode exhauriert (↑Exhaustion) werden sollen (G. Galilei, Dialogo I, Ed. Naz. VII, 75–76; Brief vom 5.6.1637 an P. Carcavy, Ed. Naz. XVII, 88–93).

Werke: Opera logica, Venedig 1578 (repr. [teilw.: De methodis, De regressu], ed. C. Vasoli, Bologna 1985), mit Untertitel: quorum argumentum, seriem & utilitatem ostendet tum versa pagina [...], Basel 1594, Köln 1597 (repr., ed. W. Risse, Hildesheim 1966), Frankfurt 1608 (repr. Frankfurt 1966), 1623 (dt. [teilw.] Über die Methoden (De methodis)/Über den Rückgang (De regressu), ed. R. Schicker, München 1995; engl. [teilw.] On Methods, I–II, ed. J. P. McCaskey, Cambridge Mass./London 2013); Tabulae logicae, Padua 1580, 1583, ferner in: Opera logica, Basel

1594, Köln 1597 [eigene Paginierung] (repr., ed. W. Risse, Hildesheim 1966), ferner in: Opera logica, Frankfurt 1623 [eigene Paginierung]; In duos Aristotelis libros Posteriores analyticos commentarii, Venedig 1582, ferner in: Opera logica, Köln 1597, 616–1238 u. Index, ferner in: Opera logica, Frankfurt 1623, 615–1284; De doctrinae ordine apologia, Padua 1584, Lyon 1586, ferner in: Opera logica, Basel 1594, Köln 1597 [eigene Paginierung] (repr., ed. W. Risse, Hildesheim 1966), ferner in: Opera logica, Frankfurt 1623 [eigene Paginierung]; Liber de naturalis scientiae constitutione [...], Venedig 1586; Opera, quae in hunc diem edidit, in quinq[ue] tomos divisa, I–V, Lyon 1586–1587; De rebus naturalibus libri XXX, Köln, Venedig 1590, Köln 1597, Frankfurt 1607 (repr. Frankfurt 1966), Köln 1701, unter dem Titel: De rebus naturalibus, I–II, ed. J. M. García Valverde, Leiden/Boston Mass. 2016; In libros Aristotelis Physicorum commentarii, Venedig 1601, unter dem Titel: Commentarii in magni Aristotelis libros Physicorum [...], Frankfurt 1602 (repr. unter dem Titel: Opera physica, ed. M. Sgarbi, Verona 2009); In tres Aristotelis libros de anima commentarij, Venedig 1605, unter dem Titel: Commentarii [...] in III Aristot. libros de anima, Frankfurt 1606 (repr. Frankfurt 1966), Frankfurt 1619; Una »oratio« programmatica di G. Z., ed. M. Dal Pra, Riv. crit. stor. della filos. 21 (1966), 286–190; Un'inedita »Quaestio an plures animae sive formae sint in uno composito vel una tantum sit forma gerens vicem aliarum omnium, adeo ut nutritiva, sensitiva et intellectiva sit una anima« di J. Z., ed. M. V. Baldi Cardini, Rinascimento Ser. 2, 11 (1971), 171–190.

Literatur: D. Bouillon, L'interpretation de Jacques Z. le philosophe. Une étude historique logique et critique sur la règle du moyen terme dans les Opera logica (1579), Paris 2009; E. Cuttini, Natura, morale e seconda natura nell'aristotelismo di G. Z. e John Case, Padua 2014; W. F. Edwards, Jacopo Z.. A Renaissance Aristotelian's View of Rhetoric and Poetry and Their Relation to Philosophy, in: Arts libéraux et philosophie au moyen âge. Actes du quatrième congrès international de philosophie médiévale, Montréal, Paris 1969, 843–854; H. Ganthaler, Weiterbildung der Aristotelischen Wissenschaftslehre bei Jacopo Z. (1533–1589), in: R. Darge/E. J. Bauer/G. Frank (eds.), Der Aristotelismus an den europäischen Universitäten der frühen Neuzeit, Stuttgart 2010, 99–110; N. W. Gilbert, Galileo and the School of Padua, J. Hist. Philos. 1 (1963), 223–231; ders., Z., Enc. Ph. VIII (1967), 365–366, IX (^{2}2006), 865–867 (mit erw. Bibliographie v. T. Frei); J. J. Glanville, Z. and Poinsot on the Object and Nature of Logic, in: R. Houde (ed.), Readings in Logic, Dubuque Iowa 1958, 204–226; D. A. Iorio, The Aristotelians of Renaissance Italy. A Philosophical Exposition, Lewiston N. Y./Queenston/Lampeter 1991, 231–259 (Chap. XI G. Z.); E. Kessler, Z., REP IX (1998), 836–839; U. G. Leinsle, Z., BBKL XIV (1998), 292–295; H. Mikkeli, An Aristotelian Response to Renaissance Humanism. Jacopo Z. on the Nature of Arts and Sciences, Helsinki 1992; ders., J. Z. (1533–1589). Ordnung und Methode der wissenschaftlichen Erkenntnis, in: P. R. Blum (ed.), Philosophen der Renaissance, Darmstadt 1999, 150–160 (engl. J. Z. (1533–1589). The Structure and Method of Scientific Knowledge, in: P. R. Blum [ed.], Philosophers of the Renaissance, Washington D. C. 2010, 181–191); ders., Z., SEP 2005, rev. 2012; S. Müller, Naturgemäße Ortsbewegung. Aristoteles' Physik und ihre Rezeption bis Newton, Tübingen 2006, 188–198 (Kap. 4.2 Die Rezeption der aristotelischen Lehre über die naturgemäße Ortsbewegung unbeseelter Körper bei Jacopo Z.); L. Olivieri (ed.), Aristotelismo veneto e scienza moderna. Atti del 25° anno accademico del Centro per la storia della tradizione aristotelica nel Veneto, I–II, Padua 1983; G. Papuli, Dal Balduino allo Z. e al giovane Galilei. Scienza e dimostrazione, Boll. storia filos. 10 (1990–1992), 33–65; G. Piaia (ed.), La presenza dell'aristotelismo padovano nella filosofia della prima modernità. Atti del Colloquio Internazionale in Memoria di Charles B. Schmitt, Padova, 4–6 settembre 2000, Rom/Padua 2002; A. Poppi, Introduzione all'aristotelismo padovano, Padua 1970, ^{2}1991; ders., La dottrina della scienza in G. Z., Padua 1972; ders., Z., or Aristotelianism as a Rigorous Science, in: R. Pozzo (ed.), The Impact of Aristotelianism in Modern Science, Washington D. C. 2004, 35–63; P. Ragnisco, G. Z., il filosofo. Una polemica di logica nell'università di Padova e nelle scuole di B. Petrella e G. Z., Atti del Reale Istituto Veneto di Scienze, Lettere ed Arti Ser. 6, 4 (1886), 463–502; ders., La polemica tra Francesco Piccolomini e G. Z. nell'università di Padova, ebd., 1217–1252; J. H. Randall Jr., The School of Padua and the Emergence of Modern Science, Padua 1961; ders., The Career of Philosophy I (From the Middle Ages to the Enlightenment), New York/London 1962, 1966, bes. 84–87, 292–299; ders., Paduan Aristotelianism Reconsidered, in: E. P. Mahoney (ed.), Philosophy and Humanism. Renaissance Essays in Honor of Paul Oskar Kristeller, Leiden, New York 1976, 275–282; W. Risse, Die Logik der Neuzeit I, Stuttgart-Bad Cannstatt 1964, 278–290; ders., Z.s Methodenlehre, in: L. Olivieri (ed.), Aristotelismo veneto [s. o.] I, 155–172 (ital. La dottrina del metodo di Z., ebd., 173–186); G. Saitta, Il pensiero italiano nell'umanesimo e nel rinascimento II, Bologna 1950, 385–408; R. Schicker, Einführung, in: Jacopo Z.. Über die Methoden (De methodis)/Über den Rückgang (De regressu) [s. o., Werke], 15–80; C. B. Schmitt, Experience and Experiment. A Comparison of Z.'s View with Galileo's in »De Motu«, Stud. Renaissance 16 (1969), 80–138; ders., Z., DSB XIV (1976), 580–582; ders., Philosophy and Science in Sixteenth-Century Italian Universities, in: A. Chastel u. a., The Renaissance. Essays in Interpretation, London/New York 1982, 297–336 (repr. in: ders., The Aristotelian Tradition and Renaissance Universities, London 1984); R. Specht, Über ›occasio‹ und verwandte Begriffe bei Z. und Descartes, Arch. Begriffsgesch. 16 (1972), 1–27; W. A. Wallace, Randall ›Redivivus‹. Galileo and the Paduan Aristotelians, J. Hist. Ideas 49 (1988), 133–149; ders., Z., in: P. F. Grendler (ed.), Encyclopedia of the Renaissance VI, New York 1999, 337–339. J. M.

Zahl (engl. number, franz. nombre), in der Mathematik Bezeichnung für Anzahl und Maß, ursprünglich eingeführt in Form konkret-sinnlicher Marken als Hilfsmittel zum Zählen von Gegenständen der Alltagswelt. Die Menge der natürlichen Z.en 0, 1, 2, 3, ... erscheint in dreierlei Weise als fundamental: (1) als Bereich der ↑Grundzahlen, der gemäß den Forderungen, die sich aus dem Entwicklungsgang der Mathematik und ihrer Anwendungen ergeben, geeignet erweitert wird (↑Zahlensystem); (2) als Menge der endlichen Anzahlen, die mengentheoretisch ↑transfinit fortsetzbar sind (↑Kardinalzahl); (3) als Menge der endlichen Ordnungszahlen, die ebenfalls transfinit fortgesetzt werden können (↑Ordinalzahl). Die Funktionen (2) und (3) der natürlichen Z.en werden in der Notation meist dadurch unterschieden, daß ›$\aleph_0$‹ die Menge der natürlichen Z.en qua Kardinalzahl und ›ω‹ die Menge der natürlichen Z.en in ihrer natürlichen Anordnung qua Ordinalzahl bezeichnet.

Die angegebene Gliederung ist dabei nicht rein durchzuhalten. Einerseits lassen sich mengentheoretisch Kardinalzahlen als spezielle Ordinalzahlen rekonstruieren, andererseits haben auch die erweiterten Grundzahlen Kardinalzahlcharakter, insofern sie negative, gebrochene und reellwertige Anzahlen bezeichnen und in dieser Funktion als Maßzahlen in Alltag, Technik und Wissenschaft Anwendung finden. Diese Auszeichnung der natürlichen Z.en gibt, neben anderem, Anlaß, sie auch für eine Philosophie der Z. als fundamental anzusehen.

(1) *Mathematik der Zahl*: Die wichtigsten Z.enbereiche (↑Zahlensystem) sind die *natürlichen* Z.en $\mathbb{N} = \{(0,)\,1,2,3,\ldots\}$ mit oder ohne Null, die *ganzen* Z.en $\mathbb{Z} = \{\ldots,-3,-2,-1,0,1,2,3,\ldots\}$, die *rationalen* Z.en $\mathbb{Q} = \{p/q: p, q \in \mathbb{Z}, q \neq 0\}$ als Menge der Bruchzahlen mit ganzen Z.en als Zähler und Nenner, die *reellen* Z.en, meist gefaßt als Äquivalenzklassen (↑Äquivalenzrelation) gewisser unendlicher Folgen (↑Folge (mathematisch)) rationaler Z.en: $\mathbb{R} = \{(a_n): a_n \in \mathbb{Q}\}$ und notiert als unendliche Dezimalbrüche (↑Dezimalsystem), und die *komplexen* Z.en $\mathbb{C} = \{\langle x,y\rangle: x, y \in \mathbb{R}\}$ als geordnete Paare reeller Zahlen. Hinzu kommen die *hyperkomplexen* Z.en als 2^n-Tupel ($n \geq 2$) reeller Z.en, die für $n = 2$ ›Quaternionen‹, für $n = 3$ ›Cayley-Z.en‹ oder ›Biquaternionen‹ und für $n = 4$ ›Clifford-Z.en‹ heißen und Anwendung etwa in der Physik finden. Diese Z.mengen besitzen bis einschließlich $\mathbb{R}$ eine geometrische Veranschaulichung als Punkte auf der nach zwei Seiten unendlichen Z.engerade. Die komplexen Z.en werden geometrisch als Punkte der so genannten Gaußschen Z.enebene interpretiert: Geht man von ihrer Darstellung als $\zeta = x + iy$ (mit $x, y \in \mathbb{R}$ und $i = \sqrt{-1}$) aus, so entspricht der Zahl ζ der Punkt P_ζ mit den kartesischen ↑Koordinaten (x,y). Die Grundrechenarten werden dann im Rückgriff auf die reellen Koordinaten erklärt.

Für jeden der genannten Z.bereiche lassen sich ›Z.arten‹ angeben, die für den jeweiligen Bereich spezifische Teilmengen herausgreifen und in vielen Fällen sogar eine ↑Klasseneinteilung (↑Partition) bewirken. Für $\mathbb{N}$ ist die Klasseneinteilung in *gerade* und *ungerade* Z.en typisch; dies ist in der ↑Zahlentheorie zum Begriff der Kongruenz (↑kongruent/Kongruenz) verallgemeinert. Durch Teilbarkeitseigenschaften sind ferner die Teilmengen der ↑Primzahlen, der vollkommenen (↑Zahl, vollkommene) und der befreundeten Z.en ausgezeichnet (↑Zahlentheorie). In $\mathbb{Z}$ kommt die Klasseneinteilung in *negative* und *positive* Z.en hinzu. In $\mathbb{Q}$ differenziert man nach Stamm-, echten und unechten Brüchen. Für $\mathbb{R}$ sind zwei Zerlegungen typisch; zum einen die in *rationale* und *irrationale* Z.en, d. h. in solche, die als Bruch bzw. nicht als Bruch darstellbar sind, zum anderen die in *algebraische* und *transzendente* Z.en, d. h. solche, die Lösung einer algebraischen Gleichung, d. h. Nullstelle eines Polynoms $a_0x^n + a_1x^{n-1} + a_2x^{n-2} + \ldots + a_{n-1}x + a_n = 0$, mit $n \in \mathbb{N}$ und $a_i \in \mathbb{R}$, sind bzw. nicht sind. Die Menge der algebraischen Zahlen wird mit $\mathbb{A}$ bezeichnet. Während rationale Z.en p/q als Lösung von $q \cdot x - p = 0$ stets algebraisch, transzendente im Umkehrschluß folglich niemals rational sind, können irrationale Z.en sowohl algebraisch, wie $\sqrt[n]{p/q}$, als auch transzendent sein, wie e, π, lg 3 oder sin 20. $\mathbb{C}$ schließlich zerfällt in *reelle* und *imaginäre* Z.en, d. h. solche, die in der Darstellung $\zeta = x + iy$ einen Imaginärteil $y = 0$ bzw. $y \neq 0$ haben.

Es gibt zwei wesentliche Motive zur Ausdehnung des Z.bereiches (↑Zahlensystem). Das algebraische Motiv entspringt dem Wunsch, die bekannten arithmetischen Operationen uneingeschränkt ausführen zu können. Dies führt von $\mathbb{N}$, mit dem Abschluß unter Addition (↑Addition (mathematisch)) und Multiplikation (↑Multiplikation (mathematisch)), über $\mathbb{Z}$, abgeschlossen unter ↑Subtraktion, zu $\mathbb{Q}$, abgeschlossen unter Division (↑Division (mathematisch)), weiter zum algebraisch abgeschlossenen Körper (↑Körper (mathematisch)) $\mathbb{A}$, in dem jede algebraische Gleichung eine Lösung hat. In algebraischer Terminologie entspricht dies den isomorphen (↑isomorph/Isomorphie) Einbettungsschritten der beiden Halbgruppen $\mathfrak{N}^+ = \langle \mathbb{N};0;+\rangle$ und $\mathfrak{N}^\times = \langle \mathbb{N};1;\cdot\rangle$, über die Gruppe (↑Gruppe (mathematisch)) $\mathfrak{Z}^+ = \langle \mathbb{Z};0;+\rangle$ in den (Integritäts-)Ring (↑Ring (mathematisch)) $\mathfrak{Z} = \langle \mathbb{Z};0,1;+,\cdot\rangle$, weiter in den Körper $\mathfrak{Q} = \langle \mathbb{Q};0,1;+,\cdot\rangle$, und endlich in den algebraisch abgeschlossenen Körper $\mathfrak{A} = \langle \mathbb{A};0,1;+,\cdot\rangle$. Das von der ↑Analysis geprägte zweite Motiv besteht darin, daß jede Cauchy-Folge (↑Folge (mathematisch)) konvergieren (↑konvergent/Konvergenz) bzw., allgemeiner, daß der Z.körper vollständig angeordnet sein bzw. einen im Sinne der ↑Topologie vollständigen metrischen ↑Raum (↑Abstand) bilden solle. Dies führt von $\mathfrak{Q} = \langle \mathbb{Q};0,1;+,\cdot\rangle$ zu $\mathfrak{R} = \langle \mathbb{R};0,1;+,\cdot\rangle$. Gibt man beiden Motiven Raum, so führt dies zum Körper $\mathfrak{C} = \langle \mathbb{C};0,1;+,\cdot\rangle$ der komplexen Z.en, der sowohl algebraisch abgeschlossen ist als auch einen vollständigen metrischen Raum bildet. Da er nachweislich bis auf Isomorphie der einzige dieser Art ist, liegt hier ein ›natürlicher‹ Abschluß der Z.bereichserweiterung vor. Die Isomorphie der Einbettungsschritte äußert sich im Erfülltsein dreier Erhaltungsforderungen: (1) Die früheren Z.bereiche sind in den späteren enthalten, d. h., es gilt: $\mathbb{N} \subset \mathbb{Z} \subset \mathbb{Q} \subset \mathbb{R} \subset \mathbb{C}$ sowie $\mathbb{Q} \subset \mathbb{A} \subset \mathbb{C}$. (2) Die Erweiterungen sind verträglich mit den Rechenoperationen, d. h., galt $n + m = l$ in $\mathfrak{N}$, so gilt $n + m = l$ auch in $\mathfrak{Q}$, usw.. (3) Die ↑Ordnung bleibt erhalten, d. h., galt $n \leq m$ in $\mathfrak{N}$, dann gilt in $\mathfrak{Q}$ ebenfalls $n \leq m$, usw..

Es besteht keine Notwendigkeit, diese durch eine kontingente historische Entwicklung vorgegebenen algebraischen und topologischen Eigenschaften als bindend anzusehen, womit sich die Freiheit zu anderen Z.konstruktionen ergibt. Verzichtet man etwa auf die algebraische Abgeschlossenheit, kann man den rationalen Z.körper $\mathfrak{Q}$ zu den mathematisch interessanten Körpern $\mathfrak{Q}_p$ der p-adischen Z.en (für Primzahlen p) erweitern oder, nimmt man den Verlust der Kommutativität (↑kommutativ/Kommutativität) der Multiplikation in Kauf, $\mathfrak{C}$ zum physikalisch wichtigen hyperkomplexen Schiefkörper $\mathfrak{H}$ der Quaternionen, etc.. Mit Methoden der Mathematischen Logik (↑Logik, mathematische) bzw. ↑Modelltheorie gelingt es, so genannte *Non-Standard-Zahlen* zu konstruieren. So existieren für jedes erststufige Axiomensystem (↑System, axiomatisches) der ↑Arithmetik Modelle mit Non-Standard-Z.en, die größer als jedes $n \in \mathbb{N}$ sind. Entsprechend läßt sich, verletzt man die Archimedizität der Ordnung (↑Archimedisches Axiom), der reelle Z.körper $\mathfrak{R}$ um *infinitesimale* Z.en erweitern, d.h. solche, die positiv, aber unendlich klein sind; diese sind die (multiplikativen) Inversen (↑invers/Inversion) von unendlich großen Non-Standard-Z.en. Das zugehörige Gebiet der ↑Non-Standard-Analysis hat mittlerweile Bedeutung gewonnen. J. H. Conway gelang die Konstruktion von Non-Standard-Z.en durch eine Verallgemeinerung der Technik der ↑Dedekindschen Schnitte. Zu beachten ist ferner, daß die Menge der transzendenten und damit auch die der reellen Z.en von überabzählbarer (↑überabzählbar/Überabzählbarkeit) Mächtigkeit (↑Kardinalzahl) ist, während die Z.-bereiche bis einschließlich $\mathbb{A}$ abzählbar unendlich (↑abzählbar/Abzählbarkeit) sind.

(2) *Geschichte der Zahl:* Z.en traten zunächst als konkrete Marken auf (so schon in der Altsteinzeit). Sprachgeschichtliche Untersuchungen legen nahe, daß die Z.en ursprünglich nicht über die Vier hinausreichten. Größere Z.en wurden nicht-sprachlich durch eineindeutige (↑eindeutig/Eindeutigkeit) ↑Abbildungen zwischen konkreten Marken (Striche, Hölzchen, Kiesel) und den zu zählenden Gegenständen verfügbar gemacht, wobei früh Abkürzungen verwendet wurden (z. B. ›V‹ statt ›IIIII‹ als Fünf). Die Erfordernisse der ersten Hochkulturen erzwangen die Abkehr von konkret dargestellten Z.en zu schriftlich verfügbaren Z.en (bei den Sumerern ca. 3000 v. Chr.). Die griechische Kultur, die in ihrer Rechentechnik der orientalischen unterlegen blieb (weswegen sie wohl auch für astronomische Zwecke deren Hexagesimalsystem übernahm), brachte dafür den theoretischen Umgang mit der Z., das axiomatisch-beweisende Vorgehen (↑Methode, axiomatische), hervor. Die Griechen entwickelten die Auffassung von Bruchzahlen als Verhältniszahlen in ihrer ↑Proportionenlehre weiter. Sie fanden und diskutierten inkommensurable (↑inkommensurabel/Inkommensurabilität) Größenverhältnisse wie $\sqrt{2} = 1.41421356237\ldots$, die sich nicht als Verhältniszahlen $p : q$ schreiben lassen (und deren angeblicher Entdecker, Hippasos von Metapont [um 450 v. Chr.], dafür von den Göttern mit Schiffbruch und Tod bestraft wurde), und befaßten sich mit Problemen des Unendlichen (↑unendlich/Unendlichkeit), des ↑Kontinuums und des Infinitesimalen (↑Infinitesimalrechnung). Hier finden sich auch die Anfangsgründe der ↑Zahlentheorie. Die Verwendung der Null nicht nur als Platzhalter, sondern als neue Z. wurde zusammen mit den negativen ganzen Z.en und ihren Vorzeichenregeln im 6. Jh. in Indien entwickelt und von den Arabern im 8. Jh. übernommen; sie wird um die Jahrtausendwende auch im christlichen Mittelalter bekannt (↑Zahlzeichen). Während die indisch-arabischen Ziffern zur Vereinfachung des Rechnens mit dem ↑Abacus schnell übernommen wurden, verzögerte sich die Rezeption des theoretischen Gedankenguts durch den Streit der Abakisten mit den Algorithmikern (↑Zahlzeichen).

Die Griechen ließen, vermutlich unter dem Einfluß eleatischen Denkens (↑Eleatismus), die natürlichen Z.en mit der Zwei beginnen. Entsprechend definiert Euklid die Z. als eine ›aus Einheiten zusammengesetzte Menge‹ (Elemente VII, Def. 2), was insbes. der Null und der Eins den Status von Z.en verweigerte. M. Stifel, der mit seiner »Arithmetica integra« (Nürnberg 1544) eine systematische Behandlung des Z.wissens seiner Zeit vorlegt, faßt gemäß der indisch-arabischen Tradition die negativen ganzen Z.en zwar als solche < 0 auf, nennt sie aber noch ›fingierte Z.en‹ (numeri ficti infra nihil). Auch die Bruchzahlen werden zunächst nicht als reale Z.en betrachtet. Dagegen definiert P. Ramus: »Numerus est, secundum quem unum quodque numeratur« (Scholarum mathematicarum libri unus et triginta, Basel 1569, 1), verallgemeinert von S. Stevin: »Nombre est cela, par lequel s'explique la quantité de chascune chose« (L'arithmétique, Leiden 1585, Buch I, 1v, Def. II). Damit ist, unter Einschluß von Null und Eins, sogar jede Maßzahl als Z. anerkannt.

Die größten Schwierigkeiten werfen lange Zeit die imaginären Z.en auf. Erst als G. Cardano eine imaginäre Größe, nämlich $5 \pm \sqrt{-15}$, als Lösung eines ›sinnvollen‹ Problems, nämlich $x(10 - x) = 40$, angibt, wird das Rechnen mit Wurzeln negativer Z.en üblich. L. Euler findet schließlich die bemerkenswerte Formel $e^{i\pi} + 1 = 0$, die die arithmetisch ausgezeichneten Konstanten Null und Eins, die Basis e des natürlichen Logarithmus, die Kreiszahl π und die imaginäre Einheit i in sich vereinigt. C. F. Gauß verankert die imaginären Z.en durch den Beweis des ↑Fundamentalsatzes der Algebra, nach dem jede algebraische Gleichung eine Lösung im Körper der komplexen Z.en besitzt. Ein solches ›Unverzichtbarkeitsargument‹ etabliert auch den Z.charakter transzendenter Z.en, da sich so fundamentale Größen wie e (C. Hermite, Sur la fonction exponentielle [1873], Œuvres III, ed. E. Picard, Paris 1912, 150–181) und π (F. Lindemann, Über die Zahl π, Math. Ann. 20 [1882], 213–225) als transzendent erweisen. Die Grundlage dieser Z.bildungen, nämlich die natürlichen Z.en, werden nach Vorarbeit von R. Dedekind durch G. Peano axiomatisch erfaßt (↑Peano-Axiome). Ihre mengentheoretische Rekonstruktion wird zumeist im Anschluß an J. v. Neumann vollzogen, z. B. $0 \leftrightharpoons \emptyset$ (die leere Menge), $n' \leftrightharpoons n \cup \{n\}$. Trotz dieser Erfolge ist die heute vorherrschende Z.auffassung nicht genetisch bestimmt. An ihrem Anfang steht die Einführung der ganzen Z.en als Lösungselemente $(b - a)$ für Gleichungen der Form $x + a = b$, für die die gewohnten Rechengesetze in Kraft bleiben sollen (›Permanenzprinzip‹ von G. Peacock/H. Hankel). Der sich daran anschließenden Uminterpretation des ↑Zahlbegriffs gilt als Z. alles, für das sich die üblichen Rechengesetze etablieren lassen. Diese Auffassung kulminiert im axiomatischen Programm D. Hilberts (Über den Z.begriff, Jahresber. Dt. Math.ver. 8 [1900], 180–184) und setzt sich in N. ↑Bourbakis ›Strukturmathematik‹ fort.

(3) *Philosophie der Zahl:* Die philosophische Diskussion des Z.begriffs setzt vor allem an drei Punkten an: der Klärung des Begriffs der natürlichen Z.en, der Beschaffenheit des Unendlichen (↑unendlich/Unendlichkeit) und der Anwendbarkeit von Z.en auf die Wirklichkeit. Hinsichtlich der Interpretation der Z.en bilden sich Anfang des 20. Jhs. drei Positionen aus: (1) der Formalismus Hilberts (↑Hilbertprogramm), der eine zweifache Reduktion der Z. anstrebt, nämlich erkenntnistheoretisch auf das Überblickbare (↑finit/Finitismus, ↑Strichkalkül) und ontologisch auf das widerspruchsfrei Axiomatisierbare (↑widerspruchsfrei/Widerspruchsfreiheit, ↑System, axiomatisches). Zusammen führt dies zu einer ›Virtualisierung‹ des Unendlichen. (2) Der ↑Intuitionismus L. E. J. Brouwers, der erkenntnistheoretisch das Bewußtsein mit seiner ›Urintuition der Zweiheit‹ auszeichnet, von der die intuitiv-mathematische Konstruktion der ↑Arithmetik ausgeht, und ontologisch den potentiell-unendlichen Charakter des ↑Kontinuums streng zur Durchführung bringt. (3) Der ↑Logizismus G. Freges und B. Russells, der erkenntnistheoretisch eine Zurückführung auf eine mengentheoretisch angereicherte Logik vertritt, in der die Z. als Prädikat 2. Stufe und das Rechnen als logisches Schlußfolgern erscheint, was ontologisch mit einem ↑Platonismus (↑Platonismus (wissenschaftstheoretisch)) einhergeht. Daneben treten Spielarten des ↑Formalismus (H. B. Curry), des ↑Nominalismus (H. Field, N. Goodman, W. V. O. Quine), des ↑Konstruktivismus (P. Lorenzen), des Platonismus (K. Gödel, P. Maddy) und des Strukturalismus (↑Strukturalismus, mathematischer). Allerdings ist ein Großteil der einschlägigen philosophischen Arbeiten eher an einer vertiefenden Klärung von Einzelfragen orientiert.

Literatur: A. Badiou, Le nombre et les nombres, Paris 1990 (engl. Number and Numbers, New York 2008); J.-P. Belna, La notion de nombre chez Dedekind, Cantor, Frege. Théories, conceptions et philosophie, Paris 1996; P. Benacerraf, What Numbers Could Not Be, Philos. Rev. 74 (1965), 47–73, Nachdr. in: ders./H. Putnam (eds.), Philosophy of Mathematics. Selected Readings, Cambridge etc. [2]1983, 1998, 272–294; P. Bernays, Über Hilberts Gedanken zur Grundlegung der Arithmetik, Jahresber. Dt. Math.ver. 31 (1922), 10–19; J. Bigelow/S. Butchart, Number, Enc. Ph. VI ([2]2006), 669–679; U. Blau, Grundparadoxien, grenzenlose Arithmetik, Mystik, Heidelberg 2016; E. Brückov, Philosophie der Z.en, Treuchtlingen/Berlin 2001, [2]2004; R. Carnap, Die logizistische Grundlegung der Mathematik, Erkenntnis 2 (1931), 91–105; J. H. Conway, On Numbers and Games, London/New York/San Francisco Calif. 1976, Wellesley Mass. [2]2001, 2006 (dt. Über Z.en und Spiele, Braunschweig/Wiesbaden 1983); T. Dantzig, Number. The Language of Science. A Critical Survey Written for the Cultured Non-Mathematician, New York 1930, [4]1954, 1968 (franz. Le nombre, langage de la science, Paris 1931, 1974); R. Dedekind, Stetigkeit und irrationale Z.en, Braunschweig 1872, [7]1965 [zus. mit der 10. Aufl. von »Was sind und was sollen die Z.en?«], 1969) (engl. Continuity and Irrational Numbers, in: Essays on the Theory of Numbers, ed. W. W. Beman, Chicago Ill., London 1901, 1–19, New York 1963, 1–27); ders., Was sind und was sollen die Z.en?, Braunschweig 1888, Braunschweig, Berlin (Ost) [10]1965 [zus. mit der 7. Aufl. von »Stetigkeit und irrationale Z.en«], 1969 (engl. The Nature and Meaning of Numbers, in: ders., Essays on the Theory of Numbers [s. o.], 1901, 21–58, 1963, 29–115); H.-D. Ebbinghaus u. a., Z.en, Berlin etc. 1983, [3]1992 (engl. Numbers, New York etc. 1990, 1995; franz. Les nombres. Leur histoire, leur place et leur rôle de l'Antiquité aux recherches actuelles, Paris 1998, 1999); H. H. Field, Realism, Mathematics and Modality, Oxford 1989, 1991; G. Frege, Die Grundlagen der Arithmetik. Eine logisch mathematische Untersuchung über den Begriff der Z., Breslau 1884, ed. C. Thiel, Hamburg 1986 [erw. um »Das Echo der Grundlagen«, 109–142], ed. J. Schulte, Stuttgart 2011 (engl. The Foundations of Arithmetic. A Logico-Mathematical Enquiry into the Concept of Number, trans. J. L. Austin, Oxford 1950, [2]1953, trans. D. Jacquette, New York 2007); H. Gericke, Geschichte des Z.begriffs, Mannheim/Zürich/Wien 1970; N. Goodman/W. V. O. Quine, Steps Toward a Constructive Nominalism, J. Symb. Log. 12 (1947), 105–122; H. Haarmann, Weltgeschichte der Z.en, München 2008; G. Hellman, Mathematics without Numbers. Towards a Modal-Structural Interpretation, Oxford etc. 1989, 1993; A. Heyting, Die intuitionistische Grundlegung der Mathematik, Erkenntnis 2 (1931), 106–115; B. Kanitscheider, Natur und Z.. Die Mathematisierbarkeit der Welt, Berlin/Heidelberg 2013; V. Kolman, Z., EP III ([2]2010), 3080–3085; ders., Z.en, Berlin 2016; P. J. Maddy, Realism in Mathematics, Oxford etc. 1990, 2003; F. Patras, La possibilité des nombres, Paris 2014; G. Priest, Numbers, REP VII (1998), 47–54; H. Salzmann u. a., The Classical Fields. Structural Features of the Real and Rational Numbers, Cambridge etc. 2007; C. Thiel/M. Kranz/S. Meier-Oeser, Z.; Zählen, Hist. Wb. Ph. XII (2004), 1119–1145; J. Tropfke, Geschichte der Elementarmathematik in systematischer Darstellung, I–II, Leipzig 1902/1903, I–VII, Leipzig [2]1921–1924, vollst. neu bearb. v. H. Gericke/K. Reich/K. Vogel, Berlin 1937, [4]1980; T. Wilholt, Z. und Wirklichkeit. Eine philosophische Untersuchung über die Anwendbarkeit der Mathematik, Paderborn 2004; R. Ziegler, Z.en und ihre Struktur. Mathematische und philosophische Untersuchungen im Umfeld der Ideen natürlicher und reeller Z.en und ihrer Nichtstandardmodelle, Würzburg 2013; weitere Literatur: ↑Zahlbegriff, ↑Zahlensystem, ↑Zahlzeichen. B. B.

Zahl, vollkommene (engl. perfect number), Terminus der ↑Zahlentheorie. Eine v. Z. ist eine natürliche Zahl größer als 1, die gleich der Summe ihrer positiven echten Teiler ist. Die ersten fünf v.n Z.en sind:

6 [= 3 + 2 + 1],
28 [= 14 + 7 + 4 + 2 + 1],
496,
8128,
33550336.

Ungerade v. Z.en gibt es vermutlich nicht; die Richtigkeit dieser Vermutung konnte jedoch bisher nicht bewiesen werden. Falls es ungerade v. Z.en gibt, sind sie größer als 10^{200}.
Schon Euklid wußte, daß $m = p(p + 1)/2$ eine v. Z. ist, wenn p eine Primzahl (↑Zahlentheorie) der Form $2^{n+1} - 1$ (eine so genannte Mersennesche Zahl) ist. L. Euler bewies die Umkehrung dieses Satzes für gerade Zahlen. Diese sind genau dann vollkommen, wenn sie die Form $p(p + 1)/2$ besitzen, wobei p eine Mersennesche Zahl ist. Die auffallende Zerlegbarkeit und Seltenheit v.r Z.en bot von der Antike bis ins Mittelalter Anlaß zu philosophisch-mystischen Spekulationen über die Bedeutsamkeit dieser Zahlen (↑Zahlenmystik). A. F.

Zahlbegriff, Bezeichnung für eine Auffassung von der Struktur und der Beschaffenheit von Zahlen. In der Hauptsache lassen sich an genetischen Gesichtspunkten orientierte Gebrauchsweisen von einer durch den logischen Gehalt des Wortes ›Begriff‹ bestimmten Gebrauchsweise unterscheiden. Im erstgenannten Sinne verwenden den Z. in psychologischer, pädagogischer und erkenntnistheoretischer Absicht J. Piaget und seine Schule bei Untersuchungen zur Entwicklung der Zahlvorstellung und des Operierens mit Zahlzeichen beim Kinde (gegebenenfalls unter Berücksichtigung von Parallelen zwischen Onto- und Phylogenese), in wissenschaftsgeschichtlicher Absicht die Mathematikhistoriker beim Studium der inhaltlichen Entwicklung des Z.s vor allem seit der griechischen Antike bis in die neueste Zeit. In der Praxis ergibt sich dabei ein fließender Übergang zur logisch-erkenntnistheoretischen Gebrauchsweise des Wortes ›Z.‹, bei der dieses einen Begriff im Sinne der klassischen Begriffstheorien (↑Begriff) bezeichnet; einen Sonderfall bildet der Z. der Konstruktiven Wissenschaftstheorie (↑Wissenschaftstheorie, konstruktive, ↑Konstruktivismus), die das Wort ›Zahl‹ nicht als ↑Prädikator, sondern als Abstraktor (↑Abstraktion) auffaßt (s. u.).
Wie bei jedem Begriff läßt sich auch beim Z. seine Extension (↑extensional/Extension) oder seine Intension (↑intensional/Intension) zum Gegenstand der Untersuchung machen. Extensional betrachtet ist er der niedrigste Oberbegriff zu allen Zahlenarten (↑Zahl, ↑Zahlensystem) und damit derjenige Begriff, unter den sämtliche Zahlen aller Zahlenarten fallen. Dieser extensionale Gesichtspunkt liegt auch der Rede von ›Erweiterungen‹ des Z.s zugrunde, die genauer gesagt die (einerseits historisch, andererseits systematisch aufzufassende) Abfolge von ↑Ersetzungen eines bestimmten Z.s durch einen jeweils neuen, umfassenderen Z. meint. Nicht in allen Fällen wird dabei nur eine Zahlbereichsstruktur zu einer neuen erweitert (d.h. eine strukturerhaltende umkehrbar eindeutige Abbildung in einen echten Teilbereich der letzteren angegeben; ↑eindeutig/Eindeutigkeit, ↑Abbildung (2)) wie beim Übergang vom Fundamentalbereich der ↑›Grundzahlen‹ oder ›natürlichen Zahlen‹ (mit oder ohne die Null) zu den ganzen Zahlen durch Hinzunahme der negativen Zahlen, von da zu den rationalen Zahlen, von diesen (durch Hinzunahme der irrationalen Zahlen) zu den reellen Zahlen und von diesen (durch Hinzunahme der imaginären) zu den komplexen Zahlen (der von C. F. Gauß für diese wegen ihrer zur reellen Zahlengeraden seitlichen Lage vorgeschlagene Ausdruck ›laterale Zahlen‹ hat sich nicht durchgesetzt). Vielmehr fallen selbstverständlich auch algebraische und transzendente Zahlen, hyperkomplexe Zahlen (Quaternionen, Cayley-Zahlen), hyperreelle und transfinite Zahlen in den Umfang des allgemeinen Z.s, obwohl nicht alle von ihnen als Erweiterungen schon konstruierter Zahlbereiche im genannten Sinne gewonnen werden.
Historisch haben sich Zahlbereichserweiterungen meist aus ›pragmatischen‹ Gründen, nämlich aufgrund der Anwendbarkeit und wegen des offensichtlichen Nutzens der jeweils neuen Zahlen gegen ein durch definitorische Mängel und Begründungsdefizite genährtes Mißtrauen durchgesetzt (R. Descartes' Rede von ›imaginären‹ Zahlen [1637] drückt seine Skepsis aus, ob es sich dabei um ›wirkliche‹ Zahlen, also wirklich um Zahlen, handle). Einen deutlichen Rückstand gegenüber dem fachmathematisch bestimmten (und fast immer als Indiz eines Fortschritts der Disziplin betrachteten) Fortschreiten der Extensionen des Z.s zeigte auch die philosophische Reflexion auf dessen intensionalen Aspekt. Als ›Intension‹ oder Inhalt des Z.s ist dabei entsprechend der klassischen Begriffslehre die Gesamtheit der charakteristischen Merkmale des Z.s, also der Eigenschaften von Zahlen überhaupt, zu verstehen. Strenggenommen setzt die Rede von Eigenschaften voraus, daß deren Träger vollgültige Entitäten sind, d.h. ›existieren‹, so daß insbes. den Zahlen bestimmte Eigenschaften in Zahlaussagen zugeschrieben werden können. Wo diese Existenzvoraussetzung bestritten oder jedenfalls nicht ausdrücklich gemacht wird (wie bei nominalistischen oder abstraktionstheoretischen Zahlauffassungen), erfährt auch der Z. eine Modifikation.
In der gegenwärtig von der Analytischen Philosophie (↑Philosophie, analytische) dominierten Philosophie der

Mathematik spielt der Z. nur eine untergeordnete Rolle; die Unterscheidung z. B. ›formalistischer‹, ›konzeptualistischer‹, ›platonistischer‹ und anderer Z.e erfolgt im Rahmen der Diskussion unterschiedlicher Auffassungen vom Wesen der ↑Mathematik überhaupt, während die historische Entwicklung des Z.s und Detailprobleme spezieller, auch gegenwärtiger, Z.e kaum Beachtung finden. Divergenzen und Kontroversen über den Status der Zahlen und damit über einen angemessenen Z. haben eine lange geistesgeschichtliche Tradition. Aristoteles schreibt den ↑Pythagoreern die Auffassung zu, die Zahlen seien die ersten aller Dinge (*πάσης τῆς φύσεως πρῶτοι*, Met. *A*5.986a1), die Elemente von allem und das Wesen aller Dinge (Met. *A*5.986a3 bzw. a19), doch fehlt in seinem Bericht eine pythagoreische Begriffsbestimmung der Zahl und damit ein Z.. Aristoteles selbst behandelt die Zahl unter der Kategorie des Quantums (*ποσόν*, Cat. 6.4b20), mit dem sich ↑Geometrie und ↑Arithmetik befassen; dabei liefert die Setzung (*θέσις*) in der Geometrie die Punkte, deren jeder in eine Relation der Lage bezüglich eines anderen (*πρός τι*), ihm weder vor- noch nachgeordneten gesetzt wird, während für die Zahlen als Gegenstände der Arithmetik die Abfolge oder Ordnung (*τάξις*) charakteristisch ist (z. B. folgt auf die Eins die Zwei, ohne daß zugleich das Umgekehrte gilt). Da das Quantum das Meßbare ist, die Eins aber das Grundmaß des Quantums darstellt, ist das Diskrete der Natur nach früher als das Stetige, die Zahl früher als die Größe. Da die Zahl eine gemessene Vielheit und eine Vielheit von Maßen ist, ist die Eins zwar ein Maß, gilt aber selbst nicht als Zahl (Met. *N*1.1088a4–6). Damit übereinstimmend erklärt Euklid (Elem. VII) die Zahl als eine Menge von Einheiten und grenzt überdies die Größen gegen die Zahlen ab, indem er feststellt (Elem. X, 7): »Zwei inkommensurable Größen haben zueinander kein Verhältnis wie eine Zahl zu einer Zahl.« Die Erklärung der Zahl als einer Menge von Einheiten hält sich als Bestandteil der Euklidischen Tradition bis ins 20. Jh..

Die Aristotelische Ansicht, daß Zahlen stets Zahlen *von* etwas sein müßten (Met. *N*5.1092b19–20), hat in mehrfacher Hinsicht Folgen für die Entwicklung des Z.s. Erstens erschwert sie zusammen mit der Vorstellung, daß Einheiten nur durch Teilung eines homogenen ↑Kontinuums in gleiche Teile entstehen könnten, ein Verständnis der Zählbarkeit heterogener Vielheiten und unkörperlicher Dinge; einige Scholastiker (z. B. P. Fonseca) nehmen zur Lösung dieses Problems ›transzendentale‹ neben den gewöhnlichen, ›prädikamentalen‹ Zahlen an, während andere zum gleichen Zweck einen *numerus numeratus et materialis*, dessen Einheiten Dinge sind, von einem *numerus numerans seu formalis* im Geiste unterscheiden, der von jeglichem Material abstrahiert. Zweitens führt das Erfordernis einer solchen Erklärung der universellen Anwendbarkeit der Zahlen entgegen der ursprünglichen Absicht gerade zur Lokalisierung der letzteren ›im Geiste‹ des Menschen und damit zu einer Subjektivierung des Z.s (am deutlichsten wohl bei J. Locke, Essay II 16, § 1). G. Berkeley verstärkt das Argument für die Auffassung der Zahl als ›creature of the mind‹ noch durch den Hinweis darauf, daß »the same thing bears a different denomination of number, as the mind views it with different respects. Thus, the same extension is one or three or thirty six, according as the mind considers it with reference to a yard, a foot, or an inch« (A Treatise Concerning the Principles of Human Knowledge [1710], The Works II, ed. T. E. Jessop, London 1949, 46).

Für die Entwicklung des Z.s bedeutsam wird diese Feststellung dadurch, daß G. Frege 1884 eine Variante derselben zur Stützung seiner Auffassung heranzieht, daß eine ↑Anzahl nicht Aggregaten von Körperdingen zukomme (etwa, wie J. S. Mill meinte, als die charakteristische Weise ihrer unterschiedlichen Kombinierbarkeit), sondern dem Begriff, unter den fallend die Dinge beschrieben werden, damit ihnen überhaupt eine bestimmte Anzahl zugesprochen werden kann. Daß gegen die Dinge oder Aggregate von Dingen als ›Träger‹ der Anzahlen auch der Umstand spricht, daß letztere nicht wie physische Eigenschaften von Dingen prädiziert werden können (da z. B. die Zwölfzahl nicht von jedem einzelnen der zwölf Apostel zu Recht ausgesagt werden kann), ist ein von Frege, G. Peano, W. V. O. Quine u. a. angeführter Gesichtspunkt, der sich im Ansatz jedoch schon bei Platon (Hipp. Maior 300e–302b) findet.

Ausgehend von der Feststellung D. Humes (A Treatise of Human Nature [1739/1740] I, III 1), daß unter zwei Begriffe *F* und *G* die gleiche Anzahl von Gegenständen fällt, wenn sich die unter *F* fallenden Gegenstände den unter *G* fallenden umkehrbar eindeutig zuordnen lassen (Frege nennt dann *F* und *G* ›gleichzahlig‹), gibt Frege zunächst die vorbereitende Definition: »die Anzahl, welche dem Begriffe *F* zukommt, ist der Umfang des Begriffes ›gleichzahlig dem Begriffe *F*‹« (1884, 79–80). Den allgemeinen Anzahlbegriff liefert dann die Festsetzung, daß ›*n* ist eine Anzahl‹ gleichbedeutend sein solle mit dem Ausdruck »es giebt einen Begriff der Art, dass *n* die Anzahl ist, welche ihm zukommt« (1884, 85).

Diese mit einer unwesentlichen Abweichung (insofern Anzahlen nicht wie bei Frege Begriffen, sondern deren ↑Umfängen, also ↑Mengen oder Klassen [↑Klasse (logisch)], zugeschrieben werden) von B. Russell (1903) sowie von A. N. Whitehead und Russell in die ↑Principia Mathematica (1910–1913) übernommene Definition wird als ›logizistische‹ (↑Logizismus) Anzahldefinition bezeichnet, da in ihrem Definiens nur Mittel der Logik (2. Stufe; ↑Stufenlogik) herangezogen werden. Frege hat diese ›Reduktion‹ der Arithmetik auf Logik ausdrücklich als ein das zeitgenössische so genannte Arithmetisierungsprogramm (↑Arithmetisierungstendenz) weiterführendes ›Logisierungsprogramm‹ verstanden; sein Ziel war, alle ›höheren‹ Zahlenarten auf die Anzahlen (also den allgemeinen Z. auf den logizistischen Anzahlbegriff) und damit auf ›rein logische‹ Begriffe zurückzuführen. Einen in diesen Zusammenhang gehörenden, aber bisher wenig beachteten Gesichtspunkt zum Z. hat W. Wundt durch den Gedanken beigesteuert, daß das Arithmetisierungsprogramm einem durch die ›diskursive‹ Natur des Denkens natürlicherweise vorgezeichneten Weg zur Begründung der ›höheren‹ Zahlbereiche folge (Logik I, Stuttgart ^{4}1919, 513; Logik II, Stuttgart ^{3}1907, 152 Anm.). Entscheidend für die Bewertung des logizistischen Z.s ist jedoch, daß die logizistische Definition der Anzahl eine Logik 2. Stufe erfordert, die ›Logisierung‹ also eigentlich eine Zurückführung der Arithmetik auf ↑Mengenlehre ist. Die durch die mengentheoretischen Antinomien (↑Antinomien der Mengenlehre) ausgelöste Krise der Mengenlehre bedeutete daher zugleich eine Krise des logizistischen Aufbaus der Mathematik, der wesentlich von imprädikativen (↑imprädikativ/Imprädikativität) Begriffsbildungen abhängt, die für viele Antinomien der Mengenlehre verantwortlich gemacht werden.

In dieser Situation konnte sich verhältnismäßig rasch ein strukturalistischer Z. (↑Strukturalismus, mathematischer) durchsetzen, den D. Hilbert 1900 in einer an die Axiomatik (↑System, axiomatisches) seiner »Grundlagen der Geometrie« angelehnten Weise konzipiert hatte. In Parallele zur dortigen axiomatischen Charakterisierung der Grundbegriffe einer Geometrie heißt es bei Hilbert: »Wir denken ein System von Dingen; wir nennen diese Dinge Zahlen und bezeichnen sie mit *a*, *b*, *c*, ... Wir denken diese Zahlen in gewissen gegenseitigen Beziehungen, deren genaue und vollständige Beschreibung durch die folgenden Axiome geschieht« (Hilbert 1900, 181). Es folgt ein Axiomensystem (↑System, axiomatisches) für die reellen Zahlen nach dem Muster des Peano-Dedekindschen Axiomensystems (↑Peano-Axiome).

Bei diesem (heute beim Aufbau des Zahlensystems zum Standard gewordenen) axiomatischen oder strukturellen Zugang sind die genetisch gewonnenen Zahlbereiche (z. B. die auf einem der üblichen Wege, d. h. als Dedekindsche Schnitte, Segmente oder Fundamentalfolgen, eingeführten reellen Zahlen) lediglich ↑*Modelle* (↑Modelltheorie) des Axiomensystems. Den mathematischen Vorteilen dieses rein formalen Z.s steht (nicht nur philosophisch gesehen) der Nachteil gegenüber, daß der Z. bei ihm insofern ›entleert‹ erscheint, als er keinen spezifischen Inhalt mehr aufweist. Dem strukturellen Ansatz verpflichtete Philosophien der Mathematik suchen diesen Nachteil heute dadurch auszugleichen, daß sie die ›genetisch‹ oder ›konstruktiv‹ gewonnenen Gebilde als ›intendierte Modelle‹ der betreffenden Axiomensysteme auszeichnen; offen bleibt dabei allerdings, woher das Zielgebilde genommen wird, auf das sich die genannte Intention richten soll.

Durch Konstruktionsregeln effektiv aufgewiesen wird ein solches ausgezeichnetes Modell der Grundzahlen in der Operativen Mathematik (↑Mathematik, operative). Diese steht in einer Tradition ›konstruktiver‹ Auffassungen der Mathematik, insbes. des Z.s, die sich von I. Kant über den ↑Neukantianismus (H. Rickert, P. Natorp, E. Cassirer), den ↑Intuitionismus L. E. J. Brouwers und den ›Operationismus‹ H. Dinglers bis zur Konstruktiven Mathematik (↑Mathematik, konstruktive) P. Lorenzens erstreckt. Während Kant die Zahl als ›reines Schema der Größe‹ bestimmt und annimmt, daß sie als Vorstellung, die »die sukzessive Addition von Einem zu Einem (gleichartigen) zusammenfaßt«, nichts anderes ist als »die Synthesis des Mannigfaltigen einer gleichartigen Anschauung überhaupt, dadurch, daß ich die Zeit selbst in der Apprehension der Anschauung erzeuge« (KrV B 182), halten J. F. Herbart und F. E. Beneke die Einmischung der Zeit in den Z. für verfehlt: »Daß über dem Zählen Zeit verfließt, kann keinen Beweis [sc. für die Rolle der Zeit als einer Grundlage des Z.s] abgeben; denn worüber verflösse wohl nicht Zeit?« (Beneke, System der Logik als Kunstlehre des Denkens I, Berlin 1842, 279, Anm.).

In den modernen Ansätzen einer Konstruktiven Arithmetik (↑Arithmetik, konstruktive) tritt an die Stelle der den Zählprozeß konstituierenden zeitlichen Abfolge der Erzeugung von Zahlwörtern oder Zählzeichen (›ordinaler‹ oder ›kardinaler‹ Art, je nachdem, ob das Zählen der Ermittlung einer Stelle in einer Reihe oder der einer Anzahl dient) die Ordnung der Zeichen gemäß der Reihenfolge, in der sie nach den Regeln des jeweils zugrundegelegten Zählzeichensystems (↑Zählzeichen) erzeugt werden können. Zwar wird der Zweck des Zählens durch sehr verschiedene Zählzeichensysteme erreicht; um diesen Zweck zu erfüllen, müssen diese jedoch sämtlich darin übereinstimmen, daß sich ihre Zählzeichen denen des ↑Strichkalküls (des einfachsten Zählzeichensystems) unter Erhaltung der Gültigkeit der jeweiligen Regeln umkehrbar eindeutig zuordnen lassen. Dies erlaubt einen Abstraktionsschritt von (bezüglich der durch diese Zuordnungsmöglichkeit erklärten ↑Äquivalenzrelation) invarianten (↑invariant/Invarianz) Aussagen über Zählzeichen zu Aussagen über Zahlen als ›abstrakte Gegenstände‹ (↑abstrakt, ↑Abstraktion). In diesen Aussagen fungiert das Wort ›Zahl‹ nicht als Prädikator, sondern als Abstraktor, z. B. vor dem Zählzeichen ›7‹ in der Aussage ›die Zahl 7 hat keine nicht-trivialen Teiler‹, die invariant ist gegenüber der Ersetzung der dem dekadischen Zählzeichensystem angehörenden arabischen Ziffer ›7‹ durch ein zu ihr äquivalentes Zeichen aus irgendeinem anderen Zählzeichensystem. Im Anschluß hieran erhält man einen nicht mehr an die klassischen Begriffslehren geknüpften Z. durch die Einführung einer Darstellungsbeziehung δ (↑Darstellung (logisch-mengentheoretisch)) zwischen einem Zeichen z und einem abstrakten Gegenstand a durch

$$z\delta a \leftrightharpoons a \approx \tilde{z},$$

wobei $\tilde{x} \approx \tilde{y}$ als Gültigkeit von $A(x) \leftrightarrow A(y)$ für alle ↑Aussageformen $A(\ldots)$ definiert ist, die in dem Bereich als sinnvoll erklärt sind, dem x und y entnommen sind. Damit hat die traditionelle Bezeichnungsrelation für Abstrakta eine Rekonstruktion erfahren, bei der jede Aussage ›n ist eine Zahl‹ als gleichbedeutend mit der Aussage ›es gibt ein x mit $x\delta n$‹ festgesetzt, also eine Antwort auf die Frage ›was ist eine Zahl?‹ gegeben und in diesem Sinne ein konstruktiver Z. gewonnen ist.

Literatur: R. Achsel, Ueber den Z. bei Leibniz, Burg 1905; B. Artmann, Der Z., Göttingen 1983 (engl. The Concept of Number. From Quaternions to Monads and Topological Fields, Chichester, New York 1988); H. Bachmann, Transfinite Zahlen, Berlin/Göttingen/Heidelberg 1955, Berlin/Heidelberg/New York ²1967; T. Bedürftig, Zahlen und Z.. Mathematisch-didaktische Studien, Hildesheim 2013; J.-P. Belna, La notion de nombre chez Dedekind, Cantor, Frege. Théories, conceptions et philosophie, Paris 1996; P. Benacerraf, What Numbers Could Not Be, Philos. Rev. 74 (1965), 47–73, Neudr. in: ders./H. Putnam (eds.), Philosophy of Mathematics. Selected Readings, Cambridge etc. ²1983, 2004, 272–294; J. Bigelow/S. Butchart, Number, Enc. Ph. VI (²2006), 669–679; W. Brix, Der mathematische Z. und seine Entwicklungsformen. Eine logische Untersuchung, Philos. Studien 5 (1889), 632–677, 6 (1890), 104–166, 261–334 (Dissertationsdruck des 3. u. 4. Kapitels: Die erkenntnistheoretische und logische Bedeutung des mathematischen Z.s, Leipzig 1889); J. N. Crossley, The Emergence of Number, Yarra Glenn, Victoria (Australien) 1980, Singapur/New Jersey/Hongkong ²1987; R. Dedekind, Stetigkeit und irrationale Zahlen, Braunschweig 1872, ⁷1965 (zus. mit der 10. Auflage von »Was sind und was sollen die Zahlen?« [s. u.]), 1969; ders., Was sind und was sollen die Zahlen?, Braunschweig 1888, ¹⁰1965, 1969; S. Dehaene, The Number Sense. How the Mind Creates Mathematics, Oxford etc. 1997, rev. 2011 (dt. Der Zahlensinn, oder, Warum wir rechnen können, Basel/Boston Mass./Berlin 1999, Basel 2012); R. Dubisch, The Nature of Number. An Approach to Basic Ideas of Modern Mathematics, New York 1952; C. Everett, Numbers and the Making of Us. Counting and the Course of Human Cultures, Cambridge Mass./London 2017; A. Fraenkel, Z. und Algebra bei Gauß […], Leipzig, Berlin 1920; G. Frege, Die Grundlagen der Arithmetik. Eine logisch mathematische Untersuchung über den Begriff der Zahl, Breslau 1884, 1934 (repr. Darmstadt, Hildesheim/New York 1961, 1990), ed. J. Schulte, Stuttgart 1995; H. Gericke, Geschichte des Z.s, Mannheim/Wien/Zürich 1970; H. v. Helmholtz, Zählen und Messen. Erkenntnisstheoretisch betrachtet, in: Philosophische Aufsätze. Eduard Zeller zu seinem fünfzigjährigen Doctor-Jubiläum gewidmet, Berlin 1887 (repr. Leipzig 1962), 15–52 (repr. in: ders., Die Tatsachen in der Wahrnehmung/Zählen und Messen erkenntnistheoretisch betrachtet, Darmstadt 1959, 75–112), Neudr. in: ders., Philosophische Vorträge und Aufsätze, ed. H. Hörz/S. Wollgast, Berlin 1971, 301–335; D. Hilbert, Über den Z., Jahresber. Dt. Math.ver. 8 (1900), 180–184, Neudr. in: ders., Grundlagen der Geometrie, Leipzig/Berlin ³1909, 256–262 [Anhang VI], ⁴1913, 237–242, ⁵1922, 237–242, ⁶1923, 237–242, ⁷1930, 241–246; E. Husserl, Ueber den Begriff der Zahl. Psychologische Analysen, Habilitationsschrift Halle-Wittenberg 1887, Neudr. in: ders., Philosophie der Arithmetik. Mit ergänzenden Texten (1890–1901), ed. L. Eley, Den Haag 1970 (Husserliana XII), 289–339; ders., Philosophie der Arithmetik. Psychologische und logische Untersuchungen, Halle 1891, Leipzig o. J. [1891], Neudr. in: ders., Philosophie der Arithmetik [s. o.], 1–283; ders., Z.e, in: ders., Studien zur Arithmetik und Geometrie. Texte aus dem Nachlaß (1886–1901), ed. I. Strohmeyer, Den Haag/Boston Mass./Lancaster 1983 (Husserliana XXI), 85–91; B. Kerry, Über Anschauung und ihre psychische Verarbeitung, Vierteljahrsschr. wiss. Philos. 9 (1885), 433–493, 10 (1886), 419–467, 11 (1887), 53–116, 249–307, 13 (1889), 71–124, 392–419, 14 (1890), 317–353, 15 (1891), 127–167; ders., System einer Theorie der Grenzbegriffe. Ein Beitrag zur Erkenntnistheorie. Erster Theil, ed. G. Kohn, Leipzig/Wien 1890, 38–80 (Kap. III Die Unendlichkeit der Anzahlenreihe); H. Kneser, Die komplexen Zahlen und ihre Verallgemeinerungen, Math.-phys. Semesterber. 1 (1949), 256–267; V. Kolman, Der Z. und seine Logik. Die Entwicklung einer Begründung der Arithmetik bei Frege, Gödel und Lorenzen, Log. Anal. Hist. Philos. 11 (2008), 65–87; ders., Zahl, EP III (²2010), 3080–3085; L. Kronecker, Ueber den Z., in: Philosophische Aufsätze Eduard Zeller zu seinem fünfzigjährigen Doctor-Jubiläum gewidmet [s. o.], 261–274, erw. in: ders., Werke III, ed. K. Hensel, Leipzig 1899, Neudr. New York 1968, 249–274; B. Lange, Z. und Zahlgefühl. Eine Analyse von Z. und Zahlgefühl zum Zwecke des Einsatzes von drei Taschenrechnerspielen im Mathematikunterricht der Grundschule, Münster 1984; C. T. Michaëlis, Über Kants Z., Berlin 1884; M. Pasch, Der Ursprung des Z.s I, Arch. Math. Phys. 28 (1920), 17–33; ders., Der Ursprung des Z.s II, Z. Math. 10 (1921), 124–134; L.-G. du Pasquier, Le développement de la notion de nombre, Paris/Neuchâtel 1921; G. Peano, Sul concetto di numero, Riv. mat. 1 (1891), 87–102, 256–276, Neudr. in: ders., Opere Scelte III (Geometria e fondamenti, meccanica razionale, varie), ed. U. Cassina, Rom 1959, 80–109; J. Piaget, Introduction à l'epistémologie génétique I (La pensée mathématique), Paris 1950, ²1973, 61–142; ders., Rechenunterricht und Z.. Die Entwicklung des kindlichen Z.es und ihre Bedeutung für den Rechenunterricht. Bericht und Diskussion, Braunschweig 1964, ⁴1970; ders./A. Szeminska, La genèse du nombre chez l'enfant, Neuchâtel 1941, ⁷1991; G. Priest, Numbers, REP VII (1998), 47–54; H. Rickert, Das Eine, die Einheit und die Eins. Bemerkungen zur Logik des Z.s, Logos 2 (1911/1912), 26–78, rev. separat Tübingen ²1924; B. Russell, The Principles of Mathematics I, Cambridge 1903, London/New York ²1937, 2010, 109–153 (Part II Number); ders., Introduction to Mathematical Philosophy, London, New York 1919, Nottingham 2008, 11–19 (Chap. II Definition of Number); S. Saulnier, Les nombres. Lexique et grammaire, Rennes 2010; S. Schlicht, Zur Entwicklung des Mengen- und Z.s, Wiesbaden 2016; C. J. Scriba, The Concept of Number. A Chapter in the History of Mathematics, with Applications of Interest to Teachers, Mannheim/Zürich 1968; G. Stammler, Der Z. seit Gauß. Eine erkenntnistheoretische Untersuchung, Halle 1926 (repr. Hildesheim 1965); J. Stenzel, Zahl und Gestalt bei Platon und Aristoteles, Leipzig/Berlin 1924, Darmstadt ³1959; O. Stolz, Größen und Zahlen, Leipzig 1891; C. Thiel/M. Kranz/S. Meier-Oeser, Zahl; Zählen, Hist. Wb. Ph. XII (2004), 1119–1145; F. Vera, Evolución del concepto de número, Madrid 1929; F. H. Weber, Die genetische Entwicklung des Zahl- und Raumbegriffes in der griechischen Philosophie bis Aristoteles und der Begriff der Unendlichkeit, Straßburg 1895; H. Wieleitner, Der Begriff der Zahl in seiner logischen und historischen Entwicklung, Leipzig/Berlin 1911, [3]1927; H. Wigge, Der Z. in der neueren Philosophie. Eine kritische Studie, Langensalza 1921; K. Zsigmondy, Zum Wesen des Z.s und der Mathematik, in: Bericht über die feierliche Inauguration des für das Studienjahr 1918/19 gewählten Rector Magnificus Dr. Karl Zsigmondy o.ö. Professors der Mathematik am 26. Oktober 1918, Wien 1918, 41–78; weitere Literatur: ↑Zahl, ↑Zahlensystem. C. T.

Zahlenmystik (engl. number mysticism), Sammelbezeichnung für unterschiedliche Auffassungen, die den (natürlichen) ↑Zahlen über ihren Rechenwert hinaus Bedeutung verleihen. Die Grundlage der Z. bildet ein ›Zahlensymbolismus‹ (*number symbolism*), der einzelnen Zahlen einen Symbolwert zuweist. Die theoretische Erforschung der zahlensymbolischen Binnenverhältnisse ist Gegenstand einer ›Numerologie‹ oder ›Arithmologie‹ (*numerology, arithmology*), wobei dieses ›(geheime) Zahlenwissen‹ (*number lore*) oft zahlentheoretische Vorstellungen (↑Zahlentheorie) enthält. *Praktisch* wird die Z. in der ›Zahlenallegorese‹, die religiöse oder profane Sachverhalte nach Maßgabe der beteiligten Symbolwerte auslegt, während die ›Zahlenmagie‹ versucht, den Symbolwert zu Zwecken der Naturbeherrschung auszunutzen. Der Z. komplementär verfährt die vor allem in der ↑Kabbala beheimatete ›Gematria‹, die den Buchstaben zunächst Zahlenwerte zuordnet, um darauf ein der Z. analoges spekulatives System von Aussagen zu errichten.

Die Z. nimmt ihren Anfang mit den ↑Pythagoreern, insbes. mit dem Grundsatz, daß die Zahl das Wesen aller Dinge sei (*ἀριθμὸν εἶναι τὴν ουσίαν πάντων*, Arist. Met. *A*5.987a19), und seiner Entwicklung in Ontologie und spekulativer Zahlenlehre, Astronomie und Musiktheorie (↑Pythagoreische Zahlen). Nach Aristoteles (Met. *A*5.985b23ff.) bildete sich bei den Pythagoreern aus zahlentheoretischen Studien die Überzeugung, daß Zahlen nicht nur die ursprünglichen Bausteine alles Seienden sind, sondern alles in der Welt nach Zahl, ihren Elementen (gerade und ungerade) oder zahlenmäßiger Proportion (Harmonie) eingerichtet ist. Kernstück ist die Lehre von der ↑Tetraktys, deren Eigenschaften Speusippos wie folgt zusammenfaßt: Zunächst ist die durch die Tetraktys dargestellte Zahl Zehn eine perfekte Zahl, nämlich weil sie gerade (d. h. vollendet) ist, gleichviele gerade und ungerade Zahlen als Summanden enthält, gleichviele Prim- und zusammengesetzte Zahlen enthält und weil ihre tetraktytische Darstellung die grundlegenden Harmonien 2 : 1, 3 : 2 und 4 : 3 sichtbar werden läßt, die Größenverhältnisse gleich, kleiner und größer exemplifiziert, die Zahlen für die geometrischen Grundelemente Punkt, Linie, Dreieck (Fläche), Pyramide (Körper) enthält und gleich der Summe ihrer Konstituenten ist (d. h. 1 + 2 + 3 + 4 = 10) ([Pseudo-]Iamblichos, The Theology of Arithmetic, trans. R. Waterfield, Grand Rapids Mich. 1988, 112–113). Eine Folge dieser Hochschätzung der Zehn als schlechthin vollkommener Zahl, die alles in sich enthält, ist z. B., daß die Pythagoreer neben den neun bekannten die Existenz eines zehnten Himmelskörpers, der Gegenerde (*ἀντίχθων*), forderten (Arist. Met. *A*5.986a8ff.). Bei Platon treten vor allem im »Timaios« pythagoreisch inspirierte Zahlenspekulationen auf: Der ↑Demiurg benutzt Zahlenproportionen, um in den Körpern einen Zusammenhang der vier Elemente Feuer, Erde, Wasser und Luft zu schaffen (Tim. 31aff.), denn »indem dieselben untereinander ein Zahlenverhältnis annehmen, wird alles«. (1) Die vier Elemente selbst entsprechen den ↑Platonischen Körpern, die der Demiurg durch Form und Zahl schuf (Tim. 53aff.). (2) Die Abstände der Planetenbahnen gehorchen den Kubikzahlverhältnissen $2^3 = 8$, $2^2 = 4$, $2^1 = 2$, $2^0 = 1$ auf dem Aufstrich und $3^0 = 1$, $3^1 = 3$, $3^2 = 9$, $3^3 = 27$ auf dem Abstrich des ›Platonischen Lambdas‹ (Tim. 35aff.; s. Abb. 1), denn Kubikzahlen müssen es sein, da diese den ausgedehnten Körpern entsprechen; das Vorkommen gerader wie ungerader Zahlen dient (pythagoreisch) der Vollkommenheit; bis zur dritten Potenz zu gehen, entspricht dem räumlich ausgedehnten Firmament; und schließlich ist die Summe der Kubikzahlen 55, was der Summe entspricht, die der perfekten Zahl 10 durch 1 + 2 + … + 10 zugeordnet ist.

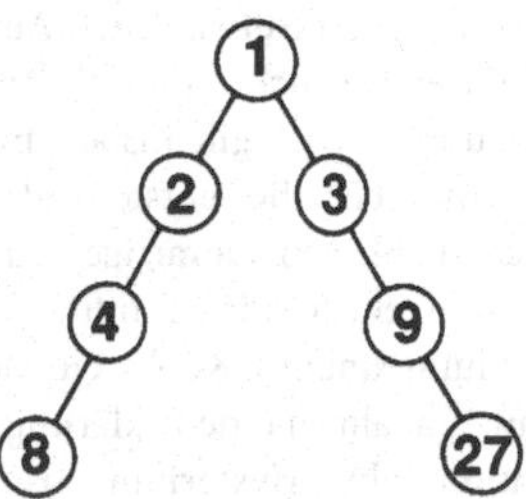

Abb. 1: Das Platonische Lambda

(3) Die gesamte zahlenmäßige Harmonie dient einem moralischen Zweck, nämlich eine derartige Harmonie auch im Menschen zu stiften (Tim. 47aff.).

Für die christliche Philosophie ist das Zusammengehen der Z. mit der allegorischen (↑Allegorie) Methode zur Textinterpretation der Stoiker (↑Allegorese) von Bedeutung. Zunächst bedienen sich die gebildeten Juden und, im Anschluß an die Lehre vom mehrfachen Schriftsinn, auch die christlichen Apologeten zahlenmystischer Techniken, um die heiligen Schriften auszulegen. So gibt Philon von Alexandreia in »De opificio mundi« einen zahlensymbolischen Kommentar zur Genesis, in dem etwa die Anzahl der Schöpfungstage dadurch ›deduziert‹ wird, daß die Schöpfung vollkommen und sechs die kleinste vollkommene Zahl (↑Zahl, vollkommene) ist. A. Augustinus praktiziert diese Form der Schriftauslegung und verteidigt ihren Nutzen (De civitate Dei XI 30), womit die Zahlenallegorese zum festen Bestandteil biblischer ↑Hermeneutik wird. Daneben macht sich eine nicht-christliche arithmologische Tradition geltend, die, neben der Anknüpfung an Platons »Timaios«, im pythagoreischen Geist spekuliert und einen Teil des antiken arithmetischen Wissens konserviert (Nikomachos von Gerasa, Martianus Capella, Isidor von Sevilla, Rabanus Maurus). Charakteristisch für diese Tradition sind (1) eine ›theologische Arithmetik‹, d. i. die Auffassung von einem rechnenden Gott, der ›more arithmetico‹ die Welt erschafft (G. W. Leibniz: »Cum deus calculat fit mundus«, Philos. Schr. VII, 191), (2) das dazu komplementäre Wissensideal ↑›more geometrico‹ und (3) die Lehre von einer ›wirklicheren‹ transzendenten Welt, zu der mittels numerologischer Erkenntnis ein Einblick und ›Aufstieg‹ gelingt.

Eine Blüte erlebt die Z. in der ↑Renaissance, wobei für die Geschichte der Z. zwei Aspekte maßgeblich sind: (1) In der Wiederentdeckung der Antike wird die schon von Philon von Alexandreia und Augustinus vertretene Meinung, Platons »Timaios« verdanke sich einer Kenntnis der mosaischen »Genesis«, zu einer zentralen Doktrin; Platon gilt als der ›attische Moses‹. (2) Die Z. verbindet sich mit Elementen der Magie als spekulativer Form der Naturbeherrschung (↑hermetisch/Hermetik). Da alles nach Maß, Zahl und Gewicht eingerichtet ist, entwickelt sich eine Zahlenmagie, die etwa durch Auslegen numerologischer Figuren versucht, Einfluß auf das Naturgeschehen auszuüben. Dies gilt insbes. im Bereich der ↑Sphärenharmonie. Für die entstehende neuzeitliche Naturwissenschaft bleiben derartige zahlenmystische Spekulationen weitgehend ohne Einfluß.

Eine Sonderstellung nimmt J. Kepler ein, der für die Abstände der Planetenbahnen eine Erklärung in zahlenmystischer Tradition gibt (Mysterium cosmographicum, Tübingen 1596). Diese beruht darauf, daß den Planetenbahnen die ↑Platonischen Körper einbeschrieben bzw. umbeschrieben werden. Ein weiteres Beispiel zahlenmystischer Aspekte stellt Keplers Weltharmonik (Harmonices mundi, Linz 1619) dar.

Literatur: R. F. Allendy, Le symbolisme des nombres, Paris 1921, [2]1948 (repr. 1984); E. T. Bell, Numerology, Baltimore Md., New York/London 1933, mit Untertitel: The Magic of Numbers, New York 1945; O. Betz, Die geheimnisvolle Welt der Zahlen. Mythologie und Symbolik, München 1999; W. Blankenburg/W. Elders, Zahlensymbolik, in: F. Blume (ed.), Die Musik in Geschichte und Gegenwart. Allgemeine Enzyklopädie der Musik XVI, Kassel etc. 1979, 1971–1978; C. Butler, Number Symbolism, London 1970; F. Dornseiff, Das Alphabet in Mystik und Magie, Leipzig 1922 (repr. 1925, Holzminden 1994); F. C. Endres, Die Zahl in Mystik und Glauben der Kulturvölker, Zürich 1935, unter dem Titel: Mystik und Magie der Zahlen, Zürich 1951; ders./A. Schimmel, Das Mysterium der Zahl. Zahlensymbolik im Kulturvergleich, Köln 1984, Kreuzlingen/München [12]2001, 2005 (engl. The Mystery of Numbers, Oxford etc. 1993); P. Friesenhahn, Hellenistische Wortzahlenmystik im Neuen Testament, Leipzig 1935 (repr. Amsterdam 1970); M. Gardner, The Numerology of Dr. Matrix. The Fabulous Feats and Adventures in Number Theory, Sleight of Word, and Numerological Analysis, New York 1967 (dt. Die Zahlenspiele des Dr. Matrix. Vergnügliche Begegnungen mit der Mathematik, Frankfurt 1981); M. C. Ghyka, Philosophie et mystique du nombre, Paris 1952, 1978; H. Heuser, Die Magie der Zahlen. Von einer seltsamen Lust, die Welt zu ordnen, Freiburg/Basel/Wien 2003, [2]2004, mit Untertitel: Die seltsame Lust, die Welt zu ordnen, Freiburg 2013; V. F. Hopper, Medieval Number Symbolism. Its Sources, Meaning, and Influence on Thought and Expression, New York 1938, 1969; S. A. Horodezky, Gematria, Enc. Jud. VII (1931), 170–179; R. Kriss/H. Kriss-Heinrich, Volksglaube im Bereich des Islam II, Wiesbaden 1962; R. Lawlor, Sacred Geometry. Philosophy and Practice, London 1982, 1995; H. Meyer, Die Zahlenallegorese im Mittelalter. Methode und Gebrauch, München 1975; L. Paneth, Zahlensymbolik im Unbewußtsein, Zürich 1952 (franz. La symbolique des nombres dans l'inconscient, Paris 1953, 1976); G. Scholem, Gematria, EJud VII (1971), 369–374; F. Weinreb, Zahl, Zeichen, Wort. Das symbolische Universum der Bibelsprache, Reinbek b. Hamburg 1978, Weiler [2]1986, Zürich 2007; H. Werner, Lexikon der Numerologie und Z., München 1995, Frechen 2001; A. Zimmermann (ed.), Mensura. Maß, Zahl, Zahlensymbolik im Mittelalter, I–II, Berlin/New York 1983/1984. B. B.

Zahlensystem, Terminus der ↑Mathematik (1) zur Bezeichnung einer Menge von ↑Zahlen samt den auf ihr definierten Operationen und Relationen, (2) synonym mit ›Notationssystem zur Zahldarstellung‹ in der Kultur- und Wissenschaftsgeschichte der Mathematik.

(1) In der ersten Bedeutung spricht man, entsprechend den üblichen Zahlarten der natürlichen, ganzen, rationalen, reellen und komplexen Zahlen, vom ›System der natürlichen (ganzen, ...) Zahlen‹; der Terminus ›Z.‹ kann sowohl eines dieser Systeme als auch ihre Gesamtheit bezeichnen. Stand bis zum Ende des 19. Jhs. eine präzise Definition der Zahlarten samt ihrer geometrischen Veranschaulichung und ihre genetische Entwicklung im Vordergrund (↑Zahl), so gilt seit Anfang des 20. Jhs. das Interesse mehr ihrem axiomatischen Aufbau (↑System, axiomatisches) und damit verbunden dem Studium ihrer Eigenschaften als algebraische (↑Algebra) ↑Strukturen. Mit beiden Zugängen in enger Wechselwirkung stehen die metamathematischen (↑Metamathematik) Untersuchungen des Z.s, die sich der Begriffsbildungen und Techniken der Mathematischen Logik (↑Logik, mathematische) bedienen.

(a) *Algebra des Zahlensystems:* Das System der *natürlichen Zahlen* wird als algebraische Struktur $\mathfrak{N}$ durch das Sextupel $\langle \mathbb{N};0,1;+,\cdot;\leq \rangle$ beschrieben, das $\mathbb{N}$ als die Grundmenge, die Null und die Eins als ausgezeichnete Objekte, die 2-stelligen Operationen Addition (↑Addition (mathematisch)) und Multiplikation (↑Multiplikation (mathematisch)) sowie die 2-stellige Kleiner-odergleich-Relation als ↑Ordnung auf $\mathbb{N}$ auszeichnet. Die Nachfolgerfunktion (↑Nachfolger), aus der die angegebenen Operationen und Relationen entwickelt werden können, läßt man bei dieser Darstellung meist aus, da sie mittels der Addition durch $n' \leftrightharpoons n + 1$ definierbar ist. Algebraisch ist diese Struktur dadurch charakterisiert, daß Addition und Multiplikation in den (durch Reduktion bzw. Einschränkung aus $\mathfrak{N}$ entstehenden) Strukturen $\mathfrak{N}^+ \leftrightharpoons \langle \mathbb{N};0;+\rangle$ bzw. $\mathfrak{N}^\times \leftrightharpoons \langle \mathbb{N}\backslash\{0\};1;\cdot\rangle$ jeweils eine kommutative (↑kommutativ/Kommutativität) reguläre Halbgruppe mit dem Neutralelement 0 bzw. 1 bilden, d. h., für + und · gelten jeweils das ↑Assoziativgesetz und das ↑Kommutativgesetz, und weiter gilt stets: $m + 0 = m$, $m \cdot 1 = m$ sowie

$$k \circ m = k \circ n \rightarrow m = n$$

für beide Verknüpfungen $\circ \in \{+,\cdot\}$. Da die beiden Verknüpfungen +, · zusammen das Distributivgesetz (↑distributiv/Distributivität)

$$k \cdot (n + m) = k \cdot n + k \cdot m$$

erfüllen, bildet die Struktur $\langle \mathbb{N};0,1;+,\cdot\rangle$ zudem einen kommutativen Halbring. Die Relation $\leq$ auf $\mathbb{N}$ ist als Ordnung reflexiv (↑reflexiv/Reflexivität), antisymmetrisch (↑antisymmetrisch/Antisymmetrie), transitiv (↑transitiv/Transitivität) und ↑konnex; sie ist sogar archimedisch (↑Archimedisches Axiom) und eine ↑Wohlordnung. Außerdem ist die Ordnung $\leq$ mit den Verknüpfungen + und · verträglich, d. h., das Monotoniegesetz

$$n \leq m \rightarrow n \circ k \leq m \circ k$$

ist für beide Verknüpfungen $\circ \in \{+,\cdot\}$ erfüllt.

Von $\mathfrak{N}$ zu $\mathfrak{Z}$: Um jede Gleichung der Form $x + m = n$ lösen zu können, erweitert man die Halbgruppe $\mathfrak{N}^+$ zur Gruppe (↑Gruppe (mathematisch)) $\mathfrak{Z}^+$. Dies erfolgt im wesentlichen so, daß man durch

$$\langle n_1,m_1\rangle \sim_\mathbb{Z} \langle n_2,m_2\rangle \leftrightharpoons n_1 + m_2 = n_2 + m_1$$

eine ↑Äquivalenzrelation $\sim_\mathbb{Z}$ auf $\mathbb{N} \times \mathbb{N}$ definiert und als neue, erweiterte Grundmenge $\mathbb{Z}$ die Menge der Äquivalenzklassen (auch: ›Restklassen‹)

$$[\langle n,m\rangle] \leftrightharpoons \{\langle n',m'\rangle \in \mathbb{N} \times \mathbb{N}: \langle n',m'\rangle \sim_\mathbb{Z} \langle n,m\rangle\}$$

bezüglich der Relation $\sim_\mathbb{Z}$ nimmt. Setzt man als Addition auf $\mathbb{Z}$:

$$[\langle n_1,m_1\rangle] \oplus [\langle n_2,m_2\rangle] \leftrightharpoons [\langle n_1 + n_2, m_1 + m_2\rangle],$$

so ist $\mathfrak{Z}^+ \leftrightharpoons \langle \mathbb{Z};0^*;\oplus\rangle$ mit $0^* \leftrightharpoons [\langle 0,0\rangle]$ eine kommutative Gruppe. Definiert man

$$[\langle n_1,m_1\rangle] \otimes [\langle n_2,m_2\rangle] \leftrightharpoons [\langle n_1 \cdot n_2 + m_1 \cdot m_2, n_1 \cdot m_2 + m_1 \cdot n_2\rangle]$$

und setzt $1^* \leftrightharpoons [\langle 1,0\rangle]$, so bildet $\mathfrak{Z}^\times \leftrightharpoons \langle \mathbb{Z}\backslash\{0^*\};1^*;\otimes\rangle$ weiterhin eine kommutative reguläre Halbgruppe, und da $\oplus$ und $\otimes$ zusammen das Distributivgesetz erfüllen, ist $\mathfrak{Z} \leftrightharpoons \langle \mathbb{Z};0^*,1^*;\oplus,\otimes;\leq_\mathbb{Z}\rangle$ ein kommutativer Ring (↑Ring (mathematisch)) mit dem Einselement 1^*, der darüber hinaus durch

$$[\langle n_1,m_1\rangle] \leq_\mathbb{Z} [\langle n_2,m_2\rangle] \leftrightharpoons n_1 + m_2 \leq n_2 + m_1$$

angeordnet ist. Die Ordnung $\leq_\mathbb{Z}$ ist konnex und archimedisch, jedoch keine Wohlordnung, da $\langle \mathbb{Z};\leq_\mathbb{Z}\rangle$ kein kleinstes Element besitzt.

Wird $\mathbb{N}^*$ als $\{[\langle n,0\rangle] \in \mathbb{Z}: n \in \mathbb{N}\}$ definiert, so ist $\mathfrak{N}^* \leftrightharpoons \langle \mathbb{N}^*;0^*,1^*;\oplus,\otimes;\leq\rangle$ eine zu $\mathfrak{N}$ isomorphe (↑isomorph/Isomorphie) Unterstruktur von $\mathfrak{Z}$; d. h., natürliche Zahlen verhalten sich bezüglich +, · und $\leq$ exakt so wie ihre jeweiligen Bilder unter dem Isomorphismus $n \mapsto [\langle n,0\rangle]$ bezüglich $\oplus$, $\otimes$ bzw. $\leq_\mathbb{Z}$. Es bieten sich zwei Möglichkeiten zum Abschluß der Erweiterung an: Entweder man bettet $\mathbb{N}$ anstelle von $\mathbb{N}^*$ in $\mathfrak{Z}$ ein, indem man jeweils $[\langle n,0\rangle]$ in $\mathbb{Z}$ durch n ersetzt, und verwendet die Bezeichnung ›$\mathbb{Z}$‹ für die dabei neu entstandene Menge, d. h., man behält die ›alten‹ natürlichen Zahlen; oder man begnügt sich mit der Isomorphie von $\mathfrak{N}$ und $\mathfrak{N}^*$ als Rechtfertigung dafür, die Äquivalenzklassen $[\langle n,0\rangle]$ als die natürlichen Zahlen aufzufassen (auf diesen Schritt des Ersetzens oder Uminterpretierens wird in den folgenden Erweiterungskonstruktionen nicht mehr eingegangen; statt dessen wird einfach von ›Identifikation‹ gesprochen, wenn isomorphe Einbettbarkeit gewährleistet ist). Die Elemente von $\mathbb{Z}$ werden die *ganzen Zahlen* genannt.

Von $\mathfrak{Z}$ zu $\mathfrak{Q}$: Um jede Gleichung der Form $x \cdot q = p$ lösen zu können, wird die Halbgruppe $\langle \mathbb{Z}\backslash\{0\};1;\cdot\rangle$ zur Gruppe $\mathfrak{Q}^\times$ erweitert. Die Erweiterung verläuft analog zur vorigen, indem man als neue Grundmenge $\mathbb{Q}$ die Menge der Äquivalenzklassen $[\langle p,q\rangle]$ mit $p, q \in \mathbb{Z}$ und $q > 0$ bezüglich der Äquivalenzrelation

$$\langle p_1,q_1\rangle \sim_\mathbb{Q} \langle p_2,q_2\rangle \leftrightharpoons p_1 \cdot q_2 = p_2 \cdot q_1$$

einführt. Orientiert an den Rechenregeln für Brüche ganzer Zahlen definiert man

$$[\langle p_1,q_1\rangle] \oplus [\langle p_2,q_2\rangle] \leftrightharpoons [\langle p_1 \cdot q_2 + p_2 \cdot q_1, q_1 \cdot q_2\rangle],$$
$$[\langle p_1,q_1\rangle] \otimes [\langle p_2,q_2\rangle] \leftrightharpoons [\langle p_1 \cdot p_2, q_1 \cdot q_2\rangle]$$

als Addition und Multiplikation auf $\mathbb{Q}$ und

$$0^* \leftrightharpoons [\langle 0,1\rangle], \quad 1^* \leftrightharpoons [\langle 1,1\rangle]$$

als die zugehörigen neutralen Elemente. Damit bilden $\mathfrak{Q}^+ \leftrightharpoons \langle \mathbb{Q};0^*;\oplus\rangle$ und $\mathfrak{Q}^\times \leftrightharpoons \langle \mathbb{Q}\backslash\{0^*\};1^*;\otimes\rangle$ kommutative Gruppen. Die Struktur $\mathfrak{Q} \leftrightharpoons \langle \mathbb{Q};0^*,1^*;\oplus,\otimes;\leq_\mathbb{Q}\rangle$ ist damit ein Körper (↑Körper (mathematisch)), der durch

$$[\langle p_1,q_1\rangle] \leq_\mathbb{Q} [\langle p_2,q_2\rangle] \leftrightharpoons p_1 \cdot q_2 \leq p_2 \cdot q_1$$

konnex und archimedisch angeordnet wird. Im Gegensatz zu den Ordnungen von $\mathfrak{N}$ und $\mathfrak{Z}$ ist $\leq_\mathbb{Q}$ *dicht*, d. h., zu $x, z \in \mathbb{Q}$ mit $x <_\mathbb{Q} z$ existiert stets ein $y \in \mathbb{Q}$, so daß

$x <_{\mathbb{Q}} y <_{\mathbb{Q}} z$ (dabei ist $x <_{\mathbb{Q}} y$ definiert als $x \leq_{\mathbb{Q}} y \wedge x \neq y$). Mittels $k \mapsto [\langle k,1\rangle]$ kann $\mathfrak{Z}$ dann isomorph in $\mathfrak{Q}$ eingebettet werden; man identifiziert ganze Zahlen k mit ihren Bildern $[\langle k,1\rangle]$ und nennt die Elemente von $\mathbb{Q}$ die *rationalen Zahlen.*

Von $\mathfrak{Q}$ *nach* $\mathfrak{R}$: Der nächste Erweiterungsschritt orientiert sich an den topologischen (↑Topologie) Bedürfnissen der ↑Analysis. Eine gängige Darstellungsweise dieses Schrittes führt über den Begriff der Folgenkonvergenz (↑Folge (mathematisch), ↑konvergent/Konvergenz) in metrischen Räumen (↑Abstand): Die Betragsfunktion $|\ |$ mit

$$|x| \leftrightharpoons \begin{cases} x, & \text{falls } x \geq 0, \\ -x, & \text{sonst,} \end{cases}$$

induziert eine Abstandsfunktion bzw. ↑Metrik

$$d(x, y) \leftrightharpoons |x - y|$$

auf $\mathbb{Q}$, d.h., $\langle \mathbb{Q};d\rangle$ ist ein metrischer Raum. Eine Folge $\langle a_i\rangle_{i\in\mathbb{N}} = \langle a_0, a_1, a_2,\ldots\rangle$ von Elementen a_i eines metrischen Raumes $\langle X;\delta\rangle$ heißt eine ›Cauchy-‹ oder ›Fundamentalfolge‹ in $\langle X;\delta\rangle$, wenn es für jedes noch so kleine (rationale) $\varepsilon > 0$ eine Zahl $n \in \mathbb{N}$ gibt, so daß für alle $i, j \geq n$ gilt: $\delta(a_i,a_j) < \varepsilon$. Alle konvergenten Folgen sind Cauchyfolgen; gilt auch die Umkehrung, so heißt $\langle X;\delta\rangle$ ein ›vollständiger metrischer Raum‹. Der Raum $\langle \mathbb{Q};d\rangle$ ist jedoch nicht vollständig, d.h., obwohl die rationalen Zahlen dicht liegen, gibt es ›Löcher‹. So wird etwa durch

$$w_0 = 1, \text{ und } w_{i+1} = w_i/2 + 1/w_i \text{ für alle } i \in \mathbb{N}$$

eine Cauchyfolge in $\langle \mathbb{Q};d\rangle$ festgelegt, die keinen ↑Grenzwert in $\mathbb{Q}$ besitzt. Das Ziel des nächsten Erweiterungsschrittes ist, $\mathfrak{Q}$ zu einem Körper zu erweitern, der als metrischer Raum vollständig ist. Hierzu definiert man zwei Cauchyfolgen $\langle x_i\rangle$, $\langle y_i\rangle$ in $\mathfrak{Q}$ als äquivalent, wenn ihre Differenz eine ›Nullfolge‹ ist:

$$\langle x_i\rangle \sim_{\mathbb{R}} \langle y_i\rangle \leftrightharpoons \lim_{i\to\infty} (x_i - y_i) = 0,$$

und verwendet als neue Grundmenge $\mathbb{R}$ die Menge der Äquivalenzklassen $[\langle x_i\rangle]$ bezüglich $\sim_{\mathbb{R}}$. Addition $\oplus$ und Multiplikation $\otimes$ von Folgen werden dann als gliedweise Addition und Multiplikation der jeweiligen Folgenglieder bestimmt und eine Ordnung durch

$$[\langle x_i\rangle] \leq_{\mathbb{R}} [\langle y_i\rangle] \leftrightharpoons \bigwedge\nolimits_{\varepsilon>0} \bigvee\nolimits_{n\in\mathbb{N}} \bigwedge\nolimits_{i\geq n} x_i \leq y_i + \varepsilon$$

eingeführt; dann ergibt sich $\mathfrak{R} \leftrightharpoons \langle \mathbb{R};0^*,1^*;\oplus,\otimes;\leq_{\mathbb{R}}\rangle$ mit $0^* \leftrightharpoons [\langle 0,0,0,\ \ldots\rangle]$ und $1^* \leftrightharpoons [\langle 1,1,1,\ \ldots\rangle]$ als ein konnex, dicht und archimedisch angeordneter Körper, der (definiert man Betrags- und Abstandsfunktion analog wie oben) als metrischer Raum vollständig ist. Mittels $x \mapsto [\langle x,x,x,\ \ldots\rangle]$ kann $\mathfrak{Q}$ isomorph in $\mathfrak{R}$ eingebettet werden. Nach den üblichen Identifikationen und Umbenennungen bezeichnet man die Elemente von $\mathbb{R}$ als *reelle Zahlen* und die nicht-rationalen reellen Zahlen als *irrationale Zahlen.*

Der Übergang von $\mathfrak{Q}$ zu $\mathfrak{R}$ ist neben seiner nicht-algebraischen Motivation zusätzlich dadurch ausgezeichnet, daß die Mächtigkeit (↑Kardinalzahl) der Grundmenge sich erhöht: Waren die Mengen $\mathbb{N}$, $\mathbb{Z}$ und $\mathbb{Q}$ alle abzählbar unendlich (↑abzählbar/Abzählbarkeit), so ist $\mathbb{R}$, und damit die Menge $\mathbb{R}\backslash\mathbb{Q}$ der Irrationalzahlen, überabzählbar unendlich (↑überabzählbar/Überabzählbarkeit), wie sich durch das ↑Cantorsche Diagonalverfahren zeigen läßt. Es gibt zahlreiche weitere Wege zur Gewinnung der reellen Zahlen (z.B. durch ↑Intervallschachtelung oder ↑Dedekindsche Schnitte). Der übliche Sprachgebrauch, der von einer ›Konstruktion‹ der reellen Zahlen spricht, ist irreführend insofern, als nachweislich gerade nicht länger konstruiert werden kann, sondern stets gewisse Existenzaussagen postuliert werden müssen, solange die Analysis in klassischer Gestalt gewonnen werden soll. Die verschiedenen echt konstruktiv gewonnenen reellen Zahlkörper (↑Intuitionismus, ↑Mathematik, konstruktive, ↑Mathematik, operative, ↑Wahlfolge) ermöglichen nur Teilrekonstruktionen der klassischen Analysis.

Von $\mathfrak{R}$ *nach* $\mathfrak{C}$: Die Lösungen einer Gleichung $x^n = a$, also Zahlen x, deren n-te Potenz a ist, werden als ›n-te Wurzeln von a‹ bezeichnet. Solche Gleichungen sind schon in $\mathfrak{Z}$ nicht mehr notwendigerweise *eindeutig* lösbar, wenn sie lösbar sind (z.B. gilt $2^2 = 4$ und $(-2)^2 = 4$); in keiner der bisher betrachteten Strukturen sind alle solchen Gleichungen lösbar (z.B. enthält keine von ihnen eine zweite Wurzel aus -1). Dies wird im nächsten Schritt erreicht. Hierzu genügt es, eine Lösung der Gleichung $x^2 = -1$ zu postulieren, die mit ›i‹ bezeichnet wird (d.h. ›$\mathrm{i} = \sqrt{-1}$‹), und dann als neue Grundmenge die Menge aller ↑Linearkombinationen

$$a \cdot 1 + b \cdot \mathrm{i} \qquad (a, b \in \mathbb{R})$$

zu betrachten; d.h., man ›adjungiert‹ i zu $\mathfrak{R}$. Für eine technisch einwandfreie Darstellung dieses Vorgehens definiert man $\mathbb{C}$ als die Menge $\mathbb{R} \times \mathbb{R}$ aller Paare reeller Zahlen, setzt $0^* \leftrightharpoons \langle 0,0\rangle$, $1^* \leftrightharpoons \langle 1,0\rangle$ und $\mathrm{i} \leftrightharpoons \langle 0,1\rangle$. Damit sind Paare $\langle a,b\rangle$ jeweils die Koordinatendarstellungen (↑Koordinaten) von ↑Vektoren $a \cdot 1^* + b \cdot \mathrm{i}$ bezüglich der kanonischen Basis $\{1^*,\mathrm{i}\}$ von $\mathbb{R}^2$ als $\mathfrak{R}$-Vektorraum. Die Addition von Elementen aus $\mathbb{C}$ und die Multiplikation mit Skalaren aus $\mathbb{R}$ sind die üblichen Vektoroperationen (↑Vektor), wobei die Multiplikation von Elementen aus $\mathbb{C}$ wegen $\mathrm{i}^2 = -1$ die Form

$$\langle a_1,b_1\rangle \otimes \langle a_2,b_2\rangle \leftrightharpoons \langle a_1 \cdot a_2 - b_1 \cdot b_2, a_1 \cdot b_2 + a_2 \cdot b_1\rangle$$

haben muß. Dann ist $\mathfrak{C} \leftrightharpoons \langle \mathbb{C};0^*,1^*;\oplus,\otimes\rangle$ ein Körper und bildet, setzt man als Absolutbetrag einer Zahl $\langle a,b\rangle \in \mathbb{C}$ ihre euklidische Norm

$$|\langle a,b\rangle| \leftrightharpoons \sqrt{a^2 + b^2},$$

mit der dadurch induzierten Metrik einen vollständigen metrischen Raum; die Abbildung $a \mapsto \langle a,0\rangle$ bettet dann $\mathfrak{R}$ (ohne die Ordnungsrelation) isomorph in $\mathfrak{C}$ ein. Nach den entsprechenden Identifikationen und Umbenennungen bezeichnet man die Elemente von $\mathbb{C}$ als *komplexe Zahlen* und die nicht-reellen komplexen Zahlen als *imaginäre Zahlen*; i wird auch die ›imaginäre Einheit‹ genannt. In $\mathfrak{C}$ existieren dann für alle $z \in \mathbb{C}$ und $n \in \mathbb{N} \setminus\{0\}$ Lösungen x von $x^n = z$; der Körper $\mathfrak{C}$ enthält sogar für alle nicht-konstanten Polynome

$$P(x) = z_n \cdot x^n + z_{n-1} \cdot x^{n-1} + \ldots + z_1 \cdot x + z_0$$

mit Koeffizienten $z_i \in \mathbb{C}$ Lösungen der Gleichung $P(x) = 0$, d. h. ›Nullstellen von $P(x)$‹, und ist damit ›algebraisch abgeschlossen‹ (↑Fundamentalsatz der Algebra).

Bis $\mathfrak{C}$ und über $\mathfrak{C}$ hinaus: Der Weg von $\mathfrak{N}$ nach $\mathfrak{C}$ ist der einer steten Vervollständigung, dessen einzelne Etappen jeweils bis auf Isomorphie eindeutig bestimmt sind und der nur wenig Spielraum für Alternativrouten läßt. So läßt sich etwa $\mathfrak{Q}$, statt topologisch zu vervollständigen, zuerst algebraisch abschließen, was auf den Körper $\mathfrak{A}$ der algebraischen Zahlen führt. $\mathfrak{A}$ hat eine abzählbare Grundmenge $\mathbb{A}$, die aus den Nullstellen aller Polynome

$$P(x) = a_n \cdot x^n + a_{n-1} \cdot x^{n-1} + \ldots + a_1 \cdot x + a_0$$

über $\mathfrak{Q}$ besteht, erlaubt entsprechend keine mit den Körperverknüpfungen verträgliche Ordnung und bildet einen unvollständigen metrischen Raum. Die überabzählbar unendlich vielen nicht-algebraischen komplexen Zahlen in $\mathbb{C}\setminus\mathbb{A}$, die sich nicht als Nullstelle eines Polynoms $P(x)$ über $\mathfrak{Q}$ beschreiben lassen, heißen *transzendente Zahlen*.

Wird keine Vervollständigung im Sinne isomorpher Einbettbarkeit des Unterkörpers angestrebt, so ändert sich das Bild radikal. Durch geringfügige Modifikation der Techniken kann man $\mathfrak{Q}$ etwa zu den für die ↑Zahlentheorie wichtigen Körpern $\mathfrak{Q}_p$ der *p-adischen Zahlen* (wo p eine Primzahl ist) erweitern, die überabzählbare Grundmengen haben, als metrische Räume jeweils vollständig, aber weder untereinander noch zu $\mathfrak{R}$ isomorph sind. Entsprechendes gilt für Körpererweiterungen von $\mathfrak{R}$ oder $\mathfrak{C}$. Diese lassen sich nur unter Verlust algebraischer Eigenschaften erhalten: Verzichtet man z. B. auf die Kommutativität der Multiplikation, so gibt es genau eine weitere Oberstruktur hyperkomplexer Zahlen, in die sich $\mathfrak{R}$ und $\mathfrak{C}$ isomorph einbetten lassen, den Schiefkörper $\mathfrak{H}$ der Hamiltonschen *Quaternionen*. Als Grundmenge von $\mathfrak{H}$ wird $\mathbb{H} \leftrightharpoons \mathbb{C} \times \mathbb{C}$ verwendet, wodurch jedes Quaternion darstellbar ist als 4-Tupel $\langle a,b,c,d\rangle \in \mathbb{R}^4$ bzw. als Linearkombination $a + b\mathrm{i} + c\mathrm{j} + d\mathrm{k}$ der Basiselemente 1, i, j, k. Eine quaternionale Analysis hat sich wegen der Nicht-Kommutativität der Multiplikation zwar nicht entwickeln lassen; aber die Quaternionen und die hyperkomplexen *Clifford-Zahlen* (mit 16 statt 4 Basiselementen) wurden auf Grund ihrer Darstellbarkeit als Matrizen in der Quantentheorie wichtig als mathematische Basis zur Beschreibung der Spinphänomene. Die meisten Erweiterungen von $\mathfrak{R}$ oder $\mathfrak{C}$ beanspruchen soweit jedoch ausschließlich innermathematisches Interesse.

(b) *Axiomatik des Zahlensystems:* Die axiomatische Darstellung des Z.s konzentriert sich auf axiomatische Systeme (↑System, axiomatisches) der natürlichen und der reellen Zahlen, da man einerseits die ganzen und die rationalen Zahlen durch geeignete Äquivalenzklassenbildung aus den natürlichen erhalten kann (s. o.) und sie sich andererseits durch Zusatzbedingungen leicht wieder aus $\mathfrak{R}$ aussondern lassen. Weiter gewinnt man die komplexen Zahlen aus den reellen, indem man z. B. $\mathrm{i}^2 = -1$ axiomatisch fordert, denn aus dem Fundamentalsatz der Algebra ergibt sich, daß bereits mit der Adjunktion der Lösung eines einzigen in $\mathfrak{R}$ unlösbaren Polynoms die Lösbarkeit aller folgt. Das System der natürlichen Zahlen wird unter Annahme einer Hintergrund-Mengenlehre bestimmt durch die drei ↑Peano-Axiome:

(PA1) Keine natürliche Zahl hat 0 als ihren Nachfolger.
(PA2) Keine zwei natürlichen Zahlen haben denselben Nachfolger.
(PA3) Enthält eine Menge M natürlicher Zahlen die Null und mit jeder natürlichen Zahl auch deren Nachfolger, so ist M gleich der Menge der natürlichen Zahlen.

Mittels vollständiger Induktion (↑Induktion, vollständige) läßt sich dann beweisen, wie im wesentlichen R. Dedekind (Was sind und was sollen die Zahlen?, Braunschweig 1887) zeigte, daß die weiteren Operationen wie Addition und Multiplikation rekursiv definierbar (↑Definition, rekursive) sind und daß durch (PA1–3) die Struktur $\mathfrak{N}$ bis auf Isomorphie eindeutig bestimmt ist.

Eine Axiomatik der reellen Zahlen erhält man durch Hinzufügung eines Vollständigkeitsaxioms zu den neun Körperaxiomen (jeweils vier axiomatisieren $\langle K;0;+\rangle$ bzw. $\langle K\setminus\{0\};1;\cdot\rangle$ als kommutative Gruppe; das neunte fordert die Distributivität [↑distributiv/Distributivität]). Für das nicht-algebraische zehnte Axiom, das die topologische Vervollständigung garantiert, existieren viele geläufige und untereinander äquivalente Varianten, von denen je nach Kontext eine bevorzugt wird, z. B.: jede nicht-leere, nach oben (unten) beschränkte Teilmenge von $\mathbb{R}$ besitzt ein Supremum (bzw. Infimum; ein Supremum einer Menge $X \subseteq \mathbb{R}$ ist die kleinste obere Schranke von X, d. h. die kleinste Zahl, die größer oder gleich allen Elementen von X ist; ein Infimum ist analog die größte untere Schranke) in $\mathbb{R}$; jede Cauchyfolge besitzt einen Grenzwert in $\mathbb{R}$; zu jeder offenen Überdeckung einer be-

schränkten und abgeschlossenen Teilmenge von $\mathbb{R}$ existiert eine endliche Teilüberdeckung; eine stetige Funktion (↑Stetigkeit) auf einem Intervall nimmt jeden Zwischenwert an.
Als ein Ergebnis metamathematischer Untersuchungen (s. u., (c)) der in den Axiomatiken der natürlichen und der reellen Zahlen verwendeten sprachlichen Mittel ist festzuhalten, daß zumindest ein Axiom mindestens 2. Stufe (↑Stufenlogik) sein muß, will man das Z. bis auf Isomorphie charakterisieren. Für $\mathfrak{N}$ ist dies das Induktionsaxiom, für $\mathfrak{R}$ das Vollständigkeitsaxiom.
(c) *Metamathematik des Zahlensystems:* Summarisch läßt sich sagen: Jeder widerspruchsfreie (↑widerspruchsfrei/Widerspruchsfreiheit) ↑Vollformalismus (↑System, formales) für $\mathfrak{N}$ ist unvollständig (↑unvollständig/Unvollständigkeit) und unentscheidbar (↑unentscheidbar/Unentscheidbarkeit); seine Axiome können aber unabhängig (↑unabhängig/Unabhängigkeit (logisch)) angegeben werden, und seine Widerspruchsfreiheit kann konstruktiv und rein syntaktisch bewiesen werden. Die Körperaxiome für die reellen Zahlen lassen sich vollständig, unabhängig und entscheidbar (↑entscheidbar/Entscheidbarkeit) formalisieren. Die klassische Analysis insgesamt ist dagegen nur unvollständig und unentscheidbar axiomatisierbar; ihre Widerspruchsfreiheit kann rein syntaktisch bewiesen werden, bislang aber nur nicht-konstruktiv.
(2) ›Z.‹ in der Bedeutung ›System zur Zahldarstellung‹ erfordert die Unterscheidung zwischen historisch gewachsenen Z.en und systematisch konstruierten Z.en. (a) In der Geschichte der ↑Zahl sind das ›Additionssystem‹ und das ›Positionssystem‹ wichtige Z.e. Im meist älteren *Additionssystem* werden die ↑Ziffern für eine Zähleinheit so oft notiert, wie es der Abstand zur nächsthöheren Einheit nötig macht; ein Beispiel ist das römische Z., das etwa die Zahl 63 additiv notiert als ›LXIII‹, d. h. 50 + 10 + 1 + 1 + 1. Additionssysteme sind Mittel zum *Schreiben* von Zahlen und nur eingeschränkt tauglich zum *Rechnen* mit Zahlen. Das heute gebräuchliche *Positionssystem*, in dem die Stellung in der Abfolge der Ziffern den Wert der jeweiligen Ziffer bestimmt, wurde zwar auch schon früh entdeckt, z. B. bei den Babyloniern etwa Anfang des 2. Jhs., zeigte seine Überlegenheit aber erst mit der systematischen Einführung der Null durch die Inder, bei denen die Null nicht nur als Platzhalter für ›Nichts‹, sondern als neue Zahl betrachtet wird, und den darauf aufbauenden Rechentechniken. (b) Innerhalb des Positionssystems sind die verschiedenen so genannten *g-adischen Zahlensysteme* zu unterscheiden; ein *g*-adisches Z. verwendet eine natürliche Zahl *g* als Grundzahl, zu deren Potenzen die Positionen ihren Wert erhalten. Das übliche ↑Dezimalsystem ist danach eine 10-adische (›dekadische‹) Darstellung, das schon von G. W. Leibniz als ›Dyadik‹ untersuchte und in der Informatik wichtig gewordene ↑Dualsystem eine 2-adische Darstellung (Die Hauptschriften zur Dyadik, ed. H. J. Zacher, Frankfurt 1973). Eine systematische Untersuchung der *g*-adischen Z.e erfolgt in der ↑Zahlentheorie.

Literatur: L. W. Cohen/G. Ehrlich, The Structure of the Real Number System, Princeton N. J. 1963, Huntington N. Y. 1977; S. Feferman, The Number System. Foundations of Algebra and Analysis, Reading Mass./Palo Alto Calif./London 1964, Providence R. I. ²1989; E. Landau, Grundlagen der Analysis. Das Rechnen mit ganzen, rationalen, irrationalen, komplexen Zahlen, Leipzig 1930 (repr. Darmstadt 1963, 1970), New York ³1960, Lemgo 2004 (engl. Foundations of Analysis. The Arithmetic of Whole, Rational, Irrational, and Complex Numbers, New York 1951, ³1966); A. Oberschelp, Aufbau des Z.s, Göttingen 1968, ³1976. B. B./C. B.

Zahlentheorie (engl. number theory, franz. théorie des nombres), Terminus zur Bezeichnung der Theorie der Eigenschaften der natürlichen ↑Zahlen $\mathbb{N}$ und der ganzen Zahlen $\mathbb{Z}$. Viele Ergebnisse der Z. finden sich bereits in der Antike. Die ↑Pythagoreer z. B. suchten vollkommene Zahlen (↑Zahl, vollkommene), also solche, die gleich der Summe ihrer echten Teiler sind (z. B. 6 = 1 + 2 + 3), und so genannte pythagoreische Tripel (↑Pythagoreische Zahlen), d. h. Zahlen $a, b, c \in \mathbb{N}$, die die Gleichung $a^2 + b^2 = c^2$ erfüllen. Pythagoreische Tripel enthält bereits eine babylonische Keilschrift (ca. 1500 v. Chr.), in der neben (3, 4, 5) auch (4961, 6480, 8161) verzeichnet ist. Euklids »Elemente« beinhalten unter anderem einen Beweis, daß es unendlich viele Primzahlen gibt, und einen für die Eindeutigkeit der Primfaktorzerlegung natürlicher Zahlen (↑Fundamentalsatz der (elementaren) Zahlentheorie), ein Bildungsgesetz für vollkommene Zahlen (s. u.) und einen ↑Algorithmus, den größten gemeinsamen Teiler zweier Zahlen aufzufinden. Auf Eratosthenes (ca. 280–202 v. Chr.) geht das nach ihm benannte ›Sieb des Eratosthenes‹ zurück, das es erlaubt, systematisch neue Primzahlen aufzufinden, und dessen Verfeinerungen heute in der Kodierungstheorie eine große Rolle zukommt. Später stellt Diophantos von Alexandreia (um 250 n. Chr.) in seiner »Arithmetik« das Problem, einen Algorithmus zur Auffindung pythagoreischer Tripel anzugeben; bekannt ist er jedoch für die ganz allgemeine Beschäftigung mit Gleichungen vornehmlich 1. und 2. Grades, deren Lösungen – wohl unter dem Einfluß der indischen Mathematiker Brahmagupta (7. Jh. n. Chr.) und Bhaskara (12. Jh.) – dann auf ganze Zahlen eingeschränkt wurden (›diophantische Gleichungen‹). Die antiken Kenntnisse wurden durch die arabischen Mathematiker bewahrt und erweitert. Thābit Ibn Qurra (9. Jh.) gibt ein Verfahren zum Auffinden ›befreundeter Zahlen‹ an. Zwei Zahlen $n, m \in \mathbb{N}$ heißen ›befreundet‹, wenn die Summe aller Teiler von n (n selbst ausgenommen) gleich m ist und umgekehrt (das kleinste solche Paar ist (220, 284), wobei 1, 2, …, 110 die Teiler von 220 und 1, 2, 4, 71, 142 die von 284 sind). Insbes. sind vollkommene Zahlen stets zu sich selbst befreundet.

Als Vater der modernen Z. gilt P. de Fermat. Einer der Gründe dafür ist die Formulierung der ›Fermatschen Vermutung‹ (auch: Großer Fermatscher Satz, engl. Fermat's Last Theorem), die dieser ohne Beweis als Randnotiz zu einer lateinischen Neuauflage von Diophants »Arithmetik« notierte: ›für alle Zahlen $n > 2$ ist $a^n + b^n = c^n$ unmöglich‹. Zum Beweis dieses Satzes entwickelten die nachfolgenden Mathematikergenerationen wichtige zahlentheoretische Hilfsmittel, bis er schließlich (nach Vorarbeiten von Y. Taniyama und G. Frey) A. Wiles 1993 im wesentlichen gelang (daher auch ›Satz von Fermat-Wiles‹). Im 18. Jh. wurden große Fortschritte durch L. Euler und J. L. Lagrange erzielt. A. M. Legendres Zusammenfassung »Essai sur la théorie des nombres« (Paris 1798) gab der Disziplin ihren heutigen Namen; C. F. Gauß, der die Z. als ›Königin der Mathematik‹ bezeichnete, setzte mit seinen »Disquisitiones Arithmeticae« (Leipzig 1801) neue Maßstäbe. Zu Beginn des 21. Jhs. stellt sich die Z. als eine höchst entwickelte und abstrakte Disziplin dar, die Querverbindungen in die gesamte Mathematik hinein besitzt. Ausgehend von den verwendeten Mitteln unterteilt man die Z. in ›elementare‹, ›algebraische‹, ›analytische‹ etc. Z.; dieser Einteilung steht eine an sachlichen Gesichtspunkten orientierte gegenüber, etwa die nach ›Teilbarkeitslehre‹, ›Primzahltheorie‹, ›Diophantische Gleichungen‹, ›Bewertungstheorie‹, wobei sich die beiden Einteilungen überschneiden.

Typisch für die Teilbarkeitslehre ist die Suche (1) nach Algorithmen zur Beantwortung von Teilbarkeitsfragen, zum Auffinden des größten gemeinsamen Teilers oder des kleinsten gemeinsamen Vielfachen, zur Erzeugung von vollkommenen, befreundeten und Primzahlen, und (2) nach damit zusammenhängenden und Zusammenhang stiftenden Sätzen. Beispiele sind der Satz, daß natürliche Zahlen n, m teilerfremd sind genau dann, wenn es ganze Zahlen a, b mit $na + mb = 1$ gibt, der Euklidische Satz, daß wenn für n die Zahl $2^{n+1} - 1$ prim ist, $2^n(2^{n+1} - 1)$ vollkommen ist, und die von Euler bewiesene Umkehrung, daß es zu jeder geraden vollkommenen Zahl v ein n gibt, so daß $v = 2^n(2^{n+1} - 1)$ ist und $2^{n+1} - 1$ eine Primzahl. Die ältere Teilbarkeitslehre findet ihre Fortsetzung in der Teilbarkeitstheorie, die rein algebraisch verfährt (↑Algebra, ↑Struktur). Ausgehend von einem Integritätsring (auch: Integritätsbereich) $\langle R;+,\cdot\rangle$, d. h. einem nullteilerfreien kommutativen Ring mit Einselement (↑Ring (mathematisch)), reformuliert man: Für $a, b \in R$ heißt a ein ›Teiler von b‹ (kurz: $a \mid b$) genau dann, wenn es ein $c \in R$ mit $b = ac$ gibt; $e \in R$ heißt eine ›Einheit‹ genau dann, wenn $e \mid 1$; p heißt ein ›Primelement‹ genau dann, wenn p keine Einheit ist und aus $p \mid ab$ stets folgt: $p \mid a \vee p \mid b$. Ein Integritätsring, in dem alle Elemente eine (bis auf die Reihenfolge und Multiplikation mit Einheiten) eindeutige Darstellung als Produkt von Primfaktoren besitzen, heißt ein ›faktorieller‹ oder ›ZPE-Ring‹ (›Zerlegung in Primelemente‹). Damit gewinnt der Satz von der eindeutigen Zerlegbarkeit in Primzahlen – ›für alle $n \in \mathbb{N}\backslash\{1\}$ gibt es eindeutig bestimmte Primzahlen $p_0, \ldots, p_k$ und Exponenten $a_0, \ldots, a_k \in \mathbb{N}$ mit $n = p_0^{a_0} \cdot p_1^{a_1} \cdot \ldots \cdot p_k^{a_k}$‹ – die verallgemeinernde Reformulierung ›$\langle \mathbb{Z};+,\cdot\rangle$ ist ein ZPE-Ring‹. Im Rahmen der Idealtheorie (Zerlegung in Primideale statt in Primelemente) und der Bewertungstheorie (Teilbarkeitstheorie in Körpern; ↑Körper (mathematisch)) wird die Konstruktion von Zerlegungen in nicht weiter zerlegbare Faktoren bei Strukturen, die nicht ZPE-Ringe sind, untersucht. Erweiterung der Untersuchung auf Teilbarkeit mit Rest führt auf den Begriff der Kongruenz (↑kongruent/Kongruenz). Sei ein $m \in \mathbb{N}$ vorgegeben, so gibt es zu jedem $a \in \mathbb{Z}$ Zahlen q, r mit $a = qm + r$ und $0 \leq r < m$. Zwei Zahlen $a, b \in \mathbb{Z}$ heißen ›kongruent modulo m‹ (notiert als ›$a \equiv b$ (m)‹ oder ›$a \equiv b \mod m$‹) genau dann, wenn die Division von a und b durch m jeweils den gleichen Rest r ergibt. Da $a \equiv b$ (m) für festes m jeweils eine ↑Äquivalenzrelation ist, erzeugt jedes $m \in \mathbb{N}$ eine ↑Klasseneinteilung von $\mathbb{Z}$ in so genannte Restklassen. Die Mengen dieser Restklassen bilden (versehen mit geeigneten ↑Verknüpfungen) wiederum algebraische Strukturen wie Ringe und Körper.

Sätze der elementaren Primzahltheorie sind z. B.: ›die Zahl $n \in \mathbb{N}$ ist stets eine Primzahl, wenn $2^n - 1$ eine ist‹ (›Mersennesche Primzahlen‹), oder: ›ist n eine natürliche Zahl, die nicht durch die Primzahl p teilbar ist, dann ist $n^{p-1} - 1$ durch p teilbar‹ (Fermatscher Satz). Tiefergehende algebraische Betrachtungen sind nötig zum Beweis des Dirichletschen Satzes: ›sind $n, m \in \mathbb{N}$ teilerfremd, so enthält die arithmetische Folge (a_k) (↑Folge (mathematisch)) mit $a_k = n + km$ unendlich viele Primzahlen‹. Eine Domäne der analytischen Primzahltheorie sind Aussagen über die Verteilung der Primzahlen im großen. Berühmt ist hier der von Gauß vermutete und von J. S. Hadamard und C.-J. G. N. de La Vallée-Poussin 1896 bewiesene Primzahlsatz: ›für $n \in \mathbb{N}$ sei $\pi(n)$ die Anzahl aller Primzahlen $\leq n$, und $\ln n$ bezeichne den natürlichen Logarithmus von n, dann gilt: $\lim_{n\to\infty} (\pi(n) \cdot (\ln n)/n) = 1$‹, d. h., die Anzahl der Primzahlen $\leq n$ läßt sich asymptotisch durch $(\ln n)/n$ angeben, wobei die Güte dieser Annäherung mittels der Riemannschen ζ-Funktion (↑Riemann, Bernhard) abgeschätzt werden kann.

Bis heute gibt es elementar formulierbare, aber ungelöste Probleme der Z.. Beispiele sind die ↑Goldbachsche Vermutung, nach der jede gerade Zahl > 2 als Summe zweier Primzahlen darstellbar ist, und die Frage, ob es ungerade vollkommene Zahlen gibt (sie müssen größer als 10^{200} sein), ferner die Frage, ob unendlich viele Mersennesche Primzahlen oder Primzahlzwillinge, d. h. Primzahlen p, q mit $q = p + 2$, existieren.

Literatur: T. Andreescu/D. Andrica, Number Theory. Structures, Examples, and Problems, Boston Mass./Basel/Berlin 2009; R. Avanzi, Eine moderne Einführung in die klassische Z., Berlin 2012; J. Böhm, Grundlagen der Algebra und Z., Berlin/Heidelberg 2016; Z. I. Borevich/I. R. Shafarevich, Teoriya Čisel, Moskau 1964 (engl. Number Theory, New York etc. 1966, 1986); P. Bundschuh, Einführung in die Z., Berlin etc. 1988, [6]2008; K. Chandrasekharan, Einführung in die analytische Z., Berlin/Heidelberg/New York 1966 (engl. Introduction to Analytic Number Theory, Berlin/Heidelberg/New York 1968); D. A. Cox, Introduction to Fermat's Last Theorem, Amer. Math. Monthly 101 (1994), 3–14; L. E. Dickson, History of the Theory of Numbers, I–III, Washington D. C. 1919–1923, Mineola N. Y. 2005; H. M. Edwards, Riemann's Zeta Function, New York/London 1974, Mineola N. Y. 2001; ders., Fermat's Last Theorem. A Genetic Introduction to Algebraic Number Theory, New York/Heidelberg/Berlin 1977, New York etc. 2000; W. Ellison/F. Ellison, Théorie des nombres, in: J. Dieudonné (ed.), Abrégé d'histoire des mathématiques 1700–1900 I, Paris 1978, 1986, 165–334 (dt. Z., in: J. Dieudonné [ed.], Geschichte der Mathematik 1700-1900. Ein Abriß, Braunschweig/Wiesbaden 1985, 171–358); M. Engel, Die Namen der Zahlen, Köln 2017; B. Fine u. a., Algebra and Number Theory. A Selection of Highlights, Berlin 2017; R. K. Guy, Unsolved Problems in Number Theory, New York/Heidelberg/Berlin 1981, New York etc. [3]2004, 2010; H. Hasse, Vorlesungen über Z., Berlin/Göttingen/Heidelberg 1950, Berlin etc. [2]1964; K. Ireland/M. I. Rosen, Elements of Number Theory, Tarrytown-on-Hudson N. Y. 1972, unter dem Titel: A Classical Introduction to Modern Number Theory, New York/Heidelberg/Berlin 1982, New York etc. [2]1990; N. Koblitz, A Course in Number Theory and Cryptography, New York etc. 1987, [2]1994, 2006; S. Lang, Algebraic Number Theory, Reading Mass. 1970, New York etc. [2]1994, 2000; H. Menzer, Z.. Fünf ausgewählte Themenstellungen der Z., Oldenbourg 2010, mit I. Althöfer, mit Untertitel: Sieben ausgewählte Themenstellungen, München [2]2014; E. Pracht/K. Heidenreich, Elementare Z., Paderborn 1978; K. Praclar, Primzahlverteilung, Berlin/Göttingen/Heidelberg 1957, Berlin/Heidelberg/New York 1978; K. Reiss/G. Schmieder, Basiswissen Z., Eine Einführung in Zahlen und Zahlbereiche, Berlin/Heidelberg 2005, [3]2014; H. Scheid, Z., Mannheim/Wien/Zürich 1992, Heidelberg/Berlin [3]2003, mit A. Frommer, München/Heidelberg [4]2007, Berlin/Heidelberg [4]2013; R. Schulze-Pillot, Einführung in Algebra und Z., Berlin/Heidelberg 2007, [3]2015; C. Seck, Z., Hist. Wb. Ph. XII (2004), 1145–1148; W. Stein, Elementary Number Theory. Primes, Congruences, and Secrets. A Computational Approach, New York 2009; A. Weil, Number Theory. An Approach through History. From Hammurapi to Legendre, Boston Mass. etc. 1983, Basel/Boston Mass./Berlin 2007 (dt. Z.. Ein Gang durch die Geschichte. Von Hammurapi bis Legendre, Basel/Boston Mass./Berlin 1992). B. B.

Zahlzeichen, in der Mathematik synonym mit ↑›Ziffer‹ verwendete Bezeichnung für Darstellungen von Zahlen. Die Einführung von Z. entstand aus dem praktischen Erfordernis des Zählens in den ersten Hochkulturen. Da die Vier anscheinend die Grenze für ein unmittelbares und noch differenzierendes Anschauen ist, traten für Fünfergruppierungen Hilfszeichen auf, während die Zehn, als die Anzahl der Finger, mit ihren Potenzen meist als Basis zur Darstellung größerer Zahlen diente. Diese standen Pate für die Z. der Römer: I (= 1), V (= 5), X (= 10), L (= 50), C (= 100), D (= 500) und M (= 1000).

In den frühen Hochkulturen wurden piktographische Zahlsysteme für die Protokollierung wirtschaftlicher Transaktionen eingeführt. Die Sumerer benutzten Rechensteinchen (*calculi*), deren Vereinfachung dazu führte, die Z. nur noch in Ton zu ritzen, was den Beginn graphischer Z. markierte (Beginn des 3. Jhs. v. Chr.). Die spätere Abkehr von der Bilder- hin zu einer Lautschrift hatte vielfach eine Identifizierung der Buchstaben des Alphabets mit Z. zur Folge (z. B. bei den Semiten und Griechen). Das heute geläufige ›Positions-‹ oder ›Stellungssystem‹, in dem der Wert eines Z.s auch von dessen Stellung im betrachteten Zahlausdruck abhängt, wurde zwar schon früh entdeckt (bei den Babyloniern etwa Anfang des 2. Jahrtausends v. Chr., bei den Chinesen ca. 200 n. Chr.), konnte aber erst mit der Entdeckung der Null als ↑Zahl statt als bloßen Leerzeichens seine Überlegenheit beweisen. Dieser Schritt wurde zuerst im 5./6. Jh. n. Chr. in Indien getan, wo von früh an ein dezimales Positionssystem angelegt war, und vollzog sich in drei Etappen: (1) In wortsprachlich bezeichneten Zahlen ließ man die Namen der Zehnerpotenzen fort und drückte den Ausfall einer Zehnerpotenz mit ›śūnya‹ (›Leere‹) aus. (2) Beim Rechnen mit dem ↑Abacus trug man in seine Spalten die den Zahlworten entsprechenden Ziffern ein (daher haben unsere so genannten arabischen Ziffern ›0‹, ›1‹, …, ›9‹ ihre heutige Form), was mit geeigneten Techniken das Rechnen wesentlich vereinfachte. (3) Man identifizierte das bloße Positionszeichen ›Leere‹ mit einer neuen Zahl, der Null, was ein Rechnen mit ganzen Zahlen ermöglichte: ›eine Schuld, abgezogen von Nichts, wird zum Guthaben‹, etc..

Die ostarabischen Wissenschaftler des 8. Jhs. übernahmen das indische Rechensystem mit seinen Ziffern, wandelten diese aber gemäß den eigenen Schreibgewohnheiten zu den in Teilen der islamischen Welt bis

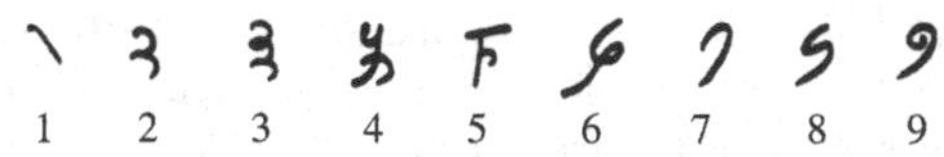

Abb. 1: Die alte indische Zahlschrift (aus: G. Ifrah 1992, 194).

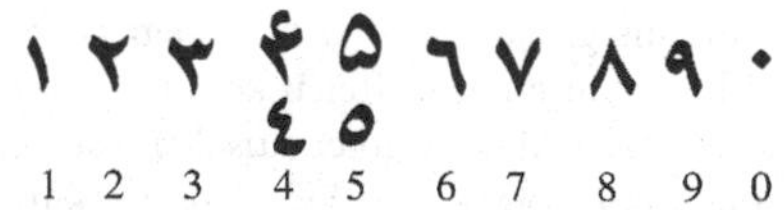

Abb. 2: Die ostarabischen Hindi-Ziffern (aus: G. Ifrah 1992, 217).

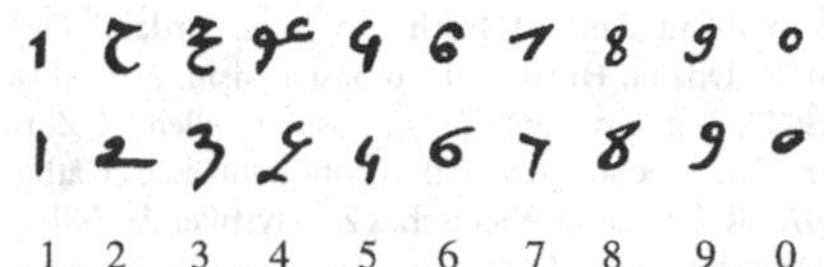

Abb. 3: Die westarabischen Gobar-Ziffern (aus: G. Ifrah 1992, 219).

heute gebräuchlichen, als ›Hindi-Ziffern‹ bezeichneten Figuren ab.
Von diesen übernahmen die Westaraber des Maghreb und Spaniens die indische Arithmetik; hier erhielten die indischen Ziffern ihre Abwandlung zu den ›Gobar-Ziffern‹, den ›Staubziffern‹, mittels derer auf mit Staub bestreuten Tafeln und spitzem Gegenstand gerechnet wurde.
Von Spanien aus erreichte diese Schreibweise das christliche Mittelalter um die Jahrtausendwende. Allerdings dauerte es viele Jahrhunderte, bis die vorherrschende Abacus-Technik der Antike gänzlich abgelöst wurde.

Literatur: G. Friedlein, Die Z. und das elementare Rechnen der Griechen und Römer und des christlichen Abendlandes vom 7. bis 13. Jahrhundert, Erlangen 1869 (repr. Wiesbaden 1968, Vaduz 1997); H. Gericke, Geschichte des Zahlbegriffs, Mannheim/Wien/Zürich 1970; G. Ifrah, Histoire universelle des chiffres, Paris 1981, mit Untertitel: L'intelligence des hommes racontée par les nombres et le calcul, in 2 Bdn., Paris 1994, 2006 (engl. From One to Zero. A Universal History of Numbers, New York etc. 1985, 1987; dt. Universalgeschichte der Zahlen, Frankfurt/New York 1986, ^{2}1987, Frankfurt, Berlin 2010); ders., Les chiffres ou l'histoire d'une grande invention, Paris 1985 (dt. Die Zahlen. Die Geschichte einer großen Erfindung, Frankfurt/New York 1992); K. Menninger, Zahlwort und Ziffer. Aus der Kulturgeschichte unserer Zahlsprache, unserer Zahlschrift und des Rechenbretts, Breslau 1934, mit Untertitel: Eine Kulturgeschichte der Zahl, in 2 Bdn., Göttingen ^{2}1957/1958, ^{3}1979 (engl. Number Word and Number Symbols. A Cultural History of Numbers, Cambridge Mass. 1969, New York 1992). B. B.

Zarathustra (Zoroaster), vermutlich zwischen 1000 und 600 v. Chr., persischer Prophet und Begründer des Parsismus. Wahrscheinlich stammt Z. aus dem Ost-Iran, wo er den König Vischtaspa (griech. Hystaspes), Vater Darius' des Großen, zum Parsismus bekehrt haben soll, was sich – nach anfänglich erheblichem Widerstand – positiv auf die Verbreitung der neuen Religion auswirkt. Die das Leben Z.s umgebenden Legenden erschweren dessen Rekonstruktion. Als Sohn eines heidnischen Priesters soll Z. im Alter von ungefähr 30 Jahren der große Ahura-Mazda (›der weise Herr‹), Z.s Bezeichnung für Gott, erschienen sein. Weitere Offenbarungen verbinden sich zu der Lehre einer geläuterten Religion, die den bestehenden ↑Polytheismus bekämpft. Der Überlieferung nach wurde Z. im Alter von 77 Jahren während der Unterwerfung Vischtaspas getötet; nach anderen Berichten starb er während der Ausübung eines Feueropfers. Die heilige Schrift des Zoroastrismus (in seinen Varianten auch Parsismus oder Mazdaismus genannt), die »Avesta« (oder »Zend-Avesta«) umfaßt Hymnen, Abhandlungen und Gedichte und gliedert sich in die »Yasna«, eine Sammlung von liturgischen Schriften, die auch die vermutlich auf Z. selbst zurückgehenden »Gathas« (Gesänge) enthält, sowie in das »Yascht« und das »Vendidad«.
Die Metaphysik Z.s basiert auf einem ↑Dualismus der das Sein bzw. Nichtsein schaffenden Urkräfte des Lichts (der das Gute personifizierende Ahura-Mazda) und der Finsternis (der das Böse personifizierende Angra Mainju) und trägt stark ethische Züge. Das diesseitige Leben spiegelt die kosmische Opposition zwischen der höchsten Gottheit, dem Himmelsgott Ahura-Mazda, und Drug (›die Lüge‹), einer bösartigen Kraft, die Krieg gegen Ahura-Mazda führt, wider, wobei die voluntaristische (↑Voluntarismus) Ethik Z.s eine Entscheidung des Menschen für die Seite des Lichts fordert. Das moralische Leben erscheint als Teil eines umfassenderen kosmischen, sich schließlich in einem Letzten Gericht vollziehenden Kampfes, in dem der gute Mensch teilhat an dem Krieg Ahura-Mazdas gegen den Hauptagenten der ›Lüge‹, den bösen Angra Mainju. Neben Angriffen auf die bestehende Religion finden sich auch Zugeständnisse an den Polytheismus, z. B. in der Lehre von den Amescha-Spentas (›unsterbliche Heilige‹), in der die Herrschaft und die Unsterblichkeit als personifizierte Eigenschaften Ahura-Mazdas auftreten. Mit dem Feueropfer, einem bedeutenden Merkmal des späten und des modernen Zoroastrismus, liegt eine weitere Transformation von Elementen des polytheistischen Kultes durch Z. vor. Z. vertritt eine Ethik, die auf dem sozialen Leben des Ackerbauern basiert und den Übergang vom Nomadentum zur Seßhaftigkeit reflektiert. Die neue geläuterte Religion kann so die Struktur eines seßhaften Daseins untermauern, eine Verbindung, die der spätere Zoroastrismus als Religion des Persischen Reiches nicht mehr aufweist. In seiner weiteren, synkretistischen (↑Synkretismus) Entwicklung wird der Zoroastrismus durch die Priesterklasse der Magi mit extensiven ritualen und magischen Praktiken versetzt; die späteren Teile der »Avesta« enthalten dementsprechend Zauber- und Beschwörungsformeln. Während Z. die ethische und der spätere Zoroastrismus die rituelle Dimension der Religion betont, zeichnet sich der reformierte Zoroastrismus der sassanidischen Periode durch eine ausgearbeitete, spekulative Geschichtsphilosophie aus, die die historische Zeit in vier, jeweils 3000 Jahre andauernde Weltalter einteilt und das Leben des Individuums an die Entfaltung des kosmischen Dramas bindet. Nach der Schaffung engelhafter Geister und Prototypen von Kreaturen durch das Denken Gottes (erstes Weltalter) sowie des Urmenschen Gayomard und des Urochsen (zweites

Weltalter) wird deren friedvolles Zusammenleben mit der Schöpfung des ›bösen Geistes‹, Angra Mainju, zu Beginn des dritten Weltalters gestört: zwischen den Nachkommen des Urmenschen und des Urochsen, den Menschen und Tieren, herrscht eine Mischung von Gut und Böse. Das vierte Weltalter beginnt mit Z.s Mission und kulminiert im endgültigen göttlichen Sieg: das Universum wird wieder in einen ewigen, geläuterten Zustand versetzt, in dem die Erretteten, Unsterblichen das Lob Ahura-Mazdas singen.
Das in der Schöpfung des Bösen durch Ahura-Mazda bestehende Dilemma Zoroastrischer Theologen hat zu der Ausformung von Lehren geführt, die die Existenz des Bösen konsistent zu machen suchen. Elemente der Lehre und Mythologie des Zoroastrismus sind in den Mithraismus und ↑Manichäismus eingeflossen; seine ↑Eschatologie hat einen bedeutenden Einfluß auf die jüdisch-christliche Tradition. Die muslimische Eroberung Persiens im 7. Jh. hat die Religion Z.s zu großen Teilen zerstört. Ihr Überleben in Indien, in der Gemeinschaft der Parsen, geht auf die Emigration von Zoroastriern zurück. – Durch seine Entgegensetzung von Geistigem und Stofflichem beeinflußt Z.s Lehre Mysterienkulte, ↑Gnosis und ↑Neuplatonismus. Als Schöpfer der Moral und durch seine »Übersetzung der Moral in's Metaphysische« (F. Nietzsche, Ecce homo. Wie man wird, was man ist [1889], Werke. Krit. Gesamtausg. VI/3, 365) ist Z., obwohl wirkungsgeschichtliche Bezüge nur in Ansätzen zu verzeichnen sind, in neuerer Zeit vor allem durch Nietzsches »Also sprach Z.« (Chemnitz 1883–1885) bekanntgeworden.

Werke: The Zend-Avesta, I–III, I–II, trans. J. Darmesteter, III trans. L. H. Mills, Oxford 1884–1887 (Sacred Books of the East IV, XXIII, XXXI) (repr. Delhi/Varanasi/Patna 1965, in einem Bd. Richmond Vt. 2001); Die Gatha's des Awesta. Z.'s Verspredigten, übers. C. Bartholomae, Straßburg 1905; Avesta. Die heiligen Bücher der Parsen, übers. F. Wolff, Straßburg 1910 (repr. Berlin 1960), Berlin/Leipzig 1924; H. Humbach, Die Gathas des Z., I–II (I Einleitung, Text, Übersetzung, Paraphrase, II Kommentar), Heidelberg 1959 (engl. The Gāthās of Zarathushtra and the Other Old Avestan Texts, I–II, Heidelberg 1991); Die Gathas des Z., übers. H. Lommel, ed. B. Schlerath, Basel/Stuttgart 1971; The Gathas of Z., trans. S. Insler, Leiden, Teheran/Liège 1975 (Acta Iranica VIII); Textual Sources for the Study of Zoroastrianism, ed. M. Boyce, Manchester 1984, Chicago Ill. 2006; The Heritage of Zarathushtra. A New Translation of His Gāthās, trans. H. Humbach/P. Ichaporia, Heidelberg 1994; The Hymns of Zoroaster. A New Translation of the Most Ancient Sacred Texts of Iran, trans. M. L. West, London/New York 2010.

Literatur: F. Altheim, Z. und Alexander. Eine ost-westliche Begegnung, Frankfurt/Hamburg 1960; M. Boyce, A History of Zoroastrianism, I–III, Leiden/Köln 1975–1991, I, 1996; dies., The Origins of Zoroastrian Philosophy, in: B. Carr/I. Mahalingam (eds.), Companion Encyclopedia of Asian Philosophy, London/New York 1997, 5–23; E. Brünner, Die Z.legende in der zoroastrischen Tradition, Hamburg 1999; C. G. Cereti, Z./Zoroastrismus, RGG VIII ([4]2005), 1781–1786; P. Clark, Zoroastrianism. An Introduction to an Ancient Faith, Brighton/Portland Or. 1998, 2010; M. N. Dhalla, History of Zoroastrianism, New York 1938 (repr. 1977), Bombay 1963; J. Duchesne-Guillemin, Zoroastre. Étude critique avec une traduction commentée des Gâthâ, Paris 1948, 1975; R. Duhamel, Nietzsches Z.. Mystiker des Nihilismus. Eine Interpretation von Friedrich Nietzsches »Also sprach Z.. Ein Buch für Alle und Keinen«, Würzburg 1991; K. Ghazanfari, Perceptions of Zoroastrian Realities in the Shahnameh. Zoroaster, Beliefs, Rituals, Berlin 2011; G. Gnoli, Zoroaster's Time and Homeland. A Study on the Origins of Mazdeism and Related Problems, Neapel 1980; ders., Zoroaster in History, New York 2000; G. Gropp, Z. und die Mithras-Mysterien. Katalog der Sonderausstellung des Iran-Museum im Museum Rade [...], Bremen 1993; W. B. Henning, Zoroaster. Politician or Witch-Doctor?, Oxford 1951; E. E. Herzfeld, Zoroaster and His World, I–II, Princeton N. J. 1947 (repr. New York 1974); K. M. Higgins, Nietzsche's Z., Philadelphia Pa. 1987, rev. Lanham Md. etc. 2010; W. Hinz, Z., Stuttgart 1961; A. Johardelvari, Iranische Philosophie von Z. bis Sabzewari, Frankfurt etc. 1994, bes. 31–42 (Kap. 1 Vorislamisch-, alt-iranische Philosophie); A. de Jong, Traditions of the Magi. Zoroastrianism in Greek and Latin Literature, Leiden/New York/Köln 1997; W. v. Kloeden, Z., BBKL XIV (1998), 344–355; P. G. Kreyenbroek, Morals and Society in Zoroastrian Society, in: B. Carr/I. Mahalingam (eds.), Companion Encyclopedia of Asian Philosophy [s. o.], 46–63; P. Kriwaczek, In Search of Zarathustra. The First Prophet and the Ideas that Changed the World, London 2002, New York 2003; E. Lehmann, Z., I–II, Kopenhagen 1899/1902; H. Lommel, Die Religion Z.s. Nach dem Awesta dargestellt, Tübingen 1930 (repr. Hildesheim/New York 1971); H. Meier, Was ist Nietzsches Z.? Eine philosophische Auseinandersetzung, München 2017; H. S. Nyberg, Irans forntida religioner, Stockholm 1937 (dt. Die Religionen des alten Iran, Leipzig 1938 [repr. Osnabrück 1966]); A. Pieper, »Ein Seil geknüpft zwischen Tier und Übermensch«. Philosophische Erläuterungen zu Nietzsches erstem »Z.«, Stuttgart 1990 (repr. mit Untertitel: Philosophische Erläuterungen zu Nietzsches »Also sprach Z.« von 1883, Basel 2010); J. Rose, The Image of Zoroaster. The Persian Mage through European Eyes, New York 2000; B. Schlerath (ed.), Z., Darmstadt 1970; N. Smart, Zoroastrianism, Enc. Ph. VIII (1967), 380–382, IX ([2]2006), 885–887; M. Stausberg, Faszination Zarathushtra. Zoroaster und die Europäische Religionsgeschichte der Frühen Neuzeit, I–II, Berlin/New York 1998; ders., Die Religion Z.s. Geschichte, Gegenwart, Rituale, I–III, Stuttgart/Berlin/Köln 2002–2004; ders., Z. und seine Religion, München 2005, [2]2011 (engl. Z. and Zoroastrianism. A Short Introduction, London/Oakville Conn. 2008); ders./Y. S.-D. Vevaina (eds.), The Wiley Blackwell Companion to Zoroastrianism, Malden Mass./Oxford/Chichester 2015; S. Stewart u. a. (eds.), The Everlasting Flame. Zoroastrianism in History and Imagination, London/New York 2013; H. Strohm, Die Geburt des Monotheismus im alten Iran. Ahura Mazda und sein Prophet Zarathushtra, Paderborn 2014, [2]2015; O. G. v. Wesendonk, Das Wesen der Lehre des Zarathuštrōs, Leipzig 1927; A. Williams, Later Zorastrianism, in: B. Carr/I. Mahalingam (eds.), Companion Encyclopedia of Asian Philosophy [s. o.], 24–45; ders., Zoroastrianism, REP IX (1998), 872–874; R. C. Zaehner, The Dawn and Twilight of Zoroastrianism, London 1961, 2003. C. S.

Zeichen (logisch), in Logik, Mathematik und Linguistik Bezeichnung für die Symbole eines syntaktischen Systems. In der ↑Semiotik herrscht ein Sprachgebrauch vor, nach dem ›Z.‹ (↑Zeichen (semiotisch)) im allgemein[er]-

en Zusammenhang der Erzeugung und Verwendung von Z. und damit der Untersuchung verschiedener *Z.funktionen* auftritt – z. B. ikonischer (↑Ikon), indexischer (↑Index, ↑Symptom) und symbolischer (↑Symbol, ↑Symboltheorie) –, die von ↑*Zeichenhandlungen* übernommen werden können. Daneben ist aber auch ein engerer *syntaktischer* Z.begriff gebräuchlich (↑Syntax), für den die Beschränkung auf die *Z.regeln* zum Aufbau komplexer (graphischer) Z. (also Zusammensetzungen aus einfacheren Z. oder deren Umbau) als Hilfsmittel zur Darstellung von Z.funktionen insbes. der *Sprach*zeichen charakteristisch ist. Da in diesem Zusammenhang die für den allgemeinen semiotischen Z.begriff relevanten semantischen und pragmatischen Aspekte eines Z.s im allgemeinen nur mittelbar, nämlich über die syntaktischen Aspekte, zur Geltung kommen, ist unter den Z.funktionen im allgemeinen dann auch nur die symbolische Z.funktion zugänglich.

Generell erfüllen Sprachzeichen, die schematisch auftreten und deshalb als ↑Marken (↑type and token), nicht als bloß ↑partikulare ↑Aktualisierungen, zu behandeln sind, zumindest die syntaktischen Bedingungen einer ↑Notation: sie sind syntaktisch disjunkt (↑Disjunktion) und syntaktisch artikuliert (↑Artikulation). Wenn auch die semantischen Bedingungen einer Notation erfüllt sind, die symbolische Z.funktion tatsächlich durch die Syntax ausgedrückt ist – eindeutige typbezogene Referenz (z. B. für ↑Indikatoren nicht erfüllt), semantische Disjunktheit (z. B. für die üblichen Buchstaben als Z. für ↑Phoneme wegen auftretender Überlappung in der Regel nicht erfüllt), semantische Artikuliertheit (z. B. für Wörter einer natürlichen Sprache wegen ihrer nicht fixierten Bedeutungsabgrenzung in der Regel nicht erfüllt) –, werden Z. meist als *Symbole* eines *Symbolsystems* bezeichnet. Sind sie Marken für elementare Begriffe, so werden sie von G. W. Leibniz ›Charaktere‹ genannt (↑Leibnizsche Charakteristik). Bei einer Gebrauchstheorie der ↑Bedeutung, wie sie z. B. von L. Wittgenstein vertreten wird (↑Semantik), versteht man unter einem Symbol nicht schon (gegebenenfalls unter geeigneten einschränkenden Bedingungen) das Z. selbst, sondern erst das Z. zusammen mit seinem sinnvollen Gebrauch (vgl. Tract. 3.326); in diesem Falle tritt eine pragmatische Bedingung an die Stelle der semantischen Bedingungen für eine Notation.

Auch unabhängig von dieser Unterscheidung zwischen Z. und Symbol wird bei Verwendung eines syntaktischen Z.begriffs wegen der in diesem Zusammenhang bloß abgeblendeten, nicht aber suspendierten semantischen und pragmatischen Aspekte eines Z.s häufig von ›Symbolen‹ statt von ›Z.‹ gesprochen, z. B. von ›logischen Symbolen‹ neben ›logischen Konstanten‹ (↑Konstante, logische) für die logischen Partikeln (↑Partikel, logische). Hinzu kommt, daß der Ausdruck ›Symbol‹ auch für schematische Buchstaben (*schematic letters*; ↑Prädikatorenbuchstabe, schematischer) verwendet wird, nämlich für solche Z., die man beim Aufbau einer ↑Wissenschaftssprache mit Hilfe einer logischen Grammatik (↑Grammatik, logische) zur Notation der bloßen *syntaktischen Form* der sprachlichen Ausdrücke einsetzt. Dabei handelt es sich um ein Nominatorensymbol ›$\mathfrak{n}$‹, ein Prädikatorensymbol ›$\mathfrak{P}$‹ oder ein Aussagesymbol ›$\mathfrak{a}$‹ anstelle eines echten ↑Nominators ›n‹, eines echten ↑Prädikators ›P‹ bzw. einer echten Aussage ›a‹, so daß die syntaktische Form einer ↑Elementaraussage ›$n \varepsilon P$‹ durch das Elementaraussageschema ›$\mathfrak{n} \varepsilon \mathfrak{P}$‹ dargestellt werden kann. Die Z. ›n‹, ›P‹ und ›a‹ sind syntaktische Z., so genannte *nicht-logische Konstanten*, deren semantische bzw. pragmatische Funktionen zwar abgeblendet, aber nicht suspendiert sind; ihre gelegentliche Behandlung als Variable (↑Individuenvariable, ↑Prädikatvariable, ↑Aussagenvariable) beruht auf einer begrifflichen Ungenauigkeit, weil ↑Variable als Z. wiederum nur *Leerstellen* für Z. markieren und daher grundsätzlich der Variablenbindung durch geeignete ↑Operatoren bedürfen. Da die logischen Beziehungen zwischen Aussagen – sie enthalten neben den logischen und den nicht-logischen Konstanten noch die ↑Kopula ›ε‹ (eventuell auch die negative Kopula ›$\not\varepsilon$‹) und unter Umständen *Hilfszeichen* (d. s. Z. im vollen semiotischen Sinne) wie ↑Klammern und Punkte zur Markierung des syntaktischen Aufbaus – nur von ihrer syntaktischen Form abhängen, können sie für ↑*Aussageschemata* formuliert werden: die Logik ist eine *formale* (↑Logik, formale).

Dabei ist allerdings zu beachten, daß nicht-logische Konstante der ↑Schematisierung dadurch entzogen werden können, daß sie durch Variable ersetzt werden, deren Bindung mit Hilfe geeigneter der Syntax hinzuzufügender (logischer) Operatoren zu neuen Ausdruckssorten führt. Z. B. ergeben sich aus den durch ↑Ersetzung der Nominatoren durch Individuenvariable hervorgehenden ↑Aussageformen ›$A(x)$‹ (1) mit Hilfe der ↑Quantoren ›$\bigwedge$‹, ›$\bigvee$‹ weitere Aussagen ›$\bigwedge_x A(x)$‹, ›$\bigvee_x A(x)$‹, (2) mit Hilfe des ↑Kennzeichnungsoperators ›ι‹ unter bestimmten Bedingungen weitere Nominatoren ›$\iota_x A(x)$‹ und (3) mit Hilfe des Klassenabstraktors (↑abstrakt, ↑Abstraktion) ›$\in$‹ Nominatoren 2. Stufe ›$\in_x A(x)$‹. Der Klassenabstraktor erlaubt es, Aussageformen ›$A(x)$‹ 1. Stufe durch Aussageformen 2. Stufe ›$x \in \in_y A(y)$‹ (in normierter Schreibweise: ›$x, \in_y A(y) \; \varepsilon \in$‹) zu ersetzen (↑Klasse (logisch)).

Man geht daher beim syntaktischen Aufbau einer formalen Sprache (↑Sprache, formale) so vor, daß anstelle der Nominatoren und Prädikatoren und eventuell weiterer Ausdrucksmittel wie etwa termbildender ↑Funktoren (↑Term) grundsätzlich bloße Symbole mit der quasi-logischen (weil durch die Gleichheitsaxiome [↑Gleichheit (logisch)] Reflexivität [↑reflexiv/Reflexivität] und ↑Substitutivität eindeutig charakterisierbaren) Prädikatkonstanten ›=‹ als im Normalfall einziger Ausnahme gewählt werden. Aus diesen werden zusammen mit den übrigen *Grundzeichen* (logischen Partikeln und eventuell weiteren logischen Operatoren) unter Einschluß der *Hilfszeichen* als dem ↑Alphabet der formalen Sprache mit Hilfe geeigneter Regeln die wohlgeformten Ausdrücke, nämlich die Aussageschemata, gebildet. Die Syntax der formalen Sprache ist, weil nur schematisch notiert – an dieser Stelle ist der Unterschied zwischen ebenfalls schematischem, aber unter Umständen mehrfachem, ↑*Vorkommen* (*occurrence*) eines Z.s (es ist als schematisches ↑Abstraktum ein ↑Partikulare logisch 2. Stufe) und dem *Vorkommnis* (*inscription*) eines Z.s in Gestalt eines konkreten Z.trägers (eines Partikulare logisch 1. Stufe) zu beachten –, als Syntax eines formalen Systems (↑System, formales) oder ↑Formalismus aufgebaut worden und damit als ein spezieller ↑Kalkül, dessen Interpretation (↑Interpretationssemantik) noch offen ist. Da wiederum die Bausteine eines Kalküls und die aus ihnen hergestellten Gegenstände im allgemeinen Falle zur Übernahme von Z.funktionen nicht mehr vorgesehen sind, wird statt ›Z.‹ auch ›Figur‹ (↑Figur (logisch)) verwendet; sowohl die Grund- oder Atomfiguren als auch die aus ihnen zusammensetzbaren Figuren fallen nur noch in dem Sinne unter den syntaktischen Z.begriff, als sie schematisch zu lesen sind, d.h. jede konkrete Figur ihr abstraktes ↑Schema vertritt (↑type and token), und daher eine Figur eines bestimmten Typs ein Z. ihrer selbst ist.

Die speziellen Verwendungen von ›Z.‹ in Zusammensetzungen wie ›Vorzeichen‹ (plus: ›+‹, und minus: ›–‹) zur Markierung der Unterscheidung positiver und negativer ↑Zahlen oder positiver und negativer ↑Orientierung in der Mathematik und ›Satzzeichen‹ in der Grammatik (abweichend vom Gebrauch in der logischen Grammatik für die graphische Gestalt eines Satzes) zur Markierung der Binnenstruktur und teilweise auch des Modus von Sätzen (z. B. durch Kommata, Punkte und Fragezeichen) fallen, nicht anders als im Falle sonstiger Vorzeichen im Sinne von ↑Anzeichen oder von Verkehrszeichen, unter den allgemeinen semiotischen und nicht den eingeschränkten syntaktischen Z.begriff.

Literatur: ↑Zeichen (semiotisch). K. L.

Zeichen (semiotisch) (griech. σημεῖον, σῆμα, lat. signum), im Übergang von ↑Handlungen zu ↑Zeigehandlungen (zeigen, verweisen, deuten, steuern) Bezeichnung für funktionale Verständigungsmittel, verwendet zur ↑Kommunikation miteinander (Personenbezug) über etwas (Sachbezug). Aus einer unmittelbar verständlichen Zeigehandlung (z. B. Gebärde, Ausruf), mit der auf einen einzelnen (äußeren oder inneren) Gegenstand gezeigt wird, läßt sich durch geeignete Maßnahmen, etwa Stilisierung der Ausübung im Falle einer Gebärdensprache oder Standardisierung des Handlungsresultats im Falle von Schriftzeichen (↑Schrift) – faktisch in der Regel auf dem Wege des sich in einer Kultur als allgemeiner Gebrauch einspielender ad-hoc-Gebrauch von Z. – die Zeigehandlung in eine (auch) den schematischen Zug (engl. feature universal; ↑universal) eines Gegenstandes bezeichnende ↑Zeichenhandlung überführen. Ein Z. ist kein ›konkreter‹ Gegenstand (etwa der Arm oder der Stab, mit dessen Hilfe eine Zeigehandlung ausgeführt wird), sondern das ↑Schema der Verwendung eines solchen (hervorgebrachten oder vorgefundenen) Gegenstandes als ein Z., das wiederholte ↑Aktualisierungen erlaubt (↑type and token). Z. ›bedeuten‹ also weder etwas Gedankliches (↑Mentalismus) noch dienen sie einfach zeichenvermitteltem Verhalten (↑Signal). Geht es um eine bestimmte Instanz eines Z.s, so ist bei komplexen (↑komplex/Komplex) Z., z. B. einem (anstelle einer auf das Zifferblatt weisenden Geste als ein akustisches Z. auftretenden) mehrfachen Schlag einer Standuhr zur vollen Stunde oder einem geschriebenen Wort mit einem mehrfach, vielleicht sogar verschiedener Schriftart, auftretenden Buchstaben, das ↑Vorkommen eines einfachen Z.s in einem komplexen Zeichen (↑Teil und Ganzes) neben weiteren Vorkommen – sowohl die nur schematisch, nicht jedoch gegenständlich, übereinstimmenden Vorkommen als auch das komplexe Z. sind Schemata derselben logischen Stufe – zu unterscheiden von dem jeweils konkreten Gegenstand als dem Z.träger, einem (Zeichen-)Vorkommnis, an dem sich z. B. die jeweilige *Zeichengestalt* betrachten läßt und dem gegenüber das Z. als ein ↑Abstraktum bezüglich der ↑Äquivalenzrelation ›gleiche Z.funktion‹ (und nicht etwa ›gleiche Z.gestalt‹) auftritt. Bei Z. gleicher Z.funktion sagt man verbreitet, daß sie das gleiche ↑Symbol darstellen. Z. haben grundsätzlich als ›erfundene‹ Gegenstände zu gelten und werden nicht wie natürliche Gegenstände einfach ›gefunden‹; Z.handeln (↑Zeichenhandlung) ist eigenständiges Handeln, das sich sinnvoll in größere Handlungsgefüge (↑Kotext) wie in übergreifende Situationen (↑Kontext) einordnen läßt. Es ist Gegenstand wissenschaftlicher Behandlung in der ↑Semiotik. Insofern nicht jede Handlung oder jedes Handlungsrealisat schon ein Z. ist, muß die spezifische Differenz zwischen Handlung und Z.handlung (Z. als ↑Ereignis) bzw. Handlungsrealisat, z. B. ↑Marke (Z. als ↑Ding), eigens angegeben werden. Dabei ist die Z.haftigkeit der Ereignisse wie der ↑Marken nicht nur produktions-, sondern auch rezeptionstheoretisch (z. B. in der Architektur) gesondert aufzuweisen. Da wir uns in vorsemiotischen, semiotischen, niemals in außersemiotischen Situationen handelnd bewegen, ergeben sich aus der Gegenüberstellung von reinem Handeln und rein semiotischem Handeln wiederum die tradierten Dichotomien. Dagegen liegt es nahe, ↑Handlungen z. B. auf Grund der in ihnen vorkommenden ›semiotischen Anteile‹ zu unterscheiden und damit die Rede von vorsemiotisch/semiotisch verständlich zu machen. Alle Handlungen ununterschieden als Z. zu verstehen, führt zu einem unbegründeten Pansemiotismus. – Werden Handlungen zum Zwecke des Zeigens ihrer Binnengliederung *vorgeführt* (Probe, Muster) und nicht in unmittelbarer Verrichtung ausgeführt, so ist damit die Basis jedes Z.prozesses, nämlich ↑Exemplifikation, erreicht.

Insofern Z. sowohl produziert als auch rezipiert werden, geht es um den Bezug auf ihre Verwender, der in der ↑Pragmatik untersucht wird. Der Bezug von Z. auf etwas, das für gewöhnlich außerhalb ihrer selbst liegt, ist Gegenstand der ↑Semantik. Gegenstand der ↑Syntaktik ist die Verbindung der Z. untereinander. Der jeweilige Personenbezug heißt ›Interpret‹ und das jeweilige Verständnis des durch das Z. bezeichneten Sachbezugs, das sich wiederum semiotisch artikuliert, ›Interpretant‹ (C. S. Peirce, Semiotische Schriften II, 401). Die Wahl der Z. und ihrer Verwendung bestimmt die Herstellung des Sachbezugs. Man kann die Frucht Apfel an einem Apfel exemplifizieren, durch Zeichnung veranschaulichen oder mit dem Wort ›Apfel‹ bezeichnen. Kriterium für die Unterscheidung ist die Aspekthaltigkeit des Z.s, Ausgangspunkt für die Diskussion eines semiotischen ↑Relativismus. Im Hinblick auf Vollständigkeit und Regelung von Z.verbindungen ist von *Zeichensystemen* oder von ↑Sprachen die Rede. In Systemen erhalten Z. ↑Sinn; durch ihre Verbindung mit anderen Z. des gleichen Systems, d. h. ihre Verwendung, stellt sich die Frage der ↑Geltung. Ein Spezialfall der Problematik von Sinn und Geltung ergibt sich bei logischen Z. (↑Zeichen (logisch)).

Ein aktualisiertes Ganzes, das aus Z. als seinen Teilen besteht, wird auch ›Darstellung‹ (↑Darstellung (semiotisch)) genannt. Erst die je besondere Regularität von Z. als Teilen eines schematischen Ganzen (Z.system; ↑Teil und Ganzes) erlaubt die Klassifizierung etwa in künstlerische, technische, wissenschaftliche Z.. Insbes. in den Künsten sind Marken im wesentlichen durch die Art der ↑Notation (Tanznotation, Partitur, Skizze usw.) bestimmt, die eine fundamentale Rolle in der Semiotik, aber auch in der Erkenntnistheorie spielt und nicht lediglich als z. B. praktisches Hilfsmittel für die künstlerische Produktion verstanden werden darf. Im Gegensatz zu traditionellen Versuchen, die ↑Künste auf Grund der jeweils beteiligten Sinne einzuteilen, wird heute von semiotisch-logischer Seite (N. Goodman) versucht, eine Einteilung auf der Basis der Notationalität einzelner Z.systeme zu begründen. Dabei erlaubt die unterschiedliche Gewichtung spezifischer Merkmale von Z.systemen, deren gegenseitige Durchlässigkeit (Mischformen) zu erklären.

In der Geschichte der Semiotik wird der Z.begriff vornehmlich am Beispiel der Wortsprache diskutiert. Doch stellt sich die weitergehende Frage, wie geeignete (sinnlich wahrnehmbare) Gegenstände hervorgebracht werden, um sie dazu zu verwenden, als Z. eines Gegenstandes aufzutreten. Diese Problematik spielt in neueren semiotischen Forschungen eine wichtige Rolle. – Bei J. Locke und J. H. Lambert deutet sich die Verselbständigung der Semiotik zu einem eigenen Lehrgebiet an. G. W. Leibniz entwirft unter dem Begriff einer *characteristica universalis* (↑Leibnizsche Charakteristik) das Programm einer den Systemaspekt einschließenden allgemeinen Z.lehre, wie sie heute als ↑Semiologie bzw. Semiotik betrieben wird (Fragmente zur Logik, Berlin 1960, 111). Dabei unterscheidet er ausdrücklich zwischen für Denkoperationen (›Z.‹) und für veranschaulichende Operationen (›Charaktere‹) zu verwendende Z.. Dies ist eine Vorstufe zu einer einheitlichen ↑Wissenschaftssprache, in der nach R. Carnap die Untersuchung der Wissenschaft vollständig in der Untersuchung der Sprache der Wissenschaft aufgeht (↑Wissenschaftslogik).

Während bis ins 19. Jh. der Z.begriff im wesentlichen hinsichtlich einer Thematisierung des Sachbezugs, als zweistellige Relation, diskutiert wird, geht z. B. A. Meinong unter dem Terminus ›Z.geber‹ ausdrücklich auf den Personenbezug ein, den er allerdings als psychische Tatsache behandelt. C. K. Ogden und I. A. Richards verwenden zur Verdeutlichung der Z.relation das ›semantische‹ bzw. ›semiotische Dreieck‹ (↑Semiotik, ↑Semantik). Den pragmatischen Aspekt des Personenbezugs setzt E. Cassirer für eine semiotische Bestimmung des Menschen ein, indem er ihn statt als ›animal rationale‹ als ›animal symbolicum‹ kennzeichnet. Einer der bedeutendsten Vertreter der Semiotik des 20. Jhs., C. W. Morris, teilt die Semiotik in Pragmatik, Semantik und ↑Syntax, wobei die Pragmatik zunehmend an Bedeutung gewinnt. – Insgesamt gesehen ist die Z.theorie ein sich weiter verzweigendes Forschungsgebiet, keine institutionalisierte, über lehrbuchfähiges Wissen verfügende Wissenschaft. Schon über ihre Grundbegriffe, insbes. den Begriff des Z.s, herrscht hinsichtlich Gegenstandsbestimmung wie Terminologiebildung wenig Einigkeit. Im Zuge dieser Entwicklung zeichnet sich nach dem Versuch einer Linguistisierung der Fachwissenschaften ihre Semiotisierung ab.

Literatur: G. Abel, Sprache, Z., Interpretation, Frankfurt 1999 (franz. Langage, signes et interprétation, Paris 2011); K. O. Apel, Transformation der Philosophie, I–II, Frankfurt 1973, I, [4]1991, II, [6]1999 (engl. Towards a Transformation of Philosophy, London etc. 1980, Milwaukee Wis. 1998); Arbeitsgruppe Semiotik (eds.), Die Einheit der semiotischen Dimensionen, Tübingen 1978; A. Atkin, Peirce's Theory of Signs, SEP 2006, rev. 2010; M. Bense/E. Walther (eds.), Wörterbuch der Semiotik, Köln 1973; T. Borsche/W. Stegmaier (eds.), Zur Philosophie des Z.s, Berlin/

New York 1992; T. Borsche/J. Simon, Z./Z.theorie, EP III (^{2}2010), 3085–3094; K. Bühler, Sprachtheorie. Die Darstellungsform der Sprache, Jena 1934, Stuttgart ^{3}1999; E. Cassirer, Philosophie der symbolischen Formen, I–III, Berlin 1923–1929, ferner als: Ges. Werke, XI–XIII, Darmstadt, Hamburg 2001–2002, Hamburg 2010; ders., An Essay on Man. An Introduction to a Philosophy of Human Culture, New Haven Conn./London 1944, ferner als: Ges. Werke XXIII, Hamburg 2006; D. Chandler, Semiotics. The Basics, Abingdon/New York 2002, ^{2}2007; D. S. Clarke, Principles of Semiotic, London/New York 1987; E. Contini-Morava/B. Sussmann Goldberg (eds.), Meaning as Explanation. Advances in Linguistic Sign Theory, Berlin/New York 1995; J.-C. Coquet, Sémiotique littéraire. Contribution à l'analyse sémantique du discours, Paris 1973, 1976; U. Eco, La struttura assente. Introduzione alla ricerca semiologica, Mailand 1968, Neuausg. mit Untertitel: La ricerca semiotica e il metodo strutturale, Mailand 1980, ^{5}2002; ders., Einführung in die Semiotik, München 1972, ^{9}2002 [zu einem Werk vereinte Neufassung von »La struttura assente« und »Le forme del contenuto«]; ders., Segno, Mailand 1973, ^{2}1985 (dt. Z.. Einführung in einen Begriff und seine Geschichte, Frankfurt 1977, 2000); ders., Trattato di semiotica generale, Mailand 1975, ^{18}2002 (dt. Semiotik. Entwurf einer Theorie der Z., München 1987, ^{2}1991); R. A. Fiordo, Charles Morris and the Criticism of Discourse, Bloomington Ind./Lisse 1977; J. J. Fitzgerald, Peirce's Theory of Signs as Foundation for Pragmatism, The Hague/Paris 1966; H. Frank, Z., Hist. Wb. Ph. XII (2004), 1155–1179; R. Gätschenberger, *Σύμβολα*. Anfangsgründe einer Erkenntnistheorie, Karlsruhe 1920; ders., Z., die Fundamente des Wissens. Eine Absage an die Philosophie, Stuttgart-Bad Cannstatt 1932, unter dem Titel: Z., die Fundamente des Wissens, Stuttgart-Bad Cannstatt ^{2}1977; P. Gehring u. a. (eds.), Diagrammatik und Philosophie. Akten des 1. Interdisziplinären Kolloquiums der Forschungsgruppe Diagrammatik [...], Amsterdam/Atlanta Ga. 1992; N. Goodman, Languages of Art. An Approach to a Theory of Symbols, Indianapolis Ind. 1968, ^{2}1976, 1997 (dt. Sprachen der Kunst. Entwurf einer Symboltheorie, Frankfurt 1973, ^{7}2012); D. Greenlee, Peirce's Concept of Sign, The Hague/Paris 1973; P. Guiraud, La sémiologie, Paris 1973, ^{4}1983 (engl. Semiology, London/Boston Mass. 1975); R. Haller, Das ›Z.‹ und die ›Z.lehre‹ in der Philosophie der Neuzeit, Arch. Begriffsgesch. 4 (1959), 113–157; M. Hardt, Poetik und Semiotik. Das Z.system der Dichtung, Tübingen 1976; C. S. Hardwick (ed.), Semiotic and Significs. The Correspondence between Charles S. Peirce and Victoria Lady Welby, Bloomington Ind./London 1977; C. R. Hausman, Charles S. Peirce's Evolutionary Philosophy, Cambridge etc. 1993, 1997; T. Hawkes, Structuralism and Semiotics, London, Berkeley Calif./Los Angeles 1977, London/New York ^{2}2003; J. D. Johanson, Dialogic Semiosis. An Essay on Signs and Meaning, Bloomington Ind./Indianapolis Ind. 1993; W. Kamlah/P. Lorenzen, Logische Propädeutik oder Vorschule des vernünftigen Redens, Mannheim 1967, unter dem Titel: Logische Propädeutik. Vorschule des vernünftigen Redens, Mannheim/Wien/Zürich, ^{2}1973, Stuttgart/Weimar ^{3}1990; R. Keller, Z.theorie. Zu einer Theorie semiotischen Wissens, Tübingen 1995, ^{2}2017; G. Klaus, Semiotik und Erkenntnistheorie, Berlin 1963, München/Salzburg ^{4}1973; ders., Die Macht des Wortes. Ein erkenntnistheoretisch-pragmatisches Traktat, Berlin 1964, ^{6}1972, 1975; E. F. K. Koerner, Contribution au débat post-saussurien sur le signe linguistique, La Haye/Paris 1972; S. Krämer, Berechenbare Vernunft. Kalkül und Rationalismus im 17. Jahrhundert, Berlin/New York 1991; J. Kristeva/J. Rey-Debove/D. J. Umiker (eds.), Essays in Semiotics/Essais de sémiotique, The Hague/Paris 1971; A. Lange-Seidl (ed.), Z.konstitution. Akten des 2. Semiotischen Kolloquiums Regensburg 1978, I–II, Berlin/New York 1981; Y. M. Lotman/B. A. Ouspenski (eds.), Travaux sur les systèmes de signes. École de Tartu, Brüssel 1976; D. P. Lucid (ed.), Soviet Semiotics. An Anthology, Baltimore Md./London 1977, 1988; S. Meier-Oeser, Die Spur des Z.s. Das Z. und seine Funktion in der Philosophie des Mittelalters und der frühen Neuzeit, Berlin 1997; J. Mittelstraß, The Philosopher's Conception of Mathesis Universalis from Descartes to Leibniz, Ann. Sci. 36 (1979), 593–610; C. W. Morris, Foundations of the Theory of Signs, Chicago Ill. 1938, 1977 (dt. Grundlagen der Z.theorie. Ästhetik und Z.theorie, München 1972, ^{2}1975, Frankfurt 1988, 17–88); ders., Esthetics and the Theory of Signs, The Hague 1939 (dt. Ästhetik und Z.theorie, in: ders., Grundlagen der Z.theorie. Ästhetik und Z.theorie [s. o.], 91–118); ders., Signs, Language, and Behavior, Englewood Cliffs N. J. 1946, 1955 (dt. Z., Sprache und Verhalten, Düsseldorf 1973, Frankfurt/Berlin/Wien 1981); ders., Signification and Significance. A Study of the Relations of Signs and Values, Cambridge Mass. 1964, 1976 (dt. Bezeichnung und Bedeutung, in: ders., Z., Wert, Ästhetik [s. u.], 193–319); ders., Writings on the General Theory of Signs, The Hague/Paris 1971; ders., Z., Wert, Ästhetik, ed. A. Eschbach, Frankfurt 1975; ders., Pragmatische Semiotik und Handlungstheorie, Frankfurt 1977; ders., Symbolik und Realität, Frankfurt 1981; J. W. F. Mulder/S. G. J. Hervey, Theory of the Linguistic Sign, The Hague/Paris 1972; D. Novitz, Pictures and Their Use in Communication. A Philosophical Essay, The Hague 1977; K. Oehler, Sachen und Z.. Zur Philosophie des Pragmatismus, Frankfurt 1995; C. K. Ogden/I. A. Richards, The Meaning of Meaning. A Study of the Influence of Language upon Thought and of the Science of Symbolism, London/New York 1923, London/New York 2001 (= I. A. Richards, Selected Works II) (dt. Die Bedeutung der Bedeutung. Eine Untersuchung über den Einfluß der Sprache auf das Denken und über die Wissenschaft des Symbolismus, Frankfurt 1974); H. Pape, Erfahrung und Wirklichkeit als Z.prozeß. Charles S. Peirces Entwurf einer spekulativen Grammatik des Seins, Frankfurt 1989; C. S. Peirce, Collected Papers, I–VIII, I–VI, ed. C. Hartshorne/P. Weiss, VII–VIII, ed. A. W. Burks, Cambridge Mass. 1931–1958 (repr. Bristol 1998), in 4 Bdn. 1978; ders., Phänomen und Logik der Z., ed. H. Pape, Frankfurt 1983, ^{3}1998, 2005; ders., Semiotische Schriften, I–III, ed. C. Kloesel/H. Pape, Frankfurt 1986–1993, Darmstadt, Frankfurt 2000; ders., Naturordnung und Z.prozeß. Schriften über Semiotik und Naturphilosophie, ed. H. Pape, Aachen 1988, Frankfurt 1991, ^{2}1998; J. Pelc, Studies in Functional Logical Semiotics of Natural Language, The Hague/Paris 1971; R. Posner/H.-P. Reinecke (eds.), Z.prozesse. Semiotische Forschung in den Einzelwissenschaften, Wiesbaden 1977; R. Posner/K. Robering/T. A. Sebeok (eds.), Semiotik. Ein Handbuch zu den zeichentheoretischen Grundlagen von Natur und Kultur, I–IV, Berlin 1997–2004 (HSK XIII/1–4); F. Rastier, Essais de sémiotique discursive, Tours 1973, 1974; L. O. Resnikow, Gnoseologiceckije voprosy semiotiki, Leningrad 1964 (dt. Erkenntnistheoretische Fragen der Semiotik, Berlin 1968); ders., Z., Sprache, Abbild, Frankfurt 1977; A. Rey, Théories du signe et du sens, I–II, Paris 1973/1976; F. Rossi-Landi, Between Signs and Non-Signs, Amsterdam/Philadelphia Pa. 1992; P. Rusterholz (ed.), Welt der Z. – Welt der Wirklichkeit. [...], Bern etc. 1993; F. de Saussure, Cours de linguistique générale, ed. C. Bally/A. Sechehaye, Paris/Lausanne 1916 (repr. Paris 2003), ^{3}1931 (repr., ed. T. de Mauro, Paris 1972, 1995), ed. R. Engler, I–II, Wiesbaden 1968/1974 (repr. 1989/1990); J. Schächter, Prolegomena zu einer kritischen Grammatik, Wien 1935, Stuttgart 1978 (engl. Prolegomena to a Critical Grammar, Dordrecht/Boston Mass. 1973);

B. M. Scherer, Prolegomena zu einer einheitlichen Z.theorie. Ch. S. Peirces Einbettung der Semiotik in die Pragmatik, Tübingen 1984 (= Probleme der Semiotik III); D. Schmauks, Orientierung im Raum. Z. für die Fortbewegung, Tübingen 2002, ^{2}2011; dies., Semiotische Streifzüge. Essays aus der Welt der Z., Berlin/Münster 2007; F. Schmidt, Z. und Wirklichkeit. Linguistisch-semantische Untersuchungen, Stuttgart etc. 1966; H. Schnelle, Z.systeme zur wissenschaftlichen Darstellung. Ein Beitrag zur Entfaltung der Ars characteristica im Sinne von G. W. Leibniz, Stuttgart-Bad Cannstatt 1962; O. R. Scholz, Bild, Darstellung, Z.. Philosophische Theorien bildhafter Darstellung, Freiburg/München 1991, Frankfurt ^{2}2004; G. Schönrich, Z.handeln. Untersuchungen zum Begriff einer semiotischen Vernunft im Ausgang von Ch. S. Peirce, Frankfurt 1990; ders. Semiotik zur Einführung, Hamburg 1999; J. Simon, Philosophie des Z.s, Berlin/New York 1989 (engl. Philosophy of the Sign, Albany N. Y. 1995); ders., Z., in: P. Kolmer/A. G. Wildfeuer (eds.) Neues Handbuch philosophischer Grundbegriffe III, Freiburg/München 2011, 2621–2635; K. H. Spinner (ed.), Z., Text, Sinn. Zur Semiotik des literarischen Verstehens, Göttingen 1977; D. Thürnau, Gedichtete Versionen der Welt. Nelson Goodmans Semantik fiktionaler Literatur, Paderborn etc. 1994, 51–88; T. Todorov, Théories du symbole, Paris 1977, 1985 (engl. Theories of the Symbol, Ithaca N. Y. 1982; dt. Symboltheorien, Tübingen 1995); M. Wallis, Arts and Signs, Bloomington Ind. 1975; E. Walther, Allgemeine Z.lehre. Einführung in die Grundlagen der Semiotik, Stuttgart 1974, ^{2}1979; U. Wirth (ed.), Die Welt als Z. und Hypothese. Perspektiven des semiotischen Pragmatismus von Charles S. Peirce, Frankfurt 2000. – K. Eimermacher, Arbeiten sowjetischer Semiotiker der Moskauer und Tartuer Schule (Auswahlbibliographie), Kronberg 1974; A. Eschbach, Z. – Text – Bedeutung. Bibliographie zu Theorie und Praxis der Semiotik, München 1974; ders./W. Rader, Semiotik-Bibliographie I, Frankfurt 1976; J. Verschueren, Pragmatics. An Annotated Bibliography, Amsterdam 1978. – Weitere Literatur: ↑Darstellung (semiotisch), ↑Semiotik, ↑Signal, ↑Zeichen (logisch). B. P./D. G.

Zeichenhandlung, Grundbegriff der ↑Semiotik (↑Zeichen (semiotisch)) und der ↑Handlungstheorie (↑Handlung) für Handlungen, wenn von ihnen nicht als Exemplar einer besonderen Sorte von Objekten die Rede ist, d. h. als Handlungen im (in die Handlungssituation) *eingreifenden* Status, sondern wenn sie als Verfahren auftreten, sich in der Handlungssituation zu orientieren und damit im (die Handlungssituation verstehenden) *epistemischen* Status. Handlungen werden dann verwendet und (in der Regel) nicht zugleich erwähnt (↑use and mention); sie üben eine *Zeichenfunktion* aus. In einer den epistemischen Status einer Handlungsausübung umstandslos, nämlich ohne Erörterung des Verhältnisses zwischen empirischer Beschreibung und rationaler Konstruktion vorgenommenen objektivierenden Darstellung – ›von außen‹ in der ↑Verhaltensforschung (↑Behaviorismus) und ›von innen‹ in der ↑Kognitionswissenschaft (↑philosophy of mind, ↑Mentalismus) – erscheinen die Funktionen von Handlungsausübungen grundsätzlich bloß als Objekte logisch zweiter Stufe: Verursachen von Situationsänderungen bzw. Ausdrükken mentaler Zustände, in beiden Fällen ohne jede Chance, von Herkunft und Zusammenhang der in diesem Fall vorausgesetzten Objektbereiche Rechenschaft geben zu können. Für die Behandlung des epistemischen Status einer Handlung, einer *Z. im weitesten Sinne*, weil jede Handlung auch derart in Zeichenrolle auftreten kann (↑Spiel), muß auf den rational zu rekonstruierenden Erwerb einer Handlungskompetenz zurückgegriffen werden; eine bloß empirisch angemessene Beschreibung ihrer Verwendung wäre an dieser Stelle ungenügend, ließe sich die Übernahme einer Zeichenfunktion angesichts der bereits unterstellten Existenz von Handlungskompetenzen doch nur noch feststellen und nicht mehr aufklären. Deren rationale ↑Rekonstruktion wird im Dialogischen Konstruktivismus (↑Konstruktivismus, dialogischer), dem Vorbild des Zusammenwirkens von ↑Pragmatik und Semiotik im ↑Pragmatismus folgend, durch den Rückgriff auf dialogische ↑Lehr- und Lernsituationen durch repetierendes und imitierendes Einüben von Handlungen ermöglicht.

Dadurch rückt die allen Handlungen eigene *dialogische Polarität* in den Vordergrund, nämlich der Unterschied von Ich-Rolle und Du-Rolle bei der Ausübung einer Handlung in einer Handlungssituation, im einfachsten Fall bei einem Umgehen mit einem ↑Objekt: In Ich-Rolle wird das Objekt des Umgehens, es aktualisierend (↑Aktualisierung, ↑Singularia), angeeignet, in Du-Rolle wird das Objekt, es schematisierend (↑Schematisierung, ↑Universalia), distanziert. Es geschieht ein enaktives Kennenlernen des Objekts durch Aneignung und Distanzierung, von dem jedoch die/der Handelnde nur dadurch weiß (in einer Distanzierung zweiter Ordnung), daß sie/er das Kennenlernen seinerseits als eine Aneignung zweiter Ordnung begreift. Mit dieser Iteration dialogischer Polarität im Zuge der Überführung der bloßen Verfahren sowohl von Aneignen als auch von Distanzieren in eigenständige Handlungen (im eingreifenden Status!) ergibt sich: Das aneignende Kennenlernen ist seinerseits in Ich-Rolle das Hervorbringen einer Einteilung des Objekts auf dem Weg seiner Konstitution als ein Ganzes aus Teilen (↑Teil und Ganzes) und in Du-Rolle dessen (praktische) Vermittlung durch ↑Lehren und Lernen des Aneignens; es ist ein hantierendes Kennenlernen. Das distanzierende Kennenlernen wiederum ist in Du-Rolle das Wahrnehmen eines Unterschieds am Objekt auf dem Wege von dessen Bestimmung als eine Einheit aus Eigenschaften und in Ich-Rolle das (theoretische) Vermitteln des Distanzierens durch dessen ↑Artikulation; es ist ein sinnliches Kennenlernen. Mit der anschließenden Verwandlung des praktischen Vermittelns einer Aneignung durch Lehren und Lernen und des theoretischen Vermittelns einer Distanzierung durch Artikulieren in je eigenständige Handlungen gewinnt man *Z.en im weiteren Sinne*, deren Ausübungsresultate, seien es Dinge oder Ereignisse, Zeichenträger für die von

diesen repräsentierten schematischen Typen (↑type and token), die *Zeichen*, sind.
Im ersten Falle der Vergegenständlichung praktischen Vermittelns liegt eine indexische Z. oder auch ↑*Zeigehandlung* vor – jemand *zeigt* jemandem, wie das aneignende Umgehen mit einem Objekt geht; man behandelt das Resultat ihrer Ausübung als einen ↑*Index* oder ein ↑*Anzeichen* des Objekts. Dabei bezieht man sich auf einen Index auch mit den Ausdrücken ›Kennzeichen‹ oder ›↑*Marke*‹, wenn speziell die aktive Seite der Ausübung, ihre Ich-Rolle, hervorgehoben werden soll, und mit ›↑*Symptom*‹, wenn die passive Seite der Ausübung, ihre Du-Rolle, betroffen ist. Im zweiten Falle der Vergegenständlichung theoretischen Vermittelns gewinnt man eine ikonische Z. oder ↑*Exemplifikation* – jemand versteht das distanzierende Umgehen von jemandem in Gestalt der Ausübung einer (in der Regel non-verbalen) Artikulation als ein *Zeigenlassen* des Objekts – und behandelt das Resultat ihrer Ausübung als ein ↑*Ikon* des Objekts, z. B. als Probenahme, etwa bei einer Weinverkostung im Zuge der (non-verbalen) Artikulation eines Weines durch Geschmackseigenschaften.
Durch das Zeigen eines Objekts in Gestalt eines seiner Teile im Zuge des Hervorbringens einer Einteilung des Objekts zusammen mit dem Zeigenlassen des Objekts in Gestalt einer seiner Eigenschaften im Zuge des Wahrnehmens eines Unterschieds am Objekt wird hantierend-sinnliches Können ausgebildet, von dem grundsätzlich nur unter Bezug auf konkrete Handlungssituationen und gebunden an sie die Rede sein kann. Es ist daher nicht so, daß eine hantierend-sinnlich, also, auf die dafür erforderlichen Mittel bezugnehmend: motorisch-sensorisch, gewonnene Erfahrung mit gegenwärtigen Objekten ohne Verwendung von Zeichenfunktionen auskäme. Es bedarf dazu der im Zeigen und Zeigenlassen (auch sich selbst gegenüber!) ausgeübten *Kommunikationsfunktion* der Z.en im weiteren Sinne, ohne eine eigenständige Signifikationsfunktion in Anspruch zu nehmen, die sich von der Kommunikationsfunktion sondern läßt, sobald die Trennung von Zeichen und Bezeichnetem vollständig vollzogen ist. Solange auf der einen Seite Indices noch als Teile des indizierten Objekts als etwas Ganzem gelten und daher eine Bezeichnung ›pars pro toto‹ vorliegt, und auf der anderen Seite Ikons sich in mindestens einer Eigenschaft nicht vom ikonisierten Objekt unterscheiden, ist das nicht der Fall. Solch unvollständige Trennung von Zeichen und Bezeichnetem ermöglicht im übrigen das Phänomen magischen Sprachgebrauchs (↑Magie).
Die jenseits des Indizierens und Ikonisierens, vielmehr beiden Z.en im weiteren Sinn auf höherer Stufe wieder zu einer sie zusammenfassenden *Z. im engeren Sinn* (= *Sprachhandlung im weiteren Sinn*) verhelfende Wirkung der Signifikationsfunktion beruht darauf, daß man Objekte auch unabhängig davon, sie unter den Resultaten von Z.en im weiteren Sinn suchen zu müssen, mit einer Zeichenfunktion im Sinne der scholastischen Formel ›aliquid stat pro aliquo‹ betrauen kann, sie unter Umständen sogar eigens zu diesem Zweck herstellt, oder diese sich als mit einer solchen Zeichenfunktion bereits ausgestattet verstehen lassen (↑Semantik). Das ist dann der Fall, wenn zwischen dem als Zeichenträger auftretenden Objekt und einem anderen Objekt eine ›typische‹, d. h. für alle Objekte als Instanzen der jeweiligen Typen bestehende, Beziehung vorliegt, die es erlaubt, ersteres als Vorkommnis (↑Vorkommen) eines (symptomatischen) Zeichens für letzteres, etwa den Rauch (an einem Ort) für Feuer (am selben Ort), zu behandeln, sofern Feuer die einzig mögliche Ursache für Rauch ist, aber auch dann, wenn ein Index bloß bei der *virtuellen* Hervorbringung einen Teil eines Objekts betrifft, z. B. ein Element einer Planskizze zur ↑Herstellung eines Hauses, oder wenn ein Ikon bloß bei der *inneren* Wahrnehmung auf eine Eigenschaft eines Objekts bezogen ist, z. B. auf eine Eigenschaft einer Person bei deren Vorstellung in einer Erzählung.
Mit einer derartigen Übernahme des Zeigens und Zeigenlassens von Objekten durch eigenständige Handlungen, die nicht auf Handlungen des Umgehens mit diesen Objekten zurückgehen müssen, weil es sein kann, daß solche Objekte nicht gegenwärtig, d. h. hantierend-sinnlich nicht zugänglich, sind, vielleicht nicht existieren oder gar nicht existieren können außer auf der Zeichenebene, gewinnt man Zeichen als Bestandteile einer Sprache im weiteren Sinn, bei der, wie etwa im Falle von Signalsprachen (↑Signal), die im Rahmen meist verhaltenstheoretischer Behandlung von ↑Kommunikation und ↑Interaktion (↑Kommunikationstheorie, ↑Informatik) untersucht werden und in Gestalt der Zoosemiotik (T. Sebeok) sogar einschlägige Phänomene bei nicht-menschlichen Lebewesen (z. B. die Tanzsprache der Bienen, die chemische Sprache der Bäume) betreffen, grundsätzlich noch keine komplexen, mit einer semiotischen Binnenstruktur, einer Syntax (↑Syntaktik), ausgestattete Zeichen eines ganzen Zeichensystems zu berücksichtigen sind (↑Zeichen (logisch), ↑Notation). Ist auch dies der Fall, wobei sowohl bereichsbeschränkte unvollständige Sprachen, etwa bei den Systemen von Tanznotationen, von ↑Zahlzeichen oder von Verkehrszeichen, von Partituren für musikalische Ereignisse, oder mittlerweile auch von Smileys und Emojis, zu berücksichtigen sind, als auch die Beschränkungen, die von der Wahl des jeweiligen Mediums (↑Medium (semiotisch)) abhängen, in dem die Zeichen realisiert sind, etwa als Lautzeichen in einem auditiven Medium oder als Schriftzeichen (↑Schrift) in einem visuellen Medium, so haben wir es mit *Sprachzeichen im engeren Sinne* zu tun. Sie sind das Ergebnis von *verbalen* ↑Artikulationen,

der Grundform von ↑Sprachhandlungen, ebenfalls im engeren Sinne, also *Z.en im engsten Sinne.*

Literatur: ↑Zeichen (semiotisch), ↑Semiotik, ↑Semantik. K. L.

Zeigehandlung (auch: deiktische Handlung), im besonderen eine Bezeichnung für eine zur Deixis (↑deiktisch, ↑Ostension), insbes. zur Begleitung einer deiktischen ↑Kennzeichnung oder bei ›hinweisenden ↑Definitionen‹ (engl. ostensive definition), also der exemplarischen Bestimmung von ↑Prädikatoren, benötigte Geste; im allgemeinen soviel wie eine indexische ↑Zeichenhandlung, unter denen die auf (sozialen) ↑Konventionen beruhenden *Trägerhandlungen* für andere Handlungen eine besondere Rolle spielen. Mit ihrer Ausübung will man etwas zu verstehen geben, indem sie eine Handlung ›tragen‹ (sie sind diese Handlung und bezeichnen sie nicht), z. B. das altmodische Hutziehen zum Grüßen, Klopfen zum Einlaß erbitten, Blinkerbetätigung zur Fahrtrichtungswechselanzeige usw.. – Eine Z. darf nicht mit einer ikonischen Zeichenhandlung verwechselt werden, die auf etwas Allgemeines zielt (sie ›bezeichnet‹ ein ↑Schema) und nicht wie eine Z. auf etwas Individuelles, ausgenommen der Fall, daß eine Z. als *Vorführhandlung* verstanden wird. In diesem Falle ist die Z. eine spezielle Zeichenhandlung im engeren Sinn.

Literatur: ↑Zeichen (semiotisch), ↑Semiotik, ↑Ostension. K. L.

Zeit (etymologisch im Deutschen verwandt mit ›zerteilt‹; engl. time, franz. temps), Bezeichnung für die in den Aspekten der *Zeitmodi* (Vergangenheit, Gegenwart, Zukunft), der *Zeitordnung* (früher als, später als, gleichzeitig) und der *Dauer* (als geschätztes oder gemessenes Verhältnis) gefaßte Einteilung von Geschehnissen (Handlungen, Erlebnissen, Vorgängen, Veränderungen, Bewegungen). In der Geistesgeschichte des Z.problems bilden sich unterschiedliche Schwerpunkte und Frageinteressen heraus. (1) Ontologisches Interesse: Existiert Z.? Hat Z. Eigenschaften wie Anfang und Ende, Richtung? (2) Z.bewußtsein: Erleben und Konstitution von Z. in kognitiven und emotiven Geschehnissen im Menschen. (3) Erkenntnis- und wissenschaftstheoretisches Interesse: Was konstituiert zeitliche Unterscheidungen im Alltagsleben? Was leisten die messenden Naturwissenschaften und was setzen sie voraus? (4) Kultur- und Lebensform: Z. als geschichtliches, kulturabhängiges und psychologisches Problem. Neben diesen unterschiedlichen Schwerpunkten und Frageinteressen verbinden sich mit philosophischen und fachwissenschaftlichen Z.theorien unterschiedliche Denkstile und Rationalitätstypen. Letzteres zeigt sich insbes. daran, ob Z.auffassungen mit dem Anspruch verknüpft werden, Probleme zu lösen, oder ob eine (kontingente oder prinzipielle) Unlösbarkeit von mit diesen Auffassungen verbundenen ↑Paradoxien behauptet wird.

Der Begründer der problemlösenden Tradition ist Aristoteles, der, ontologische Fragen in Verbindung mit den Z.modi explizit beiseitestellend, in der »Physik« Z. als Zahl (auch: Maß) der ↑Bewegung nach dem früher oder später definiert (Phys. Δ11.219b1–2). Die Behandlung der Zenonischen Paradoxie (↑Paradoxien, zenonische) von Achilles und der Schildkröte durch Aristoteles zeigt, wie Z. ›etwas an der Bewegung‹ sein kann in dem Sinne, daß ein Vergleich von Bewegungen nach Weg und Dauer den zeitlichen Aspekt der Bewegung erfaßt. Aristoteles gelingt es, den für (Weg-)Länge und Dauer, für ↑Raum und Z. gleichen Kontinuumscharakter (als Teilbarkeit in immer wieder Teilbares; ↑Kontinuum) ebenso zu klären wie die Sprechweise, wonach nur Bewegungen, nicht aber der Z. (verschiedene) Geschwindigkeiten zugesprochen werden dürfen. Gleichförmigkeit als Standardbewegung für gemessene Z. wird dabei mit der konstanten Himmelsdrehung angenommen.

Als Begründer der paradoxienerhaltenden Tradition gilt A. Augustinus, nicht nur, weil er in den »Bekenntnissen« das Motto vorgibt, eine Antwort auf die Frage ›was ist Z.?‹ nur zu wissen, wenn er nicht danach gefragt werde, sondern auch, weil er mit Bezug auf die Z.modi und unter der (im Widerspruch zur Aristotelischen Kontinuumslehre stehenden) Annahme einer nicht ausgedehnten, punktförmigen Gegenwart als Produkt fortgesetzter Teilung, Zweifel an der Existenz der Z. formuliert und überdies zahlreiche Widersprüche im alltäglichen Z.bewußtsein herausarbeitet. Dem steht allerdings das Verdienst gegenüber, die Z.modi über Erinnerung, aktuell vollzogene Wahrnehmung und Erwartung bzw. Planung auf menschliches Handeln und Erleben bezogen sowie in der Frage nach der Länge eines Tages die Unterscheidung zwischen einer Z.einheit und einer für die Z.messung geeigneten Bewegungsform (zumindest implizit) als erster vorgenommen zu haben.

In den Z.theorien von Aristoteles und Augustinus treten bereits alle Probleme auf, die in den Z.theorien philosophischer Art später diskutiert werden, mit Ausnahme einiger Fragen, die sich erst im Zusammenhang mit der neuzeitlichen Naturwissenschaft stellen. Seit den ersten, tatsächlich durchgeführten Experimenten (G. Galilei) ist Z.messung, die bereits eine rund 2000jährige Geschichte technischer und organisatorischer Art hinter sich hat, auf spezielle Erfordernisse der Laborwissenschaften und der Naturbeobachtung (Astronomie) adaptiert. Die Verwendung von ↑Uhren wirft, seit sie nach dem Hinweis I. Kants auf die Abbremsung der Erdrotation durch Gezeiten nicht mehr als geeicht an der Standardbewegung der Erdrotation interpretiert werden kann, das Definitionsproblem für geeignete Standardbewegungen auf. De facto arbeitet die klassische ↑Physik wegen des logisch-begrifflichen Erfordernisses, der Newtonschen ↑Mechanik einen einheitlichen, metrischen Zeitbegriff zugrundezulegen, diesen aber nicht brauchbar für eine Uhrendefinition expliziert zu haben, mit zwei im Prinzip ungeklärten Begriffen der ›absoluten‹ und der ›relativen‹, d. h. mit Uhren gemessenen, Z. (↑Zeit, absolute). Letzterer wird schon von den Erfindern technisch unterschiedlicher Formen der Pendeluhr, nämlich Galilei und C. Huygens, durch den Glauben an die einschlägigen ↑Naturgesetze, hier der Pendelbewegungen, getragen, ohne daß der Zirkelschluß (↑circulus vitiosus) bemerkt wird, daß die einen Z.parameter enthaltenden empirischen Gesetze ihrerseits nur mit Hilfe funktionierender Uhren gefunden werden können (↑Protophysik).

Die Physik des 20. Jhs. und eine sie begleitende empiristische Wissenschaftstheorie (↑Empirismus, logischer) können zu Recht darauf verweisen, daß Kants Lehre vom synthetisch-apriorischen (↑synthetisch, ↑a priori) Charakter der Z. keine Lösung für eine physikalisch brauchbare Interpretation des Newtonschen Begriffs der absoluten Z. liefert. Die Physik vollzieht deshalb am Problem der Gleichzeitigkeit (↑gleichzeitig/Gleichzeitigkeit) entfernter Ereignisse und durch die Einführung eines Beobachters, der anhand von Signalen relativ zu seinem Bewegungszustand die Z.ordnung räumlich entfernter Ereignisse feststellt, eine relativistische (↑Relativitätstheorie, spezielle) Revision der Annahme, Gleichzeitigkeit sei, über den physikalisch zugänglichen Raum ausgebreitet, instantan, d. h. ohne Zeitverzögerung durch Signalübertragung, eine erfahrungswissenschaftlich sinnvolle Annahme. Dadurch wird zwar mit der Maxime, daß naturwissenschaftliche Z. nur die tatsächlich mit Uhren gemessene Z. sein könne, eine Kritik sowohl an Newtons Begriff der absoluten Z. als auch an Kants Theorie von deren synthetisch-apriorischem Charakter vorgetragen, andererseits ein empiristischer Zirkelschluß in Kauf genommen, wonach der Uhrengang seinerseits durch physikalische Gesetze bestimmt sei. De facto ist aber jede zeitmessende Naturwissenschaft auf die Unterscheidung von gestörten und ungestörten Uhren angewiesen, ohne daß die gestörten Uhren aus dem Geltungsbereich physikalischer Gesetze herausfielen. D. h., nur ↑normative Funktionskriterien von Uhren (↑Norm (protophysikalisch), ↑Protophysik) leisten die operationale Z.definition, die die Einsteinsche Revision der Newtonschen Mechanik der Intention nach postuliert.

Die derzeitige Diskussion des naturwissenschaftlichen Z.begriffs vereinnahmt das Z.problem für die Naturwissenschaften durch kosmologische (↑Kosmologie) Betrachtungen, in denen zwar Z. noch im Aristotelischen Sinne als Begleiterscheinung oder Maß von (Natur-)Ereignissen im Frühstadium kosmologischer Entwicklung vorgesehen ist, diese aber andererseits in dem Sinne ontologisiert wird, daß Z. wie ein eigener Gegenstand auftritt, dessen Eigenschaften der empirischen Forschung zugänglich sind, mit der Konsequenz, daß Fragen nach Anfang, Kontinuitätsstruktur oder Richtung der Z. den Anschein empirischer Entscheidbarkeit gewinnen. Der erkenntnistheoretische Einwand lautet hier, daß in alle naturwissenschaftlichen Untersuchungen zur Z. nicht nur deren in der ↑Alltagssprache vertrauten Unterscheidungen zu modalen, ordinalen und durativen Aspekten, sondern auch explizite normative Festsetzungen für die üblichen, empirischen Kontrollverfahren eingehen (↑Norm (protophysikalisch)).

Eine gewisse Neubewertung erfahren philosophische und wissenschaftliche Z.auffassungen durch die linguistische Wende (↑Wende, linguistische) der Philosophie einerseits und durch die ↑Phänomenologie andererseits. Da sich alle Z.auffassungen (welcher Herkunft auch immer) *sprachlich* artikulieren müssen, öffnet sich ein weites Problemfeld mit Fragen nach Sinn und Bedeutung alltagssprachlicher wie wissenschafts- und philosophiesprachlicher Unterscheidungen. In dieser Tradition steht die These der Irrealität der Z. auf Grund der (anscheinend) unverträglichen (prädikativen) Beschreibung der Z.ordnung entsprechend den konversen Relationen ›früher als‹ und ›später als‹ (J. McTaggarts [1908] A-Reihe) und die (indikatorische) modale Beschreibung der Z., in der der Sprecher jeweils mit Bezug auf die eigene Sprechsituation von ›vergangen‹, ›gegenwärtig‹ und ›zukünftig‹ spricht (McTaggarts B-Reihe). Daß der Anschein dieser Unverträglichkeit nur im Unterschied von situationsinvarianter und situationsvarianter bzw. situationsabhängiger Rede besteht, nichts hingegen mit Z. zu tun hat, wird mangels Reflexion auf die Geltungsbedingungen jeweiliger alltagssprachlicher Aussagen nicht bemerkt. In diesen und ähnlichen, in alltagssprachlichen Mitteln aufweisbaren Problemen und Ungeklärtheiten liegt ein wichtiger Grund, auch in modernen, nach der linguistischen Wende verfaßten Ansätzen einen paradoxen Charakter der Z. zu suchen, der sich sprachphilosophisch und erkenntnistheoretisch jedoch als ein Fehlen methodischer Rekonstruktion der hier verwendeten alltagssprachlichen Unterscheidungen zur Z. ausweisen läßt. Das Programm der linguistischen Wende, philosophische Probleme der Tradition mit sprachanalytischen (↑Sprachanalyse) Mitteln entweder als ↑Scheinprobleme auszuweisen oder zu lösen bzw. gegebenenfalls empirischer Entscheidung zuzuweisen, gerät in den neueren Z.philosophien größtenteils wieder in Vergessenheit. Daß ›Z.‹ im sprachlogischen Sinne weder ein ↑Eigenname noch ein ↑Prädikator noch ein Abstraktor (↑abstrakt, ↑Abstraktion) sein kann, wird nicht gesehen, und zwar mit der Konsequenz, daß das Substantiv ›Z.‹ eine Verdinglichung zeitlicher sprachlicher Unterscheidungsmittel trägt, die der Auffassung Vorschub leistet, Z. existiere wie ein ↑Ding bzw. wie ein Geschehnis und habe empirisch oder reflektierend erkennbare Eigenschaften.

Diese können jedoch ihrerseits keine anderen als durch Aussagen beschriebene sein, in denen zeitliche Unterscheidungen vorkommen, womit sich ›Z.‹ als ein ↑Reflexionsbegriff erweist. Demgegenüber vertreten heute selbst Autoren, die sich in eine (sprach-)analytische Tradition stellen, sowohl Existenz- als auch Unmöglichkeitssätze zur Lösbarkeit zeitlicher Paradoxien. – Phänomenologische Ansätze verleihen zwar der Rolle des subjektiven Z.erlebens gegenüber einer aus den Naturwissenschaften abgeleiteten Dominanz eines verobjektivierten Z.begriffs wieder (im Augustinischen Sinne) Geltung, vermögen allerdings wegen mangelnder terminologischer Explikation nicht wirklich zur Klärung eines einheitlichen Z.begriffs, der auch die naturwissenschaftlichen Aspekte erfassen könnte, beizutragen.

Aus methodisch-konstruktiver Sicht (↑Konstruktivismus, ↑Wissenschaftstheorie, konstruktive) werden die sprachlichen Mittel, die in ausnahmslos alle Z.diskussionen eingehen, methodisch rekonstruierbar (↑Rekonstruktion) in Zusammenhängen gemeinschaftlichen Handelns und Redens erlernt. Wer Handeln (als Ergreifen von ↑Mitteln für ↑Zwecke) lernt, ist mit der *modalen zeitlichen Struktur von Handlungen* praktisch vertraut, *gegenwärtig* Mittel für das Erreichen eines *künftigen* Zweckes zu ergreifen und sich dabei seines in der *Vergangenheit* erworbenen Handlungsvermögens zu bedienen. Wo durch Aufforderungen zum Handeln die Sprache ins Spiel kommt und über ↑Handlungen (und ihre Folgen) planend, erinnernd oder bewertend beraten wird, kommen über die grammatischen Z.formen von Konjugationen Z.modi in die ↑Alltagssprache. Eine indikatorische, d. h. auf die Sprechsituation bezugnehmende, Verwendung von ›früher‹ und ›später‹ (im Sinne von: als der jeweilige Sprechakt) stiftet eine *situationsabhängige Zeitordnung*, die durch Bezug auf prädikativ erfaßte, wiederholbare Ereignisse zu einer *situationsunabhängigen* Beschreibung im Sinne der Einordnung aller Geschehnisse nach früher und später erweitert wird. Wo dadurch transsubjektiv (↑transsubjektiv/Transsubjektivität) kontrollierbare Aussagen über Z.ordnungen von Geschehnissen möglich geworden sind, können diese entweder durch Bezug auf natürliche, kalendarische Z.maße (wie in der Geschichtswissenschaft) oder durch Vergleich mit einem konventionell festgesetzten Bewegungsstandard in ein (rationalzahliges) *Verhältnis ihrer Dauern* gebracht werden. Als Standard für eine Z.messung wird konventionell festgesetzt, was durch die Zwecke der Z.messung (wie Unabhängigkeit von einem ausgezeichneten Nullpunkt oder von einer ad hoc gewählten Z.einheit) dienlich ist. D. h., unabhängig von natürlichen, z. B. astronomischen, Standards für *Z.einheiten* wird von der Z.messung erwartet, daß sie in einem universellen Sinne situationsinvariant, also in ihren Ergebnissen unabhängig von bestimmten Personen, der Verwendung bestimmter Uhren und von bestimmten Z.punkten ist. Alle Uhren müssen demnach eine bestimmte Bewegungsform realisieren, d. h. zeitinvariant relativ zueinander einen konstanten Gang haben – eine Norm, deren Realisierung z. B. im Falle relativ zueinander bewegter, etwa auf kosmologische Fragen angewandter Uhren technische Realisierungsprobleme aufwirft, deren universelle Lösbarkeit keine Frage apriorischer Setzung ist.

Eine völlige Trennung von subjektiver, erlebter und objektiver, gemessener Z. muß nicht behauptet werden, wenn beachtet wird, daß naturwissenschaftliche Z. einen Konstitutionszusammenhang im Handeln und Erleben von Wissenschaftlern hat und damit von lebensweltlichen sprachlichen Zwecken und Mitteln (methodisch) abhängt. Die Z. der Physik ist zu spezifischen Zwecken hochstilisiert und eröffnet auch eine Beurteilung der Frage, in welchem Sinne die Anwendung technisch gemessener Z. Einfluß auf kulturbedingte, emotiv gefärbte Erlebnisse, etwa von Geschwindigkeit, in verschiedenen Lebensformen hat. Eine Unlösbarkeit der traditionell aufgelaufenen Z.probleme zu behaupten, kommt der Weigerung gleich, der historischen und systematischen Entstehungsgeschichte dieser Probleme mit sprachanalytischen und handlungstheoretischen Mitteln nachzugehen.

Literatur: E. Angehrn/C. Iber/G. Lohmann (eds.), Der Sinn der Z., Weilerswist 2002, [2]2005; F. Arntzenius, Space, Time, and Stuff, Oxford etc. 2012, 2014; J. Assmann u.a., Z., Hist. Wb. Ph. XII (2004), 1186–1262; H. Atmanspacher/E. Ruhnau (eds.), Time, Temporality, Now. Experiencing Time and Concepts of Time in an Interdisciplinary Perspective, Berlin etc. 1997; J. Barbour, The End of Time. The Next Revolution in Physics, New York 1999, Oxford etc. 2001; A. Bardon, A Brief History of the Philosophy of Time, Oxford etc. 2013; H. M. Baumgartner (ed.), Das Rätsel der Z.. Philosophische Analysen, Freiburg, München 1993, [2]1996; H. Bergson, Essai sur les données immédiates de la conscience, Paris 1889, [80]1958, 2013 (dt. Z. und Freiheit. Eine Abhandlung über die unmittelbaren Bewusstseinstatsachen, Jena 1911, Hamburg 1994); H.-J. Bieber/H. Ottomeyer/G. C. Tholen (eds.), Die Z. im Wandel der Z., Kassel 2002; P. Bieri, Z. und Z.-erfahrung. Exposition eines Problembereichs, Frankfurt 1972; G. Böhme, Über die Z.modi. Eine Untersuchung über das Verstehen von Z. als Gegenwart, Vergangenheit und Zukunft mit besonderer Berücksichtigung der Beziehungen zum zweiten Hauptsatz der Thermodynamik, Göttingen 1966; ders., Z. und Zahl. Studien zur Z.theorie bei Platon, Aristoteles, Leibniz und Kant, Frankfurt 1974; ders., Idee und Kosmos. Platons Z.lehre. Eine Einführung in seine theoretische Philosophie, Frankfurt 1996; H. Braem, Selftiming. Über den Umgang mit der Z., München 1988, Frankfurt etc. 1994; J. Butterfield (ed.), The Arguments of Time, Oxford etc. 1999, 2006; C. Callender (ed.), Time, Reality & Experience, Cambridge etc. 2002; ders. (ed.), The Oxford Handbook of Philosophy of Time, Oxford etc. 2011; J. K. Campbell/M. O'Rourke/H. S. Silverstein (eds.), Time and Identity, Cambridge Mass./London 2010; J. Canales, The Physicist & the Philosopher. Einstein, Bergson, and the Debate that Changed Our Understanding of Time, Princeton N. J./Oxford 2015; M. Čapek (ed.),

The Concepts of Space and Time. Their Structure and Their Development, Dordrecht/Boston Mass. 1976 (Boston Stud. Philos. Sci. XXII); M. Carrier, Raum-Zeit, Berlin/New York 2009; W. L. Craig, The Tensed Theory of Time. A Critical Examination, Dordrecht/Boston Mass./London 2000; ders., The Tenseless Theory of Time. A Critical Examination, Dordrecht/Boston Mass./London 2000; ders. (ed.), Time and the Metaphysics of Relativity, Dordrecht/Boston Mass./London 2001; B. Dainton, Time and Space, Chesham, Montreal/Ithaca N. Y. 2001, Durham, Montreal/Ithaca N. Y. ^{2}2010; K. G. Denbigh, Three Concepts of Time, Berlin/Heidelberg/New York 1981; Y. Dolev, Time and Realism. Metaphysical and Antimetaphysical Perspectives, Cambridge Mass./London 2007; B. Duplantier (ed.), Time. Poincaré Seminar 2010, Basel etc. 2013; R. Durie (ed.), Time & the Instant. Essays in the Physics and Philosophy of Time, Manchester 2000; T. Ehlert (ed.), Z.konzeptionen, Z.erfahrung, Z.messung. Stationen ihres Wandels vom Mittelalter bis zur Moderne, Paderborn etc. 1997; A. Einstein, Über die spezielle und allgemeine Relativitätstheorie, Braunschweig 1917, ^{24}2009; J. Faye/U. Scheffler/M. Urchs (eds.), Perspectives on Time, Dordrecht/Boston Mass./London 1997 (Boston Stud. Philos. Hist. Sci. 189); D. Ferrari, Consciousness in Time, Heidelberg 2001; Y. Förster-Beuthan, Z.erfahrung und Ontologie. Perspektiven moderner Z.philosophie, Paderborn/München 2012; B. C. van Fraassen, An Introduction to the Philosophy of Time and Space, New York 1970, 1985; J. T. Fraser u. a. (eds.), The Study of Time, I–IX, Berlin etc. 1972–1998; C. Friebe, Z. – Wirklichkeit – Persistenz. Eine präsentistische Deutung der Raumzeit, Paderborn 2012; R. M. Gale (ed.), The Philosophy of Time. A Collection of Essays, New York 1967, Atlantic Highlands N. J. 1978; S. Gallagher, The Inordinance of Time, Evanston Ill. 1998; A. Garbe, Die partiell konventional, partiell empirisch bestimmte Realität physikalischer RaumZeiten, Würzburg 2001; H. Genz, Wie die Z. in die Welt kam. Die Entstehung einer Illusion aus Ordnung und Chaos, München 1996, Reinbek b. Hamburg ^{2}2002; A. Gimmler/M. Sandbothe/W. C. Zimmerli (eds.), Die Wiederentdeckung der Z.. Reflexionen – Analysen – Konzepte, Darmstadt 1997, 2015; K. Gloy, Z.. Eine Morphologie, Freiburg/München 2006; dies., Philosophiegeschichte der Z., Paderborn/München 2008; dies. u. a., Z., TRE XXXVI (2004), 204–554; J. Harrington, Time. A Philosophical Introduction, London/New York 2015; G. Hartung (ed.), Mensch und Z., Wiesbaden 2015; S. W. Hawking, A Brief History of Time. From the Big Bang to Black Holes, London etc. 1988, New York 1998 (dt. Eine kurze Geschichte der Z.. Die Suche nach der Urkraft des Universums, Reinbek b. Hamburg 1988, 2015; franz. Une brève histoire du temps. Du Big Bang aux trous noirs, Paris 1989, 2008); M. Heidegger, Sein und Z.. 1. Hälfte, Jb. Philos. phänomen. Forsch. 8 (1927), 1–438, separat Halle 1927, ^{2}1929, Tübingen ^{19}2006, Berlin/Boston Mass. 2015 (engl. Being and Time, New York 1962, Albany N. Y. 2010; franz. L'être et le temps, Paris 1964, 1972); ders., Der Begriff der Z.. Vortrag vor der Marburger Theologenschaft, Juli 1924, ed. H. Tietjen, Tübingen 1989, ^{2}1995, ferner als: Gesamtausg. LXIV/3, ed. F.-W. Hermann, Frankfurt 2004 (engl. The Concept of Time, Oxford 1992, London/New York 2011); C. H. Holland, The Idea of Time, Chichester etc. 1999; E. Husserl, Vorlesungen zur Phänomenologie des inneren Z.bewußtseins, ed. M. Heidegger, Halle 1928, Tübingen ^{3}2000; W. James, The Perception of Time, J. Speculative Philos. 20 (1886), 374–407; M. Jammer, Concepts of Simultaneity. From Antiquity to Einstein and beyond, Baltimore Md. 2006; ders., Concepts of Time in Physics. A Synopsis, Physics in Perspective 9 (2007), 266–280; P. Janich, Augustins Z.paradox und seine Frage nach einem Standard der Z.messung, Arch. Gesch. Philos. 54 (1972), 168–186; ders., Die Protophysik der Z.. Konstruktive Begründung und Geschichte der Z.messung, Frankfurt 1980 (engl. Protophysics of Time. Constructive Foundation and History of Time Measurement, Dordrecht/Boston Mass./Lancaster 1985 [Boston Stud. Philos. Sci. XXX]); ders., Was messen Uhren?, alma mater philippina (1982/1983), 12–14; ders., Geschwindigkeit und Z.. Aristoteles und Augustinus als Lehrmeister der modernen Physik?, in: K. Mainzer/J. Audretsch (eds.), Philosophie und Physik der Raum-Z., Mannheim/Wien/Zürich 1988, Mannheim etc. ^{2}1994, 163–181; ders., Einmaligkeit und Wiederholbarkeit. Ein erkenntnistheoretischer Versuch über die Z., in: Forum für Philosophie Bad Homburg (ed.), Z.-erfahrung und Personalität, Frankfurt 1992, 247–263; ders., Vom Menschen in der Z. zur Z. im Menschen. Methodische Abhängigkeit temporaler Bestimmungen in Anthropologie und Naturphilosophie, in: R. Löw/R. Schenk (eds.), Natur in der Krise. Philosophische Essays zur Naturtheorie und Bioethik, Hildesheim 1994, 199–215; ders., Das Maß der Dinge. Protophysik von Raum, Z. und Materie, Frankfurt 1997; G. Jaroszkiewicz, Images of Time. Mind, Science, Reality, Oxford etc. 2016; A. Jokić/Q. Smith (eds.), Time, Tense, and Reference, Cambridge Mass./London 2003; J. Klose u. a., Z., Z.lichkeit, LThK X (^{3}2001), 1404–1413; R. Kramer, Phänomen Z.. Versuch einer wissenschaftlichen und ethischen Bilanz, Berlin 2000; R. Laurent, An Introduction to Aristotle's Metaphysics of Time. Historical Research into the Mythological and Astronomical Conceptions that Preceded Aristotle's Philosophy, Paris 2015; R. Le Poidevin (ed.), Questions of Time and Tense, Oxford 1998, 2002; ders., The Images of Time. An Essay on Temporal Representation, Oxford etc. 2007; H. Lübbe, Im Zug der Z.. Verkürzter Aufenthalt in der Gegenwart, Berlin etc. 1992, ^{3}2003; K. Mainzer, Z.. Von der Urzeit zur Computerzeit, München 1995, ^{5}2005 (engl. The Little Book of Time, New York 2002); N. Markosian, Time, SEP 2002, rev. 2014; J. McCumber, Time and Philosophy. A History of Continental Thought, Montreal/Kingston/Ithaca N. Y., Durham 2011; J. E. McTaggart, The Unreality of Time, Mind 17 (1908), 457–474; W. Mesch, Reflektierte Gegenwart. Eine Studie über Z. und Ewigkeit bei Platon, Aristoteles, Plotin und Augustinus, Frankfurt 2003, ^{2}2016; K. Michel, Untersuchungen zur Z.konzeption in Kants »Kritik der reinen Vernunft«, Berlin/New York 2003; H. Minkowski, Raum und Z., Leipzig/Berlin 1909; P. Mittelstaedt, Der Z.begriff in der Physik. Physikalische und philosophische Untersuchungen zum Z.begriff in der klassischen und relativistischen Physik, Mannheim/Wien/Zürich 1976, ^{3}1989, unter dem Titel: Die Z.begriffe in der Physik. Physikalische und philosophische Untersuchungen zum Z.begriff in der klassischen und relativistischen Physik, Heidelberg/Berlin/Oxford 1996; J. Mittelstraß, From Time to Time. Remarks on the Difference between the Time of Nature and the Time of Man, in: J. Earman u. a. (eds.), Philosophical Problems of the Internal and External Worlds. Essays on the Philosophy of Adolf Grünbaum, Pittsburgh Pa., Konstanz 1993 (Pittsburgh-Konstanz Ser. Philos. and Hist. Sci. I), 83–101; ders., On the Philosophy of Time, European Review. Interdisciplinary Journal of the Academia Europaea 9 (2001), 19–29; ders., t for Two oder: warum Z. in Theorie und Lebenswelt nicht dasselbe ist, in: D. Simon (ed.), Z.horizonte in der Wissenschaft, Berlin/New York 2004, 21–42; J. Mohn u. a., Z./Z.-vorstellungen, RGG VIII (^{4}2005), 1800–1819; A. v. Müller/T. Filk (eds.), Re-Thinking Time at the Interface of Physics and Philosophy. The Forgotten Present, Cham 2015; T. Müller, Arthur Priors Z.logik. Eine problemorientierte Darstellung, Paderborn 2002; ders. (ed.), Philosophie der Z.. Neue analytische Ansätze, Frankfurt 2007; L. N. Oaklander (ed.), The Importance of Time.

Proceedings of the Philosophy of Time Society, 1995–2000, Dordrecht/Boston Mass./London 2001; ders., The Ontology of Time, Amherst N. Y. 2004; ders. (ed.), Debates in the Metaphysics of Time, London/New York 2014; T. de Padova, Leibniz, Newton und die Erfindung der Z., München/Zürich 2013, [3]2014, 2015; G. Picht, Von der Z., Stuttgart 1999; H. J. Pieper, Z., in: P. Kolmer/A. G. Wildfeuer (eds.), Neues Handbuch philosophischer Grundbegriffe III, Freiburg/München 2011, 2635–2646; H. Price, Time's Arrow & Archimedes' Point. New Directions for the Physics of Time, Oxford etc. 1996, 1997; A. N. Prior, Past, Present and Future, Oxford 1967, 2002; H. Reichenbach, Philosophie der Raum-Z.-Lehre, Berlin 1928, ferner als: Ges. Werke IX, ed. A. Kamlah/M. Reichenbach, Braunschweig/Wiesbaden 1977 (engl. The Philosophy of Space and Time, New York 1958); ders., The Direction of Time, Berkeley Calif./Los Angeles, London 1956, ed. M. Reichenbach, Berkeley Calif./Los Angeles 1971, Mineola N. Y. 1999; E. Richter, Ursprüngliche und physikalische Z., Berlin 1996; G. Rochelle, Behind Time. The Incoherence of Time and McTaggart's Atemporal Replacement, Aldershot etc. 1998; C. Romano, L'événement et le temps, Paris 1999, 2012; B. Russell, On the Experience of Time, Monist 25 (1915), 212–233; P. Rusterholz (ed.), Z.. Z.verständnis in Wissenschaft und Lebenswelt, Bern etc. 1997; M. Sandbothe, Die Verzeitlichung der Z.. Grundtendenzen der modernen Z.debatte in Philosophie und Wissenschaft, Darmstadt 1998 (engl. The Temporalization of Time. Basic Tendencies in Modern Debate on Time in Philosophy and Science, Lanham Md. etc. 2001); T. Sattig, The Language and Reality of Time, Oxford 2006; S. F. Savitt (ed.), Time's Arrows Today. Recent Physical and Philosophical Work on the Direction of Time, Cambridge etc. 1995, 1998; E. A. Schmidt, Platons Z.-theorie. Kosmos, Seele, Zahl und Ewigkeit im »Timaios«, Frankfurt 2012; H. Schmitz, Phänomenologie der Z., Freiburg/München 2014; W. Schommers, Z. und Realität. Physikalische Ansätze, philosophische Aspekte, Kusterdingen 1997; F. W. Seemann, Was ist Z.? Einblicke in die unverstandene Dimension, Berlin 1997, [2]2002; W. B. Sendker, Die so unterschiedlichen Theorien von Raum und Z.. Der transzendentale Idealismus Kants im Verhältnis zur Relativitätstheorie Einsteins, Osnabrück 2000; T. Sider, Four-Dimensionalism. An Ontology of Persistence and Time, Oxford etc. 2001, 2010; A. Simonis/L. Simonis (eds.), Z.wahrnehmung und Z.bewußtsein der Moderne, Bielefeld 2000; L. Sklar, Time, REP XI (1998), 413–417; J. J. C. Smart (ed.), Problems of Space and Time, New York 1964, 1976; ders., Time, Enc. Ph. VIII (1967), 126–134, IX ([2]2006), 461–475; M. Stipp, Symbolische Dimensionen der Z.. Ansätze zu einer Kulturphilosophie der Z. in Ernst Cassirers Philosophie der symbolischen Formen, Würzburg 2003; M. Stöckler, Z., EP III ([2]2010), 3094–3099; E. Tegtmeier, Z. und Existenz. Parmenideische Meditationen, Tübingen 1997; M. Tooley, Time, Tense, and Causation, Oxford etc. 1997, 2000; S. Toulmin/J. Goodfield, The Discovery of Time, London etc. 1965, Chicago Ill./London 1977 (dt. Entdeckung der Z., München 1970, Frankfurt 1985); P. Turetzky, Time, London/New York 1998, 2002; C. Westphal, Von der Philosophie zur Physik der Raumzeit, Frankfurt etc. 2002; H. Weyl, Raum, Z., Materie. Vorlesungen über allgemeine Relativitätstheorie, Berlin 1918, [5]1923 (repr. Darmstadt 1961), ed. J. Ehlers, Berlin etc. [7]1988, [8]1993; G. J. Whitrow, The Natural Philosophy of Time, London 1961, Oxford [2]1980, 1984; ders., Time in History. The Evolution of Our General Awareness of Time and Temporal Perspective, Oxford etc. 1988, mit Untertitel: Views of Time from Prehistory to the Present Day, 1989, 1990 (dt. Die Erfindung der Z., Hamburg 1991, Wiesbaden 1999); H. Wilckens, Philosophie als Dialog. Vier Studien zur Frage nach der Z. als Ursprung und Basis des Denkens, Heidelberg 2007; D. Wood, Time after Time, Bloomington Ind./Indianapolis Ind. 2007; W. C. Zimmerli/M. Sandbothe (eds.), Klassiker der modernen Z.philosophie, Darmstadt 1993, [2]2007. P. J.

Zeit, absolute, von I. Newton systematisch bestimmter Begriff zur Formulierung der Behauptung, daß die Anordnung von Zeitmomenten und die Länge von Zeitintervallen durch die Natur der Zeit festgelegt sind und unabhängig von allem physischen Wandel und jeder empirischen Erfahrbarkeit feststehen. A. Z. und absoluter Raum (↑Raum, absoluter) bestimmen zusammen die absolute ↑Bewegung. Die vor allem auf G. W. Leibniz zurückgehende Gegenposition des *Relationalismus* nimmt an, daß sich alle zeitlichen Bestimmungen durch Beziehungen zwischen Ereignissen ausdrücken lassen und daß es entsprechend eine unabhängig von solchen Beziehungen bestehende a. Z. nicht gibt (vgl. Brief vom 16.6.1712 an B. des Bosses, Philos. Schr. II, 450).

In der klassischen ↑Mechanik läßt sich eine ›universelle‹ oder ›kosmische‹ und in diesem Sinne a. Z. auszeichnen, indem man ein für alle ↑Inertialsysteme gültiges Zeitmaß einführt. Dazu werden zunächst die Punkte eines Inertialsystems in einheitlicher Weise mit einem Zeitmaß ausgestattet. Dabei wird unter einem Zeitmaß $\tilde{t}$ nur das verstanden, was eine ↑Uhr anzeigt, die keinerlei Ganggenauigkeit haben muß, deren Zeiger allerdings nicht stehenbleiben oder rückwärts gehen sollen. Durch Umeichung $\tilde{t} \to t = t(\tilde{t})$ läßt sich ein bis auf additive und multiplikative Konstanten festgelegtes einheitliches Zeitmaß t einführen, bezüglich dessen alle freien Punktteilchen sich nicht nur geradlinig, sondern auch gleichförmig bewegen. Schließlich läßt sich einrichten, daß nach richtiger Wahl der Einheit und des Nullpunkts der Uhrengang in den verschiedenen Inertialsystemen übereinstimmt. Durch die Annahme der a.n Z. wird es in der klassischen Physik möglich, von einer vom jeweiligen Inertialsystem unabhängigen universellen Gleichzeitigkeit (↑gleichzeitig/Gleichzeitigkeit) zu sprechen. Ein bestimmter Zeitpunkt t_0 trennt jeweils Vergangenheit und Zukunft in für alle Beobachter einheitlicher Weise. Mathematisch kommt die Annahme der a.n Z. in den ↑Galilei-Transformationen $x^{\mu'} = x^{\mu}(x^{\nu},t)$ und $t' = t$ zum Ausdruck, die die drei Raumkoordinaten x^{μ} ($\mu = 1, 2, 3$) und die Zeitkoordinate t eines Inertialsystems I mit den entsprechenden Koordinaten $x^{\mu'}$ und t' eines Inertialsystems I' verknüpfen (↑Galilei-Invarianz).

Erst in A. Einsteins Spezieller Relativitätstheorie (↑Relativitätstheorie, spezielle) muß die Annahme der a.n Z. aufgegeben werden, da hier eine neue Charakterisierung der Inertialsysteme verlangt wird. Neben dem Trägheitsgesetz muß nämlich in jedem Inertialsystem der Speziellen Relativitätstheorie – in Übereinstimmung mit den ↑Maxwellschen Gleichungen der ↑Elektrodynamik – die

Konstanz der Lichtgeschwindigkeit erfüllt sein. An die Stelle der Galilei-Zeittransformation tritt nun die Lorentz-Zeittransformation (↑Lorentz-Invarianz), bei der die Zeitkoordinate t' im neuen Inertialsystem nicht nur eine Funktion der alten Zeitkoordinate t, sondern auch der Raumkoordinaten x^μ ist, d.h. $t' = t'(x^\mu,t)$. Durch diesen Bezug von Urteilen über Zeitspannen, Gleichzeitigkeitsbeziehungen und unter Umständen auch Zeitfolgen auf das Bezugssystem des betreffenden Beobachters geht ein absolutes, übergreifendes Maß der Zeit verloren. An die Stelle getrennter Größen von absolutem Raum und a.r Z. tritt nach H. Minkowski eine einheitliche 4-dimensionale ›Raum-Zeit‹. Diese Minkowski-Raum-Zeit stellt einen absoluten, also bezugssysteminvarianten Rahmen bereit, der sich in der invarianten Länge des 4-dimensionalen metrischen Intervalls, vom Beobachter als seine Eigenzeit gemessen, niederschlägt. Bei der Beobachtung von Ereignissen zerlegt der Beobachter die Minkowski-Raum-Zeit auf eine vom Ort und Bewegungszustand abhängige Weise. Unterschiedliche Beobachter erhalten dergestalt unterschiedliche Zeitbestimmungen für die gleichen Ereignisse. Anschaulich kommt die Wegabhängigkeit der Zeitmessung und das Fehlen einer a.n Z. in der Zeitdilatation (↑Relativitätstheorie, spezielle, ↑Uhrenparadoxon) zum Ausdruck, die reziprok zwischen den gemessenen Zeitdauern in zwei relativ bewegten Inertialsystemen auftritt. Empirisch wurde diese Zeitdilatation z.B. an den Myonen der Höhenstrahlung bestätigt: Nach der nicht-relativistischen, absoluten Auffassung der Zeit könnten sie die Erdoberfläche gar nicht erreichen; sie würden vorher zerfallen. Aufgrund ihrer hohen Geschwindigkeit ›altern‹ sie jedoch langsamer, so daß sie an der Erdoberfläche gemessen werden können.

Literatur: J. Assmann u.a., Zeit, Hist. Wb. Ph. XII (2004), 1186–1262; J. Audretsch/K. Mainzer (eds.), Philosophie und Physik der Raum-Zeit, Mannheim/Wien/Zürich 1988, [2]1994; M. Carrier, Raum-Zeit, Berlin/New York 2009; W.L. Craig, The Elimination of Absolute Time by the Special Theory of Relativity, in: G.E. Ganssle/D.M. Woodruff (eds.), God and Time. Essays on the Divine Nature, Oxford etc. 2002, 129–152; J. Earman, World Enough and Space-Time. Absolute versus Relational Theories of Space and Time, Cambridge Mass./London 1989; ders./R.M. Gale, Time, in: R. Audi (ed.), The Cambridge Dictionary of Philosophy, Cambridge etc. [2]1999, 920–922; J. Ehlers, The Nature and Structure of Space-Time, in: J. Mehra (ed.), The Physicist's Conception of Nature, Dordrecht/Boston Mass. 1973, 1987, 71–91; A. Grünbaum, Philosophical Problems of Space and Time, New York 1963, Dordrecht/Boston Mass. [2]1973, 1974 (Boston Stud. Philos. Hist. Sci. XII); E.J. Khamara, Space, Time, and Theology in the Leibniz-Newton Controversy, Frankfurt etc. 2006; E. Mach, Die Mechanik in ihrer Entwickelung. Historisch-kritisch dargestellt, Leipzig 1883, erw. [7]1912 (repr. Frankfurt 1982), [9]1933 (repr. Darmstadt 1988, 1991), [Neudr. d. Ausg. [7]1912] ed. G. Wolters/G. Hon, Berlin 2012 (engl. The Science of Mechanics. A Critical and Historical Exposition of Its Principles, Chicago Ill., London 1893, La Salle Ill. [3]1974); K. Mainzer, Zeit. Von der Urzeit zur Computerzeit, München 1995, [5]2005 (engl. The Little Book of Time, New York 2002); P. Mittelstaedt, Der Zeitbegriff in der Physik. Physikalische und philosophische Untersuchungen zum Zeitbegriff in der klassischen und in der relativistischen Physik, Mannheim/Wien/Zürich 1976, [3]1989, Heidelberg/Berlin/Oxford 1996; H.J. Pieper, Zeit, in: P. Kolmer/A.G. Wildfeuer (eds.), Neues Handbuch philosophischer Grundbegriffe III, Freiburg/München 2011, 2635–2646; H. Reichenbach, Philosophie der Raum-Zeit-Lehre, Berlin/Leipzig 1928, Neudr. als: Gesammelte Werke II, Braunschweig 1977; F.W. Seemann, Was ist Zeit? Einblicke in die unverstandene Dimension, Berlin 1997, [2]2002; L. Sklar, Time, REP IX (1998), 413–417; J.J.C. Smart, Time, Enc. Ph. VIII (1967), 126–134, IX ([2]2006), 461–475; M. Stöckler, Zeit, EP III ([2]2010), 3094–3099; G.J. Whitrow, The Natural Philosophy of Time, London/Edinburgh 1961, Oxford etc. [2]1980, 1984; weitere Literatur: ↑Galilei-Invarianz, ↑Lorentz-Invarianz, ↑Raum, ↑Raum-Zeit-Kontinuum. K.M./M.C.

Zeitalter, ohne genauere terminologische Unterscheidung von den bedeutungsverwandten Ausdrücken ›Epoche‹ und ›Periode‹ in den historischen Wissenschaften, der Wissenschaftstheorie, der Historiographie und der Geschichtsphilosophie verwendeter Ausdruck zur Bezeichnung der Elemente einer offenen Menge von ↑Eigennamen für historische Zeiträume (z.B. ›Antike‹, ›Aufklärung‹, ›Klassik‹, ›Mittelalter‹, ›Moderne‹, ›Neuzeit‹, ›Romantik‹). Die Begründung der Epochenbildungen, das Problem ihrer Identitätskriterien, näherhin die Frage nach einer eindeutigen Bestimmung zeitlicher Anfangs- und Endpunkte von Z.n, werden in den historischen Wissenschaften kontrovers diskutiert.

Logisch betrachtet sind Z. Eigennamen oder implizite ↑Kennzeichnungen von individuellen historischen Gegenständen bzw. historischen Großindividuen. Dabei handelt es sich um begriffliche Konstruktionen, die auf der Grundlage historischer Unterscheidungen Gegenstände konstituieren und explizieren. Die Frage ›gibt es Z.?‹ läßt sich »nur als Frage nach einem Begründungszusammenhang historischer Unterscheidungen stellen und beantworten, und gerade nicht schon als Frage nach dem faktischen Verlauf der Geschichte selbst« (J. Mittelstraß, Neuzeit und Aufklärung, 1970, 161). Einige Z.bezeichnungen werden als Elemente komplexer Eigennamen verwendet (z.B. ›klassische Zeit der griechischen Architektur‹, ›Dichtungen der Weimarer Klassik‹, ›Kompositionen der Wiener Klassik‹). Darüber hinaus ist ein prädikativer Gebrauch von Z.bezeichnungen, insbes. in Form der Substantivierung von Adjektiven (z.B. ›das Klassische‹, ›das Romantische‹), üblich. Sowohl für diese zur Charakterisierung eines bestimmten Typs historischer Gegenstände verwendeten Termini als auch für Ausdrücke, die gleichermaßen als Epochenbegriffe und Namen für Stilrichtungen (z.B. ›Barock‹, ›Manierismus‹, ›Realismus‹) verwendet werden, gilt, daß die Gebrauchsregeln nicht eindeutig bestimmt sind.

Von diesem Begriff des Z.s sind ältere Konzeptionen zu unterscheiden, die im Rahmen mythischer, theologischer und geschichtsphilosophischer Spekulationen umfassende Modelle einer Abfolge von Z.n entwerfen. Im Gegensatz zum modernen Begriff des Z.s handelt es sich dabei nicht um genuin historische Konzeptionen, sondern um (zyklische oder lineare) Gesamtmodelle der Weltgeschichte (↑Universalgeschichte). In der griechisch-römischen Antike herrschen zyklische Strukturen vor (Hesiod, Ekpyrosis- und Apokatastasisvorstellungen der ↑Stoa, ↑Zyklentheorie), die im Kontext der jüdisch-christlichen Überlieferung durch lineare Modelle (↑Eschatologie, Apokalyptik) abgelöst werden. Erst nach dem Ende dieser Universalmodelle tritt das historische Konzept des Z.s auf, das im Rahmen eines neutralen und offenen Zeithorizontes einzelne, durch je eigene Merkmale als (Groß-)Individuen charakterisierte Zeiträume ausgrenzt.

Literatur: H. Blumenberg, Aspekte der Epochenschwelle: Cusaner und Nolaner, Frankfurt 1976, [3]1985; E. Callot, Ambiguités et antinomies de l'histoire et de sa philosophie, Paris 1962; R. Döbert, Methodologische und forschungsstrategische Implikationen von evolutionstheoretischen Stadienmodellen, in: U. Jaeggi/A. Honneth (eds.), Theorien des historischen Materialismus I, Frankfurt 1977, 524–560; M. Eliade, Le mythe de l'éternel retour. Archétypes et répétition, Paris 1949, 1991 (dt. Der Mythos der ewigen Wiederkehr, Düsseldorf 1953, unter dem Titel: Kosmos und Geschichte. Der Mythos der ewigen Wiederkehr, Reinbek b. Hamburg 1966, Frankfurt 2007; engl. The Myth of the Eternal Return, New York 1954, Princeton N. J. 2005); A. Esch, Z. und Menschenalter. Die Perspektiven historischer Periodisierung, Hist. Z. 239 (1984), 309–351; J. Fetscher, Z./Epoche, ÄGB VI (2005), 774–810; B. Gatz, Weltalter, goldene Zeit und sinnverwandte Vorstellungen, Hildesheim 1967; B. Gladigow, Aetas, aevum und saeculorum ordo. Zur Struktur zeitlicher Deutungssysteme, in: D. Hellholm (ed.), Apocalypticism in the Mediterranean World and the Near East (Proceedings of the International Colloquium on Apocalypticism, Uppsala, August 12–17, 1979), Tübingen 1983, [2]1989, 255–271; R. Herzog/R. Koselleck (eds.), Epochenschwelle und Epochenbewußtsein, München 1987; H. Jordheim, Against Periodization. Koselleck's Theory of Multiple Temporalities, Hist. Theory 51 (2012), 151–171; W. Kamlah, ›Z.‹ überhaupt, ›Neuzeit‹ und ›Frühneuzeit‹, Saeculum. Jb. Universalgesch. 8 (1957), 313–332; ders., Utopie, Eschatologie, Geschichtsteleologie. Kritische Untersuchungen zum Ursprung und zum futurischen Denken der Neuzeit, Mannheim/Wien/Zürich 1969; A. Kamp, Vom Paläolithikum zur Postmoderne. Die Genese unseres Epochen-Systems, I–II, Amsterdam 2010/2015; R. Koselleck, ›Neuzeit‹. Zur Semantik moderner Bewegungsbegriffe, in: ders. (ed.), Studien zum Beginn der modernen Welt, Stuttgart 1977, 264–299; ders., Wie neu ist die Neuzeit?, Hist. Z. 251 (1990), 539–553; W. Krauss, Der Jahrhundertbegriff im 18. Jahrhundert. Geschichte und Geschichtlichkeit in der französischen Aufklärung, in: ders., Studien zur deutschen und französischen Aufklärung, Berlin (Ost) 1963, 9–40; M. Landmann, Das Z. als Schicksal. Die geistesgeschichtliche Kategorie der Epoche, Basel 1956; J. Le Goff, Faut-il vraiment découper l'histoire en tranches?, Paris 2014, 2016 (engl. Must We Divide History into Periods?, New York 2015; dt. Geschichte ohne Epochen? Ein Essay, Darmstadt 2016); L. Lipking, Periods in the Arts. Sketches and Speculations, New Literary Hist. 2 (1970), 181–200; D. Losurdo/A. Tosel (eds.), L'idée d'époque historique/Die Idee der historischen Epoche, Frankfurt etc. 2004; N. Luhmann, Weltzeit und Systemgeschichte. Über Beziehungen zwischen Zeithorizonten und sozialen Strukturen gesellschaftlicher Systeme, in: H. M. Baumgartner/J. Rüsen (eds.), Seminar: Geschichte und Theorie. Umrisse einer Historik, Frankfurt 1976, [2]1982, 337–387; J. Mittelstraß, Neuzeit und Aufklärung. Studien zur Entstehung der neuzeitlichen Wissenschaft und Philosophie, Berlin/New York 1970; A. Momigliano, Time in Ancient Historiography, Hist. Theory Beih. 6 (1966), 1–23; J. H. J. van der Pot, De Periodisering der Geschiedenis. Een Overzicht der Theorieën, 'sGravenhage 1951 (dt. Sinndeutung und Periodisierung der Geschichte. Eine systematische Übersicht der Theorien und Auffassungen, Leiden/Boston Mass./Köln 1999); T. Sandkühler, Epoche, EP I ([2]2010), 554–558; M. Schapiro/H. W. Janson/E. H. Gombrich, Criteria of Periodization in the History of European Art, New Literary Hist. 2 (1970), 113–125; J. Schlobach, Zyklentheorie und Epochenmetaphorik. Studien zur bildlichen Sprache der Geschichtsreflexion in Frankreich von der Renaissance bis zur Frühaufklärung, München 1980; S. Skalweit, Der Beginn der Neuzeit. Epochengrenze und Epochenbegriff, Darmstadt 1982; H. Spangenberg, Die Perioden der Weltgeschichte, Hist. Z. 127 (1923), 1–49; J. Topolski, Periodyzacja w historii, in: ders., Metodologia historii, Warschau 1973, 522–525 (engl. Periodization in History, in: ders., Methodology of History, Dordrecht/Boston Mass. 1976, 593–596); R. Vierhaus, Vom Nutzen und Nachteil des Begriffs ›Frühe Neuzeit‹. Fragen und Thesen, in: ders. (ed.), Frühe Neuzeit – Frühe Moderne? Forschungen zur Vielschichtigkeit von Übergangsprozessen, Göttingen 1992, 13–25; G. Vogler, Probleme einer Periodisierung der Geschichte, in: H.-J. Goertz (ed.), Geschichte. Ein Grundkurs, Reinbek b. Hamburg 1998, 203–213, [3]2007, 253–263; E. Walder, Zur Geschichte und Problematik des Epochenbegriffs ›Neuzeit‹ und zum Problem der Periodisierung der europäischen Geschichte, in: ders. u. a. (eds.), Festgabe Hans von Greyerz zum 60. Geburtstag [...], Bern 1967, 21–47. D. T.

Zeitgeist, seit dem 18. Jh. zumeist unterminologisch (z. B. von J. G. Herder und J. W. v. Goethe) verwendete Bezeichnung für die in verstehender Absicht rekonstruierte kulturelle Identität von Völkern und Völkergruppen (z. B. Europa, das Abendland) zu einer bestimmten Zeit. Bestimmtem, allgemein geübtem Verhalten werden dabei mehr oder weniger methodisch überindividuell wirksame geistige und seelische Einstellungen (Wertauszeichnungen, Normensetzungen) und Haltungen (Verhältnis zu Traditionen, sich ausbildende Gewohnheiten, Stil des Lebens usw.) zugrundegelegt, die ihrerseits einem langfristigen Wandel unterworfen sind. Der Z. ist damit der objektive Geist (↑Geist, objektiver) einer bestimmten ↑Epoche.

Die Rede vom Z. verdankt sich einem ausgeprägten säkularisierten und selbstreflexiven Geschichtsbewußtsein, das in der ↑Geschichtsphilosophie der ↑Aufklärung (↑Historismus) seine Ausprägung erfährt. Dabei geht das Interesse, einen Z. zu identifizieren, zunächst auf die Deutung der eigenen Zeit und wird dann auch auf andere Zeiten übertragen. Voraussetzung für die Identifikation eines Z.es ist das Bewußtsein um die eigene Modernität, d. h. selbst einer bestimmten, von anderen Zeiten unterschiedenen und von überkommenen Traditionen und Konventionen sich ablösenden Zeit anzugehören. Eine Epoche, die selbstreflexiv ausdrücklich nach dem Z. fragt, stellt sich die Frage, ob und gegebenenfalls wie andere Epochen ihrerseits nach dem Z. gefragt haben. Sie deutet sich dabei selbst stets als Ende einer Entwicklung, gegebenenfalls, wie in der Zeit der Aufklärung, geschichtsphilosophisch als Anfang grundsätzlich neuer Orientierungen oder wie in der ↑Romantik als hyperreflexiver Abfall von einer eigentlichen kulturellen Identität. Die seit dem 19. Jh. entstehenden ↑Kulturwissenschaften haben sich in ihren Z.analysen zumeist zeitbzw. kulturkritisch entweder in die Tradition der Aufklärung oder die der Romantik eingegliedert, verbunden mit dem Bewußtsein von der jeweiligen Singularität der Epochen. Mit der Identifikation eines orientierenden Z.es stellt sich die Frage, ob sich eine Zeit ihren eigenen orientierenden Vorgaben entziehen kann oder ob sie der unverfügbaren Gesetzlichkeit einer Entwicklung des Geistes (↑Weltgeist) unterworfen ist.

G. W. F. Hegel spricht von Z. in der Wendung ›Geist der Zeit‹. Er weist der Philosophie die Aufgabe zu, ›ihre Zeit in Gedanken zu fassen‹ (Rechtsphilos., Vorrede, Sämtl. Werke VII, 35), d. h. das, was an einer Zeit geistig ist, zu identifizieren. Dabei kann niemand seine Zeit überspringen: »der Geist seiner Zeit ist auch sein Geist; aber es handelt sich darum, ihn nach seinem Inhalte zu erkennen« (Vorles. Gesch. Philos., Sämtl. Werke XVIII, 275).

Literatur: A. Bogner, Gesellschaftsdiagnosen. Ein Überblick, Weinheim/Basel 2012, [2]2015; H. Freyer, Theorie des gegenwärtigen Zeitalters, Stuttgart 1955, 1967 (franz. Les fondements du monde moderne. Théorie du temps présent, Paris 1965); J. Früchtl/M. Calloni (eds.), Geist gegen Z.. Erinnern an Adorno, Frankfurt 1991; M. Gamper/P. Schnyder (ed.), Kollektive Gespenster. Die Masse, der Z. und andere unfaßbare Körper, Freiburg/Berlin 2006; J. Habermas (ed.), Stichworte zur ›Geistigen Situation der Zeit‹, I–II, Frankfurt 1979, [5]1991; H. J. Hiery (ed.), Der Z. und die Historie, Dettelbach 2001; K. Jaspers, Die geistige Situation der Zeit, Berlin 1931, [5]1932, Berlin/New York 1999; R. Konersmann, Z., Hist. Wb. Ph. XII (2004), 1266–1270; R. Koselleck, Vergangene Zukunft. Zur Semantik geschichtlicher Zeiten, Frankfurt 1979, [9]2015; G. Kühne-Bertram, Z., in: P. Prechtl/F. P. Burkard (eds.), Metzler Lexikon Philosophie, Stuttgart/Weimar [3]2008, 699; E. Staiger, Der Z. und die Geschichte, Tübingen 1961; ders., Geist und Z., Zürich 1964, mit Untertitel: Drei Betrachtungen zur kulturellen Lage der Gegenwart, Zürich/Freiburg [2]1969; U. Volkmann/U. Schimank (eds.), Soziologische Gegenwartsdiagnosen, I–II, Opladen, Wiesbaden 2000/2002, II, Wiesbaden 2006, I, [2]2007. S. B.

Zeitlichkeit, in der ↑Fundamentalontologie M. Heideggers Bezeichnung für dasjenige Existenzial (↑Existenzialien) des menschlichen Daseins, dessen Explikation den Übergang von der fundamentalontologisch-methodischen Frage nach dem Sein des ↑Daseins (der Subjektivität des Subjekts) zur ontologischen Frage nach dem Sinn von Sein ermöglicht (Sein und Zeit, Halle 1927, Tübingen [17]1993, bes. 301–333 [§§ 61–66]). Daß das ›subjektive Zeitbewußtsein‹ (↑Bewußtseinsstrom) das absolute Subjekt im Sinne eines irrelativen ↑transzendentalen Konstituens ist, hatte bereits E. Husserl in seinen (von Heidegger herausgegebenen) Vorlesungen zur Phänomenologie des inneren Zeitbewußtseins herausgestellt (↑Konstitution, ↑Phänomenologie). Gemäß der grundsätzlichen Konzeption der Fundamentalontologie, wonach das Dasein Konstitution von Seiendem nicht autonom leistet, sondern nur nach-vollzieht, ist die Z. bei Heidegger jedoch nicht mehr das Absolute der Subjektivität (absolute Insistenz), sondern das Existenzial, kraft dessen es auf Seiendes überhaupt bezogen sein kann (↑Existenz). Z. als Existenzial ist Bedingung dafür, daß es überhaupt Zeitmodi wie Weltzeit und physikalische ↑Zeit gibt (↑Sorge).

Literatur: R. Becker, Sinn und Z.. Vergleichende Studien zum Problem der Konstitution von Sinn durch die Zeit bei Husserl, Heidegger und Bloch, Würzburg 2003; F.-K. Blust, Selbstheit und Z.. Heideggers neuer Denkansatz zur Seinsbestimmung des Ich, Würzburg 1987; C. A. Corti, Zeitproblematik bei Martin Heidegger und Augustinus, Würzburg 2006; F. Dastur, Heidegger et la question du temps, Paris 1990, [4]2011; P. Dupond, Raison et temporalité. Le dialogue de Heidegger avec Kant, Brüssel 1996; K. v. Falkenhayn, Augenblick und Kairos. Z. im Frühwerk Martin Heideggers, Berlin 2003; M. Fleischer, Die Zeitanalysen in Heideggers »Sein und Zeit«. Aporien, Probleme und ein Ausblick, Würzburg 1991; H.-J. Friedrich, Leben und Z. in phänomenologischer Sicht. Von Husserl zu Heidegger, Diss. Aachen 1993; C. F. Gethmann, Verstehen und Auslegung. Das Methodenproblem in der Philosophie Martin Heideggers, Bonn 1974, 144–156; ders., Das Sein des Daseins als Sorge und die Subjektivität des Subjekts, in: ders., Dasein: Erkennen und Handeln. Heidegger im phänomenologischen Kontext, Berlin/New York 1993, 70–112; M. Heinz, Z. und Temporalität. Die Konstitution der Existenz und die Grundlegung einer temporalen Ontologie im Frühwerk Martin Heideggers, Würzburg, Amsterdam 1982; J. Klose u. a., Zeit, Z., LThK X ([3]2001), 1404–1413; C. Kupke (ed.), Zeit und Z., Würzburg 2000; M. Lill, Z. und Offenbarung. Ein Vergleich von Martin Heideggers »Sein und Zeit« mit Rudolf Bultmanns »Das Evangelium des Johannes«, Frankfurt etc. 1987; J. Luchte, Heidegger's Early Philosophy. The Phenomenology of Ecstatic Temporality, London/New York 2008; A. Luckner, Z., EP III ([2]2010), 3099–3103; S. Rinofner-Kreidl, Edmund Husserl. Z. und Intentionalität, Freiburg/München 2000; I. Römer, Das Zeitdenken bei Husserl, Heidegger und Ricœur, Dordrecht etc. 2010; F. Seven, Die Ewigkeit Gottes und die Z. des Menschen. Eine Untersuchung der hermeneutischen Funktion der Zeit in Karl Barths Theologie der Krisis und im Seinsdenken Martin Heideggers, Göttingen 1979; M. Sommer, Lebenswelt und Zeitbewußtsein, Frankfurt 1990; M. Steinhoff, Zeitbewußtsein und Selbsterfahrung. Studien zum Verhältnis von Subjektivität und Z. im vorkantischen Empirismus und in den Transzendentalphilosophien Kants und Husserls, I–II, Würzburg 1983; U. Thiele, Individualität und Z.. Die Kehre in Heideggers Begriff der Destruktion im Hinblick auf Schelling, Diss. Kassel 1986; G. Thonhauser, Über das Konzept der Z. bei Søren Kierkegaard mit ständigem Hinblick auf Martin Heidegger, Freiburg/München 2011; T. Torno, Finding Time. Reading for Temporality in Hölderlin and Heidegger, New York etc. 1995; V. Vukićević, Logik und Zeit in der phänomenologischen Philosophie Martin Heideggers (1925–1928), Hildesheim/Zürich/New York 1988; C. J. White, Time and Death. Heidegger's Analysis of Finitude, Aldershot etc. 2005; G. Wiedemann, Z. kontra Leiblichkeit. Eine Kontroverse mit Martin Heidegger, Frankfurt etc. 1984. C. F. G.

Zeitlogik, ↑Logik, temporale.

Zeller, Eduard, *Kleinbottwar (Württemberg) 22. Jan. 1814, †Stuttgart 9. März 1908, dt. ev. Theologe und Philosoph. Zunächst (bis 1831/1832) Theologiestudium am Niederen theologischen Seminar in Maulbronn, 1832–1836 Studium der Philosophie und Theologie an der Universität Tübingen, 1836 Promotion (bei F. C. Baur) ebendort. 1840 Privatdozent in Tübingen, 1847 Prof. der Theologie in Bern, 1849 in Marburg, 1862 Prof. der Philosophie in Heidelberg, 1872–1894 in Berlin. – Als Theologe gehörte Z. der Jüngeren Tübinger Schule an und gründete die »Theologischen Jahrbücher« (1842–1857) als deren wissenschaftliches Organ. Als Philosoph orientierte er sich zunächst an G. W. F. Hegel (dessen Geschichtsdialektik er allerdings ablehnte), dann (ab 1862) an I. Kant (ohne dessen Annahme von der Unerkennbarkeit des ↑Dinges an sich zu teilen) und wurde zum ersten Vertreter des ↑Neukantianismus und Neokritizismus. Kern seiner systematischen Philosophie ist die (erstmals von ihm so bezeichnete) Erkenntnistheorie als allgemeine Methodenlehre von Philosophie und Wissenschaft. Ihr folgt die Logik als spezielle wissenschaftliche Methodologie und dieser die Metaphysik als empirisch-hypothetische Theorie der Dinge an sich. Durch seine Werke zur griechischen Philosophie hat Z. eine bis heute andauernde Wirkung ausgeübt.

Werke: Platonische Studien, Tübingen 1839 (repr. Amsterdam 1969, New York 1976); Philosophie der Griechen. Eine Untersuchung über Charakter, Gang und Hauptmomente ihrer Entwicklung, I–III, Tübingen 1844–1852, unter dem Titel: Die Philosophie der Griechen in ihrer geschichtlichen Entwicklung, ²1856–1868, Leipzig ³1869–1881, I/1, ed. W. Nestle, ⁶1919 (repr. Darmstadt 1963, Heidelberg/Zürich/New York 1990, Darmstadt 2013), I/2, ed. W. Nestle, ⁶1920 (repr. Darmstadt 1963, Heidelberg/Zürich/New York 1990, Darmstadt 2013), II/1, ⁵1922 (repr. Darmstadt 1963, Heidelberg/Zürich/New York 1990, Darmstadt 2013), II/2, ⁴1921 (repr. Darmstadt 1963, Heidelberg/Zürich/New York 1990, Darmstadt 2013), III/1, ed. E. Wellmann, ⁵1923 (repr. Darmstadt 1963, Heidelberg/Zürich/New York 1990, Darmstadt 2013), III/2, ⁵1923 (repr. Darmstadt 1963, Heidelberg/Zürich/New York 1990, Darmstadt 2013) (engl. [Teilübers. v. Bd. II/1, ²1859] Socrates and the Socratic Schools, trans. O. J. Reichel, London 1868, [Übers. d. Ausg. ³1875] ²1877, ³1885, New York 1962; [Teilübers. v. Bd. III/1, ²1865] The Stoics, Epicureans, and Sceptics, trans. O. J. Reichel, London 1870, rev. 1892, New York 1962; [Teilübers. v. Bd. II/1, ³1875] Plato and the Older Academy, trans. S. F. Alleyne/A. Goodwin, London 1876, ²1888, New York 1962; [Übers. v. Bd. I, ⁴1876] A History of Greek Philosophy from the Earliest Period to the Time of Socrates, I–II, trans. S. F. Alleyne, London 1881; [Teilübers. v. Bd. III/1, ³1880] A History of Eclecticism in Greek Philosophy, trans. S. F. Alleyne, London 1883; [Übers. v. Bd. II/2, ³1879] Aristotle and the Earlier Peripatetics, I–II, trans. B. F. C. Costelloe/J. H. Muirhead, London/New York/Bombay 1897, New York 1962); Das theologische System Zwingli's in seinen Grundzügen dargestellt, Theol. Jb. 12 (1853), 94–144, 245–294, 445–560, unter dem Titel: Das theologische System Zwingli's, Tübingen 1853; Die Apostelgeschichte nach ihrem Inhalt und Ursprung kritisch untersucht, Stuttgart 1854 (engl. The Contents and Origin of the Acts of the Apostles, I–II, London/Edinburgh 1875/1876); Ueber Bedeutung und Aufgabe der Erkenntniss-Theorie. Ein akademischer Vortrag, Heidelberg 1862, ferner in: Vorträge und Abhandlungen [s. u.] II, 479–496 (mit Zusätzen v. 1877, 496–526); Die Entwicklung des Monotheismus bei den Griechen. Ein Vortrag, Stuttgart 1862, ferner in: Vorträge und Abhandlungen [s. u.] 1865, 1–29, I, ²1875, 1–32; Vorträge und Abhandlungen geschichtlichen Inhalts, Leipzig 1865, erw. unter dem Titel: Vorträge und Abhandlungen, I–III, I, ²1875, II–III, 1877/1884; Religion und Philosophie bei den Römern, Berlin 1866, ²1872, ferner in: Vorträge und Abhandlungen [s. o.] II, 93–135; Geschichte der deutschen Philosophie seit Leibniz, München 1873 (repr. New York 1965), ²1875; Staat und Kirche. Vorlesungen an der Universität zu Berlin gehalten, Leipzig 1873; David Friedrich Strauß in seinem Leben und seinen Schriften geschildert, Bonn 1874 (engl. David Friedrich Strauss in His Life and Writings, London 1874); Grundriß der Geschichte der griechischen Philosophie, Leipzig 1883 (repr. Essen 1984), ed. u. bearb. F. Lortzing, ⁹1908, ed. u. bearb. W. Nestle, ¹²1920 (repr. Bremen 2012), Aalen ¹⁴1971 (engl. Outlines of the History of Greek Philosophy, trans. S. F. Alleyne/E. Abbott, London 1886, trans. L. R. Palmer, ¹³1931 [repr. Bristol 1997, London 2000], New York 1980); Friedrich der Große als Philosoph, Berlin 1886; Kleine Schriften, I–III, ed. O. Leuze, 1910–1911. – Hermann Diels, Hermann Usener, E. Z.. Briefwechsel, I–II, ed. D. Ehlers, Berlin 1992; Briefwechsel (1849–1895). Heinrich von Sybel und E. Z., ed. M. Lemberg, Marburg 2004. – O. Leuze, Chronologisches Verzeichnis aller literarischer Arbeiten E. Z.s, in: E. Z., Kleine Schriften [s. o.] III, 513–558.

Literatur: F. C. Beiser, The Genesis of Neo-Kantianism, 1796–1880, Oxford 2014, 255–282 (Chap. 6 E. Z., Neo-Kantian Classicist); A. Christophersen, Z., RGG VIII (2005), 1832; H. Diels, Gedächtnisrede auf E. Z., Berlin 1908 (Abh. königl. preuß. Akad. Wiss., philos.-hist. Kl. 1908, 2), ferner in: E. Z., Kleine Schriften [s. o., Werke] III, 465–511; W. Dilthey, Aus E. Z.'s Jugendjahren, Dt. Rdsch. 90 (1897), 280–295, Neudr. in: ders., Ges. Schriften IV, Leipzig/Berlin 1921, Stuttgart, Göttingen ⁶1990, 433–450; G. Hartung (ed.), E. Z.. Philosophie- und Wissenschaftsgeschichte im 19. Jahrhundert, Berlin/New York 2010; K. C. Köhnke, Entstehung und Aufstieg des Neukantianismus. Die deutsche Universitätsphilosophie zwischen Idealismus und Positivismus, Frankfurt 1986, 1993, bes. 168–179; H. Krämer, Die Bewährung der historischen Kritik an der Geschichte der antiken Philosophie: E. Z. und Albert Schwegler, in: U. Köpf (ed.), Historisch-kritische Geschichtsbetrachtung. Ferdinand Christian Baur und seine Schüler, Sigmaringen 1994, 141–152; K.-G. Wesseling, Z., BBKL XIV (1998), 388–402; T. E. Willey, Back to Kant. The Revival of Kantianism in German Social and Historical Thought 1860–1914, Detroit Mich. 1978, 58–82 (Chap. 3 Hegelians Manqués: Kuno Fischer and E. Z.). M. G.

Zen (jap., aus chines. ch'an, aus sanskr. dhyāna), eine seit dem 6. Jh. zunächst in China, von dort in Korea und dann in Japan verbreitete Form des Buddhismus, die zu den Ergebnissen der theoretischen und praktischen Radikalisierungen gehört, mit denen verschiedene Kennzeichen des ↑Mahāyāna im Zuge der Umbildung durch den Einfluß von ↑Taoismus und auch ↑Konfuzianismus zugespitzt wurden. Das Z. ist in zwei Zweigen, dem in spezifisch japanischer Gestalt ausgeprägten *Sōtō* (chines. ts'ao-tung) und dem seinen chinesischen Ursprüngen treu gebliebenen *Rinzai* (chines. lin-chi) noch heute in Japan lebendig. Eine erst im 17. Jh. durch den chinesischen Mönch Yin-yüan (jap. Ingen, 1592–1673) unmittelbar an den Lehrer von Lin-chi, den Z.-Meister Huang-po (jap. Ōbaku), anknüpfende, auf einer Verschmelzung mit dem pietistischen, durch die Anrufung des Buddha-Namens ›Nembutsu‹ charakterisierten Amida-Buddhismus (die Schule vom ›reinen Land‹, jap. Jōdo) beruhende Erneuerungsbewegung des Rinzai, das *Ōbaku*, hat nach der durch Hakuin (1685–1768) erfolgten japanischen Erneuerung des Rinzai seinen Einfluß verloren und spielt nur noch eine untergeordnete Rolle, obwohl die durch den Ōbaku-Mönch Tetsugen (1630–1682) vorgenommene Ausgabe aller buddhistischen Schriften auf der Grundlage des chinesischen Kanons der Ming-Zeit (1368–1644) bis heute ihre Bedeutung behalten hat. Von Japan aus hat das Z. vor allem dank der Vermittlungen des dem Rinzai-Zweig angehörenden D. T. Suzuki (1870–1966) großen Einfluß insbes. auf das mit ↑Mystik befaßte westliche Denken ausgeübt, wobei durch Betonung der dem Z. angeblich eigentümlichen Abwehr rationalen Denkens auch zahlreiche Mißverständnisse in bezug auf die Zielsetzung buddhistischer Philosophie (↑Philosophie, buddhistische) entstanden sind.

In den beiden wichtigsten Schulen des Mahāyāna ist der für die Methode buddhistischen Philosophierens charakteristische Zusammenhang von Üben und Wissen in Gestalt von ↑Meditation (↑dhyāna) und Argumentation (nyāya [↑Nyāya]) – durch ihn ist auch die Verbindung von Religion (eine Praxis, d. h. Lebensweise, die keiner ›Theologie‹ als spezifisch ›religiöser Philosophie‹ bedarf) und Philosophie (eine Theorie, d. h. Weltansicht, die keine praktischen ›Werte‹ als spezifisch ›philosophische Religion‹ zur Folge hat) bestimmt – auf zwei einander entgegengesetzte Weisen von einem sowohl pragmatisch als auch semiotisch bestimmten Zusammenhang zwischen Handlungsebene (Üben) und Zeichenebene (Wissen) in einen rein semiotischen Zusammenhang überführt worden: Im ↑Mādhyamika soll Wissen in einem Argumentationszusammenhang derart realisiert werden, daß es zugleich Üben bedeutet, während im ↑Yogācāra eine Meditationsübung so verlaufen soll, daß sie zugleich Wissen verkörpert, was als cittamātratā (= [alles] ist nur Geist, chines. i chieh hsin, jap. issai shin) vertreten wird. In beiden Fällen kann gewöhnliches diskursives (↑diskursiv/Diskursivität) Wissen diese Rolle erst übernehmen, wenn es in ›intuitives‹ (↑Intuition), von der Unterscheidung in einen ›Wissenden‹ und etwas ›Gewußtes‹, in eine (durch Rede variant realisierte) Form und einen (invarianten) Inhalt, nicht mehr betroffenes ›höchstes‹ Wissen überführt ist, in ›unpersönliche‹ Weisheit (↑prajñā), allerdings mit einem wichtigen Unterschied: Im Yogācāra kann diese Differenz ihrerseits thematisiert, also zum Gegenstand diskursiven Wissens gemacht werden, während sie im Mādhyamika unausdrückbar bleibt. Sie kann im ersten Falle als (ontisch) unwirklich oder ›leer‹ (sanskr. śūnya) ausgesagt werden, wie alles, das zum Gegenstand gemacht ist (Lehre vom anātman, i. e. nicht-selbst: substanzlos); im zweiten Falle hingegen bleibt sie (epistemisch) nicht gewußt, wie bei allem nur singular (↑Singularia), im Vollzug, Existierenden (Lehre vom anitya, i. e. nicht-andauernd: vergänglich).

Der im zugleich pragmatisch wie semiotisch bestimmten Zusammenhang von Üben und Wissen – nämlich durch Beachtung der Zeichenebene in der Handlungsebene (z. B. Handeln als Zeigen) und der Handlungsebene in der Zeichenebene (z. B. Reden als Handeln) – beschlossene *methodische Zirkel in der Darstellung*, wie er im übrigen auch den Darstellungszusammenhang von ↑Mäeutik und ↑Elenktik bei Sokrates-Platon charakterisiert, kann bei dem im Mahāyāna herrschenden ausschließlich semiotischen Verständnis dieses Zusammenhanges seine die Vermittlung von praktischem und theoretischem Können regierende Funktion nur noch erfüllen, wenn eine wissend vollzogene Verschmelzung von Handlungsebene und Zeichenebene angestrebt wird. Genau das geschieht im Z., und zwar auf der Grundlage des Yogācāra, also der Verkörperung des (höchsten) Wissens in der Meditation. Dabei liegt im Z., dessen wichtigstes Sūtra das Laṅkāvatāra-Sūtra ist, der Schwerpunkt – wie der Name schon sagt – auf der praktischen Seite der meditativen Übung, während im Kegon (chines. Hua-yen, ebenfalls seit dem 6. Jh.), das primär am Avataṃsaka-Sūtra orientiert ist, der Schwerpunkt auf der theoretischen Seite des meditativ verkörperten Wissens liegt. Im übrigen werden schon seit der Zeit des 4. chinesischen Z.-Patriarchen, Tao-hsin (jap. Dōshin, 580–651), auch andere Tätigkeiten dem meditierenden Hocken und der Sūtrenrezitation gleichgestellt: »Wirken, Wohnen, Hocken, Ruhen (...) sind in gleicher Weise Z.« (H. Dumoulin, Geschichte des Z.-Buddhismus I [Indien und China], Bern/München 1985, 99).

Eine analoge Entwicklung auf der Grundlage des Mādhyamika, also des Übens als Bedeutung von Argumentation, hat unter positiver Umdeutung der ursprünglich negativen, Positionen zurückweisenden Rolle des Argumentierens, die auch vom Z. rezipiert wurde, und zwar unter Berufung auf die für Nāgārjuna (jap. Ryuju, ca. 120–200), den 14. unter den 28 indischen Patriarchen, im kanonisch gewordenen, auf Buddha selbst zurückgeführten Verständnis der Z.-Tradition, grundlegenden Prajñāpāramitā-Sūtren, zum *Tendai* (chines. T'ien-t'ai, seit dem 6. Jh.) geführt, dessen spekulativer Zuschnitt bis heute Anlaß für ständige Auseinandersetzungen um das richtige Verständnis der buddhistischen Lehre (↑dharma, ↑Philosophie, buddhistische) zwischen ihm und dem Z. ist. Als Begründer und zugleich 1. chinesischer Patriarch des Z. gilt der 28. indische Patriarch, der nach China eingewanderte buddhistische Mönch Bodhidharma (in hohem Alter um 530 gestorben), obwohl erst mit dem 6. Patriarchen, Hui-neng (jap. Enō, 638–713), dem ›Meister vom großen Spiegel‹ des ›Plattform-Sūtra‹, die Geschichte des Z. im engeren Sinne beginnt (↑Philosophie, chinesische). Den historischen Hintergrund dafür bildet die von den beiden Schülern des 5. Patriarchen, Hung-jen (jap. Gunin, 601–674), im Streit um die legitime Nachfolge vollzogene Spaltung des Z. in eine *Südschule*, begründet von Hui-neng, und eine nach wenigen Generationen schon bedeutungslos gewordene *Nordschule*, begründet von Shen-hsiu (jap. Jinshū, ca. 606–706). Es blieb Schülern beider Meister, Shen-hui (jap. Jinne, 670–762) in der Südschule und P'u-chi (jap. Fujaku, 651–739) in der Nordschule, vorbehalten, die sachlichen Differenzen zwischen den beiden Schulen auszutragen.

Ihr Kern betrifft das Verständnis der in der Meditation (dhyāna) gewonnenen Erleuchtung (sanskr. bodhi, chines. wu, jap. satori): Liegt sie, nur nicht um sie wissend, schon vor, so daß die meditative Übung allein ihrer Bewußtmachung in einem plötzlichen Erlebnis dient (Südschule), oder muß sie mit Hilfe meditativer Übung durch Beseitigung aller von (zu Handlungen führenden) Absichten und (im Denken auftretenden) Meinungen gebildeten Verunreinigungen erst schrittweise vorbereitet werden (Nordschule)? Dies ist eine echte Alternative allerdings erst dann, wenn unterschlagen wird, daß im ersten Falle eine (antizipierende) Darstellung von einem des Lehrens und Lernens nicht mehr bedürftigen Standpunkt höchster Wahrheit (sanskr. paramārtha satya, chines. sheng ti, jap. sho tai) aus, im zweiten Falle hingegen eine (vorläufige) Darstellung von einem auf Lehren und Lernen angewiesenen Standpunkt gewöhnlicher Wahrheit (sanskr. saṃvṛtti satya, chines. su ti, jap. zoku tai) aus vorliegt. Für die intentionslose und vorstellungslose Bewußtheit ›nach‹ der Erleuchtung, den ›nicht-anhaftenden Geist‹ (sanskr. apraṣṭhita citta), wo Geist (chines. hsin, jap. shin) und Nicht-Geist (chines. wu-hsin, jap. mu-shin) in der ›Geist-Natur‹ (chines. hsin-fa, jap. shin bo) übereinstimmen, ist bereits vom 3. chinesischen Patriarchen Seng-ts'an (jap. Sōsan, †606) der für das gesamte Z. bedeutsame terminus technicus ›nicht-denkendes Denken‹ (chines. fei-ssu-liang, jap. hishiryō) eingeführt worden, um den besonderen, von der Subjekt-Objekt-Spaltung freien und deshalb logisch als ein Singulare zu behandelnden ›Zustand‹ der prajñā, nämlich der ›Leerheit‹ (↑śūnyatā, chines. k'ung, jap. kū), zu charakterisieren.

Der Status der den Nord-Süd-Streit beherrschenden Alternative und anderer damit zusammenhängender Differenzen ist von den nachfolgenden Z.-Meistern des bis zur Buddhisten-Verfolgung durch Kaiser Wu-tsung, einen fanatischen Taoisten der T'ang-Dynastie, im Jahre 845 reichenden goldenen Zeitalters des Ch'an-Buddhismus mit Konsequenzen für die Gestaltung der Z.-Praxis detailliert erörtert worden (vgl. Original Teachings of Ch'an Buddhism, ed. Chung-Yuan Chang, New York 1969). So verwerfen die klassischen Meister der Südschule unter Berufung auf die von der Leerheit handelnden Prajñāpāramitā-Sūtren, insbes. das von Kumārajīva (344–413) übersetzte Diamant-Sūtra (Vajracchedikā-Prajñāpāramitā-Sūtra), bei gleichzeitig verbreiteter radikaler Zurückweisung jeder Art von Sūtren-Autorität, grundsätzlich jede Stufung der Meditation und konzentrieren sich auf deren nachfolgende Entfaltung in der meditativen Übung (im Rinzai weitergeführt), während die wenigen Meister der Nordschule der Sūtren-Lektüre großes Gewicht für die Entwicklung von Stufen der Meditation beilegen und die Reinigung des Geistes auch zur Vervollkommnung anderer Tätigkeiten oder ›Wege‹ (chines. tao, jap. dō) nutzen (im Sōtō wieder aufgegriffen). Eine schon vor der Spaltung von Fa-jung (jap. Hōjū, 594–657) gegründete eigenständige Z.-Schule, die nach einem Berg bei Nanking genannte ›Ochsenkopfschule‹, hat bis zu ihrem Erlöschen im 9. Jh. unter Berufung auf den ›mittleren Weg‹ und damit in großer sachlicher Nähe zum chinesischen Mādhyamika (San-lun, jap. Sanron) und ebenso zum T'ien-t'ai eine für das Aufgreifen von Positionen der Nordschule in der späteren Geschichte der Südschule wichtige Vermittlerrolle im Streit zwischen Nordschule und Südschule gespielt.

Zwei Traditionslinien der Südschule in der T'ang-Zeit (618–907), die sich in Abhebung von dem der Nordschule wegen deren wesentlicher Bezogenheit auf schriftliche Überlieferung zugeschriebenen ›Z. des Vollendeten‹ als ›Z. der Patriarchen‹ versteht, womit primär die Vorrangstellung oder doch wenigstens Gleichstellung des 6. Patriarchen gegenüber dem 1. Patriarchen, also Hui-nengs gegenüber Bodhidharma, zum Ausdruck gebracht werden sollte, haben im historischen Rückblick durch ihre ›sonderbaren Worte und außergewöhnlichen Taten‹ besondere Bedeutung erlangt. Sie werden von Matsu (jap. Baso, 709–788) und Shih-t'ou (jap. Sekitō, 700–790), Enkelschülern Hui-nengs ganz verschiedenen Charakters, angeführt. Auf Matsu geht die Einführung des Erleuchtung provozierenden Anbrüllens ›ho‹ (jap.

katsu) zurück, was in der vierten Generation über die Meister-Schüler-Kette Pai-chang (jap. Hyakujō, 720–814) – er war der Begründer der für die von anderen buddhistischen Schulen unabhängige Tradierbarkeit des Z. entscheidenden, an indischen Vorbildern orientierten und zu einer eigenen Architektur eines Z.-Klosters führenden Klosterregeln – und Huang-po (jap. Ōbaku, †850) von Lin-chi (jap. Rinzai, ca. 810–866) neben der Methode der Stockschläge zu einem besonderen Kennzeichen des auf ihn zurückgehenden Rinzai-Z. gemacht wurde. Die gelungene Verschmelzung mit dem Erbe des Taoismus wiederum ist besonders greifbar in der Meister-Schüler-Kette Ma-tsu, Nan-ch'üan (jap. Nansen, 748–814), Chao-chou (jap. Jōshū, 778–897), deren Dialoge (jap. mondō) in den Kōan-Sammlungen der Sung-Zeit, z. B. dem Wu-men-kuan (jap. mumonkan = die Schranke ohne Tor) des Wu-men Hui-k'ai (jap. Mumon Ekai, 1183–1260) aus dem Jahre 1228, eine dominante Rolle spielen.

Die schweigsame, von scharfem Denken gespeiste Art Shih-t'ous führt in der vierten Generation zu Tung-shan (jap. Tōzan, 807–869), dem Ahnherrn des Sōtō-Z., mit der an die Position der Nordschule erinnernden und theoretische Systematisierungen des Hua-yen in meditative Praxis überführenden *Lehre von den Fünf Stufen*. Der Prozeß der Verschmelzung von Handlungsebene und Zeichenebene wird im Hua-yen mit Hilfe einer Dialektik von ↑singularer Aktualisierung (chines. li, jap. ri hokkai; eigentlich [Gegenstand] an sich, das Absolute, das regierende Prinzip, nämlich unter Berücksichtigung der Ununterscheidbarkeit der Singularia) und ↑universaler Schematisierung (chines. shih, jap. ji hokkai; eigentlich [Gegenstand als] Erscheinung, das Relative, nämlich insofern als ein Universale [↑Universalia] den Bereich der zulässigen Singularia auf ein Partikulare [↑Partikularia] einschränkt) erfaßt, an deren Stelle in der Lehre von den Fünf Stufen unter deutlichem Rückgriff auf verwandte Überlegungen im ›Buch der Wandlungen‹ (↑I Ching) ein Prozeß des wissenden Vollzugs der Ununterschiedenheit des Geraden oder der Einheit (chines. cheng [dafür auch: wu-yü, jap. mugo, = nicht-Wort], jap. shō, dargestellt durch einen schwarzen Vollkreis ●, das Dunkle) und des Gekrümmten oder der Vielheit (chines. p'ien [dafür auch: yu-yü, jap. ugo, = doch-Wort], jap. hen, dargestellt durch einen weißen Kreis ○, das Helle) tritt. Auf der ersten Stufe des ›Gekrümmten im Geraden‹ wird eine ↑Aktualisierung unter ihren unbegrenzt vielen ↑Schematisierungen begriffen, auf der zweiten Stufe des ›Geraden im Gekrümmten‹ ein ↑Schema durch den Vollzug einer Aktualisierung rückgängig gemacht, auf der dritten Stufe der ›Mitte (chines. chung, jap. chū) aus dem Geraden kommend‹ die gegenseitige Abhängigkeit von Aktualisierung und Schematisierung von einem Schema aus und auf der vierten Stufe des ›mitten in das Gekrümmte anlangend‹ dieselbe Abhängigkeit von einer Aktualisierung aus begriffen. Auf der fünften Stufe des ›die Einheit erreicht‹ gibt es schließlich keine Aktualisierung und Schematisierung mehr. Da dieser Prozeß sowohl als Entfaltung einer Erleuchtung als auch als deren schrittweise Vorbereitung verstanden werden kann, wurde die Lehre von den Fünf Stufen auch außerhalb des Sōtō zu einem Kernbestand des Z. aller Richtungen.

Die Buddhismus-Verfolgungen des Jahres 845, die das Ende des goldenen Zeitalters des Ch'an markieren, hat dauerhaft im wesentlichen nur der auf zahlreiche Klöster des Landes in relativer Distanz zu den politischen Machtzentren verteilte Ch'an-Buddhismus der Südschule überlebt. Er fand eine neue Organisation in den so genannten *Fünf Häusern*, unter denen sich aber nur zwei, die Ts'ao-tung-Sekte von Tung-shan und seinen untereinander rivalisierenden Schülern Ts'ao-shan (jap. Sōzan, 840–901) und Yün-chü (jap. Ungo, †902) sowie die Lin-chi-Sekte von Lin-chi, die sich in der 7. Generation nach Lin-chi in die beiden Zweige des Huang-lung (jap. Ōryō, 1002–1069) und Yang-ch'i (jap. Yōgi, 992–1049) aufgespalten hat, über längere Zeit und durch ihre Übernahme in Japan sogar bis heute behaupten konnten. Die Ts'ao-tung-Sekte wurde über den Yün-chü-Zweig – der Ts'ao-shan-Zweig war schon nach wenigen Generationen erloschen – von Dōgen (1200–1253) nach Japan gebracht, der so das Sōtō-Z. begründete, während die Lin-chi-Sekte über den in China bald absterbenden Huang-lung-Zweig – der Yang-ch'i-Zweig entfaltete sich zu einer Blüte des Ch'an in der Sung-Zeit (960–1279) – durch Eisai (1141–1215) als Rinzai-Z. in Japan Eingang fand, das aber erst nach seiner Erneuerung durch Hakuin seine dem Sōtō ebenbürtige Gestalt erhielt (↑Philosophie, japanische). Das älteste der Fünf Häuser, die Wei-yang-Sekte des Pai-chang-Schülers Wei-shan (auch: Kuei-shan, jap. Isan, 771–853) ist spätestens zu Beginn der Sung-Zeit erloschen. Das gleiche gilt für die beiden jüngsten, auf den berühmten Z.-Meister Hsüeh-feng (jap. Seppō, 822–908) der Shih-t'ou-Linie zurückgehenden Sekten des gleichwohl die Methode der Stockschläge und des Anbrüllens verwendenden Yün-men (jap. Ummon, 864–949) – er hatte bei einem Schüler des Huang-po die Erleuchtung erlangt und wurde erst danach zum Schüler von Hsüeh-feng – und des dem Yogācāra des Hua-yen-Buddhismus nahestehenden Fayen (jap. Hōgen, 885–958).

Für das Verständnis der Differenz zwischen Rinzai und Sōtō ist es hilfreich, auf den insbes. zwischen Ta-hui (jap. Daie, 1089–1163) in der Nachfolge des Yang-ch'i-Zweiges der Lin-chi-Sekte und Hung-chi (jap. Wanshi, 1091–1157) in der Nachfolge des Yün-chü-Zweiges der Ts'ao-tung-Sekte erneut ausgetragenen Streit um das rechte Verständnis von Meditation und Erleuchtung zurückzugehen (auch die Rivalität zwischen Ts'ao-shan und Yün-chü beruhte schon im wesentlichen auf einer Wiederholung des Streits zwischen Nordschule und Südschule). Für die Bewußtmachung der immer schon bestehenden Erleuchtung in einem plötzlichen Erlebnis wurde von Ta-hui die Verwendung eines kurzen (realen oder fingierten) Dialogs (jap. mondō) als kung-an (jap. kōan), einer Art verbaler Herausforderung, die sich schon im Yang-ch'i-Zweig zu großer Blüte entfaltet hatte, standardisiert, allerdings unter heftiger Ablehnung schriftlicher Fixierung (die 1128 erstmals veröffentlichte Kōan-Sammlung Hekiganroku [chines. Pi-yen-lu, = Niederschrift von der Smaragdenen Felswand] wurde von ihm so wirkungsvoll vernichtet, daß erst 1317 aus geretteten Exemplaren eine Neuausgabe veranstaltet werden konnte). Dadurch ist das Z. des ›Auf-das-Wort-Schauens‹ (chines. k'ang-hua, jap. kanna), wie es von der Gegenseite genannt wurde, entstanden, während die meditative Vorbereitung der zu erlangenden Erleuchtung durch Hung-chi in der Institutionalisierung des meditativen Hockens (chines. tso-ch'an, jap. zazen) im einfachen oder doppelten Lotossitz seine verbindliche Gestalt als Z. des ›schweigenden Leuchtens‹ (chines. mo-chao, jap. mokusho) bekommen hat.

Die überragende Gestalt des japanischen Z. ist jenseits aller Schulzugehörigkeit Dōgen, in dessen Hauptwerk ›Shōbōgenzō‹ (= Wahrheits-Gesetzes-Augen-Schatzkammer, also etwa: Auge des echten Gesetzes) die Überzeugung, daß in der Übung selbst bereits die Erleuchtung bestehe, der Weg bereits das Ziel sei, in immer wieder variierten Erörterungen systematisch entfaltet wird: Es geht darum, das Jetzt (jeder Dauer) zum Jetzt zu machen und so die ›Buddha-Natur‹ wissend zu vollziehen. Gegenüber der in der modernen Diskussion immer wieder auftauchenden Behauptung, seine Auffassungen stünden wegen der von ihm vertretenen Identität von Sein (= Selbst) und Zeit – weil nämlich im Zusammentreten von ↑Aktualisierung und ↑Schematisierung, wodurch die raumzeitlich bestimmten Partikularia erscheinen, beide einander aufheben, jeder Moment jeden ›anderen‹ Moment vertritt – denjenigen M. Heideggers in »Sein und Zeit« sachlich nahe, ist allerdings schon wegen der von Dōgen immer wieder bekräftigten, auf dem buddhistischen anātmavāda beruhenden Abkehr von jedem Substanzdenken große Skepsis geboten.

Der Einfluß des Z., dessen Zentren über lange Zeit die Tempelklöster in Kyoto und Kamakura waren, auf die japanische Kultur gerade auch dadurch, daß andere Übungen als diejenige des schweigenden Hockens dieselbe Rolle eines wissenden Vollzugs und damit der Verschmelzung von Handlungsebene und Zeichenebene übernehmen können, ist trotz aller Konkurrenz zu anderen buddhistischen Schulen dank vielfältiger synkretistischer (↑Synkretismus) Anverwandlungen, insbes. gegenüber dem Jōdo, dem Tendai und dem in Japan besonders einflußreichen tantrischen Shingon (↑Tantrayāna), sowie dem heimischen Shintoismus, allgegenwärtig und hat zu Fertigkeiten oder ›Wegen‹ (chines. tao, jap. dō) geführt, die weltweit als vom Z. geprägte Künste bekannt geworden sind. Sie reichen von der auf das 15. Jh. zurückgehenden, wenngleich erst durch Rikyu (1521–1591) zur Vollendung gebrachten Teezeremonie bis hin zum Bogenschießen, dem Schwertkampf und dem Steingartenbau, schließen aber auch von China übernommene Kunstfertigkeiten wie die schwarz-weiße Tuschmalerei oder die Kalligraphie (shodō, = Weg der Schrift; auch Dōgen und Hakuin waren darin Meister) und viele andere ein, darunter auch solche, die auf die Klosterpraxis beschränkt blieben wie das in der Fuke-Sekte des Dōgen-Schülers Kakushin (1207–1298) eingeführte Spiel mit der Bambusflöte shakuhachi. Auch die späte Haiku-Dichtung des größten japanischen Dichters Bashō (1644–1694) ist vom Geist des Z. durchdrungen, obwohl weder diese Kunstgattung noch das den Z.-Geist atmende Nō-Theater ursprünglich Schöpfungen des Z. gewesen sind.

Literatur: ↑Philosophie, buddhistische, ↑Philosophie, chinesische, ↑Philosophie, japanische. K. L.

Zenonische Paradoxien, ↑Paradoxien, zenonische.

Zenon von Elea (›der Eleate‹, im Unterschied zum Stoiker Zenon von Kition auch ›Z. der Ältere‹), *Elea ca. 495 v. Chr., †ca. 445 v. Chr., griech. Philosoph, Schüler des Parmenides. Von Z. ist zwar keine eigenständige Lehre überliefert, mit Ausnahme eines Berichtes des Diogenes Laertius (IX 25–29) über Z.s Kosmologie, doch üben seine Paradoxien (↑Paradoxien, zenonische) bis heute einen nachhaltigen Einfluß auf Philosophie und Mathematik aus.

Nach dem Zeugnis von Suda (VS 29 A 2) soll Z. vier Bücher verfaßt haben, von denen ein Jugendwerk nach Platon (Parm. 128d) die berühmten Beweise, die 40 *λόγοι* (VS 29 A 15), zur Verteidigung der Lehre des Parmenides enthielt. Überliefert sind im wesentlichen nur vier Logoi, die so genannten ›zenonischen Paradoxien‹, wobei selbst Inhalt und Absicht dieser Logoi weitgehend strittig bleiben. So ist zunächst davon auszugehen, daß Z.s 40 Logoi kein systematisch zusammenhängendes Werk gebildet haben. Ferner muß die Frage offen bleiben, ob die Logoi durch ↑reductio ad absurdum die Lehre des Parmenides stützen und damit dasselbe wie Parmenides zeigen sollten (so Platon, Parm. 128a–c), oder ob sie nur diejenigen verspotten sollten, die Parmenides verspotteten (Platon, Parm. 128c–d). Damit ist aber ebenfalls unsicher, ob Z. mit seinen Paradoxien überhaupt etwas ›zeigen‹ wollte. So galten diese lange Zeit als sophistische Rätsel, bis B. Russell auf dem Hintergrund einer neuen Sensibilität im Kontext der Grundlagendiskussion der Mathematik ihre Bedeutung deutlich machen konnte. Unsicher ist auch, ob man Z. als ›ersten Logiker‹ auffassen kann. Zwar bezeichnet Aristoteles Z. als den Erfinder der Dialektik (VS 29 A 10), doch ist hier unter ›Dialektik‹ nicht Logik im engeren Sinne zu verstehen, sondern die Kunst, Widersprüche zu entwickeln (vgl. H. Fränkel, Wege und Formen frühgriechischen Denkens, 1955, ^{3}1968, 199 Anm. 1). Damit sind Rekonstruktionen berührt, die Z. die Einführung des indirekten Beweises (↑Beweis, indirekter) und so einen wesentlichen Beitrag zur Genese der axiomatischen Methode (↑Methode, axiomatische) zuschreiben. Unklar bleibt im übrigen auch, gegen wen genau sich Z. mit seinen Logoi richtet; die Ansicht, es seien die ↑Pythagoreer gemeint, wird heute meist verworfen. J. Barnes (The Presocratic Philosophers I [Thales to Zeno], 1979, 234–235) plädiert dafür, als Adressaten gar keine Fachphilosophen zu sehen, sondern die öffentliche Erheiterung, die noch jeder Metaphysiker von Rang ausgelöst hat.

Texte: VS 29 (I, 247–258); H. D. P. Lee (ed.), Zeno of E.. A Text, with Translation and Notes [griech./engl.], Cambridge 1936 (repr. Amsterdam 1967); M. Untersteiner (ed.), Zenone. Testimonianze e frammenti [griech./ital.], Florenz 1963, 1970; J. Mansfeld (ed.), Die Vorsokratiker II [griech./dt.], Stuttgart 1983, 8–55, I–II in einem Bd., 1986, 334–381, ed. mit O. Primavesi, 2011, 342-391; M. L. Gemelli Marciano (ed.), Die Vorsokratiker II (Parmenides, Z., Empedokles [griech./lat./dt.]), Düsseldorf 2009, Berlin ^{3}2013, 96–137; M. Untersteiner (ed.), Eleati. Parmenide, Zenone, Melisso. Testimonianze e frammenti [griech./ital.], Mailand 2011, 439–659; A. Laks/G. W. Most (eds.), Early Greek Philosophy V (Western Greek Thinkers 2), Cambridge Mass./London 2016, 190–227 [griech./engl.].

Literatur: J. Barnes, The Presocratic Philosophers, I–II, London/Henley/Boston Mass. 1979, rev. in einem Bd. London/New York 1982, 2000; I. Bodnár, Z. aus E., DNP XII/2 (2003), 742–744; N. B. Booth, Were Zeno's Arguments a Reply to Attacks upon Parmenides?, Phronesis 2 (1957), 1–9; ders., Were Zeno's Arguments Directed against the Pythagoreans?, Phronesis 2 (1957), 90–103; ders., Zeno's Paradoxes, J. Hellenic Stud. 77 (1957), 187–201; G. Calogero, Studi sull'eleatismo, Rom 1932, 87–155, Florenz ^{2}1977, 105–188 (Kap. III Zenone) (dt. Studien über den Eleatismus, Hildesheim, Darmstadt 1970, 95–170 [Kap. III Zeno]); ders., Storia della logica antica I, Bari 1967, 171–208; M. Caveing, Zénon d'Élée. Prolégomènes aux doctrines du continu. Étude historique et critique des fragments et témoignages, Paris 1982, unter dem Titel: Zénon et le continu. Étude historique et critique des fragments et témoignages, 2002, 2009; G. Colli, Zenone di E.. Lezioni 1964–1965, Mailand 1998; J. Dillon, New Evidence on Zeno of E.?, Arch. Gesch. Philos. 56 (1974), 127–131; ders., More Evidence on Zeno of E.?, Arch. Gesch. Philos. 58 (1976), 221–222; J. A. Faris, The Paradoxes of Zeno, Aldershot etc. 1996; R. Ferber, Z.s Paradoxien der Bewegung und die Struktur von Raum und Zeit, München 1981, Stuttgart ^{2}1995; H. Fränkel, Zeno of E.'s Attacks on Plurality, I–II, Amer. J. Philol. 63 (1942), 1–25, 193–206, (rev.) in: D. J. Furley/R. E. Allen (eds.), Studies in Presocratic Philosophy II, London 1975, 102–142 (dt. [rev.] Z. v. E. im Kampf gegen die Idee der Vielheit, in: ders., Wege und Formen frühgriechischen Denkens. Literarische und philosophiegeschichtliche Studien, ed. F. Tietze, München 1955, ^{3}1968, 198–236, Neudr. in: H.-G. Gadamer [ed.], Um die Begriffswelt der Vorsokratiker, Darmstadt 1968, 423–475); K. v. Fritz, Z. v. E., RE X/A (1972), 53–83; ders., Zeno of E. in Plato's Parmenides, in: J. L. Heller/J. K. Newman (eds.), Serta Turyniana. Studies in Greek Literature and Palaeography in Honor of Alexander Turyn, Urbana Ill./Chicago Ill./London 1974, 329–341; ders., Zeno of E., DSB XIV (1976), 607–612; G. S. Kirk/J. E. Raven (eds.), The Presocratic Philosophers. A Critical History with a Selection of Texts, Cambridge 1957, 286–297, (mit M. Schofield) ^{2}1983, 2010, 263–279 (dt. Die vorsokratischen Philosophen. Einführung, Texte und Kommentare, Stuttgart/Weimar 1994, 2001, 290–308); G. Köhler, Z. v. E.. Studien zu den ›Argumenten gegen die Vielheit‹ und zum sogenannten ›Argument des Orts‹, Berlin/München/Boston Mass. 2014; J. Longrigg, Zeno's Cosmology?, Class. Rev. NS 22 (1972), 170–171; S. Makin, Zeno of E., REP IX (1998), 843–853; R. McKirahan, Zeno, in: A. A. Long (ed.), The Cambridge Companion to Early Greek Philosophy, Cambridge etc. 1999, 2008, 134–158 (dt. Das frühe Interesse am Wissen, in: A. A. Long [ed.], Handbuch frühe griechische Philosophie. Von Thales bis zu den Sophisten, Stuttgart/Weimar 2001, 122–144); ders., Zeno of E., Enc. Ph. IX (^{2}2006), 871–879; A. P. D. Mourelatos (ed.), The Pre-Socratics. A Collection of Critical Essays, Garden City N. Y. 1974, Princeton N. J. 1993; J. Palmer, Zeno of E., SEP 2008, rev. 2017; C. Rapp, Vorsokratiker, München 1997, 150–161 (Kap. VI.1 Z. v. E.), 269–270 (Bibliographie), ^{2}2007, 135–145 (Kap. VI.1 Z. v. E.), 247–250 (Bibliographie); ders., Z. aus E., in: F. Flashar/D. Bremer/G. Rechenauer (eds.), Die Philosophie der Antike I/2, Basel 2013, 531–572; L. Rossetti, I sophoi di E.. Parmenide e Zenone, Bari 2009; ders./M. Pulpito (eds.), Eleatica 2008: Zenone e l'infinito, Sankt Augustin 2012; R. M. Sainsbury, Zeno's Paradoxes. Space, Time, and Motion, in: ders., Paradoxes, Cambridge etc. 1988, 5–24, ^{2}1995, 5–22, ^{3}2009, 4–21 (dt. Z.s Paradoxien. Raum, Zeit und Bewegung, in: ders., Paradoxien, Stuttgart 1993, 11–38, erw. 2001, 15–40, erw. ^{4}2010, 17–48); W. C. Salmon (ed.), Zeno's Paradoxes, Indianapolis Ind. 1970, 2001; R. E. Siegel, The Paradoxes of Zeno. Some Similarities between Ancient Greek and Modern Thought, Janus 48 (1959), 24–47; F. Solmsen, The Tradition about Zeno of E. Re-Examined, Phronesis 16 (1971), 116–141, ferner in: A. P. D. Mourelatos, The Pre-Socratics [s. o.], 368–393; G. Vlastos, Zeno of E., Enc. Ph. VIII (1967), 369–379, ferner in: ders., Studies in Greek Philosophy [s. u.] I, 241–263; ders., Plato's Testimony Concerning Zeno of E., J. Hellenic Stud. 95 (1975), 136–162, ferner in: ders., Studies in Greek Philosophy [s. u.] I, 264–300; ders., Studies in Greek Philosophy I, ed. D. W. Graham, Princeton N. J. 1995, 1996, bes. 189–300; L. van der Waerden, Z. und die Grundlagenkrise der griechischen Mathematik, Math. Ann. 117 (1940), 141–161. B. B.

Zenon von Kition, *Kition (auf Zypern) um 335 v. Chr., †Athen 263 v. Chr., griech. Philosoph, Begründer der ↑Stoa. Z. kam 312/311 nach Athen, wo er den Kyniker Krates, die Platoniker Polemon und Xenokrates sowie die Megariker Stilpon und Diodoros Kronos hörte; um 300 begann er in der Stoa Poikile, einer öffentlichen Halle an der Agora, seine eigene Lehrtätigkeit. Nach einem Unfall soll sich Z. das Leben genommen haben. Von seinen zahlreichen Schriften sind nur Fragmente erhalten; eine sichere Zuordnung einzelner Theoreme zu Z. bzw. zu Kleanthes oder Chrysippos ist nicht immer möglich.

Z. entwickelte aus den Philosophien seiner Zeit und in Anlehnung an Heraklits Feuer- und Logoslehre ein eigenständiges System mit dem Ziel, angesichts der erkenntnistheoretischen Verunsicherung durch den ↑Skeptizismus, der privatistischen Ethik des ↑Epikureismus und der politischen Wirren nach dem Zusammenbruch der Polis eine theoretisch fundierte, dem Bedürfnis nach individuellem Glück und gesellschaftlich-politischer Stabilität genügende Lebenshilfe zu bieten. Das von Z. formulierte Lebensziel ›in Übereinstimmung (mit sich selbst und mit der Natur) leben‹, in dem er zugleich die Erlangung des Glücks sieht, bedeutet vor allem ein auf (Natur-)Erkenntnis beruhendes, von Affekten, falschen Urteilen und Streben nach äußeren Gütern unbeeinflußtes Tugendleben. Die hierfür erforderliche Möglichkeit gesicherten Wissens ist nach Z. in der auf Sinneswahrnehmung basierenden ›untrüglich wahren Vorstellung‹ (*φαντασία καταληπτική*; ↑Phantasie, ↑Katalepsis) gegeben. Ziel der Logik, die er weitgehend von Aristoteles übernimmt, weiter ausbaut und variiert, ist es, (der Tugend und der Weisheit hinderliche) ↑Fehlschlüsse zu vermeiden (↑Logik, stoische). Der ↑Kosmos, der periodisch durch Weltbrand (*ἐκπύρωσις*) vergeht und stets neu entsteht, ist nach Z. ein einheitlicher, lebendiger ↑Organismus, der von göttlichem, feuerartigem ↑Pneuma durchdrungen und dessen Geschehen von der göttlichen Fügung (*εἱμαρμένη*) und Vorsehung (*πρόνοια*) vollkommen vorherbestimmt ist. Da nicht nur die natürliche, sondern auch die geschichtliche Welt von einem einheitlichen ↑Logos beherrscht wird, muß auch die Staatstheorie am allgemeinen Weltgesetz und daher kosmopolitisch ausgerichtet sein.

Werke: The Fragments of Zeno and Cleanthes, ed. A. C. Pearson, London 1891 (repr. New York 1973); SVF I (1903), 1–72; N. Festa, I frammenti degli stoici antichi I (I frammenti di Zenone), Bari 1932 (repr. Hildesheim/New York 1971); A. A. Long/D. N. Sedley (eds.), The Hellenistic Philosophers, I–II, Cambridge etc. 1987, 2010 (dt. [Bd. I] Die hellenistischen Philosophen. Texte und Kommentare, Stuttgart/Weimar 2000, 2006); W. Nestle (ed.), Die Nachsokratiker II, Jena 1923 (repr. Bde I–II in einem Bd., Aalen 1968), 1–11; C. Wachsmuth, Commentatio de Zenone Citiensi et Cleanthe Assio, I–II, Göttingen 1874/1875.

Literatur: E. V. Arnold, Roman Stoicism. Being Lectures on the History of the Stoic Philosophy with Special Reference to Its Development within the Roman Empire, Cambridge 1911 (repr. New York 1971), London 1958; R. Bees, Z.s Politeia, Leiden/Boston Mass. 2011; G. J. Diehl, Zur Ethik des Stoikers Z. v. K., Mainz 1877; A. Erskine, The Hellenistic Stoa. Political Thought and Action, London, Ithaca N. Y. 1990, London 2011; M. Frede, Die stoische Logik, Göttingen 1974; K. v. Fritz, Z., RE X/A (1972), 83–121; T. Gomperz, Zur Chronologie des Stoikers Z., Wien 1903; A. Graeser, Z. v. K.. Positionen und Probleme, Berlin/New York 1975; P. P. Hallie, Zeno of Citium, Enc. Ph. VIII (1967), 368–369; H. A. Hunt, A Physical Interpretation of the Universe. The Doctrines of Zeno the Stoic, Melbourne 1976; J. Hurtado, Zénon. Le philosophe aux origines du stoïcisme, Lausanne/Paris 2011; F. Ildefonse, Les Stoïciens I (Zénon, Cléanthe, Chrysippe), Paris 2000, 2004; B. Inwood, Z. v. K., DNP XII/2 (2003), 744–748; ders., The Cambridge Companion to the Stoics, Cambridge etc. 2003, 2010; A. A. Long (ed.), Problems in Stoicism, London 1971, 1996; M. Pohlenz, Z. und Chrysipp, Nachrichten von der Gesellschaft der Wissenschaften zu Göttingen NF, Fachgr. 1, 2 (1938), Nr. 9, 173–210, separat Göttingen 1938 (repr. in: ders., Kleine Schriften I, ed. H. Dörrie, Hildesheim 1965, 1–38); ders., Die Stoa. Geschichte einer geistigen Bewegung, I–II, Göttingen 1948/1949, I, [7]1992, II, [6]1990; R. Pöhlmann, Der soziale Weltstaat des Stifters der Stoa, in: ders., Geschichte des antiken Kommunismus und Sozialismus I, München 1893, 610–618; F. Regen, Z., KP V (1975), 1500–1504; J. M. Rist, Stoic Philosophy, Cambridge etc. 1969, 1980; S. Sambursky, Physics of the Stoics, London 1959 (repr. Westport Conn. 1973, Princeton N. J. 1987) (dt. [eingearb.] in: ders., Das physikalische Weltbild der Antike, Zürich/Stuttgart 1965, 182–317); T. Scaltsas/A. S. Mason (eds.), The Philosophy of Zeno. Zeno of Citium and His Legacy, Larnaka 2002; M. Schofield, The Stoic Idea of the City, Cambridge etc. 1991, Chicago Ill./London 1999; ders., Zeno of Citium, Enc. Ph. IX ([2]2006), 869–871; D. Sedley, Zeno of Citium, REP IX (1998), 841–843; ders., The School, from Zeno to Arius Didymus, in: B. Inwood (ed.), The Cambridge Companion to the Stoics, Cambridge etc. 2003, 2010, 7–33; P. Steinmetz, Z. aus K., in: H. Flashar (ed.), Die Philosophie der Antike IV/2, Basel 1994, 518–554; L. Stroux, Vergleich und Metapher in der Lehre des Z. v. K., Diss. Heidelberg 1965. M. G.

Zenon von Sidon, *Sidon ca. 150 v. Chr., †Athen ca. 70 v. Chr., griech. Philosoph, Mathematiker und Logiker. Z. war Schüler und Nachfolger des Apollodoros Kepotyrannos (Diog. Laert. X,25), Hörer des 129 v. Chr. gestorbenen Akademikers Karneades und Lehrer M. T. Ciceros in Athen 79/78 v. Chr. (ac. post. 1,46; fin. 1,16; Tusc. 3,38). Er wirkte vor allem als Vertreter der Epikureischen Philosophie (↑Epikur, ↑Epikureismus). Nach Diog. Laert. VII,35 und Tusc. 3,38 zeichnete er sich als Lehrer durch logische Klarheit aus. Sein Werk umfaßt Erkenntnistheorie, Logik, Physik, Ethik und Einzeldisziplinen wie Geometrie, Grammatik und Rhetorik.

Bekannt ist Z.s Kritik an der deduktiven Methode (↑Methode, deduktive, ↑Methode, axiomatische) und der axiomatischen Geometrie Euklids (↑Euklidische Geometrie). Z. kritisiert insbes. ungenannte Voraussetzungen in ↑Beweisen. So beweist Euklid Prop. I.1 der »Elemente«, wonach über einer Strecke AB ein gleichseitiges Dreieck konstruiert werden kann, dadurch, daß er um A und B jeweils einen Kreis mit Radius $AB = BA$ schlägt und den Schnittpunkt C der beiden Kreise mit A und B verbindet. Die Strecken AC und BC sind dann als Radien gleicher Kreise gleich (Abb.).

Z. bemerkt, daß das Problem nur gelöst ist, wenn man voraussetzt, daß zwei verschiedene Geraden keinen gemeinsamen Abschnitt haben können. Würden sich nämlich AC und BC bereits in einem Punkt F treffen, bevor

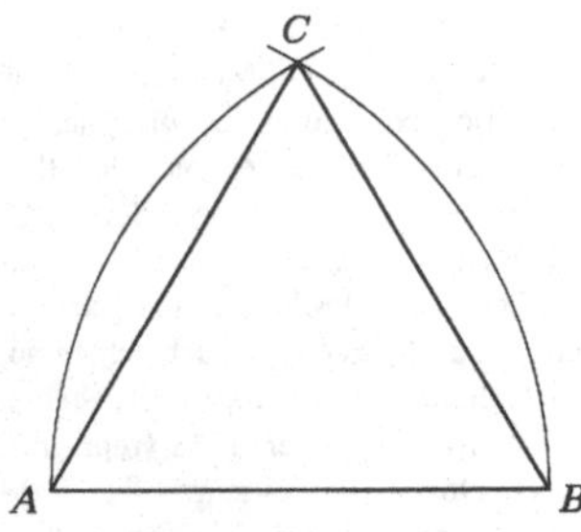

Abb. 1

C erreicht wird, und den Abschnitt *FC* gemeinsam haben, wäre das Dreieck *FAB* nicht gleichseitig, da *AF* und *BF* kleiner als *AB* sind.
Z.s Kritik wird ausführlich von Proklos diskutiert. Dieser erkennt richtig, daß die von Z. angeführte notwendige Beweisannahme aus Euklids 2. Postulat folgt, aber im Beweis von Prop. I.1 nicht explizit genannt wird. Nach dem 2. Euklidischen Postulat soll man nämlich eine begrenzte gerade Linie zusammenhängend (stetig) gerade verlängern können. Hätten die beiden Strecken *AC* und *BC* den gemeinsamen Abschnitt *FC*, könnte dieser nicht eine gerade zusammenhängende Verlängerung der Strecken *AF* und *BF* sein. Poseidonios von Apameia antwortet auf Z.s Kritik mit einem ganzen Buch. Z. hatte nämlich allgemein argumentiert, daß auch bei Anerkennung fundamentaler Prinzipien der Geometrie immer Beweisannahmen gemacht werden müssen, die nicht durch die vorausgesetzten Prinzipien der Euklidischen Definitionen, Postulate und Axiome erfaßt sind. Anstelle einer berechtigten Kritik am mangelhaften Zustand der Euklidischen Axiomatik vermuteten daher viele Mathematiker hinter Z.s Kritik einen Angriff auf die Möglichkeit von Mathematik überhaupt und fühlten sich zur Verteidigung ihrer Wissenschaft aufgerufen. Entgegen der stoischen Lehre (↑Stoa) der deduktiven Methode werden nach Z. auch mathematische Wahrheiten durch eine Vielzahl von Beispielen ohne Gegenbeispiel bestätigt.
Aus der Schrift »Von den Zeichen« (*περὶ σημείων καὶ σημειώσεων*) seines Schülers Philodemos von Gadara (Pap. Hercul. Nr. 1065; vgl. Philodemus, On Methods of Inference. A Study in Ancient Empiricism, ed. P. H. De Lacy/E. A. De Lacy, Philadelphia Pa. 1941, Neapel [2]1978) wird Z.s Ziel deutlich, den Epikureischen Induktionsschluß (↑Induktion) gegen stoische Kritik zu verteidigen. Unter der Voraussetzung gleicher Beschaffenheit der Dinge fordert er, daß man die gleichbleibenden Eigenschaften in verschiedenen Dingen derselben Art aufsucht, um sie dann allen übrigen Exemplaren der gleichen Art zuzuschreiben. Erst solche ↑Analogieschlüsse und Induktionsschlüsse erlauben nach Z. eine Erweiterung der Naturerkenntnis, die Gleichförmigkeiten der Natur voraussetzt. Ciceros Darstellung der Epikureischen Philosophie geht vermutlich zu einem wesentlichen Teil auf Z. zurück.

Literatur: A. Angeli/M. Colaizzo, I frammenti di Zenone Sidonio, Cronache Ercolanesi 9 (1979), 47–133; M. Erler, Z. aus S., in: H. Flashar (ed.), Die Philosophie der Antike IV/1, Basel 1994, 268–272; K. v. Fritz, Z., RE X/A (1972), 122–138; T. Heath, A History of Greek Mathematics, I–II, Oxford 1921 (repr. Oxford etc. 1960, 1965, New York 1981, Bristol 1993, Cambridge 2014); G. Vlastos, Zeno of Sidon as a Critic of Euclid, in: L. Wallach (ed.), The Classical Tradition. Literary and Historical Studies in Honor of Harry Caplan, Ithaca N. Y. 1966, 148–159. K. M.

Zentralie, Bezeichnung für eine 1914 von dem erbitterten Gegner J. Pilzbarths, dem Philanthropen S. v. Leyden (1856–1939) entdeckte Nebenwirkung bei der Einnahme von Metamorphin zwecks Ausbildung phylogenetischer Regressionskompetenz durch Anthropolyse. Die unter Z. zusammengefaßten Symptome einer unberechenbaren Störung des Zentralnervensystems äußern sich vor allem in degressivem Denken, freigesetzt von der weitgehenden Wirkungslosigkeit des ↑Kompressors und daher besonders auffällig in Bewegungen wie den ›Neuen Wilden‹ oder dem Dekonstruktivismus (↑Dekonstruktion (Dekonstruktivismus)); sie führen auf diese Weise die von der postmodernen (↑Postmoderne) Philosophie als bahnbrechend beurteilte Anthropolyse ad absurdum. K. L.

Zerlegung, verbreiteter Terminus in der Philosophie und in den Wissenschaften. Fragen nach Z.en zielen ab auf die Angabe von Teilen eines Ganzen, aus denen dieses in bestimmter Weise zusammengesetzt ist; dies geschieht im allgemeinen mit der Absicht, die Eigenschaften des Ganzen durch die Eigenschaften der Teile zu erklären (↑Teil und Ganzes, ↑Reduktion; eine formalisierte Darstellung der Teil-Ganzes-Beziehung versucht die ↑Mereologie zu liefern). Oft wird zusätzlich auch noch ein *Z.sverfahren* gesucht, mit dem die Teile aus dem Ganzen erhalten werden können. Von besonderem Interesse sind Z.en in Teile, die selbst in der betrachteten Weise nicht weiter zerlegbar sind, z. B. die Primfaktorzerlegung einer natürlichen Zahl in der ↑Zahlentheorie, die Z. der Materie in Elementarteilchen (↑Teilchenphysik) oder die Z. von Stoffen in chemische ↑Elemente. – Eine Z. einer Menge in paarweise disjunkte nicht-leere Mengen wird in der Mathematik eine ↑›Partition‹ oder ↑›Klasseneinteilung‹ dieser Menge genannt. C. B.

Zermelo, Ernst Friedrich Ferdinand, *Berlin 27. Juli 1871, †Freiburg 21. Mai 1953, dt. Mathematiker, Begründer der axiomatischen Mengenlehre (↑Mengenlehre, ↑Mengenlehre, axiomatische, ↑Zermelo-Fraenkelsches Axiomensystem). 1889–1894 Studium von Mathematik, Physik und Philosophie in Berlin, Halle und Freiburg, 1894 Promotion in Berlin. Z. war nach seiner Promotion 1894–1897 Assistent von M. Planck in Berlin, wo er auf Grund seiner Studien der Statistischen Mechanik in eine Kontroverse mit L. Boltzmann geriet, dessen mechanische Ableitung irreversibler (↑reversibel/Reversibilität) Vorgänge er anfocht (↑Thermodynamik). 1899 Habilitation in Göttingen, anschließend Privatdozent ebendort, 1904, nach seinem aufsehenerregenden Beweis des Wohlordnungssatzes (unter Voraussetzung des ↑Auswahlaxioms; ↑Wohlordnung), zum Titularprof. ernannt. Der Z. 1907 durch das zuständige Ministerium erteilte Lehrauftrag für ›mathematische Logik und verwandte Gegenstände‹ gilt heute als der erste Schritt zur Institutionalisierung des Faches als mathematische Teildisziplin. 1910–1916 wirkte Z. als o. Prof. an der Universität Zürich, danach (krankheitshalber im Ruhestand) als Privatgelehrter. Ab 1926 Honorarprof. in Freiburg, verzichtete Z. 1935 wegen politischer Differenzen auf die Lehrtätigkeit, die er erst 1946 wieder aufnahm. Trotz wichtiger Beiträge zur ↑Variationsrechnung und ihren physikalischen Anwendungen gilt als bedeutendste Leistung Z.s die Entwicklung des ersten axiomatischen Systems (↑System, axiomatisches) der Cantorschen allgemeinen Mengenlehre, das nach Ergänzungen und Verbesserungen (A. A. Fraenkel, T. A. Skolem u. a.) bis heute in Gebrauch ist. Überdies verdankt man Z. die Herausgabe und Kommentierung der Gesammelten Abhandlungen G. Cantors.

Werke: Collected Works/Gesammelte Werke, I–II, ed. H.-D. Ebbinghaus/C. G. Fraser/A. Kanamori, Heidelberg etc. 2010/2013. – Ueber einen Satz der Dynamik und die mechanische Wärmetheorie, Ann. Phys. Chem. 57 (1896), 485–494, ferner in: S. G. Brush, Kinetische Theorie II, Berlin, Oxford, Braunschweig 1970, 264–275, [dt./engl.] in: Collected Works [s. o.] II, 214–228 (engl. On a Theorem of Dynamics and the Mechanical Heat Theory, in: S. G. Brush, Kinetic Theory II, Oxford etc. 1966, 208–228); Ueber mechanische Erklärungen irreversibler Vorgänge. Eine Antwort auf Hrn. Boltzmann's »Entgegnung«, Ann. Phys. Chem. 59 (1896), 793–801, [dt./engl.] in: Collected Works [s. o.] II, 246–257 (engl. On the Mechanical Explanation of Irreversible Processes, in: S. G. Brush, Kinetic Theory [s. o.] II, 229–237); Beweis, daß jede Menge wohlgeordnet werden kann (Aus einem an Herrn Hilbert gerichteten Briefe.), Math. Ann. 59 (1904), 514–516, [dt./engl.] in: Collected Works [s. o.] I, 114–119 (engl. Proof that Every Set Can Be Well-Ordered, in: J. van Heijenoort [ed.], From Frege to Gödel. A Source Book in Mathematical Logic, 1879–1931, Cambridge Mass. 1967, 2002, 139–141); Neuer Beweis für die Möglichkeit einer Wohlordnung, Math. Ann. 65 (1908), 107–128, [dt./engl.] in: Collected Works [s. o.] I, 120–159 (engl. A New Proof of the Possibility of a Well-Ordering, in: J. van Heijenoort [ed.], From Frege to Gödel [s. o.], 183–198); Untersuchungen über die Grundlagen der Mengenlehre I, Math. Ann. 65 (1908), 261–281, [dt./engl.] in: Collected Works [s. o.] I, 188–229 (engl. Investigations in the Foundations of Set Theory I, in: J. van Heijenoort [ed.], From Frege to Gödel [s. o.], 199–215); Über eine Anwendung der Mengenlehre auf die Theorie des Schachspiels, in: E. W. Hobson/A. E. H. Love (eds.), Proceedings of the Fifth International Congress of Mathematicians (Cambridge, 22–28 August 1912) II, Cambridge 1913, 501–504, [dt./engl.] in: Collected Works [s. o.] I, 266–273; Über ganze transzendente Zahlen, Math. Ann. 75 (1914), 434–442, [dt./engl.] in: Collected Works [s. o.] I, 278–295; Über den Begriff der Definitheit in der Axiomatik, Fund. Math. 14 (1929), 339–344, [dt./engl.] in: Collected Works [s. o.] I, 358–367; Über Grenzzahlen und Mengenbereiche. Neue Untersuchungen über die Grundlagen der Mengenlehre, Fund. Math. 16 (1930), 29–47, [dt./engl.] in: Collected Works [s. o.] I, 400–431; Über Stufen der Quantifikation und die Logik des Unendlichen, Jahresber. Dt. Math.ver. 41 (1932), 2. Abt., 85–88, [dt./engl.] in: Collected Works [s. o.] I, 542–549; Über mathematische Systeme und die Logik des Unendlichen, Forschungen u. Fortschritte 8 (1932), 6–7, [dt./engl.] in: Collected Works [s. o.] I, 550–555; Über die Bruchlinien zentrierter Ovale. Wie zerbricht ein Stück Zucker?, Z. angew. Math. u. Mechanik 13 (1933), 168–170, [dt./engl.] in: Collected Works [s. o.] II, 724–733; Elementare Betrachtungen zur Theorie der Primzahlen, Nachrichten von der Gesellschaft der Wissenschaften zu Göttingen. Fachgruppe 1, NF 1 (1934), 43–46, [dt./engl.] in: Collected Works [s. o.] I, 576–581; Grundlagen einer allgemeinen Theorie der mathematischen Satzsysteme, Fund. Math. 25 (1935), 136–146, [dt./engl.] in: Collected Works [s. o.] I, 582–599. – (ed.) Georg Cantor, Gesammelte Abhandlungen mathematischen und philosophischen Inhalts. Mit erläuternden Anmerkungen sowie mit Ergänzungen aus dem Briefwechsel Cantor – Dedekind, Berlin 1932 (repr. Hildesheim 1962, Berlin/Heidelberg/New York 1980, 2013). – H.-D. Ebbinghaus, Z. in the Mirror of the Baer Correspondence, 1930–1931, Hist. Math. 31 (2004), 76–86.

Literatur: H.-D. Ebbinghaus/V. Peckhaus, E. Z.. An Approach to His Life and Work, Berlin/Heidelberg/New York 2007, [2]2015; A. Fraenkel, Zu den Grundlagen der Cantor-Z.schen Mengenlehre, Math. Ann. 86 (1922), 230–237; H. Gericke, Zur Geschichte der Mathematik an der Universität Freiburg i. Br., Freiburg 1955, 72–73; S. Gottwald, Z., in: ders./H.-J. Ilgauds/K.-H. Schlote (eds.), Lexikon bedeutender Mathematiker, Thun/Frankfurt/Leipzig 1990, 503; S. Hayden/J. F. Kennison, Z.-Fraenkel Set Theory, Columbus Ohio 1968; G. Heinzmann (ed.), Poincaré, Russell, Z. et Peano. Textes de la discussion (1906–1912) sur les fondements des mathématiques; des antinomies à la prédicativité, Paris 1986; G. H. Moore, A Prospective Biography of E. Z. (1871–1953), Hist. Math. 2 (1975), 62–63; ders., Z.'s Axiom of Choice. Its Origins, Development, and Influence, New York/Heidelberg/Berlin 1982 (repr. Mineola N. Y. 2013); A. Mostowski, Modèles transitifs de la théorie des ensembles de Z.-Fraenkel, Montréal 1967, [2]1971; V. Peckhaus, Hilbertprogramm und kritische Philosophie. Das Göttinger Modell interdisziplinärer Zusammenarbeit zwischen Mathematik und Philosophie, Göttingen 1990, 76–122 (Kap. 4 E. Z., die Axiomatisierung der Mengenlehre und der Logikkalkül); ders., »Ich habe mich wohl gehütet, alle Patronen auf einmal zu verschießen«. E. Z. in Göttingen, Hist. and Philos. Log. 11 (1990), 19–58; ders., Z., REP IX (1998), 853–855; ders., »Aber vielleicht kommt noch eine Zeit, wo auch meine Arbeiten wieder entdeckt und gelesen werden«. Die gescheiterte Karriere des E. Z., in: W. Hein/P. Ullrich (eds.), Mathematik im Fluss der Zeit. Tagung zur Geschichte der Mathematik in Attendorn/Neu-Listernohl (28.5. bis 1.6.2003), Augsburg 2004, 325–339; B. van Rootselaar, Z., DSB XIV (1976), 613–616; H. Stübler, Z., in: A. Hermann u. a., Lexikon Geschichte der Physik A–Z, Köln 1972, erw. [3]1987, [4]2007, 423; R. G. Taylor,

Z., Reductionism, and the Philosophy of Mathematics, Notre Dame J. Formal Logic 34 (1993), 539–563. – Z., in: B. Jahn (ed.), Biographische Enzyklopädie deutschsprachiger Philosophen, München 2001, 466. C. T.

Zermelo-Fraenkelsches Axiomensystem, Bezeichnung für einen von E. Zermelo entwickelten und von A. A. Fraenkel verbesserten Typus von Axiomensystemen (↑System, axiomatisches) für die axiomatische Mengenlehre (↑Mengenlehre, axiomatische), die in oft unterschiedlicher Formulierung die folgenden ↑Axiome bzw. Axiomenschemata enthalten (bei der gewählten Formulierung ist der unterschiedliche Status von ↑Element und ↑Menge bei der Elementrelation $\in$ beachtet):

1. Das ↑Extensionalitätsaxiom (bei Zermelo als ↑›Bestimmtheitsaxiom‹ bezeichnet) legt fest, daß Mengen gleich sind, wenn sie in allen ihren Elementen übereinstimmen:

$$\bigwedge_M \bigwedge_N (\bigwedge_x (x \in M \leftrightarrow x \in N) \rightarrow M = N).$$

2. Das Aussonderungsschema (↑Aussonderungsaxiom) fordert zu jeder Menge M die Existenz einer ↑Teilmenge N, die genau diejenigen Elemente x aus M als Elemente von N aussondert, die eine gegebene einstellige Aussageform $A(x)$ erfüllen:

$$\bigwedge_M \bigvee_N \bigwedge_x (x \in N \leftrightarrow x \in M \wedge A(x)).$$

3. Das Paarmengenaxiom erlaubt die Bildung von Paarmengen $\{x, y\}$ zu Objekten x, y (Zermelo forderte in seinem ›Elementarmengenaxiom‹ zusätzlich die Existenz von ↑Nullmenge und Einermengen):

$$\bigwedge_x \bigwedge_y \bigvee_M \bigwedge_z (z \in M \leftrightarrow z = x \vee z = y).$$

4. Das Vereinigungsmengenaxiom garantiert, daß für jede Menge M die Vereinigung (↑Vereinigung (mengentheoretisch)) aller in M als Element enthaltenen Mengen P wieder eine Menge liefert:

$$\bigwedge_M \bigvee_N \bigwedge_x (x \in N \leftrightarrow \bigvee_P (x \in P \wedge P \in M)).$$

5. Das ↑Potenzmengenaxiom bestimmt, daß zu jeder Menge M eine Menge P existiert (die ↑›Potenzmenge‹ von M), deren Elemente genau die Teilmengen von M sind:

$$\bigwedge_M \bigvee_P \bigwedge_N (N \in P \leftrightarrow \bigwedge_x (x \in N \rightarrow x \in M)).$$

6. Das ↑Unendlichkeitsaxiom sichert die Existenz einer unendlichen (genauer: ›induktiven‹; ↑unendlich/Unendlichkeit (3)) Menge (dabei steht $\{x\}$ für $\{y \mid y = x\}$):

$$\bigvee_M (\emptyset \in M \wedge \bigwedge_x (x \in M \rightarrow x \cup \{x\} \in M)).$$

7. Das ↑Auswahlaxiom (↑Zermelosches Axiom) legt fest, daß es zu jeder Menge $\mathfrak{M}$ nicht-leerer Mengen eine ›Auswahlfunktion‹ f von $\mathfrak{M}$ in $\cup\mathfrak{M}$ gibt, die genau ein Element aus jeder Menge $N \in \mathfrak{M}$ auswählt:

$$\bigwedge_{\mathfrak{M}} (\emptyset \notin \mathfrak{M} \rightarrow \bigvee_f \bigwedge_N (N \in \mathfrak{M} \rightarrow f(N) \in N)).$$

8. Das Ersetzungsschema (↑Ersetzungsaxiom) ermöglicht unter anderem transfinite Induktionen (↑Induktion, transfinite). Es besagt, daß es zu jeder Menge M und jeder auf M erklärten ↑Funktion f eine Menge N gibt, die aus M durch Ersetzung jedes Elements x von M durch $f(x)$ hervorgeht. Der ↑Wertbereich einer jeden auf M definierten Funktion ist also selbst wieder eine Menge:

$$\bigwedge_f \bigwedge_M \bigvee_N \bigwedge_y (y \in N \leftrightarrow \bigvee_x (x \in M \wedge y = f(x))).$$

9. Das Fundierungs- oder ↑Regularitätsaxiom garantiert, daß die $\in$-Relation fundiert ist (↑fundiert/Fundiertheit). Es schließt also aus, daß es unendlich absteigende Ketten der Elementrelation gibt:

$$\bigwedge_{\mathfrak{M}} (\mathfrak{M} \neq \emptyset \rightarrow \bigvee_N (N \in \mathfrak{M} \wedge N \cap \mathfrak{M} = \emptyset)).$$

Die Axiome 1 bis 7 finden sich in dem von Zermelo 1908 vorgelegten Axiomensystem. Im allgemeinen enthält ein Z.-F. A. nicht alle genannten Axiome. So wird z. B. zwischen Systemen mit Auswahlaxiom (›ZFC‹) und ohne Auswahlaxiom (›ZF‹) unterschieden. Die Gültigkeit des Auswahlaxioms wird (unter anderem in der Konstruktiven Mathematik; ↑Mathematik, konstruktive) bestritten. Unter Voraussetzung der (bisher nicht bewiesenen) Widerspruchsfreiheit von ZF ohne Auswahlaxiom kann jedoch die Unabhängigkeit (↑unabhängig/Unabhängigkeit (logisch)) des Auswahlaxioms von ZF gezeigt werden. Weiterhin folgt das Paarmengenaxiom schon aus dem Potenzmengenaxiom zusammen mit dem Ersetzungsschema, und bestimmte Fassungen des letzteren machen das Aussonderungsschema überflüssig. An einer Zusammenstellung dieser Axiome lassen sich nicht nur die historische Entwicklung zum Z.-F.n A., sondern auch die wechselseitigen systematischen Verhältnisse verdeutlichen.

Das Z.-F. A. greift den 1906 von B. Russell geäußerten Gedanken auf, die logisch-mengentheoretischen Antinomien (↑Antinomien, logische, ↑Antinomien der Mengenlehre) durch Ausschluß ›zu großer‹ Klassen zu vermeiden (›limitation of size‹; ↑Zick-Zack-Theorie). Die Durchführung dieses allgemeinen Konzepts im Z.-F.n A. basiert auf dem Grundgedanken, die uneingeschränkte ↑Komprehension von Eigenschaften (›Bedingungen‹) bzw. sie erfüllenden Objektbereichen zu Mengen durch das Aussonderungsschema einzuschränken. In dessen ursprüngliche Fassung bei Zermelo geht der Begriff der ›definiten Eigenschaft‹ ein, erklärt als der einer Eigenschaft, die (ohne daß dies entschieden oder effektiv entscheidbar zu sein bräuchte) jedem Gegenstand des Objektbereichs entweder zukommen oder fehlen müsse. Fraenkel schlägt 1922 eine Präzisierung dieser vagen Begriffsbildung mit Hilfe des Funktionsbegriffs vor, T.

Skolem 1923 unabhängig davon die (dann üblich gewordene) Präzisierung, daß als mögliche definierende Bedingungen im Aussonderungsschema solche ↑Aussageformen zu verstehen sind, die innerhalb der Sprache der klassischen ↑Quantorenlogik 1. Stufe (mit ↑Identität und eventuell mit Hilfe von Parametern) aus Primaussageformen (↑Primaussage) der Gestalt ›$x \in y$‹ aufgebaut sind. Auch mit dieser Präzisierung unterliegt das Aussonderungsschema allerdings auf Grund seiner Imprädikativität (↑imprädikativ/Imprädikativität) konstruktivistischer Kritik.

Das von Fraenkel und (wiederum unabhängig) von Skolem eingeführte Ersetzungsschema dient der genaueren Festlegung, welche ›Größe‹ Mengen in der Zermelo-Fraenkelschen Mengenlehre haben dürfen bzw. müssen. Dagegen ist das Fundierungsaxiom zum mengentheoretischen Aufbau der Mathematik selbst nicht erforderlich und verdankt seine Hinzunahme lediglich grundlagentheoretischen Überlegungen. Auf einem Z.-F.n A. aufgebaute heutige Systeme der Mengenlehre unterscheiden sich von typentheoretischen Ansätzen (↑Typentheorien) durch ihren Charakter als typenfreie Systeme (es gibt nur eine Sorte von Mengenvariablen, die daher links wie rechts des zweistelligen Grundrelators $\in$ auftreten dürfen), während axiomatische Systeme der durch J. v. Neumann, P. Bernays und K. Gödel eingeführten Art die uneingeschränkte Komprehension beibehalten und die Einschränkung der Mengenbildung durch Unterscheidung zwischen zwei Sorten von (durch das Komprehensionsprinzip gelieferten) ›Klassen‹ vornehmen: zwischen ›echten‹ Klassen einerseits und den durch Axiome von diesen abgegrenzten Mengen andererseits. Links von $\in$ dürfen hier nur Mengen auftreten, nicht beliebige Klassen. Diese ↑Neumann-Bernays-Gödelschen Axiomensysteme können jedoch insofern als bloße Erweiterungen der Z.-F.n A.e gelten, als deren Sätze sämtlich auch in den Neumann-Bernays-Gödelschen Systemen gelten und alle in diesen gültigen Sätze über Mengen (im dortigen Sinne) auch in den Z.-F.n A.en.

Literatur: H.-D. Ebbinghaus, Einführung in die Mengenlehre, Darmstadt 1977, Heidelberg/Berlin [4]2003; ders./V. Peckhaus, Ernst Zermelo. An Approach to His Life and Work, Berlin/Heidelberg/New York 2007, [2]2015; A. Fraenkel, Einleitung in die Mengenlehre. Eine gemeinverständliche Einführung in das Reich der unendlichen Größen, Berlin 1919, mit Untertitel: Eine elementare Einführung in das Reich des Unendlichgroßen, erw. [2]1923, ohne Untertitel, erw. [3]1928 (repr. New York 1946, Walluf b. Wiesbaden 1972, Vaduz 1998); ders., Der Begriff ›definit‹ und die Unabhängigkeit des Auswahlaxioms, Sitz.ber. Preuß. Akad. Wiss., phys.-math. Kl. 21 (1922), 253–257; ders., Untersuchungen über die Grundlagen der Mengenlehre, Math. Z. 22 (1925), 250–273; ders., Zehn Vorlesungen über die Grundlegung der Mengenlehre. Gehalten in Kiel auf Einladung der Kant-Gesellschaft, Ortsgruppe Kiel, vom 8.–12. Juni 1925, Leipzig/Berlin 1927 (repr. Darmstadt 1972); ders./Y. Bar-Hillel/A. Levy, Foundations of Set Theory, Amsterdam 1958, [2]1973, 2001; M. Hallett, Cantorian Set Theory and Limitation of Size, Oxford 1984, 1996; ders., Zermelo's Axiomatization of Set Theory, SEP 2013; A. Kanamori, The Mathematical Development of Set Theory from Cantor to Cohen, Bull. Symb. Log. 2 (1996), 1–71; ders., Zermelo and Set Theory, Bull. Symb. Log. 10 (2004), 487–553; S. Lavine, Understanding the Infinite, Cambridge Mass./London 1994, 1998; G. H. Moore, Beyond First-Order Logic. The Historical Interplay between Mathematical Logic and Axiomatic Set Theory, Hist. and Philos. Log. 1 (1980), 95–137; ders., Zermelo's Axiom of Choice. Its Origins, Development, and Influence, New York/Heidelberg/Berlin 1982 (repr. Mineola N. Y. 2013); ders., Logic and Set Theory, in: I. Grattan-Guinness (ed.), Companion Encyclopedia of the History and Philosophy of the Mathematical Sciences I, London/New York 1994, 2016, 635–643; A. Oberschelp, Allgemeine Mengenlehre, Mannheim etc. 1994; W. V. O. Quine, Set Theory and Its Logic, Cambridge Mass. 1963, rev. 1969, 1990 (dt. Mengenlehre und ihre Logik, Braunschweig 1973, Frankfurt 1978); B. Russell, On Some Difficulties in the Theory of Transfinite Numbers and Order Types [1905], Proc. London Math. Soc. Ser. 2, 4 (1907) (1. Lieferung 1906), 29–53, Neudr. in: ders., Essays in Analysis, ed. D. Lackey, London, New York 1973, 135–164, ferner in: G. Heinzmann (ed.), Poincaré, Russell, Zermelo et Peano. Textes de la discussion (1906–1912) sur les fondements des mathématiques: des antinomies à la prédicativité, Paris 1986, 54–78, ferner in: B. Russell, The Collected Papers V, ed. G. H. Moore, London/New York 2014, 62–89; J. R. Shoenfield, Axioms of Set Theory, in: J. Barwise (ed.), Handbook of Mathematical Logic, Amsterdam/New York/Oxford 1977, 2006, 321–344; T. Skolem, Einige Bemerkungen zur axiomatischen Begründung der Mengenlehre, in: Wissenschaftliche Vorträge. Gehalten auf dem fünften Kongress der skandinavischen Mathematiker in Helsingfors vom 4. bis 7. Juli 1922, Helsingfors 1923, 217–232, Neudr. in: ders., Selected Works in Logic, ed. J. E. Fenstad, Oslo/Bergen/Tromsö 1970, 137–152; ders., Einige Bemerkungen zu der Abhandlung von E. Zermelo: »Über die Definitheit in der Axiomatik«, Fund. Math. 15 (1930), 337–341, Neudr. in: ders., Selected Works in Logic [s. o.], 275–279; ders., Abstract Set Theory, Notre Dame Ind. 1962; R. G. Taylor, Zermelo's Cantorian Theory of Systems of Infinitely Long Propositions, Bull. Symb. Log. 8 (2002), 478–515; H. Wang/R. McNaughton, Les systèmes axiomatiques de la théorie des ensembles, Paris, Louvain 1953; E. Zermelo, Untersuchungen über die Grundlagen der Mengenlehre I, Math. Ann. 65 (1908), 261–281, [dt./engl.] in: Collected Works [s. u.] I, 188–229; ders., Über den Begriff der Definitheit in der Axiomatik, Fund. Math. 14 (1929), 339–344, [dt./engl.] in: Collected Works [s. u.] I, 358–367; ders., Über Grenzzahlen und Mengenbereiche. Neue Untersuchungen über die Grundlagen der Mengenlehre, Fund. Math. 16 (1930), 29–47, [dt./engl.] in: Collected Works [s. u.] I, 400–431; Collected Works/Gesammelte Werke, I–II, ed. H.-D. Ebbinghaus/C. G. Fraser/A. Kanamori, Heidelberg etc. 2010/2013. C. T./V. P.

Zermelo-Russellsche Antinomie, Bezeichnung für die von B. Russell 1902 entdeckte logische Antinomie (↑Antinomien, logische), daß die Annahme der Existenz einer ↑Menge aller Mengen, die sich selbst nicht als Element enthalten, zu einem Widerspruch führt. Ist R diese (eindeutig bestimmte) Menge, also $R \leftrightharpoons \in_M \neg(M \in M)$ (bzw. $\{M \mid \neg(M \in M)\}$), so besagt $R \in R$ wegen des daraus aussagenlogisch folgenden $\neg\neg(R \in R)$, daß R die darstellende ↑Aussageform in der Definition von R selbst nicht erfüllt, also gerade nicht Element von R ist. Die gegenteilige Annahme $\neg(R \in R)$ andererseits drückt aus, daß R die genannte darstellende Aussageform erfüllt und deshalb der dargestellten Menge, d. h. sich selbst, angehört: $R \in R$. Insgesamt würde also die widerspruchsvolle Aussage $R \in R \leftrightarrow \neg(R \in R)$ gelten.

Das in dieser Standardherleitung der Z.-R.n A. bei der zweiteiligen Überlegung stillschweigend herangezogene ↑tertium non datur ist für die Antinomie nicht wesentlich. Betrachtet man nämlich den ersten Schritt als ↑Herleitung von $R \in R \rightarrow \neg(R \in R)$, so liefert dies zusammen mit dem effektiv gültigen $(R \in R \rightarrow \neg(R \in R)) \rightarrow \neg(R \in R)$ (einem Spezialfall der ↑reductio ad absurdum) nach der ↑Abtrennungsregel $\neg(R \in R)$. Analog folgt wegen der effektiven Gültigkeit von $(\neg(R \in R) \rightarrow \neg\neg(R \in R)) \rightarrow \neg\neg(R \in R)$ (ersichtlich erneut einem Spezialfall der reductio ad absurdum) $\neg\neg(R \in R)$, was dem vorher hergeleiteten $\neg(R \in R)$ als dessen Negat widerspricht. Diese alternative Herleitung besteht nur aus effektiv gültigen Schritten, macht also insbes. vom tertium non datur keinen Gebrauch.

Diese Antinomie wird im Göttinger Kreis um D. Hilbert von E. Zermelo unabhängig von Russell und schon kurz vor ihm entdeckt, jedoch eher als Kuriosität betrachtet und erst dann ernst genommen, als Russell zeigt, daß sie das formale System von G. Freges »Grundgesetze der Arithmetik« (I 1893, II 1903) inkonsistent macht (↑inkonsistent/Inkonsistenz). – Russell entdeckt die (auch heute noch meist nach ihm allein benannte) Antinomie bei einer Analyse des auf G. Cantor zurückgehenden Beweises für den Satz, daß es keine größte Mächtigkeit (↑Kardinalzahl, ↑Menge) gibt – ein Satz, der selbst ↑paradox erscheint, wenn man auf Grund eines naiven Mengenbegriffs annimmt, daß der Menge *aller* Dinge ›per definitionem‹ die größte Mächtigkeit zukommen müsse. Die von Russell gefundene und Frege in einem Brief vom 16.6.1902 mitgeteilte Herleitbarkeit der Z.-R.n A. in dessen System der »Grundgesetze« erweist dieses als formal widerspruchsvoll und macht zugleich die Inkonsistenz auch weniger formal durchgeführter zeitgenössischer Ansätze zu einem mengentheoretischen Aufbau der Mathematik sichtbar.

Die seither diskutierten Auswege sind meist eher Vorschläge zur Vermeidung als zur Lösung der Antinomie. So gibt es heute verschiedene Verallgemeinerungen der Russellschen Konstruktion; andere, z. B. H. Behmann 1931, D. A. Bočvar 1944 und Russell in seinen seit 1903 entworfenen ↑Typentheorien, halten die Aussageform ›$x \in x$‹ selbst für sinnlos, da der Versuch ihrer Erklärung auf einen ↑circulus vitiosus oder zu einem ↑regressus ad infinitum führe. Besonders deutlich zeigt dies der Ansatz der Konstruktiven Mengenlehre (↑Mengenlehre, konstruktive), der keine Menge ohne Aufweis einer sie darstellenden Aussageform anerkennt: da die Elementbeziehung selbst durch

$$A(t) \Rightarrow t \in \in_x A(x)$$

eingeführt wird, ist ›$t \in M$‹ sinngleich mit ›$B(t)$‹, wenn ›$B(x)$‹ eine M darstellende Aussageform ist. Da R durch die Aussageform $B(x) \leftrightharpoons \neg(x \in x)$ dargestellt wird, wäre also der Sinn von ›$R \in R$‹ durch den der Aussage ›$B(R)$‹, und d. h. durch ›$\neg(R \in R)$‹, zu erklären, worin ›$R \in R$‹ wieder auftritt – ein offenkundiger regressus ad infinitum. – Zu anderen Versuchen, die Z.-R. A. als Spezialfall eines ganzen Typs fehlerhafter Begriffs- bzw. Klassenbildungen auszuschließen: ↑Paradoxie.

Literatur: H. Behmann, Zu den Widersprüchen der Logik und der Mengenlehre, Jahresber. Dt. Math.ver. 40 (1931), 37–48; D. A. Bočvar, К вопросу о парадоксах математической логики и теории множеств [K voprosu o paradoksach matematičeskoj logiki i teorii množestv], Mat. Sbornik NS 15 (1944), 369–384 (Zusammenfassung auf engl., 383–384); J. A. Coffa, The Humble Origins of Russell's Paradox, Russell 33–34 (1979), 31–37; I. Copilowish, The Logical Paradoxes from 1897 to 1904, Diss. Ann Arbor Mich. 1948; J. N. Crossley, A Note on Cantor's Theorem and Russell's Paradox, Australas. J. Philos. 51 (1973), 70–71; G. Frege, Grundgesetze der Arithmetik, begriffsschriftlich abgeleitet II, Jena 1903 (repr. Darmstadt, Hildesheim 1962, Hildesheim 1966, 1998), 253–265, [zusammen mit Bd. I] ed. T. Müller/B. Schröder/R. Stuhlmann-Laeisz, Paderborn 2009, 549–536; ders., Nachgelassene Schriften und Wissenschaftlicher Briefwechsel II (Wissenschaftlicher Briefwechsel), ed. G. Gabriel u. a., Hamburg 1976, 212–215 (XXXVI/2 Frege an Russell 22.6.1902); A. R. Garciadiego, Bertrand Russell y los orígenes de las ›paradojas‹ de la teoría de conjuntos, Madrid 1992 (engl. Bertrand Russell and the Origins of the Set-Theoretic ›Paradoxes‹, Basel/Boston Mass./Berlin 1992); P. T. Geach, Two Paradoxes of Russell's, J. Philos. 67 (1970), 89–97; I. Grattan-Guinness, How Bertrand Russell Discovered His Paradox, Hist. Math. 5 (1978), 127–137; K. Grelling/L. Nelson, Bemerkungen zu den Paradoxieen [sic!] von Russell und Burali-Forti, Abh. Fries'schen Schule NF 2 (1908), 301–334, Neudr. in: L. Nelson, Beiträge zur Philosophie der Logik und Mathematik. Mit einführenden und ergänzenden Bemerkungen von Wilhelm Ackermann, Paul Bernays, David Hilbert, Frankfurt 1959, Hamburg 1971, 55–77; E. R. Guthrie, The Paradoxes of Mr. Russell with a Brief Account of Their History, Lancaster Pa. 1915; E. Husserl, Beilage II (Notiz einer mündlichen Mitteilung Zermelos an Husserl [1902]), in: ders., Aufsätze und Rezensionen (1890–1910). Mit ergänzenden Texten, ed. B. Rang, The Hague/Boston Mass./London 1979 (Husserliana XXII), 399; A. D. Irvine/H. Deutsch, Russell's Paradox, SEP 1995, rev. 2016; W. C. Kneale, Russell's Paradox and Some Others, in: G. W. Roberts (ed.), Bertrand Russell Memorial Volume, London/New York 1979, 34–51; G. H. Moore, The Roots of Russell's Paradox, Russell NS 8 (1988), 46–56; ders., Paradoxes of Set and Property, REP VII (1998), 214–221; W. V. O. Quine, Russell's Paradox and Others, Technology Rev. 44 (1941), 16–17; B. Rang/W. Thomas, Zermelo's Discovery of the »Russell Paradox«, Hist. Math. 8 (1981), 15–22; B. Russell, Russell an Frege 16.6.1902, in: G. Frege, Nachgelassene Schriften und Wissenschaftlicher Briefwechsel [s. o.] II, 211–212; ders., The Principles of Mathematics, Cambridge 1903, London 2010; B. Sobociński, L'analyse de l'antinomie Russellienne par

Leśniewski, Methodos 1 (1949), 94–107, 220–228, 308–316, 2 (1950), 237–257 (engl. Leśniewski's Analysis of Russell's Paradox, in: J. T. J. Srzednicki/V. F. Rickey [eds.], Leśniewski's Systems. Ontology and Mereology, The Hague/Boston Mass./Lancaster, Breslau 1984, 11–44). C. T.

Zermelosches Axiom, ältere, schon 1905 von B. Russell und mit Bezug darauf 1906 von J. H. Poincaré verwendete und weit verbreitete Bezeichnung für das ↑Auswahlaxiom. E. Zermelo gründet 1904 seinen Beweis des Cantorschen Wohlordnungssatzes (↑Wohlordnung) auf das noch als logisches Prinzip bezeichnete Auswahlaxiom, das er aber erst für seinen ›neuen‹ Beweis des Wohlordnungssatzes explizit als Axiom formuliert. Die in der Bezeichnung ›Z. A.‹ implizierte Priorität weist Zermelo zurück, da die durch das Axiom postulierte Möglichkeit beliebiger Auswahlakte aus Mengen auch von anderen Mathematikern vor ihm vorausgesetzt wurde.

Literatur: J. L. Bell, The Axiom of Choice, SEP 2008, rev. 2015; H.-D. Ebbinghaus/V. Peckhaus, Ernst Zermelo. An Approach to His Life and Work, Berlin/Heidelberg/New York 2007, 27–112, [2]2015, 29–118 (Kap. 2 Göttingen 1897–1910); A. Kanamori, Zermelo and Set Theory, Bull. Symb. Log. 10 (2004), 487–553; P. Martin-Löf, 100 Years of Zermelo's Axiom of Choice. What Was the Problem with It?, in: S. Lindström u. a. (eds.), Logicism, Intuitionism, and Formalism. What Has Become of Them?, Dordrecht 2009 (Synthese Library 341), 209–219; G. H. Moore, Zermelo's Axiom of Choice. Its Origins, Development, and Influence, New York/Heidelberg/Berlin 1982 (repr. Mineola N. Y. 2013); J. H. Poincaré, Les mathématiques et la logique, Rev. mét. mor. 14 (1906), 294–317; B. Russell, On Some Difficulties in the Theory of Transfinite Numbers and Order Types [1905], Proc. London Math. Soc. Ser. 2, 4 (1907) (1. Lieferung 1906), 29–53, Neudr. in: ders., Essays in Analysis, ed. D. Lackey, London, New York 1973, 135–164, ferner in: G. Heinzmann (ed.), Poincaré, Russell, Zermelo et Peano. Textes de la discussion (1906–1912) sur les fondements des mathématiques: des antinomies à la prédicativité, Paris 1986, 54–78, ferner in: B. Russell, The Collected Papers V, ed. G. H. Moore, London/New York 2014, 62–89; E. Zermelo, Beweis, daß jede Menge wohlgeordnet werden kann (Aus einem an Herrn Hilbert gerichteten Briefe.), Math. Ann. 59 (1904), 514–516, [dt./engl.] in: ders., Collected Works/Gesammelte Werke I, ed. H.-D. Ebbinghaus/A. Kanamori, Heidelberg etc. 2010, 114–119 (engl. Proof that Every Set Can Be Well-Ordered, in: J. van Heijenoort [ed.], From Frege to Gödel. A Source Book in Mathematical Logic, 1879–1931, Cambridge Mass. 1967, 2002, 139–141); ders., Neuer Beweis für die Möglichkeit einer Wohlordnung, Math. Ann. 65 (1908), 107–128, [dt./engl.] in: Collected Works [s. o.] I, 120–159 (engl. A New Proof of the Possibility of a Well-Ordering, in: J. van Heijenoort [ed.], From Frege to Gödel. A Source Book in Mathematical Logic [s. o.], 183–198). V. P.

Zetetiker (von griech. ζητεῖν, suchen, untersuchen, erforschen; Suchender, Forschender), zeitgenössische griechische Bezeichnung für die unvoreingenommen und ernsthaft forschende Position der ↑Skepsis im Unterschied zur subjektiven Gewißheit des ↑Dogmatismus und zur unernsten Disputierkunst der ↑Eristik und der ↑Sophistik. M. G.

Zeug, von M. Heidegger (Sein und Zeit, Tübingen [17]1993, 66–72 [§ 15 Das Sein des in der Umwelt begegnenden Seienden]) im Rahmen seiner fundamentalontologischen (↑Fundamentalontologie) Konstitutionstheorie verwendeter Terminus zur Bezeichnung der Gegenstände der vortheoretisch erfahrenen ↑Lebenswelt (↑In-der-Welt-sein). Wegen der aus methodischen Gründen notwendigen ontologischen Neutralität der Lebensweltanalyse wird die Bezeichnung ›Ding‹ (*res*) als ungeeignet zurückgewiesen. Z. steht immer schon in der Struktureinheit einer ›Zeugganzheit‹; der Seinsmodus des lebensweltlichen Umgehens mit Z. wird von Heidegger ›Zuhandenheit‹ genannt (↑vorhanden/zuhanden). C. F. G.

Zhuang-Tse (Zhuang-Zi), ↑Chuang Tzu.

Zick-Zack-Theorie (engl. zigzag theory), von B. Russell 1906 eingeführte Bezeichnung für einen – nur grob skizzierten – Entwurf eines antinomienfreien Aufbaus der ↑Mengenlehre (↑Antinomien der Mengenlehre). Russell teilte die ihm möglich scheinenden einschlägigen Versuche auf folgende Weise ein:

»A. The zigzag theory.
B. The theory of limitation of size.
C. The no classes theory.«

(Russell 1906, 37). Trotz der Verwendung des bestimmten Artikels beziehen sich diese Stichwörter nicht auf bestimmte, etwa schon vorliegende axiomatische Systeme (↑System, axiomatisches), sondern fassen auf suggestive Weise Eigenschaften zusammen, die solche Systeme haben können und die daher ihrem Entwurf als Leitideen zugrundegelegt werden können.
In einer *no classes theory* wird auf die Annahme der Existenz von Klassen (↑Klasse (logisch)) oder ↑Mengen ganz verzichtet; Aussagen ›über‹ Mengen werden als Aussagen in einer zwar bequemen, aber doch uneigentlichen Redeweise angesehen, die überall durch ihnen äquivalente andere Aussagen ersetzt werden können, die weder Mengenterme noch Mengenvariablen enthalten. In einer *theory of limitation of size* wird nur die Existenz von Mengen angenommen, die nicht ›zu groß‹ sind (in manchen Systemen heißt dies: nicht gleichmächtig [↑Äquivalenz (von Mengen), ↑Kardinalzahl] mit der ↑Allmenge $\{x | x = x\}$; ↑Allklasse); ein solches ›extensionales‹ Kriterium für die Existenz von Mengen liegt z. B. der Zermeloschen Mengenlehre (↑Zermelo-Fraenkelsches Axiomensystem) ohne ↑Ersetzungsaxiom und in anderer Form auch den so genannten NBG-Mengenlehren (↑Neumann-Bernays-Gödelsche Axiomen-

systeme) zugrunde. In einer *zigzag theory* ist das Kriterium dagegen ›intensional‹ in dem Sinne, daß nicht der ↑Umfang des durch eine einstellige ↑Aussageform gegebenen Begriffs über die Zulassung dieser Aussageform entscheidet, sondern der Umstand, ob sie einfach und transparent aufgebaut oder aber kompliziert und dunkel (»complicated and recondite«, Russell 1906, 38) ist. Nach Meinung Russells gehören zu diesem Typ die Mengenlehren, in denen Zahlen (einem Grundgedanken des ↑Logizismus entsprechend) als Klassen von Klassen definiert werden. Moderne axiomatische Systeme der Mengenlehre, die nach Russells Schema als Z.-Z.-T.n zu klassifizieren wären, sind z. B. die von W. V. O. Quine entwickelten Systeme ML (Mathematical Logic, New York 1940, rev. 1951) und NF (New Foundations [...], 1937; ↑New Foundations-Axiomensystem). Zu den Merkmalen einer Z.-Z.-T. nach heutigem Verständnis gehört, daß es in ihr eine Menge aller Mengen gibt und ebenso eine größte Kardinalzahl (aber keine größte ↑Ordinalzahl), und daß die Komplementärmenge (↑Komplement) jeder Menge selbst wieder eine Menge ist (G. H. Moore 1982, 152).

Der Sinn der Bezeichnung ›zigzag theory‹ wird bei Russell nicht völlig klar. Wenn H. Poincaré die ›zigzagginess‹ mit den Worten »ce caractère particulier qui distingue l'argument d'Épiménide« auf die Zirkelhaftigkeit der imprädikativen (↑imprädikativ/Imprädikativität) Begriffsbildungen bezieht (Poincaré 1906, 306, bzw. 1908, 205 [dt. 1914, 172]), ist dies wohl eher eine rhetorische Wendung gegen Russells Eingeständnis, für die Prädikativität kein anderes Kriterium zu haben als die erfolgreiche Vermeidung der Antinomien (tatsächlich soll die Z.-Z.-T. imprädikative Begriffsbildungen gerade vermeiden). C. Thiel (1972, 138, Anm. 30) interpretiert Russell in enger Anlehnung an dessen Text (Russell 1906, 38) so, daß die in einer Z.-Z.-T. für die Definition einer Menge oder Klasse als ungeeignet erklärten Aussageformen $A(x)$ als diejenigen identifiziert werden, zu denen es in jeder gegebenen Klasse K Elemente gibt, für die $A(x)$ falsch ist, oder in der Komplementärklasse K' Elemente, für die $A(x)$ wahr ist (denn andernfalls wäre für beliebiges c stets $A(c)$ genau dann wahr, wenn c in K liegt, so daß $A(x)$ gerade die Klasse K bestimmen würde). Russell scheine mit dem Ausdruck ›zigzag‹ sagen zu wollen, daß man beim Durchlaufen der Elemente, die eine unzulässige Aussageform $A(x)$ erfüllen, im Zickzack zwischen den Klassen K und K' hin und her springen muß.

Literatur: K. Gödel, Russell's Mathematical Logic, in: P. A. Schilpp (ed.), The Philosophy of Bertrand Russell, Evanston Ill./New York 1944, 125–153, La Salle Ill. [5]1989, 123–153, ferner in: P. Benacerraf/H. Putnam (eds.), Philosophy of Mathematics. Selected Readings, Englewood Cliffs N. J. 1964, 211–232, Cambridge etc. [2]1983, 2004, 447–469, ferner in: ders., Collected Works II (Publications 1938–1974), ed. S. Feferman u. a., Oxford etc. 1990, 2001, 119–141; G. H. Moore, Zermelo's Axiom of Choice. Its Origins, Development, and Influence, New York/Heidelberg/Berlin 1982; H. Poincaré, Les mathématiques et la logique, Rev. mét. mor. 14 (1906), 294–317, bes. 305–307 (VIII Zigzag-Theory et Noclass-Theory) (repr. in: G. Heinzmann [ed.], Poincaré, Russell, Zermelo et Peano. Textes de la discussion (1906–1912) sur les fondements des mathématiques: des antinomies à la prédicativité, Paris 1986, 79–104), Neudr. [mit Modifikationen] in: ders., Science et méthode, Paris 1908 (repr. 1999), 2011, 203–206 (Chap. V, § VI) (dt. Wissenschaft und Methode, Leipzig/Berlin 1914 [repr. Stuttgart, Darmstadt 1973], Berlin 2003, 171–173); B. Russell, On some Difficulties in the Theory of Transfinite Numbers and Order Types [1905], Proc. London Math. Soc. Ser. 2, 4 (1907) (1. Lieferung 1906), 29–53, Neudr. in: ders., Essays in Analysis, ed. D. Lackey, London 1973, 135–164, ferner in: G. Heinzmann (ed.), Poincaré, Russell, Zermelo et Peano [s. o.], 54–78; C. Thiel, Grundlagenkrise und Grundlagenstreit. Studie über das normative Fundament der Wissenschaften am Beispiel von Mathematik und Sozialwissenschaft, Meisenheim am Glan 1972; A. Urquhart, Russell's Zigzag Path to the Ramified Theory of Types, Russell NS 8 (1988), 82–91 (4. The Zigzag Theory, 85–87); H. Wang/R. McNaughton, Les systèmes axiomatiques de la théorie des ensembles, Paris/Louvain 1953, 23–24 (Chap. V Les systèmes de la théorie des ensembles de Quine. La théorie ›en zig-zag‹). C. T.

Ziehen, Theodor, *Frankfurt 12. Nov. 1862, †Wiesbaden 29. Dez. 1950, dt. Mediziner, Psychologe und Philosoph. 1881–1885 Studium der Medizin (insbes. der Psychiatrie) in Würzburg und Berlin, danach Tätigkeit als Arzt für Psychiatrie in Görlitz und Jena, 1888 Habilitation (bei O. Binswanger) in Jena, 1900 Prof. der Psychiatrie in Utrecht, 1903 in Halle, 1904 in Berlin (als Direktor der Psychiatrischen Abteilung der Charité). 1912 Rückzug als vorwiegend philosophierender Privatgelehrter nach Wiesbaden, 1917–1930 Prof. der Philosophie (und Direktor des Psychologischen Instituts) an der Universität Halle. – In der ↑Psychologie vertritt Z. gegen die Theorie der ↑Vermögen (einschließlich der Apperzeptionstheorie W. Wundts) eine Variante der Assoziationspsychologie (↑Assoziationstheorie). Philosophisch ist er Repräsentant eines von Psychologie und Naturwissenschaften ausgehenden Positivismus (↑Positivismus (historisch)); Übereinstimmungen bestehen insbes. mit der ↑Immanenzphilosophie und dem ↑Empiriokritizismus von R. Avenarius und E. Mach. Wie diese sucht Z. metaphysische Konstruktionen und Unterscheidungen wie ›Ich – Welt‹, ›Subjekt – Objekt‹ (↑Subjekt-Objekt-Problem) und ›Innen – Außen‹ auszuschalten (↑Metaphysikkritik). Erkenntnis bestimmt Z. als »Entwicklung widerspruchsfreier Vorstellungen aus dem Gegebenen« (Erkenntnistheorie auf psychophysiologischer und physikalischer Grundlage, 1913, V–VI) (↑Gegebene, das), für dessen neutrale Elemente er den Ausdruck ›Gignomene‹ oder ›Werdnisse‹ einführt (a. a. O., 2). Den ontologischen ↑Dualismus zweier

↑Substanzen (Geist und Materie) sucht Z. durch eine doppelte Gesetzmäßigkeit (›Binomismus‹) zu ersetzen, die er als ›Kausalgesetzlichkeit‹ und ›Parallelgesetzlichkeit‹ bestimmt. Erst hinsichtlich ihrer unterschiedlichen Gesetzlichkeiten werden dann die Bereiche des Physischen und Psychischen unterschieden (↑Leib-Seele-Problem).

Einem ↑Reduktionismus, wie er sich etwa im späteren Positivismus des ↑Wiener Kreises als ↑Physikalismus findet, tritt Z. phänomenalistisch (↑Phänomenalismus) entgegen. So wendet er sich etwa gegen den Versuch, psychische Farbempfindungen auf physikalische Gegebenheiten (Wellenlängen) zu reduzieren. Zu den physischen und psychischen Gesetzmäßigkeiten kommen logische Gesetze hinzu, die den beiden anderen gemeinsam seien. Als Ziel der Erkenntnis wird ein gesetzmäßiges Weltbild angegeben, das in einen ›Nomotheismus‹ als die Identifikation Gottes mit der Gesetzmäßigkeit überhaupt mündet. Z.s Logikkonzeption ist psychologistisch (↑Psychologismus). Obwohl der Wertunterschied zwischen Richtigkeit und Falschheit für die Logik hervorgehoben wird, wird neben einer erkenntnistheoretischen und einer sprachtheoretischen auch eine psychologische Grundlegung verlangt (Lehrbuch der Logik [...], 1920, 15–16). Die logischen Gesetze werden als »allgemeinste Gesetze *alles* Gegebenen« bestimmt; die Zuordnung zu einem »besonderen dritten Reich des Logischen oder der Geltung« (im Sinne H. Lotzes, G. Freges und des werttheoretischen ↑Neukantianismus) wird ausdrücklich zurückgewiesen (Die Philosophie der Gegenwart in Selbstdarstellungen IV, 1923, 231–232). Z.s »Lehrbuch der Logik« ist wegen seiner logikhistorischen Teile noch heute von Interesse.

Werke: Leitfaden der physiologischen Psychologie in 16 Vorlesungen, Jena 1891, [12]1924 (engl. Introduction to Physiological Psychology, London 1892, London, New York [4]1909); Psychiatrie. Für Ärzte und Studierende, Berlin 1894, Leipzig [4]1911; Über den Einfluß des Alkohols auf das Nervensystem, Hildesheim 1896, Berlin [2]1904; Die Erkennung und Behandlung der Melancholie in der Praxis, Halle 1896, [2]1907; Psychophysiologische Erkenntnistheorie, Jena 1898, [2]1907; Das Verhältnis der Herbart'schen Psychologie zur physiologisch-experimentellen Psychologie, Berlin 1900, [2]1911; Über die allgemeinen Beziehungen zwischen Gehirn und Seelenleben, Leipzig 1902, [3]1912; Die Geisteskrankheiten des Kindesalters mit besonderer Berücksichtigung des schulpflichtigen Alters, I–III, Berlin 1902–1906, unter dem Titel: Die Geisteskrankheiten des Kindesalters, einschließlich des Schwachsinns und der psychopathischen Konstitutionen, I–II, Berlin 1915/1917, in einem Bd. 1917, [2]1926; Das Gedächtnis. Festrede gehalten am Stiftungstage der Kaiser-Wilhelms-Akademie für das militärärztliche Bildungswesen, 2. Dezember 1907, Berlin 1908; Die Prinzipien und Methoden der Intelligenzprüfung, Berlin 1908, [3]1911, unter dem Titel: Die Prinzipien und Methoden der Intelligenzprüfung (bei Kranken und Gesunden), [4]1918, unter dem Titel: Die Prinzipien und Methoden der Begabungs-, insbesondere der Intelligenzprüfung bei Gesunden und Kranken, [5]1923; Erkenntnistheorie auf psychophysiologischer und physikalischer Grundlage, Jena 1913, unter dem Titel: Erkenntnistheorie, I–II, 1934/1939; Zum gegenwärtigen Stand der Erkenntnistheorie. Zugleich Versuch einer Einteilung der Erkenntnistheorien, Wiesbaden 1914; Die Grundlagen der Psychologie, I–II, Berlin 1915; Die Psychologie großer Heerführer. Der Krieg und die Gedanken der Philosophen und Dichter vom ewigen Frieden, Leipzig 1916; Das Verhältnis der Logik zur Mengenlehre, Berlin 1917; Über das Wesen der Beanlagung und ihre methodische Erforschung, Langensalza 1918, [4]1929; Lehrbuch der Logik auf positivistischer Grundlage mit Berücksichtigung der Geschichte der Logik, Bonn 1920 (repr. Berlin/New York 1974); Grundlagen der Naturphilosophie, Leipzig 1922; Allgemeine Psychologie, Berlin 1923, [3]1925; Das Seelenleben der Jugendlichen, Langensalza 1923, [5]1943; Vorlesungen über Ästhetik, I–II, Halle 1923/1925; Autobiographie, in: R. Schmidt (ed.), Die Philosophie der Gegenwart in Selbstdarstellungen IV, Leipzig 1923, 219–236; Das Problem der Gesetze. Rede gehalten bei dem Antritt des Rektorats der Vereinigten Friedrichs-Universität Halle-Wittenberg am 12. Juli 1927, Halle 1927; Sechs Vorträge zur Willenspsychologie, Jena 1927; Die Grundlagen der Religionsphilosophie (Nomotheismus), Leipzig 1928; Die Grundlagen der Charakterologie, Langensalza 1930.

Literatur: F. Austeda, Z., Enc. Ph. VIII (1967), 379–380, IX ([2]2006), 884–885; O. Flügel, Z. und die Metaphysik, Langensalza 1912; H. Graewe, T. Z., Naturwiss. Rdsch. 4 (1951), 184; J. Paulsen, Untersuchungen über die psychophysiologische Erkenntnistheorie T. Z.s, Arch. f. d. gesamte Psychologie 22 (1912), 1–29, 31 (1914), 426–451; G. Schenk/R. Meyer, Beförderer der Logik. Gerhard Stammler, Karl Goswin Uphues und T. Z., Halle 2002 (Philosophisches Denken in Halle Abt. III/2.2); dies. (eds.), Erkenntnistheoretische Problemstellungen von Psychologen. Carl Friedrich Stumpf, T. Z., Hermann Ebbinghaus, Halle 2011 (Philosophisches Denken in Halle Abt. III/6); M. Ulrich, Der Z.sche Binomismus und sein Verhältnis zur Philosophie der Gegenwart, Kant-St. 25 (1920), 366–395. – Z., in: B. Jahn (ed.), Biographische Enzyklopädie deutschsprachiger Philosophen, München 2001, 467–468. G. G.

Ziel (engl. goal), im allgemeinen Bezeichnung für einen ↑Sachverhalt, dessen Eintreten durch ↑Handlungen herbeigeführt werden soll. Terminologisch besteht dabei kein festgelegter Unterschied zwischen Z.en und ↑Zwekken. Allein die häufige Bestimmung des Zweckbegriffs über die Zweck-Mittel-Relation (engl. means-end relation) läßt eine Unterscheidung zwischen Z.en und Zwekken in dem Sinne zu, daß von Zwecken erst dann geredet werden kann, wenn auch die ↑Mittel zu ihrer Erreichung angegeben werden, während dies für Z.e nicht erforderlich ist. Insbes. dann, wenn die angestrebten Sachverhalte nicht schon inhaltlich beschrieben werden können, sondern erst hinsichtlich der Prinzipien ihrer Organisation charakterisiert sind – z. B. wenn mit ihnen gerechte (↑Gerechtigkeit) Zustände, wahre (↑Wahrheit) Meinungen oder ein gutes Leben (↑Leben, gutes) dargestellt sein sollen –, wird man eher von Z.en, für deren Erreichung man nicht auch schon die Mittel anzugeben weiß, als von Zwecken reden.

Literatur: ↑Zweck. O. S.

Ziffer (mittellat. cifra, von arab. sifr, Null, zu safira, leer sein; bis ins 19. Jh. war cifra = Null; engl. digit, numeral), in der Mathematik synonym mit ↑›Zahlzeichen‹ verwandt, in der Mathematischen Logik (↑Logik, mathematische) Bezeichnung für eine kanonische Darstellung natürlicher Zahlen. Die natürlichen Zahlen erfahren in formalen Systemen (↑System, formales, ↑Vollformalismus) der ↑Arithmetik eine kanonische Darstellung mittels der ↑Individuenkonstante ›**0**‹ und dem Funktionskonstantenzeichen (↑Konstante) für den ↑Nachfolger, meist ›′‹ oder ›S‹ (von engl. successor). Man definiert rekursiv (↑Definition, rekursive) und notiert durch Überstrich: $\overline{0} \leftrightharpoons \mathbf{0}$, $\overline{n+1} \leftrightharpoons \overline{n}'$ (bzw. $S\overline{n}$), also z.B. $\overline{4} = \mathbf{0}''''$ (bzw. SSSS**0**). Diese Zeichenfolgen nennt man nach D. Hilbert/P. Bernays ›Z.n‹ (*numeral*). Ihre Bedeutung rührt daher, daß der Beweis vieler Sätze der ↑Metamathematik nur im Rückgriff auf diese Notation möglich ist.

Literatur: D. Hilbert/P. Bernays, Die Grundlagen der Mathematik, I–II, Berlin 1934/1939, Berlin/Heidelberg/New York [2]1968/1970. B. B.

Zimmermann, Robert von, *Prag 2. November 1824, †Prag 31. August 1898, österr. Philosoph. 1840 Universitätsstudium in Prag, ab 1844, nach Übersiedlung mit dem Vater Johann August Zimmermann (1793–1869) nach Wien, ebendort Fortsetzung des Studiums der Philosophie, Mathematik, Physik, Chemie und Astronomie, 1846 Promotion zum Dr. phil. an der Universität Wien, 1847–1849 Adjunkt an der Wiener Universitätssternwarte, 1849 Habilitation für Philosophie. 1849–1852 a.o. Prof. in Olmütz, 1852–1861 o. Prof. in Prag, 1861–1896 o. Prof. in Wien. 1886/1887 Rektor der Universität Wien, 1889 Gründung der Grillparzer-Gesellschaft und 1890–1898 deren Obmann, 1896 Verleihung des Adelstitels ›Edler von‹.

Bereits ab 1842 veröffentlichte Z. literarische Arbeiten. In seinen beiden ersten philosophischen Buchveröffentlichungen (1847 und 1849) befaßte er sich mit G. W. Leibnizens Monadologie (↑Monadentheorie) und verglich sie mit der Philosophie von J. F. Herbart. Er übernahm eine Reihe von logischen und metaphysischen Lehren B. Bolzanos und befolgte dabei dessen ausdrücklichen Wunsch, ihn als Quelle dieser Lehren unerwähnt zu lassen. Bolzano kannte Z. schon von Kindheit an, da Z.s Vater Bolzanos Vorlesungen besucht hatte und ihm bis zu dessen Lebensende freundschaftlich verbunden blieb. Von Bolzanos Angebot, ohne Angabe seines Namens Lehren aus seinen Schriften zu übernehmen, machte Z. besonders ausgiebig bei Abfassung seines zweibändigen Lehrbuchs »Philosophische Propaedeutik für Obergymnasien« (1852/1853) Gebrauch, in dessen zweitem Teil über Formale Logik er manche Passagen aus Bolzanos »Wissenschaftslehre« mehr oder weniger wörtlich ohne Angabe des Verfassers übernahm. Bereits in der 2. Auflage (1860) und noch mehr in der 3. Aufl. (1867) wandte sich Z. jedoch von Bolzanos Logik ab und der Philosophie von Herbart zu. Den wertvollen mathematischen Nachlaß Bolzanos übernahm Z. nach dessen Tod, ließ ihn aber unbearbeitet.

Als selbständige philosophische Schriften Z.s erschienen außer der »Propaedeutik« seine Antrittsvorlesungen an den Universitäten von Olmütz (1850), Prag (1852) und Wien (1861) sowie seine Inaugurationsrede als Rektor der Universität Wien (1886). Sein Hauptinteresse galt der Ästhetik (↑ästhetisch/Ästhetik), über die er ein zweibändiges Werk mit einem historischen (1858) und einem systematischen Teil (1865) veröffentlichte, gefolgt von zwei Bänden mit »Studien und Kritiken zur Philosophie und Ästhetik« (1870). Z.s »Ästhetik als Formwissenschaft« hatte maßgeblichen Einfluß auf E. Hanslicks Lehre »Vom Musikalisch-Schönen« (Leipzig 1854). 1882 veröffentlichte Z. noch seine »Anthroposophie im Umriss«. – Neben diesen Buchpublikationen entfaltete Z. eine reichhaltige Publikationstätigkeit zu philosophischen Themen in Fachorganen und Lexika wie Meyers Konversations-Lexikon, 3. Aufl. (I–XV, 1874–1878, XVI [Erg.- u. Registerbd.] 1880), für das er die meisten wichtigen philosophischen Artikel verfaßte. Umfangreiche Rezensionstätigkeit (mit weit über 1.000 Besprechungen) zu philosophischen Themen sowie zu Themen aus Literatur und bildender Kunst.

Werke: Ueber Leibnitz' und Herbart's Theorieen des wirklichen Geschehens. Eine Abhandlung zur Geschichte des Monadismus, in: G. W. Leibniz, Monadologie. Deutsch mit einer Abhandlung [...], Wien 1847, 33–202; Leibnitz und Herbart. Eine Vergleichung ihrer Monadologien. Eine von der königl. dänischen Gesellschaft der Wissenschaften zu Kopenhagen am 1. Jänner 1848 gekrönte Preisschrift, Wien 1849; Ueber den wissenschaftlichen Charakter und die philosophische Bedeutung Bernhard Bolzano's, Sitz.ber. kaiserl. Akad. Wiss., philos.-hist. Cl. 3 (1849), 163–174, separat Wien 1849; Über die jetzige Stellung der Philosophie auf der Universität. Eine Antrittsvorlesung. Gehalten am 15. April 1850, Olmütz 1850; Was erwarten wir von der Philosophie? Ein Vortrag beim Antritt des ordentlichen Lehramts der Philosophie an der Prager Hochschule, gehalten am 26. April 1852, Prag 1852; Philosophische Propaedeutik für Obergymnasien, I–II, Wien 1852/1853, erw. unter dem Titel: Philosophische Propaedeutik. Prolegomena, Logik, empirische Psychologie. Zur Einleitung in die Philosophie, [2]1860, [3]1867, [Auszug] unter dem Titel: Philosophische Propädeutik für Obergymnasien. Zweite Abtheilung. Formale Logik, Wien 1853 (Nr. 1–149), in: E. Winter (ed.), R. Z.s philosophische Propädeutik und die Vorlagen aus der Wissenschaftslehre Bernard Bolzanos [s.u., Lit.], 37–107; Aesthetik, I–II (I Historisch-kritischer Theil. Geschichte der Aesthetik als philosophischer Wissenschaft, II Systematischer Theil. Allgemeine Aesthetik als Formwissenschaft), Wien 1858/1865 (repr. Hildesheim/New York 1972, 1973); Philosophie und Erfahrung. Eine Antrittsrede. Gehalten am 15. April 1861, Wien 1861; Studien und Kritiken zur Philosophie und Aesthetik, I–II (I Zur Philosophie, II Zur Aesthetik), Wien 1870; Anthroposophie im Umriss. Entwurf eines Systems idealer Weltansicht auf realistischer Grundlage, Wien 1882. – E. Morscher, Bibliographie, in: ders., R. Z. – der Vermittler von Bolzanos Gedankengut? [s. u., Lit.], 193–220.

Literatur: T. Borgard, Immanentismus und konjunktives Denken. Die Entstehung eines modernen Weltverständnisses aus dem strategischen Einsatz einer ›psychologia prima‹ (1830–1880), Tübingen 1999, 301–311 (Dritter Teil II.1 Ästhetik als ›objektive Wissenschaft‹ bei Z.); C. Landerer, Eduard Hanslick und Bernard Bolzano. Ästhetisches Denken in Österreich in der Mitte des 19. Jahrhunderts, Sankt Augustin 2004 (Beitr. z. Bolzano-Forschung XVII); E. Morscher, R. Z. – der Vermittler von Bolzanos Gedankengut? Zerstörung einer Legende, in: H. Ganthaler/O. Neumaier (eds.), Bolzano und die österreichische Geistesgeschichte, Sankt Augustin 1997 (Beitr. z. Bolzano-Forschung VI), 145–236; B. Münz, Z., ADB XLV (1900), 294–299; G. Payzant, Hanslick on the Musically Beautiful. Sixteen Lectures on the Musical Aesthetics of Eduard Hanslick, Christchurch 2002, 129–142 (Chap. 16 Eduard Hanslick and R. Z.); L. Wiesing, Die Sichtbarkeit des Bildes. Geschichte und Perspektiven der formalen Ästhetik, Reinbek b. Hamburg 1997, Frankfurt/New York 2008, bes. 25–54, 269–272 (Kap. I Die Anfänge der formalen Ästhetik. R. Z. (1824–1898)) (franz. La visibilité de l'image. Histoire et perspectives de l'esthétique formelle, Paris 2014, bes. 39–70 [Chap. 1 Les débuts de l'esthétique formelle. R. Z. (1824–1898)]; engl. The Visibility of the Image. History and Perspectives of Formal Aesthetics, London etc. 2016, bes. 15–38 [Chap. 1 The Beginnings of Formal Aesthetics. R. Z. (1824–1898)]); E. Winter (ed.), R. Z.s philosophische Propädeutik und die Vorlagen aus der Wissenschaftslehre Bernard Bolzanos. Eine Dokumentation zur Geschichte des Denkens und der Erziehung in der Donaumonarchie, Wien 1975 (Sitz.ber. Österr. Akad. Wiss., philos.-hist. Kl. 299, 5). – Z., in: B. Jahn (ed.), Biographische Enzyklopädie deutschsprachiger Philosophen, München 2001, 469. E. M.

Zirkel (von lat. circulus, Kreis; engl. compass, pair of compasses, franz. compas), Bezeichnung für ein Zeichengerät zur Konstruktion von Kreisen. Ein Z. besteht im allgemeinen aus zwei Schenkeln, die mit einem Kopfscharnier in jeder Spreizlage eingestellt werden können, um so Kreise mit entsprechenden Radien zu konstruieren. In der ↑Euklidischen Geometrie ist der Z. als Konstruktionsinstrument durch das 3. Postulat ausgezeichnet, wonach man um jeden Mittelpunkt und mit jedem Abstand den Z. schlagen kann. Nach Platon ist allein die Konstruktionsmethode mit Z. und Lineal zulässig, um die geometrische Idealität von den Bewegungsproblemen der ↑Physik zu unterscheiden. Damit ergeben sich seit der Antike die drei klassischen Probleme der Konstruktion mit Z. und Lineal: (1) das ↑Delische Problem der Würfelverdopplung, (2) die Winkeldreiteilung und (3) die ↑Quadratur des Kreises. Erst mit den Methoden der ↑Algebra konnte gezeigt werden, daß diese Probleme mit Z. und Lineal prinzipiell nicht gelöst werden können. Zur Lösung wurden kinematische (↑Kinematik) Näherungsverfahren benutzt, die zur Entdeckung neuer Kurven wie der Kegelschnitte führten. R. Descartes sprach von ›nouveaux cercles‹, um algebraisch klassifizierbare Kurven kinematisch zu erzeugen (↑Geometrie, analytische). Noch heute sind Sonderformen von Z.n wie Ellipsen-Z. und Hyperbel-Z. als Zeichengeräte in Gebrauch, um mit Kurven- oder Gelenkgetrieben Kegelschnitte und ähnliche Kurven zu zeichnen.

In der Geschichte der praktischen Geometrie wurde das Konstruktionsprinzip des Z.s für praktische Meß- und Rechengeräte verwendet, so im antiken Pompeji bereits der Doppelzirkel (Abb. 1), bei dem die Z.schenkel über den Drehpunkt hinaus verlängert sind. Als Reduktionszirkel erlaubt er die Zurückführung (Reduktion) von Strecken in demselben Verhältnis auf entsprechend vergrößerte oder verkleinerte Strecken. Sein mathematisches Prinzip beruht auf dem 2. Strahlensatz ähnlicher Dreiecke: Wenn die vier Spitzen des Z.s mit A, B, C, D bezeichnet werden und das Längenverhältnis der kurzen zu den langen Z.schenkeln $m : n$ beträgt, so gelten die Proportionen

$$AB : CD = AS : DS = BS : CS = m : n.$$

In Abb. 1 ist $m = 1$ und $n = 4$.

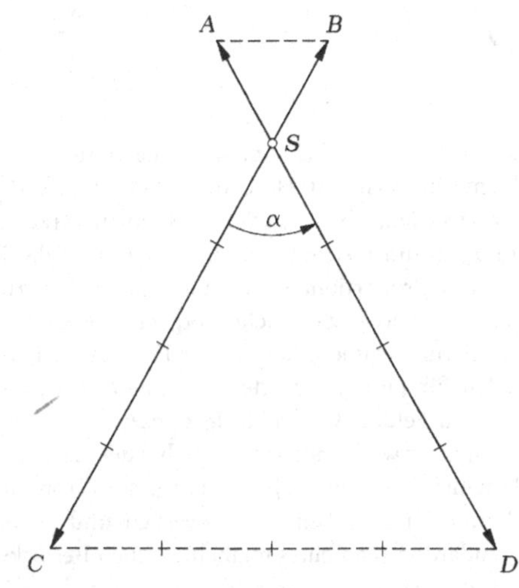

Abb. 1

Anstelle von verschiedenen Reduktionszirkeln für verschiedene Teilverhältnisse wurden in der ↑Renaissance bereits Z. mit verschiebbarem Scheitelpunkt für beliebige Teilverhältnisse gebaut. Einen solchen universellen Reduktionszirkel zeichnete Leonardo da Vinci im Codex Atlanticus (Bl. 248r, 375r). Im 16. Jh. wurde der Proportionalzirkel entwickelt, um dem Benutzer durch Ablesbarkeit der jeweiligen Proportionen mühevolle Rechenarbeit zu ersparen. Wie beim Z. handelte es sich um zwei gegeneinander drehbare Schenkel, die allerdings gleichmäßig breit waren und nicht wie bei einem Stechzirkel spitz zuliefen. Wegen der mechanischen Lösung von Proportionsproblemen wurde das Gerät ›Proportionalzirkel‹ genannt. Auf den beiden flachen Schenkeln waren Linien aufgetragen, die die Funktionswerte bestimmter Funktionen darstellten. Das mathematische Prinzip beruhte wie im Falle des Reduktionszirkels auf dem 2. Strahlensatz: Ist A der Drehpunkt und sind B und C bzw. B_1 und C_1 einander entsprechende Punkte auf den beiden Schenkeln in jeweils gleichem Abstand von A, so gilt $AB : BC = AB_1 : B_1C_1$:

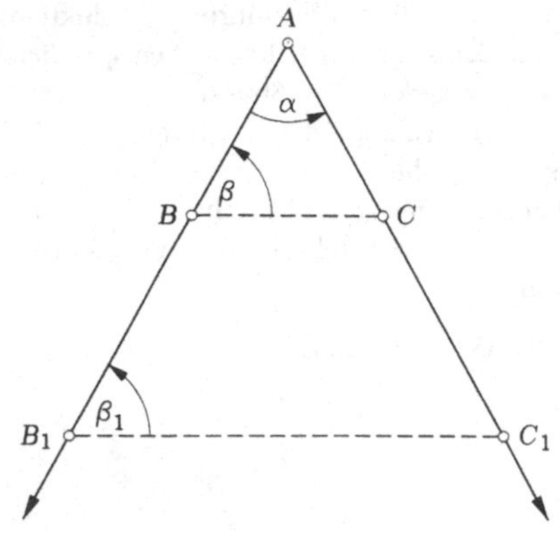

Abb. 2

Sind also drei Größen bekannt, kann die vierte Proportionale mechanisch mit Hilfe des Proportionalzirkels gefunden werden. Als G. Galilei 1606 seinen »Tractatus de proportionum instrumento« herausgab und die Erfindung des Proportionalzirkels für sich in Anspruch nahm, gab es bereits zahlreiche Vorgänger. Als universelles Recheninstrument konnte der Proportionalzirkel bei Skalen für Funktionswerte bestimmter Funktionen nicht nur zu Feldmeß- und Navigationszwecken eingesetzt werden, er wurde auch zum Symbol der angewandten Mathematik. Bis ins 18. Jh. fand er große Verbreitung und Anwendung zu Unterrichtszwecken und gehörte zum Standardbestand eines mathematischen Bestecks.

Literatur: G. Adams, Geometrische und graphische Versuche [...], ed. P. Damerow/W. Lefèvre, Darmstadt 1985; M. Folkerts/E. Knobloch/K. Reich (eds.), Maß, Zahl und Gewicht. Mathematik als Schlüssel zu Weltverständnis und Weltbeherrschung, Weinheim 1989 (Ausstellungskataloge der Herzog August Bibliothek 60), Wiesbaden ²2001; K. Mainzer, Geschichte der Geometrie, Mannheim/Wien/Zürich 1980; A. Rohde, Die Geschichte der wissenschaftlichen Instrumente vom Beginn der Renaissance bis zum Ausgang des 18. Jahrhunderts, Leipzig 1923; I. Schneider, Der Proportionalzirkel. Ein universelles Analogrecheninstrument der Vergangenheit, München 1970; M. R. Williams/E. Tomash, The Sector. Its History, Scales, and Uses, IEEE Ann. Hist. Computing 25 (2003), 34–47; E. Zinner, Deutsche und niederländische astronomische Instrumente des 11. bis 18. Jahrhunderts, München 1956, erw. ²1967, 1979. K. M.

Zirkel, hermeneutischer (auch: Zirkel des Verstehens), Bezeichnung für den Zusammenhang zwischen (1) Textelementen und Textganzem sowie (2) zwischen Textbedeutung und ↑Vorverständnis. Der Begriff des h.n Z.s wird in der Texthermeneutik und im Rahmen der Erkenntnis- und Wissenschaftstheorie verwendet.

(1) *Intratextueller Zirkel:* Die Relation von Elementen eines Textes und dem Textganzen wird als ein wechselseitiges Bedingungsverhältnis aufgefaßt, das durch die beiden folgenden Aussagen bestimmt ist: (a) Die Bedeutung des Gesamttextes T bestimmt die Bedeutungen der Teile $P_1, \ldots, P_n$. (b) Die Bedeutungen der Teile $P_1, \ldots, P_n$ bestimmen die Bedeutung des Gesamttextes T. Der Anschein einer zirkulären (↑zirkulär/Zirkularität) Charakterisierung der Problemlage durch die unverträglichen Aussagen (a) und (b) verschwindet in der folgenden Umformulierung: (a*) Die Antizipation der Bedeutung des Gesamttextes T bestimmt die Bedeutungszuschreibungen zu den Teilen $P_1, \ldots, P_n$. Die Annahmen über die Bedeutung des zu lesenden Textes, das Vorwissen, die Hypothesen lenken die Interpretation der Einzelteile des Textes. (b*) Die sukzessiven Bedeutungszuschreibungen zu den Teilen $P_1, \ldots, P_n$ bestimmen die Bedeutung des Gesamttextes T. Der Schritt von (a) und (b) zu (a*) und (b*) zeigt, daß der intratextuelle h. Z. kein ↑circulus vitiosus ist.

(2) *Text-Kontext-Zirkel:* Ein Interpret erschließt die Textbedeutung auf der Grundlage seines Vorverständnisses. Dabei sind insbes. linguistisches Wissen (Kenntnis der Sprache des Autors) und historisches Wissen (Lebensumstände und Intentionen des Autors) relevant. Die Interpretation ist insofern zirkulär, als dieses Wissen dem Interpreten in der Regel nur durch Texte des Autors oder andere zu interpretierende Gegenstände zugänglich ist und das Vorverständnis nicht restlos kritisch geprüft werden kann. Während F. Ast, der als erster Theoretiker des h.n Z.s gilt, den Text-Kontext-Zirkel behandelt (Grundlinien der Grammatik, Hermeneutik und Kritik, Landshut 1808, 178–192), thematisiert F. D. E. Schleiermacher beide Zirkel-Modelle, wobei er von einem ›scheinbaren Kreise‹ spricht, um deutlich zu machen, daß es sich beim h.n Z. um kein fehlerhaftes Verfahren handelt (Hermeneutik und Kritik, ed. M. Frank, Frankfurt 1977, 97). – Als ein wissenschaftstheoretisches Problem der ↑Geisteswissenschaften behandelt W. Dilthey den Text-Kontext-Zirkel im Rahmen seiner Überlegungen zu den Bedingungen des ↑Verstehens (Ges. Schriften V, 334, VII, 145, XIX, 446 Anm. 554). Ein Problem ist der h. Z. deshalb, weil der Interpret dem Interpretandum nur solche Bedeutungen zuschreiben kann, die ihm von seinem eigenen historischen Kontext her zugänglich sind. Zirkulär droht die Interpretation zu werden, weil insbes. im Falle der Interpretation historischer Gegenstände nicht auszuschließen ist, daß bestimmte Bedeutungen des Interpretandums ausgeblendet bleiben. Die ↑Fundamentalontologie M. Heideggers

bestimmt dann den h.n Z. als Vollzugsform des ↑Daseins (Sein und Zeit, Tübingen 1972, 152–153). Die Auffassung, derzufolge die Abhängigkeit einzelner Verstehensakte von vorgängigen Orientierungen ein epistemologisches Problem darstellt, wird bei Heidegger als Verkennung einer grundlegenden ›Vor-Struktur‹ des Verstehens verworfen. Die philosophische ↑Hermeneutik H.-G. Gadamers übernimmt die Heideggersche Konzeption des h.n Z.s in wesentlichen Stücken.

Wissenschaftstheoretisch relevant ist der h. Z. insofern, als er die komplexen Vorbedingungen von Interpretations- und Erklärungsleistungen thematisiert. Hier ergeben sich Konvergenzen mit Überlegungen der Wissenschaftstheorie zur ↑Theoriebeladenheit von Beobachtungen, zur Kontextabhängigkeit wissenschaftlicher Theoriebildung, zur Bedeutung von Hintergrundwissen und Formen nicht-propositionalen Wissens (›know-how‹). In jüngerer Zeit wurden in methodologischer Absicht unterschiedliche Modelle einer Spirale der Interpretation entworfen, die dem Umstand Rechnung tragen, daß gelungene Interpretationen einen Zuwachs an Wissen und Verständnis herbeiführen.

Literatur: J. F. Bohman, Holism without Skepticism. Contextualism and the Limits of Interpretation, in: D. R. Hiley/J. F. Bohman/R. Shusterman (eds.), The Interpretive Turn. Philosophy, Science, Culture, Ithaca N. Y./London 1991, 1994, 129–154; J. Bolten, Die hermeneutische Spirale, Poetica 17 (1985), 355–371; R. Bontekoe, Dimensions of the Hermeneutic Circle, Atlantic Highlands N. J. 1996; H. W. Enders, Unabschließbare Interpretationen, Dettelbach 1997; H.-G. Gadamer, Vom Zirkel des Verstehens, in: G. Neske (ed.), Martin Heidegger zum siebzigsten Geburtstag. Festschrift, Pfullingen 1959, 24–34, Neudr. in: ders., Kleine Schr. IV, Tübingen 1977, 54–61, ferner in: ders., Ges. Werke II, Tübingen 1986, [2]1993, 1999, 57–65; ders., Heideggers Aufdeckung der Vorstruktur des Verstehens, in: ders., Wahrheit und Methode. Grundzüge einer philosophischen Hermeneutik, Tübingen 1960, 250–256, [5]1986 (= Ges. Werke I), [7]2010, 270–276; A. Graeser, Das hermeneutische ›als‹. Heidegger über Verstehen und Auslegung, Z. philos. Forsch. 47 (1993), 559–572; D. C. Hoy, The Critical Circle. Literature, History, and Philosophical Hermeneutics, Berkeley Calif./Los Angeles/London 1978, 1982; W. Iser, The Range of Interpretation, New York 2000; J. Llewelyn, Beyond Metaphysics? The Hermeneutic Circle in Contemporary Continental Philosophy, Atlantic Highlands N. J. 1985; P. Lorenzen, Logik und Hermeneutik, in: ders., Konstruktive Wissenschaftstheorie, Frankfurt 1974, 11–21; C. Mantzavinos, Hermeneutics, SEP 2016; A. Mones, Jenseits von Wissenschaft oder: Die Diakrise des hermeneutischen Zirkels, Bonn 1995; S. Rosen, Squaring the Hermeneutical Circle, Rev. Met. 44 (1990/1991), 707–728; P. Skúlason, Le cercle du sujet dans la philosophie de Paul Ricœur, Paris etc. 2001; D. W. Smith, The Circle of Acquaintance. Perception, Consciousness, and Empathy, Dordrecht/Boston Mass./London 1989; G. Soffer, Gadamer, Hermeneutics, and Objectivity in Interpretation, Praxis International 12 (1992/1993), 231–268; W. Stegmüller, Der sogenannte Zirkel des Verstehens, in: K. Hübner/A. Menne (eds.), Natur und Geschichte. X. Deutscher Kongreß für Philosophie, Kiel 8.–12. Oktober 1972, Hamburg 1973, 21–46, Neudr. [erw.] unter dem Titel: Walther von der Vogelweides Lied von der Traumliebe und Quasar 3 C 273. Betrachtungen zum sogenannten Zirkel des Verstehens und zur sogenannten Theoriebeladenheit der Beobachtungen, in: ders., Rationale Rekonstruktion von Wissenschaft und ihrem Wandel, Stuttgart 1979, 1986, 27–86 (engl. Walther von der Vogelweide's Lyric of Dream-Love and Quasar 3C 273. Reflections on the So-Called ›Circle of Understanding‹ and on the So-Called ›Theory-Ladenness‹ of Observations, in: J. M. Connolly/T. Keutner [eds.], Hermeneutics versus Science? Three German Views. Essays, Notre Dame Ind. 1988, 102–152); K. Stierle, Für eine Öffnung des h.n Z.s, Poetica 17 (1985), 340–354; D. Teichert, Zirkel und Spirale, in: ders., Erfahrung, Erinnerung, Erkenntnis. Untersuchungen zum Wahrheitsbegriff der Hermeneutik Gadamers, Stuttgart 1991, 154–158; ders., Z., h., Hist. Wb. Ph. XII (2004), 1339–1344. D. T.

Zirkeldefinition (lat. ↑idem per idem), eine ↑Definition, bei der das Definiendum bereits im Definiens enthalten ist (↑zirkulär/Zirkularität).

Zirkelschluß, ↑circulus vitiosus.

zirkulär/Zirkularität (von lat. circulus, Kreis), Bezeichnung für einen allgemeinen Fehler bei der Einführung von ↑*Begriffen*, der ↑Begründung von ↑*Behauptungen* und dem Einsatz von *Verfahren*, die sich in diesem Prozeß bereits auf das angestrebte Ergebnis stützten. Das Auftreten von Z.en nimmt dem Ergebnis im Allgemeinen seine Aussagekraft und Bedeutsamkeit. Bei der Einführung von Begriffen greift eine z.e Definition auf den zu definierenden Begriff zurück. Ein Beispiel ist: ›Quadrat‹ bedeutet ›ebene Figur in der Gestalt eines Quadrats‹. Die von z.en Definitionen durchlaufenen Zirkel können dabei mehrere Schritte besitzen: ›Verlogenheit‹ bedeutet ›Mangel an Ehrlichkeit‹; ›Mangel an Ehrlichkeit‹ bedeutet ›Unaufrichtigkeit‹; ›Unaufrichtigkeit‹ bedeutet ›Verlogenheit‹. In diesem z.en Dreischritt wird letztendlich Verlogenheit durch Verlogenheit definiert.

Bei einer z.en Begründung (Zirkelschluß; ↑petitio principii [engl. begging the question]) wird die ↑Konklusion des Arguments als eine seiner ↑Prämissen herangezogen. Entsprechend wird die Gültigkeit der Konklusion im Prozeß der Argumentation bereits vorausgesetzt und nicht mehr begründet. Berühmt ist Molières satirische Charakterisierung medizinischer Kausalerklärungen als z.: der Grund für die schlafbringende Wirkung des Opiums liegt in seiner Virtus dormitiva (Le Malade imaginaire, 3. Akt, 3. Szene). Ein anderes Beispiel ist D. Humes Argumentation gegen die empirische Stützung des Induktionsprinzips (↑Induktion). Eine solche Stützung verwiese darauf, daß induktive Schlüsse in vielen Fällen zutreffende Resultate geliefert hätten und daß dies daher auch in Zunkunft zu erwarten sei. Daß der vergangene Erfolg den künftigen Erfolg begründet, stützt sich auf die Voraussetzung, daß die Zukunft der Vergangenheit entspricht. Wollte man diese Voraussetzung ihrerseits durch

Erfahrung beweisen, »muß man sich offenbar im Kreise drehen und das für erwiesen halten, was ja gerade in Frage steht« (Eine Untersuchung über den menschlichen Verstand, Stuttgart 1976, 54). Der Zirkelschluß wird nicht selten als ↑›Fehlschluß‹ bezeichnet, aber tatsächlich ist er als logischer Schluß gültig. Dabei wird nämlich aus einer Prämisse p (meist zusammen mit anderen Annahmen) auf p als Konklusion geschlossen (also im Kern $p \Rightarrow p$). Der Mangel einer z.en Begründung besteht darin, daß sie keine guten Gründe für die Konklusion bereitstellt, sondern diese Konklusion nur wiederholt.

Bei einem z.en Verfahren werden Resultate vorausgesetzt, die sich allein aus einer erfolgreichen Anwendung dieses Verfahrens gewinnen lassen. Philosophisch relevant ist ein solches Z.sargument gegen die empirische Auszeichenbarkeit starrer Körper (↑Körper, starrer). Solche Körper oder Maßstäbe behalten bei Transport ihre Länge unveränderlich bei. Um Starrheit empirisch zu ermitteln, ist ein zweiter Maßstab erforderlich, dessen Länge bei Transport mit dem ersten verglichen wird. Allerdings begründet deren anhaltende Übereinstimmung die Starrheit des zu prüfenden Maßstabs nur dann, wenn der Vergleichsmaßstab selbst starr ist. Die Auszeichnung eines Maßstabs als starr setzt also bereits einen starren Maßstab voraus (↑Zuordnungsdefinition). Das Verfahren ist z..

Neben die Verfahrenszirkularität tritt als Variante der infinite Regreß (↑regressus ad infinitum), bei dem ein Verfahren unabschließbar ist und damit zwangsläufig ergebnislos bleibt. Bezogen auf den Fall des starren Maßstabs wird die Starrheit des Vergleichsmaßstabs nicht einfach unterstellt (wie in der z.en Variante), sondern selbst als prüfungsbedürftig angesehen. Die Prüfung der Starrheit des Vergleichsmaßstabs bedarf dann eines weiteren Maßstabs, dessen Starrheit durch einen zusätzlichen Maßstab geprüft werden muß und so fort ad infinitum. Generell gesprochen und Begründungszirkel einschließend entsteht der infinite Regreß entsprechend häufig dann, wenn die bei einem z.en Argument unzulässig vorausgesetzte Prämisse selbst zum Gegenstand der Prüfung gemacht wird. Eine solche Erweiterung des Prüfungshorizonts führt dann nicht zu aussagekräftigen Ergebnissen. Vielmehr beinhaltet ein solcher Regreß die Vorschrift, vor jedem Schritt zunächst einen weiteren zu tun. Ein solcher Regreß schreitet daher gleichsam folgenlos voran. Regreßargumente werden deshalb stets in kritischer Absicht verwendet. Eine Behauptung soll durch den Aufweis untergraben werden, daß sie in einen infiniten Regreß führt (vgl. J. Rosenberg, Philosophieren, Frankfurt 1986).

Ein Beispiel für eine Kombination von Z.s- und Regreßargument ist H. Alberts ↑Münchhausen-Trilemma, das die universelle Begründungsverpflichtung als Rationalitätsprinzip ad absurdum führen soll. Eine Begründung verlangt stets die Angabe eines Grundes, auf den sie sich stützt. Dieser Grund bedarf aber selbst wiederum einer Begründung. Für diese Begründung kann entweder dieser Grund selbst erneut herangezogen werden (Z.), es können in unabschließbarer Folge weitere Gründe genannt werden (infiniter Regreß), oder es wird an einer Prämisse grundlos festgehalten (Dogmatismus). Das Argument soll entsprechend verdeutlichen, daß sich eine universelle Begründungsverpflichtung selbst aufhebt. Albert selbst suchte eine Lösung dieses Trilemmas durch die Empfehlung, Behauptungen nicht nach ihren Gründen, sondern nach ihren Konsequenzen zu beurteilen.

Literatur: T. Bowell/G. Kemp, Critical Thinking. A Concise Guide, London/New York 2002, [4]2015; B. F. Porter, The Voice of Reason. Fundamentals of Critical Thinking, Oxford etc. 2002; G. W. Rainbolt/S. L. Dwyer, Critical Thinking. The Art of Argument, Boston Mass. 2012, [2]2015; J. F. Rosenberg, The Practice of Philosophy. A Handbook for Beginners, Englewood Cliffs N. J. 1978, Upper Saddle River N. J. etc. [3]1996 (dt. Philosophieren. Ein Handbuch für Anfänger, Frankfurt 1986, [6]2009); W. C. Salmon, Logic, Englewood Cliffs N. J. 1963, [3]1984 (dt. Logik, Stuttgart 1983, 2015). M. C.

Zivilisation (von lat. civis, Bürger; engl. civilization, franz. civilisation), Begriff der Soziologie, Kulturtheorie und Philosophie mit wechselnder und unscharfer Bedeutung. ›Z.‹ kommt als Neologismus zu Beginn des 18. Jhs. in England und Frankreich zur Bezeichnung der Umwandlung eines Strafprozesses in einen Zivilprozeß in Gebrauch. In der 2. Hälfte des 18. Jhs. setzt sich im Zusammenhang mit der Entstehung einer fortschrittsorientierten (↑Fortschritt) ↑Geschichtsphilosophie zunächst in Frankreich, dann auch in Großbritannien und den Vereinigten Staaten eine Neuverwendung zur Bezeichnung eines gegenüber den früheren (insbes. auf die Agrikultur und die individuelle Selbstbildung bezogenen) Wortbedeutungen umfassenderen Begriffs der ↑Kultur durch. Im Deutschen wird die Bezeichnung ›Kultur‹ für den in gleichem Sinne erweiterten Begriff zunächst weitgehend beibehalten (Ausnahme unter anderem J. G. Herder). Über ihren engeren Begriffsinhalt hinaus drückt sich in ›Kultur‹ bzw. ›Z.‹ ein mit starken Überlegenheitsgefühlen gegenüber nicht-europäischen Kulturen verbundenes Selbstbewußtsein aus, demgegenüber soziale und nationale Unterschiede zweitrangig sind. Erst im Kontext der erstarkenden europäischen Nationalismen und insbes. des 1. Weltkriegs gibt es (speziell in Deutschland) Differenzierungsversuche zwischen ›Kultur‹ und ›Z.‹, die die jeweiligen Gegner bezüglich der in diesen Begriffen eingeschlossenen Wertkomponenten als inferior ausgrenzen sollen. – Anders als ursprünglich ›Kultur‹ wird Z. in der Regel nicht Individuen, sondern Kollektiven wie Völkern oder auch der gesamten Menschheit zugesprochen und bezieht sich vor allem auf

eine Entwicklungsdynamik zum (auch moralisch) Besseren. Diese weitgehende Koppelung an den Fortschrittsbegriff verbindet sich in Frankreich ansatzweise schon im 18. Jh. mit nationalistischen Tendenzen.
Im 19. Jh. wird ›Z.‹ zum einen, in der Nachfolge Herders, gleichbedeutend mit ›Kultur‹ verwendet, zum anderen finden sich unterschiedliche Differenzierungsversuche zwischen beiden Begriffen (unscharfe Ansätze bereits bei I. Kant und W. v. Humboldt). Für J. H. Pestalozzi z. B. ist ›Z.‹ der Gegenbegriff zu ›Kultur‹, insofern das Tierische im Menschen durch die Z. noch weiter ausgebildet werde. Die Entgegensetzung von ›Kultur‹ und ›Z.‹ in Deutschland während des 1. Weltkriegs und nach ihm erfolgt dann in ganz anderer Weise. ›Kultur‹ findet z. B. T. Mann wesentlich auf der deutschen Seite, und zwar als »Geschlossenheit, Stil, Form, Haltung, Geschmack, (…) geistige Organisation der Welt«, wogegen Z. als »Vernunft, Aufklärung, Sänftigung, Sittigung, Skeptisierung, Auflösung, – Geist« auf der Seite der Westalliierten zu finden sei (Gedanken im Kriege, Die Neue Rundschau 25 [1914], 1471). Überhaupt steht ›Z.‹ in dieser Zeit vielfach für Internationalismus. Für O. Spengler hingegen stellt Z. in einem zyklischen Modell der Kulturentwicklung (↑Zyklentheorie) – unabhängig von nationalen Antagonismen – die Erstarrungsphase jeder Kultur, auch der abendländischen dar. Das Abendland insgesamt befinde sich gegenwärtig in der Phase der Z.. Später wird ›Z.‹ gelegentlich eingeengt auf die Bedeutung ›äußere Gesittung‹ und ›verfeinerte Lebensweise‹.
Im heutigen Sprachgebrauch wird Z. (1) als derjenige Teilbereich der Kultur verstanden, der vor allem technische Fertigkeiten und deren Erzeugung, Akkumulation und Anwendung zum Ziel hat. Der Begriff der Z. verliert in diesem Kontext – parallel zum Fortschrittsbegriff – häufig jene positiven Konnotationen, die ihm ursprünglich eigen waren (›Z.skritik‹). (2) Im Anschluß an N. Elias (1939) wird ›Z.‹ im Sinne einer verfeinerten, sublimierten Lebensweise verwendet, die sich als Resultat eines langen historischen Prozesses rational gelenkter Affektbeherrschung herausgebildet habe, (3) in Anpassung an den englischen Sprachgebrauch zunehmend in gleicher Bedeutung wie ›Kultur‹, wie z. B. in ›Z. des Westens‹.

Literatur: A. Al-Azmeh, Civilization, IESBS III (2001), 1903–1909; A. Arjomand/E. A. Tiryakian (eds.), Rethinking Civilizational Analysis, London/Thousand Oaks Calif./New Delhi 2004; G. Bollenbeck, Z., Hist. Wb. Ph. XII (2004), 1365–1379; S. Breuer, Z., EP III (^{2}2010), 3110–3113; N. Elias, Über den Prozeß der Z.. Soziogenetische und psychogenetische Untersuchungen, I–II, Basel 1939, Frankfurt ^{20}1997, Berlin 1997 (= Ges. Schr. III), Frankfurt 2010 (franz. [Bd. I] La civilisation des mœurs, Paris 1973, 1991, [Bd. II] La dynamique de l'occident, Paris 1976, 1991; engl. The Civilizing Process, I–II, Oxford 1978/1982, mit Untertitel: Sociogenetic and Psychogenetic Investigations, Oxford/Malden Mass. 2000, 2010, in 1 Bd. unter dem Titel: On the Process of Civilisation. Sociogenetic and Psychogenetic Investigations, Dublin 2012 [= The Collected Works III]); L. Febvre u. a., Civilisation, le mot et l'idée. Discussions, Paris 1930; J. Fisch, Z., Kultur, in: O. Brunner/W. Conze/R. Koselleck (eds.), Geschichtliche Grundbegriffe. Historisches Lexikon zur politisch-sozialen Sprache in Deutschland VII, Stuttgart 1992, 2004, 679–774; F. W. Graf, Z., RGG VIII (^{4}2005), 1888–1891; M. Hinz, Der Z.sprozess. Mythos oder Realität? Wissenschaftssoziologische Untersuchungen zur Elias-Duerr-Kontroverse, Opladen 2002; P. Imbusch, Moderne und Gewalt. Z.stheoretische Perspektiven auf das 20. Jahrhundert, Wiesbaden 2005; B. Mazlish, Civilization and Its Contents, Stanford Calif. 2004; J. Moras, Ursprung und Entwicklung des Begriffs der Z. in Frankreich. 1756–1830, Hamburg 1930; J. Niedermann, Kultur. Werden und Wandlungen des Begriffs und seiner Ersatzbegriffe von Cicero bis Herder, Florenz 1941; J. Rundell (ed.), Classical Readings in Culture and Civilization, London/New York 1998; A. Treibel/H. Kuzmics/R. Blomert (eds.), Z.stheorie in der Bilanz. Beiträge zum 100. Geburtstag von Norbert Elias, Opladen 2000; C. Wilson, Civilization and Oppression, Calgary 1999. G. W.

Zocher, Rudolf, *Großenhain b. Dresden 7. Juli 1887, †Erlangen 30. Juni 1976, dt. Philosoph. Nach Studium der klassischen Philologie, Germanistik, Philosophie, der Naturwissenschaften und Medizin in München, Kiel, Berlin und Freiburg 1921 Promotion bei H. Rickert in Heidelberg. 1921–1924 Fortsetzung des Studiums in Jena und Erlangen. 1925 Habilitation in Erlangen; 1926–1934 (nicht beamteter) Privatdozent, 1934 a.o. Prof., 1939 apl. Prof., ab 1954 o. Prof. in Erlangen. – Z. wendet sich nach Arbeiten zur Lehre vom ↑Urteil und einer kritischen Analyse der ↑Phänomenologie E. Husserls dem Problem einer philosophischen Grundlehre zu. Diese soll, obwohl in Fortführung geltungstheoretischer Ansätze des neukantianischen ↑Kritizismus (↑Neukantianismus) als vorontologisch konzipiert, zur Grundlegung einer ontologischen Sachlehre dienen und dadurch einen Ausgleich der konkurrierenden philosophischen Richtungen der ›Neuen Ontologie‹ (N. Hartmann) und des Kritizismus auf höherer Ebene herbeiführen. Bedeutend sind Z.s Beiträge zur Kantinterpretation und zur Aktualisierung Kantischer und neukantianischer Problemstellungen, vor allem der Frage, welche Fassung dem Begriff der Transzendentalität (↑transzendental, ↑Transzendentalphilosophie) bei der heutigen Problemlage gegeben werden müsse, um die Philosophie in einer transzendentalen Theorie fundieren zu können. Einflußreich auf die philosophische Forschung sind ferner Z.s Analysen von Grundbegriffen des Kantischen Systems, Detailarbeiten zur Erkenntnistheorie und Metaphysik bei G. W. Leibniz sowie Studien zur ↑Geschichtsphilosophie und zum Problem der Wirklichkeitserkenntnis, vor allem der Konstituierung von Empirie sowohl für die natürliche ↑Erfahrung (in der ›Tatwelt‹) als auch für die positiven Wissenschaften.

Werke: Die objektive Geltungslogik und der Immanenzgedanke. Eine erkenntnistheoretische Studie zum Problem des Sinnes,

Tübingen 1925; Husserls Phänomenologie und Schuppes Logik. Ein Beitrag zur Kritik des intuitionistischen Ontologismus in der Immanenzidee, München 1932; Geschichtsphilosophische Skizzen, I–II, Heidelberg 1933/1934 (repr. in 1 Bd. Nendeln 1979); Die philosophische Grundlehre. Eine Studie zur Kritik der Ontologie, Tübingen 1939; Zur Problemlage der theoretischen Philosophie, Sitz.ber. physikal.-medizin. Soz. Erlangen 72 (1940/1941), 145–160; Tatwelt und Erfahrungswissen. Eine Voruntersuchung zur Philosophie der Wirklichkeit und der empirischen Wissenschaften, Reutlingen, Wurzbach 1948; Leibniz' Erkenntnislehre, Berlin 1952; Kants transzendentale Deduktion der Kategorien, Z. philos. Forsch. 8 (1954), 161–194; Philosophie in Begegnung mit Religion und Wissenschaft, München/Basel 1955; Zu Kants transzendentaler Deduktion der Ideen der reinen Vernunft, Z. philos. Forsch. 12 (1958), 43–58; Kants Grundlehre. Ihr Sinn, ihre Problematik, ihre Aktualität, Erlangen 1959; Der Doppelsinn des Kantischen Apriori, Z. philos. Forsch. 17 (1963), 66–74; Der Doppelsinn der Kantischen Ideenlehre. Eine Problemstellung, Z. philos. Forsch. 20 (1966), 222–226.

Literatur: W. Arnold/H. Zeltner (eds.), Tradition und Kritik. Festschrift für R. Z. zum 80. Geburtstag, Stuttgart-Bad Cannstatt 1967 (mit Bibliographie, 351–352); T. W. Rogg, Die Fundierung der Metaphysik in der Philosophie R. Z.s, Aachen 1995; C. Schorcht, Philosophie an den bayerischen Universitäten 1933–1945, Erlangen 1990, bes. 101–116. C. T.

Zöllner, Johann Karl Friedrich, *Berlin 8. Nov. 1834, †Leipzig 24. April 1882, dt. Physiker und Astronom. Ab 1855 Studium der Physik und anderer Naturwissenschaften in Berlin, 1859 Promotion in Basel, 1865 Habilitation in Leipzig, 1866 a.o. Prof., 1872 o. Prof. der ›physikalischen Astronomie‹ in Leipzig. – Z. gehört zu den Begründern der Astrophysik, vor allem der Astrophotometrie. Als erfolgreicher Experimentator konstruierte er ein Astrophotometer, ein ›Reversionsspektroskop‹ (zur Einführung eines von E. Mach angeregten Meßverfahrens zur Bestimmung der Radialgeschwindigkeit von Gestirnen) und ein ebenes Pendel. Z. befaßte sich ferner mit Zusammenhängen zwischen den Spektren des Nordlichts, Fragen der Sonnentheorie (Sonnenflecken und Sonnenprotuberanzen), dem Olbersschen Paradox (Frage, warum der Nachthimmel dunkel ist) und dem Energieprinzip. Gegen H. v. Helmholtz und R. Clausius vertritt er die Geltung des elektrodynamischen Grundgesetzes von W. E. Weber (1804–1891; Principien einer elektrodynamischen Theorie der Materie, 1876). Nach ihm benannt ist die so genannte Z.sche Täuschung: Parallelen mit jeweils parallelen schrägen Querstrichen erscheinen als divergent bzw. konvergent, selbst wenn nur eine der Parallelen mit parallelen Querstrichen versehen ist (s. Abb.).

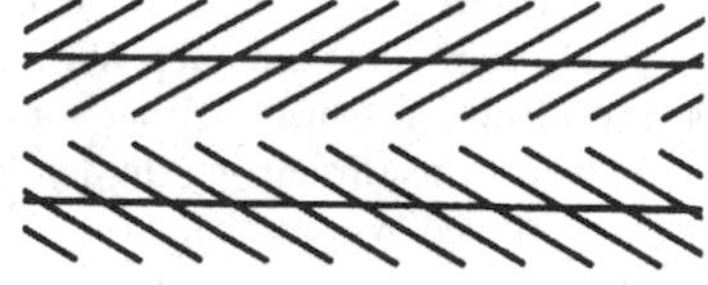

Abb.: Z.sche Täuschung.

Spiritualistische (↑Spiritualismus) Studien, mit denen sich Z. ab 1875 befaßte, führten ihn in die wissenschaftliche Isolierung. Er faßt die reale Welt als vierdimensional auf, was ihm zugleich als der Beweis der Existenz einer ›transzendenten‹ Welt und spiritistischer Erscheinungen (entsprechende Arbeiten in: Wissenschaftliche Abhandlungen, I–IV, 1878–1881) gilt. An spiritistischen Versuchen Z.s nahmen auch E. H. Weber (1795–1878), der Begründer der ↑Psychophysik, und G. T. Fechner teil.

Werke: Photometrische Untersuchungen. Insbesondere über die Licht-Entwicklung galvanisch glühender Platindrähte, Diss. Basel 1859; Grundzüge einer allgemeinen Photometrie des Himmels, Berlin 1861, Frankfurt 2002 (Ostwalds Klassiker d. exakten Wiss. 291); Theorie der relativen Lichtstärke der Mondphasen, Leipzig 1865 [Habilitationsschrift]; Photometrische Untersuchungen mit besonderer Rücksicht auf die physikalische Beschaffenheit der Himmelskörper, Leipzig 1865; Über die universelle Bedeutung der mechanischen Principien. Academische Antrittsvorlesung gehalten in der Aula der Universität Leipzig am 15. December 1866, Leipzig 1867; Über die Natur der Cometen. Beiträge zur Theorie und Geschichte der Erkenntniss, Leipzig 1872, [3]1886; Principien einer elektrodynamischen Theorie der Materie, Leipzig 1876; Wissenschaftliche Abhandlungen, I–IV (in fünf Bdn.), Leipzig 1878–1881 (engl. [Teilübers. v. Bd. III] Transcendental Physics. An Account of Experimental Investigations, London 1880, Boston Mass. 1881, [4]1901); Das Skalen-Photometer. Ein neues Instrument zur mechanischen Messung des Lichtes, nebst Beiträgen zur Geschichte und Theorie der mechanischen Photometrie, Leipzig 1879; Über den wissenschaftlichen Missbrauch der Vivisection. Mit historischen Documenten über die Vivisection von Menschen, Leipzig 1880, [2]1885; Das deutsche Volk und seine Professoren. Eine Sammlung von Citaten ohne Commentar. Zur Aufklärung und Belehrung des deutschen Volkes zusammengestellt, Leipzig 1880; Naturwissenschaft und christliche Offenbarung. Populäre Beiträge zur Theorie und Geschichte der vierten Dimension, Leipzig 1881, Gera 1886; Erklärung der universellen Gravitation aus den statischen Wirkungen der Elektricität und die allgemeine Bedeutung des Weber'schen Gesetzes, Leipzig 1882, [2]1886; Beiträge zur deutschen Judenfrage mit akademischen Arabesken als Unterlage zu einer Reform der deutschen Universitäten, ed. M. Wirth, Leipzig 1894; Vierte Dimension und Okkultismus. Aus den »Wissenschaftlichen Abhandlungen« ausgewählt und herausgegeben v. R. Tischner, Leipzig 1922; Ein eigenhändiger Lebenlauf von K. F. Z. aus dem Jahre 1864, ed. D. B. Herrmann, Berlin-Treptow 1974 (Mitteilungen d. Archenhold-Sternwarte Berlin-Treptow XCVII). – J. Hamel, Bibliographie der Schriften von K. F. Z., Berlin-Treptow 1982 (Veröffentlichungen d. Archenhold-Sternwarte Berlin-Treptow X).

Literatur: F. Habash, Z., in: T. Hockney (ed.), The Biographical Encyclopedia of Astronomers II, New York 2007, 1266–1277; J. Hamel, K. F. Z.. Versuch einer Analyse seiner philosophischen Position, Berlin-Treptow 1977 (Mitteilungen d. Archenhold-Sternwarte Berlin-Treptow CXXIX); D. B. Herrmann, Z., DSB XIV (1976), 627–630; ders., K. F. Z., Leipzig 1982 (Biographien hervorragender Naturwissenschaftler, Techniker u. Mediziner LVII); ders., Z., in: D. Hoffmann u. a. (eds.), Lexikon der bedeutenden Naturwissenschaftler III, München 2004, 498–499; F. Koerber, K. F. Z.. Ein deutsches Gelehrtenleben, Berlin 1899; C. Meinel, K. F. Z. und die Wissenschaftskultur der Gründerzeit. Eine Fallstudie zur Genese konservativer Zivilisationskritik, Berlin 1991; K. Staubermann, Astronomers at Work. A Study of the Replicability of 19th Century Astronomical Practice, Frankfurt 2007; C. Sterken, K. F. Z. and the Historical Dimension of Astronomical Photometry. A Collection of Papers on the History of Photometry, Brüssel 2000; R. Thiele, Fechner und Z.. Die Einschränkung der realen Welt auf Mathematik und ihre Erweiterung in eine Geisterwelt. Ein Vergleich zweier Raumauffassungen, in: U. Fix (ed.), Fechner und die Folgen außerhalb der Naturwissenschaften. Interdisziplinäres Kolloquium zum 200. Geburtstag Gustav Theodor Fechners, Tübingen 2003, 67–111; M. Wirth, F. Z.. Ein Vortrag, zum Gedächtniss gehalten im Akademisch-Philosophischen Verein zu Leipzig, am 4. Mai 1882, Leipzig 1882. J. M.

Zornsches Lemma, Bezeichnung für ein von M. Zorn 1935 allgemein formuliertes ↑Theorem der ↑Mengenlehre. Dieses besagt: wenn eine nicht-leere Menge M durch eine Relation R partiell geordnet wird (↑Ordnung) und jede R-Kette eine obere R-Schranke in M besitzt, dann gibt es in M mindestens ein R-maximales Element. Dabei heißt eine Teilmenge M' von M eine ›R-Kette‹, wenn für je zwei Elemente x und y von M' entweder xRy oder yRx gilt; ein Element x von M heißt ›obere R-Schranke‹ einer Teilmenge M' von M, wenn für alle y in M' gilt, daß yRx; und ein Element x in M heißt ›R-maximal‹, wenn es kein von x verschiedenes y in M gibt mit xRy.

Das Z. L. wurde in einer spezielleren Form zuerst von C. Kuratowski formuliert und bewiesen, bevor es von Zorn wiederentdeckt wurde. Vor dem Hintergrund der üblichen Axiome der Mengenlehre (↑Mengenlehre, axiomatische) ist es mit dem ↑Auswahlaxiom äquivalent. Unter den vielen Äquivalenten des Auswahlaxioms (z. B. Wohlordnungsprinzip [↑Wohlordnung], Hausdorff-Birkhoffscher Maximalkettensatz, Teichmüller-Tukeyscher Maximalmengensatz) zeichnet sich das Z. L. als besonders nützliches Hilfsmittel in mathematischen Beweisen aus.

Literatur: P. Bernays/A. A. Fraenkel, Axiomatic Set Theory, Amsterdam 1958, New York 1991; P. J. Campbell, The Origin of Zorn's Lemma, Hist. Math. 5 (1978), 77–89; K. J. Devlin, Fundamentals of Contemporary Set Theory, Berlin/Heidelberg/New York 1979; H.-D. Ebbinghaus, Einführung in die Mengenlehre, Darmstadt 1977, Heidelberg etc. [4]2003; U. Felgner, Untersuchungen über das Z. L., Compositio Math. 18 (1967), 170–180; A. A. Fraenkel/Y. Bar-Hillel/A. Levy, Foundations of Set Theory, Amsterdam/London 1958, [2]1973; U. Friedrichsdorf/A. Prestel, Mengenlehre für den Mathematiker, Braunschweig/Wiesbaden 1985; P. R. Halmos, Naive Set Theory, Princeton N. J. 1960, New Delhi 2013 (dt. Naive Mengenlehre, Göttingen 1968, [5]1994); J. Harper/J. Rubin, Variations of Zorn's Lemma, Principles of Cofinality, and Hausdorff's Maximal Principle I (Set Forms), Notre Dame J. Formal Logic 17 (1976), 565–588; T. J. Jech, The Axiom of Choice, Amsterdam/London/New York 1973, Mineola N. Y. 2008; ders., About the Axiom of Choice, in: J. Barwise (ed.), Handbook of Mathematical Logic, Amsterdam/New York/Oxford 1977, [10]2006, 345–370; C. Kuratowski, Une méthode d'élimination des nombres transfinis des raisonnements mathématiques, Fund. Math. 3 (1922), 76–108; G. H. Moore, Zermelo's Axiom of Choice. Its Origins, Development and Influence, New York/Heidelberg/Berlin 1982, Mineola N. Y. 2013; H. Rubin/J. E. Rubin, Equivalents of the Axiom of Choice II, Amsterdam/New York/Oxford 1963, erw. [2]1985; J. R. Shoenfield, Mathematical Logic, Reading Mass. etc. 1967, Natick Mass. 2001; P. Suppes, Axiomatic Set Theory, Princeton N. J. etc. 1960, New York 1972; M. Zorn, A Remark on Method in Transfinite Algebra, Bull. Amer. Math. Soc. 41 (1935), 667–670; weitere Literatur: ↑Auswahlaxiom. H. R.

zufällig/Zufall (engl. accidental/accident, auch: contingent/contingency, random/randomness; franz. fortuit/hasard, auch: accidentel), in der ↑Alltagssprache ist ›z.‹ eine Bezeichnung für ↑Ereignisse, die nicht notwendig (↑notwendig/Notwendigkeit) oder ohne erkennbaren Grund oder unbeabsichtigt eintreten. Entsprechend bezeichnet ›Z.‹ in aristotelischer Tradition eine Eigenschaft, die einem Gegenstand nicht notwendig zukommt (↑Akzidens). In der Aristotelischen Physik sind z. B. heiß und kalt z.e Eigenschaften, die Wassermengen oder Tieren in bestimmten Grenzen zukommen können, ohne den Zustand des Flüssig- bzw. Lebendigseins zu beeinflussen. In der Logik wird ›Z.‹ seit Aristoteles als modallogischer (↑Modallogik) Terminus verwendet, der eine mögliche (↑möglich/Möglichkeit), aber nicht notwendige Aussage bezeichnet (↑kontingent/Kontingenz).

In der ↑Wahrscheinlichkeitstheorie wird Z. im Anschluß an Jak. Bernoulli zunächst durch Hinweis auf einen physikalischen Vorgang wie das Werfen einer fairen Münze charakterisiert. Die dabei entstehende Folge aus 0 (›Kopf‹) und 1 (›Wappen‹) ist mehr oder weniger unregelmäßig. R. M. v. Mises schlägt 1919 vor, Z. unabhängig von physikalischen Vorgängen mathematisch durch die Unregelmäßigkeit einer unendlichen 0-1-Folge zu definieren. Danach heißt eine unendliche 0-1-Folge $x_1, x_2, \ldots$ ›z.‹ (oder ein ›Kollektiv‹), wenn der ↑Grenzwert

$$\lim_{n\to\infty} \frac{x_1 + \ldots + x_n}{n}$$

der relativen Häufigkeiten des Auftretens von 1 (a) gleich 1/2 ist und (b) sich nicht ändert, wenn man vermöge einer Auswahlregel zu einer Teilfolge $x_{m_1}, x_{m_2}, \ldots$ übergeht, d. h., daß auch $(x_{m_1} + \ldots + x_{m_n})/n$ für $n \to \infty$ gegen 1/2 strebt. V. Mises' Definition von Z. erweist sich jedoch als ungeeignet, da J. Ville 1939 zu jedem abzählbaren System von Auswahlregeln eine (a) und (b) erfüllende 0-1-Folge mit $(x_1 + \ldots + x_n)/n \geq 1/2$ $(n = 1, 2, \ldots)$ angeben kann, die 1 bevorzugt. Bereits seit Kolmogorovs Axiomatisierung von 1933 (Kolmogorov-Axiome; ↑Wahrscheinlichkeitstheorie) setzt sich der Ansatz durch, Wahrscheinlichkeitstheorie als angewandte Maß-

theorie zu treiben, d. h., nicht mehr von einzelnen Z.sfolgen, sondern von Mengen von Folgen auszugehen.
Unter dem Eindruck der ↑Algorithmentheorie und der ↑Maschinentheorie greift Kolmogorov 1965 das Problem der Z.sfolge erneut auf und charakterisiert ihre Unregelmäßigkeit durch maschinelle Komplexität. Unregelmäßige endliche 0-1-Folgen (›Worte‹) bedürfen nämlich eines komplexeren Programmierungsaufwandes als regelmäßige. Die Komplexität eines endlichen 0-1-Wortes wird durch die minimale Länge eines Maschinenprogramms definiert, das eine ↑Turing-Maschine zum Ausdrucken des Wortes benötigt. Der Versuch, die Kolmogorovsche Komplexität endlicher Wörter zur Definition der Zufälligkeit unendlicher 0-1-Folgen zu benutzen, scheitert jedoch, da in jeder unendlichen 0-1-Folge x_1, x_2, ... die Komplexität $K(x_1,\ldots,x_n)$ immer wieder beträchtlich unter n sinkt, d. h., es gibt unendlich viele Abschnitte von beträchtlicher Regelmäßigkeit. Daher wird von P. Martin-Löf vorgeschlagen, als ›z.‹ solche unendlichen 0-1-Folgen zu bezeichnen, die einen universellen wahrscheinlichkeitstheoretischen Sequentialtest bestehen. Dann läßt sich beweisen, daß z.e 0-1-Folgen, so definiert, nicht Turing-berechenbar sind.
In den Naturwissenschaften wird ›Z.‹ im Gegensatz zu kausal determinierten und voraussagbaren bzw. berechenbaren Ereignissen verstanden (↑Determinismus, ↑Kausalität). In der klassischen Physik wird von einem vollständig determinierten Naturgeschehen ausgegangen. Daher sind dort gewisse Arten von Z. ausgeschlossen; nur epistemische Zufälligkeit in Abhängigkeit vom Kenntnisstand eines Beobachters ist zugelassen. So erscheinen z. B. die Bewegungen einzelner Atome in einem Gasgemisch z., sind aber nach klassischer Auffassung vollständig determiniert. Ihre Eigenschaften werden durch ›Z.svariablen‹ quantifiziert.
Eine Z.svariable (↑Wahrscheinlichkeitstheorie) ist eine numerische ↑Funktion X, die jedem Element ω einer Ergebnismenge Ω (also jedem möglichen ›Ergebnis‹ eines wiederholbaren Z.sexperimentes, z. B. der Augenzahl eines Würfels) eine Zahl $X(\omega)$ zuordnet (z. B. einen beim Wurf der betreffenden Augenzahl auszuzahlenden Gewinn). Auf derselben Ergebnismenge Ω können mehrere Z.svariablen definiert sein (z. B. Gewicht, Geschwindigkeit und Rotationsenergie von Gasmolekülen). Ihre ↑Linearkombinationen, Produkte und Verhältnisse ergeben wieder Z.svariablen. Allgemein ist eine Funktion mit Z.svariablen als Argumenten (↑Argument (logisch)) wieder eine Z.svariable. Häufig ist eine Z.svariable nicht ↑diskret, d. h., sie kann kontinuierliche Werte annehmen. Kommt z. B. eine auf einer Ebene liegende Nadel, die um eine Achse drehbar ist, bedingt durch ihre Reibung zur Ruhe, läßt sich ihre Endlage als Z.svariable auffassen, die durch den jeweiligen Drehwinkel festgelegt ist. Z.svariablen können voneinander unabhängig (↑unabhängig/Unabhängigkeit (von Ereignissen)) sein wie die Augenzahlen zweier idealer Würfel. In diesem Falle ist die Verbundwahrscheinlichkeit das Produkt der Wahrscheinlichkeiten für die einzelnen Würfel (↑Wahrscheinlichkeit). Für nicht voneinander unabhängige Z.svariablen wird der Grad ihrer Unabhängigkeit durch den Grad ihrer ↑Korrelation gemessen.
Im Unterschied zur Zufälligkeit eines Ereignisses, das durch ein festes Wahrscheinlichkeitsmaß gemessen wird, ändert sich bei stochastischen Prozessen das Wahrscheinlichkeitsmaß mit der Zeit. Ein einfaches Beispiel für eine Z.sbewegung ist der Lauf einer Kugel in einem Glücksspielautomaten (Abb. 1), bei dem die Wahrscheinlichkeit $P(s,n)$ nach n Schritten und s Bewegungen nach rechts an den jeweiligen Hindernissen (Bewegungen nach links werden negativ gezählt) auf eine Binomialverteilung führt.

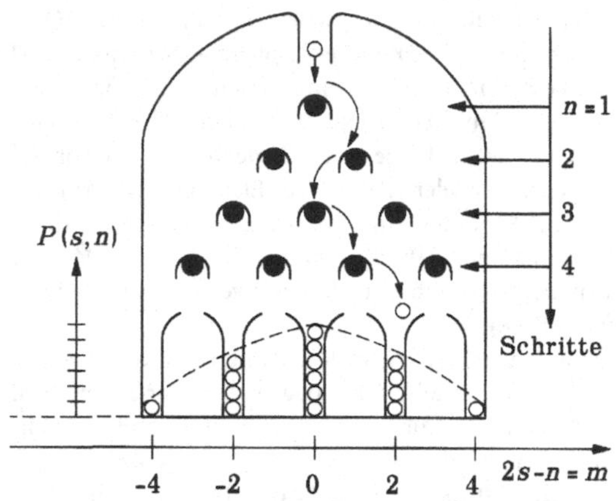

Abb. 1 (nach H. Haken [3]1990, 83)

Ein zentrales Beispiel für einen physikalischen Z.sprozeß ist die Brownsche Bewegung, die ein kleines Teilchen in einer Flüssigkeit unter dem Mikroskop beschreibt. Abb. 2 zeigt verschiedene Realisationen einer Brownschen Bewegung, bei denen ein Teilchen z. entlang einer Kette hüpft und zu den Zeiten $t_1, \ldots, t_n$ in n zugehörigen Positionen $m_1, \ldots, m_n$ angetroffen wird.
Falls das Teilchen eines Z.sprozesses zu den Zeiten $t_1, \ldots, t_{n-1}$ auf den Positionen $m_1, \ldots, m_{n-1}$ angetroffen wird, bezeichnet $P(m_n,t_n \mid m_{n-1},t_{n-1}; \ldots; m_1,t_1)$ die zugehörige bedingte Wahrscheinlichkeit (↑Wahrscheinlichkeitstheorie), das Teilchen zum Zeitpunkt t_n in der Position m_n anzutreffen. Bei einer Brownschen Bewegung hängt die bedingte Wahrscheinlichkeit für die Endposition m_n nur von der Wahrscheinlichkeitsverteilung zur Zeit t_{n-1}, nicht aber von irgendeiner früheren Zeit ab. Allgemein werden Z.sprozesse mit dieser Eigenschaft auch ›Markov-Prozesse‹ (↑Markov, A. A., 1856–1922) genannt.

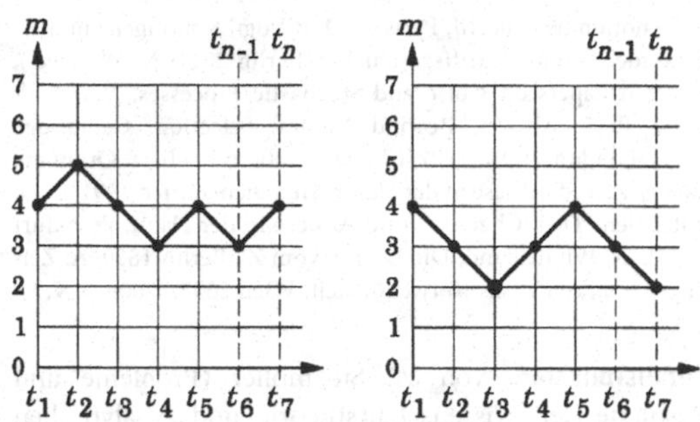

Abb. 2 (nach H. Haken [3]1990, 88)

Um die zeitliche Veränderung einer Wahrscheinlichkeitsverteilung während eines Z.sprozesses zu berechnen, wird in der Statistischen Physik die so genannte Master-Gleichung hergeleitet. Allgemein sei dazu ein System durch diskrete Variablen beschrieben, die zu einem Vektor $\underline{m}$ zusammengefaßt sind. Anschaulich läßt sich ein Teilchen betrachten, das sich in einem 3-dimensionalen Gitter bewegt (Abb. 3). Die Wahrscheinlichkeit $P(\underline{m},t)$, das System zur Zeit t am Punkt $\underline{m}$ anzutreffen, nimmt zu durch Übergänge von anderen Punkten $\underline{m}'$ zu dem betrachteten Punkt $\underline{m}$; sie nimmt ab durch Übergänge, die aus $\underline{m}$ herausführen. Daher wird $P(\underline{m},t)$ durch die Differenz aus der Rate von Übergängen hinein zu $\underline{m}$ und der Rate heraus aus $\underline{m}$ bestimmt. Da sich die Rate von Übergängen hinein zu $\underline{m}$ aus allen Raten von Übergängen von den Ausgangspunkten $\underline{m}'$ nach $\underline{m}$ zusammensetzt, besteht sie aus der Summe dieser Raten über alle Anfangspunkte. Jeder einzelne Term ist gegeben durch die Wahrscheinlichkeit, das Teilchen am Punkt $\underline{m}'$ zu finden, multipliziert mit der Übergangswahrscheinlichkeit $w(\underline{m},\underline{m}')$ pro Zeiteinheit für den Übergang von $\underline{m}'$ nach $\underline{m}$. Entsprechend findet man die Rate von herausgehenden Übergängen. Dann folgt die Master-Gleichung

$$\dot{P}(\underline{m},t) = \sum_{\underline{m}'} w(\underline{m},\underline{m}')\, P(\underline{m}',t) - P(\underline{m},t) \sum_{\underline{m}'} w(\underline{m}',\underline{m})$$

mit den Übergangsraten $w(\underline{m},\underline{m}')$ bzw. $w(\underline{m}',\underline{m})$. Die Master-Gleichung ist von fachübergreifender Bedeutung für alle Z.sprozesse der Physik, Chemie, Biologie, Ökonomie und Sozialwissenschaften.

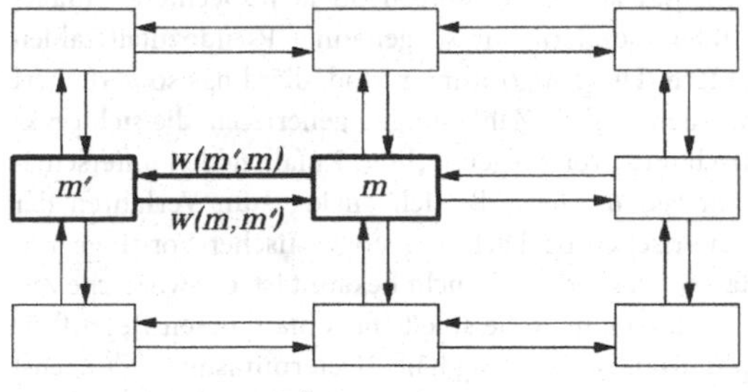

Abb. 3 (nach H. Haken [3]1990, 98)

Deterministische Prozesse können von geringsten Z.sfluktuationen der ↑Anfangsbedingungen abhängig sein, wenn die entsprechenden ↑Bewegungsgleichungen nicht-linear sind. So können nach den nicht-linearen ↑Differentialgleichungen des Meteorologen E. Lorenz geringste lokale Z.sschwankungen wie z. B. der Flügelschlag eines Schmetterlings (›Schmetterlingseffekt‹) die globale Wetterlage völlig verändern, obwohl die Zustandstrajektorien des Wetters mathematisch eindeutig determiniert sind (↑Chaostheorie). In solchen deterministisch-chaotischen Systemen beeinflußt also der Z. zukünftige Entwicklungen auf Grund der Sensibilität gegenüber geringsten Veränderungen von Anfangsbedingungen. Demgegenüber gibt es für Quantensysteme (↑Quantentheorie) keine eindeutig determinierten Bewegungsbahnen, da nach der Heisenbergschen ↑Unschärferelation Ort und ↑Impuls nicht gleichzeitig mit beliebiger Genauigkeit gemessen und nur Erwartungswahrscheinlichkeiten vorausberechnet werden können. Der Z., der mit diesen statistischen Verfahren in die Naturbeschreibung kommt, ist aber nicht auf die unvollständige Kenntnis an sich determinierter Naturabläufe zurückzuführen, wie noch A. Einstein vermutete (»Gott würfelt nicht!«). Vielmehr handelt es sich nach der Quantentheorie und den Experimenten zu den EPR-Korrelationen (↑Einstein-Podolsky-Rosen-Argument) um einen Grundzug der Quantenwelt. – In der biologischen ↑Evolution tritt der Z. in Form von ↑Mutationen auf. Autokatalytische Prozesse (↑Selbstorganisation) führen bereits auf molekularbiologischer Basis zu einer Bewertung und Auslese vorteilhafter Z.e, die mathematisch durch Evolutionsgleichungen und ↑Extremalprinzipien modelliert werden. In diesem Sinne steuern während der Evolution (nach M. Eigen) ↑Naturgesetze den Z..

Literatur: D. Z. Albert, Time and Chance, Cambridge Mass./London 2000, 2003; M. S. Bartlett, An Introduction to Stochastic Processes. With Special Reference to Methods and Applications, Cambridge etc. 1955, [3]1978, 1980; E. Beltrami, What Is Random? Chance and Order in Mathematics and Life, New York 1999; K. Bosch, Statistik für Nichtstatistiker. Z. und Wahrscheinlichkeit, München/Wien 1990, München [6]2012; H. Breider, Über Z. und Wahrscheinlichkeit. Sternschnuppen – schwarze Löcher – Seifenblasen, Frankfurt 1995; C. G. D. Cohen (ed.), Fundamental Problems in Statistical Mechanics. Proceedings of the NUFFIC International Summer Course in Science at Nijenrode Castle, The Netherlands, August, 1961, Amsterdam, New York 1962; W. A. Dembski, Randomness, REP VIII (1998), 56–59; H.-H. Dubben/H.-P. Beck-Bornholdt, Mit an Wahrscheinlichkeit grenzender Sicherheit. Logisches Denken und Z., Reinbek b. Hamburg 2005, [6]2013; A. Eagle, Chance versus Randomness, SEP 2010, rev. 2012; M. Eigen/R. Winkler, Das Spiel. Naturgesetze steuern den Z., München 1975, München/Zürich [6]1983, Neudr. 1985, Eschborn [5]2011 (engl. Laws of the Game. How the Principles of Nature Govern Chance, New York 1981, Princeton N. J.

1993); N. Elsner u. a. (eds.), Evolution. Z. und Zwangsläufigkeit der Schöpfung, Göttingen 2009; P. Erbrich, Z.. Eine naturwissenschaftlich-philosophische Untersuchung, Stuttgart etc. 1988; H. Haken, Synergetics. An Introduction. Nonequilibrium Phase Transitions and Self-Organization in Physics, Chemistry and Biology, Berlin/Heidelberg/New York 1977, Berlin etc. ³1983 (dt. Synergetik. Eine Einführung. Nichtgleichgewichts-Phasenübergänge und Selbstorganisation in Physik, Chemie und Biologie, Berlin/Heidelberg/New York 1982, ³1990); R. Haller/T. Binder (eds.), Z. und Gesetz. Drei Dissertationen unter Schlick: H. Feigl – M. Natkin – Tscha Hung, Amsterdam/Atlanta Ga. 1999; M. J. Hewlett/K. Wegter-McNelly/P. Stoellger, Z., RGG VIII (⁴2005), 1909–1915; I. Hosp (ed.), Entwicklung des Universums und des Menschen. Entscheidung – Z. – Naturgesetz?, Herdecke 2003; K. Jacobs, Turing-Maschinen und z.e 0-1-Folgen, in: H.-D. Ebbinghaus u. a., Selecta Mathematica II, Berlin/Heidelberg/New York 1970, 141–167; J. Keizer, On the Solutions and the Steady States of a Master Equation, J. Stat. Phys. 6 (1972), 67–72; A. Kiel, Fünf Kausalitätsformen zwischen Z. und Wirklichkeit. Wege von den Naturwissenschaften zur Anthropologie, Würzburg 2005; S. Klein, Alles Z.. Die Kraft, die unser Leben bestimmt, Reinbek b. Hamburg 2004, ⁴2010, Frankfurt 2015; G. Koch, Kausalität, Determinismus und Z. in der wissenschaftlichen Naturbeschreibung, Berlin 1994; A. N. Kolmogorov, Three Approaches to the Quantitative Definition of Information, Problems of Information Transmission 1 (1965), 1–7 (russ. Original in: Problemy Peredachi Informatsii 1 [1965], 3–11); H. Kössler (ed.), Über den Z.. Fünf Vorträge, Erlangen 1996; M. Kranz/S. K. Knebel/J. C. Schmidt, Z., Hist. Wb. Ph. XII (2004), 1408–1424; M. Löwe/H. Knöpfel, Stochastik – Struktur im Z., München/Wien 2007, München ²2011; P. Martin-Löf, The Definition of Random Sequences, Information and Control 9 (1966), 602–619; R. v. Mises, Grundlagen der Wahrscheinlichkeitsrechnung, Math. Z. 5 (1919), 52–99; J. Monod, Le hasard et la nécessité. Essai sur la philosophie naturelle de la biologie moderne, Paris 1970, ²1971, 2014 (dt. Z. und Notwendigkeit. Philosophische Fragen der modernen Biologie, München 1971, ⁹1991, München/Zürich 1996); A. Nies, Computability and Randomness, Oxford etc. 2009, 2012; I. Peterson, The Jungles of Randomness. A Mathematical Safari, London, New York 1998; C. R. Rao, Statistics and Truth. Putting Chance to Work, Fairland Md. 1989, Singapur/River Edge N. J. ²1997 (dt. Was ist Z.? Statistik und Wahrheit, München etc. 1995); R. Riedl, Z., Chaos, Sinn. Nachdenken über Gott und die Welt, Stuttgart 2000; H. Scheid, Z.. Kausalität und Chaos in Alltag und Wissenschaft, Mannheim etc. 1996; J. Seifen, Der Z., eine Chimäre? Untersuchung zum Z.sbegriff in der philosophischen Tradition und bei Gottfried Wilhelm Leibniz, Sankt Augustin 1992; K. Sigmund, Spielpläne. Z., Chaos und die Strategien der Evolution, Hamburg 1995, München 1997; T. T. Soong, Random Differential Equations in Science and Engineering, New York/London 1973; M. Stöckler, Z., EP III (²2010), 3113–3117; R. L. Stratonovich, Topics in the Theory of Random Noise, I–II (I General Theory of Random Processes. Nonlinear Transformations of Signals and Noise, II Peaks of Random Functions and the Effect of Noise on Relays. Nonlinear Self-Excited Oscillations in the Presence of Noise), I, New York/London 1963, 1981, II, New York/London/Paris 1967, 1981; L. Tarassow, Mir, postroenny na verojatnosti, Moskau 1984 (dt. Wie der Z. will? Vom Wesen der Wahrscheinlichkeit, Heidelberg/Berlin/Oxford 1993, 1998); R. Taschner, Zahl Zeit Z.. Alles Erfindung?, Salzburg 2007; A. Tilkorn, Z.swelten. Kants Begriff modaler, teleologischer und ästhetischer Zufälligkeit, Münster 2005; K. Utz, Philosophie des Z.s. Ein Entwurf, Paderborn etc. 2005; J. A. Ville, Étude critique de la notion de collectif, Paris 1939; P. Vogt, Kontingenz und Z.. Eine Ideen- und Begriffsgeschichte, Berlin 2011; N. Wax (ed.), Selected Papers on Noise and Stochastic Processes, New York 1954; R. G. Wesson, Beyond Natural Selection, Cambridge Mass./London 1991, 1997 (dt. Die unberechenbare Ordnung. Chaos, Z. und Auslese in der Natur, München/Zürich 1991, 1993, unter dem Titel: Chaos, Z. und Auslese in der Natur, Frankfurt 1995); W. Windelband, Die Lehren vom Z., Berlin 1870; A. Zeilinger u. a., Der Z. als Notwendigkeit, Wien 2007, ³2009. K. M.

Zufallsfunktion, von W. Stegmüller (Probleme und Resultate der Wissenschaftstheorie und Analytischen Philosophie IV/1 [Personelle Wahrscheinlichkeit und Rationale Entscheidung], Berlin/Heidelberg/New York 1973, 159–160) vorgeschlagener Terminus anstelle des in der ↑Wahrscheinlichkeitstheorie gebräuchlichen Standardterminus ›Zufallsvariable‹ und des (gelegentlich verwendeten) Terminus ›zufällige Größe‹ zur Bezeichnung einer meßbaren reellwertigen Funktion (allgemeiner: mit Werten in beliebigen Meßräumen) über einem Stichprobenraum. P. S.

Zufallsgenerator (auch: Zufallszahlengenerator, engl. random number generator, franz. générateur de nombres aléatoires), Bezeichnung für ein Verfahren, Folgen (↑Folge (mathematisch)) von Zufallszahlen zu erzeugen. Empirische Z.en sind z. B. Rouletteräder, Anordnungen zum Münzwurf oder Zählmechanismen für das Auftreten von subatomaren Partikeln beim radioaktiven Zerfall. Die von Z.en erzeugten Zufallszahlen werden insbes. für die ↑Simulation von natürlichen Abläufen benötigt, in denen Zufallseffekte eine Rolle spielen. Für solche wissenschaftlichen Anwendungen sind algorithmische Verfahren (↑Algorithmentheorie) wichtig, die sich auf Rechnern implementieren lassen. Derartige Verfahren sind eng mit dem Begriff einer zufälligen (↑zufällig/Zufall) Folge (bestehend z. B. aus 0 und 1) verknüpft. Die heute gebräuchlichen algorithmischen Definitionen zufälliger Folgen gehen auf den Begriff des Kollektivs bei R. v. Mises zurück. Dabei handelt es sich um eine Folge, deren zugeordnete Folge relativer Häufigkeiten konvergiert (↑konvergent/Konvergenz), wobei alle gesetzmäßig ausgewählten Teilfolgen denselben ↑Grenzwert haben. Algorithmische Z.en folgen deterministischen Verfahren und können entsprechend keine ›echten‹ Zufallszahlen, sondern nur so genannte Pseudozufallszahlen liefern. Diese Algorithmen sind allerdings so verfeinert worden, daß sie Zahlenfolgen generieren, die sich praktisch nicht von Folgen ›echter‹ Zufallszahlen unterscheiden lassen. Dies läßt sich analog zum Verfahren der empirischen Beobachtung stochastischer Vorgänge auffassen, bei dem auch nicht bekannt ist, ob ›wirkliche Zufälligkeit‹ eine Rolle spielt (falls man diesen Begriff für philosophisch zulässig hält; ↑Determinismus). Zunächst benötigt man dazu gleichverteilte Zufallszahlen (›Standardzufallszahlen‹ oder ›uniforme‹ Zufallszahlen zwischen 0 und 1, die alle mit gleicher ↑Wahrscheinlichkeit auftreten). Dann lassen sich durch geeignete ↑Transformationen Zufallszahlen erzeugen, die anderen Verteilungen (die z. B. für eine Simulation benötigt werden) genügen. – In der Diskussion über die philosophischen Grundlagen des Wahrscheinlichkeitsbegriffs hat P. Lorenzen den Versuch unternommen, die Kolmogorov-Axiome der ↑Wahrscheinlichkeitstheorie aus Anforderungen (Normen) für die Herstellung von empirischen Z.en zu rechtfertigen.

Literatur: L. Afflerbach/J. Lehn (eds.), Kolloquium über Zufallszahlen und Simulationen, Darmstadt, 21. März 1986, Stuttgart 1986; I. Deák, Random Number Generators and Simulation, Budapest 1990; J. E. Gentle, Random Number Generation and Monte Carlo Methods, New York etc. 1998, 2005; D. E. Knuth, The Art of Computer Programming II (Seminumerical Algorithms), Reading Mass. etc. 1969, 1–160, [3]1997, Upper Saddle River N. J. etc. 2012, 1–193 (Chap. 3 Random Numbers); P. Lorenzen, Konstruktive Wissenschaftstheorie, Frankfurt 1974, 209–218 (Zur Definition von ›Wahrscheinlichkeit‹); R. Mathar/D. Pfeifer, Stochastik für Informatiker, Stuttgart 1990, 318–351 (Kap. 6 Simulationsverfahren); R. Motwani/P. Raghavan, Randomized Algorithms, Cambridge etc. 1995, 2007; H. Niederreiter, Random Number Generation and Quasi-Monte Carlo Methods, Philadelphia Pa. 1992; S. K. Park/K. W. Miller, Random Number Generators. Good Ones Are Hard to Find, Communications of the ACM 31 (1988), 1192–1201; S. Tezuka, Uniform Random Numbers. Theory and Practice, Boston Mass. etc. 1995. P. S.

Zufriedenheitssatz, ↑Unzufriedenheitssatz.

zuhanden, ↑vorhanden/zuhanden.

zukommen, in der Theorie der ↑Prädikation verwendeter Terminus für das berechtigte Zusprechen (↑zusprechen/absprechen) eines ↑Prädikators ›*P*‹ einem oder mehreren Gegenständen gegenüber, die durch ↑Nominatoren ›*n*‹, ›*m*‹, ... vertreten sind, so daß die entstandene ↑affirmative ↑Elementaraussage ›*n,m*, ... ε *P*‹ *gilt*, also wahr (↑wahr/das Wahre) ist. K. L.

zulässig/Zulässigkeit (engl. admissible/admissibility, permissible/permissibility), in der Mathematischen Logik (↑Logik, mathematische), speziell der ↑Beweistheorie, Bezeichnung für eine Eigenschaft von Ableitungsregeln. Eine Regel *R* heißt z. in einem formalen System *K* (↑System, formales, ↑Kalkül), wenn die Hinzunahme von *R* zu den Ableitungsregeln von *K* die Klasse der in *K* ableitbaren ↑Formeln nicht echt erweitert, d. h., wenn für alle Formeln *A* die Implikation

$$\text{falls } \vdash_{K+R} A, \quad \text{dann } \vdash_K A$$

gilt, wobei ›$K + R$‹ das System *K*, erweitert um *R*, bezeichnen soll. Ist *R* die Regel $B_1, \ldots, B_n \Rightarrow B$, dann bedeutet dies, daß für jede durch Ersetzung schematischer Buchstaben oder ↑Variablen erhaltene Instanz $B'_1, \ldots, B'_n \Rightarrow B'$ von *R* gilt:

$$\text{falls } \vdash_K B'_1, \ldots, \vdash_K B'_n, \quad \text{dann } \vdash_K B'.$$

Daß *R* in *K* z. ist, zeigt man durch den Nachweis, daß *R* in $K + R$ eliminierbar (↑Elimination) ist, d. h., daß jede ↑Ableitung in $K + R$, die *R* benutzt, in eine Ableitung in $K + R$ ohne Anwendung von *R* (und somit in eine Ableitung in *K*) überführt werden kann.
Der Begriff der z.en Regel ist in der beschriebenen Form nur für annahmenfreie Ableitungen in formalen Systemen sinnvoll definiert, die keine Annahmenbeseitigung erlauben (z. B. also nicht für ↑Kalküle des natürlichen Schließens). Der stärkere Begriff der ableitbaren Regel greift dagegen auf Ableitungen aus Annahmen zurück: *R* ist ableitbar, falls für jede Instanz $B'_1, \ldots, B'_n \Rightarrow B'$ von *R* gilt:

$$B'_1, \ldots, B'_n \vdash_K B',$$

oder äquivalent: für alle Annahmensysteme Γ,

$$\text{falls } \Gamma \vdash_K B'_1, \ldots, \Gamma \vdash_K B'_n, \quad \text{dann } \Gamma \vdash_K B'.$$

Die Regel *R* heißt ›schematisch ableitbar‹, wenn $B_1, \ldots, B_n \vdash_K B$ gilt, wobei die freien Variablen und schematischen Zeichen wie ↑Konstanten behandelt, also nicht instanziiert werden. Leider wird in der englischsprachigen Terminologie häufig der Terminus ›derived rule‹ oder ›derivable rule‹ für z.e Regeln verwendet, was zu Konfusionen führen kann. – Das klassische Beispiel einer z.en Regel ist die ↑Schnittregel in ↑Sequenzenkalkülen: die Methode der Schnittelimination als zentrales Verfahren der Beweistheorie zeigt, daß in bestimmten formalen Systemen wie z. B. solchen der ↑Quantorenlogik 1. Stufe die Schnittregel z. ist.
In seiner Operativen Logik (↑Logik, operative) hat P. Lorenzen den Begriff der Z. terminologisch fixiert (Einführung in die operative Logik und Mathematik, Berlin/Göttingen/Heidelberg 1955, Berlin/Heidelberg/New York [2]1969). In diesem Zusammenhang unternimmt Lorenzen auch einen philosophischen Begründungsversuch der intuitionistischen Logik (↑Logik, intuitionistische), der auf diesem Begriff aufbaut, indem er Hierarchien z.er Regeln definiert und *logische* Regeln als solche charakterisiert, die ›allgemeinz.‹ (↑allgemeinzulässig/Allgemeinzulässigkeit), d. h. z. in bezug auf jedes beliebige formale System, sind. Dieser Begründungsansatz, der von Lorenzen selbst später zugunsten des *dialogischen* Ansatzes (↑Logik, dialogische) uminterpretiert und teilweise aufgegeben wurde, scheint heute von besonderem Interesse angesichts seiner Nähe zur Theorie induktiver Definitionen als Theorie elementarer formaler Systeme, die in der Theoretischen Informatik ein neues Anwendungsfeld gewonnen hat

(bis hin zum Entwurf regelbasierter ↑Programmiersprachen wie Prolog).
Daneben gibt es einen auf S. Kripke (Transfinite Recursions on Admissible Ordinals, J. Symb. Log. 29 [1964], 161–162) und R. A. Platek (Foundations of Recursion Theory, Diss. Stanford Calif. 1966) zurückgehenden rekursions- und mengentheoretischen Begriff der Z., der ↑Ordinalzahlen bzw. ↑Mengen bestimmter Struktur charakterisiert (vgl. J. Barwise, Admissible Sets and Structures. An Approach to Definability Theory, Berlin/Heidelberg/New York 1975). P. S.

Zuordnung (engl. assignment; franz. assignation), Terminus der ↑Mengenlehre. Eine Z. von Elementen einer ↑Menge M zu Elementen einer Menge N ist eine 2-stellige ↑Relation $R \subseteq M \times N$, d.h. eine Teilmenge des cartesischen Produkts $M \times N$ (↑Produkt (mengentheoretisch)) aller geordneten Paare (x,y) (↑Paar, geordnetes) mit $x \in M$ und $y \in N$. Eine Z. heißt eineindeutig oder umkehrbar eindeutig (↑eindeutig/Eindeutigkeit), falls, wenn x aus M einem y aus N zugeordnet ist, kein anderes Element x' aus M diesem y zugeordnet ist und x außer y keinem anderen Element y' aus N zugeordnet ist. Wenn nur die erste dieser beiden Bedingungen erfüllt ist, heißt die Z. einmehrdeutig oder linkseindeutig; wenn nur die zweite Bedingung erfüllt ist, heißt die Z. mehreindeutig oder rechtseindeutig. Eine mehreindeutige Z. wird auch als ↑›Funktion‹ bezeichnet. K. M.

Zuordnungsdefinition (engl. coordinative definition), Bezeichnung für ein Definitionsverfahren der Wissenschaftstheorie nach H. Reichenbach, M. Schlick u. a., durch das Grundbegriffen mathematisch-physikalischer Theorien physikalische Dinge oder Prozesse zugeordnet werden (↑Zuordnung), um objektive Aussagen über die physikalische Wirklichkeit zu ermöglichen. Der Begriff der Z. spielt eine zentrale Rolle in der Raum-Zeit-Philosophie des Logischen Empirismus (↑Empirismus, logischer) und des ↑Konventionalismus. Die Behauptung Reichenbachs ist, daß nicht allein Längen- und Zeiteinheiten, sondern auch die Gleichheit räumlicher und zeitlicher Intervalle und folglich die Auszeichnung starrer Körper (↑Körper, starrer) Gegenstände einer Z. sind. Verläßliche Längenmessungen erfordern den Rückgriff auf starre Körper; die Prüfung eines Körpers auf Starrheit verlangt einen Vergleichsstandard, dessen Starrheit aber erneut prüfungsbedürftig ist; usw.. Eine weitere Komplikation ergibt sich für Reichenbach daraus, daß nur der Längenvergleich benachbarter Maßstäbe auf direktem Wege möglich ist. Jeder Vergleich entfernter Maßstäbe verlangt den Rückgriff auf physikalische Verfahren wie Maßstabstransport oder optisches Visieren. Dadurch wären universelle, alle Maßstäbe in gleicher Weise betreffende Längenveränderungen während des Transports und eine entsprechende Abweichung der Lichtstrahlen von der geraden Linie empirisch nicht nachweisbar. Reichenbachs Schluß ist, daß Kongruenz (↑kongruent/Kongruenz), also die Gleichheit von Raum- und Zeitintervallen, nicht durch Erfahrung zu ermitteln, sondern durch eine Z. festzulegen ist.
Die Frage nach der ↑Metrik des wirklichen ↑Raumes kann nach Reichenbach nur relativ zur gewählten Z. der Kongruenz beantwortet werden. Ob z. B. in der Projektion der ↑nicht-euklidischen Geometrie G auf eine Ebene E in Abb. 1 die Strecken AB und BC gleich sind, ist keine Frage der Erkenntnis, sondern der Z.. Wählt man in E eine Z. für entfernte Strecken derart, daß $AB = BC$ ist, so ist E eine Fläche mit aufgesetzter Halbkugel. Andernfalls wird E eine Ebene.

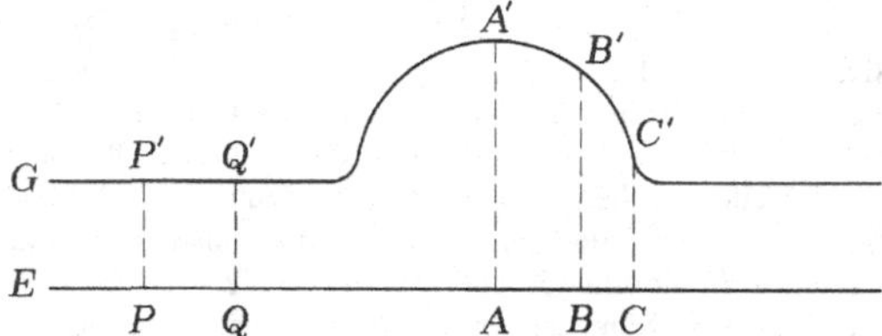

Abb. 1 (nach H. Reichenbach 1928, 19)

Von metrischen Z.en für den Kongruenzbegriff sind topologische Z.en für topologische Grundbegriffe wie z. B. den Begriff des *Zwischen* zu unterscheiden (↑Topologie). Während für umschließende geschlossene Kreise auf der Ebene eindeutig (↑eindeutig/Eindeutigkeit) entschieden werden kann, ob ein Kreis zwischen zwei anderen liegt, ist das für nicht-zerlegende geschlossene Kreise auf dem Torus nicht der Fall. In Abb. 2 liegt z. B. Kreis 2 zwischen 1 und 3, aber ebenso Kreis 3 zwischen 2 und 1. Im Unterschied zur Ebene wiederholen sich auf der Torusoberfläche periodisch gleichgroße Kreise. Im 3-dimensionalen Analogon zur 2-dimensionalen Torusoberfläche tritt an die Stelle der nicht-zerlegenden geschlossenen Kreise eine Folge von ineinanderliegenden Kugelschalen, in der sich periodisch gleich große Kugeln wiederholen. Vom euklidischen Standpunkt aus können aber ineinander-

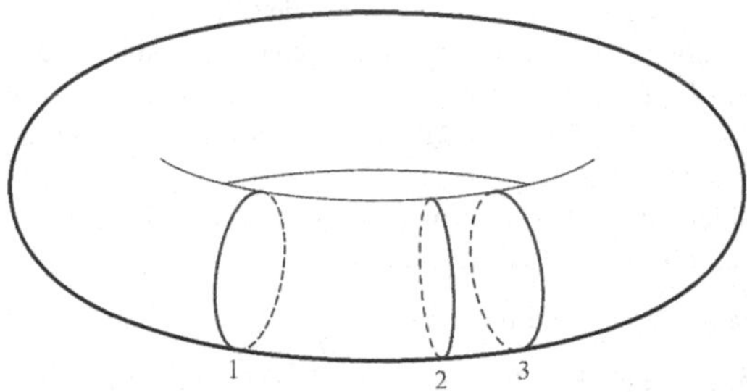

Abb. 2

liegende Kugelschalen nur immer kleiner werden. Ein Beobachter, der auf Grund seiner Z. weiterhin von einem Euklidischen Raum ausgeht, müßte also nicht nur zusätzliche Kräfte postulieren, die seine Maßstäbe auf den gleich großen Kugelschalen der Toruswelt verkleinern, um diese größer erscheinen zu lassen; er müßte zusätzlich eine Anomalie der ↑Kausalität akzeptieren, die in der räumlichen Periodizität allen Geschehens besteht. Richtet der Beobachter seine Z. aber auf die Verhältnisse einer Toruswelt ein, könnte er auf die Zusatzannahmen eines universellen Kraftfeldes und einer Kausalitätsanomalie verzichten. Die Frage nach der Topologie des wirklichen Raumes kann also nach Reichenbach nur relativ zur gewählten Z. der Zwischen-Relation beantwortet werden. Welche Z. gewählt wird, ist eine Frage der Einfachheit und der Konvention.

Analog zu den Z.en des Raumes sind Z.en der ↑Zeit einzuführen. Die metrischen Z.en erfordern eine Festsetzung der Zeiteinheit und der Kongruenz von Zeitstrecken. Dabei führt die Z. für die Kongruenz aufeinanderfolgender Zeitstrecken auf das Problem der Gleichförmigkeit der Zeit, während die Z. für die Kongruenz paralleler Zeitstrecken, die von verschiedenen Raumpunkten ausgehen, die Gleichzeitigkeit (↑gleichzeitig/Gleichzeitigkeit) betrifft. Während der definitorische Charakter der Gleichförmigkeit bereits von E. Mach herausgestellt wird, weist A. Einstein erstmals auf die Z. der Gleichzeitigkeit hin. In Abb. 3 wird zur Zeit t_1 ein Lichtstrahl vom Ort *A* ausgesandt, zur Zeit $t_2 > t_1$ wird dieser an einem Spiegel *B* reflektiert und trifft zur Zeit $t_3 > t_2 > t_1$ wieder in *A* ein. Einsteins Z. der Gleichzeitigkeit schreibt vor, daß für das Eintreffen t_2 des Lichtstrahls in Ort *B* der Mittelwert zwischen Abgangszeit t_1 und Ankunftszeit t_3 in *A* gewählt wird, d.h. $t_2 = t_1 + \frac{1}{2}(t_3 - t_1)$. Im Prinzip wäre jede Z. $t_2 = t_1 + \varepsilon(t_3 - t_1)$ mit $0 < \varepsilon < 1$ möglich. Aber $\varepsilon = \frac{1}{2}$ ist der einfachste Fall. Die topologischen Z.en der Zeit betreffen die topologische Zwischen-Relation für eine Zeitfolge von Ereignissen in demselben Raumpunkt und für zwei Zeitfolgen in verschiedenen Raumpunkten.

Reichenbach zeigt, welche Teile der Einsteinschen Relativitätstheorie als Z.en Konventionen und daher nicht empirisch prüfbar sind und welche Teile Erfahrungssätze sind. So werden in der Speziellen Relativitätstheorie (↑Relativitätstheorie, spezielle) Maßstabssysteme wie ↑Uhren und Längenmaßstäbe lokal eingeführt. Beim Vergleich dieser Maßstabssysteme geht bei Einstein die Z. ein, daß ein Maßstab sich nicht ändert, wenn er von

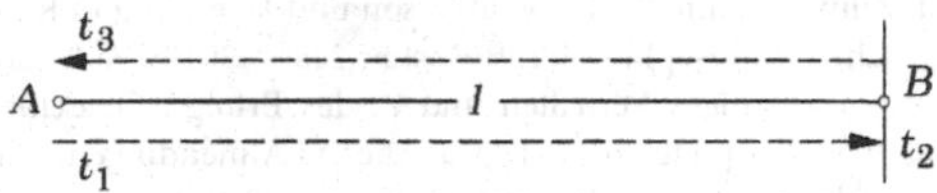

Abb. 3 (nach H. Reichenbach 1928, 150)

einem Ort zum anderen transportiert wird. In der Allgemeinen Relativitätstheorie (↑Relativitätstheorie, allgemeine) gilt die gravitative Rotverschiebung als Nachweis für die Krümmung der Raum-Zeit. In Abb. 4 steigt Licht im Gravitationsfeld der Erde auf. Seine Frequenz wird mit einer Uhr am Erdboden und dann wieder in einer größeren Höhe gemessen. Die Meßergebnisse zeigen, daß oben eine kleinere Frequenz gemessen wird. Nach einer üblichen Z. sind die Uhren oben und unten dieselben und das Licht hat durch den Einfluß des Gravitationsfeldes eine Frequenzänderung erfahren. Nach einer anderen Z. hat das Licht immer die gleiche Frequenz, aber die realen Uhren gehen oben auf Grund des Gravitationseinflusses schneller, so daß die mit diesen Uhren gemessene Frequenz kleiner zu sein scheint. In diesem Falle wird also eine flache Raum-Zeit angenommen, wobei aber infolge der Gravitationseinwirkung Längenmaßstäbe und Uhren orts- und zeitabhängig so beeinflußt werden, daß sie auf Grund der Z. eine gekrümmte Raum-Zeit vermitteln. Tatsächlich werden in der Physik Gravitationstheorien in flacher Raum-Zeit untersucht. Denkbar sind auch Z.en, bei denen sowohl Uhren und Maßstäbe als auch Licht und Materie beeinflußt werden. Mit dieser Relativität der Raum-Zeit auf Grund unterschiedlicher Z.en wird keine Subjektivität der Forschung eröffnet. Vielmehr werden auf Grund unterschiedlicher Z.en äquivalente Theorien über die physikalische Wirklichkeit eingeführt. Die Objektivität physikalischer Aussagen bezieht sich also auf die Äquivalenzklasse aller dieser Theorien.

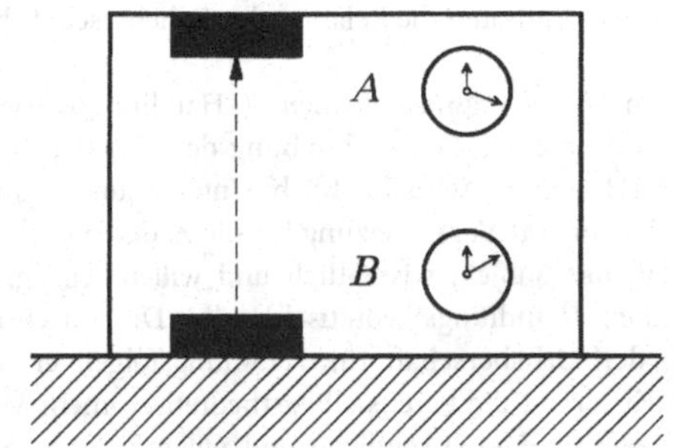

Abb. 4 (nach J. Audretsch, in: J. Audretsch/K. Mainzer [eds.] 1988, 75)

Literatur: J. Audretsch/K. Mainzer (eds.), Philosophie und Physik der Raum-Zeit, Mannheim/Wien/Zürich 1988, Mannheim etc. [2]1994; M. Carrier, The Completeness of Scientific Theories. On the Derivation of Empirical Indicators within a Theoretical Framework: The Case of Physical Geometry, Dordrecht/Boston Mass./London 1994, 116–177 (Chap. IV Reichenbach Loops in Operation: The Conventionality of Physical Geometry); ders., Raum-Zeit, Berlin/New York 2009; M. Friedman, Foundations of Space-Time Theories. Relativistic Physics and Philosophy of Science, Princeton N. J. 1983, 264–339 (Chap. VII Conventionalism); ders., Geometry, Convention, and the Relativized A Priori, in: W. C. Salmon/G. Wolters (eds.), Logic, Language, and the Structure of Scientific Theories, Pittsburgh Pa., Konstanz 1994, 21–34; A. Grünbaum, Philosophical Problems of Space and Time, New York, Toronto 1963, Dordrecht/Boston Mass. [2]1973, 1974; C. Klein, Z., Hist. Wb. Ph. XII (2004), 1443–1445; G. Ludwig, Die Grundstrukturen einer physikalischen Theorie, Berlin/Heidelberg/New York 1978, Berlin etc. [2]1990 (franz. Les structures de base d'une théorie physique, Berlin etc. 1990); E. Mach, Die Mechanik in ihrer Entwickelung. Historisch-kritisch dargestellt, Leipzig 1883, erw. [7]1912 (repr. Frankfurt 1982), [9]1933 (repr. Darmstadt 1963, 1991), Neudr. [dt. Ausg. [7]1912], ed. G. Wolters/G. Hon, Berlin 2012 (engl. The Science of Mechanics. A Critical and Historical Exposition of Its Principles, Chicago Ill., London 1893, La Salle Ill. [3]1974; franz. La mécanique. Exposé historique et critique de son développement, Paris 1904 [repr. Sceaux 1987], 1925); J. Norton, Philosophy of Space and Time, in: M. H. Salmon (ed.), Introduction to the Philosophy of Science, Englewood Cliffs N. J. 1992, Indianapolis Ind./Cambridge 1999, 179–231; H. Putnam, The Refutation of Conventionalism, in: ders., Philosophical Papers II (Mind, Language and Reality), Cambridge etc. 1975, 1997, 153–191; C. Ray, Time, Space and Philosophy, London/New York 1991, 2000; H. Reichenbach, Philosophie der Raum-Zeit-Lehre, Berlin/Leipzig 1928, Neudr. als: Ges. Werke II, ed. A. Kamlah/M. Reichenbach, Braunschweig/Wiesbaden 1977 (engl. The Philosophy of Space and Time, New York 1958, 1970); W. C. Salmon, Space, Time, and Motion. A Philosophical Introduction, Encino Calif./Belmont Calif. 1975, Minneapolis Minn. 1980, 1982; L. S. Shapiro, Coordinative Definition and Reichenbach's Semantic Framework. A Reassessment, Erkenntnis 41 (1994), 287–323; L. Sklar, Space, Time, and Spacetime, Berkeley Calif./Los Angeles 1974, 2000. K. M.

Zurechnung (lat. imputatio, engl. imputation, ascription), allgemein Bezeichnung für ein Urteil, das zwischen zwei Entitäten die Relation der Urheberschaft behauptet.

(1) Im *handlungstheoretischen* (↑Handlungstheorie) Sinne bedeutet Z. die Zuschreibung der Urheberschaft einer ↑Handlung (einschließlich Unterlassung) sowie ihrer Folgen. (a) Voraussetzung für die Z. der Handlung ist, daß das Subjekt wissentlich und willentlich agiert (↑Freiheit (handlungstheoretisch)). (b) Die Zuschreibung der Urheberschaft für Handlungsfolgen erfolgt nach Kriterien, die bereits alltagstheoretisch mehr voraussetzen als das wissentliche und willentliche Setzen einer in concreto notwendigen Bedingung für das betrachtete Ereignis durch die betrachtete Handlung. So setzt z. B. nicht nur derjenige, der im Straßenverkehr einen Fehler macht, sondern auch derjenige, der sich ordnungsgemäß verhält, durch seine Teilnahme am Verkehr eine notwendige Bedingung für einen Zusammenstoß. Die Zuständigkeit für die Vermeidung trifft gleichwohl nur denjenigen, der sich regelwidrig verhalten hat; entsprechend wird auch nur von diesem gesagt werden, er habe einen Unfall verursacht, Personen verletzt etc.. Daß in die Verwendung der Handlungsbegriffe insoweit nicht nur Vermeidbarkeitsurteile, sondern zusätzlich ↑normative Zuständigkeitsurteile eingebaut sind, wird besonders deutlich im Bereich der Unterlassungsfolgen (↑Unterlassung): Hat der behandelnde Arzt entgegen dem Urteil der beratend hinzugezogenen Kollegen eine indizierte Behandlung unterlassen, so gilt der Schaden gegebenenfalls einzig als seine Tat, obgleich auch die Kollegen die Behandlung nicht durchgeführt haben. Die zahlreichen normativen Gesichtspunkte, nach denen sich entscheidet, wer von mehreren in ein komplexes Geschehen involvierten Subjekten mit Bezug auf ein interessierendes Resultat als dessen Täter gilt, sind speziell in der strafrechtlichen Z.stheorie als Institute der so genannten objektiven Z. (erlaubtes Risiko, Regreßverbot, Vertrauensgrundsatz etc.) genauer expliziert worden.

(2) Im *ethischen* (↑Ethik) Sinne bedeutet Z. über die Zuschreibung des Tätigseins und seiner Folge (Folgen) hinaus die Zuweisung der Urheberschaft für jene moralischen Qualitäten auf das Handlungssubjekt, die dem Tätigsein und dessen Folge (Folgen) zu- oder abzusprechen (↑zusprechen/absprechen) sind (↑Verantwortungsethik). Zusätzliche Voraussetzung ist hier die Fähigkeit der Einsicht in die moralischen Qualitäten eines solchen Tuns unter solchen Umständen.

(3) *Kausalitätstheoretisch* (↑Kausalität) bedeutet Z. die kausale Zuordnung von Ereignissen (↑Wirkungen) zu früheren Ereignissen (↑Ursachen). In kausalitätstheoretischen Zusammenhängen taucht der Z.sbegriff vor allem dort auf, wo mehrere kausale Faktoren an der Herbeiführung einer Wirkung beteiligt sind und versucht wird, ihr relatives kausales Gewicht zu bestimmen, wo also das Wirkungsereignis den einzelnen Faktoren anteilig ›zugerechnet‹ werden soll. Dabei geht es über die Bestimmung der Kausalität im Sinne der notwendigen Bedingung hinaus um die Bestimmung von Graden der kausalen Relevanz, wobei meist generalisierend, d. h. zur Betrachtung von Ereignis*typen* übergehend, auf Wahrscheinlichkeitsbeziehungen (↑Wahrscheinlichkeit) zurückgegriffen werden muß. Die damit verbundenen analytischen Probleme spielen in juristischen Z.szusammenhängen eine große Rolle. In den Wirtschaftswissenschaften ist der grenznutzentheoretische (↑Grenznutzen) Versuch, den Produktionsertrag anteilig auf die verwendeten Produktionsfaktoren zurückzuführen, unter der Bezeichnung ›Z.stheorie‹ bekannt geworden.

Literatur: F. Block, Atypische Kausalverläufe in objektiver Z. und subjektivem Tatbestand. Zugleich ein Beitrag zur Rechtsfigur des Irrtums über den Kausalverlauf, Berlin 2008; C. Blöser, Z. bei Kant. Zum Zusammenhang von Person und Handlung in Kants praktischer Philosophie, Berlin/Boston Mass. 2014; W. Frisch, Tatbestandsmäßiges Verhalten und Z. des Erfolgs, Heidelberg 1988, Heidelberg etc. 2012; L. Harscher v. Almendingen, Darstellung der rechtlichen Imputation, Giesen 1803; H. L. A. Hart, The Ascription of Responsibility and Rights, Proc. Arist. Soc. 49

(1948/1949), 171–194; E. Haydt, Die oekonomische Z.. Darstellung der Lösung des Verteilungsproblems durch die Grenznutzentheorie, Leipzig/Wien 1931; J. Hruschka, Strukturen der Z., Berlin/New York 1976; ders./F. Nüssel, Z., Hist. Wb. Ph. XII (2004), 1446–1452; C. Jäger, Z. und Rechtfertigung als Kategorialprinzipien im Strafrecht, Heidelberg etc. 2006; G. Jakobs, Strafrecht. Allgemeiner Teil. Die Grundlagen und die Z.slehre, Berlin/New York 1983, 102–383, [2]1991, 1993, 123–476 (Die Z.slehre); ders., Die strafrechtliche Z. von Tun und Unterlassen, Opladen 1996; ders., System der strafrechtlichen Z., Frankfurt 2012; M. Kaufmann/J. Renzikowski (eds.), Z. als Operationalisierung von Verantwortung, Frankfurt etc. 2004; dies. (eds.), Z. und Verantwortung. Tagung der Deutschen Sektion der Internationalen Vereinigung für Rechts- und Sozialphilosophie vom 22.–24. September 2010 in Halle (Saale), Stuttgart 2012; H. Koriath, Kausalität und objektive Z., Baden-Baden 2007; K. Krämer, Individuelle und kollektive Z. im Strafrecht, Tübingen 2016; K. Larenz, Hegels Z.slehre und der Begriff der objektiven Z.. Ein Beitrag zur Rechtsphilosophie des kritischen Idealismus und zur Lehre von der ›juristischen Kausalität‹, Diss. Göttingen 1926, Leipzig, Lucka 1927, Neudr. Aalen 1970; W. Lübbe (ed.), Kausalität und Zurechnung. Über Verantwortung in komplexen kulturellen Prozessen, Berlin/New York 1994; G. Seebaß, Wollen, Frankfurt 1993; I. Voßgätter Niermann, Die sozialen Handlungslehren und ihre Beziehung zur Lehre von der objektiven Z., Frankfurt 2004. – Jb. Recht Ethik/Annual Rev. Law Ethics 2 (1994) [Themenschwerpunkt: Z. von Verhalten/Imputation of Conduct]. R.Wi./W. L.

zusprechen/absprechen, in der Theorie der ↑Prädikation verwendete Termini für die Bildung von ↑*affirmativen* bzw. ↑*negativen* ↑Elementaraussagen aus einem oder mehreren ↑Nominatoren und einem ↑Prädikator. Das Zusprechen z. B. eines 2-stelligen Prädikators ›*P*‹ zwei durch Nominatoren ›*n*‹ und ›*m*‹ vertretenen Gegenständen gegenüber wird dabei durch die affirmative ↑Kopula ›ε‹ wiedergegeben: n,m ε P; das Absprechen entsprechend durch die negative Kopula ›ε′‹: n,m ε′ P. Dabei ist die Bedingung zu erfüllen, daß ein Prädikator nicht denselben Gegenständen sowohl zugesprochen als auch abgesprochen werden darf.

Erst wenn eine affirmative Elementaraussage ›*n* ε *P*‹ *wahr* (↑wahr/das Wahre) ist, also der von ihr dargestellte ↑Sachverhalt *besteht* und damit eine ↑Tatsache ist, ist ›*P*‹ dem Gegenstand *n* nicht nur zugesprochen, sondern *kommt* ihm *zu* (↑zukommen). Ist eine negative Elementaraussage wahr, kommt also der zugehörige Prädikator dem Gegenstand bzw. den Gegenständen nicht zu, so hängt es von dem Verfahren zur Feststellung der Wahrheit ab, ob die entsprechende affirmative Elementaraussage ↑falsch ist: nur für wertdefinite (↑wertdefinit/Wertdefinitheit) Aussagen (also für solche, bei denen in endlich vielen Schritten entschieden werden kann, ob sie wahr oder falsch sind, so daß das ↑principium exclusi tertii erfüllt ist) ist ›*n* ε′ *P*‹ ε wahr äquivalent mit ›*n* ε *P*‹ ε falsch und entsprechend ›*n* ε *P*‹ ε wahr äquivalent mit ›*n* ε′ *P*‹ ε falsch. K. L.

Zustand (engl. state), Bezeichnung für einen ↑Sachverhalt (state of affairs), wie er sich durch eine Aussage u. a. der folgenden Sorten über einen oder mehrere Gegenstände darstellen läßt: z. B. den Z. nach dem Aufgang der Sonne durch ›die Sonne ist aufgegangen‹, den Z. eines Gewitters durch ›es donnert‹, einen psychischen Z. des Sprechers durch ›ich bin traurig‹ oder den Z. nach der Tötung Caesars durch ›Caesar ist tot‹. Ein Z. ist daher stets ein Z. *von etwas*, was im Zusammenhang mit einem psychischen Z. (mental state) zur Unterscheidung zwischen Gegenstandsbewußtsein und Z.sbewußtsein führt (z. B. bei J. Rehmke). In demselben Zusammenhang ist dies darüber hinaus in der ↑Philosophie des Geistes (↑philosophy of mind), die grundsätzlich der klassischen Einteilung psychischer Z.e in Vorstellungen oder Gedanken (thoughts), Empfindungen (sensations) und Wahrnehmungen (perceptions) mit Hilfe der Kriterien ›Wahrnehmungen lassen sich berichten (report), aber nicht ausdrücken (express)‹, ›Empfindungen lassen sich ausdrücken, aber nicht berichten‹, ›Gedanken lassen sich ausdrücken und berichten‹ folgt, der Grund dafür, psychische Z.e und bewußte psychische Z.e zwar in Eigenperspektive, i. e. 1.-Person-Rolle, zu identifizieren, in Fremdperspektive, i. e. 3.-Person-Rolle, hingegen zu unterscheiden.

Ein Z. kann mit Hilfe einer *Z.sbeschreibung* (state description) wiedergegeben und als Bestandteil grundsätzlich vieler (bezüglich einer Klasse von ↑Gegenständen und einer Klasse von einschlägigen ↑Prädikatoren) *vollständiger Z.sbeschreibungen* eines Systems aufgefaßt werden, z. B. einer Population von Käufern und Verkäufern bestimmter Waren oder eines Wasserstoffatoms (wobei der Begriff der Vollständigkeit für die Beschreibung der Z.e quantenphysikalischer Systeme [↑Quantentheorie] allerdings problematisch ist). Dabei heißt eine Z.sbeschreibung bezüglich beider Klassen, der Klasse der Gegenstände und der Klasse der Prädikatoren, vollständig, wenn in Bezug auf jeden Gegenstand bzw. jedes Gegenstandssystem und jeden Prädikator festgelegt ist, ob der Prädikator dem Gegenstand bzw. Gegenstandssystem zu- oder abgesprochen (↑zusprechen/absprechen) werden kann (gegebenenfalls unter Berücksichtigung von jeweils durch eine ↑Regulation ausgedrückten Abhängigkeiten zwischen den Prädikatoren, weil dann nicht jede Kombinationsmöglichkeit zulässig bleibt; in Quantensystemen lassen sich solche Abhängigkeiten durch einen nur mathematisch vermittelten Zusammenhang der Observablen mit dem Z. des Systems wiedergeben). Jede vollständige Z.sbeschreibung (oft wird ›Z.sbeschreibung‹ auf ›vollständige Z.sbeschreibung‹ eingeschränkt gebraucht) beschreibt eine mögliche Welt (↑Welt, mögliche), wobei genau eine solche als wirklich (↑wirklich/Wirklichkeit) ausgezeichnet ist. Ein Z. *besteht*, wenn es sich um das Bestehen des Sachverhalts und damit um eine ↑Tatsache handelt; er gehört dann zur wirklichen Welt bezüglich der beiden Klassen und heißt selbst ›wirklich‹.

Mit Hilfe des Begriffs einer (vollständigen) Z.sbeschreibung baut R. Carnap im Anschluß an Vorstellungen L. Wittgensteins im »Tractatus« (vgl. 4.463) eine intensionale Semantik (↑Semantik, intensionale) für formale Sprachen (↑Sprache, formale) auf, indem er die Synonymität (↑synonym/Synonymität) zweier *n*-stelliger Prädikatoren *P* und *Q* einer formalen Sprache *S* auf die als Explikation der analytischen Wahrheit vorgeschlagene L-Wahrheit (↑L-Semantik) der generellen ↑Bisubjunktion

$$\bigwedge_{x_1,\ldots,x_n} (P(x_1,\ldots,x_n) \leftrightarrow Q(x_1,\ldots,x_n))$$

zurückführt. Zu diesem Zweck wird erklärt: Eine Aussage *A* aus *S* gilt in einer Z.sbeschreibung *Z*, wenn die logische ↑Implikation $Z \prec A$ gilt; die Klasse der Z.sbeschreibungen, in denen *A* gilt, heißt der (logische) ↑›Spielraum‹ von *A*. Genau dann, wenn der Spielraum einer Aussage *A* die Klasse aller Z.sbeschreibungen ist, heißt *A* ›L-wahr‹.

Mit demselben Instrumentarium formuliert Carnap, zunächst für endliche Welten, d.h. endliche Klassen von Gegenständen und einstelligen Prädikatoren, eine Theorie der logischen ↑Wahrscheinlichkeit, derzufolge die logische Wahrscheinlichkeit eines Z.s im einfachsten Fall durch den Quotienten aus der Anzahl derjenigen möglichen Welten, aus deren Beschreibung seine Beschreibung logisch folgt, und der Anzahl aller möglichen Welten insgesamt definiert ist.

Nun ist aber offensichtlich nicht jeder Sachverhalt ein Z.: Weder wird man den durch ›die Sonne geht auf‹ dargestellten Sachverhalt noch diejenigen Sachverhalte, die durch ›es beginnt zu donnern‹, ›mir wird traurig‹ oder ›Brutus tötet Caesar‹ dargestellt sind, jeweils einen Z. nennen. In diesen Fällen werden Z.sänderungen beschrieben, die durch einen natürlichen ↑Vorgang, d.h. einen ↑Prozeß, oder eine ↑Handlung bewirkt sind. Dabei kann auch ein natürlicher Prozeß seinerseits durch eine Handlung ausgelöst und/oder durch sie kontrolliert sein (z.B. bei einem ↑Experiment, etwa durch Änderung nur einer Z.sgröße, z.B. des Volumens, eines als ein Gegenstand mit zwei voneinander unabhängigen Prädikatoren, den jeweils gerade gewählten Z.sgrößen, auftretenden thermodynamischen Systems, z.B. eines Gases). Natürlich wäre es möglich, daraufhin einen Vorgang durch ein Z.spaar $\langle p,\neg p\rangle$ oder $\langle \neg p,p\rangle$ wiederzugeben – z.B. ›es beginnt zu donnern‹ durch ›es donnert nicht, es donnert‹ – und damit Vorgänge oder Prozesse formal auf Z.e zurückzuführen (selbst Handlungen und Unterlassungen ließen sich so eliminieren), doch läßt sich diese metasprachliche (↑Metasprache) Konstruktion dann nicht mehr auf (inhaltliche) objektsprachliche (↑Objektsprache) Angemessenheit überprüfen, genausowenig wie im Falle der Auffassung von Handlungen als Z.sänderungen. Dabei ist noch ganz davon abgesehen, daß ein Vorgang ohne Berücksichtigung seiner (dynamischen) Binnenstruktur, die regelmäßig mehr als nur Anfangs- und Schlußphase und damit den Z. *vor* der Anfangsphase und den Z. *nach* der Schlußphase zu unterscheiden erlaubt, üblicherweise ein ↑›Ereignis‹ genannt wird. Das ist sprachlich in der Regel an der Differenz zwischen abgeleiteten Substantiven (für Ereignisse), z.B. ›Tötung‹, ›Aufgang‹, und Verbalsubstantiven (für Vorgänge), z.B. ›Töten‹, ›Aufgehen‹, ablesbar. Aber auch dann bleiben die Alternativen, Ereignisse als Z.spaare oder umgekehrt Z.e als Ereignispaare aufzufassen, bloße formale Reduktionsstrategien (↑Reduktion), die an der Entscheidung, neben Z. auch Prozeß und Ereignis auf der Ebene der Sachverhalte anzusiedeln, nichts ändern.

So hat z.B. G.H. v. Wright dem Aufbau seiner ↑Handlungslogik die Unterordnung der zunächst als voneinander unabhängig angesehenen Z.e, Prozesse und Ereignisse unter die Sachverhalte zugrundegelegt. Es ist jedoch umstritten, ob außer bei einem Z., der durch eine Aussage von etwas wiedergegeben wird, auch ein Prozeß und ein Ereignis stets ›von etwas‹ sein oder zumindest so wiedergegeben werden müssen. Vielmehr weisen die Redeweisen ›Ereignisse finden statt‹ und ›Prozesse dauern an‹ ebenso wie ›Dinge sind vorhanden‹ und ›Handlungen werden vollzogen‹ darauf hin, daß man es auch in diesen Fällen mit Gegenstandsarten zu tun hat. So kann etwa die Aussage ›die Sonne geht auf‹ als Aussage über ein Ereignis in die kanonische Fassung ›der Aufgang der Sonne findet statt‹ gebracht werden, während ihre kanonische Fassung über ein Ding ›die aufgehende Sonne ist vorhanden‹ wäre. Gleichwohl ist es üblich, einen Prozeß, dessen Z. vor der Anfangsphase mit dem Z. nach der Schlußphase (einem Bezugsgegenstand gegenüber) übereinstimmt und im übrigen nur Phasen mit derselben Z.sbeschreibung durchläuft, als einen *stationären Prozeß* mit einem Z. zu identifizieren, der überdies dann oft selbst ›stationärer Z.‹ genannt wird. – In der ↑Anthropologie und der politischen Philosophie (↑Philosophie, politische) der ↑Aufklärung ist die Rede vom ↑Naturzustand (state of nature) oder ›Urzustand‹ des Menschen ein begriffliches Werkzeug unter anderem zur Begründung des ↑Naturrechts (z.B. bei J. Locke und J.-J. Rousseau) und des ↑Staates (z.B. bei T. Hobbes und Rousseau).

Literatur: R. Carnap, Meaning and Necessity. A Study in Semantics and Modal Logic, Chicago Ill./Toronto/London 1947, ²1956, 1988; ders., Logical Foundations of Probability, Chicago Ill., London 1950, ²1962, 1971; B. Kienzle (ed.), Z. und Ereignis, Frankfurt 1994; I. Max, Z.sbeschreibung, Hist. Wb. Ph. XII (2004), 1455–1457; T. Metzinger (ed.), Bewußtsein. Beiträge aus der Gegenwartsphilosophie, Paderborn etc. 1995, Paderborn [5]2005; J. Rehmke, Das Bewußtsein, Heidelberg 1910; G. H. v. Wright, Norm and Action. A Logical Enquiry, London, New York 1963, London etc. 1977 (dt. Norm und Handlung. Eine logische Untersuchung, Königstein 1979). K. L.

Zustandsbeschreibung (engl. state description), Terminus der ↑Semantik. Gegeben sei ein objektsprachliches (↑Objektsprache) System *S* mit ↑Junktoren, ↑Quantoren, ↑Individuenvariablen (die nur gebunden auftreten dürfen), ↑Kennzeichnungsoperator und ↑Lambda-Operator, ↑Individuenkonstanten und ↑Prädikatkonstanten. Eine Klasse von Sätzen aus *S* heißt eine ›Z. in *S*‹ genau dann, wenn sie für jeden Atomsatz (d. h. für jeden Satz des Typs $P^{(n)}(a_1, \ldots, a_n)$ mit einem n-stelligen Prädikator $P^{(n)}$ und Individuenkonstanten $a_1, \ldots, a_n$) entweder diesen Satz oder seine ↑Negation enthält, aber nicht beide und keine anderen Sätze. Z.en als vollständige Beschreibungen eines möglichen Universums werden als Darstellung möglicher Welten (↑Welt, mögliche) im Sinne von G. W. Leibniz oder der möglichen Sachverhalte bei L. Wittgenstein verstanden (↑Spielraum).

Literatur: Y. Bar-Hillel, A Note on State-Descriptions, Philos. Stud. 2 (1951), 72–75; R. Carnap, Meaning and Necessity. A Study in Semantics and Modal Logic, Chicago Ill./Toronto/London 1947, erw. Chicago Ill./London [2]1956, 1988 (dt. Bedeutung und Notwendigkeit. Eine Studie zur Semantik und modalen Logik, Wien/New York 1972). G. W.

Zustandsgröße, hauptsächlich in der ↑Thermodynamik verwendeter Terminus zur Bezeichnung von makroskopischen, meßbaren Größen, die den Zustand eines Systems vollständig charakterisieren. So ist z. B. der Zustand chemisch homogener Gase durch zwei Z.n, etwa Druck und Temperatur, festgelegt. Andere thermodynamische Z.n sind innere ↑Energie und ↑Entropie. M. C.

Zweck (engl. end), im Rahmen der auf Aristoteles zurückgehenden Lehre von den vier Ursachen (↑causa) Bezeichnung für die der Wirkursache (causa efficiens) gegenübergestellte Endursache (causa finalis). Diese besteht in den ↑Gründen einer Person für ihr Handeln (↑Handlung), die in Vorstellungen der ausgeführten Handlung (d. h. ihrem ›Ende‹) beruhen und durch die diese Person sich zur Ausführung der Handlung bringt (d. h. die eine ›Ursache‹ für die Handlung bilden). Je nachdem, wie man einen Grund, das Ende und die Ursache einer Handlung versteht, ergeben sich verschiedene Konzeptionen des Z.verständnisses.

Das Ende der ausgeführten Handlung kann (1) in ihren *Folgen* gesehen werden, d. h. in den ↑Sachverhalten, die auf Grund von natürlichen, geistigen oder seelischen Entwicklungen eintreten, die durch die ausgeführte Handlung in Gang gebracht werden. Man kann das Ende (2) in dem *Ergebnis* der Handlungen sehen, d. h. in den Sachverhalten, die mit der Ausführung der Handlung bestehen und damit auch ihr (vollständiges) Ausgeführtsein markieren. Das Ende kann aber auch (3) in dem geordneten *Ablauf* der Handlung gesehen werden, d. h. in der Verwirklichung eines Tätigkeitsmusters, durch die diese Tätigkeit zu einer identifizierbaren bestimmten Handlung wird. Daß die Vorstellung vom Ende einer Handlung deren Grund ist, läßt sich so verstehen, daß mit diesem Ende ein Wunsch erfüllt, ein Ideal zu realisieren versucht oder überhaupt eine Ordnung identifizierbarer Handlungen und Situationen – als der Bedingung für die Erfüllung (wie schon der Ausbildung) von Wünschen und die Realisierung (wie schon der Bildung) von Idealen – geschaffen wird. Die Erfüllung eines Wunsches besteht darin, daß ein Sachverhalt eintritt, zu dessen Herbeiführung aufgefordert ist und der entsprechend gewünscht wird. Der Versuch zur Realisierung eines ↑Ideals besteht darin, bestimmten Ansprüchen – wie man sie etwa durch Vorstellungen von einem guten Leben (↑Leben, gutes) oder einer gerechten (↑Gerechtigkeit) Gesellschaft aufstellen mag – zu folgen. Die Schaffung einer Ordnung des Handelns und seiner Situationen besteht darin, das individuelle Tun ständig auf allgemeine Muster von Tätigkeiten zu beziehen und es dadurch sowohl in seinem Ablauf zu ordnen als auch als ein bestimmtes Handeln in einer bestimmten Situation zu definieren.

Nicht jeder Typ eines Grundes läßt sich für jedes Verständnis von einem Handlungsende verwenden. In Auseinandersetzung und im Anschluß an die Aristotelischen Überlegungen zum Begriff des Z.es (*τέλος*; ↑Telos) und des ›Worumwillen‹ (*τὸ οὗ ἕνεκα*) haben sich vor allem zwei Konzeptionen von Gründen für das Handeln herausgebildet: (1) Eine Handlung kann dadurch begründet werden, daß ihrer Ausführung Folgen zugeschrieben werden, durch die ein Wunsch des Handelnden erfüllt wird; (2) sie kann auch dadurch begründet werden, daß das Ergebnis ihrer Ausführung der Realisierungsversuch eines Ideals ist: ist eine solche Handlung ausgeführt, dann soll damit der – als Anspruch anerkannten – Vorstellung etwa vom guten Leben oder gerechten Umgang miteinander entsprochen sein. Nennt man im ersten Falle die erwünschten Folgen einer Handlung deren Z., so läßt sich feststellen, daß der Z. dieser Handlung ›außerhalb‹ ihrer selbst liegt: er ist nicht schon mit ihrer Ausführung erreicht, sondern erst dann, wenn auch die durch die Ausführung dieser Handlung in Gang gebrachte Entwicklung den Erwartungen entspricht. Nennt man im zweiten Falle das das Ideal zu realisieren versuchende Ergebnis einer Handlung deren Z., dann liegt dieser Z. ›innerhalb‹ des Handelns: daß dieses Ergebnis erreicht ist, heißt lediglich, daß die entsprechende Handlung vollständig ausgeführt ist.

Im Anschluß an Aristoteles (Eth. Nic. Z5.1140b3ff.) wird diese Unterscheidung der Beziehung von Z. und Handlung benutzt, um im ersten Falle einen *poietischen* (↑Poiesis) bzw. – im heute üblichen Sprachgebrauch – technischen Handlungszusammenhang von einem ↑*praktischen* zu unterscheiden. Demgemäß lassen sich Z.e technischer Handlungszusammenhänge als *technische* Z.e von den entsprechend definierbaren *praktischen* Z.en unterscheiden. In dem Maße, in dem – in der neuzeitlichen Geschichte – die Gemeinsamkeit der Ideale vom guten Leben und gerechten Handeln schwindet, wird auch die Rede von Z.en im Sinne der praktischen Z.e problematisch und weitgehend aufgegeben. Mit der gleichzeitigen Konzentration auf die Entwicklung und Erreichung technischer Z.e werden diese zum Paradigma von Z.en überhaupt. Auch wo der Sache nach von praktischen Z.en geredet wird, nämlich von den Z.en des Lebens, des Miteinanderhandelns und dessen institutioneller Regelung, werden diese Z.e weitgehend in der Art der technischen Z.e verstanden: der praktische Z. – das gute Leben oder das gerechte Handeln – gehört nicht mehr als Ergebnis und damit als vollständige Verwirklichung des Handelns zu diesem Handeln selbst, sondern wird – wie ein technischer Z. – zur nicht nur erwünschten, sondern auch planbaren und strategisch erzeugbaren Folge des Handelns, und dies um den Preis, daß das Handeln und das Leben ihren Z. nicht mehr ›in sich‹ haben, sondern zum ↑Mittel für den technisch konzipierten praktischen Z. ›außerhalb‹ ihrer werden. Durch diese Ablösung praktischer Z.e vom Leben und Handeln wird zugleich die Setzung und Begründung dieser Z.e zu einer eigenen Aufgabe, die Experten zu übertragen ist; denn es sind sowohl die Chancen zur Erreichung dieser Z.e als auch daran anschließend die Vernünftigkeit ihrer Setzung eigens, d. h. mit einem besonderen sozialen und politischen Wissen, zu begründen.

Wenn dies auch nicht in ihrer Absicht gelegen hat, haben I. Kant und G. W. F. Hegel diese Entwicklung einer Technisierung der praktischen Z.e doch vorbereitet. Die Kantische Thematisierung der Problematik praktischer Z.e macht – aus Sorge vor dogmatischen Festlegungen – die Bestimmung vernünftiger Z.e zum Ergebnis rein begrifflicher, sich jeder materialen Annahme über Wünsche oder Ideale enthaltenden Überlegungen. Denn gerade durch das Absehen von aller materialen Bestimmtheit und damit in seiner Fähigkeit, sich auf rein begriffliche Bemühungen zu beschränken, erweist sich der Mensch für Kant als ›Z. an sich selbst‹ (↑Selbstzweck), d. h. als Z., der zu keinem anderen Z. ein Mittel sein kann (Grundl. Met. Sitten BA 63–67, Akad.-Ausg. IV, 428–430). Hegel geht noch einen Schritt weiter, indem er auch noch vom Menschen als einem individuellen Subjekt absieht. Im Z. sieht Hegel den Anfang der vernünftigen Durchformung der Welt, wie er sich dann ergibt, wenn man ihn gerade nicht in die handlungsleitenden Setzungen der einzelnen Menschen verlegt, sondern – als einen Anfang, von dem her sich sowohl das individuelle Bewußtsein als auch die gegenüberstehende konkrete Realität als Entwicklungsergebnisse rekonstruieren lassen – in die von allen Bestimmungen des erfahrbaren Individuellen absehenden und eben dadurch erzeugten Prinzipien reiner begrifflicher Entwicklungen (↑Dialektik). Dieser Z. »ist der in freie Existenz getretene, für-sich-seyende Begriff«, der »vermittelst der Negation der unmittelbaren Objectivität« entsteht (Enc. phil. Wiss. § 204, Sämtl. Werke VIII, 413). Hegel geht dann der begrifflichen Entwicklung, wie sie sich für ihn in notwendigen Schritten aus der Setzung des Z.es – der ›freien Existenz des für-sich-seienden Begriffes‹ – ergibt, nach und begreift diese Entwicklung zugleich als die Erzeugung der ↑Realität. Diese Realität läßt sich als ›ausgeführter Z.‹ verstehen, der zwar das Ergebnis der Verwirklichung des gesetzten (›subjektiven‹) Z.es ist, eben dadurch aber – auf Grund des die Wirklichkeit charakterisierenden Zwanges zum Kompromiß, nämlich zur Entscheidung für die Verwirklichung nur einiger der ideal konzipierten Möglichkeiten und damit zum Aufgeben des reinen Ideals – in der Differenz des Realisates zum Ideal (Enc. phil. Wiss. § 204–212, Sämtl. Werke VIII, 413–422, Logik III/2.3, Sämtl. Werke V, 209–235).

Hegel hebt damit einerseits die Besonderheit hervor, mit der praktische Z.e zu Gründen des Handelns werden, nämlich als zu realisierende Ideale. Andererseits verlegt er das Ende des Handelns aus diesem Handeln in das reine Denken und kann daher im Handeln und Leben nur insofern noch einen Z. sehen, als sie sich als Denkergebnis, als Ende einer methodischen begrifflichen Entwicklung rekonstruieren lassen. Diese methodische ↑Rekonstruktion untersteht ihrerseits dem Muster des Herstellens, wie es für technische Handlungszusammenhänge gilt. Die Marxsche Ersetzung des Denkens, der Arbeit des Begriffs, durch das Arbeiten, nämlich der bedürftigen Menschen, kann diesem Muster sogar eine angemessenere Anwendung verschaffen. Die Z.e des Handelns sind die (bedürfnisrelevanten) Folgen des Arbeitens: sowohl dessen gesellschaftliche Organisation als auch die durch das Arbeiten hergestellten Güter. Der Z. des Handelns ist damit schon darum nicht mehr diesem Handeln (als sein Ergebnis) immanent, weil nicht mehr über dieses Handeln geredet wird, sondern nur noch über das Herstellen. Das Handeln mit einem Z. innerhalb seiner selbst taucht nur noch als die durch Arbeit und ihre gesellschaftliche Organisation vermittelbare Möglichkeit auf, einen nicht durch gemeinsame Z.e bestimmten Rest an Zeit zu verbringen, nicht mehr als gemeinsame Praxis im Aristotelischen Sinne, sondern als private Muße. Argumentationsrelevant – weil einzig auf gemeinsame Probleme bezogen und für gemeinsame Lösungsmöglichkeiten dieser Probleme benutzbar – bleiben so nur noch die Z.e des herstellenden Handelns, dessen befürchtete oder erwünschte Folgen. Das Handeln selbst wird als Herstellen zum ↑Mittel, d. h. zur notwendigen Bedingung der Erreichung dieser Folgen, zurückgestuft. Dies gilt auch vom geistigen Handeln, also vom ↑Denken. Damit gehört zur Definition des Z.es von vornherein auch die Relation von Z. und Mittel: Z.e sind demgemäß die erwarteten Folgen einer bestimmten Handlung – deren Ausführung ein Mittel zu dem jeweiligen Z. ist –, sofern sie erwünscht sind.

Neben dieser Diskussion über das Verhältnis von technischen und praktischen Z.en – wenn auch als Versuch rekonstruierbar, die Probleme aus dieser Diskussion zu lösen – ist eine dritte Konzeption von Gründen für das Handeln und damit eines Z.verständnisses entwickelt worden. Man kann nämlich eine Handlung auch dadurch begründet sehen, daß mit ihr ein Tätigkeitsmuster verwirklicht wird, das die Identifikation von Handlungen und Situationen ermöglicht und in diesem Sinne eine Ordnung des Handelns und seiner Welt schafft. Nennt man das zu verwirklichende Muster einen Z. des Handelns, so läßt sich sagen, daß mit diesem Z. das Tun erst zu einem identifizierbaren Handeln erhoben, als Handeln ›konstituiert‹ wird. Die Betrachtung solcher konstitutiven Z.e läßt sich aus der Absicht verstehen, die durch gemeinsame praktische Z.e nicht mehr begründbare Gemeinsamkeit des Handelns sozusagen ›hinter dem Rücken‹ der handelnden Individuen wieder herzustellen. Denn die Handlungskonstitution, d. h. die Schaffung von identifizierbaren Einheiten des Tuns durch die Ausbildung der Anwendung von Tätigkeitsmustern, ist normalerweise keine den individuellen Handelnden verfügbare oder überhaupt bewußte Leistung, sondern eine (wenn auch nicht nur begriffliche) theoretische Konstruktion, die mit den lebensweltlichen Orientierungen der Handelnden einzig durch ihr Ergebnis verbunden ist. Die Konstruktion der konstitutiven Z.e läßt sich in der Erwartung betreiben, gemeinsame Orientierungen im Handeln auch dort noch zu entdecken, wo in den Selbstdarstellungen der Handelnden lediglich Uneinigkeiten aufscheinen. Im Umkreis der ↑Phänomenologie, vor allem bei A. Schütz, ist die Untersuchung konstitutiver Z.e unter dem Titel der Analyse von ↑Intentionen (↑Intentionalität) dargestellt worden.

Eine weitere Unterscheidung von Konzeptionen des Z.-verständnisses ergibt sich aus einer unterschiedlichen Betrachtung der Ursachen des Handelns. So kann man einmal ausschließlich die Gründe als Ursachen des Handelns ansehen, die der Handelnde vor seiner Handlung selbst erwogen hat. Man kann aber auch dann Gründe als Ursachen des Handelns ansehen, wenn sie, unabhängig von den Überlegungen des Handelnden, die jeweilige Handlung tatsächlich begründen würden. Im ersten Falle läßt sich von *subjektiven* Z.en, im zweiten Falle von *objektiven* Z.en sprechen. Handelt eine Person rational, so sind ihre subjektiven Z.e auch objektive Z.e. Die Ablösung der Z.e von den tatsächlichen Überlegungen der Handelnden ermöglicht eine zumeist in ideologiekritischer (↑Ideologie) Absicht getroffene (und umstrittene) Unterscheidung zwischen dem durch die subjektiven Z.e darstellbaren Selbstverständnis des Handelnden und dem durch die objektiven Z.e anzugebenden ›wahren‹ Verständnis des Handelns. Außerdem ist sie die Bedingung für die Konzeption einer ↑Teleologie, in deren Rahmen die Unterstellung von Z.en zum allgemeinen Mittel der Darstellung oder Erklärung von Geschehnissen wird.

Literatur: R. Audi, Means, Ends, and Persons. The Meaning and Psychological Dimensions of Kant's Humanity Formula, Oxford etc. 2016; A. Beckermann, Gründe und Ursachen. Zum vermeintlich grundsätzlichen Unterschied zwischen mentalen Handlungserklärungen und wissenschaftlich-kausalen Erklärungen, Kronberg 1977; B. v. Brandenstein, Teleologisches Denken. Betrachtungen zu dem gleichnamigen Buche Nicolai Hartmanns, Bonn 1960; H. Brockard, Z., Hb. ph. Grundbegriffe III (1974), 1817–1828; R. Eisler, Der Z.. Seine Bedeutung für Natur und Geist, Berlin 1914 (mit Bibliographie, 268–281); W. Euler, Z., in: M. Willaschek u. a. (eds.), Kant-Lexikon III, Berlin/Boston Mass. 2015, 2745–2753; ders./R. Porcheddu, Z. an sich, in: M. Willaschek u. a. (eds.), Kant-Lexikon III, Berlin/Boston Mass. 2015, 2753–2755; F. Furger, Was Ethik begründet. Deontologie oder Teleologie. Hintergrund und Tragweite einer moraltheologischen Auseinandersetzung, Zürich/Einsiedeln/Köln 1984; R. Gersbach, Practical Reasoning. Its Elements, Practicality and Validity, Münster 2016; E. v. Hartmann, Kategorienlehre, I–III, Leipzig 1896, [2]1923; N. Hartmann, Teleologisches Denken, Berlin 1951, [2]1966; S. Hill, Two Perspectives on the Ultimate End, in: M. Sim (ed.), The Crossroads of Norm and Nature. Essays on Aristotle's »Ethics« and »Metaphysics«, Lanham Md. etc. 1995, 99–114; T. S. Hoffmann, Z.; Ziel, Hist. Wb. Ph. XII (2004), 1486–1510; C. Horn/G. Löhrer (eds.), Gründe und Z.e. Texte zur aktuellen Handlungstheorie, Berlin 2010; S. Klingner, Technische Vernunft. Kants Z.begriff und das Problem einer Philosophie der technischen Kultur, Berlin/Boston Mass. 2013; T. Landmann, Der Begriff des Pflichtzwecks in der Tugendlehre Immanuel Kants. Das Verhältnis von Form und Materie im Projekt einer Ethik als Metaphysik der Sitten, Hamburg 2015; R. Langthaler, Kants Ethik als ›System der Z.e‹. Perspektiven einer modifizierten Idee der ›moralischen Teleologie‹ und Ethikotheologie, Berlin/New York 1991 (Kant-St. Erg.hefte 125); P. Lorenzen/O. Schwemmer, Konstruktive Logik, Ethik und Wissenschaftstheorie, Mannheim/Wien/Zürich 1973, bes. 107–129, 151–178, 190–221, [2]1974, bes. 148–180, 210–255, 273–317; D. Loy, Preparing for Something that Never Happens. The Means/Ends Problem in Modern Culture, Int. Stud. Philos. 26 (1994), 47–68; N. Luhmann, Z.begriff und Systemrationalität. Über die Funktion von Z.en in sozialen Systemen, Tübingen 1968, Frankfurt [6]1999; F. Mauthner, Z., in: ders., Wörterbuch der Philosophie. Neue Beiträge zu einer Kritik der Sprache II, München/Leipzig 1910, Zürich 1980, 642–647, III, Wien/Köln/Weimar 1997, 515–522; S. Miller, Intentions, Ends, and Joint Action, Philos. Papers 24 (1995), 51–66; J. Mittelstraß, Über Interessen, in: ders. (ed.), Methodologische Probleme einer normativ-kritischen Gesellschaftstheorie, Frankfurt 1975, 126–159 (engl. [überarb.] On Interests, in: R. E. Butts/J. R. Brown [eds.], Constructivism and Science. Essays in Recent German Philosophy, Dordrecht/Boston Mass./London 1989 [Univ. Western Ontario Ser. Philos. Sci. XLIV], 221–239); T. Pierini, Theorie der Freiheit. Der Begriff des Z.s in Hegels Wissenschaft der Logik, München 2006; R. Porcheddu, Der Z. an sich selbst. Eine Untersuchung zu Kants Grundlegung zur Metaphysik der Sitten, Berlin/Boston Mass. 2016; H. Poser (ed.), Formen teleologischen Denkens. Philosophische und wissenschaftshistorische Analysen. Kolloquium an der Technischen Universität Berlin 1980/1981, Berlin 1981; H. S. Richardson, Practical Reasoning about Final Ends, Cambridge etc. 1994, 1997; T. Schlicht, Z. und Natur. Historische und systematische Untersuchungen zur Teleologie, München/Paderborn 2011; D. Schmidtz, Choosing Ends, Ethics 104 (1993/1994), 226–251; M. Schramm, Natur ohne Sinn? Das Ende des teleologischen Weltbildes, Graz/Wien/Köln 1985; O. Schwemmer, Theorie der rationalen Erklärung. Zu den methodischen Grundlagen der Kulturwissenschaften, München 1976; R. Spaemann/R. Löw, Die Frage Wozu? Geschichte und Wiederentdeckung des teleologischen Denkens, München/Zürich 1981, [3]1991; C. Spoerhase/C. van den Berg, Z., Z.mäßigkeit, Hist. Wb. Rhetorik IX (2009), 1578–1583; W. Stegmüller, Probleme und Resultate der Wissenschaftstheorie und Analytischen Philosophie I (Wissenschaftliche Erklärung und Begründung), Berlin etc. 1969, 518–623 (Teleologie, Funktionsanalyse und Selbstregulation), erw. unter dem Titel: Erklärung, Begründung, Kausalität, Berlin/Heidelberg/New York [2]1983, 639–773; A. Trendelenburg, Der Z., in: ders., Logische Untersuchungen II, Berlin 1840, 1–71, Leipzig [3]1970, 1–94 (repr. Hildesheim 1964), separat, ed. G. Wunderle, Paderborn 1925; G. H. v. Wright, Explanation and Understanding, London, New York 1971 (repr. 2009), Ithaca N. Y./London 2004 (dt. Erklären und Verstehen, Frankfurt 1974, Hamburg 2008); J. Zimmer/A. Regenbogen, Z./Mittel, EP III ([2]2010), 3129–3133; M. Zubiría, Die Teleologie und die Krisis der Principien, Hildesheim/Zürich/New York 1995. O. S.

Zweckmäßigkeit, ebenso wie der Begriff des ↑Zweckes ↑Reflexionsbegriff bei I. Kant (vgl. KU B XXXIV, Akad.-Ausg. V, 184), mit dem kritisch an ältere, auf den Aristotelischen Telos-Begriff (↑Telos, ↑causa) zurückgehende teleologische (↑Teleologie) Konzeptionen angeschlossen wird. Als ›Prinzip der formalen Z. der Natur‹ (KU B XXIX, Akad.-Ausg. V, 181) tritt ›Z.‹ auch im Systemzusammenhang (im Sinne einer systematischen Einheit des Mannigfaltigen der empirischen Erkenntnis) auf, d. h., die (objektive) Z. der Natur wird von der reflektierenden ↑Urteilskraft als ein heuristisches (↑Heuristik) Prinzip aufgefaßt, das die Erkennbarkeit der Natur bzw. ihre Wissenschaftsfähigkeit sichert. In der »Kritik der ästhetischen Urteilskraft« stellt für Kant die ›Z. ohne Zweck‹ (KU § 42, Akad.-Ausg. V, 301) ein Moment des ↑Schönen bzw. ästhetischer Geschmacksurteile (↑Geschmack) dar. J. M.

Zweckrationalität, von M. Weber im Rahmen des Entwurfs einer ›verstehenden‹ ↑Soziologie eingeführter Terminus zur Charakterisierung der Deutbarkeit bzw. Verstehbarkeit des menschlichen Verhaltens: »Das Höchstmaß an ›Evidenz‹ besitzt [...] die zweckrationale Deutung. Zweckrationales Sichverhalten soll ein solches heißen, welches ausschließlich orientiert ist an (*subjektiv*) als adäquat vorgestellten Mitteln für (subjektiv) eindeutig erfaßte Zwecke« (Gesammelte Aufsätze zur Wissenschaftslehre, [7]1988, 428). Z. kommt einer ↑Handlung gemäß diesem Verständnis dann zu, wenn sie – nach der Meinung des Handelnden – geeignetes ↑Mittel für einen ↑Zweck ist, den der Handelnde sich gesetzt hat. Diese subjektive Z. ist zu unterscheiden von der objektiven, nämlich auf Erfahrung gegründeten ›Richtigkeitsrationalität‹, die der Beziehung zwischen den Mitteln oder untergeordneten Zwecken dann zukommt, wenn sie tatsächlich in einer kausalen Beziehung zu den übergeordneten Zwecken stehen (vgl. a. a. O., 434ff.). Für Weber ist die Z. eine ›idealtypische‹ (↑Idealtypus) Annahme, die eine besondere Typik des Handelns zum Ausdruck bringen soll und zugleich als eine methodische Unterstellung dient, um das Handeln als Mittel zu Zwecken deuten zu können.

In der ethischen (↑Ethik) Diskussion geht es weniger um die subjektive Z. eines Handelnden, als vielmehr – vor allem in institutionellen Zusammenhängen – um eine objektive Klärung der beanspruchten Z., d. h. um die Frage, ob bestimmte Handlungen oder Verfahrensweisen insgesamt tatsächlich als Mittel für das Erreichen eines gemeinsam angestrebten Zweckes förderlich sind oder nicht. In diesem Sinne liefert die Z. eine unabdingbare Argumentationsgrundlage für moralisch relevante Entscheidungen. Das im engeren Sinne moralische Problem entsteht erst mit der Frage, welche Zwecke angestrebt werden sollen, und zwar dann, wenn diese nicht ihrerseits als Mittel für übergeordnete Zwecke zweckrational begründet werden können. O. S.

Zweifel (engl. doubt, franz. doute), in umgangssprachlicher und wissenschaftssprachlicher Verwendung, im Gegensatz zu ↑›Gewißheit‹, Bezeichnung für das Unsicherwerden bzw. Infragestellen in der Weise des Meinens (↑Meinung), Glaubens (↑Glaube (philosophisch)) und ↑Wissens bestehender Orientierungen. Terminologisch wird zwischen einem *praktischen* und einem *theoretischen* Z. unterschieden. Im Modus der Mißbilligung von Handlungsweisen und Gesinnungen stellt sich der praktische Z. als *moralischer* Z., im Modus der Anfechtung als *religiöser* Z. dar; wird der praktische Z. radikalisiert in der Form, daß alle Orientierungen zur Disposition gestellt werden, so wird er zum *existentiellen* Z. am ›Sinn des Daseins‹ (S. A. Kierkegaard, F. Nietzsche). Demgegenüber ist der theoretische Z. durch die Ungewißheit darüber definiert, ob ein ↑Sachverhalt besteht oder nicht besteht bzw. ob die ihn darstellende Aussage wahr oder falsch ist. In Form eines *absoluten* Z.s, d. h.

der Behauptung der Unmöglichkeit eines begründeten Wissens, führt der theoretische Z. im Rahmen der Geschichte der ↑Erkenntnistheorie in den ↑Skeptizismus, in Form des *methodischen* (oder fiktiven) Z.s (R. Descartes, E. Husserl) zur Überwindung des absoluten Z.s. Descartes' Methodisierung des Z.s (Meditat. I), d. h. der methodisch vorgetragene Z. an geltendem Wissen und bestehenden Orientierungen, dient dem Ziel herauszufinden, woran man nicht zweifeln kann, und schließt dabei an Überlegungen A. Augustinus' (De trin. X 10.14–16; De civ. Dei XI 26) an, ohne dessen Verbindung von praktischem und theoretischem Z. aufrechtzuerhalten. In der Methodisierung des Z.s wird dieser zum Bestandteil des philosophischen Begriffs der ↑Kritik.

Literatur: J. Amstutz, Z. und Mystik besonders bei Augustin. Eine philosophiegeschichtliche Studie, Bern 1950; A. J. Ayer, The Problem of Knowledge, London 1956, London etc. 1990 (repr. in: ders., Writings on Philosophy III, Basingstoke etc. 2004); M. Beiner/A. Bieler, Z., TRE XXXVI (2004), 767–776; H. Blankertz, Z., RGG VI (³1962), 1944–1945; J. Broughton, Descartes' Method of Doubt, Princeton N. J./Oxford 2002; S. Carboncini, Transzendentale Wahrheit und Traum. Christian Wolffs Antwort auf die Herausforderung durch den Cartesianischen Z., Stuttgart-Bad Cannstatt 1991; H. Craemer, Der skeptische Z. und seine Widerlegung, Freiburg/München 1974; ders., Für ein neues skeptisches Denken. Untersuchungen zum Denken jenseits der Letztbegründung, Freiburg/München 1983; D. G. Denery/K. Ghosh/N. Zeeman (eds.), Uncertain Knowledge. Scepticism, Relativism, and Doubt in the Middle Ages, Turnhout 2014; D. Erdozain, The Soul of Doubt. The Religious Roots of Unbelief from Luther to Marx, Oxford etc. 2016; S. C. A. Fay, Z. und Gewißheit beim späten Wittgenstein, Frankfurt etc. 1992; M. J. Ferreira, Scepticism and Reasonable Doubt. The British Naturalist Tradition in Wilkins, Hume, Reid and Newman, Oxford 1986; H. G. Frankfurt, Doubt, Enc. Ph. II (1967), 412–414, III (²2006), 102–104; M. Glouberman, Descartes. The Probable and the Certain, Würzburg, Amsterdam 1986; A. M. Hart, Toward a Logic of Doubt, Int. Log. Rev. 11 (1980), 31–45; D. H. Heidemann, Z., in: P. Kolmer/A. G. Wildfeuer (eds.), Neues Handbuch philosophischer Grundbegriffe III, Freiburg/München 2011, 2676–2686; P. Hoffman, Doubt, Time, Violence, Chicago Ill./London 1986; K. Kaufmann, Vom Z. zur Verzweiflung. Grundbegriffe der Existenzphilosophie Sören Kierkegaards, Würzburg 2002; M. Kober, Z., RGG VIII (⁴2005), 1932–1933; I. Levi, The Fixation of Belief and Its Undoing. Changing Beliefs through Inquiry, Cambridge etc. 1991; S. Lorenz/Red., Z., Hist. Wb. Ph. XII (2004), 1520–1527; K. Löwith, Wissen, Glaube und Skepsis, Göttingen 1958, Neudr. in: ders., Sämtliche Schriften II, Stuttgart 1983, 197–273; K. Marc-Wogau, Der Z. Descartes' und das cogito ergo sum, Theoria 20 (1954), 128–152; J. Mittelstraß, Neuzeit und Aufklärung. Studien zur Entstehung der neuzeitlichen Wissenschaft und Philosophie, Berlin/New York 1970, 382–397; N. M. L. Nathan, The Price of Doubt, London/New York 2001; L. Newman, Descartes' Epistemology, SEP 1997, rev. 2014; C. Page, Demonic Credulity and the Universalization of Cartesian Doubt, South. J. Philos. 27 (1989), 399–426; D. Pätzold, Z., methodischer, EP III (²2010), 3133–3136; D. Perler, Z. und Gewissheit. Skeptische Debatten im Mittelalter, Frankfurt 2006, ²2012; R. H. Popkin, The History of Scepticism from Erasmus to Descartes, Assen 1960, New York 1986, erw. unter dem Titel: The History of Scepticism. From Erasmus to Spinoza, Berkeley Calif./Los Angeles/London 1979, 1984, erw. unter dem Titel: The History of Scepticism. From Savonarola to Bayle, Oxford etc. 2003 (franz. Histoire du scepticisme d'Erasme à Spinoza, Paris 1995); N. Rescher, Scepticism. A Critical Reappraisal, Oxford, Totowa N. J. 1980; M. D. Roth/G. Ross (eds.), Doubting. Contemporary Perspectives on Skepticism, Dordrecht/Boston Mass./London 1990; H. Scholz, Augustinus und Descartes, Bl. dt. Philos. 5 (1931/1932), 405–423, Neudr. in: ders., Mathesis universalis. Abhandlungen zur Philosophie als strenger Wissenschaft, ed. H. Hermes/F. Kambartel/J. Ritter, Basel/Stuttgart, Darmstadt 1961, ²1969, 45–61; R. Spiertz, Eine skeptische Überwindung des Z.s? Humes Kritik an Rationalismus und Skeptizismus, Würzburg 2001; R. C. Stalnaker, Inquiry, Cambridge Mass./London 1984, 1987; G. Svensson, On Doubting the Reality of Reality. Moore and Wittgenstein on Sceptical Doubts, Stockholm 1981; C. Wild, Philosophische Skepsis, Königstein 1980; M. Williams, Unnatural Doubts. Epistemological Realism and the Basis of Scepticism, Oxford/Cambridge Mass. 1991, Princeton N. J. 1996; ders., Doubt, REP III (1998), 122–125; weitere Literatur: ↑Skeptizismus. J. M.

zweistellig/Zweistelligkeit (engl. binary, two-place, dyadic), Bezeichnung für einen ↑Prädikator, wenn er Systemen von zwei Gegenständen zu- oder abgesprochen (↑zusprechen/absprechen) wird, z. B. ein transitives Verb in bezug auf seine Subjekte und Objekte; der Prädikator ist dann ein spezieller ↑Relator. Entsprechend heißen auch ↑Aussageformen und ↑Terme z., wenn sie genau zwei ↑Variable enthalten. Die Z. ist ein Spezialfall der Mehrstelligkeit (↑mehrstellig/Mehrstelligkeit). K. L.

Zweistufenkonzeption (engl. double language model), Bezeichnung für die im Rahmen des Logischen Empirismus (↑Empirismus, logischer) vor allem von R. Carnap und C. G. Hempel entwickelte, zwischen etwa 1950 und 1970 in der ↑Wissenschaftstheorie dominante ↑Rekonstruktion der begrifflichen Struktur wissenschaftlicher Theorien und der ↑Wissenschaftssprache.

Im Rahmen der Z. wird zwischen den beiden Sprachebenen der ↑Beobachtungssprache und der ↑Theoriesprache unterschieden. Beobachtungsbegriffe sind dadurch gekennzeichnet, daß über ihre Anwendbarkeit auf Objekte oder Eigenschaften anhand unmittelbarer, nicht auf weitere Hilfsmittel zurückgreifender ↑Wahrnehmungen entschieden werden kann. Die Bedeutung der Beobachtungsbegriffe ist nach den Grundsätzen der Verifikationstheorie (↑verifizierbar/Verifizierbarkeit) bestimmt, die zuvor im ↑Wiener Kreis die Bedeutung aller wissenschaftlichen Begriffe festlegen sollte. Die Geltung von Beobachtungsaussagen ist entsprechend durch direkte Sinneserfahrung prüfbar. Theoretische Begriffe (↑Begriffe, theoretische) sind dagegen primär durch ihre Erklärungsleistung im Rahmen einer Theorie bestimmt; sie werden durch ihre theoretische Rolle identifiziert und besitzen zunächst keinen Bezug auf Beobachtungen. Diesen erhalten sie auf vermittelte Weise durch die ↑Korrespondenzregeln, die Verknüpfungen zwischen beiden Sprachebenen herstellen. Dafür werden komplexe Begriffsbeziehungen zugelassen; insbes. wird nicht verlangt, daß theoretische Begriffe durch Beobachtungsbegriffe explizit definierbar (↑Definition) sind. Theoretische Postulate haben in der Z. zunächst den Charakter formaler, nur teilweise interpretierter ↑Aussageformen; deren inhaltliche Interpretation wird dann durch die Korrespondenzregeln erreicht.

Die Z. unterscheidet sich von der seit den 1960er Jahren zunehmend verbreiteten *Kontexttheorie* der Bedeutung durch die Zurückweisung einer Bedeutungsbestimmung theoretischer Begriffe als Folge impliziter Definitionen (↑Definition, implizite) durch die zugehörigen theoretischen Postulate. Da auf formale Weise charakterisierte theoretische Postulate häufig in mehrfacher, unterschiedlicher Form inhaltlich interpretierbar sind, können diese Postulate die inhaltliche Deutung der betreffenden Begriffe höchstens eingrenzen, aber nicht eindeutig festlegen. Weiterhin ist für die Z. die Annahme einer bloß einsinnigen Abhängigkeit der Theorie von den Beobachtungen kennzeichnend. Die Daten werden zunächst ohne Rückgriff auf theoretische Annahmen oder ↑Naturgesetze erfaßt und in einem davon verschiedenen Prozeß theoretisch gedeutet.

Die Kritik an der Z. setzt primär an dieser Annahme theoriefrei charakterisierbarer Beobachtungsbegriffe und entsprechend theoriefrei erfaßbarer Daten an. Insbes. wird geltend gemacht, daß die in der Wissenschaft zur Beschreibung von Beobachtungen herangezogenen Begriffe (wie Zeitdauer, Temperatur oder Masse) in ihrer Bedeutung durch die einschlägigen theoretischen Annahmen beeinflußt sind und bei ihrer Anwendung auf die ↑Erfahrung auf Naturgesetze zurückgegriffen wird. Entsprechend erfolgt faktisch die Datenerfassung nicht durch Rückgriff auf eine Beobachtungssprache im Sinne der Z.; eine solche Sprachform erweist sich für die Rekonstruktion des Wissenschaftsprozesses als irrelevant. Im Zuge derartiger Einwände wird die Vorstellung der Beobachtungssprache durch die Annahme der ↑Theoriebeladenheit der Beobachtung ersetzt.

Literatur: H. Andreas, Carnaps Wissenschaftslogik. Eine Untersuchung zur Z., Paderborn 2007; R. Carnap, The Methodological Character of Scientific Concepts, in: H. Feigl/M. Scriven (eds.), The Foundations of Science and the Concepts of Psychology and Psychoanalysis, Minneapolis Minn. 1956, 1976 (Minnesota Stud. Philos. Sci. I), 38–76; M. Carrier, The Completeness of Scientific Theories. On the Derivation of Empirical Indicators within a Theoretical Framework. The Case of Physical Geometry, Dordrecht/Boston Mass./London 1994 (Western Ont. Ser. Philos. Sci. LIII), 1–19 (Chap. 1 The Theory-Ladenness of Observation and Measurement); H. Feigl, Existential Hypotheses. Realistic versus Phenomenalistic Interpretations, Philos. Sci. 17 (1950), 35–62; C. G. Hempel, Fundamentals of Concept Formation in Empirical Science, Chicago Ill./London 1952, 1972 (= Int. Enc. Unif. Sci. II/7); ders., On the ›Standard Conception‹ of Scientific Theories, in: M. Radner/S. Winokur (eds.), Analyses of Theories and Methods of Physics and Psychology, Minneapolis Minn. 1970 (Minnesota Stud. Philos. Sci. IV), 142–163; ders., Provisoes. A Problem Concerning the Inferential Function of Scientific Theories, Erkenntnis 28 (1988), 147–164, Neudr. in: A. Grünbaum/W. C. Salmon (eds.), The Limitations of Deductivism, Berkeley Calif./Los Angeles/London 1988, 19–36; C. U. Moulines, Die Entwicklung der modernen Wissenschaftstheorie (1890–2000). Eine historische Einführung, Hamburg 2008, bes. 75–83; E. Nagel, The Structure of Science. Problems in the Logic of Scientific Explanation, New York, London 1961, [2]1979, Indianapolis Ind./Cambridge Mass. 2003, 79–105 (Chap. 5 Experimental Laws and Theories); D. Papineau, Theory and Meaning, Oxford 1979, 5–34 (Chap. 1 Theory and Observation); H. Putnam, What Theories Are Not, in: E. Nagel/P. Suppes/A. Tarski (eds.), Logic, Methodology and Philosophy of Science, Stanford Calif. 1962, 1969, 240–251, Neudr. in: ders., Mathematics, Matter and Method (= Philosophical Papers I), Cambridge etc. 1975, [2]1979, 1995, 215–227; W. Stegmüller, Probleme und Resultate der Wissenschaftstheorie und Analytischen Philosophie II/1 (Theorie und Erfahrung), Berlin etc. 1970; F. Suppe (ed.), The Structure of Scientific Theories, Urbana Ill./Chicago Ill./London 1974, [2]1977, 1979. M. C.

Zweiweltentheorie, Bezeichnung für die sich auf Platonische Unterscheidungen (die Welt der Erscheinungen – die Welt der Ideen; ↑Ideenlehre) berufende ontologische und erkenntnistheoretische Vorstellung, daß den Dingen dieser Welt eine ›intelligible‹ Welt im Abbildverhältnis (↑Abbildtheorie) oder in der Weise eines hierarchischen Aufbaus des Seins (↑Emanation) entspricht. Historisch gesehen geht die Z. aus der neuplatonischen (↑Neuplatonismus) Rezeption des ideentheoretischen Ansatzes Platons (insbes. im »Timaios«) hervor (*mundus sensibilis – mundus intelligibilis*), wobei die ›intelligible‹ Welt ihren Sitz in einem hypostasierten (↑Hypostase), mit dem Platonischen ↑Demiurgen identifizierten ↑Nus (Geist) hat. Im christlichen ↑Platonismus (Philon von Alexandreia, A. Augustinus) werden dann auf dem Umweg über die Begriffsbildungen des Neuplatonismus aus den Platonischen Ideen die Gedanken eines die Welt nach diesen Ideen schaffenden Gottes (↑Idee (historisch)). Erkenntnistheoretische Varianten bzw. Rekonstruktionen der Z. stellen der neuzeitliche ↑Dualismus und (bei I. Kant) die Unterscheidung zwischen ↑Erscheinungen (↑Phaenomenon) und ↑Dingen an sich (↑Noumenon) dar; konzeptionell benachbart sind die ebenfalls auf Unterscheidungen von Augustinus zurückgreifende Zwei-Reiche-Lehre (*civitas Dei – civitas terrena*) in der mittelalterlichen Theologie und der Theologie M. Luthers sowie, auf einer wissenschaftstheoretischen Ebene (verbunden mit dem ↑Leib-Seele-Problem), die Drei-Welten-Theorien G. Freges und K. R. Poppers (↑Dritte Welt, ↑Popper, Karl Raimund).

Literatur: W. Kamlah, Christentum und Selbstbehauptung. Historische und philosophische Untersuchungen zur Entstehung des Christentums und zu Augustins »Bürgerschaft Gottes«, Frankfurt 1940, unter dem Titel: Christentum und Geschichtlichkeit. Untersuchungen zur Entstehung des Christentums und zu Augustins »Bürgerschaft Gottes«, Stuttgart [2]1951; H. J. Krämer, Der Ursprung der Geistmetaphysik. Untersuchungen zur Geschichte des Platonismus zwischen Platon und Plotin, Amsterdam 1964, [2]1967; V. Mantey, Zwei Schwerter – zwei Reiche. Martin Luthers Zwei-Reiche-Lehre vor ihrem spätmittelalterlichen Hintergrund, Tübingen 2005; J. Mittelstraß, Die Rettung der Phänomene. Ursprung und Geschichte eines antiken Forschungsprinzips, Berlin 1962, bes. 178–197 (IV.5 Der christliche Platonismus); J. Ritter, Mundus intelligibilis. Eine Untersuchung zur Aufnahme und Verwandlung der neuplatonischen Ontologie bei Augustinus, Frankfurt 1937, [2]2002. J. M.

Zweiwertigkeitsprinzip (engl. principle of bivalence), Bezeichnung für ein seit Aristoteles in der ↑Logik weithin zugrundegelegtes Prinzip der Wertdefinitheit (↑wertdefinit/Wertdefinitheit) von logisch einfachen ↑Aussagen: sie sind entweder *wahr* oder *falsch*. Das Z. hat daher als Spezialfall des Satzes vom ausgeschlossenen Dritten (↑principium exclusi tertii) zu gelten. Ohne das Verständnis des Entweder-wahr-oder-falsch-Seins als eine im terminologisch fixierten Sinne entscheidbare (↑entscheidbar/Entscheidbarkeit) Alternative aufzugeben, läßt sich allerdings das Z. nicht generell auch für logisch zusammengesetzte Aussagen durchsetzen. Insbes. vererbt sich die Wertdefinitheit, sollte sie für alle Instanzen einer Aussageform $x \varepsilon P$ (etwa über dem Bereich der natürlichen Zahlen) vorliegen, nicht generell auf die ↑Allaussage $\bigwedge_x x \varepsilon P$ oder andere quantorenlogische Zusammensetzungen (↑Quantor, ↑Quantorenlogik) aus unendlich vielen wertdefiniten Instanzen einer ↑Aussageform. Deshalb ist in der Dialogischen Logik (↑Logik, dialogische) die Wertdefinitheit als Charakteristikum für Aussagen zugunsten der allgemeineren Dialogdefinitheit (↑dialogdefinit/Dialogdefinitheit) aufgegeben worden.

Das Z. darf nicht mit dem auf die ↑Negation und die ↑Konjunktion Bezug nehmenden ↑tertium non datur – stets gilt A oder nicht-A (symbolisch: $A \vee \neg A$) – verwechselt werden. In der formalen Logik (↑Logik, formale) werden logische Beziehungen zwischen ↑Aussageschemata auch auf der Basis von mehr als zwei ↑Wahrheitswerten für die betrachteten Aussagen untersucht (↑Logik, mehrwertige). K. L.

Zwischenschema, sprachphilosophischer Terminus für ein Element einer durch die Situation des Umgangs mit einem (zunächst nur aus ↑singularen Aktualisierungen δP eines ↑universalen Schemas χP bestehenden) Quasigegenstand P (↑Objekt) gegebenen Untergliederung von P in raum-zeitlich bestimmte Einheiten (z. B. ↑Dinge oder ↑Ereignisse), und zwar als Folge der sich durch Objektivierung ergebenden Überführung von P in ein durch Substanz Gesamt-P und Eigenschaft P-Sein bestimmtes P-Ganzes (↑Teil und Ganzes), das aber nur in situationsbedingten Teilen semiotisch zugänglich und pragmatisch vorhanden ist. Die Teile des P-Ganzen treten dann als Instanzen eines bestimmten Typs von P-Objekten auf (↑type and token) und werden so zu einer ↑Art partikularer Einheiten von P (↑Individuation), z. B. einzelne Menschen oder Menschenpaare oder zeitliche Phasen eines Menschen im Falle von P = Mensch; dabei ist der Grenzfall des P-Ganzen als Instanz des maximalen P-Typs, bei dem das Z. mit dem Schema χP übereinstimmt, eingeschlossen, auch wenn es im allgemeinen keine Situation gibt, in der das P-Ganze, z. B. die Menschheit, pragmatisch vorhanden ist. Die ↑Artikulation der Z.ta durch Individuatoren ›ιP‹, die zu einer Artikulation des Quasigegenstandes P mit dem ↑Artikulator ›P‹ hinzutreten, wird notwendig, wenn die signifikative Funktion (↑Ostension) und die kommunikative Funktion (↑Prädikation) der Artikulation voneinander getrennt und jeweils durch die Rollen eines logischen ↑Indikators ›δP‹ und eines (logischen) ↑Prädikators ›εP‹ (eigentlich: einer Anzeigeform ›$\delta P\_\_$‹ und einer ↑Aussageform ›$\_\_ \varepsilon P$‹) wiedergegeben werden, und zwar derart, daß mit ›$\delta P \iota P$‹ an ιP die Substanz κP als angezeigt und mit ›$\iota P \varepsilon P$‹ von ιP die Eigenschaft σP als ausgesagt artikuliert werden. Die Objektivierung erfolgt durch *Identifizierung* aller Aktualisierungen δP von P zur Eigenschaft σP zusammen mit der *Summierung* aller Aktualisierungen δP von P zur Substanz κP, und damit kann das Z. selbst die Rolle eines aus der (anfangs, d. h. ohne Hinzuziehung weiterer Quasigegenstände, mit der allgemeinen Form σP übereinstimmenden) individuellen Form $\sigma(\iota P)$ und dem individuellen Stoff $\kappa(\iota P)$ bestehenden Ganzen ιP als Teil des P-Ganzen im Sinne der ↑Mereologie und zugleich als konkrete Instanz ιP eines abstrakten Typs τP (und damit einer partikularen Einheit des zugrundeliegenden Quasigegenstandes P in dessen durch das Z. bestimmten Typisierung) übernehmen. K. L.

Zyklentheorie (auch: Kreislauftheorie), Bezeichnung für eine Geschichtstheorie, nach der sich im Unterschied zur linearen Geschichtsdeutung die Gesamtgeschichte der Menschheit und der Natur nach einer bestimmten Zeit in gleicher Weise wiederholt. Diese Wiederholung tritt nach Durchlaufen verschiedener Epochen, Stadien oder Zeitalter auf, in der Regel vom besseren zum schlechteren Zustand absteigend. Die Z. ist meist mit einer pessimistischen (↑Pessimismus) Kultur- und Zivilisationskritik und der Sehnsucht nach einer idealen Urzeit verbunden. – Für die Babylonier ist die Z. an die Gestirnumläufe gekoppelt. Platon vertritt eine durch wiederkehrende Sintfluten (die jeweils einen neuen kulturellen Anfang bedingen) verursachte Z. der *Kulturen* und (wie Herodot und Polybios) eine moralisch-psychisch motivierte Z. der *Verfassungen*. Die ↑Stoa läßt den ↑Kosmos durch einen Weltbrand (*ἐκπύρωσις*) vergehen und stets wieder neu entstehen. In der Neuzeit nehmen z.B. G. Vico, G.W.F. Hegel, F. Nietzsche, O. Spengler und A.J. Toynbee die antike Z. wieder auf. Abgelehnt wird sie von der marxistischen Geschichtstheorie (↑Materialismus, historischer) wegen der Negation des historischen ↑Fortschritts und vom Christentum (z.B. Irenäus, A. Augustinus, Origenes), weil sie keine ↑Willensfreiheit zulasse, mit der Lehre von der (einmaligen) ↑Schöpfung der Welt durch Gott unvereinbar sei und nur eine immanente, nicht eine transzendent-eschatologische (↑Eschatologie) Sinngebung und Vollendung der Geschichte akzeptiere.

Literatur: K. Breysig, Der Stufenbau und die Gesetze der Weltgeschichte, Berlin 1905, Stuttgart [2]1927, unter dem Titel: Der Stufenbau der Weltgeschichte, Berlin/Hannover [3]1950, Berlin o.J. [1956]; M. Eliade, Le mythe de l'éternel retour. Archétypes et répétition, Paris 1949, 1989 (dt. Der Mythos der ewigen Wiederkehr, Düsseldorf 1953, unter dem Titel: Kosmos und Geschichte. Der Mythos der ewigen Wiederkehr, Reinbek b. Hamburg 1966, Frankfurt 2007; engl. The Myth of the Eternal Return, New York 1954, mit Untertitel: Cosmos and History, Princeton N.J. 2005); G. Klaus/M. Buhr, Kreislauftheorie, Ph. Wb. I ([13]1985), 675–676; A. Müller, Kreislauftheorien, Hist. Wb. Ph. IV (1976), 1127–1129; A. Rey, Le retour éternel et la philosophie de la physique, Paris 1927; F. Sawicki, Der Kreislauf und das Todesschicksal der Kulturen, Philos. Jb. 49 (1936), 84–97; J. Vogt, Wege zum historischen Universum. Von Ranke bis Toynbee, Stuttgart 1961; B.L. van der Waerden, Das Grosse Jahr und die ewige Wiederkehr, Hermes 80 (1952), 129–155. M.G.

Zylinderalgebra, ↑Logik, algebraische.

Zynismus (engl. cynicism, franz. cynisme), in moderner Verwendung Bezeichnung für eine destruktive, nicht nur Meinungen und Überzeugungen, sondern auch diejenigen, die sie vertreten, verächtlich machende Kritik. Die Begriffsbildung schließt an die Radikalisierung skeptischer Positionen (↑Skeptizismus) im antiken ↑Kynismus an, die hier zusammen mit einer provokatorisch verwirklichten asketischen ↑Lebensform der Bedürfnislosigkeit zu einer ›Anstand und Sitte‹ bewußt verletzenden, nihilistischen Haltung (↑Nihilismus) geführt hatte. Mit dem Nihilisten (in der Definition F. Nietzsches) urteilt der Zyniker über die Welt, wie sie ist, »sie sollte *nicht* sein und von der Welt, wie sie sein sollte (...), sie existirt nicht« (Nachgelassene Fragmente [Herbst 1887], Werke. Krit. Gesamtausg. VIII/2, 30). Dabei gibt sich der Z. (etwa im Unterschied zum Sarkasmus) nicht mit dem Nachweis des Scheiterns der Vernunft bzw. dem Nachweis der Unvernunft der Verhältnisse zufrieden, sondern betreibt dieses Scheitern selbst (↑Frieden (systematisch)), auf philosophische oder andere Weise. Gegen den zynischen Verstand steht die konstruktive Vernunft, in Sternstunden der ↑Philosophie wohl auch in Form des aufklärerischen (↑Aufklärung) Begriffs der ↑Enzyklopädie.

Literatur: T. Bewes, Cynicism and Postmodernity, London/New York 1997; J. Bouveresse, Rationalité et cynisme, Paris 1984, 1990; R.B. Branham, Cynics, REP II (1998), 753–759; ders./M.-O. Goulet-Cazé (eds.), The Cynics. The Cynic Movement in Antiquity and Its Legacy, Berkeley Calif. 1996, 1997; M. Clément, Le cynisme à la Renaissance d'Érasme à Montaigne, Genf 2005; W. Desmond, The Greek Praise of Poverty. Origins of Ancient Cynicism, Notre Dame Ind. 2006; ders., Cynics, Berkeley Calif., Stocksfield 2008, London/New York 2014; D.R. Dudley, A History of Cynicism. From Diogenes to the 6th Century A.D., London 1937 (repr. Hildesheim 1967, Bristol 2003), Chicago Ill. 1980; J. Fellsches, Z., EP III ([2]2010), 3136–3138; I. Fetscher, Reflexionen über den Z. als Krankheit unserer Zeit, in: A. Schwan (ed.), Denken im Schatten des Nihilismus. Festschrift für Wilhelm Weischedel zum 70. Geburtstag, Darmstadt 1975, 334–345; A. Glucksmann, Cynisme et passion, Paris 1981 (dt. Vom Eros des Westens. Eine Philosophie, Stuttgart 1988, Frankfurt/Berlin 1991); M.-O. Goulet-Cazé, Cynisme et christianisme dans l'Antiquité, Paris 2014 (dt. Kynismus und Christentum in der Antike, Göttingen 2016); K. Heinrich, Antike Kyniker und Z. in der Gegenwart, in: ders., Parmenides und Jona. Vier Studien über das Verhältnis von Philosophie und Mythologie, Frankfurt 1966, Frankfurt, Basel [3]1992, 129–156; D.S. Mayfield, Artful Immorality – Variants of Cynicism. Machiavelli, Gracián, Diderot, Nietzsche, Berlin/Boston Mass. 2015; D. Mazella, The Making of Modern Cynicism, Charlottesville Va. 2007; M. Mustain, Overcoming Cynicism. William James and the Metaphysics of Engagement, New York/London 2011; L.E. Navia, The Philosophy of Cynicism. An Annotated Bibliography, Westport Conn./London 1995; ders., Classical Cynicism. A Critical Study, Westport Conn./London 1996; ders., Cynicism, NDHI II (2005), 525–527; H. Niehues-Pröbsting, Der Kynismus des Diogenes und der Begriff des Z., München 1979, Frankfurt [2]1988; ders., Der ›kurze Weg‹. Nietzsches ›Cynismus‹, Arch. Begriffsgesch. 24 (1980), 103–122; M. Onfray, Cynismes. Portrait du philosophe en chien, Paris 1990, 1992 (dt. Der Philosoph als Hund. Vom Ursprung subversiven Denkens bei den Kynikern, Frankfurt/New York, Paris 1991); P. Sloterdijk, Zur Kritik der zynischen Vernunft. Ein Essay, I–II, Frankfurt/New York 1983, [20]2016 (engl. Critique of Cynical Reason, Minneapolis Minn. 1987, London 1988; franz. Critique de la raison cynique, Paris 1987, 2000); S.A. Stanley, The French Enlightenment and the Emergence of Modern Cynicism, Cambridge etc. 2012; W. Tinner, Z.; zynisch, Hist. Wb. Ph. XII (2004), 1549–1556; F.T. Vischer, Mode und Cynismus. Beiträge zur Kenntnis unserer Culturformen und Sittenbegriffe, Stuttgart 1879, [3]1988, ed. M. Neumann, Berlin 2006; R. Weber, Zynisches Handeln. Prolegomena zu einer Pathologie der Moderne, Frankfurt etc. 1998; T. Zinsmaier, Z., Kynismus, Hist. Wb. Rhetorik IX (2009), 1594–1606. J.M.

Printed in the United States
by Baker & Taylor Publisher Services

Printed in the United States
by Baker & Taylor Publisher Services